LE PETIT

DICOBAT

DICTIONNAIRE GÉNÉRAL DU BÂTIMENT

LE PETIT
DICOBAT

4e édition, 2008

Jean de VIGAN
ESSEC

Éditions ARCATURE
40, rue Vaneau 75007 PARIS
www.arcature.fr

Dans la même collection :

le **DICOBAT**,
dictionnaire général du bâtiment, du même auteur, dont le présent ouvrage est une version "allégée". 1184 pages, reliure luxe, au format 155 x 235 mm Première édition en 1991. Les éditions plus récentes, complétées et mises à jour, comportent les références des DTU et textes réglementaires en vigueur, la traduction des termes en anglais, un important glossaire anglais / français, l'adresse des organismes cités, etc.

le **MINI-DICOBAT**,
qui reprend, sous un petit format de poche, les termes de base du bâtiment (soit environ 30 % des textes et illustrations du présent ouvrage). Un véritable "best of" destiné aux élèves des lycées techniques, aux stagiaires des AFPA et CFA, et aux particuliers qui veulent comprendre les professionnels. 410 pages format 10,5 x 15, couverture plastique.

le **CD-DICOBAT**,
dictionnaire électronique du bâtiment : tous les textes et illustrations du "gros" DICOBAT en quelques clics ! Ergonomique et facile d'emploi, ce CD-ROM est idéal pour ceux qui travaillent beaucoup sur ordinateur. Le même disque fonctionne sur PC et sur Mac.

le **DICO-TP**,
dictionnaire général des Travaux Publics, de Monique HANICOTTE, Jacques LARAVOIRE et Jean PERCHAT, 2e édition. Ouvrage illustré de 832 pages, reliure luxe, au format 155 x 235 mm Tout le vocabulaire des professionnels de la voirie, de l'assainissement, des aménagements urbains, travaux souterrains, ouvrages d'art, etc. avec la mention des normes et textes réglementaires.

pour recevoir documentation
et bon de commande, voir page 951

© Éditions ARCATURE
(quatrième édition, 2008)
40, rue Vaneau 75007 PARIS

ISBN 978-2-9523608-4-5

avant-propos

Comme les médecins, les juristes ou les marins, notre monde du bâtiment a reçu en héritage un vocabulaire ésotérique, riche et précis.

Chaque composant, chaque assemblage, chaque action de mise en oeuvre, chaque outil porte un nom. Il n'y a ni "trucs", ni "machins"...

Le succès du "gros" DICOBAT, adopté depuis 1991 par plusieurs dizaines de milliers de professionnels du bâtiment et maîtres d'ouvrage, a largement confirmé l'utilité d'un dictionnaire de référence pour le bâtiment.

Dès 1994, nous avons souhaité rendre l'ouvrage accessible au plus grand nombre - à commencer par les étudiants - sous cette forme du "PETIT DICOBAT", qui reprend l'essentiel du contenu du "grand" DICOBAT.

Voici donc sa quatrième édition.

Sans prétendre, dans un volume aussi limité, répondre à toutes les questions techniques, ni remplacer les traités de mise en oeuvre et documents spécialisés, ce "dico" veut vous aider à mieux comprendre, ou à mieux rédiger, avec la précision du spécialiste, les documents techniques, descriptifs, cours, devis, mémoires, comptes rendus de chantiers, rapports d'expertise, articles de revues, etc.
Son ambition est de rester, pendant des années, votre outil de référence, toujours à portée de main.

Au lecteur qui s'étonnera de trouver, parmi les définitions, celles de mots qui lui sont familiers et d'emploi quotidien, nous demandons de bien vouloir considérer que cet ouvrage s'adresse aussi, à travers le monde, à ceux qui ont une pratique limitée de notre langue.

Important

1/ Les références à caractère juridique, réglementaire ou normatif s'appuient sur des textes en vigueur au moment de l'édition de cet ouvrage. Nous ne saurions trop recommander à l'utilisateur de l'ouvrage de vérifier, auprès des organismes compétents, la validité des textes qui l'intéressent.

2/ En aucun cas, le PETIT DICOBAT ne saurait se substituer aux documents normatifs ou réglementaires. Notre responsabilité ne saurait donc en aucune façon être engagée sur les conséquences éventuelles d'une indication ou d'une interprétation erronée des textes de cet ouvrage.

3/ Malgré le soin apporté à sa rédaction et à ses corrections, il reste toujours possible que cet ouvrage comporte quelques inexactitudes. D'avance, nous vous remercions de bien vouloir nous signaler toute mention qui vous semble erronée, ou manquante. Par vos critiques constructives, vous ferez oeuvre utile. Nous tiendrons compte de vos remarques dans les éditions futures.

La Rédaction

L'auteur tient à remercier ici tous ceux qui, architectes, ingénieurs ou "hommes de l'art", lui ont prodigué, chacun dans son domaine, conseils et assistance. Il y associe tous ceux qui, depuis les premières parutions du Dicobat, lui ont fait des suggestions pour enrichir l'ouvrage.

Sa gratitude va aussi à ses collaboratrices, Mesdames Emilie le LEVREUR et Chrystèle THOMAS, ainsi qu'aux ingénieurs du CSTB, pour la rigueur de leurs travaux de révision des textes.

Abréviations

acoust.	acoustique
adj.	adjectif
adv.	adverbe
anc.	ancien, désuet
art.	article
archit.	architecture
A.T.	Avis Technique
autref.	autrefois
B.A.	béton armé
bât.	bâtiment
bx-arts	beaux-arts
carr.	carrelage, dallage
CC	Code Civil
CCH	Code de la Construction et de l'Habitation
charp.	charpente, charpenterie
chauff.	chauffage
chim.	chimie, chimique
clim.	climatisation
constr.	construction
contr.	contraire
couvert.	couverture
CU	Code de l'Urbanisme
décor.	décoration
déf.	définition
div.	divers
domot.	domotique
DTU	Document Technique Unifié.
éclair.	éclairage, éclairagisme
électr.	électricité
entr.	entreprise, entrepreneur
env.	environ
étanch.	étanchéité
ex.	exemple
ext.	extérieur
f.	féminin
fabr.	fabricant(s)
fam.	familier
fumist.	fumisterie
gén.	généralement, en général
GO	gros oeuvre
hydr.	hydraulique
inf.	inférieur
int.	intérieur
invar.	mot invariable
jurid.	juridiquement, point juridique
loc.	locution
maçonn.	maçonnerie, béton armé
manut.	manutention, transport
marbr.	marbrerie
marque comm.	marque commerciale

SOMMAIRE

Un astérisque (*) placé après un mot indique qu'il est défini par ailleurs dans l'ouvrage.

mat.	matière
matér.	matériel
math.	mathématiques
matx.	matériaux
max.	maximum
métall.	métallurgie, métallerie
menuis.	menuiserie
min.	minimum
minér.	minéraux, minéralogie
miroit.	miroiterie, verrerie
mod.	moderne
néol.	néologisme, mot récent
NF	norme française (AFNOR)
n.f.	nom féminin
n.m.	nom masculin
opp.	opposé
outill.	outillage
peint.	peinture, peinturage
phys.	donnée physique
pl.	pluriel
PL.	planche (d'illustrations)
plâtr.	plâtrerie
plomb.	plomberie
préfab.	préfabrication
quinc.	quincaillerie
rég.	régional
règl.	règlement
revêt.	revêtement(s)
s.	siècle, singulier
sculpt.	sculpture
serrur.	serrurerie
sidér.	sidérurgie
sup.	supérieur
symb.	symbole
syn.	synonyme
TCE	tous corps d'état
techn.	technique, technologie
terrass.	terrassement
topogr.	topographie
tradit.	traditionnel
trav. publ.	travaux publics
urban.	urbanisme
us.	usuel
vent.	ventilation
v.i.	verbe intransitif
V.	voir
V.ill.	voir illustration
vitr.	vitrerie
V.*PL.*	voir planche
v.pr.	verbe pronominal
VRD	voirie et réseaux divers
v.tr.	verbe transitif

Index thématique

Il arrive à chacun de ne pas retrouver le mot qui désigne exactement un élément, une action, un outil, etc.; on sait que ce mot existe, on l'a "sur le bout de la langue", mais il ne revient pas. Ce classement méthodique est destiné à vous aider à retrouver le terme qui vous échappe. **Dans les pages suivantes vous trouverez, groupés par sujet, la plupart des termes** définis dans le dictionnaire alphabétique. Toutefois, cette partie ne comporte pas certains mots usuels, ni les qualificatifs concernant des mots génériques tels que béton, eau, fenêtre, etc.: pour les trouver, on se reportera directement à ces mots, dans le corps du dictionnaire lui-même.

ARCHITECTURE GÉNÉRALE

Conception, dessin, dispositions, représentation graphique, éléments mathématiques, géométrie, formes, plans :

Abaque • Abscisse • Acutangle • Angle (V. ce mot) • Anse • Apothème • Arête • Axe Avant-projet • Axonométrie • Barlong • Barycentre • Biais • Binaire • Bissectrice Bombé • Calepin • Calepinage • Carré (trait —) • Cartouche Cavalière (perspective) Charrette • Circonscrit • Circonvolution • Circulaire • Concave • Concentrique Conchoïde • Conique • Contour • Convexe • Coordination • Coordonnée • Cosinus Cotangente • Cote • Cotation • Coude • Coupe • Courbe • Crémona • Croquis Cruciforme • Curviligne • Danser • Déclivité • Descente (des charges) • Diagramme • Développante • Développé • Diagonale • Diamètre • Dièdre • Directrice Distribution • Dodécagone • Ébauche • Échelle • Écorché • Élévation • Ennéagone Entraxe • Épure • Équerrage • Équidistant • Esquisse • Eurythmie • Excentré • Figure Funiculaire • Fuyante • Génératrice • Géométral • Hachures • Hélice • Hélicoïde Heptagone • Hexagone • Homothétie • Hyperbole • Hypothénuse • Ichnographie Implantation • Inclinaison • Inscrit • Intersécant • Intersection • Isocèle • Isométrique Jarret • Latéral • Lenticulaire • Linéaire • Longitudinal • Losange • Lunule • Main (de vantaux) • Maquette • Masse • Massé • Médian • Médiatrice • Membre • Méplat Méridienne • Métrage • Minute • Modèle • Modélisation • Modénature • Modulaire Modulation • Module • Modulor • Nombre d'or • Nominal • Nu • Obconique • Oblong Obtus • Octogone • Oeuvre (dans, hors, etc.) • Ombrage • Ordonnance • Ordonnée Orientation • Orthogonal • Orthographie • Outrepassé • Ovale • Ove • Ovoïde Palmiforme • Parabole • Parabolique • Paraboloïde • Parallèle • Parallélépipède Parallélogramme • Parangon • Pas • Passant • Pentacle • Pentaèdre • Pentagone Périmètre • Perpendicularité • Perspective • Piriforme • Pointillage • Polychromie Polygone • Polylobé • Poncif • Pondération • Pourtour • Prisme • Prospect • Pyramide Quadrangle • Quadrilatère • Quinconce • Rabattement • Racheter • Radial • Radian Rampant • Rapporté • Rayon • Rayonnant • Rectiligne • Recueillir • Réduction Régner • Rehausser • Relevé • Rendu • Renflement • Restitution • Retournement (motif) • Rhombe • Rhomboïque • Rotondité • Rythme • Scalène • Scaphoïde • Schéma Sciographie • Scutiforme • Sécant • Secteur • Section • Segment • Segmentation Sinus • Sinusoïde • Solide (angle) • Sphère • Spirale • Stéradian • Stéréographie Stylisé • Symbole • Symétrie • Tangent • Tangente • Ternaire • Terné • Tétraèdre Tracé • Trame • Transversal • Trapézoïdal • Tréflé • Tridimensionnel • Trigéminé Trièdre • Trigonométrie • Triparti • Tronc • Tronqué • Tronconique • Urcéolé Vecteur • Volume.

Matériel de dessin et reprographie :

Bleu • Calque • Compas • Contre-calque • Décalque • Diazocopie • Digitalisation Lisse • Normographe • Pantographe • Perroquet • Pistolet • Rapporteur • Scriber Té.

ASPECTS RÉGLEMENTAIRES et FINANCIERS

Urbanisme, Règlements, Servitudes, Foncier, Mitoyenneté :

Ablotissement • Accès • Accessibilité • Aiguage • Alignement • Allotir • Cadastre Charte d'Athènes • Contenance • Dominant • Échelage • Enclave • Enhachement Enjambement • Fonds • Héberge • Héritage • Ilôt • Inondable • Intégration • Jour (de souffrance) • Lotissement • Mitoyen • Morcellement • Parcelle • Périmètre Pied-d'aile • Plafond (de densité) • Récolement • Reculement • Remembrement Réseaux • Retraite • Retranchement • Rotie • Saillie • Secteur • Séparatif (mur) • Servant • Souffrance • Squat • Suburbain • Tour d'échelle • Urbanification Urbaniser • Usage Zonage • Zone.

Normes, Certifications et garanties :

Agrément • Assurance-Construction • Autocontrôle • Avis Technique • Biennale Décennale • Désordre • Estampille • Gros-ouvrages • Indicateur • Label • Menus ouvrages • Normalisation • Qualification • Règles de l'Art • Règles de calcul • Sinistre Spécification • Traditionnalité.

Aspects financiers et contractuels, marchés, procédures de chantier :

Abattement • Achèvement • Acompte • Acte d'engagement • Actualisation • Adjudication • Aléa • Amiable • Appel d'offres • Attachement • Avant-métré • Avenant

index thématique

Bordereau • Cahiers (des charges, clauses, prescriptions...) • Campagne • Chiffrage Compte prorata • Concours • Concurrence • Débours • Déboursé • Descriptif • Devis Diagnostic • Estimatif • Exécution • Forfait • Franco • Gré-à-gré • Gros oeuvre Honoraires • Hors-série • Indexation • Légers • Linéaire • Lot • Louage • Maintenance Maître d'oeuvre, maître d'ouvrage • Marchandage • Marché public • Mémoire • Métré Moins-disant • Moins-value • Ordonnancement • Ordre (de service) • Ouvré (temps) Pénalité • PERT • Planning • Plus-value • Préconisation • Prescription • Quantitatif Queue (de chantier) • Rabais • Réception • Reconnaissance • Régie • Rendez-vous Réserve • Retenue (de garantie) • Révision • Second oeuvre • Série (de prix) • Situation • Solidaire • Soumission • Sous-traitant • Spécification • Suivi • Tâche (à la —) Timbre • Toisé • Vacation • Variante • Vide-pour-plein.

Difficultés, incidents, litiges :

Défaut • Désordre • Diagnostic • Dire • Expertise • Garanties • Loup • Mal-égal Malfaçon • Pathologie • Procès-verbal • Régie • Reprise • Réserve • Responsabilité Sinistre • Sujétion • Symptôme • Vice.

DESCRIPTION DES BÂTIMENTS

Termes généraux :

About • Aile • Antisismique • Architectonique • Atrium • Continu • Dépendances Désaffecté • Fabrique • Forjeter • Front • Galbe • Hors d'eau • Hors-gel • In situ Isolement • Logis • Membre • Modénature • Montre • Muré • Niche • Pan • Pendant Porte-à-faux • Reculement • Redan ou Redent • Refend • Rehausse • Repentir • Réserve Ressauter • Retour • Retraite • Retranche • Retroussé • Soffite • Support • Travée.

Disposition relative des éléments architecturaux :

Accolement • Accoler • Accoster • Accoter • Accoupler • Adjacent • Ados • Adosser Affronter • Alignement • Amont • Aplomb • Arrière-corps • Aval • Avancée • Avant-corps • Bascule • Binaire • Cantonné • Contigu • Contrebas • Contre-haut • Corps Cours • Décaissement • Décrochement • Droit (au - de) • Encorbellement • Engagé Enfoncement • Épi (en -) • Éventail (en -) • Faux-aplomb • Flanqué • Héberge • Interface Jumelé • Mitoyen • Niveau • Nu • Oeuvre (dans, hors...) • Pendant • Penné • Plain-pied Postérieur • Quinconce • Renfoncement • Ressaut • Retrait (en -) • Rez... • Saillant Saillie • Sous-jacent • Superposé • Surplomb • Ternaire • Tête-bêche.

Les appuis et éléments de stabilité :

Ancon • Ancrage • Ancre • Ancrure • Ante • Arc-boutant • Assiette • Assise • Bahut Base • Bouter • Butant • Chaîne • Colonne • Conforter • Console • Contrebuter Contrefort • Contre-mur • Contre-poussée • Corbeau • Coussinet • Cul-de-lampe Culot • Dé • Décharge • Dégression (loi de -) • Descente • Embase • Engagé • Harpage Harpe • Jambage • Jambe • Monostyle • Orbe • Oreiller • Parasismique • Pédicule • Pied Piédroit • Pile • Pilier • Podium • Porter (de fond) • Poteau • Perdriau • Pied • Piétement Portance • Portée • Poussée • Rein • Repos • Retombée • Socle • Sommier • Souche Soulager • Stylobate • Tablier • Tambour • Tirant • Tripode • Tronc • Tronçon.

Les parois extérieures :

Allège • Amortissement • Aveugle • Bandeau • Bardage • Borgne • Chevronnière Claire-voie • Claustra • Contre-cloison • Contre-mur • Cordon • Corniche • Courtine Dosseret • Doublage • Élévation • Fronton • Gable • Gouttereau • Joue • Linteau Merlon • Muret • Mur (V. détails) • Mur-rideau • Nu • Orbe • Parement • Pas-de-moineau • Pignon • Plein-de-mur • Plein-de-travée • Redent • Retour • Soubassement Surcroît • Trumeau • Tympan • Wimberge.

Angles et jonctions de parois : About • Angulaire • Arête • Arrachement • Attente • Besace • Cornier • Coude • Croisement • Cueillie • Encoignure • Harpe • Jarret • Pli.

Les arcs et les voûtes :

Abattue • Accolade • Arc *(V. qualificatifs à ce mot)* • Arcade • Arcature • Arc-boutant Bander (arc) • Berceau • Branche • Branchette • Brisé • Bulbe • Calotte • Canonnière Canton • Chaînette • Clavage • Claveau • Clé • Closoir • Coque • Corne-de-vache Coupole • Coussinet • Couvrement • Croisée (d'ogives) • Cul-de-four • Décharge

Déprimé • Diaphragme • Dôme • Domical • Doubleau • Écoinçon • Empointé Entrecroisé • Extrados • Flèche • Formeret • Fourche • Guimberge • Hémisphère Imposte • Intrados • Lancéolé • Lierne • Limaçon • Lunette • Mensole • Mitre • Montée Naissance • Nerf • Nervure • Noyau • Octopartite • Ogive • Orbe • Orbevoie • Oreiller Outrepassé • Panache • Pendentif • Pénétration • Piédroit • Plein-cintre • Portée Quartier • Quin • Rein • Remenée • Retombée • Rotonde • Sexpartite • Sommier Surbaissé • Surhaussé • Tas de charge • Tierceron • Tiers-point • Tracé • Travée Trompe • Trompillon • Tympan • Vaisseau • Voussoir • Voussure • Voûtain • Voûté.

Les combles, toitures et superstructures :

Amortissement • Arête • Attique • Bâtière • Bris • Brisé • Brisis • Carène • Chevronnière Chien-assis • Courant • Couronnement • Croupe • Entrapeté • Épi • Faîtage • Faux-comble • Galbé • Galetas • Hors-combles • Impériale • Jouée • Lanterne • Long-pan Lucarne • Mansarde • Noue • Outeau • Pan • Pavillon • Pinacle • Plate-forme • Rampant Rehausse • Retroussis • Shed • Tanchis • Terrasson • Toiture-terrasse • Versant.

Les divisions verticales :

Attique • Entresol • Étage • Exhaussement • Galetas • Mansardé • Mezzanine • Niveau Palier • Soubassement • Sous-sol • Surcroît.

Les portes, passages et communications horizontales :

Atticurge • Bouteroue • Chambranle • Charretière • Chasse-roue • Cochère • Contre-chambranle • Cornette • Corridor • Coursive • Desservir • Enfilade • Galerie • Guichet Hec • Huis • Jouée • Judas • Linteau • Mail • Mall • Perron • Portail • Porte *(V. à ce mot)* Portillon • Poterne • Sas • Seuil • Tablier • Tambour • Trottoir roulant • Vestibule.

Locaux divers, divisions, distribution :

Antichambre • Articuler (s'—) • Bouge • Box • Buanderie • Cabinet • Caveau Cellier • Cloisonnement • Cloisonnette • Clotêt • Commander • Dégagement • Mansarde • Office • Palata • Réception • Semi-double • Souillarde • Soupente • Stalle.

Les baies et les jours,
leurs encadrements et occultations :

Abat-jour • Abattant • Aile • Ajour • Aileron • Alette • Allège • Alleron • Anesse Appui • Arbalétrière • Arc *(V. les détails à ce mot)* • Arceau • Archère • Archivolte Arrêt • Arrière-voussure • Banquette • Bigéminé • Bouchement • Bow-window Cadre • Capucine • Châssis • Claie • Claustra • Clef • Coffre • Condamnation Contreclef • Costière • Coupe-larme • Crossette • Décharge (arc de —) • Donne-jour • Dormant • Ébrasement Embrasure • Engrenure • Enseuillement • Entrecoupe Étanfiche • Faux-jour • Fenestrage • Fenêtre *(V. à ce mot)* • Feuillure • Fronteau Gâble • Gerbière • Glacis Goutte d'eau • Hublot • Imposte • Jalousie • Jambage Joue • Jouée • Jour de souffrance • Lambrequin • Lancette • Lanterneau • Linteau Lucarne • Lucarnon • Meneau • Monopyle • Moucharabieh • Mouchette • Naissance Oculus • Oeil • Oeil-de-boeuf • Ope • Oreille • Oreillon • Oriel • Oscillo-battant Ouverture • Ouvrant • Palladienne • Pavillon • Percée • Percement • Persienne • Petit-bois • Piédroit • Pilastre Plate-bande • Poitrail • Projection (à -) • Rayère • Remplage Réseau • Rideau • Rose Serlienne • Soupirail • Sous-face • Store • Tabatière • Tableau Tablette • Tapée • Tracé Transenne • Triplet • Tripyle • Trumeau • Vantail • Verrière Voussure • Zénithal.

(Voir aussi plus loin Menuiserie et Serrurerie)

Les abords, abris, saillies et plate-formes externes :

Abrivent • Accourse • Acrotère • Aître • Atrium • Auvent • Avancée • Avant-cour Avant-solier • Avant-toit • Bachonnage • Balconnet • Bandeau • Bateau • Belvédère Corniche • Cour anglaise • Courette • Demi-lune • Douve • Échauguette • Encorbellement • Loge • Logette • Loggia • Marquise • Meniane • Parergon • Patio Pergola • Péridrome • Péristyle • Perron • Podium • Poivrière • Porche • Porte-à-faux Portique • Préau • Saut-de-loup • Séveronde • Surplomb • Terrasse • Terre-plein Tribune • Véranda.

Garde-corps et rampes :

Accotoir • Accoudoir • Appui • Balustrade • Balustre • Crosse • Départ • Garde-fou Lisse • Main courante • Panse • Parapet • Piédouche • Pilastre • Rambarde • Roulon Tablette • Travée • Volute.

Les escaliers et communications verticales :
Accessibilité • Ados • Ascenseur • Balancement • Barreaudage • Cage • Caracol Colimaçon • Collet • Contremarche • Contreparti • Coquille • Crémaillère • Crinoline Cuvette • Dansante (marche) • Degré • Départ • Échappée • Échelier • Échelle de meunier • Échelon • Échiffre • Écuyer • Emmarchement • Escargot • Fausse-crémaillère • Faux-limon • Foulée • Fuseau • Giron • Gironnée (marche) • Gradin Hélice • Isonivelage • Jour • Limaçon • Limon • Marche • Marchepalier • Marchepied Monte-charge • Monte-handicapés • Monte-plats • Montée • Montoir • Nez • Nivelage Noyau • Paillasse • Palière • Parachute • Pas • Paternoster • Perron • Quartier Queue • Rampe • Rancher • Repos • Révolution • Sabot • Salite • Suspente • Trapan Trappe • Vis • Volée • Vomitoire.

ARCHITECTURE : STYLES et ORNEMENTS

Les styles architecturaux :
Abâtardi • Académie • Académique • Accentué • Art déco • Art nouveau • Baroque Bauhaus • Byzantin • Cachet • Classicisme • Composite • Composé • Constructivisme • Contemporain • Corinthien • Dépouillé • Dorique • Écrasé • Élancé • Flamboyant Futuriste • Guindé • Ionique • Italique • Maniérisme • Médiéval • Minoen • Néo-classique • Persique • Plateresque • Rationalisme • Rayonnant • Renaissance • Rococo Roman • Rustique • Sarrasin • Sec • Surchargé • Toscan • Traditionnel.

Ordres grec et romain, monuments antiques, et leurs composants :
Abaque • Acrotère • Anneau • Annelet • Annelure • Apophyge • Aptère • Architrave Armilles • Bague • Base • Bâton • Campane • Cathète • Ceinture • Chapiteau Colarin • Collier • Contracture • Corbeille • Corniche • Échine • Entablement Entasis • Épistyle • Escape • Fasce • Frise • Fuselé • Fût • Galbé • Gorgerin • Goutte Hyperthyron • Hypèthre • Hypogée • Hypostyle • Métoche • Métope • Modillon Monopyle • Mutule • Naos • Orle • Orthostate • Piédestal • Plinthe • Pronaos • Propylée Ptérome • Pylône • Stéréobate • Systyle • Tailloir • Ténie • Tore • Triglyphe.

Désignations relatives au nombre ou la disposition des colonnes :
Colonnaison • Diastyle • Diptère • Distyle • Dyostyle • Entrecolonnement • Monoptère Octastyle • Pentastyle • Périptère • Péristyle • Prostyle • Tétrastique • Tétrastyle.

Termes d'architecture religieuse :
Abbatial • Abside • Absidiole • Aiguille • Arc-boutant • Archivolte • Bas-côté • Carole Carré (de transept) • Chauffoir • Chevet • Choeur • Clerestory • Cloître • Coiffe Collatéral • Contre-abside • Coursière • Croisée • Croisillon • Crypte • Déambulatoire Flèche • Frontispice • Galerie • Galilée • Lierne • Ogive • Narthex • Nef • Parvis Pinacle • Porche • Portail • Presbytère • Rayonnant • Retable • Rose • Sanctuaire Transept • Travée • Tétraconque • Triforium • Tympan • Vaisseau.

Cloches et clochers :
Abat-son • Cage • Campanaire • Campanile • Chambre (de cloches) • Clocheton Coq • Flèche • Panelle • Panse • Sommier.

Éléments d'aménagement intérieur :
Abat-voix • Accotoir • Buffet (d'orgue) • Cancel • Dais • Enfeu • Gloire • Historié Jouée • Mandorle • Miséricorde • Parclose • Positif • Sellette • Stalle • Tref • Tribune.

(V. aussi les mots Église, Mosquée, Synagogue, Temple)

Termes d'architecture civile et rurale :
Bauge • Cabanon • Chapis • Chaumière • Exèdre • Fenil • Folie • Forum • Fourrière Halle • Loge • Manoir • Pavillon • Paysagé • Remise • Serre • Stèle.

(Quelques) termes d'architecture militaire :
Arbalétrière • Créneau • Crénelage • Échauguette • Escarpe • Fortifié • Guérite Mâchicoulis • Merlon • Meurtrière • Moucharaby • Poivrière • Redan • Redoute • Sarrasine.

LES ÉLÉMENTS DU DÉCOR

Termes généraux :

Affamer • Agencer • Amortissement • Applique • Attributs • Bas-relief • Bossage Bréchage • Camaïeu • Camarder • Chute • Cimaise • Contre-profil • Demi-bosse Déshabiller • Enlevure • Entrecroisé • Facette • Factice • Faisceau • Fasciculé • Faux-appareil • Feint • Fouillé • Galbé • Gaufré • Gémellé • Gradation • Grisaille • Gypserie Haut-relief • Pâtisserie • Rapporté • Ronde-bosse • Scénographie • Sculptage • Semis Sgraffite • Sigillé • Simili • Simulé • Triptyque • Urcéolé • Tubulé • Zellige.

Moulures à profil constant :

Adouci • Annelé • Annelure • Astragale • Bague • Baguette • Bandelette • Bec-de-corbin • Biseau • Boudin • Brague • Bravette • Canal • Canne • Cannelure • Chanfrein Congé • Doucine • Élégi • Face • Fasce • Filet • Glyphe • Liseré • Listeau • Mouluration Nacelle • Orlet • Profilé • Quadret • Réglet • Sacome • Saillie-masse • Scotie • Strie Talon • Tanevot • Tondin • Tore • Tringle • Trochyle.

Motifs répétitifs en bande :

Bâtons-rompus • Besants • Billettes • Câble • Cauriole • Chevrons • Clochettes • Corde Cordelière • Crénelure • Dards • Dentelure • Dents-de-scie • Feston • Flots grecs • Frette • Fusarolle • Galon • Godron • Gouttes • Grecque • Méandres • Natte • Nébules Olives • Ondes • Oves • Patenôtres • Perles • Piastres • Piécettes • Pirouettes • Pistoles Postes • Rais-de-coeur • Ruban • Strigile • Tortillis • Tresse • Vagues • Zigzag.

Représentations humaines ou animalières :

Atlante • Bucrâne • Canéphore • Cariatide • Chimère • Engainé • Engoulant • Génie Gisant • Hermès • Jacquemart • Marmouset • Mascaron • Protomé • Tête-plate.

Feuillages et végétaux :

Abondance • Acanthe • Ache • Bouquet • Caulicoles • Chardon • Chou • Corollitique Encarpe • Entablé • Fleur • Fleurdelisé • Fleuron • Guirlande • Lis • Palmettes • Pampre Panier • Ramages • Rinceaux • Rosace • Rosette • Tabatière • Tréflé.

Autres motifs et éléments de décor :

Accolade • Agrafe (d'arcade) • Alternance • Antéfixe • Arabesque • Arceau • Armoiries • Arrondissement • Attributs • Balèvres • Bilobé • Boule • Bouton • Bracelet Capucine • Cartouche • Cassolette • Congélation • Conque • Contre-imbrication Copeau • Côte • Cou • Crochet • Crosse • Cuiller • Cul-de-lampe • Damier • Dentelet Denticule • Diamant (pointe de —) • Disque • Écaille • Enroulement • Entrelacs Épigraphe • Épitaphe • Escablon • Faîteau • Filant • Finissage • Flamme • Fresque Fuselé • Gaine • Gland • Glyphe • Grotesques • Guillochis • Imbrication • Jarre Larmes • Litre • Lobe • Médaillon • Mobile • Modillon • Panache • Patère • Piédouche Postiche • Pot-à-feu • Quadrilobe • Quatre-feuilles • Quintefeuille • Queue-de-mouton • Roseau • Rostre • Rudenture • Serviette • Stalactite • Tête-de-clou • Triglyphe Trilobe • Vase • Volute.

TRANSFORMATIONS ou RÉFECTIONS

Consolidation • Identique (à l'-) • Exhaussement • Reconstitution • Reconstruction Réfection • Réhabilitation • Remaniage • Remonter • Rénovation • Réparation • Reprendre • Reprise • Restauration • Retondre • Rhabiller • Sous-oeuvre • Surélévation.

Environnement technologique. Matériaux de base et leurs transformations.

MINÉRAUX et ROCHES,

leurs constituants ; caractères géologiques.

Abricotine • Agglomérant • Aggloméré • Agrégat • Alios • Amiante • Andésite • Anisotrope • Argile • Arkose • Asbeste • Aventurine • Banc • Barytine • Basalte • Basaltine Bélite • Blocaux • Brèche • Caillasse • Calcaire • Calcédoine • Calcite • Carbonate Clivage • Concrétion • Conglomérat • Corindon • Cristallin • Cristallophyllien • Diamant • Diatomite • Dolomie • Dolomite • Écrevisse • Émeri • Endogène • Entroques Éruptif • Feldspath • Feuilleté • Gaize • Gangue • Gilsonite • Gneiss • Gore • Grain Granit • Grès • Gypse • Igné • Jaspe • Kaolin • Kieselguhr • Lamellaire • Lave • Macle

index thématique

Magnésie • Marne • Meulière • Mica • Micaschiste • Molaire • Molasse • Muscovite Ocre • Oolithique • Pegmatite • Périclase • Perlite • Phonolite • Phyllade • Pisolithique Ponce • Porphyre • Poudingue • Pouzzolane • Quartz • Quartzite • Saccharoïde Schiste • Sédimentaire • Sélénite • Silice • Sile x • Smectique • Stratifié • Syénite Talc • Till • Trachyte • Tripoli • Volcanique • Zéolite.

<u>Granulats minéraux divers, traitements, etc.</u> :

Ballast • Blocaille • Blocaux • Brésiller • Caillasse • Cailloutis • Cailloux • Concassage • Cran • Criblage • Fine • Foisonnement • Galets • Grappier • Grave • Gravier Gravillon • Grenaille • Grève • Lapin (sable à —) • Liège • Marin • Mignonnette Nemours • Passant • Refus • Roulé • Sablon • Schlamm • Scorie • Semoule • Silt Tout-venant • Trapp • Trass • Tuileau • Vasard • Vermiculite.

PIERRE, MOELLONS, MARBRE et PAVÉS

<u>Noms de quelques pierres à bâtir et pierres marbrières</u> :

Château-Landon • Clicquart • Comblanchien • Coquillart • Échaillon • Granulite Grisard • Lambourde • Liais • Meulière • Molasse • Palotte • Parmain • Pépérin Ressons • Tuf • Tuffeau • Vergelé. ***Pour les <u>marbres</u>, voir à ce mot.***

<u>Défauts et caractères</u> *<u>(pierre, grès, granits, marbres)</u>* :

Bousin • Calcin • Calcoreux • Cendrure • Chaille • Cheval • Clou • Crapaud • Délitage Durillon • Effleurissement • Émeril • Épaufrure • Fier • Fil • Filandre • Filardeux Filière • Flamme • Gangue • Gélif • Gélivité • Gélivure • Grain • Grenu • Grossier Ingélif • Lentille • Limés • Marmoréen • Marron • Mohs (dureté —) • Molasse • Moye Paf • Péture • Pif • Poil • Pouf • Revêche • Rognon • Rubané • Salin • Sec • Sulfin Terrasse • Veinage • Veine • Vert.

<u>Taille et travail de la pierre</u> :

Abattage • Abattre • Affranchi • Amaigrir • Biller • Chant • Chiffre • Clivage • Clapis Contre-passe • Coupe • Débitage • Délarder • Délitage • Dérobement • Douelle Écuelle • Écornure • Empaume • Épaufrure • Équarrir • Gras de taille • Marques (d'établissement) • Moyer • Net • Parement • Plumée • Pratique • Rader • Ravaler Refendre • Souchet • Stéréotomie • Taillage • Taille • Targettage (marbre).

<u>Moellons</u> :

Bilboquet • Blocaille • Bourru • Cairon • Carreautin • Chandelle • Contrelit • Liaison Lit • Lité • Moellonaille • Queue • Soupier • Tête • Tête-de-chat.

<u>Appareillage et mise en oeuvre des maçonneries en pierre ou en moellons</u> :

Abreuvoir • Agrafage • Anglet • Arase • Arrachement • Assise • Assouchement Attente • Auget • Boutisse • Clavage • Commissure • Crossette • Décrochement Déharpement • Déliaison • Délit • Emplecton • Enchevêtrement • Enlier • Faussecoupe • Fichage • Incertains (joints -) • Incertum • Isodomon • Jambe • Lancet • Lancis Liaison • Libage • Maillée • Margelle • Monolithe • Ourdissage • Panneresse Parement • Parpaing • Perré • Pierré • Pierre-sèche • Placage • Plaquette • Plaquis Plate-bande • Quille • Réglé • Réticulé • Rocaillage • Rocaille • Tas.

<u>Parements de la pierre</u> :

Balèvre • Bossage • Bouchardage • Bousin • Brettelage • Broché • Brut • Bûchement • Calcin • Chiennage • Dégrossissage • Dérasement • Dérouillage • Ébauchage Ébousinage • Écheniller • Éclaté • Égrenage • Égriser • Épannelage • Gréser • Layage Layure • Piquage • Piqué (moellon -) • Ragrément • Ragréer • Ravalement • Regratter Refouillement • Relever • Riper • Silicatage • Smiller • Table • Taloté • Têtué • Tondre Tranché • Traversé • Vermiculure.

<u>Parements du marbre</u> :

Adoucir • Adoucissage • Égrisage • Gréser • Lustrage • Moulinage • Piquer • Plombage • Poli • Polissage • Ponçage • Potée • Rabat.

<u>Pavés</u> :

Assise • Autobloquant • Brocaille • Cadette • Couchis • Croix-de-chevalier • Écale Gondole • Hiement • Lit • Platine • Queue-de-paon • Recherche • Repassage.

MÉTAUX et ALLIAGES

Aciers • Airain • Almélec • Alpax • Alumine • Aluminium • Bronze • Cadmium Constantan • Cuivre • Cupro-nickel • Duralumin • Étain • Ferronickel • Fonte • Fortal Inox • Invar • Laiton • Magnésium • Maillechort • Manganèse • Molybdène • Nickel Permalloy • Platine • Plomb • Rosette • Tantale • Tungstène • Zamak • Zinc.

Traitement des métaux :

Aciérage • Aluminiage • Anodisation • Bronzage • Cémentation • Chromage Cuivrage • Dérochage • Dérouillage • Écrouissage • Frittage • Galvanisation • Grenaillage • Métallisation • Mordançage • Parkérisation • Passivation • Phosphatation Plastage • Prélaquage • Recuit • Revenu • Rilsaniser • Sablage • Téfloniser • Trempe Zincage.

Demi-produits et produits métalliques :

Bloom • Carré • Étiré • Feuille • Feuillard • Fil • Gaufré • Laminé • Méplat Ondulé • Plat • Profilé • Rangette • Ruban • Saumon • Tôle • Treillis.

Travail des métaux :

Brasage • Corroyage • Ébarbage • Ébavurage • Emboutissage • Étamage • Étirage Filetage • Forgeage • Gaufrage • Laminage • Martelage • Matir • Oxycoupage Parage • Perçage • Planage • Polissage • Profilage • Rabattre • Rectifier • Refouler Roulage • Sertissage • Soudage • Soyage • Suager • Surfaçage • Taraudage Tôlage • Tréfilage.

Caractéristiques :

Qualités : Anticorrosion • Dureté • Élasticité • Inoxydable • Nuance • Résilience Ténacité.

Défauts : Aigre • Calamine • Cendreux • Corrodé • Craqure • Crique • Gerce Inclusion • Loupe • Oxydation • Paille • Piqûres • Rouillure • Rouverain • Soufflure Tapure • Vert-de-gris.

Voir aussi Charpente métallique, Serrurerie-Ferronnerie, Outillage.

BOIS et VÉGÉTAUX

Constituants, caractères, qualités

Accroissement • Adhérent (noeud —) • Aubier • Bout (de-) • Broussin • Cambium Cellulose • Cerne • Coeur • Contrefil • Debout • Duramen • Feuillu • Figure • Fil Fissilité • Grume • Imputrescible • Lard • Liber • Liège • Loupe • Maille • Maillé Maillure • Médullaire (rayon -) • Moelle • Nodosité • Noeud • Oeil-de-perdrix Patte-de-chat • Rayon • Résineux • Rétractabilité • Ronce • Rubané • Siccité Suber • Veinage • Veiné.

Défauts, vices :

Bleu • Bouge • Brogneux • Cadranure • Carie • Cauffiné • Cémentation • Champlure Chanci • Chancre • Collapse • Contournement • Déjeté • Déversement • Dorge Écaler (s'-) • Échauffement • Échauffure • Exfoliation • Exostose • Flache • Frotture Gauche • Gélivure • Gerce • Gerçure • Huppe • Lunure • Madré • Madrure • Malandre Mérule • Mouliné • Mulotage • Nerveux • Noueux • Pourriture • Queue-de-vache • Raboteux • Racheux • Rebours • Rogne • Roulure • Tors • Vermoulu • Virant • Vrillé.

Traitements :

Antibleu • Bakélisation • Blanchiment • Brûlage • Bûchage • Créosotage • Densification • Dessévage • Étuvage • Flottage • Injection • Lasure • Lessivage • Protection Pulvérisation • Purger • Tanin.

***Essences indigènes** (européennes)* :

Acacia • Châtaignier • Chêne • Cormier • Épicéa • Érable • Hêtre • If • Mélèze • Orme Peuplier • Pin • Platane • Sapin • Surre • Sycomore • Ulmeau • Ypréau.

***Essences exotiques** (importées)*:

Acajou • Pitchpin • Teck • Sisal.

NB : les essences ci-après, citées ici à titre indicatif, sont décrites dans le DICOBAT, mais **pas dans ce *PETIT* DICOBAT**.

***Essences indigènes** (européennes)* : Alisier • Aulne • Charme • Chêne-liège • Cornouiller • Cyprès • Frêne • Pesse • Robinier • Sorbier • Tauzin • Thuya.

index thématique

index thématique

***Essences exotiques** (importées):* Abalé • Abarco • Afrormosia • Agave • Akédé Andira • Andoung • Angélique • Asamela • Avodiré • Awong • Ayous • Azobé Baboen • Bacu • Balata • Bété • Bilinga • Bongo • Bossé • Cativo • Cochenille Dabéma • Dibetou • Difou • Douglas • Doussié • Ébène • Ébiara • Essia • Évîno Eyong • Filao • Fraké • Framiré • Gonfolo • Goupie • Grenadille • Ilomba • Iroko Itauba • Izombé • Kaori • Karité • Kirundu • Kosipo • Kotibé • Landa • Lauan Limba • Limbali • Louro-vermelho • Lovoa • Mahogani • Makoré • Mandio • Manoko Méranti • Moabi • Movingui • Mpossa • Mukulungu • Nedoun • Niangon Niové • Obobo • Odoko • Okoumé • Olonvogo • Ovala • Ovoga • Ozigo • Ozouga Padouk • Palissandre • Parcouri • Quaruba • Ramin • Redwood • Rikio • Roble Samba • Sapelli • Séquoia • Sindora • Sipo • Sougué • Tali • Tiama • Tola • Véra Virola • Wengé • Weymouth.

Débits et produits du bois :

Ais • Aissante • Aisseau • Aligné • Avivé • Baguette • Bastaing • Bille • Billon • Billot Canisse • Chanlatte • Chevron • Chon • Clin • Contredosse • Contreplaqué • Courçon Croûte • Déballe • Découvert • Dédosser • Déligner • Demi-chevron • Demi-lune • Dérivure • Déroulé • Dosse • Doublette • Échalas • Égobelage • Esse • Ételle Fausse-dosse • Faux-quartier • Fendage • Feuillet • Frise • Gros-battant • Lambourde Lamellation • Lamellé-collé • Lamibois • Latte • Latté • Liteau • Lorraine • Madrier Merrain • Particules (panneaux) • Planche • Plateau • Pli • Plot • Quartier • Redos Refente • Sapine • Sciage • Stratifié • Tasseau • Tranchage • Trappe • Volige.

***Autres végétaux** utilisés dans le bâtiment* :

MATÉRIAUX PRÉFABRIQUÉS, CÉRAMIQUES

Accord • Accoulins • Adobe • Aérocrète • Aggloméré • Amiante-ciment • Amiantine Argile • Basaltine • Béton cellulaire • Biscuit • Bloc • Boisseau • Brique *(V. ce mot)* Briqueton • Briquette • Cancalon • Carreau *(V. ce mot)* • Cément • Cérame Chamotte • Claustre • Clozot • Corps creux • Dallette • Dallot • Dalot • Faïence Fibragglo • Fibres-ciment • Flammé • Glaise • Kaolin • Majolique • Matton • Mulot Ondulé • Panneau • Parpaing • Plafonnette • Planchette • Planelle • Plaque *(V. ce mot)* • Plaquette • Plot • Porcelaine • Prélinteau • Prédalle • Reconstitué • Recuit Réfractaire • Salage • Six-pouces • Tesson • Tinne • Tuile *(V. ce mot)* • Tuileau Vare-crue • Vason • Wagon.

Moulages, formages :

Cintrage • Dépouille • Extrudé • Filage • Pondeuse • Pressage • Rebattage • Repressage • Taillage.

CHIMIE, MATIÈRES DE SYNTHÈSE, RÉSINES, PRODUITS NOIRS...

Acétate de polyvinyle (PVA) • Acide(s) • Acrylique • Alcali • Aminoplaste • Amylacé Aromatique • Bakélite • Base • Bitume • Blanc • Borax • Brai • Butadiène • Butana Butyl • Carbonyle • Caséine • Coaltar • Colloïde • Colophane • Copolymère • Coumarone • Créosote • Cut-back • Dextrine • Éburit • Élémi • Époxyde • Esprit-de-sel Éthylène • Éthyl-glycol • Foamglass • Frigolite • Furanne • Galipot • Glycérophtalique Glycol • Gomme-laque • Goudron • Hypalon • Laque • Latex • Litharge • Métalloïde Mine-orange • Minium • Néoprène • Organogel • Organosol • Oxychlorure • Oxyde Ozone • Perbunan • Phosphore • Plastisol • Plastomère • Plexiglas • Pliolite • Polycarbonate • Polychloroprène • Polyester • Polyéthylène • Polymère • Polystyrène Polysulfure • Polyuréthane • Polyvinyle • Pyralène • Résorcine • Rilsan • Sandaraque Sel • Silicone • Solvant • Soude • Soufre • Stannique • Styrène • Styropor • Sulfate Sulfure • Téflon • Térébenthine • Toluène • Toluol • Trichloréthylène • Urée-formol Vinyle • Vulcaniser • Xylène.

États, réactions, propriétés des matières et mélanges :

Acidité • Acido-alcalimétrie • Alcalinité • Anhydre • Activateur • Activeur • Adhésif Antiacide • Basicité • Carbonatation • Catalyseur • Caustique • Corrosion • Dopant

Durcisseur • Dureté (eau) • Émulsifiant • Ettringite • Meringue • Monomère • Osmose Oxydant • Phase • Polyaddition • Polymérisation • Pot-life • Processus • Réducteur Réticulation • Réversibilité • Salinité • Saponification • Siccatif • Tensio-actif.

index thématique

PHÉNOMÈNES et PROPRIÉTÉS PHYSIQUES, THERMIQUES...

Propriétés et caractères thermiques :
Adiabatique • Aperdition • Condensation • Conductivité • Convection • Critique (point) • Éclair (point) • Endothermique • Exothermique • Intumescence • Pyrolyse Radiation • Rayonnement • Résistance • Rosée • Thermodurcissable • Thermoplastique • Sublimation • Vaporisation.

Caractères des mélanges liquides ou pâteux :
Addition • Adjuvant • Ajout • Aqueux • Bicomposant • Colloïdal • Compound Démélange • Dilatance • Dilution • Dispersion • Dissolution • Dissolvant • Distillat Émulsion • Floculation • Fluxage • Gel • Gélatine • Liquation • Liquéfier • Micelle Rhéologie • Sédimentation • Ségrégation • Solution • Solvatation • Suspension Thixotropie • Véhicule • Vie en pot.

Caractéristiques liées à la présence ou à l'élimination de fluides :
Absorption • Adsorption • Capillarité • Condensat • Dessiccation • Électro-osmose Exsudation • Foisonnement • Hydrofugation • Hydrophile • Hydrophobe • Hydrostatique • Hygrométrie • Hygroscopicité • Imbibition • Migration • Oedométrie • Porosité Pouvoir absorbant • Reprise d'eau • Respirant • Saturation • Siccité • Vapeur.

Propriétés et réactions physiques ou mécaniques diverses :
Abrasivité • Aérosol • Altération • Antitartre • Attrition • Brillance • Capillarité • Catalyse • Cisaillement • Compression • Contrainte • Déformabilité • Densité Descente (de charges) • Ductilité • Dynamique • Élastomère • Élastoplaste • Faix • Flexion Fluage • Glissance • Indentation • Levier (types) • Malléabilité • Maturation Moment (forces) • Ouvrabilité • Phase • Poinçonnement • Portance • Résultante • Statique Striction • Transfert • Translation • Transmission • Vecteur • Vieillissement.

Structures physiques des solides :
Alvéolaire • Amorphe • Cristallin • Expansé • Isotrope • Labile • Lacunaire • Lamellaire • Micronisé • Mousse • Réticulé.

Mesures, contrôles, essais, appareils :
Termes généraux : Éprouvette • Erreur absolue/relative • Étalonnage • Graduation Gravimétrie • Hystérésis • Indice • Isochore • Paramètre • Performance • Ratio Rémanence • Résiduel • Sollicitation • Spectrographie • Unité *(V. détails à ce mot).*
Connaissance des sols : Oedométrie • Pressiomètre • Pycnomètre • Tellurohmmètre Vacuomètre.
Forces, pressions : Dynamomètre • Élasticité • Épreuve • Isobare • Manomètre.
Acoustique, Optique : Barymètre • Luxmètre • Opacimètre • Sonomètre.
Thermique : Héliographe • Pyromètre • Radiométrie • Thermométrie.
Eau : Humidimètre • Hydromètre • Hydrotimétrie • Perméabilité • Perméance Piézomètre • Siccité.
Liquides, mélanges, viscosité : Aréomètre • Débitmètre • Bazin (table de —) Coupe • Ford • Écoulement • Extrait sec • Fluidité • Poise • Rhéologie • Rhéomètre Solubilité • Stokes • Syncrise • Thixotropie • Teneur • Titre • Turbidité • Viscosimètre • Volatilité.
Fumisterie, ventilation : Anémomètre • Bacharach • Déprimomètre • Smoke-test.
Surfaces, revêtements divers : Abrasimètre • Billage • Brinell • Duromètre • Perfotest • Planéité • Planimétrie • Planitude • Pliomètre • Rattler • Rayabilité • Résilience Scléromètre • Tribologie.

Bétons, mortiers, granulats :
Abrams • Aiguille (Proctor, Vicat) • Extensomètre • Fendage • Fleuromètre • Flexion Flow-test • Granularité • Granulométrie • Hydraulicité • Maniabilimètre • Passoire Pénétromètre • Plasticimètre • Poisson (module de) • Pondéral (dosage) • Prisomètre Pycnomètre • Retrait • Slump-test • Table à secousses • Tamisage • Volumétrique (dosage —) • Young (module de —).

LIANTS, ADJUVANTS et CHARGES

***Liants**, caractères, traitements et constituants* :

Alabastrine • Alite • Aluminate • Aluné (plâtre —) • Anhydrite • Aqueux • Asphalte Autoclave • Bâtard • Bélite • Binder • Blutage • Broyage • Calcaire • Calcination Carbonatation • Cendrée • Chaulage • Chaux • Ciment • Clinker • Cru • Durcissement Expansif • Extinction • Fleur (de plâtre) • Fondu • Furanne • Gypse • Hydraulicité • Lait (de chaux) • Mouture • Plâtre • Portland • Prémélange • Prise • Prompt • Réfractaire Résine • Surcuit • Thixotrope • Tiolithe • Tobermorite.

(V. aux mots chaux, ciment, plâtre, résine, leurs nombreux qualificatifs)

Adjuvants :

Accélérateur • Adjuvantation • Aérateur • Agent • Anticryptogamique • Antifongique Antigel • Antigélif • Antimousse • Antioxydant • Bactéricide • Biocide • Caséine • Cure (agent de —) • Dispersant • Entraîneur d'air • Épaississant • Fluidifiant • Fongicide Hydrofuge • Mouillant • Moussant • Opacifiant • Pare-gel • Plastifiant • Réducteur Retardateur • Rétenteur d'eau • Stabilisant.

Charges, ajouts minéraux :

Alun • Cendre • Extender • Farine • Filler • Fines • Granulats • Grappier • Gypsage Impalpable • Incuit • Kieselguhr • Laitier • Pigments • Pouzzolane • Pulvérulent.

Défauts :

Éventement • Fusée • Grignard • Mort (plâtre —) • Motté • Rigaud • Ségrégation.

BÉTONS, MORTIERS

Composition, malaxage, caractéristiques, durcissement :

Aiguille (Proctor, Vicat) • Aire • Appauvrir • Augée • Bolomey (courbe) • Charge Clair • Composant • Consistance • Constituant • Couder • Cure • Dopage • Décantation • Démélange • Dessiccation • Dosage • Durcisseur (granulat) • Efflorescence Électro-béton • Enrichi • Essorage • Étuvage • Fausse-prise *(Voir Prise)* • Fibre (de renforcement) • Fluidité • Frottement • Gâchage • Gâchée • Granulat • Granulométrie Gras • Gravier • Gravillon • Grillé • Hydratation • Interstice • Laitance Maigre • Maniabilité • Nid (de gravillons) • Ouvrabilité • Pâte • Pauvre • Plasticité Pompabilité • Porosité • Prise (et fausse-prise) • Raide • Rebattre • Repos (gâchée) Reprise • Ressuage • Retrait • Rhéologie • Riche • Ségrégation • Soupe • Sous-dosé Surdosé • Temps ouvert • Touiller • Travailler • Workabilité.

Bétons et mortiers spéciaux :

(V. aussi à ces mots leurs qualificatifs)

Adjuvanté • Allégé • Architectonique • Barbotine • Cellulaire • Colcrete • Colgrout Coulis • Cyclopéen • Ferro-ciment • Gris-de-pierre • Gros-béton • Gunite • Grossier Micro-béton • Micromortier • Précontraint • Prépackt • Xylolithe.

Autres préparations :

Bauge • Bousillage (terre) • Métallique (ciment-) • Paillebart • Pisé • Résame (terre et chaux) • Torchis.

Les ouvrages et leur exécution.

ARPENTAGE, TOPOGRAPHIE, FONCIER

Abornement • Alignement • Autoréduction • Bornage • Bornoyer • Carroyage Chaînée • Cheminement • Contenance • Cultellation • Dénivelée • Diastimomètre Hypsométrie • Lever • Mesurage • Nivellement NGF • Topométrie • Visée.
Sols : Abords • Accès • Accidenté • Affouillement • Aquifère • Arénacé • Arènes Argileux • Boulant • Compacité • Compressible • Corroyage • Déclive • Dégravoyer Fluent • Fortage • Horizon • Humifère • Inondable • Mécanique • Meuble • Nappe Oedomètre • Pente • Phréatique • Portance • Sondage • Strate • Tassement.

TERRASSEMENT, FOUILLES, BLINDAGE, ÉTAIEMENT

Accul • Barbacane • Batardeau • Battage • Bêche • Bentonite • Berge • Berlinoise Berme • Boisage • Boulance • Bracon • Buton • Carottage • Casque • Cavalier Chantepleure • Chapeau • Chevalement • Chevalet • Cimentage • Cintre • Claver Clayonnage • Coin • Comblement • Compactage • Contrefiche • Couchis • Cubage Cunette • Déblai • Déboqueter • Décapage • Dérochage • Déroctage • Ébouleux Éboulis • Emprunt • Enchevalement • Encrèchement • Enfoncement • Enlèvement Épaulement • Épuisement • Étançon • Étrésillon • Éventail • Fascinage • Filant Fonçage • Fontis • Fourneau • Frettage • Gabion • Géotextile • Hart • Havage Lançage • Lardoir • Levée • Longrine • Marinage • Masse • Palanque • Palée • Palifier • Palis • Palissade • Palplanche • Parafouille • Pelletage • Perré • Picot • Pieu Pilot • Pilotage • Pilotis • Plateau • Platelage • Plate-forme • Pointal • Pointe Pointelle • Puisage • Rabattement • Racinal • Raidir • Raidisseur • Raineau • Raser Régalage • Remblai • Repiquage • Rideau • Rigole • Ripage • Sabot • Semelle Stabilisation • Talus • Tasseau (en —) • Tirant • Tranchée • Tune • Ventrière Vibroflottation • Vibrofonçage.

FONDATIONS, STRUCTURES

Abloc • Application • Appui • Assiette • Assise • Autoporteur • Battage • Bouter • Bowstring • Carcasse • Chaînage • Chaîne • Charge • Contrebuter • Décharge • Décintrage Dégression (loi de —) • Descente de charges • Empattement • Encaissement • Éperon Ferraillage • Fondement • Galette • Garde-au-gel • Gros-fers • Hauban • Hérisson Infrastructure • Isostatique • Lançage • Longeron • Longrine • Massif • Neutre • Ossature • Patte-d'éléphant • Platée • Plate-forme • Portée • Poteau • Poutre • Poutrelle Précontrainte • Radier • Recéper • Rechausser • Rempiètement • Ridoir • Risberme Rotule • Semelle • Sous-oeuvre • Sous-pression • Soutènement • Structure tendue Surcharge • Tendeur • Tirant • Travaison • Travée • Traversine • Travon • Tubage.

MAÇONNERIE EN PIERRE, MOELLONS, BRIQUES ou PARPAINGS

Construction :

Amorce • Arase • Attente • Balèvre • Bandage (de voûte) • Besace • Blocageux Blocaille • Bloquer • Bourrage • Contre-fruit • Contre-mur • Décintrer • Doublage Empochement • Encuvement • Enrobage • Fourrer • Fourrure • Fruit • Harpage Hourdage • Liaison • Liaisonnement • Limousinage • Pralinage • Taluter.

(Voir aussi ci-avant le vocabulaire détaillé des parements de la pierre).

Désordres :

Bombement • Boucler • Bouffer • Bullage • Déchausser • Descellement • Dévers Déversement • Fatigue • Fil • Fissure • Flambage • Griller • Noyé • Ployage • Poudrage Pousser (au vide) • Ressaut • Rupture (adhésive/cohésive) • Salpêtre • Ventre.

Traitements et réfections :

Assèchement • Drainage • Électro-osmose • Knapen • Métalline • Minéralisation Mouchoir • Piochement • Rafraîchir • Ravalement • Recrépir • Reficher • Relancer.

Retraits, tassements et fissurations :

Couleuvre • Coup de sabre • Craquelure • Crevasse • Ébranlement • Étonnement Faïençage • Faille • Faix (prendre son -) • Fil • Lèvre • Lézarde • Microfissure • Moye Prérupture • Relaxation • Sondage • Témoin • Tressaillement.

index thématique

BÉTON *(V. à ce mot ses nombreux qualificatifs)*

Coffrage, mise en oeuvre et finitions du béton :

Architectonique • Balèvre • Banchage • Banche • Banchée • Boiser • Brut • Compactage • Coulage • Coulée • Décintrage • Décoffrage • Décoffrant • Démoulant • Éclaté Gunitage • Moulé • Nu • Pargue • Reprise (bétonnage) • Scié • Table • Talonnette Trapon • Travelling • Tunnel • Vacuum-concrete • Vau • Vibrage • Vibration.

Béton armé, armatures :

Ancrage • Attache • Barre • Cadre • Cage • Chapeau • Chevelu • Cintre • Crochet Crosse • Distancier • Écarteur • Enrobage • Épingle • Espaceur • Fer • Frettage Gousset • Grillage • Lien • Ligature • Mèche • Passe-partout • Recouvrement Rond • Treillis.

Béton précontraint :

Banc • Cachetage • Cône • Coulis • Évent • Frettage • Post-tension • Pré-tension.

DALLES DE BÉTON ET CHAPES

Mise en oeuvre :

Autolissant • Coulage • Décaissement • Désolidarisation • Étalement • Épandage Flottante • Forme de pente • Fractionnement • Incorporée (chape —) • Nivelage Plot • Refluée (chape —) • Repère • Réservation • Sous-couche • Tirer (à la règle) Taquet.

Finitions, traitements de surface :

Aspérisé • Bouchardage • Cure • Durcisseur (granulats-) • Feutré • Fluatation • Granito Interposition • Laitance • Lissage • Ocratation • Refluage • Silicatisation • Surfaçage Talochage • Terrazzo. **Défauts** : Décollement • Flache • Sardine • Soufflage • Soufflure • Soulèvement.

ENDUITS MURAUX

Supports et leur préparation :

Abreuver •Absorption • Accrochage • Adhérence • Calepinage (joints) • Compatibi-lité • Hétérogène • Homogène • Piochement • Recharger • Redresser • Regarnir Remailler • Renformis • Repiquage • Réservation • Ressuyage • Sablage • Saignée Scellement • Sous-couche • Sous-enduit • Substrat.

Mise en oeuvre :

Bicouche • Cingler • Claquer • Clapée • Corps (d'enduit) • Couche • Crépissage Dégrossi • Dresser • Enduction • Enduisage • Fouettis • Glisse • Gobetage • Gobetis Monocouche • Parement • Pare-mortier • Pare-pluie • Passe • Plaquer • Projection Rappointis • Renformis • Resserrer • Retournement d'enduit • Salir • Serrage • Solin Surcharge • Surépaisseur • Talochage • Tirer d'épaisseur • Truellée • Voiler.

Parements, traitements de surface :

Antigraffiti • Autolavable • Bouche-pore • Brut de projection • Écrasé • Écrêtage Éparvéré • Feutré • Frotassé • Glacis • Granité • Gratté • Grésage • Grésé • Jeté truelle Lavé • Lissage • Mignonnette • Mouchetis • Peigné • Poncé • Pommelé • Raclé Ragréage • Ragréer • Ribbé • Ripaté • Roulé • Strié • Taloché • Tramé • Tyrolien.

Défauts et désordres :

Boursouflure • Carbonatation • Cisaillement • Choc thermique • Cloquage • Coffrer Crypto-efflorescence • Décohésion • Décollement • Décrépi • Dégradation • Délaminage • Déliter • Desquamation • Dessiccation • Efflorescence • Effritement • Ettringite Faïençage • Fantôme (de joints) • Farinage • Friabilité • Laitance • Moustache • Noyé Poudrage • Pulvérulence • Raccord • Spectre • Traînée.

Enduits à base de plâtre, staff, stuc :

Bouche-pore • Chevelu • Coupage • Coupement • Cru • Égrainage • Étoupe • Filasse Hachement • Lambris • Mort • Naissance • Pigeon • Polochon • Protège-angle • Ratissage • Repassage • Sas (au-) • Sole • Solin • Soudure (plâtre).

Vocabulaire des liants et enduits hydrocarbonés (RPE, RSE) :

Beurré • Cloquage • Coalescence • Délavage • Fixateur • Granité • Panneautage Régulateur • Revêtement • Ribbé • Sous-couche • Substrat • Surépaisseur • Tramé.

Vocabulaire du pisé et du torchis *(V. détails à ces mots)*

Frassage • Lançonnier • Moraine • Paillebart • Parefeuille • Parpine • Tarrède.

PAROIS EXTÉRIEURES

About • Allège • Appui • Arase • Bahut • Bandeau • Bardage • Bardure • Clins Contre-face • Contre-mur • Couvre-joint • Dosseret • Forjeter • Garnis • Gommage Habillage • Hourdage • Mantelage • Mur *(V. ce mot)* • Muraillement • Mur-rideau Murer • Muret • Panneau (sandwich, etc.) • Parement • Pare-pluie • Pare-vapeur Pariétodynamique • Peau • Pont thermique • Porteur • Préfabrication • Prélinteau Rail • Recherche • Remplissage • Ruiler • Sandwich • Soubassement • Tableau Tiers-central • Trumeau Vêtage • Vêture • Wimberge.

CLOISONS

About • Bande résiliente • Carreau de plâtre • Cloison *(V. détails à ce mot)* • Complexe (de doublage) • Composite • Contre-cloison • Contre-mur • Doublage • Élancement Flambage • Fourrure • Galandage • Habillage • Hourdage • Lambris (plâtre) • Lambrissage • Lame (d'air) • Limousinage • Pan • Plinthe • Réseau • Semelle • Traversée.

PLANCHERS et PLAFONDS

About • Aire • Auget • Bacula • Bascule (en —) • Batifodage • Caisson • Caillebotis Cancalon • Canisse • Carillon • Champignon • Chape • Chevêtre • Collaborant Compartiment • Contre-flèche • Corbeau • Corniche • Côte-de-vache • Couchis Dalle • Enchevêtrure • Entre-travée • Entrevous • Fausse-aire • Fanton • Faux-plafond • Faux-plancher • Flottant • Forme • Fourreau • Garnissant • Gîtage • Hourdage Hourdis • Lattis • Lacunar • Lambourde • Marmite • Muraillère • Plafonnage Plafonnette • Planchéiage • Plénum • Poutraison • Poutre • Poutrelle • Prédalle Raidisseur • Rang • Retombée • Rotation • Soffite • Solivage • Solive • Soliveau Sous-face • Suspendu • Suspente • Table (coffrage) • Talon • Travée • Traversée Travure • Trémie • Vélum.

CHARPENTE, PANS DE BOIS

Termes généraux :

Aire • Amorce • Aréner • Biller • Boiteux • Bûchage • Canter • Contre-jauger • Contremarque • Crémona • Débillarder • Déchasser • Délardement • Dévêtissement • Doler Encluseau • Épar • Équarrissage • Établissement • Ételon • Finette • Garde-au-feu Hachement • Herse • Lamellé-collé • Lavé • Lignage • Marques • Mettre dedans • Mise Oche • Piquage • Plumée • Pointer • Portée • Queue-de-vache • Rabattre • Ramenerеé Refait • Refeuillement • Refuite • Regain • Rembarrer • Rencontre • Renfaîtage • Repos Retroussis • Ruinure • Sondage • Stéréotomie • Trait • Travée • Voilement.

Assemblages :

Adent • Agrafe • Aronde • Barbe • Béchevet • Brandille • Brandir • Chevauchement Chevêtre • Connecteur • Console • Croix de St-André • Croupe • Dégueulement Déjoutement • Embrèvement • Empatture • Encastrement • Enchevêtrure • Enclaver Enfourchement • Enjambement • Enlacer • Enrayure • Ferme • Fermette • Flasque Fourchette • Gargouille • Gobelet • Goujon • Grain-d'orge • Guitare • Harpon Hironde • Jupiter (trait) • Margouillet • Moisement • Mortaise • Noulet • Patte-de-lion • Patte-d'oie • Paume • Plate-bande • Platelage • Potence • Queue-d'aronde Renfort • Renton • Rossignol • Rouet • Sabot • Tenon • Tirant • Tortiller • Trémie Triangulation.

Pièces de charpente (bois et métal) et de Pans de bois :

Aiguille • Aisselier • Amoise • Arbalétrier • Arêtier • Bielle • Blochet • Boursault Chambrée • Chandelle • Chantignole • Chevêtrier • Chevron • Colombe • Columen Contre-fiche • Contrevent • Coyau • Coyer • Décharge • Doubleau • Échantignole Écharpe • Empannon • Entrait • Entretoise • Épi • Fagot • Faux-entrait • Filière Gîte • Gousset • Guette • Guigneau • Jambe • Jambette • Lambourde • Lien • Lierne Linçoir • Longrine • Membrure • Mi-bois • Moisé • Noyau • Oulice • Panne Penne • Plate-forme • Poinçon • Poteau • Potelet • Poutraison • Poutre • Poutrelle Profilé • Racinal • Raidisseur • Ramée • Remplage • Ruinure • Sablière • Semelle • Sole • Sommier • Sous-arbalétrier • Sous-faîtage • Té • Tiers-poteau Tournisse • Trave • Treillis.

index thématique

COUVERTURE

Termes généraux :

Accrain • Alaise • Ancelle • Arêtier • Bâchage • Bande (d'astragale, d'égout...) Bardeau • Bardelis • Basque • Bavette • Bec-à-neige • Becquet • Besace • Boursault Bris • Brisis • Cache-moineaux • Calotte • Capote • Chanlatte • Châssis • Chatière Chaume • Chéneau • Chevauchement • Closoir • Collerette • Contre-latter • Contre-pente • Couvertine • Coyau • Crête • Devanture • Déversée • Dévêtir • Dos-d'âne Échandole • Émergence • Enfaîtement • Engravure • Ennusure • Épi • Faîtage • Faux-pureau • Fonçure • Fourrure • Frise • Friteau • Garde-gravois • Garde-neige • Garniture Lanusure • Larmier • Latte • Lattis • Lause • Liaison • Liaisonnement • Lignage Liteau • Liteaunnage • Manchon • Membron • Noquet • Noue • Ourne • Outeau • Pan Parapluie • Passe-barre • Passe-chevron • Passe-corde • Pénétration • Pente • Phonolite Pied • Platelage • Pontet • Pureau • Rang • Recherche • Recouvrement • Relatter Relief • Remaniage • Renvers • Renvoi • Retroussis • Rive • Ruellée • Shingle • Solin Sous-doublis • Sous-toiture • Surtoiture • Tavaillon • Tranchis • Travée • Usages Versant • Verseau • Voligeage.

***Couverture en ardoises** (V. ce mot)* :

Approche • Brifier • Cartelette • Chef • Clairis • Contre-approche • Contre-arêtier Doublis • Écaille • Épaulement • Lignolet • Fendis • Gironnée • Héridelle • Jet • Longrain • Poil • Requête • Rondir • Sauton • Tiercée • Travers • Traversin • Vergure.

***Couverture en tuiles** (V. ce mot)* :

Arêtière • Battellement • Bourrelet • Calage • Canali • Coffine • Déchange • Dessautage • Dévirure • Écaille • Embarrure • Enfaîteau • Faîtière • Flamande • Gambardière Garnir • Génoise • Malon • Mentonnet • Nez • Nigoteau • Nouette • Pannetonnage Parement • Rigoteau • Sarrasine • Selle • Tiercine • Tige-de-botte.

Couverture en feuilles métalliques :

Agrafe • Agrafure • Appuyoir • Bourrelet • Calotin • Chemise • Contre-talon • Coplead Coulisseau • Couture • Couvre-joint • Glacis • Gousset • Longue-feuille • Mouche • Mouchoir Nez • Noyau roulé • Ourlet • Patte (*V. ce mot*) • Tasseau • Tête.

Évacuation des eaux pluviales :

Bague • Bout • Canon • Chéneau *(V. détails)* • Chevet • Crapaudine • Croisure • Cuiller Cuvette • Dauphin • Descente • Échenal • Fonçure • Gargouille • Godet • Goulotte Gouttière • Gueulard • Hausse • Jambon • Lancier • Main d'arrêt • Naissance • Nez Paillette • Souillard • Talon.

ÉTANCHÉITÉ

Adhérence (pose en —) • Antiracine • Auto-protection • Barrière • Bicouche • Bitume armé • Capillarité • Carton-feutre • Chape • Circulable • Complexe • Corroi • Costière Coupure de capillarité • Cuvelage • Engravure • Feutre • Forme • Garde-grève Géotextile • Glu-marine • Hydrofuge • Imperméabilisant • Indentation • Indépendance (pose en —) • Injection • Masque • Membrane • Monocouche • Multicouche • Nappe Pare-vapeur • Perméabilité • Perméance • Polyane • Pontage • Protection • Relevé Relief • Revanche • Semi-indépendance • Solin • Sous-pression • Toiture inversée.

CHEMINÉES et FUMISTERIE

Cheminées (foyers ouvert ou fermé) :

Aile • Âtre • Attique • Avaloir • Avant-foyer • Chambranle • Coffre • Contre-coeur Contre-jambage • Contre-soubassement • Costière • Coupe-tirage • Courge • Écart-au-feu • Entonnoir • Faux-manteau • Foyère • Galerie • Garde-au-feu • Gousset Hotte • Insert • Jambage • Manteau • Pare-feu • Piédroit • Planche • Rabat • Récupérateur • Rétrécissement • Rideau • Soupente • Sous-âtre • Tablette • Tablier • Taque Travers Trémion.

Conduits de fumée, fumisterie :

Antirefouleur • Aspirateur • Bistrage • Boisseau • Bonnet • Buse • Capote • Capte-suies Capuchonner • Carneau • Ceinture • Champignon • Chemisage • Chicane • Ciel Coffre • Coquille • Costière • Coulisse de ramonage • Coupe-tirage • Couronnement.

Dévoiement • Écart-au-feu • Embrassure • Extracteur • Exutoire • Fuligineux • Fumifuge • Gaine • Garde-au-feu • Garnissage • Glacis • Gueule-de-loup • Hérisson Languette • Lanterne • Limiteur (de tirage) • Manchette • Mitre • Mitron • Patinot Pigeon • Pot décanteur • Purgeur • Ramonage • Rangette • Roux • Shunt • Smoke-test Sole • Stabilisateur • Suie • Tabourin • Té • Tirage • Tourne-vent • Trappe • Tubage Vacuostat • Virole • Wagon.

MENUISERIE

Abouter • Affleurer • Affourcher • Ajointer • Alaise • Allégir • Amaigrir • Aronde Astragale • Bâti • Bidet • Blanchir • Boiserie • Bouchonnage • Bouvement • Bouveter Brin • Cadre • Carre • Champ • Champlevage • Chant • Chantourner • Chapelle Chapoter • Cimaise • Contre-perçage • Corroyage • Couvre-chant • Couvre-joint Débitage • Démaigrir • Désaffleurement • Dévirage • Dosseret • Égalir • Emboîtement Emboîture • Embrèvement • Encaver • Encharner • Endentement • Enfourchement Enlaçure • Entablure • Entaille • Enture • Épaulement • Évidement • Fausse-languette Faux-onglet • Feuillure • Filaret • Flottage • Frise • Glace (panneau à —) • Gousset Grain-d'orge • Grossette • Hironde • Isoplane • Jointure • Jupiter (trait de) • Lambris Lame • Lamer • Languette • Limande • Lingueter • Marques (d'établissement) Membrure • Mi-bois • Mordâne • Mortaise • Mouchette • Mouchure • Moulurer Nerver • Onglet • Panneautage • Parer • Pastille • Paume • Peigne • Pigeon • Pilastre Placage • Planage • Plate-bande • Plat-joint • Plinthe • Pointer • Quart-de-rond Queue-d'aronde • Rabattre • Racher • Racler • Rafraîchir • Rail • Rainer • Rainure Recaler • Refeuillé • Rembarrer • Renfort • Replanissage • Retailler • Rive • Rossignol Scarfage • Sifflet • Socle • Stylobate • Table • Tarabiscoter • Tasseau • Tenon • Tenonnage • Tourillon • Tournage • Travers (bois) • Traverser • Tronche • Unir • Veau.

<u>Portes, fenêtres et fermetures</u> :

Allège • Bâcle • Battant • Battement • Brisé • Brisure • Butoir • Caisson • Chambranle Chambre (de décompression) • Châssis • Coffre (à volets) • Condamnation • Contrebâti • Contre-chambranle • Contre-fenêtre • Contre-noix • Contre-porte • Contrevent Coulisse • Croisée • Crossette • Dormant • Écharpe • Équerre • Ferrage • Fourrure Frise • Goutte d'eau • Gouttière • Gueule-de-loup • Guillotine • Huisserie • Imposte Jet d'eau • Joue • Languette • Lardis • Montant • Mouton • Noix • Oculus • Oreille Oscillo-battant • Ouvrant • Panneaux (porte à —) • Persienne • Petit bois • Petit-fer Prébâti • Précadre • Regingot • Rejeteau • Rigole • Seuil • Soufflet • Sourdière • Tablier Tambour • Tapée • Traverse • Treuil • Trompillon • Volet.

Ferrures et organes de rotation : voir à Serrurerie

REVÊTEMENTS INTÉRIEURS DURS

<u>Carrelages, dallages, mosaïque</u> :

Abacule • Angulon • Astragale • Azulejo • Bain (de mortier) • Bouchon • Briare Cabochon • Carreau • Ceinture • Ciment-colle • Contre-parement • Dallage • Damier Demi-grès • Doublure • Écaillage • Échiquier • Émail • Émaux • Engobe • Enlevage Flammé • Filée • Gobineau • Gorge • Granito • Grès • Incrustation • Labyrinthe Lambris (marbr.) • Lithostrote • Mariage • Mortier-colle • Navette • Nid d'abeille Orneau • Pâte de verre • Pigeage • Placage • Plot • Pointe de diamant • Quadrillage Recherche (en —) • Relever • Remaniage • Rive • Salage • Salernes • Scellée (pose) Smalt • Sonner • Sous-couche • Tesselle • Tomette • Trappillon • Tressaillage.

<u>Parquets</u> :

Colifichet • Compartiment • Coupe de pierre • Courson • Densifié • Échiquet • Flipot Fougère • Frise • Frisette • Fourrure • Gobain • Guinguin • Lambourde • Lame Mosaïque • Panneautage • Plate-bande • Point (de Hongrie) • Relever • Remaniage Rive • Trappillon • Travée • Vannerie • Versailles.

index thématique

VITRERIE, MIROITERIE, VITRAUX

Agrafe • Aileron • Almagra • Alundum • Amalgame • Amatir • Ambité • Aréole Argenture • Bain (pose à —) • Barlotière • Bouillon • Bourrage • Brique (de verre) Bulle • Casilleux • Casse thermique • Cassons • Cive • Colcotar • Contre-masticage Contre-solin • Coquille • Corde • Crachat • Dépoli • Douci • Égruger • Filandre Filer • Filotière • Float • Garde-verre • Garniture • Gemmail • Grain • Graisse Grésiller • Inclusion • Langue • Larme • Lut • Martelé • Mastic • Masticage • Médaille Miroir • Mordant • Moulinet • Mousseline • Nille • Obturateur • Opalin • Ossature Panneton • Paraison • Parclose • Pavé (de verre) • Piquer (glaces) • Polissage • Profilé Puce • Raccoutrage • Remplage • Réseau • Résille • Savonnage • Sécurit • Solin Soufflage • Survitrage • Table • Tain • Tamis moléculaire • Translucide • Transparent Trempe • Tringlette • Triplex • Tripoli • Verge • Vergette • Verre *(V. ce mot)* • Verrière Visualisation (des glaces) • Vitrage (*V. ce mot*) • Vitrauphanie • Vitre • Vitrière.

GÉNIE CLIMATIQUE, THERMIQUE, ISOLATION

Termes généraux :

Admittivité • Aérage • Apports • Besoins (en chauffage) • Bilan énergétique • Bioclimatique • Bouclage • Caloporteur • Calorescence • Catalyse • Condensation • Conduction • Conductivité • Convection • Déperdition • Divergence des flux • Émissivité Émittance • Enthalpie • Entropie • Équilibrage • Flux thermique • Géothermie • Glycol Héliothermie • Inertie thermique • Infrarouge • Isotherme • Médium • Point critique Point de rosée • Primage • Puissance (calorif.) • Pyrotherme • Raccordé • Radiation Rayon • Rayonnement • Recyclage • Rendement • Rosée (point de —) • Serre (effet de —) • Source • Tension (de vapeur) • Thermie • Thermodynamique • Thermographie Thermosiphon • Thermostatique • Transformation • Vapeur *(V. ce mot)*.

Production de chaleur ; appareils et équipements :

Absorbeur • Accélérateur • Accroche-flamme • Accumulateur • Aérateur • Aérotherme • Bâche d'alimentation • Ballon (e.c.s.) • Biénergie • Bipasse • Caloduc • Calorifère Calorimétrie • Canalisation • Capteur (solaire) • Cassette • Cendrier • Chaudière *(V. détails à ce mot)* • Chauffe-bains • Chauffe-eau • Chaufferie • Circulateur • Clapet Collecteur • Condenseur • Convecteur • Corps de chauffe • Coupe-gaz • Coupelle Coupe-tirage • Distribution • Échangeur • Évaporateur • Évent • Foyer • Gaine • Garnissage • Garniture • Générateur • Gicleur • Groupe (de sécurité) • Gueulard • Herse Hydrocâblage • Hydromètre • Injecteur • Insolateur • Jaquette • Jauge • Klingérit Lanterne • Nipple • Nourrice • Parapluie (en —) • Pipe • Piquage • Piquer Pompe à chaleur • Préparateur (e.c.s.) • Purgeur • Raccordé • Radiant • Radiateur *(V. détails à ce mot)* • Rayonnant • Réchauffeur • Récupérateur • Réducteur • Rendement Résistor • Retubage • Rideau (air chaud) • Schnoerkel • Séparateur • Serpentin • Soupape • Té (de réglage) • Thermopompe • Thermosiphon • Timbre • Tourbillonneur Trame chauffante • Vase d'expansion • Veilleuse • Ventilo-convecteur • Ventouse.

Combustibles :

Butane • Comburant • Cuve • Fioul • Flambant • Gailletin • Gaz *(V. détails à ce mot)* Grelat • Grêle • Lignite • Noisette • Noix • Pouvoir (calorifique) • Propane • Réservoir Soute • Tête-de-moineau.

Régulation :

Aérostat • Aquastat • Bilame • Capteur • Consigne • Horloge • Hygrostat • Hystérésis Manostat • Optimiseur • Pressostat • Pyrostat • Programmateur • Régulateur • Sonde Soupape • Stabilisateur • Té (de réglage) • Thermistance • Thermocouple • Thermorégulation • Thermostat • Vapostat.

Production de froid :

Condenseur • Cryogénie • Cryoscopie • Évaporateur • Fréon • Frigorie • Frigorigène Frigorifique • Réfrigération • Serpentin.

Conditionnement d'air, ventilation :

Aéraulique • Aérosol • Ailette • Amenée • Anémomètre • Bouche • Châssis d'aérage Climatiseur • Conditionneur • Conduit • Coquille • Déshumidificateur • Déshydrateur Diffuseur • Éjecto-convecteur • Essorage • Extracteur • Filtration • Gaine • Grille

Humidificateur • Inducteur • Insufflateur • Ioniseur • Mélangeair • Oeillard • Ouïe Purificateur • Registre • Rideau (air chaud) • Sorbonne • Split-system • Stérilisation Tourelle de ventilation • Traînasse • Ventelle • Ventilateur • Ventilation mécanique contrôlée (VMC) • Ventouse • Vicié • Volet.

Isolation thermique :

ACERMI • Bourrelet • Calorifuge • Complexe (de doublage) • Coquille • Enveloppe Glaser (diagramme de —) • Inertie thermique • Isolant • Laine • Lame (d'air) • Linéique Matelas • Mousse • Panneau • Pont thermique • Surfacique • Pariétodynamique Résistance therm. • Sous-couche • Surisolation • Thermographie • Thermostatique.

PLOMBERIE, SANITAIRES, FLUIDES

Canalisations, tuyauteries :

Aboucher • Ajutage • Alésage • Alimentation • Amont • Araignée • Aval • Biller • Bipasse • Bouclage • Buse • Ceinture • Chute • Cintrage • Citerne • Citerneau • Clarinette Collecteur • Collerette • Collet • Colonne • Conduite • Contournement • Cor • Corbeau Coude • Coulure • Couronne • Crapaudine • Culotte • Damet • Dérivation Emboîtement Emboîture • Empattement • Évacuation • Filetage • Fourreau • Gaine (technique) Galerie • Genou • Genouillère • Heurt • Hydrocâblage • Jauge • Longue-vis • Lyre Mamelon • Manchon • Noeud • Nourrice • Parapluie (en —) • Pas (filetage) • Pieuvre Pipe • Piping • Piquage • Pitting • Potence • Raccord • Raccordement • Ravoirage Réduction • Regard • Tabernacle • Tampon • Tarif (tubes) • Té (de dégorgement) Tube • Tubulure • Tulipe • Tuyau • Union (raccord —).

Écoulement, pompage, pressions :

Aéro-éjecteur • Amorceur • Antibélier • Antirefouleur • Antivide • Bazin (table de) Bélier (coups de —) • Cavitation • Dariès • Désamorçage • Désiphonnage • Détendeur Étranglement • Garde (d'eau) • Heurt • Laminaire • Manographe • Manomètre • Motopompe • Nucléo-aération • Panier (siphon) • Perte de charge • Pompe • Pressostat Queue-de-renard • Refouler • Régulateur • Trépidation • Turbulence.

Qualité et traitement de l'eau *(V. aussi à ce mot)* :

Adoucissement • Adoucisseur • Alcalimétrie • Antitartre • Détartreur • Dureté • Entartrage • Hydrotimétrie • Incrustant • Tartre • Titre • Vaccination • Verdunisation.

Production d'eau chaude sanitaire :

Avaloir • Ballon • Chauffe-bains • Chauffe-eau • Gaz *(V. détails à ce mot)* • Groupe de sécurité • Préparateur d'e.c.s. • Raccordé • Schnoerkel • Ventouse • Venturi.

Appareils sanitaires et robinetterie :

Banquette (technique) • Bec • Bonde • Bras • Broyeur • Chasse • Clapet • Col-de-cygne • Couverte • Cuvette • Douchette • Évacuation • Garniture • Habillage Joint torique • Lave-bassins • Lave-mains • Mascaron • Mélangeur • Mitigeage Mitigeur • Monotrou • Moutonnage (émail) • Obturateur • Pare-douche • Pédiluve Pomme (douche) • Presse-étoupe • Puisage • Purgeur • Queue-de-carpe • Receveur • Robinet *(V. les qualificatifs à ce mot)* • Tablier • Temporisé • Tête • Timbre Tressaillage • Trop-plein • Valve • Vannage • Vanne • Vasque • Ventilation • Urinoir Vidage • Vidoir • WC.

RÉSEAUX, ÉVACUATIONS

Aérobie • Amont • Anaérobie • Araignée • Aval • Banquette • Bétoire • Boîte à graisses Bouche • Branchement • Caniveau • Chasse • Chatière • Chute • Clarificateur Collecteur • Crépine • Cunette • Curage • Dalon • Décolloïdeur • Dégorgement Dégraisseur • Dégravoiement • Dégrillage • Dépotoir • Dessablement • Dévaloir Déversoir • Digesteur • Effluent • Effluve • Égout • Émissaire • Endiguement Épandage • Épurateur Exutoire • Filtrage • Fosse (d'accumulation, chimique, septique, toutes eaux) • Furet • Gril • Hydro-éjecteur • Incubateur • Jonc • Liquéfacteur • Maillé • Nitrificateur • Plateau • Puisard • Puits filtrant • Puits perdu Regard • Renard • Ringard • Rotin • Saignée • Séparateur • Séparatif (réseau —) Septique • Sewage • Station • Tout-à-l'égout • Tube • Tuyau • Unitaire (réseau —) Vide-ordures • Vidoir.

index thématique

FIXATIONS MÉCANIQUES

Agrafe • Avant-trou • Boulon • Bride • Broche • Broquart ou Broquette • Cavalier Chaise • Cheville • Clameau • Clavetage • Clavette • Clip • Console • Contre-rivure Crampillon • Crampon • Crapaud • Éclisse • Écrou • Encliquetage • Ergot • Étrier Goujon • Happe • Huck-bolt • Huit • Lanterne • Patte • Pistolet • Pisto-scellement Plot • Pointe • Rivelon • Rivet • Spitage • Supportage • Tampon • Tirefond • Vis.

COLLAGES, SOUDAGES

Affichage • Autogène • Cellulosique • Chalumeau • Colle (*V. détails*) • Contrecollage Encollage • Caurite • Contact • Gommage • Encollage • Époxyde • Fer (à souder) Gommage • Hot-melt • Humeur • Interface • Lampe (à souder) • Marouﬂe • Mortier-colle • Néoprène • Piégeant • Plot • Point blanc • Poisseux • Résorcine • Scellement Soudage • Soudo-brasage • Soudure • Tack • Temps (ouvert) • Thermofusible Thermoplastique • Thermodurcissable • Urée-formol.

JOINTS, CALFEUTREMENT, MASTICAGE

Bain • Bouche-pores • Butadiène • Calfatage • Calicot • Colmatage • Délutage Élastomère • Extrudable • Fractionnement • Furanne • Futée • Jointage • Jointif Jointoiement • Garnissant • Gras • Lacune • Lut • Mat • Néoprène • Pistolet (extrudeur) Pompe (joint à la —) • Pontage • Profilé • Rebouchage • Rejointoyer • Retrait • Ruiler Sceller • Siccatif • Silicone • Solin • Solution (de continuité) • Spalte • Thiokol.

GÉNIE ÉLECTRIQUE et ÉLECTRONIQUE

Termes généraux :

Admittance • Ampérage • Amplitude • Anode • Capacité • Cathode • Champ • Conductivité • Connectique • Coulomb • Courant • Décharge • Déphasage • Différence de potentiel • Différentiel • Diphasé • Électrode • Électrolyse • Équipotentiel • Extra-courant • Impédance • Impulsion • Inductance • Induction • Induit • Intensité • Ionisation Monophasé • Opposition (de phase) • Perditance • Période • Perméance • Permittivité Phase • Piézo-électricité • Polarisation • Polarité • Polyphasé • Potentiel • Puissance Quadrature • Réactance • Réluctance • Résistance • Résistivité • Shunt Siemens • Tension • Terre • Triphasé • Valeur • Voltage • Volume-enveloppe • Watt.

Conducteurs, alimentation, réseaux, contacts :

A-coup • Actif • Aigrette • Aiguiller • Âme • Amorçage • Armement • Barrette • Bifilaire • Bipolaire • Boîte ou Boîtier de jonction • Bornier • Bretelle • Brin • Calibrage Cartouche (fusible) • Chatterton • Chemin (câbles) • Circuit • Claquage • Coaxial Combinateur • Commutateur • Conjoncteur • Connecteur • Contacteur • Coque Cor • Cosse • Coupe-circuit • Coupleur • Court-circuit • Décrochage • Déclenchement Délestage • Dénuder • Dérivation • Disjoncteur • Disrupteur • Distributeur • Domino Éclateur • Encastrement • Enroulement • Épissure • Feeder • Filaire • Filerie Fourreau • Fusible • Gaine • Goulotte • Guipage • Gutta-percha • Interrupteur Invariant • Inverseur • Isolement • Jack • Jonction • Ligne • Mâchoire • Manchon Minuterie • Moulure • Multiconducteur • Neutre • Olive • Ouverture • Paillette • Patère Pertes • Phase • Pied de ligne • Pipe • Piquage • Piquet • Platine • Plinthe • Plomb Plot • Poire • Pôle Presspahn • Primaire • Prise • Prolongateur • Protégé • Push-pull Pyrocâble • Raccord Réarmement • Rebobinage • Redressement • Régime • Relais Rubanage • Saignée • Saute • Secondaire • Secteur • Semelle • Sectionneur • Série (montage) • Serre-fils • Socle • Soufflage • Souplisso • Souris • Sous-tension • Spire Surintensité • Surtension • Tableau • Taille • Terne • Terre • Tertiaire • Tétrapolaire • Thermocâble • Tordon Torque • Tresse • Tripolaire • Unifilaire • Unipolaire Tumbler • Va-et-vient.

Appareillages et équipements :

Abaisseur • Adaptateur • Alternateur • Alternatif • Alterneur • Alvéole technique Anode • Armoire • Asservissement • Asynchrone • Câble • Centrale • Coffret Électrogène • Galvanomètre • Générateur • Génératrice • Groupe • Limiteur Moto-réducteur • Motorisation • Onduleur • Poste • Potentiomètre • Redresseur Rhéostat • Rotor • Séquentiel • Servomoteur • Stator • Survolteur • Synchrone • Tableau Tachymètre • Touret • Transformateur • Trembleur • Voltmètre.

Électronique et domotique :

Automate • Automation • Autorégulation • Bus • Câblage • Capteur • Cellule • Coaxial Connectique • Cybernétique • Dashpot • Immotique • Interphone • Microprocesseur Onduleur • Photocellule • Photopile • Précâblage • Senseur • Séquentiel • Servo-com-mande • Signal • Télécommande • Télédistribution • Télégestion • Télérupteur Témoin • Temporisateur • Thermistance • Thyristor • Traducteur • Triac • Veille.

ÉCLAIRAGE, OPTIQUE

Termes généraux :

Allumage • Argon • Bougie • Brillance • Ciel (facteur de —) • Candéla • Clarté Corps noir • Défilement • Diffraction • Éclairement • Émissivité • Facteur (de ciel, d'éclairement, de jour...) • Flicker • Fluorescence • Flux • Getter • Halogène • Incandescence • Intensité • Krypton • Lumen • Luminance • Luminescence • Luminosité Lux • Néon • Nit • Noir • Opalescent • Ouverture (lampe) • Phosphorescence • Phot Prisme • Radiance • Radiation • Rasant • Rayon • Rayonnement • Réflectance Réflexion • Réfraction • Réfringence • Rendu (couleurs) • Réverbération • Spectre Stabilisation • Stilb • Utilance • Xénon • Zénithal.

Équipements d'éclairage :

Ampoule • Applique • Balisage • Ballast • Ballon • Bande d'amorçage • Bloc autonome Candélabre • Culot • Diffusant • Douille • Filament • Globe • Hublot • Lampadaire Lampe (*V. détails*) • Lanterne • Linolite • Luminaire • Lustre • Paralume • Plafond lumineux • Plafonnier • Projecteur • Queusot • Rail • Rampe • Réflecteur • Réfracteur Réglette • Spot • Starter • Suspension • Tube • Tulipe • Vasque.

Protection solaire :

Banne • Brise-soleil • Jalousie • Pare-soleil • Store.

CONFORT ACOUSTIQUE

(*V. surtout au mot Acoustique*)

Absorbant • Affaiblissement • Aigu • Anéchoïque • Antivibratile • Assourdir • Atténuateur • Baffle • Bande • Bruits (aérien, solidien, blanc, rose) • Bruyance • Capotage Décibel • Fréquence • Indice d'affaiblissement • Insonorisation • Intensité • Isolation Isolement • Matelas • Onde • Période • Pont phonique • Réflexion • Résonance Réverbération • Sabine (formule de —) • Seuil • Silentbloc • Son • Sonie • Sonogramme • Sonomètre • Sonorisation • Source • Vibration.

PEINTURE et REVÊTEMENTS

Peinture, vernis :

Abreuver • Admixtion • Allonger • Antipoussière • Antirouille • Antisalpêtre • Aplat Apprêt • Approprier • Arrêtage • Badigeon • Bouche-pore • Cache • Casser • Céruse Chaulage • Chiffonnage • Chip • Chipolin • Chiquetage • Contre-champ • Couverture Couvrant (pouvoir —) • Décapage • Décapant • Déguiser • Délayage • Détrempe Diluant • Échampir • Échaudage • Enduction • Épiderme • Feuil • Film • Filmogène Flatting • Fondu • Frottis • Gigouille • Glacer • Glycérophtalique • Gouttelette Gradation • Graniter • Huilage • Imbue • Jus • Laque • Lasure • Lavabiliseur • Lessivage Litharge • Lithopone • Lustrer • Masque • Massicot • Mat • Matité • Minium • Mixtion Molleton • Nourrir • Nuance • Opacifiant • Peinturage • Pelliculaire • Pigmentation Pistolettage • Pochage • Polychrome • Pouvoir couvrant • Rafraîchir • Ratissage

Raviver • Réchampir • Régulateur • Rehausser • Rehaut • Rénovateur • Repiquage Retoucher • Rompu • Siccatif • Silicate • Solidité • Sous-couche • Spray • Subjectile Taper • Teinte • Thixotrope • Valeur • Velouté • Vernissage • White-spirit.
Défauts : Bavochure • Bavure • Blistering • Chagrinage • Coulure • Craquelage Crocodilage • Délaminage • Délavage • Écaillage • Embu • Empâter • Englué • Fripe Frisage • Fusée • Gerçure • Maigreur • Manque • Peau d'orange • Pelage • Moucheture Nuançage • Plombage • Poudrage • Ridage • Rissolé • Squameux • Surépaisseur Tacheture • Vésicule • Virer.

Dorure :

Batture • Bronzage • Brunissage • Catir • Cuivrage • Dorage • Étouper • Matage Mater • Matir • Mixtion • Mordant • Ramendage • Reparure.

Revêtements de sols et murs intérieurs

Voir aussi revêtements durs (carrelages et parquets)

Affichage • Aiguilleté • Anglésage • Antistatique • Araser • Balatum • Bordoyer Bouclé • Bulgomme • Chiné • Couvre-sol • Cushion-floor • Détapissage • Dossier Envers • Feutre • Fibreux • Flocage • Gaufré • Goder • Godet • Indentation • Jute Laize • Lamifié • Lé • Libre (pose —) • Linoléum • Marbré • Marbrure • Marchette Mariage • Marouflage • Moirure • Moquette • Moutonnage • Nerveux • Overlay Papier d'apprêt, papier peint • Passage (d'escalier) • Pastillé • Pelable • Pinceautage Plombant • Poinçonnement • Remplier • Sisal • Sous-couche • Strippable • Surtuftage Tampico • Tapissage • Thibaude • Trame • Tufté • Tuilage • UPEC • Velours.

Revêtements spéciaux, continus et industriels :

Antiacide • Anticorrosion • Antidérapant • Antipoussière • Antistatique • Antiusure Asphalte (carreaux) • Cendrée • Chip • Conducteur • Coulé • Terrazzo • Terrazzolith.

ÉQUIPEMENTS de SÉCURITÉ

Électrique :

Ceinturage • Enveloppe • Équipotentiel • Isolement • Parafoudre • Paratonnerre Terre • Volume.

Anti-incendie :

Auto-extinguible • Classement au feu • Colonne (sèche, humide) • Coupe-feu Détecteur • Dévidoir • Écart-au-feu • Extincteur • Exutoire • Garde-au-feu Grinnel • Ignifugation • Incombustible • Ininflammable • Intumescent • Isolement • Lance • Pare-flamme • Pyrotherme • Réaction au feu • Sprinkler • Trappe (de désenfumage).

Anti-chutes :

Allège • Appui • Arceau • Balustre • Crinoline • Garde-corps • Filet • Harnais • Lisse Main-courante • Parachute (ascenseurs) • Parapet • Rambarde.

Divers (antivol, antipanique...) :

Alarme • Barre • Barreaudage • Bloc autonome • Carillon • Clôture • Coup-de-poing (interrupteur —) • Digicode • Épi • Herse • Portier.

SERRURERIE, FERRONNERIE, QUINCAILLERIE

Aléser • Aminci • Astragale • Boule • Boulon • Chapiteau • Chever • Clou • Contre-couder • Cottière • Échopper • Empattement • Encochement • Encollement • Étoquiau Évidement • Ferrage • Forure • Frison • Galet • Garde (-corps, -fou, etc.) • Grippé Grisé • Guide • Hâtée • Jauge (de Paris) • Lardon • Limaille • Mamelon • Mandriner Manivelle • Mentonnet • Méplat • Mise • Mitraille • Noyau • Noyure • Papillon Pas (filetage) • Patère • Patte • Patte-fiche • Piton • Plaque (de propreté) • Pointage Pointe • Potence • Profilé • Queue-de-carpe • Rappel • Retassure • Rétreindre Riblons • Ringard • Rivelon • River • Rivet • Rivetage • Rivure • Rondelle • Rosace Ruban • Semence • Talon • Tête • Têton • Vis.

Organes d'articulation et ferrures :

Arrêt • Bourdonneau et Bourdonnière • Briquet • Butoir • Charnière • Charnon Compas • Coulisseau • Couplet • Équerre • Fiche • Heurtoir • Judas • Lacet Lame • Oeil roulé • Oeilleton • Paumelle • Penture • Piton • Pivot • Refouloir • Rotule Tourniquet • Turlupet • Vase.

Condamnations diverses :
Antipanique • Arrêt *(V. ce mot)* • Bâton de maréchal • Batteuse • Birloir • Boîte de crémone • Bouton • Capucine • Chapiteau (de crémone) • Cordelière • Crapaudine Crémone • Cul-de-poule • Doigtier • Entrebailleur • Espagnolette • Ferme-imposte Ferme-porte • Fléau • Glissière • Gond • Goujon • Goupille • Loquet • Loqueteau Moraillon • Poignée • Portier • Sauterelle • Targette • Valet • Verrou.

***Serrures et clefs** (V. détails à ces mots)* :
Barbe • Barillet • Bec-de-cane • Bénarde • Béquille • Bouterolle • Cache-entrée Camard • Carré • Chanfrein • Clenche • Coffre • Combinaison • Coque • Cor • Cramponnet • Demi-tour • Empênage • Étoquiau • Ève • Foliot • Foncet • Forée (clé) Gâche Gâchette • Garniture • Gros-pêne • Hâture • Havé • Larder • Museau • Paillette Palastre • Panneton • Peigne • Pêne • Pertuis • Picolet • Planche • Platine • Queue Râteau • Rebord • Rosette • Rouet • Silhouette • Soupape • Têtière • Variure.

Clôtures en ferronnerie :
Arc-boutant • Artichaut • Barreaudage • Brindille • Chardon • Frise • Grillage • Grille Hérisson • Lance • Pique • Pontet • Sommier • Traverse • Treillage • Treillis.

VOIRIE et ABORDS, ÉDICULES DIVERS

Abribus • Accotement • Ahah • Aubette • Bahut • Barbacane • Bateau • Bordure Broquaille • Caillasse • Cailloutis • Caniveau • Chantepleure • Chaperon • Chapis Chaussée • Couchis • Cylindrage • Damage • Demi-lune • Desserte • Douve • Grave Gravelage • Jardinière • Kiosque • Macadam • Marronnage • Noc • Palatin • Pierré Revers • Rigole • Rudération • Saut-de-loup • Soutènement • Striage • Talus Tarmacadam • Tas • Trottoir • Usoir • Venelle • Vertugadin • Vespasienne • Viabilité.

LES MÉTIERS DU BÂTIMENT,
grands et petits, actuels ou anciens, et leurs qualificatifs.

Acousticien • Aériste • Agenceur • Agréé (en architecture) • Aide • Applicateur Architecte • Architecte d'intérieur • Architecteur • Arpenteur • Arpète • Bandeur Bardeur • Bétonneur • Bétonnier • Boiseur • Brouetteur • Canalisateur • Carreleur • Carrier • Céramiste • Chapiste • Charpentier • Chauffagiste • Chaufournier Chaumeur • Chef de chantier • Cimentier • Climaticien • Commis • Compagnon Conducteur d'engins • Conducteur de travaux • Contre-poseur • Contrôleur technique Coordinateur • Décorateur • Descripteur • Devoirant • Domoticien • Doreur Éclairagiste • Économiste • Électricien • Enduiseur • Ensemblier • Épanneleur Escaliéteur • Étanchéiste • Expert • Façadier • Ferrailleur • Ferronnier • Fileur Fontainier • Fumiste • Gâcheur • Gavot • Géomètre • Goujat • Gravatier • Grutier Huchier • Installateur • Isolier • Journalier • Laqueur • Limousin, Limousinant Maçon • Maître d'oeuvre • Manoeuvre • Marbrier • Marqueteur • Menuisier Merrandier • Métallier • Métreur Miroitier • Mosaïste • Nègre • Ornemaniste • Paveur Peintre • Pierreux • Pinceur Piqueur • Piseur (ou Piseyeur) • Placagiste • Plafonneur Plaquiste • Plâtrier • Plombier Pointeau ou Pointeur • Poseur • Prescripteur • Projeteur Promoteur • Puisatier • Rabo-teur • Rampiste • Ravaleur • Récupérateur • Robinetier Rondisseur • Rouleur • Sapiteur • Scieur • Serrurier • Solier • Souffleur • Staffeur Storiste • Stucateur • Tâcheron • Tailleur • Taluteur • Tapissier • Terrassier • Thermicien • Toiseur • Urbaniste • Vérandaliste • Vérificateur • Vernisseur • Verrier • Vitrier Vitrificateur • Voyer • Zingueur.

L'OUTILLAGE et le MATÉRIEL

Arpentage, Topographie :

Alidade • Chevillière • Décamètre • Déclinatoire • Dioptre • Équerre • Fiche • Graphomètre • Jalon • Latte • Mappe • Mire • Niveau • Nivelle • Odomètre • Pantomètre Pinnule • Piquet • Repère • Roulette • Stadia • Stadimètre • Tachéomètre • Taquet.

Engins de chantier et gros matériels :

Angledozer • Backhoe • Bouteur • Bulldozer • Centrale à béton • Chargeuse Chouleur • Dumper • Élinde • Étuve • Godet • Louchet • Motopaver • Motopompe • Mouton • Niveleuse • Pelleteuse • Pondeuse • Racleur • Rétrocaveuse Rétrochargeuse • Ripper Rooter • Sasseur • Scarificateur • Scraper • Sonnette • Table vibrante • Toupie Trancheuse • Trommel • Turnapull • Vibrofinisseur.

Terrassement, forages, pavage :

Bigot • Bouteur • Brise-roche • Carotteuse • Compacteur • Dame • Décapeuse Demoiselle • Dérocteur • Casque • Concasseur • Couronne • Épinçoir • Fleuret Frette • Gabarit • Grenouille • Hie • Hoyau • Jalonnette • Lance • Mirette • Mouton Nivelette • Pic • Pilon • Pilonneuse • Pince • Pioche • Portrait • Rock-bit • Tarière Taupe • Trace Trépan • Tricône • Trousse.

Étaiement, blindages, protections :

Accore • Accul • Bordage • Buton • Chandelle • Chandelier • Cintre • Coin • Contre-fiche • Couchis • Détente • Semelle • Tour d'étaiement • Vérin.

Échafaudages, levage, manutention :

Agrès • Aussière • Balancelle • Baliveau • Bard • Barder • Benne • Bigue • Biller Binard • Blondin • Boulin • Braye • Brêlage • Cabre • Chable • Chablot • Chevalet Chèvre • Coltinage • Débrayage • Débrider • Diable • Écharpe • Échasse • Écoperche Écrevisse • Élingue • Escarpolette • Fardier • Filet • Goulotte • Grappin • Guindage Hanche • Laguis • Lancer • Lest • Ligature • Lisse • Moriset • Moufle • Nacelle Ouistiti • Palan • Palette • Palonnier • Perche • Plat-bord • Plateau • Platelage Portique • Pylône • Rablette • Racinal • Sapine • Sauterelle • Sellette • Singe Skip • Tasseau • Tirfor Toboggan • Transpalette • Treuil • Trousse • Truc • Verboquet Vérin • Vingtaine.

Outillage léger, termes généraux :

Abras • Abrasif • Affiloir • Affût • Aiguisoir • Alésoir • Angrois • Archet • Arrache-clous Brasero • Brosse *(V. Planche)* • Chignole • Cisaille • Ciseau • Clés *(V. Planche)* • Cliquet Collet • Cône morse • Conscience • Cordeau • Cranté • Cutter • Davier • Dépouille Détalonner • Drille • Entibois • Établi • Extracteur • Foret • Fraise • Fraisure • Frisure Gabarit • Grenailleuse • Hampe • Hoche • Juge • Lame • Langue-d'aspic Langue-de-carpe Levier • Ligne • Lime • Lumière • Mâchoire • Maître-à-danser • Mandrin • Mannequin Marre • Martyr • Masque • Matrice • Mèche • Merlin • Meule • Meuleuse • Mordache Morfil • Mors • Nettoyeur • Niveau • Noyure • Oeil • Orgueil • Pelastre • Perforateur Pied-de-biche • Pied-à-coulisse • Pince *(V. Planche)* • Presse Rochet • Scie *(V. Planche)* Sectionneur • Sergent • Serre-joint • Servante • Soie Taillant • Tenaille • Tin • Touret Tranchant • Tréteau • Tricoises • Tronçonneuse Vermorel • Vernier • Vilebrequin • Virole Visseuse • Voie (de scie).

Menuiserie et charpente, sciage :

Avoyer (pince à -) • Bédane • Bisaiguë • Boîte (à coupe, à onglets...) • Bondieu Boulonnière • Bouvet • Cadreuse • Chanterelle • Chasse-bondieu • Chasse-clou Chasse-rond • Chevillette • Coin • Combinée • Curette • Défonceuse • Dégauchisseuse Dégorgeoir • Dent • Doloire • Doucine • Ébauchoir • Égoïne • Équarrissoir • Esseret Fermoir • Feuilleret • Fût • Galère • Gorget • Gouge • Goutte d'eau • Grain-d'orge Gueule-de-loup • Guillaume • Guimbarde • Hachereau • Herminette • Jauge • Laceret Limande • Maillet • Mailloche • Molet • Mortaiseuse • Mouchette • Moulurière • Navette • Niveau • Passe-partout • Percette • Piochon • Plane • Plomber • Poinçonneuse Pointeau • Poupée • Pousse-fiche • Poussoir • Presse • Quart-de-rond • Raboteuse Racloir • Rainette • Râpe • Raquette • Réglet • Repoussoir • Riflard • Rifle Rouanne • Rosette • Sabot • Sauterelle • Servante • Simbleau • Tarabiscot • Tarière Télégraphe • Tenonneuse • Toupie • Tour • Traceret • Traînard • Trépan • Trusquin Valet • Varlope Viole • Vrille • Wabstringue.

Couverture, étanchéité, zinguerie :
Asseau • Attelle • Batte • Bossette • Bourriquet • Boursault • Chat • Débordoir Essette • Facine • Fondoir • Genouillère • Gruge-tuile • Hachotte • Havet • Martelet Massicot • Matoir • Matrier • Oiseau • Pistonneuse • Plieuse • Taquet • Tas • Tasseau Tire-clou • Tire-chape • Traîneau.

Travail de la pierre et du marbre :
Anspect • Barre à mine • Binard • Boucharde • Biveau • Broche • Burin • Casse-pierre Cerce • Chantier • Chien • Ciseau • Ciselet • Crocodile • Gouge • Gradine • Grain-d'orge Gratte-fond • Gravelet • Guillaume • Honguette • Houpette • Lapidaire • Laye Levrette • Mail • Marteline • Martin • Martinet • Massette • Molette • Moulureuse Ognette • Onglette • Paillasson • Pic • Pince • Pitche • Polisseuse • Polka • Pomelle Ponceuse • Potée d'émeri • Rabotin • Repoussoir • Ripe • Rond • Roule • Rustique Sciotte • Sciotteuse • Segment • Smille • Talot • Têtu • Torchon.

Maçonnerie, Plâtrerie :
Aiguille (vibrante) • Aplanissoir • Auge • Baleine • Banche • Batte • Benne • Berthelée Bétonnière • Boucharde • Bouclier • Bouloir • Brette • Bridou • Briqueteuse • Broche Calibre • Cement-gun • Chaise • Chemin-de-fer • Chevillette • Chien • Cintreuse Ciseau • Cochonnet • Conformateur • Crépissoir • Crible • Décintroir • Dégrade-joints Demi-lune • Ébardoir • Épandeuse • Escarpe • Fer (à joints, à gorge...) • Fermoir • Fiche Flamande • Fouet • Frisoir • Gabarit • Gamatte • Girafe • Godet • Gouge • Gratton Grelichonne • Guniteuse • Hacheteau • Hélicoptère • Houe • Langue-de-boeuf Langue-de-chat • Laye • Liane • Ligne • Lisseuse • Lissoir • Malaxeur • Martelet Masse • Mirette • Moustiquette • Mouveron • Niveau • Oiseau • Pargue • Picot • Pige Pilon • Platoir • Platroir • Plomber • Poinçon • Pompe à mortier • Pompe à plâtre • Pot (de projection) • Projeteur • Rabot • Rabotin • Riflard • Sablon • Sabot • Scarificateur Serre-joint • Simbleau • Spatule • Taloche • Talocheuse • Tamis • Tamponnoir Tapette • Tire-joint • Trapon • Truelle • Truellette • Tyrolienne • Vibrateur.

Carrelage :
Batte • Carrelette • Chien • Couteau • Gamatte • Genouillère • Goupillon • Grattoir Lance • Langue-de-chat • Peigne • Porte-dalles • Raclette.

Peinture, Dorure :
Agitateur • Amassette • Blaireau • Blanchissoir • Brosse • Brunissoir • Buse • Camion Deux-mèches • Ébouriffoir • Esse • Fluidimètre • Laqueur • Livret • Palette • Pincelier Pistolet • Pochoir • Pochon • Pulvérisateur • Queue-de-morue • Rouleau • Sableuse Spalter • Spatule • Tapette • Traînard • Trois-mèches • Veinette.

Revêtements, Tapisserie :
Cutter • Marouflе • Peigne • Roulette • Sabre • Serpette • Spatule dentée • Tranchet.

Plomberie, Chauffage, Fumisterie :
Batte • Boulet • Boursault • Chalumeau • Chapelet • Cintreuse • Clé à chaîne • Cordoir • Coudeuse • Coupe-tube • Débordoir • Écoine • Écouvillon • Étamoir • Filière Fixe-tubes • Flux décapant • Furet • Hérisson • Lampe à souder • Manchonneuse Mandrin • Matoir • Matrice • Matrier • Pied-à-coulisse • Polastre • Queue-de-cochon Râble • Raclette • Ringard • Rodoir • Serpette • Serre-tubes • Toupie.

Serrurerie, Ferronnerie :
Badours • Béquettes • Bigorne • Bouterolle • Burin • Casse-fer • Chasse • Chevel Ciseau • Dégorgeoir • Détret • Ébarboir • Ébavureur • Échoppe • Écrevisse • Enclume Étampe • Étau • Faucillon • Ferrière • Filière • Grain-d'orge • Grattoire • Langue-de-carpe • Langue-de-vache • Martoire • Matoir • Palmer • Poinçon • Pointerolle Queue-de-rat • Rifle • Riveteuse • Rivoir • Rochoir • Rosetier • Rossignol • Rouleuse Sableuse • Sertisseuse • Suage • Taraud • Tas • Tiers-point • Tranchet.

Électricité :
Ampèremètre • Fréquencemètre • Grimpettes • Ohmmètre • Phasemètre • Pince.

Miroiterie, Vitrerie :
Bricole • Cavoir • Contourneur • Diamant • Grésoir • Grugeoir • Hyalothère • Portoir.

A

A
1/ Symbole de l'ampère*, unité d'intensité électrique.

2/ Symbole de l'aire*, ou surface*.

Å Symbole de l'angström*.

ABACA n.m.
Fibre végétale, aussi dite *chanvre de Manille*, provenant des feuilles du bananier des Philippines ; l'abaca sert à fabriquer des cordages, mais aussi des joints d'assemblage des éléments de radiateurs en fonte.

ABACULE n.m.
Petit cube de marbre, de pierre ou de verre, utilisé pour la réalisation des mosaïques ou des marqueteries.

ABAISSEUR (de tension) n.m. ou adj. En électricité, transformateur* dont la tension* de sortie, ou *tension secondaire*, est inférieure à la tension d'entrée, dite *primaire*.

ABAQUE n.m.
1/ Tablette, en général carrée, couronnant un chapiteau* de colonne.

Il constitue le *sommier**, ou *coussinet**, qui porte l'architrave* (V.ill.). Dans les ordres* architecturaux, il ne désigne que la partie saillante du chapiteau, tablette carrée au-dessus de l'échine* ou du gorgerin* (ordres* dorique et toscan). Ouvragé ou mouluré, c'est un *tailloir** (ordres* ionique et corinthien, et Moyen Âge).

2/ Tableau graphique servant à déterminer une valeur numérique en fonction de plusieurs variables : par ex., on détermine sur un *abaque*

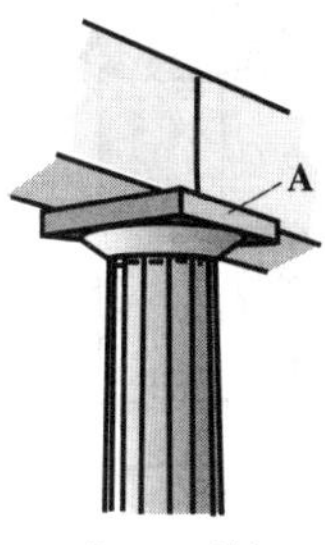

abaque (A)

abat-son (A)

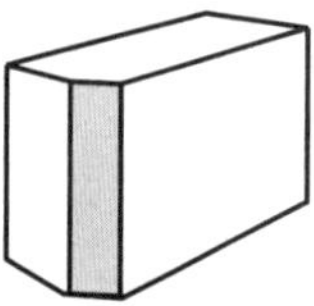

angle **abattu**

abat-voix (A)

la section adéquate d'un tuyau* en fonction du débit souhaité.

ABÂTARDI adj.
Se dit d'un bâtiment qui a perdu son unité de style originelle, par suite de transformations ou d'adjonctions.

ABAT-JOUR n.m. invar.
1/ Soupirail* ou petite baie dont les ébrasements*, ouverts sur l'intérieur, améliorent la diffusion de la lumière (V.ill). Une baie est dite ***en abat-jour*** si ses ébrasements sont évasés et inclinés pour faciliter l'éclairement.

-***Abat-jour extérieur*** : coffre en bois rapporté à l'extérieur d'une baie, de sorte que le jour n'y pénètre que par le haut. Autrefois, ce type d'ouvrage équipait les baies des prisons.

2/ Élément antiéblouissant rapporté sur une lampe.

ABAT-SON n.m.
Auvent ou série de lames inclinées disposés dans les ouies des clochers et beffrois pour rabattre le son des cloches vers le sol, et protéger celles-ci des intempéries (V.ill).

ABATTAGE n.m.
1/ Suppression par piochage des parties saillantes d'une maçonnerie. Par convention, on compte comme *abattage* les piochages de plus de 10 cm d'épaisseur ; au-dessous, il s'agit de *recoupements**.

2/ Action de détacher un bloc de pierre de son banc de carrière.

3/ Élargissement d'une fouille ou d'une tranchée par pans successifs.

4/ Coupe des bois sur pied.

ABATTANT n.m.
1/ Châssis de fenêtre* ou volet basculant sur un axe horizontal.

2/ Élément mobile rapporté sur une cuvette de WC ; il est composé d'une lunette* et d'un couvercle.

ABATTEMENT n.m.
1/ Déduction partielle d'une somme due, ou du montant d'un devis.

abat-jour (A)

2/ Résultat de la réduction des dimensions d'une pierre, ou de l'épaisseur d'une assise, par abattage.

ABATTIS n.m.
Décombres et gravats jonchant le sol, à la suite d'une démolition. Fragments de pavés provenant de leur taille en carrière.

ABATTRE v.tr.
Supprimer une partie saillante d'un ouvrage.
Remplacer une arête vive par un pan coupé, ou chanfrein*, sur un ouvrage de bois ou de pierre.
Démolir un mur, une cloison, etc.

-***Angle abattu***: angle dont l'arête a été chanfreinée* (V.ill).

ABAT-VENT n.m. invar.
1/ Tout dispositif placé au faîte d'un conduit de fumée pour empêcher le vent et la pluie d'y pénétrer.
Syn.: *bonnet*, capote*, mitre**.

2/ Cadre garni de lames horizontales inclinées, fixes ou mobiles, pour l'aération de séchoirs, bâtiments agricoles, ateliers, etc.

ABAT-VOIX n.m. invar.
Petit plafond en forme de dais*, de dôme ou de calotte, placé au-dessus des tribunes ou des chaires des églises pour rabattre par réflexion la voix des orateurs vers l'auditoire (V.ill).

ABERGEMENT n.m.
Raccordement d'étanchéité au droit de toute pénétration dans une toiture, par exemple à la périphérie d'une souche de cheminée, à sa jonction avec la couverture.

ABIÉTIN adj.
Qui concerne le sapin ou son bois.

ABLOC n.m.
Important pilier* soutenant un bâtiment. Massif* en béton sur lequel on construit la culée d'un pont.

ABLOTISSEMENT n.m.
Réunion en un lot de deux ou plusieurs lots d'un même lotissement*.

ABONNEMENT n.m.
Contrat passé entre un fournisseur (entreprise publique ou privée) et son client, l'***abonné***, pour la fourniture régulière ou permanente de produits ou de services (gaz, électricité, téléphone, chauffage urbain, etc.).

Le ***poste d'abonné*** est un poste de transformation* électrique, qui alimente en courant un seul abonné.

ABORDS n.m.pl.
Environnement immédiat d'une construction ou d'un chantier.
-***Protection des abords*** : ensemble de mesures réglementaires ou servitudes frappant les constructions d'une zone déterminée autour d'un monument* classé. V. aussi Accès.

ABORNEMENT n.m.
Opération de *bornage**. Mise en place de bornes.

ABOUCHER v.tr.
Joindre bout à bout des corps creux, des tuyaux.

ABOUT n.m.
Extrémité de toute pièce destinée à être jointe à une autre ; en menuiserie et en charpente, les abouts peuvent aussi désigner les jonctions d'assemblage oblique. Un about de pièce de bois peut ainsi être droit, oblique, à coupe d'onglet, en sifflet, etc. (V. les planches Assemblages).

-***Abouts de mur***, de cloison, de plancher..: lignes de jonction de ces ouvrages avec les façades ou les pignons. -***About de toiture*** : extrémité latérale d'un toit. Syn.:*rive**.

ABOUTAGE n.m.
Opération consistant à préparer les abouts de tuyaux ou de pièces de bois et à les assembler bout à bout pour constituer une pièce de plus grande longueur.

ABOUTEMENT n.m.
État de pièces aboutées. Le mot est devenu souvent syn. d'*aboutage*.

ABOUTER v.tr.
Joindre deux éléments bout à bout. Abouter deux tuyaux de diamètres différents, c'est les joindre par un collet* de plomb de profil conique.

Les bois ***aboutés*** sont les produits tels que tasseaux, lambris, moulures... faits d'éléments collés bout à bout par des entures* d'allongement en dents de scie.

ABRAMS (essai au cône d' —)
Voir Cône* d'Abrams.

ABRAS n.m.
Garniture de métal disposée autour d'un manche d'outil pour le consolider et l'empêcher de se fendre.

ABRASER v.tr.
User par le frottement répété d'un abrasif. Syn.:*gréser, poncer*.

ABRASIF adj. et n.m.
Qualifie toute substance dont la dureté permet d'abraser, de polir ou d'aiguiser par frottement.
-***Abrasifs naturels*** : diamant, émeri*, grès, corindon*, silice*...

-***Abrasifs synthétiques*** : diamant de synthèse, carborundum*...
Les *abrasifs agglomérés* sous forme de meules*, segments* de ponçage, etc., font l'objet de normes.

ABRASIMÈTRE n.m.
Appareil de mesure de la résistance à l'usure, constitué d'un patin abrasif animé d'un mouvement soit circulaire, soit de va-et-vient, ou d'un ensemble d'éléments abrasifs traînés ou appuyés. On mesure la perte de poids de l'éprouvette après un nombre donné de passages de l'abrasif. Cette mesure concerne les revêtements de sols, pour déterminer l'indice U de leur classement UPEC*.

ABRASION n.f.
Ponçage, usure, et perte de matière consécutive au frottement d'un élément quelconque par un abrasif*, ou par le passage répétitif des piétons, chariots industriels, transpalettes...

ABRASIVITÉ n.f.
Aptitude d'une matière à user ou à être usée par frottement. Sensibilité à l'action des matériaux abrasifs.

ABREUVER v.tr.
1/MAÇONN.: arroser abondamment un mur avant d'y appliquer un enduit.
2/PEINT.: apprêter un fond poreux avec une couche d'enduit gras, avant de le peindre ou de le vernir.

ABREUVOIR n.m.
Fine saignée* faite dans les joints des pierres de taille, pour faciliter la répartition du coulis de jointoiement.

abside (A) et **absidioles** (B)

ABRI n.m.
1/ Édicule* destiné à se protéger des intempéries, ou à protéger des équipements, les bicyclettes, etc.
2/ L'***abri conteneur*** sert à entreposer les déchets ou les poubelles.
3/ L'***abri de chantier*** est un bâtiment ou un baraquement provisoire, mobile ou démontable, établi sur un site de construction pour abriter le bureau de chantier (où se tiennent les réunions de chantier), le bureau du chef de chantier, et éventuellement les bureaux de l'architecte d'opération, des conducteurs*, métreurs*..., et divers services tels que vestiaires, douches et cantines.

ABRICOTINE n.f.
Marbre de même nature que la brèche* violette.

ABRI-PARAPLUIE n.m.
Petit auvent* circulaire, érigé sur un poteau central.

ABS (abrév.)
Acrylonitrile-Butadiène-Styrène. Matière plastique.

ABSCISSE n.f.
Coordonnée* horizontale d'un point d'une courbe ou d'un graphique par référence à un système d'axes de coordonnées cartésien ; la coordonnée verticale est l'*ordonnée**.

ABSIDAL (plutôt que ***absidial***) adj.
Relatif à une abside.

ABSIDE n.f.
Extrémité d'une église*, derrière le chœur*, dans l'axe de la nef ; sa voûte est en général en cul-de-four*, sur un plan semi-circulaire, parfois polygonal, ou même carré (V.ill).

ABSIDIOLE n.f.
Petite chapelle semi-circulaire hors-œuvre, ouvrant sur l'abside ou sur le transept* d'une église*.

ABSORBANT adj.
Qualifie un matériau ou un équipement ayant la propriété de se laisser pénétrer

ou imbiber par les liquides, les gaz, les sons : *absorbant phonique,* ou *absorbant acoustique*.*

ABSORBEUR n.m. ou adj.
Dans un capteur* solaire, panneau métallique (en général en acier nickelé ou en nickel poli), revêtu d'une couche très absorbante des rayons lumineux et peu réémissive des infrarouges reçus.

Agent absorbeur (adj.) : fluide qui, dans une machine frigorifique, est avide de l'agent frigorigène utilisé, et facilite sa condensation ou sa liquéfaction. On utilise l'eau adoucie, le bromure de lithium, ou des chlorures de magnésium ou de sodium.

ABSORPTION n.f.
Pénétration dans un matériau d'une substance liquide ou gazeuse, de sons, ou de rayonnements.
Transformation d'une énergie rayonnante en une autre forme d'énergie, par interaction avec la matière.

Absorption des supports : caractéristique importante des matériaux et subjectiles sur lesquels on doit appliquer une colle, une peinture, un vernis, un enduit.
Sur chantier, on l'évalue de façon subjective, en déposant quelques gouttes d'eau, et en observant la vitesse à laquelle ces gouttes sont *bues* par le support.

On corrige les absorptions excessives soit avec des enduits garnissants (*bouche-pores*), soit en appliquant des couches primaires (fixateurs*, régulateurs* de fond, etc.).

Coefficient d'absorption : expression de la mesure de cette propriété, pour un matériau donné, en taux de poids d'eau absorbée par immersion, dans un temps donné, par rapport à la masse de l'éprouvette.

Facteur d'absorption : rapport du flux de rayonnement absorbé par un corps au flux qui atteint ce corps, dit flux incident (flux acoustique, énergétique ou lumineux).

ABSORPTIVITÉ n.f.
Aptitude d'une substance à absorber les liquides ou les gaz.

ACACIA n.m.
L'arbre ainsi nommé en France est en fait le *robinier*, qui fournit surtout des pieux et des piquets.

ACADÉMIE n.f.
Société de spécialistes d'un art, d'une science.

-***Académie des Beaux-Arts*** : une des cinq sections de l'*Institut de France*, fondé en 1795 ; elle remplaça l'*Académie Royale d'Architecture*, fondée par Colbert, et l'*Académie Royale de peinture et de sculpture*.

-***Académie d'architecture*** : a succédé en 1952 à la *Société Centrale des Architectes*, fondée en 1840.

-***Académie de France à Rome*** : datant de 1666, et installée dans la Villa Médicis depuis 1803, elle accueillait les artistes lauréats du *Grand Prix de Rome* et les aidait à poursuivre leurs études sur l'architecture classique.

ACADÉMIQUE adj.
Qui est strictement conforme aux règles et aux conventions d'un style, sans recherche ni originalité.

ACADÉMISME n.m.
Respect des règles d'un style.

ACAJOU n.m.
Nom de plusieurs variétés d'arbres tropicaux qui donnent un bois dur à grain fin, facile à polir, de couleur brun-rougeâtre.
Il est utilisé surtout en menuiserie et en ébénisterie.

ACANTHE n.f.
Plante méditerranéenne dont les feuilles découpées ont été stylisées en un motif décoratif, dans les ordres* corinthien* et composite*, pour orner les chapiteaux* (V.ill).

feuilles d'**acanthe**

ACCASTILLAGE n.m.
Ensemble d'articles de quincaillerie pour ouvertures : poignées de portes, crémones, paumelles, gonds...

ACCÉLÉRATEUR n.m.
1/CHAUFF.: pompe électrique à ailettes montée sur les installations de chauffage central, en sortie de chaudière, pour activer la circulation par convection naturelle du fluide caloporteur (V.aussi *Circulateur**).
2/FUMIST.: équipement statique ou mécanique du type extracteur* qui renforce le tirage* de conduits de fumée, si le tirage naturel est insuffisant.
3/MAÇONN.: adjuvant* utilisé dans les bétons et mortiers, en général introduit dans l'eau de gâchage, pour activer la réaction de prise* en favorisant l'hydratation du liant (***accélérateurs de prise***), ou pour réduire la durée du durcissement et augmenter la dureté (***accélérateurs de durcissement***), par temps frais, et en préfabrication.
Opp.: *retardateur**.
Les accélérateurs sont normalisés.

NB- Pour les bétons, le plus actif est le chlorure de calcium, mais ses emplois sont limités à cause du risque de corrosion des armatures.

ACCENTUÉ adj.
Définit le parti* architectural ou la modénature* d'une façade dont les profils, par leurs reliefs et leur disposition, créent des contrastes visuels importants. Opp.: *atténué*.

ACCÈS n.m.
Passage entre la voie publique et une propriété, un bâtiment, un chantier ou un terrain.
La création ou la modification des accès aux propriétés est réglementée. Les règles d'accès sont parfois complétées par des règlements municipaux ou par des indications du POS*; hors des agglomérations, l'établissement d'accès tient compte des règles de visibilité.

ACCESSIBILITÉ n.f.
Possibilité d'accéder à un local, un comble*, une toiture-terrasse*, etc.
1/ *aux* ***brancards*** ou civières.
JURID.: "*On doit pouvoir porter dans un logement ou en faire sortir une personne couchée sur un brancard*". La référence est le brancard normalisé, de 2290 x 585 mm. Dans le cas des immeubles de plus de 7 étages, cette règle est applicable aux ascenseurs* ou monte-charges.
2/ *aux* ***handicapés*** (V. ce mot).
JURID.: l'accessibilité des constructions est prévue par la loi.

ACCESSOIRES n.m.pl.
Ensemble des outils, ustensiles, articles de quincaillerie, joints, vis, clous, colliers, etc. nécessaires pour la réalisation d'un ouvrage.
En électricité, les ***accessoires de lignes*** sont les éléments de jonction et de raccordement des conducteurs.

ACCIDENT n.m.
Relief, émergence ou élément saillant rompant le cours d'une surface.

ACCIDENTÉ adj.
Caractérise un terrain dont le relief est très inégal ; se dit aussi d'une façade comportant de nombreux *accidents* : éléments en saillie, décrochements et avancées, etc.

ACCOINÇON n.m.
Pièce en sifflet rapportée sur un chevron* pour corriger la pente d'une couverture. Syn.: *coyau**.

ACCOLADE n.f.
Motif architectural composé de deux courbes et contre-courbes symétriques, réunies par un angle sur l'axe de symétrie ; utilisé surtout pour les arcs* et linteaux* *en accolade* (V.ill.).

ACCOLÉ adj.
À la fois juxtaposé et solidarisé.

ACCOLEMENT n.m.
Assemblage d'éléments établis côte à côte, se consolidant mutuellement : par. ex., deux poutres boulonnées côte à côte. Etat de ce qui est accolé.

ACCOLER v.tr.
Assembler côte à côte. En architecture classique, entrelacer des motifs, rameaux, arabesques...

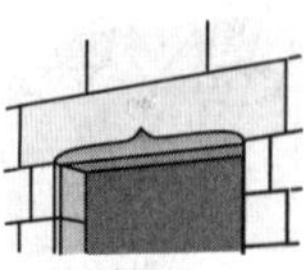
accolade
(linteau en —)

ACCORD n.m.
Outre les sens usuels, c'est l'adhérence d'un émail sur son support.

ACCORE n.m.
Poteau d'étaiement* extérieur, plus ou moins incliné ; ce terme est surtout usité en construction navale.

ACCOSTER v.tr.
Disposer côte à côte, juxtaposer latéralement.

ACCOTEMENT n.m.
Espace qui sépare une chaussée du fossé ou des limites de propriété.

ACCOTER v.tr.
Appuyer sur un côté : *bâtiment accoté*, bâtiment dont un côté s'appuie sur un bâtiment plus important.

ACCOUDOIR n.m.
Élément permettant de poser les coudes à hauteur d'appui : barre d'appui, balustrade, garde-corps, etc.

ACCOULINS n.m. pl.
Alluvions d'étang asséché, utilisées pour la fabrication de briques.

ACCOUPLÉ adj.
Se dit d'éléments analogues associés en paire : *colonnes accouplées*.

ACCROCHAGE n.m.
En langage courant, adhérence* de couches d'enduit ou de peinture, ou de tout revêtement sur son support.
Couche d'accrochage : couche de produit fluide (*impression**, *primaire**, etc.) ou de mortier (*gobetis* d'accrochage*) appliqué sur un subjectile avant la mise en œuvre d'un revêtement, pour favoriser ou améliorer son adhérence.

ACCROCHE-FLAMME n.m.
Dispositif en forme d'anneau fixé sur les têtes de brûleurs de certaines chaudières au fioul, pour limiter l'arrivée d'air et améliorer la dispersion des particules de fioul par effet de tourbillon. Syn.: *tourbillonneur*.

ACCROISSEMENT n.m.
Épaisseur d'un cerne* annuel de bois. Il indique la rapidité de croissance ou d'épaississement d'un tronc. Pour les bois résineux*, des accroissements en couches fines et régulières dénotent un bois dense et résistant. Pour les essences feuillues, des accroissements épais peuvent être ceux d'un bois de bonne qualité, mais sujet à une forte rétractibilité*.

ACCUL n.m.
Petit piquet fiché au pied d'un étai oblique pour l'empêcher de riper.

ACCUMULATEUR n.m.
De façon générale, tout dispositif permettant d'emmagasiner l'énergie calorifique (*accumulateurs d'eau chaude ou de chaleur*) ou électrique (*batteries, piles*), et de la restituer plus tard, ou à la demande.
L'***accumulateur d'eau chaude***, dit *ballon*, ou *ballon-réchauffeur*, est un appareil calorifugé dans lequel l'élévation de température de l'eau se fait lentement, en vue d'un soutirage qui peut être rapide : cas des chauffe-bains* et des chauffe-eau* à accumulation.
La consommation d'énergie y est plus faible que dans les appareils à *production instantanée* d'eau chaude, accompagnant le puisage. Ces appareils, normalisés, comportent un *groupe* de sécurité*.
On distingue :
• l'*accumulateur* ***électrique*** (parfois dit *cumulus*) : l'eau froide admise y est chauffée par un élément chauffant ou *thermoplongeur* à résistances, dont l'alimentation électrique est asservie à un thermostat et éventuellement à une horloge de programmation permettant de profiter des tarifs de nuit.
• l'*accumulateur* ***à gaz*** : l'eau y est chauffée par des rampes à gaz à faible débit. Lorsqu'ils sont de faible puissance (moins de 2,3 kW), ces appareils ne nécessitent pas un conduit d'évacuation des gaz brûlés ; au-dessus, ils fonctionnent en général

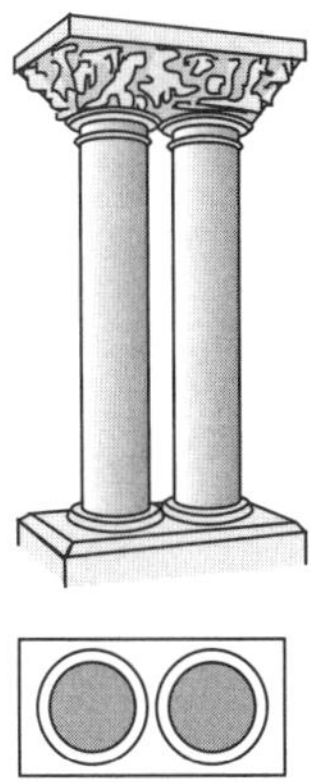

colonnettes **accouplées**

en circuit étanche à ventouse* du type schnoerkel*.

• l'*accumulateur **à échangeur*** : une chaudière de chauffage central lui fournit l'énergie calorifique de son fluide caloporteur qui, par l'intermédiaire d'un serpentin (*échangeur**), chauffe l'eau à usage domestique dans le ballon.

• l'*accumulateur **à énergie solaire*** fonctionne sur ce même principe, une batterie de capteurs tenant lieu de chaudière: le fluide caloporteur circule, en circuit fermé, des capteurs au serpentin échangeur.

Dans les installations à chauffage solaire, on utilise comme *accumulateurs* des lits épais de matériaux à forte inertie* thermique (galets, briques) : ils restituent lentement, la nuit, la chaleur *accumulée* pendant les heures d'ensoleillement.

ACCUMULATION n.f.
Principe consistant à communiquer de l'énergie calorifique à un fluide ou à une masse à forte inertie thermique (cas des radiateurs* à accumulation), afin de récupérer après un délai cette énergie emmagasinée, au fur et à mesure des besoins.

ACÉRÉ adj.
Tranchant, ou très pointu.

ACERMI
(Sigle de l'Association de CERtification des Matériaux Isolants).
Certification* des isolants* thermiques utilisés dans le bâtiment, en fonction de leurs caractéristiques, et donc de leurs possibilités d'emploi.
La certification donne une note de performance sur chacun des points suivants (I.S.O.L.E. et R) :

- **I = Incompressibilité**: de I.1 (matériau compressible) à I.5, pouvant être posé par ex. sous un carrelage.

- **S = Stabilité** dimensionnelle: de S.1 (pour isolation enduite, non contrecollée) à S.4 (pouvant convenir comme support d'enduit).

- **O** = Comportement à **l'eau** : de O.1 (pour combles ou sous-faces de planchers) à O.3 (pouvant constituer un support d'enduit).

- **L = Cohésion** et **Flexion**: de L.1 (isolant extensible et souple) à L.4 (pouvant servir de support d'enduit).

- **E = Perméance*** à la vapeur d'eau
(P exprimée en g/m^2.mm Hg): va de E.1 (P>0,3, pour isolation intérieure), à P ≤ 0,001, intégrable dans des panneaux-sandwich).

- **R** donne la **résistance* thermique** certifiée de l'isolant.

ACÉTATE DE POLYVINYLE (PVA) n.m. Résine* thermoplastique de polymérisation*, obtenue à partir de l'acide acétique et de l'acétylène ; selon les modes d'élaboration, on obtient, outre les fibres des textiles artificiels :

- des ***vernis*** et des ***produits anticorrosion*** pour le béton et la pierre, produits hydrophobes, résistant bien aux hydrocarbures ;

- des ***plastifiants*** (*phtalates*) servant, dans le béton frais, comme adjuvants* entraîneurs* d'air ;

- des ***colles**** pour le bois et le béton (reprises* de bétonnage), et des liants de mortiers adhésifs pour les céramiques et divers revêtements.

ACÉTONE n.f.
Puissant dissolvant des vernis et des colles, très volatil et inflammable.

ACHÈVEMENT n.m.
***En l'état d'*—**: se dit des travaux arrivant à leur terme.
Le constructeur doit, dans un délai d'un mois suivant la fin des travaux, adresser à la mairie et à la DDE locale une *déclaration d'achèvement*.

Le ***parfait achèvement*** est l'obligation qu'a tout entrepreneur de livrer un ouvrage conforme, d'en garantir le bon fonctionnement, et de réparer tout désordre notifié dans un délai d'un an. V. Garanties.

ACIDE n.m. et adj.
Corps chimique dont la dissolution dans l'eau produit des ions H+, qui déterminent les propriétés caractéristiques de la fonction acide.
Un composé acide agit sur les bases* et sur la plupart des métaux, en formant des sels par substitution du métal à l'hydrogène entrant dans sa composition. L'*agressivité** des acides est variable selon leur nature, leur concentration, leur température. Les acides peuvent être destructeurs pour de nombreux composants du bâtiment : en particulier les matériaux à base de calcaire (ciment, pierres calcaires) et les métaux.
NB- Le *gaz carbonique*, au contact de l'humidité de l'air, présente les caractères d'un acide faible, qui agit sur certains composants des constructions soit de façon favorable (durcissement de la chaux* aérienne), soit de façon destructrice (métaux). V. aussi *Carbonatation*.

-L'***acide muriatique*** est l'*acide chlorhydrique* du commerce (dilué à env. 35%). Il sert dans le bâtiment, en dilution à raison de 10 à 15% (soit 3 à 4% d'acide pur), sous le nom d'*esprit-de-sel*, pour éliminer la laitance* superficielle de ciment des chapes et dalles de béton, ou les efflorescences de carbonatation* à la surface des enduits.

ACIDITÉ n.f.
Caractère acide d'un corps ; s'agissant d'une matière en solution aqueuse, l'acidité est mesurée par son pH*, dont la valeur sera inférieure à 7 (V. Acido-alcalimétrie*).

Acidité de l'eau : l'eau n'est pratiquement jamais neutre. L'eau acide est agressive et dangereuse pour les canalisations et les cuves en béton (l'eau pure est également corrosive).

ACIDO-ALCALIMÉTRIE n.f.
Mesure de l'acidité ou de la basicité des corps en solution aqueuse ou en présence d'eau, avec le pH*: l'échelle des pH va de 0 à 14.
L'eau pure, neutre, a un pH égal à 7. Plus une solution est acide, plus son pH tend vers 0 ; plus elle est basique (ou *alcaline*), plus son pH tend vers 14. Par ex., le vinaigre a un *pH* de 3 ; l'eau de Javel pure a un *pH* de 11 ; le ciment et la chaux, qui sont basiques, ont des *pH* supérieurs à 10.

ACIER n.m.
Alliage métallique de fer et de carbone (ce dernier pour moins de 2%), présentant des caractéristiques diverses selon le mode de fabrication et de traitement mécanique et thermique (acier recuit, trempé...), et selon les éléments qui lui sont incorporés (alliages).
On définit en général l'acier par sa ***nuance****, notation normalisée de la limite d'élasticité*:
-***aciers naturels doux*** :
nuances E.24, E.28, et E.36 ; chacune est disponible avec une notation de résilience* de 2 (= fragile), de 3 (peu fragile), ou de 4 (très peu fragile).
-***aciers alliés durs***, dits aciers HLE, à haute limite élastique :
E.365, E.375, E.420, E.440, E.460.
À ces nuances correspondent deux qualités de résilience, R et FP.

Selon leur composition et leur structure, on distingue :

1- Les **aciers ordinaires**, dits *aciers au carbone* (maximum 1,8% de carbone), contenant de faibles proportions de manganèse, de silicium et de phosphore (sont indiqués entre parenthèses les taux de carbone et la résistance à la rupture en traction) :

-***aciers extra-doux*** (0,10 à 0,15% -35 kg/mm^2), pour la quincaillerie emboutie (rivets, clous...), ou les tôles et feuillards, par laminage.

-***aciers doux*** (0,15 à 0,20% -40 kg par mm^2), aciers étirés en poutrelles, profilés, barres, tôles, ou tréfilés en armatures, ou fil simple (*fil de fer*).

-***aciers demi-doux*** (0,20 à 0,30% -50 kg/mm^2), pour outils forgés, radiateurs moulés, ronds d'armature.

-***aciers demi-durs*** (0,30 à 0,40% -60 kg/mm^2), pour pièces d'outillage et petits outils, par moulage.

-*aciers durs* (0,40 à 0,60% -70 kg/mm^2), pour ressorts, fers tranchants.

-*aciers extra-durs* (plus de 0,60% -80 kg/mm^2) : câbles, lames de scies...

2- Les **aciers spéciaux**, alliages d'acier et d'éléments leur donnant des propriétés particulières :

-*aciers au chrome*, de haute dureté mais plus cassants : outils, forets, roulements.

-*aciers au manganèse*, très résistants à l'usure, pour les rails, les pièces de broyeurs, malaxeurs...

-*aciers au nickel*, résistant bien à la corrosion (connus sous les noms de *ferro-nickel*, *permalloy*, *invar*).

-*aciers de nickel-chrome* : selon les proportions de chrome et de nickel, ce sont les aciers inoxydables, et certains aciers réfractaires.

-*aciers au chrome-tungstène*, dits aciers *rapides*, à très haute dureté, pour outils de coupe et de perçage.

-*aciers au cuivre*, dits aciers patinables, du type *CORTEN*.

3- De nombreux demi-produits et produits destinés au bâtiment font l'objet d'un traitement ou d'un revêtement de protection de surface :

-*aciers galvanisés* (tôles, profilés, quincaillerie), enrobés d'une pellicule de zinc à chaud, par immersion dans un bain de zinc en fusion.

-*aciers revêtus aluminium-zinc*.

-*aciers prélaqués* (tôles), par application de laques cuites au four.

-*aciers rilsanisés*: V. Rilsan .

L'acier dans la construction.
Depuis le 19e siècle, l'acier est devenu un composant essentiel :

- pour les *structures* autoporteuses et porteuses (poutrelles, charpentes câbles, pieux, poteaux...),

- pour les *armatures* du béton armé, courant ou précontraint*: aciers doux (ADX) de nuance Fe24, ou Fe40 à haute adhérence (HA), plus connus par leurs marques : V. Armatures*.

- pour les *habillages* et équipements : tôles, feuilles de couverture et de bardage, tuyaux, radiateurs, robinets, quincaillerie, serrurerie...

- pour le *matériel* et l'outillage.

ACIÉRAGE n.m.
Autrefois, transformation du fer en acier, par *carburation* (on disait aussi *aciération*). Opération consistant à donner aux métaux la dureté de l'acier, ou à recouvrir d'une pellicule de fer de certains métaux (alu., cuivre) par *galvanoplastie*.

ACIÉRER v.tr. Faire un aciérage.

ACOMPTE n.m.
Paiement partiel effectué au cours des travaux, après établissement d'une situation* (constat d'achèvement d'ouvrage ou de partie d'ouvrage) ; l'acompte (*à-compte*) est à valoir sur le compte global.

ACOTHERM Voir Label —.

À-COUP n.m.
ÉLECTR.: désigne une brusque variation de tension.

ACOUSTICIEN n.m.
Professionnel spécialiste des questions de propagation des sons et de l'insonorisation des locaux.

ACOUSTIQUE n.f. et adj.
Science des sons, de leur émission, de leur propagation et de leur réception auditive. Par extension, ensemble des techniques visant à améliorer la qualité de diffusion des sons dans les locaux, tels que les salles de spectacle. Résultat obtenu : *une bonne acoustique*.

Notions d'acoustique.
Les **sons**, vibrations émises par une source sonore et perceptibles par l'oreille, sont caractérisés par :

-leur ***fréquence****, appelée "hauteur" dans le langage courant, et exprimée en hertz (Hz), c'est-à-dire en nombre de vibrations par seconde ; dans le ***spectre sonore***, échelle des fréquences des sons, un son est dit *grave* entre 20 et 350 Hz, *médium* entre 350 et 1400 Hz, *aigu* entre 1400 et 15000 Hz.

-leur ***puissance***, appelée en langage courant "*force*" des sons et des bruits : la *puissance acoustique* d'une source sonore est la quantité d'énergie qu'elle disperse par unité de temps ; on la mesure en watts.

-leur ***intensité***. L'*intensité acoustique* d'une source sonore désigne la quantité d'énergie reçue par unité de surface perpendiculaire à l'axe de propagation des ondes et par unité de temps, mesurée en watts/m^2 ; elle est liée à la *puissance* d'émission de la *source sonore*, et se traduit par une *pression acoustique*.

La ***vitesse de propagation*** (célérité) des sons dépend de la masse volumique et de l'élasticité du milieu qui sert de support au déplacement des ondes sonores : elle est de 340 m/s dans l'air à 15°C, de 1460 m/s dans l'eau, et d'env. 5000 m/s dans l'acier.

La **pression acoustique**.
L'émission d'un son correspond à une succession de pressions et de dépressions alternées créées par une source sonore ; elles se propagent en sphères de rayon croissant depuis la source. Plus l'écart de valeur entre ces pressions et dépressions est important par rapport à la pression du milieu ambiant, plus la *pression acoustique* sera élevée, et plus la sensation auditive perçue par le tympan sera importante ; elle est fonction du logarithme du rapport entre la pression acoustique *p* d'une onde à son amplitude maximale et une pression de référence p_o (pression correspondant à l'absence de bruit audible).
D'où la définition du décibel* (**dB**) avec lequel on mesure le *niveau de pression acoustique* L :

$$L_{(en\ dB)} = 10 \log \frac{p^2}{p_o^{\ 2}} \quad (p_o = 2.x\ 10^{-5}\ Pa)$$

On peut estimer qu'il y a à peu près doublement de l'impression auditive chaque fois qu'un son augmente de 10 dB en conservant le même spectre. A titre d'exemples, les niveaux de pression sonore sont de 20 à 25 dB dans une campagne très calme, de 30 à 50 dB dans un quartier calme, la nuit, d'env. 60 dB pour une conversation sur fond musical, de 70 à 90 dB dans les rues passantes, d'environ 100 dB dans des ateliers bruyants, de 120 dB près d'un avion qui décolle.

La combinaison de plusieurs niveaux sonores se mesure de la façon suivante : si deux sources sonores émettent simultanément des pressions p_1 et p_2, le niveau de pression sonore qui en résulte sera :

$$L_{(en\ dB)} = 10 \log \frac{p_1^{\ 2} + p_2^{\ 2}}{p_o^{\ 2}}$$

Deux sources simultanées de 60 dB de niveau de pression acoustique produiront ensemble un niveau de pression de 63 dB ; et l'addition d'une source de 54 dB et d'une source de 60 dB donnera un niveau de pression acoustique de 61 dB.

acoustique
courbes d'égale sensation auditive selon la fréquence des sons (ou courbes d'égale sonie)

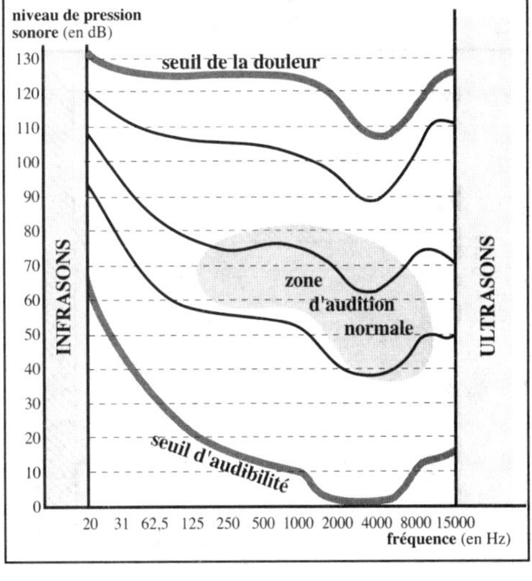

principales notations et unités acoustiques

α	facteur d'absorption	Lw	niveau de la puissance acoustique
δ	facteur de dissipation	Pa	Pascal (pression)
dB	décibel (unité logarithmique de pression acoustique)	p	pression acoustique
Δf	écart entre deux fréquences	p_i	pression acoustique incidente
f	fréquence	p_r	pression acoustique réfléchie
Hz	hertz (fréquence)	p_t	pression acoustique transmise
i	intensité	r	facteur de réflexion
$L_{aeq}T$	niveau continu de pression acoustique équivalent pondéré A (en dB)	ρ	masse volumique
Li	niveau d'intensité acoustique	T	période (durée de cycle)
Lp	niveau de la pression acoustique	τ	facteur de transmission

Mesure des niveaux de pression : elle est effectuée sur site avec le ***sonomètre***, appareil composé d'un microphone, de pondérateurs (qui intègrent par filtrage des corrections de limites de sensibilité de l'oreille, surtout dans les graves), d'un amplificateur et d'un indicateur ou enregistreur de niveaux de pression.
Par des mesures avant et après travaux, cet appareil normalisé permet de mesurer ou contrôler l'efficacité des travaux d'isolation acoustique.
Les ***bruits*** sont des combinaisons peu harmonieuses de sons de fréquences et d'intensités diverses ; les fréquences perceptibles par l'oreille humaine se situent entre 20 Hz et 15.000 Hz, et la perception des différentes fréquences varie, dans le champ auditif de l'homme, selon les niveaux de pression correspondants (V.ill). On analyse donc les bruits en découpant leur spectre de fréquences par tranches ou *bandes d'octaves* (parfois en tiers d'octaves).

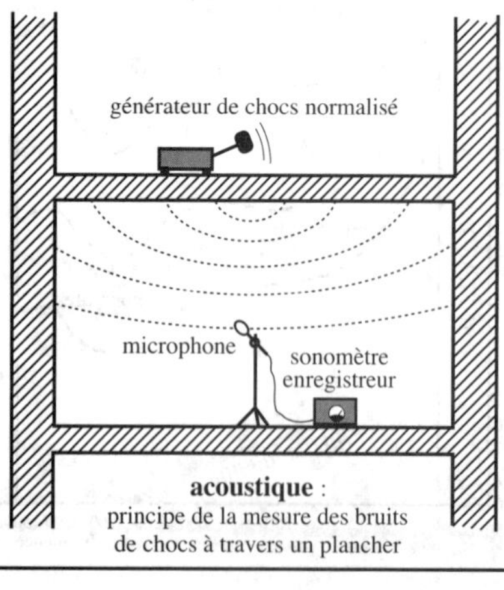

acoustique :
principe de la mesure des bruits de chocs à travers un plancher

On distingue :
- les ***bruits aériens***, dont la source est indépendante des éléments de construction. Prenant naissance dans le milieu atmosphérique, à l'extérieur ou dans les locaux voisins, ils sont véhiculés par l'air jusqu'au local concerné : bruits de rue, cris, conversations, musique, etc.
- les ***bruits solidiens***, émis ou transmis par les matériaux et composants solides des bâtiments tels que planchers, cloisons, tuyauteries, avant d'être diffusés, par l'air, jusqu'aux oreilles : bruits des chaudières, chasses d'eau, coups de bélier*, chutes d'objets, piétinements, coups de marteaux, ascenseurs, etc.

Isolation et **Isolement** acoustiques.
L'***isolation acoustique*** (plutôt que *phonique*) désigne toute technique mise en œuvre pour atténuer, voire supprimer, la transmission des sons, aériens ou solidiens, depuis leur source d'émission jusqu'à leur réception, dans le local considéré.

L'***isolement acoustique*** est la différence de niveau sonore d'un son de fréquence donnée, entre un point d'émission et un point de réception de part et d'autre d'un obstacle ou d'une paroi ; cet affaiblissement est exprimé, en dB, par la différence des niveaux de pression acoustique entre les deux points. Il caractérise non seulement le pouvoir isolant de la paroi interposée, mais l'aptitude du local de réception à absorber les sons qui lui parviennent ; l'***isolement normalisé*** se mesure donc par référence à un local récepteur standard, dont le pouvoir

absorbant correspond à un temps de réverbération* de 0,5 s. Sur cette base est mesuré, sur chantier, l'***isolement*** normalisé, et réglementaire.
En pratique, on réalise des mesures d'***isolement acoustique global***, avec un appareil émettant un ***bruit* rose***, ensemble de sons simultanés de même puissance, pris dans chacune des bandes d'octave entre 88 et 5.656 Hz.
Il diffère du ***bruit blanc***, niveau de pression constant par bande de largeur arithmétique (et non logarithmique) constante. L'*isolement global* est dit ***pondéré*** si les mesures tiennent compte, par filtrage, des variations et limites de sensibilité de l'oreille humaine.
Il est alors exprimé en **dB(A)**, ou *décibels pondérés*, pour lesquels la pondération (A) est choisie.

L'***indice d'affaiblissement acoustique*** (R) exprime, en décibels (dB), l'aptitude à l'isolement d'une paroi donnée. Pour une surface définie, il est fonction de la mesure d'isolement global du local, de son pouvoir absorbant, et de la hauteur du son émis (grave, médium ou aigu).

Dans l'étude concrète des ***solutions d'isolation*** acoustique des locaux, on distingue :

• les ouvrages d'isolation contre les *bruits aériens*. Leur efficacité est fonction du choix des parois, et de leur masse : pour une fréquence sonore de 500 Hz, le doublement de la masse surfacique d'une paroi augmente son isolement d'environ 4 dB, et vice versa (cette constante est dite *loi de masse*) ; l'isolement d'une paroi non perméable à l'air est d'env. 40 dB pour 100 kg/m^2; 44 dB pour 200 kg par m^2, etc. A épaisseur égale, les parois composites avec lame d'air ou laine minérale sont plus isolantes, pour une masse très inférieure.

• les ouvrages d'isolation contre les *bruits solidiens* servent à empêcher leur cheminement, en interposant des matériaux qui forment *rupture* dans la transmission des sons : par ex., manchons souples entre canalisations et colliers, semelles résilientes aux abouts* et sous les cloisons, et, contre les bruits d'impact, chapes* flottantes à sous-couche isolante, revêtements sur thibaudes*...

Réglementation acoustique.
Le développement des constructions à parois de béton minces, qui furent souvent très sonores, a conduit le législateur à prendre des mesures relatives au ***confort acoustique*** des logements neufs.

La **Nouvelle Réglementation Acoustique** (**NRA**) détaille par types de locaux et par types de sources sonores (bruits aériens, impacts, bruits d'équipements, etc.) la limite admise en dB(A).

L'**atténuation acoustique**, bien qu'elle participe au confort acoustique, ne doit pas être considérée comme une isolation : elle consiste à réduire la durée de *réverbération** des sons à l'intérieur d'un local, temps mesuré par la formule de Sabine*. Pour ce faire, on choisit les matériaux ou revêtements dits ***absorbants acoustiques*** en fonction de leur *facteur d'absorption* aux différentes fréquences sonores.
Pour la conception acoustique des salles de spectacles, ou de salles polyvalentes, il est toujours souhaitable de consulter un spécialiste.

Vase acoustique : gros récipient incliné,en forme de cloche ou d'amphore, en bronze ou en poterie ; dans l'Antiquité, ces vases répartis dans les amphithéâtres, constituaient des amplificateurs sonores efficaces, par effet de résonance. Syn.: *résonateur*.

ACROTÈRE n.m.

Trois sens distincts, selon l'époque :
1/*ANTIQUITÉ* : chacun des socles situés au-dessus de la corniche d'un fronton, au faîte et aux extrémités des rampants*; ces socles servaient de support à des ornements en amortissement* tels que statues ou vases, dits *en acrotère* (V.ill. page suivante).

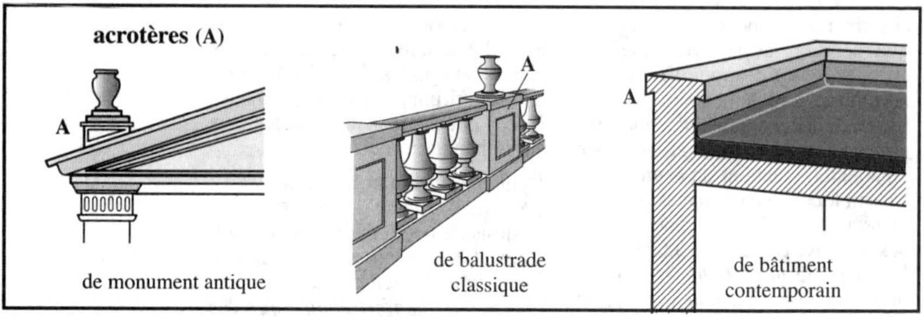

2/*ARCHIT.CLASSIQUE* : dans une balustrade*, chacun des murets en maçonnerie pleine disposés de place en place. Syn.: *dé, dosseret** (V.ill).

3/*ARCHIT.MODERNE* : élément d'une façade situé au-dessus du niveau de la toiture ou de la terrasse, à la périphérie du bâtiment, et constituant des rebords ou garde-corps*, pleins ou à claire-voie. Syn.:*attique**.

ACRYLIQUE adj.
Caractérise une famille de résines* thermoplastiques*, utilisées dans le bâtiment d'une part sous forme de fibres textiles (revêtements de sols, ameublement), d'autre part comme composant de base ou comme liant de nombreux matériaux : crépis, peintures, colles, vernis, mastics...

ACTIF adj.
Qualifie un conducteur ou un équipement parcouru par un courant, ou qui est sous tension* de façon en principe permanente.

ACTIONNEUR n.m.
Dispositif motorisé de manœuvre d'un équipement : vanne, volet roulant, trappe de désenfumage...
Syn.: *opérateur* de manœuvre.

ACTIVEUR n.m.
Adjuvant* qui, incorporé à faible dose dans un catalyseur*, augmente ou accélère son action. Pour le béton, désigne souvent un accélérateur*.

ACTUALISATION n.f.
Modification du prix fixé initialement, à la date d'un ordre de service, par l'application automatique, à partir d'une date de référence, de taux d'indices économiques.

ACUTANGLE adj.
Qualifie un triangle dont les trois angles sont aigus.

ADAPTATEUR n.m.
(parfois ***Adapteur***)
Dispositif interposé entre deux éléments d'outillage pour qu'ils puissent fonctionner ensemble, ou entre deux organes électriques tels que des prises de courant d'écartement distinct.
L'adaptateur désigne aussi la "prise voleuse" à brancher sur une douille de lampe.

ADDITIF n.m.
Élément qui est ajouté à un produit pour modifier ou améliorer certaines de ses caractéristiques.
Syn.: *adjuvant**, *ajout**.

ADDITION n.f.
Fait d'ajouter un produit à un autre, par ex. *addition d'un diluant**, dans une peinture.

ADDUCTION n.f.
Tous travaux et tout équipement qui ont pour objet de conduire l'eau d'un point à un autre.

ADENT n.m.
En charpente, mode d'assemblage* de deux pièces de bois accolées, à dents et entailles triangulaires formant tenons et mortaises.

ADHÉRENCE n.f.
Liaison d'un matériau avec un autre, pouvant prendre une ou plusieurs de ces trois formes :

1- liaison ***chimique*** par affinité moléculaire (rare) : elle suppose la fusion ou la solubilisation d'un des corps à l'interface*; c'est le cas par ex. de l'étamage* par trempage.

2- accrochage ***physico-chimique***, par formation et enchevêtrement mutuel de micro-cristaux à l'interface*, dit adhérence *épitaxique* : c'est le cas des liaisons entre ciments et granulats.

3- ancrage ***mécanique***, par pénétration du matériau fluide dans les pores* de l'autre matériau, pour former une multitude de griffes microscopiques : par exemple, le plâtre appliqué sur des briques.
Parlant du béton armé, l'*adhérence* est la liaison entre le béton et ses armatures ; elle résulte surtout d'un contact par pression, résistant au frottement et interdisant tout déplacement des fers dans leur gaine de béton. L'adhérence ***par collage**** résulte en fait d'une double adhérence, entre l'adhésif - ou *colle* - et chacun des deux matériaux à assembler.

-***Pose en adhérence*** : mode d'application collée des revêtements d'étanchéité*, par opposition à la pose dite *en indépendance**.

-***Test d'adhérence*** (sur les enduits, carrelages, revêtements...) : la force d'adhérence est mesurée au point de rupture par traction d'une pastille de 10 cm^2 (carotte*) prédécoupée à la scie à cloche, collée à un cylindre métallique sur lequel on exerce une traction (V.ill) avec un appareil tripode muni d'un dynamomètre.
L'aiguille du cadran s'immobilise au moment précis de la rupture, indiquant la force de traction exercée à cet instant. On retient la moyenne des valeurs sur 5 essais comme valeur d'adhérence, ou de *résistance à l'arrachement*. Sur les carottes, on observe le type de décohésion : *rupture adhésive* -suivant le plan de collage, *ou cohésive* -dans l'épaisseur des matériaux.

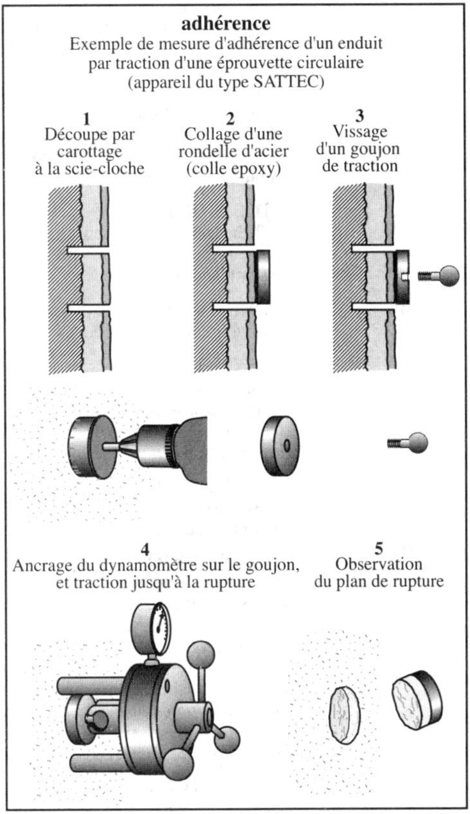

ADHÉRENT adj. Qualifie un matériau qui adhère bien à un autre.

ADHÉSIF n.m. et adj.
1/ Se dit, le plus souvent, d'un matériau qui peut adhérer spontanément et sans préparation particulière : *ruban adhésif, revêtement adhésif.*

2/ Matériau de collage, éventuellement pelable ; colle* au sens large.

3/ Le terme de ***mortier adhésif*** s'applique à tout mortier* industriel

(prêt à gâcher) dont la fonction est le collage : fixation des carrelages, montage des carreaux de plâtre, pose des complexes* de doublage.
4/ *Adhésif sans ciment* : "colle en pâte prête à l'emploi", à base de résine acrylique chargée de minéraux inertes, pour la pose des revêtements céramiques muraux.

ADHÉSION n.f.
Solidarisation physico-chimique de deux matériaux, par opp. à tous assemblages mécaniques.

ADHÉSIVITÉ n.f. Expression du "pouvoir collant" d'un adhésif.

ADIABATIQUE adj.
Qualifie une réaction ou une transformation physico-chimique qui s'effectue sans échange thermique avec l'extérieur. Syn.: *athermique*.

ADJONCTION n.f.
Partie ajoutée à un bâtiment, postérieurement à sa construction.

ADJUDICATION n.f.
Attribution d'un marché de travaux ou de fournitures, après comparaison de plusieurs offres. L'***adjudicateur*** (maître d'ouvrage ou organisme public) lance un appel d'offres*, chaque soumissionnaire répond (soumet son offre), l'***adjudicataire*** est bénéficiaire de l'adjudication, prononcée (*adjugée*) par un ***jugement adjudicatif***.

ADJUVANT n.m.
Produit qui est incorporé en faible proportion dans les bétons et mortiers pour modifier, pour améliorer ou pour compléter certaines de leurs caractéristiques. Nous ne saurions citer ici les divers adjuvants utilisés dans la fabrication des matières plastiques, des colles, peintures, résines...
Pour les bétons et les mortiers, les adjuvants peuvent être classés en trois groupes, suivant leurs fonctions :

1/ Adjuvants agissant sur le délai de prise et de durcissement :

• les ***accélérateurs****, qui réduisent le délai entre l'hydratation des liants et leur prise*; ce sont soit des chlorures (de calcium, de sodium), soit des alcalis (soude, potasse, ammoniac) ou leurs sels (sulfates de potasse ou de soude). Les dosages indiqués doivent être strictement respectés.
L'emploi des *accélérateurs chlorés*, à cause de leur action corrosive sur les armatures, est limité, et exclu pour certains bétons (V. les DTU).

• les ***retardateurs****: ils agissent en sens inverse, allongeant le délai entre l'hydratation des particules d'un liant et le début de sa prise. Incorporés à très faible dose, ce sont des hydrates de carbone (sucres, glucose, amidon, cellulose), divers acides ou sels d'acides, ou encore l'oxyde de zinc, ou des phosphates alcalins.

2/ Adjuvants agissant sur la plasticité et la compacité :

-les ***plastifiants*** : produits sous forme pulvérulente, améliorant l'ouvrabilité* et la maniabilité des matériaux : ce sont la bentonite*, la chaux grasse, les fillers* calcaires, les pouzzolanes*, les cendres* volantes, le kieselguhr*. En général, ils jouent aussi le rôle de ***rétenteurs* d'eau***, limitant ainsi les risques de dessiccation* prématurée.

• les ***fluidifiants***, dits ***réducteurs d'eau***, produits qui permettent d'abaisser, à ouvrabilité* égale, le taux d'eau de gâchage de 10 à 15%, et donc d'améliorer les qualités mécaniques en diminuant le retrait*: incorporés à l'eau de gâchage à raison de moins de 1% du poids de ciment, ils facilitent le mouillage des particules de liant, empêchent leur floculation*, et servent de lubrifiant des mélanges : ce sont surtout des lignosulfonates, savons de résines ou détergents de synthèse.

• les ***entraîneurs* d'air***, liquides qui créent d'innombrables petites bulles d'air améliorant la plasticité par réduction des frottements ; par ailleurs, ces microbulles d'air sont autant de petites chambres de compression en cas de gel : les entraîneurs d'air ont donc aussi un rôle *antigélif* (V. plus loin). Ce sont en général des sulfonates, ou des savons alcalins d'acides gras.

3/ Adjuvants améliorant la résistance aux agents externes :

• les ***antigels**** (ou pare-gel), qui protègent le matériau contre les effets du gel jusqu'au durcissement (interruption de la prise et du durcissement, éclatement par gonflement).
On utilise le chlorure de calcium, ou l'aluminate de sodium, jouant le rôle d'accélérateur, en les associant avec un entraîneur d'air.

• les ***antigélifs***, qui diffèrent des antigels, servent à protéger les bétons durcis contre les effets du gel: les antigélifs les plus courants sont les entraîneurs d'air (V. plus haut).

• les ***hydrofuges****, qui améliorent l'étanchéité en réduisant les possibilités de pénétration capillaire* de l'eau. On distingue les *hydrofuges de masse*, incorporés dans l'eau de gâchage ou pendant le malaxage, et les *hydrofuges de surface*, appliqués à la brosse ou par pulvérisation après durcissement : silicones, fluosilicates, colloïdes ou résines.

• les ***produits de cure****; appliqués à la surface des bétons, ils constituent un film superficiel qui évite l'évaporation prématurée de l'eau de gâchage et maintiennent l'hydratation nécessaire : on utilise le plus souvent des émulsions de paraffines, cires, huiles, résines et divers dérivés pétroliers.
NB Tous les adjuvants sont soumis à la conformité aux normes.

ADJUVANTATION n.f.
Incorporation d'adjuvants dans un matériau.

ADJUVANTER v.tr.
Incorporer un adjuvant dans un béton, un enduit, un mortier, pour modifier ses caractéristiques.

ADMITTANCE n.f.
Valeur électrique inverse de l'impédance*, exprimée en *mho* (inverse de *ohm*). Quotient de l'intensité efficace d'un courant qui parcourt un circuit, par la tension alternative appliquée à ses extrémités.

ADMITTIVITÉ n.f.
Caractéristique du phénomène sensitif de conduction thermique par le contact. Produit *chaleur massique* x *masse volumique* x *conductivité)* d'un matériau.

Une sensation tactile de froid (marbre poli, acier) correspond à une grande admittivité ; inversement, une faible admittivité (moquette, liège) correspond à une sensation de chaleur.

ADMIXTION n.f.
En peinture, c'est l'incorporation progressive d'un produit dans un autre, en brassant au fur et à mesure.

ADOBE n.m.
Brique d'argile, de sable et parfois de paille hachée, séchée au soleil pendant deux ou trois jours dans son moule de bois.

ADOMAIRE adj.
Qualifie une surface d'aspect moucheté : *peinture adomaire*.

ADOS n.m.
Talus ou repli de terrain servant à protéger des vents froids ; c'est un élément important dans l'architecture bioclimatique*.

Le ***mur d'ados*** d'un escalier est celui contre lequel il s'appuie.

ADOSSÉ adj.
Qualifie tout élément architectural (corps de bâtiment, conduit de fumée, appentis...) dont l'arrière prend appui contre un mur ou un autre bâtiment.

ADOSSEMENT n.m.
Mise en place ou état d'un élément appuyé contre un autre : l'*adossement d'un conduit* de fumée.

ADOUCI n.m. et adj.
1/ Dans la finition du marbre, stade intermédiaire entre l'*égrisé** et le *poli**: la ***taille adoucie*** est unie au toucher, mais offre un aspect mat dû aux nombreuses microrayures

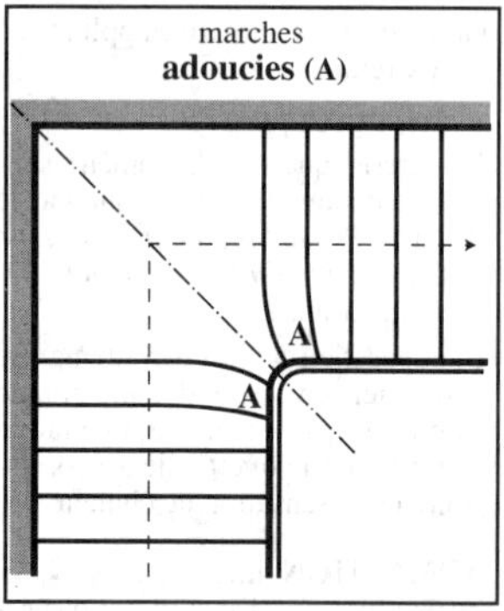

d'environ 0,05 mm de large, laissées par le grésage*. La taille adoucie est bien adaptée pour la finition des dallages de sols.

2/ Les marches d'escalier sont dites adoucies soit si leur nez est arrondi, soit si leurs contours sont incurvés pour faciliter l'enchaînement des foulées, ou dans un but esthétique (V.ill).

ADOUCIR v.tr.
Outre les actions définies ci-dessus, adoucir signifie :

1/ Raccorder deux membres* architecturaux, l'un en saillie, l'autre en retrait (moulures, profils...) par un chanfrein* ou un cavet*.

2/ Corriger un décalage de nu* entre deux rangs d'assises de pierre, et, d'une façon générale, masquer un désaffleurement*.

3/ En plomberie, débarrasser une eau dure* de ses sels entartrants.

ADOUCISSAGE n.m. Grésage* à la ponce dure et à l'eau, dont le résultat est une finition adoucie.

ADOUCISSEMENT n.m.
Opération consistant à débarrasser les eaux* incrustantes, dites *eaux calcaires*, ou *eaux dures*, des sels de calcium et magnésium qu'elles contiennent. Ces sels, dits calcaires, entartrent les canalisations en précipitant et en se déposant sur les parois sous forme de croûtes dures de sulfates de chaux et de magnésie.
Le phénomène étant plus rapide à chaud, à partir de 60°C (entartrage des bouilloires), les techniques d'adoucissement concernent surtout l'alimentation en eau des équipements de production d'eau chaude.
Un adoucissement excessif est néfaste : il permet au chlore contenu dans l'eau des réseaux publics de développer son action corrosive.
En utilisation domestique, l'idéal consiste à ne pas descendre le titre hydrotimétrique* de l'eau au-dessous de 8°TH. Par contre, le titre d'une eau destinée à la production de vapeur doit être inférieur à 5°TH.

ADOUCISSEUR n.m.
Appareil de traitement antitartre, ou d'*adoucissement* de l'eau, installé sur la canalisation d'alimentation des chaudières et des appareils de production d'eau chaude sanitaire (chauffe-eau, chauffe-bains, etc).

Les **principaux procédés** sont :
• les procédés à ***épuration chimique***, par fixation des sels minéraux incrustants sur des produits échangeurs d'ions, résines synthétiques (polystyrènes sulfonés) ou zéolites* naturelles en granulés insolubles, communément dits *sels calcaires* (en fait, ces produits fixent le calcaire) ; une régénération périodique des résines est nécessaire, par lavage à contre-courant avec une solution saline concentrée (saumure* de chlorure de sodium).
NB- Ces procédés ne sont recommandés que sur les circuits de production d'eau chaude sanitaire.

• les appareils à ***polyphosphates*** en solution, par injection ou par dissolution lente de cristaux solubles, à un taux voisin de 2 mg/litre. Leur injection est faite par une *pompe doseuse* à régulation électronique. De façon moins précise, l'introduction par dissolution est faite par un *doseur à déplacement* (ou *pot* à déplacement), réservoir

à différence de pression placé en dérivation de la canalisation d'eau à traiter, et alimenté par l'intermédiaire d'un diaphragme.
Les polyphosphates jouent le rôle d'inhibiteurs cathodiques, empêchant la formation et la fixation de tartre dur sur les parois ; leur utilisation est strictement réglementée, et interdite en Suisse.

• les procédés ***électrolytiques*** à anode soluble, à régulation électronique : une anode d'aluminium précipite les carbonates sous forme de boues salines ; l'opération s'accompagne d'un dégazage des gaz dissous, rendus agressifs par le chauffage.

• divers appareils adoucisseurs dits *antitartre* électroniques*, enfin, utilisent des phénomènes ***électromagnétiques*** ou ***électrostatiques***.

ADSORPTION n.f.
Pénétration superficielle d'un liquide ou d'un gaz à la surface d'un matériau.

AÉRATEUR n.m.
1/ Adjuvant* entraîneur* d'air.

2/ Petite grille fine rapportée sur l'orifice des becs des robinets*.

3/ Dispositif pour le renouvellement de l'air par ventilation* naturelle, constitué d'une petite grille* à sceller (souvent avec clapet antiretour, ou à ouverture réglable).

AÉRATION n.f.
Utilisation des mouvements naturels de l'air pour assainir les locaux et évacuer l'air confiné et l'humidité. Ò

En France, l'article 1 de l'arrêté du 24.03.1983 stipule que *l'aération des logements doit pouvoir être générale et permanente au moins pendant la période où la température oblige à tenir les fenêtres fermées... La circulation d'air doit pouvoir se faire des pièces principales vers les pièces de service.*
Article 2 du même arrêté : *Le système d'aération doit comporter :*
- des entrées d'air dans toutes les pièces principales, réalisées soit par des orifices en façade, des conduits à fonctionnement naturel, ou des dispositifs mécaniques.
- des sorties d'air dans les pièces de service, au moins dans les cuisines, salles de bains ou de douches et cabinets d'aisance, réalisées par des conduits verticaux à tirage naturel ou par des dispositifs mécaniques...

-***Aération des solives*** : espace vide ménagé dans la maçonnerie, autour des abouts de solives en bois, pour laisser circuler l'air et permettre d'éventuels jeux de dilatation.

AÉRAULIQUE n.f.
Étude de l'écoulement des gaz et, par extension, de la distribution de l'air conditionné dans les locaux, et de la ventilation* mécanique.

AÉRIEN adj.
V. Bruit aérien, Chaux aérienne.
En électricité ou télécommunications, une ligne est *aérienne* si elle n'est pas sous conduits enterrés.

AÉRISTE n.m.
Néologisme désignant parfois le spécialiste de l'aéraulique, de la ventilation et du conditionnement d'air.

AÉROBIE n.m. et adj.
Qualifie un micro-organisme* qui ne peut se développer qu'en présence d'oxygène. Opp.: *anaérobie.*

AÉROCRÈTE n.m.
Synonyme de *béton* cellulaire.*

AÉRO-ÉJECTEUR n.m.
Appareil de relevage pour les eaux-vannes et effluents, par introduction cyclique, en partie haute d'une cuve et après son remplissage, d'air comprimé qui refoule les eaux chargées dans un tuyau à clapet antiretour.

AÉROSOL n.m.
Air ou gaz contenant une grande quantité de fines particules en suspension (particules d'environ 5mμ de diamètre), sans sédimentation.

AÉROSTAT n.m.
Dispositif de régulation et de limitation automatique de la température de l'air chaud produit par les aérothermes et générateurs d'air chaud.

AÉROTHERME n.m.
Appareil de chauffage autonome à air pulsé, qui peut être de grande puissance pour les ateliers et locaux industriels.

Il comporte :
- une entrée d'air (l'air frais étant en général pris à l'extérieur),
- un corps de chauffe qui peut être un *réchauffeur*, batterie d'échangeurs* en réseau parcourus par un fluide chaud, ou une batterie de résistances électriques en série,
- une soufflerie. La bouche de sortie est munie de déflecteurs afin d'orienter les flux d'air chaud, ou équipée d'un registre* de répartition des flux.

AFFAIBLISSEMENT n.m.
Atténuation de la transmission des sons à travers une paroi, mesurée, pour chaque type de paroi, par un ***indice d'affaiblissement*** acoustique, dit ***indice*** α (alpha) : la mesure est faite en laboratoire, en plaçant la paroi testée entre un local d'émission et un local de réception, et en mesurant, en décibels*, la différence émission/ réception à plusieurs niveaux du spectre* sonore.

AFFAISSEMENT n.m.
Enfoncement au-dessous du niveau prévu, d'une partie ou de la totalité du sol et des assises d'un bâtiment. Il correspond à un tassement* du sol mal compacté, à un affouillement* , ou à un effondrement de galerie.
-***Affaissement du béton*** : V. Cône.

AFFALER v.tr.
Donner du mou dans la manipulation d'un cordage de levage, laisser descendre une charge suspendue.

AFFAMER v.tr.
Terminer un profil, une moulure, par un arrêt droit, biais ou arrondi.

AFFERMIR v.tr.
Consolider une voûte, un mur, etc.

AFFERMISSEMENT n.m.
Premier stade du durcissement d'un béton ou d'un mortier hydraulique, marquant le début de la prise*.

AFFICHAGE n.m.
Opération d'application d'un papier peint ou d'un revêtement textile sur un fond encollé*.

AFFILER v.tr.
Donner du fil* à un outil tranchant, après l'avoir meulé. V. Affûter.

AFFILOIR n.m.
Tringle d'acier dur, de section triangulaire, servant à donner du fil* aux racloirs* d'ébénistes et parqueteurs.

AFFLEURAGE n.m.
Action d'affleurer deux éléments.

AFFLEUREMENT n.m. État de surface uni de deux éléments juxtaposés sans retrait ni saillie de l'un par rapport à l'autre.

AFFLEURER v.i. ou v.tr.
1/ Pour des éléments juxtaposés, c'est être au même niveau. Mettre au même niveau le parement de deux éléments contigus : placages, cadres d'huisseries, voiles de béton...

2/CHARP.: aligner les faces supérieures des lambourdes d'un parquet.

3/TERRASS.: des roches *affleurent* si elles sont visibles à la surface du sol.

AFFOUILLABLE adj. Qualifie un sol ou un terrain qui peut subir les effets d'une érosion par l'eau.

AFFOUILLEMENT n.m. Sape ou ravinement par l'action de l'eau.

AFFOUILLER v.tr.
Creuser des terres meubles ou sablonneuses par l'action naturelle des eaux : les fortes pluies, les crues de rivières..., peuvent affouiller les sols.

AFFOURCHAGE n.m.
Action d'affourcher.

AFFOURCHER v.tr.
1/ Amarrer solidement, avec des cordages, un échafaudage, une grue, une chèvre*, etc.

2/ Réaliser un assemblage* de pièces de bois sur toute leur largeur, par languette et rainure.

AFFOURCHEMENT n.m.
Mode d'assemblage* des bois longs, tels que les lames de parquets*, par languette et rainure.

AFFRANCHI n.m.
Surcroît de dimensions d'un bloc de pierre, par rapport aux dimensions nominales demandées ; il n'est pas facturé à l'acheteur. Surépaisseur (*gras de taille*) nécessaire pour le traitement en relief d'un parement ou d'un bossage*.

AFFRONTEMENT n.m.
Disposition de deux éléments bout à bout, ou face à face.

AFFRONTER v.tr.
Disposer deux éléments l'un contre l'autre, face à face, "front à front".

AFFÛT n.m.
Monture ou manche d'outil manuel coupant (ciseau, gouge, rabot...).
Syn.: *fût* (pour les rabots).

AFFÛTAGE n.m.
1/ Autrefois, désignait l'ensemble des outils confiés à l'ouvrier menuisier.

2/ Reconstitution du tranchant d'un outil coupant, lorsqu'il est usé, émoussé ou ébréché.

-L'affûtage d'un outil (fer tranchant, ciseau...) comprend un *meulage**, pour rétablir l'angle* d'attaque de l'outil, et un *morfilage**, pour abattre le *morfil**, effilochage créé par le meulage sur l'arête coupante.

-L'affûtage d'une lame de scie* se fait aussi en deux temps : l'*aiguisage* à la lime tiers-point* de chaque dent ; puis l'*avoyage** des dents, pour donner sa voie* à la lame.

AFFÛTÉ adj.
Se dit d'un ouvrier bien équipé.

AFFÛTER v.tr.
A l'origine, fixer un outil coupant sur son fût* ou son affût* ; par déformation, rendre à un outil son caractère tranchant.

AFFÛTEUR n.m.
Spécialiste de l'affûtage des outils coupants.

AGAVE n.m.V. Sisal.

AGENCE n.f.
Local professionnel d'un cabinet d'architecture, et parfois le bureau d'architecte sur le chantier.

AGENCEMENT n.m.
Disposition des volumes ou des éléments de décor les uns par rapport aux autres.

AGENCER v.tr.
Disposer avec goût et sens pratique.

AGENCEUR n.m. Professionnel de l'agencement des locaux.

AGENT n.m.
Élément qui a une action particulière (*agent abrasif, agent corrosif*), ou qui procure une caractéristique (par ex. *agent épaississant*).

AGGLO n.m.
Abrégé du langage courant pour *aggloméré** (bloc de béton ou aggloméré de particules de bois).

AGGLOMÉRANT n.m.
Produit qui lie entre eux les composants d'un matériau hétérogène et lui donne sa cohésion.

AGGLOMÉRAT n.m.
Roche détritique qui résulte d'un compactage naturel de morceaux de roches dans un liant quartzeux : les brèches* et les poudingues* ont été ainsi formés par compression.

AGGLOMÉRÉ adj. et n.m.
De façon générale, sont *agglomérés* les matériaux de forme géométrique régulière, obtenus par compactage dans un moule de tous granulats (roche concassée, sable, mâchefer, copeaux,

agitateur
pour mélange
de peintures et
mortiers fluides

etc.) enrobés dans un liant* qui les "soude" (ciment, plâtre, résines...).

• En maçonnerie, l'aggloméré désigne le "bloc de béton de granulats courants", ou *parpaing*, ou *agglo* ou *plot*, élément préfabriqué, moulé et vibré, plein ou creux. V.le mot Bloc.

• En menuiserie, l'aggloméré de bois désigne le panneau* de particules* de bois. V. Fibragglo.

AGITATEUR n.m..
Appareil de mélange monté sur une perceuse* ou un moteur électrique; son axe est muni de tiges latérales en cercle ou en hélice, formant turbine pour brasser et homogénéiser les matériaux liquides ou visqueux (V.ill).

AGRAFES

agrafes (A) de couverture métallique
(ici sur un acrotère en maçonnerie)

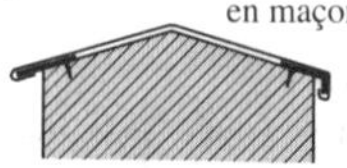

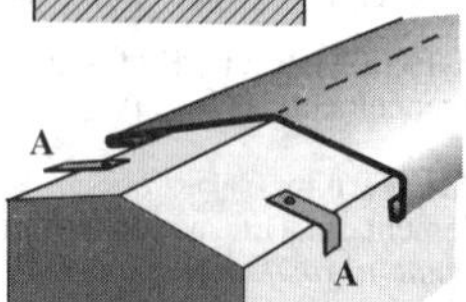

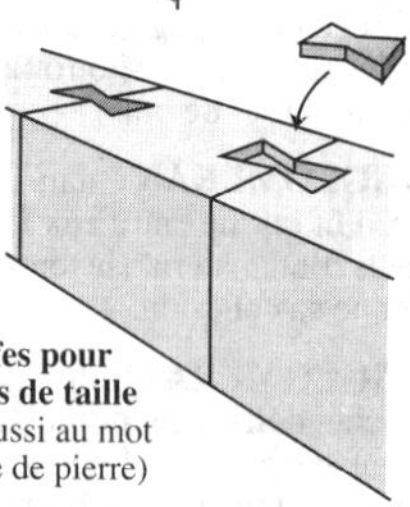

agrafes pour pierres de taille
(voir aussi au mot Placage de pierre)

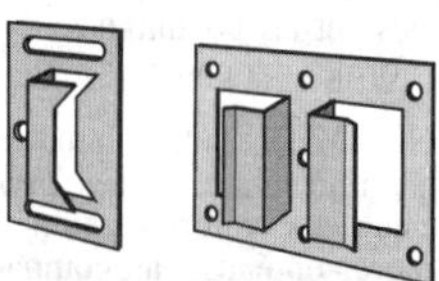

agrafes pour fixation de lambris (exemples)

AGRAFAGE n.m.
Action d'agrafer, et mode de fixation par agrafes.

AGRAFE n.f. Accessoire de fixation ou d'assemblage aux nombreuses formes :

-***Agrafe à bois*** : cavalier métallique, mis en place avec une agrafeuse, utilisé pour les assemblages de bois économiques, ou de faible section.

-***Agrafe de couverture*** : petite patte* métallique, à fixer sur tasseaux ou voliges, pour assurer le maintien des feuilles de couverture en zinc. Syn.: *patte d'agrafe*, *bande d'agrafe*.

-***Agrafe de pierre de taille*** : crampon en fer plat à double queue d'aronde, ou en fer carré coudé, servant à solidariser des pierres d'assise, des claveaux d'un cintre, etc. (V.ill).

-***Agrafe de pierre de placage*** : patte de scellement de la pierre pelliculaire contre les maçonneries : en fil inoxydable, elles sont soit fixées à des trous et à des rainures, soit entrées dans une engravure de pierre à queue d'aronde, soit incluses dans un trou borgne (V.ill. au mot Placage).

-***Agrafe de vitrier*** : petit crochet en forme de S destiné à retenir les vitrages des serres et verrières.

-***Agrafe de volet*** : boucle métallique fixée autrefois entre l'espagnolette et le haut du volet, pour le fermer en même temps que la croisée.

-***Agrafe d'arcade*** : petit bas-relief sculpté sur le parement extérieur des clefs* d'arcades des portes et fenêtres (surtout aux 17e et 18e siècles), pour interrompre les moulures et profils des archivoltes*.

AGRAFER v.tr. Fixer des matériaux avec des agrafes, maintenir à l'aide d'agrafes les feuilles de zinc d'une couverture, un revêtement, etc.

AGRAFEUSE n.f.
Appareil manuel ou pneumatique, à détente brusque, pour la fixation d'éléments par enfoncement répétitif d'agrafes en forme de cavalier*.

AGRAFURE n.f.
Mode d'assemblage de deux tôles ou feuilles de zinc, par pliage inversé des bords de l'une et de l'autre, en pinces mâle et femelle (V.ill).

AGRÉÉ adj.
1/ Se dit d'un entrepreneur spécialisé ou d'un applicateur d'un procédé avec lequel le fabricant a des liens d'assistance technique et commerciale, éventuellement assortis d'une coresponsabilité contractuelle.
2/ Agréé en architecture :
V.Architecte.

AGRÉGAT n.m.
En minéralogie, l'agrégat est une roche sédimentaire qui résulte d'un assemblage compact de particules de natures différentes : par exemple le granit est un agrégat de feldspath, de mica et de quartz. Par déformation (et assimilation au mot anglais *aggregate*), le mot a souvent désigné tout fragment de roche destiné à être mélangé à un mortier pour constituer les gros ***granulats**** (terme préférable à celui d'agrégat) d'un béton* ou d'un mortier. Un revêtement en ***agrégats exposés*** ou ***apparents*** est un revêtement mural fait d'un lit de mortier-colle à la surface duquel on vient sertir, manuellement ou par projection, des granulats plus ou moins gros, selon l'effet décoratif voulu.

AGRÉMENT n.m.
Outre son sens d'ornement et de décoration, le mot désignait, jusqu'en 1969, le constat de validité et l'approbation d'un procédé ou matériau par le CSTB ; il a été remplacé par l'Avis* Technique).

AGRÈS n.m.pl.
Ensemble des cordages, câbles et accessoires de levage* des pièces de charpente sur un chantier.

AGRESSIF adj.
Qualifie tout produit ou élément (air, eau) dont le contact avec les composants du bâtiment entraîne, à plus ou moins long terme, une dégradation chimique : les acides sont des agents agressifs pour le bâtiment.

AGRESSION n.f.
Attaque d'un élément, pouvant entraîner des dégradations : *les agressions des intempéries.*

AGRESSIVITÉ n.f.
Caractère destructeur d'un produit chimique.

AHAH ou **HAHA** n.m.
Interruption d'un mur de clôture, en général dans l'axe d'une allée, pour prolonger sa perspective. Cette ouverture est coupée par un fossé, dit *saut*-de-loup.*

AIDE n.m.
Ouvrier-manœuvre, attaché à une équipe de compagnons ; il apporte à pied d'œuvre les matériaux, gâche les mortiers, nettoie les outils... : *aide-maçon, aide-couvreur...*

AIGRE adj.
Se dit d'un métal qui présente des criques*.

AIGRETTE n.f.
Décharge électrique crépitante et lumineuse qui se produit autour d'un conducteur sous tension élevée, mais qui est insuffisante pour produire un arc électrique.

AIGU adj.
Définit tout angle dont l'ouverture est inférieure à celle de l'angle droit. En acoustique, qualifie un son de la fréquence* supérieure à 1.000 Hz.

AIGUAGE ou **AIGAGE** n.m.
Droit de tout propriétaire d'amener l'eau vers son fonds, par une adduction qui traverse le terrain d'autrui ; on dit aussi *droit d'aiguerie.*

AIGUILLE n.f.
-***Aiguille de charpente*** : poinçon* formant épi* au faîte du toit.

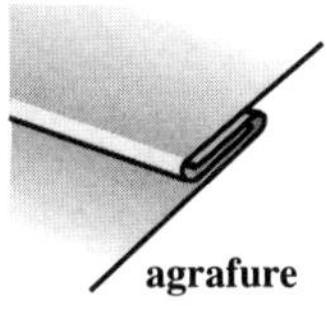
agrafure

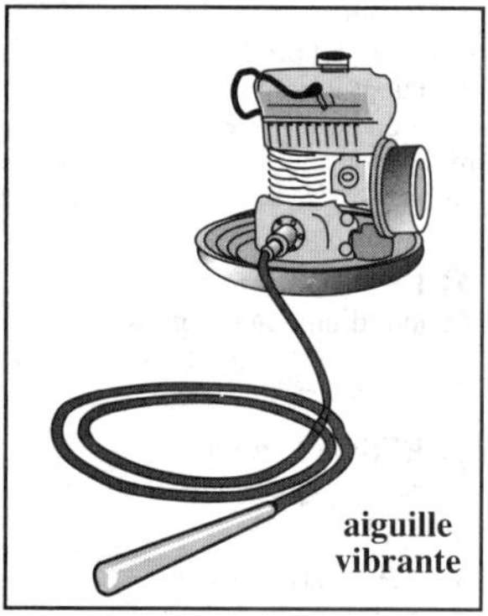

aiguille vibrante

-***Aiguille de clocher*** : syn. de *flèche** très effilée.

-***Aiguille pendante*** : tringle de métal, ou pièce de bois, qui soulage un entrait* ou un tirant*; elle peut être verticale ou inclinée ; en principe, elle ne travaille qu'en traction.

-***Aiguille vibrante*** : appareil pneumatique de vibration* des bétons (ou *pervibrateur**), constitué d'un manche prolongé par un embout à vibrateur* pneumatique interne (V.ill. page suivante). On utilise les aiguilles vibrantes en les plongeant et en les déplaçant dans le béton frais, pour le fluidifier, améliorant ainsi le serrage contre les parois de coffrage, l'enrobage des armatures, l'élimination des bulles d'air, et le compactage.
La fréquence* de ce vibrage* est importante : au-dessous de 2.000 Hz* (i.e. 2.000 vibrations par seconde), seuls les gros granulats sont déplacés ; inversement, les fréquences supérieures à 10.000 Hz n'agissent que sur les éléments les plus fins, et fluidifient trop le liant.

-***Aiguille de PROCTOR*** : appareil de mesure du compactage et de la teneur en eau des bétons frais.

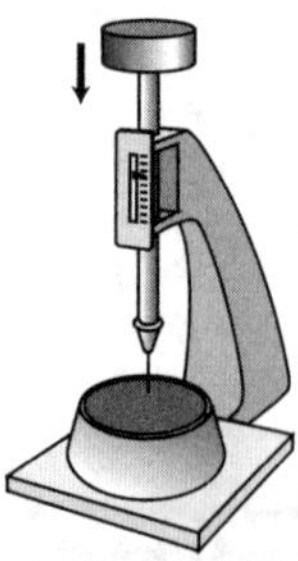

aiguille de Vicat

-***Aiguille de VICAT*** : appareil de mesure du temps de début de prise et de durée de prise des liants hydrauliques, soit sous forme de pâte pure, soit sous forme de mortier (mélange 1/3 de liant, 2/3 de sable, dit *mortier 1/3*). Une aiguille verticale coulissant librement dans un bâti est chargée d'une masse (300 g pour une pâte pure, 1000 pour un mortier).
Sous l'aiguille, le matériau gâché est disposé dans un anneau de 4 cm de haut. L'essai consiste à mesurer, à 20°C, le délai écoulé entre l'hydratation du liant et le moment où l'aiguille, plongeant dans la pâte, n'atteint plus le fond (c'est le délai de *début de prise*) ; puis le temps écoulé jusqu'à ce que l'aiguille ne s'enfonce plus dans la pâte (c'est le *temps de prise*).

AIGUILLER v.tr.
En électricité, c'est faire passer un conducteur à travers un volume creux, ou derrière une paroi (cloison de doublage, faux-plafond, etc.).

AIGUILLETAGE n.m.
Procédé de fabrication de feutres et non-tissés, consistant à faire passer des touffes de fibre dans une trame grossière, avec des aiguilles à crochet, provoquant l'enchevêtrement.

AIGUILLETÉ n.m.
Revêtement* de sol textile fabriqué par aiguilletage, et comportant en général un dossier* enduit (matière plastique ou mousse synthétique).

AIGUISAGE n.m.
Action d'aiguiser, et son résultat.

AIGUISER v.tr.
Rendre à un outil son caractère acéré, ou tranchant : syn.: *affûter* ; se dit surtout pour les outils pointus.

AIGUISOIR n.m.
Outil ou pierre à aiguiser.

AILE n.f.
Corps ajouté en retour d'équerre sur un côté d'une façade ; l'aile peut être en *avant-corps* (en saillie sur la façade principale) ou en *arrière-corps* (sur la façade arrière).
-***Ailes de cheminée*** : parties latérales du foyer, en ébrasement*.
-***Aile de lucarne*** : désigne parfois la jouée* des lucarnes.

-***Ailes de mouche*** (SERRUR.) : pièce basculante de renvoi à 90° de câbles de sonnettes manuelles ou de cordons de manœuvre à faible course. Clou à large tête quadrilobée*.
-***Aile de moulin*** *(en —)* : qualifie un bois gauchi, vrillé.
-***Ailes de profilé*** : parties latérales du profilé, par opp. à l'*âme* centrale.

AILERON n.m.
1/ARCHIT.: console renversée, de part et d'autre de lucarnes, portails... en général dans un but esthétique, pour adoucir la jonction entre lignes verticales et horizontales (V.ill).

2/VITR.: rebord des lames de plomb maintenant les verres d'un vitrail.

AILETAGE n.m.
Ensemble des ailettes qui garnissent un appareil de chauffage.

AILETTE n.f.
Chacune des lames métalliques en saillie sur un élément chauffant ou un échangeur, destinées à augmenter la surface de contact, et donc à faciliter l'échange thermique entre l'élément chaud et le fluide à chauffer (air, eau).

AIR n.m.
Se reporter aux nombreux sujets dans lesquels l'air est concerné :
air *extrait* (V. Pompe à chaleur) ; *entraîneur* d'air (Adjuvants) ; *lame** d'air (V. Doublage, Isolation thermique) ; air *frais*, *vicié* (Ventilation)...

AIRAIN n.m.
Ancien nom du *bronze**.

AIRE n.f.
Surface horizontale préparée pour une activité quelconque (coulage de béton, assemblage d'éléments, pose d'un revêtement de sol...) :

-***Aire de gâchage***, pour la préparation des bétons et mortiers.

-***Aire de préfabrication***, zone de fabrication d'éléments moulés, à proximité du chantier.

-***Aire de charpentier***, surface sur laquelle sont préparées les épures de charpente, et où sont faits des essais d'assemblage à plat.

-***Aire fausse***, ***aire de plancher***, ou ***fausse aire*** : remplissage de plâtras et de gravois, pratiqué entre les solives des planchers en bois anciens.

AIRLESS adj.
(de l'anglais *sans air*)
Qualifie les pistolets de projection de peintures à deux composants : les cuves des deux produits étant sous pression, dosage et mélange sont effectués dans la buse du pistolet.

AIS n.m.
1/ Planche longue de bois avivé, d'environ 4 cm d'épaisseur, dont on faisait autrefois des cloisons enduites de plâtre sur leurs deux faces.

2/ Panneau mobile qui double un châssis de baie.

AISSANTE n.f., **AISSEAU** n.m.
Planchette de bois mince utilisée en couverture. Syn.: *bardeau**.

AISSELIER ou ***Esselier*** n.m.
Pièce inclinée de soutien et de consolidation, droite ou parfois incurvée ; il reprend en général, sous l'entrait*, la charge transmise par une jambette*, et la reporte vers un appui tel qu'un corbeau*.

AISSELLE n.f.
Groupe d'ardoises à tranchis arrondi qui relie le haut d'une couverture de lucarne rampante au reste du pan de couverture (V.ill).

aileron à volutes
(ici flanquant une lucarne)

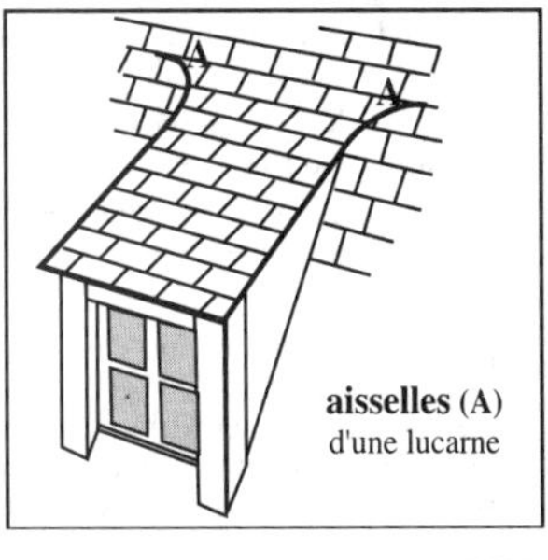

aisselles (A)
d'une lucarne

aisselier (A)

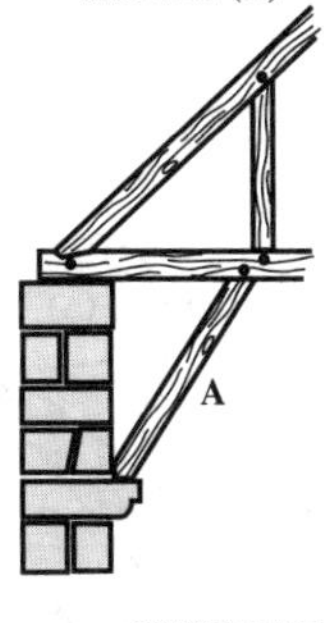

AÎTRES n.m. (toujours au pl.)
Espace entourant un édifice, dépendances, parvis, cour, etc.

AJOINTER v.tr.
Joindre bout à bout ou côte à côte. Syn.: *abouter**, *accoler**, *accoster**.

AJOUR n.m.
Petit espace évidé dans un but décoratif (dans un garde-corps, un volet...). Espace vide ménagé entre deux briques consécutives.

AJOURÉ adj.
Parsemé de petites ouvertures décoratives, donnant de la lumière.

AJOURER v.tr.
Donner du jour en perçant des *ajours*.

AJOUT n.m.
Tout produit que l'on incorpore dans un autre, en général en faible proportion. Syn.:*additif*, *adjuvant*...

AJUSTEMENT n.m.
Retouche, correction des dimensions d'un élément, pour l'adapter au format précis qu'il doit avoir, pour l'emboîter ou l'insérer dans un autre.

AJUTAGE n.m.
Dispositif percé de trous, placé à l'orifice d'une canalisation pour modifier le débit ou disperser le fluide liquide ou gazeux qui le traverse.

ALABASTRINE n.f.
V. Plâtre aluné.

ALAISE, **ALÈSE** ou **ALÈZE** n.f.
1/MENUIS.: latte étroite ou baguette rapportée au bord d'un panneau pour lui donner la dimension voulue (V.ill).

2/COUVERT.: désigne une costière*, ou pièce saillante de raccordement d'une toiture avec une souche* ou avec un châssis* de fenêtre de toit.

alaise (A)

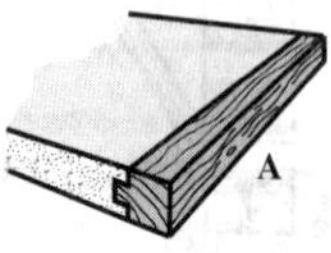

ALARME n.f.
Équipement de protection destiné à avertir d'une anomalie de fonctionnement ou de la présence d'un danger (fuite de gaz, début d'incendie), ou destiné à dissuader un individu de pénétrer dans un local : ***alarme sonore*** (sirène, sonnerie...), ***visuelle*** (illuminations ou flashes), ou ***téléphonique***. Le déclenchement est assuré soit par rupture de contact dans un circuit électrique, soit par une détection volumétrique d'émissions infrarouges, soit par télécommande.

ALCALI n.m.
Nom générique des hydroxydes des métaux alcalins et de l'hydroxyde d'ammonium : ammoniaque, soude, potasse... Ils ont en commun leur solubilité et leur caractère basique.

ALCALIN adj.
Relatif aux alcalis ; par extension, qualifie divers produits basiques.

ALCALINITÉ n.f.
Caractère alcalin*: l'alcalinité de la chaux et du ciment, sous forme de bétons et d'enduits, interdit l'application de certaines peintures, qui saponifient*.
L'***alcalinité de l'eau*** dépend de la présence et du taux d'ions de carbonates, de potasse, et de silicates de soude, dont certains contribuent à sa dureté*. V. Hydrotimétrie.

ALCALIMÉTRIE n.f.
Mesure de la basicité* par le pH*.
Le ***titre alcalimétrique complet***, ou **TAC**, est la mesure du taux réel de carbonates contenu dans un litre d'eau, exprimée en *degrés TAC* ; une eau domestique doit si possible avoir un degré TAC compris entre 10 et 20° ; au-dessous, elle est corrosive ; au-dessus, elle entartre vite les canalisations. On utilise aussi le ***titre alcalimétrique simple*** (**TA**), qui exprime la teneur de l'eau en hydrates alcalins (soude et potasse).

ALÉA n.m.
Évènement non prévisible.
Les entrepreneurs incluent souvent, dans leurs devis, un pourcentage *pour aléas de chantier* : difficultés techniques imprévisibles, problèmes d'intempéries, de coordination, de protections spéciales, freinte*...

ALETTES

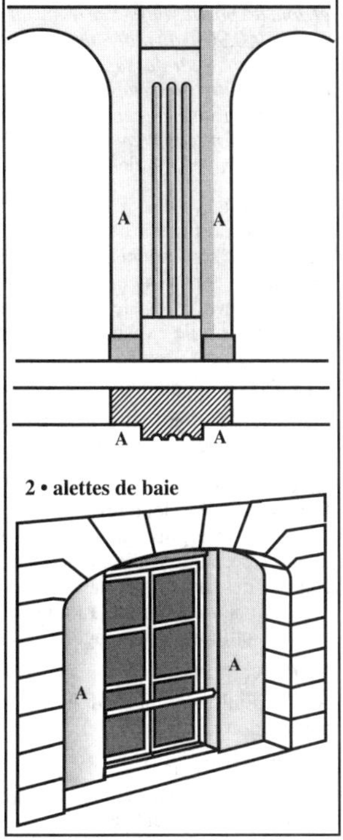

ALÉATOIRE adj.
Qui relève du hasard. Le prélèvement d'échantillons pour des essais doit être fait de façon aléatoire.

ALÉSAGE n.m.
Action d'aléser et son résultat.

ALÉSER v.tr.
Élargir par usinage une cavité ou une perforation cylindrique, pour lui donner le diamètre ou le profil souhaité.

ALÉSOIR n.m.
Petit outil portatif en forme de lame en V ou de cylindre tronconique, à arêtes coupantes ; il sert à parachever les sièges de têtes de robinets, trous de raccords de tuyaux, etc. (V.ill).

ALETTE n.f., ou **ALLERON** n.m.
1/ Pan de mur qui réduit latéralement une baie, entre l'embrasure* extérieure et les tableaux (V.ill).

2/ Chacun des pans de mur entre colonne et embrasures d'un trumeau partagé (V.ill) ; syn.: *membrette*.

ALGICIDE n.m. et adj.
Produit détruisant les algues et micro-végétaux, dans les installations de chauffage ou les piscines.

ALIDADE n.f.
Instrument élémentaire des relevés topographiques. On distingue l'***alidade simple***, ou *nivelatrice*, règle munie d'un niveau à bulle, pivotant autour d'un axe sur la tablette graduée de topographe ; la visée s'opère à travers deux pinnules rabattables. Et l'***alidade à lunette***, partie mobile d'un théodolithe*.

ALIGNÉ adj.(ou ***aligné parallèle***)
Qualifie toute pièce de bois de débit* de section rectangulaire.

ALIGNEMENT n.m.
Disposition de points, repères, jalons... sur une même ligne. Un alignement est défini par deux points, ou par un point et une direction.

URBAN.: limite qui ne doit pas être dépassée par une construction, le long d'une voie publique.
Une construction est ***frappée d'alignement*** si elle déroge au plan d'alignement ; on ne peut dans ce cas obtenir de permis de construire si les travaux ne comportent pas une mise à l'alignement. V. aussi Reculement.

ALIMENTAIRE adj.
Se dit d'un revêtement chimiquement inerte et sans porosité, qui peut être mis au contact des aliments sans risque : verre, métaux inoxydables, certaines résines sans solvants...
La qualification alimentaire est délivrée par des laboratoires agréés.

alésoir

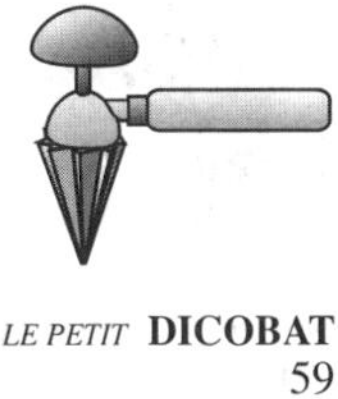

ALIMENTATION n.f.
1/ÉLECTR.: circuit qui transporte l'énergie électrique jusqu'à une prise, un moteur, etc. La ***tension d'alimentation*** est la différence de potentiel à l'arrivée du circuit.
2/EAU : l'alimentation en eau d'une cité est soit *directe* (conduites d'amenée aux points de distribution), soit *en retour* (depuis des réservoirs élevés, alimentés par pompage), soit *en surpression* (la pression de l'eau des conduites étant relevée par des relais surpresseurs).

ALIMENTER v.tr.
Fournir, approvisionner un équipement ou un abonné en eau, électricité, gaz, etc.

ALIOS n.m.
Grès* ferrugineux et imperméable. Syn.: *grès landais.*

ALKYD ou **ALKYDE** n.m.
Nom générique de résines* de la famille des polyesters*; ces résines constituent la base de nombreux vernis et peintures, en particulier les glycérophtaliques*.

ALLÈGE n.f.
Élément mural situé entre le niveau d'un plancher et l'appui d'une baie ; l'allège a la même largeur que la baie, ou la largeur de plusieurs baies juxtaposées, séparées par des meneaux. Autrefois, l'allège était moins épaisse que le mur (V.ill).

Hauteur des allèges de baies :
le Code de la Construction stipule que *les fenêtres autres que celles ouvrant sur des balcons, terrasses ou galeries et dont les parties basses se trouvent à moins de 0,90 m du plancher doivent, si elles sont au-dessus du rez-de-chaussée, être pourvues d'une barre d'appui et d'un élément de protection s'élevant au moins jusqu'à un mètre du plancher fini* (V. Garde-corps).

ALLÉGÉ adj.
Se dit d'un mortier* ou d'un béton dont les charges* sont, pour l'essentiel, des granulats légers :ponce, vermiculite, liège égrené, billes de polystyrène expansé, d'argile expansée, de verre cellulaire, etc.).

ALLÉGIR v.tr.
Diminuer en tous sens l'épaisseur d'une pièce de bois ou de métal.

ALLIAGE n.m.
Produit métallurgique résultant de la combinaison de plusieurs métaux ; les alliages permettent d'obtenir ou de cumuler des caractéristiques : dureté, légèreté, anticorrosion, facilité de fusion, aptitudes à l'usinage...

ALLONGEAGE n.m.
Action d'allonger un produit liquide par dilution.

ALLONGER v.tr.
Incorporer, dans une peinture ou dans un vernis, un diluant ou un solvant

ALLÈGES (A)

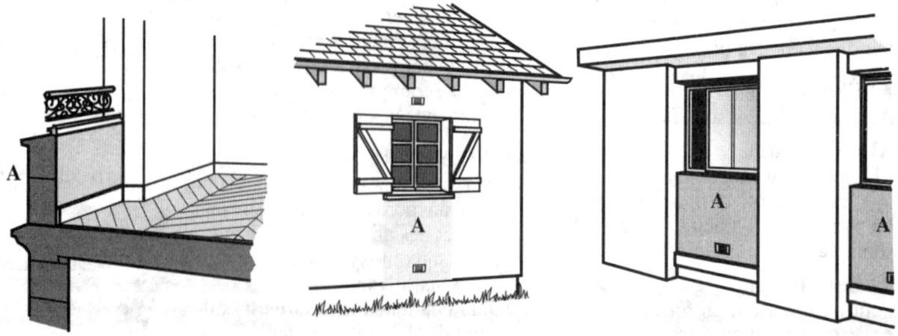

pour les rendre plus fluides, un siccatif fluide destiné à raccourcir leur temps de séchage, etc.
Syn.:*étendre, diluer*.

ALLONGEMENT n.m.
Augmentation de longueur des matériaux, soit par élévation de température (métaux), soit par hausse du taux d'humidité interne (bois), soit sous l'effet d'une traction (matériaux étirables, élastiques ou non).

L'***allongement à la rupture*** d'un matériau est la mesure, sur une éprouvette dont la section est définie, de l'accroissement de longueur par mètre linéaire qu'il peut subir par étirage avant de se rompre.

ALLOTIR v.tr.
Partager un terrain en lots, en vue d'un lotissement. Syn.: *lotir*.

L'***allotissement*** est la répartition en lots* du contenu d'un marché de travaux, publics ou privés.

ALLURE n.f.
Vitesse d'un élément en mouvement.

Allure de chauffe : désigne, pour un appareil générateur de chaleur, chacun des niveaux de réglage de sa production calorifique.

ALMAGRA ou **ALMAGRE** n.m.
Poudre d'argile utilisée en miroiterie pour le polissage des glaces.

ALMÉLEC n.m.
Alliage* léger d'aluminium, utilisé dans la fabrication des conducteurs de câbles électriques.

ALPAX n.m.
Alliage d'aluminium et de silicium, de dureté médiocre, intéressant pour ses aptitudes au moulage de pièces qui résistent bien à la corrosion.

ALTÉRATION n.f.
Modification fâcheuse de l'aspect, ou dégradation des caractéristiques d'un revêtement, d'une peinture...

ALTERNANCE n.f.
Répétition alternée de deux motifs architecturaux ou décoratifs dans un même plan.

ALTERNATEUR n.m.
Générateur rotatif de production de courant électrique alternatif*, à partir d'une énergie mécanique.

ALTERNATIF adj.
Se dit d'un phénomène répétitif qui a lieu tour à tour dans un sens et dans l'autre. Qualifie un courant* qui parcourt un circuit tantôt dans un sens, tantôt dans l'autre.

ALTUGLAS n.m.
Marque de matière plastique dure en plaques planes.

ALUMINATE n.m.
Sel d'alumine. Des aluminates sont utilisés comme pigments colorants.

-***Aluminate de calcium*** : sel d'alumine et de calcium. Un des constituants essentiels des ciments Portland et des ciments de laitier*; il contribue activement au durcissement et à la résistance initiale des bétons.
Sa combinaison avec le sulfate de calcium peut entraîner de graves désordres : V.Ettringite.

ALUMINIAGE n.m.
Dépôt, sur un métal ferreux, d'une fine couche d'aluminium.
Ne pas confondre avec *aluminage*, qui concerne la teinture des textiles.

ALUMINIER n.m.
Spécialiste du travail et de la mise en œuvre d'éléments en aluminium.

ALUMINIUM n.m. (symb. **Al**)
Métal léger, ductile, malléable, peu oxydable à l'air, et incompatible avec tous les corps alcalins.
Il peut être travaillé par laminage, filage, étirage, emboutissage, estampage, forgeage. Il est assemblé par soudage, collage, rivetage, vissage, clouage, et il peut recevoir divers traitements de protection, en particulier l'anodisation*, le prélaquage*, le vernissage, etc. L'aluminium a de nombreuses applications en construction, soit

pur, soit sous forme d'alliages* dont les caractéristiques physiques et la soudabilité diffèrent : alliages au cuivre, au magnésium, au nickel, au plomb, au silicium...
L'aluminium, et ses alliages, font l'objet de *normes*.

ALUN n.m.
Sulfate double de potassium et d'aluminium hydraté, qui sert de mordant* et de durcisseur des plâtres.

ALUNDUM n.m.
Alumine cristallisée, obtenue par fusion de la bauxite ; utilisé comme abrasif en miroiterie et métallurgie.

ALUNÉ adj.
Qualifie un plâtre* additionné d'alun, pour réaliser les stucs*.

ALVÉOLAIRE adj.
Qualifie un matériau constitué d'une juxtaposition de petites cavités cloisonnées : le béton* cellulaire, l'argile* expansée, ou les *plastiques alvéolaires* (polystyrène expansé, mousses de polyester, etc.).

ALVÉOLE n.f. ou n.m.
Cavité, évidement, partie creuse ménagée dans un élément : brique creuse, blocs perforé... L'***alvéole technique*** désigne parfois la gaine* technique.
En électricité, évidement d'une pièce qui reçoit une broche mâle.

ALVÉOLISATION n.f.
Maladie de la pierre exposée à une alternance d'humidité saline capillaire et d'évaporation.

AMAIGRIR v.tr.
1/ Réduire l'épaisseur d'une pièce de bois ou d'une pierre de taille.
Syn: *démaigrir*, *dégraisser*.

2/ Réduire le taux de liant d'un béton ou d'un mortier, par incorporation de charges inertes, sables...

AMALGAME n.m.
Alliage à base de mercure (utilisation interdite) ; l'amalgame d'argent et de mercure servait en miroiterie, pour l'argenture* ou *tain* des glaces.

AMARRER v.tr.
Attacher solidement un cordage de maintien d'échafaudage à un élément fixe, tel qu'une pièce de charpente ou une souche de cheminée.

AMASSETTE n.f.
Petit couteau à lame flexible, en bois ou en corne, utilisé pour doser et préparer les couleurs broyées.

AMATIR v.tr.
Rendre mate une surface qui était polie. Syn.: *dépolir* (mater* est incorrect dans ce sens).

AMBIANCE n.f.
Caractéristiques de l'environnement proche (local, bâtiment) telles que perçues par l'être humain.

Un ***éclairage d'ambiance*** est l'éclairage général d'un local, par opp. aux éclairages de sécurité, ou ponctuels (par ex. sur les objets d'un musée).

AMBIANT adj.
Qui concerne l'environnement immédiat : air ambiant.

AMBIMÉTRIQUE adj.
Qualifie une mesure différentielle, telle que celle des températures entre intérieur et extérieur.

AMBITÉ adj.
Qui a perdu sa transparence.

AMBROTINE n.f.
Peinture résistant à la chaleur, pour radiateurs et canalisations.

ÂME n.f.
Partie centrale d'un profilé métallique, tel qu'une poutre en H (V.ill. page ci-contre), d'un panneau de contreplaqué*, d'une cloison composite, d'un panneau-sandwich, etc.
Élément conducteur central d'un câble électrique ; l'âme peut être soit massive (conducteur unique), soit câblée (tressée ou assemblée en torons).

AMÉNAGEABLE adj.
Qualifie un comble dans lequel on peut créer des pièces d'habitation sans modifier la charpente.

AMÉNAGEMENT n.m.
Ensemble des mesures coordonnées et des programmes visant à mieux répartir les hommes, les activités, les constructions et les équipements.

-*Zones d'aménagement foncier* : en urbanisme, zones réservées pour des plans d'ensemble, à l'initiative des collectivités locales ou régionales, et des pouvoirs publics.

AMENÉE n.f.
1/ Conduite d'alimentation en eau, en général enterrée.

2/ L'*amenée d'air* est une canalisation d'alimentation en air frais d'un local tel qu'une chaufferie, ou un local avec VMC à double flux.

AMENUISER v.tr.
Réduire l'épaisseur d'une planche par rabotage.

AMIABLE adj.
Se dit d'un accord de conciliation, évitant de recourir à un arbitrage ou à une procédure juridique.

AMIANTE n.m., ou *Asbeste* n.f.
Silicate fibreux naturel, exploité surtout au Canada. Son caractère incombustible, sa résistance aux acides et sa flexibilité en ont fait longtemps un composant des matériaux de construction. En s'entrecroisant, ces fibres constituaient les fins réseaux d'un solide maillage d'armature dans l'*amiante-ciment** et les dalles de sol en vinyl-amiante*.

Depuis 1997, la fabrication, la vente et la mise en œuvre de matériaux contenant de l'amiante sont strictement INTERDITES, sous quelque forme que ce soit. Son élimination, partout où il est présent (flocages, plaques planes ou ondulées, bardages, canalisations, etc.), et son enfouissement vont constituer un des grands chantiers du 21° siècle.
V. Désamiantage, Fibres-ciment.

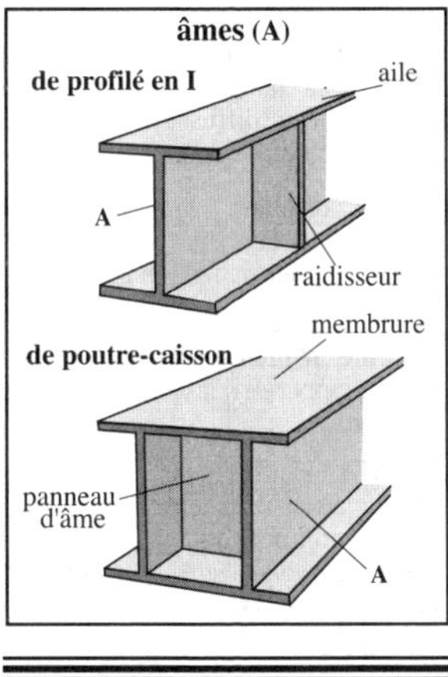

AMIANTINE n.f.
Ancienne brique faite de chaux*, d'amiante et de silice*, transformée en silicate* de chaux et de magnésie par étuvage sous pression.

AMINOPLASTE n.m.
Nom générique de résines* thermodurcissables obtenues à partir de l'urée et du formol : la mélamine et les époxydes* en font partie.

AMINCI n.m.
En ferronnerie, pointe effilée et aplatie donnée par forgeage aux extrémités des pièces d'ornement.

AMONT n.m.
1/ARCHIT.: se dit de l'ensemble des parties d'un édifice situées au-dessus de celle dont il est question.

2/ Dans la distribution d'électricité ou de fluides, est *en amont* toute partie de réseau située entre le point considéré et la source d'alimentation.
Opp.: *aval*, *contrebas*.

AMORÇAGE n.m.
1/ Processus d'établissement d'une étincelle ou d'un arc électrique.
2/ Remplissage d'un siphon.
3/ Introduction d'eau dans le corps d'une pompe à eau, avant sa mise en marche.

AMORCE n.f.
1/ Début de construction d'un mur, à ses extrémités ; des pierres d'attente*,

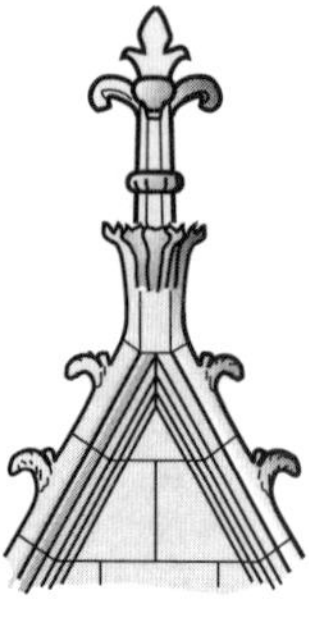

amortissement
fleuronné

une harpe*, un arrachement*, etc. peuvent constituer une amorce.

2/ Poinçonnement effectué en avant-trou* sur une pièce de bois ou de métal, ou sur un mur, avant le perçage du trou ou d'une enlaçure*.

AMORCEUR n.m.
1/ Petit entonnoir, muni d'un robinet, raccordé au corps d'une pompe, par lequel on injecte le liquide nécessaire à l'amorçage* de la pompe.

2/ Dispositif électrique qui établit les conditions nécessaires à l'amorçage d'une décharge (en partic. dans les tubes* fluorescents).

AMORÇOIR n.m.
Outil manuel acéré utilisé par le charpentier pour faire ses amorces de trous et d'enlaçures*.

AMORPHE adj.
Qualifie l'état d'une substance non cristallisée, c'est-à-dire sans organisation moléculaire structurée, par opposition à l'état *cristallin**.

AMORTISSEMENT n.m.
1/ARCHIT.: tout élément de couronnement* et d'ornement placé au faîte des combles, des gâbles*, des coupoles, des frontons...: épi*, statue*, fleuron*, pinacle*, etc., sont souvent des éléments d'amortissement (V.ill).

2/DÉCOR : tout élément qui rend discrète à l'œil la liaison entre deux moulures ou profils distincts.

3/ L'***amortissement thermique*** est le retard qu'introduit, dans le déplacement d'un flux calorifique, une paroi placée entre deux milieux de températures différentes.

AMOUREUX adj.
Qualifie, dans le langage des chantiers, le caractère poisseux d'un adhésif ou d'une colle étalée dont les solvants ne sont pas encore évaporés, c'est-à-dire d'une colle *en humeur**.

AMPÉRAGE n.m.
Appellation courante (mais incorrecte) de l'intensité* électrique.

AMPÈRE n.m. (symbole **A**)
Unité de mesure de l'intensité* du courant électrique du système international (SI).

AMPÈRE-HEURE
ou **AMPÈREHEURE** (**Ah**) n.m.
Unité de mesure de la quantité d'électricité que transporte un courant de un ampère en une heure.

AMPÈREHEUREMÈTRE n.m.
Compteur de quantités horaires de courant, gradué en ampères-heures.

AMPÈREMÈTRE n.m.
Appareil de mesure de l'intensité d'un courant, gradué en ampères ; les ampèremètres sont soit *thermiques* (par élongation d'un fil de métal chauffé par le courant), soit *à aimant mobile* (lamelle mobile dans un champ magnétique généré par le courant continu), ou *à cadre mobile* (entre les pôles d'un aimant permanent).

AMPLITUDE n.f.
Valeur maximale atteinte par un phénomène alternatif ou vibratoire d'une fréquence donnée, à chacune de ses phases: l'intensité* d'un son (communément appelée sa *force*) dépend de son amplitude vibratoire.

AMPOULE n.f.
Globe de verre , sous vide ou empli d'un gaz spécial sous faible pression, renfermant la source lumineuse d'une lampe*; par déformation, désigne souvent la lampe elle-même. Une ampoule est "diffusante" si elle est faite d'un verre dépoli.

AMYLACÉ adj.
Qui contient de l'amidon : c'est le cas de colles pour papiers peints.

ANAÉROBIE adj.
Qualifie un micro-organisme qui peut se développer en l'absence d'oxygène. Opp.: *aérobie**.

ANALYSE n.f.
Dissociation d'un ensemble en ses divers composants, pour en faire l'étude : *analyse granulométrique**, *analyse des sols*.

ANCELLE n.f.
Nom, surtout dans les Alpes, du bardeau* ou *tavaillon** de bois servant de matériau de couverture.

ANCIENNE (à l'–)
Expression signifiant la mise en œuvre des techniques des artisans et compagnons d'autrefois, ou, au moins, le résultat ou l'aspect correspondants : bois chevillés *à l'ancienne*, crépis *à l'ancienne*, etc.

ANCON n.m.
Console*, corbeau*, ou petit membre* d'architecture qui soutient une corniche ; désigne aussi parfois un chaînage d'angle en pierre.

ANCRAGE n.m.
Ouvrage de stabilisation, destiné à empêcher deux parties ou éléments de se désolidariser, de s'écarter l'un de l'autre (murs parallèles, about de solive et mur porteur, etc.). Solidarisation d'un élément avec un ouvrage fixe ou une maçonnerie qui est en mesure de résister aux efforts de traction de l'élément ancré.
L'ancrage dans une maçonnerie se fait par une pièce métallique dont la forme (queue de carpe, crochet, crosse, etc.) rend impossible l'arrachement de la pièce ancrée (tirant*, fer d'armature de poutre, câble...).
-***Massif d'ancrage*** : massif en béton servant à ancrer des tirants*, les câbles d'une structure* haubanée*, etc.

ANCRE n.f.
Pièce de métal rapportée à l'extrémité d'un tirant* ou d'une chaîne*. Elle sert à retenir un élément (paroi, cheminée...) qui, faute d'ancrage, aurait tendance à s'éloigner. Une ancre peut être noyée dans la maçonnerie, ou apparente, en applique sur celle-ci. Les ancres classiques sont des pièces de fer forgé en forme de X, de S, de T, de I ou de Y, visibles aux angles de façades ou au droit des refends* (V.ill) ; de même, les hautes souches de cheminées sont souvent liées par des ancres à la charpente.
Une ancre est solidarisée avec son tirant soit en traversant son œil*, soit par boulonnage, si l'extrémité du tirant est filetée.

ANCRURE n.f.
Extrémité du tirant, en général percée d'un œil* dans lequel passe l'ancre.

ANDÉSITE n.f.
Pierre volcanique proche des diorites*; cette roche*, grise à noire, est utilisée en Auvergne comme pierre de construction.

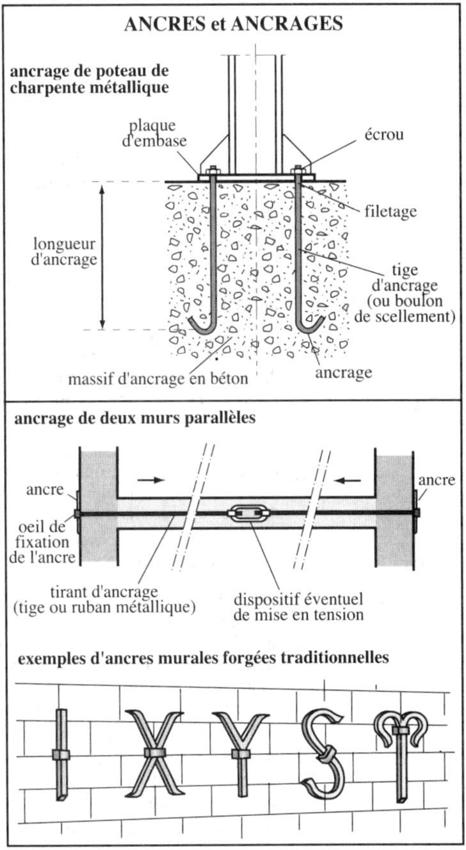

ANÉCHOÏQUE adj.
Qualifie un local insonorisé, exempt de toute réverbération* acoustique.

ANÉMOMÈTRE n.m.
Appareil à moulinet garni d'ailettes et à compte-tours, utilisé pour mesurer la vitesse du vent, ou le débit d'un système de ventilation ou de conditionnement d'air.

ANÉMOSTAT n.m.
Appareil de régulation des débits d'air, qui gère à la fois la vitesse des ventilateurs et l'ouverture des registres des gaines de diffusion.

ANESSE n.f.
Large fenêtre, sous un linteau en forme d'arc* surbaissé.

ANGEVINE adj.f.
Qualifie une voûte entièrement composée d'un chevronnage de bois.

ANGLAISE n.f.
1/PEINT.: façon de peinturage ton sur ton des huisseries, avec des panneaux et listels de tonalité plus soutenue que le reste.

2/CHARP.: l'***escalier à l'anglaise*** est un escalier* dont le limon, du côté du jour central, est à crémaillère, l'about des marches faisant saillie sur ce limon.

3/SERRUR.: ***fermeture à l'anglaise*** : rideau en tôle, s'enroulant autour d'une bobine horizontale, et coulissant dans deux guides latéraux.

V.aussi Appareillage, Ardoise, Cour, Gouttière, Parquet, Penture, Sac.

ANGLE n.m.
Saillant ou rentrant délimité par l'intersection de deux droites, de deux plans, ou d'une droite et d'un plan. Tout angle qui n'est pas ***droit***, c'est-à-dire à 90°, ou *orthogonal,* est soit ***obtus*** (> 90°), soit ***aigu*** (<90°).

-***Angle abattu*** : rencontre de deux lignes, ou de deux plans, par l'intermédiaire d'un chanfrein*.

-***Angle arrondi*** : rencontre de deux lignes ou de deux plans, suivant une portion de cercle ou de cylindre.

-***Angles d'affûtage*** ou ***angle de bec*** d'un outil coupant : angles qui correspondent à la meilleure efficacité et à la meilleure longévité du tranchant ; leur somme est de 90° (V.ill).

-***Angle à coupe d'onglet*** : se dit de l'assemblage à 90° de deux pièces taillées en biseau à 45°; l'assemblage est dit *à fausse coupe* d'onglet si les biseaux n'ont pas 45°.

-***Angle de défilement*** : V. Luminaire.

-***Angle de dépouille*** : V. Dépouille.

-***Angles d'incidence*** et ***de réflexion*** : angles (égaux) formés par les rayons

angles des outils de coupe

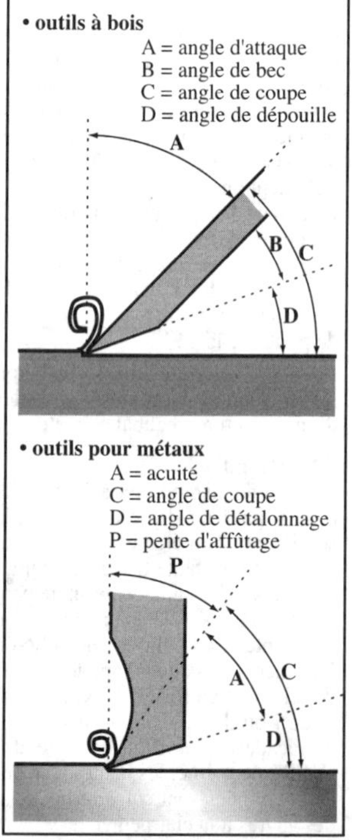

lumineux incident et réfléchi avec la perpendiculaire élevée sur le plan éclairé, au point d'incidence (V.ill). De même, en acoustique, sur un plan de réflexion.

-***Angle mixtiligne*** : angle dont un côté est droit et l'autre curviligne.

- ***Angle rentrant*** : angle déterminant dans un volume ou dans une surface une partie en retrait, par opposition avec l'***angle saillant***.

-***Angle solide*** : portion d'espace délimitée par plusieurs plans se coupant en un même point, et par leurs intersections. Son unité de mesure est le *stéradian* (sr), angle solide qui, ayant son sommet au centre d'une sphère, découpe sur sa surface un carré dont la surface est égale au carré du rayon.

-***Angle de talus*** (ø) : angle de pente, ou l'inclinaison, que peut avoir un talus* ou un tas de matériaux granulaires, sans éboulement ni affaissement.
Il dépend de la nature des matériaux, de leur forme, de leur cohésion, de leur taux d'humidité (tas de sable).

ANGLÉSER v.tr.
C'est appliquer, par ***anglésage***, un revêtement textile mural tendu, en le retournant, à sa périphérie, sur des bandes de carton agrafées.

ANGLET n.m.
Façon de joint en creux, à double chanfrein*, en V horizontal.

ANGROIS (aussi ***Engrois***) n.m.
Coin enfoncé dans l'œil* des têtes des marteaux et maillets pour les solidariser avec leur manche.

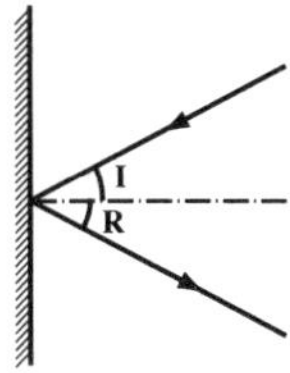

angles
d'incidence (I)
et de réflexion (R)

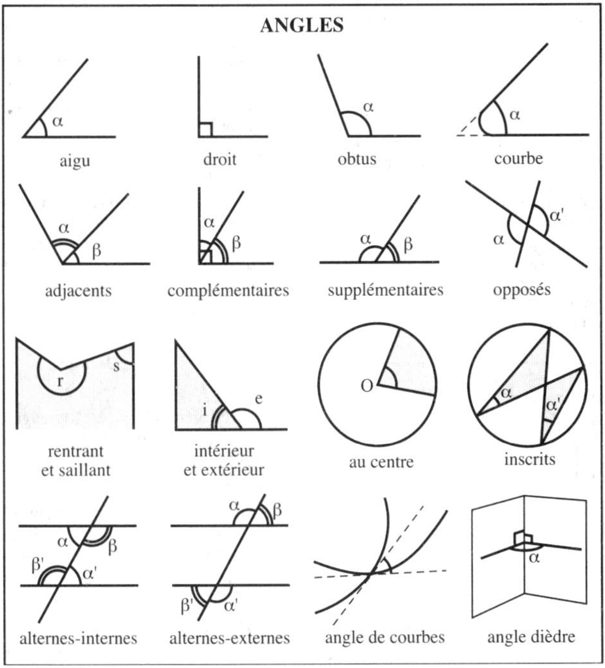

ANGULAIRE adj.
Relatif à l'angle extérieur d'un bâtiment : *pierre angulaire*.

ANGULEUX adj.
Qui présente des angles saillants : granulats anguleux.

ANGULON n.m.
Carreau céramique en forme de trapèze rectangle, le côté biais étant à coupe d'onglet (c'est-à-dire à 45°).

ANHYDRE adj.
Se dit d'une matière qui ne contient pas du tout d'eau: *plâtre anhydre*.

ANHYDRITE n.m.
Sulfate de calcium (*gypse**) déshydraté. Syn.: *plâtre anhydre*.

-Anhydrite synthétique : liant minéral servant à réaliser de vastes chapes dures et sans aucun retrait.
Ce matériau n'est recommandé que pour des sols de locaux exempts de toute humidité, tels les bureaux.

ANISOTROPE adj.
Qualifie un minéral ou une roche présentant des caractères distincts selon l'axe considéré : l'***anisotropie*** désigne cette caractéristique.

ANNEAU n.m.
Moulure convexe, ou en forme de bague aplatie, qui encercle le fût d'une colonne.

ANNELÉ adj. Décoré avec des anneaux : *colonne annelée*.

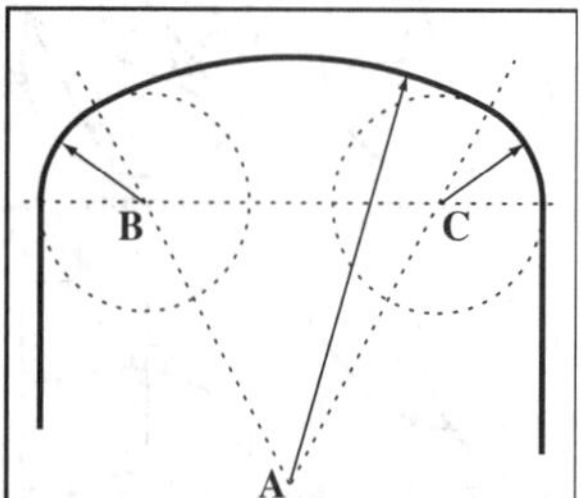

anse de panier
(construction de la courbe)

ANNELET n.m.
Groupe de petits filets parallèles qui ornent certains chapiteaux et colonnettes.

ANNULAIRE adj. En forme de bague, d'anneau. V. Voûte.

ANNUSURE n.f. V. Ennusure.

ANODE n.f.
Électrode positive d'accumulateur ou de dispositif électrolytique*; dans un tube* d'éclairage, électrode recevant les flux électroniques.

ANODISATION n.f.
Dépôt superficiel protecteur d'alumine, de teinte naturelle ou colorée, par un traitement électrolytique.
Les procédés et caractéristiques d'anodisation sont normalisés.
Des classes de qualité sont attribuées pour les composants destinés à l'exposition aux intempéries.

ANODISÉ adj.
Qualifie un composant en aluminium* qui a subi un traitement électrolytique protecteur contre la corrosion atmosphérique.

ANSE n.f.
Courbe d'aspect voisin de l'ellipse, dite en ***anse de panier***, obtenue en raccordant des arcs de cercle de deux rayons différents (V.ill. et *PL.* Arcs).
En serrurerie, poignée ou motif composé de deux courbes opposées.

ANSPECT n.m.
Grand levier utilisé pour déplacer des pierres et des charges lourdes.

ANTE n.f.
Pilier, en général carré et engagé*, placé aux angles d'un édifice, ou en contrefort de jambages de portes.

ANTÉFIXE n.f.
Ensemble de pièces d'ornement, en général en terre cuite, qui garnissait parfois et masquait la rangée inférieure des tuiles d'un versant de toiture, ou l'extrémité d'un faîtage*.

ANTENNE n.f.
1/ Dispositif de captage des ondes

électromagnétiques. La mise en place d'antennes est parfois réglementée (ainsi que celle des paraboles*).

2/ En électricité, alimentation électrique principale. Elle est ***en antenne*** simple ou ***en double antenne*** selon qu'elle est unique (en simple dérivation), ou dédoublée depuis une source.

ANTIACIDE adj.
Se dit d'un sol ou d'un revêtement* apte à résister aux agressions chimiques acides : céramiques, asphaltes, époxydes... Cette qualité est nécessaire dans divers locaux industriels.

ANTIBÉLIER n.m.
Dispositif servant à amortir les variations brutales de pression (*coups de bélier**) subies par les canalisations d'alimentation en eau lors des interruptions de puisage (V.ill).
Il consiste à établir, sur les canalisations, une dérivation comportant un réservoir d'air compressible, à membrane ou à ressort, servant d'amortisseur des variations de pression.

ANTIBLEU n.m.
Produit de traitement des bois (surtout bois de pin) contre l'apparition du bleuissement* inesthétique.

ANTIBOIS ou **ANTÉBOIS** n.m.
Bâti de bois disposé le long des plinthes, servant à maintenir le mobilier à une distance suffisante des murs pour éviter leur dégradation.

ANTICHUTE adj.
Qualifie tout dispositif de sécurité contre les chutes accidentelles.

ANTICONTAMINANT adj.
Qualifie tout écran destiné à protéger la migration des souillures du sol vers les ouvrages.

ANTICORROSION adj.
Se dit des matériaux ou revêtements insensibles ou très peu sensibles aux agressions chimiques.
Qualifie tout revêtement de protection des métaux contre l'oxydation* et la corrosion par les acides, par les eaux agressives, ou par l'acidité du gaz carbonique de l'air ambiant.

ANTICRYPTOGAMIQUE
adj. et n.m. Qualifie tout produit dont l'action détruit ou empêche la prolifération des microvégétaux (algues, lichens, moisissures et champignons parasites) en particulier sur les toitures et sur les murs.
Syn.: *algicide, antifungique, antimousse, fongicide, myocide.*

ANTIDÉFLAGRANT adj.
Se dit de bâtiments ou de leurs équipements (éclairages, contacteurs électriques, sols conducteurs...) conçus pour éviter ou limiter les conséquences vers l'extérieur d'explosions internes.

ANTIDÉRAPANT adj.
Qualifie un revêtement plus ou moins rugueux, destiné à éviter les glissades et chutes accidentelles des piétons, en particulier dans certains locaux, cuisines industrielles, abattoirs, etc.
Toute la difficulté consiste à bien équilibrer le caractère antidérapant (***antidérapance***), qui suppose une surface suffisamment rugueuse, et la facilité d'entretien, qui suppose des surfaces sans aspérités.
Syn.: *antiglissant.*

ANTIÉTINCELLE adj.
Se dit d'un revêtement ou d'un équipement électrique conçu pour ne pas

antibéliers
(principes, en coupe)

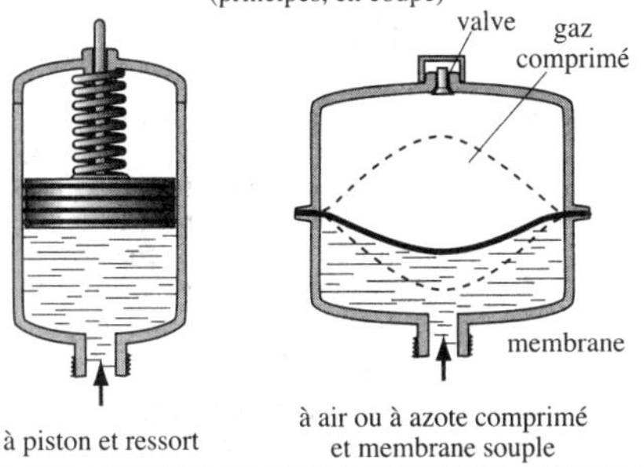

pouvoir générer d'étincelles risquant de provoquer des déflagrations dans l'atmosphère ambiante (dépôts de carburant, poudreries, industries chimiques, etc.).

ANTIFISSURE adj.
Se dit de certains revêtements qui peuvent "absorber", sans se rompre, les tensions dues à une fissuration (limitée) de leur support, soit parce que ces revêtements ont une bonne élasticité*, soit parce qu'ils sont armés d'une résille de fibres ou de tissu de verre qui répartit les tensions de part et d'autre de la fissure, assurant son *pontage**.

ANTIFONGIQUE
ou **ANTIFUNGIQUE** adj.
V. Fongicide.

ANTIGEL adj.invar. et n.m.
Produit dont la fonction principale est de conserver à un fluide ses caractéristiques au-dessous de 0°C.

1/MAÇONN.: adjuvant* incorporé au béton frais lorsqu'il est nécessaire de bétonner par temps de gel, en général jusqu'à -5°C. Des antigels permettent de travailler à des températures plus basses, jusqu'à -12°C.
Il est recommandé de préférer les antigels sans chlore, dits **O.C.** (*ohne chlor*), pour éviter les risques de corrosion des armatures.

2/CHAUFF.: liquide à base de glycol (monoéthylène-glycol, MEG, ou monopropylène-glycol, MPG), à mélanger au fluide caloporteur des installations de chauffage central, ballons à capteurs solaires, pompes* à chaleur, climatiseurs, etc.
Les antigels doivent avoir une très faible tension de vapeur (pour une moindre évaporation), une totale passivité envers les métaux des circuits, et être sans effet secondaire (tel que dissolution d'élastomères, nocivité alimentaire).

ANTIGÉLIF adj. et n.m.
Adjuvant* (*entraîneur* d'air*) servant à protéger les bétons du risque d'éclatement dû à l'action du gel (ne pas confondre avec *antigel**).

ANTIGLISSANT adj.
Se dit d'un revêtement de sol dont le coefficient de frottement* superficiel élevé a pour effet de limiter le risque de glissades ; cette caractéristique est parfois appelée l'***antiglissance*** d'un revêtement. V. aussi Antidérapant.

ANTIGRAFFITI adj. invar.
Qualifie un revêtement mural qui, soit par sa rugosité de surface, soit au contraire par son émaillage lisse, rend difficiles les graffiti*, inscriptions à la craie, au charbon, etc.

ANTIMOUSSE adj. et n.m.
1/ Adjuvant incorporé à des enduits, colles et peintures, évitant la formation d'écumes lors du malaxage et de la mise en œuvre.

2/ Produit évitant la formation d'écumes dans les installations de traitement des eaux usées.

3/ Produit anticryptogamique*, qui empêche la formation et la prolifération de mousses végétales.

ANTIOXYDANT adj. et n.m.
Adjuvant pour caoutchoucs, peintures et vernis gras, réduisant l'action siccative et détériorante de l'oxygène de l'air.

ANTIPANIQUE
ou **ANTI-PANIQUE** adj.
Se dit des serrures ou fermetures pour établissements recevant du public dont l'ouverture vers l'extérieur peut se faire par une simple poussée, sans aucune manipulation de poignées ou de serrures*.

ANTIPOINÇONNANT n.m. et adj.
Qualifie un revêtement d'étanchéité apte à résister aux enfoncements et marques d'indentation*, sur les terrasses accessibles aux piétons.

ANTIPOUSSIÈRE adj.
Qualificatif souvent donné aux revêtements, peintures et produits de

traitement pour sols en ciment : il exprime la résistance à l'abrasion* (génératrice de poussière) que ces produits confèrent aux chapes et dallages en béton.

ANTIRACINE n.m. et adj.
Tôle métallique mince ou toile métallique associée à un revêtement d'étanchéité pour terrasse-jardin, ou dans le fond d'une jardinière*, pour arrêter toute progression des racines végétales dans les interstices du support.

ANTIREFOULEUR n.m.
1/ Dispositif qui, placé en tête d'un conduit de fumée, évite la pénétration du vent dans le conduit.

2/ Dispositif à clapet* qui, dans une canalisation, empêche tout déplacement des fluides à l'inverse de leur sens normal. Syn.: *antiretour*.

ANTIROUILLE adj. invar. et n.m.
Qualifie tout produit qui s'oppose à l'oxydation* (*rouille*) sur les métaux ferreux, ou qui la détruit : *peinture antirouille*. V. aussi Minium, Passivation, Phosphatation.

ANTISALPÊTRE adj. et n.m.
Qualifie un produit d'assainissement ou d'assèchement* des murs humides, qui supprime la cause de formation de salpêtre*, et qui détruit le salpêtre existant.

ANTISISMIQUE adj.
Terme utilisé à tort pour qualifier les ouvrages dont la conception tient compte des risques éventuels de secousses sismiques ; le terme à utiliser est *parasismique*.
V. à ce mot.

ANTISTATIQUE adj.
Qualifie ce qui s'oppose à la formation de l'électricité statique, ou à ses effets indésirables : attraction de poussière, décharges électriques ; se dit d'un revêtement de sol synthétique qui est traité contre le phénomène de charge électrostatique provoqué par les frottements et la circulation des piétons.

ANTITAG adj. invar.
Qualifie un produit pour le traitement des parois murales, soit de façon préventive (hydrofuges ou oléofuges), soit de façon curative (dissolution des inscriptions, graffiti et tags avant nettoyage).

ANTITARTRE
ou **ANTI-TARTRE** adj. inv. et n.m.
Produit ou équipement qui s'oppose à la formation de tartre dans les canalisations, ou détruit le tartre existant.

L'***antitartre électronique*** est un adoucisseur* qui utilise un procédé électromagnétique ; certains appareils ont en outre la propriété de détruire peu à peu le tartre existant.

ANTIUSURE adj.
Qualifie un sol ou revêtement de sol qui résiste bien aux actions abrasives*: frottement des pieds des piétons, passage répétitif de véhicules industriels, etc. Pour les revêtements* de sols courants, cette caractéristique est indiquée par l'indice affecté à la lettre U du classement* UPEC.

ANTIVIBRATILE adj.
Qualifie le mode de fixation des équipements bruyants ou vibrants, désolidarisés ou isolés des structures par des attaches souples : colliers*, fourreaux*, semelles*, blocs de caoutchouc (*silent blocks*), etc.

ANTIVIDE n.m. V. Reniflard.

APERDITION n.f. (en général pl.)
En génie thermique, valeur inverse d'une déperdition calorifique (une aperdition est donc en général un apport* externe).

APIQUAGE n.m.
Mouvement d'abaissement d'une flèche de grue, par opposition à l'opération de *relevage*.

APLANIR v.tr.
Éliminer par rabotage ou par ponçage les reliefs et aspérités d'une surface.

APLAT n.m.
En peinture comme en décoration, plage de couleur franche et uniforme.

APLOMB n.m.
Verticalité parfaite, vérifiable au fil* *à plomb*. État de ce qui est bien vertical (*mur d'aplomb*) ou placé exactement à la verticale d'un élément de référence (*à l'aplomb de..*).

Descendre un aplomb, c'est chercher le point d'une surface (sol, plancher...) situé à la verticale du point de référence. On utilise pour cela une toupie*, fil à plomb dont la masse est un cône renversé.

APOPHYGE n.f.
Profil* concave, ou congé*, au point de naissance* d'une colonne*, ou à sa jonction avec le chapiteau*.

APOTHÈME n.m.
Segment abaissé perpendiculairement du centre d'un cercle au milieu d'un des côtés d'un polygone* régulier inscrit* dans ce cercle (V.ill).

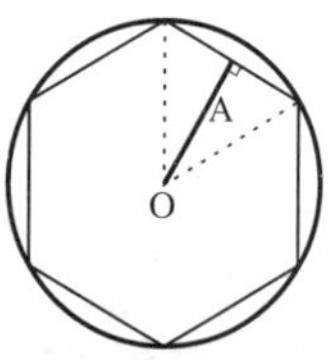

apothème (A)

APPAREIL n.m.
1/ Disposition des pierres et des briques dans la construction d'un mur, d'une voûte... Par extension, désigne le format général des pierres (*petit, moyen, grand appareil*), et le dessin formé par leurs joints.
Concernant les parois de brique pleine, un appareil est dit ***français*** *ou* ***flamand*** ou ***picard*** (à quelques variantes près) si son parement présente une alternance d'assises en panneresses* et en boutisses*.
Il est dit ***anglais*** ou ***hollandais*** lorsque chaque assise présente des panneresses et des boutisses.
L'appareil dit ***à la grecque*** est celui des parois minces (11 cm) dont les assises ne sont faites que de panneresses, à joints croisés. Un ***appareil mixte***, ou ***appareil composite***, est celui qui associe plusieurs matériaux.

Voir illustrations pages 74 et 75.

2/ Élément d'équipement : appareil *sanitaire**, appareil *de chauffage**...

APPAREILLAGE n.m.
1/ Action ou manière de disposer les pierres ou les briques qui composent une maçonnerie. Dessin figurant la disposition des pierres (syn.: *calepinage**) ; se dit aussi des faux joints qui découpent la surface de parement d'un enduit.
2/ Ensemble des petits dispositifs de raccordement, dérivation, interrupteurs... d'une installation électrique.

APPAREILLER v.tr.
Donner toutes indications et mesures utiles pour la taille et la disposition des pierres. Tailler et mettre en place les pierres suivant un assemblage déterminé.

APPAREILLEUR n.m.
Compagnon* spécialiste du traçage et de la mise en œuvre des pierres.

APPARENT adj.
Qui reste visible sur un bâtiment terminé, et non masqué, encastré ou noyé dans la maçonnerie : *charpente apparente, pierres apparentes*, etc.
• ***Densité apparente*** : V. Densité.

APPAUVRIR v.tr.
Réduire le taux de liant d'un béton ou d'un mortier, en y ajoutant des charges* inertes. Syn.: *amaigrir*.

APPEL D'OFFRES n.m.
Avis par lequel un maître d'ouvrage invite les prestataires et entreprises à formuler leur meilleure offre, dans le cadre d'une procédure de passation de marché. Voir Marché public.

APPENTIS n.m.
Toiture à un seul pan dont la ligne de faîte prend appui sur un mur, et dont la panne* inférieure est soutenue par des poteaux sur dés*, ou des piliers maçonnés. Par extension, tout bâtiment adossé à une construction plus haute : *bâtiment en appentis*.

APPLICATEUR n.m. et adj.
Ouvrier qui applique un revêtement. Sous forme d'adjectif, on dit aussi *Entreprise* ***applicatrice***.

-***Applicateur spécialisé***, artisan ou entreprise spécialiste de la mise en œuvre d'un produit ou d'un procédé de revêtement.

-***Applicateur agréé***, se dit d'un applicateur spécialisé lié au fabricant des produits qu'il applique par des conventions d'exclusivité, d'assistance technique, voire en général de coresponsabilité en garantie des travaux.

APPLICATION n.f.
1/ Mise en place d'un revêtement (liquide ou pâteux, ou préfabriqué en éléments, lés, feuilles...) sur un matériau-support.
Désigne aussi le mode de mise en œuvre : application au rouleau, à la taloche...

2/ Ensemble d'ornements en ferronnerie ou en cuivre repoussé (rosaces, fleurons...) qui garnissent une grille ou un balcon.

-***Point d'application***, point précis où s'exerce une force.

APPLIQUE n.f.
1/ Équipement d'éclairage à fixer contre un mur : candélabre, flambeau-applique, vasque, etc.

2/ Désigne, plus généralement, tout objet rapporté ou fixé sur une paroi pour la décorer, la protéger ou la consolider.
Par exemple, sont dits ***en applique*** un bas-relief*, une moulure fixée sur un lambris* de porte, une serrure apparente, une ancre* sur un mur, etc.

APPOINT n.m.
Dispositif de chauffage utilisé exceptionnellement, pour compléter la production de chaleur d'une installation principale si celle-ci s'avère insuffisante, en cas de froid intense.

APPOINTER v.tr.
Rendre pointu (pieu, poinçon, etc.).

APPORT n.m.
1/ En génie thermique, désigne toute énergie calorifique fournie ou reçue ; les ***apports gratuits*** se composent d'*apports internes*, tels que la chaleur fournie par les occupants d'un local et les appareils domestiques, et d'*apports externes*, énergie calorifique solaire reçue à travers les vitrages.
Les *apports gratuits* sont maintenant pris en compte dans les bilans thermiques et dans l'évaluation des besoins* de chauffage.

2/ En soudage* à l'arc, le ***métal d'apport*** est le métal ajouté aux pièces à assembler, par fusion d'une *baguette d'apport*. V. Soudage.

APPRÊT n.m.
Toute couche fluide ou pâteuse à caractère garnissant*, appliquée sur un subjectile avant sa finition en peinture, papier peint... Papier mural posé en sous-couche ou en attente d'un papier décoratif.

APPRÊTER v.tr.
Préparer une surface avant la réalisation d'une finition. Syn.:*approprier*.

APPROCHE n.f.
Ardoise coupée en biais pour être placée à proximité soit d'un arêtier* (*première et deuxième approches, contre-approche*), soit d'une noue* (*grande et petite approches*). Syn.: *tranchis biais*.

APPROPRIER v.tr.
C'est donner à un support, sol, mur ou plafond, la préparation nécessaire pour le rendre propre à recevoir un revêtement ou une finition.

APPUI n.m.
1/ Élément d'une construction qui supporte des charges importantes,

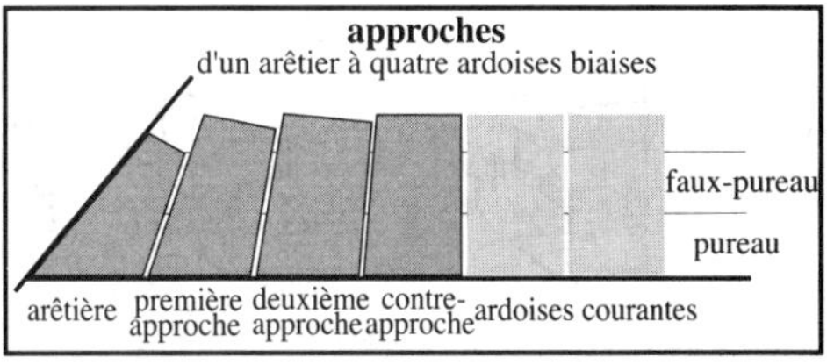

APPAREILLAGE de la pierre

Termes généraux

1 - Panneresse
2 - Boutisse
3 - Parpaing (ou boutisse parpaigne)
4 - Carreau

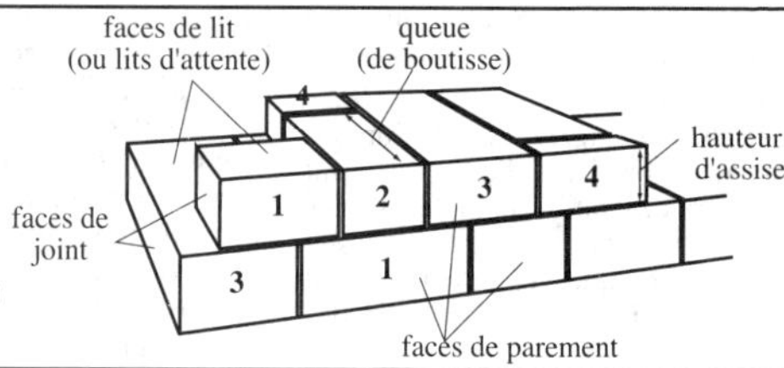

Principaux appareils

réglé, à assises régulières

réglé, à assises irrégulières

alterné, à assises régulières

réglé, en boutisses ou parpaings à assises régulières

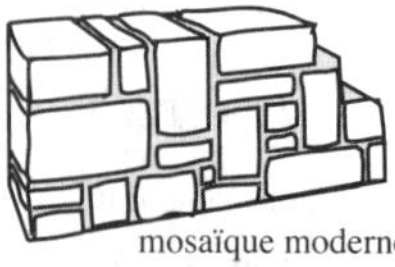
mosaïque moderne

mixte, à mosaïque brouillée

opus incertum

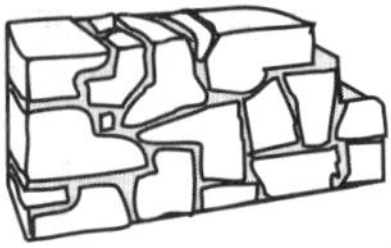
polygonal à décrochements

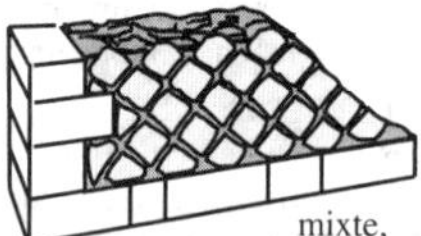
mixte, à parement réticulé

Abouts, angles et jonctions

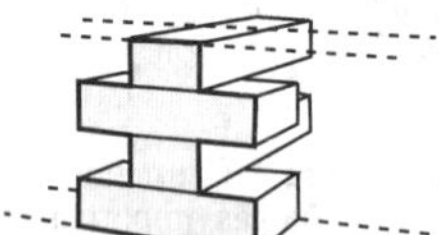
harpage de refend en jambe étrière

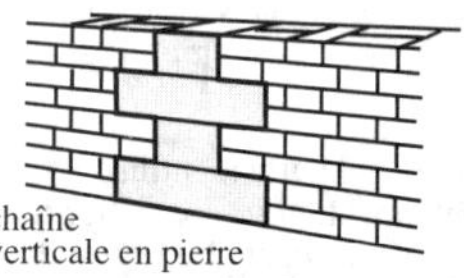
chaîne verticale en pierre

harpage de tête de mur

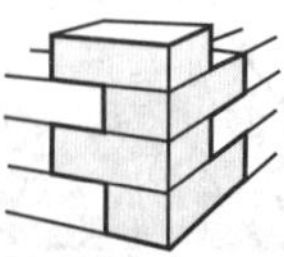
harpe d'angle en besace

harpe à décrochements

harpe d'angle avec arrachements d'attente

APPAREILLAGES en BRIQUES pleines

NB - Les briques représentées **en grisé** correspondent aux briques recoupées aux 3/4 de leur longueur, pour la confection des abouts de murs.

cloisons de 6 cm
(galandage de briques sur chant)

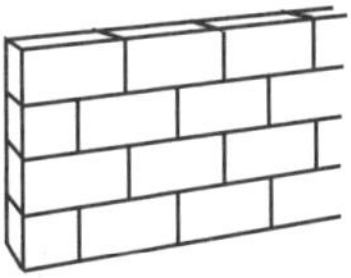

cloisons de 11 cm

appareil à assises réglées dit "à la grecque"

demi-briques

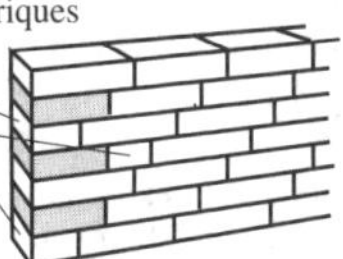
appareil incliné

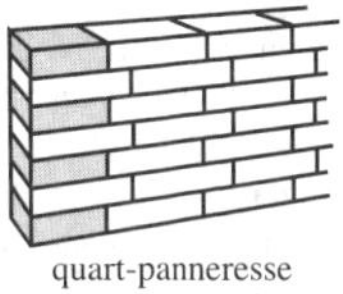
quart-panneresse

murs de 22 cm

appareil français (ou flamand)

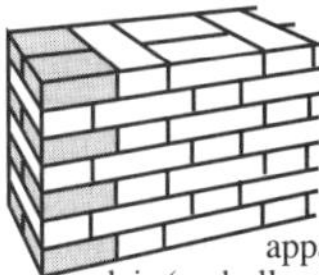
appareil anglais (ou hollandais)

alterné simple

alterné à rangs de boutisses

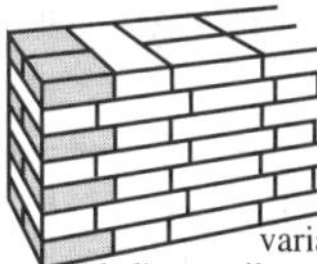
variante de l'appareil anglais

appareil en boutisses

murs de 33,5 cm

appareil français

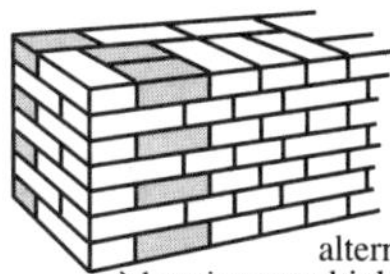
alterné à boutisses multiples

alterné à double panneresse

murs de 45 cm
(nombreuses variantes possibles)

appareil français

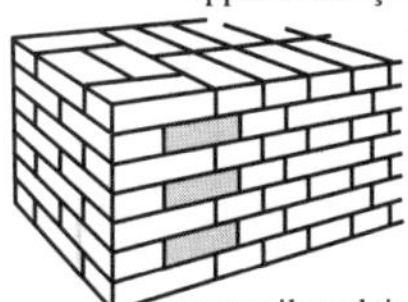
appareil anglais

Exemples d'appareils de **cloisons et murs ajourés, ou claustras**

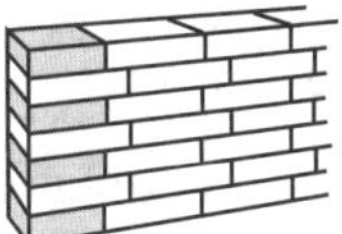
épaisseur 11 cm

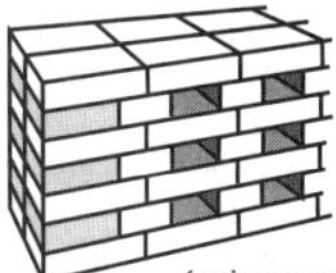

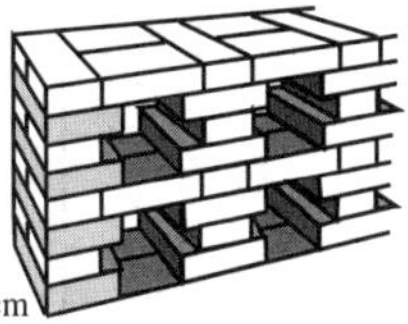
épaisseurs 22 cm

ou vers lequel on reporte les charges des couvrements ou des planchers ; une colonne*, un poteau*, un pilier*, un mur porteur, etc. sont des appuis. Voir par exemple au mot Plancher* les divers types d'*appuis* des poutres et solives sur les murs.

2/ Ouvrage de maçonnerie, de menuiserie ou de serrurerie sur lequel on peut s'accouder.

-***Appui de baie*** : partie inférieure d'une baie, sur laquelle repose la croisée* ou le bloc-baie* (V.ill).

L'appui désigne, en maçonnerie, la tablette de couronnement d'une allège*, en légère pente pour l'écoulement des eaux vers l'extérieur ; son arrière est relevé pour former le *rejingot**, ressaut concave sur lequel repose la traverse dormante, ou *pièce d'appui*, de la croisée de la baie.

L'appui de fenêtre est fait soit en maçonnerie (pierre, béton armé, briques sur chant), soit préfabriqué (ciment, profilé métal ou plastique).

Si l'appui de baie est à moins de 0,90 m du niveau du plancher intérieur fini, il doit être complété par un ouvrage formant garde-corps*, sous forme d'appui évidé, en bois, en fer forgé, en fonte, etc.

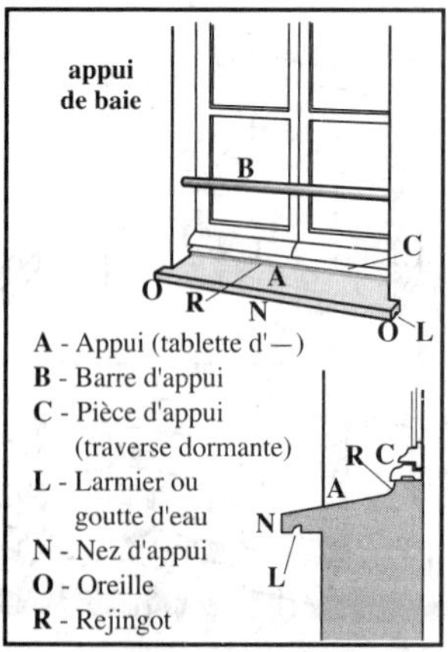

-***Barre d'appui*** : pièce de bois ou profilé métallique scellés entre les tableaux d'une fenêtre, pour former garde-corps à 1,00 m au minimum du plancher intérieur fini, s'il s'agit d'une barre d'appui mince (V.ill).

Entre l'appui de fenêtre et la barre d'appui, les ouvrages à claire-voie doivent satisfaire aux règles concernant les garde-corps* (V. ce mot).

-***Hauteur d'appui*** : hauteur à laquelle on s'accoude aisément (80 à 100 cm).

-***Appui rampant*** : balustrade, parapet ou muret en pente, accompagnant un escalier.

-***Mur d'appui*** : mur en maçonnerie pleine, formant garde-fou*, avec un couronnement à hauteur d'appui.

-***Pièce d'appui*** : traverse inférieure du bâti dormant d'une croisée*.

APPUYOIR n.m.
Pince ou pièce de bois qu'utilisent les ouvriers-zingueurs pour maintenir accolés les éléments en feuilles au moment de les souder.

APTÈRE adj.
Qualifie un bâtiment (temple antique) sans colonnes sur ses côtés.

AQUASTAT n.m.
Dispositif de régulation limitant la température de l'eau chaude ; on le trouve sur les chaudières, au départ de circuits de chauffage central.

AQUEUX adj.
Qui contient de l'eau, ou dont l'eau constitue le solvant*, ou le véhicule*: colle en *dispersion* aqueuse*.

AQUIFÈRE adj.
Qualifie un terrain contenant une forte quantité d'eau, ou nappe*.

ARABESQUE n.f.
Motif d'ornement composé de droites et de courbes entrelacées, souvent de façon répétitive.

ARAIGNÉE n.f.
1/ Grille en étoile disposée à l'orifice des tuyaux de descente d'eaux de

pluie, pour retenir les feuilles et débris divers. Syn.:*crapaudine**.

2/ Départ à branches multiples d'un réseau d'épandage.

ARASE n.f.
Face supérieure dressée ou nivelée d'une assise de pierres ou de briques, d'une semelle de fondations, d'un mur sans couronnement.
Pierre plate, ou élément de maçonnerie utilisé pour rectifier l'horizontalité de l'assise supérieure d'un mur.

ARASER v.tr.
Mettre à l'horizontale la face supérieure d'un mur, avant de le couronner ; éliminer tout ce qui dépasse d'une ligne d'arase.
Dresser la face d'attente d'une assise, d'une pierre, etc.
Recouper le pourtour d'un revêtement de sol pour l'ajuster exactement au ras du mur, ou le long des plinthes.

ARASEMENT n.m.
Même sens que le mot arase, mais aussi action de raccourcir une pièce de bois pour lui donner la longueur exacte qui convient.

ARASEUR n.m.
Outil à lame montée sur un socle à poignée, et utilisé par les poseurs de revêtements de sols pour araser les moquettes et revêtements minces.

ARBALÉTRIER n.m.
Pièce rampante principale d'une ferme* de charpente*, prenant généralement appui sur l'extrémité de l'entrait* et sur le sommet du poinçon*; l'arbalétrier soutient les pannes* intermédiaires (V. les illustrations des mots Charpente et Ferme).
Un arbalétrier est dit ***volant*** si il est entre deux murs d'inégale hauteur, et ne fait pas partie d'une ferme*.

ARBALÉTRIÈRE n.f.
Fine meurtrière*.

ARC n.m.
(*Voir les planches des pages suivantes*)
Tout élément architectural, en général cintré, qui enjambe un espace vide, une ouverture ou un passage, en prenant appui à ses extrémités sur des points solides, ou *sommiers**, reposant eux-mêmes sur des piliers, jambages*, piédroits*, etc.

La courbure inférieure d'un arc est son *intrados**, sa courbure supérieure est son *extrados**.

La désignation d'un arc peut décrire sa ***forme*** (*anse de panier*, *lancette*...), sa ***fonction*** architecturale (*boutant**, *doubleau**...) et son ***emplacement*** (*formeret**, *diagonal*...).

-***Arc de cloître*** : Voir Voûte en —.

-***Arc de décharge*** : arc qui, surmontant le linteau d'une baie, est inclus dans la maçonnerie ; il est souvent non apparent.

-***Arc diaphragme*** : arc portant une cloison qui interrompt le cours d'une voûte en berceau, ou qui sépare une voûte en travées (V. ill).

-***Arc doubleau*** : V. Doubleau.

-***Arc extradossé*** : arc dont les courbes d'intrados* et d'extrados* sont concentriques, et dont les voussoirs sont en général identiques ; leurs joints de coupe sont perpendiculaires à la courbure de l'intrados.

-***Arc en talus*** : arc dont les voussoirs* sont de plus en plus étroits des naissances* vers le sommet.

-***Arc en tas de charge*** : arc dont les sommiers* et voussoirs sont assisés horizontalement.

ARCADE n.f.
1/ Ouverture libre délimitée par un arc et par ses supports latéraux.

2/ Succession d'arcs et de piliers, par ex. dans un cloître. L'arcade prend, selon sa forme, les mêmes qualificatifs que l'arc qui la surmonte.

L'***arcade géminée**** est composée de deux rangs d'arcs parallèles.

Les ***arcades ternée, quaternée***, etc. ont 3, 4, ... arcs successifs.

ARCS

définitions générales

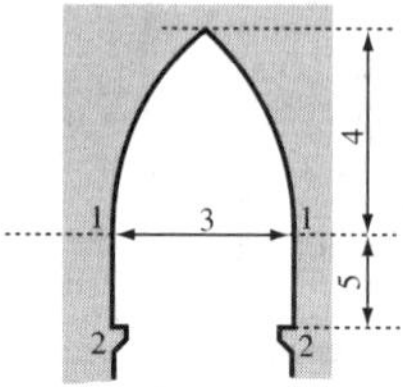

1 = naissance
2 = base, ou sommier
3 = portée, ou ouverture
4 = flèche, ou montée
5 = retombée

NB - Les qualificatifs de description des arcs s'appliquent également aux profils des voûtes*.

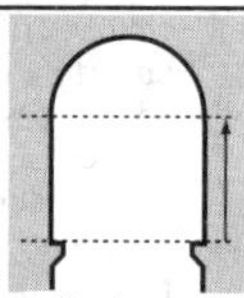

arc surélevé : arc dont les naissances sont portées au-dessus des piédroits, à leur aplomb.

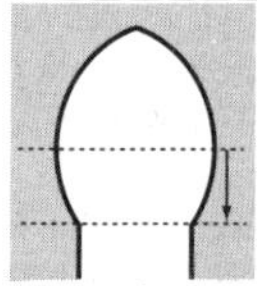

arc outrepassé : arc dont les courbes se poursuivent sous l'axe de plus grande ouverture.

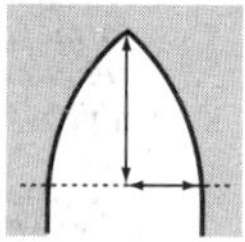

arc surhaussé : arc dont la flèche est supérieure à la moitié de l'ouverture.

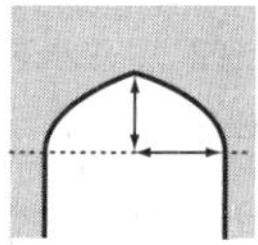

arc surbaissé : arc dont la flèche est inférieure à la moitié de l'ouverture.

1 • arcs DROITS

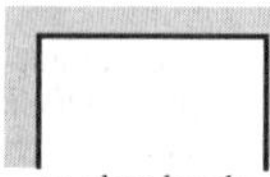

en plate-bande

droit, à coussinets

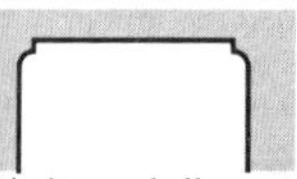

droit, à encorbellements

2 • arcs ANGULAIRES

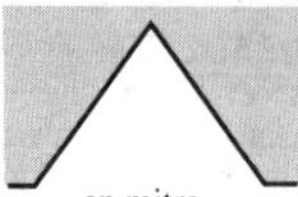

en mitre

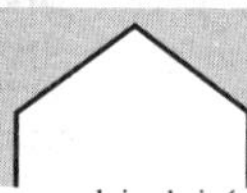

angulaire brisé

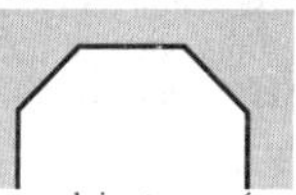

angulaire tronqué

3 • arcs CINTRÉS

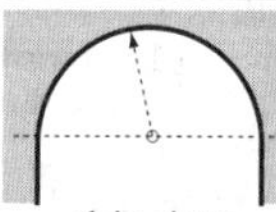

plein-cintre

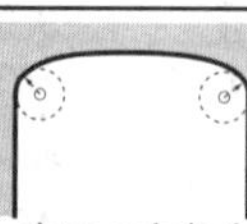

cintre surbaissé

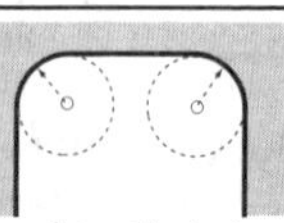

cintre déprimé

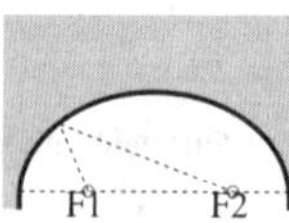

aplati

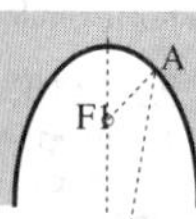

en fer à cheval

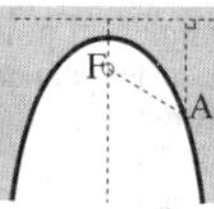

en chaînette

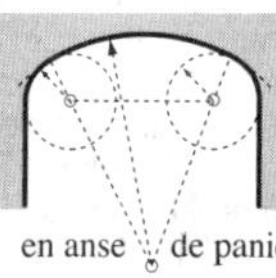

en anse de panier

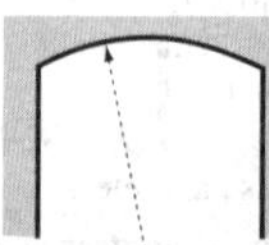

bombé, ou segmentaire

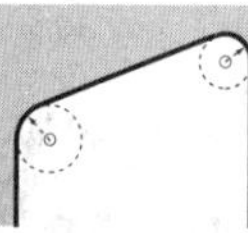

rampant

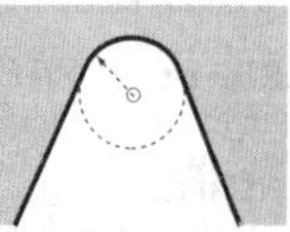

en mitre émoussée

ARCS

4 • arcs BRISÉS

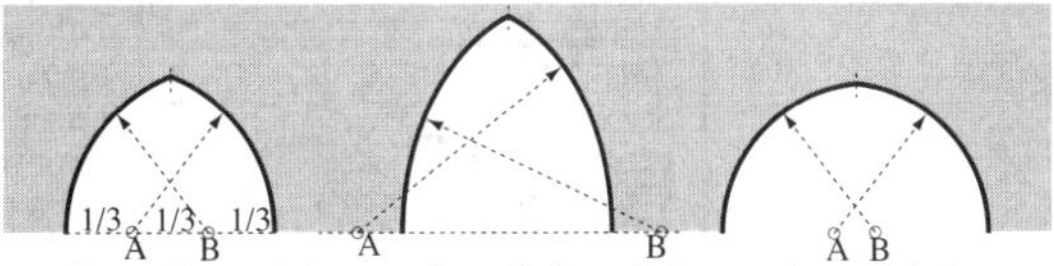

ogive en **tiers-point** og. surhaussée (**lancette**) ogive surbaissée

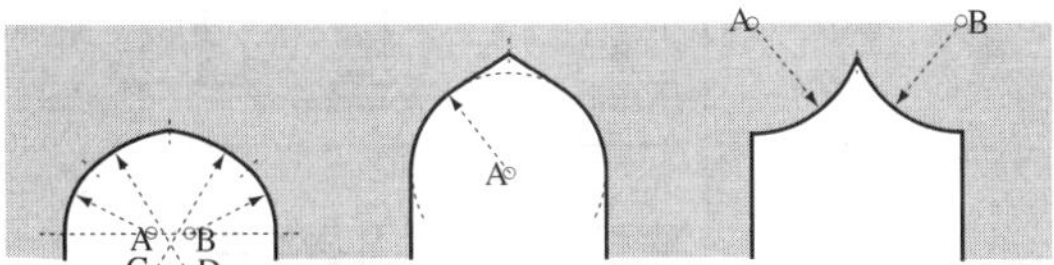

arc brisé aplati arc Tudor arc infléchi

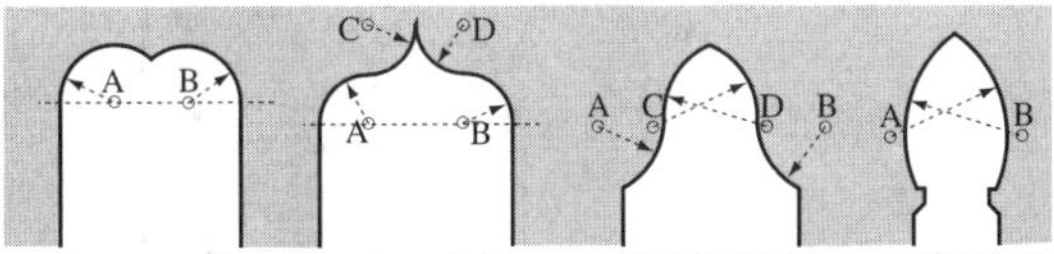

ogive renversée arc en accolade, ou en talon arcen doucines affrontées arc lancéolé

5 • autres arcs DIVERS

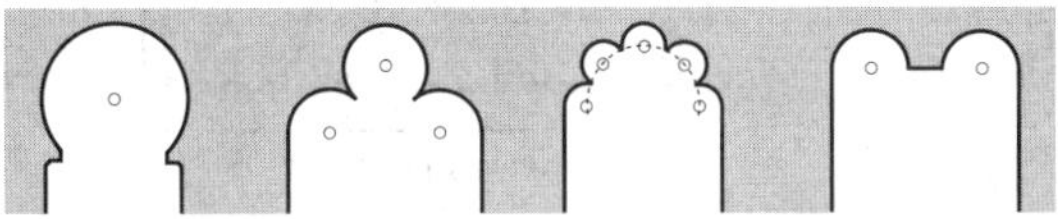

outrepassé arabe arc trilobé arc polylobé à retombée pendante

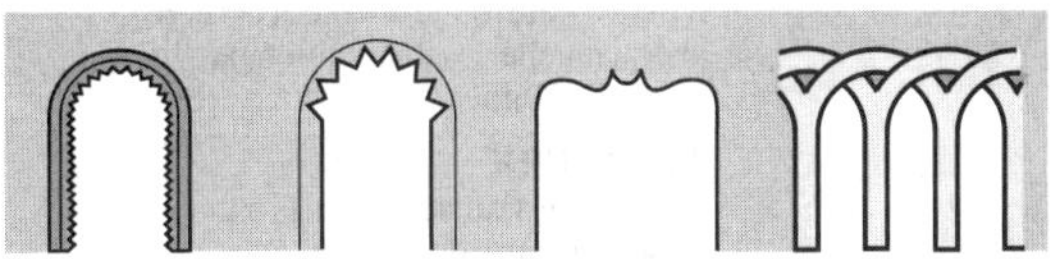

arc festonné en dents-de-scie arc chantourné entrecroisé, ou en réseau

Désignations en fonction de la disposition des voussoirs

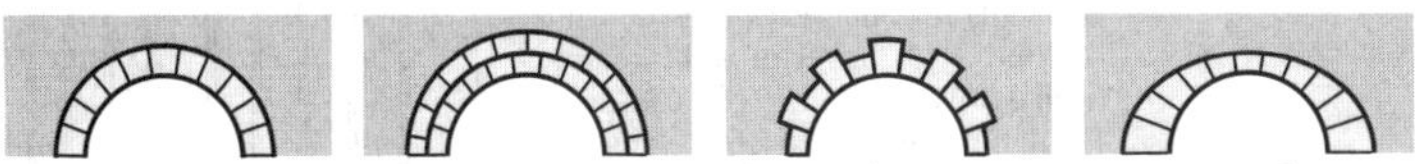

arc à un rouleau arc à double rouleau à voussoirs passants arc en talus

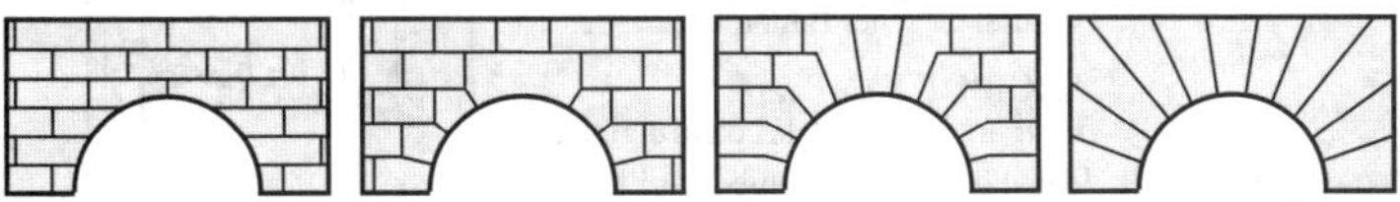

arc en tas de charge arc extradossé en escalier arc à crossettes arc arasé radial

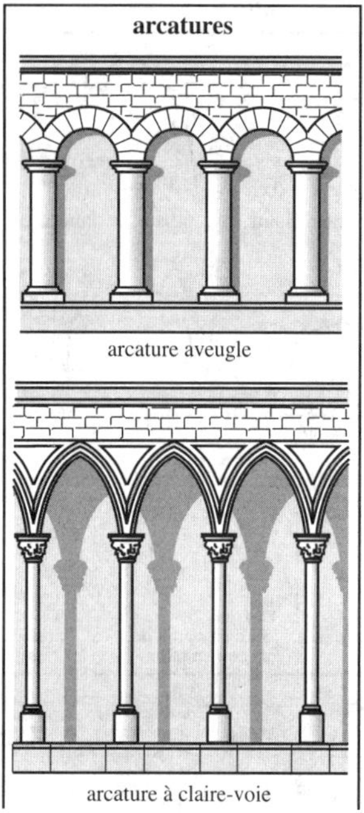

arcature aveugle

arcature à claire-voie

ARCANNE n.m. ou **ARCAUX** n.m.pl. Craie rouge broyée et délayée, avec laquelle le charpentier fait ses tracés à la ligne* sur les bois.

ARCATURE n.f.
Succession d'arcades, réelles ou simulées. Petite arcade. Une arcature peut être *à claire-voie**, si elle est détachée du mur qu'elle décore ; *aveugle**, si elle fait saillie sur un mur sans ouvertures (V.ill) ; ou encore *à jour*, si son mur de fond a des ouvertures. L'arcature d'un édifice désigne parfois aussi, de façon plus large, l'ensemble des arcs qui entrent dans sa composition.
V. aussi Lésène, Bande lombarde.

ARC-BOUTANT n.m.
1/ARCHIT.: élément de construction en maçonnerie, qui est caractéristique des églises gothiques, constitué par un arc* rampant extérieur aux édifices. Il a pour fonction de s'opposer à la poussée latérale des parties hautes d'une voûte ; il prend lui-même appui sur un contrefort, ou culée*, fréquemment surmonté par un pinacle*. Souvent, son faîte canalise l'évacuation des eaux pluviales collectées par les chéneaux*.
2/SERRUR.: pièce de renfort latéral du montant d'une grille (V.ill).

ARC-BOUTER v.tr.
Consolider, contrebuter à l'aide d'arcs-boutants.

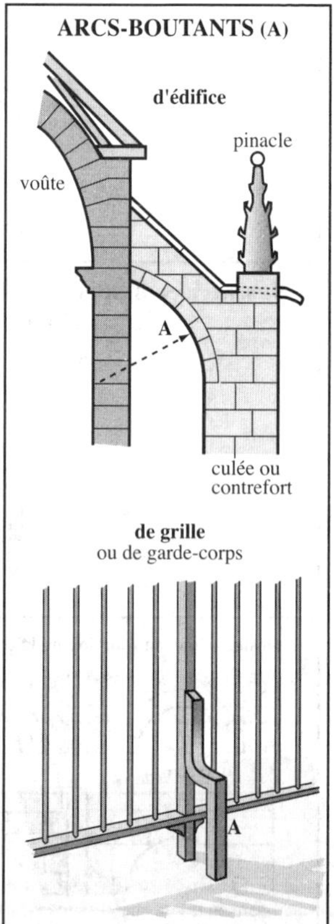

ARCEAU n.m.
1/ Partie cintrée d'un arc, d'une voussure*, d'une nervure de voûte. Arc correspondant à une simple portion de cercle, d'ouverture inférieure au quart de cercle.

2/ Ornement architectural en bas-relief* quadrilobé*, en forme de trèfle à quatre feuilles.

3/ Désigne divers éléments cintrés ou circulaires : par ex., arceaux de protection antichute (crinolines* d'échelles fixes de grues, cheminées d'usines...), etc.

ARCHÈRE ou **ARCHIÈRE** n.f.
Meurtrière* analogue à l'arbalétrière*, conçue pour tirer à l'arc depuis une construction fortifiée.

ARCHITECTE n.m. ou f.
Professionnel(le) diplômé(e) d'une École d'Architecture*, l'architecte est le *maître d'œuvre* de l'acte de construire, et «*l'homme de l'art*» de la construction : il conçoit, pour le compte de tiers, les édifices ou leur transformation, tant sur le plan technique que fonctionnel et esthétique, puis dirige les travaux nécessaires.

En France, la ***loi sur l'architecture*** du 3 janvier 1977 (loi 77-2) a précisé les conditions d'intervention obligatoire de l'architecte dans les projets de travaux, et les conditions d'exercice de la profession.
Parallèlement, la loi a institué les Conseils départementaux d'Architecture, d'Urbanisme et de l'Environnement (CAUE), et défini leurs missions d'information et de conseil.

Exercice de la profession.
Le titre d'***Architecte*** est réservé à ceux qui, titulaires d'un diplôme reconnu, sont inscrits sur un *tableau régional d'architecture*.
Les détenteurs de diplômes étrangers ont la possibilité d'exercer en France sous réserve de qualification par le ministère de la Culture.
NB- Un arrêté du 29.02.1988 du Ministère de l'Équipement a fixé la liste des équivalences de diplômes dans le cadre de la Communauté Européenne.

Agréé en architecture : le tableau régional des architectes peut comporter des personnes (ingénieurs, maîtres d'œuvre, etc.) qui, sans être titulaires d'un diplôme, ont exercé la profession d'architecte avant la date du 1.01.1977. Leur inscription implique la reconnaissance de leurs compétences par une commission régionale paritaire.

L'***Ordre des Architectes*** est un organisme professionnel à caractère associatif, indépendant mais reconnu par les pouvoirs publics ; composé de représentants élus, il est chargé de régir les règles de l'exercice de la profession, sa déontologie, et sa défense juridique et administrative.

Missions de l'architecte.

La ***création architecturale*** a été déclarée d'utilité publique, et ainsi définie par la loi du 3.01.1977 :

L'architecture est une expression de la culture. La création architecturale, la qualité des constructions, leur insertion harmonieuse dans le milieu environnant, le respect des paysages naturels ou urbains ainsi que du patrimoine sont d'intérêt public.

L'***acte architectural*** comporte plusieurs phases :

- la *compréhension de l'intention* du maître d'ouvrage, assortie d'une assistance sous forme de suggestions, études préliminaires de *faisabilité*, d'implantation, d'impact sur l'environnement, d'urbanisme, de programmation, etc.

- la *conception de l'œuvre*, qui allie la création artistique et les contraintes techniques, réglementaires, administratives, financières...

- la *mise en forme du projet* conçu, et sa visualisation matérielle sous forme de plans, croquis et vues diverses, en général en plusieurs étapes : avant-projet sommaire (**APS**), puis avant-projet détaillé (**APD**).

Le projet architectural (...) définit par des plans et documents écrits l'implantation des bâtiments, leur composition, leur organisation et l'expression de leur volume, ainsi que le choix des matériaux et des couleurs.

Les spécifications techniques détaillées (**STD**) et les plans d'exécution des ouvrages (**PEO**) font suite à l'accord définitif sur l'avant-projet.
- la prise en charge des *actes préalables* à l'opération : demande des permis de construire, des dossiers de consultation des entreprises (**DEO**), passation des marchés.

- la phase de *réalisation*, dans laquelle l'architecte assure (ou délègue sous sa responsabilité) le suivi et le contrôle général des travaux (CGT), la coordination des entreprises, et les réceptions et décomptes de travaux (RDT).

L'architecte peut exercer soit en profession libérale (indépendant, rémunéré par des *honoraires*), soit en société à forme civile ou commerciale, soit comme fonctionnaire (dans le cadre de services ou organismes publics), soit encore comme salarié d'un maître d'ouvrage important, d'une société d'architecture, ou d'un autre architecte.

ARCHITECTE D'INTÉRIEUR
Concepteur dont le domaine d'intervention se limite aux aménagements ou réaménagements des locaux, et à leur décoration. La profession fait l'objet d'une qualification par l'OPQAI (Organisme Professionnel de Qualification des Architectes d'Intérieur).

ARCHITECTE PAYSAGISTE
Spécialiste de l'aménagement des espaces extérieurs, dans leur programmation et leur développement.

ARCHITECTEUR n.m.
Nom parfois donné à des architectes - ou agréés en architecture - qui exercent à la fois les fonctions de concepteur et de constructeur.

architrave (A)

ARCHITECTONIQUE adj.
Qualifie ce qui correspond aux règles d'architecture. Par extension, se dit des éléments qui mettent en valeur les qualités architecturales d'une construction.
-***Béton architectonique*** : V. au mot Béton.

ARCHITECTURAL adj.
Qualifie ce qui se rapporte à l'architecture : *parti* architectural.*

ARCHITECTURE n.f.
1/ Art de bâtir les volumes nécessaires à l'homme pour vivre et exercer ses activités, tout en conciliant l'esthétique, les besoins fonctionnels, les contraintes techniques et les exigences administratives.

2/ Conception générale d'un édifice : architecture rurale, fonctionnelle, industrielle, etc.

3/ Style ou marque caractéristique d'une époque ou d'une région : architecture médiévale, gothique, provençale, contemporaine, etc.

ARCHITRAVE n.f.
Dans l'architecture classique, linteau* massif qui repose directement sur deux chapiteaux* de colonnes*; c'est la base de l'entablement* (V.ill).
-***Corniche architravée*** (adj.) : corniche reliée directement à l'architrave, sans frise intermédiaire.

archivolte (A)

ARCHIVOLTE n.f.
Ensemble des membres d'architecture, bandeaux, baguettes, moulures, bas-reliefs, etc. qui ornent le pourtour externe ou l'intrados* d'une voussure* ou de l'arc* d'une baie*, ou qui encadrent son tympan*, d'une imposte* à l'autre (V.ill).

ARDOISE n.f.
Roche* fissile*, de nature schisteuse* (*phyllade*).
L'ardoise contient surtout du quartz et des silicates d'alumine.
Sa formation résulte d'une compression, à haute température, de nombreuses fines couches sédimentaires argileuses.
Ses constituants granulaires, les *longrains*, sont groupés suivant une structure lamellaire entièrement orientée dans un même plan, dit *plan de fissilité*, qui permet de détacher la roche en feuillets minces.
L'ardoise est un matériau de couverture* adapté à tous les toits de pente comprise entre 20% (soit $11^{\circ 1/3}$) et la verticale (jouées*, clairies*, renvers*, bardages*).

-***Gisements*** : en France, les principaux gisements sont en Anjou (Angers-Trélazé), en Mayenne, en Bretagne, dans le Béarn, les Ardennes et les Alpes. L'Espagne fournit aussi beaucoup d'ardoises à la France.

-***Extraction*** : l'extraction est faite dans des chambres forées, desservies par des galeries et par des puits (souvent profonds) ; on procède par abattage de bancs, ou *bordées*, en tranches de 2 à 3 m, remontées à la surface pour y être découpés en longues plaques de 8 à 12 cm d'épaisseur (*alignage*).

-***Débit*** : un premier sciage (*boucage*) coupe ces plaques en bandes, qui sont alors recoupées par *quernage** en parallélépipèdes de longueur et largeur à peine supérieures à celles des futures ardoises, les *repartons** (l'épaisseur reste celle des plaques initiales, soit 8 à 12 cm). Ces repartons sont refendus (*fendage*) en *quartelles* (ou *doubles-jets*), d'environ 15 mm d'épaisseur, elles-mêmes refendues en quatre *fendis* ou *feuillets* minces, les *ardoises*.
L'ardoise est alors *rondie**, c'est-à-dire ramenée à ses cotes précises (*rondissage**), par massicotage, ou avec des machines à disques.

Caractéristiques physiques.

Les ardoises utilisées doivent être conformes à leur norme.

-***Masse volumique*** : $\geq$ 2.600 kg/m^3.

-***Taux d'absorption*** d'eau : maximum 3% du poids.

-***Gélivité*** : perte maximale de 3 % après les cycles gel-dégel.

-***Planéité*** : si la flèche de courbure est supérieure à 1,5 % de la hauteur de l'ardoise, elle est dite *coffine**.

-***Couleur*** : l'ardoise est le plus souvent gris-bleuté, plus ou moins foncé ; elle est parfois mauve, ou verdâtre. Des inclusions de pyrite de fer sont admises, dans des proportions limitées selon emplois.

Formats et **principales variétés**:

Modèles ordinaires, dits *traditionnels*, ou *français*, de 2^6 à 3^5 mm d'épaisseur, pour usages courants :
- *grand modèle* 325 x 220 mm,
- 1ère *carrée demi-forte* 300 x 220,
- 1ère *carrée forte* 300 x 220,
- 2ème *carrée* 300 x 200 mm,
- *moyenne*, 270 x 180 mm.
- *flamande* n°1, 270 x 160 mm.

- 3ème et 4ème *carrées*, de 250 x 180 et 220 x 160 mm.

Modèles extra-forts, dits ***anglais***, épais d'au moins 3^5 mm, pour pentes faibles à moyennes devant résister à des charges (neige, grêle) :

• n°**5** (508 x 250 mm), n°**6** (430 x 250), n°**7** (405 x 250), n°**8** (355 x 200), n°**11** (355 x 250), n°**12** (300 x 200) et n°**13** (405 x 250).

• la "*46x30*", de 460 x 300 mm.

Modèles carrés, à 4 pans coupés (*épaulements*) de 5 cm :
- formats 355 x 355 (dit *36x36*),
325 x 325 (dit *33x33*)
et 300 x 300 (*30x30*).

Modèles historiques,
de 4^5 ou 6^7 mm d'ép., pour réfection des monuments classés : 300 x 200, 300 x 180 ou 270 x 180 mm.

Variétés :
• les modèles «***galloise***» et «***manoir***» (Angers-Trélazé), à fort effet de relief, pour couvertures rustiques.
• l'ardoise à chef* de base arrondi, dite ***écaille*** *.

ardoises : description

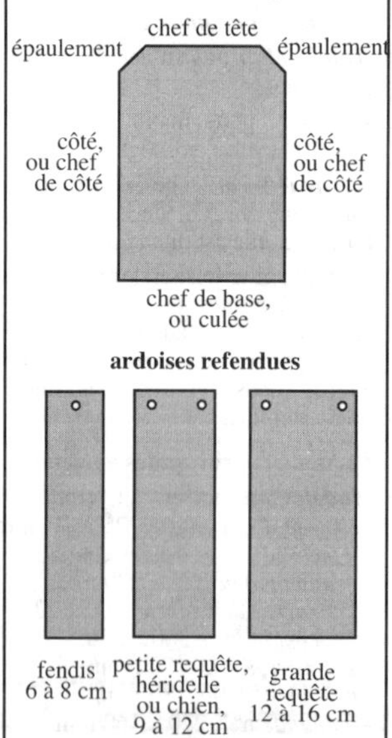

Mise en œuvre de l'ardoise.

Le format des ardoises est choisi, avant tout, en fonction de la ***valeur de recouvrement**** nécessaire (dimension qui s'ajoute à deux fois la hauteur du pureau*, partie de chaque ardoise qui reste visible).
Le recouvrement doit être suffisant pour interdire les remontées d'eau de pluie jusqu'au bord supérieur des ardoises, par capillarité* ou par pression du vent. Des abaques donnent la valeur de recouvrement selon :
• la pente* de la couverture,

ARDOISES (mise en oeuvre)

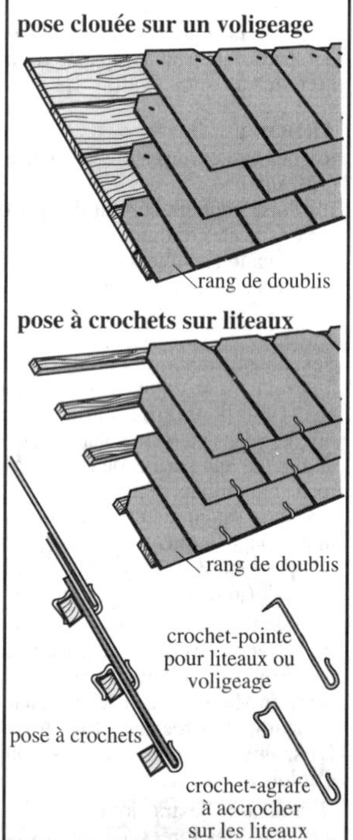

• la zone* climatique concernée (régions I, II ou III des Règles Neige et Vent), avec un facteur correctif de site (protégé, normal ou exposé).
• la longueur de projection* horizontale du rampant.
• la fixation (clous ou crochets).

La ***fixation des ardoises*** est faite :
- soit par clouage sur un *voligeage** (voliges de 105 x 12 mm, espacées),
- soit par accrochage au crochet inoxydable sur un *litonnage** (liteaux de 14 x 40 ou 18 x 50 espacés de la valeur du pureau), soit sur un *chanlattage* de lattes trapézoïdales, dans le cas d'ardoises épaisses.
V.ill.; voir aussi les illustrations des ouvrages particuliers aux mots arêtier*, faîtage*, noue*, bardage*.
Pour tous détails, se reporter au ***DTU***, ou consulter un traité de couverture.

Autres emplois de l'ardoise.
L'ardoise naturelle est aussi utilisée sous forme de dallages de sols et de terrasses, marches, revêtements muraux... Plus rarement de nos jours, elle sert à faire des dalles et plaques d'habillage mural des sanitaires publics, des plaques d'étanchéité, des éléments de caniveaux, etc.

Ardoises en fibres-ciment :
Éléments de couverture dont l'aspect, l'épaisseur et le format sont analogues à ceux des ardoises naturelles, mais fabriqués en fibres-ciment* (autrefois en amiante*-ciment), soit de ton neutre, soit teinté dans la masse. Une norme spéciale concerne ces éléments de couverture.

ARÉNACÉ adj.
Qualifie une roche ou un terrain sablonneux, poreux, absorbant, qui ne retiennent pas l'eau.

ARÉNER v.tr.
Ployer sous une trop forte charge : *poutre arénée*.

ARÈNES n.f. pl.
Désignent de façon générale les sols et sables provenant de la désagrégation des roches granitiques, grès et calcaires. Généralement friables, ces sables aréneux, ou *arénacés*, ne doivent pas être utilisés dans la confection de mortiers et d'enduits.

ARÉOLE n.f.
Petite tache circulaire sur le verre, la pierre, le marbre, etc.

ARÊTE n.f.
Toute ligne saillante formée par la rencontre de deux surfaces planes ou courbes. Opp.:*cueillie**.

-***Arête vive*** : arête dont le fil est bien net et tranchant, sans épaufrures*: bois *à vive arête*.

-***Voûte d'arête*** : voûte formée par l'interpénétration de deux voûtes* en berceau de même hauteur.

-***Arêtes de poisson*** : mode d'appareillage à lits inclinés des pierres et surtout des briques, en assises d'inclinaison alternée.

ARÊTIER n.m. et adj.
Ligne saillante rampante formée par l'intersection de deux versants d'une toiture. Pièce de charpente qui constitue l'ossature de l'arête ; sa section comporte un angle ouvert démaigri, de sorte que chacune de ses faces externes soit dans le plan du

ARÊTIER de toiture en ardoises

(arêtier dit fermé)

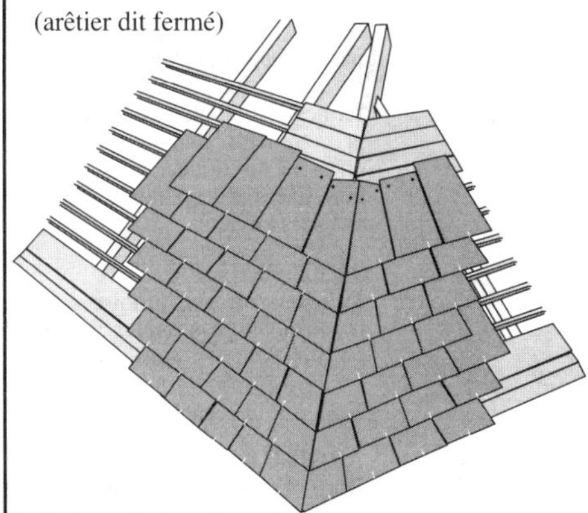

(d'après doc. Ardoisières d'Angers)

ARÊTIERS
de toitures en tuiles

à filet de mortier de ciment, sur tuiles plates

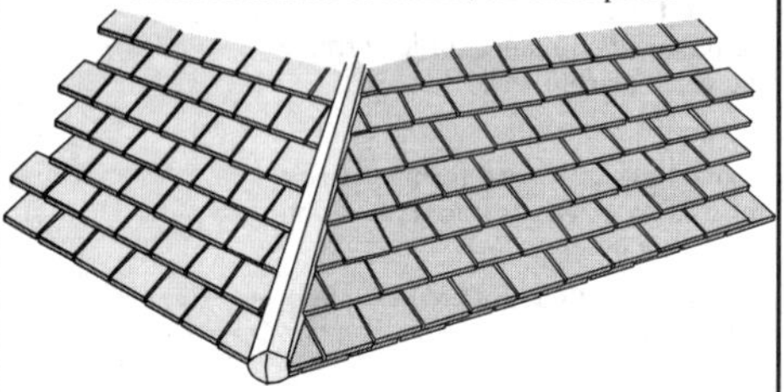

à arêtières rondes ou coudées en terre cuite, clouées et scellées au mortier

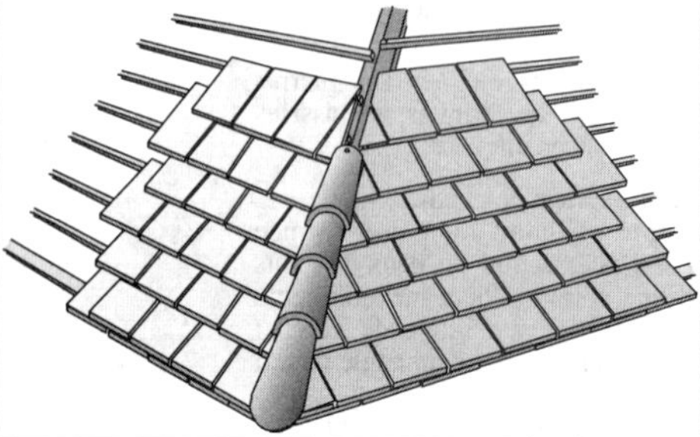

versant de toiture correspondant. En couverture, l'arêtier est l'ouvrage qui compose l'étanchéité de la rencontre de deux versants (V.ill. ci-dessus et page précédente). Pour les couvertures en ardoise, on distingue les arêtiers fermés, les arêtiers à rang de doublage, et les arêtiers à bande de recouvrement en forme de cornière, en plomb ou en zinc, fixée par des pattes au-dessus des ardoises arêtières.

ARÊTIÈRE n.f.
Désigne soit une ardoise de rive, trapézoïdale, adjacente à l'arête (les voisines, biaisées, sont les *approches** - V. ill. à ce mot), soit une tuile creuse rapportée et scellée au mortier.

ARGILE n.f.
Roche* terreuse sédimentaire, compacte et imperméable ; mouillée, elle devient plastique, malléable, et plus ou moins thixotropique*.
Ses caractéristiques varient selon sa finesse, sa composition (silico-aluminates), ses impuretés (mica, quartz...).
Sa principale utilisation est la poterie, ou "terre cuite", sous forme de briques, tuiles, carrelages...

L'argile intervient aussi, pour 25 à 40 %, dans la fabrication du ciment* et de la chaux* hydraulique.

-***Argile expansée*** : granulat alvéolaire en forme de boulettes légères (d. 0,4 à 0,8 selon granulométries), résultant de la cuisson de l'argile dans des fours rotatifs.
Elle sert de granulat dans les produits moulés à caractère isolant (parpaings légers), ainsi que dans les bétons* légers.

ARGILEUX adj.
Qui contient de l'argile.

ARGON n.m. (symb.**Ar**)
Gaz* *rare* inerte présent dans l'air (moins de 1%). Il est incorporé à très basse pression dans certaines lampes* à incandescence* et tubes* d'éclairage fluorescent*.

ARKOSE n.f.
Grès constitué de grains de quartz liés par le feldspath*; l'arkose était utilisée autrefois en Auvergne comme pierre à bâtir.

ARMATURE n.f.
Élément en général longiforme incorporé dans un matériau :

• pour lui donner une meilleure résistance aux déformations par traction (efforts d'allongement), ou par flexion (efforts tranchants) : c'est le cas des armatures du béton* armé.

• pour répartir les déformations et tensions internes, et éviter les fissurations : armature des enduits, des pontages de joints, etc.

• pour donner de la cohésion et éviter les déchirures des matériaux en panneaux, en feuilles ou en lés (produits d'étanchéité en rouleaux, plaques de polyester armé...).

• pour éviter, en cas de bris, la dispersion des éclats (cas du verre armé).

• pour s'opposer à l'écartement ou à l'éclatement d'un élément allongé : frettes* de pieux, abras* de manches d'outils, etc.

• pour renforcer la gaine isolante d'un conducteur électrique, et protéger ce dernier contre les chocs, coupures et agressions mécaniques : c'est le cas des câbles* armés.

Armatures du béton armé.
Un béton* est dit armé lorsqu'il renferme des fers*, tiges ou barres d'acier* doux qui lui confèrent sa résistance à la traction (le béton non armé ne résistant bien qu'aux efforts de compression).

Le choix et la disposition judicieuse des armatures obéissent à des règles précises (*Règles BAEL*) ; de plus en plus, on utilise des logiciels* informatiques qui facilitent les calculs et dessins d'armatures. Pour des ouvrages complexes, on fait appel à des bureaux d'études ou à des ingénieurs spécialisés.

Le façonnage et l'assemblage sur chantier des armatures est le ***ferraillage***, qui doit être très soigné, même pour des ouvrages simples ; en particulier, l'espacement des armatures par rapport aux coffrages est primordial, pour leur protection contre la destruction par oxydation.

Selon leur section et leur surface d'adhérence, les armatures sont des ***fils*** (jusqu'à 5 mm de diamètre, en particulier ceux qui composent les treillis* soudés), des ***ronds** lisses*, ou

armatures du béton
à haute adhérence (HA)

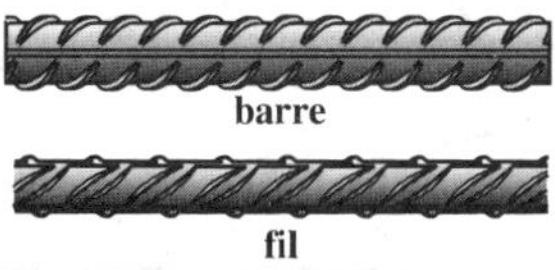

aciers d'armature
des bétons armés :
barres à haute adhérence
(entre parenthèses, codes de désignation sur plans)

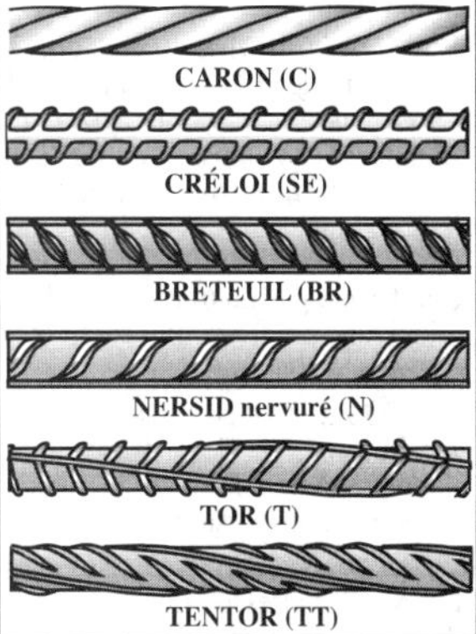

armatures du béton armé :
principaux éléments

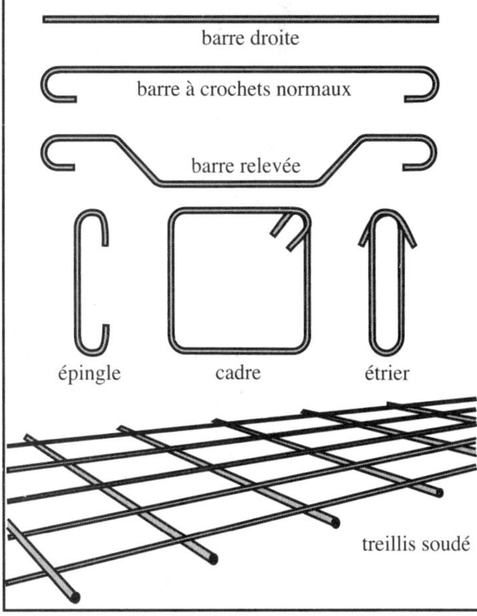

ronds à béton, et des ***barres*** *nervurées* ou *barres crénelées*, à haute adhérence (HA) ; les barres sont désignées, selon leurs nervures, par un nom conventionnel.

Les ***dessins d'armatures*** doivent porter l'indication des diamètres des fers ou des barres, du type d'acier (nuance*), des longueurs, des espacements entre éléments (cadres), de leur maillage (cas des treillis*), enfin des recouvrements des fers entre eux (ou des nappes de treillis).
Ainsi, une poutre en BA sera notée :
• armature longitudinale :

4 T 10 x 250, soit 4 barres haute adhérence (type Tor) de 10 mm de diamètre et de 2,50 m de longueur;
• cadres* transversaux :

12 cadres FeE215 6 x 100 t15, c'est-à-dire 12 cadres de nuance FeE215 de 6 mm de diamètre et de 1 m de longueur, répartis tous les 15 cm.

ARMÉ adj.
Qualifie tout matériau dans lequel est incorporée une armature, réseau en matière filiforme plus résistante que celle du matériau lui-même : *polyester armé, vitrage armé*, etc.

ARMEMENT n.m.
Mise en place de lignes électriques aériennes.

ARMILLES n.f.pl.
Petits profils moulurés qui décorent le chapiteau des colonnes doriques, sous l'échine. Syn.: *annelets*.

ARMOIRE (électrique) n.f.
Enveloppe normalisée, métallique ou isolante, qui renferme et protège un ensemble de commandes, d'appareils et de dispositifs de connexion.

ARMURE n.f.
Gainage métallique de protection d'un conducteur électrique.

AROMATIQUE adj.
Qualifie une famille d'hydrocarbures*, dérivés du benzène, parmi lesquels le *toluène** et le *xylène** qui sont utilisés comme solvants et diluants pour les peintures et résines thermodurcissables. Leurs vapeurs sont très nocives : ils sont soumis aux règles de déclaration d'emploi sur chantier et d'étiquetage spécial des dérivés benzéniques toxiques.

ARONDE
ou **Hironde** (**queue*** **d' —**) n.f.
Évasement d'une pièce en V (en queue d'*hirondelle*), s'opposant à tout arrachement par traction (V.ill. à Queue, et *PL.* Assemblages).

ARPENTAGE n.m.
Mesure des dimensions et des superficies des terrains, suivie de leur représentation en projection, ou *lever**, comportant le tracé des limites et les courbes de niveau.
Si les contours du terrain à arpenter n'ont pas une forme géométrique simple, on décompose le terrain en figures élémentaires (triangles, rectangles, trapèzes) dont le calcul de surface est connu, puis on additionne les aires ainsi obtenues ; les deux principales méthodes utilisées sont la *méthode des triangles* et la *méthode des trapèzes*.
Les accessoires et matériels utilisés en arpentage sont les chaînes* d'arpenteur, double-décamètres, jalons* et

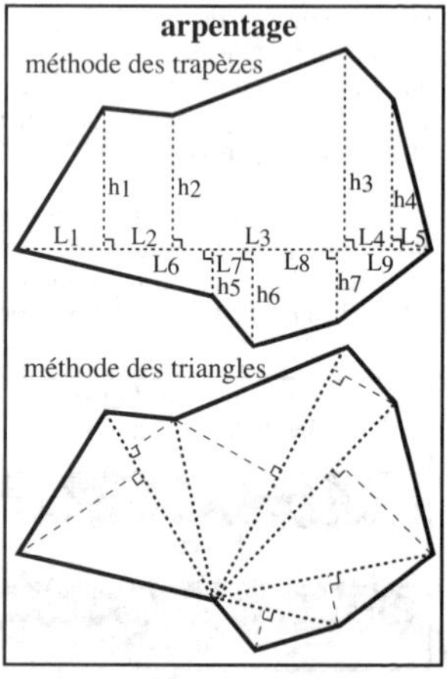

nivelettes*, odomètre*, niveau* optique et équerre* optique, déclinatoire*, tachéomètre*, théodolite*.

ARPENTER v.tr.
Faire une mesure d'arpentage.

ARPENTEUR n.m. Spécialiste des relèvements* des terrains, du calcul de leur surface et de leur bornage*.

ARPÈTE ou **ARPETTE** n.m.ou f.
Nom familier donné aux apprentis et aux aides*.

ARQUER v.tr.
Cintrer une pièce de bois, de métal.

-***Linteau arqué*** : linteau courbé en forme d'arc*.

ARRACHEMENT n.m.
Pierres ou briques laissées en saillie d'un mur, pour servir plus tard d'amorce* à une nouvelle construction. Par déformation, désigne soit les pierres d'attente*, soit les vides alignés, laissés en réserve dans les assises d'un mur, pour y insérer ou lancer* les pierres d'un autre mur.

-***Construction en arrachement*** : se dit d'une construction secondaire, dont la maçonnerie est liée à celle d'un bâtiment principal.

-***Arrachement de voûte*** : désigne l'ensemble des pierres des premières retombées* d'une voûte, là où elle s'engage dans un mur.

-***Résistance à l'arrachement*** : caractéristique d'adhérence* d'un matériau sur un autre, mesurée par la force de traction par unité de surface qu'il faut exercer pour le séparer de l'autre. Exprimée en daN/cm^2.

ARRACHE-CLOUS n.m.
Levier en forme de pied-de-biche*; fente en V de pannes de marteaux, servant à extraire les clous.

ARRANGEMENT n.m.
Désigne, en fumisterie, le fait de rétrécir un foyer de cheminée*.

ARRÊT n.m.
1/ Pièce de ferronnerie ou de quincaillerie qui bloque le mouvement d'un élément mobile : porte, volet, persienne, etc.
Les arrêts peuvent être *à bascule*, *à tourniquet*, *à paillette*, à *tête de bergère*...

2/ Sur les tuiles* à emboîtement, l'***arrêt de glissement*** est un renflement horizontal contre lequel viennent buter les larmiers des tuiles supérieures.

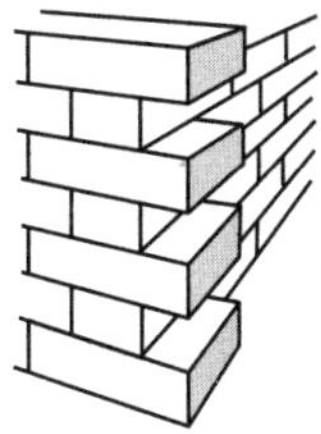

arrachement

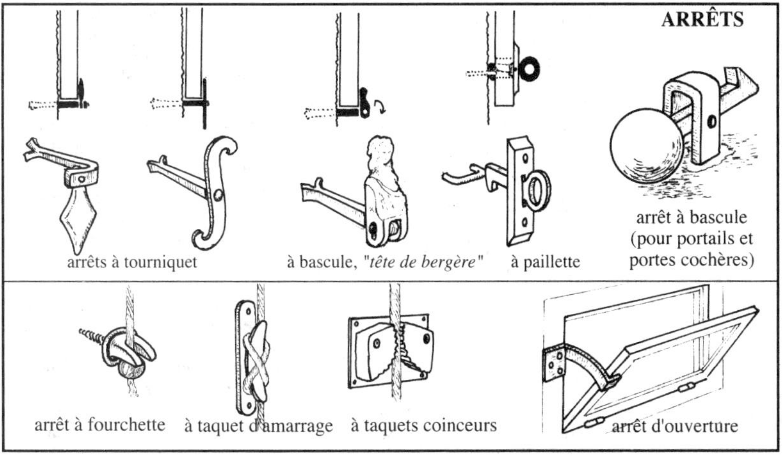

ARRÊTS

3/ *Arrêt de neige* : dispositif à lattes horizontales fixé sur les toitures des constructions de montagne, pour la retenir sur les toits, où elle sert d'isolant thermique, et pour éviter la descente brutale de masses de neige; on utilise aussi des *becs* à neige*.

4/ Interruption d'un profilé ou d'une moulure : l'arrêt peut être en carré, à chanfrein, en biseau, etc.

ARRÊTER v.tr.
Fixer un élément pour qu'il ne puisse plus bouger : par ex., *arrêter une solive*, avec du plâtre. Syn.: *sceller*.

ARRÊTAGE n.m.
En peinture, simple couche d'apprêt ou de vernis appliquée sur un subjectile pour stopper sa dégradation.

ARRÊTOIR n.m.
Tout taquet*, coin*, rainure, renflement, etc., destiné à empêcher un élément de glisser ou de se déplacer par rapport à un autre.

ARRIÈRE-CORPS n.m. invar.
Corps ou portion de corps de bâtiment en retrait d'un corps considéré comme principal, ou situé derrière celui-ci. Opp: *avant-corps*.

ARRIÈRE-VOUSSURE n.f.
Portion de voûte en berceau* ou en cul-de-four* tronqué, pratiquée dans l'épaisseur d'un mur et couvrant l'embrasure* d'une porte pour ne pas gêner l'ouverture des vantaux dans l'embrasure. Se rencontre surtout dans le Midi de la France.

ARRONDI
ou **ARRONDISSEMENT** n.m.
Arête abattue* à profil convexe, en général semi-cylindrique ; synonyme de *congé**. Partie courbe d'un élément. Noix* ou mouton* d'un battant de croisée*.

ARROSEUR n.m. V. Sprinkler.

ARTICHAUT n.m.
Élément ornemental de ferronnerie, hérissé de plusieurs pointes, qui garnit le haut de certaines grilles de clôture pour empêcher leur escalade ; syn.: *chardon* (V.ill. à ce mot).

ARTICULER (s'—) v.pr.
Parlant d'un bâtiment, c'est s'organiser autour d'un élément central ou principal : des communs articulés autour du logis.

ASBESTOSE n.f.
Maladie professionnelle pulmonaire, provoquée par l'inhalation de fibres ou de poussières d'amiante*.

ASCENSEUR n.m.
Véhicule de déplacement vertical des personnes, constitué d'une *cabine* mobile circulant dans une *cage* ou *gaine*, volume en général parallélépipédique d'allure verticale ; à sa base, un décaissement, ou *cuvette*. Un ascenseur est ***suspendu*** (par des câbles), ou ***supporté*** (ascenseurs hydrauliques sur piston et ascenseurs à vis).

• Dans l'ascenseur suspendu, le poids de la cabine est contrebalancé par un *contrepoids* (V.ill. page suivante).

La cabine est prise dans un *étrier*, ou *arcade*, cadre de soutien solidaire des organes de suspension ; son guidage ainsi que celui du contrepoids, est assuré par des *guides* (profilés ou barres rondes d'acier scellés contre les parois de la gaine), par l'intermédiaire de *coulisseaux*, sortes de patins avec ou sans galets de roulement, épousant le profil des guides.

L'***entraînement*** désigne l'ensemble du mécanisme assurant le déplacement de la cabine.

• Un *entraînement **électrique*** (cas des **ascenseurs électriques**) est composé essentiellement du moteur (à courant alternatif ou continu), du *treuil*, aussi appelé *réducteur* (certains entraînements, dits *gearless*, n'ont pas de réducteur), de la poulie motrice et du dispositif de freinage.
Les entraînements peuvent être soit *à adhérence* (adhérence des câbles sur une poulie motrice), soit *à tambour fileté* sur lequel s'enroule le câble (ce

ASCENSEURS

vocabulaire général des ascenseurs suspendus

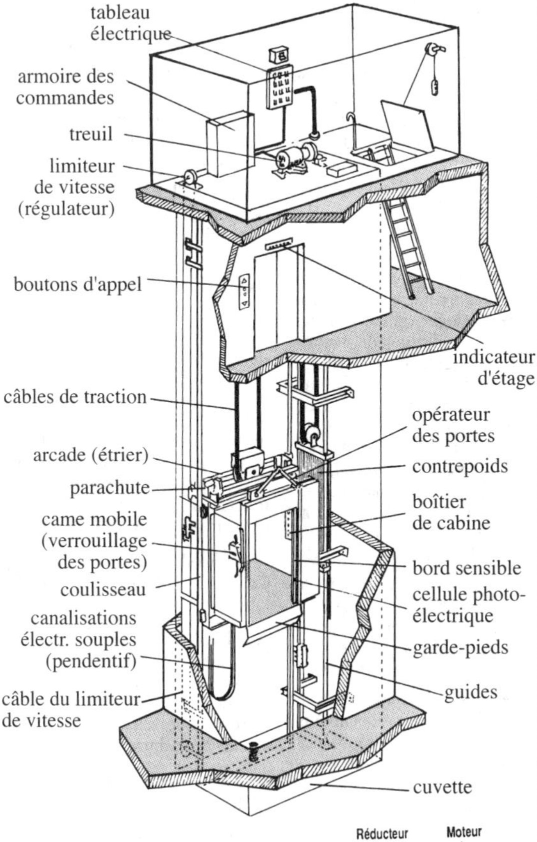

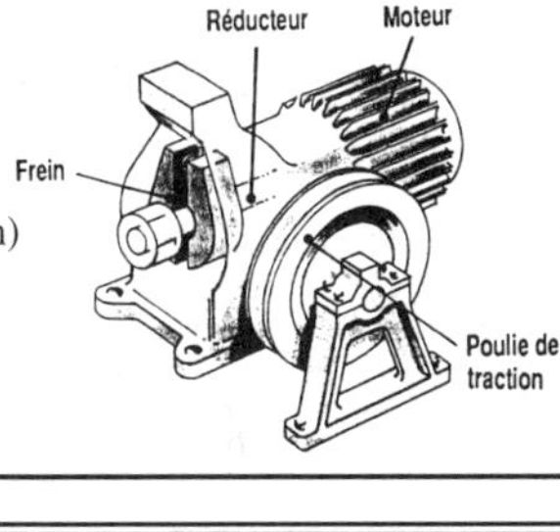

treuil (machine de traction) d'un **ascenseur électrique**

d'après doc.Twin-Cam

principe de l'ascenseur hydraulique à mouflage

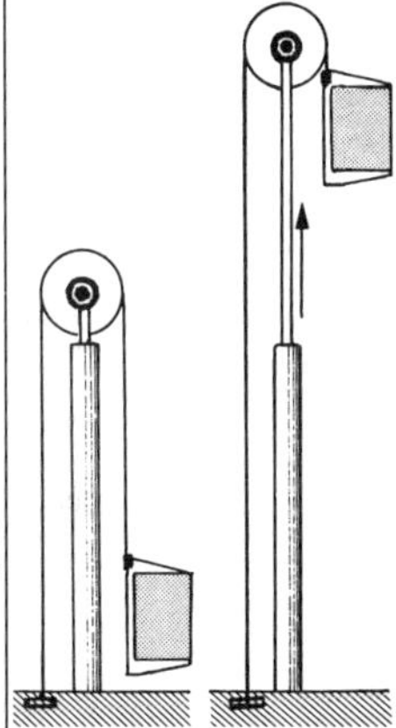

ascenseur à vis

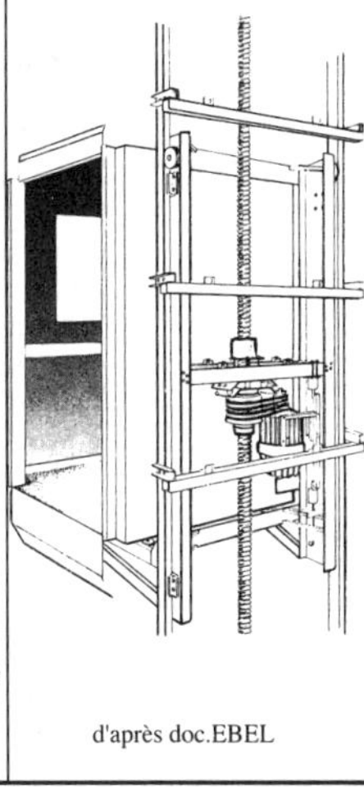

d'après doc.EBEL

dernier est courant sur les appareils sans contrepoids).

• Un *entraînement* ***hydraulique*** (cas des **ascenseurs hydrauliques**) est composé d'un *agrégat* (ensemble motopompe) et d'un *vérin*.
Les anciens ascenseurs hydrauliques étaient mûs par eau sous pression.
Le fluide utilisé est l'huile et, le plus souvent, la cabine est suspendue par câbles, ces derniers passant sur une poulie fixée en tête du vérin (principe dit du *mouflage* : V.ill.).

La ***décélération*** et l'***arrêt*** de la cabine au droit des paliers sont commandés par un *distributeur* ou des *interrupteurs d'étage*, qui déclenchent les procédures de ***nivelage**** (ralentissement par branchement du moteur sur une vitesse de nivelage), puis de freinage (frein électromagnétique couplé au moteur). Pour des courses de grande hauteur, ou pour de fortes charges pouvant faire jouer l'élasticité des câbles, un dispositif d'***isonivelage**** permet de corriger en permanence les variations de niveau de stationnement de la cabine, pendant l'introduction ou l'évacuation des charges.

Le ***freinage de sécurité***, en cas de rupture des câbles, est assuré par un ***parachute***, système de blocage automatique sur les guides déclenché automatiquement en cas de survitesse.

Une ***batterie d'ascenseurs*** désigne plusieurs ascenseurs indépendants disposés côte à côte, obéissant à des commandes palières communes.

Les **ascenseurs à vis** sont des ascenseurs *supportés* qui ont la particularité de prendre appui sur une forte vis sans fin verticale, leur moteur d'entraînement étant solidaire de la cabine (V.ill. page précédente).

Réglementation
L'installation d'un ascenseur desservant chaque étage est obligatoire dans les bâtiments d'habitation collectifs comportant plus de trois étages au-dessus du rez-de-chaussée (Art.1, décret n° 80.637 du 4.08.80).
Depuis le 1.01.1992, tous les ascenseurs doivent comporter une porte de cabine automatique isolant les passagers de la paroi de la cage pendant le fonctionnement.
Les ascenseurs et monte-charges* sont regroupés en 5 classes.

Règles d'installation : *consulter les Règles du CCH, les DTU, et les normes correspondant aux différents types d'ascenseurs et monte-charges.*

ASCENSEURISTE
ou ASCENSORISTE n.m.
Spécialiste des installations d'ascenseurs et de leur entretien.

ASCENSION CAPILLAIRE
Phénomène physique de montée de l'eau par capillarité* à travers les microcanaux (ou capillaires*) et les porosités des matériaux, comme dans une éponge que l'on pose sur un peu d'eau. L'ascension capillaire dans un mur peut atteindre 1,50 mètre au-dessus du sol si la coupure* de capillarité a été omise, ou si elle s'avère inopérante, par suite de perforations ou de manques. V. Capillarité.

ASPÉRISER v.tr.
Créer des aspérités sur une surface, la rendre rugueuse.

ASPÉRISEUR n.m.
Machine de décapage mécanique et de préparation des sols en béton avant application d'un nouveau revêtement ; elle est munie de batteries de roulettes à dents de carbure.

ASPHALTAGE n.m. Action d'asphalter.

ASPHALTE n.m.
L'***asphalte naturel*** est une roche* brun-noir, découverte en Judée ; on en trouve dans l'Ain (Seyssel), le Gard, le Puy-de-Dôme, et en Suisse ; cette roche silico-calcaire est imprégnée de 8 à 10% de bitume* pur.

L'***asphalte artificiel*** est un mélange de bitume*, le plus souvent obtenu par distillation du pétrole, et de matières fines inertes (*fillers**).

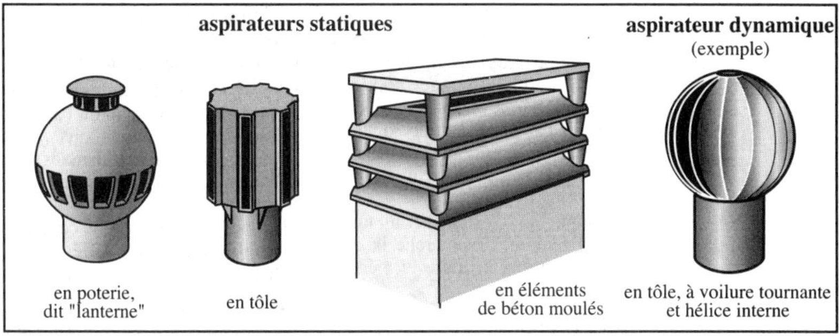

-*Mastic d'asphalte* : bitume* natif chargé de fillers* fins, constituant un mastic compact, sans porosité, utilisé soit comme matériau d'étanchéité coulé à chaud, soit pour des joints, rebouchages de fissures, collage de revêtements, etc.
-*Asphalte coulé* : revêtement d'étanchéité composé de mastic d'asphalte broyé auquel on ajoute, à chaud, des produits riches en bitume* pur.
Le revêtement est en général "sablé": on lui incorpore du gravillon en surface, avant refroidissement, pour le rendre résistant aux poinçonnements. La qualité dite "parking" est analogue, mais encore plus résistante aux poinçonnements.

-*Asphalte armé* : revêtement d'étanchéité en lés, constitué d'asphalte enduit sur un carton préalablement garni de granulats scellés au bitume.

-*Carreaux d'asphalte* : revêtement de sol préfabriqué en dalles calibrées, par chauffage et compactage de poudre d'asphalte sous haute pression. Les carreaux sont posés bord-à-bord sur une couche d'enduit de bitume. Ils servent de revêtement de sols d'ateliers à contraintes mécaniques moyennes : peu sonores, résistant bien à l'usure, ils sont par contre assez sensibles aux poinçonnements* et à la chaleur.

-*Béton d'asphalte* : asphalte chargé de granulats et de sables, que l'on peut couler sous forme de chapes de plusieurs cm d'épaisseur.

ASPHALTER v.tr. Revêtir d'asphalte.

ASPHALTEUR n.m.
Spécialiste de l'application de l'asphalte.

ASPHALTEUX, ou **ASPHALTIQUE** adj. Qui contient de l'asphalte.

ASPIRATEUR n.m.
Désigne tout appareil ayant pour fonction d'aspirer l'air en un point pour le restituer, éventuellement filtré, en un autre point.

-*Aspirateur de buées* : ventilateur électrique de faible puissance, inséré soit dans un vitrage, soit dans l'épaisseur des murs, pour extraire vers l'extérieur l'air chargé de vapeur ou de fumées. Syn.: *extracteur.*

-*Aspirateur statique* : dispositif en béton moulé, en poterie, en tôle ou en matière plastique, disposé au sommet des conduits de fumées ou d'air vicié, pour faciliter leur évacuation ; l'aspirateur augmente le tirage* du conduit en utilisant les effets de dépression du passage du vent. Sur ce principe, on fait des aspirateurs muraux, débouchant en légère saillie sur les façades, et fonctionnant sous l'action des vents plongeants (V.ill).

L'*aspirateur dynamique* désigne une petite turbine d'extraction à axe vertical, animée par l'action du vent sur ses ailettes externes (V.ill).

ASPIRATION INTÉGRÉE
Équipement électroménager à centrale d'aspiration fixe, installée dans un local technique (garage, sous-sol, etc.), et reliée à chaque pièce d'un bâtiment par un réseau de canalisations ; celles-ci débouchent dans les locaux par une prise à valve munie d'un contacteur.
Le simple fait d'y brancher un tuyau d'aspirateur met en marche la centrale, et permet de faire le ménage sans bruit.

ASSAINISSEMENT n.m.
Ensemble des mesures, travaux et équipements de collecte, d'évacuation et de traitement des eaux* usées et des eaux-vannes. On distingue :

-l'***assainissement autonome***, assuré par des installations individuelles non reliées à un réseau public. (Voir aux mots Évacuation, Épuration, Fosse, Filtre bactérien, Plateau tellurien, Épandage). Ces installations sont désormais soumises à une réglementation stricte, visant à éviter la pollution des sols et des nappes phréatiaques

-l'***assainissement collectif***, dans lequel les eaux usées et eaux-vannes (éventuellement mêlées aux eaux pluviales) sont collectées par un réseau d'égouts* (*tout-à-l'égout*), et acheminées vers des stations* d'épuration et de retraitement.
Voir aux mots Évacuation, Réseau.

ASSEAU n.m., **ASSETTE** n.f.
Marteau qu'utilisent les couvreurs pour tailler et pour clouer les lattes et les ardoises (V.ill).
On dit aussi ***asse***, ***esse*** ou ***essette***.

asseau, **assette**, ou **essette**

ASSÈCHEMENT (des murs) n.m.
Toute technique destinée à éliminer l'eau présente dans les murs, et à empêcher le retour de l'humidité. Les principales techniques sont :

• la mise en place de barrières* d'étanchéité ou coupures* de capillarité* au pied des murs ;

• l'injection de résines hydrofuges fluides dans l'épaisseur des murs, constituant une *hydrofugation de masse*, lorsque l'intégration d'une barrière étanche n'est pas possible ;

• la pose de systèmes de drainage*, soit enterrés à la périphérie du bâtiment, soit sous forme de drains* dits *siphons atmosphériques* insérés dans les murs, débouchant à l'air libre.
V. au mot Knapen

• le procédé électrolytique consistant à établir une faible différence de potentiel : V. Électro-osmose.

ASSEMBLAGE n.m.
Désigne toute façon de solidarisation d'éléments rigides, de façon stable, ferme et durable.
Un assemblage de bois ou de pièces métalliques peut être démontable (emboîtement, chevillage, vissage, boulonnage...) ou au contraire définitif (collage, soudage...).
Voir les principaux types d'assemblages, ainsi que leurs noms, dans les

planches des pages suivantes.

ASSEMBLEUSE n.f.
Machine d'atelier avec laquelle sont réalisés les assemblages de pièces et de profils menuisés.

ASSERVISSEMENT n.m.
Mécanisme régulateur, ou *asservisseur*, couplé à des appareils commandés tels que pompes*, brûleurs*, électrovannes*, extracteurs d'air, etc.
L'asservissement agit sur les circuits de commande pour leur imposer les conditions d'exécution.

ASSIETTE n.f.
1/ Stabilité d'un ouvrage, d'une pièce de charpente.

2/ Face inférieure d'un pavé, que l'on pose sur la forme.

ASSISE n.f.
1/ L'assise d'un bâtiment désigne l'ensemble des fondations qui assurent sa stabilité, et contribuent à l'*assiette** de la construction.
2/ En maçonnerie, chacune des rangées horizontales de briques, de moellons, de blocs ou de voussoirs*, posés

ASSEMBLAGES Planche 1 • ABOUTAGE de pièces et ENTURES

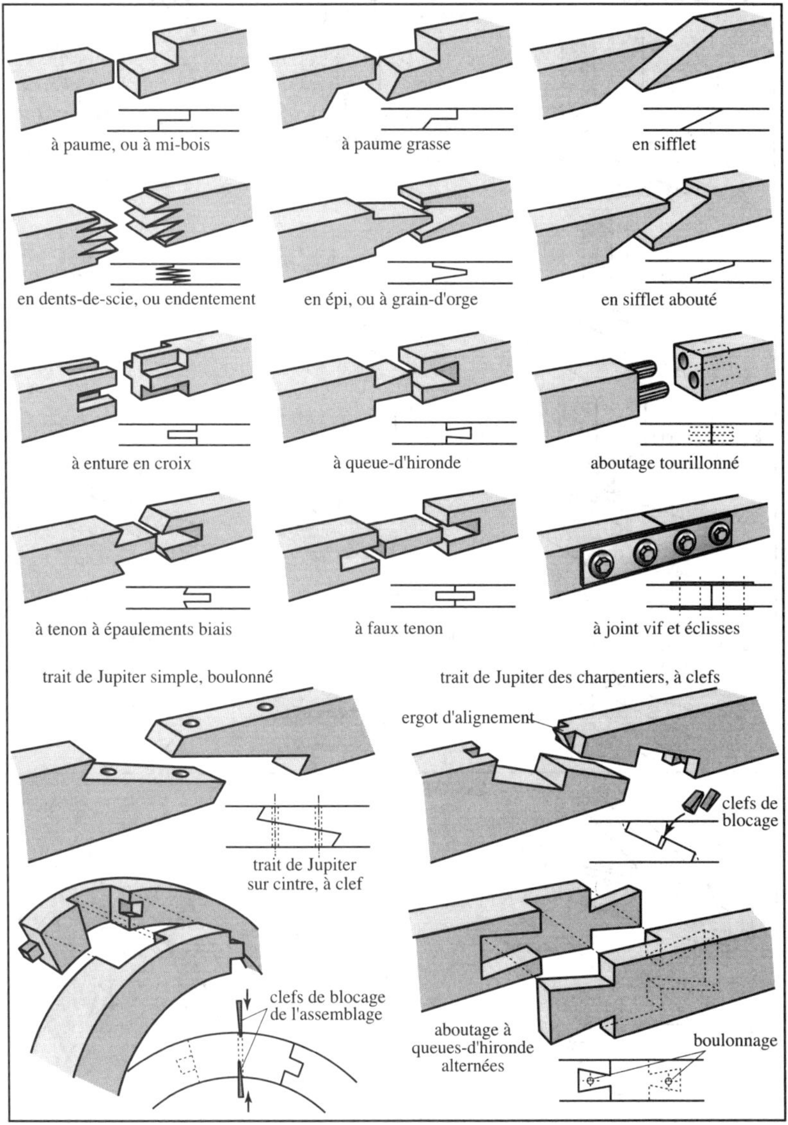

ASSEMBLAGES Planche 2 bis • Assemblages en bois DE TRAVERS (suite)

TENONS et MORTAISES

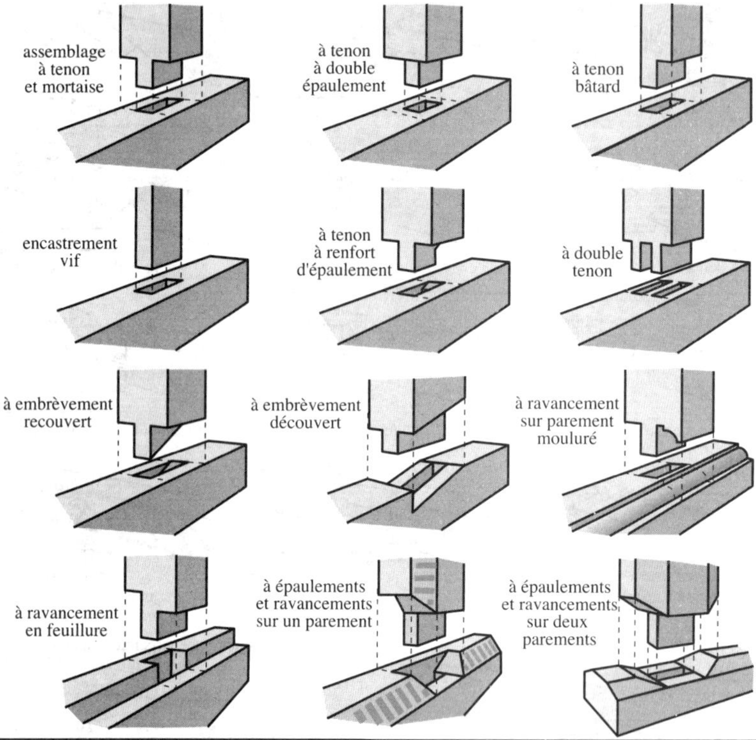

ASSEMBLAGES BIAIS des charpentiers

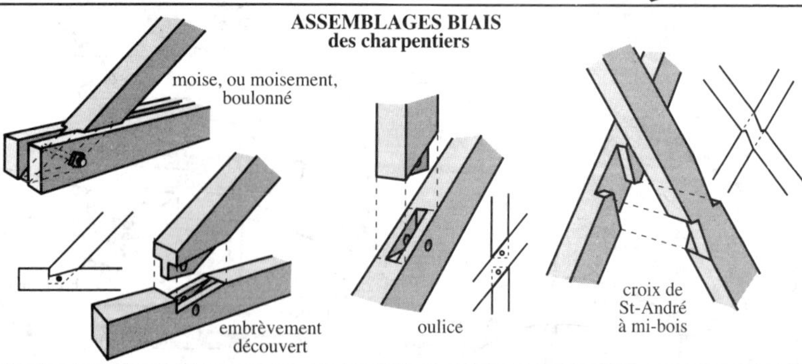

ASSEMBLAGES Planche 2 bis • Assemblages en bois DE TRAVERS (suite)

TENONS et MORTAISES

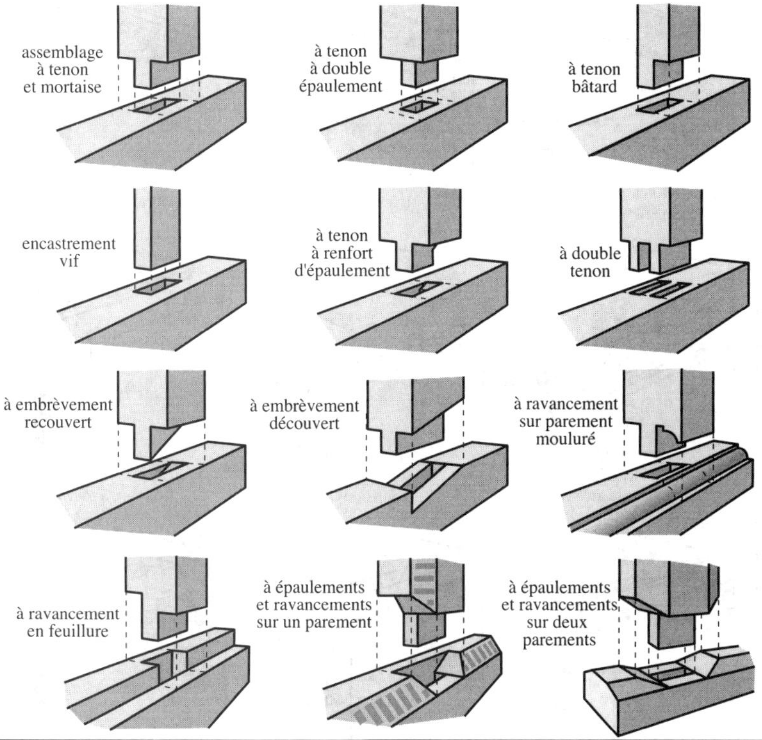

ASSEMBLAGES BIAIS des charpentiers

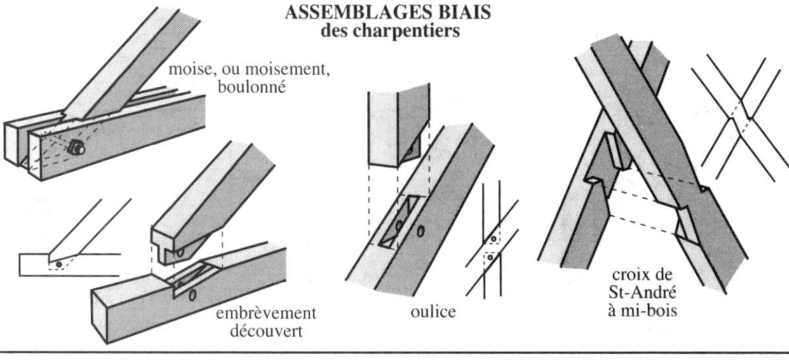

ASSEMBLAGES Planche 5 • JONCTION DE PANNEAUX en ANGLE (dièdres)

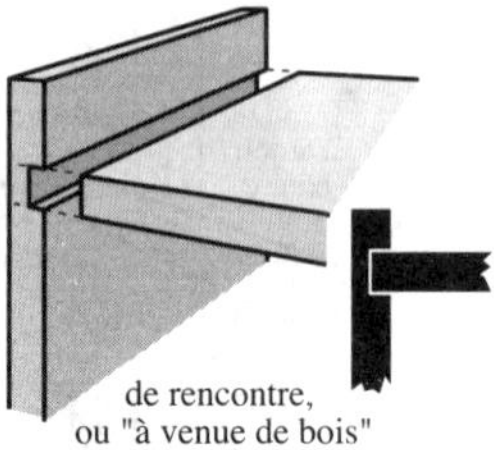
de rencontre,
ou "à venue de bois"

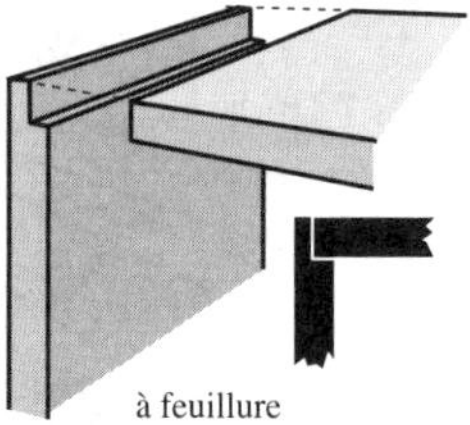
à feuillure

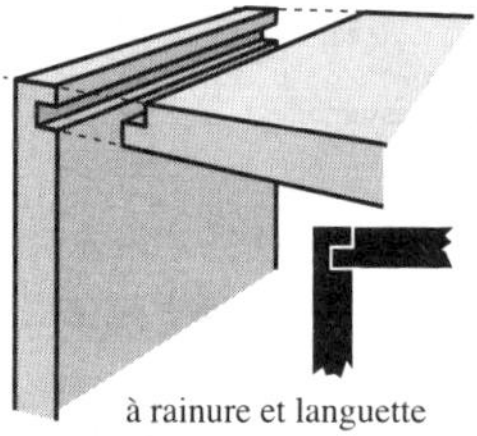
à rainure et languette

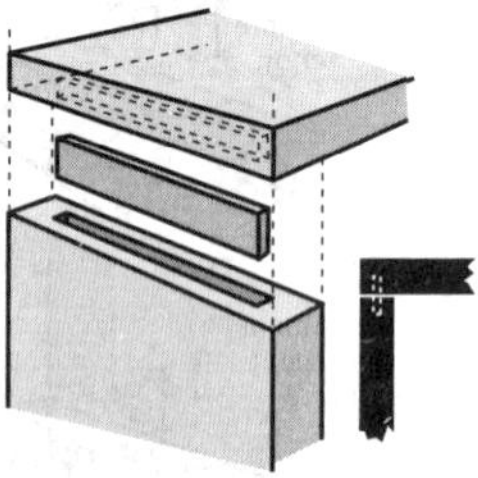
à fausse languette arrêtée

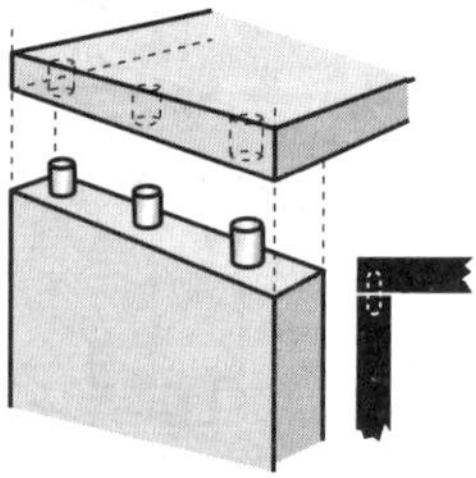
à tourillons

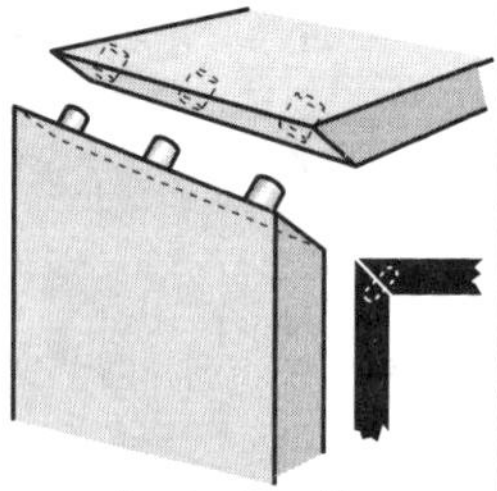
d'onglet, à tourillons

d'onglet, à fausse languette

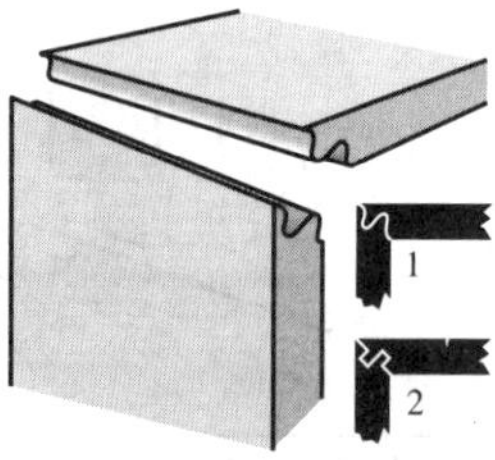

d'onglet en V tronqué (1),
ou à bouvetage inversé (2)

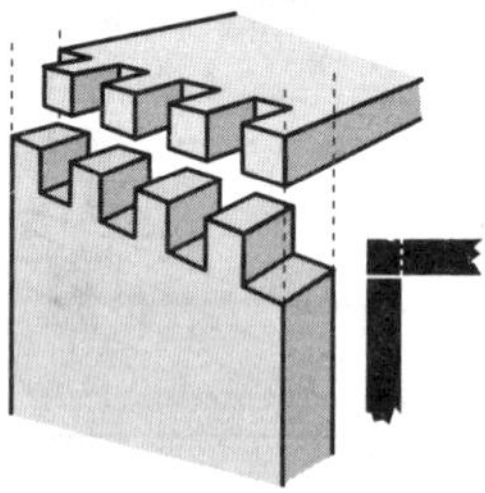
à queues droites

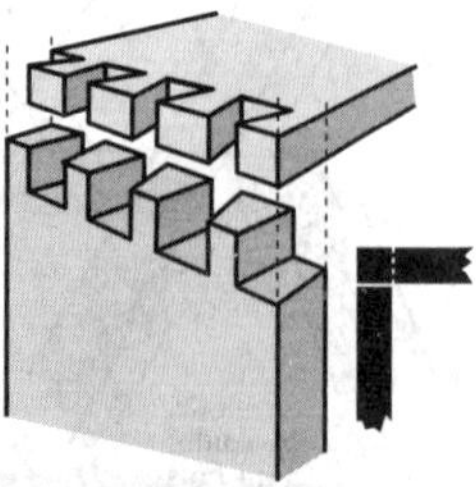
à queues-d'hironde (ou d'aronde)

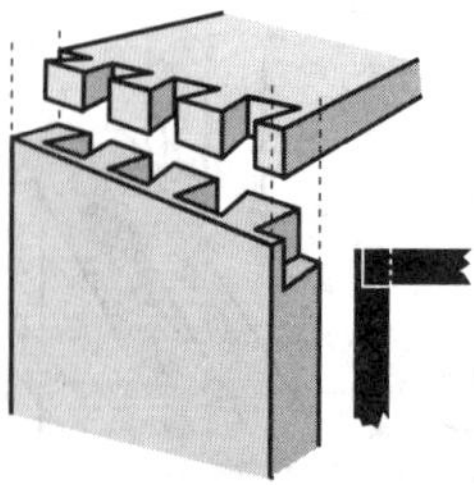
à queues semi-couvertes

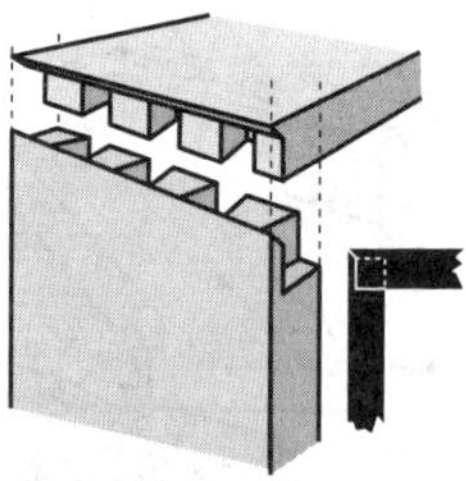
à queues recouvertes

ASSEMBLAGES Planche 5 • JONCTION DE PANNEAUX en ANGLE (dièdres)

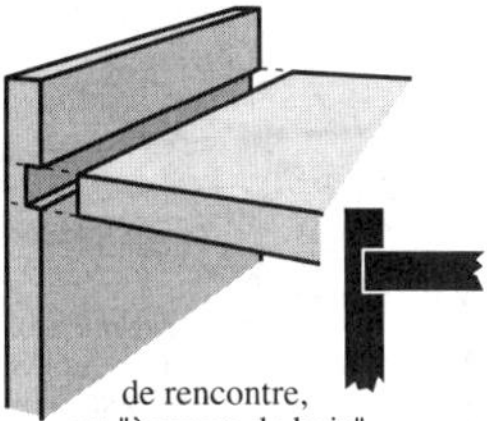

de rencontre,
ou "à venue de bois"

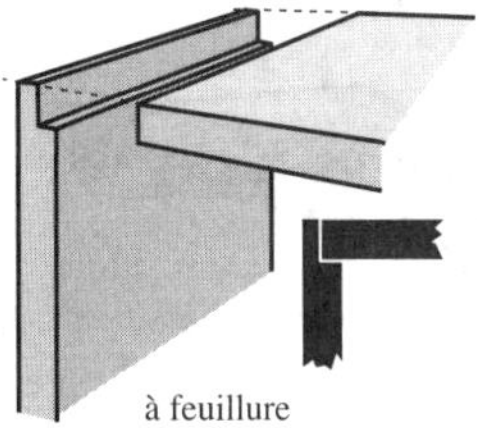

à feuillure

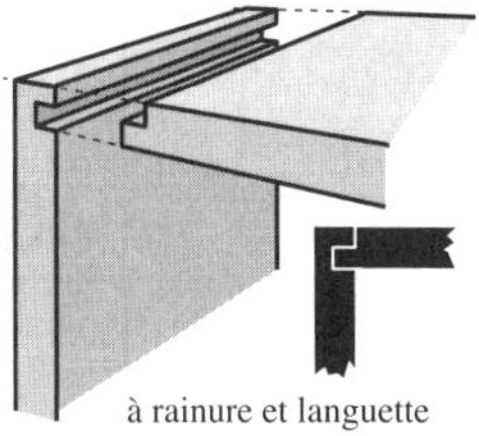

à rainure et languette

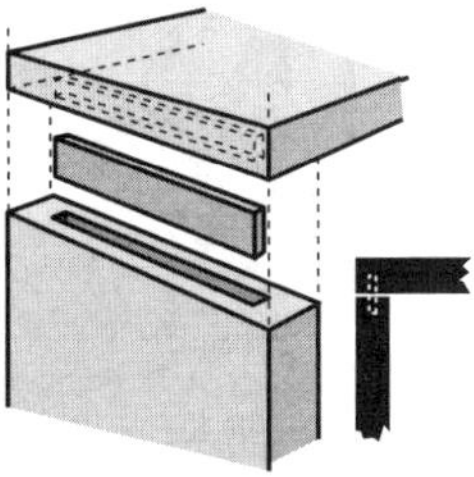

à fausse languette arrêtée

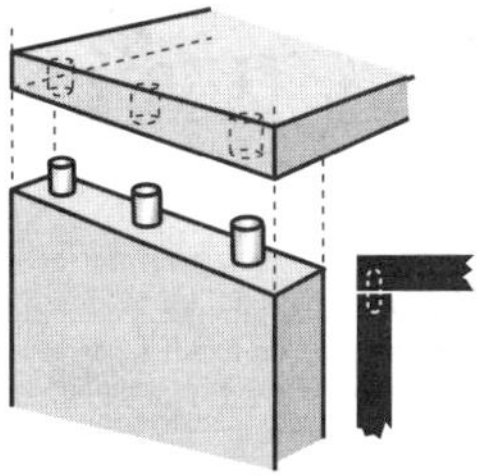

à tourillons

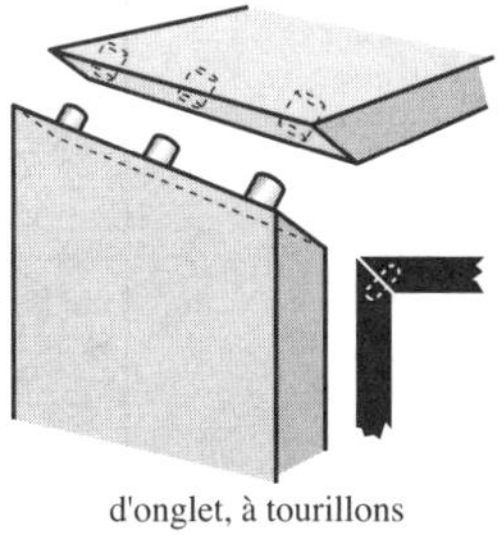

d'onglet, à tourillons

d'onglet, à fausse languette

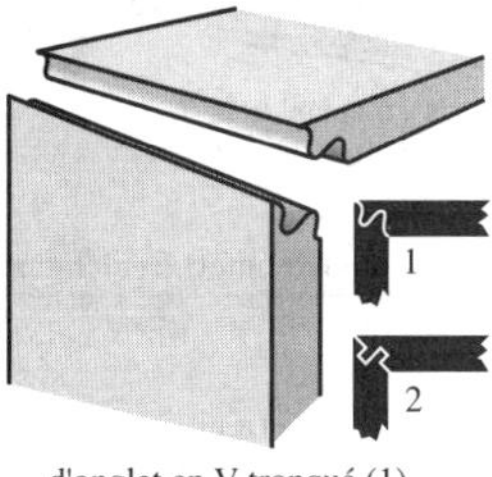

d'onglet en V tronqué (1),
ou à bouvetage inversé (2)

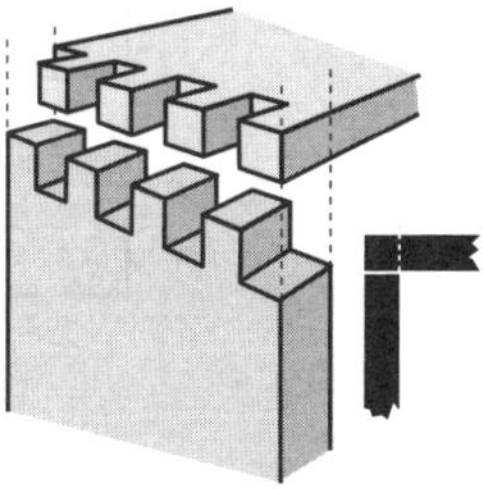

à queues droites

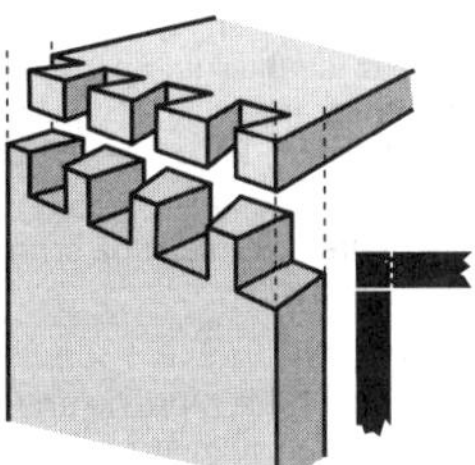

à queues-d'hironde (ou d'aronde)

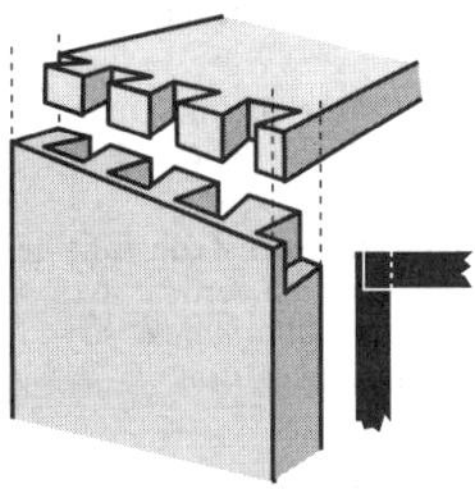

à queues semi-couvertes

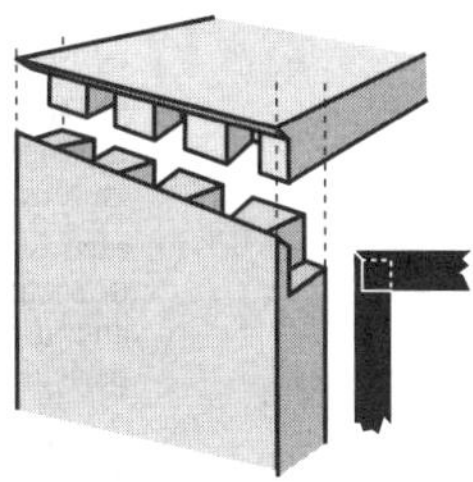

à queues recouvertes

ASSEMBLAGES Planche 6

Assemblages de PROFILÉS et PIÈCES MÉTALLIQUES

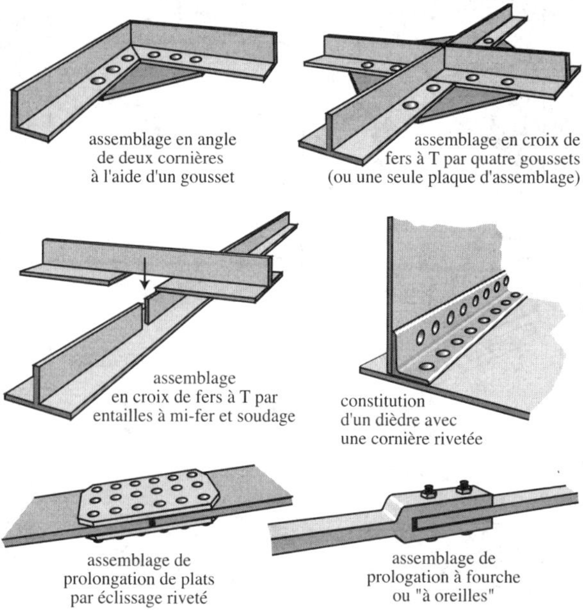

NB - Voir aussi les mots Boulonnage, Rivetage, Sertissage, Soudage

au même niveau, et composant un rang homogène d'éléments alignés.

• ***Plan d'assise*** : fond de fouilles appelé à recevoir un mur ou une semelle* de fondations.

• ***Assise de retraite*** : premier rang d'assise, au-dessus des fondations et en retrait par rapport à celles-ci.

• Un mur à ***assises réglées*** est construit de sorte que chaque joint vertical soit au milieu des pierres inférieure et supérieure. Syn.: mur *en liaison**.

ASSISÉ adj.
Disposé en rangées régulières qui composent des assises : *mur assisé*.

ASSOUCHEMENT n.m.
Assise* de longues pierres qui forme la base du triangle d'un fronton*.

ASSOURDIR v.tr.
1/ACOUST.: doubler une paroi, ou la revêtir d'un matériau insonorisant, pour supprimer les effets de la réverbération*.

2/PEINT.: atténuer l'éclat, la brillance d'une peinture.

ASSUJETTIR v.tr.
Fixer, immobiliser provisoirement une pièce ou un ouvrage quelconque, à l'aide d'un serre-joints*, d'un étau*, d'un valet*, etc.

ASSURANCE-Construction
Elle est régie par la loi dite de l'***assurance dommage-ouvrage***.
V. le mot Garantie, ou plus de détails dans le "gros" DICOBAT.

ASTRAGALE n.m.
1/ARCHIT.: moulure* en forme de tore* semi-cylindrique associé à un filet* et à un cavet*; dans l'architecture grecque, il sert à souligner ou à couronner un motif décoratif. On le trouve sous les chapiteaux (syn.: *collier*), ou régnant tout le long d'une façade, d'un lambris, etc. (V.ill).
Il désigne aussi la moulure qui règne sur les murs intérieurs, à quelques dizaines de cm du plafond, pour délimiter le haut d'un revêtement mural.
2/CARREL.: en carrelage mural, c'est la frise décorative placée avant le rang de bordure de l'ouvrage.
3/MENUIS.: profil fréquemment donné au nez des marches (V.ill).
4/SERRUR.: sur un barreau de rampe, bague décorative de cuivre ou de fer, dont le profil est en astragale.

ASYNCHRONE adj.
Qualifie un moteur à courant alternatif dont la vitesse n'est pas liée à la fréquence des courants induits.

ATEx
Appréciation Technique d'Expérimentation : procédure d'évaluation technique d'un produit, procédé ou équipement qui n'a pas encore d'Avis* Technique, et dont la mise au point suppose l'observation expérimentale sur des chantiers servant ensuite de références pour l'Avis Technique.

ATLANTE n.m.
Statue d'homme qui sert de console pour supporter un entablement ou une corniche.

ATMOSPHÈRE n.f. (**atm**)
Unité de pression des liquides et des gaz, correspondant à la pression exercée, à 0°C, à la base d'une colonne de 1 cm² de section, remplie de 76 cm de mercure ; aujourd'hui, les pressions sont exprimées en Pascals*(S.I.) ou en bars*.

ATMOSPHÉRIQUE adj.
Qui concerne l'air environnant : *poussières atmosphériques*.

ÂTRE n.m.
Partie horizontale du foyer d'une cheminée*, sur laquelle on dispose le combustible. V. Cheminée.

ATRIUM n.m.
Cour de réception, couverte ou non, dans un bâtiment. Syn.: *patio**.

ATTACHE n.f.
1/ Accessoire tel que patte métallique, goujon, suspente... servant à la fixation des placages*, bardages*, vêtures*, etc., par scellement, vissage ou chevillage.
2/ Élément de fil de fer torsadé aux jonctions des pièces d'armature* du béton armé, pour les solidariser. Syn.: *ligature*.
3/ Ligne en pointillé qui relie une cote* à son point d'application.

ATTACHEMENT n.m.
Document écrit ou dessiné, préalable aux réceptions* de travaux et à l'établissement de mémoires*: il sert à constater l'exécution des ouvrages dont le contrôle serait impossible ensuite (ouvrages enterrés, armatures...). Le maître d'œuvre et l'entrepreneur en ont chacun une copie.
-***Journal***, ou ***carnet d'attachements*** : registre comptable des travaux réalisés, tenu par les ingénieurs de circonscription, et paraphé par l'Ingénieur subdivisionnaire des Ponts et Chaussées.

ATTAQUE n.f.
1/ L'angle d'attaque est celui que doit former un outil coupant avec le plan de la pièce qu'il doit mordre, pour obtenir le meilleur résultat.
2/ Manifestation d'une corrosion, d'une érosion, d'une abrasion, etc., sur un matériau ou un ouvrage.

astragales (A)

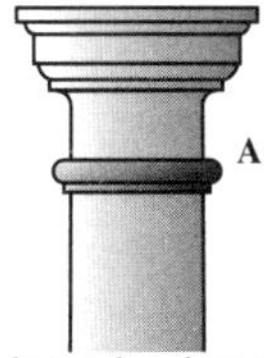

bague de colonne en astragale

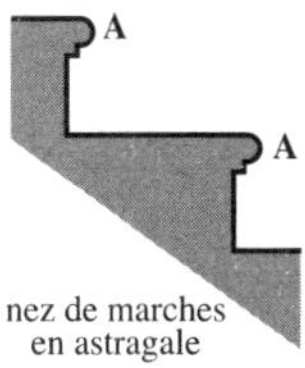

nez de marches en astragale

alaise en astragale

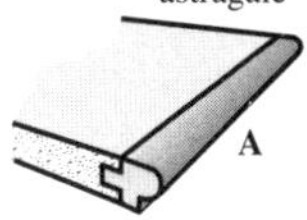

ATTELLE n.f.
Poignée ou pince de bois comportant deux gorges semi-cylindriques, utilisée pour tenir les fers de soudure en plomberie et en zinguerie.

ATTENTE n.f.
1/MAÇONN.: pierre d'un mur disposée en saillie de façon à servir de liaison avec une maçonnerie à venir.
Les pierres des arrachements* ou des harpages* de refend sont des pierres d'attente.

Le ***lit d'attente***, ou ***face d'attente*** d'un bloc, d'une pierre... désigne leur face horizontale supérieure.

Les ***fers d'armature en attente*** ou ***aciers en attente*** sont ceux que l'on laisse dépasser d'un ouvrage en vue d'une liaison ultérieure.

2/MENUIS.: entablement* au-dessus des guichets* des grandes portes et des portails en bois.

ATTÉNUATEUR n.m.
Dispositif qui réduit la propagation des sons émis par un équipement bruyant: par ex., un capot garni d'isolant phonique, ou un système de chicanes aux orifices d'une ventilation.

ATTÉNUÉ adj.
1/ Qualifie un parti architectural qui offre peu de contrastes visuels.
Opp.: *accentué*.
2/ Qualifie une couleur à laquelle on a enlevé de la vivacité, en général par adjonction de blanc.

ATTICURGE adj.
En forme d'attique*, disposé en retrait. Qualifie une porte à jambages inclinés, rétrécie de bas en haut.

ATTIQUE n.m.
Étage supérieur d'un édifice, construit en retrait et en général de façon plus légère. Amortissement* qui règne au-dessus de la façade, tel qu'une balustrade* ou un acrotère*.

ATTRIBUT n.m. (en gén. au pl.)
Représentation stylisée et ornementale des accessoires et outils caractéristiques d'un art, d'une science...
L'application d'attributs sur les édifices indique leur destination.

ATTRITION n.f.
Légère usure par frottement des sables et granulats secs les uns contre les autres, lors des manipulations.

AUBETTE n.f.
Édicule* destiné à protéger des intempéries les usagers des autobus et autocars pendant leur attente (se dit surtout dans le Nord de la France).
Syn.: *abri, abribus*.

augets (A)
en plâtras, entre les solives des planchers en bois

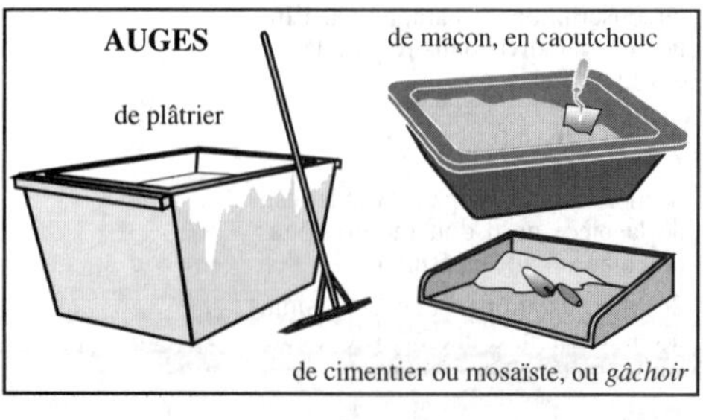

AUBIER n.m.
Région externe du bois* correspondant aux couches récentes. V. Bois.

AUDIOMÈTRE n.m.
Appareil normalisé utilisé pour les mesures acoustiques* (V. ce mot).

AUGE n.f.
Bac rectangulaire, récipient évasé dans lequel on prépare les mortiers ; syn.:*gamate*.

AUGÉE n.f.
Contenu d'une auge. Mélange préparé en une fois dans une auge.

AUGET n.m.
1/ Petit entonnoir en plâtre établi au droit du joint des blocs de pierre, pour faciliter l'introduction des coulis de plâtre de jointoiement.

2/ Garnissage en plâtre entre les solives des planchers anciens (V.ill pege ci-contre).

3/ Scellement en plâtre d'une lambourde sur une dalle de béton.

AUSSIÈRE ou **HAUSSIÈRE** n.f.
Nom parfois donné, dans le bâtiment, à une corde de hâlage.

AUTOBLOQUANT adj.
Qualifie tout pavé* moulé en béton ou brique pour les revêtements de sols dont la forme est telle qu'il s'associe à ses voisins de forme complémentaire, ce qui facilite la pose et améliore la cohésion.

AUTOCLAVE adj. et n.m.
Volume clos et étanche dans lequel les matériaux sont traités sous pression à haute température, soit en ambiance sèche, soit à la vapeur. Matériau traité : *plâtre autoclave*.

AUTOEXTINGUIBLE adj.
Se dit parfois de matériaux qui, bien qu'inflammables, n'alimentent pas le feu, et dont sa combustion cesse si elle n'est pas entretenue.

AUTOGÈNE adj.
Qualifie la soudure* de deux pièces d'un même métal qui est faite par fusion à haute température (3.000°C) au chalumeau oxyacétylénique, avec ou sans métal d'apport*.

AUTOLAVABLE
ou **AUTOLAVEUR** adj. Qualifie un revêtement qui a peu tendance à l'encrassement, du fait de sa texture lisse et peu poreuse : grès-cérame, panneaux et vêtures en métal laqué, etc.

AUTOLISSANT adj.
Se dit des enduits* de ragréage* ou de *lissage* des sols, qui ont pour particularité de se répartir facilement, à la lisseuse* (ou même au balai), puis de se tendre en corrigeant, par fluage, les inégalités (ou "sardines") laissées par l'outil d'étalement.
V. aussi Autonivelant.

AUTOMATE n.m.
Système autonome de gestion automatique de commandes d'équipements ou de machines.

On appelle ***automate programmable*** le système de gestion d'un ensemble de commandes dépendant les unes des autres et devant s'enchaîner suivant des critères programmés.

AUTOMATISATION
ou **AUTOMATION** n.f.
Mise en œuvre de systèmes de fonctionnement automatique qui dispensent des interventions humaines.

AUTONIVELANT
ou **AUTONIVELABLE** adj.
Se dit de mortiers fluides pour sols qui, sans être vraiment autolissants*, sont étendus par simple passage d'une taloche ou d'une règle.

AUTOPLAÇANT adj.
Qualifie un béton* de fibres ou un mortier spécial mis en place à la pompe, et formulé pour s'étaler et se répartir de lui-même.

AUTOPORTANT
ou **AUTOPORTEUR** adj.
Se dit d'une structure dont la seule forme suffit à assurer sa stabilité.

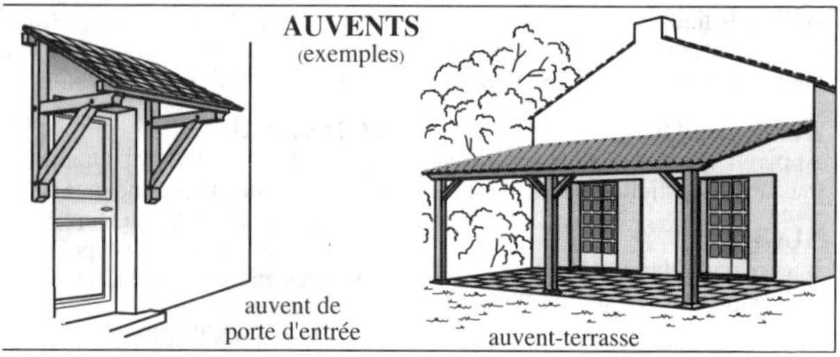

AUTOPROTECTION n.f.
Matériau associé ou incorporé à la surface d'une étanchéité*, pour la protéger contre les rayonnements solaires directs et les poinçonnements (circulation de piétons, entretien).

Les autoprotections courantes sont soit des granulats collés, soit des feuilles métalliques minces.

AUTOPROTÉGÉ adj.
Qualifie un revêtement d'étanchéité fourni avec son autoprotection.

AUTORÉDUCTION n.f.
Transformation de la mesure topographique d'une pente, en mesure horizontale, avec un tachéomètre* *autoréducteur*, par la visée de deux points d'une même mire verticale.

AUVENT n.m.
Petit toit en surplomb, en général à un seul pan, en saillie sur un mur, souvent au-dessus d'une baie, d'une boutique, etc. (V.ill). Composé d'une structure vitrée, c'est une *marquise**.

AVAL n.m.
Dans la distribution d'électricité, de fluides..., est ***en aval*** d'un point de référence ce qui est entre ce point et les appareils auxquels aboutissent les conduits ou conducteurs (prises, chaudières, etc.) ; opp.: *amont**.

AVALÈNE (marque comm.)
Matière plastique rigide, très résistante, utilisée dans la fabrication de tuyaux, descentes d'eaux pluviales, chutes d'eaux usées, manchons, etc.

AVALOIR n.m.
1/ Volume trapézoïdal qui relie le foyer* et le conduit de fumée d'une cheminée*. Sa hauteur avoisine celle du foyer ; il est le siège des turbulences liées au rétrécissement des sections et à l'orientation oblique vers le conduit. Syn.: *chambre à fumée.*

Un ***avaloir antirefoulant*** comporte une prise d'air périphérique et un cône intérieur qui évitent les effets d'une insuffisance de tirage.

2/ Petit puits de communication entre une bouche d'évacuation d'eaux pluviales et l'égout sous-jacent.

AVANCÉE n.f.
Élément en saillie par rapport à un nu* de référence : avancée de toit, de bâtiment... Syn.: *avant-corps.*
Opp.: *renfoncement, reculement.*

AVANCEMENT n.m.
Progression d'un ouvrage en cours.

-***A l'avancement*** : se dit d'une action qui a lieu au fur et à mesure de la progression de l'ouvrage principal.

AVANT-CORPS n.m. invar.
Toute partie de bâtiment ou membre d'architecture formant saillie sur une façade. Syn.: *avancée, avancement.*

AVANT-FOYER n.m.
Dallage de pierre, marbre, etc. en avant de l'âtre* d'une cheminée.

AVANT-MÉTRÉ n.m.
Premier devis estimatif de travaux prévus, donnant une idée approximative du montant des dépenses.

AVANT-PORTE n.f.
Lorsqu'une entrée de bâtiment comporte une double porte, l'avant-porte est la porte extérieure, ou porte hors-œuvre, par opposition à la porte intérieure, dans-œuvre.

AVANT-PROJET n.m.
Dossier préalable à l'établissement d'un projet définitif et des plans d'exécution. Un avant-projet comporte deux niveaux d'élaboration :
• l'*avant-projet sommaire* (**APS**)
• et l'*avant-projet détaillé* (**APD**).

AVANT-SOLIER n.m.
Ensemble des corbeaux* et de la sablière* supportant une partie de construction en encorbellement*.

AVANT-TOIT n.m.
Ensemble des parties d'un toit* qui sont en saillie, en surplomb par rapport au nu* de la façade.

AVANT-TROU n.m.
Trou percé à la vrille ou au foret dans un matériau avant d'y introduire une vis, pour en faciliter la mise en place, et éviter l'éclatement du matériau.

AVENANT n.m.
Document modifiant certaines clauses d'un marché* ou d'un contrat.

AVERTISSEUR n.m.
Élément sonore d'une alarme.
Le ***grillage avertisseur*** est un grillage ou filet plastique de couleur, déroulé au-dessus de canalisations ou de câbles enterrés, pour prévenir de leur présence et éviter de les endommager lors de terrassements ultérieurs.
Principales couleurs conventionnelles et normalisées :
• *bleu* pour les canalisations d'eau,
• *rouge* pour l'électricité,
• *vert* pour les télécommunications,
• *jaune* pour le gaz et l'air comprimé.

AVEUGLE adj.
Se dit d'un mur sans ouvertures (*pignon aveugle*), d'une baie dont le fond est muré, ou d'ouvertures simulées (*arcature* aveugle*).

AVEUGLER v.tr. Supprimer, obturer les ouvertures d'un mur.

AVIS TECHNIQUE n.m.
Document officiel français de constat d'aptitudes relatif à un procédé, matériau, élément ou équipement de construction, en application de l'arrêté du 2 déc.1969. Il est établi à la demande du fabricant ou de l'importateur (le «demandeur») lorsque la technique ou le produit concerné est trop récent ou trop innovant pour avoir fait l'objet d'une normalisation, ou être intégré dans un Document Technique Unifié (DTU)*.L'Avis Technique est élaboré par un des 14 Groupes Spécialisés de la Commission des Avis Techniques, dont le secrétariat est assuré par le CSTB*.

AVIVÉ n.m. et adj.
Désigne toute pièce de débit des bois* d'œuvre, brute de sciage, de section carrée ou rectangulaire, ne présentant que des arêtes vives : madriers, bastaings, chevrons, lambourdes, etc.

AVIVER v.tr.
1/CHARP.-MENUIS.: tailler une poutre ou une pièce de bois de façon à lui donner des arêtes franches.
2/PLOMB.: décaper par abrasion la surface d'une pièce en plomb avant de la souder.
3/ Donner du lustre ou de l'éclat à un marbre, à un métal, à un ouvrage de dorure.

AVIVOIR n.m.
Outil des doreurs et des peintres pour étaler ou rénover la dorure.

AVOYER v.tr.
Donner de la voie* à la denture d'une lame de scie*, c'est-à-dire incliner ses dents alternativement de part et d'autre de son axe.
V. détails à Voie et à Scie.

AXE n.m.
Ligne fictive de symétrie (axe de balancement) ou de direction principale d'un ensemble architectural ou de sa représentation graphique.

AXONOMÉTRIE n.f.
Représentation des 3 dimensions orthogonales, associant en un même dessin le plan, l'élévation et la coupe ; chacun des trois est dessiné suivant un axe formant un angle avec les axes des deux autres. Une axonométrie est ***isométrique*** si les 3 angles sont égaux (soit chacun 120°).
Elle est ***dimétrique*** si 2 angles seulement sont égaux, et ***trimétrique*** si ses 3 angles sont différents.
Qu'elle soit dimétrique ou trimétrique, elle peut être composée à partir d'une portion de plan non déformé, comme le montre l'exemple trimétrique ci-dessous, comportant un angle à 90°.

AZULEJO n.m.
Carreau de faïence émaillée, en général de couleur bleue, d'origine espagnole et arabe.

AXONOMÉTRIE

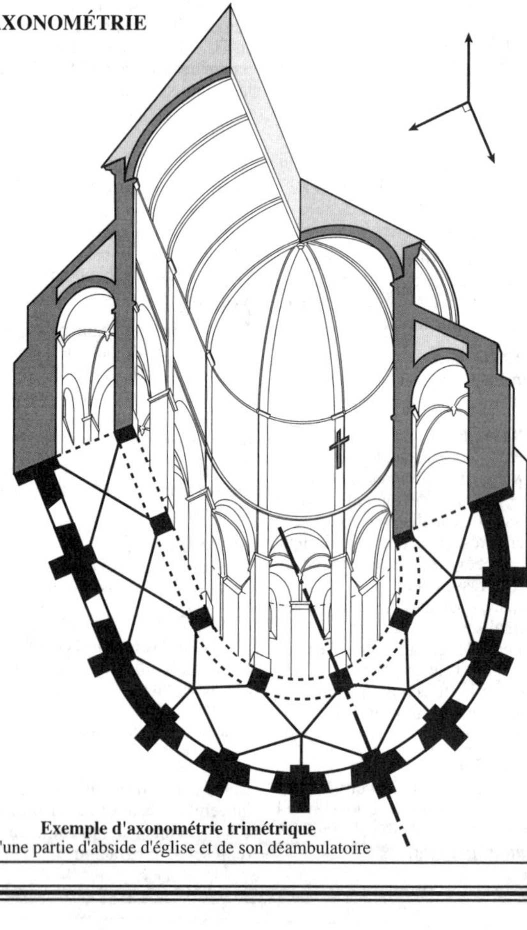

Exemple d'axonométrie trimétrique
d'une partie d'abside d'église et de son déambulatoire

B

B
1/ Anciens coefficients (B et BV) des Besoins* de chauffage.
2/ÉLECTR.: symbole de l'induction* électromagnétique.
•**B1** Ce code conventionnel désigne, en électricité, la tension de 220 volts entre phases du réseau public en basse tension.
•**B2** Code analogue désignant la tension de 220/380 volts (courant triphasé), soit 220 volts entre le neutre et chacune des phases. Le ***faux B2*** est un circuit monophasé équivalant à un circuit B1 sans neutre.

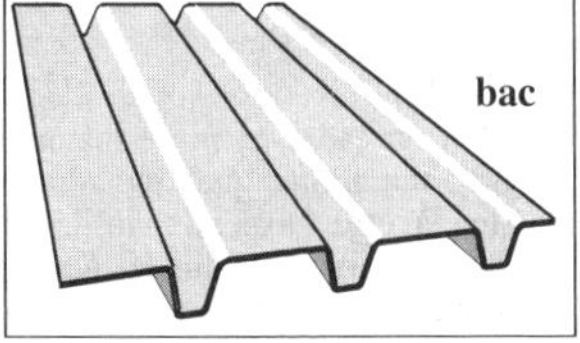

BAC n.m.
Récipient rigide, en forme d'auge peu profonde.
-***Bac acier*** : panneau de tôle d'acier rigidifié par des plis et contreplis, ou de fortes ondulations, auquel on peut faire porter des charges telles qu'une dalle de béton de plancher* ou de toiture-terrasse, dont il constitue souvent le coffrage* perdu.

-***Bac autoportant*** ou ***autoporteur***, pour couverture : panneau nervuré, qui peut être en tôle d'acier galvanisé, en tôle d'aluminium, en fibres-ciment, en béton ou en plastique armé translucide.

Ce support de couverture, qui convient même pour des faibles pentes, peut être long (jusqu'à 16 m) ; les bacs ont en commun d'être rigidifiés par de fortes nervures ou ondulations. Les bacs sont juxtaposés par emboîtement latéral et/ou recouvrement, entre les pannes ou lignes d'appui, et fixés, selon les cas, par divers systèmes de pattes, brides, etc.

-***Bac décolloïdeur*** : dispositif d'assainissement, chargé de retenir les matières en suspension dans l'eau. C'est un caisson étanche, fermé par tampon*, dans lequel les eaux doivent traverser un élément filtrant minéral (mâchefer, pouzzolane) qui doit être remplacé périodiquement.

-***Bac à douche*** : V. Receveur.

-***Bac à graisse***, ou ***bac dégraisseur*** : désigne parfois la *boîte* à graisse* (V.ill. à ce mot).

BÂCHAGE n.m.
Couverture ou protection, en général provisoire, faite avec une bâche.

BÂCHE n.f.
1/ Réservoir d'eau sur chantier.

2/ Toile résistante et imperméable, ou feuille de polyéthylène, utilisée pour abriter les bâtiments découverts, fermer les échafaudages de nettoyage des façades...

-***Bâche d'alimentation*** : réservoir d'alimentation en eau des installations importantes de chauffage central collectif.

BÂCHER v.tr.
Recouvrir, protéger avec une bâche.

BACKHOE n.f. (anglicisme)
Pelle hydraulique à godet, à préhension par recul vers l'engin de terrassement sur lequel elle est montée. Syn.: *rétro-caveuse, pelle-rétro.*

BÂCLE n.f.
Barre en bois ou en métal disposée en travers des volets, portes ou fenêtres pour les maintenir bien fermés.
D'où ***bâcler***, au sens propre : fermer au moyen d'une bâcle. Syn.: *barre.*

BACTÉRICIDE adj.
Se dit de tout agent ou adjuvant destiné à réduire ou à empêcher la prolifération de bactéries, dans les colles, les peintures, etc.

BACULA ou **BACCULA** n.m.
Lattis de fines baguettes de bois ou *canisse** de roseaux fendus, assemblés en claies par des fils de fer galvanisé. Cloué sous les solives* d'un plancher* de bois, le bacula constitue l'armature* la plus traditionnelle des enduits de plâtre en plafond ; syn.: *lattis mécanique.* Par extension, le *bacula* désigne aussi l'ouvrage de plafonnage en plâtre, armé avec ce type de lattis. Aujourd'hui, on utilise des grillages ou treillis* de métal galvanisé, ou de métal* déployé.

BADIGEON n.m.
Dilution de chaux* éteinte (*lait* de chaux, ou *blanc* de chaux) avec un peu d'alun* et un corps gras (suif, térébenthine...). Le badigeon sert encore comme peinture de finition extérieure des maçonneries, dans certaines régions. Son coût est faible, mais son farinage* et sa desquamation* rendent nécessaire une réfection périodique. L'application est fréquente aussi en intérieur, dans les locaux d'élevage, où il détruit la vermine.

Par déformation, le badigeon désigne toute application grossière faite à la brosse ; ainsi, un ***badigeon hydrofuge*** est un produit bitumineux fluide appliqué sur des parois de soubassement destinées à être enterrées.

BADIGEONNAGE n.m.
Application d'un badigeon.

BADIGEONNER v.tr.
Appliquer à la brosse un badigeon, et, par extension, tout revêtement liquide.

BAFFLE n.m.
Caisson ou cadre garni de matériau absorbant* acoustique, en général destiné à être suspendu au-dessus des sources sonores dans les ateliers industriels, magasins...

BAGUE n.f.
De façon générale, anneau saillant qui ceinture un corps cylindrique. Moulure plate autour du fût d'une colonne*.

-***Bague de jointoiement*** : façon de joint annulaire en béton, armé ou non, réalisé *in situ* sur des conduites en tuyaux préfabriqués disposés bout à bout.

-***Bague de collier*** : renflement circulaire en tête de chaque élément tubulaire de descente* de gouttière*, reposant sur un collier scellé dans la maçonnerie.

-***Bague de paumelle*** : rondelle de laiton disposée à la base de la fiche* des paumelles* pour faciliter le pivotement, ou rapportée pour corriger la hauteur de l'ouvrant*.

BAGUETTE n.f.
Élément profilé, de faible section.

1/ARCHIT.: petite moulure* d'ornement, de forme semi-cylindrique (sa section est un segment ou un quartier de cercle). Plus grosse, c'est un *tore** ou un *boudin**. V. Moulures.

2/ÉLECTR.: moulure* profilée dans laquelle on enferme les fils électriques, sous un couvre-baguette, ou un couvercle.

3/MAÇONN.: le ***montage à la baguette*** d'un mur de briques, ou d'un placage de briquettes de parement, consiste à placer une réglette en bois sur le lit de chaque assise, le long du parement, pour à réaliser des joints horizontaux parfaitement alignés.

4/MENUIS.: la ***baguette d'angle*** a pour section les 3/4 d'un cercle; on l'utilise surtout pour protéger les arêtes de murs et la périphérie des ébrasements* de baies (V.ill).

La ***demi-baguette***, à face demi-cylindrique, est utilisée pour masquer les joints, en particulier à la jonction des huisseries et des murs.

5/VITR.: profilé en plomb en forme de H, dans les rainures duquel sont serties les verres d'un vitrail.

BAHUT n.m.
Mur bas qui porte une grille de clôture, la colonnade d'un cloître, etc. Souvent, désigne seulement l'assise supérieure d'un muret dont le haut a un profil bombé : *chaperon en bahut* (V.ill). Dans les édifices anciens, muret qui règne à l'arrière des chéneaux et porte une sablière de charpente.

(mur-) **bahut**

BAIE n.f.
(V.ill. page suivante)
Toute ouverture pratiquée dans un mur ou un toit, servant au passage ou à l'éclairage des locaux.
Une baie est encadrée :
- en bas, par le seuil*, ou l'appui*;
- en haut, par un linteau*, une plate-bande* ou un arc*, dont la face inférieure est la voussure* (de linteau), ou l'intrados* (de l'arc) ;
- sur les côtés : à l'extérieur, par des tableaux* (retour des jambages*) ou piédroits* ; à l'intérieur, par des ébrasements*.

BAIGNOIRE n.f.
Appareil sanitaire composé d'une *cuve* limitée par des rebords ou *gorges* ; la

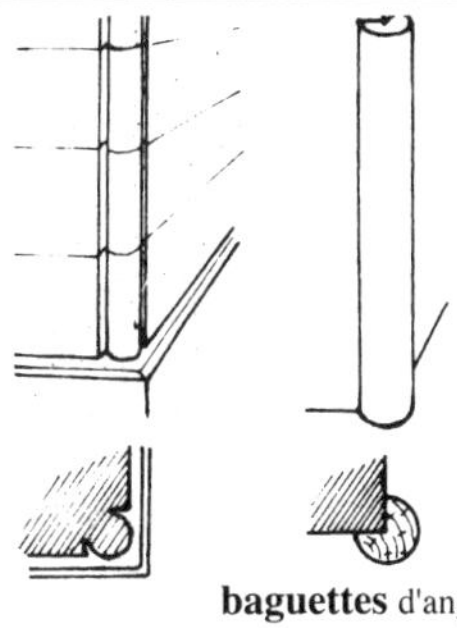
baguettes d'angle

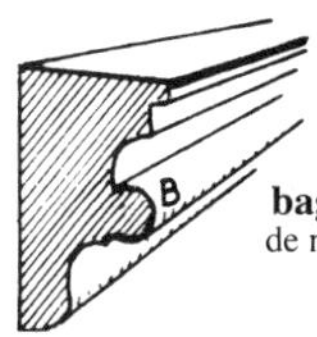

baguette de moulure

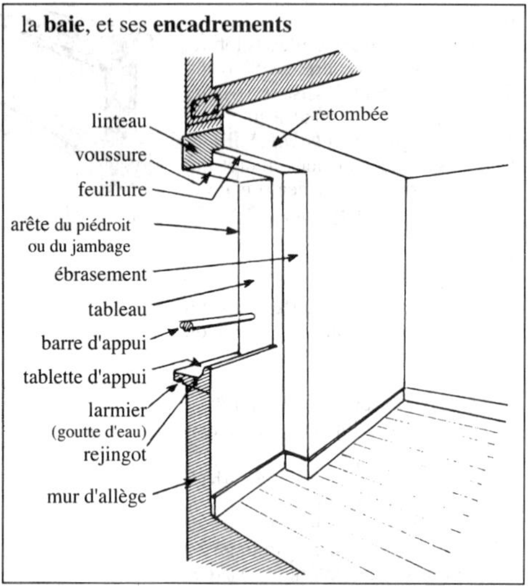

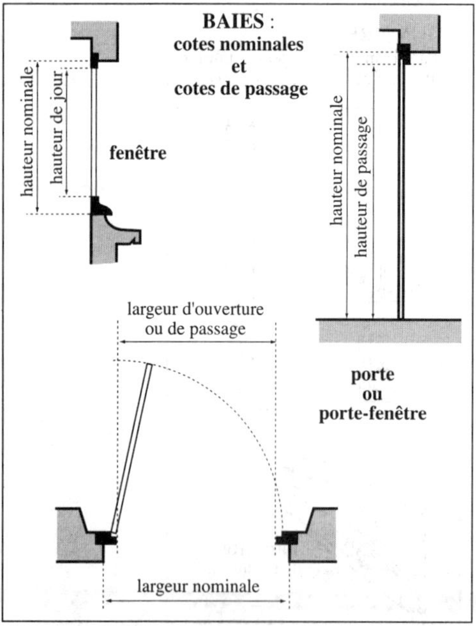

présence d'une baignoire dans une salle d'eau en fait une *salle de bains*. En fonte, en tôle d'acier émaillée, ou en matière plastique moulée, les baignoires contiennent en général de 150 à 250 l d'eau.

Les baignoires courtes en forme de siège sont dites ***baignoire-sabot*** ou ***baignoire-fauteuil***.

Certains fabricants proposent des ***baignoires à remous*** et à massage par l'eau, sur le principe de la balnéothérapie, équipées d'un dispositif de propulsion par pompe en circuit fermé, vers des buses disséminées dans la cuve de la baignoire.

BAIN (de mortier) n.m.
Mortier d'assise des pierres, moellons, briques, pavés, etc.

La pose des carrelages et dallages de sol ***à bain de mortier*** désigne le mode de pose traditionnel avec un lit de mortier épais d'environ 2 cm (lui-même sur un lit de sable de désolidarisation). C'est la *pose scellée*, aussi dite ***à bain soufflant*** (lorsque le lit de mortier est saupoudré de ciment), par opposition à la *pose collée* qui fait appel à des mortiers adhésifs spéciaux, utilisés en lits minces (mortiers-colles*).
La pose des vitrages* ***à bain de mastic*** implique le garnissage préalable des feuillures* au mastic, de sorte que les vitres ne puissent être au contact direct de ces feuillures.

BAJOUE n.f.
Désigne parfois une maçonnerie inclinée, en parement d'un talus, d'un soutènement, d'une berge, etc.

BAKÉLISATION n.f.
Traitement par imprégnation de bakélite : ***bois bakélisé***.

BAKÉLITE n.f.
Résine* phénolique thermodurcissable*; résistant à l'humidité, elle est utilisée en imprégnation et en collage des bois et contre-plaqués* pour l'extérieur ; en électricité, elle est utilisée pour ses propriétés isolantes et sa résistance à la chaleur.

BALANCELLE n.f.
Plate-forme à garde-corps d'un échafaudage* volant, suspendue à des élingues* ou cordages par des treuils à manivelle.

BALANCEMENT n.m.
Répartition harmonieuse de la diminution de largeur des collets* des marches* dansantes* d'un escalier*, avant et après un changement de direction de la volée* d'escalier, évitant un changement brusque de direction dans la succession des marches. Un balancement doit être tel que le giron* des marches, au niveau de la ligne de foulée*, reste constant.
Chaque marche concernée qui n'est pas *droite*, est dite *balancée,* ou *dansante*.

BALANCER v.tr.
1/ Répartir les marches d'un tournant d'escalier par balancement : *escalier balancé.*
2/ Équilibrer visuellement un ensemble décoratif, un bâtiment, etc., suivant une symétrie ou un rythme* harmonieux.

BALATUM n.m.
Ancienne marque de revêtement de sol plastique, en lés, à base de mousse de caoutchouc synthétique.

BALCON n.m.
1/ Plate-forme à hauteur de plancher, formant saillie sur une façade, et fermée par une balustrade* ou un garde-corps*. Contrairement à une terrasse ou à un perron*, un balcon n'est normalement accessible que par l'intérieur du bâtiment. C'est un ***balcon-terrasse*** s'il sert de toiture à des locaux de l'étage inférieur.
NB- La saillie des balcons sur le nu de la façade est souvent limitée à 0,80 m.; leur établissement en surplomb du domaine public est rarement autorisé à moins de 4,50 m du sol.
V. aussi Servitudes de vue.
2/ Par extension, le mot ***balcon*** désigne aussi les ouvrages d'appui* en bois ou en ferronnerie qui ferment, du côté du vide, les balcons et les terrasses, mais aussi les baies ordinaires : le balcon peut alors être une barre d'appui*, un garde-corps*, un garde-fou*.

BALCONNET n.m.
Garde-corps surmontant une allège* basse, ou balcon à très petite plate-forme.

BALEINE n.f.
Tige ronde cintrée emmanchée dans une poignée, ou sorte de gouge* légèrement courbée, avec laquelle les maçons creusent des joints* étroits en

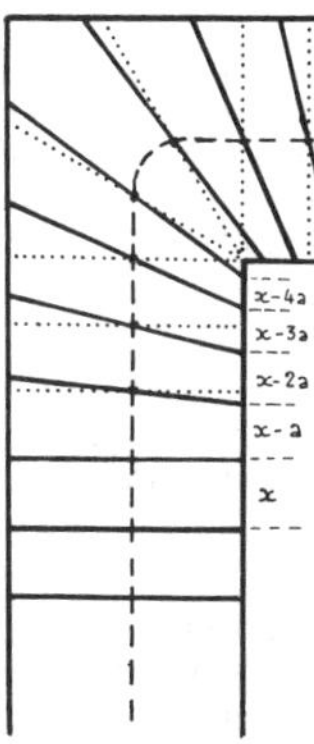

balancement
d'une volée
d'escalier

balcon

Important : la construction de balcons en béton armé fait l'objet de règles strictes (V. DTU). En particulier, à l'armature de la partie saillante du balcon doit correspondre une armature de profondeur au moins égale, ancrée dans la dalle du plancher.

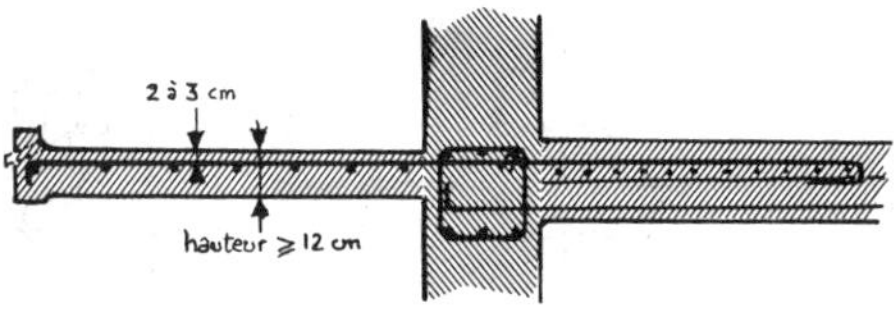

gorge dans les enduits de parement, avant durcissement.

BALÈVRE n.f.
1/ Saillie*, ressaut* ou désaffleurement*, sur le parement des bétons, des pierres, ou du bois. Sur le béton, les balèvres proviennent de coulures, ou de décalages des raccords de banches*. Elles sont abattues avant le ragréage* du béton, ou lors du ravalement* de la pierre ; sur les pièces de bois, elles sont rabotées.

2/ Pierre, moellon ou brique volontairement disposés en saillie, dans un but décoratif (V.ill) ; se dit aussi des claveaux* formant saillie sur l'intrados* d'un arc*.

BALISAGE n.m.
Ensemble d'équipements de signalisation et d'éclairage de sécurité qui indiquent les issues ou les itinéraires à suivre pour évacuer rapidement un bâtiment. L'alimentation électrique d'un balisage doit toujours être indépendante (d'où son nom de *bloc* autonome*), et fonctionner sur batteries rechargeables.

BALIVEAU n.m.
Perche* de support d'échafaudage*. Syn.: *échasse**, *écoperche*.

balèvres

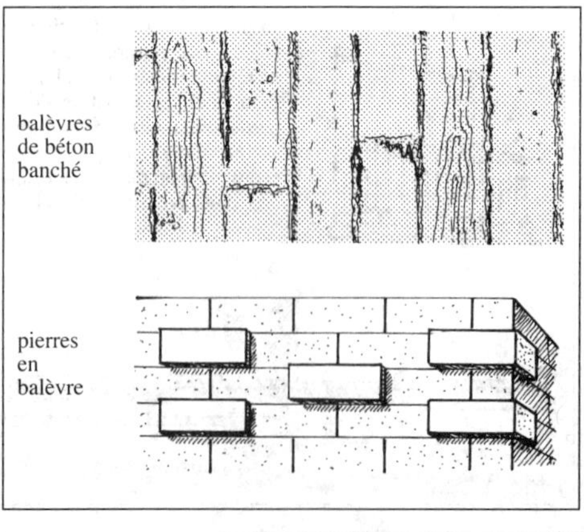

BALLAST n.m.
1/ÉLECTR.: Élément de régulation et stabilisateur de la production d'arcs électriques dans un tube* d'éclairage fluorescent ; les ballasts classiques (inductifs ou capacitifs) sont aujourd'hui remplacés par des ballasts électroniques, plus petits.

2/TRAV.PUBL.: granulats concassés durs, utilisés pour réaliser des remblais perméables.

BALLASTER v.tr.
Garnir de ballast.

BALLASTIÈRE n.f. Carrière de granulats et de sable.

BALLON n.m.
Réservoir d'eau chaude domestique chauffée par accumulation*: le ballon est un volume clos, thermiquement isolé, dans lequel la masse d'eau est chauffée lentement par un thermoplongeur* à résistance électrique, ou par un serpentin* échangeur* immergé parcouru par l'eau chaude ou la vapeur provenant d'un générateur d'eau chaude.

BALUSTRADE n.f.
Garde-corps* de protection contre la chute des personnes, le long des terrasses, balcons, escaliers (balustrade *rampante*), etc. La balustrade est composée d'un alignement de balustres* reposant sur un socle de pierre, et couronné par une *tablette* à hauteur d'appui (V.ill. page ci-contre).
Par extension, la balustrade désigne des garde-corps* et parapets ajourés en ferronnerie ou en menuiserie, surmontés d'une main-courante ou d'une rampe*.

BALUSTRE n.m.
Petit pilier ou colonnette, supportant un élément d'appui*, et dont la répétition compose une balustrade (V.ill).

BANC n.m.
Dans une carrière, le banc est une couche homogène délimitée par deux délits* plus ou moins horizontaux. Le ***banc-royal*** est celui qui fournit une qualité de pierre optimale.

Le ***banc-franc*** désigne une qualité de pierre calcaire très homogène, sans grain* apparent.

BANCHAGE n.m.
Mise en place de banches. Mode de construction par remplissage entre des banches.

BANCHE n.f.
Coffrage* formant le moule provisoire dans lequel on coule le béton* (*béton banché*), ou le pisé*.
La banche est composée d'une *peau coffrante*, paroi généralement lisse qui doit résister à la pression du matériau, et d'une ossature de raidissement et de contreventement*.

Les ***banches métalliques*** sont des panneaux de tôle d'acier rigidifiés par un contreventement de poutrelles. Pour les planchers, les banches horizontales sont des *tables*.

BANCHER v.tr.
Disposer des panneaux de coffrage pour y couler du béton.

BANCHÉE n.f.
Partie de mur ou d'ouvrage réalisée avec une même coulée de béton.

BANCHISTE n.m.
Spécialiste de la confection et de l'entretien des banches.

BANDE n.f.
De façon générale, tout accessoire ou membre* décoratif longiforme, plat, uni, et de largeur constante.

1/ARCHIT.: assise* peu épaisse, intercalée entre les assises courantes d'un mur en brique ou en pierre.
Moulure plate et peu saillante.
Large bague* plate, ouvragée ou non, ceinturant un fût de colonne.

La ***bande lombarde*** est une sorte d'arcature* aveugle et peu saillante sur une façade ; lorsqu'elle est divisée par des pilastres, la bande lombarde est dite aussi *lésène** (V.ill).

2/ACOUST.: la ***bande sonore*** est une famille de sons dont les fréquences comparables peuvent être regroupées: graves, médium, aigus, ultrasons, etc. sont des bandes sonores.

3/CARREL.: encadrement d'une surface carrelée par des carreaux ou dalles de nature distincte.

4/CHARP.: ***bande de trémie*** : barre rigide de métal, coudée à ses deux

bande lombarde (B)

balustrades et balustres

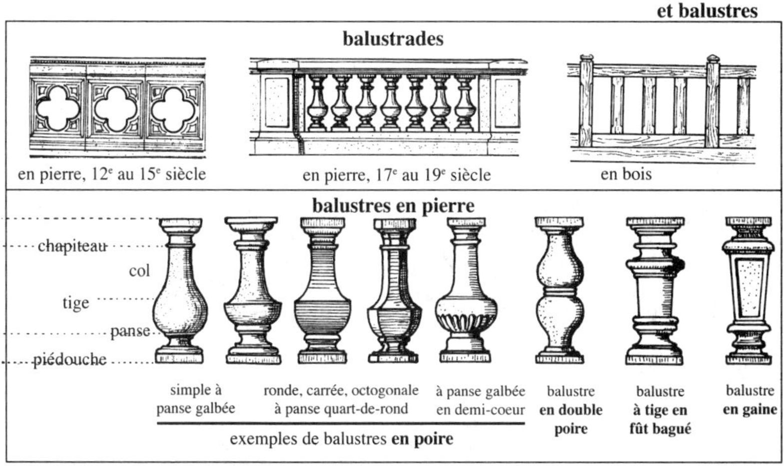

extrémités: elle repose à cheval sur deux solives d'enchevêtrure* de plancher, pour soutenir le bâti et l'âtre d'une cheminée*.

5/COUVERT.: tout ruban plat ou profilé, en plomb, en zinc... utilisé comme raccord d'étanchéité :
• ***bande d'astragale****: cornière placée sous un couvre-joint d'astragale, débordant sur le matériau de couverture, en rive ou en faîtage ;
• ***bande d'égout*** : bavette* guidant la projection de l'eau au-dessus d'une gouttière ou d'un chéneau ;
• ***bande de rive*** : ruban de tôle en parement d'un solin* de rive*, formant son égout* en surplomb d'un mur pignon* recouvert ;
• ***bande de solin*** : bande à encastrer par engravure* dans la maçonnerie des solins* et relevés d'étanchéité des toitures-terrasses*.
La ***bande noquère*** est un raccord de pénétration latérale de couverture à reliefs importants (tuiles à emboîtement ou plaques ondulées) ; elle forme un chéneau* encaissé, relevé sous le matériau de couverture.

6/ÉLECTR.: ***bande d'amorçage*** : électrode* auxiliaire disposée le long des tubes fluorescents* sans starter, pour obtenir un amorçage rapide, sans clignotements.

7/MAÇONN.: ***bande additionnelle*** : élément de coffrage qui complète une banche* pour lui donner la largeur voulue.

8/PEINT.: liseré en bordure d'un panneau, dans une couleur différente ; ***bande adhésive*** : ruban autocollant qui sert de masque*; ruban toilé de garnissage des fonds avant application de papiers peints.

9/PLÂTR.: ***bande résiliente*** : en matériau légèrement compressible et absorbant phonique, que l'on dispose à la périphérie des cloisons* intérieures pour limiter la transmission des bruits d'impact ;
• ***bande de joint*** : bande de papier traité et armé pour le jointoiement des plaques* de plâtre cartonnées ; on la noie dans l'enduit spécial pour joints.

10/PLOMB.: ***bande imprégnée*** : bande adhésive utilisée comme fourreau protecteur des tuyaux d'acier encastrés dans les maçonneries.

11/REVÊT.: ***bande de seuil*** : baguette métallique d'environ 3 cm de large, à profil bombé ; vissée ou collée au droit du seuil d'une porte, elle sert de couvre-joint aux revêtements de sols et protège leur bordure.
Syn.: *barre de seuil.*

12/VITR.: désigne divers joints extrudés, de section oblongue, à disposer à la périphérie des vitrages, entre la parclose* et la vitre.

13/URBAN.: les ***maisons en bande*** sont des maisons individuelles mitoyennes les unes des autres.

V. aussi : bande de trémie* (à ce mot).

bandeaux

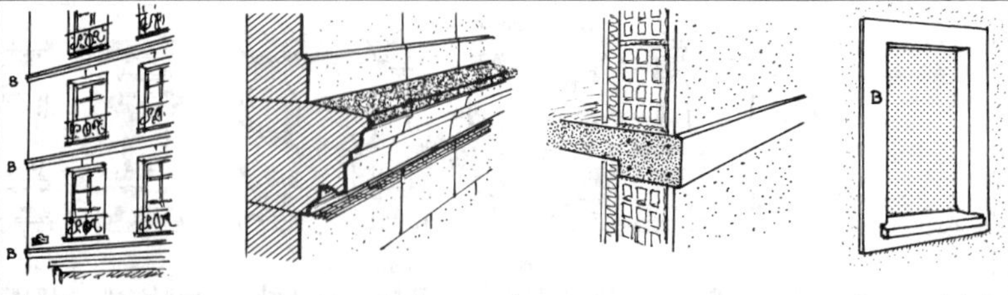

bandeaux de façade — bandeau de pierre protégé par une bavette — chaîne horizontale formant bandeau — encadrement de baie à bandeau tournant

BANDEAU n.m.
1/ARCHIT.: bande saillante, unie ou moulurée, règnant sur le pourtour d'un bâtiment. Disposés en général au droit des planchers, les bandeaux marquent visuellement la division des étages ; ils ont également une fonction de protection contre le ruissellement des eaux. Les bandeaux anciens étaient constitués soit d'une assise de pierre en saillie (V.ill. page ci-contre), soit en mortier de plâtre et de chaux tiré au calibre*. De nos jours, les bandeaux sont souvent faits d'un noyau* de béton enduit.

2/MAÇONN.: bande d'enduit plate et unie, légèrement en saillie sur le nu de la façade, marquant l'encadrement extérieur d'une baie.

3/MENUIS.: latte ou planche étroite rapportée le long d'une corniche*, d'un lambris*, etc.

BANDELETTE n.f.
1/ARCHIT.: fine moulure en saillie, à peu près aussi épaisse que large, en général associée à une autre moulure pour la souligner.

2/SERRUR.: bande métallique de fer méplat qui relie les barreaux d'une rampe, et sur laquelle on fixe la main courante en bois.

BANDER v.tr.
Dans la construction d'un arc* ou d'une voûte*, c'est tout à la fois assembler les claveaux* ou voussoirs* sur un cintre* de charpente, placer la clef, et resserrer les pierres avec des coins enfoncés dans les joints.

BANDAGE n.m. Mise en compression d'une voûte*, avant de retirer le cintre* qui a servi de support et de coffrage pour sa construction.

BANDEUR n.m.
Ouvrier plaquiste* chargé de la pose des bandes de calicot* des joints des plaques* de plâtre cartonné.

BANNE n.f.
Store en auvent* au-dessus de larges baies, façades de magasins, etc.
Leur disposition (hauteur, avancée sur la voie publique) est en général réglementée par les municipalités.

BANQUETTE n.f.
1/ Tablette de pierre qui couronne un mur d'appui*.

2/ En terrassement, c'est un étage intermédiaire ménagé dans les fouilles profondes, pour faciliter les accès et le déblaiement.

3/ Dans un égout, plate-forme de service, pour la circulation des ouvriers le long de la cunette*.

4/ Plate-forme horizontale ménagée à mi-pente ou au sommet d'un talus, pour conforter sa stabilité et faciliter la circulation des piétons.

5/ La ***banquette technique***, ou ***banquette sanitaire***, est un coffre d'allure horizontale qui, régnant le long d'un mur de salle d'eau ou de laboratoire, renferme les canalisations d'eau et évacuations, et contre lequel on établit les appareils sanitaires.

BAR n.m.
Unité* de pression du Système International, équivalant à 10^5 pascals (100.000 Pa), soit env. 1 kg/cm^2.

BARAQUE n.f.
Désignation familière des bâtiments légers et unités mobiles utilisés sur les chantiers comme abris*, bureaux, logements ou sanitaires.

BARBACANE n.f.
Orifice étroit et vertical ménagé dans un soutènement*, pour l'évacuation des eaux pluviales infiltrées (V.ill). V. aussi Chantepleure.

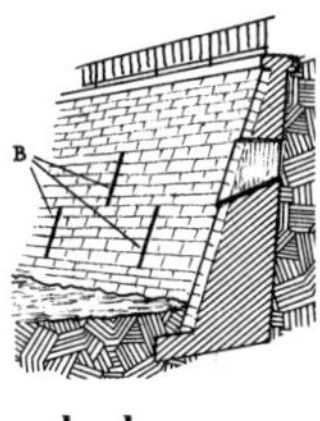

barbacanes

BARBE n.f.
1/CHARPENTE: façon de coupe et d'assemblage des bois de travers avec épaulements*, par une *double fausse coupe* ou *joint à barbe*, à tenon et à mortaise (V.ill).

2/SERRUR.: ergot saillant découpé dans la queue du pêne* d'une serrure*, sur lequel agit le panneton* de la clef pour faire avancer ou reculer ce pêne : il

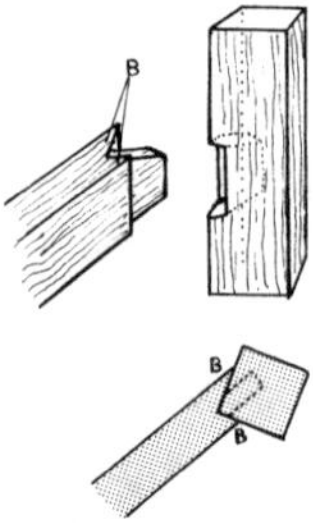

barbe
(joint en —)

y a autant de barbes que de tours de clef possibles.

3/ Bavure laissée par un usinage ou un raccord de moulage, et éliminée par *ébarbage**.

BARBOTINE n.f.
Mélange fluide de 50% de ciment et 50% d'eau, applicable à la brosse, utilisé en particulier pour améliorer l'adhérence d'une reprise de maçonnerie nouvelle sur une ancienne ; se dit aussi des mortiers fins utilisés en coulis*, à la raclette, pour jointoyer les carrelages.

BARD n.m.
Brancard porté par deux hommes, utilisé autrefois pour le transport à bras (*bardage*) des pierres et fardeaux.

BARDAGE n.m.
1/ Autrefois, transport à pied d'œuvre des matériaux et des pierres de taille avec le *bard*, leur levage et leur mise en place. Désignait aussi le calage de protection des pierres, avec des bouchons de paille, pendant le transport.

2/ Revêtement d'un mur extérieur réalisé avec des bardeaux*, ou avec tout autre matériau de couverture (V.ill).

BARDAGES
(exemples)

bardage d'ardoises
sur une ossature bois

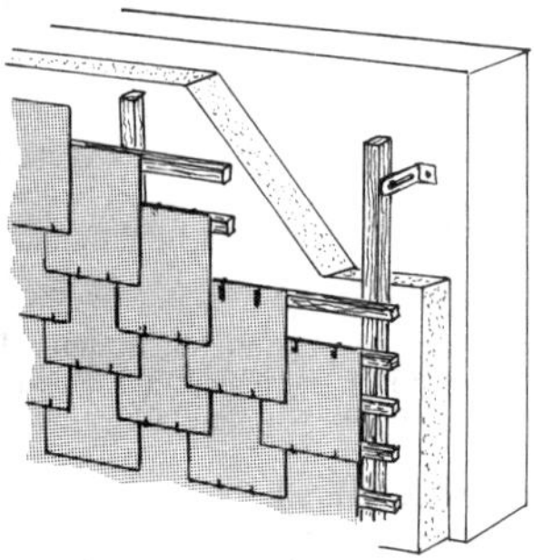

bardage isolant en plaques (ardoise, fibres-ciment...) sur rails métalliques

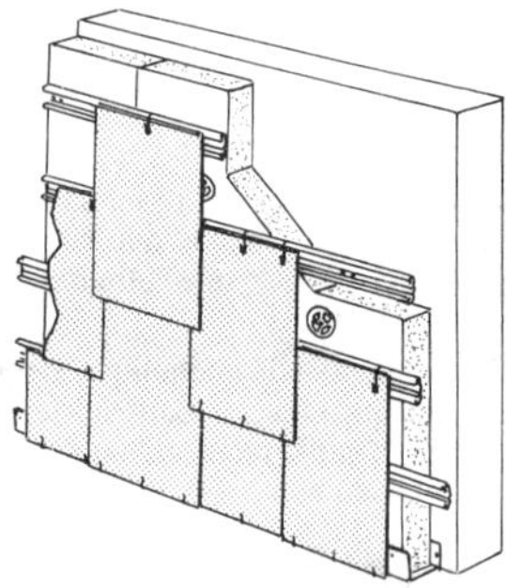

bardage en tôle double-peau
avec isolant intégré, sur une
ossature de poteaux métalliques

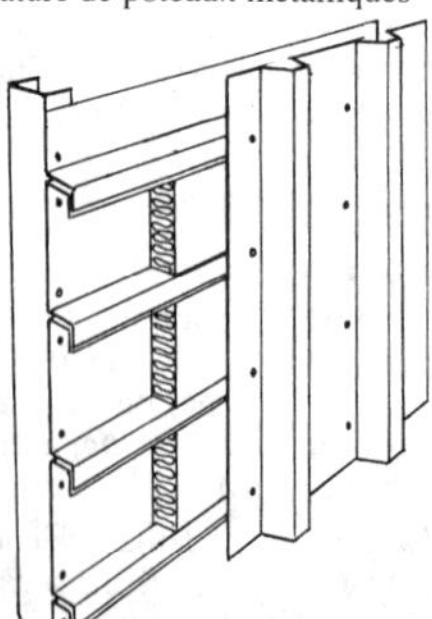

bardage de bois ventilé
sur ossature bois

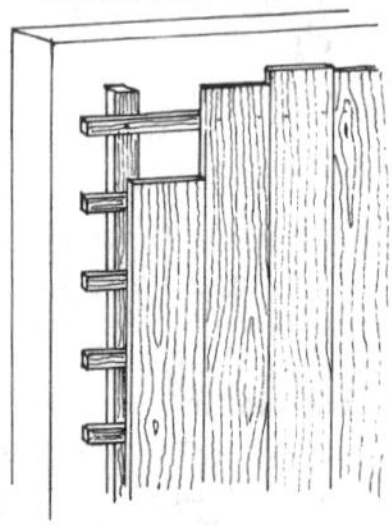

L'ossature verticale, fixée sur la paroi, est dite ***ossature primaire***, et l'ossature horizontale en tasseaux ou liteaux est dite ***ossature secondaire***.

Plus largement, le terme s'applique à tout revêtement de façade mis en place par fixation mécanique dans un plan distinct de celui du nu de la maçonnerie, avec une lame* d'air et/ ou un isolant thermique intermédiaire (c'est alors un ***bardage isolant***). On fait des bardages de clins*, de pierre (V. à Placage), d'ardoise, de plaques de fibre-ciment, de plaques céramiques, de tôle d'acier laquée, d'aluminium, de verre, etc.
Les procédés de bardage isolant sont très nombreux ; ils relèvent de la procédure d'Avis* Technique.

Bardage d'enduit : ouvrage formé d'un enduit de parement hydraulique monocouche* ou bicouche*, appliqué par projection sur un treillis ou un grillage d'armature associé à un pare-mortier* agrafé sur un chevronnage* de bois. Cette technique est utilisée sur les maisons* à ossature bois.

BARDEAU n.m.

1/CHARP.-MAÇONN.: dans les planchers* de bois anciens, les bardeaux sont des planchettes de bois grossières, mais jointives, posées perpendiculairement aux solives, soit sous les solives, soit entre celles-ci, sur tasseaux, pour constituer le support des augets* en plâtras ou de l'aire* d'un carrelage.
On utilise parfois des ***bardeaux de terre cuite*** en variante des hourdis*, pour les entrevous de planchers* à poutrelles préfabriquées.

2/COUVERT.: le bardeau désigne deux types d'éléments de couverture, aussi utilisés en bardage* de murs :

- les ***bardeaux de bois***, plaques de bois rectangulaires biseautées, parfois en écaille*, obtenues par fendage* de châtaignier, chêne, hêtre, sapin, cèdre...; en général, ils sont imprégnés de bitume. La longueur courante des bardeaux est de 61 cm (24 pouces).
Ils sont cloués à recouvrement sur lattis, voligeage ou panneaux de bois, comme des tuiles, mais avec interposition de lés horizontaux de feutre bitumé.
Ce type de couverture se rencontre surtout dans les régions de montagne, pour des pentes de toiture d'au moins 33%. Syn.: *ancelle, échandole, essanne, essente, tavaillon.*

- ***les bardeaux d'asphalte***, ou *bardeaux* ***bitumés***, ou ***canadiens***, aussi appelés "*shingles*": ces panneaux légers ont une armature (feutre de fibres, treillis de fibres, voile de verre), imprégnée et surfacée de bitume, et recouverte de

bardeaux de planchers

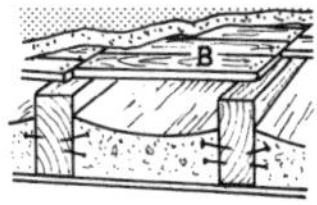

bardeaux-supports d'une aire carrelée.

bardeaux entre solives apparentes sous un parquet.

bardeaux de remplissage portant un auget, et formant support d'un plafond de plâtre à caissons.

bardeaux d'asphalte ou **bardeaux bitumeux**

composition du bardeau :

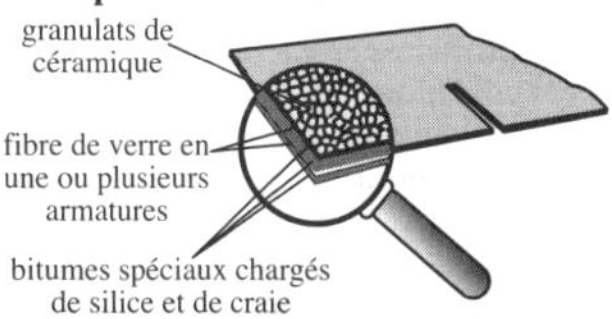

bardeau "3 jupes" :

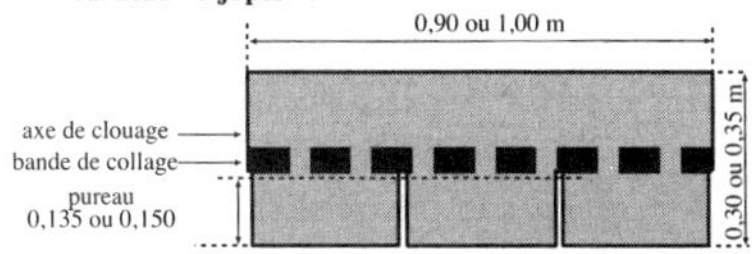

bardeaux en oeuvre, avec un des modes de faîtage, en zinc :

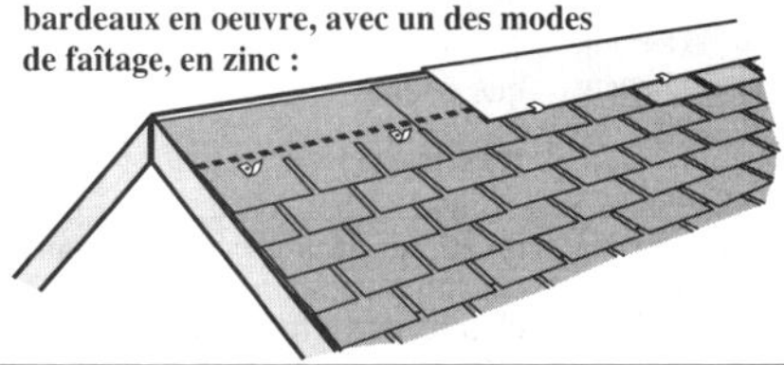

bardeau à 3 jupes "en écaille" :

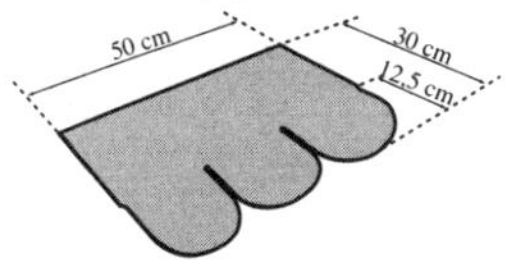

fins granulats naturels ou teintés.
Les plus courants ont 0,90 x 0,30 ou 0,33 m., et présentent une découpe en *jupes* correspondant à l'aspect de trois ardoises juxtaposées. Leur mise en œuvre, dite "pose à l'américaine", se fait par clouage ou agrafage pneumatique, juste au-dessus de leur ligne de pureau*, directement sur support en panneaux* jointifs de particules* pour l'extérieur. Sur certains bardeaux, des points adhésifs servent au maintien en partie basse, pour éviter les risques de soulèvement par grand vent.
Pour des pentes de plus de 20%, une sous-couche étanche est nécessaire, constituée de lés de *feutre bitumé* (type 22S) posés horizontalement à recouvrement. Au-dessus de 30%, cette sous-couche, posée dans le sens de la pente, n'est imposée que dans les régions à fort enneigement.
Ce matériau couvre la majorité des toits d'Amérique du Nord.

BARDELI ou **BARDELIS** n.m.
Façon de rive d'arêtier* de couverture en ardoises dont l'inclinaison, sur un versant, est inférieure à 35° ; elle consiste à placer un ou deux rangs d'ardoises, en recouvrement de la ligne d'arête. En couverture de tuiles* canal, le bardelis est une bande* d'égout métallique, engravée au pied des émergences*.

BARDER v.tr.
1/ Faire un ouvrage en bardage*.
2/ Transporter des matériaux pour les disposer à pied d'œuvre.

BARDEUR n.m.
Spécialiste, ou entreprise spécialisée dans le bardage des murs extérieurs.

BARDURE n.f. V
ariante du bardage* isolant extérieur, qui consiste à fixer mécaniquement un isolant sur le support mural en maçonnerie, et à rapporter, sur cet isolant, un parement manufacturé. Le parement est fixé sur l'isolant, dont la face externe a été traitée ou renforcée à cet effet.

BARILLET n.m.
Élément central, cylindrique, composant le mécanisme de commande d'un verrou de sûreté. V. Serrure.

BARLONG adj.
De forme allongée, plus ou moins rectangulaire sans être une forme géométrique définie.

BARLOTIÈRE n.f.
Tige métallique à feuillures, qui maintient les panneaux d'une verrière ou d'un vitrail.

BARRE n.f.
1/MAÇONN.: tige d'acier d'armature* du béton*, lorsqu'elle comporte des reliefs d'adhérence (par opp. aux *ronds à béton*) : *barre crénelée*, *barre nervurée*... (V. Armature).
2/MENUIS.: pièce de consolidation transversale de panneaux, barrières, portails, fermetures : ***barre de volet***, traverse horizontale, souvent associée à une écharpe*, qui solidarise les lames du volet, et empêche son affaissement ; ***barre de porte***, pièce de bois basculant sur un axe horizontal pour s'engager, en position fermée, dans des crampons coudés. Syn.: *bâcle**.
3/SERRUR.: ***barre d'appui***, pièce souvent recouverte d'une main courante, scellée à hauteur d'appui* entre les tableaux d'une fenêtre.
4/REVÊT-SOL : ***barre de seuil***, ou *bande* de seuil*, barre méplate de métal à profil légèrement bombé, fixée au sol au droit des portes, pour masquer le joint des revêtements et protéger leur bordure.
6/TERRASS.: ***barre à mine***, longue et forte tige d'acier, qui sert de levier pour déplacer des blocs de pierre, et d'outil de creusement de trous.
7/URBAN.: immeuble parallélépipédique d'allure horizontale allongée.

BARREAU n.m.
Tringle de bois ou de métal dont la répétition dans un cadre ou un bâti constitue une barrière, une grille de clôture, une rampe*, un balcon, etc.

En serrurerie, on distingue le ***barreau de battement***, barreau d'un vantail de grille sur lequel est fixée la serrure du vantail, et le ***barreau de cotière*** (ou *cottière*), barreau sur lequel sont fixés les gonds.

BARREAUDAGE n.m.

1/ Ensemble des balustres* ou barreaux d'une rampe, d'un balcon, etc.

2/ Ouvrage de défense des ouvertures contre les effractions ; il est en général fait de barreaux verticaux assemblés par des traverses horizontales. Les traverses et/ou les barreaux sont scellés dans la maçonnerie.
Un barreaudage peut être en saillie sur le nu* de la façade, ou pris entre les tableaux.

BARRETTE n.f.

1/ Petite barre de métal.

2/ÉLECTR.: connecteur multipolaire dans lequel les contacts se font par vissage (V. aussi aux mots Bornier, Domino).

La ***barrette de terre*** est une pièce de jonction entre un circuit de protection et une prise de terre*; elle comporte, entre deux bornes, une barre* qui est amovible, pour permettre les mesures et contrôles de résistance* de la prise de terre.

BARRIÈRE n.f.

Peut désigner une étanchéité : la coupure* de capillarité* dans un mur, un masticage étanche à la périphérie d'un vitrage isolant sont des *barrières d'étanchéité*.

BARYTINE (ou ***Barytite***) n.f.

Roche de sulfate de baryum ; sa densité élevée (d = 4,70) en fait un granulat pour bétons* lourds, et, en poudre fine, une charge* pour des peintures. Non-étincelante sous les chocs des métaux, elle sert aussi de granulat pour les revêtements de sols antiétincelle de locaux d'industries chimiques, poudreries, etc.

BASALTE n.m.

Roche* volcanique à feldspath*, dense, dure, résistante à l'abrasion, peu sensible aux agressions chimiques. Noir en carrière, le basalte devient brun ou vert sombre à l'air.
En France, on le trouve surtout en Auvergne où il sert de pierre à bâtir. Concassé, il sert de ballast*, pour l'empierrement ; il entre aussi dans la composition de briques* pour revêtements de sols industriels.

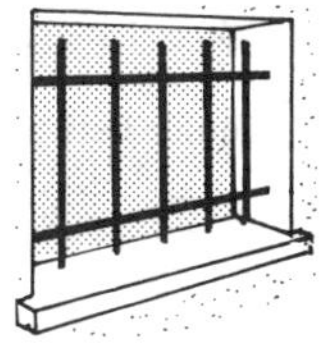

barreaudage

BASALTINE n.f.

Pierre reconstituée à partir du basalte broyé ; matière première d'éléments moulés résistants et antiusure*.
Sous forme de granulats, la basaltine sert aussi d'antidérapant à la surface de revêtements industriels, et de rampes d'accès.

BASCULANT adj.

Qui fonctionne par ***basculement***, par rotation autour d'un axe horizontal.

BASCULE n.f.

Élément mobile par rotation autour d'un axe horizontal : *fenêtre* à bascule*.
Un élément ***en bascule*** est un élément en porte-à-faux, en surplomb : balcon, palier d'escalier, mur élevé sur encorbellement*.

BASE n.f.

1/ Partie inférieure et porteuse d'un élément architectural quelconque.

2/ Corps chimique qui, en solution électrolytique, fournit des ions OH- (tandis que les acides fournissent des ions H+).
La potasse, la soude, la baryte, l'ammoniaque sont des bases.
A chaque base correspond un oxyde basique sur lequel, souvent, l'action de l'eau donne la base correspondante ; d'où le nom plus général d'*hydroxyde* souvent donné aux bases.

BASICITÉ n.f.

Ensemble des caractéristiques propres aux bases ; parmi elles, le caractère alcalin*, mesuré par l'acido-alcalimétrie*, et exprimé en pH* compris entre 7 et 14.

toits en **bâtière** et en **double bâtière**

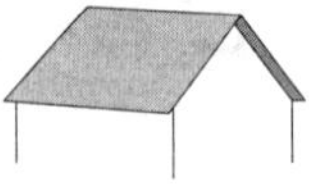

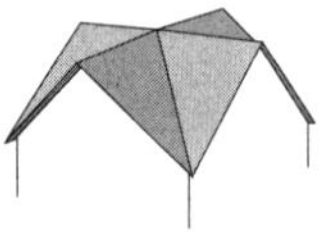

BASQUE n.f.
Large bavette* d'étanchéité en plomb, dont la forme rappelle les *basques* d'un vêtement.

BASTAING ou **BASTING** n.m.
Pièce de bois résineux avivé*, de sections usuelles de 155 x 55 mm, 165 x 65 mm, ou 185 x 65 mm ; sa longueur, d'au moins 2 m, est comptée ensuite par tiers de mètre en plus.

BÂTARD adj.
1/ARCHIT.: un ***style bâtard*** est celui qui associe ou mélange des éléments empruntés à plusieurs styles distincts.
Porte bâtarde: porte de dimensions moyennes, plus large qu'une porte courante, mais moins qu'un portail : une porte bâtarde ne permet pas le passage des véhicules.

2/MAÇONN.: un ***mortier bâtard*** est un mortier dont le liant est fait d'un mélange de ciment et de chaux.

3/OUTILL.: la ***lime bâtarde*** est une lime* de rugosité moyenne.

BATARDEAU n.m.
Digue provisoire de retenue ou de détournement des eaux, faite de pieux ou de palplanches*, sur un ou deux rangs, ou d'une levée de terre.

BATEAU n.m.
Raccordement de voirie entre l'accès d'une propriété et la chaussée de la voie publique ; il correspond à un léger décaissement du trottoir et de sa bordure.

BÂTI n.m.
1/ De façon générale, ensemble de pièces de bois ou de métal dont l'assemblage compose une ossature ou un encadrement :
-MENUIS.: ouvrage d'encadrement fixe (dit *dormant*), en général à feuillures ; scellé autour de l'ouverture d'une baie, il reçoit un châssis ouvrant (porte, fenêtre, trappe...).

2/ En langage juridique, le ***foncier bâti*** désigne les terrains sur lesquels sont édifiées des constructions, par opp. au foncier *non-bâti*.

BÂTIÈRE n.f.
Petit toit formé de deux versants et terminé par deux pignons. Le toit est dit en ***double-bâtière**** s'il est composé de deux bâtières se coupant de telle sorte que leurs pignons soient contigus (V.ill).

BATIFODAGE n.m.
Mortier d'argile et de bourre de crins utilisé dans certaines régions comme enduit de plafonds. Ouvrage de plafonnage ainsi réalisé.

BÂTIMENT n.m.
Tout ouvrage durable construit au-dessus du niveau du sol, et ayant une fonction d'abri. Par extension, ***le bâtiment*** désigne l'ensemble des professions vouées à la conception, à la réalisation, ou à l'amélioration des bâtiments : *travailler dans le bâtiment*, être *du bâtiment*.

BÂTISSE n.f.
Ensemble de la maçonnerie de gros œuvre, ou *carcasse*, d'une construction ; c'est par déformation que le mot a pris le sens de bâtiment massif, sans attrait et sans style.

BÂTON n.m.
Forte moulure ronde. Syn.:*tore*.
-***Bâton de maréchal*** : grosse poignée* verticale de porte ou de portail.
-***Bâtons-rompus*** : ornement de moulures à base de petites baguettes disposées selon un motif brisé (V.ill).
Le terme s'applique surtout à la disposition des pavages en brique et des parquets* *à bâtons rompus*, en équerres à joints alternés.

bâtons rompus

BATTAGE n.m.
Opération d'enfoncement de pieux ou de palplanches* dans le sol, sous l'action d'une masse ou du mouton* d'une *sonnette**.

BATTANT n.m. et adj.
1/BOIS : avivé* de chêne pour les montants de vantaux de croisées.

2/MENUIS.: montant latéral d'un vantail*: le ***battant de noix*** porte les ferrures de rotation, et s'encastre dans la feuillure du bâti dormant ; l'autre est le ***montant-battant***.
Dans les croisées à deux vantaux, le montant d'un des vantaux est arrondi : c'est le ***battant-mouton***, qui vient s'insérer dans le montant de l'autre battant, dit ***battant-meneau****, creusé en gueule-de-loup* (V.ill).
Plus généralement, vantail* ou *ouvrant* d'une porte, d'une croisée, etc., mobile suivant un axe de rotation, par opp. au *dormant*.

3/SERRUR.: montant latéral d'un vantail de grille en fer. Pièce basculante d'un loquet*.

BATTE n.f.
Outil composé d'une masse de bois d'allure aplatie, munie d'un manche, avec laquelle on frappe : battes de terrassier, batte de carreleur, batte de plombier-zingueur, etc.

BATTÉE n.f.
1/MAÇONN.: parfois syn. de *gâchée**.

2/MENUIS.: côté d'une feuillure de bâti* dormant d'une croisée ou d'une porte, contre laquelle s'appuie le vantail en position fermée.

BATTELLEMENT n.m.
Rebord de toiture en surplomb qui constitue la ligne d'égout* d'une couverture, en général au-dessus d'un chéneau* ou d'une gouttière*.
Double rang d'ardoises ou de tuiles plates superposées sur une chanlatte*, composant l'égout du toit.

BATTEMENT n.m.
Voir les illustrations page suivante.
1/ Petite pièce d'immobilisation ou d'arrêt en fin de course de divers vantaux (volets, persiennes, grilles, portails...), en position fermée.

2/ Moulure formant couvre-joint, en applique verticale sur le battant*-meneau d'une croisée.

3/ Bande de fer plat rapportée sur un montant dormant de grille, pour composer avec ce montant une feuillure et servir d'arrêt au vantail.

BATTERIE n.f.
1/MAÇONN.: ensemble d'étais, de poteaux, de pilots, etc., qui soutiennent un même ouvrage.

2/ÉLECTR.: accumulateur électrique, par déformation de *batterie d'accumulateurs*.

BATTANTS

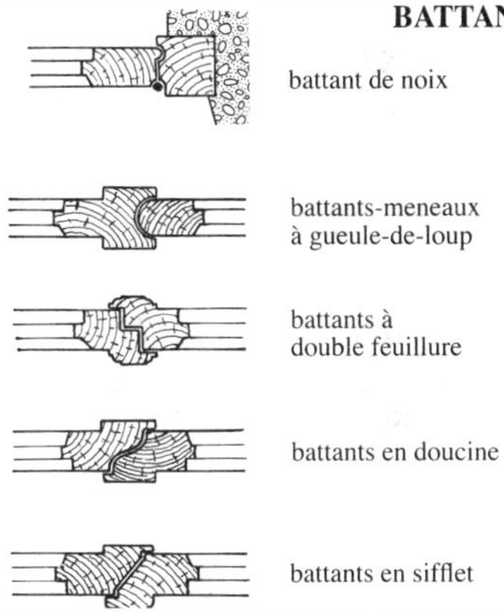

battellement
(ou doublis)

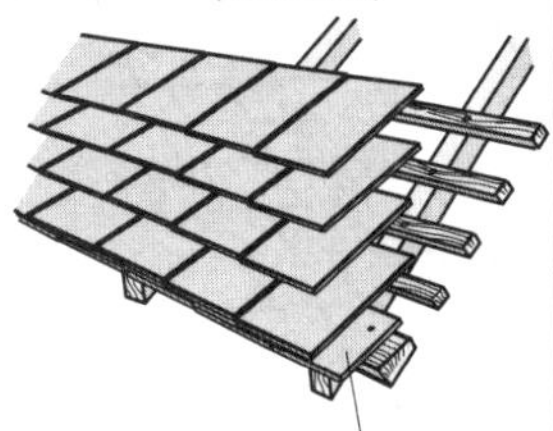

rang de **battellement**
(souvent cloué sur la chanlatte)

BATTEMENTS

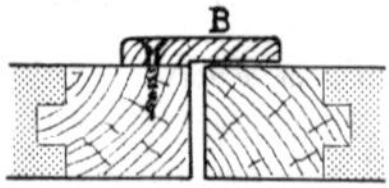

battement formant feuillure, rapporté sur un vantail

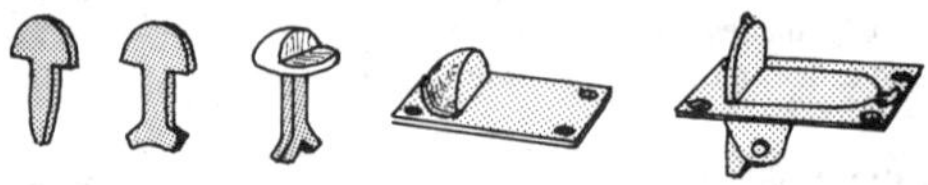

battements de portes et de persiennes : à pointe, à scellement, sur platine, et escamotable (à bascule)

battement profilé en néoprène, pour portes va-et-vient

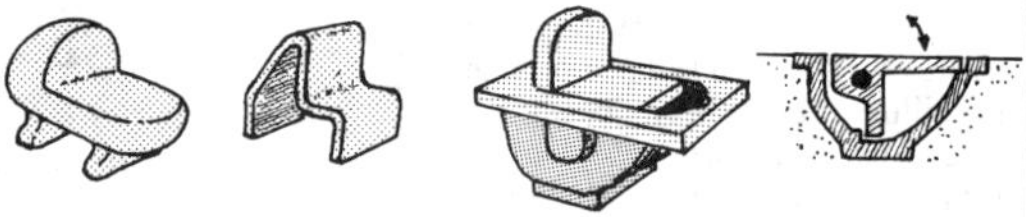

battements de grilles, de portails ou de portes cochères : à scellement (en fonte et en fer plat), et escamotable par basculement

BATTEUSE n.f.
1/ Loquet à pêne* basculant, et à tige de foliot* carrée.

2/ Machine à plateau vibrant qui sert à niveler les carrelages au sol.

BATTRE v.tr.
Pilonner le sol, enfoncer des pieux par battage*, niveler un carrelage avec une batte* ou une batteuse...

• ***Battre le beurre*** : faire un trou vertical dans une assise de pierre pour y faire ensuite un scellement ou pour y insérer une pièce d'ancrage.

• ***Battre la ligne***, ou ***battre le trait*** : tracer un trait en lâchant un cordeau de traçage tendu, imprégné de craie, de sorte qu'il dépose de la craie en fouettant le support.

BATTURE ou **BATURE** n.f.
Procédé ancien de dorure*, à base de colle, de vinaigre et de miel.

BAUGE n.f. (parfois écrit ***bauche***)
Mortier de terre grasse et de paille hachée. Syn. de *torchis**.

BAVETTE n.f.
Bande ou feuille étroite de métal rapportée sur un ouvrage ou une jonction d'ouvrages, pour les abriter des ruissellements de l'eau de pluie. Bande de métal disposée, selon le cas :
• à la base d'une lucarne* ou fenêtre* de toit en pente ;
• en recouvrement des appuis*;
• en recouvrement d'arêtiers* (cas des couvertures en ardoises*) ;
• au-dessus de bandeaux* et de corniches*, pour les protéger et rejeter l'eau vers l'extérieur ;
• en *bavettes composées*, de part et d'autre d'un faîtage*, sous un couvre-joint (V.ill).

BAVETTES (B)

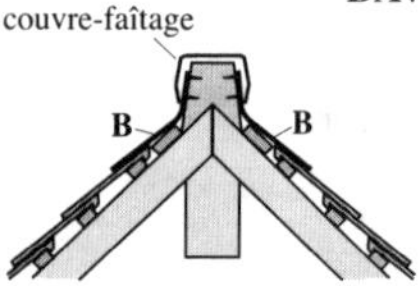

bavettes de faîtage

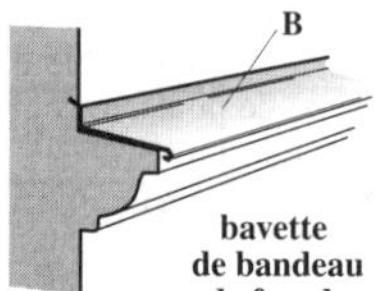

bavette de bandeau de façade

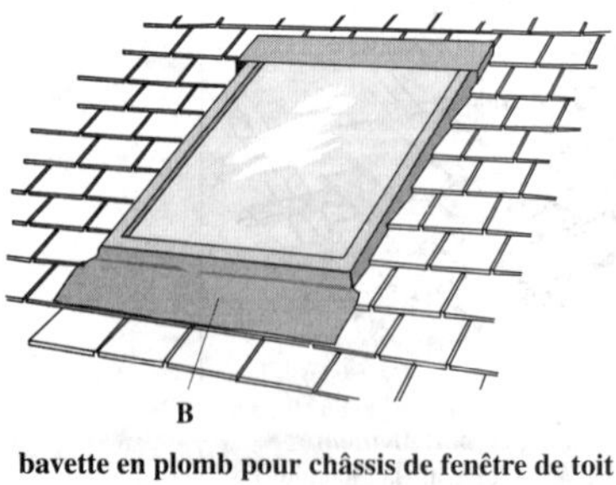

bavette en plomb pour châssis de fenêtre de toit

BAVOCHURE n.f.
Débord de peinture au-delà du tracé, dû à un coup de pinceau maladroit.

BAVOCHEUX adj.
Qualifie un ouvrage de peinture dont les contours ne sont pas nets.

BAVOCHER v.tr.
En peinture, c'est faire des contours ou des rechampis* hésitants.

BAVURE n.f.
Saillie irrégulière au bord d'un ouvrage de zinc ou de plomb.
Application fâcheuse d'un enduit ou d'une peinture au-delà du tracé.

BAZIN (table de —)
Table numérique qui donne, en l/s, les valeurs de débit* de l'écoulement de l'eau par gravité, dans des canalisations à demi-pleines, selon leur diamètre (cm) et leur pente (cm/m), pour un coefficient de frottement donné.
On utilise les tables de BAZIN surtout pour les calculs d'évacuations, égouts et gouttières.

BEC n.m.
1/ARCHIT.: mince filet* qui forme le rebord inférieur pendant* d'un larmier*. Syn.: *mouchette pendante*.

2/COUVERT.: les ***becs à neige*** (V.ill) sont des longs crochets méplats, à contrefort, répartis sur les couvertures de régions de montagne pour retenir la neige et parer au risque de sa descente en masse.

bec-de-cane
(principe de fonctionnement)

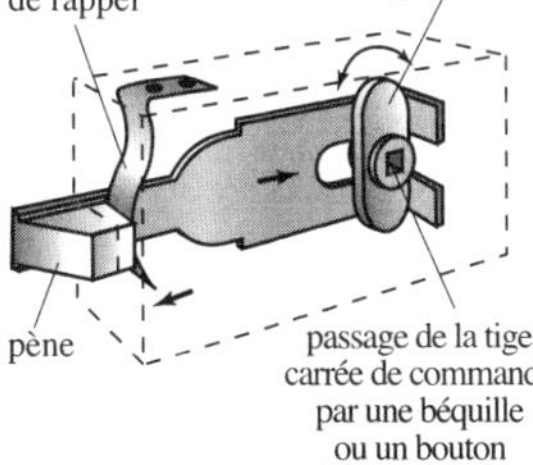

3/OUTILL.: angle* d'attaque d'une dent de scie ou d'un fer* d'outil.

4/PLOMB.: orifice recourbé vers le bas d'un robinet*.

-***Bec-de-cane*** : serrure* à foliot* dont le pêne* est taillé en chanfrein, de sorte qu'on puisse fermer la porte en la poussant (V.ill).

-***Bec-de-corbin*** : moulure* saillante dont le profil est un bec crochu.

BÊCHE n.f.
Empattement enterré de stabilisation d'une semelle de fondations ou d'un mur de soutènement.

BÉCHEVET n.m.
Assemblage de deux longues pièces taillées en sifflet*, et accolées tête-bêche pour constituer une poutre de section constante (V.ill).

BECQUET ou **BÉQUET** n.m.
Plaquette de métal fixée sur un égout de toit pour dévier l'écoulement de l'eau. Également syn. de *larmier**.

BÉDANE ou **BEC D'ÂNE** n.m.
Ciseau d'acier plus épais que large, utilisé pour évider les embrèvements* et mortaises*; sa section est légèrement biseautée en trapèze (V.ill).
Le bédane à métaux ressemble à un burin en V, et sert à entailler des saignées dans les tôles.

BÉLIER n.m.
1/ Poutre suspendue, servant de boutoir par balancement à l'horizontale, pour les travaux de démolition ; également syn. de *mouton**.

2/ ***Coup de bélier*** : secousse provoquée, dans une canalisation d'eau,

bec-à-neige

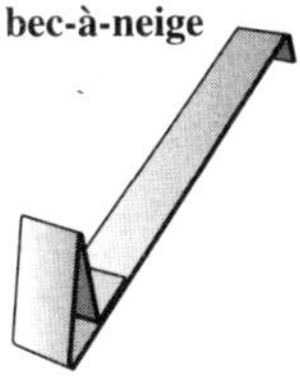

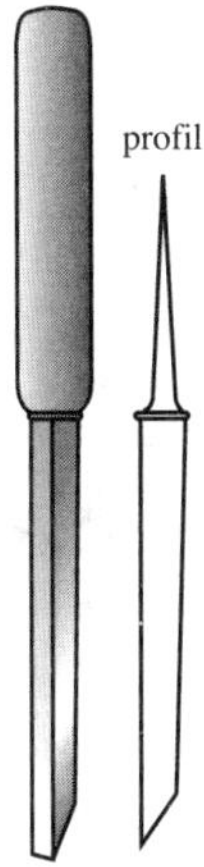

bédane

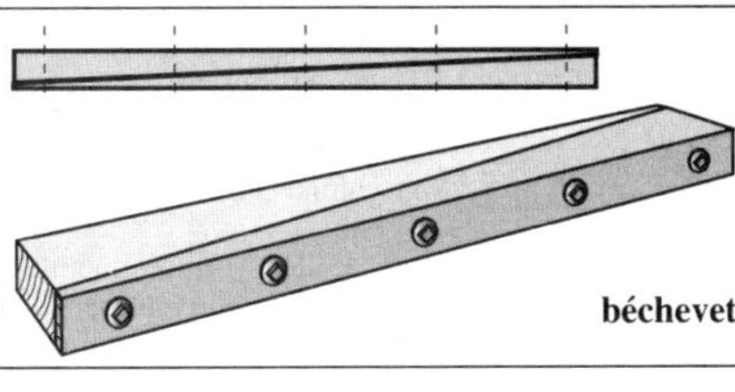

béchevet

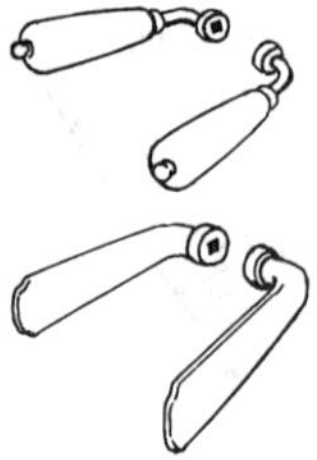

béquilles

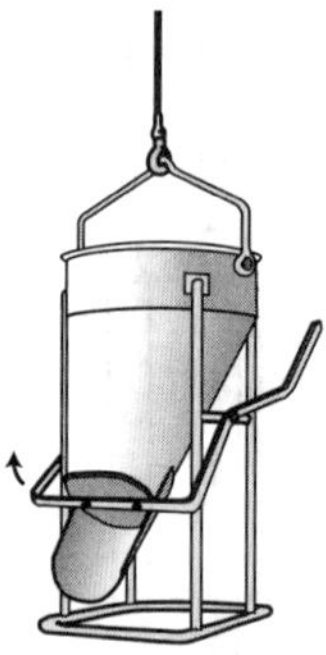

benne à béton

par la fermeture brusque d'un robinet. L'interruption soudaine du débit revient à arrêter l'élan d'une masse d'eau en mouvement, et crée une surpression instantanée ; ses effets sont bruyants, et, à la longue, dommageables pour les canalisations. Diverses mesures limitent le risque de coups de bélier :
- éviter toute robinetterie à fermeture trop soudaine, et les coudes de tuyauteries à rayon trop court ;
- installer si possible un dispositif *antibélier**. On peut aussi installer, sur la canalisation d'alimentation, un détendeur* limitant la pression.

BÉLITE n.f.
Silicate bicalcique ; c'est un des constituants des clinkers* du ciment Portland artificiel.

BÉNARDE n.f. et adj.f.
Serrure* sans broche, qui peut être actionnée par ses deux côtés, avec une ***clef bénarde***, clef dont la tige est pleine (et non pas *forée*).

BENNE n.f.
Grand récipient de stockage ou de manutention.
Conteneur chargeable sur camions, pour la collecte et l'évacuation des gravats : ***mettre à la benne*** est ainsi devenu synonyme de *mettre à la décharge*.

La ***benne à béton*** est une petite trémie* à trappe de fermeture, pour l'approvisionnement sur site du béton frais (V.ill).

La ***benne preneuse*** est un double godet* articulé, suspendu à une élingue, pour la préhension et la manutention de matériaux non tassés tels que sable, gravillons, terre meuble.

BENTONITE n.f.
Argile* colloïdale* fine, qui a la propriété de gonfler considérablement par absorption d'eau (jusqu'à 25 fois son volume initial, et ceci de façon réversible).
Broyée, elle est utilisée comme charge gélatineuse et thixotrope* dans les peintures, colles et enduits, ainsi que dans la composition de boues thixotropes pour *parois moulées* de blindage*.

BÉQUETTES ou **BÉGUETTES**
n.f. pl. Pinces plates qu'utilisent les serruriers et ferrailleurs de béton pour couder les ronds* de faible section et ligaturer les armatures.

BÉQUILLE n.f.
Poignée de porte en forme de manche coudé, parfois garni de porcelaine ou de bois tourné, et d'un col dont l'embase est traversée par une tige carrée (V.ill).

BERCEAU n.m.
1/ Voûte* dont les naissances* sont parallèles, dans un même *plan de naissance* ; le berceau est engendré par une *ligne génératrice* qui se déplace parallèlement aux naissances, en décrivant un arc (V. à ce mot les formes d'arcs décrites, dont les qualificatifs s'appliquent aux berceaux de même profil).
Un berceau est *rampant* si ses naissances ne sont pas au même niveau ; *biais* si l'axe de déplacement des génératrices n'est pas perpendiculaire au plan de tête ; *tournant* ou *annulaire* si ses naissances sont des courbes concentriques.
2/ Socle dont la face supérieure est incurvée pour épouser la forme de l'élément qu'il porte : réservoir, canalisation, conduite d'eau, etc.

BERGE n.f.
Bord escarpé d'une fouille*, d'une tranchée, d'une levée de terre ou d'un cours d'eau. Ouvrage de soutènement en maçonnerie.

BERLINOISE (**paroi —**) adj.
V. Blindage.

BERME n.f.
Étroite plate-forme ménagée entre une tranchée et les terres de déblai provenant de son creusement.

BERTHELÉE n.f.
Truelle à deux tranchants, dont un

dentelé et l'autre droit, utilisée pour dresser par raclage, puis pour couper les enduits frais de plâtre* (V.ill) ; syn.: *truelle brettelée*.

berthelée

BESACE n.f.

1/MAÇONN.: chaîne* verticale faite de pierres angulaires, disposées en liaison, alternativement en boutisses* et panneresses*; se dit aussi des harpages* en *jambe étrière* des abouts de refend* ainsi appareillés, souvent en saillie sur la façade.

Assise en besace : appareil consistant à superposer les briques ou pierres de même format alternativement de bout et en long.

2/COUVERT.: en amont d'une pénétration (souche de cheminée, châssis de tabatière*...), la besace est l'ouvrage triangulaire en zinc qui rejette les eaux pluviales de part et d'autre de la pénétration (V.ill). Désigne aussi un petit égout* en métal qui, dans un chéneau ou une gouttière, dirige les eaux vers la descente*.

La ***besace de dilatation*** est une petite cloison métallique à talon, formant couvre-joint sur le raccord de deux éléments de gouttières aboutés, de pente inverse.

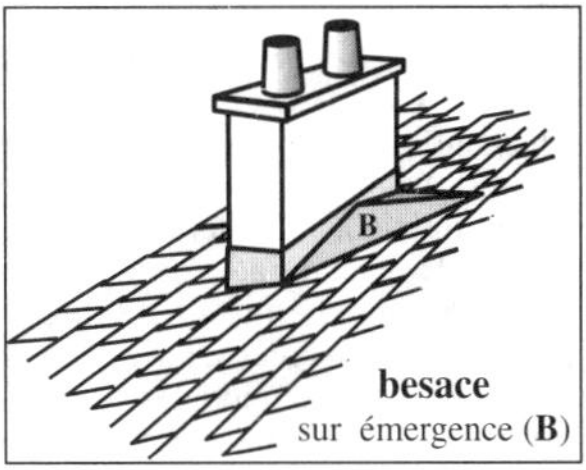

besace
sur émergence (**B**)

besace de dilatation
de gouttière (**B**)

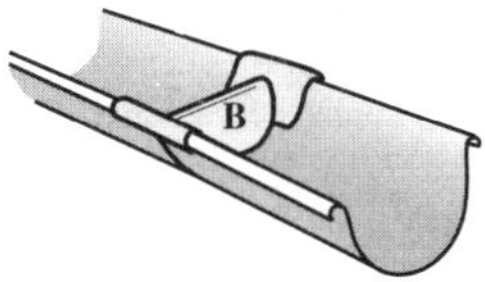

besaces
d'angle et de jonction de murs

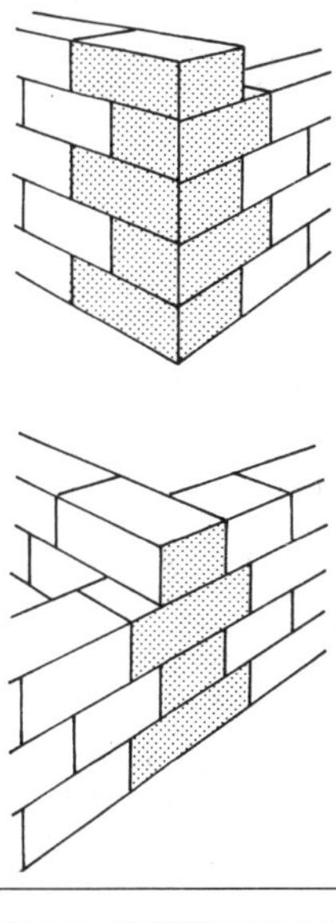

BESANTS n.m.pl.

Alignement de petits disques plats en bas-relief*, ornant des moulures, bandeaux, archivoltes, etc., surtout dans le style roman (V.ill).

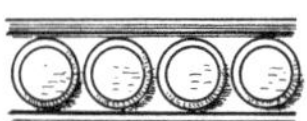

besants

BESOINS de chauffage.

Ancienne expression du "*Besoin en énergie de chauffage* des logements" exprimée en $W/m^3.°C$.

La Réglementation Thermique 2000 a rendu caducs cette notion et les calculs correspondants. Nous en rappelons néanmoins les grandes lignes, pour mémoire.

Jusqu'en 1988, un ***coefficient B*** était défini comme la *valeur moyenne des besoins de chauffage par degré d'écart de température entre l'intérieur et l'extérieur, divisé par son volume habitable*. En 1988, le coefficient B fut remplacé par un **coefficient BV**

(Règles Th.BV, *Règles de calcul du coefficient de besoins de chauffage des logements*), égal aux besoins annuels de chauffage d'un logement, divisé par l'écart moyen de température entre l'intérieur et l'extérieur pendant la période de chauffage. En W/°C (ou en W/°K), ce coefficient BV n'était plus rapporté au volume du logement, mais prenait en compte les "apports gratuits", comprenant les apports solaires et les apports internes. Pour tous détails, se reporter à l'ancien ***DTU Th.BV***. V. Thermique (Réglementation 2005).

BÉTOIRE n.f.
Fosse remplie de cailloux, où sont absorbées les eaux de pluie.

BÉTON n.m.
Roche artificielle composée de granulats et de sables agglomérés par un liant* (en général du ciment*).

Le béton permet de réaliser, par moulage, banchage*, ou coffrage*, toutes sortes de pièces et de volumes qui, après durcissement, présentent une bonne cohésion et une résistance élevée, surtout en compression.

Le béton diffère du *mortier** par le fait qu'il contient des gros granulats (graviers et/ou cailloux), et non pas seulement un liant et des sables*.

Principes de composition.
Selon le choix des constituants, et leurs dosages respectifs, on peut obtenir des bétons aux caractéristiques très diverses, dont certaines peuvent être modifiées ou améliorées par l'adjonction d'adjuvants*. Pour tous détails, on se reportera aux ouvrages spécialisés.
Le ***liant****: c'est "l'agent collant" qui doit souder tous les granulats.
V. au mot Ciment.

Les ***sables*** : ce sont les granulats les plus fins, de diamètre inférieur à 6,3 mm (V.Sables, et leur granulométrie). Ils ne doivent contenir ni impuretés (terre, charbon, plâtre...) ni matières pulvérulentes dans une proportion de plus de 3%.

Les ***granulats*** : ce sont les *gravillons* et *cailloux*, de diamètre égal ou supérieur à 6,3 mm. Ils doivent toujours être durs, non lamellaires, non pulvérulents, propres et sains.
Les ***adjuvants*** : voir descriptions et emplois à ce mot.

Les bétons, et leurs composants et matériaux associés, font l'objet de nombreuses normes.

Préparation et malaxage.
La qualité du béton est aussi déterminée par le dosage en eau, et par la durée et l'efficacité de dispersion du *malaxage*, qui doit être aussi homogène que possible.

Mise en œuvre des bétons.
Le béton est en général mis en place par gravité (coulage) dans des coffrages (banches, moules, caissons, etc.) ou sur une aire préparée à cet effet ; puis il est compacté par vibrage ou vibration (V. ce mot).

Essais et contrôles des bétons.
Selon l'importance des chantiers, et selon les contraintes particulières des ouvrages, certains essais sur les bétons et ses constituants ont été rendus obligatoires (V. le DTU).

Les essais ***sur le béton frais*** concernent surtout sa consistance et son ouvrabilité* (aptitude à se mettre en place dans les coffrages et à enrober les armatures).

Les plus courants sont le ***slump-test***, ou essai d'affaissement au *cône* d'Abrams* (V. à Cône) ; le ***flow-test***, ou essai d'étalement à la *table* à secousses* ; l'essai d'écoulement au *maniabilimètre**; ou encore, sur chantier, l'essai au *plasticimètre** rotatif.
Les essais ***sur le béton durci*** concernent sa résistance aux contraintes physiques ; on distingue :
-les ***essais destructifs****, faits par application progressive de contraintes jusqu'à la rupture d'éprouvettes de dimensions normalisées (cylindres de 16 cm de diamètre et de 32 cm de long). Ils portent sur les résistances en compression (par écrasement), en

traction, et en flexion, par fendage* ou par traction-flexion.

-les ***essais non-destructifs***, réalisés sur des bétons en œuvre : contrôles de résilience* (tenue aux chocs), effectués au *scléromètre**; contrôles internes portant d'une part sur la compacité du béton, par mesure de la vitesse de propagation des sons ; d'autre part sur la répartition des armatures, par des procédés d'auscultation magnétique (*profondimètre*) ou radiographique.

***Le BÉTON ARMÉ* (BA)**,
autrefois appelé ***ciment armé***.

Le béton offre, par lui-même, une haute résistance à la compression, mais pas à la traction ; l'acier, par contre, offre une haute résistance à la traction.

D'où le concept du béton armé, qui consiste à associer intimement le béton et l'acier pour obtenir un matériau qui cumule les qualités de résistance en compression et en traction.

Pour obtenir ce résultat sans multiplier les armatures, celles-ci doivent être présentes là où s'exercent les contraintes d'extension ; elles sont inutiles là où les seuls efforts possibles sont des compressions.

On doit veiller aussi à la protection des armatures contre les agressions oxydantes : leur disposition doit être telle qu'elles soient intégralement enrobées, à 2 cm minimum du parement (*peau*) des parois de béton susceptibles d'être exposées à l'humidité ou aux intempéries (1 cm dans le cas de parois abritées et non exposées à des condensations ; 4 cm en cas d'exposition à l'eau de mer ou aux atmosphères agressives).

L'objet de ce dictionnaire n'étant pas d'entrer dans le détail des calculs de BA, se reporter aux nombreux ouvrages sur le sujet, en particulier aux ***Règles BAEL.91****: Règles techniques de conception et de calcul des ouvrages et construction en béton armé, suivant la méthode des états*-limite.* (éditeurs CSTB, EYROLLES).

•LE BÉTON CELLULAIRE : matériau léger, préfabriqué, constitué d'un mortier fluide de ciment, de sables fins, et d'un ajout tel que la poudre d'aluminium, qui génère, par réaction avec la chaux du ciment, la formation d'inclusions gazeuses (bulles d'hydrogène). Le durcissement des pièces est fait par moulage, en autoclave.

Le matériau qui en résulte est alvéolaire, léger (densités allant de 0,4 à 1,2 kg/dm^3), bon isolant thermique (d'autant plus qu'il est moins dense), et facile à découper à la scie* égoïne ; en contrepartie de ces avantages, la cohésion interne et la résistance à l'écrasement du béton cellulaire sont moyennes (et proportionnelles à sa densité).

Il est proposé sous deux formes :

-d'une part des ***blocs**** calibrés, en général de densité proche de 0,5, à maçonner par collage avec un mortier-colle* spécial ; ils relèvent d'une norme et font l'objet d'Avis Techniques qui mentionnent les types de collage et de parement extérieur compatibles.

- d'autre part des longs ***panneaux*** pour murs et cloisons, pour planchers*, et pour éléments autoporteurs de sous-toiture*. Ces éléments font l'objet d'Avis Techniques.

Les BÉTONS DE FIBRES,
ou plus exactement ***Bétons Renforcés de Fibres***, ou **BRF**.

Les fibres incorporées à ces bétons peuvent être :

- des polymères (fibres de propylène le plus souvent),
- des filaments de verre étiré,
- des fibres métalliques, en général en acier (parfois aussi en fonte), dont il existe de nombreuses variétés : segments de fils ou rubans étirés, crantés, torsadés, etc. de 6 à 60 mm de long et de 0,25 à 1 mm de section courante.

En rapide développement depuis les années 2000, cette nouvelle génération de bétons a trouvé ses applications dans les ouvrages d'art et structures à haute résistance, et va se rencontrer de plus en plus dans le bâtiment.

• ***Les BÉTONS FIBRÉS ULTRA-PERFORMANTS***, ou **BFUP**
Ils se distinguent des bétons à hautes et très hautes performances (ou BHP et BTHP, voir plus loin) par leur résistance en compression, toujours supérieure à 150 MPa, par l'emploi de fibres qui évitent l'utilisation d'armatures passives, et par des liants et des granulats sélectionnés qui permettent d'obtenir une matrice compacte.

•***Le BÉTON À HAUTES PERFORMANCES (*BHP*) et le béton à ultra-hautes performances (*BUHP*)*** : bétons modernes dont la granulométrie à 4 niveaux (granulats de qualité, sables, ciments de classes élevées et poudres ultrafines du type fumées de silice) et l'adjonction de superplastifiants réducteurs d'eau permettent une forte réduction du taux d'eau de gâchage, et l'obtention en quelques heures, au lieu de 28 jours, de résistances élevées (>60 MPa pour les BHP, et >150 MPa pour les BUHP).
L'utilisation de ces bétons reste surtout du domaine des ouvrages d'art et des structures exceptionnelles.

• ***Le BÉTON PRÉCONTRAINT***
Béton préfabriqué comprimé par ses armatures (câbles d'acier tendus), avant sa mise en service. Cette technique concerne en général des pièces longilignes, tells que poutres* et poutrelles*.
Voir détails au mot Précontrainte.

Autres variétés et dénominations :

•***Béton activé*** : dont le liant contient un accélérateur* de prise.

•***Béton aéré*** : béton contenant 4 à 5% d'air sous forme de bulles uniformément réparties dans sa masse ; syn.: *béton à air occlus.*

•***Béton alumineux*** : béton dont le liant est un ciment* alumineux, qui lui donne une bonne résistance à la chaleur ; syn.:*béton fondu.*

•***Béton apparent*** : non revêtu d'un parement (peinture, enduit, etc.). Syn.: *béton nu*, ou *brut de décoffrage.*

•***Béton architectonique****: béton en pièces importantes moulées par préfabrication, souvent en béton blanc, éventuellement traitées superficiellement (rainurage*, bouchardage*, éclatement par traitement thermique, etc.) ; le parement a des reliefs ou des motifs de grande amplitude.

•***Béton d'argile*** : mélange d'argile et de granulats, souvent stabilisé par un peu de chaux ou de ciment.

•***Béton d'argile expansée*** : béton léger dont le granulat est constitué de billes d'argile expansée.

•***Béton d'asphalte*** : béton de granulats minéraux chauffés, enrobés dans un liant d'asphalte*, ou un mastic d'asphalte.

•***Béton asphaltique*** : à liant d'asphalte, dont les granulats ne reçoivent aucun traitement préalable (par opp. au béton d'asphalte).

•***Béton autonivelant (*BAN*)***: béton moderne à composition granulométrique spécialement étudiée pour un étalement fluide ; il permet d'obtenir des dallages à surface lisse, sans recourir à la finition par vibration*.

•***Béton autoplaçant (*BAP*)***: béton moderne de composition analogue à celle de "l'autonivelant", mais adapté à une mise en place rapide dans les banches de coffrage sans vibration*, avec un parfait enrobage des armatures et un parement lisse et sans bullages, évitant les ragréages ultérieurs.

•***Béton banché*** : coulé, et éventuellement vibré, entre des banches* de coffrage* en bois ou en métal.

•***Béton de bentonite****: additionné de bentonite* améliorant sa maniabilité et, par ses micro-inclusions d'air, sa résistance au gel.

•***Béton binaire*** : béton qui comporte deux types de liants.

•***Béton bitumineux*** : mélange de bitume et de gravillons, l'enrobage de ces derniers étant facilité par leur préchauffage, avant malaxage.

•***Béton blanc*** : béton dont le liant

est composé de ciment blanc, ou de chaux hydraulique blanche, et dont les granulats sont de tonalité claire.

•***Béton de bois*** : béton dont le granulat principal est à base de fibres de bois traitées ; il est plus souvent désigné sous le terme de *fibragglo**.

•***Béton de briquaillons*** : béton dans lequel le granulat est composé de débris de briques.

•***Béton brossé*** : béton dont les granulats de surface ont été rendus apparents, le liant superficiel ayant été éliminé par brossage avant la fin de prise, ceci dans un but esthétique.

•***Béton brut*** (***de décoffrage***) : béton banché qui, après son décoffrage*, n'a reçu ni ragréage*, ni parement*, ni aucun traitement particulier.
Son aspect de surface doit être aussi soigné que possible. V. aussi béton architectonique.

•***Béton de calcite*** : béton dont la plasticité et la résistance (en particulier à l'eau de mer), sont améliorées par une addition de calcite*.

•***Béton à caractéristiques normalisées (BCN)*** : béton dont les caractéristiques de composition et de classes de résistance sont codifiées et se réfèrent à une norme*.

•***Béton à caractéristiques spécifiées (BCS)*** : béton dont les caractéristiques correspondent aux exigences particulières d'un client.

•***Béton caverneux*** : granulats enrobés par un mortier ou une pâte de ciment pour être étalé en couches épaisses. La faible proportion ou même l'absence de sables, charges et matières fines a pour pour conséquence la formation de nombreuses cavités. Il est surtout utilisé comme béton grossier de remplissage.

•***Béton de cendrée*** : béton léger dont une partie des granulats est composée de cendres ou de scories.

•***Béton de cendres*** : béton additionné de cendres volantes, ou de cendres volcaniques qui l'allègent et améliorent sa plasticité.

•***Béton centrifugé*** : appliqué et compacté par centrifugation : technique utilisée, en particulier, pour fabriquer les tuyaux de béton.

•***Béton chaud*** : préparé avec des granulats préalablement chauffés, pour accélérer sa prise, ou pour un bétonnage par temps froid.

•***Béton chauffé*** : coulé dans des banches chauffantes, ou soumis à un durcissement rapide par étuvage.

•***Béton colloïdal*** : dont le liant est une émulsion* de méthylcellulose.

•***Béton cyclopéen*** : béton économique pour massifs* importants, dont les granulats sont des moellons, des caillasses de fort calibre ou des gros blocs pierreux.

•***Béton décapé*** : traité en surface à l'acide, puis rincé abondamment, pour éliminer le liant superficiel et rendre apparents les granulats (s'ils ne sont pas calcaires).

•***Béton désactivé*** : béton dont la surface encore fraîche est traitée par application ou pulvérisation d'un désactivant, pour permettre l'élimination du liant enrobant les granulats de surface, et les rendre apparents dans un but esthétique.

•***Béton de diatomées*** : béton léger dont les charges granulaires sont des débris coquillers* siliceux (diatomées*: tripoli*, kieselguhr*).

•***Béton dur*** : auquel on a donné une haute résistance à l'usure par incorporation de granulats très durs, tels que du corindon*, du carborundum*, des riblons*, etc.

•***Béton essoré*** : V. *béton au vide*.

•***Béton étuvé*** : béton dont on a accéléré la prise et le durcissement par chauffage en ambiance humide (étuvage) ; ce procédé est utilisé en préfabrication* industrielle, pour pouvoir démouler rapidement.

•***Béton de fibres*** : V. détails ci-avant.

•***Béton fondu*** : béton au ciment* alumineux, dit *fondu*.

•***Béton frais*** : béton qui vient d'être malaxé ou qui, coulé depuis peu, est en début de prise, et à peine affermi.

•***Béton au gaz*** : syn. de *béton cellulaire* : V. plus haut.

•***Béton à la glace*** : béton aéré réalisé par incorporation de glace pilée dont la fusion, intervenant après la prise, laisse place à des petites cavités alvéolaires.

•***Béton goudronné*** : béton dont le liant est un goudron*.

•***Béton de granulats apparents*** : dont les granulats de surface sont dégagés de leur liant avant durcissement, ou par décapage à l'acide.

•***Béton de granulats légers*** : désigne tout béton qui comporte une proportion importante de granulats de faible densité : diatomées, ponces, perlites, liège, polystyrène expansé, verre cellulaire, etc.

•***Béton gras*** : béton dont le taux élevé de liant et de charges fines permet l'enrobage complet des granulats ; ses frottements lors de la mise en œuvre sont ainsi réduits.

•***Béton de gravats*** : béton grossier dans lequel les granulats sont des matériaux de démolition.

•***Béton de gravier*** : dont les plus gros granulats sont du gravier*.

•***Béton de gravillons lavés*** : V. ci-après *béton de mignonnette*.

•***Béton de gypse*** : V. *béton de plâtre*.

•***Béton à hautes performances (BHP) et Béton à ultra-hautes performances (BUHP)*** : V. détails plus haut.

•***Béton hydraulique*** : béton dont le liant fait prise sous l'eau.

•***Béton hydrocarboné*** : béton dont le liant est une matière hydrocarbonée : asphalte, bitume, goudron...

•***Béton jeune*** : béton qui vient de faire prise, mais qui n'en est qu'au début de son durcissement.

•***Béton de kieselguhr*** : V. plus haut *béton de diatomées*.

•***Béton de laitier*** : dans lequel les granulats sont constitués de laitier de haut fourneau (il diffère du béton au ciment* de laitier).

•***Béton de lave*** : béton allégé dont le granulat est composé de lave (désigne parfois le béton de mâchefer).

•***Béton lavé*** : béton dont le parement laisse apparaître les granulats de surface, débarrassés de leur liant superficiel par lavage au jet d'eau fin, en début de prise.

•***Béton léger*** : béton de densité plus faible qu'un béton courant, soit par son caractère caverneux, soit par utilisation de granulats légers.
Désigne parfois le béton cellulaire.

•***Béton de liège*** : béton léger dont le granulat est composé de granulés de liège naturel.

•***Béton lourd*** : béton de granulats très denses, tels que la barytine* ou de la granaille métallique.

•***Béton de mâchefer*** : béton léger dont le granulat est composé de scories et résidus non brûlés de la combustion du charbon.

•***Béton magnésien*** : béton dont le liant est un oxychlorure de calcium (chaux et chlorure de magnésium) ; les charges et granulats sont un mélange de sable, sciures et copeaux (*xylolithe**).
On l'utilisait autrefois pour des chapes et sols souples (par ex. pour les anciens wagons de métro).

•***Béton maigre*** : dont le taux de liant et de charges fines ne permet que l'enrobage partiel des granulats ; il présente une ouvrabilité* réduite.

•***Béton manufacturé*** : réalisé par préfabrication*, par opp. aux bétons coulés à leur place définitive.

•***Béton de mignonnette*** : béton lavé dont les granulats de petit gravillon roulé calibré, ou *mignonnette**, constituent un parement de surface esthétique et résistant. Souvent sous forme de dalles ou panneaux, préfabriqués.

•***Béton moulé*** : béton coulé dans des moules* de préfabrication à réutilisation multiple.

•***Béton de mousse*** : désigne parfois le *béton cellulaire.*

•***Béton ocraté*** : V. *Ocratation.*

•***Béton de parement*** : béton dont le décoffrage est soigné, son parement étant destiné à rester apparent.

•***Béton de perlite*** : béton léger dont le granulat est la perlite* expansée.

•***Béton de pierres*** : béton dont le granulat est composé de pierres assez grosses (mais moins que dans le cas du béton cyclopéen).

•***Béton piqué*** : dont la surface a fait l'objet d'un ravalement analogue à celui de la pierre, par piquage*.

•***Béton plaqué*** : béton armé rapporté en couche peu épaisse à la surface d'une paroi, ses armatures étant solidarisées avec cette paroi.

•***Béton plastique*** : dont la plasticité facilite la mise en œuvre ; qualifie tout béton de bonne *ouvrabilité**.

•***Béton de plâtre***, ou ***béton de gypse*** : dans lequel le liant est un plâtre.

•***Béton plein*** : dont le dosage et le compactage sont tels qu'il ne comporte ni interstices ni vides.

•***Béton poli*** : son parement très lisse est obtenu par un ponçage*, qui a pour effet de recouper les granulats, à la manière d'un granito*.

•***Béton pompé*** : fluidifié par des plastifiants ou des agents de thixotropie*, pour pouvoir être transporté par pompage (pompe* à béton).

•***Béton poncé*** : dont le parement est rendu très lisse par un ponçage ou grésage de surface ; syn.: *béton poli.*

•***Béton de ponce*** : béton léger dont les gros granulats sont constitués de ponce* volcanique.

•***Béton de pouzzolane*** : béton léger dont les granulats sont des pouzzolanes* naturelles ou artificielles concassées (ceci n'implique pas que son liant soit un ciment* aux pouzzolanes).

•***Béton précontraint*** : béton soumis, avant sa mise en service, à un effort de compression permanent visant à contrer les effets, en service, des contraintes de traction. V. Précontrainte.

•***Béton préfabriqué*** : désigne tout composant de béton fabriqué en atelier ou près du chantier, pour être mis en place après son durcissement.
Syn.: *béton manufacturé.*

•***Béton prépackt*** ou ***prépak*** (de l'anglais *prepacked*) : technique de bétonnage consistant à injecter un liant fluide dans un amas de granulats mis en place au préalable dans les coffrages de l'ouvrage.

•***Béton prêt à l'emploi (*BPE*)*** : béton préparé dans une centrale* à béton, livré sur chantier malaxé et prêt à couler, par des camions équipés d'une cuve mélangeuse rotative inclinée dits *bétonnières portées*, ou *toupies**.

•***Béton projeté*** : béton appliqué en couches successives sur une paroi par pompage et projection à la pompe à projeter.

•***Béton de propreté*** : couche de béton grossier étalée sur le sol naturel ou sur un fond de fouilles pour constituer une surface non terreuse, sur laquelle on pourra couler un béton, ou encore pour réaliser une aire de travail non boueuse.

•***Béton réfractaire*** : béton normalisé composé d'un liant réfractaire, tel qu'un ciment alumineux ou un aluminate de chaux, et de granulats réfractaires (céramique concassée, briquaillons*), de façon à pouvoir résister à des températures élevées.

•***Béton de résine*** : béton dont le liant est une résine de synthèse, donnant un matériau dont les propriétés physicochimiques sont souvent élevées.

•***Béton de riblons*** : béton dur et dense, dont les granulats métalliques sont constitués de petits déchets de ferraille, boulons, etc.

•***Béton de rocklite*** : béton dur mais léger, dont le granulat principal, la rocklite, est un schiste expansé à haute température.

•***Béton de sable*** : béton sans autre granulat que le sable, de composition analogue à celle d'un mortier.

•***Béton sablé*** : béton de parement dont la surface est traitée par sablage* au jet de sable, pour dégager superficiellement les granulats.

•***Béton de scories*** : V.plus haut *béton de mâchefer*.

•***Béton secondaire*** : béton rapporté sur une dalle*, dite primaire, pour le scellement ou le calage* des pieds de poteaux d'acier.

•***Béton surfacé*** : béton d'une dalle de sol dont la surface a fait l'objet d'un talochage manuel, ou à l'hélicoptère*, visant à lui donner une bonne planéité ; les tolérances de planéité pour la pose de revêtements de sols sont, pour le *béton surfacé courant*, 7 mm sous la règle* de 2 m et 2 mm sous la règle de 0,2 m ; et, pour le *béton surfacé soigné*, respectivement 5 mm et 1 mm sous les règles de 2 m et de 0,2 m.

•***Béton de terre*** : matériau plastique obtenu par mélange d'argile, de sable et de gravillons, en général stabilisé avec un peu de ciment ou de chaux ; syn.:*béton d'argile*.

•***Béton translucide*** : paroi composée de briques* ou de pavés* de verre, sertis dans une résille de béton armé.

•***Béton de vermiculite*** : béton léger dont le granulat est surtout constitué de vermiculite*.

bétonnière portée
dite "toupie"

•***Béton verni*** : béton protégé en surface par une pellicule étanche de résine, qui ralentit l'élimination de l'eau de gâchage et évite la dessiccation en cours de prise.

•***Béton de verre*** : désigne parfois une paroi de *béton translucide*.

•***Béton de verre cellulaire***, ou ***de verre expansé*** : béton léger présentant un caractère d'isolant thermique ; ses gros granulats sont des billes de verre cellulaire ou de verre expansé.

•***Béton vibré*** : béton compacté par vibrage*, avec un équipement générateur de vibrations plongé dans le matériau (aiguille* vibrante) ou externe (vibration des coffrages).

•***Béton au vide*** : son eau de gâchage en excès est éliminée par aspiration (pompes à vide), par des orifices pratiqués dans les banches. Syn.: *vacuum-concrete**, *béton essoré*.

•***Béton volcanique*** : béton de ponce* ou de pouzzolane*.

BÉTONNAGE n.m.
Mise en œuvre du béton. Maçonnerie en béton. Les bétonnages *par temps chaud*, *par temps de gel*, *sous l'eau*, *en mer*, etc. font l'objet de mesures et de précautions particulières.

BÉTONNER v.tr.
Couler du béton. Réaliser un ouvrage en béton par coulées successives.

BÉTONNEUR n.m.
Compagnon spécialiste de la mise en œuvre des bétons ; cette spécialité fait l'objet d'un C.A.P. particulier.

BÉTONNIER n.m.
Ouvrier qui prépare le béton, ou qui surveille sa composition.

BÉTONNIÈRE n.f.
Machine de malaxage des composants du béton et de l'eau, avant sa mise en œuvre. Le terme s'applique surtout aux mélangeurs à cuve rotative et à pales fixes. La plupart des machines sont à axe incliné, avec basculement de vidage ; les machines à cuve fixe sont des *malaxeurs**.

La ***bétonnière portée*** (V.ill) désigne un camion malaxeur, dit "toupie à béton", pour la livraison sur les chantiers des bétons prêts à l'emploi (BPE).

BEURRÉ adj.
Qualifie un enduit fortement lissé au fer, ou un enduit de parement plastique granité* auquel un excès de talochage a donné un aspect brillant.

-***Joint beurré*** : joint de maçonnerie lissé, affleurant les parties saillantes des moellons, et recouvrant une partie du parement.

BEURRER v.tr.
Enduire de mortier une brique, un carreau..., avant de les mettre en place. Lisser un enduit de façon excessive.

BIAIS adj. et n.m.
Caractère oblique d'une ligne ou d'un plan par rapport à un autre.
Qui n'est ni parallèle ni perpendiculaire à un axe principal.

-***Lunette**** ***biaise***, ***quartier biais*** : pans de jonction oblique de portions de voûtes* ou de berceaux*.

-***Biais passé*** : appareillage* d'une voûte* dont l'axe est oblique par rapport à ses naissances*: il implique une taille biaise assez complexe de chacun des voussoirs.

BICOMPOSANT adj.
Se dit de matériaux constitués de deux produits à mélanger avant l'emploi, tels que les résines époxydes* et leur durcisseur.

BICOUCHE n.m. et adj.
1/ÉTANCH.: revêtement d'étanchéité des toitures-terrasses* par superposition de deux chapes* de bitume armé, soit en couches croisées, soit en couches parallèles à joints décalés.
V. aussi Multicouche.

2/MAÇONN.: enduit* d'imperméabilisation des façades réalisé par projection mécanique de deux couches de composition granulométrique distincte, à 24 h au moins d'intervalle (ce qui le différencie de l'enduit *monocouche**).

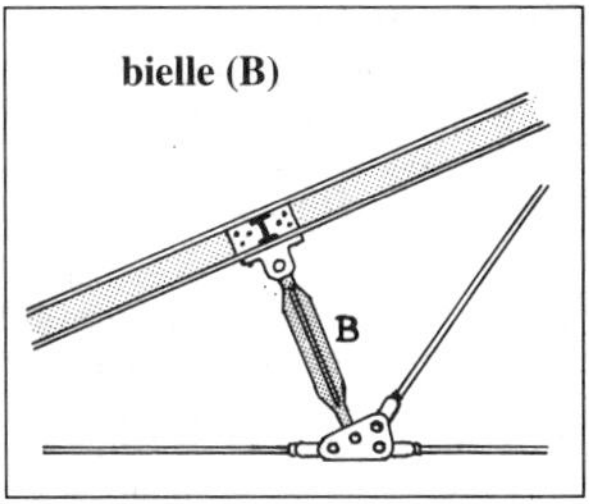

BIDET n.m.
1/ Petit établi portatif de menuisier pour les menus travaux exécutés sur chantier.

2/ Appareil sanitaire à cuvette basse ; les débits de son alimentation et de son évacuation sont analogues à ceux d'un lavabo. Le bidet est dit *suspendu* lorsqu'il prend appui sur un mur, au lieu de reposer sur le sol.

BIELLE n.f.
En charpente métallique, pièce rigide, souvent à section en X, qui sert de contrefiche* de distribution des efforts entre deux membrures* d'une poutre* à treillis, ou au droit d'une panne*, entre l'arbalétrier* et le tirant* sous-tendeur (V.ill).
En principe, une bielle ne travaille qu'en compression.

BIÉNERGIE adj.
Qualifie un appareil de production de chaleur qui peut fonctionner avec deux types de combustibles.

BIENNALE adj.
Qualifiait, avant 1979, la garantie* minimale imposée par le code civil pour les "menus ouvrages", garantie désormais dite "de bon fonctionnement", "*les autres éléments d'équipement* (c'est-à-dire autres que ceux relevant de la garantie décennale) *font l'objet d'une garantie de bon fonctionnement d'une durée minimale de deux ans à compter de la réception de l'ouvrage*". C'est le cas, par exemple, des éléments de serrurerie, de robinetterie, des revêtements de sol minces collés, etc.

BIFILAIRE adj.
Qualifie un circuit électrique composé de deux conducteurs isolés, parcourus par des courants de sens contraire.

BIGÉMINÉ adj.
Qualifie une baie divisée par des meneaux* en quatre parties à peu près égales, groupées deux par deux.

BIGORNE n.f.
Extrémité semi-tronconique d'une enclume*; le mot désigne souvent aussi l'enclume elle-même.

BIGORNEAU n.m.
Petite enclume de serrurier qui se fixe entre les mâchoires d'un étau.

BIGORNER v.tr.
Forger ou ouvrager une pièce sur une bigorne.

BIGOT n.m.
1/ Pioche* à deux pannes pointues.

2/ En Vendée, désigne chacune des pelletées de bauge* dont l'empilement compose la maçonnerie des bourrines*.

BIGUE n.f.
Chèvre* simplifiée, dont les deux jambages solidarisés supportent une poulie de levage.

BILAME n.m.
Organe principal de nombreux thermostats* et dispositifs de régulation : il est composé de deux lames de métaux ayant des coefficients de dilatation différents, solidarisées à leurs extrémités. Toute variation de température provoque la flexion de cet assemblage dans un sens ou dans l'autre. Ce mouvement, agissant sur un disjoncteur, permet d'établir ou de couper le passage d'un courant selon la température, pour commander ou réguler le fonctionnement d'organes de chauffage, de climatisation, ou de sécurité.

BILAN THERMIQUE.
Mesure des échanges calorifiques entre un milieu clos et l'extérieur. Calcul du coefficient* des déperditions* thermiques d'un logement ou d'un bâtiment. V. Isolation thermique, Réglementation Thermique*.

BILBOQUET n.m.
Gros éclat d'une pierre de taille, de forme irrégulière, mais utilisable comme moellon*.

BILLAGE n.m.
Mesure de la dureté* superficielle d'un matériau par la méthode d'essai à la bille.

BILLE n.f.
1/BOIS : tronçon du fût d'un arbre, avant qu'il soit équarri* ou débité en plots*.

2/PLOMB.: morceau de bois de forme ovoïde dont se servent les plombiers pour calibrer et aléser les tuyaux de plomb ; ils utilisent aussi des chapelets de billes pour cintrer les tuyaux.

BILLER v.tr.
1/ Déplacer un bloc de pierre ou une grosse pièce de bois par rotation et basculement.

2/ Rectifier avec un chapelet de billes de bois la section d'un tuyau de plomb.

BILLETTES n.f.pl.
Décor formé d'une succession de petites portions saillantes de demi-cylindres, ou *boudins**, disposés en lignes ou en damier (V.ill).

BILLON n.m.
Court tronçon de bois d'œuvre.

billettes

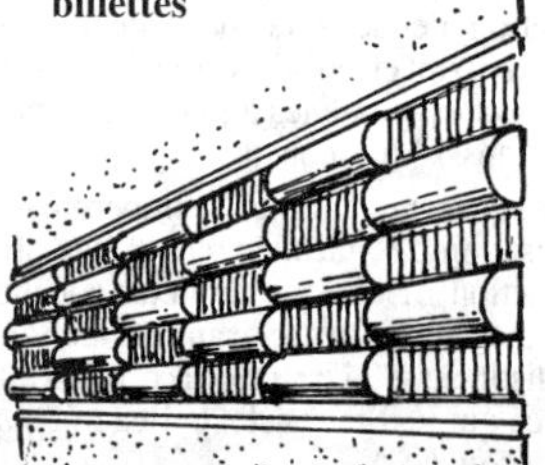

BILLOT n.m.
Courte bille de bois, support de bigorne*. ***Billot à chantourner*** : cylindre de métal plein utilisé par les serruriers pour découper et cintrer les petits ornements.

BILOBÉ adj.
Se dit d'un motif qui a deux lobes*.

BINAIRE adj.
1/ Qualifie un rythme d'ordonnancement architectural à deux temps, en alternance régulière.

2/ Qualifie un matériau à deux composants, un béton à deux liants, etc.

BINARD ou **BINART** n.m.
Chariot à deux roues muni d'un treuil et d'un plateau à rouleaux, pour le transport de blocs de pierre.

BINDER n.m.(= *liant*, en anglais)
Peut désigner soit une couche d'accrochage* à base de résines, soit le liant de mortiers de résines ou de matériaux hydrocarbonés.

BIOCIDE n.m. et adj.
Produit de traitement ou adjuvant* servant à détruire les micro-organismes (acariens, bactéries...).

BIOCLIMATIQUE adj.
Qualifie l'architecture rurale utilisant les ressources de l'environnement immédiat, pour un meilleur confort et pour économiser l'énergie : levées de terre ou rangs d'arbres abritant des vents, avancées de toitures formant ombrage aux heures chaudes, fenils servant d'isolant thermique au-dessus des logements, etc. La conception des chalets anciens, dont le chauffage était assuré par le bétail logé sous les planchers de l'habitat, est un bon exemple d'architecture bioclimatique.

BIPASSE n.m.(ou ***By-pass****)
Dérivation d'un circuit, permettant de dévier le passage du fluide dans un appareil (adoucisseur*, ballon* échangeur, circulateur*, etc.), en particulier pour pouvoir l'entretenir ou le réparer sans interrompre le cours du fluide vers sa destination (V.ill).
Désigne aussi les vannes* qui commandent cette dérivation.

BIPASSER (ou ***By-passer***) v.tr.
Dériver par un bipasse.

BIPOLAIRE adj.
Qualifie un appareil électrique présentant deux pôles, l'un positif et l'autre négatif. Un interrupteur est dit *bipolaire* lorsqu'il agit sur les deux conducteurs d'un circuit.

BIRLOIR n.m.
Tourniquet actionnant une fenêtre* à guillotine.

BISAIGUË ou **BESAIGUË** n.f.
Outil de charpentier, à forte tige d'acier et à poignée latérale ; une de ses extrémités est biseautée* en bédane*, tandis que l'autre est un large ciseau utilisé pour le parement des pièces de bois (V.ill).

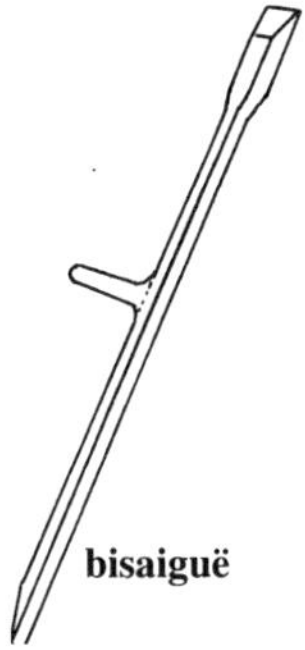
bisaiguë

BISCUIT n.m.
En céramique, désigne toute pièce cuite sans émail. Bloc pierreux qui résulte d'une calcination incomplète de la chaux.

BISEAU n.m.
Arête* abattue suivant un plan oblique, une coupe biaise ; about* de pièce taillé en sifflet. Contrairement au chanfrein*, il se raccorde aux plans adjacents par des angles inégaux.

BISEAUTAGE n.m.
Coupe en biseau.

BISEAUTER v.tr. Tailler en biseau.

BISTRAGE n.m.
Encrassement goudronneux brunâtre des cheminées et conduits de fumée ; il est d'autant plus rapide que les combustibles ou les parois des conduits sont humides. On y remédie soit avec des enduits spéciaux ou des traitements ***antibistre***, soit par le tubage* des conduits.

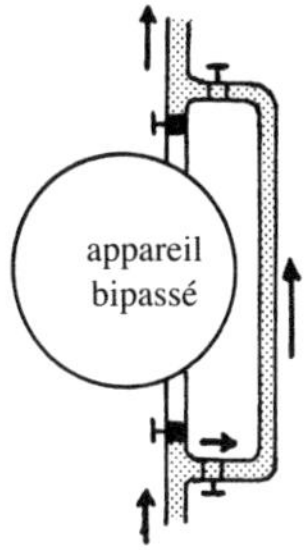

bipasse

BISTRE n.m.
Résidu brunâtre de combustion du bois, chargé de carbone et d'huiles

imprégnées de goudron et de soufre ; il se dépose sur les parois des conduits de fumée, en imprégnant et en tachant en profondeur les plâtres et poteries.

BITUMAGE n.m.
Application, imprégnation, enrobage ou enduction réalisée avec un produit bitumineux.

BITUME n.m.
Le bitume proprement dit est un mélange d'asphalte* et de résidus moins lourds du pétrole brut, solide à température ambiante. Plus généralement, désigne tout mélange d'hydrocarbures* extraits du pétrole par fractionnement qui, sous forme pâteuse ou solide, est liquéfiable à chaud, et a la propriété d'adhérer sur les supports sur lesquels on l'applique ; tous les bitumes ont en commun d'être dissous par le sulfure de carbone.

On distingue :

•le ***bitume naturel***, ou ***natif***, extrait de roches calcaires *bituminifères*, qui en contiennent juqu'à 20%.

•le ***bitume de pétrole***, résidu lourd et peu volatil obtenu par *distillation* ou *fractionnement* lors du raffinage du pétrole ; c'est, en Europe, le principal mode de production.

Désignations, variétés et emplois des bitumes.

• Associé à des goudrons de houille, on en fait des revêtements routiers et des enrobés à chaud.

• Par addition d'huiles, on obtient les ***brais*** ** de pétrole* ou ***cut-backs****, utilisés en enductions imperméables, en protection des canalisations et tuyauteries enterrées, et comme adhésif (autrefois, collage des dalles de sols en vinyl-amiante*).

• Par addition de fillers* et de charges inertes, on obtient l'*asphalte artificiel*, et des ***mastics bitumineux*** compacts, sans aucune porosité ; ils doivent être ramollis par chauffage pour être étalés à la spatule en enduits étanches, ou comme adhésifs des étanchéités multicouches posées *en adhérence*, ou encore en garnissage de joints ou en rebouchage de fissures ; ce sont les *enduits d'application à chaud*, ou **EAC.**

• Les ***émulsions*** et ***dissolutions de bitume*** (émulsions* de bitume dans l'eau, ou bitume dissous dans des solvants) sont des liants fluides à température ambiante, utilisés surtout sous forme de peintures et badigeons d'étanchéité. En étanchéité des toitures-terrasses*, ils composent la famille des *enduits d'imprégnation à froid*, ou **EIF.**
De viscosité intermédiaire, les *enduits d'application à froid*, ou **EAF**, sont appliqués sous forme d'enduits superficiels minces, et gravillonnés.

• Les ***bitumes élastomères*** : mélanges stables de bitume avec des résines* polymères* (EBA, EVA, EPR, PCS, SBS), améliorant les caractéristiques d'élasticité ainsi que de stabilité à la chaleur du bitume.

• Le ***bitume armé***, dit *chape souple* : matériau d'étanchéité préfabriqué en lés, pour les multicouches* sur toitures-terrasses*. Il est omposé d'une armature en toile de verre, polyester ou jute traité, imprégnée et enduite sur deux faces de *bitume-oxydé*, ou *bitume soufflé*, chargé de filler*.
Fourni en rouleaux de 10 m², en 3 épaisseurs principales, désignées par le poids du rouleau : *type 30* (30 kg), *type 40* (40 kg), et *type 50* (50 kg).

• Le ***feutre bitumé*** (ou *bituminé*) : matériau d'étanchéité analogue au bitume armé, mais dont l'âme est constituée de feuilles de feutre. Commercialisé en deux qualités (**I**, feutre imprégné ; **S**, feutre surfacé sur deux faces, dont une calandrée), en rouleaux de 1 x 20 m, soit 20 m². Il est désigné par le poids du rouleau : 18I ou 18S, 27I ou 27S, 36I ou 36S, 45I ou 45S.

• Les ***voiles de verre bitumé***, pour la confection d'étanchéités multicouches, avec les bitumes armés.

• Le ***multicouche-bitume*** désigne un revêtement d'étanchéité multicouche* par superposition de feuilles de feutre bitumé et d'armatures.

•Le ***bardeau bitumé*** : matériau de couverture en panneaux imitant l'aspect et les dimensions des ardoises (V. Bardeau).

-Les ***mortiers*** et ***bétons bitumineux*** dont le liant est un mélange de ciment, ou de chaux, et de poudre d'asphalte avec du filler calcaire.

BITUMÉ adj.
Enduit ou enrobé de bitume.

BITUMER v.tr.
Revêtir d'une couche de bitume.

BITUMINEUX adj.
Qui contient du bitume, ou qui présente les caractéristiques du bitume.

BIVEAU ou **BEUVEAU** n.m.
Fausse équerre* des tailleurs de pierre : ses deux lattes articulées permettent de relever l'angle dièdre* de deux faces d'une pierre, pour le reporter et appareiller la rencontre avec la pierre voisine, en taillant l'angle supplémentaire.
Souvent, c'est le simple assemblage de deux lattes selon un angle donné à reproduire plusieurs fois ; une des lattes peut être courbée, pour l'exécution des douelles* de voussoirs*.

BLAIREAU n.m.
Pinceau de poils de blaireau pour l'application des vernis. Brosse de doreur servant à enlever des pellicules d'or non fixées.

BLANC n.m. et adj.
1/ n.m. Désigne divers pigments* colorants, soit ***minéraux*** (blancs de craie, de gypse, de chaux...), soit des oxydes ***métalliques*** (blanc d'argent, blanc de baryte - dit blanc fixe -, blanc de titane, blanc de zinc).

Le ***blanc de bourre*** était un enduit pour plafonds composé de chaux, d'argile blanche, de sable et de bourre de poils d'animaux.

2/ adj. V. Bruit blanc, Salle blanche.

BLANCHIMENT n.m.
1/ Actions citées ci-dessus, et leur résultat.

2/ Apparition de zones blanchâtres sur un béton, un enduit...

BLANCHIR v.tr.
1/PLOMB.: déposer une mince couche d'étain sur une pièce en plomb.

2/MENUIS.: dresser* le bois, et éliminer par rabotage toutes les aspérités de surface, ou traces de sciage. ***Blanchir une grume***, c'est mettre à nu son bois sur une certaine surface, plane, dans le sens du fil.

BLEU n.m.
1/ Appellation courante d'une copie de plan en reprographie.

2/ Craie bleue en poudre dont on imprègne les cordeaux, avant de *battre* la ligne*.

BLEUISSEMENT n.m.
Coloration que prend le bois fraîchement coupé de certaines essences de pins, et de peuplier. Il n'a d'autre inconvénient qu'esthétique. Si besoin, on traite les bois bleuis avec des solutions dites *antibleu*.

BLINDAGE n.m.
1/ÉLECTR.: enveloppe métallique, en général tressée, destinée à protéger un câble* ou un appareil contre l'influence de champs électromagnétiques externes, ou contre ses propres effets électromagnétiques.

2/TERRASS.: ouvrage de soutènement des parois verticales des terrassements, fouilles, puits, etc., destiné à éviter les éboulements et effondrements.
Les blindages usuels sont composés d'un *boisage** vertical ou horizontal de planches parallèles, ou de panneaux, maintenus par des bastaings* perpendiculaires (longrines*, couches* ou semelles*) ; l'**étaiement des blindages** est soit horizontal, dans le cas d'une tranchée, d'un puits ou d'une fouille étroite, à l'aide d'étrésillons* ou de butons*, entretoises bloquées par des coins et des clameaux*; soit incliné, dans le cas des fouilles larges, réalisé avec des contre-fiches* prenant appui sur un platelage*.

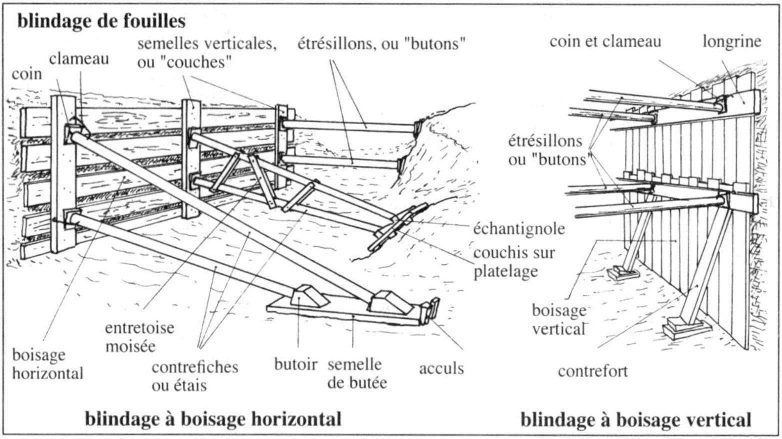

Deux méthodes, moins courantes, concernent des fouilles importantes ; elle consistent à construire une paroi périphérique en béton, et présentent l'intérêt de pouvoir laisser libre d'étaiement le volume délimité par le blindage :

-le ***blindage berlinois***, ou *paroi berlinoise*, qui convient en terrain ferme et cohérent, est fait de profilés* en H battus dans le sol ferme, entre lesquels on insère des panneaux préfabriqués en béton. Le maintien est assuré par butonnage*, ou par des tirants* ancrés à l'extérieur de la fouille. Ce système a diverses variantes.

-le ***blindage moulé***, ou *paroi moulée*, en terrain peu stable, consiste à réaliser un mur en forant, avec un matériel spécial, une tranchée remplie au fur et

Obligation de blindage selon la profondeur et la largeur des fouilles (décret du 8/01/1965)

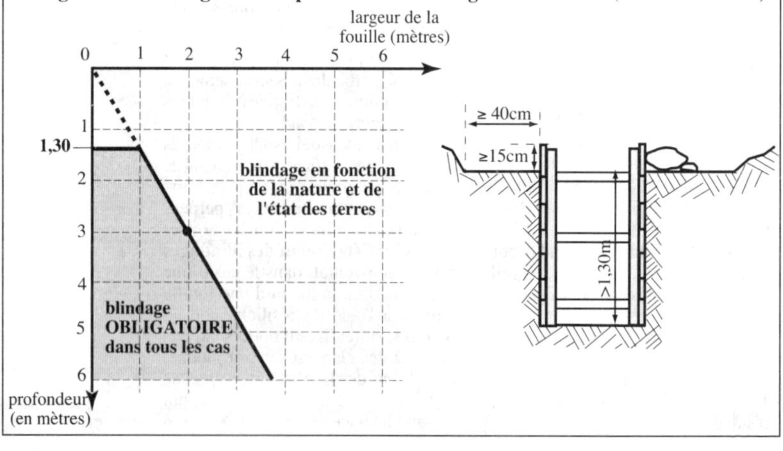

à mesure d'une boue thixotropique* de bentonite* qui colmate le terrain, s'oppose, par contre-pression, aux éboulements, et sert de véhicule pour la remontée des matériaux excavés.

3/SERRUR.: renforcement d'un vantail contre les agressions, par doublage avec une tôle d'acier.

BLINDER v.tr.
Protéger des fouilles contre les éboulements des parois ; une porte, des persiennes, contre les perforations ; un câble*, contre l'écrasement, etc.

BLISTERING n.m.(de l'anglais)
Formation, dans une peinture ou un vernis, de petites cloques dans lesquelles est emprisonné le solvant.

BLOC n.m.
1/MAÇONN.: élément parallélépipédique, plus gros qu'une brique pleine ou qu'un moellon. Le *bloc* désignait la *pierre* de taille*, à tous ses stades d'élaboration ; aujourd'hui, le mot désigne les *éléments manufacturés* de dimensions normalisées, pour murs et cloisons :

• les **blocs en béton de granulats**, dits *parpaings*, *agglos*, *plots...*

On distingue (V.ill) :

- les blocs en béton ***de granulats courants*** (masse volumique supérieure à 1.700 kg/m^3), et les blocs en béton ***de granulats légers***, de masse volumique moindre : blocs à granulats de laitier* expansé, de pouzzolane*, ou de mâchefer*.

- les ***blocs pleins*** (sans alvéoles), ***blocs creux*** (à un ou plusieurs rangs d'alvéoles fermés d'un côté par un *voile* de pose), ***blocs perforés*** (dits *semi-pleins*, *acoustiques*, *pleins perforés*, *pleins allégés...*).

- les ***blocs spéciaux***, qui ont des formes adaptées à des points particuliers : blocs d'angle, d'about de murs, planelles*, blocs à feuillure, blocs-linteaux (bloc en U)...

Les blocs sont fabriqués par de très nombreuses entreprises industrielles

BLOCS

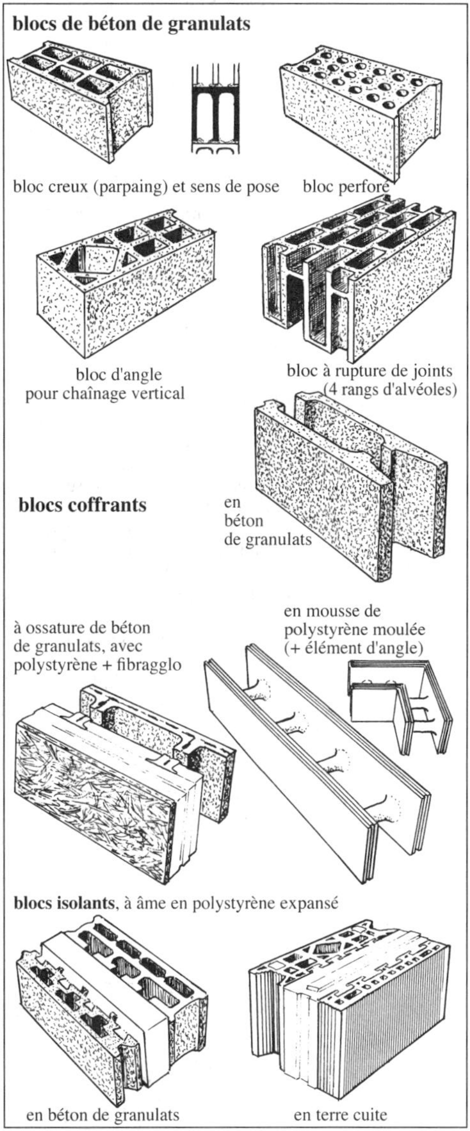

régionales ou locales, avec des équipements de mélange, de moulage, d'étuvage et de démoulage (*pondeuses* à béton).

• les **blocs de béton cellulaire** (V. détails à Béton). Caractérisés par leur faible masse volumique, le plus souvent 400 kg/m^3, ces blocs ont des performances mécaniques suffisantes en travaux courants (≥ 30 daN/cm^2 en compression), avec une conductivité* thermique inférieure à 0,15 W/m°C. Leur mise en œuvre est rapide et facile, par découpe à la scie égoïne et collage avec des mortiers-colles spéciaux.

• les **blocs de terre cuite** désignent parfois les briques* autres que les briques pleines. V. au mot Brique.

• les **blocs coffrants** : éléments creux en diverses matières (fibragglo, béton de granulats légers), souvent associées à un isolant thermique, voire entièrement en mousse isolante moulée. Après montage à sec, à assises réglées, ces éléments servent de coffrage perdu au béton, coulé dans leurs alvéoles (V.ill).

• les **blocs isolants** : blocs autoporteurs faitss d'un sandwich de deux blocs porteurs de béton de granulats, ou de terre cuite, séparés par une âme isolante polystyrène expansé (V.ill).

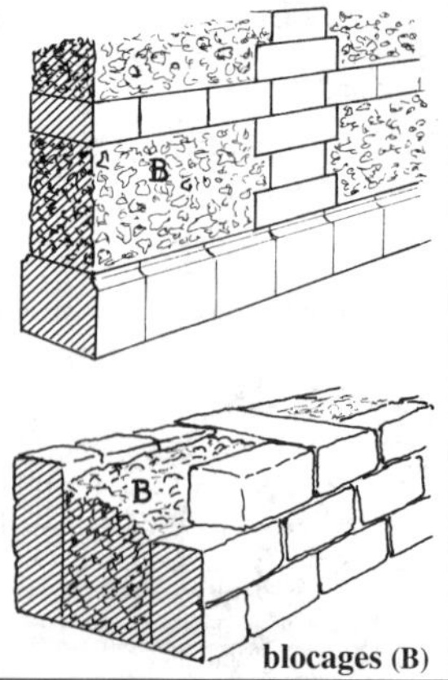

blocages (B)

2/MENUIS.: ***bloc-baie***, ***bloc-croisée***, ***bloc-porte***, ***bloc-fenêtre***, etc. sont des ensembles préfabriqués comportant un bâti dormant* avec pattes* de scellement, un ou plusieurs châssis ouvrants, leurs ferrures et condamnations (crémones, serrures, etc.), et, parfois, leur système d'occultation, store, persiennes...

3/PLOMB.: un ***bloc sanitaire***, un ***bloc-douche***, un ***bloc-bain***, un ***bloc-cuisine*** ou un ***bloc-évier***, etc., sont des unités préfabriquées, rassemblant souvent plusieurs appareils, leur coffrage ou leur «habillage», leurs canalisations de raccordement, et leur robinetterie.
Un ***bloc-eau***, ou ***bloc d'eau***, est une gaine* regroupant les canalisations montantes et descendantes d'alimentation et d'évacuation des eaux.

4/SERRUR.: le ***bloc de sûreté*** est l'équipement de condamnation d'une baie : verrous, serrures, crémones, etc.
Dans une serrure, le bloc de sûreté désigne le barillet*, cylindre central d'une *serrure* de sûreté*, ou *serrure à barillet*.

5/ÉLECTR.: un ***bloc autonome*** est une batterie* en charge permanente, ou un générateur*, qui alimente un réseau d'organes de sécurité (balisages* lumineux).

BLOCAGE n.m.
1/ Sol ou dallage constitué de pierres pilonnées en place.
2/ Remplissage* de maçonnerie en blocaille*, cailloux et pierres sans forme définie, noyés dans un bain de mortier entre des chaînes* de pierre taillée, de briques ou de béton.
Désigne aussi le remplissage de murs anciens, fait de caillasse hourdie au mortier de terre, ou *fourrure*, entre deux parois appareillées (V.ill).

BLOCAGEUX,
ou **BLOCAILLEUX** adj.
Maçonné avec de la blocaille*.

BLOCAILLE n.f., ou **BLOCAUX** n.m.pl. Pierres sans forme précise,

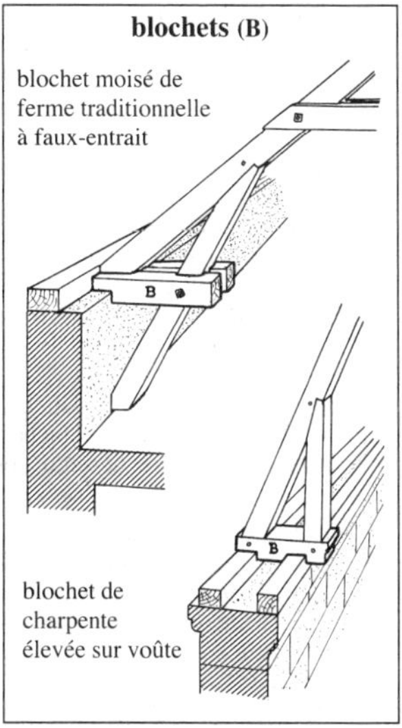

de format moyen, mais trop petites pour être assisées en parement, et donc utilisées en blocage, ou comme granulats dans les gros bétons et bétons* cyclopéens.

BLOCHET n.m.
Dans les fermes* à faux-entrait*, pièce horizontale solidarisant le pied d'un arbalétrier* et une jambe* de force. Il est souvent moisé*, et fixé par boulonnage. Des charpentes anciennes de voûtes ont des blochets courts, assemblés à mi-bois, portant les arbalétriers et leurs jambes de force (V.ill).

BLONDIN n.m.
Dispositif de transport aérien des matériaux de carrière, par une benne suspendue sur câble.

BLOQUER v.tr.
Accoler des voussoirs, moellons, pavés, etc., en les serrant le plus possible les uns contre les autres.

BLUTAGE n.m.
Tamisage*, dans des tambours spéciaux, de matériaux pulvérulents, en particulier de la chaux*: ce blutage sépare la *fleur de chaux**, et écarte les grappiers* et incuits*.

BOIS n.m.
Matière qui compose l'ossature des végétaux ; désigne surtout la partie massive des troncs ou fûts des arbres, utilisable comme matériau.

• Structure du bois
Le bois est un tissu fibreux composé de cellules allongées de *cellulose**,

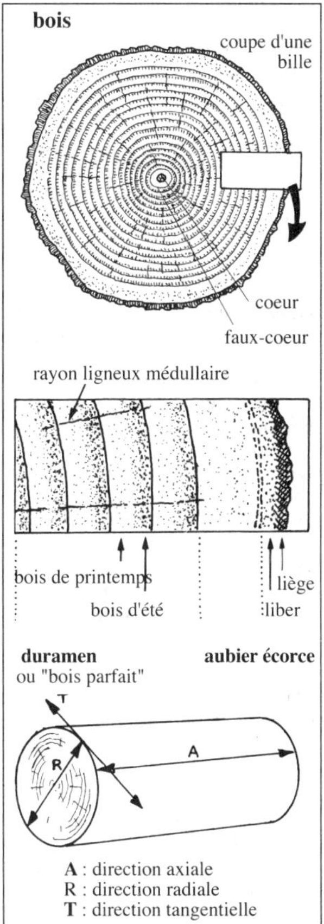

imprégnées de *lignine*, qui assure leur cohésion, et de substances dont les proportions donnent aux bois leurs caractères spécifiques.
La coupe transversale du bois (V.ill) montre des zones qui sont, de l'extérieur vers le centre :
- l'***écorce***, ou *suber*, enveloppe protectrice de tissus cellulaires plus ou moins élastiques. Ses tissus, morts à l'extérieur, composent le *liège* ; au-dessous, le *liber* est une couche de cellules vivantes, parcourue de vaisseaux où circule la sève de l'arbre, par capillarité*.

- l'***aubier***, couche fibreuse de bois ferme mais inachevé. Sa zone interne se transforme, chaque année, en un cerne de *bois parfait*. Sa couche externe, le *cambium*, génère les cellules d'aubier. Sa couleur est souvent distincte ; plus tendre, et sujet aux attaques de champignons et d'insectes xylophages*, on doit l'éliminer des bois d'œuvre.

- le ***duramen***, ou *bois parfait*, ou *cœur*, composé de *cernes* concentriques de cellules soudées et compactes, plus ou moins différenciés en couches de bois de printemps, plus tendre, et de bois d'été, à grain plus serré, souvent plus coloré.
Les cellules du bois parfait sont des cellules mortes, imprégnées de matières qui assurent leur conservation et leur cohésion.

- la ***moelle***, au centre du cœur, matière spongieuse qui disparaît avec l'âge, laissant un canal tubulaire vide cerné de bois très dur.

• Propriétés physiques du bois.

- la ***dureté***.
C'est, en simplifiant, la résistance du bois à la pénétration des outils ; la dureté du bois est à peu près proportionnelle au carré de sa densité.

- la ***densité****, qui peut aller de 0,1 (balsa) à 1,3 (gaïac* des Antilles). Les bois usuels en charpente et en menuiserie ont des densités comprises entre 0,4 (peuplier, sapin blanc du Nord) et 0,8 (chêne).

- la ***rétractibilité*** : perte de volume affectant le bois quand sa teneur en eau diminue (à l'inverse, il y a *gonflement* si le bois absorbe de l'eau).

La variation dimensionnelle s'exerce presque entièrement dans le sens *tangentiel* aux cernes*, peu dans le sens *radial*, et très peu dans le sens *axial* : le séchage se traduit par un resserrage des fibres les unes contre les autres (*retrait*) ; inversement, toute reprise d'eau les écarte les unes des autres (*gonflement*).

La rétractibilité provoque le gauchissement* des plateaux et des planches, et les jeux de dilatation et de retrait des ouvrages et de leurs assemblages.

Le ***coefficient de rétractibilité*** est "*la variation relative de volume, ou de l'une des dimensions fondamentales d'une pièce de bois, pour chaque variation de 1% de l'humidité*" (*déf. AFNOR*).

Dans le langage courant, la rétractibilité est désignée par le caractère plus ou moins "*nerveux*" des bois : on classe les bois, en fonction de leur taux de retrait par degré d'humidité en moins, en :

-*peu nerveux* (< 0,35% : peuplier, noyer), -*nerveux* (de 0,35 à 0,55% : la plupart des résineux*, chêne), -*très nerveux* (> 0,55% : chêne dur).

- le ***taux d'humidité*** : en ambiance humide, le bois absorbe de l'eau ; et il perd de l'eau en atmosphère sèche.
Le taux d'humidité est la quantité d'eau que renferme un bois par rapport à la masse du même bois après dessiccation totale.

La *norme* stipule qu'un bois du commerce est : *mi-sec*, si son taux est compris entre 22% et l'humidité ambiante de saturation ; *sec*, entre 17 et 22% ; *sec à l'air*, entre 13 et 17% ; *desséché*, si le taux est inférieur à 13%.

- d'***autres caractéristiques*** sont parfois considérées : *fissilité* (aptitude à se détacher en feuillets), *dilatabilité* (à la chaleur, très faible en regard du gonflement à l'eau).

• Propriétés mécaniques des bois.

Elles diffèrent d'une part en fonction de l'essence de bois considérée, sa densité et son module d'élasticité propre et, surtout, selon le sens dans lequel les forces s'exercent par rapport au fil* du bois (direction des fibres).

La résistance maximale aux principales contraintes, dont nous donnons un ordre de grandeur en bars, pour les résineux et le chêne, sont :

flexion statique : 85 à 150 ; compression longitudinale : 80 à 140 ; compression transversale : 15 à 50 ;
traction longitudinale : 25 à 160 ;
traction transversale : 0 à 15 ;
cisaillement longitudinal : 10 à 20.

• Débits des bois.

C'est la coupe longitudinale des billes de bois en éléments d'épaisseur ou de sections qui les rendent manipulables et utilisables tels quels, ou pour un usinage.
On distingue le ***débit premier***, qui consiste à scier les billes en plateaux*,

débits lamellaires
(pour contreplaqués,
bois de placage, etc.)

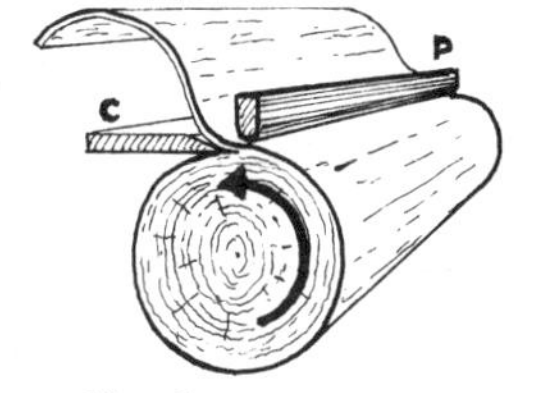

déroulage (bois déroulés)

tranchage (bois tranchés)

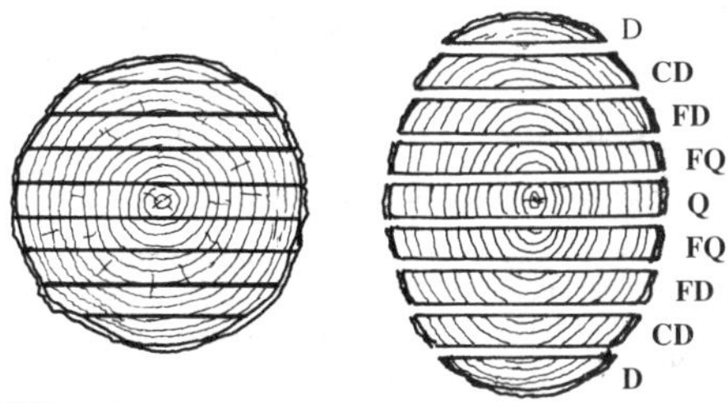

débits premiers du bois

désignations suivant épaisseur :
• Feuillets
8 - 10 - 12 - 15 - 18 mm
• Planches
22 - 26 - 30 - 35 - 40 - 45 mm
• Plateaux
55 - 65 - 75 - 90 - 105 - 120 mm

débit en plots :
dosses (**D**), contre-dosses (**CD**), fausses-dosses (**FD**), faux-quartiers (**FQ**), quartier (**Q**)

débit sur dosses

débit sur maille ou "sur quartier"

débit dit "hollandais"

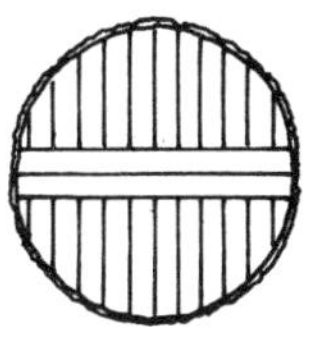

débit dit "approximatif sur maille"

soit *sur plots**, soit *sur dosses* (ou sur *cercles annuels*), soit, pour des bois de qualité, *sur quartier*, sur *faux-quartier* ou *sur maille*.

Le ***débit second*** consiste à refendre les plateaux et débits premiers en pièces de sections rectangulaires admises par l'usage, les *avivés*, ou *délignés*, ou *alignés parallèles*.

Les sections usuelles (en mm) des débits seconds des bois indigènes et tropicaux, avant corroyage*, sont les suivantes (les bois du Nord ont des mesures distinctes, dérivées de mesures anglaises) :

-***madriers*** : 105x225 - 75x225 - 75x205.
-***bastaings*** : 65x185 - 65x165 - 55x155.
-***chevrons***: 75 x75, x65 ou x55- 65x55.
En chêne : 90x90 - 65x65 - 55x55.
-***demi-chevrons*** : 35x75 - 35x55.
-***planches d'échafaudage*** : 40x225 ou 40x205.
-***pl. lorraines*** : 35x305 - 26x305.
-***lambourdes*** chêne : 35x75 - 26x75.
-***planchettes, feuillets*** :
26x225 - 18x225 - 15x225 - 22x222.
-***frises*** :
22x155 - 18x155 - 15x155 - 26x105.
-***voliges*** : 26x105 - 18x105 - 12x105.
-***demi-voliges*** : 18x50 - 15x50.
-***lattes*** : 14x70 - 14x40 - 12x50 - 12x30.
-***tasseaux*** : 30x30 - 26x26.

D'autre sections sont destinées aux travaux de couverture : chanlattes*, chevrons chanlattés (triangulaires), tasseaux de joints (trapézoïdaux).

• Séchage des bois.

Après leur débit, les bois doivent subir un séchage qui amène leur taux d'humidité au niveau voulu (V. plus haut) pour qu'ils soient commercialisables et utilisables.

Le séchage est :

- soit ***naturel***, par simple exposition à l'air des bois empilés de telle sorte que l'air puisse circuler entre les pièces ou plateaux.
Ce séchage est long (six mois à un an par cm d'épaisseur, selon les bois).

- soit ***artificiel***, pour accélérer le processus ; les principaux procédés sont l'*étuvage* en vastes caissons à circuit de vapeur basse pression, durant 3 à 8 jours ; la *ventilation* par la circulation d'air chaud, dans un *séchoir* fermé ; une variante est le séchage à l'ozone*, qui détruit les micro-organismes.

• Classement des bois.

Une essence désigne une famille d'espèces d'arbres, et leurs bois, qui ont des caractères analogues.
Les principales essences sont les ***feuillus***, subdivisés en feuillus à feuillage caduc (qui se renouvelle tous les ans), et à feuillage persistant ; et les ***résineux***.
Selon la provenance, les bois sont :
-*indigènes*, ou *bois de pays* :
-*bois du Nord* : bois d'importation dont l'origine est au-dessus du 57e parallèle de latitude nord (surtout Scandinavie et Russie du nord).
-*bois tropicaux*, dont l'origine est située entre les tropiques (autrefois, on distinguait bois *coloniaux*, originaires des anciennes colonies, et bois *exotiques*, venus d'ailleurs).

Classement qualitatif : les bois d'œuvre font l'objet d'un classement en trois *catégories* :
1- bois sains, de haute résistance ;
2- bois sains de densité courante ;
3- bois de qualité courante.

• Défauts et altérations.

-Défauts, accidents et vices ***de croissance*** : blessures plus ou moins cicatrisées, cadranure*, cœur étoilé, gerçures*, gélivures*, lunure* (ou *gélure*, *double aubier*), roulures* (décollements entre cernes annuels), etc. (*V.ill. page suivante*).

-Défauts ***de structure et d'aspect*** :
-cœur excentré, excroissances (loupe*, broussin*), contrefils, rebours ou fil tors, etc.

-nœuds* sains, vivants (dits *adhérents*), sans inconvénient autre qu'esthétique ; ou au contraire nœuds morts ou vicieux, à éliminer et à reboucher (bouchonnage*).

BOIS : défauts et altérations

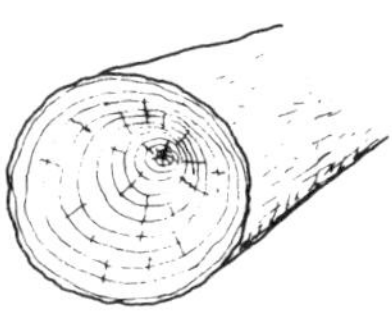

coeur excentré

blessure
(mal cicatrisée)

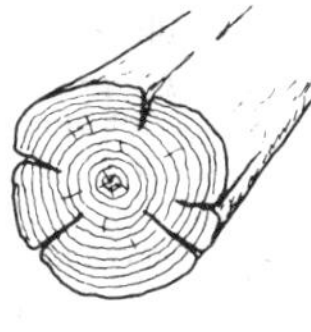

gélivures

lunure
ou "double aubier"

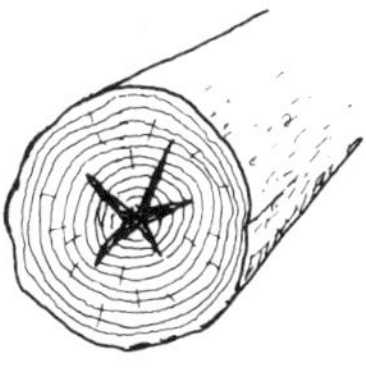

cadranure
ou "coeur étoilé"

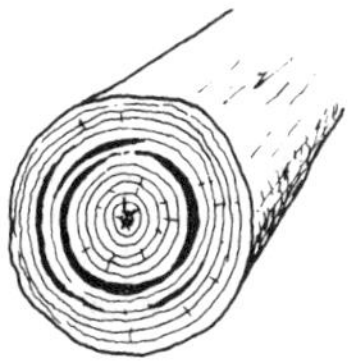

roulures

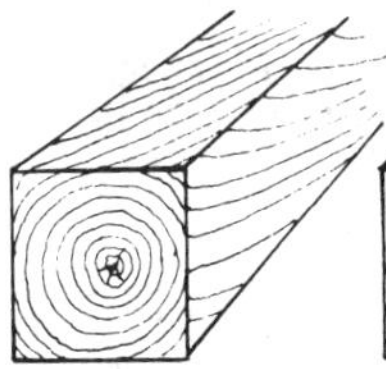

fil tors

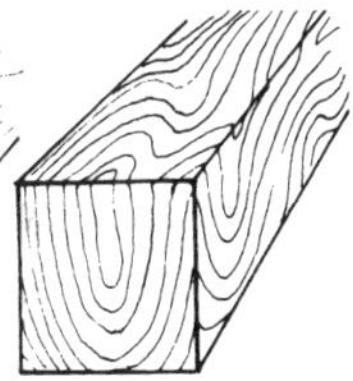

bois rebours

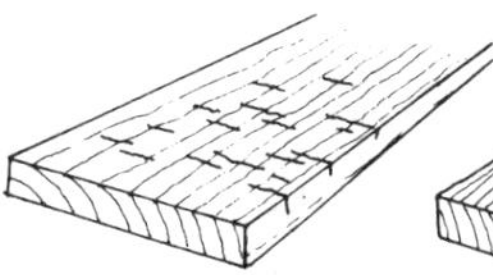

gerçures

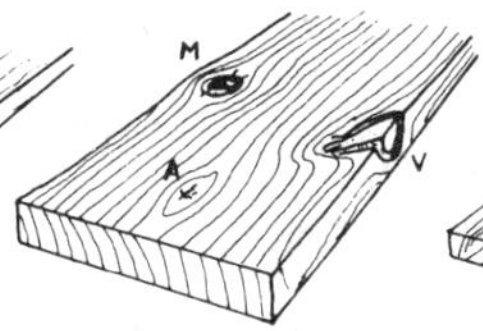

noeuds : *adhérent* ou *vif* (A)
mort (M), *vicieux* (V)

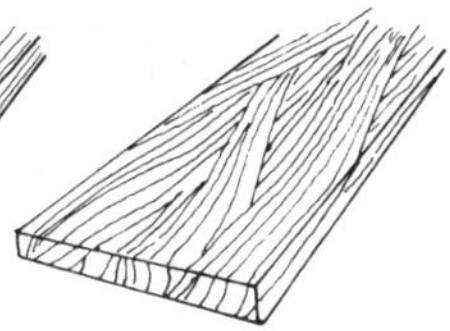

contrefil

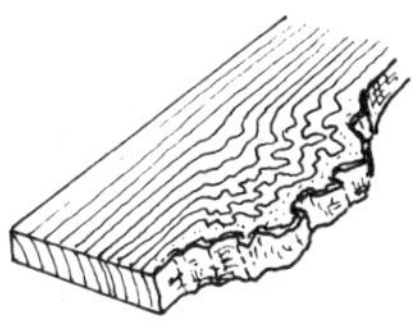

broussin (surface rugueuse)
ou **loupe** (surface lisse)

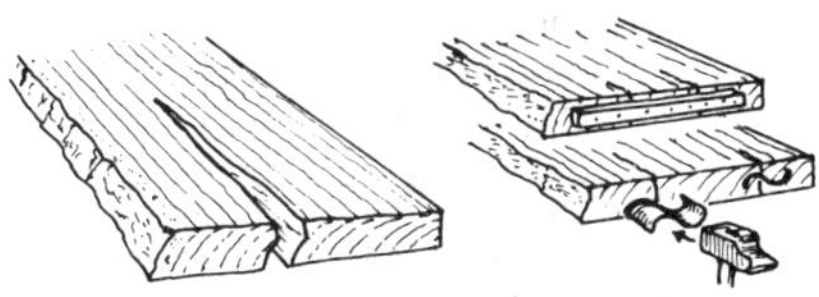

fentes de bout (de séchage), et deux façons d'éviter ces fentes

mérule (taches sombres cernées de matière ouateuse)

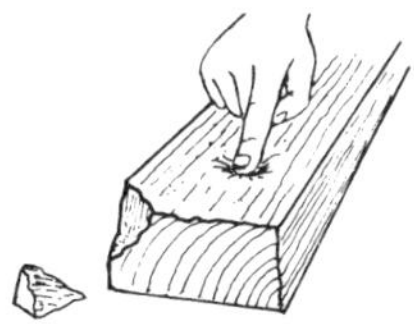

chancre
(bois mou et spongieux)

pourriture sèche

-colorations anormales : bleuissement* des pins, cœur foncé du sapin, cœur rouge du hêtre, etc.

-Défauts ***dus à un séchage*** rapide ou inégal : ce sont les collapses*, gerces et fentes, ainsi que les gauchissements et vrillages.

-Destruction par micro-organismes ***cryptogamiques****: échauffures*, pourritures* et mérule*.

-Attaques par des insectes ou par leurs larves ***xylophages****.

La **préservation** ou la **protection des bois** désigne l'ensemble des traitements servant à préserver les bois des dégradations par l'humidité, les champignons (mérule) et les insectes xylophages ; elle consiste en injections ou en application superficielle de produits fongicides* et/ou insecticides.

• **Dénominations diverses des bois**.

-***Bois amélioré*** : bois aux caractéristiques modifiées par densification ou imprégnation de résines.

-***Bois bakélisé*** : durci par une solution alcoolique de bakélite*.

-***Bois blanc*** : bois de faible dureté : bouleau, peuplier.

-***Bois de bout*** : bois dont la section vue est perpendiculaire au fil du bois.

-***Bois carré*** : bois équarri*, scié suivant une section rectangulaire.

-***Bois corroyé*** : bois équarri dont les faces ont été dressées par rabotage.

-***Bois déligné*** : bois brut de sciage sur ses quatre faces, sans aubier, et dont les faces ou les rives peuvent ne pas être parallèles deux à deux.

-***Bois densifié*** : bois amélioré dont la densité est supérieure à 1.

-***Bois déroulé*** : bois de placage en longues feuilles obtenues par *déroulage*, coupe tangentielle des billes soumises à une rotation axiale (V.ill).

-***Bois dur*** : par convention, bois dont la densité est supérieure à 0,55.

-***Bois d'échantillon*** : bois dont la section est définie par l'usage.

-***Bois d'équarrissage*** : dont les quatre faces d'équerre et planes ont une largeur d'au moins 15 cm, pour servir de poutres ou de poteaux.

-***Bois exotique*** : bois d'importation : okoumé, acajou, sipo, teck, etc.

-***Bois de fente*** : destinés à être fendus à la hache (ou *coutre*), autrefois sous forme de *merrains**.

-***Bois fin*** : bois à grain fin recherché pour l'ébénisterie et la sculpture.

-***Bois flache*** : bois mal équarri, dont les arêtes ne sont pas vives.

-***Bois gauche*** : bois déjeté ou vrillé après son équarrissage.

-***Bois gris*** : bois non écorcé, destiné au chauffage.

-***Bois grume*** : bois non équarri, en rondins ou tronçons de billes.

-***Bois lamellé*** : V. le mot Lamellé.

-***Bois du nord*** : appellation conventionnelle des bois résineux (épicéa, pin sylvestre) provenant du nord de l'Europe.

-***Bois d'œuvre*** : bois convenant pour la fabrication d'éléments de menuiserie et de charpente.

-***Bois parfait*** : bois proprement dit correspondant au *duramen*, par opp. à l'*aubier* (V. définitions plus haut).

-***Bois pelard*** : bois écorcé destiné au chauffage.

-***Bois reconstitué*** : élément ou panneau de bois obtenu par l'agglomération de particules de bois.

-***Bois refait*** : bois flache.

-***Bois rétifié*** : V. Rétification.

-***Bois surmassif*** : bois lamellé-collé à forts modules.

-***Bois tranché*** : bois de placage sous forme de feuilles minces obtenues par tranchages rectilignes et parallèles des billes.

-***Bois de travers*** : dont le fil est perpendiculaire à la face considérée.

-**Petit-bois** : bois mouluré à feuillures, qui divise en panneaux la surface vitrée d'une croisée.

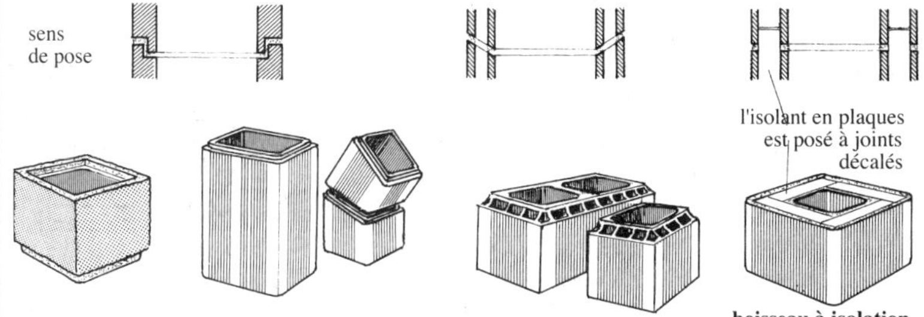

en béton, à chemisage en fibres-ciment

en terre-cuite (boisseau droit, et couple de dévoiement)

boisseaux alvéolés en terre cuite

boisseau à isolation thermique intégrée (plaques d'isolant ignifugé)

BOISAGE n.m.
Action de boiser ; et son résultat.

BOISER v.tr.
Garnir de bois les parois d'un blindage*. Construire un coffrage*, disposer des banches* en bois pour y couler du béton.

BOISERIE n.f.
Ouvrage de menuiserie en général. Revêtement mural intérieur en bois, en particulier sous forme de lambris*.

BOISEUR n.m.
Ouvrier spécialisé dans la confection des banches et coffrages en bois.

BOISSEAU n.m.
1/MAÇONN.-FUMIST.: élément creux et superposable par emboîtement, pour les conduits* d'évacuation des fumées et gaz de combustion.

Les boisseaux sont en terre cuite, en béton léger de pouzzolane*, ou en béton réfractaire avec chemisage* intérieur en fibre-ciment*.
Les boisseaux de conduits de fumée sont à *simple paroi* (épaisseur 3 cm), ou à *double paroi* (boisseaux alvéolés, ép. 6 cm) ; la section de leurs canaux est carrée (par ex. 20x20 cm) ou rectangulaire. Les sections normalisées vont de 250 à 1.600 cm^2.
Certains modèles sont biais, pour les dévoiements* (ces derniers ne doivent pas excéder 20° par rapport à la verticale).
La hauteur des boisseaux est de 25 ou 33 cm, pour les éléments à double paroi, et de 33 ou 50 cm pour les éléments à simple paroi.
V. aussi le mot Wagon.

Le ***boisseau unitaire*** adeux alvéoles, dont l'une sert de conduit collectif. C'est souvent un élément de hauteur d'étage : V. Conduits.

Les ***boisseaux de ventilation*** sont des éléments de conduits cylindriques, en fonte ou en fibre-ciment.

Le ***boisseau isolant*** est fourni avec un ceinturage d'isolant thermique en laine de roche, et un grillage externe qui sert de support et d'armature pour un enduit extérieur.
La mise en œuvre des boisseaux doit être conforme aux prescriptions du DTU de fumisterie).

2/PLOMB.: dans un robinet*, le *boisseau* est le trou conique dans lequel vient s'insérer la *noix* ou le corps du fuseau obturateur.

BOÎTE n.f.
1/CHAUFF.-CLIM.: la ***boîte à fumée*** est un volume compris entre la zone de combustion d'une chaudière et le carneau* ou le conduit de fumée.
Sa forme favorise le transfert des gaz de combustion vers l'évacuation.

La ***boîte de détente*** désigne un caisson à labyrinthe qui assure la détente progressive d'une masse d'air traité, dont on abaisse ainsi la pression avant son introduction dans un local ; la boîte de détente est soit à débit constant (*Air Constant Volume*, ou ***ACV***), ou à débit variable (*Variable Air Volume*, ou ***VAV***).

La ***boîte de mélange***, ou *mélangeair*, est un caisson dans lequel on insuffle à la fois de l'air chauffé et de l'air refroidi. Ces deux flux d'air s'y mélangent dans les proportions voulues pour atteindre la température de soufflage demandée par l'organe de régulation.

2/ÉLECTR.: ***boîte*** (ou ***boîtier) de jonction***, ou ***de dérivation***: petit coffret clos où sont raccordés les branchements et dérivations électriques.

3/MAÇONN.: la ***boîte à sable*** est un caisson rempli de sable, disposé sous les étaiements d'un cintre*. Une fois ces ouvrages achevés et bandés*, on procède à leur décintrement par écoulement progressif du sable de la boîte, par ses orifices.

4/MENUIS.: ***boîte à coupes**, ou **boîte à onglets**:* guide en U pour la coupe par sciage des baguettes et moulures, à angle droit ou *en onglet**, à 45°.

La ***boîte à recaler*** est équipée d'un système de maintien des pièces de bois par une mâchoire à vis ; elle permet de dresser au rabot les abouts biais et onglets suivant des angles de 90°, 67,5° ou 45°.

5/PLOMB.: la ***boîte à graisse*** est un caisson étanche à siphon*, pour la rétention des corps gras en suspension dans les eaux usées ; les graisses surnagent dans le siphon, et se figent en une croûte à éliminer périodiquement. Syn.: *bac dégraisseur*, *séparateur à graisses*.

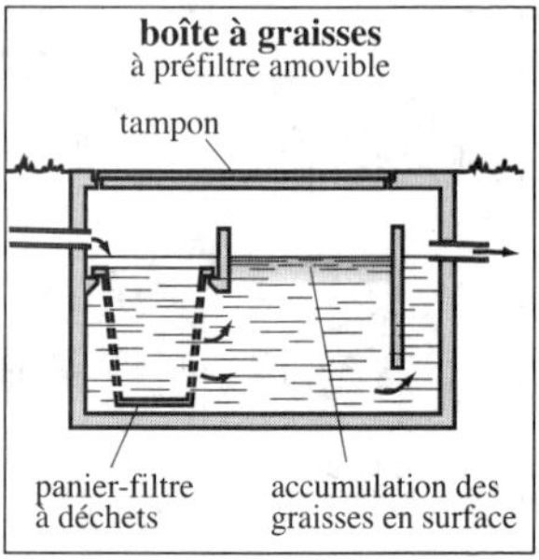

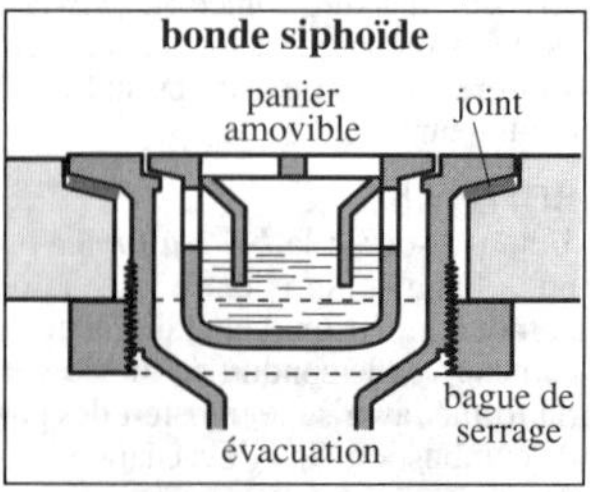

6/SERRUR.: la ***boîte de crémone*** est la pièce moulée qui renferme le mécanisme de mouvement des tiges de crémone*, et porte l'axe de la poignée de manœuvre.

BOITEUX adj.
Qualifie une pièce de charpente, poutre ou solive* dont une seule extrémité est scellée ou en appui contre un mur, l'autre étant assemblée à une pièce d'enchevêtrure*.

BOÎTIER n.m. V. Boîte (2).

BOMBÉ adj.
Peut qualifier tout ce qui a une forme convexe : *toit bombé*.
L'***arc bombé*** est déterminé par un segment de cercle dont le centre est plus bas que la ligne de naissance. V.*la PL.* Arcs.

BOMBEMENT n.m. Caractère convexe d'une paroi. Syn.: *ventre*.

BOMBER v.tr. Arrondir en donnant une forme convexe.

BONDE n.f.
Pièce métallique ajourée, qui équipe un orifice d'écoulement d'évier, de lavabo, de réservoir, etc.
Les bondes sont *à grille*, *à clapet*, ou à *tampon** d'obturation.

-***Bonde siphoïde*** : bonde couplée à un système de siphon* qui peut être extrait par le haut pour son dégorgement, en particulier pour l'orifice des receveurs de douches (V.ill).

BONDIEU n.m.
Coin* introduit dans l'amorce d'une coupe par sciage, pour empêcher la lame de scie de se bloquer.

BONNET n.m.
Cône en tôle formée qui protège l'orifice des conduits de cheminée et de ventilation, pour empêcher la pluie et la neige d'y pénétrer ; s'il est semi-cylindrique, c'est un *bonnet cauchois* (du pays de Caux).
Syn.: *chapeau, capote**.

BORAX n.m.
Borate de soude : dissolvant d'oxydes métalliques, il sert de décapant dans les soudages* et brasages*.

BORDAGE n.m.
Désigne parfois le coffrage en planches d'un ouvrage de fondations.

BORDER v.tr.
Rigidifier les rives d'une feuille de métal par un pli ou un ourlet.

BORDEREAU (de prix) n.m.
Document sur lequel une entreprise établit le détail des prix d'un devis.
La description de chacun des "postes" de travaux est suivie de quatre colonnes qui indiquent :
• a/ l'unité de mesure exprimée en mètres linéaires (ml), en m^2, en m^3 ou en nombre d'unités (U).
• b/ le nombre d'unités concernées par l'ouvrage décrit.
• c/ le prix unitaire, comprenant les fournitures et main d'œuvre.
• d/ le produit (b x c), c'est-à-dire le prix du poste concerné.
Le bordereau de prix peut préciser la formule de révision de prix applicable au-delà d'un certain délai.

BORDOYER v.tr.
En peinture et décoration, réaliser une bordure, encadrer d'un motif.

BORDURE n.f.
1/ Moulure d'un encadrement.
2/ Bande de carreaux de couleur différente autour d'un carrelage.
3/ Longs blocs de pierre, de grès ou de béton disposés au bord des trottoirs, le long de la chaussée.

BORDURER v.tr.
Réaliser ou disposer une bordure.

BORGNE adj.
1/ Se dit d'un mur sans ouverture (syn.: *aveugle*), ou n'ayant qu'une ouverture (ce sens est plus correct).
2/ Qualifie une rainure ou une entaille qui ne règne pas sur toute la longueur ; ou encore une mortaise ou un trou qui ne traverse pas la pièce concernée dans toute son épaisseur.

BORNE n.f.
1/ Bloc de pierre ou de béton planté en terre, marquant la limite (bornage) entre deux fonds contigus.
2/ Petite pièce conductrice à dispositif de serrage mécanique raccordant un appareil électrique avec un conducteur d'alimentation en courant, ou avec un câble de mise à la terre.

BORNIER n.m.
Socle ou plaquette sur lequel sont regroupées les bornes* de connexion électrique d'un appareil.

BORNOYER v.tr.
Délimiter, à l'aide de jalons fichés en terre, le tracé des contours des fondations d'un futur bâtiment, ou des bords d'un chemin.

BOSSAGE n.m.
Parement ouvragé de la face vue des pierres de taille.
Le bossage *à listel* comprend un pourtour laissé brut, encadrant une *table* qui peut être ravalée, pointillée, bouchardée, vermiculée...
V. les illustrations page suivante.

BOSSAGÉ adj. Se dit d'un bloc, d'une pierre, ou d'une façade dont le parement est traité en bossages.

BOSSAGES

(vues ci-dessous en coupe et en élévation)

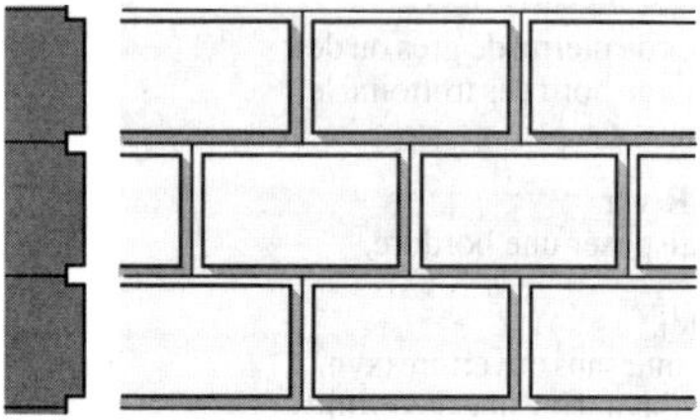

bossage "carré", ou "à tables planes"

bossage arrondi, ou "rustique"

bossage à tables ravalées (vermiculures)

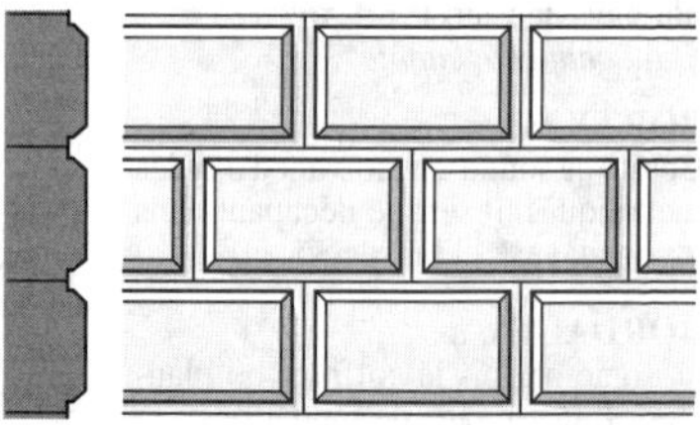

bossage à chanfreins

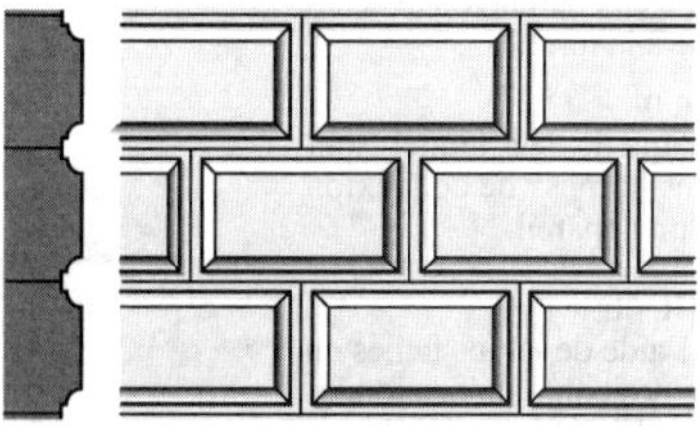

bossage à cavets

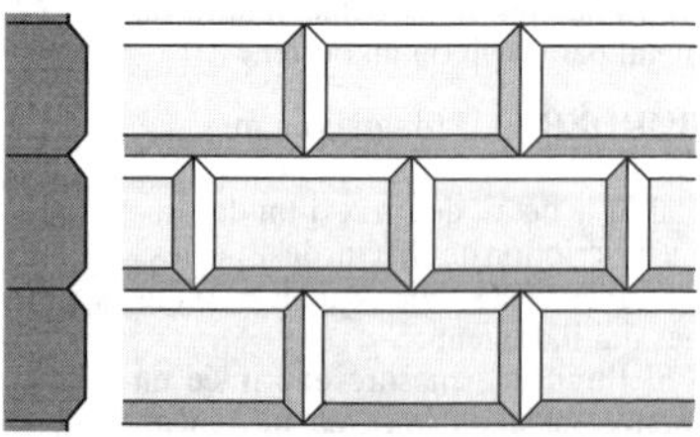

bossage à onglets

bossage à pointes de diamant

bossage à pointes de diamant multiples

BOSSELÉ adj.
Se dit d'un relief fait de petits renflements et de petits creux juxtaposés.

BOSSELLEMENT n.m. (plutôt que bosselage) Façon d'un état de surface bosselé, et son résultat.

BOSSETTE n.f.
Petit clou à tête ronde, ayant 15 ou 20 mm de long, utilisé par les couvreurs pour fixer des pièces en zinc.

BOUCHAGE n.m.
Obturation, remplissage d'une cavité (maçonnerie), d'un trou (terrassement), d'une fissure, etc.

BOUCHARDAGE n.m.
Action de boucharder, et son résultat.

BOUCHARDE n.f.
1/ Outil de martelage de la pierre et du béton. Sa tête carrée est hérissée de 16, 25, 64, 81 ou 100 dents pyramidales aciérées, selon la finesse du travail à exécuter : épannelage*, ragrément*, ravalement* final (V.ill). On utilise surtout des têtes de bouchardes adaptables sur marteaux pneumatiques.

2/ *Boucharde de cimentier* : rouleau métallique à picots*, servant à créer par empreinte un quadrillage de petits trous sur les chapes.

BOUCHARDER v.tr.
Marteler la pierre ou le béton à la boucharde, passer la boucharde de cimentier sur une chape.

BOUCHE n.f.
Orifice d'un tuyau, d'un égout, etc.

-***bouche d'air*, *bouche d'aération*, *bouche de soufflage*** : orifice d'amenée et de diffusion de l'air dans un local, muni d'une grille, ou équipé d'un jeu d'ailettes de déflexion.

-***bouche de chaleur*** : orifice de sortie d'air chaud, situé au niveau des plinthes -sauf cas des récupérateurs* à air chaud des cheminées.

-***bouche d'égout**** ou ***bouche d'engouffrement*** : orifice ménagé à un point bas d'une chaussée, destiné à

bouchardes

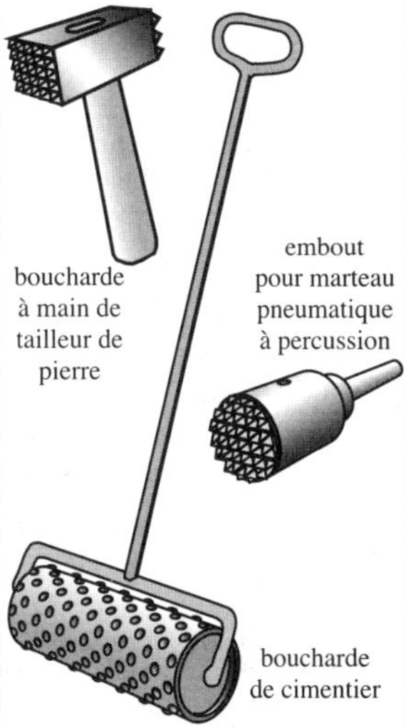

recueillir et à conduire les eaux de ruissellements vers un égout.

-***bouche d'incendie*** : vanne de branchement d'eau sous pression, pour les services de lutte contre l'incendie.

-***bouche de reprise*** : orifice par lequel l'air est extrait d'un local.

BOUCHEMENT n.m.
Fermeture d'une baie par un ouvrage en maçonnerie. Également synonyme de *bouchage**.

BOUCHE-PORAGE n.m.
Désigne parfois l'application d'un produit bouche-pores.

BOUCHE-PORES n.m.
Enduit ou mastic très fin, et assez fluide pour pénétrer entre les fibres du bois, dans les capillaires* du béton, du plâtre, etc.

BOUCHON n.m.
1/CARREL.: petit élément de dallage, à l'intersection de grands éléments. Syn.: *cabochon**.

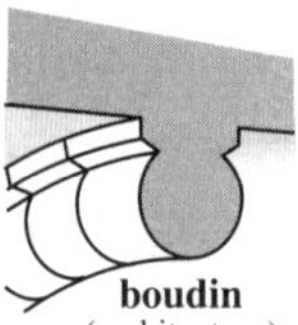

boudin
(architecture)

2/CHAUFF.: clapet articulé de fermeture d'une bouche* de chaleur.

3/MENUIS.: rondelle de bois insérée dans une pièce de bois, à la place d'un nœud non-adhérent* ou inesthétique. Syn.: *nœud-bouchon*.

4/PLOMB.: pièce filetée fermant l'extrémité d'un tuyau ou d'un organe de vidange de canalisations.

BOUCHONNAGE n.m.
Insertion de pièces saines dans le bois, après élimination des nœuds ou des parties défectueuses.

BOUCLAGE n.m.
Dans une installation de chauffage central, désigne chacun des circuits indépendants, ou *boucles*, de distribution de l'eau chaude avec retour vers la chaudière.

BOUCLE n.f.
1/CHAUFF.-CLIM.: circuit indépendant dans une même installation ; circuit de régulation associant un capteur, un organe régulateur, et un organe de réglage asservi.

2/SERRUR.. petite poignée de porte en forme d'anneau rabattable.

3/REVÊT.-SOL : unité de longueur de fil ou de fibre entre deux points consécutifs du velours d'un revêtement de sol textile bouclé.

BOUCLÉ adj.
Se dit d'un revêtement* textile tissé ou tufté dont le velours* est fait de boucles, coupées ou non.

BOUCLER
1/v.tr. Établir un circuit d'eau en boucle* fermée.

2/v.i. Un mur *boucle* s'il s'arrondit, à cause d'une poussée latérale.

BOUCLIER n.m.
Taloche* rigide de maçon ou de plâtrier, à semelle de bois ou d'acier.
Le bouclier sert d'une part à porter le mortier ou l'enduit à appliquer à la truelle, d'autre part à dresser, à resserrer ou à damer les enduits (V.ill).

BOUDIN n.m.
1/ Moulure* cylindrique, de forte section ; l'architecture gothique* est riche en décors à boudins (V.ill).

2/ Joint* extrudé* cylindrique, en matière compressible, à insérer dans les feuillures des joints, en particulier au pourtour de vitrages.

3/ Cordon épais et continu d'enduit ou de mortier-colle, par ex. pour la fixation murale de complexes* de doublage* isolants.
Syn.:*polochon*.

4/ Gros ourlet* formant goutte d'eau en rive d'une pièce de zinc.

BOUFFER v.i.
Pour un enduit, c'est se décoller et prendre une forme bombée, boursouflée, ou ***bouffement***.

BOUILLON n.m.
Amas de petites bulles d'air visible dans un vitrage.

BOULANCE n.f.
Phénomène de déplacement latéral du sable, ou d'un sol granuleux peu compact, soumis à une pression de haut en bas (cas des sables mouvants).

BOULANT adj.
Se dit d'un terrain instable, *ébouleux*.

BOULE n.f.
1/ARCHIT.: tout élément sphérique dans un ornement.
2/SERRUR.: diverses pièces de serrurerie et de quincaillerie, comportant une partie plus ou moins sphérique, sont dites ***à boule***.

BOULET n.m.
FUMIST.: boule de plomb servant d'accessoire de ramonage : on y fixe le hérisson*, pour faciliter sa descente.

BOULIN n.m.
Pièce horizontale d'un échafaudage*: perpendiculaire au mur échafaudé, le boulin porte le plancher d'échafaudage ; autrefois, on scellait une de ses extrémités dans un *trou de boulin* percé dans le mur.

BOULOCHAGE n.m.
Défaut d'un sol textile dont la couche d'usure libère des petits amas de fibre ou de bourre*.

BOULOIR n.m.
Autre nom du rabot* de maçon, sorte de pelle recourbée qui servait à malaxer les mortiers.

BOULON n.m.
Accessoire composé d'une tige filetée et d'une tête, et souvent associé à un écrou*. Les boulons sont différenciés par la forme de leur tête (V.ill) ; les boulons de charpente ont un collet carré qui empêche leur rotation pendant le serrage de l'écrou.

Le ***boulon d'écartement***, ou d'entretoise, est une tige filetée qui, sous les marches d'un escalier, sert d'entretoise* entre limons.

BOULONNER v.tr.
Solidariser deux pièces avec un boulon.

BOULONNIÈRE n.f.
Tarière* de charpentier, servant au percement de trous de boulons.

BOUQUET n.m.
Ornement ou amortissement* en forme de feuilles et de fleurs. Tête d'arbuste ou bouquet de fleurs placé au faîte d'un bâtiment dès que les chevrons sont posés, pour marquer que le bâtiment a atteint sa hauteur (une belle tradition qui se perd !).

BOURDONNEAU n.m.
et **BOURDONNIÈRE** n.f.
Pièces mâle et femelle du pivot supérieur d'une porte cochère.

BOURRAGE n.m.
1/MAÇONN.: remplissage avec de la blocaille* noyée dans un mortier. ***Bourrage des joints*** : garnissage intégral des joints avec un mortier.
2/VITR.: garnissage d'une feuillure de vitrage avec un bain de mastic, entre la vitre et la parclose*.
3/ÉLECTR.: gaine intermédiaire intérieure d'un câble* de type U.

BOURRE n.f.
Poils d'animaux parfois incorporés, autrefois, aux enduits de chaux pour plafonds (*blanc* de bourre*).

BOURRELET n.m.
1/COUVERT.: remplissage de scellement au mortier des tuiles plates, en rive latérale ou au niveau du battellement*.
2/ISOLATION : cordon gainé contenant de la laine minérale ou du feutre, et fixé à la base des portes.

BOURRIQUET n.m.
1/ Chevalet servant à empiler les tuiles à portée de main, sur les toits.
2/ Caisson de levage des matériaux.

BOULONS

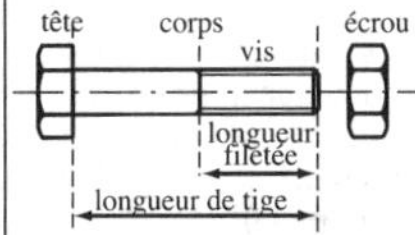

La notation d'un boulon sur un plan comporte son nom ou son symbole, son diamètre, sa longueur de tige et sa longueur filetée.
Exemple : *boulon H12 45/30*

Principaux types de boulons (entre parenthèses, leur symbole normalisé)

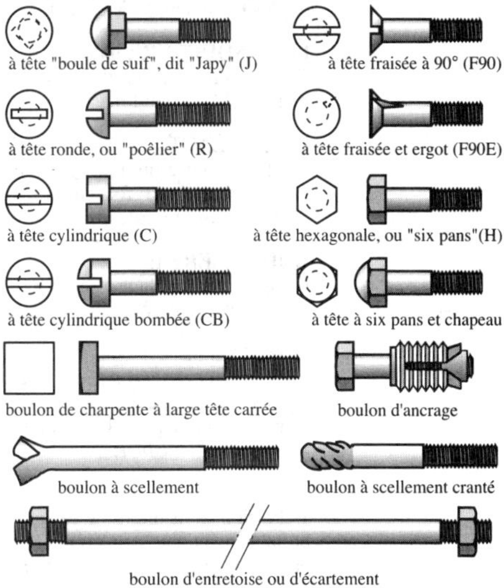

à tête "boule de suif", dit "Japy" (J) ; à tête fraisée à 90° (F90)
à tête ronde, ou "poêlier" (R) ; à tête fraisée et ergot (F90E)
à tête cylindrique (C) ; à tête hexagonale, ou "six pans"(H)
à tête cylindrique bombée (CB) ; à tête à six pans et chapeau
boulon de charpente à large tête carrée ; boulon d'ancrage
boulon à scellement ; boulon à scellement cranté
boulon d'entretoise ou d'écartement

boursault
de plombier-zingueur

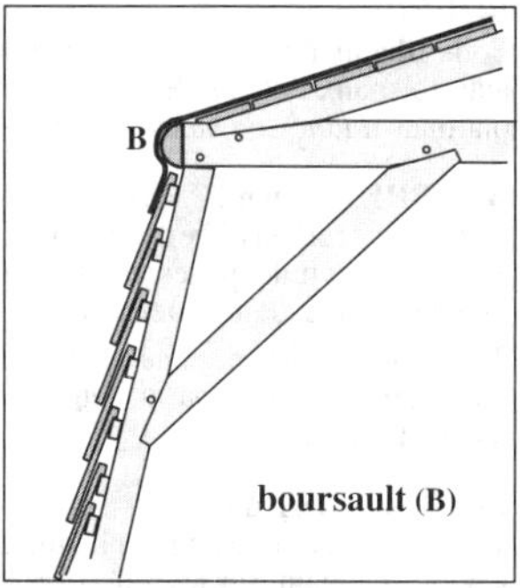

boursault (B)

BOURRU n.m.
Moellon* brut, dont on n'a éliminé que le bousin*.

BOURSAULT
ou **BOURSEAU** n.m.
1/ Moulure saillante horizontale et convexe marquant la ligne de bris* de certaines couvertures à la Mansart*. Arrondi en boudin*, il est protégé par un couvre-joint métallique (V.ill).

2/ Batte* de bois, de section triangulaire, des plombiers et des zingueurs.

BOURSOUFLURE n.f.
Cloque formée sous une couche de peinture ou d'enduit plastique.

BOUSILLAGE n.m.
Mortier de terre humide et de paille hachée, utilisé autrefois surtout pour les bâtiments agricoles.

BOUSILLER v.tr.
Enduire de bousillage ; par déformation, faire un mauvais travail.

BOUSIN n.m.
Croûte friable recouvrant la surface des pierres calcaires, et qu'il faut enlever avant mise en œuvre . L'éliminer à la laye*, c'est *ébousiner*.

BOUT n.m.
1/ Portion d'un mètre de tuyau emboîtable de descente de gouttière ; on parle aussi de *demi-bout* et de *quart de bout* (50 et 25 cm).

2/ Remanier un toit ***à bout***, c'est le découvrir en entier puis le recouvrir d'ardoises ou de tuiles saines.

BOUTANT (ou ***butant***) adj. invar.
Qui s'oppose à des forces latérales : *mur boutant, arc*-boutant.*

BOUTÉE n.f.
Massif en maçonnerie qui s'oppose à la poussée d'un ouvrage.

BOUTER v.tr.
Pousser, soutenir sur le côté, étayer. En serrurerie, c'est arrondir l'extrémité d'une pièce.

BOUTEROLLE n.f.
1/ Petite pièce cylindrique forée ou fendue rapportée sur le palâtre* d'une serrure*; cette pièce guide et soutient la tige de la clé.

2/ Rainure du panneton* de clé, parallèle à la tige et proche de celle-ci.

3/ Poinçon* ou tête concave de marteau servant au rivetage*.

BOUTEROLLER v.tr. Arrondir une tête de rivet à la bouterolle.

BOUTEROUE n.f.
Borne ou forte pièce de métal scellée qui protège les jambages de portes cochères. Syn.: *chasse-roue* .

BOUTISSE n.f.
Brique ou moellon* dont la plus petite face forme parement à la surface d'un mur. Si elle traverse le mur, c'est une *boutisse parpaigne**.

boutisses

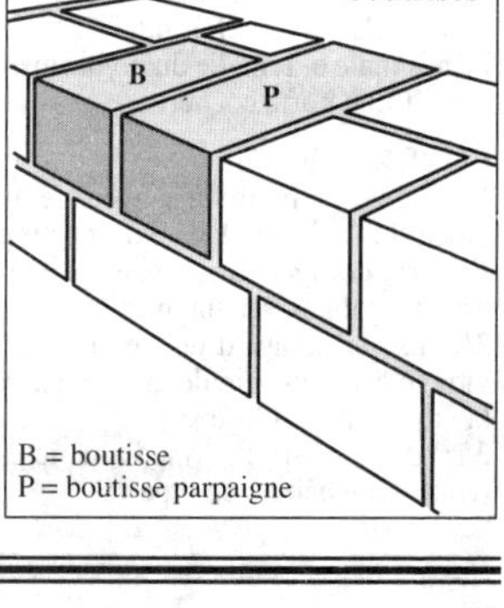

B = boutisse
P = boutisse parpaigne

BOUTON n.m.
1/ Ornement en bouton de fleur.

2/ Poignée de serrure ou de verrou.

3/ En électricité, le *bouton-poussoir* est un contacteur commandé par une simple pression du doigt.
Un *bouton Perkins* est un bouton à verrouillage mécanique.

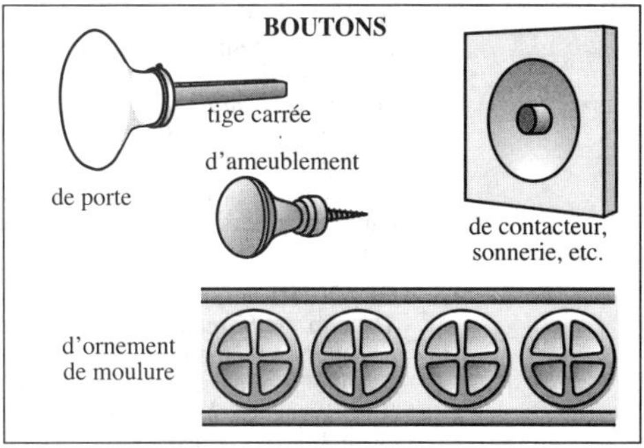

BOUVEMENT n.m.
Moulure arrondie, ou rainure faite au bouvet*. Rabot à fer en croissant servant à refouiller le fond de moulures* comme le *bec-de-corbin*.

BOUVET n.m.
Profil des pièces de bois ayant une languette sur un chant et une rainure en contre-profil sur le chant opposé. Rabot à profiler de menuisier et de parqueteur, pour les rainures et languettes d'assemblage des bois.
Les ***bouvets à joindre*** soit vont par paire (femelle pour les languettes et mâle pour les rainures de même largeur), soit sont mixtes, les deux fers étant montés de part et d'autre de l'outil, chacun dans un sens : c'est le ***bouvet à fourchement***.

BOUVETAGE n.m.
Réalisation d'un assemblage* par rainure et languette.

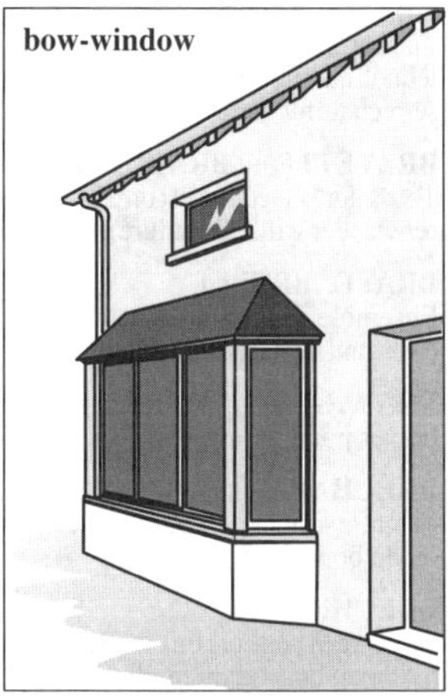

BOUVETÉ adj.
Assemblé par bouvetage.

BOUVETEUSE n.f.
Machine-outil qui exécute simultanément les rainures et les languettes.

BOW-STRING n.m.
(de l'angl. *corde d'arc*) Poutre comportant deux membrures*, dont une cintrée, assemblées à leurs extrémités et solidarisées par un contreventement (*suspentes*, ou *aiguilles*).

BOW-WINDOW n.m.
(de l'anglais) Baie, ou ensemble de baies superposées en saillie ou en avant-corps sur le nu d'une façade, typique des maisons en Angleterre (V.ill). Le mot français le plus approchant est l'***oriel****, terme officiel.

BOX (pl.: box ou boxes) n.m.
Petite division cloisonnée d'un bâtiment. Emplacement de parking avec cloisons séparatives. Le terme officiellement admis est *stalle**.

BRACELET n.m.
Bague* d'ornement autour d'un fût de colonne. Syn.: *anneau*, *annelet*.

BRACON n.m.
Pièce d'étai latéral, en arc-boutant*, établie contre un mur dont les fondations sont mises à découvert.

BRAGUE de Suisse n.m.
Tore* en demi-cœur renversé.
Syn.: *bravette* (V. ill. à Moulure).

BRAI n.m.
Matériau pâteux ou visqueux, noirâtre, sous-produit de la distillation du pétrole (***brai de pétrole***) ou de la houille (***brai de houille***). Il entre dans la omposition de divers revêtements d'étanchéité, et sert d'isolant électrique dans les boîtiers* de dérivation et de jonction enterrés.

BRANCHE n.f.
1/ARCHIT.: la ***branche d'ogive*** est une nervure* concernant une moitié d'arc d'ogive*, de sa naissance* à sa clef*. Syn.: *lierne*. La ***branche de voussoir*** est le départ de deux nervures depuis un même voussoir.

2/CHARP.: chacune des deux pièces d'une croix* de St-André.

3/MAÇONN.: imitation du bois avec du béton armé, qui se pratiquait pour des balcons simili-rustiques.

4/PLOMB.: ensemble de plusieurs tuyaux partant d'un même nœud*.

BRANCHEMENT n.m.
Raccordement de canalisations partant dans des directions différentes (V.Culotte, Nœud, Té).
Ensemble des équipements et canalisations intermédiaires entre une installation d'abonné* et un réseau public (eau, gaz, électricité, téléphone, égouts).

BRANCHETTE n.f.,
ou **BRANCHILLON** n.m.
Nervure* secondaire, reliant par ex. une clef* pendante* à sa voûte.

BRANDILLE n.f.
En charpente, trou foré dans un chevron pour son chevillage sur une panne, avec une cheville en métal.

BRANDIR v.tr.
Assembler deux pièces l'une sur l'autre par chevillage, sans les entailler.

BRAS n.m.
Désigne des pièces aussi diverses que le tuyau d'écoulement orientable d'un robinet d'évier, le support repliable d'un volet à projection*, les jambages d'une chèvre*, etc.

brasero

-Bras de douche : douchette* fixe, en applique murale.
-Bras de levier (physique) :
V. Moment des forces.

BRASAGE n.m.
Assemblage de pièces métalliques à l'aide d'une brasure*, c'est-à-dire avec préchauffage au chalumeau mais sans fusion des pièces, puis interposition d'un *métal d'apport* fusible en général à une température inférieure à 500°C.
Le ***brasage capillaire*** s'effectue sur des pièces de plomberie emboîtées (emboîtures calibrées et lisses), en utilisant le cheminement capillaire*, entre les pièces, de la brasure fondue, avec apport préalable ou simultané d'un agent décapant.

BRASER v.tr.
Assembler par une brasure.

BRASURE n.f.
Soudage* réalisé avec un métal d'apport. Le métal d'apport lui-même : en général, alliage à base de plomb, étain ou zinc, fusible entre 300 et 500°C., sous forme de fil en rouleaux.
Dans le cas de la ***brasure forte***, pour *soudo-brasage**, le métal d'apport, fusible vers 900°C, est un alliage de cuivre, laiton ou zinc.

BRASERO n.m.
Fût percé de trous, sur trépied, dans lequel on entretient des braises pour se réchauffer sur les chantiers.

BRAVETTE ou **BRAYETTE** n.f.
Tore* dont la section est un demi-cœur renversé. (V.ill. à Moulure).

BRAYE, **BRIE** n.f.
Ensemble des cordages ou élingues* enserrant un fardeau à soulever.

BRAYAGE n.m. Mise en place de brayes pour un levage.

BRÉCHAGE n.m.
Peinture simulant les veines du marbre ou du bois.

BRÉCHER v.tr.
Réaliser en peinture un ouvrage d'imitation du bois ou du marbre.

BRÈCHE n.f.
Agglomérat naturel de cailloux anguleux, liés par un ciment calcaire ou siliceux. Certaines brèches, travaillées comme le marbre, sont susceptibles d'un beau poli.

BRÊLAGE n.m.
Assemblage fait avec des cordes, en particulier pour solidariser des éléments d'échafaudage*.

BRÊLER ou **BRELLER** v.tr.
Assembler à l'aide de cordages.

BRÉSILLER v.tr.
Réduire un minéral en poudre, ou en fragments très fins.

BRETTE n.f.
1/ Truelle* à deux tranchants, l'un coupant, l'autre dentelé, à lame un peu cintrée, ce qui la différencie de la *berthelée* du plâtrier (V.ill) ; syn.: *truelle brettelée*.

2/ La ***brette***, la ***bretture***, le ***marteau bretté*** désignaient autrefois la laye*.

BRETTELURE n.f.
Ensemble des stries formées par le ravalement avec une laye*.

BRETTER ou **BRETTELER** v.tr.
Dresser le parement des pierres, ou un enduit grossier, avec une brette*.

BRICOLE n.f.
Lanière servant à manipuler les grandes glaces ; aujourd'hui remplacée par des poignées à ventouse.

BRIDE n.f.
1/ Petite patte métallique coudée ou pièce de fixation en forme d'étrier ou de crochet. Les brides servent à fixer les canalisations et les tubes de conducteurs électriques.

2/ Platine ronde ou oblongue soudée aux extrémités de tubes d'acier ou de fonte, pour leur assemblage par boulonnage, avec une rondelle intermédiaire d'étanchéité (V. Raccord).

BRIDOU n.m.
Petite cale intermédiaire soutenant un cordeau d'alignement si le mur en cours de montage est long : il évite les écarts d'alignement dus à l'action du vent sur le cordeau.

BRIFIER n.m.
Bande de faîtage en plomb d'une couverture d'ardoise, rabattue et matée* de part et d'autre du faîte.

BRILLANCE n.f.
Caractéristique de réflexion directionnelle de la surface d'un matériau ou d'un revêtement.

BRIN n.m.
1/ Tringle de bois de faible section.
2/ Chacun des fils torsadés qui composent un toron* de câble.

BRINDILLES n.f.pl.
En ferronnerie, petits fers méplats composant les enroulements qui ornent les balcons et les grilles (V.ill).

BRINELL Voir Dureté —.

BRIQUAILLONS n.m.pl.
Débris de briques ou de poteries servant de granulats.

BRIQUE n.f.
Matériau céramique préfabriqué, à base d'argile cuite, dont les formes géométriques et calibrées sont obtenues soit par moulage, soit par extrusion* (ou *filage*).

1- Briques pleines et **perforées**.

Les ***briques pleines ordinaires*** sont des parallélépipèdes à faces planes. Si leurs lits* de pose sont en décaissé, ce sont des ***briques repressées***, plus compactes, et plus imperméables.

Les ***briques perforées*** sont des éléments analogues, traversés de perforations perpendiculaires aux lits de pose ; la somme des sections des trous est inférieure ou égale à 40% de la surface de lit.

Principaux formats normalisés des briques pleines et perforées :
4 x 10^5 x 22 ; 5^4 x 10^5 x 22 ;
et 6 x 10^5 x 22 cm.
Selon leur résistance moyenne à

brindilles

brette
(ou **marteau bretté**)

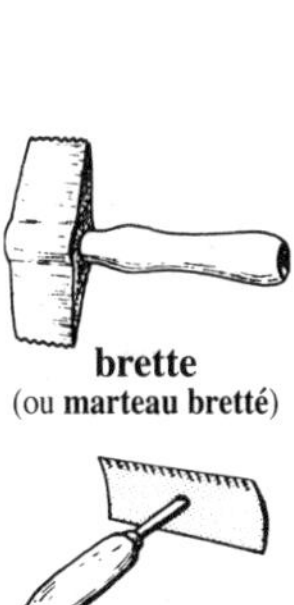
brette
(ou **truelle brettelée**)

l'écrasement, les briques sont classées en *ordinaires* (12,5 MPa), ou affectées de codes : BP.200, BP.300 et BP.400 (= 20, 30 et 40 MPa).

Les briques pleines spéciales :

• les ***briques de parement***, éléments *perforés à parement soigné* (parfois vernissé ou émaillé), sont faites pour le doublage* extérieur des parois de maçonnerie. Certaines ont leur face de pose rainurée ou crantée (V.ill).

• les ***briques réfractaires***, résistant à des températures supérieures à 1.000°C, faites soit à base de terres riches en alumine et en magnésie, soit à base de terres siliceuses.

• les ***briques silico-calcaires***, fabriquées par cuisson en autoclave* d'un mélange comprimé de silice fine et de chaux. Blanches et lisses, elles sont utilisées en parement, ou pour leurs qualités réfractaires.

V. les divers types d'appareillage des briques au mot Appareil.

BRIQUES PLEINES et BRIQUES PERFOREES

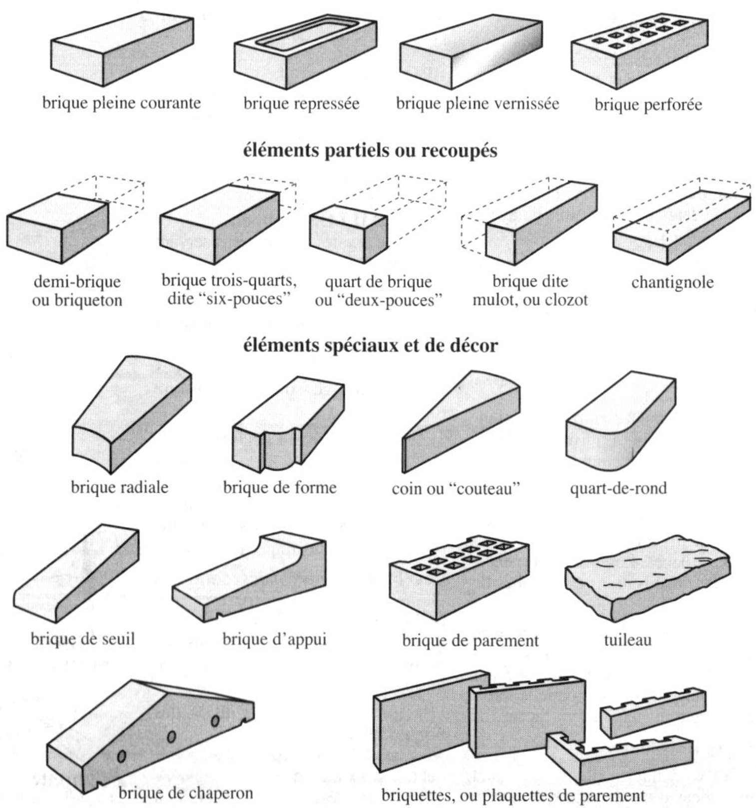

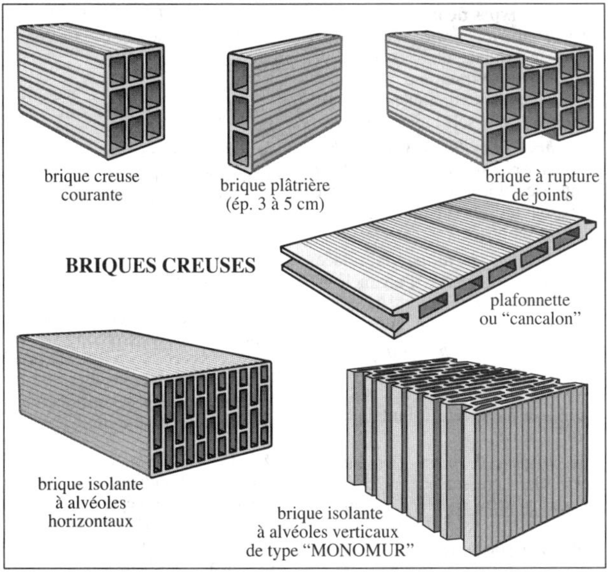

2- Briques creuses.
De façon générale, tout élément parallélépipédique de terre cuite dont les perforations ont une section cumulée supérieure à 40% de la section de l'élément. On distingue :

• La ***brique creuse courante***, dite *type C*, traversée par des alvéoles horizontaux. De *moyen ou grand format* (20 x 40 ou 25 x 40 cm), elle est fabriquée dans des épaisseurs courantes de 7^5, 8, 10^5, 11, 15, 20, 25 cm ; selon l'épaisseur, elle est destinée aux murs porteurs et remplissages d'ossatures, ou aux cloisons (7,5 ou 8 cm).

Une variante, dite ***brique à rupture de joints*** (ou *type* **RJ**, épaisseurs 20, 22, 22^5, 25 ou 27^5 cm) a une rainure profonde sur chaque lit de pose, pour être maçonnée suivant deux bandes parallèles, ménageant un vide d'air isolant au droit de la rainure (V.ill).

• La ***brique isolante***, ou ***brique* G** a 7 à 15 rangs d'alvéoles horizontaux ou verticaux, disposés en quinconce et séparés par des cloisons minces (V.ill). Les épaisseurs usuelles sont de 20, 22^5, 27^5, 30 ou 32^5 cm.

Les modèles à perforation verticale sont plutôt dits *blocs perforés*.
Des éléments spéciaux sont fabriqués pour les chaînages, les linteaux et les abouts de dalles.

• La ***brique creuse pour cloisons*** minces, dite ***brique plâtrière*** parce qu'elle est normalement hourdée au plâtre, est une brique de 3^5, 4, 5, 6, ou 7 cm d'épaisseur avec un ou deux rangs d'alvéoles. Formats usuels : 20 x 40 et 25 x 40 cm.

• La ***brique creuse pour plafonds suspendus***, dite *plafonnette**, est aussi à un seul rang d'alvéoles ; cet élément léger et mince (2 à 3 cm d'épaisseur) est caractérisé par un profil latéral spécial, pour fixation suspendue des éléments par des crochets-suspentes inclinés, sous un plancher ou un solivage* (V.ill. à Plafond). Elles reçoivent un enduit de plâtre en sous-face.

3- Autres types de briques.
- les ***briques de basalte***, obtenues par fusion et moulage du basalte* broyé, vers 900°C. Offrant une haute résistance à la compression, elles servent de pavement pour sols industriels.

• les ***briques cellulaires***, briques de terre cuite poreuse, alvéolaire et absorbante. De faible résistance mécanique, elles sont utilisées en drainage* et en insonorisation.

• les ***briques de laitier***, fabriquées sans cuisson à partir d'un mélange de laitier* broyé et de chaux, gâché comme un mortier, et moulé.

• les ***briques de hauteur d'étage***, grands panneaux verticaux préfabriqués en brique creuse, à isolation thermique intégrée, et à joints latéraux à emboîtement.

• les ***briques de verre***, éléments de verre plein pressé, ou fait de deux pièces de verre moulées et soudées dos à dos, avec vide d'air.
Voir à Pavé de verre.

BRIQUET n.m.
Charnière* à deux axes d'articulation parallèles (V.ill. à Charnière).

•***Briquets*** (pl.) : ornements architecturaux trilobés sculptés sur le champ d'une moulure. Syn.:*trèfles**.

BRIQUETAGE n.m.
Ouvrage en briques*. Imitation de briques sur un enduit teinté, dans lequel on trace des joints en blanc.

BRIQUETER v.tr.
Réaliser un ouvrage de parement imitant la brique.
Paver un sol avec des briques.

BRIQUETEUR,
ou **BRIQUETIER** (en Suisse) n.m.
Compagnon spécialiste du montage des murs et cloisons en briques, ainsi que des conduits de fumée en boisseaux* de terre cuite intégrés à la maçonnerie.

BRIQUETEUSE n.f. Truelle* de forme ovoïde des briqueteurs.

BRIQUETERIE n.f. Usine de fabrication des briques, boisseaux, etc.

BRIQUETON n.m.
Moitié de brique coupée nettement ; syn.:*demi-brique, briqueteau.*

BRIQUETTE n.f.
Plaquette* céramique à dos cranté ou rainuré en queue d'aronde, utilisée comme revêtement extérieur des murs.

BRIS (ligne de —) n.m.
Ligne de changement de pente entre deux pans d'un même versant de comble* *brisé*. Syn.:*brisure.*

BRISE-BISE n.m. invar.
Désigne parfois le rebord latéral des tuiles mécaniques.

BRISE-SOLEIL n.m. invar.
Dispositif rapporté en saillie sur une façade, pour se protéger du soleil : par exemple, panneaux de lames inclinées parallèles ou en caillebotis*, en avant des linteaux des baies.

BRISIS ou **BRÉSIS** n.m.
Pan inférieur d'un versant de comble brisé *à la Mansart*, sous la ligne de bris*. Étage mansardé* entre l'entablement et la ligne de bris*.

BRISURE n.f.
1/ Ligne d'articulation des panneaux d'un volet brisé*, de persiennes, etc.

2/ Ligne de bris* d'un comble à la Mansart*, ou ligne de changement de pente d'un toit retroussé.

BROCAILLE n.f.
Désigne parfois la blocaille*.

BROCATELLE n.f.
Marbre moucheté de jaune, composé d'un agglomérat de coquilles broyées, extrait surtout en Espagne.

BROCHE n.f.
1/CHARP.: longue cheville effilée, en bois ou en métal, utilisée pour les assemblages des charpentes.

2/ÉLECTR.: petite pièce conductrice

engagée dans un alvéole de prise ou de borne, pour établir un contact.

3/MAÇONN.: poinçon* à bout conique utilisé par les tailleurs de pierre. Latte* horizontale d'une chaise*, sur laquelle on fixe les cordeaux.

4/PLOMB.: barre d'acier en S servant à évaser l'ouverture d' un tuyau.

5/SERRUR.: axe de pivotement d'une ferrure ou d'un gond. Petite tige qui, fixée au palâtre d'une serrure, pénètre dans la tige forée de la clef et lui sert de guide.

BROCHER v.tr.
1/ Fixer, arrêter ou assembler avec des broches.

2/ Gerber* ou empiler les tuiles ou les ardoises sur les lattes d'un toit, à portée de main du couvreur.

La ***taille brochée*** de la pierre est faite de longs sillons séparés par des bandes en relief de cassures d'éclatement très grossières.

BROGNEUX adj.
Se dit d'un bois qui comporte de nombreuses nodosités *(brognes)*.

BRONZAGE n.m.
Technique de peinture consistant à donner l'aspect du bronze à des ouvrages en bois, en plâtre ou en métal, par application d'une poudre fine de métal.

BRONZE n.m.
Alliage de cuivre et d'étain (parfois de zinc), utilisé surtout en moulage de sculptures et d'accessoires d'ornement, ainsi que pour des pièces d'équipement électrique. Syn.: *airain.*

BROSSES

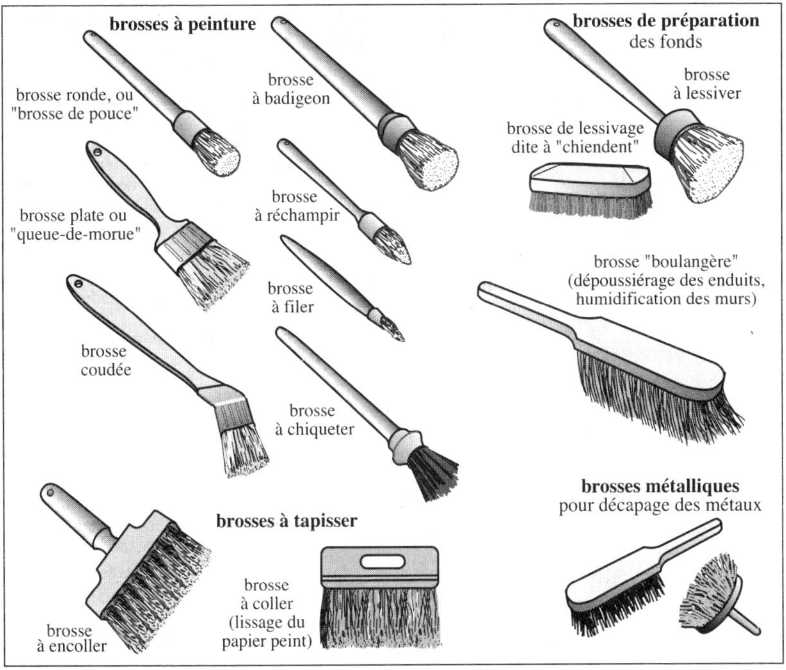

BROQUART n.m.
ou **BROQUETTE** n.f.
Petit clou* à large tête, plus gros que la *semence**.

BROSSE n.f.
Nom générique des pinceaux en soies naturelles ou synthétiques, outils de base du peintre en bâtiments (V.ill. page précédente).
Un *pinceau* a ses poils groupés en touffes ; ceux d'une *brosse* sont de longueurs à peu près égales.

BROU (de noix) n.m.
Substance liquide brune obtenue à partir de l'enveloppe des noix fraîches ; on utilise son fort pouvoir colorant pour teinter les bois blancs.

BROUETTE n.f.
Petit tombereau à une roue et deux bras de saisie, utilisé pour les manutentions : ***brouette française*** (33 à 50 l. de contenance), ou ***brouette anglaise*** (50 à 65 l).
Les brouettes ***à bascule*** ou à *caisse basculante* sont des engins motorisés.

BROUETTÉE n.f.
Contenu d'une brouette.

BROUETTEUR n.m. Ouvrier qui fait des manutentions à la brouette.

BROUSSIN n.m.
Excroissance rugueuse et noueuse, à la surface d'une bille de bois (la *loupe** est lisse). Syn.: *brogne*.

BROYAGE n.m.
Réduction en poudre ou en fines parcelles, par concassage, par écrasement (colorants, ciment…) ou par émiettage (ordures ménagères).

BROYEUR (d'évier) n.m.
Appareil à moteur électrique placé sous un évier, pour hacher finement les déchets, et permettre leur évacuation en suspension dans les eaux usées.
NB- L'évacuation vers les réseaux publics d'égouts est strictement réglementée.

BROYEUR (de WC) : appareil à turbine déchiqueteuse placé à la sortie de cuvettes sanitaires ; il réduit les matières en fines particules en suspension, et les évacue sous pression dans des canalisations de faible diamètre.
NB- L'installation d'un broyeur de WC est prohibée dans une construction neuve ; dans un logement ancien, son raccordement au réseau est réglementé.

BRUIT n.m.
Émission de vibrations sonores, combinaison de sons peu harmonieux, audibles par l'homme, considérée comme une nuisance (souvent par opp. aux *sons*). On distingue les ***bruits aériens*** et les ***bruits solidiens*** : voir à Acoustique.
Les ***bruits blancs*** et ***bruits roses*** sont des bruits de référence cumulant des sons des différentes bandes*.
Ces bruits de synthèse normalisés sont émis par des appareils spéciaux, pour les mesures acoustiques*.

BRÛLAGE n.m.
1/ Décapage des peintures avec un chalumeau, ou à l'air chaud.
Le brûlage des parements en béton est utilisé pour leur donner un aspect bouchardé*, par éclatement du ciment et des granulats superficiels.
2/ Désigne souvent le grillage* des enduits et mortiers, désagrégation due à une dessiccation prématurée.

BRÛLEMENT n.m.
Traitement à la flamme des pieux et poteaux en bois, contre le pourrissement.

BRÛLEUR n.m.
Organe d'une chaudière et de tout appareil à combustible liquide (chauffe-eau, chalumeau...), il dose le mélange air+combustible et le fait jaillir dans la *chambre* de combustion* (foyer).
Principaux types de brûleurs de chaudières :
1/ pour le fioul :
• les ***brûleurs à vaporisation***, pour

petites installations et poêles à fioul: le combustible se dépose dans une *coupelle* chaude où il se gazéifie, avant d'être entraîné par l'air du tirage, ou par un petit ventilateur, vers la chambre de combustion.

• les ***brûleurs à pulvérisation***, plus courants : une pompe d'injection amène le fioul à un *gicleur*, où il est pulvérisé en gouttelettes reprises en tourbillon par l'air pulsé d'un ventilateur ; il passe entre les pales d'une hélice réglable, le *stabilisateur*, avant d'être allumé par l'étincelle *d'électrodes*, à l'entrée du foyer.

2/ pour le gaz :
• les ***brûleurs à prémélange air-gaz***, dits *à induction*, basés sur le principe du bec Bunsen : ce sont les plus courants, sous forme de rampes parallèles en fonte.

• les ***brûleurs à air pulsé*** par ventilateur, dont le principe est proche de celui des brûleurs à fioul.

BRÛLOIR n.m. (ou **Brûleur**)
Embout fixé à la sortie des gaz des lampes à souder.

BRUNISSAGE n.m.
Finition des dorures, qui consiste à donner du brillant, ou *bruni*, à l'objet doré.

BRUNISSOIR n.m. Petit outil terminé par une pierre polie.

BRUT adj.
Qui ne fait pas l'objet d'une finition: bois *brut de sciage*, pierre *brute de carrière*, béton *brut de banche*...

BRUYANCE n.f.
En acoustique, mesure de l'*intensité de pression* d'un bruit*, telle qu'elle est ressentie ; la *sonie** est la mesure analogue pour un son pur.

BÛCHAGE n.m.
1/ Entaille d'une pièce de charpente, au ciseau ou à la bisaiguë*.

2/ Élimination des zones d'une pièce de charpente attaquées par les xylophages*, avant traitement curatif.

BÛCHEMENT n.m.
Abattage*, au têtu*, d'un morceau de pierre en saillie ; en charpente, réduction de l'épaisseur d'une pièce de bois, avec la bisaiguë*.

BÛCHER v.tr.
Réduire l'épaisseur d'un bois de charpente.

BUÉE n.f.
Résultat de la condensation de la vapeur d'eau, en fines gouttelettes.

•***Trou de buée*** :petit conduit percé en pente dans l'épaisseur d'une pièce d'appui* de croisée*, pour l'évacuation de l'eau de condensation qui s'écoule des vitrages.

BUFFET (d'orgue) n.m.
Corps de menuiserie renfermant les mécanismes d'un orgue*. Il porte les tuyaux. Le plus souvent, il est situé sur une tribune d'église.

BULBE n.m.
Dôme, calotte sphérique.
Bulbe de pression : diagramme de répartition des forces de pression équivalentes qui s'exercent dans un sol de fondations.

BULGOMME n.m.
Nom commercial d'un ancien revêtement de sol à base de caoutchouc synthétique.

BULLAGE n.m.
Présence de petites cavités ou bulles d'air. Le bullage superficiel des bétons est dû à l'effet de paroi (V.Effet), ou à une insuffisance de vibrage*.
Sur une ***peinture***, le bullage, cloquage* fin, traduit soit une mauvaise préparation des fonds, soit une poussée hydrostatique* bloquée par la peinture, étanche à la vapeur d'eau.

BULLDOZER ou fam. **BULL** n.m.
Engin de chantier : V. Bouteur.

BULLE n.f.
Inclusion gazeuse visible dans un vitrage. Selon sa taille, ce défaut se nomme aussi *point* (moins de 1 mm), puce*, ou bouillon* (> 5 mm).

butoirs de portes

BUREAU n.m.
Local professionnel : *bureau d'agence, de chantier*, etc.

-***Bureau d'études techniques*** (**BET**) : entreprise spécialisée dans le conseil et l'assistance technique aux maîtres d'ouvrage ou maîtres d'œuvre.
Les bureaux d'études sont généralistes ou spécialisés dans un domaine précis : études de béton, économies d'énergie, équipements spécifiques (enseignement, hôpitaux, etc.). Ces derniers sont dits *bureaux d'ingénierie*.

-***Bureau de contrôle*** : entreprise habilitée d'assistance, sur contrat, des maîtres d'ouvrage ou des maîtres d'œuvre; les bureaux de contrôle peuvent intervenir dès l'élaboration des projets.
Le plus souvent, ils prennent en charge le contrôle technique de la validité des projets et des choix de solutions, puis la surveillance de la mise en œuvre sur chantier.

BURIN n.m.
Outil d'acier trempé, sorte de poinçon ou de ciseau épais, utilisé sur les métaux, et pour la gravure sur la pierre.

BURINER v.tr.
Travailler au burin un métal, du béton, etc.

BUS n.m.
(de l'anglais *Binary Unit System*)
En domotique*, unité électronique de gestion qui centralise les messages reçus de capteurs*, et assure la transmission de données ou de commandes vers les différents organes et composants d'une installation.

BUSE n.f.
1/ Tronçon de canalisation.

2/ Orifice réglable d'un appareil de projection de mortier, crépi, ou peinture.

3/ Raccordement tronconique entre un poêle ou une chaudière et le conduit de fumée.

BUTANA ou **BUNA** n.m.
Élastomère* de synthèse.

BUTANE n.m. (C_4H_{10})
Mélange d'hydrocarbures liquéfiés, ce gaz* domestique est fourni sous faible pression (0,300 kg) dans des bouteilles contenant 13 kg net ; à la différence du propane*, il craint le gel, et ne revient de l'état liquide à l'état gazeux qu'au-dessus de 0°C.
Les bouteilles peuvent être entreposées à l'intérieur des locaux, mais n'alimenter qu'un seul appareil.

BUTÉE n.f.
Pièce d'arrêt* qui limite la course d'un élément.

BUTER
1/v.tr. S'opposer à une poussée avec un pilier, un étaiement, un massif...

2/v.i. Avoir son extrémité ou un côté contre quelque chose qui empêche tout mouvement : une solive qui bute contre un mur.

BUTOIR n.m.
1/ Pièce d'arrêt* en position fermée des portes cochères et des barrières ou grilles d'entrée à deux battants.

2/ Pièce d'arrêt* limitant l'ouverture des portes intérieures (V.ill).

BUTON ou **BUTTON** n.m.
Entretoise, étai ou contrefort incliné ou horizontal d'un blindage* de fouilles, d'un soutènement ou d'un coffrage.

BUTONNAGE n.m.
Mise en place de butons, et ouvrage qui en résulte.

BUTONNER v.tr.
Mettre en place des butons.

BUTYL, BUTYLE
ou **BUTYLCAOUTCHOUC** n.m.
Élastomère* de synthèse, utilisé surtout dans les mastics* souples.

BYPASS n.m. V. Bipasse.

BYPASSER v.tr. V. Bipasser.

C

C
Symbole du carbone, du coulomb*, du préfixe *centi*, ou *centième de* : centimètre (cm), centipoise (cP), etc.
°C, symbole du degré Celsius*.

CABAUST n.m.
Barreaudage* de fenêtre en saillie sur le nu d'une façade.

CABINE n.f.
Petit espace clos : cabine d'ascenseur, de douche, de vestiaire, etc.

CABINET n.m.
1/ De façon générale, local ou ensemble de locaux affectés à l'exercice d'une profession libérale :
cabinet d'architecte, d'avocat...

2/ Petit local ouvrant sur une pièce plus importante.

Cabinet d'aisances : ancien nom de nos WC* , ou "*toilettes*".

CÂBLAGE n.m.
Ensemble des conducteurs électriques d'un appareil ou d'une machine électrique ; mise en place du réseau de câbles électriques ou des conducteurs d'une installation.

CÂBLE n.m.
1/ Moulure en forme de cordage torsadé : *colonne câblée.*

2/ Élément linéaire composé d'un assemblage de torons* de fils (brins) de métal tressés, nattés ou torsadés, souvent autour d'une âme souple
(NB- Les mots *cordage, cordon* ou *corde* s'appliquent à des éléments analogues constitués de brins en matière

végétale ou synthétique).

• Les ***câbles de traction***, presque toujours en acier, servent pour l'ancrage*, le halage ou le levage : haubans, élingues, câbles de grues, de treuils, d'ascenseurs, etc.
Des câbles analogues composent l'*armature* du béton précontraint ou pour constituer l'ossature de *structures* tendues*. Les nuances* d'acier sont choisies selon que l'on privilégie souplesse ou résistance à l'allongement.

• Les ***câbles électriques*** peuvent être soit des ensembles de conducteurs métalliques isolés mais associés physiquement sous une même gaine ou armure protectrice (*câble multi-conducteur*), soit des conducteurs non-isolés entre eux, et tressés en un conducteur unique de forte section (câble nu ou câble isolé).
Les câbles électriques font l'objet de normes, et leur installation est régie par un *DTU*.

Un câble électrique est dit :

• ***aérien*** s'il est établi à l'extérieur, et suspendu entre des points d'appui ; ***enterré*** s'il est enfoui dans le sol, dans des gaines ou conduits protecteurs.

• ***armé*** ou ***blindé***, s'il comporte une armature ou armure métallique de protection mécanique contre les chocs, écrasements, etc.
Cette armure peut être une gaine tubulaire tressée ou un feuillard* torsadé en spirale.

• ***chauffant***, si on utilise la résistance de son âme pour transformer le passage

désignation des câbles et conducteurs électriques

codification UTE

a/ lettre U = câble normalisé
b/ tension nominale en volts
c/ lettre S pour câble souple, A si l'âme est en aluminium
(si pas de lettre, âme en cuivre)
d/ nature de l'enveloppe isolante :
B = butyle vulcanisé ;
C = caoutchouc vulcanisé ;
E = polyéthylène ;
J = papier imprégné ;
K = silicone ;
N = polychloroprène ;
R = polyéthylène réticulé ;
V = polychlorure de vinyle ;
X = isolant minéral.
e/ nature du bourrage éventuel
(cas des câbles multiconducteurs) :
0 = pas de bourrage ;
1 = bourrage par gaine protectrice ;
G = bourrage plastique ou élastique.
f/ lettre indiquant la nature de la gaine (voir d), précédée de 2 si la gaine est épaisse, de 3 si elle est très épaisse.
g/ lettre indiquant un revêtement métallique : A = alu ; P = plomb ;
F = armure feuillard ou fil d'acier ;
Z = cuirasse en zinc ou autre métal.
T indique un revêtement textile.
h/ indication de section, si autre que ronde : M = méplat.

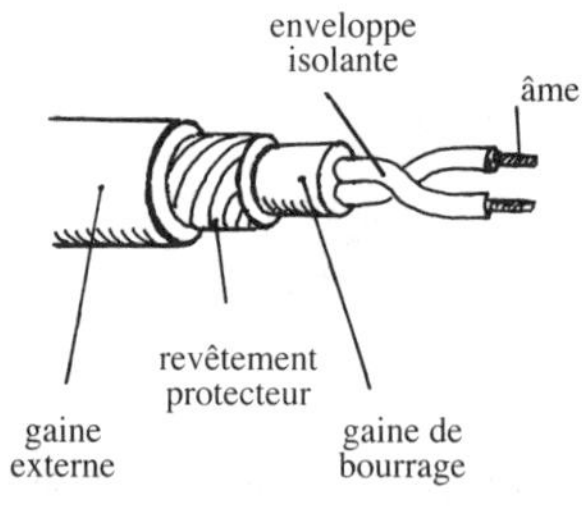

système harmonisé

a/ lettre H (= harmonisé)
ou A (= type national reconnu)
b/ tension : 05 (= 300 à 500V)
ou 07 (= 450 à 750V)
c/ nature de l'enveloppe isolante :
V (= PVC) ou R (= caoutchouc)
d/ nature de la gaine : V (= PVC) ou
N (= polychloroprène)
e/ type d'âme conductrice :
R = âme rigide câblée ;
U = âme rigide massive ;
K = souple, pour installations fixes ;
F = souple, pour équipements de
classe 5.

Exemple : câble A 05 VV-U

du courant en énergie thermique par effet* Joule. Ce type de câble, blindé, est noyé dans les dalles ou les chapes pour constituer des planchers* chauffants, ou encore utilisé sous forme de rubans chauffants, par ex. pour le réchauffage de canalisations.
• ***coaxial***, s'il est fait de conducteurs concentriques isolés les uns des autres, le conducteur externe étant en général à relier à la terre*. Sert surtout au transport de courants à haute fréquence (électronique, informatique...).
• ***plat***, si ses conducteurs sont disposés parallèlement, dans un même plan, sous une gaine méplate.
• ***unipolaire***, s'il ne comporte qu'un conducteur sous gaine.
Les câbles et conducteurs électriques font l'objet de deux systèmes codifiés de description de leurs caractéristiques conductrices, de leur gainage, de leur isolation et de leur protection mécanique. Ce sont l'ancien système, dit dénomination UTE, et le système international de dénomination dit "harmonisé".
V. aussi Conducteur, Conduit.

CÂBLER v.tr.
Raccorder les composants d'une installation électrique ou domotique*.

CABOCHON n.m.
Petite pièce d'ornement insérée dans un carrelage, ou formant saillie dans le parement d'une façade.

CABRE n.f.
Petite grue* tripode composée de trois perches réunies à leur sommet, et portant une poulie et un câble de levage ; les puisatiers et égoutiers utilisent ce type de chèvre pour leurs manutentions au-dessus des bouches d'égout ou des orifices de puits.

CACHE n.m.
Tout élément qui sert à masquer ou à protéger. En peinture, masque de carton découpé qui évite de déborder hors des surfaces à peindre.
-***Cache-entrée*** : plaquette mobile qui masque l'orifice d'une serrure.
-***Cache-moineaux*** : latte ou lambrissage* disposé sous la rive débordante d'une couverture de pignon, ou horizontalement sous les queues*-de-vache de l'avancée de toiture, au droit du mur qu'elle recouvre.
Désigner parfois aussi les *closoirs**.
-***Cache-radiateur*** : panneau ou coffrage grillagé ou en tôle ajourée, qui dissimule un radiateur.
-***Cache-vis*** : petit capuchon rapporté sur la tête d'une vis, afin de la masquer.
Petit sceau plombé disposé sur les vis des compteurs individuels pour interdire l'accès et la manipulation.

CACHETAGE n.m.
Saupoudrage de ciment à la surface d'un béton pour accélérer son durcissement superficiel. Rebouchage d'un creux, d'une saignée...
Le cachetage des câbles de tension dans une pièce de béton précontraint* est l'introduction du coulis de ciment qui les solidarise avec le béton.

CADASTRE n.m.
Répertoire des parcelles numérotées du territoire d'une commune et du découpage des propriétés.
Accessible au public, il est conservé et tenu à jour en mairie.
Il comprend :
• une *matrice cadastrale*, description des biens par propriétaire ;
• un *registre des états de section*, nomenclature des parcelles ;
• un *plan cadastral*, représentation graphique du territoire communal et de son morcellement ; il peut être subdivisé en *feuilles parcellaires*.

CADASTRER v.tr.
Soumettre un bien fonds aux opérations de mesure et d'enregistrement au cadastre.

CADETTE n.f.
Petite pierre taillée d' un pavement.

CADMIUM n.m.
Métal blanc qui entre dans la fabrication de certains alliages fusibles pour l'électricité.

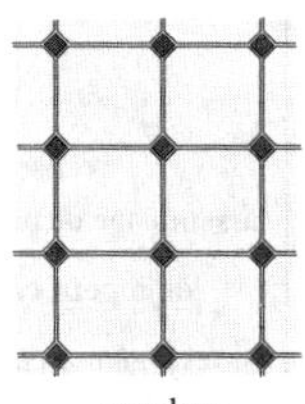

carrelage
à **cabochons**

CADMIÉ adj.
Revêtu d'une couche superficielle protectrice de cadmium.

CADRAN (**solaire**) n.m.
Table orientée au midi, sur laquelle des repères indiquent les heures, par projection de l'ombre portée d'une tige fixe, le *style**. Syn.: *gnomon*.

CADRANURE n.f.
Maladie de vieillesse des bois, qui se manifeste par la désagrégation du coeur et l'apparition de fissures importantes rayonnant à partir du centre ; syn.: *coeur étoilé* (V. Bois).

CADRE n.m.
1/ARCHIT.: bordure saillante en bois, en pierre, en stuc*, etc., autour d'un panneau, ou d'un plafond.

2/MAÇONN.: pièce transversale d'une armature* de béton armé (poutre, poteau, linteau, longrine, etc.), qui enserre et maintient plusieurs éléments longitudinaux de l'armature, ou barres (V.ill). Calibre* de hourdage répétitif des murs en briques ou en blocs à rupture de joint de mortier ; son utilisation est dite *montage au cadre*.
3/MENUIS.: désigne tout assemblage d'allure rectangulaire. Ensemble formé par les montants* verticaux et les traverses* horizontales qui composent un bâti mouluré de croisée* ou de porte ; dans le cadre sont embrevés* des panneaux, des lambris* ou des vitrages. Un lambris* est dit ***à grand cadre*** si ses moulures d'encadrement, rapportées entre le bâti et le panneau, font saillie sur le nu du cadre externe de la porte ; il est ***à petit cadre*** dans le cas contraire (V.ill).

cadres

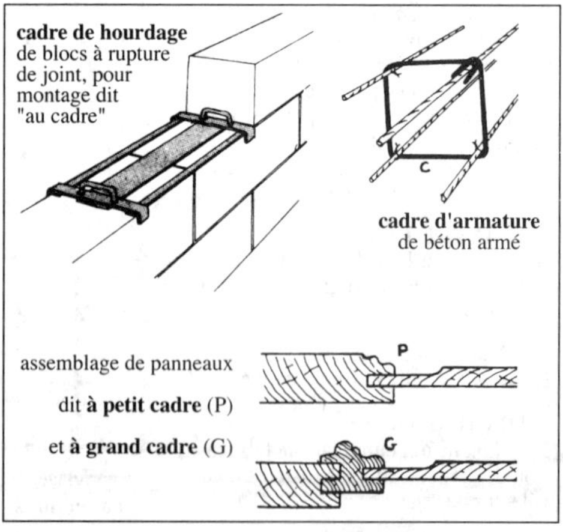

CADREUSE n.f.
Machine-outil d'atelier pour l'assemblage plus ou moins automatique des composants de cadres de baies, d'huisseries, précadres*, etc.

CAGE n.f.
Désigne divers volumes limités par des parois, souvent ajourées.

-***Cage d'armature*** : ensemble préfabriqué d'armatures de béton pour poutres, poteaux, fondations, etc.

-***Cage d'ascenseur*** : volume délimité par les parois extérieures entre lesquelles circule un ascenseur*.

-***Cage de clocher*** : charpente de la partie inférieure d'un clocher d'église ou de beffroi (sous la charpente de la flèche ou de la toiture).

-***Cage d'escalier*** : volume à l'intérieur duquel évolue un escalier (sans que l'escalier soit nécessairement adossé à ses parois).

-***Cage de FARADAY*** :
enceinte dont les parois sont faites d'une armature métallique à mailles serrées, destinée à isoler l'espace intérieur contre toute influence de champs électromagnétiques externes.

CAHIER DES CHARGES.
1/ Document, annexé à un marché*, qui énonce l'ensemble des conditions et obligations liées à l'exécution d'un contrat de travaux.

2/ Document de mise en oeuvre que produit le fabricant d'un matériau ou procédé nouveau ne bénéficiant pas encore d'un Avis* Technique ; il doit être approuvé par un bureau* de contrôle pour que le procédé soit pris en charge par les assureurs.

CAHIER DES CLAUSES ADMINISTRATIVES (CCA).
Document d'un marché* qui décrit les aspects administratifs et financiers du contrat de travaux.
On distingue les cahiers de clauses administratives *générales* (**CCAG**) et *spécifiques* ou *particulières* (**CCAP**).
V. le Code des Marchés.

CAHIER DES CLAUSES TECHNIQUES (CCT).
Document qui fixe les contraintes techniques d'un marché de travaux ; ces clauses sont dites *générales* (**CCTG**, règles applicables à tout marché) ou *particulières*, spécifiques du marché concerné (**CCTP**) ; elles renvoient aux cahiers des *clauses spéciales* des *documents* techniques unifiés* (**CCS-DTU**), aux Avis* Techniques et cahiers des prescriptions techniques (**CPT**).
V. le Code des Marchés.

CAHIER DES PRESCRIPTIONS TECHNIQUES (CPT).
Ensemble de règles professionnelles relatives à la conception d'un type d'ouvrage, ou à la mise en oeuvre d'un type de matériaux : c'est en général un document annexe commun à un ensemble d'Avis* Techniques d'une même famille, énonçant les conditions communes d'emploi ou de contrôle. Il correspond souvent à une étape, avant l'attribution soit d'un constat de traditionnalité*, soit d'une normalisation* AFNOR.

CAILLASSE n.f.
Pierre calcaire siliceuse, mêlée de silex*; ses cassures lisses sont peu adhérentes aux mortiers. Facile à briser, la caillasse sert en blocage* et pour l'empierrement des chaussées.

CAILLEBOTIS n.m.
Panneau à claire-voie constitué soit d'une grille de lames métalliques, soit de baguettes de bois assemblées en quadrillage, soit de matière moulée. On le rencontre sous forme de grilles d'aération, de grilles de caniveau, de marches, de passerelles, de planchers techniques, d'antidérapant pour les sols industriels ou les douches de collectivités, de brise-soleil* sur les façades, etc.

CAILLOU n.m.
Toute pierre dure, silex, débris de roches ou minéraux concassés, de moyenne dimension (3 à 10 cm).
Les cailloux sont les gros granulats des bétons, les très gros servant pour des bétons cyclopéens.

CAILLOUTAGE n.m.
Incorporation de cailloux dans un mortier. Maçonnerie de mortier et de cailloux. En peinture, imitation d'une maçonnerie rustique de cailloux.

CAILLOUTER v.tr.
Garnir de cailloux ou de caillasse*.

CAILLOUTIS n.m.
Petits cailloux qui viennent s'imbriquer dans la caillasse d'un empierrement, et la stabiliser.

CAILLOUASSE n.f.
Variété de la pierre meulière*, de couleur claire ou blanche.

CAIRON n.m.
1/ Moellon de pierre tendre.
2/ Brique creuse perforée de trous cylindriques.

CAISSE n.f.
Renfoncement séparant deux modillons*. Syn.: *métoche*, *métope**.

CAISSON n.m.
1/ARCHIT.: compartiment creux, polygonal ou carré, d'un plancher* *à caissons* ou d'un plafond* "*à la française*", entre ses poutres et ses solives plus ou moins ouvragées.
Compartiment de voûte, délimité par des liernes* ou des moulures.
2/VENTIL.: volume en général parallélépipédique dans lequel s'effectue une opération de traitement de l'air : caisson de filtrage, d'humidification, de mélange, etc.

CALAGE n.m.
1/ Mise à l'horizontale ou correction d'assise par des cales* ou des plots* de mortier de résine (dit *mortier de calage*), d'une machine, d'une chaudière, etc.

2/ Mise en place de petites cales au pourtour d'un vitrage, avant son masticage.

3/ Scellement au mortier de tuiles* creuses ou tuiles-canal *de courant*.

CALANDRAGE n.m.
Traitement de panneaux ou de revêtements par compression entre des rouleaux pour obtenir des décors gaufrés, à reliefs, ou même lisses.

CALCAIRE n.m. et adj.
Ensemble des roches sédimentaires à base de carbonate de calcium ($CaCO_3$). On reconnaît le calcaire au fait que, sous l'action d'un acide, il devient effervescent. L'origine des roches* calcaires est soit ***organique*** (accumulation de microanimaux à coquilles ou végétaux fossilisés), soit ***chimique*** (calcaires de précipitation*, ou de concrétion* sous forme de dépôts par les eaux d'infiltration), soit ***détritique**** (débris rocheux divers, très résistants s'ils sont liés par un ciment calcaire naturel cristallisé). Les calcaires fournissent l'essentiel de la pierre* de taille et de la ***pierre à bâtir***.
Classement : V. à Pierre.

CALCÉDOINE n.f.
Substance siliceuse, d'aspect vitreux blanchâtre, parfois colorée ; très dure et cassante, la calcédoine rend difficile le travail des marbres qui en contiennent.

CALCIFÈRE adj.
Qui contient de la chaux.

CALCIN n.m.
1/ Croûte superficielle dure de carbonate de chaux qui se forme par carbonatation* à la surface des pierres calcaires, sous l'action de l'air et des intempéries. S'il est sain, on doit éviter de l'éliminer par ravalement. Il n'est fâcheux que sur des pierres trop poreuses, car l'eau cheminant dans la pierre, arrêtée par la croûte de calcin, finira par l'éliminer par délaminage* superficiel.

2/ Croûte de calcaire qui se forme à l'intérieur des tubulures de chaudières (surtout chaudières à vapeur).

CALCINATION n.f.
Transformation d'un calcaire en chaux* par cuisson.

CALCINE n.f.
Poudre obtenue par calcination à l'air d'un mélange de plomb et d'étain en fusion ; cette poudre sert dans les industries céramiques pour préparer l'émail* blanc des faïences courantes.

CALCINER v.tr.
Transformer en chaux (et, par déformation, carboniser entièrement un élément soumis à une température élevée).

CALCITE n.f.
Carbonate de calcium cristallisé, à l'état naturel. Constituant de base des roches calcaires, et ciment de nombreuses roches* hétérogènes.

CALCOREUX adj.
Qualifie une pierre calcaire dont les grains sont peu soudés (calcaires tendres, craies, tufs*).

CALE n.f.
Pièce mince ou en biseau disposée sous ou contre un élément, pour l'immobiliser, ou améliorer son assise. Désigne aussi l'écarteur* ou espaceur* d'armatures.

-Cale à poncer : outil à semelle plane sur lequel on tend du papier abrasif pour les ponçages manuels.

CALER v.tr.
Immobiliser la position ou rectifier l'assise d'un élément quelconque à l'aide de cales.

CALEPIN n.m.
Dessin en élévation, en coupe ou en

plan d'un appareillage de pierres (en général à l'échelle 5:100), en vue de la taille et de la pose de chaque élément, numéroté et répertorié. Le calepin est aussi le plan de détail d'un revêtement (carrelage, marbre), ou des joints à tracer dans un enduit.

CALEPINAGE n.m.
Établissement d'un calepin. Représentation du détail des joints d'une façade, du découpage en panneaux d'un enduit de parement, ou de motifs associant plusieurs couleurs.

CALEPINEUR n.m.
Spécialiste du dessin de calepins à partir des plans d'architecte.

CALE-PORTE n.m.
Dispositif d'immobilisation des portes ; fixé à la base du vantail, il se compose d'une tige à crémaillère et à patin, commandée avec le pied (V.ill).

CALFAT n.m.
1/ Sorte de ciseau servant à calfater.

2/ Ouvrier spécialiste des calfatages d'ouvrages d'art.

CALFATAGE n.m.
Introduction en force, dans un joint, d'un matériau d'étanchéité tel que l'étoupe, que l'on revêt ensuite avec un matériau bitumineux.

CALFEUTRAGE
ou **CALFEUTREMENT** n.m.
1/ Garnissage d'un espace étroit et allongé avec un matériau en général compressible, étanche ou isolant : mastic, bourrelet, lut*, étoupe*...

2/ Pose d'une moulure à la périphérie d'une huisserie*, pour masquer le joint entre maçonnerie et le bâti.

3/ Remplissage au mortier autour d'une pièce scellée, ou autour d'une canalisation (ou de son fourreau) dans la traversée d'une paroi.

CALIBRAGE n.m.
Mesure, ou mise à la bonne dimension, d'un élément, le plus souvent cylindrique ou parallélépipédique.
MAÇONN.: réglage précis de l'épaisseur des joints ; montage "à la baguette" de parois de brique pleine ; calage de pierres de taille.

CALIBRE n.m.
1/ Outil composé d'une planchette sertie de lamelles métalliques coupantes, découpées suivant le profil de la moulure que l'on veut *traîner* au calibre*, par raclage d'un bandeau d'enduit appliqué sur un noyau saillant en maçonnerie. La forme de découpe est montée sur un *sabot* qui glisse sur un guide en bois.
V. aussi Conformateur.

2/ Mesure des diamètres intérieurs ou extérieurs des tuyaux, trous, tiges métalliques, boulons, de l'épaisseur des tôles, etc. Instrument de mesure de ces dimensions.

3/ Ensemble des caractéristiques ou des données de fonctionnement d'un appareil électrique.

4/ Limite supérieure de graduation d'un appareil de mesure.

CALIBRER v.tr.
Mesurer des diamètres d'éléments (filiformes ou tubulaires), ou trier des éléments selon leur calibre.

CALICOT n.m.
Toile ou bande de coton tressé ou de fibres (naturelles ou synthétiques), à noyer par marouflage* dans une colle ou un enduit fin, pour *ponter** une fissure ou un joint avant l'application d'une peinture ou d'un enduit pelliculaire ; le calicot permet de répartir les efforts sur une certaine largeur, limitant ainsi le risque de fissuration ultérieure.
Dans le cas des joints entre plaques* de plâtre cartonné, le calicot est en papier perméable spécial, noyé dans la première couche de l'enduit spécial pour joints.

CALODUC n.m.
Échangeur* à cycle condensation/vaporisation d'un fluide frigorigène, en circuit fermé.

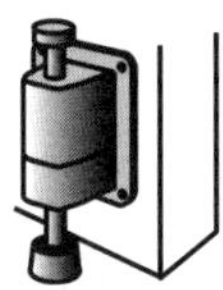

cale-porte
(commande
au pied)

Les calodues servent surtout pour la récupération de l'énergie calorifique de l'air extrait des locaux, et le réchauffage simultané de l'air extérieur admis, par l'intermédiaire du fluide frigorigène de transfert ; celui-ci, condensé par l'air froid entrant, est vaporisé par l'air chaud extrait.
Moins encombrants que les échangeurs statiques à transfert de chaleur par contact, les caloducs offrent en outre un rendement de récupération qui peut dépasser 70%.

CALOPORTEUR adj.
Qualifie tout fluide, liquide ou gazeux, qui est utilisé pour transporter l'énergie calorifique qu'il reçoit vers des appareils accumulateurs ou diffuseurs de la chaleur (radiateur, échangeur, etc.).

CALORESCENCE n.f.
Absorption des rayons lumineux par une surface et restitution de l'énergie absorbée, sous forme de chaleur rayonnante : c'est le principe de base des capteurs solaires.

CALORIE n.f. (**cal**)
Ancienne unité de mesure de l'énergie thermique, c'est la quantité d'énergie nécessaire pour élever un gramme d'eau de 14,5 à 15,5°C, sous pression atmosphérique normale. Aujourd'hui, l'unité officielle est le joule* (**J**), qui vaut 0,239 cal.
En pratique, on utilise surtout le watt-heure* (1Wh = 3600 J) et le kilowattheure (1kWh = 860000 cal = 3,6 x 10^6 J) ; parfois, la thermie (th), ou *mégacalorie* (1th = 10^6 cal), dont l'usage officiel est prohibé.

calorifugeage de tuyaux

par des coquilles en mousse isolante

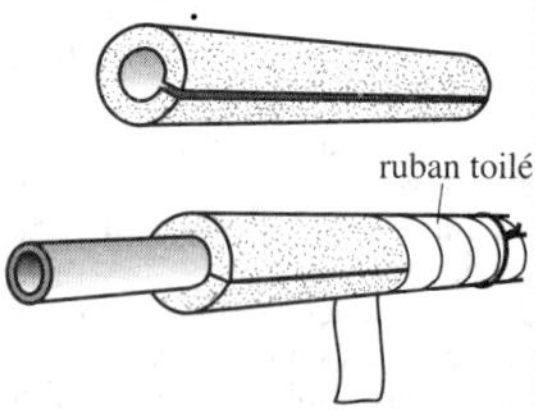

autrefois, par un enroulage avec des bourrelets isolants

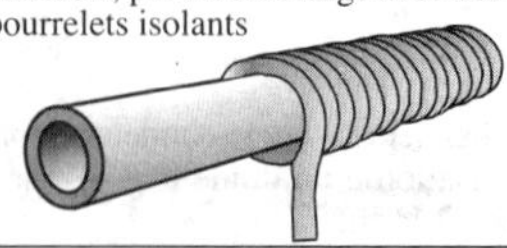

CALORIFÈRE n.m.
Équipement de chauffage à air chaud, comprenant un foyer de combustion et un échangeur* à ailettes où l'air admis est chauffé par les gaz de combustion, puis pulsé dans des canalisations qui aboutissent à des bouches* de chaleur, dans les locaux à chauffer.

CALORIFIQUE adj.
Qui produit de la chaleur, ou qui concerne la production de chaleur.

CALORIFUGE n.m. et adj.
Se dit des isolants thermiques destinés à éviter les déperditions calorifiques des équipements de chauffage, canalisations et gaines : coquilles* de mousse ou bourrelets (tuyauteries), enveloppes isolantes (ballons échangeurs), etc.

CALORIFUGEAGE n.m.
Mise en place de matériaux calorifuges, et son résultat (V.ill).

CALORIFUGER v.tr.
Procéder au calorifugeage.

CALORIMÉTRIE n.f.
Mesure des quantités de chaleur produites et des échanges thermiques entre deux corps, ou entre des équipements et leur environnement.

CALORISTE n.m.
Spécialiste de la construction des cheminées, conduits de fumée et gaines diverses. Ce mot tend à remplacer celui de *fumiste*.

CALOTIN ou **CALOTTIN** n.m.
Petit capuchon en zinc soudé sur la tête des clous des couvre-joints*.

CALOTTE n.f.
1/ Portion de la surface* d'une sphère délimitée par un cercle.

2/ Petite voûte ou coupole hémisphérique. Partie supérieure d'une coupole ou d'un dôme.

3/ Recouvrement en plomb qui protège le dernier rang d'ardoises, au faîte de certains clochers.

CALQUE n.m.
Papier translucide pour la copie de plans.

CALQUER v.tr.
Reproduire par copie sur un papier-calque. NB- *Décalquer* a un sens différent : c'est reporter un motif sur une surface à l'aide d'un calque.

CAMAÏEU n.m.
Motif peint avec une seule couleur : les nuances sont réalisées en utilisant tous les dégradés de cette couleur unique. C'est une *grisaille* si la couleur utilisée est le noir.

CAMARD adj.
Qualifie un pêne* de serrure taillé en biseau, ou la serrure elle-même, quand son pêne est ainsi biseauté.

CAMARDER v.tr.
Réduire l'épaisseur d'un profil mouluré pour le raccorder avec un profil voisin de section différente.

CAMARTEAU n.m.
Empilage de bois équarris, en couches croisées, pour servir de socle à une grue, à un réservoir, etc.

CAMBIUM n.m.
Dans le bois, couche intermédiaire annulaire entre l'aubier* et l'écorce. Syn.: *assise génératrice*. V. Bois.

CAMBRAGE
ou **CAMBREMENT** n.m.
Opération de mise en forme courbe d'une pièce. Syn.: *cintrage*.

CAMBRÉ adj.
Courbé en forme d'arc.

CAMBRURE n.f.
Courbure d'un arc*, du cintre d'une voûte*, d'une pièce de bois, etc.

CAMION n.m.
En peinture, récipient qui contient le produit prêt à appliquer.

Camion-malaxeur : véhicule muni d'une bétonnière à rotation lente, de l'ordre de 6 m^3, pour la livraison sur chantier du béton prêt à l'emploi. Syn.: *toupie à béton*.

CAMIONNÉE n.f.
Désigne parfois une petite quantité de gravats, inférieure au mètre cube.

CAMPAGNE (**de travaux**) n.f.
Programme de travaux d'une année, mais aussi très souvent d'une demi-année (avant ou après l'été).

CAMPANAIRE adj.
Qui concerne les cloches : art campanaire, charpente campanaire...

CAMPANE n.f.
Chapiteau* des ordres* corinthien et composite, en forme de cloche retournée (on dit aussi chapiteau ***campaniforme***) ; ornement de toit en forme de cloche.

CAMPANIFORME adj.
En forme de cloche.

CAMPANILE n.m.
Clocher non accolé à l'église.
Tourelle ajourée abritant une horloge ou des cloches, sur un édifice civil. Petite lanterne* formant amortissement* sur le faîte d'un toit.

CANAL n.m.
Outre son sens courant, peut désigner en architecture diverses rigoles, cannelures, gorges, etc.

CANALI n.f.pl.
Autre nom des tuiles creuses tronconiques, ou *tuiles-canal**.

CANALISATEUR n.m.
Compagnon spécialiste de la mise en oeuvre des canalisations et systèmes d'évacuation des eaux.

CANALISATION n.f.
De façon générale, tout corps creux longiforme et étanche, à parois intérieures lisses, destiné à la circulation de fluides, par écoulement libre ou sous pression ; se dit aussi de tubes et conduits qui renferment des conducteurs électriques.
Une canalisation est définie par son **matériau constitutif** :

• pour les canalisations de *distribution* d'eau sanitaire sous pression à l'intérieur des bâtiments, le cuivre est le matériau le plus utilisé.

• pour la *circulation* des fluides de chauffage, et pour les hydrocarbures, l'acier, le cuivre et les matières plastiques comme le polyéthylène réticulé sont les plus fréquents.

• la distribution du gaz naturel est en acier, ou en polyéthylène.

• pour l'*évacuation* des eaux usées et l'assainissement (chutes, égouts, collecteurs...), la fonte, le grès vernissé, le ciment armé centrifugé, le béton, les fibres-ciment , les matières plastiques (PVC).

Une canalisation est dite :
• ***dissimulée*** si elle n'est pas visible en raison de la présence d'un écran tel qu'habillage, faux-plafond, etc.

• ***apparente*** si pas dissimulée.

• ***accessible*** si elle peut être directement remplacée, ou réparée, sans démolition d'obstacles ou d'habillages, ou sans dépose d'autres canalisations. Une canalisation verticale est réputée accessible si sa gaine comporte, à chaque niveau, une trappe d'ouverture minimale de 0,40 x 0,60 m.

• ***enterrée*** si elle est disposée dans une tranchée rebouchée, à une profondeur qui la met à l'abri du gel.

• ***encastrée*** si elle est placée, dès la construction, dans des espaces réservés à cet effet, garnis ensuite avec un matériau de maçonnerie.

• ***engravée*** si elle est placée dans une saignée exécutée dans une maçonnerie existante, rebouchée avec un matériau compatible.

• ***enrobée*** si elle est noyée dans les éléments du gros oeuvre (directement ou avec un fourreau*).
V. les *normes* et *DTU*.
V. aussi Chute, Colonne, Conduite, Conduit, Tube, Tuyau.

Canalisation sèche : protégée contre le feu, et alimentée en eau sous forte pression pour la lutte contre l'incendie.
V. Colonne sèche.

CANCALON n.m.
Brique creuse plate de terre cuite, de 3 cm d'épaisseur, servant à réaliser des plafonds suspendus.
Syn.: *plafonnette*. Les éléments ont une gorge sur un bord et un tenon sur le bord opposé ; ils sont montés à rupture* de joints, sous des poutraisons adaptées (V.ill. à Plafond).

CANCEL ou **CHANCEL** n.m.
Balustrade* à hauteur d'appui, qui sépare le choeur d'une église du reste de la nef.

CANDELA n.f. (**cd**)
Unité officielle de mesure de l'intensité d'une émission lumineuse, (ne pas confondre avec le *lumen**).

CANDÉLABRE n.m.
1/ Appareil d'éclairage monté sur un pied ou sur une colonne.

2/ Ornement ouvragé grimpant sur un pilastre* ou sur un piédroit*.

CANDLOT (sels de —)
V. Ettringite.

CANISSE ou **CANNISSE** n.f.
Lattis* de roseaux fendus assemblés en claies*, servant d'armature des enduits de plâtre des plafonds*. Dans le Sud-Est, et en Italie, des canisses sont souvent disposées à l'extérieur des échafaudages pour se protéger du soleil, et protéger les enduits frais de la dessiccation*.

CANIVEAU n.m.
1/ Rigole de maçonnerie à ciel ouvert, en décaissement par rapport au sol avoisinant, servant à l'écoulement d'eaux pluviales ou industrielles.

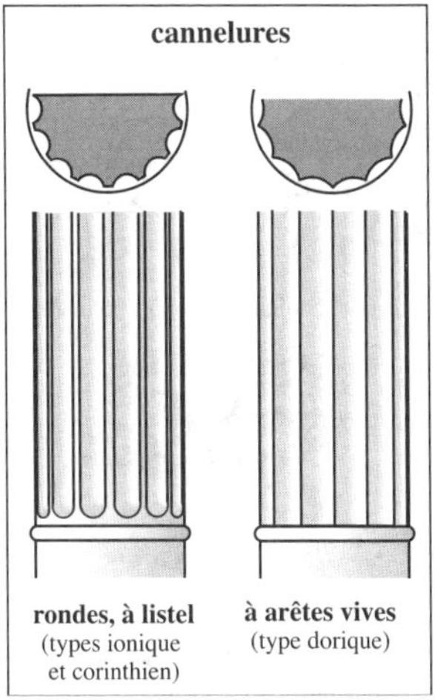

CANNELURE n.f.
Rainure en forme de petit canal, en particulier sur les colonnes et pilastres (V.ill). La plupart des cannelures sont rectilignes et parallèles, de section semi-sphérique, mais elles peuvent aussi être à fond plat, à facettes, ornées ou rudentées*.

CANON n.m.
1/MAÇONN.: équipement de projection pneumatique des enduits de ciment, ou *cement-gun**; pour les enduits de façades, on parle plutôt de *pompe** ou de *projeteur à mortier*, et de sa lance de projection.

2/ Petit tube fendu, fixé sur le foncet* d'une serrure*, pour guider la clef. Partie tubulaire d'une clef forée.

3/ Le ***canon de gouttière*** est l'élément de tuyau qui sort de la bouche d'une gargouille*.

CANONNIÈRE n.f.
Berceau de voûte* tronconique, donc plus large à une extrémité qu'à l'autre. Syn.: *voûte en canon.*

CANTER v.tr.
En charpente, poser de chant* une pièce de bois.

CANTILEVER n.m. ou adj. invar.
En porte-à-faux, ou en bascule.
Qualifie une poutre* prenant appuis sur plusieurs supports, et divisée en tronçons articulés sur ces supports.

CANTON n.m.
Portion de voûte délimitée par deux branches d'ogive ou deux nervures* consécutives saillantes partant de la clef*. Syn.: *voûtain*, *quartier*.

2/ Petite galerie en tranchée, maçonnée ou préfabriquée, et recouverte de grilles ou de plaques pleines amovibles, permettant un accès sur toute sa longueur (V.ill).
Les caniveaux servent soit à l'écoulement de liquides, soit au passage de canalisations ou de câbles électriques devant rester accessibles.

CANNE n.f.
Moulure qui sépare deux cannelures. Syn.: *côte de cannelure.*

CANNEAU n.m. V. Godron.

CANNELOIR n.m.
Gouge* très fine pour le creusement de gorges et cannelures étroites.

caniveaux

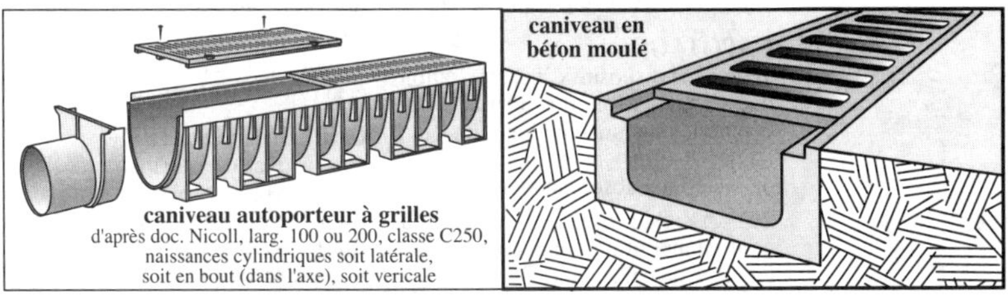

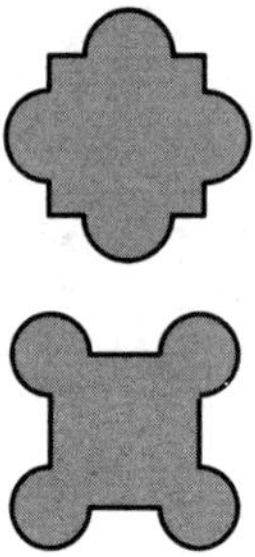

coupes en plan de piliers **cantonnés**

CANTONNÉ adj.
Qualifie toute construction ou façade dont les angles sont ornés de pilastres* ou de chaînes* de pierre en saillie sur la façade ; qualifie aussi un pilier dont les angles ou les faces comportent des colonnes, colonnettes ou pilastres plus ou moins engagés*.
Un panneau, un blason... sont *cantonnés* si un même motif orne chaque angle. Syn.: *flanqué**.

CAPILLAIRE
1/n.m. Canal tubulaire de très petit diamètre (env. un cheveu, d'où son nom) qui permet à l'air ou à l'eau de circuler à travers les matériaux, sous l'effet de la *capillarité*.
Les capillaires peuvent relier en réseaux ramifiés les cavités internes d'un matériau, et donner à ce matériau son caractère plus ou moins absorbant.

2/adj. Qualifie le mode de cheminement des fluides dans les capillaires.

-***Ascension capillaire*** : phénomène de montée de l'eau dans les capillaires des matériaux et des murs dont la base est en milieu humide : V.Ascension.

CAPILLARITÉ n.f.
Résultat des effets de la tension superficielle des liquides, liée au caractère élastique de leur surface, et au fait que leur propagation est facilitée par le rapprochement des parois qui l'entourent. V. aussi Coupure.

CAPONNIÈRE n.f.
Bandeau nettement saillant formant l'encadrement d'une baie.

CAPOT n.m.
Habillage en métal ou en plastique rigide, en général amovible, qui protège un appareil ou un équipement.

CAPOTAGE n.m.
1/ACOUST.: dispositif d'insonorisation ou d'atténuation des bruits d'un appareil, moteur, compresseur, etc., composé d'un capot adapté, revêtu de matériaux absorbants.

2/ÉLECTR.: isolant provisoire placé au bout dénudé d'un conducteur ; mise en place de cet isolant.

capotes
pour mitrons de conduits de fumée

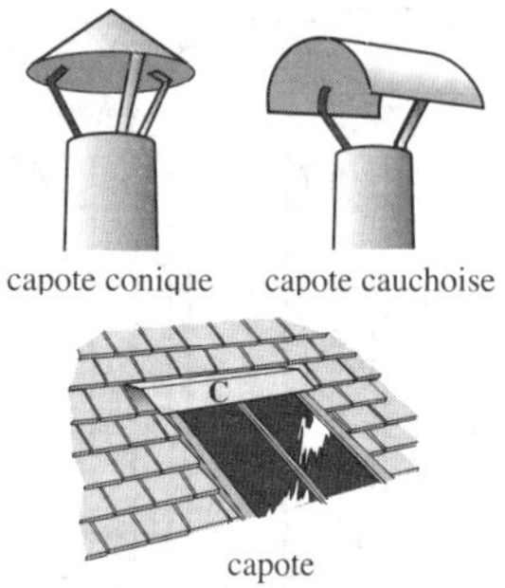

CAPOTE n.f.
1/COUVERT.: pièce d'étanchéité recouvrant la partie haute d'une tabatière, et rentrant sous la couverture.

2/FUMIST.: chapeau léger de forme tubulaire ou tronconique, en tôle ou en poterie, fixé sur les mitrons* de cheminées pour éviter la pénétration de la pluie et du vent (V.ill).

CAPRICORNE n.m.
V. au mot Xylophage.

CAPTE-SUIE n.m. invar.
Appareil muni d'un aspirateur, à l'orifice de certaines cheminées.
Il extrait et recueille par filtrage la suie en suspension dans les fumées.

CAPTEUR n.m.
Dispositif auxiliaire d'un système de gestion ou de régulation, dont la fonction consiste à analyser les variations de grandeurs physiques (température, pression, vitesse du vent, anomalie de fonctionnement, fuite, etc.), et à traduire ces variations en messages électriques ou électroniques.

CAPTEUR SOLAIRE
Dispositif de transformation de l'énergie du rayonnement solaire en énergie calorifique, communiquée à un *fluide caloporteur* (air, eau, parfois huile) ; le capteur, ou *insolateur*, est la base

d'un équipement de chauffage solaire. Il est constitué d'un panneau métallique bien isolé sur sa face arrière et ses côtés. La face exposée est garnie d'un *absorbeur*, revêtement de surface à fort pouvoir absorbant des rayonnements (en général du noir de nickel), sur un support peu émissif (nickel, acier doux nickelé) afin d'éviter la réémission de l'énergie captée.
Un vitrage élève la performance par effet de serre. Sous le panneau est soudée une canalisation qui serpente à sa surface (V.ill). Le fluide qui la parcourt, de l'eau additionnée d'antigel, s'y réchauffe et se dirige vers l'échangeur* d'un chauffe-eau* solaire, ou d'un accumulateur* de chaleur. JURID.: noter que l'installation de capteurs solaires est réglementée (déclaration en mairie, ou permis de construire).

capteur solaire

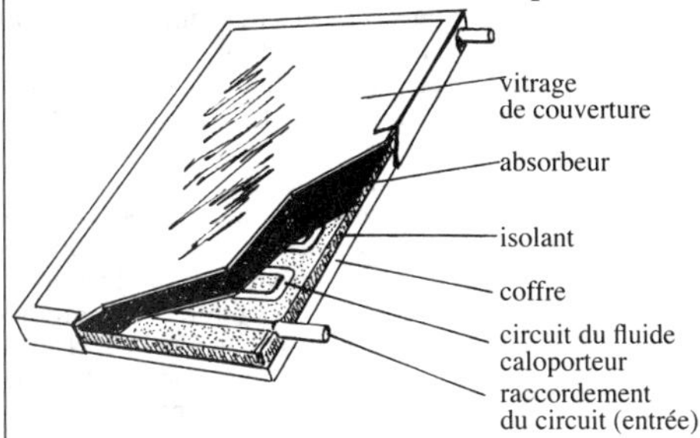

CAPUCHONNER v.tr.
Obturer l'orifice d'un conduit de fumée.

CAPUCINE n.f.
1/ Sur une petite façade, désigne une corniche* ou un bandeau* en entablement* dont les moulures sont composées d'un talon* et d'un larmier* (V.ill).

2/ Lucarne *capucine*, ou *à la capucine* : lucarne* à croupe*, à trois rampants* (V.ill. au mot Lucarne).

3/ Cheminée* à chambranle* ou à montants* droits et peu ouvragés, surmontés d'une console en talon : *cheminée à la capucine*.

CARACTÉRISTIQUE n.f.
Donnée ou valeur mesurable propre à un équipement, à un matériau ou à un bâtiment ; elle permet de les différencier des autres. On distingue :

• les caractéristiques ***d'identification*** : composition physico-chimique propre à un matériau),

• les caractéristiques ***nominales*** : dimensions, caractères ou performances auxquels peuvent s'appliquer des écarts ou des tolérances*,

• les caractéristiques ***en oeuvre***, en particulier pour les matériaux tels que les liants*, colles*, peintures*, etc. dont la mise en oeuvre s'accompagne de transformations.

Une ***courbe caractéristique*** est la représentation graphique de la relation, pour un équipement donné, entre deux grandeurs mesurables (par ex. vitesse de rotation et puissance utile d'un moteur électrique).

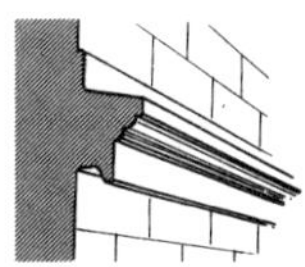

capucine

CARBONATATION n.f.
Transformation de l'oxyde de calcium (chaux* CaO) en carbonate de calcium ($CaCO_3$), sous l'action acide du gaz carbonique de l'air.

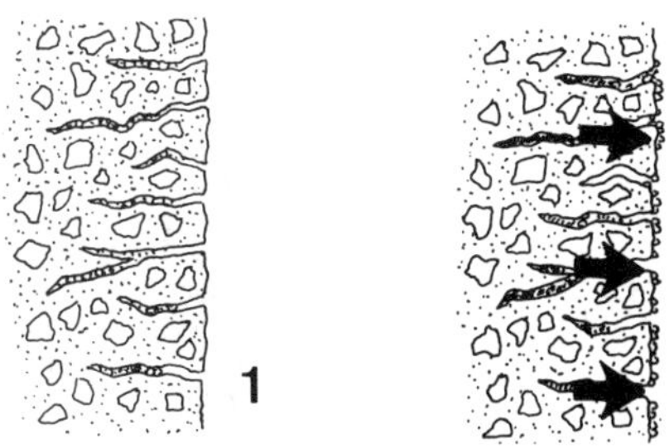

carbonatation

principe de formation d'efflorescences de carbonatation apparentes à la surface des enduits hydrauliques.
1 - carbonatation normale accompagnant la prise du mortier.
2 - par temps froid et humide, le carbonate de chaux est entraîné par l'eau en excès vers l'orifice des capillaires, où il se dépose en petits cristaux blancs insolubles.
Dans ce cas, la carbonatation est visible.

La réaction accompagne la prise de tous les liants hydrauliques (ciments et chaux) : la chaux libre dégagée par la prise, partiellement soluble, est entraînée par l'eau en excès vers la surface des bétons et enduits, à travers leurs capillaires*.
Au contact de l'air, elle s'évapore en déposant des cristaux de carbonate. Sous certaines conditions hygrothermiques (température < 8°C et forte humidité), l'évaporation de l'eau chargée de carbonate a lieu à l'orifice des capillaires : les cristaux déposés sont alors visibles, sous forme d'*efflorescences** blanchâtres, d'aspect fâcheux sur les enduits teintés. Dans le cas contraire, le dépôt de cristaux, à l'intérieur des capillaires*, reste invisible (V.ill. page précédente).

CARBONATE n.m.
Le ***carbonate de calcium*** ($CaCO_3$) est un minéral cristallin blanc, résultant de l'action de l'acide carbonique sur l'hydroxyde de calcium $Ca(OH)_2$. Il est dissout par l'acide chlorhydrique dilué. Constituant principal des pierres calcaires (craie, dolomies...).

CARBONYLE n.m.
Mélange d'huiles anthracéniques et de créosote* utilisé, par imprégnation, pour la protection des bois contre le pourrissement.

CARBORUNDUM n.m.
Carbure de silicium, abrasif de synthèse très dur (seuls le diamant, le corindon* et le carbure de bore sont plus durs). Concassé, on l'agglomère avec des résines pour faire des meules de ponçage et d'affûtage, des disques à tronçonner, des briques abrasives, etc.; syn.: *silendum.*

CARCASSE n.f.
Ossature ou charpente d'une machine, d'un équipement. Ensemble du gros oeuvre d'un bâtiment (ossatures, remplissages et planchers).

CARDERONNER v.tr.
V. Quarderonner.

CARÈNE (**toit en —**) n.f.
Toit à deux versants dont la forme et le galbe évoquent une carène inversée de navire (la carène étant la partie immergée d'une coque).

CARIE n.f.
Maladie du bois* : pourrissement dû au développement en surface de microvégétaux cryptogamiques*.
La ***carie sèche***, différente, correspond à une désagrégation due à l'exposition prolongée de bois à l'air chaud, sec et non renouvelé.

CARILLON n.m.
En maçonnerie, armature longitudinale de planchers*, en tiges de fer carré disposées parallèlement aux solives. Syn.: *côte-de-vache, cantoris, fanton**.

CARLETTE n.f.
V. Cartelette (sens différent de son homonyme *carrelette**).

CARNE n.f.
Arête vive ou angle saillant d'une pierre ou d'une pièce de bois.

CARNEAU n.m.
Conduit horizontal ou en faible pente, en métal ou en briques réfractaires, servant de liaison entre une chaudière ou un foyer et son conduit d'évacuation vertical ; les carneaux ont une trappe de ramonage, et souvent un dispositif de régulation du tirage.

CAROTTAGE n.m.
Prélèvement d'un échantillon de forme cylindrique dans un sol, un béton, un enduit, etc. pour en analyser la composition, la cohérence, la compressibilité, etc.

CAROTTE n.f.
Échantillon d'allure cylindrique prélevé par carottage, avec une carotteuse.

CAROTTEUSE n.f.
ou **CAROTTIER** n.m.
Outil tubulaire tranchant que l'on adapte à l'extrémité des tiges de forage pour prélever des carottes ; son bord

d'attaque est diamanté, ou muni d'une couronne de molettes.

CAROTTIN, CARROTIN, ou **CARREAUTIN** n.m.
Petit moellon à parement carré ou rectangulaire, posé en carreau* dans un appareil* de maçonnerie.

CARRARE n.m.
Marbre très blanc à grain fin, extrait près de Carrare, en Italie.

CARRE n.f.
Épaisseur d'un élément méplat, coupé à angles vifs : la *carre* des planches est l'épaisseur de leur chant*.

CARRÉ n.m. et adj.
Désigne parfois un palier* d'escalier sur lequel s'ouvrent plusieurs portes d'un même étage.
-Faire un ***trait carré***, en charpente, c'est tracer une perpendiculaire.

-***Carré (de serrure)*** : tige coudée, de section carrée, servant de passe-partout* sur chantier avant la pose des poignées et boutons des portes.

CARREAU n.m.
1/MAÇONN.: moellon* ou bloc de pierre dont les dimensions de parement (face vue) sont importantes par rapport à celles des faces de joint ou de queue*. Opp.: *boutisse**.

2/PEINT.: la ***mise au carreau*** est un procédé de reproduction et d'agrandissement de dessins par quadrillage, facilitant les reports homothétiques.

3/SERRUR.: grosse lime* à métaux, de section rectangulaire.

4/VITR.: nom couramment donné aux vitres de petite dimension.

5/CARREL.: désigne tout élément plat, calibré, en céramique, grès, ciment, pierre, marbre... pouvant entrer dans la composition d'un carrelage* ou d'un revêtement*; au-dessus du format 30 x 30 cm, on parle plutôt de *dalles** ou *plaques**; et, au-dessous de 5 x 5 cm, de *mosaïque**.

• ***Carreaux d'asphalte*** : dalles moulées obtenues par compression de poudre d'asphalte* naturel, utilisées comme revêtement de sol de locaux industriels et commerciaux. Ils ont des qualités de résistance chimique (sauf corps gras), de résistance à l'usure, de souplesse et d'insonorisation, mais une médiocre résistance aux poinçonnements et à la chaleur.

• ***Carreaux céramiques***.
Le terme s'applique à l'ensemble des éléments fabriqués par cuisson de terres naturelles.

Principales familles :

- les carreaux de **faïence***, composés d'un *biscuit* recouvert d'un émail transparent ou opaque, la *couverte* ; leur sensibilité aux chocs et aux écarts de température les destine surtout aux revêtements muraux intérieurs.
Format traditionnel courant de 10,8 x 10,8 cm, mais les fabricants proposent des formats beaucoup plus grands. Variétés : les carreaux de faïence dits *chamottes,* dont le biscuit est jaunâtre et recouvert d'émail transparent, et les carreaux dits *majoliques,* à émail coloré.

- les **terres cuites** et les **grès**, sous de nombreuses variantes :

• la ***terre cuite ordinaire***, à base d'argile naturelle teintée, cuite vers 950°C. Poreuse, gélive et relativement fragile, elle sert surtout en décoration murale. Ces carreaux sont parfois dits *carreaux de Beauvais*, ou *carreaux de Marseille*.

• la ***terre cuite grésée***, mélange d'argiles et de terres à grès, teinté dans la masse, et cuit vers 1100 à 1200°C. Plutôt poreuse, gélive, et rayable, mais sa dureté permet l'utilisation en sol intérieur à faibles contraintes mécaniques. Variante de même composition, le *carreau de* ***Salernes*** est vitrifiable et non rayable ; il émet un son clair sous les chocs métalliques.

• le ***demi-grès***, mélange d'argiles vitrifiables, laitier* et colorants ; dense, teinté dans la masse, incomplètement vitrifié mais non rayable, il a l'aspect du grès cérame sans en avoir la dureté, et convient pour les sols courants.

• le ***grès ordinaire*** (ou cérame ordinaire), réalisé avec des terres à grès, cuites vers 1 250°C, permet de réaliser des dallages de sols courants de bonne résistance.

• le ***grès cérame***, mélange d'argiles et de feldspath*, vitrifié par une cuisson à environ 1 300°C. Très dur, non rayable, non poreux et ingélif, il ne peut être fabriqué qu'en éléments de dimensions restreintes (rarement plus de 20 x 20 cm).
L'appellation *grès cérame fin vitrifié* correspond à des normes de cuisson et de dosage des constituants.
Le grès cérame est utilisé comme revêtement économique des sols à forte circulation, et comme revêtement de façades, sous forme de mosaïque en 2 x 2 cm ou 5 x 5 cm.

• le ***grès émaillé*** : grès cérame qui reçoit une couverte d'oxydes métalliques cuite vers 1 300°C., permettant divers effets décoratifs.

• le ***grès vitrifié*** : grès ordinaire qui reçoit une projection saline en fin de cuisson ; le sel, réagissant avec la surface d'argile, produit un mince glaçage très dur de silico-aluminate alcalin vitrifié.

• le ***carreau de Briare***, pâte à base d'alumine, de silice et d'oxydes métalliques, est vitrifié dans la masse vers 900 / 1 000°C ; ce matériau est non gélif et peu rayable.

Selon leur **façonnage**, les carreaux de grès sont dits ***grès étirés*** (à partir d'un ruban de pâte extrudé puis recoupé), ***grès pressés*** (éléments moulés individuellement), ou ***comprimés*** ou ***repressés***.

Les ***carreaux dits industriels*** ont une composition et une température de cuisson voisine de celle du grès cérame vitrifié : argiles, feldspaths, laitier, schistes, silice ou quartz).
Ils sont épais (20 à 50 mm), et leur surface est adaptée aux besoins spécifiques (reliefs antidérapants chenillés, striés, pastillés...).

-***Carreaux de ciment*** : éléments préfabriqués à base de ciment et de sable, moulés et comprimés sans cuisson ; ils peuvent comporter des granulats* spéciaux incorporés dans la masse, ou sous forme de couche d'usure superficielle, pour les revêtements de sols industriels.

-***Carreaux de liège*** : particules de liège agglomérées puis tranchées en plaques ; ils sont utilisés en revêtement décoratif et insonorisant de murs et de sols (dans ce dernier cas, les carreaux sont enduits d'une couche d'usure plastique transparente).

-***Carreaux de mâchefer*** : éléments préfabriqués pour cloisons, en mortier de plâtre ou de ciment chargé de mâchefer ; aujourd'hui remplacés par les carreaux de plâtre.

Carreaux de plâtre : éléments pour cloisons* et doublages*; préfabriqués par moulage de mortier de plâtre.
Les carreaux de plâtre ont deux parements lisses, et leurs chants ont des languettes (ou tenons) et des rainures qui permettent un emboîtement précis, et le collage avec un mortier-colle approprié.
Ils sont soit pleins, soit alvéolaires (alvéoles tubulaires verticaux).
Les carreaux normalisés mesurent 666 x 500 mm (3 éléments au m^2). Leurs épaisseurs sont de 4 ou 5 cm pour les doublages ; 6, 7, 10 cm pour les cloisons (seuls les carreaux de 10 cm d'épaisseur mesurent 660 x 380 mm (4 éléments au m^2).

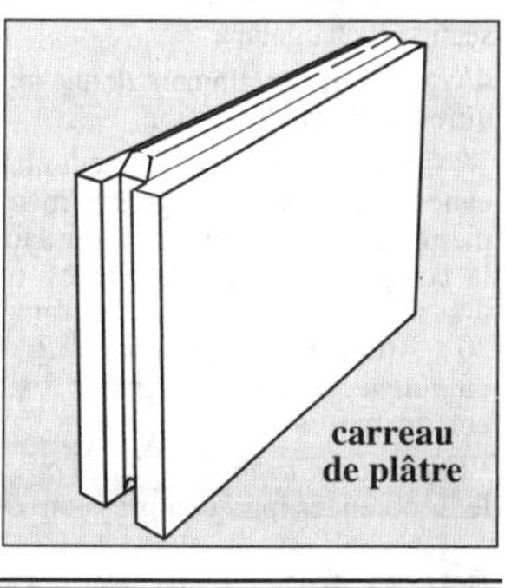

La mise en oeuvre doit être conforme au DTU. V. Cloisons.

CARREAUTIER n.m.
(ou ***plâtrier-carreautier***) : spécialiste du montage de cloisons en carreaux de plâtre.

CARRELAGE n.m.
Assemblage organisé de carreaux juxtaposés, composant un revêtement de sol dur, plan, assez étanche, résistant aux contraintes mécaniques (et parfois chimiques), facile à entretenir, et si possible esthétique.
Synonymes : *pavement*, *dallage* (éléments de grand format).
Par extension, le mot désigne aussi les *revêtements muraux céramiques*.

Les **techniques de pose des carrelages** sont :

1/ <u>Sols intérieurs ou extérieurs</u> :

• la ***pose scellée***, mode de pose traditionnel qui consiste à répartir, sur une forme* de sable fin de 2 cm (ou 3 à 4 cm de sable stabilisé avec 100 à 150 kg de ciment par m^3 de sable sec), un bain* de mortier de ciment, éventuellement saupoudré de ciment (pose *à bain soufflant*).

• la ***pose collée***, qui est effectuée directement sur chape* ou sur dalle de béton, à l'aide d'un mortier-colle* adapté, étalé puis strié sur le support.
En intérieur, le mortier-colle est appliqué en double encollage* si la surface unitaire des carreaux dépasse 225 cm^2.
En extérieur, un double encollage est indispensable.
Les grandes surfaces doivent toujours être recoupées en panneaux par des joints de dilatation.

2/ <u>Murs intérieurs ou extérieurs</u> :

• la ***pose à bain de mortier*** **:** mode de pose traditionnel, de plus en plus rare en intérieur, réalisé sur sous-enduit de ciment ou sur béton, avec un mortier dosé à environ 500 kg/m^3.
Les carreaux poreux doivent être trempés au préalable.

• la ***pose collée***, aujourd'hui généralisée à l'intérieur, est faite soit à l'aide d'un mortier-colle* à base de ciment (mortier caséiné* si la pose est faite sur support en plâtre ou en plaques de plâtre cartonnées), soit à l'aide d'un adhésif* en pâte prêt à l'emploi.
Le double encollage* est recommandé pour les éléments dont la surface unitaire dépasse 225 cm^2, ou 100 cm^2 sur des murs extérieurs.
Le **jointoiement des carrelages.**
La plupart des joints sont réalisés avec un coulis de ciment blanc, gris, ou teinté dans la masse, que l'on fait pénétrer avec une raclette.
Des produits spéciaux sont utilisés si le carrelage doit avoir des qualités d'étanchéité absolue (piscines, cuves), d'hygiène ou d'antipoussière (salles* blanches, cuisines industrielles), ou d'anticorrosion.

CARRELET n.m.
1/ Pièce de bois de section carrée, de 15 à 50 cm de côté.

2/ Petite lime* à métaux, de section carrée ou rectangulaire (par opp. au *carreau**, lime de forte section).

CARRELETTE n.f.
Outil de coupe des carreaux de terre cuite et de grès, comportant une molette de traçage et de prédécoupe, montée sur un élément-chariot qui coulisse sur deux guides parallèles.

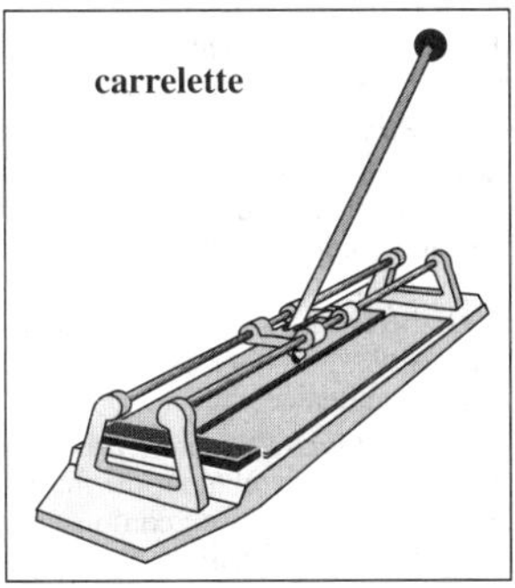

CARRELEUR n.m.
Spécialiste de la mise en oeuvre des carrelages et revêtements muraux céramiques, ainsi que, souvent, des dallages de marbre.

CARRÉMENT adv.
De façon perpendiculaire, à angle droit, *au carré*, ou d'aplomb*: *poser un moellon carrément.*

CARREZ (loi —)
Voir au mot Surface.

CARRIER (**diagramme de —**)
Ensemble de courbes établissant les relations entre les caractéristiques d'humidité relative de l'air, et sa température.

CARROYAGE n.m.
(TOPOGR.) Syn. de *quadrillage**.

CARTELETTE, CARLETTE,
ou **QUARTELETTE** n.f.
Ardoise retaillée en petit format.

CARTON n.m.
1/ARCHIT.: Modèle de profil de moulure découpé dans une feuille de carton ou de métal mince.

2/ÉTANCH.: ***carton bitumé***, feuille de carton en lés*, enduite de matière étanche, servant en général de matériau de couverture temporaire.

Carton-feutre goudronné : matériau pare-vapeur plus généralement appelé *feutre* goudronné.*
V. Plaque de plâtre *cartonnée.*

CARTOUCHE n.f.
1/ÉLECTR.: petite pièce cylindrique, amovible et interchangeable.

La ***cartouche fusible*** est une résistance coupe-circuit sous tube cylindrique dont les extrémités servent de contacts ; elle remplace les anciens fils de plomb. Longueurs et diamètres sont différenciés selon l'ampérage admissible, ce calibrage évitant une utilisation inadéquate.

2/ La ***cartouche extrudable**** est le conditionnement tubulaire des mastics *à la pompe*, extraits en cordons avec un pistolet* extrudeur.

CARTOUCHE n.m.
1/ Partie encadrée d'un plan* dans laquelle sont groupées les informations d'identification, maître* d'ouvrage, auteur, éléments concernés, modifications, échelle... Il doit rester visible lorsque le plan est plié.

2/ Motif de moulures plus ou moins ouvragé encadrant un champ* qui porte armoiries ou inscriptions.

CASÉINE n.f.
Sous-produit du lait, déshydraté sous forme de poudre ; son pouvoir collant la fait utiliser dans certains matériaux dits *caséinés*, tels que les enduits de lissage des sols, les mortiers-colles utilisables sur plâtre, les colles à bois, les apprêts, etc.

CASILLEUX adj.
Qualifie un panneau de verre qui, par insuffisance de cuisson, se brise en éclats sous le passage du diamant*, au lieu de se couper net.

CASQUE n.m.
Coiffe normalisée, résistant aux chocs, dont le port est obligatoire sur tous chantiers de construction.
-***Casque de battage*** : dispositif de protection intercalé entre la tête d'un pieu ou d'une palplanche et la masse qui les frappe.

CASSE-FER n.m. invar.
Pièce d'acier en forme de coin, que l'on place dans l'oeil (trou carré) d'une enclume* et sur laquelle on brise les pièces de métal refroidi.

CASSE-PIERRE n.m. invar.
Masse à tête métallique et à long manche flexible qui servait à briser les roches et les pierres.

CASSE-VIDE n.m.
Désigne parfois un reniflard*.

CASSER v.tr.
Modifier la tonalité d'une couleur en atténuant sa vivacité ou en lui ajoutant un peu d'une autre couleur. ***Blanc cassé*** : blanc auquel on a ajouté un petit peu de noir et de bleu afin de "casser" sa luminosité.

CASSE-THERMIQUE n.f.
Dans un vitrage, amorce de rupture, ou rupture franche, provoquée par les tensions internes dues à une différence de température entre deux zones de ce vitrage.

CASSETTE (chauffante) n.f.
Panneau* radiant léger, souvent à parement décoratif, chauffé par un film chauffant à résistances électriques ; les cassettes chauffantes sont généralement installées sous plafond (ateliers, locaux d'élevage), ou intégrées à un plafond suspendu (bureaux, locaux commerciaux).

CASSOLETTE n.f.
Petit vase en sculpture ou en bas-relief, d'où sortent des imitations de flammes ; du 17e au 19e s., ornement utilisé comme amortissement*.
Syn.: *pot-à-feu.*

CASSONS n.m.pl.
Débris de verre ou de carreaux céramiques brisés.

CASSURE n.f.
Face d'un élément créée par rupture. La cassure permet de connaître la structure des minéraux.
On distingue les cassures compactes, lamellaires, conchoïdales (stries courbes et concentriques), écailleuses, esquilleuses (à aiguilles), plates, raboteuses, saccharoïdes (aspect du sucre), etc.

CATALYSE (chauffage à —) n.f.
Principe de combustion qui permet de brûler un gaz ou de l'essence de pétrole sans flamme apparente ni fumée, en présence d'un catalyseur composé de mousse de platine et de fibres. Ce principe est utilisé dans des appareils de chauffage par radiation tels que les panneaux radiants et radiateurs à gaz butane ou propane, dits *sans flamme*.

CATALYSEUR n.m.
Corps dont la présence accélère une réaction chimique, sans que ce corps soit modifié ni qu'il soit combiné lui-même au produit qui résulte de la réaction (tandis qu'un *durcisseur* fait partie intégrante du produit obtenu). Par exemple, la chaux libérée par les clinkers* sert de catalyseur pour le début de la prise du ciment.

CATHÉDRALE n.f.
V. Verre cathédrale.

CATHÈTE n.f.
En architecture, syn. d'*axe* ; ligne d'aplomb qui passe par l'oeil* de la volute* d'un chapiteau ionique*, et sert de point fixe pour son tracé.

CATHODE n.f.
1/ Dans un tube à décharge, électrode* négative, constituant la source d'émission de la décharge.
2/ Électrode* négative d'un accumulateur, ou d'un dispositif d'électrolyse*, par opposition à l'anode*.

CATIR v.tr.
En dorure, c'est appliquer les feuilles d'or dans des filets* et moulures fines, avec un ***catissoir***.

CAULICOLES n.f.pl.
Petites tiges qui émergent entre les feuilles d'acanthe* d'un chapiteau corinthien*, pour s'enrouler en volutes sous le tailloir*.

CAUFFINÉ ou **CAUSSINÉ** adj.
Qualifie un bois gauchi* ou vrillé* après avoir été bien dressé.

CAURIOLE n.f.
Ornement formé d'une suite d'enroulements. Syn.: *flots**, *postes**.

CAUSTIQUE adj.
Qualifie ce qui attaque et détruit les végétaux et tissus biologiques : *soude caustique*.

CAVALIER n.m.
1/ Disposition en talus des terres et déblais provenant d'une fouille.
2/ Mode de stockage de matériaux en vrac entassés par le haut, puis prélevés par la base du tas.

cavet (C)
et **cavet plat** (Cp)

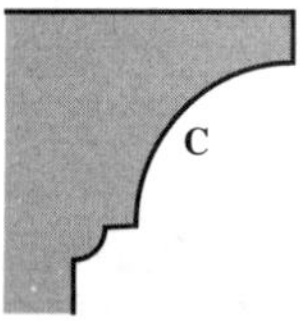

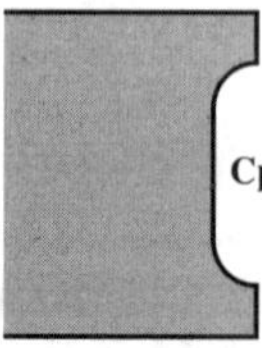

3/ Engin de manutention des bois longs et des poutres ; il enjambe les charges à déplacer, et les saisit sous son châssis surélevé.

4/ Clou en U, à deux pointes, disposé à cheval sur les objets longiformes à fixer, ou servant d'agrafe* dans les assemblages de bois par agrafage pneumatique.

5/ ***Cavalier à double scellement*** : patte à double branche en queue-de-carpe*, utilisée comme collier de fixation inamovible de tuyaux, barres, etc.

CAVALIÈRE (**vue —**) adj.f.
Voir au mot Perspective.

CAVE n.f.
Étage en sous-sol, local souterrain d'une habitation, servant de remise. (V. aussi Cellier).
Souvent voûtée, la cave n'a en général d'ouverture vers l'extérieur que par un soupirail*, de préférence tourné au nord.

CAVEAU n.m.
Autrefois, petite cave annexe destinée en particulier aux vins, ou petit réduit clos sous un escalier.
Aujourd'hui, le mot désigne surtout les ouvrages de sépulture souterrains, contenant les cercueils.

CAVERNEUX adj.
Dont la proportion de vides est importante : *béton caverneux.*

CAVET n.m.
Moulure dont le profil concave est une portion de cercle (le plus souvent, un quart de cercle), en général bordée de filets.
Le cavet est un *adoucissement** ou un *congé** s'il est tangent à une surface plane, sans filet intermédiaire.
V. *PL.* Moulures.

CAVITATION n.f.
Phénomène physique par lequel l'eau en circulation rapide dans une canalisation ou dans un robinet se gazéïfie dans les zones de dépression créées par les turbulences, pour se condenser à nouveau aussitôt par dégazage : le phénomène, d'autant plus fréquent que l'eau est chaude, engendre des vibrations dans les tuyaux, et leur usure.

CAVITÉ n.f.
Trou, excavation, volume correspondant à une partie creusée dans une surface quelconque.
Volume compris entre des parois ou des éléments de structure, rempli ou non par un isolant.

CAVOIR n.m.
Outil de vitrier servant à égruger*, à rogner les bordures du verre.
Syn.: *grégeoir*, *grésoir*, *grugeoir**.

CEINTURAGE n.m.
Immobilisation d'un élément avec une bande méplate qui l'entoure (feuillard, collier...). Prise de terre* consistant en un conducteur nu enterré à la périphérie d'un bâtiment.

CEINTURE n.f.
1/ARCHIT.: bague* située en haut ou en bas du fût d'une colonne, et reliée à celle-ci par un congé*.
Syn.: *filet*, *orle**, *colarin**.

2/CARREL.: cadre en cornière métallique soudée, autour de surfaces carrelées telles que les paillasses*...

3/FUMIST.: feuillard* d'arrimage des poteries de cheminées contre d'autres ouvrages, ou des antennes de télévision contre les cheminées.

4/PLOMB.: la ***ceinture principale***, ou *conduite principale* : canalisation horizontale, partant du compteur général, et courant sous le plafond du sous-sol ; de cette ceinture partent les colonnes d'alimentation en eau.
La ***ceinture d'étage***, ou ***ceinture d'appartement***, est une tuyauterie horizontale qui, depuis une colonne montante, alimente les points d'eau.

CELLIER n.m.
Désigne, de plus en plus, un local qui a les mêmes fonctions que la cave, mais qui est peu ou pas enterré.
Souvent, il fait partie du garage, ou communique avec lui.

CELLULAIRE adj.
Dont la structure est faite d'une juxtaposition de petites cavités ou alvéoles : *béton* cellulaire*.

CELLULE n.f.
Compartiment ou volume clos, séparé de ses voisins par une cloison.
La ***cellule photoélectrique*** est un capteur électronique comportant deux électrodes entre lesquelles s'établit un courant sous l'influence de rayonnements.

CELLULOSE n.f.
Élément hydrocarboné constitutif du bois et des membranes végétales ; ses fibres sont composées de micelles, ou fibrilles, elles-mêmes faites de molécules allongées, associées par des liaisons hydrogène. C'est un composant de certains matériaux, isolants électriques, absorbants phoniques, etc.

CELLULOSIQUE adj. De même nature que la cellulose, ou qui en contient : vernis* cellulosique.

CELSIUS (degré —) Symb. **°C**
Unité de mesure des températures. Remplace la dénomination "*degré centigrade*", de même valeur et de même échelle. V. aussi Kelvin.

CÉMENT n.m.
1/ Matière argileuse cuite et broyée, servant de dégraissant dans la fabrication des matériaux céramiques.

2/ Matière organique (poudre, liquide ou gaz), servant au traitement des métaux par cémentation, par diffusion superficielle à haute température.

CÉMENTATION n.f.
1/ Fendillement de surface des bois, suite à un séchage artificiel trop rapide, et trop inégal entre les faces externes et la masse du bois.

2/ Durcissement superficiel de l'acier doux et des métaux ferreux, par l'action du carbone à haute température.

CÉMENTER v.tr. Procéder à ce durcissement de l'acier.

CEMENT-GUN n.m.
Engin de projection pneumatique, ou *gunitage**, des enduits et des bétons fins. Syn.: *canon à ciment*.

CENDRE n.f.
Partie d'une pierre tendant à se désagréger au contact de l'humidité.

-***Cendres volantes*** : résidus pulvérulents de la combustion du charbon des centrales thermiques, où on les recueille dans des dépoussiéreurs. Composées de grains de silice vitreuse, d'alumine et de chaux, elles servent en cimenterie pour leur caractère *pouzzolanique**, et, pour leur caractère *hydrophile**, comme adjuvant* rétenteur* d'eau dans les bétons.

-***Taux de cendres*** : mesure, en pourcentage, du poids d'un échantillon donné après sa combustion à haute température, par rapport à son poids initial.
Le taux de cendres d'un matériau permet de connaître sa teneur en éléments minéraux incombustibles.

CENDRÉE n.f.
Mélange de chaux et de résidus de combustion de la houille ; sert à composer des mortiers dont la prise sous l'eau est très bonne.
NB - Le revêtement des pistes de sport dit *cendrée* est en réalité un mélange de mâchefer* et de sable.

CENDREUX adj.
Qualifie un métal à surface piquée, qui prend mal le poli.

CENDRIER n.m.
Réceptacle amovible de récupération des cendres, sous la grille d'appareils à combustibles solides.

CENDRURE n.f.
Défaut des pierres calcaires et des marbres, sous forme de cavité ou fente remplie de substance terreuse ou poudreuse.

CENTIPOISE n.m. **(Cps)**
Centième de la poise*, unité de mesure de viscosité*.

CENTRALE n.f.
1/ *Centrale à béton* : site de production industrielle de béton prêt à l'emploi (BPE), acheminé ensuite vers les chantiers par camions-malaxeurs.

2/ *Centrale électronique* : organe central d'une installation d'alarme* antivol : elle reçoit et analyse les signaux de détecteurs* et commande le fonctionnement des dispositifs sonores, lumineux, téléphoniques...

3/ *Centrale de gestion* : boîtier qui regroupe des éléments de domotique* et des commandes d'équipements divers, tels que le chauffage et l'air conditionné, les stores et volets roulants, les exutoires à fumée et l'arrosage en cas d'incendie, etc.

CENTRIFUGATION n.f.
ou **CENTRIFUGEAGE** n.m.
Procédé de fabrication de canalisations et tuyaux de gros diamètre, utilisant la force centrifuge, par rotation rapide des moules, répartissant le matériau fluide (fonte en fusion, ciment). Les produits ainsi fabriqués sont dits *centrifugés*.

CÉRAME adj. V. Carreau, Grès.

CÉRAMIQUE n.f. et adj.
Tout ce qui concerne la cuisson de l'argile, et les produits qui en résultent. Selon la nature de la pâte, et selon la température de cuisson, on distingue les *céramiques poreuses*, ou *terres cuites* (poteries, faïences, briques, etc.) et les *céramiques vitrifiées* (grès, grès cérames).

CERCE n.f.
1/ Gabarit* utilisé par les tailleurs de pierre pour tracer et contrôler le profil des courbures.
Cintre* portatif servant à vérifier la courbure d'une voûte en construction.

2/ Cercle de fer servant au maintien d'un blindage* circulaire de puits.

3/ En stéréotomie*, l'*arc à cerce rallongée* est elliptique ; son tracé est obtenu par points successifs.

CERCLE n.m.
Tige de métal recourbée, utilisée comme serre-joint* par les maçons. Syn.: *griffe*.

• ***Cercle de protection*** : volume conique qui entoure un paratonnerre*, et à l'intérieur duquel la protection contre les effets de la foudre est assurée.

CERTIFICAT de CONFORMITÉ
Document délivré par la DDE après visite d'un ingénieur qui vérifie sur site la conformité des ouvrages avec le permis de construire accordé.
La procédure est déclenchée par l'envoi en mairie de la *déclaration de fin de travaux*, dans les 30 jours qui suivent celle-ci (formulaire de la déclaration fourni avec le permis).

CERTIFICAT d'URBANISME
Document à demander au maire de la commune puis à la DDE avant toute acquisition de terrain bâti ou à bâtir ; il mentionne les références cadastrales, les servitudes à respecter en cas de construction, et fait état des contraintes de raccordement aux réseaux (eau, gaz, électricité, tout-à-l'égout...).

CERTIFICATION n.f.
Identification informative des caractéristiques spécifiques et des qualités reconnues d'un produit, établie après essais par un organisme agréé.
La certification engage le fabricant sur le suivi et les contrôles permanents de conformité du produit avec les mentions de la certification.
L'***organisme certificateur*** (AFNOR, CSTB, FIB pour les produits en béton, CEMP pour les plastiques, CTBA pour les produits en bois, etc.) est assisté d'un ***secrétariat technique***, qui peut être le même organisme, ou le CERIB, le CTBA, le CEBTP, le LNE, etc. Celui-ci définit et réalise les essais, et assure le suivi.

CÉRUSE n.f.
Carbonate de plomb servant autrefois, en peinture, de pigment colorant blanc. Syn.: *blanc d'argent*.
C'est un poison violent, dont l'emploi a été interdit en France.

CHABLE n.f.
Grosse corde avec laquelle on attache les pierres et fardeaux lourds pour les lever avec une chèvre*.

CHABLER v.tr.
Arrimer une corde sur des matériaux pour les soulever.

CHABLOT n.m.
Chable fin utilisé surtout pour les ligatures d'échafaudages en bois.

CHAGRINAGE n.m.
Défaut des peintures et vernis dû à leur retrait, formant des réseaux de stries (aspect du cuir dit *chagrin).*

CHAILLE n.f.
Nodule siliceux présent dans une pierre calcaire, analogue aux clous* du marbre, ou aux concrétions siliceuses, ou *cherts*.

CHAÎNAGE n.m.
(autrefois ***Chaînement***)
1/ Élément d'ossature des parois porteuses d'un bâtiment : ceinturant les murs, le chaînage les solidarise, et s'oppose à la dislocation du bâtiment.

Les ***chaînages horizontaux*** ceinturent chaque étage au niveau des planchers. Autrefois constitués d'assises de pierres solidarisées par des agrafes*, ou des *tirants**, tiges métalliques noyées dans la maçonnerie et terminées par des ancres*, ils sont aujourd'hui réalisés en béton armé.

Les ***chaînages verticaux***, aux angles et parfois dans le cours des parois, étaient constitués de harpes* de pierre, ou de pilastres en saillie sur les façades. Aujourd'hui, le *chaînage d'angle* est souvent réduit au harpage* des blocs, surtout dans les constructions de faible hauteur ; certaines briques et blocs spéciaux permettent de réaliser un chaînage vertical inclus, en béton armé (V.ill).

2/ Mesure d'arpentage* avec la chaîne* d'arpenteur. Syn.: *chaînée*.

CHAÎNE n.f.
Ouvrage de chaînage*; les chaînes ***d'encoignure*** (angles) et les chaînes ***de refend**** sont en général appareillées* en harpage* avec un matériau distinct de celui des murs.

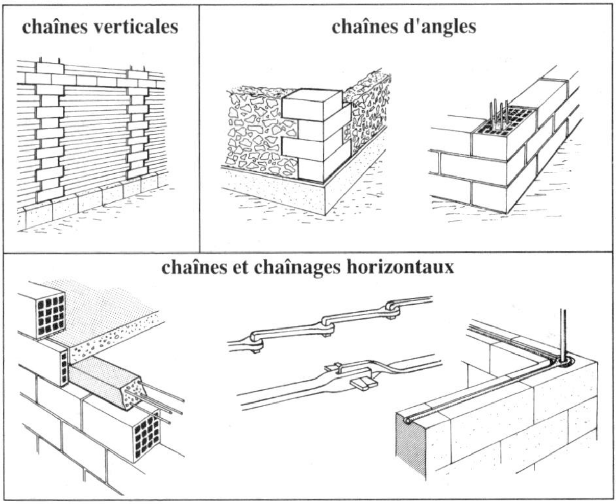

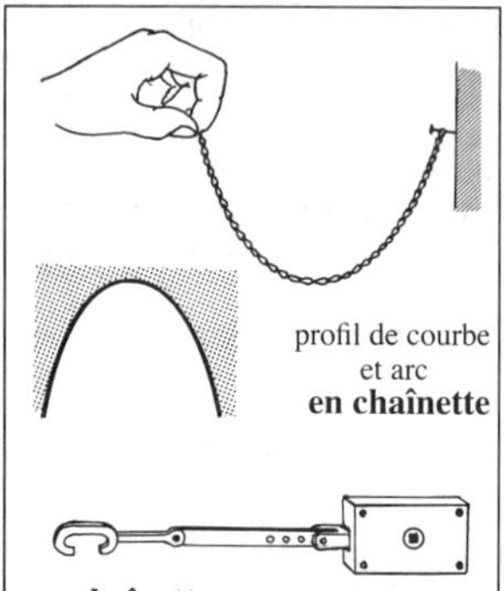

chaînette de serrure

-***Chaîne en plâtre*** : ouvrage de scellement au plâtre des lambourdes* destinées à recevoir un parquet.

-***Chaîne d'arpenteur*** : instrument de mesure constitué d'une chaîne de 10 ou 20 mètres dont chaque maillon est une tige de 10 cm terminée par deux anneaux.

CHAÎNÉE n.f.
Mesure faite à la chaîne d'arpenteur.

CHAÎNER v.tr. Réaliser un chaînage, ou prendre des mesures à la chaîne d'arpenteur.

CHAÎNETTE n.f.
1/ Courbure d'allure parabolique que prend un morceau de chaîne ou de corde qu'on laisse pendre entre deux points. Sa fonction mathématique diffère de celle de la parabole*.
Une voûte* ou un arc* sont dits ***en chaînette*** si leur profil correspond à cette courbe, renversée.

2/SERRUR.: tige articulée amovible, à crochet, reliant un foliot* isolé à une serrure* (V.ill).

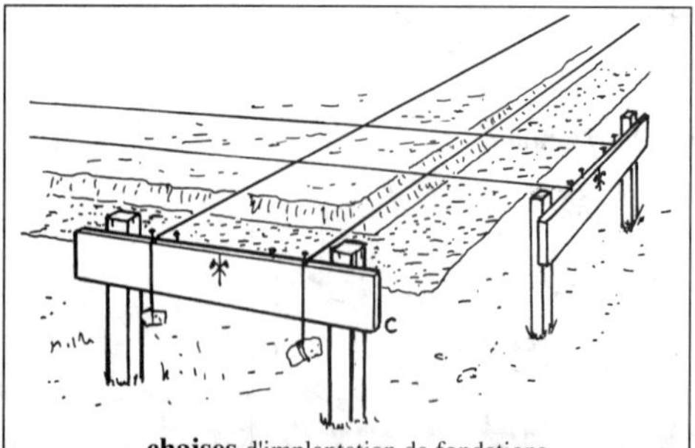

chaises d'implantation de fondations

CHAISE n.f.
1/ Chacun des petits bâtis disposés autour d'un bâtiment à construire, pour matérialiser l'implantation* de ses fondations, à l'aide de cordeaux tendus entre ces chaises.

2/ Support en métal scellé dans la maçonnerie pour soutenir une gaine de ventilation, une canalisation de fort diamètre, etc. (V.ill).

3/ Pièce de bois placée sous une chèvre* ou sous une grue pour les surélever ou rectifier leur assise*.

CHALEUR n.f.
Énergie thermique qui correspond à une agitation accélérée des atomes d'un corps ou de l'atmosphère.
La chaleur et le froid, notions relatives, sont mesurées par la température. La chaleur se propage par conduction*, par convection* ou par radiation*: voir ces mots.

• ***Chaleur d'hydratation*** : chaleur engendrée par la prise* d'un liant.

• ***Chaleur latente*** : par opposition à la chaleur sensible, c'est l'énergie calorifique absorbée, sans changement de température, par un changement d'état : la *chaleur latente de vaporisation* est absorbée par un fluide qui

chaises
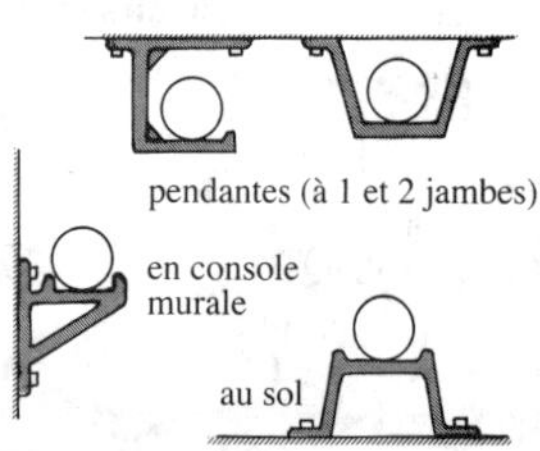

passe de l'état liquide à l'état gazeux (vapeur), et la *chaleur latente de fusion* est absorbée par un fluide qui passe de l'état solide (glace) à l'état liquide.

• ***Chaleur spécifique***, ou chaleur massique d'un corps : c'est la quantité de chaleur nécessaire pour élever de 1°C la température de son unité de masse, au voisinage de 15°C ; celle de l'eau est égale à 1 (V. Calorie).

• ***Chaleur volumique*** : définition analogue, la mesure étant faite sur l'unité de volume et non de masse.

• ***Chaleur des couleurs***. On distingue les coloris chauds à base de rouge et de jaune, et les couleurs froides, à dominante de bleu.

CHALUMEAU n.m.
Appareil de production d'un jet de flamme concentré à haute température, ou dard. V. Soudage.

CHAMBRANLE n.m.
Encadrement rapporté en applique autour de l'huisserie d'une porte, d'une fenêtre, ou d'une cheminée.
Il se compose de deux montants verticaux, ou piédroits*, réunis à leur sommet par une traverse horizontale, ou corniche*.
Ce peut être une simple baguette plate (plate-bande, chantplat), ou une moulure profilée. Le ***contre-chambranle*** est le profil similaire fixé sur l'autre côté de l'ébrasement* (V.ill).

CHAMBRE n.f.
Outre les sens courants, désigne des locaux aménagés pour des fonctions particulières : *chambre forte* (blindée), *chambre sourde* (pour mesures acoustiques), etc.
-***Chambre de combustion*** : syn. de *foyer*, dans une chaudière.

-***Chambre à fumée*** : *avaloir**.

-***Chambre de décompression*** : vide ménagé dans les feuillures du bâti d'une huisserie étanche à l'air.

-***Chambre de dilatation*** : volume ménagé pour permettre un libre jeu de dilatation, par ex. dans un joint moulé étanche, une emboîture*, un manchon de canalisations, etc.

-***Chambre froide*** : local frigorifique dont l'enveloppe est en parois à hautes caractéristiques isolantes.

CHAMBRÉE n.f.
(ou ***Sablière* de chambrée***)
Pièce horizontale de charpente à pans* de bois, sur l'extrémité des solives, parfois en encorbellement*.

CHAMOTTE n.f.
Mélange d'argile, de brique pilée et de silice qui donne, après cuisson, des pièces de poterie réfractaires* pouvant résister à des températures supérieures à 1 500°C.

CHAMP n.m.
1/ Parement uni d'un panneau ou d'un lambris, entre ses encadrements ; fond

chambranles

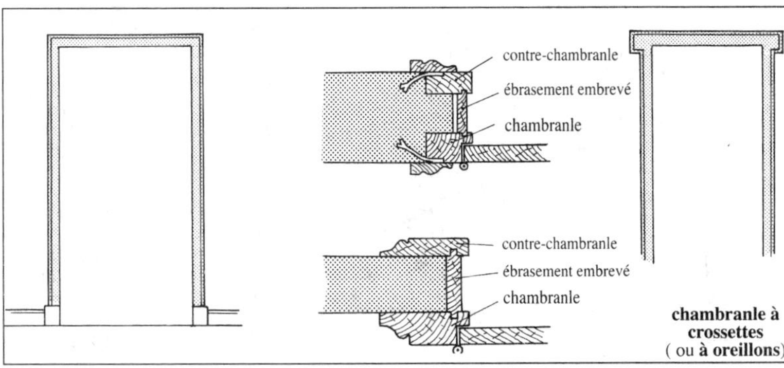

chambranle à crossettes (ou **à oreillons**)

sur lequel se détachent un élément décoratif ou un bas-relief*.
NB- Ne pas l'orthographier ainsi pour désigner le *chant**, face latérale mince d'un matériau.

2/ Planche longue, étroite et mince. Le ***champ saillant*** est un bandeau d'encadrement ou chambranle* en plate-bande*, sans moulures.

3/ Volume ou espace dans lequel est perceptible un phénomène électrique ou magnétique.

CHAMPIGNON n.m.
1/ Poteau terminé par un chapiteau évasé ou par des goussets* en étoile ; le *plancher-champignon* est un plancher* soutenu par de tels poteaux.

2/ Chapeau conique en tôle placé sur l'orifice d'un conduit de fumée.

CHAMPLAT n.m. Voir Chant.

CHAMPLEVAGE n.m.
Creusement ou évidement d'une surface dans un panneau ou un champ*, pour y incruster un motif, un médaillon, un bas-relief, etc.

CHAMPLEVER v.tr.
Évider, faire un champlevage.

CHAMPLURE n.f.
Altération du bois due à l'action du gel sur les jeunes pousses.

CHANCEAU ou **CHANCEL** n.m.
V. Cancel.

chanlatte (C)

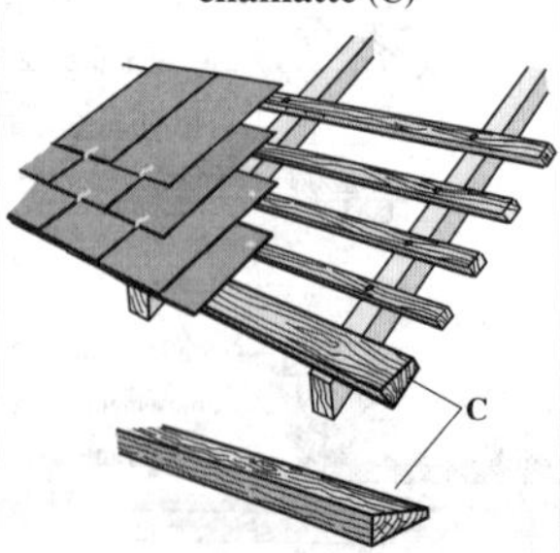

chandelle

CHANCI n.m.
Pourriture du bois, due à des moisissures cryptogamiques, dont l'effet est voisin de celui de la *pourriture sèche*.

CHANCIR v.i.
Se recouvrir de chanci, moisir.

CHANCRE n.m.
Détérioration localisée du bois*, due à un excès de sève qui n'a pu circuler, formant une plaie d'écoulement bordée de bourrelets. Syn.: *ulcère*.

CHANDELIER n.m.
1/ Poteau d'étai* vertical.

2/ Dans les charpentes en bois, parfois synonyme de *poinçon**.

CHANDELLE n.f.
1/ Court étai* vertical sur platine, à hauteur réglable (V.ill).
2/ En maçonnerie, moellon disposé verticalement, dont la hauteur correspond au moins à deux assises.

-Distribution ***en chandelle*** : se dit d'une installation de distribution de l'eau dans un immeuble (eau courante ou chauffage central), à partir d'une colonne* montante commune, contrairement à la distribution *en parapluie* (V. ill. à ce mot).

CHANFREIN n.m.
Pan coupé étroit, au bord d'un ouvrage de maçonnerie, de menuiserie, de serrurerie. Il se raccorde avec les pans adjacents par des angles égaux.
Sinon, c'est plutôt un *biseau**.
Syn.:*arête abattue*.

CHANFREINER v.tr.
(on dit aussi ***Chanfreindre***) Abattre* une arête pour former une face étroite intermédiaire entre les deux pans adjacents de l'arête.

CHANLATTE n.f.
Latte de bois refendue en biseau, de section trapézoïdale ; fixée sur le pied des chevrons d'une charpente, elle reçoit le premier rang de tuiles ou d'ardoises, rang inférieur dit de battellement* qui forme l'égout de la

toiture. Les chanlattes ont 50 ou 80mm de large, 20 ou 26 de grande hauteur, 10 ou 15 de petite hauteur.
Une variante large et mince, est la ***frise chanlattée*** ou ***volige chanlattée*** qui, posée à recouvrement, compose des voligeages* à ressauts pour l'accrochage direct des tuiles.

CHANLATTER v.tr.
Refendre une latte suivant une coupe diagonale, pour obtenir deux chanlattes. Poser des chanlattes.

CHANT n.m.
(parfois écrit ***Champ****)
Face étroite et longue d'un élément équarri, d'une pierre, d'une brique, d'une planche. Syn.: *tranche, cant.*

• Poser ***de chant***, ou ***sur chant***, c'est placer l'élément concerné sur sa face étroite : les briques* plâtrières, par exemple, sont posées sur chant.

• ***Bande de chant*** : plate-bande en bois, ou bande adhésive utilisée en menuiserie pour le placage du chant des planches et agglomérés de bois.

• ***Chant plat*** (aussi écrit ***Chanplat*** ou ***Champlat***) : moulure plate à arêtes arrondies servant à masquer les joints entre maçonneries ou plâtres et les huisseries contigües.

CHANTEPLEURE n.f.
Fente verticale ménagée dans les ouvrages de clôture et soutènements pour faciliter l'écoulement des eaux d'infiltration. V. aussi Barbacane.

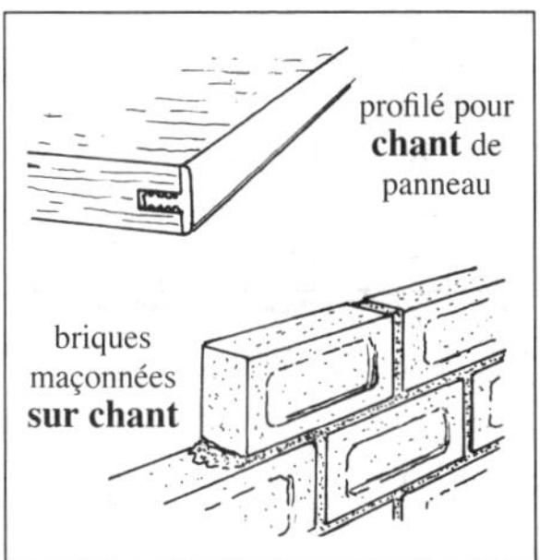

CHANTERELLE n.f.
Fausse équerre* du charpentier.

CHANTIER n.m.
1/ Aire* où sont entreposés ou transformés les matériaux de construction : chantier de négoce en matériaux, de séchage des bois, etc.

Un ***chantier forain*** est un chantier établi provisoirement, par ex. pour des installations de préfabrication.

2/ Par déformation, désigne aujourd'hui le site d'une construction en cours, et les travaux au sens le plus large : démolition, fouilles, travaux publics, peinture, etc.

3/ Support en bois ou en pierre sur lequel les maçons, marbriers et charpentiers appuient les pièces à tailler ou à ouvrager : mettre une pièce *en chantier*.
Autrefois synonyme de *tréteau.*

CHANTIGNOLE
ou **CHANTIGNOLLE** n.f.
1/CHARP.: bloc en sifflet* qui, sur l'arbalétrier* de charpente*, soutient la panne* (V.ill). Syn.: *échantignole.*

2/MAÇONN.: brique* moitié moins épaisse que la brique pleine courante. Souvent utilisée en parement décoratif, ou pour garnir les foyers de cheminées* à feu ouvert.

CHANTOURNER v.tr.
1/ Découper un panneau de bois ou une feuille de métal suivant des lignes courbes, avec une scie* à guichet*, une scie* sauteuse, une scie à ruban, une lime ronde, etc.

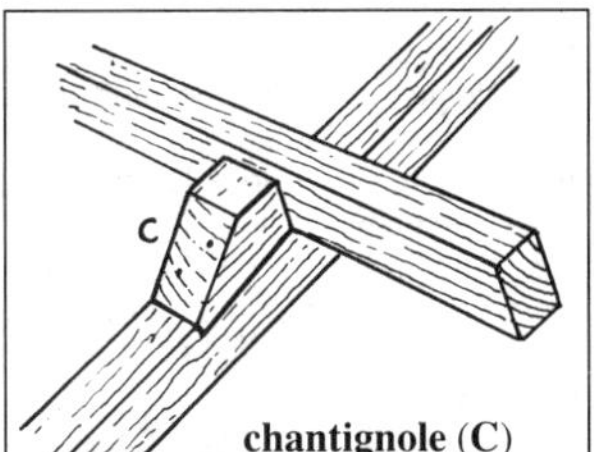

chantignole (C)

chantepleure

chantournements

découpe chantournée

tringle chantournée

2/ Tordre un fer plat d'un quart de tour suivant son axe longitudinal.

CHANTOURNEMENT n.m.
Action de chantourner ; contour ou découpe arrondie (V.ill).

CHANVRE n.m.
Végétal dont les tiges fournissent une fibre résistante, après rouissage.
On l'utilise sous forme de filasse*, ou, haché, comme charge* de revêtements, ou encore aggloméré en briques à fort pouvoir isolant.

CHAPE n.f.
1/ Support de l'axe d'un élément tournant (essieu, poulie).

2/ÉTANCH.: ouvrage d'étanchéité homogène d'une certaine épaisseur.
Autrefois, désignait l'enduit de protection contre les infiltrations, en mortier de ciment ou de chaux, sur l'extrados* des voûtes d'édifices.

-La ***chape d'asphalte*** est un mélange d'asphalte et de granulats minéraux, étalé et surfacé à chaud sur 15 à 40 mm d'épaisseur.

-La ***chape de bitume armé*** ou ***chape souple*** est un matériau manufacturé en lés, composé d'une ou plusieurs armatures souples (carton-feutre, toile de jute ou voile et/ou tissu de fibre de verre), enrobées de bitume.
V. Multicouche, Étanchéité.

3/MAÇONN.: ouvrage en mortier de ciment surfacé, réalisé au sol sur une forme-support ; la chape sert à mettre le sol au niveau voulu, et à lui donner une bonne planéité. La chape permet de créer, si besoin, les légères pentes d'écoulement des eaux.

On distingue :
-La ***chape rapportée***, en mortier de ciment tiré à la règle sur 3 à 5 cm d'épaisseur, sur guides latéraux, sur une dalle de béton déjà durcie.
Les guides peuvent être des liteaux retirés par la suite pour former des joints de retrait, ou des profilés spéciaux scellés sur la dalle.

-La ***chape incorporée***, réalisée en rapportant sur une dalle de béton en cours de prise, une couche de mortier de ciment plutôt riche de 20 ou 30 mm d'épaisseur, puis en talochant à l'hélicoptère*.

-La ***chape refluée*** : si la composition du béton d'une dalle est assez riche en ciment et en éléments fins, son vibrage* fait remonter une quantité suffisante de mortier, qu'il suffit d'aplanir par talochage mécanique pour obtenir un *béton surfacé* fini en *chape refluée*.

-La ***chape mince***, chape rapportée en mortier de ciment sur 5 à 25 mm d'épaisseur. Nécessite l'incorporation d'adjuvants qui améliorent l'adhérence au support, la plasticité du mortier et sa rétention d'eau.

-La ***chape d'usure*** peut être incorporée, rapportée ou refluée ; elle fait l'objet d'un saupoudrage ou d'une incorporation, avant durcissement, de granulats durs destinés à lui donner une haute résistance à l'abrasion* (roulement de véhicules, passage piétonnier intensif).

-La ***chape flottante***, chape d'environ 35 mm, en mortier de ciment, en anhydrite*, etc., coulée sur une feuille plastique relevée à la périphérie, de sorte que l'ouvrage reste indépendant de son support ; ce dernier peut être une sous-couche en panneaux isolants, un chauffage par le sol, un système d'étancheité, etc.
V. aussi Dalle flottante.

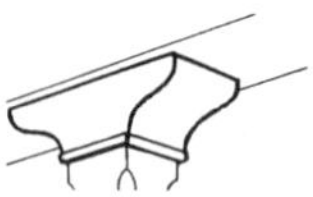

chapeau

chapeau de gendarme

CHAPEAU n.m.
1/MAÇONN.: pièce porteuse qui couronne horizontalement un étai* ou un chevalement* d'étais, sous un coffrage de poutre.
Dans le ferraillage d'une poutre,

chapeau d'armature

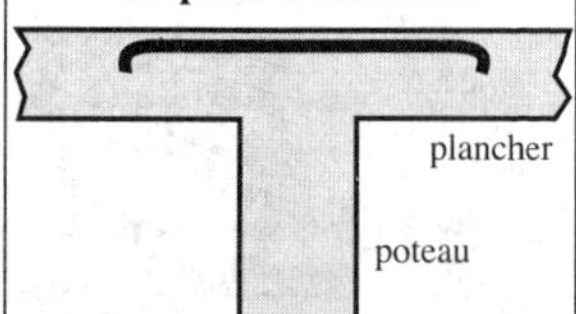

armature longitudinale supérieure, en général dans l'axe des appuis (V.ill). C'est aussi l'évasement d'un appui ou de l'armature des chapiteaux ou des consoles*, par exemple pour soutenir un poitrail* ou une poutre (V.ill).

2/MENUIS.-CHARP.: traverse haute d'une huisserie*, d'une lucarnc*...

-***Chapeau de gendarme*** : se dit d'un tuyau à courbure encadrée de deux contre-courbes, pour croisement de tuyaux par chevauchement (V.ill).

CHAPELET n.m.
1/ Ornement fait d'un alignement en bas-relief de grains oblongs ou ronds, en forme d'olives, perles...

2/PLOMB.: série de billes de bois qui, passée à l'intérieur d'un tuyau de plomb de fort diamètre, permet de le couder sans écrasement.

CHAPERON n.m.
Couronnement* d'un mur ou d'un muret favorisant l'écoulement des eaux de pluie de part et d'autre, ou d'un seul côté. Le chaperon, en ciment, en pierre ou en brique, est souvent revêtu d'un matériau de couverture (ardoise, tuile). Un chaperon bombé est dit *en bahut* (V.ill).
NB- (JURID.) Sauf en cas de disposition contraire, un mur de clôture est réputé appartenir au propriétaire du fonds vers lequel se fait l'écoulement des eaux pluviales ; si le chaperon partage l'écoulement en deux égouts, il est mitoyen*.

CHAPERONNER v.tr.
Réaliser le chaperon d'un mur.

CHAPIS n.m.
Vaste auvent en appentis, adossé à un corps de bâtiment.

CHAPISTE n.m.
Spécialiste de la réalisation des chapes* de ciment, d'anhydrite*, etc.

CHAPITEAU n.m.
Élément évasé vers le haut qui couronne une colonne, un pilier, un pilastre, ou un piédroit.

chaperons

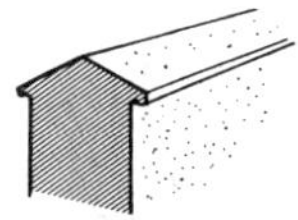
en dos-d'âne

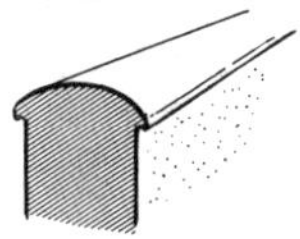
bombé, en bahut

à une pente

CHAPITEAUX

byzantin
ou chapiteau-imposte

roman,
historié

corinthien

dorique

ionique

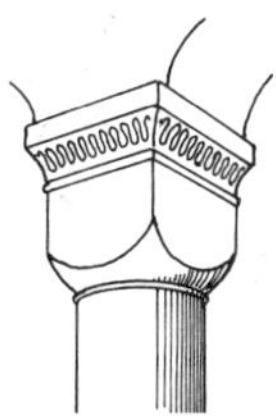
cubique

angulaire,
ou cornier

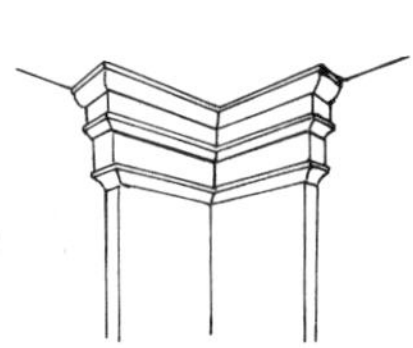
plié

chardons

Le chapiteau se compose de trois éléments : de bas en haut, un ***astragale****** qui le relie au fût de la colonne ou du pilier, une ***corbeille**** partie évasée qui peut être feuillagée, palmée, historiée, cubique, etc., et un ***tailloir**** ou *abaque**, plate-forme qui porte l'architrave* ou le sommier* d'un arc* ou d'une naissance de voûte*.
C'est un des éléments caractéristiques des ordres* architecturaux classiques.

-***Chapiteau de balustre*** : pièce de couronnement d'un balustre*, d'un barreau de rampe ou de balcon.

-***Chapiteau de crémone*** : chacun des deux guides placés en haut et en bas du bâti ouvrant d'une croisée, dans lesquels coulissent les tringles de verrouillage. (V. Crémone).

CHAPOTER v.tr.
Dégrossir une pièce de bois brut avec une plane*.

CHARBONNEMENT n.m.
Encrassement par la suie, surtout des brûleurs à gaz des chaudières.

CHARDON n.m.
1/ARCHIT.: ornement décoratif en forme de feuilles de chardons, sur les chapiteaux*, corniches, etc.

2/SERRUR.: groupe de pointes de fer acérées disposé sur les grilles et les chaperons des clôtures pour s'opposer aux tentatives d'escalade (V.ill).
Syn.: *artichaut*, *hérisson*.

CHARDONNET n.m.
Montant latéral d'une porte cochère, du côté pivotant ; le bas est engagé dans une *crapaudine**, et le haut dans une *bourdonnière**.

CHARGE n.f.
1/ARCHIT.: force qu'exerce la pesanteur d'un ouvrage sur ses points d'appui.
On distingue les ***charges permanentes,*** correspondant à la masse des constituants, et les ***surcharges***, ou ***charges d'exploitation***, qui comprennent des *surcharges statiques* (mobilier, matériaux stockés...), des *surcharges dynamiques* (les occupants, les équipements et matériels mobiles, les véhicules, etc.) et des *surcharges climatiques* (neige, vent).
On trouve les valeurs de charges permanentes dans une *norme AFNOR,* par type de matériaux et d'ouvrages. Des tables donnent aussi les valeurs à prendre en compte, marge de sécurité comprise, pour les charges d'exploitation statiques et dynamiques des différents locaux, escaliers, balcons...
Descente des charges : calcul du report des charges vers leurs points d'appui et du cumul des forces exercées par les charges, par l'intermédiaire des structures porteuses, sur les fondations ou sur le sol.

2/ÉLECTR.: puissance absorbée par un réseau ou par un appareil, ou puissance fournie par un générateur.
Aptitude d'un accumulateur à fournir du courant, ou opération qui lui permet d'acquérir cette aptitude, à l'aide d'un chargeur.

3/MAÇONN.: ensemble des composants dosés d'un béton, avant leur malaxage.
Épaisseur d'enduit (ou renformis*) ajoutée sur un mur qui n'est pas d'aplomb ; matériau rapporté pour le nivellement d'un sol.

4/MATÉRIAUX : minéral inerte qui sert à épaissir un mortier, un enduit, une matière plastique, une peinture... ou à augmenter le volume : la craie broyée, la poussière de marbre sont des charges épaississantes.

Charge légère : granulats de faible densité : vermiculite, ponce, liège...

5/PLOMB.-CHAUFF.: une installation est ***en charge*** ou ***sous charge*** quand elle est sous pression normale d'eau.
V. aussi Perte de charge, Rupture de charge, Tas de charge.

CHARGER v.tr.
1/ Augmenter le volume d'un matériau en lui incorporant une charge inerte, un filler, etc.

2/ Appliquer un mortier ou un enduit en forte épaisseur, pour corriger un

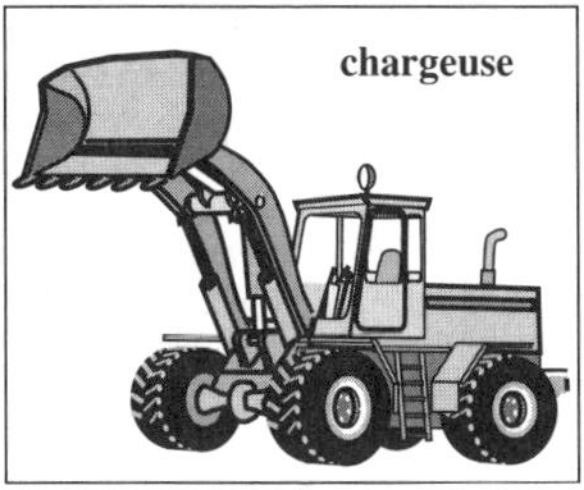

défaut de planéité important.

3/ Disposer un matériau sur un véhicule, dans une benne, etc.

CHARGEUSE, CHARGEUR
Engin de chantier automoteur, muni à l'avant d'un godet* articulé sur bras hydrauliques (V.ill). V. Chouleur.

CHARGEUSE-PELLETEUSE n.f.
Engin analogue complété, à l'arrière, par une pelle-rétro*.

CHARNIER adj.
Le *montant charnier* d'un bâti* ou d'une huisserie* est celui sur lequel on fixe charnières et paumelles.

CHARNIÈRE n.f.
Ferrure articulée qui assure à la fois

CHARNIÈRES

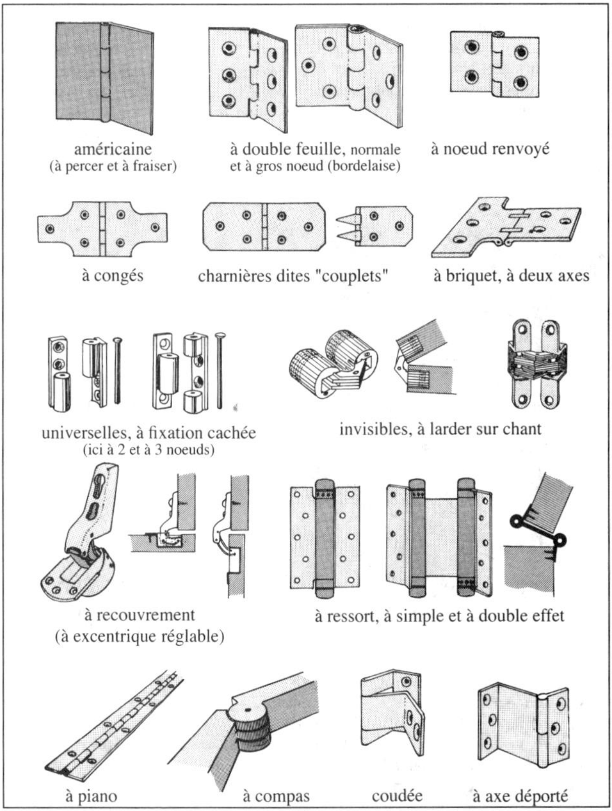

l'assemblage d'un ouvrant* avec son châssis dormant, et le pivotement de l'ouvrant. Une charnière est en général composée de deux éléments, ou *platines*, qui comportent des *charnons*, ou *noeuds*, traversés par une *fiche*, ou *broche*. Il existe de nombreux types de charnières (voir les exemples page précédente).

CHARNON n.m.
Rebord ourlé d'une platine de charnière, dans lequel passe une *broche**.

CHARPENTE n.f.
Assemblage de pièces de bois, de poutrelles de béton ou de profilés métalliques, composant l'ossature ou *squelette* d'un édifice, d'un plancher, d'un escalier, et, dans le sens courant, l'ossature porteuse et le contreventement* d'un comble*.

La charpente doit pouvoir porter sans aucune déformation la charge des matériaux de couverture, et résister aux efforts et charges dus au vent et à la neige.

La répartition des forces et des charges des charpentes utilise le caractère indéformable du triangle ; d'où la *triangulation* de la plupart des charpentes sous forme de *fermes**.

NB- *Il est traité ici des charpentes de toiture : V. aussi Escalier, Maison à ossature bois, Pan de bois, Plancher.*

1/ Charpente en bois.

V. le ***DTU***, *les* ***Règles**** ***CB.****(Règles de calcul et de conception des charpentes en bois), et les normes NF (Règles d'utilisation des bois dans les constructions ; règles de calcul ; exécution des assemblages).*

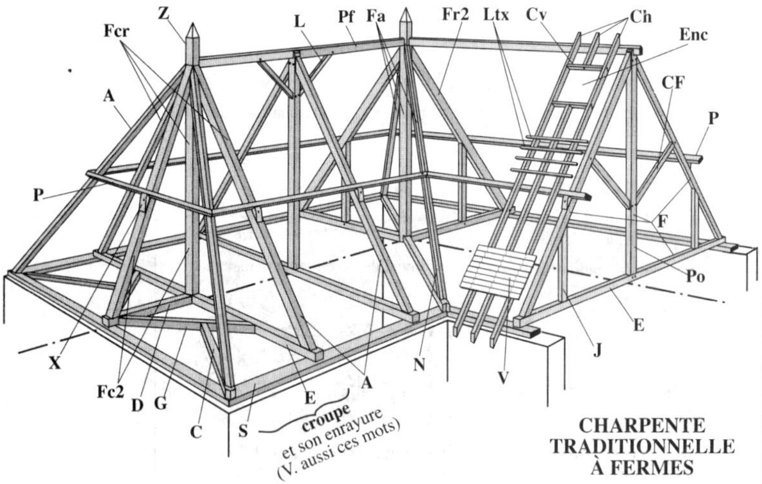

CHARPENTE TRADITIONNELLE À FERMES

A arbalétrier
Ac arêtier
C coyer
CF contrefiche
Cv chevêtre
D demi-entrait
E entrait
Enc enchevêtrure
F ferme de courant
Fa ferme d'angle
Fcr ferme de croupe
Fc2 demi-ferme de croupe
Fr2 demi-ferme de renfort
G gousset
J jambette
L lien
Ltx liteaux (litonnage)
N arbalétrier de noue
P panne
Pf panne faîtière
Po poinçon
S sablière
V voliges (voligeage)
X chantignole
Z épi de faîtage

On distingue :

• les ***charpentes traditionnelles***, composées d'un petit nombre de fermes*, réunies par des pannes* (V.ill).
L'espace entre deux fermes consécutives est une *travée*.

Leur fabrication est faite dans le chantier* du charpentier : les pièces ct leurs assemblages sont tracés sur un sol horizontal (l'*aire*), en grandeur réelle, à partir d'épures* (la ligne d'axe d'une pièce, au sol, est l'*ételon*).
Les pièces sont d'abord taillées et assemblées provisoirement au sol, puis, après rectifications et ajustements, acheminées vers le chantier pour leur assemblage définitif.

• les charpentes sont dites ***traditionnelles industrialisées*** si réalisées en petites ou moyennes séries, suivant des dimensions standardisées.

• les ***charpentes industrialisées à fermettes*** : elles sont composées d'un cours de fermes légères rapprochées, sans pannes, dont les arbalétriers tiennent lieu de chevrons (V.ill) ; ces fermes légères, ou *fermettes**, sont préfabriquées en atelier, et livrées sur chantier, prêtes à poser.
Leurs assemblages sont faits par collage, par boulonnage, ou avec des connecteurs* en tôle emboutie.

-les ***charpentes en lamellé-collé****, technique moderne qui utilise des pièces préfabriquées, composées d'une juxtaposition de nombreuses lattes de bois associées par collage, à joints décalés. Le lamellé-collé offre des possibilités architecturales multiples. Résistant et esthétique, il est utilisé pour les charpentes de grande portée : stades, salles polyvalentes, hangars de stockage...

Parmi les **variantes anciennes** de charpentes en bois, citons :
• la ***charpente d'assemblage***, ou charpente *à la Philibert Delorme*, dont chaque arbalétrier courbe est fait de deux *cours* de pièces de bois accolées à joints alternés, entretoisés par des liernes* clavetées.

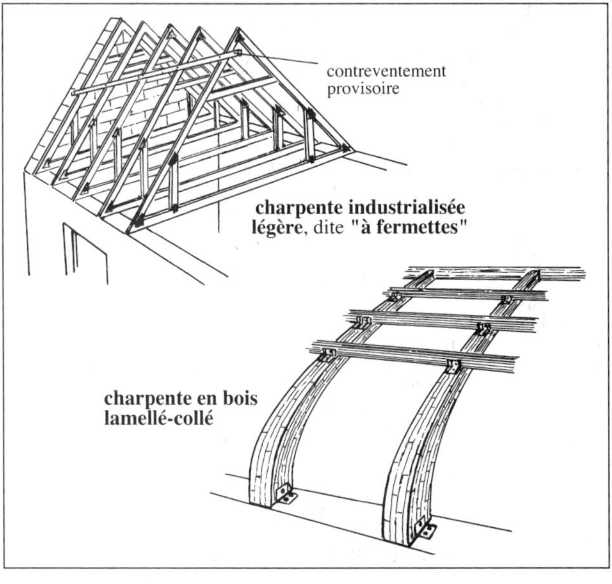

charpente à la Mansart (coupe)

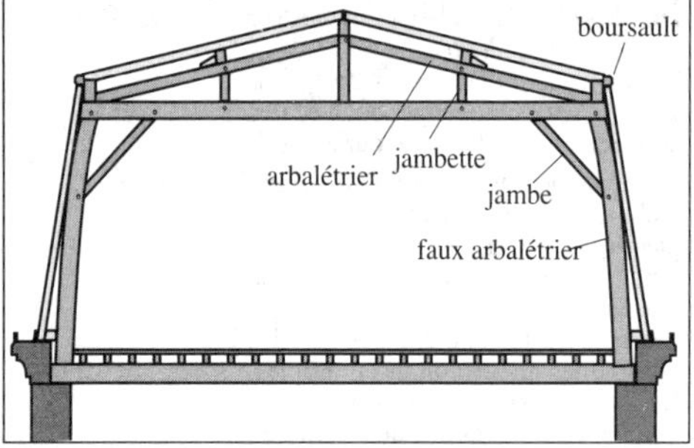

• les ***charpentes à la Mansart*** (du nom de l'architecte qui la mit à la mode). Encore couramment pratiquée, elle présente l'avantage de gagner une grande surface habitable dans l'étage de comble, dit "mansardé" (V.ill).

• les ***charpentes à chevrons-portant ferme,*** composées sans pannes ; ce sont les chevrons qui, assemblées en fermes multiples, jouent le rôle d'arbalétriers.

• une ***charpente lambrissée***, quelle qu'en soit la structure, est celle qui reçoit un habillage de voliges* sous ses chevrons*, comme souvent dans des églises anciennes.

2/ Charpente métallique.
Le principe de triangulation* en fermes* parallèles et poutres* est aussi à la base de la conception des charpentes métalliques.
V. au mot Ferme la dénomination des principaux types d'assemblages.
V. aussi Poutre, Poutrelle.
Les éléments constitutifs sont des profilés* d'acier, ou parfois d'aluminium pour les charpentes légères, assemblés par des goussets, pattes, équerres, etc., par boulonnage à serrage contrôlé, par rivetage* ou par soudage*. Ces assemblages font l'objet de normes.
V. les ***DTU*** *Construction métallique (acier ou aluminium)*, les ***Règles CM*** *(Règles de calcul des constructions en acier), ou les* ***Règles AL*** *(Règles de conception des charpentes en aluminium).*

3/ Charpente en béton.
Les progrès de la précontrainte* et l'allègement des pièces de grande portée ont permis le développement de l'utilisation du béton dans les charpentes, en particulier pour des bâtiments industriels et publics.
V. les *Règles techniques de conception* ***BAEL*** *(béton armé) et* ***BPEL*** *(béton précontraint).*

CHARPENTERIE n.f.
Art et ensemble des techniques de la construction des charpentes. Chantier de l'entreprise de charpente.

CHARPENTIER n.m.
Entrepreneur ou compagnon spécialistes des réalisations de charpentes.
En l'absence de précision, il s'agit de charpentes en bois : les charpentes métalliques sont la spécialité du *charpentier en fer*.

CHARRETTE n.f.
En langage familier d'architecture, concentration de toutes les énergies sur un travail ou un projet urgent... ou qui devrait déjà être terminé !
Être charrette, c'est travailler, si besoin jour et nuit, sur un tel projet.

CHARRETIER adj.
Qualifie un passage adapté aux charrettes et, de nos jours, aux engins agricoles : *porte charretière*.

CHARRETIÈRE n.f.
Vaste abri en charpente couverte, en général accolée à un bâtiment agricole.

CHAS n.m.
Plaquette de métal carrée, percée en son centre d'un trou par lequel passe le cordeau du fil* à plomb.

CHASSE n.f.
Large ciseau* de tailleur de pierre.
-***Chasse d'air*** : procédé de nettoyage des canalisations de faible pente par une dépression soudaine à l'orifice le plus bas.

chasse d'eau (réservoir dorsal)

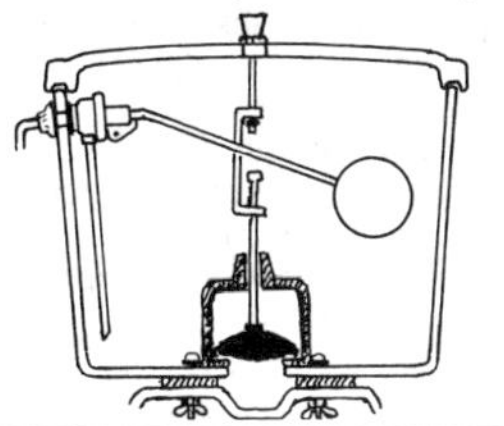

-***Chasse-bondieu*** : coin de bois que les scieurs placent dans le trait de scie pour pouvoir enfoncer plus profond le bondieu* en métal.

-***Chasse-carrée*** : marteau de serrurier à double tête carrée. Une variante de cet outil, la chasse à biseau, a une tête en tronc de pyramide à bout arrondi.

-***Chasse-clou*** : poinçon à tête aplatie servant à entrer à l'intérieur du bois les têtes de clous. Cette action est parfois dite "*chasse-clouter*".

-***Chasse d'eau*** :

1/ Dispositif d'entraînement des matières qui utilise l'*effet d'eau*, c'est-à-dire l'énergie développée par le passage rapide et soudain d'une quantité d'eau. On l'utilise en curage, débourbage, dessablement ou déblaiement de canalisations, caniveaux, égouts...

2/ Par extension, dispositif sanitaire à effet d'eau, générant le débit rapide d'une dizaine de litres d'eau dans la cuvette d'un WC, soit par gravité depuis un réservoir dorsal (réservoir bas) ou mural (réservoir haut), soit par propulsion pneumatique de l'eau par une réserve d'air préalablement comprimée par la pression de distribution de l'eau.

-***Chasse-goupille*** : petit outil d'extraction des goupilles.

-***Chasse-rond*** : outil servant à pousser les moulures concaves (congés*), en quart-de-rond.

-***Chasse-ronde*** : marteau à tête semi-cylindrique servant à former des gorges* ou des congés* dans le métal, par refoulement. Syn.: *dégorgeoir*.

CHASSE-ROUES n.m.
Borne de pierre, ou pièce de métal scellée au niveau du soubassement des portails et passages de véhicules pour éviter la détérioration des piédroits et arêtes de murs par les roues de véhicules (V.ill). Syn.: *boute-roues*.

CHASSER v.tr.
1/ Repousser un clou à l'intérieur du bois avec un chasse-clou*.

2/ Enfoncer une cheville ou un clou.

CHÂSSIS n.m.
1/ De façon générale, cadre mobile de menuiserie, vitré ou non, qui compose le vantail d'une croisée, d'une porte, d'une trappe, etc. Un châssis peut être basculant, pivotant, à projection ou coulissant.

Le ***châssis de toiture*** désigne à la fois l'encadrement fixe ou le coffre des lanterneaux*, trappes de désenfumage et fenêtres* pour toits en pente, et leur élément ouvrant.

2/ Moulure de cuivre au pourtour d'un tablier de cheminée*; cadre du tablier* de cheminée à rideau.

-***Châssis d'aérage*** : ouverture dont le cadre est garni de lames parallèles pivotantes ou inclinables, pour l'entrée ou l'évacuation d'air, de fumées...
Son ouverture se règle d'elle-même en fonction du débit.

-***Châssis à coller*** : presse* de menuisier à serrages multiples.

-***Châssis à guillotine*** : châssis de fenêtre* dont les vantaux* coulissent verticalement en se recouvrant.

-***Châssis de pierre*** : dalle de pierre percée d'un orifice bordé de feuillures,

chasse-roues

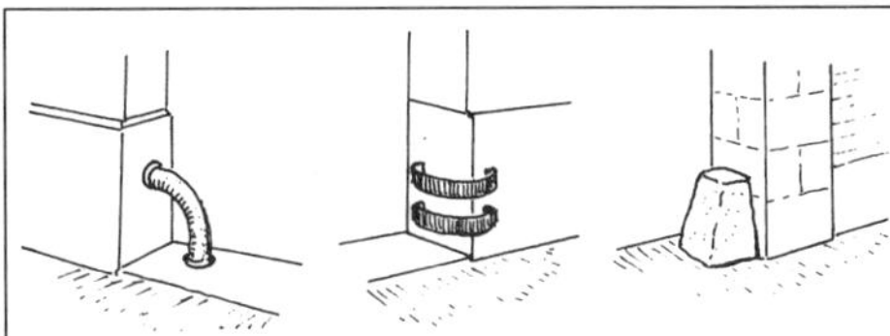

arqué, en fonte | à bandeaux | en dé (de pierre)

chatière
en zinc pour couvertures en ardoises

pour constituer un cadre dans lequel viennent se loger un tampon* de regard, une trappe, etc.

-Châssis à tabatière : châssis de toiture composant une petite fenêtre* de toit en pente, dont l'ouvrant est articulé sur la traverse haute (V.ill. à Tabatière). V. aussi : *vasistas*.

CHAT n.m.
1/ Chevalet sur lequel les couvreurs empilent, à portée de main, les ardoises à poser. Syn.: *bourriquet*.

2/ Défaut des ardoises consistant en la présence de matières étrangères.
V. aussi Tête-de-chat.

CHÂTAIGNIER n.m.
Essence feuillue donnant un bois* mi-lourd, peu nerveux, aux propriétés proches de celles du chêne. Il sert comme bois de charpente, et sous forme de parquets et clôtures.

CHÂTEAU-LANDON
Belle pierre calcaire dure, gris-jaune pâle, extraite en Seine-et-Marne.
Elle a un aspect et une aptitude au poli proches de ceux du marbre.

CHATIÈRE n.f. ou adj.f.
1/ Petite ouverture ménagée dans une toiture pour l'aération des combles. Élément de couverture comportant ce type d'ouverture : *tuile chatière* .

2/ Petite canalisation souterraine de vidange d'un bassin.

CHATTERTON n.m.
Ruban de toile adhésive, enduit d'un amalgame de goudron, gutta-percha* et résine. Il servait à entourer les fils conducteurs dénudés des épissures*.

CHAUDIÈRE n.f.
Appareil qui d'une part transforme un combustible* solide, liquide ou gazeux, ou l'électricité, en énergie calorifique, et qui d'autre part communique cette énergie à un fluide *caloporteur* (air, eau ou vapeur) chargé de l'acheminer vers les appareils de chauffage dits *corps de chauffe* (radiateurs, réseau hydrocâblé de planchers), ou vers des *bouches de chaleur* (cas de l'air chaud).

Une chaudière à combustible se compose d'un ***foyer***, volume dans lequel brûle le combustible (fourni par un brûleur* s'il est liquide ou gazeux), et d'un ***échangeur****, dit *corps de chauffe*, dans lequel circule le fluide à chauffer. Sa conception est telle que la surface de chauffe développée soit la plus grande possible, de façon à récupérer au maximum la chaleur fournie par le foyer.

Les tubulures du corps de chauffe aboutissent à un collecteur* dont la sortie unique alimente la canalisation qui conduit l'eau chaude, avec l'aide d'un ***circulateur****, vers les radiateurs. L'ensemble est groupé dans un volume clos calorifugé ; cette carrosserie, la *jaquette*, porte en façade les organes de réglage et de contrôle, souvent masqués derrière une porte d'accès. Dans les grands bâtiments, on installe souvent trois chaudières en parallèle, ce qui permet l'entretien et la réparation de l'une sans interrompre la fourniture de chauffage par les deux autres.

Principaux types de chaudières.

• ***Chaudières à combustible solide***.
Les chaudières ***à charbon*** : leur foyer comporte une grille, fixe ou mobile, sous laquelle est installé un cendrier* ou un dispositif de décendrage automatique. Les chaudières à charbon importantes sont à alimentation mécanisée automatique, depuis une trémie de stockage, par tapis roulant ou vis sans fin. Leur chargement se fait par le haut (*overfeed*), ou par le bas (*underfeed*).

Les chaudières ***à bois*** sont soit à foyer

horizontal, soit à foyer vertical.
Certaines chaudières à charbon sont conçues pour pouvoir fonctionner aussi au bois.

• ***Chaudières à combustible liquide***.
Ce sont les chaudières fonctionnant au fioul. Leur brûleur* injecte dans le foyer un mélange de fioul pulvérisé et d'air comburant.

• ***Chaudières à gaz***.
Chaudières alimentées soit par le gaz naturel (gaz du réseau urbain), soit par le propane* liquide à stockage individuel, soit, dans le cas d'installations importantes, par l'air-propane distribué (V. Gaz).
Leur conception est analogue à celle des chaudières à combustibles solides ou liquides, l'injection du gaz ou du mélange air-gaz dans le foyer s'effectuant par brûleurs à rampes à gaz ; l'allumage est assuré soit par la veilleuse permanente, soit, dans des chaudières importantes, par un dispositif à batterie d'étincelles.

• ***Chaudières à condensation***.
Le principe consiste à récupérer non seulement la chaleur des fumées (dite *chaleur sensible*), mais aussi la *chaleur latente* de la vaporisation de l'eau produite par la combustion de l'hydrocarbure gazeux, chaleur qui, dans les chaudières à gaz classiques, s'échappait avec les gaz brûlés.

Récupérée par refroidissement puis condensation de la vapeur dans un *échangeur-condenseur* à large surface d'échange (tubes à ailettes), la chaleur est communiquée à l'eau de retour des radiateurs.

Certaines chaudières ont même trois échangeurs en cascade, le dernier servant au préchauffage de l'eau sanitaire. Par rapport aux chaudières à

chaudières à gaz à condensation

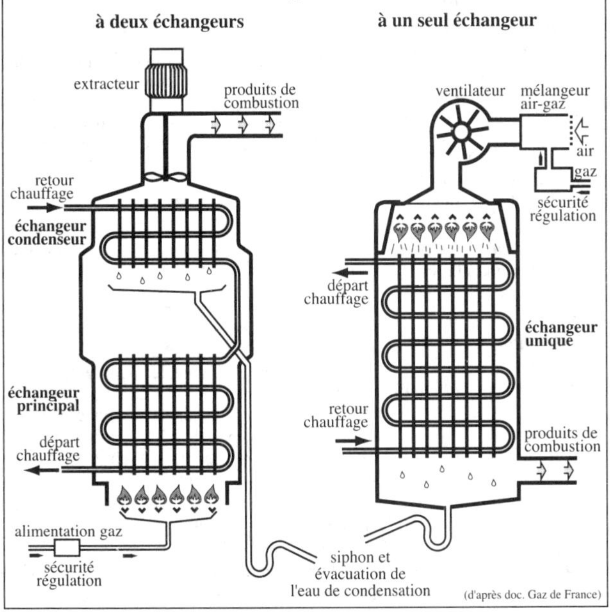

(d'après doc. Gaz de France)

gaz classiques, l'économie d'énergie est de l'ordre de 25 à 30%.
Les chaudières à condensation sont équipées soit d'un ventilateur électrique de pulsion du mélange air-gaz, soit d'un extracteur* électrique des produits de combustion.
Elles ont toujours une évacuation des eaux de condensation, avec siphon.

• ***Chaudières à vapeur***.
Conçues comme les chaudières à eau chaude, elles comportent en plus un *dôme de vapeur*, des dispositifs manométriques de sécurité contre les surpressions, et un régulateur de pression (vapostat*).

Leur échangeur n'est que partiellement rempli d'eau. Le retour vers la chaudière de l'eau condensée dans les radiateurs se fait soit par gravité (retour *sec*), soit par entraînement par la vapeur (retour *humide*).
On distingue les chaudières à vapeur *basse pression* (≤ 0,05 MPa), et *haute pression* (> 0,05 MPa).

• ***Chaudières électriques***.
Chaudières où une batterie de résistances chauffe le fluide caloporteur ; assez peu fréquentes, mais intéressantes pour des installations de radiateurs préexistantes, si l'on veut éviter des soucis d'approvisionnement en combustible, ou bénéficier d'un tarif électrique préférentiel.

• Les ***chaudières mixtes***, ou ***double-service***, ou ***été-hiver***, désignent celles qui fournissent à la fois l'eau chaude du chauffage central et l'eau chaude sanitaire.

• Les ***chaudières multi-énergie***.
Les principales sont :

a - les chaudières ***bi-énergie***, dont les foyers sont prévus pour pouvoir brûler deux combustibles, sans transformation ni manipulation complexe : bois et charbon, bois et fioul, charbon et fioul, gaz et fioul.

Les chaudières ***électro-fioul*** et ***électro-gaz*** ont été conçues pour bénéficier du tarif préférentiel (*tarif EJP -Effacement Jours de Pointe*) proposé par EDF en dehors des jours de pointe : ce tarif d'électricité, très bas pendant 343 jours par an, devient dissuasif, par contre, pendant les 22 jours de pointe, sauf de 1 h à 7 h du matin ; c'est alors que la deuxième source d'énergie doit prendre le relais. Alimentées en priorité par l'électricité, ces chaudières passent automatiquement sur l'autre combustible sur un signal électrique envoyé sur le réseau EDF ; l'ordre est suivi ou non selon les données d'un thermostat extérieur, et des besoins en chauffage.

NB- Ne pas confondre ce système avec les installations dites ***duo***, qui consistent à établir, à côté d'une chaudière au fioul existante, un générateur à thermoplongeurs électriques qui, par un jeu de vannes, peut prendre le relais, à la demande, de la chaudière à fioul.

b - les chaudières ***polycombustibles*** proposées par certains fabricants (bois-charbon-fioul ou bois-charbon-électricité) ; elles sont surtout destinées à pouvoir profiter, dans certaines régions, d'approvisionnements avantageux en combustibles solides. Des équipements sont aussi proposés par les fabricants pour rendre polycombustibles des chaudières qui ne l'étaient pas.

CHAUDRON n.m.
Tumeur* qui déforme le tronc d'un sapin ; le chaudron est provoqué par un champignon. Syn.: *dorge*.

CHAUFFAGE n.m.
Ensemble des techniques et équipements de production de chaleur ambiante dans les bâtiments.
La puissance d'une installation de chauffage direct permanent doit en principe couvrir 1,2 fois l'ensemble des déperditions théoriques totales ; ce facteur est porté à 2,5 ou plus dans le cas de chauffage indirect par accumulation.
On distingue :

• le ***chauffage distribué***, ou ***chauffage central***, dans lequel un même appareil de production de chaleur alimente les divers corps de chauffe (radiateurs, ou tuyaux intégrés de chauffage par le sol), d'un ensemble de locaux -et chauffe éventuellement l'eau chaude sanitaire. Il peut être ***individuel*** (une chaudière par logement), ***collectif*** (une chaudière ou plusieurs chaudières pour un même immeuble), ou ***urbain*** (chaufferie de type industriel desservant un quartier ou plusieurs immeubles).

- le ***chauffage divisé***, ou *à appareils autonomes,* dans lequel chaque appareil produit la chaleur qu'il diffuse, indépendamment des autres appareils présents dans les locaux : cas des chauffages électriques (V. ci-après) par convecteurs, panneaux, radiateurs à accumulation, à bain d'huile... ou des radiateurs à gaz, poêles, etc.

• le ***chauffage intégré***, qui désigne les systèmes de chauffage inclus dans les parois (planchers, et/ou plafonds) : soit par chauffage à tubes chauffants, qui est une forme de chauffage central, soit par chauffage électrique (V. ci-après) à câbles chauffants noyés dans la maçonnerie.

• le ***chauffage d'appoint***, fourni par un appareil dont l'utilisation reste exceptionnelle, et destinée à compléter le chauffage de base fourni par une installation principale, insuffisante en cas de froid rigoureux.

On distingue aussi :

• le ***chauffage dynamique*** : l'énergie calorifique est communiquée à une masse d'air insufflée ensuite dans les locaux (chauffage central à air chaud, aérothermes*) ;

• le ***chauffage statique***, constitué de radiateurs ou de convecteurs qui transmettent directement leur énergie à l'air ambiant des locaux.

• **Chauffage central**.
Chauffage *distribué* qui fait appel à un ou plusieurs appareils de production de chaleur qui chauffent un fluide caloporteur dirigé, par un réseau de canalisations, vers des corps de chauffe répartis dans les locaux.

Le chauffage central à eau chaude est le plus répandu, les chauffages à la vapeur ou à l'air chaud (calorifères) étant devenus rares.
La distribution d'une installation de chauffage central peut être :

-***bitube***, c'est-à-dire avec un double réseau, d'une part d'alimentation des radiateurs en eau chaude, d'autre part de retour vers la chaudière, chacun des corps de chauffe étant raccordé à ces deux réseaux (V.ill).

-***monotube***, chaque corps de chauffe étant branché ***en série*** sur le circuit unique, et prélevant une partie de la chaleur du liquide qui y circule.

chauffage central à eau chaude :
les modes de distribution
(VE = vase d'expansion)

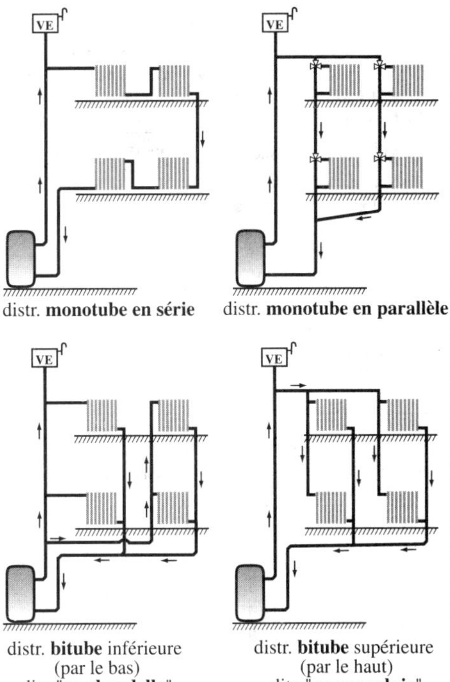

Chaque radiateur tend à abaisser la température du liquide avant qu'il n'atteigne le corps de chauffe suivant ; on y remédie en disposant, sur chaque branchement d'appareil, une vanne trois voies pour bipasser* une partie du liquide chaud et ne pas pénaliser les radiateurs situés en aval du circuit. Dans cette variante, dite ***circulation dérivée***, ou ***en parallèle***, les raccordements d'appareils se font en deux points d'un collecteur unique.

Dans toute installation de chauffage central, les dispositifs de *régulation** (centralisée et/ou sur chaque corps de chauffe) et d'*équilibrage** sont des facteurs d'économies.

Toute installation doit être conforme au ***DTU 65*** *(Installations de chauffage central concernant le bâtiment)*, et au ***DTU 65.11*** *(Dispositifs de sécurité des installations de chauffage central).*

CHAUFFAGE PAR LE SOL

Chauffage par le sol par eau à basse température : c'est un chauffage central *intégré* à circulation d'eau chaude dans des canalisations établies sous forme de *serpentins*, en *nappes* ou *grilles* intégrées dans l'épaisseur des chapes ou des dalles au moment de leur exécution, à quelques cm de leur nu fini (V.ill).

Le confort thermique implique que la température du sol, au niveau du revêtement fini, dite température de contact, n'excède pas 28°C.

On parle donc désormais de chauffage par le sol à eau chaude à *basse température* (eau circulant à moins de 40°C). Dans certains cas, ce mode de chauffage sert de chauffage de base, et il est complété par des radiateurs d'appoint.Ce type de chauffage est dit ***hydrocâblé*** si les tubulures chauffantes, en tubes de polyéthylène réticulé, sont fournies sous forme de pieuvres, c'est-à-dire de réseaux préassemblés prêts à mettre en place et à raccorder sur les colonnes de distribution et de retour vers la chaudière, par des nourrices* ou collecteurs.

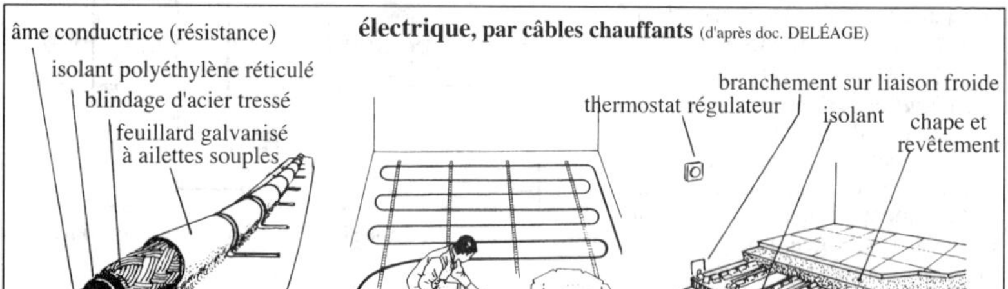

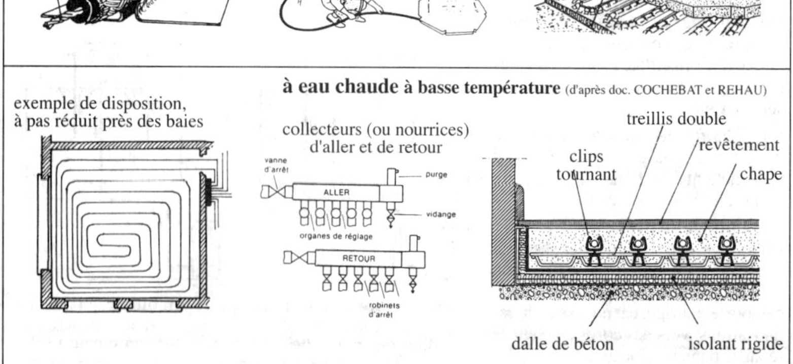

• **Chauffage électrique**.
Transformation, par effet* Joule, de l'énergie électrique en énergie calorifique à travers des résistances*.

La production de chaleur peut être :
- soit un ***chauffage indirect***, par chauffage central à eau chaude, avec une chaudière* électrique (ou *bi-énergie*, du type *électrofioul*) ; ou encore par des appareils à accumulation (V. Radiateur à accumulation) ; ces derniers permettant de bénéficier des tarifs électriques de nuit, dits d'heures creuses ;
- soit un ensemble d'appareils individuels à ***chauffage direct***, *à convection* naturelle (convecteurs*, plinthes chauffantes) ou forcée (par ventilo-convecteurs), ou à rayonnement infrarouge (par cassettes* chauffantes, panneaux rayonnants) ;

- soit un ***chauffage électrique intégré*** à la maçonnerie : c'est le chauffage électrique par le sol (et parfois par les plafonds), par des câbles préassemblés en *trames chauffantes*, ou en câbles directement noyés en *serpentins* dans les dalles de planchers.
Les éléments chauffants utilisés sont des câbles de métal (cuivre ou aluminium) gainés et parfois blindés.
Les câbles chauffants sont raccordés à leur alimentation par des conducteurs dits *liaisons froides* ; l'installation, reliée à la terre*, doit comporter un disjoncteur différentiel.
Pour sa mise en oeuvre, consulter le ***DTU 65.7*** *(Exécution des planchers chauffants par câbles électriques enrobés dans le béton).*

CHAUFFE-BAIN
ou **CHAUFFE-BAINS** n.m.
Chauffe-eau* à gaz à débit important, à chauffage de type instantané (au fur et à mesure du puisage).
La puissance des chauffe-bains usuels va de 180 à 500 W/mn, pour 5 à 15 litres d'eau par minute d'une eau portée de 15 à 40°C.

CHAUFFE-EAU n.m. invar.
Appareil autonome de production individuelle d'eau chaude sanitaire qui alimente, le plus souvent, un seul robinet de puisage.

1/ Selon leur mode de fonctionnement, les chauffe-eau sont :

- soit de type ***instantané*** : l'eau froide admise y est chauffée au fur et à mesure du puisage. L'allumage du brûleur ou le fonctionnement de résistances chauffantes est déclenché par la dépression provoquée par le puisage sur la membrane d'un venturi*. Ce type d'appareil est parfois équipé d'un dispositif antitartre, par injection d'eau froide de rinçage dans le serpentin lors de l'arrêt du débit d'eau chaude.

- soit ***à accumulation***, c'est-à-dire à réservoir calorifugé de 50 litres ou plus ; le déclenchement du chauffage de l'eau est fonction de la température de l'eau dans le ballon, par comparaison avec

CHAUFFE-EAU

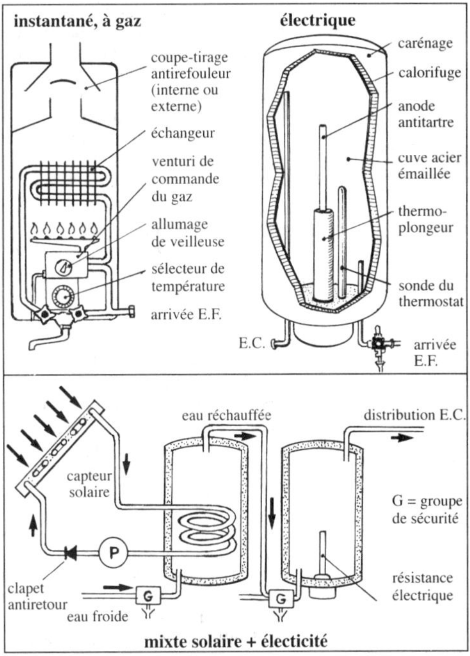

une température de consigne réglable. Le chauffage est lent (env. 8 heures), mais ne nécessite qu'un élément chauffant de faible puissance. Une variante, dite *chauffe-eau à chauffe rapide*, ne comporte qu'un petit réservoir (15 à 50 litres) ; dans certains cas, l'eau froide admise est d'abord préchauffée par un serpentin placé dans le haut de la cuve.

2/ Selon leur conception et leur carrossage, les chauffe-eau sont dits :
- *sur* ou *sous évier* ;
- *verticaux* : muraux (à sceller), stables (à poser au sol), sur trépied ;
- *horizontaux* : muraux (à sceller), ou de plafond (à suspendre).

3/ Selon l'énergie, on distingue :

- les ***chauffe-eau électriques***.
Les capacités courantes des cuves vont de 10 à 15 litres pour des chauffe-eau d'évier instantanés, et de 100 à 300 litres pour les chauffe-eau à accumulation. L'élément chauffant est une résistance blindée et immergée, dite *thermoplongeur* (V.ill). Une anode de protection, en général en magnésium, limite le risque d'entartrage. Leur montée en température est plus lente que celle des chauffe-eau à gaz, mais leur raccordement est plus simple.

- les ***chauffe-eau à gaz***, utilisant soit un gaz distribué (gaz naturel), soit un gaz liquéfié stocké (propane, butane). Ils peuvent être soit de type instantané, soit à accumulation.

- les ***chauffe-eau solaires***, qui sont composés d'un capteur* solaire et d'un ballon* calorifugé de stockage de l'eau chaude, reliés par un circuit dans lequel circule l'eau ou le liquide caloporteur par convection (thermosiphon). Une source énergétique d'appoint (gaz, électricité) est en général prévue pour les périodes d'ensoleillement insuffisant.
Un chauffe-eau solaire est dit ***monobloc*** lorsque capteur et ballon composent un ensemble compact, l'eau à chauffer circulant directement du capteur au ballon.
Le chauffe-eau est ***à éléments séparés*** si le ballon et le capteur sont des unités distantes l'une de l'autre.
Un circuit primaire renferme un fluide caloporteur spécial, qui chauffe l'eau contenue dans le ballon par un dispositif d'échangeur* à serpentins.
Le mouvement de thermosiphon* est assisté par un *groupe transfert*, pompe de circulation commandée par la différence de température entre le capteur et l'eau contenue dans le ballon.

CHAUFFERIE n.f.
Local affecté aux installations de production de chaleur destinée au chauffage, et éventuellement de l'eau chaude sanitaire.
Les dimensions d'une chaufferie, et l'implantation des chaudières (en principe sur socle d'au moins 10 cm), doivent permettre une circulation aisée (minimum 1,50 m en avant du foyer et 0,50 m de chaque côté), et l'accès facile à tous les organes et aux trappes de ramonage ; la porte d'une chaufferie doit toujours ouvrir vers l'extérieur.
Une chaufferie doit comporter une ventilation (admission d'air frais en partie basse et évacuation en partie haute).
Tout sol de chaufferie doit comporter une évacuation des eaux de lavage ou de vidange des circuits de chauffage central.

CHAUFFOIR n.m.
Autrefois, salle commune chauffée d'un hôpital, d'un monastère ; plus généralement, salle chauffée ouverte au public, et servant en hiver de refuge aux miséreux.

CHAUFOUR n.m.
Four à chaux*. Ensemble des installations de cuisson du calcaire, pour obtenir de la chaux.

CHAUFOURNIER n.m.
Industriel producteur de chaux, ou ouvrier affecté au fonctionnement du chaufour.

CHAULAGE n.m.
(parfois ***Chaudage***)
Action de chauler et son résultat.

CHAULER v.tr.

1/ Appliquer un badigeon* de lait de chaux.

2/ Incorporer de la chaux dans un mélange : *enduit chaulé*.

CHAUME n.m.
Tiges de graminées (surtout de seigle), de genêts ou de roseaux, utilisées autrefois comme matériau de couverture, surtout en Bretagne, Normandie, Charentes et Camargue.
C'est un bon isolant thermique, mais son emploi est devenu rare, à cause de sa sensibilité au feu (aujourd'hui réduite par des produits d'ignifugation), et du coût de sa mise en oeuvre, qui relève d'une main d'oeuvre spécialisée. Par ailleurs, il est difficile d'y inclure des lucarnes et tabatières pour l'aménagement de combles.

Mise en oeuvre.
Elle n'est possible que sur un toit dont la pente est au minimum de 45°, sur une charpente apte à supporter au moins 50 kg/m^2, en plus des charges de neige. De façon générale, la paille, les genêts ou les joncs sont assemblés en gerbes, bottes ou ***javelles*** de 1 à 2 m de long (selon matériau), avec des brins (***gluis****). On lie ces bottes, au fil de laiton, sur un gros lattis* de bois horizontal, espacé de 15 à 25 cm, en les superposant avec un pureau* d'environ un cinquième de leur longueur. Une variante consiste à lier en même temps des baguettes de noisetier horizontales au-dessus du chaume pour mieux le maintenir, surtout à proximité du faîte. L'ensemble est resserré avec un ***battoir*** ou un râteau à dents, et la ligne d'égout est taillée à la serpe. L'épaisseur totale obtenue avoisine en général 30 cm. Le faîtage fait l'objet de diverses techniques : relevage en touffes opposées aux vents dominants, application de terre glaise, ou de plaques de gazon superposées à cheval sur le faîte.

CHAUMEUR, CHAUMIER n.m.
Entrepreneur ou compagnon spécialisé dans la mise en oeuvre des toitures en chaume (on dit aussi ***chaumeux***, en particulier en Auvergne).

CHAUMIÈRE ou **CHAUMINE** n.f. Maison couverte de chaume ; par déformation, la *chaumière* a pris le sens de maison pauvre.

CHAUX n.f.
Liant obtenu par calcination du calcaire ; les chaux se divisent en deux catégories bien distinctes, selon que leur prise s'effectue sous l'action du gaz carbonique de l'air (*chaux aériennes*), ou sous l'action de l'eau (*chaux hydrauliques*).

1/ Chaux aérienne (*grasse* ou *maigre*, aussi appelée ***chaux éteinte***, *chaux brûlée*, *hydrate de chaux*, *fleur de chaux*), sigle **CL** (*calcic lime*). C'est l'hydroxyde de calcium obtenu en deux temps :

a/ *calcination* dans un four, vers 900-1000°C, d'un calcaire finement broyé (carbonate de calcium $CaCO_3$, dit *pierre à chaux*), donnant l'oxyde de calcium CaO, ou *chaux vive* anhydre et du gaz carbonique (CO_2) ;

b/ *hydratation*, ou "***extinction***" de cette chaux vive pour obtenir l'hydroxyde de calcium $Ca(OH)_2$, ou *chaux éteinte*, prête à utiliser comme liant après tamisage ou *blutage**.
La réaction de *prise* de cette chaux aérienne est inverse de celle décrite ci-dessus : c'est une *carbonatation**: le gaz carbonique de l'air (CO_2) se combine avec la chaux éteinte pour donner du carbonate de calcium (= calcaire) et de l'eau :

$$Ca(OH)_2+CO_2 \text{ » } CaCO_3+H_2O$$

Cette réaction, lente et progressive, s'effectue à l'air (d'où le nom de chaux aérienne) : le durcissement complet peut durer des mois ; sous l'eau, ou à l'abri de l'air, la chaux grasse peut rester 6 mois avant de faire prise.
Les chaux aériennes les plus recherchées sont les chaux grasses, obtenues à partir de calcaires très purs, par opp. aux chaux maigres, qui contiennent des impuretés.

Les emplois de la chaux concernent surtout les enduits de parement traditionnels, les mortiers pour joints, et les badigeons* au *lait de chaux*.

2/ Chaux hydraulique : la présence d'argile* (les normes admettent jusqu'à 22%) confère aux chaux hydrauliques des propriétés proches de celles des ciments*. Selon le taux d'argile, et donc l'indice d'hydraulicité*, une chaux est dite :
- *faiblement hydraulique* (indice i inférieur à 0,16), si le taux d'argile est inférieur à 8% ;
- *moyennement hydraulique*, avec un taux d'argile de 8 à 14% ;
- *hydraulique*, de 14 à 19% ;
- *éminement hydraulique*, à partir de 20% d'argile.

On distingue :
a/ les ***chaux hydrauliques naturelles*** (**NHL**, *natural hydraulic lime*, anciennement XHN), obtenues par calcination de calcaires contenant de l'argile ; après cuisson, broyage puis extinction, on y incorpore souvent d'autres constituants pour corriger ou améliorer le produit obtenu : fillers* calcaires, laitier*, pouzzolanes*...
Les classes d'hydraulicité sont NHL 2 (faiblement hydraulique), NHL 3,5 et NHL 5 (fortement hydraulique).

b/ les ***chaux hydrauliques artificielles*** (**XHA**) désignant en réalité des ciments* portland artificiels auxquels on a ajouté des fillers* calcaires inertes, qui leur donnent une bonne plasticité et diminuent le retrait ; d'où leur emploi dans les sous-enduits et enduits.
Les classes normalisées de résistance en compression après 28 jours sont XHA-6 et XHA-10 (en MPa).

CHEDDITE n.f.
Explosif à base de chlorate utilisé en terrassement et travaux publics.

CHEF n.m.
1/COUVERT.: chacun des bords d'une ardoise*: *chef de base*, ou culée (le bas), *chef de tête* (le haut) et *chefs de côté* (droit et gauche).

2/PLOMB.: robinet de gaz de commande générale d'alimentation d'un immeuble, accessible en façade, ou dans une trappe extérieure.

-***Chef de chantier*** : responsable d'un chantier de construction, en principe toujours présent sur le site. Sur un chantier important, il dépend d'un conducteur de travaux.

-***Chef d'oeuvre*** : ouvrage de qualité exceptionnelle qu'un compagnon* réalise et soumet au verdict d'un jury pour devenir *maître*. Il pouvait être un ouvrage en grandeur nature, mais aussi, souvent, en réduction (cas de la charpenterie).

CHEMIN n.m.
1/COUVERT.: passage de service sur une toiture pour la circulation du personnel d'entretien ; il peut être constitué de marches (*chemin rampant*) ou de passerelles en caillebotis*, avec ou sans garde-corps. Dans le cas des toitures en tôle nervurée, les chemins doivent être signalisés, au droit des poutrelles.

2/MAÇONN.: bandeau horizontal ou vertical, en mortier, servant de repère et de guide d'épaisseur, pour tirer à la règle une chape, un corps d'enduit ou un enduit de plâtre.

-***Chemin de câbles*** : profilé de tôle galvanisée en U dans lequel on installe les câbles électriques. Le plus souvent horizontaux, ces chemins sont portés par des pattes, consoles ou chapes* scellées.
Un chemin de câbles qui comporte un couvercle est une *goulotte**.

-***Chemin de fer*** :
1/ Grattoir composé de lames d'acier, non parallèles, à dents fines serties dans un socle à poignée. Il sert à dresser* et à ragréer* la pierre de taille, et à divers râclages en maçonnerie. Existe aussi sous forme non dentelée.
NB- Si l'outil est à lames parallèles, c'est un *rabotin**.

2/ Tasseau de bois ou filet de plâtre dressé à la règle servant de guide pour traîner* une moulure au calibre (V. ce mot).

-***Chemin de graphe*** : enchaînement de courbes dont chaque extrémité a une tangente commune avec celle de l'extrémité de la courbe suivante.

-***Chemin de grue*** : sur un chantier, voie de rails installée au sol pour les translations d'une grue mobile.

CHEMINÉE n.f.

Ensemble formé par l'encadrement d'un foyer de combustion pour combustibles solides (bois, charbon) et par une évacuation vers un conduit de fumée ; par extension, désigne souvent le conduit lui-même, ou la souche* émergeant au-dessus du toit. Conduit de fumée extérieur de grande hauteur : *cheminée d'usine*.

L'***effet de cheminée*** est le tirage naturel par convection et/ou appel d'air, par ex. dans une cage d'escalier ou un conduit de vide-ordures.

Une ***cheminée d'appartement***, ou *cheminée ornementale*, peut être à foyer ouvert ou à foyer fermé.

La cheminée traditionnelle ***à foyer ouvert***, ou *à feu ouvert*, ou *cheminée capucine*, est composée :

• d'un volume intérieur, ou *foyer*, ouvert sur le local ; le foyer comporte un *âtre** où brûle le combustible, un *avaloir* recouvert d'une *hotte**, pour l'échappement des gaz de combustion, un *contrecoeur* (paroi ou plaque de fonte au fond de l'âtre), et des *languettes* de contrecoeur (retours latéraux).

• d'un encadrement protecteur et décoratif : *jambages* ou *piédroits* (montants latéraux porteurs du *manteau* et de la hotte), *coffre* (jambages et traverse d'ébrasement), *chambranle* (habillage des jambages et du manteau) et *tablette* supérieure portée par la *paillasse* ou le manteau ; éventuellement, un *tablier* à glissières permet de fermer l'entrée du foyer (V.ill). Une ventouse* de prise d'air frais à l'extérieur débouche à la base du foyer pour fournir l'air comburant.

Les cheminées modernes comportent souvent un récupérateur* de chaleur au-dessus ou en arrière du foyer (coffre à air à prise d'air indépendante). L'air y est chauffé puis débouche par convection sur les côtés de la hotte par des bouches de chaleur.

CHEMINÉES

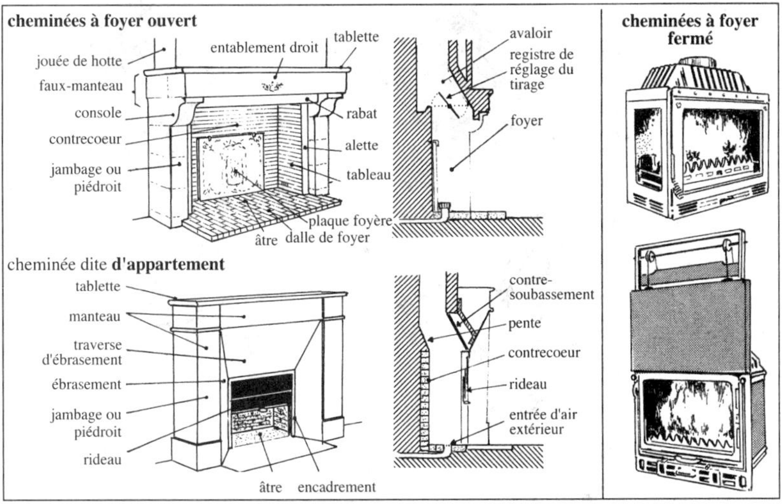

Le faible rendement des cheminées d'appartement a favorisé le développement de la cheminée ***à foyer fermé***. Celle-ci s'apparente à un poêle inséré dans un cadre analogue à celui de la cheminée traditionnelle (V.ill) ; le dispositif comporte en général un système de chauffage indirect de l'air par des tubulures ou des échangeurs, avec diffusion dans le local par des bouches de chaleur, ou un récupérateur de chauffage d'eau pouvant alimenter plusieurs radiateurs. La pose d'un insert* dans une cheminée à foyer ouvert la transforme en cheminée à foyer fermé. La température élevée des gaz de combustion des inserts suppose que les conduits puissent la supporter sans se fissurer.

NB- Avant de construire une cheminée d'appartement, le renforcement préalable du plancher est souvent nécessaire. Une alimentation en air frais doit être prévue. Le bon tirage d'une cheminée à foyer ouvert suppose le respect de règles de proportions entre l'ouverture, la section du conduit de fumée, et sa hauteur.

CHEMINEMENT n.m.
1/ Itinéraire préférentiel suivi par l'eau soit lors de son écoulement naturel, soit lors de ses migrations par capillarité*.

2/ En topographie, mode de nivellement* par visées successives, de proche en proche.

CHEMISAGE n.m.
Réalisation d'une chemise de conduit de fumée, et son résultat.

CHEMISE n.f.
1/ Enduit de protection et d'étanchéité des parois intérieures d'un conduit de fumée. Dans le cas du chauffage au gaz, c'est le *tubage intérieur* en tuyau métallique galvanisé (obligatoire pour les chaudières de 20 000 Kcal et plus).

2/ En couverture, la ***chemise de garantie*** est une bavette de protection sous le nez d'un tasseau. Syn.: *garantie*, *manchette de garantie*.

CHEMISER v.tr.
Garnir l'intérieur d'un conduit.

CHÉNEAUX

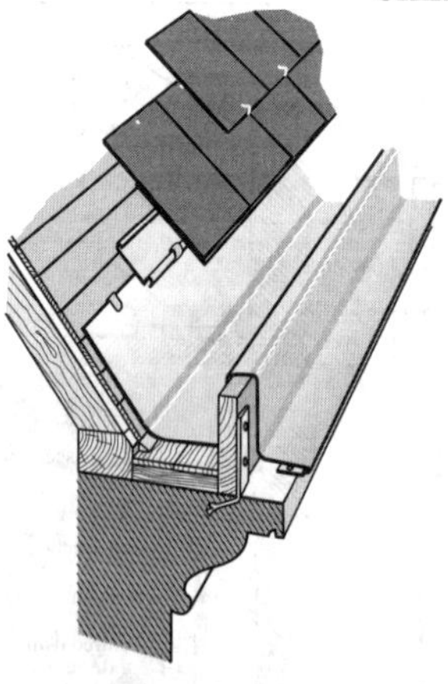

à encaissement rampant, sur un entablement de corniche

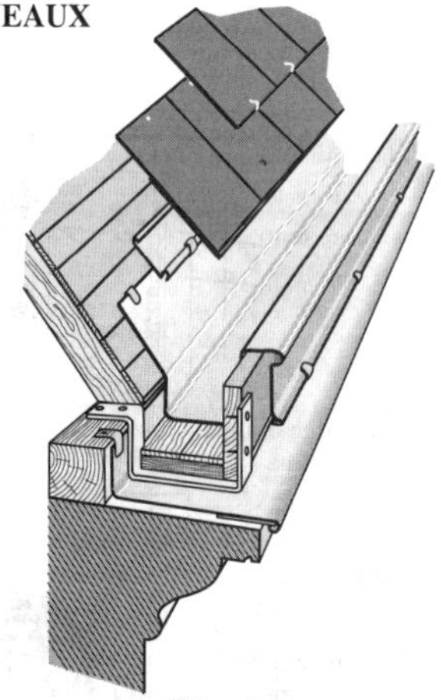

à l'anglaise, avec recouvrement en zinc de l'entablement sur toute sa largeur

CHÊNE n.m.
Essence feuillue présente dans presque toute l'Europe, sous de multiples variétés. Son bois, dense et dur, à structure hétérogène et à grain grossier, est considéré comme un des meilleurs pour les charpentes et pour les parquets. Son séchage est délicat et long, mais sa conservation à l'air peut durer des siècles ; en immersion totale, il est quasiment indestructible.

CHÉNEAU n.m.
(autrefois ***Chaîneau***)
Petit canal situé à la base des combles, en égout*, en encaissement ou à la jonction de deux versants, pour recueillir l'eau de pluie et la diriger vers un tuyau de descente.
Il peut être en terre cuite, en pierre, en béton ou en métal, et protégé ou non par un système d'étanchéité.
On rencontre divers systèmes de conception, de disposition et de fixation des chéneaux, sur chevrons, sur sablière*, sur blochets* encastrés, sur corniches... (V. ill. page ci-contre) .

Un ***chéneau encaissé*** est celui qui est disposé entre un rampant de toiture et une paroi verticale.

CHERCHE n.f.
1/ Synonyme de *Cerce* (V. ce mot).

2/ ***Cherche-fiche***, ***cherche-pointe*** : outil qui permet de soulever l'aile d'une fiche métallique pour la retirer, ou d'extraire une cheville.

CHEVAL n.m.
Dans le marbre, cavité remplie de matière terreuse. Syn.: *cendrure**.

-***Cheval-vapeur*** (**CV**) Ancienne unité de puissance, surtout pour les moteurs thermiques et électriques.
Le cheval-vapeur valait 735 Watts.

-***A cheval sur***... Se dit d'un élément qui recouvre l'arête ou une partie saillante d'un autre élément, et retombe de part et d'autre de celui-ci.

CHEVALEMENT n.m.
Ouvrage d'étaiement* destiné à soutenir une maçonnerie en cours de remaniement en sous-oeuvre*, par ex. pour la création ou l'élargissement d'une ouverture. Il se compose d'étais, réunis en chevalet, et soutenant une ou plusieurs poutres horizontales, les *chapeaux** (V.ill). La base des étais est étrésillonnée* ou fixée sur une semelle ou un couchis*.

chevalement d'étais
(par ex. pour le remplacement d'un linteau)

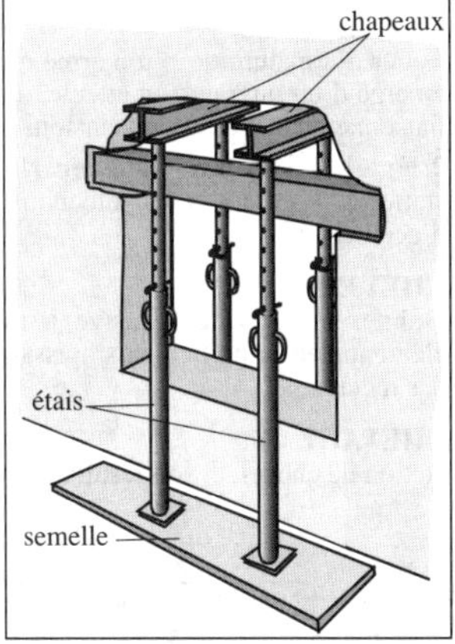

CHEVALER v.tr. Réaliser un étaiement par des chevalements.

CHEVALET n.m.
1/ Pièce de bois horizontale disposée sur des montants pour soutenir un ouvrage : *chevalet de sciage.*

2/CHARP.: ensemble des linçoirs* assemblés sur une lucarne*.
3/COUVERT.: assemblage en A renversé qui soutient les planches d'échafaudage d'une toiture : il est arrimé par des cordages aux pièces de charpente.

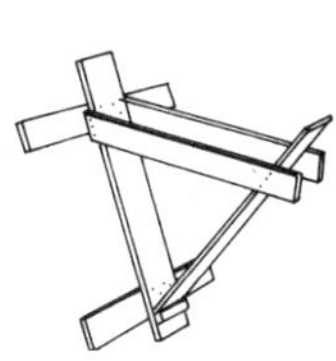

chevalet
de couvreur

CHEVAUCHEMENT n.m.
ou **CHEVAUCHURE** n.f.
Recouvrement partiel d'un élément par un autre. Surface concernée par ce recouvrement.

CHEVAUCHER v.tr., ou
Se CHEVAUCHER v.pr. Recouvrir, se superposer partiellement.

CHEVEL n.m.
Petit étau portatif de serrurier.

CHEVELU n.m.
1/ Fer d'armature de béton armé qui émerge d'un ouvrage, en attente* de liaisonnement avec une extension.

2/ Forte liasse de filasse* utilisée par les staffeurs* pour armer les polochons* d'accrochage.

CHEVER v.tr.
Donner une forme concave à un élément plat, en particulier s'agissant des métaux.

CHEVAGE n.m.
Action de chever, et son résultat.

chevêtre (C)

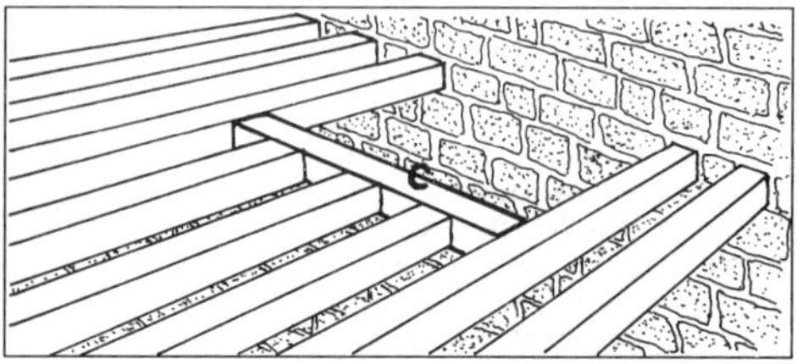

CHEVET n.m.
1/ Partie d'une église située au fond de la nef, à l'arrière du choeur.
Le chevet constitue le fond de l'abside*; son plan peut être semi-circulaire, carré ou polygonal.

2/ Garniture en plomb rapportée sur le rebord extérieur d'un chéneau*.

CHEVÊTRE n.m.
1/ Pièce de bois ou barre de métal qui relie entre elles les solives latérales d'une enchevêtrure* ou d'une trémie* de cheminée, d'escalier ou de trappe, et qui supporte les solives boiteuses* intermédiaires (V.ill).

2/ Espace ménagé dans une paroi pour le passage d'un conduit de fumée.

CHEVILLAGE n.m.
Assemblage de pièces de bois, ou fixation d'un élément, à l'aide d'une cheville.

CHEVILLE n.f.
1/ Tige de bois dur que l'on enfonce dans l'*enlaçure** d'un assemblage* à tenon* et à mortaise*, pour solidariser les deux pièces. Sa section doit être un peu supérieure à celle de l'enlaçure, pour y pénétrer en force.

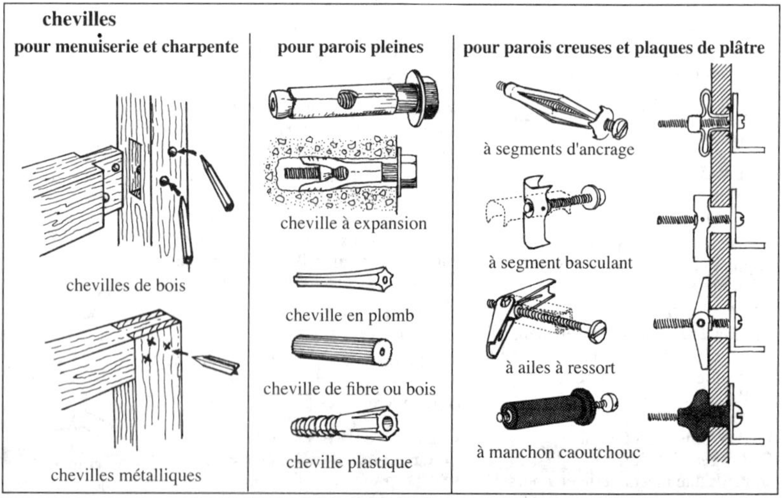

2/ Petite broche métallique dont la section forme un X, utilisée comme un clou dans les assemblages de bois (V.ill).

3/ Petite pièce qui permet de fixer dans une maçonnerie une vis, un boulon ou un clou spécial. Les chevilles s'accrochent dans leur orifice soit par *expansion* (chevilles en plastique, en plomb, à cône de serrage), soit par *évasement* d'ancrage (chevilles pour corps creux tels que plaques de plâtre), soit par *basculement* d'un élément, suivi du serrage d'un boulon (chevilles pour plafonds).

CHEVILLER v.tr.
Assembler à l'aide de chevilles.

CHEVILLETTE n.f.
1/CHARP.: broche en métal utilisée pour le montage provisoire des charpentes, ou *mise* dedans*.

2/MAÇONN.: tige de métal ronde ou carrée, munie d'une pièce de serrage coulissante, pour fixer contre les maçonneries les règles, guides... (V.ill).

CHEVILLIÈRE n.f.
Ruban gradué en toile, monté sur un rouleau dévideur portatif, et utilisé pour les mesures d'arpentage.

CHÈVRE n.f.
Petit portique de levage des fardeaux, composé d'un treuil disposé entre deux montants, les *bras*, réunis en triangle par des barres transversales, ou *épars*.
A leur jonction, une poulie sert de renvoi du *chable** vers le treuil. L'inclinaison de la chèvre est maintenue par un cordage arrimé à un point fixe.
Cette ***chèvre à hauban*** a diverses variantes, par exemple la ***chèvre à trois pieds***, ou *cabre**, utilisée au-dessus des puits de fouille étroits.

CHEVRON n.m.
1/ Filet* décoratif, brisé en forme de zigzag* régulier, surtout fréquent dans l'art roman (V.ill).

2/ Débit de bois* résineux équarri, de section 6 x 8 cm. Le ***demi-chevron*** a une section de 4 x 6 cm.

3/CHARP.: pièce de bois équarri fixée sur les charpentes* suivant la ligne de pente, pour porter les supports horizontaux des matériaux de couverture (lattes, liteaux, voliges, ou panneaux de sous-toiture non-autoportants).
Les chevrons sont espacés de 30 à 60 cm selon le type de couverture.
Leur portée entre pannes* ne doit pas dépasser 2 m.
Sur une croupe*, les chevrons tronqués du fait de la pente de l'arêtier sont des *empannons*.
Les chevrons servent aussi de support pour divers bardages extérieurs ou parois de doublage intérieures.

CHEVRONNAGE n.m.
Action de chevronner. Ensemble des chevrons d'un toit.

CHEVRONNER v.tr.
Mettre en place les chevrons.

CHEVRONNIÈRE n.f.
1/ Partie supérieure rampante d'une pointe de mur pignon, formant saillie au-dessus de la couverture.

2/ Feuillure de maçonnerie dans laquelle se trouve le chevron de rive.

CHÉZY (formule de —)
Relation constante entre la vitesse d'écoulement de l'eau dans une canalisation et la perte de charge par unité de longueur.

CHICANE n.f.
1/ Dans une chaudière*, pièce qui oblige les gaz de combustion à décrire un parcours en zigzag avant d'atteindre la boîte à fumée, ce qui permet de récupérer par échange* une partie de la chaleur de ces gaz.

2/ Dans un tuyau, pièce qui ralentit la vitesse d'un fluide, en contrariant son écoulement rectiligne.

CHIEN n.m.
1/ Outil qui sert aux maçons à griffer un sous-enduit frais, en vue d'y faire adhérer ensuite un enduit de parement ou un stuc.

chevillette

chevrons

2/ Marteau à forte tête dentelée qu'utilisent les tailleurs de pierre pour faire les brettelures* par ***chiennage***.
Syn.: *chien taillé.*

3/ Ardoise étroite qui sert à compléter l'extrémité d'un rang.

CHIEN-ASSIS n.m.
Petite lucarne* à toit retroussé en pente inverse de celle de la toiture ; son profil évoque celui d'un chien qui serait assis sur le toit (V.ill. au mot Lucarne).
Par une déformation fâcheuse, désigne la lucarne à un rampant, ou même, dans le langage courant, toutes sortes de lucarnes.

CHIFFONNAGE
ou **CHIFFONNEMENT** n.m.
En peinture, ponçage très fin avec un tampon de tissu humide et de la poudre de ponce*, ou même avec du papier de verre fin et usé. Résultat d'un tel ponçage.

CHIFFRAGE n.m.
Évaluation du coût ou du devis* estimatif d'un ouvrage.

CHIFFRE n.m.
1/ Chacun des signes conventionnels que les compagnons apposent sur les pièces de charpente et les pierres taillées, pour indiquer aux ouvriers qui feront l'assemblage le sens et la disposition relative de ces éléments.

2/ Signature d'un ouvrage par des initiales, par un monogramme ou par un motif dictinctif.

CHIGNOLE n.f.
Vilebrequin* de perçage à manivelle ; par déformation, désigne la perceuse* électrique portative.

CHIMÈRE n.f.
En sculpture, animal imaginaire ou monstrueux, dont le corps est un assemblage de parties de plusieurs animaux ; la plupart des gargouilles* anciennes sont des chimères.

CHINÉ adj.
Qualifie un mélange de couleurs diverses qui ne composent pas un motif : *moquette chinée.*

CHIP n.f.
Paillette ou copeau plastique coloré que l'on inclut par saupoudrage dans certains revêtements à base de résines translucides.

CHIPOLIN, CHIPOLAIN
ou **CHIPPOLIN** n.m.
Autrefois, détrempe* de haute qualité, faite de couches de blanc d'apprêt à la colle, suivies de couches de vernis, poncées et adoucies*; le chipolin servait de base à une dorure à l'eau, sur les cadres, moulures de chambranles, cartouches, etc.

CHIQUETAGE n.m.
En peinture de faux marbre ou de faux granit, c'est l'imitation de cailloutages ou de défauts localisés caractéristiques de ces matériaux.

CHIQUETER v.tr. Procéder à ce travail de simulation décorative.

CHIQUETTES n.f.pl.
Petites chutes de bois de placage.

CHLORURE DE POLYVINYLE,
ou **PVC** n.m. Résine thermoplastique* plus ou moins rigide selon la nature et la proportion des plastifiants qu'elle contient.
Les PVC dits sans plastifiants donnent un matériau raide, voire cassant, de bonne inertie chimique. On en fait des tuyaux et canalisations facilement assemblés par collage. Voir Tube.

CHOC n.m.
Contact brutal de deux éléments.
-***Résistance aux chocs*** : aptitude à subir la percussion d'un élément dur sans éclats ni cassures. Un essai normalisé, pour les carrelages et revêtements de sols, consiste à faire tomber de un mètre de haut une bille d'acier, et à mesurer le diamètre de l'éclat au point d'impact.

-***Choc thermique*** : élévation ou baisse soudaine de température qui ne s'applique pas de façon uniforme à la surface ou dans la masse d'un élément ; il s'ensuit des tensions internes qui, pour les matériaux sujets à dilatation ou à retrait thermique, peuvent provoquer leur rupture.

CHOEUR n.m.
Partie d'une église* où sont célébrés les offices religieux, autour ou en-deçà du maître-autel.

CHOIX n.m.
Préférence donnée à un système, à une technique ou à une marque.
Classification de composants en fonction de la proportion de défauts qu'ils peuvent comporter : carrelages et parquets (*premier choix, bon choix...*), appareils sanitaires (*choix A,B,C*)...

CHON n.m.
Planche de bois* flacheuse* dont les bords ne sont pas alignés ; on utilise les chons surtout pour le blindage des fouilles. Syn.: *contre-dosse*.

CHOU n.m.
Ornement de sculpture des 15e et 16e siècles pour rampants de pignons et arêtes des toits en pyramide.

CHOULEUR n.m.
Engin de chantier muni à l'avant d'une large benne chargeuse, articulée sur des vérins hydrauliques.

CHUTE n.f.
1/ARCHIT.: élément d'ornement orienté vers le bas (festons, feuillages, culots...). Pente d'un toit.

2/ÉLECTR.: chute *de tension* ou chute *de potentiel* : différence de tension mesurée aux bornes d'un appareil électrique à vide et sous charge.
Une section insuffisante des conducteurs d'une installation, ou leur longueur excessive, provoquent une chute de tension quand tous les appareils alimentés fonctionnent en même temps.

3/PLOMB.: canalisation de gros diamètre servant à la descente par gravité des eaux usées et/ou des eaux-vannes vers les fosses d'épuration ou les évacuations enterrées.

CIEL n.m.
1/ Paroi supérieure du foyer d'une chaudière* ou d'un carneau*.

2/ Draperie tendue, dais ou baldaquin tendus au plafond.

-***Facteur de ciel*** : proportion d'éclairement, en un point d'un local, par les rayons lumineux directs ou indirects du jour, par rapport à l'éclairement d'un plan horizontal extérieur éclairé par le ciel (mais pas par le soleil), sans aucun obstacle.

CIMAISE ou **CYMAISE** n.f.
1/ Moulure de pierre qui couronne une corniche*.

2/ Moulure couronnant en entablement* un lambris de menuiserie qui règne* au long d'un mur, ou autour d'une pièce, à une hauteur très supérieure à celle d'une plinthe.

CIMBLOT n.m. V. Simbleau.

CIMENT n.m.
Liant* minéral en poudre à base de calcaire et d'argile qui, mélangé avec de l'eau, fait *prise** et permet d'agglomérer des sables et des granulats pour constituer des roches artificielles, les bétons et mortiers.
C'est un ***liant hydraulique****, c'est-à-dire qu'il durcit sous l'action de l'eau (la chaux* hydraulique, en ce sens, est assimilable à un ciment).

Principe et caractéristiques.
Le durcissement du ciment en présence d'eau est la transformation de la chaux, de la silice et de l'alumine en silicate de calcium (*tobermorite*) et en aluminates de calcium, composants stables et non solubles dans l'eau. Dans la réaction, la chaux apporte l'élément calcium, mais elle a aussi un rôle de catalyseur*.
Diverses variantes de dosage des composants, ainsi que l'apport d'*additifs pouzzolaniques** (en particulier les cendres volantes) permettent d'améliorer ou de modifier certaines caractéristiques : V. le tableau ci-après.

Un ciment est caractérisé :

-par sa ***vitesse de début de prise****: c'est la durée, à 20°C, entre le *gâchage* (hydratation du ciment) et le moment où la pâte s'affermit assez pour que l'aiguille de Vicat* ne puisse plus atteindre le fond du mélange ;

-par sa ***résistance***, mesurée en compression après 28 jours, en MPa (mégapascals) ; cette mesure sert à définir la ***classe des ciments*** : **32,5 - 42,5 - 52,5** (prcédemment 35, 45, 55, HP (hautes performances).
Les normes fixent aussi des mesures intermédiaires de dureté après 2 jours (normal-N et rapide-R) ;

-par son ***retrait*** (ou parfois son expansion) au cours des 28 jours de durcissement, généralement inférieur à 1 mm/mètre ;

-par ses ***ajouts et constituants annexes*** (fillers, gypse, chlorures, magnésie, soufre...).

Méthodes de fabrication : la plus ancienne est la *voie humide*, abandonnée à cause du coût énergétique.
Elle consistait à délayer les matériaux de carrière concassés pour constituer une pâte, le *cru*, affinée par broyage, puis soigneusement dosée et homogénéisée avant cuisson au four.
La ***voie semi-sèche*** consiste à essorer le cru pour éliminer une grande partie de son eau, ou à lui ajouter du cru en poudre. La méthode désormais généralisée est la ***voie sèche***, plus simple et moins coûteuse : les matériaux de carrière sont broyés et séchés avant d'être dosés et homogénéisés.

Principales variétés et appellations des ciments.

-***Ciment alumineux***, ou "***fondu***": ciment dans lequel la bauxite remplace l'argile, la cuisson étant poussée jusqu'à un début de fusion (env. 1 500°C) ; le ciment obtenu comporte au moins 30% d'alumine.
Il est réfractaire*, et offre une bonne résistance aux eaux agressives acides. Sa prise est assez lente, mais son durcissement est ensuite rapide : dix heures après le gâchage, sa résistance en compression atteint la résistance d'un CPA de 28 jours.

Dénominations des ciments

Exemple de dénomination d'un ciment courant (d'après doc. ciments CALCIA) **:**

CEM II / B - M (S-V) 42,5N PM-ES-CP2

famille de ciment

CEM I	Portland	ex-CPA
CEM II	Portland composé	ex-CPJ
CEM III	de haut fourneau	ex-CHF et ex-CLK
CEM IV	pouzzolanique	ex-CPZ
CEM V	au laitier et aux cendres	ex-CLC

pourcentage d'ajouts :
A : 6 à 20%
B : 21 à 35%
C : 36 à 65%

classe de résistance (minimum) **:**
à 28 jours (en MPa) **32,5** **42,5** ou **52,5**
et à 2 jours : **N**= normal **P**= rapide

caractéristiques complémentaires :

PM = ciment pour travaux à la mer (= "prise mer")

ES = ciment pour travaux en eaux à haute teneur en sulfates

CP = ciment à teneur en sulfures limitée

M = au moins 2 **constituants, autres que le clinker** :
S = laitier granulé de haut fourneau
V= cendre volante siliceuse
L ou LL = calcaire
D = fumées de silice

-***Ciment amaigri*** : ciment artificiel dans lequel on a ajouté des charges minérales inertes (*fillers*).
Devenus rares, les ciments amaigris servaient surtout à préparer des mortiers à maçonner.

-***Ciment anglais*** : nom donné au plâtre* aluné*, ou *ciment Keene*.

-***Ciment antiacide****: enduit composé de granulats fins de quartz dans une solution de silicate de soude, ou dans un liant de résines synthétiques (époxyde*, polyester*, furanne...).

-***Ciment armé*** : ancienne appellation du béton* armé.

-***Ciment artificiel*** : par opp. au *ciment naturel*, désigne le ciment Portland obtenu à partir d'un mélange artificiel de calcaire et d'argile.

-***Ciment blanc*** et ***superblanc*** : ciment fabriqué surtout dans l'Ardèche, à partir de matières premières exemptes d'impuretés et d'oxydes colorants. Classe *CEM I* 42,5.
Le ciment blanc est surtout utilisé pour les enduits de parement, dalles de granito*, carreaux de ciment, bétons blancs architectoniques, et mortiers*-colles.

-***Ciment-colle*** : mortier adhésif à base de ciment (blanc ou gris), de sables, de résines et d'adjuvants, destiné à la pose collée des carrelages* au sol et sur les murs.
Le terme *mortier-colle* est préférable.

-***Ciment*** *Portland* ***composé*** (***CEM II***, ex-*CPJ*) : ciment constitué par mélange, avant broyage, de clinker de Portland et de laitier, de pouzzolanes naturelles et/ou de cendres volantes.
Qualifie les anciens ciments à constituants secondaires, *CPAL, CPF* (laitier), *CPAC* (cendres), *CPALC* (laitier + cendres), *CPALZ* (laitier + pouzzolane), regroupés dans cette classe.

-***Ciment électrofondu*** : en Suisse, nom du ciment alumineux *(fondu)*.

-***Ciment expansif*** ou *ciment sans retrait*, ou *ciment à retrait compensé* : ciment dont la prise s'accompagne d'un léger gonflement, qui sera ensuite compensé par le retrait lors du durcissement.
Des ciments à fort pouvoir expansif sont utilisés en démolition*.

-***Ciment extra-siliceux*** : ciment fabriqué à partir d'argiles riches en silice ; contenant peu de chaux et d'aluminate tricalcique, ce type de ciment offre une bonne résistance aux eaux agressives.

-***Ciment*** *Portland* ***de fer*** (ex-CPF) : ancien nom du ciment Portland au laitier de hauts-fourneaux ; fait partie des ciments Portland composés (CPJ). Il résiste médiocrement aux eaux agressives et eaux très pures.

-***Ciment fondu*** : V. ci-dessus à ciment alumineux.

-***Ciment furannique*** : résine organique à base de furanne -ou *furfuranne*- polymérisé en résines sous l'action d'acides forts ; on l'utilise sous forme de mastic, en particulier pour le jointoiement de carreaux de revêtements industriels, et divers calfeutrements à résistance mécanique élevée.
Il offre une bonne résistance aux acides, solutions salines, solvants et corps gras, mais résiste mal aux oxydants (eau de Javel, eau oxygénée, brome, iode...). Il supporte jusqu'à 200°C.

-***Ciment à la gaize*** : ciment pouzzolanique (V. plus loin) comportant un tiers de gaize* torréfiée.

-***Ciment de grappiers*** : résulte du broyage des grappiers*, boulettes de surcuits qui ont échappé à l'extinction lors de la fabrication de la chaux.

-***Ciment à haute résistance initiale*** (***HRI***) : correspond aujourd'hui à la classe dite *hautes performances* (HP) des ciments Portland ; il comporte un peu de gypse et d'anhydride sulfurique. Durcit rapidement, permettant des délais de démoulage courts.

-***Ciment à haute teneur en silice*** (***HTS***) : variété de ciment Portland non normalisée, à résistance très élevée en compression.

-***Ciment de haut fourneau*** (***CEM III***, ex-*CHF*) : normalisé, il fait partie des ciments à forte teneur en laitier ; il contient du sulfate de chaux.

-***Ciment de laitier à la chaux*** (ex-*CLX*) : obtenu à partir d'un mélange de chaux grasse et de laitier de haut fourneau.

-***Ciment de laitier au clinker*** (***CEM III***, ex-*CLK*) : ciment Portland composé essentiellement de laitier (80%), et de clinker (pour moins de 20%), et additionné de filler (moins de 3%).

-***Ciment au laitier et à la pouzzolane*** : ancien nom du ciment résultant du mélange de clinker Portland et, pour au moins 30%, de laitier granulé additionné de pouzzolanes et/ou de cendres volantes. Il fait désormais partie des ciments Portland composés (***CEM II***).

-***Ciment de latex***: enduit pour revêtements de sols composé de ciment, de colorants et de charges fines, et gâché avec une émulsion de latex.

-***Ciment à maçonner*** (***CM***) : ciment normalisé composé d'un mélange de liants hydrauliques, de pouzzolanes ou de laitier, et de charges inertes (basalte, silice). C'est un *ciment amaigri*, ou *ciment chargé* ; ses caractéristiques sont médiocres, mais il a l'avantage d'un faible retrait, et d'un prix de revient attractif pour les maçonneries courantes.
Aussi appelé *liant à maçonner*.

-***Ciment magnésien*** : liant composé au moment de son utilisation, constitué du mélange d'un oxyde métallique (oxyde de zinc, ou magnésie avec ou sans charges inertes), et d'un chlorure ou sulfate de magnésium.
Il a surtout été utilisé pour faire des mortiers de dallage de sols sans joints (*terrazolith**), en y incorporant des charges et granulats minéraux ou végétaux (sciure, copeaux de bois, liège).
Syn.: *oxychlorure*, *ciment Sorel*.

-***Ciment métallique*** : mélange d'oxyde de zinc dans une solution de chlorure de zinc ; chargé de poudre de pierre, il sert aux tailleurs de pierre pour leurs masticages et réparations d'épaufrures*.

-***Ciment métallurgique mixte*** (***CMM***) : ancienne classe de ciments composés à peu près en parts égales de clinker et de laitier.

-***Ciment naturel*** (***CN***) : obtenu par broyage et cuisson de roches de calcaire marneux (la *pierre à ciment*) dont les proportions d'argile et de calcaire sont proches de celles des constituants du ciment Portland artificiel ; la régularité aléatoire des caractéristiques limite leurs emplois.

-***Ciment organique*** : désigne de façon générale tout matériau de collage ou de jointoiement dont le liant est une résine (époxyde, polyester, etc).

-***Ciment-pierre*** (marque comm. WEBER ET BROUTIN) : famille d'enduits de parement à base de liants hydrauliques et de granulats calcaires ou marbriers ; prêts à gâcher, ces mortiers servent à exécuter la troisième couche d'enduits traditionnels, sur une épaisseur de 3 à 7 mm selon le type de parement. V. à Enduits.

-***Ciment Portland*** : par opp. aux *ciments naturels*, ciment hydraulique normalisé obtenu par mouture de clinkers* résultant de la cuisson d'un mélange précis de calcaire, de silice et d'alumine (ciment Portland artificiel, famille ***CEM I***, ex-*CPA*), et éventuellement d'autres constituants (ciments Portland composés, famille ***CEM II***, ex-*CPJ*).

-***Ciment aux pouzzolanes***, ou ***pouzzolanique*** (***CEM IV***, ex-*CPZ*) : il résulte du mélange de clinker Portland avec des pouzzolanes* ou des cendres volantes, pour 30 à 40%.

-***Ciment pouzzolano-métallurgique Fouilloux*** (***CPMF***) : classe de ciment non normalisée de clinker, de laitier de haut fourneau, et de cendres volantes, ces dernières en proportion supérieure à celle des CPALC.

-***Ciment prise-mer*** : de façon générique, tout ciment adapté aux travaux en immersion dans la mer.

-***Ciment prompt*** : ciment, en général naturel, aux caractéristiques mécaniques moyennes ou médiocres, mais faisant prise rapidement :
prise-rapide, moins de 8 minutes ;
prise demi-lente, moins de 30 mn.
On en fait des mortiers de scellement, d'obturation de voies d'eau...

-***Ciment romain*** : liant composé d'un mélange de chaux aérienne éteinte et de pouzzolanes naturelles.

- ***Ciment silicate*** : matériau pour le jointoiement antiacide de carrelages industriels ; il se présente sous forme d'une poudre et d'un liquide sirupeux (silicate de soude ou de potasse) à mélanger juste avant l'utilisation.
Un jointoiement au ciment silicaté supporte des températures d'environ 1 000°C et offre une bonne résistance chimique (sauf aux bases fortes).

-***Ciment Sorel***: V.ciment magnésien.

-***Ciment sursilicé*** : ciment de composition voisine de celle des ciments extra-siliceux (V. plus haut).

-***Ciment sursulfaté*** (**CSS**) : mélange de laitier de haut-fourneau (pour 80%), de sulfate de calcium (env.15%), et d'un catalyseur (chaux ou clinker) ; sa teneur en anhydride sulfurique (SO_3) doit être d'au moins 5%. Surtout intéressant pour les travaux en milieu agressif (eaux de mer et eaux séléniteuses).

-***Ciment de Vassy*** : syn. de ciment prompt (du nom de la première usine qui a produit ce type de liant).

-***Ciment volcanique*** : mélange à chaud de brai*, de résine et de soufre, utilisé autrefois comme mastic d'étanchéité des toitures-terrasses.

CIMENTAGE n.m.
Ouvrage réalisé avec du ciment.

CIMENTATION n.f.
Colmatage des sols aquifères, en particulier pour le forage de puits, par injection préalable de coulis de ciment dans les fissures naturelles.

CIMENTER v.tr.
Lier, ou recouvrir, avec du ciment : *cimenter le sol d'une cave.*

CIMENTERIE n.f.
Usine de production du ciment.

CIMENTIER n.m.
Fabricant de ciment. Ouvrier spécialiste des ouvrages en mortier de ciment (surtout enduits et chapes).

CINGLER v.tr.
1/ Tracer une ligne en lâchant un cordeau tendu, imprégné de poudre colorante. Syn.: *battre la ligne.*

2/ Appliquer un enduit en mouchetis* avec un petit balai frappé contre une barre de bois tenue dans l'autre main. Syn.: *fouetter.*

CINTRAGE (parfois ***Cintrement***) n.m. Courbure donnée à une pièce quelconque. Mise en place de cintres.
Le cintrage des tuyaux fait appel à plusieurs méthodes, selon leur nature (plomb, cuivre, PVC) et leur diamètre.

CINTRE n.m.
1/ARCHIT.: courbe intérieure, ou intrados*, d'un arc* ou d'une voûte*.
Un arc ou une voûte sont dits ***en plein cintre*** lorsque leur courbure est un demi-cercle.

2/MAÇONN-TRAV.PUBL.: étaiement ou coffrage qui épouse la forme de l'intrados* d'un arc ou d'une voûte, pour les soutenir pendant leur construction ou leur réparation.
Pour de faibles portées, les cintres sont en général composés de veaux*, planches chantournées suivant le profil de l'arc ou de la voûte. Pour des portées de plus de 1,50 m, ces veaux sont fixés sur un bâti rigide, sorte de ferme* simple. Les grandes portées font appel à des assemblages de charpente plus complexes (V.ill. page suivante).

Les cintres s'appuient sur des systèmes permettant ensuite le décoffrage,

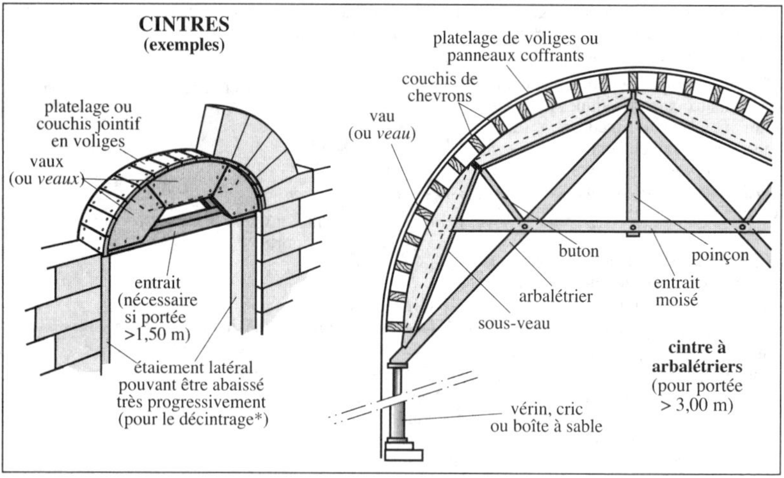

ou décintrement* progressif des ouvrages : boîtes* à sable, vérins hydrauliques.

CINTRER v.tr.
Courber. Réaliser le coffrage d'un arc ou d'une voûte.

CINTREUSE n.f.
Appareil servant à courber ou à couder les fers à béton, ou, en plomberie, les tubes de cuivre. Les cintreuses à vérin hydraulique permettent un travail répétitif rapide et précis, par ex. sur les chantiers de préfabrication.

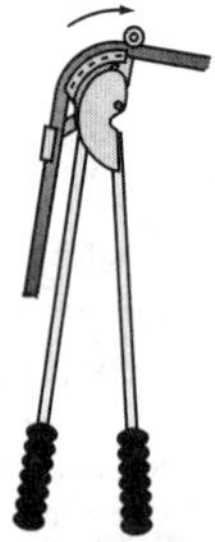
cintreuse pour tubes de cuivre

CIPOLIN adj.inv. et n.m.
Famille de marbres comportant des veines concentriques en *pelure d'oignon*. Marbre italien verdâtre, marbré de vert franc et de blanc.

CIRCONSCRIT adj.
Qualifie un cercle ou une courbe tels que tous les sommets d'un polygone donné soient sur ce cercle ou cette courbe. Inversement, *circonscrire* un polygone à un cercle ou à une courbe fermée, c'est le construire de sorte que ses côtés soient tangents à ce cercle ou à cette courbe.

CIRCUIT n.m.
(ÉLECTR.) Réseau de conducteurs qui, à partir d'une même source, alimentent un ensemble d'appareils ou de prises de courant.

CIRCULABLE adj.
Terme parfois utilisé pour qualifier une terrasse accessible aux piétons, ou une surface sur laquelle on peut circuler ; par ex., un enduit de lissage des sols est *circulable* quelques heures après son application.

CIRCULAIRE adj.
En forme de cercle ou de portion de cercle. Parlant d'une voûte ou d'un arc, le mot est syn. de *plein-cintre**; parlant du plan d'un ouvrage tel qu'une coupole, on précise que l'ouvrage est *de plan circulaire*.

CIRCULATEUR n.m.
Dans une installation de chauffage central à eau chaude, le circulateur est une pompe électrique à ailettes établie en sortie de chaudière sur la colonne montante (V.ill). Il assure le mouvement permanent du liquide caloporteur vers les corps* de chauffe. A la différence de l'*accélérateur**,

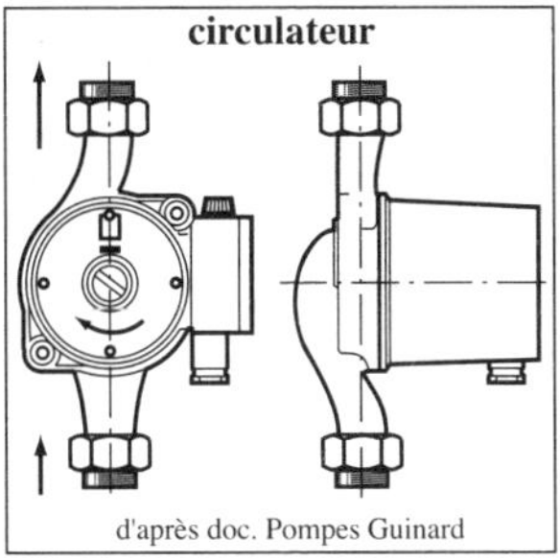

d'après doc. Pompes Guinard

qui active la circulation d'eau chaude seulement si le mouvement ascendant par convection naturelle est insuffisant, le circulateur est une pompe à fonctionnement permanent.

CIRCULATION n.f.
1/ Tout espace qui permet d'accéder aux locaux principaux d'un établissement (bureaux, salles de classe, ateliers...), aux appartements d'un immeuble, ou qui dessert les différentes pièces : couloirs, corridors, galeries, coursives, etc. Les escaliers sont aussi des circulations.

2/ Déplacement d'un fluide quelconque dans des canalisations.

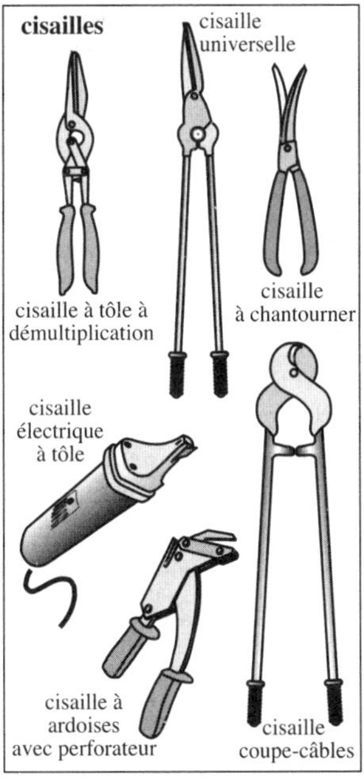

CISAILLE n.f.
Outil de découpe des tôles et des fils métalliques (V.ill). Une cisaille est dite "*passe-tôle*" ou "*passe-franc*" si le dégagement de son bec permet la découpe rectiligne et continue, sans déformation des bords. Une cisaille *chantourneuse* est celle qui permet de faire des découpes arrondies.

CISAILLER v.tr.
Découper une tôle avec une cisaille.

CISAILLEMENT n.m.
Effort latéral qui s'exerce dans le plan d'adhérence ou de collage de deux éléments, et qui tend à les désolidariser.
Une des causes fréquentes de cisaillement est la différence des jeux de dilatation entre deux éléments solidarisés : par exemple, une pièce de bois collée sur une poutrelle métallique subira des efforts de cisaillement.

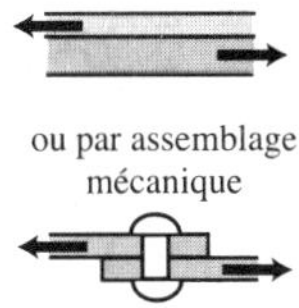

CISEAU n.m.
En menuiserie, charpenterie et taille de la pierre, désigne divers outils manuels à lame plate terminée en biseau tranchant (V.ill. page suivante).

• ***Ciseau à froid*** : sorte de burin utilisé pour sectionner le métal.

• ***Ciseau à briques*** : large ciseau servant à refendre les briques pleines.

• ***Ciseau de maçon*** : crochet monté sur manche pour dégarnir les joints entre les pierres ou les briques.

CISELAGE ou **CISÈLEMENT** n.m.
Action de ciseler ; son résultat.

CISELER v.tr.
Creuser en sculptant, travailler finement au ciseau ou au ciselet un matériau quelconque, bois, métal, etc.

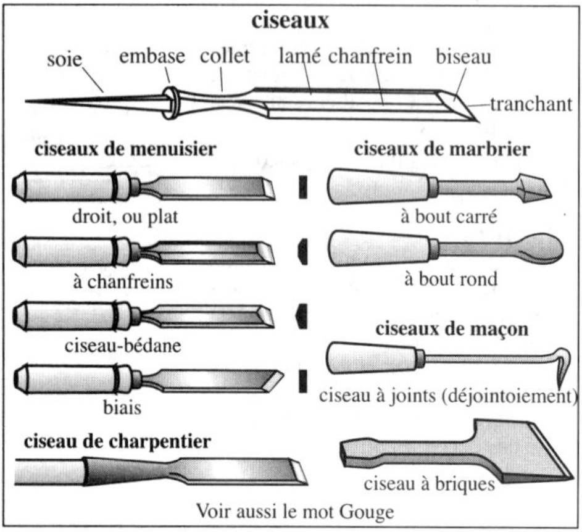

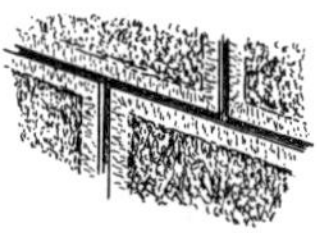
ciselures
(listels ciselés)

CISELET n.m.
Petit burin étroit des tailleurs de pierre, et sculpteurs, pour ciseler les motifs.

CISELURE n.f.
Découpe fine exécutée au ciseau dans une pierre ; bande régulière étroite ménagée au pourtour du parement d'une pierre bouchardée ou d'un bossage* (V.ill).
En serrurerie, ouvrage d'ornement réalisé au burin sur un métal.

CITERNE n.f.
Réservoir*, en général enterré, où l'on recueille les eaux de pluie ; la citerne doit comporter une alimentation qui traverse un citerneau*, un puisage au niveau bas, une ventilation servant de trop-plein, une vidange, une jauge* et une trappe de visite étanche (trou d'homme).

CITERNEAU n.m.
Petit bac de décantation et de filtrage des eaux de pluie, en amont de l'alimentation d'une citerne.

CIVE n.f.
Carreau de verre moulé dont les deux faces comportent un médaillon convexe : les cives servaient de vitrage au Moyen Âge. Syn.: *cul-de-bouteille*.

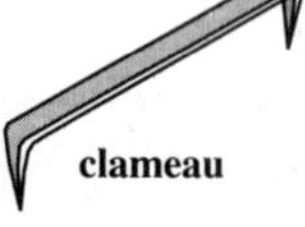
clameau

CLAIE n.f.
Panneau ajouré, treillage de branches entrelacées, caillebotis* léger, plancher à claire-voie*.
Grand treillis monté sur un cadre incliné, qui sert de crible pour le tamisage des sables sur chantier.
V. Clayonnage, Canisse.

CLAIR
1/n.m. Espacement entre des voliges, des lames de parquet, etc.
2/adj. Se dit d'un mortier ou d'un plâtre gâché fluide, avec un taux d'eau supérieur à celui d'une gâchée normale ; opp.: (gâché) *serré*.

CLAIRE-VOIE n.f.
1/ Ouvrage composé d'éléments qui laissent passer le jour : balustrade, garde-corps, claustra*, clôture ajourée sont des ouvrages ***à claire-voie***.
2/ Rangée supérieure de baies d'une nef d'église. Syn.: *clerestory*.

CLAIRIS n.m. ou **CLAIRIE** n.f.
Pan vertical dans une couverture en ardoise.

CLAMEAU n.m.
Gros crampon d'assemblage à deux pointes, utilisé en charpenterie et dans les blindages*(V.ill).

CLAPÉE n.f.
Quantité de mortier projetée contre un mur par le maçon, d'un coup de truelle. Syn.: *truellée*.

CLAPET n.m.
Dispositif mobile d'obturation automatique formant soupape, et interdisant le retour ou le refoulement des fluides, gazeux ou liquides.
On installe des clapets dans les canalisations et équipements dans lesquels la circulation des fluides doit impérativement se faire à sens unique (pompes, accélérateurs...).
On installe aussi des clapets dans les conduits de ventilation, de conditionnement d'air, ou d'évacuation des fumées. Les clapets peuvent dans ce cas être *coupe-feu**, en position

fermée : ils doivent alors présenter un caractère coupe-feu analogue à celui de la paroi dans laquelle ils sont installés. Les clapets usuels sont à bille, articulés sur charnière, ou à valve* guidée (V.ill).
Les clapets font l'objet de normes.

CLAPIS n.m.
éclat accidentel produit lors de la taille du marbre.

CLAQUAGE n.m.
Destruction des propriétés de résistance électrique d'un matériau isolant, provoquée par le passage d'un champ électrique intense.

CLAQUER v.tr.
En langage de chantier, c'est appliquer un mortier par projection vigoureuse à la truelle (sans doute par déformation de *plaquer*).

CLARIFICATEUR n.m.
Dispositif de filtration des eaux à travers des couches de sables ou de granulats minéraux.

CLARINETTE n.f.
Portion de tube coudée pour franchir un tuyau et aboutir au raccordement en T avec un autre (V.ill).

CLARTÉ n.f.
En éclairagisme, perception subjective et relative de la lumière par l'oeil humain ; en ce sens, la clarté diffère de l'*éclairement**, qui est quantifiable (V. Luminance).

CLASSE n.f.
Groupe de matériaux ou de techniques qui correspondent à des caractéristiques qualitatives communes, codifiées et vérifiées en général par un organisme officiel (CSTB, CTBA...) ou par un syndicat professionnel. Sont par ex. regroupés en classes les ciments*, les contre-plaqués*, les différents types de parois et de murs*, les appareils électriques, etc.

CLASSEMENT n.m. Attribution d'une appréciation qualitative à un matériau ou à un équipement en fonction des caractéristiques ou des performances auxquelles il satisfait.
En général, à chaque lettre du sigle est affecté un chiffrereprésentant le niveau croissant de performance. Ainsi par exemple :
- le ***classement AEV*** (air-eau-vent, V. au mot Fenêtre) ;
- le ***classement coupe-feu*** des parois et équipements (V. Coupe-feu) ;
- ***classement EAU*** des robinets*;
- le ***classement EDR*** qui concerne les façades* légères ;
- le ***classement FIT*** des revêtements d'étanchéité*: fatigue - indentation* - température ;
- le ***classement de réaction au feu*** *(M.0, M.1...)* : V. Feu ou Réaction ;
- le ***classement "reVETIR"***. pour les bardages* et systèmes d'isolation thermique par l'extérieur ;
- le ***classement UPEC**** des sols ;
- le ***classement des pierres**** par dureté (V. échelle* de MOHS) ou par difficulté de taille.

CLASSIQUE adj.,
CLASSICISME n.m.
Ces mots qualifient l'art architectural académique du 17e au 19e siècle, inspiré des ordres* de l'antiquité gréco-romaine, par opp. en particulier au mouvement *baroque**.
Par extension, style traditionnel, ou technique constructive éprouvée, par opposition aux innovations contemporaines.

CLAUSTRA n.m.
(pl.: des claustra ou des claustras)
Paroi verticale (cloison, clôture, etc.) dont toute la surface est ajourée, et réalisée en éléments de béton moulé ou de céramique maçonnés.
Par déformation, désigne chacun des *claustres**, éléments préfabriqués qui composent ce type de paroi.

CLAUSTRE ou **CLOSTRE** n.m.
Élément moulé dont la forme permet de réaliser des murs ajourés, ou claustras. A l'origine, le mot ne désignait qu'une poterie en demi-cylindre.

clapets
(d'après doc. SOCLA)

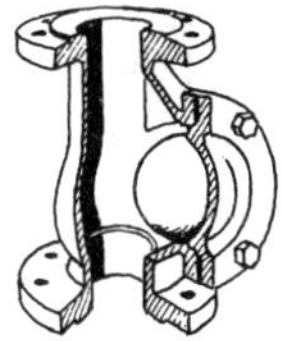

à bille

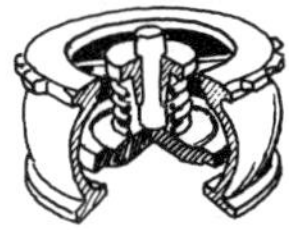

à valve guidée
et ressort

à double battant

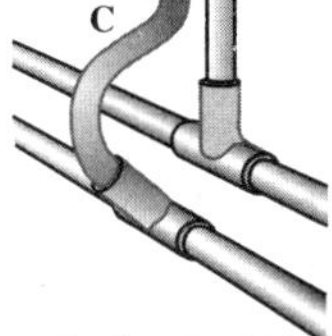

clarinette (C)

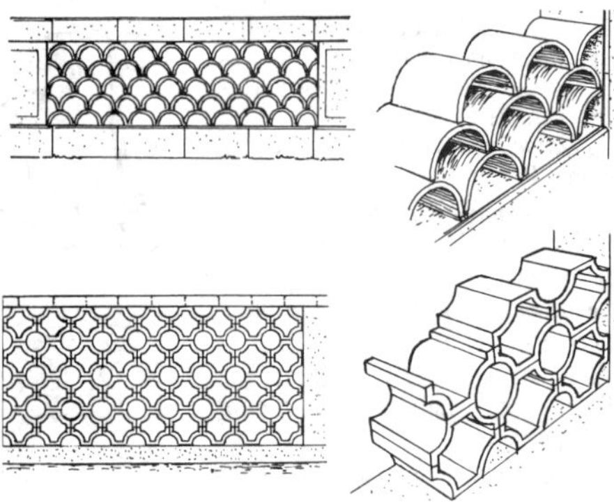

claustres, assemblés en **claustras**

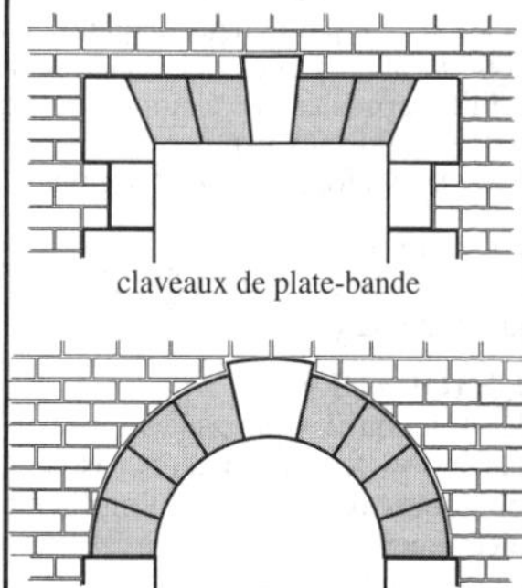

claveaux

claveaux de plate-bande

claveaux d'arc ou de voûte, ou voussoirs

Aujourd'hui, les fabricants proposent une grande variété de formes de claustres superposables.

CLAUSTRAL adj.
Qui concerne un cloître, ou les locaux qui lui sont mitoyens.

CLAVAGE n.m.
Mise en place de la clef* d'un arc ou d'une voûte. Appareil* composé de claveaux*.

CLAVÉ adj.
Qui comporte une clef de voûte ou un claveau central.

CLAVEAU n.m.
Chacune des pierres taillées en biseau (à l'exception de la clé) pour composer une plate-bande* ou un arc*.
Le claveau a six faces : l'*intrados**, ou *douelle** (dessous), l'*extrados* (face opposée, au-dessus), les *lits* (faces accolées aux claveaux voisins) et la ou les *têtes* (parements verticaux). Syn.: *voussoir* (terme préférable dans le cas des voûtes).

-***Claveau** (ou clé)* ***à crossette*** : claveau qui comporte un décrochement tel que ses lits soient en liaison avec les assises du mur (V.ill).

CLAVETAGE n.m.
Fixation par des clavettes. Façon de blocage avec une *clé** en béton, armé ou non, coulée entre les joints à feuillures d'éléments préfabriqués de murs ou de planchers.

CLAVETTE n.f.
1/ Petite broche en fer plat recourbé que l'on entre dans la lumière* transversale d'un boulon, goujon, etc. pour former un arrêt.

2/ Cheville de métal, légèrement en sifflet, que l'on enfonce dans

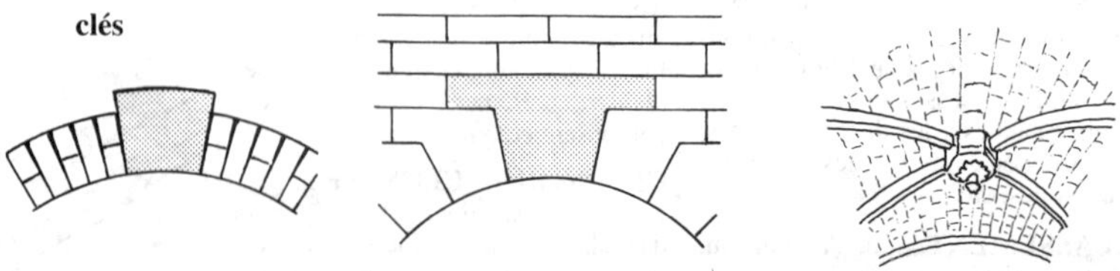

clés

clé simple — clé (et claveaux) à crossettes — clé de voûte pendante

clés
(outillage)

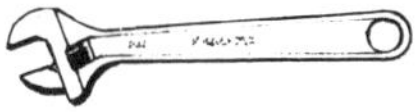

à molette, dite "anglaise"

clé plate à fourche

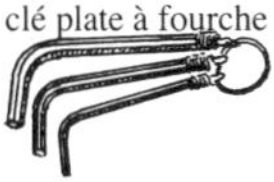

clés mâles à six pans, dites clés Allen

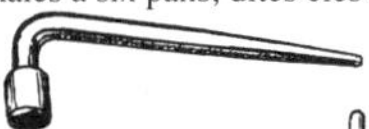

à pipe (charp. métallique)

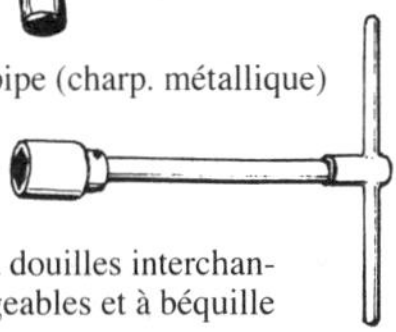

à douilles interchangeables et à béquille

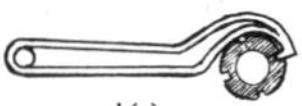

clé à ergot

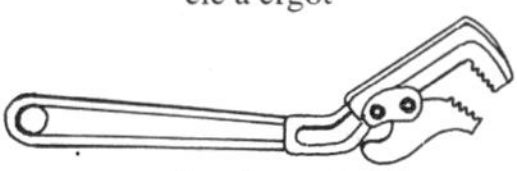

clé universelle

clé polygonale à tuyauter (fendue)

clé serre-tubes type suédois

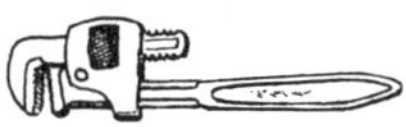

clé serre-tubes "Stillson"

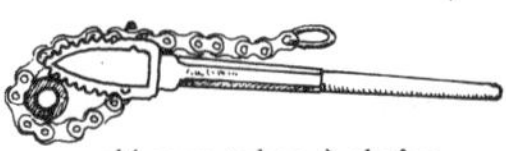

clé serre-tubes, à chaîne

l'oeil de pannetons* pour maintenir les panneaux de vitraux dans leur barlotière*.

CLAYONNAGE n.m.
Ouvrage de maintien des terres de remblai, ou de blindage de tranchées, réalisé avec des claies* en branches souples entrelacées, retenues par des piquets.

CLÉ ou **CLEF** n.f.
1/ARCHIT.: pierre taillée qui permet de bloquer, en son centre, la courbe d'un arc* ou d'une voûte à cintre plein, surbaissé* ou outrepassé*: *clef de voûte*. Dans les voûtes* en berceau*, la clef est la rangée de pierres qui forme le faîtage de l'intrados*.

-La ***clef pendante*** est une clef de voûte qui comporte une partie en saillie sous l'intrados ; souvent, elle est ouvragée et ornée de blasons, de têtes de personnages ou d'amortissements* divers (V.ill).

-La ***clef à crossettes*** est celle qui, au centre d'un arc, a deux décrochements latéraux formant un T dont les branches correspondent à un des lits assisés des pierres du mur (V.ill).

2/CHARP.-MENUIS.: pièce de bois amovible, souvent biseautée, de section carrée ou rectangulaire, qui bloque un assemblage à tenon (V.ill), un trait* de Jupiter, etc.

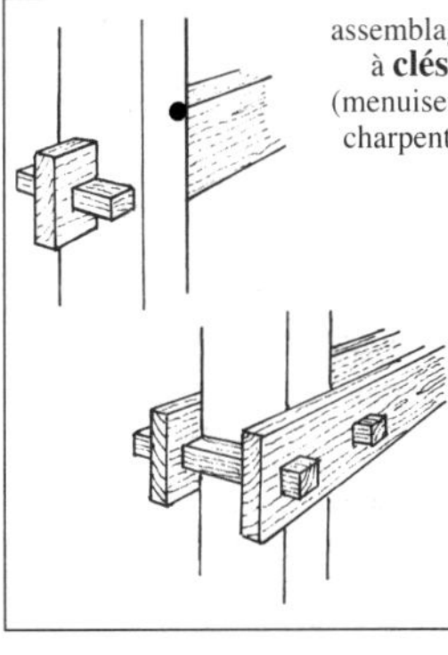

assemblages à **clés** (menuiserie, charpente)

3/FUMIST.: poignée de manoeuvre d'un registre* de réglage du tirage dans un conduit de fumée.

4/MAÇONN.: mortier ou béton de solidarisation de panneaux préfabriqués, coulé en place entre ces panneaux. Cet assemblage, armé ou non, est le *clavetage** de panneaux juxtaposés, pratiqué en particulier sur des éléments de planchers, avant le coulage d'une dalle de compression.

5/OUTILL.: désigne divers outils de serrage et de rotation d'éléments cylindriques ou à pans (V.ill. page précédente).

6/SERRUR.: pièce amovible avec laquelle on fait fonctionner le mécanisme d'une serrure*. Il en existe de nombreuses sortes, dont quelques-unes sont illustrées ci-dessous.

clés
(serrurerie)

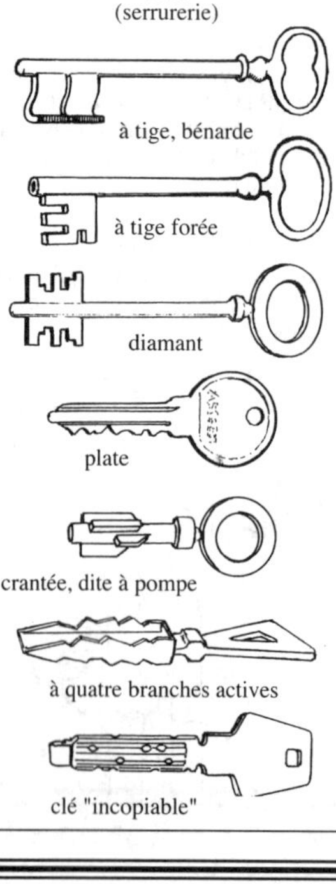

CLENCHE n.f. (parfois ***Clinche***)
Petit levier méplat qui pivote autour de l'axe d'un loquet*, pour s'engager dans un mentonnet* solidaire du bâti dormant. Par déformation, désigne parfois la béquille* de porte.

CLERESTORY n.m.
Paroi latérale d'une nef d'église, garnie de baies vitrées, et située au-dessus du triforium et des tribunes.
Syn.: *claire-voie, clair-étage*.

CLICQUART n.m.
Pierre calcaire dure à grain, contenant des débris coquillers*; on dit aussi ***liais* clicquart***.
Cette pierre compacte et homogène se prête bien à la sculpture.

CLIMATIQUE adj.
V. Zones* climatiques.

CLIMATISATION n.f.
Ensemble des techniques visant à établir dans les locaux une ambiance de confort thermique et hygroscopique, ou des conditions particulières nécessitées par la destination du local : informatique, laboratoire...

L'***armoire de climatisation***, aussi dite *conditionneur autonome*, est un appareil indépendant, carrossé (son volume rappelle celui d'une armoire, d'où le nom). L'appareil comporte un groupe frigorifique à compresseur et un condenseur à eau.
Certains modèles permettent la récupération de la chaleur de l'eau du condenseur pour une utilisation en chauffage d'appoint.

CLIMATISEUR n.m.
Appareil de conditionnement d'air à air pulsé, qui effectue la déshumidification et la réfrigération de l'air ambiant, et, pour certains modèles, son chauffage et sa purification par filtration. On distingue :

• les ***climatiseurs individuels***, petits appareils autonomes monoblocs ou en deux unités (dits *bi-blocs* ou *split*). Leur groupe frigorifique incorporé est refroidi par l'air atmosphérique.

Ils rafraîchissent l'air du local, le déshumidifient, et peuvent assurer le chauffage, soit par résistances électriques, soit par inversion du cycle frigorifique (modèles réversibles en pompe* à chaleur air/air).
Ces appareils sont souvent à prise d'air extérieure, et installés en traversée de paroi murale, ou par encastrement dans une allège de baie (*climatiseurs de fenêtre*).
Les fabricants offrent une large gamme de puissances frigorifiques de 1 500 à 7 500 W, pour des débits d'air qui s'étagent entre 300 et 1 200 m³/h.

• les ***climatiseurs collectifs***, dits centrales de climatisation. Plus puissants (10 000 à 70 000 W), ces groupes monoblocs ou bi-blocs servent à alimenter en air conditionné un ensemble de locaux : hôtel, bureaux, locaux commerciaux...
Certains modèles sont réversibles en pompe à chaleur air/air.

• les ***climatiseurs à évaporation***, adaptés aux climats où l'air est à la fois chaud et sec.
Ils fonctionnent sans groupe frigorifique : l'air extérieur est pulsé dans un caisson à réserve d'eau, garni de panneaux humidificateurs en fibre, dans lequel l'évaporation de l'eau refroidit l'air et élève son humidité relative.

CLIN n.m.
A l'origine, dosse* de bois ou planche utilisée en bardage* mural.

Plus généralement, un ***clin***, ou un ***revêtement à clin*** désigne tout type de bardage horizontal dont chaque élément vient en recouvrement de l'élément inférieur, pour assurer l'étanchéité à la pluie.

CLINKER n.m.
Petites boulettes dures de silicate, ou *nodules*, résultant de la cuisson du mélange d'argile et de calcaire.
Le ciment* est obtenu par broyage et blutage* du clinker, et addition éventuelle d'ajouts (gypse, laitier, cendres volantes, pouzzolanes).

CLINKÉRISATION n.f.
Réaction suivant laquelle les aluminates, portés à 1 550°C, fondent et se combinent à la silice et à la chaux pour former les silicates qui sortent des fours sous forme de clinker.

CLIP n.m.
Petite pièce de fixation à ergot(s) ou à ressort(s) latéraux, qui permet les agrafages et assemblages d'éléments par simple pression (par *encliquetage* ou *clipsage*). Les clips peuvent prendre des formes diverses.

CLIPER ou **CLIPSER** v.tr. Fixer à l'aide de clips. Syn.: *encliqueter*.

CLIQUET n.m.
Petit levier basculant qui s'engage dans les dents d'une roue à rochet* pour former une butée antiretour, ou interdire la rotation dans un sens.

CLIVAGE n.m.
Rupture d'un minéral fissile*suivant son plan de cassure naturel le plus favorable (dit *plan de clivage*).
Le clivage de certains minéraux (ardoise, mica) peut se faire en feuillets minces, ou *clivures*.

CLIVER v.tr.
Fendre un minéral par clivage.

CLOCHE n.f.
A côté de son sens classique d'émetteur sonore par percussion, à forte résonance, ce mot signifie :

1/ARCHIT.: chapiteau* dont la forme évoque celle d'une cloche renversée. Syn.: *campane*, *corbeille*.

2/CHAUFF.: partie haute d'un calorifère*, au-dessus de son foyer.

-***Cloche de fontis*** (TERRASS.) : vide créé par suite d'éboulements de galeries (V. à Fontis).
-***Scie-cloche*** : V. Scie.

CLOCHER n.m.
Construction élevée qui abrite les cloches d'une église, dans une *chambre des cloches*, composée d'une cage de charpente, ou *beffroi**, et souvent surmontée d'une flèche*.

Il existe de nombreux types de clochers, parmi lesquels :

-le ***clocher à gâbles*** qui, sur une base carrée, a un plan octogonal. Souvent, il est flanqué de quatre clochetons*, ou *lanternons*.

• le ***clocher-mur***, qui est un mur percé de petites baies dans lesquelles sont placées les cloches ; si ces baies sont alignées, on parle aussi de *clocher-peigne*, ou de *panelle*.

• le ***clocher rhénan***, ou *rhomboïdal**, est un clocher à base carrée dont chaque face se termine en pointe de pignon ; les arêtes de sa flèche* pyramidale effilée partent de ces pointes de pignon.

CLOCHETON n.m.
Édicule ou tourelle en forme de clocher, en amortissement* de toit, d'un contrefort, ou flanquant un clocher dans un but d'ornement. Il ne contient jamais de cloches.

CLOCHETTES n.f.pl.
Petit motif d'ornement répétitif de moulures. Syn.: *goutte**.

CLOISON n.f.
1/SERRUR.: désigne chaque paroi latérale du coffre d'une serrure*.
2/MAÇONN.-PLÂTR.: toute paroi verticale de distribution* des locaux et de séparation entre les volumes intérieurs d'un bâtiment (à l'exception des murs de refend*).
La distinction avec le mur est essentielle : un *mur* est porteur, une cloison ne l'est pas.

La ***cloison séparative*** est celle qui sépare deux logements contigus, ou un logement et une circulation commune ; sa conception doit satisfaire à des exigences d'épaisseur et d'isolation acoustique.
On distingue trois grandes catégories de cloisons :

• les ***cloisons pleines*** (pan de bois, galandage*, blocs ou briques, carreaux de plâtre, béton cellulaire),

• les ***cloisons sèches***, en général à double peau, scellées et fixes,

• les ***cloisons mobiles*** (amovibles, repliables, extensibles, etc.).
Toute cloison est définie par son constituant principal, son épaisseur, et son *élancement**.
a/ Les cloisons pleines.
On les classe en quatre catégories :

• Cloison ***à pan* de bois*** : technique ancienne consistant à construire un bâti de bois périphérique, en général entretoisé à mi-hauteur, à faire un remplissage en brique, parpaing de mâchefer, ou plâtras pris entre deux lattis, puis à enduire les deux faces.

• Cloison ***en éléments manufacturés à enduire*** : briques* (pleines, creuses ou plâtrières), blocs* minces de béton de granulats, carreaux de mâchefer aggloméré. Cette technique classique, dite *galandage*, consiste à monter les cloisons avec des éléments en général peu épais, hourdis sur chant. Pour tous détails, se reporter au *DTU 20.1*, ainsi qu'aux *DTU 25-1 (pour enduits au plâtre) et 26.1 (enduits de ciment)*.
Pour les saignées à pratiquer dans les cloisons pour l'encastrement de canalisations, voir le *DTU n°70.1*.

• Cloison ***en carreaux* de plâtre*** : c'est aujourd'hui la plus courante des cloisons maçonnées ; les carreaux, normalisés, ont des dimensions standardisées (660 x 500 mm, dit "3 au m^2", pour des épaisseurs de 50, 60, 70) ; ou 660 x 38 mm "4 au m^2" pour 100 mm) ; ils sont pleins ou alvéolaires (avec perforations tubulaires verticales, vides ou garnies d'isolant.

Ce type de cloisons offre un montage facile et rapide, avec un mortier-colle à base de plâtre. Pour parer aux désordres dus à la mise en compression des cloisons, on doit les construire sur une semelle basse, chevron de bois ou bande résiliente (fibre de bois, liège...) imprégnée de bitume. Leur jonction avec le plafond est faite par bourrage au mortier-colle additionné de plâtre.
Dans les cloisons de plus de 5 m de long sans angles harpés*, des potelets raidisseurs doivent être prévus (selon hauteur et épaisseur de la cloison).

• Cloison pleine ***en éléments de hauteur d'étage***, composée de panneaux généralement en plâtre, en béton cellulaire autoclavé, en brique creuse ou encore en panneaux de fibragglos*, à enduire : cette technique est surtout adaptée aux gros chantiers pour des cloisonnements répétitifs.

b/ Les cloisons sèches.

Elles font appel à des techniques variées selon les fonctions à privilégier.
Elles sont faites de panneaux composites de hauteur d'étage, avec une âme en matériau homogène ou alvéolaire, entre deux parements plans (plaques de plâtre, contreplaqué, ou plaques à parement lamifié, feuilles de métal laqué ou anodisé).
L'âme* est soit homogène, en mousse expansée rigide ou semi-rigide, soit alvéolaire, en carton ou papier kraft en *réseau* quadrillé.
L'alignement se fait par incorporation de cales de bois (dites *taquets* ou *clavettes* de jonction), au droit des joints (V.ill).
L'utilisation en locaux humides implique des particularités de mise en oeuvre : semelles et profilés plastiques, solin en mortier, ou relevé sur la cloison d'un film de polyéthylène, ou d'un feutre* bitumé mince.

c/ Les cloisons dites "mobiles".

Elles permettent de modifier plus ou moins facilement la configuration des locaux.
Leurs qualités d'isolation acoustiques sont d'autant plus médiocres qu'elles sont minces, légères et facilement manipulables.

CLOISONS

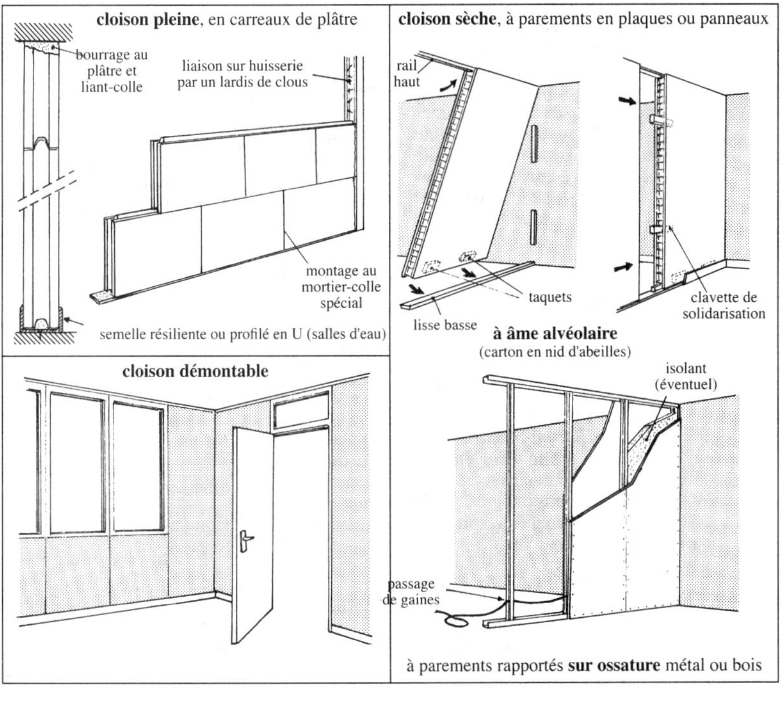

- ***Cloison mobile*** : en panneaux articulés, repliables ou coulissants, permettant, dans une structure donnée, la séparation ou la réunification très rapide de deux locaux contigus.

-***Cloison amovible*** : cloison permettant, lors de modifications ultérieures, une élimination sans détériorer l'environnement, et le réemploi des panneaux.

-***Cloison démontable*** : en panneaux composites dont l'assemblage permet un démontage éventuel avec un outillage simple, sans détériorations.

-***Cloison extensible*** : cloison de type *accordéon*, qui s'efface par repliage alterné de panneaux assemblés par des charnières ou des bandes de jonction souples.

d/ Autres types de cloisons.
• ***Cloison de doublage***, ou ***contre-cloison*** : ce n'est pas une cloison à proprement parler, mais une paroi rapportée contre -ou à quelques cm- de la face intérieure d'un mur de maçonnerie porteuse, ou d'une cloison séparative ; elle est constituée soit comme une cloison pleine mince (briques* plâtrières ou carreaux* de plâtre de 5 cm), soit sous forme d'un complexe* de doublage isolant (du type Calibel, Placomur).
Elle est solidarisée avec le mur en maçonnerie soit par vissage sur une ossature de tasseaux de bois ou de rails métalliques, soit par collage par plots ou boudins avec un mortier-colle spécial, soit liée de place en place par des agrafes scellées.
•***Cloison-placard*** : cloison modulaire préfabriquée, démontable ou non, comportant sur une ou deux faces des placards intégrés, vestiaires, etc.
Elle concerne surtout les bureaux et locaux scolaires.

CLOISONNAGE n.m.
Autrefois, cloison en pan de bois rempli de plâtras légers pris entre deux lattis de bois, revêtus de plâtre. Aujourd'hui, syn. de *cloisonnement*.

CLOISONNEMENT n.m.
Construction des parois verticales dites *de distribution*, délimitant les locaux à l'intérieur d'un logement ou d'un bâtiment.
Le ***cloisonnement de sécurité*** est la division d'un bâtiment en compartiments*, ensembles de locaux isolés des autres par des parois coupe-feu.

CLOISONNER v.tr.
Diviser un volume par des cloisons.

CLOISONNETTE n.f.
Paroi séparative légère d'env. 2 m de haut, utilisée surtout pour compartimenter les bureaux paysagers*, ateliers, salles d'hôpitaux, etc.

CLOÎTRE n.m.
Espace clos, cour carrée ou rectangulaire, dont la périphérie est une galerie couverte. ***Construction en cloître*** : ensemble de bâtiments édifiés autour d'une cour fermée.

CLOQUAGE n.m.
Décollement d'une peinture ou d'un enduit sous forme de boursouflures disséminées.
Il révèle souvent la présence d'humidité dans la maçonnerie : lorsque l'eau, se transformant en vapeur, rencontre l'obstacle d'un revêtement étanche, elle le repousse en brisant ses points de moindre adhérence.

CLOS adj. et n.m.
Fermé, à l'abri des intempéries, des intrusions de personnes, etc.

-***le clos et le couvert*** : l'expression résume la protection des bâtiments contre les intempéries (gros-oeuvre, couverture, fermetures).

CLOSOIR ou parfois ***Clausoir*** n.m.
1/ARCHIT.: dans un arc, une voûte ou une assise* de pierres, c'est la pierre placée en dernier lieu. Pour les voûtes, on parle plutôt de *clef de voûte*.

2/COUVERT.: élément préfabriqué d'obturation et de compensation des reliefs ou des ondes d'une couverture, à ses extrémités haute et basse, formant liaison avec des éléments de relief

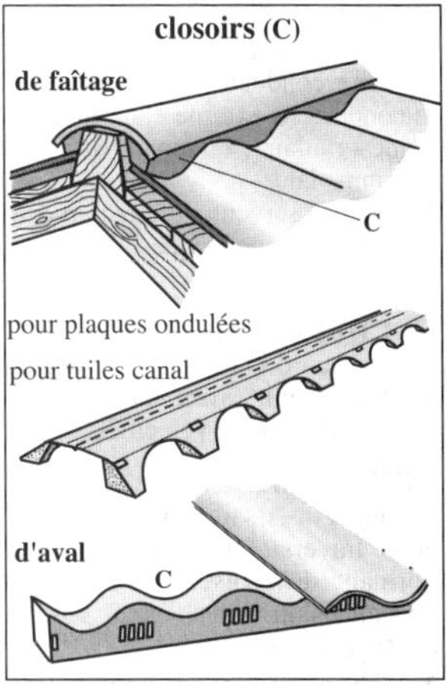

distinct tels que les faîtages (V.ill). On utilise de plus en plus des ***closoirs ventilés*** : leurs orifices favorisent le mouvement d'air en sous-face du matériau de couverture.

CLÔTURE n.f.
Tout type de construction : muret, grille, assemblage de panneaux, lisses* entre poteaux..., ou alignement de végétaux, qui marque les limites (l'enceinte) d'un terrain.

- ***Hauteur des murs de clôture*** : limitée à 2,60 m dans les communes de moins de 50.000 hab., et à 3,60 m dans les villes plus importantes.

- ***Clôture et mitoyenneté****: V. le Code Civil et le Code de l'Urbanisme.

- ***Clôture des chantiers*** : dans les agglomérations, leur clôture et leur signalisation, font l'objet de règles.

CLÔTURER v.tr.
Fermer, clore un terrain, construire un ouvrage de clôture pour interdire l'accès à un bien fonds.

CLOU n.m.
1/ Toute pointe* de métal à enfoncer par percussion : les clous sont de nombreuses sortes, dont quelques-unes sont reproduites ci-contre.

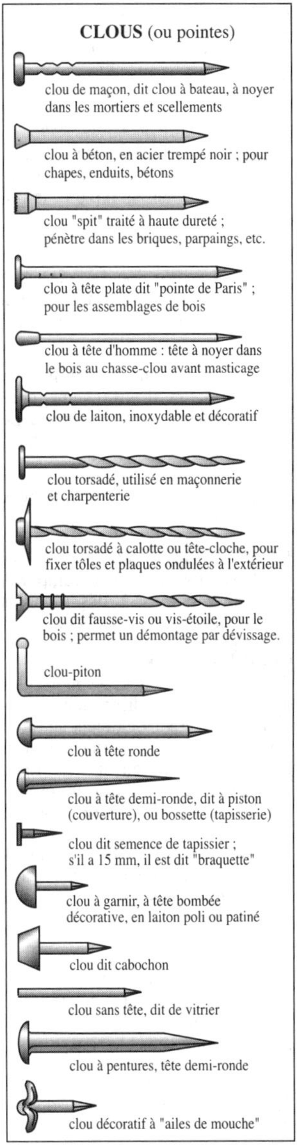

La mesure des clous s'exprimait autrefois en poids, soit avec un numéro de la jauge* de Paris, soit, de nos jours, en longueur et diamètre.

2/ ***Tête de clou*** : motif en bas-relief sculpté, en forme de petite rosace.

3/ Dans la pierre ou le marbre, noeud* ou *rognon** de matière étrangère très dure qui gène la taille et le polissage.

CLOUAGE n.m.
Fixation avec des clous (tandis que le ***cloutage*** désigne, en ameublement, une garniture décorative de clous).

CLOUEUSE n.f.
Machine pneumatique portative de distribution et d'enfoncement de clous en bande, sur le principe de l'agrafeuse.

CLOZOT n.m.
Brique pleine de section carrée (6 x 6 x 22 cm).

COAGULATION n.f.
Agglomération en masse compacte, mais microporeuse*, des globules d'élastomères* en dispersion.

COALESCENCE n.f.
Phénomène par lequel les molécules des émulsions* et dispersions* thermoplastiques* s'assemblent au fur et à mesure de l'évaporation de l'eau de leur liant : se trouvant peu à peu au contact les unes des autres, les molécules fusionnent ou se "soudent" en un film continu.
Le durcissement des colles et peintures vinyliques et acryliques, et des enduits de parement plastiques, se fait par coalescence.

COALTAR n.m.
Goudron provenant de la distillation de la houille, plus fluide que le brai*. Imperméabilise les chapes* de voûtes, les soubassements et le bois.

COALTARER v.tr.
Traiter par imprégnation ou badigeon de coaltar.

COAXIAL adj.
Qualifie un câble* qui est composé de deux conducteurs concentriques, le conducteur externe étant tressé en gaine tubulaire, et séparé de l'autre par un isolant.
Ces câbles servent au transport d'informations électroniques à fréquence élevée.

COCHÈRE adj.f.
Qualifie une porte d'entrée de bâtiment ou d'immeuble, assez large et haute pour le passage de véhicules.

COCHONNET n.m.
1/ Languette en saillie sur les montants et la traverse supérieure d'un bâti dormant de croisée*. L'enduit du tableau et du linteau vient s'arrêter contre cette languette.

2/ Petit calibre* servant à traîner les moulures.

CODE DE LA CONSTRUCTION ET DE L'HABITATION (CCH)
Recueil, en France, de l'ensemble des lois et règlements, et décisions de jurisprudence concernant :

- les travaux de construction sous leurs aspects *juridiques* (responsabilités, assurances obligatoires), sous certains aspects *techniques* (caractéristiques thermiques, isolation phonique, règles prises au profit des personnes handicapées, ravalement), de *sécurité* (protection contre les incendies, cas des ERP et IGH), *sanitaires* (ventilation), *financiers* (répartition des frais de chauffage).
- les statuts et règles particulières aux statuts des sociétés de construction, à la promotion immobilière, et aux contrats de construction.
- les aides financières attribuées par l'État pour la construction et l'amélioration de l'habitat.
- les règles particulières aux organismes d'HLM.
- les règles concernant les bâtiments menaçant ruine ou insalubres.
- les mesures visant à remédier aux difficultés de logement.

CODE DE L'URBANISME (CU)
Recueil de l'ensemble des lois et règlements, et décisions de jurisprudence concernant :
• les règles générales d'aménagement et d'urbanisme : utilisation des sols (PLD, prévisions et schémas d'aménagement, POS...) ;
• les règles de préemption et de réserve foncière (zones d'intervention et d'aménagement) ;
• les règles générales de l'aménagement foncier, pour l'aménagement concerté (ZAC), rénovation, urbanisation, lotissements, organismes et modalités d'exécution...
• les règles relatives à la construction et au mode d'utilisation des sols : certificats d'urbanisme, permis de construire, permis de démolir, clôtures, etc.
• les règles d'implantation de services, établissements et entreprises.
• les organismes consultatifs.

COEFFICIENT n.m.
Pourcentage, ou valeur relative qui concerne une donnée ou une caractéristique (V. aussi Indice, Module, Taux). Voici les principaux coefficients utilisés dans le bâtiment, regroupés par sujets :

Acoustique :
• coefficient d'absorption acoustique, coefficient α dit de SABINE*: rapport de l'énergie acoustique absorbée à l'énergie incidente :

$$\alpha_{SAB} = W_a / W_i$$

• coefficient de correction acoustique : désigne parfois l'indice d'isolement acoustique* (V. à ce mot).

Matériaux :
• coefficients d'absorption d'eau, d'élasticité, de flexion, de retrait, etc. : V. ces mots. Le *coefficient de frottement** est le rapport entre la force tangentielle (poussée, traction, cisaillement, etc.) nécessaire pour déplacer un élément contre un autre et la force (charge, pression, etc.) qui rapproche ces deux éléments l'un contre l'autre.

Thermique :
• coefficients de besoins* de chauffage (anciens B et BV), de conductivité* thermique (λ), à Isolation ; coefficient de couverture* solaire (F) ; anciens coefficients volumiques de déperditions* thermiques (anciens G, pour habitations -et G_1 pour autres bâtiments) ; anciens coefficients de transmission surfacique (K), linéique (K_l) et global (Kg) ; coefficient de résistance thermique des parois (R) ; coefficient de performance (COP) des pompes* à chaleur.
Voir au mot Thermique les **coefficients de la Réglementation Thermique 2000/2005**.

Urbanisme :
• coefficient d'*occupation des sols* (COS) : rapport entre la surface* hors oeuvre nette d'une construction et la surface du terrain sur lequel est édifiée cette construction. Le nombre exprimant le COS, par ex. 0.3 (30%) indique le maximum autorisé dans une commune ou un secteur du Plan* Local d'Urbanisme (PLU).

Travaux publics :
Voir le DICO-TP (même éditeur).

COEUR n.m.
1/ Partie centrale du bois : V. ce mot.
2/ Paroi verticale formant le fond d'une cheminée*, les parois latérales étant les *contrecoeurs*.

COFFINE ou **COFINE** adj. ou n.f.
Ardoise ou tuile dont l'axe transversal est cintré en saillie (V.ill) : les coffines servent à la couverture des dômes et toitures coniques (les éléments cintrés en creux, pour les noues*, sont les *gambardières**).

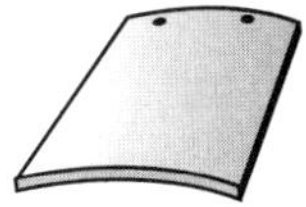
tuile cintrée dite **coffine**

COFFRAGE n.m.
1/ Moule provisoire préparé pour couler le béton d'un ouvrage, puis retiré après sa prise et son durcissement.
Il peut être constitué de planches, de feuilles de contre-plaqué ou de tôles, maintenues par des chevalements* d'étais, des contreforts, des entretoises, des raidisseurs, etc., établis de façon

à supporter le poids ou la pression du béton sans déformation.
Dans le cas du béton armé, des espaceurs* ou distanceurs* maintiennent l'espacement indispensable entre les armatures et la *peau** du coffrage.

• ***Coffrage grimpant*** : il permet de réaliser des ouvrages en hauteur (noyau central d'immeuble, château d'eau, phare...) sans démonter les coffrages, en les déplaçant vers le haut après chaque coulée de béton.

• ***Coffrage glissant*** : variante du précédent, il consiste à déplacer la banche à vitesse lente mais constante, à l'aide de vérins ; ce procédé n'est valable que pour des voiles de béton répétitifs de grande hauteur.

• ***Coffrage tunnel*** : équipement qui permet de couler en une fois, sans reprise, les murs et les planchers supérieurs d'un ensemble à structure cellulaire répétitive.

• ***Coffrage industriel*** : ensemble composé d'une banche métallique et de ses contreforts raidisseurs métalliques. Pour les parois verticales, ces coffrages sont munis de vérins de réglage à leur base et, souvent, d'une passerelle de service à leur sommet.
Ces coffrages, juxtaposables suivant les besoins, sont manipulés à la grue.

• ***Coffrage perdu*** : élément coffrant destiné à rester en place après le coulage du béton.
Il fait partie intégrante de l'ouvrage, dont il forme souvent le parement et/ou l'isolant thermique. Désigne aussi les coffrages non réutilisables, tels que les tubes de cartons servant à coffrer les poteaux de béton cylindriques.

• ***Coffrage travelling*** : coffrage glissant (V. ci-dessus) conçu pour les ouvrages horizontaux longs.

• ***Coffrage à cadre*** réglable : coffrage à quatre banches orthogonales conçu pour coffrer rapidement les poteaux de plan rectangulaire.
• Divers coffrages ont des applications particulières : coffrages chauffants, coffrages courbes, coffrages pour gaines, coffrages gonflables, coffrages vibrants, coffrages spécifiques pour canalisations, caniveaux, égouts, regards, etc.

• ***Table coffrante*** : panneau de coffrage horizontal, mobile sur pieds supports à roulettes, réglables en hauteur et escamotables.
Les tables coffrantes sont en général extensibles en largeur par addition de *fourrures* latérales.

2/ Habillage rigide construit autour de gaines*, chutes* et canalisations pour les masquer à la vue, les protéger, et enfermer leur isolation thermique ou phonique. Un tel coffrage doit toujours être soit démontable, soit muni de trappes de visite.

COFFRE n.m.
1/ Ouvrage en maçonnerie ou en plâtre qui, formant saillie sur un mur intérieur, rassemble un ou plusieurs conduits de fumée ; il peut être droit, ou à pan coupé.

2/ Parties d'une cheminée* entre les jambages et les contrecoeurs.

3/ Boîtier qui contient le mécanisme d'une serrure*.

4/ Partie d'un châssis* de tabatière qui compose sa surélévation au-dessus du plan de la toiture.

5/ Volume dans lequel un volet* roulant s'enroule autour de son axe.

COFFRER v.tr. ou v.i.
1/v.tr. Construire un coffrage* en vue de couler du béton.

2/v.tr. Construire un habillage pour masquer des tuyaux, des volets, etc.

3/v.i. S'agissant d'un enduit, c'est se décoller en larges plaques ou cloques (se dit dans l'Est de la France).

COFFREUR n.m.
Spécialiste de la confection des coffrages pour béton ; le métier se cumule en général avec celui de boiseur : *coffeur-boiseur*.

COFFRET n.m.
Boîtier de raccordement du réseau d'alimentation de gaz ou d'électricité à l'installation d'un usager.
On distingue :

-le ***coffret de distribution***, ou *coffret de comptage*, de plus en plus souvent encastré dans la façade ou le muret de clôture sur la voie publique ; ce type de coffret, normalisé, permet aux préposés chargés de relever les compteurs un accès direct.

-le ***coffret de branchement*** intérieur, qui comporte le coupe-circuit principal, le compteur (s'il n'est pas extérieur), et le relais éventuel "heures creuses". Dans un immeuble, chaque logement a son coffret de comptage, associé à un disjoncteur général.

COGNÉE n.f.
Hache à long manche et à fer droit, utilisée autrefois pour dégrossir et équarrir les pièces de charpente.

COHÉRENT
(ou parfois ***Cohésif***) adj.
Qui concerne la cohésion interne des matériaux. Difficile à désagréger.
Qui reste intègre sous l'action des contraintes mécaniques ou physico-chimiques : *rupture* cohésive* (rupture dans l'épaisseur d'un matériau, par perte de cohésion).

COHÉSION n.f.
Affinité interne mutuelle des molécules ou des constituants d'un élément, sans laquelle cet élément se désagrégerait et tomberait en poussière, par *décohésion*. Aptitude d'un corps à conserver sa structure physique.

COIN n.m.
1/ Pièce de bois ou de métal en sifflet* que l'on entre en force pour bloquer un assemblage ou des étais (syn.: *détente**), ou maintenir l'écartement d'un trait de scie (syn.: *bondieu**).

2/ Plaquette de bois biseautée qui sert à bloquer les fers dans la lumière* des outils à fût (rabots, varlopes, bouvets...).

COL n.m.
Partie étranglée du haut d'un balustre*, entre la panse* et le chapiteau.
-***Col-de-cygne*** : se dit d'une pièce courbe dont la forme rappelle le cou du cygne : base d'un barreau de rampe, poignée de porte, robinet d'évier, porte-manteau mural, etc.

COLARIN n.m.
Frise ou listel qui ceinture les chapiteaux dorique* et toscan*, sous l'ove*.
Syn.: *ceinture*, *gorgerin*, *orle*.

COLCOTAR n.m.
Oxyde de fer obtenu par calcination du sulfate de fer ; il est broyé en poudre pour les polissages, en miroiterie.
Syn.: *rouge d'Angleterre*.

COLCRETE n.m.
Béton de gros granulats, réalisé par injection d'un mortier colloïdal* fluide, dit *colgrout,* dans une accumulation de granulats en vrac.
Syn.: *béton prepakt*.

COLGROUT n.m.
Suspension colloïdale* de ciment et d'eau ; additionnée de sable fin, cette suspension thixotropique* est transportée sous pression dans des tuyaux, pour réaliser le béton *colcrete*, par injection dans des masses graveleuses dont elle remplit tous les interstices.

COLIMAÇON n.m.
1/ Volute qui termine le bas d'une rampe, et qui porte souvent une boule* en amortissement*.

2/ Est *en colimaçon* un escalier* de plan circulaire, en *pas de vis*, porté par un noyau central. Syn.: *limaçon*.

COLLABORANT adj.
V. Plancher, Dalle.

COLLAGE n.m.
1/ Assemblage de deux éléments par interposition d'un troisième, la colle, qui présente une affinité adhésive avec chacun des deux.
Outre le choix judicieux de la colle, de nombreux facteurs déterminent la qualité d'un collage :

-la ***propreté*** des faces à assembler ;

-la qualité de l'***encollage**** ou du ***mouillage***, étalement uniforme et suffisant de la colle sur les surfaces ;

-la ***porosité***, nécessaire pour de nombreuses colles, des éléments à assembler, ou de l'un des deux ;

-la ***température*** et la ***siccité**** des éléments à coller ;

-le respect des ***temps de gommage**** et des ***temps* ouverts*** éventuels ;

-la ***pression*** exercée pendant le durcissement, ou le ***marouflage**** dans le cas des revêtements.

Le **plan de collage** désigne l'interface*, ou *plan d'adhérence* entre deux éléments collés.

2/ Reprise, sans raccord apparent, entre une construction et son agrandissement, ou la liaison discrète entre deux styles juxtaposés.

COLLAPSE n.m.
Délaminage* interne du bois, suite à un séchage artificiel trop rapide.

COLLE n.f.
1/ Matière liquide, visqueuse ou pâteuse interposée entre deux éléments, pour les assembler.
Une colle est définie :
- soit par la résine qui constitue son composant actif de base : colle acrylique, époxyde, néoprène...
- soit par ses emplois spécifiques : colle à carrelage, colle à bois...
- soit par ses modes d'utilisation : colle de contact, colle à chaud...
- soit par la nature de son solvant : dispersion*, émulsion*, solution*, etc.; ou colle *sans solvant*.
- soit par une caractéristique physique particulière : colle pelable*, colle ingélive, colle rapide...
Une colle est caractérisée par sa *viscosité**, sa *densité*, son *extrait* sec*, sa *thixotropie**, son *temps ouvert** (durée, après encollage, pendant laquelle on peut assembler), son *temps de gommage** (délai à respecter entre l'encollage et l'assemblage), son *tack** (force d'adhérence initiale, ou *pouvoir piégeant*), son mode de *durcissement* (séchage, étuvage, coalescence*, réticulation*, polyaddition...), sa *vie en pot* (ou *pot-life*, durée d'utilisation de la colle lorsqu'elle est préparée : cas du mélange de deux composants), ses résistances au pelage, à l'arrachement, à la chaleur, à l'humidité, etc.
Une colle est aussi caractérisée par ses performances adhésives, exprimées par les essais de *résistance à l'arrachement**, *résistance au cisaillement** et *résistance au pelage**.

Les **principales familles de colles**, selon leur composant actif, sont :

• les colles à base de matières ***naturelles*** d'origine *végétale* (colles cellulosiques et amylacées*, gommes naturelles, glu, poix, sucs divers) ou *animale* (albumine, caséine, gélatines de poisson, d'os ou de peaux). Le développement des résines de synthèse a fait tomber en désuétude la plupart de ces colles.

• les colles à base de résines* de synthèse ***thermoplastiques****: acétates de polyvinyle, acrylates, méthacrylates (et leurs copolymères) ; éthers polyvinyliques ; polystyrènes et polychlorures de vinyle (et leurs copolymères) ; polyamides.

• les colles à base de résines* synthétiques ***thermodurcissables****: époxydes*, polyuréthanes*, polyesters*, aminoplastes* (urée-formol, mélamine-formol), phénoplastes (résorcine-formol), isocyanates.

• les colles de contact à base d'***élastomères****: solutions de caoutchouc de synthèse ou polychloroprène* (dit néoprène).

2/ En langage de chantier, ***la colle*** désigne tout mortier de ciment ou de plâtre pour hourdages, jointoiements, enduits, renformis, etc.

-***Peinture à la colle*** : syn. de *détrempe**. V. aussi Mortier-colle.

COLLECTEUR n.m.
1/PLOMB.: portion de tuyau portant des embranchements de départ de canalisations ; syn.: *nourrice**.

Tuyau en pente douce d'évacuation d'eaux usées ou pluviales, où débouchent des descentes ou chutes*.

2/V.R.D.: canalisation enterrée, ponctuée de regards de visite et de dégorgement, qui conduit les eaux usées et effluents vers les égouts*.

COLLERETTE n.f.
1/COUVERT.: large bague de zinc ou de plomb, serrée sur le conduit de ventilation qui émerge d'une toiture, et recouvrant la douille* d'alaise* pour en assurer l'étanchéité.

2/PLOMB.: bague ou rétrécissement à l'intérieur d'un raccord ou d'un manchon, servant de butée au tuyau qui pénètre cet élément.

COLLET n.m.
1/MENUIS.-CHARP.: extrémité étroite d'une marche* dansante*.

2/OUTILL.: partie rétrécie d'un outil tel qu'un ciseau, entre la lame et l'embase qui porte la soie*.

3/PLOMB.: façon donnée à l'extrémité d'un tuyau pour sa jonction par compression avec un raccord à écrou.

Le ***collet battu*** est un évasement au mandrin, jusqu'à obtention d'une sorte de rondelle perpendiculaire à l'axe du tuyau (V.ill).

Le raccord à ***collet repoussé*** est fait d'un simple évasement conique ; sa compression par serrage d'un embout conique assure l'étanchéité.

COLLIER n.m.
1/ARCHIT.: rang de perles* ou d'olives* ornant l'astragale* d'une corniche* ou d'un chapiteau*.

2/PLOMB.: bande en métal méplat qui ceinture un tuyau pour le maintenir le long d'une paroi.
Le collier est en général composé de deux demi-couronnes, dont l'une est scellée au mur et l'autre amovible ou pivotant sur une charnière (V.ill).
Certains colliers comportent une bague en élastomère, destinée à éviter la transmission des bruits* solidiens des tuyauteries vers la maçonnerie.
Les ***colliers coulissants*** sont ceux qui ne bloquent pas la pièce qu'ils maintiennent, de façon à permettre le libre jeu des dilatations.

COLLOÏDE n.m. et adj.
Corps dans lequel des particules solides diverses restent en suspension dans un liquide, du fait d'un équilibre appelé l'***état colloïdal***.
Les émulsions de résines, de bentonite*, de colgrout*, etc. sont des ***suspensions colloïdales***.

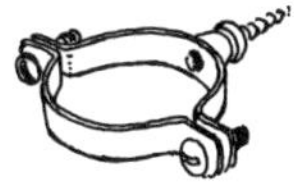

collier

COLLETS
battu et repoussé

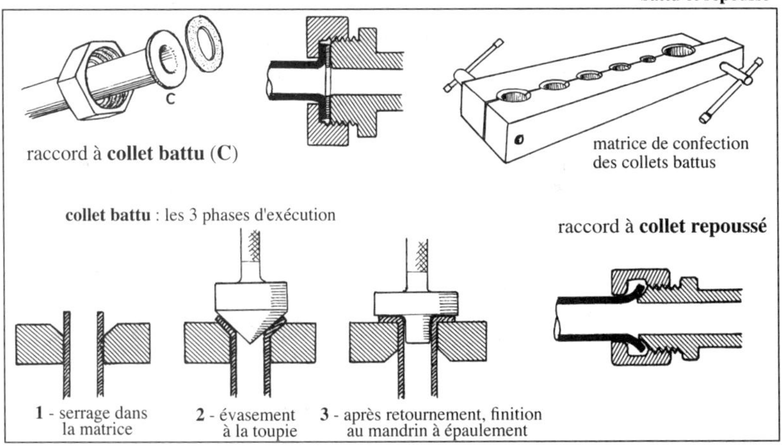

COLMATER v.tr.
Boucher, obturer une fissure, un trou, une fuite.

COLMATAGE n.m.
Rebouchage, obturation.
Le *colmatage d'un filtre* à air ou à eau est son encrassement et son obturation par les particules qu'il retient.

COLOMBAGE n.m.
Construction des murs porteurs associant plusieurs pans* de bois dont les ossatures restent apparentes et dont les vides font l'objet d'un remplissage* en plâtras, pisé*, torchis*, maçonnerie de brique, etc., avec ou sans enduit de parement.

COLOMBE n.f.
Poteau vertical d'un pan* de bois.

COLONNADE n.f.
Alignement droit ou circulaire de colonnes analogues.

COLONNAISON n.f.
Ordonnance des colonnes entre elles (proportions, espacement).
V. aussi Entrecolonnement.

COLONNE n.f.
1/ARCHIT.: support cylindrique isolé qui sert d'appui à un élément de couvrement : arc*, voûte*, plate-bande*, architrave* (le *pilier**, qui a les mêmes fonctions, a plutôt une section carrée).
La colonne caractérise les ordres* architecturaux.
Elle se compose d'une base*, d'un fût* et d'un chapiteau*.
Souvent, la **base** repose sur un piédestal*. Seule la colonne dorique n'a pas de base.

Le **fût** est soit monolithe* (d'un seul bloc), soit fait d'une pile de pierres appareillées*, solidarisées par des goujons. Il peut être lisse, cannelé, orné de bagues, bossages*...

Le **chapiteau*** est l'assiette de la construction soutenue par la colonne. Il compose la transition visuelle entre les lignes verticales de la colonne et les horizontales qu'il supporte.

Le 19e siècle a vu se développer les colonnes en fonte, et le 20e siècle celles en béton moulé.

-***Colonnes accouplées*** : colonnes juxtaposées ayant le même socle et le même tailloir*.

-***Colonne adossée*** : colonne légèrement engagée dans un mur.

-***Colonne d'appareil***, ou ***colonne en tambour*** : dont le fût est fait de pierres superposées.

-***Colonne cantonnée*** : haute et mince, dans l'angle rentrant d'un pilier, elle porte la retombée d'un ou plusieurs arcs (gothique et roman).

-***Colonne en délit*** : séparée d'un mur par un petit espace.

-***Colonne doublée*** : deux colonnes qui s'interpénètrent.

-***Colonne engagée*** : colonne dont une partie semble prise à l'intérieur du mur avec lequel elle fait corps.

-***Colonne fasciculée*** (***en faisceau***) : ensemble de colonnes juxtaposées de façon symétrique autour d'un pilier.

-***Colonne flanquée*** : colonne prise entre deux pilastres* engagés.

-***Colonne fuselée***, ou ***renflée*** : son fût est galbé en fuseau.

colonnes

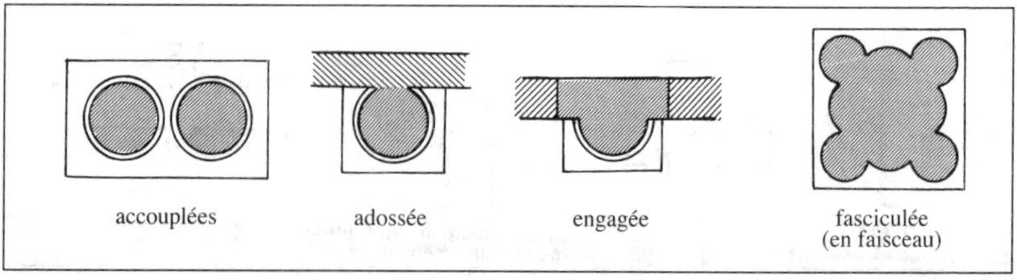

-***Colonnes gémellées*** : paire de colonnes jumelles, côte à côte.

-***Colonne nichée*** : colonne dans un renfoncement de mur.

2/ÉLECTR.: ligne d'allure verticale d'où partent les alimentations des différents étages d'un immeuble.

3/PLOMB.-CHAUFF.: chaque canalisation verticale de distribution, d'évacuation ou de retour des fluides :

-***Colonne de chute*** : canalisation d'allure verticale qui collecte les eaux ménagères ou les eaux-vannes des différents étages d'un bâtiment.

-***Colonne de lavabo*** : pilier en céramique, creux, non fermé à l'arrière, formant le support d'un lavabo.

-***Colonne montante*** : canalisation d'alimentation en gaz ou en eau qui, dans un immeuble, dessert plusieurs étages (eau de chauffage central, eaux sanitaires froide et chaude).

-***Colonne descendante*** : canalisation de retour vers la chaudière de l'eau refroidie du chauffage central.

-***Colonne sèche*** : canalisation verticale de fort diamètre à l'usage des sapeurs-pompiers. Vide en temps normal (d'où son nom), elle permet de fournir rapidement l'eau nécessaire en cas d'incendie. Elle est obligatoire dans les ERP*. Il s'agit d'un équipement normalisé, qui doit être installé en concertation avec les services de lutte contre l'incendie.

-***Colonne humide***, ou ***colonne en charge*** : analogue à la colonne sèche, elle reste par contre en permanence sous pression d'eau.
Elle est obligatoire dans les IGH*.

COLONNETTE n.f.
Colonne de faible diamètre, qui n'a souvent qu'un rôle d'ornement.

COLOPHANE n.f.
Résine obtenue par distillation de la résine (gemme) du pin, utilisée dans la fabrication de vernis, d'isolants électriques, de la bakélite*, et de l'essence de térébenthine.

COLORANT n.m.
Matière incorporée dans un élément pour lui donner la teinte souhaitée. Aujourd'hui, les colorants utilisés sont des pigments* minéraux (oxydes métalliques).

COLORIMÈTRE n.m.
Appareil normalisé d'analyse par spectrographie de la composition trichromatique (rouge, jaune et bleu) d'échantillons, et de mesure de la luminance respective des couleurs.

COLORIS n.m.
Nuance de couleur* discernable par l'oeil. Les noms des coloris donnés par les fabricants (peintures, enduits de parement, panneaux laqués, carrelages...) ne sont pas normalisés : pour choisir un coloris, on a recours à des *palettes** d'échantillons et à des cartes de nuances, ou *nuanciers*.

COLORISTE n.m.
Professionnel de l'étude des couleurs, et de la mise en couleur des bâtiments en harmonie avec l'environnement.

COLORISTIQUE n.f.
Science de la couleur, considérée comme une composante de l'environnement.

COLTINAGE n.m.
Manutention à bras ou à dos d'homme des matériaux.

COMBINAISON n.f.
Ensemble de caractéristiques propres à une serrure, grâce auxquelles elle ne peut être manoeuvrée par une autre clef que la sienne.

COMBINATEUR n.m.
Commutateur à positions multiples, servant à établir le courant dans différents circuits selon un ordre séquentiel ; syn.: *contacteur à étages*.

COMBINÉE n.f.
Machine à bois regroupant plusieurs opérations (scie à disque, dégauchisseuse, toupie, etc.) autour d'un même moteur d'entraînement.

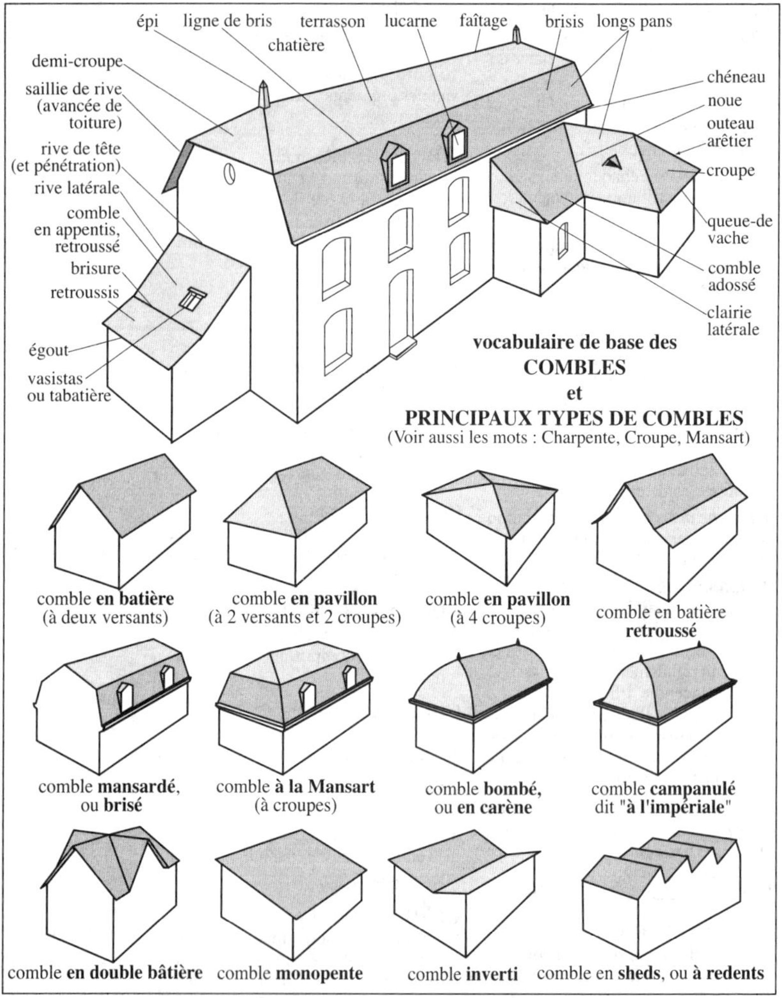

vocabulaire de base des COMBLES et PRINCIPAUX TYPES DE COMBLES
(Voir aussi les mots : Charpente, Croupe, Mansart)

COMBLANCHIEN n.m.
Pierre calcaire dure à grain fin, gris ocré clair tacheté de rose. Cette pierre marbrière, extraite en Bourgogne, sert surtout en dallage.

COMBLE n.m.
Superstructure d'un bâtiment, qui comprend la charpente et sa couverture. Par extension, volume compris entre le plancher haut et la toiture

d'un bâtiment ; étage supérieur d'un bâtiment, sous les toits.
Un comble peut être *à un versant* (à un pan) ; *à double versant* (à deux pans, ou *en bâtière*) ; à *trois versants* dont une *croupe** triangulaire, ou à *quatre versants* dont deux *croupes* (comble dit *en pavillon*). Dans le ***comble mansardé***, ou ***à la Mansart****, chaque versant a deux pans de pentes différentes : le pan inférieur (*brisis*), est presque vertical, et le pan supérieur (*terrasson*), est à faible pente.
Le ***comble entrapeté*** comporte un pan horizontal ou un chemin de service.

Le ***comble en shed**** est composé d'un enchaînement de pans parallèles deux à deux ; il concerne surtout les bâtiments industriels.

COMBLEMENT n.m.
Remplissage, rebouchage d'un trou, d'une excavation.

COMBURANT adj. et n.m.
Qualifie un corps qui, se combinant avec un autre, permet sa combustion : par exemple, dans le mélange air-gaz, l'air est le *comburant* et le gaz est le *combustible*.

COMBUSTIBLE n.m. et adj.
Matière solide, liquide ou gazeuse qui, en présence de l'oxygène de l'air, brûle avec un fort dégagement de chaleur, utilisable en chauffage.

COMMANDER v.tr.
Un local *commande* une pièce s'il faut passer par ce local pour y accéder ; deux pièces peuvent *se commander* l'une l'autre.

COMMIS n.m.
Le ***commis de chantier*** est un cadre d'entreprise chargé du suivi d'un ou plusieurs chantiers.

Le ***commis de ville*** d'un cabinet d'architecture est le représentant de l'architecte chargé de suivre la réalisation d'un ou plusieurs chantiers.

COMMISSURE n.f.
Joint en creux entre deux pierres de taille.

COMMUNS n.m.pl.
Bâtiments annexes, dépendances d'une habitation : logements de service, garages, remises, etc.

COMMUTATEUR n.m.
Interrupteur électrique qui peut alimenter plusieurs circuits, selon la position de son bouton de commande, ou substituer l'alimentation d'un circuit à celle d'un autre.

COMPACITÉ n.f.
Rapport entre le volume apparent d'un corps, à l'état sec, et son volume théorique absolu, c'est-à-dire sans aucun vide.

COMPACTAGE n.m.
Opération de tassement mécanique, par vibration ou par pilonnage, d'un sol ou d'un matériau (blocage*, béton*, mortier, enduit, etc.), pour éliminer les vides, et donc augmenter la compacité* et la densité.

COMPACTEUR n.m.
Machine vibrante pour le compactage des sols. Syn.: *dameuse*, *pilonneuse*.

COMPAGNON n.m.
Nom usuel de l'ouvrier qualifié du bâtiment, par opp. à l'aide* ou à l'apprenti. Membre d'une association de compagnonnage.

COMPAGNONNAGE n.m.
1/ Confrérie d'entraide et d'assistance entre compagnons d'un même métier, comportant l'instruction professionnelle des jeunes au cours du "*tour de France*" des villes qui ont une "maison du compagnonnage".
Il comporte un code de morale, des rites initiatiques et des signes de reconnaissance ésotériques. Il rassembla pendant des siècles l'élite de certains métiers, et connaît un nouvel essor. D'origine très ancienne, le compagnonnage est divisé, en France, en deux grandes familles, dont les rivalités furent fréquentes :
-les *Compagnons du Devoir*, ou *dévorants*, ou *devoirants* (regroupant les *Enfants de Maître Jacques* et les

compas de traçage

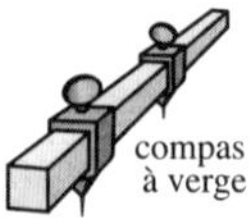

compas de report de mesures

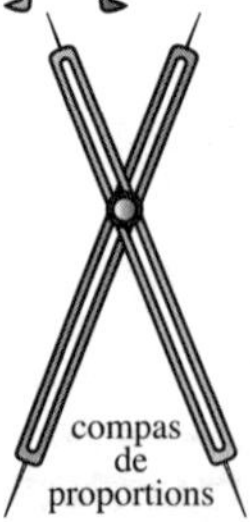

Enfants du Père Soubise),
-les *Compagnons du Devoir de Liberté*, ou *gavots*, ou *loups*.

2/ Durée obligatoire du travail chez un "patron" pour un ancien apprenti devenu compagnon ; à son terme, le compagnon peut s'établir à son compte, après avoir exécuté et soumis à un jury un "chef* d'oeuvre".

COMPAGNONNIQUE adj.
Qui concerne le compagnonnage.

COMPARTIMENT n.m.
1/ Désigne chaque portion d'un bâtiment isolée des autres par des cloisons et portes coupe-feu*.

2/ Dans la décoration d'un plafond, syn. de *caisson**.

3/ Dans un parquet, un carrelage, un pavage, etc., désigne chaque ensemble homogène, souvent encadré, faisant l'objet d'une reproduction répétitive.

COMPAS n.m.
1/ Pièce de quincaillerie à bras articulé, servant à limiter l'ouverture d'une fenêtre à projection*. V. aussi Charnière à compas.

2/ Outil de mesure et de traçage des cercles et des courbes, aux nombreuses variantes (V.ill).

COMPATIBILITÉ n.f.
Aptitude de matériaux ou de systèmes distincts à être utilisés ensemble, ou mis en contact direct (superposition ou juxtaposition), sans risque d'interaction pouvant générer des désordres. Voir ci-dessous.
Le tableau ci-dessous regroupe les principales règles de compatibilité et d'incompatibilité entre matériaux d'usage courant.

COMPLEXE *de doublage isolant* n.m. Paroi rapportée contre la face intérieure d'un mur extérieur ou d'un mur séparatif, pour constituer à la fois un parement plan et une isolation thermique.
Un complexe est composé d'une plaque* de plâtre cartonnée formant parement, contrecollée sur un matériau isolant (mousse expansée, parfois laine minérale) ; la mise en oeuvre se fait contre les murs soit par vissage sur tasseaux, soit par collage avec des plots* ou boudins* de mortier-colle spécial à base de plâtre (V.ill). Pour la mise en oeuvre, se reporter au DTU.

Compatibilité des matériaux entre eux, et risques majeurs de désordres.

Les **bois** Ils sont tous compatibles entre eux, et avec la plupart des matériaux secs (pour le chêne et le châtaignier, éviter les contacts avec le zinc, l'aluminium, le plomb, l'acier inoxydable ou galvanisé).
Les bois ne doivent jamais être "enfermés" sans possibilité d'élimination de leur humidité (pourrissement), ni de "jeu" dimensionnel par séchage et reprise d'humidité (retraits et gonflements).

Les **ciments** Adhèrent sur la quasi-totalité des matériaux usuels, mais :
- sur acier non protégé, corrosion, formation de rouille et dislocation.
- l'application de ciment sur plâtre est toujours à proscrire : risque de formation de sels qui gonflent (ettringite*) et provoquent le décollement.

Le **plâtre** Compatible avec tous les matériaux, mais :
- sur acier, formation de rouille, gonflement et dislocation du plâtre.
- sur bois non-aéré, risque de pourrissement du bois par l'humidité.

Les **résines** La plupart sont compatibles, mais les problèmes peuvent venir de l'incompatibilité de leurs diluants : par ex. peintures aqueuses / white spirit. Certains mastics* (silicones acides) tiennent mal sur ciment et bétons.
Certaines matières plastiques peuvent corroder le zinc, jusqu'à sa destruction.

Les **métaux** Le contact de deux métaux de potentiel électrolytique distinct provoque, en milieu aérien humide, la corrosion galvanique de celui qui a le potentiel le plus faible (potentiels décroissants : cuivre, acier inox, plomb, étain, nickel, fer, zinc, aluminium). NB- Voir aussi les autres indications au mot **métal**.

complexe de doublage isolant

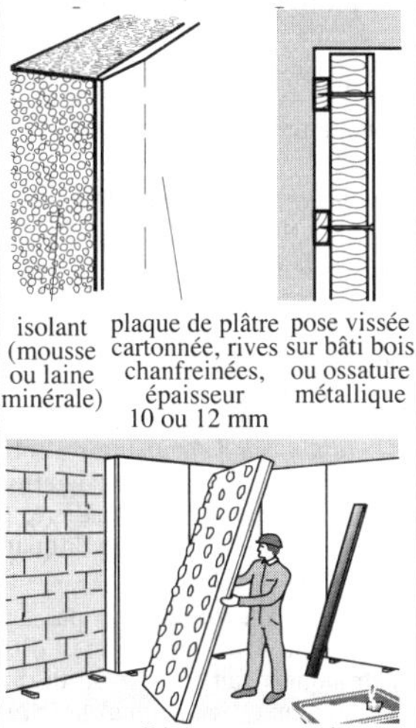

pose collée sur maçonnerie, par plots de mortier-colle spécial

COMPLEXE *d'étanchéité* n.m.
Revêtement pour toitures*-terrasses composé de plusieurs feuilles ou membranes d'étanchéité contrecollées avec un enduit bitumineux.

COMPOSANT n.m.
Désigne de façon large tout matériau de construction préfabriqué ou non, prêt à mélanger, à mettre en oeuvre ou à assembler.

COMPOSANTE n.f.
Facteur ou paramètre influant sur une formule ou un calcul : par ex., le renouvellement d'air est une composante du calcul du coefficient* G.

COMPOSITE adj.
1/ Un des ordres* architecturaux ; c'est en fait un panachage des ordres ionique et corinthien (V. Ordres).

2/ Qualifie un édifice composé de plusieurs styles architecturaux.

3/ Fait d'un assemblage de matériaux hétérogènes : *appareillage* composite, cloison composite.*

COMPOUND n.m.
Mélange de plusieurs matières pâteuses ou visqueuses.

Matériau résultant de la combinaison de produits noirs entre eux (par ex. le bitume-goudron), ou avec d'autres liants ou résines (par ex. cut-back bitume-polythène, etc.).

COMPOSITION n.f.
1/ Assemblage d'éléments qui diffèrent par leur nature, leur style, leur couleur : par exemple, une composition de carrelages, ou le mélange de granulats de plusieurs coloris dans un enduit de parement plastique pour imiter l'aspect d'un granit.

2/ Disposition relative d'éléments : *la composition d'une façade.*

3/ Description des constituants d'un matériau ou d'un mélange : *la composition d'un béton.*

COMPRESSEUR n.m.
1/ Appareil à moteur thermique ou électrique, servant à la mise sous pression de l'air (*air comprimé*), pour l'alimentation des outils de chantier pneumatiques (marteau-piqueur, pistolet à peinture, transporteur de béton sous pression, cloueuse *, etc.).

2/ Compresseur frigorifique : appareil à pompe électrique qui aspire les vapeurs formées dans l'évaporateur* pour les refouler sous une pression qui permette leur liquéfaction dans un condenseur*.

COMPRESSIBLE adj.
Qualifie tout matériau dont le volume peut être réduit sous l'action d'une force externe : *joint compressible, terrain compressible.*

COMPRESSION n.f.
Réduction de volume d'un corps (gaz, matériau, revêtement...) sous l'effet d'une pression qui rapproche les molécules, ou qui supprime les interstices entre les particules.

-***Mise en compression*** : augmentation des charges subies par les structures d'un bâtiment terminé et occupé. C'est souvent à ce stade qu'apparaissent les fissures dues au fluage* des planchers, aux tassements différentiels subis par les murs, ou aux pressions exercées sur des cloisons non porteuses.

-***Résistance à la compression*** : résistance d'un matériau à une force exercée perpendiculairement à sa surface, ou à une force appliquée de façon à l'écraser dans le sens de sa longueur (éprouvette normalisée de béton, échantillon de bois, de pierre, etc.) ; les essais permettent de mesurer la limite d'élasticité*, et sont poursuivis jusqu'à la rupture effective du matériau par écrasement.

COMPTE PRORATA n.m.
Dans la comptabilité d'un chantier qui fait intervenir plusieurs corps d'état, ce compte enregistre les dépenses engagées dans l'intérêt commun, en fournitures et en travaux : installations d'hygiène et de sécurité, réfectoire, frais de branchement et consommations d'eau, électricité, téléphone, signalisation, gardiennage, réparation de détériorations dont les auteurs sont inconnus, etc.
La répartition des charges du compte prorata est proportionnelle, en principe, au montant du marché de chaque entreprise.
Une norme limite la liste des dépenses qui peuvent figurer, et recommande aux entreprises un accord préalable.

COMPTEUR n.m.
Appareil qui, sur le parcours d'un fluide ou d'un courant électrique, mesure et totalise les quantités qui le traversent. Les compteurs marquent la limite entre les réseaux publics ou collectifs et les installations des usagers, et mesurent les consommations effectives d'eau, de gaz et d'électricité (pour le téléphone, le comptage des impulsions a lieu dans les centraux téléphoniques).
-***Compteur à gaz*** : il est constitué de deux boîtes à soufflet qui se remplissent et se vident alternativement, sous la pression du gaz, par un jeu de tiroirs et de biellettes.

-***Compteur d'eau*** : le passage de l'eau sous pression dans un corps cylindrique anime un piston rotatif excentré dont chaque tour correspond au passage d'un volume d'eau défini.
Le nombre de tours est totalisé sur un cadran.

-***Compteur d'eau chaude*** (chauffage central) : il permet de répartir les charges de chauffage entre les logements desservis par une installation.
A l'entrée du circuit du logement, un compteur d'eau mesure la *quantité* d'eau chaude qui passe ; il est couplé à un appareil de mesure thermométrique de la *différence de température* entre l'eau chaude qui arrive et l'eau refroidie qui retourne vers la chaudière.
Le produit des mesures donne la quantité de chaleur consommée.

-***Compteur électrique*** : le passage du courant dans les bobines d'un électroaimant fait tourner un disque d'aluminium (effet du *courant induit* de Foucault), à une vitesse proportionnelle à la puissance du courant.
Le nombre de tours, totalisé sur des cadrans, indique la consommation d'énergie, en kWh.
Il existe des variantes *à tarifs multiples*, à horloge programmable, pour les doubles ou triples tarifs EDF, et des *compteurs à dépassement*, pour les tranches de tarifs différenciées selon la consommation.

-***Compteur général*** : il enregistre la totalité de la consommation d'un immeuble, à partir du réseau public.

-***Compteur divisionnaire*** : par opp. au compteur général, il est placé sur chaque embranchement d'usager d'un même immeuble, ou sur une partie d'une installation dont on veut mesurer la consommation.

CONCASSAGE n.m.
Fractionnement des roches en petits morceaux par broyage ou martelage.

CONCASSÉ adj.
Qualifie un minéral réduit en petits éléments, granulats, gravillons, pierraille, ballast, etc.

CONCASSEUR n.m.
Appareil de concassage, utilisé surtout en carrière. Les concasseurs sont soit *à mâchoires* (à mouvement alternatif sur le principe du casse-noix), soit *à marteaux*, pour des matériaux plus tendres, soit *giratoires*, par broyage entre des cônes verticaux inversés (gravillons).

CONCAVE adj.
Qualifie une forme arrondie en creux (par opp. à *convexe**).

CONCAVITÉ n.f.
Forme concave; zone concave dans un parement ou dans une surface.

CONCENTRATION n.f.
Rapport de la masse d'un corps à l'unité de volume de la solution dans laquelle il est dissous.

CONCENTRIQUE adj.
Qualifie chacune des courbes de même nature ayant le même centre.

CONCOURS n.m.
Compétition entre concepteurs sur la base d'un cahier des charges qui laisse plus ou moins de place à l'initiative et à la créativité.

CONCRÉTION n.f.
Agrégation de particules solides, par précipitation chimique : c'est le cas de la plupart des calcaires.

CONDAMNATION n.f.
Désigne tout dispositif de blocage d'une fermeture de baie ou d'une porte, interdisant son ouverture (serrure, verrou, loquet, targette, débrayage d'un mécanisme, etc.).
Condamner une ouverture, c'est aussi parfois la murer.

CONDENSAT n.m.
Eau formée par la condensation de la vapeur.

CONDENSATION n.f.
Retour de la vapeur d'eau à l'état liquide, lorsque le taux d'humidité de l'air atteint une valeur qui est fonction de la température (c'est la masse de vapeur saturante : V. aussi point de rosée*). Plus l'air est chaud, plus il peut contenir de vapeur d'eau, et inversement ; si la température baisse, par ex. au contact d'une paroi froide, la vapeur qui est soudain en excès dans l'air se condense en eau.
Cette condensation est visible quand elle se forme sur les parois froides de pièces humides et chaudes (vitres de salles d'eau ; elle peut aussi se former dans l'épaisseur des parois, par cheminement de la vapeur vers des zones froides, causant des désordres internes si ces parois sont mal ventilées.

CONDENSEUR n.m.
Dans un équipement frigorifique ou thermique (*pompe* à chaleur*), organe qui restitue à l'état liquide et froid la vapeur ou le fluide gazeux qui lui parvient chaud et sous pression.

CONDITIONNEMENT n.m.
Syn. d'*emballage*, au sens large : les palettes qui portent les matériaux, les sacheries*, bidons, housses, etc.

-***Conditionnement d'air*** : ensemble des techniques et équipements qui visent à procurer aux locaux une température, une hygrométrie et une pureté de l'air constantes, par chauffage ou refroidissement, filtrage, et lavage de l'air pulsé dans les locaux (V. Climatiseur).

CONDITIONNEUR n.m.
Équipement de production d'air climatisé filtré, humidifié ou séché, chauffé ou réfrigéré selon les besoins des locaux. On distingue les conditionneurs d'air ***autonomes*** (de fenêtres) et les conditionneurs collectifs (desservant en réseau plusieurs locaux), les *conditionneurs* ***de toiture*** (ou *roof-tops* à groupe frigorifique intégré à refroidissement par air pour vastes locaux, tels qu'usines et hypermarchés), etc.
Souvent syn. de *climatiseur*.
Désigne souvent aussi l'*armoire de climatisation*.

CONDUCTEUR n.m. et adj.
1/ Le ***conducteur de travaux*** est le responsable d'un gros chantier, ou de

plusieurs chantiers, secondé par des chefs de chantier, et éventuellement par des conseillers spécialisés (coordonnateurs, ingénieurs).

Le ***conducteur d'engins*** est un ouvrier qualifié pour la conduite des engins automoteurs sur chantier.

2/ Corps traversé plus ou moins facilement par l'énergie calorifique ou par des ondes vibratoires. Un mauvais conducteur est dit *isolant**.

3/ Matériau offrant une faible résistance* au passage du courant électrique. Au sens large, tout câble ou "fil" électrique, composé d'une âme, partie métallique centrale (*massive*, s'il n'y a qu'un conducteur ; *câblée*, si elle est faite de brins assemblés en torons, torsadés ou non) et d'une enveloppe isolante.
La description des composants des câbles et de leurs conducteurs fait l'objet de *codifications* UTE : (Voir à Câble), et les *couleurs* des conducteurs obéissent à des règles :
- pour les ***monoconducteurs*** (tels que le type H07 V-U usuel dans les locaux d'habitation) :
• Phase : noir ou toute couleur sauf le vert, le jaune ou le blanc-gris.
• Neutre : bleu clair.
• Protection (terre) : vert et jaune.
- pour les câbles ***multiconducteurs*** :
• Phase : noir.
• Neutre : bleu clair.
• Protection (terre) : vert et jaune (pour les câbles tels queA05VV-U ou A05VV-R), ou vert et noir (pour câbles tels que le U-1000R 12N).

• ***Sol conducteur*** : revêtement de sol pour les locaux dans lesquels toute charge de courant électrostatique doit être évacuée, pour éviter des incidents de fonctionnement (salles d'ordinateurs), ou des risques de déflagration de produits volatils.
Ces sols sont soit des *dalles conductrices* (chargées de graphite ou de paillettes métalliques), collées avec une colle conductrice sur un réseau maillé de cuivre relié à la terre, soit des dallettes de métal sur plots conducteurs, soit encore des sols coulés continus à base de résines chargées de fines fibres de carbone.

CONDUCTION n.f.
Phénomène de la progression de l'énergie calorifique ou électrique dans un solide, de proche en proche, de molécule à molécule. V. Échange.

CONDUCTIVITÉ
ou **CONDUCTIBILITÉ** n.f.
Propriété qu'a un corps de se laisser parcourir par le courant électrique ou par l'énergie calorifique.
-***Conductivité électrique*** : mesure inverse de la *résistivité**; s'exprime aussi en valeur relative, pour un corps donné, par rapport à la conductivité du cuivre pur (100).

-***Conductivité thermique*** : expression du flux* de chaleur qui traverse en une heure 1 m^2 de paroi de 1 m d'épaisseur constituée d'une matière homogène (ou d'une lame d'air). Le coefficient* de conductivité thermique λ (=lambda) est exprimé en *kcal/h.m.°C*, ou mieux en *W/m.°C* (watts par mètre par degré C). Chaque matière a son λ. (Voir les valeurs à Isolation thermique).

CONDUIT n.m.
Gaine* ou volume creux et longiforme destiné au passage et au guidage soit d'un fluide (fumée, air chaud, vapeur, etc.), ou d'un élément tel que câble, conducteur électrique, etc.
Conduit de fumée.
Conduit d'allure verticale dont la fonction est double :
- d'une part évacuer vers l'extérieur la totalité des fumées et gaz de combustion d'une cheminée à foyer ouvert ou d'un appareil de chauffage à foyer fermé ;
- d'autre part favoriser l'admission de l'air extérieur (air comburant* nécessaire à la combustion), par la dépression, ou tirage* thermique, qui s'établit dans le conduit.
Un conduit de fumée est dit :
- *individuel*, s'il est conçu pour l'évacuation des gaz d'un seul foyer.

- *collectif*, s'il dessert plusieurs foyers de combustion ;
- *extérieur*, s'il est rapporté sur une façade, *intérieur* s'il est intégré dans la maçonnerie ;
- *mobile*, par opp. au conduit *fixe*, s'il est en éléments tubulaires emboîtés et facilement démontables.

Un conduit de fumée fixe en maçonnerie est constitué soit de briques pleines, soit d'éléments préfabriqués (*boisseaux** ou *wagons** en terre cuite ou en béton, à simple ou double paroi), soit d'éléments tubulaires préfabriqués en fibres-ciment (pour foyers fermés à gaz).

Une bonne isolation limite la vitesse de refroidissement des gaz : elle réduit donc la formation des condensations, et favorise le tirage.

Les dévoiements* de conduits ne doivent excéder 20° pour une hauteur totale de plus de 5 m ; et 45°, avec conduit lisse, pour des hauteurs inférieures à 5 m. Pour calculer la section d'un conduit de fumée dans les cas usuels, on utilise en général l'une ou l'autre de ces formules, dans lesquelles P est la puissance calorifique, en kcal/heure, et H la hauteur du conduit en mètres :

$$S\ (en\ m^2) = \frac{P}{10^6 \times \sqrt{0,1\ H}}$$

ou

$$S\ (en\ m^2) = \frac{P}{300\ 000 \times \sqrt{H}}$$

La section du conduit ne peut être inférieure à 150 cm² pour un foyer à

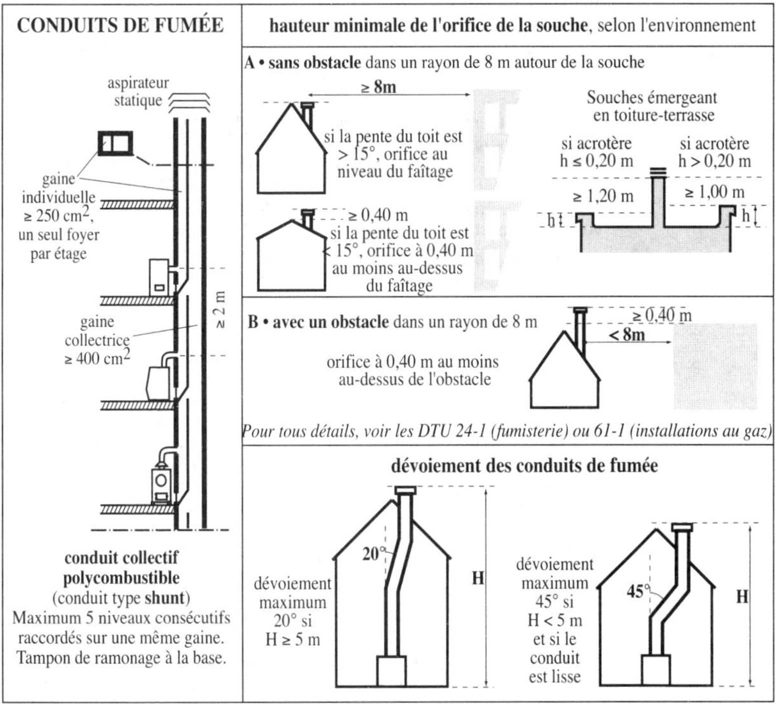

gaz, à 250 cm^2 pour un foyer au fioul, charbon ou bois, et à 400 cm^2 pour une cheminée à foyer ouvert.
Le conduit de fumée comporte :
- à sa base, ou dans les carneaux* qui le relient à la chaudière, un *limiteur* de tirage* (volet réglable, registre à clé) ou un *coupe-tirage* (orifice conique avec déflecteur rétablissant une pression voisine de la pression atmosphérique) ; un tampon*, un té* de débouchage ou une trappe de ramonage*; souvent, un purgeur* d'eaux de condensation (chaudières à gaz) ; parfois, un économiseur* de chaleur à échangeur, qui abaisse la température des gaz brûlés et dirige l'énergie calorifique récupérée vers un circuit de chauffage.
- au sommet, une souche* émerge au-dessus du plan de la toiture.
Elle est couronnée par un chaperon qui porte des mitres* et mitrons, des chapeaux*, ou capotes* qui évitent les refoulements, un aspirateur* statique ou dynamique, ou un extracteur mécanique.
Les conduits d'évacuation des produits de combustion des ***appareils à gaz*** font l'objet d'une réglementation spéciale : *tubage** métallique, *coupe-tirage* antirefouleur, purgeur des eaux de condensation, etc.

Conduit de ventilation*.
Conduit d'allure verticale, évacuant vers l'atmosphère l'air vicié des locaux, ou l'air des canalisations d'évacuation (ventilations* primaires sur chutes, et secondaires sur siphons), à l'exclusion de tout produit de combustion.

Conduit électrique.
Tube de passage et de protection des conducteurs électriques isolés dans une installation. Il est soit *apparent* (rapporté le long des parois à l'aide de brides clouées ou de colliers vissés), soit *encastré* dans des saignées* pratiquées dans les cloisons.

Les conduits sont désignés par un *code de 3 lettres et un chiffre* :

- la première précise la qualité d'isolement électrique : **M** (métallique) ou **I** (isolé - en matière plastique) ;
- la seconde précise le degré de rigidité du conduit : **R** (rigide), **C** (cintrable) ou **S** (souple) ;
- la troisième précise le degré de solidité du conduit : **B** (blindé), **O** (ordinaire), **D** (déformable).
- le chiffre, de **5** à **9**, précise le degré de résistance mécanique (aux chocs ou aux écrasements).

Ce code est parfois suivi d'une autre lettre : **A** (= résistant aux agents chimiques agressifs), **E** (= étanche),
P (= non propagateur de la flamme).
Le nombre qui suit parfois ce code est une indication de diamètre.
Ainsi, un conduit ICO.7.E.21 est un conduit isolé, cintrable, ordinaire, de résistance mécanique moyenne, étanche, de 21 mm de diamètre.

CONDUITE n.f.
Canalisation d'acheminement d'un fluide ; le terme est surtout utilisé pour l'eau et pour le gaz.

•***Conduite d'alimentation*** : désigne le tuyau d'alimentation en eau entre un compteur ou un robinet d'arrêt général et les appareils à alimenter.

•***Conduite montante*** : canalisation d'alimentation générale en gaz d'un immeuble, jusqu'aux compteurs individuels des différents usagers.

•***Conduite principale*** : syn. de *ceinture principale* (V. Ceinture).

CÔNE n.m.
Figure engendrée par une droite (génératrice) passant par un point fixe (sommet) et dont chacun des autres points décrit un cercle (directrice).
Le *tronc de cône* est délimité par deux de ces directrices. Le cône est dit *oblique* si le sommet n'est pas sur l'axe perpendiculaire au plan des directrices, passant par leur centre.

•***Cône d'ABRAMS*** (du nom de son inventeur). Moule tronconique utilisé pour l'essai d'affaissement* du béton frais. ***Essai normalisé*** d'évaluation de l'ouvrabilité* des bétons frais, par observation de leur affaissement ;

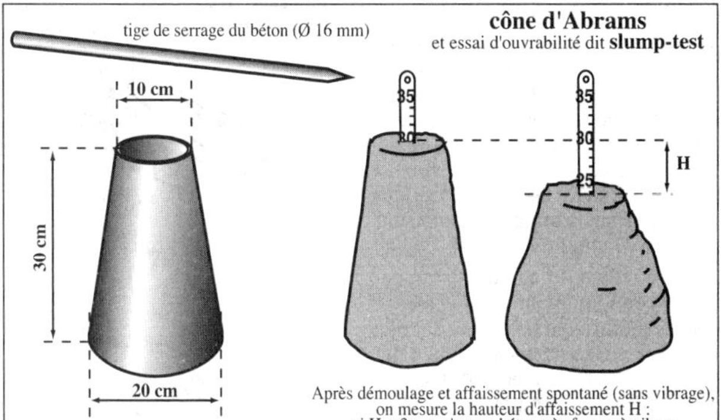

cône d'Abrams
et essai d'ouvrabilité dit **slump-test**

Cône d'Abrams, ouvert aux deux bouts. On le remplit entièrement de béton frais, que l'on serre bien avec la tige spéciale.

Après démoulage et affaissement spontané (sans vibrage), on mesure la hauteur d'affaissement H :
si H < 3 cm, c'est un béton très ferme, à vibrer
si H va de 5 à 9 cm, c'est un béton ferme, pour fondations
si H va de 10 à 15 cm : béton plastique, pour béton armé
si H > 16 cm : béton très plastique, pour voiles et dalles.

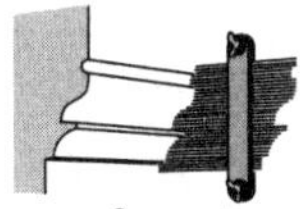

conformateur
à aiguilles ou à lames

c'est le mode de contrôle classique de la plasticité des bétons. Il consiste à remplir de béton, en couches successives, un moule tronconique (diamètres 20 et 10 cm, hauteur 30 cm). Chaque couche reçoit 25 coups de tige de compactage. Après démoulage, on mesure la perte de hauteur H du cône de béton par affaissement spontané (V.ill) ; cette hauteur H sera inférieure à 3 cm pour un *béton très ferme* (béton à vibrer), 5 à 9 cm pour un *béton ferme* (béton pour fondations), 10 à 15 cm pour un *béton plastique* (béton armé), et 16 cm ou plus pour un *béton très plastique* (pour voiles* et dalles). Syn.: *slump-test*, *essai d'affaissement*.

•***Cône d'ancrage*** : V. Précontrainte, au § Post-tension).

•***Cône de diffusion*** : à l'extrémité d'un gicleur de brûleur* , pièce garnie de lames hélicoïdales pour créer un tourbillon et réaliser le mélange intime air/combustible.

•***Cône MORSE*** : partie tronconique allongée d'un outil (foret, mèche, embout de vissage...), qui permet l'emmanchement de l'outil dans son logement, par simple coincement.

•***Cône-raccord*** : raccord* de tuyauteries permettant de passer d'un diamètre à un autre. Syn.: *réduction*.

CONFINEMENT n.m.
Volume ou espace totalement isolé de l'extérieur, et en particulier étanche aux microbes (domaine hospitalier), ou encore aux poussières : c'est le cas pour les opérations de désamiantage* concernant des flocages dont les poussières minuscules doivent pouvoir être intégralement récupérées.

CONFORMATEUR n.m.
Gabarit de report et de reproduction des profils de moulures, ou de leur contre-profil, par un jeu de lamelles parallèles mobiles dans un cadre à serrage (V.ill). Syn.: *calibre mobile*.

CONFORT n.m.
Bien-être physique ; l'amélioration du confort guide de nombreuses recherches dans le bâtiment.

-***Confort acoustique*** : obtention d'un niveau d'ambiance sonore faible (mais non nul), et de l'absence de gêne par des bruits intermittents plus intenses (V. Bruits).
Depuis 1999, la *norme* limite à 58 dB le niveau sonore des bruits perçus dans les pièces principales, quel que soit le local dans lequel la machine à chocs normalisée émet ses bruits.

-***Confort thermique*** : le corps humain s'adapte aux conditions environnantes, pour maintenir constante sa propre température interne, par thermorégulation. Le froid conduit à dépenser de l'énergie musculaire ... ou à s'emmitoufler pour conserver la chaleur produite. La chaleur conduit à limiter toute dépense d'énergie, et à éliminer les calories en excès par la sudation de la peau, et par l'expiration pulmonaire, chargée d'humidité.

En simplifiant, le confort thermique correspond au minimum d'échanges thermiques et hygroscopiques du corps avec son environnement ; autant que la température, un taux d'humidité suffisant et un léger mouvement d'air sont des éléments de confort.

CONFORTER v.tr.
Syn. de *renforcer, consolider*.
On parle de travaux ***confortatifs***.

CONGÉ n.m.
Moulure* concave ou façon de cueillie* en quart-de-rond, dont l'arrondi est en général tangent à une surface unie. V. aussi Cavet.

CONGLOMÉRAT n.m.
Roche sédimentaire composée de débris de roches, galets, etc., liés par un cimentage* naturel.

CONICITÉ n.f.
Caractère de ce qui est conique.

CONIQUE adj. et n.f.
1/ En forme de cône*; qui fait partie d'un cône : surface conique.

2/ Courbe ou section délimitée par la rencontre d'un cône et d'un plan (P) ne passant pas par son sommet. Selon leurs positions respectives, on a une section elliptique (si P coupe entièrement le cône), hyperbolique (si P est parallèle à l'axe du cône) ou parabolique (si P est parallèle à une génératrice du cône).

CONJONCTEUR n.m.
Interrupteur qui établit automatiquement le passage du courant dans des conditions prédéterminées (à l'inverse du disjoncteur*, qui interrompt le passage du courant).

connecteurs

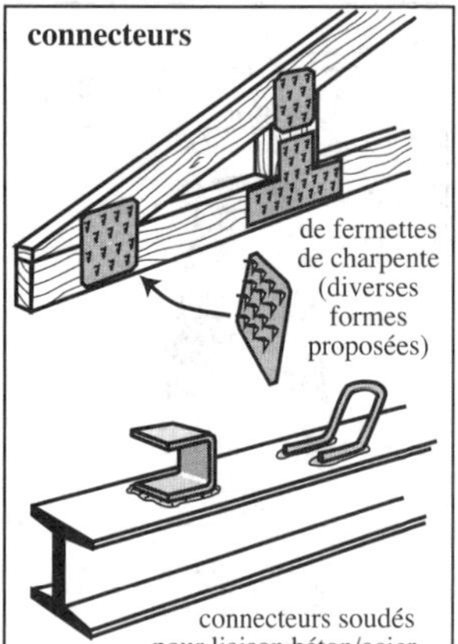

CONNECTEUR n.m.
1/CHARP.: pièce d'assemblage de charpentes légères (fermettes*), constituée d'une plaquette perforée à clouer, ou d'une plaquette de métal hérissée de pointes, pour mise en place par percussion (V.ill).

2/ÉLECTR.: pièce métallique ou câble de raccordement entre une source d'alimentation fixe (prise) et un appareil mobile.

CONNECTIQUE n.f.
Ensemble des techniques de connexion des câbles, en particulier en domotique* et réseaux basse tension.

CONNEXION n.f.
Liaison entre des conducteurs électriques, ou entre des conducteurs et des appareils, ou entre des canalisations. Accessoire qui sert à assembler.

CONQUE n.f.
1/ Ornement en forme de coquillage marin évasé.

2/ Voûte* d'abside* en cul-de-four*, sans clef*, en coquille.

CONSIGNE n.f.
Donnée programmée par un opérateur sur un organe de régulation

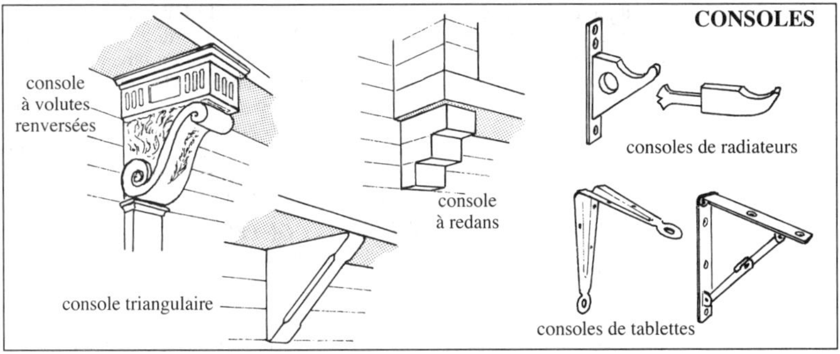

automatique. La régulation s'effectue ensuite par comparaison des valeurs enregistrées par les capteurs (sondes, thermomètres, hygromètres...) avec la *valeur de consigne*.

CONSISTANCE n.f.
État de plasticité d'un mélange, mortier, béton, colle, mastic, avant sa prise ou son durcissement.
Gâcher ***à consistance***, en langage de chantier, signifie incorporer peu à peu et mélanger les composants d'un mortier jusqu'à obtention de la plasticité souhaitée.

CONSOLE n.f.
1/ARCHIT.: support d'un élément quelconque en surplomb : support de balcon, de corniche, de statue...
La ***console à volutes*** a plus ou moins le profil d'un S, son plus petit enroulement étant le plus souvent en bas ; sinon, elle est ***renversée*** (la *console renversée* est aussi l'*aileron**).
Plus généralement, support en saillie, dont la forme s'inscrit dans un triangle rectangle (V.ill).
2/CHARP.-MAÇONN.: prolongement d'une poutre en porte-à-faux, au-delà d'un point d'appui.
3/CHAUFF.-PLOMB.: support de radiateur ou de lavabo à sceller sur un mur.

CONSOLIDATION n.f.
Ouvrage visant à conforter* la stabilité et la durabilité d'un édifice, par l'apport d'éléments nouveaux : injection de résines, doublage de poutres, mise en place d'ancrages*...

CONSOMMATION n.f.
Quantité moyenne de produit nécessaire pour réaliser un m^2 d'ouvrage d'enduit, de collage, de peinture.
Pour les enduits dont l'épaisseur est variable, par nature, d'un point à un autre (ragréages*, enduits de lissage*), la consommation est exprimée en kg par mm d'épaisseur uniforme.
Son inverse est la *couverture**, nombre de m^2 par unité de poids ou de volume.

Consommation d'énergie thermique : V. à Thermique (Réglementation).

CONSTANTAN n.m.
Alliage de cupro-nickel utilisé dans les équipements électriques ; sa résistivité* varie peu avec les différences de température.

CONSTANTE n.f.
Caractéristique qui n'est pas modifiée par les variations de phénomènes ou de conditions diverses.

CONSTAT n.m.
Outre le sens juridique usuel, désigne l'attachement*, document écrit ou croquis par lequel l'entrepreneur fait constater l'exécution d'un ouvrage qui, masqué, ne pourra être vérifié ultérieurement.
-***Constat de traditionnalité*** : document par lequel le CSTB rend officiel le

fait qu'un procédé ou une famille homogène de matériaux d'emploi relativement complexe et difficiles à normaliser, mais ayant prouvé leur validité, peuvent désormais relever des *Règles de l'Art*. En général, le constat de traditionnalité s'accompagne de l'intégration dans un DTU*, ou d'un *descriptif* qui indique comment les procédés ou matériaux concernés s'intègrent dans le cadre de ce DTU.

CONSTITUANT n.m.
Dans un matériau, désigne souvent un composant secondaire, tel que adjuvant, filler, etc.

CONSTRUCTEUR n.m. et adj.
Quiconque réalise une construction, pour lui-même ou pour autrui, est constructeur ; celui qui fait bâtir par d'autres pour lui-même est *maître d'ouvrage* ; celui qui fait bâtir par d'autres pour vendre les constructions à des tiers est dit *promoteur*.
Le ***promoteur-constructeur*** dirige à la fois la construction et la commercialisation de ce qu'il construit.

CONSTRUCTIBLE adj.
Qualifie un terrain qui satisfait aux règles d'urbanisme et aux conditions du POS ou du PLU* local pour l'implantation éventuelle d'un bâtiment.

CONSTRUCTIF adj.
Relatif à une technique de construction : la maison à ossature bois est un *système constructif*.

CONSTRUCTION n.f.
Partie de l'architecture qui concerne l'exécution (par opp. à la conception).
Concrétisation d'un projet d'ouvrage.
Désigne aussi tout *assemblage solide et durable* de matériaux, quelle que soit sa fonction.

CONSTRUCTIQUE n.f.
Application des techniques informatiques à la construction.

CONSTRUCTIVISME n.m.
Art et style architectural contemporains privilégiant les assemblages de formes géométriques simples.

CONTACTEUR n.m.
Organe d'ouverture ou de fermeture automatique d'un circuit électrique, autre que le simple interrupteur à bouton ou le disjoncteur ; il est en général manoeuvré par un électroaimant.
On trouve par ex. des contacteurs dans les mécanismes d'ascenseurs, commandes de chaudières, etc.

CONTENANCE n.f.
Surface, superficie d'un terrain.

CONTIGU, -GUË adj.
Qualifie un élément juxtaposé à son voisin. Un mur contigu est un mur séparatif entre deux terrains, deux appartements, etc.

CONTIGUÏTÉ n.f. Juxtaposition.

CONTINU adj.
1/ARCHIT.: qualifie un membre* qui règne* sur toute la longueur d'une façade, ou qui accompagne une série d'éléments identiques : par ex. un socle continu peut être un muret qui porte une rangée de colonnes.

2/ÉLECTR.: qualifie un courant* dont le sens et l'intensité sont constants.

3/REVÊT.: un ***sol continu*** est un revêtement* de sol coulé* sans joints : enduit de mortier de résines, chape d'asphalte, etc.

CONTINUITÉ n.f.
Caractère de ce qui n'a pas d'interruption.
Solution de continuité : rupture, interruption dans la continuité d'un élément ; couper une surface par un joint, c'est créer une solution de continuité.

CONTOURNEMENT n.m.
Torsion, forte ondulation des fibres du bois, constituant un défaut.
Déviation de l'axe d'un conduit ou d'une canalisation, pour franchir un obstacle en passant à sa périphérie.

CONTOURNEUR n.m.
Outil à molette utilisé pour la découpe courbe ou chantournée* des vitres et

des glaces. On l'utilise non en tirant, comme les autres outils de taille à molette, mais en poussant.
D'où son autre nom de "*poussette*".

CONTRACTURE n.f.
Amincissement progressif d'une colonne dans sa partie supérieure ; la contracture détermine le *galbe**.

CONTRAINTE n.f.
Effort interne subi par un corps soumis à des forces extérieures, pouvant aboutir à la destruction par décohésion si la contrainte dépasse les limites de résistance propres à ce corps (élasticité* à la compression, à l'extension, etc.).

CONTRAT n.m.
Document *contractuel* par lequel deux parties concrétisent leur accord sur des prestations et sur leur règlement.

-***Contrat de construction sur plan*** : la loi rend obligatoire la signature d'un contrat préalablement à la construction d'une maison individuelle sur plan-type et précise son contenu.

-***Contrat de promotion immobilière*** : la loi précise le contenu du contrat à établir si l'on confie à un tiers (promoteur) la responsabilité de l'ensemble de la construction (y compris les démarches administratives et financières).

-***Contrat d'entreprise*** : contrat liant une entreprise à un maître d'ouvrage qui suit et coordonne lui-même les travaux ; des modèles de contrats types sont proposés par l'AFNOR.

CONTRE-APPROCHE n.f.
Dans un rang de couverture en ardoise*, désigne l'ardoise légèrement biseautée d'un côté, entre les ardoises entières et les approches*, qui jouxtent une rive biaise.
Syn.: *contre-arêtier** (lorsqu'il n'y a pas d'approches intermédiaires).

CONTRE-ARCATURE n.f.
Ornement en festons* découpés, sous l'intrados* d'un arc*.

CONTRE-ARÊTIER n.m.
ou **CONTRE-ARÊTIÈRE** n.f.
Ardoise biseautée qui jouxte l'ardoise tranchée obliquement constituant l'arêtier.

CONTREBALANCER v.tr.
Neutraliser des forces par application de forces analogues opposées.

CONTRE-BARDAGE n.m.
Bardage* d'un acrotère* du côté de la toiture ou de la terrasse qu'il surmonte.

CONTREBAS (en —) loc.adv.
Indique la position relative plus basse d'un élément par rapport à d'autres.

CONTRE-BÂTI n.m.
Cadre de bois scellé en feuillure ou en applique sur l'arête de l'encadrement d'une baie ou d'une porte du côté opposé à leur bâti dormant.

CONTREBOUTER
ou **CONTREBUTER** v.tr.
Épauler un ouvrage, conforter sa stabilité ou s'opposer à ses poussées latérales par des contreforts*, arcs-boutants*, étaiements*, etc.

CONTREBUTEMENT
ou **CONTREBOUTANT** n.m.
Épaulement, contrefort.

CONTRE-CALQUE n.m.
Reproduction d'un dessin, par transparence sur un papier calque*.

CONTRE-CANIVEAU n.m.
Paroi latérale d'un caniveau*.
Long pavé bordant un caniveau.

CONTRE-CHAMBRANLE n.m.
Moulure rapportée autour d'une porte, sur le parement de la paroi opposé à celui du chambranle* (V. les ill. à ce mot).

CONTRE-CHAMP n.m.
En peinture, intervalle creux entre les champs* et la table d'un panneau.
Il est souvent réchampi* dans une couleur différente.

contre-fiches (C)

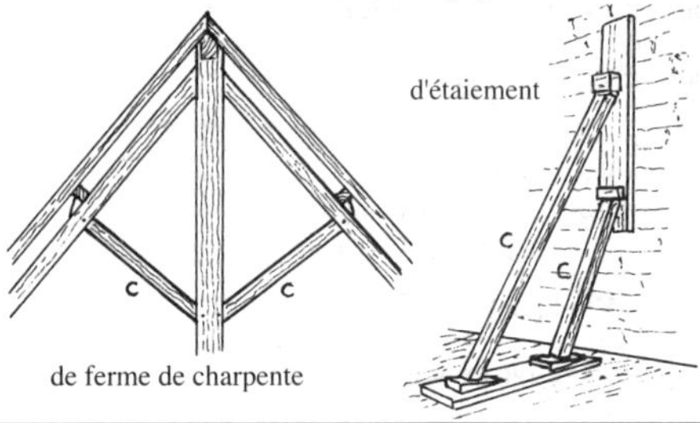

de ferme de charpente

CONTRECLEF ou **CONTRE-CLÉ** n.f. Chacun des deux claveaux* ou voussoirs* situés de part et d'autre de la clef d'un arc* ou d'une voûte.

CONTRE-CLOISON n.f.
Cloison rapportée contre un mur, ou à une faible distance de celui-ci.
Souvent syn. de *doublage**.

CONTRECOEUR n.m.
Contre-mur* qui forme le fond vertical de l'âtre d'un foyer* de cheminée*.
Désigne aussi la plaque de fonte généralement placée contre cette paroi.
Syn.: *contre-feu*.

CONTRECOLLER v.tr.
Assembler des éléments plats (plaques, stratifiés, panneaux, feuilles de placage, etc.) par collage de leurs faces planes l'une contre l'autre.

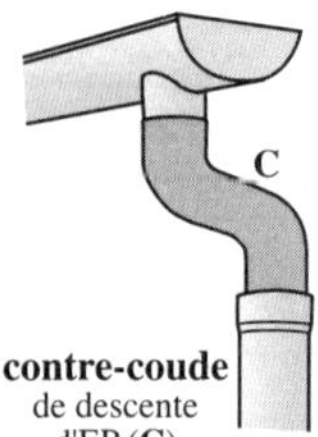

contre-coude
de descente
d'EP (**C**)

CONTRECOLLAGE n.m.
Action de contrecoller ; son résultat.

CONTRE-CORBEAU n.m.
Petit modillon* ou corbeau* qui, entre deux plus gros, soutient la retombée commune à deux petits arcs couronnés par un grand arc porté par les deux gros modillons.

CONTRE-COUDER v.tr.
Plier, par ex. une lame de fer ou un tuyau, alternativement dans un sens puis dans le sens opposé.

CONTRE-COUDÉ adj.
Qui présente deux angles analogues et de sens contraire (V.ill).

patte de fixation
contre-coudée

CONTRE-COURBE
ou **CONTRE-COURBURE** n.f.
Courbe cintrée dans le sens opposé à celle qui la précède : par ex., les contre-courbes d'une accolade*.

CONTREDOSSE
ou **CONTRE-DOSSE** n.f.
Avant-dernière planche du débit en plot d'un tronc, avant chacune des dosses (V. Bois).
Syn.: *chon, redos*.

CONTRE-ÉCROU n.m.
Écrou* qui, vissé contre un autre, sert à le bloquer.

CONTRE-EXPERTISE n.f.
Expertise réalisée en vue de confirmer ou d'infirmer les dires d'un premier expert.

CONTRE-FACE n.f.
Syn. de *dos, verso* (d'une paroi, d'un revêtement, d'un carreau, etc.).

CONTRE-FENÊTRE n.f.
Croisée* disposée en-deçà ou au-delà d'une autre pour constituer avec elle une double fenêtre.

CONTRE-FEUILLURE n.f.
Feuillure ajoutée à une autre feuillure de porte ou de fenêtre pour améliorer l'étanchéité à l'air.

CONTRE-FICHE
ou **CONTREFICHE** n.f.
1/ Pièce oblique d'une ferme* qui soulage l'arbalétrier* vers la base du poinçon (V. Charpente) ; dans une charpente en fer, la contre-fiche est une *bielle**.

2/ Forte pièce de bois servant d'étai oblique pour contrebuter une poussée latérale (V.ill).

CONTRE-FIL n.m.
Sens perpendiculaire au fil* du bois*, c'est-à-dire au sens de ses fibres.
On dit d'un bois qu'il a *du contre-fil* si le sens de ses fibres est incliné par rapport à l'axe de la pièce à travailler, ce qui rend difficile son corroyage* sans éclats. Un panneau de bois est dit *à*

contre-fil si sa plus grande dimension est perpendiculaire aux fibres.

CONTRE-FLÈCHE n.f.
Hauteur de la courbure voulue d'une poutre ou d'un plancher, vers le haut, par rapport au niveau de ses appuis (à l'inverse de la flèche*, flexion vers le bas). Syn.: *bombement*).

CONTREFORT n.m.
Pilier massif adossé à un mur pour l'étayer et contrebuter ses poussées. Souvent, les contreforts sont biseautés ou en sifflet*.
Dans le cas contraire, ils sont couronnés par un petit toit en pente, ou par des amortissements* (V.ill).

CONTRE-FRUIT n.m.
Augmentation d'épaisseur d'un mur, du bas vers le haut, ayant pour effet de mettre son parement en léger surplomb ; angle correspondant à cette inclinaison par rapport à l'aplomb. Opp.: *fruit* (V.ill. à ce mot). Désigne aussi le dévers d'un mur qui penche, qui *pousse au vide*.

CONTRE-HAUT (en —) loc.adv.
Indique la position relative plus élevée d'un élément par rapport à d'autres, qui sont en *contrebas**.

CONTRE-HUS n.m. invar.
Partie basse d'une porte dont on peut ouvrir le haut seulement, par ex. pour les boxes de chevaux.

CONTRE-IMBRICATION n.f.
Ornement en bas-relief* figurant des rangées d'écailles de poisson (V.ill).

CONTRE-JAMBAGE n.m.
Muret de renfort des jambages d'une cheminée*.

CONTRE-JAUGER v.tr.
(CHARP.) Reporter des tracés au verso d'une pièce de bois, avec le compas de charpentier dit *compas de poche*.

CONTRE-LATTE n.f.
(COUVERT.) Latte de forte section rapportée autrefois contre des chevrons, pour porter les lattes.

CONTRE-LATTER v.tr.
Garnir les chevrons de contre-lattes. Garnir de lattes les deux faces d'une cloison ou d'un pan de bois, avant de l'enduire de plâtre.

CONTRE-LATTOIR n.m.
Outil qui permet au couvreur de soutenir les lattes pendant qu'il y enfonce les clous des ardoises.

CONTRELIT (à —) n.m.
Position d'une pierre telle que le plan correspondant à ses lits de carrière soit vertical. Opp.: *sur lit, lité.*

CONTRE-LITTELAGE ou
CONTRE-LITEAUNAGE n.m.
Pose de liteaux* dans le sens de la ligne de pente d'un rampant.

CONTREMARCHE n.f.
Petite paroi verticale entre deux marches consécutives d'un escalier*.
Syn.: *devant de marche*.

CONTREMARQUE n.f.
(CHARP.) Ensemble des signes que tracent les charpentiers sur les pièces de bois pour les reconnaître au moment de leur montage ; en menuiserie, cet ensemble de signes s'appelle l'*établissement** des bois.

CONTRE-MASTICAGE n.m.
Application de mastic* dans la feuillure* d'un cadre avant la pose d'une vitre*.

CONTRE-MUR n.m.
Mur construit soit en avant d'un autre mur, en général pour le protéger (construction d'une fosse, d'un four, d'une cheminée adossée, etc.), soit directement contre un autre mur, pour le consolider.

CONTRE-NOIX n.f.
Moulure en creux d'un montant dormant* de croisée, qui reçoit la noix*.

CONTRE-PAREMENT n.m.
Face d'un élément quelconque qui est opposée à son parement.

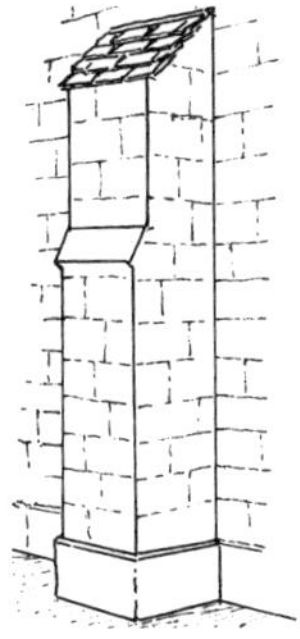
contrefort

contre-imbrication

CONTREPARTI n.m. ou adj.
Qualifie un ensemble de marches tel que les marches supérieures reproduisent en creux le volume des marches inférieures, de part et d'autre d'un palier de repos (V. Degré).

CONTRE-PASSE n.f.
Plan à peu près perpendiculaire au sens de stratification d'un minéral.

A contre-passe : état d'une dalle ou d'une pierre sciée perpendiculairement aux lits de carrière.
Opp.: *à passe*, ou *en lit*. Dans le débit du marbre, la contre-passe peut mettre en valeur les veines, ramages, etc.

CONTRE-PENTE n.f.
Pente de sens opposé à une pente de référence (couverture), ou inclinaison en sens contraire de l'écoulement normal des eaux (plomberie).

CONTRE-PILASTRE n.m.
Pilastre* en retrait de part et d'autre d'un pilastre principal.

CONTRE-PERÇAGE n.m.
Mode de perçage des trous de tourillons d'assemblage, consistant à percer simultanément les deux pièces à assembler, maintenues l'une sur l'autre, afin d'obtenir un alignement parfait des trous.

CONTREPLAQUÉ
ou **CONTRE-PLAQUÉ** n.m. et adj.
Panneau fait d'un nombre impair de couches minces de bois de même épaisseur (les *plis*), collées sous pression à fil* croisé alterné.
Un contre-plaqué 5 plis a une *âme* centrale, deux plis intérieurs, et deux plis extérieurs, appelés *faces*, ou *parements*.
On distingue deux grandes catégories de contre-plaqués, auxquelles correspondent en France deux labels délivrés par le CTBA :
CTB-O, classe courante (à contrecollages* urée-formol, ou caurite) pour menuiserie générale.
CTB-X, contre-plaqués traités pour résister aux atmosphères humides : sous-toitures, aménagements extérieurs. Le label **CTBF** concerne les panneaux traités aux fongicides.
Le label **CTBY** indique l'aptitude au réemploi multiple des panneaux pour les coffrages.

CONTRE-PLINTHE n.f.
Baguette (en général quart-de-rond) rapportée à la base d'une plinthe, sur le revêtement de sol.

CONTREPOIL n.m.
Saillie de l'extrémité d'une marche d'escalier à l'anglaise, sur le jour*.

CONTRE-POSEUR n.m.
Aide du poseur de pierre de taille.

CONTRE-PORTE n.f.
Porte rapportée devant une autre pour la doubler, souvent dans un but d'isolation phonique ou thermique.

CONTRE-POUSSÉE n.f.
Force réagissante d'un contrefort, arcboutant... qui empêche l'effondrement d'un ouvrage (arc, voûte).

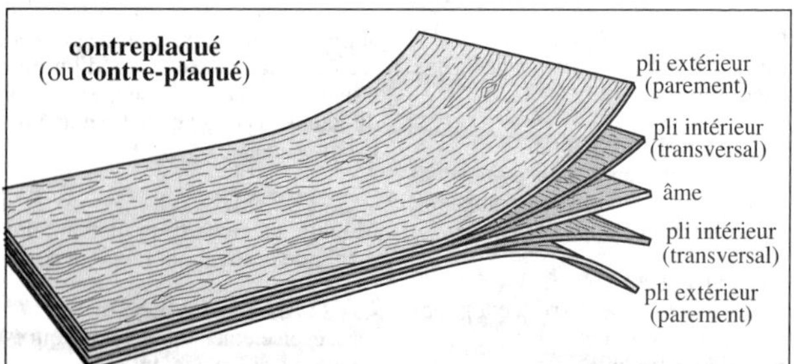

CONTRE-PROFIL n.m.
Profil exactement inverse de celui d'une moulure : le contre-profil d'une rainure est une languette.

CONTRE-PROFILER v.tr.
Pousser une moulure correspondant au contre-profil exact d'une autre.

CONTRE-RIVURE n.f.
Plaquette ou rondelle de métal disposée sous la tête d'un rivet.

CONTRE-SOLIN n.m.
Contre-masticage* d'une feuillure de vitre, avant la pose de celle-ci.

CONTRE-SOUBASSEMENT
Dans une cheminée*, partie frontale interne qui surmonte l'avaloir*.

CONTRE-TALON n.m.
(COUVERT.) Plaquette de raccordement d'une feuille de zinc, sous le talon*, au bout d'un couvre-joint.

CONTREVENT n.m.
1/MENUIS.: volet en bois ou en métal ouvrant vers l'extérieur.

2/CHARP.: pièce de bois oblique entre un poinçon et une panne faîtière, pour solidariser celle-ci avec la ferme*. Syn.: *lien*.

exemples de **contreventements** (**C**)

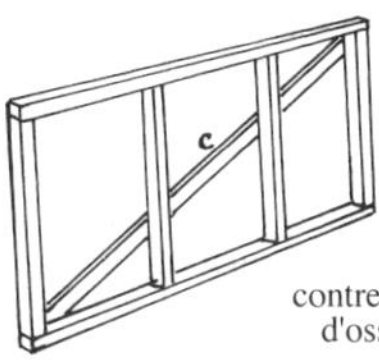

contreventement d'ossature bois

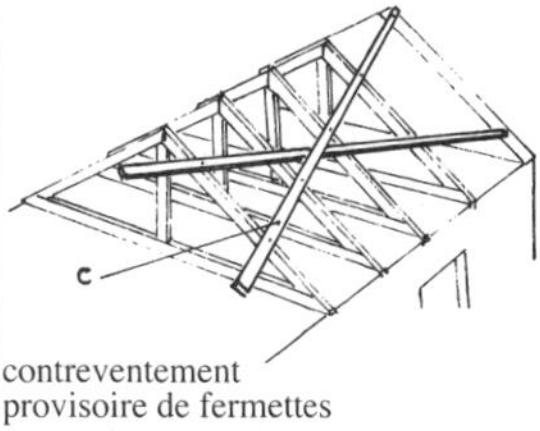

contreventement provisoire de fermettes

CONTREVENTEMENT n.m.
Ensemble des liens ou contrevents s'opposant à la déformation latérale d'une charpente ou d'une ossature quelconque (V.ill).
Plus généralement, consolidation par triangulation* à l'aide de pièces obliques, visant à empêcher toute déformation par poussée horizontale.

CONTREVENTER v.tr.
Établir un contreventement : il est prudent, par exemple, de contreventer des pointes de pignon en maçonnerie, en attendant la pose de la charpente.

CONTRÔLE n.m.
Vérification de la conformité de travaux avec les plans et descriptifs, ou avec les normes et règlements en vigueur. Ensemble de fonctions d'un appareil électrique ou électronique qui vérifie les commandes, l'exécution des ordres, le fonctionnement des signalisations, etc.

Contrôle technique. Le contrôleur technique, souvent dit Bureau* de contrôle, doit être agréé. Sa mission consiste à contribuer à la prévention des aléas techniques dans la réalisation des ouvrages. Il est le conseil du maître d'ouvrage, et ne peut se substituer au maître d'oeuvre.
Il y a obligation de contrôle technique pour les E.R.P. (de 1e, 2e et 3e catégories), les immeubles dont le plancher du dernier niveau est à plus de 28 m du sol accessible aux secours, et les ouvrages à surplomb important, fondations profondes, etc.

CONTRÔLEUR n.m.
Dispositif de surveillance et de sécurité.
En électricité, petit appareil de vérification des courants dans un circuit (***contrôleur universel***), ou de l'isolement d'un circuit ou d'un équipement (***contrôleur d'isolement***).

Contrôleur de flamme de chaudière à fioul : l'absence accidentelle de flamme, détectée par un circuit, provoque l'arrêt de la pompe.

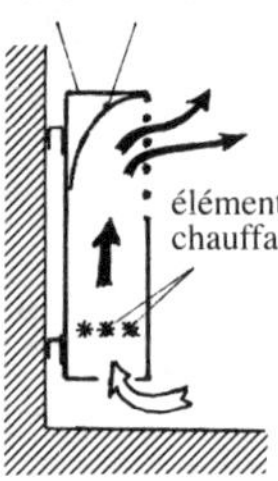

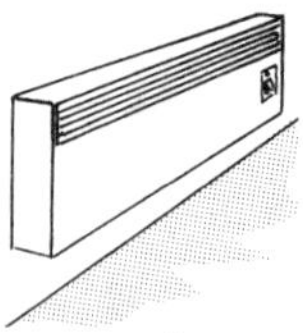

convecteur
électrique mural

CONVECTEUR n.m.
1/ Corps de chauffe composé d'un ou plusieurs tubes chauffants à ailettes, disposés horizontalement dans un volume dans lequel l'air circule de bas en haut entre les ailettes, par tirage* naturel, ou *convection**, ou avec l'assistance d'une propulsion mécanique, par *ventilo-convection* (V. Ventilo-convecteur).

2/ Le ***convecteur électrique*** est un radiateur* en forme de caisson plat à ouvertures basse et haute. Le chauffage de l'air par les résistances provoque son mouvement ascendant, et sa diffusion vers le local (V.ill).

CONVECTION n.f.
Mode de déplacement naturel de la chaleur dans les fluides liquides ou gazeux. Phénomène physique suivant lequel les fluides chauffés deviennent plus légers (la densité de l'eau à 95°C n'est plus que 0,96), et s'élèvent, laissant la place au fluide froid, plus dense : ce principe permet la circulation naturelle des fluides dans les systèmes de chauffage central (en pratique, le mouvement est assisté par un circulateur*), et dans les convecteurs.
V. aussi au mot Échange* par —.

CONVERSION n.f.
Passage d'une unité de mesure à une autre : V. Unités.

CONVEXE adj.
Qualifie une forme bombée en relief, en saillie (opp.: *concave*).

COORDINATION n.f.
Organisation dans le temps et dans l'espace des travaux d'un chantier. *Coordination modulaire* : V. au mot Modulation.

COORDONNATEUR n.m.
Spécialiste chargé du planning* des travaux et de l'organisation de l'enchaînement des interventions des corps d'état.

COORDONNÉE n.f.
Dans un système d'axes dit *cartésien*, distance qui sépare un point de l'un des axes orthogonaux (axes de coordonnées) ; la coordonnée horizontale est une *abscisse*, la coordonnée verticale est une *ordonnée*.

COPEAU n.m.
1/ Lamelle mince de bois enlevé par corroyage* au rabot.
2/ Au pluriel, ornements en volutes* superposées, qui rappellent l'aspect des copeaux.

COPLEAD n.m.
Matériau de couverture constitué d'une feuille de cuivre revêtu d'une fine couche de plomb, qui lui donne un aspect neutre et satiné, gris foncé uni (convenant bien en restauration de toitures anciennes). Il se travaille et se met en oeuvre comme les feuilles de cuivre ou de zinc.

COPOLYMÈRE n.m.
Corps obtenu par la polymérisation* d'un mélange de composés non saturés, aboutissant à la formation de macromolécules de synthèse.

COQUE n.f.
1/ARCHIT.: voûte moderne autoporteuse constituée d'un voile mince de béton de forme bombée.

2/ÉLECTR.: boucle ou noeud que forme un conducteur au moment où on le tire dans sa canalisation.

3/SERRUR.: ensemble des pièces qui guident le pêne d'une serrure*.

COQUILLE n.f.
1/ARCHIT.: voûte semi-sphérique, souvent en conque*, qui forme le plafond d'une niche. Voûte hélicoïdale formée par la maçonnerie qui porte un escalier en colimaçon*.

2/CHAUFF.: manchon moulé ou extrudé en matière isolante pour l'isolation calorifuge* des canalisations.

3/FUMIST.: poignée de manoeuvre en forme de coquillage, sur la lame inférieure d'un rideau de cheminée.

4/MENUIS.: outil à bords tranchants, en forme de coupelle tronquée, fixé sur les plateaux des tenonneuses à bois.

5/PEINT.: sous-face incurvée, sous les marches d'un escalier.

6/VITR.: encoche à bord arrondi pratiquée dans l'épaisseur d'une glace.

COQUILLART n.m.
Pierre contenant beaucoup de débris fossiles (plus gros que les diatomées*).

COQUILLET n.m.
Pierre calcaire dure à travailler du fait des coquilles qu'elle contient.

COQUILLIER adj.
Qualifie une pierre ayant des débris de coquilles : *calcaire coquillier*.

COR n.m.
1/CHAUFF.: organe de jonction qui absorbe les dilatations des canalisations longues. V. Lyre de dilatation.

2/ÉLECTR.: surplus de longueur en boucle laissé sur un conducteur, à proximité d'une connexion, pour faciliter les interventions ultérieures.

3/SERRUR.: ***cor de chasse***, petite poignée à tirage direct de certaines serrures de portes d'entrée (V.ill).

CORBEAU n.m.
1/ Support en bois, en pierre ou en métal encastré dans une maçonnerie et formant saillie sur son parement, pour porter un balcon, une corniche, une naissance de voûte, une poutre... L'élément ainsi soutenu est dit *en encorbellement* (V.ill).
Syn.: *console*, *coussinet** (d'arc).

2/ Support de canalisation dont le *talon** est scellé, et qui épouse le profil de la canalisation (V.ill).

CORBEILLE n.f.
Partie centrale ornée d'un chapiteau* (surtout corinthien* et gothique*), entre l'astragale*, au-dessous, et l'abaque*, au-dessus. V. aussi Store.

CORBELET n.m.
Petit corbeau*, petite console*.

CORDE n.f.
1/ Ligne droite qui joint les extrémités d'un arc de cercle.

2/DÉCOR. : motif imitant une corde, en bas-relief. Syn.: *câble, tresse*.

3/PEINT.: fines traînées longiformes laissées par les soies d'une brosse.

4/VITR.: stries plus ou moins parallèles dans l'épaisseur d'une glace ou d'une vitre, constituant un défaut.

CORDEAU n.m.
Longue cordelette tendue pour matérialiser les alignements des maçonneries en construction, les lignes de pente en couverture, etc. Syn.: *ligne*.

CORDELIÈRE n.f.
1/ Loquet dont on soulève le battant avec une clef. Syn.: *loquet à vielle*.
2/ Moulure en forme de grosse corde, surtout dans l'art roman.

CORDOIR n.m.
Outil méplat avec lequel on bourre la corde en fond de joint dans les raccords de canalisations. V. Matoir.

CORDON n.m.
Bandeau étroit et peu saillant qui marque simplement, sur une façade, le niveau des planchers.
Moulure* étroite ouvragée de petits motifs identiques répétés.
-***Cordon Bickford*** : mèche de mise à feu des détonateurs d'explosifs.

-***Cordon de briques*** : bandeau constitué d'un rang de briques en saillie.

-***Cordon de mastic*** : bande de mastic* obtenue par extrusion d'une cartouche au *pistolet extrudeur**.

-***Cordon prolongateur*** : conducteur de jonction, souple et isolé, plus souvent appelé *rallonge*.

CORINDON n.m.
Oxyde d'alumine cristallisé, à l'état naturel (on fabrique aussi du *corindon artificiel*) ; c'est le plus dur des minéraux naturels après le diamant.
Il sert de granulat pour chapes antiusure, et pour meules abrasives.

CORINTHIEN adj.
Un des cinq ordres* architecturaux : V. détails au mot Ordre.

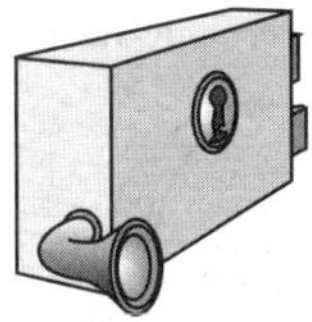

cor de chasse

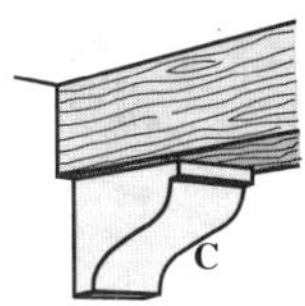

corbeaux (C)

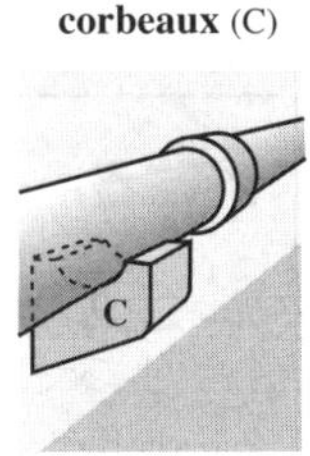

corne-de-vache (C)

CORMIER n.m.
Bois d'Europe rouge sombre, très dur, à grain très fin, qui sert surtout à faire des manches et des fûts d'outils (rabots, bouvets, varlopes, etc.) et des pièces devant résister à l'usure.
Syn.: *sorbier domestique.*

CORNE n.f.
Motif en forme de corne d'animal.

-***Corne d'abaque****: angle retroussé du tailloir* de chapiteau* corinthien.

-***Corne-de-vache*** : portion de voûte concave qui compose la transition entre deux berceaux de largeur différente (V.ill).

CORNETTE n.f.
Bandeau de fer plat scellé aux angles des soubassements pour éviter leur dégradation par le choc des roues de véhicules.

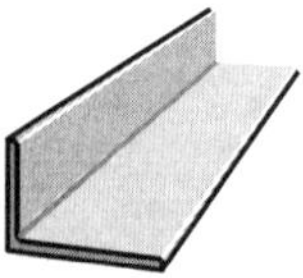

cornière,
ici à ailes inégales

CORNICHE n.f.
1/ A l'extérieur, forte moulure en saillie qui couronne et protège une façade, et sur laquelle sont souvent établis les chéneaux* (V.ill).
Dans l'architecture classique, les corniches, construites sur l'entablement, protègent l'architrave* et sa frise* ou le soffite*. Dans l'architecture romane, la corniche, simple rang de tables de pierre, est portée par des corbeaux*.
La corniche est *architravée* si elle se confond avec l'architrave ; *chanfreinée*, si elle est à simple pan coupé ; *rampante*, si elle suit le faîte d'un fronton ; *cintrée*, si elle est courbe ; *chantournée*, si elle suit les courbes d'un fronton ; *segmentaire*, si elle est faite d'éléments interrompus ; *à soffite** si elle a une retombée.

2/ A l'intérieur, la corniche désigne toute moulure de jonction des murs et des plafonds (V.ill). Autrefois surtout en staff*, les corniches sont souvent faites d'éléments préfabriqués légers à coller en place.

CORNICHES

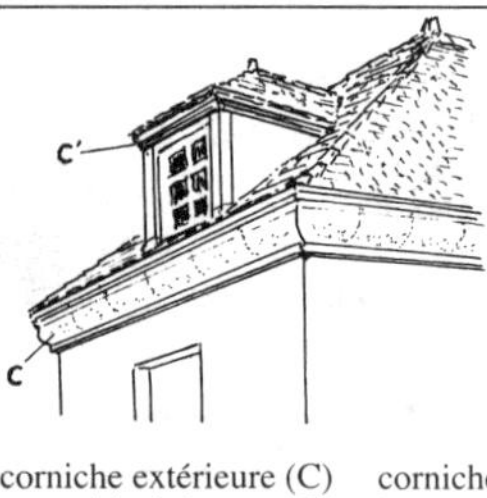

corniche extérieure (C) et corniche de lucarne (C')

corniche en éléments préfabriqués formant coffrage de chaînage (doc.MMC)

corniche intérieure (C)

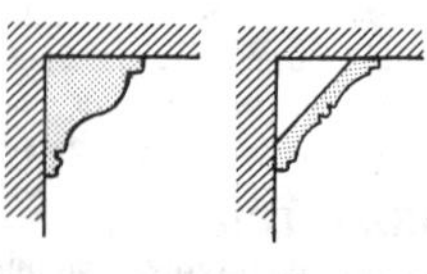

corniches "massive" et "volante"

CORNIER adj.
Qui concerne l'angle saillant des murs d'un bâtiment, ou le parement de l'arête d'une toiture : pilastre* cornier, poteau cornier, tuile cornière.

Jointure cornière : chéneau* en tuiles, à la jonction de combles.

CORNIÈRE n.f.
1/ Rang de tuiles coudées spéciales, ou noquets*, dans une noue* ou une cueillie*, entre des pans de comble.

2/ Chacun des angles droits d'une ardoise rectangulaire.

3/ Profilé de métal méplat plié dans le sens de sa longueur, en général à angle droit (les deux parties latérales, égales ou non, sont ses *ailes*).

Cornière d'angle : profilé léger en métal déployé ajouré, servant de guide d'épaisseur et/ou de protection mécanique des arêtes d'enduits.

COROLLITIQUE adj.
Qualifie un fût de colonne orné de feuillages enroulés en spirale.

CORPS n.m.
Structure, partie principale.

-***Corps de chauffe*** : appareil qui, par échange thermique, transmet à l'air ambiant la chaleur qu'il reçoit ou qu'il génère : radiateur, tube à ailettes, convecteur, plinthe chauffante...

Désigne aussi, dans une chaudière, l'ensemble de son foyer et des tubulures du fluide caloporteur.

-***Corps creux*** : matériau de maçonnerie moulé comportant une proportion importante de vides d'air : blocs, briques creuses, hourdis pour entrevous* de planchers...

-***Corps d'enduit*** : la couche la plus épaisse d'un enduit* traditionnel, entre gobetis* et enduit de parement.

-***Corps d'état*** : chacune des spécialités du bâtiment, et ceux qui la mettent en oeuvre : charpente, couverture, plomberie... sont des corps d'état. Syn.: *corps de métier*.

-***Corps de logis*** : bâtiment principal ou central d'un ensemble.

-***Corps noir*** : en éclairage, corps théorique qui absorberait toute radiation reçue, de toutes longueurs d'ondes, et n'en réfléchirait aucune.

CORRIDOR n.m.
Couloir étroit et long, desservant plusieurs pièces, appartements, etc.

CORRODABLE adj.
Sensible aux agressions chimiques.

CORRODÉ adj. Se dit d'un métal qui a été attaqué par corrosion.

CORROI n.m.
Couche d'argile pétrie avec du gravier, ou béton de chaux dont on enduisait autrefois le fond des réservoirs et bassins pour les rendre étanches aux infiltrations.

CORROSIF adj.
Dont l'action chimique dégrade les matériaux : *eau corrosive*.

CORROSION n.f.
Attaque et destruction de la surface des matériaux par l'action des agents chimiques (surtout sels dissous et acides). Sur les métaux, la corrosion est une oxydation*, évitée par les traitements électrolytiques, zingage, étamage, chromage, etc., ou par les revêtements et peintures *anticorrosion**.

CORROSIVITÉ n.f.
Caractère d'un produit chimiquement agressif, ou corrosif.

CORROYAGE n.m.
1/ Dressement des pièces de bois à la varlope, à la dégauchisseuse*...

2/ Dégrossissage des pièces de métal à la forge.

3/ Tassement de remblais, digues...

4/ Autrefois, malaxage d'un mortier.

CORROYER v.tr.
1/ Malaxer un mortier, mélanger un liant hydraulique aux sables et aux granulats avant de le gâcher (ce sens est devenu rare).

2/MENUIS.: dresser une pièce de bois, lui donner l'épaisseur voulue.

3/SERRUR.: battre une pièce de métal chaud sur l'enclume.

CORVÉE n.f.
Petit ouvrage d'entretien ou de réparation de bâtiment, exécuté par un ouvrier dit *corvéieur*, ou *corvoyeur*.

COSINUS n.m. (symb. **cos**)
V. Trigonométrie.

COSSE n.f.
Petite pièce de connexion conductrice à l'extrémité d'un câble.

• ***Cosse-coeur*** : anneau à gorge extérieure, en forme de goutte, servant à arrimer l'extrémité d'un câble.

COSTIÈRE (parfois ***Côtière***) n.f.
1/COUVERT.: cadre de planches de bois, ou coffre, sur lequel est établi un châssis de fenêtre de toit au-dessus du niveau de la couverture.

2/ÉTANCH.: petit muret portant un relevé d'étanchéité, établi autour d'une émergence à désolidariser de la dalle de toiture-terrasse : souche, acrotère, local technique, etc. (V.ill).

3/FUMIST.: parois latérales intérieures d'un avaloir de cheminée ou d'un conduit de fumée.

COTANGENTE n.f. (symb. **cotg**)
V. Trigonométrie.

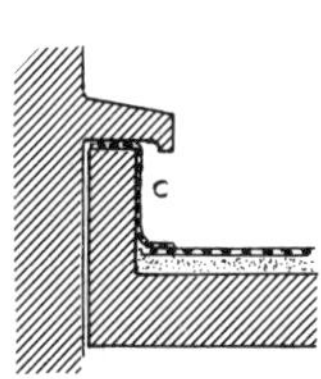

costière (C)

COTATION n.f.
Mise en place des cotes de dimensions sur un plan.
Dans la ***cotation des plans***, on ne porte pas les symboles d'unités de mesure (cm, m) : par convention, l'unité est soit le mètre, soit le cm pour des cotes inférieures au mètre ; dans ce cas, les millimètres sont exprimés sous forme d'exposant : 15^5 signifie 15,5 cm.
La ***cotation des niveaux*** est figurée dans des cercles par des valeurs précédées d'un signe + ou - (par référence au niveau d'origine - niveau supérieur fini de la partie principale du plancher du rez-de-chaussée).

COTE (sans accent ^) n.f.
Chacun des nombres qui indiquent les mesures de dimensions sur un dessin ou un plan coté : les cotes sont inscrites sur ou contre une ligne parallèle à la mesure ; à ses extrémités, des attaches* de cote indiquent les points de la mesure concernée.
NB- Pour les baies*, les ***cotes nominales*** sont la mesure, en hauteur, du haut du rejingot* ou du sol fini au nu du linteau et, en largeur, d'un tableau* à l'autre. Pour les portes, les ***cotes nominales de passage*** sont la largeur et la hauteur nettes, après déduction des ailes des feuillures.
-***Cote de jour*** et ***cote de feuillure*** d'un vitrage : la cote de feuillure est mesurée d'un fond de feuillure à l'autre, et la cote de jour (ou de clair) est la dimension réelle du *jour vitré*, sans les ailes des feuillures.
-***Cote de niveau*** : indication de hauteur d'un point, plancher, marche, etc., par rapport à un niveau ou à une altitude de référence.

COTÉ (sans accent ^) adj.
Qualifie un projet, un plan, un dessin qui comportent des cotes.

COTER v.tr. Mettre en place les cotes sur un plan ou un croquis.

CÔTE (avec accent ^) n.f.
1/ARCHIT.: petit filet saillant qui sépare les cannelures d'une colonne, ou les motifs d'une moulure. Nervure ou filet en saillie qui découpe l'intrados d'une voûte* concave ou d'un dôme en quartiers.
2/MAÇONN.: légères surépaisseurs de forme incurvée laissées par le passage d'une truelle ou d'une taloche sur un enduit. V. aussi Sardine.
-***Côte-de-vache*** : tige de métal carrée qui sert à chaîner* les conduits de fumée, ou à renforcer les planchers (on les dispose entre les poutres, sur leurs entretoises). Syn.: *fenton**.

CÔTÉ (avec accent ^) n.m.
Partie latérale, bordure, flanc.

CÔTELÉ adj.
Garni de stries parallèles serrées.

COTERIE n.f.
Nom que se donnaient entre eux les compagnons de métiers différents pour s'interpeller : *Ohé, la coterie peintre !*

COTRAITANCE n.f.
Association de plusieurs entreprises qui s'unissent et mettent en commun leurs moyens pour exécuter un marché de travaux, en étant conjointes et solidaires vis-à-vis du maître de l'ouvrage.

COTTE n.f.
Vêtement de travail intégral, formant blouson et pantalon, fermé par une fermeture "éclair" sur le devant.

COTTIÈRE n.f.
Large barre métallique méplate.

COU n.m.
Large rainure à profil arrondi, entre deux moulures saillantes.

COUCHE n.f.
1/MAÇONN.: pièce de bois placée sous un étai ou une contrefiche* pour augmenter la surface d'appui au sol ; pièce de bois verticale qui maintient les planches d'un blindage*.
• ***Couche de reprise*** : barbotine* ou mortier riche appliqué sur un béton ancien, pour servir de liaison avec un béton frais ou un enduit.

• ***Couche d'enduit*** : désigne chacune des applications d'enduit* entre lesquelles on laisse un certain délai de durcissement (dans le cas contraire, on parle de *passes**).

2/PEINT.: chacune des applications superposées d'une peinture, d'un vernis, ou d'un produit de préparation des fonds : couches d'apprêt*, d'impression*, primaire*; la couche de finition est celle qui restera au contact du milieu extérieur.

3/ÉTANCH.: chacune des composantes d'un système d'étanchéité, chargée d'une fonction particulière :

• ***Couche de diffusion*** : c'est la couche qui, sous un écran pare-vapeur, assure la répartition des pressions éventuelles de vapeur d'eau.

• ***Couche de désolidarisation*** : feuille d'étanchéité disposée au-dessus d'un isolant thermique, sous une protection lourde en béton.

• ***Couche d'indépendance*** : feuille armée d'un voile de verre, ou papier en kraft bitumé, placé entre un revêtement d'étanchéité et son support pour éviter qu'il en soit solidaire (pose dite *en indépendance**).

4/REVÊT.: la ***couche d'usure*** est la couche superficielle d'un dallage ou d'un revêtement de sol, spécialement adaptée pour résister aux contraintes d'abrasion et d'entretien.
Peut désigner aussi bien une chape qu'une peinture pelliculaire.

COUCHIS n.m.
1/ Pièce de bois répartissant la pression au sol d'un étai* (syn.: *couche*).

2/ Panneau de planches jointives étayé pour contrebuter* une levée de terre ou un mur.

3/ Platelage* transversal disposé entre les fermes d'un cintre* pour soutenir les voussoirs* d'une voûte en cours de construction.

4/ Lit de sable sous un pavage*.

5/ Lattis jointif de bois qui reçoit l'aire en plâtras d'un plancher.

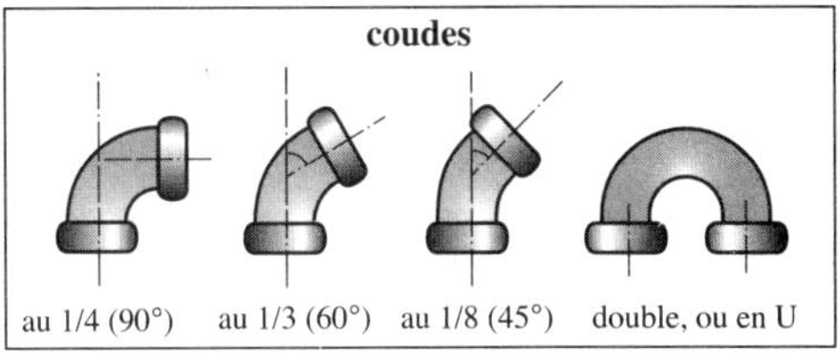

COUDE n.m.
1/ARCHIT.: brisure anormale dans le profil courbe d'un arc*. Syn.: *jarret*. Angle saillant formé par deux parois non alignées.

2/PLOMB.: changement de direction d'une canalisation. Pièce de raccord d'angle de conduits et tuyaux (V.ill) ; on distingue les coudes au **1/4** (angle droit, donc 90°), au **1/3** (angle de 60°), au **1/8**e (angle de 45°), etc.

COUDÉ adj. Qui forme un angle : *barre de fer coudée, tuyau coudé.*

COUDER
1/v.tr. Cintrer un élément quelconque pour constituer un coude.

2/v.i. Pour un mortier, c'est commencer à s'affermir, à *tirer**.

COUDEUSE n.f.
Machine d'atelier utilisée pour cintrer fortement les tubes et tuyaux.

COUDIÈRE n.f.
Dans la région de Lyon, tablette d'appui de fenêtre saillante, à oreilles*.

COULAGE n.m.
1/ Remplissage des joints de pierres avec un coulis*.

2/ Mise en place du béton gâché dans ses coffrages.

COULÉE n.f.
Chacune des séquences répétitives de mise en place de couches de béton d'un ouvrage.

COULER v.tr.
1/ Ficher*, sceller une pierre de taille au plâtre ou au mortier de ciment gâchés clairs, ou coulis*.

2/ Mettre en place par gravité le béton

gâché ; par extension, se dit aussi pour le béton à la pompe*.

-***Sol coulé*** : revêtement de sol appliqué par enduction* sur place, sans autres joints que les joints de structure du support : chape d'asphalte, mortier de résines, granito poncé en place, etc.; syn.: *sol continu*.

COULEUR n.f.
Perception subjective par l'oeil des radiations du spectre chromatique (*l'arc en ciel*) qui ne sont pas absorbées par les matières : un objet éclairé paraît rouge parce qu'il absorbe les radiations vertes et bleues ; noir s'il absorbe toutes les radiations, et blanc s'il les réfléchit toutes.
La ***couleur complémentaire*** d'un coloris est celle qui, mélangée à ce coloris, donne théoriquement le blanc (et en pratique, un gris-noir).

Les ***couleurs chaudes*** sont les couleurs du spectre qui vont du rouge au vert (en passant par les oranges et les jaunes) ; les ***couleurs froides***, à la suite, vont du bleu-vert aux violets.
Les *composantes trichromatiques* de référence permettent l'analyse scientifique des coloris (*colorimétrie*), basée sur la ***température de couleur***, mesure de l'émission réfléchie sous une source normalisée, par rapport à celle du *corps* noir* de référence.
Dans l'analyse, on distingue :
-*la* ***nuance***, différence perceptible entre les couleurs par modification du mélange bi- ou trichromatique.

-*la* ***tonalité***, nuance obtenue suivant la part de couleurs complémentaires introduites dans une dominante (un ton pur contient peu de complémentaires). Elle dépend aussi de la *luminance** propre à certaines couleurs.

-la ***valeur d'une couleur*** : par rapport à la tonalité de base, c'est l'écart relatif introduit par l'addition de blanc (*couleur lavée*) ou de noir (*couleur rabattue, cassée* ou *salie*).

COULEUVRE n.f.
Grosse fissure (plancher, voûte), due à un vice de construction.

COULIS n.m.
Plâtre ou mortier de ciment gâché assez liquide pour être utilisé par gravité dans le remplissage de joints (pour ficher* les pierres, jointoyer* les carrelages), ou pour être injecté sous pression (recollage de chapes, scellement d'ancrages, cachetage* des câbles de précontrainte*, etc.).

COULISSE n.f.
1/MAÇONN.: autrefois, gros conduit carré en planches de bois qui servait à faire descendre les gravats depuis les étages vers le sol ou vers la rue ; aujourd'hui, on utilise plutôt de gros tubes télescopiques, les goulottes*.
2/MENUIS.: rainure, gorge ou rail creux dans lesquels peuvent glisser une porte, une croisée, un châssis, etc. Semelle en bois rainurée servant de socle pour une cloison montée sur un plancher de bois.

3/PLOMB.: élément de canalisation à embout coulissant, permettant le changement d'une portion de tuyau de fonte sans démontage des parties voisines, et des piquages* ultérieurs.

-***Coulisse de ramonage*** de conduit de fumée : ouverture fermée par une plaque coulissante, ou *guichet*, pour l'accès d'outils de ramonage.

COULISSEAU n.m.
1/COUVERT.: bande de métal repliée sur ses deux côtés, pour joindre bord-à-bord deux feuilles de zinc pincées* (V.ill. au mot Joint).

2/SERRUR.: petit conduit de guidage d'une tringle de crémone*. Réglette évidée d'une ouverture réglable à compas*, pour trappes, vasistas, etc.

COULOIR n.m.
Communication intérieure qui commande* plusieurs pièces. Sa largeur de passage libre ne doit pas être inférieure à 80 cm.

COULOMB n.m. (symb. **C**)
Unité élémentaire de quantité d'électricité* : quantité d'électricité mise en jeu en une s. par un courant de un ampère qui traverse un conducteur.

COULOTTE n.f.
1/ Pièce de bois transversale sur tréteaux, sur laquelle les scieurs de long plaçaient les bois à refendre.

2/ Autre orthographe de la *goulotte**.

COULURE n.f.
Trace laissée par un excès de peinture ou de mortier qui a coulé le long d'une paroi. Sur un appareil sanitaire, la ***coulure d'émail*** constitue un défaut d'aspect.

COUMARONE n.f.
Extrait de goudrons de houille, polymérisable en une résine plastique jaune ambré ; sert dans la fabrication de peintures et vernis résistant à la chaleur, aux acides, aux alcalis.

COUP n.m.
Perte d'aplomb d'un mur sur le point de s'effondrer : le mur *fait coup*.

-***Coup de bélier*** : V. à Bélier.

-***Coup de feu*** : dans une chaudière*, surchauffe du métal d'une partie de l'échangeur dans laquelle l'eau ne circule plus, ou pas assez vite, par suite d'un défaut d'alimentation ou d'une obstruction. Le coup de feu est un incident de fonctionnement grave s'il n'est pas détecté à temps.

-***Coup de poing*** : se dit d'un interrupteur actionné par un large bouton-poussoir sur lequel il suffit de donner un coup avec la main, pour des arrêts d'urgence (moteurs d'engins, escaliers mécaniques) ou l'ouverture d'issues de secours.

-***Coup de sabre*** : fine fissure de tassement d'une cloison, en général à proximité de la liaison avec un autre mur.

COUPAGE n.m.
Action de couper, et son résultat ; finition périphérique d'un enduit au plâtre (*coupement** est préférable dans ce sens). V. aussi *Oxycoupage*.

COUPE n.f.
1/ARCHIT.: représentation graphique d'un édifice ou d'une partie d'édifice suivant un plan qui le traverse verticalement, dit ***plan de coupe***.
La coupe est *longitudinale* (dans le sens de la longueur de l'ouvrage), ou *transversale* (sens de la largeur ou de l'épaisseur). Les coupes sont signalées sur plan par des pointillés correspondant à leurs axes, et repérées par deux lettres : A-A', B-B'...
2/MAÇONN.: art de la taille des pierres (V. Stéréotomie). Angle d'inclinaison des lits des voussoirs*.
3/MENUIS.-CHARP.: extrémité d'une pièce de bois préparée pour une jonction : coupe droite, d'équerre, biaise, d'onglet, en sifflet, etc.

La ***coupe de pierre*** est une façon de parquetage massif (V. Parquet).

Coupe d'arase, ou *d'arasement* :
coupe de finition du haut d'un mur, du bout d'une pièce de bois, ou à la périphérie d'un revêtement après sa pose (moquette, papier peint).

COUPE-BOULONS n.m. invar.
Cisaille* puissante à lames courtes et à démultiplication de l'effort, pour sectionner les boulons et tiges d'acier.

COUPE-CÂBLES n.m. invar.
Forte cisaille* à mâchoires courbées en forme de bec-de-perroquet.

COUPE-CIRCUIT n.m. invar.
Dispositif de protection électrique chargé d'interrompre le passage du courant, par fusion d'un élément conducteur, dès que le courant dépasse la valeur nominale prévue.
Syn.: *fusible ou "plomb"* (en langage familier). Les principaux types de coupe-circuit sont :
-le ***coupe-circuit à tabatière*** : c'est l'ancien boîtier de porcelaine dont les mâchoires de cuivre recevaient le couvercle porteur du fusible.
-le ***coupe-circuit rechargeable*** à broches : aujourd'hui proscrit dans toute installation neuve, car trop facile à recharger avec tous types de conducteurs, fusibles.. ou pas.
-le ***coupe-circuit à fusibles calibrés*** : son calibrage empêche la mise en place d'une cartouche* fusible de résistance

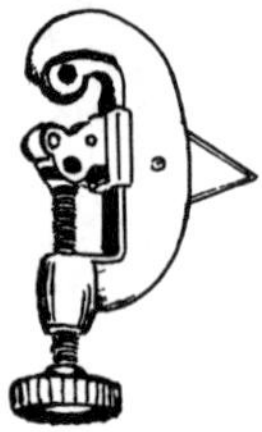

coupe-tubes

supérieure à celle qui est prévue (à chaque valeur correspond un format de cartouche différent).
-le ***coupe-circuit à bascule*** : variante du précédent, il facilite la mise en place des cartouches calibrées.
-le ***coupe-circuit mécanique à réarmement*** : surtout utilisé pour la protection de moteurs ou d'appareils domestiques contre les surcharges, c'est un interrupteur-disjoncteur* thermique à *bilame**, qui peut être réenclenché manuellement, ou qui rétablit le contact de lui-même après refroidissement.
On appelle ***coupe-circuit principal*** le coupe-circuit placé au départ de l'ensemble d'une installation d'usager, ou, dans le cas d'un immeuble, au départ de l'alimentation générale de l'immeuble (doit rester accessible à tout moment).

COUPE-FEU adj. et n.m. invar.
Qualifie une paroi (cloison, plancher...), ou un élément inséré dans une paroi (porte, fourreau* de canalisations, clapet* de gaine), *stable au feu* (mécaniquement), *isolant* thermique, *pare-flammes* (étanche aux flammes). Le classement coupe-feu dépend du délai nécessaire pour qu'une source de flamme normalisée les traverse. Les classes sont de 1/4 h, 1/2 h, 1 h, une heure 1/2, 2, 3, 4 et 6 heures. On dit par ex. qu'une cloison est *coupe-feu deux heures*.

COUPE-GAZ n.m. invar.
Dispositif de coupure automatique de l'alimentation d'un brûleur à gaz, lorsqu'une insuffisance de pression de gaz risque de provoquer l'extinction de la veilleuse.

COUPE-LARME n.m. invar.
Petit filet en saillie au bord du larmier*, qui favorise l'égouttage des eaux de ruissellement.
Syn.: *goutte d'eau, larmier*.

COUPEMENT n.m.
Action de finir nettement, avec un outil tranchant, une arête ou le pourtour d'une surface d'enduit.

COUPER v.tr.
-***Couper le plâtre***, c'est soit le dresser à la règle sur repères avant son durcissement, soit réaliser à la main un ornement, une moulure sans calibre, un raccord de corniche, etc.
-***Couper du trait*** : en dessin d'architecture, faire un croquis réduit d'un élément, d'une pièce de charpente...

COUPERET n.m.
Masse à deux pannes tranchantes qu'utilisent les paveurs.

COUPE-TIRAGE n.m. invar.
Dispositif qui limite le débit d'air du tirage : placé sur le raccordement de la chaudière à son conduit de fumée, le coupe-tirage classique est un volet basculant sur un axe solidaire d'un contrepoids.

COUPE-TUBES n.m. invar.
Outil servant à sectionner les tuyaux de cuivre et tubes de métal, par serrage progressif d'une molette tout en faisant pivoter l'outil autour du tuyau.

COUPE-VENT n.m. invar.
Désigne parfois, surtout en Suisse, un siphon* de grandes dimensions.

COUPE-VERRE n.m. invar.
Outil de traçage des amorces de découpe du verre ; il est muni d'une petite molette dure (autrefois un diamant) ; syn.: *diamant* de vitrier*.

COUPLE n.m.
1/ Système physique constitué de deux forces parallèles et de sens opposé, agissant sur deux points distincts d'un solide : V. Moment.
2/ *Couple thermoélectrique* :
V. Thermocouple.

COUPLET n.m.
Petite charnière* plus large que haute. Penture* en pattes de métal assemblées par des rivures* à une charnière.

COUPLEUR n.m.
Dispositif de branchement d'un appareil électrique, ou de plusieurs appareils entre eux.

COUPOLE n.f.
Voûte soit hémisphérique, soit engendrée par une demi-ellipse.
Syn.: *dôme* (mais la coupole désigne surtout l'intrados* du dôme).

COUPURE n.f.
Interruption dans le passage du courant, d'un fluide..., dans un ouvrage : joint de structure, joint de reprise...

• ***Coupure de capillarité***, ou ***coupure étanche*** : interposition dans toute l'épaisseur d'un mur d'un matériau étanche (bitume armé, mortier adjuvanté, résines injectées) faisant écran aux remontées d'humidité.
La coupure de capillarité à la base des murs doit être au-dessus du niveau du remblai ou du vide sanitaire, et sous le chaînage* du plancher bas.

COUR n.f.
Espace à ciel ouvert clos de murs ou de grilles, encadré par des bâtiments (*cour intérieure*) ou entre un bâtiment et la voie publique.

-***Cour anglaise*** : petite cour étroite au pied d'une façade, en contrebas de la voie publique ou du sol extérieur, pour éclairer les fenêtres du sous-sol. V. aussi Saut-de-loup.

COURANT n.m.
1/ *Courant de comble* : comble, ou portion de comble, considéré dans le sens de sa longueur.

2/ÉLECTR.: déplacement d'électrons libres dans un conducteur*, sous l'effet d'une différence de potentiel appliquée entre ses extrémités.
Un courant est caractérisé par sa tension* V (en volts) et par son intensité I (en ampères).

On distingue le ***courant continu*** qui, avec une intensité constante (tant que la puissance consommée est constante), circule dans un seul sens ; et le ***courant alternatif*** qui circule en alternance tantôt dans un sens, tantôt dans l'autre, à raison d'une fréquence de 50 allers-retours par seconde, ou 50 périodes, soit 50 Hz. Son intensité varie en permanence, de façon sinusoïdale, et sa moyenne est nulle. Sauf exception, les réseaux sont alimentés en courant alternatif sous une tension de 220 ou de 380 V entre *phases**.

Le ***courant monophasé*** utilise deux conducteurs (*phase* et *neutre*).

Le ***courant triphasé***, dit *courant-force*, associant trois courants monophasés décalés de $2\pi/3$, permet d'obtenir soit 380 V entre chacun des trois conducteurs de phase, soit 220 V entre chacun de ces conducteurs et le neutre (V.ill).

courant alternatif

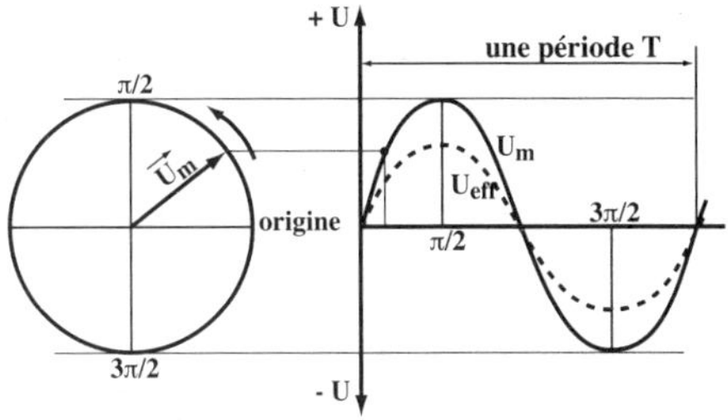

U_m = valeur maximale de tension du courant alternatif.
Sa valeur efficace est : $U_{eff} = U_m . \sqrt{2}$

courant triphasé

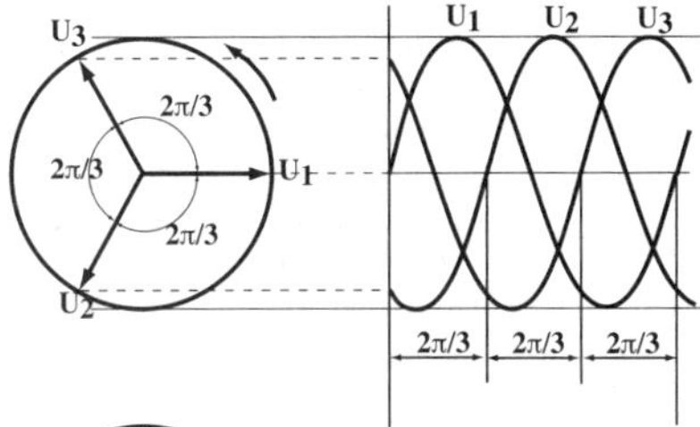

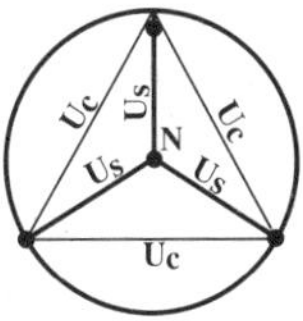

principe du **montage en étoile** (symb. **Y**), où N représente le neutre :

$$Uc = Us . \sqrt{3}$$

Par exemple : 380 V = 220 V. $\sqrt{3}$

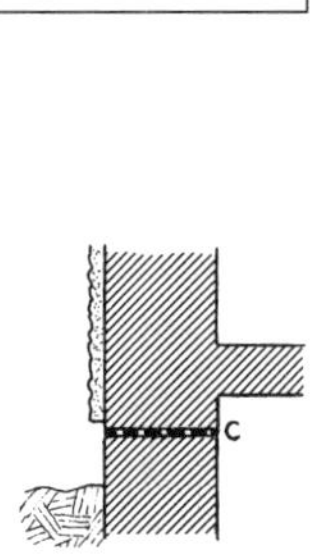

coupure de capillarité (**C**)

• ***Courant efficace*** : intensité* efficace d'un courant alternatif, équivalant à celle du courant continu qui, dans le circuit, engendrerait le même dégagement de chaleur par effet Joule.

• ***Courant de défaut, courant de fuite*** : V. Interrupteur différentiel.

• ***Courant de Foucault*** : généré par induction* électromagnétique : les champs magnétiques exercent une force magnétique (force de Laplace) sur les électrons en mouvement.
Cette force F est perpendiculaire à la fois à l'axe du déplacement d et à l'induction B, suivant la règle dite des "trois doigts" orthogonaux :

$$F \text{ (Newton)} = q \, . \, B \, . \, v$$

Dans cette formule, q est la charge en mouvement (coulombs), v est la vitesse de déplacement (m/s), et B est l'induction (en tesla*).

COURANT adj.
Qualifie un motif répétitif dans une ornementation, ou un élément répétitif (*chevron courant*).

COURBE n.f. et adj.
1/ Ligne d'allure arrondie ; pièce de forme cintrée : marche courbe...

2/ Représentation graphique du lieu des points dont le déplacement obéit à une loi ou dépend d'une fonction mathématique.

-***Courbe granulométrique*** (souvent dite "*granulo*") : expression sous forme d'un graphique des pourcentages croissants des différentes classes de grosseurs des granulats qui composent un sable, les charges d'un béton, un filler, etc., après tamisages. V.ill. au mot Granulométrie.

-***Courbe de niveau*** : tracé topographique des points de même altitude d'un terrain.

-***Courbe des pressions*** : représentation par une ligne brisée des points de réaction mutuelle des poussées transmises par les voussoirs*.

-***Courbe rampante*** : ligne dessinée en trois dimensions par la rampe ou le limon* d'un escalier tournant.

COURBURE n.f.
Forme arquée d'une ligne, d'un profil. Cintrage d'un élément rectiligne.

COURÇON, COURCIN ou **COURCOU** n.m. et adj.
Pièce de bois taillée trop court pour l'usage prévu.

COURGE n.f.
Corbeau* de métal ou de pierre qui supporte la hotte d'une cheminée* sans jambages ni chambranle.

COURONNE n.f.
1/ARCHIT.: acrotère* ou balustrade circulaire, par ex. sur une tour ronde.

2/PLOMB.: canalisation d'alimentation en eau d'allure horizontale, en boucle fermée, courant à la périphérie d'un immeuble, soit en sous-sol, soit dans les combles. Tuyau de plomb ou de cuivre* recuit enroulé en spirale et commercialisé ainsi.

COURONNEMENT n.m.
Toute partie qui termine le haut d'un ouvrage : corniche, chaperon*, lanterne*, mitre*, etc.

COURS n.m.
(ARCHIT.) Alignement d'éléments analogues mis bout à bout : un cours de pannes (suite de pannes aboutées*), un cours de balustres*, etc.

COURSE n.f.
Amplitude du déplacement d'un élément mobile quelconque.

COURSIÈRE n.f.
Étroite galerie le long d'une nef d'église, au-dessus des arcades.

COURSIVE n.f.
Galerie extérieure couverte qui dessert plusieurs logements ou locaux ; parfois, galerie intérieure de certains ensembles modernes.

COURT-CIRCUIT n.m.
Contact établi sans interposition d'une résistance entre les conducteurs d'un circuit, ou un conducteur et une masse. Il provoque un échauffement qui doit instantanément déclencher la coupure par fusion du coupe-circuit*.

COURTINE n.f.
Façade encadrée de deux pavillons*, ou de deux tours fortifiées.

COUSSINET n.m.
Pierre qui, au sommet d'un pilier ou d'un piédroit*, porte la retombée* d'un arc. Son lit inférieur est horizontal, tandis que son lit supérieur est incliné pour recevoir le premier claveau*. Syn.: *sommier**, *oreiller**.

COUTEAU n.m.
Outil à lame métallique plus ou moins souple, de diverses formes, utilisé par les maçons, plâtriers, plaquistes, peintres, vitriers, pour l'application et le lissage des enduits et des mastics.

COUTRE n.m.
(COUVERT.) Ardoise retaillée en biais, dans sa hauteur et dans sa largeur.

COUTURE n.f.
Interface de liaison entre deux bétons d'âges distincts.

COUVERCLE n.m.
Partie amovible d'une moulure pour conducteurs électriques (la partie fixe étant la *semelle*).

COUVERTE n.f.
Émail devenant transparent à la cuisson ; appliquée sur l'engobe*, la couverte est la finition extérieure des appareils sanitaires en porcelaine.

COUVERTINE n.f.
Bavette de protection et d'étanchéité des rives latérales d'un toit, recouvrant la pointe de pignon.

COUVERTURE n.f.
1/ Ensemble des ouvrages et matériaux

couteaux

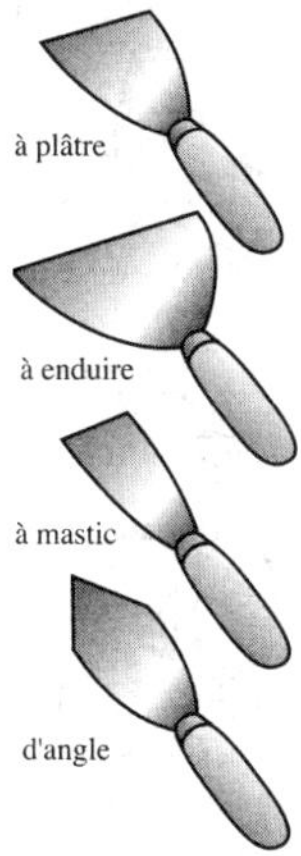

COUVERTURE
Choix des matériaux selon la pente
(d'après NF P 30-201)

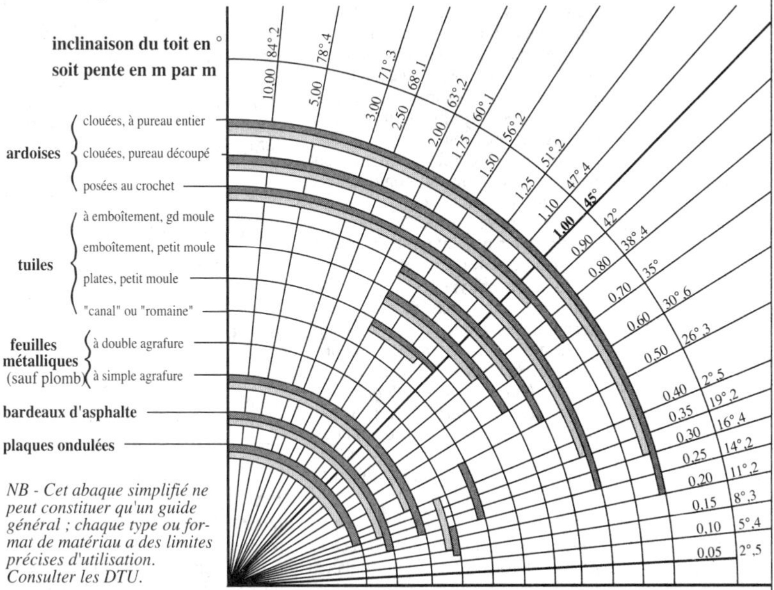

NB - Cet abaque simplifié ne peut constituer qu'un guide général ; chaque type ou format de matériau a des limites précises d'utilisation. Consulter les DTU.

couvre-joints (**C**)

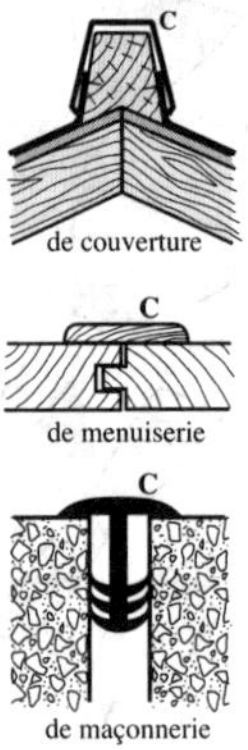

de revêtement qui assurent le "couvert" d'un édifice.

La couverture, partie extérieure de la toiture, doit protéger de façon étanche et durable les superstructures d'un édifice contre les intempéries (pluie, neige, grêle, soleil et vent).

On lui demande aussi de résister à l'acidité de l'air et des fumées, au feu, et au poids du personnel d'entretien.

La couverture comporte deux grandes catégories d'ouvrages : ***couverture sur combles***, et ***couverture des toitures**-terrasses***, relevant de techniques particulières.

La couverture est dite ***autoportante***, ou *autoporteuse*, si son support est constitué soit de bacs* métalliques, soit de panneaux rigides juxtaposés (panneaux* de sous-toiture) évitant la mise en place d'un chevronnage* entre pannes*.

Le **choix** d'un type de couverture de comble dépend de :

• la pente* ou l'inclinaison* des rampants à couvrir, selon leur situation et leur exposition aux vents dominants (plaine, montagne ou littoral maritime). V. tableau page précédente.

• le poids que la charpente peut porter, avec une forte marge de sécurité (+ neige et pression du vent).

• la forme du comble : on ne peut revêtir, par ex., un toit conique avec des tuiles à emboîtement.

• les habitudes et les règlements locaux, pour une intégration harmonieuse à l'environnement.

La **mise en oeuvre** : les principaux types de couverture et documents normatifs sont décrits ou cités aux noms qui les concernent, à savoir : *ardoise*, *bardeaux* (d'asphalte, de bois), *chaume*, *lauze*, *plaques* ondulées, *plomb*, *tuiles* (béton, canal, plates, à emboîtement, flamandes, fibres-ciment), *zinc*.

Voir aussi Arêtier, Faîtage, Lucarne, Noue, Toiture-terrasse.

2/CHAUFF.-CLIMAT.: la ***couverture solaire*** est un coefficient correcteur prenant en compte les apports* solaires gratuits, dans le calcul des besoins* en chauffage des logements ; ce coefficient est fonction de l'ensoleillement moyen (selon zone climatique), de la surface et de la nature des vitrages, de l'exposition des locaux et, pour partie, de l'inertie thermique des parois.

3/PEINT.: la couverture est le nombre moyen de m^2 couverts, en une couche, avec une unité de poids (m^2/kg) ou de volume (m^2/litre), ou encore avec une unité de conditionnement (boîte, bidon, etc.). C'est l'inverse de la *consommation**.

4/SERRUR.: plaque de métal qui constitue la façade d'une serrure, et ferme son coffre*. Syn.: *foncet**.

COUVRANT (**pouvoir —**) adj.
Qualifie l'aptitude d'une peinture à bien masquer, parfois en une seule couche, une couche sous-jacente de couleur différente.

COUVRE-CHANT n.m.
Bande plastifiée ou baguette rapportée sur les chants* des panneaux ou agglomérés de bois.

COUVRE-JOINT n.m.
1/COUVERT.: profilé en tôle repliée en trapèze, pour être fixé en recouvrement d'un tasseau de faîtage ou d'arêtier, ou sur un acrotère (V.ill).

2/MAÇONN.: profilé à dispositif d'ancrage inséré dans les joints de structure et de dilatation des dallages de béton et des murs des façades.

3/MENUIS.: baguette ou latte fixée au-dessus d'un joint séparant deux surfaces planes, pour le dissimuler.

COUVREMENT n.m.
De façon générale, tout ouvrage qui limite le haut d'une baie (arc, linteau), d'un entrecolonnement* (arcade, architrave), ou d'un bâtiment (voûte, charpente) ; mais il ne désigne pas la couverture.

COUVRE-SOL
ou **COUVRESOL** n.m. Ensemble des revêtements de sols plastiques et/ou textiles d'un chantier ; entreprise de pose spécialisée dans cette activité.

COUVREUR n.m.
Entrepreneur ou compagnon spécialiste des techniques de couverture et de leur mise en oeuvre.
Souvent , il est aussi plombier-zingueur ; par contre la couverture des toitures-terrasses relève de l'étanchéité.

COUVRIR v.tr.
1/ Masquer : une peinture qui *couvre* bien (V. pouvoir couvrant*).
2/ Mettre en place la couverture d'un édifice, mettre l'édifice *hors d'eau**.

COYAU n.m.
Pièce de bois en sifflet rapportée sur la partie inférieure d'un chevron*, pour le prolonger ou donner à la partie inférieure d'un pan de toiture une moindre inclinaison.

COYAUTAGE n.m.
Mise en place de coyaux.

COYER n.m.
Tirant diagonal d'une charpente de croupe*, entre l'arêtier* et le gousset* reliant le tirant de la demi-ferme de croupe à l'entrait de la ferme.

CRACHAT n.m.
Groupe de petites inclusions gazeuses dans le verre.

CRAMPILLON n.m.
Clou dont l'extrémité est biseautée en sifflet, et non en pointe.

CRAMPON n.m.
1/ Tige coudée en métal forgé servant autrefois à lier deux pierres d'une même assise*. Syn.: *agrafe**.
2/ Gâche* de targette* ou de loquet.
3/ Pièce de fixation garnie de pointes ; cavalier* en U à deux pointes.

CRAMPONNET n.m.
Syn. de *picolet* (V. ce mot).

CRAN n.m.
Calcaire tendre broyé servant de charge*. Poussière qui résulte de la taille de la pierre.

crapaudines

pour eaux pluviales (à emboîtement et à charnière) — pour pivot de porte

CRANTÉ adj.
Qualifie un outil à lame garnie de dents carrées : spatule crantée.

crapaud

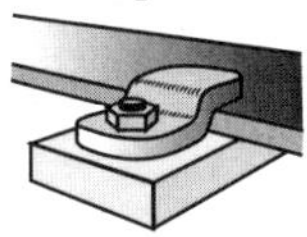

CRAPAUD n.m.
1/ Dans le marbre, rognon* de pierre grossière. Dans le granit, concentration de couleur distincte, ne constituant pas un défaut.
2/ Patte épaisse et contrecoudée, servant à maintenir une platine ou une aile de profilé sur un socle (V.ill).

coyau (C)

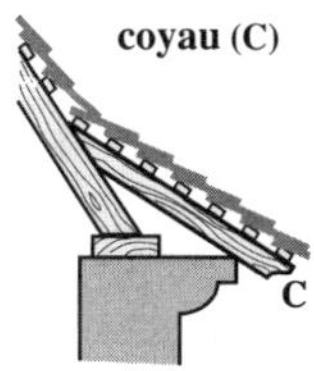

CRAPAUDINE n.f.
1/COUVERT.: petit panier retourné formant filtre aux points d'écoulement d'eaux pluviales pour retenir les végétaux et corps étrangers ; souvent dite *crépine** ou *araignée** (V.ill).
2/SERRUR.: bloc de fonte ou de pierre, ou plot de béton percé d'un trou pour recevoir le goujon* de pivotement bas d'une porte cochère.

CRAQUELAGE n.m.
ou **CRAQUELURE** n.f.
Réseau de fines fissures en mailles formant des petits polygones, par exemple sur une peinture desséchée.
Pour les enduits, on parle plutôt de *faïençage**.

CRAQURE n.f.
Fissure dans une feuille de métal.

CRÉMAILLÈRE n.f.
1/CHARP.: dans un escalier, pièce de bois dont une rive a le profil des marches et contremarches qu'il supporte. Syn.: *limon à crémaillère*.
2/COUVERT.: fer méplat percé de trous ou cranté, pour maintenir ouvert un châssis de tabatière*.

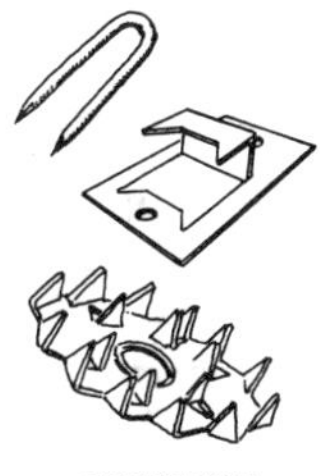

crampons

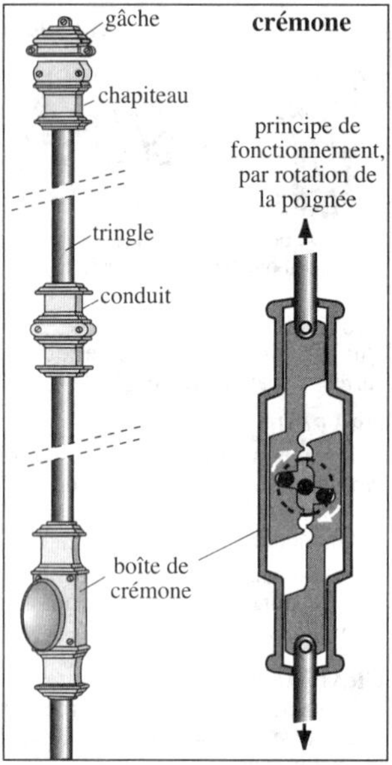

3/MENUIS.: baguette crantée fixée verticalement pour recevoir des tasseaux supports d'étagères.

CRÉMONA n.f.
Représentation graphique d'une charpente, montrant les pièces en compression, en traits épais, et les pièces en traction, en traits fins.

CRÉMONE n.f.
Dispositif de fermeture des vantaux des fenêtres et portes-fenêtres, dans lequel une poignée à bascule commande deux verrous par l'intermédiaire de *tiges* : les tiges glissent dans des *coulisseaux* de guidage, ou *conduits*, puis dans des *chapiteaux* pour pénétrer dans les *gâches* des dormants.
Les crémones modernes sont encastrées dans l'épaisseur du vantail.

CRÉNEAU n.m.
Évidement carré au faîte d'un mur.
Le muret qui sépare deux créneaux consécutifs est un *merlon**.

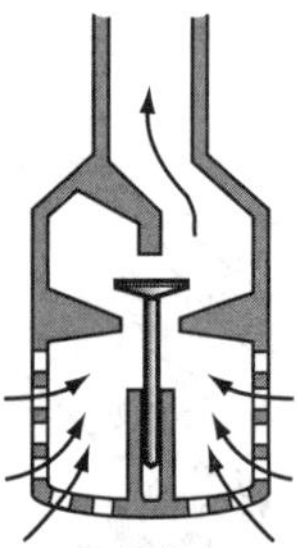

crépine d'aspiration
à clapet antirefoulement

CRÉNELAGE n.m.
Couronnement d'un mur fait d'une succession de merlons et de créneaux.

CRÉNELER v.tr. Découper le bord d'un panneau ou d'une feuille de métal en forme de créneaux.

CRÉNELURE n.f. Motif d'ornement en forme de petits créneaux.

CRÉOSOTE n.f.
Huile phénolique incolore obtenue par distillation des goudrons ou du bois. Très fluide, elle sert depuis longtemps de produit de conservation des bois, par imprégnation.

CRÉOSOTAGE n.m. Traitement par imprégnation de créosote.

CRÉPI n.m.
Autrefois, désignait surtout les couches grossières de plâtre appliquées sur les maçonneries et pans de bois ; à l'extérieur, il désignait la sous-couche des enduits de finition.
Le ***crépi moucheté*** était l'enduit gâché fluide, appelé ensuite mouchetis* tyrolien*; il était jeté au balai à manche court, ou *crépissoir*. Aujourd'hui, le crépi désigne souvent divers enduits* de parement des façades, en particulier les enduits* minces de finition.

CRÉPI adj. Revêtu d'un enduit de parement : *façade crépie*.

CRÉPINE n.f.
Petit bac filtrant perforé retenant les corps étrangers à l'orifice de tuyaux d'aspiration (eau, fioul). Les crépines à clapet* ont un système antiretour, à bille mobile ou à soupape (V.ill).

CRÉPIR v.tr.
Appliquer un crépi.

CRÉPISSAGE n.m.
Réalisation d'une finition extérieure en crépi.

CRÉPISSEUR n.m.
Désigne, surtout en Alsace, l'entrepreneur ou le compagnon spécialiste des finitions extérieures des façades.

CRÊTE n.f.
1/ Chaperon* d'un mur, faîtage *.

2/ Ornement découpé ou ajouré rapporté sur un faîtage.

3/ Garnissage en mortier de ciment ou de plâtre formant bourrelet entre des tuiles faîtières sans emboîtement, posées sur embarrure*.

CRÉTELÉ adj. Qualifie un faîtage garni d'une crête.

CREUSEMENT n.m.
1/ Excavation dans un sol, perforation dans une maçonnerie.

2/ Légère dépression concave que forme en séchant la surface d'un enduit fin appliqué en forte épaisseur. On dit aussi parfois *creusage*.

CREUX, CREUSE adj.
V. Bloc, Brique, Corps, Joint creux.
En creux (loc. invar.) : concave, évidé, en retrait par rapport à un nu*, à un niveau. Opp.: *saillant*.

CREVASSE n.f.
Fente étroite, plus ou moins longue, dans une maçonnerie. Syn.: *fissure*.

CRIBLAGE n.m. Passage d'un sable ou d'un gravier au crible, tamisage.

CRIBLE ou **CRIBLEUR** n.m.
Large bac vibrant à fond grillagé, servant à séparer les gros éléments des petits dans un mélange sec (sable, roche concassée, etc.).

CRIBLER v.tr.
Trier par criblage, analyser la granulométrie* d'un sable ou d'un gravier.

CRIBLURE n.f.
1/ Granulats qui restent dans la grille d'un crible ; ceux qui traversent la grille sont dits *passants*.

2/ Résidus de triage de matériaux de carrière concassés, utilisés pour des empierrements.

CRIC n.m.
Appareil de levage vertical ou de poussée latérale, à crémaillère à cliquet, ou à dispositif hydraulique.

CRINOLINE n.f.
Ensemble d'arceaux de protection disposés autour d'échelles de secours ou de service (pylônes, tours de grues, cheminées d'usines...).

CRIQUE n.f.
Gerçure d'un métal aigre*, cassant, inapte à l'emploi en charpente.

CRISTALLIN adj.
Qualifie un minéral dont la structure est une juxtaposition de cristaux, tel que la silice. Opp.: *amorphe*.

CRISTALLISATION n.f.
Transformation d'un corps en cristaux.

CRITIQUE adj.
Qualifie une valeur proche du seuil où elle déclenche un phénomène (température critique, point critique), ou correspondant à une valeur extrême à ne pas dépasser.

CROCHET n.m.
1/ARCHIT.: ornement en saillie, plus ou moins en volute sur un pinacle*, un gâble*... Syn.: *crosse*.

2/COUVERT.: pièce d'accrochage des ardoises*, en fil rigide galvanisé.
Support de gouttière* pendante.
Pièce recourbée fixée sur un chevron pour arrimer des échelles de couvreur.

crochets

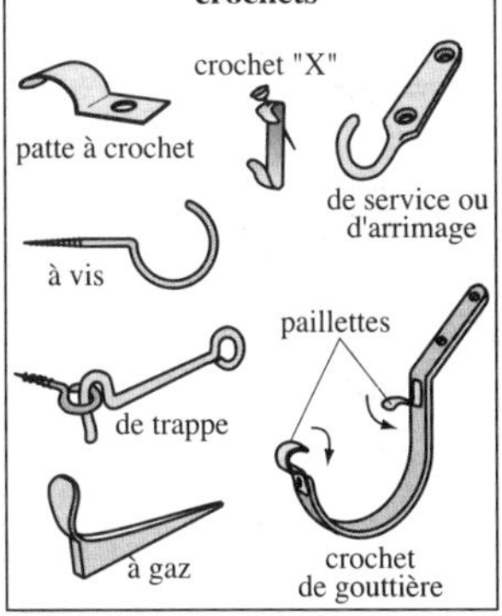

croix de St-André

3/MAÇONN.: désigne souvent la *crosse** d'armature de béton.

4/MENUIS.: pièce munie de griffes servant à arrêter les ouvrages de bois sur un établi*; ciseau courbé pour creuser latéralement dans le travail au tour*.

CROCHETAGE n.m.
Pour un enduit, c'est le fait de bien s'ancrer sur une armature (treillis, bacula), en contournant les éléments.

CROCODILAGE n.m.
Retrait en réseau d'une peinture ou d'un vernis, ayant l'aspect de la peau de crocodile ; syn.: *peau de crapaud.*

CROCODILE n.m.
1/ Contacteur d'électricien formant pince à ressort, à mâchoire dentée : *pince crocodile.*

2/ Scie à dents inclinées pour le débit des pierres tendres de carrière.

CROISÉE n.f.
Ensemble constitué par les vantaux* d'une fenêtre* (ou d'une porte-fenêtre), et de son bâti* dormant* (V.ill).

• ***Croisée d'ogive*** : voûte composée de quatre quartiers, symétriques deux à deux (V.ill. à Ogive), reportant les charges vers les appuis d'angle.

• ***Croisée de transept*** : partie d'une église qui est commune à la nef* et aux transepts*, ou croisillons*.

croisée traditionnelle

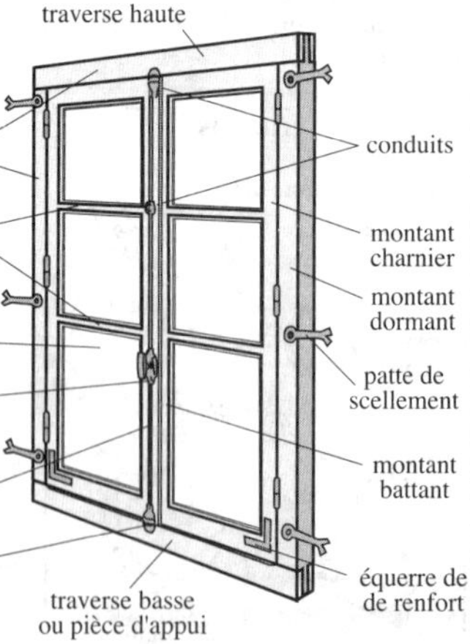

CROISEMENT n.m.
Désigne parfois la jonction de deux murs, et son appareillage*.

CROISILLON n.m.
1/ Chacun des deux transepts* d'une église, ouvrant sur la nef.

2/ Disposition en croix des barreaux, ou petits bois, qui divisent en hauteur et en largeur un châssis de croisée*: *fenêtre à croisillons.*

3/ Pièces disposées en croix dans une ossature ou un cadre pour conforter leur rigidité.

CROISURE n.f.
Recouvrement de deux éléments consécutifs d'une gouttière.

CROIX n.f.
Pièce de raccord* de tuyaux en forme de croix ou de X.

-***Croix de Saint-André*** : ouvrage de contreventement* en X, assemblé à mi-bois* au point de croisement (V.ill).

CROQUIS n.m.
Dessin à main levée, sans échelle ni précision, présentant une vue générale, un détail d'exécution, etc.

CROSSE n.f.
1/ARCHIT.: ornement en forme de fleur ou de feuille recourbée, sur un rampant de pignon*, un arêtier*, un chapiteau*, etc. Syn.: *crochet.*

2/MAÇONN.: partie recourbée à l'extrémité d'un fer d'armature du béton, pour sa liaison à une autre pièce d'armature. Syn.: *crochet.*

-***Crosse d'échelon*** : barre de métal amovible, recourbée à son sommet, placée à l'orifice des regards d'égouts pour en faciliter l'accès.

CROSSETTE n.f.
1/ Partie d'un claveau* retournée horizontalement pour s'aligner sur une

crossettes (C)

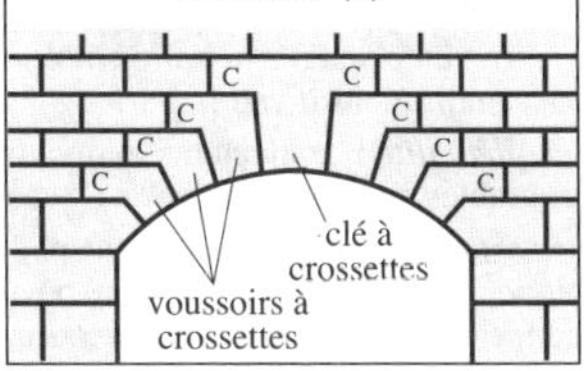

assise* (V.ill) ; un arc* ainsi appareillé est dit *en tas* de charge.*

2/ Ressaut en redans en haut d'un chambranle* ou d'un encadrement.

CROUPE n.f.
Pan* de toiture rampant à l'extrémité d'un comble* (V.ill). La croupe, triangulaire ou trapézoïdale, est délimitée par deux arêtiers et un égout.
Une croupe est *biaise* si son égout n'est pas perpendiculaire à ceux des longs pans.
La ***charpente de croupe*** comprend une *ferme* de croupe,* dans l'axe du faîtage, et deux demi-fermes d'arêtier.

CRU adj. et n.m.
Une construction est ***à cru*** si elle repose sur le sol sans fondations.

En cimenterie, le ***cru*** (n.m.) est la pâte obtenue par délayage dans l'eau des produits de carrière concassés : le cru est ensuite broyé, puis dosé et homogénéisé avant cuisson (procédé dit *par voie humide* : V. Ciment).

CRUCIFORME adj.
En forme de croix : plan d'église cruciforme, tournevis cruciforme...

CRYOGÉNIE n.f.
Production de températures basses.

CRYOSCOPIE n.f.
Étude du froid et de la congélation.

CRYPTE n.f.
Local souterrain ; chapelle sous le choeur d'une église, ou sous l'église entière, suivant le même plan.

croupe de toit
et sa charpente traditionnelle

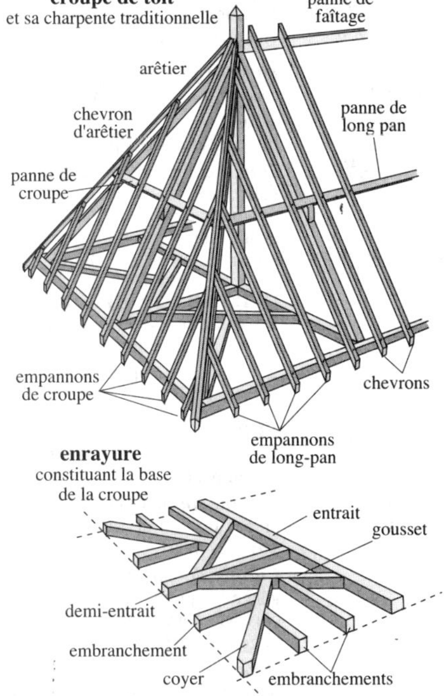

CRYPTO-EFFLORESCENCE n.f.
Formation d'une cristallisation dans l'épaisseur d'une maçonnerie, par la réaction d'eaux d'infiltration séléniteuses* sur le ciment, ou de gaz sulfureux présents dans l'eau de pluie infiltrée, réagissant sur le calcaire.
Provoque souvent un gonflement et des dislocations lamellaires.

CRYPTOGAMIQUE adj.
Relatif aux familles de végétaux qui comprennent les champignons, moisissures, mousses et lichens.

CUBAGE n.m.
Mesure d'un volume quelconque : air d'une pièce, terres d'un remblai... On dit parfois aussi ***cubature***.

CUBER v.tr. Mesurer un volume.

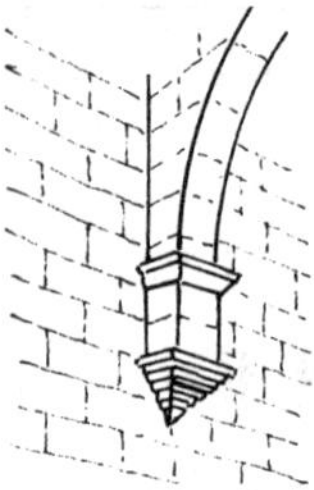

cul-de-lampe

CUBIQUE adj.
En forme de cube : dé* cubique, chapiteau* cubique.

CUEILLIE ou **CUEILLÉE** n.f.
1/ Angle rentrant formé par deux plans sécants : deux murs, un mur et un plafond, etc. par opp. à l'arête*.

2/ Bande d'enduit verticale, ou règle fixée par des chevillettes*, servant de guide d'épaisseur et de nu* pour enduire un mur en réalisant des arêtes, retours* et piédroits* d'aplomb.

CUILLER ou **CULIÈRE** n.f.
1/ Façon arrondie de l'extrémité d'une gorge*, d'une cannelure*.

2/ Pierre creusée placée sous un dauphin* ou sous un écoulement.

CUISINE n.f.
Tout local consacré à la préparation des aliments.

Cuisine industrielle : atelier de préparation ou de transformation en série des mets.

Cuisine de collectivité : cuisine en général équipée d'un ensemble de cuisson central, ou *piano*, sous une large hotte aspirante.

-***Bloc-cuisine*** : ensemble d'équipements préassemblés, prêt à raccorder sur les alimentations en eau, branchements et évacuations.

CUISINETTE n.f. Petite cuisine, souvent non séparée de la pièce principale. Syn.: *kitchenette.*

CUIVRAGE n.m.
Application d'un revêtement anticorrosion à base de cuivre.

CUIVRE n.m. (symbole **Cu**)
Métal d'un rouge caractéristique, de densité 8,9. Il fond à 1080°C.
Un des métaux les plus utilisés dans le bâtiment : tuyaux, conducteurs, et, sous forme d'alliages, articles de quincaillerie, serrurerie, couverture, etc.

Principales **caractéristiques** :
-*conductivité électrique* (la meilleure après celle de l'argent) ;

-*conductivité thermique* : emplois dans les chaudières et échangeurs ;

-*inertie au contact de l'eau* : emplois en canalisations d'eau ;

-*malléabilité* : conducteurs et tuyaux cintrables, collets battus ;

-*résistance à la corrosion* atmosphérique : emplois en couverture, où il se recouvre d'une couche protectrice d'oxyde, ou vert-de-gris.

Principaux **alliages** : avec l'aluminium, le *bronze d'aluminium* ; avec le fer ou le nickel, les *maillechorts* ; avec l'étain, le *bronze* ; avec le zinc, le *laiton*, ou *cuivre jaune* ; avec le nickel, les *cupro-nickels.*
Pour les cuivres utilisés en plomberie, on distingue :

• le ***cuivre écroui***, ou *cuivre clair* : il subit un étirage qui réduit sa malléabilité, d'où son emploi en tubes rigides pour canalisations rectilignes ;

• le ***cuivre recuit***, ou *cuivre rouge* : c'est du cuivre écroui qui a été chauffé au rouge sombre, puis refroidi.
Ce traitement lui rend sa malléabilité, ce qui permet de le former et de le couder : c'est le cuivre pour tuyaux vendu en couronnes*: il se prête bien aux parcours sinueux et aux encastrements dans les murs.

cul-de-four (C)

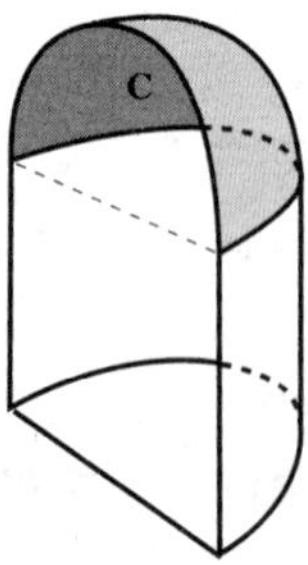

CUL-DE-FOUR n.m.
Voûte* ou haut de niche* en demi-coupole, soit un quart de sphère (V.ill).

CUL-DE-LAMPE n.m.
1/ Sorte de chapiteau* sans colonne, en saillie sur un mur, formant l'appui d'une naissance d'arc doubleau ou de nervures* d'une voûte* (V.ill).

2/ Désigne parfois aussi la clef* de voûte pendante*, ouvragée comme un culot de lampe.

3/ Petite construction adossée*, en rotonde.

CUL-DE-POULE n.m.
Renflement du socle d'une pièce de serrurerie, autour de l'orifice de l'axe d'un bouton ou d'une poignée.

CUL-DE-VOÛTE n.m.
Extrémité d'une voûte ou d'un berceau* qui se termine par une demi-coupole. Syn.: *cul-de-four**.

CUL-NU n.m.
Assemblage d'angle droit simple, sans tenon ni mortaise, rigidifié par un mouchoir* rapporté, cloué ou vissé.

CULÉE n.f.
Massif de maçonnerie qui contrebute* la poussée d'un arc-boutant.

CULOT n.m.
1/ARCHIT.: petit cul-de-lampe*, formant la naissance de rinceaux* ou volutes*, ou d'un socle de statue en applique.

2/ÉLECTR.: partie d'une lampe* qui sert à la fixer dans une douille* d'alimentation. Pour les usages courants, le culot normalisé est soit à baïonnette, soit à vis.

3/MENUIS.: extrémité inférieure d'un poteau suspendu.

CULOTTE n.f.
Élément de jonction de plusieurs tuyaux sur une conduite de même section (si les sections diffèrent, c'est un *embranchement*). La culotte est simple ou double (V.ill).
La ***culotte à regard*** est une culotte simple dont la branche oblique obturable sert d'accès pour les curages* et dégorgements*.

CULTELLATION n.f.
Arpentage* d'un terrain en pente par mesures horizontales successives en gradins, entre des jalons ou avec des lattes à niveler.

CUNETTE n.f.
1/ Petit canal qui forme le fond d'un égout*, souvent bordé d'une ou deux banquettes de circulation (V.ill).

2/ Tranchée d'accès ménagée dans un ouvrage de terrassement.

CUPRO-NICKEL n.m.
Alliage de cuivre et de nickel. Cet alliage à résistance mécanique élevée est peu sensible à la corrosion.

CURAGE ou **CUREMENT** n.m.
Nettoyage des canalisations d'évacuation ou des égouts, pour les débarrasser des boues et débris qui provoquent leur engorgement.

CURATIF adj.
Qualifie un traitement qui remédie à un désordre*, à une dégradation, par opp. à un traitement *préventif*.

CURE n.f. (angl. *to cure*, durcir)
Prise et durcissement (du béton).

Un ***produit de cure*** du béton est un produit appliqué, surtout à la surface des dalles, pour empêcher l'évaporation trop rapide de l'eau.

CURETAGE ou **CURETTAGE** n.m.
1/ Parfois syn. de *Curage**.

2/ En urbanisme, désigne parfois la réhabilitation de vieux quartiers, sur le plan des équipements d'hygiène.

CURETTE n.f.
Petit outil de menuisier en forme de spatule, servant à approfondir une mortaise, creuser un détail, etc.

CURVILIGNE adj.
Qualifie un motif, un profil, un tracé, etc., composé de lignes courbes.

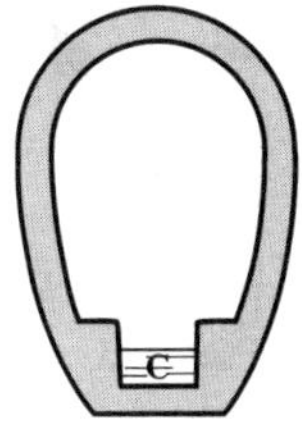

cunette
d'égout (C)

CULOTTES

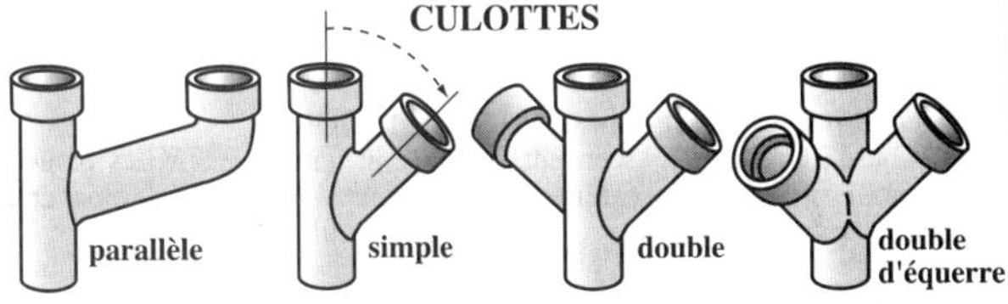

angles standard : 45°- 67,30° et 87,30° ("té")   45° et 67,30°   67,30°

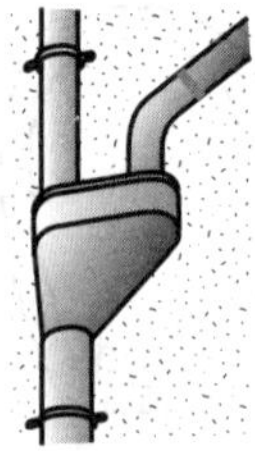

cuvette pour eaux pluviales, dite "**jambon**"

CUSHION-FLOOR n.m.
Revêtement de sol plastique fait d'une couche superficielle d'usure en PVC transparent, d'une couche PVC microcellulaire à décor, et d'une sous-couche semi-rigide (enduction plastique dite *cushion-vinyl*).

CUT-BACK n.m.
Solution de brai* ou de bitume* servant de produit d'imprégnation des sols, et autrefois utilisé comme adhésif pour la pose des dalles vinyl-amiante* (on lui préfère aujourd'hui les colles de synthèse, plus faciles d'emploi).

CUTTER n.m.
(parfois francisé en ***cuteur***)
Outil tranchant à lame interchangeable, droite ou crochue.

CUVE n.f.
Réservoir* étanche à parois généralement verticales ; les cuves à fioul domestique font l'objet de normes.

CUVELAGE n.m.
Ouvrage d'étanchéité des parois d'un local souterrain, d'une cuve, d'un réservoir, etc., réalisé avec un enduit étanche (mortier fortement hydrofugé, ou mortier de résines synthétiques). La fonction principale d'un cuvelage consiste à résister aux pressions hydrostatiques sous-jacentes en terrain humide ou à proximité de nappes* phréatiques.

CUVETTE n.f.
1/COUVERT.: récipient en entonnoir placé sous un chéneau pour collecter les eaux de pluie et les diriger dans la descente d'eau, ou à la jonction de descentes (V.ill). Syn.: *jambon*.
Pierre creusée disposée sous le dauphin* d'une descente d'eaux pluviales. Syn.: *cuiller, dalon*.

2/ *Cuvette d'ascenseur* : cavité dans le sol, à la base d'une cage d'ascenseur, qui accueille le bas de la cabine et divers équipements.

3/PLOMB.: partie creuse d'un appareil sanitaire, formant récipient ou réceptacle : cuvette de lavabo (dite aussi *vasque* si elle est sans rebords, et à encastrer), cuvette de bidet, d'évier.

La cuvette de WC*, formant siège, comporte un orifice à siphon intégré, et, sous son rebord supérieur, un dispositif de répartition de l'eau de chasse. Des orifices sont prévus pour rapporter un abattant*, et, dans la plupart des cas, une chasse* d'eau dorsale. La plupart des cuvettes de WC sont à fixer au sol, avec immobilisation par des vis, mais certains modèles sont conçus pour une fixation en applique murale (cuvette *suspendue*).

CYBERNÉTIQUE n.f.
Science des mécanismes asservis et équipements d'intercommunication, de régulation et de contrôle.

CYCLE n.m.
Ensemble des valeurs prises par un phénomène périodique, pendant une période*. Modifications que subit un système entre un état et le retour à cet état primitif.

-Cycle gel-dégel : séquence d'essai répétitif de comportement des matériaux, faisant partie des tests de vieillissement accéléré.

CYCLOPÉEN adj.
Qualifie un béton* grossier composé de très gros granulats, destiné à ne subir que des efforts en compression : massifs, fondations lourdes...
Syn.: *gros béton*.

CYLINDRAGE n.m.
Écrasement répété au rouleau compresseur des pierres répandues sur une chaussée carrossable.

CYLINDRE n.m.
Outre le sens usuel (V. les planches Surface et Volume), c'est le bloc central d'une serrure* à barillet.

D

D ou **d**
Symbole du diamètre (aussi noté Ø).

d Abréviation du préfixe *déci*, soit 1/10e : dm = décimètre.

da Abréviation du préfixe *déca*, soit 10 fois : daN = décanewton.

DAIS n.m.
Ouvrage sculpté qui abrite une statue, ou qui surmonte sa niche*, en saillie sur le mur. Couronnement* ouvragé d'une stalle*, d'une chaire*...

DALLAGE n.m.
1/ Revêtement de sol en éléments durs taillés ou préfabriqués (dalles ou carreaux de marbre, pierre, céramique, ciment, briques, pavés, etc.). Réalisation d'un tel revêtement.

NB- *Carrelage* et *pavage* désignent un dallage de sol fait d'éléments en général moins grands que des dalles ; en Belgique, le dallage est surtout nommé *pavement*.

Un dallage peut être *collé* (sur une forme* en béton, avec un mortier-colle), ou *scellé* à bain* de mortier de ciment sur lit de sable de 2 à 3 cm.

2/ Revêtement homogène épais, coulé au sol : en particulier, désigne la dalle de béton de gravillons, reposant sur une forme empierrée ou un hérisson*, et revêtue d'une chape* incorporée.

Un tel dallage doit être recoupé en panneaux par des joints de retrait (mise en place préalable de règles, ou sciage du béton en place).

DALLE n.f.
1/ Surface d'allure horizontale en béton armé, plancher, toiture-terrasse ou dallage extérieur, reposant sur une forme* ou sur des appuis (poteaux, poutres, chaînages).

-Dalle pleine : plancher* autoporteur en béton armé coulé sur tables coffrantes, sans poutrelles. Désigne aussi une dalle faite d'une juxtaposition de panneaux préfabriqués en béton (précontraint, armé ou cellulaire), solidarisés par un clavetage*.
Lorsqu'une dalle pleine supporte des murs de refend* et répartit des charges importantes vers des chaînages extérieurs, elle est parfois dite *dalle transfert*.
V. Plancher, Prédalle.

Dalle collaborante, ou *plancher* collaborant* : ensemble constitué par une dalle de béton et les poutrelles ou solives préexistantes avec lesquelles elle est solidarisée par divers procédés tels que des pattes soudées sur ces éléments porteurs.

-Dalle de compression, ou ***dalle de répartition*** : dalle d'au moins 4 cm d'épaisseur, armée de lits ou nappes de treillis* soudé, rapportée sur des éléments constituant l'ossature fermée ou les nervures d'un plancher*: plancher* à poutrelles préfabriquées et entrevous, plancher à prédalles*, plancher à caissons, bacs* d'acier autoporteurs, etc. Son rôle consiste à concentrer les charges vers les nervures d'ossature.

-Dalle flottante : dalle mince de béton armé rapportée sur un isolant phonique, qu'elle protège, et qui lui-même repose sur une dalle de compression. La dalle flottante n'est en aucun point solidaire du gros oeuvre : l'isolant doit être relevé à sa périphérie.
La *chape* flottante, de conception analogue, n'a que 3 à 5 cm d'épaisseur*.
Par déformation, on appelle souvent dalle *flottante* une dalle réalisée sur un isolant thermique ; le nom exact de ce type d'ouvrage est "***dalle rapportée***", ou "***dalle désolidarisée***".

-Dalle indépendante : dalle monolithe en béton armé, de 5 cm au moins, coulée sur une couche d'un matériau généralement isolant, qui la désolidarise du plancher. Ce type de dalle peut ou non constituer une dalle de répartition.

-Dalle translucide : dalle de béton dans laquelle sont insérées des rangées de pavés* de verre, pour l'éclairement des locaux inférieurs.

2/ Élément préfabriqué moulé (carreau* de grandes dimensions en céramique, ciment, granito...) ou taillé (pierre, marbre, ardoise...), à poser sur forme* de sable ou à sceller pour composer un dallage*.

Dalle-croûte : nom générique des dalles de pierre brutes, de formes irrégulières mais d'épaisseur à peu près uniforme, avec lesquelles on compose des dallages extérieurs rustiques en *opus* incertum.*

3/ Tout élément manufacturé mince et juxtaposable, de format calibré et constant, utilisé comme revêtement* de sol superficiel collé : dalles thermoplastiques, caoutchouc, liège plastifié, moquette en dalles, etc.

4/ Plaque ou panneau formant tampon* de fermeture d'un trou, d'un regard, d'une trémie, etc.

5/ Large pierre tombale.

6/ Pierre longue, peu épaisse, dans un mur en moellons.

7/ Panneau de pierre ou de marbre inséré dans un parquet, en avant d'un foyer de cheminée*, pour prolonger l'âtre* et protéger le parquet ou le revêtement de sol contre les projections de brandons.

8/ Dans le Sud-Ouest de la France, la *dalle* désigne le chéneau* d'évacuation des eaux pluviales.

DALLER v.tr.
Réaliser un revêtement en dallage, couvrir de dalles.

DALLETTE n.f.
Dalle carrée, à poser sur lit de sable, ou sur plots* ou vérins pour constituer

un plancher surélevé et amovible ; cette technique facilite les drainages (terrasses ou terre-pleins), ou permet de disposer sous les dalles des réseaux électriques amovibles et modifiables (en particulier locaux d'informatique).

DALLEUR n.m.
Ancien nom du compagnon* spécialiste de la pose des dalles ; on dit plutôt *carreleur*.

DALLOT n.m.
Petite dalle, ou dallette préfabriquée, en béton. V. aussi Dalot.

DALON n.m.
Rigole ou gouttière pour les eaux de ruissellement, établie sur le sol.

DALOT n.m.
Élément de caniveau* préfabriqué.
Petit caniveau en maçonnerie, construit pour l'écoulement des eaux sous un obstacle tel qu'un remblai, ou sous un ouvrage de voirie.

DAMAGE n.m.
Compactage d'un sol ou d'un revêtement par percussion.

DAME n.f.
Outil de compactage des terrassiers. Syn.: *hie*, *demoiselle*. Aujourd'hui remplacée par la *dame vibrante*, la pilonneuse pneumatique ou le vibrocompacteur*.

DAMER v.tr.
Tasser le sol par pilonnage*, pour le rendre compact. Tasser des pavés en place.

DAMET n.m.
Petite masse ovoïde au bout d'une longue tige, que les plombiers font pénétrer dans les tuyaux de plomb pour les courber sans les écraser.

DAMIER n.m.
1/ Motif d'ornement en bas-relief*, composé de petits carrés alternativement en creux et en relief.

2/ Façon de carrelage ou de dallage en motif géométrique par alternance d'éléments carrés de deux matières ou de deux couleurs contrastées.

DaN Symbole du décanewton*.

DANSANTE (marche —) adj.f.
Qualifie une marche* d'escalier plus étroite à une extrémité qu'à l'autre.

DANSER v.i.
Un ouvrage "danse" si il semble manquer d'équilibre, ou quand il donne une impression d'instabilité.

DARD n.m.
1/ Ornement en forme de petite flèche. V. le mot Ove*.

2/ Pointe acérée au sommet d'un barreau de grille.

DARIÈS (abaque de —)
Elle donne les correspondances entre les valeurs de débit, de perte de charge, de vitesse de l'eau et de diamètre des canalisations, lorsque l'on connaît deux de ces quatre valeurs.
V. cet abaque au mot Tuyau.

DASHPOT n.m.
Système de temporisation* d'un relais*; il est constitué d'un piston qui, coulissant dans un cylindre pneumatique ou oléopneumatique, agit sur la partie mobile du relais.

DATATION n.f.
Recherche de la date de réalisation d'une oeuvre ou d'un bâtiment.

DAUPHIN n.m.
Élément tubulaire, souvent en fonte, constituant la partie inférieure d'une descente d'eaux pluviales. Sa base, recourbée, est souvent ornée d'une figure animale (V.ill).

DAVIER n.m.
Grand serre-joint* métallique.

dB Symbole du décibel*.

DÉ n.m.
1/ARCHIT.: partie parallélépipédique d'un socle ou d'un montant de balustrade*, entre la base et la tablette.
2/MAÇONN.: socle en pierre ou en béton, plus ou moins cubique, qui porte un

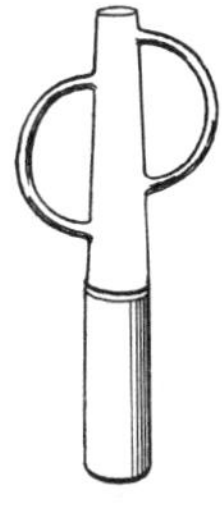

dame, demoiselle, ou **hie** de paveur

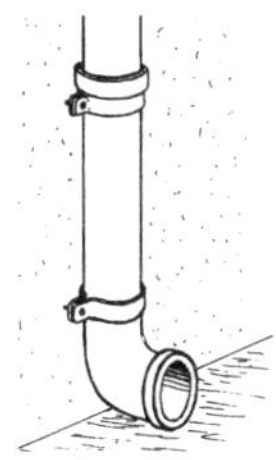

dauphin

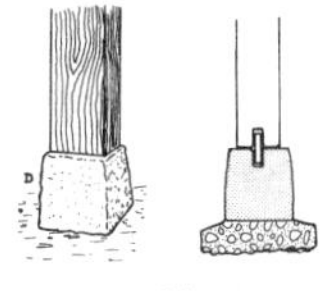

dé

élément de construction et l'isole de la terre.

DÉAMBULATOIRE n.m.
Galerie qui prolonge le bas-côté* d'une église pour faire le tour du choeur*, par derrière.

DÉBALLER v.tr.
Dans le débit* d'une bille de bois*, c'est retirer d'abord deux dosses opposées (les ***déballes***), pour placer la bille à plat et la débiter verticalement en plateaux de même largeur.

DÉBATTEMENT n.m.
Amplitude maximale du mouvement d'une pièce mobile quelconque.

DÉBILLARDAGE n.m.
Dégrossissage d'une pièce courbe, ou *chanfreinage**. Pour la pierre, on dit plutôt *délardement**.
Cintrage des métaux : rampes, balustres, etc.

DÉBILLARDER v.tr.
En charpente, c'est tailler une pièce de bois pour lui donner une forme courbe (rampe, limon), ou lui faire un chanfrein* sur toute sa longueur, par ex. pour un faîtage ou un arêtier* (syn.: *délarder**, dans ce sens).

DÉBIT n.m.
1/ Tout élément qui résulte de coupes parallèles répétitives : *moellons* débités*. Partage longitudinal d'une grume ou d'une bille* de bois en panneaux ou plateaux, dits de ***débit premier***, puis en éléments *avivés** ou *alignés parallèles*, de section rectangulaire dits bois d'*échantillon** (madriers, bastaings, chevrons, etc.), constituant le ***débit second***.
V. illustrations au mot Bois.
Le ***débit sur liste*** est le débit d'un bois suivant les dimensions spéciales requises pour un ouvrage.

2/ Volume ou quantité d'un fluide* qui, pendant une unité de temps, traverse un volume quelconque, un appareil (aérateur, pompe...), ou un point donné d'une canalisation.

Le ***débit d'air*** dans un local est le nombre de m^3 d'air renouvelé en une heure. V. Ventilation, Gaz.

Le ***débit d'une canalisation*** est, en litres par seconde, le 1/10e du produit de sa section intérieure (en cm^2) par la vitesse d'écoulement du liquide (en m/s). Des valeurs de débit doivent être respectées pour les évacuations des appareils sanitaires, chutes* d'eaux-vannes, et descentes* d'eaux pluviales. Voir les *DTU*.

Les ***débits simultanés*** sont les débits cumulés probables à prendre en compte dans le calcul des alimentations et des évacuations d'un même bâtiment, aux heures de pointe.
Des coefficients de simultanéité sont fournis par le *DTU*. V. à Tuyau.

DÉBITMÈTRE n.m.
Appareil de mesure ou de contrôle du débit des fluides : les compteurs volumétriques sont des débitmètres.

DÉBITAGE n.m.
Recoupe aux dimensions voulues des pièces de débit du bois. Coupe des pierres en moellons, dalles, etc., aux formats voulus.

DÉBITER v.tr.
Couper le bois ou la pierre suivant des dimensions répétitives.

DÉBLAI n.m.
Terre et gravois extraits par creusement de fouilles, ou terres en excès après le nivellement d'un terrain ou son décapage*.

Une ***fouille en déblai*** est faite par excavation du sol naturel (par opp. à une *fouille en remblai*).

DÉBLAIEMENT, DÉBLAYAGE DÉBLAYEMENT (ou **DÉBLAI**) n.m.
Enlèvement des terres et décombres* : action de ***déblayer***.

DÉBLAYER v.tr. Retirer les déblais d'une fouille, ou les déplacer.

DÉBOÎTAGE, DÉBOÎTEMENT n.m. Séparation de deux pièces unies par emboîtement.

DÉBOÎTER v.tr.
Séparer par exemple deux éléments de tuyaux emboîtés ; sortir un tenon d'une mortaise.

DÉBOQUETER v.tr.
Retirer les planches encadrant un ouvrage de fondations, un pilotis*.

DÉBORDANT adj.
Qualifie ce qui vient en saillie d'un nu* de façade : *toiture débordante*.

DÉBORDER v.tr.
Rogner avec un débordoir les bavures au bord d'une feuille d'étanchéité en plomb.

DÉBORDOIR n.m.
Outil coupant en forme de plane* à lame arrondie. Syn.: *plane ronde*.

DÉBOUCHÉ n.m.
Orifice de sortie d'un tuyau, d'un dauphin*, d'un égout, etc.

DÉBOUCHER
1/v.i. Parlant d'une canalisation, d'un caniveau, d'un conduit, d'un couloir, etc., c'est aboutir dans un volume ou un espace donné.

2/v.tr. Éliminer et évacuer un corps quelconque qui obstrue un conduit, et qui s'oppose à l'écoulement normal des fluides.

DÉBOUCHEUR n.m.
Outil de désengorgement des canalisations, constitué d'un câble ou d'un ensemble de tiges aboutées, plus ou moins flexibles, dont l'extrémité est munie d'un tire-bouchon en vrille ou d'un crochet double (V. Furet).

DÉBOURS n.m.pl.
Sommes d'argent avancées pour le compte de tiers : par ex., dépenses payées par un entrepreneur, qui sont imputables au compte* prorata.

DÉBOURSÉ n.m.
Ensemble des coûts de fournitures et de main-d'oeuvre qui composent le prix de revient brut d'un ouvrage, hors frais fixes et bénéfice.
On dit parfois ***déboursé sec*** pour déboursé net.

DEBOUT ou **DE-BOUT** adj.invar.
Qualifie une pièce de bois dont la face utile ou apparente est perpendiculaire au fil du bois.

DÉBRAYAGE n.m.
1/ Enlèvement des cordages de levage d'un fardeau. Opp.: *brayage**.

2/ Dispositif de désaccouplement entre un système moteur et l'équipement qu'il entraîne.

DÉBRIDER v.tr.
Enlever le câble de levage d'une charge, par ex. d'une pierre de taille, lorsqu'elle est amenée à sa place.

DÉBRUTIR v.tr.
Dégrossir* (la pierre, le bois).

DÉBULLAGE n.m.
Rebouchage, avec un mortier fin de ragréage*, des bulles d'air incluses dans le béton, apparentes à sa surface après décoffrage* (V. Bullage).

DÉCA
Préfixe multiplicateur par 10 : *décamètre* (**dam**), *décalitre* (**dal**), *décanewton* (**daN**), *décaèdre* (volume à dix faces), *décagone* (polygone à dix côtés), *décastyle* (dont la façade comporte dix colonnes), etc.

DÉCAISSÉ
ou **DÉCAISSEMENT** n.m.
Dépression, creux, à la surface d'un élément d'allure générale plane, ou qui devrait être plan (syn.: *flache**). Évidement* plus ou moins profond. Surface en réserve* ou en retrait du nu* d'une façade, ou en contrebas de l'arase* d'un sol fini : la dalle d'un local qui doit recevoir un dallage de pierre doit être faite en *décaissé*, pour que l'ouvrage fini affleure les sols minces des locaux adjacents.

DÉCALER v.tr.
Retirer les cales qui ont servi à soutenir une pierre pour la ficher*.

DÉCAMÈTRE n.m.
Unité* de mesure de longueur valant dix mètres (symb.: **dam**).

Chaîne* d'arpenteur* qui mesure dix mètres. Le ***décamètre à ruban*** est un ruban métallique gradué, de 10 mètres, enroulable dans un boîtier.

DÉCANTATION n.f.
Séparation des éléments non miscibles d'un liquide, par différence de densité, dans un ***décanteur***.

DÉCAPAGE
ou **DÉCAPEMENT** n.m.
1/PEINT.-REVÊT.: élimination d'une peinture ou d'un revêtement adhérent, pour mettre à nu un ancien support en vue de le peindre, ou de le revêtir avec un matériau qui réclame un subjectile remis à neuf ; le décapage peut être chimique (produit décapant), thermique (brûlage ou par ramollissement à l'air chaud avant grattage).

2/TERRASS.: élimination de la couche de surface d'un sol avant travaux, ou élimination du revêtement d'une chaussée. Terrassement vaste et de faible profondeur, dit ***en découverte***.

DÉCAPANT n.m. et adj.
Produit qui ramollit, dissout ou dégrade un revêtement, pour son élimination.

DÉCAPEUR n.m.
Appareil de décapage, thermique ou autre.

DÉCAPEUSE n.f.
Engin de terrassement à benne articulée à arête tranchante, utilisé pour le décapage superficiel des terrains.
Syn.: *scraper**.

décharges

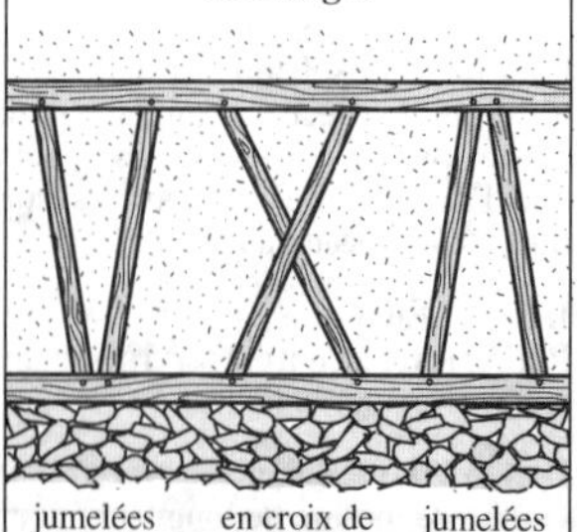

DÉCARRELER v.tr.
Éliminer les carrelages d'un mur, d'un sol, d'une pièce carrelée.

DÉCENNALE adj.f. V. Garantie.

DÉCHANGE n.m. V. Dessautage.

DÉCHARGE n.f.
1/ARCHIT.: report vers des points d'appui de charges qui s'exercent sur un ouvrage. L'***arc de décharge*** est un arc* noyé dans la maçonnerie, au-dessus d'un linteau*, pour soulager celui-ci en reportant les charges vers ses extrémités (V. ill. au mot Arc).

2/CHARP.: pièce oblique d'un pan de bois ou d'une charpente métallique, entre deux traverses horizontales et à l'aplomb l'une de l'autre, servant à reporter les charges de celle du haut vers celle du bas.
Syn.: *écharpe*, *guette*.

3/ÉLECTR.: passage du courant électrique entre deux conducteurs.

4/ Espace, terrain destiné à l'accumulation de tous gravats et déchets.

DÉCHARGEMENT n.m.
Action de retirer d'un véhicule les matériaux (charges) qu'il porte.

DÉCHASSER v.tr.
Chasser une cheville dans le sens de son introduction, en lui faisant traverser entièrement son enlaçure*.

DÉCHAUSSER v.tr.
Mettre à nu la base de fondations, de piliers, de poteaux, etc.

DÉCHEVILLER v.tr.
Oter les chevilles* d'un assemblage*.

DÉCIBEL (dB) n.m.
Niveau de pression acoustique* d'un bruit ou d'un son, par différence relative avec le niveau de pression d'un son de référence. (V. la définition au mot Acoustique).

Le ***décibel pondéré***, noté dB(A), est une valeur corrigée et «globale» du décibel, qui tient compte des distorsions de perception par l'ouïe selon les différentes bandes d'octaves présentes dans le son considéré.

DÉCINTRAGE
ou **DÉCINTREMENT** n.m.
1/ Action de retirer les cintres* qui soutenaient un arc ou une voûte lors de leur construction.
Pour les voûtes en pierre, elle doit être progressive et bien répartie sur la largeur de l'ouvrage.

2/ Redressement de ce qui est courbe ou voilé.

DÉCINTRER v.tr. Procéder à un décintrage.

DÉCINTROIR n.m.
Outil de maçon en forme de piolet à deux taillants, dans des plans perpendiculaires l'un par rapport à l'autre (V.ill). Il sert à équarrir les trous, élargir les joints des pierres, etc.

DÉCLARATION (de travaux) n.f.
Le titulaire du permis de construire doit envoyer à la mairie du lieu une *déclaration d'ouverture* de chantier, lors du démarrage des travaux, puis une *déclaration de fin de travaux* dans le mois qui suit la fin du chantier ; cette dernière déclenche la procédure de contrôle par les agents de la DDE et la délivrance du *certificat* de conformité*.

DÉCLENCHEMENT n.m.
Ouverture automatique d'un dispositif de protection électrique (disjonteur, éclateur*...), quand apparaît une anomalie (surintensité, courant de défaut) ; le déclenchement peut être immédiat ou temporisé*.

DÉCLENCHEUR n.m.
Organe électromécanique à électroaimant qui, dans un disjoncteur, provoque l'ouverture instantanée du circuit. Il est souvent temporisé*.

DÉCLINATOIRE n.m.
Aimant à longue aiguille, couplé à la planchette d'un tachéomètre*, pour orienter* les levés topographiques.

DÉCLIVE adj.
Qui n'est pas horizontal.

DÉCLIVITÉ n.f.
État de ce qui est en pente ; par déformation, le mot désigne parfois la pente* elle-même.

DÉCOFFRAGE n.m.
Enlèvement ou démontage du coffrage* d'un ouvrage en béton, après un délai de durcissement suffisant (selon le type de ciment , le dosage*, la température).

Par ex., dans des conditions moyennes, on compte 2 à 3 jours pour la sous-face d'une dalle de petites dimensions, 8 jours pour la sous-face d'une poutre en béton, 21 jours pour des ouvrages chargés, en porte-à-faux, ou de grande portée. Un béton est ***brut de décoffrage*** s'il ne reçoit ni enduit ni revêtement après son décoffrage.

DÉCOFFRANT n.m. et adj.
Tout agent ou produit antiadhérent appliqué sur les banches* et peaux* de coffrage des bétons pour faciliter le décoffrage ; syn.: *démoulant*.

DÉCOFFRER v.tr. Procéder au décoffrage d'un ouvrage.

DÉCOHÉSION n.f.
Rupture d'un matériau dans son épaisseur, dans sa masse, suite à une faiblesse de sa structure interne (V. à Cohésion). Syn.: *rupture cohésive*.

DÉCOLLAGE n.m.
Décollement volontaire (V. ci-après, sens 1/), par arrachement ou destruction d'un plan de collage.

DÉCOLLEMENT n.m.
1/ Rupture de l' interface* entre deux matériaux (même en l'absence de colle : décollement d'un enduit, d'une peinture, etc.). Syn.: *rupture adhésive*.

2/ Reprise de la suite d'un ouvrage avec une délimitation marquée et visible entre les anciens et les nouveaux travaux (opp.: *liaisonnement*).

décintroir

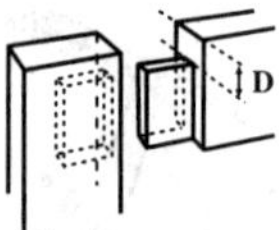

décollement (D)
d'un tenon

3/ Diminution de longueur d'un tenon et d'une mortaise, de sorte que l'assemblage soit dissimulé, en particulier à l'extrémité d'une pièce.

DÉCOLLER v.tr.
Procéder à un décollage, ou réaliser un décollement (sens 2/ et 3/).

Se DÉCOLLER v.pr.
Se détacher spontanément ou sous l'action d'une contrainte externe.

DÉCOLLEUSE n.f.
Appareil pour le décollage des papiers peints, par dissolution de la colle par la vapeur.

DÉCOLLETAGE n.m.
Usinage de petites pièces au tour* parallèle ; par extension, détourage et finition de pièces de révolution faites en fonderie, ou par estampage*.

DÉCOLLOÏDEUR adj. V. Bac.

DÉCOLORATION n.f.
Affaiblissement des couleurs d'origine d'une peinture, d'un marbre... Elle peut avoir pour cause l'élimination des pigments* (délavage par ruissellement), ou l'action de la lumière.

DÉCOMBRES n.m.pl.
Gravats* provenant d'une démolition, déchets de matériaux de carrière sans utilisation possible.

DÉCONNECTER v.tr.
Séparer un appareil du circuit qui l'alimente ; syn.: *débrancher*.

DÉCOR n.m.
1/ Dernière couche d'une peinture. Relief, aspect de surface donné à un enduit de parement ; syn.: *finition*.

2/ Ensemble des motifs d'ornement ou des associations de couleurs d'un ouvrage.

DÉCORATEUR n.m.
Professionnel spécialisé dans les agencements fonctionnels et l'environnement visuel, concernant surtout l'intérieur des bâtiments.

DÉCORATION n.f.
Tout ouvrage visant à créer un cadre visuel ou une ambiance. Désigne aussi toute technique d'ornement.

DÉCOUPAGE n.m.
Division en plusieurs parties, action de couper la tôle, la pierre, etc.

-***Découpage du béton*** : il fait appel à divers procédés, tels que le sciage au disque à diamants, ou la coupe au chalumeau oxyacétylénique.

DÉCOUPE n.f.
1/ Division d'une surface, d'une dalle, d'une façade, etc., par des joints : des joints de retrait ***en découpe*** sont des joints de dalle ou de chape *à coupe de pierre*, ménagés en réserve ou sciés.

2/ Dans un appareil* de maçonnerie, décalage entre les joints des assises successives.

3/ Coupe à contour complexe, ou chantournement*.

DÉCOUPURES n.f.pl.
Motif d'ornement découpé par évidements* chantournés*.

DÉCOUVERT n.m.
Première coupe longitudinale d'une bille, destinée à enlever une dosse*.

-***Pignon découvert*** : dont les rampants* sont en saillie sur la toiture.

DÉCOUVERTURE n.f.
Action d'enlever les matériaux de couverture d'une toiture.

DÉCRÉPI adj.
Qui a perdu tout ou partie de son enduit (ne pas écrire *décrépit*, qui concerne la décrépitude, déchéance des êtres !).

DÉCRÉPIR v.tr.
Dégarnir* un mur de son enduit.

DÉCROCHEMENT n.m.
Saillie* ou retrait* d'une partie de façade par rapport à son nu* général. Retrait d'un comble par rapport à la façade. -***Décrochement d'assise*** : décalage volontaire de niveau dans une assise d'ouvrage en pierre.

DÉCROTTAGE n.m.
Élimination des restes de plâtre, de ciment ou de la terre sur des matériaux de démolition réutilisables, moellons, briques, carreaux, etc.

DÉCROTTER v.tr.
Procéder au nettoyage de matériaux de récupération.

DÉDOSSER v.tr.
Éliminer les dosses* d'une bille de bois (syn.: *déballer**), ou éliminer l'aubier d'une pièce de bois.

DÉFAUT n.m.
1/ Vice* mineur ou anomalie d'une partie localisée d'un ouvrage ou d'un matériau de construction : bois, pierre, marbre, ardoise, verre, etc.
La densité de défauts apparents est souvent le premier critère de classement qualitatif (cas des appareils sanitaires, des carrelages, des bois*).

2/ En électricité, manifestation d'un phénomène anormal dans un circuit ou une installation ; il peut être ***franc*** (c'est-à-dire important, tel qu'un défaut d'isolement), ***fugitif*** (faux contact accidentel), ou ***permanent*** (courant* de fuite). Dans un appareil électronique, une valeur ***par défaut*** est celle qui est adoptée en l'absence de modification des consignes*.

DÉFECTUOSITÉ n.f.
Léger défaut, imperfection. État d'un ouvrage ou d'un matériau qui présente des défauts.

DÉFENSE n.f.
1/ Cordage de sécurité contre la chute dont les couvreurs se servent pour s'arrimer sur des toits très inclinés.

2/ Les ***défenses passives*** sont les ouvrages de serrurerie ou de ferronnerie interdisant l'accès des propriétés ou des locaux (serrures*, barres*, grilles*, barreaudage*...). Les ***défenses actives*** sont les équipements de surveillance détectant les présences indésirables, pour donner l'alarme.

DÉFILEMENT n.m.
1/ Étroit passage de service ménagé dans les arcs-boutants* d'un édifice pour circuler le long des combles.

2/ Mesure de la réduction de diamètre d'une bille de bois, pour chaque mètre de longueur.

3/ V. aussi Luminaire (*angle de –*).

DÉFLECTEUR n.m.
Volet ou ensemble d'ailettes fixes ou orientables qui, dans une gaine, une canalisation, un conduit ou une grille, modifient la direction d'un flux gazeux ou liquide.

DÉFLOCULANT adj.
Qualifie un adjuvant* incorporé parfois aux bétons et mortiers pour éviter la formation de grumeaux.

DÉFONÇAGE
ou **DÉFONCEMENT** n.m.
Création d'une cavité aux arêtes nettes (rainure, zone en retrait) dans la surface d'un panneau ou d'une pièce quelconque, sans traverser toute leur épaisseur.

DÉFONCÉ n.m.
Peut désigner toute surface creusée (décaissement*, réservation*) ou en retrait par rapport à un plan de référence, et parallèle à celui-ci.

DÉFONCEUSE n.f.
Machine à bois électroportative, servant à réaliser des défonçages.

DÉFORMABILITÉ n.f.
Aptitude d'un matériau (béton, enduit, bois, etc.) à subir des déformations sans rupture.

DÉFORMATION n.f.
Modification ou altération de la forme initiale d'une pièce ou d'un ensemble quelconque. Dans le cas des métaux et des bétons, on distingue les ***déformations élastiques***, déformations instantanées réversibles, et les ***déformations permanentes***, acquises lentement sous charge, en particulier par le *fluage**.

DÉGAGEMENT n.m.
1/ Syn. de *communication**: couloirs, escaliers, corridors, galeries...

2/ Les ***dégagements de secours*** sont les moyens matériels et les itinéraires qui permettent aux occupants d'un bâtiment d'évacuer les locaux et de gagner rapidement l'extérieur.

3/ Mise à nu d'une poutre, d'une cheminée, d'un bas-relief, d'une fresque, etc., en éliminant l'enduit ou les peintures qui les masquaient.

4/ En menuiserie, désigne soit le creusement d'une moulure, pour la détacher de son champ* (syn.: *élégissement**), soit une rainure étroite séparant deux moulures.

DÉGARNIR v.tr.
Dégager sur une certaine profondeur le mortier des joints des moellons* d'un mur, en général pour le rejointoyer.

DÉGARNISSAGE n.m.
Action de dégarnir des joints, l'habillage d'une cheminée...

DÉGAUCHIR v.tr.
Redresser ce qui est gauche, c'est-à-dire cintré, voilé, vrillé. En menuiserie, c'est obtenir par rabotage, à partir d'une pièce de bois plus ou moins cintrée par son séchage, une pièce à faces planes, rectilignes et bien équarries. Pour cette opération, la dégauchisseuse remplace maintenant le riflard* et la varlope*.

DÉGAUCHISSAGE n.m.
Action de dégauchir.
Début du corroyage*, terminé par un rabotage qui amène les pièces à la section voulue.

DÉGAUCHISSEUSE n.f.
Machine d'atelier servant à dresser et à dégauchir les bois, avant de les raboter, en les passant sur des tables où affleure un cylindre porte-lames qui tourne à grande vitesse ; la ***dégauchisseuse-raboteuse***, aussi dite «*dégau-rabot*», permet d'exécuter successivement les deux opérations : dégauchissage au-dessus de la table, puis rabotage en-dessous, en sens inverse, le bois étant porté par un plateau réglable en hauteur pour ajuster l'épaisseur du rabotage.

DÉGONDAGE n.m.
Action de dégonder.

DÉGONDER v.tr.
Sortir de leurs gonds* une porte ou une fenêtre, en les soulevant.

DÉGORGEMENT n.m.
Nettoyage de canalisations engorgées. Syn.: *curage*.

DÉGORGEOIR n.m.
1/MENUIS.: ciseau à bois spécial pour le creusement de mortaises et l'extraction des copeaux.

2/SERRUR.: marteau de forge arrondi, pour la finition des bords des pièces. Ciseau utilisé par les serruriers pour couper des pièces de faible section.

DÉGORGER v.tr.
1/MENUIS.: enlever les copeaux d'une mortaise au fur et à mesure de son creusement.

2/PLOMB.: faire sortir d'une canalisation les matières solides et les boues qui l'engorgent ou l'obstruent.

3/SERRUR.: faire au dégorgeoir les gorges, congés ou arêtes abattues d'une pièce de métal.

DÉGRADATION n.f.
1/ Abattage d'un enduit ou dégarnissage de joints pour les refaire.

2/ Détériorations, intentionnelles ou non, subies par un édifice ou par ses composants.

DÉGRADÉ n.m.
Ensemble de nuances juxtaposées d'une même couleur, dont la tonalité va en s'atténuant progressivement, ou graduellement.

DÉGRADER v.tr.
En maçonnerie, c'est abattre tout ou partie d'un enduit, ou dégarnir* des joints entre des pierres ou des carreaux avant de les rejointoyer.

DÉGRAISSER v.tr.
1/MENUIS.: enlever de l'épaisseur, réduire grossièrement une pièce de bois aux formes voulues. Biseauter les

faces latérales d'une pièce : par ex., dégraisser une porte, c'est biseauter légèrement ses chants pour qu'elle ne frotte pas dans sa feuillure.

2/PEINT.: lessiver un subjectile avant de le peindre.

DÉGRAISSEUR n.m.
Syn. de *boîte* à graisse*.

DÉGRAVER v.tr.
Extraire d'une canalisation les boues et dépôts qui s'y sont déposés et qui l'obstruent. Syn.: *curer, dégorger.*

DÉGRAVOYER v.i.
Parlant de l'eau courante, c'est creuser, raviner, faire un affouillement* dans le sol au pied d'un mur ou d'un édifice, et donc le déchausser*, par ***dégravoiement***.

DEGRÉ n.m.
1/ARCHIT.: marche* ou courte volée de marches servant à racheter la hauteur d'un perron, de gradins, etc.

2/ Unité* de grandeurs telles que les températures (°C, °K, °F), l'ouverture des angles, la dureté* de l'eau (°TH), la concentration d'une solution (degré Baumé), etc. V. Unités.

-***Degré coupe-feu*** : durée de résistance au passage du feu des composants et des parois, suivant des essais normalisés, décrits par l'arrêté du 21.04.1983. V. Coupe-feu.

-***Degré hygrométrique*** : rapport de la masse d'eau contenue dans l'air (en g/m^3) à la masse de la vapeur* saturante, variable selon la température (8,5 g à 8°C, 17 g à 20°C).

-***Degré-jour-unifié*** (**DJU**) : dans l'évaluation des besoins* annuels en chauffage d'un bâtiment ou d'un logement, on intégrait cette variable, fonction de la situation géographique des localités ; depuis 1979, on utilise les ***degré-heures*** (**DH**), donnés par département (consulter les *règles Th.BV et Th.GV*).

DÉGRESSION (loi de —) n.f.
Règle constructive applicable pour le cumul, d'un étage à l'autre à partir du haut d'un immeuble, des valeurs de charges permanentes* et de surcharges* à prendre en compte.

Une diminution graduelle est possible, plutôt qu'un simple cumul qui aboutirait à des épaisseurs de murs

DEGRÉS
(dispositions et désignations)

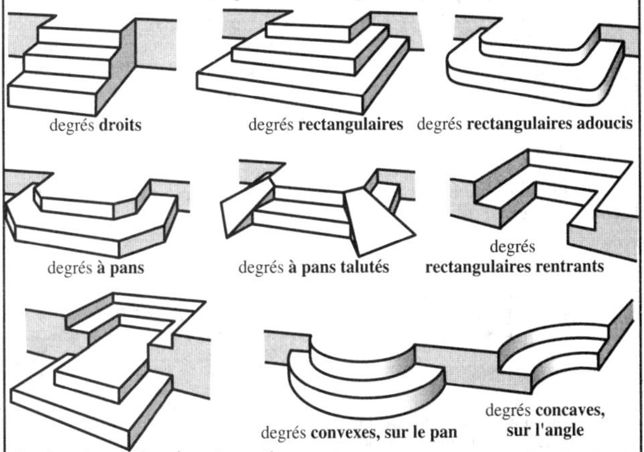

voir aussi les mots Escalier, Perron

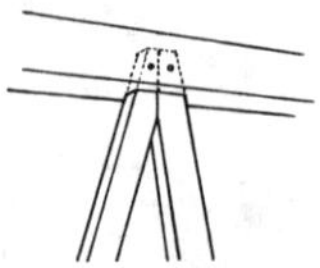

déjoutement

excessives aux étages inférieurs d'un immeuble.
Toutefois, la dégression n'est pas admise pour les planchers bas de locaux commerciaux, entrepôts, magasins ou ateliers, ni pour certains locaux en étage (enseignement, laboratoires, sports, etc.).

DÉGRILLAGE n.m.
Dans un cycle d'épuration, premier filtrage sommaire des eaux, consistant à éliminer, à travers une grille, les débris et détritus flottants. La grille est débarrassée des déchets accumulés par un râclage mécanique intermittent.

DÉGRIPPANT n.m. et adj.
Agent destructeur de la corrosion, à fort pouvoir mouillant*: il pénètre par capillarité entre des éléments métalliques *grippés*, plus ou moins "soudés" par la corrosion, pour détruire celle-ci et rendre à ces éléments leur liberté de mouvement.

DÉGROSSI n.m.
Enduit* appliqué et dressé grossièrement, pour servir de sous-couche à un enduit finement taloché ou à un enduit* de parement hydraulique épais (ciment-pierre grésé, enduit gratté, etc.). Ensemble du gobetis* et du corps* d'enduit ; si l'épaisseur dépasse 2 cm, c'est un *renformis**.

DÉGROSSIR v.tr.
Tailler grossièrement un bloc de pierre, avant de lui donner ses dimensions exactes et sa finition.

DÉGROSSISSAGE n.m.
Première taille grossière.

DÉGUEULEMENT n.m.
Entaille conique faite par les charpentiers dans l'arête d'un poinçon* pour y assembler le bout d'un arêtier* ou de sa contre-fiche*.

DÉGUISER v.tr.
Appliquer sur un enduit d'apprêt absorbant une couche de peinture diluée, avant de procéder au masticage ou au ratissage*.

DÉHARPEMENT n.m.
Amorce en gradins des assises d'un mur, à partir d'une harpe* d'angle ou d'une tête de mur.

DÉJAUGÉ adj.
Qualifie un sol qui, noyé d'eau, subit une modification importante de ses caractéristiques, en particulier la perte de sa résistance aux charges.

DÉJETÉ adj.
Qualifie un bois gauchi* et vrillé.

DÉJOUTEMENT n.m.
Biseautage de l'extrémité de pièces de charpente pour les juxtaposer dans une même mortaise ou les disposer en rayons autour d'un même montant, poinçon, etc. (V.ill).

DÉLAMINAGE n.m.
Dissociation dans l'épaisseur d'un matériau, sous forme de lamelles ou de plaquettes, souvent sous l'effet d'un cisaillement*.

DÉLARDER v.tr.
Biseauter les côtés ou les arêtes d'un élément quelconque, par ex. un moellon* à lancer*, ou un tenon*, pour faciliter leur insertion.

DÉLARDEMENT n.m.
Action de délarder et son résultat.
En charpente, façon de double chanfrein donnée à une panne* faîtière (V.ill) ou à un arêtier, pour former des plans parallèles aux versants.

DÉLAVAGE n.m.
Délayage et effet dégradant provoqué par la pluie ou le ruissellement sur un enduit, un mortier, un béton frais.

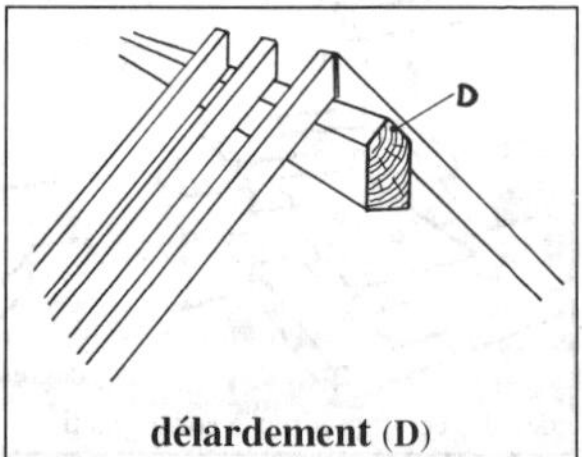

délardement (D)

Atténuation d'une couleur par l'action de l'eau : *peinture délavée.*

DÉLAYABLE adj.
Qui peut être dissous dans l'eau.

DÉLAYAGE, **DÉLAIEMENT** ou **DÉLAYEMENT** n.m.
Addition d'eau qui fluidifie ou liquéfie un matériau.

DÉLESTAGE n.m.
Coupure de courant préventive faite sur un réseau, lorsque la puissance totale absorbée par les usagers devient proche de la puissance maximale disponible sur ce réseau.

DÉLESTEUR n.m.
Dispositif électronique qui gère les priorités d'alimentation électrique, suivant une programmation établie pour stabiliser les consommations et bénéficier des tarifs horaires préférentiels.

DÉLIAISON n.f.
Un mur est dit *en déliaison* si les joints verticaux des pierres de ses assises* ne sont pas assez alternés, ou que les pierres ne sont pas assez liées en profondeur.

DÉLIAISONNEMENT n.m.
Manque de liaison des pierres d'un mur les unes par rapport aux autres.

DÉLIGNAGE n.m.
Élimination des bords flacheux* des débits premiers du bois*, pour obtenir les ***bois délignés***.

DÉLIGNER v.tr.
Éliminer les flaches* d'un plateau.

DÉLIGNEUSE n.f.
Machine à double scie à écartement réglable, avec laquelle on procède aux délignages en scierie.

DÉLIGNURE n.f.
Pièce de bois éliminée par sciage rectiligne des bords d'un plateau de bois.

DÉLIT n.m.
1/ Plan transversal à la direction générale des lits d'un banc de carrière de pierre ou d'un minéral.
Cassure plus ou moins franche qui interrompt une veine ou un banc.
Face d'une pierre perpendiculaire à son lit* de carrière.
2/ En menuiserie, ensemble des opérations consistant à diviser une grume ou une bille en la sciant selon divers processus. Nom générique des produits obtenus : *bois délités.*

-***En délit*** : état d'un morceau massif scié perpendiculairement aux lits de carrière. Opp.: *à passe* ou *en lit.*

-***Poser en délit***, c'est placer une pierre sur son délit, de sorte que l'axe de son lit de carrière se trouve vertical ; la pose en délit doit être évitée, car les pierres ont une moindre résistance aux compressions dans le sens de leur lit. Syn.: *à contre-lit*, ou *à contre-passe.*

DÉLITER v.tr.
Tailler les pierres dans le sens de leur lit de carrière. Déliter la chaux* vive, c'est l'arroser pour l'éteindre.

Se DÉLITER v.pr.
En parlant d'un minéral, c'est éclater ou se délaminer* dans le sens du lit, en plaques ou en feuillets détachables, parfois sous l'effet du gel.

DÉLITAGE n.m.
1/ Destruction progressive d'une pierre qui se délite.
2/ Taille d'une pierre suivant son lit de carrière.

DÉLUTAGE n.m.
Dégarnissage d'un joint, par élimination de son lut*.

DÉLUTER v.tr.
Dégarnir un joint luté ou mastiqué.

DÉMAÇONNER v.tr.
Détruire un ouvrage ou une partie d'ouvrage en maçonnerie : faire un ***démaçonnage***.

DÉMAIGRIR v.tr.
Réduire l'épaisseur d'un matériau, d'un moellon*, d'un tenon* trop épais pour sa mortaise.

DÉMAIGRISSEMENT n.m.
Réduction d'épaisseur, souvent en biseau, d'un tenon*, ou de la queue d'un moellon*.
Face *démaigrie* qui a subi cette réduction d'épaisseur.

DÉMASTICAGE n.m.
Enlèvement du mastic d'une vitre.

DEMI-ARC n.m.
Arc* qui n'a qu'une retombée*.

DEMI-BERCEAU n.m.
Voûte* en berceau* dont le faîte se confond avec le mur qui le porte.

DEMI-BOSSE n.f.
Sculpture intermédiaire entre bas-relief* et ronde-bosse*: elle est plus saillante que le bas-relief, mais ses contours arrière ne sont pas sculptés ni détachés du fond, contrairement à ceux de la ronde-bosse.

DEMI-BRIQUE n.f.
Brique* pleine coupée en deux dans le sens de sa longueur, ou fabriquée dans ce format. Syn.: *briqueton.*

DEMI-CEINT n.m.
Synonyme de *demi-colonne**, colonne à demi engagée* dans un mur.

DEMI-COLONNE n.f.
Colonne dont la moitié de la section est engagée* dans un mur.

DEMI-COQUILLE n.f.
Élément modulable de coffrage métallique constitué d'une banche verticale sur roulettes à vérins et d'une table horizontale solidaire, pour la composition de coffrages-tunnels.

DEMI-CROUPE n.f.
Croupe* d'une toiture tronquée, dont l'égout descend moins bas que les égouts des longs-pans*, comme on en voit en particulier dans les maisons anciennes normandes et alsaciennes (V.ill).

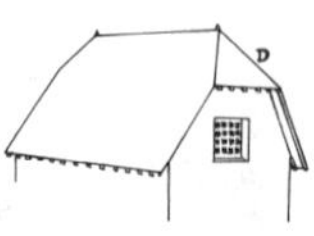

demi-croupe
(D)

DEMI-DOUBLE adj. et n.m.
Désigne un verre épais pour vitrages (plus de 5 mm d'épaisseur).

DEMI-ENTRAIT n.m.
Entrait* d'une demi-ferme* de charpente adossée (appentis), ou d'une demi-ferme de croupe*.

DEMI-ÉTAGE n.m.
Étage de peu de hauteur, par comparaison avec les étages inférieurs ; parfois syn. de *mezzanine**, ou encore d'*étage attique**, régnant* en retrait de la façade et couronnant un édifice.

DEMI-FERME n.f.
Ensemble de charpente formant la moitié d'une ferme*, pour un appentis, une croupe*, un dôme*, etc.

DEMI-GRÈS n.m.
Carreau* céramique de dureté moyenne, résistant à l'usure et peu perméable (mais plus que le grès).

DEMI-LAINE n.f.
Bande de métal méplat servant autrefois à ferrer les chasse-roues*, ou à faire les barres de seuil des portes.

DEMI-LUNE n.f.
1/ARCHIT.: renfoncement arrondi d'une façade sur rue ou d'un mur de clôture, au fond duquel ouvre une entrée cochère*; ce renfoncement facilite la manoeuvre des véhicules.

2/MAÇONN.-PLÂTR.: outil à lame en demi-cercle, servant à dégrader les joints, à gratter le plâtre ou à lisser des cueillies arrondies.

3/MENUIS.: chacune des deux pièces d'une bille de bois qui restent après enlèvement du plateau central et de deux dosses* parallèles.

DEMI-PALIER n.m.
Dans un escalier, palier* intermédiaire de plan carré, dont le côté a la largeur des marches ; il sert de *repos**.

DEMI-PILIER n.m.
Pilier* dont la moitié de la section semble engagée dans un mur.
Pilastre* épais.

DEMI-RONDE n.f.
Lime* dont un côté est plat et l'autre semi-circulaire.

DEMOISELLE
ou **DAMOISELLE** n.f.
Outil de paveur servant à damer* les pavés en place ou à compacter le sol par percussion. Syn.: *dame**, *hie*.
Autre nom du *chien-assis**.

DÉMOLITION n.f.
La démolition des constructions est soumise à autorisation ou à la procédure du permis de démolir.
Le choix d'une technique de démolition dépend du type d'ouvrage (avec ou sans béton ; béton armé, peu armé, ou pas armé), de la hauteur et de l'importance de l'ouvrage, et de l'environnement du bâtiment.
Les **techniques de démolition** sont :

• la *poussée* et le basculement par des engins de chantier à godet ;

• les *chocs au boulet* de fonte balancé au bout d'un câble ;

• la destruction par *percussion*, avec un engin pneumatique ;

• le *sapement*, attaque de l'ouvrage par sa base, avec étaiement simultané éliminé ensuite ;

• le *havage*, qui consiste à enfouir l'ouvrage dans son sol meuble ou sablonneux, par affouillement sous la construction, en étayant au fur et à mesure, puis en retirant les étais ;

• le *broyage* du béton, avec des machines spéciales à vérins (*wall-crackers*, ou *pile-crackers*).

• la *découpe mécanique* du béton en grands blocs, en général par sciage avec des grands disques diamantés.

• la *découpe au jet* d'eau concentré sous très forte pression.

• l'*oxycoupage*, découpage par fusion du béton au chalumeau oxyacétylénique, ou à poudre.

• l'*éclatement mécanique*, par introduction de longs cônes pleins dans des cônes métalliques fendus préalablement disposés dans des trous.

• l'*éclatement chimique*, avec des ciments ou mélanges à fort pouvoir expansif placés dans des cavités.

• les *procédés déflagrants*, avec des explosifs placés dans des trous forés.

• l'*implosion*, technique complexe de destruction explosive vers l'intérieur du bâtiment, par enchaînement programmé d'explosions multiples.

DÉMOULAGE n.m.
Syn. de décoffrage*, pour le béton.
Produit de démoulage, ou ***démoulant*** : V. Décoffrant.

DÉNIVELÉ n.m.
ou **DÉNIVELÉE** n.f.
Différence de niveau entre deux points donnés d'un terrain, ou entre le point le plus haut et le point le plus bas de la partie de terrain considérée. On dit aussi *dénivellation*, ou *dénivellement* dans ce sens.

DENSIFICATION n.f.
Technique d'amélioration des bois par une compression des fibres qui supprime tout interstice.

DENSITÉ n.f.
Rapport entre la masse d'un corps solide ou liquide, et la masse d'eau qui occupe le même volume à 4°C (à cette température, 1 kg d'eau a pour volume 1 dm^3, soit un litre ; sa masse volumique décroît un peu quand la température augmente). Dans le cas des gaz, la densité est le rapport entre les masses de deux volumes égaux de gaz et d'air pris dans les mêmes conditions de température, d'humidité et de pression.
NB- La densité est un rapport ; elle est donc exprimée par un nombre (par ex. 1,8), tandis que la *masse* volumique* est exprimée à l'aide d'unités (par ex., en kg/m^3).

-***Densité apparente*** : densité d'un corps hétérogène, renfermant des vides d'air, de l'eau, etc.

-***Densité réelle*** : densité d'un corps supposé compact et homogène.

-***Densité d'occupation des sols*** (**DOS**) ou densité de construction : rapport entre la surface bâtie et la surface d'une zone considérée.

DENT n.f.
Pointe ou aspérité de pierre, de bois, de métal. Nom donné à divers outils ou pointes d'outils (scies, limes...).

-***Dent-de-bouvet*** : bouvet* à fer étroit pour les feuillures de vitrages.

-***Dent-de-chien*** : ciseau de sculpteur dont l'extrémité est à double pointe, en forme de W.

-***Dents d'engrenage*** : rang de briques saillantes qui, disposées en biais composent une assise décorative à redents, sur un mur, une corniche ou une souche de cheminée.

-***Dent-de-loup*** : gros clou qui sert à fixer les chevrons et écharpes, sans assemblage emboîté, sur les traverses des pans de bois.

-***Dent-rabot*** : dent de scie* à profil courbe : son angle d'attaque soulève les copeaux, comme un rabot étroit.

-***Dents-de-scie*** : frise* en zigzag, caractéristique de l'art roman sur les archivoltes*, bandeaux*, corniches*.

DENTÉ ou **DENTELÉ** adj.
Garni de dents : outil denté, spatule dentelée...

DENTELURE n.f.
Ornement d'architecture dentelé, ou ajouré à la manière des dentelles.

DENTELET n.m.
Petit cube de pierre taillée qui entre dans la composition de denticules*.

DENTICULES n.m.pl.
Ornement composé d'un alignement de petits modillons* cubiques en bas-relief (***dentelets***), séparés par des creux (*métoches* ou *métatomes*) : V.ill.

DENTICULÉ adj.
Qui est garni de denticules.

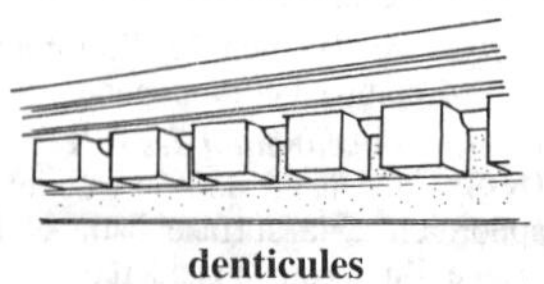

denticules

DENTURE n.f.
Ensemble des dents d'une scie*.

DÉNUDER v.tr.
Dégarnir un câble électrique, retirer la gaine d'un conducteur pour le mettre à nu ; V. Pince à dénuder.

DÉPART n.m.
1/ Naissance d'un arc*, d'une voûte*.

2/ Première marche d'un escalier. Premier pilastre d'une rampe.

3/ Point de raccordement d'un circuit à un tableau* électrique de distribution, en aval* de celui-ci.

DÉPERDITION n.f.
Flux de chaleur, mesurable en kW, qui s'échappe de l'enveloppe* d'un logement ou d'un bâtiment à travers ses parois, ainsi que par le renouvellement d'air et par les évacuations de gaz brûlés.

Le ***coefficient global de déperditions*** était le quotient des déperditions thermiques d'un bâtiment par son volume intérieur et par degré d'écart entre les températures intérieure et extérieure, exprimé en watts par mètre cube par degré (**W/m³°C**). Il était différencié en **G**, puis **GV** (depuis 1988, pour les logements) et en **G1** (depuis 1976, pour les autres bâtiments).
La Réglementation Thermique 2000 a rendu caduques ces coefficients. Voir à Thermique (Réglementation) et à Isolation.

DÉPHASAGE n.m.
Différence de grandeur, à un instant donné, entre les phases* correspondantes de deux phénomènes sinusoïdaux de même fréquence, par ex. entre la différence de potentiel et l'intensité du courant* produit ; syn.: *décalage de phase*. L'***angle de déphasage*** (Φ) désigne l'angle formé par deux vecteurs représentatifs de deux fonctions sinusoïdales de fréquence identique. V. Courant alternatif.

DÉPHASÉ adj. Qui n'est pas en concordance de phase avec un autre phénomène alternatif de même fréquence : *courant déphasé*.

DÉPHASEUR n.m.
Transformateur* fournissant un courant alternatif de tension constante, avec un décalage de phase réglable.

DÉPOLI adj.
Qualifie un verre dont la surface a subi un traitement (en général une abrasion) tel qu'il ne soit plus transparent, mais diffuse bien la lumière.

DÉPOLIR v.tr.
Abraser une surface polie pour la rendre mate.

DÉPOLISSAGE n.m.
Action de dépolir, et son résultat.

DÉPOLLUTION n.f.
Désigne parfois l'épuration* des eaux et effluents*.

DÉPOSE n.f.
Enlèvement, démontage d'un élément fixe à remplacer ou à réparer, ou pour le protéger lors de travaux qui risqueraient de l'endommager.

DÉPÔT n.m.
1/MÉTALL.: couche protectrice déposée à la surface d'un métal oxydable.
2/PEINT.: masse compacte accumulée au fond d'un récipient par décantation* ou ségrégation* des constituants les plus denses.
3/PLOMB.: accumulation de calcaire ou de corps étrangers sur les parois des canalisations.

DÉPOTOIR n.m.
Regard à siphon pour eaux pluviales.

DÉPOUILLE n.f.
1/ Forme légèrement biseautée donnée aux faces latérales d'un moule, pour faciliter le démoulage.
2/ La dépouille d'une dent ou d'un tranchant d'outil est l'angle de son talon avec le plan de la pièce façonnée : V. Angle ; syn.: *détalonnage*.

DÉPOUILLÉ adj.
Qualifie un style architectural ou une décoration dont les lignes et les contours sont sobres, sans ornements.

DÉPRESSION n.f.
1/ Creux, enfoncement, flache*, décaissé* dans un terrain, une dalle, un revêtement, ou une surface quelconque.
2/ Baisse de pression ; pression inférieure à la pression ambiante.

DÉPRESSOSTAT n.m.
Organe de sécurité qui coupe l'alimentation en gaz d'un brûleur dès que la pression d'entrée du gaz est inférieure à un seuil déterminé.

DÉPRIMÉ adj.
V. Arc ou Voûte déprimés.

DÉPRIMOMÈTRE n.m.
Appareil de mesure des dépressions* des conduits de fumées, et donc de leur faculté de tirage*.

DÉRASEMENT n.m.
1/ Découpe de pierres déjà posées, pour les aligner sur les pierres voisines d'une même assise.
2/ Amaigrissement* du bâti d'une croisée*, pour pouvoir l'insérer dans un cadre de maçonnerie trop étroit.

DÉRASER v.tr.
Procéder à un dérasement.

DÉRATELLEMENT n.m.
Cloison de faible hauteur, qui ferme les parties basses d'un comble.

DÉRIVATION n.f.
1/ÉLECTR.: alimentation électrique secondaire, branchée sur une ligne principale. Des résistances sont ***en dérivation*** quand elles sont en parallèle*, entre deux pôles communs.
2/PLOMB.-CHAUFF.: branchement de canalisation secondaire sur une canalisation principale. Portion de circuit ou de canalisation établie parallèlement à une canalisation principale, pour ***dériver*** un fluide pendant les réparations ; syn.: *bipasse**.

DÉRIVURE n.f.
Syn. de *dosse**.
Par déformation, ce mot désigne aussi la *dévirure**.

DERMATOSE n.f.
Maladie ou affection de la peau : par ex., la gale* du ciment, les allergies cutanées dues aux résines époxydes et à leurs durcisseurs.

DÉROBEMENT n.m.
Tracé de découpe reporté sur une pierre de taille équarrie, à partir de l'épure*, sans utilisation de panneaux* (patrons* ou gabarits* de report, en tôle découpée).

DÉROCHAGE n.m.
Action de dérocher, dans les deux sens ci-après.

DÉROCHER v.tr.
1/ Décaper une surface métallique, une pièce de bois.

2/ Enlever les roches qui affleurent la surface d'un terrain.

DÉROCTAGE n.m.
Action de briser des roches.

DÉROUILLAGE n.m.
Élimination de la rouille*.

DÉROUILLEUR n.m. et adj.
Qualifie parfois un produit détruisant la rouille.

DÉROULÉ adj.
Se dit d'un bois pelliculaire obtenu par découpe tangentielle d'une bille de bois avec une *dérouleuse* (V.Bois).

Le ***déroulage*** est utilisé pour obtenir les bois de placage courants, et pour la fabrication des plis* des panneaux de contre-plaqué*.

DÉSABOUTEMENT n.m.
1/ Épaulement* saillant ménagé dans une pièce de charpente qui doit recevoir une pièce oblique (V.ill).

2/ Assemblage comprenant deux tenons qui se contrebutent dans une même mortaise (V.ill).

DÉSACTIVANT adj. et n.m.
Produit à appliquer superficiellement sur un béton pour ralentir la prise du liant sur quelques mm de profondeur, et pouvoir l'éliminer et dégager les granulats dans un but esthétique. V. béton lavé, mignonnette.

DÉSAFFECTÉ adj.
Qualifie un local qui n'a plus sa destination première : une chapelle désaffectée, par exemple, a perdu sa fonction religieuse pour servir de grange, de local d'exposition, etc.

DÉSAFFLEUREMENT n.m.
Décalage de niveau ou de nu* entre deux parties d'un ouvrage, entre deux pièces de bois assemblées, deux lames de parquet, etc.

DÉSAFFLEURER v.i.
Former saillie par rapport à un nu ou à un niveau de référence.

DÉSAGRÉGEUR n.m.
Partie principale d'une fosse* septique, dans laquelle les matières solides, en immersion dans l'eau, se désagrègent et se dissolvent avant de passer dans un système d'épuration par filtration (V. Épuration).

DÉSAMIANTAGE n.m.
Élimination de tout matériau qui comporte de l'amiante*, dans les bâtiments existants : flocages*, plaques de couverture, dalles de vinyle-amiante, panneaux divers, etc.

Les travaux d'élimination (uniquement par des entreprises spécialisées agréées), sont strictement réglementés

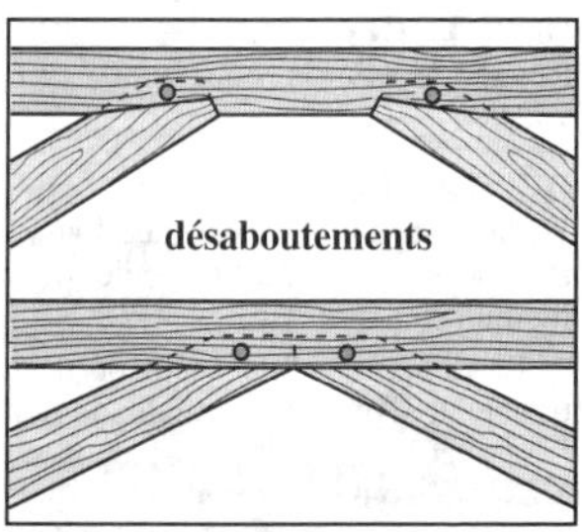

et soumis à des déclarations préalables, de même que le transport, le stockage et l'enfouissement des matières amiantées.

DÉSAMORÇAGE n.m.
1/ Arrêt accidentel ou non de la production de courant par une machine génératrice.

2/ Absence de liquide dans le corps d'une pompe : la pompe *désamorcée* tourne à vide.

DÉSAXEMENT n.m.
Déviation, angle donné à l'axe d'un corps de bâtiment par rapport à l'axe général de l'ouvrage.

DESCELLEMENT n.m.
Dépose ou désolidarisation d'un élément, par destruction du scellement qui le fixait à la maçonnerie.

DESCENTE n.f.
1/ARCHIT.: voûte* ou portion de voûte rampante, en particulier celle qui coiffe un escalier de cave.

2/COUVERT.: canalisation de section circulaire, ou parfois carrée, par laquelle "descendent" jusqu'au niveau du sol les eaux pluviales recueillies par les chéneaux* et gouttières*.
La descente est terminée, à sa base, par un dauphin*.
Le choix du diamètre d'une descente est donné par des abaques*, en fonction de la surface de récolte d'eaux (surface en projection* horizontale), de l'intensité des pluies, et de la forme droite ou conique du moignon*. V. le *DTU*.

• ***Descente des charges*** : calcul de la transmission des charges cumulées vers les points d'appui et les éléments porteurs d'un ouvrage.
Graphique des résultantes des forces exercées par les différentes parties d'une structure, d'une voûte, d'une charpente, et de leurs applications vers les appuis.

DESCRIPTIF adj. et n.m.
Ensemble des documents contractuels dans lesquels un maître d'oeuvre décrit les éléments qualitatifs et quantitatifs d'un projet. V. Devis.

DESCRIPTEUR n.m.
Désigne parfois le professionnel -en général un métreur*- spécialiste de la rédaction des descriptifs.

DÉSENFUMAGE n.m.
Dispositif de sécurité, assurant l'évacuation des fumées et gaz de combustion en cas d'incendie.
V. Trappe de désenfumage.

DÉSÉQUILIBRÉ adj.
Se dit d'un réseau électrique triphasé dont les déphasages* rendent nécessaire la présence d'un neutre*, par un montage en étoile*.

DÉSHABILLER v.tr.
Parlant d'un local, c'est enlever tous ses éléments accessoires ou décoratifs : plinthes, lambris*, etc.

DÉSHUMIDIFICATEUR n.m.
Appareil de réduction du taux d'humidité de l'air ambiant, par passage de l'air chargé de vapeur dans un caisson à parois réfrigérées ou un évaporateur (échangeur à serpentin réfrigéré) qui, abaissant le point de rosée* de l'air, provoque la condensation* de la vapeur, et son écoulement dans un bac récupérateur.

DÉSHYDRATANT n.m. et adj.
Produit très absorbant, avide d'eau, *hydrophile**; par ex. le gel de silice incorporé entre les doubles vitrages, dans les intercalaires des feuillures, pour maintenir une siccité* de l'air qui évite la formation de buées.

DÉSHYDRATATION n.f.
Élimination de l'eau que contient un corps, un matériau, un liant.
Syn.: *dessiccation**.

DÉSHYDRATEUR n.m.
Appareil à absorption pour l'élimination poussée de l'humidité de l'air ; il fait partie des conditionneurs d'air pour des locaux spécialisés (industries alimentaires, laboratoires).

dessautage (ou **déchange**) d'éléments d'une couverture conique (en plus foncé)

DÉSIPHONNAGE n.m.
Disparition de la garde* d'eau d'un siphon*, par évaporation (cas de vidanges peu utilisées), ou par aspiration (par dépression induite dans les chutes par d'autres vidanges, en l'absence de ventilation* secondaire).

DÉSOLIDARISATION n.f.
Dissociation intentionnelle ou non entre deux éléments.
Une chape* flottante est un ouvrage ***désolidarisé*** de la maçonnerie.

DÉSORDRE n.m.
Anomalie de fonctionnement, d'aspect, de solidité, etc. d'un équipement ou d'un ouvrage, du fait d'un défaut de conception, du fait d'une erreur de mise en oeuvre, ou du fait d'un composant inadapté.

DESQUAMATION n.f.
Élimination spontanée de pellicules carbonatées à la surface des enduits à base de chaux grasse et de certaines peintures au carbonate. Lente et imperceptible, elle peut être considérée comme un avantage, car elle maintient les revêtements concernés en état de propreté, en constituant un véritable "*autoravalement*".

DESQUAMER v.i.
Perdre de petites écailles superficielles, par élimination spontanée.

DESSABLEMENT n.m.
Traitement d'eaux chargées, par la décantation des matières lourdes qu'elles contiennent, dans des puits-dépotoirs ou des bassins spéciaux.

DESSAUTAGE ou **DÉCHANGE** n.m. En couverture de toitures coniques en ardoise*, désigne le fait de rompre l'alternance régulière des joints verticaux en intercalant quelques ardoises étroites, de façon à compenser, d'un rang à l'autre, la réduction de circonférence (V.ill).

DESSERTE n.f.
Voie de circulation à caractère privé, entre la voie publique et des immeubles d'habitation, ou utilisée pour des besoins de service.

DESSÉVAGE n.m.
Traitement des bois après leur sciage, pour éliminer tout reste de sève, par étuvage à la vapeur, ou, plus rarement, par immersion ou *flottage* dans des bassins pendant plusieurs mois.

DESSICCATION n.f.
Action de dessécher, ou de se dessécher ; élimination de l'eau contenue dans un matériau ou un ouvrage.

-la ***dessiccation des bois***, dont près de la moitié du poids est constitué d'eau lors de l'abattage, est nécessaire : pour qu'ils soient utilisables en construction, leur teneur en eau ne doit plus excéder 20% (17% pour les bois dits *secs à l'air*).

-la ***dessiccation des bétons et enduits*** hydrauliques, si elle intervient trop tôt (*dessiccation prématurée*), interrompt leur processus de prise* ou de durcissement*.
Le gâchage s'effectue toujours avec une quantité d'eau très supérieure au minimum théoriquement nécessaire, pour des raisons de maniabilité*, mais son élimination doit être assez lente pour ne pas tomber au-dessous du seuil nécessaire.
La surface des dalles de béton frais exposées au vent et au soleil doit être protégée avec des *produits de cure**.
De même, les enduits de parement hydrauliques minces, sensibles à l'action desséchante du vent, doivent être arrosés, par temps sec, le lendemain de leur application.

Un béton ou un enduit qui n'ont pu faire leur prise ou durcir normalement par suite d'une dessiccation sont dits *brûlés* ou *grillés**.

DESSIN n.m.
Art de la représentation graphique par des lignes et des traits (dessins "*au trait*"), ainsi que des hachures, trames et grisés (dessins "*ombrés*").
On distingue :
- le ***dessin d'architecture*** et le ***dessin topographique***, représentations descriptives en deux dimensions à l'échelle* du plan*, de la coupe* et de l'élévation*, surtout exécutés en *dessin linéaire*, à l'aide d'appareils de traçage (règles, tés, équerres, compas, pistolets*, perroquets*, etc.) ;
- le ***dessin perspectif****, qui recherche l'aspect visuel réel en trois dimensions, en utilisant les règles de la perspective (V. ce mot) ;
- le ***dessin à main levée***, qui représente les contours et les motifs, sans instruments de traçage, par exemple pour le *dessin d'ornement* ;
- le ***dessin d'après la bosse***, ou ***dessin à l'effet***, qui donne une représentation réaliste, avec effets de relief (jeux d'ombre et de lumière).

NB- Les dessins d'architecture, de bâtiment et de génie civil font l'objet de normes (série *NF P 02-*).

Le dessin assisté par ordinateur (**DAO**) est généralement associé à la notion de *conception assistée par ordinateur*, d'où l'appellation de ***CAO/DAO*** C'est la construction graphique des projets de bâtiments devant un écran d'ordinateur.

En simplifiant, le DAO consiste à assembler, par *modélisation**, des figures géométriques ou graphiques élémentaires (*icônes**), dans des systèmes de coordonnées cartésiennes ; ces éléments sont déplacés, grossis, réduits ou transformés sur l'écran à l'aide du clavier, ou, plus souvent, d'une *souris*. L'ordinateur numérise et mémorise toutes les données enregistrées, et gère le report automatique des modifications sur les autres vues et plans concernés.
Selon les possibilités du logiciel* et la mémoire de l'ordinateur, on pourra construire des projets plus ou moins complexes, leurs détails d'exécution, leur représentation en 2 ou en 3 dimensions plus ou moins élaborée et "habillée" (trames, ombres, couleur), et les calculs automatiques de métré* qui découlent du projet graphique. La matérialisation des plans est faite par un appareil traceur automatique, dit *table traçante*.
Lorsque l'on veut travailler sur des levés* ou des plans existants, on commence par les *numériser*, c'est-à-dire en *saisir* le relevé en coordonnées numériques avec une souris, sur une *table à digitaliser*.
On distingue ***trois systèmes*** d'élaboration et de représentation graphique en CAO/DAO :
- les procédés dits ***2 D***, dans lesquels tout est fait et représenté sous forme de plans, en deux dimensions.
- les procédés dits ***2,5 D***, où les enregistrements et modifications sont effectués en deux dimensions, mais permettent une visualisation en trois dimensions.
- les procédés ***3 D***, dans lesquels les projets peuvent être élaborés et modifiés directement sur des vues en trois dimensions.

DÉTALONNER v.tr.
Donner au tranchant d'un outil coupant ou aux dents d'une lame de scie leur angle* de dépouille.

DÉTAMPONNER v.tr.
Retirer le tampon* d'obturation d'un regard, d'une bouche d'égout, etc.

DÉTAMPONNEMENT n.m.
Action de détamponner.

DÉTAPISSAGE n.m.
Dépose* des papiers peints et revêtements muraux minces.

DÉTAPISSEUR n.m. ou adj.
Produit décapant* qui, traversant les papiers peints et revêtements par

imprégnation, détruit ou dissoud leur film de collage, et permet leur dépose sans endommager le support.

DÉTAPISSEUSE n.f.
Appareil de dépose des papiers peints par imprégnation de vapeur ; une détapisseuse -ou *décolleuse* - se compose d'une cuve autoclave à chauffage de l'eau, et d'un plateau à poignée, relié à la cuve par un tuyau souple, pour l'application de la vapeur.

DÉTARTRER v.tr.
Dissoudre, pour l'éliminer, le tartre* (dit *calcaire*) déposé par l'eau chaude sur les parois des tuyauteries, canalisations et tubulures d'appareils chauffants.

DÉTARTRAGE n.m.
Action de détartrer, en général par traitement avec un produit acide ; un détartrage doit être suivi d'une vidange et d'un rinçage complet des canalisations.

DÉTARTRANT n.m. et adj.
Produit à base de silicates ou de polyphosphates apte à dissoudre le tartre déposé dans les tuyauteries.
Syn.: *antitartre*, *débourbant*.

DÉTARTREUR n.m.
Appareil antitartre installé en amont* d'un circuit d'eau ; son action évite le dépôt de tartre sur les parois des tuyaux, et dissoud les dépôts existants ; les principales techniques sont l'émission d'ultrasons qui désagrègent les dépôts, l'antitartre électronique, et l'ionisation chimique.
V. aussi Antitartre, Adoucisseur.

DÉTECTEUR n.m.
Tout appareil destiné à déceler une anomalie ou un danger, à déclencher une action correctrice ou à donner l'alerte. Des ***détecteurs de métaux*** sont utilisés pour localiser les fers d'armature dans un béton, les chaînages métalliques de constructions anciennes, ou le parcours de canalisations encastrées ou enterrées.

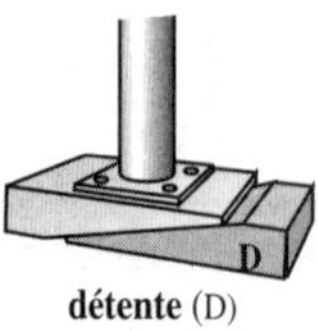

détente (D)

DÉTENDEUR n.m.
1/CHAUFF.: organe d'une chaudière à vapeur qui réduit la pression de vapeur avant qu'elle ne puisse circuler dans les canalisations.

2/PLOMB.: dispositif de limitation de pression de l'eau ou des gaz (gaz de réseaux urbains, propane*, butane*, gaz de soudage*). Pour l'eau, un détendeur en amont des installations est recommandé si la pression de l'eau dépasse 2,5 bars, afin d'éviter le risque de coups de bélier*.

3/ Organe d'une pompe* à chaleur qui, entre le compresseur et l'évaporateur, remet le fluide refroidi dans les conditions de basse pression adéquates pour sa vaporisation.

DÉTENTE n.f.
Cale biseautée disposée sur la couche* basse d'une contrefiche*, ou tête-bêche sous un étai*, pour régler sa hauteur et le dégager facilement lorsque l'ouvrage est terminé (V.ill).

DÉTOURAGE n.m.
Action de ***détourer***, c'est-à-dire de découper le contour extérieur d'une pièce de bois ou de métal, par chantournement*.

DÉTREMPE n.f.
Peinture composée de poudre de blanc de craie et/ou de couleurs broyées, diluées dans l'eau et additionnées de colle animale.
Syn.: *peinture à la colle*.
Sensible à l'humidité, la détrempe était surtout utilisée pour peindre les plafonds.

DÉTREMPÉ n.m. ou adj.
1/n.m. Altération d'un feuil de peinture dont une couche déjà sèche est diluée par la couche suivante.
2/adj. Imbibé, gorgé d'eau : terrain, maçonnerie, bois, etc.

DÉTRET n.m.
Étau manuel portatif servant à tenir et à travailler des petites pièces de serrurerie.

DEUX-MÈCHES n.m. invar.
Pinceau utilisé pour l'imitation des veines et brèches de marbre.

DÉVALOIR n.m.
Vide-ordures* (surtout en Suisse).

DEVANTURE n.f.
Enduit formant bande de solin* dont on garnit le devant des souches de cheminées, et dans lequel est noyé le haut du rang inférieur de tuiles ou d'ardoises.

DÉVELOPPEMENT ou **DÉVELOPPÉ** n.m.
1/ Représentation dans un plan de l'ensemble des surfaces planes ou courbes d'un volume quelconque, en figurant les dimensions réelles à plat ; le développement de surfaces sphériques n'est pas possible.

2/ Représentation architecturale sous forme de plans, coupes et élévations de toutes les faces d'un bâtiment.

DÉVELOPPÉ adj.
La *surface développée* est la somme de toutes les surfaces d'un élément.

DÉVERS n.m.
Défaut d'aplomb* d'un ouvrage.
Mesure de l'écart d'aplomb entre le sommet et la base d'un mur.
Syn.: *déversement**. V. aussi Fruit.

DÉVERSÉE n.f.
Pénétration* latérale d'un rampant*

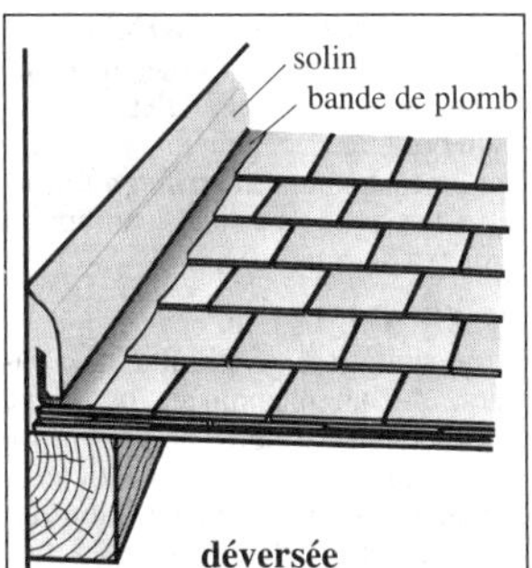

déversée

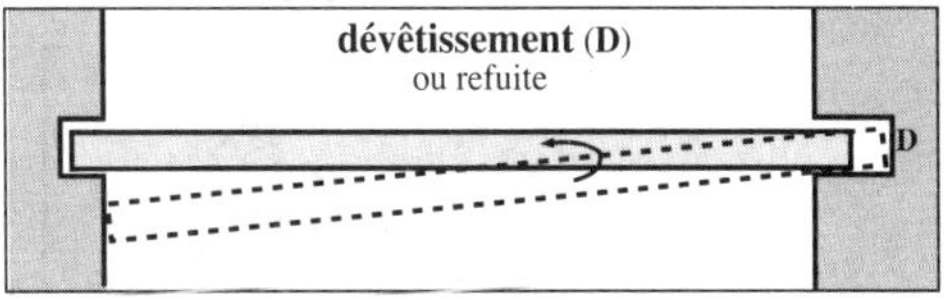

dévêtissement (D)
ou refuite

de comble dans un mur, et ouvrage d'étanchéité (solin et bande de plomb) qui protège cette pénétration (V.ill).

DÉVERSEMENT n.m.
1/ Écartement des appuis d'une voûte (murs, colonnes, piliers) insuffisamment contrebutés*.

2/ Mesure de l'écart d'un aplomb.

3/ Torsion ou gauchissement d'une planche de bois.

4/ Déformation d'une poutre* métallique composée, par le flambement* de certaines des membrures.

DÉVÊTIR v.tr.
Enlever les matériaux de couverture d'un toit. Syn.: *découvrir*.

DÉVÊTISSEMENT n.m.
Dans un trou percé dans un mur pour y sceller une poutre, une solive, une barre d'appui, etc., c'est l'excédent de profondeur creusé pour pouvoir manoeuvrer la pièce et l'entrer dans le trou opposé (V.ill). Syn.: *refuite*.

DÉVIRAGE n.m., **DÉVIRANCE** n.f.
Torsion excessive donnée temporairement à une pièce de bois ou de métal. Après relâchement, elle acquière la courbure ou la planéité souhaitées.
Le dégauchissage d'une porte, par exemple, se fait par dévirage.

DÉVIRURE n.f.
Pente latérale donnée aux tuiles de rive insérées dans un solin ou une pénétration (*ruellée**), afin de mieux renvoyer l'eau en pleine couverture : on noie dans un mortier le bord des tuiles ainsi que des morceaux de tuiles cassées, ou *nigoteaux** (V.ill. page suivante).

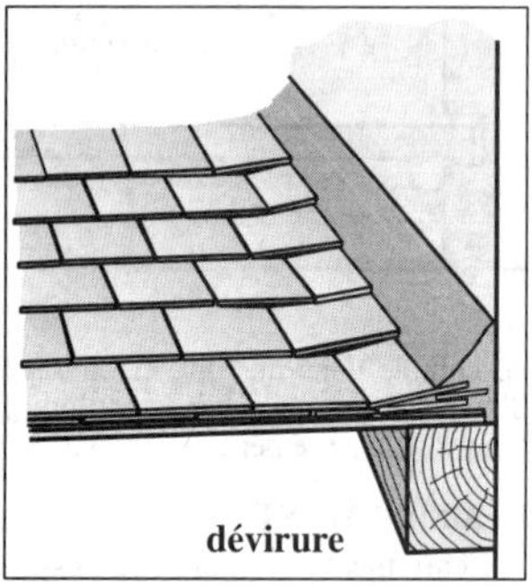

DEVIS n.m.
Liste contractuelle des ouvrages composant des travaux, et de leur coûts respectifs. On distingue :

• le ***devis descriptif****: pièce contractuelle centrale de tout marché* de travaux. Il donne la description technique détaillée par poste et par corps d'état de l'ensemble des travaux à effectuer. Indissociable des plans, auxquels il se réfère, il indique tout ce qu'ils ne précisent pas : dosage des bétons, types de carrelages, nombre de couches de peinture... Il cite, souvent, les marques commerciales des composants préconisés.

• le ***devis quantitatif*** donne la liste détaillée, par poste, du nombre d'unités d'oeuvre (mètres linéaires ; m^2; m^3; unités U) qui composent les marchés de chaque corps d'état.

• le ***devis estimatif*** donne, pour chaque poste et chaque corps d'état, une estimation des prix envisageables, servant de base à la consultation ou à l'appel d'offres.
Souvent, ces deux derniers ne forment qu'un seul document, dit *quantitatif-estimatif.*

DÉVOIEMENT n.m.
Portion oblique d'un conduit* de cheminée ou d'une descente* de gouttière par rapport à la verticale.
Un seul dévoiement est admis dans un conduit de fumée, et il ne doit pas excéder, en règle générale, 20° par rapport à la verticale ; si le matériau des parois ou le chemisage* sont lisses, il peut atteindre 45° pour des hauteurs de conduit inférieures à 5 mètres (V. les *DTU*).

DÉVOYER v.tr.
Dévier l'axe d'un conduit, ou un tracé en général, par rapport à la verticale.

DEVOIRANT, DÉVORANT n.m.
V. au mot Compagnonnage.

DEXTRINE n.f.
Nom générique de gommes obtenues par dépolymérisation de fécules et d'amidon, et utilisées dans la fabrication de colles pour papiers peints préencollés.

DIACOUSTIQUE n.f.
Science de la réfraction et de la réverbération des sons.

DIAGNOSTIC n.m.
Analyse d'un ensemble de facteurs ou de symptômes, permettant d'établir des conclusions sur l'état d'un bâtiment, ou les causes d'un désordre*, avant de choisir les mesures à prendre pour y remédier.

-***Diagnostic thermique*** : évaluation des déperditions calorifiques (coefficient de déperdition volumique **G**) et des besoins en chauffage (**B**) d'un bâtiment, avant des travaux d'isolation thermique ou de chauffage.

DIAGNOSTIQUER v.tr.
Établir un diagnostic.

DIAGONAL adj., **DIAGONALE** n.f.
Désigne ou qualifie un segment de droite qui joint deux angles opposés d'un polygone* régulier.
Par extension, est dit ***en diagonale*** ce qui est oblique ou en biais par rapport à un axe de référence.

DIAGRAMME n.m.
Représentation graphique des variations d'un phénomène ou d'une grandeur. La thermodynamique utilise divers diagrammes qui trouvent leurs applications dans l'amélioration des rendements des chaudières :

-Diagramme PVTR : représentation en trois dimensions des trois variables que sont la pression, le volume massique et la température, pour l'étude des points d'équilibre entre phases solide-liquide-vapeur d'un corps, et la recherche des *points critiques* des changements d'état.

-Diagramme HSP, ou ***diagramme de Mollier*** : sur le même principe, il met en évidence les isobares* et les isothermes* en fonction de l'enthalpie* (H), de l'entropie* (S) et de la pression (P) d'un système.

-Diagramme de Glaser : V. ce nom.

DIAMANT n.m.
Le plus dur des minéraux.
Dans l'industrie et en outillage sont utilisés des diamants de synthèse.
Outil avec lequel le vitrier trace une amorce de coupe permettant de casser le verre de façon rectiligne.
Autrefois composé d'un éclat de diamant véritable serti dans une petite platine munie d'une poignée, le nom a été gardé pour l'outil actuel, qui porte une petite molette d'acier dur.
Les diamants industriels servent à garnir les parties coupantes ou abrasives des ***outils diamantés*** : trépans, carotteuses, disques de sciage, couronnes et plateaux de ponçage, etc.

-Pointe de diamant : petite pyramide en saillie ; façon de bossage* (V.ill. à ce mot) ou bas-relief décoratif, ou relief donné aux éléments d'un carrelage mural, formant une succession de pyramides aplaties.

DIAMANTER v.tr.
Rectifier le profil d'une meule à affûter, avec un outil à diamants.

DIAMANTINE n.f.
Poudre d'alumine cristallisée, utilisée en polissage.

DIAPHRAGME n.m.
1/ Cloison intérieure portée par un arc*, constituant une interruption dans le cours d'une voûte, ou une séparation en travées (V.ill).
On parle de *mur diaphragme*, d'*arc diaphragme*, d'*ogive* diaphragme*.
2/ Organe d'une gaine de ventilation ou d'un conduit quelconque, servant à mesurer le débit du fluide qui le parcourt par différence de pression entre ses faces amont et aval.

DIASTIMOMÈTRE n.m.
Appareil de topographie pour la mesure de courtes distances ; son principe consiste à dévier de 1/100e, par la réfraction d'un prisme, l'image B d'une mire* parlante, et à mesurer son décalage par rapport à l'image directe A. L'espacement des deux images est à peu près égal à 1/100e de la distance D qui sépare le prisme de la mire.
Aujourd'hui, on utilise surtout des *télémètres** électroniques.

DIATOMITE n.f.
Roche siliceuse formée par la sédimentation de micro-organismes végétaux à coquille (***diatomées***).
Broyée, la diatomite sert d'abrasif (*tripoli**), de filler* absorbant inerte dans les ciments (*kieselguhr**), ou de charge isolante dans des pâtes calorifuges*.

DIAZOCOPIE n.f.
Procédé de reprographie et de tirage des plans dressés sur calque, par insolation aux ultraviolets de feuilles contenant un sel diazoïque.

arc diaphragme (D)

pointes de diamant

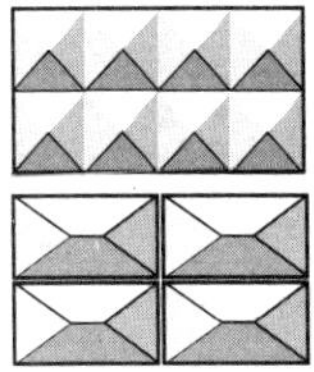

diamant de vitrier

DIÈDRE n.m.
Figure formée par deux demi-plans issus d'une même droite ; par ex., un toit à deux versants forme un dièdre.

DIÉLECTRIQUE n.m. et adj.
Matière isolante à travers laquelle un champ électrique ou électrostatique peut s'établir sans perte d'énergie. V. aussi Claquage.

DIFFÉRENCE ***de potentiel***
(**d.d.p.**) Tension* électrique, exprimée en volts, entre deux bornes d'un circuit. Syn.: *tension*, *voltage**.

DIFFÉRENTIEL adj.
1/ Qualifie souvent l'inégalité des tensions et efforts subis par une maçonnerie ou une structure : par ex., deux matériaux accolés et solidaires ayant un coefficient de retrait* ou d'élongation différents génèrent des ***mouvements différentiels***, mis en évidence par l'apparition de fissures.

2/ En électricité, qualifie un appareil qui réagit aux modifications qui affectent la somme des courants instantanés qui le traversent, au-delà de certaines limites. V. Disjoncteur.

DIFFICULTÉ n.f.
Pour certains travaux, l'usage admet d'appliquer un ***coefficient de difficulté*** sur le prix des ouvrages : chantiers d'accès difficile, travaux à grande hauteur ou en sous-oeuvre*, terrassements et fondations en zone urbaine dense, etc.

DIFFICULTUEUX adj.
Se dit de travaux comportant des sujétions* particulières d'exécution.

DIFFRACTION n.f.
Phénomène physique de déviation, ou de contournement des obstacles opaques par les ondes sonores, la lumière, et les ondes hertziennes.

DIFFUS adj.
Qualifie un flux rayonnant ou gazeux qui est dispersé, qui ne suit pas une direction bien déterminée.

DIFFUSANT adj.
Qualifie tout élément translucide, tel que du verre dépoli* ou des pavés* de verre, qui diffusent la lumière.

DIFFUSER
1/v.tr. Disperser un fluide gazeux suivant un faisceau ou un panache large.

2/v.i. Pour la lumière, ou un liquide dans un matériau, c'est se disperser dans diverses directions.

DIFFUSEUR n.m.
1/ÉCLAIR.: tout équipement d'éclairage destiné à diffuser la lumière : globe de verre dépoli, vasque, etc.

2/VENTIL.: bouche* garnie de déflecteurs (orientables ou non), par laquelle on insuffle l'air dans un local suivant un panache qui en assure la meilleure répartition. On distingue les *diffuseurs de paroi*, encastrés à proximité du haut des cloisons, et les *diffuseurs plafonniers*.

DIFFUSION n.f.
1/ Dispersion en toutes directions des rayons lumineux et des ondes sonores.

2/ Passage d'un gaz, tel que la vapeur d'eau, à travers une paroi.

DIGESTEUR n.m.
Bassin de traitement des effluents* par *digestion des boues*, c'est-à-dire fermentation bactérienne (destruction par des bactéries anaérobies*).

DIGICODE n.m.
Portier* électronique à clavier, à codification de déclenchement mémorisée (et reprogrammable).

DIGITALISATION n.f.
Saisie et transformation sous forme de données numériques d'un ensemble de données quelconques, permettant ensuite de procéder à son traitement informatique.

DILATANCE n.f.
Affermissement d'une matière que l'on agite, et qui se fluidifie au repos. Ce phénomène, qui concerne par

exemple les sables fins mouillés, est à peu près inverse de la thixotropie*.

DILATATION n.f.
Expansion ou allongement d'un corps sous l'effet d'une élévation de température (métaux, air, gaz divers) ; on parle plutôt de *gonflement* pour un accroissement de volume dû à une absorption d'eau (bois), ou de *foisonnement** dans le cas du sable.

DILUANT, **DILUTIF** n.m. et adj.
Liquide qui, ajouté à une peinture, un vernis ou une colle, les fluidifie sans en modifier les caractéristiques.
Contrairement au solvant, le diluant ne dissout ni les résines ni les constituants filmogènes du matériau.

Diluant minéral : nom parfois donné aux charges* pulvérulentes qui modifient les caractéristiques rhéologiques* d'un mélange.

DILUER v.tr.
Fluidifier par addition d'un diluant. Syn. : *étendre, allonger*.

DILUTION n.f.
Action de diluer, et mélange obtenu par addition d'un diluant ; le ***taux de dilution*** est la proportion de diluant ajouté.

DIMENSION n.f.
Mesure d'une longueur ou, au pluriel, d'un format ou d'un volume : longueur, largeur (ou diamètre) et épaisseur (ou profondeur).

Dimensions nominales : dimensions caractéristiques d'un élément, utilisées pour le désigner. V. Baie.

Dimensions normalisées : dimensions fixées par les *normes*, dans un souci de rationalisation, et d'interchangeabilité des éléments.
Elles s'imposent aux fabricants des composants, ainsi qu'aux concepteurs.

DIMENSIONNÉ adj.
Mot toujours utilisé avec un qualificatif : local *mal dimensionné*, fenêtre *largement dimensionnée*, etc.

DIMENSIONNEL adj.
Relatif aux dimensions d'un élément : *stabilité dimensionnelle* d'un ouvrage en béton, du bois, etc.

DIOPTRE n.m.
Autrefois, instrument optique de mesure des angles en arpentage.

DIPHASÉ adj.
Qualifie deux courants alternatifs analogues en intensité et fréquence, mais déphasés* d'un quart de période ($\pi/2$, ou 90°).

DIRECTRICE n.f.
Axe sur lequel s'appuie une ligne pour engendrer une surface : par ex., le noyau d'un escalier en spirale*.

DISCONTACTEUR n.m.
Syn. de *contacteur-disjoncteur**.

DISJONCTEUR n.m.
Dispositif d'interruption automatique et instantanée du passage du courant électrique, dès qu'il atteint une valeur limite déterminée, en tension* ou en intensité*. Il existe de nombreux types de disjoncteurs, différenciés par leur mode de fonctionnement et de déclenchement (mécanique, pneumatique, temporisé, instantané, à bain d'huile, à gaz SF6, à soufflage d'arc...), ou par leur sélectivité (à manque de tension, à minimum de tension, à maximum ou à minimum de courant...).
Les disjoncteurs d'abonnés sont en général à réenclenchement manuel ; des disjoncteurs thermiques à réarmement automatique après *temporisation** équipent certains appareils électriques.

Un ***disjoncteur différentiel***, disposé en amont d'une installation, réagit à toute mise à la terre* inopinée : il est sensible à toute différence entre le courant d'entrée et le courant de sortie, et détecte donc les *courants de fuite*, ou *courants de défaut*.

Dans une installation, on distingue :
• le ***disjoncteur général***, ou *disjoncteur de branchement*, disjoncteur différentiel placé sur le tableau électrique

immédiatement en aval du compteur général. Il est choisi en fonction de la puissance souscrite par l'usager dans son abonnement*.

• le ***disjoncteur divisionnaire***, en général différentiel, placé sur une portion de circuit d'usager, pour ne pas déclencher le disjoncteur général en cas d'anomalie ; il est conçu pour pouvoir supporter pendant une heure, avant de réagir, un courant de fuite de l'ordre de 10% (cette marge est appelée la *taille*).

DISPERSANT n.m. et adj.
Produit ou adjuvant* qui, incorporé dans un mortier, évite l'agglutination des granulats fins ; ainsi, les dispersants fluidifient les mélanges, et améliorent leur maniabilité*.

DISPERSION n.f.
Corps dans la masse duquel les composants liquides ou solides sont uniformément répartis : le brouillard est une dispersion d'eau dans l'air ; un coulis de ciment est une dispersion de ciment et d'éléments solides dans l'eau ; un verre teinté est une dispersion de pigments dans le verre, etc.

DISPOSITIF n.m.
Tout élément accessoire chargé d'une fonction précise : régulation thermique, contact électrique, protection, déclenchement d'alarme...

DISQUALIFIER n.f.
C'est mettre hors circuit un organe de contrôle, de régulation ou de manoeuvre, en général pour effectuer manuellement les opérations.

DISQUE n.m.
1/ARCHIT.: motif d'ornement en forme de palet rond en bas-relief*.

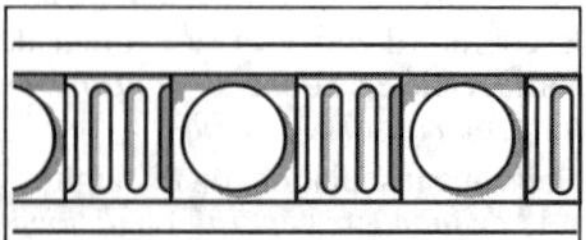

disques
alternant avec des triglyphes

2/OUTILL.: désigne divers accessoires de sciage, de tronçonnage ou de ponçage se présentant sous forme d'un rond plat, denté, diamanté ou garni d'abrasifs.

3/SERRUR.: poulie solidaire de l'axe d'enroulement d'un volet roulant ; sa rotation est commandée par un câble ou une chaîne.

DISRUPTEUR n.m.
Disjonteur* électrique à ouverture instantanée. V. Éclateur.

DISSOLUTION n.f.
Mélange d'un produit quelconque avec un solvant. Syn.: *solution*.
Ancien nom des colles à base de caoutchouc en solution, dites colles-contact*, ou colles* au néoprène.

DISSOLVANT n.m.
Produit apte à en dissoudre un autre : par exemple, le trichloréthylène* ou l'acétone sont les dissolvants de nombreuses résines. Souvent syn. de *solvant*.

DISSOUDRE v.tr.
Ajouter un solvant (eau, alcool, etc.) à un corps, pour le fluidifier, ou pour le dénaturer.

DISSOUS adj.
Liquéfié, ramolli ou dénaturé par un dissolvant.

DISSYMÉTRIE n.f.
Absence ou défaut de symétrie*.

DISTANCEUR,
ou **DISTANCIER** n.m.
Petite cale, souvent en plastique, disposée entre les armatures du béton et la peau* des coffrages, pour maintenir l'espacement nécessaire, et éviter le déplacement des fers vers les parois au moment de la coulée du béton. Syn.: *écarteur*, *espaceur*.

DISTANCEMÈTRE
ou **DISTANCIOMÈTRE** n.m.
Télémètre utilisé pour la mesure automatique des distances.

DISTRIBUTEUR n.m.
Boîtier central de raccordement et de répartition du courant dans les colonnes montantes des immeubles, pour l'alimentation des étages.

DISTRIBUTION n.f.
1/ARCHIT.: répartition des volumes et des locaux à l'intérieur d'un bâtiment, etc., et ordonnancement des *cloisons de distribution* et des communications intérieures.

2/CHAUFF.-PLOMB.: réseau des canalisations conduisant l'eau sanitaire, chaude ou froide, vers les robinets et points de puisage ; ou qui conduisent un fluide caloporteur depuis une chaudière jusqu'aux corps de chauffe : selon sa conception, la distribution est dite soit *en chandelle**, soit *en parapluie**.

3/URBAN.: ensemble des techniques et des réseaux d'approvisionnement des usagers en eau, gaz, électricité, télévision par câble... par un service public ou ses concessionnaires.
Les services publics restent propriétaires des équipements et raccordements, y compris dans l'enceinte des locaux privatifs, jusqu'aux appareils de comptage.

DISTYLE adj.
Qualifie toute construction qui présente en façade deux colonnes ou piliers ; c'est le cas de nombreux porches d'entrée.

DIVERGENCE (**des flux**) n.f.
Phénomène de la déviation et de la concentration des flux* thermiques, au voisinage des liaisons structurelles de moindre résistance thermique ; ce phénomène donne lieu aux *ponts thermiques* (V.ill).

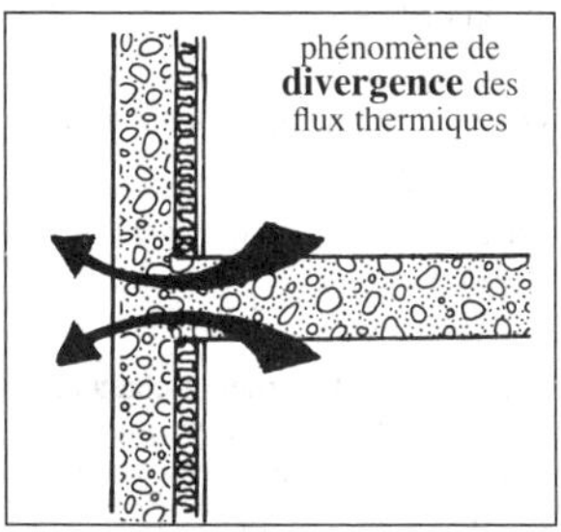

DIVISION n.f.
1/SERRUR.: chacune des échancrures de différentes profondeurs du panneton* d'une clé de sûreté.

2/ Dans la graduation d'un appareil de mesure, c'est l'intervalle qui sépare deux traits consécutifs.

DOCUMENT TECHNIQUE UNIFIÉ (**DTU**)
Document qui réunit l'ensemble des "Règles de l'art" et techniques de construction dont le bien-fondé est confirmé par l'expérience, pour chaque type d'ouvrage du bâtiment : par exemple, installations de gaz, pose des parquets, exécution des enduits, etc. Il y a une centaine de DTU.
A chacun correspond une norme* NF et/ou EN (norme européenne). Les ***DTU***, rédigés en coopération avec les intervenants, et publiés par le CSTB*, sont en France la référence technique indiscutée dans tout règlement de litiges de conception ou de mise en oeuvre portant sur les ouvrages concernés.
Le non-respect des prescriptions des DTU constitue, pour les assureurs, un motif suffisant pour faire jouer les clauses d'exclusion de garantie.
Certains DTU particuliers sont dits ***Règles de calcul*** : ils regroupent un ensemble de règles techniques de conception et de calcul des ouvrages (fondations, charpentes, construction métallique, béton, cheminées, sécurité des ouvrages aux risques sismiques, aux surcharges de neige et de vent, et calculs thermiques).

DODÉCAGONE n.m.
Polygone* à douze côtés. Le dodécagone régulier se construit à partir d'un hexagone* régulier.

DOIGTIER n.m.
Petite poignée de vantail coulissant, en forme de petite cuvette ne faisant par saillie sur le nu du vantail.

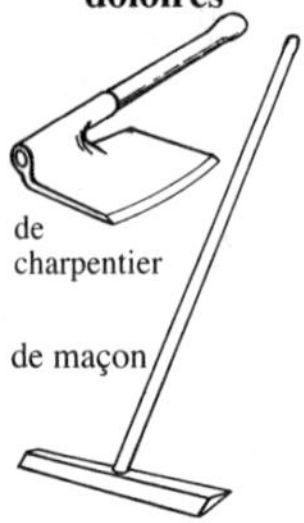

DOLER v.tr.
Équarrir une pièce de bois et dresser* son parement* à la doloire.

DOLOIRE n.f.
1/ Outil tranchant de charpentier en forme de cognée à manche court et désaxé par rapport au plan du tranchant (V.ill).
Syn.: *épaule de mouton*.
2/ Outil à long manche servant à répartir le mortier des chapes (V.ill).

DOLOMIE n.f.
Roche sédimentaire, contenant au moins 50% de carbonate, dont l'essentiel sous forme de dolomite.

DOLOMITE n.f.
Cristal de dolomie, qui peut être blanc (si il est pur).

DOLOMITIQUE adj.
Qualifie une roche calcaire contenant de 25 à 30% de dolomie.

DÔME n.m.
Couverture de comble de plan circulaire, elliptique ou polygonal, dont l'extrados* de voûte* est convexe. Le dôme forme une calotte hémisphérique régulière, ou déprimée*, ou au contraire surhaussée*. Il est généralement surmonté par un campanile* ou un clocheton* en amortissement*. Souvent syn. de *coupole**, mais le dôme a une charpente en principe indépendante de celle de la coupole.
-***Dôme de vapeur*** : partie supérieure d'une chaudière à production de vapeur, équipée d'un manomètre et d'un régulateur de pression.

DOMICAL adj.
Bombé en forme de coupole : *voûte d'ogives domicale*, *comble domical*.

DOMINO n.m.
Petit tube conducteur à deux vis de serrage, serti dans la porcelaine ou la matière plastique ; il sert à raccorder les conducteurs souples ou rigides.

DOMOTICIEN n.m.
Spécialiste des installations de domotique.

DOMOTIQUE n.f.
"*Ensemble des services de l'habitat assurés par des systèmes réalisant plusieurs fonctions, pouvant être connectés entre eux et à des réseaux internes et externes de communication. Parmi ces fonctions, on trouve notamment l'économie et la gestion technique, l'information et la communication, la maîtrise du confort, la sécurité et l'assistance*" (définition officielle).
Ce concept apparu dans les années 1980, n'a encore eu qu'assez peu d'applications (sauf télégestion par Minitel) ; il implique l'installation de réseaux en basse et en très basse tension*, par le câblage ou le précâblage* des constructions.

DOMOTISER v.tr.
Installer des réseaux câblés et équipements de domotique.

DONNE-JOUR n.m. invar.
Petite ouverture donnant de la lumière à un local.

DOPAGE n.m.
Renforcement de caractéristiques d'un liant par l'addition d'un élément *dopant* : on peut par ex. *doper* un mortier de chaux avec du ciment, pour accélérer sa prise et augmenter sa dureté.

DOPANT n.m. ou adj. ou **DOPE** n.f.
Produit ou adjuvant servant à activer une réaction.

DORAGE n.m.
Désigne la dorure* réalisée par application de fines feuilles d'or.

DORER v.tr.
Recouvrir d'une fine couche d'or.

DOREUR n.m.
Artisan ou compagnon spécialiste de la dorure.

DORGE n.f.
(Jura, Vosges) Tumeur, chancre ou chaudron* du sapin, formant un renflement et, souvent, une déviation du tronc.

DORIQUE adj.
Qualifie le plus ancien des cinq ordres* architecturaux classiques.

DORMANT n.m. et adj.
1/MENUIS.: châssis fixe, scellé à la maçonnerie, d'une porte, d'une croisée, d'une fenêtre de toit ou d'une trappe ; sur le dormant s'articulent un ou plusieurs vantaux*, aussi dits *ouvrants*. Syn.: *bâti dormant.*

2/SERRUR.: un pêne dormant est un pêne* de serrure non biseauté, qui n'est pas repoussé par un ressort : il ne peut être mû que par une clef.

3/JURID.: un ***verre dormant***, un ***jour dormant***, sont les baies d'éclairage de locaux qui peuvent être percées dans un mur mitoyen, sous certaines conditions : V. Servitudes de vue.

DORURE n.f.
Application d'or sur toutes sortes d'éléments décoratifs : cadres de glaces, moulures, rosaces, sculptures, rampes, grilles extérieures, etc.

• La ***dorure sur métaux*** se fait soit par application d'un amalgame d'or, de poudre du métal à couvrir et de mercure, ce dernier étant récupéré par évaporation à la chaleur, soit par transfert d'or dans un bain électrolytique*.

• La ***dorure sur bois***, ***sur stuc*** ou ***sur carton-pâte*** est faite :
- soit à la *détrempe**, par application de très fines feuilles d'or (*dorage**) sur un subjectile préparé par six couches de détrempe parfaitement égrenées et adoucies à la ponce et au linge sec ;
- soit en *dorure à l'huile*, sur une préparation vernie et polie, puis attaquée par un mordant* avant d'appliquer les feuilles d'or.

DOSAGE n.m.
Expression des proportions respectives du liant et des charges du béton et des mortiers. ***Doser*** un béton, c'est établir la proportion de ses composants. Un mortier ***bien dosé*** désigne parfois un mortier *riche** en liant ; un mortier ***sous-dosé*** est un mortier trop *maigre**.
Un dosage est dit ***pondéral***, s'il est exprimé en poids de composants ; ***volumétrique***, s'il exprime le rapport des composants en volumes, et ***mixte*** si son expression associe des poids et des volumes (par exemple, béton dosé à 350 kg/m^3).
V. aussi les DTU de maçonnerie.

DOS-D'ÂNE n.m. invar.
Surface à deux pentes ou deux plans inclinés, de part et d'autre d'une arête horizontale.
Par extension, surface convexe formée de deux arrondis de part et d'autre d'une ligne de faîte ; se dit par ex. d'un chaperon*, ou d'un appui* de bahut*.

DOSSE n.f.
Tranche externe du débit* d'une bille ou d'une grume de bois* (V.ill). *Laver* une grume, c'est détacher une dosse avant de la débiter *sur dosse* (V. ill. à Bois). Inutilisables en charpente ou en menuiserie, les dosses servent pour les blindages*.

DOSSERET n.m.
1/ARCHIT.:
• Petit contrefort* ou pilastre* en saillie soutenant un mur, ou servant d'appui* à un linteau* de porte ou à un arc* doubleau* (V.ill).

• Panneau de mur qui sépare l'angle intérieur d'un local de l'arête du chambranle* de baie le plus proche.

• Rehaussement d'un mur hors comble pour servir de support à une souche de cheminée.

• Un ***mur dosseret*** est un mur rapporté contre un autre, en général pour le consolider.

2/MAÇONN.: tête de mur qui constitue le tableau*, le jambage* ou le piédroit* d'une baie ou d'un porche.

3/MENUIS.: panneau vertical à l'arrière d'un plan de travail de cuisine, d'une paillasse* de laboratoire...

4/OUTILL.: profilé en U rapporté sur le dos d'une lame de scie.

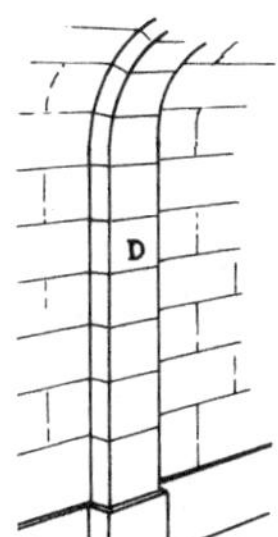

dosseret

DOSSIER n.m.
1/MAÇONN.: support de souche de cheminée formant un exhaussement de mur extérieur hors comble ; syn.: *dosseret*.

2/PLOMB.: face arrière plane d'une cuvette* de descente d'EP.

3/REVÊT.: sous-couche qui compose l'*envers** d'un revêtement de sol textile (moquette, aiguilleté*, etc.) ou plastique (par ex. cushion-floor*) ; c'est en général une enduction de mousse plastique, PVC* ou autre, ou de caoutchouc.
Pour choisir la colle adéquate pour la pose d'un revêtement de sol, il faut d'abord connaître la nature de son *dossier*.

DOUBLAGE n.m.
Paroi ou cloison construite contre un mur ou à quelques centimètres d'un mur, soit pour le consolider, soit pour en améliorer les performances, soit pour le revêtir.

A l'intérieur, une ***cloison de doublage*** sert à constituer un espace d'air ou à protéger un isolant thermique, tout en composant un parement rigide et plan. Il est fait soit en briques* plâtrières hourdies sur chant* puis enduites, soit en carreaux* de plâtre à parement lisse, soit en plaques* de plâtre cartonnées de hauteur d'étage, solidaires ou non d'un isolant thermique (V. Complexe de doublage isolant).
A l'extérieur, le ***mur de doublage*** désigne une contre-paroi d'habillage, en général en briques perforées, liée à la maçonnerie porteuse par des pattes scellées. V. aussi Pralinage.
NB- Une paroi de doublage extérieur en éléments non maçonnés, fixés mécaniquement, est un *bardage**.
Une ***fenêtre de doublage***, ou *double-fenêtre*, peut être mise en place pour améliorer les performances acoustiques et/ou thermiques d'une fenêtre existante, de préférence avec un espace de 150 à 300 mm entre les fenêtres parallèles.

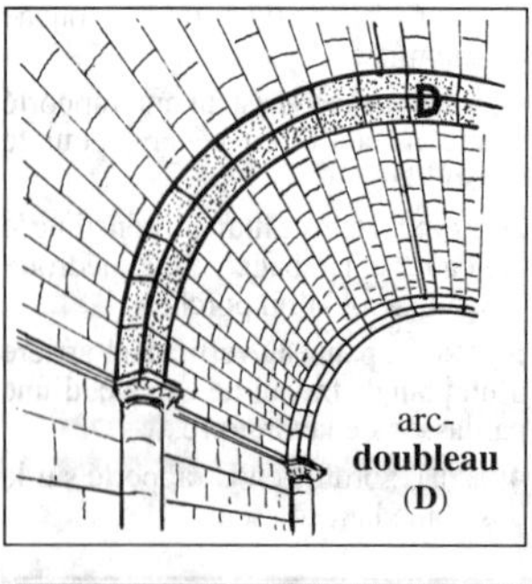

arc-**doubleau** (**D**)

DOUBLE adj.
Qualifie de nombreux ouvrages ou éléments dédoublés : fenêtre double, double vitrage*, double branchement, double cloison, culotte* double, balustre* en double poire...

Un ***bâtiment double*** est celui qui a ses pièces en enfilade sur deux rangs parallèles, sans couloir central ; sinon, il est dit ***double avec couloir***. Le ***bâtiment semi-double*** a une enfilade de pièces sur une façade et un couloir sur l'autre façade.

-***Double-bâtière*** : comble formé par le croisement de deux bâtières* dont les extrémités forment des pignons contigus (V.ill. au mot Bâtière).

-***Double-filet*** : moulure composée de deux filets* parallèles.

DOUBLEAU n.m.
1/ARCHIT.: arc* formant saillie sur l'intrados* d'une voûte*, perpendiculairement à son axe, entre deux piliers, deux pilastres ou deux culs-de-lampe* (V.ill).

2/CHARP.: solive de forte section.

DOUBLETTE n.f.
Dans le débit des bois*, planche de chêne de 5,5 cm d'épaisseur par 32,5 cm de large, utilisée en particulier pour la fabrication des marches d'escalier.

DOUBLIS n.m.
En couverture, doublement du premier rang d'ardoises formant l'égout* (V.ill). C'est l'équivalent du *battellement** des couvertures en tuile plate.

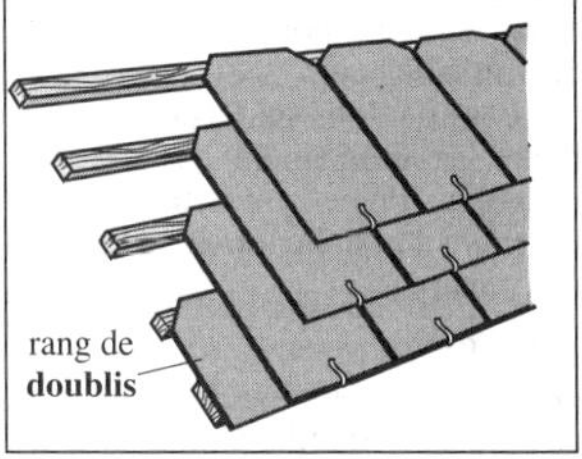

DOUBLURE n.f.
Chute ou bande de pierre ou de marbre scellée sous des grandes dalles de parement d'un dallage, pour les consolider.

DOUCÉ n.m.
Poudre d'émeri très fine, utilisée en miroiterie pour ***doucir*** le verre, c'est-à-dire pour le dressage* et le surfaçage des deux faces d'une glace, avant son polissage.

DOUCHE n.f.
Cabine fixe ou amovible composée d'un bac à douche, ou *receveur**, de son évacuation à siphon*, de parois étanches, d'une robinetterie , et d'un bras fixe à pomme* ou d'une *douchette* mobile. V. Bloc-douche.

DOUCHETTE n.f.
Petite pomme d'arrosage montée sur une poignée mobile, à l'extrémité d'un tuyau flexible d'alimentation par mélangeur* ou mitigeur*.

DOUCI ou **DOUCISSAGE** n.m.
En marbrerie, travail de finition adoucie*, qui précède le polissage*.

DOUCINE n.f.
Profil composé d'une courbe et d'une contre-courbe tangentes l'une à l'autre (V.ill. au mot Moulure).
La doucine est fréquente, surtout sur les corniches* et entablements*.

Outil à fût* de menuisier, ou fer* de toupie* utilisés pour pousser les moulures en doucine.

DOUCIR v.tr. V. Doucé.

DOUELLE n.f.
Parement courbe composant l'intrados* d'un voussoir ou d'un claveau.

On distingue la ***douelle courbe***, qui est la surface concave, et la ***douelle plate***, plan qui joint les deux arêtes de la douelle courbe (V.ill).

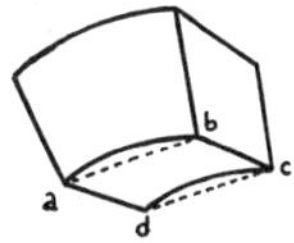

douelle
(la **douelle plate** est le plan **abcd**)

DOUGLAS n.m.
Essence de sapin dont le bois d'importation est aussi nommé pin* d'Orégon.

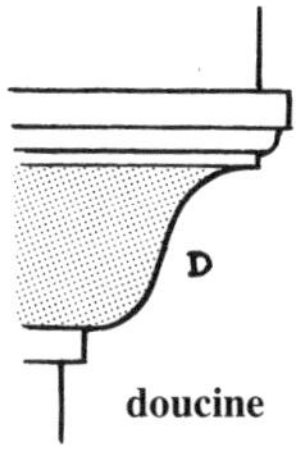

doucine

DOUILLE n.f.
1/COUVERT.: orifice d'une tuile spéciale, dite ***tuile à douille***, destinée au passage de conduits de ventilation.

2/ÉLECTR.: dispositif qui reçoit le culot* d'une lampe à incandescence et établit le double contact qui l'alimente en courant (V.ill). On distingue surtout les ***douilles à baïonnette*** et les ***douilles à vis***.
Les désignations et valeurs maximales admissibles des courants et des puissances font l'objet de normes.

La ***douille voleuse*** comporte un culot analogue à celui des lampes, à brancher sur une autre douille, et des prises d'alimentation sur ses côtés.

La ***douille à clef*** est une douille qui comporte un interrupteur.

douilles

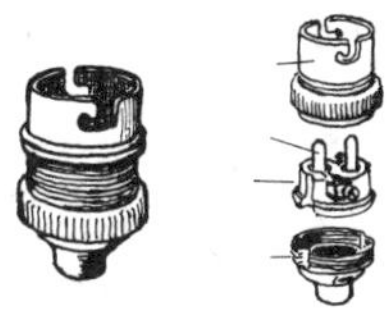
à baïonnette

à vis

douille-applique pour robinet mural

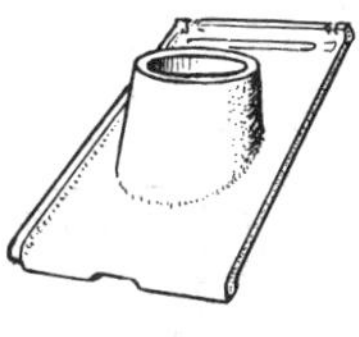
tuile à douille

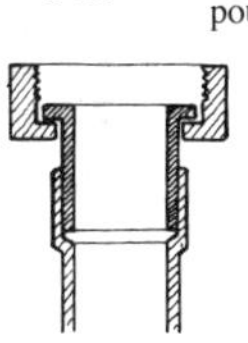
douille de tube plastique

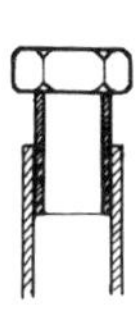
douille soudée

3/OUTILL.: embout creux et conique d'un outil, dans lequel on peut insérer un manche. Embout femelle de clef de serrage.

4/PLOMB.: raccord de tuyau associé à un écrou, à coller dans la collerette d'un tube plastique, ou à souder dans un tube métallique.

La ***douille-applique*** est une embase murale de robinet de puisage.

DOUVE n.f.
Mur de soutènement latéral d'un bassin, d'un réservoir.

DRAIN n.m.
Tuyau perforé disposé dans un sol humide, ou tube poreux serti dans un mur, pour recueillir et évacuer l'eau indésirable qu'ils contiennent (Voir Assèchement, Knapen).

Un ***drain filant*** est celui qui court sur une certaine longueur, par exemple le long d'un mur de soutènement.

DRAINER v.tr.
Collecter à l'aide de drains les eaux en excès dans un sol ou dans un mur, pour les évacuer.

DRAINAGE n.m.
Action de drainer.
Dispositif de collecte et d'évacuation des eaux d'infiltration.

drainage de sol en pied de mur (cas général)

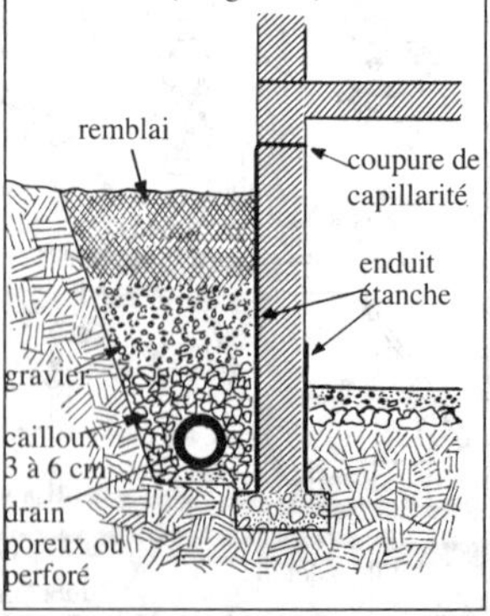

-***Drainage des sols*** : indispensable en amont des constructions érigées sur terrain en pente, pour évacuer les eaux de ruissellement, et à la périphérie des constructions sur terrain humide, pour l'assainissement des caves et sous-sols. Pour tous détails, on se reportera aux indications du DTU de maçonnerie.

DRESSER v.tr.
1/ Élever un ouvrage bien vertical, au cordeau et au fil à plomb : *dresser un mur*.

2/ Rendre plan, mais pas nécessairement lisse : *dresser un enduit,* ou *le parement d'une pierre*.

3/ Rendre rectiligne et parfaitement d'équerre ce qui ne l'est pas : *dresser une arête* de tableau*, les rives d'une planche*, etc.

-***Dresser un plan*** : traduire sous forme de dessin coté un relevé de mesures, un projet de construction...

DRESSAGE ou **DRESSEMENT** n.m. Action de dresser. Aplanissage, équarissage ou équerrage d'éléments et ouvrages divers.

DRESSING, DRESSING-ROOM n.m. (de l'anglais) Pièce dans laquelle on s'habille ; ce local, garni de penderies, est en général attenant à une chambre ou à une salle d'eau.

DRILLE n.f.
Outil porte-foret aujourd'hui rendu désuet par les perceuses électriques. Sa rotation était assurée par le va-et-vient vertical d'une bague filetée sur la vis sans fin de l'axe de l'outil.

DROIT (au — de) loc. invar.
Se dit d'un élément situé sur le même plan vertical ou horizontal qu'un autre : par exemple, les bandeaux* de façade sont au droit des planchers, un enduit doit être arrêté au droit d'un joint de dilatation, etc.

DROIT adj.
Rectiligne, vertical, d'aplomb.
Angle droit : angle à 90°.

Vue droite : V. Servitudes de vue.

Escalier droit, ***Marche droite***, etc. V. ces mots.

DUCTILE adj.
Qui peut être étiré, étendu, courbé ou déformé sans se rompre, et avec une élasticité très faible : le cuivre* recuit, le bitume* sont ductiles ; ils ont une bonne ***ductilité***.

DUMPER n.m.
Véhicule de terrassement automoteur pour le transport des déblais, muni d'une benne de 2 à plus de 30 m^3 selon modèles, à vidage par basculement vers l'avant (V.ill).
Les organes de conduite des dumpers sont généralement réversibles, pour s'adapter au sens de la marche.

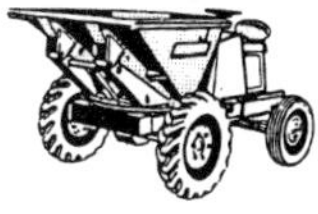

dumper

DUPLEX n.m.
Appartement occupant deux étages, réunis par un escalier intérieur.

DURABILITÉ n.f.
Aptitude au vieillissement sans altération ni dégradation.
Syn.: *pérennité*.

DURALUMIN n.m.
Alliage d'aluminium léger et dur (4% de cuivre, et moins de 1% de fer, de magnésie et de manganèse).

DURAMEN n.m.
Masse centrale du bois*, après élimination de l'aubier.
Syn.: *bois parfait*.
Il se forme par ***duraménisation*** à partir du centre, plus ou moins vite selon les essences.

DURCISSEMENT n.m.
Transformation d'un matériau malléable, pâteux ou fluide en un matériau dur. Les principaux types de durcissement sont :

• pour les ***liants aériens*** (chaux grasse), une carbonatation* lente sous l'action du gaz carbonique de l'air, transformant la chaux éteinte en carbonate de chaux (V.Chaux).
Ce durcissement se poursuit pendant des mois, voire des années.

• pour les ***liants hydrauliques*** (ciments et chaux* hydrauliques), le durcissement fait suite au phénomène de prise*: la résistance, médiocre à la fin de la prise, va augmenter d'abord rapidement, puis de plus en plus lentement. Le durcissement s'accompagne d'une perte de l'eau de gâchage en excès, et d'un retrait, important surtout dans les 8 premiers jours.
On considère que les ciments ont terminé les 4/5e de leur durcissement après 28 jours, mais il peut se poursuivre encore pendant plusieurs mois.
Le durcissement du ***plâtre**** est beaucoup plus rapide, et il atteint l'essentiel de sa dureté dans les 48 heures qui suivent sa prise ; par contre, l'excès d'eau d'hydratation s'élimine lentement.

• pour les ***liants thermoplastiques***, le durcissement s'effectue par élimination d'un solvant (eau, alcool, essence, etc.) et par coalescence*; une relative réversibilité est possible dans certains cas (liants vinyliques).

• pour les ***liants thermodurcissables****, le durcissement se fait par polymérisation*, polyaddition* ou réticulation*, combinaisons chimiques irréversibles donnant naissance à de nouvelles molécules.

DURCISSEUR n.m.
1/ Substance à mélanger à un liant, en général dans des proportions précises, pour qu'il puisse durcir.

Les matériaux à deux composants tels que les époxydes* comportent une *résine* et un *durcisseur*.
Le rôle des durcisseurs diffère de celui des *catalyseurs* (V. ce mot).

2/ Produit appliqué à la surface du plâtre ou de la pierre pour améliorer leur dureté superficielle, et éviter poudrage* et effritements.

3/ Produit répandu à la surface d'une dalle de béton pour augmenter la dureté et la résistance mécanique de sa couche d'usure ; ce peut être soit un fluosilicate*, soit une résine de synthèse fluide qui pénètre à la surface du béton durci (propre et sec).

4/ Les durcisseurs désignent aussi divers granulats antiusure rapportés à la surface des bétons encore frais, par saupoudrage ou talochage final à l'hélicoptère*; ce procédé concerne surtout des sols industriels et locaux à trafic intense.
Les durcisseurs utilisés sont le basalte*, les grains de corindon* ou d'alundum*, le quartz*, le carborundum*, la grenaille, la limaille...

DURETÉ n.f.
Aptitude d'un matériau à résister aux contraintes d'écrasement et de poinçonnement*. Parmi les méthodes de mesure des duretés :

• la ***dureté Barcol***, qui concerne les matières plastiques.

• la ***dureté Brinell****, qui concerne surtout les métaux, mais qui est aussi utilisée pour les bétons, les bois, ou les panneaux de fibre de bois, ou de particules de bois.
Elle mesure la profondeur de l'empreinte laissée par une bille de 10 mm sous une pression de 250 kg.

• la ***dureté de l'eau***, qui exprime sa teneur en sels minéraux incrustants (V. Hydrotimétrie).

• la ***dureté Mohs*** : l'*échelle* de Mohs concerne les minéraux et les matériaux céramiques. V. à Échelle.

• la ***dureté Monnin***, qui concerne les bois et matériaux à base de fibres ou de particules de bois.

• la ***dureté Shore***, mesurée au duromètre*, concerne surtout les caoutchoucs et les matières plastiques.

- la ***dureté Rockwell***, échelle de duretés qui concerne surtout les tôles et produits métallurgiques.

- la ***dureté Vickers***, utilisée pour déterminer la dureté superficielle des métaux, des pierres, des marbres et des granits.

- la ***DIDC*** (dureté internationale des caoutchoucs), concerne les caoutchoucs vulcanisés.

Pour la ***dureté des pierres**** calcaires, voir aussi à ce mot la classification française des pierres calcaires par dureté, de 1 à 14.

DURILLON n.m.
1/ Petit nodule* très dur dans le marbre, qui gène son sciage et qui nuit à son polissage.

2/ Noyau calcaire inclus dans une pierre qui, lors de la cuisson de la chaux, n'a pas été suffisamment calciné. Syn.: *marron**.

DUROMÈTRE n.m.
Désigne divers appareils normalisés de mesure des duretés* et des résistances aux chocs, à la pénétration ou à la rayure des matériaux : *duromètre Barcol*, *duromètre Brinell*, etc.

DYNAMIQUE adj.
Qualifie un phénomène correspondant à un mouvement, ainsi que ses effets : on parle par ex. de *poinçonnement dynamique*, provoqué par un choc, par opposition au *poinçonnement statique*, provoqué par la pression d'un objet lourd.

DYNAMOMÈTRE n.m.
Appareil de mesure de la cohésion interne d'un matériau ou de son aptitude à l'allongement, par traction d'une éprouvette de section normalisée ; l'appareil est associé à un dispositif de lecture, et éventuellement d'enregistrement des efforts appliqués jusqu'à la rupture.

DYOSTYLE adj.
Qualifie une façade qui a des colonnes* accouplées ou jumelées.

E

E
Symbole des champs électriques, et de la force électromotrice (f.e.m.).
• **e** Symbole de l'électron, de l'épaisseur, de l'éclairement*, du module* de Young.

EAU n.f. (symb. **H_2O**)
Généralités.
L'eau joue, dans le bâtiment, un rôle tantôt utile, tantôt très néfaste :
• pendant les travaux, l'eau de gâchage et d'humidification des maçonneries est nécessaire ; mais les eaux qui inondent les fouilles, les pluies qui transforment les chantiers en bourbiers, les eaux qui imbibent les matériaux, et les risques de gel, etc., sont néfastes.
• dans la conception des ouvrages, la protection contre les eaux d'infiltration, l'étanchéité des couvertures, des terrasses et des façades, et l'évacuation des eaux pluviales induisent un surcoût important.
L'eau "utile" fait l'objet d'ouvrages parfois complexes d'adduction, de puisage ou de pompage, de mise en pression, de traitement, de distribution, de chauffage, d'évacuation, et parfois de retraitement.
Les **besoins en eau**, pour un logement, sont estimés à 55 litres par habitant et par jour (env. 22 pour les soins de propreté, 14 pour le lavage du linge, 14 pour les nettoyages domestiques et la vaisselle, le solde pour la boisson et la cuisson).
S'y ajoutent, pour les ***maisons individuelles***, les emplois extérieurs :

arrosage, lavage de voitures, etc.
On considère que les débits horaires des réseaux d'alimentation -hormis les réseaux incendie- doivent pouvoir couvrir les besoins journaliers en trois heures.

Les ***besoins publics*** (nettoyage des rues, urinoirs publics...) sont estimés à env. 50 l./jour/habitant.

La **distribution de l'eau** sanitaire sous pression dans les bâtiments est faite soit parfois en parapluie*, à partir d'un réservoir placé dans les combles, soit plus généralement par une colonne* montante, si besoin avec l'assistance d'un surpresseur*.

Caractéristiques de l'eau sanitaire et potable.
Les principaux ***caractères physiques*** de l'eau sont sa turbidité*, sa résistivité* électrique (d'autant plus élevée que l'eau est pure ; pour une eau potable courante, de 2 500 à 5 000 ohms/cm^2), et sa température.

Les ***caractères chimiques*** de l'eau sont liés à la présence de corps autres que l'oxygène et l'hydrogène :
- sels alcalins de chaux et de magnésie qui rendent l'eau *dure* ou *incrustante*, c'est-à-dire entartrante (V. Hydrotimétrie).
- chlorures de calcium, magnésium, sodium, dont la présence doit être inférieure à 10 mg/litre.
- phosphates : une teneur supérieure à 0,5 mg/litre est celle d'une eau insuffisamment épurée.
- acide carbonique dissous, qui donne à l'eau son agressivité et son caractère corrosif. Une eau légèrement alcaline et *dure* est toujours préférable à une eau neutre ou acide, qui attaque les métaux des canalisations et les ouvrages en ciment.
- gaz dissous : l'eau potable ne doit pas en contenir plus de 40 cm^3/litre, dont 1/3 d'oxygène et 2/3 d'azote.
- dérivés azotés : les nitrates ne doivent excéder 45 mg/l dans l'eau potable, l'ammoniaque plus de 0,5 mg.
- matières organiques : leur oxydation ne doit pas nécessiter plus de 1,5 mg d'oxygène par litre.
- oxydes de métaux : manganèse (limité à 0,3 mg/l dans les eaux potables), fer (moins de 0,6 mg).
La teneur maxi en plomb ou oxydes de plomb, de 25 μg/l en 2003, sera réduite à 10 μg à partir de 2013.

Enfin, les ***caractères biochimiques*** et ***bactériologiques*** de l'eau doivent être contrôlés par analyse : la présence de microbes pathogènes ne peut être tolérée dans l'eau potable. On protège l'eau contre la prolifération bactérienne par javellisation* ou verdunisation*.
Les essais et contrôles de l'eau font l'objet de normes.

Qualificatifs divers de l'eau.
-***Eau adoucie*** : eau traitée par un adoucisseur*; syn.: *eau douce*.

-***Eau céleste*** : mélange d'ammoniaque et de sulfate de cuivre.

-***Eau chargée*** : eau qui contient et véhicule une proportion notable de charges minérales.

-***Eau chaude sanitaire*** (**ECS**) : eau fournie par un appareil de chauffage instantané ou à accumulation*, à une température de 40 à 50° (appareils sanitaires), et éventuellement plus pour les cuisines.

-***Eau de constitution*** : eau qui, dans une réaction chimique, entre en combinaison avec d'autres corps pour donner un composant nouveau.

-***Eau courante*** : eau sous pression distribuée par un réseau public, ou depuis un réservoir, château d'eau...

-***Eau croupie*** : eau stagnante corrompue par la décomposition de matières végétales ou animales.

-***Eau déminéralisée*** : eau dont on a extrait tous les sels minéraux.

-***Eau distillée*** : obtenue par ébullition puis condensation des vapeurs.

-***Eau dormante*** : eau stagnante, par opp. à une *eau vive*.

-***Eau douce*** : V. *eau adoucie*.

-***Eau dure***, ou *incrustante* : eau alcaline* qui est chargée de sulfates

et de bicarbonates de chaux et de magnésie (dits *sels calcaires*) ; ces sels tendent à se déposer sur les parois des canalisations, surtout en cas de chauffage. On pallie cet inconvénient par l'adoucissement* des eaux. La dureté d'une eau est exprimée par son *titre hydrotimétrique*.
(V. Hydrotimétrie).

-***Eau forcée*** : eau sous pression.

-***Eau-forte*** : acide nitrique dilué.

-***Eau de gâchage*** : eau incorporée à un liant minéral (ciment, chaux ou plâtre), avant son utilisation. Seule une partie de l'eau incorporée sert à l'hydratation* et à la réaction chimique de prise*. L'essentiel de l'eau de gâchage sert à plastifier le liant ou les mélanges (béton, mortier) et à leur donner leur maniabilité*.
Cette eau est ensuite éliminée au cours du durcissement.
Le dosage en eau influe sur les caractéristiques des mélanges à base de ciment : le rapport C/E (poids de liant /poids de l'eau de gâchage) est déterminant pour la résistance à la compression, à l'usure et au gel, la protection des armatures, et le retrait*. Les qualités minimales des eaux de gâchage du béton font l'objet d'une norme.

-***Eau d'hydratation*** : quantité d'eau fixée chimiquement lors de la prise* des liants*.

-***Eau incrustante*** : V. *eau dure*.

-***Eau de javel*** : solution aqueuse de chlorure de sodium et d'hypochlorite de soude. On l'utilise à très faible dose pour stériliser l'eau par javellisation*, ou verdunisation*.

-***Eau lourde*** : eau dont l'hydrogène a été remplacé par un isotope lourd et stable, le deutérium, aux propriétés analogues. On l'utilise dans les réacteurs nucléaires.

-***Eaux ménagères*** (**EM**) : eaux rejetées par les installations domestiques de salles d'eau, buanderies, cuisines et lavages divers (sauf eaux-vannes).
V. Évacuation.

-***Eau-mère*** : eau résiduelle d'une solution dont on a cristallisé les substances qui y étaient dissoutes.

-***Eau métallique*** : liquide servant au gâchage du ciment* magnésien.

-***Eau minérale*** : eau qui s'est chargée de sels minéraux traversant des couches géologiques souterraines.

-***Eau mouillée*** : eau additionnée d'agent mouillant* (en général un détersif ou un alcali), qui réduit sa tension superficielle et augmente son action pénétrante, en particulier pour la lutte contre l'incendie.

-***Eaux pluviales*** (**EP**) : eaux de pluie, de neige fondue, etc.

Elles sont collectées et dirigées en général vers le milieu naturel.
V. Évacuation des eaux.

-***Eau polluée*** : eau qui contient des corps divers, dissous ou non. Impropre aux usages domestiques.

-***Eau potable*** : eau dont l'ensemble des caractéristiques physico-chimiques et bactériologiques satisfait aux conditions normalisées qui la rendent propre à la consommation. En particulier :
- un degré hydrotimétrique de 15° à 30°, et de 5 à 12° après ébullition,
- moins de 15 mg de chlore/litre,
- de 1 000 à 5 000 bactéries/ cm^3,
- de 1 à 2 mg/l de matière organique.

-***Eau pure*** : dont la composition a des valeurs en tous points inférieures aux valeurs minimales de l'eau potable, rappelées ci-dessus.

-***Eau régale*** : mélange de quatre parts d'acide chlorhydrique et de une part d'acide nitrique ; ce mélange a la propriété d'attaquer l'or.

-***Eau seconde*** : désigne soit l'acide nitrique en dilution dans l'eau, soit une eau de lessivage à base de potasse ou de soude.

-***Eau séléniteuse*** : eau chargée de gypse*, dont l'action est corrosive.

-***Eau de seltz*** : solution aqueuse, naturelle ou artificielle, de gaz carbonique sous pression.

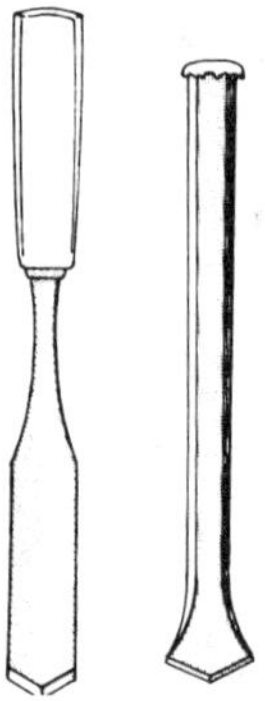

ébauchoirs

-***Eau thermale*** : eau chaude qui jaillit du sol ; par déformation, se dit aussi des eaux qui jaillissent froides.

-***Eaux usées*** (**EU**) : ensemble des eaux domestiques résiduelles des appareils sanitaires et des cuisines. Les rejets d'*eaux usées industrielles* (d'usines, laboratoires, ateliers...) font l'objet de mesures spéciales de décontamination, d'épuration ou de traitement dont la description sort du cadre de cet ouvrage. V. Évacuation des eaux.

-***Eaux-vannes*** (**EV**) : liquides chargés ou non de matières solides provenant des cuvettes des WC et urinoirs, qui nécessitent un traitement d'épuration* avant d'être rejetés dans le milieu naturel.
V. Évacuation des eaux.

EAU (sigle)
Classement qualitatif attribué aux robinets (V. ce mot).

ÉBARBAGE n.m.
Élimination, au burin, à la lime, à la meule, ou à l'ébarboir (V. ci-après), des petites irrégularités en saillie, ou "barbes", ou "bavures" formées par les joints de moulage de pièces diverses ou par le découpage des métaux ou du verre. Syn.: *ébavurage*.

ÉBARBER v.tr.
Éliminer les bavures*, balèvres ou barbes*.

ÉBARBEUSE n.f.
Meule pour l'ébarbage du verre.

ÉBARBOIR ou **ÉBARDOIR** n.m.
Grattoir triangulaire à manche, utilisé pour l'égrenage des plâtres et des matériaux tendres, l'ouverture en V des fissures avant leur rebouchage, ou l'ébarbage des bords des tôles de zinc.

ébarboir

ÉBARBURE n.f.
Copeau ou rognure d'ébarbage.

ÉBAUCHAGE n.m.
1/ Premier dégrossissage de mise en forme d'une pièce de bois.

2/ Mise en forme grossière d'une pierre, au ciseau* et à la gradine*, avec des cotes légèrement supérieures à celles prévues pour l'élément fini. Syn.: *épannelage*.

ÉBAUCHE n.f.
Première esquisse ou croquis d'un avant-projet ou d'un projet de construction.

ÉBAUCHEUR n.m.
Ouvrier qui, dans une carrière, donne aux blocs extraits leur forme de parallélépipède, à la pioche et au poinçon*.

ÉBAUCHOIR n.m.
1/ Gros ciseau en V, avec ou sans manche, qu'utilisent les charpentiers pour ébaucher les mortaises* et embrèvements* avant de les ajuster au ciseau plat (V.ill).

2/ Outil de sculpteur, en bois ou en ivoire, pour le modelage de la terre.

ÉBAVURAGE n.m.
Élimination des barbes ou bavures de coupe d'une pièce métallique, avec la plane*, l'ébarboir* ou l'ébavureur. Syn.: *ébarbage*.

ÉBAVUREUR n.m.
Outil coupant à fine lame courbe utilisé pour la rectification par grattage des bords d'objets métalliques, ou l'élimination des bavures intérieures de tubes, après leur coupe.

ÉBONITE n.f.
Isolant électrique semi-rigide obtenu par vulcanisation* du caoutchouc, remplacée désormais par les matières plastiques modernes.

ÉBOULEUX adj.
Qualifie un terrain boulant* ou un remblai susceptible de s'ébouler.

ÉBOULIS n.m.
Masse de terre détachée d'une berge de fouille, d'un talus ou d'un remblai trop abrupt.

ÉBOURIFFOIR n.m.
Brosse ronde utilisée par les peintres pour reproduire l'aspect des loupes* et noeuds* de ronce.

ÉBOUSINAGE n.m.
Action d'ébousiner.

ÉBOUSINER v.tr.
Enlever au marteau le bousin*, partie tendre ou terreuse qui recouvre une pierre.

ÉBRANLEMENT n.m.
Vibration transmise par une paroi qui reçoit un choc ou qui subit les trépidations d'un appareil ou d'un outil.

ÉBRASEMENT n.m.,
ou **ÉBRASURE** n.f.
Ces mots désignent d'abord l'évasement ***E*** (V.ill) des tableaux* intérieurs d'une ouverture, à partir des montants latéraux du bâti dormant*. Par extension, ils désignent aussi d'une part chacun des tableaux intérieurs eux-mêmes, d'autre part le volume de base ***abcd*** délimité par ces tableaux biais, entre le plan vertical de la croisée ou de la porte et celui du nu du mur intérieur.
Syn.: *embrasement** (rare), *embrasure** (par déformation, car ce mot désigne plutôt l'évasement des tableaux* extérieurs d'une baie).

ÉBRASÉ adj.
Évasé en biais, en parlant des tableaux intérieurs d'une baie.

ÉBRASER v.tr.
Pratiquer un élargissement biais de l'encadrement d'une ouverture, pour donner plus de lumière au local ou augmenter l'angle d'ouverture de la croisée ou de la porte.

ébrasements

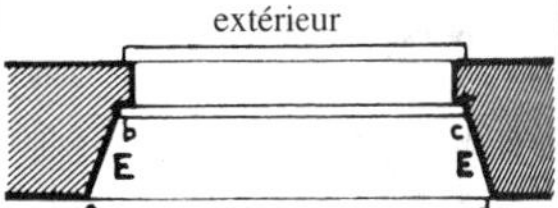

ÉCAILLAGE n.m.
Éclat superficiel, plus ou moins circulaire, dans l'émail et le biscuit d'un carreau de grès. Il affecte en général des carrelages posés à l'extérieur, sans joints. Par extension, désigne le décollement d'un feuil* de peinture, de vernis ou d'émail en petites pellicules, ou écailles, par suite d'un séchage trop rapide ou d'un défaut de cuisson.

S'ÉCAILLER v.pr.
Se décoller par petites pellicules.

ÉCAILLE n.f.
1/ Motif en bas-relief* sur certains éléments architecturaux, surtout au Moyen Âge, imitant une couverture en bardeaux arrondis. Syn.: *contre-imbrication* (V.ill. à ce mot).
2/ Tout matériau de couverture dont la base présente une découpe arrondie : ardoise, élément en tôle de zinc, bardeau d'asphalte ou de bois, tuile plate, etc. (V.ill).
3/ Éclat détaché d'un bloc de marbre ou de pierre.

ÉCAILLER v.tr.
Gratter le plomb pour mettre le métal à vif, en vue de le souder.

ÉCALE n.f.
Gros éclat de grès d'environ 15 cm de côté et 6 à 10 cm d'épaisseur, obtenu par recoupe de pavés.

ÉCALER (s'—) v.pr.
On dit d'une pièce de bois qu'elle s'écale quand elle se fend en lames.

ÉCART n.m.
Différence de valeur entre deux mesures ou deux valeurs quelconques.
-***Écart-au-feu***, ou ***écart-de-feu*** : distance minimale de 16 cm que l'on doit ménager entre les parois intérieures d'un conduit de fumée, ou l'âtre d'un foyer de cheminée, et toute pièce en bois (panne, solive, parquet) ou en matière inflammable.
Syn.: *garde-au-feu*.

ÉCARTEUR n.m.
Syn. de *distancier* (V. ce mot).

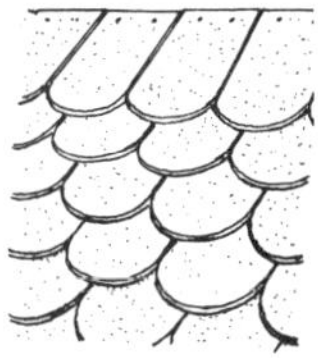

tuiles **écailles**

ÉCHAFAUDAGE n.m.
Autrefois appelé *échafaud*, l'échafaudage désigne toute construction ou bâti provisoire, fixe ou mobile, facilitant l'accès aux ouvrages et la réalisation des travaux.
On distingue surtout :

1/ Les **échafaudages de pied**, qui comprennent :

• les ***échafaudages sur plans verticaux***, destinés aux travaux sur les façades et parties en élévation.

De plus en plus rares, les ***échafaudages en bois*** sont constitués de deux rangs de *montants verticaux* (*échasses, perches, écoperches* ou *pointiers*) fixés ou calés au sol sur *semelles* ou *patins**, espacés dans le sens de la longueur de l'échafaudage par des *longerons horizontaux* (*filières, longrines,* ou *tendières*).
Transversalement, des *traverses* ou *boulins** portent les planchers et sont en général solidarisés avec la façade. Les éléments sont assemblés par des *brêlages** de cordes ou de chaînes. L'ensemble est toujours rigidifié par des entretoises en croix* de Saint-André, et complété par des *lisses* ou *garde-corps*. Les ***échafaudages rapides*** sont les échafaudages métalliques, en éléments modulaires, le plus souvent de tubes soudés emboîtables *(échafaudages tubulaires)*.

• les ***échafaudages de plafond***, ou *sur plans horizontaux*, qui comprennent les échafaudages tubulaires légers, en général mobiles (*roulants*), et les *échafaudages sur tréteaux*, surtout destinés aux travaux intérieurs sous les voûtes et plafonds.
Les *échafaudages* ***à ciseaux*** sont à plate-forme réglable en hauteur, par développement d'un support en croisillon télescopique.

2/ Les **échafaudages en bascule**, portés par des traverses qui pénètrent à l'intérieur des locaux ; ils sont étrésillonnés contre les encadrements des baies et, dans les locaux, bloqués par des étais.

3/ Les **échafaudages en éventail**, dits ***de couvreurs***, portés par des montants ou *potences* ou *pointiers* inclinés qui

ÉCHAFAUDAGES

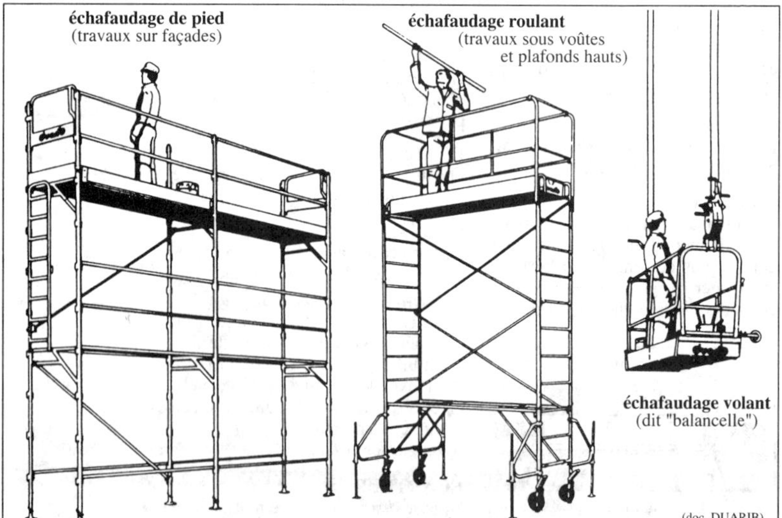

(doc. DUARIB)

reposent sur les appuis des baies, où ils sont immobilisés par des étrésillons et des entretoises.

4/ les **échafaudages suspendus**, utilisés pour les travaux de revêtement des façades, désignent surtout les ***échafaudages volants***, constitués d'une passerelle légère, dite *balancelle*, portée par des étriers suspendus à un *équipage** de filins enroulables sur des palans ou des treuils ; les filins sont amarrés, au niveau du toit, sur des *lancers** ou, par l'intermédiaire de chèvres* de renvoi, sur des points d'arrimage tels que les souches de cheminées. Ces échafaudages ont de 3 à 8 mètres de longueur.

La ***nacelle**** est une petite plate-forme d'environ un mètre de côté, suspendue ou portée par le bras télescopique d'un élévateur à nacelle.

L'***escarpolette****, ou ***sellette****, est un échafaudage individuel suspendu, siège léger analogue à celui des balançoires, arrimé sur une corde à noeuds, ou manoeuvré par un treuil.
Les constituants des échafaudages, et leur installation sur chantier, doivent être conformes aux textes des arrêtés et décrets du Code du Travail (Livre II, titre 3, Hygiène et sécurité des travailleurs). V. aussi les normes de la série NF P 93.

ÉCHAFAUDER v.tr.
Installer un échafaudage.

ÉCHAFAUDEUR n.m.
Spécialiste du montage et du démontage des échafaudages.

ÉCHAILLON n.m.
Calcaire à grain fin très serré ; ce liais* blanc, rose clair ou jaune, prend bien le poli ; on en fait des ouvrages d'ornement et des dallages résistants.

ÉCHALAS n.m.
Baguette de bois de fente (surtout en châtaignier) qui sert à faire des treillages* extérieurs et des clôtures en bois, dites ***échalis***, ou ***échaliers***.

ÉCHANCRER v.tr.
Creuser en arrondi, élargir l'ouverture d'un évidement conique, ou les lèvres d'une rainure en V.

ÉCHANCRURE n.f.
Élargissement d'un trou, d'une emboîture*...

ÉCHANDOLE ou **ESSANDOLE** n.f. Désigne, dans certaines régions, le bardeau* de sapin.

ÉCHANGE n.m.
Transfert de substance ou d'énergie d'un corps vers un autre. Pour les échanges thermiques, et la propagation de la chaleur, on distingue :

• les échanges par ***conduction***, dans lesquels la chaleur se propage au sein de la matière des zones les plus chaudes vers les zones les plus froides ; ou entre deux milieux qui, à des températures différentes, sont en contact l'un avec l'autre (par ex., de l'intérieur d'un bâtiment vers l'extérieur, à travers un mur). Le milieu le plus chaud cède au plus froid de l'énergie calorifique ; l'échange se poursuit jusqu'à ce que les deux milieux aient la même température.

• les échanges par ***convection****, dans lesquels la chaleur est transférée par un fluide en mouvement.
On parle de *convection naturelle* lorsque ce mouvement n'est dû qu'aux différences de masse volumique liées aux différences de température du milieu ambiant (cas du panache d'air chaud au-dessus d'un convecteur ou d'un radiateur), et de *convection forcée*, si le mouvement est créé par des moyens mécaniques (ventilo-convecteur).

• les échanges par ***rayonnement***, dans lesquels la surface des corps chauds émet un flux d'ondes électromagnétiques servant de vecteur ou de support au déplacement de l'énergie calorifique. Ce phénomène est perceptible par ex. au voisinage d'un métal fortement chauffé, ou près d'un appareil à infrarouges.

• les échanges par ***changement d'état****: *condensation** - *vaporisation** - *solidification* - *fusion*, ou par processus physico-chimique tel que l'*absorption* d'eau par les corps hygroscopiques*. Ils créent un dégagement ou une absorption de chaleur, vers ou depuis le milieu environnant. Exemples : caloduc*, pompe* à chaleur.

ÉCHANGEUR n.m.
Un ***échangeur thermique*** est un dispositif permettant de transférer la chaleur (ou le "froid") d'un milieu vers un autre. Le principe consiste à faire circuler un fluide à chauffer (ou à refroidir) dans des tubes disposés dans un autre fluide plus chaud (ou plus froid) ; l'efficacité de l'échange est fonction d'une part de leur différence de température, d'autre part de la surface de parois qui les séparent (ailettes, batterie de plaques, serpentins...). Si les deux fluides sont liquides, l'échangeur est une enceinte close ; souvent, les deux fluides y circulent en sens inverse, afin que la température de sortie de l'un soit voisine de la température d'entrée de l'autre.

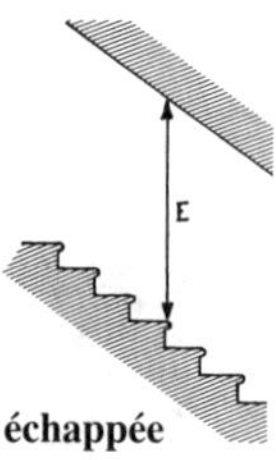

échappée

Un échangeur est ***statique*** si la circulation des fluides se fait de façon naturelle (par convection ou tirage), et ***dynamique*** si le mouvement des fluides est forcé par un dispositif mécanique (ventilateur, pompe de circulation, etc.).
En ventilation* mécanique contrôlée, par ex., on installe des *échangeurs air-air*, pour récupérer une partie de la chaleur de l'air vicié extrait des locaux au profit de l'air frais admis, qui est ainsi préchauffé.

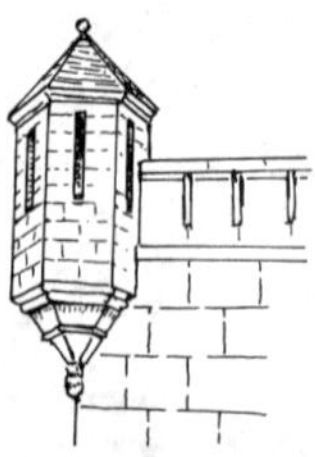
échauguette

Un ***échangeur d'ions*** est une substance solide, naturelle ou synthétique, qui peut fixer les ions des corps avec lesquels elle est en contact, pour les remplacer par d'autres.

ÉCHANTIGNOLE n.f.
Cale de bois en biseau fixée sur un arbalétrier* de ferme* de charpente* pour arrêter et soutenir une panne* intermédiaire. Syn.: *chantignole**.

ÉCHANTILLON n.m.
1/ Unité d'un élément répétitif, ou petite surface représentative d'un élément, permettant de préciser un choix de matière, de texture, de teinte, de relief, etc.

2/ Avant le développement des normes, le mot servait à désigner, sans les préciser, le format, la section, la dureté, etc., admis par l'usage pour les composants du bâtiment : brique *d'échantillon*, pavé *d'échantillon*, baguette en bois *de petit échantillon*, marbre *de bon échantillon*, etc.

3/ En région parisienne, désignait une planche de chêne de débit de 3,5 cm d'épaisseur par 32,5 de large, moins épaisse que la doublette*.

4/ En couverture, désigne parfois le pureau* d'une ardoise*.

ÉCHAPPÉE n.f.,
ou **ÉCHAPPEMENT** n.m.
1/ Distance verticale entre le nez* d'une marche et le rampant ou le plafond situé à l'aplomb (V.ill).

2/ Élargissement d'un virage de voie étroite ou d'un accès courbe, pour la manoeuvre des véhicules.

ÉCHARPE n.f.
1/ARCHIT.: petite moulure* qui ceinture* un chapiteau* ionique, contre la volute du coussinet.

2/CHARP.: pièce de bois disposée en biais, entre les traverses ou sablières d'une ossature de pan* de bois, pour servir à la fois de décharge* et de contreventement* (V.ill).

3/LEVAGE : poutre munie d'une poulie, placée au-dessus d'une ouverture pour servir de chèvre* ; cordage avec lequel on guide un fardeau lors de son levage ; moufle* ayant plusieurs poulies sur un même axe.

4/MENUIS.: barre de bois fixée provisoirement en biais entre les montants et traverses d'une huisserie pour empêcher sa déformation, jusqu'à ce

qu'elle soit liaisonnée avec une maçonnerie ou avec les cloisons adjacentes (V.ill).
Barre en diagonale entre les traverses d'assemblage des volets* ou de certaines portes en bois pour éviter leur déformation par affaissement (V.ill).
Dans une feuille de parquet, lame disposée en diagonale, et assemblée à ses extrémités dans les angles de l'encadrement.

ÉCHARPÉ adj. V. pied de Noue.

ÉCHASSE n.f.
1/ Poteau qui soutient les traverses et boulins* d'un échafaudage* de pied ; syn.: *baliveau**, *écoperche**.

2/ Règle en bois qu'utilisent les tailleurs de pierre pour relever et reporter leurs mesures, ou chercher dans le chantier les pierres qui peuvent convenir pour un appareillage.

ÉCHAUDAGE n.m.
Autrefois, application de plusieurs couches de chaux sur les plafonds avant de les passer à la détrempe*.

ÉCHAUFFEMENT n.m.
1/ Élévation anormale de température d'un équipement électrique.

2/ Altération grave du bois, causée par l'humidité. C'est le stade qui précède la destruction par pourriture ; il se signale par la présence de cryptogames* parasites, par des taches blanches ou brunâtres, et par une odeur caractéristique. Ne jamais utiliser les bois ***échauffés*** (ou *passés*) comme bois d'oeuvre.

ÉCHAUFFURE n.f.
Altération du bois (surtout du hêtre) due à une fermentation de la sève, caractérisée par des taches ou des décolorations internes et localisées, dans les grumes qui ont séjourné longtemps sur le lieu d'abattage, ou dans les bois abattus au printemps.

ÉCHAUGUETTE n.f.
Petite guérite de guet placée en encorbellement, en général aux angles des fortifications anciennes (V.ill.page précédente).

écharpes

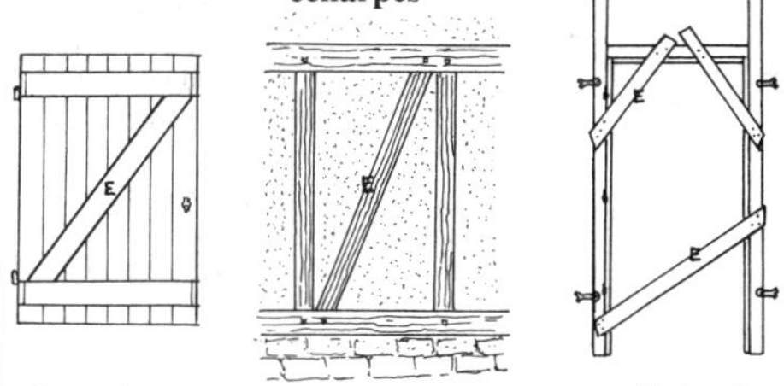

de persienne — de pan de bois — d'huisserie

ÉCHELAGE ou **ÉCHELLAGE** n.m.
1/JURID.: droit accordé à tout propriétaire de placer une échelle ou un échafaudage sur le fonds voisin, et d'y accéder autant que nécessaire pendant la durée des travaux d'édification ou de réparation de ses murs ou de ses toitures, sous réserve de remise en état des lieux après travaux. Syn.: *tour d'échelle*.

2/ Espace libre ménagé entre deux constructions pour accéder aux toitures ou recueillir les eaux d'écoulement direct des toits.

ÉCHELLE n.f.
1/ Équipement connu dont nous ne citerons ici que des désignations particulières :

-***Échelle de meunier*** : escalier* droit, sans contremarches*; il peut être ou non adossé à un mur ; il n'est pas soutenu par un mur d'échiffre*.

-***Tour d'échelle*** : V. Échelage.

-***Travail à l'échelle*** : désigne le fait d'effectuer un travail à une certaine hauteur, sans échafaudage.

2/ Proportion d'agrandissement ou de réduction entre un ensemble (terrain, construction, détail, etc.) et sa représentation graphique homothétique, "***à l'échelle***".
Les échelles de plans sont choisies suivant des rapports simples. Les échelles ci-après sont normalisées :

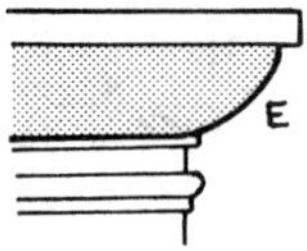

échine

-**Plan de situation** : ***1:2 000*** (= 0,0005) ou ***1:5 000*** (= 0,0002).
-**Plan de masse** :***1:1 000***(= 0,001), ***1:500*** (= 0,002), ***1:200*** (= 0,005).
-**Plan d'ensemble** : ***1:200*** (=0,005) ou ***1:100*** (= 0,01).
-**Avant-projet** : ***1:200*** (= 0,005), ***1:100*** (= 0,01), ***1:50*** (= 0,02).
-Plan d'exécution : ***1:50*** (= 0,02), parfois ***1:100*** (= 0,01).
-**Détails** : ***1:20*** (= 0,05), ***1:10*** (= 0,1), ***1:2*** (= 0,5), ou ***1:1***.

Pour la clarté de présentation des plans, il est toujours souhaitable de préciser ainsi l'échelle : par exemple, *5 cm par m*, ou *5 cm p.m.*

-***Échelle altimétrique*** : représentation sur un plan topographique des intervalles entre les courbes de niveaux par des couleurs ou des hachurages différents.

-***Échelle de couleurs*** : en peinture, désigne les différentes étapes de couleurs intermédiaires permettant de passer d'une teinte à une autre.

3/ Désigne diverses classifications conventionnelles : échelles de températures, de calibrages, de caractéristiques physiques, etc.

-***Échelle de MOHS*** : en minéralogie, classification des roches par duretés* croissantes, par comparaison avec les minéraux de référence, dont chacun ne peut être rayé par le matériau de classe inférieure :

talc (1), gypse (2), calcite (3), spath-fluor (4), apatite (5), orthoclase (6), quartz (7), topaze (8), corindon (9), diamant (10).

-***Échelle d'étiage*** : règle graduée de mesure du niveau des eaux au-dessus de l'étiage d'un cours d'eau.

ÉCHELON n.m.
Barreau d'échelle. Barreau dont les extrémités coudées sont scellées dans une maçonnerie, sur les parois d'un puits ou d'un conduit de fumée élevé.

ÉCHELONNÉ adj.
Disposé de place en place, à intervalle régulier, sur le cours d'un ensemble architectural. Syn.: *étagé*.

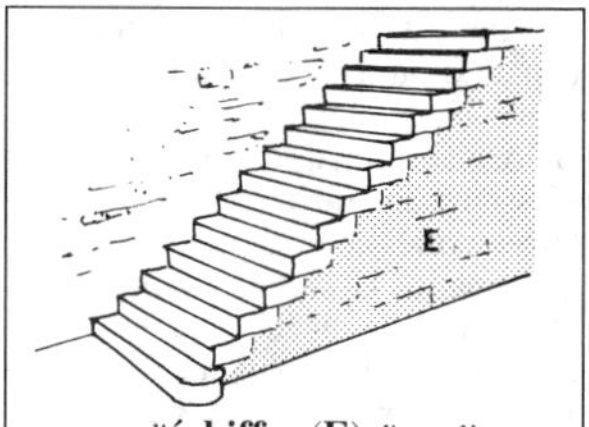

mur d'**échiffre** (**E**) d'escalier

ÉCHENAL ou **ÉCHENEAU** n.m.
Rigole ou gouttière en bois.

ÉCHENILLER v.tr.
Synonyme de *smiller**.

ÉCHIFFRE ou **ÉCHIFFE** n.f.
Charpente porteuse d'un escalier, comprenant les limons et leurs supports (potelets, patins, etc.).

L'échiffre, ou ***mur d'échiffre*** est surtout le mur dont le sommet rampant porte le limon et les marches d'un escalier, d'un perron, d'un gradin (V.ill). Plus rarement, le mot désigne le noyau* central d'un escalier en spirale.

ÉCHINE n.f.
Forte moulure* plus ou moins galbée en quart-de-rond*, qui ceinture un chapiteau* dorique, sous son tailloir* carré (V.ill).

ÉCHIQUET n.m.
La pose d'un parquet *en échiquet* est sa pose en diagonale par rapport aux murs d'une pièce.

ÉCHIQUIER n.m.
1/ Disposition d'éléments en carrés alternés ; l'échiquier n'implique pas une alternance de couleurs, contrairement au *damier**.
La maçonnerie d'un mur est *en échiquier* si son appareil* est à joints obliques.
Syn.: *maçonnerie maillée*.

2/URBAN.: quadrillage d'un plan d'urbanisme.

ÉCHOPPE n.f.
Ciseau* à graver des serruriers.

ÉCHOPPER v.tr.
Ouvrager une pièce de métal avec l'échoppe, faire un ***échoppage***.

ÉCLAIR (point d'— ou point —)
n.m. Température d'inflammabilité des vapeurs d'un produit.
Le transport et le conditionnement des hydrocarbures ayant un point éclair inférieur à 55°C est strictement réglementé. On utilise aussi le terme anglais de *flash-point*.

ÉCLAIRAGE n.m.
Émission artificielle de rayons lumineux, et ensemble des procédés et matériels dont c'est la fonction.

-***Éclairage indirect*** : éclairage dirigé vers une paroi (mur, plafond) de sorte que la source lumineuse, masquée à la vue des occupants des locaux, ne puisse les éblouir.

-***Éclairage de sécurité*** : V. Sécurité, Bloc autonome, Balisage.
Les équipements d'éclairage font l'objet de normes.

ÉCLAIRAGISME n.m.
Ensemble des théories et techniques qui concernent l'éclairage.

ÉCLAIRAGISTE n.m.
Professionnel spécialiste des études et installations d'éclairage.

ÉCLAIREMENT n.m.
Quantité de lumière reçue par seconde par une unité de surface : l'éclairement est le résultat visible de l'éclairage (l'éclairage peut être décrit en termes de répartition spatiale des éclairements, ou en termes de luminance*). L'éclairement E s'exprime en lux* (lx).

ÉCLAT n.m.
Syn. d'*écaille**, *épaufrure**.

ÉCLATÉ adj.
La *taille éclatée* d'un bloc est son équarrissage grossier, à la masse ou au marteau piqueur. V. Moellon.

ÉCLATEMENT n.m.
Rupture d'un béton par gonflement de ses armatures dû à la rouille.
Rupture d'une canalisation suit à une trop forte pression.

ÉCLATEUR n.m.
(ÉLECTR.) Dispositif à électrodes séparées par un diélectrique gazeux ou liquide, et espacées de telle sorte qu'une étincelle jaillisse entre elles si leur différence de potentiel atteint une certaine valeur.
Il sert à protéger les matériels contre les surtensions, ou les réseaux électriques contre la foudre.

ÉCLISSE n.f.
Plaquette de bois ou de métal utilisée comme pièce d'assemblage boulonnée le long de deux éléments pour constituer ou conforter leur assemblage bout à bout (V.ill).

ÉCLISSAGE n.m.
Renforcement d'un aboutage avec des éclisses.

ÉCOINÇON ou **ÉCOINSON** n.m.
1/ Surface triangulaire qui est délimitée par deux arcs* tangents, par un arc

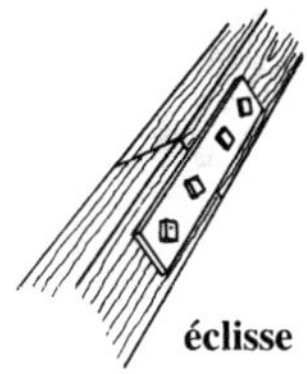
éclisse

écoinçons (E)
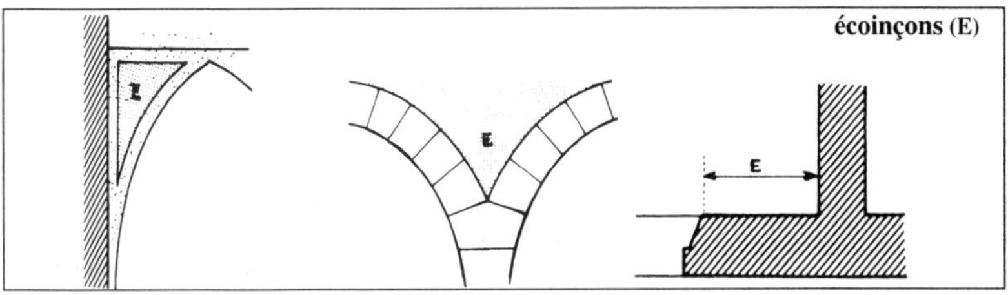

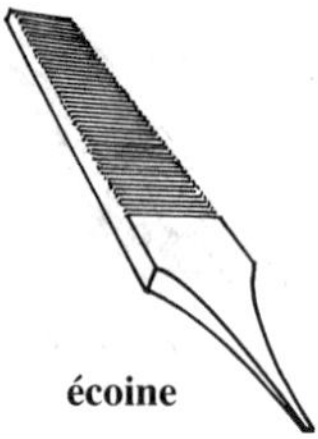

écoine

et une verticale tangente, ou par deux courbes d'une rosace (V.ill).

2/ Paroi comprise entre un ébrasement* de baie et la cueillie* la plus proche (V.ill. page précédente).
Parfois, désigne la pierre angulaire qui compose l'arête d'un ébrasement*.

3/ Petite pièce en biseau rapportée sur le collet d'une marche pour l'élargir.

ÉCOINE, ÉCOUANE,
ou **ÉCOUENNE** n.f.
Grosse lime de plombier, plate, sans manche, et striée dans un seul sens.

ÉCONOMIES d'énergie.
Ensemble des techniques visant à réduire ou limiter la consommation de combustibles sans nuire aux besoins de chauffage et de confort thermique.
La recherche d'économies d'énergie se fait dans trois directions :

-la conservation, le plus longtemps possible, de la chaleur produite à l'intérieur des locaux, par l'***isolation thermique***.

-l'amélioration du ***rendement*** des matériels de production de chaleur.

-l'utilisation, là où c'est possible, des ***apports gratuits*** d'énergie calorifique : chauffage* solaire, pompes* à chaleur, bioclimatique*, etc.

ÉCONOMISTE de la construction
n.m. Spécialiste de l'ensemble des calculs, métrés* et coordinations de la construction.
En général synonyme de métreur*-vérificateur.
En France, la profession relève de la qualification OPQTECC.

ÉCOPERCHE n.f.
Longue perche formant le montant vertical d'un échafaudage* de pied.
Syn.: *baliveau*, *échasse*, *pointier*.

ÉCORCE n.f.
Couche externe protectrice du bois*; syn.: *suber*. Peut désigner la finition d'un enduit de parement dont l'aspect évoque celui d'une écorce d'arbre.

ÉCORCHÉ n.m.
Représentation en perspective d'un bâtiment, d'un appareil, etc., dont une partie semble enlevée pour mettre en évidence les coupes et détails significatifs d'éléments intérieurs.

ÉCORNURE n.f.
Épaufrure* d'arête, d'angle de mur.

ÉCOULEMENT n.m.
Déplacement d'un fluide dans une canalisation, soit par gravité, soit sous l'effet d'une pression. En mécanique des fluides, on distingue :

• l'***écoulement laminaire***, qui correspond à un glissement de couches concentriques de fluide les unes sur les autres ; les couches externes, freinées par les parois, sont plus lentes que celles du centre ;

• l'***écoulement turbulent*** : à partir d'une certaine vitesse, les couches centrales font rouler les couches externes sur elles-mêmes, ce qui favorise l'apparition de turbulences ; une section suffisante des tuyaux permet d'éviter cet inconvénient.

ÉCOUVILLON n.m.
Boule de chiffons ou brosse ronde fixée à l'extrémité d'une hampe souple, pour récurer l'intérieur des canalisations, ou lisser le mortier des joints intérieurs des tuyaux de béton ou de fibres-ciment.

ÉCRAN n.m.
Désigne diverses surfaces planes qui ont pour fonction d'arrêter le passage de l'eau, du vent, du feu, de la lumière, du bruit... ou de masquer un élément : écran antibruit, écran pare-vapeur*, etc.

Un ***écran anticontaminant*** est une géomembrane* ou un film étanche appliqué par exemple :

• sous un drainage de sol, pour éviter la remontée de particules fines de terre qui risqueraient de l'obstruer,

• sous les dalles en terre-plein pour éviter les remontées d'humidité.

ÉCRASÉ adj.
1/ En architecture, qualifie un bâtiment bas et massif ; opp.: *élancé*.

2/ Qualifie la finition d'un enduit de parement dont les reliefs rustiques ont été écrêtés, avant durcissement, en passant une large spatule, sans appuyer (V. Enduits).

ÉCRASEMENT n.m.
Déformation plastique ou décohésion* d'un matériau sous l'action d'une charge trop lourde ; la mesure, dans le cas des bétons, s'effectue par compression d'éprouvettes, jusqu'à leur rupture. La résistance à l'écrasement est une caractéristique d'évaluation de la qualité des pierres : de celle-ci découle leur aptitude à supporter ou non le poids d'une construction. A titre d'exemples, les résistances à l'écrasement sont : pour le porphyre*, 2 500 kg/cm^2; pour le granit breton, 650 kg/cm^2; pour une pierre calcaire tendre, 60 à 150 kg/cm^2; pour le plâtre, 50 kg/cm^2; pour un enduit de chaux grasse, 35 kg/cm^2.

ÉCRÊTAGE ou **ÉCRÊTEMENT** n.m. **1/** Élimination de ce qui dépasse une valeur limite donnée.

2/ Élimination des petites crêtes ou aspérités saillantes à la surface d'un béton, d'un enduit de plâtre, etc.

ÉCRÊTEUR n.m.
Dispositif de limitation d'une grandeur quelconque à un niveau fixé : pression, courant électrique, intensité sonore, etc.

ÉCREVISSE n.f.
1/ Longue tenaille* avec laquelle les serruriers portent sur l'enclume les pièces de fer chauffées au rouge.

2/ Grosse pince articulée qui permet de saisir et de porter des fardeaux avec une grue : son serrage se fait par la mise en tension du câble.

3/ Pierre à chaux qui a pris une teinte rougeâtre au cours de sa calcination.

ÉCROU n.m.
Pièce métallique creuse, taraudée et filetée, à pans ou à oreilles de serrage (V.ill) ; l'écrou est destiné à être vissé sur un boulon* ou sur une tige filetée*. V. aussi Contre-écrou.

ÉCROUI adj.
Qualifie un métal tel que le cuivre, qui a été déformé et travaillé par étirement, en particulier sous forme de canalisations rigides et rectilignes.

ÉCROUIR v.tr.
Travailler un métal ou un alliage par contrainte mécanique (battage, étirage, laminage...) sans le chauffer à sa température de recuit*, en le soumettant à des efforts supérieurs à sa limite d'élasticité*.

ÉCROUISSAGE n.m.
Action d'écrouir les métaux ; il a pour effet de les rendre plus denses et plus élastiques.

ÉCUELLE n.f.
Douelle* concave formant l'intrados* d'un voussoir* sphérique.

ÉCUMAGE n.m.
Opération de traitement des eaux d'effluents qui consiste à éliminer les corps gras qu'elles contiennent.

ÉCURER v.tr.
Adoucir légèrement la surface d'une dalle de pierre brute.

ÉCUSSON n.m.
Petite pièce en forme d'écusson, montée sur pivot pour obturer l'orifice d'entrée d'une serrure.

ÉCUYER n.m.
Appui rampant, ou console qui supporte une main courante le long d'un mur d'escalier (V.ill).

ÉDICULE n.m.
Petite construction isolée dans un parc ou sur la voie publique : fontaines Wallace, aubettes*, abribus*, kiosques* sont des édicules.

ÉDIFICE n.m.
Peut désigner tout bâtiment d'une certaine importance.

écuyer
de main courante

écrous

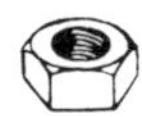

hexagonal "six pans"

carré

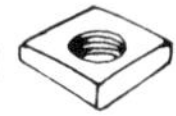

carré plat

borgne (à chapeau)

à créneaux (à goupiller)

cranté

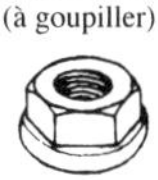

à embase

à oreilles ou ailettes, dit "papillon"

EFFET n.m.
De façon générale, phénomène résultant d'une cause, d'une situation, d'une action, d'une contrainte.

•***Effet d'eau*** : phénomène d'entraînement des corps par déplacement d'un flux d'eau soudain. La chasse* est un dispositif *à effet d'eau.*

•***Effet Hall*** : phénomène de déviation des lignes de force électriques dans les conducteurs, sous l'action de champs magnétiques.

•***Effet Joule*** : échauffement des matériaux conducteurs homogènes parcourus par un courant électrique ; la quantité de chaleur produite est proportionnelle à la résistance* du conducteur et au carré de l'intensité du courant qui le parcourt.

•***Effet de paroi*** : différence de caractéristiques entre la masse d'un ouvrage en béton et le voisinage des parois de son coffrage : le plan d'une paroi de coffrage, en effet, diffère d'un plan quelconque par le fait qu'il ne traverse aucun granulat.

•***Effet de pointe*** : essai de résistance superficielle d'un sol, à la pointe d'un pieu ou d'une barre à mine.

•***Effet de serre*** : phénomène suivant lequel les rayonnements solaires infrarouges traversent les vitrages sans être réfléchis.

•***Effet voltaïque***, ou *photovoltaïque* : phénomène de l'apparition d'une force électromotrice entre un métal et un semiconducteur, sous l'action d'un flux lumineux.

•***Effet de voûte*** : mode de report des charges d'un plancher vers ses points d'appui, dits *points durs*, par analogie avec la descente des charges d'une voûte.

EFFIGIE n.f.
Représentation figurative, en sculpture ou en peinture, d'une personne vivante ou ayant existé ; par déformation, ce mot désigne aussi la représentation d'allégories (Marianne, Mercure, etc.).

EFFLEURISSEMENT n.m.
Effritement superficiel et pulvérulent d'une roche.

EFFLORESCENCE n.f.
Formation d'un dépôt cristallin blanchâtre à la surface des enduits hydrauliques, des briques, des pierres . Sur les enduits, il s'agit le plus souvent d'une *carbonatation**, formation de cristaux de carbonate de chaux. A la surface des briques, c'est souvent une *sulfatation**.
Dans les locaux humides, les efflorescences sont en général une formation de nitrate de potassium ou de calcium, dite *salpêtre**.
De façon générale, les efflorescences traduisent une migration de sels solubles, entraînés par l'humidité vers la surface des murs où ils cristallisent, lorsque l'eau s'évapore.
La plupart des efflorescences peuvent être éliminées par brossage des surfaces avec une solution légèrement acide (acide sulfurique, ou muriatique* dilué), suivi d'un rinçage abondant à l'eau claire.
V. aussi Crypto-efflorescence.

EFFLUENT n.m.
Ensemble des eaux* polluées évacuées par les égouts. Désigne, plus particulièrement, le liquide qui sort d'un dispositif de traitement et d'épuration des eaux usées (surtout des eaux-vannes).

EFFLUVE n.m.
1/ Odeur nauséabonde dégagée des effluents et des égouts ; les siphons* empêchent la remontée des effluves jusqu'aux bondes des appareils sanitaires, et leur diffusion dans l'air.

2/ ÉLECTR.: décharge faiblement lumineuse qui ne crée pas d'échauffement sensible ; peut précéder un claquage* de l'isolant.

EFFORT n.m.
Résultante des forces (tractions, poussées, cisaillements, etc.) qui s'exercent en un point donné d'un élément de construction.

ÉGALIR v.tr.
Signifie, dans divers corps d'état, ***égaliser***, c'est-à-dire soit donner à plusieurs éléments la même dimension, soit rendre plane une surface.

ÉGALISATION n.f.
Nivellement, aplanissement d'une surface quelconque.

ÉGLISE n.f.
Édifice de culte catholique composé d'une nef* (flanquée ou non de bas-côtés* ou de collatéraux*) et d'un sanctuaire* (choeur*).
L'église comporte aussi une sacristie, des fonts* baptismaux et, souvent, des chapelles secondaires.

ÉGOÏNE n.f.
Scie* à lame rigide, tenue par une poignée à une de ses extrémités.
Dans les égoïnes, on distingue les scies de débit, à large lame en trapèze, et les scies à guichet*, à lame étroite, servant à chantourner.

ÉGOUT n.m.
1/ASSAINISSEMENT: désigne toute canalisation ou galerie souterraine maçonnée destinée à l'évacuation des eaux pluviales, des eaux usées et/ou des effluents*.

Pour que cette évacuation soit rapide, la pente des égouts doit être au minimum de 1,5 pour 1000.
On distingue surtout :

• ***l'égout élémentaire***, conduite de section ovoïde dans lequel débouchent les chutes* des riverains et les *bouches d'égout* des chaussées.

• ***l'égout*** dit ***collecteur secondaire***, plus important, comportant une cunette* en contrebas d'une ou deux banquettes ; il accueille souvent, sous sa voûte, divers réseaux de distribution.

• ***l'égout*** dit ***grand collecteur***, dont la cunette a plusieurs m² de section, et qui draine les eaux-vannes d'un quartier ou d'une ville.
NB- La collecte des eaux se fait par deux systèmes principaux de réseaux d'égouts : V. Évacuation.

2/COUVERT.: limite ou ligne basse d'un pan de couverture, vers laquelle ruissellent les eaux de pluie pour s'*égoutter* dans une gouttière* ou un chéneau*. On distingue :

-***l'égout droit***, perpendiculaire à la ligne de plus grande pente ; il peut être *normal*, ou *retroussé**.

-***l'égout biais***, dont l'angle avec la ligne de pente est supérieur à 45° (au-dessous, c'est une *rive biaise*).

ÉGRENAGE n.m.
Élimination par grattage des petites aspérités et grains d'un enduit de plâtre avant sa mise en peinture, ou avant la pose d'un papier peint.

ÉGRENER ou **ÉGRAINER** v.tr.
Procéder à l'égrenage d'un enduit.

ÉGOUTS et COLLECTEURS

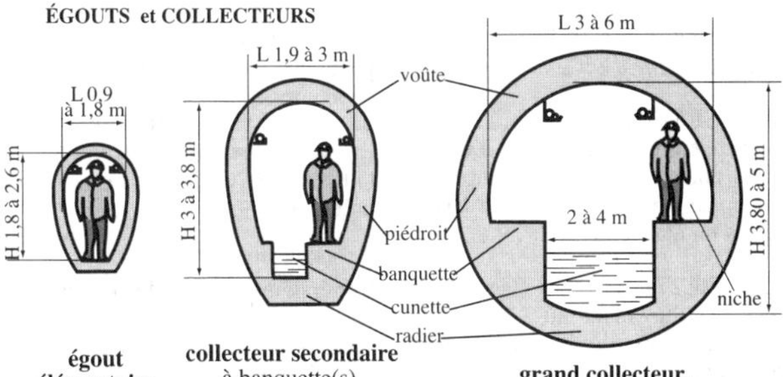

égout élémentaire

collecteur secondaire à banquette(s), dit ***à wagon***

grand collecteur, dit ***à bateau***

ÉGRISAGE ou **ÉGRÉSAGE**
n.m. Premier stade du ponçage de la pierre ou du marbre, avant *l'adoucissage** et le *polissage**.
L'égrisage est fait à la meule, avec une boue de silice fine, de grès broyé ou de ponce en poudre.

ÉGRISER v.tr.
Donner à la pierre un parement très plan par ponçage, préalablement à l'adoucissage et au polissage.
Une ***surface égrisée*** est «*une surface unie, couverte cependant de fines rayures de direction quelconque, et d'une profondeur de 0,5 à 1 mm*» (définition AFNOR).

ÉGRUGER v.tr.
1/ Réduire en poudre par concassage ou pilonnage.
2/ Rogner les bords d'un vitrage avec le grugeoir.

ÉJECTEUR n.m.
Appareil de mise sous pression et d'entraînement d'un fluide, en général sous l'action d'un autre fluide.
V. Aéro-éjecteur, Hydro-éjecteur.

ÉJECTO-CONVECTEUR n.m.
Appareil de climatisation d'air qui entretient les mouvements d'air d'un local par injection d'air traité (air primaire), amené sous pression jusqu'à l'appareil par une gaine. L'énergie de cet air induit, introduit par une buse d'éjection dans une chambre de mélange, entraîne l'air du local (air secondaire), augmentant ainsi le débit d'air pulsé.
Syn.: *inducteur d'air*.

ÉLANCEMENT n.m.
Rapport entre la hauteur et l'épaisseur d'une cloison ou d'un mur : une cloison de 2,50 m de haut et de 10 cm d'ép. a un élancement de 25.

ÉLASTICITÉ n.f.
Aptitude d'un matériau à reprendre sa forme et ses dimensions initiales après qu'il ait subi une déformation ou un allongement par traction, dès que cesse l'application de la force déformante.
On mesure ainsi les élasticités à l'allongement (par traction), à la déformation courbe (par flexion), à la torsion (par vrillage).
-***Limite d'élasticité***, ou ***limite élastique*** : taux d'allongement à partir duquel un matériau ne reprend plus sa forme première lorsque cesse l'action de déformation.
La limite d'élasticité marque le début du caractère irréversible des déformations.
-***Module d'élasticité*** : rapport E des forces de traction exercées à l'allongement subi sans rupture par un corps, par unité de section de ce corps. Par ex., le module d'élasticité du chêne est de 120 MPa, celui du fer doux de 1 800 MPa, celui du béton supérieur à 20 000 MPa.
NB- Une erreur fréquente du langage courant consiste à confondre les notions de *souplesse* et d'*élasticité*, pourtant distinctes.
Le fait qu'un feuil* de peinture ou d'enduit soit "souple" ne prouve pas qu'il aura l'élasticité voulue pour ponter* d'éventuelles fissures.

ÉLASTIQUE adj.
Caractérise un matériau apte à subir des déformations qui sont réversibles sans l'intervention de forces extérieures.

ÉLASTOMÈRE n.m. et adj.
De façon générique, toute résine de synthèse macromoléculaire dotée de propriétés élastiques élevées : ainsi le caoutchouc, les mastics de silicone*, de polyuréthanne*, de polysulfure*, les feuilles et profilés en butyl*, butadiène*, polychloroprène* (ou néoprène), etc.

ÉLASTOPLASTE n.m.
Généralement syn. de *élastomère* ; désigne en particulier les matières vulcanisables* et extrudables* en profilés, joints et pièces souples diverses.

ÉLECTRICIEN n.m.
Entrepreneur ou compagnon spécialiste des installations et équipements électriques ; il est, en général, compétent pour l'installation des antennes et des équipements parafoudre*.

ÉLECTRICITÉ n.f.
Théorie simplifiée.
Énergie transportée par les *électrons*, infimes particules de matière libérées de leur gravitation autour du noyau des atomes des matériaux conducteurs*; ces particules sont des protons ou des neutrons selon qu'elles portent une charge d'électricité positive (protons), ou négative (neutrons). Valeur de cette charge unitaire, dite *élémentaire* :

$e = 1{,}6 \times 10^{-19}$ coulomb.

Pour expliquer le principe de l'électricité et décrire les unités utilisées, on a souvent établi un parallèle entre l'énergie électrique et l'énergie hydraulique, en comparant le courant d'électrons à un flux d'eau canalisée :

- l'intensité électrique correspond au débit hydraulique.
- la tension électrique correspond à la pression hydraulique.
- la puissance électrique correspond à l'énergie hydraulique.

Intensité du courant (**I**). C'est la quantité d'électricité «débitée» par un courant électrique pendant une unité de temps. L'unité légale est l'ampère* (**A**).
Une intensité de un ampère (soit 1 coulomb/seconde) correspond au passage de 6,25 milliards de milliards d'électrons.
En pratique, on utilise l'ampère-heure (Ah, unité hors système international), qui vaut 3 600 coulombs.

Force électromotrice (**f.e.m.**).
Elle caractérise l'aptitude d'une source de courant à faire circuler dans un circuit un courant d'une certaine intensité.

Potentiel électrique.
Caractérise les corps électrisés et le travail qui est produit par le champ électrique qu'ils engendrent.
Cette aptitude est mesurée par la ***différence de potentiel*** (**U**), ou ***tension*** (dite "*voltage*", car elle est exprimée en volts*) : c'est l'énergie nécessaire pour déplacer un coulomb sur une distance d (en mètres).

Cette ***puissance*** (**W**) correspond à un travail d'autant plus grand que le nombre de coulombs à déplacer est plus important et que la durée (en secondes) est plus brève :

$$\mathbf{W}_{\text{(watts)}} = \mathbf{U}_{\text{(volts)}} \times \mathbf{I}_{\text{(ampères)}}$$

En pratique, on mesure l'***énergie*** (produit de la puissance par le temps écoulé) par **P**, exprimé en watts-heure (un Wh = 3 600 joules) :

$$\mathbf{P}_{\text{(Wh)}} = \mathbf{U}_{\text{(volts)}} \times \mathbf{I}_{\text{(ampères)}} \times \mathbf{t}_{\text{(heures)}}$$

Résistance électrique (**R**).
C'est le "frein" qu'opposent les assemblages d'atomes (ou molécules) à la circulation des électrons libres. Cette résistance (R) est exprimée en ohms (Ω) : un ohm correspond à la résistance d'un conducteur parcouru par un courant de 1 ampère, pour une tension de 1 volt.

Résistivité.
Expression de la résistance électrique d'un échantillon de matériau de 1 mètre de long et de 1 m² de section.
La résistivité (ρ) est exprimée en ohm par m² par mètre ($\Omega.m^2/m$).

La ***loi d'Ohm*** exprime les relations entre la résistance (R ohms), l'intensité (I ampères) et la tension (U volts) :

$R = U/I$, ou $I = U/R$, ou $\mathbf{U = R.I}$

La ***loi de Joule*** donne la valeur de l'énergie transformée en chaleur par le passage des électrons dans une résistance. Nous avons vu que $U = R.I$, et que $W = U.I.$; en rapprochant ces deux équations, on obtient : $W = UI = (RI).I$,

soit $\mathbf{W}_{\text{(watts)}} = \mathbf{R.I^2}$

D'où l'expression de l'énergie P (fonction du temps):

$$P_{(joules)} = R \times I^2 \times t$$

La transformation de l'énergie électrique en énergie calorifique, par l'***effet Joule***, est utilisée dans le bâtiment pour le chauffage électrique et les lampes* à incandescence.

ÉLECTRIFICATION n.f.
Installation de réseaux de distribution du courant, ou transformation d'équipements de façon à les faire fonctionner à l'électricité : ***électrifier*** une exploitation agricole.

ÉLECTRISATION n.f.
Formation de charges électriques dans un milieu quelconque, ou à la surface d'un corps : ***électriser*** une pièce isolante.

ÉLECTROACOUSTIQUE
(ou ***électro-acoustique***) n.f.
Étude et ensemble des techniques de production de sons à partir de signaux ou d'impulsions électriques, et vice versa : le spécialiste est l'***électroacousticien***.

ÉLECTROAIMANT n.m.
Pièce génératrice de champ magnétique sous l'action du passage d'un courant continu dans une *bobine* associée à un noyau de fer doux.
Divers équipements du bâtiment utilisent les électroaimants : déclencheurs, contacteurs, sonneries électriques, minuteries*, etc.

ÉLECTROBÉTON n.m.
Béton coulé, par temps froid, dans des coffrages chauffés par des résistances électriques.

ÉLECTROCHIMIE n.f.
Ensemble des techniques de transformation réciproques de l'énergie électrique et de l'énergie chimique, en particulier par les procédés électrolytiques*.

ÉLECTROCUTION n.f.
Accident, éventuellement mortel, provoqué par le passage du courant à travers le corps humain. Les effets de l'électrocution dépendent :

- de la conductivité de la peau, d'autant plus élevée qu'elle est humide ou mouillée,
- du contact éventuel d'évacuation vers la terre (potentiel 0) par l'intermédiaire d'un conducteur (eau, tuyauterie, huisserie métallique),
- de l'intensité du courant, et de sa tension (les courants de basse tension sont plus dangereux en courant alternatif qu'en courant continu).
- de la fréquence du courant (un courant de fréquence très élevée est beaucoup mieux supporté qu'un courant de 50 Hz).

On protège les usagers du risque d'électrocution par la mise à la terre* des installations. V. Terre, Volume-enveloppe.

ÉLECTRODE n.f.
1/ Chacun des pôles conducteurs, anode et cathode, d'un dispositif électrolytique (V. Électrolyse).

2/ Chacun des deux pôles intérieurs d'un tube* d'éclairage fluorescent*, entre lesquels un champ électrique de haute intensité produit un arc électrique qui déclenche l'émission des rayonnements lumineux du gaz rare inclus.
Les tubes* à allumage instantané comportent une *électrode auxiliaire*, pour établir plus facilement la décharge initiale.

3/ Baguette fusible servant de métal d'apport dans les soudures* à l'arc.

ÉLECTRODÉPOSITION n.f.
Technique de dépôt de revêtements métalliques par électrolyse (anodisation, électrozingage).

ÉLECTROGÈNE adj.
(déformation d'*électrogénérateur*)
Qualifie un matériel de production de courant, constitué d'un système dynamo-électrique entraîné par un moteur thermique, l'ensemble formant un ***groupe électrogène***.

ÉLECTROLUMINESCENCE
n.f. Phénomène de l'émission de rayons lumineux par certains gaz dits *gaz rares* (néon, fréon, etc.) s'ils sont placés, sous basse pression, dans un champ électrique intense : c'est le principe de fonctionnement des tubes d'éclairage *fluorescents**.

ÉLECTROLYSE n.f.
Dissociation moléculaire des ions en *anions* et *cations* dans un bain dit *électrolytique*, sous l'action d'une différence de potentiel entre des électrodes, l'*anode* et la *cathode*.
Les produits de cette dissociation se fixant à la surface des électrodes, on utilise ce principe pour transférer les ions-métal d'un sel métallique vers un autre métal à revêtir.
Ainsi sont réalisés, par *électrochimie*, ou *électrodéposition*, le nickelage, la galvanisation*, l'anodisation*, etc.

ÉLECTROLYTE n.m.
Solution liquide saline, basique ou acide, pouvant être décomposée sous l'action d'un courant électrique.

ÉLECTROLYTIQUE adj.
Qui a les caractères d'un électrolyte. Relatif aux techniques d'électrolyse.

ÉLECTRON n.m.
Particule constitutive de l'atome, de très faible masse, porteuse de la plus petite charge négative d'électricité négative connue (V. Électricité).

ÉLECTRON-VOLT n.m. (**eV**)
Unité d'énergie, utilisée en physique nucléaire, valant $1{,}6.10^{-19}$ joule.

ÉLECTRO-OSMOSE n.f.
Phénomène du déplacement de l'eau dans une direction préférentielle, sous l'effet d'un faible champ électrique : deux métaux de nature différente séparés par un électrolyte (eau chargée de sels présente dans une maçonnerie), génèrent entre eux une faible différence de potentiel, qui déplace l'électrolyte.
On utilise ce phénomène pour compacter les sols argileux gorgés d'eau, et pour l'assèchement* des murs humides : à env. un mètre du sol, on réalise dans le mur une saignée dans laquelle on creuse des trous d'environ 1 cm de diamètre, espacés de 30 ou 40 cm. Dans chaque trou, un ressort de cuivre est scellé et relié à ses voisins par un conducteur de cuivre. Au sol, on enterre des blocs de magnésium reliés entre eux, et formant la cathode. Le fait de relier ces blocs au conducteur du mur établit une différence de potentiel d'env. 1 volt, qui fait cheminer lentement l'eau vers la base du mur.

ÉLECTROPHORÈSE n.f. ou mieux **Électro-osmose phorèse**.
Phénomène de séparation et de précipitation des matières colloïdales en suspension dans l'eau, sous l'action d'un champ électrique.
On l'utilise, en complément de l'électro-osmose, pour que les colloïdes précipités obstruent les capillaires* des murs, évitant ainsi le retour de l'humidité.

ÉLECTROPORTEUR
n.m. et adj. Désigne un dispositif de fixation ou de suspension d'éléments par électroaimants en plots ou plaques.

ÉLECTROSTATIQUE
1/adj. Qui concerne l'électricité statique, c'est-à-dire les phénomènes d'électrisation des corps par frottement, et de conservation des charges électriques ainsi accumulées.
On limite ou on évite l'apparition de ce phénomène, en particulier dans les revêtements de sol en fibres textiles de synthèse, par des traitements *antistatiques*.
2/n.f. Étude du phénomène de charge électrique des corps par l'électricité au repos, et des interactions physiques entre les corps électrisés.

ÉLECTROVANNE n.f.
Vanne* dont le fonctionnement est assuré soit par un électroaimant, soit par un petit moteur électrique, commandé

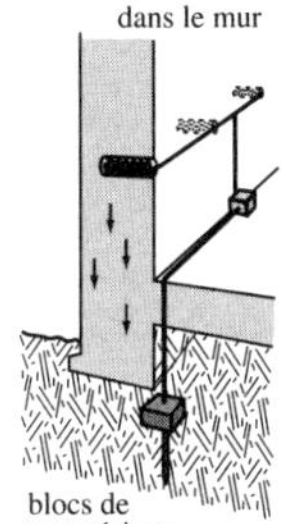

électro-osmose
(principe)

élingues

à distance par un organe de contrôle ou de régulation : sonde de niveau, manomètre, etc.

ÉLECTROZINGAGE n.m.
V. Zingage.

ÉLÉGI n.m.
Rainure de profil rectangulaire, en retrait du nu d'un parement.

ÉLÉGIR v.tr.
1/ Alléger l'aspect d'une pièce de bois, d'une colonne, d'un fronton, etc. soit en y creusant des gorges ou rainures, soit en y poussant des moulures, avec le *rabot à élégir*.
2/ Synonyme d'*allégir**.

ÉLÉGISSEMENT n.m.
Action d'élégir, et son résultat.

ÉLÉMI n.m.
Résine végétale molle, de couleur jaune ambré ; elle sert de plastifiant pour certains vernis et laques.

ÉLÉVATION n.f.
Représentation graphique par projection orthogonale horizontale des vues verticales, façades et pignons d'une construction ; l'élévation est un des trois éléments qui, avec le plan* et la coupe*, composent la représentation architecturale.
Est ainsi dit ***en élévation*** tout ce qui concerne une façade, hormis ses soubassements.

ÉLINGUE n.f.
Câble ou cordage avec lequel est arrimée une charge, pour la hisser avec un engin de levage, grue, chèvre*, palan*, etc. (V.ill). Syn.: *braye**.

ÉLIXIR de longue vie
Appellation familière, sur chantier, du mazout avec lequel les ouvriers graissent leurs outils pour les entretenir et les préserver de la rouille.

ELLIPSE n.f.
Courbe géométrique plane à double symétrie, d'aspect ovale, qui comporte sur son grand axe AB deux focales **F** et **F'** telles que la somme des

ellipse et son traçage au cordeau

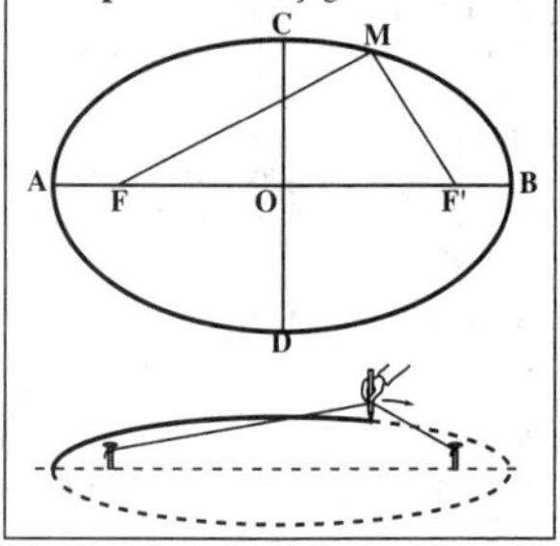

distances de tout point M de la courbe à ces focales est constante, et égale au plus grand axe de l'ellipse :

$$MF + MF' = AB \quad \text{(V.ill).}$$

ELLIPSOÏDE n.f.
Courbe ayant l'aspect d'une ellipse, sans répondre exactement à la définition mathématique de l'ellipse : V. Ovale.

ELLIPTIQUE adj.
Qui a la forme générale d'une ellipse, ou d'une ellipsoïde (on peut dire aussi dans ce cas *ellipsoïdique*).
Les arcs* et les voûtes déprimés*, surhaussés ou surbaissés* ont un profil elliptique.

ÉMAIL n.m. (pl.: des émaux)
Matière transparente ou opaque appliquée sur les éléments de poterie (carrelages, appareils sanitaires), et sur la fonte ou la tôle. La plupart des émaux sont composés d'oxydes de plomb, souvent pigmentés. Après cuisson, l'émail forme un vernis vitreux dur et inaltérable.

ÉMAILLAGE n.m.
Action d'émailler, et revêtement de surface ainsi obtenu.

ÉMAILLÉ adj. Revêtu d'émail.

ÉMAILLEUX adj.
Qui présente l'aspect ou les caractéristiques de l'émail.

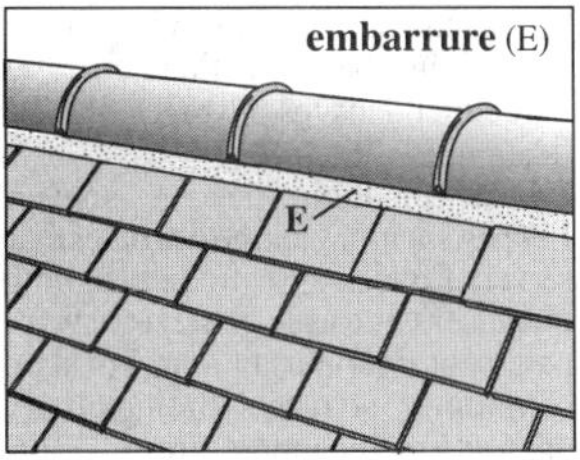

ÉMAUX de Briare n.m. pl.
Éléments céramiques composés d'une pâte de feldspath*, de kaolin et de silice, vitrifiée à 1 400°C, puis broyée, colorée, et pressée dans des moules, pour une seconde cuisson vitrifiante vers 850°C.

EMBARRAS n.m.
L'embarras d'étais désigne la présence de nombreux étais* dans un volume restreint, ce qui rend les accès et les travaux plus difficiles.

EMBARRURE n.f.
Mortier de calfeutrage des tuiles de couverture et tuiles faîtières, et de jointoiement entre elles (V.ill).

EMBASE n.f.
1/ De façon générale, élément de soutien ou support d'une pièce quelconque ; partie inférieure d'un soubassement*.

2/ÉLECTR.: socle d'appareil d'éclairage mural, ou applique*; socle d'interrupteur, de prise de courant, etc.

EMBASEMENT n.m.
Base ou soubassement qui règne* tout au long d'un édifice, d'une balustrade, etc. Syn.: *embase*.

EMBOÎTEMENT n.m.
1/CHARP.-MENUIS.: assemblage de pièces pénétrant l'une dans l'autre.

2/COUVERT.: caractéristique de recouvrement par contre-profils* latéraux des tuiles* de grand format dites *tuiles mécaniques*.

3/PLOMB.: assemblage d'éléments de canalisation par raccords à collerette.

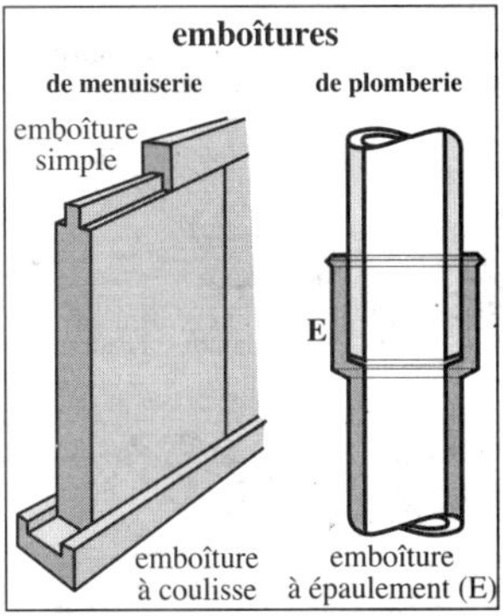

EMBOÎTURE n.f.
1/MENUIS.: pièce rainurée pour recevoir d'autres pièces, à languette, par emboîtement (V.ill. page suivante). Désigne aussi la rainure elle-même.

2/PLOMB.: évasement fait à l'extrémité d'un tuyau, et destiné à y encastrer l'extrémité d'un autre tuyau et les souder ; désigne aussi le ***joint d'emboîture*** ainsi constitué (V.ill). L'emboîture peut être *conique*, à *épaulement*, ou *physiquée* (rapportée, en plomb). Pour les canalisations en PVC, elle est moulée de telle façon que son diamètre intérieur soit précisément le diamètre extérieur des tubes. Syn.: *tulipe*.

EMBOUAGE n.m.
Apport de boue. Embarras de canalisations par le dépôt de boues, pouvant conduire à l'obstruction.

EMBOUT n.m.
Garniture disposée à l'extrémité d'un tuyau, d'un câble, d'un profilé, d'une main courante, etc., pour les obstruer, les protéger ou les isoler.

EMBOUTI adj.
Formé par emboutissage.

EMBOUTISSAGE n.m.
Formage des creux et reliefs d'une tôle ou d'une pièce de métal par percussion ou sous pression, en général à froid.

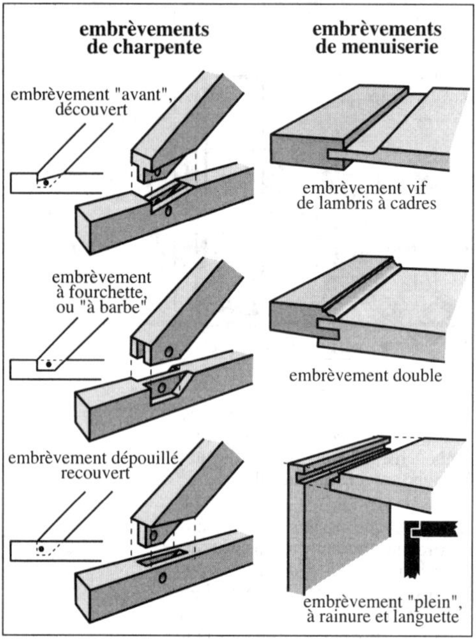

EMBRANCHEMENT n.m.
Raccordement d'une canalisation secondaire sur une canalisation principale de plus fort diamètre.
Syn.: *branchement.* Si le diamètre est le même, c'est une culotte*.

EMBRASEMENT n.m.
V. Ébrasement.

EMBRASSURE n.f.
1/ Ensemble de quatre chevrons assemblés à queue* d'aronde, constituant un cadre qui sert à ceinturer une souche de cheminée. Par extension, bande métallique qui ceinture une poutre, un poteau ou un conduit de fumée (au-dessus de sa souche), pour éviter leur éclatement.

2/ Autre nom du quadrilobe*.

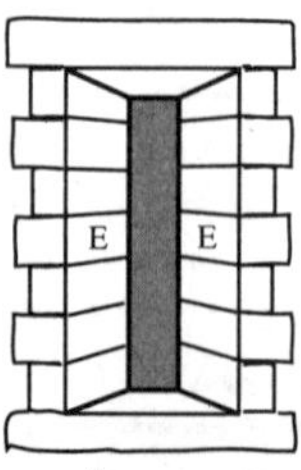

embrasure (E)

EMBRASURE n.f.
Vide ménagé dans une maçonnerie pour constituer une baie. Encadrement* ouvrant vers l'extérieur d'une baie ou d'un jour*, en particulier dans les ouvrages de fortifications (V.ill).
Par déformation, désigne souvent l'*ébrasement**, volume des baies évasé vers l'intérieur, entre le plan de la menuiserie (croisée, porte) et le nu du parement intérieur du mur. Plusieurs ouvertures peuvent être groupées dans une même embrasure.

EMBRÈVEMENT n.m.
1/CHARP.: assemblage* oblique de deux pièces de bois ; entaille pratiquée dans la pièce mortaisée pour servir de butée et soulager le tenon.

L'embrèvement à fourchette consiste, au lieu de tailler un tenon et de creuser une mortaise, à ménager une languette centrale pour réaliser un enfourchement*, ou *barbe**.

L'embrèvement dépouillé est un tenon en biseau (V.ill).

2/MENUIS.: ***l'embrèvement double*** est un assemblage* d'encastrement à parements désaffleurés, par une double languette en alternance.

L'embrèvement vif est l'emboîtement de toute l'épaisseur d'un panneau dans une pièce plus épaisse rainurée à cet effet.

EMBREVER v.tr.
Assembler par embrèvement.

EMBU n.m.
En peinture à l'huile, désigne le fait que l'huile a été absorbée trop vite par le support, laissant une surface terne, mate et de couleur inégale ; l'embu rend nécessaire l'application d'une nouvelle couche.

ÉMERGENCE n.f.
1/ Élément qui sort en saillie d'une toiture-terrasse ou d'une couverture de comble : souche de cheminée, aérateur, prise d'air, lanterneau...
Les émergences rendent nécessaires des relevés* d'étanchéité ou des ouvrages de raccordement au matériau de couverture.

2/ Par extension, jonction d'une rive de comble avec un mur plus élevé.

ÉMERI n.m.
1/ Roche composée de corindon* (l'oxyde d'alumine), de magnétite, d'oxyde de fer (oligiste) et d'hydroxyde d'aluminium. Broyé en poudre (*potée d'émeri*), il sert d'abrasif* pour le polissage des marbres, des métaux et des glaces. On l'agglomère aussi en meules et en disques abrasifs ; enfin, on le colle sur des papiers ou des toiles fines pour faire les *papiers-émeri* et les *toiles-émeri*. Syn.: *smirgel*.

2/ Nom donné aux mouchetures noires de certains marbres.

ÉMERIL n.m.
Petite zone très dure (*clou*) dans un marbre blanc.

ÉMISSAIRE n.m.
Ouvrage d'évacuation d'effluents* reliant une agglomération à une station d'épuration et de traitement, ou à la mer. Désigne parfois l'égout* sans banquette, dit *élémentaire*.

ÉMISSIVITÉ n.f.
(ou *pouvoir* **émissif** adj.)Aptitude d'un corps à émettre un rayonnement* lumineux ou calorifique.

ÉMITTANCE n.f.
Mesure du flux d'énergie rayonnée par une surface, exprimée en watts par unité de surface (cm^2 ou m^2).

EMMARCHEMENT n.m.
1/ Largeur utile d'une marche* d'escalier* (hormis les encastrements éventuels dans les limons*).

2/ Entaille d'un limon, dans laquelle vient s'emboîter une marche*.

EMMÉTRAGE n.m.
Mise en tas ou en piles des matériaux, pour faciliter leur comptage ou leur cubage (calcul de leur volume).

EMMÉTRER v.tr.
Mettre en pile ou en tas les matériaux pour évaluer leur nombre ou leur volume.

EMMORTAISER v.tr.
Enfoncer un tenon dans sa mortaise.

ÉMOUSSAGE n.m.
Action d'émousser, d'éliminer les mousses, et son résultat.

ÉMOUSSER v.tr.
Nettoyer une toiture en tuiles pour la débarrasser des mousses et lichens qui s'y développent.

S'ÉMOUSSER v.pr. Pour le tranchant d'un outil, c'est perdre son affûtage et son caractère coupant.

EMPANNON ou **EMPANON** n.m.
Chevron de croupe*, fixé sur l'arêtier* et la sablière*, ou chevron de noue*, fixé sur l'arêtier de noue et la panne faîtière.

EMPÂTER v.tr.
En peinture, c'est épaissir, rendre pâteux, ou encore appliquer une couche épaisse de produit.

EMPATTEMENT n.m.
1/ Saillie d'une semelle de fondations ou d'un soubassement par rapport au nu d'une façade (V.ill).

2/ Chacune des poutres disposées comme support sous une grue.

3/ Oreilles de raccordement d'un collier* ou d'une bride* de raccordement de tuyaux.

4/ En serrurerie, patte de fixation en saillie sur un article quelconque.

EMPATTURE n.f.
Assemblage bout à bout (*aboutage*) de deux pièces de bois par des pattes, des éclisses* ou des tenons (V.ill).

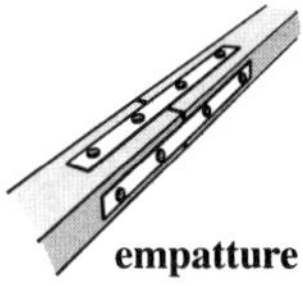
empatture

empannons (E)

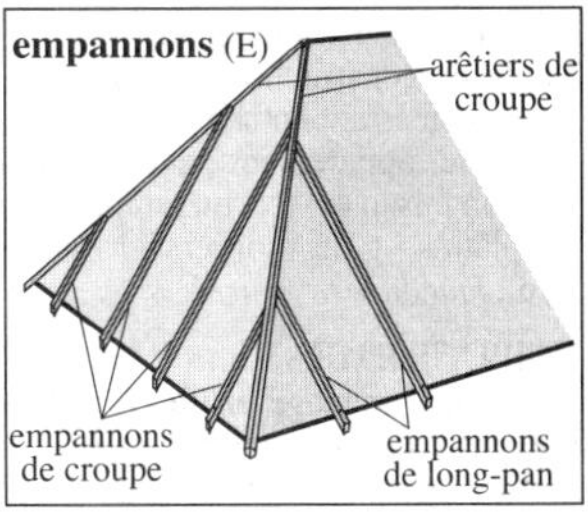

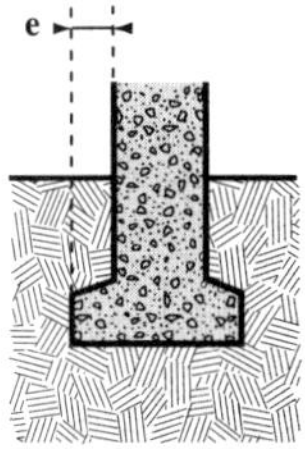

empattement
de fondations (**e**)

EMPATTER v.tr.
Faire une empatture.

EMPAUME n.f.
Dans la taille d'une pierre d'un certain volume, partie saillante ménagée sur ses parements pour faciliter sa saisie et ses manipulations ou bardages*; après sa mise en place, ces saillies sont éliminées.

EMPÊNAGE n.m.
1/ Orifice d'une gâche*, qui reçoit le pêne* d'une serrure. Mortaise pratiquée dans le montant d'une huisserie pour recevoir le pêne, et faire office de gâche.

2/ Expression du nombre de pênes d'une serrure : *à simple empênage*, *à double empênage*, etc.

EMPÊNER
1/v.i. Pénétrer dans l'empênage d'une gâche.

2/v.tr. Régler la position du pêne d'une serrure.

EMPENOIR n.m.
Ciseau coudé à deux extrémités tranchantes ; il sert aux menuisiers et aux serruriers à creuser les empênages*.

EMPIERREMENT n.m.
1/ Parement de mur ou pavement composés de pierres grossièrement taillées.

2/ Lit de pierres concassées, ou *cailloutis**, étalé et compacté par damage* pour le revêtement d'une chaussée.

EMPIERRER v.tr.
Recouvrir d'une couche de pierres.

EMPLECTON n.m. et adj.
Mode de construction des murs anciens, consistant en une double paroi de pierres appareillées ; entre ces parois, on faisait ensuite un remplissage de plâtras et de mortiers grossiers. Syn.: *maçonnerie fourrée*.

EMPOCHEMENT n.m.
Évidement ménagé en réserve dans une paroi de maçonnerie, pour y effectuer un scellement*, ou y insérer ultérieurement un élément tel qu'un about de poutre ou de solive.

EMPOINTÉ adj.
Pour un arc*, le mot est synonyme de *brisé*.

EMPORTE-PIÈCE n.m.
Outil de découpe par poinçonnement d'évidements et de formes diverses dans le bois ou la tôle.

EMPOUTRERIE n.f.
«L'ensemble des poutres d'un édifice» (Larousse Encycl.) ; le terme de *poutraison** est plus fréquent.

EMPRISE n.f.
1/ Surface occupée par -ou réservée pour- une voie publique et ses dépendances, faisant partie du domaine public.

2/ Procédure d'achat amiable, de réquisition ou d'expropriation par l'Administration de tout ou partie de terrains privés pour l'exécution de travaux d'utilité publique.

3/ En terrassement, surface délimitée par l'arête supérieure que forment les zones en déblai avec le sol naturel.

EMPRUNT n.m.
Prélèvement de terres de remblai sur des terrains situés en dehors de l'emprise d'un chantier.

ÉMULSIFIANT n.m. et adj.
Adjuvant* favorisant la formation d'une émulsion* homogène, sa stabilisation et sa conservation en suspension : des émulsifiants sont incorporés dans les peintures et les colles.
Les plastifiants* des bétons et des mortiers ont sur ces matériaux une action émulsifiante.
On parle aussi d'***émulsif***, d'***émulsionneur***, d'***émulsifieur***, et d'***émulsificateur*** (appareil qui sert à émulsifier).

ÉMULSION n.f.
Mélange de liquides non miscibles (tels l'huile et l'eau), constitué d'une myriade de fines gouttelettes d'un liquide en suspension homogène dans l'autre liquide, dit *phase continue*

(eau, bitume, corps gras, etc.).
La plupart des peintures* et colles* du bâtiment, dites *émulsions*, sont en fait des dispersions.

ÉMULSIONNABLE
ou **ÉMULSIFIABLE** adj. Qualifie un produit susceptible d'être mis en émulsion.

ÉMULSIONNER
ou **ÉMULSIFIER** v.tr. Mettre un liquide ou un produit en émulsion dans un autre, par ***émulsification***.

ENCADREMENT n.m.
Toute bordure saillante, moulurée, peinte ou sculptée autour d'une baie, d'un panneau, d'un champ*, d'une table*... Plus généralement, ensemble des tableaux* et de la voussure* d'une ouverture.

ENCAISSEMENT n.m.
1/ Tranchée creusée sur l'emplacement d'une chaussée future.

2/ Enceinte de pieux et de palplanches servant de coffrage à la base d'une pile (travaux hydrauliques).

ENCARPE n.m.
Ornement en feston* représentant des guirlandes de fleurs et de fruits.

ENCASTREMENT n.m.
1/ De façon générale, engagement précis ou définitif d'une pièce dans une autre. En charpente, assemblage* à vif (sans tenon) d'une pièce dans une autre, plus importante. L'encastrement des solives en bois dans les murs implique de ménager l'aération de leur extrémité, pour éviter leur pourrissement à terme.

2/ En électricité, l'encastrement des circuits d'une installation consiste à noyer les conducteurs, sous tubes, dans l'épaisseur des murs et cloisons. Les tubes sont établis soit dans les vides d'air ou mousses isolantes, derrière les cloisons de doublage ou les plaques de plâtre, soit dans des saignées* creusées à cet effet, puis rebouchées.
Le choix de la méthode d'encastrement répond à des règles précises, selon le matériau de maçonnerie et son épaisseur, selon que le mur est porteur ou non, selon le type des tubes* utilisés.
V. schéma au mot Saignée.

ENCASTRER v.tr.
Faire entrer une pièce dans une autre, dans une rainure, une saignée, une mortaise ou une cavité ménagées à cet effet. Syn.: *emboîter*, *enchâsser*.
En électricité, une installation est dite encastrée (par opp. à un *montage apparent*), si ses conducteurs circulent dans des tubes noyés dans la maçonnerie.

ENCAUSTICAGE n.m.
Finition des bois durs à la cire.

ENCAUSTIQUE n.f.
Autrefois, la *peinture à l'encaustique,* mélange de cire chaude et de pigments colorants, appliqué à la brosse et fixé à la chaleur, était utilisée en particulier sur les ouvrages et moulages en plâtre, pour les protéger de l'humidité.

ENCAVER v.tr.
Creuser, entailler.

ENCAVURE n.f.
Entaille, feuillure, par exemple dans un tasseau de couverture.

ENCEINTE n.f.
Ouvrage qui ceinture un édifice, un fonds ou un ensemble bâti.
Par extension, ligne de démarcation, matérialisée ou non, entre l'intérieur et l'extérieur d'une propriété ou d'un ensemble immobilier.

ENCEINDRE v.tr.
Entourer un terrain ou une construction d'une haie, d'une palissade, d'un mur, etc.; syn.: *clôturer*.

ENCHARNER v.tr.
Poser les charnières ou paumelles d'un élément mobile ou *ouvrant**.

ENCHÂSSER v.tr.
Syn. d'*encastrer**.

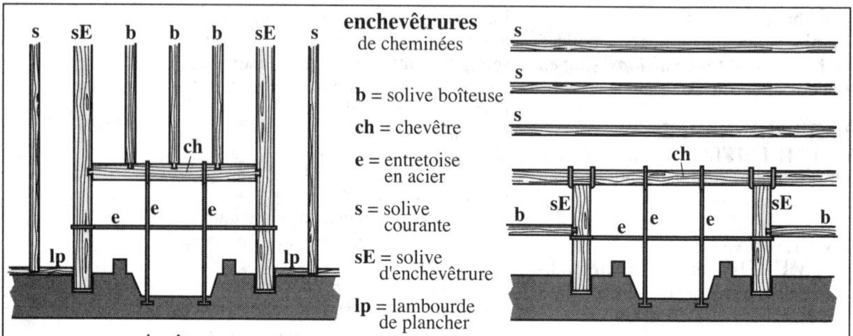

enchevêtrure
à solives perpendiculaires

enchevêtrure
à solives parallèles

ENCHEVALEMENT n.m.
Étaiement* d'un ouvrage en sous-oeuvre* avec des chevalements*.

ENCHEVAUCHURE n.f.
Syn. de *chevauchement**.

ENCHEVÊTREMENT n.m.
En maçonnerie, liaisonnement* des pierres, blocs et moellons entre eux.

ENCHEVÊTRER v.tr.
En charpente, construire une enchevêtrure* ou une trémie* dans le solivage* d'un plancher ou le chevronnage d'une couverture.

ENCHEVÊTRURE n.f.
Assemblage de charpente destiné à ménager un espace vide, ou trémie*, pour le passage d'un escalier, l'ouverture d'une trappe ou d'une fenêtre de toit, l'établissement d'un âtre de cheminée, ou le passage d'un conduit de fumée en respectant l'écart* au feu. Dans un plancher, le *chevêtre** est la solive parallèle au mur, et les *solives d'enchevêtrure* sont celles qui forment les côtés de l'enchevêtrure. Deux cas peuvent se présenter, selon que le solivage de la pièce est perpendiculaire ou parallèle au mur contre lequel est construite l'enchevêtrure (V.ill) : dans le premier cas, les *solives intermédiaires*, ou solives boiteuses*, s'appuient sur le chevêtre ; dans le second cas, elles sont soutenues par les solives d'enchevêtrure.

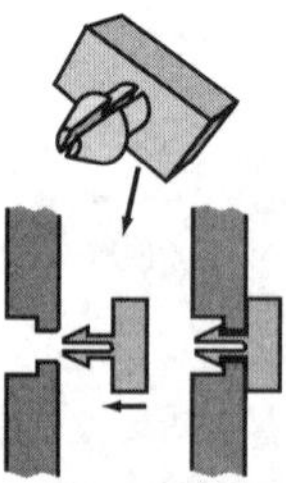

fixation par
encliquetage

ENCLAVE n.f.
1/ Partie d'un bâtiment ou d'un élément quelconque engagé dans un autre bâtiment.

2/ Terrain au moins partiellement encadré par un autre, sur plusieurs de ses côtés. JURID.: si un terrain est entièrement encadré et n'a pas d'issue sur la voie publique, son propriétaire peut toujours obtenir d'un propriétaire voisin un droit de passage, suivant le trajet viable le plus court vers la voie publique, moyennant une indemnité éventuelle.

ENCLAVER v.tr.
1/ Insérer ou encastrer après coup un matériau ou un élément de construction dans un autre.

2/ Engager et fixer une pièce dans une autre : enclaver une solive dans une poutre.

ENCLENCHER v.tr.
Solidariser deux pièces entre elles, par un dispositif mécanique dit ***enclenchement*** ; par extension, établir un contact électrique par fermeture d'un disjoncteur.

ENCLIQUETAGE n.m.
A côté du sens classique (mécanisme à roues dentées et cliquet antiretour), désigne un assemblage de pièces par simple pression, à l'aide de divers dispositifs dont les reliefs latéraux à ergots s'opposent à l'arrachement.

ENCLOISONNÉ adj.
Se dit d'un escalier* à l'italienne, qui s'élève entre deux murs, sans jour.

ENCLUME n.f.
Support lourd sur lequel on travaille les matériaux par percussion.
L'enclume se compose d'une table lisse et dure, terminée par une ou deux bigornes*.
Un ou plusieurs *yeux*, dans la table, permettent de fixer divers outils de formage (étampes*, dégorgeoirs*).
L'***enclume de couvreur***, ou *enclumette*, ou *tas* de couvreur* sert d'appui, fixé dans les voligeages*, pour la taille et la recoupe des ardoises.

ENCLUSEAU n.m.
Pièce de bois rapportée entre deux chevrons, devant la sablière, pour fermer la base d'un comble.

ENCOCHE n.f.
Évidement, ou petite entaille pratiquée dans une pièce, en général pour retenir un élément rapporté. Les ***encoches*** (n.f. pl.) sont les entailles faites dans une clef* plate.

ENCOCHEMENT n.m.
Action de faire des encoches, d'***encocher*** ; se dit surtout pour la taille des clefs.

ENCOIGNURE n.f.
Angle rentrant formé par la rencontre de deux pans de murs ou de cloisons. Syn.: *cueillie**.

ENCOLLAGE n.m.
Étalement d'une colle sur une surface à coller, mur, sol, envers de papier peint, de placage de bois, etc.
Le ***double encollage*** signifie que la colle est étalée sur chacune des deux faces à assembler (en particulier dans le cas des colles de contact au néoprène), par opp. au ***simple encollage***. En dorure, l'encollage est l'application des apprêts à la colle, qui précède la dorure elle-même.

ENCOLLER v.tr. Étaler une colle.

ENCOLLEUSE n.f. Machine de distribution uniforme et régulière de colle, utilisée pour la fabrication de contre-plaqués et de panneaux divers par contrecollage.

ENCORBELLEMENT n.m.
Partie saillante d'une construction, qui prend appui, littéralement, sur des corbeaux*.
Plus généralement, ouvrage en porte-à-faux et en surplomb par rapport aux façades des étages inférieurs : loggia, balcon, étage, corniche, etc. sont des éléments *en encorbellement*.

ENCORBELLER v.tr.
Établir en encorbellement.

ENCRÈCHEMENT n.m.
Ceinturage de pieux autour des fouilles d'un puits.

ENCUVEMENT n.m.
1/ Nom donné autrefois aux galeries souterraines maçonnées qui abritaient les canalisations du gaz d'éclairage des villes.
2/ Remplissage biais en maçonnerie qui complète et garnit le haut d'un mur gouttereau*, entre les chevrons, jusqu'au plan de leur face supérieure.

ENDENTEMENT ou **ENDENT**
n.m. (ou ***Endente*** n.f.) Assemblage de deux pièces de bois par emboîtement et collage de dents alternées. Ce mode d'assemblage est de plus en plus utilisé pour l'aboutage, mécanisé sur machines, des baguettes, tasseaux et moulures de bois.

ENDENTER v.tr.
Assembler par endentement.

ENDIGAGE
ou **ENDIGUEMENT** n.m.
Canalisation ou ouvrage maçonné déviant des eaux de ruissellement.

ENDOGÈNE adj.
En géologie, qualifie une roche, telle que le basalte, dont la cohésion ou la cristallisation s'est faite par refroidissement, ou sous une forte pression, sans l'apport de ciments naturels ou d'éléments extérieurs.

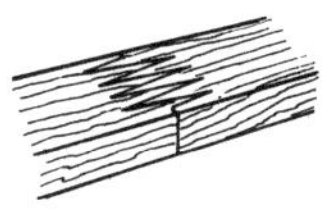

endentement
d'aboutage de bois

ENDOSCOPIE n.f.
Exploration de l'intérieur des canalisations par circulation de caméras vidéoscopiques miniaturisées.
Ce procédé moderne permet de détecter et de localiser les anomalies, les zones de corrosion, les obstacles obstruants tels que les larmes de soudure, etc.

ENDOTHERMIQUE adj.
Qualifie une réaction chimique qui absorbe de l'énergie calorifique.
Opp.: *exothermique**.

ENDUCTION n.f.
1/ Application d'un enduit, d'un mélange pâteux plus ou moins fluide, sur un support.

2/ Sous-couche en PVC, en caoutchouc ou en mousse synthétique formant le dossier* de revêtements de sols textiles ou plastiques, dalles de liège, etc. Désigne aussi parfois la couche d'usure superficielle de certains revêtements plastiques.

ENDUISAGE n.m.
Application d'un enduit sur un support (se dit surtout pour les enduits intérieurs). Syn.: *enduction*.

ENDUISEUR n.m.
Compagnon spécialiste de l'application des enduits. Pour les enduits extérieurs, le terme de *façadier** est aujourd'hui de plus en plus utilisé ; en Alsace, c'est un *crépisseur**.

ENDUIT n.m.
Mélange pâteux ou mortier* qui sert à recouvrir une paroi de maçonnerie brute, apppelée *support*, en général pour lui donner une surface uniforme et plane, et éventuellement d'autres caractéristiques ; à l'extérieur, pour la protéger des intempéries et souvent constituer un parement uniforme et décoratif.

1/ Les **enduits intérieurs**.
Ils ont pour principale fonction de constituer, sur les murs, plafonds et sols, les surfaces planes nécessaires pour l'application des peintures, papiers peints, revêtements de sols minces, etc.

On distingue :

• les ***enduits de plâtre****: ne concernent, sauf exception, que les murs et plafonds, et se composent de deux couches, un *dégrossissage* de 8 à 10 mm d'épaisseur, réalisé en deux *passes* (ou une seule par projection mécanique), et une *couche de finition*, d'env. 6 mm, dite *enduit à repasser*. V. au mot Plâtre.

• les ***enduits*** dits ***de peintre***, ou ***de peinture***, destinés à parfaire la planéité et à corriger les imperfections des subjectiles, rugosités, bullages*, fissures, etc.
On distingue ici, selon leur conception et leur mise en oeuvre, les *enduits gras* (à liants glycérophtaliques), les *enduits garnissants* (à liant résineux ou gypseux, à séchage rapide et à faible retrait), les *enduits de rebouchage* (de fissures), les *enduits à réviser* (très fins), les *enduits-colles* (projetés). Un *enduit repassé* est un enduit fin appliqué en plusieurs couches successives, jusqu'à obtention d'une surface lisse. *V. normes série NF T.*

• les ***enduits de ragréage mural intérieur***, pour le débullage* et le lissage des voiles et parois de béton coffré ou banché. Ils peuvent être sous forme de poudre à gâcher, ou d'émulsion de résine et de charges minérales dans laquelle on ajoute un liant (plâtre ou ciment) avant l'emploi, ou de pâte prête à l'emploi.

• les ***enduits de correction acoustique*** à caractère absorbant, chargés de granulats légers et/ou de fibres.

• les ***enduits de jointoiement*** destinés à la jonction des plaques de plâtre cartonnées, et dans lesquels on maroufle* des bandes d'armature en papier spécial. Ces enduits sont fournis soit en poudre prête à gâcher, soit en pâte prête à l'emploi.

• les ***enduits de cuvelage**** étanche et les enduits pâteux d'imperméabilisation des murs de sous-sols.

• les ***enduits de lissage des sols***.
Ces enduits hydrauliques fins caséinés*, à prise et durcissement rapides, à caractère autolissant* ou autonivelant*, supportent d'être appliqués en couches d'épaisseur très variable (de moins de 1 mm à une dizaine de mm, voire, pour certains, jusqu'à 20 mm avec ajout de sable). Ces enduits de préparation des sols avant la pose de revêtements minces et de parquets collés ne doivent jamais être laissés nus. Selon leurs performances mécaniques, on distingue trois classes : les enduits P2, à performances mécaniques "normales", à associer aux revêtements de sols plastiques, textiles et céramiques (collés) dans les locaux classés P2 (classement UPEC).

Les enduits P2 (*), dits à performances mécaniques améliorées, qui conviennent aussi comme sous-couches pour parquets collés classés au moins P2. Et les enduits de lissage P3 (à hautes performances mécaniques). Ces derniers, associés à des revêtements classés au moins P3, conviennent pour les locaux de classe P3. Certains fabricants proposent aussi, pour les travaux de réhabilitation, une gamme d'enduits spéciaux applicables sur revêtements anciens (parquets, carrelages, sols plastiques, peintures de sols, chapes asphaltées, etc.), ainsi que pour des ragréages de sols extérieurs (balcons, terrasses).

2/ Les **enduits extérieurs**,
dits **enduits de façades**.

Ils ont une triple fonction d'imperméabilisation, d'uniformisation des parois de maçonnerie, et de finition esthétique des façades. Selon les fonctions remplies, et selon le mode de mise en oeuvre, on distingue :

• les ***enduits traditionnels d'imperméabilisation**** "3 couches", en mortier de ciment, de chaux hydraulique ou de chaux aérienne, ou mélange de liants, en mortier bâtard*.
Ils se composent de trois couches, dont chacune a un rôle précis :

- une *couche d'accrochage* rugueuse, ou *gobetis**. Fortement dosée en ciment, elle est projetée en une couche mince rugueuse, plutôt fluide. Elle assure l'adhérence sur le support, et uniformise l'absorption des fonds.

- une couche épaisse, dite *corps d'enduit*, de 15/20 mm d'épaisseur.
Cette couche doit assurer l'essentiel de l'imperméabilisation, tout en donnant à l'ouvrage sa planéité générale ; son dosage en ciment et en eau doit rendre le corps d'enduit peu sensible à la fissuration par retrait.
Elle couche est dressée à la règle sur repères, puis resserrée par talochage, mais non lissée.

- une *couche de finition*, de 3 à 8 mm d'épaisseur, donne son aspect esthétique à l'enduit, et peut constituer un complément d'imperméabilisation. Cette couche, appliquée au moins 15 jours après le corps d'enduit, est la moins dosée en ciment, pour être peu sensible au faïençage*. Elle est :
- soit laissée brute de projection (enduits tyroliens*, jetés*-truelle),
- soit retravaillée avant durcissement par talochage feutré (et non lissé), par grattage*, peignage, râclage*, ou lavage (élimination du liant superficiel pour rendre apparents les granulats),
- soit retravaillée pendant son durcissement, par rabotage au chemin* de fer, ou par grésage*.

• les ***enduits d'imperméabilisation "deux couches"***, parfois dits "***bicouches***". Le DTU admet la réalisation des enduits en deux couches par projection mécanique (avec une pompe* à mortier) :
- une première couche, comportant peu de sables fins, est projetée et dressée à la règle sur 7 à 10 mm ; elle assure à la fois l'adhérence et une partie de l'imperméabilisation ;
- une seconde, de 10 à 15 mm, après un délai de 7 jours au moins, complète l'imperméabilisation ; resserrée à la taloche (mais non lissée), elle donne à l'ouvrage sa planéité.
En général, cette couche reçoit en parement un revêtement décoratif mince (RPE, RSE ou peinture).

• les ***enduits d'imperméabilisation et de parement "monocouches"***
Cette famille d'enduits, apparue vers 1970, représente en France, comme en Allemagne, une part très importante des surfaces d'enduits de façades.
Quatre points les différencient des enduits "bicouches" :
- ce sont toujours des enduits dosés et adjuvantés* avec précision, mélangés en usine, et livrés en sacs prêts à gâcher (parfois en silos) ;
- leur application par projection mécanique (pompe* à mortier, pot* de projection), se fait en deux *passes* successives (en général avec 2 à 5 heures d'intervalle) ;
- un seul et même mélange, teinté dans la masse, sert à réaliser la première et la seconde passe ;
- l'épaisseur cumulée des deux passes avoisine 12 à 15 mm (pour l'imperméabilisation, aucun point de l'enduit fini ne doit avoir moins de 10 mm).

• les ***enduits de parement***.
Ce sont tous les enduits de finition à caractère décoratif qui ne peuvent assurer , à eux seuls, l'imperméabilisation des façades : ils sont appliqués soit comme finition des enduits traditionnels, soit sur béton.
Dans les enduits de parement, on distingue :

- les ***enduits de parement hydrauliques***, mortiers teintés dans la masse, à base de ciment blanc (enduits dits *ciment-pierres*), de ciment et de chaux, de chaux aérienne, ou, plus rarement, de plâtre-chaux.
Ils sont soit fournis prédosés, en sacs prêts à gâcher, soit confectionnés par mélange sur chantier.
Selon leur composition, la nature et la granulométrie de leurs charges, ils se prêtent à divers types d'applications et de finitions : mouchetis* tyroliens, tyroliens écrasés, enduits grattés*, râclés*, grésés* (imitation de la pierre), lavés*, jetés*-truelle (Sud), pochés, ripatés*, ribbés* (Est), etc.

-les ***enduits de parement plastiques***. Leur désignation officielle est **RPE**, ou ***revêtements plastiques épais*** : enduits à base de liants organiques de synthèse (résines en dispersion aqueuse), fournis en pâte prête à l'emploi, en seaux ou en bidons.
L'appellation RPE ne concerne que les enduits dont la consommation, au moins égale à 1,5 kg par m^2, permet de considérer qu'ils apportent aux parois un complément d'imperméabilisation.
Ces enduits se présentent sous trois formes principales :

-les *enduits* ***granités***, composés d'un liant d'aspect laiteux qui devient transparent au séchage, et de granulats de marbre calibrés ; ils sont appliqués à la lisseuse*, sur une épaisseur finie de 4 à 6 mm ; certaines formules, à granulat plus fin, sont appliquées par projection avec un équipement pneumatique ;

-les enduits ***ribbés***, pigmentés, appliqués à la lisseuse moyenne de 2 à 2,5 mm d'épaisseur, puis striés (*ribbés*) en faisant rouler sous la lisseuse les plus gros granulats.

-les enduits ***tramés***, ou ***roulés***, pâtes pigmentées appliquées au rouleau ou à la lisseuse sur environ 2 mm, puis structurées en relief par le passage d'un rouleau qui forme des reliefs à crêtes plus ou moins prononcées.
Ces enduits à base de liants organiques font l'objet de normes. Leur mise en oeuvre est régie par un DTU. Lorsque ces enduits sont associés à un système d'isolation par l'extérieur, se reporter à l'Avis Technique relatif à ce système.*

(Voir les ill. page suivante)

• les ***enduits de ragréage*** mural extérieur : mortiers hydrauliques fins destinés à corriger les défauts et accidents de planéité des maçonneries de béton (flaches*, décalages de raccords de banches*, nids de gravillons, bullage*, etc.) ; leur composition granulométrique et leurs rétenteurs* d'eau incorporés permettent une application sans grillage* sur des épaisseurs de 0 à une dizaine de mm.

ENDUITS de parement des façades : principaux aspects et finitions

ENDUITS DE PAREMENT HYDRAULIQUES

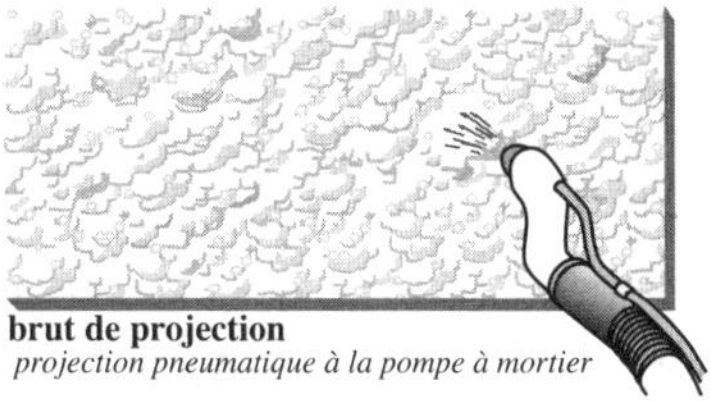

brut de projection
projection pneumatique à la pompe à mortier

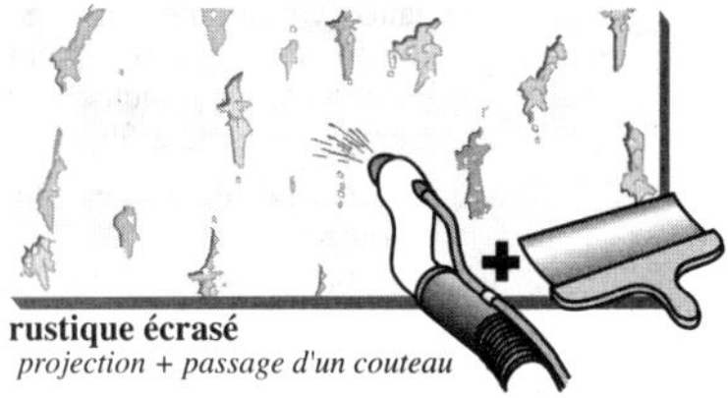

rustique écrasé
projection + passage d'un couteau

enduit gratté *: talochage, puis grattage en cours de prise*

enduit rustique "jeté-truelle"
divers reliefs et structures possibles

enduit taloché-feutré
finition à la taloche feutrée

mouchetis tyrolien
projection avec la "moustiquette"

ENDUITS DE PAREMENT PLASTIQUES (RPE)

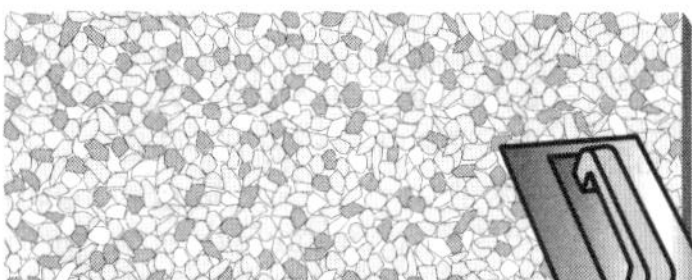

enduit plastique granité
serré à la taloche "lisseuse" inox souple

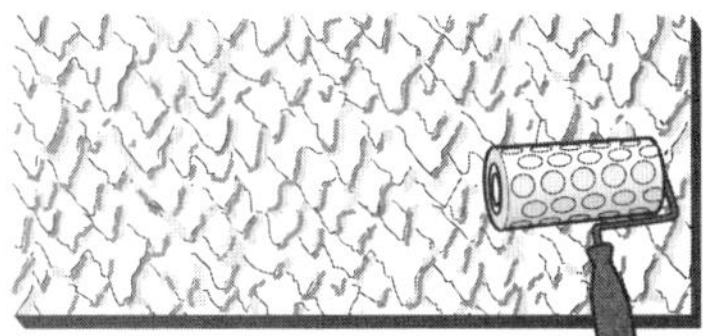

enduit tramé au rouleau
diverses structures selon le choix du rouleau

enduit ribbé
verticalement, à la taloche "lisseuse" souple

enduit ribbé
en rond, finition "brouillée"

Fournis en poudre prête à gâcher, plus rarement en pâte fluide de résines chargées de sables à additionner d'un liant hydraulique, ces enduits sont considérés comme traditionnels*. Ils doivent en principe être toujours recouverts par une finition.

3/ Les **enduits légers**, dits ***enduits isolants***.
Famille de mortiers hydrauliques à très basse densité (moins de 0,2), dont les charges sont des petites billes de polystyrène expansé.
Ces enduits, appliqués en forte épaisseur (3 à 8 cm) par projection mécanique sur un gobetis*, sont considérés officiellement comme des *compléments d'isolation thermique* par l'extérieur (*"Systèmes d'isolation thermique complémentaire extérieurs, à base d'enduit léger de liants hydrauliques"*) ; ils sont revêtus d'un enduit à base de chaux à bas module d'élasticité, éventuellement armé.

4/ Les **enduits d'étanchéité**, dits ***enduits noirs***. Ces enduits, à base de bitume*, se divisent en :
- ***enduits pâteux***, mélanges bitumineux éventuellement additionnés d'élastomères ou de résines, et chargés de fillers* et de fibres inertes.
Ces matériaux malléables à température ambiante sont utilisés soit en masticage et raccords d'étanchéité, soit en revêtements minces continus non circulables (*enduits d'application à froid*, ou **EAF**) ; après étalement, leur surface reçoit parfois une protection* gravillonnée.

-***enduits d'application à chaud*** (**EAC**), ou *bitume de collage*.
Ces enduits au bitume* oxydé (ou *soufflé*), chauffés avant mise en oeuvre, sont étalés à la brosse pour coller les différentes couches d'étanchéité des toitures-terrasses* (membranes en lés des systèmes multicouches*, mousses isolantes rigides et films pare-vapeur).

-***enduits d'imprégnation à froid*** (**EIF**) : solutions ou émulsions visqueuses contenant 30% au moins de bitume, utilisées comme couches d'apprêt et d'adhérence sur les dalles porteuses en béton, avant la mise en oeuvre de systèmes bicouches ou multicouches.

ÉNERGIE n.f.
Grandeur physique fondamentale, elle concerne toutes les branches de la physique. Son unité internationale est le joule*. L'énergie contenue dans la matière représente son aptitude à produire un travail mécanique ou de la chaleur. Elle peut prendre de multiples formes : mécanique, thermique, chimique, acoustique...
En vertu du principe de Carnot, toute forme d'énergie autre que la chaleur est transformable en chaleur, mais l'inverse n'est pas vrai.

Les principales sources d'énergie utilisées dans le bâtiment sont :

-l'***énergie calorifique*** générée par *combustion* de matières carbonées extraites (**énergies fossiles** : combustibles charbon, fioul domestique et gaz), par opposition avec les **énergies renouvelables** (bois, pellets, écorces, biocombustibles divers...).

-l'***énergie électrique***, transformée en énergie *rayonnante* (chauffage aux infrarouges) ou *lumineuse* (éclairage), *calorifique* (convecteurs, fours, etc.), *motrice* (moteurs d'ascenseurs, ventilateurs, pompes, outils électriques, etc.) ou *vibratoire* (sonneries, micro-ondes, haut-parleurs).

-les ***énergies mécaniques*** potentielles : gaz comprimés dans des pistons, ressorts tendus ou comprimés.

-diverses ***énergies naturelles*** «locales et gratuites» : vent (éoliennes), soleil (chauffage solaire), eau chaude souterraine (géothermie).

ENFAÎTEAU n.m.
Tuile de forme demi-cylindrique formant le faîtage des toitures.

ENFAÎTEMENT n.m.
Feuille de plomb ou de zinc repliée et disposée à cheval sur un faîtage de toiture.

ENFAÎTER v.tr. Couvrir un faîte.

ENFEU n.m.
Niche à fond plat ménagée dans un mur d'église pour abriter une sépulture ; en général à l'intérieur, les enfeux existent ausssi à l'extérieur.

ENFILADE n.f.
Suite de pièces qui se commandent les unes les autres, et qu'il faut traverser pour passer de l'une à l'autre.
Les portes d'un couloir sont ***en enfilade*** si, alignées sur un même axe, elles commandent une série de pièces contigües.

ENFLURE n.f.
Décollement en larges cloques d'un enduit de plâtre ou de chaux par suite de son gonflement, souvent dû à un développement de salpêtre.

ENFONCEMENT n.m.
1/ Partie d'une construction en retrait par rapport à la façade.
Syn.: *renfoncement*.

2/ Profondeur des fondations d'une construction.

ENFOURCHEMENT n.m.
1/ARCHIT.: angle formé par la rencontre de deux douelles* sur une arête de voûte*.

2/CHARP.: assemblage en fourche des chevrons sur une panne* faîtière.

3/MENUIS.: assemblage* à tenons et mortaises vifs*, ou à onglets à fausse coupe (*fourchons*). Ce type d'assemblage, utilisé aussi en charpente, est en général consolidé par un frettage* au droit du joint.
(V.*PL.* Assemblages).

ENGAGÉ adj.
1/ Se dit d'un pilier ou d'une colonne faisant corps avec la maçonnerie.

2/ Qualifie un conduit de fumée ou une cheminée intégrés dans l'épaisseur de la maçonnerie.

ENGAINÉ adj.
Qualifie, en statuaire, la représentation d'un personnage dont les jambes sont remplacées par un segment de colonne ou de pilier.

ENGIN n.m.
De façon générale tout véhicule automoteur utilisé sur les chantiers pour remplir une ou plusieurs fonctions précises de levage, de creusement, de déplacement des terres...

ENGINEERING n.m.
(de l'anglais) : V. Ingénierie.

ENGLER (viscosimètre —)
Matériel et mode de mesure, en *degrés Engler* (**°E**) de la viscosité* selon la vitesse d'écoulement, par référence à celle de l'eau.

ENGLUÉ adj.
Se dit d'une peinture ou d'un vernis trop épais, qu'il convient de diluer.

ENGOBE n.m.
Mélange argileux fluide, blanc ou pigmenté par des oxydes, dont on recouvre le grès céramique avant sa cuisson, à la fois pour masquer sa couleur naturelle et pour constituer un décor ; l'engobe est lui-même recouvert d'un émail transparent, la *couverte*.

ENGOBER v.tr.
Appliquer un engobe.

ENGOULANT n.m.
Extrémité épaisse de poutre, formant son appui, et figurant une tête de monstre qui semble avaler le corps de la poutre.

ENGRAVER v.tr.
Pratiquer une engravure.

ENGRAVURE n.f.
Encastrement* du bord d'une bande ou d'une bavette d'étanchéité dans une rainure pratiquée dans une paroi verticale, à la base d'une joue* de lucarne, au-dessus d'un bandeau, au sommet d'un relevé* d'étanchéité de toiture-terrasse, etc. (V.ill. ci-après).

ENGRENURE n.f.
Appareillage d'éléments de maçonnerie tels que les claveaux d'un arc*,

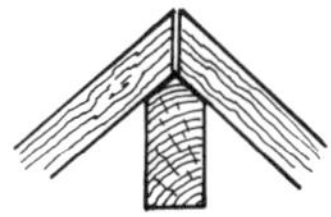

enfourchement
des chevrons sur
la panne faîtière

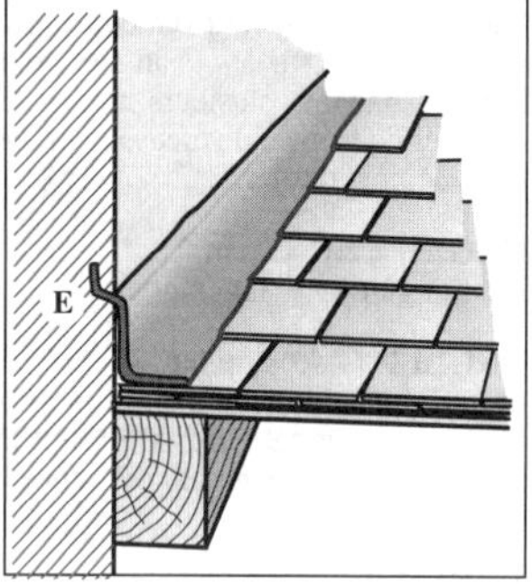

engravure (E)
d'une bande de plomb ou de zinc formant solin

taillés en forme de coins, par emboîtement alterné.

ENGUEULEMENT n.m.
Syn. de *dégueulement**.

ENHACHEMENT n.m.
Partie d'une construction insérée dans la propriété voisine contiguë.

ENJAMBEMENT n.m.
1/ Superposition d'une poutre ou d'une solive sur une autre, en général pour la prolonger.

2/ Désigne aussi tout élément, tel que poutre ou avancée* de toiture, qui empiète en surplomb sur un terrain ou un immeuble voisin.

ENLACER v.tr.
Percer, dans un tenon et une mortaise assemblés, les trous perpendiculaires destinés à leur chevillage.

ENLAÇURE n.f.
Trou dans lequel on enfonce une cheville pour solidariser deux pièces assemblées par tenon et mortaise.

ENLEVAGE n.m.
Mode de décoration des émaux* peints, par superposition de deux couches d'émail de couleurs différentes, puis exécution du motif dessiné par grattage de la seconde.

ENLÈVEMENT n.m.
Chargement des gravois ou des terres extraites d'une fouille, pour leur transport vers la décharge ou vers un remblai.

ENLEVER v.tr. Exécuter un ouvrage dans un délai très court.

ENLEVURE n.f.
En sculpture, désigne une partie saillante, en relief.

ENLIER v.tr.
Liaisonner* les pierres, en les plaçant alternativement en carreaux* et boutisses*, et en alternant leurs joints verticaux.

ENLIGNER v.tr.
Disposer bout à bout, de façon alignée ; aligner un élément avec d'autres, à la règle ou au cordeau.

ENLUMINER v.tr.
Décorer avec des couleurs vives.

ENNÉAGONE n.m.
Polygone* à neuf côtés.

ENNUSURE ou ***Annusure*** n.f.
Bande de plomb disposée, autrefois, sous le bourseau*. Parfois syn. de *basque**, ou *lanusure**.

ENRAYURE n.f.
Assemblage des pièces qui forme la base horizontale d'une charpente ; rayonnant autour d'un poinçon, une enrayure porte la charpente d'une couverture de dôme, de clocher ou de croupe* (V.ill. à ce mot).

ENREGISTREUR n.m.
Tout appareil qui permet de suivre l'évolution d'une mesure ou d'un phénomène, en fonction du temps.

ENRICHI adj.
Qualifie un mortier dans lequel on a augmenté le taux de liant par rapport aux dosages usuels.

ENROBAGE n.m.
1/ Dans le béton armé, distance minimale entre une armature et la paroi de

coffrage ; la présence du béton dans cet espacement assure la protection des armatures.

2/ Dépôt de liant à la surface de granulats. Les ***enrobés bitumineux*** sont obtenus par séchage et dépoussiérage des granulats, et brassage dans un tambour chauffant où est injecté le liant bitumineux.

3/ Revêtement de mortier ou de plâtre destiné à protéger une poutre des effets du feu.

ENROCHEMENT n.m.
Protection des parties immergées d'un ouvrage par de gros blocs de pierre ou de béton.

ENROULEMENT n.m.
1/ Tout ornement en forme de spirale : par exemple, les volutes*, les rinceaux*, sont des enroulements.

2/ Ensemble des spires conductrices d'un circuit, en particulier autour d'un noyau, dans un appareil électrique, moteur, transformateur, etc.

ENSEIGNE n.f.
Ne désignait autrefois que la figurine ou l'objet symbolique placé sur potence, au-dessus des devantures de boutiques ; le mot a pris un sens beaucoup plus large. Le format, l'aspect, l'éclairage et la disposition des enseignes sont réglementés dans la plupart des sites et agglomérations.

ENSEMBLE n.m.
Volume et aspect général d'un édifice, d'un groupe de bâtiments ou d'une agglomération, considérés globalement. On distingue en urbanisme ***l'ensemble concerté***, qui résulte d'une volonté d'harmonie organisée et planifiée, et ***l'ensemble spontané***, dont l'unité d'aspect s'est faite d'elle-même, au fil du temps, par simple application des traditions locales ancestrales.

ENSEMBLIER n.m.
Professionnel de l'agencement harmonieux et fonctionnel du mobilier et de la décoration ; on dit en général *ensemblier-décorateur*.

ENSEUILLEMENT n.m.
1/ Hauteur d'un appui de fenêtre ou d'une allège*, mesurée depuis le revêtement de sol intérieur.

2/ Hauteur du seuil* d'une porte.

ENTABLÉ adj.
Qualifie un ouvrage sculpté de feuillages, qui borde les parties saillantes d'un entablement*.

ENTABLEMENT n.m.
1/ En architecture classique, partie d'un édifice portée par les colonnes et leurs chapiteaux : l'entablement se compose de l'architrave*, de la frise* et de la corniche* (V.ill. au mot Ordres).
Par extension, couronnement de façade comportant ces éléments et, plus couramment, corniches* saillantes placées ***en entablement*** sous les combles, ou, souvent, pour souligner le retrait de l'étage attique*.

2/ Corniche* en saillie qui couronne une baie, une devanture, un meuble.

L'entablement à la capucine est simplement chanfreiné, sans moulures.

L'entablement recoupé est celui qui alterne avec des pilastres ou des colonnettes.

ENTABLURE n.f.
Surface de jonction en angle de deux pièces de bois, lorsqu'elles sont assemblées à mi-bois.

ENTAILLE n.f.
Évidement pratiqué dans une pièce de bois ou de métal pour l'assembler avec une autre : entaille à mi-bois, droite ou en sifflet, entaille à queue d'aronde*, entaille à mortaise, pour un encastrement à tenon* ou à vif*, etc. (V.ill. page suivante et les planches Assemblages).

Les ***outils à entailler*** sont les outils à fût des menuisiers, avec lesquels on pousse les rainures, cannelures...

ENTAMURES n.f. pl.
Premières pierres extraites d'une carrière mise en exploitation.

entailles à mi-bois

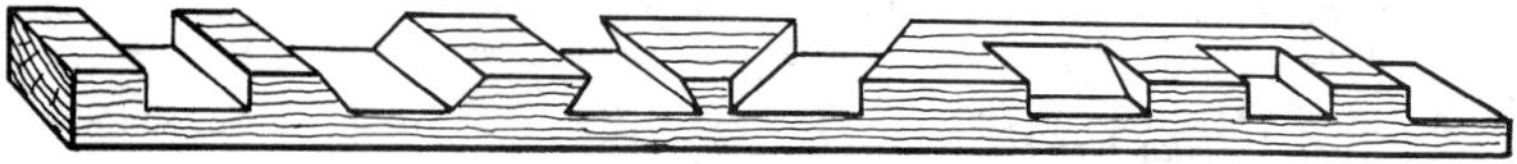

ENTARTRAGE n.m.
Gainage de dépôt calcaire que forme peu à peu le passage des eaux chaudes dures (*incrustantes*), sur les parois des tuyaux et tubulures.
Un entartrage modéré protège les canalisations contre l'oxydation.
Par contre, un entartrage important réduit le diamètre utile des tuyaux, et peut limiter la libre circulation de l'eau. On y remédie par détartrage*.

ENTASIS n.f.
Léger renflement du fût d'une colonne. Syn.: *galbe**.
L'entasis avait un rôle de correction optique : le profil d'un fût cylindrique ou conique apparaît comme légèrement concave, par effet optique.

ENTE n.f.
1/ARCHIT.: pilastre* légèrement en saillie sur un mur.

2/MENUIS.: pièce aboutée* à une autre pour la prolonger (V. Assemblages, Enture).

3/PEINT.: pièce de bois qui constitue le manche d'un pinceau.

ENTER v.tr.
Assembler deux pièces de bois par une enture*. Par extension, prolonger un élément d'étai, d'échafaudage...

ENTERRÉ adj.
Qualifie tout ce qui est situé dans la terre (canalisations, cuves, sous-sols...) ou à son contact : *enduit enterré* d'un soubassement.

ENTHALPIE n.f.
En thermodynamique*, fonction caractéristique de l'état solide, liquide ou gazeux d'un corps, selon son énergie potentielle interne (U), son volume (v) et sa pression (p) : l'enthalpie H, exprimée en Joules, est donnée par la formule :

$$H = U + pv.$$

À partir de cette fonction sont établis les diagrammes* PV et PVT.

ENTIBOIS ou **ESTIBOIS** n.m.
Pièce de bois disposée entre une pièce à limer et les mâchoires d'un étau, afin que ces dernières ne laissent pas d'empreintes sur la pièce.

ENTONNOIR n.m.
Désigne parfois l'*avaloir** d'une cheminée* ou d'un regard*.

ENTRAÎNEUR D'AIR n.m.
Adjuvant* dont la fonction est de développer, dans le béton ou les mortiers, une myriade de petites occlusions d'air qui améliorent la plasticité, dès lors qu'elles occupent plus de 3% du volume total.
Les entraîneurs d'air sont en général des acides gras ou des produits sulfonés, incorporés à très faible dose (moins du millième du poids de ciment). Le micro-bullage ainsi formé a pour effet complémentaire d'améliorer la résistance au gel des bétons, et de limiter leur ressuage*.

ENTRAIT n.m.
Pièce horizontale à la base d'une ferme* de charpente. Solidaire du pied des arbalétriers, l'entrait empêche leur écartement : il travaille en traction, et joue le rôle d'un tirant* (V.ill. page ci-contre).
L'entrait est dit *moisé** quand il est composé de deux pièces parallèles.
Le ***faux-entrait****, et l'***entrait retroussé***, ne sont pas assemblés à la base des arbalétriers, mais plus haut.
On appelle aussi entrait retroussé un entrait de ferme* légère, dédoublé en deux éléments inclinés et symétriques.

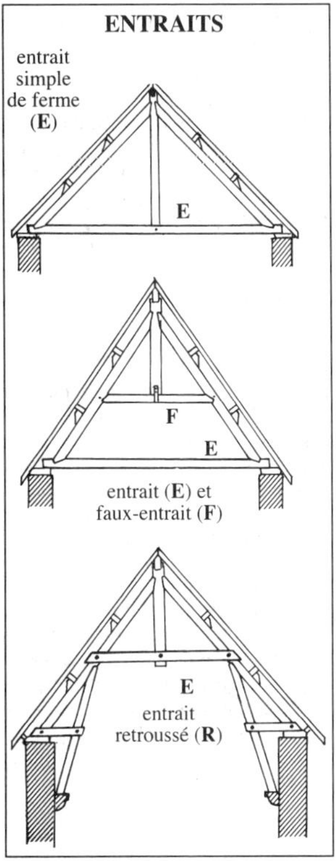

ENTRAPETÉ adj.
Qualifie un comble dont le faîte est horizontal, en terrasse, ou d'un pignon dont le faîte est tronqué.

ENTRAXE n.m.
Distance qui sépare les axes parallèles de deux colonnes, barreaux ou balustres consécutifs. (V.ill).

ENTREBAILLEUR n.m.
1/ Pièce de serrurerie qui permet de maintenir une fenêtre en position entrouverte, par un "compas".

2/ Sur une porte, pièce de sécurité qui permet de l'entrouvrir pour s'entretenir avec un visiteur inconnu sans lui ouvrir.

ENTRECOLONNEMENT n.m.
Intervalle entre deux colonnes (V.ill. ci-dessus).
Dans les ordres* antiques, son rapport avec le diamètre D des colonnes constituait un élément fondamental des règles de proportions : il pouvait être *pycnostyle* (= 1,5 D), *systyle* (=2 D), *eustyle* (= 2,25 D), *diastyle* (= 3 D), ou *aréostyle* (= 4 D).

ENTRECOUPE n.f.
1/ Espace vide entre deux coupoles superposées, ou entre une coupole et le dôme qui la surmonte.

2/ Dégagement formé par deux coupes biaises des murs de part et d'autre d'une porte cochère, pour faciliter la manoeuvre des véhicules. V. aussi Demi-lune.

ENTRECROISÉ adj.
Qualifie des éléments tels que les arcs, ou tous motifs, qui se croisent. Syn.: *entrelacé*, *intersecté*.

ENTRE-DEUX n.m.
Espace séparant deux modillons* ou deux denticules* consécutifs.

ENTRÉE n.f.
Outre ses sens courants, désigne l'orifice de la clef d'une serrure (appelé à tort *trou de serrure*).

ENTRE-FENÊTRE n.m.
Pan de mur intérieur compris entre deux fenêtres ; à l'extérieur, c'est un *trumeau**.

ENTRELACS n.m.
Motif d'arabesques*, qui se croisent et se coupent en alternance.

entraxe (E) et **entrecolonnement** (E')

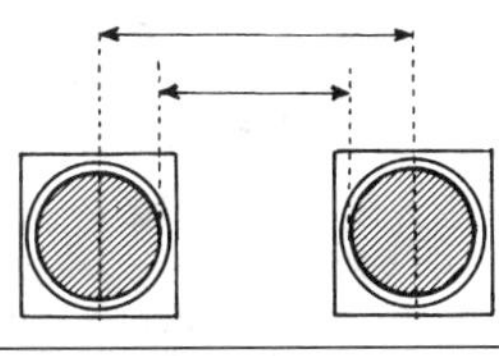

ENTRE-MODILLON n.m.
Espace entre deux modillons*, par ex. sous une corniche.

ENTREPILASTRE n.m.
Surface murale comprise entre deux pilastres consécutifs.

ENTREPRISE n.f.
De façon large toute personne morale déclarée, animée par un ***entrepreneur***, exerçant une activité dans un but lucratif. Entrent dans cette définition les entreprises artisanales du bâtiment sans autre employé que l'artisan lui-même.

-***Entreprise générale*** : désigne presque toujours l'entreprise de maçonnerie-béton-armé (MBA), qui assume une grosse part des travaux, et est aussi, en même temps, *pilote*.

-***Entreprise pilote*** : entreprise qui, généralement adjudicataire de l'ensemble des lots d'une construction, a en charge les rapports avec les entreprises sous-traitantes de son choix, et la coordination des travaux des différents corps de métiers.

-***Entreprise spécialisée*** : entreprise équipée en personnel qualifié et en matériel adapté pour la mise en oeuvre de matériaux ou d'équipements qui font appel à des techniques et à un savoir-faire particuliers.
Diffère de l'***entreprise agréée***, qui implique un accord d'assistance technique et commerciale, et, souvent, une coresponsabilité avec le fabricant du procédé ou du matériau.

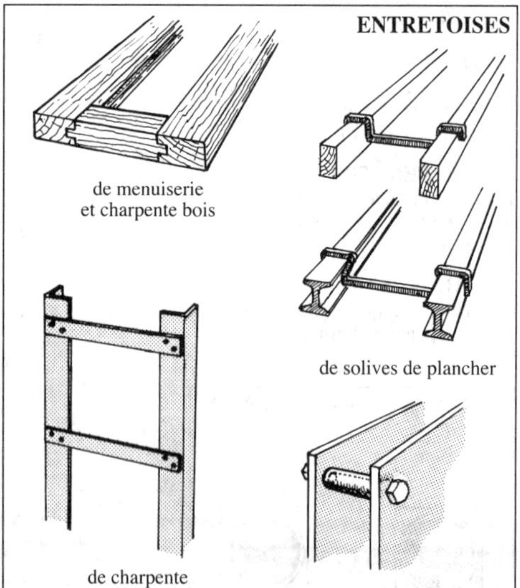

ENTRESOL n.m.
Étage bas de plafond, situé entre le rez-de-chaussée et le premier étage de certains immeubles anciens.
Syn.: étage *en entresol*. Cet étage a parfois été ajouté dans des immeubles existants dont le rez-de-chaussée, très haut, a ainsi été ***entresolé***.

ENTRETIEN n.m.
Ensemble des menus travaux pour la conservation d'un bâtiment en bon état : remplacement de tuiles cassées, détartrage de tuyaux, ramonages, raccords d'étanchéité, peinturage antirouille des pièces métalliques...
Syn.: *maintenance* (de plus en plus), *entretènement* (ancien).

ENTRETOISE n.f.
Barre de métal contrecoudée ou traverse* servant à maintenir un espacement constant entre deux pièces, et en général à consolider leur assemblage (V.ill).

ENTRETOISEMENT n.m.
Mise en place d'entretoises et son résultat.

ENTRETOISER v.tr.
Conforter l'espacement de deux pièces à l'aide d'entretoises.

ENTRE-TRAVÉE n.f.
Ensemble de poutrelles en appui sur des poutres maîtresses.

ENTREVOUS n.m.
C'est d'abord l'espace compris entre

deux solives* ou entre deux poutrelles consécutives d'un plancher ; par extension, désigne le matériau avec lequel on obture cet espace.

1/CHARP.: les entrevous en bois des planchers traditionnels étaient des panneaux de chêne d'env. 2,5 cm d'épaisseur, assemblés à feuillure au droit des solives de bois, qui restaient apparentes (V.ill).

2/MAÇONN.: ouvrage de remplissage de l'espace entre poutrelles* par des éléments maçonnés dits hourdis* (par extension, l'*entrevous* désigne souvent le hourdis). Les entrevous sont préfabriqués en terre cuite, en béton creux de granulats courants ou légers, ou en matériau isolant expansé. Ils servent de support et de coffrage perdu aux dalles* de compression des planchers*.
Ils font l'objet de normes.

3/PLÂTR.: ouvrage en enduit de plâtre ou en plaques* à peindre réalisé entre les solives d'un plafond.

ENTREVOÛTER v.tr.
Garnir d'entrevous l'espace entre les solives ou les poutrelles d'un plancher.

ENTROPIE n.f.
Terme de thermodynamique* exprimant le désordre moléculaire de la matière, et en particulier les variations des états énergétiques d'un corps qui reçoit ou fournit de la chaleur lors d'une transformation ou d'un échange, réversible ou non.
Ces variations sont représentées par des *diagrammes* entropiques*.

ENTROQUES n.m. pl.
Éléments fossiles d'origine animale que l'on trouve dans certaines roches : *calcaire à entroques*.

ENTURE n.f.
Assemblage bout à bout de deux pièces de bois entaillées pour s'emboîter ; il existe de nombreux types d'entures (V.ill. à Assemblage).

ENVELOPPE n.f.
1/ Ensemble des parois extérieures d'un bâtiment (murs extérieurs + toitures + baies).

2/ Gaine isolante qui entoure les câbles* et conducteurs électriques.

3/ Matériau calorifuge* dont on entoure les tuyauteries d'eau chaude.

4/ÉLECTR.: V. Volume-enveloppe.

ENVERS n.m.
Face cachée d'un revêtement de sol ou de mur : la connaissance de la nature de l'envers est déterminante dans le choix de la colle* de pose du revêtement ; syn.: *dossier**.

ÉPAISSEUR n.f.
1/ Troisième dimension d'un volume parallélépipédique, et généralement la plus petite des trois, après la longueur et la largeur : épaisseur d'une planche, d'un enduit, etc.

2/ Consistance ferme, caractère visqueux, manque de fluidité d'un produit liquide ou pâteux.

3/ En dessin, largeur d'un trait.

-***Épaisseur nominale*** : parlant d'un mur ou d'une cloison, c'est l'épaisseur réelle arrondie au multiple de

ENTREVOUS

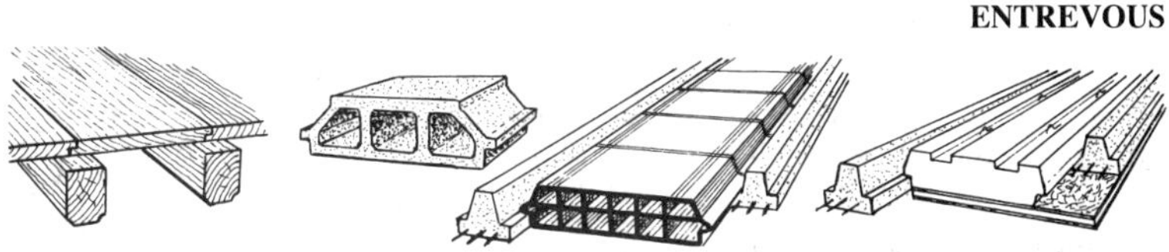

de plancher en bois — en béton de granulats et céramique (existent avec rehausse isolante polystyrène) — en polystyrène et panneau formant languette en sous-face

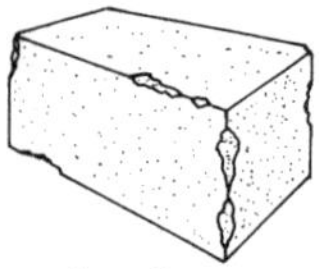

épaufrures
des arêtes d'un bloc

2,5 cm le plus proche : un mur de 28,5 cm d'épaisseur réelle a une épaisseur nominale de 27,5 cm ; s'il a 29 cm d'épaisseur, son épaisseur nominale est alors de 30 cm.
En menuiserie, l'épaisseur nominale d'une fenêtre est l'épaisseur finie de ses ouvrants.

ÉPAISSIR v.tr.
Donner plus d'épaisseur à un volume, ou plus de consistance à un produit.

ÉPAISSISSANT n.m. et adj.
Produit incorporé dans un autre pour élever sa viscosité*.
Le talc, la poudre de marbre, etc. sont utilisés comme épaississants.

ÉPANDAGE n.m.
Dispersion des eaux dans le sol naturel, utilisée pour l'évacuation* des effluents* épurés.
Un épandage souterrain est un réseau ramifié en "patte d'oie" de canalisations perforées, en ciment, en grès, ou en PVC, à environ 50 cm de profondeur (selon la nature du sol) et en légère pente, dans un enrobage de gravillons.
Il nécessite une surface de terrain suffisante (on compte un minimum de 15 ml de tuyaux par usager), et des conditions de sous-sol compatibles. Aucun épandage ne peut être établi à moins de 35 m d'un puits.

ÉPANDEUSE n.f.
Dispositif adapté sur un engin, pour déverser et répartir le béton des grands dallages en terre-plein.

ÉPANNELAGE
ou **ÉPANNELLEMENT** n.m.
Dégrossissage progressif d'un bloc de pierre à ouvrager ou à moulurer ; ébauche grossière des reliefs, tout en ménageant les marges d'épaisseur nécessaires pour les opérations ultérieures de *finissage*, par sculpture, moulurage ou bossage* (V.ill).

épannelage
(à gauche,
et taille finie,
à droite)

ÉPANNELER v.tr.
Procéder à l'épannelage d'un bloc.

ÉPANNELEUR n.m.
Ouvrier qui dégrossit les blocs de pierre, avant leur finition sculptée ou ravalée.

ÉPAR ou **ÉPART** n.m.
1/ Élément de poutre servant d'entretoise*, pour maintenir l'écartement entre deux pièces.
2/ Barre* de fermeture de porte.

ÉPARGNER v.tr.
Graver en creux, creuser en réserve dans la pierre ou le bois.

ÉPARVÉRÉ adj.
Dans la région lyonnaise, qualifie un enduit taloché-feutré.

ÉPAUFRER v.tr.
Faire un éclat accidentel sur le parement ou sur l'arête d'une pierre, d'un ouvrage maçonné, d'une pièce de béton moulé.

ÉPAUFRURE n.f.
(ou ***Épaufrement*** n.m., en Suisse)
Éclat dans un parement, ou dans une arête : l'arête est alors dite ***épaufrée*** (V.ill).

ÉPAULÉE (travail à l'—) n.f.
Se dit de la construction d'un mur en plusieurs fois, par panneaux étroits alternés ou en redents* successifs, par ex. pour des travaux en sous-oeuvre difficiles à étayer sur toute la largeur de l'ouvrage.

ÉPAULEMENT n.m.
1/COUVERT.: chacun des angles abattus en tête* d'une ardoise (V.ill).
2/MAÇONN.: mur de soutènement* de terres de remblai.

épaulements (E)

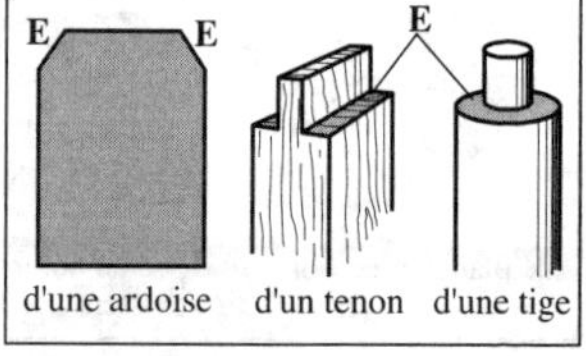

3/MENUIS-CHARP.: partie d'une pièce de bois située à la base de son tenon, et destinée à buter contre la pièce de bois mortaisée de l'assemblage.

4/SERRUR.: partie saillante d'une pièce, formant butée.

ÉPERON n.m.
1/ Contrefort*, ou massif* de maçonnerie terminé en pointe.

2/ Sorte de ripe* à coussinets râpeux arrondis, pour la pierre tendre.

ÉPI n.m.
1/CHARP.: pièce surmontant un poinçon*, au-dessus du faîtage d'un toit, pour constituer un amortissement* (V.ill). L'épi peut être en poterie, en bois, en zinc, en fer forgé ; il est raccordé au matériau de couverture par une bavette* d'étanchéité en enfourchement. Désigne aussi l'assemblage rayonnant des chevrons d'une charpente circulaire ou pyramidale autour de son poinçon* central.

2/MAÇONN.: appareil* de pierres ou de briques consistant à les disposer inclinées à 45°, à joints alternés (V.ill).

3/SERRUR.: pièce de défense en fer scellée dans un mur, et courbée vers l'extérieur.

-***En épi*** : disposition d'un élément, tel que meuble, baignoire, corps de bâtiment, etc., obliquement ou perpendiculairement par rapport à une paroi ou à un axe de référence.

ÉPIDERME n.m.
Peau* externe d'une construction. Enduit de parement plastique mince, ou peinture épaisse et chargée ; plus généralement, revêtement semi-épais (RSE).

ÉPIGRAPHE n.f.
Inscription gravée sur un monument pour rappeler la date de sa construction, et parfois le nom du maître d'oeuvre, la devise du maître d'ouvrage, une mention sur la destination du bâtiment, etc.

ÉPINÇAGE n.m.
Taille des pavés en pierre et des bordures de trottoirs.

ÉPINCÉ adj.
Qualifie un moellon en pierre grossièrement taillé. Se dit d'un «*bloc (de granit) dont la forme a été remaniée en un volume géométrique et dont les faces ont été traitées à l'outil*» (définition AFNOR).

ÉPINCER ou **ÉPINCETER** v.tr.
Façonner les pavés à l'épinçoir.

ÉPINÇOIR n.m.
Massette à deux tranchants utilisée pour fendre les pierres des pavés et à façonner leurs parements.

ÉPINE n.f.
Rangée de colonnes qui sépare une nef en deux berceaux*.

ÉPINGLE n.f.
1/ Tasseau de bois interposé entre les pièces de débit du bois en plots*, pour favoriser la circulation d'air pendant toute la durée du séchage.
Syn.: *trésillon, rablette.*

2/ MAÇONN.: pièce d'armature transversale du béton armé, terminée par

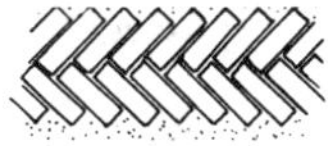

appareil de briques **en épi**

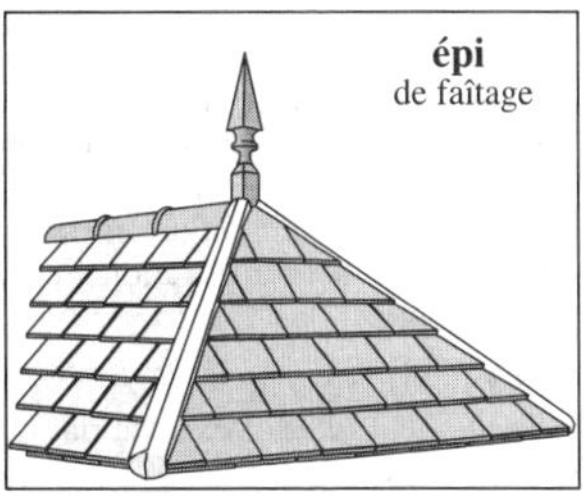

épi de faîtage

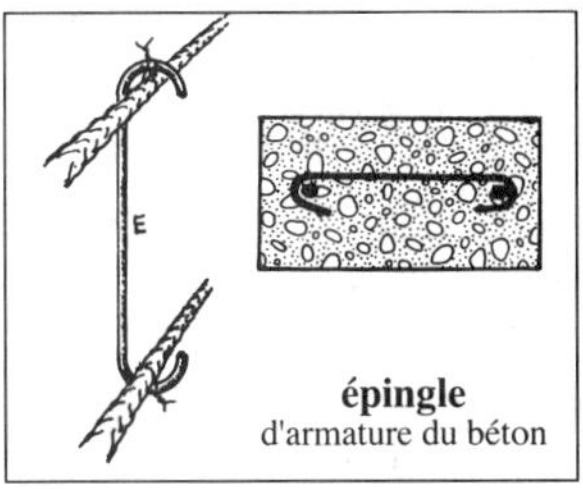

épingle d'armature du béton

épissures

de jonction

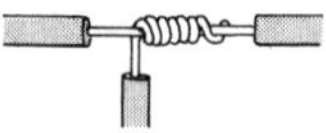

de dérivation en T

deux crosses*, reliant deux armatures longitudinales de plus forte section (V.ill). L'épingle s'oppose aux efforts tranchants.

3/ Goutte de soudure formant saillie sur la paroi intérieure d'un tuyau.

ÉPISSURE n.f.
Jonction de deux conducteurs électriques dénudés sur quelques cm, par entrelacement de leurs brins. L'épissure en T consiste à raccorder un conducteur en dérivation sur un autre (V.ill).
- La torsade d'épissure doit avoir plusieurs cm de long, être serrée à la pince, et si possible complétée par une soudure.
- Toute épissure doit être entièrement revêtue d'un matériau isolant.
- Les épissures ne sont admises que pour des conducteurs de moins de 10 mm^2 de section, placés sous boîtiers ou moulures, ou sur isolateurs.

ÉPISTYLE n.m.
Linteau* de pierre qui repose sur les chapiteaux* des colonnes et forme la base de l'entablement*; c'est le mot grec synonyme d'*architrave**.

ÉPITAPHE n.f.
Inscription sur un ouvrage funéraire pour faire l'éloge du défunt ou résumer sa personnalité ou son oeuvre.

EPOXY n.m. invar.(*terme anglais*) ou, en français,

ÉPOXYDE
n.m. ou adj. Famille de résines thermodurcissables* dérivées du pétrole ; ses polymères sont caractérisés par leur groupement *epoxy* en bout de chaînes moléculaires.
Leur durcissement, exothermique*, s'effectue par réticulation* chimique, au contact d'un durcisseur* aminé, d'un polyamide, ou encore d'un anhydride d'acide. Le mélange réticulé a des performances élevées, en particulier sur quatre plans :
1- la ***force d'adhérence*** exceptionnelle sur un très grand nombre de matières, en particulier les bétons, l'acier, les caoutchoucs : la résistance à la traction peut dépasser 500 kg/cm^2; d'où son emploi comme colle* multifonctions (par ex. collage de voussoirs de ponts en surplomb), et comme liant de mortiers spéciaux à très haute cohésion.
2- l'***absence de retrait*** des mélanges sans solvant (emplois en moulage et en mortiers épais).
3- l'***inertie à l'eau***, et l'absence totale de porosité, d'où l'emploi en étanchéité et en cuvelage*.
Mais ce caractère étanche, y compris à la vapeur d'eau, peut dans certaines applications, constituer un inconvénient (revêtements non-respirants).
4- l'***inertie chimique***, c'est-à-dire l'insensibilité à la plupart des agents agressifs (bases, alcalis, acides) et des solvants (hydrocarbures) ; d'où l'emploi en revêtements anticorrosion (sols de laboratoires, industries chimiques et alimentaires, garages, cuves, réservoirs, etc.).
On peut aussi adapter les caractéristiques aux besoins en mélangeant les époxydes à d'autres matériaux : brais, polyuréthanes, etc.

ÉPOXYDIQUE adj.
Qualifie un composé qui contient des radicaux *epoxy*, ou, de façon générale, un mélange à base de résines époxydes : *peinture époxydique*.
(NB- En pratique, on dit plus souvent peinture époxy ou époxyde).

ÉPREUVE n.f.
Essai de fonctionnement et de sécurité d'un matériel dans des conditions extrêmes (pression*, etc.).

ÉPROUVETTE n.f.
Échantillon* de matériau quelconque, prélevé sur un lot ou moulé dans un format normalisé, destiné à subir des essais de résistance* ou des mesures de caractéristiques (absorption d'eau, temps de prise...).

ÉPUISEMENT n.m.
Assèchement d'une excavation ou d'une fouille*.

ÉPUISER v.tr.
Éliminer l'eau dans une fouille. Syn.: *étancher**.

ÉPURATEUR n.m.
Dispositif d'élimination par traitement ou filtrage des impuretés présentes dans un corps quelconque : *épurateur de gaz*.
Dans le cycle d'épuration des eaux usées domestiques, l'épurateur est l'élément qui reçoit les effluents (prétraités et liquéfiés) d'une fosse septique, pour les transformer par oxydation avant leur rejet vers un milieu extérieur canalisé ou naturel.
On distingue cinq types d'épurateurs (l'installation des trois premiers est devenue rare en France) :

1- le ***filtre épurateur bactérien***, dit ***épurateur vertical***, ou ***lit bactérien***, cuve dans laquelle l'effluent traverse lentement une accumulation d'environ un mètre d'épaisseur de granulats poreux (scories, mâchefer...), qui fixent les colonies de microbes aérobies* assurant le travail *digesteur* d'épuration.
L'air frais doit pouvoir y accéder (apport d'oxygène), et les gaz doivent s'évacuer sans gêner l'environnement. Les effluents épurés qui sortent de l'appareil doivent pouvoir être contrôlés par prélèvement.

2- l'***épurateur à cheminement lent***, variante du précédent, dans lequel l'effluent circule sur un plateau en pente douce, à chicanes, garni de granulats filtrants.

3- l'***épurateur tellurien***, dit ***plateau absorbant*** : large bassin de maçonnerie étanche garni de granulats et sables minéraux inertes, surmontés d'une couche de terre végétale ; on y plante des végétaux à feuillage persistant, dont les racines facilitent l'évaporation de l'effluent filtre.

4- le ***filtre à sable***, technique aujourd'hui répandue, consiste à faire circuler les effluents à travers une couche filtrante de sable rapportée sur le sol.
Contrairement à l'épandage en sol naturel, le filtre à sable permet la récupération des effluents filtrés par le biais de drains situés à la base ; les effluents ne sont pas évacués dans le sous-sol, mais acheminés vers un exutoire naturel (cours d'eau).

5- l'***épandage souterrain*** à faible profondeur : les effluents septiques (liquéfiés) sont disséminés dans le sol, qui doit être perméable, par un réseau de *drains perdus*, pour y être filtrés et épurés par l'action nitrifiante des bactéries présentes dans la couche de terre végétale. Ce système, qui résoud l'épuration et l'évacuation, suppose un terrain assez vaste, et des conditions de sous-sol non sensibles (sans nappe phréatique proche).

ÉPURATION n.f.
Élimination des impuretés d'une eau chargée ou polluée, soit par filtration et stérilisation (eaux potables), soit, pour les eaux-vannes et les eaux usées, par minéralisation et digestion microbienne des matières organiques, avant de pouvoir les rejeter dans l'environnement ou les cours d'eau sans risque de pollution (V. ci-dessus Épurateur).
-***Épuration autonome***, ou ***individuelle*** : désigne tout système indépendant d'épuration qui traite les eaux et effluents rejetés par un bâtiment isolé : fosse* septique ou chimique, microsystème épurateur (sol, filtre à sable), microstation...
-***Station d'épuration*** : installation de traitement des eaux usées urbaines collectées par un réseau d'égouts, ou équipement spécifique de traitement des eaux rejetées par un site industriel. L'épuration comporte d'abord un prétraitement physique : dégrillage*, dessablement*, et décantation des matières flottantes ; puis un cycle d'épuration-filtrage biologique, avec un brassage d'aération dont l'action bactérienne dégrade les matières organiques ; enfin, un digesteur* anaérobie* assure le traitement des boues, avant leur utilisation comme engrais.

-***Microstation***, ***mini-station*** ou ***station individuelle d'épuration*** : installation autonome qui permet le prétraitement aérobie de l'ensemble des eaux usées de bâtiments non raccordés aux réseaux d'égouts ; ces équipements supposent un entretien régulier et une évacuation périodique des boues générées.
Le traitement des effluents est achevé dans un système épurateur* (épandage, filtre à sable).

ÉPURE n.f.
Dessin de grandes dimensions, en général à l'échelle 1:1, destiné à la phase d'exécution par l'artisan ou le compagnon d'un ouvrage de serrurerie, de menuiserie, de sculpture, d'un motif de peinture, etc.
Par opp. au *croquis*, l'épure est un dessin achevé, détaillé et coté.

Elle peut être faite sur un plancher, sur un mur, ou même, pour les établissements* de charpentes, directement sur l'aire* de taille des éléments.

ÉQUARRIR v.tr.
Tailler une bille de bois ou un bloc de pierre suivant une forme parallélépipédique, mais sans donner aux parements de finition soignée : moellon équarri, poutre équarrie...

ÉQUARRISSAGE n.m.
1/CHARP.-MENUIS.: taille d'une bille de bois en un long prisme de section carrée (autrefois à la cognée et à la doloire*, ou par sciage* de long).

Les ***bois d'équarrissage*** désignent les débits de forte section des scieries.
Le mot est aussi souvent associé aux cotes de la section : *un équarrissage de 15 x 20 cm.*

2/MAÇONN.: taille grossière de la pierre en parallélépipèdes.

3/MARBR.: rabotage à la sciotte* du chant* d'une plaque de marbre pour la mettre aux dimensions exactes.

ÉQUARRISSEMENT n.m.
Action d'équarrir, et son résultat.

ÉQUARRISSOIR n.m.
Poinçon d'acier, sans manche, servant à élargir un trou, surtout en menuiserie ; sa section peut être carrée, octogonale ou ronde.

ÉQUERRAGE n.m.
Angle formé par deux faces adjacentes d'une pièce de bois, d'une pierre, d'un angle de bâtiment, etc.
L'équerrage est dit *maigre*, si l'angle est inférieur à 90°; il est dit *gras*,si l'angle est supérieur à 90°.

ÉQUERRE n.f.
1/ Ferrure de renfort d'angle, à visser dans les huisseries de portes, volets et croisées pour consolider et rigidifier leurs assemblages.

2/ Support métallique de tablettes ou d'étagères.

3/ Instrument de mesure, de report, de traçage et de contrôle des angles.
Il y a de nombreuses sortes d'équerres, dont les plus courantes sont illustrées page ci-contre.

La ***fausse-équerre*** est une équerre dont les branches sont pivotantes l'une par rapport à l'autre.

-L'***équerre d'arpenteur***, remplacée aujourd'hui par l'équerre optique, sert à repérer des angles droits ou à 45° sur un terrain.
C'est un cylindre creux percé de fentes verticales étroites diamétralement opposées suivant des axes orthogonaux.

-L'***équerre optique***, ou ***équerre à prisme***, plus précise, a la même fonction ; elle permet, dans une seule et même visée, de voir les deux axes perpendiculaires superposés par un jeu de prismes.

-L'***équerre de niveau*** est un bâti triangulaire, muni d'un fil à plomb central ; elle est utilisée par les maçons pour régler leurs assises*.

D'ÉQUERRE, À L'ÉQUERRE
qualifie un angle droit, c'est-à-dire à 90°; syn.: *carré, orthogonal, perpendiculaire*.

ÉQUERRES

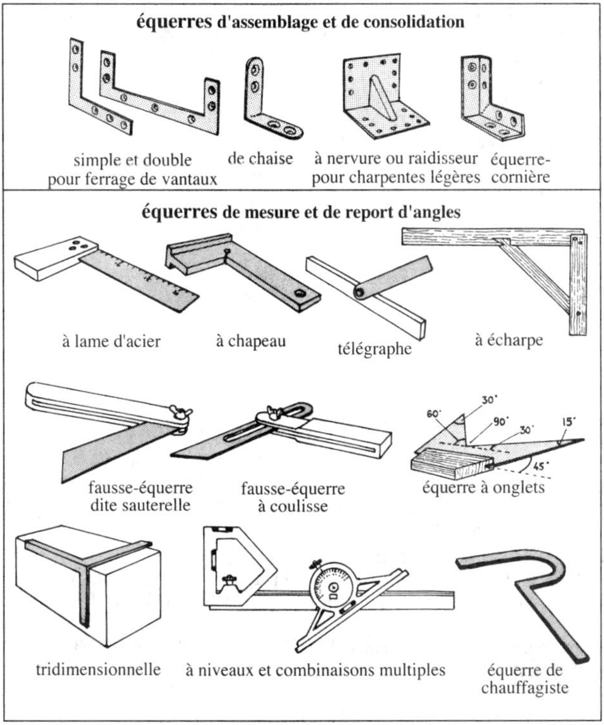

ÉQUERRER v.tr.
Mettre à angle droit la rencontre de deux plans, de deux axes, etc. Se dit surtout pour l'équerrage* des bois.

ÉQUIDISTANT adj.
Situé à égale distance de deux éléments pris comme références.

ÉQUILIBRAGE n.m.
1/ Suppression du balourd* d'une pièce mécanique tournante.

2/ L'équilibrage d'une installation de chauffage central est la régulation des débits caloporteurs, visant à obtenir un débit analogue dans tous les corps de chauffe.

ÉQUILIBRE n.m.
En thermodynamique, l'équilibre thermique est l'expression de l'aboutissement des échanges thermiques entre deux corps juxtaposés.

Ces échanges ont lieu jusqu'à ce qu'ils aient une même température, dite ***température d'équilibre***.

L'***équilibre thermique*** du corps humain (*température de confort*) est atteint lorsqu'il n'a plus à dépenser d'énergie pour produire de la chaleur (impression de froid), ni à se défendre de la chaleur par une vaporisation excessive (sudation, respiration accélérée).

ÉQUIPAGE n.m.
Autrefois, ensemble du matériel de chantier d'un corps de métier.
L'***équipage de suspension*** d'un échafaudage* volant désigne l'ensemble des équipements, lancers*, chèvres*, filins et treuils qui portent l'échafaudage.

L'***équipage mobile*** est la partie mobile d'un instrument de mesure ou d'un appareil quelconque.

ÉQUIPE n.f.
En maçonnerie, ensemble constitué, le plus souvent, par deux compagnons* et un aide*.

ÉQUIPEMENT n.m.
1/ Au singulier, c'est souvent, dans le langage courant, la Direction Départementale de l'Équipement : *se renseigner à l'Équipement.*

2/ Ensemble de l'outillage et du matériel de chantier d'un corps de métier (autrefois l'*équipage**).

3/ En électricité, ensemble des dispositifs de commande et d'alimentation en courant des appareils et machines.

4/ Au pluriel, ***les équipements*** désignent l'ensemble des installations de confort d'un bâtiment : chauffage, ventilation, sanitaires, réseaux électriques, dispositifs d'alarme...

ÉQUIPOTENTIEL adj.
Qualifie des circuits électriques de même potentiel.

Une ***liaison*** ou ***connexion équipotentielle*** est la jonction électrique de mise à la terre* collective de l'ensemble des pièces métalliques d'un local, de façon à ce qu'aucun courant ne puisse s'établir entre elles, au cas ou l'une d'elles serait mise accidentellement sous tension.
Cette disposition de sécurité* est obligatoire dans les salles d'eau.

ERGONOMIE n.f.
Étude de l'adaptation fonctionnelle et confortable des outillages, du mobilier, des divers équipements..., aux contraintes de l'activité musculaire ou aux formes du corps humain : *baignoire ergonomique.*

ERGOT n.m.
Petite saillie ménagée à la surface d'une pièce pour servir d'arrêt à une autre pièce, de butée, de cran, etc.: le culot* d'une lampe à baïonnette comporte deux *ergots.*

ÉRIDELLE n.f. V. Héridelle.

ÉRIGER v.tr.
Construire, élever, bâtir... Substantif : l'***érection*** d'un monument.

ÉROSIF adj.
Qui produit une érosion, ou qui est sujet à l'érosion.

ÉROSION n.f.
Usure due à l'action d'un élément en général naturel : eau, vent, sable...
Le farinage* des peintures est souvent une forme d'érosion.

ERREUR n.f.
Faute qui entache le résultat escompté d'un ouvrage, ou la valeur d'une mesure.
En métrologie, on distingue l'***erreur absolue***, écart entre une valeur mesurée et la valeur théorique ou nominale d'une donnée quelconque, et l'***erreur relative***, quotient de l'erreur absolue par la valeur réelle de la grandeur à mesurer ; l'erreur relative est généralement exprimée en pourcentage.

ESCABLON, ESCABELON n.m.
Piédestal servant de socle à une statue ou à un buste.

ESCALATOR n.m.
Anglicisme, synonyme de *escalier* mécanique.*

ESCALIER n.m.
Ouvrage de circulation* verticale composé d'une série de marches* ou degrés* de même hauteur permettant de monter ou de descendre d'un niveau de plancher à un autre.
Un escalier est caractérisé par :

1- sa **conception générale** : escalier *droit* (encloisonné, mécanique, escamotable...), *à quartier tournant*, *à vis*, *suspendu*, *adossé*... (V.ill).

L'***escalier à la française***, ou à ***limon(s) droit(s)***, est le plus souvent appuyé contre les parois d'une cage, et donc *à quartiers tournants*.
Ses marches sont portées, du côté du jour* central, par un limon dans lequel elles sont encastrées, et, du côté de la cage, par une crémaillère fixée contre le mur.

L'***escalier à l'anglaise***, ou ***escalier à crémaillère***, est celui dont les marches, portées par des crémaillères, ont une extrémité en surplomb sur le jour* central.

L'***escalier à l'italienne*** est un escalier inséré (*encloisonné*) entre deux murs, en général rectilignes.

L'***escalier adossé*** a ses marches encastrées à une extrémité dans le mur qu'il longe ; l'autre extrémité peut être soit en surplomb, sans autre support que l'adossement, soit s'appuyer sur un mur d'échiffre*.

Un escalier est dit ***portant de plancher à plancher*** ou *de palier à palier* lorsque ses volées ne prennent appui que sur ces ouvrages.

Certains escaliers modernes n'ont qu'un limon central (V.ill).

Les ***escaliers hélicoïdaux***, ou ***à vis***, ou ***en colimaçon***, n'ont que des marches rayonnantes ; ils sont soit à noyau central, soit à jour central (ou lumière).

2- sa **composition** : l'escalier est en bois, en béton coulé en place ou préfabriqué, en métal, en pierre, en marbre, ou même en verre.

ESCALIERS

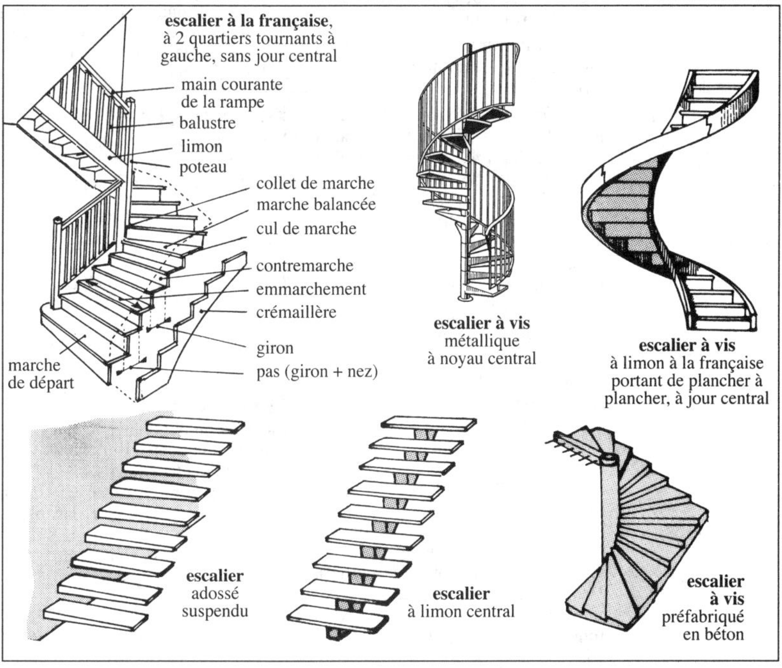

3- ses **marches***: elles sont soit *carrées* (volées droites), soit dansantes ou *balancées** (escaliers à quartiers tournants), soit *rayonnantes** (escalier à vis), et sont, le plus souvent, limitées par des contremarches* verticales. Chaque marche est définie par sa *hauteur*, son *giron**, et son *emmarchement**. Une suite de marches d'un palier à un autre est une *volée** (parfois appelée *rampe*).
Sur plans, les marches d'un *étage d'escalier* sont numérotées depuis le bas, la première étant le *départ*, la dernière étant la *marche palière*.

4- ses **dimensions** :

- la ***hauteur d'étage*** H à franchir, ou *hauteur de sol à sol*.

- le ***développé***, longueur L du parcours horizontal, suivant la ligne de foulée* prise au milieu des volées, ou, pour un escalier large, à 50 cm de la rampe, du côté du noyau* ou du jour* central.

- la ***pente moyenne***, rapport H/L comprenant les paliers intermédiaires ou repos*.

- l'***inclinaison des volées*** : elle est en général de 18 à 25° pour un escalier extérieur, 25 à 40° pour un escalier intérieur, 40 à 45° pour un escalier de cave, et 45 à 60° pour l'échelle de meunier. Cette inclinaison doit être constante, au niveau de la ligne de foulée*, à l'exception de la marche de *départ*, dont le giron peut être augmenté de 3 à 5 cm.

- la ***hauteur de marche***, et le ***giron****.
L'expérience prouve qu'un escalier est agréable si les valeurs de hauteur de marche (h) et de giron (g) correspondent à cette formule :

$$2\,h + g = 0{,}64\ m$$

(relation de Blondel),

ou, de façon moins restrictive,

$$0{,}60\ m < 2\,h + g < 0{,}66\ m$$

(formule de Rondelet).

Les escaliers font l'objet de normes. Dans les ERP et les habitations collectives sans ascenseur, certaines cotes minimales sont imposées.

V. aussi Accessibilité, Échappée, Garde-corps, Marche, Rampe.
Les **escaliers mécaniques**, dits *escaliers roulants*, sont les escaliers à marches mobiles articulées sur un dispositif à chaîne sans fin entraîné par un mécanisme motorisé.

ESCALIÉTEUR n.m.
Entrepreneur ou compagnon spécialiste de la construction des escaliers.

ESCAPE n.f.
Partie inférieure du fût d'une colonne ; désigne parfois l'amortissement en congé* qui raccorde le fût avec le filet supérieur de la base de la colonne.

ESCARGOT n.m.
Désigne parfois l'escalier* à vis.

ESCARPE n.f.
Talus de maçonnerie constitué, autrefois, à la base d'un mur fortifié ; empattement* de cette base murale en saillie sur le nu* du mur.

ESCARPOLETTE n.f.
Léger échafaudage* volant, constitué d'une planchette formant siège, suspendue à une corde à noeuds ou au câble d'un treuil.

ESMILLAGE n.m. V. Smillage.

ESMILLER v.tr. V. Smiller.

ESPACEMENT n.m.
Intervalle entre deux éléments quelconques.

ESPACER v.tr.
Ménager un intervalle, ou, par déformation, augmenter l'intervalle existant entre deux éléments.
En architecture, ***espacer tant plein que vide***, c'est alterner des pleins (poteaux, meneaux, solives...) et des vides (baies, entrevous...) de même largeur.

ESPACEUR n.m.
Synonyme de *distancier**, *écarteur*.

ESPAGNOLETTE n.f.
Dispositif ancien de fermeture des croisées et des persiennes, composé d'une tige pivotante munie d'une poignée basculante, et, à ses extrémités, de crochets méplats qui pénètrent dans des gâches* lardées* dans les traverses haute et basse du dormant de l'huisserie (V.ill).

Depuis la fin du 19e s., la crémone* a remplacé l'espagnolette classique sur la plupart des croisées.

ESPONDE n.f.
En architecture ancienne et en charpente, syn. de *bordure*, de *chant**.

ESPRIT-DE-SEL n.m.
Acide chlorhydrique* du commerce en dilution dans l'eau (5 à 10% de concentration).

On l'utilise, avec les précautions et protections d'usage, pour divers travaux de décapage, de traitement des enduits carbonatés*, d'élimination de laitance* et de traces de ciment, etc. Son emploi doit toujours être suivi d'un rinçage à l'eau claire.

ESQUILLE n.f.
Partie aiguë et coupante d'une fracture de roche : on parle de cassure ***esquilleuse***.

ESQUISSE n.f.
Croquis rapide effectué à main levée et en général à petite échelle, pour représenter de façon succincte un ensemble, un parti* de façade, un élément d'ornement, etc.

ESSAI n.m.
Opération de contrôle de la qualité d'un composant quelconque, ou des caractéristiques d'un sol.

On distingue les ***essais destructifs***, effectués sur échantillon (prélèvement, éprouvette*, carotte*) ; ils aboutissent à la rupture ou à la désintégration de l'élément. Et les ***essais non destructifs***, réalisés *in situ* sur les matériaux en oeuvre (par exemple essais de dureté du béton* au duromètre*).

La plupart des essais concernant les composants du bâtiment fait l'objet de normes.

ESSANDOLE n.f. V. Échandole.

ESSAULE ou **ESSAUNE** n.f.
Autres noms régionaux des bardeaux* de bois, ou échandoles*.

ESSE n.f.
1/ Lame d'acier courbée en forme de S, ou ondulée, que l'on enfonce dans l'extrémité des débits* de bois et des poutres pour empêcher la formation de fentes de séchage ; dans ce cas, on parle aussi d'***esseau***.

2/ En couverture, syn. de *asse*, *asseau*, *assette* (V. Asseau).

3/ Tige de fer recourbée en S, qui sert à suspendre les bidons de peinture aux échelles ou aux garde-corps des échafaudages.

ESSELIER n.m. V. Aisselier.

ESSENCE n.f.
Famille d'arbres présentant le même plan ligneux, et appartenant à des espèces voisines dont les caractères sont identifiables et constants. V. aussi Térébenthine.

ESSENTE n.f.
Planchette de bois en forme d'ardoise servant de matériau de couverture ou de bardage* des pignons et jouées* de lucarnes*. On dit aussi, selon les régions, *essaule*, *essanne*, *essaune*. Syn.: *bardeau**.

ESSENTAGE n.m.
Revêtement mural ou couverture de toiture en essentes.

ESSERET n.m.
Outil en forme de tarière* à longue mèche terminée en cuiller, utilisée par les charpentiers pour le percement de trous profonds.

ESSETTE n.f.
Marteau de couvreur, *asseau**.

ESSORAGE n.m.
Expulsion de l'eau contenue dans un

espagnolettes

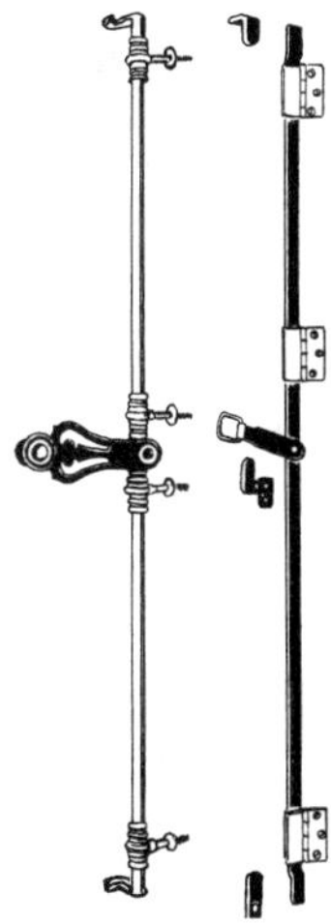

classique, à crochets — plate, de volet

corps quelconque, par l'action d'une force (pression, dépression, force centrifuge).

L'***essorage du béton*** désigne divers procédés d'élimination accélérée de l'eau de gâchage en excès du béton, lors de sa mise en place et de son vibrage*, soit par une dépression (procédé dit *béton au vide*, ou *vacuum-concrete**, utilisable surtout en préfabrication), soit par l'utilisation de banches* non étanches, microperforées (technique du *béton essoré*).

En conditionnement d'air, l'***essorage de l'air*** consiste à lui faire traverser des *caissons d'essorage* garnis d'*écrans piégeurs* (tôles en chicane), qui retiennent les gouttelettes dont il est chargé ; l'air ainsi essoré ressort humide, mais sans gouttelettes en suspension.

ESSOUCHAGE
ou **ESSOUCHEMENT** n.m.
Arrachage des souches d'arbres abattus, nécessaire en particulier dans l'emprise* de fouilles*.
Action d'***essoucher***, ou de ***déssoucher***.

ESSUIE-PIEDS n.m. invar.
Tapis spécial dont on équipe les halls d'entrée, les sas, les accès d'ascenseurs, etc., pour retenir les salissures et poussières déposées par les piétons.

ESTAMPE n.f. V. Étampe.

ESTAMPILLE n.f.
Marque, cachet ou tampon qui, sur un matériau, authentifie sa conformité à une norme.

ESTANFIQUE n.f. V. Étanfiche.

ESTHÉTIQUE n.f. et adj.
Désigne et qualifie ce qui est lié à la beauté et à sa perception visuelle subjective : une *esthétique moderne*, un *parti* esthétique*, etc.

ESTIBOIS n.m. V. Entibois.

ESTIMATIF adj.
V. devis* estimatif. Par déformation, on utilise le mot comme un nom : établir *un estimatif*.

ESTROPE n.f.
Sangle ou cordage en boucle fermée, à la manière d'une courroie.

On utilise des estropes en levage et en protection individuelle antichute.

ÉTABLI n.m.
Table longue et étroite, à plateau épais, sur piétement stable, constituant le meuble de travail principal de certains corps de métiers : menuiserie, ébénisterie, serrurerie.
Le plateau comporte une presse* à vis en façade, et parfois à une extrémité ; des orifices reçoivent les griffes* et le valet*; à l'arrière du plateau, une gouttière, ou ratelier, sert au rangement des outils manuels.

Les plombiers ont des établis transportables, en forme de trépieds pliables, équipés de cintreuse à tubes.

ÉTABLIR v.tr.
Tracer, sur une pièce de bois ou de métal, ou sur un bloc de pierre, le contour des découpes à réaliser.
En charpenterie, c'est disposer les pièces de bois à hauteur convenable pour pouvoir les travailler.

ÉTABLISSEMENT n.m.
1/CHARP.: ensemble des opérations allant du tracé des pièces jusqu'au montage de l'ouvrage : l'établissement comprend le tracé des épures* ou ételons*, le choix des bois, leur équerrage et leur mise sur ligne, leur disposition sur l'ételon, sur l'aire* de chantier, leur marque par des signes conventionnels, la rencontre des bois et la taille des assemblages, et enfin leur montage.

2/MENUIS.: désigne chacun des signes conventionnels tracés sur les pièces de bois assemblées provisoirement, pour repérer leur sens d'assemblage en attendant leur montage définitif (V.ill. au mot Marque).

3/ Établissement recevant du public, dit **ERP** :
"*Constituent des ERP tous les bâtiments, locaux et enceintes dans lesquels des personnes sont admises, soit librement, soit moyennant une rétribution ou une participation quelconque, ou dans lesquels sont tenues des réunions ouvertes à tout venant, payantes ou non. Sont considérées comme faisant partie du public toutes les personnes admises dans l'établissement à quelque titre que ce soit, en plus du personnel.*" (Code Constr., art. R 123-2).
Ces établissements font l'objet de mesures particulières de sécurité, portant sur la prévention contre l'incendie et les dispositifs d'évacuation des lieux. Ils sont classés :
- d'une part, en ***5 catégories***, en fonction de l'effectif total (e) qui peut y être admis, y compris le personnel de l'établissement :

1e catégorie : e > 1 500 personnes.
2e catégorie : 700 < e < 1 500 pers.
3e catégorie : 300 < e < 700 pers.
4e catégorie : e compris entre le seuil de classement (selon affectation des locaux) et 300 personnes.
5e catégorie : e inférieur au seuil de classement.

- d'autre part en ***19 «types»***, selon l'affectation :

G : gares, aéroports. **L** : salles d'audition, conférences, réunions, spectacles et salles polyvalentes.
M : magasins et centres commerciaux. **N** : restaurants, débits de boisson. **O** : hôtels, pensions de famille. **P** : salles de danse et de jeux. **R** : enseignement, colonies de vacances. **S** : bibliothèques. **T** : salles d'exposition. **U** : établissements sanitaires. **V** : lieux de culte. **W** : administrations, banques, bureaux.
X : établissements sportifs couverts. **Y** : musées. **OA** : hôtels et restaurants d'altitude. **PA** : établissements de plein air. **PS** : parcs de stationnement couverts. **SG** : structures gonflables. **CTS** : chapiteaux, tentes et structures itinérantes.
Chacun fait l'objet d'arrêtés parus au JO, qui précisent les détails des mesures constructives obligatoires.

ÉTAGE n.m.

Espace compris entre deux planchers consécutifs, et ensemble des locaux qui s'y trouvent. Syn.: *niveau**.
L'étage est dit ***carré*** ou ***franc*** si aucune de ses cloisons n'est inclinée du fait d'un pan de comble ; s'il comporte des pans inclinés, il est dit *lambrissé*, ou *mansardé*, ou *en galetas*.

-***Étage technique*** : dans les immeubles de grande hauteur (IGH), étage réservé aux installations de conditionnement d'air, de machineries d'ascenseurs, de réservoirs de lutte contre l'incendie, etc.

-***Étage d'escalier*** : c'est la portion d'un escalier située entre deux planchers consécutifs.

ÉTAI n.m.

Désigne toute pièce longue servant à reporter vers un appui stable, et en général provisoirement, la charge verticale d'une partie de construction telle que poutre ou plancher,

étais

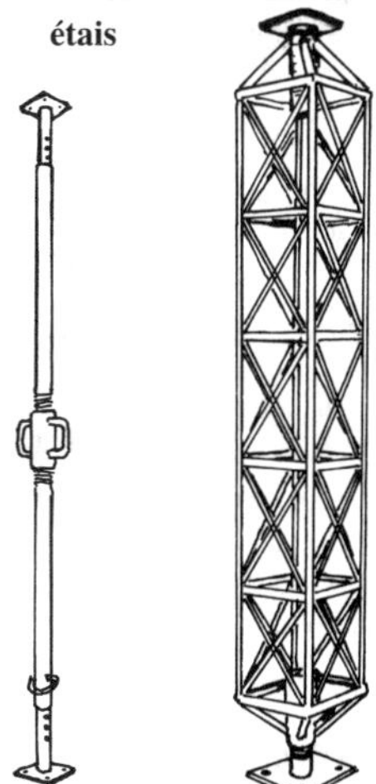

étai tubulaire, ou "chandelle" — tour d'étaiement

ou pour contrebuter latéralement un mur en dévers ou le blindage* d'une fouille*. Selon leur position, les étais prennent les noms de *chandelle** (poteau vertical), *contre-fiche** (poteau oblique), *étançon** (vertical ou légèrement incliné), *chevalement** (double poteau oblique surmonté d'un chapeau* porteur), *étrésillon** (étai latéral entre deux éléments). Les étais prennent appui sur des semelles* ou des couchis*. Les éléments d'étai modernes, ou *chandelles**, sont en tubes d'acier ; leur hauteur portante est d'abord réglée par clavetage des parties télescopiques, puis ajustée par serrage d'un manchon central à pas de vis inversé (V.ill).

ÉTAIEMENT ou **ÉTAYAGE**
n.m. Assemblage de pièces d'étai servant soit à soutenir temporairement un ouvrage en cours (construction ou reprise en sous-oeuvre*), soit à s'opposer à l'écroulement d'un ouvrage menaçant ruine (syn.: *étançonnement**) ou à l'éboulement d'un ouvrage de fouilles (syn.: *blindage** dans ce cas).
On appelle ***tour d'étaiement*** un assemblage rigide de poteaux entretoisés, apte à résister à toute flexion.

ÉTAIN n.m. (symbole **Sn**)
Métal blanc argenté, malléable et ductile, peu oxydable par l'air et par l'eau. Plus dur et moins dense que le plomb (densité =7,2), il est peu résistant en traction. Il sert de revêtement protecteur d'autres métaux (étamage*). Sa température de fusion basse (232°C) en fait un métal d'apport en brasage et en soudage, sous forme d'alliages.

ÉTALEMENT n.m.
1/ Répartition d'un matériau pâteux ou fluide sur une surface.

2/ Distribution bien répartie des éléments d'un ensemble : *granulométrie** ***étalée***.

ÉTALON n.m.
Instrument ou objet de référence comparative d'unité de mesure.

ÉTALONNAGE n.m.
Contrôle de la graduation d'un instrument de mesure, par comparaison avec les valeurs données par un appareil ou objet étalon.

ÉTAMAGE n.m.
1/ Opération qui consiste à recouvrir un métal oxydable (fer, cuivre) d'une fine couche de métal peu oxydable (étain, plomb), par divers procédés : trempage dans le métal fondu, électrolyse*, etc.

2/ En miroiterie, l'étamage, ou *mise au tain*, est l'application au dos des glaces d'un amalgame d'étain et de mercure, ce dernier servant de mordant*. L'*argenture** a remplacé l'étamage, coûteux et dangereux.

ÉTAMOIR n.m.
Support en bois garni de tôle sur lequel on prend l'étain avec un fer à souder.

ÉTAMPE ou **ESTAMPE** n.f.
Accessoire de forge servant de matrice ou d'empreinte de formage à chaud, en général composé de deux pièces complémentaires, la *sous-étampe* (socle fixe), et l'étampe proprement dite sur laquelle on frappe.

ÉTANCHE adj.
Qualifie toute paroi qui fait obstacle au passage d'un élément : étanche à l'eau, à l'air, à la lumière, aux poussières, etc. Un ouvrage ou un matériau est dit ***étanche à l'eau*** s'il ne laisse passer ni l'eau (ou d'autres liquides), ni la vapeur d'eau (ou d'autres gaz). Ne pas confondre avec le terme *imperméable**, qui a un sens distinct : ce qui est imperméable, en effet, est étanche aux liquides, mais laisse filtrer l'air et la vapeur d'eau. Ainsi, une maison ou un local dont toutes les parois sont étanches, donc non «respirantes*», sont humides et malsains (à moins d'y établir une importante ventilation mécanique).

A côté des matériaux bitumineux, déjà utilisés dans l'Antiquité, et des tôles métalliques, la chimie moderne a développé de nombreux revêtements et matériaux étanches, à base de résines de synthèse.

ÉTANCHÉISTE n.m.
Spécialiste des étanchéités.

ÉTANCHÉITÉ n.f.
Tout ouvrage ayant pour objet de rendre étanche une paroi : toiture-terrasse*, réservoir, mur enterré, etc., et le résultat d'un tel ouvrage.

La ***barrière d'étanchéité*** désigne la coupure* de capillarité* du soubassement d'un mur qui fait obstacle aux remontées d'eau du sol, ou le cordon* de mastic étanche disposé à la périphérie des vitrages.

• Pour l'étanchéité à l'air des ***baies vitrées***, voir à Vitrage, Fenêtres.

• Pour l'étanchéité des ***luminaires*** (eau, poussière), voir à Luminaire.

• Pour l'étanchéité des ***murs extérieurs***, voir à Murs.

• Pour l'étanchéité des ***sous-sols***, ***cuves***, ***réservoirs***, voir Cuvelage.

Étanchéité des toitures-terrasses.
Les toitures-terrasses et toitures à faible pente dont la structure est constituée d'une maçonnerie (béton armé *in situ*, dalles préfabriquées ou précontraintes), de platelages* de bois ou d'une ossature métallique, reçoivent un *système* ou *complexe* d'étanchéité. Sans entrer dans le détail des procédés, matériaux et variantes, rappelons ici les principales notions et termes en usage.
Les constituants d'une toiture-terrasse et de son étanchéité sont :

• ***l'élément porteur***, platelage*, dalle de maçonnerie, tôle nervurée ;

• ***le support d'étanchéité***, *forme* rapportée : dalle fractionnée ou chape flottante avec pentes d'écoulement et/ou ensemble de panneaux isolants peu compressibles fixés ou collés sur

ÉTANCHÉITÉ des toitures-terrasses

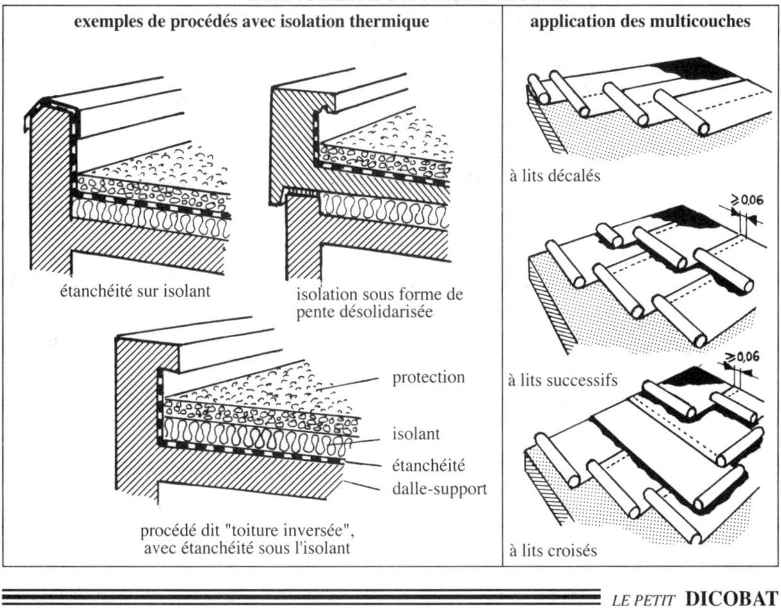

la forme, sur pare-vapeur*, et sous-couche de diffusion (locaux à hygrométrie élevée) ;

• ***le revêtement d'étanchéité*** proprement dit (V. ci-après), puis ***la protection***, qui protège l'étanchéité contre les chocs* thermiques et les agressions mécaniques (grêle, piétons, véhicules, chutes d'objets...).

La protection est dite *meuble* si c'est un matériau en vrac étalé (granulats, gravillons), *asphalte* si c'est une chape coulée et gravillonnée, *dure* si c'est un dallage ou une chape de mortier, *autoprotection* si c'est une protection mince métallique ou granulaire, solidaire de la couche supérieure du revêtement d'étanchéité.

Un cas particulier concerne la technique dite *toiture inversée*, consistant à placer l'étanchéité sous des panneaux isolants en mousse rigide.

Choix d'un système. Il dépend :

1- de l'***usage*** normal de la toiture-terrasse, qui peut être :

- *non circulable* (accessible pour des besoins d'entretien) ;
- *circulable* (normalement accessible aux piétons, mobiliers de jardin, bacs à plantes, etc.) ;
- *terrasse-jardin*, équipée de jardinières et bacs à plantes lourds ;
- *terrasse technique*, c'est-à-dire donnant accès à des équipements (machinerie d'ascenseur, extracteurs, capteurs solaires, VMC... ;
- accessible à des *véhicules légers*, jusqu'à 2 tonnes/essieu ;
- accessible à des *véhicules lourds*.

2- de la ***nature*** du matériau porteur.

3- de la ***pente*** de la toiture-terrasse :

- toiture à pente nulle,
- toiture plate (1 à 5% sur ciment, 1 à 3% sur acier nervuré),
- toiture-terrasse rampante (de 5 à 15% sur ciment, 3 à 7% sur acier),
- toiture inclinée (pentes supérieures à ces dernières valeurs).

4- de la ***situation climatique*** (dispositions spéciales au-dessus de 900 m d'altitude, pour parer aux effets du glissement ou *reptation* de la neige).

La **pose des revêtements d'étanchéité** est faite :

-soit ***en indépendance***, c'est-à-dire sans solidarisation franche avec le support, ce dernier pouvant ainsi *jouer* sans traction sur l'étanchéité. On interpose entre l'étanchéité et son support un *matériau de séparation*, soit un papier kraft simple, ou double épaisseur contrecollé au bitume (papier dit *entre deux sans fil*), soit un écran en voile de verre tissé ;

-soit ***en semi-indépendance***, par adhésion discontinue par points ou bandes, en interposant du papier perforé ou une résille de fibre ;

-soit ***en adhérence***, si le support peut être considéré comme stable.

Principaux systèmes :

- les revêtements en ***asphalte**** coulé à chaud en 2 couches, la première pure (type 1), de 5 mm, la seconde sablée (type 3), sur environ 15 mm. Les revêtements pour parkings (type P) et pour rampes d'accès sont différents, plus épais et armés.

- le ***multicouche* bitume armé***, constitué d'un enduit d'imprégnation à froid (EIF), sur lequel sont collées avec un enduit d'application à chaud (EAC) une ou deux couches de *feutre* bitumé* en lés type 36S, et une ou deux *chapes* de bitume* armé en lés, type 30, 40 ou 50.

Diverses combinaisons de constitution, de matériaux et d'armatures sont possibles, selon le support, la destination de la terrasse, le mode de pose en adhérence ou en indépendance, etc. (V. les DTU, série 43).

- les ***systèmes non-traditionnels*** (ils relèvent de l'Avis* Technique). Ces systèmes se présentent :

-soit en feuilles ou lés, tels les *bitumes-élastomères* (chargés de résines EBA, EPDM, EVA, SBS, etc.), les films *plastomères* (polyéthylènes, PVC...) ou *élastomères* (*butyl-caoutchouc*) ;

-soit sous forme liquide (procédés dits ***SEL***, *systèmes d'étanchéité liquide*), ou sous forme pâteuse à appliquer *in situ*, en plusieurs couches, à la raclette, au rouleau ou par projection. Parmi ces procédés, citons le *polyéthylène chlorosulfoné* liquide, les *polyuréthanes** et les *polyesters**) ; leur choix est fonction des caractéristiques à privilégier (esthétique, vieillissement, tenue au poinçonnement*, au roulement, etc.).

NB- Le traitement de l'étanchéité des reliefs*, des émergences* et des pénétrations (relevés sur acrotères, costières*, seuils, socles, descentes intérieures d'E.P., caniveaux, souches de conduits de fumée et de ventilations*...) fait l'objet de dispositions spéciales, qui dépendent du système d'étanchéité.

Classement des matériaux d'étanchéité.

Le ***classement FIT*** permet de les choisir selon les coefficients de résistance croissante affectés aux lettres :

- **F** (fatigue) : de F_1 à F_5
- **I** (indentation), divisée en :
  L_1 à L_4 (poinçonnement statique),
  D_1 à D_3 (" " " dynamique)
- **T** (tenue à la température) : T_1 à T_4.

Pour tous détails, se reporter aux DTU concernant l'étanchéité.

ÉTANCHEMENT n.m.
Obturation d'une fuite, d'une voie d'eau. Réalisation d'une étanchéité, d'un cuvelage.

ÉTANCHER v.tr.
Réparer une fuite, faire obstacle à un ruissellement d'eau.

ÉTANCHEUR n.m.
Entrepreneur ou compagnon spécialiste des travaux d'étanchéité (on utilise surtout le terme d'*étanchéiste*).

ÉTANÇON n.m.
Gros poteau trapu d'étaiement*.
Le plus souvent vertical, il peut aussi être légèrement incliné.

ÉTANÇONNEMENT n.m.
Ouvrage d'étaiement d'une construction menaçant ruine, avec des étançons.

ÉTANÇONNER v.tr.
Soutenir une maçonnerie, ou une charpente, à l'aide d'étançons.

ÉTANFICHE ou **ESTANFIQUE** n.f.
1/ Autrefois, meneau* ou poteau divisant verticalement une baie ou un portail.

2/ Dans une carrière, c'est la hauteur de l'ensemble des lits qui constituent la masse extractible.

ÉTAT n.m.
1/ Situation physico-chimique stable d'un corps ou d'une combinaison de plusieurs corps.
Les trois états élémentaires sont les états *solide*, *liquide* et *gazeux* ; en minéralogie et en chimie, on distingue aussi l'état *amorphe** (cas du verre), par opposition à l'état *cristallin** (minéral structuré), l'état *colloïdal**, l'état *plastique**, etc. (V. ces mots).

-***État de surface*** : caractéristiques physiques d'une surface, d'un subjectile : un état de surface peut être mat, lisse, rugueux, inégal...

-***État des lieux*** : description détaillée d'un bien immobilier et de ses défauts éventuels, établie conjointement entre un propriétaire et son locataire. L'un et l'autre en gardent une copie.
Cet usage limite les risques de contestation sur les travaux de remise en état en fin de bail ou lors du départ du locataire.

2/ L'***état limite*** (EL) est l'état d'un matériau soumis à une force graduelle, juste avant sa rupture. À l'instant précis de sa rupture, il est au stade de l'***état limite ultime*** (ELU).
Ces notions sont à la base des règles BAEL pour le calcul des structures en béton armé.

ÉTAU n.m.
Désigne divers instruments à mâchoires, ou mors, dont le serrage permet de maintenir fermement des pièces à usiner ou à former, surtout en menuiserie, en serrurerie et en plomberie (V.ill).

ÉTAYAGE n.m. V. Étaiement.

étaux

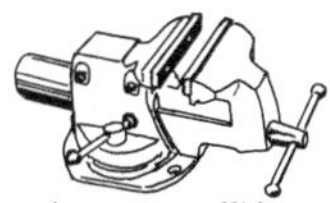

à mors parallèles

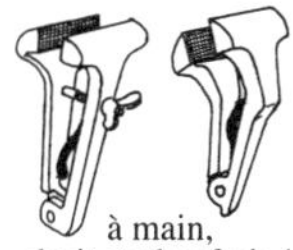

à main,
droit et chanfreiné

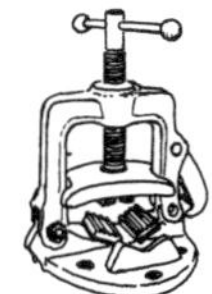

étau serre-tubes

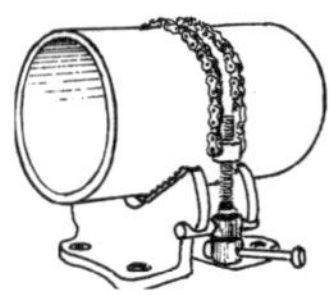

étau serre-tubes
à double chaîne

ÉTAYER v.tr.
Consolider, ou soutenir un ouvrage par un étaiement.

ÉTEINDRE v.tr.
1/ En maçonnerie, éteindre la chaux*, c'est diluer la chaux vive jusqu'à ce qu'elle se désagrège en une poudre de *chaux éteinte*.

2/ En peinture, éteindre une couleur vive, c'est l'atténuer.

3/ En serrurerie et en ferronnerie, éteindre le fer chauffé, c'est le plonger dans l'eau pour le *tremper*.

ÉTELLE n.f.
Gros copeau de bois détaché par l'équarrissage à la cognée.

ÉTELON n.m.
Épure* d'un ouvrage de charpente, tracée à même le sol, sur l'aire* d'établissement* des bois.
On dit parfois, par déformation, *étalon*.

ÉTÊTAGE n.m.
Élimination de la tête d'objets tels que clous, vis, etc.

ÉTHYLÈNE n.m. (C_2H_4)
Carbure d'hydrogène non saturé.
A partir de l'éthylène et de ses dérivés (styrolène, glycol, chlorure d'éthylène...), la pétrochimie moderne fabrique la plupart des polymères*, résines et plastiques.

ÉTHYL-GLYCOL
ou ***Éthylène-glycol*** n.m. V. Glycol.

ÉTIRAGE n.m.
1/ Transformation à froid de métaux ductiles* (cuivre, plomb, aluminium) sous forme de tubes, tringles et profilés ; l'étirage consiste à réduire peu à peu leur section, par allongement en force sur des *bancs d'étirage*, au travers de filières*.
Les produits ***étirés*** ont en général des sections aux cotes rigoureuses.

2/ Procédé de fabrication des vitres, par entraînement et refroidissement progressif du verre en fusion.

ÉTOILE n.f.
En électricité, montage ou *couplage* des trois conducteurs d'une alimentation en courant* triphasé, autour d'un neutre*.
Ce montage, symbolisé par la lettre **Y**, permet d'obtenir trois courants monophasés* de tension U_S entre chacune des phases* et le neutre*, et entre les phases la tension

$U_C = U_S \times \sqrt{3}$. V. Courant.

ÉTONNEMENT n.m.
1/ Ébranlement subi par une maçonnerie lors d'un choc important, d'un tassement soudain, etc. Par extension, désigne une fissure formée par un ébranlement.

2/ Pour un tailleur de pierre, désigne le travail à la boucharde*.

3/ Fissure dans une pièce de métal : «*Un forgeron maladroit peut étonner son fer s'il lui donne un coup de marteau à faux lorsqu'il commence à refroidir*» (VIOLLET-LE-DUC).

ÉTOQUIAU n.m.
En serrurerie, petite pièce sur laquelle on en fixe une autre ; en particulier, pièce reliant le palâtre* d'une serrure* à sa cloison*, sur laquelle est fixé le foncet*.

ÉTOUPE n.f.
Filaments de chanvre, utilisés comme armature d'ouvrages de staff*, et pour le calfeutrement* de joints.

ÉTOUPER v.tr.
En dorure, c'est «presser les feuilles d'or avec un tampon pour les obliger à prendre la colle» (CHABAT).

ÉTRANGLEMENT n.m.
Rétrécissement localisé du diamètre courant d'une canalisation.

ÊTRES n.m. pl.
En architecture, ensemble de l'ordonnancement des locaux et des volumes d'une construction.
Le mot est parfois confondu avec les *aîtres* (V. ce mot).

ÉTRÉSILLON n.m.
Pièce d'étaiement* disposée de façon transversale pour maintenir un écartement entre deux tableaux d'une baie en cours de travaux (V.ill), entre deux murs déversés l'un vers l'autre, entre deux solives d'un plancher, ou entre deux parois blindées* d'une tranchée (V. au mot Blindage).

ÉTRÉSILLONNEMENT n.m.
Mise en place d'étrésillons, et ouvrage qui en résulte.

ÉTRÉSILLONNER v.tr.
Empêcher deux éléments de se rapprocher en insérant entre eux des étrésillons : solives étrésillonnées.

ÉTRIER n.m.
1/ Bande de fer méplat repliée en U pour enserrer une pièce de bois ou une poutre et la fixer ou la suspendre à une autre (V.ill). Les extrémités des chevêtres* métalliques, ou entretoises*, sont en forme d'étriers pour s'accrocher sur les solives.
2/ En béton armé, pièce d'armature transversale d'une poutre, ayant la forme d'une double épingle*.

ETTRINGITE n.f.
Sulfo-aluminate de calcium hydraté. Syn.: *sel de Candlot*.
L'ettringite se forme au cours de la prise des ciments, par combinaison du sulfate de calcium avec l'aluminate tricalcique. Elle est exothermique*, et s'accompagne d'un gonflement. L'application de ciment sur du plâtre donne lieu à un développement d'ettringite à l'interface*, et son gonflement aboutit presque toujours à un décollement ; si on peut appliquer du plâtre sur du ciment, on ne doit JAMAIS faire l'inverse (exception faite des ciment-colles caséinés* adaptés à cet emploi).

ÉTUVAGE n.m.
1/ En préfabrication*, accélération de la prise et du durcissement des pièces de béton, par chauffage dans des étuves en atmosphère humide.
2/ Opération consistant à soumettre le bois à l'action de la vapeur saturée afin de le stériliser. Traitement des bois par la vapeur, dans des ***étuves***, vastes caissons étanches. Selon les bois, l'étuvage dure de 3 à 8 jours. L'étuvage est aussi utilisé pour ramollir les tissus des bois, avant leur tranchage*, leur déroulage*, ou leur cintrage.

EUROCODE n.m.
Norme applicable à l'échelon européen pour la conception, le dimensionnement et la justification des structures de bâtiment et de génie civil ; elle prend en compte les caractéristiques des matériaux utilisés, la mise en oeuvre et les contrôles.
Une douzaine d'Eurocodes est prévue à terme, pour l'unification des modes de calcul en Europe.

EURYTHMIE n.f.
En architecture, c'est l'harmonie d'ensemble d'un édifice, obtenue par une heureuse répartition des masses et par une combinaison judicieuse des lignes et des membres* d'architecture (V. Modénature).

ÉVACUATION n.f.
Tout dispositif permettant de collecter et d'éloigner d'un bâtiment les eaux pluviales, les eaux usées, les eaux-vannes ou leurs effluents, les fumées,

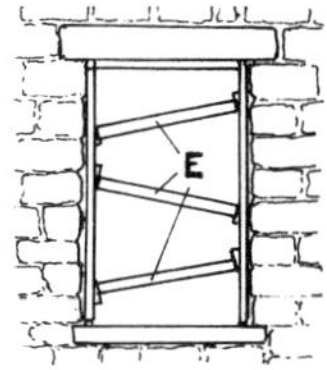

étrésillons (E)

étriers

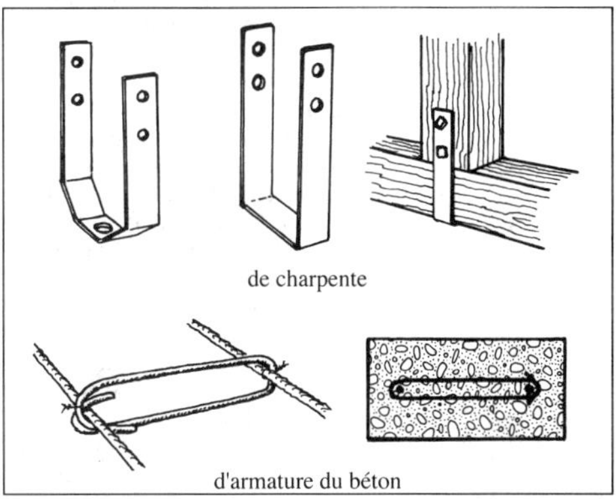

de charpente

d'armature du béton

produits de combustion et l'air vicié. Nous ne rappelons ici que les principes les plus généraux ; pour tous détails, on consultera utilement les ouvrages spécialisés.

Évacuation des eaux : selon la composition des réseaux locaux d'égouts, les systèmes d'évacuation dits d'assainissement collectif diffèrent (V.ill page suivante) ; ces réseaux dirigent les eaux soit vers une station d'épuration, soit vers un épandage* en milieu naturel.
En l'absence de réseau d'égouts, un dispositif adapté dit d'assainissement* autonome est nécessaire.

1/ Eaux pluviales (EP).
Les eaux* pluviales des toits et toitures-terrasses sont collectées par des gouttières* ou chéneaux* qui les dirigent jusqu'à une descente* d'allure verticale ; à la base, les eaux sont reprises soit directement, soit par des avaloirs* extérieurs, dans des conduites enterrées qui les dirigent vers un égout pour eaux pluviales, ou vers un puisard* ou puits* perdu qui les disperse dans le sol naturel.

Les eaux pluviales tombant sur les sols étanches (cours, trottoirs, voies pavées ou goudronnées) sont récoltées directement par des siphons* de sol ou des avaloirs* à grille, aux points les plus bas. Des abaques* et tables de calcul servant à calculer les diamètres des réseaux d'évacuation en fonction :
- de la surface de collecte, ou *surface de bassin* **A**, en m^2,
- de l'intensité moyenne des précipitations **i**, en litres /ha /s,
- du coefficient de ruissellement **C** (de 0,10 pour les surfaces boisées et les jardins à 0,90 pour les zones imperméables : toitures, chaussées et aires bétonnées ou bitumées),
- des distances de parcours de l'eau et du temps de regroupement.
Le débit des évacuations est donné par la formule : Q = C.i.A
V. norme (Dispositifs d'évacuation des eaux des cours et bâtiments).

Attention : la nouvelle norme européenne parue en 2001, a des modes de calcul plus complexes.

2/ Eaux usées (EU)
Les eaux usées désignent l'ensemble des rejets d'eaux domestiques : ***eaux-vannes*** (EV) provenant des WC ou d'urinoirs, et ***eaux ménagères***, regroupant les eaux sanitaires (autres que de WC) et les eaux de cuisine et nettoyages domestiques, qui sont plus ou moins grasses.
Si le raccordement à un réseau d'égout "toutes eaux" (dit tout-à-l'égout) est possible, toutes ces eaux peuvent y être rejetées sans traitement ni épuration*.
Si l'égout n'est prévu que pour des eaux pluviales ou épurées, ou que le rejet n'est possible que dans l'environnement naturel (assainissement autonome), l'évacuation doit comporter un prétraitement.
Dans le cadre de l'assainissement autonome, les règlements préconisaient autrefois la séparation des eaux-vannes et des eaux ménagères ; les premières devaient traverser une boîte* à graisse, les secondes étaient traitées par une fosse* septique traditionnelle.
De nos jours, le développement des fosses* "toutes eaux" a permis de modifier la réglementation, qui impose désormais le regroupement des eaux ménagères et des eaux-vannes dans ces fosses, rendant ainsi facultatifs la boîte* à graisse ou le bac séparateur* (sauf, par exemple, pour des cuisines de collectivités).
Les évacuations se font par gravité, mais une technique alternative, déjà utilisée dans les navires et avions, est l'***évacuation sous vide***.

Évacuation des fumées et gaz brûlés : tout appareil produisant des gaz de combustion doit être raccordé à un dispositif de rejet de ces gaz vers l'extérieur, utilisant soit le phénomène naturel de tirage*, soit une extraction mécanique.
Ces dispositifs d'évacuation sont :

ÉVACUATION DES EAUX et ASSAINISSEMENT
schéma des principaux systèmes (maison individuelle)

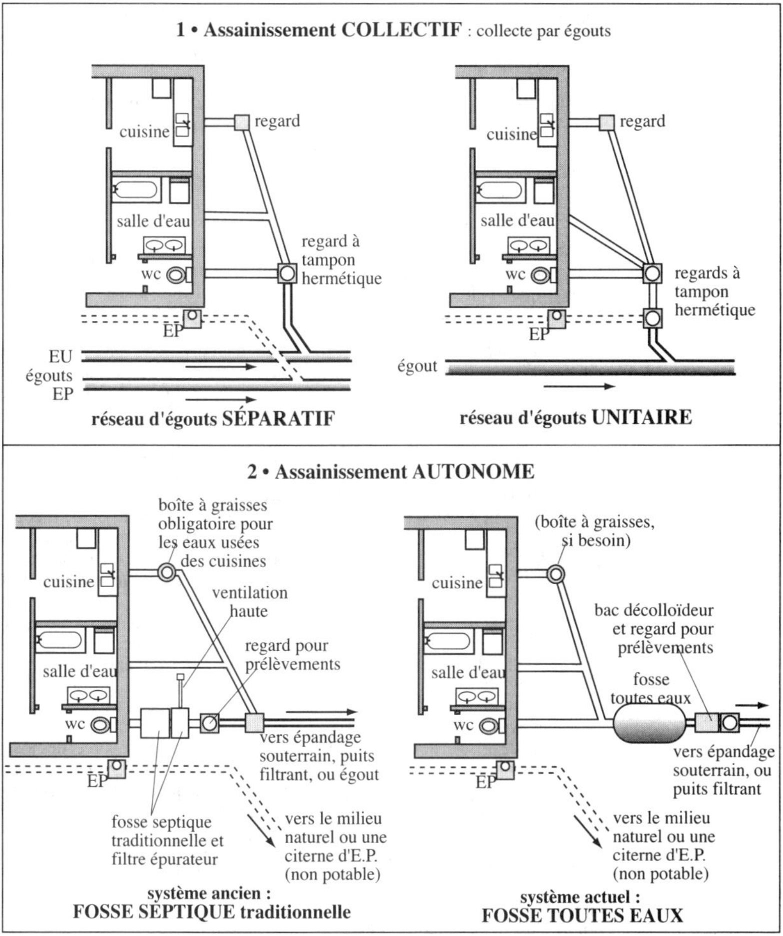

- soit des conduits* de fumée d'allure verticale, en matériaux réfractaires, étanches aux fumées, adaptés au type de rejet (conduits à tubage métallique intérieur pour les appareils à gaz), à son débit, et à la conception du bâtiment.
-soit des ventouses* traversant les murs extérieurs, pour les appareils dits à circuit étanche.
V. détails aux mots Conduits, Gaz, Cheminée.

Évacuation de l'air vicié :
V. Aération, Ventilation.

ÉVAPORATEUR n.m.
Appareil dans lequel on fait passer un fluide de l'état liquide à l'état gazeux, par élévation de sa température et/ou par abaissement de sa pression.
Dispositif d'un équipement frigorifique dans lequel le liquide frigorigène est vaporisé, et produit du froid.
L'évaporateur agit à l'inverse du condenseur*.

ÉVASEMENT n.m.
Élargissement progressif, de profil plus ou moins cintré, d'une pièce tournée ou d'un orifice quelconque.

ÉVASURE n.f.
Largeur d'un orifice, d'une mortaise, etc. Syn.: *ouverture*, *jour*.

ÈVE n.f.
Rainure pratiquée dans une pièce pour guider un déplacement. Se dit surtout en serrurerie, pour les rainures des pênes* ou des pannetons*.

ÉVENT n.m.
1/CHAUFF.-PLOMB.: sur un radiateur, petit robinet d'évacuation de l'air inclus qui gêne la circulation du fluide ; syn.: *purgeur**. Prise d'air de régulation de la pression dans les chaudières* à condensation.

2/PLÂTR.: plâtre *éventé* par contact prolongé avec l'air libre : ses caractéristiques de prise et de durcissement en sont amoindries.

3/PRÉFAB.: en précontrainte*, orifices reliant les gaines de câbles et l'extérieur, pour l'évacuation d'air lors de l'injection du coulis de ciment.

4/ Orifice en partie haute d'un récipient (par exemple d'une cuve à fioul), destiné à faciliter l'évacuation de l'air pendant le remplissage. V. aussi Exutoire.

ÉVENTAIL n.m.
1/ Imposte* vitrée en demi-cercle au-dessus d'une baie, lorsque son petit bois* est rayonnant à partir du centre de la traverse* d'imposte.

2/ Se dit de divers ouvrages disposés ou assisés* de façon rayonnante : cintres*, trompes*, voûtes*, parquets, etc. ***en éventail***.

3/ Se dit d'un échafaudage* de couvreur *en bascule*, prenant appui sur les étages supérieurs, ses écoperches* inclinées vers l'extérieur.

ÉVENTEMENT n.m.
Lente altération du plâtre, de la chaux et des ciments au contact prolongé de l'air : pour l'éviter, tout sac entamé doit être utilisé rapidement, ou refermé hermétiquement.

ÉVENTER v.tr.
Lors d'un levage le long d'une paroi verticale (mur, échafaudage), c'est écarter la charge de la paroi à l'aide d'une corde.

ÉVIDEMENT n.m.
De façon générale, partie creusée dans une surface. Refouillement* fait dans un bloc de pierre ou de marbre.
Partie d'une pierre abattue pour composer une face concave ou un angle rentrant (par ex. pour un claveau* à crossette*).
En menuiserie et en serrurerie, creusement dans les pièces de parties en retrait (ou élégissement*) ; percement de jours et motifs chantournés*.

ÉVIDER v.tr.
Faire des évidements, percer des jours dans une paroi, tailler des entrelacs ou motifs à jour dans la pierre ou le marbre.

ÉVIDURE n.f.
Creux ou surface en retrait obtenus par évidement.

ÉVIER n.m.
Autrefois, vidange extérieure des eaux ménagères ; puis petit bassin, bloc de pierre évidé, placé sous le point d'eau courante d'une cuisine ou d'une souillarde*. V. Timbre.
L'évier moderne est à simple ou double bac, et généralement associé à un

ou deux plans latéraux, dits égouttoirs ; il comporte un trop-plein*, et parfois un vide-sauce.
L'évacuation des eaux se fait par une bonde* à grille amovible, et par un siphon* qui doit rester facile d'accès ; ce dernier est parfois remplacé par un broyeur*.

EXCAVATION n.f.
En terrassement, volume creusé, ou *excavé*, constituant une fouille* ou une tranchée.
Action de creuser, d'*excaver* les terres d'une fouille ; les excavations importantes sont faites avec un ***excavateur***, engin de chantier à godets sur chaîne qui creuse en continu, et qui évacue simultanément les déblais.

EXCENTRÉ adj.
Qualifie une force ou une charge dont les points d'application ne correspondent pas au centre ou à l'axe médian de l'appui ou de la pièce qui les subit ; par ex., une poutre qui ne porte que sur une partie de l'épaisseur d'un mur constitue une charge excentrée ; l'***excentricité*** des charges doit être prise en compte dans les calculs de résistance.

EXÉCUTION n.f.
Souvent synonyme de *réalisation concrète, application*, ou *mise en oeuvre*.
Les ***plans d'exécution*** sont les plans détaillés destinés aux entrepreneurs, pour la réalisation de leur ouvrage.
L'***exécution à l'avancement*** est la réalisation simultanée des opérations d'un ouvrage au fur et à mesure de sa progression.

EXÈDRE n.f.
Banc semi-circulaire. Recoin ou un édicule couvert garni de bancs de pierre, formant un coin de conversation abrité et isolé. Désigne parfois une niche* de grandes dimensions.

EXFOLIATION n.f.
1/ Délaminage*, décohésion* superficielle et progressive des ardoises gélives* en fines lamelles qui s'éliminent peu à peu, réduisant l'épaisseur normale du matériau.
2/ Se dit aussi d'une maladie du bois qui provoque sa décohésion en minces feuillets, ou du délaminage* entre plusieurs couches successives d'un feuil* de peinture.

EXHAUSSEMENT n.m.
Surélévation, partie de mur ajoutée.
JURID.: l'exhaussement d'un mur mitoyen est à la charge de celui qui souhaite cet exhaussement (par ex. pour y adosser un appentis) ; il ne peut se faire sans l'accord du propriétaire voisin. L'entretien de l'exhaussement incombe ensuite au propriétaire demandeur.

EXOSTOSE n.f.
Défaut des bois dû à des piqûres d'insecte ou à des parasites favorisant des accumulations de sève ; il se traduit ensuite par des protubérances, des excroissances ou des difformités telles que *broussins**, *loupes** ou *madrures**.

EXOTHERMIQUE adj.
Qualifie une réaction chimique qui donne lieu à un dégagement de chaleur : la prise* du ciment, la réticulation* des résines époxydes*, sont des réactions exothermiques.
Opp.: *endothermique*.

EXOTIQUE adj.
Qualifie de façon générale un bois d'importation d'outre-mer, par opposition à un bois *indigène*.

EXPANSÉ adj.
Qualifie un matériau qui a subi une importante augmentation de volume, en général par traitement à l'état liquide (inclusion d'air) qui a pour effet de le transformer en une mousse alvéolaire : argile* expansée, polystyrène* expansé, verre expansé...

EXPANSIBLE adj.
Susceptible d'augmenter de volume (gaz) ou de dimensions (chevilles*).

EXPANSIF adj.
Qualifie une réaction chimique ou un corps dont la transformation ou la prise* s'accompagne d'un gonflement, d'un accroissement de volume : *ciment* expansif*. On utilise aussi des ciments fortement expansifs pour la démolition* des blocs de béton.
Le caractère *expansif* d'oxydations métalliques telles que la rouille peut avoir des conséquences graves sur les ouvrages en béton armé dont les armatures d'acier sont exposées à l'humidité et à l'air.

EXPANSION n.f.
Accroissement du volume d'un corps, gonflement d'un matériau ; une augmentation de volume par simple séchage (sables) se nomme *foisonnement**).

EXPERT n.m.
Professionnel choisi pour sa compétence et son objectivité par les parties adverses d'un litige, ou désigné par un tribunal pour analyser en toute impartialité les origines et aspects techniques d'un désordre* ou d'un sinistre*, et fournir un éclairage sur les responsabilités et leur partage éventuel. Des listes d'experts sont disponibles auprès des tribunaux d'instance, et auprès des organisations professionnelles.

EXPERTISE n.f.
Désigne à la fois l'intervention d'un expert et son étude des données techniques d'un litige, ou encore l'évaluation financière par un expert d'un bien immobilier. On dit d'un sinistre ou d'une affaire qu'ils sont ***en expertise*** dès lors qu'un expert a été désigné.
L'expertise, sur les lieux de l'objet d'un litige, donne lieu à convocation par l'expert des parties en cause, qui ont toujours intérêt à s'y rendre pour connaître les avis émis par les uns et les autres.
Le ***rapport d'expertise*** est le document dans lequel l'expert énonce ses conclusions *à dire d'expert*.
En cas de désaccord, d'insuffisance d'éléments, ou en cas de doute sur les conclusions, une ***contre-expertise*** peut être demandée à un autre expert par l'une des parties ou par le tribunal.

EXPOSITION n.f.
Position d'une façade ou d'un terrain en pente par rapport aux points cardinaux qui leur font face : *exposition sud-sud-est*, pignon *exposé au nord*, etc. Ne pas confondre avec l'*orientation**, qui concerne l'axe principal d'un bâtiment : une église *orientée* à l'est.

EXPROPRIATION n.f.
Procédure par laquelle l'État, les collectivités locales et les établissements publics peuvent, moyennant indemnités, déposséder un propriétaire de tout ou partie de son fonds, bâti ou non, en vue de réaliser une opération d'intérêt public. L'expropriation ne peut se faire sans une décision judiciaire ou un arrêté, précédés par une enquête d'utilité publique.
A défaut d'accord entre les propriétaires concernés et l'Administration, une ***ordonnance d'expropriation*** est alors rendue par le tribunal de la juridiction locale.
Un recours reste alors possible devant la Cour d'appel.

EXSUDATION n.f.
1/ Apparition de l'eau de gâchage en excédent à la surface d'un béton, pendant son vibrage* et sa prise*. Se dit aussi de diverses substances qui suintent à la surface d'un corps au cours d'une réaction chimique : la réticulation* des résines époxydes*, par exemple, donne lieu parfois à une exsudation de durcisseur*.
Syn.: *ressuage*, *ressuée*.
2/ Désigne l'apparition de résine à la surface d'un bois résineux fraîchement coupé.

EXTENDER n.m. (de l'anglais)
Désigne parfois un diluant*, ou une charge* inerte très fine incorporée dans un liant.

EXTENSOMÈTRE n.m.
Appareil de mesure électronique des déformations longitudinales d'un corps (basé sur les variations de résistance électrique d'un conducteur). L'extensomètre sert en particulier pour les calculs d'élasticité* du béton. Syn.: *strain-gauge*.

EXTÉRIEUR adj.
Qualifie toute partie ou paroi d'un bâtiment exposée à l'air libre et aux intempéries.
En ce sens, les murs d'une cour intérieure non couverte sont en réalité des murs extérieurs, et donc traités comme tels (conception, choix des enduits, etc.).

EXTERNE adj.
Qualifie ce qui vient de l'extérieur : prise d'air externe, bruits externes, etc. Souvent syn. d'*extérieur*.

EXTINCTEUR n.m.
1/ Désigne tout dispositif d'extinction d'un début d'incendie avant sa propagation. On distingue :

• les extincteurs automatiques **à eau**, circuits d'alimentation en eau sous pression équipés de *têtes arroseuses* (grinnel*, sprinkler*), qui libèrent un jet d'eau si la température atteint un seuil prédéterminé.

• les extincteurs automatiques **à poudre**, dispositifs autonomes de projection localisée de poudre, sous pression d'azote comprimé, quand une température de déclenchement est atteinte. Ils équipent surtout les chaudières ou les brûleurs.

• les extincteurs **manuels et portatifs**, à projection ou pulvérisation d'eau, de poudre (*talc, bicarbonate de soude, granito-gaz*), de mousse (*saponine*), de neige carbonique.
La présence d'extincteurs, leur disposition et leur contrôle périodique dans les ERP* sont obligatoires et réglementés.

2/ Appareil industriel d'extinction* de la chaux vive.

EXTINCTION n.f.
Outre l'arrêt d'une combustion ou la coupure d'un éclairage, l'extinction désigne l'hydratation de la chaux* vive, par délayage dans l'eau, pour obtenir la chaux éteinte.

EXTRACOURANT n.m.
L'interruption ou l'établissement du passage du courant électrique dans un circuit se traduit par une variation brusque d'intensité, qui donne naissance à un courant induit, dit *extra-courant*, manifesté par un petit arc électrique entre les contacteurs.
L'établissement du courant donne un ***extracourant de fermeture***, l'interruption produit un ***extracourant de rupture***.

EXTRACTEUR n.m.
1/ Sorte de mèche* spéciale, à filet hélicoïdal, utilisée avec un tourne*-à-gauche pour extraire du bois les vis cassées.
2/ Ventilateur électrique encastré dans un orifice d'une paroi (mur, terrasse, vitrage), ou au faîte d'un conduit de fumées ou de ventilation, pour extraire d'un local l'air vicié, humide ou enfumé, ou des produits de combustion. L'extracteur est soit à interrupteur manuel à distance, soit à fonctionnement automatique, par un contacteur asservi à une sonde, à un thermostat, etc.

EXTRADOS n.m.
Face supérieure courbe ou convexe d'un arc*, d'une voûte, d'une plate-bande* ou d'un voussoir*, par opp. à leur parement inférieur, appelé *intrados**. L'extrados est dit *parallèle*, si sa courbure est concentrique* à celle de l'intrados ; il est dit *en chape*, s'il forme une succession de plans juxtaposés.

EXTRADOSSÉ adj.
Qualifie tout arc ou toute voûte qui a un extrados assisé* ou appareillé*.

EXTRADOUX adj.
Qualifie un acier* malléable, à faible teneur en carbone (< 0,15%).

EXTRADUR adj.
Qualifie un acier* résistant, à forte teneur en carbone (> 0,6%).

EXTRAIT SEC n.m.
Masse résiduelle d'un corps après déshydratation en étuve et élimination de tous ses composants volatils. Exprimé en pourcentage de la masse initiale, l'extrait sec permet de connaître, par différence, le taux d'eau ou de solvants contenu initialement dans le produit analysé.

EXTRUDABLE adj.
Qualifie un produit pâteux ou un mastic* (et son conditionnement* en *cartouches**), que l'on applique sous forme de cordons*, par pression exercée sur ces cartouches avec un ***pistolet* extrudeur*** (V.ill. à Pistolet). Mastics et produits extrudables sont communément appelés, sur chantier, *joints à la pompe*.

EXTRUDÉ adj.
Qualifie un profilé souple ou semi-rigide (joint, moulure, etc.) qui a été fabriqué en continu par ***extrusion*** ou ***extrudage***, c'est-à-dire par passage en force d'un matériau plastique* ou malléable sous pression à travers une filière* de formage qui lui donne son profil.

EXUTOIRE n.m.
Orifice ou conduit débouchant à l'extérieur, et servant à l'évacuation de l'eau.
Les ***exutoires à fumées*** sont des trappes ou lanterneaux* pour toitures ou toitures-terrasses, à ouverture manuelle ou automatique.
Syn.:*trappe de désenfumage.*
L'exutoire désigne de plus en plus souvent le moignon* qui oriente l'eau des gouttières vers le conduit de descente.

F

f
Symbole de la fréquence*.
•**F** Symbole du farad*, des forces...
•**°F** Symbole du degré Fahrenheit*.

FABRIQUE n.f.
1/ Ensemble architectural dont le caractère ou le style sont liés à l'appareillage* des pierres ou à la disposition des matériaux.
2/ Kiosque*, édicule ornemental édifié dans un parc ou un jardin.

FAÇADE n.f.
Chacune des faces verticales *en élévation** d'un bâtiment ; on distingue la *façade* ***principale*** (qui peut être celle de la porte d'entrée principale, ou la façade sur rue, ou encore la façade exposée au midi), la *façade* ***arrière*** (à l'opposé de la façade principale), et les *façades* ***latérales***, le plus souvent appelées *pignons*, surtout si elles épousent la forme triangulaire du comble.
Selon leur conception et leur composition, on distingue :
-la ***façade légère*** : constituée de matériaux de faible masse, tels que tôles métalliques, verre, panneaux de bois, de fibres...
Ces composants, qui ne participent pas à la stabilité de l'édifice, sont des *murs-rideaux** s'ils passent devant les abouts* de planchers, ou des *murs-panneaux* dans le cas contraire.
La *façade semi-rideau* est une façade légère en plusieurs parties, ne passant pas toutes devant les abouts de planchers. Les façades légères comportent

en général une isolation thermique intégrée : leur coefficient de transmission K est ainsi inférieur à 1 W/m², et même souvent inférieur à 0,5 W/m².

-la ***façade lourde*** : façade en éléments maçonnés et porteurs : pierre de taille, moellon*, briques pleines ou creuses, parpaings, béton cellulaire, voiles* de béton (dans ce cas on dit aussi *façade coulée*, ou *banchée*, ou *coffrée*), etc. *Voir les DTU*.

-la ***façade portée*** : composée d'une ossature porteuse de poutres et de poteaux en béton (chaînages*), entre lesquels sont élevées des *parois de remplissage* maçonnées en briques, parpaings, etc..

-la ***façade à pan de bois*** : sa conception est voisine de celle de la façade portée, puisqu'elle est faite de chaînages horizontaux (sablières) et verticaux (poteaux) entre lesquels est constitué un remplissage : V. au mot Pan de bois.

-la ***façade préfabriquée*** : composée d'éléments lourds, rapportés et solidarisés avec les planchers.
Ces éléments de grandes dimensions comprennent souvent les ouvertures ; ils peuvent être moulés en béton architectonique* à parement fini (béton bouchardé*, sablé*, grésé*, lavé*, brûlé, scié, etc.) ou en panneaux menuisés divers.

NB - Les murs des **façades lourdes en maçonnerie** font l'objet d'une classification selon leur conception vis-à-vis de l'étanchéité à l'eau de pluie et aux migrations d'eau par capillarité* (V. au mot Mur).

Règlementation relative aux façades : dans la plupart des communes, la hauteur autorisée ou le gabarit*, l'alignement* des façades et les gammes de couleurs admises font l'objet de règlements, ou sont définis dans le POS ou le PLU* local.

FAÇADIER n.m.
Entrepreneur ou compagnon qui est spécialisé dans la mise en oeuvre des enduits* d'imperméabilisation et de parement des façades, surtout par projection d'enduits *monocouches** avec une pompe* à mortier (le terme de *ravaleur* désignant plutôt ceux qui font l'entretien, la rénovation ou le ravalement* des façades).

FACE n.f.
1/ Moulure plate et large, en légère saillie ; le mot s'écrit aussi ***fasce*** dans ce sens.

2/ En maçonnerie, la *face arrière*, ou face de derrière d'un moellon*, d'une pierre ou d'une brique est celle qui, opposée au parement*, est *noyée* à l'intérieur du mur ; les *faces de joint* sont les côtés verticaux ; la *face de lit* est la face de pose destinée à se trouver horizontale dans la maçonnerie, la *face d'attente* étant la face supérieure.

FACETTE n.f.
Petite surface plane ; elle peut être taillée et associée à d'autres facettes dans des plans différents, pour composer un élément décoratif tel qu'une pointe de diamant*.

FACINE ou **FÉCINE** n.f.
Rouleau de paille que les couvreurs placent sous leurs échelles de toit pour répartir la charge et éviter de casser les tuiles ou les ardoises.

FAÇON n.f.
Technique ou mode d'exécution d'un ouvrage quelconque : *façon de joint*, *façon d'étanchéité...*

-***Travail à façon*** : se dit d'un ouvrage exécuté avec des matériaux fournis par le donneur d'ordre.

FAÇONNAGE n.m.
Mise en forme manuelle d'un élément quelconque.

FACTEUR n.m.
1/ Qualifie tout ce qui contribue à un résultat, à une conséquence : par ex., l'humidité est un facteur de pourrissement des bois.

2/ Nombre ou valeur s'appliquant à des grandeurs ou à des phénomènes de même nature, ou expression du rapport qui les lie.

*-**Facteur d'absorption lumineuse*** (**FAL**) et ***facteur de réflexion lumineuse*** (**FRL**) : valeurs caractéristiques des parois, liées à leur état de surface (réfléchissant ou mat), à leur couleur (le noir absorbe beaucoup, le blanc très peu), et aux angles d'incidence des rayonnements.

Pour les vitrages, on mesure aussi le ***facteur de transmission lumineuse*** (**FTL**, env. 0,9 pour un vitrage courant). En thermodynamique*, les ***facteurs d'absorption énergétique*** (**FAE**) et ***de réflexion énergétique*** (**FRE**) expriment l'aptitude des parois à se laisser pénétrer par les rayonnements calorifiques du soleil ou de toute autre source de chaleur.

*-**Facteur d'absorption acoustique*** d'une paroi : différence entre 1 et le quotient de l'énergie acoustique réémise par l'énergie acoustique incidente ; ce facteur dépend de la fréquence du son, et éventuellement de son angle d'incidence.

*-**Facteur de ciel*** : c'est, en éclairage naturel à travers des vitrages, le rapport entre l'éclairement d'un point d'un plan horizontal et celui qu'il aurait sous l'éclairage direct du ciel (considéré de luminance uniforme, sans lumière solaire directe).

Le ***facteur de lumière du jour*** (**FLJ**), ou ***facteur d'éclairement naturel***, a une définition analogue, mais concerne aussi bien les points qui ne reçoivent pas directement l'éclairage du ciel.

*-**Facteur de luminance*** : c'est, pour une surface donnée, le rapport de sa luminance à celle d'une surface blanche de référence, parfaitement diffusante, qui recevrait un flux lumineux identique, avec une incidence de 45°.

*-**Facteur solaire*** (**FS**) : dans les échanges thermiques au travers du verre, le facteur solaire est la mesure des coefficients d'absorption et de transparence cumulés, c'est-à-dire le rapport entre l'énergie qui pénètre dans un local à travers un vitrage et l'énergie totale incidente (énergie absorbée + énergie réfléchie) : supérieur à 0,8 pour les vitrages courants, ce facteur est voisin de 0,5 pour les vitrages dits isolants, et peut atteindre 0,2 pour des vitrages réfléchissants.

*-**Facteur de puissance*** (électrique), ou ***facteur de déphasage*** (notation ***cos*** ϕ) : expression du rapport existant, dans un circuit ou un appareil à courant alternatif, entre la puissance active mesurée aux bornes (en W) et la puissance apparente (en V.A.).

*-**Facteur d'utilisation*** :
quotient de la quantité d'énergie électrique consommée dans un circuit pendant un temps donné, à la quantité qui aurait été consommée si la puissance maximale considérée était restée constante.

FACTICE adj.
Qui imite l'aspect d'un élément décoratif ou d'un matériau : corniche factice, pierre factice, etc.

FACTURE n.f.
Outre le sens financier et comptable de facturation, la facture désigne la qualité d'exécution d'un ouvrage, en général à caractère artistique : *un bas-relief de bonne facture.*

FAGOT n.m.
En charpenterie, ensemble des pièces d'une charpente démontée, liées entre elles pour leur transport vers le lieu d'assemblage définitif.

FAHRENHEIT (symb.°**F**)
Échelle de graduation des températures, encore utilisée dans les pays anglo-saxons, dans laquelle le 0° Celsius vaut 32°F, et 100°C valent 212°F. La formule de conversion est :

F (°F) = 32 + 1,8 t (°C)

FAÏENÇAGE n.m.
Craquelure superficielle des peintures, vernis, enduits et bétons, sous

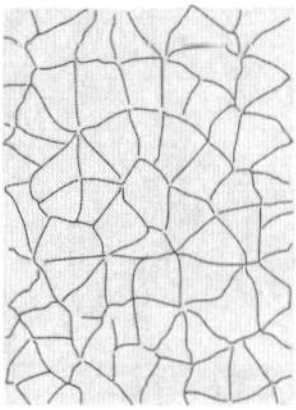

faïençage

forme de fins réseaux de microfissures* de largeur inférieure à 0,2 mm, disposées en mailles régulières fermées, de quelques cm de côté (V.ill). Le faïençage traduit un retrait superficiel trop important ou trop rapide (remontée de liant en surface, couche trop épaisse).
Contrairement aux fissures*, qui affectent les matériaux dans toute leur épaisseur, les faïençages n'ont qu'un inconvénient esthétique.
NB- Sur un béton ou un enduit de ciment, un faïençage est mis en évidence en mouillant la surface.

FAÏENCÉ adj.
Qui est craquelé en un fin maillage superficiel.

FAÏENCE n.f.
Poterie céramique poreuse, de couleur blanchâtre, terreuse ou teintée, constituée d'une pâte de kaolin*, de quartz et de calcaire, cuite entre 1 000 et 1 200°C, puis recouverte par trempage ou par projection au pistolet, d'un émail* incolore ou teinté, durci au four vers 1 050°C. Le bâtiment est le premier consommateur de faïences, sous forme de carrelages muraux et d'appareils sanitaires.

FAILLE n.f.
Importante fissure de structure, pouvant comporter un désaffleurement* de ses deux lèvres.

FAISABILITÉ n.f.
Ce néologisme désigne le caractère réalisable d'un projet, et l'absence d'obstacles techniques ou administratifs majeurs.

faisceau
(colonne
en faisceau,
ou ***fasciculée***)

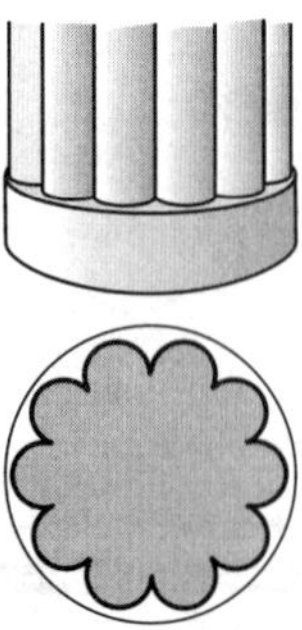

FAISCEAU n.m.
Assemblage d'éléments analogues, en général autour d'un même axe : faisceau de câbles. Une colonne ***en faisceau***, ou *fasciculée**, semble composée de colonnes de petit diamètre, disposées en couronne.

FAÎTAGE n.m.
Ligne de jonction supérieure de deux pans de toiture inclinés suivant des pentes opposées : le faîtage constitue la ligne de partage des eaux pluviales.
1/CHARP.: pièce de bois horizontale, dite *panne faîtière*, qui relie le sommet des poinçons* ou les angles supérieurs des fermes*.
2/COUVERT.: ouvrage de recouvrement étanche du faîte d'une toiture :
- sur les ***toitures en ardoise****, le faîtage peut être *à lignolet* *(débordement de 5 à 6 cm des ardoises exposées aux vents dominants), *à bandes d'astragale** relevées sur un tasseau et couronnées par un couvre-joint (faîtage *trois bandes*), ou encore *à rang de tuiles* faîtières* en terre cuite, posées et calfeutrées au mortier.
Pour des pentes de toits > 70%, on rencontre des faîtages d'ardoises *en fibres-ciment* (faîtières demi-rondes, angulaires ou trapézoïdales).
- sur les ***toitures en tuiles***, il existe divers types de tuiles faîtières, à glissement, à emboîtement*, ou tronconiques* à recouvrement (tuiles canal) ; leur pose se fait soit à sec, par clouage sur une lisse en bois, soit par scellement et calfeutrage au mortier (Embarrure*).
Un point essentiel dans la réalisation d'un faîtage réside dans le sens de pose et de recouvrement des éléments selon la direction des vents dominants (sauf dans le cas de faîtières juxtaposées sans recouvrement, entre lesquelles on réalise un *joint à crête** en mortier).
- sur les ***toitures métalliques***, le faîtage est en général constitué soit d'un tasseau* à couvre-joint, soit, plus rarement, d'un joint* debout.
- sur les ***toitures en plaques ondulées***, on utilise des éléments spéciaux qui épousent les ondulations du toit.

FAÎTE n.m.
Partie supérieure d'un ouvrage, d'un arc, d'une voûte, d'un comble.
Souvent syn. de *faîtage**.
La ***ligne de faîte*** est celle qui relie les points les plus élevés déterminés

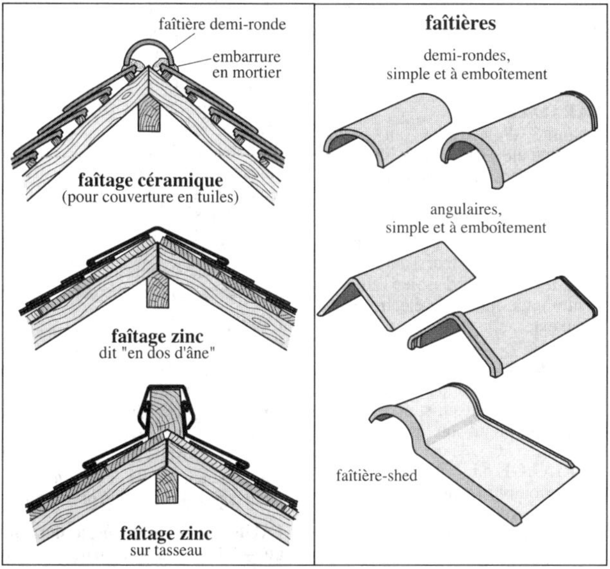

par l'intersection de deux versants d'un toit. La ***hauteur au faîte*** est la hauteur mesurée au point le plus élevé d'un édifice, sans tenir compte d'accessoires tels que les antennes de télévision.

FAÎTEAU n.m.
Ornement décoratif en poterie ou en métal rapporté sur le faîtage d'une toiture, ou élément de faîtage comportant des ornements : V. Crête.

FAÎTIÈRE n.f. et adj.f.
Élément de poterie spécialement conçu pour le recouvrement des lignes de faîte. La faîtière peut être semi-cylindrique, tronconique ou angulaire, et peut être à recouvrement ou à emboîtement (V.ill).
L'embarrure* est son scellement au mortier.

FAIX n.m.
Charge, poids, fardeau.
Tassement, mise en compression d'une maçonnerie.
Prendre son faix, pour un ouvrage, c'est subir la pression des matériaux ; syn.: *être fardé*.

FANTÔME n.m.
Dessin, visible à la surface d'un enduit, des joints des éléments maçonnés sous-jacents. Ce dessin est souvent nettement visible après une pluie battante. L'apparition du fantôme de joints peut avoir diverses causes : voir au mot Spectre.

FANTON ou **FENTON** n.m.
Tige de métal de section carrée (carillon* de 10 à 15 mm de côté), dite *côte de vache*, servant à armer les

fantons ou **fentons (F)**

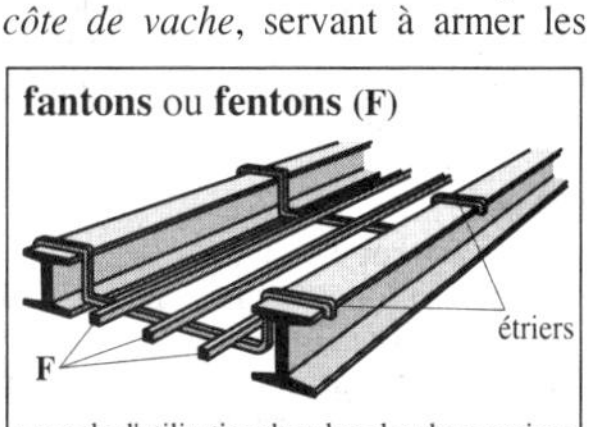

exemple d'utilisation dans les planchers anciens

entrevous* de plâtre des planchers anciens. Disposés parallèlement aux solives, les fantons reposent sur des entretoises* coudées (V.ill).

FARADAY n.m.
Quantité d'électricité qui permet, dans une électrolyse*, de libérer une valence-gramme de matière.
Un faraday vaut 96 500 coulombs.
Cage de FARADAY : local ou espace clos dont l'enveloppe* en treillage métallique conducteur à maillage très serré a pour effet d'isoler l'intérieur contre toute influence électromagnétique externe.

FARDER v.i.
Peser de tout son poids : un mur qui farde est un mur qui subit des tassements, qui prend son faix*.

FARINAGE n.m.
Formation pulvérulente et non-adhérente à la surface d'une peinture ou d'un enduit. Le farinage a souvent pour origine l'action conjuguée de l'air, de l'eau de pluie et des radiations solaires (rayons UV).

FARINE n.f. Poudre de mouture très fine (passants* de 1/10e de mm) ; syn.: *fine*.
Les farines servent de charges* inertes, de fillers* ou d'agents épaississants* dans divers liants et matériaux, colles, mastics...
-***Farine fossile*** : argile* siliceuse de diatomées*, dont on fait des briques réfractaires, très légères.

FARINER v.i.
On dit d'un enduit ou d'une peinture qu'ils farinent lorsque leur surface est poudreuse : sous le passage de la main se détache une fine poudre blanche caractéristique.

FASCE n.f.
Bandeau* large et plat.
Désigne en particulier chacun des bandeaux qui ornent l'architrave* dans les ordres* ionique, corinthien et composite. S'écrit aussi *face**.

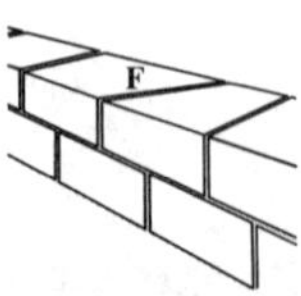

fausse-coupe (F)

FASCICULÉ adj.
Qualifie une colonne ou un pilier en faisceau (V. ce mot).

FASCINE n.f.
Assemblage de fagots de longs branchages (2 à 3 m), réunis par des liens de métal ou d'osier (harts*) ; les fascines servent à garnir les talus ébouleux*, ou à blinder* provisoirement des fouilles*.

FASCINAGE n.m.
Blindage de stabilisation des sols en forte pente réalisé avec des fascines.

FATIGUE n.f.
Faiblesse acquise par un métal qui a subi des efforts excessifs modifiant localement sa structure interne.
Se dit aussi des bétons soumis à des contraintes répétées et proches de leur limite de résistance.
Au-delà de la ***limite de fatigue*** débutent les phénomènes de prérupture*.

FAURY (courbe granulométrique de —) Une des principales références de dosage granulométrique* de composition des bétons.

FAUSSE-AIRE n.f.
Remplissage de gravois et de plâtras fait entre les solives des planchers anciens, avant de constituer l'auget, ou l'aire* proprement dite, en plâtre ou en mortier, servant de support à un sol céramique ou à un dallage.

FAUSSE-ALETTE n.f.
Piédroit* en arrière-corps, supportant une arcade ou une plate-bande.

FAUSSE-COUPE n.f.
1/ En maçonnerie, coupe biaise qui n'apparaît pas au niveau du parement d'un appareillage de pierres, ou qui n'est pas orthogonale à la douelle d'un claveau (V.ill).
2/ En charpente, coupe d'assemblage en biais de pièces aboutées.

FAUSSE-CRÉMAILLÈRE n.f.
Crémaillère* d'un escalier* appliquée contre la paroi de la cage de cet escalier (V. Escalier).

FAUSSE-DOSSE n.f.
Dans le débit* des bois*, désigne parfois le panneau qui fait suite à la dosse* et à la contre-dosse*, et qui précède les faux-quartiers*.

FAUSSE-ÉQUERRE n.f.
V. Équerre.

FAUSSE-LANGUETTE n.f.
Dans un assemblage* de panneaux chant contre chant, baguette de bois de section rectangulaire qui s'encastre dans les rainures pratiquées dans les chants des deux panneaux.

FAUSSE-PRISE V. Prise.

FAUSSE-VOÛTE n.f.
Voûte réalisée sous un dôme avec des structures et remplissages en bois, en métal, ou avec d'autres matériaux non maçonnés.

FAUTE n.f.
Désigne, en plomberie, une fissure dans un tuyau de plomb.

FAUX-APLOMB n.m.
Défaut de verticalité d'un ouvrage ou d'une partie d'ouvrage : le fruit* et le contre-fruit* d'un mur sont des faux-aplombs.

FAUX-APPAREIL n.m.
Simulation d'un appareil de pierre, réalisé en traçant des joints à la surface d'un enduit.

FAUX-ATTIQUE n.m.
Couronnement simple d'un édifice classique, tenant lieu d'entablement*, en général sans ornements.

FAUX-CHEVÊTRE n.m.
Pièce de remplissage entre une solive de chevêtre* et un mur, ou entre deux solives d'enchevêtrure*.

FAUX-COMBLE n.m.
Partie supérieure d'un comble* brisé, au-dessus du comble mansardé et de la ligne de bris* de la toiture.

FAUX-ENTRAIT n.m.
Pièce de ferme* de charpente parallèle à l'entrait, nettement plus haut ; la hauteur entre les deux permet en général d'établir un étage de locaux.
Comme l'entrait, le faux-entrait maintient l'écartement des arbalétriers*; mais il ne travaille qu'en compression, alors que l'entrait sert de tirant*. Il est souvent assemblé aux arbalétriers* à tenon et mortaise.

Il peut aussi être dédoublé pour composer un moisement* assemblé de part et d'autre par boulonnage. (V. au mot Entrait).

FAUX-JOINT n.m.
Tracé en creux imitant un joint d'appareil* à la surface d'un enduit.
Un ensemble de faux-joints compose un faux-appareil*.

FAUX-JOUR n.m.
Baie vitrée ménagée dans une cloison séparative intérieure pour éclairer un local qui n'a pas de fenêtre.

FAUX-LIAIS n.m.
Élément de pierre dure ou éclat de dalle disposés sous une dalle pour lui servir d'appui.

FAUX-LIMON n.m.
Limon* rapporté contre le mur de la cage d'un escalier.
Souvent évidé en une crémaillère dans laquelle les marches sont emboîtées, si elles ne sont pas encastrées dans le mur.

FAUX-MANTEAU n.m.
Manteau de cheminée qui, porté par des consoles*, n'a pas de jambages latéraux (V.ill. au mot Manteau).

FAUX-MARBRE n.m.
Imitation de l'aspect du marbre, en peinture ; cet art particulier a ses écoles spécialisées, où l'on apprend aussi l'imitation du bois.

FAUX-NIVEAU n.m.
Défaut d'horizontalité d'un élément architectural (par ex. bandeau, corniche, etc.), d'un plancher, d'un plafond...

FAUX-ONGLET n.m. V. Onglet.

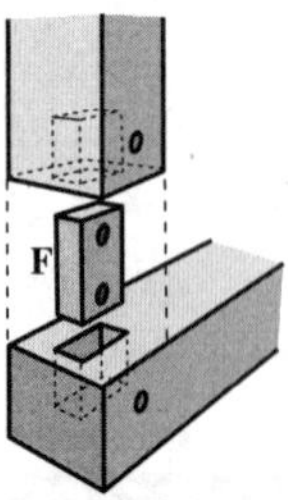

faux-tenon (F)

FAUX-PLAFOND n.m.
Plafond* léger, du type *plafond suspendu*, rapporté sous le plafond d'un local, et à une certaine distance de celui-ci ; il se compose d'une armature suspendue et d'un remplissage de panneaux légers amovibles, à caractère plus ou moins isolant, insonorisant, et décoratif (V.ill. à Plafond). Souvent, les faux-plafonds servent à dissimuler les gaines techniques et canalisations disposées sous les plafonds : gaines de ventilation et d'air conditionné, tuyaux de chauffage et de fluides divers, électricité, etc.
On intègre souvent, dans les dalles des faux-plafonds, des plafonniers d'éclairage. Rares dans les logements, les faux-plafonds équipent les locaux de service, bureaux, locaux scolaires et hospitaliers, etc.

FAUX-PLANCHER n.m.
Plancher* de comble non habitable, constitué d'un simple solivage apte à soutenir un plafond et le poids des visites techniques.
Désigne parfois aussi les planchers surélevés faits de dalles sur plots* installés dans certains locaux techniques, tels que les salles d'ordinateurs.

FAUX-PUREAU n.m.
Longueur de la partie d'un élément de couverture correspondant au pureau* de l'élément qui le recouvre : V.ill. au mot Pureau.

FAUX-QUARTIER n.m.
Dans le débit des bois*, désigne chacun des plateaux* proches du coeur, mais ne comportant pas le coeur (V.ill. au mot Bois).

FAUX-TENON n.m.
Parallélépipède de bois qui compose un double tenon d'assemblage, à enficher dans deux mortaises qui se font face (V.ill).

FEEDER n.m.
Canalisation électrique qui relie au réseau de distribution une station de transformation, ou une centrale.

FEINT adj.
Qualifie tout élément ornemental imitant les aspects d'un matériau ou d'un motif quelconque ; syn.: *faux*, *factice*, *postiche*, *simulé*.

FELDSPATH n.m.
Alumino-silicate cristallin de calcium, de sodium ou de potassium, entrant dans la composition de nombreuses roches minérales telles que le granit, le porphyre, etc.

FEMELLE adj.
Qualifie toute pièce évidée destinée à recevoir un élément saillant (fiche, tenon, gond, pivot, tube, etc.).

FENDAGE n.m.
1/ Essai normalisé de rupture par traction d'éprouvettes de béton durci (cylindres de 16 cm de diamètre par 32 cm de long).
2/ Les ***bois de fendage*** désignent les fines baguettes utilisées pour faire des treillages.

FENDIS n.m.
Ardoise étroite (6 à 8 cm) et longue (3,5 ou 4 pureaux*), utilisée pour garnir les noues* et renvers*.

FENESTRAGE n.m.
1/ Ensemble des fenêtres d'un bâtiment ou d'un local.
2/ Disposition et répartition des fenêtres les unes par rapport aux autres.
3/ Mise en place des fenêtres d'une construction ; dans ce sens, on disait aussi, autrefois, *fenestration*.
4/ Ensemble des pièces qui composent une fenêtre.

FENÊTRE n.f.
De façon générale, toute ouverture ménagée dans un mur pour l'aération et l'éclairage des locaux.
Par extension, désigne le châssis mobile inséré dans l'ouverture, ou *croisée* (V. les composants de la fenêtre à ce mot).
Les principaux types de fenêtres sont figurés sur le tableau ci-contre.

FENÊTRES

Les représentations ci-dessous sont vues de l'intérieur des locaux ; sous chaque illustration figure sa représentation symbolique (les pointillés indiquent des ouvertures vers l'extérieur).
Voir aussi au mot Croisée.

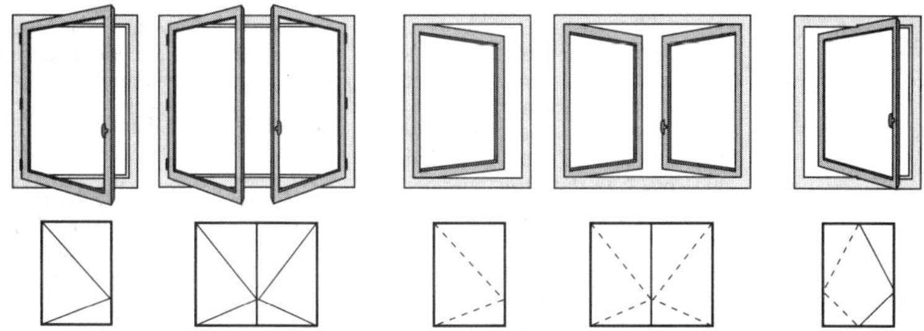

fenêtres **à la française** (ouvrant vers l'intérieur) à un vantail — à deux vantaux

fenêtres **à l'anglaise** (ouvrant vers l'extérieur) à un vantail — à deux vantaux

pivotante

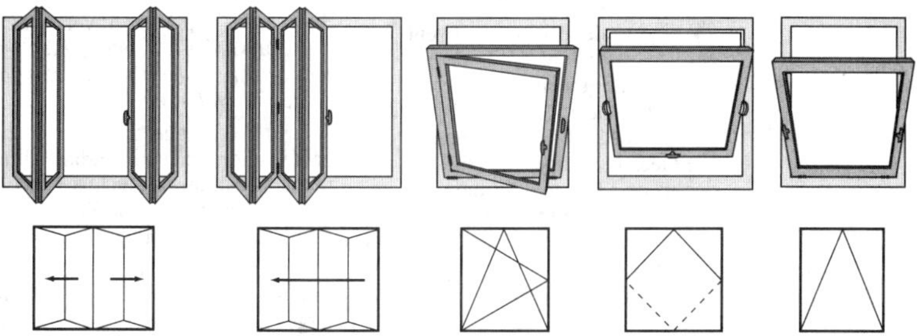

en accordéon à fermeture centrale

en accordéon "panoramique"

oscillo-battante

basculante

à soufflet

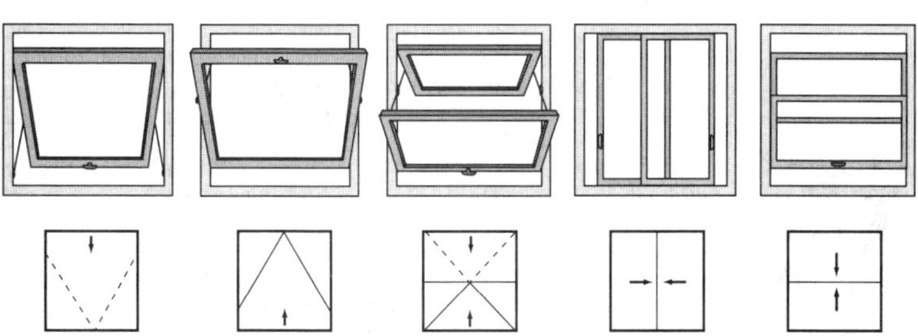

à l'italienne

à la canadienne

à l'australienne

coulissante

à guillotine

-Fenêtre industrialisée : fenêtre fabriquée selon des procédés industriels, en moyenne ou grande série, suivant des cotes standardisées
Les matériaux constitutifs peuvent être le bois, l'aluminium, l'acier, ou des profilés plastiques.
Elles sont en général fournies sous forme de *blocs-fenêtres* complets et vitrés, avec ou sans précadre*.
Une attestation ou label (*Acotherm*, ou marquage du Centre Technique du Bois *CTB-Fenêtres*) permet de connaître les performances de la fenêtre, définies par :

• son ***classement AEV*** (air-eau-vent), à indices croissants avec les performances (**e** = *exceptionnel*) :

A : indice de perméabilité à l'air (A1, A2, A3),
E : indice d'étanchéité à l'eau (E1, E2, E3, Ee),
V : indice de résistance au vent (V1, V2, V3, Ve).

Le choix des fenêtres dépend :
-du lieu concerné (région B : vallée du Rhône, littoral de l'Aude et des Pyrénées-Orientales, et tout lieu au-dessus de 1 000 m d'altitude ; région A : le reste de la France) ;
-de l'exposition aux vents dominants (courante ou front de mer, en région A, ou en rase campagne, en région B) ;
-du mode de chauffage.

• son ***isolation acoustique***, dans le cas des fenêtres dites *à isolation acoustique améliorée* : de 30 dB(A) à 45 dB(A).

• ses ***caractéristiques d'isolation thermique***, exprimées par son coefficient* de transmission surfacique (**K**), qui doit être le plus bas possible. V. Label* ACOTHERM.
Les fenêtres font l'objet de DTU et de normes de performances.

*-**Fenêtres de toitures en pente*** : nom générique des ouvertures préfabriquées d'au moins 0,8 m², à châssis ouvrant vitré, établies dans les couvertures ; aujourd'hui très répandues (*Velux, Toiciel...*), ces fenêtres tendent à remplacer les *tabatières**.

fenêtre de toit en pente

Elles constituent une catégorie particulière de fenêtres industrialisées, relevant de l'Avis* Technique.
Leur développement important depuis 1960 est lié à leur prix attractif, à leur facilité d'installation, à leur caractère relativement isolant (double vitrage), et à leur intégration discrète aux styles architecturaux.

FENTON n.m. V. Fanton.

FER n.m.
1/ Métal résistant et malléable (fusion à 1 530°C, densité 7,85, symbole **Fe**), surtout utilisé sous forme d'alliages*, ou additionné de carbone pour constituer les aciers* et les fontes*.

2/ÉLECTR.: outil de soudure* composé d'une tige métallique ou panne* chauffée par une résistance et d'un manche isolant.

3/MAÇONN.: désigne divers outils d'exécution des finitions : *fer à joints*, *fer-cornière* ou *fer d'angle*, *fer à gorge*, *fer à ravaler*, etc.

4/MENUIS.: désigne toute lame coupante rigide fixée sur l'arbre* d'une toupie* ou d'une dégauchisseuse*, ou insérée dans un outil à fût*: bouvet, feuilleret, rabot, varlope...

5/MÉTALL.-CHARP.-SERRUR.: barre ou profilé* métallique, au sens le plus large : *fer carré*, *fer-cornière*, *fer plat*, *fer rond*, *fer à U*, *fer à T*, *fer à double T*, etc.

6/OUTILL.: outre les fers tranchants d'outils électromécaniques (V.ill. page suivante), le fer désigne la masse métallique d'un marteau*.

*-**Fer à béton*** : les fers désignent toutes les tiges métalliques lisses (*ronds à béton*) ou crénelées (*barres*) servant à composer l'armature* (*ferraillage*) des bétons armés.

*-**Fer-à-cheval*** : qualifie un escalier courbe, dédoublé symétriquement, formant un double accès à un perron ou à une terrasse.

*-**Fer forgé*** : fer travaillé à l'enclume*; ouvrage de serrurerie composé de pièces forgées.

-***Fer galvanisé*** : acier doux ou fer revêtu d'une mince couche de zinc, par galvanisation*.

FERME n.f.
*Voir les **illustrations page suivante**.*
Assemblage de pièces dans un plan vertical, formant l'ossature triangulée* d'une charpente*.
Toute charpente est constituée de plusieurs fermes établies perpendiculairement à l'axe du comble.
Les fermes sont solidarisées* par des pannes* horizontales qui portent les chevrons* et la couverture.
Une ferme doit composer un cadre rigide et indéformable. A sa base, un *entrait** retient à ses extrémités les pieds de deux arbalétriers*, et porte en son milieu un *poinçon**.
Il y a de nombreux types et variantes de fermes, en bois ou métalliques : voir page suivante les dispositions les plus courantes.
V. aussi Fermette, Demi-ferme.

FERME adj.
1/ Qualifie la plasticité* d'un béton* peu fluide ; se dit aussi d'un mortier ou d'un enduit en cours de prise, lorsque la pression du doigt ne laisse plus d'empreinte.

2/ Qualifie une pierre calcaire de dureté intermédiaire entre la pierre tendre et la pierre dure : la *pierre ferme*, par convention, a une masse volumique allant de 1 850 à 2 350 kg/m^3, et une résistance à l'écrasement de 120 à 500 kg/cm^2.

FERMÉ adj.
1/ÉLECTR.: un circuit ou un interrupteur sont fermés si les conditions de passage du courant sont établies.

2/MATÉRIAUX : qualifie la porosité* faible d'un matériau composé d'interstices ou alvéoles cloisonnés, sans communication entre eux : la mousse rigide de polyester, par exemple, a une *porosité fermée*, qui empêche la pénétration de l'eau en profondeur ; à l'inverse, on dira que la faïence a une *porosité ouverte*.

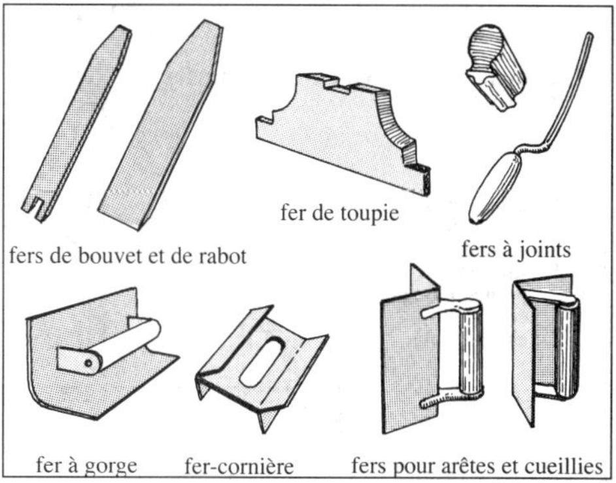

FERS
(outillage)

FERME-IMPOSTE n.m. invar.
Dispositif de manoeuvre à distance, par câble coulissant sous gaine ou par rotation à manivelle* de tiges rigides, des impostes*, trappes de désenfumage et fenêtres d'accès difficile.

ferme-imposte

FERME-PORTE n.m. invar.
Dispositif de retour automatique des portes en position fermée, soit par ressort (à boudin ou tige d'acier trempé), soit par détente hydraulique à bain d'huile, soit par action d'un ressort à frein hydraulique sur le pivot de la porte (V.ill) ; ces derniers, qui concernent en particulier les portes en glace, font l'objet d'une norme.

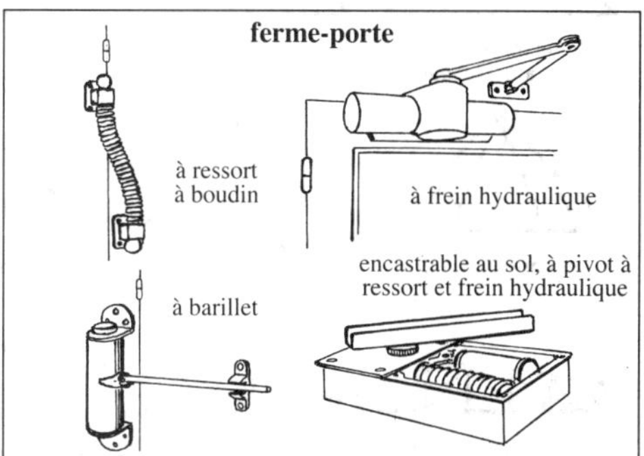

FERMES

éléments d'une ferme traditionnelle en bois :

A : arbalétrier
C : contrefiche
E : entrait
J : jambette
P : poinçon, ou aiguille
X : étrier
Z : chantignole

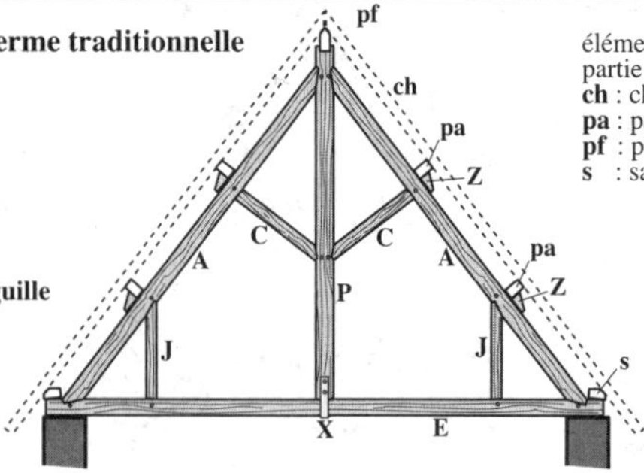

éléments ne faisant pas partie de la ferme :
ch : chevron
pa : panne
pf : panne faîtière
s : sablière

Voir aussi les mots : aisselier, bielle, blochet, bracon, coyau, jambe de force, lierne, moise

principaux types de fermes et fermettes

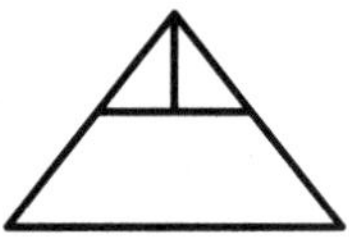

ferme à faux-entrait

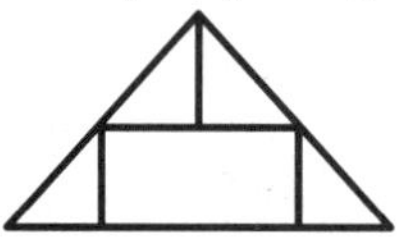

ferme "Palladio" (combles aménageables)

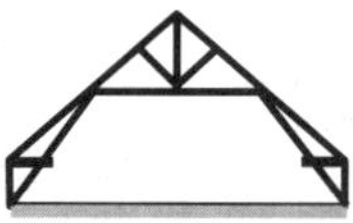

ferme à entrait retroussé (combles aménageables)

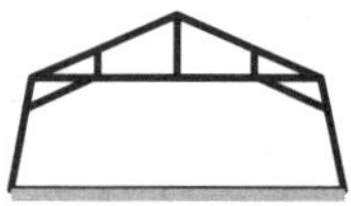

ferme à la Mansart (combles aménageables)

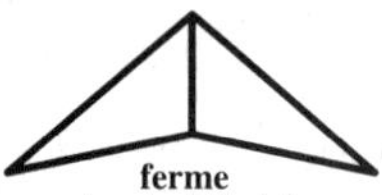

ferme à entrait brisé

ferme en parapluie (hangars ouverts)

ferme à écharpes ou **ferme-ciseaux**

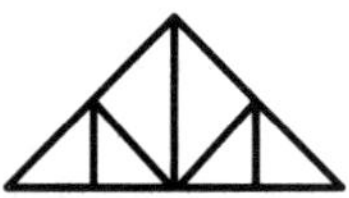

ferme en M (dite **américaine**)

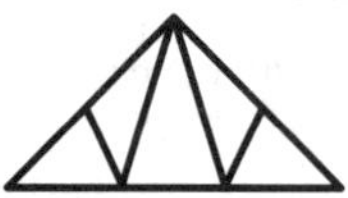

ferme en W

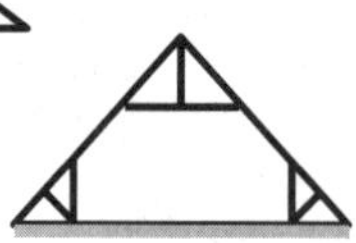

ferme en A (combles aménageables)

ferme en éventail

ferme anglaise

ferme belge à entrait brisé

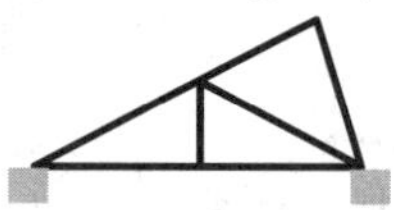

ferme en shed

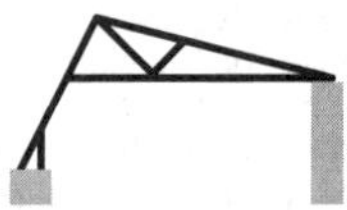

ferme boiteuse

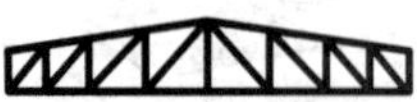

ferme à treillis

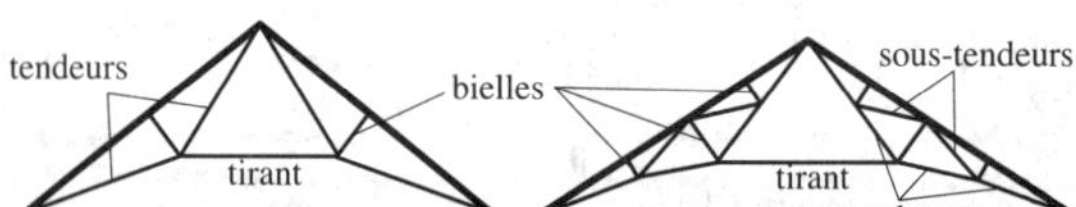

fermes Polonceau, à tendeurs et à bielles

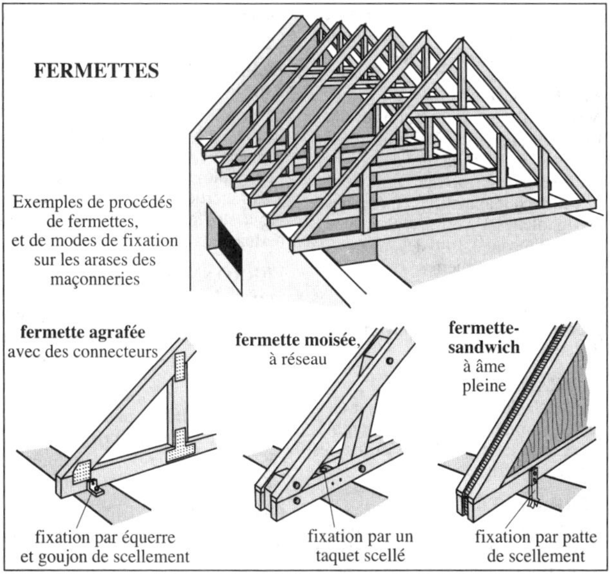

Le ferme-porte est parfois appelé *blount*, ou *groom*.
Le mot désigne enfin les dispositifs de fermeture automatique de portes coupe-feu, ou de portes coulissantes.

FERMETTE n.f.
Assemblage triangulé analogue à celui des fermes*, mais plus léger, préfabriqué, et prêt à poser en travées rapprochées, tous les 0,50 à 1,50 m (selon le type de fermette et le poids de la couverture). Chaque arbalétrier joue le rôle d'un chevron, et le contreventement est assuré par des panneaux de sous-toiture*.
La section normalisée des bois est de 40 x 110 mm pour des espacements de 0,50 à 1 m ; elle va de 40 x 130 à 40 x 150 mm pour des espacements plus importants.

FERMETURE n.f.
1/ Linteau*, arc* ou plate-bande* *fermant* la partie supérieure d'une baie. Syn.: *couronnement de baie*.
2/ Ouvrage de protection des baies et des ouvertures contre l'effraction ou la lumière : volets, persiennes, grilles de protection, rideaux de magasins, jalousies... sont des fermetures, par opp. aux portes et fenêtres, qui sont les *ouvertures*.
Fermeture industrielle : fermeture ou porte de grandes dimensions, adaptée à des contraintes particulières : portes* sectionnelles à refoulement vertical ou horizontal (type accordéon), grilles extensibles ou enroulables, occultations à lames pendantes souples, etc.

FERMOIR n.m.
1/CHARP.: gros ciseau* à bois à large lame servant à ébaucher* les tenons et mortaises.

2/MENUIS.: ciseau* épais que les parqueteurs utilisent comme un levier pour resserrer les lames des parquets les unes contre les autres avant de les pointer.

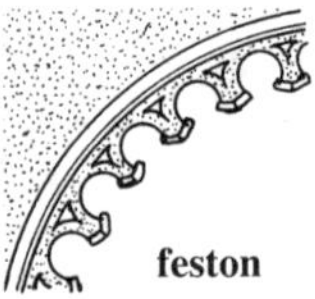
feston

3/PLÂTR.: ciseau à lame en biseau servant à parfaire les détails des moulures et des ouvrages en plâtre.

FERRAGE n.m.
Mise en place, sur les portes et fenêtres, des organes métalliques et des ferrures* de rotation (gonds, paumelles*, pentures*, pivots...), des organes de condamnation (crémones*, espagnolettes*, verrous*, serrures*, ferme-imposte...) ou des pièces de consolidation (équerres*).

FERRER v.tr.
Procéder au ferrage des ouvertures et de leurs huisseries.

FERRAILLAGE n.m.
Ensemble des armatures d'acier dans le béton armé. Façonnage, assemblage et mise en place de ces armatures dans les coffrages.

FERRAILLER v.tr.
Couper, former, et disposer les pièces d'armature d'un béton, ou le treillis soudé d'une dalle.

FERRAILLEUR n.m.
Ouvrier spécialisé dans la préparation et la mise en place du ferraillage.

FERRÉ adj.
1/ Se dit d'un enduit appliqué et serré à la truelle, avec de légers reliefs.
2/ Qualifie une roche comportant des inclusions très dures.

FERREMENT n.m.
Désignait la mise en place et le scellement des pièces métalliques dans les maçonneries : chaînes*, crampons*, ancres*, tirants*, etc.

FERREUX adj.
Qualifie tout minéral ou tout alliage métallique qui contient du fer*.

FERRIÈRE n.f.
Sacoche en cuir dans laquelle le serrurier range et transporte ses outils.

FERRO-CIMENT n.m.
Micro-béton* armé de couches de grillage, dont on fait des voiles et éléments minces spéciaux, en particulier des coques de bateaux.

FERRONICKEL n.m.
Alliage à base de fer, contenant au moins 25% de nickel. L'*invar* est un ferronickel à 36% ; le *permalloy*, ou *mumétal*, à 78%.
Les emplois des ferronickels sont liés à leur inertie à la corrosion, et à leurs propriétés ferromagnétiques (aimants permanents).

FERRONNERIE n.f.
Travail du fer et d'autres métaux à la forge, à chaud ou à froid. Ensemble des ouvrages ainsi façonnés : grilles, ferrures, balustres métalliques et rampes d'escaliers...

FERRONNIER n.m.
Artisan spécialisé, fabricant des pièces de serrurerie et des ferrures du bâtiment à caractère artistique.

FERRUGINEUX adj.
Qualifie un minéral ou une eau qui contient du fer ou ses composés : *argile ferrugineuse*.

FERRURE n.f.
Toute pièce métallique utilisée pour le ferrage* et l'équipement des croisées, portes et volets : équerres* de consolidation, organes de rotation (gonds, paumelles, pentures...) et de fermeture (crémones, loquets, etc.).

FESTON n.m.
1/ Bordure d'ornement saillante, en forme de guirlande représentant des fleurs, des fruits ou des feuillages, ou des motifs géométriques (V.ill).
2/ Se dit parfois d'une série de coulures de peinture ou d'enduit, qui traduisent une application en surépaisseur.

FESTONNÉ adj.
Garni ou bordé de festons.

FEU n.m.
Manifestation d'une combustion, dégageant à la fois de la chaleur et de la lumière.
La recherche de limitation des risques d'incendie et donc de la propagation

des flammes a conduit à l'établissement de classifications et de normes d'utilisation des matériaux selon leur comportement au feu et leur aptitude à ralentir sa propagation.

Le **comportement au feu** des matériaux recouvre deux notions :

1/- la ***réaction au feu***, c'est-à-dire "*l'aliment qui peut être apporté au feu et au développement de l'incendie*". V. détails au mot Réaction.

2/- la ***résistance au feu*** des composants est "*le temps pendant lequel les éléments de construction peuvent jouer le rôle qui leur est dévolu malgré l'action d'un incendie*".
Les classements sont exprimés en durées (degrés 1/4 h, 1/2 h, 3/4 h, 1 h, 1 h 1/2, 2 h, 3 h, 4 h, 6 h), selon trois critères :

a- la résistance mécanique concernant la stabilité de l'ouvrage (poteaux, poutres, planchers...) ;

b- l'étanchéité aux flammes et aux gaz inflammables (portes, fourreaux, conduits...) ;

c- l'isolation thermique aux hautes températures (cloisons, planchers, portes, etc.).

Les matériaux de bonne résistance sont classés soit *stables au feu* (SF), sur le critère a- ; soit *pare-flammes* (PF), sur les critères a- et b- ; soit *coupe-feu* (CF) s'ils satisfont aux trois critères.

FEUIL n.m.
De façon générale, revêtement mince (peinture, vernis) solidaire de son subjectile*, et constitué soit d'une couche unique, soit de plusieurs couches adhérant les unes aux autres. Syn.: *film**.

FEUILLARD n.m.
Tôle de métal (acier, aluminium) en bandes minces et étroites, utilisée surtout en serrurerie, et pour des fixations par cerclage, telles que par exemple celles des antennes contre les conduits de fumée.

FEUILLE n.f.
1/ARCHIT.: désigne divers éléments d'ornement classique : feuilles d'acanthe*, de laurier, de persil (ou *de refend*) ; feuilles dentées, laciniées (allongées), lobées, lyrées, runcinées (en dent de scie), etc.

La ***feuille de fougère*** est un appareillage de la pierre à joints obliques, alternés d'une assise à l'autre.

2/COUVERT.: tôle métallique (zinc, cuivre, aluminium...) utilisée comme matériau de couverture*; les feuilles ont en général 2 m de long, pour une largeur de 0,50, 0,65, 0,80 ou 1 mètre ; les épaisseurs normalisées vont de 6/10e à 10/10e de mm.

La couverture en ***longues feuilles*** est celle qui utilise des feuilles de plus de 2 mètres de longueur.

3/MENUIS.: panneau de bois large et mince : feuille de contre-plaqué, de bois de placage, etc. Désigne aussi chacune des lames d'un parquet.

4/PLÂTR.: les ***feuilles d'angle*** sont les ornements placés aux angles des plafonds ou des moulures de cadres.

5/SERRUR.: les ***feuilles d'eau*** sont les petites feuilles d'ornement en fer plat ondé, qui sont rapportées sur les ouvrages de ferronnerie.

6/VITR.: panneau d'un vitrage.

7/DIVERS : comme synonyme de *film**, désigne tous matériaux plastiques pelliculaires.
Comme synonyme de *plaque*, désigne divers matériaux et demi-produits en panneaux minces (plastiques, liège, cartons enduits, papier-plomb...).

FEUILLER v.tr.
Pousser* ou traîner* une feuillure*.

FEUILLERET n.m.
Rabot spécial à butée latérale réglable, servant à pousser les feuillures.

FEUILLET n.m.
1/ Chacun des constituants plans d'un ensemble qui en comporte plusieurs.

2/ Grande plaque mince d'ardoise.

3/ Débit* des bois inférieur à 22 mm d'épaisseur, en planches de largeur au moins égale à 4 fois leur épaisseur. Planche ou volige* de 11 à 13 mm d'épaisseur (en chêne) ou de 15 à 18 mm d'épaisseur (en sapin), servant de panneau de remplissage en menuiserie (portes).

FEUILLETÉ adj.
Qualifie un minéral ou une roche qui, comme le mica ou l'ardoise, se détache en lamelles parallèles.

FEUILLU adj.
Qualifie une essence* de bois* qui porte des feuilles annuelles (feuilles *caduques*), par opp. aux essences résineuses à feuillage persistant.

FEUILLURE n.f.
Angle rentrant pratiqué le long de l'arête d'une pièce de bois, généralement pour accueillir et arrêter un élément mobile (porte, trappe, etc.) ou fixe (vitrage). En maçonnerie, désigne l'angle rentrant ménagé pour encastrer une huisserie, un cadre, un volet, etc. (V.ill).

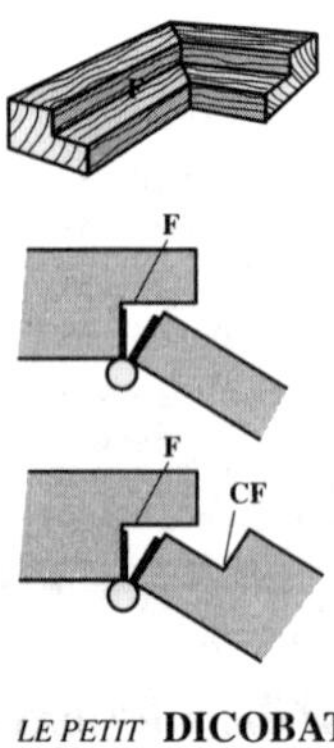

FEUTRE n.m.
Matériau fait de touffes de fibres, de laine ou de poils agglutinés, imbriqués et entremêlés par *feutrage*.
Les feutres minces (épaisseur de quelques mm) servent de sous-couche* pour revêtements de sols textiles, ou pour dalles* flottantes.
Les feutres épais (plusieurs cm) en fibres minérales servent en isolation thermique, verticale ou horizontale.

-***Feutre-enduit*** : revêtement de sol vinylique composé d'une couche d'usure en PVC sur une sous-couche de feutre de jute ou de polyester.

-***Feutre aiguilleté****: sous-couche utilisée comme thibaude*.

-***Feutre bitumé, ou bitumeux, ou bitumineux*** : matériau d'étanchéité manufacturé, constitué d'une armature mince (armature carton-feutre, voile de verre, ou polyester) enrobée de bitume* par imprégnation (*feutres I*) ou par surfaçage (*feutres S*).
Le feutre bitumé entre dans la composition des revêtements d'étanchéité* multicouches des toitures-terrasses*: il est collé avec un enduit de bitume oxydé, applicable à chaud (EAC), en lits croisés ou décalés, et souvent associé à des chapes* de bitume armé. Fourni en rouleaux de 20 m sur 1 m de largeur, il est défini par le poids en kg du rouleau de 20 m^2 : 8,8 ; 13,2 ; 17,6 ou 20 (feutres imprégnés) ; 18 ; 27 ; 36 ou 45 (feutres surfacés).

-***Feutre-goudronné*** : matériau d'étanchéité mince en feuilles ou en lés, constitué d'un carton-feutre imprégné de goudrons fluidifiés, utilisé surtout comme pare-vapeur*, en couverture, et comme coupure* de capillarité dans divers ouvrages.

-***Feutre-jardin*** : qualité spéciale de feutre bitumé associé à une tôle métallique, résistant à la perforation (*antiracine**), pour les jardinières ou les terrasses couvertes de terre végétale et de plantes.

FEUTRÉ adj.
En maçonnerie, qualifie un enduit dont la surface est frottée en début de prise* avec une taloche* feutrée (souvent remplacée par une chute de plaque de polystyrène expansé bien plan). Syn.: *frotassé*.

FIABILITÉ n.f.
Néologisme exprimant l'aptitude d'un élément ou d'un équipement à remplir sa fonction de façon sûre (*fiable*) et durable.

FIBRAGGLO n.m.
Nom générique des panneaux rigides constitués de fibres ou copeaux de bois agglomérés par un liant hydraulique ; syn.: *béton de bois*.

Les fibragglos sont définis par la nature de leur liant, par la présence ou non de chlorures, par leur format, et par référence à leur norme qui les concerne. Par ex. : *fibragglo CPA sans chlorure, 2 000 x 500 x 35, NF B 56-029*. Certains sont fournis avec un parement* et/ou un isolant thermique contrecollés.

FIBRE n.f.
Filament mince et parfois très long. Les fibres cellulosiques, ou *lignifiées*, sont les cellules du bois.

Dans le bâtiment, on utilise :

• des fibres *minérales* : laines* de roche ou de verre, fibre de verre en toiles et feutres non-tissés.

• des fibres *métalliques* (d'acier) pour le renforcement mécanique de bétons, de chapes industrielles et d'enduits projetés spéciaux.
Ces ***fibres de renforcement*** sont de plus en plus utilisées pour armer les bétons* dits ***bétons de fibres***, et pour confectionner des mortiers pour chapes et dallages à haute résistance mécanique.
• des fibres *végétales* ou *cellulosiques* : abaca*, coton, jute, lin... ;
• des fibres *animales* ou *protéïques* : moquettes de laine, bourre*, etc.;
• des fibres *synthétiques* (polypropylène, polyamide, polyester...).

FIBRE-CIMENT n.m
ou **FIBRES-CIMENT** n.m.pl.
Désigne de façon générique les matériaux préfabriqués constitués de fibres très fines agglomérées par un liant de ciment.
Désigne en particulier les produits dans lesquels l'amiante* a été remplacé, depuis les années 70, par des fibres artificielles aux caractéristiques mécaniques comparables.
Ce type de matériau, moulé, étendu à plat ou centrifugé, sert à fabriquer une large gamme d'éléments préfabriqués : canalisations, conduits, chutes, panneaux, plaques, tuiles...

FICHAGE n.m.
1/ Remplissage au mortier de plâtre des joints d'une maçonnerie de pierres taillées posées sur cales.

2/ Tassement du sable dans les joints des pavés, ou enfoncement du mortier dans des joints de maçonnerie à l'aide d'une fiche*.

FICHER v.tr. Garnir les joints des pavés ou des pierres de taille.

FICHE n.f.
1/ARPENTAGE : aiguille métallique rigide à tête en forme d'anneau que les arpenteurs et géomètres utilisent pour pointer au sol leurs repères.
Sa variante, la ***fiche plombée***, est munie, à proximité de la pointe, d'une petite masse qui facilite l'enfoncement de la fiche par simple chute verticale, en terrain meuble.

2/ÉLECTR.: pièce qui, à l'extrémité d'un conducteur souple, porte des broches (*fiche mâle*) ou des alvéoles (*fiche femelle*) de contact.

3/MAÇONN.: la ***fiche à dents*** sert à faire pénétrer les mortiers dans les joints des ouvrages en pierre, ou le sable de jointoiement entre les éléments d'un pavement (V.ill).

4/MENUIS.: la *fiche* est souvent syn. de *charnière* ; la ***fiche chanteau*** est une petite paumelle de ferrage* des croisées et des portes de meubles, dont les ailes sont encastrées dans le bois.

5/SERRUR.: axe qui unit les deux parties d'une charnière*.

6/TERRASS.: hauteur d'enfoncement d'un pieu dans le sol ; la ***mise en fiche*** est le positionnement de la pointe d'un pieu à la place où l'on doit l'enfoncer, et l'accrochage du pieu au guide de la sonnette*.
Voir aussi Patte* à fiche.

fiche à dents de maçon

fiches de quincaillerie
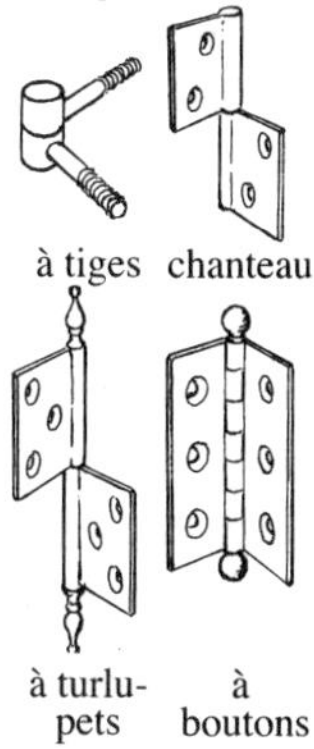

fiches électriques fiches à prises multiples
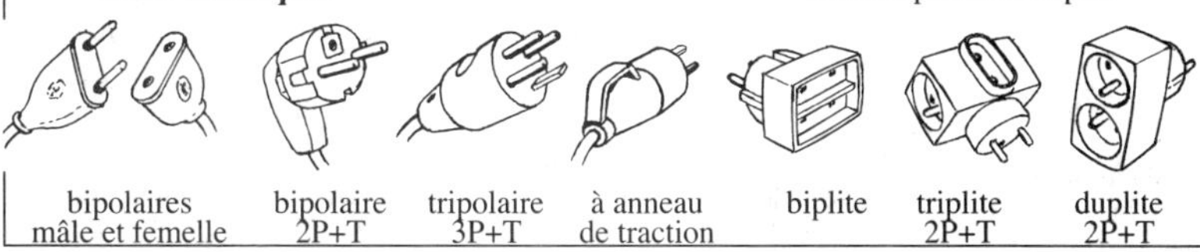

FIER adj.
Qualifie un marbre ou une pierre dure difficile à travailler, qui éclate de façon imprévisible sous l' outil.

FIGURE n.f.
1/ En architecture, dessin qui représente l'ensemble des contours d'un bâtiment.
2/ Caractère visible et décoratif des veinages d'un bois* bois de placage.

FIGURÉ n.m. et adj.
Bois ou tranche de bois dont le veinage mérite d'être mis en évidence.

FIL n.m.
1/ Dans la pierre ou le marbre, fente à peine perceptible qui coupe une masse et qui a une forme et une direction quelconques (déf. AFNOR).

2/ Câble d'acier hélicoïdal à trois torons, utilisé pour le sciage des blocs de pierre de carrière.

3/ Divers métaux étirés par tréfilage*, suivant une section circulaire de faible diamètre : fil de cuivre, fil de fer, fil galvanisé, fil plastifié...

4/ En langage courant, les *fils* ou *fils électriques* sont les conducteurs*.

5/ Direction générale des fibres du bois (V.ill). Le sens orthogonal au fil est le *contrefil**.

6/ Tranchant d'un outil coupant, le bord d'une truelle, etc.

-Fil à plomb : instrument servant au contrôle de la verticalité (à-plomb, d'où le mot *aplomb**), composé d'une masse conique (toupie) ou tronconique en fonte (autrefois en plomb), d'un cordeau de 3 mètres et d'une plaquette carrée percée en son centre, le *chas*, dont le côté est exactement égal au diamètre du *plomb*.

-Fil d'archal : désigne parfois le fil de cuivre ou de laiton.

-Fil d'eau : cote du niveau intérieur le plus bas d'une canalisation, d'un égout ou d'un caniveau.

-Bois de fil : bois travaillé ou mis en oeuvre dans le sens de son fil, c'est-à-dire de ses fibres.

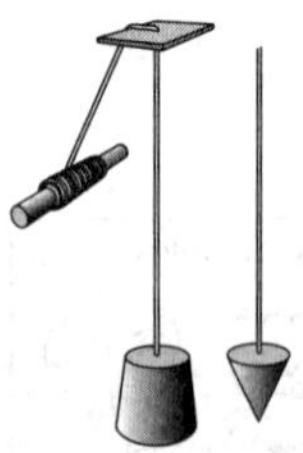

fils à plomb
de maçon et à toupie

FILAGE n.m.
1/ Fabrication des pièces céramiques en continu (briques, tuyaux, tuiles), par passage de la pâte à travers une filière puis tranchage.

2/ En peinture, exécution de filets* d'ornement, d'encadrement ou de motifs en trompe-l'oeil.

3/ En plomberie, défaut des appareils sanitaires consistant en fissures fines qui traversent toute leur épaisseur.

FILAIRE adj.
Qualifie un équipement relié par des fils conducteurs, par opp. aux équipements à commande sans fil.

FILAMENT n.m.
Dans les lampes à incandescence, conducteur* très fin qui, fortement chauffé par la résistance qu'il oppose au passage du courant, émet des rayons lumineux. Les filaments doivent avoir un point de fusion très élevé, d'où l'utilisation du tungstène, qui ne fond que vers 3 600°C.

FILANDRE n.f.
1/ Veine tendre qui traverse un bloc de marbre.

2/ Défaut du verre à vitres, consistant en une tache blanchâtre plus ou moins opaque, due à l'insuffisance de vitrification.

FILANDREUX, FILARDEUX
adj. Qualifie une pierre comportant trop de fils* pour être utilisable.

FILANT
1/n.m. Long bastaing* porté par des étais et qui soutient, par exemple, les planches d'un platelage ou d'un coffrage de plancher.

2/adj. Peut se dire de tout élément de construction qui règne* tout au long d'un ouvrage : *semelle* filante*.

FILARET n.m.
Arête vive d'une pièce de bois, dans le sens du fil*.

FILASSE n.f.
Amas de longues fibres végétales (chanvre, lin) utilisé pour armer le

plâtre des ouvrages en staff*, et pour conforter l'étanchéité des joints et raccords filetés des assemblages de plomberie.

FILÉE n.f.
En carrelage, alignement de carreaux identiques, sur 4 à 6 rangs de largeur, suivant l'axe longitudinal du local à carreler. Cette bande de carreaux sert de guide et de repère pour la pose du reste du carrelage.

FILER
1/v.tr. Réaliser des filets d'ornement en peinture, ou tracer des lignes dans un enduit mural pour figurer des assises* de pierres.

2/v.i. On dit que le verre file quand il se casse de façon bien nette suivant le tracé fait avec le diamant*.

FILERIE n.f.
Ensemble des câbles et des conducteurs électriques d'une installation.

FILET n.m.
1/ARCHIT.: fine moulure de section rectangulaire, entre deux autres moulures plus importantes, ou régnant le long d'une autre moulure (V.ill).
Syn.: *listel, réglet.*
Saillie de pierre destinée à rejeter les eaux pluviales sur une couverture pénétrant en contrebas (V.ill).

2/CHARP.: poutrelle composée de plusieurs fers en T associés, pour soulager un plancher là où il subit des efforts particuliers (cloison rapportée, cheminée lourde), ou pour soulager le linteau d'une baie.

3/COUVERT.: bandeau de mortier ou bande métallique recouvrant le rang supérieur des tuiles d'un comble adossé*, ou d'un appentis* (V.ill).

4/PEINT.: trait d'ornement ou d'encadrement exécuté au pinceau.

5/SERRUR.: partie saillante entre les rainures hélicoïdales d'une vis, d'un boulon, ou d'un écrou.

6/SÉCURITÉ: treillis souple de protection, établi au droit des échafaudages élevés, à quelques mètres en contrebas du niveau du plancher de travail, pour arrêter la chute éventuelle des individus, des matériaux ou des outils. Ces filets de sécurité et leurs supports sont normalisés.

FILETABLE adj.
Qui peut être fileté* sur chantier ou en atelier : on distingue ainsi les tubes d'acier *filetables* (tubes *série gaz*) et *non-filetables* (tubes à souder).

FILETAGE n.m.
Réalisation d'une rainure en hélice* régulière sur une surface cylindrique, pour faire une vis, un boulon, une tige filetée (l'opération analogue sur un

filets (F)

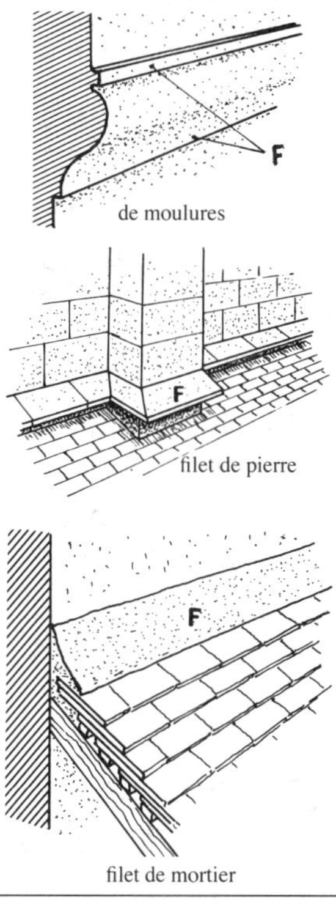

élément cylindrique creux, tel qu'un écrou*, est le taraudage*). Filet* hélicoïdal saillant ainsi constitué.

Un filetage est défini :

- par le *profil* de ses filets : les plus courants sont le profil triangulaire à 55°, ou ***filetage gaz*** (symb. **G**) ou *au pas de gaz*, ou *Whitworth*, qui peut aussi concerner des pièces coniques (profil-gaz à étanchéité) ; le profil triangulaire équilatéral, dit ***filetage métrique ISO*** (symbole **M**), dont l'angle est de 60° (V.ill) ; plus rarement, des filetages ronds, carrés (*filetages anglais*), ou trapézoïdaux ; et le filetage sur embouts coniques, le *filetage BRIGGS*, utilisé dans les installations frigorifiques.
- par son *diamètre nominal*, mesuré au sommet des filets des pièces mâles (boulons, vis, tuyaux), ou au fond des filets des pièces femelles (écrous, tubes, manchons) ;

filetages

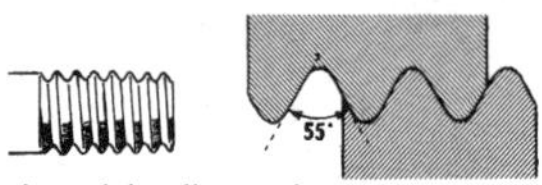

triangulaire dit *pas de gaz* ou *Whitworth*

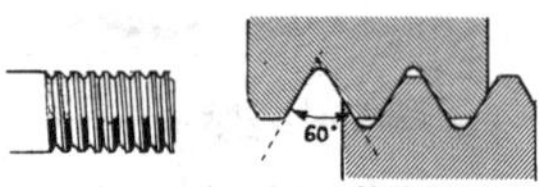

international *(profil ISO)*

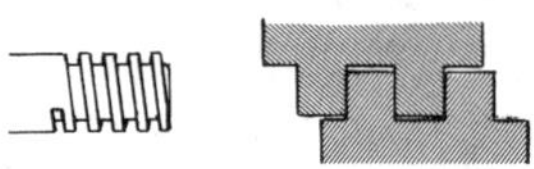

carré, ou *anglais*

filière et **cage porte-filière**

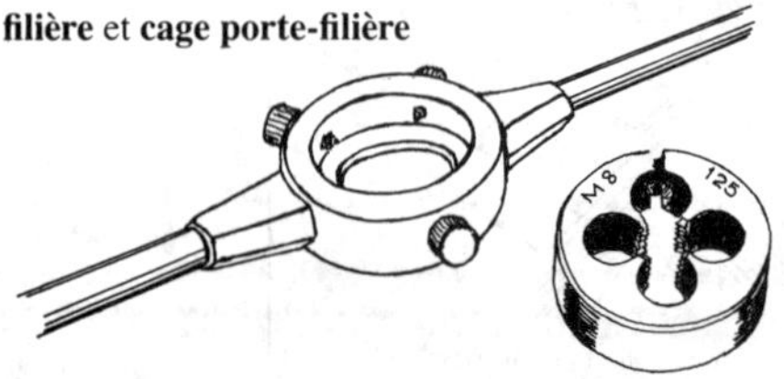

- par son *pas**, espacement entre deux filets consécutifs, exprimé soit en mm (cas général du filetage métrique ISO), soit par le nombre de pas par pouce de 25,4 mm (filetage à profil gaz conique étanche).

A chaque diamètre nominal de filetage correspond un pas normalisé.

FILETÉ adj. Garni d'un filet de vissage : *tige filetée*.

FILETER v.tr.
Faire le filetage d'une pièce, à la filière*, au taraud* ou au tour*.

FILEUR n.m.
Compagnon peintre spécialiste des filets décoratifs.

FILIÈRE n.f.
1/PLOMB.-SERRUR.: outil avec lequel on exécute les filetages (V.ill).

2/CARR.: cassure d'allure verticale, plus ou moins perpendiculaire au lit, dans un bloc ou un banc de pierre ou de marbre.

3/CHARP.: parfois, panne* intermédiaire, entre faîtière* et sablière*.

4/INDUSTR.: pièce d'outillage évidée suivant la forme d'un profil (cornière, fil, moulure, joint, tige...), servant à la fabrication des profilés* par étirage, tréfilage ou extrusion* d'un matériau ductile ou plastique.

FILLER n.m.
Matière minérale finement broyée (ø 1/10e de mm et moins), incorporée dans les liants hydrauliques et matériaux hydrocarbonés*, pour abaisser leur coût et modifier éventuellement certains de leurs caractères physiques (rhéologie*, rétention d'eau, compacité). Syn.: *farine**, *fine*.

FILLERISATION n.f.
Incorporation de filler.

FILM n.m.
1/ Feuil*, pellicule continue constituée par les couches d'une peinture, d'un vernis ou d'un produit protecteur (silicone, cire, émail...).
2/ Matériau homogène étiré, souple,

très mince, d'épaisseur constante, en larges feuilles généralement fournies en rouleaux : films dits *polyane**, films de protection antisolaire*, films plastiques pare-vapeur*, films chauffants à réseaux de résistances électriques intégrés, etc.

FILMIFICATION n.f.
Phénomène de formation d'un film, en particulier par évaporation des solvants et coalescence*.

FILMOGÈNE adj.
Qualifie un produit utilisable en couches très minces, ou un matériau qui se présente sous forme de film.

FILOTIÈRE n.f.
Bordure d'un panneau de vitrail.

FILTRAGE n.m.
ou **FILTRATION** n.f.
Passage forcé d'un produit liquide ou gazeux à travers un filtre, pour en éliminer les particules solides, matières non dissoutes, poussières en suspension, etc. Action de filtrer.

FILTRE n.m.
Outre le sens usuel de tamis à maillage très fin, désigne divers dispositifs :
- de rétention d'éléments par des procédés physiques (sable, scories, toiles, matériaux non-tissés, etc.),
- de décantation par différence de densité (cas du *filtre à graisses*, dit *séparateur**, ou *boîte* à graisses*),
- de transformation chimique (par des polyphosphates, silicates, charbon actif),
- de rétention par des procédés électrostatiques (attraction des impuretés à éliminer des liquides ou de l'air).
Les filtres utilisés **en conditionnement d'air** se différencient en :
- *filtres* ***à poches***, qui sont des filtres à grande surface développée en fibre textile artificielle, convenant bien pour des vitesses de passage lentes ; en utilisation intensive, ils présentent l'inconvénient d'un colmatage assez rapide.
- *filtres* ***en cellule***, filtres alvéolaires à rétention moyenne constitués en panneaux plats amovibles, que l'on superpose ou que l'on juxtapose dans des bâtis à glissières.
- *filtres* ***en dièdre***, en feuilles plissées de papier cellulosique spécial, ou en nappes de fibres synthétiques, adaptés à des filtrations très fines avec un faible débit (par ex. pour salles* blanches).
- *filtres* ***à déroulement***, dits filtres automatiques, en bobines enroulées à l'extrémité du cadre au fur et à mesure des colmatages.

FILURE n.f.
Rainure, joint en creux, dont la section compose un V à angle droit (V.ill).

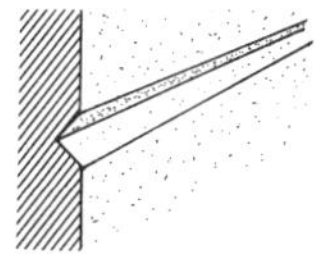
filure

FINE n.f. ou **FINES** n.f. pl.
Poudre minérale de granulométrie analogue à celle des farines* et fillers*, ou légèrement supérieure (de l'ordre de 0,1 mm), et en principe exempte d'*impalpables*.
Les fines servent de charges inertes de remplissage des interstices entre les granulats, améliorant la compacité des bétons et des mortiers.

FINETTE n.f.
Fine pointe* sans tête, de 30 mm de long, utilisée par les charpentiers pour des assemblages provisoires.

FINI n.m.
C'est le caractère soigné d'un ouvrage, d'un revêtement, etc.

FINISSAGE n.m.
Réalisation des détails, moulures, ciselures, sculptures, etc., sur un bloc de pierre épannelé*.

FINITION n.f.
1/ Aspect de surface donné à un revêtement, à un enduit de parement, à un béton apparent, à un marbre, etc. par la dernière opération de sa mise en oeuvre : finition rustique, bouchardée, grattée, polie, tyrolienne, mouchetée, ribbée...
2/ Au pluriel, ***les finitions*** sont les travaux qui, après le gros oeuvre* et le second oeuvre*, concernent la

décoration, les plinthes, les peintures intérieures, revêtements, accessoires de quincaillerie...; on dit alors que le bâtiment est ***en finitions***.

FIOUL n.m. (du mot anglais ***fuel***)
Combustible liquide, brunâtre et visqueux, d'odeur caractéristique ; il est obtenu par distillation du pétrole, après élimination des produits les plus volatils (essences et kérosène). Selon leur température de distillation, on distingue :

-les ***fiouls légers***, utilisés comme carburants (*gas-oil*, ou *gazole*) ou comme combustible (*fioul domestique*, *fuel-oil*, ou *mazout*) ; ce dernier est teinté en rouge pour ses utilisations domestiques, afin de le distinguer du carburant.

-les ***fiouls lourds*** qui, nécessitant un préchauffage pour abaisser leur viscosité, sont surtout destinés aux installations industrielles.
Les cuves et réservoirs de stockage du fioul font l'objet de normes.

FISSILE ou adj.
Qui peut être fendu en lames suivant une même direction : V. Ardoise, Schiste.

Un ***bois fissile*** est un bois qui, par manque de cohésion de ses fibres, éclate facilement.

FISSILITÉ n.f.
Aptitude de certains minéraux, tels que les schistes ardoisiers, à se fendre en feuillets minces et parallèles, suivant un ***plan de fissilité***.

FISSURABILITÉ n.f.
Caractéristique d'un matériau sujet à la fissuration sous l'action de forces internes (retrait*) ou externes (traction, compression).

FISSURATION n.f.
Ensemble des fissures affectant une paroi, un revêtement ou un enduit. Nature des fissures observées : fissuration *en mailles, en étoile, en panneaux, en coups de sabre**, etc.

FISSURE n.f.
Fente visible affectant la surface d'une maçonnerie, d'un dallage, d'un appareil sanitaire, etc.

Par convention, la fissure a entre 0,2 et 2 mm de largeur ; au-dessous, il s'agit d'un faïençage* ou d'un simple fil*; au-dessus, la fissure est une lézarde*.
En majorité, les fissures n'ont qu'un inconvénient esthétique : fissures de retrait*, ou de mouvement différentiel à la jonction de deux matériaux (par ex. bois/brique), *coups de sabre**.

Les fissures sont graves si elles portent atteinte à l'imperméabilité des parois (fissures pénétrantes laissant passer l'eau de pluie à travers un mur exposé) ; plus graves encore sont les fissures traduisant un affaissement des fondations, ou des mouvements du sol.

FISSUROMÈTRE n.m.
1/ Appareil de mesure des possibilités d'élongation avant rupture d'un revêtement d'étanchéité.

2/ Réglette graduée qui sert à déterminer, par superposition, la largeur des fissures.

FIXATEUR n.m.
Produit très fluide, à base de résines en solution, utilisé comme sous-couche de revêtements et enduits.
Il sert surtout à réduire l'absorption des supports (plâtre, chaux, bois, béton cellulaire), à fixer les particules pulvérulentes et à durcir les surfaces.

FIXATION n.f.
Tout accessoire permettant de placer, ancrer ou soutenir durablement un élément (bardage, faux-plafond, isolant, panneau de toiture, huisserie, tuyau...) contre ou à proximité d'un élément porteur.
Désigne en particulier les chevilles, agrafes de pierre, colliers, pattes, clips, consoles, crampons, suspentes, etc. (V. ces mots).
Désigne enfin divers éléments d'assemblage des charpentes tels que les connecteurs* et les platines*.

FIXE-TUBES n.m. invar.
Dispositif à double mors articulé, utilisé par les plombiers et les chauffagistes pour immobiliser deux tubes bout à bout, pendant leur assemblage.

FLACHE n.f. et adj.
1/ Zone d'une dalle ou d'un plancher légèrement en cuvette ; par extension, zone en léger retrait dans le parement d'un mur ou dans une surface quelconque.

2/ Zone latérale d'un plateau* de bois éliminée par délignage*; elle comporte l'aubier et l'écorce (V.ill).
Syn.: *blanchis*, *flachis*.

3/adj. Un ***bois flache***, ou ***flacheux***, est un bois peu rectiligne dont le délignage ou l'équarrissage correct provoque des pertes.

FLAMANDE adj.
1/ Qualifie une tuile* à profil ondulé et à recouvrement latéral, utilisée surtout dans le nord de la France et en Belgique (V.ill. au mot Tuile).

2/ Qualifie une longue taloche* à extrémité arrondie ou pointue, utilisée surtout pour la confection des chapes* et le lissage* des sols (V.ill).

FLAMBAGE
ou **FLAMBEMENT** n.m.
Déformation courbe d'un mur trop mince, d'une longue pièce de charpente ou d'un poteau de trop faible section, lorsqu'ils sont soumis à une charge longitudinale excessive, ou dont l'application est décentrée (V.ill).

flambage ou **flambement**
d'un mur ou d'un poteau

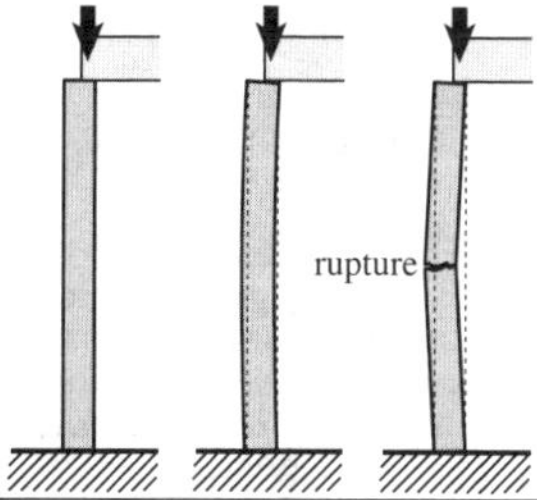

Par extension, courbure d'une poutre ou d'un plancher qui subit des efforts transversaux, ou *tranchants*.

FLAMBER v.i.
Parlant d'un élément porteur, c'est se courber sous l'action de forces externes.

FLAMBERGE n.f.
Tige tubulaire d'une clé* forée.

FLAMBOYANT adj.
Qualifie la dernière période du style gothique* (ou *ogival*), au 15e siècle, caractérisée par des décors ouvragés en dentelle, et des baies à remplages* élancés, en forme de flammes, d'où son nom. Syn.: *fleuri*.

FLAMME n.f.
1/ARCHIT.: ornement ou amortissement* en forme de langue de feu.

2/CARRIÈRE : veinage* du granit qui correspond à des nuances de couleur, ou à un défaut d'homogénéité.

3/PHYS.: gaz porté à l'incandescence. Une flamme est *réductrice* si le gaz contient un excédent de carbone libre qui ne brûle pas (flamme éclairante) ; *oxydante* si la combustion se fait avec un excédent d'oxygène : c'est l'enveloppe extérieure chaude et transparente d'une flamme.

FLAMMÉ adj.
Qualifie un élément céramique sur lequel le feu a produit des nuançages de coloration (***flammage***). Dans un parement en pierre ou en béton, finition légèrement rugueuse, obtenue par un traitement superficiel au chalumeau, qui provoque l'éclatement des grains ou des cristaux de surface.

FLANQUER v.tr. et v.i.
Disposer deux éléments symétriquement, de part et d'autre, ou aux angles d'un ensemble principal ; par exemple, on peut *flanquer* une façade de deux tourelles : on dira alors que les tourelles *flanquent* la façade, ou que la façade est *flanquée*.

FLASH-POINT n.m. V. Éclair.

flaches
du bois

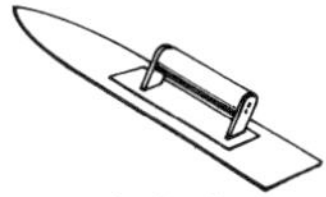

taloche dite
flamande

fleur de lis

FLASQUE n.m.
En charpente, plaque, platine verticale, ou pièce d'armature latérale d'un élément ou d'un assemblage d'éléments.

FLATTING n.m. (de l'anglais)
Application d'une couche de vernis dilué sur un fond, préalablement à l'application des couches normales.

FLÉAU n.m.
Levier mobile, sur pivot horizontal, d'un loquet*, d'une espagnolette* ou d'un dispositif de fermeture de persiennes, de porte charretière, etc.

FLÈCHE n.f.
1/ Comble de forme élancée au faîte d'une église ou de son clocher*.
La flèche, qui ne renferme pas les cloches, ne doit pas être confondue avec le clocher* proprement dit.

2/ Distance de l'arc d'une courbe à la corde* qui le sous-tend, mesurée perpendiculairement au milieu de cette corde, ou, parfois, au point de plus grande amplitude entre le profil courbe et une droite de référence.

3/ Partie d'une grue* en surplomb, portant les moufles* ou le chariot de levage ; sur les grues à tour, le prolongement de la flèche portant le contrepoids est la *contre-flèche*.

4/ En dessin, notation des extrémités d'une cote de dimension, entre deux lignes de rappel, ou sur l'élément lui-même ; si la dimension est trop courte, les flèches sont rejetées à l'extérieur des lignes de rappel.

FLÉCHISSEMENT n.m.
Déformation courbe d'un élément (poutre, plancher, etc.) due à une charge excessive, ou sous l'effet de son propre poids ; V. aussi Flambage.

FLEUR n.f.
Désigne parfois, par déformation du mot anglais *flour*, les farines* qui servent de charges* épaississantes.

-La ***fleur de chaux*** est une chaux pure, broyée très finement.

-La ***fleur de plâtre*** est un plâtre tamisé à travers la soie, pour n'utiliser que ses particules les plus fines en rebouchage de moulures ou d'éléments décoratifs.

-Une ***fleur de chapiteau*** est une petite rosace décorative en bas-relief, sur la face latérale de la corbeille* de certains chapiteaux*.

-Une ***fleur de lis*** (ou lys) est un motif stylisé, attribut et symbole de la royauté française (V.ill).

À FLEUR loc. invar.
Au même niveau que..., ou exactement dans le même plan.

FLEURDELISER v.tr.
Orner de fleurs de lis : *panneau fleurdelisé*.

FLEURET n.m.
1/ Outil d'attaque d'un marteau* pneumatique, terminé par une partie plate, ou *taillant*.

2/ Long burin utilisé en terrassement pour le forage* des trous d'explosifs.

FLEUROMÈTRE
ou **FLOUROMÈTRE** n.m.
Appareil de mesure de la proportion de fleur* ou de farines* dans une charge minérale, dans un filler* ou dans un liant hydraulique, par séparation des constituants dans un courant d'air ascendant.

FLEURON n.m.
Pièce d'ornement isolée en forme de fleur stylisée, rayonnant autour d'un axe vertical ; les fleurons servent d'amortissement* de clochetons*, pinacles*, épis*, etc. (V.ill).

FLEURONNÉ adj.
Orné de fleuron(s) ou de fleurs décoratives.

FLEXIBLE adj. ou n.m.
1/OUTILL.: câble gainé terminé par un mandrin*, pour la transmission à distance d'un mouvement axial rotatif, entre un moteur et un outil de perçage, ponçage, vissage, etc.

fleuron
d'amortissement

2/PLOMB.: tuyau souple d'alimentation en eau, de plus en plus usité pour raccorder les canalisations aux éviers et appareils sanitaires ; désigne aussi le tuyau gainé de spires métalliques de protection qui alimente une douchette* mobile.

FLEXION n.f.
Déformation latérale courbe subie par une pièce sous l'action d'une force qui s'exerce latéralement (cet effort tranchant* peut être le fait de charges externes et/ou le propre poids de la pièce), appliquée entre deux points fixes (*appuis* ou *points durs*), ou sur une pièce en bascule (V.ill).

La ***résistance à la flexion*** des composants du bâtiment tels que poutres, linteaux, poitrails, pièces en encorbellement... doit pouvoir s'opposer (avec une marge de sécurité) au ***moment**** ***de flexion***, ou *moment fléchissant*, résultante des forces appliquées. Des tables et abaques permettent de calculer le *moment de flexion maximum* des pièces, selon leur portée, les charges subies, la répartition de leurs points d'application, et la disposition d'éventuels appuis intermédiaires.

FLEXURE n.f.
Angle correspondant à un changement de pente d'un pan de toiture.

FLICKER n.m. (de l'anglais)
Scintillement lumineux des lampes qui subissent des variations brusques de tension d'alimentation.

FLIPOT n.m.
Fine baguette de bois insérée dans une fente de parquet pour la garnir et la dissimuler. Les flipots sont collés, puis affleurés* par rabotage.

FLOAT ou **FLOATGLASS** n.m.
Procédé de fabrication des glaces* par extrusion* du verre en continu en un large ruban (3,50 m), s'étalant à la sortie du four sur un bain d'étain en fusion, sur lequel il se refroidit progressivement avant d'être repris sur coussins d'air.

FLOCAGE, **FLOCKAGE** ou **FLOCONNAGE** n.m.
Procédé de réalisation de revêtements par application ou projection de courtes fibres* textiles, à refus*, sur une surface préalablement enduite d'une substance adhésive.
Les nombreux flocages isolants à base de fibres d'amiante* réalisés dans les années 1960 à 1990 vont devoir être éliminés peu à peu.

FLOQUÉ ou **FLOCKÉ** adj.
Qualifie un revêtement réalisé par flocage ; il présente plus ou moins la texture et l'aspect d'un velours.

FLOCULAT n.m.
Accumulation floconneuse et sans cohésion.

•**FLOCULATION** n.f.
Séparation des composants d'une solution colloïdale* en deux phases* superposées, soit par décantation naturelle due à la différence des densités, soit à l'aide d'un *agent floculant* ; dans ce dernier cas, les micelles* séparées prennent en général l'aspect d'un amas de flocons.

FLOTS GRECS n.m. pl.
Motif d'ornement composé d'une série d'enroulements rappelant les crêtes des vagues. Syn.: *postes**.

FLOTTAGE n.m.
1/ Traitement des bois durs par immersion pendant plusieurs mois, pour en éliminer la sève ; ce procédé, devenu rare, permet d'obtenir des bois de qualité parfaite, très résistants au pourrissement.

2/ Dans l'assemblage* en angle de deux pièces de bois par tenon et mortaise, c'est la partie qui forme parement et qui masque l'assemblage.
Le flottage est *à coupe d'onglet*, ou

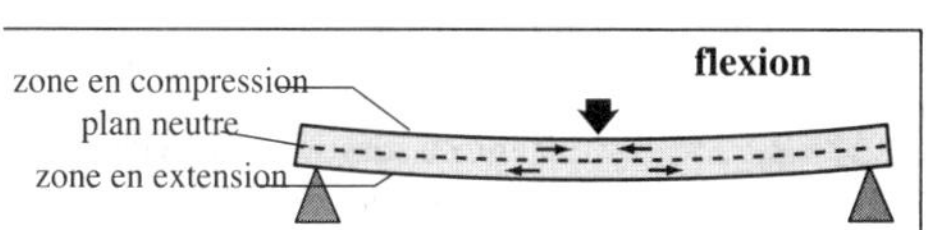

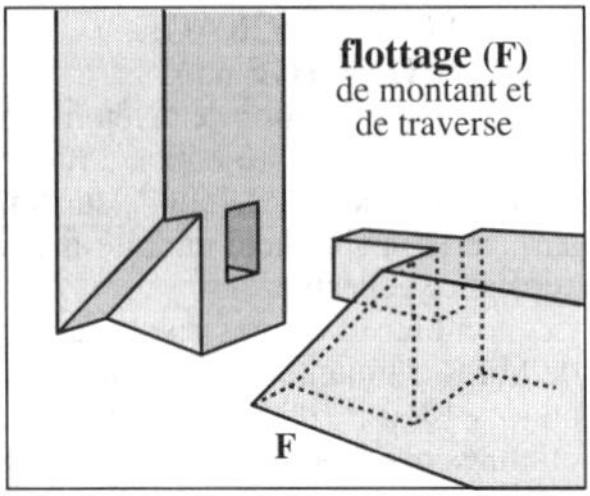

simplement carré ; il est dans ce cas soit *encastré*, soit *à vif*.

FLOTTANT adj.
Qualifie un élément tel qu'une dalle* de plancher ou une chape* désolidarisées de leurs structures porteuses, en général dans un but d'isolement acoustique.

FLOTTÉ adj.
1/ Assemblé par flottage*.

2/ Se dit de panneaux de bois disposés à plat les uns sur les autres.

3/ Une ***traverse flottée*** désigne une traverse de bois solidaire d'un panneau, et masquée par celui-ci.

4/ Le ***bois flotté*** est le bois traité en immersion, par flottage*.

FLOTTEUR n.m.
Pièce mobile d'un dispositif de remplissage d'un réservoir (bâche*, chasse* d'eau...), constitué d'un élément insubmersible (sphère creuse, bloc de polystyrène expansé) fixé sur une tige dont le mouvement commande le robinet de remplissage, dit *robinet à flotteur*, ou un contacteur de fonctionnement d'une pompe.

FLOW-TEST n.m.
Essai d'écoulement du béton ou des mortiers, sur la table* à secousses, ou avec le maniabilimètre*.

FLUAGE n.m.
Lente déformation irréversible d'un corps sous l'effet d'une force extérieure, ou sous son propre poids.
• Le ***fluage des asphaltes*** est dû à leur ramollissement par la chaleur.
On améliore la résistance au fluage, sur les rampes, par incorporation de résines ou de bitumes* spéciaux.

-Le ***fluage des bétons*** est provoqué par une charge ou une traction permanentes excessives (supérieures à leur limite d'élasticité*).
Plusieurs facteurs peuvent augmenter le risque de fluage : la nature des granulats utilisés, une mise en charge prématurée, et des températures élevées.

-Le ***fluage des métaux*** n'est normalement provoqué que par des températures élevées (incendie).

FLUATAGE n.m.
ou **FLUATATION** n.f.
Mode de durcissement superficiel des bétons et des pierres calcaires par application d'un fluosilicate* en solution. La fluatation améliore l'imperméabilisation des parois et la résistance à l'abrasion des dallages de béton (traitement dit *antipoussière**).
V. aussi Silicatation.

FLUENT adj.
Qualifie un terrain compressible qui, composé de terres meubles, offre peu de résistance aux fondations.

FLUIDE n.m. et adj.
Corps liquide ou gazeux dont les molécules se déplacent facilement les unes par rapport aux autres.
Qualifie aussi des poudres ou farines* en particules très fines (impalpables*).
Les fluides, dans un établissement hospitalier, désignent les gaz (oxygène, azote) et leurs canalisations de distribution.

Les ***fluides caloporteurs**** sont les gaz ou les liquides qui servent à transporter l'énergie calorifique des installations de chauffage.
Les ***fluides frigorigènes*** sont ceux qui engendrent le froid dans les installations frigorifiques.

FLUIDIFIANT n.m. et adj.
Désigne toute substance utilisée pour

abaisser la viscosité* d'un liquide ou d'une pâte, ou pour abaisser les points de ramollissement et de fusion des matériaux hydrocarbonés.

FLUIDIFIER v.tr.
Rendre fluide un matériau visqueux ou pâteux ; les matériaux thixotropes* sont fluidifiés par un brassage.

FLUIDIMÈTRE n.m.
Petit dispositif de contrôle de la fluidité des peintures à projeter au pistolet : son principe simple repose sur l'observation du délai de rupture du film* entre les lèvres de la fente d'une plaquette plongée dans la peinture.

FLUIDITÉ n.f.
C'est l'inverse de la consistance ou de la viscosité d'un mortier, d'une peinture, d'une colle...

FLUORESCENCE n.f.
Propriété de certains corps d'émettre des rayonnements visibles s'ils reçoivent, sous certaines conditions, des rayonnements de longueur d'onde courte (ultraviolets).

FLUORESCENT adj.
Qualifie tout appareil utilisant le principe de fluorescence, en particulier les lampes ou tubes* (V. détails à ce mot).

FLUOSILICATE n.m.
Sel de l'acide fluosilicique.
Les fluosilicates d'alumine, de magnésie ou de zinc sont utilisés en particulier pour la fluatation*.

FLUX n.m.
1/ Outre son sens usuel d'écoulement des liquides, désigne le déplacement de l'énergie calorifique (flux énergétique), des rayonnements lumineux et de l'électricité.

2/ En chimie, syn. de *fondant**.

3/ En soudage* et en brasage*, on utilise un ***flux décapant*** (en général une solution de chlorure de zinc), destiné à faciliter la répartition du métal d'apport, par capillarité.

FLUXAGE n.m.
Addition d'une huile dans le bitume ou l'asphalte, pour les fluidifier*.

FLUXER v.tr.
Diluer ou ramollir un produit hydrocarboné lourd par addition d'huiles fluidifiantes.

FOAMGLASS n.m.
Anglicisme désignant la mousse de verre* expansé.

FOISONNEMENT n.m.
Accroissement du volume apparent des minéraux, consécutif à leur fragmentation par extraction, ou à leur manipulation en vrac.
Le foisonnement est dû à la présence de vides entre les éléments et granulats ; l'augmentation de volume peut dépasser 50% pour des terres argileuses ou des marnes compactes.
La démolition d'un ensemble compact (massif*, béton, cloison, etc.) donne lieu aussi à un foisonnement : l'augmentation de volume est généralement comptée pour 50% du cubage initial.
Pour des matériaux fins tels que sables ou chaux, le foisonnement est lié à leur humidification : l'eau, cheminant par capillarité*, enrobe chacune des particules et s'interpose entre elles, en les espaçant ; d'où ce gonflement apparent, qui atteint couramment 20 à 30% par rapport au volume du même matériau sec (plus le sable est fin, plus il foisonne).

FOISONNER v.i.
Parlant des matériaux, terres ou sables, c'est augmenter de volume.

FOLIE n.f.
Au 18e siècle, c'était une propriété d'agrément bâtie en Ile-de-France.

FOLIOT, FOUILLOT
ou **FOURPAN** n.m.
Petite pièce pivotante à deux branches qui, dans une serrure* du type demi-tour, provoque le déplacement (ou *effacement*) du pêne*; le pivotement du foliot est commandé par la tige carrée qui le traverse, elle-même

actionnée par le bouton (poignée) ou la béquille*.

FONÇAGE n.m.
Action d'enfoncer en force dans le sol un pieu, un pilot*.

FONCER v.tr.
1/ Faire un forage*, ou un fonçage vertical dans le sol.

2/ Faire pénétrer en force, par pression ou par percussion.

3/ Assombrir la tonalité d'une couleur.

FONCET n.m.
Plaque métallique amovible qui forme le fond du coffre* d'une serrure*; dans cette plaque est percé le trou d'entrée de la clef, sur lequel est généralement fixé un canon* de guidage qui traverse la porte (V.ill).

FONCEUR n.m.
Outil utilisé pour enfoncer des accessoires de fixation.

FONCIER adj.
Qui concerne la propriété des sols et les terrains, bâtis ou non.

FONÇURE n.f.
1/ Ensemble des tôles et des pièces d'étanchéité garnissant l'intérieur d'un chéneau*.

2/ Large latte délardée en biseau, qui compose le fond d'une noue* ronde ou d'un renvers*.

FOND n.m.
1/CHARP.: un ***poteau de fond***, dans une construction en pans* de bois, est celui qui s'élève du soubassement* jusqu'au comble*; il peut être composé de plusieurs éléments verticaux aboutés*.

2/FUMIST.: paroi verticale du foyer d'une cheminée, adossée au mur.

3/MAÇONN.: le ***fond de joint*** est un profilé ou une bande compressible relativement étanche (parfois simplement du polystyrène expansé découpé en bandes) que l'on enfonce en retrait dans les joints* de dilatation ou de structure, pour constituer le support d'un masticage élastomère* du joint (ou *obturateur*) appliqué ensuite à la pompe*.

4/PEINT.-REVÊT.: toute surface destinée à recevoir un revêtement ou une peinture. Syn.: *subjectile, support.*

Couche de fond : couche préalable à l'application d'un revêtement : fixateur*, couche primaire* (ou *primer*), impression*, etc.

Régulateur de fond : V. Régulateur.

5/SERRUR.: le ***faux-fond*** d'une serrure* est une plaquette circulaire rapportée sous le palâtre*, et solidaire de la broche*.

FONDANT n.m. et adj.
1/ En métallurgie, minéral (castine, dolomie*) ajouté au minerai pour faciliter la fusion de la gangue et sa séparation du métal.

2/ En verrerie, base* (carbonate ou sulfate) susceptible de se combiner avec la silice pour former un silicate fusible.

FONDATION n.f. en général pl.
Ensemble des ouvrages enterrés qui composent le socle et l'assise stable d'une construction, et répartissent sa charge sur le sol naturel (ou reportent ces charges jusqu'au sol dur).
Les fondations doivent pouvoir porter la construction sans aucun risque de déplacement vertical (enfoncement) ou latéral (pression des terres, glissement sur pente).
Le quotient du poids de la construction (y compris surcharges éventuelles) par sa surface d'appui sur le sol doit donc toujours être inférieur à la *force portante* du sol*.
On s'en assure par la connaissance des caractéristiques du sol (composition géologique, contraintes admissibles, compacité, stabilité, pente, inondabilité, gélivité...).

La *reconnaissance* des sols de fondations est faite :
- sur le terrain, par des essais *statiques* (chargement d'un pieu de 20 x 20 cm de section), ou *dynamiques* (à l'aide

d'un pénétromètre*) ; puis, dans des forages, par des mesures de compressibilité du sol au pressiomètre*.
- par prélèvement d'échantillons du sol à diverses profondeurs (*carottes**), pour essais géotechniques en laboratoire : teneur en eau, densité, cohésion, perméabilité, compressibilité (V. Oedomètre).

On distingue :

- les ***fondations superficielles*** : semelles* filantes ou longrines* entre poteaux, radiers*, etc.; ces fondations sont descendues à des profondeurs de l'ordre de 50 cm à 1 mètre sous la surface du sol naturel, ou sous le plancher enterré le plus bas.

- les ***fondations profondes*** : puits de fondation, pieux* battus ou moulés, pilotis...; ces ouvrages ont pour objet de reporter la charge des bâtiments vers un sous-sol dur profond, ou vers un sol moins sensible aux variations de plasticité.
Consulter les DTU.

FONDÉ adj.
Qualifie un bâtiment sur fondations.

FONDEMENT n.m.
Désigne parfois la partie inférieure des fondations.

FONDOIR n.m.
Récipient chauffant dans lequel on fait fondre les bitumes et asphaltes avant leur utilisation.

FONDRE v.tr. ou v.i.
Ramollir ou liquéfier par la chaleur. En peinture, incorporer progressivement, par étapes, une couleur secondaire dans une teinte principale pour en modifier la nuance.

Se **FONDRE** v.pr.
Être peu apparent, s'intégrer discrètement dans un ensemble.

FONDS n.m. invar.
Terrain, bâti ou non, qui correspond à une propriété foncière homogène : un fonds peut être composé de la réunion de plusieurs parcelles mitoyennes.

JURID.: un ***fonds dominant*** est un fonds qui bénéficie d'une servitude* établie ; le ***fonds servant*** est celui qui est assujetti à une servitude au profit d'un fonds dominant.

FONDU
1/n.m. En peinture, passage progressif d'une couleur à une autre par tous les dégradés* intermédiaires.

2/adj. V. Ciment fondu.

FONGICIDE n.m. et adj.
Produit qui détruit ou empêche le développement des micro-organismes végétaux (lichens, moisissures, mousses). Syn.: *anticryptogamique.*

FONTAINIER n.m.
Spécialiste de la construction et de l'entretien des fontaines.
Les fontainiers utilisaient pour leurs colmatages d'étanchéité un mastic spécial, dit ***mastic fontainier***, ou *spalte.*

FONTE n.f.
Alliage de fer et de carbone, qui donne un métal très résistant en compression, mais cassant et non ductile, transformé surtout par moulage à chaud (fonte grise, dite fonte de moulage).
La fonte a une haute résistance à la corrosion*, et un coefficient de dilatation thermique bas ; on l'utilise pour fabriquer des canalisations de fort diamètre, des éléments de radiateurs et de chaudières, et des appareils sanitaires.

FONTIS ou **FONDIS** n.m.
Cavité dans le sol, d'origine naturelle ou artificielle (galerie, carrière) qui, du fait d'éboulements successifs, "remonte" peu à peu vers la surface.
La présence d'un fontis peut constituer un danger grave d'affaissement et d'écroulement des constructions.

FORAGE n.m.
Perforation du sol en profondeur, soit pour réaliser un puits, ou pour connaître sa composition géologique par prélèvement d'échantillons, ou carottes*: ces *forages de reconnaissance* des sols

sont nécessaires avant d'y établir une construction, si la nature du sous-sol, sa compacité, sa siccité* et sa stabilité sont incertaines.
Aujourd'hui, les forages de reconnaissance* du sol sont parfois remplacés par des techniques d'analyse géologique par écho sismique ou mesure de résistivité électrique des sols.

FORAIN adj.
Se dit d'un chantier de préfabrication de blocs ou d'éléments, installé provisoirement sur le site d'une opération de construction.

FORCE n.f.
Toute énergie mécanique, électrique ou électromagnétique capable de produire un mouvement ou une déformation (V. Unités).

-Le ***courant-force***, ou ***force***, en langage commun, désigne une alimentation électrique en courant triphasé de 380 V, particulièrement destinée à l'entraînement de moteurs de moyenne puissance.

-La ***force tirante*** est la traction que peut subir une pièce quelconque ou un câble sans élongation ni rupture.

-***Jambe de force*** : V. Jambe.

FORÉ adj.
Qualifie un élément traversé par un ou plusieurs trous. Une ***clef forée*** est celle dont la tige creuse peut être pénétrée par la broche* d'une serrure*.

FORER v.tr.
Creuser, percer, trouer à l'aide d'un outil en général rotatif : foret, mèche*, tarière*, trépan*, etc.

FORET n.m.
Pièce d'outillage servant au perçage de trous par rotation. Les forets sont fixés sur un porte-foret* (chignole*, perceuse, vilebrequin...), par blocage de leur queue tronconique (ou cône* morse), ou par serrage d'un mandrin* sur leur queue cylindrique ; leur extrémité perforante termine en dépouille* deux rainures hélicoïdales symétriques (V.ill).
Les forets à béton ont une mise* rapportée en acier au carbure.
Le foret se distingue en principe de la *mèche** par le fait que cette dernière n'est pas guidée sur toute sa longueur par un diamètre constant.

foret à béton

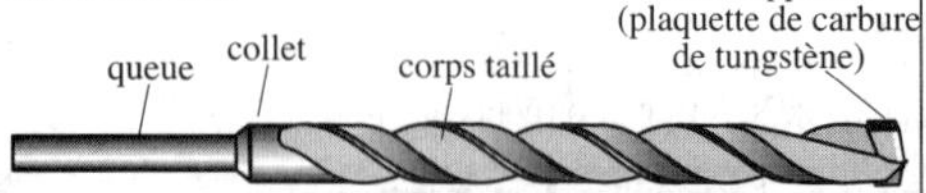

(Voir aussi les illustrations du mot Mèche)

FORFAIT n.m.
Prix convenu par avance pour un marché ou un ouvrage ; un prix ***forfaitaire***, ou ***à forfait*** n'est en principe pas révisable en fonction des aléas rencontrés en cours d'exécution, mais seulement par actualisation basée sur l'évolution des indices de coût de construction.

FORGE n.f.
Atelier et équipement de façonnage à chaud des métaux, par martelage ou par pressage.

FORGEAGE n.m.
Mise en forme des métaux, en général chauffés, par tous moyens mécaniques (marteau, étampe*, presse...). Pour le bâtiment, le forgeage concerne surtout la fabrication d'outils et d'ouvrages de serrurerie.
Une ***forge volante***, ou ***forge de campagne***, est un petit brasier à soufflet électrique transportable sur chantier.

FORGET n.m. V. Queue-de-vache.

FORJETER v.tr.
En architecture, c'est établir un ouvrage en saillie sur le nu* d'un mur ou par rapport à un alignement.

Se FORJETER v.pr.
On dit d'un immeuble qu'il se forjette si sa façade est en saillie sur celles de ses voisins. On dit aussi d'un mur qu'il se forjette lorsqu'il tend à se déverser et à former une saillie, ou ***forjet***, ou ***forjeture***, sur son alignement.

FORME n.f.

1/CARR.: couche nivelée ou *lit** de sable, de mâchefer* ou de recoupe* sur lequel on pose un carrelage, un dallage ou des pavés.

2/MAÇONN.: sous-couche nivelée d'allure horizontale, réalisée en sable, granulats, mortier ou béton grossier, pour y établir un dallage, une chape ou un ouvrage maçonné.

La ***forme-support*** est un ouvrage de nivellement (sous un revêtement), de remplissage et/ou de répartition de charges.

La ***forme de pente*** est une dalle ou chape* exécutée en légère pente, pour faciliter l'écoulement des eaux, sous l'étanchéité* d'une toiture-terrasse, ou dans les locaux tels que les salles d'eau, cuisines et douches de collectivités, etc.

FORMERET
ou **FERMERET** n.m. ou adj.
Le formeret, ou *arc formeret*, est l'arc* qui ferme l'extrémité d'une travée* de voûte*, parallèlement à l'axe du vaisseau de l'édifice (V.ill).

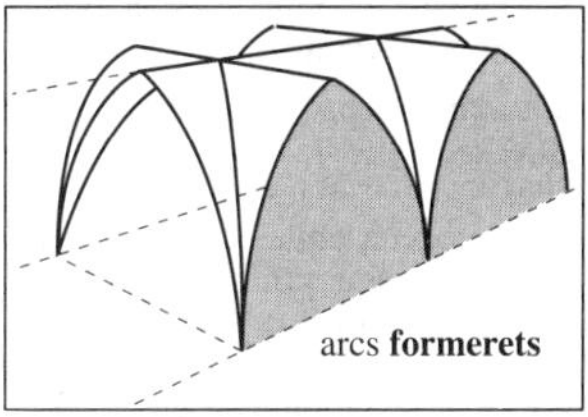

FORTAGE n.m.
Le *contrat de fortage* est la concession à un exploitant, par le propriétaire d'un sol ou d'une carrière, du droit d'en extraire des matériaux.

FORURE n.f.
Trou pratiqué dans une pièce de métal, avec un foret*. Évidement de la tige d'une clef forée*.

FOSSE n.f.
Réservoir enterré, en plastique ou en béton armé, en général destiné à recueillir les eaux-vannes et/ou les eaux usées :

1/ *Fosse d'aisances*, ou ***fosse fixe***, ou ***fosse d'accumulation*** : réservoir enterré pour la collecte d'eaux*-vannes d'un bâtiment, enterré à un minimum de 2 mètres de profondeur, hors des surfaces bâties ; étanche, la fosse comporte un regard de visite à tampon étanche, et un évent d'aération montant au-dessus du niveau des toits, à grille pare-moustiques.
Elle ne doit recueillir que les eaux-vannes des WC, sans effet d'eau.
Sa capacité doit être d'environ un m^3 par usager (minimum de 6 m^3).
Ce dispositif implique la vidange périodique par une entreprise spécialisée : l'effluent ne peut jamais être déversé vers le milieu naturel.
L'installation de fosses fixes est *soumise à autorisation* (mairie, sur avis de l'autorité sanitaire).

2/ *Fosse chimique* : fosse d'aisances parfaitement étanche, dans laquelle les matières solides contenues dans les eaux-vannes sont liquéfiées et aseptisées par des produits chimiques, dont l'action est activée par un dispositif de brassage. Son volume est au moins de 100 litres pour un logement de 3 pièces, auquel on ajoute 100 l. par pièce supplémentaire. Les produits chimiques utilisés sont des bases* fortes : potasse, soude caustique, chlorure de chaux, hypochlorites de calcium, de potassium ou de sodium.
Comme les fosses d'aisance, les fosses chimiques doivent être vidangées régulièrement.

3/ *Fosse septique* : volume enterré et étanche de collecte et de traitement des eaux-vannes (et, désormais, des eaux usées ménagères), avant rejet dans l'environnement. "*Une fosse septique est un appareil destiné à la collecte, à la liquéfaction partielle des matières polluantes contenues dans les eaux usées, et à la rétention des matières solides et déchets flottants*" (règlem.1982).
Pour tous les bâtiments non raccordés

aux réseaux d'égouts, c'est la solution normale d'assainissement.

a/ La ***fosse septique traditionnelle.***
Elle recueille les eaux-vannes (et elles seules) et les décompose, par action bactérienne, en composants minéraux peu polluants (nitrates, nitrites, ammoniac).
Elle est compartimentée en deux volumes : le premier, env. 2/3 du volume global, est dit *désagrégeur.* Le second, dit *incubateur*, complète la liquéfaction faite dans le premier compartiment. Le cycle de liquéfaction des matières en suspension dans les eaux-vannes dure environ 10 jours, les résidus non liquéfiables se déposant au fond (d'où la nécessité de vidanges périodiques). L'effluent, liquide mais non épuré, est alors dirigé vers un *épurateur**, ou *filtre bactérien*, pour y être lentement filtré, à travers des granulats minéraux (mâchefer, pouzzolane, scories), et dépollué par l'action de bactéries aérobies. On rencontre divers types d'épurateurs : épurateur vertical, épurateur à cheminement lent (horizontal à chicanes), et plateau* absorbant (dit *tellurien*). L'effluent* épuré peut alors être dispersé dans le sol par un épandage*, ou par un puits* filtrant.

b/ La ***fosse toutes eaux***.
Dans le cadre de la règlementation de 1982, la fosse septique dite ***fosse toutes eaux*** reçoit l'ensemble des eaux usées domestiques (eaux ménagères et eaux-vannes). Elle a l'avantage de retenir les graisses, ne rendant indispensable l'installation en amont d'un bac séparateur (boîte* à graisses) qu'en cas de rejets abondants d'eaux grasses. La fosse peut être ou non cloisonnée en deux compartiments.
Les matières décantées forment une boue à vidanger régulièrement (obligatoire tous les 5 ans).
L'effluent doit ensuite traverser un préfiltre *décolloïdeur*, réservoir rempli de matériaux filtrants renouvelables du type pouzzolane, en aval de la fosse (ou éventuellement intégré à la fosse : V.ill).
Il est surtout destiné à éviter les risques de colmatage des trous des conduits d'épandage ; comme le filtre épurateur, il doit être nettoyé périodiquement. Un regard de prélèvement est nécessaire en aval, pour contrôler la qualité des effluents rejetés ensuite dans le sol.
A titre indicatif, le volume d'une fosse toutes eaux doit être au minimum de 2 m³ (3 m³ sont recommandés) pour 4 équivalents-habitants.
Pour des logements plus importants, il doit être augmenté de 0,5 m³ par pièce supplémentaire, ou par 2 usagers au-delà du troisième.

FOSSE SEPTIQUE
traditionnelle, en béton

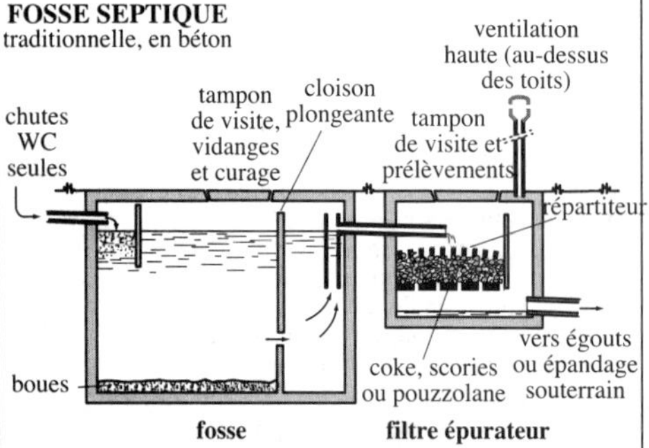

FOSSE dite "**toutes eaux**"
en plastique armé

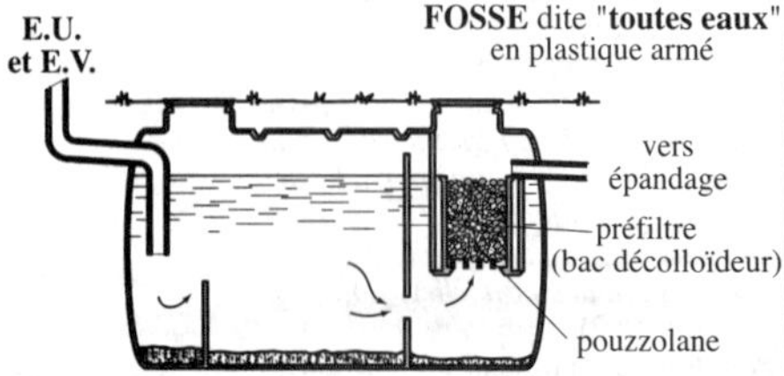

FOUCAULT (courant de —)
Courant électrique parasite qui est induit par les modifications de champ magnétique affectant des corps métalliques massifs, tels que les noyaux de transformateurs.

FOUET n.m.
Outil adaptable sur un moteur portatif ou une perceuse, pour le brassage

des mélanges ; on utilise des fouets à rotation lente (environ 600 trs/min) pour la préparation des enduits de lissage*. Syn.: *agitateur**.

FOUETTER v.tr.
Jeter au balai un plâtre gâché clair* pour constituer une sous-couche, ou enrober un lattis* avant de le recouvrir d'un enduit de plâtre normal.

FOUETTIS n.m.
Sous-couche de plâtre fouetté sur un baccula* ou un lattis.
Gobetis* d'enduit de ciment.

FOUGÈRE n.f.
Un pan* de bois est *en fougère*, ou *à brin de fougère*, si ses pièces sont assemblées en diagonale ; de même, un parquet*, un dallage de briques sont *en fougère* si leurs éléments sont en diagonales alternées.

FOUILLE n.f.
Excavation pratiquée dans le sol, en général pour y établir des fondations : *chantier en fouilles*.
Une fouille peut être *en déblai* ou *en galerie*, selon qu'elle est à ciel ouvert ou en galeries couvertes et étayées. Une fouille peut être *blindée* (parois maintenues par blindage*), *franche* ou *en pleine masse* (terres coupées verticalement ne nécessitant pas de blindage), *talutée* (bords de fouille en pente plus ou moins forte selon la cohésion du sol).
Une fouille est dite *en puits* si sa profondeur est importante par rapport à son emprise* au sol ; *en rigole*, ou *en fendue*, si elle est faite de tranchées longues et étroites, pour recevoir la semelle* filante des murs ; *en tasseau* lorsque, pour des travaux en sous-oeuvre, elle est faite par tronçons successifs.
Le *fond de fouille* désigne le niveau bas où s'arrête l'excavation.

FOUILLÉ adj.
Qualifie une table* de bossage* mural, dont le parement est ravalé en retrait du nu*, ou contigu à une table saillante.

FOUILLOT n.m. V. Foliot.

FOUIR v.tr.
Creuser le sol, faire une fouille, un *fouissage* (peu usité).

FOULÉE n.f.
Longueur du pas moyen d'un adulte qui monte ou descend un escalier*, d'où découlent les formules de calcul des marches* (V. Escalier).

La ***ligne de foulée*** d'un escalier est l'axe fictif parallèle à la rampe ou au limon central, soit au milieu de l'emmarchement, soit à 50 cm du limon ou de la rampe si l'emmarchement dépasse un mètre.
La ligne de foulée sert à figurer l'axe du passage normal des personnes ; c'est au droit de cette ligne que sont mesurés les girons* des marches, qui doivent être constants.

FOULOIR n.m.
Partie externe de la bague de serrage, à six pans, du presse-étoupe* d'un robinet*.

FOURCHE n.f.
1/ Surface triangulaire délimitée par la base circulaire d'une coupole et deux de ses arcs porteurs ; V. aussi Panache, Pendentif.

2/ Bras porteurs mobiles d'un chariot élévateur ou d'un transpalette*.

FOURCHETTE n.f.
1/ Assemblage du sommet des petites noues* d'une lucarne*, dans le plan du pan de toiture du comble.
Syn.: *reprise de noue*.

2/ Pièce de métal en forme d'étrier avec laquelle on fixe un tirant* au pied d'un arbalétrier.

3/ Indication de deux valeurs de mesure, de coût, de consommation, etc., entre lesquelles se situe la valeur exacte : *fourchette de prix*.

FOURNEAU n.m.
En terrassement, désigne une cavité creusée dans une roche pour y disposer une charge explosive.

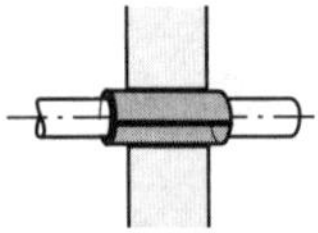

fourreau

FOURREAU n.m.

1/ Pièce métallique à profil creux, utilisée par exemple pour l'assemblage de structures tubulaires.

2/ Gaine tubulaire souple ou semi-rigide dans laquelle on fait passer les câbles et canalisations, dans leur traversée des parois, cloisons, murs et planchers, afin de les protéger et de les désolidariser des maçonneries : les fourreaux permettent le libre jeu des dilatations, et limitent la transmission des bruits* solidiens* entre les canalisations et les parois.
Les fourreaux qui traversent des cloisons et parois coupe-feu* doivent eux-mêmes être classés coupe-feu.

FOURREAUTER v.tr.
Mettre en place un fourreau, gainer un tuyau.

FOURRÉ adj.
Une *maçonnerie fourrée* est composée de deux parois de pierres appareillées, entre lesquelles est fait un remplissage de mortier grossier, de blocage*, de gravois ou de terre.
Le même mode de construction s'appliquait autrefois aux *colonnes fourrées*, aux *arcs fourrés* et aux *voûtes fourrées*.

FOURRER v.tr.
De façon générale, combler une cavité avec un mortier et des éclats de moellons.
En couverture, c'est garnir le dessous des tuiles faîtières avec un mélange de plâtre et de tuileau* pour constituer leur assise et les sceller.

FOURRURE n.f.
De façon générale, pièce intermédiaire de calage, de rachat*, de remplissage, de réglage d'épaisseur, de dissimulation d'un joint, correction d'un écart, etc. Ainsi par exemple :

1/ La pose des parquets est faite parfois sur des *fourrures* lorsque l'épaisseur disponible ne permet pas de placer des lambourdes*.

2/ En couverture, la *fourrure de noue*, ou *friteau**, est une pièce de bois biseautée rapportée dans l'angle d'une noue*, pour casser l'angle de renvers*, ou pour constituer le fond et le support d'une noue* arrondie.

3/ En maçonnerie, la *fourrure* est un remplissage grossier entre les deux parements d'une paroi composite, dite paroi fourrée*. Syn.: *blocage*.

4/ En plafonnage, les *fourrures* sont les rails portés par des suspentes* réglables, sous lesquels on fixe les faux-plafonds.

5/ Dans une paroi creuse ou une porte isoplane, une *fourrure* est une pièce résistante incorporée à l'âme, pièce dans laquelle on pourra fixer des ferrures, des supports de radiateurs, etc.

FOYER n.m.

1/ Bâtiment de logements et/ou de locaux communautaires : foyer de célibataires, foyer municipal, etc.

2/ Dans une cheminée* ou dans une chaudière*, volume où s'effectue la combustion des combustibles. Tout foyer doit être alimenté régulièrement en air frais (comburant*).

FOYÈRE

1/n.f. Entourage en matériaux incombustibles formant dallage de sol, au droit de l'âtre d'une cheminée.

2/adj. La ***plaque foyère*** désigne la plaque radiante en fonte, rapportée verticalement au fond du foyer (le contrecoeur*) d'une cheminée*.

FRACTIONNEMENT n.m.
Division d'un ouvrage de maçonnerie ou de carrelage en panneaux.
Se dit en particulier des joints* de retrait* des dalles de béton, réservés lors de la mise en oeuvre, ou sciés dans le matériau durci, sur une partie de son épaisseur.

FRAIS, FRAÎCHE adj.
Qualifie un béton, un mortier, un enduit, une peinture, etc. en cours de prise* ou de séchage, et trop récemment mis en oeuvre pour subir la moindre contrainte.

FRAIS GÉNÉRAUX n.m.pl.
Ensemble des frais indirects qui, ne concernant ni les achats de fournitures* de chantier, ni les coûts directs de main-d'oeuvre (salaires et charges), ne peuvent être facilement évalués chantier par chantier : ce sont par exemple les frais d'études, de secrétariat, de prospection, de publicité, de téléphone, de transport...
Pour couvrir tous ces frais, dans l'établissement de leurs devis, les entreprises ont l'habitude de majorer leurs coûts directs (fournitures et main-d'oeuvre) d'un coefficient qui leur est propre (hors taux de marge bénéficiaire ajouté au total obtenu).

FRAISAGE n.m.
Travail réalisé à la fraise.

FRAISE n.f.
Pièce d'outillage rotative, dont l'extrémité est garnie d'arêtes tranchantes ou de matériau abrasif, suivant divers profils.
Les fraises travaillent soit *de face*, par ex. pour les fraisages de têtes de vis (V.ill), les surfaçages ou les défonçages*, soit *de profil*, pour les rainures, feuillures...

FRAISER v.tr.
Usiner par fraisage, avec une ***fraiseuse*** ; en serrurerie et en menuiserie, c'est, en général, faire une fraisure.

FRAISOIR n.m.
Petit vilebrequin, utilisé surtout en ébénisterie et en marqueterie.

FRAISURE n.f.
1/ Évasement d'un trou, formant le logement d'une tête de vis* *fraisée*. Syn.: *noyure*.

2/ Petite rondelle emboutie, à rives coniques, rapportée sous une tête de vis (V.ill).

FRANC, **FRANCHE** adj.
1/ Qualifie une tonalité de couleur non mélangée, ni cassée*.

2/ Qualifie un bois ou une pierre de belle qualité, ferme et de texture régulière, se travaillant bien.

Dans une carrière, le ***banc franc*** est la partie d'où sont extraites les pierres de la meilleure qualité.

FRANÇAISE (à la —)
V. Escalier, Fenêtre, Plafond.

FRASSAGE n.m.
Émiettage des mottes et aération de la terre à pisé*.

FREIN (**d'écrou**) n.m.
Dispositif qui empêche un écrou* de se desserrer ; les freins peuvent être des goupilles*, des rondelles* compressibles en nylon, etc.

FREINTE n.f.
Ensemble des déchets et pertes provenant du transport des matériaux et de leur manipulation sur chantier : sac crevés, tuiles cassées, etc.

FRÉON n.m.
Gaz dérivé du méthane ou de l'éthane ; liquéfiable, ininflammable, non corrosif, il sert d'agent frigorigène*.

FRÉQUENCE n.f.
Valeur caractéristique d'un phénomène alternatif, la fréquence est son nombre de périodes* par seconde, exprimé en hertz (**Hz**).

1/ En acoustique*, la fréquence des ondes sonores (sons audibles) s'étend de 16 Hz (son très grave) à 30 000 Hz (très aigu*).
2/ En électricité*, la fréquence est une des trois caractéristiques d'un courant* alternatif* : c'est le nombre de périodes* par seconde.
Le courant alternatif est fourni en 50 Hz en Europe (il change donc de sens 100 fois par seconde) ; et en 60 Hz en Amérique du Nord.

-***Basse fréquence*** : qualifie un courant de moins de 300 Hz (télécommunications), ou moins de 250 Hz (applications industrielles).

-Les courants de ***moyenne fréquence*** (455 Hz en France) concernent la radiodiffusion, et ceux de ***très haute fréquence*** (plus de 30 MHz) concernent la télévision.

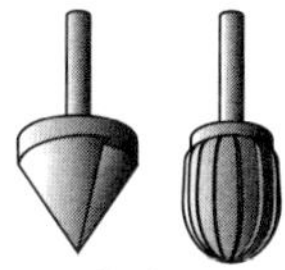
fraises
pour fraisure de vis et pour creusement de gorge (avec une défonçeuse)

fraisure (F)

Entre les deux, des courants de ***haute fréquence*** ont des applications médicales et industrielles (soudures).

FRÉQUENCEMÈTRE n.m.
Appareil à lecture directe de la fréquence des courants alternatifs.

FRETTAGE n.m.
Armature* ou ceinturage d'une pièce avec des bandes de métal ou des fils d'acier, soit pour la consolider, soit, dans le cas d'éléments longiformes (pieux*, poteaux) en bois ou en *béton fretté*, pour empêcher leur gonflement et améliorer leur résistance.

FRETTE n.f.
1/ Ornement de l'art roman, composé de petites moulures en zigzag courant sur une moulure plate.

2/ Bandage métallique, armature en spirale ou collier empêchant une pièce de se fendre.

FRETTER v.tr.
Ceinturer ou armer avec une frette : *poteau fretté*.

FRIABILITÉ n.f.
Manque de cohésion d'un minéral ou d'un matériau *friable*, c'est-à-dire facile à désagréger ou à broyer.

FRIGORIE n.f. (symbole **Fg**)
Ancienne unité de mesure du froid*, c'est-à-dire de l'énergie calorifique négative retirée à un ensemble.
Cette unité, dite *kilocalorie négative*, valant 4,185 x 10^{-3} Joules*, a vu son usage interdit, au profit des expressions en joules ou en kWh.

FRIGORIFIQUE adj.
Qualifie tout équipement de production de froid, le plus souvent par évaporation en circuit fermé d'un fluide frigorigène préalablement liquéfié par compression.
Qualifie tout local clos à haute isolation thermique, conçu pour le maintien permanent d'une température basse, positive (légèrement supérieure à 0°C), ou négative : *armoire frigorifique, entrepôts frigorifiques*.

frette crénelée

FRIGORIGÈNE adj.
Qualifie un fluide qui, en se vaporisant, engendre le froid.
Les fluides frigorigènes utilisés dans les installations frigorifiques (fréons*, chlorures d'éthyle ou de méthyle) sont choisis pour leur facilité de liquéfaction par compression, et pour leur caractère non corrosif.

FRIPE n.f.
Se dit d'une peinture ou d'un vernis difficiles à étendre, ou qui tendent à se rétracter en séchant.

FRISAGE n.m.
1/ Petites ondulations à la surface d'une peinture.

2/ Treillage* composé de fines baguettes de bois.

FRISANT adj.
Un éclairage est dit *à jour frisant* lorsqu'il atteint une surface selon un angle très aigu, presque parallèlement à cette surface. Sur les façades, sur les murs et sur les plafonds, un tel éclairage met en évidence les défauts de planéité* et ondulations de surface.
Syn.: (jour) *rasant*.

FRISE n.f.
1/ARCHIT.: partie d'un entablement* située sous la corniche*, au-dessus de l'architrave* (V.ill. à Ordre).
Une frise peut être *lissée*, *bombée* ou *ornée* (en général de bas-reliefs à motifs répétitifs ou alternés).

2/COUVERT.: la ***frise chanlattée*** est une latte* à profil biseauté en trapèze, utilisée pour les voligeages*; sa largeur va de 50 à 80 mm, ses deux hauteurs étant de 15 et 26 mm.

3/MENUIS.: planche de débit étroite (moins de 13 cm de large), de 18 à 26 mm d'épaisseur brute, utilisée surtout pour fabriquer les lames de parquet ou divers éléments embrevés*. Dans un lambris* ou dans une porte* à panneaux, la *frise* est un panneau intermédiaire plus large que haut.

4/PEINT-REVÊT.: bandeau ou décor de peinture ou de papier peint qui couronne un revêtement mural intérieur.

5/SERRUR.: motifs d'ornement et de défense qui surmontent une grille*, au-dessus de sa traverse haute.

FRISER v.i.
Se dit d'une peinture qui s'étale mal et qui, en séchant, ne se tend pas uniformément ; c'est le cas, par exemple, d'une émulsion aqueuse appliquée sur un subjectile gras.

FRISETTE n.f.
1/ Frise rabotée constituant les lames de parquet dont l'assemblage* se fait par emboîtement à rainures et languettes ; le parement des frisettes a de 6,5 à 8 cm de largeur.

La ***frisette double*** est une frisette de largeur inférieure à 6,5 cm.

2/ Planchette de bois résineux d'env. 10 mm d'épaisseur, à emboîtement latéral, utilisée en lambrissage* des murs et plafonds ; les frisettes sont fixées sur des tasseaux transversaux, avec des pointes (*fixettes*) clouées en biais dans leurs rainures.

FRISOIR n.m.
Désigne parfois une taloche à semelle de mousse plastique.

FRISON n.m.
1/ Copeau enroulé formé par un rabotage.

2/ Trace laissée sur une tôle par son pliage.

FRISURE (de bois) n.f.
Amas de copeaux fins enchevêtrés, utilisé dans des travaux de finition.

FRITEAU n.m.
Petite latte rapportée sur ou de part et d'autre d'une fonçure* de noue* de couverture, pour en modifier la courbure. Syn.: *fourrure*de noue*.

FRITTAGE n.m.
Agglomération de matériaux par fusion. Dans le travail des métaux en poudre, opération de "soudure" des grains métalliques réalisée par compression à chaud, donnant un ***métal fritté***.

FRITTE n.f.
En verrerie, mélange de sable et de soude soumis à une première fusion (le *frittage*) pour éliminer ses impuretés.

FROID n.m. et adj.
1/ Absence d'énergie calorifique, ou énergie calorifique inférieure à celle d'un milieu de référence qui, par comparaison, sera dit *chaud*.

2/ Les ***pierres froides*** sont les pierres de carrière dures, à grain serré, prenant bien le poli (par exemple le comblanchien*).

FRONT n.m.
Se dit de la face antérieure visible, ou partie *frontale* d'un élément architectural, linteau*, plate-bande*, etc.
Arc qui termine l'extrémité d'une voûte : *arc de front*.

-***de front*** signifie aussi côte à côte (différent de *affronté**).

FRONTEAU n.m.
Petit fronton* couronnant une baie.

FRONTON n.m.
Tympan* encadré par une corniche et des rampants moulurés, qui couronne une façade, un portique, ou une lucarne*. On rencontre de nombreuses formes de frontons, dont quelques-unes figurent page suivante.
Les proportions académiques hauteur/largeur du fronton triangulaire *normal* sont de 5/24. P
lus haut ou plus bas, il est dit soit *surhaussé,* soit *surbaissé*.

FROTASSER ou **FROTTER** v.tr.
Talocher*, finir un enduit mural à la taloche ou au bouclier* de bois, par mouvements circulaires : *enduit frotassé* (se dit surtout dans le Sud de la France).

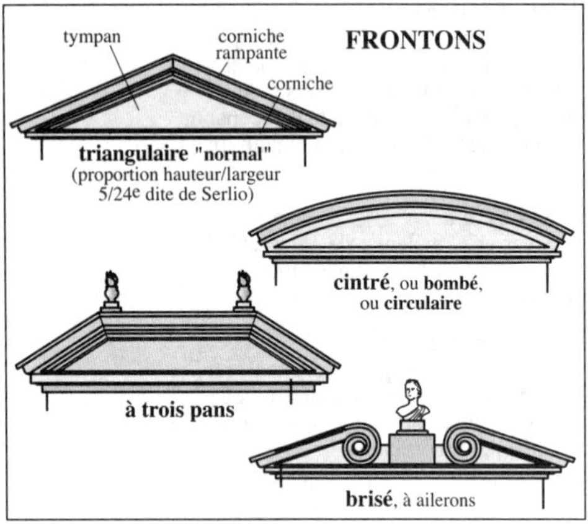

FROTTEMENT n.m.
Phénomène physique de résistance au glissement des molécules les unes sur les autres.
Les constituants d'un mortier frais et compact, par exemple, présentent une bonne résistance au frottement ; le fait de vibrer ce mortier a pour effet d'espacer les molécules, réduisant les frottements internes, ce qui fluidifie le matériau.

FROTTIS n.m.
1/ Très fine couche de peinture, qui ne masque pas le fond ; on utilise cette technique en restauration, pour éviter de donner aux surfaces peintes un aspect neuf.

2/ Un ***frottis de brique*** est l'imitation d'un briquetage réalisé avec deux couleurs d'enduit : les joints tracés en creux dans un enduit de couleur brique sont garnis d'un enduit de ton clair.

FRUIT n.m.
Inclinaison de l'un des parements d'un mur, telle que l'épaisseur de ce mur diminue de sa base vers son faîte : on donne en particulier *du fruit* aux murs de soutènement* et aux murs talutés*. Inversement, un mur dont le parement est incliné en surplomb a du *contre-fruit** (V.ill).

L'expression du fruit (et du contre-fruit) peut être soit celle de l'angle formé avec la verticale, soit la valeur de l'écart d'aplomb par unité de hauteur.

FUEL n.m. V. Fioul.

FULIGINEUX adj.
De couleur noirâtre, couleur de suie ; une flamme fuligineuse est celle qui provoque des dépôts de suie.

FULLER (courbe granulométrique de —) V. Granulométrie.

FUMÉE n.f.
Gaz dégagé par la combustion d'un corps ; elle est plus ou moins opaque selon la proportion de micro-particules qu'elle contient.
L'*indice de noircissement* des fumées (*indice de Bacharach* évalué par le *smoke-test*), ne doit pas excéder certaines valeurs en zone urbaine ; une valeur limite est aussi imposée à l'*indice pondéral* (taux de poussières contenues dans les fumées).

Évacuation des fumées : V.Conduit.

Protection contre les fumées d'incendie : les dispositifs obligatoires

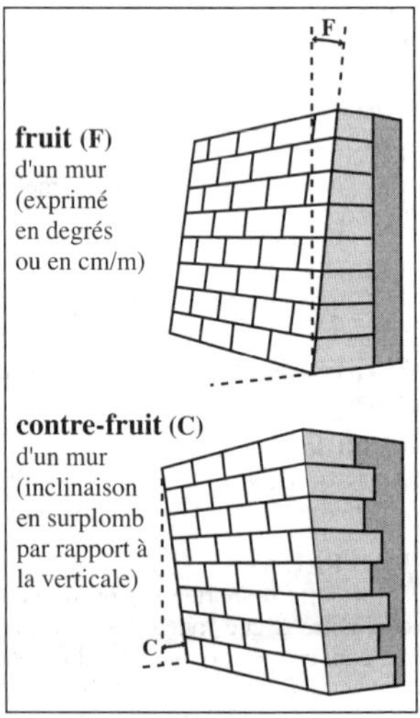

dépendent des catégories d'immeubles* concernées.
Ils vont de la trappe* de désenfumage au sommet des cages d'escalier à un compartimentage coupe-feu des locaux et des circulations, évitant que les fumées n'envahissent les étages supérieurs. *Voir détails dans le CCH, ainsi que les normes.*

FUMIFUGE n.m.
Dispositif qui, au faîte d'un conduit de fumée, améliore le tirage : aspirateur* statique, mitre*, etc.

FUMISTE n.m.
Entrepreneur ou compagnon spécialiste de la construction des cheminées et conduits de fumée.
On dit plutôt aujourd'hui *Caloriste.*

FUMISTERIE n.f.
Art et profession du fumiste ; les règles de l'art de la fumisterie sont regroupées dans un *DTU.*

FUNICULAIRE n.m.
Représentation, dans l'architecture et la construction des voûtes et des arcs, de la résultante des efforts de transmission des charges d'un voussoir à l'autre, jusqu'aux sommiers*.
Pour qu'une voûte ou un arc soient stables, leur *funiculaire* ne doit en aucun point être extérieur au plan de section de leurs joints d'assise.
Syn.: *descente des charges.*

FURANNE n.m.
Résine liquide extraite, à l'origine, du goudron de sapin, puis fabriquée par synthèse. Cette résine présente des analogies avec les dérivés benzéniques ; elle est stable à la chaleur et insoluble dans l'eau, et polymérisable* en présence d'acides.

-***Ciment furannique*** : liant polymérisable à froid, qui est utilisé pour des travaux spéciaux et pour des joints à haute résistance.

FURET n.m.
Appareil utilisé pour désengorger les canalisations ; il se compose d'un câble semi-rigide ou d'un ensemble de flexibles aboutés, dont la rotation est assurée par un système à manivelle (ou à moteur) ; l'outil fixé à l'extrémité est soit un crochet double, soit une tige vrillée dite tire-bouchon (V.ill).
Syn.: *déboucheur.*

fuseaux cylindrique, conique et sphérique

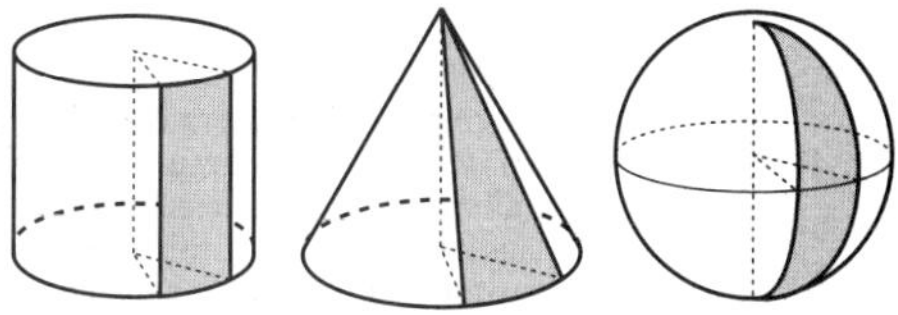

FUSAROLE, FUSAROLLE ou FUSEROLLE n.f.
Motif d'ornement en forme de chapelet* à grains oblongs, alternant avec des grains ronds.

FUSEAU n.m.
1/ Pièce galbée de forme allongée.
2/ Tige de fer rond ou carré, rectiligne ou non, servant de montant de rampe et de support à une main courante d'escalier.
3/ Portion d'une surface de révolution (cylindre, cône, sphère...), limitée par deux plans passant par son axe de révolution (V.ill).

FUSÉE n.f.
À la surface d'une peinture ou d'un enduit, traînée plus ou moins longue de couleur soutenue, due à une petite quantité de colorant mal broyé ou mal dispersé dans le matériau.

FUSELÉ adj.
Qualifie un élément tel que colonne, balustre, etc., dont le profil est *en fuseau*, en forme d'ellipse très allongée (V.ill) ; on dit aussi ***fusiforme***.

FUSER v.i.
Pour une peinture, c'est s'étaler par capillarité et former des bavures* en débordant hors des limites.
La ***chaux fusée*** est une chaux éteinte sans passer par le stade pâteux.

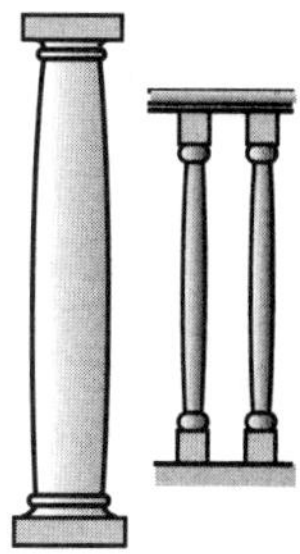

colonne et balustres **fuselés**

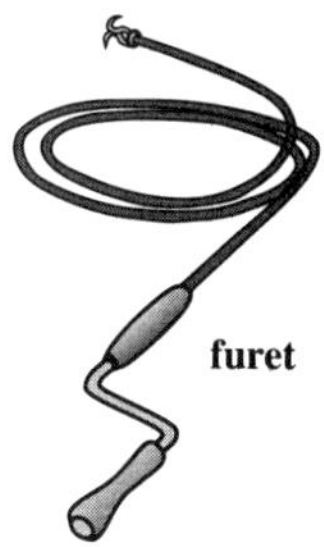

furet

FUSIBLE adj. et n.m.
Qualifie une matière qui fond (ramollissement par *fusion*) lorsque sa température s'élève.

Par simplification du terme *conducteur fusible*, les *fusibles* désignent les fils d'alliage d'étain ou de plomb utilisés dans les coupe-circuits* thermiques, et souvent, par déformation du langage, les coupe-circuits* eux-mêmes.

FUSION n.f.
Changement d'état d'un corps solide, lorsqu'il devient liquide.

Le ***point de fusion*** est la température exacte où un corps commence à passer de l'état solide à l'état liquide ; il conserve cette température jusqu'à fusion complète.

La ***fusion pâteuse*** concerne les corps qui fondent et deviennent liquides de façon progressive, au fur et à mesure de l'élévation de la température (c'est le cas du verre).

FUSTE n.f.
Ouvrage en rondins de bois.
L'art de ce type de construction, en particulier pour des châlets, est la ***fusterie***, pratiquée par le ***fustier***.

FÛT n.m.
1/ Partie d'un tronc d'arbre dépourvue de branches. On la tronçonne en billes pour en tirer les bois d'oeuvre.

2/ Partie centrale élevée d'une colonne*, entre sa base* et son chapiteau*. Un fût est soit monolithique, soit composé d'un empilement de tambours*.

3/ Monture de bois d'un outil de menuisier, d'allure parallélépipédique, dans lequel on insère des fers* tranchants : rabots*, bouvets*, guillaumes*, feuillerets*, varlopes*, etc., sont des ***outils à fût***.

FUTÉE n.f.
Pâte composée de colle mélangée à une poudre (sciure, carbonate, craie...), et utilisée pour mastiquer les fentes des ouvrages en bois.

FUYANT n.m. et adj.
Se dit parfois d'un tracé exécuté en perspective*.
Ligne fuyante : chacune des lignes de perspective* qui, se rejoignant sur l'horizon, donnent l'impression d'éloignement et de profondeur, c'est-à-dire de décalage entre les différents plans d'une vue.

G

g
Symbole du gramme, et de l'accélération de la pesanteur.

G Symb. du Gauss*, de la conductance*, et du multiplicateur giga-*.

GABARIAGE n.m.
Confection d'un gabarit ; contrôle d'une pièce à l'aide d'un gabarit.

GABARIT n.m.
1/ Peut désigner toute pièce en bois ou en tôle découpée servant de modèle ou de patron* pour reporter un profil ou des dimensions, pour tailler une pierre, faire des copies de pièces, cintrer des éléments de ferronnerie suivant une même courbure, etc.
Un ***gabarit variable*** désigne en général un conformateur*.

2/ Désigne tout dispositif servant à contrôler des dimensions, telles que le diamètre de tuyaux.

Le ***gabarit de taluteur*** est une sorte de grand niveau* de maçon triangulaire, muni d'une petite masse mobile formant fil à plomb. Il sert à contrôler l'inclinaison des ouvrages en talus (V.ill. page suivante).

3/ En urbanisme, le gabarit désigne l'ensemble des règlements locaux concernant les limites de dimensions que doivent respecter les édifices dans une zone urbaine donnée, par rapport à la voie publique : limites de hauteur (dites servitude *non altius tollendi*), reculement* des bâtiments, saillies des balcons et des corniches, avancées de toitures, etc.

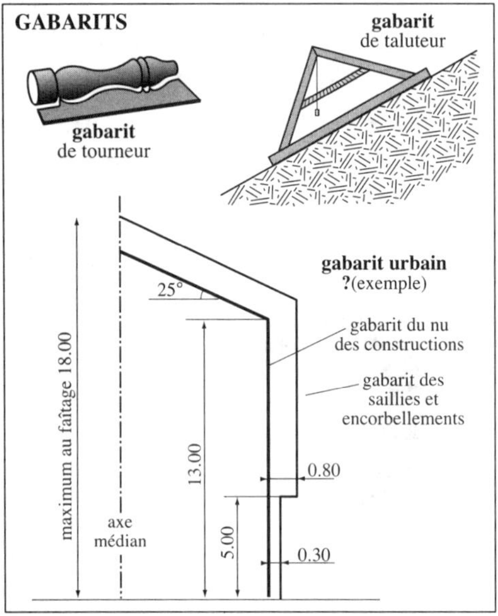

4/ Voir aussi au mot Garde-corps le ***gabarit de sécurité*** normalisé relatif aux jours* des balcons, balustrades...

GABIER n.m.
Ouvrier chargé de déverser le béton dans les tubes de fonçage* des pieux* battus, au fur et à mesure de leur progression dans le sol.

GABION n.m.
Caisson en treillage métallique, rempli de caillasse ; il sert pour la stabilisation des sols en pente, et la protection contre les éboulements de berges ou les affouillements*.

GABLE ou **GÂBLE** n.m.
(désigne, en anglais, le pignon*)
Fronton* ou pointe de pignon* triangulaire, plus ou moins ajouré, surmontant l'arc ou le linteau d'une baie ou, autrefois, de certaines lucarnes*. Le gâble peut être composé de moulures rampantes rapportées sur un mur de fond, ou détaché du mur ; il est alors dit *gâble construit.*

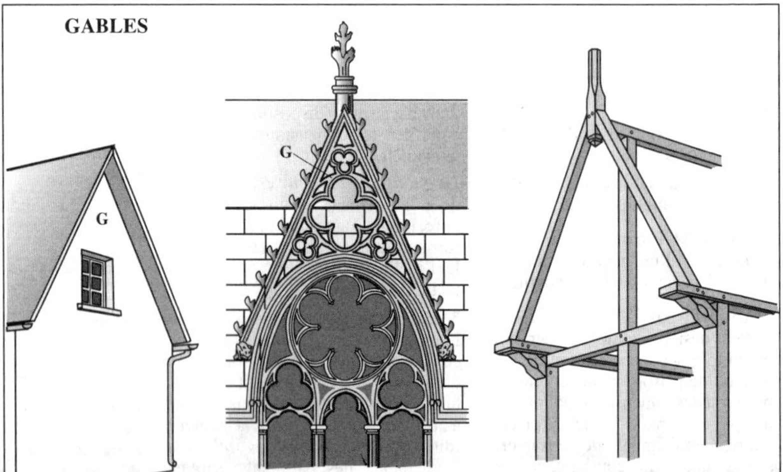

gable de mur pignon

gable gothique "en dentelle", à crochets et amortissement

gable de lucarne en bois (d'après un croquis de VIOLLET-LE-DUC)

GÂCHAGE n.m.
Introduction de l'eau nécessaire à l'hydratation* d'un liant, en général additionné de charges* (cas des bétons et mortiers) et parfois d'ajouts, puis malaxage du mélange jusqu'à l'obtention d'une pâte utilisable.

Le ***gâchage du plâtre*** s'effectue en versant peu à peu le plâtre dans l'eau, et en malaxant aussitôt en une crème homogène et fluide ; à l'inverse, le ***gâchage d'un matériau à base de ciment*** s'effectue en ajoutant l'eau sur le matériau sec, puis en malaxant pendant 3 à 6 minutes.
Dans le cas des mortiers-colles* et enduits dont les adjuvants (rétenteurs d'eau, plastifiants) doivent s'humidifier pour développer leurs caractéristiques, un temps de repos de la gâchée de 5 à 10 mn est nécessaire avant utilisation.

-L'***eau de gâchage***, qui doit bien sûr être propre, est l'eau ajoutée en proportion précise et constante d'une gâchée à l'autre (dans le cas des enduits de parement*: une différence de taux de gâchage peut entraîner des différences importantes de nuances et d'aspect de surface).
L'eau de gâchage est toujours incorporée en quantité très supérieure à celle qui serait théoriquement nécessaire pour l'hydratation et pour la réaction de prise* du liant.
L'excédent, qui sert au mouillage des constituants, permet d'obtenir une pâte plastique et maniable ; il sera ensuite éliminé au cours du durcissement. Pour un béton, le ***taux de gâchage*** est le rapport entre le poids d'eau et le poids de ciment, exprimé par **E/C**. Pour les taux de gâchage des mortiers industriels, suivre les indications portées sur les sacs.

-Le ***gâchage manuel*** est celui qui est fait à la truelle*, à la pelle ou au râteau, par opposition au ***gâchage mécanique***, qui est réalisé avec un appareil motorisé (bétonnière*, fouet* électrique, malaxeur* à axe vertical, pompe* à mortier, etc.).

GÂCHE n.f.
1/PLOMB.: piton* à crochet ou demi-collier (*gâche à vis*) pour fixer des tuyaux de plomb contre les parois.

2/SERRUR.: petit boîtier fixé sur le dormant* d'une huisserie, dans lequel s'engage le pêne* d'une serrure, ou la tige d'une crémone*.
Une gâche peut également être une simple patte repliée (*gâche d'épaisseur*), un coffret complet (*gâche encloisonnée*), ou une simple plaque de métal percée (*gâche de serrure à encastrer*).

Une ***gâche électrique*** est une gâche munie d'un dispositif à électroaimant dont la mise sous tension par un interrupteur (bouton-pressoir) libère le pêne de la serrure soit en le repoussant, soit en provoquant l'effacement ou le pivotement de la plaquette d'arrêt.(V. ill).

GÂCHES

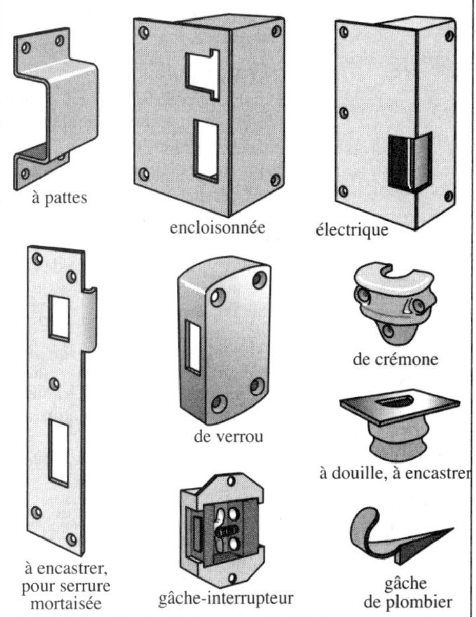

GÂCHÉE n.f.
Pâte obtenue par malaxage d'un liant* en poudre, d'un mortier ou des composants d'un béton, avec de l'eau ; désigne chaque unité de mélange ainsi préparée en une fois, dans un récipient ou une bétonnière.

GÂCHER v.tr.
Incorporer l'eau dans un liant, ou dans les constituants secs d'un mortier ou d'un béton, et procéder au malaxage pour obtenir une pâte homogène, apte à l'emploi.

-***Gâcher serré***, c'est gâcher en une pâte épaisse ; ***gâcher clair***, c'est obtenir une consistance fluide.

-***Gâcher "à consistance"***, c'est gâcher un mortier en ajoutant l'eau jusqu'à l'obtention de la plasticité souhaitée.

GÂCHETTE n.f.
Petite pièce à encoches fixée au palâtre* d'une serrure*, sous la queue du pêne*, pour le bloquer après chaque tour de clef.

GÂCHEUR n.m.
1/ Ouvrier préposé, sur un chantier, au dosage en eau et au malaxage du béton ou des mortiers.

2/ Plateau métallique fermé sur trois côtés servant au gâchage de petites quantités de mortier. On dit aussi ***gâchoir*** dans ce sens.

3/ Aide* affecté au service des compagnons, dans une entreprise de charpente ou de menuiserie.

GAIN n.m.
En acoustique*, c'est la réduction exprimée en décibels dB(A) obtenue par la mise en place d'un équipement, isolant ou autre.
Syn.: *affaiblissement acoustique*.

GAINE n.f.
1/BEAUX-ARTS : socle de statue, buste, etc., de section rectangulaire, en forme de tronc de pyramide, s'élargissant de la base vers le haut.
V. aussi *Hermès*, *Terme*.

2/ De façon générale, désigne toute enveloppe de section circulaire ou rectangulaire servant à la protection ou au passage d'un élément ou de plusieurs éléments groupés : canalisations, conducteurs électriques, conduit de vide-ordures*, câbles de tension (béton précontraint*), etc.

-***Gaine technique*** : galerie coffrée d'allure verticale (parfois horizontale), trop exiguë pour y pénétrer, mais visitable (par des trappes de visite), dans laquelle sont regroupés et masqués à la vue des organes de distribution et d'évacuation des fluides, canalisations et colonnes d'alimentation, chutes*, conducteurs électriques, câbles de télécommunication et d'antennes, etc.
Syn.: *alvéole technique*.

NB- Protection contre l'incendie.
Pour la conception et la réalisation des gaines, on consultera les articles 46 à 64 de l'Arrêté de Sécurité incendie.
En règle générale, au moins dans les immeubles des 2e, 3e et 4e familles, toute gaine traversant une paroi doit présenter des caractéristiques coupe-feu analogues à celles de la paroi traversée.
Cas des gaines de distribution du gaz, dites ***gaines-gaz*** : "*Si le gaz est distribué sur plus de deux niveaux consécutifs, l'alimentation doit se faire par une ou plusieurs conduites montantes placées dans des gaines verticales, ventilées sur toute leur hauteur et visitables*"... "*Il est interdit de faire passer dans une même gaine des conduites de gaz et des conduites transportant d'autres fluides, hormis l'eau*".
Cas des gaines techniques renfermant des conduits électriques :
"*Lorsque les colonnes montantes "électricité" sont mises en place dans les gaines contenant un ou plusieurs autres conduits, elles doivent être séparées de ces derniers par une paroi pare-flammes* de degré 1/4 d'heure et réalisée en matériaux incombustibles*". V. aussi Vide-ordures.
Les gaines des IGH font l'objet de dispositions particulières.

gaine (G)

3/FUMIST.: la ***gaine collectrice***, par opp. au simple conduit de fumée, désigne un conduit d'allure verticale dans lequel débouchent les évacuations de produits de combustion de plusieurs foyers.

Ne peuvent être raccordés à une gaine collectrice les appareils de puissance supérieure à 15 kcal/h, ou à 24 kcal/h s'il s'agit d'appareils à gaz ou à fioul en fonctionnement continu (chauffage) -ou à 30 kcal/h si ces appareils fonctionnent en discontinu (production d'eau chaude).
Ces gaines ne peuvent desservir qu'un foyer par étage, et jamais plus de 5 foyers au total ; tous les locaux des foyers desservis doivent avoir une baie sur la même façade.

Chaque foyer doit avoir un conduit individuel d'au moins une hauteur d'étage avant le raccordement, et disposer d'un minimum de 6,25 m de hauteur de tirage sous l'orifice de souche, équipé d'un antirefouleur.

3/VENTIL.-CHAUFF.: ***gaine de ventilation***, *gaine d'aération*, *gaine de chauffage* : conduit étanche où circule l'air insufflé ou extrait d'une ventilation* mécanique, l'air chaud d'un calorifère*, l'air conditionné...
Ces gaines aboutissent dans les locaux d'un bâtiment par des grilles d'aération, diffuseurs, registres* ou orifices de chauffage par air chaud.
NB- Par opp. à la *gaine*, le *conduit* désigne plutôt une canalisation d'évacuation par tirage naturel.

GAIZE n.f.
Roche siliceuse sédimentaire compacte, argileuse, dure, entrant dans la composition des *ciments* à la gaize*.

GALANDAGE n.m.
(parfois ***Galandise*** n.f.)
Cloison non porteuse de distribution intérieure, en briques ou autres éléments creux ou pleins, maçonnés sur chant*. Cloison en pan* de bois dont le remplissage est ainsi fait, et ce mode de construction.

GALBE n.m.
Expression du profil plus ou moins convexe d'un membre d'architecture ou d'un élément : galbe de colonne, de pan* de toiture, etc.

GALBÉ adj. Renflé et convexe : balustre* galbé, colonne* galbée...

GALBER v.tr. Courber, cintrer légèrement : galber une tôle.

GALE (du ciment) n.f.
Dermatose* des maçons, maladie professionnelle (sans rapport avec la gale véritable) ; elle se manifeste par des gerçures chroniques et douloureuses de la peau fréquemment au contact du ciment ou de la chaux (concerne donc surtout les mains).

GALÈRE n.f.
Grand rabot* de charpentier comportant des poignées à chaque extrémité, pour être manoeuvré par deux hommes (V.ill).

GALERIE n.f.
En architecture, lieu de passage piétonnier, corridor long et large, promenoir*. Large balcon couvert formant coursive* de circulation.
Tribune latérale d'une nef d'église.
Circulation couverte formant le pourtour d'un cloître*.

-***Galerie couverte*** : circulation* extérieure abritée des intempéries, reliant deux bâtiments.

-***Galerie de cheminée*** : bande de métal placée transversalement sur les deux chenets pour les relier.

-***Galerie technique*** : désigne une gaine* technique d'allure horizontale dans laquelle sont regroupées diverses canalisations d'alimentation (les ceintures*), de ventilation, etc.

GALET n.m.
1/ Pierre dure arrondie par l'usure dans un cours d'eau ou sur un rivage marin. Les ***galets roulés*** sont des galets sélectionnés et calibrés, utilisés parfois en décoration des murs ou en pavage des sols, par sertissage dans un lit de mortier.

galandage

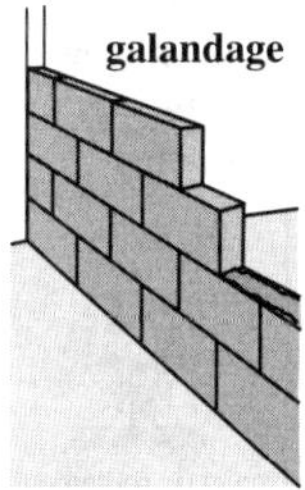

galère

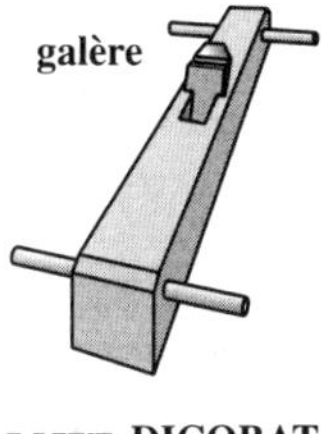

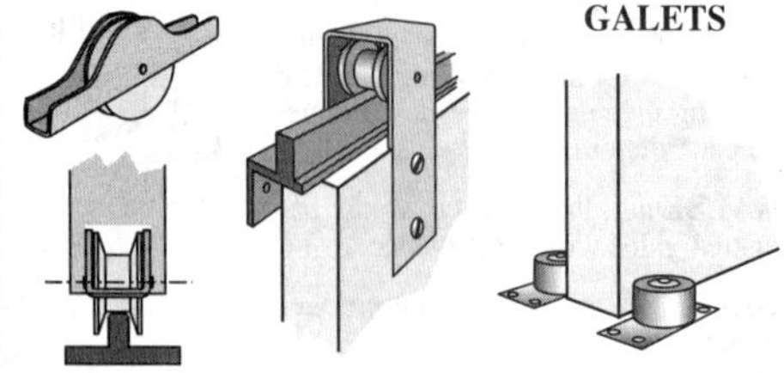

GALETS

galet de roulement pour bas de porte coulissante — galet de roulement pour haut de porte coulissante suspendue — galets de guidage pour bas de porte coulissante suspendue

2/ Pièce de serrurerie à roulette guidée sur un rail, soutenant un élément mobile, ou petite roulette de guidage latéral : porte coulissante, volet à translation latérale, etc. (V.ill).

GALETAS n.m.
Ce mot désignait l'étage ou les locaux d'un bâtiment situés sous le toit, leurs parois extérieures épousant la pente du comble*. Syn.: *mansarde*, *étage de comble*.

GALETTE (de propreté) n.f.
Couche de béton* grossier épandue à même le sol naturel, ou au fond d'une fouille, pour éviter ensuite la pollution par la terre des ouvrages en béton qui y seront coulés.

GALILÉE n.m.
Narthex* ou vaste porche* couvert de certaines églises.

GALIPOT n.m.
1/ Résine du pin maritime utilisée dans la fabrication de vernis.

2/ Extrait de goudron de houille utilisé pour la protection des boiseries exposées aux intempéries.

GALLON n.m.
Unité de mesure de volume des pays anglo-saxons (utilisée pour tous liquides, peintures, vernis, etc.) ; aux USA, l'*U.S.gallon* vaut 3,785 litres ; la Grande-Bretagne et les pays du Commonwealth utilisent le *gallon impérial*, qui vaut 4,546 litres.

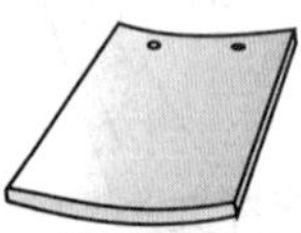

tuile cintrée dite **gambardière**

GALON n.m.
1/ Bande d'ornement en bas-relief imitant les motifs et l'aspect d'une bandelette textile.

2/ Calicot* étroit d'armature ou de pontage* d'un revêtement d'étanchéité.

GALVANISATION n.f.
Application d'une mince couche de zinc sur les métaux ferreux pour les protéger de la corrosion. La galvanisation, ou zingage*, se fait soit par immersion à chaud (*au trempé*) des pièces, tôles ou fils métalliques, dans un bain de zinc fondu vers 500°C, soit par procédé électrolytique*.

GALVANISÉ adj.
Protégé contre l'oxydation par une couche de zinc : *fil de fer galvanisé, tôle galvanisée.*

GALVANOMÈTRE n.m.
Appareil de mesure des courants électriques de très faible intensité, ou des faibles différences de potentiel. L'ampèremètre* et le voltmètre*, basés sur le même principe, sont moins sensibles mais mieux adaptés à un usage sur chantier.

GAMATE ou **GAMATTE** n.f.
Désigne parfois une petite *auge** de maçon ou de carreleur.

GAMBARDIÈRE n.f. et adj.
Tuile* cintrée en creux suivant son axe transversal (à l'inverse de la coffine*, galbée en saillie).
Les gambardières servent à faire des noues* arrondies (V.ill).

GANGUE n.f.
Matière stérile accumulée autour d'un minéral ou d'un objet.

GARANTIE n.f.
1/ Syn. de *chemise*, ou *manchette* de garantie (V. ces mots).

2/ La garantie est l'objet d'un contrat d'assurance, d'une obligation légale de responsabilité, ou d'un engagement contractuel par lequel un fournisseur engage sa responsabilité quant à la qualité de ses prestations ou de ses fournitures.

En France, les **garanties légales** concernant les travaux de bâtiment* (excluant les travaux de génie civil) sont détaillées dans le Code des Assurances ; on peut aussi utiliser le Code de l'Assurance-Construction. La différenciation entre gros et menus ouvrages* étant abolie, la distinction actuelle peut être résumée comme suit :

- Garantie ***décennale*** : elle s'applique de droit non seulement au gros oeuvre, mais aux éléments qui font corps de façon indissociable "*avec les ouvrages de viabilité, de fondation, d'ossature, de clos ou de couvert.*" (CCH- Art. L.111-15).
Les constructeurs, au sens le plus large, sont présumés solidairement responsables pendant dix ans des dommages subis par le bâtiment et ses équipements, à compter de la date de réception des travaux.

- Garantie ***biennale***, dite ***de bon fonctionnement.***
"*Les autres éléments d'équipement du bâtiment font l'objet d'une garantie de bon fonctionnement d'une durée minimale de deux ans à compter de la réception* de l'ouvrage.*" (CCH- Art. L.111-16).
Toutefois, si les vices affectant ces ouvrages sont de nature à rendre l'immeuble impropre à sa destination, le maître d'ouvrage est en droit de faire jouer la garantie décennale.

- La garantie ***de parfait achèvement*** "*à laquelle l'entrepreneur est tenu pendant un délai d'un an à compter de la réception s'étend à la réparation de tous les désordres signalés par le maître d'ouvrage, soit au moyen de réserves mentionnées au procès-verbal de réception, soit par voie de notification écrite pour ceux relevés postérieurement à la réception.*" (CCH-Art.L.111-19).

La garantie de la ***police obligatoire*** "***Dommage-ouvrage***" prend effet à la fin de ce délai d'un an.

NB- La garantie d'achèvement, ou ***garantie de bonne fin*** est celle accordée par les établissements financiers qui, en cas de défaillance du constructeur, prennent en charge la recherche de solutions de substitution et le surcoût financier éventuel.
Voir aussi Retenue* de garantie.

GARÇON n.m.
Nom donné, dans certaines régions, à l'aide* du compagnon : *garçon-couvreur, garçon-maçon...*

GARDE-CORPS n.m. invar.
Dispositif plein ou ajouré de protection contre les chutes, à hauteur d'appui*: balustrade*, allège*, parapet*, rambarde*, barre d'appui...
Les hauteurs des garde-corps doivent

garde-corps et rampes
principales règles dimensionnelles de sécurité.
Pour tous détails, voir la *norme NF P 01-012 (HOM, 1988)*

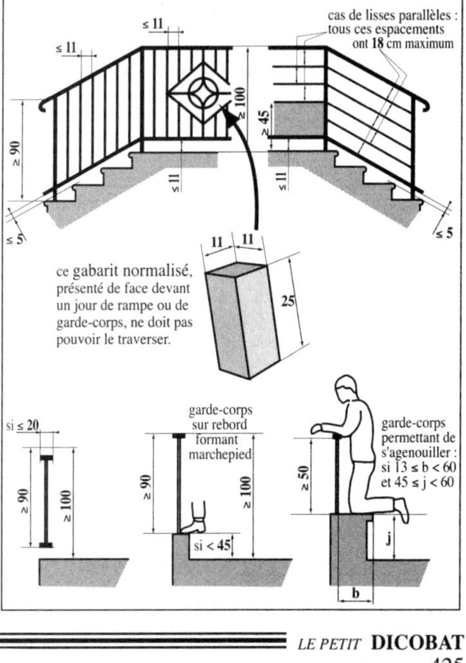

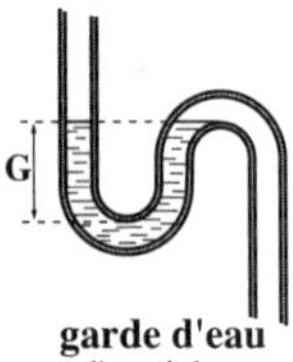

garde d'eau
d'un siphon

répondre à des normes précises, schématisées dans le tableau de la page précédente.
Pour éviter que des enfants puissent passer au travers de garde-corps ajourés, un gabarit a été établi et normalisé : il ne doit pas pouvoir traverser les jours et évidements des garde-corps ou des rampes*.
V. la norme NF P 01-012.

GARDE D'EAU n.f.
Hauteur d'eau qui, dans un siphon*, sert de fermeture permanente contre les remontées d'odeurs (V.ill).

GARDE AU FEU n.f.
Distance minimale de 16 cm entre les parois externes d'un conduit de fumée ou d'un foyer de cheminée et tout élément inflammable : poutre, solive, moulure en bois, gaine électrique... Syn.:*écart au feu.*

GARDE-FOU n.m.
Syn. de *garde-corps* : V. ci-avant.

GARDE AU GEL n.f.
Distance la plus courte qui sépare les fondations de la surface du sol. La garde au gel minimale n'est pas réglementée. L'expérience prouve que les gardes suivantes offrent une protection suffisante : minimum de 40 cm sur le littoral ; en Auvergne, Bourgogne, Champagne-Ardennes et à l'est de ces régions, 70 à 100 cm ; entre ces deux zones, des valeurs intermédiaires entre 40 et 70 cm selon l'exposition au froid.

gargouilles

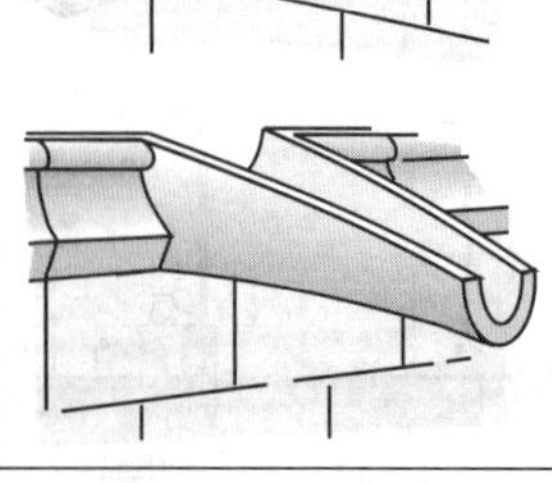

GARDE-GRAVOIS n.m.
Planche que les couvreurs installent provisoirement à la base des combles pour éviter la chute de gravois pendant leurs travaux.

GARDE-GRÈVE n.f. ou n.m.
Sorte de crapaudine* de filtrage des eaux de ruissellement des terrasses-jardins, rapportée sur la platine* d'une goulotte* d'étanchéité.
Bandeau métallique ajouré qui sert à retenir les terres et gravillons déplacés par ruissellement.

GARDE-NEIGE n.m.
Dans les régions à fort enneigement, sorte de petite barrière à lattes établie au-dessus des égouts des toits, et à plusieurs niveaux sur les grands pans de toiture, afin d'empêcher la neige accumulée de glisser et de tomber en plaques massives.

GARDE-ROBE n.f.
Désignait le cabinet* d'aisances (ou WC), et surtout son système d'obturation du fond de la cuvette percée, par un clapet* manoeuvré par une tige à crémaillère. L'emploi du siphon* a fait disparaître ce dispositif.

GARDE (de serrure) n.f.
Pièce évidée suivant la section du panneton* d'une clef ; à l'entrée de la serrure*, elle s'oppose à l'introduction de clefs de profil différent.

GARDE-VERRE n.m.
Treillis métallique rapporté et tendu devant un châssis vitré.

GARGOUILLE n.f.
1/ Petit canal ou gouttière de rejet des eaux de pluie vers l'extérieur, en l'absence de descentes* d'eaux pluviales (V.ill) ; la gargouille a souvent fait l'objet d'ornements (chimères*).

Tuyau qui, sous un trottoir, mène les eaux pluviales du pied d'une descente de gouttière vers le caniveau.

2/ En charpente, un ***assemblage en gargouille*** est un enfourchement* vif (V.ill), utilisé par ex. dans les pans* de bois pour l'assemblage des extrémités de solives avec le pied des poteaux de cloisons.

GARGOUILLER v.tr.
Assembler en gargouille.

GARNIR v.tr.
En plus de ses sens usuels, ce verbe signifie :

1/ Disposer un mortier et du tuileau* sous les faîtières* pour former leur assise*. Syn.: *fourrer*.

2/ Maçonner l'intérieur d'un four avec des éléments réfractaires.

GARNI n.m.
Fragments de briques, de moellons, de roches, etc. utilisés en remplissage ou en blocage*, ou pour compléter l'arase* d'une maçonnerie.

GARNISSAGE n.m.
1/ Application d'un mortier grossier en forte épaisseur, pour reboucher des trous, niveler localement un plancher, redresser des parties de maçonnerie en retrait, etc. Syn.: *renformis*.

2/ Revêtement intérieur réfractaire d'un four ou d'une chaudière.

GARNISSANT adj.
Qualifie un enduit* fin de rebouchage des trous et des fissures, qui peut être appliqué sur une épaisseur de quelques millimètres sans se fendiller en séchant.

GARNITURE n.f.
1/CHAUFF.: revêtement calorifuge* qui enveloppe une chaudière pour réduire ses déperditions thermiques par rayonnement*.

2/COUVERT.: ensemble des composants d'une couverture : ardoises ou tuiles, leurs fixations, les pièces de plomb ou de zinc, etc.

3/PLOMB.: désigne les accessoires, rondelles, joints, filasse*, rubans de teflon*, etc. qui assurent l'étanchéité des raccords, clapets, robinets...
Une ***garniture de chasse*** est le mécanisme qui équipe le réservoir de la chasse ; de même, une ***garniture de lavabo*** ou *de* ***baignoire*** désigne toutes les pièces d'évacuation (bonde et mécanisme de commande, siphon) et éventuellement la robinetterie.

4/SERRUR.: ensemble des pièces de défense d'une serrure*, solidaires du palâtre*. Ces pièces, autour de la broche*, permettent l'introduction et la rotation du panneton* de clef correspondant à la serrure, et de lui seul : bouterolles*, peignes, planches*, râteaux, rouets. (V. Serrure).

5/VITR.: les ***garnitures d'étanchéité*** sont les matériaux élastomères* extrudés* en profilés*, cordons*, bandes, etc., qui assurent l'étanchéité à l'air et à l'eau des châssis vitrés, au pourtour des vitrages.

GARROT n.m.
Petite pièce de bois passée dans les brins du cordage d'une scie* à bois, pour régler sa tension par torsion.

GAUCHE ou **GAUCHI** adj.
Qualifie une surface, un panneau, une porte, une planche, etc. déformés, cintrés* ou vrillés*.

GAUCHIR v.tr. Cintrer, courber : l'humidité gauchit le bois ;
v.pr.: se tordre, se cintrer, se vriller : une poutre qui *se gauchit*.

GAUCHIS, GAUCHISSEMENT
n.m. Courbure légèrement en vrille d'une pièce de bois ou d'un panneau qui devraient être plans.

GAUFRÉ
1/n.m. Ornement composé de lignes entrecroisées, légèrement en saillie.

2/adj. Un papier peint ou un revêtement sont dits ***gaufrés*** lorsqu'ils comportent des motifs obtenus par gaufrage, c'est-à-dire par pressage entre des matrices comportant des creux et reliefs.

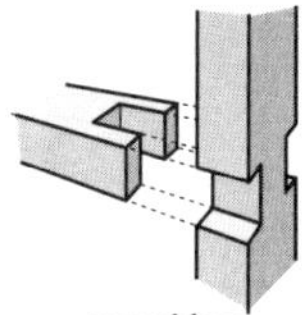
assemblage de charpente à enfourchement, dit **en gargouille**

GAVOT n.m.
Voir au mot Compagnonnage.

GAZ n.m.
Les gaz combustibles* sont des mélanges de carbures d'hydrogène (méthane, éthane, propane, butane, etc.), d'hydrogène et d'oxyde de carbone.
Les gaz sont dits *humides* ou *secs* selon qu'ils donnent lieu ou non à la formation de condensations dans les canalisations.
Les gaz sont utilisés dans les bâtiments pour le chauffage (chaudières, radiateurs à gaz individuels), pour la production d'eau chaude sanitaire (chauffe-eau, chauffe-bains, accumulateurs) et pour la cuisson (réchauds, gazinières, fours divers). Autrefois, le gaz servait aussi à l'éclairage urbain à *becs de gaz*).
Parmi les gaz combustibles, on distingue :

1/ Les **gaz distribués** (fournis sous forme gazeuse) :

- les ***gaz naturels*** (**GN**), gaz secs extraits de gisements souterrains, et composés surtout de méthane (dans des proportions variables selon leur origine). Les pouvoirs* calorifiques des gaz naturels sont compris entre 9,79 kWh/m^3 pour Groningue (soit 8 420 kcal/m^3) et 12,38 kWh/m^3 pour Ekofisk (10 650 kcal/m^3), et leur densité est voisine de 0,6.
Les gaz naturels sont odorisés artificiellement pour que les fuites soient plus facilement détectables.

- les ***gaz manufacturés*** (**GF**), gaz humides produits soit lors du raffinage du pétrole (*cracking*), soit à partir de la houille. Leur pouvoir calorifique est d'env. 4 500 kcal/m^3, et leur densité voisine de 0,5. La combustion d'un m^3 de gaz manufacturé dégage environ 750 g de vapeur.
Ce type de gaz n'est pratiquement plus fabriqué en France.

2/ Les **gaz liquéfiés** (gaz de pétrole liquéfiés, ou **GPL**) :
- le ***propane commercial*** (**P**), composé pour 90% de propane* et de propène, et pour 10% de butane, butène, éthane et éthène. Son pouvoir calorifique est de 28 kWh/m^3 (soit 24 000 kcal/m^3) à 0°C, et sa densité, à l'état liquide, égale à 1,56.
Il est livré dans des réservoirs* fixes, enterrés ou non. Voir Propane.

- le ***butane commercial*** (**B**), mélange de butane et de butène, et contenant moins de 19% de propane et de propène. Son pouvoir calorifique est proche de 37 kWh/m^3 (32 000 kcal/m^3) à 0°C, et sa densité égale à 2,07. Le gaz butane* est fourni en bouteilles manipulables.

- l'***air propane*** (**AP**), mélange d'air et de propane*, dont le pouvoir calorifique est de 7,58 kWh/m^3, soit 6 520 kcal/m^3, pour une densité de 1,145. Ce gaz, qui concerne surtout les installations industrielles, peut être distribué par canalisations.

- l'***air butane*** (**AB**), mélange d'air et de butane*, dont le pouvoir calorifique est de 7,35 kWh/m^3, soit 6 320 kcal/m^3, et la densité de 1,2.

Distribution du gaz.
La distribution est caractérisée par :

- sa ***pression*** : la *pression effective* est mesurée avec trois unités équivalentes : cm de colonne d'eau (*cmCE*), ou décapascals (daPa) ou millibars, comptée à partir de la pression atmosphérique. Le réseau public distingue cinq régimes de pressions : 3 en moyenne pression (MP.A, B, et C) et 2 en basse pression (BP, < 20 millibars, permettant le branchement direct sur les appareils, et BP.A, jusqu'à 50 millibars, nécessitant l'interposition d'un limiteur* de pression).

- son ***débit***, en mètres cubes par heure (m^3/h), soit, de façon plus parlante, traduit en kW en fonction du pouvoir calorifique du gaz.

Comme pour la distribution d'eau, la pression est abaissée, tout au long des circuits, par les *pertes* de charge* liées à la section des canalisations, à leur nature, à leur longueur, aux rétrécissements, etc.

Les **canalisations et tuyaux** de distribution sont soit en métal (acier, cuivre, plomb), soit, plus rarement, en PVC non plastifié.
Le plomb, la fonte (seulement en amont des compteurs) et le PVC (seulement pour branchements enterrés) sont réservés aux pressions inférieures à 4 MPa, et le cuivre recuit sert aux raccordements entre les bouteilles ou réservoirs et les appareils. S'ils sont enterrés, les tuyaux doivent être revêtus d'une peinture anticorrosion, à base de liant hydrocarboné.
Dans les bâtiments, les tuyaux sont fixés par des colliers, des crochets ou gâches* dont les espacements sont normalisés en fonction du diamètre et de la nature de tuyau. Les tuyaux sont assemblés par soudure* autogène (acier), soudure à l'étain (plomb), soudo*-brasure (tubes galvanisés), brasage* capillaire à fusion > 450°C (cuivre), ou collage (PVC).
Le choix des canalisations et de leur diamètre, et leur mise en oeuvre, doivent être conformes au DTU.

Combustion des gaz.
Elle s'effectue par combinaison avec l'oxygène de l'air, dit comburant*. En moyenne, de 8 à 11 m^3 d'air sont théoriquement nécessaires pour la combustion de 1 m^3 de gaz naturel, et plus de 20 m^3 pour chaque m^3 de propane ou de butane gazeux.
La flamme de combustion est blanche ou bleue. La ***flamme blanche*** noircit ce qui est mis à son contact ; la ***flamme bleue***, préférable, traduit la combustion d'un gaz préalablement chargé d'air avant de parvenir à sa rampe de combustion.

Appareils à gaz et leur raccordement.
Tous les appareils utilisés en France relèvent d'un estampillage de normalisation "NF GAZ".
On distingue :

- les appareils ***non-raccordés*** : l'évacuation de leurs produits de combustion a lieu dans l'air ambiant du local où ils sont installés, qui doit comporter une sortie d'air suffisante (> 100 cm^2), non-obturable, à 2 mètres au moins du sol : ce sont surtout les cuisinières, réchauds, chauffe-eau instantanés (maximum 125 kcal par mn), accumulateurs d'eau chaude et radiateurs d'appoint à catalyse.

- les appareils ***en circuit étanche***, qui sont raccordés à un dispositif à ventouse*, en façade des bâtiments, qui assure à la fois l'évacuation extérieure des gaz brûlés, et l'admission de l'air comburant.

- les appareils ***raccordés***, dont l'évacuation des produits de combustion se fait vers l'extérieur par un conduit de fumée à tubage* interne qui doit pouvoir être ramoné, et dont le raccordement doit être démontable et muni d'un coupe-tirage* antirefouleur.
V. aussi Filetage, Robinets, Chauffe-eau, Radiateur, Compteur, Conduit, Ventilation (VMC-gaz).

GEL n.m.
1/ Floculation* spontanée d'un mélange colloïdal* en une pâte plus ou moins consistante : c'est le cas des colles en poudre pour papier peint qui, mélangées dans l'eau, se transforment ensuite en gel thixotrope*.

2/ Effet des températures inférieures à 0°C, en particulier sur l'eau et les composants et matériaux qui en contiennent :
V. Gélif, Gélivité, Garde au gel, Hors gel, Antigel.

GÉLATINE n.f.
Extrait de matières animales (os, peau) qui constituait la base de la plupart des colles à bois et à tapisserie jusqu'au développement des adhésifs de synthèse.

GÉLIF, -IVE adj.
Qualifie tout matériau (pierre, tuile, carrelage, etc.) dont la porosité est telle que les effets du gel sur l'eau qu'il contient peuvent le faire éclater, le déliter* ou le désagréger.
L'emploi de matériaux gélifs à l'extérieur comporte donc des risques.

génoise
(nombreuses variantes selon les régions)

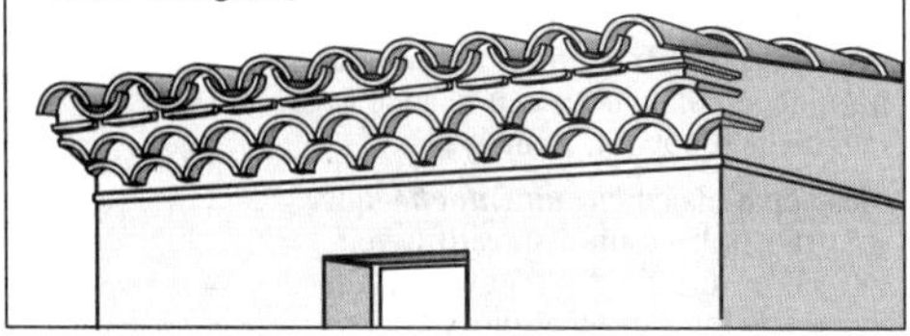

genouillères ou genoux
(plomberie, chauffage)

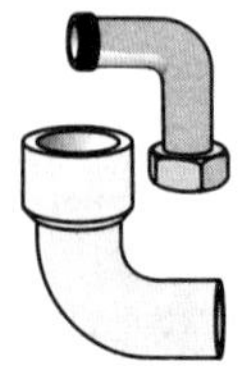

genouillère
de protection

génératrices (G)

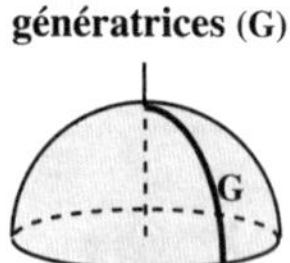

de coupole

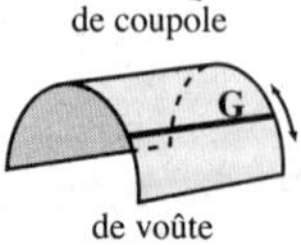

de voûte

GÉLIVITÉ n.f.
Sensibilité d'un matériau aux cycles de gel et de dégel. Les tests de non-gélivité sont normalisés pour chacun des matériaux concernés, pierres, produits céramiques*, ardoises*, etc.

GÉLIVURE n.f.
Ensemble de fissures provoquées par le gel dans le bois et les pierres.
NB- Ne pas confondre la *gélivure* avec la *gélure* du bois, ou *lunure** (V.ill. au mot Bois).

GÉMELLÉ, ou **GÉMINÉ** adj.
Dédoublé en deux éléments identiques voisins. Syn.: *jumelé.*

GEMMAIL n.m.
Technique de vitrail assemblé sans plomb, par juxtaposition ou superposition de plaques de verre coloré collées avec des résines de synthèse sur un vitrage-support.

GÉNÉRATEUR n.m.
1/CHAUFF.: appareil de production de chaleur qui n'utilise pas de fluide caloporteur* intermédiaire : les aérothermes* et les calorifères* sont des *générateurs d'air chaud.*

2/ÉLECTR.: désigne tout appareil qui transforme l'énergie mécanique ou thermique en énergie électrique.

GÉNÉRATRICE n.f.
1/ Ligne qui engendre une surface géométrique par son déplacement réglé, ou par son pivotement autour d'un point fixe (V.ill).
2/ Armature métallique longitudinale utilisée dans la fabrication de pièces de béton cylindriques (cuves, regards, tuyaux...).

3/ Machine entraînée par un dispositif mécanique, qui fournit un courant électrique, en général continu.

GÉNIE n.m.
1/ Figure d'ornement ou de sculpture représentant un enfant ailé.

2/ Art et techniques de conception et d'exécution dans un domaine particulier : *génie civil, génie thermique, génie industriel*, etc.

GÉNOISE n.f.
Frise* de tuiles rondes (tuiles-canal ou romaines) maçonnées en surplomb sur plusieurs rangs pour former la corniche* des constructions, surtout dans le Sud-Est de la France (V.ill).

GENOU n.m.
Raccord de tuyau en forme de coude, en général de fort diamètre.
Voir Genouillère (2/).

GENOUILLÈRE n.f.
1/ Article de protection des ouvriers qui travaillent un genou au sol : asphalteurs*, chapistes*, carreleurs...

2/ Raccord coudé de deux tuyaux (V.ill), aussi nommé *genou* ; en particulier, tube coudé que l'on branche sur les bouches d'arrosage et prises d'eau de la voirie.

3/ Articulation souple entre deux pièces rigides, permettant le mouvement de l'une par rapport à l'autre.

GÉOMEMBRANE n.f.
Film mince et continu, étanche à l'eau, utilisé comme écran dans les sols aquifères et les vastes bassins ou retenues d'eau. Voir le DICO-TP.

GÉOMÉTRAL adj.
Est géométral tout dessin, tracé ou représentation en plan, coupe ou élévation exécuté à l'échelle*, sans perspective* ni ombres portées.

GÉOMÈTRE n.m.
Technicien spécialiste des levés* de terrains. Le ***géomètre-expert*** dresse

les documents topographiques et effectue les opérations s'y rapportant : il est qualifié pour la mesure des terrains et biens fonciers, leur délimitation (bornage*) et leur représentation sur plans (par ex. plans cadastraux*) ; éventuellement leur évaluation, leur partage ou leur gestion. La profession est garantie par un diplôme du gouvernement, complété par un stage. C'est une profession libérale, qui doit être exercée "à titre habituel et principal". Ses règles professionnelles sont régies par l'*Ordre des géomètres-experts.*

GÉOMÉTRIQUE adj.
Qualifie un motif composé de lignes simples, cercles, polygones, grecques*, zigzags, etc.; le style géométrique est typique, en particulier, de l'art ornemental arabe.

GÉOTEXTILE adj. et n.m.
Désigne de façon générique diverses membranes et nappes tissées ou non, enduites de matières imperméabilisantes. En général fournis en grandes dimensions, les géotextiles servent à réaliser des étanchéités enterrées dans les sols aquifères, vastes bassins, retenues d'eau, etc.

GÉOTHERMIE n.f.
Science et utilisation de l'énergie calorifique gratuite du sous-sol ; la plus représentative est l'exploitation des sources chaudes pour le chauffage.
Voir aussi puits* canadien.
Le ***degré géothermique*** est la hauteur de sous-sol correspondant à une élévation de température de 1°C.

GERBAGE n.m.
Empilage des matériaux, disposition des palettes de matériaux les unes sur les autres.

GERBER v.tr.
Empiler, ranger les matériaux en piles régulières.

GERBIÈRE n.f.
Fenêtre de service d'un grenier ou d'un fenil*, par laquelle on entre les gerbes ou le fourrage.

GERCE n.f.
Petite fissure d'une pièce de métal forgé à une température insuffisante. Syn.: *gerçure*. Ensemble de fendillements multiples et superficiels, perpendiculaires aux fibres du bois, liés à un séchage trop rapide ou excessif, surtout des bois nerveux*.

GERÇURE n.f.
1/ Syn. de gerce, pour les métaux.

2/ Petite fissure superficielle d'une pièce de bois.

3/ Craquelure d'une peinture ou d'un vernis, fissure de retrait* d'un enduit à base de plâtre.

GICLEUR n.m.
Pièce d'un brûleur* de chaudière* à mazout qui forme l'orifice à travers lequel le combustible passe sous pression pour en ressortir sous forme vaporisée (en cône) et se mélanger avec l'air (comburant*). Syn.: *injecteur*.

GIGOUILLE n.f. (régional)
Badigeon* composé de blanc gélatineux et d'huile de lin.

GIRAFE n.f.
Ponceuse mécanique à bras articulé, montée sur chariot mobile ; on l'utilise surtout pour l'élimination des balèvres* et ressauts* des plafonds en béton.

GIRON n.m.
Surface horizontale d'une marche. Profondeur d'une marche mesurée au niveau de la ligne de foulée* et à l'aplomb des parements des contremarches inférieure et supérieure (V.ill) ; ne pas confondre le giron avec le *pas**, qui est la profondeur totale de la marche (du nez* à la contremarche). Le *giron droit* désigne un giron de marche rectangulaire (sa dimension est constante sur tout l'emmarchement* (longueur de la marche) ; le *giron* est dit *triangulaire* dans le cas contraire.

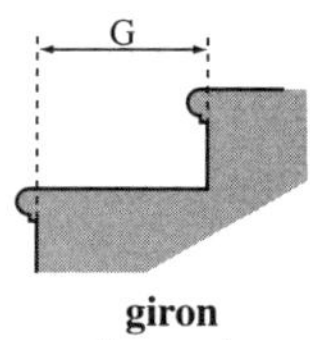

giron
d'une marche

GIRONNAGE n.m.
Disposition d'éléments de couverture de telle sorte qu'ils convergent tous

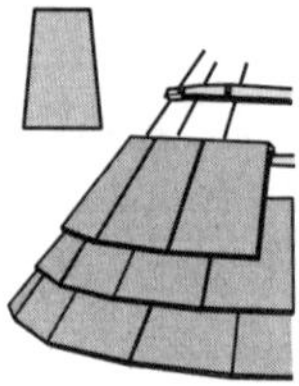

tuiles gironnées
(trapézoïdales)

vers un même point, tel que le faîte d'un comble conique.

GIRONNÉ adj.
1/ Une ***marche gironnée*** est une marche qui n'est pas rectangulaire.
Syn.: *marche dansante**.

2/ En couverture, les *ardoises* ou les *tuiles* ***gironnées*** sont des éléments de forme trapézoïdale utilisés pour les combles coniques et les noues* arrondies (V.ill).

GIROUETTE n.f.
Dispositif d'indication de la direction du vent, au faîte d'un comble.

Une grue est mise ***en girouette*** si on la laisse libre de pivoter librement, pour limiter sa prise au vent.

GISANT
1/n.m. Sculpture funéraire représentant le défunt en position allongée.

2/adj. Qualifie une baie plus large que haute : *fenêtre gisante*.

GÎTAGE n.m.
Ensemble des lambourdes qui forment le support des parquets massifs traditionnels.

GÎTE n.m.
En charpente et en menuiserie, désigne une lambourde*, une solive* ou un madrier supportant une plateforme ou un parquet.

GLACE n.f.
1/MENUIS.: dans une porte ou dans un lambris, le *panneau à glace* désigne un panneau plan et uni, bordé par un cadre en saillie (V. Assemblages).

2/MIROIT.: la glace est un panneau de verre en général trempé, qui a subi une finition par polissage telle que ses deux faces soient parfaitement planes et parallèles.

GLACER v.tr.
En peinture, c'est appliquer sur un ouvrage terminé une très fine couche colorée, pour aviver la tonalité et l'aspect sans masquer le fond.

GLACIS n.m.
1/COUVERT.: enduit appliqué pour supporter une bande métallique d'étanchéité, en particulier de part et d'autre d'un arêtier.

2/FUMIST.: raccord d'un conduit de fumée avec un foyer de cheminée.

3/MAÇONN.: tout enduit en pente destiné surtout à faciliter l'écoulement des eaux : appui* de baie, dessus de bandeau*, chaperon* de mur de clôture, etc.

GLAISE n.f.
Terre argileuse* compacte et plastique, imperméable à l'eau ; c'est la matière première des matériaux céramiques*.

GLAND n.m.
Ornement architectural ovoïde*; sa forme rappelle le fruit du chêne.

GLASAL (marque comm. ETERNIT)
Matériau silico-calcaire autoclavé et comprimé en plaques planes à parements colorés et très lisses ; il est utilisé, en particulier, en bardage* de façades et en garnissage de garde-corps de balcons.

GLASER (**diagramme de —**)
Mode de représentation comparée, dans l'épaisseur d'une paroi, de la variation de la pression de saturation **Ps** (des tables donnent ses valeurs) et de la pression partielle **P** selon les écarts de température.
Il permet de déterminer les zones de condensation possible (s'il y a chevauchement des courbes : V.ill. page suivante).

GLISSANCE n.f.
Caractéristique des surfaces qui présentent un faible coefficient de frottement : cas des sols mouillés.
La glissance des matériaux s'évalue en laboratoire par la mesure des forces nécessaires au déplacement de patins de caoutchouc chargés.
Opp.: *antiglissance*, ou *antidérapance*. V. les normes concernant les *carreaux et dalles céramiques*.

GLISSE n.f.
En langage de chantier, c'est la facilité avec laquelle un enduit se laisse étaler, et son comportement sous la taloche ou le couteau* de peintre.

GLISSE-MAIN n.m.
Désigne parfois la main* courante.

GLISSEMENT (**de terrain**) n.m.
Déplacement de masses importantes de couches compactes des sols en pente, en général par suite d'infiltrations qui, rencontrant une couche imperméable, forment un film d'eau qui lubrifie l'interface* des couches et affaiblit leur cohésion.
-***Arrêt* de glissement*** (des tuiles) : V. Arrêt.

GLISSIÈRE n.f.
De façon générale, accessoire rainé*, à gorge* ou en forme de rail, servant de guide* à un élément mobile : volet roulant, galet* de guidage, etc.

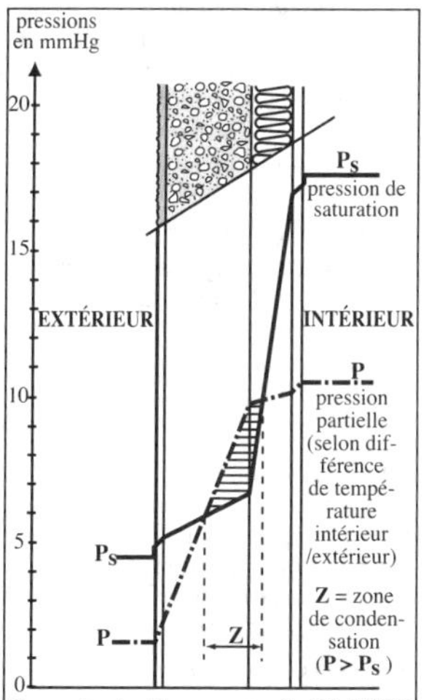

Exemple de diagramme de GLASER
pour une paroi de béton avec isolation intérieure, mettant en évidence une zone de risque de condensation

GLOBE n.m.
Enveloppe sphérique de verre qui, sur un éclairage suspendu, constitue un diffuseur* de la lumière.

GLOIRE n.f.
Encadrement baroque* ovale ou elliptique*, souvent formé de rayons, autour d'un sujet religieux.

GLU-MARINE n.f.
Mélange de brai*, huile de goudron et blanc de zinc, servant autrefois de protection hydrofuge* des murs ou des bois exposés à l'humidité.

GLYCÉROPHTALIQUE adj.
(en langage courant, ***glycéro***).
Qualifie une résine de synthèse, obtenue à partir de l'anhydride phtalique et de polyalcools ; c'est la base du liant de nombreuses peintures* alkydes, dites peintures "à l'huile".

GLYCOL n.m.
Dialcool miscible à l'eau, servant d'antigel dans les installations de chauffage, et de diluant ou solvant* de certaines résines de synthèse. Syn.: *éthyl-glycol*, *éthylène-glycol.*

GLYPHE n.f.
Dans un ornement architectural, petit canal ou trait ciselé en creux.

GNEISS n.m.
Roche* minérale métamorphique* (parfois endogène*) composée de quartz, de feldspath, de minéraux lourds et de micas. Proche du granit, le gneiss est utilisé comme pierre de construction.

GNOMON n.m.
Tige métallique verticale ; son ombre portée sur une paroi horizontale plane indique l'orientation du soleil et sa hauteur au-dessus de l'horizon, et donc l'heure solaire.
Le gnomon est l'ancêtre du style*, tige des cadrans solaires.

GNOMONIQUE n.f. et adj.
Art de la construction des cadrans solaires.

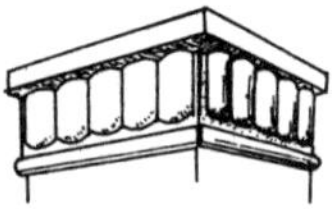

godrons

GOBAIN n.m.
Pièce triangulaire au bout d'une travée de parquet* en point de Hongrie ou à brin de fougère*.

GOBELET n.m.
En charpenterie, pièce métallique circulaire ou cylindrique sur laquelle sont assemblés les chevrons* ou les demi-fermettes* au faîte d'un comble conique.

GOBETAGE n.m.
Application, par projection à la truelle, au balai* ou sous pression, d'un plâtre ou d'un mortier gâchés* clairs, généralement pour former la sous-couche* d'accrochage* d'un enduit* sur un support en maçonnerie ou sur un lattis*.

GOBETIS n.m.
Mince couche de mortier riche en ciment, irrégulière et rugueuse, appliquée en couche préparatoire d'*accrochage* d'un enduit. Qu'il soit projeté mécaniquement ou à la truelle, le gobetis compose la première couche des enduits* traditionnels en mortier de ciment, et la plus riche (la plus dosée) en liant*; on doit attendre 3 jours avant d'appliquer ensuite le corps* d'enduit.

GOBETER v.tr.
Faire un gobetis. Jeter à la truelle un matériau gâché clair.
Syn. (rég.) : *salir* un support.

GOBINEAU n.m.
Carreau recoupé pour terminer ou raccorder des surfaces carrelées, entre des carreaux entiers, ou à la périphérie de l'ouvrage.

GODER v.i.
Parlant d'un papier peint, d'une tenture... c'est faire des plis, ou ***godets***.

GODET n.m.
1/COUVERT.: cuvette métallique en entonnoir, à trop-plein*, ajoutée au point de regroupement des eaux de chéneaux* pour éviter l'engorgement des descentes.

2/MAÇONN.: petit entonnoir de plâtre que font les maçons au droit* des joints des pierres pour y faire pénétrer le coulis* de plâtre de jointoiement.

3/TAPISS.: faux-pli d'un papier peint ou d'une tenture*.

4/TERRASS.: récipient de chargement d'un engin de chantier, par basculement (pelleteuse*, dumper*, etc.).

GODRON n.m.
1/ Ornement composé d'une répétition de courtes moulures demi-rondes terminées en calotte*, ou d'oves* allongés (V.ill). Syn.: *canneau.*

2/ Renflements parallèles et compressibles de certains joints d'étanchéité de canalisations.

GODRONNÉ adj. Orné de godrons.

GOMMAGE n.m.
1/ Élimination d'une partie des solvants d'une colle, par évaporation ou par absorption du support ; le gommage transforme une colle initialement fluide en un feuil* poisseux.

Le ***temps de gommage*** est le délai d'attente nécessaire entre l'étalement d'une colle et le moment où la colle a un *pouvoir piégeant** suffisant pour procéder au collage ou à l'affichage*. Pour une colle au néoprène*, le gommage n'est terminé que lorsque la colle n'est plus poisseuse au toucher.

2/ ***Gommage des façades*** : technique de sablage très fin et non agressif, à circuit de recyclage dans une cabine mobile portée contre la façade par un élévateur sur véhicule (marque THOMANN-HANRY).

GOMMER v.i.
Pour une colle, c'est perdre par évaporation (ou par absorption du support) l'excès de solvant qui la rendait fluide et étalable, et acquérir le *poisseux* qui convient pour le collage.

GOMME-LAQUE n.f.
Résine d'origine animale (sécrétée par un insecte) ; soluble dans l'alcool, cette résine sert encore dans la fabrication de certains vernis.

GOND n.m.
Pièce de serrurerie qui sert à la fois de pivot et de support à un vantail* de croisées, portes ou volets à ouverture latérale. Les gonds sont scellés dans l'encadrement en maçonnerie, ou fixés sur le bâti dormant ou l'huisserie ; les gonds sont *à patte de scellement*, *à lame à souder*, *à écrou*, *à pointe* ou *à vis* (V.ill).

GONDOLEMENT n.m.
Déformation d'une pièce ou d'un ouvrage en bois, sous forme d'ondulations plus ou moins fortes.

GONFLEMENT n.m.
Dilatation, expansion, augmentation de volume : le foisonnement*, se traduit par un gonflement.

GORE n.m.
Roche pourrie, friable, souvent sableuse, inutilisable en construction.

GORGE n.f.
1/ARCHIT.: étranglement* concave et partie la plus étroite de la base d'un chapiteau*. Forte moulure concave pouvant avoir divers profils arrondis, mais rarement circulaires. Plus généralement, profil* concave arrondi : ***plinthe à gorge***.

2/FUMIST.: paroi de maçonnerie inclinée qui, au-dessus d'un foyer de cheminée*, forme un étranglement sous l'avaloir*.

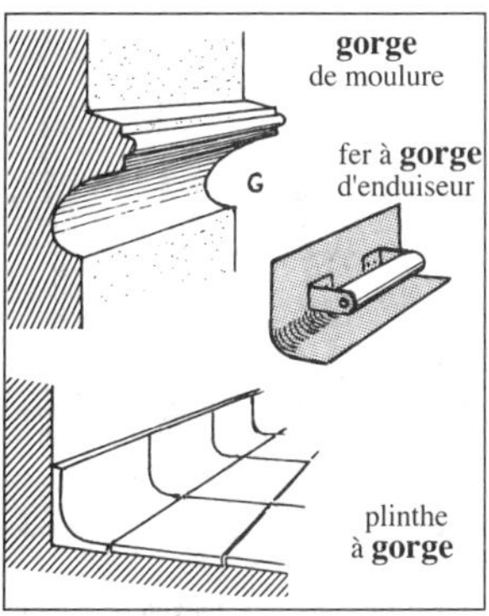

3/MAÇONN.: le ***fer à gorge*** est une taloche courbée qui sert à exécuter les façons d'enduits arrondis en gorge (V.ill) ; les maçons utilisent aussi des bouteilles pour traîner les gorges.

4/SERRUR.: désigne soit la rainure concave du panneton* d'une clef*, soit, dans une serrure*, l'élément mobile sur ressort qui a pour fonction d'immobiliser et de libérer le pêne* sous l'action de la clef.

GORGERIN n.m.
Bandeau orné ou lisse situé au-dessus de l'astragale* d'un chapiteau* ionique*. Syn.: *colarin**.

GORGET n.m.
1/ Petite gorge, fine moulure arrondie, concave.

2/ En menuiserie, rabot servant à pousser des gorges.

GORGONE n.m.
Ornement sculpté en forme de visage de femme dont les cheveux sont enchevêtrés avec des serpents.

GOTHIQUE adj.
Qualificatif du style architectural qui, à la suite du style roman*, prédomina dans les édifices religieux de la fin du 12e siècle jusqu'au 16e siècle.
Sa principale caractéristique est son couvrement en voûtes* sur croisées d'ogives, qui lui a valu aussi le nom de *style ogival*.
Jusqu'au 12e siècle, on observe l'élargissement progressif des voûtes romanes, reposant sur des murs porteurs épais à contreforts massifs, ne laissant que peu de possibilités d'ouvertures et d'éclairage. C'est alors qu'apparaît une technique de voûtes à arceaux de renforcement disposés en diagonale et noyés dans la maçonnerie, divisant chaque portion de voûte en quatre voûtains. Ces arceaux canalisent l'essentiel des charges de chaque portion de voûte (travée) vers ses angles, points d'appui isolés qu'il suffit de renforcer et de contrebuter ; entre ces appuis, le mur peut être mince, et percé de larges ouvertures.

gonds

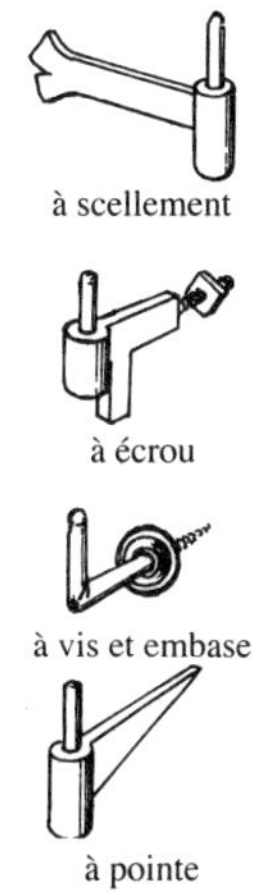

Le renfort extérieur des points d'appuis fut d'abord le contrefort hérité de l'époque romane, puis, dès la fin du 12e siècle, l'*arc-boutant**.

On distingue en général trois grandes époques dans le style gothique :

- le gothique ***primaire***, à lancettes*, à la fin du 12e siècle, est marqué par sa sobriété ; l'ornement intérieur est limité à une simple sculpture florale des chapiteaux.
Par contre l'extérieur s'orne de statues et de portails aux riches tympans. Les ouvertures sont encore à simples meneaux.

- le gothique ***rayonnant***, aux 13e et 14e siècles ; les ouvertures se découpent en réseaux et remplages* à lobes.

Des chapiteaux à crochets remplacent ceux à feuillage, tandis que les piliers s'ornent de fines colonnettes.
Le vitrail devient le support de véritables encyclopédies d'histoire religieuse illustrée.

-le gothique ***flamboyant*** ou gothique *tardif*, jusqu'au 16e siècle.
Les voûtes se compliquent de divisions à nervures multiples et d'ornements ouvragés.

Les chapiteaux disparaissent, laissant les nervures se prolonger et descendre en colonnettes jusqu'au sol.

GOUDRON n.m.
Condensat* de la distillation destructive de matières organiques : goudron de bois (ou goudron végétal), goudron de houille (coaltar*).
Le bitume* est un goudron minéral à l'état naturel (par déformation du langage, le goudron de pétrole désigne l'asphalte* et le bitume*). Les goudrons entrent dans la composition de divers matériaux d'étanchéité et de produits de conservation des bois (créosote*).

GOUDRONNAGE n.m.
Application d'une couche de goudron sur une toile, une pièce de bois, etc. pour les protéger contre l'humidité.

GOUDRONNER v.tr.
Enduire avec du goudron.

GOUGE (parfois écrit *gouje*) n.f.
Ciseau* dont la lame offre un profil arrondi en gouttière, pour l'exécution des gorges, cannelures, ornements concaves, etc.; la forme des gouges diffère selon les métiers (V.ill).
Une gouge de menuisier se définit par la largeur de son tranchant, en mm, et sa courbure : plate, demi-plate, demicreuse, creuse.

Une ***gouge-bouteille*** a son tranchant chanfreiné côté extérieur, contrairement à la ***gouge de sculpteur***.

GOUGES

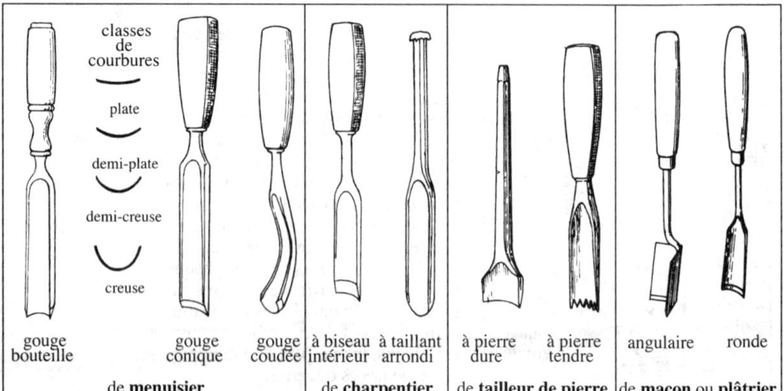

goujons

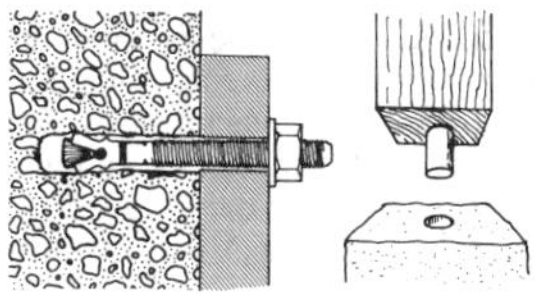

La ***gouge de maçon***, qui sert à ravaler les plâtres, a une section cintrée ou angulaire.

GOUGER v.tr.
Creuser une cannelure ou une gorge dans une pièce de bois, avec la gouge.

GOUJAT n.m.
Autrefois, désignait l'aide-maçon*.

GOUJON n.m.
Tige de métal ou de bois (tourillon*) servant de tenon* ou de cheville* pour assembler deux éléments : pièces de charpente, poteau et son dé*, balustres* et leur socle, tambours* de pierre d'une colonne, bras et corps d'une statue, etc.
Le goujon désigne aussi un pivot*, par ex. celui d'une porte cochère, ou une forte tige filetée* ou un boulon* scellé dans une maçonnerie pour ancrer une pièce fixée par un écrou (V.ill).

GOUJONNAGE n.m.
Mise en place des goujons d'un assemblage.

GOULOTTE (ou ***Goulette***) n.f.
1/ Rigole* d'écoulement, par ex. au-dessus d'une corniche* pour diriger les eaux pluviales vers les gargouilles*, ou dans un pavement* de cour, pour diriger les écoulements vers des caniveaux.

2/ Petit canal d'évacuation de l'eau de condensation, régnant le long d'une pièce d'appui de croisée.

3/ En électricité, chemin* de câbles à parois pleines ou ajourées, fermé par un couvercle amovible.
Les *goulottes de câblage* sont des conduits modulaires de distribution et de liaison des équipements informatiques ou domotiques.

4/ Plan incliné à rebords latéraux servant de toboggan pour déverser du sable, des gravats, un mortier ou du béton à l'endroit voulu, ou éviter la ségrégation* lors de la chute du matériau : en bétonnage, l'emploi d'une goulotte est recommandé si le remplissage d'un coffrage implique la chute du béton sur plus de 80 cm.

GOUPILLAGE n.m.
Mise en place de goupilles.

GOUPILLE n.f.
1/ Petite broche amovible en métal qui, en serrurerie, maintient ensemble deux éléments, en les traversant : par exemple un bouton de porte et sa tige carrée. En menuiserie, la goupille désigne parfois le tourillon*.

2/ Petite pièce cylindrique coulissante d'un bloc de sûreté de serrure.

GOUPILLER v.tr.
Assembler à l'aide d'une goupille.

GOUPILLON n.m.
Forte brosse de peintre pour le nettoyage préparatoire des subjectiles.

GOUSSE n.f.
Ornement en forme de gousse végétale, associé en particulier aux volutes* des chapiteaux ioniques*.

GOUSSET n.m.
1/CHARP.: élément d'assemblage et de contreventement* triangulaire, flasque*, contrefort d'angle en bois ou en métal. Pièce oblique de support d'un bras de potence. Pièce de contreventement* d'une enrayure*, entre l'entrait* et le tirant* de la demi-ferme* de croupe*. En charpente métallique, pièce soudée, rivée ou boulonnée avec laquelle on assure la jonction de plusieurs éléments qui rayonnent autour d'un point d'assemblage.

2/COUVERT.: petite pièce de métal triangulaire rapportée par soudage

GOUSSETS (G)

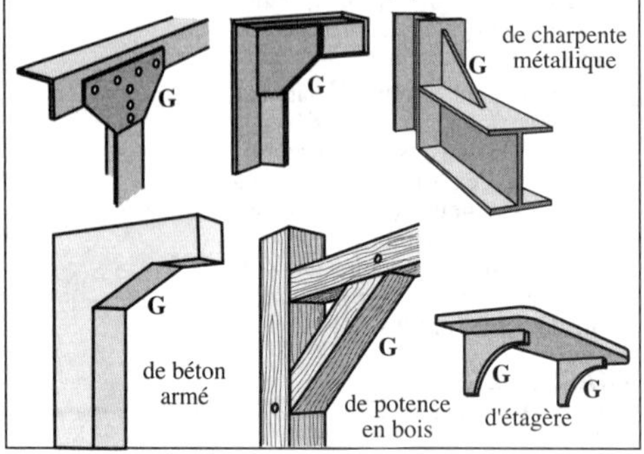

sur l'angle d'une feuille, pour le renforcer. Syn.: *oreillon.*

3/FUMIST.: languette de plâtre oblique entre le manteau*, les costières* et le fond d'une cheminée*, dirigeant vers le foyer l'air qui descend le long des parois. Chacune des faces latérales d'un avaloir*.

4/MAÇONN.: élargissement d'allure triangulaire au sommet d'un poteau de béton, confortant l'appui d'une poutre (V.ill) ; si le poteau a plus de deux goussets, il est dit *poteau-champignon** (V. Plancher).

Épaisse couche de plâtre qui enveloppe une panne* ou une poutre à proximité d'un conduit de fumée, pour constituer la garde-au-feu*.

5/MENUIS.: console* triangulaire qui porte une tablette ou une étagère.

goutte-d'eau (ou larmier, ou coupe-larme)

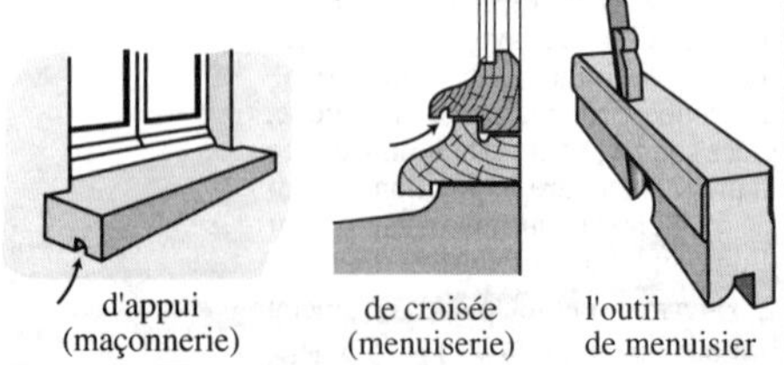

d'appui (maçonnerie) — de croisée (menuiserie) — l'outil de menuisier

GOUTTE n.f.
Petit ornement pendant et répétitif, cylindrique, conique ou pyramidal, en sous-face des entablements* et membres d'architectures en saillie (mutules* de larmiers et triglyphes* de frises), surtout dans l'ordre* dorique*. Syn.: *larme* (V.ill. à ce mot).

GOUTTE D'EAU n.f.
1/ Petit canal en quart-de-rond* à la sous-face d'un élément saillant exposé à la pluie (appui, entablement, bandeau...) ; la goutte d'eau interrompt le cheminement de l'eau et la contraint à tomber au lieu de ruisseler sur la façade. Syn.: *larmier.*

2/ Outil servant à pousser les moulures creuses en goutte d'eau sous le jet* d'eau des croisées.

GOUTTELETTE n.f.
Façon de peinture épaisse ou d'enduit de parement plastique fin projetés de façon à obtenir un aspect pommelé.

GOUTTEREAU n.m. et adj.
(parfois écrit ***Goutterot***)
Qualifie un mur porteur extérieur situé sous l'égout* d'un toit, et en direction duquel s'écoulent les eaux d'un comble (par opp. au mur-pignon). Il correspond généralement au long-pan* d'une construction.
Syn.: *mur de goutte.*

GOUTTIÈRE n.f.
1/MENUIS.: petite rigole de section semi-circulaire pratiquée dans la feuillure de la pièce d'appui d'une croisée* pour collecter les eaux de condensation.

2/ Petite voie d'eau accidentelle ou anormale traversant une toiture, une paroi...

3/ Canal profilé léger, en métal (acier, aluminium laqué, cuivre, zinc) ou en matière plastique (PVC rigide).
La gouttière est établie sous l'égout* d'un toit, ou à la base d'un pan de toiture, pour recueillir les eaux pluviales et les diriger vers un tuyau de descente*.

GOUTTIÈRES

gouttière pendante demi-ronde, dite **lyonnaise**, ou **flamande**

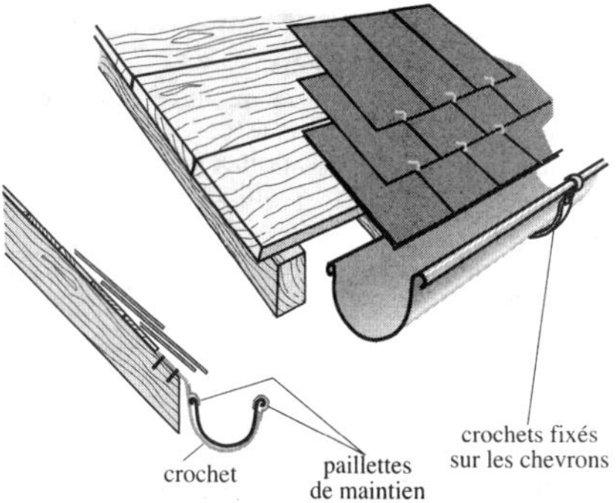

gouttière anglaise ou **à l'anglaise**

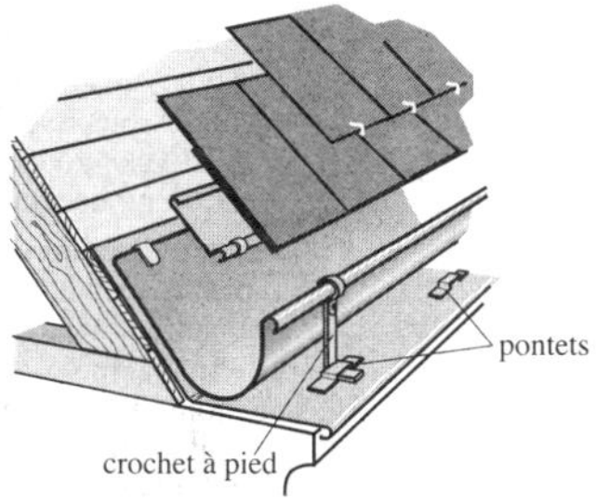

gouttière de Laval ou lavalloise

gouttière havraise, ou **rouennaise**, ou **ardennaise**

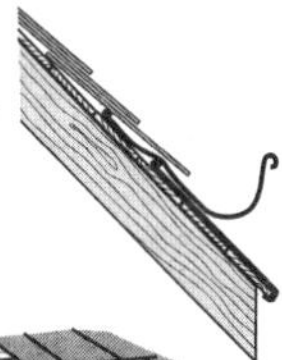

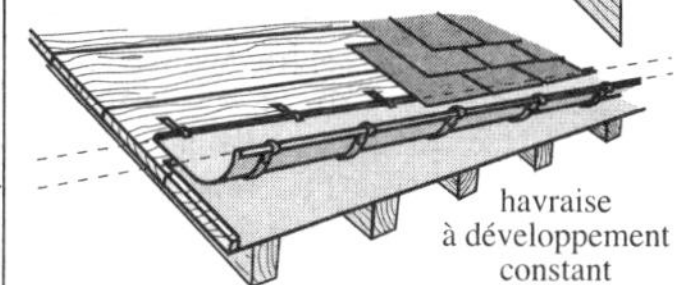

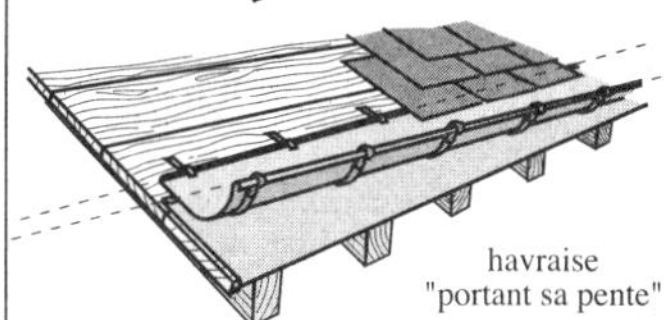

gouttière nantaise

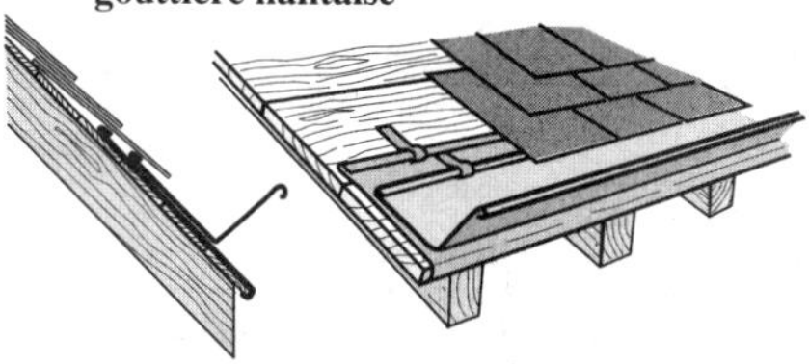

gouttière carrée, ici à profil corniche, préfabriquée sur site en aluminium laqué (système DAL'ALU)

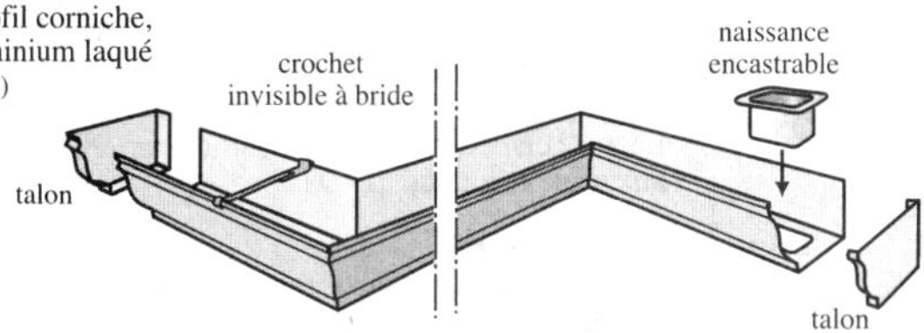

La gouttière se différencie généralement du chéneau* par le fait que ce dernier est construit ou rapporté sur un support de maçonnerie, horizontal ou en légère pente (corniche, mur gouttereau).
Les types de gouttières sont représentés ci-dessous, avec leurs désignations respectives : gouttières pendante, anglaise, havraise, nantaise...

Pente et section des gouttières :
la pente normale d'une gouttière semi-circulaire doit être comprise entre 0,5 et 1 cm par mètre ; sa section doit être au moins de 1 cm^2 par m^2 de la surface de toiture projetée en plan dont elle reçoit l'eau (même section pour le tuyau de descente de la gouttière). La section est majorée de 10% pour les gouttières à section rectangulaire ou trapézoïdale, et de 20% pour les sections triangulaires.

Les *gouttières pendantes*, qui sont les plus courantes en France, sont portées, sous l'égout, par des crochets spéciaux normalisés, fixés sur les chevrons ; les gouttières en zinc sont vendues par éléments de 2 m à souder entre eux avec un recouvrement de 3 ou 4 cm (*croisure*) ; les extrémités sont fermées par un *talon**.
Le point le plus bas ouvre sur un *moignon** raccordé au tuyau de descente.
Si la longueur d'une gouttière en zinc dépasse 10 m, elle doit être constituée de deux éléments raccordés par un couvre-joint spécial, la *besace* de dilatation*, qui assure le libre jeu des dilatations et retraits dus aux variations de température ; avec l'aluminium, dont le coefficient de dilatation est moindre, cette longueur peut être portée à 25 m.
Les gouttières et leurs accessoires métalliques (crochets, coudes, descentes, etc.) font l'objet de normes. La mise en oeuvre doit être conforme aux règles de calcul du DTU.

GRADATION n.f.
1/ARCHIT.: mise en valeur relative des différentes parties d'un édifice par leur ornementation plus ou moins prononcée.
2/PEINT.: passage progressif et graduel d'une couleur vers une autre.

GRADE n.m.
Notation de la force agglomérante du liant qui assemble les grains d'un abrasif, exprimée par des lettres d'alphabet, en ordre croissant de dureté de l'agglomérant.

GRADER n.m. (pron.: *gradair*)
Engin de décapage* et de nivellement des sols, muni d'une large lame orientable en tous sens.
Syn.: *niveleuse*.

GRADILLE n.f.
Petite dent* formant un ornement architectural isolé.
Moulure plate garnie de denticules* perpendiculaires à son axe.

GRADIN n.m.
1/ Ensemble d'un ou plusieurs larges degrés*, permettant d'accéder à une partie surélevée d'un plancher, à une estrade*, au choeur* d'une église...
2/ Chacun des niveaux de plancher d'un amphithéâtre ou de tribunes *en gradins*, la hauteur entre chacun des niveaux correspondant à plusieurs marches.

GRADINE (parfois ***Grandine***) n.f.
Ciseau de tailleur de pierre, à tranchant denté, qui sert surtout à atténuer les fortes aspérités de surface laissées par le poinçon* et le têtu*.

GRADINÉ adj.
Qualifie l'aspect rugueux d'un parement* de pierre, composé de sillons parallèles de 3 à 5 mm de profondeur, espacés de 5 à 15 mm, les bandes intermédiaires étant en pierre éclatée.

GRADUATION n.f.
Ensemble des divisions ou repères visuels d'un instrument de mesure.

GRAFFITI n.m. invar.
Toute inscription ou dessin exécuté sur des murs accessibles au public.

Il n'y a pas d'arme *antigraffiti* préventive ou curative absolue contre toutes sortes d'inscriptions.
Une surface rugueuse peut décourager les "crayonneurs" (et l'affichage "sauvage"), mais n'empêche pas les inscriptions à la peinture en aérosol, et est difficile à nettoyer.
A l'opposé, une surface sans aspérités ni porosités (verre, carrelage ou panneaux émaillés, vernis durs...) limite les possibilités de graffiti, sauf à la bombe aérosol, et sera plus facile à nettoyer. Pierres de taille et enduits plans peuvent être revêtus de produits spéciaux antiadhérents (dits *antigraffiti*) qui facilitent le nettoyage au jet d'eau ou de vapeur, et évitent de recourir au sablage.

GRAILLON n.m.
Ensemble des chutes et éclats produits par la taille des pierres.

GRAIN n.m.
1/MAÇONN.: aspect plus ou moins granuleux d'une pierre ou d'un enduit : pierre à grain fin, mouchetis* à grain noyé*, etc.

2/MINÉR.: aspect de la cassure d'un minéral, mettant en évidence la grosseur, la forme et la disposition relative de ses constituants.

3/SANIT.: le *grain du four* est un petit relief à la surface d'un article en céramique émaillée ; le *grain de chaux* (ou pet de chaux), est un petit éclat en creux, dû à la présence d'un granulat de calcaire dans la pâte.

4/VITR.: petite tache opaque dans un panneau de verre.

5/ Expression de la finesse des granulats d'un abrasif*: le grain désigne le nombre de mailles par pouce (25,4 mm) du tamis à travers lequel passent les granulats : un grain 12, par ex., correspond à des granulats d'environ 2mm de Ø (25,4 :12).

GRAINAGE n.m.
Défaut d'une peinture parsemée de petits grains de constituants qui ont été mal broyés.

GRAIN D'ORGE n.m.
1/CHARP.: assemblage* de deux pièces de bois, l'about* de l'une étant à angle aigu pour s'encastrer dans un angle obtus taillé dans l'autre (V.ill).

2/MAÇONN.: marteau de tailleur de pierre, à dents acérées.

3/MENUIS.: rainure ou petite cannelure* de profil triangulaire ou en demi-cercle, poussée entre deux moulures saillantes.
Ciseau en V servant à exécuter ces cannelures. Petite lame pointue qui, en avant du fer* tranchant de divers outils à fût, trace nettement le bord de la coupe.

GRAISSE n.f.
1/ V. Boîte à graisse.

2/ Tache opalescente dans le verre, due à un excédent de soude.

GRAISSER v.tr.
En marbrerie, enduire de mastic les goujons* ou agrafes* de fixation pour les protéger de l'oxydation.

GRAND-ANTIQUE n.m.
Marbre à fond noir, veiné de blanc.

GRANIT ou **GRANITE** n.m.
Roche* endogène dure à structure cristalline*, composée de feldspath*, de quartz* et de mica*.
Assez peu dense (d < 3), le granit est noir, gris moucheté ou rose, ou, plus rarement, verdâtre ou rouge.

Les *granulites* sont des granits contenant deux couleurs distinctes de mica.
Sans être stratifiés (contrairement au gneiss*), les granits ont des plans de taille préférentiels.
Selon les proportions de leurs constituants, on distingue quatre familles de roches granitiques :

- le *granite* (parfois *la granite*) proprement dit, qui contient la plus forte proportion de quartz ; il est de ce fait le plus difficile à travailler.
Il est blanc à gris clair bleuté, parfois marqué d'altérations orangées.

- la *diorite*, caractérisée par une forte proportion de quartz, d'amphibole et

grains d'orge

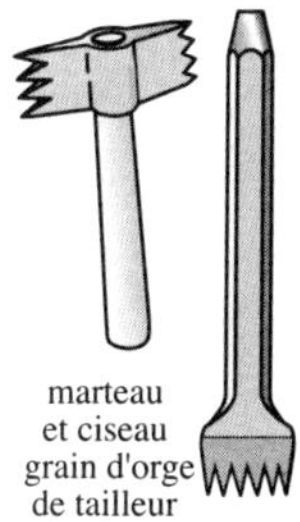

marteau et ciseau grain d'orge de tailleur de pierre

grain d'orge de menuisier

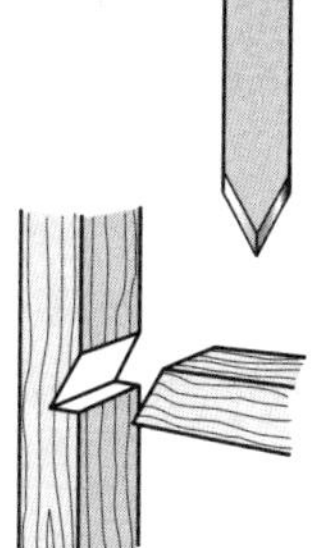

assemblage dit "**à grain d'orge**"

de biotite ; ses tonalités sont assez foncées.

- la *syénite* qui, contenant moins de quartz, se travaille plus facilement ; ses tonalités, plus foncées, peuvent être gris rougeâtre.

- le *gabbro*, facile à travailler car contenant très peu ou pas de quartz, mais beaucoup de feldspath ; ses tonalités sont toujours sombres.

Le granit est réputé inaltérable, d'où son emploi en construction (surtout Bretagne et Vosges).

Il prend bien le poli*, mais sa structure granuleuse ne permet pas de le ciseler de façon fine.

Le ***granit artificiel*** est un béton de granulats de marbre traité par un bouchardage* superficiel qui lui donne l'aspect du granit.

Le ***granit belge*** désigne un marbre noir moucheté de blanc.

GRANITÉ adj.
Qualifie une surface d'aspect plus ou moins moucheté rappelant l'aspect du granit : désigne par ex. les *enduits de parement plastiques granités* (du type *plastène SG* WEBER-ET-BROUTIN), composés de mélanges dosés de granulats de couleurs enrobés dans un liant de résines transparentes.

GRANITER v.tr.
Imiter en peinture l'aspect du granit.

GRANITIER n.m.
Exploitant ou tailleur de pierres en granit.

GRANITIQUE adj.
De la famille des granites, ou présentant des caractéristiques apparentées.

GRANITO n.m.
Enduit réalisé avec un mortier composé de granulats de marbre et d'un liant, souvent coloré ; après enduction et premier durcissement, la partie supérieure de l'enduit est éliminée par ponçage et polissage, afin de couper les granulats pour les rendre apparents (V.ill).

Les granitos ***en dalles*** *calibrées*, mis en oeuvre comme des carrelages ou des dallages de pierre, se présentent soit en dalles composées d'une couche d'usure de granito à liant hydraulique sur un support en béton (épaisseur totale env. 30 mm), soit en dalles minces de granito à liant de résines polyester (env. 15 mm).

Jusqu'aux années 50, de nombreux granitos ont été coulés et poncés *in situ**, en larges panneaux séparés par des joints.

Ce type de ***granito coulé****, ou terrazzo*, constitue un revêtement résistant, mais lourd (2 à 3 cm d'épaisseur).

Aujourd'hui, les liants de résines sans retrait (époxydes* sans solvants) permettent de réaliser de larges surfaces de granito mince (5 à 7 mm), offrant une haute résistance (sols de locaux publics, scolaires, aéroports, hôpitaux...).

Granito-gaz : poudre granuleuse chimiquement inerte, inorganique et non hygroscopique, utilisée dans certains extincteurs* à poudre.

granito

Principe de réalisation (en coupe)

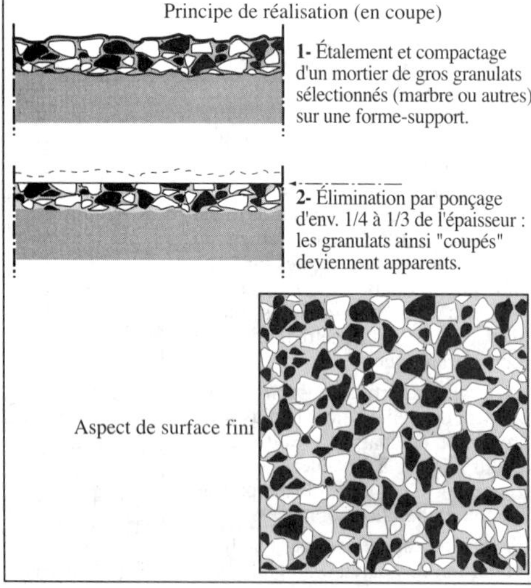

GRANULAIRE adj.
Qui concerne les granulats : dosage granulaire d'un mortier.

GRANULARITÉ n.f.
Distribution ou proportion relative des granulats de différents formats d'un mélange ou d'un matériau. Caractéristique de distribution granulométrique* d'une matière pulvérulente, d'un sable, d'un mortier, etc.

GRANULAT n.m.
Constituant inerte d'un mortier ou d'un béton (plutôt que *agrégat**, qui est l'appellation ancienne).
Selon leurs dimensions, les granulats du béton prennent les noms de cailloux, de gravillons* (ou graviers*), de sables* ou de fillers*.
Selon leur forme, on distingue les *granulats roulés* (granulats arrondis par érosion) et les *granulats concassés*, qui ont des formes angulaires.
Le mot s'applique non seulement aux minéraux, mais à toute matière en grains ou en petites billes pouvant servir de charge* dans les mortiers et bétons : liège, polystyrène expansé, verre broyé, verre expansé, etc.

GRANULATION n.f.
C'est le phénomène de l'agglomération d'une poudre en boulettes, ou ***granules***, quand on l'humidifie.

GRANULITE n.f.
Granit à grain fin qui comporte deux couleurs de mica, dont le blanc.

GRANULOMÉTRIE n.f.
Classement des granulats* en fonction de leurs dimensions, et étude de répartition volumétrique ou pondérale des différentes classes de dimensions.
Faire une granulométrie (souvent abrégée en "***granulo***"), c'est procéder à un tri par tamisages successifs à travers les mailles calibrées - et normalisées -, de plus en plus fines, afin d'établir une ***courbe granulométrique*** qui représente les proportions respectives des classes de dimensions.
Selon la répartition, une granulométrie est dite *longue* (ou continue, ou étalée), *courte*, ou encore *discontinue* (V.ill).
Pour les mortiers et bétons, la granulométrie sert à rechercher le dosage de constituants inertes qui remplisse bien les intestices entre les gros granulats,

Exemples de **courbes granulométriques** (ici pour des sables)

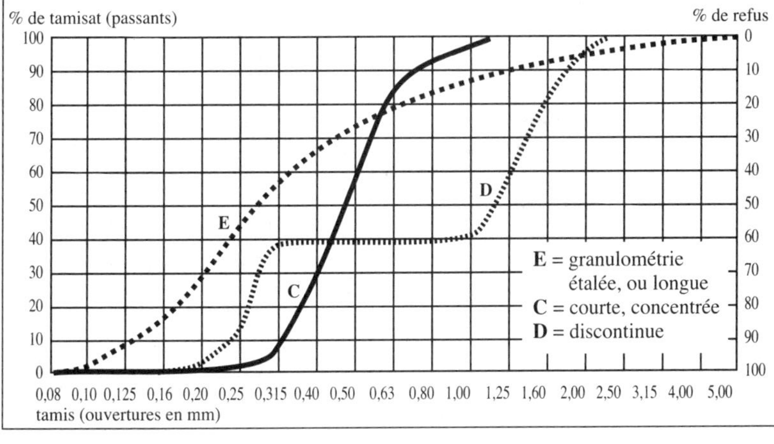

en fonction de leur forme générale arrondie ou plus ou moins anguleuse.

La granulométrie d'un mélange a un rôle déterminant pour l'ouvrabilité*, la compacité*, la cohésion* et la non-gélivité* du matériau en oeuvre.

En pratique, on utilise pour le béton des ***courbes granulométriques de référence*** qui servent de guides de dosage des différents granulats (courbes de BOLOMEY, FAURY, FULLER).

On a recours parfois aussi à la granulométrie dite *à minimum de mortier* (méthode de VALETTE), consistant à incorporer progressivement des gros granulats dans une éprouvette de mortier sur table vibrante, jusqu'à refus*.
Pour tous détails sur les méthodes et la représentation des résultats, V. les normes et les ouvrages spécialisés.

GRAPHOMÈTRE n.m.
Ancêtre de l'équerre* optique, composé de deux alidades* superposées, l'une fixe, l'autre mobile dans le même plan, sur un cadran gradué.

GRAPPIER (parfois ***Grapier***) n.m.
Boulette de chaux* qui n'a pas été réduite en poudre par l'extinction*.
La présence de grappiers dans un mortier de chaux se manifeste par la formation de petits cratères par cristallisation. Les grappiers récupérés lors du blutage* de la chaux éteinte sont broyés et incorporés dans les chaux* hydrauliques.

GRAPPIN n.m.
Pince à longues tiges articulées pour la manipulation des blocs de pierre.

GRAS adj.
1/ Qualifie un mortier hydraulique ou un béton dont la proportion de liant est importante par rapport à celle des charges* inertes (par opp. aux *mortiers maigres*).

2/ La ***chaux**** ***grasse*** est une chaux aérienne, onctueuse et plastique, obtenue avec des calcaires purs.

3/ On dit d'un matériau (pierre, pièce de charpente, carreau...) qu'il a ***du gras*** si une ou plusieurs de ses dimensions sont trop importantes pour sa mise en place sans recoupe.

4/ Un ***joint gras*** est un joint plus large que la normale (2 cm ou plus) entre des briques, des moellons, etc.

5/ Une ***pierre grasse*** est une pierre à grain fin à forte teneur naturelle en eau, et donc sujette à la gélivité*.

6/ Un ***enduit gras*** et une ***peinture grasse*** étaient des produits contenant une forte proportion d'huile.
Aujourd'hui, ils désignent souvent les matériaux glycérophtaliques*.

GRAS DE TAILLE n.m.
Matière volontairement laissée en excédent sur un bloc de pierre épannelé ou équarri. V. Affranchi.

GRATTAGE n.m.
1/ Élimination, avec un grattoir, d'une vieille peinture, d'un vieux papier peint, etc.

2/ Finition d'un enduit* de parement gratté*.

GRATTÉ adj.
Qualifie un enduit* de parement hydraulique taloché* dont la finition est faite, en cours de durcissement, en griffant la surface en tous sens avec un outil à pointes (V. *Gratton*) ou en râclant avec le bord d'une truelle.
Cette finition élimine la laitance* superficielle et dégage le grain* de l'enduit ; son aspect rustique et sobre, et sa relative facilité d'exécution en font une finition de plus en plus répandue (surtout moitié Nord de la France).
Le seul point important consiste à intervenir au bon moment.

GRATTE-FOND n.m.
Sorte de ripe* de ravaleur de pierre, à dents plus ou moins fines, épousant diverses formes pour râcler les gorges, fonds de moulures...

GRATTOIR n.m.
Désigne divers outils manuels de décapage des peintures, surfaces de pierre, de plâtre... (V.ill. ci-contre).

GRATTON n.m.
Taloche ou bloc de bois à poignée, hérissés de pointes d'acier dures, utilisés surtout pour la finition grattée* des enduits de parement (V.ill).

GRAVATIER n.m.
Entrepreneur ou ouvrier chargés de l'enlèvement des gravats.

GRAVATS ou **GRAVOIS** n.m. pl.
1/ Ensemble des éléments inutilisables provenant des démolitions, éclats et chutes de matériaux, emballages vides, etc. Sauf cas de convention contraire, l'enlèvement des gravats est à la charge des entreprises, et inclus dans les devis. Depuis juillet 2002, seuls des déchets ni recyclables ni valorisables sont admis dans les centres de stockage (décharges).

2/ Dans le tamisage d'un plâtre, les gravats sont les éléments retenus par les mailles du crible*.

GRAVE n.f.
En voirie, gravier dont la granulométrie* étendue, allant du sable fin aux cailloux, permet un bon compactage. On la définit par les dimensions de ses composants les plus fins et les plus gros : par ex., une grave de 0/30 est une grave dont la granulométrie va du sable très fin au gravier de 30 mm de Ø.

-***Grave améliorée***, ou ***grave artificielle*** : dont la granulométrie est reconstituée à partir de matériaux de carrière calibrés, dosés et mélangés selon les caractéristiques souhaitées.

-***Grave-bitume*** : grave améliorée (en général de granulométrie 0/20) qui a subi un enrobage de 3 à 4% de bitume (classe 40/50) pour constituer une couche de base de voirie.

-***Grave-ciment*** : béton maigre de grave améliorée et de ciment (3 à 7%), à compacter en sous-couche de fondation d'une voirie.

-***Grave-laitier*** : grave additionnée de 10 à 20% de laitier*, utilisée en voirie en sous-couche compactée (prise plus lente que celle de la grave-ciment).

grattoirs

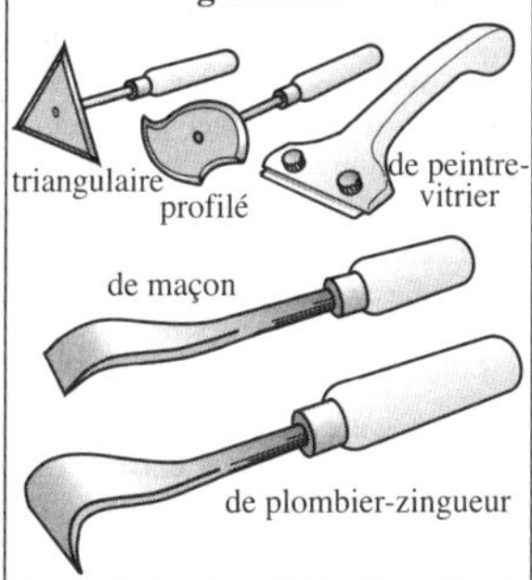

GRAVELAGE n.m.
Ouvrage en gravier : répartition et égalisation d'une couche de gravier, par ex. sur une étanchéité*.

GRAVELLE n.f.
Dans certaines régions, désigne le gravier*.

GRAVELET n.m.
Petit ciseau* utilisé par les tailleurs de pierre pour des ouvrages ciselés, étroits ou délicats.

GRAVIER n.m.
Gros éléments d'un sable, ou cailloux de petit format ; la ***gravière*** est leur carrière d'exploitation.

GRAVILLON n.m.
Roche dure concassée, ou extraite d'une ***gravillonière***, et calibrée en éléments de 5 à 25 mm ; le gravillon sert surtout de granulat dans les bétons, et d'élément rapporté en couche d'usure de revêtements routiers (par *gravillonnage*).

-***Gravillon lavé*** : parement de gravillons apparents exécuté surtout sur des pièces de béton préfabriquées, panneaux de façades et dalles de sol. Il consiste à appliquer, en fond de moule ou à la surface des pièces, un mortier de gravillons dont le liant est ensuite dégagé, en début de prise, par lavage au jet.

grattons
pour enduits "grattés"

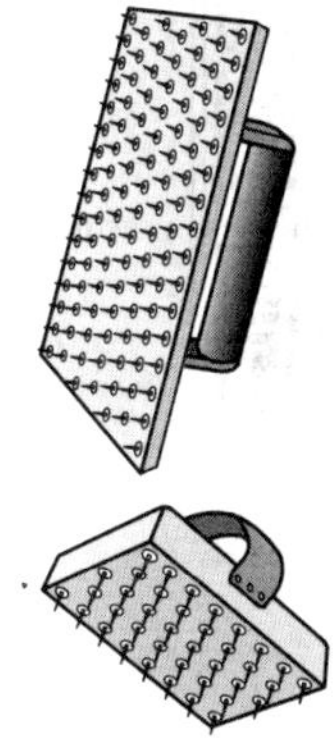

GRAVIMÉTRIE n.f.
Étude de ce qui concerne la pesanteur et les poids, ou masses, des éléments.
Un ***dosage gravimétrique*** est exprimé en poids des composants respectifs (par opp. au dosage *volumétrique*).

GRAVOIS n.m. pl. V. Gravats.

GRÉ-À-GRÉ loc. adv.
Un *accord de gré-à-gré* est un accord amiable*, sans l'arbitrage d'un tiers. Un *marché de gré-à-gré* est un marché* conclu sans appel d'offres.

GRECQUE n.f.
Motif d'ornement géométrique fait d'assemblages répétitifs de lignes orthogonales (V.ill). V. aussi Flots.

grecque

GREFFER v.tr. Syn. de *enter**.
GRÉGEOIR n.m.
Syn. de *grésoir*, *grugeoir*, ou *cavoir* (V. ces mots).

GRELEAU n.m.
Petit baliveau (V. ce mot).

GRELET, ou **GURLET** n.m.
Marteau de maçon à longue panne*, dont une extrémité est tranchante.

grelet

GRELETTE n.f.
Lime fine et longue, sans manche, utilisée par les serruriers.

GRELICHONNE
ou **GRELUCHONNE** n.f.
Large truelle* pointue ou carrée que les maçons utilisent pour travailler les mortiers.

grelichonne

GRENAGE n.m.
Transformation d'une surface lisse en une surface rugueuse ou grenue.

GRENAILLAGE n.m.
Décapage superficiel du métal ou des dalles de béton par projection de grenaille métallique.

GRENAILLE n.f.
Petits gravillons* calibrés de dimensions inférieures à 10 mm.
Petits grains de métal, utilisés en grenaillage.
Granulats de liège utilisés en isolation phonique ou thermique, ou dans les bétons de liège.

GRENAILLEUSE n.f.
Machine de projection violente et de recyclage de la grenaille, utilisée pour le décapage des sols ou des métaux.

GRENOUILLE n.f.
Engin de chantier à rebonds pneumatiques, pour le damage* des terres ou le pilonnage* des pavés et des sols.
Syn.: *pilonneuse*, *crapaud*.

GRENU adj.
Se dit d'une roche dont les grains sont visibles, ou perceptibles au toucher.

GRÈS n.m.
Roche sédimentaire composée de grains de silice* agglomérés par cémentation* naturelle (ciment siliceux, argileux ou calcaire).

Difficile à scier mais assez facile à tailler en moellons*, le grès fournit une bonne pierre de construction, et la plupart des pavés de voirie (grès de Fontainebleau).
La couleur du grès va du gris bleuté au beige.

Parmi les **variétés**, citons la *quartzite** (grès compact de quartz), la *molasse** (grès calcaire argilo-marneux), le *grès des Vosges* rose ou roux (présence d'oxydes de fer).

Pour les emplois en **pavage**, on distingue le ***grès paf***, dur et bien adapté aux travaux de voirie ; le ***grès pif*** (ou grisard*), nettement plus dur et difficile à tailler ; et le ***grès pouf***, de dureté insuffisante.

-***Grès-cérame*** (invar.) : céramique de haute dureté, imperméable à l'eau, obtenue par incorporation de silice qui vitrifie lors de la cuisson.

Les ***grès-cérame fins*** composent la plus grande partie des carrelages de sols de petit format (de 2x2 cm à 10x10 cm) ; dans les années 60 et

70, l'utilisation comme revêtement-mosaïque fut fréquente, surtout en préfabrication, par applications en fond de moule.

-***Demi-grès*** : céramique de grès très légèrement poreuse.

-***Grès émaillé*** : céramique recouverte d'une ou plusieurs couches de porcelaine blanche ou colorée (engobe*) et d'un émail* transparent (couverte*). Le grès émaillé compose divers appareils sanitaires, et de nombreux carrelages.

-***Grès étiré*** : grès-cérame dont la pâte est travaillée par étirage puis découpage, au lieu d'être moulée.

-***Grès vitrifié***, ou ***grès vernissé*** : ce sont des grès-cérame fins ou étirés, traités en fin de cuisson par une projection saline qui réagit avec l'argile pour former une pellicule de silico-aluminate vitrifié, extrêmement résistante et inattaquable par les agents chimiques ; on en fait des canalisations d'assainissement, des dallages industriels (antiacides*) et des carreaux à hautes performances.

-***Grès molaire*** : autre nom de la pierre meulière* : c'est une roche de grès dont les rognons* et inclusions calcaires ont été dissoutes par l'eau.

GRÉSAGE n.m.

1/ Usure d'une surface par le frottement répété d'une pierre de grès (ou *pain* de grès) ; par extension, le mot est devenu syn. de *ponçage**.

2/ Rectification des bords d'une vitre avec un grésoir*, ou cavoir*.

GRÉSER v.tr.

Poncer, aplanir une surface par un grésage, ou avec un abrasif* .

Un ***enduit grésé*** est un enduit de parement à liant hydraulique taloché dont on ponce la surface, dès que le durcissement est suffisant, pour recouper les granulats de calcaire dur ou de marbre qu'il contient afin de les rendre apparents (suivant le même principe que pour les granitos).

Par déformation, le terme grésé est parfois utilisé pour désigner un enduit ribbé*.

GRÉSEUX adj.

Qualifie un minéral dont la composition s'apparente à celle du grès.

GRÉSIÈRE n.f. Carrière de grès.

GRÉSIL, **GRÉSIN**, ou **GRAISIN** n.m.

1/ Débris de verre très fins.

2/ Défaut des grès émaillés, consistant en nombreuses petites bulles et cratères superficiels.

GRÉSILLER v.tr.

Façonner (le verre) avec le grésoir.

GRÉSOIR n.m. Syn. de grugeoir, ou cavoir (V. ces mots).

GRESSERIE

(s'écrit aussi ***Graisserie***) n.f.

1/ Ouvrage réalisé en grès* (autrefois orthographié *grais*).

2/ Carrière de grès. Syn.: *grésière*.

GRÈVE n.f.

Gros sable pour mortiers.

GRIFFAGE n.m.

Syn. de *scarification**.

GRIFFE n.f.

1/ARCHIT.: ornement destiné à racheter*, sur la base d'une colonne, le passage de la section carrée du socle au cylindre du fût*. Les griffes sont souvent feuillagées, ou en forme de têtes d'animaux (V.ill. page suivante).

2/COUVERT.: la griffe de zingueur (V.ill) sert à rainurer profondément les feuilles de zinc pour faciliter leur coupe par pliage.

3/MAÇONN.: fourche à dents recourbées utilisée pour triturer le béton ou les mortiers (V.ill. page suivante).

4/MENUIS.: gros coin de bois muni de pointes latérales, enfoncé dans le trou carré du plateau d'un établi pour servir de butée et de maintien à un ouvrage en cours (V.ill. page suivante).

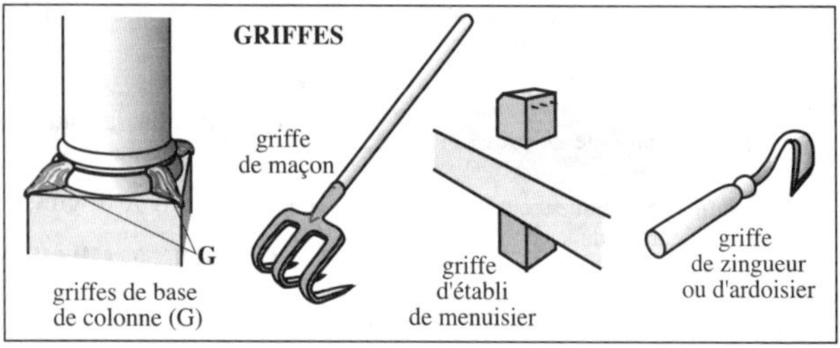

5/SERRUR.: outil à tête fourchue qui sert à tordre, à couder et à chantourner* les tiges de fer.

GRIFFÉ adj.
Se dit parfois d'un enduit qui comporte quelques fissures de retrait.

GRIGNARD n.m.
Bloc de gypse* cristallisé, dans une pierre à plâtre.

GRIGNOTEUSE n.f.
Outil électroportatif de découpe des tôles planes par petits poinçonnements répétitifs.

GRIL n.m.
1/ En architecture de théâtre, coursive* à claire-voie* située au-dessus des décors, et à partir de laquelle on les manoeuvre.

2/ Ouvrage à claire-voie* de retenue des objets flottant sur un cours d'eau.

GRILLAGE n.m.
1/ Treillage de fils métalliques entrecroisés ou torsadés ; ils sont pour la plupart protégés de la corrosion par électrozingage ou plastification. Outre leurs emplois sous forme de clôtures, les grillages servent, en maçonnerie, à armer les enduits rapportés sur des enduits anciens, sur des pierres tendres ou sur tout support dont l'adhérence est incertaine.
Grillage avertisseur pour canalisations enterrées : voir au mot Avertisseur les emplois et couleurs conventionnelles.

2/ Conséquence pathologique de la dessiccation d'un enduit dont l'eau de gâchage a été éliminée prématurément (absorption par le support ou évaporation rapide), avant que la prise* soit terminée. Le grillage se traduit par un manque de cohésion et un effritement plus ou moins spontané de l'***enduit grillé***.

GRILLAGER v.tr.
En maçonnerie, c'est le fait d'agrafer un grillage d'armature sur un support avant de l'enduire. Cette préparation des supports est le ***grillageage***.

GRILLE n.f.
1/ De façon générale, toute paroi ou plaque rigide, ajourée pour laisser passage à l'eau, à l'air, à la lumière : grilles d'aération, de ventilation, de siphons de sol, de caniveaux...

2/CHAUFF.: paroi ajourée ou claire-voie* qui compose le foyer sur lequel sont disposés les combustibles.
Désigne parfois aussi l'ensemble des tubulures chauffantes enrobées dans un panneau, un plafond ou un plancher chauffants.

3/SERRUR.: assemblage de barreaux ronds ou carrés constituant une clôture ou l'ouvrage de défense d'une ouverture.
Une grille de protection est en général composée de *travées* de barres verticales maintenues par deux *cours de traverses* horizontales.
Les travées sont délimitées par des *pilastres** maçonnés, ou par des *montants* plus forts scellés à leur base et souvent confortés par des *arcs-boutants**.
Les grilles sur mur-bahut* ont parfois

des montants à branches ou à contreforts, qui chevauchent le mur (V.ill).
La grille désigne aussi la fermeture* et la protection de larges baies, telles que les devantures de magasins ; ces grilles, parfois préférées aux rideaux* métalliques à enroulement horizontal, sont en général de type extensible, sur rails fixes haut et bas, les barreaux étant assemblés par des croisillons déformables à glissières.

4/VENTIL.: la ***grille de ventilation*** ou ***grille d'aération*** est un petit panneau ajouré, en général métallique, inséré dans une paroi pour servir d'orifice au passage de l'air insufflé dans les locaux, ou de l'air extrait.
La grille de ventilation peut être garnie de ventelles* mobiles, de registres* diffuseurs, d'une clé* de réglage.
Désigne souvent aussi l'aérateur*.

GRILLÉ adj.
Qualifie un enduit ayant manqué du minimum d'eau indispensable à sa prise.
Les enduits de parement à grande surface développée (mouchetis*) sont sensibles au grillage ; d'où la nécessité de les réhumidifier, surtout par temps sec, le lendemain de l'application.

GRIMPETTES n.f. pl.
Accessoire en croissant garni de pointes, adaptable aux chaussures des électriciens, pour leur permettre de grimper sur les poteaux de bois.

GRINNEL (**système —**)
Dispositif de détection et de lutte contre les débuts de foyers d'incendie, par l'ouverture automatique de robinets (sprinklers*) répartis sur des canalisations d'eau en charge, sous les plafonds des locaux publics, ateliers, laboratoires...
Toute élévation sensible de la température provoque la fusion d'un fusible et libère l'ouverture du robinet du sprinkler, déclenchant l'arrosage de la zone d'où vient l'échauffement.

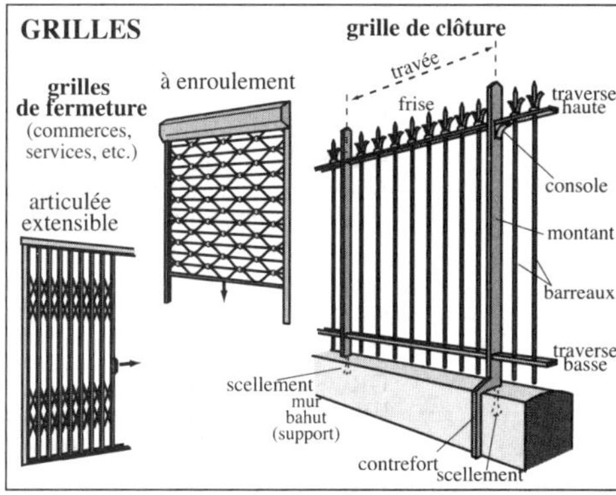

GRIOTTE, ou **GRIOTE** n.f.
Nom générique des marbres mouchetés de rouge ou de brun, en particulier ceux du Languedoc.

GRIPPÉ adj.
Qualifie un élément métallique dont la mobilité est altérée par l'oxydation : *boulon grippé.*

GRIPPING (**clé —**) (de l'anglais)
Clé* à chaîne des chauffagistes.

GRIS-DE-PIERRE n.m.
Oxyde de zinc utilisé, en mélange avec du grès broyé, pour composer le ciment* métallique.

GRISAILLE n.f.
Peinture d'ornement monochrome, c'est-à-dire utilisant les tonalités d'une seule et même couleur, quelle qu'elle soit, pour créer des impressions de reliefs et d'ombres.

GRISARD n.m.
1/ Grès* très dur et difficile à travailler, aussi appelé *grès pif.*

2/ Bois de peuplier utilisé pour la fabrication de boiseries et parquets.

GRISÉ adj.
Qualifie un objet de serrurerie aplani à la lime, mais non poli.

grilles d'aération

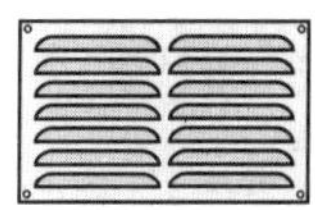
en tôle emboutie

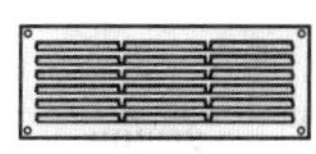

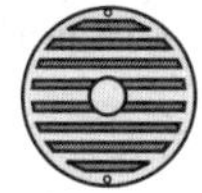
en plastique moulé

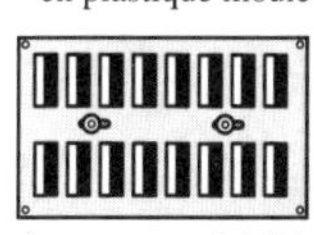
à ouverture réglable

GRISÉE n.f.
Brique de qualité médiocre, utilisée surtout en remplissage.

GROOM n.m. V. Ferme-porte.

GROS adj. et n.m.
1/CHARP.: qualifie un bois de section carrée. Les ***gros-murs*** sont les murs qui supportent la charpente.

2/MAÇONN.: un ***gros de mur*** est une pièce de bois porteuse dans un ouvrage en pisé*.

GROS-BATTANT n.m.
Échantillon* de débit* de chêne de 11 cm d'épaisseur par 32 de largeur.

GROS-BLANC n.m.
Mastic fin de rebouchage utilisé dans la dorure* en détrempe*.

GROS-BÉTON n.m.
Béton additionné de très gros granulats, destiné à subir seulement des efforts en compression : massifs* de fondations*, soutènements, etc.
Syn.: *béton cyclopéen.*

GROS-CIMENT n.m.
(région Basse-Normandie) Mortier de ciment dont les charges granulaires sont constituées de tuileau* pilé ou de verre broyé, et de scories.

GROSSE-ÉCALE n.f.
Pavé de fortes dimensions, hors des formats usuels.

GROS-FERS n.m. pl.
Ensemble des pièces métalliques de structure et d'armature (ancres, poutrelles, tirants, profilés lourds), et en particulier, autrefois, celles qui étaient facturées au poids de métal.

groupe de sécurité

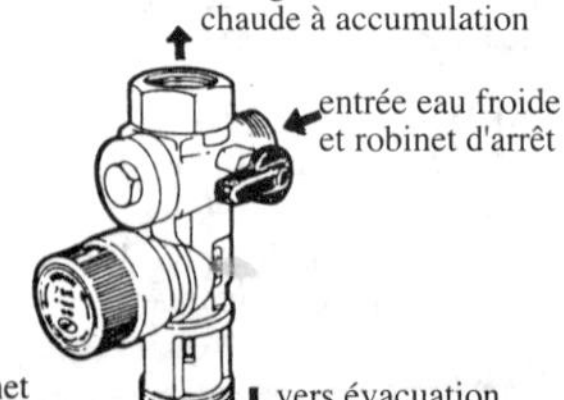

(doc.COMAP)

GROS OEUVRE n.m.
Ensemble des ouvrages d'un bâtiment qui composent son ossature et assurent sa stabilité, par opp. au second oeuvre*, qui assure son étanchéité, son équipement, son isolation thermique, sa décoration...

GROS-OUVRAGES n.m. pl.
Ancienne appellation juridique de l'ensemble des travaux qui, assurant la bonne tenue, l'étanchéité et la pérennité* d'un bâtiment, relevaient de la garantie* décennale*, par opp. aux *menus ouvrages*. Définition abandonnée par la loi de 1978 : V. Garanties.

GROS-PÊNE n.m.
Pêne* dormant d'une serrure.

GROSSE n.f.
En quincaillerie, mesure (en voie de disparition) valant douze douzaines d'unités de clous, vis, etc.

GROSSETTE n.f.
Retour latéral d'un chambranle* de porte ou de cheminée.

GROSSIER adj.
Qualifie tout ouvrage ou état de surface peu élaboré, simplement dégrossi, équarri, rugueux, etc.

GROTESQUES n.m. pl.
Motifs d'ornement formés d'arabesques* entremêlées.

GROUPE n.m.
1/CHAUFF.-PLOMB.: obligatoire sur l'alimentation en eau froide de tout générateur d'eau chaude à accumulation, le ***groupe de sécurité*** est un dispositif de protection contre d'éventuelles défaillances du thermostat. Il regroupe (V.ill) :
- un robinet d'arrêt, dont le clapet interdit le refoulement d'eau chauffée dans le tuyau d'alimentation ;
- un robinet de vidange à soupape de sûreté, pour évacuer automatiquement l'eau surchauffée ou la vapeur.

2/ÉLECTR.: le ***groupe électrogène*** est

une machine autonome de production de courant électrique, composée d'un moteur thermique et d'une génératrice (dynamo, pour courants continus, ou alternateur*, pour courant alternatif). L'installation de groupes électrogènes de sécurité est obligatoire dans les IGH* et dans certains établissements recevant du public.

GRUE n.f.
Nom générique d'engins de levage et de déplacement des charges :

-la ***grue à tour***, à flèche horizontale équilibrée par une contre-flèche qui porte les contrepoids ;

-la ***grue sapine****, adaptée aux petits chantiers ; elle est en général fixe ;

-la ***grue hydraulique***, montée sur camion, pour les chargements et déchargements de matériaux ;

-la ***grue automotrice***, souvent à flèche télescopique, utilisée pour des interventions brèves et ponctuelles.
Mouvements des grues : V. ill.

GRUGEOIR n.m.
Petit outil de vitrier constitué d'une plaquette à encoches de largeurs diverses, avec lequel on rogne les bords des panneaux de verre.
Syn.: *grésoir*, *grégeoir*, *cavoir*.

GRUGER v.tr.
1/ Rogner les bords d'un verre au grugeoir.

2/ Dans la taille des pierres et en sculpture, c'est creuser au marteau têtu ou à la boucharde les parties trop dures pour être attaquées au ciseau.

GRUGE-TUILE n.m.
Pince à mâchoires dentées pour rogner le bord des tuiles trop grandes.

GRUME n.f.
Tronc d'arbre abattu et ébranché, encore revêtu de son écorce et de son aubier. La grume est tronçonnée en *billes** qui sont ensuite débitées en bois d'oeuvre (V. Bois).

GRUTIER n.m.
Conducteur de grue.

GUETTE ou **GUÈTE** n.f.
1/ Pièce de bois en écharpe*, pour contreventer* un ouvrage ou servir de décharge*; en particulier, chacune des deux pièces obliques qui composent une croix* de St-André.
Poutrelle oblique de contreventement d'une charpente métallique.

2/ Autre nom de l'échauguette*.

GUETTON n.m.
Syn. de *tournisse* (V. ce mot).

GUEULARD n.m.
1/CHAUFF.: orifice de chargement en combustible d'une chaudière*.

2/COUVERT.: sorte de gargouille* simple ou rebord métallique formant le trop-plein d'un chéneau ; il dirige vers l'extérieur les rejets de l'eau qui déborde du chéneau* lors de fortes pluies. On installe parfois un gueulard provisoire en attendant la pose des descentes d'E.P.

GUEULE-DE-LOUP n.f.
1/FUMIST.: capote métallique coudée placée au faîte d'un conduit de fumée,

les mouvements d'une grue

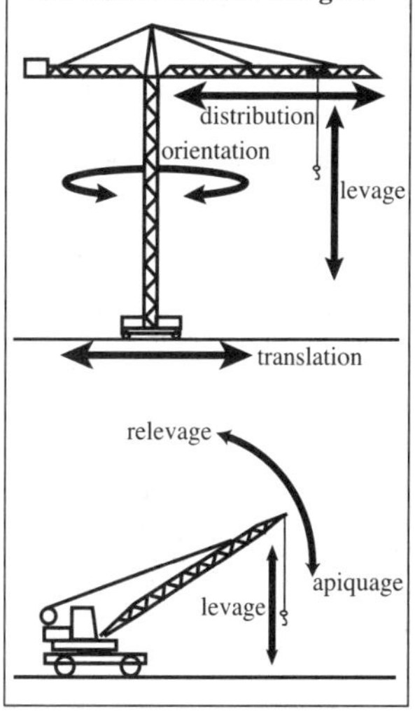

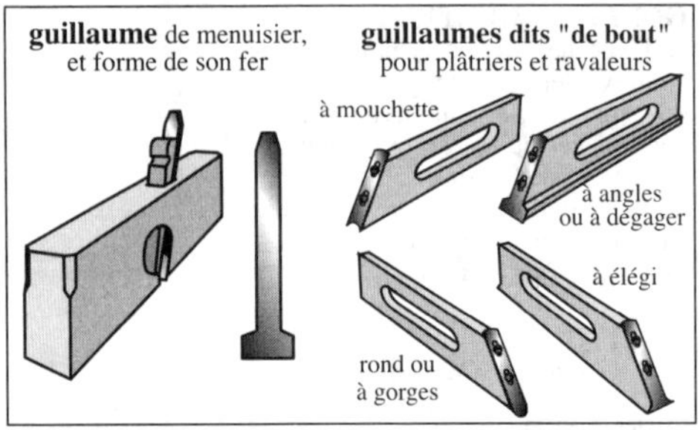

pivotant librement sur un axe vertical sous l'action du vent sur sa crête. L'ouverture reste sous le vent, de sorte qu'il ne peut s'y engouffrer, mais crée une dépression favorisant le tirage.

2/MENUIS.: moulure en creux du montant battant* d'un vantail* de croisée dans laquelle vient s'emboîter la moulure en contre-profil, dite *mouton*, de l'autre vantail.
Outils à fût* ou fers* à toupie* servant à pousser* ces moulures.

GUICHET n.m.
1/ Porte piétonnière ménagée dans une porte plus grande, telle qu'une porte cochère*.
Petite ouverture pratiquée dans une paroi (par ex. dans une porte de cellule de prison).

2/ Comptoir séparatif entre le public et ses interlocuteurs administratifs, commerciaux, banquiers, etc.

3/FUMIST.: V. Coulisse (ramonage).

GUIDE n.m.
Désigne tout dispositif, rail, glissière*, gorge*, etc. qui a pour objet de diriger le déplacement d'un élément mobile (volet roulant, vitrage coulissant, ascenseur...).

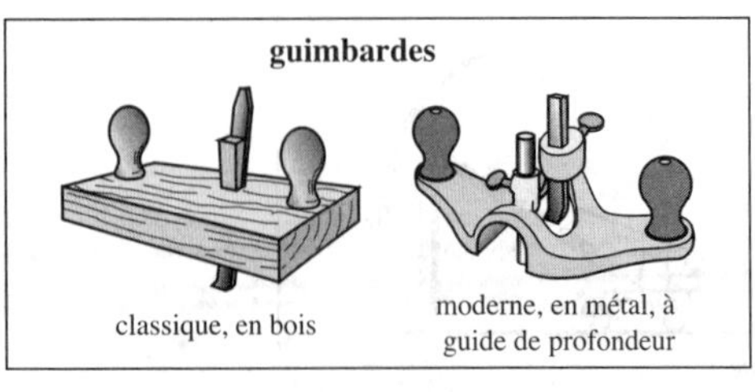

GUIGNEAU n.m.
Pièce de bois horizontale assemblée entre deux chevrons*, supportant un ou plusieurs chevrons intermédiaires interrompus par la présence d'une souche* de cheminée, d'une lucarne* ou d'une fenêtre de toit.
Syn.: *linçoir* (V.ill. à ce mot).

GUILLAUME n.m.
1/MAÇONN.: rabot étroit de ravalement, utilisé pour le refouillement* des joints et moulures*. Les guillaumes peuvent être carrés ou arrondis, à fer droit, élégi*, ou évasé.

2/MENUIS.: rabot étroit dont le fer occupe toute la largeur de l'outil, les copeaux étant évacués par des lumières* latérales ; on l'utilise surtout pour les fonds de moulures en creux (V.ill).

GUILLOCHIS n.m.
Ornement composé de lignes ou hachures croisées, disposées avec régularité.

GUILLOTINE (**fenêtre à —**) n.f.
Fenêtre* en usage surtout en Angleterre et dans le Nord, à châssis divisé horizontalement ; l'ouverture se fait par coulissement vertical.
(V.ill. au mot Fenêtre).

GUIMBARDE n.f.
Outil à fût* dont le fer*, réglable en profondeur, est parallèle à l'axe de l'outil : on le traîne perpendiculairement à l'ouvrage, en particulier pour le refouillement de moulures creuses et étroites (V.ill).

GUIMBERGE n.f.
Encadrement d'une clef* de voûte ; désigne aussi une clef de voûte pendante*, chargée d'ornements.

GUIMPAGE n.m.
Tressage isolant de fils textiles autour d'un conducteur en cuivre.

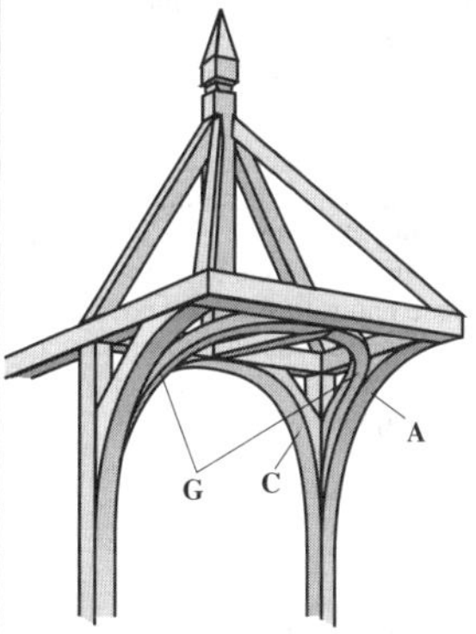

guitare de lucarne (**G**)
(**A** = aisselier ; **C** = cintre)

GUIMPÉE adj. f.
Qualifie, en architecture, une doucine* dont le haut de la courbe est concave, et nettement plus important que le bas du devant du talon.

GUINDAGE n.m.
Ensemble des treuils, poulies, cordages, brayers*, etc. utilisés pour soulever une charge lourde.

GUINDER v.tr.
Soulever un fardeau avec un treuil, une grue...

GUINGOIS (de —) loc. fam.
Qui est de travers, qui a un aspect déséquilibré.

GUIPAGE n.m.
Enveloppe isolante constituée d'un ruban tissé enroulé en hélice, en deux couches successives à pas inversé, sur certains conducteurs électriques.

GUIRLANDE n.f.
Ornement architectural classique, peint ou sculpté en feston*, composé d'un assemblage de fruits, de fleurs et de feuillages liés par des rubans.

GUITARE n.f.
Ouvrage de charpente composé de pièces courbes, en particulier pour soutenir l'avancée de toiture d'une lucarne à croupe (V.ill).

GUNITAGE n.m.
Application pneumatique d'un mortier fluide (la ***gunite***) pour la consolidation des parois de tunnels, galeries, réservoirs, ouvrages souterrains, etc. Le mélange sec est humidifié au fur et à mesure de la projection.
Le gunitage s'effectue par application de couches successives pour atteindre plusieurs cm d'épaisseur. Dans le bâtiment, le terme de gunitage s'applique à la protection des structures en métal contre la corrosion.

GUNITE n.f.
Mélange de ciment et de sable, projeté à sec, sous pression, sur des surfaces préalablement arrosées.

GUNITEUSE n.f.
Machine de projection pneumatique dite *canon* à ciment*.

GUTTA-PERCHA n.m.
Latex végétal, analogue au caoutchouc, mais ramolli par la chaleur, utilisé comme isolant électrique.

GYPSAGE n.m.
Addition de gypse dans le clinker* des ciments* Portland, avant leur mouture*.

GYPSE n.m.
Sulfate hydraté du calcium :

$$(CaSO_4, 2H_2O).$$

A l'état de roche naturelle à structure cristalline, le gypse est appelé *pierre à plâtre*.

Extrait en carrière sous forme de petits cristaux blancs agglomérés en blocs, d'aspect voisin du sucre, le gypse est concassé puis séché au four ou à l'air libre. Après dépoussiérage, il fait l'objet d'une déshydratation par cuisson au four, soit en atmosphère sèche (procédé dit *voie sèche*), soit en atmosphère humide (*voie humide*).

Selon les températures et les durées de cuisson, on obtient différentes qualités de plâtre :

- vers 150-180°C, le gypse donne un *semi-hydrate*, qui compose l'essentiel du plâtre de construction :

$(CaSO_4,1/2H_2O + 3/2H_2O)$.

- au-dessus de 200°C, le semi-hydrate donne les *anhydrites** ou plâtres anhydres, et les *surcuits**:

$(CaSO_4 + 1/2H_2O)$.

Pour être commercialisables, les produits sortant des fours doivent enfin être broyés (mouture), dosés (mélange de plusieurs qualités), et éventuellement additionnés d'accélérateurs* ou de retardateurs*.

-***Gypse chimique*** : le sulfate de calcium déshydraté est un résidu, en quantité importante, de la fabrication de l'acide phosphorique.

Après élimination des impuretés qu'il entraîne avec lui, et déshydratation, le gypse obtenu est proche du gypse naturel.

Sur les 60 millions de tonnes de plâtre produites dans le monde, on estime que plus de la moitié le sont à partir de gypse chimique ; en France, où le gypse naturel est abondant, l'emploi du plâtre de gypse chimique concerne surtout la fabrication des carreaux* et des plaques* de plâtre.

GYPSEUX adj.
Qui contient du gypse.

GYPSERIE n.f.
Panneau ornemental en plâtre, qui comporte des bas-reliefs sculptés par refouillement dans la masse, et peints de décors aux tons pastel.
Se rencontre surtout dans le Sud de la France, en Italie et dans les pays germaniques.

H

HABILLAGE n.m.
1/ De façon générale, mise en place d'éléments de remplissage* ou de panneaux de façade non-porteurs, entre les ossatures externes d'un bâtiment, ou en avant de celles-ci.

2/ Ensemble des éléments légers de finition des parois intérieures des locaux (autres que les revêtements* eux-mêmes) : plinthes, corniches, moulures...
Mise en oeuvre de ce éléments.

3/ Lattis ou grillage d'armature d'un enduit, mis en place avant l'exécution de cet enduit.

4/ Ensemble des panneaux masquant les flancs des baignoires et appareils sanitaires.

HABITABLE adj.
Voir Surface habitable.

HABITAT n.m.
Nom générique des bâtiments à usage d'habitation, ou logements.
On distingue les habitats individuels (maisons) et collectifs (immeubles) ; groupés (ou concentrés) et dispersés.

HACHE n.f.
Outil à tranchant latéral monté sur manche, utilisé par percussion.

hachettes

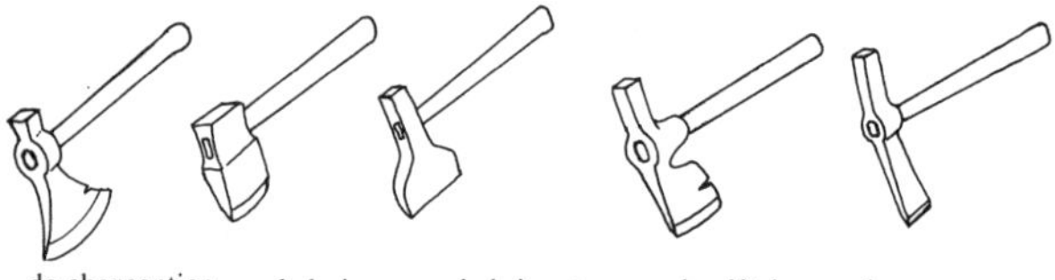

HACHEREAU, HACHERON n.m. Petite hache de dégrossissage des bois de charpente.

HACHETEAU n.m.
Hachette de plâtrier, servant au hachement* des anciens enduits de plâtre et à la destruction des augets* entre les solives de planchers.

HACHETTE n.f.
Petite hache, ayant des formes différenciées selon les corps de métiers ; elle porte en général, à l'opposé du taillant, une tête utilisable comme marteau.

HACHOTTE n.f. Hachette avec laquelle le couvreur taille les lattes, les liteaux et les ardoises (V.ill).

HACHEMENT n.m.
Saignées faites à la hache dans les bois d'une cloison pour améliorer l'accrochage du plâtre.
Abattage* par piochement d'un enduit de plâtre.
Dégradation superficielle d'un enduit, afin de lui donner la rugosité nécessaire pour l'application d'un parement épais.

HACHURE n.f.
Chacun des traits fins parallèles, croisés ou rayonnants qui composent les demi-teintes d'un dessin.

HACHURER v.tr.
Strier certaines parties d'un dessin avec des hachures de façon à figurer en demi-teinte une coupe, une ombre, ou une particularité convenue et rappelée dans un cartouche* ou une légende*.

HAHA n.m. V. Ahah.

HALER v.tr.
Attacher un fardeau et l'enlever avec un câble ; le noeud d'attache se nomme ***halement*** (CHABAT).

HALL n.m.
Vaste salle, ouvrant sur l'extérieur, et servant de vestibule.

HALLE n.f.
Bâtiment public où se tiennent les marchés ; c'est parfois un simple ouvrage de charpenterie couvert, reposant sur des poteaux, sans murs extérieurs.
Église-halle : église qui a plusieurs nefs parallèles de même hauteur, sans bas-côtés.

HALOGÈNE n.m.
Nom générique du chlore et de ses analogues chimiques (brome, iode, fluor) ; leur action sur le tungstène des filaments de lampes* d'éclairage permet d'obtenir, avec des températures élevées (> 2 800°C), d'excellents rendements lumineux. Par déformation, ce mot est utilisé comme adjectif : *lampe halogène*.

HAMPE n.f.
Manche allongé des pinceaux et de certains outils.

HANDICAPÉS adj. ou n.m. pl.
Une réglementation détaillée a été élaborée et mise en vigueur depuis 1975 pour faciliter l'insertion des personnes handicapées dans la collectivité, visant en particulier l'accessibilité des locaux pour celles qui circulent en fauteuil roulant.

Les dispositions sont applicables aux bâtiments d'habitations et aux installations ouvertes au public.

Pour les ***modalités d'application***, on consultera utilement : "*La sécurité des logements*" (publié par le Journal Officiel) ; l'annexe 2 de l'arrêté du 13.03.1979 ; le Comité National Français de liaison pour la réadaptation des handicapés (38, bd Raspail, 75007 Paris) ; et les normes AFNOR. Voir les principales dimensions à prendre en compte pour les fauteuils roulants dans le croquis ci-contre.

handicapés et personnes à mobilité réduite :
caractéristiques du fauteuil roulant normalisé,
et dimensions minimales de manoeuvre.

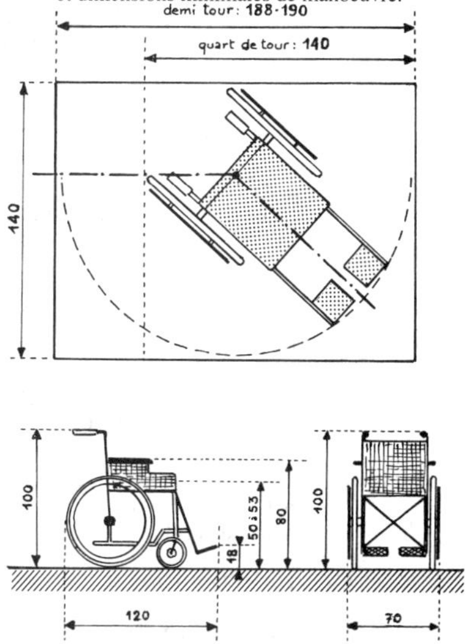

HAPPE n.f.
Crampon* métallique servant à solidariser deux pièces de bois ou deux pierres contiguës d'une même assise*. Syn.: *agrafe**.

HAPPEMENT n.m.
En dorure, désigne le phénomène de l'adhésion spontanée des très minces feuilles d'or humidifiées sur leur support lisse.

HAPPER v.tr.
Appliquer les feuilles d'or humectées sur les ornements à dorer.

HARNAIS n.m.
Dispositif normalisé de sécurité antichute, constitué de sangles et ceintures ajustables pour le maintien ferme du corps sans en gêner les mouvements ; le harnais est arrimé à un filin de rappel à freinage automatique en cas de chute.

HARPAGE ou **HARPEMENT**
n.m. Disposition en alternance ou en saillie des pierres ou des briques d'une tête de mur, d'un angle ou d'une attente* de mur destinée à une prolongation ultérieure (V.ill).

Désigne aussi la disposition alternée des carreaux de plâtre d'un angle de

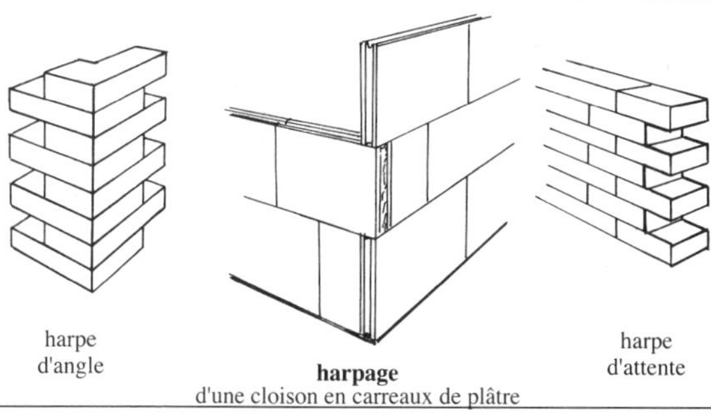

HARPES et HARPAGES

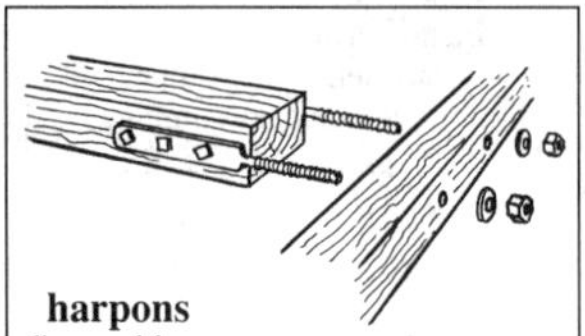

harpons
d'assemblage

cloison, dont on arase ensuite les parties saillantes (V.ill).

HARPE n.f.
1/ Éléments maçonnés en alternance pour former l'angle de deux murs.

2/ Dans une chaîne* verticale, pierre d'assise plus large que les pierres situées immédiatement au-dessus et au-dessous.

3/ Fer plat coudé servant à lier un poteau cornier* de pan de bois aux murs adjacents (syn.: *harpon*).

HARPON n.m.
Fer plat, coudé ou non, servant de platine d'assemblage de deux éléments de murs en pans* de bois ou de deux pièces de charpente (V.ill).

HÂTÉE n.f.
Fer plat ou barre de fer, coudés et contrecoudés à angle droit.

HART n.m.
Lien d'osier servant à assembler les fagots des fascines*.

HÂTURE n.f.
Tige de fer coudée formant une gâche simple, ou l'arrêt du pêne* d'une serrure.

HAUBAN n.m.
Câble tendu entre un élément à stabiliser (édifice haut et étroit, mât, passerelle, grue, etc.) et un point fixe auquel il est solidement ancré.

HAUBANAGE n.m.
Mise en place de haubans. Ensemble des haubans qui assurent ou confortent la stabilité d'un ouvrage.

HAUSSE n.f.
Désigne diverses pièces de surélévation.
En couverture, la hausse est une bordure de zinc disposée au bord d'une gouttière ou au pied d'une noue pour éviter les rejaillissements d'eau.

HAUSSIÈRE n.f. V. Aussière.

HAUTEUR n.f.
Désigne toute dimension verticale.

-la ***hauteur d'allège****, mesurée à partir du plancher fini, est au minimum de 0,90 m lorsque l'allège est en maçonnerie pleine. Voir aux mots Allège et Garde-corps.

-la ***hauteur des souches*** de tous les conduits* en émergence des toits est réglementée (V. au mot Conduit).

-la ***hauteur des constructions*** est en général limitée par le POS ou le PLU* local, et par un gabarit* urbain.

-la ***hauteur de marche**** courante est de 16 cm (± 1,5 cm). Elle est limitée à 17 cm dans les bâtiments d'habitation neufs sans ascenseur.

-la ***hauteur sous plafond*** : les règles diffèrent selon le type de bâtiment, neuf ou rénové, aidé ou non, etc.
En simplifiant, la moyenne des pièces principales d'un local d'habitation ne devrait jamais être inférieure à 2,33 m dans les pièces principales.
Pour les travaux neufs, la seule règle concerne le volume d'air par occupant. En réhabilitation, la hauteur sous plafond ne doit en aucun cas être inférieure à 2,20 m (art. 40-4 du Règlement sanitaire départemental-type), et à 1,90 m sous obstacle dans les locaux annexes tels que celliers, caves...; bien qu'abrogée, l'ancienne règle de hauteur de 2,50 m reste recommandée, d'autant plus qu'elle est adaptée à la coordination* modulaire (hauteur d'étage normalisée de 2,70 m de sol à sol, pour 2,50 m de sol à plafond).

-la ***hauteur manométrique*** est l'expression de la pression d'un fluide par comparaison avec la hauteur d'une colonne d'eau présentant à sa base la même pression.

HAUT-RELIEF n.m.
Sculpture réalisée sur un fond avec des reliefs très prononcés, presque en ronde-bosse*, mais sans qu'aucun élément ne soit détaché du fond.

HAVAGE n.m.
En terrassement, découpage des sols de façon à détacher des blocs importants de terrain, après préparation par saignées verticales.

HAVE ou **HAYVE** n.f.
Petit relief d'un panneton* de clef de serrure bénarde*, destiné à empêcher la clef de traverser la serrure de part en part.

HAVET n.m.
Petit levier servant aux couvreurs à soulever légèrement les ardoises pour en placer de nouvelles sans retirer le rang supérieur.

héberge (H)

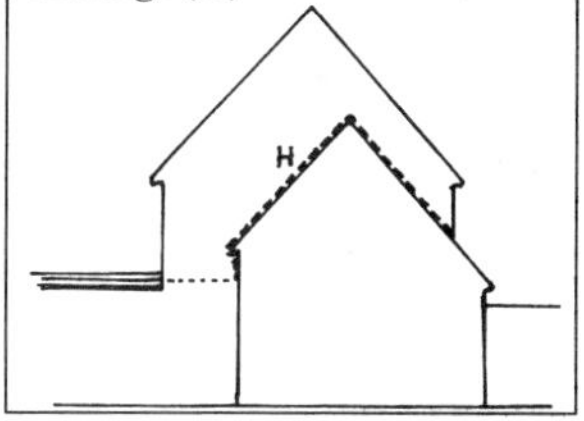

hélicoptère

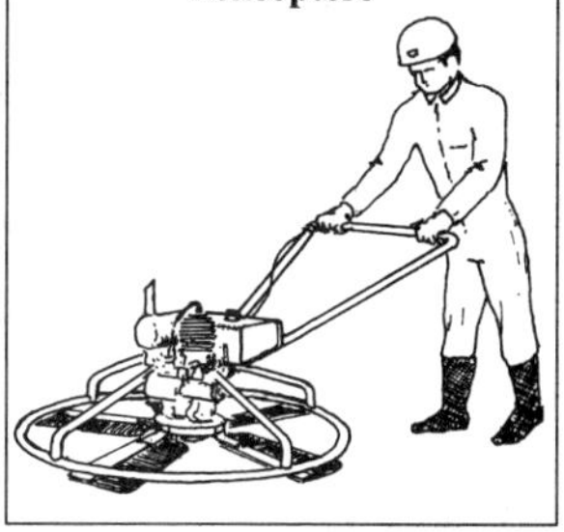

HÉBERGE n.f.
Ligne qui correspond à la limite de mitoyenneté* d'un mur séparatif commun à deux constructions accolées ou adossées, de hauteur inégale (V.ill).
Si deux bâtiments sont contigus et de hauteur inégale, l'héberge est le niveau jusqu'où un mur est considéré comme mitoyen.
Par déformation, désigne la surface mitoyenne ainsi délimitée sur la partie de mur qui dépasse la construction la plus basse. Cette surface de mur au-dessus de l'héberge est réputée appartenir au propriétaire de la construction la plus haute, sauf titre ou marque de propriété contraire.

HÉBERGER v.tr.
Adosser un ouvrage contre ou sur un mur mitoyen.

HEC n.m.
Partie inférieure d'une porte, pouvant rester fermée tandis que la partie supérieure est ouverte (par ex. pour des boxes de chevaux).

HECTO (symbole **h**)
Préfixe qui multiplie par 100 une valeur ou une unité quelconque.

HECTOPIÈZE (**hpz**) n.f.
Unité de mesure des pressions valant un bar*, soit 0,1 mégapascal.

HÉLICE n.f.
1/ (au pl.) Volutes* d'un chapiteau* corinthien, entre ses feuilles d'acanthe*. Syn.: *caulicoles**.

2/ Ligne géométrique engendrée sur un cylindre par la translation et la rotation simultanées d'une perpendiculaire à son axe.

-***Escalier en hélice*** : escalier* tournant autour d'un noyau* central.
Syn.: *colimaçon*.

HÉLICOÏDE, ou **HÉLICOÏDAL**
adj. D'un tracé en forme d'hélice.

HÉLICOPTÈRE n.m.
Engin de surfaçage* et de talochage* mécanique des dalles de béton et des chapes* incorporées ; il est composé

d'un large cerceau muni de pales inclinées, dont la rotation est assurée par un moteur thermique (V.ill).
Syn.: *truelle* mécanique.*

HÉLIOGRAPHE n.m.
Appareil de mesure de la durée d'ensoleillement journalière en un lieu donné.

HÉLIOTECHNIQUE
ou **HÉLIOTHERMIE** n.f.
Ensemble des techniques de captage des flux thermiques de l'énergie solaire, et de leur transformation en énergie calorifique ou électrique.

HÉMICYCLE n.m.
1/ Construction ou local dont le plan est en demi-cercle ; amphithéâtre à gradins* de forme semi-circulaire.

2/ Cintre* ou arceau de soutien d'un arc en plein cintre.

HÉMISPHÈRE n.m.
Demie sphère.

HÉMISPHÉRIQUE adj.
Qualifie une voûte, un dôme, etc. qui correspond à une portion de sphère, ou *calotte**.

hérissons

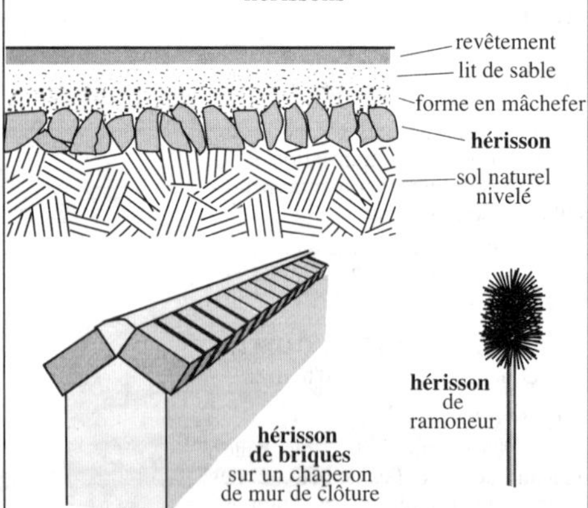

HEPTAGONAL ou **HEPTAGONE** adj. Qui a sept côtés.

HÉRIDELLE ou **ERIDELLE** n.f.
Ardoise longue et étroite (env. 10cm de largeur, et 35 à 40 de long).

HÉRISSON n.m.
1/ Blocage* de pierres concassées ou de gros cailloux juxtaposés verticalement à la main, pour former l'assise de fondations, le premier lit d'une voirie, ou la base d'une dalle sur terre-plein (V.ill).

Le ***hérissonnage*** traditionnel, long à mettre en oeuvre, est généralement remplacé aujourd'hui par un empierrement ou un lit damé de mâchefer*, de gravier et de sable.

2/ Ouvrage de défense d'un mur, composé de pointes de métal scellées sur son faîte.

3/ Rangée de briques ou d'autres matériaux (par ex. galets, moellons) maçonnés sur chant* pour former le couronnement d'un mur de clôture *en hérisson* (V.ill).

4/ Brosse métallique cylindrique ou sphérique constituée de fines lames flexibles, servant au ramonage des conduits de fumée (V.ill).

5/ Balai métallique cylindrique qui constitue la pièce rotative à l'intérieur d'un appareil de projection des mouchetis* tyroliens*, dit *moustiquette*, ou *tyrolienne*.

HERMÈS n.m.
Buste d'homme sculpté sans bras et engainé*, constituant un terme*.

HERMÉTIQUE adj.
1/ Peut se dire d'une colonne ou d'un socle portant un hermès*.

2/ Qualifie un dispositif dont la fermeture est parfaitement étanche au fluide considéré, air, gaz, fumée, eau (par ex. un tampon d'orifice de visite de canalisations), hydrocarbure, etc.

HERMINETTE n.f.
Hache de charpentier dont le tranchant, contrairement à la doloire*,

herminettes

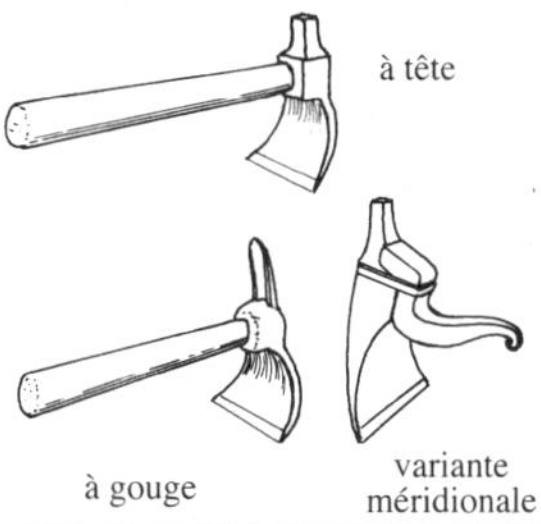

est perpendiculaire à l'axe du manche (V.ill). Elle sert à délarder* et à dresser* les pièces de bois. Dans le Sud, on trouve des herminettes à manche court, proches de l'asseau*, s'utilisant d'une main.

HERSE n.f.
1/CHARP.: épure* développée à plat de plusieurs pans d'une toiture, destinée à faciliter le travail de taille et d'assemblage des bois au niveau des arêtiers*. Croisillon* de bois horizontal d'une charpente de comble carré : la herse constitue un double tirant entre les arêtiers (V.ill).
2/CHAUFF.: réseau de colliers ou de plots-supports sur lesquels on fixe les câbles chauffants ou canalisations d'eau chaude d'un système de chauffage intégré à une paroi.
3/SERRUR.: ouvrage séparatif entre les balcons ou terrasses de deux logements voisins (V.ill).

HERTZ n.m. (symb.: **Hz**)
Unité de mesure des fréquences* (acoustiques, électriques) correspondant à un cycle oscillatoire complet par seconde. Les anciens noms de *cycle par seconde* (c/s) ou *période par seconde* sont à proscrire.

HÉTÉROGÈNE adj.
Composé de matériaux de nature différente : un pan de bois et son remplissage, un mur de briques et de galets alternés, etc. sont des ouvrages hétérogènes. Syn.: *composite* (surtout pour un assemblage de styles). Opp.: *homogène**. Un bois* est hétérogène si les différences d'aspect entre ses couches de printemps et d'été forment des cernes visibles.

HÉTÉROGÉNÉITÉ n.f.
Caractère d'un ouvrage composé de matériaux ou de styles hétérogènes.

HÊTRE n.m.
Essence feuillue, commune en Europe. Son bois, sans aubier, de couleur chamois clair, est dense (0,75 à 0,85), dur et homogène, mais peu élastique et peu résilient ; d'où son emploi en menuiserie plus qu'en charpenterie. Syn.: *fayard, foyard.*

HEURT n.m.
Partie d'une canalisation trop élevée par rapport au niveau de pente souhaitable.

herses (H)

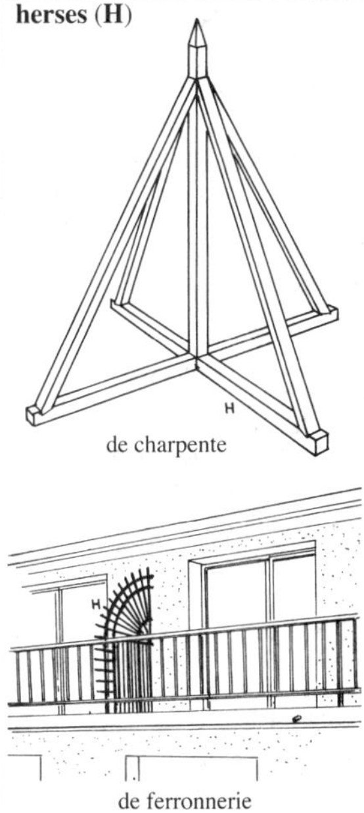

HEURTOIR n.m.
1/ Pièce de métal ouvragée, sur la porte d'entrée d'une maison, servant autrefois de marteau* pour frapper à la porte.

2/ Pièce de métal scellée dans le sol pour servir d'arrêt à une porte cochère*.

3/ Désigne parfois un chasse-roue*.

HEXAGONE n.m.
Polygone* à six côtés. L'hexagone est dit *régulier* si ses six côtés sont égaux et qu'il peut être inscrit* dans un cercle. Sa construction est simple, chacun des côtés étant égal au rayon de son cercle circonscrit (cercle passant par tous ses sommets).

HIE n.f.
Outil de paveur servant à damer les pavés. Syn.: *demoiselle**, *dame**.

HIEMENT ou **HÎMENT** n.m.
Enfoncement des pavés à leur place, par damage avec la hie*.

HIÉRATIQUE adj.
(BEAUX-ARTS) Qualifie toute représentation de sujets religieux.

HIGH-TECH ou **HI-TECH**
Néologisme anglo-saxon qualifiant un équipement ou un procédé de technologie avancée.

HIRONDE n.f. V. Queue d'—.

HISTORIÉ adj.
Qualifie un membre d'architecture qui sert de support à des représentations de scènes religieuses, laïques, ou historiques. De nombreux chapiteaux* romans* sont historiés.

HISTORIQUE adj.
V. Monument historique.

HOCHE n.m.
Petite pièce de bois que l'on scelle sur un mur pour y fixer des cordeaux de mesure d'épaisseur ou de vérification d'alignement.

HOMME-JOUR n.m.
Unité conventionnelle de mesure de l'importance d'un chantier en nombre de journées individuelles de travail : la construction d'une maison individuelle simple représente en moyenne 250 hommes-jour.

HOMOGÈNE adj.
Se dit d'un matériau constitué d'une seule matière, ou de plusieurs matières distinctes mais parfaitement dissoutes ou mélangées ; un bois homogène est un bois dont on distingue mal les cernes* annuels.

Qualifie aussi un bâtiment ou un ensemble architectural qui présentent une bonne unité de style.
Opp.: *hétérogène**

HOMOGÉNÉITÉ n.f.
Qualité d'un mélange dont tous les constituants sont répartis uniformément : homogénéité d'une peinture, d'un béton, etc.

HOMOTHÉTIE n.f.
État de deux ensembles géométriques de dimensions distinctes, dont les proportions respectives sont rigoureusement identiques. Un plan d'architecture est la représentation *homothétique* d'un bâtiment, quelle que soit l'échelle* choisie.

HONGUETTE n.f.
Ciseau* carré et pointu utilisé par les tailleurs de marbre.

HONORAIRES n.m. (en général au pluriel) Rétribution, tarifée ou non, que perçoit une personne exerçant une profession libérale : architecte, expert, géomètre, etc.

HORIZON n.m.
Dans la reconnaissance et l'étude des sols, l'horizon désigne un plan de changement de nature géologique et de perméabilité.

HORLOGE n.f.
Dispositif de mesure du temps.
Organe essentiel dans la gestion automatique des commandes d'une installation en fonction du temps.

Une ***horloge de commutation***, dite ***horloge change-tarif***, par ex., assure la mise en marche automatique d'appareils tels que chauffe-eau électrique en fonction des heures creuses (horaires à tarif électrique réduit) ; une ***horloge de programmation*** permet par ex. de programmer la mise en route d'un chauffage à une date ou à une heure prévue, avant l'arrivée des occupants, etc.

HORS COMBLES loc. invar.
Désigne tout élément en saillie au-dessus des pans de toiture d'un comble : souche de cheminée, conduit d'aération, antenne, épi, etc.

HORS-D'AIR adj. ou n.m. invar.
Qualifie un bâtiment dont les vitrages sont installés, et dont toutes les ouvertures peuventêtre occultées.

HORS-D'EAU adj. ou n.m. invar.
Qualifie un bâtiment dont les ouvrages de couverture, d'étanchéité et de pose des baies extérieures pleines ou vitrées sont achevés.
Se dit aussi d'une couche fraîchement appliquée d'enduit ou de peinture, à partir du moment où la pluie ne peut plus les altérer.
Mettre un bâtiment hors d'eau, c'est parvenir au stade où peut commencer la mise en place des équipements intérieurs et des finitions.

La ***mise hors-d'eau*** correspond aussi à une étape dans l'échelonnement du règlement financier des travaux (en général 55% du coût total).

HORS-GEL loc. invar.
Qualifie tout élément à l'abri de l'action du gel et des désordres qui en résulteraient : se dit en particulier des fondations protégées par leur *garde-au-gel**. Un *bâtiment hors-gel* est un bâtiment inoccupé dans lequel le chauffage est réglé de façon à maintenir une température basse mais suffisante pour empêcher tous dégâts du gel sur les équipements sensibles (canalisations, radiateurs, robinets, sanitaires...).

HORS D'OEUVRE loc. invar.
1/ Qualifie une construction annexe extérieure à un bâtiment (tour, campanile, etc.). V. Oeuvre.
2/ Se dit d'un élément architectural en saillie sur l'alignement d'un bâtiment ou sur le nu* de sa façade.

3/ Peut aussi qualifier un ornement ou un élément architectural qui ne correspond pas au style général du bâtiment concerné.

HORS OEUVRE (**HO**) loc. invar.
1/ Se dit d'une dimension mesurée à partir du nu* extérieur des murs externes d'une construction (par opposition aux mesures *dans-oeuvre*).
NB- La mesure d'une ***surface* hors oeuvre*** (**SHO**) doit être faite à un mètre de hauteur au-dessus des planchers finis ; elle ne comprend ni les balcons et terrasses, ni les éléments de construction non clos (auvents*, marquises*, etc.).

2/ Qualifie tout élément de construction établi en saillie, hors de l'alignement du corps principal de l'oeuvre (V. ce mot).

HORS-POUSSIÈRE loc. invar.
Sert à désigner le délai au-delà duquel une couche de peinture ou de vernis est suffisamment sèche pour que la poussière n'y adhère plus.

HOSPITALIER adj.
Qualifie ce qui concerne tous les établissements de soins (hôpitaux*, cliniques, hospices, etc.), leur construction et leur équipement.

HOT-MELT adj.
(de l'anglais *fondu à chaud*)
Qualifie toute colle en bloc ou en bâtonnet fusible à la chaleur, et la technique de collage avec ces colles. Leur durcissement est quasi instantané, par refroidissement.

HOTTE n.f.
1/ Manteau* d'une cheminée, évasé généralement en tronc de pyramide.

2/ Volume parallélépipédique ou pyramidal construit sous un plafond,

hublot

ouvert à sa base, et raccordé à un conduit d'évacuation des fumées. Équipée ou non d'un extracteur d'air mécanique, la hotte sert à favoriser l'évacuation des fumées et vapeurs au-dessus des fourneaux, appareils à combustion, paillasses* de laboratoires, etc.

3/ Autrefois, panier d'osier porté à dos d'homme pour monter les matériaux et descendre les gravats.

HOUE n.f.
Outil en forme de forte binette, pour le malaxage manuel des bétons et mortiers. V. aussi Rabot de maçon.

HOULICE n.f. V. Oulice.

HOUPPETTE n.f.
Petit ciseau carré et pointu qui sert aux sculpteurs pour tailler le fond des ornements en creux.

HOURD n.m.
Galerie en charpente construite en encorbellement* au faîte des murs d'enceinte d'ouvrages fortifiés, à partir de laquelle on envoyait sur l'ennemi des projectiles divers.

HOURDAGE n.m.
1/ De façon très générale, remplissage d'espaces vides.

2/ Aire* en plâtre sur lattis* d'un plancher (syn.: *hourdis** en ce sens).

HOURDIS

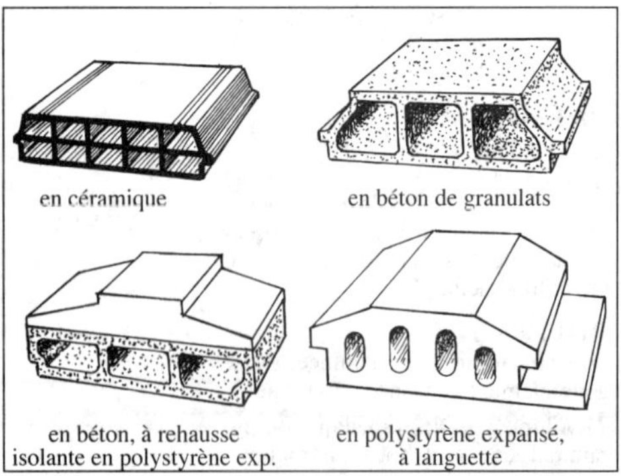

3/ Maçonnerie de remplissage des vides d'une cloison en pan* de bois.

4/ Première couche d'un enduit de plâtre, appliquée sur un lattis.

5/ Construction de murs en blocs de terre (syn.: *cajon** dans ce sens).

HOURDER ou **HOURDIR** v.tr.
1/ De façon générale, maçonner des éléments : hourdir un mur.

2/ Remplir les vides d'un ouvrage de charpente tel qu'un pan* de bois ou un solivage avec des plâtras scellés à bain de plâtre, ou avec une maçonnerie grossière.

3/ Mettre en place les blocs (hourdis) constituant les éléments de remplissage entre les poutrelles de béton armé d'un plancher, et formant sa sous-face*.

HOURDIS n.m.
1/ Aire de plâtre d'un plancher.
Aussi *hourdage** dans ce sens.

2/ Bloc manufacturé fait de béton de granulats, de béton léger, de céramique, de mousse isolante rigide, ou d'une association de ces matériaux, et servant à remplir les entrevous*, espaces vides entre les poutrelles de béton armé ou de métal d'un plancher (V.ill). Syn.: *entrevous*.

HOYAU n.m.
Pioche de terrassier à lame biseautée et tranchante.

HUBLOT n.m.
1/ Petit jour* vitré, généralement circulaire, ménagé dans une paroi.

2/ Appareil d'éclairage rond ou ovale, robuste et étanche, à disposer en applique murale pour l'éclairage des caves, celliers, garages, accès extérieurs, etc. (V.ill).

HUCK-BOLT n.m. V. Rivelon.

HUILAGE n.m.
Désigne parfois, en peinture, l'application d'une couche d'impression sur un fond absorbant.

HUILE n.f.
L'***huile de décoffrage**** est un liquide antiadhérent utilisé comme agent de démoulage sur les coffrages des bétons ; les huiles utilisées doivent être facilement saponifiables (Voir Saponification), pour ne pas empêcher l'adhérence ultérieure d'enduits ou revêtements.

-***Huile minérale*** : de façon générale huile lubrifiante, brute ou raffinée, venant de la distillation du pétrole.

-***Huile siccative*** : huile dont l'application en film* donne un vernis mince par oxydation et polymérisation à l'air et à la lumière.

-***Huile de traitement des sols*** : huile étalée en imprégnation superficielle des sols de ciment pour améliorer leurs caractéristiques antipoussière* et antiusure* (efficaces et économiques, elles ont l'inconvénient d'empêcher l'adhérence de peintures ou revêtements ultérieurs).

HUIS n.m.
Nom donné autrefois à la porte d'entrée des maisons.

HUISSERIE n.f.
Bâti dormant* d'une porte extérieure ou d'une porte de communication ; l'huisserie est composée de deux montants, ou *poteaux*, ou *jambages*, et d'une traverse horizontale, ou *linteau** (V.ill). Elle est dite ***à chapeau*** ou ***à oreilles*** lorsque son linteau dépasse de part et d'autre des montants.

L'huisserie est solidarisée à la maçonnerie adjacente soit par des pattes de scellement noyées dans les cloisons, soit par un lardis* de clous à bateau noyés ensuite dans le plâtre.
Les huisseries sont fabriquées soit en bois, soit en profilés métalliques (acier laqué, aluminium), soit en profilés plastiques. Elles sont souvent fournies avec la porte correspondante, sous forme de *blocs-portes**.

HUIT (d'assemblage)
Petite patte métallique plate utilisée pour des assemblages, en serrurerie et en menuiserie (V.ill).

HUMEUR n.f.
On dit d'une colle* ou d'un adhésif* étalés qu'ils sont ***en humeur*** aussi longtemps qu'ils restent poisseux au toucher, leurs solvants n'étant que partiellement évaporés.

HUMIDIFICATEUR n.m.
Dispositif destiné à maintenir par diffusion de l'eau un certain taux

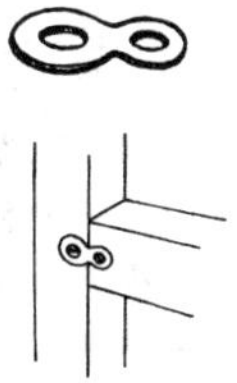

huit
d'assemblage

HUISSERIES

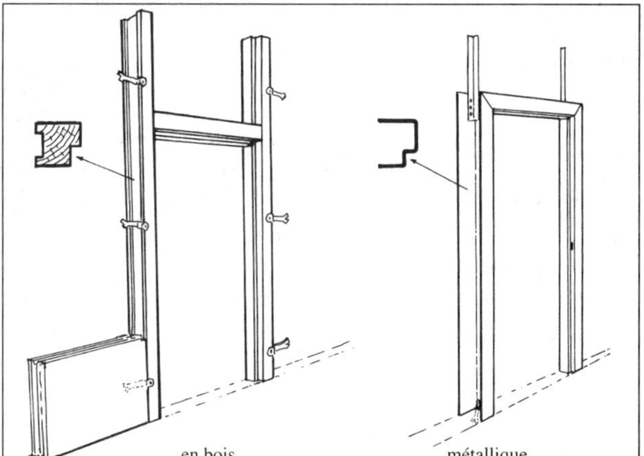

en bois

métallique

humidimètre

d'humidité dans l'air. Son principe peut être la diffusion par ventilation mécanique de l'air sur des surfaces humides (ou au travers de filtres humides), ou une simple évaporation sous l'action de la chaleur (appareils dits *saturateurs* disposés en façade des radiateurs).

HUMIDIFICATION n.f.
Augmentation du taux d'humidité de l'air ou de tout matériau (par arrosage, immersion, étuvage humide, etc.).

HUMIDIMÈTRE n.m.
Appareil de mesure et de contrôle du taux d'humidité de l'air ou des matériaux (bétons, sables, bois, parois à peindre, etc.) ; il repose sur le principe de la mesure de résistance électrique entre deux pôles placés sur le matériau, ou enfoncés dans celui-ci à une profondeur convenable (V. aussi Hygromètre).

HUMIDITÉ n.f.
Eau ou vapeur d'eau en suspension dans l'air ou contenue dans les matériaux non liquides.

Humidité dans les matériaux :
l'humidité est le facteur le plus fréquent de destruction lente des composants du bâtiment, et l'une des principales sources de pathologie*.
Y sont sensibles *les bois* (pourrissement), *le plâtre* (destruction cristalline, gonflements), *les métaux ferreux* (oxydation) et *certaines colles* (amylacées, dextrines, vinyliques).
L'humidité favorise le développement des organismes cryptogamiques* parasites (lichens, mousses, moisissures*) et des formations cristallines de salpêtre*.

Pour que le ***bois d'oeuvre*** soit usinable et utilisable en construction, sa teneur en eau (taux d'humidité) doit normalement être proche de 15 à 22% (V. Bois).
Au-dessus de 22% le bois est dit *mi-sec* ; au-dessus de 30%, il est *vert.*

L'hygrométrie*, qui mesure l'***humidité de l'air***, utilise plusieurs ratios dont les valeurs sont, en pratique, très voisines :
-*humidité* ***absolue*** : c'est le poids de vapeur d'eau (en grammes) par mètre cube d'air.

-*humidité* ***spécifique*** : c'est le poids de vapeur d'eau (en grammes) par kg d'air humide.

-*humidité* ***relative*** (**HR**) : c'est l'expression en pourcentage de la proportion d'eau contenue dans l'air, l'humidité relative 0 étant celle de l'air totalement sec, et 100% celle de l'air saturé (rappelons que cette saturation dépend elle-même de la température et de la pression). Les conditions de confort pour l'homme correspondent à des taux d'humidité relative compris entre 30% et 75%.
Syn.: *degré hygrométrique* de l'air.

HUPPE n.f.
Défaut localisé du bois, constitué d'un certain volume de matière plus ou moins décomposée, blanchâtre et molle, qui doit impérativement être éliminée. Une huppe importante rend souvent inutilisable la pièce de bois concernée.

HYALOTHÈRE n.m.
Appareil servant à percer le verre par l'action d'un arc électrique.

HYDRATATION n.f.
Ensemble des réactions chimiques qui accompagnent la fixation de l'eau sur les molécules d'un corps pour les transformer en *hydrates* :

- l'hydratation de la chaux vive produit la chaux éteinte, ou *chaux aérienne*, ou *chaux hydratée*, ou *hydrate de chaux*, ou encore *hydrate de calcium* (V. Chaux).
- l'hydratation des ciments* déclenche des réactions aboutissant à la formation d'aluminates et de silicates hydratés, quasiment insolubles.

HYDRAULICITÉ n.f.
Caractéristique de prise sous l'eau de l'ensemble des liants hydrauliques (ciments et chaux hydrauliques).

L'***indice d'hydraulicité*** (**i**), ou *indice de Vicat* d'un ciment est la proportion, avant cuisson, entre les fractions acides (silice et alumine) et les fractions basiques (chaux et magnésie) :

$$i = (SiO_2 + Al_2O_3) \ / \ (CaO + MgO)$$

L'indice d'hydraulicité d'un ciment Portland est inférieur à 0,5 (ciment basique).

L'indice d'hydraulicité d'un liant exprime son aptitude à la prise sous l'eau, et correspond à des caractéristiques de vitesse de prise et de résistance aux milieux agressifs (un indice supérieur à 1 correspond à un ciment acide, et à une haute résistance aux agents agressifs et à l'eau de mer).

HYDRAULIQUE n.f. et adj.
1/ Qualifie un liant* qui peut faire prise* et durcir sous l'eau : les principaux liants hydrauliques sont les ciments* dits Portland et les chaux* hydrauliques.

2/ Qualifie toute technique et ouvrage concernant l'eau, sa rétention (barrages, bassins), son adduction (drainage, canalisation des cours d'eau), son évacuation (assèchements, rabattement* de nappes), ou son franchissement (ponts, digues) : *architecture hydraulique*.

HYDROBÉTON n.m.
Béton chargé de matières colloïdales, pour la prise sous l'eau sans risque de délayage du ciment et des fines.

HYDROCÂBLAGE n.m.
Installation d'un réseau de distribution d'eau ou de fluide caloporteur à l'aide de canalisations souples (plastiques armés) préassemblées en atelier à partir de nourrices*, de distributeurs ou de collecteurs, sous forme de faisceaux ou de *pieuvres*.
On parle désormais de *chauffage hydrocâblé*.

HYDROCARBONÉ adj.
Qui contient de l'hydrogène et du carbone ; qualifie en particulier les matériaux bitumineux.

HYDROCARBURE n.m.
Nom générique des carbures d'hydrogène liquides (mazout, fioul domestique, pétrole* lampant, etc.), liquéfiés (gaz butane ou propane) ou gazeux (gaz naturel). Leur stockage et leur distribution dans les bâtiments sont soumis à des normes réglementaires de sécurité.

HYDRO-ÉJECTEUR n.m.
Pompe de relevage des eaux et de rabattement* de nappes ; le principe général de l'hydro-éjecteur consiste à entraîner les eaux à relever par injection d'eau sous pression dans une tuyère montée au bout d'un tube d'aspiration à crépine* (V.ill) ; l'eau ainsi pulsée par le groupe moto-pompe de surface communique aux eaux à relever une forte poussée ascendante.
Ce procédé permet d'aspirer l'eau à des profondeurs atteignant 25 mètres.

NB- Le relèvement d'eaux potables, ou l'utilisation de l'eau potable comme élément moteur, sont interdits par les règlements sanitaires.

HYDROFUGATION n.f.
Traitement d'imperméabilisation. Protection d'un ouvrage contre la pénétration de l'eau par application superficielle ou par incorporation d'un produit hydrofuge.

HYDROFUGE n.m. et adj.
Produit imperméabilisant, ayant pour effet d'interdire ou de ralentir le cheminement de l'eau ou sa pénétration dans les matériaux, et de les préserver contre les effets de l'humidité.

On distingue :

-les ***hydrofuges de surface*** : ce sont des produits modifiant les caractéristiques de capillarité, ou obstruant les pores superficiels des bétons, des enduits, du bois, etc.
Ils se présentent sous forme liquide, généralement incolore, pour être appliqués comme des peintures à la brosse, au rouleau ou par pulvérisation. On trouve des hydrofuges de

hydro-éjecteur
(principe)

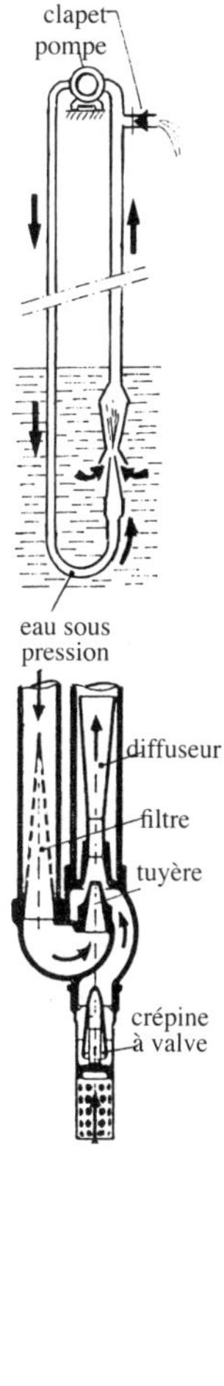

surface à base de résines (silicones, époxydes, polyesters, acryliques, vinyliques), de sels divers (fluosilicates, siliconates), de caoutchouc, de produits bitumineux...

-les ***hydrofuges de masse*** : adjuvants* soit en doses liquides, soit en poudre, à incorporer dans les enduits, mortiers et bétons au moment de leur malaxage ; les dosages préconisés ne doivent pas être dépassés afin de ne pas nuire à une hydratation* homogène des liants, rendue plus difficile par la présence d'hydrofuges.

HYDROFUGER v.tr.
Imperméabiliser une surface ou un matériau à l'aide d'un hydrofuge.

HYDROMASSAGE n.m.
Système de massage par un ensemble de jets d'eau, pouvant être associé à une douche, à une baignoire, etc.

HYDROMÈTRE n.m.
Manomètre* utilisé pour mesurer la hauteur d'eau des circuits d'une installation de chauffage central à eau chaude, en aval du robinet de remplissage. Il comporte un index qui indique le niveau optimum de l'installation.

HYDROPHILE adj.
Qualifie un produit ou un matériau absorbant, avide d'eau, tel que par ex. une substance colloïdale. Le gel de silice, par ex., est hydrophile
Syn.: *lyophile*.

HYDROPHOBE adj.
Qualifie un corps chimique ou un matériau qui n'a aucune affinité avec l'eau, ou dont la surface repousse l'eau par un phénomène de capillarité : paraffine, silicones*...

HYDROSTATIQUE adj.
Qualifie un rapport d'équilibre entre des liquides, ou entre un liquide et l'air : la ***pression hydrostatique*** est la pression exercée par la vapeur d'eau sur les obstacles qu'elle rencontre (par ex. derrière une peinture étanche qu'elle fera cloquer*).

HYDROTIMÉTRIE n.f.
Mesure de la dureté* d'une eau, c'est-à-dire de sa teneur en sels de calcium et de magnésium, qui entartrent les canalisations par une précipitation (ou *incrustation*), favorisée par la chaleur (formation surtout de carbonates de calcium insolubles).

La mesure de la teneur en sels de carbonate et de magnésium est exprimée par le ***titre hydrotimétrique*** (**TH**), en degrés TH ; elle s'effectue en évaluant le volume de savon liquide qu'il faut ajouter à un volume donné d'eau avant d'obtenir la formation de mousse.

Un ***degré hydrotimétrique*** (degré français aussi noté **°f**) correspond à 10 mg de carbonate de calcium par litre d'eau, à 25°C.

Le ***titre hydrotimétrique*** permanent (*TH permanent*) est celui qui est mesuré sur l'eau après ébullition.

Selon son titre hydrotimétrique, une eau est dite :
- *douce*, de 0 à 5°TH ;
- *moyennement dure*, de 5 à 15°TH ;
- *dure*, de 15 à 25°TH ;
- *très dure*, au-dessus de 25°TH.

Une eau froide qui titre 10 à 15°TH est donc peu incrustante ; à partir de 20°TH, son adoucissement est nécessaire pour les emplois courants.

Par contre, pour l'eau destinée à être chauffée (eau chaude sanitaire, eau caloporteuse ou vapeur), un adoucissement est utile dès que son titre dépasse 5°TH. On évitera toutefois les excès d'adoucissement, qui rendent l'eau agressive et provoquent la corrosion des canalisations.
V. aussi Alcalimétrie (titre alcalimétrique complet, ou TAC).

HYDROXYDE (**de calcium**) n.m.
Nom chimique de la chaux grasse, de formule $Ca(OH)_2$.

HYGROMÈTRE n.m.
1/ Appareil de mesure du taux d'humidité de l'air ou des gaz.

2/ Appareil mesurant la teneur en eau du bois (syn.: humidimètre, dans ce sens) ; les hygromètres à bois mesurent la résistivité entre deux électrodes pointues enfoncées dans le bois.

HYGROMÉTRIE n.f.
Étude et mesure des taux d'humidité de l'air. V. aussi Psychrométrie.

HYDRORÉGLABLE adj.
Qualifie un système d'entrée et/ou d'extraction de conditionements d'air ou de VMC* qui adapte le débit d'air en fonction du taux d'humidité ambiant détecté, et donc de la production de vapeur d'eau dans les locaux (par les occupants, les salles d'eau, la cuisine, etc.).

HYGROSCOPICITÉ n.f.
1/ Caractéristique de sensibilité des matériaux à la pénétration de l'eau par capillarité.

Une forte hygroscopicité des pierres de construction constitue un défaut qui interdit leur emploi en soubassements et fondations, et s'accompagne en général d'une forte gélivité.

2/ "*Aptitude du bois à changer d'humidité en fonction de l'humidité relative et de la température de l'air ambiant*" (déf. AFNOR).

HYGROSCOPIQUE adj.
Qualifie toute matière qui absorbe l'humidité de l'air : gel colloïdal de silice, farine de moutarde, tamis* moléculaire, etc.

HYGROSCOPIE n.f.
V. Hygrométrie.

HYGROSTAT n.m.
Appareil de régulation de l'humidité relative ambiante dans un local ou une enceinte quelconque.
Il comporte un détecteur d'hygrométrie dont les variations sont comparées à une valeur de consigne avant de transmettre éventuellement un ordre électrique à un appareil humidificateur ou déshydrateur.

HYPALON n.m.
(marque DUPONT-DE-NEMOURS)
Résine élastomère de synthèse incorporée dans de nombreux liants de peintures et de matériaux d'étanchéité, pour ses qualités d'élasticité et de vieillissement.

HYPERBOLE n.f.
Courbe mathématique décrite dans un plan par l'ensemble des points dont la différence des distances à deux points fixes, ou foyers, est constante (V.ill. page suivante).

HYPERBOLIQUE adj.
Qui a la forme d'une hyperbole.

HYPERBOLOÏDE n.m.
Surface engendrée en trois dimensions par les points dont la différence des distances à deux foyers est constante.

HYPERTHYRON n.m.
Entablement*, frise*, corniche*... situés au-dessus d'une porte de monument antique.

HYPÈTHRE n.m. et adj.
Qualifie un édifice dont le centre est à ciel ouvert, ou une ouverture ajourée d'un édifice grec ou romain (en général au-dessus d'une porte).

HYPOGÉE n.m.
Construction souterraine, caveau, crypte, voûte taillée dans le roc, etc.

HYPOSTYLE adj.
Qualifie une salle vaste et haute dont le plafond est porté par des rangées de colonnes.

HYPOTÉNUSE n.f.
C'est le plus grand côté d'un triangle rectangle, opposé à son angle droit. Le carré de sa longueur est égal à la somme des carrés des longueurs des deux autres côtés.

HYPSOMÉTRIE n.f.
Représentation des différents niveaux d'altitude par des courbes.

hyperbole

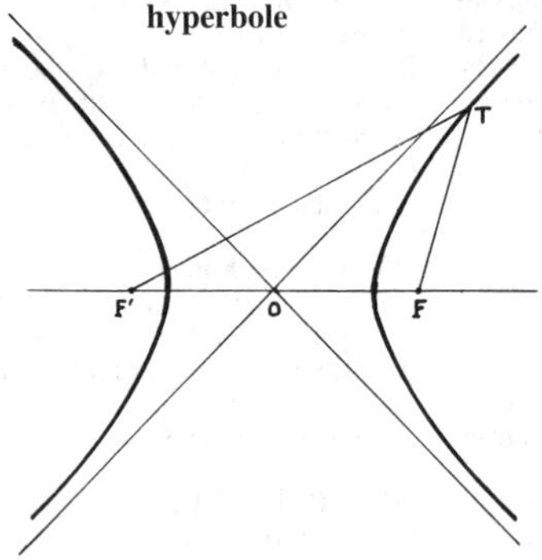

l'hyperbole est le lieu géométrique des points T tels que la valeur absolue **TF'-TF** soit constante.

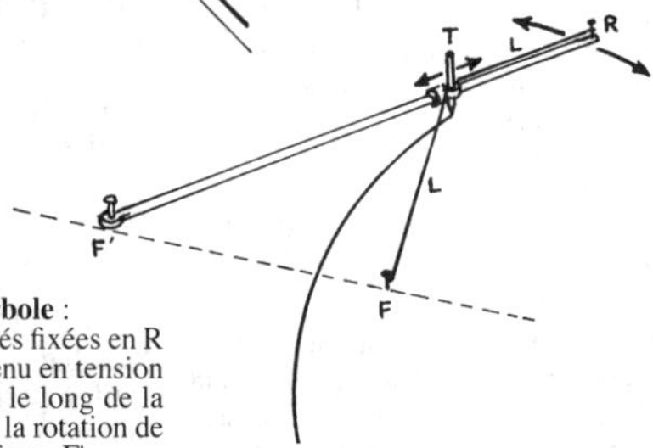

tracé d'une hyperbole : le cordeau L a ses extrémités fixées en R et au foyer F ; il est maintenu en tension par le traceur T coulissant le long de la règle au fur et à mesure de la rotation de celle-ci autour du second foyer F'.

HYSTÉRÉSIS n.f.
Retard entre un phénomène et sa cause, dû à l'influence d'états antérieurs.
Dans un thermostat ou un robinet* thermostatique, c'est la variation de température nécessaire pour vaincre l'inertie interne de l'appareil et déclencher la régulation.

Hz Symbole de l'hertz*, unité de fréquence*.

I

I
Symbole de l'intensité* du courant électrique, et du moment* d'inertie.

ICHNOGRAPHIE n.f.
Plan d'ensemble horizontal, ou son tracé sur un terrain (par opp. à l'*orthographie*, plan en élévation*).

ICONOGRAPHIE n.f.
Désigne ce qui concerne l'art de la représentation imagée d'individus, de scènes diverses, sur les monuments : fresques, bas-reliefs, etc.

IDENTIFICATION n.f.
Les *caractéristiques d'identification* d'un produit, colle, mastic, mortier... sont les caractéristiques physiques permettant de contrôler sa conformité avec des spécifications : ce sont par ex. sa densité, son extrait* sec, son taux de cendres*, sa courbe* granulométrique*.

IDENTIQUE (à l'—) loc.
Qualifie un ouvrage de restauration qui doit reproduire très exactement l'ouvrage ancien qu'il remplace (en principe, l'ouvrage est réalisé avec les mêmes techniques et les mêmes matériaux).

IGNÉ adj.
Qualifie les roches* dures endogènes* (granitoïdes*, porphyriques*) ou éruptives (volcaniques).

IGNIFUGE ou **IGNIFUGEANT**
adj. Désigne tout produit qui a pour effet de diminuer ou de supprimer le caractère inflammable d'un matériau

ou d'un objet, soit par adjonction de produits chimiques dans la masse du matériau, soit par application superficielle.

IGNIFUGATION n.f.
ou **IGNIFUGEAGE** n.m.
Traitement appliqué à un matériau ou à un ouvrage pour réduire son inflammabilité*.

IGNIFUGÉ adj.
Qui a été rendu ininflammable.

ILÔT n.m.
En urbanisme, groupe de maisons ceinturé par des rues ; s'applique aussi à tout groupe homogène de constructions, encadré ou non par la voie publique. Syn.: *pâté, bloc.*

IMBIBITION n.f.
Pénétration abondante d'eau dans un matériau, par capillarité ; le matériau est alors *imbibé*. La terre cuite ordinaire, le plâtre, la laine de verre... sont sujets à l'imbibition.

IMBRICATION n.f.
Bas-relief* imitant des écailles ou des feuilles qui se chevauchent (V.ill) ; disposition de tuiles ou d'ardoises, se chevauchant les unes les autres.

IMBRIQUÉ adj.
Disposé de la même manière que des écailles : *tuiles imbriquées.*
Décoré avec des imbrications.

IMBUE n.f.
Première couche d'une peinture appliquée sur un fond absorbant (plâtre, bois), et absorbée par celui-ci.

IMMEUBLE n.m. et adj.
Tout bien qui ne peut normalement être déplacé ou dissimulé, par opposition aux biens *meubles* (mobilier, valeurs mobilières, etc.).
On distingue les biens ***immeubles par nature***, composés des terrains et constructions qui y sont édifiées, et les biens ***immeubles par destination*** qui, bien que meubles par nature, font partie des biens immeubles en ce sens qu'on ne peut les enlever sans détérioration ou sans nuire aux fonctions des bâtiments ou à leur valeur : par ex., les cheminées, portes, parquets, la robinetterie, les interrupteurs, etc.
Les ***immeubles de grande hauteur***, ou **IGH**, font l'objet de classifications et de règles de sécurité.

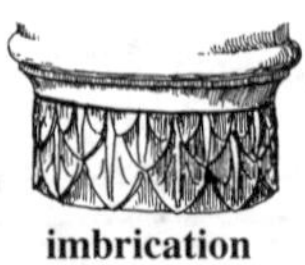

imbrication
de feuilles

IMMOBILIER adj.
Qualifie ce qui concerne les propriétés bâties et les constructions.

IMMOTIQUE n.f. et adj.
Qui concerne les techniques de gestion des bâtiments assistées par des équipements faisant appel à l'électronique : régulation thermique, hygrométrique, surveillance, etc.

IMPALPABLE adj. ou n.m.
Qualifie parfois de façon générique une charge* granulaire extrêmement fine (talc, craie en poudre...).

IMPÉDANCE n.f. (symb. **Z**)
Quotient de la tension* à laquelle est soumis un circuit par l'intensité* du courant alternatif* qui le parcourt : l'impédance est au courant alternatif ce que la résistance est au courant continu. Son inverse est l'admittance*. L'impédance est exprimée en ohms*(Ω).
Syn.: *résistance apparente.*
Par extension, l'***impédance mécanique*** d'un sol ou l'***impédance acoustique*** d'un milieu sont l'expression du quotient d'une force ou d'une pression appliquées par la vitesse de déplacement provoquée.

IMPÉRIALE (à l'—, ou **en** —) loc.
Se dit d'un comble* ou d'un dôme* dont les pans* ou les brisis* sont incurvés en doucine* (V. Comble).

IMPERMÉABILISATION n.f.
Protection contre le passage d'eau à travers une paroi ou un revêtement. Par opp. à l'étanchéité, l'imperméabilisation n'empêche pas le passage de l'air ou de la vapeur d'eau.
-Enduit d'imperméabilisation :
enduit mural qui empêche l'eau de parvenir jusqu'à la maçonnerie sousjacente même après plusieurs heures

d'arrosage en pluie battante. Cette aptitude des enduits dépend bien sûr de leur composition et de la qualité de leur gâchage*, mais plus encore de leur épaisseur.

-***Complément d'imperméabilisation*** : fonction des enduits rapportés en couche de finition d'enduits* traditionnels : ceci concerne surtout les enduits* de parement* plastiques, les enduits dits ciment-pierres*, les mouchetis* tyroliens, etc., trop minces pour constituer, à eux seuls, une imperméabilisation suffisante des maçonneries, malgré leur caractère hydrofuge*.

IMPERMÉABILISANT n.m., adj.
Produit dont l'application améliore l'imperméabilité superficielle des parois et matériaux ; souvent syn. d'*hydrofuge**.

IMPERMÉABILITÉ n.f.
Caractère de ce qui est imperméable. Se dit des systèmes de revêtements de rénovation de façades qui garnissent les porosités et microfissures pour former un film imperméable à la pluie et aux ruissellements, mais laissant *respirer* la maçonnerie (ils n'enferment pas la vapeur d'eau de condensation).

IMPERMÉABLE adj.
Qui ne se laisse pas traverser par l'eau, ou qui freine nettement son infiltration, sans être cependant étanche aux migrations des gaz et de la vapeur (de même qu'un vêtement dit "imperméable" est respirant, par opposition à un vêtement étanche tel qu'un "ciré").

IMPLANTATION n.f.
1/ Disposition générale d'un bâtiment sur son terrain ; elle doit tenir compte de la nature du sous-sol, de la pente, de l'exposition, des servitudes*, de l'environnement, des raccordements aux réseaux, etc.
2/ Repérage et matérialisation, sur un terrain, du tracé du plan d'une construction et de ses fondations.

IMPOSTE n.f.
1/ARCHIT.: pierre saillante qui forme le couronnement* du piédroit* d'un arc*; l'imposte sert d'assise à l'architrave* ou à l'arc d'une baie.
Elle est au piédroit* ce que le chapiteau* est à la colonne (V.ill).
Selon sa forme, l'imposte est dite *cintrée* (plan courbe), *coupée* (interrompue par des colonnes) ou *mutilée* (au nu du dosseret*).

2/MENUIS.: partie d'une baie située au-dessus des vantaux* ouvrants de la porte ou de la croisée (V.ill).
Une imposte peut être fixe ou ouvrante, battante, basculante ou pivotante, vitrée ou pleine (V.ill. page précédente). Ses mouvements sont commandés à distance par un ferme-imposte*.
L'imposte est séparée de la porte ou de la croisée par une traverse*, également nommée *imposte*, ou *traverse d'imposte*.
NB- Dans un portail roman ou gothique, l'imposte est un *tympan**.

IMPOSTES

impostes de piédroits — imposte de baie, cintrée et fixe — imposte abattante, ou à soufflet — imposte battante, ou tournante

IMPRÉGNATEUR n.m.
Liquide servant à obturer intégralement les pores d'un subjectile.

IMPRÉGNATION n.f.
Pénétration d'un produit en profondeur ou dans toute l'épaisseur d'un matériau, d'une paroi, d'un panneau, etc. Se dit par ex. des traitements d'amélioration du bois avec des résines telles que la bakélite* (parquets spéciaux, lamellés-collés*, etc.).
*-**Enduit d'imprégnation à froid*** (**EIF**) : couche bitumineuse fluide appliquée sur le béton avant les couches d'enduits à chaud, pour améliorer l'adhérence du système d'étanchéité* en toitures-terrasses.

IMPRESSION n.f.
Première couche diluée ou maigre* d'une peinture à l'huile appliquée sur un subjectile* neuf, et de façon plus générale tout produit appliqué en couche de fond : primaire*, fixateur*, régulateur* de fonds, etc.

IMPRIMER v.tr.
Appliquer une couche d'impression (se dit surtout pour les peintures à l'huile).

IMPULSION n.f.
Bref écart, suivi d'un retour à l'état initial, d'une grandeur physique électrique ou électromagnétique.

IMPURETÉS n.f. pl.
Toute matière étrangère qui, disséminée dans un produit ou un matériau, nuit à ses caractéristiques ; par ex., des matières terreuses dans un béton.

IMPUTRESCIBLE adj.
Qualifie un matériau ou une matière qui ne peut pourrir (se putréfier) par l'action de l'eau ; le bois est rendu imputrescible par des traitements d'imprégnation (créosote*, etc.).

INAFFOUILLABLE adj.
Qualifie un sol stabilisé sur lequel les ruissellements de l'eau ne risquent pas de provoquer des affouillements* ou des ravinements*.

INCANDESCENCE n.f.
État d'un corps qui, porté à une haute température, émet des rayonnements lumineux ; le terme s'applique surtout aux lampes à filament (carbone, tantale, tungstène), par opp. à l'éclairage par fluorescence*.

Les filaments* des lampes* à incandescence sont placés soit sous vide, soit dans un gaz inerte ou rare (argon, azote, krypton).

INCANDESCENT adj.
Qui émet de la lumière par suite d'une élévation à haute température.

INCENDIE n.m.
Désigne tout feu* involontaire et destructeur dont on doit se prémunir. V. Sécurité, Réaction au feu, Coupe-feu, Pare-flamme, Conduit de fumée, Garde-au-feu, Extincteur.

INCERTAIN adj.
Qualifie l'appareillage à joints irréguliers d'une maçonnerie non assisée* : murs en meulière*, en pierre sèche ou en blocs de pierre grossiers. Syn.: *incertum*.

INCERTUM (**opus —**) loc. invar.
Qualifie un dallage ou une maçonnerie appareillés* à joints incertains, par juxtaposition irrégulière d'éléments de formes diverses.

INCIDENT
1/n.m. Désordre imprévu, anomalie de fonctionnement ou défaut d'exécution mineur.
2/adj. Qualifie un rayonnement qui atteint une surface réfléchissante ou réfringente ; au point de rencontre, l'angle entre la direction du rayon et la perpendiculaire au plan de cette surface est l'***angle d'incidence***.

INCINÉRATEUR n.m.
Appareil de destruction, par combustion, des déchets de collectivités, de chantiers, d'ateliers industriels, etc.

INCLINAISON n.f.
En couverture, angle (**a**) formé par la ligne de niveau horizontale et la rive ou l'égout considérés.

INCLINÉ adj. Parfois syn. de *rampant**: *voûte* inclinée*.

INCLUSION n.f.
Présence localisée d'un corps étranger solide, liquide ou gazeux dans un produit ou un matériau.
Dans les métaux, les inclusions sont des *pailles*.
Dans le verre*, les inclusions d'air prennent divers noms : bouillons, bulles, puces...

INCOMBUSTIBLE adj.
Qualifie tout matériau très difficile à brûler : fibres-ciment, pierre, céramique, métaux... Ces matériaux correspondent, officieusement, au classement M.0 de la réaction au feu*.

INCOMPATIBILITÉ n.f.
Caractère de deux matières ou matériaux qui ne doivent pas ou ne peuvent pas être associés, mélangés, collés ou accolés l'un contre l'autre, sous peine de désordres.
Par ex., sont ***incompatibles*** l'acier et le plâtre, le ciment et les matières acides. V. Compatibilité, Métal.

INCONFORT n.m.
Défaut de confort thermique et/ou hygrométrique. Sensation physiologique désagréable, ou obligeant l'organisme à s'adapter : une atmosphère sèche, un effet de paroi* froide, sont des facteurs d'inconfort.

INCORPORATION n.f.
1/ De façon générale, introduction d'un corps dans un mélange ou mise en place d'un élément dans un autre.
2/FUMIST.: insertion d'un conduit* de fumée dans l'épaisseur d'un mur.
3/MAÇONN.: élément rapporté sur la peau* d'un coffrage* pour mouler une partie en retrait, goutte* d'eau, cannelure, etc.

INCORPORÉ adj.
Qualifie un produit ou un ouvrage introduits dans d'autres de façon intime et indissociable.
-***Chape incorporée*** : V. Chape.

INCROCHETABLE adj.
Se dit d'une serrure qui ne peut être ouverte en force avec un crochet.

INCRUSTANT adj.
Qui tend à entartrer.

INCRUSTATION n.f.
1/ Synonyme d'*entartrage* par un dépôt calcaire, dans les canalisations d'eau ; l'incrustation est une conséquence de la dureté* de l'eau*.
2/ Parement* fait de petits carreaux ou cubes de pierre ou de marbre sertis dans une maçonnerie, ou inclus dans des vides ménagés dans des dalles de sols.

INCRUSTÉ adj.
Syn. de *serti*, *inséré* en surface : flottage* incrusté.

INCRUSTEMENT n.m.
Ouvrage de reprise* d'une maçonnerie en restauration, consistant à remplacer certaines pierres, assises* de pierres, parties de harpes*...

INCUBATEUR n.m.
Partie d'une fosse* septique dans laquelle transitent les matières pour se dissoudre par fermentation, avant de passer dans le nitrificateur*.
Syn.: *désagrégeur*.

INCUIT n.m.
Dans la cuisson des chaux, ciments et plâtres, partie qui n'a pas été portée à une température assez élevée pour acquérir les caractéristiques d'un liant, et qui, de ce fait, reste *inerte**.
V. Grappier.

INCURVER v.tr.
Arrondir, cintrer, courber.

INDENTATION n.f.
1/ Découpe d'un élément de décor en forme de dents.
2/ Marque en creux laissée à la surface d'un matériau par le choc d'un outil ou d'un objet contondant, par ex. l'angle de la panne d'un marteau. La résistance à l'indentation est un des critères du classement* FIT des revêtements d'étanchéité.

INDÉPENDANCE (**pose en —**) loc.
1/ Se dit du mode d'application des chapes* flottantes, désolidarisées du gros oeuvre par un film plastique ou un isolant.

2/ En étanchéité des toitures-terrasses, qualifie un ouvrage étanche non solidaire de son support, posé sur une couche intermédiaire de désolidarisation ; les éventuels mouvements et fissurations du support n'étant pas transmis directement à l'étanchéité*, celle-ci est moins sollicitée et donc plus durable. La pose en ***semi-indépendance*** consiste à solidariser seulement par points une étanchéité* et son support (en particulier dans le cas d'étanchéités en pente). Opp.: *pose en adhérence.*

INDEXATION n.f.
Application aux prix des devis et mémoires des indices* officiels de variation des coûts de la construction. Syn.: *actualisation.*

INDICATEUR n.m.
Appareil d'évaluation ou de mesure d'une valeur ; dispositif qui informe sur l'état d'un équipement : par ex., l'indicateur de fusion d'une cartouche fusible* permet de savoir si son fusible a fondu.

INDICE n.m.
Valeur d'une mesure établie suivant une échelle convenue et reconnue.
-***Indice d'affaiblissement acoustique*** : pour une paroi séparant deux locaux (d'émission et de réception), mesure de la réduction d'amplitude d'une onde acoustique reçue perpendiculairement à sa surface.
Cette valeur **R** (en décibels), vaut 10 fois le logarithme de l'inverse du facteur de transmission de la paroi (rapport des flux d'énergie incident et sortant sur l'autre face).

-***Indice de bruit***, dit indice **NR** (*noise rating*) : dans l'analyse de la pression des bruits, c'est l'indice donné, dans le faisceau de courbes ISO, par la courbe située immédiatement au-dessous du niveau de pression acoustique le plus bas du spectre* d'un bruit représenté sur ce faisceau. V. Acoustique.

-***Indice de combustion*** d'une chaudière à gaz : rapport entre les productions d'oxyde de carbone (CO) et de gaz carbonique (dioxyde de carbone CO_2) dans le même temps.

-***Indice d'éclairement*** : l'étude rationnelle des installations d'éclairage de grands locaux utilise divers ratios : l'***indice du local*** (rapport des trois dimensions du local), l'***indice de maille*** (espacement du quadrillage des sources lumineuses), l'***indice de proximité*** (fonction des distances des sources périphériques aux murs du local), l'***indice de suspension*** (hauteur des sources par rapport à la hauteur du local), etc. Pour tous détails, consulter un ouvrage spécialisé.

-***Indice d'hydraulicité***, ou *indice de Vicat* : V. Hydraulicité.

-***Indice de protection*** électrique (**IP** suivi de 2 chiffres, ou 3 chiffres si la résistance aux chocs est indiquée) : indice de classement normalisé des luminaires* et appareils électriques selon le risque d'électrocution et la protection en atmosphère humide.

-***Indice de rendu des couleurs*** (**IRC**) : établi par la Commission Internationale de l'Éclairage, il évalue la qualité de rendu des couleurs d'objets éclairés par une source lumineuse, par comparaison avec le rendu obtenu avec un éclairage de référence sur ces mêmes objets.

-***Indice sclérométrique*** : expression de la qualité d'un béton durci, effectuée par mesure du rebond d'une bille d'acier projetée par l'appareil normalisé dit scléromètre*.

-***Indice des vides*** : parlant d'un sol, d'un sable, etc. c'est la proportion de vides intersticiels rapporté au volume apparent du matériau étudié.

INDUCTANCE n.f. (symb. **L**)
Mesure, en Henry, de l'auto-induction, ou self*-induction, caractérisant l'action d'un circuit sur les courants

variables ; celle-ci se traduit par un déphasage entre l'intensité et la tension.

INDUCTEUR n.m.
Partie d'un dispositif électromagnétique qui, parcourue par un courant, produit un flux magnétique. En climatisation, l'***inducteur d'air*** désigne souvent l'éjecto-convecteur*.

INDUCTION n.f.
Production de courant électrique dans un circuit par la variation des flux magnétiques auxquels il est soumis ; c'est le principe de base du fonctionnement des générateurs* électriques (alternateurs et dynamos).
L'extracourant* de rupture est la manifestation de courants induits, par *self-induction*.

INDUIT
1/ adj. Qualifie un courant généré par induction.

2/ n.m. Partie d'une machine dont les enroulements reçoivent les forces électromotrices induites par un inducteur*, en général pour générer un courant électrique.

INDUSTRIEL adj.
Qui concerne les équipements ou productions d'ateliers et d'usines.
-***mortier industriel*** : de façon générale, tout mélange d'un liant*, de charges* minérales et d'ajouts*, dosé et mélangé en atelier avec précision et régularité, puis conditionné en sacs, fûts, seaux, etc.

-***sol industriel*** : tout dallage*, chape* incorporée ou revêtement rapporté dont les caractéristiques élevées de résistance mécanique (à l'abrasion, aux chocs, aux poinçonnements, à la compression...) sont de nature à résister à d'importantes sollicitations dans les locaux d'usines, ateliers, aires de stockage, etc.

INERTE adj.
Qualifie un corps qui est sans action physico-chimique sur son environnement : *charges* inertes* d'un mortier ou d'un béton, *gaz inerte*.

INERTIE (thermique) n.f.
Caractère d'un matériau capable d'accumuler de l'énergie calorifique, pour la restituer ensuite, dans un délai plus ou moins long.
L'inertie thermique d'un matériau est en général proportionnelle à sa densité et à sa masse, et inversement proportionnelle à sa conductivité thermique ; plus la maçonnerie est lourde et épaisse, plus son inertie thermique est élevée.

INFILTRANT adj.
Une *fissure infiltrante* est une fissure qui, présente dans toute l'épaisseur d'une paroi, permet à l'eau de pluie ou de ruissellement de la traverser.

INFILTRATION n.f.
Passage lent d'un liquide à travers un matériau, une paroi, etc.

INFLAMMABILITÉ n.f.
Aptitude d'un corps solide, liquide ou gazeux à s'enflammer lorsqu'il est soumis à certaines conditions de température, ou au contact d'une flamme.

INFLAMMABLE adj.
Qui peut être enflammé. Selon la vitesse d'apparition et de propagation de la flamme sur le matériau, le classement de réaction* au feu distingue les matériaux M.1, M.2, M.3, M.4 et M.5 (autrefois *respectivement ininflammables, difficilement inflammables, moyennement inflammables, facilement, et très facilement inflammables*).

INFLÉCHI adj.
Qualifie une courbe qui comporte une contre-courbe (par exemple la doucine*). *Arc infléchi* : V. Arc.

INFRAROUGE adj. et n.m.
Radiation chaude, non visible, de fréquence* inférieure (donc de longueur d'onde supérieure) à celle du rouge du spectre lumineux.
Les filaments des lampes à incandescence et les lampes fluorescentes émettent des infrarouges ; on utilise

les propriétés calorifiques des infrarouges émis par des filaments dans les appareils de *chauffage à infrarouge*, ou *panneaux radiants**.

INFRASTRUCTURE n.f.
Ensemble des fondations ou des structures porteuses composant la base d'une construction ou d'un ouvrage de travaux publics.

INGÉLIF adj.
Se dit d'un matériau insensible à l'action du gel, par opp. aux matériaux *gélifs**.

INGÉNIERIE n.f.,
ou **ENGINEERING** (angl.) n.m.
Ensemble des études de conception, d'implantation et de suivi des réalisations de constructions, souvent à caractère spécifique ou spécialisé : équipements industriels, hospitaliers, sportifs... Les sociétés d'ingénierie ont en général, comme les grands bureaux* d'études, des ingénieurs des spécialités concernées, et des architectes.

INHIBITEUR (de corrosion)
n.m. et adj. Produit qui empêche ou qui freine le déroulement d'une réaction chimique. Produit alcalin* qui, ajouté à une substance corrosive (par ex. décapant pour métaux), ou appliqué sur une surface à traiter, limite l'action des agents corrosifs.

ININFLAMMABILITÉ n.f.
Aptitude d'un corps solide, liquide ou gazeux à résister à de très hautes températures sans s'enflammer.

ININFLAMMABLE adj.
Qui ne peut être enflammé.

INJECTEUR n.m.
Syn. de *gicleur** pour un brûleur* de chaudière*.

INJECTION n.f.
Introduction d'un produit fluide sous pression dans un ouvrage ou un matériau, à l'aide d'un dispositif spécial : seringue, tube injecteur...

-***Injection des bois*** : traitement des charpentes par introduction en profondeur de produits de conservation, antiseptiques, insecticides, etc. (créosote*, sulfate de cuivre...).

-***Injection de ciment*** : traitement de stabilisation et de durcissement des sols par introduction de coulis* de ciment sous pression.

-***Injection d'isolants*** : introduction de matériaux isolants dans les vides d'air entre parois, soit sous forme de mousses phénoliques dont l'expansion s'effectue en place, soit sous forme de paillettes (vermiculite), billes de polystyrène, etc., introduites par soufflage (insufflation).

-***Injection de résines*** : opération destinée à durcir un matériau en profondeur (par exemple restauration de maçonneries anciennes), à supprimer localement la porosité d'un mur pour s'opposer aux remontées* capillaires, ou à solidariser deux matériaux en des points inaccessibles (on recolle des chapes* soufflées* par injection d'époxydes*).

INORGANIQUE adj.
Syn. de *minéral**, par opp. aux matières *carbonées* (bois, résines...).

INOXYDABLE adj.
Qualifie un alliage* protégé contre les risques de corrosion (oxydation*), tel que l'*acier inoxydable* (au chrome et au nickel) dit *inox*.

INSCRIT adj.
Qualifie une figure géométrique dont les sommets sont sur un cercle (V. aussi Circonscrit).

INSÉCABLE adj.
Impossible à couper ou à diviser en plusieurs parties.

INSERT n.m.
Pièce rapportée, de façon généralement définitive, dans une autre.

Insert de cheminée ou ***de foyer*** : foyer fermé à dispositif de récupération de chaleur, rapporté dans le volume d'une cheminée* existante à foyer ouvert (V.ill. page ci-contre).

IN SITU loc. invar.
Signifie *sur le site*, *sur le chantier*, pour qualifier les ouvrages exécutés *sur place*, par opposition à ceux qui sont réalisés en atelier.

INSOLATEUR n.m.
Syn. de *capteur* solaire*.

INSONORISATION n.f.
Ensemble des techniques et procédés d'atténuation acoustique* des sons émis par les équipements, ou de la réverbération des sons dans les locaux.

INSONORISANT adj. et n.m.
Qualifie tout matériau ou revêtement qui a des propriétés d'isolation phonique et/ou d'absorption des ondes sonores (atténuation de la réverbération).

INSTALLATEUR n.m.
Entrepreneur spécialisé ou agréé* pour la mise en place, la mise en service initiale et l'entretien d'un équipement (ascenseur, chauffage, appareillage de domotique...).

INSTALLATION n.f.
Ensemble des réseaux de distribution et des dispositifs de fonctionnement qui, dans un bâtiment, concernent un équipement : installation électrique, installation de chauffage, etc.

INSUFFLATEUR n.m.
Aérateur équipé d'un ventilateur électrique, ouvrant en partie basse d'une paroi de chaufferie ou d'un local en sous-sol dont la ventilation nécessite une entrée d'air frais en surpression. Appareil fonctionnant à l'inverse de l'extracteur d'air.

insert de cheminée

INSUFFLER v.tr.
Faire entrer de l'air par pulsion mécanique.

INTÉGRATION (aux sites) n.f.
Adaptation harmonieuse des constructions au style architectural local et à leur environnement ; ce souci d'intégration prévaut aujourd'hui dans la plupart des textes réglementaires et POS locaux.

INTEMPÉRIES n.f. pl.
Ensemble des manifestations climatiques auxquelles sont soumises les constructions : pluies, brouillards, grêle, neige, gel, vent...
Les effets néfastes des intempéries sur les constituants des bâtiments sont souvent accentués par leur alternance : cycles de gel-dégel, chaleur solaire - froid nocturne, humidité -sécheresse, etc.).

INTENSITÉ n.f.
Mesure d'une quantité d'énergie électrique, lumineuse, vibratoire...

-***Intensité électrique*** : débit de courant dans un conducteur, exprimé en ampères* (**A**). C'est le quotient de la quantité de courant traversant une portion de conducteur par le temps correspondant. L'*intensité efficace* d'un courant alternatif donné est celle du courant continu qui produirait, dans le même conducteur, un même dégagement de chaleur.

-***Intensité lumineuse*** : rapport entre le flux émis par une source lumineuse et l'angle* solide dans lequel ce flux est émis.

-***Intensité sonore*** : V. Acoustique.

INTERCOMMUNICATION n.f.
Toute installation de communication interne dans un logement, un bâtiment ou un ensemble de bâtiments : lignes de téléphone intérieures, interphones, etc.

INTERFACE n.f.
Surface commune à deux matériaux de nature distincte, appliqués l'un contre l'autre : par ex., surface de

liaison entre un enduit de plâtre et une maçonnerie, ou entre deux couches de peinture. Syn.: *plan d'adhérence*, *plan de collage*.

INTÉRIEUR adj.
Qualifie tout élément inclus dans les volumes clos d'un bâtiment, et toute paroi non soumise aux intempéries. Qualifie aussi les composants et matériaux correspondants : enduits, menuiseries...

INTERMITTENT adj.
Qualifie un appareil ne fonctionnant que pendant un certain laps de temps : par ex., le *chauffe-eau* instantané* qui alimente en eau chaude un point de puisage tel qu'un robinet sur évier, est un appareil à fonctionnement intermittent.

INTERNE adj.
Qualifie ce qui concerne l'intérieur d'un ensemble délimité ou homogène : *cohésion* interne* d'un béton, *humidité interne* d'un mur...

INTERPHONE n.m.
Équipement de communication téléphonique interne à un bâtiment, en général à simple ligne reliant deux postes, en réseau indépendant de celui des télécommunications ; des interphones équipent aussi les portiers* électroniques à reconnaissance sonore des visiteurs.

INTERRUPTEUR n.m.
Dispositif de commande volontaire d'ouverture et de fermeture d'un circuit électrique par le mouvement d'un *contact mobile* à lame, à couteaux, à balai, à arbre rotatif, etc. ; il existe diverses sortes d'interrupteurs d'usage courant (V.ill), selon les tensions de service et la nature des locaux concernés (interrupteurs étanches, pour caves et garages) ; ils sont pour la plupart *unipolaires**, c'est-à-dire agissant sur un seul conducteur.

-***Interrupteur différentiel*** : monté en amont d'une installation, ce dispositif de protection sert à couper l'alimentation dès qu'une différence est enregistrée entre les courants d'entrée et de sortie, révélant un défaut d'isolation dans l'installation ou une mise à la terre (courant de fuite, ou de défaut). Syn.: *disjoncteur* différentiel.*

-***Interrupteur de fin de course*** : interrupteur de position qui agit quand un équipement mobile (monte-matériaux, porte automatique, portail motorisé, etc.) atteint une de ses positions de fin de course.

-***Interrupteur à flotteur*** : détectant le niveau de liquide dans une cuve, il commande le fonctionnement ou l'arrêt automatique d'un groupe électropompe de remplissage.

-***Interrupteur crépusculaire*** : asservi à un capteur photosensible (cellule photoélectrique), qui ouvre ou ferme un circuit en fonction du niveau d'éclairement.

-***Interrupteur horaire*** : interrupteur associé à une horloge électronique programmable, qui lui transmet les ordres de fermeture ou d'ouverture de l'alimentation électrique d'un ou plusieurs équipements, à des heures prédéterminées.

-***Interrupteur-sectionneur*** : interrupteur répondant aux conditions de

interrupteurs

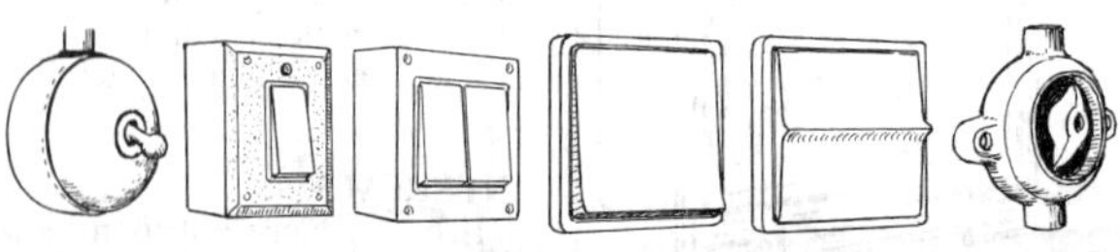

ancien, à socle de porcelaine — à bascule en applique, simple et double — contemporains encastrés, à bascule et à glissement — rotatif étanche

sécurité des sectionneurs*, concernant en particulier leur isolement électrique et les possibilités de verrouillage.
V. aussi Commutateur, Contacteur, Disjoncteur, Télérupteur.
Les interrupteurs font l'objet de diverses *normes NF de la série C*.

INTERRUPTION n.f.
Ouverture d'un circuit électrique, et son résultat. Syn.: *coupure*.

INTERSÉCANCE n.f.
Disposition d'ornements répétitifs telle qu'ils se coupent régulièrement deux à deux, en alternance.

INTERSÉCANT,
ou **INTERSECTÉ** adj.
Disposé en intersécance (V.ill). Qui se coupe ou s'entrecroise régulièrement : *arcature* intersectée*.

INTERSECTION n.f.
Point de rencontre de deux lignes ; ligne de rencontre de deux plans *sécants*, de deux surfaces ou de deux volumes. Arêtiers*, faîtages, noues*, lignes de bris*, renvers*... sont les *intersections des combles**.

INTERSTICE n.m.
Très petit intervalle entre deux parties d'un même ensemble, entre deux particules d'un minéral.

INTERSTICIEL adj.
Qualifie ce qui concerne les espaces vides entre particules solides.

INTRADOS n.m.
Face inférieure d'un arc ou d'une voûte, par opp. à l'*extrados** (V.ill).

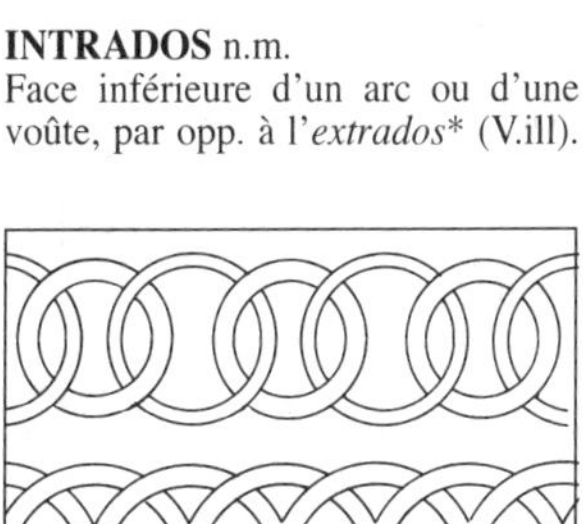
motifs **intersécants**, ou **intersectés**

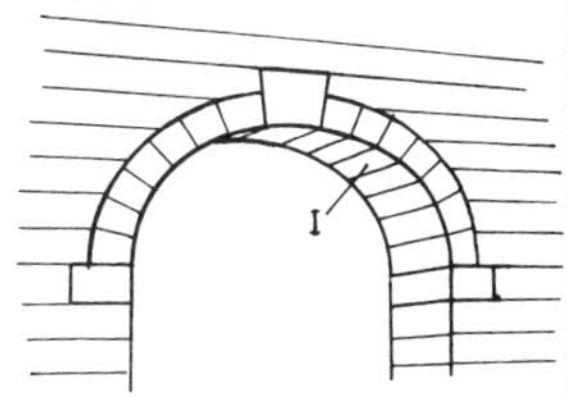

intrados (I)

Pour un voussoir* ou un claveau*, l'intrados est une *douelle**; pour une plate-bande*, un poitrail* ou un linteau*, on utilise souvent le terme de *sous-face**.

INTUMESCENCE n.f.
Phénomène de gonflement.

Le ***joint intumescent***, gonflant à la chaleur, sert de joint de protection contre la propagation du feu.

Les ***peintures intumescentes*** : sous une forte chaleur, elles se décomposent chimiquement en produisant des gaz inertes qui provoquent le gonflement en une matière spongieuse dite *meringue*. Celle-ci peut avoir plusieurs cm d'épaisseur, et s'opposer à la progression du feu.

INVAR n.m.
Alliage d'acier et de nickel (36%), caractérisé par un très faible coefficient de dilatation thermique (presque nul entre -50 et +100°C) ; d'où son emploi dans les bilames*, thermomètres et appareils de mesure.

INVERSEUR n.m.
Interrupteur spécial permettant de faire passer le courant soit dans un circuit, soit dans un autre : par ex., l'interrupteur de va-et-vient*.
Robinet ou dispositif modifiant la direction empruntée par un fluide : *inverseur bain-douche*.

IODE n.m.
Corps chimique simple, métalloïde de la famille des halogènes, gris-noir, cristallisé en paillettes d'aspect métallique, à l'odeur irritante. Il fond à

114°C, donnant un liquide noir, qui bout à 185°C.
Les vapeurs d'iode, violettes, sont très denses.

IODURE n.m.
Résultat de la combinaison de l'iode avec un corps simple ou composé.

ION n.m.
Atome ou groupe d'atomes chargés électriquement, pour avoir gagné ou perdu un ou plusieurs électrons. On distingue :

-les ***ions électrolytiques****, résultant de la dissociation (*ionisation*) de molécules d'acides, bases ou sels en particules dont la charge est positive (hydrogène ou métaux, par ex. ions $H+$, $Na+$), ou négative (reste des molécules, par ex. $OH-$,$Cl-$).

-les ***ions gazeux***, résultant d'une dissociation atomique sous l'effet de certains rayonnements *ionisants*.

IONIQUE adj.
1/ Qualifie l'un des cinq ordres* d'architecture.

2/ Relatif aux ions* et à leur action.

IONISATION n.f.
Formation d'ions par fractionnement de molécules, ou addition ou soustraction d'ions à des atomes, à des molécules ou à des groupes moléculaires.

Les ***courants d'ionisation*** sont des courants de très faible intensité dus au transport de charges réalisé par les ions dans les atmosphères gazeuses.

IONISER v.tr.
Produire et émettre des ions dans un milieu, en général gazeux.

IONISEUR (d'air) n.m.
Appareil émetteur et propulseur d'ions négatifs en grande quantité, permettant de rétablir l'équilibre ionique de l'air pur, et de supprimer les odeurs.
Le rayon d'action efficace, de quelques mètres, limite l'utilisation aux locaux de petite et moyenne surface.

IPE, IPN n.m.
Profilés* d'acier de sections normalisées, en forme de I, utilisés comme poutrelles* dans les charpentes métalliques (V. Profilés).

IRRÉVERSIBLE adj.
Qualifie tout phénomène physique ou chimique définitif : par ex. déformation d'une poutre au-delà de sa limite d'élasticité, prise* d'un ciment...

ISOBARE adj.
Qualifie une réaction ou une transformation physico-chimique qui a lieu sous pression constante.

ISOCHORE adj.
Qualifie une réaction ou une transformation physico-chimique qui ne donne lieu à aucun changement de volume.

ISOCÈLE adj.
Qualifie un triangle qui a deux côtés égaux, un trièdre qui a deux dièdres égaux, ou un trapèze dont les côtés non parallèles sont égaux.

ISODOMON n.m.
Appareil* de pierres de taille à assises* égales et réglées*.
Opp.: *pseudo-isodomon.*

ISOLANT n.m. et adj.
Tout corps mauvais conducteur* soit de l'électricité (isolant *électrique*), soit de l'énergie calorifique (isolant *thermique*), soit des ondes vibratoires sonores (isolant *phonique*), soit bien sûr de plusieurs de ces phénomènes.

-Isolant électrique : matière dans laquelle les électrons passent difficilement d'une molécule à l'autre : plastiques de synthèse (PVC, polychloroprène, polyéthylène).

Certaines matières minérales (mica, porcelaine, silice, verre) ou organiques (caoutchouc, coton, papiers, soie) sont encore utilisées.

Les isolants électriques et leurs dénominations font l'objet d'une classification UTE, et de *normes*.

-***Isolants acoustiques*** ou ***phoniques*** : matières ou matériaux à structure fibreuse ou cellulaire, que les ondes sonores traversent difficilement, et à la surface desquels la réflexion des ondes est faible (matériaux insonorisants*).
Selon leur fonction et leur utilisation, les isolants phoniques sont très divers : parois, panneaux, capotages*, matelas, plots antivibratiles, etc.

-***Isolants thermiques*** : matières ou matériaux qui, par leur nature, ralentissent ou retardent la progression des flux d'énergie calorifique.

On distingue trois grandes familles d'isolants thermiques :
- les *isolants **à base végétale*** : lièges comprimés ou expansés (agglomérés ou en vrac), chanvre ; panneaux de particules, de fibres de bois...
- les *isolants **minéraux***, soit à base de fibres entremêlées (laines* de verre, de roche, de laitier*), soit en verre cellulaire ou mousse de verre, soit en argile expansée, soit en granulés expansés (perlite) ou paillettes exfoliées (mica, vermiculite).
- les *isolants en **mousses plastiques** alvéolaires* : polystyrènes expansés, moulés, thermocomprimés ou extrudés ; mousses rigides de PVC, de polyuréthane, d'urée-formol, ou formo-phénoliques.
Ils se présentent en général en plaques ou panneaux, parfois associés à un parement rigide.

L'efficacité isolante propre à chaque matériau est exprimée par son *coefficient* de conductivité thermique* λ (lambda*), ou encore par sa *résistance thermique* **R** pour une épaisseur donnée (V. Isolation).

A épaisseur égale, les isolants thermiques les plus efficaces sont la lame* d'air immobile, les laines minérales (laines de verre et de roche) et les matériaux expansés (mousses plastiques, mousses de verre, verre cellulaire, vermiculite, etc.).

Le choix, selon les emplois, est guidé par la *certification **ACERMI****.

Une caractéristique en cas d'emplois au sol ou en toiture-terrasse est la faible compressibilité de l'isolant.

ISOLATEUR n.m.
1/ACOUST.: pièce intermédiaire ou plot-support servant de liaison élastique entre un équipement sonore (pompe, moteur d'ascenseur, tuyau, baignoire, etc.) et la maçonnerie, afin de ne pas transmettre à cette dernière les vibrations et bruits* solidiens générés par l'équipement.

2/ÉLECTR.: support d'un conducteur électrique exposé aux intempéries.
À l'extérieur, les isolateurs sont en verre ou en porcelaine vitrifiée.

ISOLATION n.f.
Réduction ou suppression du cheminement d'un phénomène (électrique, acoustique, calorifique) entre deux milieux ou entre deux éléments distincts, par l'interposition d'un matériau dont c'est la fonction principale : isolant phonique, isolant électrique, isolant thermique.
• ***Isolation acoustique*** ou ***phonique*** : V. Acoustique.

• ***Isolation électrique*** (ou *isolement*) : V. Câble, Conducteur, Luminaire, Terre, Volume.

Isolation thermique :
Ensemble des techniques mises en oeuvre pour réduire les *déperditions* calorifiques, c'est-à-dire *ralentir les flux calorifiques* allant de l'intérieur des locaux (chauffés) vers l'extérieur (lorsque la température extérieure est inférieure à la température intérieure).

Éléments d'évaluation.
Les unités ci-après sont celles qui sont conservées ou adaptées par la **Réglementation Thermique*** (**RT 2000,** puis **RT 2005**) .

1/ Toute matière est traversée plus ou moins vite par les flux de chaleur.
Le coefficient de ***conductivité thermique*** λ (lambda*), exprimé en watts par mètre par degré (**W/m°C**), est le flux de chaleur par m^2, traversant un

mètre d'épaisseur de matériau, par degré d'écart de température entre les deux faces du matériau.
(V. les valeurs du tableau ci-après).

2/ On en déduit la ***résistance thermique*** **R** d'une paroi constituée d'une épaisseur donnée de matériau homogène et, par mesure expérimentale, celle des parois maçonnées homogènes en matériaux à structure hétérogène (briques creuses, blocs de béton de granulats, etc.).
A l'inverse de la conductivité, la résistance thermique est l'aptitude d'une paroi à "freiner" le passage des flux thermiques (e = épaisseur en m) :

$$\mathbf{R} = \frac{e}{\lambda} \qquad \text{(en } \mathbf{m^{2}°C/W}\text{)}$$

Nous donnons ci-contre les valeurs des λ *utiles* des matériaux les plus usuels (pour les matériaux poreux humides, ils peuvent être supérieurs de 20 à 80% à ceux du matériau sec), et les résistances thermiques de parois en éléments maçonnés.

Matériau	**Conductivité λ** (W/m°C)
Cuivre	390
Aluminium	230
Zinc	112
Acier	52
Granit	2,80
Marbre et pierres dures	2,50
Béton armé	1,50 à 1,80
Béton de gravillons	1,20
Béton granulats légers	0,21 à 0,52
Pierre calcaire	1,25
Enduit hydraulique	1 à 1,15
Verre	1 à 1,15
Carreaux de plâtre	0,60
Plâtre	0,35 à 0,40
Béton cellulaire	0,16 à 0,22
Bois moyen	0,15
Fibragglos	0,12
Liège expansé aggloméré	0,043
Vermiculite	0,07 à 0,09
Laine de verre ou laine de roche	0,03 à 0,04
Polystyrène expansé classe.I	0,037 à 0,046
Mousse PU	0,025 à 0,029
Lame air sec immobile	0,023

Paroi composée de :	**Résistance thermique R** ($m^2.°C/W$)
Maçonnerie de briques pleines, épaisseur 10,5 cm	0,09
Briques creuses, ép. 10 cm, 8 alvéoles	0,20
d°, 20 cm, 20 alvéoles	0,42
d°, 20 cm, 9 alvéoles en quinconce	0,63
Blocs creux de béton, ép. 15 cm, à 4 alvéoles	0,14
d°, en béton de pouzzolane	0,34
Plancher à poutrelles et entrevous de béton de granulats et dalle de compression, ép. 16 + 4	0,14

Techniques d'isolation thermique.
Ne sont cités ici que les procédés les plus courants. Pour tout détail, on consultera les nombreux ouvrages sur l'isolation thermique, ou les documentations des fabricants.

A/ Les **combles**.
L'isolation est faite :
• soit ***sous toiture***, avec un isolant en panneaux ou matelas en rouleaux, rapporté sous les rampants, entre et/ou sous les chevrons, avec pare-vapeur du côté intérieur du comble, en ménageant toujours une lame d'air de ventilation entre l'isolant et le matériau de couverture.
• soit sur ***plancher de comble*** ni habitable ni chauffé : on déroule des matelas d'isolant en couches croisées. On peut aussi répandre un isolant granulaire tel que la vermiculite*.
B/ Les **toitures-terrasses***.
L'isolant en panneaux est disposé :
• soit sous la forme* de pente portant l'étanchéité ; technique abandonnée en raison de nombreux désordres.
• soit sur la forme* de pente, revêtue

d'un pare-vapeur, l'isolant rigide et peu compressible constituant le support de l'étanchéité ; cette technique, aujourd'hui généralisée, doit être conforme aux prescriptions des *DTU 43.1* ou *43.2* (d°, pentes ≥ 5%).

C/ Les **murs extérieurs**.
On distingue 3 grandes familles de procédés d'isolation thermique des murs extérieurs, souvent associés et cumulés pour atteindre de meilleures performances :
a/ l'isolation thermique **par l'intérieur**, consistant à rapporter contre les parois maçonnées, ou en ménageant une lame d'air :
• soit une cloison de doublage*, derrière laquelle on place un isolant ;
• soit un complexe* de doublage isolant à parement de plâtre cartonné.
b/ l'isolation thermique **dans l'épaisseur** des murs ; ce peut être :
- soit ***une maçonnerie isolante*** :
• éléments en matériaux pleins à faible conductivité (blocs ou panneaux à hauteur d'étage en béton cellulaire, verre cellulaire, argile expansée) ;
• "blocs* isolants" à maçonner, avec un isolant dans leur épaisseur ;
• blocs* coffrants spéciaux en matériau isolant, à empiler à sec avant de couler un béton dans leurs alvéoles.
- soit, si les murs existants comportent une double paroi, l'***injection de mousses isolantes***.
c/ l'isolation thermique **par l'extérieur** peut être faite :
• par collage ou fixation mécanique de panneaux d'isolant, revêtus ensuite d'un enduit armé, hydraulique ou plastique (du type RPE) ;
• par collage ou fixation de panneaux isolants à parement intégré, dits panneaux de *vêture**;
• par réalisation d'un bardage* isolant, ou *bardure**.

D/ Les **planchers bas**.
Les planchers bas en terre-plein (sans vide), peuvent être isolés avec des isolants en panneaux peu compressibles, non hydrophiles :
• soit sur la surface du terre-plein, avant d'y couler la dalle de béton,
• soit sous cette dalle, mais seulement à sa périphérie,
• soit verticalement le long de la face interne des fondations,
• soit verticalement sur la face externe des fondations.
• soit par une combinaison de ces différentes techniques.

E/ Les **planchers sur local non chauffé**. Diverses techniques permettent leur isolation, rapportée sous le plancher : panneaux isolants ; faux-plafonds ou plafonds suspendus portant une couche de laine minérale ; isolation projetée à base de fibres minérales, laine de laitier, etc.

F/ Les baies vitrées.
Leur isolation concerne :
• d'une part leurs surfaces vitrées ; leur isolation est améliorée soit en rapportant des survitrages*, soit en installant des vitrages* isolants, ou encore des doubles fenêtres ;
• d'autre part leurs menuiseries, qui constituent des ponts thermiques.
Leur étanchéité à l'air, en particulier, doit être satisfaisante : on choisira des menuiseries bénéficiant d'un label* ACOTHERM.

G/ Les **fermetures**.
Le fait d'ajouter des fermetures (volets roulants, persiennes) participe à l'isolation thermique nocturne.
Les coffres d'enroulement des volets roulants doivent faire l'objet d'un traitement d'isolation particulier.

H/ Le calorifugeage*.
Le gainage des canalisations et tuyauteries chaudes, à l'aide de matériaux calorifuges (coquilles moulées en mousse, bourrelets enroulés en spires), dans les zones et locaux non chauffés, fait partie des travaux d'isolation thermique.

ISOLÉ adj.
1/ Qualifie tout bâtiment ou habitation qui a fait l'objet de travaux d'isolation thermique ; ou tout équipement ou appareil électrique qui est protégé par un isolant électrique.

2/URBAN.: qualifie tout bâtiment qui n'est accolé à aucun autre.

ISOLEMENT n.m.
1/ACOUST.: syn. de *isolation* phonique entre locaux distincts séparés par des parois : V. Acoustique.

2/ARCHIT.: intervalle séparatif entre deux bâtiments voisins non accolés, ou entre deux parties d'un bâtiment.

3/ÉLECTR.: caractéristique de résistance* d'un élément au passage du courant. Mise en place d'une enveloppe isolante autour d'un conducteur électrique.

4/ Division d'une construction en zones de protection contre un incendie, par des cloisonnements (murs et portes coupe-feu*) évitant la propagation du feu d'une zone à l'autre.

ISOLIER n.m.
Néologisme désignant le spécialiste en isolation thermique.

ISOMÉTRIQUE adj.
Qui a les mêmes dimensions.

ISONIVELAGE n.m.
Dispositif d'ajustement précis, automatique et permanent, du niveau d'une cabine d'ascenseur* ou de monte-charge au droit d'un palier, au fur et à mesure des variations de la charge portée.

ISOPLANE adj. f.
Se dit d'une porte* intérieure qui a deux parements plans, constitués de feuilles de contre-plaqué, rapportées de part et d'autre d'une ossature rigide en bois.

ISOREL n.m.
(marque commerciale)
Panneau en fibre de bois aggloméré ; il est dit *dur*, pour des utilisations analogues à celles du contre-plaqué, ou *mou*, pour des utilisations comme isolant.

ISOSTATIQUE adj.
Qualifie une construction dont la conception repose sur un équilibre statique des structures porteuses.

ISOTHERME
1/adj. Qui est maintenu ou se maintient à température constante. Qualifie toute réaction qui s'effectue sans variation de température.

2/n.f. Courbe graphique qui représente les divers points d'une variable qui correspondent à une même température.

ISOTROPE adj.
Qualifie une matière qui présente les mêmes propriétés physiques dans toutes les directions, comme par exemple le verre.

ISSUE n.f.
Désigne toute ouverture ou passage permettant de quitter un bâtiment : *issues de secours*.

ITALIQUE adj.
Qualifie divers styles architecturaux d'Italie, de la période pré-romaine, et en particulier l'ordre* composite.

J
Symbole du Joule*, unité de travail et d'énergie, et équivalent mécanique de l'unité de quantité de chaleur, qui vaut 4,185 joules/calorie.

JACK n.m.
Fiche électrique spéciale à contacteurs concentriques.

JALON n.m.
Piquet de bois utilisé pour lever* les plans de terrains et pour matérialiser des axes ou des repères ; sa partie supérieure porte des bandes rouges et blanches alternées, de 10 cm chacune ; le haut est fendu pour recevoir une plaquette (*voyant* ou *vignette* numérotée) visible à distance.
Le ***jalon-mire*** est un grand piquet porteur d'une mire*, que l'on fiche dans les sols pour l'étude topographique des terrains (V.ill).

JALONNAGE
ou **JALONNEMENT** n.m.
Mode de répartition des jalons sur un terrain.

JALONNER v.tr.
Mettre en place des jalons pour matérialiser les limites d'un terrain (avant son bornage*), l'axe ou les rives d'une voie, ou l'implantation* d'une construction et l'emprise* de ses fondations.

JALONNETTE n.f.
Long piquet gradué muni d'une potence réglable en hauteur ; on l'utilise en particulier pour déterminer et contrôler le niveau du fond des fouilles à partir de la cote de piquets voisins.

jalons

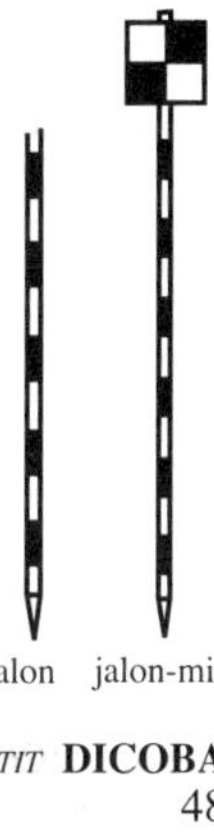

JALOUSIE n.f.
Fermeture* légère faite de lames en claies* ou de treillis permettant d'atténuer l'intensité lumineuse du jour, et de ne pas être vu de l'extérieur. On peut distinguer :

- les ***jalousies extérieures***, qui sont en général des *jalousies-accordéon*, à lames verticales montées sur des glissières, pour une ouverture par refoulement latéral (V.ill) ; ce type de jalousies fait l'objet de normes.
Autrefois, les jalousies désignaient des stores extérieurs légers, claies en fines lamelles de bois relevables par enroulement sur un axe horizontal supérieur (ce sont les ancêtres du volet* roulant).

-les ***jalousies intérieures***, claies d'occultation du jour des baies, composées surtout de toile, et enroulables sur un axe horizontal situé au niveau de l'imposte. Elles désignent aussi parfois les *stores* vénitiens*.

jalousies à pliage accordéon

3/ Muret construit perpendiculairement à une cloison pour porter une tablette, un évier, une paillasse*...

JAMBAGE n.m.
1/ Montant latéral d'une baie*, qui reçoit la retombée* de l'arc* ou l'extrémité du linteau* (V.ill). Chaîne* verticale en pierre sur laquelle prend appui une poutre.
Montant latéral d'une cheminée*, qui s'élève jusqu'à son manteau. Syn.: *piédroit**.

2/ Pilier situé entre deux arcades* ou entre deux baies (il se différencie du trumeau* par l'absence de pilastre* ou de dosseret* saillant).

JAMBE n.f.
1/CHARP.: une ***jambe de force*** désigne une pièce de bois inclinée qui soulage une poutre en réduisant sa portée. Syn.: *contrefiche**.
Désigne en particulier une pièce reliant les entraits* d'un comble* retroussé*. Par extension, on appelle aussi jambes de force diverses pièces

jambages de baie (**J**)

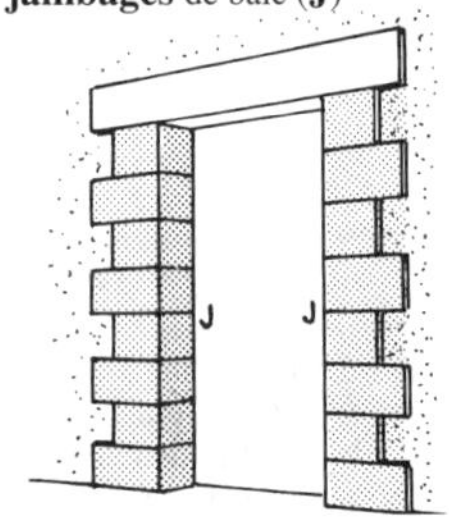

JAMBES

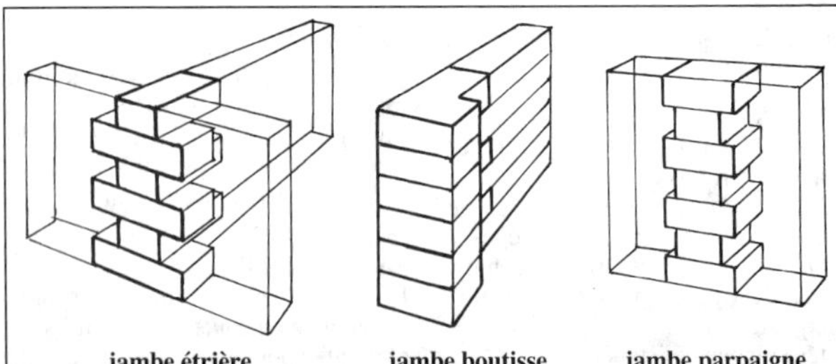

jambe étrière formant tête de mur de refend ou séparatif — **jambe boutisse** formant tête de mur avec retour ou tableau de baie — **jambe parpaigne** (chaîne verticale)

jambe de force (J)

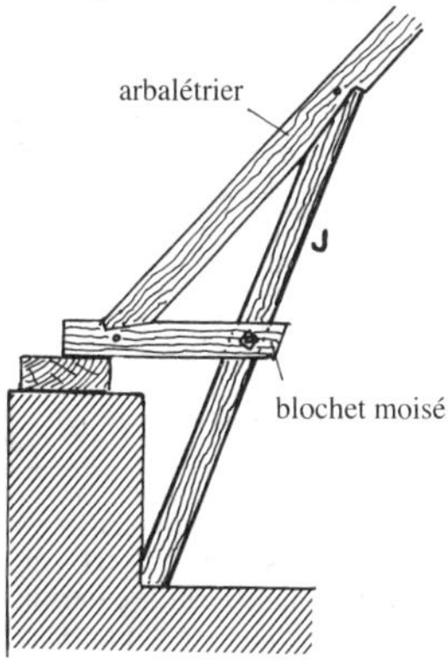

d'étaiement inclinées des coffrages*, blindages*...

2/MAÇONN.: pile de pierres appareillées formant une chaîne* verticale ou une harpe* dans un mur.

On distingue :

-la ***jambe étrière***, chaîne* de jonction entre deux murs de façades attenantes et le refend* ou le mur séparatif dans lequel s'engagent les queues* de ses boutisses* (V.ill. page ci-contre).

-la ***jambe boutisse*** : elle diffère de la jambe étrière par le fait qu'elle sert à composer des tableaux*, piédroits* de baies ou retombées* d'arcs, en même temps qu'elle pénètre dans le mur séparatif (V.ill. page ci-contre).

-la ***jambe d'encoignure****: pilier d'angle ou harpe* en pierre formant la chaîne d'angle d'un bâtiment.

-la ***jambe parpaigne*** : chaîne* verticale en liaison dans le corps d'un mur ; toutes ses assises* forment parpaing*, c'est-à-dire qu'elles ont l'épaisseur du mur (V.ill. page ci-contre).

-la ***jambe sous poutre*** : chaîne verticale en pierre, brique ou béton, établie dans un mur pour servir d'appui à l'extrémité d'une poutre.

JAMBETTE n.f.
Courte pièce verticale qui, dans une charpente, soulage la partie inférieure d'un arbalétrier (V.ill).

La ***jambette d'échiffre*** est le petit poteau qui porte le limon* au départ d'une volée* d'escalier.

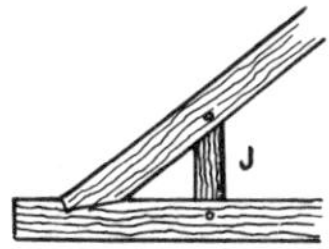

jambette (J)

JAMBON n.m.
Syn. de *cuvette** (raccordement de descentes d'eaux pluviales).

JAQUETTE n.f.
Parois en tôle laquée composant la "carrosserie" et l'habillage d'une chaudière ; au dos de ces tôles est contrecollé un matériau calorifuge*.

JARDINIÈRE n.f.
Vasque* ou bac en maçonnerie, remplis de terre végétale pour y faire pousser des plantes d'ornement.

JARRE n.f.
Vase ventru en poterie, avec ou sans anses, servant d'ornement ou d'amortissement* de balustrades, frontons... et parfois de jardinière.

JARRET n.m.
Défaut de continuité et de régularité dans une courbe, dans un profil de moulure, dans l'intrados* d'un arc... Courbure localisée dans une poutre qui devrait être droite, ou jonction non rectiligne de deux tuyaux.

JARRETER v.i.
Former un jarret, un angle fautif dans une courbe.

JASPE n.m.
Roche dure, dense (*calcédoine*), de coloration variée en bandes et taches, et utilisée en mosaïques de sols.

JASPÉ adj.
Veiné comme le jaspe ou l'agathe : *dalles thermoplastiques jaspées.*

JAUGE n.f.
1/CHARP.: règle graduée de 35 cm de long et 3 cm de large, utilisée pour les tracés des détails des assemblages.
2/CHAUFF.-PLOMB.: dispositif d'évaluation du niveau du contenu d'un réservoir, cuve à mazout, etc.

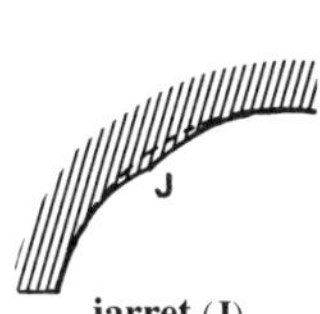

jarret (J)

JAUGES

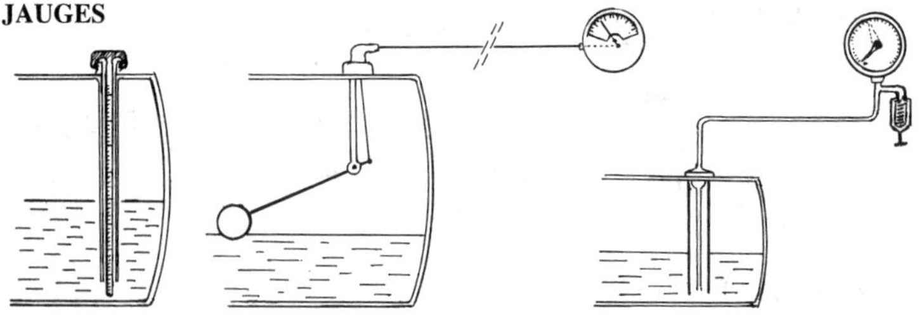

jauge à règle graduée, à lecture directe — **jauge mécanique** à flotteur et renvoi à distance par câble — **jauge pneumatique**

On distingue les jauges *à règle graduée* (à lecture directe, plongeant dans un tube), les jauges *mécaniques* (à flotteur sur bras articulé et renvoi de lecture à distance) et les jauges *pneumatiques* ; ces dernières ont une pompe à main qui emplit d'air une fine canalisation qui aboutit au fond du réservoir : l'évacuation de l'air surpressé par cet orifice permet de connaître la hauteur de pression du liquide, par lecture directe sur un cadran (V.ill).

3/MÉCAN.-SERRUR.: instrument de mesure et de contrôle de dimensions, en particulier de dimensions intérieures de pièces alésées, de profondeurs d'orifices ou de perforations, d'épaisseurs d'interstices, etc.

JAUGER v.tr.
Outre les actions de mesure ci-dessus, c'est marquer des mesures d'épaisseur sur une pierre à équarrir. En charpenterie, c'est aussi disposer deux pièces parallèlement.

JAVELLE n.f.
1/ Fagot de lattes, de baguettes de bois, d'échalas*.

2/ Botte de paille liée dont on fait les couvertures de chaume*.

JET n.m.
1/COUVERT.: feuillet* d'ardoise d'épaisseur double de la normale.

2/MENUIS.: le ***jet d'eau*** est la partie saillante de la traverse basse du vantail* d'une croisée*: sa forme en doucine* est destinée à chasser vers l'appui les ruissellements, et à éviter toute pénétration d'eau de pluie ruisselante entre le châssis ouvrant et la pièce d'appui (V.ill) ; syn.: *rejeteau*. Rabot qui sert à moulurer cette pièce.

3/PEINT.: le décapage au ***jet de sable***, ou sablage*, est une projection puissante et concentrée de sable fin sur les pièces à décaper ou à blanchir*.

4/PLOMB.: V. Jonc.

5/TERRASS.: le ***jet de pelle*** a longtemps servi d'unité pour la mesure de la manutention des terres et déblais.

JETER v.tr.
Lancer un mortier avec force, avec la truelle ; le ***jeté-truelle*** désigne cette opération, ainsi que la finition* et l'aspect rustique d'un enduit ainsi appliqué par truellées* juxtaposées.
Syn.: *brut de truelle*, *jetis* (rég.), *jeté rustique*.

jet d'eau
de croisée (**J**)

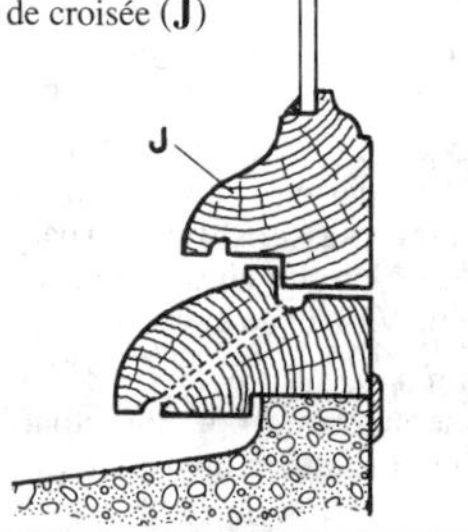

JEU n.m.
1/ Aisance qu'ont une porte ou une fenêtre dans leurs mouvements.
Donner du jeu à ces éléments ouvrants, c'est enlever un peu d'épaisseur par rabotage de leur périphérie ou des feuillures*.

2/ Allongement ou retrait des composants et matériaux du bâtiment sous l'action des variations de température (métaux), d'humidité (bois), ou lors des réactions de durcissement (parpaings, pièces de béton...). Le *jeu différentiel* entre deux éléments hétérogènes accolés provoque une fissuration le long de la jonction.

-***Jeu d'appareil*** : dessins géométriques obtenus par des variations d'appareil* des constituants d'un mur.

JOINDRE v.tr.
Unir, assembler, accoler, juxtaposer ou superposer deux éléments, par collage, fixation, serrage, etc.

JOINT n.m.
Ligne séparative et garnissage ou calfeutrement* d'un interstice entre deux éléments soit de même nature (briques, carreaux, tuyaux...), soit hétérogènes. Solution* de continuité voulue, c'est-à-dire rupture rectiligne ménagée dans un ouvrage pour *absorber* des différences de mouvement ou de comportement.

1/COUVERT.: un ***joint consécutif*** est la façon alternée de recouvrement des ardoises sur un arêtier*, lorsque les pentes des deux pans concernés sont identiques.

Dans la couverture en feuilles métalliques, les joints les plus courants sont le ***joint debout***, agrafure* de jonction de deux feuilles suivant la ligne de plus grande pente, par pinçage en saillie, et le ***joint à coulisseau***, qui consiste à rapporter un couvre-joint coulissant sur les bords pincés des feuilles (V.ill).

2/CARR.-MARBR.: interstice plus ou moins large laissé entre les éléments, pour être ensuite comblé par l'opération de jointoiement*.

La pose dite ***à joints vifs*** est la pose d'éléments bord à bord, rendant impossible un jointoiement au mortier.

Des ***joints antiacides*** sont faits entre les éléments de carrelage de locaux industriels chimiques, agro-alimentaires, laboratoires, etc., pouvant recevoir des projections corrosives ; on utilise des mastics bitumineux, ou des époxydes*.

Les ***joints de fractionnement*** sont les joints ménagés dans les grandes surfaces carrelées, pour les recouper en panneaux d'une douzaine de m², et éviter les tensions et cisaillements dus aux dilatations différentielles entre

joints de couverture en feuilles métalliques (exemples)

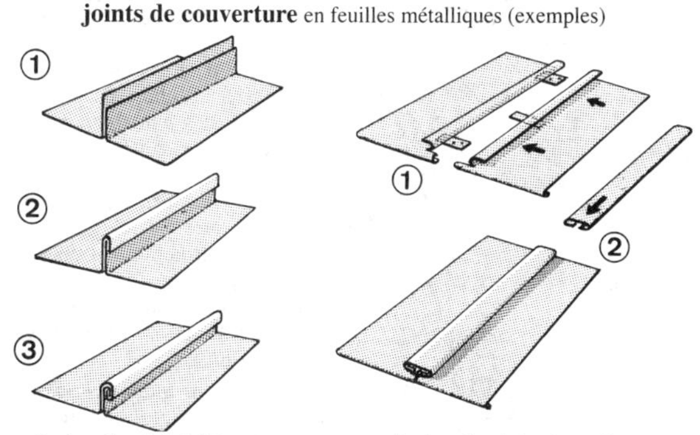

confection d'un **joint debout** — confection d'un **joint à coulisseau**

joints de structure

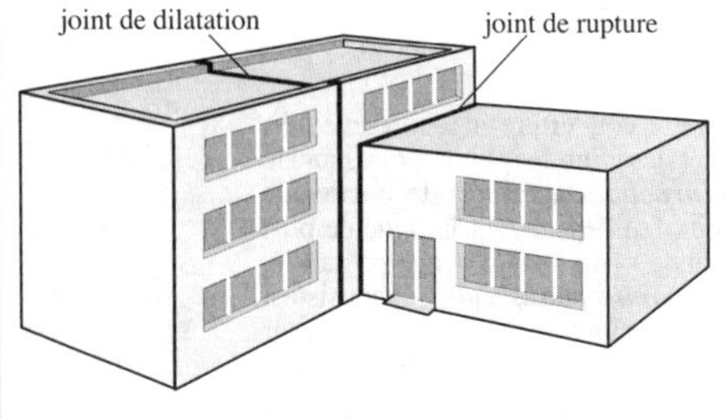

carrelage et support.

3/ÉTANCH.: un ***joint à la pompe*** est un cordon de mastic* élastomère*, forcé dans un interstice par *extrusion* d'une cartouche montée sur un *pistolet* extrudeur*.

Les joints à la pompe servent surtout pour la jonction de matériaux hétérogènes : par exemple, entre un linteau en bois et la maçonnerie ; entre un bâti de menuiserie extérieure et son précadre ; entre un appareil sanitaire et le mur contre lequel il est adossé.

4/MAÇONN.: on doit distinguer :

• les ***joints de structure*** du gros oeuvre, destinés à découper verticalement une grande construction en plusieurs parties indépendantes l'une de l'autre, pour parer d'une part aux retraits et dilatations thermiques (une baisse de température de 40°C a pour effet de raccourcir une maçonnerie d'environ 0,3 mm par mètre), d'autre part aux tassements différentiels des infrastructures (fondations) ou du sol sous-jacent.

Ces joints structurels, dits ***de dilatation*** ou ***de rupture*** selon leur fonction (V.ill), concernent toute l'épaisseur de la maçonnerie (y compris chapes, enduits et revêtements extérieurs rapportés) sur env. 2 cm de largeur. Ils ne sont obturés qu'avec des matériaux ou profilés qui s'adaptent à des déformations importantes (V.ill).

En pratique, l'espacement maximal entre deux joints de structure consécutifs ne dépasse pas 20 à 25 mètres dans la moitié Sud de la France, et 30 à 35 mètres au Nord. Sur des parois très exposées aux écarts thermiques, telles que les terrasses, on crée des joints de structure intermédiaires dits ***joints diapason***.

• les ***joints de retrait*** : ils ont pour seule fonction d'absorber le retrait consécutif à la prise des bétons et mortiers ; constituant des points de faiblesse rectilignes dans l'ouvrage, ils concentrent vers eux les fissurations inévitables dues au retrait, évitant ainsi la formation désordonnée et inesthétique de fissures.

Ces joints sont obtenus :
- soit par *réservation** avant la réalisation de l'ouvrage (baguettes chanfreinées formant guide d'épaisseur, retirées après durcissement, le creux pouvant être garni ensuite) ;
- soit, pour les chapes*, granitos* et terrazzos*, des *joints* ***perdus***, constitués de profilés scellés sur le support, avec ou sans socles ;
- soit, a posteriori, par la technique des *joints* ***sciés*** : on recoupe les dalles ou chapes sur la moitié ou deux tiers de leur épaisseur, lorsque le mortier a commencé à durcir, puis on peut regarnir le trait de scie (mastic souple, couvre-joint*).

• les ***joints de maçonnerie*** : ce sont à la fois les tracés en parement des plans séparant les éléments, et les

garnissage de joints de structure et d'étanchéité (exemples)

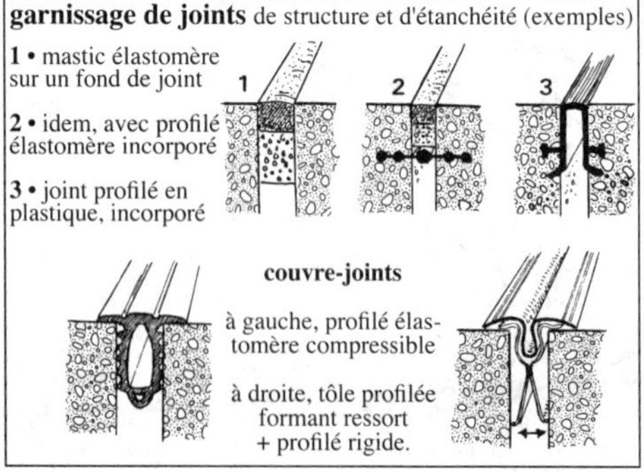

matériaux de liaison, mortiers ou colles, qui hourdissent* et solidarisent les éléments taillés ou préfabriqués des maçonneries : pierres, moellons, briques pleines, creuses ou perforées, parpaings, blocs de béton cellulaire, carreaux* de plâtre, etc.
On distingue les *joints* ***de lit***, horizontaux, les *joints* ***montants***, ou *joints* ***de tête***, verticaux, et les *joints* ***incertains***, dans le cas des maçonneries non-appareillées.
Les *joints* ***continus***, concernent toute l'épaisseur des éléments maçonnés, et les *joints* ***rompus***, disposés en bandes séparées par des vides (V.ill).

Un *joint* ***sec*** ou *joint* ***vif*** est un joint sans mortier (par exemple dans les maçonneries dites en pierre sèche).

Un *joint* ***gras*** est un joint particulièrement épais.

Un *joint* ***maigre*** est un joint plus mince que la normale (V.ill).

Un joint sera *dégradé*, sur 2 ou 3 cm de profondeur s'il doit être refait.

joints de maçonnerie

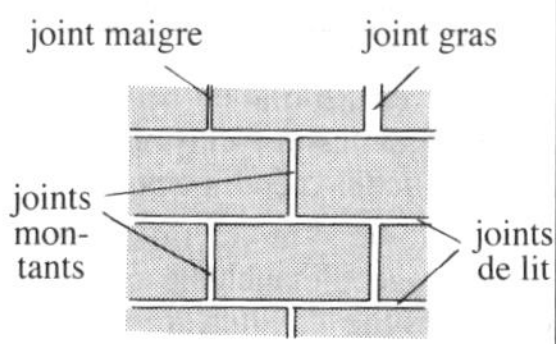

joints de hourdage (en coupe)

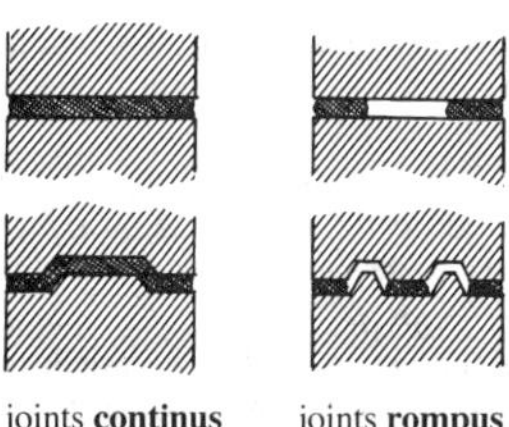

joints **continus** ou **pleins**

joints **rompus** "à rupture de joint"

Faire les joints *en montant*, c'est les garnir au fur et à mesure de la pose des briques, parpaings, etc.

• les ***joints en parement*** : c'est la partie visible des joints de maçonnerie ; selon leur relief par rapport au nu* des éléments maçonnés, ils sont *affleurants*, *saillants* ou *en creux*, et portent divers noms selon leur profil (V.ill. page suivante).

Un ouvrage est dit *à joints croisés* si les joints verticaux sont bien alternés et *en liaison* d'une assise* à l'autre.

Pour un arc* ou une plate-bande*, les joints sont dits ***en coupe*** ou ***en doucette*** lorsque leurs axes tendent vers un même point.

• les ***joints des enduits de parement*** ont des fonctions à la fois esthétiques (découpage en panneaux pour rompre la monotonie de larges surfaces) et pratiques (délimitation de surfaces unitaires d'application, limitant le risque de reprises* de travail apparentes). Un *calepinage* de joints* est à prévoir pour toute façade plane de plus de 25 ou 30 m^2 (les surfaces unitaires des panneaux dépendent du type d'enduit de parement et de sa vitesse d'exécution).

On distingue les ***joints pleins*** (baguettes plastiques préalablement collées) et les ***joints en creux***, ou en retrait, exécutés soit par enlèvement de bandes adhésives posées avant enduction (crépis plastiques), soit par recreusement de l'enduit hydraulique à la sciotte*, en se guidant le long d'une règle.

• Les ***joints de panneaux de façades*** et murs-rideaux*; on distingue :

- les joints horizontaux qui, selon leur profil, sont soit *à bavette** rapportée, soit *à recouvrement**,

- les joints verticaux qui, selon le cas, sont dits *à pincement* ou *à écartement*.

En préfabrication lourde, les joints verticaux comportent un *vide de décompression,* ménagé derrière une garniture de joint.

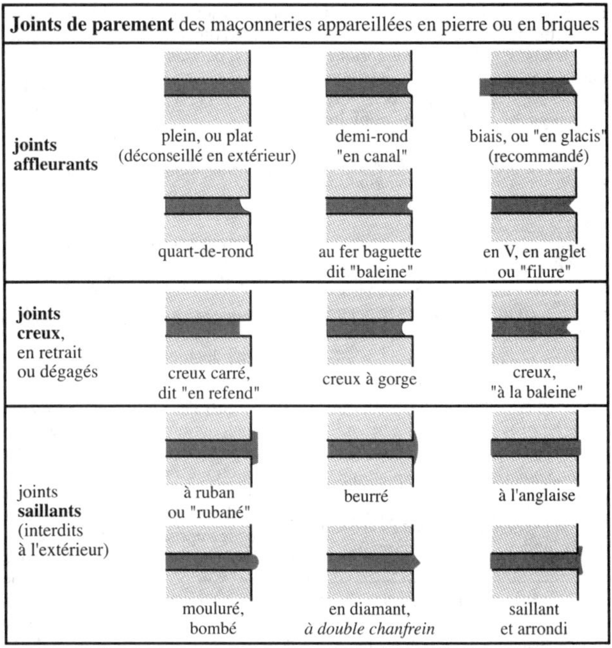

5/MENUIS.: le joint désigne, de façon générale, la surface de jonction commune à deux pièces aboutées, accolées, entées, encastrées, etc.

Les joints sont *en applique* s'ils sont découpés de façon à s'emboîter exactement (V. Assemblages).

Dans un assemblage d'angle, un ***joint à onglet***, ou ***d'onglet***, correspond à la bissectrice* de l'angle.

Deux pièces jointes chant* contre chant sont dites ***à plat joint***.

Dans un panneau de contre-plaqué*, un ***joint écarté*** est un défaut de *jointage*, espace entre deux feuilles du parement ; un ***joint ouvert*** est un espace entre les plis intérieurs ou lattes composant l'âme* du contre-plaqué. Pour l'étanchéité à l'air et à l'eau entre les ouvrants et les dormants des menuiseries de baies, on utilise des joints profilés souples (en général en néoprène extrudé), des mastics* élastomères*, ou des languettes métalliques.

6/PLOMB.: le joint est un accessoire ou ouvrage d'étanchéité entre deux éléments de tuyaux, raccords ou manchons non soudés, ou entre ces éléments et une pièce de robinetterie : c'est, le plus souvent, une rondelle* en matériau fibreux ou en matière plus ou moins compressible.

Un ***joint torique*** est un joint annulaire en caoutchouc souple et compressible (*perbunan*).

Les *joints de tuyaux en grès* sont faits au mortier de ciment gras, ou, pour des eaux acides, au bitume.

Les *joints des tuyaux de fibres-ciment* sont en général réalisés, à partir du fond de l'emboîture, par matage* d'une corde goudronnée, puis application d'un matériau plastique et cimentage au mortier. Les *joints de tuyaux en fonte* sont en général en caoutchouc.

7/REVÊT.: les revêtements de ***sol sans joints*** désignent parfois ceux qui sont enduits *in situ* (asphaltes, mortiers de résines). Syn.: *sols coulés*, *sols continus*.

8/TRAV.PUBL.: le ***faux-joint***, ou ***joint scié*** est un joint en creux qui ne concerne que les couches de surface d'une chaussée.

9/VITR.: à côté des joints constitués de mastics de calfeutrement, la vitrerie utilise des profilés en matières élastomères extrudées*.

JOINTER v.tr.
Disposer ou coller deux éléments bord à bord (surtout en menuiserie : on dit aussi faire un ***jointage***).

JOINTIF adj.
Qualifie un assemblage de bois, un lambris, un lattis, un parquet, etc. dont les éléments sont bord à bord et, de façon générale, toutes pièces accolées sans aucun interstice.

JOINTOIEMENT, JOINTOYAGE, JOINTEMENT
n.m. Garnissage des joints*, selon le cas, avec un mortier, une barbotine* de ciment, un mastic, une pâte à bois, un matériau élastomère, etc. et réalisation de leur finition (lissage, profilage, creusement...).

JOINTOYER v.tr.
Faire les travaux de jointoiement d'un ouvrage.

JOINTOYEUSE n.f.
Petite machine électroportative munie d'un réservoir, qui sert à faire pénétrer dans les joints les mortiers et barbotines* de jointoiement.

JONC, **JÉ** ou **JET** n.m.
Longue baguette de jonc végétal, de rotin, ou, aujourd'hui, de fibre de verre, utilisée par les plombiers pour dégorger* les descentes de gouttières et les évacuations d'eaux usées.

JONCTION n.f.
Raccord, union de deux éléments distincts pour créer entre eux une continuité physique ou électrique.

•***Noeud de jonction*** (PLOMB.) : c'est la soudure qui unit bout à bout deux tuyaux de plomb ; une jonction latérale s'effectue par un noeud* d'empattement).

•***Jonctions de murs*** : V. à Besace, Chaîne, Harpe.

JOUE n.f.
1/ Partie latérale d'un élément, d'une pièce de bois, d'un profilé en métal, ou d'un membre d'architecture.

2/ Chacune des faces latérales d'une rainure, d'un tenon, d'une languette* ou d'une mortaise* (V.ill).

3/ Face latérale d'un outil à fût, souvent percée d'une *lumière**. Guide latéral fixe ou réglable d'un outil, servant par exemple de guide de profondeur.

JOUÉE n.f.
1/ Paroi latérale d'une lucarne*.
Elle repose sur un *chevron* de jouée* ; sa maçonnerie est soit enduite, soit revêtue d'un bardage*.

2/ Épaisseur totale de mur au droit d'une porte ou d'une fenêtre : elle comprend le tableau*, la feuillure* et l'embrasure*.

3/ Petite cloison séparative entre deux stalles* d'un choeur* d'église.

JOUER v.tr.
1/MENUIS.: se déformer sous l'action de l'humidité. Pour un assemblage, c'est perdre sa rigidité par suite de variations dimensionnelles répétées (retraits de séchage et gonflements par l'humidité). Syn.: *avoir du jeu*.

2/SERRUR.: pour une serrure, c'est fonctionner aisément.

JOULE n.m. (**J**)
Unité de mesure du travail, de l'énergie et des quantités de chaleur.
En électricité, le Joule correspond à l'énergie dépensée en une seconde par un courant de un ampère qui traverse une résistance de un ohm*.

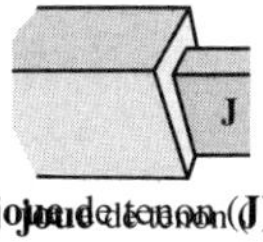

joue de tenon (**J**)

jouée
de lucarne (**J**)

NB- Un wattheure (Wh) équivaut à 3 600 J. ***Effet Joule*** : voir à Effet.

JOUR n.m.
1/ Espace vide qui occupe le centre de la cage* d'un escalier*.

2/ Ouverture pratiquée dans un mur pour laisser passer la lumière :

le ***jour droit*** est un jour à hauteur des yeux ; le ***jour d'en haut*** est un soupirail ou une lucarne donnant une lumière oblique ; le ***jour d'aplomb*** ou ***jour zénithal**** est un jour pratiqué dans un plafond, dans une terrasse ou dans un comble élevé pour un éclairage par le haut. V. aussi Faux-jour.

-***Jour de coutume*** : baie percée dans un mur mitoyen.

-***Jour de ligne*** : espace qui sépare le cordeau d'alignement d'un mur en construction du mur lui-même.

-***Jour de servitude*** : jour percé dans un mur séparatif à la suite d'un accord entre propriétaires voisins.

-***Jour de souffrance*** : baie pratiquée dans un mur dont on est propriétaire et qui donne sur un fonds voisin ; cette ouverture ne doit pas permettre une vue directe : voir les règles de servitude* de vue.

-***Facteur de jour***, ou ***de lumière du jour*** : V. à Facteur de ciel.

JOURNAL n.m.
Mesure de superficie équivalant à un tiers d'are (Bresse, Jura, Vosges).

JOURNALIER n.m.
Ouvrier rémunéré à la journée travaillée.

JOUXTER v.tr. (ancien)
Être disposé à côté de... *Un vaste hangar jouxtait la maison.*

JUBÉ n.m.
Haute clôture* ouvragée fermant l'entrée de certains choeurs d'églises anciennes ; il portait une galerie, qui servait de chaire*.

JUDAS n.m.
Petite ouverture d'observation ménagée dans une porte d'entrée.
Le ***judas optique*** est un oeilleton à lentille de courte focale, offrant un champ de vision large.
Syn.: *microviseur, regard secret.*

JUGE DE PAIX
Désignation familière, par divers corps de métiers, des instruments de vérification des aplombs et niveaux.

JUMELÉ adj.
Groupé par paire d'éléments identiques juxtaposés. Syn. de *gémellé**, ou *géminé* : fenêtres jumelées.

JUPE n.f.
Chacune des parties visibles d'un bardeau* d'asphalte.

JUPITER (**trait de –**)
V. Assemblages (d'allongement).

JUS n.m.
Peinture allongée pour servir de couche de fond, préalablement à une peinture non diluée.

JUTE n.m.
Fibre végétale utilisée pour la trame de certains dossiers* de revêtements de sols textiles ou plastiques.

K

k Préfixe multiplicateur par mille (***kilo***, soit 10^3) des valeurs qu'il précède : kg, kJ, kV, kVa, kW, kWh...

KAOLIN n.m.
Argile* blanche et pure, chargée de quartz très fin ; le kaolin provient de la désagrégation du feldspath* granitique*. Syn.: *terre à porcelaine.*
L'argile courante, ou terre glaise, est un kaolin chargé d'impuretés.

KAOLINIQUE adj.
Qualifie un minéral riche en kaolin.

KELVIN (**degré —**) n.m. (**°K**)
Unité de base de températures dans le Système International ; sa valeur est égale à celle du degré Celsius (°C), mais sur une autre échelle, qui part du "zéro absolu" (-273,16°C) : 0°C correspond donc à 273,16°K, et 100°C à 373,16°K.

KERSANTITE n.f.
Roche de diorite* granitique grise servant de pierre à bâtir en Bretagne. Autre nom : ***Kersanton*** (du nom de son lieu d'extraction près de Brest).

KIESELGUHR n.f. ou n.m.
Silice pulvérulente, faite de micro-coquillages fossiles, ou diatomées*. De faible densité, le kieselguhr est poreux et peut absorber d'importantes quantités d'eau ; on l'utilise comme filler* plastifiant* et rétenteur* d'eau des bétons, et comme calorifuge*.

KILOCALORIE n.f. (**kcal**)
Ancienne unité de quantité de chaleur (1 000 cal). Syn.:*grande calorie.*

KILOCALORIE-HEURE (**kcal/h**)
Unité de puissance thermique, utilisée en particulier pour les chaudières et appareils de production de chaleur.

KILOGRAMME n.m. (**kg**)
Unité de masse* du Système International, valant 1 000 grammes.

Kilogramme-force (symb. **kgf**)
Ancienne unité, remplacée par le newton* (1 kgf = 9,81 newtons).

Kilogramme-poids (symb. **kgp**)
Ancienne unité de poids, équivalant à un kilogramme-force.

KILOVOLTAMPÈRE n.m.
(symb. **kVA**) Unité de mesure de la puissance électrique apparente.

KILOWATT n.m. (**kW**)
Unité utilisée en pratique pour la mesure des puissances, et valant 1000 W (soit en anciennes unités, environ 1,36 cheval-vapeur, ou 102 kilogrammètres par seconde).

KILOWATT-HEURE n.m. (**kWh**)
Unité d'énergie qui vaut 860 kcal, soit 3 600 kJ (V. Unités). Sert pour le comptage des consommations d'électricité, et par analogie, de diverses sources d'énergie.

KIOSQUE n.m.
Terrasse couverte isolée, souvent sur soubassement, ouverte de tous côtés, et disposée de façon à pouvoir jouir d'un panorama, ou à servir d'estrade (*kiosque à musique*).

KIT n.m. (mot anglais)
Ensemble d'éléments à assembler soi-même. Par extension, éléments complémentaires vendus sous un même conditionnement (par ex. kit de réparation de fissures comprenant mastic, rouleau de calicot* d'entoilage et outil d'application).
Mot proscrit par l'Administration, au profit de *prêt-à-monter*.

KITCHENETTE n.f. (de l'angl. kitchen) Petite cuisine, coin-cuisine rudimentaire (mot proscrit par l'Administration au profit de *cuisinette*).

KLINGÉRIT (marque comm.)
Joint mince d'assemblage des éléments de radiateurs en fonte.

KNAPEN n.m. (marque comm.)
Procédé d'assèchement* des murs par des drains* tubulaires poreux, noyés en pente dans la maçonnerie, une extrémité ouvrant à l'air libre, derrière une petite grille de protection (V.ill).
Le principe utilisé est dit "***siphon atmosphérique***" : l'air s'alourdit dans le drain en se chargeant de l'humidité du mur, et s'évacue en étant remplacé par de l'air sec, plus léger, qui se charge à son tour d'humidité, et ainsi de suite ; de la sorte, un mouvement d'air lent et permanent s'établit.
On dispose en principe les drains en quinconce, à raison de 3 par mètre linéaire, en les enfonçant de 20 à 40 cm au-dessus du niveau du sol, sur à peu près la moitié de l'épaisseur du mur.

KRYPTON n.m.
(s'écrit aussi ***crypton***) Gaz rare inerte présent dans l'atmosphère (1 cm^3 par m^3 d'air), et utilisé dans les lampes* à incandescence qui portent son nom ; permettant le chauffage sans noircissement des filaments à plus de 2 800°C, il procure une des meilleures efficacités lumineuses.

système **knapen** :
drain poreux d'assèchement
des murs humides

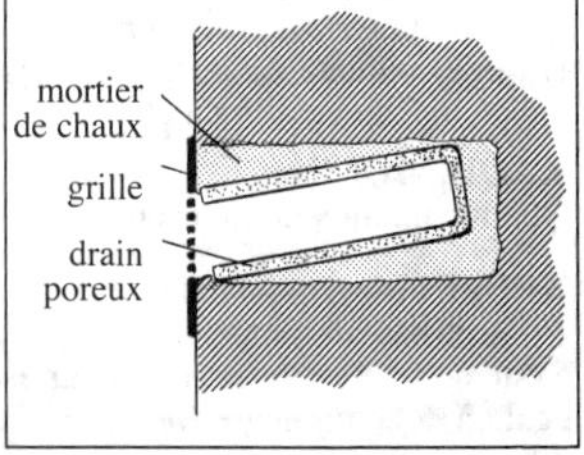

L

LABEL n.m.
Attestation de qualité délivrée par un organisme officiel ou professionnel à un matériau, à un composant ou à un ouvrage qui satisfont à des normes définies ; nous citons ci-après les principaux labels :

-**label ACOTHERM** : attribué aux fenêtres qui bénéficient d'un classement* A.E.V. (air-eau-vent, minimum A_2 et E_2) et qui offrent des caractéristiques d'isolation acoustique (***type 1***), thermique (***type 2***), ou acoustique et thermique (***type 3***).
(V. Cahier CSTB n°2364, livraison d'octobre 1989).

-**label CEKAL** : attribué par l'Association pour le Vitrage Isolant de Qualité (***AVIQ***), il concerne les doubles vitrages isolants qui satisfont à des caractéristiques de bon vieillissement sans condensation.

-**label "Confort Acoustique"** : attribué sur demande, après un contrôle sur des bâtiments terminés, aux constructions dont les caractéristiques d'isolation acoustique* (bruits aériens externes et la transmission de bruits internes) dépassent celles du règlement de la construction.

-**labels CTB-H, CTB-O, CTB-X** : délivrés par le CTBA, ils attestent l'aptitude à résister à l'humidité d'une part des panneaux d'*agglomérés* de bois (CTB-H), d'autre part des panneaux de *contre-plaqué** (labels CTB-X pour les emplois à l'extérieur, et CTB-O pour les emplois en coffrages de béton). Le **label CTB-CI** concerne les charpentes industrielles.

-**label EWAA** : label européen qui concerne les éléments en aluminium anodisé*.

-**label HI** (*haute isolation*). Ce label, qui avait fait suite en 1974 à la crise pétrolière, était axé surtout sur la réduction des déperditions thermiques vers l'extérieur, par les efforts d'isolation des logements neufs.

-**label HPE** (*haute performance énergétique*). Ce label, relatif aux performances thermiques des logements, fut initié avec la prise en compte les apports solaires et les énergies récupérées, et comportait 4 niveaux.
Deouis la mise en place de la RT 2000, il est désormais attribué, sur demande, aux bâtiments dont la consommation d'énergie (en kW par m2 et par an) est inférieure de 10% au moins à celle du bâtiment de référence tel que défini par la Réglementation Thermique (RT 2005).
Un **label THPE** (*très haute performance énergétique*) est attribuable si la performance dépasse -20%.
Ces labels sont attribués par les organismes QUALITEL, ATG et PROMOTELEC, sur avis d'un Bureau de Contrôle spécialisé.
Un label européen "**Solaire et bioclimatique**" complétera le dispositif.

-**label QUALIBAT** : voir à ce mot.

-**label QUALITEL** : voir à ce mot.

-**label SNJF** : ce label du Syndicat National des Joints et Façades atteste les qualités d'étanchéité et de durabilité des cordons extrudés et mastics élastomères pour joints.

LABILE adj.
Qualifie une matière peu stable, sujette à l'effritement, qui se délite.

LABYRINTHE n.m.
Disposition d'un dallage ou d'un pavage en motifs géométriques complexes ou enchevêtrés, formant des compartiments de couleurs différentes. Syn.: *dédale*.

LACERET n.m.
Petite tarière* dont l'extrémité en cuiller servait aux charpentiers à enlacer*, c'est-à-dire à creuser les trous des chevilles, ou *enlaçures**.

LACET n.m.
1/ Broche qui unit les deux parties d'une charnière ou d'une paumelle*.

2/ Piton à scellement ou à vis servant de support à un anneau, une boucle*, un moraillon*...

3/ Collier fixé au vantail d'une croisée, et dans lequel pivote la tige d'une espagnolette*.

LACUNAIRE adj.
Insuffisant, trop faiblement garni, qui présente des manques de matière.

LACUNE n.f.
Insuffisance de matériau dans des fondations, dans des joints ; manque d'épaisseur d'un enduit, etc.

LAGUIS n.m.
Cordage de levage* d'une charge, terminé par un noeud coulant (ou *noeud d'agui*) qui se serre autour du fardeau sous le poids de celui-ci.

LAIE n.f. V. Laye.

LAINE n.f.
Matériau composé de longs filaments enchevêtrés.

-***laine d'acier*** : amas de longs filaments d'acier utilisé en décapage et ponçage fin, surtout en menuiserie.

-***laine de bois*** : enchevêtrement de longs et fins copeaux de bois, utilisé autrefois comme absorbant.
Syn. *frisure** de bois.

-***laine de laitier*** : calorifuge* minéral d'aspect laineux, obtenu en projetant de la vapeur d'eau sur un jet de laitier* en fusion.

-***laine minérale*** : terme générique désignant un amas de fibres en matière minérale amorphe, laineuse, et qui sont obtenues à partir de laitier*, de roche ou de verre.
Les produits isolants à base de fibres minérales font l'objet de normes.

-laine de roche : matériau isolant dont les fibres sont obtenues par filage de mélanges de minéraux en fusion (schistes, silico-calcaires) ; son coefficient λ est voisin de 0,03 à 0,040 W/m.°C.

-laine de verre : matériau isolant constitué d'un enchevêtrement de fibres de verre filé très fines (15 à 20 μ) ; son coefficient λ est voisin de 0,040 W/m.°C.
Le plus souvent, ce matériau est présenté soit en panneaux, nu ou contrecollé à un papier kraft enduit formant pare-vapeur, soit en rouleaux, sous forme de matelas*, entre deux feuilles de papier kraft dont l'une forme pare-vapeur.

LAIT (**de chaux**) n.m.
Chaux* tamisée (fleur* de chaux) et délayée dans l'eau. Le lait de chaux est utilisé comme badigeon* ; on évite son jaunissement en y ajoutant un peu de noir de fumée.

LAITANCE n.f.
1/ Mélange de ciment et d'eau, de consistance fluide. Des mélanges de ce type sont utilisés notamment en injection*, par ex. pour la cimentation* des sols.

2/ Par extension, désigne la partie la plus fluide des bétons et mortiers, susceptible de refluer en surface où elle constitue, après séchage, une pellicule blanchâtre de chaux et de ciment. Ce phénomène se produit en particulier sur les bétons et enduits gâchés plutôt clairs*, ou resserrés par vibrage et/ou par talochage.
Cette pellicule, friable, doit être éliminée avant l'application d'un revêtement ou d'une peinture, soit par des moyens mécaniques (brossage, ponçage), soit par traitement chimique, en particulier sur les sols en ciment à peindre (brossage à l'acide muriatique*, suivi d'un rinçage abondant à l'eau claire).

LAITIER n.m.
Mélange résiduel alcalino-terreux (surtout chaux, alumine et silice) produit par les hauts fourneaux métallurgiques lors de la fusion du minerai de fer avec le coke.
Les laitiers sont utilisés en cimenterie sous forme de granulés (obtenus par brusque refroidissement dans l'eau). Leur composition, proche de celle du ciment, est complétée ou activée par addition de clinker* et/ou de chaux (et parfois de soude) ; on obtient ainsi les *ciments* de laitier* (85% de laitier) et les *ciments métallurgiques* (moins riches en laitier). Des laitiers entrent aussi dans la composition de briques et de pavés ; le laitier sert, enfin, à fabriquer la *laine* de laitier*.

LAITON n.m.
Alliage de cuivre et de zinc.
Ductile* et facile à mouler, le laiton a une bonne tenue mécanique et une bonne résistance à la corrosion.
Il sert surtout à réaliser des pièces moulées résistant au contact de l'air et de l'humidité : vannes, robinets à gaz, pièces d'ornement et de serrurerie. C'est un excellent conducteur électrique.

LAIZE n.f. Syn. de *lé**.

LAMBDA (λ) n.m.
Lettre grecque servant à désigner le *coefficient* de conductivité thermique* propre à chaque matière ou matériau. V. Isolation thermique.

LAMBOURDE n.f.
1/ La ***lambourde de plancher*** est une pièce de bois horizontale, scellée le long d'un mur ou accolée contre une poutre, pour porter les abouts des solives* d'un plancher.

2/ La ***lambourde de parquet*** désigne chacune des pièces de bois avivé disposées à intervalles réguliers pour constituer le support d'un parquet* (V.ill. page suivante).
Elles sont clouées sur les solives* (plancher bois), ou scellées sur une aire* ou une forme* de béton.
Elles peuvent aussi être flottantes, sur un matériau légèrement compressible, pour une atténuation acoustique.

LAMBOURDES (L)

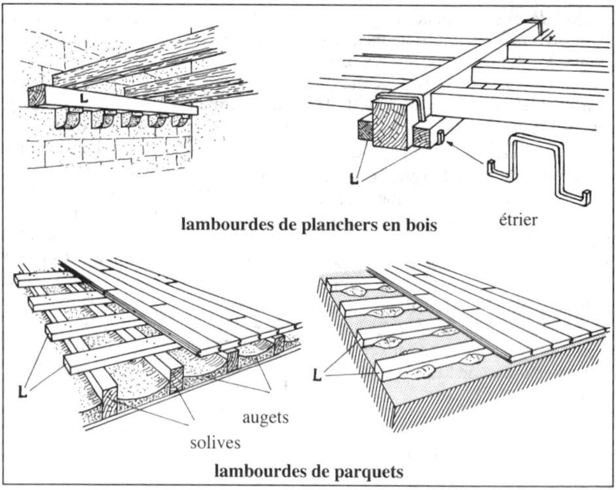

lambourdes de planchers en bois

lambourdes de parquets

L'ouvrage composé par l'ensemble des lambourdes est le *gîtage**.

3/ Bois d'échantillon* équarri, de 25 x 65 à 45 x 105 mm de section.

4/ En région parisienne, pierre calcaire tendre, à gros grain, gélive, taillée grossièrement en blocs de grande dimension. Syn.: *vergelé**.

LAMBREQUIN n.m.
Bandeau d'ornement en bois ou en tôle ajourée, que l'on disposait devant les chéneaux*, marquises*, enrouleurs de jalousies, etc. pour les masquer à la vue (V.ill).

LAMBRIS n.m.
1/MAÇONN.-PLÂTR.: enduit de plâtre intérieur sur lattis* jointif, en particulier sur les chevrons des rampants des étages mansardés.

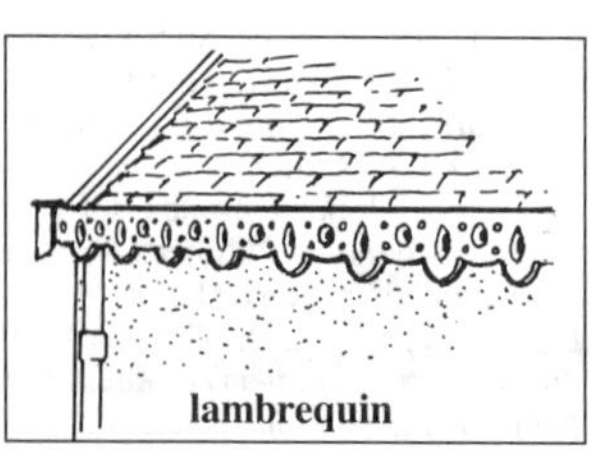
lambrequin

2/MARBR.: revêtement en panneaux de marbre sur un mur intérieur.

3/MENUIS.: tout panneau fait d'un assemblage de planches embrevées pour composer des portes, cloisons, revêtements de murs, etc.

-***lambris arasé*** : lambris dont les panneaux affleurent leur bâti d'encadrement de tous côtés.

-***lambris à table saillante*** : lambris de porte ou de revêtement dont chaque panneau comporte une table* en saillie, éventuellement ouvragée de motifs en bas-reliefs ; le lambris est dit ***à petits cadres*** si les moulures sont poussées sur le bâti lui-même, ***à grands cadres*** si des moulures sont interposées entre les panneaux et le bâti (V.ill. au mot Cadre).

-***lambris à glace*** : fait de panneaux sans plate-bande embrevés dans un bâti sans moulures ni chanfreins, formant une bordure plane, en saillie.

-***lambris d'appui*** : lambris arrêté par une cimaise* à une hauteur de 80 à 130 cm, la partie supérieure du mur étant peinte ou tapissée.

lambris traditionnel, dit **de hauteur**

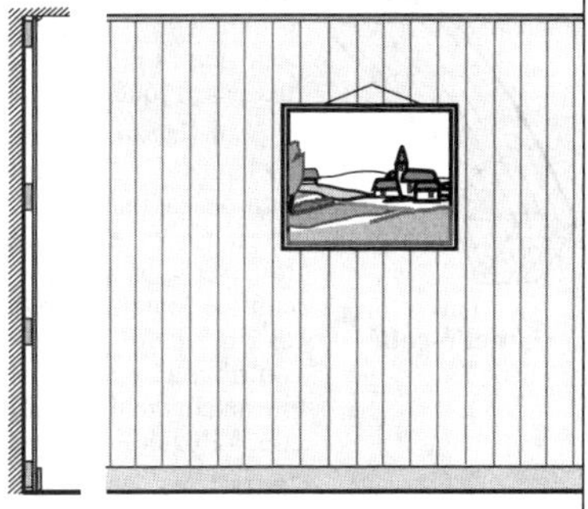

lambris moderne

-***lambris de hauteur*** : lambris habillant un mur sur toute sa hauteur.

-***lambris à montants*** : il est composé de panneaux embrevés* dans des cadres moulurés dans une alternance de pilastres (V.ill), formant un revêtement mural décoratif fréquent autrefois dans les pièces de réception et les bibliothèques.

-***lambris simple*** ou ***non assemblé*** : composé seulement de frises* de 0,11 m de largeur, jointes à rainure et à languette et fixées par des pointes en biais sur un bâti mural (V.ill).

LAMBRISSAGE (parfois ***Lambrissement*** ou ***Lambrissure***) n.m.
Ouvrage en lambris et son exécution. Ensemble des lambris d'un local ou d'un bâtiment.

LAMBRISSER v.tr.
Garnir de lambris un mur, un plafond, une paroi quelconque : *pièce lambrissée* (NB- Par extension, une pièce lambrissée désigne aussi une mansarde dont les murs rampants sont enduits en plâtre sur lattis).

LAME n.f.
Élément profilé mince, long et étroit, qui peut être en métal, en bois, ou en matière plastique :

1/MAÇONN.: feuille de plomb disposée autrefois entre les tambours* de pierre d'une colonne, pour répartir les charges sans écrasements localisés de la pierre.

2/MENUIS.: latte ou planche mince, étroite et longue : lames de parquets, de persiennes, de jalousies, etc. Souvent syn. de *frise**.

3/OUTILL.: pièce métallique qui peut être dentée* (scie), tranchante (cutter, bulldozer), ou même non tranchante (lame de truelle).

4/REVÊT.: syn. de *barre* de seuil*.

5/SERRUR.: une lame de fiche est la partie d'une fiche de charnière ou de paumelle qui est mortaisée dans le bois, ou fixée sur celui-ci.

LAME D'AIR
1/MAÇONN.-ISOL.: espace libre de quelques cm entre deux parois parallèles.

Les lames d'air peuvent avoir l'une ou l'autre de ces deux fonctions, ou les deux :

a/ pour l'**isolation thermique**, les ***lames d'air immobile*** -ou lames d'air fermées- constituent un des meilleurs isolants à condition que leur épaisseur soit suffisante pour réduire les échanges thermiques par conduction*: au-dessous de 2 cm, l'efficacité diminue rapidement.
Dans le cas des ***lames d'air ventilées*** par des ouvertures basses et hautes vers l'extérieur (sous un matériau de

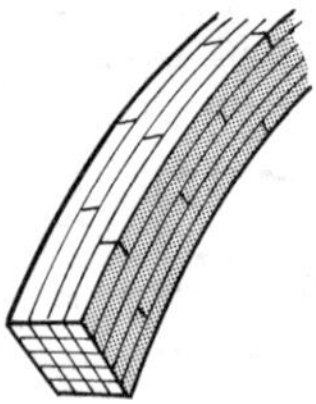

bois
lamellé-collé

couverture ou derrière un bardage), le mouvement de l'air doit être lent pour ne pas éliminer rapidement les flux calorifiques.

b/ pour l'**assainissement des murs**, les lames d'air constituent une coupure de capillarité* et un écran qui empêche les eaux d'infiltration de traverser la paroi ; si la lame d'air est ventilée lentement par des ouvertures extérieures hautes et basses, elle contribue à l'assèchement des parois : elle se charge d'humidité pour l'évacuer à l'extérieur. V. au mot Mur.

2/VITR.: les lames d'air constituent l'écran thermique des vitrages isolants et survitrages (V. ces mots).

LAME D'EAU (thermique)
Dans une chaudière, volume d'eau de faible épaisseur compris entre deux éléments parallèles, plans ou presque plans, de la surface de chauffe.

LAMÉ n.m.
Face supérieure plane d'une lame d'outil manuel tranchant, tel que ciseau, bédane, etc.

LAMELLAIRE ou **LAMELLÉ**
adj. Se dit d'un minéral ou d'un matériau dont la structure consiste en une superposition de minces feuilles : le mica, l'ardoise sont des matériaux *lamellaires*.

LAMELLATION n.f.
Technique de fabrication de pièces de bois, poutres ou pièces de charpente en *lamellé-collé**, par contrecollage* de lames* multiples de bois raboté, qui ont chacune environ 4 à 6 cm^2 de section (V.ill).

LAMELLÉ
ou **LAMELLÉ-LATTÉ** n.m.
Panneau latté* dont l'âme est composée de lattes minces (de 6 à 10 mm) juxtaposées par contrecollage, ce procédé garantissant une bonne planéité des parements.

LAMELLÉ-COLLÉ n.m. et adj.
Pièce de bois, poutre ou élément de charpente réalisé par lamellation*; cette technique permet de fabriquer des éléments porteurs légers, très longs et extrêmement résistants, indéformables, de forme droite ou cintrée ; on en fait surtout des charpentes de grande portée (hangars, salles omnisport, voûtes d'églises, etc.) et diverses pièces telles que des limons* tournants d'escaliers hélicoïdaux.
Les colles utilisées sont soit des caséines*, soit des aminoplastes* (urée-formol), soit, pour exposition aux intempéries, des phénoplastes* (résorcine*, mélamine*).

LAMER v.tr.
Aplanir et dresser* une surface avec une lame : plane*, fraise* à lamer...

LAMIBOIS n.m.
Nom générique d'éléments en bois plaqué : "*matériau généralement en plaques ou en pièces à section carrée ou rectangulaire, constitué de placage ou de lamelles de bois collées fil sur fil*" (déf. AFNOR).

LAMIFIÉ adj. et n.m.
Revêtement décoratif mince à parement très lisse et lavable, de bonne résistance à la chaleur et aux produits chimiques. Il sert surtout de finition des panneaux en agglomérés* de bois, en particulier dans le mobilier, les agencements scolaires et hospitaliers, et pour les menuiseries de salles d'eau et cuisines.
Le lamifié est fait de plusieurs feuilles de papier kraft imprégnées de résine phénolique et assemblées par pressage à chaud, la feuille de papier-décor recevant une couche de finition (dite *overlay*), en résine de mélamine.
L'épaisseur courante des feuilles va de 0,8 à 1,5 mm. Le collage des lamifiés sur leurs supports s'effectue soit, en menuiserie industrielle, avec des émulsions vinyliques ou des colles urée-formol* (à froid ou à chaud), soit, en collage artisanal, avec des colles de contact au néoprène*.

LAMINAIRE adj.
Qualifie l'écoulement* des fluides (eau, gaz) en couches superposées ou

concentriques dans les canalisations, sans formation de tourbillons ou de turbulences. Opp.: *turbulent*.

LAMINÉ adj. et n.m.
Désigne tout demi-produit ou produit fini métallurgique obtenu par laminage, c'est-à-dire par réduction progressive des sections, par passage à chaud ou à froid entre des batteries de rouleaux ; les tôles, feuillards*, divers profilés (par ex. les IPN), sont des laminés.

LAMPADAIRE n.m.
Luminaire* ou dispositif d'éclairage sur pied ; colonne d'éclairage portant une ou plusieurs lampes.
Syn.: *candélabre*, *porte-lampe*.

LAMPE n.f.
1/ Source lumineuse artificielle, dispositif de production de lumière qui compose la partie éclairante d'un luminaire*. Une lampe est définie par la *puissance électrique* qu'elle absorbe (par ex. 75 W), par son *flux lumineux*, quantité de lumière émise par seconde (une lampe à incandescence de 75 W émet à peu près 975 lumens), et par son *efficacité lumineuse* (dans notre exemple : 975 lumens divisé par 75 W, soit 13 lm/W).

Lampes à incandescence.
Souvent appelées à tort *ampoules électriques*, les lampes à incandescence ont pour élément central un *filament* très fin, en général en tungstène, qui constitue une résistance*: fortement chauffé (2 000 à 2 500°C) par l'opposition qu'il offre au passage du courant qui le traverse, le filament émet, par *incandescence*, des rayonnements des spectres continus infrarouges* et lumineux.
Plus la température est élevée, plus le flux lumineux visible est important, et plus la lumière émise est blanche. Le filament est placé dans une enceinte de verre -l'*ampoule*-, dans laquelle l'air a été remplacé par un gaz rare ou inerte (argon, azote, krypton, xénon) sous très basse pression ; le filament,

LAMPES

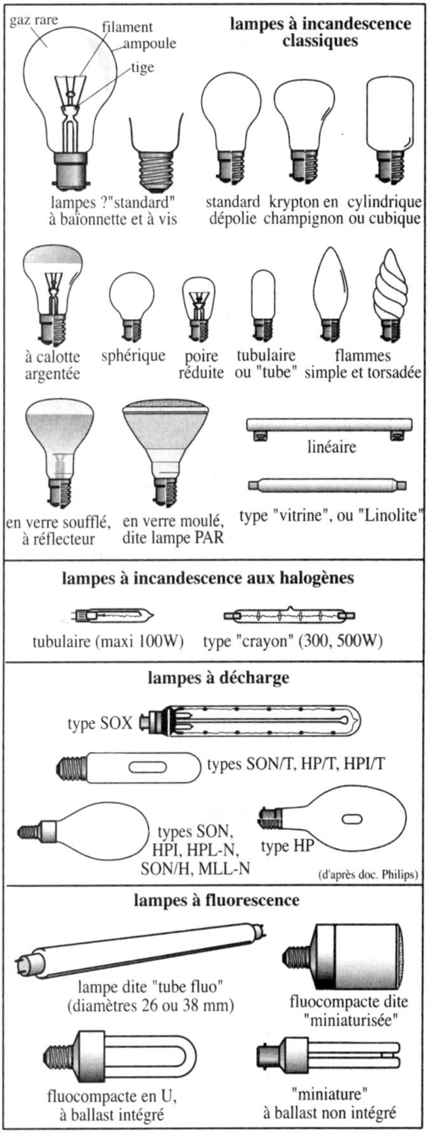

pour une plus grande efficacité, y est en général disposé en hélice ou spirale simple, double, ou même triple (V.ill. page précédente). A la base, un *culot* à vis, à baïonnette, ou à contact direct par broches reçoit l'alimentation électrique d'une *douille**.

Une lampe à incandescence est définie par :

- sa puissance électrique absorbée (par ex. 75 W, 100 W, 150 W) ;
- sa tension d'utilisation (par exemple 24 V, 115 V, 220 V) ;
- la nature ou la forme de son culot, désigné par une lettre et par son diamètre en mm ; les plus courants sont les culots à baïonnette (B15 et B22, jusqu'à 150 W), à vis (E14 pour petites lampes jusqu'à 60 W ; E27, jusqu'à 200 W ; E40, à partir de 150 W), à contacts encastrés (R), cylindriques sans ergots (S), à extrémité conique (SV) ;
- la forme de son ampoule de verre : sphérique, flamme, cylindrique, tubulaire (dite *linolite*) ;
- l'aspect de son verre : *transparent* (lampe dite *claire*), *dépoli* (par abrasion superficielle), *opale* (matière diffusante incorporée dans le verre), *opalisé* ou *satiné* (par dépôt superficiel de matière diffusante) ;
- la présence éventuelle d'un réflecteur ou d'une calotte argentée, dépôt métallique qui est destiné à concentrer l'émission lumineuse en un faisceau d'angle plus ou moins ouvert ;
- la nature du verre : verre mince, ou, pour des lampes à réflecteur de 100 à plus de 500 W, en verre épais moulé (*lampes PAR*), résistant aux chocs, à l'eau et aux intempéries.

Les ***lampes aux halogènes***, souvent dites aussi *lampes halogènes*, sont des lampes à incandescence dont le gaz de remplissage est additionné d'halogènes gazeux (iode, brome, fluor, dérivés du chlore). Ceci permet des températures de filament supérieures à 2 500°C, d'où une efficacité lumineuse accrue avec un volume d'ampoule restreint ; en usage domestique, la température élevée limite l'emploi de ces lampes à des luminaires bien ventilés.

Les *lampes à iode*, ou *lampes à vapeur d'iode*, font partie des lampes aux halogènes.

Lampes à fluorescence, souvent dites *tubes fluorescents* en raison de leur forme tubulaire.

Elles sont composées de tubes de verre ou d'ampoules cylindriques dont la face intérieure est revêtue d'une fine couche de matière fluorescente ; celle-ci a pour propriété de transformer en lumière visible les rayonnements ultraviolets émis par la mise sous tension et la décharge créée, entre deux électrodes, dans un gaz inerte (argon pour les lampes, néon pour les enseignes publicitaires). Ce gaz à très basse pression est mélangé, à l'intérieur du tube, avec une infime quantité de vapeur de mercure. Le flux lumineux émis est fonction de la couleur de la lumière, et donc de la nature des poudres fluorescentes utilisées. Par exemple, pour une lampe de 40 W et de 1,20 m, le flux peut varier de 2 000 lm (blanc brillant) à 3 000 lm (blanc super).

Pour pouvoir fonctionner, les lampes à fluorescence sont associées à deux dispositifs :

-un dispositif d'*amorçage de la décharge*, ou ***amorceur*** : sa fonction est de réchauffer les électrodes, pour abaisser la tension nécessaire à la formation de décharges.

Ce peut être soit une électrode auxiliaire, disposée à proximité de l'une des électrodes et reliée à l'autre par un conducteur qui court le long du tube (*rapid-start*), soit un ***starter***, résistance de préchauffage courant aussi le long du tube, et alimentée par l'intermédiaire d'un bilame* qui coupe la tension dès que la température nécessaire est atteinte.

-un organe de *régulation*, dit ***ballast***, qui sert à stabiliser l'alimentation et le régime luminescent.

Les tubes fluorescents standardisés ont presque tous un diamètre de

26 mm, pour des longueurs de 0,60 m (30 W) à 2,40 m (110 W).
Leur efficacité lumineuse est au moins triple de celle des lampes à incandescence, ainsi que leur durée de vie (> 5 000 heures).
Les tubes comportent des culots à leurs extrémités, et sont montés sur des *blocs de montage*, ou *réglettes*, qui renferment l'amorceur, ou starter, et le ballast.
Les tubes fluorescents, enfin, sont caractérisés par leur ***couleur de lumière***, leur température de couleur étant plus ou moins *froide* ou *chaude* selon la proportion de bleu ou de rouge de leur émission lumineuse ; on le mesure par l'*indice de rendu des couleurs* (**IRC**).
Le montage des ***lampes en duo*** consiste à associer deux tubes fluorescents avec un décalage de phase de leur alimentation, pour éviter l'effet visuel de papillottement.

Voir aussi les mots Diode et Led.

Autres types de lampes.
Les principales sont les ***lampes à décharge***. Elles comprennent les puissantes ***lampes à vapeur de sodium*** (sous tube en U), et les ***ballons fluorescents*** à émetteur à quartz ; leurs flux lumineux élevés (2 000 à 120 000 lm), leur haute température et leur délai d'allumage long les destinent aux éclairages publics, routiers, sportifs ou industriels, et non aux usages domestiques.

Moins puissantes, les ***lampes aux halogénures*** sont des lampes à décharge dans la vapeur de mercure associée à des iodures métalliques, sans revêtement intérieur fluorescent ; elles offrent l'avantage d'un bon rendu des couleurs.
Citons enfin une petite lampe récente aux halogénures et vapeur de mercure ; il s'agit d'une ***lampe mixte*** à décharge et à filament, dont le ballast est logé dans un culot adaptable sur les douilles courantes.

2/ *Lampe à souder* : petit chalumeau portatif utilisé en plomberie pour la production d'une flamme de soudage* du plomb, par combustion d'essence A ou H. Sa variante dite ***lampe à braser*** permet d'obtenir les températures plus élevées nécessaires pour réaliser des brasures*.

lampe à souder

LANÇAGE n.m.
Procédé d'enfoncement des pieux* battus par injection d'eau sous pression ou d'air comprimé à leur extrémité, après mise en fiche* initiale : ces fluides injectés par des *lances* fouillent le sol et l'ameublissent, facilitant ainsi l'enfoncement par battage.

LANCE n.f.
1/MAÇONN.: partie mobile d'une pompe* à mortier ou d'un canon* à béton de gunitage, qui se compose de la buse et des tubulures d'arrivée du matériau et de l'air comprimé.

2/PEINT.: brosse à peinture fixée au bout d'un long manche.

3/SÉCURITÉ : la lance de lutte contre l'incendie se compose de trois parties : un robinet d'arrêt, un fût légèrement tronconique, et un ajutage*, orifice par lequel l'eau sort en jet très concentré.

4/SERRUR.: pièce de fonte en forme de losange méplat qui est rapportée en couronnement* des barreaux de nombreuses grilles.

5/TRAV.PUBL.: long tuyau métallique avec lequel on injecte de l'air comprimé ou de l'eau à la base d'un pieu en cours de battage.

LANCÉOLÉ adj.
Qualifie un arc* surhaussé (V.ill), tel que la largeur de sa base soit très

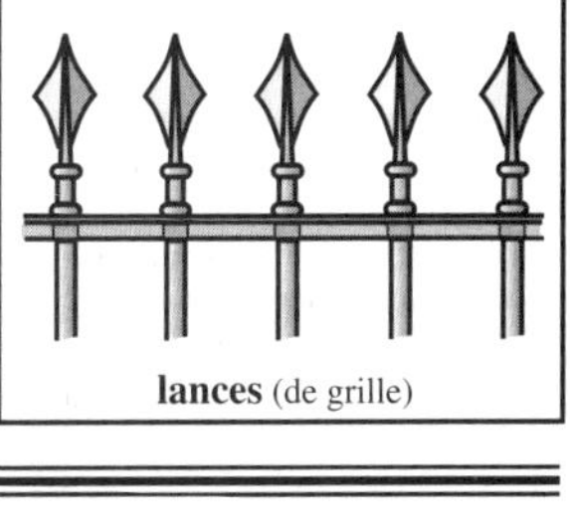

lances (de grille)

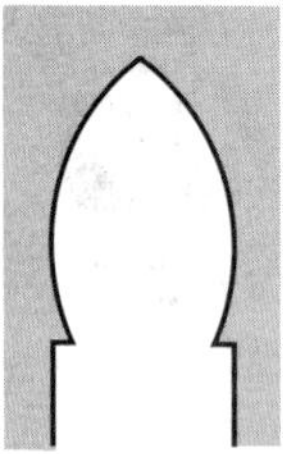

arc **lancéolé**

inférieure au rayon de courbure de ses deux côtés. Par extension, qualifie le style gothique* flamboyant tardif, caractérisé par ses ornements en fers de lances, ou lancettes.
Syn.: *en lancette.*

LANCER n.m.
Poutre disposée en bascule sur le bord d'une toiture-terrasse, utilisée pour amarrer les câbles porteurs des échafaudages* volants.

LANCER v.tr.
Réaliser un lancis* (sens 1/).

LANCET n.m.
Pierre assisée d'encadrement de baie, taillée en L dont la petite branche compose le jambage saillant (V.ill).

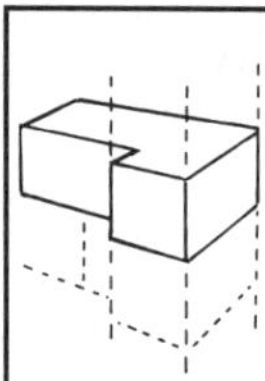

lancet

lancis (L)

LANCETTE n.f.
Chacune des divisions longitudinales d'une baie à vitraux, couronnées par un arc* brisé surhaussé, du même nom.

langue d'aspic

LANCIER n.m.
Gouttière en plomb rejetant les eaux pluviales directement vers le sol.

LANCIS n.m.
1/ Opération qui consiste à remplacer des éléments de maçonnerie ou à reboucher une crevasse par enfoncement de morceaux de pierre : *moellons lancés.*

2/ Pierre plate et large incorporée dans un jambage* ou dans un piédroit* de baie, pour les lier à la maçonnerie (V.ill).
Souvent confondu avec le *lancet**.

LANÇONNIER n.m.
Chevron* mortaisé qui maintient les banches* de construction dans un ouvrage en pisé*.

LANGUE n.f.
Fêlure d'un panneau de verre allant du bord vers le centre, et nettement plus longue qu'une amorce*.

-***Langue-d'aspic*** : petit outil en forme de V servant à élargir ou à fraiser des trous de têtes de vis (V.ill).

langue-de-carpe

-***Langue-de-boeuf*** : truelle de maçon de forme générale elliptique*, à extrémité pointue (V.ill).

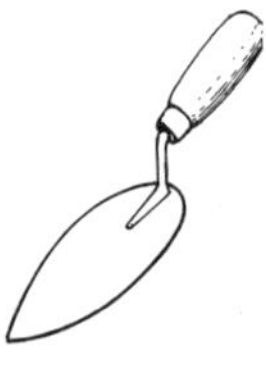

langue-de-boeuf

-***Langue-de-carpe*** (SERRUR.) :
1/ Foret* très fin pour le percement de petits trous.
2/ Ciseau* à lame arrondie (V.ill).

-***Langue-de-chat*** : petite truelle de maçon, de plâtrier ou de carreleur, à bout arrondi (V.ill). Denticule* secondaire à filet, entre des denticules plus importants d'allure cubique.

langue-de-chat

-***Langue-de-vache*** : enclume* de finition des ouvrages forgés ; une de ses extrémités est arrondie, et l'autre pointue.

LANGUETTE n.f.
De façon générale, partie saillante longue et mince, en bois, plastique ou métal, destinée à pénétrer dans une rainure ou un guide en creux.

1/ Moulure saillante qui, sur le chant*

languettes d'assemblage

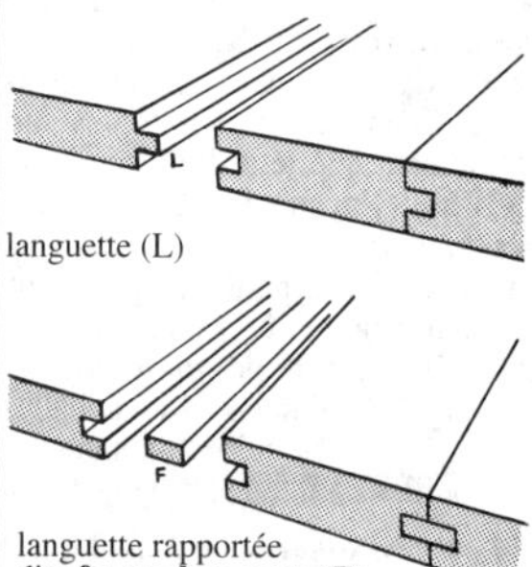

languette (L)

languette rapportée
dite **fausse-languette** (F)

d'une pièce de bois, sert de tenon* continu pour l'assemblage par un embrèvement* avec une autre pièce, rainurée* en contre-profil.

La ***fausse languette***, ou ***languette rapportée***, est une longue baguette de section rectangulaire servant de tenon d'assemblage entre deux pièces rainurées (V.ill).

2/ Moulure saillante arrondie sur le montant dormant* d'une croisée*; lorsque la croisée est fermée, elle pénètre dans la noix* du battant*.

3/ Mince cloison séparative entre deux conduits de fumée ou entre deux gaines : la ***languette pigeonnée***, de 6 cm d'épaisseur, est faite *in situ*, en plâtre pur.

LANTERNE n.f.

1/ARCHIT.: petite tourelle ou surélévation ajourée en forme de campanile*, au faîte d'un comble*, d'une cage d'escalier, d'un dôme..., pour leur donner un jour* zénithal* (V.ill). Syn.: *lanterneau**.

2/CHAUFF.: petite pièce ajourée qui, dans un brûleur de combustibles liquides, répartit et diffuse l'air admis dans ce brûleur.

3/ÉCLAIR.: la ***lanterne-applique*** est un luminaire fixé contre un mur pour éclairer une cour, un jardin...

4/FUMIST.: petit aspirateur* statique en poterie, placé en couronnement* de cheminées et de conduits d'aération ; la lanterne est ajourée de tous côtés, ce qui la différencie du mitron* (V.ill).

-***Lanterne d'aspiration*** : désigne parfois une crépine* filtrante servant à alimenter en air frais et grossièrement filtré des appareils tels que chaudières, compresseurs, etc.

-***Lanterne de serrage***, ou ***tendeur à lanterne*** : pièce ajourée à double taraudage* inversé sur un même axe, permettant de régler par rotation la tension entre deux tiges filetées (de filetages inverses), tels que des tirants* (V.ill).

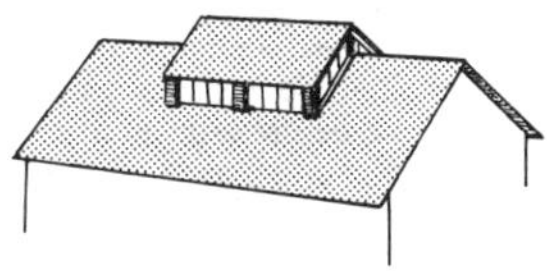

lanterneau

LANTERNEAU ou **LANTERNON** n.m.

Petite lanterne* d'éclairement zénithal* au-dessus d'un comble*, d'un escalier ou d'une coupole.

Partie surélevée d'une charpente ou d'une toiture de hangar, vitrée ou ajourée latéralement pour son aération. Aujourd'hui, les lanterneaux désignent souvent les exutoires* de fumées, petites coupoles ou trappes translucides de désenfumage placées sur les toitures et terrasses ; leur ouverture peut être manuelle ou automatique (déclenchement par détecteurs de fumées).

LANUSURE ou **LANNUSURE** n.f.

Table* d'étanchéité en plomb disposée par les couvreurs à la jonction du faîtage* et des arêtes* d'un comble*. Syn.: *basque*, *annusure*.

lanterne (architecture)

lanternes de conduits de fumée

lanterne de serrage

LAPIDAIRE
1/n.m. Machine d'atelier pour le ponçage des dalles de marbre, composée d'une meule de grès sur un axe vertical mobile au-dessus d'un plateau fixe ou pivotant.

2/adj. Qui concerne les pierres et leur taille ; les ***marques lapidaires*** sont les signes distinctifs que gravaient les compagnons tailleurs de pierre sur leurs ouvrages. Voir au mot Marque.

LAPIN (sable à —)
Désignation familière des sables composés de grains friables et chargés d'impuretés, donc impropres à la préparation de bétons et mortiers.

LAQUE n.f.
1/ Substance végétale résineuse, brun-rouge, dont on tire des vernis.

2/ Ouvrage de peinture aux résines (glycérophtaliques*, acryliques, polyesters...) dont la dureté et l'apparence très plane, lisse et vernie rappellent les laques orientaux
NB- Le mot est masculin pour désigner les objets d'art laqués (techniques d'origine orientales).

Le ***laquage*** nécessite une préparation minutieuse des subjectiles, tout défaut étant mis en évidence par le caractère brillant de la laque.

LAQUÉ adj.
Recouvert de laque, ou ayant l'aspect lisse de la laque.

LAQUEUR n.m.
Spécialiste des ouvrages en laque. Rouleau* de laine à poil ras utilisé pour l'application des peintures à finition lisse.

LARD (du bois) n.m.
Pour les menuisiers, c'est l'aubier*.

LARDER v.tr.
1/ Garnir une pièce de bois (solive, huisserie, pan de bois) d'un certain nombre de clous* à bateau enfoncés partiellement et en tous sens pour obtenir une bonne liaison de cette pièce avec l'ouvrage de plâtre ou de maçonnerie dans lequel ces clous vont se trouver noyés.

2/ En serrurerie, c'est encastrer une pièce dans l'épaisseur d'un vantail ou d'un montant quelconque : *crémone* lardée, serrure* lardée.*

LARDIS (de clous) n.m.
Ensemble des clous partiellement enfoncés dans une pièce de bois en vue de la lier à une maçonnerie.

LARDOIR n.m.
ou **LARDOIRE** n.f.
Ferrure en forme de cône, servant à garnir l'extrémité d'un pieu*.
Syn.: *sabot.*

LARDON n.m.
1/ Petit morceau de métal servant à obturer la crevasse d'une pièce qui s'est fendue pendant son forgeage*.

2/ Petite cale.

LARGEUR n.f.
Seconde dimension d'un objet, sa longueur étant la plus grande, et son épaisseur, la plus petite. Dimension horizontale d'un élément vu perpendiculairement à son axe principal : largeur d'une marche, d'un couloir, d'une façade, d'un terrain...

LARME n.f.
1/ARCHIT.: les ***larmes*** (au pl.) sont des petits motifs d'ornement en bas-relief*, de forme pyramidale, tronconique ou ovoïde, en sous-face des plafonds et triglyphes* doriques.
Syn.: *gouttes* (V.ill).

2/VITR.: petite inclusion de couleur anormale dans le verre plat, ou légère protubérance à sa surface.

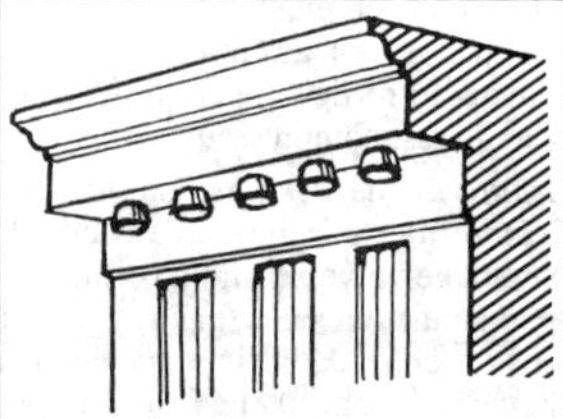

larmes, ou gouttes

LARMIER n.m.
1/MAÇONN.: à l'origine, moulure saillante d'une corniche*, d'un bandeau* ou d'un élément en entablement*, dont le profil comportait une goutte* d'eau contraignant les eaux pluviales à s'égoutter vers l'extérieur au lieu de ruisseler sur la façade. Aujourd'hui, désigne souvent la goutte* d'eau elle-même, ou *coupe-larme*, c'est-à-dire la cannelure creuse ménagée en sous-face des appuis* et ouvrages saillants d'une façade (V.ill).

2/COUVERT.: partie basse d'une bavette* ou d'une pièce d'étanchéité en recouvrement, pincée* pour éviter le ruissellement des eaux sur la partie verticale sous-jacente (V.ill).

LASER n.m.
Appareil de production de flux lumineux cohérent et monochromatique, sous forme d'un pinceau de lumière extrêmement concentré.
La technique du laser est utilisée pour le guidage d'engins, le marquage précis de repères d'horizontalité et les contrôles de planéité (avec des matériels perfectionnés, à laser infrarouge, la portée est d'environ 50 mètres, avec une précision de l'ordre du millimètre à 30 mètres).

LASURE n.f.
Produit d'imprégnation et de revêtement qui confère aux ouvrages en bois exposés aux intempéries à la fois la protection (hydrofuge, insecticide et fongicide) et la décoration (teinte naturelle ou coloration).

LATÉRAL adj.
Qui forme le côté d'un élément, son retour*, sa rive*, etc. Qualifie aussi ce qui n'est pas dans l'axe principal.

LATEX n.m. invar.
Nom générique de sucs végétaux laiteux sécrétés par certains arbres (hévéa) ; sa coagulation donne le caoutchouc, le gutta-percha* et la laque naturelle. Incorporé dans certaines colles et peintures, le latex artificiel

larmiers (L)

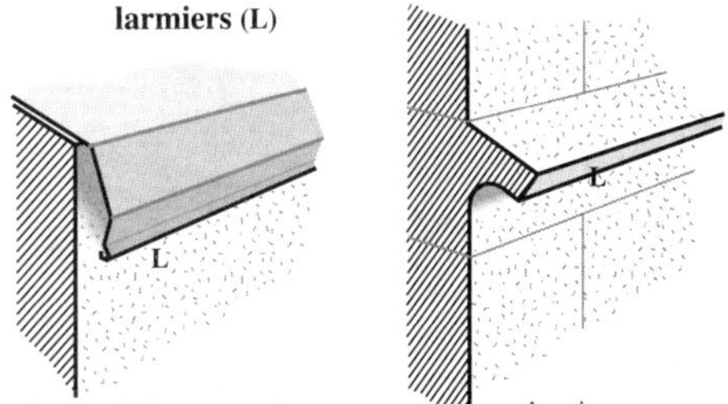

larmier de bavette en zinc (d'acrotère, de rive de toit, etc.)

larmier de façade en pierre

(synthétique) est aussi utilisé sous forme d'enduction pelliculaire sur l'envers des moquettes à trame textile, pour stabiliser celle-ci et sceller les bouclettes. La ***mousse de latex*** est un caoutchouc synthétique alvéolaire constituant le dossier* de nombreux revêtements de sol textiles.

LATTAGE n.m.
Mise en place d'un ensemble de lattes, et ouvrage qui en résulte.

LATTE n.f.
1/MENUIS.: autrefois, débit courant de chêne ou de châtaignier, en tasseaux* longs et peu épais (env. 20 x 30 mm) ; désigne aujourd'hui, plus généralement, tout débit de bois en planchettes de 5 x 26 à 12 x 55 mm de section.

2/COUVERT.: ***la latte carrée***, tasseau de section carrée, désigne le *liteau**. ***Latte-volige***, ou volige : latte plate sur laquelle sont clouées ou accrochées les ardoises. La ***latte de redressement*** désigne parfois la *chanlatte**.

3/MAÇONN.-PLÂTR.: chacun des tasseaux de bois plat disposés parallèlement avec un espacement régulier sur les pans* de bois, galandages* et plafonds avant de les enduire.

4/ARPENT.-TOPOGR.: règle graduée de 3 ou 4 m de long, utilisée en nivellement pour les lectures de hauteur au-dessus d'un point visé (***latte à niveler***), et pour la mesure stadimétrique* de distances dans les levers* de plans par cultellation*.

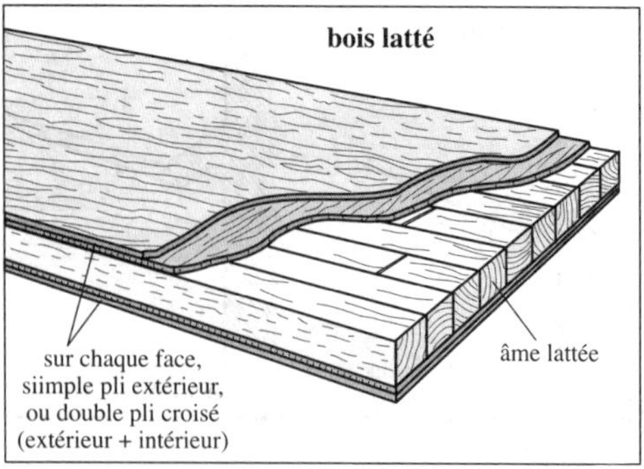

LATTÉ n.m.
Panneau de bois contrecollés dont l'âme est constituée de lattes* de bois juxtaposées prises entre deux parements plaqués, qui peuvent être deux feuilles de bois, ou deux panneaux de contre-plaqué. Une de ses variantes est le ***lamellé-latté****.

LATTIS n.m.
1/ Ensemble de lattes parallèles, espacées régulièrement ou jointives, clouées sur une surface ou sur un ouvrage tel que solivage*, chevronnage* de toit...
2/ Le ***lattis mécanique*** est un treillis manufacturé utilisé comme armature des enduits de plâtre traditionnels

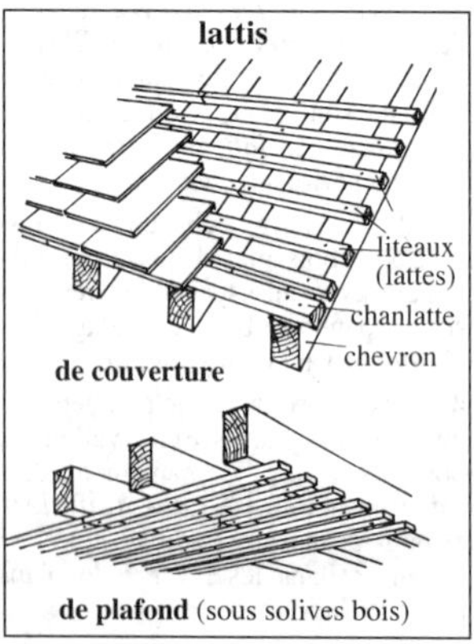

toiture en **lauzes**

appliqués en plafond, ou en surface murale sur pans de bois.
Il est constitué de rangs de fines lattes assemblées parallèlement avec du fil de fer galvanisé, torsadé entre chaque latte. Il est fourni en rouleaux à dérouler et à fixer sous les solives des planchers.

Une variante, le ***lattis de roseaux***, ou *canisse*, ou *cannetis*, est constituée de roseaux fendus assemblés de la même façon.

Le ***lattis céramique*** utilisé parfois en armature d'enduits est un grillage d'acier galvanisé dont chaque croisement de fils est entouré d'un élément en terre cuite, en forme de croix.
Pour armer les enduits, on utilise le plus souvent, aujourd'hui, des *lattis métalliques*, constitués de métal* déployé.

LAUSE, **LAUZE** ou **LOSE** n.f.
Pierre plate obtenue par délitage* de roches schisteuses ou de grès micacés, et utilisée comme matériau de couverture, surtout dans le Massif Central, en Bretagne, dans les Alpes et en Corse.
Le poids important du matériau, souvent plus de 200 kg/m^2, auquel s'ajoute la charge de neige*, implique une charpente adaptée, très résistante.
Les plaques de pierre sont posées à recouvrement, de bas en haut, les plus grandes étant disposées en bas et sur les rives (V.ill).
Sur des toits à faible pente, les éléments, non fixés, se maintiennent les uns les autres par leur propre poids (pose dite à sec) ; si la pente est supérieure à 25%, leur fixation est nécessaire, par clouage ou chevillage.

L'interposition d'un feutre* bitumineux est un complément d'étanchéité souhaitable.

LAVABILISEUR adj. et n.m.
Produit dont l'application à la surface d'un revêtement ou d'un ouvrage améliore sa lavabilité.

LAVABILITÉ n.f.
Aptitude d'un matériau ou d'une surface à être nettoyé facilement par lavage à l'eau, éventuellement additionnée de détergents, ou à la vapeur d'eau sous pression.

LAVABO n.m.
Appareil sanitaire en grès, en porcelaine, en tôle, en fonte émaillée, ou en matière plastique moulée. Il se compose d'une vasque* (parfois de deux), cernée par un rebord dans lequel sont prévus les passages de la robinetterie et du mécanisme de fermeture de la bonde* de vidage*.
Un orifice de trop-plein* ouvre sur un conduit débouchant dans le vidage, au-dessous du trou d'évacuation normale et de la bonde.

Un lavabo peut être ***suspendu***, porté par deux consoles latérales scellées dans la maçonnerie ; ***sur colonne***, c'est-à-dire reposant sur un support central profilé qui porte l'essentiel de la masse, les consoles du lavabo ne servant alors qu'à immobiliser l'ensemble ; ***encastré*** dans un meuble à surface plane ; dans ce cas, le lavabo est plutôt dit *vasque*.

On distingue les lavabos individuels, les lavabos doubles (à deux vasques) et les lavabos collectifs (circulaires ou en bande) ; les petits lavabos destinés aux WC sont dits ***lave-mains***.
Les lavabos font l'objet de normes.

LAVE n.f.
Roche dure d'origine volcanique, d'aspect spongieux, plus ou moins poreuse et très peu dense, utilisée dans certaines régions comme pierre à bâtir, sous forme de moellons : laves grises d'Agde (Hérault) et de Volvic (Puy-de-Dôme).
Broyée, la lave est aussi utilisée comme charge* inerte dans les mortiers de chaux.

LAVÉ adj.
1/CHARP.: un bois est dit lavé ou *refait* lorsqu'on a enlevé les marques laissées par l'outil de sciage.

2/MAÇONN.: un *béton* lavé* ou un *enduit* lavé* sont ceux dont le parement est fait de granulats ou gravillons apparents, mis à nu par un lavage superficiel qui élimine le liant et ses charges fines dès le début de sa prise*.

LAVE-BASSINS n.m.
Appareil sanitaire mural d'équipement hospitalier, utilisé pour le vidage et le lavage des bassins et urinoirs portatifs, ou *pistolets*.

LAVE-MAINS n.m.
Lavabo de petites dimensions destiné surtout aux locaux de WC.

LAVIS n.m.
Plan ou croquis d'architecture rehaussé par des demi-teintes avec de l'encre de Chine ou de l'aquarelle délayées.

LAYAGE n.m.
Dressement * des pierres à la laye.

LAYE ou **LAIE** n.f.
Désigne deux types de marteaux de tailleur de pierre et de maçon : l'un, à deux têtes tranchantes dont une dentée en grain* d'orge, sert à piquer* les pierres et à dresser leurs parements ; on l'appelle aussi *brette**, ou *marteau bretté* ; l'autre a une tête tranchante (non dentée dans le cas de la laie de maçon), et une panne* carrée.

layes

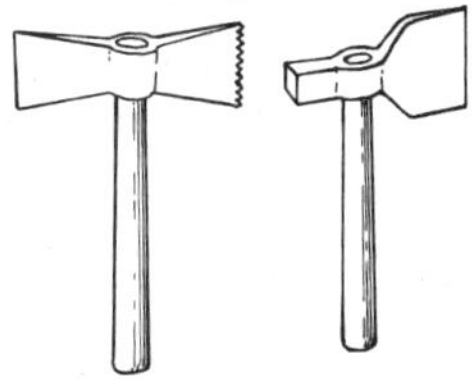

de tailleur de pierre — de maçon

LAYÉ adj.
Qualifie le parement d'une pierre formé de courts sillons obliques, parallèles ou entrecroisés.

LAYER v.tr.
Dresser la pierre tendre par martelage avec la laye. Syn.: *bretter*, *bretteler*.

LAYURE n.f. Ensemble des stries uniformes laissées par les dents de la laye à la surface d'une pierre.

LÉ n.m.
Unité de largeur d'un revêtement textile ou d'un papier à tapisser présentés en rouleaux. Panneau du revêtement tapissant lui-même, considéré comme unité de largeur. Syn.: *laize*.

LED n.f.
(de l'anglais *Light Emitting Diode*)
Microlampe à longue durée de vie, qui fonctionne par électroluminescence* avec une très faible consommation de courant (de 20 mW à 3 W). Ce type de lampe "écologique" est appelé à d'importants développements

LÉGERS n.m. pl.
Autrefois, unité d'évaluation des séries de prix en maçonnerie de second oeuvre ; la référence était la valeur du mètre carré de cloison de 8 cm d'épaisseur enduite sur deux faces. Les ***légers ouvrages*** ne faisaient intervenir ni brique, ni pierre, ni béton : crépis, enduits intérieurs, aires* de planchers, lattis*, pigeonnages*, ravalements, moulures, etc. se comptaient *en légers*.

LÉGIONELLE n.f.
Bactérie qui se développe en milieu aquatique tiède (25 à 45°C), en particulier dans les équipements de production et de stockage d'eau chaude. Dans l'air, elle se déplace dans des microgouttelettes d'eau (douches, diffuseurs de climatisation).
Inhalée par l'homme, elle peut provoquer de graves lésions pulmonaires (les ***légionelloses***), parfois mortelles chez les individus fragiles.
Cette bactérie est combattue par élimination de la corrosion et du tartre* (dont elle se nourrit), par l'absence de stagnation de l'eau, et par des élévations de températures à plus de 50°C.

LENTICULAIRE adj.
Qui présente la forme d'une lentille.

LENTILLE n.f.
Volume en forme de sphère aplatie. Désigne certains défauts des marbres et des pierres, inclusions très dures, ou de couleur différente.
Syn.: *rognon*.

LÉSÈNE n.f.
Chacun des pilastres méplats qui, reliés à leur sommet par des frises d'arceaux, composent une arcature* aveugle et peu saillante sur une façade. Syn.: *bande* lombarde*.

LESSIVAGE n.m.
1/ Séchage artificiel des bois par la vapeur d'eau.

2/ Opération préliminaire de tous travaux de peinturage sur d'anciennes peintures.
Le ***lessivage à conserver*** désigne la simple remise à neuf d'une peinture avec une solution détergente, suivie d'un rinçage à l'eau claire.
Le ***lessivage à repeindre*** est le préalable à tout travail de peinturage sur un fond ancien déjà peint.
Le ***lessivage à décaper*** est un lessivage avec une solution décapante de soude caustique.

LEST n.m.
Masse de matériaux divers (sacs de sable, blocs de béton), utilisée pour contrebalancer une force ou donner de l'inertie à un ensemble.

LESTAGE n.m.
Mise en place d'une masse formant contrepoids. Par exemple, le lestage d'une citerne enterrée est son ancrage à un massif de béton.

LEVAGE n.m.
1/ Toutes opération de déplacement vertical de charges et de matériaux à l'aide d'*engins de levage* : grues*, chèvres*, treuils*, chariots élévateurs,

skips*, monte-matériaux*, portiques, palans*, treuils*, etc.

2/CHARP.: installation à sa place définitive d'une charpente : les pièces, préalablement établies* au sol ou sur l'aire* du charpentier, sont hissées en place à l'aide d'*agrès* (brayers*, cordages, treuils...).

LEVÉ ou **LEVER** n.m.
Document de représentation graphique à l'échelle* d'un terrain ou d'un ouvrage.

TOPOGR.: l'action de lever le plan d'un terrain se décompose en deux phases : le *canevas d'ensemble*, obtenu par triangulations*, permet de déterminer la position de points précis de référence ; on calcule leurs altitudes et on les porte sur une mappe*.

La seconde phase est le *levé de détails*, représentation à l'échelle des informations de planimétrie et d'altimétrie permettant de tracer les courbes de niveaux, et donc de connaître les sens d'écoulement des eaux.

LEVER v.tr.
Dresser le plan à l'échelle d'un terrain, d'une construction, d'un ouvrage quelconque.

LEVÉE n.f.
1/ Long remblai en talus, éventuellement maçonné, en particulier le long d'un cours d'eau.

2/ Bande de verre prélevée sur un panneau de verre à vitre pour réduire ses dimensions.

LEVIER n.m.
Barre rigide utilisée par rotation autour d'un pivot pour démultiplier une force. Organe mécanique ou dispositif de commande constitué d'un manche rigide. Le ***bras de levier*** est le système physique élémentaire de démultiplication des forces nécessaires pour vaincre une résistance par l'intermédiaire d'une longue tige rigide. On distingue trois types d'utilisation des bras de levier, en fonction de la direction et des positions respectives de la résistance **R** à vaincre, de la force **F** à appliquer, et du pivot **O** .

LÈVRE n.f.
1/ARCHIT.: bord supérieur en saillie d'un chapiteau* campaniforme*.

2/MAÇONN.: chacun des deux bords vifs d'une fissure, d'une lézarde*.

LEVRETTE n.f.
Petit rabotin* de tailleur de pierre et de ravaleur, à lames obliques.

LÉZARDE n.f.
Longue fente qui, dans la maçonnerie d'une construction, suit en zigzag une direction générale franche ; elle traduit soit un mouvement ou un tassement du terrain, soit une insuffisance ou une rupture de chaînage*.

les trois genres de **leviers**

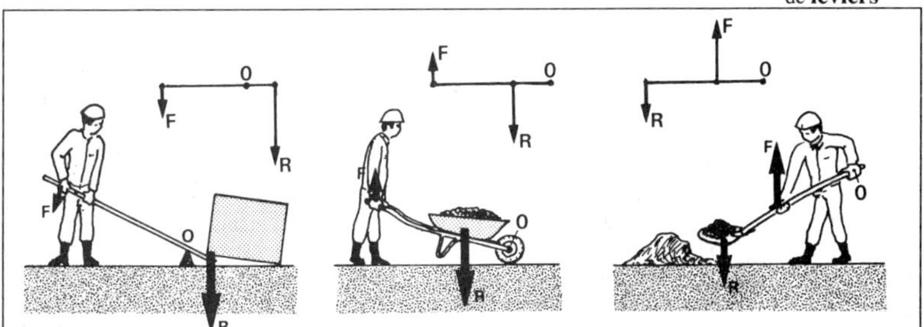

levier du 1er genre : la force F et la résistance à vaincre R sont de même sens, de part et d'autre du pivot O.

levier du 2e genre : la force F et la résistance R sont de sens opposé, d'un même côté par rapport au pivot O.

levier du 3e genre : F et R sont de sens opposé, mais la force F est appliquée entre la résistance R et le pivot O.

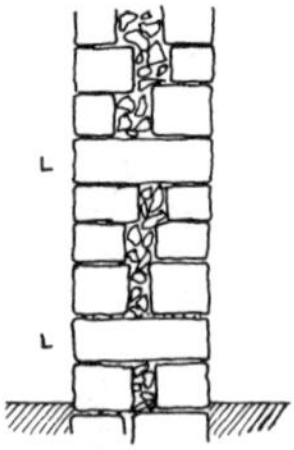

liaisonnement
d'un ouvrage de maçonnerie (en coupe)

La lézarde intéresse toute l'épaisseur de la paroi concernée : elle est donc infiltrante*.

LÉZARDER (se—) v.i.
Parlant d'une maçonnerie, c'est se rompre suivant des lignes nettes.

LIAIS n.m.
Pierre calcaire dure et compacte, à grain fin, prenant bien le poli, non gélive*. Elle est extraite dans la Meuse, la Bourgogne et la région d'Ile-de-France.
On distingue le ***liais dur***, utilisé surtout en pierres de fatigue et pièces peu épaisses (marches d'escaliers, perrons, dallages de lieux publics, corniches, appuis...), le ***faux-liais***, ou ***liais Férault***, d'emplois analogues, mais très dur à tailler ; il résiste bien à la chaleur, d'où ses emplois en jambages* de cheminées. Enfin, le ***liais tendre***, ou ***liais rose***, dont on fait des tablettes, des cheminées, et surtout des dallages courants d'intérieur.

LIAISON n.f.
1/COUVERT.: partie visible de la jonction entre deux ardoises voisines d'un même rang ; sa longueur est celle du pureau*.

2/ÉLECTR.: une ***liaison équipotentielle*** est le raccordement à un même conducteur (dit de *terre*), de toutes les pièces métalliques (masses) susceptibles d'être mises sous tension et de constituer une masse*: dans toutes les salles d'eau, une liaison équipotentielle doit relier les tuyaux d'alimentation et d'évacuation, les appareils sanitaires métalliques ou leurs bondes, les radiateurs, les huisseries métalliques, etc.

3/MAÇONN.: mortier de jointoiement d'un ouvrage en briques, pierres, parpaings, etc.

Une ***maçonnerie en liaison*** est un appareillage* dans lequel chaque joint vertical tombe exactement au milieu du bloc ou de la pierre du lit inférieur (V.ill).
Syn.: *appareil plein-sur-joint.*

appareil en **liaison**

Une ***liaison par arrachement**** consiste à enlever des pierres d'une construction ancienne pour les remplacer par l'extrémité des pierres d'une nouvelle construction accolée, et solidariser les deux maçonneries.

LIAISONNEMENT n.m.
1/COUVERT.: disposition des lattes* ou liteaux de sorte que leurs extrémités soient réparties sur les chevrons et non alignées sur le même.

2/MAÇONN.: mise en liaison des maçonneries de deux constructions voisines ; garnissage des joints de maçonnerie avec un mortier (V.ill).

LIAISONNER v.tr.
Faire un liaisonnement.

LIANE n.f.
Désigne, dans le Sud de la France, une taloche légère, ou *lisseuse**.

LIANT n.m.
Matière qui a pour propriété (éventuellement après hydratation) de passer de l'état liquide ou plastique* à l'état solide, pour lier, c'est-à-dire assembler par "collage" des matériaux inertes : sables, cailloux, granulats divers, fibres, bois, métaux, matières plastiques, etc.
On distingue deux grandes catégories de liants :

1/ Les **liants minéraux**, qui comprennent :
- les ***liants hydrauliques****: liants qui font prise* de façon irréversible lorsqu'ils sont mis au contact de l'eau, et qui peuvent durcir sous l'eau (d'où leur nom) : ce sont les ciments*et les chaux* hydrauliques.
Les *liants à maçonner* (LM) sont des mortiers prêts à gâcher, de résistance moyenne ; on les utilise pour les travaux courants de briquetage et d'enduits, ainsi que pour la fabrication d'agglomérés, de dalles de ciment et de bétons de faible résistance.
Les liants hydrauliques et leurs constituants font l'objet de normes.
- les ***liants gypseux*** : ces liants, à base de plâtre*, constituent une catégorie

à part : ce ne sont pas des liants hydrauliques, dans la mesure où ils ne peuvent durcir en immersion.
- les ***liants aériens*** : liants qui durcissent s'ils sont exposés à l'air : en particulier la chaux* aérienne, qui durcit sous l'action du gaz carbonique de l'air, par carbonatation*.

2/ Les **liants organiques***:
- les ***liants hydrocarbonés***, ou ***liants noirs*** : liants composés de carbures d'hydrogène et de leurs dérivés : goudrons de houille, brais*, bitumes*, cut-back*. Leur durcissement, réversible, est surtout fonction de leur température, et, pour certains, de l'élimination de leurs solvants.
- les ***liants à base de résines*** : résines d'origine animale ou végétale, et surtout résines* de synthèse qui durcissent par polymérisation*, polyaddition*, réticulation*, ou coalescence*. Ces liants sont surtout ceux des peintures, vernis, mastics et revêtements plastiques.

LIASSE n.f.
1/ Attache, lien avec lequel on fixe un grillage ou un treillage sur un support ; V. aussi Ligature.
2/ Ensemble d'échantillons reliés de présentation de gammes de revêtements textiles, papiers peints...

LIBAGE n.m.
Moellon* grossièrement équarri*, de bonne qualité et de fortes dimensions, noyé dans l'épaisseur d'un mur ou d'un ouvrage de fondations pour servir d'appui à un poteau, à une colonne ou à une charge concentrée (de *libbe*, qui signifiait bloc de pierre).

LIBER n.m.
Partie vivante de l'écorce du bois*, recouvrant l'aubier*.

LIBRE adj.
1/ Un revêtement de sol, tel qu'une moquette, est dit en ***pose libre*** s'il n'est ni collé ni fixé, et maintenu en place par son propre poids.
2/ Une poutre est dite en ***appui libre*** si elle est simplement posée sur un appui, de façon à pouvoir se dilater, se rétracter ou fléchir librement.
3/ Une ***baie libre*** est une baie ouverte, sans croisée, par exemple formant passage dans un mur.

LICE n.f.
1/ Autrefois, palissade de fortifications en bois.
2/ V. Lisse.

LICHEN n.m.
Très fine mousse végétale, parasite des maçonneries humides et des matériaux de couverture ; on l'élimine par traitement fongicide*.

LIÈGE n.m.
Écorce du chêne-liège. Léger et relativement souple, très résistant à l'humidité et à la chaleur, le liège sert :
1/ sous forme expansée et agglomérée en blocs, puis tranchés en carreaux ou en lés*: revêtements muraux décoratifs, plus ou moins isolants, revêtements de sols (enduits d'une couche d'usure plastique), sous-couches pour l'isolation phonique de revêtements de sols, supports ou calages antivibratiles...
2/ sous forme de granulats fournis en vrac pour la composition de bétons légers, ou pour l'isolation phonique et/ou thermique.

LIEN n.m.
1/CHARP.: Fer plat, coudé en U ; les extrémités des branches du lien sont filetées* pour recevoir une patte boulonnée (V.ill).

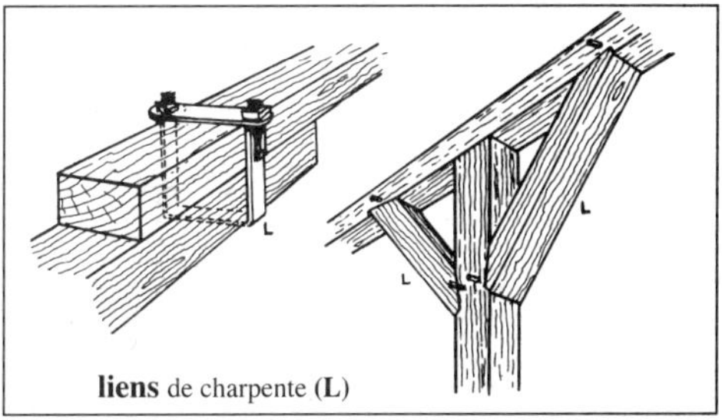

liens de charpente (**L**)

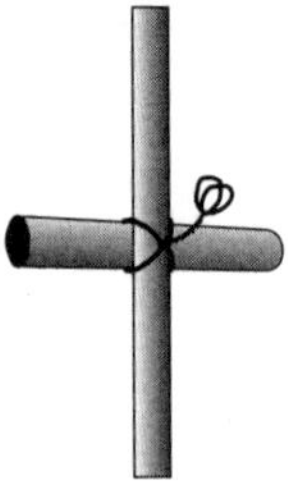

ligature
(ici "croisée")

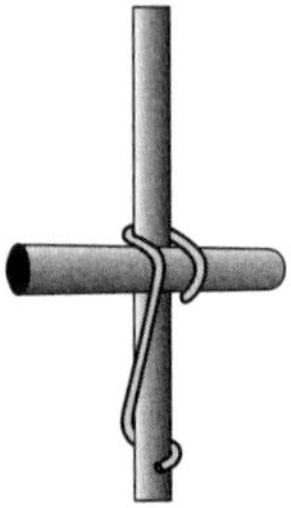

ligature préformée

Pièce de consolidation rapportée en écharpe* dans l'angle de deux autres pièces, afin de constituer une triangulation*. Syn.: *aisselier*.

Un ***lien pendant*** est une pièce de consolidation rapportée en écharpe à l'extérieur d'un ouvrage, par ex. pour soutenir les poteaux d'un garde-fou*.

2/ Petite attache métallique de fixation d'un grillage, d'un treillage, de la verge d'un panneau de vitrail, etc.

LIER v.tr.
Assembler, fixer ou consolider avec un lien*; pour un liant*, c'est coller des granulats ou divers matériaux.

LIERNE n.f.
1/ARCHIT.: nervure en saillie qui joint la clef d'une voûte* d'ogives au point de rencontre de deux tiercerons*.
La lierne divise en deux voûtains* chacune des quatre parties de la croisée. Nervure saillante ou sous-faîtage en bois qui matérialise, en sous-face, la ligne de faîte d'une voûte.

2/CHARP.: pièce entaillée à mi-bois, chevauchant le solivage* de certains planchers de grande portée pour les rigidifier (V.ill). Pièce intermédiaire qui réunit et porte les chevrons* d'un comble* conique ou d'un dôme, en formant entretoise ; à la différence d'une panne*, qui repose sur les arbalétriers*, la lierne est clavée* ou assemblée à mi-bois avec les chevrons et/ou les arbalétriers (V.ill). Poutre qui, reliant deux poinçons* d'un comble* à leur base, sert de support au solivage* d'un faux-plancher.

3/MAÇONN.: latte de bois lardée* de clous et noyée dans un ouvrage en pisé* pour former une armature de consolidation.

liernes (L)

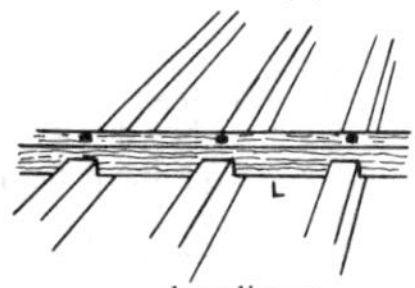

de solivage

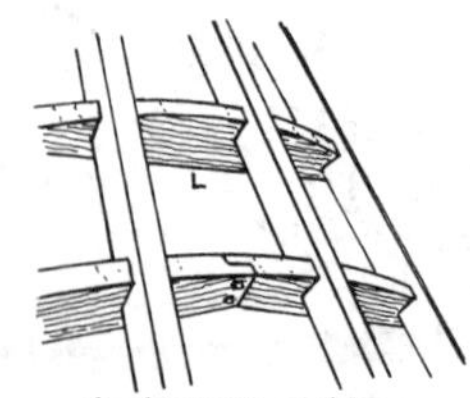

de charpente conique

LIGATURE n.f.
1/ Morceau de fil de fer ou lien* d'assemblage des éléments d'une armature, pour la rigidifier avant et pendant le coulage* du béton (V.ill).

2/ Assemblage bout à bout de deux câbles, cordages...

LIGNAGE n.m.
1/CHARP.: traçage au cordeau de lignes sur les faces d'une pièce de bois, pour marquer soit la projection de leur axe central, soit les traits des coupes à effectuer.

2/COUVERT.: repérage au cordeau des axes de pose des ardoises ou des tuiles, perpendiculairement aux lignes de plus grande pente.

LIGNE n.f.
1/CHARP.: cordelette imprégnée de craie en poudre, servant à marquer les tracés sur l'aire* ou sur les bois : on dit *battre la ligne*, ou *cingler le bois*.

Mettre sur ligne, ou ***ligner***, c'est réaliser l'ételon*, tracé aux dimensions des axes des pièces d'une charpente afin de préparer leurs coupes d'assemblage.

2/COUVERT.: la ***ligne de raccordement*** désigne toute intersection rectiligne entre deux pans* ou deux versants* de toiture, et toute pénétration*, par opp. aux *lignes de rive* et aux *lignes d'égout**.

3/ÉLECTR.: ensemble de conducteurs isolés servant au transport et à la distribution de l'énergie électrique.

Les lignes désignent en particulier les conducteurs extérieurs aux bâtiments. On distingue les *lignes aériennes*, portées par des supports fixes, et les *lignes enterrées* ou souterraines, enfouies dans des gaines ou dans des tubes noyés dans le sol.

4/MAÇONN.: syn. de *cordeau**.

-Ligne de bris : intersection horizontale entre les pans de pente différente d'une toiture à la Mansart*, entre le terrasson* et le brisis*.

-Ligne de foulée : V. Foulée.

-Ligne de vie : câble ou cordage arrimé, sur lequel peut coulisser un élément de protection antichute.

LIGNER v.tr.
Faire des tracés rectilignes avec une ligne ; battre* la ligne.

LIGNEUL n.m.
Longue pièce de bois scellée contre un mur pour porter les abouts des solives d'un plancher.

LIGNEUX adj.
Qui est de même nature que le bois, ou à base de bois.

LIGNICOLE adj.
Qui habite dans le bois (insectes).

LIGNIVORE adj.
Qui se nourrit de bois.
Voir à Xylophages (insectes). Se dit aussi des champignons qui détruisent le bois qu'ils colonisent.

LIGNOLET n.m.
Rang supérieur des ardoises d'un comble, sur le versant exposé aux vents dominants : ce rang d'ardoises dépasse de quelques cm au-dessus de la ligne de faîtage (V.ill).

LIMAÇON n.m.
1/ Escalier hélicoïdal*.
Syn.: *colimaçon, escalier à vis.*
Une voûte en limaçon est une voûte en spirale (elle abrite généralement un escalier du même nom).

2/ Une ***coupole* en limaçon**** a une seule assise* de pierres disposée en spirale depuis la base jusqu'au faîte.

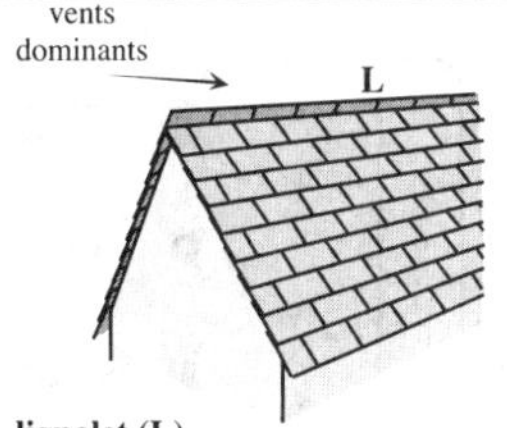

lignolet (L)

LIMAILLE n.f.
Petites particules qui proviennent de l'usure des métaux à la lime.

LIMANDE n.f.
1/ Règle plate longue et large qu'utilisent les menuisiers.

2/ Mince pièce de bois ou latte* avec laquelle on masque les défauts ou les joints d'un ouvrage.

LIME n.f.
Outil manuel en acier trempé garni de stries formant des aspérités pour le travail des métaux par usure (on utilise aussi des limes pour les finitions du bois, le dégrossissage étant fait à la râpe*).

Les limes se distinguent des râpes* par leur taille striée, et non piquée. Une lime est composée d'une *verge* et d'une *soie** à fixer dans un manche ; elle est définie par :

- ses dimensions, de 100 à 350 mm : les *carreaux* sont des grandes limes, les *limes au paquet* sont des petites limes (autrefois vendues au poids).

- sa section : plate, carrée, barrette, tiers-point, queue-de-rat...
(**V.ill. page suivante**).

-sa taille, qui peut être *simple, croisée* ou *écoine** (V.ill).

- l'espacement de ses stries : 1,5 à 2 mm pour les dégrossissages (taille dite *allemande*) ; env. 1 mm pour les *bâtardes* ; 0,5 mm pour les *demi-douces*, 0,3 mm pour les limes *douces* et moins de 0,2 mm pour les limes *extra-douces.*

LIMES

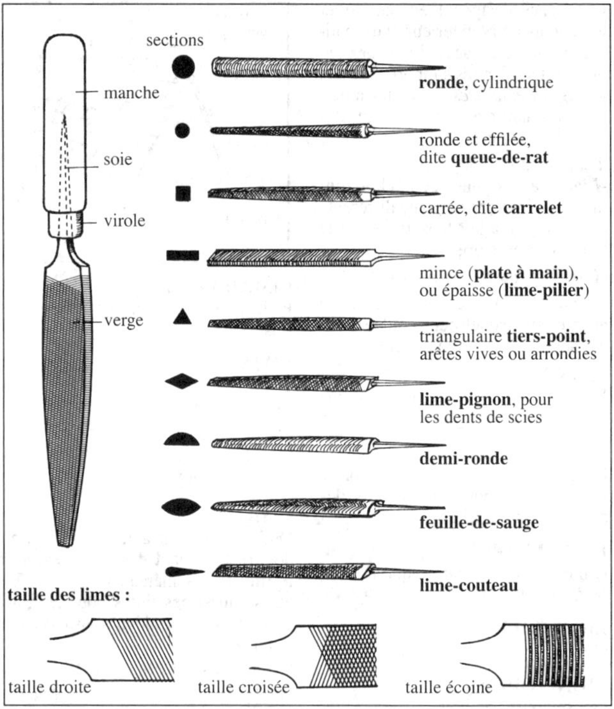

LIMER v.tr.
Enlever de la matière sur une pièce de métal ou de bois, avec une lime.

LIMÉS n.m. pl.
Défauts de certaines pierres calcaires, qui présentent des crevasses remplies de matière non calcaire, peu adhérente à la pierre.

LIMITE n.f.
Valeur d'une contrainte (charge, pression, traction, tension électrique, température, etc.) qui ne peut être dépassée sans inconvénient ou transformation irréversible du matériau qui subit cette contrainte.

- La ***limite élastique*** (ou ***limite d'élasticité***) d'un matériau est la valeur de la contrainte (charge, flexion, traction) à partir de laquelle il subit une déformation définitive ; on détermine ainsi les limites élastiques des bétons, des élastomères*, des asphaltes*, des bitumes manufacturés pour étanchéité, etc.

- La ***limite d'endurance***, ou ***limite de fatigue*** correspond à la valeur maximale de l'effort que peut subir indéfiniment et de façon répétitive une pièce de métal sans que sa résistance diminue.

LIMITEUR n.m.
Dispositif empêchant l'application d'une contrainte, d'un phénomène ou d'un mouvement au-delà d'une certaine limite :

-***limiteur de surtension**** *électrique* (aussi nommé limiteur de tension),

-***limiteur de température*** associé à un thermostat dans les chaudières et appareils de production de chaleur,

-***limiteur de pression*** associé à un manomètre dans les installations de fluides sous pression,

-***limiteur de course*** ou d'ouverture (butée, arrêt...), etc.

-***limiteur de tirage*** : batterie de volets mobiles qui, établie dans un conduit de fumée ou une prise d'air frais, se ferment d'eux-mêmes par dépression si l'aspiration d'une chaudière dépasse un certain seuil.

Les cuves à mazout doivent être équipées d'un ***limiteur de remplissage*** qui évite tout débordement.

LIMON n.m.
Pièce d'appui rampante* des extrémités des marches d'un escalier*, du côté du jour* (c'est-à-dire du côté opposé au mur), ou des deux côtés si l'escalier n'est pas adossé à un mur (V.ill). Le limon porte les balustres* ou les barreaux de la rampe.
On distingue le ***limon à la française***, dans lequel les marches sont encastrées, et le ***limon à l'anglaise***, sur lequel reposent les marches.
Dans certains escaliers de pierre, le ***limon appareillé**** fait corps avec la marche, étant taillé dans le même bloc (V.ill).
Le ***faux-limon*** est un limon rapporté sur le mur d'une cage d'escalier pour porter les marches, lorsque leurs extrémités ne sont pas encastrées dans le mur.
Les escaliers isolés peuvent avoir un ***limon central***, poutre rampante à crémaillère portant les marches en leur milieu.

LIMOUSIN n.m. et adj.
1/ Compagnon maçon, bâtisseur de murs en moellons, en meulière, ou en brique (à l'époque, ils étaient souvent originaires de la région de Limoges).

2/ Désigne parfois le *chablot**.

LIMOUSINAGE n.m.
ou **LIMOUSINERIE** n.f.
Mur construit en moellons* à parement apparent, liés* au mortier. Par extension, art d'appareiller un mur.

LIMOUSINANT n.m.
Ouvrier maçon. Syn. de *limousin*.

LIN n.m.
Fibre textile, matière première de tentures et revêtements muraux ; on extrait du lin une huile siccative* jaunâtre utilisée dans certains vernis, et dans laquelle les peintres broyaient les couleurs à l'huile. Cette huile est aussi le liant de base du linoléum*.

LINCEAU n.m.
Parfois syn. de *linteau**, entre deux poteaux encadrant une ouverture.

LINÇOIR n.m.
Pièce d'un plancher de bois, portée par deux solives ; parallèle à un mur, le linçoir reçoit les abouts de solives interrompues au droit d'un conduit de fumée ou d'une maçonnerie insuffisamment porteuse, par ex. au-dessus

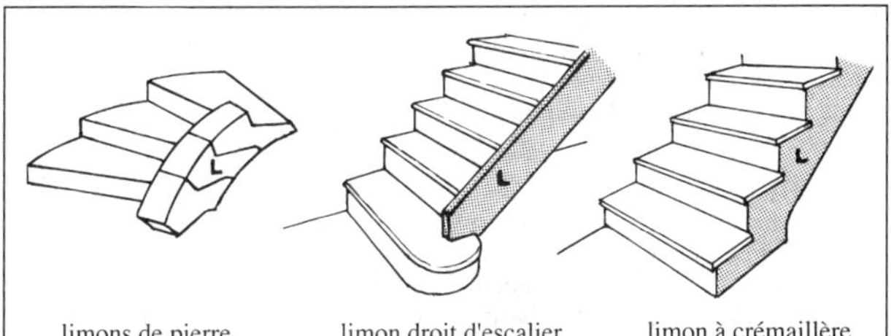

limons de pierre, taillés avec leur marche — limon droit d'escalier à la française — limon à crémaillère, à l'anglaise

LIMONS (L)

LINÇOIRS (L)

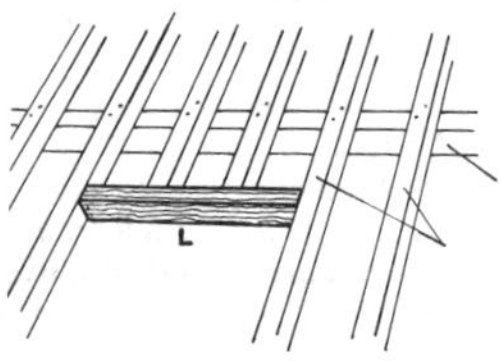

linçoir de charpente
(pour souche ou fenêtre de toit)

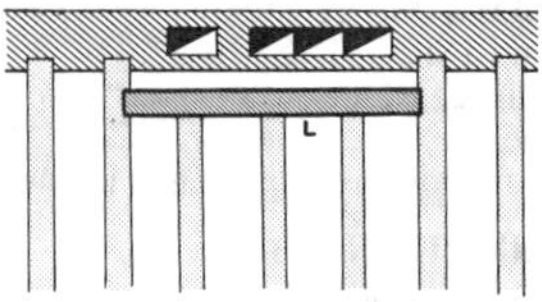

linçoir de plancher

d'une ouverture. Il diffère du *chevêtre** par le fait que ce dernier est nettement plus éloigné du mur (V.ill).
Par déformation, le mot linçoir sert à désigner une poutre *muraillère**, fixée le long d'un mur.
En toiture, le linçoir désigne la pièce porteuse de chevrons interrompus au droit d'une souche de conduit de fumée, d'une lucarne ou d'un châssis de baie rampante. Syn.: *guigneau**.

LINÉAIRE adj. et n.m.
1/ Qualifie un tracé uniquement composé de lignes.

2/ Qualifie une mesure de longueur, souvent exprimée en *mètres linéaires* (symb. : **ml**), en particulier dans les bordereaux* et devis de travaux.

3/ Sous forme de nom, désigne un cumul de longueurs d'éléments semblables : par ex., le linéaire de chevrons d'une toiture est la sommation de toutes leurs longueurs.

LINÉIQUE adj.
Qualifie une caractéristique rapportée à l'unité de longueur : par ex., la résistance linéique d'un conducteur électrique. Dans les calculs thermiques, on distingue les transmissions calorifiques *linéiques*, qui concernent les éléments étroits (encadrements de baies, poteaux, etc.) et les transmissions *surfaciques*, qui concernent les parois.

LINER n.m.
Bâche plastique en forme de vaste poche étanche et souple, constituant le revêtement intérieur rapporté dans le bassin de piscines ; la technique du liner reste limitée à des piscines de petite ou moyenne dimension (rarement plus de 50 m^2).

LINGUET n.m.
Petite pièce rabattable qui constitue la fermeture de sécurité d'un crochet de levage ou d'un mousqueton.

LINGUETER v.tr.
Réaliser, dans l'épaisseur d'une planche, une languette* sur l'un des chants* et une rainure dans le chant opposé, en vue de l'assemblage de cette planche avec d'autres.

LINOLÉUM ou "**LINO**" n.m.
Revêtement de sol imperméable et souple ; il est composé d'un mélange d'huile de lin oxydée (ou *linoxyne*), de poudre de liège et de charges minérales fines, d'adjuvants et de colorants. Le mélange est enduit sur une trame de toile de jute, puis pressé et réduit à l'épaisseur voulue par passages successifs entre des cylindres (*calandrage*).
Ce revêtement se présente en rouleaux de 2 m de largeur, ou en dalles, dans des épaisseurs de 2 à 6 mm.

LINOLITE n.f. ou adj.
Désigne ou qualifie une lampe* tubulaire à incandescence*.

LINTEAU n.m.
Élément monolithe* qui ferme le haut d'une baie et soutient la maçonnerie au-dessus de l'ouverture, reportant sa charge vers les jambages*, piédroits* ou poteaux.
Le linteau peut être une pierre (en délit*), une poutre de bois, un profilé d'acier, ou une poutre en béton coulée

in situ ou préfabriquée (V.ill).
Selon sa position par rapport au chaînage* horizontal, un linteau est dit *intégré*, *associé* ou *dissocié*.
Un linteau de grande largeur est un *poitrail**; lorsqu'il est composé de plusieurs pierres appareillées, le linteau est une *plate-bande**.
-***Linteau de décharge*** : élément horizontal de répartition des charges d'un mur, au droit d'un point faible.

-***Arrière-linteau*** : linteau parallèle à celui qui est visible en façade, le doublant dans l'épaisseur du mur.
V. aussi Prélinteau.

LIQUATION n.f.
Séparation du constituant solide contenu dans un mélange liquide.

LIQUÉFACTEUR n.m.
Réservoir d'une fosse* septique dans lequel s'effectue une lente décomposition des matières avant leur passage dans le filtre épurateur*.

LISERÉ ou **LISÉRÉ** n.m.
Fine bordure qui encadre ou délimite un panneau, une table* de bossage, une tenture, etc.

LISSAGE n.m.
Suppression de toute aspérité d'un enduit ou d'un joint avant durcissement, avec un outil métallique (taloche, truelle ou fer à joints). Le lissage fait remonter à la surface de la laitance* de ciment qui forme une pellicule de faible cohésion.

-***Enduit de lissage*** : voir enduit* de lissage des sols.

LISSE adj. ou n.f.
1/adj. Plan, sans aucune aspérité ni creux visible ou sensible au toucher.

2/n.f. La ***lisse de rehausse*** est une pièce de bois rapportée au-dessus d'une panne* faîtière* pour servir de support surélevé sur lequel on pose les tuiles faîtières (V.ill).

3/ n.f. Cornière* ou rail* horizontal qui supporte les éléments ou les panneaux d'un bardage*.

4/ n.f. Longue règle plate à profils

LINTEAUX

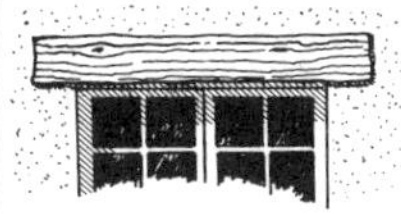
linteau rustique en bois

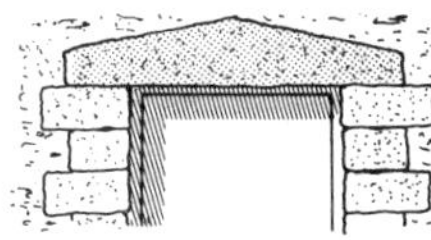
linteau de pierre en bâtière

linteau métallique, sous un arc de décharge en brique

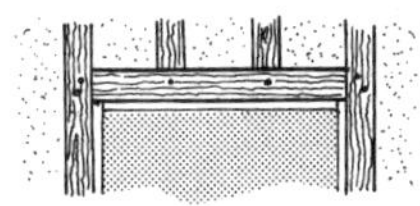
linteau de pan de bois

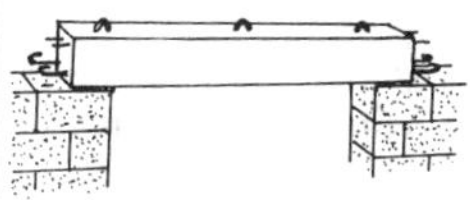
linteau préfabriqué, en béton armé ou béton cellulaire armé

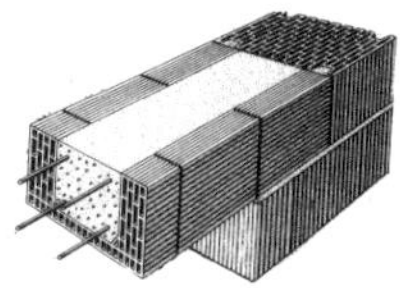
linteau isolant, à âme de béton armé coffré dans des prélinteaux de brique alvéolaire

LISSES (L)

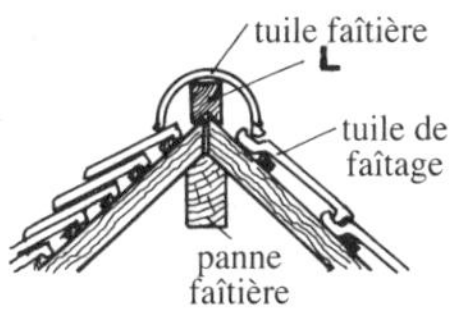

de faîtage

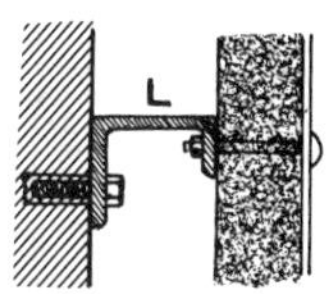

de bardage

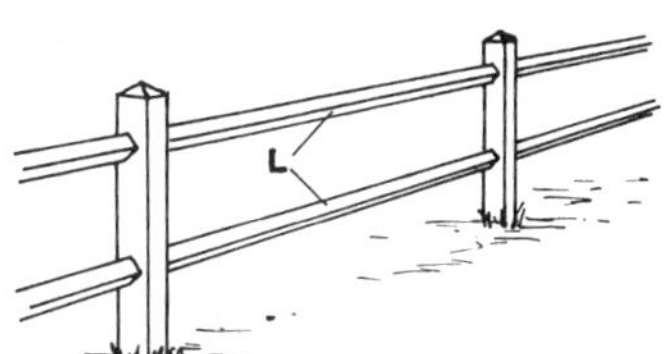

lisses (ou lices) **de clôture**

lisseuse

lissoir

incurvés, utilisée en dessin pour tracer des courbes. Syn.: *perroquet*.

5/ n.f. Élément horizontal rectiligne d'une barrière, d'une clôture, d'un garde-corps d'échafaudage, de passerelle, de rampe, de balcon, etc. Dans ce sens, peut s'écrire ***lice***.

LISSEUSE n.f.
Taloche* légère à lame semi-rigide en plastique ou en inox* pour l'étalement et l'égalisation des mortiers, des enduits et des crépis plastiques (V.ill). Syn.: *platoir*, *liane** (rég.).

LISSOIR n.m.
Outil de maçon en forme de tige cintrée, qui sert à lisser les joints des maçonneries de briques pleines ou de briques de parement (V.ill).
Syn.: *fer à joints, baleine*.

LISTEAU, **LISTEL,**
ou **LISTON** n.m.
Petite bande* en saillie ou moulure plate qui borde ou qui fait partie d'une moulure plus importante (V.ill).

LIT n.m.
1/ Couche horizontale et homogène d'un matériau : lit de briques, lit de sable, lit de mortier...

2/ Face horizontale inférieure (***lit de pose*** ou *face de lit*) ou supérieure (***lit d'attente****) d'une pierre de taille, d'un moellon équarri ou d'un bloc* maçonné. Le ***joint de lit*** est leur joint d'assise horizontal. Plus généralement, le *lit des pierres* correspond à l'axe principal de leur banc de carrière, ou ***lit de carrière***, par opp. au *délit**: on distingue dans un lit de carrière le lit de dessous (ou *lit dur*) et le lit du dessus (ou *lit tendre*).

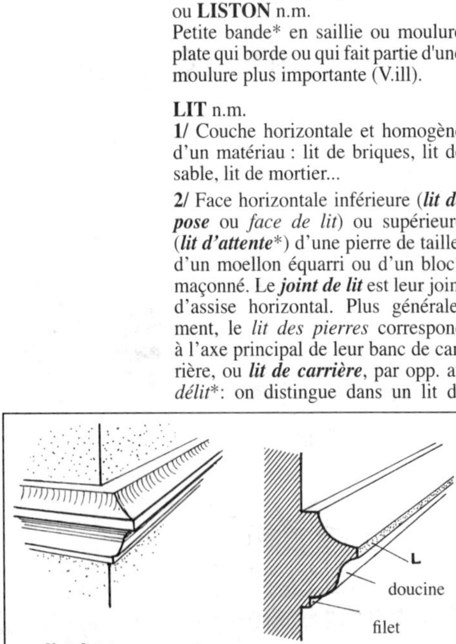

listel (L)

3/ Dans l'armature d'un ouvrage en béton armé, un ***lit de barres*** est une couche horizontale de barres.

LITÉ adj.
Se dit d'un bloc ou d'un moellon dont les lits de pose et d'attente sont plans et parallèles.

LITEAU n.m.
Latte* étroite, tasseau de bois de section carrée (env. 25 x 25 mm) ou rectangulaire (18 x 35 à 30 x 40 mm).

1/COUVERT.: les liteaux servent à accrocher les tuiles et les ardoises ; ils sont cloués en lattis horizontal, en liaisonnement* sur les chevrons, avec un espacement égal au pureau* des tuiles ou des ardoises (V.ill. à Lattis). Les liteaux doivent être traités pour leur conservation comme les bois de charpente.

2/MENUIS.: tasseau fixé contre un mur pour servir de support.

LITEAUNAGE, **LITONNAGE**
ou **LITTELAGE** n.m.
Mise en place des liteaux, ensemble des liteaux d'un toit. Syn.: *lattage*.

LITHARGE n.f.
Oxyde naturel de plomb cristallisé (très toxique), servant de siccatif* dans la fabrication de mastics et, autrefois, dans les huiles de délayage des peintures ; elle était additionnée d'acide acétique, sous le nom de *sel de Saturne*. L'oxydation de la litharge fournit le minium*.

LITHOPONE n.m.
Mélange de sulfure de zinc et de sulfate de baryum, utilisé comme pigment colorant blanc dans les enduits et peintures.

LITHOSTROTE n.m.
En archéologie, dallage en pierre ou sol revêtu de mosaïque de pierre.

LIVING-ROOM n.m.
(souvent abrégé en *living*)
Pièce de séjour d'une habitation, à la fois salon et salle à manger.

LIVRET n.m.
Cahier de minces feuilles de papier entre lesquelles les doreurs rangent leurs feuilles d'or.

LOBE n.m.
Chacune des portions de cercle entrant dans la composition d'un motif architectural (V.ill).

LOBÉ adj.
Divisé en lobes, ou *polylobé* : un trèfle est trilobé, un quatre-feuilles* est quadrilobé.

LOCAL n.m.
Toute pièce fermée d'une construction ; le mot est souvent associé à un qualificatif de fonction : local sanitaire, locaux humides, locaux industriels, hospitaliers, etc.

LOGE n.f.
1/ Galerie ou balcon couvert, ouvrant sur l'extérieur, surélevés par rapport au sol, et délimités par des colonnes et une balustrade ou un garde-corps.
Syn.: *loggia*.

2/ Logement de gardien d'immeuble.

LOGEMENT n.m.
Outre son sens usuel d'unité d'habitation, désigne toute cavité destinée à recevoir une pièce : logement d'une vis, d'un tenon*, etc.

LOGETTE n.f.
Petite loge. Désigne parfois un oriel*, ou une bretèche*.

LOGGIA n.f.
En général syn. de *loge**; en principe, une loggia est un balcon couvert dont le fond est en retrait par rapport au nu* de la façade.

LOGIS n.m.
Le ***corps de logis*** est la partie habitable d'une construction ou d'un ensemble bâti, par opp. aux *communs* et ou aux *locaux de service*.

LOI CARREZ V. à Surface.

LOMBARD adj.
1/ *Bande lombarde* : V. Bande.

2/ *Pierre lombarde* : calcaire dur, blanc ou rosé, extrait dans le Gers.

LONGÈRE n.f.
Maison rurale de plan rectangulaire allongé.

LONGERON n.m.
Poutre porteuse en bois ou en métal, disposée dans le sens longitudinal* d'un ouvrage (passerelle, rampe d'accès, pont, etc.).

LONGITUDINAL adj.
Qui concerne le sens de la plus grande dimension d'un élément quelconque (par opp. à *transversal*).

LONG-PAN n.m.
Façade d'un bâtiment ou versant* de comble* correspondant à sa plus grande dimension.

LONGRAIN ou **LONG-GRAIN**
n.m. Orientation générale des stries visibles d'une ardoise* ou d'une plaque de roche schisteuse*, lauze*...
Le longrain est à l'ardoise ce que le fil* est au bois : il correspond au sens de plus grande résistance à la rupture ; pour l'ardoise, le longrain doit donc être parallèle au plus grand côté.
Si il est transversal, l'ardoise est dite *traversine* ou *traversière* ; s'il est diagonal, elle est dite *biaise*.

LONGRINE n.f.
Pièce d'infrastructure* d'allure horizontale, servant à répartir des charges ou à les reporter vers des appuis : désigne en particulier une poutre de béton qui forme entretoise entre des pieux ou des puits de fondations.

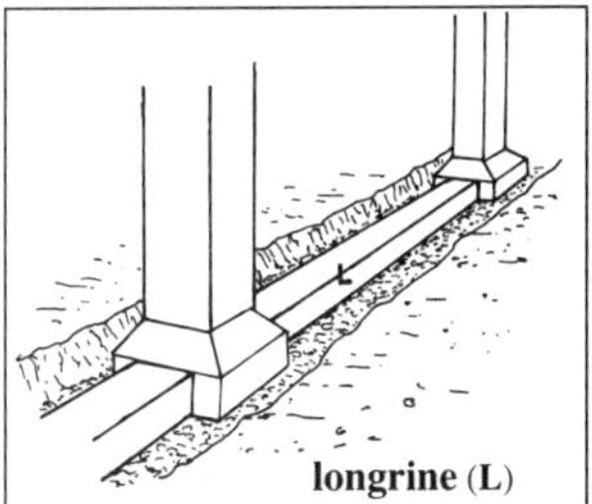

longrine (**L**)

lobe

Elle fait souvent office de semelle* sur laquelle on élève ensuite les maçonneries de remplissage entre des poteaux (V.ill). En charpenterie, désigne parfois la panne* sablière*.

LONGUE-FEUILLE n.f.
En couverture, feuille de zinc de plus de 2 mètres de long . Syn.: *bande*.

LONGUEUR n.f.
C'est la plus grande dimension horizontale d'un élément, par opposition à sa *largeur* ou à sa *profondeur*.
Longueur d'onde : V. Onde.

LONGUE-VIS n.f.
Manchon ou tube court, fileté* à ses deux extrémités.

LOQUET n.m.
Dispositif simple de fermeture des portes, vasistas, impostes, volets, placards, etc. Il comporte une partie mobile, souvent associée à un ressort de rappel ; ce peut être une tige montée sur pivot, une pièce à bascule ou oscillante, une bille rétractable, etc. Cette pièce mobile est mue soit directement, par une petite poignée, un crochet, un poucier*... soit à distance par une tringle, un câble, un cordon. Elle s'enclenche dans une encoche, un mentonnet* ou une petite gâche* fixés sur le bâti* dormant.

LOQUETEAU (n.m.)
Loquet de petites dimensions.
V. aussi Targette, Verrou.

LORRAINE n. ou adj. f.
Planche de bois équarri de 305 mm de large, épaisse de 26 à 35 mm.

LOSANGE n.m.
Parallélogramme* dont les quatre côtés sont égaux. Ses diagonales, perpendiculaires, se coupent en leur milieu. Syn.: *rhombe** (ancien).

LOT n.m.
1/ Chacune des spécialités qui, sur un chantier, correspondent à un ensemble homogène de travaux et à un marché d'entreprise : *lot VRD, lot carrelage-marbrerie, etc*.

2/ Chacune des parcelles qui résultent d'un morcellement de fonds ou d'un lotissement.

LOTIR v.tr.
Diviser un terrain en parcelles, ou lots, généralement en vue de les vendre comme terrains à bâtir.
Syn.: *allotir*. V. aussi Ablotir.

LOTISSEMENT n.m.
1/ Ensemble des parcelles résultant du morcellement d'un terrain, le plus souvent pour y construire des maisons individuelles. Ensemble des constructions qui y sont ensuite édifiées.

2/ Le ***lotissement d'un matériau***, en particulier d'un béton, est son identification par unités de fabrication ou *lots*, correspondant chacun à un même contrôle de conformité.

LOUAGE n.m.
Contrat par lequel une partie (individu, entreprise) met à la disposition de l'autre des services, un travail, un bien immobilier, du matériel ou des matériaux, etc. moyennant un prix convenu à l'avance.

LOQUETS et LOQUETEAUX

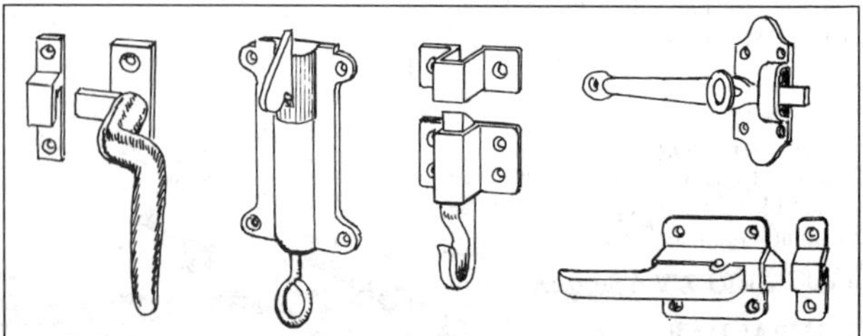

de fenêtre — de persienne — de vasistas — à levier et pêne à chanfrein

LOUCHET n.m.
Pelle ou godet d'excavation de tranchées très étroites ou de rigoles.

LOUCHON n.m.
En charpenterie, tronc de sapin ou de pin sans noeuds.

LOUP n.m.
1/ Longue pince à bouts recourbés, utilisée pour arracher les vieux clous.

2/ ***Faire un loup***, c'est commettre une erreur d'exécution (un *loupé*, ou *loupage*) assez grave pour contraindre à refaire l'ouvrage concerné.
V. aussi aux mots *Dent-de-loup* et *Gueule-de-loup*.

LOUPE n.f.
1/ Excroissance localisée du bois ; elle constitue un défaut dans les bois de menuiserie, mais elle est recherchée pour des travaux d'ébénisterie qui exploitent les veinages tourmentés des loupes à des fins décoratives.

2/ Défaut d'un métal ferreux constitué par une masse poreuse, chargée de scories.

LOUVE n.f.
Dispositif de saisie et de levage des pierres de taille, par écartement d'une mâchoire ou blocage de coins dans une cavité en queue-d'aronde*, dite trou de louve (V.ill).

LOUVOIEMENT n.m.
Mode d'enfoncement d'un tube ou d'un pieu dans le sol par demi-rotations alternées.

louves

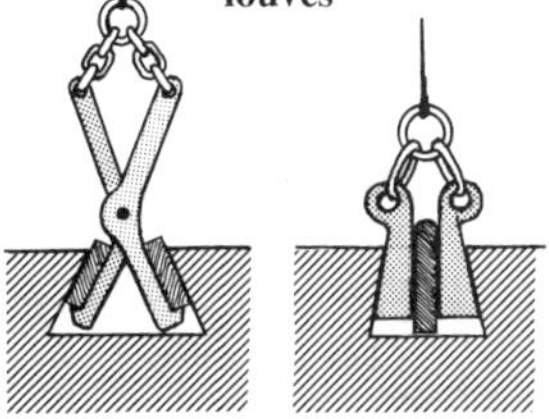

LUCARNE n.f.
Ouverture ménagée dans un pan de toit pour donner du jour et de l'air aux locaux sous combles.
La lucarne se différencie des châssis*, tabatières*, vasistas* et fenêtres* pour toits en pente par le fait que sa baie est verticale, et qu'elle est abritée par un ouvrage de charpente et de couverture.
La lucarne se compose d'une devanture (sa façade), encadrée par deux jambes ou jambages* et un linteau, de deux jouées* (faces latérales) et d'une couverture qui peut être à une, deux ou trois pentes.
*V. les principales variétés sur la planche de la **page suivante**.*

LUCARNON n.m.
Lucarne de petites dimensions.

LUCET n.m.
Imposte* vitrée, au-dessus d'une porte, donnant du jour à la pièce sur laquelle ouvre cette porte.

LUMACHELLE n.f.
Famille de marbres gris-bleuté ou blanc, qui contiennent beaucoup de débris de coquillages.

lucarne : constituants d'une lucarne préfabriquée

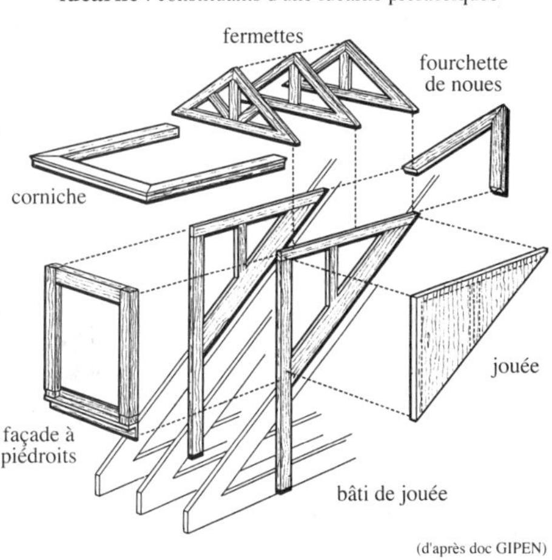

(d'après doc GIPEN)

LUCARNES

lucarne **rampante** ou en "**chien couché**"

lucarne **retroussée**, ou **demoiselle** ; c'est aussi le vrai "**chien assis**"

lucarne **jacobine**, en bâtière ou à chevalet

lucarne **à croupe**, dite "**capucine**" ou "à la capucine"

lucarne à demi-croupe, dite **normande**

lucarne-pignon, ici à fronton triangulaire

lucarne **pendante**, dite meunière, ou gerbière, ou lucarne à foin

lucarne **en guitare** (V. à ce mot)

lucarne **à jouées galbées** (couverture ardoise ou chaume)

lucarne **en trapèze** (couv. bardeaux d'asphalte)

lucarne **rentrante**, ou à jouées rentrantes

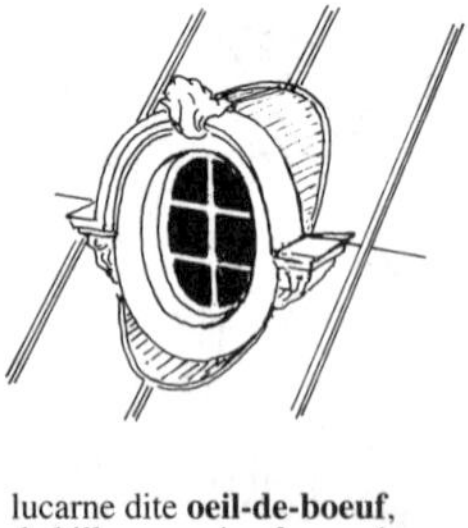

lucarne dite **oeil-de-boeuf**, habillage en zinc façonné

lucarne-fronton, ici à ailerons et toit bombé

lucarne **à gâble**

LUMEN n.m. (**lm**)
Unité internationale de mesure des flux* lumineux : un lumen équivaut au flux lumineux émis dans un stéradian* (unité d'angle* solide) par une source lumineuse ponctuelle de 1 candela* d'intensité, placée au sommet de l'angle* solide.

LUMEN-HEURE n.m.(**lm.h**)
Unité pratique de mesure des quantités de lumière.
Pour les mesures d'éclairement*, on utilise le ***lumen par m²*** (**lm/m²**), ou lux*, ou parfois aussi le *lumen par cm²* (lm/cm²).

LUMENMÈTRE n.m.
Appareil de mesure directe du flux lumineux.

LUMIÈRE n.f.
1/ Pour un escalier, la lumière désigne parfois son jour* central.

2/ Cavité ménagée dans une pièce pour éviter qu'une tête de boulon ou un écrou ne fasse saillie (V.ill).

3/ Mortaise traversant de part en part une pièce de bois.

4/ Orifice pratiqué dans divers objets et outils : lumières d'évacuation des copeaux (rabots), lumière d'une lanterne* de serrage, lumières d'appareils optiques de topographie*...

5/ Radiation visible émise par un corps porté à haute température (*incandescence**) ou par certains corps sous l'influence de diverses formes d'énergie (*luminescence**).
La lumière rayonne en tous sens à partir de sa source.
La lumière blanche correspond à l'incandescence d'un corps porté à 6 000°C ; un mélange des radiations de diverses longueurs d'onde, entre l'ultraviolet* et l'infrarouge* composent le spectre* lumineux.

- ***Lumière absorbée*** et ***lumière réfléchie*** : lorsqu'un rayonnement lumineux atteint une surface, une partie du flux incident est absorbée par cette surface, le reste étant réémis, par réflexion.

- ***Lumière chaude***, et ***lumière froide*** : dans la lumière chaude, les rayonnements rouges du spectre sont prépondérants par rapport aux rayonnements bleus ; et inversement, pour une lumière froide.

- ***Lumière noire*** ,
ou ***lumière de Wood*** : lumière émise par des tubes fluorescents en verre traité, qui laissent passer une raie ultraviolette du spectre, mais arrêtent la lumière visible.
La lumière noire n'est guère utilisée que pour des effets spéciaux : dans la pénombre, elle met en évidence toutes les surfaces blanches.

-***Lumière diffuse*** : lumière dont le flux a traversé une paroi translucide telle qu'un diffuseur* en verre dépoli. Sa répartition dans l'espace est telle que sa luminance est à peu près la même dans toutes les directions (diffusion *orthotrope*).

-***Lumière rasante*** : lumière dont l'angle d'incidence sur une surface est proche de 90°. Les lumières rasantes ont la particularité de mettre en évidence le moindre défaut de planéité de la surface éclairée.
On l'utilise cet éclairage sur chantier pour exécuter des enduits très plans (murs et plafonds, subjectiles de peintures laquées, etc.).

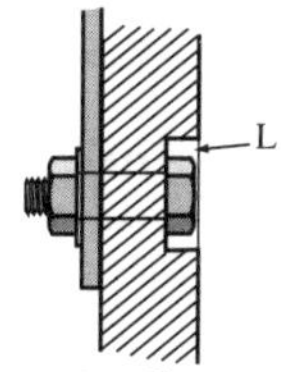

lumière (L)

LUMINAIRE n.m.
Appareil d'éclairage au sens large. Ensemble constitué par une lampe* et ses accessoires : pied support, douille, réflecteur, diffuseur...
<u>Classement de sécurité</u>.
Selon leur utilisation, les luminaires doivent répondre à des normes de sécurité contre l'électrocution, les surtensions, les chocs, l'échauffement, l'eau, l'humidité ; ces normes donnent lieu à un classement :
- classe **0** : isolation simple, sans prise de terre, pour tous les locaux secs des logements ; les conducteurs sont protégés par une gaine isolante, et l'accès à toute partie sous tension doit être impossible, même en position ouverte,

lors d'un changement de lampe.

- classe **I** : isolation simple, et prise de terre : cette dernière sert à relier à la terre* les masses métalliques du luminaire, par l'intermédiaire de sa borne de terre.

- classe **II** : double isolation, sans prise de terre : cette classe concerne toutes les salles d'eau, et les locaux présentant un danger particulier.
Les appareils de classe II ne comportent aucune pièce métallique accessible de l'extérieur ; la double isolation rend donc inutile la mise à la terre. Toutefois, si l'enveloppe du luminaire est métallique, la première gaine de ses conducteurs doit être renforcée par une seconde gaine protectrice normalisée.

- classe **III** : appareils alimentés en basse tension (< 50V), ne présentant donc pas de danger d'électrocution.

LUMINAIRES

à éclairage indirect

à vasque diffusante

à concentration par réflecteurs

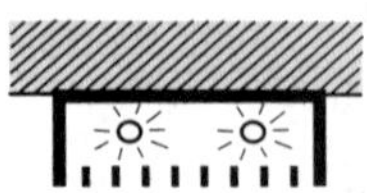

direct, à **paralume*** (lames parallèles ou en résille)

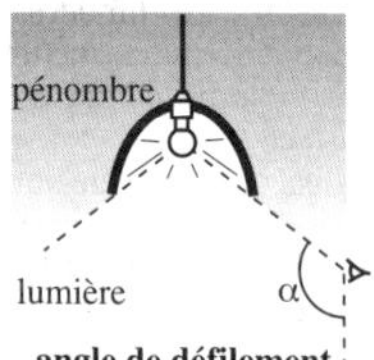

angle de défilement (α)

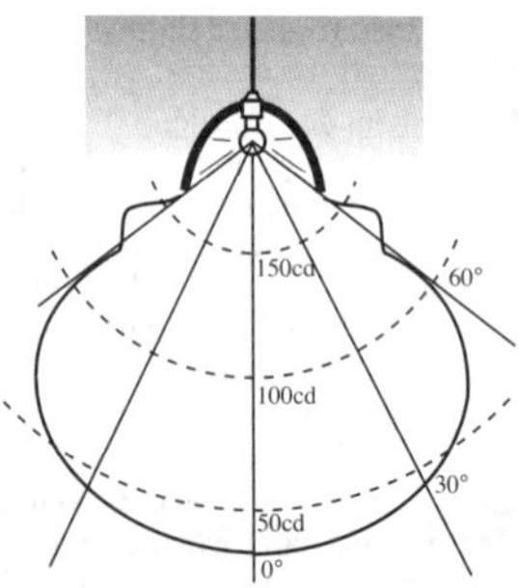

colatitudes

<u>**Indice de protection**</u> des luminaires. Pour les locaux humides et/ou poussiéreux (caves, garages, salles d'eau, cuisines), l'emploi de luminaires étanches doit être exigé.

Il leur est attribué un ***indice de protection*** (**IP**, suivi de 3 chiffres : le premier pour leur étanchéité à la poussière, croissante de 0 à 6, le second pour leur étanchéité à l'eau, de 0 à 8, et le troisième pour leur résistance aux chocs, vibrations...).

<u>**Caractéristiques d'éclairage**</u> d'un luminaire. Elles sont définies par :

- son ***angle de défilement*** (angle formé entre la verticale et la première ligne de vision directe où la source devient éblouissante) ;

- sa ***courbe photométrique*** (répartition des intensités lumineuses suivant les différentes directions) ;

- ses ***colatitudes*** (représentation par un graphique des points d'égal éclairement dans l'espace, ou cercles *isocandelas* (V.ill).
Les luminaires de bâtiment et d'éclairage public font l'objet des normes de la série *NF C 71*.

LUMINANCE n.f.
Quotient de l'intensité lumineuse (telle qu'elle est perçue par l'oeil) réfléchie par une surface qui reçoit un éclairement, à l'aire de cette surface.
La luminance est exprimée en *candelas par m*^{2} (cd/m^2), ou en *blondels* (1 Blondel = 0,3185 cd/m^2), ou encore, plus rarement, en *stilbs* (un stilb vaut 10 000 cd/m^2).

LUMINESCENCE n.f.
Émission par un corps de rayonnements lumineux sans incandescence (donc sans chaleur) : elle est le fait de certains corps lorsqu'ils subissent une action physico-chimique, en particulier la réception de rayonnements ultraviolets*.
La luminescence est dite *fluorescence** si l'émission lumineuse est instantanée, et *phosphorescence** si elle est légèrement différée ou rémanente.

LUMINESCENT adj.
Capable d'émettre des rayons lumineux sans incandescence.

LUMINOSITÉ n.f.
Expression de la sensation visuelle selon laquelle une surface semble émettre plus ou moins de lumière ; on l'appelle aussi *luminance apparente*. Du fait de son caractère subjectif, elle n'est pas quantifiable.

LUNETTE n.f.
1/ARCHIT.: **a**- Rencontre de deux voûtes en berceau* d'inégale hauteur (V.ill). Désigne aussi la voûte secondaire elle-même, la baie qui l'éclaire, et son ébrasement*. Selon sa disposition par rapport au berceau le plus élevé, la lunette peut être dite *biaise*, *droite* ou *rampante*.
b- Peut désigner chacun des quartiers d'une voûte* d'ogives.
c- Oeil circulaire ménagé au centre d'une voûte d'arêtes, pour le passage des cordes des cloches.

2/SANIT.: orifice d'un WC sans siège, dit à la turque, ou ouverture d'une cuvette de WC et de son abattant* formant siège.

-Lunette d'escalier : syn. de *jour* central*. ***-Lunette stadimétrique*** : V. Stadimètre.

LUNULE n.f.
Surface en forme de croissant, délimitée par la rencontre de deux cercles tels que le centre du plus grand soit sur le plus petit.

LUNURE n.f.
Grave défaut des bois dû à l'action du gel ; la lunure se manifeste par des zones concentriques blanchâtres.
V.ill. au mot Bois.

LUSTRE n.m.
Luminaire suspendu, à caractère décoratif. Syn.: *suspension**.

LUSTRER v.tr.
1/MARBR.: donner à un marbre poli un aspect brillant, un lustré, en le frottant (après lavage soigneux) avec un tampon de linge humecté d'eau

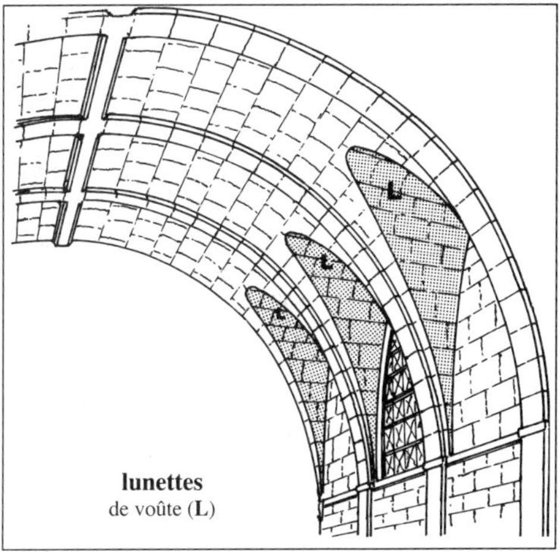

lunettes
de voûte (**L**)

et de potée* d'étain, puis avec un chiffon sec.

2/PEINT.: donner un aspect brillant à un vernis ou à une peinture en frottant avec un linge imprégné d'eau ou d'huile et de tripoli*.

LUSTRAGE n.m.
Action de lustrer, et son résultat.

LUT n.m.
Désigne tout enduit pâteux ou mastic utilisé pour le calfeutrement étanche des joints (chaudières, vitrages), ou pour obstruer hermétiquement des fissures, des raccords de canalisations, etc.

LUTAGE n.m.
Application d'un mastic de calfeutrement, d'un lut d'obturation.

LUTER v.tr.
Mastiquer, obstruer avec un lut.

LUX n.m. (**lx**)
Unité d'éclairement*. Le lux équivaut à l'éclairement* d'une surface plane de 1 m^2 qui reçoit un flux lumineux uniformément réparti de 1 lumen*.
Ainsi, une ampoule de 75 W qui émet 1 000 lumens, et qui éclaire un mur de

25 m² produira sur ce mur un éclairement de 1 000 divisé par 25, soit 40 lux ; la même ampoule n'éclairant qu'une table de travail de 2 m² produira sur cette table un éclairement de 1 000 / 2 = 500 lux.

Dans les bâtiments, un éclairement de 100 à 200 lux suffit pour la plupart des locaux, mais il doit être au moins de 300 lx pour les bureaux, pour les postes de travail, et pour toute activité nécessitant un bon éclairement.

Par comparaison, l'éclairement du sol extérieur en plein soleil dépasse 50 000 lx ; si le ciel est couvert, il tombe à environ 10 000 lx ; l'éclairement nocturne des rues est en général compris entre 20 et 50 lx.

LUXMÈTRE n.m.
Appareil photosensible de mesure de l'éclairement (analogue au posemètre utilisé en photographie).

LYCTE ou **LYCTUS** n.m.
Petit insecte coléoptère xylophage* (V. à ce mot).

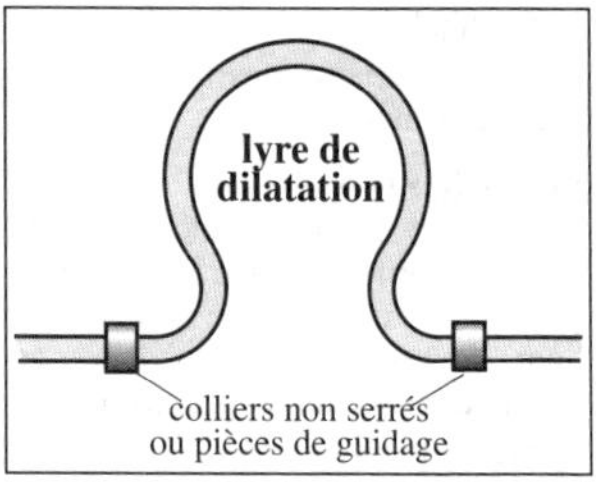

LYDIENNE adj. f.
Qualifie une maçonnerie de brique romaine rectangulaire (la brique grecque était carrée), montée avec un liant d'argile et de paille.

LYRE (de dilatation) n.f.
Décrochement en demi-cercle d'un long tuyau parcouru par un fluide chaud, pour faciliter le libre jeu* de ses dilatations.

LYS ou **LIS** (**fleur de —**) n.m.
V. Fleur.

M

m
Symbole du *mètre*, de la *masse*, et du préfixe *milli* (millième de).

M
Symbole du préfixe *méga* (un million de fois), et du *maxwell* (ancienne unité de flux magnétique).

MACADAM n.m.
(du nom de l'ingénieur écossais McAdam) Empierrement de chaussées avec des granulats durs et anguleux, répandus puis compactés au rouleau compresseur ; de nos jours, les granulats du macadam sont agglomérés soit avec un bitume fluide (V. Tarmacadam), soit avec un coulis de ciment (*macadam-ciment*).
Le mot désigne aussi les granulats concassés d'environ 5 cm.

MACADAMISAGE n.m.
(parfois *Macadamisation* n.f.)
Empierrement en macadam, et son résultat.

MACADAMISER v.tr.
Empierrer une voie, par l'apport et le compactage de macadam.

MÂCHEFER n.m.
Scories de forges et résidus non brûlés qui proviennennt de la combustion des charbons.
Il sert de sous-couche de dalles* sur terre-plein*, ou sur hérisson*.
Poreux, il facilite la circulation de l'air et l'élimination de l'humidité.
Broyé, le mâchefer sert aussi de granulat* dans certains bétons et mortiers.
Enfin, on l'incorpore à l'argile pour la fabrication de briques* de mâchefer.

MÂCHICOULIS n.m.
(autrefois *Mâchecol*, *Mâchecoule*)
Galerie ou chemin de ronde en encorbellement* au faîte de fortifications ; son sol est percé de jours permettant de surveiller le bas des murailles, et d'y déverser des projectiles.

Désigne aussi chacune de ces ouvertures en surplomb.

MACHINERIE n.f.
Ensemble des machines et moteurs d'un système motorisé quelconque, disposés dans un même local.
Par extension, le local lui-même : *machinerie d'ascenseur*.

MÂCHOIRE n.f.
1/ Chacune des deux parties d'un étau qui se font face et entre lesquelles sont serrés les ouvrages, à l'aide de mors*.
Chacune des extrémités de serrage des tenailles, pinces, etc.

2/ En électricité, lamelle conductrice repliée en fourche presque fermée, dans laquelle s'engage la lame rigide d'un interrupteur à couteau.

MÂCHURER v.tr.
1/ Former des empreintes sur une pièce par un serrage excessif dans un étau ou dans des tenailles.

2/ Barbouiller, maculer une surface.

MACLE n.f.
Assemblage de cristaux constituant un bloc homogène, aux formes géométriques.

MAÇON n.m.
Entrepreneur, artisan ou ouvrier spécialiste du gros oeuvre* en maçonnerie et, de façon générale, des travaux de bâtiment faisant appel au béton, aux mortiers, aux briques et aux blocs*, ainsi qu'à leurs enduits extérieurs (l'activité du maçon comprenait aussi autrefois les ouvrages de plâtrerie).

MAÇONNAGE n.m.
Action de lier au mortier des matériaux de construction.

MAÇONNÉ adj.
Peut qualifier tout ouvrage lié ou jointoyé* avec un mortier.

MAÇONNER v.tr.
Faire un ouvrage en maçonnerie ; lier des éléments avec un mortier.

MAÇONNERIE n.f.
1/ Art de l'édification et de la remise en état du gros oeuvre* maçonné* des bâtiments. Bien que les travaux en béton armé en soient aujourd'hui indissociables, on précise encore qu'une entreprise a pour spécialité *maçonnerie - béton armé* (**MBA**).

2/ Désigne les ouvrages eux-mêmes, ou sert à préciser leur composition (par exemple *maçonnerie de béton cellulaire*), leur mode d'exécution, ou leur *appareil**:

-***maçonnerie assisée*** : maçonnerie composée de rangées d'éléments disposés en lits horizontaux.

-***maçonnerie en blocage*** : maçonnerie en pierres de dimensions réduites et de formes irrégulières, grossièrement liées par un mortier.

-***maçonnerie composite*** : celle qui associe plusieurs types de matériaux de construction usuels, par ex. des briques et des moellons.

-***maçonnerie à échiquier,*** ou ***en échiquier*** : celle dont les joints entre les pierres sont obliques.

-***maçonnerie fourrée****: voir ce mot.

-***maçonnerie à joints incertains*** : voir ***opus incertum***.

-***maçonnerie en liaison,*** ou ***réglée*** : maçonnerie assisée dans laquelle chaque joint vertical tombe au milieu du bloc de l'assise inférieure.

-***maçonnerie de pierre de taille*** : maçonnerie en blocs appareillés dont le volume unitaire est au minimum égal à 1/15e de m^{3} ; par convention, au-dessous de ce volume, on parle de *maçonnerie de moellons*.
-***maçonnerie à sec*** : ses éléments ne sont pas liés par un mortier.
La maçonnerie fait l'objet de plusieurs ***DTU***.

MACROMOLÉCULE n.f.
Molécule* dont la structure stable comporte un nombre important de molécules élémentaires (parfois plusieurs milliers) organisées en chaînes ou motifs répétitifs, en général dans les trois dimensions ; les matières plastiques, résines, fibres du bois (cellulose) sont des macromolécules.

MACULAGE n.m.
Zone(s) de taches à la surface des bétons, dues soit aux produits décoffrants, soit à des efflorescences blanches de carbonatation.

MADRÉ adj.
Qualifie un bois moucheté, tacheté ou ronceux, ou même fortement veiné dans des tons contrastés (autrefois, le hêtre, dont le bois est moucheté, s'appelait le *madre*).

MADRIER n.m.
Débit* second des bois d'oeuvre (surtout résineux, pins et sapins), sous forme d'avivés*. Les sections usuelles sont 7,5 x 20,5 ou 22,5 cm, et 10,5 x 22,5 cm ; et, pour les bois d'importation, environ 8 x 25 cm (soit 3 x 9 pouces en mesure anglaise).
Les madriers sont surtout utilisés en charpente (pannes, sablières, arbalétriers, entraits), pour les blindages, et comme pièces maîtresses des coffrages du béton armé.

MADRURE n.f.
Motif formé sur les pièces de bois par les veines, les noeuds et les loupes*; le fait d'être madré n'est pas un défaut. Les bois madrés (***madres***), sont appréciés en ébénisterie.

MAGNÉSIE n.f. (**MgO**)
Oxyde de magnésium, utilisé comme base forte, et comme agglomérant dans la fabrication de meules* abrasives. Sous sa forme cristalline, c'est la *périclase**.

MAGNÉSIÉ adj.
Qui contient de la magnésie.

MAGNÉSIUM n.m. (**Mg**)
Métal léger, blanc, inflammable à l'air libre. Dans la nature, le carbonate de magnésium ($MgCO_3$) est associé au carbonate de calcium pour composer diverses roches carbonatées (calcaires, dolomie*, marbres).

MAGNÉSIEN adj.
Qui contient du magnésium : *béton* magnésien*.

MAGNÉTISME n.m.
Branche de la physique qui étudie les phénomènes d'aimantation et l'action des flux magnétiques ; elle sort du cadre de cet ouvrage, de même que l'*électromagnétisme* utilisé dans les moteurs électriques, les sonneries, les minuteries, les haut-parleurs, etc.

MAIGRE adj.
1/ARCHIT.: se dit d'un membre* d'architecture étriqué, trop long, ou de section insuffisante.

2/MAÇONN.: qualifie un béton, un mortier ou un enduit dont le taux de liant est faible (par opposition aux mélanges *gras*, riches en liant) ; syn.: *sous-dosé*. Une pierre de taille ou un moellon sont *maigres* si leurs dimensions sont trop faibles pour la place qu'ils doivent occuper.
Un *joint maigre* est un joint mince.

3/MENUIS.-CHARP.: un tenon est dit maigre s'il est trop étroit et s'il a du jeu* dans sa mortaise.

4/PEINT.: qualifie une peinture ou un vernis contenant trop peu d'huile.

MAIGREUR n.f.
Manque d'épaisseur d'un revêtement ; manque d'huile ou de liant d'une peinture, d'un enduit.

MAIL n.m.
1/ Marteau qui, dans les carrières, sert à enfoncer les coins de bois dans les entailles afin de déliter* les blocs de pierre.

2/ Vaste galerie publique ; en urbanisme, large voie piétonne.

MAILLE n.f.
1/BOIS : une bille est dite sciée *sur maille* si elle est débitée en quartiers*

main d'arrêt

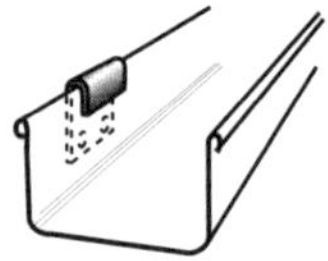

ou faux-quartiers*, selon des axes passant par le centre (V. Bois).
Le sciage sur maille, plus difficile que sur dosse*, est réservé à des bois de qualité dont on attend un effet décoratif par la mise en évidence des veines parallèles, ou *maillure*.

2/OUTILL.: long maillet en bois utilisé comme masse.

3/TECHNOL.: largeur ou diamètre de chacune des ouvertures d'une grille de tamis ou de crible*, ou d'un grillage.

MAILLÉ adj.
1/ Se dit d'un bois dont la maillure est apparente.

2/ Qualifie un réseau* de distribution des fluides (eau, gaz, etc.) établi suivant un *maillage*, de sorte que des interventions en un point quelconque du réseau puissent s'effectuer en ne coupant l'alimentation que sur la portion concernée.

MAILLECHORT n.m.
Alliage* de cuivre, de zinc et de nickel, utilisé dans les rhéostats électriques en raison de sa bonne résistivité* et de son élasticité.

MAILLÉE n.f.
Syn. d'*appareil* réticulé*, c'est-à-dire dont tous les joints, verticaux et horizontaux, sont alignés.

MAILLET n.m.
Marteau de bois (charme, frêne, buis) utilisé pour frapper les outils manuels, tels que ciseaux, gouges, bédanes... La tête de maillet prend diverses formes selon les professions (V.ill).

maillets

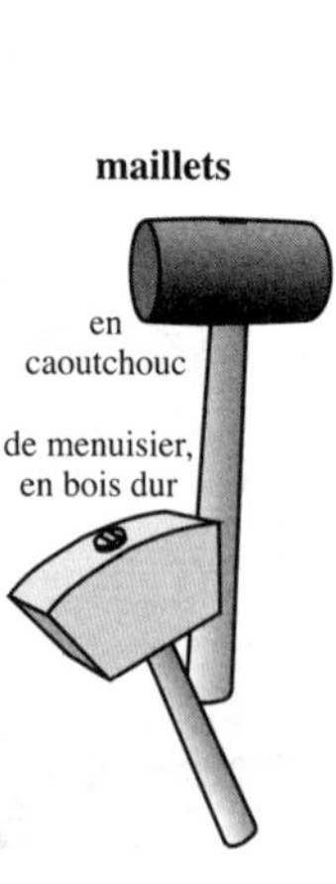

MAILLOCHE n.f.
Lourd maillet à long manche.

MAILLURE n.f.
Ensemble des cernes d'allure parallèle d'une pièce de bois dont la coupe est faite *sur maille*.
Mouchetures luisantes que l'on observe à la surface de certains bois polis (hêtre, chêne), et qui correspondent à la coupe des rayons médullaires (V. Bois).

profils de **mains courantes**

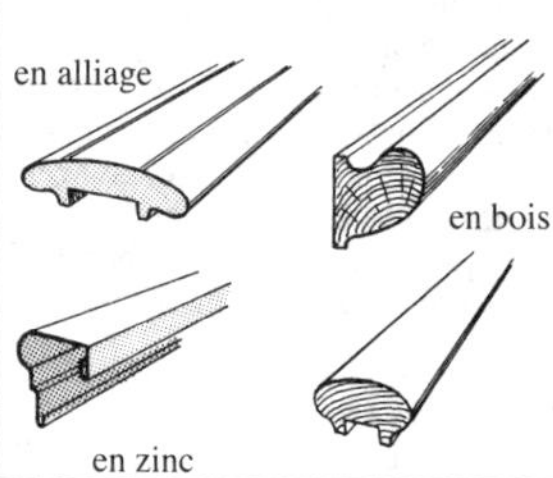

MAIN n.f.
Gros crochet auquel on accroche une charge pour la soulever avec un engin de levage (grue, chèvre...).

En architecture, ***indiquer la main*** d'une porte ou d'un vantail, c'est indiquer le côté de sa serrure* et son sens d'ouverture, *en poussant* ou *en tirant* (V.ill. au mot Porte).

•***Main d'arrêt*** : patte de métal rabattue sur la rive du chéneau pour le maintenir sans le bloquer (V.ill).

•***Main courante*** (parfois *main coulante*) : profilé en bois ou en métal couronnant un balcon ou une rampe pour que la main puisse s'y tenir, se guider ou "courir" (V.ill).
Les mains courantes en bois sont fixées sur une *bandelette** de métal qui entretoise le haut des barreaux de la rampe.
Le long d'une paroi, la main courante est portée par des *écuyers**.

•***Main-d'oeuvre*** : outre les ouvriers et exécutants au sens large, désigne la part des salaires et charges sociales dans le déboursé*, et donc dans le coût d'un ouvrage.
Le calcul de main-d'oeuvre d'un ouvrage est basé sur la durée, en heures ou centièmes d'heure (rarement en minutes).

MAINTENANCE n.f.
Mot de plus en plus utilisé dans son sens anglais de travaux d'entretien, de conservation en bon état de fonctionnement : *service de maintenance, personnel de maintenance.*

MAISON n.f.
En urbanisme et dans l'immobilier, les distinctions courantes sont :

• la ***maison sur catalogue*** : maison d'habitation bâtie suivant des plans types proposés par les constructeurs de maisons individuelles, avec des possibilités de variantes et d'options (sous-sol, garage...) ; les plans sont visés une fois pour toutes par un architecte ou un maître d'oeuvre habilité, et la construction s'effectue sans leur intervention, sous la responsabilité du constructeur et des sous-traitants qu'il choisit.

• la ***maison individuelle personnalisée*** : habitation conçue par un architecte pour son client en fonction de ses besoins et de ses goûts ; l'architecte suit et coordonne toutes les opérations de construction.

• la ***maison groupée***, ou ***en village*** : désigne chaque unité d'un ensemble homogène d'habitations individuelles de même type, aux variantes près, édifiées sur un terrain loti, par un même promoteur-constructeur.

On distingue aussi :

-les ***maisons en bande*** : ensemble de maisons individuelles de même conception, qui sont juxtaposées et mitoyennes par tout ou partie de leurs pignons.

-les ***maisons isolées*** : disposées sur leur terrain sans mur séparatif commun avec une construction voisine.

-les ***maisons jumelées*** : chacune des deux parties, généralement symétriques, d'une maison formant deux habitations accolées.

-les ***maisons de ville*** : leur façade est à l'alignement de la voie publique, et elles sont en général mitoyennes de leur voisines.

Il existe encore de nombreux autres qualificatifs de la *maison,* dont le sens est connu : maison bourgeoise, maison de campagne, maison d'arrêt, maison de la culture, maison de repos, etc.

Maison à ossature bois (**MOB**)
Ce terme générique désigne toute construction dont la structure porteuse est exclusivement composée de pièces de bois.
La technique de construction à ossature de bois est très ancienne (V. Pan de bois). Parmi ses avantages, citons la rapidité de construction, l'adaptation assez facile à des performances thermiques élevées, la possibilité d'allègement des fondations, de bonnes caractéristiques parasismiques, et un comportement au feu satisfaisant (contrairement à une opinion répandue dans le public).
Les systèmes de clouage pneumatique et de connecteurs* permettent une construction rapide à partir d'éléments et panneaux préassemblés.
Bien que la MOB soit surtout adaptée à une finition extérieure en bardage*, l'application d'enduits extérieurs sur un treillis métallique (bardage d'enduit) reste possible et permet, moyennant des précautions liées aux risques de mouvements différentiels, la réalisation d'aspects de maçonnerie traditionnelle.
Pour tous détails, voir le ***DTU 31.2*** *(Construction de maisons et bâtiments à ossature en bois, nov.1989).*

MAISON À OSSATURE BOIS (MOB)

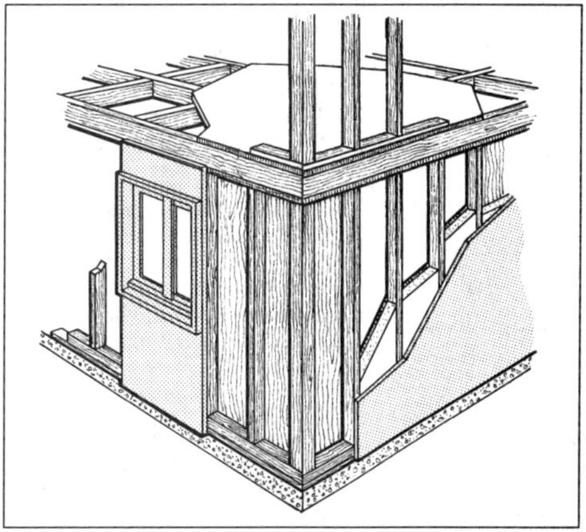

Les parois préassemblées font l'objet d'une certification* par le CTBA.

MAÎTRE
1/n.m. Dans certaines professions corporatistes, patron (*maître carrier*), cadre (*maître de forges, maître-maçon*), ou artisan ayant accédé à la *maîtrise* dans le cadre du compagnonnage*.

2/adj. Qualifie un élément essentiel d'une structure : *poutre maîtresse*.

MAÎTRE-À-DANSER n.m.
Instrument de mesure des épaisseurs et des diamètres intérieurs des corps creux, composé de deux branches articulées en croix (V.ill).

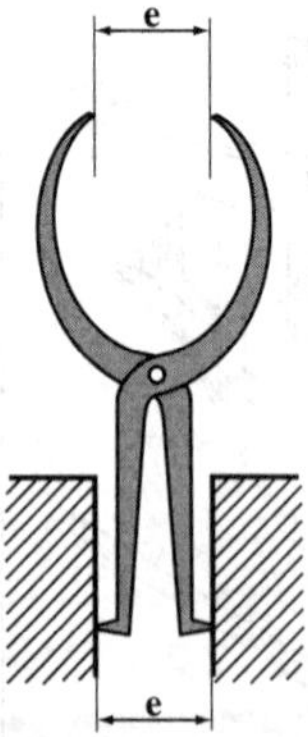

maître-à-danser

MAÎTRE D'OEUVRE n.m.
Celui qui est chargé de la conception et des études, puis du suivi des travaux et de la coordination*, pour un le compte d'un client (le *maître d'ouvrage)* : un maître d'oeuvre peut être architecte, agréé en architecture, ingénieur, bureau d'études, etc.

MAÎTRE D'OUVRAGE n.m.
Personne physique ou morale pour qui sont réalisés des travaux : le maître d'ouvrage choisit un maître d'oeuvre (parfois sur concours), s'entend avec lui sur un avant-projet, puis sur un projet et sur les solutions techniques proposées, et lui confie la coordination et le suivi des travaux, dont il assure le paiement sur situations*, ou suivant un échéancier convenu.

MAÎTRISE d'oeuvre, — d'ouvrage. Activité et rôle du maître d'oeuvre et du maître d'ouvrage.

MAÎTRISE d'oeuvre publique, ou **MOP.** Ensemble de règles légales, aménagé en 1994, concernant la passation des marchés publics de maîtrise d'oeuvre par les collectivités : consultation, attribution et rémunération des maîtres d'oeuvre.

MAJOLIQUE n.f.
Technique ancienne de faïence décorée et vernissée par une glaçure superficielle à l'étain ; on en fait encore des carreaux artisanaux.

MALANDRE n.f.
Pourriture ou défaut important existant à l'intérieur d'une pièce de bois, bien que celle-ci présente un aspect extérieur sain et normal.

MALAXAGE n.m.
Brassage manuel ou mécanique des composants d'un mortier ou d'un béton avec leur eau de gâchage.

La qualité et la durée du malaxage doivent être telles que le mélange des particules fines avec de l'eau garnisse au maximum les interstices entre granulats ; le malaxage doit permettre d'obtenir, avec le minimum d'eau, une pâte ouvrable (V. Ouvrabilité) et maniable (V. Maniabilité), sans ségrégation* des plus gros granulats.

MALAXEUR n.m.
Engin mécanique utilisé pour le mélange des composants des bétons, mortiers hydrauliques et mortiers de résines.

Contrairement à la bétonnière, dont la cuve tourne, le malaxeur a une cuve cylindrique fixe dans laquelle tourne un axe porteur de palettes, parfois avec un mouvement excentrique dit *planétaire* (par combinaison de deux axes de rotation).
L'axe est en général vertical, mais il peut aussi être horizontal (malaxage industriel de mastics et produits pâteux épais, et malaxeurs des pompes à mortier).

MÂLE adj.
Qualifie toute pièce, en général cylindrique, destinée à être insérée ou vissée dans une autre, dite *femelle**.

MAL-ÉGAL n.m. invar.
Défaut de planéité à la surface d'une pièce métallique ou d'une tôle.

MALFAÇON n.f.
Défaut d'exécution d'un ouvrage, quelle qu'en soit la cause : inexpérience, manque de soin, conditions de réalisation inadaptées, excès d'économie de matériau, inadéquation des matériaux, etc.

MALL n.m. (de l'anglais)
Nom parfois donné à de vastes halls ou galeries marchandes.

MALLÉABILITÉ n.f.
Caractère d'un matériau qui peut être déformé (mastic, mortier pâteux), façonné par percussion ou réduit en feuilles minces par laminage à froid (cas du plomb), ou à chaud (par exemple 100°C pour le zinc) ; sont des métaux malléables, en ordre décroissant : l'or, l'argent, le plomb, le cuivre, le zinc, l'étain, le fer.

MALLÉABLE adj.
Plastique, modelable, ou déformable par martelage ou laminage.

MALON n.m.
Dans le Midi, brique creuse et plate utilisée comme platelage* sous les couvertures en tuiles creuses.

MAMELON n.m.
1/ Partie d'un gond* ou d'une paumelle* formant le goujon* qui entre dans l'oeil* de la penture* ou dans la douille* de la paumelle.

2/ En plomberie, raccord* fileté avec lequel on unit bout à bout deux tuyaux de même diamètre ; c'est un ***mamelon réduit***, ou *réduction*, s'il sert à abouter des tuyaux de diamètres différents (V.ill).

3/ Petite proéminence bombée formant guide, butée ou ergot sur un élément quelconque.

MANCHE
1/n.m. Partie allongée d'un outil portatif par laquelle on le tient en main ; tube d'un chalumeau de soudage tenu à la main.

2/n.f. Long tube cylindrique ou conique en matière souple : par ex., *manche de dépoussiérage* de l'air.

MANCHETTE n.f.
Court élément de tuyau, ou manchon de raccordement en tôle, qui est facilement démontable.
En fumisterie, la *manchette* désigne parfois la *chemise**. En maçonnerie, peut désigner l'*oreille* d'appui*.

MANCHON n.m.
1/COUVERT.: étanchéité en zinc qui habille le pied des poteaux d'une lucarne ; il est engravé* à son sommet, et sa base est en général soudée sur la bavette* de la lucarne.

2/ÉLECTR.: raccord tubulaire entre deux tubes de conducteurs.

3/MAÇONN.: le manchon d'une chandelle* est le tube central à filetage intérieur qui sert de vérin de réglage de hauteur. Syn.: *écrou à oreilles.*

4/PLOMB.: raccord tubulaire femelle* de jonction de deux tuyaux ; dans le cas des tubes plastiques en PVC, le manchon a un épaulement intérieur qui sert de butée (V.ill).

Le ***manchon de dilatation*** est un raccord qui permet le libre coulissement des tubes, pour absorber les jeux de dilatation, l'étanchéité étant assurée par un joint souple, à lèvres ou à godrons*. Des manchons de dilatation en PVC sont aussi utilisés pour raccorder les sorties de cuvettes de WC aux collecteurs ou aux culottes* PVC des chutes*.

Le ***manchon coupleur élastique*** est un dispositif interposé sur les canalisations pour amortir la transmission des bruits (surtout sur les canalisations de chauffage central) : il peut être fait d'une *jupe* annulaire* souple en caoutchouc synthétique sur carcasse de nylon, prise entre deux brides métalliques (V.ill. ci-avant).

MANCHONNEUSE n.f.
Appareil de plomberie pour la mise en forme d'emboîtures* aux extrémi-

mamelon

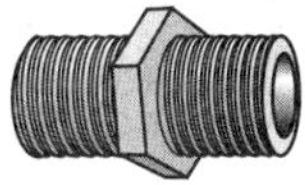

mamelon réduit
ou **"réduction"**

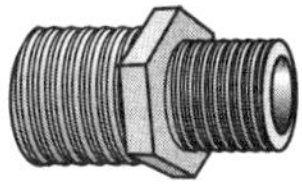

manchons

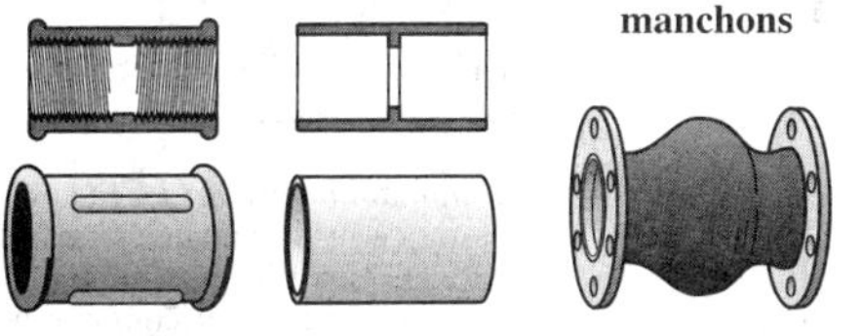

en acier, à filetages inversés (serrage par rotation du manchon)

en PVC, à épaulement central

manchon souple à jupe en caoutchouc armé et fixation par brides

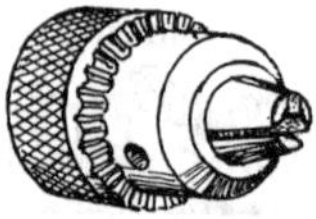

mandrin

tés de tuyaux de cuivre recuit, sans percussion, mais par pénétration en force de courts mandrins à l'aide d'un puissant bras de levier.

MANDORLE n.f.
Encadrement en forme d'amande.

MANDRIN n.m.
1/OUTILL.: sur un outil rotatif (tour*, perceuse*, vilebrequin*), pièce de serrage des accessoires (forets, mèches, fraises, tarauds...) ; ses mors sont à déplacement radial et simultané par vissage d'une bague de serrage extérieure à l'aide d'une clé.

2/PLOMB.: petit outil cylindrique à épaulements avec lequel on finit l'évasement à 90° de la collerette d'un collet* battu, après l'évasement conique avec la toupie.

3/SERRUR.: poinçon* de perçage du fer à chaud (le poinçon proprement dit servant au perçage à froid).
Pièce d'acier cylindrique, conique ou ovoïde*, servant de *noyau* pour le forgeage d'objets creux.

MANDRINER v.tr.
Travailler un métal, percer un trou ou l'élargir par ***mandrinage***, à l'aide d'un mandrin.

manivelles
de manoeuvre

à cardans

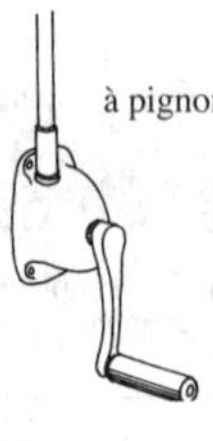

à pignons

MANETTE n.f.
Petit levier de commande, ou poignée métallique de saisie ou de déclenchement de divers dispositifs.

MANGANÈSE n.m. (symb. **Mn**)
Métal dont le bioxyde (MnO_2) sert à blanchir les produits verriers (*savon des verriers*), et à rendre siccatives* les huiles de peinture.

MANIABILIMÈTRE n.m.
Appareil d'évaluation de l'ouvrabilité des bétons.
Le ***maniabilimètre du LCPC*** est un caisson de métal parallélépipédique, divisé en deux parties par une trappe amovible. Le premier compartiment est rempli de béton. Un vibrateur électrique est mis en marche par le relèvement de la trappe.
On observe alors dans le second compartiment la hauteur atteinte par le béton libéré et vibré, en fonction du temps écoulé (de 10 à 30 s).

MANIABILITÉ n.f.
État de consistance et de plasticité d'un mortier ou d'un béton tel qu'ils puissent être transportés, manipulés et mis en oeuvre, que ce soit par gravité, par projection, par talochage* ou en jeté* à la truelle.
Syn.: *ouvrabilité**, *workabilité**.

MANIER v.tr.
Signifie parfois mettre en oeuvre, ou remanier* (les éléments d'une couverture, d'un dallage...).

MANIÉRISME n.m.
Courant artistique et architectural qui, à la fin de la Renaissance italienne, fut marqué par la stylisation excessive et les décors surchargés.

MANILLE n.f.
Anneau ouvert servant à raccorder deux éléments de chaînes ou élingues. On le ferme avec une clavette ou un axe fileté.

MANIVELLE n.f.
Dispositif de manoeuvre par rotation soit directe, soit à embiellage, à pignons ou à cardans, qui permet de démultiplier la force nécessaire au fonctionnement d'un axe de treuil*, d'une tige de commande de volet roulant, de store, de ferme-imposte, etc. (V.ill).
Désigne aussi un dispositif de levage de matériaux, sorte de brancard* suspendu à un câble.

MANNE n.f.
Autrefois, panier tressé utilisé pour le transport des gravois*.

MANNEQUIN n.m.
Désigne parfois un gabarit*, par ex. pour la réalisation répétitive d'encadrements de baies en maçonnerie.

MANOEUVRE
1/n.m. Ouvrier non spécialisé. Syn.: *aide*, *garçon*. Assistant d'un ou deux

compagnons, le manoeuvre leur apporte les matériaux à pied d'oeuvre, prépare les gâchées, déblaie les gravats, nettoie le chantier, etc.

2/n.f. Action de mise en mouvement de translation ou de rotation d'un élément mobile. Dispositif de commande à distance, par exemple d'une trappe de désenfumage.

MANOGRAPHE n.m.
Manomètre* à dispositif d'enregistrement par stylet encré, sur bande défilante, ou sur disque gradué.

MANOIR n.m.
Autrefois, habitation *"d'un propriétaire de fief qui ne possédait pas des droits seigneuriaux permettant d'élever un château avec tours et donjon"* (VIOLLET-LE-DUC).

MANOMÈTRE n.m.
Instrument de mesure de la pression d'un fluide*, liquide ou gazeux.
Les principaux manomètres sont :

- le ***manomètre à liquide***, pour la pression des gaz ; son principe consiste à équilibrer, dans un tube en U, la pression à mesurer en lui opposant la pression d'un liquide tel que l'eau ou le mercure. La mesure de pression est donnée par l'écart de hauteur dans les deux branches du tube, dont une est au contact du gaz à étudier, et l'autre ouverte sur l'air libre.
Le même principe permet la mesure de dépressions (par ex. mesure du tirage d'un conduit) ; l'appareil est alors dit *déprimomètre*.

- le ***manomètre métallique***, dont l'emploi est général pour la pression des liquides ; son principe repose sur la déformabilité élastique d'un tube métallique aplati, enroulé en spirale, dont l'extrémité est reliée à l'aiguille d'un cadran gradué.

MANOMÉTRIQUE adj.
Qui concerne la mesure de la pression des fluides.

MANOSTAT n.m.
Commande dont le déclenchement est provoqué par une différence de pression. Désigne en particulier le dispositif de régulation et de limitation de pression de la vapeur produite par les chaudières à vapeur, ou *vapostat*.
Par l'intermédiaire d'une membrane souple, les variations de pression agissent sur un fléau relié à l'admission d'air de la chaudière, suivant un principe analogue à celui des *aquastats* (V. ce mot).

MANQUE n.m.
Absence localisée ou insuffisance ponctuelle d'épaisseur d'un revêtement, peinture, vernis, enduit...

MANSARDE n.f.
1/ *Comble en mansarde*, ou comble ***mansardé***, ou *comble* ***à la Mansart*** (du nom de François Mansart, l'architecte qui donna son essor à ce type de comble au 17e siècle) : comble* dont chaque versant est formé de deux pans, le terrasson* et le brisis*, dont les pentes sont différentes, ce qui permet d'établir un étage supplémentaire dans le volume du comble.
V.ill. ci-dessous.

2/ Chambre établie dans un tel comble *brisé*.

3/ Par déformation, lucarne* donnant le jour à une pièce mansardée.

MANSARDÉ adj.
Construit ou disposé en mansarde : *étage mansardé, chambre mansardée.*

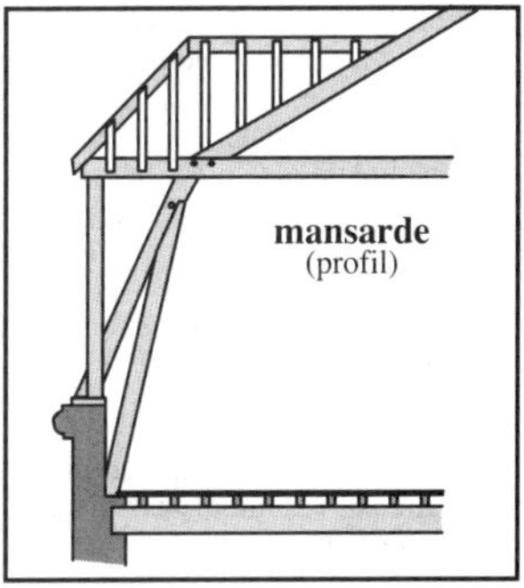
mansarde
(profil)

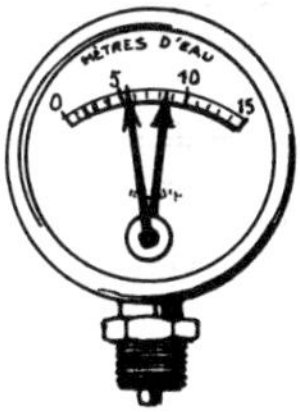

manomètre

manteau (M) **et faux-manteau** (F)

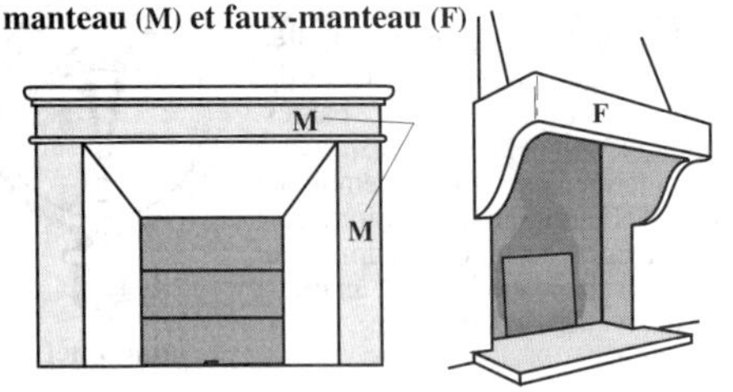

MANTEAU n.m.
1/ Coffre externe d'une cheminée* à feu ouvert formant saillie sur un mur intérieur, autour du foyer (V.ill) : le manteau se compose des deux pié-droits* latéraux, de part et d'autre du foyer* et, au-dessus, du chambranle* en avant-corps et de son couronnement* (corniche* ou tablette*).
Le ***faux-manteau*** est un manteau sur consoles latérales.

2/ Un manteau désigne parfois le vantail* d'une porte.

MANTELAGE ou **MANTELAU** n.m. Bardage* extérieur de bois constitué de planches ou lattes disposées verticalement.

MANTELET n.m.
Petit habillage en bois au sommet d'une tour ou d'un clocher.

MANUEL adj.
Qualifie un appareil commandé ou utilisé avec la main, et tout ouvrage exécuté à la main, avec un outillage portatif simple, et sans l'assistance d'une énergie mécanique, électrique ou pneumatique : préparation manuelle d'un mortier (malaxage à la truelle) ; de même, un enduit sera dit appliqué ***manuellement*** s'il est appliqué à la truelle ou à la taloche, et non par projection pneumatique.

MANUPORTABLE adj.
Qualifie ce dont la manipulation peut être faite par l'homme, sans avoir recours à des engins.

MANUTENTION n.f.
Toute opération de déplacement, de chargement ou de déchargement, ou d'approche à pied d'oeuvre des matériaux ; les engins de manutention sont nombreux : ils sont fixes (blondin*, sauterelle*, monte-matériaux, grue, treuil, chèvre*, etc.) ou mobiles (brouettes, dumpers, chargeuses...).

MAPPE n.f.
Feuille de papier quadrillé pour le dessin des levers* de topographie.

MAQUETTE n.f.
1/ Reproduction fidèle en volume, à échelle réduite, de tout ou partie d'un bâtiment, d'un ouvrage d'art, d'un quartier urbain, etc. à partir de dessins et de plans.

2/ Ébauche* provisoire d'une sculpture, en général en terre glaise ou en cire.

MARBRE n.m.
Roche cristallisée par *marmorisation* (recristallisation métamorphique).
Le marbre est composé, pour l'essentiel, de carbonate de calcium cristallisé (*calcite*) ou de carbonate double de calcium et de magnésium (*dolomie*).
Les marbres ont en commun leur densité élevée (env. 2 700 kg/m^3), leur résistance à la rupture sous charge (1 200 à 1 500 kg/cm^2) et leur aptitude à prendre le poli*.

La ***brèche de marbre*** est une agglomération de fragments anguleux et débris de roches marbrières, liés par des ciments naturels (ne pas confondre avec les *brèches reconstituées* artificiellement, sur le même principe que le granito*).

La **classification** des marbres, par couleurs dominantes, est rappelée dans le tableau ci-contre.

Les **emplois du marbre**, dans le bâtiment, concernent surtout les dallages de sols, les placages muraux, intérieurs ou extérieurs, ainsi que les marches, plinthes, tablettes, et divers éléments de décoration.

NB- Certains marbres ne peuvent être utilisés en extérieur, leurs composants annexes étant parfois sujets à désagrégation, si leur liaison cristalline est médiocre ; les oxydes colorants des teintes soutenues (noirs, rouges), exposés à la lumière, peuvent subir une décoloration lente.

La **mise en oeuvre du marbre** :
au sol, la pose traditionnelle des dalles (fournies adoucies et non polies) se fait sur lit de sable ; toutefois les dallages de marbre mince et calibré sont maintenant souvent posés sur béton par collage avec un mortier-colle* adapté. En général, on doit protéger l'ouvrage avec des bâches ou une couche de plâtre jusqu'à son polissage final en fin de chantier.
En ***pose murale intérieure***, les placages de marbre sont presque toujours faits par collage (sauf très grands formats), comme pour des revêtements* céramiques.
A l'extérieur, les dalles de marbre mural sont posées, sauf exception, par agrafage*, comme les revêtements de pierre. Seuls des formats réduits peuvent être posés au mortier-colle, en respectant les mêmes règles de dimensions et de poids que pour les carreaux céramiques.
-***Marbre-tranché***, ***marbre éclaté*** : plaquettes rustiques de marbre obtenues en débitant des pains de marbre avec une presse à guillotine ; ce revêtement mural, fréquent dans les années 70 en décoration de halls, loggias et devantures de magasins, n'est plus guère utilisé.

MARBRÉ adj. Se dit d'un revêtement qui présente des veines et marbrures rappelant celles du marbre.

MARBRER v.tr.
1/ Réaliser une imitation de marbre, ou faux-marbre*, en stuc* ou en peinture.

2/ En miroiterie, c'est étaler le verre en fusion sur le *marbre*, table de fonte parfaitement plane, et effectuer la *paraison** du verre.

Classification par tonalités des **principaux MARBRES** et PIERRES MARBRIÈRES :

• **BLANC** (fond crème ou bleuté)
Arabescato ; Arni Alto ; Carrare ; Chanterie ; Palombin ; Paonazzo ; Piastraccia ; Saint-Béat ; Statuaire.
• **BEIGE**
Balacet ; Botticino ; Comblanchien ; Escalette ; Faron ; Hauteville ; Larrys moucheté ; Lunel ; Napoléon ; Rocheret ; Tourris ; Travertins (marocain, romain, tchèque, toscan).
• **BLEU**
Chanteuil ; Bleu fleuri ; Bleu du Portugal ; Lumachelle ; Saint- Rémy ; Bleu Turquin.
• **NOIR** (fond noir uni, ramagé ou veiné) Basècles ; Bleu belge ; Noir belge ; Brèche orientale des Pyrénées ; Grand-Antique ; Coquillé d'Izeste ; Jaspé ; Rubané ; de Sablé ; St-Laurent veiné ; Portor.
• **GRIS**
Bois Jourdan ; Bois-Ramage ; Chomérac ; Gris des Ardennes ; Gris du Maroc ; Paloma ; Sainte-Anne belge ; Sainte-Anne des Pyrénées ; Saint-Jean fleuri ; San Gavino, Sarancolin.
• **JAUNE**
Brèche d'Alep ; Brocatelle ; Coquillé de Provence ; Jaune Brignoles ; Jaune de Sienne ; Jaune Mori ; Orange Varois ; Villon ; Jaune de Valore.
• **ROSE**
Brèche romaine ; Chassagne ; Comblanchien rosé ; Prémaux ; roses Aurore, Corail, de Brignoles, de Norvège, Phocéan, du Portugal.
• **ROUGE**
Brèche de Salernes ; Griotte ; Languedoc turquin ; Malplaquet ; rouges Alicante, Antique, Léopard (belge), Byzantin, Étrusque, de Flandre, de France, Holla, Incarnat, Levanto, Royal, de Vérone.
• **VERT**
Campan ; Cipolin ; verts des Alpes, d'Estours, du Levant, de Suède, de la Roja, de Tende, Tinos.
• **VIOLET**
Brèche de Médicis ; Brocatelle violette ; fleur de pêcher ; Violet de Brignoles ; Violine.

(d'après Industrie de la pierre et du marbre, R.M. Lambertie, P.U.F. ; et divers)

MARBRERIE n.f.
Art et techniques des transformations et des façonnages du marbre.
Entreprise et atelier du marbrier.

MARBRIER n.m. et adj.
1/ Entrepreneur ou compagnon spécialiste du travail du marbre et de sa mise en oeuvre.

2/ Peintre spécialiste des imitations de marbre, ou faux-marbres.

3/ Sous forme d'adjectif, la ***pierre marbrière*** est une pierre calcaire qui, sans répondre exactement à la définition du marbre, a des caractéristiques similaires de dureté et d'aptitude à prendre le poli*.

MARCHES

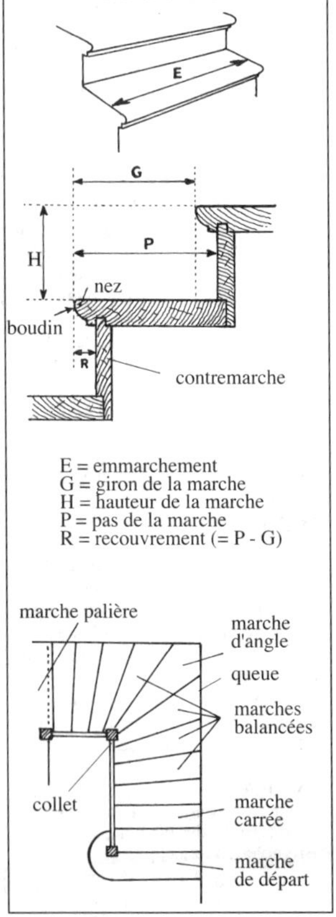

MARBRIÈRE n.f.
Carrière d'où l'on extrait du marbre.

MARBRURE n.f.
Motif de peinture rappelant l'aspect du marbre.
Trace ou auréole de couleur anormale à la surface d'une peinture, d'un enduit* de parement.

MARCHAGE n.m.
Pétrissage de l'argile pour la fabrication des briques, poteries et produits céramiques ; le marchage était fait autrefois par des ouvriers dits ***marcheurs*** ou ***marcheux***, qui foulaient longuement aux pieds les terres dans un ***marchoir*** ; il est fait aujourd'hui par des malaxeurs mécaniques dits *machines à marcher*.

MARCHANDAGE n.m.
Désignait autrefois la fourniture de main-d'oeuvre aux entreprises, par des sous-traitants* qui exploitaient ainsi du personnel recruté à cet effet ; ce type de transaction (sans rapport avec le travail intérimaire) est interdit depuis 1919.

MARCHE n.f.
Chacun des degrés*, surfaces horizontales en gradin sur lesquelles le pied prend appui pour monter ou descendre un escalier.
La marche se définit par son emmarchement*, son giron*, son pas* et sa hauteur (V.ill). Selon sa forme, la marche est dite *droite,* ou *carrée,* si elle est rectangulaire ; *balancée** ou *dansante* si ses deux extrémités ont des largeurs différentes ; *biaise* si, sans être balancée, elle n'est pas perpendiculaire à ses limons.
La première marche est dite *marche de départ* ; celle du haut est la *marche palière*, ou *plaquette d'arrivée*.
La paroi verticale entre deux marches est la *contremarche**, ou *devant de marche*.

Une marche pleine, ou marche monolithique, est celle qui comporte sa contremarche.
Le *nez** de la marche est la partie, profilée ou non, qui dépasse en saillie sur le nu de la contremarche. L'extrémité la plus étroite d'une marche, au droit du noyau* ou du limon*, est le *collet**.
Hauteur des marches : Voir Escalier.

MARCHÉ n.m.
Document contractuel écrit, qui lie une personne physique ou morale (organisme, administration) à un professionnel (maître d'oeuvre, ingénieur...), à un entrepreneur ou à un groupe d'entrepreneurs chargés d'exécuter pour elle des travaux ou des prestations déterminés, dans des conditions de prix et de délai convenues à l'avance.
NB- Pour les ***marchés privés***, on consultera la norme *NF P 03-001* (*Marchés privés. Cahier des clauses administratives générales applicables aux travaux de bâtiment faisant l'objet de marchés privés*).

Un **marché public** est un contrat écrit de prestation de travaux, de services ou de fournitures, passé entre une personne morale publique ou assimilée (administration de l'Etat, collectivité locale, office HLM, hôpital, etc.) et une personne morale privée.
Les marchés publics sont, par principe, passés après mise en concurrence, et conclus avant tout commencement d'exécution.
L'ensemble des règles et procédures applicables aux marchés publics est regroupé dans le Code des Marchés Publics (CMP).

La soumission (cas des marchés par *adjudication**) ou l'offre (cas des marchés sur *appel d'offres**), sont établies sous forme d'un acte d'engagement signé par les candidats au marché, et par l'autorité compétente de la collectivité ou de l'établissement contractant.
Le choix du mode de passation des marchés par les collectivités locales et leurs établissements publics, et la publicité obligatoire des appels d'offres, dépendent d'une part du type de marché, d'autre part de seuils de montants estimés (en euros), qui sont actualisés par décrets publiés au JO.
Ces seuils diffèrent selon la nature du marché, travaux et fournitures, ou maîtrise d'oeuvre publique (MOP).

On distingue :
- les travaux sur mémoire et achats sur facture, sans procédure spéciale,
- le marché négocié (de gré à gré),
- la procédure d'adjudication, soit *ouverte*, soit *restreinte* (auprès d'entreprises préalablement agréées),
- la procédure d'appel d'offres (qui tient compte du rapport qualité/prix, et non plus du prix seul).

MARCHEPIED n.m.
Tout degré* ou petite estrade facilitant l'accès à un emplacement surélevé : trône, autel, lit, etc.

MARCHETTE n.f.
Bande d'usure ou d'antidérapance fixée sur une marche d'escalier.

MARFIL n.m. V. Morfil.

MARGELLE ou **MARDELLE**
n.f. Pierre ou assise de pierres formant le rebord supérieur d'un puits, d'un bassin ou d'une piscine.

MARGOUILLET n.m.
L'entaille *à margouillet* est une entaille ou une mortaise plus profonde à ses extrémités qu'en son milieu.

MARIAGE n.m.
1/ Assortiment des éléments de carrelage ou de marbre avant leur pose, pour mélanger harmonieusement les nuances des différents lots de cuisson (carrelage) ou des veinages naturels du marbre. On évite ainsi le risque de plages d'aspect fâcheux, de tonalité différente.

2/ Ensemble de plusieurs plaquettes ou bandes de marbre collées bord à bord sur une plaque pour en faire la coupe d'un même trait de scie.

MARIN n.m.
Déblais non calibrés compactés en sous-couche grossière de sols.

MARINAGE n.m.
En terrassement, enlèvement des déblais après un abattage à l'explosif.

Le ***marinage hydraulique*** est leur évacuation par un système d'entraînement par l'eau.

MARINE n.f.
Qualifie en langage courant certains matériaux adaptés à une exposition fréquente aux intempéries et à l'humidité : *vernis marine, contre-plaqué marine* (classe CTBX).

MARMITE n.f.
1/MAÇONN.: désigne, surtout dans le Midi, un hourdis ou auget* de remplissage entre les solives.

2/PEINT.: récipient, *camion**.

MARMORÉEN adj.
De même nature que le marbre.

MARMORIFORME adj.
Qui a l'apparence du marbre sans être de même nature.

MARMORINO n.m.
Technique italienne d'imitation du marbre, constituée de trois fines couches d'enduits teintés, de granulométries décroissantes, dont on fait varier les proportions de liant. La finition est donnée par un lustrage au fer.

MARMOT ou **MARMOUSET**
n.m. Figure décorative d'aspect grotesque. Figurine sculptée représentant un enfant.

MARNE n.f.
Mélange d'argile et de calcaire à l'état naturel, de faible cohésion ; si le taux de calcaire est inférieur à 10%, la marne est dite *argileuse*, et peut être utilisée pour la fabrication de briques et poteries courantes.

MAROUFLAGE n.m.
1/ Collage d'une toile forte (en jute ou filasse) sur une surface ; autrefois, un marouflage était fait, souvent, au dos des lambris et panneaux en planches, pour consolider leur assemblage et éviter l'ouverture des joints.
Aujourd'hui, le mot désigne surtout le fait de noyer une bande de toile de fibre de verre (ou un mat* de verre) dans une couche d'enduit ou de colle, par ex. au droit de fissures ou de joints que l'on veut ponter*.

2/ Dans la pose d'un revêtement collé, le marouflage est l'opération qui consiste à presser le revêtement (par piétinement, au rouleau, à la raclette...) pour obtenir un contact intime avec la colle et le support.

MAROUFLER v.tr.
Presser une toile dans une couche d'enduit ou de colle pour l'y noyer complètement.
Presser un revêtement que l'on colle sur un support.
Le ***rouleau maroufleur*** est un rouleau composé de roulettes dentées ou à picots, montées sur un même axe.
Il sert à imprégner de résines les voiles de fibre de verre (mat* ou roving*) servant d'armature aux ouvrages en polyester* armé.

MARQUAGE n.m.
Ensemble des textes et mentions d'identification qui figurent sur un matériau ou son conditionnement*: nom de marque, références (couleur, modèle, etc.), nom du fabricant, code emballeur, poids, dimensions, préconisations d'emploi, consommation* ou couverture*...
Les produits bénéficiant d'un Avis* Technique, ou conformes à une norme, sont tenus à un marquage explicite ; pour les matériaux fournis en quantités groupées (par ex. les parpaings), le marquage peut n'être apposé que sur une certaine proportion des éléments concernés.

MARQUE n.f.
Chiffre, ou signe d'identification gravé par les compagnons sur les pierres de taille et les pièces de charpente : ce sont les ***marques d'appareil*** (pierres) et les ***marques d'établissement*** (en

charpente et menuiserie) qui permettaient leur repérage sur plan et calepinage* (V.ill). Sur les pierres de taille, les ***marques lapidaires*** servaient à identifier le compagnon ayant réalisé la taille (V.ill).

MARQUETERIE n.f.
Placage* en éléments de minces feuilles de bois (déroulé* ou tranché), ou d'autres matières, pour composer des motifs décoratifs.

MARQUISE n.f.
Auvent* vitré au-dessus d'une porte d'entrée, d'un perron, d'un quai...
La structure en métal (plus rarement en bois) est scellée dans le mur avec des tirants*; elle est soutenue par des consoles (V.ill), ou même parfois par des colonnettes en fonte.

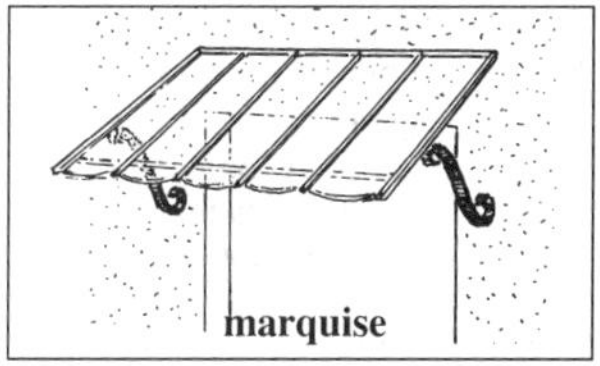

MARRE n.f.
Grande pioche. Large pelle courbée.

MARRON n.m.
Noyau calcaire non calciné lors de la cuisson de la pierre à chaux*.
Syn.: *durillon*.

marques d'établissement des bois en charpenterie et en menuiserie

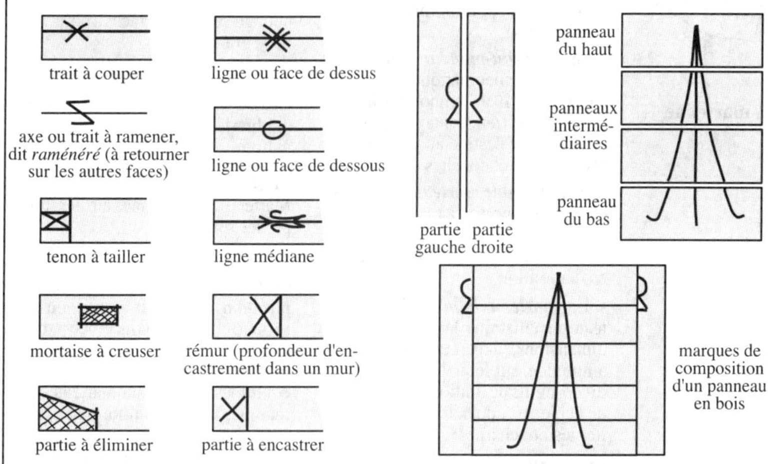

marques de numérotation

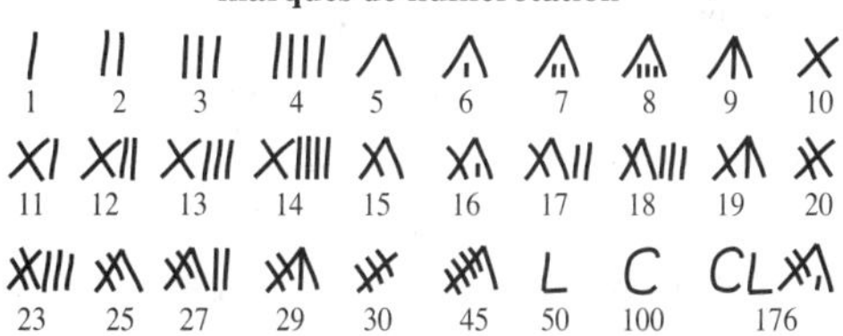

marques lapidaires
(exemples)

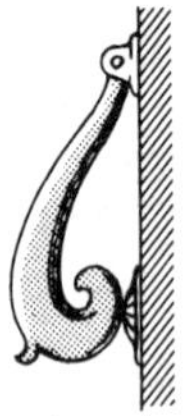

marteau de porte

martelet

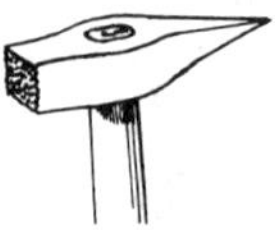

marteline

mascaron

MARTEAU n.m.

1/ Partie mobile du heurtoir* (V.ill).

2/ Outil manuel* de percussion utilisé soit sur un outil de coupe ou de formage (ciseau, burin, poinçon...), soit sur un accessoire à enfoncer (cheville, clou, piton...), soit encore en frappe directe (travail de la pierre : V. Boucharde, Laie, Têtu).
Selon les utilisations et les corps de métiers, le marteau peut prendre de nombreuses formes.
Parmi les marteaux à percussion mécanisée, on distingue :
- Le ***marteau de battage*** : appareil pneumatique dont les percussions à grande amplitude servent à enfoncer les pieux, piquets, poteaux, etc.

- Le ***marteau perforateur*** : puissante perceuse qui combine la rotation et la percussion, pour le forage de trous dans le béton.

- Le ***marteau-piqueur*** : marteau à percussion pneumatique sur lequel on adapte divers embouts (*fleurets*) à extrémité tranchante ou pointue ; il est surtout destiné au piochage des revêtements et couches de sols durs.

Sa variante, dite ***marteau brise-béton*** ou ***brise-roche***, sert à l'éclatement des blocs de roche dans les travaux de terrassement, ou des blocs de béton, en démolition.

- Le ***marteau bouchardeur*** : marteau pneumatique léger et de petites dimensions, à percussion de faible amplitude, sur lequel on peut adapter divers outils de finition des parements de la pierre et du béton, et en particulier les bouchardes*.

MARTELAGE n.m.
Façon donnée à un objet ou à un ouvrage par percussion au marteau.

MARTELÉ adj.
Qualifie un verre laminé à chaud entre des rouleaux qui lui impriment de petits reliefs.

MARTÈLEMENT
ou **MARTELLEMENT** n.m.
Répétition des coups de marteau.

MARTELET n.m.
Marteau de couvreur ou de briqueteur, à tête carrée et à panne effilée en pic (V.ill).

MARTELINE n.f.
Marteau à panne pointue et à tête carrée garnie de pointes diamantées (comme une petite boucharde).
La marteline sert aux sculpteurs sur le marbre et les pierres dures pour les gruger* sans détacher d'éclats (V.ill).

Le ***ciseau à marteline*** est un ciseau* à tranchant denté, destiné au même usage.

MARTIN n.m.
Plaque de fonte munie d'une poignée et solidaire d'une pierre plate, avec laquelle on frotte du sable mouillé pour gréser* les surfaces à polir : marbres, granits...

MARTINET n.m.
Grosse molette* de grès utilisée en marbrerie, pour égriser* les dalles de marbre.

MARTOIRE n.m.
Marteau à deux pannes étroites utilisé par les serruriers.

MARTYR n.m.
Cale interposée entre le point d'application d'une percussion ou d'un serrage et la pièce concernée par cette action : le martyr a pour fonction de protéger la pièce frappée ou serrée contre les chocs d'un marteau ou les marques des mors d'un outil de serrage (serre-joint, étau, etc.).
On utilise des martyrs pour déplacer par percussion des pièces de charpente, serrer les lames de parquet et carreaux de plâtre, etc.

MASCARON n.m.
1/ARCHIT.: tête d'homme ou d'animal, plus ou moins grotesque ou fantastique, sculptée en bas-relief (V.ill).

2/PLOMB.: obturation d'un trou d'appareil sanitaire prévu pour le passage d'un robinet, et inutilisé.

MASQUE n.m.

1/ÉTANCH.: syn. de *barrière* étanche* ou de *pare-vapeur**.

2/PEINT.: bande adhésive ou feuille appliquée provisoirement pour protéger les parties d'une surface qui ne doivent pas recevoir de peinture.

3/ Filtre respiratoire porté dans divers corps de métiers pour se protéger des poussières ou des produits nocifs en suspension dans l'air.

MASSE n.f.

1/ARCHIT.: voir Plan-masse ou Plan de masse.

2/CARR.: ensemble des lits de pierre exploitables d'une carrière, ou "*ensemble de la pierre en sa place naturelle dans la carrière*"(AFNOR).

3/ÉLECTR.: ensemble des parties métalliques d'un équipement, exception faite des conducteurs qui sont normalement sous tension et des éléments actifs isolés.

4/OUTILL.: désigne divers gros marteaux lourds, souvent à tête carrée et à manche court, utilisés surtout par les maçons et tailleurs de pierres.

5/TERRASS.: un terrassement est dit en ***pleine masse*** lorsqu'il est pratiqué dans un sol stable, ferme, homogène et non rocailleux.

6/ En physique, la masse est le quotient du poids d'un corps par l'accélération de la pesanteur g au lieu considéré (M = P/g).
Dans le langage courant, le mot "poids*" désigne généralement la masse ; or cette dernière correspond à la quantité de matière, tandis que le poids est l'expression de la force exercée par la pesanteur sur le corps considéré.
L'unité de masse du Système International est le kilogramme (kg).

-***Masse surfacique*** : masse d'une paroi rapportée à une unité de surface (en général kg/m^2).

-***Masse volumique*** : masse d'un corps ou d'un matériau rapportée à une unité de volume (kg/m^3, g/cm^3).
NB- Ne pas confondre la masse volumique avec la densité*: celle-ci, étant un quotient, n'a pas d'unité propre.

-***Masse d'égalisation*** : en Belgique, enduit de lissage* des planchers et dalles de béton.

MASSÉ adj.
Qualifie le plan d'un bâtiment très groupé autour de son centre, par opp. à un plan *allongé* ou *dispersé*.

MASSETTE n.f.
Petite masse, utilisée surtout par les tailleurs de pierre et les maçons (tête carrée) et, autrefois, par les cantonniers (avec une tête octogonale).

MASSICOT n.m.

1/ Oxyde naturel de plomb jaune orangé, voisin de la litharge*; réduit en poudre fine et chauffé, il donne le minium*.

2/ Outil à lame basculante montée sur un bâti fixe, utilisé par les couvreurs pour le rondissage*, recoupe des ardoises par tranchage.

MASSIF adj. et n.m.
Ouvrage d'infrastructure* en béton ou en maçonnerie de pierres ou de moellons, qui a pour fonction de supporter les poussées ou les charges importantes d'une construction, d'un ouvrage d'art, d'une machine pesante, etc.
Un ***massif d'ancrage*** est un ouvrage analogue dans lequel est scellé le point

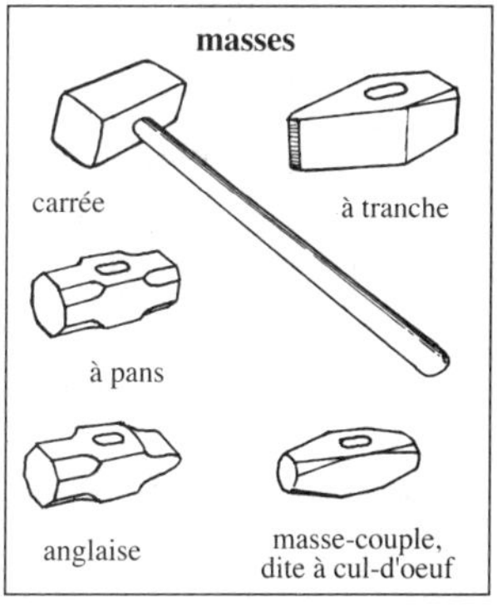

d'ancrage d'un élément de stabilité tel qu'un hauban*, les forces s'exerçant alors en traction sur le massif.

MASTIC n.m.
Matériau pâteux et plastique utilisé pour obturer des joints ou des fissures, joindre des éléments, rendre étanches des assemblages, sceller des vitrages, etc.
Syn. (selon le cas) : *futée**, *lut**, *obturateur**, *reboucheur**.

La terminologie officielle distingue :

• le ***mastic élastique***, sous forme d'une pâte qui, après séchage et/ou réticulation, se transforme en un produit élastomère* ayant une reprise élastique supérieure ou égale à 70% ;

• le ***mastic plastique*** qui, après séchage et/ou réticulation, conduit à un produit ayant une reprise élastique inférieure à 70% (d'après la *norme NF)*.
Selon leur composition et leurs emplois, on distingue :

• le ***mastic de vitrier*** ; à base d'huile de lin et de carbonate de calcium (poudre de craie) ; il durcit lentement, par oxydation de l'huile, et ne convient en aucun cas pour la pose de vitrages isolants.

• les ***mastics oléoplastiques*** pour vitrages. De composition voisine (huile et charges fines), formulés pour une application extrudée* à la pompe*, en cordons* successifs et à refus*, en bourrage*, afin de constituer une masse étanche qui, abritée de l'air derrière une parclose*, ne puisse durcir complètement.
Ces mastics peuvent être utilisés soit sans calage* latéral du vitrage (classe B), soit avec un calage* obligatoire (classe A). V. norme *NF*.

• les ***mastics élastomères***, dits ***mastics à la pompe***.

Ce sont :
- d'une part les mastics à base de ***silicones****, qui durcissent par réticulation à l'humidité de l'air : ils ont un bon vieillissement, mais restent perméables à la vapeur d'eau. Translucides, ils ne peuvent être peints.

Ces mastics sont surtout utilisés en calfeutrement sanitaire (tour de baignoires), et dans des zones exposées à la chaleur.

- d'autre part les mastics fabriqués à base de ***polysulfures**** (du type Thiokol*) ou de ***polyuréthannes****, largement utilisés dans le bâtiment, en maçonnerie et sur aluminium.
Résine et durcisseur sont prémélangés avec un inhibiteur*: le durcissement n'a lieu que quand l'inhibiteur perd son pouvoir, au contact de l'air.
Les polysulfures offrent la meilleure souplesse d'emploi, et une bonne adhérence, y compris sur eux-mêmes.

• les ***mastics plastiques***, à base de résines ***acryliques**** ou de ***butyle****, ont une excellente adhérence. Relativement plastiques (mais moins élastiques que les élastomères ci-dessus), étanches aux gaz (surtout les butyles), ils sont utilisés en calfeutrement de fissures et joints de maçonnerie.

• le ***mastic d'asphalte*** (autrefois nommé *bitume de Judée*), composé de poudre d'asphalte naturel additionnée d'huile et enrichie d'environ 15% de bitume raffiné. Sa plasticité à chaud permet de l'étaler à la spatule en couches continues pour les étanchéités courantes de toitures*-terrasses et cuvelages*.
On le nomme dans ce cas "*asphalte pur étanchéité*" (par opp. à l'asphalte *coulé sablé*, qui est additionné de 40% de sable).
A froid, il se présente sous forme de pains que l'on fond avant l'emploi (dans un *fondoir*), en y ajoutant en général encore 5 à 8% de bitume.

• les ***mastics de polyester***, pour les petits colmatages, rebouchages et reconstitutions de matière, bois, métaux, pierre, marbres.

• les ***colles-mastics***, matériaux en pâte fluide à fort pouvoir adhérent et à retrait très faible ou nul, à base de résines acryliques ou époxydiques (à deux composants).

• les ***mastics néoprènes***, polychloroprènes chargés* et pâteux qui servent à coller des éléments dont l'interface n'est pas tout à fait plane, par exemple des tasseaux sur béton, des nez de marches plastiques, des barres de seuil, etc.

• le ***mastic bitumineux*** : composé de brai* de houille et de fillers* minéraux, il se présente sous forme d'une pâte utilisable à froid.

• le ***mastic des fontainiers***, qui désignait un mastic composé de résine ou de brai*, d'un peu de cire et de brique pilée ; il était utilisé à chaud pour obturer les fuites d'eau et colmater des fissures dans les parois de réservoirs ou bassins.

Pose des vitrages ***à bain* de mastic*** : V. au mot Vitrage.

MASTICAGE n.m.
1/ Mise en oeuvre des mastics de pose des vitrages.

2/ Regarnissage et obturation des petites cavités et crevasses d'une surface, en particulier celles des marbres terrasseux* avant leur polissage final. "*Opération consistant à remplir un trou ou une fente de la pierre avec un matériau de même aspect*" (définition AFNOR).

MASTIQUER v.tr.
Boucher, calfeutrer... avec un mastic.

MAT
1/adj. Qualifie un ouvrage de dorure non bruni*, une peinture non vernie, une pièce de métal non polie, etc.

2/n.m. ***Mat de verre*** : nappe textile minérale faite d'un enchevêtrement de fibres de verre non tissées, utilisée en armature de revêtements à base de résines (surtout résines polyester) et, sous forme de bandes et calicots*, pour le pontage* de joints par marouflage* dans des colles ou enduits.

MATAGE n.m.
Action de mater* un métal.

MATELAS n.m.
1/ Le ***matelas d'air*** désigne souvent, en isolation, une lame* d'air immobile entre deux parois.

2/ *Matelas isolant* : "*Laine* minérale revêtue d'un parement (tissu, fil, papier, grillage, métal déployé) qui lui est attaché mécaniquement, par exemple par une couture : matelas cousu*" (déf. AFNOR).

3/ Un ***matelas antivibratile*** est une couche de matériau résilient* tel que feutre, caoutchouc, liège... interposée entre un équipement qui vibre et son support, afin de le désolidariser de la maçonnerie.

MATER v.tr.
1/ Refouler au marteau ou au matoir* un métal malléable (plomb, cuivre, zinc), pour lui faire épouser une forme, ou le faire pénétrer à froid dans un joint (canalisations) ou dans un interstice.

2/ En dorure, c'est protéger avant brunissage les parties d'or que l'on veut garder mates, en y appliquant de la colle de parchemin chaude.

MATÉRIAU n.m.
Composant de construction au sens le plus large. Le mot est souvent associé à un qualificatif qui décrit une caractéristique ou une fonction : *matériau isolant, matériau de couverture...*

La distribution des matériaux a lieu, pour l'essentiel, par l'intermédiaire des *Négociants en Matériaux de Construction*, ou de *Grossistes spécialisés* : cas des peintures, revêtements de sols, produits noirs, chauffage et climatisation.
Les ***matériaux de récupération*** sont ceux qui proviennent de démolitions ou de transformations, et destinés à des travaux en *réemploi**.

MATÉRIAUTHÈQUE n.f.
Collection d'échantillons de matériaux (pierre, carreaux, marbres, bois, profilés, etc.) en général rassemblés dans un but pédagogique, ou pour faciliter les choix.

MATÉRIEL n.m.
Par opp. aux *matériaux*, le matériel désigne l'ensemble des accessoires, outils, engins, échafaudages, équipements de chantier, etc. permettant l'exécution des travaux (mise à pied d'oeuvre, préparations *in situ** et mise en oeuvre des matériaux).

MATIÈRE n.f.
En architecture, désigne à la fois l'aspect et le grain* des matériaux (pierre, marbre, bois, enduits de parement) : un enduit de chaux a plus de *matière* qu'une peinture.
-Matière plastique : V. Plastique.

MATIR v.tr.
1/DORURE : syn. de mater*.
2/SERRUR.: faire disparaître la jonction visible de deux pièces soudées, en utilisant un matoir*.

MATITÉ n.f.
État d'une surface dont l'aspect est mat ; opp.: *brillance*, *éclat*, *poli*.

MATOIR ou **MATTOIR** n.m.
1/COUVERT.: outil de bois utilisé pour mater* (rabattre une pièce de zinc), ou pour plaquer une feuille de plomb sur une surface.
2/PLOMB.: outil en forme de ciseau non tranchant et légèrement coudé avec lequel on enfonce les joints* cordés ou le plomb de soudage dans les emboîtures de tuyaux de fonte ou de plomb.
Le *cordoir** est analogue, mais plus plat. Syn.: *bourroir*.
3/SERRUR.: burin d'acier dur ou ciseau non tranchant utilisé pour refouler le métal par matage*.

MATRICE n.f.
1/ Outil ou pièce creuse d'outillage avec lequel on forme un objet : par ex., matrice à collets*.
2/ Panneau de matière plastique souple à reliefs décoratifs en creux, utilisé comme peau de coffrage ou comme fond de moule pour la fabrication des parements de béton* architectonique.

MATRIER n.m.
Établi en forme de table à rebords relevés, sur lequel les plombiers et couvreurs coulaient leurs tables (feuilles) de plomb.

MATTON n.m.
Forte brique pour dallages.

MATURATION n.f.
Désigne parfois le durcissement* des bétons et mortiers.

MAZOUT n.m.
Hydrocarbure* combustible* liquide, obtenu par distillation du pétrole ; il est teinté en rouge pour le différencier du gas-oil, carburant de même nature utilisé dans les moteurs diesel (cette différenciation est surtout d'ordre fiscal et tarifaire).
Syn.: *fuel-oil*, ou *fioul domestique*.

MÉANDRES n.m. pl.
Ornement composé de lignes formant des motifs géométriques répétitifs, entrecroisés ou non.
Syn.: *frettes**, *grecques**.

MÉCANIQUE adj. ou n.f.
1/adj. Souvent syn. de *physique*, pour qualifier les caractéristiques et propriétés des matériaux. Aussi synonyme de *motorisé* : un ventilateur est un appareil de propulsion mécanique de l'air. Le *gâchage* mécanique* est fait dans un malaxeur ou une bétonnière, par opp. au gâchage *manuel*, à la pelle ou à la truelle.
2/n.f. La ***mécanique des sols*** désigne l'ensemble des sciences et techniques de mesure et d'analyse du comportement des sols selon leurs caractères minéralogiques, granulométriques et hygrométriques.
La mécanique des sols permet de déterminer les travaux de drainage, de consolidation, de soutènement, de terrassement et de fondations à entreprendre avant de bâtir. Voir à Fondations, Sondage, Oedométrie.

MÈCHE n.f.
1/ Outil d'acier pour la perforation par rotation, en particulier dans le bois ;

on fixe les mèches sur un vilebrequin* ou sur le mandrin* d'une perceuse (V.ill). Les ***mèches à béton*** sont terminées par deux ailettes de carbure de tungstène. Les mèches fines à dépouille hélicoïdale sont des *forets**.
Les ***mèches-couronnes*** sont des outils de forage tubulaires dont les lèvres sont garnies de diamants.

2/ Fer d'armature, crosse* ou épingle* sortant d'un ouvrage en béton, en attente de liaison avec un ouvrage à venir ou une reprise* de bétonnage.

MÉDAILLE n.f.
Défaut du verre qui correspond à une petite plage blanchâtre et opaque.

MÉDAILLON n.m.
Ornement ou encadrement de forme ronde ou ovale, dans lequel on place un portrait ou un sujet quelconque, peint ou sculpté en bas-relief.

MÉDIAN adj.
Qui est situé au milieu : *axe médian.*

MÉDIATRICE n.f.
Droite élevée perpendiculairement au milieu d'un segment de droite.

MÉDIÉVAL adj.
Qui concerne le Moyen Âge.

MÉDIUM n.m.
1/ Vecteur, élément porteur d'un phénomène mobile.

2/ Panneau à surface lisse obtenu par compression à chaud de sciures de bois encollées.
Sa texture homogène le rend facilement usinable dans la masse.

3/ Parfois syn. de *fluide* caloporteur*: eau chaude, vapeur, huile...

MÉDULLAIRE adj.
Les *rayons médullaires* du bois* sont les plans rayonnants dans l'axe du bois*, canaux très fins qui permettent les échanges hygrothermiques entre les cernes* et le liber*.

MÉGA (symb. **M**)
Préfixe multiplicateur par un million de fois (10^6) : *mégapascal.*

MÈCHES

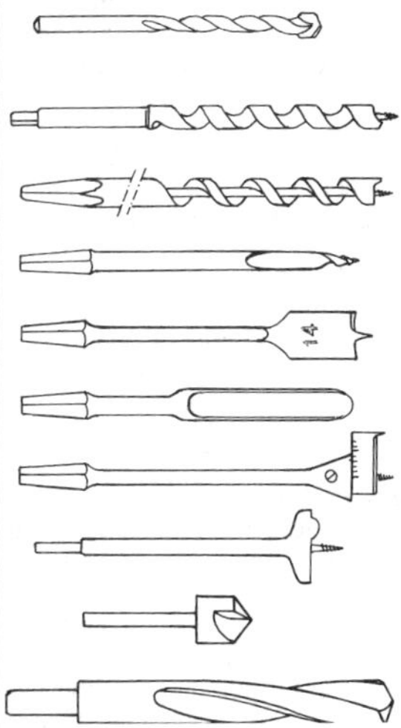

MÉLAMINE n.f.
Résine thermodurcissable fluide, utilisée pour l'imprégnation de matériaux fibreux et le revêtement des ***panneaux mélaminés***, sous pression et à chaud.

MÉLANGE n.m.
Action d'associer de façon *intime* et *homogène* deux constituants par brassage, malaxage ou pétrissage.
Résultat de cette action.

MÉLANGEAIR n.m.
Caisson de conditionnement d'air où se mélangent deux flux insufflés à des températures différentes, avant leur distribution vers les locaux à la température intermédiaire souhaitée.
Syn.: *boîte de mélange.*

MÉLANGEUR n.m.
1/ Appareil de préparation mécanisée de mélanges : malaxeur, bétonnière... V. aussi Fouet mélangeur.

2/ En plomberie, robinet double (jumelé) alimentant un seul bec, et

mèches
d'armature du béton

permettant l'obtention d'un mélange d'eau sanitaire chaude et froide, dont la température est réglée manuellement par action sur les deux robinets (V.ill. à Robinet). V. aussi Mitigeur.

MÉLÈZE n.m.
Conifère d'Europe dont le bois rouge et résineux est utilisé en charpente et en menuiserie. Syn.: *larix*.

MEMBRANE n.f.
Peut désigner divers types de matériaux continus, minces ou filmogènes*, à caractère souple, et en général étanches : *membrane d'étanchéité, membrane géotextile, pare-vapeur...*

MEMBRE n.m.
Chacune des parties d'un ouvrage architectural, considérée séparément ; désigne en particulier un cours homogène de moulures qui contribuent à une modénature*.
Selon sa forme, un membre peut être *saillant* (bandeau, pilastre, arcature...), *creux* (gorge, scotie...), *couronné* (surmonté d'un filet)...

MEMBRETTE n.f.
Syn. de *alette*. V. ce mot.

MEMBRON n.m.
Ensemble constitué par un boursault* et son étanchéité. Profil bombé en zinc ou en plomb formant une bavette* qui, sous la ligne de bris* horizontale d'un comble mansardé*, compose la liaison étanche entre les deux pans du toit ; le membron se termine en larmier* ourlé à sa partie inférieure (V.ill).

MEMBRURE n.f.
1/CHARP.: forte pièce de chêne équarri*, de section rectangulaire (0,16 x 0,08 m), servant en charpente pour des pièces porteuses rigides (arbalétriers, entraits, pannes, sablières). En charpente métallique, la membrure désigne chacune des parties profilées longitudinales haute et basse d'une poutre* composée (poutre-treillis, poutre triangulaire, etc.).
2/MENUIS.: chacun des montants des ouvrants d'une porte épaisse (porte cochère ou autre), dans lesquels sont embrevés les panneaux.

MÉMOIRE n.m.
État détaillé d'après un métré*, et chiffré d'après bordereau* ou série* de prix, qu'un entrepreneur établit lorsque ses travaux sont exécutés, pour en demander le paiement.
Le mémoire désigne, dans le bâtiment, ce qui est généralement appelé une facture. V. aussi Situation.
-Un dispositif est dit ***à mémoire*** lorsqu'il enregistre des informations ou des ordres pour les exécuter suivant une chronologie programmée : *ascenseur à mémoire*.
-***Pour mémoire*** (pm) : se dit d'une fourniture ou d'une prestation mentionnée sur un mémoire ou sur une facture pour une valeur nulle.

MENEAU n.m.
Montant vertical dormant, en général en maçonnerie, qui divise une baie en plusieurs parties (V.ill. page ci-contre) ; par déformation, peut désigner aussi une traverse horizontale qui divise une baie en deux ouvertures superposées : *fenêtre à meneaux*.

MENIANE n.f.
Balcon ou petite terrasse porté par des colonnes en avant-corps au-dessus d'un porche* ou d'une entrée de maison. Par extension, chacune des colonnes qui soutiennent un balcon.

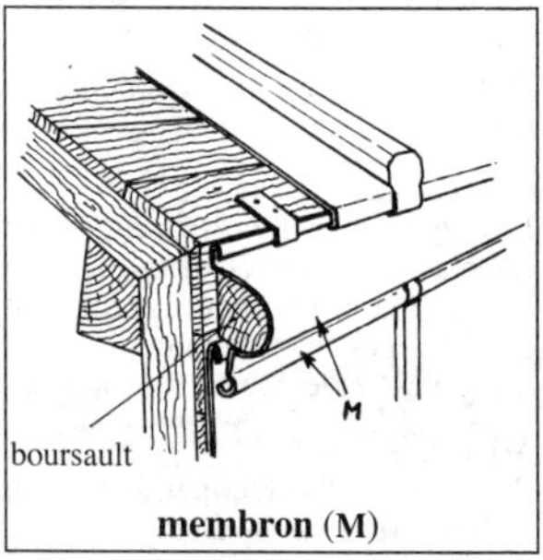

membron (M)

MENSOLE n.f.
Désignait autrefois une clef* de voûte*, d'arc* ou de plate-bande*, et, parfois, le modillon*.

MENTONNET n.m.
1/ Ergot d'accrochage d'une tuile sur son lattis. Syn.: *mamelon**.

2/ En serrurerie, pièce de métal fixée sur l'huisserie d'une porte pour recevoir l'extrémité du battant* d'un loquet* ou d'un loqueteau*.

MENUISÉ adj.
Assemblé suivant les techniques de la menuiserie : *fenêtre menuisée*.
Qualifie aussi les ouvrages en bois massif et à assemblages apparents, par opp. aux ouvrages plaqués ou d'ébénisterie.

MENUISER v.tr.
Faire un ouvrage en utilisant des techniques de la menuiserie : faire un ***menuisage***.

MENUISERIE n.f.
Art du travail du bois et de ses assemblages*.
Profession de la transformation du bois en ouvrages d'équipement, de fermetures et de revêtements qui, par opp. à ceux de la *charpenterie**, n'ont pas de fonction structurelle et porteuse dans une construction.

Au pluriel, ***les menuiseries*** sont les ouvrages qui répondent à cette définition : les menuiseries *extérieures* (croisées, portes, fermetures*) et les menuiseries *intérieures* (portes, huisseries, parquets, lambris, plinthes, mobilier, placards...). Les escaliers en bois sont l'oeuvre soit des menuisiers, soit des charpentiers.

-***Menuiserie aluminium*** : profession et ouvrages de menuiserie dans lesquels l'aluminium profilé* remplace le bois, pour l'exécution de vérandas, auvents, balcons, garde-corps, huisseries, cadres de baies vitrées, etc.

-***Menuiserie métallique*** : art et profession de la transformation des demi-produits métalliques (cornières, poutrelles, tôles et profilés divers) en ouvrages autres que ceux de la serrurerie : châssis de vitrages, escaliers métalliques, passerelles, structures diverses (autres que celles de la charpente métallique).

-***Menuiserie plastique*** : profession et ouvrages de menuiserie (huisseries, fermetures, équipements...) dans lesquels les matières plastiques (PVC et divers polymères en panneaux et en profilés) constituent la matière première.
-***Menuiserie industrielle*** : entreprise spécialisée de préfabrication en série d'ouvrages de menuiserie : escaliers, blocs-portes*, blocs-baies*, persiennes, portes de placards, etc.

MENUISIER n.m.
Entrepreneur, artisan ou compagnon spécialiste de la transformation du bois, des métaux ou même des matières plastiques en ouvrages de menuiserie. On distingue les menuisiers en agencement (bureaux, magasins), les menuisiers parqueteurs, les menuisiers métalliers, escaliéteurs...

MENUS-OUVRAGES n.m. pl.
Ancienne désignation de l'ensemble

mesures-types de l'homme (homme de 1,75 m) et de son environnement (valeurs en cm)

homme debout

son bras levé : à 220 cm du sol

ses yeux: à 162 cm du sol

son épaule : à 150 cm du sol

hauteur des surfaces fixes :

étagères (pour accès direct) :	maxi. 195
comptoir, bar :	100 à 110
table - établi - surface de travail de cuisine :	70 à 80
évier :	80 à 90
lavabo :	75 à 80

homme assis droit

bras levé : à 180 du sol
vue : environ 122 du sol
épaule : à 110 du sol
siège : 42 à 45 du sol

assis au repos

bras levé : à 135 du sol
vue : à environ 95 du sol
épaule : à env. 85 du sol
siège : 32 à 36 du sol

table-bureau : 70 à 75 du sol
table basse : 25 à 30

homme couché

divan moyen : 40 cm du sol
bras levé : 115 cm du sol
vue : à environ 60 cm du sol

des ouvrages et finitions* de second oeuvre qui relevaient d'une garantie* biennale*.

MÉPLAT
1/adj. Qualifie tout objet plan de forme allongée et de peu d'épaisseur : lame de métal, latte de bois, tablette de radiateur sont des pièces méplates. Un *bas-relief** est dit *méplat* si l'épaisseur des figures de premier plan est atténuée pour ne pas masquer celles du second plan.

2/n.m. En architecture, désigne un plan intermédiaire étroit qui forme une transition entre deux surfaces : un angle abattu*, un chanfrein* sont des méplats.

3/ En serrurerie, pièce de métal laminé, rectangulaire et peu épaisse. Syn.: *fer en bande*.

MÉRIDIENNE n.f.
1/ Intersection d'une surface de révolution (cône, cylindre, sphère...) avec un plan sécant, dit *plan méridien*, qui passe par son axe.

2/ Sur un cadran solaire, tracé qui correspond à l'ombre portée de l'extrémité du style* à midi (heure solaire) aux différentes saisons.

MERINGUE n.f.
Mousse dure développée sous l'action de la chaleur par un matériau intumescent*.

MERLIN n.m.
Forte hache à tranchant unique, utilisée surtout pour fendre le bois.

MERLON n.m.
Parapet de maçonnerie pleine, entre deux créneaux* d'une muraille.

MERRAIN n.m.
Planche obtenue par le débit* sur quartier* d'une bille* de bois de chêne ou de châtaignier.
Les merrains ont des sections de 0,13 à 0,15 m de largeur, pour 0,04 à 0,06 d'épaisseur. Autrefois, ce débit était fait par fendage* du bois bien sec, par des ***merrandiers***.

MÉRULE n.m. ou n.f.
Champignon mou, redoutable parasite du bois*. Il provoque, à terme, son pourrissement.
Il se développe sur des bois exposés à l'humidité et à l'obscurité, sous forme de plaques blanches adhérentes cernées de matière ressemblant à de l'ouate.
Traitement préventif : application d'un anticryptogamique* à base d'huiles phénoliques. Traitement curatif : supprimer les causes d'humidité, et brûler les parties atteintes pour éviter la contamination.

MESH n.m.pl. inv.
Mot anglais signifiant *maille* : sert à définir la dimension des mailles des toiles de tamis, passoires et cribles, en nombre de mailles par pouce.

MESURAGE n.m.
Ensemble des mesures d'un lever topographique. Procès-verbal d'arpenteur, lié à un plan d'arpentage.

MESURE n.f.
C'est le calcul et l'indication chiffrée d'une grandeur (dimension, température, chaleur, fréquence, énergie...) en termes d'unités* prises sur une échelle de référence convenue, l'unité constituant l'*étalon* de base.

La ***mesure sur noeud*** est la "*mesure hors tout d'un bloc ou d'une tranche de marbre, excroissances comprises*" (AFNOR).
Les ***mesures-types*** de l'homme : V.ill. page ci-contre.
Voir aussi au mot Unité le tableau des principales unités utilisées dans le bâtiment, leurs correspondances et les unités normalisées du S.I. (Système International).

MÉTAL n.m.
Un métal est le résultat d'une organisation cristalline structurée et répétitive d'atomes métalliques.
Les métaux ont pour principales caractéristiques la résistance mécanique, et les conductivités thermique et électrique. Ils sont en général denses, et plus ou moins ductiles* ou malléables. Presque tous se combinent avec l'oxygène pour donner des oxydes*.
On adapte les métaux aux caractéristiques recherchées en constituant des alliages*.
Le contact durable de certains métaux entre eux, ou avec les autres matériaux utilisés dans le bâtiment, est à éviter: **voir page suivante le tableau des incompatibilités**.

-***Métal déployé*** (nom comm.) : tôle ajourée par incisions multiples, en quinconce*, d'une feuille de métal, puis extension pour ouvrir ces incisions. Ce mode de transformation des tôles a de nombreuses applications : treillis d'armature de chapes, voiles* de béton, pièces préfabriquées en béton, d'enduits, caillebotis*, platelages, grilles, grillages...

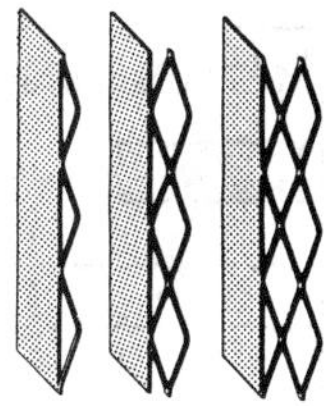

métal déployé
principe de fabrication

MÉTALLERIE n.f.
Transformation des métaux au sens large, et leur mise en oeuvre.

MÉTALLIER n.m.
Entrepreneur, artisan ou ouvrier spécialiste de la transformation des produits métallurgiques en produits finis ou en ouvrages du bâtiment.

MÉTALLINE n.f.
(marque comm.) Mortier spécial à base de plâtre et de granulats calcaires, pour le ragréage et la restauration des joints des pierres de taille.

MÉTAUX valeurs caractéristiques

	symbole ou composition	densité	température de fusion (°C)	coefficient de dilatation thermique par degré (entre 0° et 1° C)
Acier	Fe,C	7,85	1400	12 x 10^{-6}
Aluminium	Al	2,70	660	24 x 10^{-6}
Bronze	Cu,Sn	env. 8	900	18 x 10^{-6}
Cuivre	Cu	8,90	1090	17 x 10^{-6}
Étain	Sn	7,30	233	23 x 10^{-6}
Fer	Fe	7,85	1585	12 x 10^{-6}
Fonte grise	Fe,C	7,20	env.1200	11 x 10^{-6}
Laiton	Cu,Zn	7,5 à 8,5	940	19 x 10^{-6}
Nickel	Ni	8,90	1450	13 x 10^{-6}
Platine	Pt	21,50	1765	9 x 10^{-6}
Plomb	Pb	11,35	325	29 x 10^{-6}
Zinc	Zn	7,20	420	29 x 10^{-6}

MÉTAUX : possibilités de contact prolongé des métaux entre eux, et avec d'autres matières.

NB - Attention : un film d'eau entre deux éléments équivaut à un contact !

= contact à éviter

	acier	acier galva.	acier inox	aluminium	cuivre	plomb	zinc
acier	**OUI**		**OUI**				
acier galva.		**OUI**	**OUI**	**OUI**		**OUI**	**OUI**
acier inox	**OUI**	**OUI**	**OUI**		**OUI**	**OUI**	**OUI**
aluminium		**OUI**		**OUI**			**OUI**
cuivre			**OUI**		**OUI**	**OUI**	
plomb		**OUI**	**OUI**		**OUI**	**OUI**	**OUI**
zinc		**OUI**	**OUI**	**OUI**		**OUI**	**OUI**
chaux			**OUI**		**OUI**		
ciments	**OUI**		**OUI**		**OUI**		**OUI**
plâtre			**OUI**		**OUI**	**OUI**	
bois feuillus durs	**OUI**		**OUI**		**OUI**		
résineux, peuplier		**OUI**	**OUI**	**OUI**	**OUI**	**OUI**	**OUI**
eau de mer, air salin			**OUI**				
acides faibles			**OUI**	**OUI**			
bases et alcalis		**OUI**	**OUI**				

MÉTALLISATION n.f.
Procédé de revêtement et de protection de surfaces (métaux, verre, matières plastiques) par application d'une fine couche d'un métal ou d'un alliage*. Les techniques sont diverses : immersion dans des bains de métal fondu, étamage*, galvanisation*, transfert électrolytique* (chromage, cuivrage), projection au pistolet de zinc fondu, etc.

MÉTALLISER v.tr.
Revêtir d'une fine couche de métal.

MÉTAMORPHISME n.m.
Transformation géologique d'une roche* sous la seule action de facteurs internes (endogènes*), en général sous forte pression et à des températures élevées.

MÉTAMORPHIQUE adj.
Qualifie une roche d'origine éruptive ou sédimentaire, dont la structure cristalline est visible à l'oeil nu.

MÉTATOME n.m. V. Métoche.

MÉTHANE n.m.(**CH_4**)
Carbure d'hydrogène gazeux utilisé comme combustible de chauffage urbain ; mélangé à l'air, il est très déflagrant (grisou).
Il provient de la décomposition des matières organiques, et on le trouve dans les poches des gisements pétroliers.

MÉTOCHE n.f.
Espace creux compris entre deux denticules* ou deux modillons*.
Syn.: *entre-deux*, *métatome*.

MÉTOPE n.f.
1/ Panneau carré, souvent orné ou sculpté en bas-relief, qui sépare deux triglyphes* d'une frise* dans l'ordre* dorique (V.ill. au mot Triglyphe). Une métope d'angle est dite *demi-métope*, ou *métope tronquée*.

2/ Par déformation, est aussi parfois syn. de *métoche**.

MÉTRAGE n.m.
1/ Opération de mesure de longueurs, de surfaces, de volumes.
Syn.: *mesurage.*
2/ Cumul de longueurs : un *métrage de profilés.*

MÈTRE n.m.
Unité de base de mesure de longueur dans le Système International (symbole **m**). Outil gradué de mesure des longueurs, en atelier ou sur chantier ; on distingue le *mètre pliant* (double mètre), le *mètre ruban* (2, 3 ou 5 mètres), le décamètre*.

MÉTRÉ n.m.
Liste détaillée par poste, des travaux correspondant à l'exécution d'un ouvrage, assortie des quantités correspondantes exprimées en mètres linéaires (ml), en m^2, en m^3 ou en unités (U).
L'***avant-métré*** est un document analogue dressé au vu des plans, avant exécution de l'ouvrage, pour établir son devis*.

MÉTREUR n.m.
Professionnel spécialiste de l'établissement des avant-métrés et métrés, ainsi que des devis estimatifs, situations* et mémoires*.
Le métreur indépendant est souvent dit *métreur-vérificateur.*

METTRE v.tr.
1/CHARP.: ***mettre dedans***, c'est faire un assemblage provisoire des pièces d'une charpente sur l'aire* (au sol), pour vérifier ou ajuster leurs assemblages. ***Mettre sur son fort***, ou ***sur son raide***, c'est présenter la face bombée d'une pièce vers le haut.
2/DIVERS: ***mettre hors d'eau****, c'est terminer les phases de travaux qui mettent une construction à l'abri des intempéries et pénétrations d'eau.

Mettre à la masse : connecter un élément conducteur au bâti métallique d'une machine ou d'un appareil, ou à une masse* métallique quelconque qui fait office de terre*.

MEUBLE adj.
1/ Qualifie un terrain de faible cohésion, peu lié, peu ferme : le sable, l'argile, la vase... constituent des sols meubles.
2/ Qualifie la protection* d'un revêtement d'étanchéité, constituée de matériaux en vrac (granulats, gravillons...) étalés en une couche uniforme.
3/ Qualifie, dans un bâtiment, tout ce qui n'est pas immeuble*.

MEULE n.f.
Pièce abrasive d'allure circulaire montée sur un arbre de machine ou de moteur (touret*, fraiseuse*, ponceuse à marbre, tronçonneuse...) ; elle peut servir à affûter*, aiguiser, ébarber, polir, poncer, gréser*, etc. Autrefois taillées dans le grès, les meules sont aujourd'hui formées par l'agglomération de granulats abrasifs (émeri, corindon, carborundum...) soudés par un liant (kaolin, bakélite, magnésie, silicate de sodium), par des résines de synthèse (meules *résinoïdes*), ou encore par vitrification de silice.
On définit une meule par la nature de ses grains abrasifs, par leur espacement et par la dureté relative du liant agglomérant, ou *grade**. Selon les ***meulages*** auxquels on les destine, les meules prennent des formes très diverses : en couronne, en boisseau,

MEULES

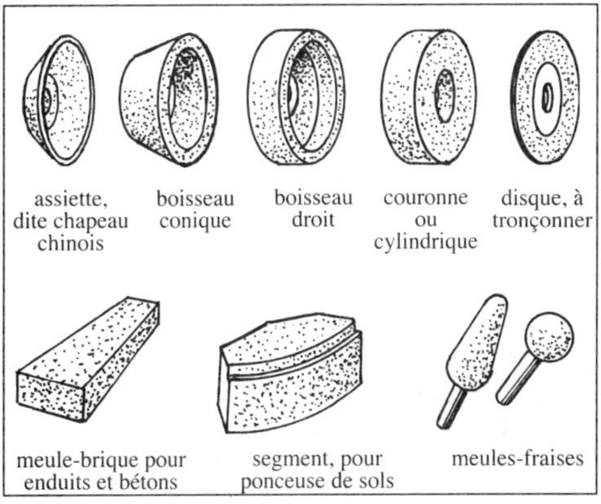

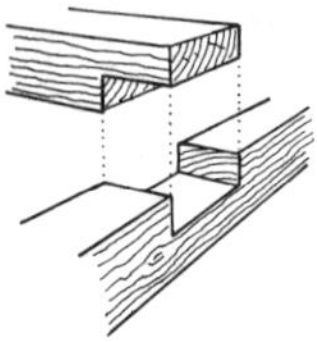

assemblage
à **mi-bois**

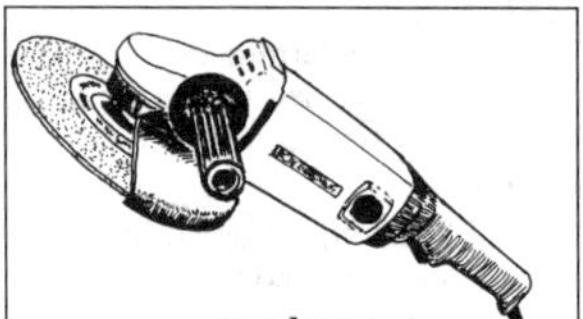

meuleuse

en segments, en fraises, ou en disques plats (V.ill).

MEULEUSE n.f.
Outil électroportatif, analogue à la tronçonneuse à disque, sur lequel on adapte une meule de ponçage (V.ill).

MEULIÈRE n.f. et adj.
Pierre dure, caverneuse, légère et inaltérable, à base de silex ou de silicate de chaux, sans calcaire*.
Les meulières, extraites surtout dans le Bassin parisien, sont utilisées comme pierres à bâtir à l'état brut, leur taille ou leur sciage étant à peu près impossibles.
Leur imperméabilité les destinait autrefois surtout aux murs de fondations et de soubassement ; le début du 20e siècle a vu leur utilisation massive pour les murs en élévation de centaines de milliers de pavillons, surtout dans la région parisienne, souvent en maçonnerie composite*, en association avec la brique.
Syn.: *molaire*.

MEURTRIÈRE n.f.
Ouverture étroite ménagée dans une muraille de fortifications pour tirer des projectiles sur les assaillants ; son embrasure* est évasée vers l'intérieur.
Syn.: *arbalétrière*, *archère*.

MEZZANINE n.f.
1/ Niveau* intermédiaire ménagé dans la hauteur comprise entre deux étages, lorsqu'elle est suffisante.
Syn.: *demi-étage*, parfois *entresol**, *rochelle* (dans le sud-ouest).

2/ Petite fenêtre d'entresol, carrée ou plus large que haute.

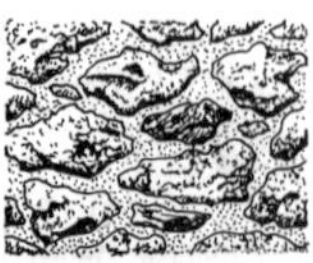

pierre **meulière**

MI-BOIS n.m.
Assemblage* dans lequel chacune des pièces de bois est entaillée sur la moitié de son épaisseur (V.ill).

MICA n.m.
Silico-aluminate feuilleté, présent dans de nombreuses roches : micaschistes, granits et sables ou grès de désagrégation granitique. Résistant à la chaleur, le mica a longtemps été utilisé, en larges plaquettes, comme vitrage translucide des portes de fours et de poêles, et, sous forme de paillettes, comme isolant thermique en vrac. C'est un des meilleurs isolants électriques.

MICACÉ adj.
Qui contient du mica, ou qui s'apparente au mica par sa nature ou son aspect.

MICASCHISTE n.m.
Roche lamellaire et feuilletée, composée de quartz et de mica blanc et/ou noir.

MICELLE n.f.
Dans un mélange colloïdal*, chacune des chaînes de molécules qui, ayant une charge électrique de même signe, se repoussent jusqu'à ce qu'elles trouvent un équilibre stable ; la remise en cause de cet équilibre par un brassage (peinture en gel) ou par des vibrations (béton vibré) fluidifie le mélange.

MICRO (symbole μ)
Préfixe signifiant un millionième de... (soit 10^{-6} fois).

MICROABRASION n.f.
Traitement superficiel de la pierre par projection de poudre d'alumine très fine, n'attaquant pas le calcin*.

MICRO-BÉTON n.m.
Mélange hydraulique dont la composition granulométrique "miniaturisée" (les plus gros granulats ayant seulement quelques mm de diamètre) permet de reconstituer un matériau présentant des caractéristiques proches de celles du béton.

On l'utilise pour divers essais sur des maquettes d'ouvrages en béton, dans la fabrication d'éléments de construction légère, et pour la réalisation de coques de bateaux ; il est, dans ce dernier cas, armé de couches de grillage fin, et plus connu sous le nom de *ferro-ciment.*

MICROBULLE n.f.
Dans un mortier ou un béton, désigne chacune des inclusions d'air microscopiques (moins de 1/10e de mm) dont la formation est favorisée par les adjuvants entraîneurs* d'air.

MICROFISSURE n.f.
Fissure très étroite, à peine visible à l'oeil nu (inférieure, par convention, à 2/10e de mm). Le faïençage* est constitué de microfissures en mailles. Des microfissures, plus ou moins parallèles, apparaissent localement sur le béton, avant sa rupture sous une charge excessive.

MICROFISSURATION n.f.
Formation de microfissures dans un enduit ou dans un béton.

MICROMÈTRE n.m. (**μm**)
1/ Unité de longueur valant un millionième de mètre ; cette unité remplace l'ancien *micron* (μ).
2/ Instrument de mesure de haute précision, pour très petites dimensions.

MICROMORTIER n.m.
1/ Mortier de ciment dont les charges minérales sont très fines.
2/ Ancien mouchetis* tyrolien appliqué par projection pneumatique.

MICRONISER v.tr.
Réduire par broyage en une poudre fine dont les éléments n'ont que quelques micromètres*.

MICROPIEU ou **MICRO-PIEU**
n.m. Pieu de fondations de faible diamètre, parfois ajouté, individuellement ou par groupes solidarisés, entre des fondations plus traditionnelles, pour stabiliser ou conforter des ouvrages existants ou modifiés.

MICROPROCESSEUR n.m.
Organe de traitement d'informations par des circuits électroniques miniaturisés.

MICROSTATION (d'épuration)
n.f. V. à Épuration.

MIEUX-DISANT n.m.
Qualifie, dans l'attribution des marchés, un candidat qui offre, en variante du cahier des charges initial, une solution présentant des avantages sur le plan technique ou sur les coûts de maintenance.

MIGNONNETTE n.f.
Petit gravillon roulé et calibré, dont on fait en particulier des parements lavés* à la surface des panneaux et pièces diverses de béton préfabriqué : *mignonnette lavée.*

MIGRATION n.f.
Se dit du mode de cheminement lent de l'eau ou de la vapeur d'eau à travers un matériau ou une paroi.

La ***migration des plastifiants*** non stabilisés de matières plastiques (PVC, polyéthylène), forme un film antiadhérent en surface, qui peut limiter leurs possibilités de collage.

MILLI (symbole **m**)
Préfixe signifiant un millième de... (soit 10^{-3} fois) : millimètre (mm), milligramme (mg), etc.

MINE n.f.
Ensemble des galeries et installations d'extraction d'un minerai* ou d'un combustible fossile.
Le mot *carrière** convient mieux pour les sites d'extraction des minéraux utilisés dans la construction.

-***Mine-orange*** : pigment* d'aspect rouge-orangé voisin de celui du minium*, obtenu en chauffant la céruse*. Syn.: *rouge de Saturne.*

-***Trou de mine*** : en terrassement, cavité percée dans la roche pour y placer des explosifs ; si cette cavité est grande, c'est un *fourneau**.

MINER v.tr.
Creuser par le bas, saper, jusqu'à provoquer un affaissement ou un éboulement ; l'eau peut miner des fondations par affouillement*.

MINERAI n.m.
Roche* ou matière contenant une substance minérale qui est utilisable, après transformation ou élaboration, comme matière première.

MINÉRAL adj. et n.m.
Matière inorganique, solide et inerte à l'état naturel. Les minéraux sont soit *amorphes**, soit *cristallisés**.

MINÉRALISATION n.f.
Traitement de consolidation ou *induration* d'ouvrages dont la pierre est dégradée et rendue friable par la dissolution de ses liants sous l'action des agents atmosphériques.
Minéraliser ou *indurer* la pierre consiste à faire pénétrer par capillarité des solutions à catalyseur dont la réaction de durcissement aboutit à la formation d'un gel de silice (SiO_2 aqua), qui reconstitue dans la pierre une structure nouvelle et durable. (procédé Ciment Métallique).

MINÉRALOGIE n.f.
Étude et classification des minéraux et de leurs variétés.

MINICHAPE n.f.
Chape* en mortier adjuvanté ou en mortier de résine de 0,5 à 1,5 cm d'épaisseur, donc nettement moins épaisse qu'une chape traditionnelle, mais plus qu'un simple ragréage*.

MINIUM n.m.
Combinaison de deux oxydes de plomb : 20% de protoxyde (PbO) et 80% d'orthoplombate (Pb_3O_4).
C'est un pigment dense, très toxique, orange vif. Facilement mélangé aux huiles, il permet de former des films étanches et durs.
D'où son utilisation en protection antirouille* des métaux ferreux.
Il est parfois utilisé pour la protection des bois contre l'humidité.

MINOEN adj.
Relatif à l'architecture de la Crète antique (1 800 av. J.-C.) ; cette architecture très élaborée et organisée comportait des maisons à plusieurs étages, groupées en quartiers, avec bains, lieux d'aisance, égouts, etc.

MINUTE n.f.
1/ Document original d'un plan, d'un lever*, d'un mémoire*...
2/ En architecture, désigne un douzième de module*, dans les ordres* dorique et toscan, et un dix-huitième de module* dans les ordres* ionique et corinthien.

MINUTERIE n.f.
Contacteur de circuit à réouverture automatique après quelques minutes. L'impulsion, qui agit sur un électroaimant dont la pièce mobile enclenche la fermeture du circuit d'éclairage, arme simultanément un retardateur à mouvement d'horlogerie ; en fin de cycle, ce retardateur déclenche l'ouverture du circuit et le retour en position initiale du noyau de l'électroaimant.

MIRANDE n.f.
Désigne parfois un oeil*-de-boeuf. En pays catalan, c'est une loggia*.

MIRE n.f.
Latte* servant de jalon* pour le repérage des nivellements.
La ***mire à voyant*** a une plaque et des verniers* réglables en hauteur sur une règle à glissière.
La ***mire parlante***, règle comportant des divisions graduées en lignes rouges et blanches, permet à l'opérateur qui fait la visée de lire lui-même les cotes à distance, par ex. avec un stadimètre* (V.ill).

MIRETTE n.f.
1/MAÇONN.: outil de rejointoiement.
2/PLÂTR.: petit repère de forme utilisé par le plâtrier pour finir des moulures là où le gabarit ne peut accéder.
La mirette peut être droite, curviligne, à onglet, etc.

mires

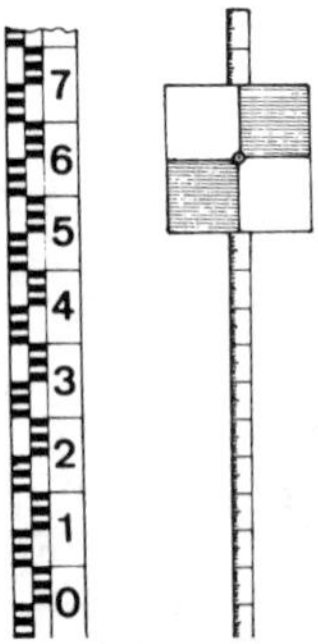

parlante à glissière

3/ Planchette de bois qui, clouée au bout d'un manche, sert à contrôler l'enfoncement des pavés.

MIROIR n.m.
1/MAÇONN.: éclat accidentel formant une cavité dans le parement d'une pierre de taille.

2/MIROIT.: glace* parfaitement polie dont une face est métallisée par argenture* ou par étamage* pour être réfléchissante.

MIROITERIE n.f.
Art, techniques, profession, atelier ou entreprise de fabrication et de pose des glaces de verre.

MISE n.f.
1/CHARP.: la ***mise dedans*** est le montage provisoire au sol, sur l'aire*, des pièces d'une charpente, afin de vérifier et d'ajuster les assemblages et de percer les enlaçures*. On utilise des chevilles d'assemblage métalliques, faciles à retirer.

2/ÉLECTR.: V. Terre (mise à la —).

3/MAÇONN.: la ***mise en ligne*** est la disposition de cordeaux parallèles servant de guides pour le montage rectiligne et vertical des parements d'un mur. Leur espacement correspond à l'épaisseur du mur.

Mise hors d'eau : V. Hors d'eau.

4/OUTILS : petite pièce très résistante rapportée sur un outil tel que mèche à béton, dent de scie, etc.

5/SERRUR.: pièce soudée contre une autre pour la consolider.

6/TERRASS.: la ***mise en dépôt*** de terres est la disposition en tas des terres de décapage* en vue d'une reprise ultérieure, soit en séparant les terres végétales des autres, soit en les superposant (***mise en cavalier****).

7/VITR.: la ***mise en plomb*** est l'action d'insérer et d'enchâsser les éléments d'un vitrail dans les baguettes de plomb rainurées.

MISÉRICORDE n.f.
Petite tablette sous le siège rabattable d'une stalle* de choeur*; elle sert d'appui et de repos au bas du dos pour les personnes en position debout.

MITIGEAGE n.m.
Mélange de deux fluides qui ont des températures différentes, visant à obtenir un fluide à la température intermédiaire souhaitée.

MITIGEUR n.m.
Robinet* de puisage à mélangeur d'eau chaude et froide par commande unique de débit.

Le ***mitigeur monocommande***, ou ***mécanique***, a une seule manette de réglage à la fois pour le débit et la température.
Le ***mitigeur thermostatique*** permet une présélection de la température désirée (température de consigne) et gère ensuite le réglage et le maintien à cette température de l'eau fournie (V.ill. au mot Robinet).

MITOYEN adj.
Qui constitue la limite entre deux propriétés contiguës ; juridiquement, qui appartient de façon indivise à deux propriétaires voisins.

MITOYENNETÉ n.f.
Copropriété d'un élément séparatif entre deux biens immobiliers voisins :

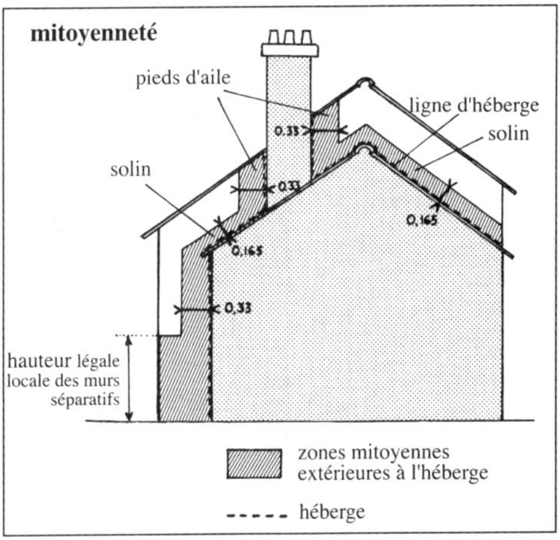

état de ce qui est commun à deux propriétés contiguës, et qui appartient en indivision aux deux propriétaires : mur, clôture, haie, puits, etc. peuvent être mitoyens.

Mitoyenneté des murs. Il y a, juridiquement, mitoyenneté d'un mur séparatif soit du fait de l'existence d'un titre de mitoyenneté établi entre les propriétaires des fonds, soit, à défaut, par la présomption de mitoyenneté basée sur la conception et la disposition du mur :

a/ cas du ***mur porteur séparatif commun à deux bâtiments*** accolés ou adossés : la partie commune de mur, limitée par l'héberge*, est réputée mitoyenne ; si l'un des bâtiments est plus haut que l'autre, la partie de mur qui dépasse au-dessus de l'héberge* lui appartient, déduction faite de pieds* d'aile mitoyens de 0,33 m (au-dessus de la hauteur légale de clôture) et de solins* mitoyens de 0,165 m.
La mitoyenneté d'un mur se poursuit dans le sol jusqu'à un mètre de profondeur.

b/ cas du ***mur portant un bâtiment d'un seul côté*** : la mitoyenneté concerne la partie de mur comprise entre un mètre de profondeur et la limite légale de hauteur de clôture, mesurée du côté du sol le plus haut (sauf disposition contraire du POS ou du PLU, 2,60 m en général, 3,20m dans les villes de plus de 50 000 habitants).

c/ cas du ***mur de clôture sans bâtiment***, traversé par le plan vertical de limite de propriété : le mur est présumé mitoyen sauf si son couronnement* dirige l'écoulement des eaux pluviales d'un côté ; le propriétaire présumé du mur est alors celui vers le fonds duquel s'écoulent les eaux.

mitoyenneté des murs de clôture

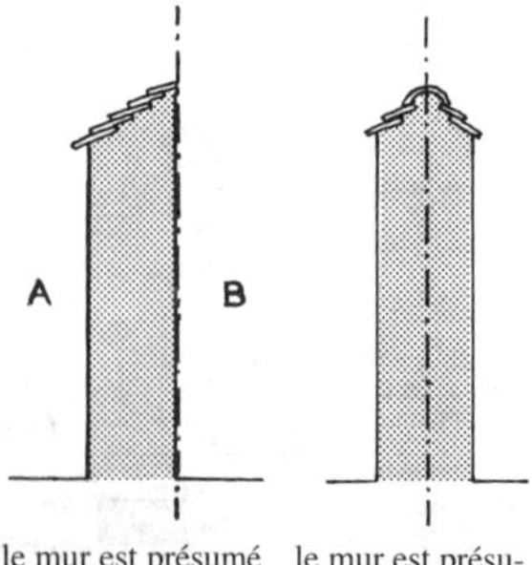

le mur est présumé appartenir à A — le mur est présumé mitoyen

Conséquences (résumées).

a/ Le *partage à parts égales* des frais occasionnés par la construction, l'entretien ou les réparations du mur mitoyen, sauf s'il peut être établi que les désordres sont imputables à la négligence d'un des propriétaires mitoyens, ou sont la conséquence de travaux ou d'aménagements faits pour son compte. Tout propriétaire mitoyen peut renoncer à ses droits et obligations de copropriétaire par la procédure d'abandon*.

b/ Le *percement* de trous dans un mur mitoyen (autres que pour des aménagements légers, treillages, décoration, etc.), l'*encastrement** de poutres, solives, pénétrations de solins, engravures d'étanchéité, etc. et l'*adossement** d'éléments maçonnés auvents, barbecues... ne peuvent être faits sans le consentement écrit du propriétaire voisin.

Consulter, pour toutes précisions :
- le Code Civil, art. 653 et suivants.
- la mairie du lieu, pour les éventuels règlements communaux de mitoyenneté et de clôtures.
- dans un lotissement, le Cahier des Charges qui fixe des règles précises en matière de clôture des lots.

V. aussi Servitudes.

MITRAILLE n.f.
Petits fragments de cuivre récupérés pour la soudure par brasage*.
Désigne parfois les petits accessoires de quincaillerie, clous, vis, etc.

MITRE n.f.
1/ARCHIT.: un *arc* en mitre* ou un *linteau* en mitre* ont une forme angulaire, en V inversé (V.ill. à Arc).

2/FUMIST.: ouvrage de rétrécissement et de couronnement* du faîte d'un conduit de fumée, pour limiter l'entrée de la pluie et du vent dans le conduit, et faciliter le tirage.
En tôle, en poterie ou en maçonnerie, les mitres ont des formes diverses (V.ill) ; elles peuvent être scellées ou amovibles (emboîtées sur un mitron), et surmontées d'une lanterne* ou d'une capote*.

mitres et **mitrons**

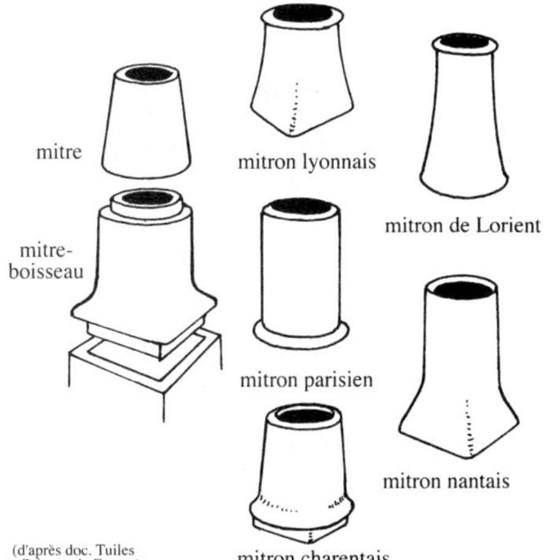

(d'après doc. Tuiles et Briques de France)

MITRON n.m.
Partie qui sert de support à une mitre de cheminée ; par déformation, désigne souvent aussi la mitre elle-même.

MIXTE adj.
Qualifie l'association de plusieurs types de composants dans un ensemble constructif : *plancher mixte béton-acier*. En maçonnerie, l'***appareil**** ***mixte*** associe deux matériaux sur chacune de ses assises*, par exemple la brique et le silex.

MIXTION n.f.
En peinture et en dorure, c'est un vernis gras siccatif, dit mordant*, facilitant l'adhésion des feuilles de dorure ou du bronzage* à l'huile.

MOBILE n.m.
Oeuvre décorative, dont les éléments pivotent ou se déplacent soit par un mécanisme, soit sous l'action du vent, d'un flux d'eau, etc.

MOBILIER URBAIN n.m.
Ensemble des accessoires maçonnés ou rapportés sur l'emprise du territoire public ou dans divers espaces aménagés et accessibles au public : bancs, structures ludiques, abris et aubettes*, corbeilles, fontaines*, bacs à plantes, WC publics, poteaux et panneaux de signalisation, plans des villes...

MODÈLE n.m.
1/ Élément-type à reproduire.
2/ Échantillon-témoin représentatif d'un élément manufacturé.
3/ Représentation à échelle réduite d'un bâtiment, d'un ouvrage.

MODÉLISATION n.f.
En dessin assisté par ordinateur (DAO), établissement et utilisation d'une base de données de modèles formels ou élémentaires (icônes).

MODÉLISER v.tr.
Mettre en forme des projets par assemblage de données globales ou simplifiées.

MODÉNATURE n.f.
Proportions et disposition des moulures et membres* d'architecture caractérisant une façade ; l'étude des modénatures permet de différencier les styles et, souvent, de dater la construction des bâtiments.

MODERNE adj.
Qualifie l'architecture des derniers siècles, par opp. aux architectures antique et classique ; l'***architecture moderne*** n'est donc pas l'architecture contemporaine (ni a fortiori l'architecture d'avant-garde).

modillons (M)

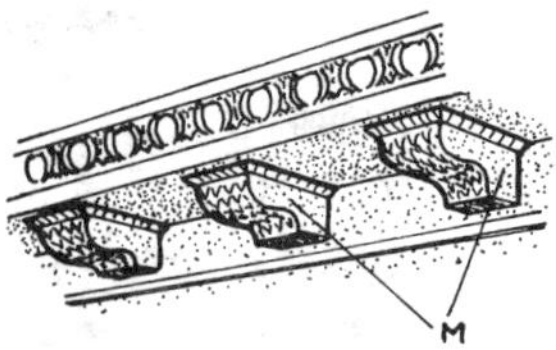

MODILLON n.m.
Chacune des petites consoles* aplaties disposées à intervalles réguliers sous le larmier* d'une corniche.
Contrairement au corbeau*, le modillon a une fonction plus décorative que porteuse. On distingue les modillons doriques* (*mutules**), les modillons à volutes, les modillons carrés, les modillons à copeaux.
L'espace entre deux modillons est appelé *entre-deux*, *métatome** ou *métoche**. V. aussi Denticule.

MODULABLE adj.
Qui a des dimensions modulaires, se prêtant à des répétitions ou combinaisons multiples.

MODULAIRE adj.
Qualifie tout ouvrage dont les dimensions sont les multiples d'un module* de base.

MODULATION n.f.
Utilisation d'une unité de base qui, par le jeu de ses multiples, permet de *moduler* les divers composants d'une construction, et d'harmoniser les cotes nominales des composants préfabriqués. V. normes de *coordination*.

MODULE n.m.
1/ARCHIT.: longueur prise arbitrairement comme unité de référence pour l'établissement des proportions relatives et de l'ordonnance d'un ensemble architectural.
Dans les ordres* architecturaux anciens, le module était le demi-diamètre du pied du fût* des colonnes*.

Dans le cadre de la ***coordination* modulaire*** de l'architecture et des éléments de construction, les organes officiels ont adopté et normalisé un module de base **M** de **0,10 m** ; les cotes nominales du gros oeuvre et des composants industriels doivent être des multiples de ce module M, ou des *multimodules* 2M, 3M et 6M, et éventuellement des sous-multiples M/2 et M/4 ; pour les constructions scolaires, un module de 1,75 m est également utilisé.

2/MATÉRIAUX: le ***module d'élasticité*** **E**, ou ***module de Young*** d'un matériau caractérise son aptitude à la déformation élastique (donc réversible) sous charge. Pour un béton, c'est le rapport entre la contrainte appliquée par unité de surface (taux de travail **N**) et la déformation élastique relative **d** enregistrée, en mm/m : E = N/d.

Le module est exprimé en MPa (mégapascals), remplaçant l'ancienne unité, le bar, ou daN/cm^2 (1 MPa = 10 bars). Sa valeur est d'autant plus élevée que le matériau est "raide" et peu déformable.
Pour un béton, E se situe entre 20 000 et 40 000 MPa ; pour les enduits, il peut aller de 1 200 MPa (enduit de chaux) à 15 000 MPa (enduit riche en ciment).

MODULOR n.m.
Ensemble coordonné de mesures architecturales dû à l'architecte Le Corbusier. Il repose sur une série de nombres tels que chacun est le produit du précédent par le *nombre* d'or* (1,618034), ou, ce qui revient au même, la somme des deux valeurs qui le précèdent (par ex. 2 ; 3,236068 ; 5,236068 ; 8,472136 ; 13,708204, etc.).
Le modulor est divisé en deux séries, dites rouge et bleue, qui diffèrent par la première valeur prise comme module de base.

MOELLE n.f.
Matière spongieuse qui garnit le centre du coeur des bois*, et qui disparaît souvent sur les sujets âgés pour laisser place à un canal creux.

MOELLON n.m.
Petit bloc de pierre calcaire, brut ou plus ou moins équarri*, utilisé pour la construction. Par convention, il est assez petit pour être porté et manipulé par un homme, sans appareil de levage (V.ill). Selon sa forme et son utilisation, le moellon est dit :

-***assisé****, ou ***d'appareil****: équarri comme la pierre de taille en parallélépipèdes de 0,01 à 0,06 m^3 ;

-***de banc-franc***, s'il s'agit d'un calcaire tendre ne convenant guère que pour des murets et murs de clôture ;

-***bloqué***, ***bourru***, ***brut*** ou ***gisant*** : sans forme précise, utilisé surtout comme blocage* dans l'épaisseur des murs et dans les fondations ;

-***clivé***, s'il résulte du tranchage de pains de pierre sciés (avec une *cliveuse*, appareil à guillotine) ;

-***en coupe***, placé sur chant* dans la construction d'une voûte*, par opp. au moellon ***à plat***, posé sur son lit*;

-***démaigri***, si sa face arrière est moins large que son parement ;

-***ébauché***, ***ébousiné*** ou ***épiné*** : grossièrement taillé, mais avec une face de parement rectangulaire ;

-***éclaté***, s'il est grossièrement taillé au pic, au marteau pneumatique ou à la masse ;

-***équarri*** : si sa taille est à peu près un parallélépipède rectangle ;

-***lité***, si ses faces de lit sont grossièrement taillées ;

-***piqué***, ***smillé*** (ou *esmillé*) ou ***têtué***, selon qu'il est taillé à la pointe, à la smille* ou au têtu*.
Dans une construction en moellons, le maçon veille à *entrelacer* les pierres (i.e. les caler les unes par rapport aux autres), et à disposer des pierres formant parpaing*.

MOELLONAGE n.m.
Construction élevée en moellons.

MOELLONAILLE n.f.
Petits moellons sans forme définie, éclats de pierre. Syn.: *blocaille*.

MOELLONEUR n.m.
Ouvrier qui taille les moellons.

MOHS (Échelle de —)
V. Échelle (classement des pierres).

MOIE n.f. V. Moye.

MOIGNON n.m.
Élément tubulaire soudé sous une gouttière ou sous une cuvette*, qui constitue le départ d'une descente d'eaux pluviales (V.ill).

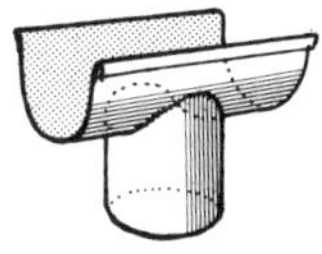

moignon

MOINS-DISANT n.m.
Dans un marché sur appel d'offres, candidat soumissionnaire qui a remis l'offre de prix la plus basse.
Dans certains pays, on utilise aussi la notion de ***moyen-disant***, désignant le candidat adjudicataire dont l'offre -après élimination des extrêmes, est la plus proche de la moyenne arithmétique des soumissions.
V. aussi Mieux-disant.

MOINS-VALUE n.f.
Réduction d'un prix convenu, quel qu'en soit le motif : par ex. inexécution partielle d'un ouvrage, choix d'un matériau ou d'un équipement plus économique que prévu, etc.

MOIRÉ adj.
Se dit d'une coloration qui présente des nuançages variés, voulus ou non.

MOIRURE n.f.
Effet optique que produisent les nuances ou reflets irréguliers d'une surface.

moellon équarri

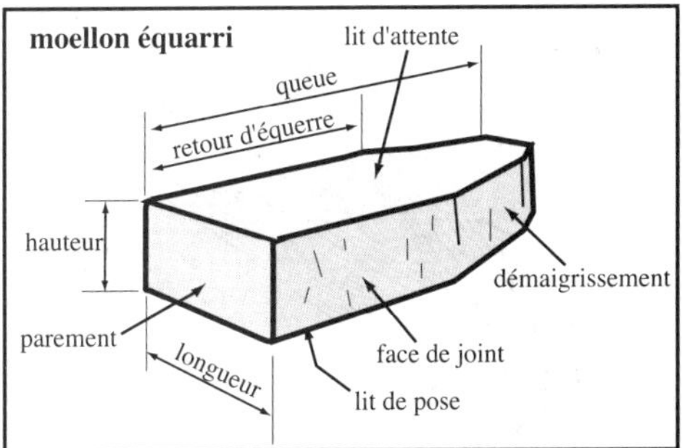

MOISE n.f.
En charpente, chacune des pièces jumelées qui prennent en sandwich une autre pièce, à laquelle elles sont assemblées pour constituer un moisement (V.ill).
Les blochets* composent une moise.
Le plus souvent, les moises sont entaillées à mi-bois.
Une ***moise pendante*** est verticale.

MOISÉ adj.
Se dit d'un assemblage qui comporte un moisement ; qualifie une pièce dédoublée en deux éléments parallèles enserrant un ouvrage : *entrait moisé.*

MOISEMENT n.m. (ou ***Moise***)
Ouvrage formé par le dédoublement de pièces de triangulation qui enserrent des éléments pour les solidariser. Il est utilisé dans les charpentes de toutes époques (V.ill).

MOLAIRE adj.
La *pierre molaire* est la meulière*.

MOLASSE ou **MOLLASSE** n.f.
1/ Grès argileux utilisé comme pierre à bâtir dans le Sud-Est de la France et en Suisse. Son exposition à l'air la rend très dure, mais certaines qualités de molasse sont gélives.

2/ Veine terreuse constituant un défaut dans une pierre calcaire.

MOLÉCULE n.f.
Combinaison d'atomes composant la plus petite quantité d'un corps pur qui puisse exister à l'état libre.

moisement

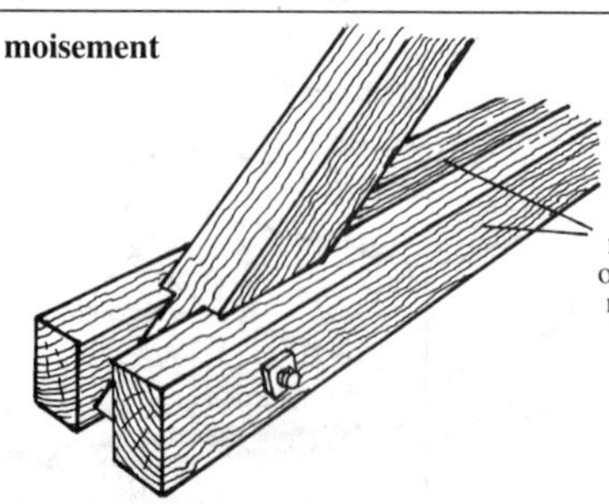

MOLÉCULAIRE adj.
Relatif aux molécules ; la ***concentration moléculaire*** est le nombre de moles d'une substance que contient un dm^3 de mélange homogène.

MOLET ou **MOULET** n.m.
Pièce de bois portant des rainures de différentes largeurs. Les menuisiers l'utilisent pour calibrer et contrôler l'épaisseur des languettes* d'assemblage de leurs panneaux.

MOLETÉ adj.
Qualifie un bouton de commande strié pour faciliter sa préhension.

MOLETTE n.f.
Désigne, selon les métiers, diverses pièces rondes, souvent dentées, en matière très dure. En marbrerie, meule* en grès ou en faïence.
En maçonnerie, taloche dont la surface comporte des petits reliefs réguliers en pointes de diamant.

MOLLETON n.m.
En peinture, c'est un mélange de blanc de craie, ou blanc* d'Espagne, avec de la céruse*.

MOLLIER (**diagramme de —**)
V. à Diagramme.

MOLYBDÈNE n.m (symb. **Mo)**
Métal blanc, dur ; on en fait, entre autres, des filaments de lampes.

MOMENT n.m.
Le ***moment d'une force*** qui agit sur un ensemble pouvant pivoter autour d'un axe est le produit de cette force par le bras* de levier*. Il est exprimé en newton-mètres (N.m).

Le ***moment d'un couple*** est le produit de l'intensité commune aux deux forces de ce couple par le bras de levier du couple, distance orthogonale qui sépare les lignes d'action des forces considérées.

Le ***moment d'inertie*** d'un solide par rapport à un axe est l'intégrale de la différentielle $r^2.dm$, dans laquelle dm représente la masse d'une partie quelconque du solide et *r* sa distance à l'axe de rotation.

Le ***moment de torsion*** appliqué à un axe est le produit d'une force perpendiculaire à cet axe, dans un plan distinct, par la distance qui sépare cette force de l'axe.

MONOCHROME adj.
D'une seule couleur. Camaïeux* et grisailles* sont monochromes.

MONOCOMPOSANT adj.
Constitué d'un seul composant ; se dit des produits qui ne nécessitent pas de mélange avant l'emploi, par opposition aux multicomposants.

MONOCOUCHE adj. et n.m.
1/ÉTANCH.: revêtement d'étanchéité* des toitures-terrasses* mis en oeuvre en une seule couche, en général sous forme d'une membrane* en lés* (bitume élastomère thermosoudable ou autre). V. aussi Bicouche, Étanchéité, Multicouche.

2/MAÇONN.: nom générique de la famille des *enduits d'imperméabilisation et de parement* des façades, prêts à gâcher pour une application, en général par projection pneumatique, en deux passes* successives à quelques heures d'intervalle.
Un seul mortier de ciment, teinté dans la masse et hydrofugé*, remplace donc les trois couches des enduits* traditionnels, pour une épaisseur totale de 12 à 15 mm (au lieu de 20 à 25), et dans un délai d'exécution court. Cette technique implique le respect des préconisations, en particulier concernant la stabilité des supports, et l'épaisseur (pour l'imperméabilisation).
Aujourd'hui, plus de la moitié des surfaces de façades enduites le sont avec des monocouches. La plupart des produits proposés se prêtent à plusieurs finitions*: brut de projection, rustique écrasé* et gratté*.

MONOLITHE
ou **MONOLITHIQUE** adj.
Fait d'un seul bloc de pierre de taille ou de marbre : *un linteau monolithe, une colonne monolithe*. On dit parfois aussi *monobloc* dans ce sens.

MONOMÈRE n.m. et adj.
Corps composé de molécules simples. L'association de monomères semblables, par une polymérisation*, aboutit à la formation de corps stables, les polymères*.

MONOPHASÉ adj.
Qualifie un courant ou un circuit électrique alternatif à phase* unique, sur deux conducteurs actifs.

MONOPODE adj.
Qui repose sur un seul pied-support.

MONOPYLE adj.
Qui n'a qu'une porte d'accès.

MONOTROU adj. invar.
Qualifie un robinet* dont les tubes d'alimentation en eau chaude et froide sont accolés pour passer à travers un seul orifice ménagé dans le rebord de l'appareil sanitaire.

MONTAGE n.m.
1/ Élévation des matériaux d'un point à un autre, avec un engin de levage.

2/ Assemblage des pièces qui composent une charpente métallique, un ascenseur, une chaufferie, une installation électrique, etc.
3/MAÇONN.: un *mortier de montage* est celui qui sert à lier des blocs, des briques, des moellons...
En plâtrerie, le *mortier de montage* est le mortier de collage, ou *liant-colle*, de liaison des carreaux de plâtre.

MONTANT
1/adj.MAÇONN.: un ***joint montant*** est un joint vertical entre deux blocs.

2/n.m. (MENUIS.-SERRUR.) : élément vertical d'un ouvrage assemblé, tel que huisserie*, bâti de porte, châssis, croisée, volet, grille, rampe, etc.
Dans un vantail ou une porte, on distingue le ***montant charnier***, qui porte les ferrures* et organes de rotation, et le ***montant battant***, qui porte les organes de fermeture (crémones, serrures...).

MONTE-CHARGE n.m. invar.
Engin élévateur adapté au transport vertical de charges lourdes. Son fonctionnement, et les dispositifs de sécurité sont analogues à ceux des ascenseurs (V. à ce mot) ; sa cabine est plus vaste pour acceuillir des chariots, transpalettes... *V. norme*.

MONTE-HANDICAPÉS n.m.
Sorte de petit funiculaire dont la plateforme, à déplacement oblique le long d'une volée* de marches, peut accueillir un fauteuil roulant.

MONTE-MATÉRIAUX n.m.
Appareil de chantier à plate-forme ascendante par translation sur rails ou glissières inclinés.
Il sert en particulier aux couvreurs pour monter à pied d'oeuvre leurs matériaux.

MONTE-PLATS n.m. invar.
Petit ascenseur étroit à plateaux superposés, souvent mû à la main par une corde à contrepoids de rappel ; les monte-plats sont surtout destinés aux restaurants, cantines, boulangers, hôtels, hôpitaux, etc. pour monter ou descendre les mets, la vaisselle, le linge... d'un étage à l'autre.

MONTÉE n.f.
1/ Hauteur d'une voûte ou d'un arc comprise entre son plan de naissance* et sa clef* ou ses voussoirs*.

2/ Hauteur d'un escalier entre les niveaux de deux paliers consécutifs.

3/ Rampe d'accès extérieure, plan incliné aménagé pour la circulation.

MONTOIR n.m.
Borne ou grosse pierre disposée autrefois contre les murs pour aider les cavaliers à se mettre en selle.

MONUMENT n.m.
Construction, ouvrage architectural sortant de l'ordinaire par ses dimensions (palais, église...) ou par sa destination (mausolée, musée...).

•Monuments historiques (MH).
Ils sont répartis en deux catégories :

- les immeubles ***classés*** comme *monuments historiques* par décision du ministre chargé des Affaires culturelles, pour leur intérêt historique et/ou artistique ;

- les immeubles ***inscrits*** à l'*Inventaire supplémentaire des monuments historiques*, par arrêté du Commissaire de la République.

Chaque dossier est soumis à l'avis de l'Architecte des Bâtiments de France, de l'Architecte en chef des Monuments Historiques, et de l'Inspecteur des MH ; puis instruit par la Commission Régionale du Patrimoine Historique, Archéologique et Ethnologique (COREPHAE).

Effets des mesures de classement ou d'inscription.

- Un immeuble ***classé*** Monument Historique "*ne peut être détruit, déplacé ou modifié, même en partie, ni être l'objet d'un travail de restauration ou de réparation sans l'accord préalable du Ministère de la Culture*". Il ne peut être cédé sans que le Ministère en soit préalablement informé, et on ne peut lui appliquer des servitudes* légales qui provoqueraient sa dégradation (par exemple servitude d'alignement*).

- Un immeuble ***inscrit*** "*ne peut être détruit, déplacé ou modifié, même en partie, ni être l'objet d'un travail de restauration ou de réparation sans que le Ministère de la Culture soit informé 4 mois auparavant*".

Effet sur les abords : dans un périmètre de 500 mètres autour d'un Monument Historique, dit ***périmètre de protection***, aucune construction, restauration ou destruction ne peut être faite sans l'accord de l'Architecte des Bâtiments de France. La loi offre aux communes qui le souhaitent la possibilité de remplacer le périmètre de protection par une *zone de protection du patrimoine architectural et urbain* (ZPPAU) ; sa création est préparée par la commune, à son initiative, avec l'Architecte des Bâtiments de France, puis donne lieu à un arrêté du

Commissaire de la République.

Effets financiers : participation financière de l'État aux frais de travaux indispensables à la conservation de l'édifice : *se renseigner auprès de la Direction du Patrimoine, Ministère de la Culture.*

MOQUETTE n.f.
Revêtement de sol textile fourni en lés* (en général 2 ou 4 m de largeur). Une moquette se compose d'un dossier* comportant la trame*, et d'un velours* qui constitue la couche d'usure.

On différencie les moquettes :

1/ selon la ***nature des fibres*** de leurs velours : elles peuvent être *animales* (laine, poils de chèvre, chameau), *végétales* (agave, chanvre, coco, coton, jute, sisal, tampico...), ou *artificielles* : acryliques, polyamides, polyester, polypropylène, viscose.

2/ selon leur ***mode de fabrication***, les moquettes sont :

-***aiguilletées***, avec une couche d'usure en poils entremêlés en tous sens (par *aiguilletage**) sur une trame textile éventuellement enduite d'un polyvinyle plastifié.

-***floquées***, par projection à refus* (*flocage*), sur un dossier préalablement enduit de colle, des courtes fibres du velours ; ces fibres sont orientées perpendiculairement au dossier par un champ magnétique.

-***nappées*** : touffes de poils ancrées à chaud dans une couche de PVC en fusion formant dossier, armée d'une trame textile.

-***tuftées***, ou *touffetées ou piquées* (par *tufting* ou *piquage*) : les touffes de poils (laine ou matière synthétique) sont implantées dans une trame résistante, souvent en jute, formant dossier, en général consolidé par une enduction à base de latex ou de PVC. Selon la finition du velours, ces moquettes sont dites ***bouclées*** ou ***coupées*** (à poils ras).

-***tissées***, en général en laine cardée ou peignée, par le procédé traditionnel de tissage sur métier à tisser.

Pose des moquettes.
Elles peuvent être :

-***tendues*** sur thibaude*, par accrochage sur des bandes à crampons fixées à la périphérie du local,

-***collées par points*** ou *bandes,* avec des adhésifs double-face,

-***collées en plein*** avec une colle à moquette adaptée à la nature du dossier (*envers* de la moquette),

-***clouées*** (sur bois et parquets),

-ou en ***pose libre*** : ne convient que pour des moquettes lourdes, en un lé ; le maintien au droit des portes est alors assuré par le recouvrement de bandes de seuil vissées.

Voir les normes des moquettes.

MOQUETTE

Fabrication des moquettes tuftées à **velours bouclé**

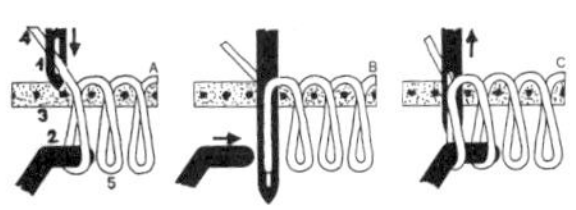

Fabrication des moquettes tuftées à **velours coupé**

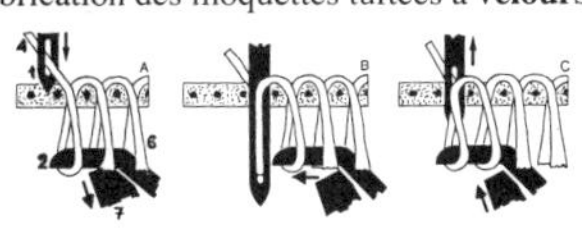

(d'après doc. CSTB)

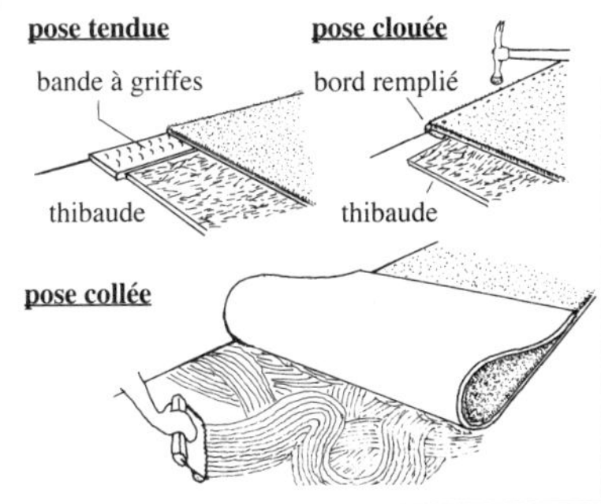

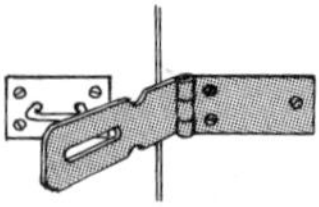

moraillon

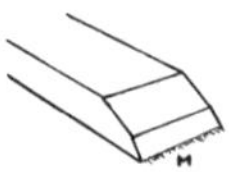

morfil (M)

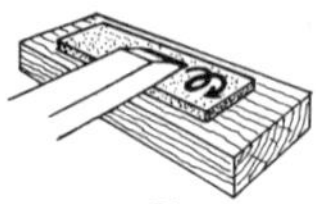

morfilage

Moquettes en dalles.
Éléments de sols textiles en dalles à juxtaposer, permettant la composition de damiers de couleurs contrastées, et une réparation localisée par remplacement des dalles endommagées (usure, taches, brûlures...).

MORAILLON n.m.
Pièce de fer plat rabattable, sur charnière, évidée pour laisser passer un piton en anneau sur lequel on peut fixer un cadenas (V.ill).
On trouve ce dispositif surtout sur les portes de caves, de vestiaires, etc.

MORAINE n.f.
Solin ou cordon de mortier de chaux au pourtour d'un ouvrage en pisé.

MORCELLEMENT n.m.
Division d'un terrain en plusieurs parcelles ou lots.

MORDACHE n.f.
Morceau de bois ou de métal tendre (cuivre, plomb) rapporté sur la mâchoire d'un étau pour éviter d'écraser ou de mâchurer* l'ouvrage.

MORDANÇAGE n.m.
Décapage et mise à nu d'un métal (surtout cuivreux) avec un acide.

MORDÂNE ou **MORS D'ÂNE**
n.m. Contrefort de consolidation d'un tenon, correspondant à l'évasement biais de sa mortaise (V.ill).

MORDANT n.m. et adj.
1/ Colle, vernis ou autre substance utilisée en dorure pour fixer la poudre d'or ou l'or en feuilles.

2/ Produit d'imprégnation des bois à teinter, destiné à fixer les pigments.

3/ Qualifie un produit qui attaque superficiellement une matière et la ronge. Un mordant peut faciliter l'adhérence d'une autre matière : dans l'étamage* des glaces de miroiterie, le mercure sert de mordant.

MORDRE v.tr.
Attaquer une surface par une action chimique.

MORFIL (ou ***Malfil*** ou ***Marfil***) n.m.
Fines barbes ou bavures de métal générées, sur le tranchant d'un outil, par son affûtage* à la meule. On élimine le morfil en frottant l'outil à plat sur une pierre*, afin d'obtenir un tranchant net.

MORFILAGE n.m.
Opération d'élimination du morfil du tranchant des outils coupants (V.ill).

MORISET ou **MORIZET** n.m.
Boulin* ou ensemble de boulins* disposés par les plâtriers "plafonneurs" le long des murs et, transversalement, au droit des ouvertures , pour soutenir leurs échafaudages.

MORS n.m.
Dans un étau*, un mandrin*..., chaque partie de la mâchoire qui serre l'objet. -***Mors d'âne*** : V. Mordâne.

MORT adj.
Qualifie un plâtre qui, ayant été appliqué ou rebattu* en cours de prise, a peu de cohésion et de dureté.

mortaises

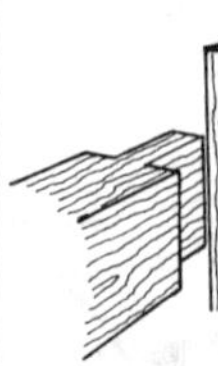

mortaise carrée, au ciseau et au bédane

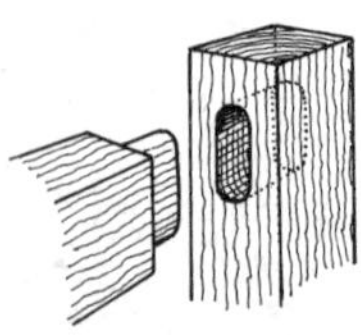

mortaise arrondie de mortaiseuse à mèche

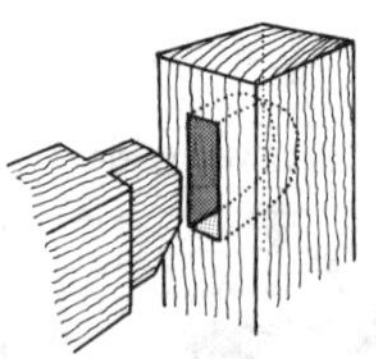

mortaise à fond circulaire de mortaiseuse à chaîne

mordâne (M)

MORTAISE n.f.
1/CHARP.-MENUIS.: évidement, cavité rectangulaire pratiquée dans une pièce pour y loger le tenon*, de même section, d'une autre pièce à laquelle on l'assemble (V.ill. page ci-contre). La mortaise est creusée à l'ébauchoir*, au bédane*, à la mortaiseuse*.
Désigne aussi l'entaille faite dans le chant d'une porte pour y encastrer une serrure*.

2/SERRUR.: ouverture d'une gâche*, dans laquelle s'engage le pêne*.

MORTAISER v.tr.
Percer une mortaise dans une pièce.

MORTAISEUSE n.f.
Machine-outil d'exécution des mortaises ; la pièce, fixée sur un chariot mobile, se déplace horizontalement par rapport à un outil coupant et perforant.

Dans le cas des ***mortaiseuses à mèches***, une mèche* spéciale, hélicoïdale ou droite, creuse des mortaises dont les extrémités sont arrondies.

Dans une ***mortaiseuse à chaîne***, l'outil est une chaîne à maillons tranchants, sur le même principe que la tronçonneuse à bois ; elle permet d'obtenir des mortaises de section rectangulaire, mais dont le fond est arrondi.

MORTELLERIE n.f. (désuet)
Désignait un ouvrage comportant la mise en oeuvre de mortiers, par opp. aux ouvrages de *plâtrerie*.

MORTELLIER n.m.
Désignait l'ouvrier cimentier.
Se dit encore d'ouvriers préposés au broyage de la pierre.

MORTIER n.m.
Mélange composé d'une part d'un *liant** (ciment, chaux, résine, etc.), d'autre part de *granulats* fins (sables*) qui constituent le *squelette* ou l'*ossature* du mortier ; on y ajoute éventuellement des pigments colorants, et des adjuvants*.

Les mortiers sont utilisés pour lier (maçonner des éléments taillés ou moulés), pour enduire (imperméabilisation et parement des murs, chapes), mais aussi pour coller, ragréer*, jointoyer*, isoler, sceller...

De façon générale, le dosage des mortiers courants (mortiers à maçonner, à *liaisonner* ou à enduire) est exprimé en poids de liant par mètre cube de sable. Tout dosage ainsi constitué avec un m^3 de sable donne à peu près un m^3 de mortier.
Selon leur composition ou leur emploi, on distingue (en ordre alphabétique) :

• les ***mortiers adhésifs***, qui ont une fonction de collage ; outre les mortiers-colles*, ils désignent les mortiers spéciaux à base de plâtre utilisés pour sceller par plots* les complexes* de doublage isolants contre les murs en maçonnerie.

• les ***mortiers allégés*** : enduits pour l'isolation thermique par l'extérieur, à base de liant hydraulique et, pour env. 90% de leur volume, de granulats isolants ; appliqués sur 3 à 8 cm d'épaisseur, ils sont recouverts d'un enduit de parement spécial à base de chaux.
Ces mortiers relèvent d'une procédure d'Avis Technique.

• les ***mortiers antiacides***, dits ***anticorrosion***, mortiers spéciaux, soit hydrauliques, soit de résines, résistant bien aux agents acides (industries chimiques, alimentaires...).

MORTIERS

mortiers : (liant /m^3 de sable)	***maigre***	***moyen***	***gras***
• chaux hydraulique	200/300kg	250/350kg	400/500kg
• ciments Portland CEM I, II ou III	250/350kg	300/400kg	400/500kg
• *mortier bâtard* : (NHL+CEM I ou II)	150+150kg	175+175kg	200+200kg

NB- Un mortier dont le dosage en liant est supérieur à 500kg est dit *très gras*, ou *très riche*.

• les ***mortiers d'asphalte*** : mélanges à chaud de bitume, de sable fin, de fillers et de gravillons enrobés, appliqués à chaud, par calandrage*, comme revêtements de voirie.

• les ***mortiers bâtards***, dans lesquels le liant est un mélange de ciment et de chaux, en quantités égales.

• les ***mortiers bitumineux*** : composés d'une émulsion aqueuse de bitume et de sable (200 à 300 l par m^3) pour constituer des chapes-supports d'étanchéité sur toitures-terrasses.

• les ***mortiers-colles***, dits *ciments-colles*, avec lesquels on pose les carrelages* et revêtements* céramiques muraux. Ils existent en plusieurs formules, selon qu'il s'agit de pose sur sols et murs (intérieurs et extérieurs), de pose murale sur plâtre (mortiers-colles caséinés), ou de pose d'éléments de grand format.

• les ***mortiers industriels***, par opposition aux *mélanges sur chantier*, désignent toutes les familles de mortiers et d'enduits de parement dosés et prémélangés en usine par des équipements industriels, et fournis prêts à gâcher (en sacs), ou prêts à l'emploi (sous forme pâteuse).

• les ***mortiers isolants*** : nom souvent donné aux *mortiers allégés* (V. plus haut) et à divers mortiers de granulats légers (liège, vermiculite, argile expansée...).

• les ***mortiers de montage**** désignent certains mortiers ou *liants-colles* adaptés au maçonnage de blocs ou d'éléments de murs ou cloisons : carreaux de plâtre, blocs de béton cellulaire, etc.

• les ***mortiers de plâtre*** sont des plâtres auxquels on ajoute des charges minérales inertes ; les enduits réalisés avec ces mortiers sont plus durs (mais parfois aussi plus absorbants) qu'avec un plâtre pur.

Des mortiers à liant mixte de ***plâtre-chaux*** servent aussi d'enduits de parement des immeubles anciens.

• les ***mortiers de ragréage****: les rétenteurs d'eau de ragréages hydrauliques permettent une application en couches minces (de 0 à env. 10 mm). Des fabricants proposent aussi des émulsions de résines chargées de sables fins, à additionner de ciment, pour préparer sur chantier les mortiers de ragréage.

• les ***mortiers réfractaires***, mortiers qui résistent à de hautes températures, pour la construction de fours.

• les ***mortiers de résines***, dont le liant est une résine synthétique, en particulier polyester* ou époxyde* à deux composants, sans solvants.
Ils servent à réaliser des minichapes industrielles, des revêtements de sols coulés* et dallages de granito*, des scellements et des collages à très haute résistance, des cuvelages, des réparations sur les ouvrages de béton dégradés, etc.

- les ***mortiers de scellement***, dont le liant est à prise rapide, et qui sont formulés pour le scellement de pièces métalliques dans les ouvrages de maçonnerie (goujons, queues-de-carpe, pattes d'ancrage, gonds, pitons à scellement, etc.).

MOSAÏQUE n.f.
1/DÉCOR : assemblage de petits éléments dont la juxtaposition compose un motif ; les éléments sont des petits cubes ou des plaquettes de marbre ou de pâte de verre, mais aussi d'agathe, albâtre, aventurine*, calcédoine*, jaspe*, porphyre*, smalt*, etc.
Dans le carrelage des sols, la ***mosaïque de hasard***, fréquente au début du 20e siècle, désigne une mosaïque réalisée en carreaux de grès cérame cassés.

2/MAÇONN.: la ***mosaïque brouillée*** est un appareillage* des maçonneries constitué de moellons taillés à parement polygonal et à arêtes vives, permettant de réaliser des joints nets et réguliers. Ses variantes sont :
- la *mosaïque brouillée rayonnante* est composée de petits moellons dont

les joints rayonnent autour de gros moellons taillés à 7 ou 8 côtés, dits *soleils* ;

- les *mosaïques hexagonales*, à moellons taillés en hexagones plus ou moins réguliers, ou en *navettes** ou *plaquettes* régulières.

- la *mosaïque moderne*, en moellons rectangulaires de dimensions diverses, appareillés en lits courts et décalés, interrompus par des chandelles* qui "cassent" l'impression visuelle d'une maçonnerie assisée.

3/MENUIS.: V. Parquet-mosaïque.

4/SERRUR.: ouvrage d'ornement ajouré fait de fers plats enroulés ou enlacés en motifs, pour servir par exemple d'imposte* au-dessus de certaines portes cochères.

MOSAÏSTE n.m.
Artisan ou artiste spécialisé dans la réalisation de mosaïques.

MOSQUÉE n.f.
Sanctuaire et bâtiment de prière du culte musulman.
On distingue la mosquée de quartier (*masdjid*), la grande mosquée des prières du vendredi (*djâmi*), et la mosquée associée à des mausolées* (*koubba*) et à une école coranique (*zaouia*, ou *zâwiya*).
La mosquée, en général de plan carré, se compose d'une grande cour fermée par laquelle on accède à l'oratoire, vaste salle hypostyle* comportant, sur le côté, une niche d'orientation (*mihrâb*) qui donne la direction de la Mecque et, dans les grandes mosquées, une chaire de prêche (*minbar*) et les sièges des enseignants (*kursi*).
La mosquée est complétée par une salle d'étude et de lecture (*maqsûra*), des locaux d'ablutions (*midâ*) et un *minaret*, tour dont l'escalier permet d'accéder à une petite galerie d'où le *muezzin* lance les appels à la prière.

MOTEUR n.m.
Engin qui transforme une énergie quelconque en énergie mécanique.
On distingue surtout, dans le bâtiment, les moteurs *thermiques* et les moteurs *électriques*.
Parmi les principaux types de ***moteurs électriques*** :
- les moteurs *asynchrones*, ou à induction. Leur vitesse, à peu près constante, n'est pas liée à la fréquence du courant alternatif.
- les moteurs *synchrones*, à vitesse proportionnelle à la fréquence du courant alternatif. Leur lancement nécessite une excitation complémentaire en courant continu.
- les moteurs *antidéflagrants*, qui sont conçus pour fonctionner sans risques dans des atmosphères de vapeurs inflammables.
- les moteurs *pas à pas*, dont la rotation, proportionnelle aux impulsions électriques reçues, peut être limitée à quelques degrés.
V. aussi Servomoteur.

MOTIF n.m.
Dessin ou sujet d'ornement répétitif dans un ouvrage de décoration.

MOTOPAVER n.m.
Engin de chantier assurant simultanément l'enrobage bitumineux des granulats, leur malaxage et leur épandage sur la chaussée.

MOTOPOMPE n.f.
Pompe à aspiration et refoulement de l'eau, mue par moteur thermique ou électrique ; on l'utilise par ex. pour l'assèchement des fouilles* et les relèvements* de nappes*.

MOTORÉDUCTEUR n.m.
Moteur électrique couplé à un dispositif de démultiplication permettant d'obtenir sur l'arbre-moteur une vitesse de rotation très inférieure à celle du moteur.

MOTORISATION n.f.
Mise en oeuvre de dispositifs d'animation mécanique d'éléments mobiles, tels que les portes des garages, portails, barrières de parkings, fermeture de volets, rideaux coupe-feu, etc.

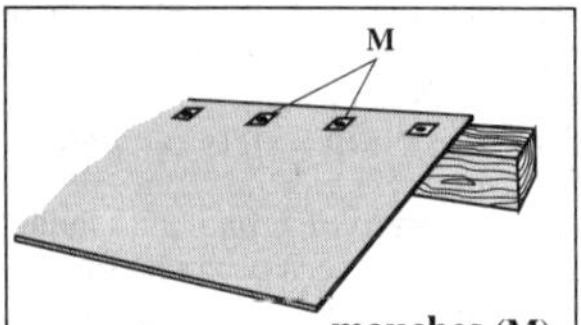

mouches (M)

MOTTÉ adj.
Se dit d'un liant hydraulique ou d'un mortier en sacs dans lequel des parties agglomérées et durcies traduisent une prise partielle du liant due à une exposition à l'humidité, ou à un trop long stockage.

MOTTAGE n.m.
Agglomération d'un liant en petits nodules durs du fait d'un début de prise prématuré.

MOUCHARABIEH n.m.
Grille en bois ouvragé, ou panneau ajouré occultant une baie et permettant de voir sans être vu.

MOUCHARABY n.m.
Sorte de mâchicoulis* établi dans une avancée de maçonnerie en surplomb d'une ouverture, pour en défendre l'accès ; syn.: *assommoir*.

MOUCHE n.f.
En couverture, petite plaquette de zinc interposée entre la tête d'un clou et la bande de plomb fixée par ce clou. V. aussi *Aile* de mouche*.

MOUCHER v.tr.
Moucher le fer d'un outil à fût (rabot, varlope...), c'est arrondir légèrement les extrémités du tranchant.

mouchetis

application d'un enduit de parement en **mouchetis tyrolien**

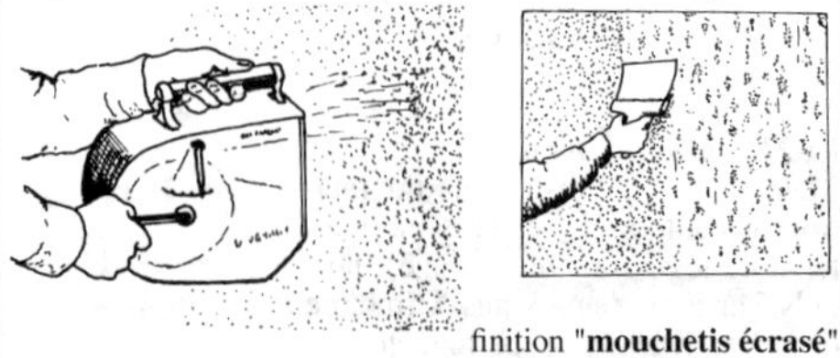

finition "**mouchetis écrasé**" au couteau souple

MOUCHETÉ adj.
Se dit d'une peinture ou d'un enduit de parement à surface parsemée de petites taches d'une couleur différente de celle du fond.

MOUCHETIS n.m.
Crépi constitué d'une accumulation d'éclaboussures en gouttelettes, exécuté autrefois au balai, souvent avec un mortier de plâtre et de sable gâché clair. Aujourd'hui, désigne l'enduit de parement en mortier de ciment coloré, ou ***mouchetis tyrolien****, projeté en trois passes* successives (V.ill) sur un sous-enduit bien dressé, avec un appareil spécial appelé tyrolienne* ou *moustiquette**.
Ce parement a une surface très granuleuse qui, dans les zones urbaines, est relativement sensible à l'encrassement. Deux variantes limitent cet inconvénient :

- le ***mouchetis écrasé***, par passage léger d'un couteau de peintre aussitôt après l'application, de façon à créer des zones lisses sur une importante proportion de la surface ;
- le ***mouchetis grésé***, aboutissant à un résultat comparable (aspect voisin du comblanchien*), par ponçage au disque ou à la brique de carborundum pendant le durcissement de l'enduit.

MOUCHETTE n.f.
1/ARCHIT.: petit croissant à double redent, dans un réseau de baie ou de vitrail gothique* flamboyant.
2/MAÇONN.: rebord extérieur du larmier* d'une corniche* ou d'un bandeau* saillant. Si la sous-face de la corniche est moulurée ou refouillée, la mouchette est dite *pendante* ; si la mouchette couronne, en listel*, des moulures, des quarts-de-rond* ou des talons*, elle est dite *saillante* .
3/MENUIS.: rabot dont le fer et la semelle sont concaves, pour exécuter les moulures à profil convexe, et arrondir les baguettes (V.ill. ci-après).

mouchettes

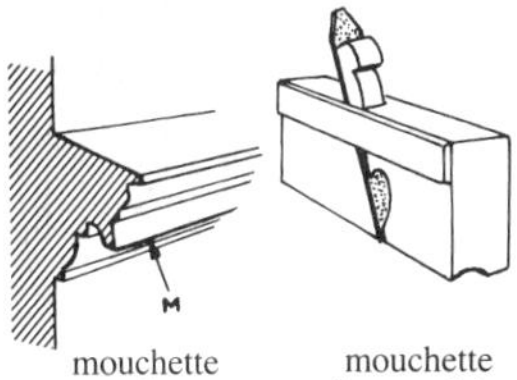

mouchette pendante — mouchette de menuisier

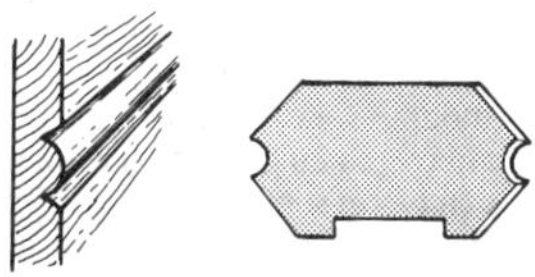

mouchette de lambris
et fer de toupie correspondant

4/PLÂTR.: résidu graveleux du tamisage du plâtre gros.

MOUCHETURE n.f.
Formation, sur la surface d'un revêtement, enduit de parement, feuil* de peinture, etc., d'une multitude de petites taches visibles.

MOUCHOIR n.m.
1/COUVERT.: ardoise ajoutée à un pied de noue* écharpé, à l'extrémité du pan de pénétration, pour amorcer le relèvement des ardoises de l'autre versant, à la base du tranchis.
Un ***coin de mouchoir*** est une façon de pli vers l'intérieur d'un angle de feuille, permettant de constituer un trièdre rectangle étanche (V.ill).

feuille pliée en
coin de mouchoir
(angle de cuvette,
de chéneau, etc.)

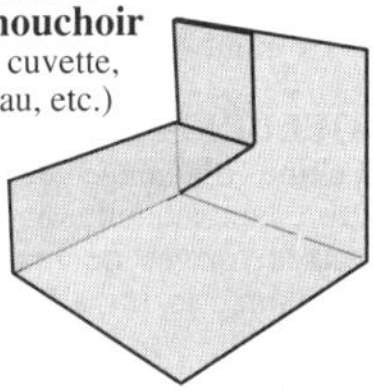

2/MENUIS.: plaquette triangulaire d'assemblage en équerre de deux battants d'un châssis. Équivalent du gousset* des charpentes métalliques.

3/MAÇONN.: réparer un mur ***en mouchoir*** signifie en refaire une partie délimitée par une ligne oblique.

MOUCHURE n.f.
Morceau enlevé à l'extrémité d'une pièce de bois que l'on raccourcit.

MOUFLE
1/n.f. ou n.m. Dispositif de levage constitué par le montage d'un câble sur deux poulies ; il démultiplie la force nécessaire au levage d'un fardeau par traction sur ce câble.
Les moufles sont formées d'un ensemble de paires de poulies disposées en série (V.ill) ; la force à appliquer au câble égale la masse de la charge à soulever divisée par le nombre de poulies.
On préfère aujourd'hui le *palan**, moins dangereux car autobloquant en cas de fausse manoeuvre.

2/n.f. Chaîne* en barres de métal noyées dans la maçonnerie.

L'***assemblage à moufle*** est la jonction par enfourchement* des barres de fer constituant les chaînes* d'une maçonnerie.

moufle

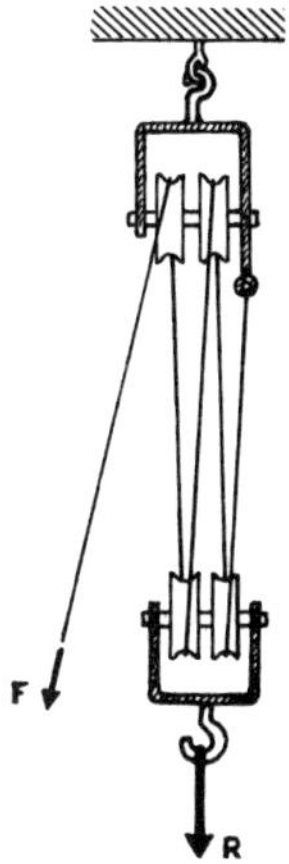

F = R / n poulies

MOUILLANT adj.
Qualifie un adjuvant* ou un agent qui abaisse la tension* superficielle à l'interface* entre les corps solides et les liquides : un agent mouillant facilite la dispersion* des charges dans un liquide, ainsi que l'étalement de produits fluides sur les supports solides. Les détergents sont des agents mouillants efficaces.

MOULAGE n.m.
Mise en forme d'un matériau plastique* (argile, béton, résine, métal en fusion, etc.), par écoulement ou compression dans un corps creux, le *moule*.
Les briques, parpaings, tuiles, carreaux de plâtre, lavabos, cloches... sont fabriqués par moulage.

MOULE n.m.
Modèle en creux ou en contre-profil dans lequel on met en forme un matériau fluide ou pâteux.

MOULINER v.tr.
Polir le parement ou la tranche d'une dalle de pierre ou de marbre par frottement (***moulinage***) de sable mouillé avec une molette*, ou avec une pierre plate fixée sur un martin*.

-***Bois mouliné*** : bois attaqué par les larves des insectes xylophages*, dont les galeries restent garnies de farine de bois.

MOULINET n.m.
Mode d'assemblage et de mise en plomb des pièces de vitraux suivant un motif traditionnel composé de croix, d'octogones et de navettes.

MOULURATION n.f.
Ensemble des moulures d'un ouvrage (leur disposition relative et leur aspect général est la modénature*).

MOULURE n.f.
Élément allongé dont le profil est constant ; la moulure peut avoir un rôle décoratif ou utilitaire (languette, rainure).

1/ARCHIT.: ornement profilé de forme allongée et régulière, combinant des profils creux et/ou saillants pour encadrer, souligner, partager, etc. les différentes parties d'un ouvrage.

On distingue les ***moulures simples*** (astragale, baguette, bande, échine, filet, listel, quart-de-rond, tore...) et les ***moulures composées*** (doucine, scotie, talon... et toutes combinaisons de moulures simples).

Voir les **illustrations des deux pages suivantes**.

Les moulures peuvent être lisses, de profil constant et sans ornements, ou ornées de petits motifs répétitifs.
Une moulure est *couronnée* si elle est surmontée d'un filet.

Une ***moulure rapportée*** est celle que l'on fixe sur un ouvrage plan ou dans l'angle d'une cueillie (corniche de plafond), par opp. à une ***moulure incorporée***, taillée ou traînée dans l'épaisseur de l'ouvrage.
Les moulures en plâtre sont traînées au calibre* ou au gabarit*. Les moulures en pierre sont taillées au ciseau, dans la masse.

moulures électriques

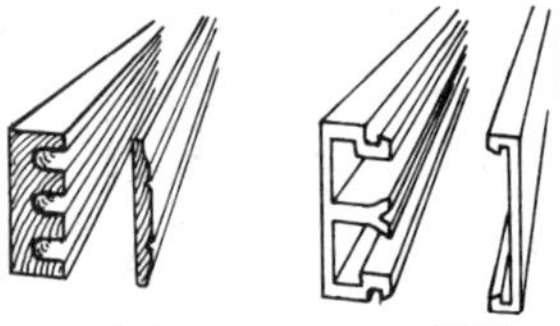

2/ÉLECTR.: les conducteurs d'une installation sont installés soit sous tube (apparent ou encastré), soit sous moulure en bois ou, désormais, en plastique extrudé (V.ill).

Les moulures électriques sont composées d'une **semelle**, à fixer sur la paroi, et d'un **couvercle** amovible ; celui-ci doit toujours rester apparent et accessible.

3/MENUIS.: autrefois poussées* avec divers outils à fût* manuels, les moulures sont faites surtout, de nos jours, à la toupie*. Les moulures qui encadrent des panneaux de portes ou de lambris sont *à grand cadre* ou *à petit cadre* (V.ill. au mot Cadre).

MOULURAGE n.m.
Action de façonner ou de pousser une moulure avec un outil à moulurer (outil à fût, calibre*, toupie*...).

MOULURER v.tr.
Tailler, traîner*, pousser* ou rapporter des moulures sur un ouvrage.

MOULUREUSE n.f.
Machine d'usinage des pièces de marbre, sur laquelle on peut adapter diverses formes de meules au carborundum ; le travail de l'outil est accompagné par un jet d'eau d'élimination des boues.

MOULURES

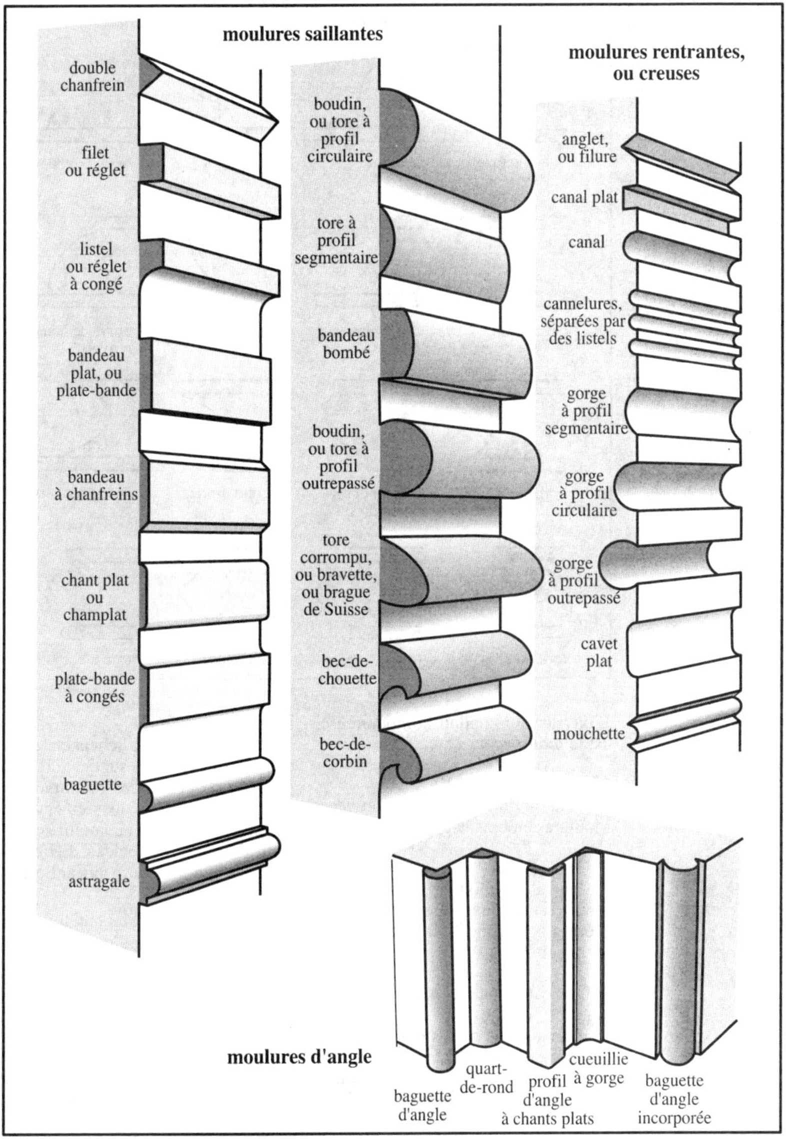
moulures saillantes
double chanfrein
filet ou réglet
listel ou réglet à congé
bandeau plat, ou plate-bande
bandeau à chanfreins
chant plat ou champlat
plate-bande à congés
baguette
astragale
boudin, ou tore à profil circulaire
tore à profil segmentaire
bandeau bombé
boudin, ou tore à profil outrepassé
tore corrompu, ou bravette, ou brague de Suisse
bec-de-chouette
bec-de-corbin
moulures rentrantes, ou creuses
anglet, ou filure
canal plat
canal
cannelures, séparées par des listels
gorge à profil segmentaire
gorge à profil circulaire
gorge à profil outrepassé
cavet plat
mouchette
moulures d'angle
baguette d'angle
quart-de-rond
profil d'angle à chants plats
cueuillie à gorge
baguette d'angle incorporée

moulures composées

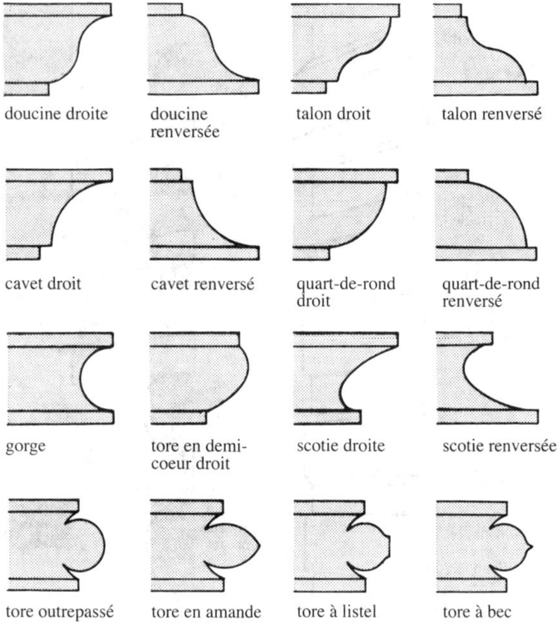

L'ouvrier qui conduit la moulureuse est le ***moulureur***.

MOULURIÈRE n.f.
Machine-outil de fabrication des moulures en bois, à grand débit.

MOURIR v.tr.
Parlant d'une moulure, d'un enduit, etc., c'est diminuer progressivement d'épaisseur, jusqu'à affleurer un élément contigu.

MOUSSANT adj. et n.m.
Agent* ou adjuvant* qui provoque la formation de bulles d'air dans un mélange, lorsque celui-ci est agité (diffère de l'entraîneur* d'air, qui incorpore au mélange des inclusions d'air microscopiques).

MOUSSE n.f.
1/ Développement de lichens et de microvégétaux à spores sur des surfaces généralement exposées à l'humidité : toitures, murs de soubassement. Le traitement préventif ou curatif se fait avec des agents biocides dits anti-mousses*, fongicides* ou anticryptogamiques*.

2/ Les *mousses* désignent tous les matériaux alvéolaires ou cellulaires obtenus par expansion de matières plastiques ; on distingue :
a/ les **mousses plastiques rigides** utilisées surtout comme isolants thermiques, en plaques ou en blocs :

- *mousses de* ***polystyrène expansé moulé***, dont les masses volumiques, de 9 à 35 kg/m^3, donnent lieu à une classification de I à V, pour un coefficient de conductivité thermique (λ) de 0,044 à 0,037 W.m.°C.

- *mousses de* ***polystyrène expansé extrudé***, soit sans peau de surface (28 à 35 kg/m^3, λ = 0,035W.m.°C), soit avec peau de surface (30 à 40 kg/m^3, λ = 0,029 W.m.°C).

- *mousses de* ***polychlorure de vinyle (PVC),*** de masse volumique de 25 à 35 kg/m^3 (classe I, λ = 0,031W.m.°C) ou 35 à 48 kg/m^3 (classe II, λ = 0,034 W.m.°C).

- *mousses de* ***polyuréthane (PUR),*** masse volumique de 30 à 40 kg/m^3 (classe I, λ = 0,029 W.m.°C) ou 40 à 60 kg/m^3 (cl. II, λ = 0,033 W.m.°C).

- *mousses* ***formo-phénoliques***, aux masses volumiques de 30 à 85 kg/m^3, et coefficients de conductivité λ de 0,037 à 0,042 W.m.°C.

- *mousses d'****urée-formol*** (masse volumique de 30 à 80 kg/m^3).

b/ les **mousses minérales rigides** :
- *mousses d'****argile expansée***, de masse volumique d'env. 600 kg/m^3).

- *mousses de* ***verre cellulaire***, dont les masses volumiques vont de 120 à 180 kg/m^3, et les coefficients λ de 0,050 à 0,063 W.m.°C.
NB- Pour les aptitudes à l'emploi et le choix des mousses pour des fonctions isolantes, on consultera leur certification ACERMI (V. ce mot).

c/ les **mousses plastiques souples**.
Ce sont les mousses de ***caoutchouc***, de ***polyuréthane***, ***polyéthylène*** ou ***polyéther*** (ameublement, sous-couches de revêtements muraux...), et les mousses de ***styrène-butadiène*** (ou SBR), utilisées comme dossiers* de revêtements textiles.

3/ Les ***mousses à projeter***.
Les mousses de polyuréthane sont aussi proposées sous forme liquide, en récipients ou en aérosols, pour l'injection ou la projection sous pression. L'expansion et la polymérisation s'effectuent au contact de l'air ; elles servent au calfeutrement de joints et de passages de canalisations, et à l'isolation de volumes difficiles d'accès.

4/ En verrerie, la *mousse* est une agglomération anormale de points* ou de bulles dans le verre. Syn.: *bouillon**.

-***Arête mousse*** (adj.) : arête émoussée, par opp. à une *arête vive*.

MOUSSELINE n.f.
Qualité de vitrage dépoli comportant des petits reliefs réguliers imitant la mousseline textile.
Vitrage blanc, opacifié, obtenu par ajout d'émail dans la pâte.

MOUSTACHE n.f.
Trace inesthétique formée par les écoulements d'eaux de pluie de part et d'autre d'un appui de fenêtre (V.ill), en y déposant les poussières de l'appui (moustache sombre), ou au contraire en lavant localement l'enduit (moustache claire).

moustaches

MOUSTIQUETTE n.f.
Marque commerciale de tyrolienne*.

MOUTON n.m.
1/ Montant battant* arrondi d'une croisée*, qui s'engage, en position fermée, dans la gueule*-de-loup du montant battant opposé.

2/ Appareil de tranchage des pavés par percussion pneumatique.

3/ Lourde masse en métal (autrefois en bois) qui, dans la sonnette* de battage, frappe en fin de chute verticale sur le casque* protégeant la tête du pieu ; le mot désigne souvent la sonnette* elle-même.

Le ***mouton automatique*** est un appareil de percussion répétitive des pieux par un piston à vapeur.

MOUTONNAGE
ou **MOUTONNEMENT** n.m.
Petites ondulations rapprochées sur un vernis, sur une peinture grasse, ou sur une surface émaillée.

MOUTURE n.f.
Broyage d'une matière solide en particules fines, et son résultat.

MOUVEMENT n.m.
Un *mouvement de maçonnerie* désigne un déplacement, même infime, des composants du gros oeuvre, par retraits, fluages, dilatations...

Un ***mouvement différentiel*** correspond à des différences de dilatation ou de retrait entre deux matériaux juxtaposés de nature différente ; il se manifeste par une fissure à leur interface.

MOYE ou **MOIE** n.f.
Couche de pierre friable et tendre dans un banc de pierre, ou à la surface d'une pierre dure. Les moies doivent être éliminées : le parement d'une pierre de taille ne doit jamais présenter de moye, qui se désagrégerait peu à peu en laissant des cavités visibles (***pierre moyée***).

MOYER v.tr.
Fendre ou scier une pierre de taille suivant un plan de moye.
Plus généralement, signifie "*scier une pierre de taille en deux parties égales*" (LAROUSSE ENCYCL.).

MULOT n.m.
Brique* de section carrée, correspondant à une moitié de brique ordinaire, dans le sens de sa largeur, soit 0,22 x 0,055 x 0,055 m.

MULTIBRIN adj.
Qualifie un conducteur électrique constitué de brins métalliques torsadés, par opp. au conducteur *massif*.

MULTICONDUCTEUR adj.
Qualifie tout câble* qui comporte plusieurs conducteurs électriques.

MULTICONTACT adj.
Qualifie un appareil qui comporte des contacteurs électriques multiples réunis sous un même boîtier.

MULTICOUCHE adj. et n.m.
En étanchéité*, désigne tout revêtement de toiture-terrasse* constitué par association de plusieurs couches ou *membranes* de matériau armé, sous forme de bandes ou de lés, contrecollés *in situ*. L'ensemble reçoit une *protection* lourde rapportée, soit meuble* (gravillons), soit dure si la terrasse est accessible : chape de béton, dallage, carrelage. Pour les terrasses inaccessibles, l'élément supérieur d'étanchéité peut aussi être couvert d'une *autoprotection*, surfaçage de granulats minéraux, ou feuille d'aluminium collée à chaud.

Les principales familles de multicouches sont (pentes de 1 à 5%) :

1/ -les **multicouches** dits **traditionnels** : selon les membranes utilisées, on distingue quatre procédés, parmi lesquels seul le premier reste largement utilisé :

- le ***multicouche en bitume armé*** : il se compose d'une couche d'imprégnation (0,3 kg/m^2), d'une couche d'enduit d'application à chaud (EAC, 1,5 kg/m^2), d'une chape de bitume armé (type 40) à armature de toile, d'une seconde couche d'EAC (1,5 kg/m^2), d'un feutre bitumé (36. S), et d'une troisième couche d'EAC. Sous une protection* dure ou en terrasse-jardin, le feutre bitumé est remplacé par une seconde chape de bitume armé (type 40).
En cas de pose en indépendance, la 1e couche d'EAC est supprimée ; l'imprégnation doit être sèche avant application de la première chape.

- le ***multicouche en feutre bitumé*** : sous protection meuble, et posé en adhérence, il se compose d'une couche d'imprégnation (EIF, supprimée si pose en indépendance) et de 3 couches successives alternées de feutre bitumé (36.S) et d'enduit d'application à chaud (EAC, 1,5 kg/m^2) ; sous protection dure, la 2e ou la 3e couche de feutre sont remplacées par un bitume armé de toile, type 40.

NB- Cette technique par feutre bitumé n'est presque plus utilisée.

- le ***multicouche en enduit pâteux*** **:** toujours sous protection lourde, il consiste en une couche d'émulsion

bitumineuse (ou d'imprégnation à séchage rapide), un feutre bitumé (type 36.S) ou goudronné (36.I), une couche épaisse d'enduit pâteux (env. 4 kg/m^2), une deuxième couche de feutre bitumé (type 36.S) et un enduit EAC d'environ 0,5 kg/m^2.
Ce système peut être réalisé en indépendance, avec interposition d'une feuille métallique entre deux couches d'enduit pâteux de 2,5 kg/m^2 (remplaçant la couche de 4 kg/m^2). Cette technique n'est plus utilisée.

- le ***multicouche par ciment volcanique***, réalisé en indépendance*: il est composé de 4 couches successives de feutre-toiture imprégné (du type 27.I) recouvertes de ciment* volcanique à raison de 1,4 kg/m^2.
NB- Cette technique n'est plus utilisée du tout.

2/ -les **multicouches de bitume élastomère** :
Les membranes sont composées d'un amalgame de bitume et d'une ou plusieurs matières élastomères* qui abaissent la sensibilité au ramollissement à la chaleur, et améliorent la tenue au vieillissement des membranes. Ces élastomères associés au bitume peuvent être de plusieurs natures (EBA, EVA, EPR, PCS, SBS). Les armatures usuelles sont identiques à celles des multicouches traditionnels : toile de verre (TV) voile de verre (VV), polyester (PY), ou armature double, verre et polyester).

Les ***matériaux pour multicouches*** sont commercialisés en rouleaux de 40 kg et 1 mètre de large ; la longueur des rouleaux, de 8 à 20 mètres, dépend de l'épaisseur choisie et du poids/m^2 de la membrane.
V. aussi Étanchéité, Toiture-terrasse, Enduits d'étanchéité.
Pour tous détails, se reporter aux DTU Étanchéité.

MULTIFINITION adj.
Qualifie parfois un mortier pour enduits de parement avec lequel on peut réaliser plusieurs types d'aspects et de finitions.

MUR n.m.
Paroi d'allure verticale, relativement épaisse (par opposition à la *cloison**).
Les murs désignent, le plus souvent, des parois porteuses : on distingue les *murs de fondations* ou de *soubassement**, les *murs de façade* (faces et pignons, aussi nommés *murs portants* ou *gros-murs*), et les *murs de refend** intérieur.
Hors des bâtiments, on trouve les *murs de clôture**, les *murs de soutènement*, et divers *murs d'appui**.

Selon leur forme, leur composition ou leur disposition, on distingue :

- le ***mur d'allège****, partie de mur de façade qui forme le support d'une croisée, entre le niveau du plancher et l'appui* de la baie.

- le ***mur aveugle***, sans ouverture.

- le ***mur bahut****, muret* bas servant de base à une colonnade ou à un rang de colonnettes (par exemple dans un cloître).

- le ***mur banché***, paroi verticale constituée de béton coulé entre deux banches* de coffrage. Syn.:*voile* de béton* (si ce mur est peu épais).

- le ***mur de clôture**** qui, ne faisant pas partie d'un bâtiment, sert à délimiter et à protéger un fonds contre les intrusions de l'extérieur.

- le ***mur en décharge****, mur dont la masse est soulagée par des arcades.

- le ***mur dosseret****, ou ***mur de dossier***, mur élevé au-dessus du niveau d'une toiture, et contre lequel sont adossés des conduits de cheminées.

- le ***mur double***, mur constitué de deux parois, séparées par un espace laissé vide (lame d'air), ou occupé partiellement par un isolant. C'est, le plus souvent, la paroi intérieure qui est porteuse. La paroi extérieure est en général constituée par des briques pleines ou des blocs apparents.

- le ***mur d'échiffre****, mur qui porte le limon* d'un escalier*.

- le ***mur en élévation*** : tout mur de façade au-dessus des soubassements.

- le ***mur d'enveloppe***, mur de doublage d'un ouvrage clos (conduit de fumée, cuve...).

- le ***mur gouttereau****, qui porte un versant de toiture et son égout*, vers lequel s'écoulent les eaux de pluie.
- le ***mur mitoyen***, qui appartient, par moitié dans son épaisseur, aux deux propriétaires des fonds contigus qu'il sépare (V. Mitoyenneté).

- le ***mur orbe****, mur qui ne comporte aucune ouverture.

- le ***mur pignon***, mur fermant l'extrémité d'un bâtiment, mur qui n'est pas un long-pan*.

- le ***mur de refend****, mur porteur intérieur, en général perpendiculaire aux façades.

- le ***mur de remplissage***, paroi extérieure sans fonction porteuse, généralement en maçonnerie (briques, blocs de béton de granulats, torchis, etc.) rapportée entre les poteaux d'une ossature de béton, ou entre les pièces d'ossature d'un pan* de bois.

- le ***mur-rideau*** : paroi extérieure de façade, composée de panneaux préfabriqués légers rapportés et suspendus (d'où le nom de *rideau*) extérieurement à l'ossature d'une construction.
Le mur-rideau diffère du *panneau de façade* par le fait qu'il file devant les abouts de planchers, tandis que le panneau de façade est disposé en remplissage de hauteur d'étage, entre les planchers.

- le ***mur-sandwich***, mur en général préfabriqué qui comporte, dans son épaisseur, une âme isolante enfermée entre deux parois porteuses.

- le ***mur séparatif***, mur qui sépare deux logements dans un même bâtiment ; souvent, c'est un mur de refend. Il doit assurer une bonne isolation phonique : la masse d'un mur séparatif à paroi simple doit être au minimum de 400 kg/m^2.
Pour un mur séparatif à double paroi (avec interstice minimum de 1 cm), la masse de chaque paroi doit être au minimum de 200 kg/m^2.

- le ***mur de soutènement****, dont la fonction consiste à contrebuter des terres en remblai, et à s'opposer à leur éboulement. Il comporte, à sa base, un soubassement en empattement.
Une de ses faces en élévation est à parement extérieur généralement incliné ; l'autre face, au contact des terres, comporte souvent des retraites* réduisant l'épaisseur depuis la base vers le sommet.

- le ***mur Trombe*** (du nom de son inventeur), dispositif de chauffage solaire passif, constitué d'un épais mur de béton (env. 40 cm), établi derrière une grande surface vitrée, et peint en noir.
A sa base et à son sommet, des ouvertures permettent à l'air de circuler en se réchauffant par effet de serre ; la nuit, le mur restitue l'énergie calorifique emmagasinée pendant la journée, en continuant à chauffer la lame d'air.

Un ***contre-mur*** est un mur rapporté contre un autre, pour le consolider, ou pour satisfaire à des contraintes légales : caves, fosses, cuves, etc. ne devant pas être limitées par le mur séparatif lui-même.

Un ***gros-mur*** désigne parfois un mur porteur massif.

Selon les **désordres** qui affectent un mur, on parlera de :

-***mur bouclé***, ou mur qui "***fait ventre***" : mur qui s'arrondit légèrement sous l'action d'une poussée latérale ou d'une charge excentrée* (V. au mot Flambage).

-***mur fissuré*** ou ***lézardé*** : mur fendu dans son épaisseur, à la suite d'un tassement, d'un affaissement inégal du sol, etc.

-***mur forjeté*** ou ***déversé*** : mur qui, ayant pris une certaine inclinaison, n'a plus son aplomb* d'origine (V. aussi Fruit et Contrefruit).

-***mur soufflé*** : mur qui bouffe*, c'est-à-dire dont l'enduit se désolidarise de la maçonnerie en larges cloques.

MURS

désignation des murs selon leur position ou leur fonction

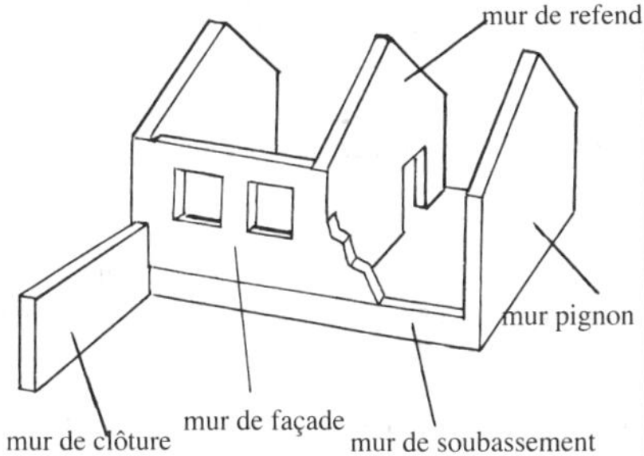

désignation des murs selon leur conception

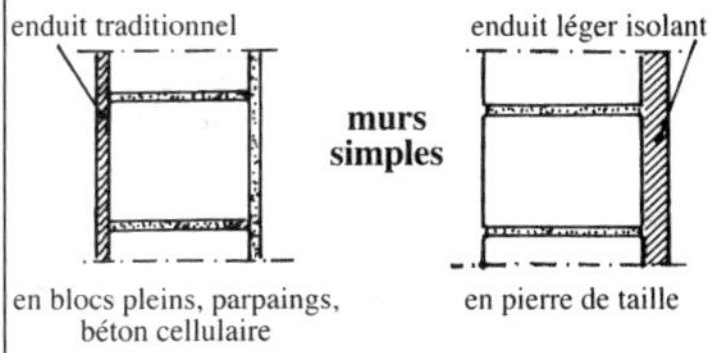

mur composite

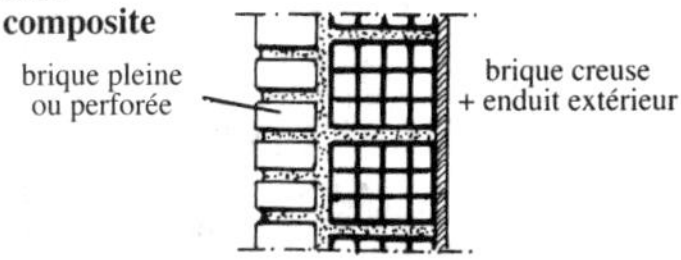

mur double

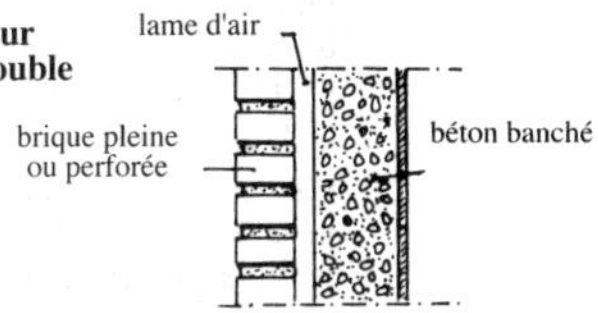

murs avec cloison de doublage intérieur

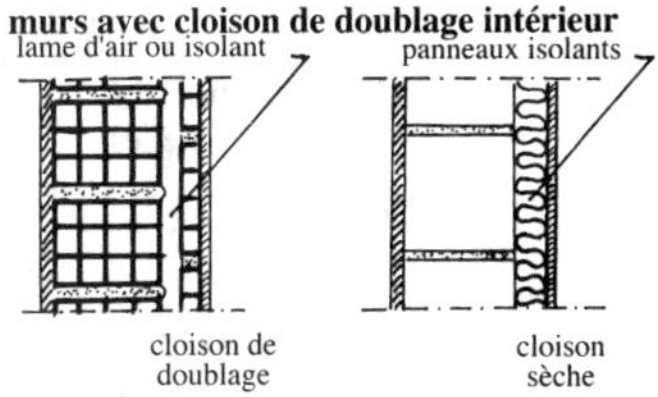

murs-panneaux et **murs-rideaux**

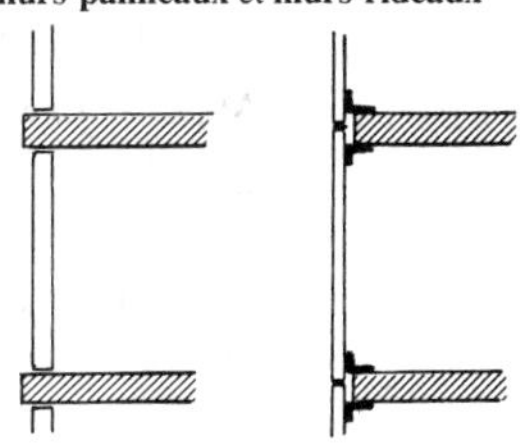

mur de façade à habillage dit **façade-panneau** (les ossatures horizontales restent apparentes)

mur-rideau ou **façade-rideau** (ossatures masquées par les éléments)

classement des murs selon leurs caractéristiques de résistance à la pénétration de l'eau de pluie

murs de TYPE 1

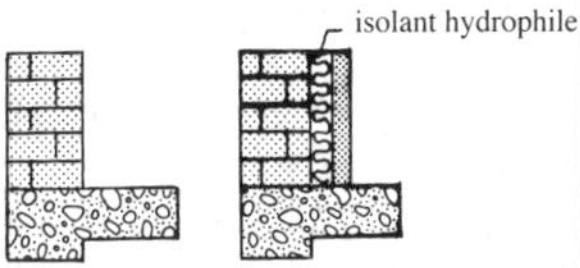

murs de TYPE 2

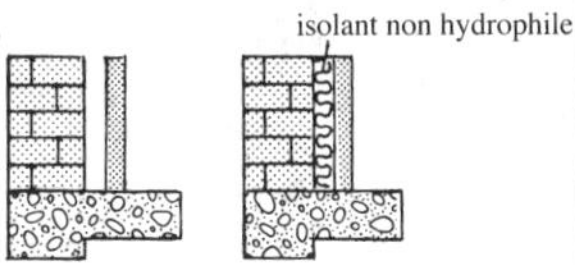

mur de TYPE 3

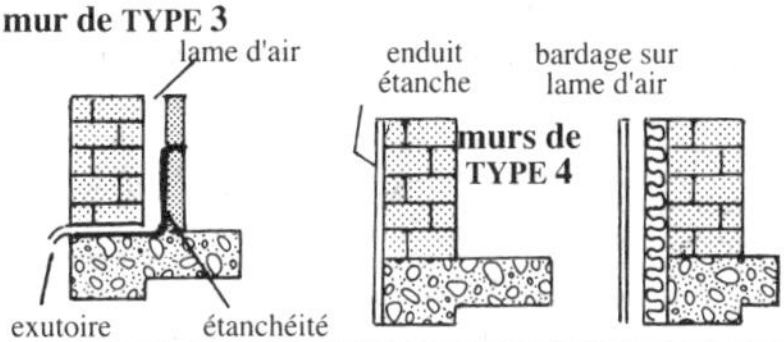

murs de soutènement

traditionnel (béton armé) et préfabriqué

Classification des murs extérieurs (***DTU***) selon leur étanchéité à la pluie. Le DTU distingue quatre classes de murs (V.ill. **page précédente**) :

• les murs de ***type I,*** sans ouvrage d'étanchéité extérieure (si ce n'est éventuellement un enduit ou un revêtement adhérent), ni coupure de capillarité dans leur épaisseur ;

• les murs de ***type II***, sans ouvrage d'étanchéité extérieure (si ce n'est éventuellement un enduit ou un revêtement adhérent), mais avec coupure de capillarité continue dans leur épaisseur, par un isolant non hydrophile ou une lame d'air ;

• les murs de ***type III***, sans ouvrage d'étanchéité extérieure, mais avec une paroi de doublage intérieur séparée du mur extérieur par une lame d'air, à la base de laquelle est ménagé un dispositif de collecte et d'évacuation des eaux d'infiltration éventuelles ;

• les murs de ***type IV***, qui comportent un ouvrage extérieur d'étanchéité à la pluie, composé soit d'un bardage* ventilé par une lame d'air continue, soit d'un enduit adhérent assurant à lui seul l'étanchéité même en cas de fissuration du support (solution non traditionnelle).

MURAGE n.m.
Action de murer*, et son résultat.

MURAILLE n.f.
Mur très épais qui constitue une enceinte de cité ou un ouvrage de fortifications ou de soutènement.

MURAILLEMENT n.m.
Action d'élever une muraille, un mur de soutènement, un ouvrage maçonné de consolidation.

MURAILLÈRE n.f. ou adj.f.
Poutre ou lambourde scellée le long d'un mur.

MURAL adj.
Qui concerne un mur ; qui est adapté à une application sur paroi verticale : carrelage mural, moquette murale, enduit de ragréage mural...

MURER v.tr.
Boucher une ouverture par un ouvrage de maçonnerie : *porte murée*.

MURET n.m. ou **MURETTE** n.f.
Petit mur bas (plus bas qu'un mur de parapet) ; s'il porte une grille, une colonnade, etc. le muret est un *mur bahut*.

MURIATIQUE (**acide —**) adj.
Autre nom de l'acide chlorhydrique du commerce, que l'on utilise dilué (V. Esprit de sel).

MURITE n.f.
Ancien ciment blanc spécial, utilisé pour les enduits intérieurs exposés aux chocs.

MUR-RIDEAU n.m.
(pl.: des murs-rideaux) V. Mur.

MUSEAU n.m.
1/ARCHIT.: accoudoir évasé entre deux stalles* contiguës.

2/SERRUR.: évasement du panneton* des anciennes clefs bénardes.

MUSIQUE n.f.
Débris graveleux obtenus en passant au crible des gravats de plâtre.
On l'utilisait, mélangée à du plâtre gros, pour sceller les lambourdes* ou garnir leurs intervalles.

MUTULE n.f.
1/ Dans l'ordre* ionique, large modillon* rectangulaire et plat (ou orné de gouttes*) situé sous l'entablement de la corniche, au droit de chaque triglyphe*.

2/ Extrémité d'un chevron ou d'une solive formant saillie sur le nu* extérieur d'un mur.

N

N Symbole du *newton**.

NACELLE n.f.
1/ARCHIT.: gorge*, scotie*, moulure* creuse à profil arrondi, souvent en portion d'ovale.

2/MATÉRIEL : petite plate-forme fermée portant un ou deux ouvriers, montée sur mât télescopique ou sur bras hydraulique articulé, souvent sur un véhicule. Petite plate-forme suspendue pour l'entretien et le nettoyage des façades d'immeubles.

NAISSANCE n.f.
1/ARCHIT.: plan horizontal au-dessus duquel s'incurvent les premiers claveaux* d'un arc*, d'une voûte*.
Ligne inférieure de leur cambrure.
Ligne de joints entre les sommiers et les premiers claveaux. Peut désigner aussi le départ du fût* d'une colonne*, ou une pierre d'attente*.

2/MAÇONN.: plate-bande d'enduit qui encadre une croisée ou un élément architectural quelconque.

3/PLÂTR.: raccord d'enduit.

4/ Petite cuvette formant moignon* d'une descente d'eaux pluviales, rapportée sur une gouttière demi-ronde dans laquelle on a découpé un orifice d'évacuation (V.ill).

NANTAISE n.f. et adj.f.
Grosse brosse ronde pour badigeons*.
V. aussi Gouttière.

NAPPE n.f.
Large table* (feuille) de plomb utilisée en étanchéité.

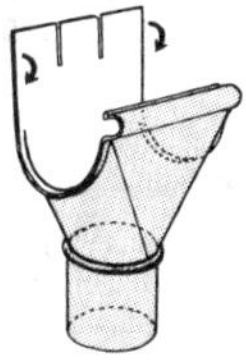

naissance
de gouttière

nattes
(décor)

navettes
(carrelage)

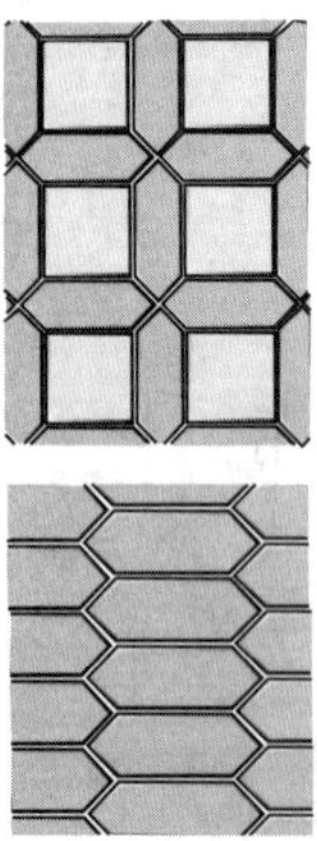

-***Nappe d'eau*, *nappe aquifère*, *nappe phréatique*** : eau présente dans un sol poreux et perméable dont les couches inférieures sont étanches. Une nappe à faible profondeur, si elle rend impossible l'assèchement naturel des fouilles, conduit à faire un pompage ou un draînage :
V. *Rabattement*.
Toute construction en sous-sol dans un terrain comportant une nappe d'eau doit faire l'objet de cuvelages*, pour contrecarrer les pressions hydrostatiques* sous-jacentes.

-***Nappe chauffante*** : dispositif de chauffage par des résistances électriques sous gaines, en réseaux à insérer dans les dalles de béton (au-dessus du plan de ferraillage).

NARTHEX n.m.
Vestibule* ou porche* couvert précédant la nef* d'une église ancienne (surtout dans les églises byzantines).
Syn.: *avant-nef**, *pronaos*.

NATTE n.f.
Ornement architectural en bas-relief* ayant l'aspect d'une tresse de cheveux nattés (V.ill).

NAVETTE n.f.
1/CARREL.: carreau en forme d'hexagone allongé (V.ill).

2/OUTILL.: en menuiserie, le guillaume* à navette est un guillaume étroit dont les flancs sont incurvés.

NÉBULES n.f. pl.
Ornement de l'époque romane, formé d'une ou plusieurs lignes ondulantes.
Syn.: *ondes*.

NEF n.f.
Volume en forme de vaisseau retourné (nef = navire), entre les deux rangées parallèles de colonnes qui soutiennent la voûte* d'une église*.
La nef principale est dans l'axe du choeur ; une nef latérale parallèle est un collatéral* ou, si elle moins élevée, un bas-côté*.
Les nefs transversales sont les transepts*.

NÈGRE n.m.
Appellation familière de celui qui, dans un cabinet d'architecture, exécute les tracés de plans, la mise au propre des modifications...

NEIGE n.f.
Désigne le blanc* de zinc très pur.

-***Neige et vent*** : le calcul de résistance des toits et de leurs charpentes doit tenir compte de la pression souvent importante exercée par ces deux éléments naturels.

Les ***Règles de Calcul Neige et Vent*** précisent les valeurs de surcharges à prendre en compte selon les pentes des toits, leur orientation et leur localisation géographique.

NEMOURS (sable de —)
Un des principaux gisements de sables de silice très pure.

NÉO-CLASSIQUE adj.
Qualifie le courant européen (dit néo-classicisme) revenu aux sources architecturales romaines, à la fin du 18e et au début du 19e siècle.

NÉO-GOTHIQUE adj.
Se dit d'un courant architectural qui, surtout dans les pays anglo-saxons, a marqué au 19e siècle un retour au style gothique.

NÉO-GREC adj.
Qualifie le style architectural développé au 19e siècle, inspiré des principes généraux des ordres* grecs.

NÉON n.m.
Gaz utilisé dans les tubes* d'éclairage par fluorescence*.

NÉOPRÈNE n.m.
(marque comm.) Nom du polychloroprène*, caoutchouc de synthèse. Dans le bâtiment, il est utilisé d'une part sous forme extrudée* (joints compressibles, profilés étanches de vitrages, gaines de câbles...), d'autre part, en solution dans des hydrocarbures, comme résine de base des *colles* de contact* et de mastics adhésifs.

NERF n.m. V. Nervure.

NERVER v.tr.
1/ MENUIS.: syn. de *maroufler*.

2/ Consolider, contreventer, rigidifier des panneaux avec des barres de bois ou de métal, ou des nervures *.

NERVEUX adj.
1/ Se dit d'un bois dont les contractions sont importantes au séchage, ou dont la forte instabilité aux variations hygrométriques limite les emplois.

2/ Se dit d'un revêtement de sol plastique en dalles ou en lés dont les bords tendent à se relever.

NERVURE n.f. ou **NERF** n.m.
1/ARCHIT.: forte moulure saillante, souvent composée, qui délimite les voûtains ou quartiers d'une voûte* (surtout voûte d'ogives* gothique, dont les nervures se prolongent souvent jusqu'à la base des piliers).

2/MAÇONN.: large rainure pratiquée dans un poteau d'huisserie ou de pan* de bois, sur la face qui sera au contact de la maçonnerie.

3/SERRUR.: cannelure qui, sur une pièce plate, lui donne de la rigidité. Désigne en particulier chacune des fortes rainures qui rigidifient une tôle, un bac* acier, etc.

NERVURÉ adj.
Qui comporte des nervures : *voûte nervurée*.

nervures

nervure de voûte

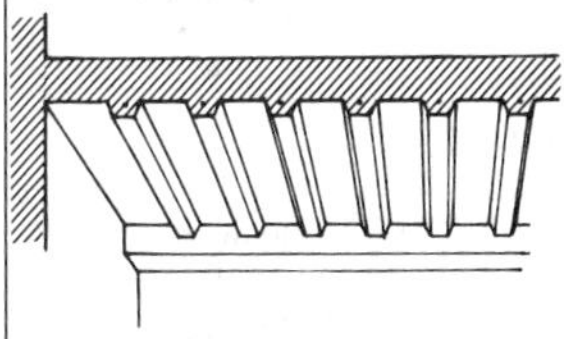

dalle de plancher nervurée

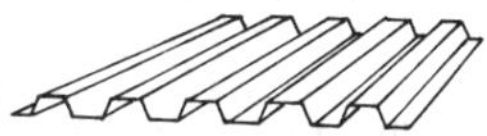

tôle nervurée

NET adj.
Une *pierre nette* est une pierre bien équarrie*. Mettre un plan ***au net***, c'est lui donner sa forme définitive, détaillée et cotée.

NETTOYEUR n.m.
Surpresseur d'eau ou de vapeur , qui alimente une lance de projection du fluide sous pression ; on utilise des ***nettoyeurs à haute pression*** pour les nettoyages de sols, façades, etc.

NEUTRALISATION n.f.
Traitement des eaux acides, qui tend à rapprocher leur pH* de 7.
Elle est effectuée par passage de l'eau* sur un agent basique* (carbonate de soude, chaux), par filtrage à travers un matériau calcaire, ou par addition d'un agent neutralisant.

NEUTRALISER v.tr.
Rendre chimiquement neutre.

NEUTRALITÉ n.f.
Caractère d'un corps qui n'est ni acide*, ni basique*.

NEUTRE adj. et n.m.
1/ Qualifie une eau ou une substance chimique qui n'est ni acide, ni basique (pH* très voisin de 7).

2/ Dans une poutre, un linteau, etc. soumis à une flexion*, section longitudinale dont les particules ne subissent ni élongation, ni compression (V.ill. au mot Flexion).

3/ÉLECTR.: corps qui n'est le siège d'aucun phénomène électrique.
Dans un système polyphasé monté en étoile*, le *point neutre* est le point de réunion des branches de l'étoile, par lequel passe le *conducteur neutre*.
Il assure le *retour* du courant égal au courant de phase*.

NEWTON n.m.(symbole **N**)
Unité de mesure des poids* et des forces. Force qui communiquerait à une masse de un kilogramme une accélération de un m.s par seconde (soit un mètre par seconde carrée).
On utilise surtout son multiple, le *décanewton* (**daN**), dont la valeur est proche de l'ancien kilogramme-force (1 020 g.-force). Le ***newton par mètre carré*** (**N/m²**), unité de pression, vaut un pascal* (Pa).

NEZ n.m.
1/CHARP.-MENUIS.: le ***nez de marche*** est la partie, souvent moulurée, en saillie sur la contremarche*. Désigne aussi toute pièce rapportée sur cette partie de la marche (bande de bois, profilé), pour la protéger, servir d'antidérapant et/ou maintenir un revêtement.

2/COUVERT.: petit mamelon saillant sous une tuile*, par lequel on l'accroche sur les liteaux (V.ill). Pièce de zinc en demi-cône, soudée sur un tronçon de descente* d'EP, pour former butée sur le collier-support (V.ill).

3/PLOMB.: raccord femelle de deux tuyaux filetés, à pas de vis inversés.

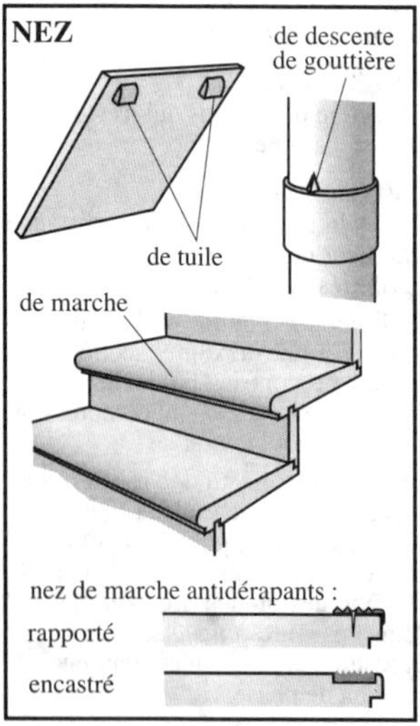

NICHE n.f.
Renfoncement dans un mur destiné à loger une statue, des étagères... Selon sa forme et son plan, une niche est dite *carrée* (plan rectangulaire), *cintrée* ou *en cul-de-four**, d'*encoignure**, *feinte* (peinture en trompe l'oeil).
Une niche est *en tabernacle* si elle est ornée de colonnettes et d'un couronnement, *plate* si elle est à fond vertical plat.
Une niche *en tour ronde* est une niche dans le parement d'un mur courbe.
Une ***colonne nichée*** est une colonne partiellement engagée dans un renfoncement de mur.

NICKEL n.m. (symb.**Ni**)
Métal brillant et dur, peu sensible à la corrosion, qui entre dans la composition d'alliages : aciers au nickel-chrome, ferronickels, cupronickels, laiton, maillechort*...

NICKELAGE n.m.
Dépôt d'une fine couche de nickel à la surface d'un métal, qui sera alors dit *nickelé*.

NID n.m.
1/ Le ***nid d'abeille*** est un motif géométrique fait d'hexagones accolés (carrelages, claustras*...).

2/ Le ***nid de gravillons***, à la surface d'un béton banché, est un groupe de granulats peu liés, agglutinés par ségrégation ou par insuffisance de vibration du béton.

NIGOTEAU n.m.
Morceau d'une tuile coupée en quatre ; les nigoteaux sont noyés dans les ruellées* et dévirures*.

NILLE n.f.
1/ Manchon tubulaire en bois ou en plastique à rotation libre, rapporté et tournant librement sur la poignée d'un outil (vilebrequin*) ou d'une manivelle.

2/ Piton à perforation carrée avec lequel on maintient les verges* d'un vitrail*, en y enfonçant des petites clavettes en biseau.

NIPPLE n.m.
Bague de fonte malléable, à deux pas de vis contraires, ou biconique et lisse, solidarisant par l'intérieur deux éléments consécutifs d'un radiateur, ou deux tubulures d'un corps de chauffe.

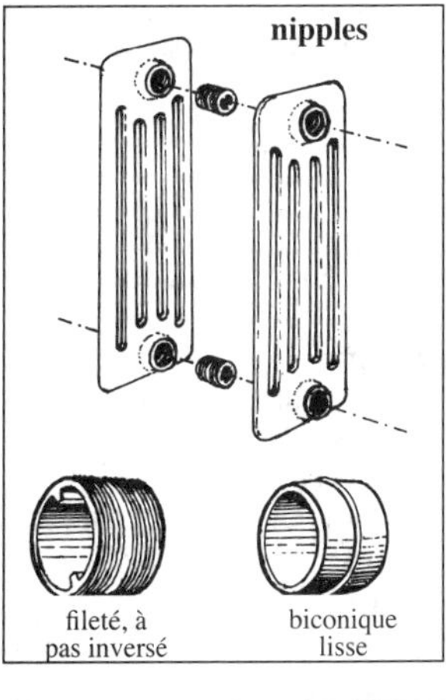

Les nipples lisses sont traversés par une tige de serrage (V.ill).

NIT n.m.
Unité de luminance* correspondant à un candela* par m^2, soit un dix millième de stilb*.

NITRE n.m.
Ancien nom du salpêtre*.

NITRIFICATEUR n.m.
Second bac d'une fosse* septique classique, aussi appelé *épurateur**; les matières dissoutes y transitent à travers un filtre bactérien, où l'action des micro-organismes aérobies* effectue leur décomposition. Le liquide qui ressort à la base peut être évacué par des drains enterrés, ou vers les collecteurs publics.

•NITRIFICATION n.f.
Oxydation de l'ammoniaque des eaux-vannes*, les transformant en nitrates.

NIVEAU n.m.
1/ Syn. d'*étage**. Un immeuble de six étages (R + 6) a sept *niveaux*, le rez-de-chaussée est le niveau zéro.

2/ARCHIT.: altitude précise d'un point ou d'un plan horizontal par rapport à un autre, pris comme plan de référence.

3/ACOUST.: mesure, en décibels*, des valeurs liées à l'émission des sons et à leur réception. V. Acoustique.

4/ÉCLAIR.: le ***niveau d'éclairement*** désigne souvent le flux* lumineux, quantité de lumière reçue en une seconde par une surface de 1 m^2.

5/OUTILL.: presque tous les corps d'état utilisent des niveaux, instruments de tracé de lignes horizontales et de contrôle de l'horizontalité des ouvrages ; les principaux sont : le ***niveau d'eau***, le ***niveau à bulle*** (la pièce de verre ou de plastique qui renferme l'eau et sa bulle est une *fiole*), le ***niveau de maçon*** (ou *perpendicule*) ; moins fréquents, le ***niveau d'équerre*** (ou *équerre-niveau*), le ***niveau de dessous*** (niveau de charpentier à fil à

NIVEAUX

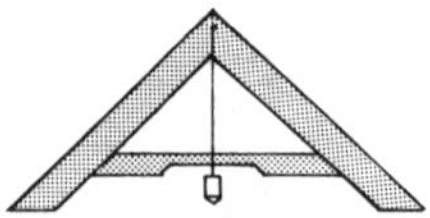

niveau de maçon

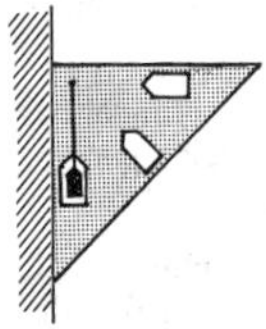

niveau de ravaleur

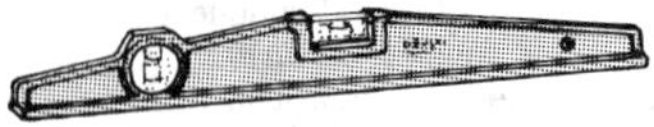

niveau à bulles

niveau d'eau à flexible

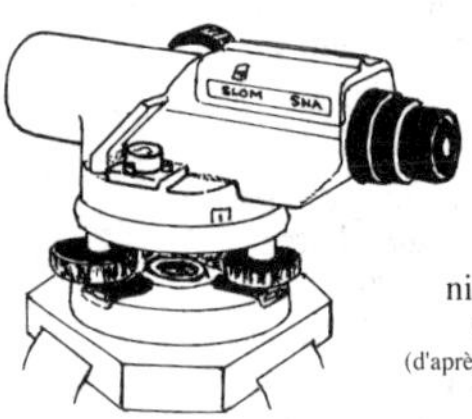

niveau optique
de chantier
(d'après doc. SLOM-Essilor)

plomb, applicable sous les pièces de charpente à contrôler) et le ***niveau de ravaleur*** (V.ill). Un ouvrage est dit ***de niveau*** s'il est bien horizontal.

6/TOPOGR.: le ***niveau optique*** est un appareil sur socle tripode réglable par 3 vis micrométriques ; sa lunette de visée associée à un niveau à bulle sert à définir avec une grande précision des directions horizontales.

La ***courbe de niveau*** est une courbe qui, sur un plan ou un levé, joint les points de même altitude.

nivelle

NIVELAGE n.m.
1/ Action de niveler, d'égaliser, de rendre horizontale une surface.

2/ Dans le fonctionnement d'un ascenseur*, le nivelage est l'opération qui suit la phase de décélération ou de freinage, et amène le plancher de la cabine au niveau du palier.

NIVELÉE n.f.
Chacune des opérations de mesure topographique faite avec un niveau* à lunette et une mire*.

NIVELETTE n.f.
Petite mire* fixée sur un plateau, que les paveurs utilisent pour contrôler leurs nivellements.

NIVELEUSE n.f.
Engin de chantier à large lame orientable, servant à niveler la surface des terrains.

NIVELLE n.f.
Petite mire* de repérage de niveau, à planter dans le sol (V.ill).

NIVELLEMENT (ou ***Nivelage***) n.m. Égalisation de la surface d'un terrain, d'une chape*, d'un parquet, etc. Action de mesurer ou de contrôler des niveaux. Repérage, sur un terrain, de points de référence correspondant à un plan horizontal, ou à une dénivelée déterminée.

Le ***Nivellement Général de la France***, ou **NGF**, est un service public chargé de "*mesurer, décrire, conserver et fournir aux usagers les altitudes orthométriques des repères de nivellement*". Le nivellement est matérialisé en France par des dizaines de milliers de plaques scellées sur la maçonnerie de nombreux bâtiments et ouvrages d'art, ainsi que sur des parois de rochers.
Ces repères NGF, à console ou à méplat supérieur, portent un n° d'identification, et l'inscription en mètres et cm de leur altitude.

NOCHÈRE n.f.
Verrière ou châssis vitré intégré dans un pan de toiture.

NODOSITÉ n.f.
Renflement dur formant saillie à la surface du bois ou de la pierre.

NODULE n.m.
Dans un matériau, petit amalgame

compact, dur et de forme arrondie.
Syn.: *rognon**, *clou*, *émeril*.

NOEUD n.m.
1/CHARP.: point d'assemblage de plusieurs poutrelles ou éléments structurels d'une charpente.

2/MENUIS.: enchevêtrement fibreux qui, dans le bois, correspond au départ d'une branche.
Un noeud est défini par sa couleur, par sa forme, son adhérence, son état (noeud sain, vivant, fendu, vicieux, mort, étoilé...) et sa section.
Il peut être recouvert (*renfermé*), traversant, d'arête, bouchon ou sautant ; il peut aussi être double (*en moustache* ou *en oreilles de lapin*).
On distingue les ***noeuds adhérents***, qui sont solidaires du bois, et les ***noeuds bouchons***, qui s'en détachent au séchage ; on peut *bouchonner* les bois en éliminant les noeuds par forage cylindrique pour les remplacer par des insertions de *bouchons** sains.
Les ***noeuds vicieux*** sont ceux qui, bien que paraissant sains, favorisent un développement cryptogamique.
Tous les noeuds sont considérés comme des défauts.
Les bois *noueux**, en général plus nerveux* et plus difficiles à travailler, sont moins résistants.

V.ill. au mot Bois.

NOEUDS
sur tuyaux de plomb

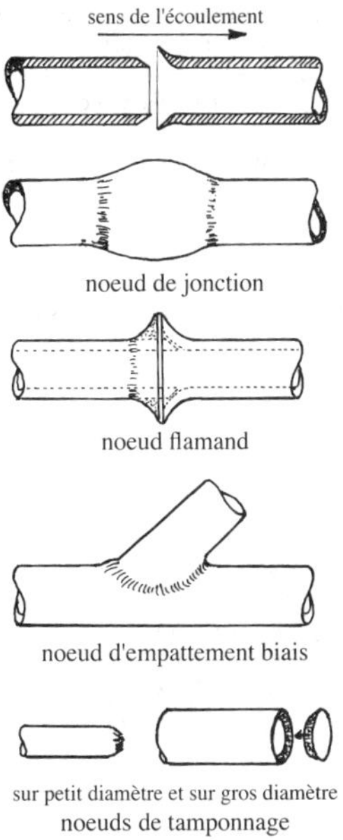

noeuds de tamponnage

3/PLOMB.: point de raccordement ou de ramification de canalisations.

Le ***noeud de jonction*** est l'assemblage soudé de prolongation bout à bout de deux tuyaux de même diamètre, en plomb ou en cuivre.

Le ***noeud de soudure*** est la jonction soudée de deux tuyaux de plomb, formant un renflement externe.

Le ***noeud à embase*** est la soudure d'une extrémité de tuyau à emboîture*.

Le ***noeud flamand*** est un noeud évasé, sa soudure formant joint du côté du tuyau femelle (V.ill).

Le ***noeud d'empattement*** raccorde par *piquage** l'embranchement d'un tuyau sur un autre ; l'empattement est *droit* ou *biais*.

Le ***noeud de tamponnage*** est la soudure qui ferme, à son extrémité, un tuyau inutilisé.

3/SERRUR.: patte métallique d'une charnière* ou d'une penture* enroulée autour de l'axe de pivotement, dit ***fiche à noeud***.

NOIR adj. et n.m.
1/ÉCLAIR.: couleur qui correspond à l'absorption maximale des rayons lumineux. V. Corps noir.

2/MATÉRIAUX : les ***produits noirs*** sont les matériaux à base de bitume* ou d'asphalte*.
Le ***noir de carbone***, carbone très pur en poudre ou en petits filaments, est incorporé à certains matériaux pour les rendre conducteurs.

NOIX n.f.
1/CHAUFF.: charbon calibré de 30 à 50 mm de diamètre (aussi appelé *tête de moineau*).

2/MENUIS.: moulure saillante sur le chant* du montant charnier* (ou *battant de noix*) d'une croisée.

En position fermée, elle s'engage dans une rainure correspondante du bâti dormant, la contre-noix*.

Elle assure l'étanchéité latérale d'une croisée à l'eau et à l'air.

3/PLOMB.: tête pivotante, conique ou sphérique, de certains robinets d'arrêt ; elle fonctionne par pivotement d'un quart de tour.

NOMBRE D'OR n.m.
Rapport de dimensions utilisé depuis l'Antiquité et considéré comme très harmonieux. L'utilisation de ce facteur multiplicateur $(1 + \sqrt{5}) / 2$, soit env. **1,618**, a été remise à l'honneur par le *Modulor** de l'architecte Le Corbusier. Tout rectangle dont la longueur est égale au produit de la largeur par le nombre d'or se prête à un découpage infini dans les mêmes proportions.

NOMENCLATURE n.f.
Classification ou liste de désignations d'une famille de composants du bâtiment (ciments, marbres, conducteurs électriques...) établies par l'usage, ou par un organisme.

NOMINAL adj.
Se dit d'une dimension, d'une cote*, etc. qui figurent dans une spécification de fabrication, ou dans une norme. Pour une fenêtre, la hauteur nominale est celle mesurée entre le haut du rejingot* de l'appui et la sous-face du linteau ; la largeur nominale est la distance entre les tableaux.

NOMOGRAMME n.m.
Représentation graphique ou abaque constitué d'un ensemble coté de points ou de lignes, reliés de façon déterminée.

NON AEDIFICANDI loc. latine
Qui ne peut être bâti : servitude* frappant un terrain inconstructible.

NOQUET n.m.
Chacune des pièces coudées dont on garnit les noues*, les arêtiers* et les cueillies* des pénétrations* en pente contre des murs, jouées* des lucarnes ou émergences* des toitures.
Ce sont soit des pièces de tôle de zinc ou de plomb pliées formant bande métallique, soit, pour les couvertures en tuiles, des pièces céramiques coudées spéciales ; pour les arêtiers de couverture en zinc, les noquets peuvent être relevés sur tasseau courant sur l'arête, ou assemblés par un ourlet sur l'arête. Les noquets, recouverts par le matériau de couverture, ne sont normalement pas visibles sur un ouvrage terminé.

exemples de **NOQUETS**

noquets de pénétration latérale d'une couverture en tuiles — noquets d'arêtier d'une couverture en ardoises — noquets d'une noue de couverture en ardoises

NORMALISATION n.f.
Activité de définition et d'harmonisation de la constance des caractéristiques ou exigences de nature à obtenir un degré optimal d'ordre, de performance ou de sécurité dans un contexte donné, par ex. pour un ouvrage, un composant ou un produit. Cette activité se manifeste surtout par l'élaboration, la publication et la mise en application de normes. Les organismes de normalisation sont des établissements publics ou parapublics reconnus compétents.
Les normes, homologuées ou expérimentales, sont gérées et publiées par l'***AFNOR***, Association Française de Normalisation.

Selon leur appartenance, elles sont classées en indices **NF** (norme française), **NF EN** (européenne) ou **NF ISO** (internationale).
Le *CEN* (Comité Européen de Normalisation) s'est donné pour mission l'harmonisation des normes des différents pays de la Communauté.

NORMALISÉ adj.
Qui fait l'objet de norme(s).

NORMATIF adj.
Qui concerne la normalisation et les normes.

NORME n.f.
Document qui précise, à une époque donnée, un ensemble de spécifications techniques ou autres, établi en collaboration avec les parties intéressées (représentants des fabricants, des utilisateurs, des consommateurs, des pouvoirs publics, etc.).
Certaines normes sont élaborées par des organismes spécialisés, avant d'être approuvées et homologuées par un organisme de normalisation : c'est le cas, par exemple, des DTU élaborés en coopération avec le CSTB, ou des normes électriques élaborées par l'UTE. Certaines normes sont rendues obligatoires par arrêté.

NORMOGRAPHE n.m.
Plaquette ajourée aux contours de tracés et calligraphies de lettrages et de symboles, servant de guide d'écriture et de dessin.

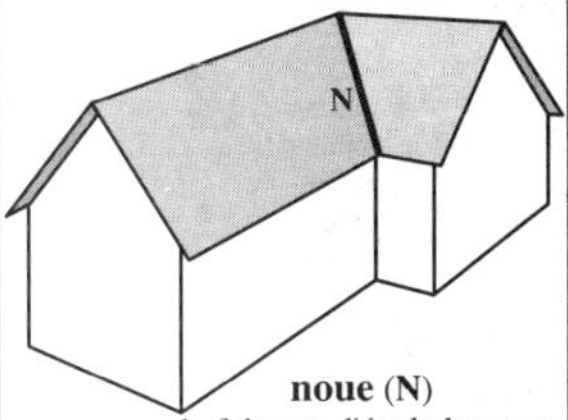

noue (**N**)
de faîtages d'égale hauteur
(voir aussi *noulet*)

NOUE n.f.
Angle rentrant (cueillie*) formé par l'intersection inclinée de deux pans* de toiture.

1/CHARP.: la noue, ou ***arêtier de noue***, est la pièce d'angle rentrant commune à deux charpentes ; sa face supérieure est souvent délardée* en V.

2/COUVERT.: ouvrage d'étanchéité d'un angle rentrant, ou pièce d'angle composant cette étanchéité.
V.illustrations **page suivante**.
Les techniques diffèrent selon le type de matériau de couverture.

Le ***pied de noue*** est la partie inférieure du raccordement de deux pans de couverture. Si un versant pénètre dans l'autre, le pied de noue est dit *en écharpe*. Il peut être *arrondi*, *droit*, ou en *fer-à-cheval*.

NOUETTE n.f.
Désigne, dans certaines régions, une tuile* de rive cintrée.

NOUEUX adj.
Se dit d'un bois qui présente des noeuds* ou nodosités* importantes.

NOULET n.m.
Ouvrage de charpente à la jonction de deux combles dont l'un est moins élevé que l'autre : c'est une sorte de ferme* inclinée, dans le plan du versant le plus élevé (V.ill. page suivante).

exemples de **NOUES**

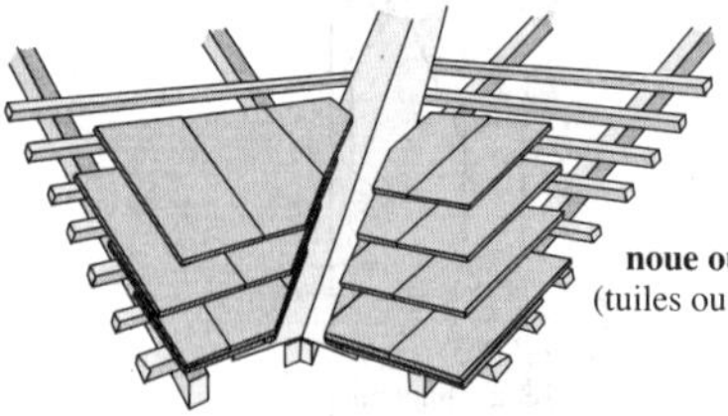

noue ouverte
(tuiles ou ardoises)

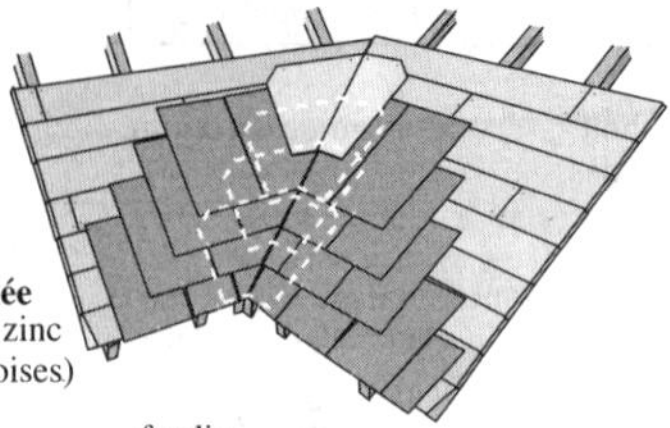

noue fermée
à noquets de zinc
(tuiles ou ardoises)

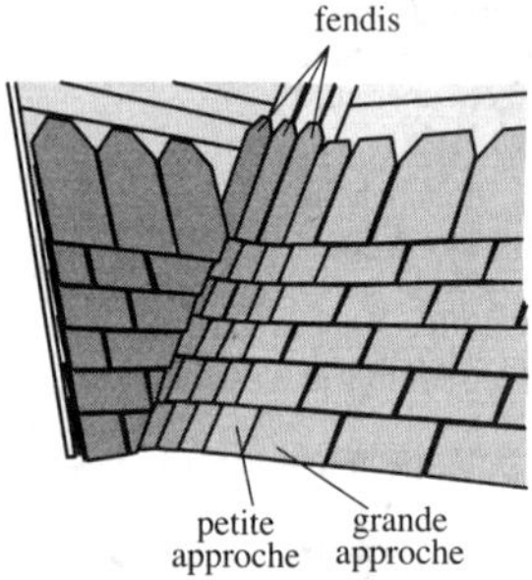

noue ronde
en ardoises
dite **renvers**

noulet (**N**)
de faîtages d'inégale hauteur

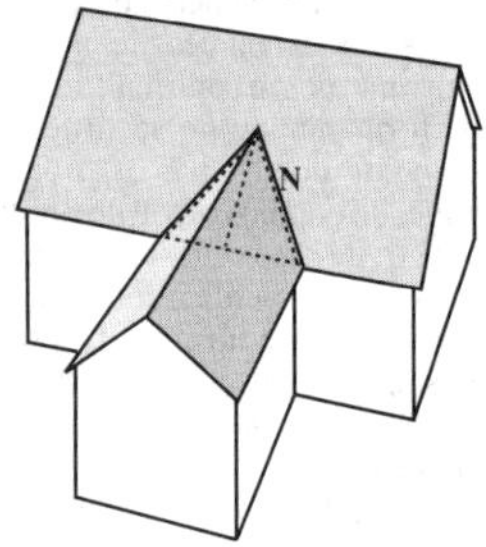

NOURRICE n.f.
Portion de tuyau de fort diamètre, dans lequel débouche une alimentation en fluide, et d'où partent les branchements de distribution, par ex. vers les salles d'eau d'une habitation, ou vers les différents planchers chauffants d'un logement (V.ill).

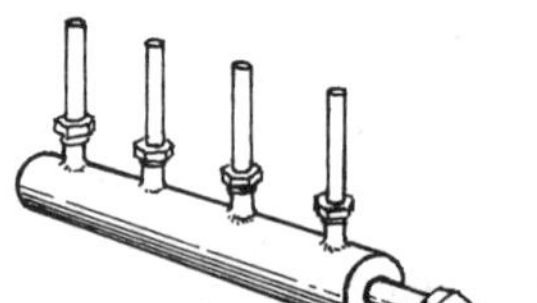

nourrice
(plomberie-chauffage)

NOUES
de couvertures en feuilles métalliques

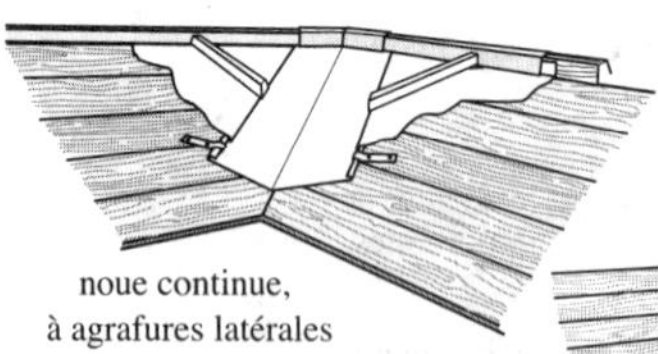

noue continue,
à agrafures latérales

noue dite
"à crémaillère"

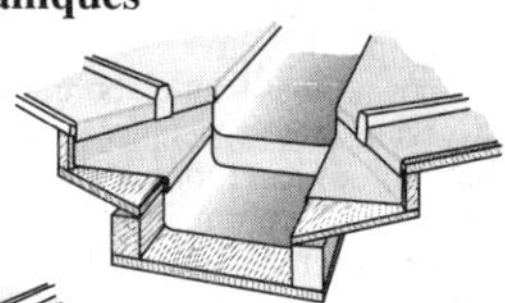

noue encaissée,
à ressauts

NOURRIR v.tr.
Garnir les parties poreuses d'un subjectile avec un enduit gras, un bouche-pore*, un régulateur* de fond, un vernis, etc. En peinture, c'est aussi empâter* une couleur.

NOYAU n.m.
1/ARCHIT.: un ***noyau de voûte*** est le pilier d'appui central d'une voûte* annulaire (V.ill).
Partie centrale porteuse des marches d'un escalier* sans jour*; le noyau est cylindrique, pour un escalier en colimaçon*.

La ***marche portant noyau*** est celle d'un escalier à vis dont chaque marche est solidaire d'un élément cylindrique dont l'empilage compose le noyau de l'escalier (V.ill).

Le ***noyau à corde*** est un noyau cylindrique sur lequel court une moulure en spirale formant rampe.

2/CHARP.: dans un comble conique à faible pente, le ***noyau d'assemblage*** est un court poinçon* vertical sur le faîte duquel sont assemblées les extrémités des chevrons.

3/COUVERT.: le ***noyau roulé*** est synonyme d'*ourlet**.

4/ÉLECTR.: pièce en fer doux d'une bobine d'électroaimant sur laquelle est fait le bobinage.

5/MAÇONN.: bandeau saillant en maçonnerie ménagé pour servir de support à des moulures que l'on traînera ensuite au calibre.
6/SERRUR.: enroulement décoratif à l'extrémité d'une pièce en fer forgé.

NOYAUX

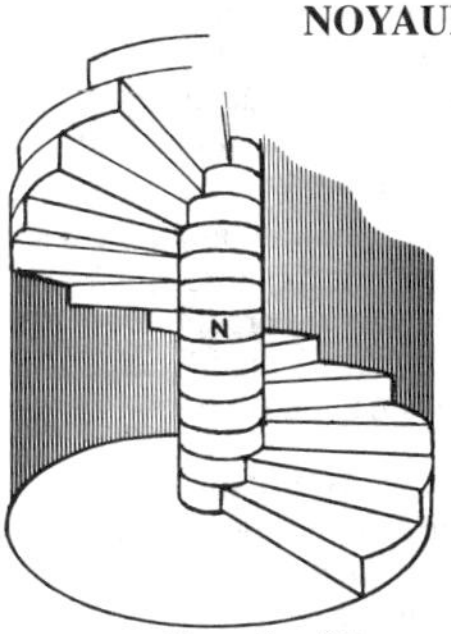

noyau d'escalier (N)

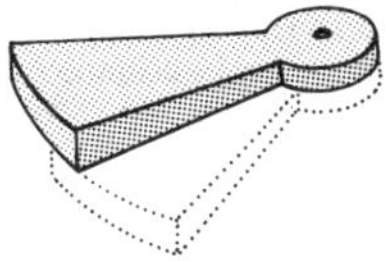

marche *portant noyau*

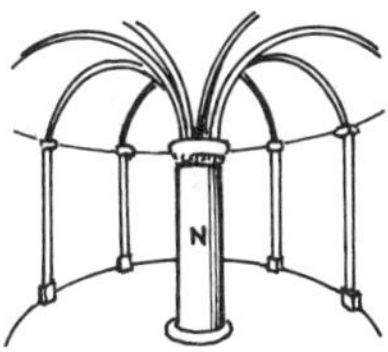

noyau de voûte (N)

NOYER n.m.
Essence feuillue recherchée pour les qualités de son bois, dont le grain fin prend bien le poli ; sa tenue médiocre à l'humidité et la rareté des billes rectilignes limitent son emploi à l'ébénisterie et aux placages.

NOYER v.tr.
Incorporer, faire disparaître complètement un élément : noyer un tirant* dans un mur, noyer une armature dans le béton, etc.

Noyer la chaux, ***noyer le plâtre***, c'est les délayer à l'excès.
Un ***enduit*** projeté, un ***mouchetis**** sont dits ***noyés*** si leur aspect, leur *grain*, est mou et empâté.

NOYURE n.f.
Petite cavité creusée pour loger la tête fraisée d'une vis qui doit affleurer le parement. Syn.: *fraisure*.

NU
1/(n.m.)ARCHIT .: le nu est le plan de référence (le plus souvent vertical) correspondant à la surface de parement fini d'un mur ou d'un ouvrage, abstraction faite des membres*, moulures et ornements divers qui viennent

en saillie sur ce nu.

Il sert de référence aux cotes d'épaisseur de ces éléments en saillie, ainsi qu'aux cotes de profondeur des éléments en retrait.

2/(adj.) Qualifie un ouvrage sans ornements ni moulures (*colonne nue*), ou sans finition rapportée (*béton nu*). En électricité, qualifie un conducteur électrique non isolé.

NUANÇAGE n.m.
Altération plus ou moins localisée de la couleur d'un revêtement ou d'un ouvrage de peinture.

Un nuançage peut être apparent, mais non réel, s'il est dû à une différence de relief qui accroche la lumière de façon différente, produisant une impression de différence de teinte.

NUANCE n.f.
1/ Légère différence, apparente ou réelle, dans la couleur d'un revêtement quelconque.

2/ La ***nuance d'un acier*** définit, suivant un code adopté par l'usage, ses caractéristiques d'élasticité et de résilience (V. Acier).

NUCLÉO-AÉRATION n.f.
Procédé breveté de chute* unique des eaux usées et des eaux vannes, dans lequel le compartimentage des branchements crée dans la chute un mouvement d'air qui peut tenir lieu de ventilation secondaire (SEXTIA).

O

O n.m.
Désigne parfois, en architecture, une ouverture circulaire.

OBCONIQUE adj.
Qualifie un volume en forme de cône, dont la pointe est en bas.

OBLIQUE adj.
Est oblique ce qui n'est ni parallèle ni orthogonal à un axe ou à un plan de référence ; syn.: *biais*.
Vue oblique : V. Servitudes de vue.

OBLIQUÉ adj.
Se dit d'un appareil* en arêtes* de poisson.

OBLONG adj.
Allongé, et plus long que large, sans forme géométrique bien définie.

OBTURATEUR n.m.
1/PLOMB.: dans une vanne* de canalisations, pièce mobile dont le déplacement détermine le débit de passage du liquide ou du gaz.

2/VITR.: dans la fixation des vitrages avec parclose* sur châssis métalliques, mastic acrylique ou silicone, extrudable en cordons, qui sert à calfeutrer de façon étanche l'interstice entre le vitrage et la feuillure*, ou entre le vitrage et la parclose*.

OBTUS adj.
Qualifie un angle plus ouvert que l'angle droit, donc supérieur à 90°. Une ***ogive**** ***obtuse***, un ***arc**** ***obtus*** sont presque circulaires, mais avec une très légère brisure à leur faîte.

OCHE n.f.
Entaille ou trait de crayon que font les charpentiers sur une règle pour marquer une mesure à reporter.

OCRATATION n.f.
Traitement des dallages de béton au tétrafluorure de silicium (SiF_4), ayant pour effet d'améliorer leur résistance chimique (acides et corps gras).

Les ***bétons ocratés*** sont aussi plus résistants à la compression, au poinçonnement* et à l'abrasion*.

OCRE n.f.
Matière argileuse colorée en rouge-brun par les oxydes de fer ; on mélangeait autrefois l'ocre avec du plâtre pour des enduits imitant la brique.

OCTASTYLE ou **OCTOSTYLE** adj. Qualifie un bâtiment dont la façade a huit colonnes.

OCTOGONE n.m.
Polygone à huit côtés ; l'octogone régulier a tous ses côtés égaux, formant entre eux des angles égaux.

OCTOPARTITE adj.
Une *voûte octopartite* est divisée en huit parties : deux longitudinales, à ses extrémités, et six latérales.

OCULUS n.m.
1/ Petite baie circulaire ou ovale dans un mur, ou au faîte d'une voûte (*oculus zénithal*) ; syn.: *oeil**.

2/ Ouverture pratiquée dans l'épaisseur du vantail d'une porte, pour recevoir un élément de remplissage translucide ou transparent.

ODOMÈTRE n.m.
Appareil de mesure des distances au sol, constitué d'une roulette munie d'un compteur-totalisateur qui traduit le nombre de tours de roue en unités de longueur (V.ill).

odomètre

OEDOMÈTRE n.m.
Appareil de mesure de la compressibilité d'un sol sous charge verticale, selon son taux d'humidité.
V. détails dans le DICO-TP.

oeils-de-boeuf

en zinc façonné

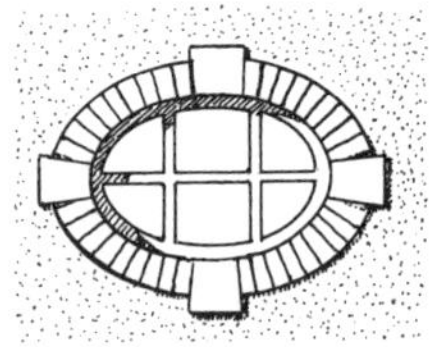

en maçonnerie

OEDOMÉTRIE n.f.
Étude et mesure des phénomènes de compression et de tassement des sols.

OEIL n.m.
1/ARCHIT.: petite baie de forme circulaire au faîte d'une voûte, d'un dôme, d'un pignon, d'un tympan*.
Centre d'une rose* en vitrail.

L'***oeil-de-boeuf*** (pl.: des oeils-de-boeuf) est une petite baie circulaire ou ovale, soit dans un mur (pignon, fronton), soit constituant une lucarne* ou une fenêtre d'attique*, et dans ce cas souvent encadrée ou coiffée d'un ouvrage de zinc (V.ill).

L'***oeil de tailloir*** est un petit motif en bas-relief sculpté au milieu de chacun des côtés d'un tailloir* de chapiteau corinthien.

L'***oeil de volute*** est le petit cercle plat qui termine chaque extrémité du noyau d'une volute*.

2/MATÉRIAUX : l'***oeil-de-chat*** est une variété de corindon*. L'***oeil-de-paon*** est un marbre fortement veiné de marbrures multicolores circulaires. Dans le bois, un ***oeil-de-perdrix*** est un très petit noeud* adhérent*.

3/OUTILL.: orifice d'un outil dans lequel on fixe un manche (marteau, pioche...), ou dans lequel passe une tige de manoeuvre.

4/SERRUR.: l'***oeil roulé*** est l'enroulement de la lame d'une penture* dans lequel pénètre le gond*.

OEILLARD n.m.
Entrée d'air d'un ventilateur, dans l'axe du rotor ; syn.: *ouie**.

OEILLETON n.m.
Petit dispositif optique contre lequel on place l'oeil pour regarder ; désigne parfois aussi le judas*.

OEUVRE n.f.
1/ Ouvrage*, construction, fabrique*, tâche... Leur résultat concret.

2/ Corps principal d'un bâtiment, par rapport auquel on situe un élément de construction (V.ill).

• ***Dans oeuvre*** (**DO**) : qualifie une mesure prise à partir des parements intérieurs des murs ; qualifie aussi ce qui fait partie intégrante d'un bâtiment (par opp. à *hors oeuvre*).

• ***Hors oeuvre*** (**HO**) : qualifie une mesure qui comprend l'épaisseur des murs extérieurs.

• ***Hors d'oeuvre*** : se dit d'une construction extérieure à celle dont on parle, ou dont la plus grande partie forme saillie sur cette construction.

La ***mise en oeuvre*** des procédés et composants est leur concrétisation ou leur transformation sur chantier (peintures, enduits...) sous la forme d'ouvrages finis.
V. aussi Bois d'oeuvre, Chef d'oeuvre, Gros oeuvre, Main-d'oeuvre, Maître d'oeuvre, Pied d'oeuvre, Second oeuvre.

OFFICE n.m.
Pièce de service située entre une cuisine et une salle à manger.

OGIVE n.f.
Arc diagonal d'une voûte* formant nervure* en saillie ; syn.: *arc ogif.*

"**OEUVRE**" : désignation de corps d'ouvrages secondaires (ici les tourelles A à G) par rapport à un corps d'ouvrage principal (le bâtiment P)

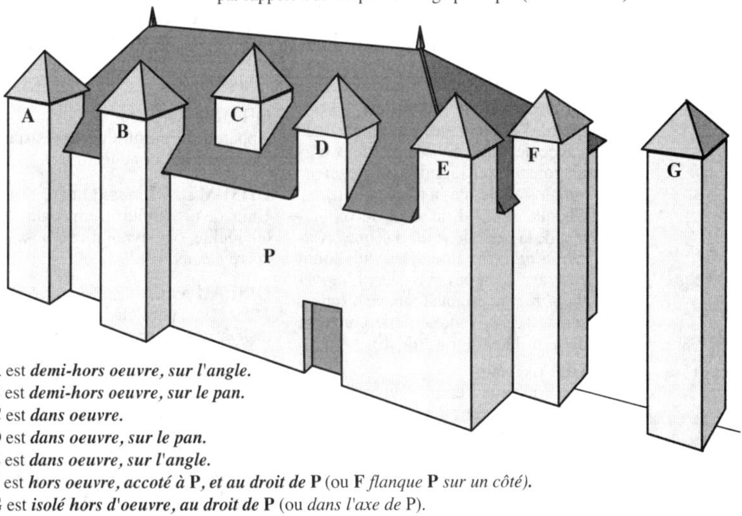

A est ***demi-hors oeuvre, sur l'angle.***
B est ***demi-hors oeuvre, sur le pan.***
C est ***dans oeuvre.***
D est ***dans oeuvre, sur le pan.***
E est ***dans oeuvre, sur l'angle.***
F est ***hors oeuvre, accoté à* P*, et au droit de* P** (ou **F** *flanque* **P** *sur un côté).*
G est ***isolé hors d'oeuvre, au droit de* P** (ou *dans l'axe de* P).

OGIVES

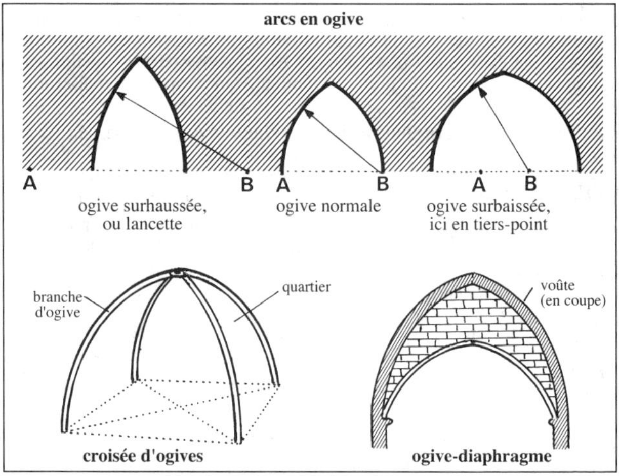

A l'origine, l'ogive ne désignait que la nervure de l'arc ; puis l'ogive a désigné l'arc diagonal nervuré lui-même, passant par la clef* et partageant la voûte gothique* (ou ***voûte d'ogives***) en quartiers*.
Depuis le 18e siècle, l'ogive a souvent désigné, par déformation, tout arc* brisé aigu ; en ce sens, les qualificatifs donnés à l'arc* brisé peuvent s'appliquer à l'ogive.
La ***croisée d'ogives***, qui est à l'origine de l'architecture gothique*, est la travée de voûte divisée par deux arcs diagonaux qui reportent les charges vers les angles de la travée (V.ill).
Chaque moitié d'un arc d'ogive, partant de la clef* de voûte, est une ***branche d'ogive***, même si elle n'aboutit pas à un appui visible. L'***ogive-diaphragme*** est une branche d'ogive, séparée de la voûte qu'elle porte par un mur-diaphragme* (V.ill).

OGIVAL adj.
Qui concerne l'emploi ou la disposition des ogives : l'*architecture ogivale* caractérise l'architecture gothique. Par extension, *ogival* a qualifié le style gothique, au point d'en être synonyme au 19e siècle.

OGNETTE n.f.
Ciseau* à tranchant étroit du marbrier ou du tailleur de pierre.

OHM n.m.(**Ω**)
Unité de résistance électrique d'un conducteur, qui correspond à la résistance* d'un segment de conducteur dans lequel une différence de potentiel de 1 volt produit une intensité de 1 ampère.

OHMMÈTRE n.m.
Appareil de mesure de la résistance électrique des conducteurs.

OHM-MÈTRE n.m.(**Ω.m**)
Unité de résistivité* d'un conducteur (en réalité, on devrait dire *ohm-mètre carré par mètre*).

OISEAU n.m.
1/COUVERT.: petit chevalet d'échafaudage à accrocher sur les toitures.
2/MAÇONN.: auge de manutention des mortiers à dos d'homme (V.ill. page suivante).

OLIVE n.f.
1/ARCHIT.: les *olives* (au pl.) désignent un ornement fait d'un alignement de petits bas-reliefs oblongs.

2/ÉLECTR.: petit interrupteur ovoïde monté sur le cordon d'alimentation de certaines lampes.

3/MENUIS.: main courante de rampe de profil elliptique.

4/OUTILL.: lime de section ovale pour l'affûtage des dents de scies.

5/SERRUR.: désigne divers équipements en forme d'olive : poignées et boutons de portes, paumelles, etc.

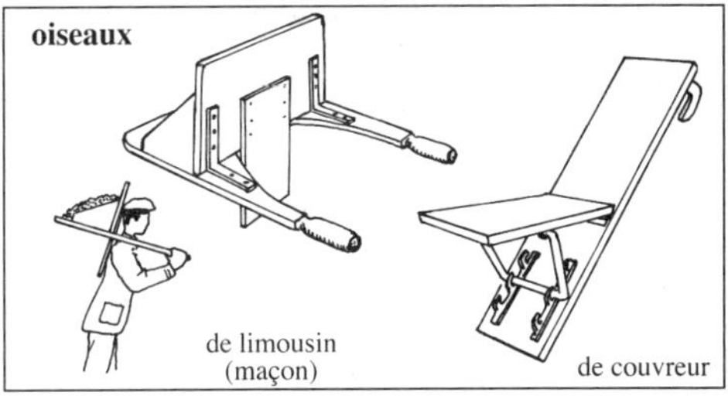

OMBRE n.f.
Zone sombre correspondant à l'interception de la lumière par un corps opaque. On distingue les ***ombres propres***, celles des parties non éclairées d'un corps opaque, et les ***ombres portées*** par ce corps opaque sur une autre surface. L'éclairage par une seule source ponctuelle donne des ombres dont le contour, très net, est dit ***ligne d'ombre***.
Sur les plans d'architecte, on utilise des ombres pour mettre en évidence le relief ou le modelé des éléments saillants d'une façade ou d'un décor. Par convention, on considère que les rayons du soleil, parallèles, viennent de la gauche suivant une inclinaison de 45°par rapport à l'horizontale, et suivant un angle de 45° par rapport au plan d'élévation ; ainsi, les ombres portées ont une largeur égale à l'épaisseur de saillie des éléments qui créent ces ombres.
Les ombres sont représentées soit par des hachures parallèles ou des trames de points, soit, pour les reliefs peu saillants, en noir plein.

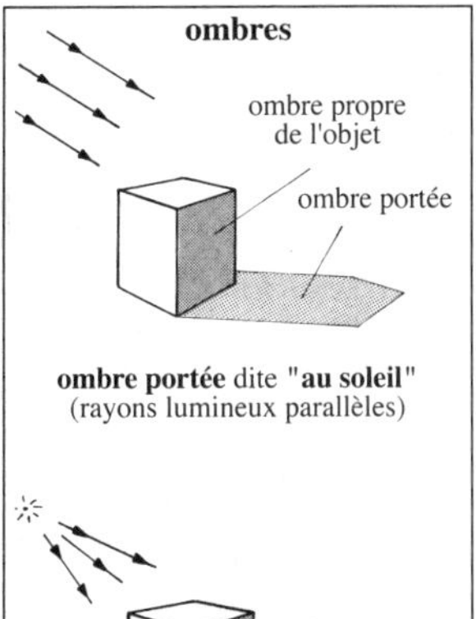

ombre portée dite "**au soleil**" (rayons lumineux parallèles)

ombre portée dite "**au flambeau**" (rayons divergents d'une source lumineuse rapprochée)

OMBRÉ adj.
Se dit d'un plan ou d'un dessin sur lesquels sont figurées les ombres portées des éléments en saillie (V.ill).

OMBRER v.tr.
Représenter les ombres sur un dessin, à partir d'une source lumineuse fictive

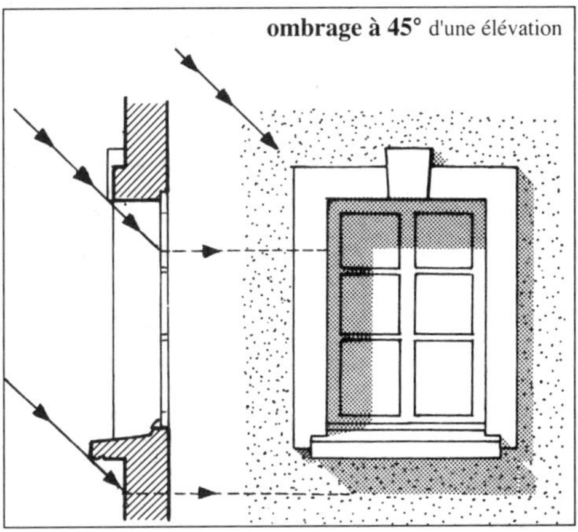

dont les coordonnées dans l'espace sont choisies de façon à bien mettre en relief les volumes.

ONDE n.f.

1/ACOUST.-ÉCLAIR.: mode de propagation de proche en proche d'un phénomène vibratoire, lumineux, radioélectrique... L'onde se définit par son amplitude* et sa fréquence* (ou par son inverse, la période*).
La longueur d'onde est la distance parcourue par une vibration pendant une période*.

2/ARCHIT.: au pl., les ondes sont un motif d'ornement en forme de vagues régulières (V.ill).

3/MATÉRIAUX : la longueur d'onde d'un matériau ondulé* est la distance qui sépare deux sommets d'ondes consécutives.

4/MENUIS.: chacune des marques laissées sur le bois par le rabotage et l'enlèvement de copeaux.

5/VITR.: stries d'un vitrage, en forme de surépaisseurs linéaires.

ONDÉ adj.
Qui présente des ondes ou des sinuosités plus ou moins régulières : *bois ondé.*

ONDULÉ adj.
Qui présente des ondes régulières : tôle ondulée, plaques translucides ondulées, etc.

ondes (décorartion)

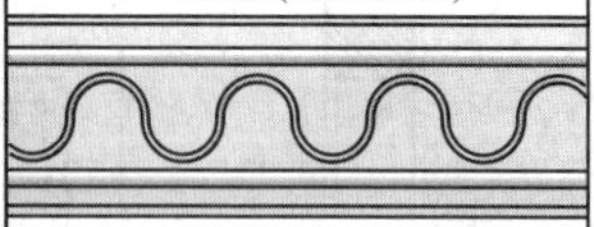

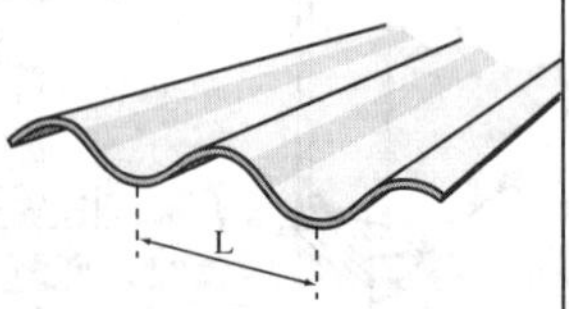

longueur d'onde d'un matériau ondulé

ONDULEUR n.m.
Appareil statique de transformation du courant continu* en courant alternatif (à l'inverse du *redresseur*).
Associé à une batterie d'accumulateurs, un onduleur prend instantanément le relais de l'alimentation d'une installation, en cas de coupure sur le réseau public.

ONGLET n.m.
Façon de coupe diagonale de pièces de métal ou de bois, à 45°.

L'***assemblage à onglet*** ou ***en onglet*** est l'assemblage d'équerre de deux pièces dont le parement visible, ou les deux parements, sont arasés à 45° (V.ill).
Un ***onglet à sifflet***, ou ***faux-onglet***, est un assemblage à l'équerre de deux pièces de largeurs différentes, suivant des angles de coupe de joint différents de 45° (V.ill).
La ***boîte à onglets*** est un profilé en U dont les fentes servent de guide des lames de scie pour les coupes de baguettes à 45° et à 90°.

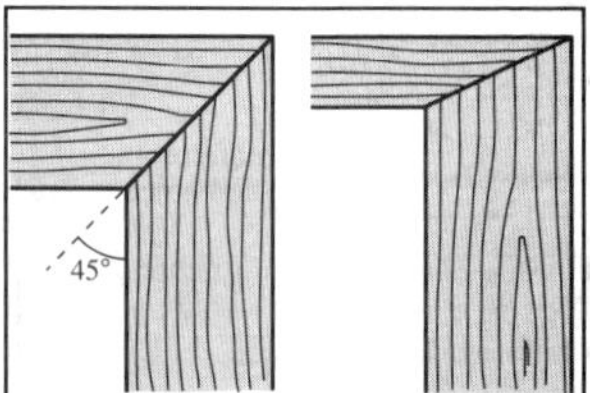

onglet
(coupe à 45°)

faux-onglet
(autre que 45°)

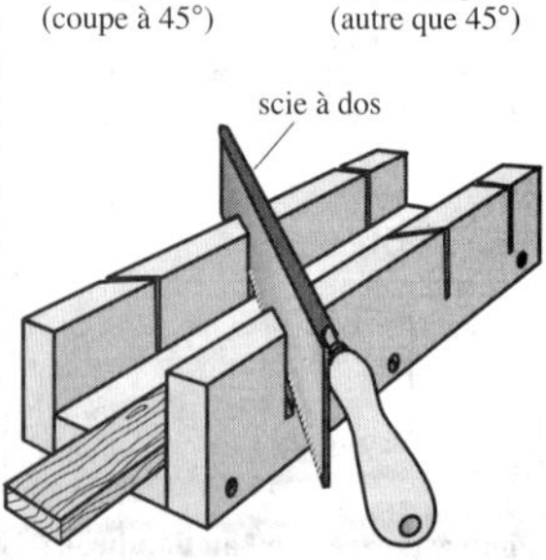

boîte à onglets

ONGLETTE n.f.
Poinçon* à extrémité triangulaire, utilisé pour ciseler.

OOLITHIQUE adj.
Qualifie une roche* à petits grains de calcaire arrondis, gros comme des oeufs de poisson (les *oolithes*), liés par un ciment calcaire naturel.

OPACIFIANT adj. et n.m.
Matière qui, incorporée à une autre, a pour effet de la rendre opaque.

Le ***pouvoir opacifiant*** d'une peinture est son aptitude à masquer un subjectile (le *pouvoir couvrant* associe à cette caractéristique la notion d'épaisseur du film).

OPACIFIER v.tr.
Rendre opaque une matière transparente ou translucide.

OPACIMÈTRE n.m.
Appareil de mesure par transparence du *pouvoir couvrant* d'une peinture, ou appareil analyseur de gaz, fumées, poussières en suspension, etc.

OPALESCENT adj.
D'aspect vitreux et légèrement translucide, à reflets moirés* plus ou moins colorés.

OPALIN adj.
Qualifie un verre gris-bleuâtre, ressemblant à l'opale, utilisé comme diffuseur dans certaines ampoules électriques.

OPE n.f.
Trou dans un mur ou une façade : trou de boulin*, petite ouverture d'aération, petite fenêtre...

OPÉRATEUR n.m.
De façon générale, un ***opérateur de manoeuvre*** est un dispositif motorisé, ou à vérin hydraulique, qui sert à actionner le mouvement d'un équipement quelconque (portail, porte automatique, trappe de désenfumage, électrovanne...). Il est asservi à un organe de commande électrique ou électronique. Syn.: *actionneur*.

OPPOSITION n.f.
Contraste, différence voulue, en architecture ou en décoration, entre plusieurs éléments d'un même ensemble.
Deux fonctions sinusoïdales de même fréquence sont dites ***en opposition*** de phase si elles ont entre elles un déphasage maximum, soit 180° (V. le mot Phase).

OPTIMISEUR n.m.
Organe de régulation thermique ou appareil de mesure électronique dont la fonction consiste à rechercher le meilleur rendement thermique d'un appareil de production de chaleur : *optimiseur de combustion* pour brûleur de chaudière.

OPTOÉLECTRONIQUE adj.
Qualifie un système de commande de robinet, de porte, etc., asservi à un capteur ou détecteur optique.

OPUS n.m. invar.
(=*ouvrage composé*, en latin). Dans l'appareillage des dallages et maçonneries en pierre, on distingue :

• l'***opus incertum*** ou *appareil à joints incertains* : il est fait d'éléments aux contours irréguliers, au gré de leurs formes et sans recherche d'alignement de leurs joints.

• l'***opus insertum***, ou *isodomon* : pierres de même format, disposées de

OPUS

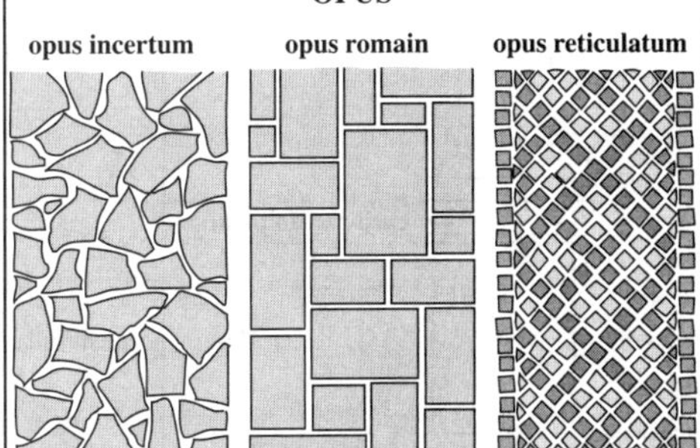

(voir aussi le mot Appareillage)

sorte que les joints d'une assise aboutissent à peu près entre deux joints de l'assise suivante.

• l'***opus mixtum*** : alternance de parements de pierre et de brique.

• l'***opus quadratum***, ou ***romain***, en éléments carrés ou rectangulaires de grand format, à joints larges.

Principaux éléments d'un ordre architectural

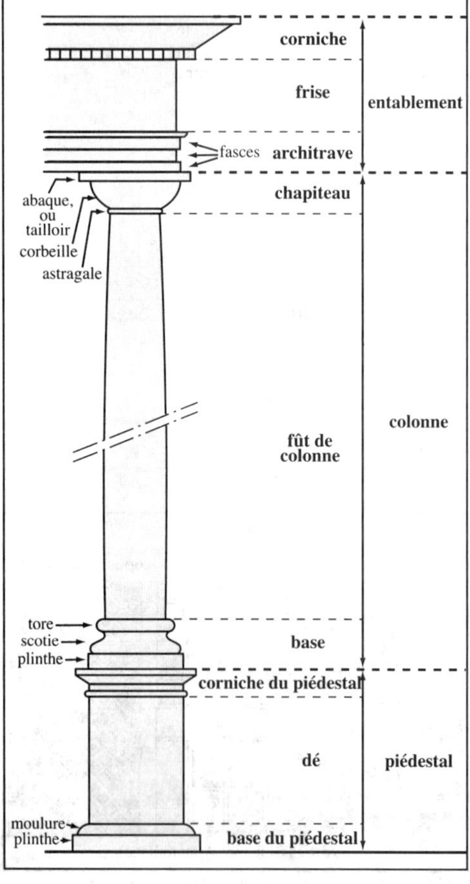

• l'***opus reticulatum***, en éléments de maçonnerie disposés de façon à imiter les mailles d'un filet (V.ill).

• l'***opus revinctum*** ("ouvrage fortement lié"), en éléments de maçonnerie assemblés par liaison mécanique (queues-d'aronde, agrafes...).

• l'***opus spicatum***, fait d'éléments de maçonnerie disposés en épi.

• l'***opus romain***, dallage en éléments appareillés, carrés et rectangulaires, de dimensions diverses.

ORBE
1/n.m. Filet* courant sur l'intrados d'un arc*.

2/adj. Qualifie un mur sans ouverture ; syn.: *aveugle*.

ORBEVOIE n.f.
Autrefois, désignait une arcade simulée ou une fausse ouverture.

ORDONNANCE n.f.
Disposition organisée et harmonieuse des parties d'un ensemble architectural ; par déformation, on dit *ordonnancement* dans ce sens.

ORDONNANCEMENT n.m.
Organisation et planification des tâches d'exécution d'un ouvrage.

ORDONNÉE n.f.
Une des deux coordonnées* d'un système* d'axes orthogonaux ; par convention, c'est la distance des points à l'axe horizontal, l'autre coordonnée étant l'abscisse*.

ORDRE n.m.
Combinaison harmonieuse des parties d'un édifice suivant des règles de proportions convenues.

Le terme sert surtout à définir les systèmes cohérents anciens : un ***ordre architectural*** est un système cohérent de règles de proportion et d'harmonie qui s'appliquent à un ensemble composé d'un piédestal ou soubassement (base ou plinthe, dé et sa corniche), d'une colonne (base, fût, chapiteau) et d'un entablement (architrave, frise et corniche).

Le diamètre de la colonne donne le module*, unité de mesure de l'ensemble des proportions de l'ordre considéré.

On distingue cinq ordres principaux (V.ill). Les trois premiers sont grecs ; les ordres composite et toscan ont été ajoutés par les Romains.

- l'ordre ***dorique***, le plus ancien ; la colonne repose, au moins à l'origine, sur le soubassement général.
Le chapiteau est couronné par un abaque* carré, ou tailloir ; l'architrave de l'entablement est lisse, et la frise est ornée d'une alternance de triglyphes* et de métopes*.

- l'ordre ***ionique*** : colonne à fût élancé sur une base moulurée ; le chapiteau porte d'importantes volutes, caractéristiques de cet ordre.
La frise d'entablement peut être lisse ou sculptée de bas-reliefs.

- l'ordre ***corinthien*** : variante allégée de l'ordre ionique, caractérisée par une base moins importante et par un chapiteau à feuilles d'acanthe*; cet ordre s'est généralisé à l'époque hellénistique (IVe s. avant J.C. jusqu'à la conquête romaine).

- l'ordre ***composite*** : ordre développé par les romains, à partir d'éléments des trois ordres précédents.

Les cinq grands **ORDRES** des architectures grecque et romaine

dorique **ionique** **corinthien** **composite** **toscan**

En simplifiant, on peut considérer que la base est dorique, la colonne ionique, et le chapiteau corinthien.

- l'ordre ***toscan*** : cet ordre romain est un remaniement de l'ordre dorique ; il s'en distingue surtout par l'absence de cannelures de son fût, et la sobriété de son entablement.

ORDRE PROFESSIONNEL
Organisme à caractère associatif, indépendant mais reconnu par les pouvoirs publics, qui a pour fonction de régir une profession libérale.

Dans le bâtiment, l'***Ordre des Architectes*** et l'***Ordre des Géomètres-Experts*** sont les plus importants.
Leurs représentants élus composent un ***Conseil de l'Ordre***.

ORDRE DE SERVICE
Document écrit par lequel un maître d'oeuvre demande à un entrepreneur de commencer l'exécution de son ouvrage.

OREILLARD n.m.
Lame convexe montée sur le chemin* de fer du tailleur de pierre pour exécuter les moulures concaves.

OREILLE n.f.
1/MAÇONN.: décrochement d'un seuil* ou d'une tablette d'appui*, permettant de l'encastrer entre les tableaux* d'une baie en ménageant une saillie en applique.

2/SERRUR.: patte en saillie latérale sur une pièce quelconque, soit pour la saisir plus facilement (par ex. écrou à oreilles), soit pour y établir un mode de fixation.

OREILLER n.m.
Parfois syn. de *coussinet**.

OREILLON n.m.
Partie latérale encastrée d'une tablette d'appui ou d'un seuil.
En couverture, syn. de *gousset**.

ORGANEAU ou **ARGANEAU**
n.m. Gros anneau d'amarrage scellé dans un mur.

ORGANIQUE adj.
Qualifie un liant* ou une colle* à base de résines de synthèse, par opp. à un liant *hydraulique*, *aérien* ou *gypseux* ; un pigment* organique est un colorant extrait de matières végétales ou hydrocarbonées, par opp. aux pigments minéraux.

ORGNE n.f.
Chacune des rangées de javelles* d'une couverture en chaume*.

ORGUEIL n.m.
Cale en matériau dur que l'on dispose sous un levier pour constituer son point d'appui.

ORIEL n.m.
Logette ou avant-corps garni de baies, ou ensemble superposé de baies en encorbellement*, sur un plan généralement polygonal, formant saillie sur le nu* d'une façade (V.ill).
Ce mot est recommandé officiellement pour désigner le *bow-window**.
Syn.: *logette**.

ORIENTATION n.f.
Disposition de l'axe principal d'un édifice par rapport aux quatre points

cardinaux.
NB- On ne doit pas confondre *orientation* et *exposition**: à l'exposition au sud d'une façade principale correspond une orientation est-ouest du bâtiment.

ORIENTER v.tr.
Diriger vers l'Orient : une *église orientée*.

ORLE n.m.
Listel* ou filet* qui borde, à sa base, l'astragale* d'un chapiteau.
Syn.: *colarin*, *ceinture*, *ourlet.*
Désigne aussi le listel qui borde les volutes* d'un chapiteau ionique.

ORLET n.m.
Fine moulure méplate couronnant une cimaise*; si sa section est presque carrée, l'orlet est un *réglet**.

ORME n.m.
Essence* feuillue donnant un bois dur et lourd, élastique et résilient, jaune marbré, de bonne conservation en atmosphère humide.
Souvent cassant et torturé après un séchage prolongé, l'orme est peu adapté aux emplois durables dans le bâtiment, mais apprécié en décoration pour son veinage souvent rubané* et ses loupes*. Syn.: *ulmeau.*

NB- Atteint par un micro-organisme parasitaire qui obstrue les vaisseaux du bois sur pied, l'orme avait quasiment disparu en Europe, mais commence à être replanté.

ORNEAU n.m.
Grande dalle rectangulaire en ardoise brute de clivage*.

ORNÉ adj.
Qualifie une moulure ou un membre* d'architecture qui, au lieu d'être lisses ou nus, sont garnis de petits ornements (perles, olives...).

ORNEMANISTE n.m.
Compagnon spécialisé dans l'exécution des ornements, surtout en staff (cette spécialité fait l'objet d'un C.A.P. de *staffeur-ornemaniste*).

ORNEMENT n.m.
Désigne tout élément accessoire peint, sculpté, moulé ou mouluré, dont la fonction est purement esthétique.

ORNEMENTATION n.f. Ensemble des détails de décoration ; art et manière de disposer les ornements.

ORNER v.tr.
Embellir, décorer avec des ornements (on dit parfois ***ornementer***).

ORTHOGONAL adj.
Qui se coupe à angle droit, perpendiculairement : *plans orthogonaux.* Se dit aussi des lignes courbes ou des surfaces courbes sécantes* dont les tangentes, aux points d'intersection, sont perpendiculaires : *cercles orthogonaux.* Une ***projection* orthogonale*** est la projection sur un plan des points ou des contours d'un ensemble suivant des perpendiculaires à ce plan, dit plan de projection.

ORTHOGONALITÉ n.f.
Caractère de ce qui est perpendiculaire, à angle droit.

ORTHOGRAPHIE n.f.
Représentation d'un bâtiment suivant ses dimensions réelles, à l'échelle, sans aucune déformation perspective*. Syn.: *élévation géométrale.*

O.S.B. n.m.
(de l'anglais ***Oriented Strand Board***)
Panneau en agglomérés de bois composé de grands copeaux (de 7 cm et plus), superposés et collés en couches croisées (V.ill).

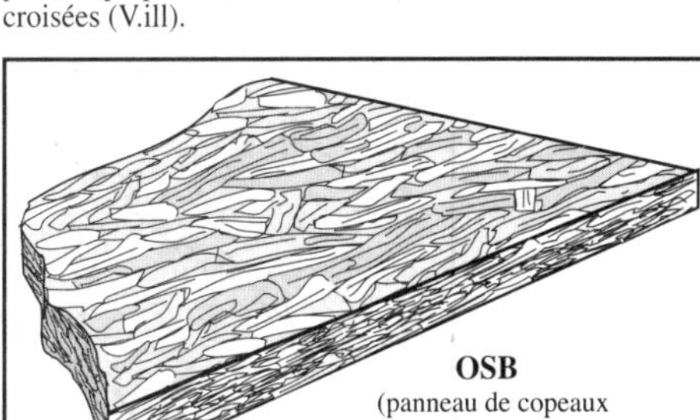

OSB
(panneau de copeaux agglomérés)

OSCILLO-BATTANT adj.
Qualifie un châssis de fenêtre* à double ferrage, permettant à la fois une ouverture par pivotement vertical, à la française, et une ouverture par basculement ou par projection*.

OSMOSE n.f.
Phénomène du cheminement d'un liquide à travers un matériau poreux sous l'action d'une différence de potentiel (V. Électro-osmose).

OSSATURE n.f.
Ensemble des éléments de stabilité qui composent la structure porteuse, le *squelette* ou la *carcasse* d'un édifice, d'une voûte, d'un bardage*, d'un vitrail... et qui assurent leur rigidité et leur stabilité. Les poteaux et les chaînages* composent l'ossature des façades, par opposition avec les éléments de *remplissage*.
-***Maison à ossature bois*** (**MOB**) :
V. à Maison.

OUATE (de cellulose) n.f.
Produit léger, sous forme de particules floconneuses, résultant du recyclage des papiers et cartons.
L'ouate sert d'isolant thermique des combles, par épandage entre les solives ou par soufflage.

OUÏE n.f.
1/ Désigne parfois un abat-vent* ou un abat-sons* de clocher.
2/ Orifice d'entrée d'air d'un ventilateur ou d'une turbine.

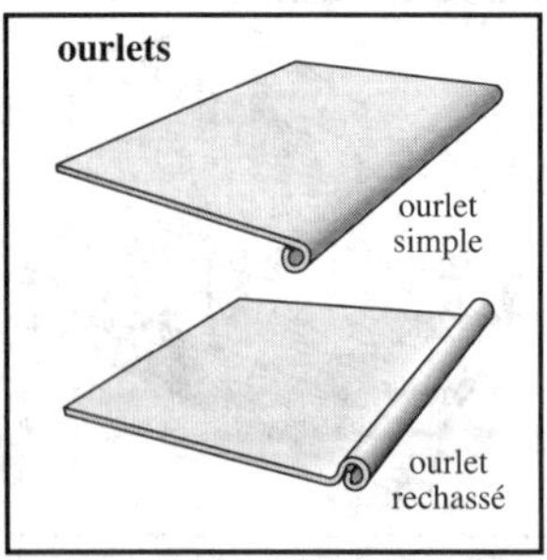

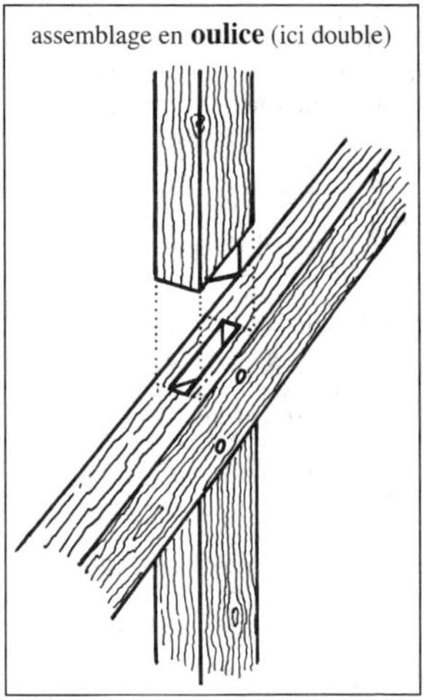

OUISTITI n.m.
Petite nacelle de couvreur, que l'on fait monter le long d'un câble d'acier à l'aide d'une manivelle.

OULICE ou **HOULICE** n.f.
En charpenterie, assemblage biais d'une pièce de bois verticale sur une autre, inclinée, par un tenon* triangulaire (V.ill). Dans les pans* de bois, c'est l'assemblage normal des tournisses* sur les écharpes*.

OULICÉ adj. Assemblé en oulice.

OURDIR v.tr.
Autrefois, c'était couvrir un mur en moellons avec un enduit de mortier ou de plâtre (à ne pas confondre avec hourdir*).

OURDISSAGE n.m.
Action d'ourdir, d'enduire, et son résultat.

OURLET n.m.
1/ARCHIT.: syn. d'*orle*.
2/COUVERT.: façon de bordure de feuille de plomb ou de zinc, roulée en baguette arrondie sur toute sa longueur (ne pas confondre avec une

pince*); on distingue l'***ourlet simple*** et l'***ourlet rechassé*** (V.ill). Syn.: *noyau roulé*. Désigne aussi le rebord roulé d'une gouttière en zinc.

OURLÉ adj.
Qualifie un bord de feuille roulé.

OURNE n.f.
Surface qu'un ouvrier couvreur peut atteindre et couvrir sans se déplacer sur le toit ; l'ourne détermine l'unité de gerbage des tuiles ou des ardoises en attente de pose.

OUTEAU n.m.
Petite lucarne de ventilation des combles. L'outeau concerne surtout les couvertures en ardoise, et nécessite un ouvrage de charpente (ce n'est pas le cas des chatières).
L'***outeau plat*** - ou *rectangulaire* - comporte une petite charpente de lucarne rampante, recouverte d'ardoises ainsi que ses jouées ; plus fréquent, l'***outeau triangulaire*** est une petite lucarne à deux versants (V.ill) ; l'***outeau chapeau-de-gendarme*** a une ligne de faîte et des pénétrations latérales incurvées.

OUTIL n.m.
Équipement ou dispositif permettant l'exécution d'une tâche.
On distingue les outils ***manuels***, animés par la seule force de la main ou du bras, les outils ***électroportatifs***, qui comportent un moteur électrique, les outils ***pneumatiques***, animés par une alimentation en air sous pression, les outils ***à poste fixe*** (scie à ruban, scie * de maçon, dégauchisseuse, cintreuse d'armatures...).
Selon leur fonction, les outils sont dits de *coupe*, d'*abrasion*, de *serrage*, de *percussion* ou de *frappe*, de *forage* ou de *perçage* (ou *perce*), de *traction* ou de *levage*.
Les ***outils à fût*** sont les outils de coupe manuels comportant un fer engagé dans un bloc de bois : rabots, bouvets, varlopes, etc.

OUTILLAGE n.m.
Ensemble des outils nécessaires à l'exercice d'un métier ou à la réalisation d'un ouvrage.

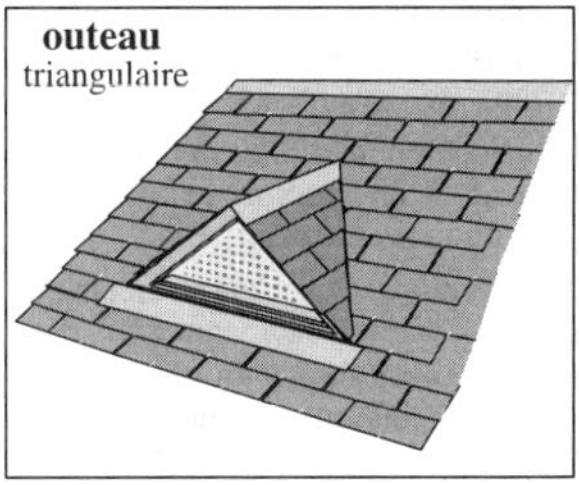

OUTREMER n.m.
Silicate naturel d'aluminium ou de sodium (*lapis-lazuli*) qui, réduit en poudre, constitue un pigment colorant bleu pour les peintures.

OUTREPASSÉ adj.
1/ V. Arc outrepassé.
2/ Un plan outrepassé est celui d'un ouvrage circulaire correspondant à plus d'un demi-cercle.

OUVERT adj.
1/ARCHIT.: un *escalier ouvert* est celui dont les baies ouvrent sur l'extérieur, sans menuiseries vitrées ; de même, une galerie, une véranda, une coursive, etc. sont *ouvertes* si elles ne sont pas séparées de l'extérieur par des baies vitrées.
2/ÉLECTR.: un circuit électrique est dit *ouvert* si un dispositif, interrupteur ou autre, empêche le courant de passer dans ce circuit.
3/MATÉRIAUX : le ***temps ouvert*** d'un mortier-colle* ou d'une colle* est la durée entre le moment où on l'étale sur le support et le moment où le produit commence à sécher superficiellement, perdant son tack* et son pouvoir adhésif ; c'est donc avant la fin du *temps ouvert* qu'il faut appliquer ou afficher* ce que l'on colle (carrelage, revêtement, moquette).

OUVERTURE n.f.
Peut désigner toute baie, tout orifice ou passage traversant de part en part une paroi de maçonnerie extérieure.

- L'***ouverture d'un chantier*** est le démarrage de la première phase des travaux (terrassements, fouilles...).

- L'***ouverture d'un circuit*** électrique est le fait d'interrompre le passage du courant dans ce circuit.

- L'***ouverture d'une lampe*** électrique est l'angle de son faisceau correspondant à 50% au moins de son intensité lumineuse maximale (mesurée dans l'axe du faisceau) ; on distingue les ***ouvertures intensives*** (*spot lights*, angles inférieurs à 20°) et les ***ouvertures extensives*** (*flood lights*, angles supérieurs à 20°).

- L'***ouverture d'une fissure*** est l'opération qui consiste à l'élargir en V avant de la colmater.

OUVRABILITÉ n.f.
Aptitude d'un béton ou d'un mortier à être mis en oeuvre avec plus ou moins de facilité ; l'ouvrabilité, liée au comportement plastique et à la rhéologie du matériau malaxé, dépend du mode d'utilisation prévu : coulage par gravité, projection, enduction...
On l'évalue en laboratoire avec les mesures d'étalement (sur table à secousse, plasticimètre) et d'affaissement (cône d'Abrams).
Syn.: *maniabilité, workabilité.*

OUVRAGE n.m.
De façon générale, mise en oeuvre de matériaux sur un chantier, travaux exécutés sur ces matériaux (par ex. ciselage, ponçage), et résultat concret des travaux.

La distinction juridique entre ***gros ouvrages*** et ***menus ouvrages*** a été abandonnée en 1978, dans le cadre de la nouvelle loi sur l'assurance-construction.

Les ***ouvrages légers*** désignaient autrefois les travaux en plâtre (plafonds, cloisons, scellements...).

Un ***ouvrage d'interposition*** est un ouvrage tel qu'une chape mince (minichape de mortier de ciment adjuvanté ou de mortier spécial), ou encore un ragréage épais.

OUVRAGER v.tr.
Exécuter des travaux à caractère artistique sur un ouvrage quelconque, surtout en sculpture, en ferronnerie ou en serrurerie d'art.

OUVRANT adj. et n.m.
Qualifie la partie mobile d'un châssis de croisée (syn. *vantail**), d'un bloc-porte, d'une trappe.

OUVRÉ adj.
1/ Qui correspond à un travail : les horaires et temps de travail sont souvent exprimés en *heures ouvrées* et *jours ouvrés.*

2/ Le ***bois ouvré*** est le bois avivé* ou équarri*, prêt à être utilisé en charpente ou en menuiserie.

3/ Parfois syn. d'*ouvragé**.

OUVRER v.tr.
Débiter et façonner le bois pour le rendre utilisable comme bois d'oeuvre.

OUVREUR n.m.
Dispositif d'ouverture de portes à distance, par un électroaimant qui agit sur le pène d'une serrure.

OUVRIER n.m.
Celui qui met en oeuvre les matériaux ; par extension, l'ouvrier est aussi celui qui assure leur manutention, leur levage, leur préparation sur chantier, etc.

-***Ouvrier qualifié*** : ouvrier titulaire d'un C.A.P. (certificat d'aptitude professionnelle) pour l'exercice d'un métier. Sur chantier, il est souvent appelé *compagnon**.

-***Ouvrier spécialisé*** (**O.S.**) : ouvrier sans spécialité (contrairement à ce qu'indique l'appellation) ; il est affecté aux tâches les plus diverses, souvent comme aide* d'un ou plusieurs compagnons.

OUVRIR v.tr.
En électricité, ouvrir un circuit, c'est interrompre le passage du courant en agissant sur un dispositif d'ouverture (interrupteur, disjoncteur...).

OVALE n.m. et adj.
Courbe fermée (différente de l'ellipse*) ; l'ovale est constitué par la réunion de quatre arcs de cercle.
On le construit en traçant deux cercles sécants de centres O et O' tels que chacun passe par le centre de l'autre ; les deux autres arcs de cercle, centrés sur les intersections des deux premiers, ont pour rayon les diamètres de ceux-ci (V.ill).

OVALISER v.tr.
Rendre ovale une courbe, par ex. le profil d'un arc*.

OVALISATION n.m.
Défaut de rotondité d'un tuyau dû à son cintrage. L'ovalisation réduit la section intérieure libre du tuyau, et peut donc freiner le passage des liquides (d'où perte de charge*).

OVE n.m.
Courbe fermée, dont le contour rappelle celui d'un oeuf de poule.
Le tracé de l'ove est composé de quatre arcs de cercle : les extrémités C et D du diamètre d'un demi-cercle de centre A sont les centres de deux arcs ayant pour rayon ce diamètre, reliés par un autre arc qui a pour centre le sommet B du triangle rectangle isocèle de base CD, les prolongements des segments CB et DR déterminant les points de jonction E et F (V.ill).
Motif d'ornement architectural en forme d'ove.

Les ***oves*** ou ***ovicules*** (petits oves répétitifs) décorant les corniches sont souvent tronqués et alternent avec des dards* (V.ill).
Les ***oves fleuronnés*** sont des oves encadrés de motifs de feuillages.

OVERLAY ou **OVERLAYER**
n.m. (de l'anglais)
Couche transparente d'usure et de protection rapportée à la surface d'un revêtement plastique, sur le décor d'un stratifié* ou sur un bois de placage.

OVICULE n.m. Petit ove*.

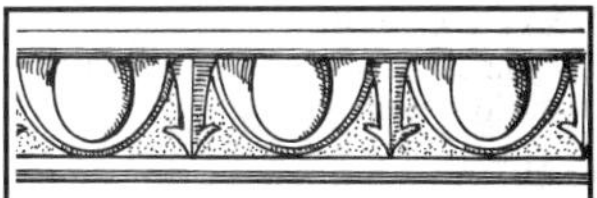

oves et **dards**

OVOÏDE adj.
Se dit d'un profil en forme d'ove*, ou d'un volume en forme d'oeuf ou de demi-oeuf (*voûte ovoïde*).
On dit aussi ***oviforme***.

OXYACÉTYLÉNIQUE adj.
Qualifie un mélange d'oxygène et d'acétylène : *chalumeau* oxyacétylénique*.

OXYCHLORURE n.m.
Chlorure métallique. Le ciment* magnésien est un oxychlorure.

OXYCOUPAGE n.m.
Mode de découpage des tôles et des métaux par oxydation à haute température.

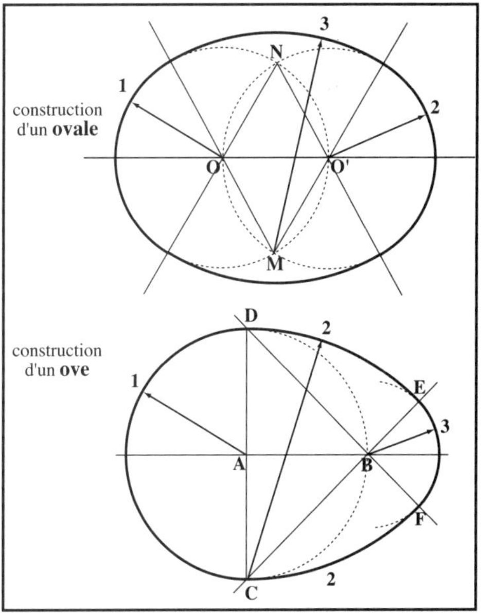

OXYCOUPEUR n.m.
Chalumeau oxyacétylénique utilisé pour l'oxycoupage.

OXYDANT adj. et n.m.
Se dit d'un corps qui oxyde ou qui favorise l'oxydation d'un autre.

OXYDATION n.f.
Action de soumettre un corps à l'action de l'oxygène.
Apport et fixation d'oxygène sur un corps, ayant pour effet de le transformer en oxyde (la réaction inverse est la *réduction* des oxydes, ou *oxydoréduction*).

OXYDE n.m.
Corps résultant de la combinaison d'un élément avec l'oxygène ; la rouille*, par exemple, est un oxyde du fer.

Presque tous les pigments* colorants utilisés aujourd'hui sont des oxydes métalliques (plus stables à la lumière que les pigments organiques*).

OXYDER v.tr.
Combiner un corps avec l'oxygène.

S'OXYDER v.pr.
Parlant d'un corps quelconque, c'est se transformer en oxyde.

OZONE n.m.
Gaz très oxydant, dont la molécule est composée de trois atomes d'oxygène (O_3) ; peu stable aux températures atmosphériques (il s'y redécompose en oxygène libre), l'ozone est présent, en faible proportion, dans l'air ambiant (surtout dans les atmosphères non polluées).
L'ozone est un destructeur efficace des matières organiques, et en particulier des micro-organismes : c'est un bactéricide puissant qui, par ailleurs, transforme l'ammoniaque en nitrate.
On l'utilise pour le traitement des eaux par ***ozonisation***, ainsi que pour le séchage artificiel des bois.
L'ozonisation de l'eau se fait à l'aide de générateurs dits ***ozoneurs***.

P

P
Symbole des pressions ou des puissances.

Pa Symbole du pascal*, unité de pression.

PAC
Abréviation de Pompe* à chaleur.

PACHOMÈTRE n.m.
Sonde portative, couplée à un oscillateur, utilisée pour la détection et le contrôle des positions exactes des armatures des bétons, et de leur distance par rapport à la surface.

PAF adj. invar.
Qualifie un grès* de dureté moyenne, qui se laisse bien tailler en pavés de bonne qualité (le grès *pif** est trop dur, le grès *pouf** trop fragile).

PAILLASSE n.f.
1/ Ouvrage en béton armé formant la paroi rampante porteuse d'une volée d'escalier monolithique.

2/ Table fixe en maçonnerie armée, ou à piétement métallique, dont la surface est revêtue d'un carrelage ou d'un revêtement étanche, pour servir de plan de travail dans les laboratoires, cuisines, locaux scolaires, magasins d'alimentation...

PAILLASSON n.m.
Natte épaisse de paille tressée que les tailleurs de pierre disposent sous les blocs équarris, pour éviter d'épaufrer* leurs arêtes pendant les manipulations sur chantier.
Le ***paillasson de cure*** est une natte disposée sur une dalle de béton frais

pour la protéger du gel ou d'une dessiccation rapide ; par extension, film plastique de même utilisation.

PAILLE n.f.
(MÉTALL.) Petit défaut caché dans un métal, en général sous forme d'une fine cavité allongée, constituant un point de faiblesse.

PAILLÉ, **PAILLEUX** adj. Se dit d'un métal comportant des pailles.

PAILLEBART n.m.
Sorte de torchis* composé d'argile et de paille hachée.

PAILLETTE n.f.
1/COUVERT.: chacune des pattes* de métal soudées sur le crochet d'une gouttière pendante, et rabattues sur le dosseret et l'ourlet* de la gouttière pour la tenir en place.

2/ÉLECTR.: petite lamelle métallique flexible qui, dans un interrupteur, sert de pièce de contact.

3/SERRUR.: lamelle formant ressort, et portant sur le chant des gorges* d'une serrure* pour les bander dans leur mouvement de rotation.

PALAN n.m.
Appareil de levage vertical des charges, par enroulement d'un câble sur un système démultiplicateur (V.ill).

Le ***palan à bras*** est composé d'un moufle* à chaîne, muni d'un système de démultiplication par engrenages.

Le ***palan à rochet*** est un treuil de traction par câble dont l'enroulement, démultiplié par un bras de levier, se fait sur un moyeu à rochet* antiretour.

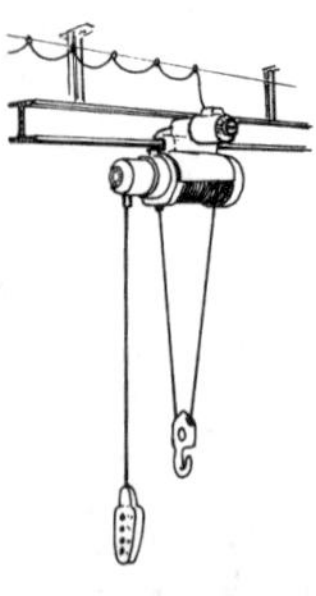

palan
électrique

PALANÇON n.m.
Pièce de bois formant armature dans un torchis*.

PALASTRE ou **PALÂTRE** n.m.
Plaque métallique qui ferme le coffre* contenant le mécanisme d'une serrure*, et qui constitue sa façade.

PALATA n.f.
Vaste local qui comporte un pilier d'appui central.

PALATIN n.m.
Bâtiment-abri à toiture à deux versants, en charpente sur poteaux, sans maçonnerie de remplissage.

PALE n.f.
Petite vanne* de fermeture d'un réservoir. Ailette d'entraînement de fluides, solidaire du rotor* d'une pompe, d'un circulateur*, d'un ventilateur*, etc.

PALÉE n.f.
Alignement de pieux ou palis* fichés dans le sol, et solidarisés par des entretoises* ou des longrines*.

PALETTE n.f.
1/DORURE : pinceau plat qu'utilisent les doreurs pour saisir les feuilles d'or et les reporter sur leur ouvrage.

2/MANUT.: socle en bois servant de support de stockage et de manutention des matériaux par chariot élévateur ou transpalette*. Unité de livraison de nombreux matériaux en sacs, ainsi que des tuiles, briques, parpaings, carreaux de plâtre...
La palette est dite ***filmée*** si les matériaux sont recouverts avec un film plastique de protection.

3/ Présentoir léger d'un assortiment d'échantillons de revêtements, de peintures, d'enduits de parement...

4/ Désigne parfois une taloche* souple d'enduiseur, ou platoir*.

PALETTISER v.tr.
Disposer, gerber* des matériaux sur une palette.

PALETTISEUR n.m.
Machine d'atelier qui effectue la mise en place automatisée des matériaux sur les palettes.

PALIER n.m.
1/ Plate-forme qui sépare, à hauteur d'étage, deux volées* d'un escalier, et qui commande l'accès aux locaux desservis (V.ill) ; une plate-forme intermédiaire qui ne comporte pas d'accès à des locaux est un *repos**.

Le ***palier de communication*** est celui

qui correspond au niveau du plancher d'un étage et dessert plusieurs locaux ou logements.

2/ Pièce fixe qui porte ou guide l'arbre ou l'axe de rotation d'une machine tournante.

PALIÈRE adj.f.
La ***marche palière*** est la dernière marche d'une volée d'escalier, de plain-pied avec un palier.

Une ***porte palière*** ouvre sur un palier.

La ***poutre palière*** est celle qui porte le bord du palier en surplomb, et la marche palière.

PALIFIER v.tr.
Conforter la résistance d'un sol avec des pilotis* ou des palées* de pieux avant d'y édifier une construction.

PALIS n.m.
Chacun des pieux* ou piquets de forte section enfoncés dans le sol côte à côte pour composer une clôture, une palissade, une palée*.

PALISSADE n.f.
Clôture formée par la juxtaposition de pieux (*palis*) ou de planches jointives. Par extension, désigne divers types de clôtures en éléments rapportés sur ou entre des poteaux.

PALISSADER v.tr.
Élever une palissade, par exemple autour d'un chantier.

PALLADIENNE (baie —) adj.
(du nom de l'architecte italien Palladio). Baie à imposte* cintrée, flanquée de deux baies à linteau en plate-bande*. Syn. *serlienne**.

PALMER n.m.
Appareil à vis micrométrique utilisé pour la mesure précise de faibles épaisseurs (feuilles, tôles, plaques, etc.). Après serrage, effectué sans écraser la pièce à mesurer, les millimètres sont lus sur le manchon, puis les dixièmes et centièmes de millimètres sur la partie conique de la douille.

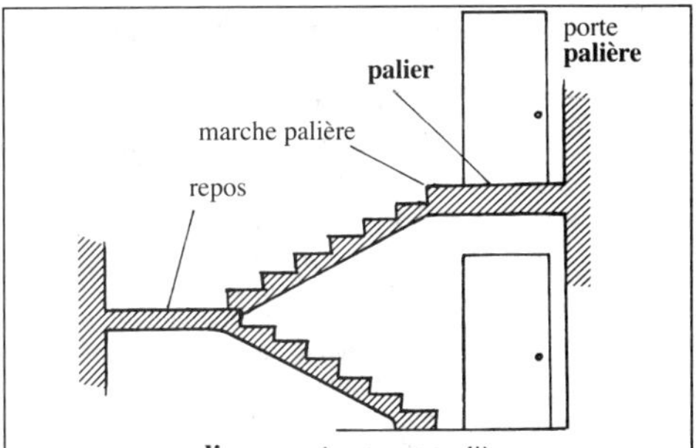

palier : marche et porte palières

palmettes (décor)

PALMETTE n.f.(en général au pl.)
Ornement répétitif ou isolé dont le motif rappelle plus ou moins des palmes végétales.

PALMIFORME adj.
En forme de palme ou de palmier.

PALONNIER n.m.
1/ Dispositif de répartition horizontale de l'arrimage des élingues d'une charge de grande dimension.

2/ Appareil portatif à ventouses, qui sert à saisir et déplacer des panneaux

palonnier

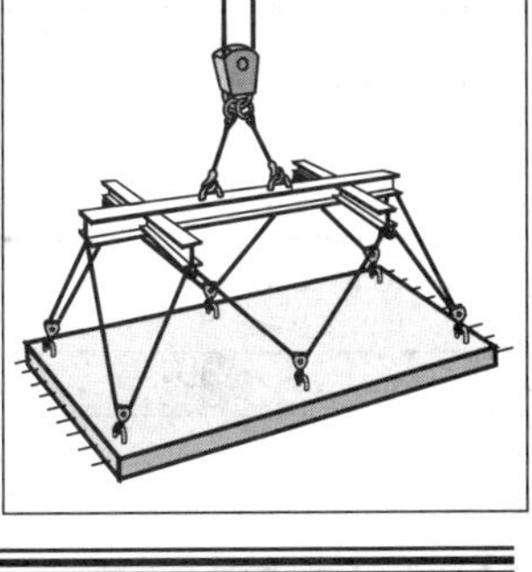

lisses, tôles ou glaces de miroiterie de grandes dimensions.

PALOTTE n.f.
Qualité de pierre de taille calcaire presque blanche.

PALPLANCHE n.f.
(TRAV.PUBL.) Long panneau profilé, foncé* dans le sol par battage* avec un mouton*, et associé à ses voisins soit directement par emboîtement latéral d'un profilage adapté, soit entre des pieux moulurés spéciaux.
Une paroi en palplanches sert à constituer un batardeau* ou un ouvrage de retenue des eaux, par exemple pour pouvoir effectuer un barrage de protection contre les eaux, ou pour réaliser des fouilles dans un terrain aquifère*.
Autrefois en bois, les palplanches sont maintenant soit des éléments préfabriqués en béton, soit, plus souvent, des profilés métalliques spéciaux qui peuvent être :
- à âme en U, en Z, ou en I,
- à âme rectiligne,
- tubulaires, associant deux rangs parallèles de palplanches.

palplanches

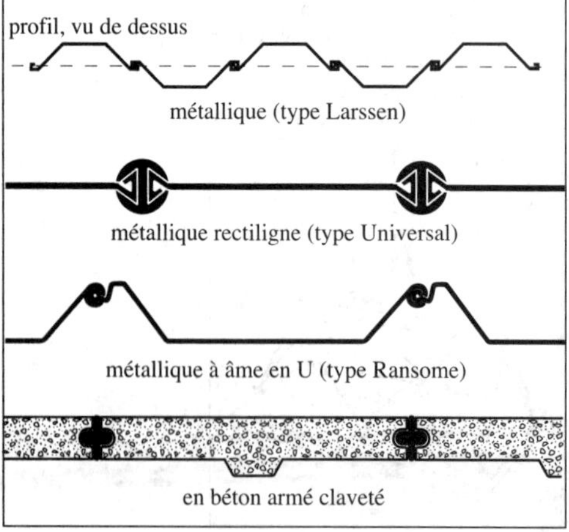

Pour certains ouvrages, les palplanches sont battues sur deux rangs parallèles, entre lesquels on coule une paroi de béton.
V. détails dans le DICO-TP.

PAMPRE n.m.
Festons* de rameaux de vigne, qui ornent les colonnes torses*.

PAN n.m.
1/ Chacune des faces d'une brique ou d'une pierre.

2/ Surface plane formée par un mur, une paroi, un versant de toiture, etc.
-***Pan de bois*** : ensemble des pièces de charpente formant l'ossature à claire-voie d'un mur porteur ; selon les régions, les vides entre ces pièces font l'objet d'un remplissage en brique, tuileaux*, petits moellons, terre glaise, torchis, etc., ou, en rénovation, de matériaux isolants tels que le béton cellulaire ou des mortiers* allégés et leur enduit de parement.
Par extension, le pan de bois désigne l'ensemble d'une paroi ainsi constituée (ossature et remplissage).
Le tableau ci-contre donne les noms usuels des pièces qui composent les pans de bois.

La *maison à ossature bois* (**MOB**, V. au mot Maison) est la variante allégée, à composants plus ou moins industrialisés, de la construction en pans de bois.

NB 1- Le *colombage** désigne la technique de charpente associant plusieurs pans de bois dont les ossatures restent apparentes.

NB 2- Du fait des risques d'incendie, la construction en pans de bois a été limitée dès le 16e siècle (1560), et interdite en bordure de voie publique (1667, puis 1791) ; obligation fut faite à cette date d'enduire toutes les constructions urbaines existantes.

-***Pan de fer***, ***pan de béton*** : par analogie avec le pan de bois, ce sont les systèmes constructifs et les murs à ossature en profilés de charpente métallique assemblés par équerres, ou en poutres et poteaux de béton entre

vocabulaire des constructions en PANS DE BOIS

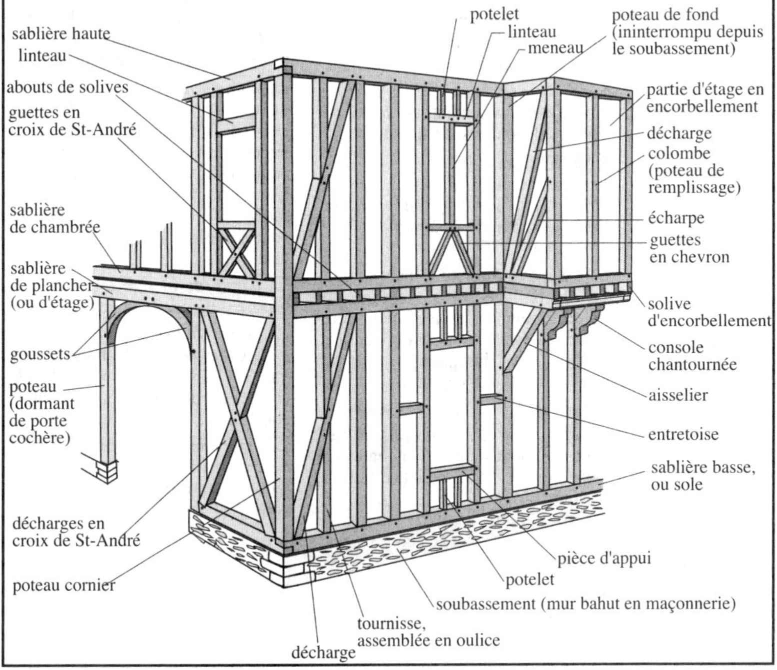

lesquels est fait un remplissage de maçonnerie.

-***Pan de comble*** : versant plan d'un comble ; chaque versant d'un comble mansardé* comporte deux pans distincts.

-***Pan coupé*** : surface plane intermédiaire ou abattue* entre deux autres, en particulier dans l'angle formé par deux murs (V.ill).

pans coupés (P) de façade et de toit

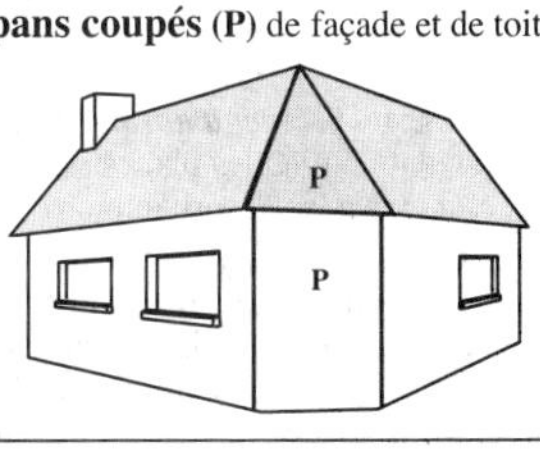

-Une trompe* ***sur-le-pan*** forme un pan coupé sous un ouvrage circulaire (tourelle, échauguette*) ; la trompe est ***sous-le-pan*** si le mur circulaire qu'elle porte est en encoignure*.

Une construction hors oeuvre* est dite ***sur le pan*** si elle est accotée*, adossée* ou engagée* contre ou dans une paroi d'un bâtiment principal : *escalier sur le pan.*

-***Long pan*** : chacun des versants les plus longs d'un comble, au-dessus des murs gouttereaux*.

PANACHE n.m.

1/ Surface concave d'allure triangulaire délimitée par chaque portion de

la base d'une coupole et par les deux demi-arcs sous-jacents.
Syn.: *fourche*, *pendentif**.

2/ Ornement en forme de plumage d'autruche présent sur certains chapiteaux* de l'ordre* composite.

3/ SERRUR.: ornement en forme de feuilles découpées sur une platine*.

PANIER n.m.
1/ARCHIT.: motif d'ornement, fréquent surtout au 18e s., figurant une corbeille élancée d'où sortent fruits et feuillages.

2/ Récipient amovible disposé dans un siphon* de sol, un décanteur*, ou une boîte* à graisse, pour retenir les matières obstruantes (feuilles, déchets...) ou les graisses, que l'on élimine ainsi facilement.

-***En anse de panier*** : V. Anse, Arcs.

-***Plâtre au panier*** : autrefois, plâtre* grossièrement tamisé dans un crible rond dont le fond était un treillage d'osier.
Moins fin que le *plâtre au sas*, il servait surtout pour les crépissages* courants.

PANNE n.f.
1/CHARP.: pièce horizontale d'une charpente de comble, autrefois nommée *filière*. Elle sert de support aux chevrons*, ou aux panneaux rigides de couverture.

La ***panne sablière**** désigne celle qui couronne le mur gouttereau* à la base du comble.

panne (P)

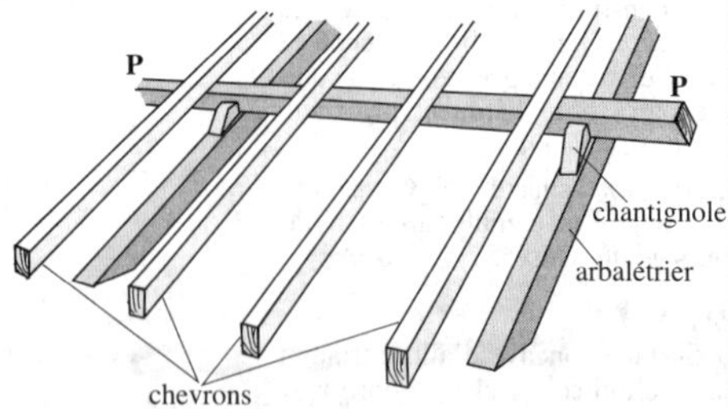

La ou les ***pannes intermédiaires*** sont clouées sur les arbalétriers* et calées par des chantignoles* (V.ill) ; si elles sont en métal, elles sont assemblées aux arbalétriers par des équerres.

La ***panne faîtière**** est celle qui porte l'extrémité supérieure des chevrons ; en général, sa face supérieure est délardée* suivant le plan des versants pour améliorer l'appui des chevrons. L'espacement usuel entre les pannes est de 2 à 3 mètres ; il est plus réduit pour des toits à faible pente à couverture lourde (lauzes*, tuiles* canal).

La ***panne de brisis**** est celle de la brisure d'un comble mansardé*.

La ***panne à lierne**** est une panne cintrée et entaillée à mi-bois pour être fixée sur l'arbalétrier (surtout dans les charpentes de dômes ou de combles coniques).

Le ***cours de pannes*** est l'ensemble des pannes disposées à la même hauteur sur les différents versants d'un comble.

2/COUVERT.: une panne désigne une tuile céramique à double courbure, ou parfois une tuile de verre de même forme (V.ill. au mot Tuile).

3/OUTILL.: extrémité amincie d'une tête de marteau* ; elle peut être aplatie, biseautée, tranchante, dentelée, ou évidée en arrache-clous*.

PANNEAU n.m.
De façon générale, matériau plan et relativement mince, d'épaisseur uniforme, et de superficie supérieure à celle des *dalles* ou des *carreaux*.

Généralement rectangulaire, un panneau est rigide ou semi-rigide, par opp. aux *feuilles* (tôles, contre-plaqués, stratifiés).

1/ACOUST.: un ***panneau absorbant*** est un élément en plaques planes ou perforées à caractère absorbant.

2/CARR.-MARBR.: ensemble de carreaux ou de dalles délimité par un encadrement quelconque ; feuille d'éléments de mosaïque, de grès-cérame, de plaquettes de marbre... préassemblés sur papier (face du parement) ou sur filet (face pose) à noyer dans la colle.

3/CHAUFF.: le ***panneau rayonnant*** désigne divers dispositifs de diffusion de chaleur par le rayonnement d'une large surface émettrice, telle qu'une plaque de tôle métallique, chauffée soit par une résistance électrique, soit par des tubulures dans lesquelles circule un fluide chaud. Contrairement aux panneaux radiants, ces panneaux ont un rayonnement invisible, par émission de rayons infrarouges.

Les ***panneaux radiants*** sont des corps de chauffe par rayonnement dont l'élément chauffant, réseau de résistances électriques ou rampes de combustion à gaz, est au contact direct de l'atmosphère.

4/COUVERT.: les supports plans de matériaux de couverture, dits ***panneaux de sous-toiture***, sont de plus en plus utilisés : ce sont des panneaux rigides de particules de bois (qualité CTBH) ou de bois latté* ou contre-plaqué* (qualité CTBX), ou des feuilles métalliques ondulées, en général associées à des isolants thermiques en mousses rigides.
Consulter les Avis* Techniques de ces panneaux.

5/MAÇONN.: ***panneau*** peut désigner :
- un gabarit* flexible ou patron* en tôle ou en carton, utilisés par le tailleur de pierre.
- chacune des faces d'une pierre de taille, mais surtout son parement*. Les faces d'une pierre constituant un voussoir* d'arc* ou de voûte sont les ***panneaux de douelle*** (faces incurvées, surtout celle de l'intrados*), les ***panneaux de joints*** (faces latérales), les ***panneaux de lit*** (faces d'assise non parallèles) ; le ***panneau de tête*** est le parement vertical apparent.
- toute surface d'enduit uniforme et homogène, délimitée par des joints ou des moulures.
- la surface de remplissage en matériaux hourdis* de chacun des vides formés par une ossature* en béton, en pan* de bois, en pan* de fer.
- une grande plaque ou paroi d'habillage de façade en matériau préfabriqué lourd (béton), semi-lourd (béton cellulaire, béton d'argile expansée, briques creuses de grand format), ou léger (panneau isolant, fibragglo, fibres-ciment, etc.).

Les ***panneaux de façade*** sont soit insérés sur leurs quatre côtés entre les ossatures, laissant apparents les poteaux et abouts de planchers, soit rapportés en bandes horizontales entre les rives de planchers ; s'ils recouvrent ces dernières, les panneaux sont dits *murs*-rideaux.*
V. le *DTU (Murs extérieurs en panneaux préfabriqués).*

Le ***panneau-sandwich*** est un élément non porteur de paroi extérieure (*mur-rideau** ou panneau de façade de hauteur d'étage) composé d'une âme, en général une mousse isolante rigide, prise entre deux parements (tôle laquée plane ou nervurée, plaque de fibres-ciment, etc.), avec système d'emboîtement ou de jonction latérale.

Les ***panneaux de vêture**** sont des panneaux de façade de conception analogue, mais de petite dimension, juxtaposables par emboîtement, et destinés à composer des revêtements* extérieurs à isolation thermique intégrée (V. Vêture).

Les ***panneaux composites*** peuvent désigner aussi les *complexes* isolants* pour cloisons* et doublages* à parement(s) de plaques de plâtre.

6/MENUIS.: élément plan d'épaisseur relativement faible par rapport à ses dimensions : panneau de porte, panneau latté... Ensemble de planches ou de lattes* bouvetées, assemblées à rainure et languette.

Le ***panneau à glace*** est plan, toute son épaisseur étant embrevée dans la rainure de son cadre.

Le ***panneau à plate-bande élégie*** a une table* saillante cernée d'une plate-bande* partiellement embrevée dans un cadre.

Le ***panneau flotté*** a ses bords recouverts par des moulures poussées sur le bâti d'encadrement.

Le ***panneau d'épaisseur***, ou ***panneau arasé*** *deux faces*, est celui qui affleure son bâti d'assemblage ou son encadrement.

Le ***panneau recouvert*** est celui dont la table est en saillie sur le plan de son bâti ou de son encadrement.

La ***porte à panneaux*** (V.ill. au mot Porte) désigne une porte comportant plusieurs panneaux assemblés dits *d'appui*, *de frise*, et *de hauteur*, embrevés dans un cadre de montants et de traverses.

Les ***panneaux de particules*** désignent les panneaux en fibres de bois ***agglomérées*** à chaud par un liant thermodurcissable (surtout résine urée-formol) et pressées en feuilles dont les épaisseurs les plus courantes sont de 5, 8, 12, 15, 19 et 25 mm ; les panneaux de particules plus épais, pour portes et cloisons, sont en général extrudés*, avec ou sans évidements tubulaires.
Voir aussi Medium, OSB.
Seuls les panneaux bénéficiant d'un classement ***CTBH*** (classement du Centre Technique du Bois) peuvent supporter des conditions d'exposition à l'humidité et aux intempéries. Des panneaux de particules sont proposés avec un revêtement mélaminé* ou lamifié*, avec des parements en placage de bois déroulé, avec un traitement de résistance au feu, etc.
De plus en plus, les ouvrages d'ameublement, d'agencement et de décoration sont réalisés avec des panneaux à parements revêtus de surfaces lamifiées ou traitées avec des résines* thermodurcissables. Ce sont en particulier :

- les ***panneaux mélaminés***, panneaux minces de particules agglomérées revêtus, sur une ou deux faces, d'un parement composé d'une couche lisse ou gaufrée de *mélamine* qui leur confère leurs caractéristiques de facilité d'entretien et de résistance à l'humidité, aux agents chimiques et à la chaleur.

- les ***panneaux décoratifs*** désignent de façon générique tous les panneaux préfabriqués qui présentent, au moins sur une face, un parement traité dont l'aspect fait l'objet d'une recherche esthétique particulière : aspects des bois naturels, du liège, du marbre, de surfaces à couleurs moirées, etc. On les utilise surtout en habillage de murs et cloisons, et en plafonnage.

7/SERRUR.-FERRONN.: ensemble homogène d'ouvrages de défense ou d'ornement d'un balcon, d'une rampe ou d'une baie, compris entre deux montants consécutifs.

8/VITR.: assemblage homogène de plaquettes de verre réunies par des languettes de plomb (*panneau de vitrail*) ; surface vitrée composée de plusieurs vitres assemblées dans un même châssis : *panneau de verrière*.

9/DIVERS : le ***panneau de chantier*** est le panneau qui, pendant toute la durée d'un chantier de construction ou d'aménagements extérieurs, doit

panneau ou **panonceau** de chantier
(panonceau standard de petit chantier)

indiquer au public la nature des travaux projetés ou en cours, et les informations légales (numéro du permis de construire, bénéficiaire, surface et hauteur bâtie, lieu où le dossier peut être consulté, etc.).
Pour les chantiers importants, les mentions sont plus nombreuses : outre le nom du maître d'ouvrage, le panneau indique ceux des maîtres d'oeuvre, bureaux d'ingénierie, de coordination, de contrôle, et la liste des entreprises des différents lots.

PANNEAUTAGE n.m.
Revêtement composé de panneaux. Ensemble des panneaux d'un ouvrage. Mise en place d'un ensemble de panneaux, ou découpage d'une surface en panneaux.

PANNERESSE n.f.
Brique, moellon* ou pierre de taille dont la face intermédiaire entre la plus grande et la plus petite constitue le parement, par opp. au *carreau**, dont la plus grande face est disposée en parement, et à la *boutisse**, dont la petite face forme parement (V.ill).

PANNETON n.m.
1/MENUIS.: petit ergot mobile d'accrochage des volets intérieurs, autrefois fixé sur les espagnolettes* ou les crémones* des fenêtres.
2/SERRUR.: partie d'une clef à tige qui pénètre dans la serrure* pour faire fonctionner les mécanismes de mouvement du pêne (V.ill).

panneresse (P)

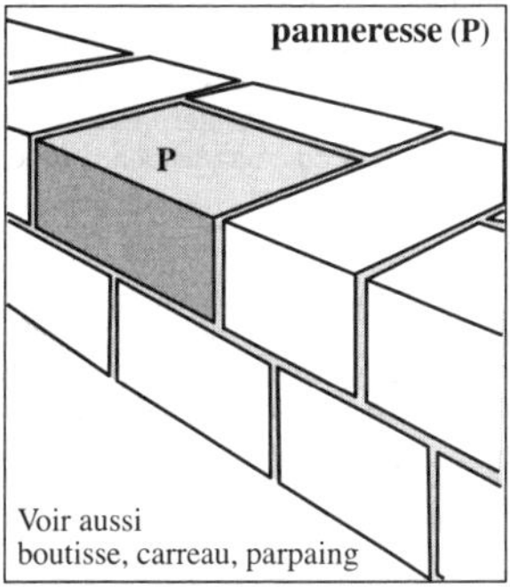

Voir aussi
boutisse, carreau, parpaing

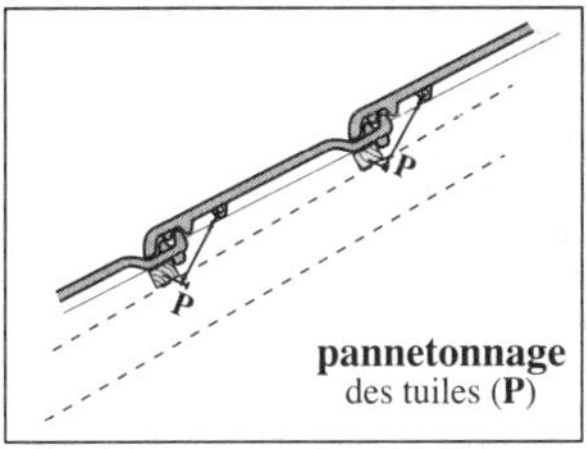

pannetonnage
des tuiles (**P**)

3/VITR.: petit tenon carré saillant sur la barlotière* d'un vitrail*; il est percé d'un trou (oeil) dans lequel on enfonce une clavette qui maintient les panneaux vitrés.

PANNETONNAGE n.m.
Fixation des tuiles mécaniques par le dessous, à l'aide de fil de métal galvanisé (V.ill).
Cette technique est utilisée surtout pour des versants de toits exposés à des vents violents.

PANONCEAU n.m.
1/ Petit panneau.
2/ Plaque d'une girouette*, sur laquelle agit le vent pour la faire pivoter ; elle est souvent ajourée ou chantournée en motifs d'ornement.

PANSE n.f.
Partie saillante renflée d'un balustre*, d'une cloche*, d'un vase, etc.

PANTOGRAPHE n.m.
Appareil à bras articulés qui permet de reproduire un dessin à une échelle différente, par homothétie*.

PANTOMÈTRE n.m.
Instrument de mesure des angles dans les levés* de plans de terrains.

PAPIER n.m.
-***Papier anglais*** : papier spécial, sulfurisé, que l'on interpose entre un ouvrage de plâtre et un matériau de couverture métallique.
-***Papier d'apprêt****: papier appliqué sur un support pour constituer un subjectile* de porosité homogène et une couleur de fond uniforme, avant de peindre ou de tapisser.

panneton
de clef (**P**)

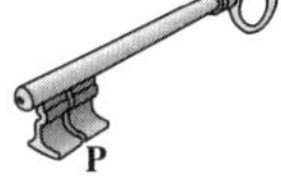

-***Papier peint***, ou ***papier de tenture*** : revêtement de murs ou de plafonds en lés*, présenté en général en rouleaux de 10,5 mètres de long, pour 45 ou 53 cm de large.
On distingue les *papiers courants*, et les *papiers vinyliques* ou *plastifiés*, qui peuvent être *épongeables*, *lavables* (à l'eau savonneuse) ou *lessivables* (supportant les détergents). Les papiers courants peuvent aussi recevoir une application en oeuvre de produit lavabilisateur*. Les *papiers* ***à décor*** sont extrêmement divers : ils peuvent être calandrés, gaufrés, rainés, métallisés, recouverts de paille (*rabane*), de lamelles de bambou, de cuir, de liège, de bois déroulé...

On distingue aussi les *papiers à raccord* et les papiers *sans raccord*, les papiers *à encoller* et les *papiers préencollés* (papiers qu'il suffit de tremper quelques instants avant leur affichage), les papiers *strippables* (faciles à décoller sans endommager le support, car leur sous-couche reste en place).
V. aussi au mot Revêtement.

-***Papier pH*** : papier spécialement traité, en fines bandes ; on l'appose sur le support humide pour déterminer ou contrôler l'acidité ou la basicité du matériau (V. pH ou Alcalimétrie), en observant la coloration que prend le papier pH.

PAPILLON n.m.
Écrou* muni de deux ailettes, dont le serrage manuel est aisé.

PARA n.m.
Matière résultant de la coagulation du latex* de l'hévéa.

PARABOLE n.f.
Courbe mathématique : c'est le lieu des points M situés à égale distance d'un point fixe F, dit *foyer*, et d'une droite D, dite *directrice*.

PARABOLIQUE adj. et n.m.
Qui a le profil d'une parabole, ou la forme d'un ***paraboloïde***, surface de révolution décrite par une section de parabole autour de son axe.
Cette forme est utilisée pour ses propriétés de réflexion : tous les rayons incidents parallèles à son axe sont réfléchis vers le foyer (réflecteur de four solaire, antenne parabolique) ; inversement, les rayons émis par le foyer (luminaires et projecteurs, radiateur parabolique), sont réfléchis en un faisceau de rayons parallèles.

PARABOLOÏDE-HYPERBOLIQUE
n.m. Surface à double courbure ; ce type de surface concerne certaines couvertures modernes à structures tendues, dont les sections ou les génératrices sont des combinaisons de paraboles (ou de chaînettes*) et d'hyperboles*.

PARACHÈVEMENT n.m.
Souvent syn. de *finition soignée* donnée à un ouvrage quelconque.

PARACHUTE n.m.
Dispositif de sécurité des ascenseurs et monte-charges, consistant en un frein qui bloque automatiquement la cabine sur ses guides latéraux en cas de rupture du câble porteur.
Sur chaque patin, un coin de serrage est relié par un câble secondaire à un enroulement qui se bloque par écartement de masselottes dès que sa rotation est trop rapide.

PARAFOUDRE n.m.
Dispositif de protection des installations électriques et du réseau de distribution du courant contre les fortes surtensions d'origine atmosphérique.
Il consiste en une résistance semi-conductrice, qui est interposée entre le conducteur du courant et une borne de terre. V. la *norme*.

PARAFOUILLE n.m. et adj.
Paroi de béton ou de palplanches enterrée ou semi-enterrée, dont la fonction consiste à protéger une construction contre les affouillements* de l'eau.

PARAGE n.m.
Aplanissage et polissage d'une surface de métal.

Finition et polissage d'un ouvrage de menuiserie, ou d'une pièce de charpente apparente.

PARAISON n.f.
Aplanissage du verre en fusion sur une table métallique dite *marbre*.

PARALLÈLE
1/ n.f. et adj.
Qualifie une droite, une courbe ou un plan dont toutes les normales communes avec celles d'une autre droite, d'une autre courbe ou d'un autre plan sont des segments de même longueur.

-***Montage en parallèle*** : montage électrique de plusieurs éléments (résistances, transformateurs...), tel que leurs bornes de même signe soient réunies entre elles.

2/ n.m.
Cercle qui correspond à la section d'une surface de révolution (sphère, cône...) dans un plan perpendiculaire à l'axe de révolution.

PARALLÉLÉPIPÈDE n.m.
Volume dont chaque face est un parallélogramme ; le parallélépipède est dit *rectangle* si toutes ses faces sont rectangulaires.

PARALLÉLÉPIPÉDIQUE adj.
Qui a la forme d'un parallélépipède.

PARALLÉLOGRAMME n.m.
Quadrilatère* dont les côtés opposés sont parallèles et égaux ; le carré, le rectangle et le losange sont des parallélogrammes particuliers.

PARALUME n.m.
Ensemble de lames opaques disposées sous un plafond, soit parallèlement, soit en réseau entrecroisé, sous les sources lumineuses, pour masquer celles-ci à la vue diagonale directe et éviter l'éblouissement (V.ill).

PARAMÈTRE n.m.
Dans une équation ou une expression mathématique, nombre ou facteur qui peut varier à volonté.

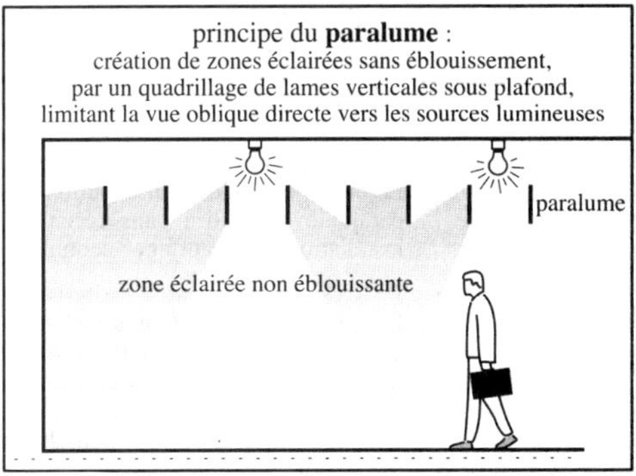

PARANGON n.m.
Modèle parfait, réalisation exemplaire d'un ouvrage.

PARAPET n.m.
Muret à hauteur d'appui, en général non ajouré, servant de protection contre les chutes.

PARAPLUIE n.m.
1/COUVERT.: toiture provisoire légère installée au-dessus d'un chantier d'entretien ou de surélévation d'un bâtiment ; bâchage de protection provisoire d'une toiture découverte.

2/PLOMB.: dans un bâtiment, la ***distribution en parapluie*** de l'eau courante

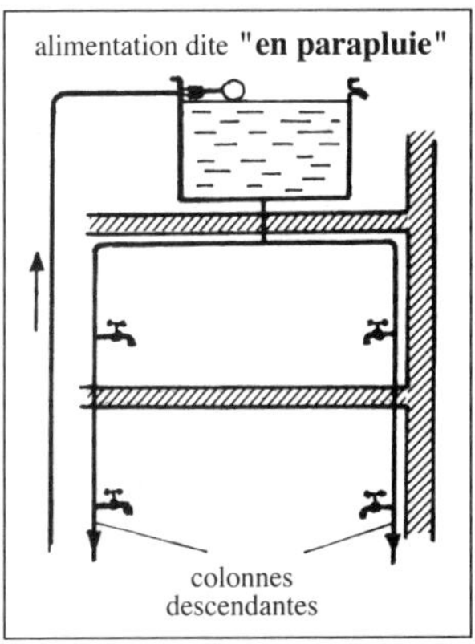

désigne celle dont la ceinture* principale se trouve à l'étage supérieur, par opp. à la *distribution en chandelle**; ce type d'installation est surtout fréquent pour les alimentations par pompe avec réservoir haut (V.ill).
Le même principe de distribution en parapluie est utilisé dans certaines installations de chauffage* central.

PARASISMIQUE adj.
Qualifie la conception architecturale adaptée aux risques d'ébranlements par les séismes (secousses telluriques dites *tremblements de terre*).
NB- Un nouveau zonage parasismique est en préparation.

PARASTATE n.m.
Élément de construction vertical formant saillie sur le nu* d'une maçonnerie : les pilastres, les piédroits, etc., sont des parastates.

PARATONNERRE n.m.
Dispositif de protection des bâtiments contre les effets de la foudre : son rôle est de la capter pour la diriger vers la terre humide ou vers l'eau.
Le paratonnerre est un circuit hautement conducteur composé d'un élément ***capteur*** métallique à pointe de cuivre ou de platine, disposé au point culminant du bâtiment, et d'une ***descente***, conducteur de forte section capable de résister sans fusion à des décharges de très haute intensité ; la descente conduit la foudre jusqu'à des canalisations d'eau ou jusqu'au sol, où elle est dispersée par un ***perd-fluide***, pieu de métal ou ensemble de plaques ou de ramifications conductrices noyées dans la terre.
Voir la Norme.

parcloses

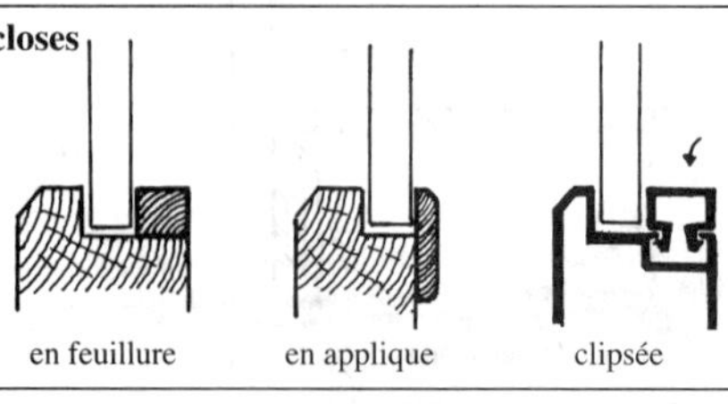

PARC (de stationnement) n.m.
dit "***parking***" Voir les principales règles de dimensionnement dans le "gros" Dicobat ou dans le Dico-TP.

PARCELLAIRE adj.
Se dit du plan de détail des parcelles de terrain d'une partie du territoire d'une commune : les ***feuilles parcellaires*** font partie du cadastre*.

PARCELLE n.f.
Terrain constituant une unité de propriété numérotée et répertoriée au cadastre* communal (une propriété peut comporter plusieurs parcelles).

PARCELLEMENT n.m.
Division d'un terrain en parcelles (aujourd'hui, on dit plutôt *morcellement*, ou *lotissement**).

PARCLOSE n.f.
1/ARCHIT.: élément de cloison qui sépare les stalles* d'un choeur*.
2/VITR.: baguette de bois ou profilé métallique ou plastique qui maintient un vitrage non mastiqué dans la feuillure de son châssis. Selon le cas, les parcloses sont clipsées, clouées ou vissées, en feuillure ou en applique.

PARE-DOUCHE n.m. invar.
Paroi plus ou moins translucide, coulissante ou pivotante, installée devant les baignoires et les douches pour éviter les projections d'eau.

PARE-FEU n.m. invar.
Paroi ou grille de protection disposée devant une cheminée à foyer ouvert, pour éviter les projections de petites braises ou brandons.

PAREFEUILLE n.m.
Traverse de liaison extérieure des banches d'un coffrage de pisé.

PARE-FLAMME (PF) n.m.et adj.
Qualifie un composant qui, soumis à des conditions d'incendie normalisées, satisfait aux critères de résistance mécanique, d'étanchéité à la flamme et d'absence d'émission de gaz inflammables.

Un élément pare-flamme diffère d'un *coupe-feu** en ce que ce dernier garantit, en plus, une protection thermique. Le classement pare-flamme d'un composant est exprimé en *degrés* qui correspondent à des durées de résistance étagées entre 15 minutes et 6 h.

PARE-GEL n.m. invar.
Désigne parfois un adjuvant antigel* et/ou antigélif*.

PAREMENT n.m.
De façon générale, face visible d'un élément quelconque.
1/COUVERT.: garnissage en mortier entre les bords externes des tuiles de rive d'une couverture.
2/MAÇONN.: face apparente d'un élément de construction, pierre, moellon, brique, plaque de plâtre, pavé...

Le ***parement brut*** est celui de la face visible d'une pierre équarrie, avant qu'elle ne soit *débrutie** puis *parementée* par un ravalement*, une ciselure* périphérique, un bossage*, un grésage*... Selon l'outil utilisé, un parement de pierre sera dit bouchardé*, éclaté*, layé*, piqué*, pointé*, brettelé*, rustiqué*, smillé*, têtué*...

Le ***parement d'appui*** est la face externe verticale d'un appui*.

Les ***enduits*de parement*** sont les revêtements en mortiers colorés de toute nature (à liants hydrauliques ou plastiques), constituant la dernière couche des enduits traditionnels : parements tyrolien, gratté, granité, etc.: V. au mot Enduit.
3/MENUIS.: face dressée* d'une pièce de bois, d'une planche, sur laquelle seront éventuellement portés des tracés de coupe et d'usinage.

PAREMENTER v.tr.
En carrière, c'est dresser la face d'une pierre qui doit constituer son parement. Un mur dressé, uni, et sans éléments saillants est parfois dit *parementé.*

PARE-MORTIER n.m. invar.
Feuille imperméable armée agrafée dans les panneaux* vides d'un pan de bois, ou sur la face externe de l'ossature d'un pan de bois à enduire (et sous un grillage d'armature) pour constituer un fond avant la projection d'un enduit. De façon générale, dispositif limitant l'espace de projection d'un mortier.

PARE-PLUIE n.m. invar.
Membrane imperméable (feutre asphalté, papier armé bitumé, polyéthylène microperforé...) disposée sous un matériau de couverture ou sous un bardage* pour conforter son étanchéité aux intempéries ; il ne doit pas faire obstacle à la diffusion de la vapeur d'eau.
Dans le cas des maisons* à ossature bois, la mise en place d'un pare-pluie en lés horizontaux à recouvrement peut faire partie de la peau* externe des façades, sous leur parement.

PARER v.tr.
1/ Égaliser, raboter, corroyer*, polir une surface.

2/ Décorer, orner un ouvrage.

PARERGON n.m.
Ouvrage hors d'oeuvre*; corps de bâtiment ou ornement rapportés *a posteriori* sur un ouvrage principal.

PARE-SOLEIL n.m. invar.
Ensemble de lames montées sur un châssis horizontal disposé en saillie sur une façade, au-dessus des baies, pour créer des zones d'ombre et réduire l'insolation des locaux.
Syn.: *brise-soleil.*

PARE-VAPEUR n.m. invar.
Feuille ou membrane étanche à la vapeur* d'eau : film de PVC, polyéthylène, polyester, papier-plomb, papier goudronné, feuille d'aluminium, etc.
Les pare-vapeur ont pour rôle d'empêcher le cheminement de la vapeur d'eau à travers les parois.
Dans une isolation* thermique, il importe de toujours disposer les écrans pare-vapeur du côté chaud de l'isolant, c'est-à-dire vers l'intérieur des locaux, pour éviter le risque

de condensation de la vapeur dans l'épaisseur de l'isolant.

PARGUE n.f.
Pièce de banche* servant à assurer la liaison et la continuité entre deux banches de coffrage.

PARIÉTODYNAMIQUE adj.
Qualifie une technique consistant à utiliser l'espace compris entre deux parois externes d'un local chauffé, pour récupérer une partie de l'énergie calorifique dissipée, et la réintroduire dans le local. Par ex., cette récupération se fera au moyen d'un flux d'air circulant dans la double paroi avant d'être dirigé vers l'intérieur du local.

PARISIENNE (à la —) loc. adv.
En maçonnerie-plâtrerie, qualifie le mode d'application murale des enduits par enduction directe à la taloche, à la lisseuse ou au platoir, du bas vers le haut, sans mise en place préalable par un *jeté-truelle**.

PARKÉRISATION n.f.
Procédé de protection anticorrosion des métaux ferreux par phosphatation*.

PARKING n.m.
ou mieux **Parc* de stationnement**.
Voir les principales règles normalisées dans le "gros" Dicobat ou dans le Dico-TP.

PARMAIN n.m.
Pierre de taille calcaire blanche et tendre, à grain fin.

PAROI n.f.
1/ARCHIT.: de façon générale, toute surface séparative rigide entre deux milieux distincts, entre deux locaux, entre deux étages, entre l'intérieur et l'extérieur.
2/ISOLATION : l'***effet de paroi*** désigne les phénomènes d'échanges thermiques entre une paroi et l'air ambiant (par convection*), ou entre un corps quelconque et les parois avoisinantes (par rayonnement*).
Une ***paroi froide*** désigne une paroi peu ou pas isolée (voile de béton, vitrage...), dont la surface, côté intérieur, présente une température nettement plus basse que celle de l'air ambiant du local. Les parois froides favorisent la condensation de la vapeur contenue dans l'air des locaux chauffés (buée sur les vitres).
3/MAÇONN.-TRAV.PUB.: ***parois moulées***, ***berlinoises***, etc.: V. Blindage.
Caractéristiques thermiques des parois : V. Isolation.

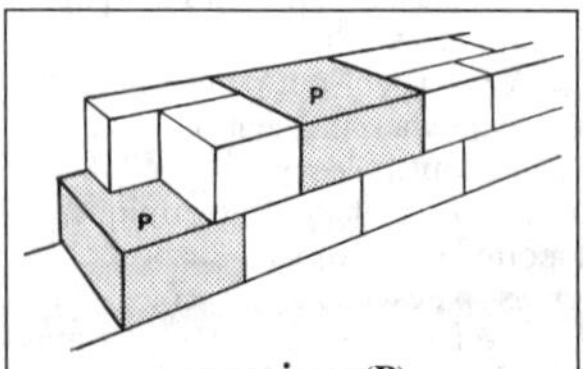

parpaings (P)

PARPAING n.m.
Tout élément de construction taillé ou moulé (pierre, moellon, brique...) qui présente un parement sur chacune des deux faces d'un mur (V.ill).
Par extension, désigne aujourd'hui le *bloc de béton de granulats*, plein ou creux, dit *aggloméré*, ou *plot* (V. les formats et variétés au mot Bloc).

PARPAING, PARPAIGNE adj.
Qualifie un élément parallélépipédique présentant un côté sur chacune des deux faces d'un mur : *pierre parpaigne*.

PARPINE n.f.
Latte de bois lardée* de clous, incorporée dans l'épaisseur d'un mur en pisé*, pour servir d'armature et le consolider.

PARPINEUR n.m.
Désigne parfois le maçon chargé du montage des murs et parois en blocs creux de béton.

PARQUET n.m.
Revêtement de sol en lames* ou en plaquettes de bois composant le parement d'un plancher (à l'origine, le *parquet* désignait un enclos fermé par une clôture en planches).

PARQUETS

parquets massifs à lames

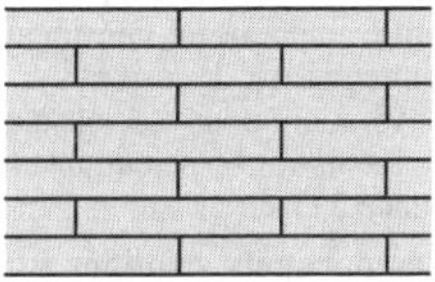

à l'anglaise, ou **à coupe de pierre**

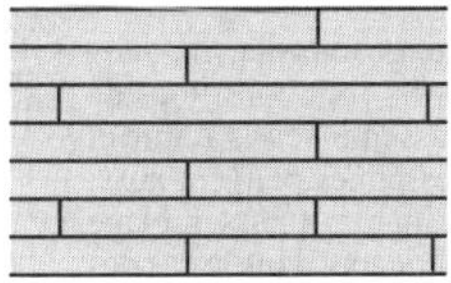

à joints perdus

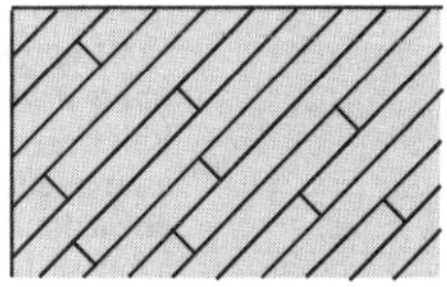

en échiquet

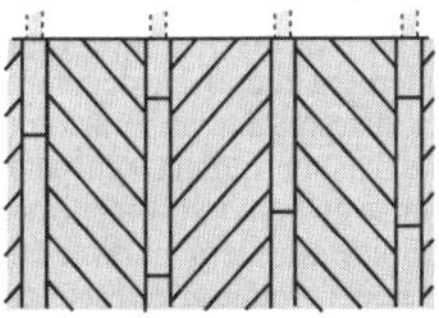

(en) fougère

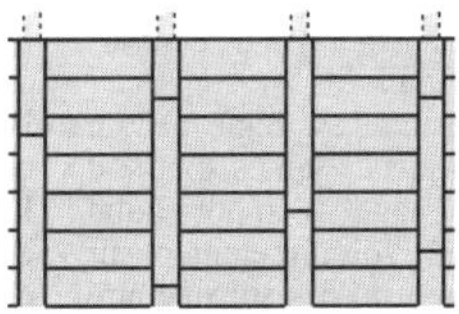

en échelle

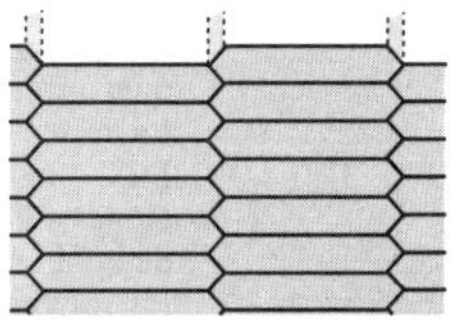

losangé, ou **à coupes d'onglets**

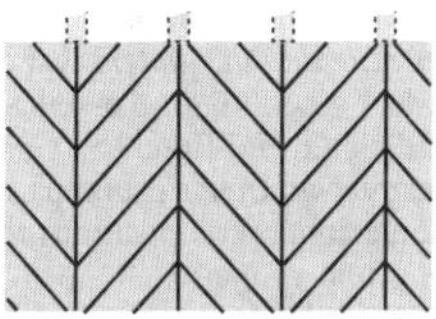

à points de Hongrie

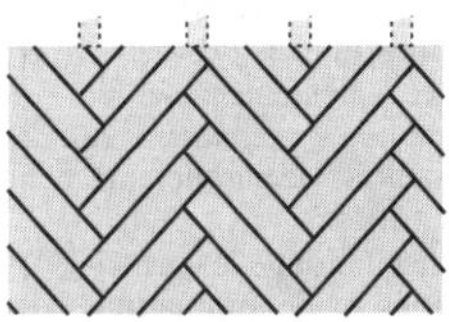

à bâtons rompus

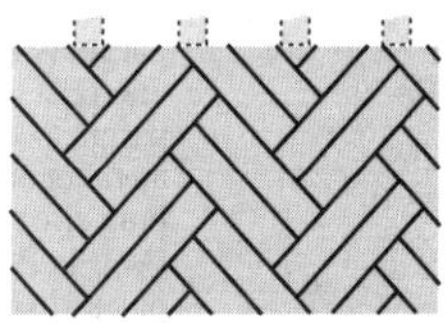

à bâtons rompus deux lames

parquets à panneaux,

dits aussi **à compartiments,** ou **d'assemblage**, ou **en feuilles**

Versailles

Chantilly

marqueterie

type **"Arenberg"**

parquets-mosaïque

en damier

vannerie

Les principaux types de parquets et leurs dispositions sont :

1/ Les parquets massifs, ou ***parquets à lames***. Ils sont constitués de longues lattes assemblées à rainure et à languette ; les lames peuvent aussi être à double rainure pour assemblage à fausse-languette, ou, dans le cas des résineux, à feuillure basse en demie queue*-d'aronde.
Les dimensions générales de ces parquets sont normalisées.
La mise en oeuvre est régie par un DTU ; les parquets à lames sont soit cloués sur un gîtage* bien horizontal de lambourdes*, soit directement sur les solives*, soit posées sur une aire de bitume.
Une norme spéciale concerne les parquets en lames minces destinés à une pose collée. Après leur pose, les parquets sont rabotés (*replanissage* au rabot ou au racloir* de parqueteur), puis cirés ou vitrifiés.
(Voir la Planche qui donne les principales dispositions et dénominations de parquets).

2/ Les parquets mosaïque.
Sous forme de panneaux carrés de 125, 250 ou 300 mm de côté ; les lamelles ont en général 25 mm de large pour 8 mm d'épaisseur (5 mm pour des bois durs) ; elles sont réunies à joints vifs par contrecollage du parement sur un papier, qui sera décollé après la pose.
Ces parquets sont posés par collage avec une colle vinylique, sur chape ou dalle en béton parfaitement ragréé* avec un enduit de lissage* adéquat. Après la pose, un ponçage général est nécessaire, suivi d'une mise en cire ou d'une vitrification.

3/ Les parquets en panneaux préfabriqués contrecollés, dits ***parquets vernis-usine***, à emboîter côte à côte pour constituer des parquets flottants, sur lit de sable, sur des panneaux de particules*, ou sur un isolant non compressible.
Ces panneaux sont fournis à parement fini, généralement vitrifié.

4/ Les parquets densifiés sont les parquets constitués de lames ayant subi un traitement de densification* par imprégnation de résines.
Ils conviennent pour des sols à usage public intensif, nécessitant une haute résistance à l'usure.

5/ Les parquets stratifiés sont en réalité assimilables à des revêtements de sols plastiques : ils sont constitués lames minces en plastique rigide, à emboîtement latéral. Un décor imitant l'apect du parquet apparaît sous la couche d'usure, qui est transparente.
Leur mise en oeuvre est facile et rapide (simple emboîtement, avec ou sans collage), et leur entretien est analogue à celui d'un sol plastique.

6/ Autres dénominations :
Un ***parquet de marqueterie*** est composé de l'assemblage d'essences de bois de tonalités différentes.
Un ***parquet-vannerie*** est un parquet-mosaïque dont la composition produit l'effet d'une vannerie.
Un ***parquet de glace*** est l'assemblage de lambris* de bois, en général marouflé*, servant de support aux miroirs pour protéger leur tain*.
Les ***parquets sans joints*** désignaient certains revêtements de sols épais à base de mélanges spéciaux ou mortiers de résines, coulés *in situ* ; le ***parquet bois-pierre*** désignait le Terrazzolith*.

PARQUETAGE n.m. ou
PARQUETTERIE n.f.
Mise en oeuvre d'un revêtement en parquet, et son résultat.

PARQUETER v.tr.
Poser un parquet.

PARQUETEUR n.m.
Entrepreneur ou ouvrier spécialiste de la pose et de la finition des parquets.

PARTI n.m.
Le ***parti architectural*** d'un édifice désigne à la fois son caractère visible prédominant et son aspect général, lié à la disposition des pleins et des vides de sa façade, à sa modénature* et à ses proportions d'ensemble.

Le ***parti acoustique*** est l'ensemble des mesures prises pour obtenir des conditions de confort acoustique satisfaisantes.

PARTIE COMMUNE n.f.
Dans un immeuble collectif, les *parties communes* désignent tous les locaux et équipements qui ne font pas partie des logements ou bureaux privatifs, caves, boxes... Ce sont les corridors, paliers, escaliers, halls d'entrée, locaux-poubelles, chaufferies, garages à vélos, aires de jeux, etc.
Leurs frais d'entretien sont généralement répartis entre les copropriétaires au prorata de la surface de leurs propriétés respectives.

PAS n.m.
1/ Distance entre les axes parallèles de deux éléments répétitifs : tôle ondulée, solives, chevrons, etc.

2/ Entaille biaise faite dans une panne sablière pour y encastrer partiellement un pied de chevron* (V.ill).

3/ Profondeur totale d'une marche* d'escalier, mesurée au niveau de la foulée*, et comprenant son giron* et son nez* (V.ill. au mot Marche).

-***Pas-d'âne*** : marche de faible hauteur à giron* très important (pour voies piétonnières en pente douce).

-***Pas-de-moineau*** : désigne parfois chacun des degrés d'un pignon* à redents* (V.ill. au mot Pignon).

-***Pas-de-porte*** : marche située dans l'embrasure d'une porte pour accéder au niveau du plancher. Le pas de porte fait saillie sur le nu d'une façade ; sinon, la marche est un *seuil**; si plusieurs marches débordent à l'extérieur, il s'agit d'un *perron**.

-***Pas de rivetage*** : en charpente métallique, espacement régulier entre deux rivets consécutifs.

-***Pas-de-souris*** : escalier extérieur raide et étroit le long d'un mur de fortifications.
Une marche* est dite *à pas de souris* lorsque son pas* insuffisant est élargi par l'inclinaison de la contremarche*.

-***Pas de vis*** : distance qui sépare les arêtes de deux filets* consécutifs d'une vis ou d'une pièce filetée* ou taraudée. Voir Filetage.

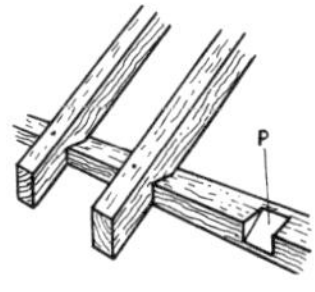

pas de sablière

PASCAL n.m. symb. **Pa**
Unité* de mesure de contrainte ou de pression.
Le pascal correspond à une pression uniforme qui, appliquée sur une surface plane de 1 m^2, exerce une force de 1 Newton.
En pratique, on utilise encore le *bar* (=10^5 Pa) ou mieux le *mégapascal* (1 MPa =10^6 Pa).

PASSAGE n.m.
Couloir étroit entre deux murs, entre deux bâtiments.
Le ***passage de tuyau***, ou le ***passage de câble*** désignent la traversée d'une paroi par une canalisation ; les tuyaux doivent être désolidarisés de la maçonnerie de la paroi traversée par des gaines* ou fourreaux* plastiques.
Par contre, le fourreau doit être étanche à l'air et aux bruits aériens.

Le ***passage d'escalier*** est un tapis fixé sur la partie médiane des marches et contremarches d'un escalier.

PASSANT adj. et n.m.
1/ARCHIT.: un élément d'allure verticale est dit *passant* (adj.) s'il coupe, en l'interrompant, le cours d'un élément horizontal : par ex. une *fenêtre passante* est celle qui coupe un bandeau ou une corniche (on dit aussi *pendant** si la coupure se fait dans la partie basse de l'ouverture ou de l'élément vertical).

2/MATÉRIAUX : dans un tamisage, les *passants* sont les granulats qui traversent le crible* ou la passoire*.

PASSE n.f.
1/ Chacune des applications successives d'un produit, en particulier d'un enduit : par exemple, un enduit monocouche* est appliqué en *deux passes* projetées successives.

2/ Travail exécuté en une seule opération par un outil : le ponçage d'un marbre est fait en plusieurs *passes* ; la ***profondeur de passe*** d'un outil de rabotage est l'épaisseur de bois enlevée à chaque passage.

3/ Une coupe de pierre ***à passe*** est une coupe dans le sens du lit*.
Opp.: *en délit, à contrepasse.*

PASSE n.m. V. Passe-partout.

PASSÉ adj.
Qualifie un bois échauffé (V.le mot Échauffement).

PASSE-BARRE n.m.
Petite ouverture en forme de chatière* cylindrique, ménagée dans une couverture en forte pente, et destinée au passage de tubes d'échafaudage des couvreurs.

PASSE-CHEVRON n.m.
Crochet métallique fixé sur un chevron et recourbé en U à l'extérieur de la couverture, pour servir de point d'arrimage aux couvreurs et à leur matériel.

PASSE-CORDE n.m.
Très petite chatière en feuille de plomb, pour le passage des cordes d'arrimage des couvreurs, de leurs échelles de toit et de leur matériel.

PASSE-PARTOUT n.m. invar.
1/ Longue scie* munie d'une poignée à chaque extrémité, maniée par deux hommes ; aujourd'hui remplacée par la tronçonneuse à chaîne.

2/ Tige métallique servant à la mise en place du béton dans un coffrage.

3/ Le *passe-partout*, ou ***passe***, est une clef capable d'ouvrir les serrures d'un même bâtiment, soit en totalité (*passe général*), soit seulement une partie déterminée (*passe de groupe*).

PASSE-PLAT n.m.
Ouverture ou guichet* pratiqué dans la cloison entre une cuisine et une salle à manger, facilitant le service de la table.

PASSERELLE n.f.
Plate-forme en surplomb, en général bordée de garde-corps, permettant de franchir un espace vide, ou un obstacle. Les grandes banches métalliques de coffrage* sont équipées de passerelles de service en partie haute.

PASSIVATION n.f.
Traitement protecteur des métaux ferreux par phosphatation* à chaud ou à froid (syn.: *parkérisation*), avant leur mise en peinture.

Les agents ***passivants*** sont en général des solutions* de phosphates acides de métaux lourds.

PASSOIRE n.f.
Petit crible* à perforations circulaires de diamètres normalisés (celles des tamis* sont carrées), servant à l'analyse granulométrique* des sables, mortiers ou divers mélanges secs.
En laboratoire, on utilise les passoires sur une table vibrante, empilées par diamètres de trous décroissants de haut en bas.

PASTILLE n.f.
Petite pièce de bois ronde ou ovale dans le rapiéçage d'un placage.

PASTILLÉ adj.
Se dit d'un revêtement de sol plastique ou caoutchouc dont la surface présente des petits reliefs, circulaires et plans.

PÂTE n.f.
Mélange d'une matière minérale en poudre ou en granulats fins avec de l'eau, malaxé et prêt à être utilisé sous forme d'enduit ou de mortier, ou prêt à cuire pour des produits céramiques, grès, porcelaine, etc.

La ***pâte pure*** désigne le mélange d'un liant hydraulique avec de l'eau, sans adjonction de charges*.

-***Pâte de verre*** : verre coloré dont les composants étaient moulés à froid avant cuisson ; la mosaïque de pâte de verre moderne est moulée à chaud en galettes rainurées de verre coloré, recassées en éléments de 2 x 2 cm.

Leur parement est contrecollé sur papier kraft en panneaux d'environ 30 x 30, pour être posés comme un grès cérame. La mosaïque de pâte de verre a constitué, dans les années 60, l'un des principaux revêtements des façades d'immeubles, et sert encore de revêtement pour piscines et murs de salles d'eau.

PÂTÉ n.m.
1/ Petit massif de pierres scellées au plâtre au pied d'un échafaudage* pour le fixer au sol ; syn.: *patin*.

2/ Moule en plâtre servant de cintre* pour la construction d'un arc* de faible portée au-dessus d'une baie.

3/ En terrassement, petite butte de terre tassée, laissée en fond de fouille comme repère de niveau.

4/ Groupe de constructions accolées constituant un ensemble isolé, en général délimité par une voie publique.

PATENÔTRES n.f. pl.
Ornement architectural composé de petites boules ou de grains ovales, alignés ou disposés en guirlandes.

PATÈRE n.f.
1/ARCHIT.: ornement en forme de disque à moulures concentriques ; on le trouve surtout sur les métopes* des frises* doriques*, entre les triglyphes* (V.ill).

2/ÉLECTR.: pièce noyée dans la maçonnerie pour servir de support à un luminaire mural ; rondelle ou plaque de bois servant de support isolant à un interrupteur ou à une prise.

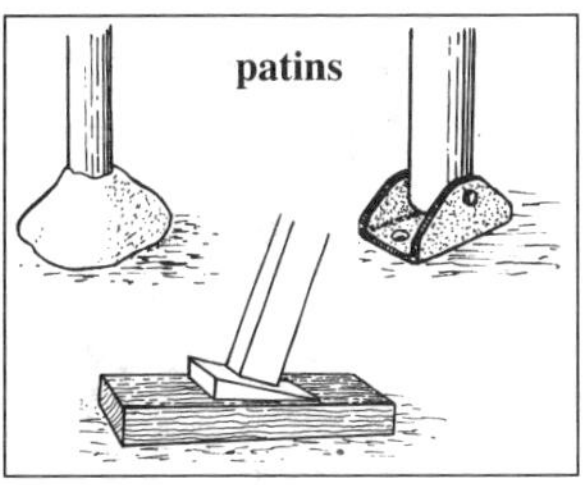

3/SERRUR.: petit disque orné ou rosace, à l'intersection de certains croisillons de ferronnerie.

PATHOLOGIE n.f.
Étude des désordres affectant un bâtiment ou un matériau en oeuvre ; une *étude pathologique* comprend :
- l'observation et l'analyse des symptômes, de leur processus de formation, ainsi que des conditions de mise en oeuvre.
- l'établissement d'un diagnostic sur les causes probables et sur les risques d'évolution du désordre,
- la recherche de remèdes ou traitements curatifs à envisager.

PATIN n.m.
1/ Plot de maçonnerie (V. aussi Pâté) ou dispositif quelconque servant d'embase de stabilisation au pied d'un échafaudage, d'un étai*, etc.

2/ Pièce de bois qui porte le limon* au départ d'une volée d'escalier.

3/ Ensemble de poutres disposées en fond de fouilles* pour répartir la charge de fondations.

PATINE n.f.
Aspect mat et plus ou moins terne dû à l'usure du temps ou aux intempéries. Une ***patine artificielle*** peut être obtenue sur certains matériaux par ***patinage***, traitement chimique ou usure. V. par exemple plombagine.

PATIO n.m.
Cour intérieure fermée d'une maison, en principe de plan carré, et souvent bordée d'une galerie.

PÂTISSERIE n.f.
Décor de staff* en bas-relief, surtout sur les plafonds et corniches.

PATRON n.m.
Outre son sens usuel, syn. de *gabarit**, *panneau**, etc., pièce découpée dans la tôle ou le carton pour servir de modèle de format ou de contours.

PATTE n.f.
Petit accessoire méplat de fixation d'un élément contre une paroi.

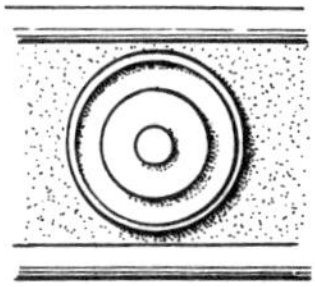

patère

1/COUVERT.: les pattes sont les organes essentiels de fixation des couvertures en feuilles ; on distingue :

- la ***patte d'agrafe***, ou ***patte à feuille***, simple plaquette de métal malléable (cuivre ou zinc), servant à maintenir en place la feuille sur laquelle on la rabat (V.ill) ; la patte peut être clouée sur les voliges (*patte clouée*) ou soudée sur une feuille sous-jacente (*patte soudée*).

- la ***patte d'attache***, aussi dite *patte à joints*, pièce rigide en acier inoxydable avec laquelle on maintient un joint* debout sur le voligeage, en ménageant un léger jeu de dilatation des feuilles ; on distingue les pattes à joint *fixe* et *coulissante* (V.ill).

- la ***patte à tasseau*** qui, prise sous un tasseau*, maintient les feuilles sur lesquelles on la rabat, de part et d'autre du tasseau (V.ill).

- la ***patte de couvre-joint*** qui sert à raccorder les couvre-joints entre eux ; clouée ou soudée, c'est soit une simple lame malléable rabattue sur la pièce couvre-joint supérieure, soit une ***patte à ressort*** en inox.

2/MENUIS.: partie mobile d'un serre-joint (V. ce mot).

3/QUINCAILL.: les pattes les plus courantes sont :

- la ***patte à scellement***, pièce de métal méplat à tête percée et à queue-de-carpe*, à sceller au mortier (V.ill) ; elle sert à fixer sur les maçonneries les dormants de baies.

- la ***patte à pointe***, servant surtout à maintenir des pièces de bois contre des parois, par pointage latéral ; elle

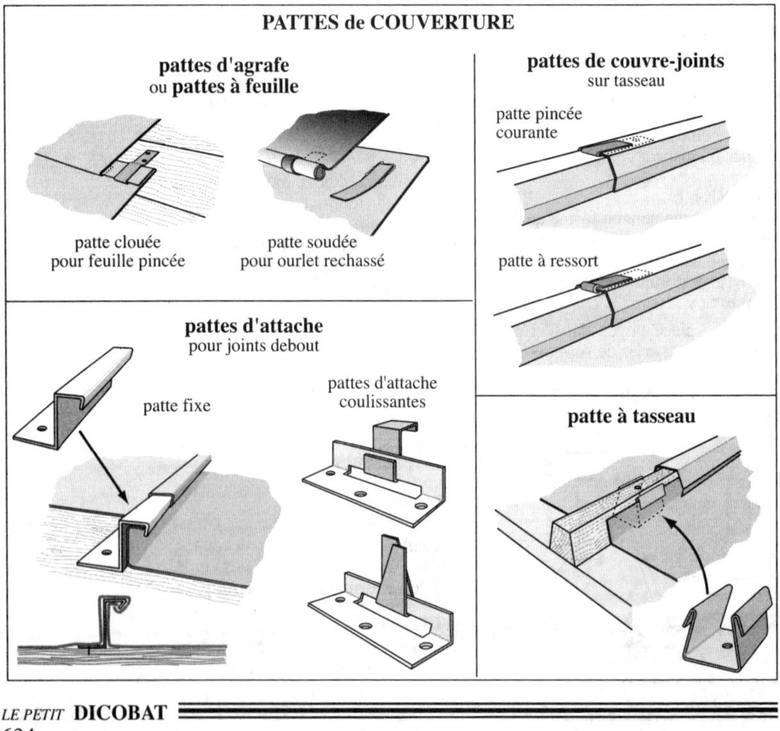

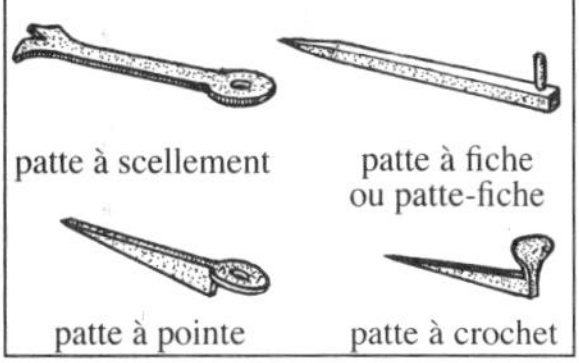

pattes (quincaillerie)

présente un décrochement sur lequel on frappe pour l'enfoncer dans les murs sans abimer la tête (V.ill).

- la ***patte à fiche***, ou ***patte-fiche***, est un long piton de section carrée. Pour les tringleries de rideaux, la patte-fiche est munie d'un ou deux gonds.
- la ***patte à glace*** sert à maintenir un miroir par ses rives.

4/SERRUR.: la ***patte de foncet****, ou ***patte de canon****, est une pièce plate à double queue* d'aronde, sur laquelle est monté le foncet*.

PATTE-D'ARAIGNÉE n.f.
1/ Epandage : réseau de tubes perforés enterrés en épi ou en arborescence, pour répartir des effluents dans le sol.

2/ Réseau de petits canaux creusés dans un lit de pose de pierre de taille pour une meilleure adhérence du mortier de montage.

PATTE-DE-CHAT n.f.
Groupe concentré de petits noeuds* apparents, à la surface d'une pièce de bois ou d'une feuille de placage.

PATTE-D'ÉLÉPHANT n.f.
Empattement* donné à la base d'un poteau de fondations pour conforter son assise et réduire les risques d'enfoncement dans le sol (V.ill).

PATTE-DE-LION n.f.
Enrayure* composée par l'assemblage en éventail de demi-tirants ; cette disposition se rencontre dans les combles semi-circulaires des absides* d'églises. On dit aussi *patte-d'oie* dans ce sens.

PATTE-D'OIE n.f.
1/CHARP.: assemblage à trois branches dans un même plan, et marque d'établissement* correspondante tracée sur les pièces (V.ill). Désigne aussi l'enrayure* d'une croupe*.

2/PLÂTR.: large couteau trapézoïdal servant à enduire et à dresser les plâtres, en particulier dans les endroits peu accessibles aux taloches.

3/TERRASS.: embranchement multile des canalisations d'un épandage*.

patte-d'oie

PATTE-DE-POULE n.f.
Longue barre d'acier dont une extrémité porte deux crocs ; elle sert à couder les barres d'armature.

PATTE-FICHE n.f.
Voir Patte à fiche.

PAUME n.f.
Assemblage* de bois par tenon à un seul arasement et mortaise ouverte ; la paume peut être ***carrée*** ou ***grasse*** (V.ill). L'***enture**** ***en paume*** est l'assemblage* usuel de prolongation bout à bout de deux chevrons, de deux pannes, de deux solives.

PAUMELLE n.f.
Ferrure* constituant le pivot de rotation d'une porte ou d'une croisée ; elle se compose de deux pièces complémentaires, l'une étant un gond* à fiche*, l'autre formant un oeil* dans lequel pénètre la fiche (V.ill: page suivante). Elle diffère de la charnière par son caractère dégondable par simple

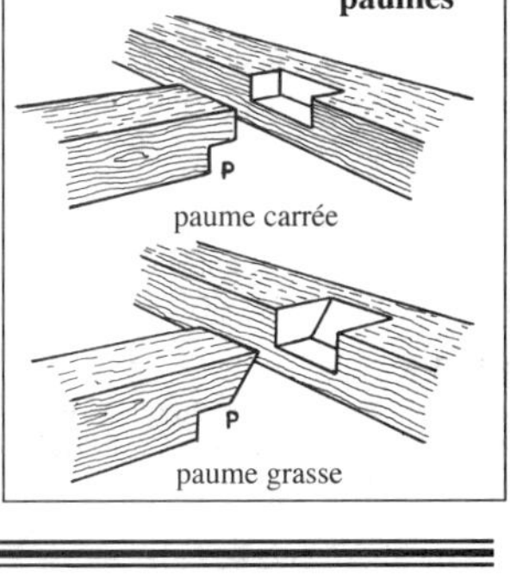

paumes

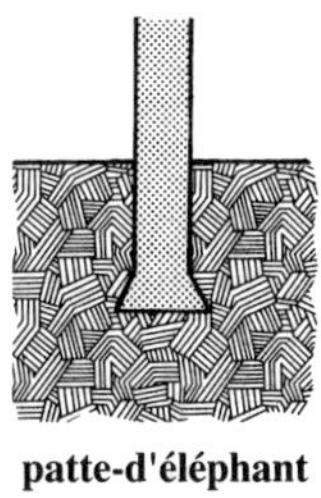
patte-d'éléphant

PAUMELLES

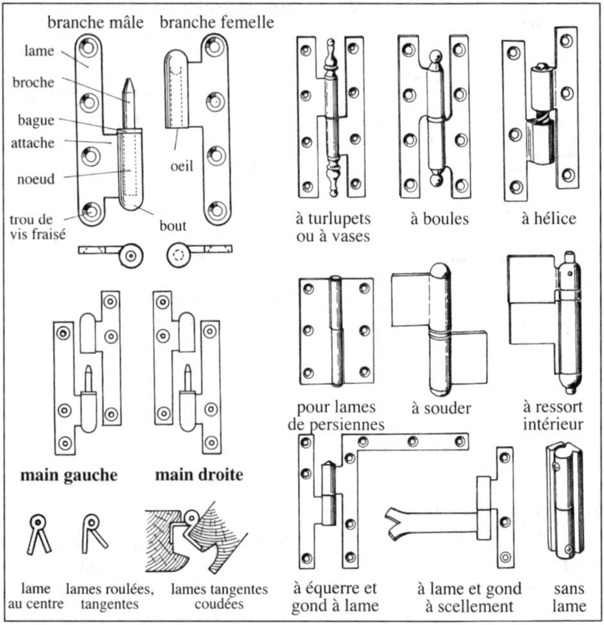

soulèvement du vantail.

Une paumelle est dite ***à droite*** ou ***à gauche***, selon que l'axe de pivotement du vantail, quand on le pousse pour l'ouvrir, se trouve à droite ou à gauche (V.ill).

Ses dimensions sont définies par la hauteur des lames et par la largeur totale de la paumelle ouverte à plat.

On distingue diverses sortes de paumelles, dont les plus courantes sont la paumelle à simple gond, la paumelle double (avec ou sans boules ou turlupets), la paumelle à équerre, la paumelle à ressort (V.ill).

La ***paumelle mixte*** permet d'articuler un châssis de bois sur un montant métallique, par soudure de la lame.

PAUVRE adj.

Qualifie parfois un béton ou un mortier dont le taux de liant est faible. Syn.: *maigre*.

PAVAGE ou **PAVEMENT** n.m.

Désigne tout revêtement des sols, surtout extérieurs, en éléments durs et épais, aux formes géométriques, posés sur une forme* (lit de sable).

Le ***pavage de brique*** est fait de briques posées soit à plat, soit sur chant, et souvent appareillées à bâtons* rompus.

Le ***pavage de galets***, esthétique mais peu agréable à la marche, permet des effets décoratifs variés.

Le ***pavage-mosaïque*** est fait de pavés cubiques de 8 à 10 cm d'arête, appareillés en arcs de cercle (V.ill).

PAVÉ n.m.

Tout élément parallélépipédique* dur utilisé par juxtaposition, pour composer un revêtement de sol.

Les pavés sont posés sur un lit de sable *-lit de liaison-* d'environ 3 cm d'épaisseur ; ils sont ensuite damés* en place, puis jointoyés soit au sable, avec ou sans projection d'asphalte ou d'émulsion de bitume, soit au coulis de ciment.

Un ***pavé bâtard*** est un pavé de forme non standardisée. Syn.:*rabot*.

Un ***pavé d'échantillon****, ou ***pavé de ville***, est un pavé de forme et de dimensions régulières et standardisées (arêtes de 14 à 20 cm).

Un ***gros pavé*** est un pavé de forme allongée, utilisé pour délimiter ou encadrer des surfaces pavées (arêtes de 22 ou 23 cm).

Le ***pavé de champ*** est posé sur sa face la moins large ; le ***pavé démaigri*** a un parement plus large que sa face de pose ; le ***pavé en recherche*** désigne un pavé posé en remplacement d'un autre, qui a été éliminé.

On distingue :
- les ***pavés de pierre***, le plus souvent en grès (pavé de Fontainebleau), mais aussi en basalte*, en granit*, schiste* ou porphyre*.
- les ***pavés de béton*** moulé, qui se présentent sous de nombreuses formes, en particulier celle des ***pavés autobloquants**** (V.ill) ; leurs possibilités de coloration dans la masse, leur rapidité de mise en oeuvre et leur prix de revient expliquent leur développement, dans les zones piétonnières et aires publiques.
- les ***pavés granités*** désignent des blocs de dimensions standardisées (12 x 24,3 x 6 cm) constitués de deux couches distinctes : un mélange comprimé de ciment et de basalte*, composant le corps du pavé, et un parement de granulats naturels (en général granit), formant couche d'usure.

Les ***pavés de bois*** sont encore utilisés, en particulier dans certains locaux industriels, pour leur aptitude à amortir les vibrations et trépidations de machines (par ex. presses et marteaux-pilons), ou pour leur bonne résistance chimique.

Les ***pavés de verre*** sont des carreaux épais en verre moulé, pleins ou creux, de 5, 8, ou 10 cm d'épaisseur (V.ill) ; ils sont destinés à être sertis dans une résille de béton armé pour composer des panneaux de *béton* translucide*,

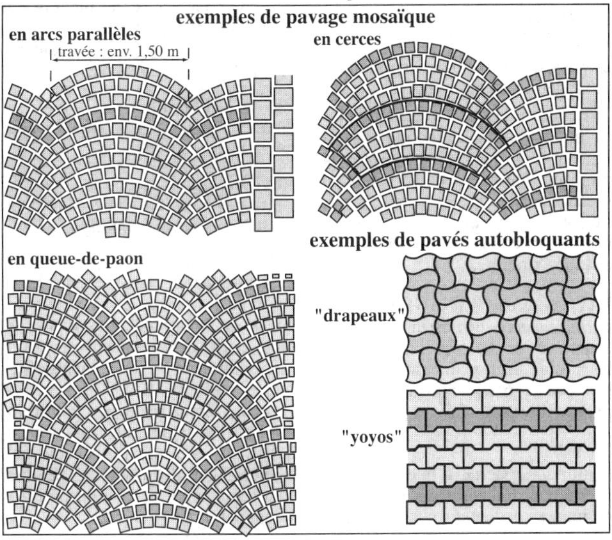

PAVAGES et PAVÉS

pavés de verre
(type LUMAX)

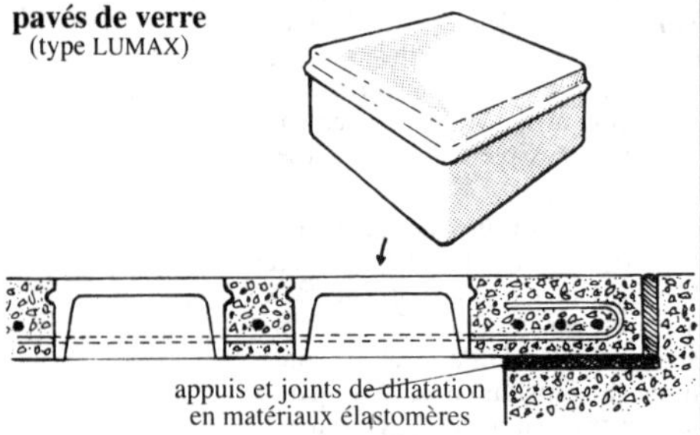

en parois verticales (pavés de 19x19 à 24x24 cm, type *Nevada*, *Primalith*), ou en parois horizontales de terrasses, pour l'éclairage zénithal* des locaux (pavés 12x12 ou 15x15 cm, type *Lumax*). Les contraintes de dilatation thermique imposent une mise en oeuvre soignée, comportant des bandes compressibles à la périphérie des panneaux.

PAVEUR n.m.
Ouvrier spécialiste de la pose des pavés au sol.

PAVILLON n.m.
1/ Petit bâtiment isolé.

2/ Partie de bâtiment formant saillie à l'extérieur d'un ensemble.

3/ Bandeau de tôle ou de bois, plus ou moins ouvragé, rapporté sous le linteau d'une baie, pour masquer et protéger l'enroulement d'un store ou d'une jalousie.
Le comble* ***en pavillon***, de plan rectangulaire, comporte une croupe* à chaque extrémité.

PAYSAGÉ ou **PAYSAGER** adj.
Un *bureau paysager* est un vaste local de bureaux sans autres cloisons, entre les postes de travail, que des cloisonnettes*, meubles de rangement et plantes d'ornement.

PEAU n.f.
1/ Surface externe d'une paroi soit homogène, telle que béton banché, ou mousse isolante, soit composite*, telle qu'un bardage* isolant : la *peau* peut être un revêtement plastique, un film de peinture, une tôle laquée....

La ***peau d'un coffrage*** est la surface contre laquelle sera moulé le béton.

La ***peau d'un bâtiment*** peut désigner l'ensemble de ses parois extérieures (syn.:*enveloppe*).

En peinture, la ***peau de crapaud*** est l'aspect faïencé* d'une couche appliquée sur une autre qui n'est pas assez sèche ; syn.: *crocodilage*, *peau de crocodile*.

La ***peau d'orange*** est l'aspect grumeleux ou granité, voulu ou non, d'une peinture appliquée au rouleau en couche épaisse.

PÉDALE n.f.
Contacteur ou organe de commande actionné avec le pied.

PÉDICULE n.m.
Petit pilier portant un élément isolé, tel qu'un bénitier monopode*.

PÉDILUVE n.m.
Petit bassin peu profond, dans lequel on passe pour se laver les pieds avant d'accéder à une piscine.
Désigne parfois aussi le bac* qui recueille l'eau d'une douche.

PEGMATITE n.f.
Granit* à gros grains, comportant du mica (blanc surtout).

PÉGOSITÉ n.f.
Caractère poisseux d'une colle dont les solvants s'évaporent. Syn.: *tack*.

PEIGNE n.m.
1/CARREL.-REVÊT.: taloche* ou spatule* dentée avec laquelle on étale les colles et les mortiers-colles de pose de toutes sortes de revêtements de sols et murs, carrelages et revêtements céramiques collés (V.ill).
Le peigne sert à régler et à uniformiser l'épaisseur de colle, en formant des stries. La forme, l'espacement et la profondeur des dents des peignes sont fonction de l'épaisseur de colle à étaler et de sa viscosité.

peignes

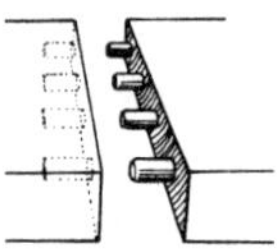
d'assemblage
à goujons ou
tourillons collés

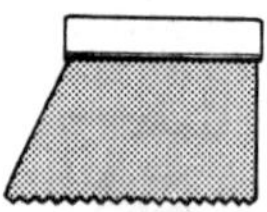
pour étalement
des colles

pour grattage des
enduits râclés

2/MENUIS.: tenon* composé d'une rangée de goujons* rapportés et collés (V.ill).

3/PEINT.: lame garnie de dents souples, en acier, en plastique ou même en cuir, servant à réaliser les imitations de veinage des faux-bois*.

4/SERRUR.: garniture* de serrure*, composée de dents qui passent entre les parties saillantes du panneton* de la clef correspondante.

5/OUTILL.: pièce de tour* avec laquelle on réalise un filetage*.

PEIGNÉ adj.
Un ***enduit peigné*** est un enduit de parement hydraulique taloché* sur lequel on a passé un peigne métallique (souvent une portion de lame de scie), pour éliminer la laitance* et dégager légèrement le grain*.
Ce ***peignage*** de l'enduit doit être fait au bon moment (en cours d'affermissement, dès qu'on ne peut plus enfoncer le pouce), et suivant deux directions croisées.

PEINTRE n.m.
Entrepreneur, artisan ou ouvrier qui met en oeuvre les peintures et, souvent, les papiers peints, les enduits de parement pelliculaires et les revêtements plastiques épais (RPE), après avoir préparé les subjectiles*.
L'activité de peintre est souvent complétée par celle de vitrier*. La profession comporte aussi ses spécialités : *peintre-décorateur*, *peintre en faux-bois* et *faux-marbres*, *peintre en lettres* (inscriptions et enseignes).

PEINTURAGE n.m.
Réalisation des travaux de peinture d'un bâtiment. Pour un subjectile précis, on dit plutôt ***mise en peinture*** de ce subjectile. *V. le DTU 59.1 ou la norme NF P 74-201 "Peinturage".*

PEINTURE n.f.
Matière plus ou moins fluide, opaque et teintée, destinée à être appliquée sous forme de film mince, et à durcir d'elle-même en formant un feuil* pelliculaire (la peinture est parfois définie comme un vernis coloré et opacifié).
Revêtement filmogène* qui résulte de l'application (*mise en peinture*) d'une ou plusieurs couches minces sur un subjectile quelconque.

Composition des peintures.
Les **constituants de base** :
-le ***liant***, substance dont l'origine peut être un élément fluide ou solide non cristallisable (gomme, résine) et/ou une huile siccative, oxydable et polymérisable.
-le ***solvant***, liquide volatil dans lequel est dissous ou dispersé le liant, de façon à être liquide et donc utilisable en couches minces. Le solvant disparaît par évaporation lors du séchage (ne pas confondre avec le diluant : voir ci-après).

-les ***pigments*** colorants, solides réduits en particules très fines par broyage, et dispersés dans des huiles dans lesquelles ils ne sont pas dissous ; ils donnent aux peintures leur coloration et leur opacité.

Les **constituants secondaires** :
-les ***charges***, matières inertes sous forme de poudres (talcs, poudres de silice, de marbre ou de calcaire) ; elles modifient les caractéristiques physiques du feuil sec, et abaissent le prix de revient des peintures.

-le ***diluant***, liquide volatil ajouté au solvant, avant la mise en oeuvre, pour améliorer les caractéristiques d'application. Contrairement au solvant, il ne peut dissoudre le constituant filmogène.

-les ***plastifiants***, solides mous et fusibles, ou liquides peu volatils ; ils améliorent la souplesse du feuil sec.

-les ***siccatifs****, qui accélèrent le séchage des peintures à l'huile, par une oxydation des huiles siccatives.

-les ***antioxydants***, agents retardateurs de l'oxydation des liants, et donc de leur durcissement à la lumière ou à la chaleur.

-divers ***agents spécifiques***, qui interviennent surtout pour la conservation des peintures avant mise en oeuvre, et pour la facilité d'étalement : mouillants, agents de suspension, dispersants, antimousse, antipeau, défloculants...

Séchage ou durcissement.
Le durcissement s'effectue :
-soit par ***évaporation*** du solvant : produits cellulosiques, badigeons*, acryliques solvantés, et dérivés du caoutchouc.

-soit par ***coalescence****, rapprochement progressif et irréversible des macromolécules de résine, lors de l'évaporation du solvant : peintures vinyliques ou acryliques, et copolymères en phase aqueuse.

-soit par ***catalyse*** : transformation moléculaire déclenchée ou favorisée par un agent extérieur, tel que la chaleur (peintures au four).

-soit par ***oxydation*** : après évaporation du solvant, le liant fixe l'oxygène de l'air, qui le transforme de façon irréversible : cas des peintures alkydes et peintures à l'huile.

-soit par ***combinaison chimique*** avec un durcisseur* incorporé au moment de la mise en oeuvre : polyaddition* des polyuréthanes*, ou réticulation* des époxydes*.

Classification des peintures.
-**classe 1** : peintures ***à l'eau***.
a- Badigeons* (au lait de chaux) et peintures à la colle (caséïne).
b- Peintures silicatées : peintures (du type *Silexore*) pour ravalements sur ciment de qualité ; quasiment disparues, à cause des sujétions de mise en oeuvre.

-**classe 2** : peintures ***à l'huile*** et ***aux vernis gras***.
a- à base d'huiles végétales pures (surtout de lin).
b- à base d'huiles modifiées (huiles cuites, standolies*).
c- à base de vernis gras, dites *peintures vernissées*, aux résines de copal* ou de colophane*.

-**classe 3** : ***pâtes broyées*** semi-finies pour peintures : pâtes colorantes à diluer et à charger sur chantier (aujourd'hui évincées par les produits prêts à l'emploi).

-**classe 4** : aux ***résines alkydes*** (dites *peintures glycéro* : elles représentent l'essentiel des peintures du bâtiment, sous de nombreuses formes et variantes de composition).
a- peintures séchant à l'air.
b- peintures séchant au four.

-**classe 5** : peintures ***cellulosiques***.
a- à base de nitrocellulose.
b- autres peintures à base de dérivés cellulosiques, en phase solvant ; utilisées en protection diélectrique des câbles, et dans le traitement des métaux, comme impressions* d'accrochage et primaires* du type *wash-primers**.

-**classe 6** : à base de résines ***polyesters*** et ***polyéthers***.
a- à base de polyuréthanes*; à un ou deux composants, excellente adhérence sur ciment, et résistance aux agressions chimiques : sols, pièces de béton préfabriqué, etc.
b- à base de résines époxydiques*: étanches, à haute adhérence sur ciment et métaux, et haute résistance anticorrosion. Emplois en revêtement de sols, parkings, cuves.
c- et d- à base de polyesters*. Peu d'utilisations dans le bâtiment.

-**classe 7** : peintures ***vinyliques***, ***acryliques*** et ***copolymères***.
a- vinyliques*. En phase solvant (rares dans le bâtiment)
-En phase aqueuse, à l'acétate de vinyle (en voie de disparition, car sensibles à l'humidité).
b- acryliques et copolymères. En phase solvant (vinyl-toluène : peintures de ravalement souples, à haute adhérence, type *Pliolithe* GOODYEAR).
-En phase aqueuse, de plus en plus utilisées : facilité d'emploi, adhérence et étanchéité.
c- peintures primaires réactives (à base de *butyral*). Wash-primers* passivants* et couches d'accrochage sur surfaces métalliques.
d- peintures à base de copolymères acryliques.

-**classe 8** : à base d'***élastomères****.
a- à base de caoutchoucs chlorés : utilisées pour revêtements anticorrosion, et ininflammables (mais sujétions d'emploi sur chantier, du fait des solvants benzéniques).
b- à base de caoutchoucs isomérisés : mêmes emplois, sans présenter l'inconvénient benzéniques, mais tenue médiocre à l'extérieur.
c- polybutadiènes, polyéthylènes chlorés (type *hypalon*) et autres élastomères.

-**classe 9** : à base d'***autres liants***.
a- résines naturelles ou synthétiques solubles dans l'alcool ou les huiles ;
b- à base de silicates minéraux (alcalins) ou organiques (d'éthyl) ;
c- dérivés de silicones ;
d- aminoplastes ; e- phénoplastes ;
f- dérivés fluorés ; g- à base d'esters d'époxy*; h- à base de coumarone*;
i- peintures non classées.
Les peintures font l'objet de plus de 130 normes AFNOR (série NF T 30). V. aussi les DTU Peinturage et Peinture de sol.

PEINTURER v.tr.
Peindre grossièrement.

PELABLE adj.
Se dit d'un adhésif ou d'un revêtement dont l'adhésion aux supports, volontairement faible, permet l'élimination ultérieure du revêtement pour son réemploi.

PELAGE n.m.
Décollement d'un feuil* de peinture par grands lambeaux.
Test d'évaluation de l'adhérence des revêtements souples, consistant à les arracher par traction tangentielle.

PÉLASTRE n.m.
Partie plate et large d'une pelle.
Syn.: *palette*.

PELLE n.f.
Outil de base de manutention en terrassement manuel ; V. Jet de pelle.

Les ***pelles mécaniques*** désignent tous les engins de préhension et de déplacement des terres sur courte distance ; la ***pelle-rétro*** est une pelle hydraulique à godet sur bras articulé qui creuse et se remplit par retour en direction de l'engin. Syn.: *backhoe**. Une pelle mécanique qui se charge en remontant un talus situé face à l'engin est dite ***pelle-butte***.

PELLETAGE n.m.
Déplacement de terre, de sable, etc., à la pelle.

PELLETÉE n.f. Contenu d'une pelle normalement remplie.

PELLETEUSE
ou ***Pelle mécanique*** n.f.
Engin automoteur muni de pelle(s) hydraulique(s) pour le creusement de fouilles, tranchées de canalisations...
La ***pelleteuse-chargeuse*** a un godet basculant à grande contenance.
Syn.: *chouleur**.

PELLICULAIRE adj.
1/ Qualifie un revêtement peu épais en feuil*, ou un enduit de parement plastique applicable à raison de moins de 1,5 kg par m^2 (revêtement *semi-épais*, RSE, par opp. aux revêtements *plastiques épais, RPE*).

2/ Qualifie un matériau de placage* en plaques minces.

PÉNALITÉ (de retard) n.f.
Compensation financière due par un entrepreneur au prorata du retard de la livraison des ouvrages terminés par rapport aux délais impartis.

PENANT n.m.
Désigne parfois la *contreclef**.

PENDAGE n.m.
Inclinaison des lits d'une carrière par rapport à l'horizontale.

PENDANT adj. et n.m.
1/ Qualifie tout élément architectural qui est ou qui semble soutenu par sa partie supérieure : *claveau* pendant*, *clef* pendante*, *gouttière* pendante*.

2/ Un élément est le *pendant* d'un autre - ou *fait pendant* à un autre -

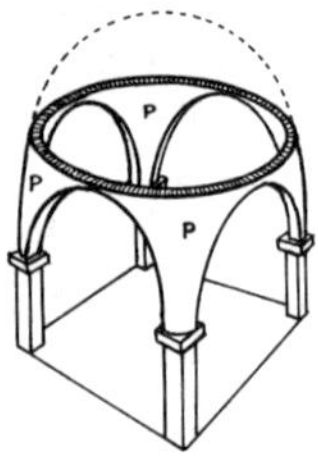

pendentifs (P)

lorsqu'il lui est symétrique ou opposé (par rapport à un axe vertical).

PENDARD n.m.
Étrier ou suspente* de supportage de câbles ou canalisations légères, ou encore des ouvrages en staff*.

PENDENTIF n.m.
Paroi incurvée d'allure triangulaire correspondant au passage du plan carré ou polygonal des appuis d'une voûte sphérique au plan circulaire de cette voûte (V.ill).
Syn.: *fourche*, *panache*.
Les trompes* sont généralement considérées comme des pendentifs isolés.
Le mot désigne parfois aussi le cul-de-lampe* ou la clef* pendante.

PÊNE n.m.
Pièce mobile principale d'une serrure* ou d'un verrou*; son engagement dans la gâche* solidaire d'un dormant* immobilise l'ouvrant*.
Le pêne se compose d'une *tête*, droite ou chanfreinée*, d'un *corps*, et d'une *queue*, extrémité sur laquelle agit le mécanisme d'ouverture.
On distingue :

-le ***pêne demi-tour***, chanfreiné* en sifflet*, ou ***bec-de-cane****, dont le mouvement est commandé par la rotation d'un foliot*.

-le ***pêne dormant***, qui n'est déplacé que par la rotation d'une clef, et qui possède plusieurs positions d'immobilisation (V.ill).

pênes
de serrures

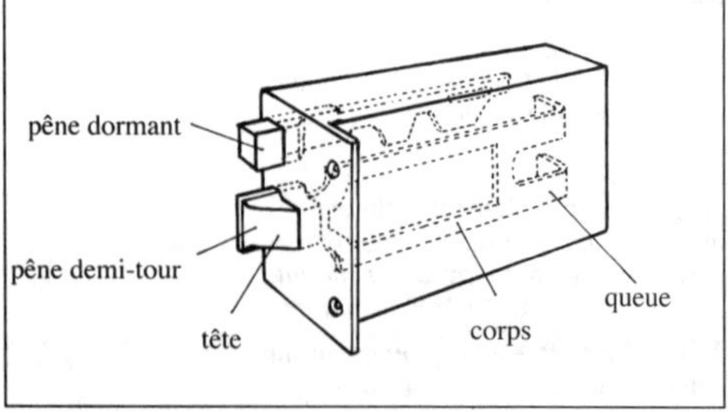

pénétrations (P)

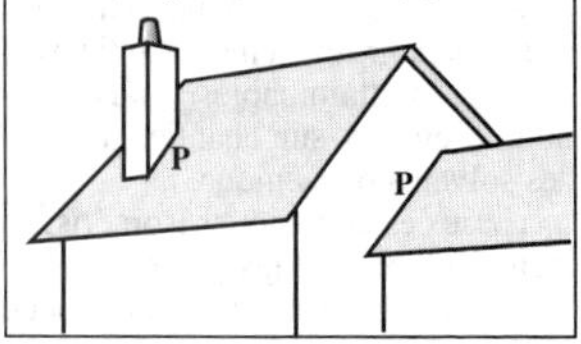

-le ***pêne fourchu***, qui porte deux têtes entrant parallèlement dans deux gâches distinctes.

-le ***pêne à pignon***, dont le mouvement est commandé par un pignon et une biellette, souvent prolongée par une tige de commande à distance (serrures de portes d'entrée à plusieurs points de verrouillage).

-le ***pêne verrou-de-nuit***, complétant parfois une serrure à foliot*: on le fait coulisser par un petit bouton qui le guide entre des picolets*.

PÉNÉTRATION n.f.
1/ARCHIT.: de façon générale, désigne la ligne d'intersection d'une paroi avec un plan quelconque.
Intersection de deux voûtes dont les faîtes ont des hauteurs et des axes différents ; se dit en particulier de l'intersection d'une lunette* avec une voûte en berceau*.

2/COUVERT.: intersection d'un pan* de toit avec un mur de maçonnerie (*pénétration* ***continue***), ou avec un élément formant une superstructure saillante isolée sur ce pan, tel que souche* de cheminée, jouée* de lucarne... (*pénétration* ***discontinue***). V.ill.

3/TECHNOL.: l'***essai de pénétration*** sert à mesurer, avec un ***pénétromètre***, la résistance à l'enfoncement d'un sol meuble ou d'un bitume.

PÉNÉTROMÈTRE n.m.
Appareil de mesure de la dureté ou de la résistance à l'enfoncement d'un matériau tel que sol de fondations, revêtement bitumineux.

PENNE n.f.
Parfois, solive* de forte section.

construction du **pentagone régulier**

M étant le milieu d'un rayon OA d'un cercle, on trace l'arc BC centré en M (AB étant le quart du cercle). La corde BC ainsi déterminée est égale à chacun des côtés du pentagone : on la reporte au compas pour avoir BD, puis DE, EF, FG et GB.

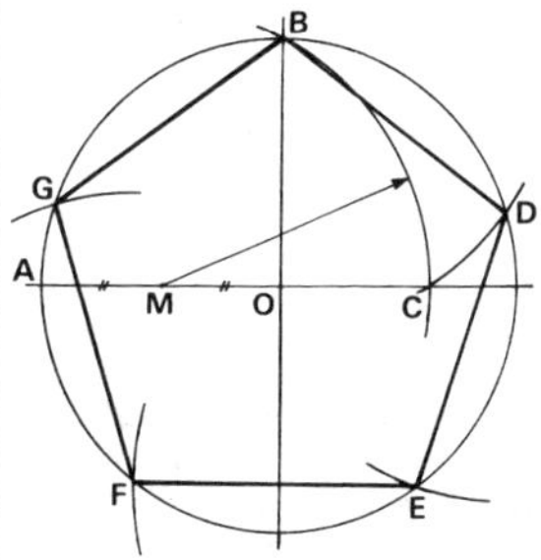

PENNÉ ou **PINNÉ** adj.
Se dit d'un ornement disposé en épi, de part et d'autre d'une tige, ou *penne*, comme les barbes d'une plume d'oiseau.

PENTACLE
ou **PENTAGRAMME** n.m.
Étoile à cinq branches identiques.

PENTAÈDRE n.m.
Volume à cinq faces (par ex. une pyramide* dont la base est un quadrilatère).

PENTAGONE n.m.
Polygone qui a cinq côtés. Le ***pentagone régulier*** a cinq côtés égaux : V. ci-dessous sa construction.

PENTASTYLE adj.
Qui présente cinq colonnes de front.

PENTE n.f.
1/ Déclivité d'un terrain, d'une rampe, d'un pan* de toiture, d'un glacis*, d'une canalisation, etc.
En principe, la *pente* est exprimée par la dénivelée (différence de hauteur) rapportée à l'unité de longueur horizontale (par ex. 35 cm/mètre), ou par leur rapport en % (pente de 35%).
En l'absence de précision sur l'unité (par ex. pente de 0,03), on sous-entend que les deux unités sont identiques : 0,03 cm/cm, ou m/m.

V. Couverture, Toiture-terrasse.

2/ Enduit de plâtre ou de mortier appliqué sur un voligeage* pour servir de support aux feuilles de plomb ou de zinc d'un chéneau.

V. aussi Forme de pente.

PENTURE n.f.
Pièce de ferrure* et de pivotement des portes, volets... composée d'une bande de métal méplat terminée par un enroulement (*noeud roulé*) ou par un oeil*, dans lequel pénètre la fiche du gond* scellé ou vissé sur un montant dormant (V.ill).

Contrairement aux paumelles*, les pentures sont fixées sur le plat des éléments ouvrants. Les pentures ont souvent fait l'objet de remarquables ouvrages de ferronnerie d'art.
Selon leur forme, on distingue la penture droite *à talon*, la penture *à collet renforcé*, la *penture-équerre*,

PENTURES

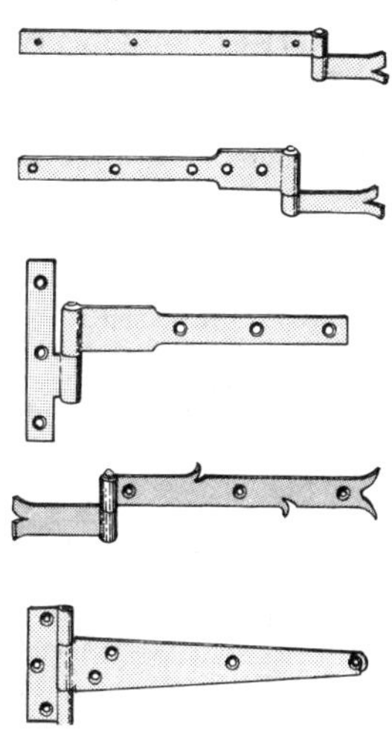

penture courante, à gond de scellement

penture à collet élégi, à gond de scellement

penture à collet et gond à paumelle

penture rustique

penture anglaise

la *penture à T* ou *penture anglaise*, la *penture flamande* (simple bande repliée sur elle-même), la *penture fleuronnée*... La ***fausse penture*** est un élément d'ornement rapporté, qui simule une penture.

PERBUNAN (marque comm.)
Caoutchouc de synthèse très compressible et déformable, dont on fait en particulier des joints* toriques étanches pour les têtes de robinets.

PERÇAGE n.m.
Exécution d'un trou cylindrique avec un outil perforant, mèche* ou foret*.

La ***plaque de perçage*** est une pièce percée d'un trou de même diamètre, que l'on place au-dessus du trou à percer pour guider l'outil et l'empêcher de riper.

PERCÉE n.f.
Syn. de *baie** dont la fonction est de donner du jour.

PERCEMENT n.m.
1/ Action de percer un trou, une baie, un passage de canalisation...

2/ Baie ou passage percés dans un mur existant, après sa construction.

PERCETTE ou **PERCERETTE** n.f. Petite vrille de menuiserie fine.

PERCEUSE n.f.
Outil motorisé ou pneumatique de perçage des trous par rotation de mèches* ou forets*; les perceuses peuvent être portatives ou montées sur colonne de perçage, à vitesse variable, à percussion... De nombreux outils peuvent être adaptés sur les perceuses portatives légères.

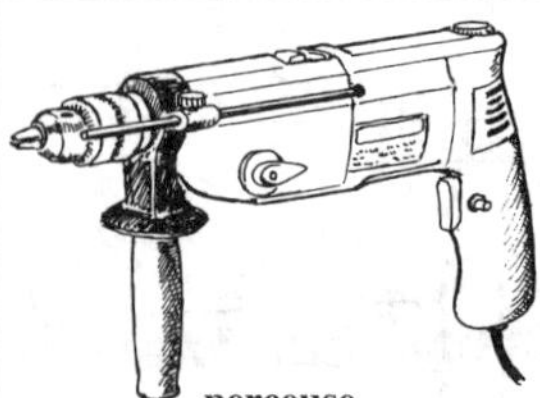

perceuse

PERCHE n.f.
Longue barre de bois de section circulaire, utilisée surtout dans les échafaudages*, les étaiements* et les blindages*.

PERCHE (sigle)
Pompe En Relèvement de CHaudière à Eau : nom donné au système de pompe* à chaleur développé en France, sous l'égide d'EDF.

PERCOLATEUR n.m.
Dispositif d'épuration des eaux par filtrage (percolation) à travers une certaine épaisseur de terre.
Syn.: *lit bactérien.*

PERCUSSION n.f.
1/ Choc transmis à un matériau ou à un ouvrage, soit avec un marteau, une masse, une boucharde... soit par l'intermédiaire d'un outil, burin, ciseau, gouge, poinçon...

2/ Mode de sondage des pièces et billes de bois : les chocs donnés à leur extrémité permettent de déterminer, selon qu'ils *sonnent* clair ou mat, s'ils sont sains ou, au contraire, s'ils ont des défauts internes.

PERD-FLUIDE n.m.
V. Paratonnerre.

PERDITANCE n.f.
Valeur inverse de la résistance électrique d'un isolement.

PERDRIAU n.m.
Pierre fichée en terre au pied d'une borne, d'un poteau, etc., de façon à conforter leur stabilité.

PERDU adj.
Un ***comble perdu*** est un comble inutilisable comme logement ou comme grenier ; il n'est accessible que par une trappe de visite, pour l'entretien et l'isolation.
Une ***pierre perdue*** est celle que l'on noie dans le mortier d'un blocage*, ou dans l'épaisseur d'un mur appareillé.
Une ***porte perdue*** désigne celle qui affleure* le mur qui l'encadre.

Un ***coffrage perdu*** est destiné à rester en place, après durcissement du matériau coffré, et à constituer son parement.

PÉRENNE adj.
Qui peut durer très longtemps : un *marbre pérenne*.

PÉRENNITÉ n.f.
Durabilité, durée de vie très longue d'un matériau, d'un ouvrage.

PERFORATEUR n.m.
Outil de perçage des matériaux durs (pierre, béton), associant rotation et percussion à cadence réglable ; puissant (800 à 1 000 W), assez lent (300 trs/mn), le perforateur ou ***perforateur-burineur*** permet de forer de gros diamètres, à l'aide de grosses mèches, tarières ou trépans.

PERFORATION n.f.
1/ Percement, creusement, forage.
2/ Destruction localisée d'un isolant électrique, sous l'action d'une décharge disruptive.

PERFORMANCE n.f.
Résultat quantifiable ; ensemble de caractéristiques auxquelles satisfait un ouvrage, un équipement, etc.
Voir les *normes de la série NF P 05.*

PERFOTEST n.m.
Appareil utilisé pour tester les caractéristiques de résistance au poinçonnement dynamique et aux chocs coupants des revêtements de sols.

PERGOLA ou **PERGOLE** n.f.
Treillage horizontal porté par des traverses reliant des poteaux, formant couvrement à claire-voie au-dessus d'une terrasse, d'une allée...

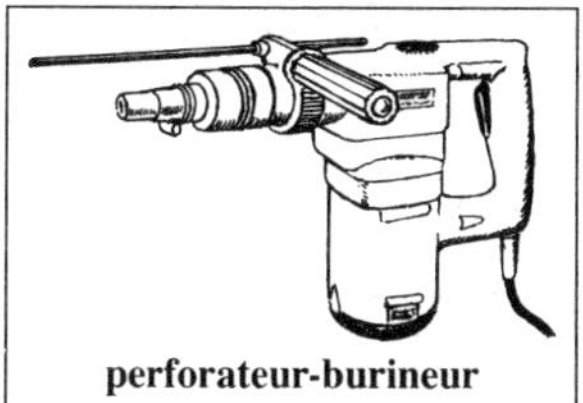

perforateur-burineur

PÉRICLASE n.f.
Magnésie*, sous sa forme cristallisée. Son hydratation, qui donne la *brucite* ($Mg(OH)_2$), s'accompagne d'un gonflement. Pour cette raison, le taux de magnésie admis dans les clinkers* de ciment est limité à 5%.

PÉRIDROME n.m.
Galerie couverte qui règne* sur toute la périphérie d'un bâtiment.

PÉRIMÈTRE n.m.
1/ Contour d'une forme plane, et longueur de ce contour.

2/URBAN.: un ***périmètre d'agglomération*** est la limite à l'intérieur de laquelle sont assurés tous les services publics (égouts, ramassage des ordures, eau courante, électricité...) ; cette notion tend à disparaître avec l'extension actuelle des réseaux en secteur rural.

Un ***périmètre de protection*** est une zone dans laquelle les constructions et leurs transformations sont soumises à des règles de sauvegarde ou de mise en valeur, qui entrent en vigueur après procédure d'enquête publique, analogue à celle des POS.
Le périmètre protégé peut concerner un ensemble architectural, un quartier, un groupe d'immeubles non classés, ou encore un parc naturel.

Un ***périmètre sensible*** peut concerner un département, une partie de département ou une région entière ; institué par décret ministériel, il constitue une protection légale de sauvegarde d'une unité générale des sites, paysages et espaces verts.

PÉRIODE n.f. (symb.**T**)
Dans un cycle alternatif, ou *périodique* (électrique, vibratoire, pendulaire...), c'est l'espace de temps qui sépare deux états consécutifs identiques du phénomène. Le nombre de périodes par seconde est la fréquence*, exprimée en hertz* (Hz).

PÉRIPTÈRE n.m. et adj.
Désigne un édifice entièrement entouré de portiques*: par ex., l'église de la Madeleine, à Paris.

PÉRISTYLE n.m.
Colonnade* ceinturant un bâtiment périptère ; par déformation, désigne une colonnade limitée à une façade principale, et formant porche*.

PERLES n.f. pl.
Motif d'ornement composé de petites demi-sphères convexes alignées en chapelet sur une baguette.

PERLITE n.f.
Famille de roches volcaniques vitreuses et riches en eau qui, par dessiccation à la chaleur, gonflent en donnant un matériau léger et isolant. Imputrescible, ininflammable, la perlite est utilisée comme matériau isolant en vrac, comme granulat des bétons et mortiers allégés, et dans certains panneaux composites.

PERMALLOY n.m.
Alliage métallique de fer et de nickel, dont les propriétés magnétiques sont utilisées surtout dans les équipements électriques, câbles et tôles de transformateurs. Syn.: *mumétal*.

PERMÉABILITÉ n.f.
1/MATÉRIAUX : aptitude d'un corps à se laisser pénétrer et traverser par l'air, par la vapeur d'eau ou par l'eau à l'état liquide (s'applique aussi à d'autres phénomènes : perméabilité aux ondes sonores, perméabilité magnétique). L'imperméabilisation* a pour objet de réduire la perméabilité à l'eau.

La perméabilité des bétons et des enduits est liée d'une part à la porosité* de leurs granulats, d'autre part à la densité et à la longueur de leurs capillaires* et microfissures de retrait*. Une perméabilité excessive est corrigée par un meilleur étalement de la courbe granulométrique* des charges*, ou par l'adjonction d'hydrofuges* de masse.

La perméabilité à l'eau est exprimée couramment en grammes/mètre-heure par mm de mercure de pression :
g/m.h /mm Hg

2/MENUIS.: la ***perméabilité à l'air*** des menuiseries extérieures mesure la quantité d'air que peuvent laisser passer leurs feuillures, lorsque la pression extérieure (vent) est supérieure à la pression à l'intérieur des locaux ; elle doit être aussi réduite que possible. Les menuiseries font l'objet d'une classification suivant la quantité d'air qu'elles laissent passer en une heure pour une pression extérieure de 100 Pa (pascals).

PERMÉANCE n.f.
1/ Expression de la quantité de vapeur d'eau qui peut traverser une unité de surface d'une paroi en une unité de temps, lorsque la différence de pression de vapeur entre les deux ambiances séparées par cette paroi est une unité de pression.

2/ Inverse de la réluctance* magnétique.

PERMIS DE CONSTRUIRE
Autorisation administrative délivrée à l'issue d'une procédure obligatoire de contrôle de conformité d'un projet de construction avec l'ensemble des dispositions législatives ou réglementaires en vigueur : règles d'urbanisme nationales ou locales (PLD, POS local ou PLU), règles de construction, impact sur les sites), et servitudes* de droit public et de droit privé.

Champ d'application.
Toute construction, ainsi que tout aménagement modifiant l'aspect extérieur, le volume ou la destination d'une construction existante sont soumis à la procédure de demande de permis de construire.
Les ***exemptions***, qui concernent des travaux de faible importance, sont déterminées par le Code de l'Urbanisme ; c'est le cas, par ex., des travaux de ravalement et d'isolation thermique extérieure : une déclaration de travaux doit alors être déposée à la mairie du lieu, en deux exemplaires, au moins un mois avant le commencement des travaux.
V. textes complets dans le Code de l'Urbanisme, R.422-2.
NB - Une réforme applicable depuis

2008 a largement simplifié les procédures et réduit les délais de réponse par les administrations.

PERMIS DE DÉMOLIR
Autorisation administrative instituée pour éviter que des démolitions portent préjudice au voisinage, et au patrimoine artistique et immobilier ; la procédure d'obtention est analogue à celle du permis de construire.
Procédure : V. les textes du Code de l'Urbanisme.

PERMITTIVITÉ n.f.
Rapport entre une induction électrique et le champ électrique qui la produit ; la permittivité caractérise l'efficacité d'un isolant.

PERMUTATEUR n.m.
Interrupteur rotatif qui offre un choix entre plusieurs connexions.

PERPENDICULAIRE n.f. et adj.
Qualifie une droite ou un plan formant un angle droit (90°), avec un autre plan ou une autre droite qu'ils coupent (V. aussi Orthogonal).

PERPENDICULARITÉ n.f.
Relation réciproque de deux éléments perpendiculaires entre eux.
Une façon simple de vérifier la perpendicularité sans équerre consiste à appliquer le théorème de Pythagore : on porte à partir de l'angle une longueur multiple de 3, par exemple 60 cm (20 x 3)sur un des deux côtés, et de 4, par ex. 80 cm (20 x 4)sur l'autre (V.ill). La distance entre B et C ainsi obtenus doit être exactement le multiple de 5 (100 cm, soit 20 x 5 dans notre exemple) pour que l'angle A soit un angle droit (90°) et que les murs soient d'équerre.

PERRÉ n.m.
Mur de soutènement incliné, en pierres* sèches ou maçonnées, rapporté sur une berge pour la protéger des affouillements* par l'eau.

PERREYER v.tr.
Revêtir d'un perré.

PERRIER ou **PERRAYEUR** n.m.
Ouvrier d'une carrière d'ardoises.

PERRIÈRE n.f.
Carrière d'ardoises. Syn.: *ardoisière*.

PERRON n.m.
Degré* extérieur ou ensemble de marches extérieures à un bâtiment, donnant accès à un palier sur lequel ouvrent une ou plusieurs portes d'entrée. Selon la forme des marches, on distingue le perron carré (à marches *droites*), le perron à degré rectangulaire, adouci, cintré, double (dédoublé de part et d'autre du palier), à double repos, en fer*-à-cheval, etc. (V.ill. page suivante).

PERROQUET n.m.
Règle plate incurvée, utilisée pour tracer de longues courbes. Syn.: *lisse*.

PERSIENNE n.f.
Dispositif de fermeture externe d'une baie, fait de panneaux articulés repliables de part et d'autre de l'ouverture, contre chaque tableau, par rotations successives ; les panneaux peuvent être *pleins* ou ***persiennés***, c'est-à-dire constitués de lamelles disposées en abat-jour*.
Les persiennes sont en bois, en tôle métallique emboutie ou estampée*, ou en matériau plastique rigide (profilés extrudés à lame d'air centrale) ; leur fixation se fait par paumelles ou charnières sur une tapée* (V.ill. page suivante).
Les ***persiennes à l'italienne***, dont la conception est analogue, sont montées

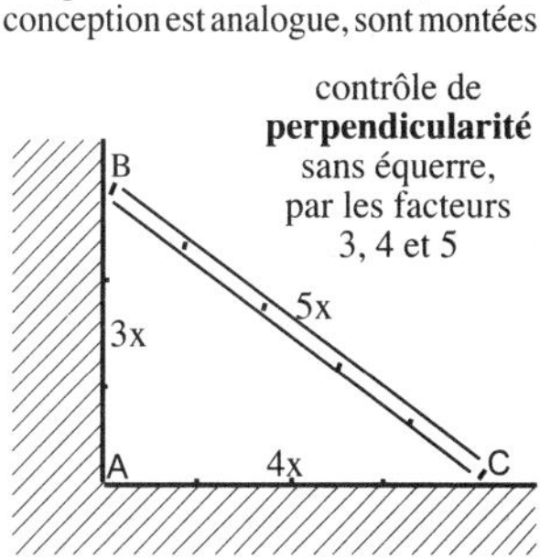

contrôle de **perpendicularité** sans équerre, par les facteurs 3, 4 et 5

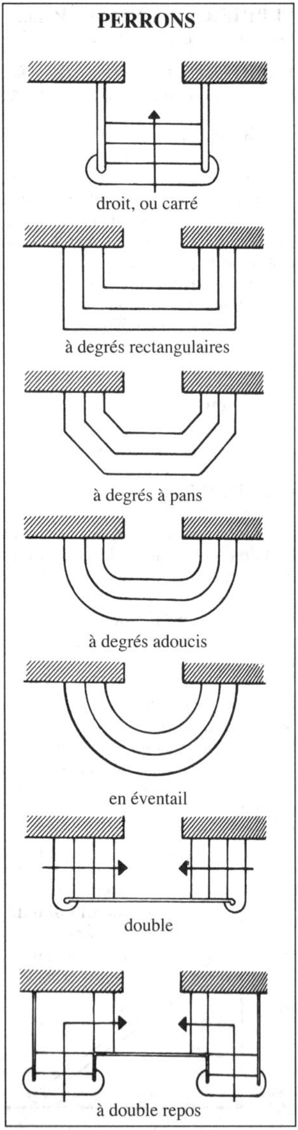

sur un cadre métallique ***à projection****, dont les pivots sont fixés en partie haute des tableaux (V.ill).

Les ***persiennes américaines*** désignent des volets battants qui sont ajourés sur toute leur hauteur.

PERSIENNÉ adj.
Se dit d'un cadre garni de lames inclinées et parallèles.

PERSPECTIVE n.f.
Art de la représentation en deux dimensions (sur une surface plane) des objets tels qu'ils sont vus en réalité dans les trois dimensions, en restituant les impressions de *profondeur*, d'éloignement (*fuite*) et de disposition relative des différents plans ; le dessin en perspective, ou ***dessin perspectif*** (adj.), fait appel à des règles précises. En dessin d'architecture, on distingue :

-la ***perspective axonométrique****, formée par la projection orthogonale des points d'un objet sur un plan oblique formé par les trois angles que font entre elles les projections sur ce plan des trois arêtes d'un trièdre trirectangle (V.ill. au mot Axonométrie).

-la ***perspective cavalière****, sans lignes fuyantes, correspond à ce que verrait un observateur placé à l'infini : toutes les parallèles réelles sont représentées par des parallèles.

-la ***perspective conique***, la plus proche de l'aspect réel vu par l'oeil ; elle consiste à choisir, pour représenter des volumes orthogonaux simples, deux points de fuite sur une ligne d'horizon (*perspective* ***oblique***), et à considérer que toute ligne horizontale passe par ces points (on peut les assimiler aux sommets de faisceaux coniques comportant toutes les horizontales).

Des points de fuite secondaires permettent de tracer les autres lignes, et de répartir les espacements égaux (V.ill).

Parmi les variantes, la ***perspective parallèle***, qui a un seul point de fuite (par ex. pour représenter un carrelage ou une rue), et la ***perspective aérienne***, qui utilise trois points de fuite.

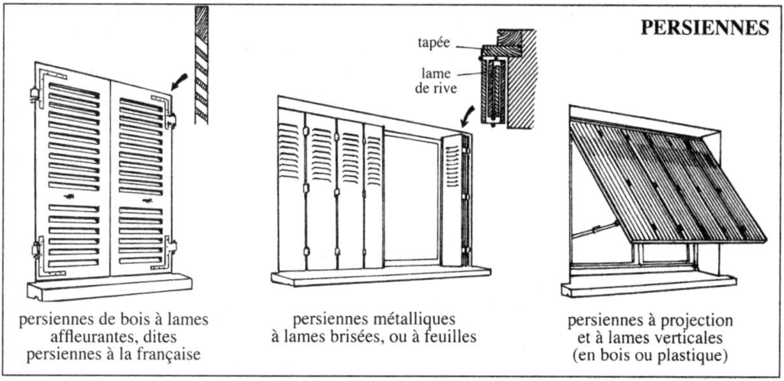

PERSPIRATION n.f.
Émission d'eau faible mais permanente par les pores de la peau ; c'est une des composantes des échanges hygrométriques permanents entre le corps humain et son environnement (la transpiration étant l'évaporation de cette humidité). Une perspiration modérée, élément essentiel du confort* thermique, correspond à une température de 15-20°C (selon l'activité) et à une hygrométrie moyenne.

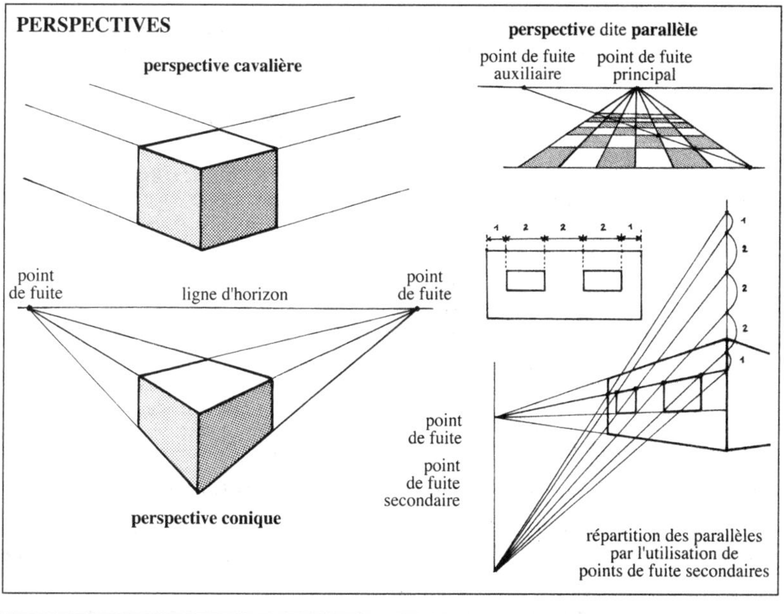

PERT
Sigle de "*Program Evaluation and Review Technic*". Système d'élaboration de plannings d'action par chaînage logique en réseau des différentes tâches interdépendantes, en fonction de leur durée prévisible, afin de sélectionner le plus court chemin, dit *chemin critique*.

PERTE n.f.
1/ La ***perte de charge*** est la baisse de pression d'un fluide, consécutive à sa circulation par gravité forcée ou sous pression dans les canalisations, et aux difficultés de parcours rencontrées : diamètre trop faible des tuyauteries, étranglements, coudes, chicanes, etc.
Pour une nature de tuyaux donnée, de diamètre constant, ces 4 valeurs sont liées : *débit*, *diamètre*, *vitesse* et *perte de charge*.
La connaissance de deux d'entre elles permet de déterminer les deux autres, soit à l'aide d'un tableau (table de ***Darcy***), soit à l'aide d'abaques* à échelles parallèles dont il suffit de joindre deux points connus pour déterminer les deux autres : abaques de ***Dariès***, de ***Flamant***.
La perte de charge y est exprimée en mètres ou mm de hauteur d'eau (pression manométrique sous la colonne d'eau) : **mmCE**.
Dans les calculs, on prend en compte, ensuite, les pertes de charge locales dues aux appareils et aux accidents de parcours (tés, coudes, clapets, compteurs, robinets...).

Ces pertes sont évaluées :
-soit ***en valeur absolue de pression***, en hauteur de colonne d'eau : par ex., l'interposition d'un compteur dans une installation introduit une perte de charge de 1500 mm CE.

-soit ***en équivalence de perte de charge*** de mètres de tuyaux rectilignes : par ex., sur une canalisation de 30 mm, un robinet d'arrêt équivaut à 10 m de tuyau, un té équivaut à 3,50 m, un coude à 90° équivaut à 0,75 m, etc.
V. les Règles de calcul du *DTU*.

2/ En électricité, les ***pertes*** désignent la puissance perdue, en général sous forme de chaleur, dans un circuit ou dans un appareil en fonctionnement.
On distingue les ***pertes diélectriques***, dans les circuits soumis à des champs magnétiques (*courant de Foucault*, *hystérésis magnétique*), les ***pertes mécaniques*** (frottements de rotation des machines tournantes), et les ***pertes par effet Joule*** (dégagement de chaleur des conducteurs par effet de résistance).

La ***perte en ligne*** d'un conducteur désigne la baisse de tension entre le point de départ et le point d'arrivée.

Les ***pertes à la terre*** sont les courants* de fuite, dérivés vers la terre* par suite d'un isolement défectueux.

PERTUIS n.m.
Trou, perforation, orifice d'une filière*. Dans une serrure*, ouverture pratiquée dans la garniture* dite planche*, parallèle au palastre*.

PERVIBRATEUR n.m.
Appareil vibrant que l'on plonge dans le béton frais pour sa mise en place (syn.: *aiguille* vibrante*), ou que l'on applique contre les banches de coffrage, à l'extérieur.

PERVIBRATION n.f.
Action de soumettre un matériau quelconque à des vibrations. Se dit du compactage du béton, après sa mise en place dans les coffrages, avec un pervibrateur.
Réaliser cette opération, c'est ***pervibrer*** le béton.

PET-DE-CHAUX n.m.
Petit élément de chaux* mal éteinte qui fuse dans un enduit, en formant une inclusion gazeuse, ou un petit cratère à la surface de l'enduit.

PETIT-BOIS n.m. (pl.: petits-bois)
Traverse* ou montant* étroit, à feuillures, qui divise la surface d'un vitrage de croisée ou de porte-fenêtre en bois.

PETIT-ENTRAIT n.m.
Désigne parfois le faux-entrait* d'une ferme*.

PETIT-FER n.m.
(en général au pluriel : petits-fers)
Tringle de métal à double feuillure en T qui divise le châssis vitré d'une verrière ou d'une menuiserie métallique.

PÉTROLE lampant n.m.
Nom du pétrole du commerce, autrefois utilisé pour l'éclairage ; il sert encore aujourd'hui pour l'entretien des outils.

PÉTURE n.f.
Dans un bloc de pierre ou de marbre, ensemble disséminé de fils* (fines fissures) d'environ 10 à 20 cm de long ; on parle de marbre *péturé*.

PEUPLIER n.m.
Essence feuillue d'Europe. Son bois est homogène mais tendre et pelucheux ; il a de bonnes propriétés mécaniques compte tenu de sa faible densité (env. 0,5), mais il est peu durable s'il n'est pas traité ou protégé par une peinture. Facile à travailler, à peindre et à clouer, il est difficile à poncer ; on l'utilise surtout pour les menuiseries de finitions intérieures et en charpenterie légère (voliges*). Autres noms : *aube* (Provence), *bouillard, grisard, léard, liardier, tremble*, *ypréau*.

pH n.m.
(abrégé de ***potentiel Hydrogène***)
Échelle de notation du caractère neutre (pH =7), acide (pH entre 7 et 0) ou basique (pH entre 7 et 14) d'une solution aqueuse : V. Acido-alcalimétrie.

pH-MÈTRE n.m.
Appareil de mesure du pH des solutions par leurs caractéristiques électrolytiques*; cette mesure de laboratoire est beaucoup plus précise que la mesure au papier*-pH.

PHASE n.f.
Dans un phénomène périodique alternatif (fonction sinusoïdale), la phase est la fraction de période* comprise entre l'origine des temps et l'instant où la grandeur passe par la valeur nulle pour devenir positive. Deux phénomènes ondulatoires, vibratoires ou électriques sont dits ***en phase*** si, leurs fréquences étant identiques, leurs amplitudes maximales et de même signe sont simultanées ; ***en opposition de phase*** si la simultanéité concerne les amplitudes maximales de signe opposé (V.ill).
La ***différence de phase***, (ou ***déphasage***, ou *décalage*) est la différence de valeur observée à l'origine des temps entre les phases de deux fonctions périodiques.
1/ÉLECTR.: les deux conducteurs reliés aux bornes d'un enroulement induit d'alternateur* constituent une phase ; par extension, le mot désigne un conducteur de courant alternatif (associé à un neutre, ou *retour*) permettant la distribution de courant ***monophasé***.
Deux conducteurs transporteurs de courants déphasés de $\pi/2$ (90°), fournissent un courant ***diphasé*** (sans intérêt pratique). Trois conducteurs porteurs de courants déphasés entre eux de $2/3\pi$

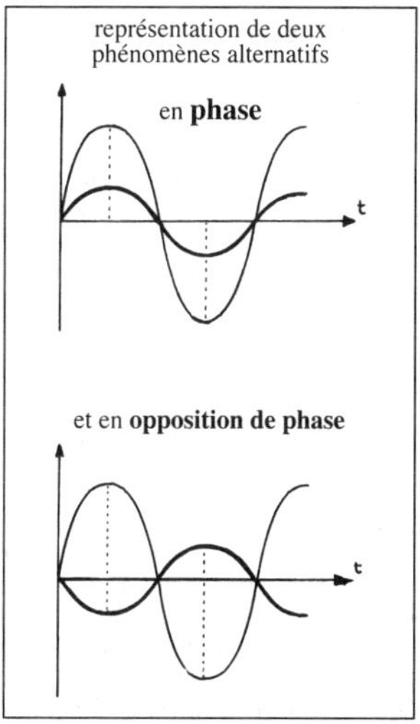

(120°) composent une alimentation en courant ***triphasé*** ; celle-ci permet de fournir trois fois plus d'énergie qu'une distribution monophasée à deux conducteurs.

NB - Si un courant triphasé est *équilibré* (déphasages valant $\pi/3$), la somme des trois courants est nulle ; le transport des courants en haute et moyenne tension est ainsi possible avec trois conducteurs, sans retour ; les utilisations domestiques monophasées des courants introduisent des distorsions parasites qui déséquilibrent les alimentations triphasées, et rendent nécessaire l'adjonction d'un *retour*, ou *neutre*.

2/CHIMIE: état* physique d'un corps (phase solide, liquide ou gazeuse).
La ***phase*** désigne aussi un caractère ou un constituant essentiel d'un corps homogène en équilibre ; par ex., une émulsion ou une dispersion sont dites en *phase solvant*, en *phase aqueuse*, en *phase organique*, etc.

PHASEMÈTRE n.m.
Appareil avec lequel on mesure la différence de phase entre la tension et l'intensité d'un courant alternatif.

PHONIQUE adj.
Qui concerne les sons.
V. Acoustique.

PHONOLITE n.f.
Roche volcanique à base de feldspath*, plus ou moins colorée. Son caractère fissile permet de la détacher en plaques rigides, qui rendent un son métallique sous les chocs (d'où le nom) ; on l'utilise sous forme de lauzes*, surtout dans le Cantal.

pics

de tailleur de pierre

de maçon

PHONOMÉTRIE n.f.
Mesure de l'intensité acoustique des sons.

PHOSPHATATION n.f.
Traitement protecteur anticorrosion des métaux et alliages ferreux, qui consiste à appliquer, sur le métal dégraissé, une solution aqueuse de phosphates acides de métaux lourds.
Syn.: *passivation*, *parkérisation* (selon la méthode d'application et la nature des agents passivants).

PHOT n.m. (symb. **ph**)
Unité pratique d'éclairement*, valant 10 000 lux.

PHOTOCELLULE n.f.
Dispositif produisant un courant électrique s'il reçoit un flux lumineux.
Syn.: *cellule photoélectrique*.

PHOTOPILE n.f.
Dispositif dit *photovoltaïque* de captage des rayonnements solaires, et de leur transformation en champ électrique par association de plaquettes semiconductrices très fines (silicium, sulfure de cuivre, cadmium).
La production d'électricité domestique par ce procédé, coûteux, est encore expérimentale.

PHRÉATIQUE adj.
Qualifie une nappe* ou une poche d'eau souterraine naturelle.

PHYLLADE n.m.
Variété de schiste lamellaire faiblement micacé*.

PIC n.m.
1/MAÇONN.: outil de démolition des maçons, à deux pointes, ou à une pointe et une tête de marteau (V.ill).
Voir aussi Pique (n.f.).

2/TERRASS.: outil analogue au pic du maçon, mais nettement plus long.

PICHE n.f.
Chasse* de paveur à tête concave.

PICOLET n.m.
Petite pièce méplate et coudée, fixée sur le palâtre* d'une serrure* pour guider le pêne*.

PICOT n.m.
1/ Petit pic à deux pannes pointues, utilisé pour dégrader les mortiers de joints des maçonneries de pierre.
2/ Petit relief saillant et pointu ; un ***rouleau à picots*** est un rouleau garni de pointes saillantes utilisé, en particulier, pour maroufler* la toile de verre dans les résines de polyester.

PICTOGRAMME n.m.
Représentation graphique simple, par un signe ou un dessin, d'une idée, d'une information, d'une mise en garde, d'une interdiction, etc.

PICTOGRAPHIE n.f.
Art de la traduction des concepts en motifs graphiques simples.

PIÈCE n.f.
Outre ses sens courants (élément ou partie d'un ensemble, local d'habitation), ce mot entre dans plusieurs désignations précises :

-***pièce d'appui*** : traverse inférieure du dormant d'une croisée*, fixée au-dessus du rejingot* de son appui. Désigne aussi l'appui* lui-même, composé d'un élément préfabriqué profilé, par opp. à l'appui maçonné.

-***pièce carrée*** : calibre* utilisé pour vérifier la perpendicularité* des angles des assemblages.

-***pièce maîtresse*** : en charpente, pièce porteuse de forte section, telle que poutre, ou poteau cornier*.

PIÉCETTES n.f. pl.
Ornement architectural composé de petits disques plats ou légèrement bombés, alignés en chapelet.
Syn.: *pirouettes*, *piastres*.

PIED n.m.
Maçonnerie verticale qui supporte une voûte. On dit d'un mur qu'il ***a du pied*** lorsqu'il est plus épais à sa base qu'à son sommet.
-***Pied d'aile*** : bande fictive de 0,33m de large qui, de part et d'autre de l'héberge* ou du conduit de fumée adossé à une construction voisine, fait partie de la surface mitoyenne du mur concerné (V. Mitoyenneté).

-***Pied de colonne*** : en électricité, désigne le bas d'une colonne montante de distribution d'un immeuble, et ses équipements de coupe-circuit correspondants.

-***Pied à coulisse*** : règle graduée munie d'un bec perpendiculaire fixe, et d'un autre déplaçable par une molette ; sert à mesurer avec précision des diamètres intérieurs et extérieurs, en particulier pour les canalisations et les tuyaux.

-***Pied-droit*** : V. Piédroit.

-***Pied de noue*** : partie inférieure d'une noue (V. ce mot).
V. aussi Plain-pied.

PIED-DE-BICHE n.m.
1/ Tige de métal servant de levier ; son extrémité en biseau, fourchue en M, sert d'arrache-clous*.

2/ Morceau de bois dur entaillé à son extrémité, servant aux menuisiers à maintenir une pièce sur chant, le long d'un établi.

PIED-DE-CHÈVRE n.m.
1/ Montant en V renversé d'une chèvre* de levage ; syn.:*bicoq*, *jambe*.
2/ Syn. de *pied-de-biche*.

PIÉDESTAL n.m.
Massif isolé servant de support à une statue, à un vase, etc. Dans les ordres* architecturaux, le piédestal se compose en général d'une *base* de plan carré (socle à plinthe avec filet*), d'un *dé** (corps principal élevé), et d'une *corniche** ou *cymaise** en couronnement* (V.ill). La hauteur du piédestal qui porte une colonne est à peu près égale au tiers de la hauteur de la colonne portée.
Le ***piédestal continu*** est un mur de soubassement qui porte une rangée de colonnes ou de statues.

PIÉDOUCHE n.m.
1/ Petit piédestal trapu, généralement tourné*, servant de support à un buste.

2/ Base d'un balustre*.

PIÉDROIT ou **PIED-DROIT** n.m.
1/ Partie verticale du mur qui porte une voûte*, montant du soubassement à la naissance* de voûte.

2/ Pilastre carré qui porte un arc*.

3/ Chacun des montants verticaux en maçonnerie, de part et d'autre d'une baie : le piédroit comprend le chambranle*, le jambage* (partie externe

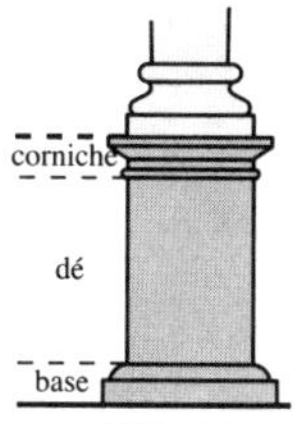

piédestal

piédroit (P)

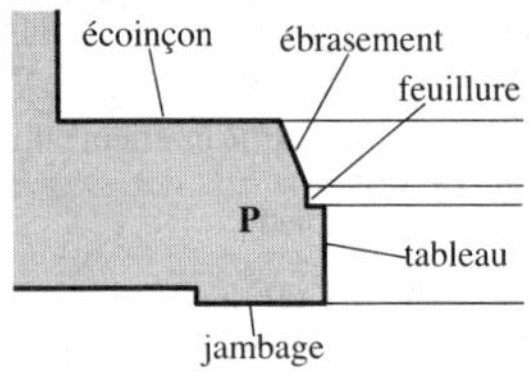

du chambranle), le tableau* (retour du jambage), la feuillure* recevant le bâti* dormant, l'ébrasement* intérieur et éventuellement l'écoinçon* (V.ill).

4/ Montant latéral d'une cheminée*, dont le jambage* est la partie en façade.

PIÉGER v.i.
Parlant d'une colle, c'est happer et retenir un revêtement dès qu'il est appliqué sur la colle ; cette caractéristique, dite ***pouvoir piégeant*** d'une colle, est voisine de celle du tack*.

PIERRAILLE n.f.
Petites pierres et éclats de roche ; dans une sablière, éléments trop gros pour le passage au crible.

PIERRE n.f.
Roche, matière minérale dure et homogène, en général utilisable comme matériau de construction.
Une pierre est caractérisée par sa ***dureté*** relative (située de 1 à 10 dans l'échelle* de Mohs), par sa ***difficulté de taille***, classée de 1 à 14 (V. ci-après), par sa ***structure*** (compacte, lamellaire, granuleuse, cristalline, granitoïde, saccharoïde, schistoïde, grésiforme, etc.), par sa ***masse volumique*** (ou sa densité), par sa ***résistance à l'écrasement****, par la texture de sa ***cassure*** (droite, conchoïdale*, lisse, raboteuse), et par sa ***couleur*** (la coloration d'une pierre lui est donnée par les oxydes qu'elle contient).
De nombreux termes servent à décrire la pierre :
-***selon ses caractéristiques***, la pierre est *coquillière** si elle renferme des coquillages fossiles, *entière* ou *pleine* si elle ne comporte pas de fêlures, fils et veines, *ferrée* si elle comporte des zones très dures, *feuilletée* si elle s'écaille en lames, *graveleuse* ou *moulinée* si elle s'égrène ou se délite en gravillons*, *moyeuse* si elle renferme des moyes*, *verte* ou *gélive* si elle se délite sous l'action du gel, *vive* si elle continue à durcir après extraction, etc.

-***selon sa préparation*** ou son parement, la pierre est *bossagée, bouchardée, brochée, ciselée, éclatée, piquée, pointée, rustiquée, smillée, têtuée* (V. ces mots).

-***selon sa disposition*** dans la maçonnerie, la pierre est *angulaire*, *appareillée*, *boutisse*, *noyée*, *parpaigne*, *pierre de lit* ou *pierre en délit*, etc. (V. ces mots).

-***selon ses dimensions***, on distingue le *bloc* (pierre de fortes dimensions non taillée), les *pierres de taille* (équarries pour être appareillées), les *libages* (pierres moyennes à lits grossièrement dressés), les *moellons* (pierres équarries de petit format), la *blocaille*. La pierre est aussi concassée en *granulats*, ou broyée en charges* fines (*fillers*, *fines*, *farines*), pour être incorporée aux bétons, mortiers, enduits et mastics.

La ***pierre artificielle*** désigne le béton, souvent à base de ciment blanc, qui compose divers éléments, blocs, pièces moulées, dalles, granitos...

La ***pierre à bâtir*** désigne toute pierre non gélive* assez dure et durable pour être utilisée en maçonnerie : caillasse, granit, grès, marbres, meulière, molasse, porphyre, silex, tuffeau, etc., sont des pierres à bâtir (V. ces mots).

La ***pierre à chaux*** est le calcaire broyé qui, par cuisson, fournit la chaux (V. à ce mot).

La ***pierre à huile*** est une pierre abrasive fine que l'on imprègne d'huile, sur laquelle on frotte le tranchant des outils affûtés pour abattre le morfil*.

La ***pierre marbrière*** est une pierre

calcaire dont la dureté est celle du marbre, et dont l'aptitude à prendre le poli* est équivalente.

La ***pierre pelliculaire*** est la pierre débitée en plaques ou dalles minces de 15 à 30 mm d'épaisseur (tolérances ≤ 2 mm), soit pour être scellée, soit pour être fixée sur les façades par des moyens mécaniques : selon les variantes de mise en oeuvre, on parle de ***pierre de placage****, de *pierre agrafée*, de *pierre accrochée*, ou encore de *pierre mince portée* (V.ill. et détails au mot Placage).

La ***pierre à plâtre*** est le gypse*.

La ***pierre ponce*** est un laitier expansé, ou une lave* naturelle d'origine volcanique (densité env. 0,7).

La ***pierre prétaillée*** est la pierre de taille taillée en carrière en petits blocs de dimensions standardisées, aux cotes précises, livrés prêts à poser sur chantier.

La ***pierre reconstituée*** désigne un matériau à base de poudres et de granulats de pierre liés par un ciment, blanc ou teinté ; on l'utilise pour fabriquer par moulage diverses pièces, imitant la pierre taillée.

La ***pierre-sèche*** qualifie une maçonnerie de pierres plus ou moins appareillées, sans liaison par un mortier. Ne s'utilise guère que pour des murets et petits ouvrages rustiques de faible hauteur.

Classification française des pierres par duretés, et coefficients de difficulté de taille correspondants :
-Pierre ***très tendre*** : moins de 2.
-Pierre ***tendre*** (2 2,5 3 3,5 4).
-Pierre ***demi-ferme*** (4,5 à 7).
-Pierre ***ferme*** (7,5 et 8).
-Pierre ***dure*** (8,5 à 12).
-Pierre ***très dure*** (coeff. 13).
-Pierre ***extra-dure*** (coeff. 14).
Les pierres et roches marbrières font l'objet de normes (NF B 10-001...).
Parmi les autres qualificatifs des pierres, citons les ***pierres milliaires*** (anciennes bornes routières), les ***pierres spéculaires*** (albâtre gypseux translucide qui servait de vitrage chez les Romains), et les ***pierres tombales***.
V. aussi Attente (pierre d' —), Calcaire, Roches.

PIERRÉ n.m. ou **PIERRÉE** n.f.
1/ Construction de maçonnerie grossière faite d'un empilage en lits successifs de pierres d'environ 15 cm et de mortier.
2/ Conduit ou goulotte* d'écoulement en pierres sèches.

PIERREUX n.m. et adj.
Nom donné aux entrepreneurs et compagnons tailleurs de pierre.

PIÉTEMENT n.m.
Ensemble des pieds, socles ou éléments composant le support ou la base d'un équipement quelconque.

PIÉTONNIER adj.
Se dit d'une circulation ou d'une ouverture destinée aux piétons : *passage piétonnier.*

PIEU n.m.
Longue pièce de bois, de métal ou de béton que l'on fonce* verticalement dans les sols de résistance médiocre.
Les pieux servent :
-soit à constituer des fondations en reportant les charges vers le sol ferme présent sous le sol meuble ;
-soit à constituer un ensemble stable de pilotis* dans un sol aquifère ou incertain, lorsqu'on ne peut atteindre le sol dur, qui est trop profond : on solidarise alors les sommets des pieux par des longrines avant d'y asseoir une construction ;
-soit à constituer des batardeaux* en alignant les pieux côte à côte, comme des palplanches*.

On distingue selon le cas :

-le ***pieu battu***, foncé dans le sol par les percussions répétées du mouton* d'une sonnette*; le pieu a sa base protégée par un sabot* de métal ou une frette*; sur la tête du pieu, on place un casque* de battage pour qu'elle n'éclate pas sous les chocs du mouton (V.ill).
Les pieux de béton sont armés de fers

longitudinaux disposés en couronne, et de cadres transversaux ou cerces*.

-le ***pieu flottant***, pieu battu dont la base ne peut descendre jusqu'au sol ferme : sa stabilité est assurée par les forces de frottement latéral de ses parois contre le sol.

-le ***pieu moulé***, poteau de béton, armé ou non, coulé et pilonné dans un forage préparé dans le sol (*pieu moulé foré*), ou dans un tube de métal préalablement foncé par battage, puis retiré au fur et à mesure de son remplissage avec le béton (V.ill).

-le ***pieu à vis***, dont le sabot est hélicoïdal* pour faciliter sa pénétration par rotation en vrille (V.ill).
Consulter le Dico-TP.

PIEUVRE n.f.
Réseau de conducteurs ou de tuyaux de distribution de fluides, sous forme de faisceaux préassemblés sur plans en atelier, permettant ainsi une mise en oeuvre plus rapide sur chantier.

PIÉZOMÈTRE n.m.
Appareil de mesure des pressions d'eau élevées.

PIEUX

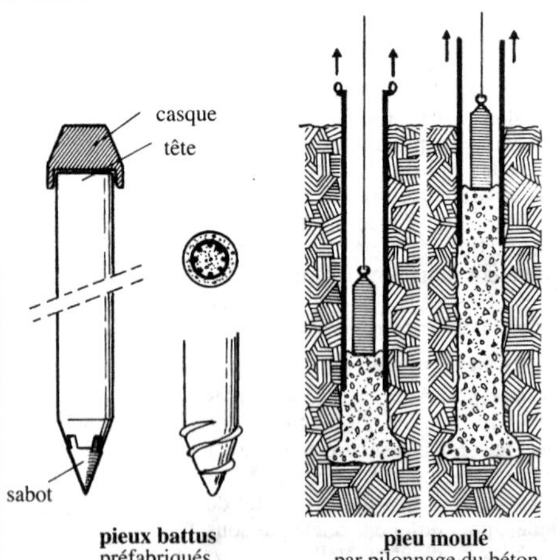

pieux battus préfabriqués, à sabot et à vis

pieu moulé par pilonnage du béton sous tube coffrant

PIF adj. invar.
Qualifie un grès* très dur, difficile à tailler mais de bonne qualité.

PIGE n.f.
Baguette, tringle coupée à une dimension déterminée pour servir d'unité de longueur répétitive dans des tracés, des contrôles de profondeurs, etc. En maçonnerie de brique, le ***montage à la pige*** consiste à édifier d'abord les angles et têtes de murs, puis à y accoler une latte graduée ; sur les repères de cette pige verticale seront alors réglés les niveaux d'assise des rangs de briques.

PIGEAGE n.m.
En carrelage, opération de calibrage et de classement des carreaux selon leurs dimensions précises, pour des travaux soignés à joints étroits.
Ce travail préalable à la pose des carrelages est devenu rare, les carreaux industriels ayant des tolérances de dimensions faibles.

PIGEON n.m.
1/ Plâtre pur gâché serré pour réaliser des cloisons de conduits de fumée.

2/ Poignée de plâtre que l'on dépose sur l'ouvrage avec la main ou avec la truelle, sans la lancer.

3/ Languette de bois ou de métal que l'on insère dans l'épaisseur d'un assemblage* à onglet*.

PIGEONNAGE n.m.
1/ Réalisation d'un *léger* ouvrage* en plâtre pur coffré ou moulé ; en particulier, désignait autrefois la confection des hottes de cuisines et des conduits de fumée, en général sur un grillage formant armature.

2/ Application du plâtre gâché serré par poignées ou truellées successives, sans jeter ni plaquer le plâtre.

PIGEONNER v.tr.
Faire un pigeonnage, appliquer un plâtre par pigeonnage.

PIGMENT n.m.
Substance colorante réduite en poudre par broyage, pour être incorporée par

dilutions successives aux peintures et enduits teintés dans la masse. Les pigments utilisés aujourd'hui sont surtout des oxydes* minéraux ou métalliques. Les pigments organiques naturels utilisés autrefois (chlorophylle, garance, indigo, carotène, hémoglobine, safran, etc.), avaient souvent une stabilité médiocre à la lumière.

Principaux pigments minéraux :
a/***blancs*** :
-l'oxyde (ou dioxyde) de titane, très stable ; colorant de la plupart des peintures et enduits de parement.
-l'oxyde de zinc, dit *blanc de zinc*, qui remplaça la céruse*; sensible aux dispersions aqueuses, et moins opacifiant que l'*oxyde de titane*.

b/***jaunes*** :
-l'oxyde de chrome ; chromate de plomb, toxique, offrant une grande variété de nuances.
-les terres ocrées naturelles.

c/***rouges*** :
-oxydes rouges de fer, oxydes de synthèse ; large gamme de nuances.
-ocres-rouges de terres naturelles.
d/***bleus*** :
-bleu de cobalt : opacifiant et solide à la lumière, mais assez coûteux.
-bleu outremer : silicate d'alumine et de soude ; peu opacifiant, terne.

e/***verts*** :
-oxyde de chrome, et sa variété oxyde de chrome hydraté bleuté (*vert Nil*).

g/***noirs*** :
-noir de pétrole, ou *carbon-black*.
-graphites, ou carbone pur.

Pigments métalliques.
Métaux réduits en poudre pour être incorporés dans des vernis de métallisation : poudres d'aluminium, de zinc, de bronze.

Pigments organiques (de synthèse).
-jaune à rouge : azoïques, diazoïques.
-verts et bleus : phtalocyanines.

PIGMENTATION n.f.
Addition de pigments colorants dans une peinture, un enduit, un béton.

pignons

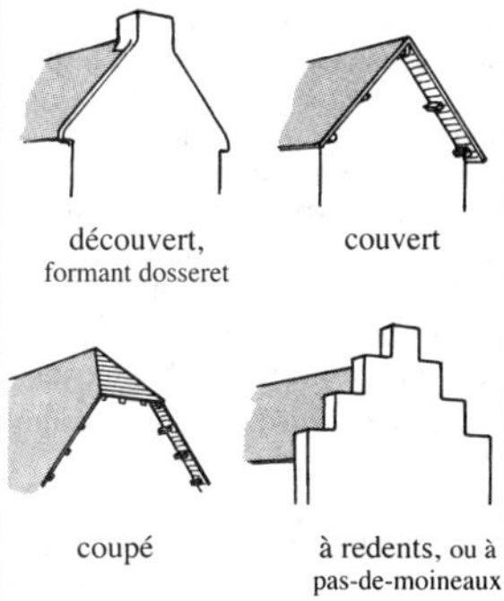

PIGNON n.m.
Mur extérieur dont les contours épousent la forme des pentes d'un comble, par opp. aux murs gouttereaux*, situés sous les égouts* des pans de toiture. Pour les immeubles, même à toit plat, on a pris l'habitude d'opposer les pignons, qui ont peu d'ouvertures, aux façades.

A l'origine, le pignon ne désignait que la partie de mur triangulaire délimitée par les toitures ; cette partie est aujourd'hui nommée ***pointe de pignon***. Un mur pignon contre lequel s'appuient des conduits de fumée, au-dessus du niveau des toits, est un ***pignon-dosseret***. Le mur surmonté par une demi-croupe* de comble est un ***pignon coupé*** ; le mur surmonté par une croupe* est en principe un *mur de croupe* (mais, par déformation, on le nomme souvent ***mur-pignon***).
Le ***pignon aveugle*** est celui qui n'a aucune ouverture*.

Le ***pignon couvert*** s'arrête sous le matériau de couverture, et il est recouvert par ce dernier.
Dans le cas contraire, on a un ***pignon découvert*** ; la partie rampante du pignon en saillie sur les pans de toiture est la *chevronnière**. Si les rampants sont en gradins (V.ill), on parlera de ***pignon à redents***, ou à *pas-de-moineau*. V. aussi Gâble, Fronton.

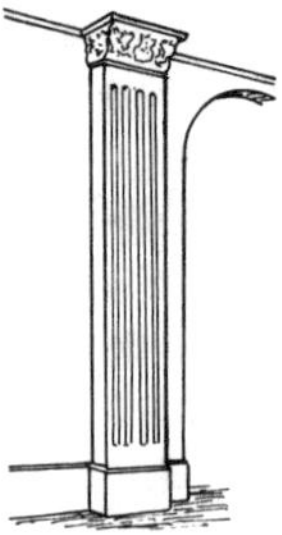

pilastre cannelé

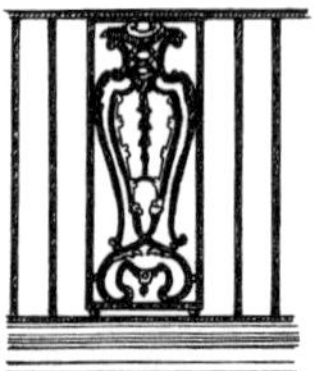

pilastre
de garde-corps

PILASTRE n.m.
1/ARCHIT.: membre d'architecture vertical en avant-corps d'un mur, présentant les caractères et l'aspect d'un pilier engagé*, partiellement saillant (V.ill). Dans les ordres* architecturaux, son épaisseur en saillie est égale au 1/6e de sa largeur. Les proportions modulaires et les ornements des pilastres sont les mêmes que pour les colonnes.

Le ***pilastre angulaire***, ou *cornier**, cantonne* l'angle d'un bâtiment.

Le ***pilastre ébrasé*** est celui qui semble replié dans un angle intérieur.

Le ***pilastre en gaine*** se rétrécit du bas vers le haut. Le ***pilastre lié*** est solidaire d'une colonne par sa base et/ou son chapiteau*.
Il est *ravalé* s'il porte des moulures ; *cannelé* si son parement a plusieurs cannelures régulières.

2/MENUIS.: division verticale saillante d'un lambris* en panneaux*.

3/SERRUR.: ouvrage de ferronnerie à jour qui marque la séparation entre deux travées ou deux panneaux d'une rampe, d'un balcon ou d'une grille (V.ill). Montant ouvragé formant le départ* d'une rampe classique.

PILIERS

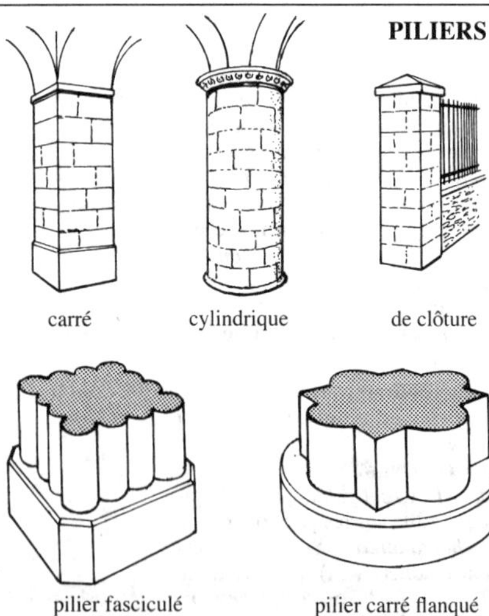

carré — cylindrique — de clôture

pilier fasciculé de plan carré — pilier carré flanqué de colonnes engagées

PILE n.f.
Massif* de maçonnerie d'une certaine hauteur : *pile de pont*. Désigne parfois aussi un pilier* constitué de petits éléments maçonnés. Les bois d'oeuvre sont en ***pile morte*** lorsqu'ils sont empilés les uns sur les autres, sans épingles* séparatives.

PILIER n.m.
1/ARCHIT.: support vertical isolé en maçonnerie, de forte section. Souvent carrés, les piliers peuvent être cylindriques, cruciformes*, ou composés de colonnes en faisceau autour d'un noyau de maçonnerie (***pilier fasciculé***) ; plus massif que la colonne*, le pilier s'en distingue, en général, par sa composition en pierres appareillées, et non en tambours superposés (V.ill).
Le ***pilier butant*** est un corps de maçonnerie qui sert à contrebuter* les poussées d'un arc ou d'une voûte.

Le ***pilier engagé**** dans un mur est partiellement saillant sur le nu* du mur, et a l'aspect d'un pilastre*.
Le pilier désigne aussi chacun des montants latéraux en maçonnerie d'un portail, ou des montants maçonnés interrompant le cours d'une grille ou d'un mur de clôture.

2/SERRUR.: tige soudée perpendiculairement au dos du palastre* d'une serrure*, entre celui-ci et le foncet*, pour servir de butée de positionnement, d'entretoise* ou de guide.
Le ***pilier percé*** est celui au bout duquel on visse le foncet*.

PILON n.m.
Lourd rondin de bois, muni d'un manche dans son axe central, utilisé pour damer* les sols par pilonnage, ou pour mettre les pavés de niveau (V. aussi *dame*, *hie*).

PILONNAGE n.m.
1/ Damage* des sols au pilon.

2/ Compactage du béton par la chute répétée d'un pilon (puits et pieux* en béton moulé).

3/ Répartition du béton dans un coffrage à l'aide d'une longue tringle, dite passe-partout*.

PILONNER v.tr.
Tasser, compacter, damer* au pilon.

PILONNEUSE n.f.
Pilon motorisé, produisant la détente verticale répétée d'une semelle (V.ill). Syn.: *pilette, grenouille.*

PILOT n.m.
Pieu* de fort diamètre (20 à 30 cm), à tête frettée* et à sabot* de métal, foncé dans les sols par battage* pour composer un pilotis*.

PILOTAGE n.m.
1/ Conduite et coordination* des travaux d'un chantier.

2/ Mise en place d'un ensemble de pilots dans un terrain ; ensemble des pilots foncés dans le sol, que l'on solidarise pour composer un pilotis.

PILOTE adj.
1/ L'***entreprise pilote*** d'un chantier choisit et dirige les entreprises sous-traitantes, et coordonne leurs interventions.

2/ En électricité, une ***ligne pilote*** est celle qui, indépendante du réseau, commande un équipement.

PILOTIS n.m.
Support composé d'un ensemble de pilots* solidarisés par des moises*. Les pilotis sont établis dans les terrains meubles et aquifères*, pour porter des ouvrages qui concernent, le plus souvent les travaux publics, tels que des piles de ponts.
Foncés dans le sol, les pilots sont arasés ou recépés*, pour recevoir un quadrillage de madriers ou de longrines* qui porte l'ouvrage.

Un ***pilotis de remplage***, ou ***de retenue***, est celui qui sert uniquement à stabiliser un terrain à proximité d'un ouvrage d'art ou d'un édifice.

PIN n.m.
Conifère à aiguilles longues dont il existe de très nombreuses variétés : pin maritime ; pin sylvestre ou pin du Nord (pin rouge de Scandinavie) ; pin des Vosges ; pin des Landes ; pin d'Écosse (ou pin rouge) ; Laricio (pin de Corse) ; pin noir (d'Autriche) ; pin d'Alaska ; pin de Weymouth (ou du Canada) ; pin blanc (ou pin d'Alep) ; pin d'Orégon (ou Douglas-fir, ou sapin Douglas) ; pin du Brésil ; pin cembrot (Alpes, Sibérie), dit *arole*, *auvier* ou *alviès* ; pitchpin*, etc.
Le pin a un coeur dur, plus ou moins rougeâtre. Son bois, mi-lourd, assez nerveux*, est à fil droit, mais souvent noueux et moins régulier que celui du sapin. Sa durabilité et sa bonne résistance mécanique en flexion comme en compression le font utiliser en charpente (chevrons*) et en menuiserie (lames de persiennes*,moulures, parquets...). D'usinage souvent difficile (noeuds et poches de résine), le pin se ponce, se colle et se cloue très bien.
NB- On nomme en France ***sapin du Nord***, ou *bois du Nord*, le pin d'importation, par opp. au ***pin de pays***.

PINACLE n.m.
Amortissement* en forme de clocheton plus ou moins ouvragé érigé sur un contrefort, sur l'extrémité d'un fronton ou de part et d'autre d'un gâble* (V.ill). Avant d'être un élément esthétique, il a un rôle de stabilisateur, par la charge verticale qu'il exerce sur les points d'appui.

PINCE n.f.
1/COUVERT.: rebord d'une feuille de métal, replié sur lui-même pour constituer une bordure renforcée ; une ***feuille pincée*** est une feuille dont les bords sont ainsi repliés. La pince peut être plate ou rechassée*.

2/OUTILL.: désigne divers outils manuels qui fonctionnent par serrage pour saisir, couper, gruger*, cintrer, dénuder les conducteurs, riveter, etc.
La ***pince à avoyer**** sert à redonner de la voie* aux lames de scie.
Désigne aussi diverses longues barres d'acier, utilisées comme leviers.
Voir les **illustrations des deux pages suivantes**.

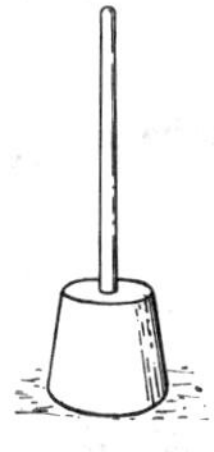
pilon

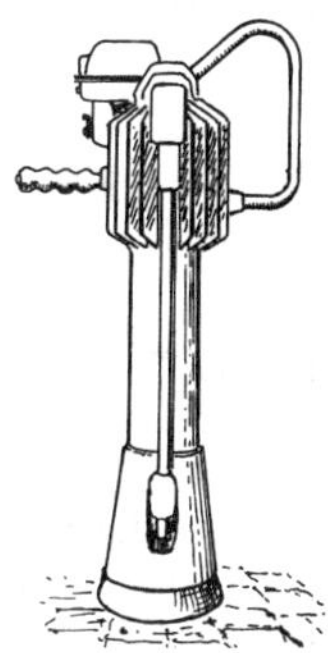
pilonneuse

PINCES

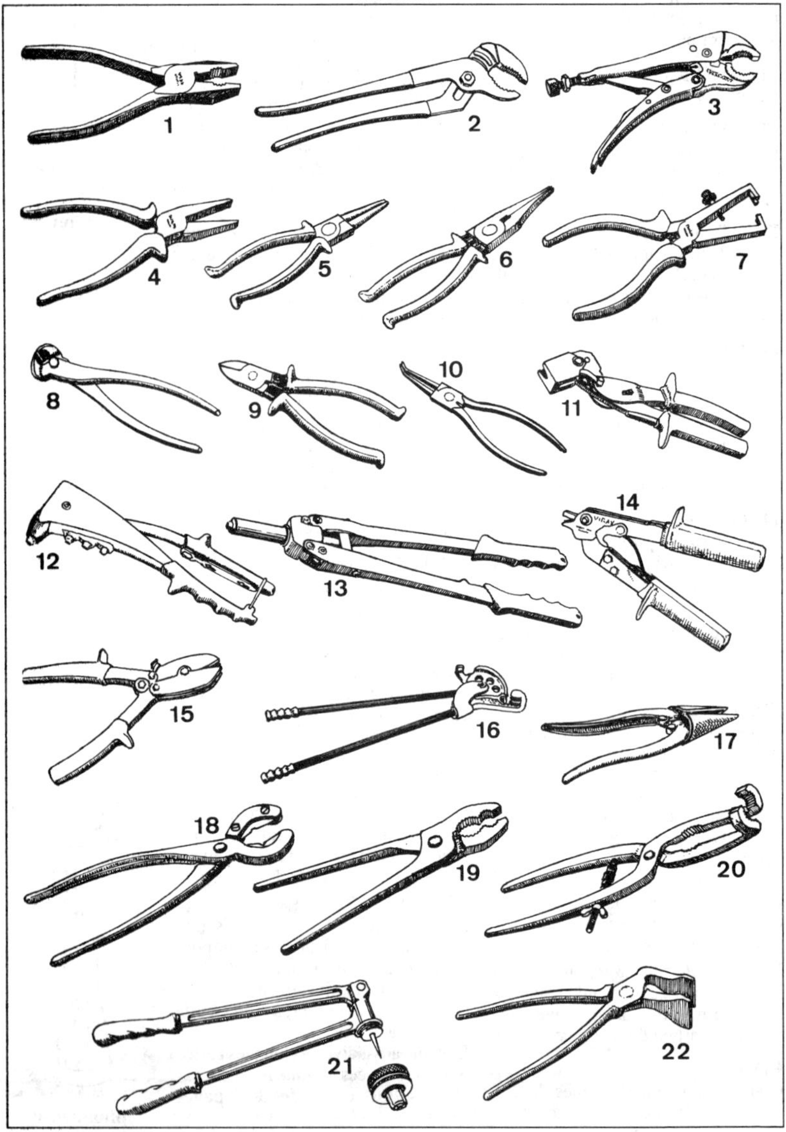

PINCEAU n.m.
Ensemble de poils d'animaux ou de fils synthétiques assemblés en faisceau et pincés sur une embase prolongée par un manche de bois ou de plastique ; dans le bâtiment, on parle plutôt de *brosses* (V. à ce mot).

PINCEAUTAGE n.m.
Autrefois, travail de fines retouches de finition sur les ouvrages de papier peint mural.

PINCELIER n.m.
Récipient à deux compartiments utilisé par les peintres : l'un sert à nettoyer brosses et pinceaux, l'autre est une réserve de diluant.

PINCEUR n.m.
Aide-manoeuvre qui assiste le poseur des pierres de taille dans leur manipulation (à la pince*).

PINNULE n.f.
Petite plaquette de cuivre perforée ou fendue, dressée verticalement à chaque bout d'une alidade*, pour effectuer les visées et prendre des alignements topographiques.

PIOCHE n.f.
Outil de terrassement manuel utilisé pour creuser ou ameublir la terre par *piochage* ; une de ses pannes* au moins est aplatie (V.ill).
Syn.: *tournée*.

PIOCHEMENT n.m.
Abattage* d'une partie de pierre en saillie ou d'un enduit, sur au moins 3 cm d'épaisseur, ou même abattage d'une certaine épaisseur d'un mur (jusqu'à la moitié de son épaisseur) ; ne pas dire *piochage* dans ce sens.
Parfois syn. de *hachement**.

PIOCHON n.m.
Bisaiguë* de charpentier munie d'une douille en son milieu, pour l'emmancher comme une pioche.

PIPE n.f.
1/CHAUFF.: la ***pipe d'alimentation*** : fine canalisation conduisant le combustible au brûleur d'une chaudière.

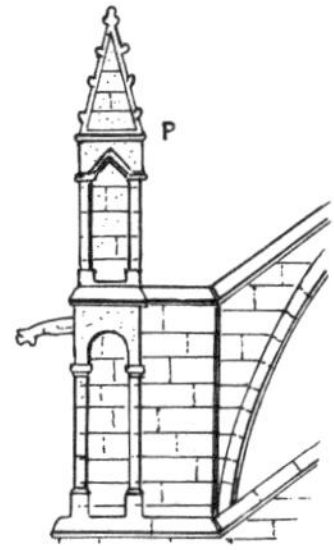

pinacle
d'arc-boutant

pioche

PINCES (suite)

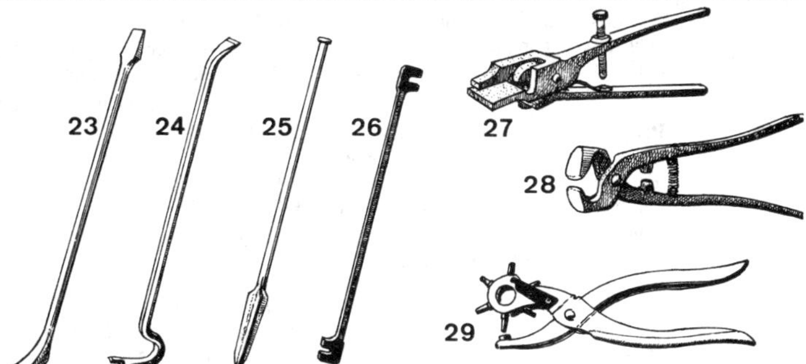

1 Pince universelle
2 Pince multiprise, ou polygrip
3 Pince-étau universelle
4 Pince à becs plats
5 Pince à becs ronds
6 Pince téléphone
7 Pince à dénuder
8 Pince coupante "devant"
9 Pince coupante diagonale
10 Pince circlips (extérieurs)
11 Pince à chevilles pour corps creux
12 Pince à riveter
13 Pince à riveter à bras
14 Pince à assembler les lattis métall.
15 Pince à rétreindre les tubes de tôle
16 Pince à cintrer les tubes écrouis
17 Pince à évaser
18 Pince coupe-plomb
19 Pince à gaz
20 Pince sanitaire
21 Pince à emboîtures (syst.Expandax)
22 Pince à border les feuilles de zinc
23 Pince de carrier ou de charpentier (plus courte, c'est la pince-monseigneur)
24 Pince à décoffrer
25 Pince de paveur
26 Pince à dégauchir et cintrer les fers
27 Pince à avoyer les dents des scies
28 Pince de carreleur-mosaïste
29 Pince emporte-pièce

NB - La plupart de ces illustrations sont inspirées des catalogues SAM-Outillage et VIRAX.

2/ÉLECTR.: pièce tubulaire coudée, en matière isolante, qui sert de fourreau pour l'entrée des conducteurs aériens vers l'intérieur d'un bâtiment, à travers les murs.

3/PLOMB.: la ***pipe de raccordement*** est un élément de canalisation légèrement cintré, en général en plomb, noyé dans la maçonnerie, joignant l'évacuation d'une cuvette de WC à l'orifice d'une chute*.

PIQUAGE n.m.
1/CHARP.: le ***piquage des bois*** est l'établissement* des marques* sur les pièces pour indiquer, en particulier, la direction des joints d'assemblage et des mortaises biaises à creuser. On dit aussi ***piqué*** (n.m.) ou ***piqûre*** (n.f.) dans ce sens.

2/CHAUFF.-PLOMB.: branchement en dérivation d'une canalisation secondaire sur une principale, telle qu'une colonne* montante.

3/ÉLECTR.: branchement de dérivation d'un conducteur secondaire sur une ligne principale.

4/MAÇONN.: taille régulière à petits éclats, faite par percussion avec un pic* sur le parement ou le lit d'une pierre ou d'un moellon.

PIQUE n.f.
1/ Marteau à deux pointes, avec lequel le tailleur de pierre réalise les parements éclatés*. Elle se manipule à deux mains, et diffère du pic*.

2/ Barreau vertical d'une grille, pointu à son sommet.

PIQUÉ adj.
1/ Qualifie le bois attaqué par les insectes xylophages*.

2/ Qualifie un métal dont la surface comporte des points de corrosion disséminés, ou *piqûres*.

3/ Le ***moellon**** ***piqué*** est une petite pierre de taille dont toutes les faces (parement, lits, joints), sont équarries* et bien dressées, à arêtes vives.

PIQUER v.tr.
1/ Faire un piquage*.

2/ Marquer avec des petits trous les contours d'un profil à rapporter ou à creuser à la surface d'un panneau de bois ou d'une pierre de taille.
-Piquer une chaudière, c'est éliminer le tartre déposé dans ses tubulures de chauffe.
-Piquer les glaces, en miroiterie, c'est frotter deux panneaux de verre l'un contre l'autre pour les polir, en interposant de la poudre d'émeri.
-Piquer le marbre, c'est l'adoucir* en frottant sa surface avec un tampon de toile fine imprégné de limaille de plomb et de poudre d'émeri, ou de *potée**.

PIQUET n.m.
1/ Petit pieu* servant de jalon* de repère.

2/ Pieu métallique foncé dans le sol pour constituer un contact de mise à la terre*; il est raccordé au circuit de terre par une barrette* de connexion.

3/ Pieu léger fiché dans le sol, contre lequel on fixe une clôture ou une palissade.

PIQUETAGE n.m.
1/ Mise en place de jalons ou de piquets d'alignement sur un terrain.

2/ Martelage ou bouchardage* destiné à la formation d'éclats disséminés à la surface d'un béton avant l'application d'un enduit* hydraulique, afin d'en améliorer l'adhérence.

PIQUETER v.tr.
Faire un piquetage.

PIQUEUR n.m.
Ouvrier spécialiste de l'équarrissage* et du piquage* des moellons.

PIQÛRES n.f. pl.
Petits points et cavités à la surface d'un métal, résultant d'une forme particulière de corrosion localisée. Petits trous à la surface d'un émail.

PIRIFORME adj.
Qualifie ce qui est en forme de poire: *balustre piriforme*.

PIROUETTES n.f.pl. V. *piécettes*.

PISCINE n.f.
Les techniques de construction des piscines et la spécificité des équipements sortent du cadre de cet ouvrage.
Consulter la Chambre Syndicale des Industries de la Piscine, le Groupement national d'Installateurs de Piscines, ou un installateur (***piscinier***).
Important : voir la norme de sécurité qui impose l'installation de barrière interdisant l'accès aux enfants.

PISÉ n.m.
Maçonnerie rurale rustique en terre grasse argileuse ; la terre à pisé était soit utilisée telle (terre *folle* ou *sauvage* du pisé lyonnais, du Dauphiné, de la Bresse), soit additionnée, selon les régions, de cailloux, de tuileau* pilé, de sable, de bourre*, de paille hachée, de chaux grasse (Picardie).

Avec des variantes régionales, les constructions en pisé sont élevées sur un muret de soubassement en pierre ou en brique, protégeant les murs contre les remontées* d'humidité.

La terre bien triturée (*frassée*), humide, ferme mais plastique*, et sans mottes dures (*catons*), était placée dans des coffrages modulaires en *banches*, planches d'environ 2 à 3 m de long et 0,60 m à 1 m de haut, dont l'écartement était maintenu par des entretoises de bois clavetées, les *clefs*, ou *lançonniers** (V.ill). La couche de matériau était alors pilonnée* avec un *pisoir**, puis on recommençait jusqu'à remplir la *banchée* par lits successifs (*tarrèdes*) de 20 cm, ramenés à 10 cm par compactage avec un pilon spécial (*pisoir, pisou,* ou *pilotte*).

En général, on interposait un lit de mortier de chaux, ou un simple cordon de mortier du côté extérieur, pour assurer la liaison des tarrèdes. L'extrémité des banchées était finie en plan incliné (*équillade*) ; puis on déplaçait les banches pour faire la banchée suivante.

Lorsque deux niveaux de banchées superposées étaient faits, on laissait

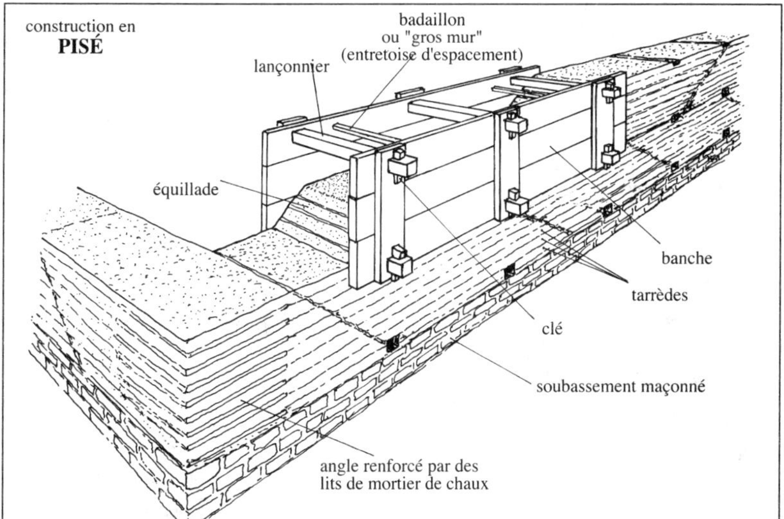

pisoir

sécher de une à trois semaines.
Les jambages et angles de murs étaient faits soit en maçonnerie de pierre ou de briques en liaison*, soit en pisé alterné avec des lits de chaux, souvent avec une armature de branchages (angles dits *croisés*).
Enfin, selon les régions, le pisé était badigeonné ou enduit de chaux, plâtre ou blanc* de bourre.
Les murs de maisons en pisé, sains car respirants*, sont durables s'ils sont protégés de toute infiltration et ruissellement d'eau par des toitures étanches qui débordent largement à l'extérieur.
V. aussi Bauge, Torchis.

PISER v.tr. Construire en pisé.

PISEUR ou **PISEYEUR** n.m.
Spécialiste des constructions en pisé.

PISOIR, **PIZARD** ou **PIZON** n.m.
Désigne, selon les régions, le pilon* de bois qui sert à compacter le pisé dans ses banches (V.ill).

PISSETTE n.f.
Petit tube d'écoulement des eaux, par ex. dans un rebord de balcon.

PISTOLET n.m.
1/ Désigne divers outils portatifs, parmi lesquels (V.ill) :
- le ***pistolet extrudeur*** sert à appliquer en cordons des mastics d'étanchéité (dits *à la pompe*), à partir de cartouches de mastic standardisées.
- le ***pistolet à colle*** thermofusible (*hot-melt*) ; il sert en menuiserie et en décoration pour la pose de revêtements, moulures, ornements, etc.
Il utilise des bâtonnets de colle que

PISTOLETS

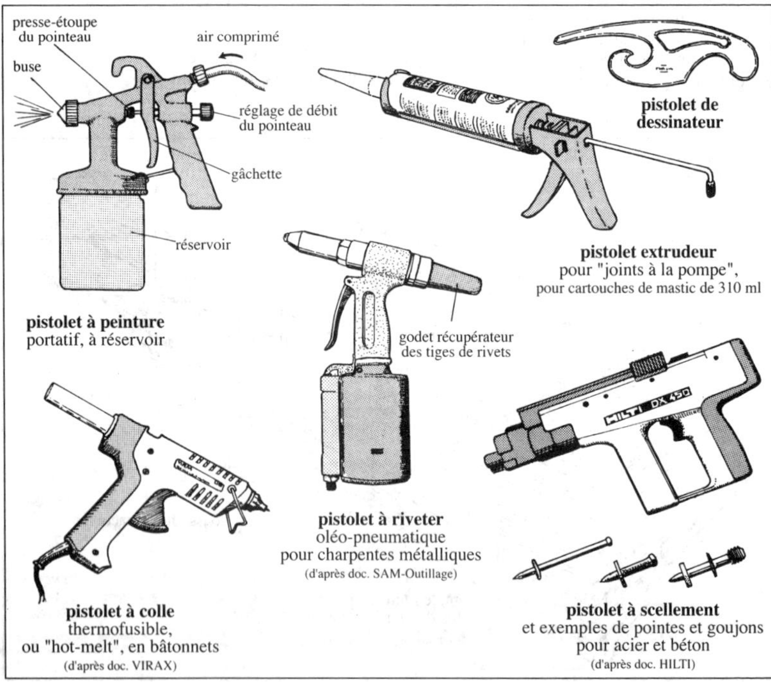

pistolet à peinture
portatif, à réservoir

pistolet de dessinateur

pistolet extrudeur
pour "joints à la pompe",
pour cartouches de mastic de 310 ml

pistolet à riveter
oléo-pneumatique
pour charpentes métalliques
(d'après doc. SAM-Outillage)

pistolet à colle
thermofusible,
ou "hot-melt", en bâtonnets
(d'après doc. VIRAX)

pistolet à scellement
et exemples de pointes et goujons
pour acier et béton
(d'après doc. HILTI)

fait fondre, au niveau de la buse, un dispositif de chauffage.
- le ***pistolet de scellement*** permet d'enfoncer des goujons ou des pointes d'acier dans les parois avec une grande puissance (*pisto-scellement*, *spitage*), la propulsion étant assurée par une cartouche à charge explosive, ou par l'air comprimé.
- le ***pistolet à peinture*** pour la projection par pulvérisation pneumatique ou électrostatique des peintures et vernis fluides à travers l'orifice très fin d'une buse ; la peinture au pistolet est surtout utilisée, dans le bâtiment, pour des séries de pièces aux reliefs difficiles d'accès (radiateurs, persiennes). Pour les produits nécessitant un mélange résine/durcisseur, on utilise des matériels spéciaux, dits ***airless****: les produits, mis sous pression, parviennent par des tubes jusqu'au pistolet, où ils sont mélangés juste avant leur passage dans la buse de projection.
- le ***pistolet à riveter*** sert à poser des rivets* en série, sans l'effort physique qu'impose la pince à riveter.
- le ***pistolet de sablage***, équipement de projection pneumatique de silice fine, en jets concentrés, pour les travaux de décapage par sablage*.

2/ Règle plate à contours arrondis et variés, utilisée en dessin pour réaliser toutes sortes de courbes.

PISTOLETTAGE n.m.
Application d'un revêtement par projection au pistolet.

PISTONNEUSE n.f.
Poinçon* métallique de couvreur. Garni de plusieurs pointes acérées, il sert à percer dans le zinc des séries d'avant-trous* pour les petits clous* de 16 x 12 dits *clous à piston* (V.ill).

PISTO-SCELLEMENT n.m.
Fixation par des goujons ou pointes au pistolet* de scellement.
Syn.: *spitage* (marque comm. SPIT).

PITCHE n.m.
Outil utilisé pour casser le granit suivant une ligne déterminée.

PITCHPIN n.m.
Variété de pin* à bois rougeâtre et jaune, à forte teneur en résine, utilisé en menuiserie d'ameublement et revêtements. Syn.: *yellow pine*.

PITON n.m.
1/ Article de quincaillerie en forme de clou ou de vis dont la tête est coudée en forme de gond ou de crochet (V.ill).
2/ Platine* de fixation d'un barreau de rampe sur le limon d'un escalier.

PITONNERIE n.f.
Désigne, en quincaillerie, l'ensemble des pitons, crochets et gonds à vis.

PITTING n.m. (de l'anglais)
Phénomène de corrosion par piqûres ponctuelles, qui se développe parfois sur la face interne des canalisations d'eau froide en cuivre.
Ces pustules enferment une solution acide, riche en chlorures et en sels cuivreux, qui attaque lentement le cuivre jusqu'à sa perforation.

PIVOT n.m.
Organe de rotation de diverses menuiseries dont l'axe de pivotement

pitons

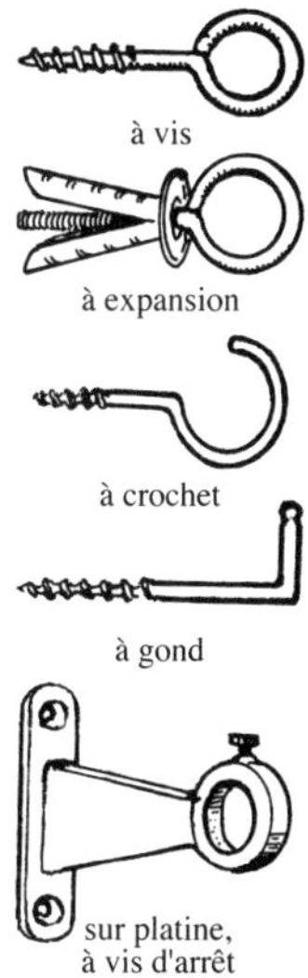

pistonneuse
de couvreur

PIVOTS

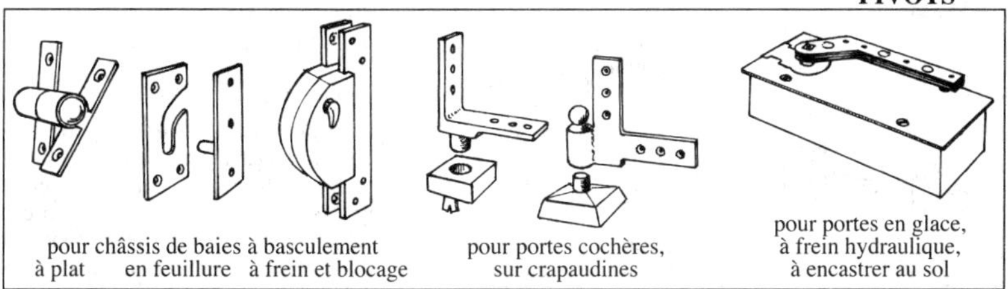

ne longe pas un côté de l'ouvrant : fenêtres à basculement, portes en verre, portes cochères... (V.ill).

Le ***pivot à frein*** désigne le pivot enchâssé dans le sol pour la rotation des portes en glace (V.ill).

Il comporte un dispositif masqué de freinage hydraulique ou à ressort, à force de rappel réglable, qui ralentit la fin de course du vantail et le ramène doucement en position de fermeture complète.

Ce dispositif interdit toute fermeture brutale de la porte, et doit offrir une bonne résistance au vent en position fermée.

PIVOTANT adj.

Se dit d'un châssis* ou d'une fenêtre dont l'ouvrant est mobile suivant un axe vertical (on dit *basculant*, ou *à projection*, si l'axe est horizontal).

PIVOTEMENT n.m.

Rotation autour d'un point fixe ou d'un axe défini.

PLACAGE n.m.

Ouvrage de parement* composé d'éléments en feuilles semi-rigides ou en plaques ou plaquettes rigides, rapportées sur un support en général plan ; en ce sens, les revêtements céramiques muraux ou les parquets collés constituent des placages.

Le terme placage désigne surtout :

1/ Les revêtements superficiels rapportés en *bois de placage* (bois* lamellaires déroulés ou tranchés).

2/ Les **revêtements muraux en plaques** de *pierre pelliculaire* ou *marbre pelliculaire*, en parement des façades de bâtiments. Les épaisseurs vont de 30 à 60 mm pour les systèmes fixés par agrafage*, et de 12 à 20 mm pour les placages scellés à bain* de mortier contre leur support.

Les pierres, de densité moyenne à forte (2,2 à 2,8), sont débitées en dalles* de formats 40 x 60, 50 x 80 ou 60 x 90 ; les placages plus grands sont rares, pour des raisons de fragilité et de difficulté de manipulation.

Les dalles de placage sont fournies égrisées, adoucies, parfois polies.

Les dalles destinées à être *agrafées* font l'objet d'un usinage préalable de trous ou d'évidements en queue*- d'aronde. L'agrafage (V.ill) est fait selon divers procédés, avec des agrafes ou pattes d'acier inoxydable.

Les dalles de placage en pierre pelliculaire à *sceller en plein*, à bain de mortier, doivent avoir une surface limitée à 800 cm², une épaisseur inférieure ou égale à 2 cm, et une masse surfacique ≤ 40 kg/m².

Les dalles de placage en pierre pelliculaire à coller (aux mortiers-colles pour murs extérieurs), doivent avoir au maximum 450 cm², et une masse surfacique ≤ 30 kg/m².

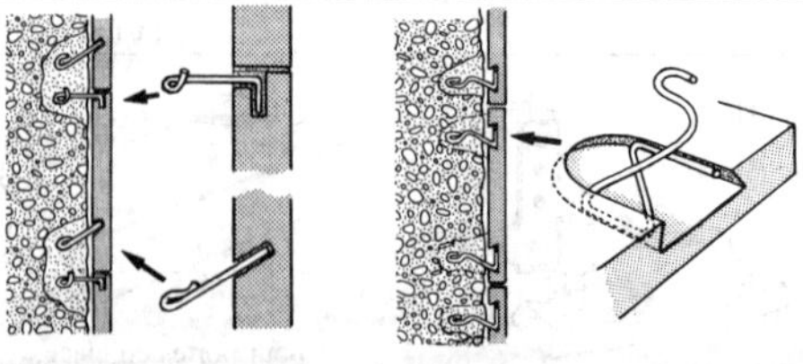

pierre de **placage**
deux exemples de systèmes d'agrafage mural

PLACAGISTE n.m.

Fabricant ou applicateur de revêtements en placage de bois.

PLACOPLÂTRE

(marque commerciale, souvent familièrement abrégée en "*placo*") : V. Cloison, Complexe, Plaque.

PLAFOND n.m.

Paroi horizontale supérieure apparente d'un local, d'un escalier, d'une pièce mansardée... ; on peut classer les plafonds en 4 familles, comprenant de nombreuses variantes :

a- le ***plafond à ossature apparente***, constitué par la sous-face des solives et des poutres, leurs entrevous* étant garnis en retrait de façon à laisser des retombées*. Ce type de plafond est dit ***à caissons*** lorsque les entrevous entre ossatures composent des compartiments creux dont les retombées (soffites*) sont, souvent, moulurées et décorées.

b- le ***plafond de plâtre armé*** est un enduit à parement plan en sous-face du plancher de l'étage supérieur, et totalement solidaire de celui-ci.
Ce plafond, traditionnel, est fait d'un enduit de plâtre appliqué sur une armature de lattis de bois (*bacula**), de roseaux (*canisse**) ou de métal (métal déployé ou tôle perforée fixé sous les solives (ou sous les fermettes de charpente). *V. le DTU 25.221.*

c- le ***plafond fixé***, ouvrage de plaques de plâtre à parement cartonné, clouées ou vissées sous les solives des planchers, ou encore ouvrage en lambris de frises*. *V. le DTU 25.222.*

d- le ***plafond suspendu***, dit ***faux-plafond***, ouvrage plan construit sous

PLAFONDS

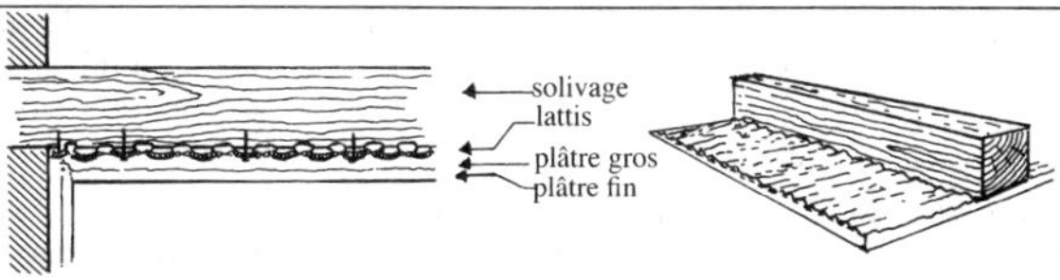

plafond traditionnel en plâtre, sur lattis d'armature

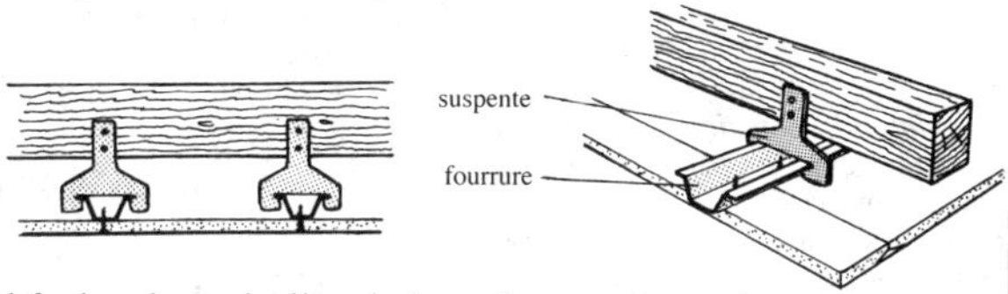

plafond en plaques de plâtre vissées sur fourrures et suspentes

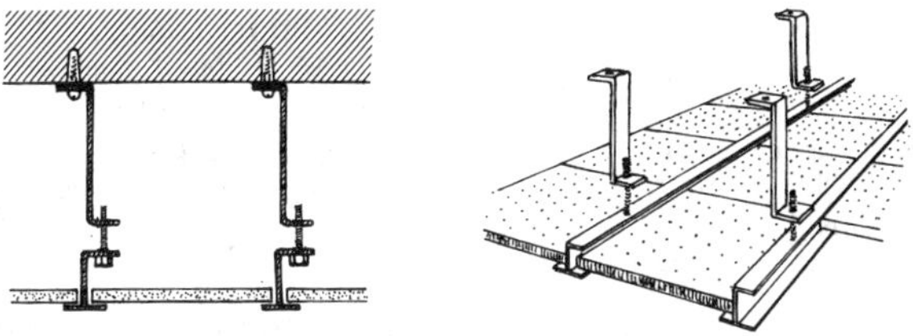

plafond suspendu ou "faux-plafond", en plaques amovibles

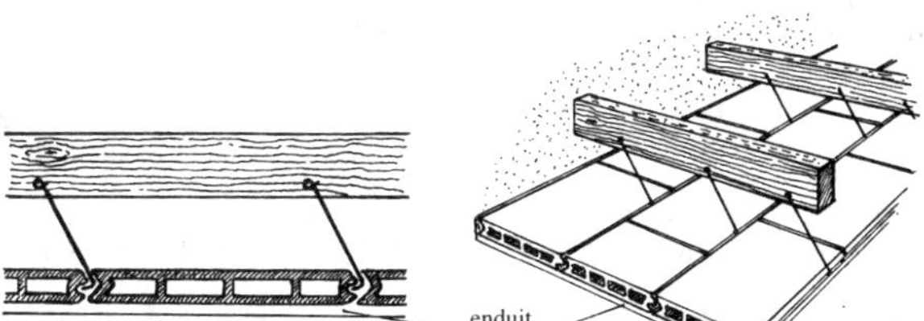

plafond suspendu en éléments céramiques, dits "plafonnettes" ou "cancalons"

le plancher, à une certaine distance de celui-ci : il se compose en général d'une ossature métallique légère accrochée à intervalles réguliers par des *attaches de suspente** (V.ill).
Cette ossature est habillée de matériaux légers, plaques ou panneaux fixes ou amovibles, en plâtre, en staff*, dalles acoustiques...

Un type particulier de plafond suspendu est le ***plafond en céramique***, composé de briques creuses et plates (*plafonnettes**) à bords emboîtables, accrochées au plafond par des suspentes spéciales (V.ill) ; ce type de plafond reçoit un enduit de plâtre.

Le ***plafond en staff**** est constitué de plaques de staff ancrées au plafond par l'intermédiaire de polochons* de plâtre armé de filasse. *Voir les DTU*.

En complément de ces quatre familles de plafonds, citons :

- le ***plafond acoustique***, en général suspendu, dont les panneaux de parement sont constitués d'absorbants phoniques, soit par la nature fibreuse du matériau qui les compose, soit par leurs perforations étudiées pour jouer le rôle de *pièges à sons*.

-le ***plafond flottant***, sur une armature horizontale autoporteuse qui prend appui sur les murs, à la périphérie du local, n'est en aucun point solidarisé au plancher supérieur.

-le ***plafond marouflé***, plafond flottant en toile tendue entre les murs.
-le ***plafond chauffant***, qui consiste à enrober un réseau de serpentins chauffants dans la partie inférieure de la dalle de plancher pour chauffer, surtout par rayonnement*, les locaux inférieurs.

-le ***plafond lumineux***, plafond suspendu qui comporte un ensemble de rampes lumineuses disposées entre la sous-face d'un plancher et un faux-plafond en plaques translucides fixées sur rails.

-le ***plafond-résille***, faux-plafond composé d'un quadrillage de lames métalliques formant paralume*.

-le ***plafond tendu***, constitué d'un film thermoplastique agrafé à la périphérie. Il est ensuite rétracté et tendu par un générateur d'air chaud (technique relevant d'entreprises spécialisées).

• ***Plafond légal* de densité (PLD)** : règle d'urbanisme qui limite la densification de l'habitat en centre ville, et qui incite à la réhabilitation du bâti existant.

PLAFONNAGE n.m.
Réalisation des plafonds (le mot *plafonnement* a un sens différent, qui indique la perspective* de décor ou d'éléments vus du dessous).

PLAFONNER v.tr.
Exécuter un ouvrage de plafonnage.

PLAFONNETTE n.f.
Sorte de hourdis céramique creux, peu épais, à bords emboîtables, avec lequel on réalise des plafonds* suspendus.

PLAFONNEUR n.m.
Entrepreneur ou ouvrier spécialiste de la réalisation des plafonds.

PLAFONNIER n.m.
Luminaire* installé sous un plafond.

PLAIN-PIED n.m. invar.
Ensemble de locaux dont tous les planchers sont au même niveau.

de PLAIN-PIED loc. invar.
Qui est situé au même niveau : deux appartements ouvrant sur un même palier sont de plain-pied ; un bâtiment est dit de plain-pied lorsque ses pièces principales de rez-de-chaussée ouvrent sur l'extérieur, et que l'on peut y accéder sans franchir d'autre degré* qu'un simple seuil.

PLAN adj.
Plat, sans aspérités, mais pas nécessairement lisse, ni horizontal.

PLAN n.m.
1/ Surface géométrique fictive, plane, illimitée en toutes directions.

2/ Représentation graphique, suivant une échelle convenue (et précisée), d'une projection orthogonale des

points d'un terrain, d'un bâtiment ou d'un ouvrage quelconque.
Le plan est ***géométral*** s'il ne montre aucune perspective, ***perspectif*** dans le cas contraire.
Les plans d'architecture se divisent en *plans* proprement dits (projections verticales, coupes* horizontales), *élévations* (projections horizontales sur des plans verticaux), et *coupes** verticales.
Tout plan doit comporter des indications d'identification et de légende, dans un *cartouche** disposé dans un angle du plan, de telle sorte qu'il reste apparent lorsque le plan est plié.

Le ***plan d'architecte*** désigne un projet ou un plan présumé définitif établi par l'architecte ; il est joint à la demande de permis de construire.

Le ***plan coté*** est celui sur lequel figurent les cotes* de dimensions (et pas seulement l'échelle).

Les ***plans d'exécution*** et les ***plans techniques*** sont ceux qui servent à la réalisation des ouvrages.

Le ***plan-masse***, ou ***plan de masse*** est un plan à échelle réduite (souvent 1:200e) qui situe les implantations d'un ou plusieurs bâtiments sur leur terrain et dans leur environnement.

Le ***plan de situation*** est un plan à échelle encore plus réduite (souvent 1:5000e) qui situe la position d'un terrain dans une commune ou dans un lotissement, et son orientation*.

Le ***plan de récolement*** est celui qu'un entrepreneur fournit pour indiquer précisément le parcours des canalisations qui sont enterrées, ou encastrées dans les murs et cloisons.

3/ Dans certaines régions, le ***plan*** désigne le rez-de-chaussée*.

4/ÉCLAIR.: le ***plan utile*** définit la surface d'éclairement d'un luminaire sur un plan horizontal mesurée, par convention, à 0,85 m du sol.

5/MINER.: le ***plan de quernage*** (ardoises*) ou le ***plan de fissilité*** est la direction générale suivant laquelle un minéral se sépare le plus facilement en feuillets ou en plaques.

6/REVÊT.: le ***plan de collage***, ou ***plan d'adhérence***, est l'interface* entre deux matériaux collés ensemble.

7/URBANISME :

• le ***plan d'occupation des sols*** (**POS**) d'une commune était, jusqu'à 2001, le document qui d'une part délimitait les zones constructibles, et leurs coefficients* d'occupation des sols (COS), d'autre part précisait certaines orientations générales d'urbanisme (zones d'activité privilégiées, terrains réservés...). Il pouvait énoncer des directives d'architecture (style général, hauteur limite des constructions, alignements et gabarits*, pentes des toits, matériaux de couverture, couleurs admises, etc.). Élaboré à l'initiative de la commune, il était soumis à une procédure de consultation par *enquête publique* avant d'être *approuvé* et d'entrer en vigueur.

• Depuis 2001, le ***plan local d'urbanisme*** (**PLU**) a remplacé le POS. Plus simple, mais plus précis que ce dernier, il fixe les règles d'utilisation de chacune des parcelles, réparties en U (urbaines), AU (à urbaniser), A (agricoles) et N (naturelles ou forestières). Il délimite aussi les surfaces réservées aux équipements futurs.

• En l'absence de POS ou de PLU, le ***plan général d'urbanisme*** sera consulté, dans les locaux de la Direction Départementale de l'Équipement.

PLANAGE n.m.
1/ Arasement* par martelage d'un ressaut de soudure, redressement au marteau d'une tôle ou d'une pièce de métal cintrée ou déformée. Correction au marteau des déformations d'une lame de scie* à ruban.

2/ Action de dresser ou de dégauchir* le bois par rabotage, ou avec une plane*.

PLANCHE n.f.
1/FUMIST.: panneau maçonné en plâtre qui ferme partiellement le haut d'un foyer de cheminée*, derrière la tablette du chambranle*.

2/MENUIS.: long panneau de bois massif d'épaisseur moyenne (moins de 0,055 m). Par convention, la largeur d'une planche est au moins égale à quatre fois son épaisseur.

La ***planche lorraine*** est une planche de 3 m ou plus (par 1/3 de m) ; sa section brute est de 305 mm de large pour 35 mm d'épaisseur (302 x 32 mm si elle est corroyée 4 faces).

La ***planche d'échafaudage*** a au moins 2 m de long et une section brute de 40 x 205 mm.

3/SERRUR.: plaque de tôle parallèle au palastre, dans une serrure*. Point d'appui et de guidage, elle empêche la rotation d'une clef dont le panneton ne porterait pas les fentes adaptées. Syn.: *couvre-barbe*.

PLANCHÉIAGE n.m.
Revêtement de sol en planches.

PLANCHÉIER v.tr.
Garnir une surface avec des planches.

PLANCHER n.m.
Paroi horizontale composant le sol d'un étage ; de façon générale, ses éléments constitutifs sont :

-une ***ossature*** (poutres, poutrelles, solives*), qui reporte vers les appuis (murs ou poteaux) le poids propre du plancher et les surcharges qu'il doit supporter sans fléchir, avec une marge de sécurité : cloisons, mobilier, équipements et occupants ; la flèche* admissible en charge est en général limitée à 1/300e de la portée.

-un ***remplissage*** entre ces éléments d'ossature, s'ils ne sont pas jointifs : entrevous*, hourdis*, voûtains*.

-un ***ouvrage plan*** qui forme le support du revêtement de sol : dalle *de compression* ou *de répartition*, chape* de mortier de ciment, aire de plâtre, gîtage* de lambourdes*.

Selon leur conception, les planchers sont classés en :

• **Planchers en bois**, ou ***planchers-bois***. Ils sont en général composés d'une ossature de solives*, bastaings ou madriers de section 6,5 x 17 cm à 14 x 20 cm, établis parallèlement sur chant entre des appuis.

Le plancher est dit soit à *travure* simple* (solives parallèles sans appui intermédiaire d'un mur à l'autre), soit à *travure composée*, c'est-à-dire recoupé par une ou plusieurs poutres intermédiaires, si la portée entre murs est supérieure à 5 mètres (V.ill).

Des ouvrages particuliers (*enchevêtrures**) interrompent les travures à proximité des cheminées et conduits de fumée (garde* au feu), au droit des ouvertures (linçoirs*), et autour des trémies* d'escaliers et trappes.

L'espacement entre les solives, autrefois en bois grossièrement équarri, était rarement supérieur à la largeur de ces solives (soit 0,12 à 0,20 m) : le solivage était dit "vide pour plein". Avec les bois usinés, l'espacement a été porté à 0,35 m, voire plus.

Les extrémités des solives sont soit encastrées dans les murs sur 15 à 20 cm de profondeur, avec vide d'air pour les protéger de l'humidité, soit posées sur des appuis saillants : corbeaux*, sablières, lambourdes* ou *muraillères**.

L'assemblage d'une solive sur une poutre est un *repos**, soit simple, soit à encastrement entaillé, soit sur lambourde rapportée soutenue par des étriers*.
Les assemblages entre solives et chevêtres sont en général à tenon et mortaise, confortés par un étrier double ou par un sabot*.

Entre les solives, le mode de *hourdage** varie selon que la partie inférieure (retombée) des solives doit ou non rester apparente.
Dans les planchers traditionnels, le chant supérieur des solives était soit couvert de bardeaux* sur tasseaux*, servant de support à une aire* en plâtre recevant les carrelages, soit garni d'un gîtage* de lambourdes* recevant un parquet.

(V. illustrations page suivante).

PLANCHERS en BOIS

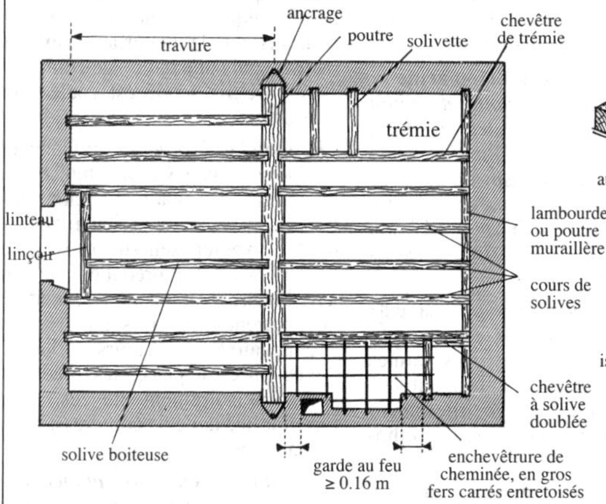

plancher bois traditionnel
à augets de plâtre

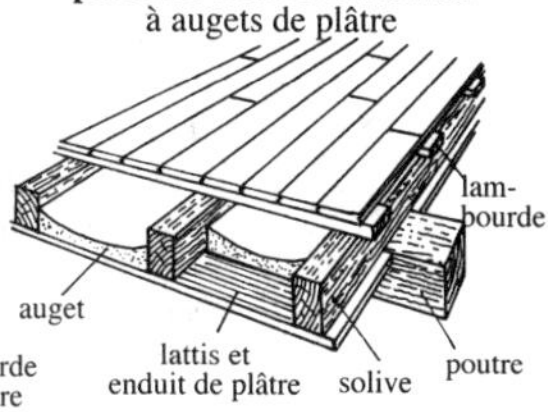

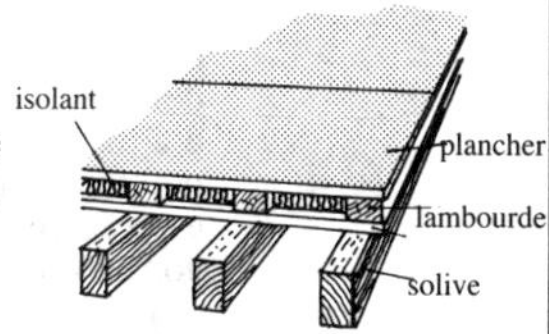

faux-plancher

appuis et repos des poutres et des solives des planchers

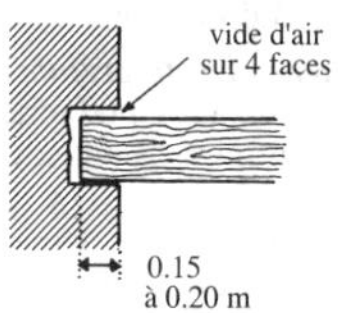

appui encastré avec vide d'air

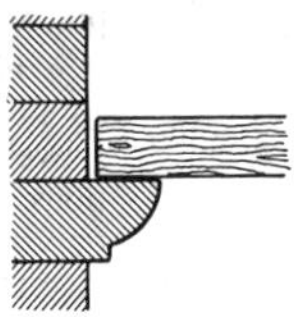

appui sur corbeau

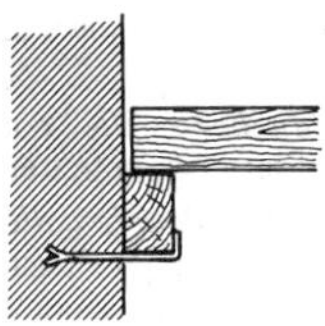

appui sur lambourde ou poutre "muraillère"

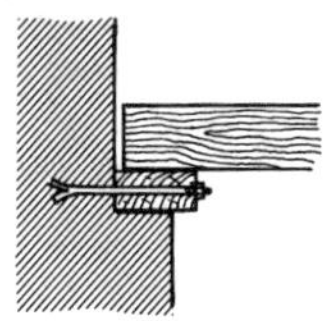

appui sur sablière

appuis et repos des solives sur les poutres en bois

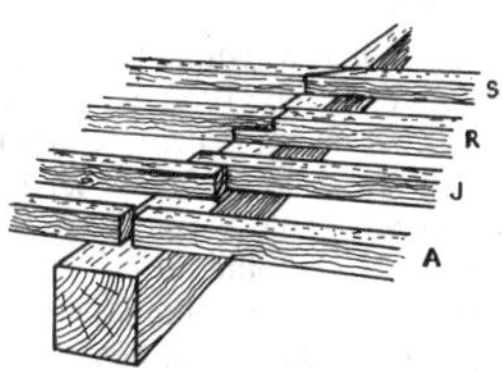

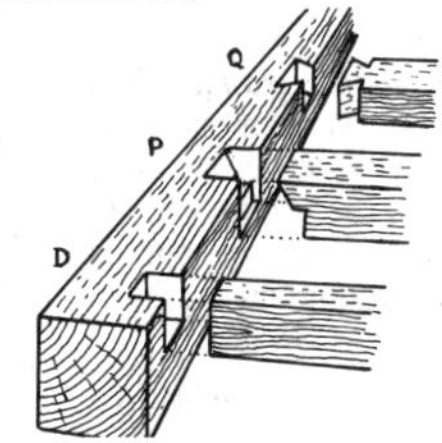

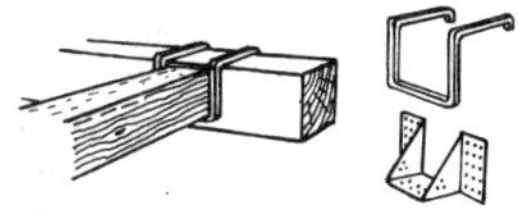

appui à tenon et étrier (E) ou sabot (S)

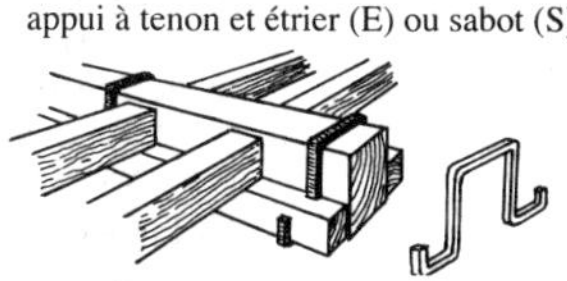

repos sur poutre
A : simple, bout à bout
J : juxtaposé
R : à recouvrement à mi-bois
S : à sifflet

repos entaillés
D : à entaille droite, ou vive
P : à paume grasse
Q : à queue-d'hironde

repos sur lambourdes
portées par des étriers
ou boulonnées contre la poutre

• Planchers en béton.
Désigne tous types de planchers dont l'ossature rigide et porteuse est constituée de béton. On distingue :

1- Les **planchers en béton armé** :
- plancher en ***dalle pleine de béton*** armé, ferraillée et coulée en place, soit sur un coffrage* éliminé ensuite par décintrage*, soit sur un coffrage perdu*; sa portée n'excède pas 4 m, et son épaisseur est d'au moins 12 cm. Sa périphérie est encastrée dans les murs porteurs.

- plancher ***de béton nervuré***, dalle de béton dont la sous-face est recoupée de nervures saillantes coffrées, garnies d'armatures à cadres, formant des poutrelles intégrées régulièrement espacées, en général en réseau orthogonal (V.ill).

- ***plancher-champignon***, composé d'une dalle pleine, sans poutre, dont les charges sont reportées vers l'évasement en chapiteau* ou en goussets* de poteaux de béton (V.ill) ; l'armature de la dalle est toujours ancrée à celle des poteaux.

- ***plancher-résille***, composé d'un quadrillage de poutres en béton.

- ***plancher double-dalle*** *à nervures inversées*, composé d'une première dalle armée, avec constitution, audessus, d'un réseau de nervures ; les vides entre nervures seront garnis de gravats ou de matériaux isolants, au-dessus desquels on coule, en indépendance, une dalle de compression légèrement armée.

- ***plancher en béton translucide***, dalle de pavés* de verre moulé pris dans un quadrillage de béton armé. Chaque dalle doit être disposée en totale indépendance de ses appuis (repos sur chapes bitumineuses, joints compressibles).

2- Planchers-béton préfabriqués :
- le ***plancher à poutrelles*** : les poutrelles* préfabriquées sont en béton armé ou précontraint, ces matériaux étant éventuellement associés à des éléments céramiques. L'intervalle entre poutrelles est garni d'éléments préfabriqués, hourdis* ou entrevous* de céramique, de béton de granulats courants ou de matériaux isolants moulés, puis une dalle* de compression à treillis soudé est coulée sur l'ensemble.

- le ***plancher à prédalles****: plancher composé de larges tables minces de béton armé (ép. 4 à 6 cm selon procédés), à parement supérieur rugueux, dont les rives reposent sur un réseau de poutres (V.ill). Les prédalles sont soit à treillis précontraint, soit à armature de poutrelles à treillis intégrées et à chapeaux* raidisseurs saillants. Après mise en place, les prédalles sont provisoirement étayées, pour recevoir une dalle de compression en béton armé.

- le ***plancher en π***, ou ***plancher à double T***, est composé de longues tables préfabriquées en béton armé vibré, comportant en sous-face deux nervures à saillie importante, formant poutrelles de raidissement.

- le ***plancher-caisson préfabriqué***, en éléments tubulaires préfabriqués, souvent précontraints, dont les sections sont rectangulaires ou en U renversé ; ces éléments, juxtaposés de façon jointive, reçoivent une dalle de compression en béton armé.

• Planchers métalliques.
De façon générale, ce sont les planchers dont l'ossature porteuse est faite de poutrelles, profilés, bacs ou platelages nervurés en acier. On rencontre divers systèmes :

- le ***plancher à poutrelles*** d'acier profilées en I (type IPN) entretoisées et hourdies suivant des techniques analogues à celles du plancher bois traditionnel. Une variante consiste à espacer les profilés d'environ un mètre, et à faire le remplissage avec des petites prédalles* de béton armé, sur lesquelles on coule ensuite un béton léger, puis une dalle de compression armée d'un treillis soudé.
- le ***plancher de fer à voûtains****, assez fréquent, surtout en rez-de-chaussée

PLANCHERS en BÉTON

planchers coffrés et coulés en place

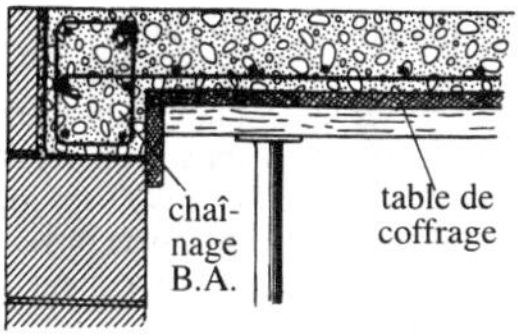

plancher **à dalle pleine** sur coffrage

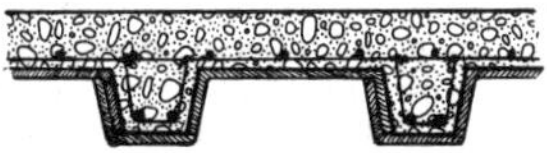

plancher **à dalle pleine nervurée**
(sur coffrage amovible ou coffrage perdu)

planchers de béton armé sur poteaux

plancher-champignon

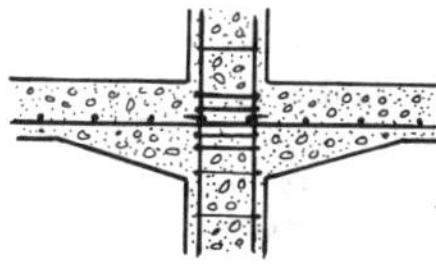

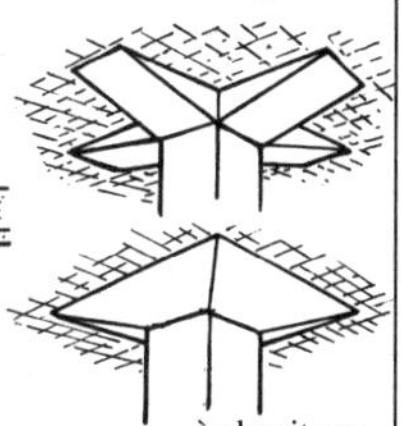

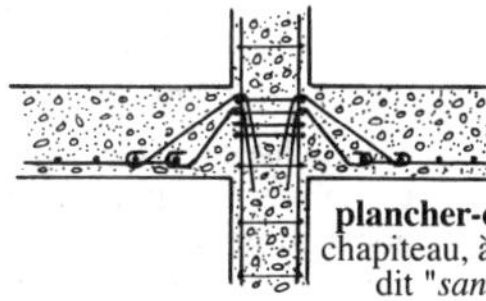

plancher-champignon sans chapiteau, à goussets intégrés, dit "*sans champignon*"

planchers à éléments porteurs préfabriqués (exemples)

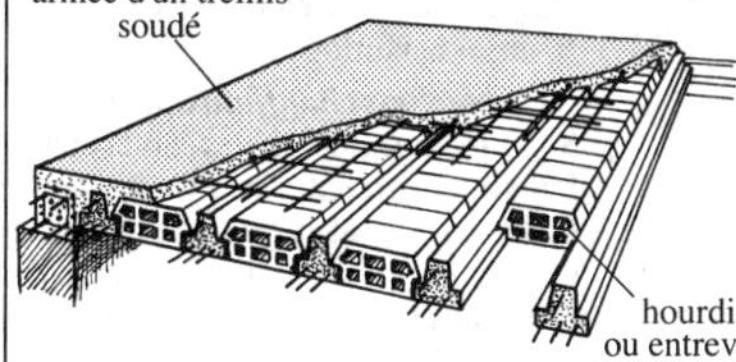

plancher hourdi **à poutrelles**
(en béton armé ou précontraint)

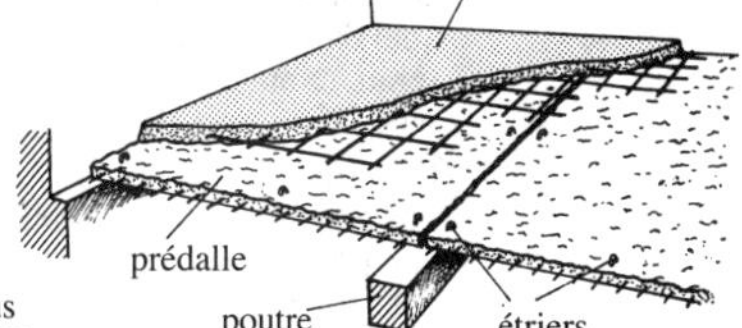

plancher **à prédalles** de béton précontraint

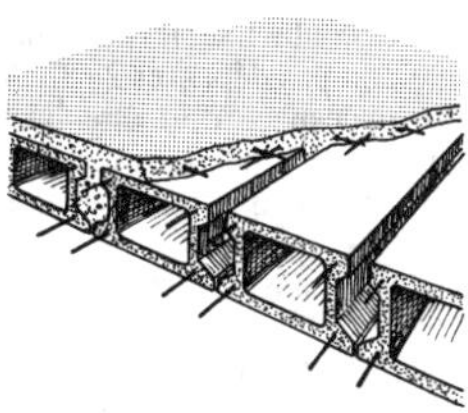

plancher-caisson à éléments
tubulaires en béton armé vibré

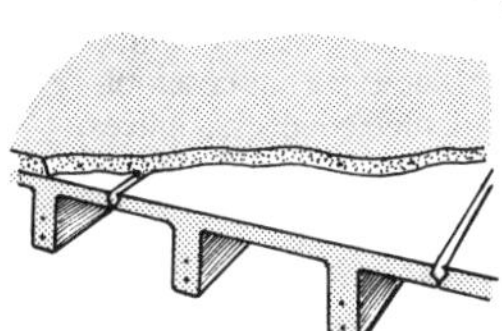

plancher à **tables** de béton armé
vibré, dites à double T,
ou ***plancher en π***

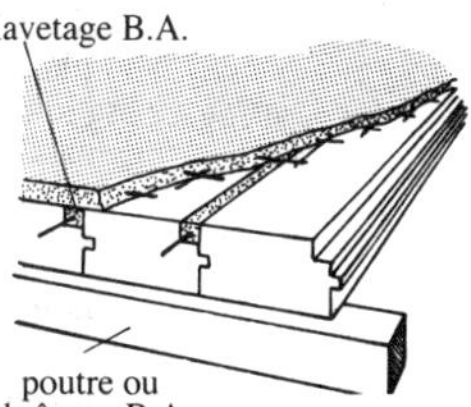

plancher en éléments de
béton cellulaire armé,
à languettes d'assemblage

sur cave, dans les constructions de 1870 à 1940 ; il est composé de profilés d'acier en I, à ailes larges, entre lesquels sont constituées des petites voûtes cintrées en brique.
Les poutrelles doivent être entretoisées*, ou traversées par des tirants* ancrés dans les murs.

- les ***planchers sur platelage métallique*** en tôle nervurée, alvéolaire, gaufrée...; ces platelages reposent sur une ossature de solives métalliques, et reçoivent éventuellement une dalle coulée en béton courant, béton léger (de pouzzolane* ou autre), ou encore une chape d'anhydrite* synthétique.

• **Planchers mixtes**.
Ce terme recouvre divers systèmes dont la structure porteuse associe intimement deux matériaux, en particulier acier et béton, ou acier et bois.
Les procédés proposés sont nombreux. Parmi ces procédés, le ***plancher mixte béton à poutrelles d'acier*** enrobées correspond à un plancher de béton armé nervuré (V. plus haut), dans lequel l'armature ferraillée des nervures serait remplacée par des profilés de type IPN, noyés dans le béton.

Plus fréquents, les ***planchers mixtes acier-béton*** désignent ceux qui sont composés d'une tôle profilée galvanisée servant à la fois d'armature rigide et de coffrage à la dalle de béton ; ces techniques évitent le ferraillage d'armature du béton.

• **Planchers collaborants**.
On désigne parfois ainsi les planchers mixtes, ou rapportés en consolidation de planchers anciens, si leur solidarisation est assurée par un ensemble de pattes d'ancrage coudées, soudées ou boulonnées sur les poutrelles ou solives.

• **Planchers surélevés**.
Planchers techniques sous forme de dalles ou dallettes* amovibles, posées sur des plots* réglables en hauteur fixés sur la dalle-support.
Le vide ainsi constitué entre les dalles et le support permet de faire courir des réseaux techniques (canalisations, liaisons d'ordinateurs, alimentations électriques), qui restent ainsi facilement accessibles.

• **Planchers chauffants**.
Planchers à dalle de béton, dans lesquels serpentent des corps de chauffe longiformes disposés en réseau ; la chaleur est diffusée dans les locaux à peu près pour moitié par convection et pour moitié par rayonnement.

On distingue :

- les ***planchers chauffants à eau chaude***. Des réseaux de tubes plastiques souples établis en *serpentins* (réseaux dits *hydrocâblés*), sont raccordés sur les colonnes montante et descendante d'un chauffage central.
Les tubes sont en acier, en cuivre ou en plastique (avec procédure d'Avis* Technique).
Le réseau doit être assez dense (2 à 3 ml par m^2) pour pouvoir limiter la température de surface à 28°C, et la température de l'eau à 40°C.
V. aussi Chauffage.

-les ***planchers chauffants électriques***. Sur le même principe, des câbles chauffants blindés (conformes à la norme *NF C 32-330*), sont noyés dans le béton de la dalle, en serpentins ; ils peuvent être fournis prêts à poser, en *nappes* ou *trames* chauffantes modulaires à pas d'espacement constant. La puissance linéïque des câbles usuels va de 15 à 35 W/m. Le système de régulation est commandé soit manuellement, soit par des sondes intérieures ou extérieures. La surface de contact, sur le revêtement de sol, ne doit pas dépasser 28°C. Au pourtour, un espace doit être laissé sans câbles (≥ 0,2 m le long des murs extérieurs ; ≥ 0,1 m le long des murs intérieurs).
V. aussi Chauffage.

PLANCHETTE n.f.
1/ Petite planche à dessin montée sur rotule, et adaptable sur trépied, utilisée pour les levers* de plans.
2/ Sur chantier, désigne parfois la brique* plâtrière.

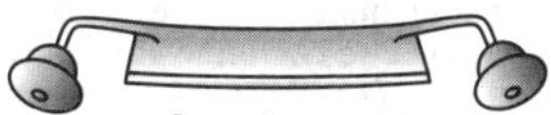

plane de menuisier

PLANÇON ou **PLANTARD** n.m.
Bille de bois équarrie, prête pour un débit en plaches.

PLANE ou **PLAINE** n.f.
1/ Outil tranchant à deux poignées, avec lequel on enlève des copeaux en tirant vers soi.
La ***plane droite***, ou planoir, sert à dresser des pièces de bois, et pour les plombiers, à ébavurer et unir les pièces à souder.
La ***plane ronde*** est le débordoir*.

2/ Petite taloche* carrée et lisse, en cuivre, qu'utilisaient les plombiers pour lisser le sable des moules avant d'y couler le plomb fondu.

PLANÉITÉ n.f.
Caractère plan* et uni d'une surface, d'un support, d'un enduit, etc.
Syn.: *planitude*.
Les flaches*, ressauts*, balèvres*, sardines*, constituent des défauts de planéité. V. aussi Planimétrie.

PLANELLE n.f.
Brique creuse ou bloc de béton peu épais (en général 5 cm), disposé sur chant aux abouts* des planchers en béton pour corriger la différence de nu*, masquer ces abouts et les chaînages*, et rétablir l'uniformité du matériau de façade (V.ill).
L'utilisation en planelles de briques plâtrières, de briques pleines, de briques perforées ou de panneaux isolants est proscrite par le *DTU*.

PLANER v.tr.
Dresser, ébavurer* avec une plane*; de façon plus générale, en menuiserie, c'est rendre plan, corroyer* le bois avec les rabots, varlopes...

PLANIMÉTRIE n.f.
Mesure de la planéité* des surfaces, contrôle des tolérances* de planéité admises. On utilise des règles de 0,20 ou de 2 mètres que l'on pose en tous sens, et sous lesquelles on mesure la hauteur des creux ou des flaches* éventuels.
Par exemple, pour une chape* rapportée appelée à recevoir un revêtement de sol mince, les tolérances admises sont de 5 mm sous la règle de 2 mètres et de 1 mm sous la règle de 20 cm.

PLANITUDE n.f.
Caractère plan d'une surface (se dit en menuiserie) ; syn.: *planéité*.

PLANNING de chantier n.m.
Graphique qui présente, verticalement, la liste des tâches homogènes d'un chantier, et, horizontalement, leurs durées respectives et leur ordonnancement dans le temps, selon les chevauchements possibles et les enchaînements logiques.
Parmi les méthodes d'établissement d'un planning, la plus pratiquée est la méthode PERT*.

PLANTER v.tr.
Parlant d'un bâtiment futur, c'est marquer ses contours sur un terrain, faire le *tracé* d'implantation.

PLAQUE n.f.
De façon générale, panneau mince, plan, rigide ou semi-rigide ; souvent syn. de *dalle*, *panneau*, etc.
-la ***plaque d'appui*** est une plaque de caoutchouc ou de métal sur laquelle on fait reposer l'about d'une poutre.
-la ***plaque d'assemblage*** est une bande de métal rivée de part et d'autre du joint de deux pièces, pour masquer le joint.
Syn.: *éclisse*, *flasque*.
-la ***plaque d'entrée*** d'une serrure* lardée* est une petite plaque de métal percée, fixée sur le parement d'une porte pour masquer le trou du bois et faciliter l'introduction de la clef.
-la ***plaque de fond***, ou ***plaque foyère***, ou *plaque d'âtre* est la plaque de fonte placée contre le fond du foyer d'une cheminée pour améliorer la diffusion de la chaleur par rayonnement.
Syn.: *contrecoeur*.

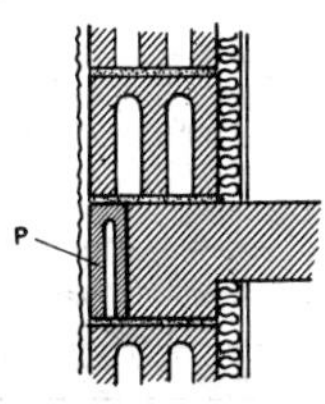

planelle (P)

-la ***plaque de propreté***, plaquette de verre, de plastique, de porcelaine ou de métal ajouré et orné, fixée sur le battant des portes intérieures, de part et d'autre ou sous les boutons et poignées, pour protéger les portes contre les salissures.

-la ***plaque de recouvrement*** est celle qui sert de cache et de façade aux équipements électriques encastrés.

• La **plaque ondulée** et la **plaque nervurée**, matériaux de couverture ou de bardage en feuilles minces rigidifiées par des ondes ou des nervures régulièrement espacées :

- les ***plaques ondulées en fibres*-ciment*** (autrefois *amiante*-ciment*) couvrent surtout sur les locaux techniques, ateliers, garages, bâtiments agricoles, etc. Leurs formats usuels sont de 1,25 ; 1,525 et 2,50 m de long, pour 0,92 ou 1 m de large.

modes de fixation des plaques
(les fixations ne doivent traverser que le sommet des ondes ou des nervures)

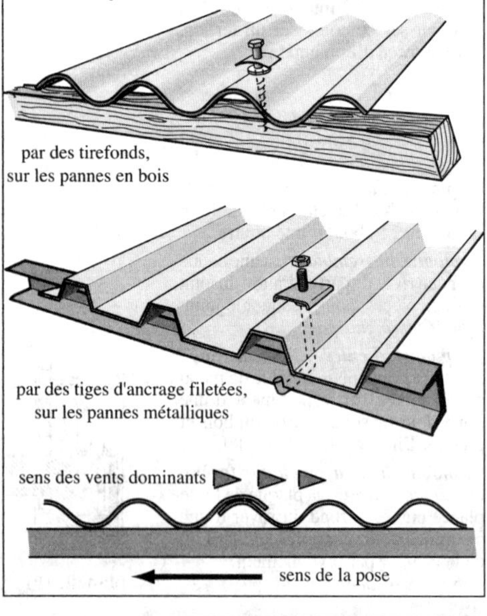

Leur pose, limitée à des pentes de 9 à 34%, doit être conforme aux indications du *DTU* ; l'étanchéité de leurs recouvrements doit être complétée, dans certaines zones et certaines conditions de pente, par un cordon de mastic élastomère ou bitumineux.

Des faîtages et closoirs*spéciaux de même longueur d'onde facilitent la mise en oeuvre.

- les ***plaques ondulées en matière plastique*** translucide ou transparente (polyester* armé, polycarbonate ou autres) sont utilisées soit en association avec les précédentes pour constituer des éclairages zénithaux*, soit pour couvrir des marquises*, vérandas* et abris divers. On les fixe avec des crochets ou des tire-fonds*.

- les ***plaques ondulées ou nervurées métalliques*** en tôle d'acier galvanisée ou en alliage d'aluminium sont mises en oeuvre suivant des principes analogues à ceux des plaques en fibres-ciment. V. les *DTU*.

• La **plaque de plâtre cartonnée**, dite ***plaque à peindre***, est une plaque mince préfabriquée, composée d'une couche de plâtre prise dans une enveloppe de papier-carton spécial.

Les plaques de plâtre cartonnées ont généralement 1,20 m de large pour 2,50 ou 2,60 m de long (hauteur d'étage), et 13 mm d'épaisseur (plaques dites **BA13**), ou 10 mm si elles sont contrecollées en parement d'un isolant thermique, pour constituer un complexe* de doublage isolant.

Les bords latéraux des plaques ont un léger chanfrein du côté du parement, destiné au jointoiement : celui-ci est réalisé, après fixation des plaques, en marouflant un calicot* de papier perforé dans un enduit fin spécial, poudre à gâcher ou pâte prête à l'emploi, une deuxième couche de cet enduit recouvrant ensuite largement le calicot (V.ill).

On utilise les plaques à peindre pour le parement des murs intérieurs et des cloisons, par clouage ou vissage sur des

bâtis de bois ou sur ossatures métalliques, et pour les plafonnages*, par vissage sous des profilés métalliques (*rails* ou *fourrures*) à suspentes, ou par clouage direct sous les solives.
V. les DTU correspondants.

• Autres types de plaques :
V. Absorbant, Cloison sèche, Doublage, Plafond, Isolant, Staff, etc., et les matières avec lesquelles on fabrique des plaques : béton, fibragglo, mousse plastique, plâtre, plexiglas, polyéthylène, polypropylène, PVC...

PLAQUER v.tr.
1/ Contrecoller des matériaux lamellaires sur un ouvrage pour constituer son parement.

2/ Appliquer un enduit ou un mortier en le projetant avec force à la truelle, de façon à le faire bien adhérer au support.

PLAQUETTE n.f.
1/ Moellon de faible épaisseur (maximum une demi-hauteur d'assise).
2/ La ***plaquette d'arrivée*** d'un escalier est l'élément qui lie l'escalier au palier, et porte la marche palière*.

3/MENUIS.: la ***plaquette d'agrafage*** est une petite bande de tôle ondulée à bord tranchant, que l'on enfonce au marteau, à cheval sur deux pièces à joindre.

PLAQUIS n.m.
1/ Matériau mince rapporté en incrustation superficielle.

2/ Moellon* n'ayant pas assez de queue* pour être mis en liaison*.

3/ Mince couche de plâtre appliquée sur une poutre, un panneau de bois...

PLAQUISTE n.m.
Artisan ou compagnon spécialiste des ouvrages de doublage, de cloisonnement et de plafonnage avec des plaques* de plâtre cartonnées.

PLASTAGE n.m.
Traitement superficiel des tôles métalliques consistant à rapporter sur toute la surface, après galvanisation, un film protecteur de matière plastique collée (en général du PVC).

plaques de plâtre cartonnées : mode de jointoiement

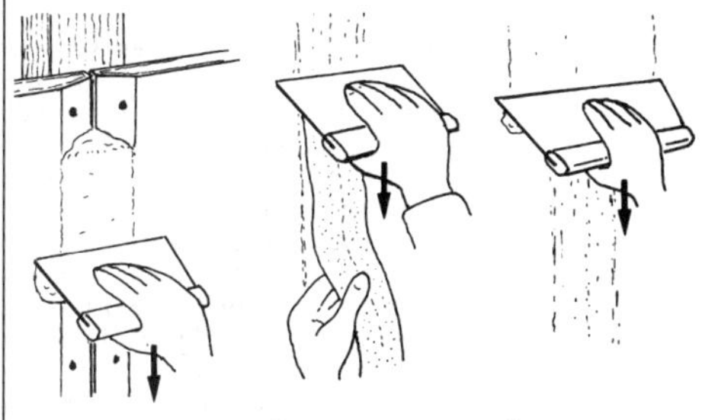

1 • garnissage du joint avec l'enduit spécial

2 • pose et serrage de la bande de joint dans l'enduit frais

3 • enduit de finition débordant de part et d'autre de la bande

PLASTICIMÈTRE n.m.
Appareil de mesure de la plasticité* du béton, par essai de maniabilité* et de consistance de la pâte* pure ou du béton frais prêt à l'emploi.

Le ***plasticimètre à ailettes*** est un petit appareil portatif utilisé sur chantier. Une tige à extrémité garnie d'ailettes, mue par un ressort bandé, est plongée dans le béton frais.
Un cadran indique la résistance qu'oppose le béton à la rotation de la tige, et donc sa plasticité (V.ill).

PLASTICITÉ n.f.
1/ Aptitude d'un corps à prendre et à conserver sans rupture les formes qui lui sont imposées, c'est-à-dire aptitude à la *déformation non élastique*. Un asphalte d'étanchéité, par ex., doit pouvoir se prêter sans rupture à de légers mouvements d'extension et de contraction plastique.

2/ Pour un matériau pâteux tel qu'un enduit, un mortier ou un béton, la plasticité indique son aptitude à épouser les formes des banches, coffrages et moules, ou à se prêter aux formes que lui imprime un outil.

PLASTIFIANT n.m. et adj.
1/ Adjuvant* des bétons et mortiers,

plasticimètre
à ailettes

destiné à améliorer leur plasticité et leur ouvrabilité*.
On distingue :
-les ***plastifiants réducteurs d'eau*** (sulfates et sulfonates) ; leur effet fluidifiant réduit la quantité d'eau de gâchage nécessaire ; ils émulsionnent les mélanges et les rendent plus ou moins thixotropes*.
-les ***plastifiants rétenteurs d'eau*** ; ce sont des produits très hydrophiles tels que l'acétate de polyvinyle en poudre, les stéarates, la kieselguhr*; leur aptitude à retenir l'eau permet d'utiliser en faible épaisseur les mortiers ainsi adjuvantés, sans risque de dessiccation prématurée.

2/ Des ajouts plastifiants sont aussi incorporés dans de nombreuses matières plastiques et le caoutchouc.
En général gras, ces plastifiants compliquent aussi le collage sur les matériaux qui en contiennent (revêtements plastiques).

PLASTIFIER v.tr.
1/ Introduire un adjuvant plastifiant dans un matériau.

2/ Appliquer sur une surface une pellicule protectrice de matière plastique.

PLASTIFICATION n.f.
(parfois ***Plastication***) Action de plastifier, dans les deux sens ci-dessus.

PLASTIQUE n.f., n.m. et adj.
1/ *La plastique* (n.f.) désigne les formes, les modelés et l'esthétique, surtout concernant les humains et leur représentation sculpturale.

2/ *Le plastique* (n.m.) désigne, par déformation, toute *matière plastique* élaborée à partir de résines de synthèse (V. plus loin).

3/ Une matière quelconque est dite ***plastique*** (adj.) si elle est déformable ou malléable et conserve les déformations subies ou les formes d'un moule : la terre glaise*, le mastic à vitres, etc. sont plastiques.

Dans les **matières plastiques** utilisées dans le bâtiment, on distingue deux grandes familles :
-les ***thermodurcissables****, qu'un apport de chaleur peut contribuer à faire durcir : phénoplastes*, polyesters*, polycarbonates*, époxydes*.
-les ***thermoplastiques*, qui sont ramollies par la chaleur : acryliques*, vinyliques*, polyéthylène*, PVC*...***

PLASTISOL n.m.
Résine en émulsion dans un plastifiant.

PLASTOMÈRE adj. et n.m.
Matière plastique déformable si elle est chauffée, mais qui reprend sa forme d'origine en refroidissant.
syn.: *thermoplaste*.

PLAT n.m. et adj.
1/ Les ***plats***, ou ***fers plats*** du commerce sont les demi-produits sidérurgiques de section rectangulaire.
Leurs sections, normalisées, vont de 3 x 14 mm à 30 x 150 mm.

2/ L'adjectif qualifie aussi de nombreux éléments qui sont soit exempts de relief (cannelure, tuile, trompe...), soit dans un plan horizontal, ou presque (toit*, terrasse*, voûte*, etc.).

PLATANE n.m.
Essence feuillue dont le bois a des caractéristiques proches de celles du hêtre*; plus clair et moins dur, il se travaille bien et prend le poli ; sujet aux attaques des xylophages*, il est utilisé en menuiserie (placages déroulés), et très peu en charpente.

PLAT-BORD n.m.
Madrier* utilisé pour les planchers d'échafaudage.

PLATEAU n.m.
1/ Chacune des larges planches de bois massif provenant du débit* premier d'une bille de bois ; pour les épaisseurs brutes des plateaux, voir au mot Bois.
Les plateaux ont des longueurs de trois mètres ou plus.

2/ Plancher d'un échafaudage.
En langage de chantier, désigne souvent l'échafaudage* volant.

3/ Ensemble de planches associées

pour constituer un blindage*.

4/ Petite forge portative ou petit fourneau de chantier servant à chauffer la soudure ou les fers à souder.

5/*Plateau absorbant*, ou ***Plateau tellurien*** : installation autonome d'épuration de l'effluent* rejeté par une fosse* septique. Il est composé d'un large bac maçonné, peu profond et étanche (env. 1 m^2 par usager, avec un minimum de 4 m^2).
Ce bac est garni de caillasse, où débouche l'effluent, puis de gravillons, puis enfin de terre végétale plantée d'arbustes à feuillage persistant.
Dispersées par capillarité*, les eaux sont épurées par les micro-organismes, et absorbées par les racines des arbustes ; le sol doit être aéré de temps à autre par binage.

PLATE-BANDE n.f.
1/ARCHIT.: ouvrage rectiligne formant le couvrement d'une baie ; un linteau* à claveaux appareillés est un *linteau en plate-bande* (V.ill).
La ***plate-bande bombée*** est un arc* de faible courbure.

2/CHARP.: plaque d'assemblage bout à bout de deux pièces de charpente, ou de deux parties d'une rampe.

3/MAÇONN.: large moulure plate en faible saillie sur un mur.

4/MENUIS.: longue latte* d'encadrement d'un parquet. Moulure en creux, élégie* au pourtour d'un panneau ; sa rive forme en général une languette d'embrèvement partiel dans le cadre.

PLATÉE n.f.
Massif de fondations étendu à toute la surface d'un bâtiment.

PLATE-FORME n.f.
1/ Assemblage horizontal composé de madriers ou de longrines*, reposant sur un ensemble de pieux de fondations.
2/ Terrain nivelé constituant l'assise des fondations.
3/ Large panne* sablière* méplate*, disposée à plat.
4/ Partie presque plane d'un toit ; toiture-terrasse*, terrasson*.

PLATELAGE n.m.
Ensemble de planches ou de madriers assemblés bord à bord.

PLATINE n.f.
1/ Plaque de métal formant socle, support ou semelle sous un appareil électrique, sous un verrou, un étai...
2/ Plaque de métal que traverse le pène d'une serrure* lardée*.
3/ Pavé de grès peu épais.

PLATINE n.m. (**Pt**)
Métal gris, très dense (d = 21,4), inaltérable à l'air ; pour sa haute résistance à la fusion (1 750°C), on en fait des pointes de paratonnerres, des couples thermoélectriques, des résistances électriques, des contacteurs à utilisation intensive.

PLAT-JOINT n.m.
En menuiserie, assemblage* bord à bord, à parement affleurant, sans embrèvement ni mortaisage.

PLATOIR n.m.
(par une déformation de *plâtroir* ?)
Taloche* souple d'application et de lissage des enduits. Syn.: *lisseuse*.

plates-bandes

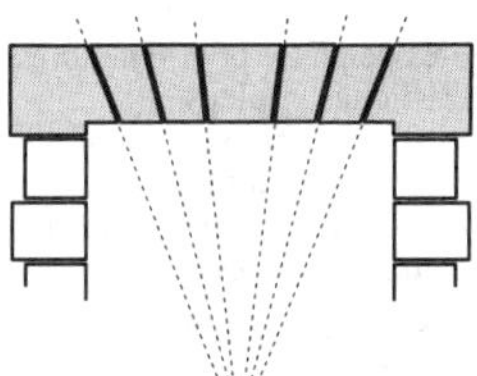

linteau* en plate-bande

plate-bande (P) de menuiserie,
à la périphérie d'un panneau embrevé

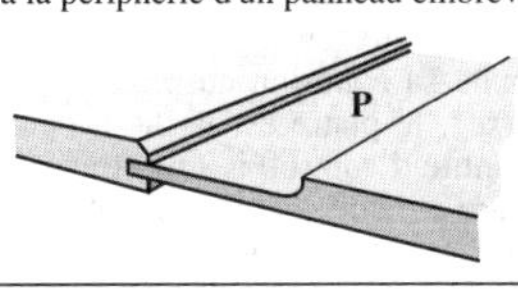

PLÂTRAGE n.m.
Action de plâtrer*. Ouvrage en enduit de plâtre.

PLÂTRAS n.m.
Gravats et débris de démolition d'ouvrages en plâtre, autrefois réutilisés en remplissage des hourdis* de planchers (*augets**) et des cloisons en pans* de bois.

PLÂTRE n.m.
Sulfate de chaux ou gypse* ($CaSO_4$, $2H_2O$), dit *pierre à plâtre*, déshydraté par cuisson modérée, puis broyé. Sa réhydratation en fait un matériau plastique, qui fait prise* par cristallisation. Il est connu depuis la Haute Antiquité. Sa présentation en éléments préfabriqués (carreaux et plaques de plâtre) en fait un composant actuel et moderne du bâtiment.

Fabrication du plâtre.
Selon le degré de déshydratation auquel on soumet le gypse par *cuisson*, on obtient diverses qualités de plâtres allant des hémihydrates ou semi-hydrates, vers 150°C ($CaSO_4$, $1/2H_2O$) aux anhydrites ($CaSO_4$), de 200 à 1 200°C.
La fabrication a lieu par *voie sèche*, par cuisson du gypse concassé dans des fours verticaux ; elle est suivie d'un broyage (*mouture**) et d'un mélange avec des ajouts ou d'autres qualités de plâtre pour obtenir les caractéristiques voulues.
La fabrication par *voie humide*, rare, se pratique, en autoclave sous pression, pour des plâtres spéciaux (par ex. plâtres dentaires).

Durcissement du plâtre.
La réhydratation du plâtre (par mélange dans l'eau) forme un gel colloïdal* qui cristallise de façon irréversible, avec un léger gonflement et un dégagement de chaleur ; l'enchevêtrement des cristaux en aiguilles (*feutrage*) donne sa cohésion au plâtre. Même *serré**, le plâtre est gâché avec une quantité d'eau (60 à 90%) très supérieure à celle théoriquement nécessaire à sa réhydratation (de l'ordre de 25% de son poids) ; d'où un temps de séchage relativement long avant élimination totale de l'eau en excès.

Principales caractéristiques.
Le plâtre est un matériau de dureté moyenne (sauf plâtres THD) : selon le taux d'eau de gâchage, la *résistance **à la compression*** après 7 jours de séchage va de 30 à 90 kg/cm² (150 kg/cm² pour le plâtre aluné).
Sa *résistance **à l'arrachement*** va de 10 à 16 kg/cm².
La ***densité apparente*** du plâtre dépend aussi de son taux de gâchage.
Le plâtre offre une excellente ***résistance au feu***, mais pas à l'humidité.
On modifie les vitesses de prise des plâtres par adjonction de ***retardateurs*** (alcool, borax*, caséïne*, gélatine, sucre, eau chaude...) ou, plus rarement, d'***accélérateurs*** (alun, sulfate d'alumine ou de potasse).
Les plâtres sont normalisés.

Principaux emplois.
Ils concernent en quasi-totalité des ***ouvrages intérieurs*** : enduits sur murs et plafonds, doublages* et cloisons* en éléments préfabriqués (carreaux* et plaques* cartonnées).
Le jointoiement au plâtre des pierres de taille, les ouvrages de stuc*, de staff* et certains ragréages de sols à base de plâtre complètent ces emplois.
L'emploi comme ***enduit extérieur***, fréquent autrefois dans les vieux quartiers parisiens (surtout sous la forme de mortier plâtre-chaux), a connu vers 1980 un nouveau développement sur les maisons individuelles ; de nombreux incidents ont conduit à interrompre cette tentative.
*Pour la **mise en oeuvre**, consulter les DTU 25.1 et suivants.*

Principales variétés et dénominations du plâtre.
-***Plâtre aluné*** : après une première cuisson vers 150°C, le plâtre est additionné, d'une solution d'alun, puis recuit. Sans retrait ni expansion, il peut être utilisé en mortier par addition de granulats (calcaire, marbres) ;

dur, pouvant être poli comme un marbre, il sert surtout à la confection des ouvrages en stuc*; syn.:*alabastrine, ciment de Keene*.

-***Plâtre anhydre*** ou ***anhydrite*** : obtenu par cuisson du gypse à haute température, il est utilisé pour la confection de chapes minces.

-***Plâtre boraté*** : plâtre pour stucs*, obtenu en ajoutant une petite quantité de borate de soude (*borax**).

-***Plâtre-chaux*** : mélange de plâtre, de chaux* aérienne et de sable, utilisé pour les enduits extérieurs, surtout dans la région parisienne ; une imperméabilisation de surface est nécessaire, par *fluatation** ou par traitement au silicate de potasse. Cette formule est plus résistante, en extérieur, que celle des enduits ou mortiers de plâtre pur qui nécessitent des protections contre les ruissellements d'eau (bandeaux à larmier à chaque étage).

-***Plâtre coupé***, dit ***plâtre à la parisienne*** : plâtre gros gâché assez liquide, jeté manuellement (env. 80% de son poids en eau) ou projeté* mécaniquement (60% d'eau), puis dressé de bas en haut à la règle* sur repères*, aussitôt après l'application et rapidement resserré par talochage* en tous sens ; dès que la prise est suffisante, on gratte avec le tranchant denté d'une truelle berthelée*; puis on applique de même une seconde couche, en plâtre fin (PFC) taloché à la règle puis rectifié avec le tranchant droit de la truelle.
L'ouvrage est terminé par un ratissage* à l'enduit fin, qui nourrit la surface.

-***Plâtre cuit à mort*** : cuit pendant 4 heures à 1 000°C, ce plâtre ne peut être réhydraté qu'avec une solution aqueuse de sulfate de zinc. Il acquiert lentement une grande dureté, et est insensible à l'eau.

-***Plâtre éventé*** : plâtre conservé trop longtemps en stock avant son utilisation : il donne un matériau de faible cohésion, qui tend à s'égrener.

-***Plâtre ferré*** : enduit de plâtre resserré avec une large truelle au lieu d'être coupé à la berthelée*.

-***Plâtre fin de construction***, ou **PFC** : plâtre de mouture fine, utilisé pour les plafonds et les couches de finition des enduits coupés ou lissés.

-***Plâtre gros de construction***, ou **PGC** : plâtre courant de mouture grossière, utilisé surtout pour les premières couches d'enduits et les scellements au plâtre.

-***Plâtre à haute résistance***, ou **THD** (très haute dureté) : qualité spéciale de plâtre, particulièrement résistante aux chocs et aux rayures.

-***Plâtre lissé*** : plâtre coupé (V. plus haut) fini par lissage à la taloche avec une légère réhumidification, avant la fin de sa prise.

-***Plâtre lissé à la lyonnaise*** : enduit de plâtre dont la surface reçoit une couche d'impression, et un enduit maigre poncé.

-***Plâtre à modeler***, ***plâtre à mouler*** : plâtres très fins et très blancs utilisés pour des ouvrages délicats et précis, en particulier pour les staffs* armés d'étoupe* à finition très lisse.

-***Plâtre mort*** : plâtre gâché trop liquide pour acquérir une cohésion et une dureté normales.

-***Plâtre au panier*** : plâtre ordinaire, correspondant à peu près au plâtre gros actuel ; obtenu par tamisage dans un panier d'osier tressé, il servait à faire les hourdis*, les crépis et les enduits peu épais.

-***Plâtre de Paris*** : nom du plâtre à enduire visé par l'ancienne norme.

-***Plâtre à la pelle*** : poudre fine de plâtre - ou ***fleur de plâtre*** - obtenue autrefois en faisant sauter du plâtre sur une pelle jusqu'à ce que seules les particules les plus fines restent sur la pelle ; il servait aux rebouchages fins des fissures et moulures, pour lesquels on utilise aujourd'hui des enduits spéciaux.

-***Plâtre à projeter*** : mortier de plâtre et de charges inertes dont le dosage est adapté à la projection avec une pompe* à plâtre. Celle-ci effectue le gâchage en continu avec env. 60% de son poids en eau ; le plâtre est projeté en une seule couche d'environ 2 cm.

-***Plâtre rebattu*** : plâtre brassé dans l'auge alors que sa prise est proche ou a déjà débuté : tout rebattage est à proscrire, car il en résulte un plâtre mort, de très faible cohésion.

-***Plâtre repassé*** : enduit de plâtre fini par plusieurs passages d'un enduit garnissant, poncé entre chacune des couches successives.

-***Plâtre au sas*** : plâtre passé au tamis de crins, analogue au plâtre fin de construction d'aujourd'hui.

-***Plâtre surcuit*** : désigne parfois le plâtre anhydre.

-***Plâtre au tamis*** : plâtre fin obtenu autrefois par tamisage avec un tamis de soie, et utilisé comme enduit garnissant pour la finition des plafonds et murs ; plus fin que le PFC actuel.
V. aussi Carreaux, Cloisons, Plaques, Mouchette, Pigeonnage.

PLÂTRERIE n.f.
Usine de fabrication du plâtre. Art de l'utilisation du plâtre. Ensemble des travaux comportant du plâtre, et constituant souvent un lot*. L'entreprise de plâtrerie a pour spécialité l'exécution des ouvrages en plâtre.

PLÂTREUX adj.
Qui contient du plâtre ; à base de plâtre.

PLÂTRIER n.m.
Compagnon spécialiste des ouvrages en plâtre (V. aussi Plaquiste).

PLÂTRIÈRE n.f. Carrière d'extraction du gypse* (*pierre à plâtre*).

-***Brique plâtrière*** (adj.) : V. Brique.

PLATROIR n.m.
Taloche* semi-rigide d'application du plâtre et de divers enduits. On dit aussi ***platoir**** dans le même sens.

PLEIN adj. ou n.m.
Qualifie un matériau massif et homogène : *bois plein*, *dalle pleine* de béton, *brique* pleine*, etc.

-***Plein-cintre*** : courbe en demi-cercle d'un arc*, d'un berceau*.

-***Pleine-croix*** (n.f.) : garniture du rouet* d'une serrure.

-***Pleine masse*** : qualifie un terrassement réalisé dans un sol ferme, homogène, non rocheux.

-***Plein sur joint*** : se dit d'un appareil* réglé* dont chaque joint montant tombe au milieu des éléments des assises inférieure et supérieure.

-***Plein de mur*** : âme* massive et homogène d'un mur.

-***Plein-de-travée*** : ensemble des parties de maçonnerie pleine entre le niveau des linteaux des baies d'un étage et le niveau des appuis de baies de l'étage supérieur.

-***Mur plein*** : mur aveugle*, orbe*.

-***Tant plein que vide*** : qualifie la disposition d'éléments parallèles, en particulier de solives, tel que leur espacement soit égal à leur largeur.

-***Vide pour plein*** : V. à Vide.

PLÉNUM n.m.
Espace entre un plafond* suspendu et la toiture sous laquelle il est établi (cas des locaux industriels).

PLEXIGLAS n.m. (marque dép.)
Résine translucide et stable, polymère de l'ester méthacrylique.
Étiré en feuilles (parfois courbées ou bombées par thermoformage), le plexiglas sert à faire des vitrages de sécurité, des dômes d'éclairage et des éléments de décoration.

PLI n.m.
1/ Chacune des feuilles de bois (en nombre impair) qui composent un contre-plaqué*; le pli central est l'âme* du panneau.
2/ Angle rentrant ou *cueillie** de deux murs, par opp. à l'angle saillant.

PLIEUSE n.f.
Appareil utilisé par les couvreurs pour former les plis rectilignes, ourlets, relevés, etc. des éléments de couverture en feuilles de zinc.

PLINTHE n.f.
1/ Tablette carrée ou membre* d'architecture au pied d'un pilastre*, d'une colonne*, d'une base* ou d'un piédestal*.

2/ Partie de blindage* dépassant au-dessus du niveau du sol, pour éviter les chutes de déblais.

3/ Bandeau rapporté le long de la base d'un mur, pour protéger celle-ci, et pour masquer la jonction entre le mur et le revêtement de sol.
Les plinthes sont :
-soit des lames de bois d'environ 0,10 m de hauteur (autrefois jusqu'à 0,30 m : V. Stylobate).
-soit des plaquettes de marbre, de pierre ou de matériaux céramiques (éventuellement à gorge).
-soit des profilés caoutchouc, plastique ou métal de section analogue.

Les ***plinthes à couvercle*** forment des canalisations pour les conducteurs électriques (V.ill).

La ***plinthe automatique*** est une baguette garnie d'un isolant, rapportée à la base d'une porte, et munie d'un système de relèvement automatique lorsque la porte est ouverte.

Les ***plinthes d'escalier*** sont soit *droites*, soit à découpe en crémaillère, soit *à coupe de pierre*, par éléments.

Les ***plinthes à gorge*** présentent un arrondi concave pour assurer une continuité avec le revêtement du sol, afin de faciliter l'entretien à la périphérie des locaux ; ce sont soit des pièces céramiques spéciales, soit des arrondis exécutés en mortier de résine synthétique (V.ill).

La ***plinthe chauffante*** désigne un convecteur* plat (quelques cm d'épaisseur), de forme allongée, et de faible hauteur (15 à 20 cm), destiné à être installé à la base des murs, ou contre des allèges* très basses.

PLIOLITE n.f.
(marque déposée GOODYEAR)
Résine élastomère qui entre dans la composition de peintures et revêtements d'étanchéité.

PLIOMÈTRE n.m.
Appareil de mesure en laboratoire de la flexibilité des revêtements.

PLISSEMENT n.m.
Zone de fines ondulations serrées, qui se forment parfois à la surface d'une peinture trop épaisse au moment de son séchage.

PLOMB n.m. (symb. **Pb**)
Métal dense (d : 11,3), malléable et ductile, brillant à la coupe mais vite oxydé par l'air (*patine**) ; son point de fusion est bas (env. 340°C).
L'utilisation du plomb nécessite des précautions d'hygiène (risque de saturnisme*) et son emploi est interdit désormais pour toute alimentation d'eau potable. Les principaux oxydes du plomb sont le protoxyde PbO, ou *litharge**, ou *massicot**, et l'oxyde salin Pb_3O_4, ou *minium**.
La céruse*, ou *blanc d'argent*, est un carbonate de plomb.

PLINTHES

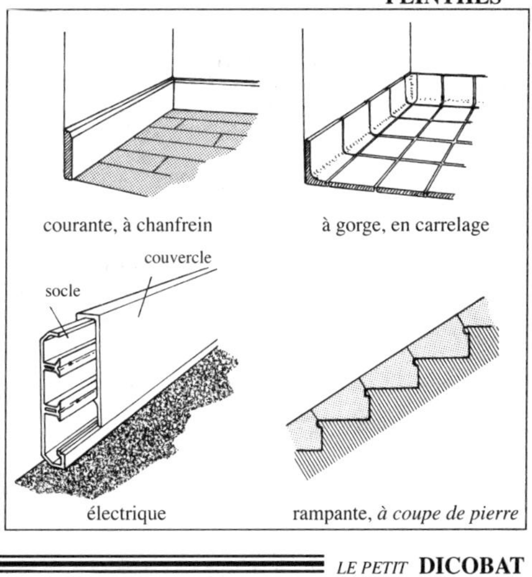

1/DÉCOR.: le ***plomb repoussé*** a souvent servi à composer des éléments d'ornement en bas-relief.

2/COUVERT.: l'emploi du plomb en matériau de couverture est devenu rare, à cause de son poids et de sa faible résistance au poinçonnement. En feuilles de 2, 2,5 ou 3 mm d'ép., de surface inférieure à 1,5 m^2, il sert de revêtement en couverture de terrasses (prévoir la possibilité de jeux de dilatation des ***tables*** de plomb) ; plus facile à former que le zinc, le plomb est surtout utilisé sous forme de petits éléments d'étanchéité, tels que bavettes*, noquets*, raccords de rives, couvre-joints* maintenus par des pattes de cuivre étamé, etc.

3/ÉLECTR.: le plomb, ou l'alliage plomb-étain sous forme de fils ou de lamelles, sert de fusible dans les coupe-circuit*; en langage courant, le plomb est d'ailleurs synonyme de *fusible** ou de *coupe-circuit**.

4/OUTILL.: V. Fil à plomb.

5/PLOMBERIE : le tuyau en plomb n'est plus utilisé dans les constructions neuves, mais se trouve encore dans les bâtiments anciens, pour la distribution du gaz ou l'évacuation des eaux usées.
Le plomb du commerce est raffiné (***plomb doux***), ou additionné d'antimoine (***plomb dur***).
Sections et épaisseurs courantes pour évacuations : 30/3, 35/3,5 et 40/4mm. Pour le gaz, elles sont souvent inférieures (16/1,5, 20/2, ou 27/3 mm).

Travail des tuyaux en plomb.
Fournis en couronnes*, les tuyaux sont coupés à la scie égoïne ou au coupe-tube*, redressés par mandrinage* et coudés par cintrage en y introduisant du sable ou un ressort à cintrer évitant l'écrasement.
Pour les gros diamètres, le cintrage est fait à chaud, avec rectification au chapelet de billes de bois.

Les aboutages* se font soit par *emboîture* (V. ce mot), soit par *noeuds soudés* (V. Noeud).
Les piquages* se font par des façons de soudure dites *noeuds* d'empattement*, droits ou obliques.

PLOMBAGE n.m.
1/ Coloration grisâtre que prennent certains vernis en vieillissant.

2/ Polissage d'une surface de marbre avec une molette* de plomb.

PLOMBAGINE n.f.
Graphite pur utilisé en poudre diluée pour noircir les couvertures en zinc et en réduire l'éclat par ***plombaginage***.
Syn.: *mine de plomb.*

PLOMBAGINER v.tr.
Donner au zinc l'aspect du plomb en le traitant à la plombagine.

PLOMBANT adj.
Se dit d'un revêtement de sol souple dont la masse est suffisante pour assurer son maintien contre le sol, sans collage ni fixation mécanique.

PLOMBÉE ou **PLOMMÉE** n.f.
Vérification d'un aplomb* avec le fil à plomb (en charpenterie).

PLOMBER v.tr.
1/ Polir au plomb.

2/ Utiliser le fil à plomb pour contrôler une verticalité.

PLOMBERIE n.f.
A l'origine, art et technique du façonnage de canalisations et d'ouvrages d'étanchéité de toits en plomb ; aujourd'hui, désigne surtout la pose et la réparation des équipements de distribution et d'évacuation des eaux, des équipements d'alimentation en gaz, des appareils sanitaires et de leurs robinetteries.
En France, les ouvrages de plomberie sont régis par *plusieurs DTU (60.1 et suivants) et normes.*
V. aussi Eau, Chauffage, Canalisations, Gaz, Robinetterie.

PLOMBIER n.m.
Entrepreneur, artisan ou compagnon dont les activités sont décrites ci-dessus. La spécialité est souvent cumulée

avec celle de couvreur-zingueur et/ou d'installateur chauffagiste.

PLOMMÉE n.f. V. Plombée.

PLOMMET n.m.
Désigne parfois le fil* à plomb.

PLONGÉE n.f.
Désigne parfois la garde* d'eau d'un siphon*.

PLOT n.m.
1/BOIS : bille* de bois* débitée* en plateaux*, et reconstituée dans sa forme initiale avec interposition d'épingles* ou rablettes*pour la circulation de l'air de séchage (V.ill).

2/CARREL.: support de dalles amovibles de terrasses, locaux techniques, etc., comportant en général un dispositif de réglage de hauteur (V.ill).

3/ÉLECTR.: petite surface métallique ou pièce quelconque formant un contact par pression sur une autre.

4/MAÇONN.: nom souvent donné au bloc* de béton de granulats, ou *parpaing*. Désigne aussi les petites masses de mortier que l'on dispose sur une dalle ou un mur, pour constituer des repères d'épaisseur avant de réaliser une chape ou un enduit.

5/PLÂTR.: dans la pose des panneaux de doublage isolants, désigne chacune des petites masses de mortier adhésif placées à la truelle au dos des panneaux avant de les relever contre le mur : *collage par plots*.

6/TECHNOL.: désigne diverses pièces telles que les blocs-supports antivibratiles pour l'isolation phonique des machines et équipements.

plot de bois (bille débitée en plateaux)

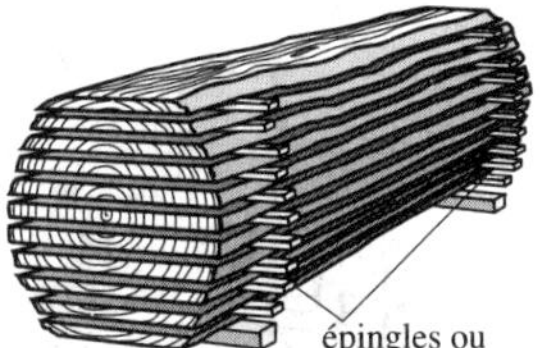

plumée (**P**)

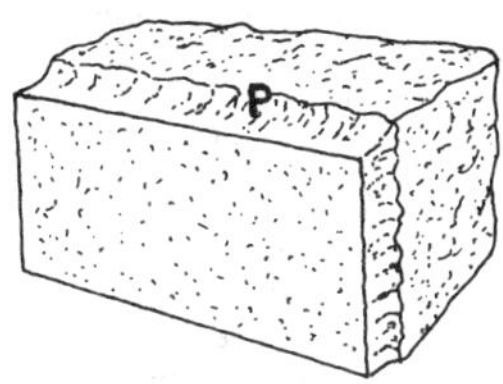

PLOYAGE n.m.
Fléchissement localisé, ou courbure donnée à un élément par une charge ou un effort transversal.

PLU
Voir Plan* Local d'Urbanisme.

PLUMÉE ou **PLOMÉE** n.f.
1/CHARP.: entaille pratiquée au pourtour d'une pièce de bois à dresser*, sous forme d'un listel servant de repère de nu* pour le parement.

2/MAÇONN.: amorce de taille faite par les tailleurs de pierre autour d'une face d'un bloc avant d'en dresser le parement. Désigne aussi le piochement et le prélèvement d'une petite surface d'enduit, que l'on fait pour en analyser l'état et l'adhérence (V.ill).

PLUMER v.tr.
Éliminer une petite surface périphérique, ou un morceau d'enduit.

PLUS-VALUE n.f.
1/ Supplément de prix demandé par un entrepreneur pour une prestation plus coûteuse que celle prévue.

2/ Majoration affectant le prix de base des séries* de prix, pour tenir compte des sujétions et difficultés particulières : par ex., l'application d'enduits sur surface courbe donne lieu à plusvalue par rapport au prix en surface courante.

PNEUMATIQUE adj.
Qualifie un appareil ou un outil qui fonctionne à l'air comprimé : *marteau pneumatique*.

plot-vérin
pour planchers surélevés

poignées

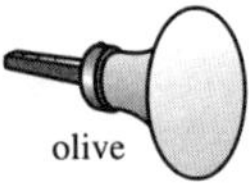
olive

de crémone

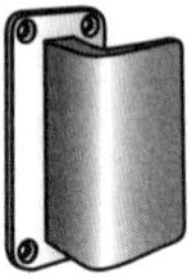
profilée

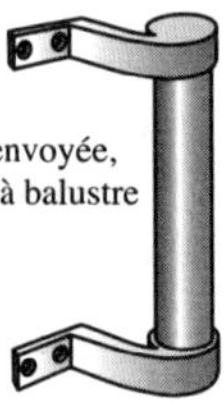
renvoyée,
ici à balustre

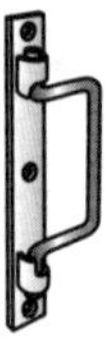
brisée,
sur platine

à double
embase
*(dite
d'artillerie)*

PNEUMOCONIOSE n.f.
Maladie professionnelle : ensemble de lésions pulmonaires dues à l'accumulation dans les bronches de fines particules inhalées (poussière, ciment, chaux, fibres, etc.).

POCHAGE n.m.
En peinture, et pour certains enduits décoratifs, désigne la finition* qui consiste à tamponner la surface fraîche avec une taloche ou un tampon quelconque pour créer des aspérités par effet de succion : *enduit poché*.

POCHER v.tr.
Finir une surface par pochage, ou peindre au pochoir.

POCHOIR n.m.
Panneau de tôle ou d'autre matière dans lequel sont découpés des motifs à reproduire en peinture par projection ou à la brosse, en tenant le pochoir contre le support.

POCHON n.m.
Brosse à manche court servant à peindre au pochoir.

PODIUM n.m.
Large plate-forme* ou estrade surélevée. Socle d'un bâtiment.

POÊLE n.m.
Appareil de chauffage autonome, à feu vif, chauffant les locaux par le rayonnement des parois d'un foyer fermé. Les combustibles sont, selon le cas, le charbon, le mazout, le bois ou la sciure, certains poêles étant multicombustible.

Autrefois destinés au chauffage du seul local où ils étaient installés, certains poêles modernes sont équipés d'échangeurs* permettant d'alimenter un chauffage central d'une dizaine de radiateurs, et assurer la production d'eau chaude domestique d'un logement.

POÊLERIE n.f.
Ensemble des ouvrages et équipements de chauffage, et industries de fabrication correspondantes.

POÊLIER adj.
Qualifie un boulon ou une vis dont la tête porte une rondelle solidaire.

POIDS n.m.
Force exercée sur un corps par l'action de la pesanteur, et expression de sa mesure ; par déformation, le langage courant désigne par "poids" la masse* des corps, exprimée en kg, ou par ses multiples (quintal, tonne) et sous-multiples (gramme, mg...).

Le ***poids volumique*** (ou *poids spécifique*), exprimé en N/m^3 (newtons* par m^3), est le quotient de la masse* d'un corps homogène par son volume.

POIGNÉE n.f.
En serrurerie ou quincaillerie, pièce destinée à être saisie avec la main pour actionner une serrure, une crémone, un volet, un levier... pour tenir un outil quelconque, ou pour se tenir soi-même. On distingue les poignées fixes, articulées, pivotantes, en bouton, en olive, en béquille, etc. (V.ill).

POIL n.m.
1/CARR.: longue fissure isolée dans une pierre, correspondant souvent à un changement de structure, ou à une zone interne plus faible.

2/COUVERT.: classement (officieux) des ardoises de second choix, qualifiées de *poil roux* ou *poil taché*, la meilleure qualité étant le *poil noir*.

poinçons

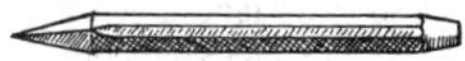
de tailleur de pierre

de serrurier

poinçonneuse

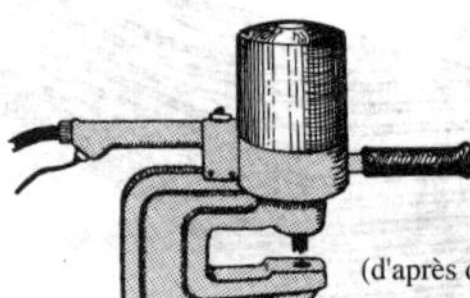
(d'après doc. ROBUR)

POINÇON n.m.
1/CHARP.: pièce verticale centrale d'une ferme* de charpente, au sommet de laquelle sont assemblés les arbalétriers*, arêtiers* et noues*; à sa base, le poinçon supporte l'entrait* (V.ill. au mot Ferme).

Le poinçon désigne aussi la pièce centrale d'un comble conique.
Souvent, le poinçon est prolongé par un épi* en couronnement du faîte.

2/MAÇONN.: outil manuel utilisé pour percer des trous dans la pierre, par percussion (V.ill). Syn.: *broche**.

3/SERRUR.: outil pointu, cylindrique ou conique, en acier trempé, servant à percer, couper, découper à l'emporte-pièce, estamper* ou emboutir* les tôles (V.ill. page ci-contre).

POINÇONNAGE n.m.
Travail fait au poinçon et son résultat.

POINÇONNEUSE n.f.
Appareil hydraulique portatif utilisé pour les percements multiples des pièces de charpente métallique à riveter ou à boulonner (V.ill. page ci-contre).

POINÇONNEMENT n.m.
Empreinte creuse (*indentation**) laissée dans une matière par une forte pression localisée.

La résistance des revêtements de sol au poinçonnement est une de leurs caractéristiques primordiales.

C'est leur aptitude à supporter sans écrasement de fortes charges dont le point d'application est concentré sur une faible surface : pieds de meubles (*poinçonnement statique*), roulettes, talons-aiguille (*poinçonnement dynamique*)...

La ***résistance au poinçonnement*** se mesure, sur les matériaux durs, par l'essai à la bille (V. Dureté Brinell).
Dans le *classement UPEC** des revêtements, cette résistance est indiquée par l'indice affecté à la lettre P (P_1, P_2 ou P_3).

POINT n.m.
Désigne diverses valeurs caractéristiques d'états physiques ou de données particulières :

-***Point d'appui*** : en architecture, partie d'une maçonnerie qui sert de support à une charge importante.

-***Point blanc***, ou ***point de craie*** d'une colle : température au-dessous de laquelle une colle ne peut être étalée en un film continu, qui "mouille" correctement le support.

-***Point critique*** : ensemble des valeurs limites de pression, de volume et de température qui définissent l'état critique d'un liquide (changement de phase liquide-gaz).

-***Point dur*** : partie d'une infrastructure ou du sous-sol sous-jacent qui constitue un point d'appui résistant ; en cas de tassements ou d'enfoncements, un *point dur* sera le pivot de part et d'autre duquel se divise un ouvrage.

-***Point d'éclair*** ou ***point-éclair*** (ou *flash-point*) : V. Éclair.

-***Point de fuite*** : en perspective* conique, point choisi sur l'horizon, par lequel passent toutes les droites (lignes de fuite) qui représentent les parallèles à un même axe.

-***Point de fusion*** : température à laquelle les métaux, le verre ou toute autre matière passent de l'état solide à l'état liquide.

-***Point de Hongrie*** : V. Parquet.

-***Point de ramollissement*** : température à laquelle un bitume perd sa résistance au poinçonnement.

-***Point de rosée*** : V. Rosée.

-***Point de symétrie*** : V. Symétrie.

POINTAGE n.m.
Amorce de trou faite avec un pointeau* ou un foret, avant le percement proprement dit du matériau concerné, métal, bois ou autre.

POINTE n.f.
1/ Long clou* à petite tête plate et à tige crantée ou lisse, torsadée ou non.

pointerolle

La ***grosse pointe*** est un clou dont la tige a au moins 2 mm de diamètre, par opp. à la ***pointe fine***. Par déformation, le mot est syn. de *clou* (V.ill. au mot Clou).

2/ Tuile recoupée, réduite d'au moins un tiers de sa largeur.

-***Pointe carrée*** : poinçon à tête en V utilisé pour forer dans les pièces de bois les avant-trous des vis.

-***Pointe de diamant*** : façon de taille à facettes d'un bossage*.
Voir ill. à Diamant.

-***Pointe filtrante*** : tube perforé foncé dans le sol pour faire un rabattement* de nappe par pompage.

-***Pointe à tracer*** : fine tige d'acier effilée, qui sert à tracer, le long d'un guide (règle, équerre, gabarit...), les contours d'éléments à tailler, tenons, mortaises... Les pointes à tracer sur métaux sont en acier au carbure ou au chrome-vanadium.

-Le ***régime de pointe*** d'une machine ou d'un réseau électrique est la valeur maximale de puissance appelée ou consommée.

POINTEAU n.m.
1/ Poinçon effilé servant à marquer par pointage* ou à percer des avant-trous.

2/ Sur un chantier, celui qui contrôle, en *pointant* sur des listes, les matériaux, les heures travaillées, absences, etc. Syn.: *pointeur* (autrefois, *piqueur**).

POINTELLE n.f.
Poteau de faible section, ou élément d'étai ; se dit surtout en Suisse.

POINTER v.tr.
1/ Fixer avec des clous. Enfoncer partiellement un clou.

2/ Reporter sur l'ouvrage un tracé d'épure.

3/ Amorcer un trou au pointeau*.

4/ La ***taille pointée*** du parement des pierres désigne leur finition en traits et points isolés et disséminés, exécutée à la broche* ou au pic*.

POINTEROLLE n.f.
Marteau à panne d'acier effilée, utilisé pour détacher des blocs de roche en frappant l'outil avec une massette (V.ill). Fleuret* pointu pour marteau pneumatique.

POINTEUR n.m. V. Pointeau.

POINTILLAGE n.m.
Exécution d'un alignement de petits points sur un plan, un dessin, etc., composant un ***pointillé***.

POIRE n.f.
Interrupteur en forme de poire (*piriforme*), monté à l'extrémité d'un conducteur souple, pour commander par exemple une sonnerie.
Balustre en poire : V. ill. à Balustre.

POISE n.m.(symb. **Po**)
Unité de mesure de la viscosité* dynamique des fluides, selon leur vitesse d'écoulement ; on utilise surtout son sous-multiple, le *centipoise*. En unités du S.I., le poise vaut 0,1 Pa.s (pascal/seconde).

POISEUILLE n.m. (symb. **Pl**)
Autre unité de viscosité* dynamique, valant 10 poises.

POISSON (**module de —**)
Dans la mesure des déformations d'un matériau sous contrainte, expression du rapport **e/D** entre les déformations transversale (e) et longitudinale (D) ; pour un béton de plus de 28 jours, ce module doit être compris entre 0,1 et 0,3.

POITRAIL n.m.
Long linteau* de forte section, au-dessus d'une baie large (vitrine de magasin, entrée de garage...) ; le poitrail est soit une poutre en bois ou en béton armé, soit un ensemble de profilés* de métal accolés, prenant largement appui sur les jambages ou piédroits* latéraux.

POIVRIÈRE n.f.
Échauguette* de plan circulaire. Petit toit conique et pointu qui couronne une tourelle*.

POLARISATION n.f.
1/ÉCLAIR.: modification des propriétés de réflexion et de réfraction de la lumière.

2/ÉLECTR.: différence de potentiel entre deux conducteurs dans un milieu diélectrique ; modification subie par un isolant sous l'action d'un champ électrique.

POLARITÉ n.f.
Signe positif (+) ou négatif (-) d'une charge électrique ou d'un pôle de générateur de courant continu.

POLASTRE n.m.
Petit réchaud utilisé par les plombiers pour chauffer les tubes de cuivre avant de les cintrer ou de les souder.

PÔLE n.m.
Borne, positive ou négative, d'un appareil électrique fonctionnant en courant continu.

POLI adj. et n.m.
Caractère lisse et brillant d'une surface, obtenu par usure. L'aptitude des matériaux naturels (bois, marbre, pierre) à *prendre le poli* constitue une de leurs caractéristiques.

-Pour la pierre et les marbres, le *poli* est le résultat d'un *polissage*, opération qui fait suite à l'*adoucissage**; on distingue deux stades, qui sont la ***taille polie mate***, à l'abrasif très fin, et la ***taille polie brillante***, cette dernière étant obtenue en frottant la surface avec la potée* d'étain, ou avec une molette* de plomb.
-En miroiterie, le poli est la finition donnée aux glaces*, sur leurs deux faces rigoureusement parallèles.

POLIR v.tr.
Appliquer une technique d'abrasion fine à une surface unie pour la rendre parfaitement lisse.

POLISSAGE n.m.
Obtention du poli* d'un matériau ; le polissage des minéraux est précédé de l'égrisage*, du rabat* et de l'adoucissage*, et complété par un lustrage*.

POLISSEUSE n.f.
Ponceuse* de marbrerie dont les meules abrasives à grain très fin permettent de passer de la taille adoucie* à la taille polie.

POLISSOIR n.m.
Syn. de *brunissoir* (V. ce mot).

POLKA n.f.
Outil du tailleur de pierre tendre, en forme de marteau à deux pannes* effilées, dont une dentée*.

POLOCHON n.m.
Boudin de plâtre gâché serré, et armé de filasse* s'il sert à mettre en place des ouvrages de staff*.

POLONCEAU (à la —)
Qualifie un type de ferme* de charpente à double poinçon en V renversé (V.ill. au mot Ferme).

POLYADDITION n.f.
Réaction de "soudure" moléculaire qui concerne des molécules autres que celles d'un monomère*.

POLYANE n.m. (marque comm.)
Ce nom désigne souvent de façon générique, sur chantier, les films plastiques (surtout polyéthylène) utilisés comme bâches* et protections diverses, ou comme pare-vapeur* ou barrières* d'étanchéité.

POLYCARBONATE n.m.
Matière plastique rigide, très transparente et stable à la lumière ; on l'utilise en particulier, sous forme extrudée, en plaques alvéolaires pour l'éclairage zénithal*.

POLYCHLOROPRÈNE n.m.
Résine élastomère*, connue sous son nom commercial de *néoprène**.

POLYCHROME adj.
Qui présente une variété de couleurs juxtaposées : *façade polychrome*.

POLYCHROMIE n.f.
Association de plusieurs couleurs, et son résultat.

POLYÈDRE n.m.
Volume* quelconque composé de plusieurs faces planes : une pyramide, un cube, etc. sont des polyèdres. Un ***angle polyèdre*** est l'espace délimité par plusieurs plans qui se coupent en un même point : par ex., le trièdre*, le tétraèdre*, sont des angles polyèdres.

POLYESTER n.m.
Résine thermodurcissable*, combinaison de polyacides avec des glycols, durcissant en présence d'un catalyseur*. On en fait des colles, des laques spéciales, des revêtements de sols coulés (parkings, sols industriels), des plaques de couverture translucides, ainsi que diverses pièces moulées ou extrudées, armées de fibre de verre tissée ou non (mat* ou roving*) : tuyaux et raccords, dômes et coques rigides, etc.

POLYÉTHYLÈNE n.m.
Matière thermoplastique* obtenue par polymérisation* de l'éthylène ; souple, isolant, étanche et résistant bien aux acides, le polyéthylène sert à faire des pièces moulées, injectées ou étirées (polyane*). La surface lisse et cireuse des éléments en polyéthylène est très antiadhérente.

POLYGONE n.m.
Toute figure géométrique plane qui a plusieurs côtés : triangle, rectangle, hexagone, etc.

POLYLOBÉ adj.
Qui présente un enchaînement de courbes ouvertes d'un même côté. V. Arcs, Trilobé.

POLYMÈRE n.m. et adj.
Désigne un corps stable dont chaque molécule (ou *macromolécule*) est constituée par l'association de plusieurs molécules monomères identiques d'un corps.

Les ***hauts polymères***, tels la cellulose, sont ceux dont la molécule est une répétition en chaîne d'associations de monomères.

POLYMÉRISATION n.f.
"Soudure" de molécules analogues sous l'action d'un agent extérieur (chaleur, pression, catalyseur*, etc.) ; dans le bâtiment, désigne souvent abusivement le durcissement de toutes sortes de résines.

POLYPHASÉ adj.
Qualifie un ensemble de courants électriques alternatifs de même fréquence, mais déphasés (V. Phase).

POLYSTYRÈNE n.m.
Résine thermoplastique*, haut polymère* obtenu par polymérisation du styrène. Syn.: *polystyrolène*.
Utilisé dans le bâtiment sous forme de pièces moulées par injection, rigides et dures (polystyrène-choc), et sous forme expansée en panneaux alvéolaires moulés ou extrudés, pour isolation thermique, fonds de joints, calages de protection, etc.

POLYSULFURE n.m.
Résine élastomère* à deux composants (souvent prémélangés avec un inhibiteur*) durcissant par réticulation*. Surtout utilisé, pour ses qualités d'adhérence et d'élasticité, sous forme de mastic* "à la pompe" pour la garniture étanche des vitrages isolants et divers jointoiements d'étanchéité.

POLYTÉTRAFLUOROÉTHYLÈNE
n.m. Matière plastique proche du polyéthylène, mais de meilleure résistance aux températures élevées ; cette matière est plus connue sous son nom commercial de *téflon**.

POLYTHÈNE n.m.
Nom des polymères* de l'éthylène. Désigne parfois le polyéthylène*.

POLYURÉTHANE
ou **POLYURÉTHANNE**
n.m. ou adj. Résine à deux composants (en général prémélangés avec un inhibiteur* dont l'effet disparaît au contact de l'air).
Les polyuréthannes durcissent (polymérisent) par *polyaddition**.

Plus ou moins souples selon les additifs et résines auxquels on les associe, ils sont utilisés sous forme de mastics de calfeutrement, colles, peintures spéciales, revêtements de sols résilients* (sols sportifs), revêtements d'étanchéité* (du type SEL), etc.; ils sont aussi expansés en plaques de mousse rigide d'isolation thermique, ou fournis sous forme liquide pour injection et expansion *in situ* sous forme de mousse. Enfin, ils sont extrudés* en profilés et joints divers pour les menuiseries.

POLYVALENCE n.f.
Qualité d'un matériau qui peut être adapté pour divers emplois.

POLYVALENT adj.
Qui offre diverses possibilités d'utilisation : *colle polyvalente*.

POLYVINYLE n.m.
Matière thermoplastique polymère fabriquée à partir de l'acétate ou du chlorure de vinyle*.
Le ***chlorure* de polyvinyle***, ou **PVC**, se présente soit sous forme rigide (sans plastifiants), soit sous forme souple (avec plastifiants).
Il offre une excellente inertie chimique et physique, et unc bonne résistance à la chaleur, atteignant 80°C (PVC courants), et même 110°C (polyvinyles surchlorés **PVC-C**). Parmi ses principales utilisations dans le bâtiment, tubes* et tuyaux* d'évacuation des eaux, menuiseries plastiques, gainage des conducteurs électriques.

POMELLE ou **POMMELLE** n.f.
1/CARR.: coin d'acier ou de bois dur servant à détacher les blocs de pierre en carrière.
2/PLOMB.: petite plaque perforée arrêtant les débris à l'entrée d'un tuyau.
3/SERRUR.: autre orthographe de la *paumelle* (V. ce mot).

POMME n.f.
1/ARCHIT.: motif en forme de pomme ou de pomme de pin.
2/PLOMB.: la *pomme de douche*, ou ***pommeau*** de douche (n.m.), est la pièce évasée et perforée qui termine un tuyau de douche.
Elle peut être fixe, sur bras formant console, ou mobile, et munie d'une poignée au bout d'un flexible de *douchette*.

POMMELÉ adj.
Se dit d'un enduit de parement rustique dont les reliefs sont arrondis.

POMPABILITÉ n.f.
Aptitude d'un matériau fluide ou pâteux à être aspiré, transporté, projeté ou injecté par ***pompage***, c'est-à-dire à l'aide d'une pompe* adaptée.

POMPE n.f.
Dispositif de transfert mécanisé des fluides (gaz, liquides ou matériaux pâteux). Le choix du système est fonction du type de fluide ou de produit (viscosité, homogénéité, présence de matières solides), du type d'utilisation (comptage volumétrique, accélaration, mise en pression d'un fluide, relevage d'eaux), et de la position de la pompe par rapport au fluide.

Principaux systèmes :
1- les ***pompes à piston(s) droit(s)*** : pompes aspirantes, foulantes, ou alternatives aspirantes-foulantes.
2- les ***pompes rotatives***, ou ***rotodynamiques***, qui sont les plus fréquentes, peuvent être classées en :
-pompes *à pièces engrenées*, à pignons, à pistons rotatifs.
-pompes *à palettes* rétractables.
-pompes *centrifuges* : leurs palettes à rotation rapide communiquent au fluide une énergie centripète qui le chasse vers l'orifice de sortie.
-pompes à *membranes tubulaires*, à écrasement rotatif par des galets.
3- les ***pompes à vis*** ou *hélicoïdales*.

Pompes concernant le bâtiment :
- Les ***pompes à eau*** ; il en existe de nombreuses sortes : immergées ou non pour puits, pour rabattements* de nappes, pour relevages (V. ci-après), motopompes, etc.

pompes (principe de fonctionnement de quelques types de pompes)

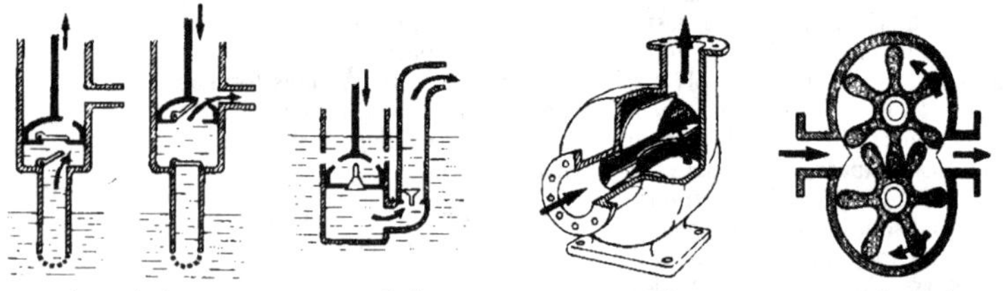

pompe aspirante à piston, à double clapet — pompe refoulante à double soupape — pompe rotative centrifuge — pompe rotative à pignons (pour liquides visqueux)

La ***pompe de circulation*** désigne parfois le circulateur*, monté sur le circuit d'eau chaude des installations de chauffage central.

- La ***pompe à béton***, engin de chantier pour le transfert du béton frais de son lieu de préparation, ou d'un véhicule, vers son point d'utilisation.
La puissance des pompes à béton permet la distribution à pied d'oeuvre du béton ou des mortiers de chapes à des hauteurs importantes (une dizaine d'étages).

- La ***pompe à mortier*** (ou *projeteur à mortier*) est une machine équipée pour effectuer d'une part le gâchage et le malaxage des mortiers pour enduits ou pour chapes, d'autre part leur acheminement, par des tuyaux flexibles, jusqu'à une buse de projection.
Le pompage est fait par une vis sans fin (*queue de cochon*), prise dans un manchon de caoutchouc ; le mortier est propulsé par une injection d'air comprimé à l'arrière de la buse (V.ill).
Les pompes à mortier constituent aujourd'hui l'outil d'application de la plupart des enduits de façades (sous-enduits projetés, enduits monocouche* ou bicouche*).

- La ***pompe à plâtre*** : machine de gâchage et de propulsion des plâtres projetés ; elle diffère des pompes à mortier par le fait que l'addition d'eau, le gâchage, le brassage, dans une cuve à axe incliné, et la propulsion de la pâte vers la buse de projection s'effectuent en continu (V.ill).

- Les ***pompes de relevage*** : pompes, submersibles ou non, spécialement conçues pour l'aspiration et le transfert sur quelques mètres de hauteur d'eaux plus ou moins chargées de matières diverses : en particulier, pompes de relevage des eaux-vannes, de vidange de fosses d'accumulation, et de puisards.

Pompe à chaleur (PAC)
Dispositif thermodynamique de production d'eau chaude sanitaire, ou d'eau chaude de chauffage central (souvent sous forme d'appoint), ou *en relève de chaudière* (dite PERCHE*), ou encore d'air chaud à insuffler dans les locaux.
Le principe est inverse de celui du climatiseur ou du réfrigérateur : il consiste à prélever de la chaleur sur une *source froide*, et à la communiquer à un milieu plus chaud, *source chaude*, avec l'aide d'une énergie dont l'équivalent calorifique est aussi cédé à la source chaude.

Une pompe à chaleur peut être réversible pour un usage hiver-été (c'est

pompe à plâtre — **pompe à mortier** et sa lance à buse

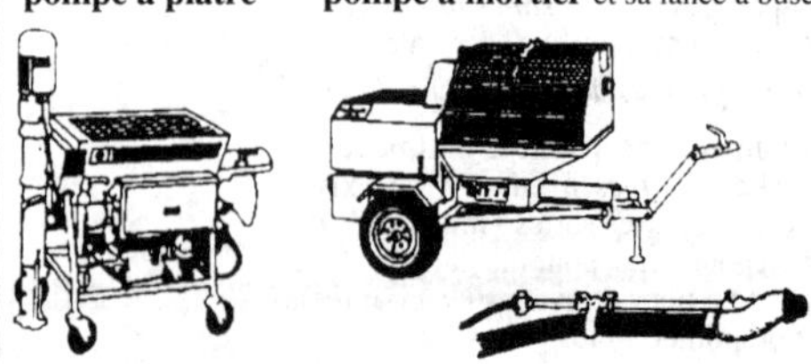

alors un climatiseur* réversible).
On distingue les pompes à chaleur à compression de vapeur (les plus répandues), à absorption (thermochimiques), à effet Peltier (thermoélectriques). La pompe à chaleur à compression de vapeur utilise un cycle inverse de celui d'une machine à vapeur : un liquide s'évapore en absorbant de la chaleur à basse température, la vapeur produite est échauffée par compression puis se condense en cédant de la chaleur à haute température. Le liquide, refroidi par détente, revient alors à l'évaporateur.
L'évaporateur et le condenseur assurent les échanges thermiques avec les sources froide et chaude ; l'énergie d'appoint est celle que consomme le compresseur.

Selon la nature des sources froide et chaude, la pompe à chaleur est dite :

- ***eau/eau*** : source froide d'eau (puits, rivière), ou circuit d'eau captant de la chaleur dans le sol ou à toute autre source, et production d'eau chaude.
- ***air/eau*** : l'air extérieur, ou l'air extrait du bâtiment, sert de source froide utilisée pour une production d'eau chaude.
- ***eau/air*** : source froide d'cau, et production d'air réchauffé au niveau du condenseur.
- ***air/air*** : la source froide est l'air extérieur ou l'air extrait, utilisé pour réchauffer l'air neuf admis dans les locaux ou l'air intérieur recyclé.

Le rendement d'une pompe à chaleur est exprimé par son *coefficient de performance* (**COP**) : c'est le rapport entre la production énergétique utile (énergie cédée à la source chaude), et l'énergie consommée (énergie de fonctionnement du compresseur).
Chaque type de pompe à chaleur fait l'objet de normes.

PONÇAGE n.m.
Aplanissage, décapage ou suppression des aspérités d'une surface par usure avec un abrasif*; un grésage* est un ponçage à la meule de grès.

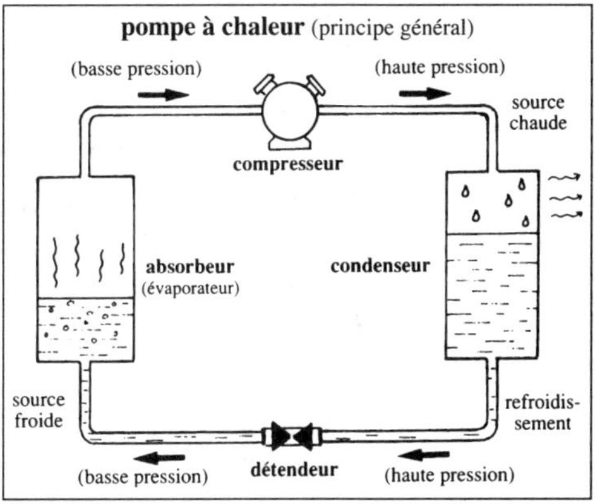

PONCE n.f.
Roche poreuse, alvéolaire et légère, d'origine volcanique ; sert de granulat dans des mortiers légers.

PONCER v.tr.
Aplanir ou décaper par abrasion*.

PONCEUSE n.f.
Machine de ponçage soit portative, à disque, à bande, ou vibrante, soit mobile sur roulettes : ponceuse pour parquets, à bande, ponceuse à disque à segments ou meules*-couronnes, pour dallages de marbre, pierre, granit ; ponceuse "girafe*", à long bras articulé, pour le ponçage des plafonds.

PONCIF n.m.
Dessin que l'on reporte sur une surface quelconque, en piquant* ses contours puis en ponçant, c'est-à-dire en frottant avec une poudre colorante qui traverse les perforations.

PONDÉRAL adj.
Mesuré en poids : *dosage pondéral.*

PONDÉRATION n.f.
Équilibre harmonieux des masses d'une construction ou d'une façade.

PONDEUSE n.f.
La *pondeuse à béton* est une machine de production en continu d'éléments

de blocs* moulés en béton de granulats (surtout blocs calibrés dits parpaings).

PONT n.m.
Liaison, passage entre deux milieux différents.

-***Pont de piétons*** ou ***pont de service*** : passerelle en madriers disposés au-dessus d'une tranchée de terrassement pour la franchir facilement.

-***Pont phonique*** : transmission parasite du son résultant, par exemple, d'un passage* de tuyaux dans un mur ou dans un plancher, ou de la présence d'un aérateur.

-***Pont thermique*** : zone ponctuelle ou linéaire qui, dans l'enveloppe d'un bâtiment, présente une moindre résistance thermique, du fait du phénomène de convergence-divergence* des flux (concentration vers les points de faible résistance).
Les ponts thermiques réduisent l'efficacité d'une isolation (V.ill).
Les plus fréquents sont les abouts* de planchers et de murs, les jonctions de parois en général, les ossatures et chaînages de béton, coffres de volets roulants, huisseries de baies (surtout métalliques) ; on peut les détecter par spectrographie* des parois extérieures.

-***Pont électrique*** : en électricité, un *pont* est un montage en quadrilatère, utilisé pour effectuer une mesure : le ***pont de Maxwell***, pour la mesure des inductances, le ***pont de Santy*** ou ***de Schering*** pour la mesure des capacités d'accumulateurs, le ***pont de Wheatstone*** pour la mesure d'une résistance électrique, par comparaison avec des résistances étalonnées.

pont thermique

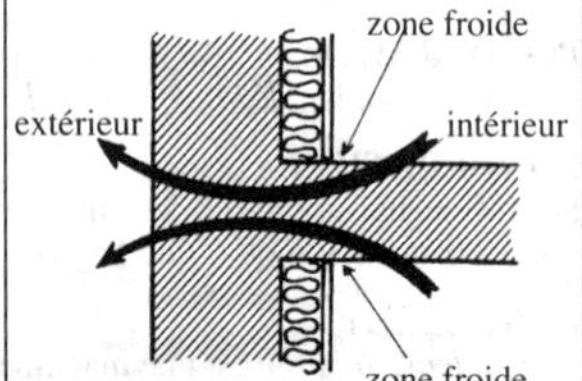

PONTAGE n.m.
Recouvrement des deux lèvres d'une fissure ou d'un joint par un ouvrage armé (calicot, toile de verre), dont les possibilités de déformation et d'extension de part et d'autre de la fissure permettent de répartir les effets de tensions ultérieures, évitant ainsi une nouvelle rupture en surface.

PONTER v.tr. Faire un pontage.

PONTET n.m.
1/COUVERT.: petite bride métallique dont les deux embases sont soudées sur une feuille métallique ; les pontets servent, par exemple, à maintenir les supports de gouttières* à l'anglaise (V.ill. à Gouttière).

2/SERRUR.: pièce d'ornement rapportée à la base d'un barreau de grille.

POPOTIER n.m.
Qualifie familièrement un ouvrier appelé à se déplacer souvent pour des dépannages et des prestations d'entretien.

PORCELAINE n.f.
Matière céramique dure résultant de la vitrification vers 1 400°C d'une pâte compacte et fine, en général blanche, composée de *kaolin**, d'un *dégraissant* (quartz ou silex) et d'un *fondant** (phosphate, feldspath*) ; l'émail qui revêt la porcelaine est la *couverte*. La porcelaine sert à faire des pièces d'isolation électrique, des béquilles et poignées de portes, et des appareils et équipements sanitaires de dimensions réduites.

PORCHE n.m.
1/ Espace couvert qui abrite l'accès et l'entrée principale d'un bâtiment ; peut désigner aussi bien un simple auvent de bois qu'un édifice en pierre. C'est un *clocher-porche* s'il constitue la base d'un clocher, au droit du portail. Le ***porche intérieur*** est l'avant-nef* d'une église.

2/ Passage couvert dans un bâtiment, pour l'accès des véhicules, entre la voie publique et une cour intérieure.

PORE n.m.
Minuscule orifice d'un fin canal ou capillaire*, débouchant à la surface d'un matériau.
La présence de nombreux pores correspond souvent à un matériau absorbant, dans lequel l'eau peut pénétrer par capillarité*.

POREUX adj.
Qui comporte de nombreux pores.

POROSITÉ n.f.
Caractère d'un corps poreux (bois, terre cuite), et par extension, d'un corps à structure interne discontinue. Le pouvoir absorbant ou la perméabilité d'un matériau dépendent de la structure de sa porosité ; on distingue en effet :

-la ***porosité fermée***, faite d'interstices ou d'inclusions gazeuses qui ne sont pas reliées ; elle correspond à des corps peu ou pas absorbants* (pierre ponce, mousses plastiques, verre cellulaire, métaux) ;

-la ***porosité ouverte***, composée d'un maillage interne tel que les vides et interstices communiquent entre eux ; elle correspond à des matériaux plutôt absorbants (bois peu denses, laines minérales, briques, poteries non vernies, enduits de chaux, plâtre...).

PORPHYRE n.m.
Roche endogène* composée de divers minéraux noyés dans une pâte quartzeuse fine et homogène, plus ou moins vitreuse et colorée. Très dur, le porphyre est plus difficile à travailler que le marbre et le granit, mais il prend un très beau poli*.

PORTAIL n.m.
A l'origine, porte principale d'édifice religieux puis, par extension, porte de grandes dimensions, large porte donnant accès aux véhicules.

PORTANCE n.f.
Aptitude d'un sol ou d'un support à supporter des charges ; désigne parfois aussi la surface d'appui d'un élément sur son support.

PORTE n.f.
Toute paroi mobile qui permet de condamner une ouverture servant de passage à travers une paroi, mur, cloison, clôture, etc. De façon générale, la porte se compose d'un *vantail* (ou plusieurs vantaux), panneau mobile articulé dans un *bâti*, cadre fixe à feuillure* (*huisserie**) scellé par des pattes* dans une baie de maçonnerie. De plus en plus, les portes sont fournies sous forme de blocs-portes*, réunissant à la fois la porte et son bâti, prêts à poser.

Les ***portes intérieures*** désignent les portes de communication entre locaux ; leur largeur nominale normalisée est de 0,63 ; 0,73 ou 0,83 m, pour un vantail (passages de 0,60 ; 0,70 ; 0,80 m) ; la hauteur de passage est de 2,025 m ou 2,225 m (1,95 m pour caves et locaux techniques).

Les ***portes palières*** (largeur minimale 0,83 m), portes intérieures qui doivent être résistantes aux effractions, et aussi étanches que possible aux bruits, à l'air, aux odeurs.

Les ***portes extérieures***, dont une face est exposée aux intempéries, doivent résister aux contraintes hygrothermiques, et offrir des caractéristiques d'isolation.

Selon la conception, les matériaux constitutifs, l'emplacement ou la fonction des portes, on distingue :

-la ***porte-accordéon***, porte à vantaux multiples brisés*, se repliant sur eux-mêmes en alternance ; on l'utilise pour de larges baies : entrées de vastes salles, cloisonnement intérieur mobile entre locaux de réception d'un logement, fermetures de garages, portes de placards.

-la ***porte antidéflagrante***, ou ***porte antisouffle***, conçue pour se dégager entièrement de son huisserie sous l'effet d'une forte poussée, telle que le souffle d'une explosion.

-la ***porte antieffraction***, ou ***porte blindée***, à une ou plusieurs épaisseurs de tôle d'acier, est conçue, ainsi que son huisserie et ses ferrures, pour résister aux effractions par découpe, arrachement, dégondage...

-la ***porte antipanique****, ou ***porte coup-de-poing***, dont le système spécial de fermeture est libéré par la simple poussée d'une barre transversale située du côté intérieur des locaux ; elle doit équiper les issues de secours des établissements recevant du public (ERP) : salles de spectacles, supermarchés, etc.

-la ***porte arasée*** est une porte dont le champ* vient exactement au nu* de la façade ou du mur qui l'encadre.

-la ***porte d'ascenseur*** (V. ce mot) ; toute porte d'ascenseur doit comporter un système antiserrage ; son ouverture doit condamner toute possibilité de mouvement de la cabine, et inversement.

-la ***porte automatique*** : porte animée par un mécanisme électrique ou hydraulique d'ouverture et de fermeture automatique, soit asservi* à un autre mécanisme (portes d'ascenseur), soit déclenché par une commande à distance (boîtier à rayons infrarouges, coupure d'un rayon radar ou cellule photoélectrique, tapis contacteur...).

-la ***porte basculante***, large porte qui pivote suivant un axe horizontal à translation vers le haut (V.ill) ; elle est surtout utilisée pour la fermeture des garages individuels.

-la ***porte bâtarde***, porte piétonnière à deux vantaux, de largeur insuffisante pour le passage d'une voiture.

-la ***porte battante***, porte courante dont le ou les vantaux ont leur course limitée, en position fermée, par les feuillures d'un bâti.

-la ***porte blindée*** : V. ci-dessus à *porte antieffraction*.

-la ***porte brisée***, divisée en vantaux qui se replient sur eux-mêmes.

portes : notation conventionnelle sur élévations et sur plans des principaux types de portes

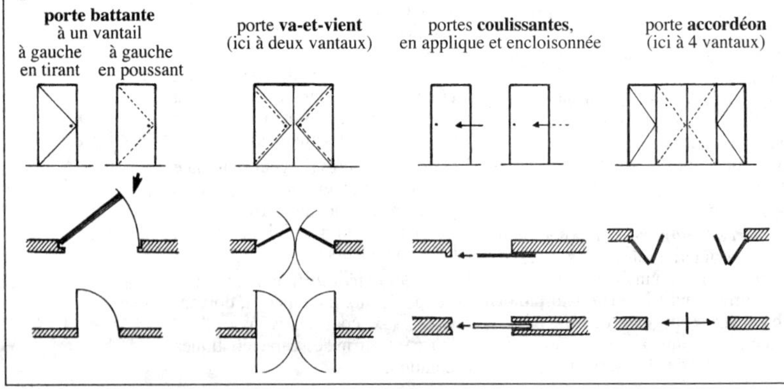

PORTES

porte extérieure pleine à panneaux pointe de diamant

porte-fenêtre, ou porte-croisée à deux vantaux vitrés

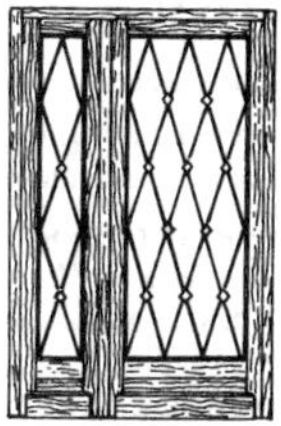

porte d'entrée tiercée à panneaux de ferronnerie losangée

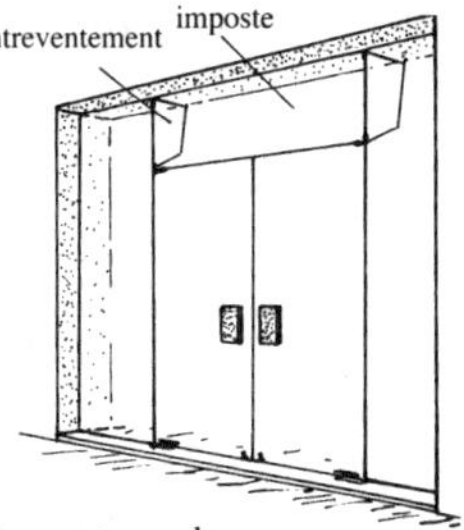

porte en glaces à deux vantaux battants, deux dormants, imposte contreventée

porte de service à petit oculus

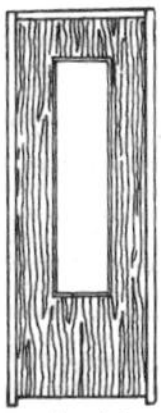

porte intérieure à grand oculus

porte de garage coulissante

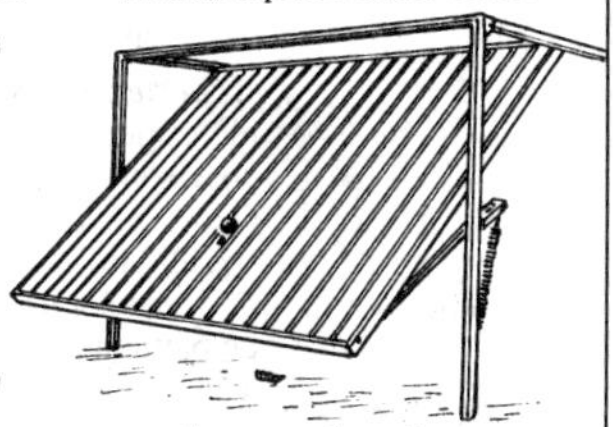

porte de garage basculante

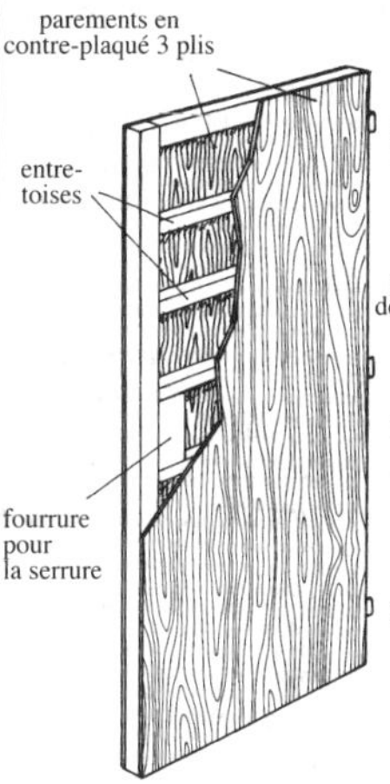

porte isoplane

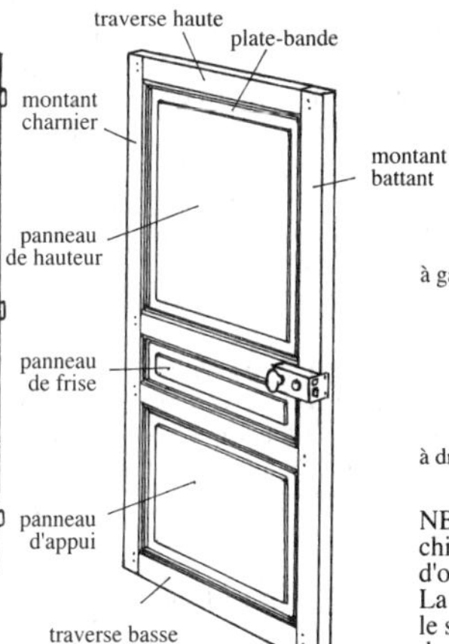

porte à panneaux dite porte pleine

sens d'ouverture, ou "***main***" d'un vantail de porte

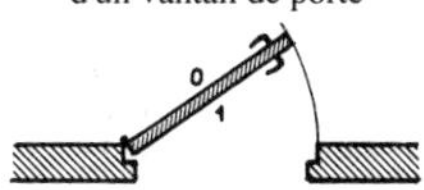

à gauche en poussant, ou à droite en tirant (6)

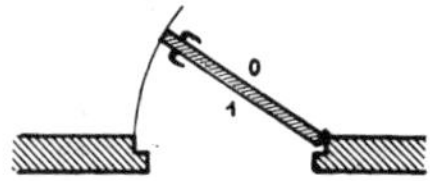

à droite en poussant, ou à gauche en tirant (5)

NB • Suivant la convention ISO, les chiffres 0 et 1 désignent les faces d'ouverture (0) et de fermeture (1). La convention désigne par le chiffre 5 le sens d'ouverture par rotation, vue de dessus, dans le sens des aiguilles d'une horloge ; et par le chiffre 6 la rotation dans le sens inverse.

(la majorité de ces illustrations est extraite du catalogue LAPEYRE)

-la ***porte à cadre*** V. *porte à panneaux.*

-la ***porte charretière***, haute porte de cour, à deux vantaux pleins, pour le passage de charrois ; elle comporte généralement un guichet*.

-la ***porte à claire-voie***, faite de barreaux assemblés comme une grille.

-la ***porte cochère***, lourde porte à deux battants d'un porche* d'immeuble, permettant l'accès des véhicules à une cour intérieure ; un des deux battants comporte souvent une porte piétonnière (guichet*).

-la ***porte sur le coin***, située en pan* coupé dans l'encoignure d'un bâtiment, en général sous une trompe*.

-la ***porte coulissante***, porte sans charnières qui s'ouvre en s'effaçant sur le côté, soit le long du mur, soit dans son épaisseur ; elle coulisse par roulement (galets, billes, roulettes), sur un rail fixé au sol, ou est suspendue à un rail en partie haute, avec ou sans guidage à sa base.

-la ***porte coup-de-poing*** : V. plus haut *porte antipanique.*

-la ***porte coupée***, porte d'entrée des maisons rurales anciennes, boxes de chevaux, etc., divisée horizontalement, à hauteur d'appui, en deux parties à peu près égales.

-la ***porte coupe-feu****, conçue pour faire obstacle pendant un certain temps à la progression des flammes, et isoler l'une de l'autre, en cas d'incendie, deux parties d'un même bâtiment (V. Coupe-feu).

-la ***porte-croisée***, ou ***porte-fenêtre***, porte extérieure vitrée, conçue comme une croisée* de fenêtre à petit-bois*, à l'exception d'un panneau d'allège plein en partie basse.

-la ***porte dérobée***, ou ***porte secrète***, porte ménagée dans un mur pour constituer l'issue discrète d'un local.

-la ***porte d'entrée***, porte extérieure dont l'esthétique et les qualités de résistance aux effractions font l'objet d'un soin particulier. Par déformation, désigne la porte palière.

-la ***porte extérieure***, porte dont une face est soumise aux intempéries.

-la ***porte-fenêtre*** (pl.:portes-fnêtres) V. ci-dessus à *porte-croisée.*

-la ***porte flamande***, porte à jour composée de deux jambages et d'un couronnement, et fermée par une grille de fer ou de bois.

-la ***porte de garage***, dont l'ouverture peut être *accordéon, coulissante, basculante, enroulable, en portefeuille* (pliage horizontal), etc.

-la ***porte de glace*** ou ***porte-glace*** : V. à *porte de verre.*

-la ***porte-grille***, ou ***porte flamande***, ou ***porte à jour***, composée d'une grille en métal ou en bois.

-la ***porte guillotine***, qui s'ouvre en coulissant vers le haut.

-la ***porte intérieure***, porte de communication entre les locaux d'un bâtiment. Selon sa conception, elle peut être *isoplane* (V. ci-dessous), *menuisée* (porte traditionnelle à cadre), *coupe-feu*, *coulissante*, etc.

-la ***porte isoplane****, porte d'intérieur légère, faite d'une ossature de bois prise entre deux panneaux minces de contre-plaqué* formant parement plan sur les deux faces (V.ill). Son volume intérieur peut être une âme en matériau léger alvéolaire ou en nid-d'abeille.

-la ***porte isotherme***, porte épaisse et isolante, conçue pour l'accès d'installations frigorifiques ; un dispositif de sécurité doit permettre une ouverture facile depuis l'intérieur des locaux, quel que soit le verrouillage externe.

-la ***porte à lambris*** : V. *porte à panneaux.*

-la ***porte palière*** est la porte qui ouvre sur un palier*.

-la ***porte à panneaux***, porte intérieure traditionnelle dont le vantail est composé de panneaux ou de lambris embrevés *à grand cadre** ou *à petit cadre** entre deux montants verticaux et des traverses horizontales (V. détails au mot Cadre).

-la ***porte plane***, dont les deux parements sont plans (contre-plaqué*, panneaux stratifiés, tôle laquée, etc.), et dont l'âme* peut être en bois plein, en matériau alvéolaire dans une ossature, en particules agglomérées, etc. Les portes planes, ou *isoplanes*, sont en général fournies sous forme de ***blocs-portes****, avec leur huisserie.

-la ***porte pliante*** : V. *p.-accordéon*.

-la ***porte en portefeuille***, porte de garage ou d'atelier brisée en deux vantaux horizontaux qui se replient l'un sur l'autre en position ouverte.

-la ***porte de saloon***, ou ***porte western***, à double battant en va-et-vient, limitée à hauteur du regard.

-la ***porte sectionnelle*** (parfois dite *sectionnable*) : porte extérieure repliable horizontalement en accordéon ou en portefeuille, pour entrées de garages, d'ateliers et de locaux industriels.

-la ***porte de service :*** porte extérieure qui donne accès aux locaux secondaires d'un bâtiment.

-la ***porte souple***, en panneaux va-et-vient ou en lanières suspendues de matière plastique translucide, pour les ouvertures de bâtiments industriels. Ouverte par la simple poussée des individus ou des véhicules.

-la ***porte à tambour***, ensemble rigide de panneaux vitrés disposés en croix et pivotant par simple poussée dans un volume cylindrique à deux entrées. Utilisant la technique du sas, la porte à tambour évite les courants d'air et limite les déperditions thermiques ; d'où son emploi pour les entrées à fort passage de piétons (halls publics, musées, cafés-restaurants, grands hôtels, etc.).

-la ***porte tiercée***, porte composée d'un vantail normal et d'un second vantail beaucoup plus étroit (par ex. 830-330 mm).

-la ***porte en tour ronde***, porte galbée qui épouse la forme du mur arrondi dans lequel elle est placée.

-la ***porte va-et-vient*** : porte montée sur charnière à ressort spéciale, elle s'ouvre dans les deux sens, par simple poussée.
Ce type de porte équipe les passages fréquentés, communications d'ateliers, cuisines de collectivités, couloirs de bureaux, etc.

-la ***porte en verre***, ou ***porte-glace***, dont le vantail est un panneau de glace épais, à cadre profilé (porte en verre), ou sans cadre (porte-glace) ; elle peut être montée sur pivots, ou suspendue en porte coulissante automatique. Elle est soumise à des règles strictes de visualisation*.

-la ***porte vitrée***, porte intérieure plane dans laquelle une partie est remplacée par un vitrage.

PORTE-À-FAUX n.m. invar.
Partie d'un élément ou d'un ouvrage prolongée en surplomb, au-delà de ses appuis : un encorbellement*, une corniche*, un balcon*, etc. sont des ouvrages *en porte-à-faux*.

PORTE-DALLES n.m.
Outil à poignée et à ouverture réglable, pour la manipulation des dalles et carreaux de pierre, béton...(V.ill).

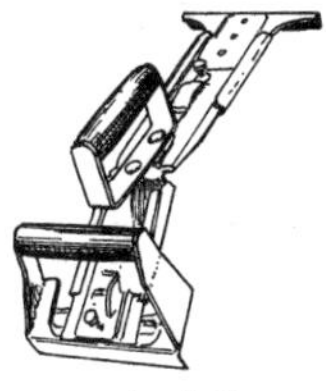

porte-dalles

PORTÉE n.f.
Distance qui sépare deux points d'appui consécutifs d'un élément tel que solive, poutre, poutrelle, etc.
Par déformation, ce mot désigne souvent la *portance**, ou la *surface portante*, surface d'un élément qui repose, qui "porte" sur un appui.

PORTE-FUSIBLE n.m.
Pièce amovible d'un coupe-circuit*, qui porte l'élément fusible*; l'ancien porte-fusible à broches, en porcelaine,

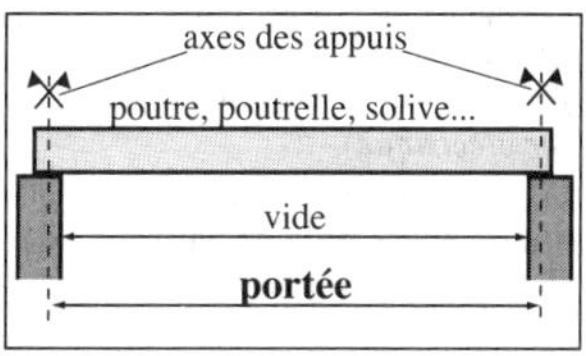

est aujourd'hui remplacé par le socle à bascule dans lequel on insère une cartouche* fusible.

PORTE-SOUDURE n.m.
Toile fine de coutil repliée plusieurs fois sur elle-même, utilisée par les plombiers pour étaler et lisser leurs soudures de plomb.

PORTE- xxx... n.m.
(pl.: avec ou sans ***s*** au second mot)
Désigne divers équipements, dispositifs ou accessoires qui servent à porter ou à maintenir fermement l'objet cité : ***porte-auberon*** (ou auberonnière*), ***porte-foret***, ***porte-harnais*** (selleries), ***porte-isolateur***, ***porte-lame*** (cutter*, arbre de toupie*, pièce d'outillage), ***porte-outil***, ***porte-scie***, ***porte-vitres***...

PORTER v.i. et v.tr.
1/ Prendre appui sur, reposer sur : la panne *porte* sur l' arbalétrier.

Porter à cru, pour un ouvrage, c'est reposer directement sur le sol, sans empattement* ni fondations.

Porter de fond, c'est, pour un mur ou un poteau, reporter directement les charges sur les fondations.

2/v.tr. Soutenir, servir de support à : l'arbalétrier *porte* les pannes.

PORTERIE n.f.
1/ Ensemble des portes d'un bâtiment.

2/ Autrefois, loge* de portier, de gardien d'immeuble.

PORTEUR adj.
Qualifie un mur ou un élément de structure sur lequel prennent appui les planchers et charpentes.

PORTIER n.m.
Dispositif de commande d'ouverture à distance de portes, portails ou portillons ; il peut être manuel (tirage d'un câble), ou télécommandé (***portier électrique***).

Le ***portier téléphonique*** est ce dispositif complété par une liaison *à interphone* permettant de faire décliner au visiteur son identité.

Sur le même principe, le ***portier-vidéo*** permet de voir le visiteur par télévision en circuit fermé.

Le ***portier à code***, ou ***portier électronique*** : il déclenche l'ouverture lorsque le code convenu, mémorisé par l'appareil, a été composé par celui qui veut entrer.

PORTILLON n.m.
Porte piétonnière ménagée dans une clôture, ou sur le côté d'un portail*, ou dans une porte cochère (le portillon, dans ce cas, est un guichet*).

PORTIQUE n.m.
1/ Galerie couverte, ouverte sur l'extérieur, dont la voûte est portée par des colonnes ou des arcades ; les péristyles* de l'architecture grecque étaient des portiques.

2/ Ensemble constitué par une poutre et par les poteaux sur lesquels elle prend appui.

3/ Bâti de levage d'atelier ou de hall de stockage, fixe ou mobile sur rails, composé de deux pylônes reliés en tête par une poutre horizontale sur laquelle se déplace un palan*.

PORTLAND n.m.
Nom générique des ciments* composés à partir d'un mélange d'argile et de calcaire (le nom est celui d'une presqu'île de Grande-Bretagne où était extraite une pierre grise de composition et d'aspect analogues).

PORTOIR n.m.
Bâti portatif pour le transport des verres à vitres. Syn.: *porte-vitres*.

PORTRAIT n.m.
Outre le sens usuel, marteau à deux pannes* utilisé par les paveurs pour dresser* les parements des pavés.

POS
Voir Plan* d'Occupation des Sols (remplacé depuis 2001 par le PLU).

POSAGE n.m.
Désigne parfois, en plomberie, la mise en place des canalisations.

POSE n.f.
De façon générale, c'est la mise en place (pierres de taille, matériau de couverture, parquets, etc.), la fixation (équipements divers, conducteurs électriques, canalisations), le scellement (carrelages, huisseries), ou le collage (revêtements, papier peint...). Opp.: *dépose**.

POSER v.tr.
Procéder à une mise en oeuvre.

Poser à cru, c'est édifier à même le sol, sans fondations.

Poser à sec, c'est élever une maçonnerie sans mortier de liaison.

POSEUR n.m.
Celui qui réalise la mise en oeuvre d'un matériau ou d'un équipement (pour la pierre de taille, l'aide* est le *contre-poseur*).

POSITIONNEMENT n.m.
Présentation* d'une pièce à la place exacte qu'elle doit occuper, ajustement de la position d'un élément quelconque.

POSITIONNER v.tr.
Mettre en place avec précision.

POSTE n.m.
En électricité, volume, enveloppe close ou local qui contient un appareillage de contrôle, de distribution, de transformation, de commandes, etc. Le ***poste rural*** est un coffret de transformation du courant moyenne tension en basse tension, fixé à la partie supérieure d'un poteau.
Le ***poste d'abonné*** est un local ou une armoire de distribution et/ou de transformation du courant, desservant un seul abonné.

POSTÉRIEUR adj.
Qui est situé derrière (*façade postérieure*), ou qui a été construit après une date de référence.

POSTES n.f.pl.
Ornement architectural ou de ferronnerie, fait d'enroulements répétitifs, en spirales ou en vagues ; les *flots* grecs* sont des postes.

postes

POSTFORMAGE n.m.
Cintrage* des feuilles planes de stratifiés* par chauffage des feuilles dans des moules, vers 160°C, pour obtenir des pièces arrondies, par ex. pour les rebords et dosserets de comptoirs, de paillasses*, etc.

POSTICHE adj.
Se dit d'un ornement ajouté après l'époque de la décoration d'origine.

POST-TENSION n.f.
(parfois écrit *postension*)
En précontrainte*, c'est la technique de tension des câbles sous gaine, après durcissement du béton.

POT n.m.
1/FUMIST.: un ***pot décanteur*** est un réceptacle d'eaux de condensation, à dispositif de purge, établi à la base d'une évacuation de gaz brûlés.

2/OUTILL.: le ***pot de projection*** est un équipement pneumatique portatif pour la projection murale d'enduits pâteux fluides ou de granulats secs sur un enduit adhésif ; il se compose d'une trémie à la base de laquelle le matériau, descendant par gravité, est propulsé à travers une buse* par une arrivée d'air comprimé (V.ill).

pot de projection
pour enduits

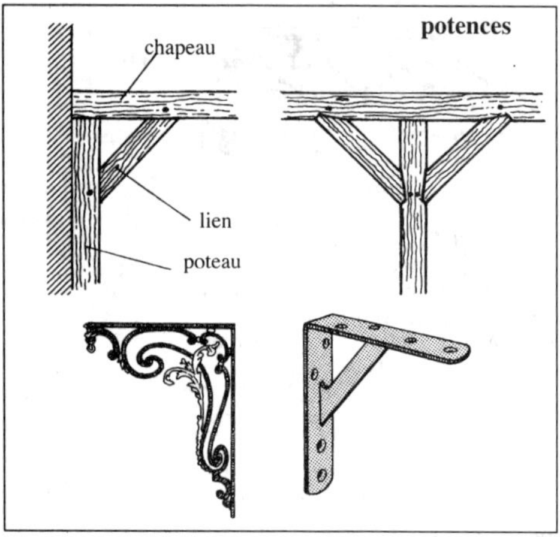

POTEAU n.m.
1/CHARP.-MENUIS.: pièce verticale porteuse*, en bois ou en métal.
Il peut être ***cornier*** (en angle d'une construction en pans* de bois ou de fer), ***de décharge*** (s'il soulage une pièce de charpente), ***d'huisserie*** (montant latéral d'une huisserie*), ***de remplissage*** (poteau intermédiaire dans le cours d'un pan* de bois ou d'une cloison).

2/MAÇONN.: pièce verticale porteuse, de section restreinte, dans une ossature* en béton. Pièce de béton scellée dans le sol, pour être le support d'une clôture, de lisses*... Le ***poteau mixte*** est celui dont l'âme, faite d'un ou plusieurs profilés* (IPN ou autre), est noyée dans le béton armé.

POTÉE n.f.
Mélange de poudre plus ou moins abrasive et d'eau, utilisé pour le polissage* des surfaces :
-***potée d'émeri***, poudre d'émeri* mouillée, dans un tampon de linge, pour polir marbres durs et métaux.

-***potée d'étain***, poudre d'oxydes calcinés d'étain et/ou de plomb, pour polir les glaces*, marbres à grain fin et marbres blancs.

-***potée rouge*** (rouge d'Angleterre), mélange de sulfate de fer et de salpêtre, pulvérisé et tamisé, utilisé pour adoucir certains marbres colorés.

POTELET n.m.
Poteau* court, dans une charpente, une allège de pan* de bois, etc.
Poteau intermédiaire, dans une cloison longue, servant de raidisseur.

POTENCE n.f.
1/CHARP.: appui triangulé* simple ou double, qui est composé d'un poteau vertical et d'un chapeau*, ou semelle* d'assemblage, et d'un ou plusieurs liens* obliques.

2/OUTILL.: petite grue de levage.

3/PLOMB.: petite tige transversale formant la poignée d'une vanne*.

4/SERRUR.: support mural en équerre, plus ou moins orné et ouvragé de motifs de ferronnerie (V.ill. page suivante), et servant à porter des enseignes, des luminaires, etc.

POTENTIEL n.m.
Donnée physique qui caractérise l'état d'un point donné d'un champ électrique. La ***différence de potentiel*** (**ddp**) caractérise l'aptitude de deux points à générer entre eux un courant (on l'a souvent comparée à la situation de deux réservoirs voisins dont les niveaux d'eau sont différents).
La différence de potentiel, ou *tension* électrique*, est exprimée par U ou V, et est mesurée en volts* (V).
Potentiel zéro : valeur du potentiel électrique du sol naturel.

POTENTIOMÈTRE n.m.
Dispositif de réglage d'une intensité électrique, par un rhéostat*.

POTERIE n.f.
Désigne toutes sortes de corps* creux fabriqués en terre cuite : mitres*, mitrons*, conduits de ventilation, boisseaux*, hourdis*, etc.

POTERNE n.f.
Petite porte camouflée dans un mur de fortifications ; par déformation, petite

porte piétonnière à côté d'une porte monumentale.

POT-LIFE n.m.
Terme anglais utilisé pour désigner la *vie-en-pot** d'un mélange.

POUCIER n.m.
Pièce du *loquet* à poucier* sur laquelle on appuie pour soulever, par basculement, la tige du loquet, et la dégager du mentonnet* (V.ill).

POUDINGUE n.m.
Roche composée d'un agglomérat de cailloux ou galets* roulés liés par un ciment naturel siliceux, souvent utilisée comme pierre à bâtir.

Le ***marbre poudingue*** est un type de brèche* dont les agrégats* sont arrondis, et liés par un ciment calcaire.

POUDRAGE n.m.
Décohésion* superficielle, desquamation* fine de la surface d'un enduit ou d'une peinture : il suffit de passer la main sur la surface pour constater un poudrage (le terme adéquat est, en fait, *poudroiement*).

POUF, **POUFFE** adj. et n.m. ou f.
Les parties ***pouffes*** (adj.) - ou les ***pouffes*** (n.f.) d'une pierre ou d'un marbre sont les parties qui se désagrègent facilement à l'humidité ou sous les chocs : des *arêtes pouffes*.
Un ***grès pouf*** est trop tendre pour en faire des pavés (par opp. au grès *paf** et au grès *pif**).
Un ***pouf*** (n.m.) désigne de façon générale une pierre tendre ou friable dont les arêtes taillées s'émoussent rapidement.

POULIE n.f.
Ensemble constitué par une roue à gorge (réa) tournant sur un axe monté sur une chape*. V. Moufle.

POUPÉE n.f.
Organe essentiel d'un tour* à bois ou à métaux. Un tour* comporte deux poupées : l'une, ***poupée fixe***, porte la broche à griffe ou le plateau à mors, et leur palier d'entraînement. L'autre, dite ***contre-pointe***, mobile sur les glissières du banc, est immobilisée par serrage d'une clé ; sa pointe tourne librement.

POURRITURE n.f.
Décomposition lente du bois due à une alternance répétée d'humidité et de siccité*. La ***pourriture sèche*** est l'altération des bois due à l'attaque de champignons parasites, pouvant détruire toute cohésion du bois jusqu'à ce qu'il tombe en poussière. Selon son aspect, la pourriture est dite *alvéolaire*, *cubique*, *fibreuse*, *lamellaire*, *tubulaire*.

POURTOUR n.m.
Ce qui délimite extérieurement un ensemble : le pourtour d'un choeur d'église est son déambulatoire*.

POUSSÉE n.f.
Force horizontale ou oblique qui s'exerce latéralement contre une structure ou une paroi verticale (piédroit* de voûte, mur de soutènement...).
Par exemple, la *poussée des voûtes* est contrebutée* par les contreforts.

POUSSE-FICHE n.m.
Mandrin avec lequel le charpentier fait ressortir des enlaçures* les fiches* d'assemblage provisoire.

POUSSER
1/v.tr.(MENUIS.) Réaliser une moulure*, une feuillure*, une rainure, etc. dans l'épaisseur d'un matériau, autrefois en *poussant* un rabot.

2/v.i.(MAÇONN.) Parlant d'un mur, c'est boucler*, faire le ventre*, *pousser au vide*.

POUSSETTE n.f. V. Contourneur.

POUSSIER n.m.
Déchets et gravois tamisés provenant de la taille des pierres, que l'on mélangeait à du plâtre pour les aires* des surfaces à carreler.

POUSSOIR n.m.
1/ Contacteur ou dispositif de déclenchement qui fonctionne par une poussée du doigt.

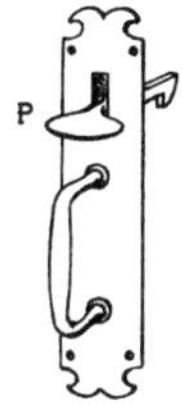

loquet
à **poucier** (**P**)

2/ Outil de menuisier, à poignée et à semelle hérissée de courtes pointes ; on l'utilise pour pousser les pièces de bois courtes ou peu épaisses sur les dégauchisseuses*, sans risquer de se blesser.

POUTRAISON n.f.
Ensemble des poutres ou poutrelles qui composent l'ossature porteuse horizontale d'un plancher.
Assemblage des poutres d'une charpente (on dit parfois ***poutrage***).

POUTRE n.f.
Longue pièce de bois, de métal ou de béton armé, de forte section, qui a pour fonction de reporter des charges vers des appuis*:
-sous un plancher*, les poutres portent les solives* ou les poutrelles*. De façon générale, lorsque les portées* entre deux murs excèdent 3 à 4 m, les solives* ou les poutrelles courantes doivent être soulagées par une poutre intermédiaire.
-dans une charpente*, les poutres désignent surtout les arbalétriers*, pièces maîtresses qui reportent vers les murs le poids de la toiture.

Poutre en bois.

-La ***poutre traditionnelle*** est une longue pièce de bois équarri (de section > 120 x 120 mm), sur laquelle reposent, ou dans laquelle sont assemblées les extrémités des solives d'un plancher* de bois.
Les extrémités de la poutre sont soit encastrées dans les murs porteurs (avec une aération indispensable), soit en appui libre (en feuillure, sur corbeaux* en saillie, ou sur poutre de rive). V.ill. au mot Plancher.

-La ***poutre composée***, faite d'un assemblage de pièces de bois accolées pour obtenir la section voulue.

- La ***poutre mixte*** associe une âme métallique continue ou discontinue à des ailes rectilignes en bois massif ou lamellé-collé (V.ill. page suivante).

-La ***poutre fer et bois***, poutre dont la résistance à la flexion est confortée par un ou plusieurs tirants* métalliques (V.ill. page suivante).

-La ***poutre en lamellé-collé****: ses propriétés mécaniques et ses possibilités esthétiques en font un matériau de charpente idéal pour des poutres et éléments de grande portée.
Les fabricants proposent soit des éléments standardisés courants, soit des réalisations sur mesure.

Poutre en béton.
On distingue :
- les poutres ***en béton armé***, soit préfabriquées, soit coulées sur site dans un coffrage (*poutres coffrées*) ; les calculs de sections, de portées et de ferraillage sont fournis par le BAEL (Règles de calcul du béton armé aux états limites).

- les poutres ***en béton précontraint****, toujours préfabriquées.
Elles sont, à résistance égale, plus légères qu'en béton armé, et leur portée peut être importante.

Poutre métallique.
On distingue deux catégories :

a/ les ***poutres à âme* pleine***, qui désignent des profilés* simples (IPE, HEA, HEB, HEM, IPN, UAP, tubes ronds ou carrés, etc.) ou multiples, par combinaison intime de ces composants simples (*poutre-caisson*).

b/ les ***poutres composées***, ou ***poutres à membrures***, faites de membrures solidarisées par des liens*, montants répartis sur toute la longueur ; la disposition de ces liens assure la rigidité de l'ensemble par triangulation* multiple (V.ill).
Les jonctions, ou *noeuds*, se font en général par l'intermédiaire de goussets*. La plus courante est la ***poutre à treillis***, composée de deux membrures, haute et basse, solidarisées par des liens obliques (V.ill).
Le choix de l'une ou l'autre de ces deux catégories dépend surtout de la hauteur de retombée* admissible, du type d'appuis envisageable aux extrémités, et des contraintes archi tecturales.

POUTRES

poutres en bois

1 • massive
2 • lamellée-collée
3 • mixte, à âme métallique (type NAIL-WEB)
4 • poutre sous-tendue

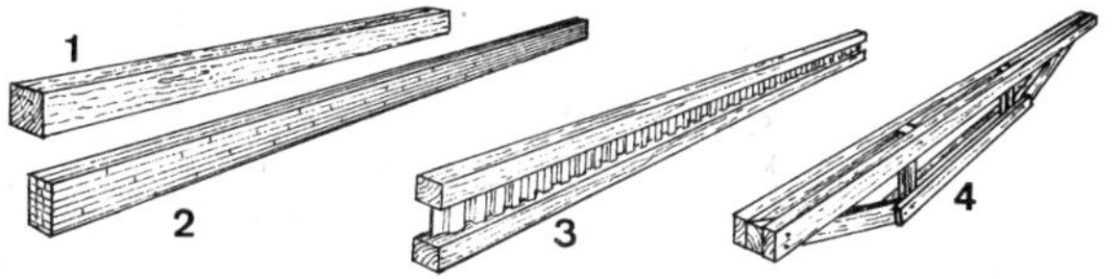

poutres métalliques

5 • profilée à âme pleine
6 • à semelles additionnelles
7 • poutre-gondole
8 • à semelle brisée
9 • poutre-caisson
10 • poutre-treillis (ici type WARREN)
11 • poutre-échelle, à panneaux, dite Vierendeel
12 • poutre à treillis

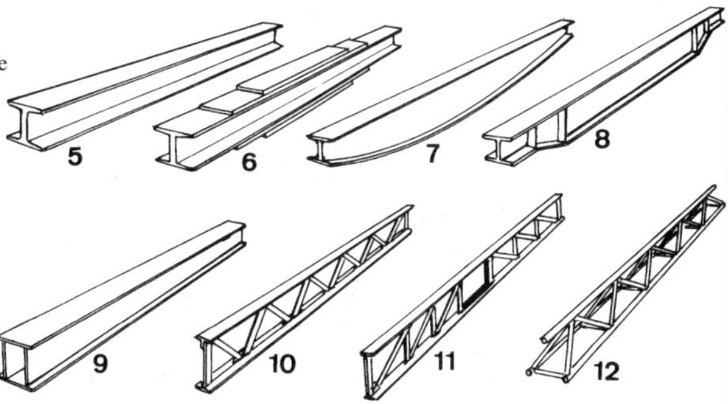

Les **principales variantes** sont :

-la ***poutre-caisson***, faite de deux âmes pleines parallèles solidarisées par des semelles (V.ill).

-la ***poutre-échelle***, à treillis à montants perpendiculaires aux membrures ; sa variante ***Vierendeel*** comporte entre ses membrures des jours carrés (*panneaux Vierendeel*), qui facilitent le passage transversal d'autres poutres (V.ill) ; la triangulation oblique ou croisée des autres panneaux conforte la rigidité.

-la ***poutre à section variable*** désigne une poutre dans laquelle les membrures sont renforcées (épaisseur doublée ou triplée) dans les zones centrales d'effort de flexion.

-la ***poutre triangulaire***, généralement en tubes creux soudés, est une poutre en treillis composée de trois membrures disposées en triangle, ce qui la rend indéformable en tous sens.

-la ***poutre Warren*** est une variante de la *poutre à treillis* dans laquelle les montants de triangulation sont disposés en V entre les membrures.

•Selon leur portée ou leur disposition, on distingue :

-la ***poutre continue***, longue poutre unique qui porte sur plusieurs travées*; cette poutre, ayant plusieurs points d'appuis dans sa longueur, est moins sensible aux déformations qu'une succession de poutres indépendantes d'une travée à l'autre.

-les ***poutres croisées***, réseau de poutres établies en quadrillage, de sorte que les efforts subis par l'une d'elles soient répartis vers les voisines.

Autres types de poutres.

-la ***poutre-câble*** : élément porteur de couvertures légères de grande portée de halls (locaux sportifs ou culturels, piscines, entrepôts...) ; composées de câbles tendus entre des massifs d'ancrage, les poutres-câbles portent soit des poutrelles métalliques transversales, soit un platelage* de panneaux légers, soit une toile plastique armée :

Voir au mot Structure tendue.
-la ***poutre-cloison***, voile* de béton qui, portant un plancher, joue le rôle de l'âme* verticale d'une poutre.

POUTRELLE n.f.
De façon générale, élément porteur longiforme, poutre* de faible section. Dans les planchers en béton, les poutrelles jouent un rôle analogue à celui des solives* des planchers de bois. Les deux principaux types de poutrelles sont :
- les profilés* métalliques normalisés, à âme centrale et à ailes plus ou moins larges : IPE, IPN, UPN, etc.,
- les éléments préfabriqués en béton armé ou précontraint (V.ill).

POUVOIR n.m.
Aptitude à produire un effet, en général quantifiable :
-***Pouvoir absorbant*** : quantité d'eau ou de liquide que peut absorber un volume donné d'un solide, dans un délai donné. En acoustique*, aptitude d'un matériau ou d'une surface à ne réfléchir ou à ne transmettre qu'une faible part des ondes sonores incidentes.
-***Pouvoir calorifique*** (**PC**) :
Quantité de joules* (ou de kilocalories) produite par la combustion d'une unité de poids ou de volume d'un corps, mesurée de façon expérimentale ; le *pouvoir calorifique supérieur* (**PCS**) tient compte de la condensation des eaux dégagées par la combustion ; le *pouvoir calorifique inférieur* (**PCI**) mesure l'énergie utilisable qui est dégagée par une combustion à feu ouvert.
Pouvoirs calorifiques de combustibles courants :
•bois de chauffage sec (à 20% HR) :
3 500 à 4 200 kcal/kg
•charbon : env. 7 500 kcal/kg
•fioul domest.: env. 10 800 kcal/kg
•gaz naturels (selon la provenance) :
8 400 à 10 300 kcal/m^3
•butane commercial :
env. 30 600 kcal/m^3
•propane commercial :
env. 23 600 kcal/m^3

-***Pouvoir colorant*** :
Aptitude d'un pigment à teinter une plus ou moins grande quantité de produit dans lequel on le disperse.

-***Pouvoir couvrant***, ou ***opacifiant*** :
Aptitude plus ou moins grande d'un film de peinture à masquer, après séchage, le support de couleur différente sur lequel on l'a appliqué.

-***Pouvoir fumigène*** :
Expression de la quantité de fumée que produit la combustion d'un kilo de combustible, avec la quantité minimale d'air comburant* nécessaire à une combustion complète.

-***Pouvoir isolant*** :
Appellation imprécise désignant parfois l'ensemble des caractéristiques isolantes (acoustiques, thermiques, ou électriques) d'un matériau.

POUZZOLANE n.f.
La ***pouzzolane naturelle*** est une

POUTRELLES

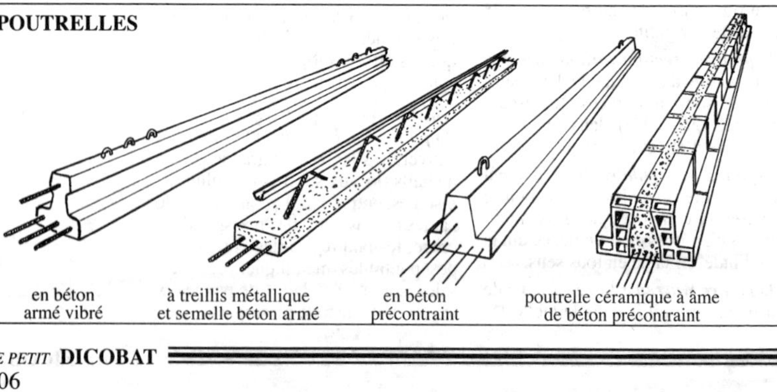

en béton armé vibré — à treillis métallique et semelle béton armé — en béton précontraint — poutrelle céramique à âme de béton précontraint

roche siliceuse légère, d'origine volcanique. Les ***pouzzolanes artificielles***, granulats silico-alumineux, sont obtenues par calcination de terres argileuses, basaltes ou schistes ; leurs propriétés pouzzolaniques sont équivalentes à celles de la pouzzolane naturelle.
Les ***ciments aux pouzzolanes*** : les pouzzolanes broyées, et des cendres* volantes pouzzolaniques de houille ou de lignite, sont utilisées comme constituant secondaire de certains ciments*, dont elles améliorent les qualités hydrauliques*.

Les ***bétons légers de pouzzolanes*** sont des bétons dans lesquels les granulats sont entièrement constitués de pouzzolanes concassées et calibrées en granulats et en sables.
Les bétons obtenus, de densité voisine de 1.10, sont poreux, mais peu hygroscopiques.

POUZZOLANIQUE adj.
Qualifie les qualités particulières des pouzzolanes, en particulier leur aptitude, en présence d'eau, à se combiner avec la chaux. Les cendres* volantes, résidus des combustibles solides des centrales thermiques, ont des *propriétés pouzzolaniques*.

PRALINAGE n.m.
(Belgique et Nord de la France)
Dans la construction d'un mur double de briques, à lame d'air ventilée, le *pralinage* est l'application d'une couche d'enduit de ciment sur la face externe du mur intérieur (donc sur la paroi de la lame d'air).

PRALINER v.tr.
Procéder au pralinage d'un mur double, au fur et à mesure de sa construction.

PRATICIEN n.m.
Celui qui met en pratique un art ou une technique.
Chez les tailleurs de pierre, le *praticien* est celui qui est chargé d'épanneler* et de préparer les pierres à ciseler ou à sculpter.

PRATIQUE n.f. et adj.
Outre les sens usuels, la ***pierre de pratique*** désigne une pierre de carrière fournie prête à être mise en oeuvre, sans qu'il faille la retailler sur chantier. Syn.: *pierre prétaillée*.

PRÉBÂTI n.m.
Encadrement de bois à feuillure, composé de deux montants et d'une traverse haute, et scellé dans la maçonnerie au pourtour d'une baie, en attente de la pose du bâti* dormant de la menuiserie extérieure. Cette technique permet de pouvoir enduire les tableaux jusqu'à la tapée* ainsi constituée, et de disposer d'un cadre précis contre lequel on fixera, par vissage, le bâti de la menuiserie.
Le prébati est souvent complété par un cadre à quatre côtés, dit précadre*, en saillie vers l'intérieur du local ; il permet de réaliser l'isolation intérieure et la cloison de doublage avant la pose des menuiseries.

PRÉCÂBLAGE n.m.
Ensemble de réseaux conducteurs pour courants à basse et très basse tension, dont l'installation est prévue dès la conception d'un bâtiment pour la connexion d'équipements domotiques*.

PRÉCADRE n.m.
Désigne divers bâtis rigides d'encadrement des menuiseries extérieures, solidarisés à la maçonnerie par scellement, et conçus pour accueillir ces menuiseries par simple encastrement et vissage en place.
Hormis les précadres de bois complétant des prébâtis*, on trouve des blocs-baie* à ***précadre métallique*** en tôle profilée prélaquée, qui souvent enveloppent entièrement le pourtour de la baie, ses tableaux et son linteau (avec retour sur le nu des enduits extérieurs), et qui comprend la pièce d'appui (V.ill).
Citons enfin les ***précadres en béton*** armé, pièces de préfabrication qui composent l'ensemble du cadre de la baie, y compris parfois avec son allège sous appui.

précadre

PRÉCHAUFFAGE n.m.

1/ Mise en service d'un équipement de chauffage sur un chantier, avant sa réception*, à l'initiative des entreprises (maintien hors gel, confort de travail, séchage des plâtres, pose de revêtements, etc.).

2/ Chauffage initial et partiel d'un fluide, en général par récupération d'énergie : en ventilation* mécanique (VMC), on procède souvent au préchauffage de l'air frais admis, par récupération de la chaleur de l'air vicié extrait.

3/ ***Préchauffage des bétons*** : technique consistant à chauffer le béton avant de le couler, ou chauffer ses granulats avant malaxage, pour un durcissement rapide (préfabrication), ou pour bétonner par temps froid.

PRÉCONISATION n.f.

Recommandation d'un prescripteur*, dans son descriptif, sur le choix, la marque et/ou le modèle de matériau ou d'équipement dont il demande la mise en oeuvre, ou encore sur un procédé technique.

PRÉCONTRAINDRE v.tr.

C'est faire subir à un élément une contrainte interne de compression permanente lui permettant de mieux résister, une fois mis en oeuvre, à d'autres contraintes.

PRÉCONTRAINT adj.

Qualifie un élément préfabriqué suivant une méthode de précontrainte.

PRÉCONTRAINTE n.f.

Technique inventée par E. Freyssinet, qui consiste à associer, en les opposant de façon permanente, la haute résistance à la compression du béton et la résistance à la traction des câbles d'acier (jusqu'à 15 tonnes par cm^2) ; la compression interne, ainsi appliquée à une pièce béton, lui permet de résister beaucoup mieux aux contraintes tranchantes* de flexion qu'avec une simple armature non tendue. A résistance égale avec une poutre de béton armé classique, une poutre précontrainte peut donc avoir une section beaucoup plus faible ; d'où un gain de poids important, et un abaissement de coût des structures porteuses.

On distingue en précontrainte deux procédés principaux :

a- la ***prétension***, ou précontrainte *par fils adhérents*. Elle consiste à tendre fortement, sur un *banc de précontrainte*, des torons* de fils d'acier qui traversent le moule de la pièce à fabriquer. On coule ensuite la pièce dans ce moule ; lorsque le durcissement du béton est suffisant, on décoffre et on sectionne les fils. A l'intérieur de la pièce, la tension des fils ne se relâche pas, du fait de l'adhérence du béton sur les fils.

Cette technique concerne surtout des pièces de dimensions restreintes : poutrelles* de planchers, poteaux, pieux, etc.

b- la ***post-tension***, ou précontrainte *par câbles*. Elle consiste à couler les pièces après avoir disposé dans leur moule des gaines tubulaires métalliques (ø 30 à 80 mm) ainsi que des tubes d'évent* latéraux.

A chaque extrémité de la gaine est disposé un cône d'ancrage femelle (*grip* d'acier, ou *cône fretté*).

Après coulage et durcissement suffisant du béton, on fait passer dans la gaine un câble d'acier que l'on tend avant de bloquer tous ses brins par l'insertion de cônes mâles. Souvent, cette opération s'accompagne d'une compression du béton par des vérins plats à ses extrémités.

Enfin, on injecte par les évents un coulis de ciment ou une résine qui solidarise les brins du câble et la gaine, et on fait le cachetage* des extrémités.

Cette technique concerne les fortes pièces porteuses, poutres de grande portée, ou en porte-à-faux*.

PRÉDALLE n.f.

Dalle mince préfabriquée en béton armé à chapeaux raidisseurs, ou en béton précontraint (V.ill. page ci-contre), servant à la fois de table de coffrage incorporé et d'armature d'un plancher* de béton armé. Leur surface doit être rugueuse, pour assurer la liaison avec le béton coulé en place.

PRÉENCOLLÉ adj.
Qualifie un papier peint fourni avec une enduction de colle au dos ; un bref trempage suffit à mettre la colle en humeur avant l'affichage.

PRÉFABRICATION n.f.
Réalisation de composants en béton hors de leur emplacement définitif, en usine ou en atelier, ou, à proximité de la construction, sur une *aire* de préfabrication* établie dans l'enceinte du chantier.

On distingue la ***préfabrication lourde***, qui concerne des éléments importants en béton à assembler suivant un plan préétabli (panneaux de façade, volées d'escalier, prédalles, voussoirs de ponts, etc.) et la ***préfabrication légère*** qui concerne des éléments moins lourds, à base de bois, métal ou matière plastique.

On qualifie aussi de préfabrication légère la fabrication d'éléments en béton de petites dimensions, et donc relativement légers : potelets, poutrelles, petites dalles, cuves, fosses septiques, etc.

PRÉFABRICATEUR n.m.
Entrepreneur ou industriel dont l'activité principale est la fabrication répétitive de composants, standardisés ou sur mesure.

PRÉFABRIQUER v.tr.
Réaliser ou préassembler des composants hors de leur site de montage .

PRÉLAQUAGE n.m.
Peinture (souvent laque* cuite au four) appliquée sur les tôles ou les pièces métalliques avant livraison et mise en oeuvre, en complément du traitement anticorrosion. Le prélaquage d'une tôle comporte, sur chaque face, un zingage de 15 à 20 μm d'épaisseur, une couche de phosphatation*, une couche primaire de 5 à 15 microns,

PRÉDALLES

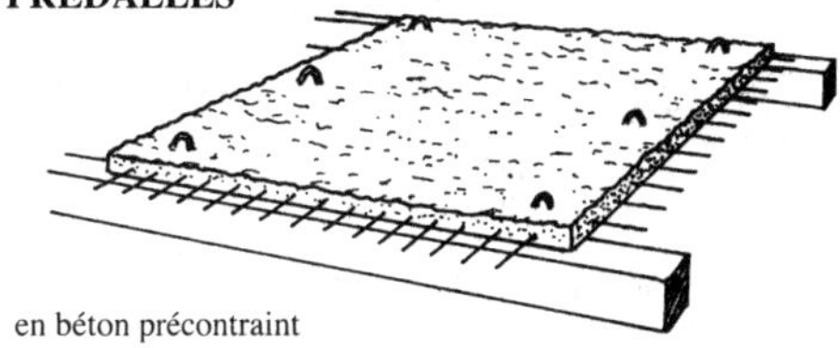

en béton précontraint

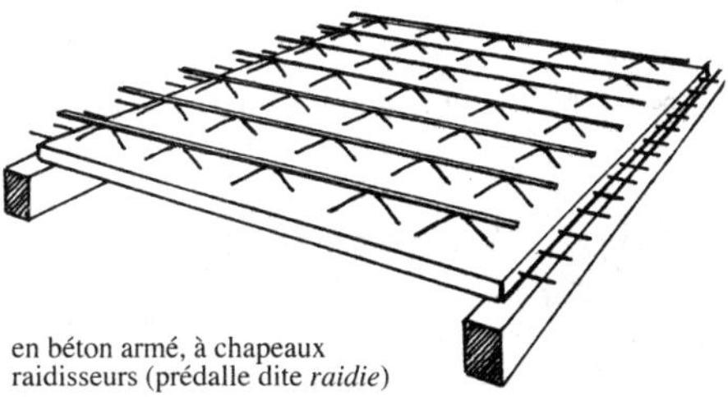

en béton armé, à chapeaux raidisseurs (prédalle dite *raidie*)

et une finition laquée, sur une ou deux faces, de 25 à 100 μm.

PRÉLAQUÉ adj.
Qualifie une pièce métallique prête à peindre, fournie avec une première laque de protection.

PRÉLÈVEMENT n.m.
Petite quantité d'un produit ou d'un matériau, prise sur une livraison, ou détachée d'un matériau, à des fins d'analyse de conformité, ou de recherche des causes d'un incident.

PRÉLINTEAU n.m.
Élément préfabriqué, qui compose la partie inférieure et la voussure* d'un linteau*; il peut comporter ses armatures et, parfois, des parements latéraux formant un coffrage à garnir de béton armé. Il peut être en éléments céramiques, en béton de granulats courants ou légers, en béton précontraint, en fibragglo*... V.ill. page suivante.

PRÉMÉLANGE n.m.
Étape intermédiaire dans la préparation d'un matériau à plusieurs

prélinteaux

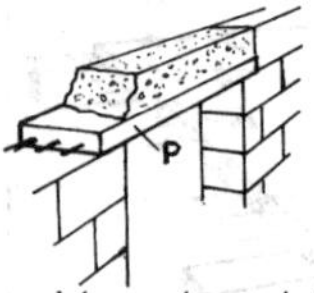

en béton précontraint
(rehausse béton banché)

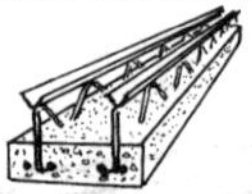

en béton armé
à raidisseurs métalliques

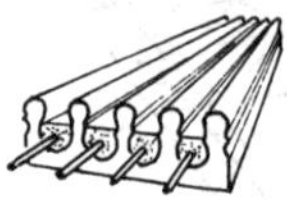

céramique, à âme de
béton précontraint

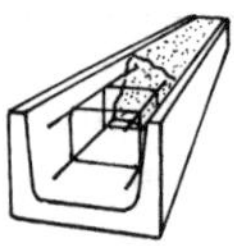

en béton moulé
formant coffrage

constituants (enduit, mortier, béton ou autre). L'incorporation d'ajouts (adjuvants, colorants, etc.) dans un mortier ou un béton, en pourcentage très faible (souvent inférieur à 100 g par tonne, ou 1/10 000e), nécessite une dispersion uniforme : on opère par étapes, en mélangeant d'abord ces ajouts à une petite quantité de mortier, que l'on mélange à une plus grande quantité, et ainsi de suite.

PRENDRE v.i.
Parlant d'un liant, c'est *faire prise**.

PRÉPACKT ou **PRÉPAKT**
adj. invar. (de l'anglais *prepacked*)
Voir Béton prépakt, et *Colcrete*.

PRÉPARATEUR n.m.
Le ***préparateur d'eau chaude*** est un appareil électrique de production d'eau chaude sanitaire en continu, sans accumulation*; l'eau à chauffer y circule dans un échangeur tubulaire en spirale, enfermé dans un cylindre de faible encombrement, dans lequel un thermoplongeur chauffe un liquide caloporteur.

PRÉPARATION (**des supports**) n.f.
Ensemble des opérations indispensables pour rendre un support apte à recevoir le revêtement, l'enduit de parement ou la peinture que l'on veut appliquer : ragréage*, rebouchages, ponçage, dépoussiérage, humidification (ciments), couches d'impression*, etc.

PRESSES

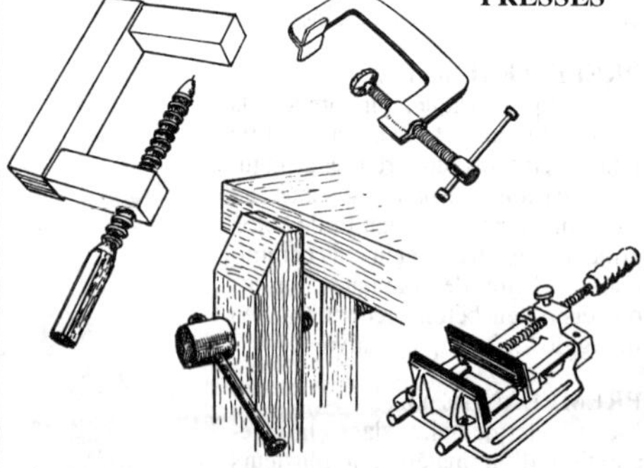

PRÉPEINT adj.
Qualifie un matériau livré avec une ou plusieurs couches de peinture : par ex., porte prépeinte.

PRÉRÉCEPTION n.f.
Constat détaillé (mais sans effet juridique) des malfaçons et inexécutions éventuelles, dressé quelque temps avant la réception* proprement dite.

PRÉRUPTURE (**du béton**) n.f.
Phase destructive qui précède la rupture visible d'un béton.
La prérupture correspond à la formation, dans un béton sous contrainte, de nombreuses microfissures* qui peu à peu se rejoignent en un réseau avant la rupture proprement dite.

PRESCRIPTEUR n.m.
Désigne de façon générale celui qui, dans son rôle de conception et de direction d'un chantier, préconise les techniques et les matériaux que les entreprises doivent acheter et mettre en oeuvre.

PRESCRIPTION n.f.
1/CONSTR.: préconisation* des procédés, techniques ou matériaux à mettre en oeuvre ; le support de la prescription est le *descriptif**.
2/JURID.: disparition d'office d'une contrainte ou d'une obligation, après un certain délai.

PRÉSENTER v.tr.
Approcher une pièce près de la position qu'elle doit occuper, pour vérifier que sa forme ou ses dimensions conviennent.

PRÉSERVATION des bois n.f.
Voir au mot Bois.

PRESSE n.f.
1/ Dispositif d'immobilisation par serrage d'un ouvrage de menuiserie, ou de deux pièces que l'on colle (V.ill).

2/ Machine servant à comprimer une matière dans son moule : presse à briques, à parpaings, etc.

PRESSE-ÉTOUPE n.m. invar.
Pièce assurant l'étanchéité entre une pièce coulissante ou tournante et un corps fixe (robinet*, vanne*, pompe*, etc.).
Bague filetée de la tête d'un robinet*, traversée par la tige de commande, qui assure l'étanchéité le long de cette tige, par compression d'un joint* torique, sans empêcher sa rotation.

PRESSIOMÈTRE n.m.
Appareil d'évaluation de la compressibilité d'un sol plus ou moins meuble, par la poussée latérale qu'exerce l'injection d'un liquide dans un tube de caoutchouc enfoncé dans un forage. De façon plus générale, instrument de mesure des variations de pressions.

PRESSION n.f.
Force exercée par un élément quelconque, gazeux, liquide ou solide, sur une unité de surface de paroi (maçonnerie, cuve, citerne, tuyau, tympan d'oreille, vitrage, etc.).
Hormis la pression acoustique, les pressions sont désormais exprimées non plus en bars, mais en pascals ou, plus couramment, en Mégapascals (1 MPa = 10 bars).

-***Pression acoustique*** : voir au mot Acoustique.

-***Pression d'alimentation***, ou ***pression de service*** : pression d'usage d'un réseau de distribution de l'eau, exprimée en mégapascals.

La ***pression de service admissible*** est celle qui ne doit pas être dépassée, pour un type et une section donnée de canalisations (elle est, par exemple, de 5 MPa pour un tube de cuivre recuit de 8/10e de mm, de 16 mm de diamètre extérieur).

La ***pression d'éclatement*** est en principe 5 fois la pression de service admissible. En fait, les pressions subies par les installations sanitaires et de chauffage central à eau chaude dépassent rarement 0,8 MPa.

-***Pression d'épreuve*** : pression de contrôle de sécurité à laquelle les fabricants doivent soumettre les équipements de chauffage et robinets. Pour la robinetterie, cette pression est de 20 bars (env. 20 kg/cm^2.)

-***Pression hydrostatique*** : pression exercée par l'eau ou la vapeur d'eau contre la sous-face d'une paroi ou d'un revêtement étanche, et tendant à le repousser. Elle est souvent la cause de cloquages et décollements.

-***Pression interstitielle*** : pression supportée par l'élément liquide présent dans un sol humide.
L'assèchement d'un sol diminue ou supprime cette composante de la résistance aux pressions, et donc modifie son aptitude à supporter les charges d'une construction.

-***Pression du vent*** sur les vitrages : la pression à considérer dans les calculs d'épaisseur et de formats, dite pression conventionnelle, dépend de l'exposition du vitrage, de sa hauteur au-dessus du sol, et de la région.
Voir le *DTU* Vitrerie.

PRESSOSTAT n.m.
Appareil de régulation et de maintien automatique de la pression d'un fluide* dans un volume donné.
Il est en général couplé à une pompe d'alimentation dont il commande le fonctionnement, et à un indicateur de pression (*manomètre*).

PRESSPAHN n.m.
Isolant électrique à base de cellulose, en feuilles ou en ruban.

PRESTATION n.f.
Exécution d'un ouvrage sur des bases contractuelles.

PRÉTAILLAGE n.m.
Façonnage en carrière de la pierre calcaire, sous forme de blocs sciés, équarris*, prêts à mettre en oeuvre ; ces blocs sont dits ***pierres prétaillées*** ou *pierres de pratique**.

PRÉTENSION n.f.
V. Précontrainte.

PRÉTROU n.m.
Désigne parfois un *avant-trou**.

PRIMAGE n.m.
Entraînement des gouttelettes d'eau en suspension dans la vapeur, à la sortie des chaudières.

PRIMAIRE n.m. et adj.
1/ÉLECTR.: dans un transformateur*, enroulement (ou bobinage) qui est relié à l'alimentation électrique.
Un ***tableau primaire*** est un tableau de distribution qui, en aval d'un tableau principal, alimente plusieurs tableaux secondaires.

2/PEINT.: par déformation du mot anglais ***primer***, couche d'impression* appliquée sur les fonds à peindre ou à enduire d'un revêtement à base de résines, parfois nécessaire pour obtenir une bonne adhérence ; on dit appliquer un primaire (n.m.) ou une couche primaire (adj.).

PRISE n.f.
1/ÉLECTR.: dispositif d'alimentation électrique, dans les bornes duquel on établit un contact par enfoncement de fiches* mâles d'un ou plusieurs conducteurs souples d'appareils d'éclairage, d'équipement ménager, d'outillage, etc.

On distingue les ***prises bipolaires***, prises *doubles* ou *jumelées*, avec ou sans terre* (2P ou 2P+T), et les ***prises tripolaires***, pour courant de force motrice (3P+T). Les prises sont soit *sur socle*, soit *à encastrer*.
L'**alimentation des prises** (et leur utilisation) doit correspondre aux tensions et intensités pour lesquelles elles sont conçues. Elles sont alimentées par des conducteurs de 2,5 mm^2 de section (pour 10/16 A) ; 4 mm^2 pour les prises des machines à laver (16/20 A) ; 6 mm^2 pour les appareils de cuisson (32 A).

L'**intallation des prises** doit être conforme à la norme. En particulier,

prises

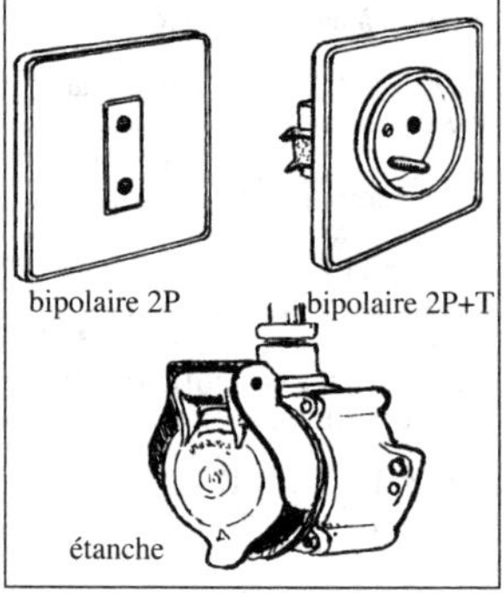

elles ne doivent jamais être à moins de 5 cm du sol.

Pour les salles d'eau, voir à *volume**-*enveloppe* et *volume* de protection*).
- Dans les locaux de service, caves, celliers, garages, ateliers, buanderies, etc., les prises doivent être du type *étanche*, et installées au minimum à 25 cm du sol.

La ***prise de courant "force*"*** est une *prise tripolaire* pour courant* triphasé*, utilisé pour l'alimentation de moteurs.

Les ***prises d'antenne****** murales permettent le raccordement des postes de réception des ondes électromagnétiques au câble coaxial de descente d'antenne.

Les ***prises de téléphone***, pour fiches à profil en T, sont encastrées ou sur socle ; elles sont destinées au branchement de tous types de récepteurs téléphoniques, télématiques (*minitel*) et du réseau Internet (*modem*).

Prise de terre : voir à Terre.

2/MATÉRIAUX: **prise des liants.**
a/***Prise des ciments.***
L'incorporation d'eau dans un liant hydraulique (ciment, chaux hydraulique) déclenche, par hydratation des sels minéraux amorphes et anhydres, des réactions irréversibles de formation de cristaux en aiguilles dont

l'enchevêtrement épaissit et "solidifie" la pâte. Cet affermissement, qui peut être soudain, marque le ***début de prise***. La prise est exothermique*, et est accélérée par un apport externe de chaleur. Le ***temps de début de prise*** est le délai écoulé entre la constitution de la pâte et un affermissement significatif, évalué par le refus d'enfoncement spontané de l'aiguille* de Vicat ; il va de quelques minutes (ciments* prompt, fondu) à plusieurs heures. Le temps de début de prise des pâtes pures de ciment est un élément de leurs caractéristiques normalisées : temps supérieur à 1h30, à 20°C, pour les classes 35 et 45 ; supérieur à 1 heure pour les classes 55 et HP.

Ne pas confondre *prise* et *durcissement* : ce dernier, après la prise, dure plusieurs jours à plusieurs mois, sans dégagement de chaleur ; il s'accompagne de l'élimination de l'eau de gâchage excédentaire, et des phénomènes de retrait*.

La ***fausse prise*** des ciments : lors d'échauffements importants du clinker* des ciments, il arrive que le gypse* qu'ils contiennent en faible proportion se transforme en plâtre.

La prise de ce dernier, rapide, provoque alors un premier épaississement des mélanges, parfois avant même la fin du malaxage ; celui-ci doit alors être poursuivi (sans jamais rajouter d'eau).

b/***Prise du plâtre***.

L'hydratation du plâtre est la reprise d'eau par ce matériau déshydraté (avec dissolution), suivie d'une cristallisation qui aboutit à la solidification en masse du matériau.

3/VENTILATION : la ***prise d'air*** désigne tout orifice d'admission d'air frais dans un local quelconque, ou dans un appareil de chauffage ou une chaudière. Souvent syn. de *ventouse*, ou *amenée d'air*.

PRISME n.m.

1/ Solide délimité par deux polygones égaux et parallèles et par plusieurs parallélogrammes* joignant les côtés de ces polygones (V.ill).

2/ En optique, milieu limité par deux faces d'un dièdre*, composant un angle réfringent : un rayon lumineux qui traverse un prisme transparent est dévié une ou deux fois, par réfraction, selon son angle d'incidence (V.ill). Cette propriété est utilisée dans certains luminaires et dans des instruments optiques.

prismes

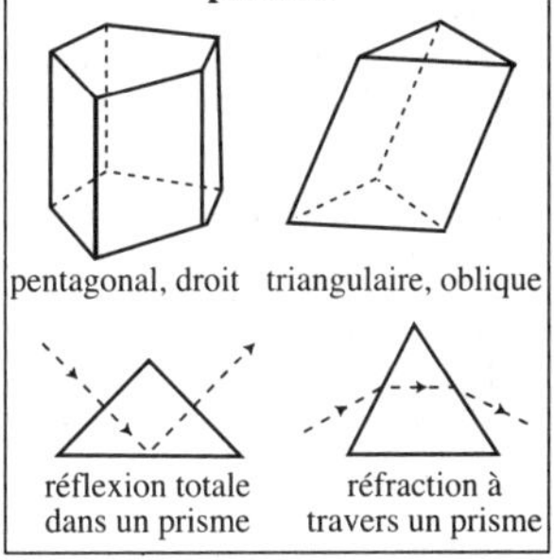

PRISMATIQUE adj.

En forme de prisme. Se dit de certaines moulures à arêtes vives.

PRISOMÈTRE n.m.

Nom générique d'appareils de mesure de début et de durée de prise* des liants : *aiguilles* de Vicat*, de Proctor*, prisomètre thermique...*

PRISONNIER n.m.

Fixation (vis sans tête, broche) qui, après sa mise en place, ne présente plus aucune partie apparente.

PRIVATIF adj.

Parfois utilisé dans le sens de *privé* (dont la jouissance est réservée à un seul propriétaire) : *locaux privatifs*.

PROCÉDÉ n.m.

Ensemble cohérent de techniques et de matériaux complémentaires mis en oeuvre pour atteindre un objectif : *procédé d'isolation thermique*, *procédé d'assèchement des murs...*

PROCESSUS,
ou parfois ***Process*** n.m. invar.
Mode opératoire d'une fabrication, ou d'un enchaînement de phénomènes liés entre eux.

PROCÈS-VERBAL n.m.
Document écrit, compte rendu matérialisant un constat d'expertise, de réunion de chantier, de réception* de travaux, d'essais effectués par un laboratoire agréé : *PV du CEBTP*.

PROCTOR
1/ L'***essai Proctor*** est un test visant à déterminer la teneur en eau la plus propice au compactage d'un sol d'une composition donnée.
2/ L'***aiguille de Proctor*** est un prisomètre* américain de mesure des temps de début et de fin de prise des mortiers tamisés et pâtes* pures, par la résistance à la pénétration d'aiguilles de plusieurs diamètres.

PROFIL n.m.
Contour* de la section* ou de la coupe* d'un élément quelconque, profilé*, moulure*, panneton* de clef*, etc. Un profil est ***en long*** s'il sa coupe est dans le sens longitudinal. En menuiserie, le ***profil d'arrêt*** est la forme donnée à l'extrémité d'une moulure*.

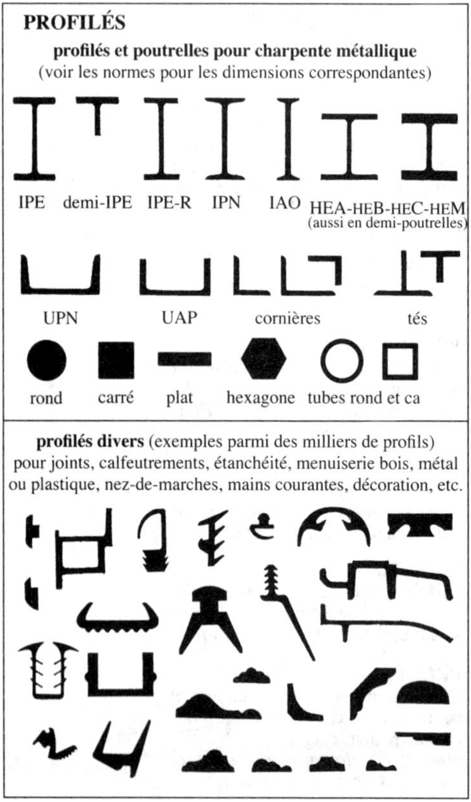

PROFILÉ n.m. et adj.
Matériau longiforme à profil constant, obtenu par étirage, par laminage ou par extrusion à travers une filière.
Le bâtiment consomme des quantités de profilés, qu'on peut regrouper en deux grandes catégories : les profilés métallurgiques, et les profilés plastiques. NB - Les éléments en bois à profil constant sont plutôt des *moulures**.
Un profilé dont la section (profil) a une forme simple est souvent défini par la lettre qui évoque sa forme : *profilés en H, I, K, L, U, V, T...*
Parmi les principaux types et emplois de profilés :

• les ***profilés de charpente métallique*** : *poutrelles* d'acier* normalisées en I, H ou U, à âme centrale et ailes symétriques ; cornières, tubes, fers plats et composants d'ossatures, de membrures* de poutres ou de structures métalliques diverses.
• les ***profilés pour menuiseries***, huisseries et bâtis pour croisées, rails d'éléments coulissants, pièces d'appui*...
• les ***profilés de couverture***, sous forme de bandes façonnées standardisées de solins*, de rives, de battellement*, de faîtage*; gouttières, couvre-joints*, bavettes*, etc.
• les ***profilés de jointoiement*** et ***d'étanchéité**** à l'eau ou à l'air, de calfeutrement et d'isolation, parmi lesquels

les garnitures de joints* de structure et de fractionnement des maçonneries et leurs couvre-joints*.

• les profilés rapportés en surface des ouvrages : ***profilés de protection*** ou ***d'ornement***, plinthes, nez* de marches, barres de seuil, baguettes, moulures*, corniches, etc.

PROFILER v.tr.
Dessiner la représentation de profil d'une pièce, d'un bâtiment.
Pousser* ou traîner* une moulure, faire un ***profilage***.

PROFILEUR n.m.
Voir Conformateur.

PROFONDEUR n.f.
Désigne soit la hauteur d'un volume excavé ou en creux (fouille, puits, réservoir...), soit une dimension horizontale dans l'axe de vision : profondeur d'un terrain, d'un plan de travail, d'un scellement, d'une mortaise*, etc. La profondeur d'une marche* est son giron* (profondeur hors nez-de-marche), ou son pas*.

PROGRAMMABLE adj.
Qualifie tout appareil de régulation ou d'asservissement qui comporte un système électronique à mémoire dans lequel on peut entrer des données d'horaire, de température, etc.

PROGRAMMATEUR n.m.
Dispositif de commande à horloge, qui déclenche ou qui interrompt le fonctionnement d'un ou plusieurs équipements à des heures fixées à l'avance, ou suivant des cycles déterminés.

PROJECTEUR n.m.
Luminaire* de forte puissance, en général destiné à l'extérieur, pour l'éclairage de la voie publique, l'illumination de bâtiments, stades, etc.

PROJECTION n.f.
1/ARCHIT.-DESSIN : la ***projection orthogonale*** est la représentation en plan d'un objet, obtenue en abaissant sur ce plan les perpendiculaires de tous les points caractéristiques de l'objet, et en joignant les pieds de ces perpendiculaires.
2/MATÉRIAUX : propulsion mécanique ou pneumatique* communiquée à un matériau, pour l'appliquer sur un support sous forme d'un jet, à l'aide d'un appareil tenu à distance.
On projette en particulier : certains mortiers, sous-enduits* et enduits* de façades (V. par ex. Monocouche, Tyrolien), le béton, les enduits en *plâtre* projeté*, de nombreuses peintures et laques, des produits de traitement et, sous forme sèche, des granulats de parement, sables (V. Sablage), matières isolantes ou ignifuges en granules ou en fibres...

3/MENUIS.: les fenêtres et fermetures (volets roulants, persiennes, jalousies) sont dites ***à projection*** si on peut les ouvrir par basculement vers l'extérieur autour d'un axe horizontal situé en partie haute (V.ill).

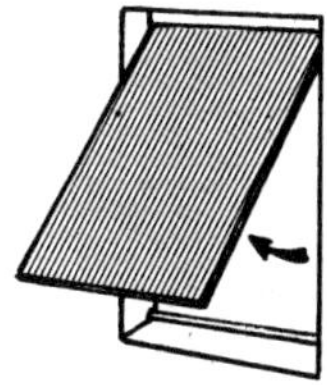

ouverture à **projection**

PROJET n.m.
Ensemble des données (plans, cahier des charges, descriptif*...) d'une construction, avant qu'elle ne soit matérialisée. V. aussi Avant-projet.

PROJETEUR n.m.
1/ Celui qui, sur chantier, tient l'outil de projection d'un matériau (buse, lance, pistolet...). Par extension, le matériel de projection lui-même : *projeteur à mortier*.

2/ Celui qui est chargé d'établir plans et documents d'un projet : *dessinateur-projeteur*.

PROLONGATEUR n.m.
Conducteur électrique souple comportant une prise mâle à un bout, femelle à l'autre. Syn.: *rallonge*.
Tube ou tuyau souple de prolongation d'un élément tubulaire.

PROMOTEUR n.m.
Professionnel qui fait construire pour vendre ou louer les constructions édifiées pour son compte.

Le ***promoteur-constructeur*** est à la fois maître d'ouvrage, finançant les constructions qu'il réalise pour les vendre, et entreprise pilote*, souvent avec l'aide de maîtres* d'oeuvre et de bureaux d'études.

PROMOTION n.f.
Situation qui résulte d'un contrat passé entre une ou plusieurs personnes (physiques ou morales) et un promoteur, chargé de mener à bien la réalisation d'une construction.

PROMPT adj. V. Ciment* prompt.

PROPANE n.m.
Gaz* provenant du pétrole, facilement liquéfié sous pression, utilisé comme combustible de chauffage, de production d'eau chaude et de cuisson dans les maisons individuelles qui ne peuvent être facilement alimentées en gaz naturel. Il est fourni en bouteilles de 13 ou de 35 kg, ou en vrac, par des camions-citernes, si l'on dispose d'un réservoir spécial en acier, normalisé. Les emplacements et dispositions de ces matériels de stockage par rapport aux locaux d'habitation sont strictement réglementés. Le stockage du propane ne peut être qu'extérieur à l'emprise des bâtiments : les bouteilles de propane ne doivent pas être à moins de 1 mètre d'une ouverture ; sinon, un muret de protection intermédiaire est obligatoire. Le poste d'alimentation comporte deux bouteilles ou groupes de bouteilles, reliées par un *coupleur-inverseur* automatique qui assure une alimentation continue.
V. le mot Réservoir* (à propane).

PROPANE
(règles de stockage)

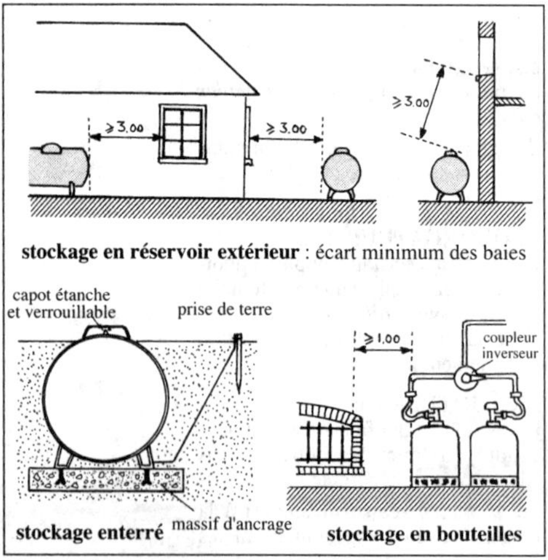

PROPRETÉ n.f.
Un ***béton de propreté*** est une couche de béton grossier étalé sur une épaisseur d'environ 5 à 8 cm sur un terre-plein, au fond d'une fouille, sur un sol de cave, etc., pour constituer à même le sol une forme à peu près plane. Sur ce béton de propreté, on pourra ensuite couler des ouvrages sans risque de pollution par la terre.

PROPRIÉTÉ n.f.
Outre le sens courant (possession), désigne une caractéristique (souvent non quantifiable) : propriétés isolantes de la laine de verre, propriétés thixotropes* de la bentonite*, etc.

PRORATA n.m.
Au prorata de..(loc. adv.) signifie proportionnellement à la part de chacun dans une contribution, une dépense, etc. Voir Compte prorata.

PROSCENIUM n.m.
Avant-scène d'un théâtre.

PROSPECT n.m.
Aspect, vue générale ; en particulier vue que l'on a depuis les baies d'un bâtiment : un *prospect dégagé*.
La ***servitude* de prospect*** est le droit, obtenu par convention, d'empêcher le propriétaire d'un fonds servant* voisin d'y édifier une construction qui pourrait gêner ou limiter la vue.

PROSTYLE adj.
Se dit d'un bâtiment dont la façade principale - et elle seule - est constituée d'un portique à colonnes.

PROTECTION n.f.
Dispositif de défense d'un équipement, d'une construction, ou des personnes,

contre un risque (vol, chutes, électrocution, foudre, feu, corrosion, pénétration d'eau, détérioration, etc.).

1/BOIS : la ***protection des bois*** désigne les techniques d'imprégnation ou d'application superficielle de produits destinés à protéger les bois* d'une part contre l'humidité, d'autre part contre les insectes xylophages*. V. Créosote, Fongicides, Lasures, ainsi que les *normes*.

2/ÉLECTR.: V. Coupe-circuit, Terre, Paratonnerre, Indice de protection, Volume de protection).

3/ÉTANCH. : sur un revêtement d'étanchéité* de toiture-terrasse*, ouvrage de surface qui limite l'action des intempéries et de la chaleur, et qui peut permettre de circuler sur l'étanchéité.

On distingue :

• la ***protection lourde***, *rapportée* en oeuvre, après la pose de l'étanchéité (gravillonnage libre ou aggloméré par un liant, chape ou dallage) ;

• ***l'autoprotection****, *protection intégrée* au matériau d'étanchéité dès sa fabrication sous forme soit d'une feuille métallique mince, soit de granulats durs sertis en surface.
Elle convient sur les étanchéités de surfaces non accessibles.

4/DIVERS: V. Garde-corps, Garde-au-feu, Garde au gel, Garde-verre, Harnais, Bois (protection des—), etc.

PROTÉGÉ adj.
Qualifie un appareil ou un équipement électrique conçu et isolé de sorte que ses pièces sous tension ne puissent en aucun cas se trouver au contact des individus. Qualifie aussi un circuit électrique ayant une coupure à déclenchement automatique en cas de courant de fuite ou de défaut.

PROTÈGE-ANGLE n.m. invar.
Profilé* métallique, en tôle ajourée ou déployée en treillis, que l'on fixe à cheval sur les arêtes des maçonneries et des cloisons intérieures à enduire de plâtre, pour constituer un guide d'épaisseur, un arrêt franc et rectiligne, et une protection des arêtes contre les risques d'épaufrures*.

PROTOMÉ n.m.
Ornement architectural en forme de mufle de cerf.

PSEUDO-ISODOMON n.m.
Appareil* de pierres réglées* dont les assises ont des hauteurs différentes et alternées.

PSYCHROMÉTRIE n.f.
Mesure de l'hygrométrie, et des états d'humidité de l'air.

PSYCHROMÈTRE n.m.
Appareil de mesure de l'hygrométrie, par comparaison entre les données fournies par un thermomètre humide, et celles d'un thermomètre sec.

PSYCHROGRAPHIE n.f.
Psychrométrie réalisée avec un appareil enregistreur.

PUCE n.f.
En verrerie, petite inclusion gazeuse visible, en forme de bulle.
Oxyde-puce : nom donné au péroxyde de plomb (PbO_2).

PUISAGE n.m.
1/ Assèchement* d'un terrain humide (V. Rabattement de nappe), ou de fouilles* inondées ; action d'*épuiser**.

2/ Soutirage d'eau ou d'un liquide quelconque contenu dans une canalisation, par un robinet, dit *robinet de puisage*.

PUISARD n.m.
1/ Puits* fermé à parois grossièrement maçonnées, ou en pierres sèches, ou même simplement creusé en pleine terre ; rempli de caillasse et de sable, il sert à absorber les eaux de pluie ou d'infiltration collectées par un réseau de drains enterrés.
Syn.: *puits perdu*. V. aussi Puits filtrant (ce dernier correspondant à un puisard maçonné).

2/ Simple trou de drainage foré au fond d'une fouille pour faciliter l'épuisement* des eaux de pluie.

PUISATIER n.m.
Entrepreneur spécialisé dans le forage des puits et leur curage.

PUISSANCE n.f.
Aptitude à produire un effet acoustique, électrique, mécanique, thermique, etc. Flux* d'énergie produite, disponible ou consommée, par unité de temps. Son expression est le watt* (W), ou le kilowatt (kW).

-***Puissance calorifique*** : la puissance théoriquement nécessaire pour une installation de chauffage est le produit du coefficient de déperditions G du logement ou du local, par son volume, et par la différence en degrés entre la température intérieure de référence (18°C) et la température extérieure conventionnelle de la zone climatique concernée.

La ***puissance thermique*** des radiateurs, convecteurs..., indiquée par le fabricant, est fonction de leurs caractéristiques émissives propres, et de leurs dimensions (nombre d'éléments dans le cas des radiateurs en fonte). Les radiateurs courants ont des puissances de 500 à 2 000 W.

-***Puissance électrique*** : c'est le produit, exprimé en watts* (**W**), de la tension V (en volts) par l'intensité I (en ampères) : W = R x I.

puits filtrant

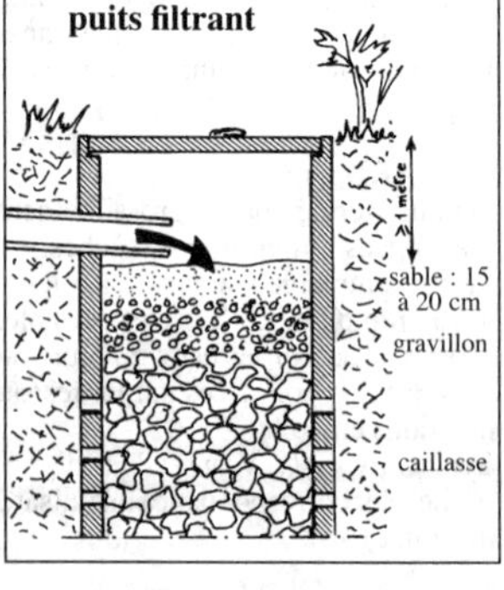

La ***puissance apparente*** d'un courant alternatif est le produit de l'intensité de ce courant par sa tension, et par un facteur qui dépend du nombre de phases (√3 pour un courant triphasé).

La ***puissance installée*** est la somme des puissances nominales des différents appareils et machines d'une même installation.

La ***puissance souscrite*** est la puissance maximale fournie contractuellement par l'E.D.F. à un abonné, en fonction de ses besoins.

Les puissances les plus courantes pour les particuliers sont de 3 kW (ménage), 6 kW (confort), 9 kW (grand confort) ; les contrats supérieurs concernent les maisons importantes, et les logements qui sont équipés du chauffage électrique : 12, 15, 18, 24, 30 kW. A partir de 18 kW, le courant est en général fourni en triphasé*.

PUITS n.m. invar.
Excavation profonde et de faible section, destinée :

• soit à atteindre une nappe* d'eau phréatique pour l'exploiter. C'est le ***puits d'eau*** traditionnel, creusé par les *puisatiers* et maçonné du niveau de la nappe jusqu'à la margelle*.

• soit à atteindre le sous-sol résistant, et à couler dans ce puits des pieux* de fondations profondes en gros béton*, afin de reporter vers le bon sol les charges d'une construction : c'est le ***puits de fondations***.

Un ***puits artésien*** résulte du fonçage de tubes à grande profondeur pour atteindre une nappe d'eau qui remonte et jaillit à la surface sous l'action des pressions naturelles.

Un ***puits canadien,*** parfois appelé ***puits provençal,*** est un système géothermique simple de préchauffage ou de rafraîchissement de l'air.
Il consiste à aspirer l'air neuf dans les locaux après l'avoir fait circuler dans des canalisations de 20 à 30 m de long et env. 16 cm de diamètre, enterrées à au moins un mètre de profondeur.

L'été, le sol frais rafraîchit l'air ; en hiver, le sol restant plus chaud que l'air extérieur permet son préchauffage avant introduction dans l'habitation.

Un ***puits filtrant*** est un puits de dispersion des effluents* épurés dans un sol perméable ; ses parois sont maçonnées, avec des jours. Il est rempli de caillasse et de gravillons, et comporte une ouverture avec tampon* de visite (V.ill. page ci-contre).

Un ***puits de lumière*** ou ***puits de jour*** est un volume intérieur ménagé sur plusieurs étages, et éclairé par une abondante lumière zénithale.
Le ***puits perdu*** est synonyme de *puisard* (V. ce mot).

PULSÉ adj.
Qualifie l'air mis en mouvement ou introduit dans les locaux par un moyen mécanique.

PULVÉRISATEUR n.m.
Équipement de projection des liquides sous forme de brouillards ; on utilise des pulvérisateurs pour appliquer certaines peintures, les produits de décoffrage* sur les banches*, et pour divers traitements superficiels (application de fongicides*, d'hydrofuges*, humidification, dépoussiérage de l'air...).

PULVÉRISATION n.f.
Projection d'un liquide sous forme d'un brouillard de microgouttelettes. V. aussi Pistolet, Sprinkler.

PULVÉRULENCE n.f.
État d'une matière réduite en poudre fine ; le poudrage* est la pulvérulence superficielle d'un enduit ou d'une peinture.

PULVÉRULENT adj.
Sous forme de poudre fine ou impalpable : *chaux pulvérulente.*

PUREAU n.m.
Partie d'un matériau de couverture (ardoise, tuile) qui reste apparente, n'étant pas recouverte par les éléments du rang supérieur.
Longueur correspondante, mesurée dans le sens de la plus grande pente. Cette dimension correspond exactement à l'espacement des liteaux* ou des lattes* (V.ill). C'est la moitié de la différence entre la longueur L de la tuile ou de l'ardoise et la longueur R de recouvrement* nécessaire pour que soit assurée l'étanchéité des joints latéraux entre éléments.
Le ***faux-pureau***, de longueur égale à celle du pureau, correspond à la partie recouverte par une seule épaisseur d'ardoise ou de tuile, entre le pureau et le recouvrement (V.ill).

PURGER v.tr.
1/ Expulser d'un équipement un fluide qui s'y trouve enfermé et qui peut nuire à son bon fonctionnement.

2/ ***Purger une grume*** ou une bille de bois, c'est éliminer les parties atteintes par le pourrissement.

PURGEUR n.m.
Petit robinet d'évacuation des inclusions d'air parasites dans une canalisation ou dans un radiateur (V.ill), ou encore pour l'évacuation des eaux condensées dans une installation de chauffage à vapeur.

PURIFICATEUR n.m.
Appareil conçu pour l'élimination de l'essentiel des pollutions présentes dans l'air ambiant des locaux : fumées, poussières, pollens, micro-organismes en suspension. Cette élimination peut atteindre jusqu'à 98%.

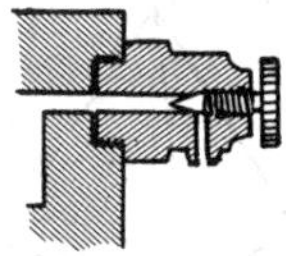

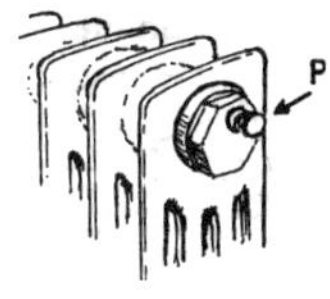

purgeur
de radiateur

pureau, **faux-pureau** et **recouvrement**

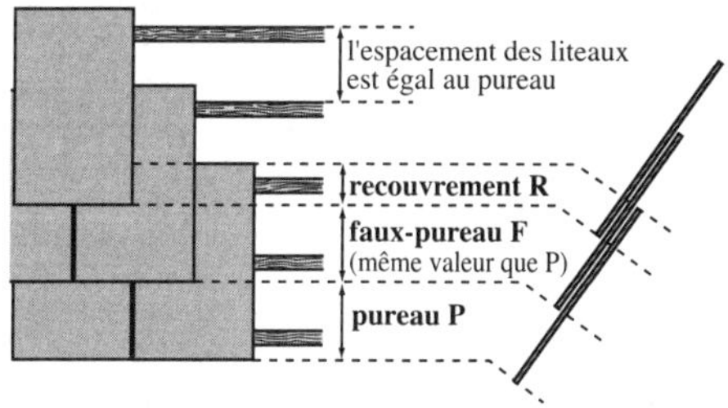

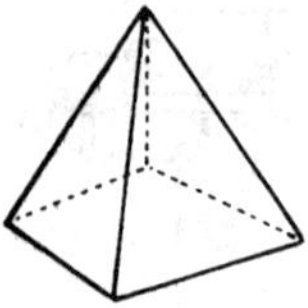

pyramide

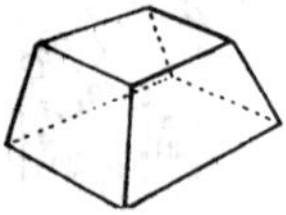

tronc de pyramide

Selon les procédés, on distingue :
- les purificateurs par filtration*;
- les purificateurs électrostatiques.

NB- Les ***purificateurs-ioniseurs*** sont des appareils purificateurs, en général électrostatiques, couplés à un émetteur d'ions négatifs.

PUSH-BAR n.m.
(de l'anglais). Serrure* antipanique*.

PUSH-PULL n.m. et adj.
(de l'anglais). Dispositif de commande à bouton ; la position enfoncée détermine une commande inverse de la position tirée, et vice versa.

PYCNOMÈTRE n.m.
(parfois ***picnomètre***) Ballon de verre à col, utilisé en laboratoire pour déterminer, par immersion dans l'eau, le volume réel et la masse volumique des solides : par ex., la matière minérale d'un échantillon de sol, ou d'une roche plus ou moins poreuse.

PYLÔNE n.m.
1/ Motif d'ornement imitant un pilier en trompe-l'oeil.

2/ Porte monumentale qui, dans l'architecture antique, ouvrait entre deux importants massifs en talus.

3/ Construction élancée en charpente métallique.

4/ Ouvrage élevé porteur de lignes électriques aériennes, à ossature et consoles en charpente métallique.

PYRALÈNE n.m.
Huile de synthèse de la famille des polychlorobiphényles (PCB).
Il a longtemps été utilisé comme isolant protecteur dans les transformateurs, pour sa stabilité chimique et sa non-inflammabilité sous l'action d'un arc électrique.
Par contre, son emploi est désormais interdit, car il présente le grave inconvénient de pouvoir dégager, en cas de combustion, des émanations très toxiques (chlorobenzofurannes, dioxine).

PYRAMIDE n.f.
Polyèdre* dont toutes les faces sont des triangles, à l'exception de l'une d'entre elles, la *base*, qui peut être un polygone* quelconque.

PYROLYSE n.f.
Décomposition par la chaleur.

PYROMÈTRE n.m.
Instrument électrique utilisé pour la mesure de températures élevées.

PYROSTAT n.m.
Dispositif de réglage automatique de l'ouverture des évacuations de gaz brûlés en sortie de chaudière, dans les carneaux*. Il fonctionne sur le même principe que l'aquastat*.

PYROTHERME adj.
Qualifie un équipement qui résiste au feu et aux températures élevées.

Q

Q-MÈTRE n.m.
Appareil de mesure des surtensions d'un circuit parcouru par un courant alternatif.

QUADRANGLE n.m.
Polygone* qui a quatre angles : un carré, un losange, un trapèze, un quadrilatère* quelconque croisé sont des quadrangles, ou figures ***quadrangulaires*** (adj.).

QUADRATURE n.f.
Deux fonctions ou deux grandeurs alternatives sinusoïdales* sont dites en quadrature si, étant de période* égale, leur déphasage* est de un quart de phase* (90°).
C'est le cas des courants* alternatifs *diphasés*.

QUADRET n.m.
Moulure* dont les arêtes sont à angle droit : les filets*, les réglets* sont des quadrets.

QUADRILATÈRE n.m.
Polygone* qui a quatre côtés : le carré, le rectangle, le losange, le trapèze et le parallélogramme sont des quadrilatères.
Un ***quadrilatère croisé*** est celui dont deux côtés se coupent : il compose deux triangles opposés par un de leurs sommets.
Un ***quadrilatère gauche*** est celui dont un sommet n'est pas dans le même plan que les trois autres.
Un ***quadrilatère sphérique*** est formé de quatre arcs de cercle à la surface d'une même sphère.

quadrilobe

QUADRILLAGE n.m.
1/ Tracé régulier de carrés ou de rectangles alignés sur une surface.
2/URBAN.: plan *en damier*, ou *échiquier*, ou *plan orthogonal*.
3/TOPOGR.: le quadrillage d'un terrain est aussi dit *carroyage*.

QUADRILLER v.tr.
Diviser une surface par des lignes parallèles régulièrement espacées, dans deux directions orthogonales : *papier quadrillé*, *parquet quadrillé*.

QUADRILOBE n.m.
Motif à centre de symétrie, composé de 4 arcs de cercle presque tangents, caractéristique du style gothique* (V.ill). V. Quatrefeuille.

QUADRILOBÉ adj.
Se dit d'un plan ou d'un motif qui présente 4 arcs de cercles autour d'un centre de symétrie : *pilier quadrilobé*.

QUADRIPARTI ou **QUADRIPARTITE** adj. Divisé en quatre parties.

QUALIBAT
Label de qualification et de certification des entreprises engagées dans une démarche de recherche de qualité, conforme aux principes de la norme ISO 9000.

QUALIFICATION n.f.
Aptitude technique reconnue pour l'exercice d'une profession. Elle est confirmée soit par un diplôme (ingénieur, architecte...), soit par un certificat de qualification délivré par un organisme professionnel au vu de l'expérience passée, de l'équipement spécialisé disponible, etc.:
QUALIBAT (entreprises du bâtiment), OPQIBI (ingénierie et bureaux d'études), OPQTECC (économistes et coordonnateurs de la construction), OPQIAI (architectes d'intérieur)...

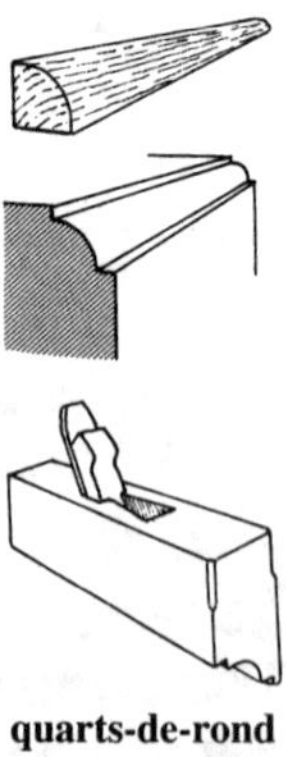

quarts-de-rond

QUALITEL
Association de promotion de la qualité dans l'habitat neuf. Son action repose sur la ***méthode Qualitel***, grille d'évaluation de la qualité d'usage des composants et équipements d'une habitation neuve, en tenant compte des coûts de fonctionnement et d'entretien.
Sept critères sont analysés :
• Protection contre le bruit extérieur,
• d°, contre le bruit émis à l'intérieur,
• Charges prévisionnelles de chauffage et d'eau chaude sanitaire,
• Coût d'entretien des façades et des toitures,
• Confort thermique hiver-été,
• Installations électriques,
• Installations plomberie-sanitaires.
Le ***Label Qualitel*** est attribué aux programmes immobiliers obtenant au moins la note 3 (sur 5, = bon) sur l'ensemble des critères.

QUANTITATIF n.m. et adj.
Dans un bordereau* ou un devis*, indication chiffrée de quantités de matériaux, de surfaces, de nombres d'unités d'oeuvre, etc.

QUARDERONNER v.tr.
Profiler une moulure* ou abattre* une arête* suivant un profil arrondi d'un quart de cercle convexe.

QUART-DE-ROND n.m.
Baguette dont la section est un quart de cercle (V.ill). Moulure* convexe* dont le profil est un quart de cercle, en général bordé par deux filets*. Outil à fût* ou fer de toupie* utilisé pour pousser* cette moulure.

QUARTELETTE n.f.
V. Cartelette.

QUARTELLE n.f.
Plaquette de schiste* ardoisier de 12 à 15 mm d'épaisseur, obtenue par refente des *repartons**, et elle-même refendue en quatre ardoises*.

QUARTELOT n.f.
Planche de bois blanc de qualité, sans noeuds, de 22 x 6,5 cm de section.

QUARTIER n.m.
1/ARCHIT.: le ***quartier de voûte**** désigne chaque portion d'une voûte*

d'ogives* comprise entre deux arêtes convergeant vers la clef* (s'il est en berceau*, ou redivisé par des arêtes multiples, le quartier est aussi dit *canton**) ; on distingue le ***quartier plein-cintre*** et le ***quartier biais*** ; selon l'axe de sa ligne de faîte par rapport au vaisseau*, on distingue les ***quartiers longitudinal***, ***transversal***, ***rayonnant*** ; le ***quartier incliné*** est celui d'une voûte rampante.

2/BOIS : dans le débit* en plots* (sur dosse*), le quartier est le plateau* central ; les plateaux qui l'encadrent sont les ***faux-quartiers***.

Le ***débit sur quartier***, ou *sur maille**, consiste à refendre les billes en quatre quarts longitudinaux, puis à prélever les planches alternativement sur un rayon et sur l'autre (V.ill. au mot Bois) ; il est réservé aux bois de qualité dont on veut mettre en valeur la *maillure**.

3/ Le ***quartier tournant*** est la portion d'escalier* à marches balancées* correspondant au changement de direction de sa ligne de foulée*.

QUARTZ n.m.
Roche sédimentaire dure (dureté* 7), composée de silice presque pure cristallisée (SiO_2) ; le quartz peut être blanc laiteux, jaunâtre, vitreux et translucide ou opaque. Il se présente sous forme de gros cristaux structurés (cristal de roche, agate, aventurine, jaspe...), ou en sable.
Lorsqu'il est très pur et blanc (quartz blanc de Fontainebleau*), il est utilisé surtout pour la verrerie.

QUARTZEUX adj.
Qualifie une roche qui contient une forte proportion de quartz : granit, grès, silex, sont quartzeux.

QUARTZIFÈRE adj.
Se dit d'un terrain ou d'un minéral qui renferme du quartz.

QUARTZITE n.m.
Roche très dure et compacte composée de très fins cristaux de quartz.

QUATRE-FEUILLES n.m. invar.
Motif symétrique formant quatre feuilles composées d'arcs brisés*, contrairement au *quadrilobe** dont les arcs ne sont pas brisés (V.ill).

quatre-feuilles

QUERNAGE n.m.
Dans une roche fissile lamellaire (schiste, ardoise*), le ***plan de quernage*** est le plan orthogonal au plan de fissilité, c'est-à-dire perpendiculaire à l'axe des longrains*.
Le quernage - ou repartonnage - d'un bloc ardoisier est sa découpe transversale en repartons*.

QUERNURE n.f.
Fissure d'un bloc ardoisier.

QUEUE n.f.
1/CHARP.-MENUIS.: la queue d'une marche tournante d'escalier est son extrémité la plus large, à l'opposé du *collet**. Un assemblage* de bois de bout est dit ***à queue droite*** si les tenons ne sont pas à queue-d'aronde.

2/MAÇONN.: la queue du moellon* est la partie noyée dans la maçonnerie, et l'expression de sa longueur, mesurée depuis le parement.

3/SERRUR.: la ***queue d'un pêne**** est son extrémité située à l'intérieur de la serrure, sur laquelle agissent les mécanismes.

4/DIVERS : une ***queue de chantier*** est un ensemble de travaux ou de finitions complémentaires exécuté après l'ouvrage principal, ou encore une remise en état d'ouvrages après la réception* provisoire.

QUEUE-D'ARONDE,
ou **QUEUE-D'HIRONDE** n.f.
Évasement en trapèze d'un tenon* d'assemblage, ou d'une agrafe* de pierres, empêchant leur arrachement par traction.
Mode d'assemblage en équerre des bois de bout, dans lequel la pièce mâle porte une série de tenons trapézoïdaux correspondant aux mortaises* de la pièce femelle (V.ill).
L'assemblage à ***queues cachées*** ou

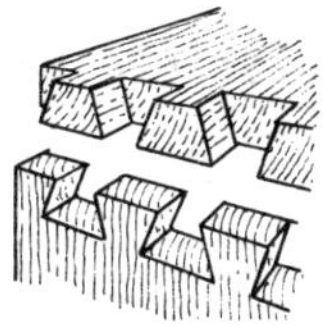

queues-d'aronde
ou d'hironde

queue-de-carpe (Q)

queue-de-cochon

éléments disposés en **quinconce**

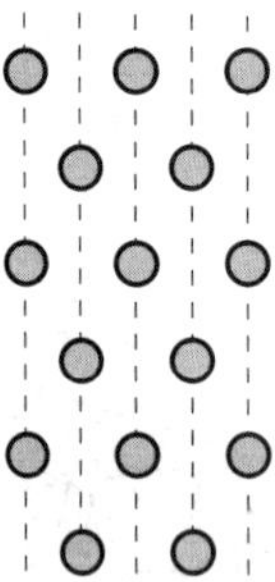

à ***queues recouvertes*** permet de masquer tout ou partie des joints d'assemblage (V.ill. à ce mot).

QUEUE-DE-CARPE n.f.
1/PLOMB.: extrémité évasée et aplatie d'un tuyau, par ex. pour l'effet d'eau des WC à la turque.

2/SERRUR.: extrémité refendue et évasée d'une patte* de ferrure*, de gond*, de piton*, etc. à sceller dans la maçonnerie (V.ill) ; par extension, désigne la patte de scellement elle-même.

QUEUE-DE-COCHON n.f.
1/ Outil coupant et conique avec lequel les plombiers évasent l'extrémité des tuyaux de plomb, ou les percent pour y souder un autre tuyau en empattement* (V.ill).

2/ Dans le corps d'une pompe* à mortier, tige hélicoïdale en acier dont la rotation dans un manchon souple assure la propulsion du mortier dans les tuyaux, jusqu'à la buse.

QUEUE-D'HIRONDE n.f.
V. Queue-d'aronde.

QUEUE-DE-MORUE n.f.
Brosse* de peintre large et plate.

QUEUE-DE-MOUTON n.f.
Retombée de guirlande dont la forme renflée rappelle celle de la queue d'un mouton.

QUEUE-DE-PAON n.f.
Appareil* ou disposition en éventail de divers éléments ou ornements, en particulier des pavages* mosaïque (V.ill. à Pavage).

QUEUE-DE-RAT n.f.
Lime* longue et effilée, de section circulaire, pour les trous étroits.

QUEUE-DE-RENARD n.f.
Plante aquatique à longs filaments qui se développe dans les canalisations et conduites d'eau, et provoque parfois des engorgements.

QUEUE-DE-VACHE n.f.
1/CHARP.-COUVERT.: chevrons débordant d'une toiture, en saillie sur le nu* d'une façade ; par extension, avancée de toiture correspondante qui forme égout*. Syn.: *forget.*

2/PLÂTR.: ferraillage* d'armature des hourdis de plâtre.

QUEUSOT n.m.
Petit appendice saillant du verre d'une ampoule* d'éclairage qui correspond à la soudure de l'orifice par lequel on a effectué le vide et le remplissage avec un gaz rare.

QUILLE n.f.
Moellon* taillé disposé dans le sens de la hauteur, par exemple dans un encadrement de baie.

QUINCAILLERIE n.f.
La *quincaillerie de bâtiment* désigne l'ensemble des accessoires de fixation (clous, vis, boulons, pattes, pitons, chevilles...) et des articles courants de serrurerie (ferrures, équerres, gonds, paumelles, etc.).

QUINCONCE n.m.
Groupe de cinq éléments dont quatre forment les sommets d'un carré et le cinquième son centre. Disposition d'éléments ou de motifs suivant un quadrillage de ce type (V.ill).
Plus généralement, dans le langage courant, disposition d'éléments répétitifs en alternance régulière de part et d'autre d'un axe.

QUINCONCIAL adj. Caractérise ce qui est disposé en quinconce.

QUINTEFEUILLE n.m.
Motif en rosace comportant cinq lobes. Syn.: *cinq-feuilles**.

R

RABAIS n.m.
Diminution de prix consentie par un entrepreneur soit sur un mémoire*, soit, dans un devis* ou une offre*, par rapport à un décompte basé sur une série* de prix ou par rapport à une estimation de prix de marché*.

L'adjudication* ***au rabais*** attribue le marché* à celui qui offre le plus fort rabais sur l'estimation initiale.

RABAT n.m.
1/ Panneau incliné en dévers*, en pan* coupé*, entre l'âtre* et le manteau* d'une cheminée*.

2/ Polissage* d'une roche dure égrisée* (granit, marbre, porphyre) à la poudre d'émeri*, ou avec une pièce de faïence humidifiée. ●

RABATTEMENT n.m.
1/ Le ***rabattement de nappe*** est le forage, au pourtour d'un terrain aquifère* que l'on veut assécher, une série de puits filtrants (pointes* filtrantes),

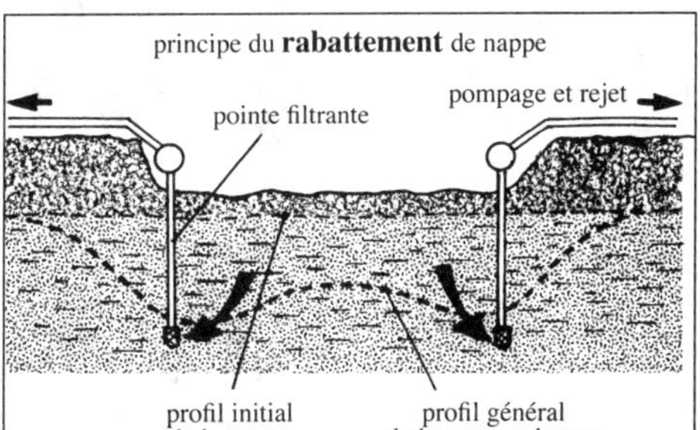

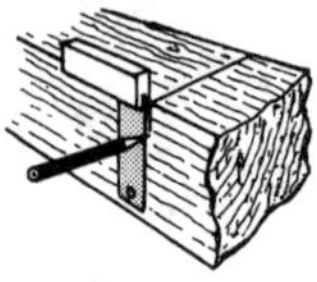

rabattement
d'une ligne

par lesquels on pompe l'eau pour la rejeter à distance.
Cette technique est surtout utilisée pour les fouilles*, si le niveau trop élevé de la nappe gêne les travaux.

2/ Report sur un plan de projection* d'un dessin situé dans un plan oblique, par rotation de celui-ci autour d'un axe commun aux deux plans.

RABATTRE v.tr.
1/CHARP.-MENUIS.: rabattre une ligne tracée à l'équerre sur une pièce de bois, c'est poursuivre son tracé, à l'équerre, sur les autres faces (V.ill).

2/CARR.-MARBR.: rabattre le marbre, c'est le poncer par frottement avec de la terre cuite humide pour faire disparaître ses inégalités de surface.

3/SERRUR.: rabattre un métal, c'est faire disparaître à petits coups de marteau les traces de chocs qui marquent sa surface. Syn.: *parer**.

rabot
de maçon

RABLETTE n.f.
Planche munie d'un tasseau, disposée sous les pieds d'une chèvre*, au bord d'une toiture-terrasse, pour former une butée d'arrêt de sécurité.

RABOTS

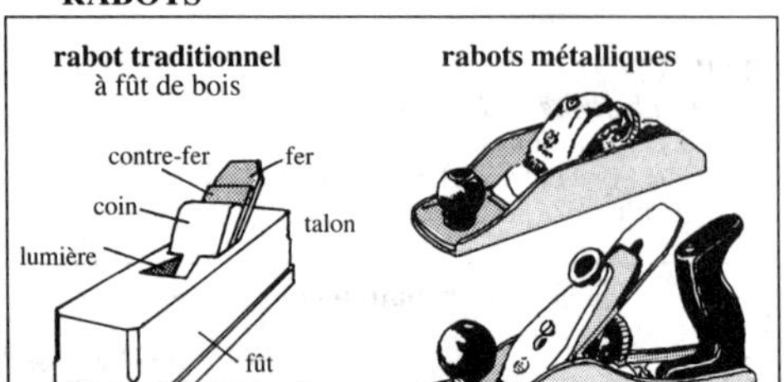

RABOT n.m.
1/MAÇONN.: sorte de pelle recourbée utilisée pour humidifier la chaux* et gâcher* bétons et mortiers (V.ill).

2/MENUIS.: outil à fût* et à fer*, généralement droit, qui sert à corroyer* et à dresser le bois, par élimination de copeaux (V.ill). Le rabot reste un des outils manuels les plus utilisés, pour les finitions, ajustements et affleurements d'ouvrages sur chantier.
Parmi les variétés de rabots :
-les ***rabots cintrés***, à semelle arrondie, concave ou convexe,

-le ***rabot à dents***, à fer denté.

-le ***rabot à élégir***, dont la semelle est profilée pour les élégissements* et moulures (gorges, rainures, etc.).

-le ***rabot à joues***, muni de joues latérales réglables, formant butée pour tirer* d'épaisseur avec précision.

-le ***rabot métallique***, de plus en plus courant, à molettes de réglage rapide de la profondeur de coupe (V.ill).

-le ***rabot-racloir***, à lame presque verticale, utilisé par les raboteurs de parquets pour affleurer* les parquets après leur pose. V. aussi Dent-rabot, Galère, Guillaume, Riflard, Varlope.

3/MIROIT.: bloc de bois dur utilisé pour frotter les glaces polies.

4/TRAV.PUBL.: outil d'égalisation des fonds de tranchées. Variété de pierre de liais utilisée en pavage.

RABOTAGE, RABOTEMENT
n.m. Action de corroyer, de tirer* d'épaisseur, d'élégir, d'ajuster, avec un rabot, et son résultat. Élimination d'une certaine épaisseur de matériau (bois, pierre...) par fines couches successives (copeaux, feuilles), par déplacement, sur la surface, d'un outil qui ne travaille que dans un sens (rabot), ou par déplacement de la pièce contre un outil à lames (raboteuse).

RABOTEUR n.m.
Ouvrier affecté aux travaux de rabotage, pour le nivellement (ou le blanchiment*) des parquets, et dans le travail de la pierre au rabotin*.

RABOTEUSE n.f.
Machine-outil de rabotage du bois par un cylindre porte-fers horizontal tournant à grande vitesse, sous lequel le bois est entraîné automatiquement par des cylindres rainurés. Souvent associée à la dégauchisseuse*, dont elle constitue la partie inférieure : le bois y est porté par un plateau réglable en hauteur, permettant de tirer* d'épaisseur, par remontée progressive de ce plateau.

RABOTEUX adj.
Qualifie un bois rugueux, inégal.

RABOTIN n.m.
Outil manuel à huit lames finement dentées, montées sur une semelle de bois à poignée ; utilisé par le tailleur de pierre tendre pour parachever les parements, et par le ravaleur pour le ragrément des façades de pierre (V.ill). Syn.: *chemin-de-fer**.

RACAGE n.m.
Collier* de métal pour l'assemblage de pièces de charpente jumelées.

RACCORD n.m.
1/ÉLECTR.: pièce de jonction bout à bout de deux conducteurs électriques, ou de deux conduits.

2/MAÇONN.-CARREL.: affleurement* d'éléments de carrelage, marbre... Reprise* dans l'exécution d'un enduit de parement après un arrêt (il est souhaitable de diviser les surfaces par un calepinage* de joints correspondant aux arrêts de travail, pour éviter des raccords visibles).

Un ***raccord d'enduit*** est aussi celui que l'on fait autour d'un scellement ou d'une saignée, ou après ouverture et réparation d'une fissure.

3/PEINT.: application localisée de peinture, en cherchant la similitude d'aspect avec la surface adjacente.

4/PLOMB.: pièce ou ensemble de pièces complémentaires pour l'assemblage mécanique étanche de deux tuyaux bout à bout, ou d'un tuyau et d'un équipement. On distingue :

-le ***raccord bicône***, composé d'un siège à double filetage mâle, de deux écrous, et de deux bagues à double profil conique, dont le serrage assure l'étanchéité (V.ill).

-le ***raccord à brides*** : l'assemblage des brides* soudées à l'extrémité de chacun des tuyaux se fait par boulons et écrous, avec interposition d'un joint (V.ill).

-le ***raccord à collets*** : un collet* battu (V.ill. à ce mot) est exécuté sur l'embout du tube à raccorder ; l'assemblage est fait par serrage d'écrou, après interposition d'un joint fibreux.

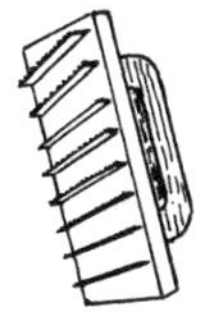

rabotin

RACCORDS

Voir aussi au mot Collet : collet battu et collet repoussé

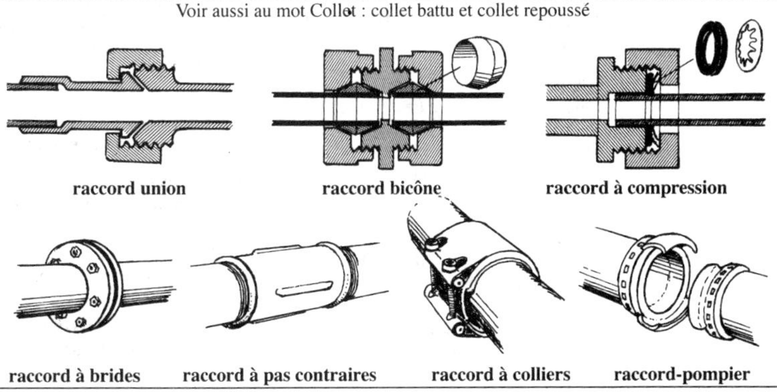

raccord union — raccord bicône — raccord à compression

raccord à brides — raccord à pas contraires — raccord à colliers — raccord-pompier

-le ***raccord à compression*** : serrage d'une garniture faite d'une rondelle métallique légèrement conique, associée à une rondelle de caoutchouc.

-le ***raccord à pas contraires*** : manchon mâle ou femelle dont les filetages sont à pas inversé, de longueurs égales ; les extrémités des tubes à joindre sont filetées de même.

-le ***raccord-pompier***, ou ***raccord symétrique***, en deux éléments symétriques à accrochage rapide par rotation d'un quart de tour (V.ill).

-le ***raccord à souder*** : raccord ou manchon* à alésage intérieur précis et lisse, conçu pour l'assemblage définitif par brasage* capillaire.

-le ***raccord union*** : raccord d'aboutage de tubes à collets battus ou à embouts soudés, par serrage de deux pièces complémentaires mâle et femelle (V.ill).

On utilise divers raccords spéciaux pour les tuyaux de chauffage (*raccords Mannesmann* par emboîtement à anneaux étanches), et pour les tubes en matériaux de synthèse (*raccords Avadis* par compression de bague, pour tubes en polyéthylène).

Les frigoristes utilisent aussi des raccords spéciaux dits "quick" et "flare".

RACCORDÉ adj.
Qualifie un appareil dont l'évacuation des gaz de combustion est faite par un conduit de fumée.

RACCORDEMENT n.m.
Jonction, assemblage de conducteurs électriques ou de canalisations par un raccord. Branchement* des installations des usagers aux réseaux des services publics (eau, gaz, électricité, téléphone, égouts).
En dessin, jonction sans brisure de courbes entre elles, ou de courbes et de droites tangentes à ces courbes.

RACCOUTRAGE n.m.
Nettoyage des panneaux vitrés d'un bâtiment.

RACHER v.tr.
Exécuter au compas, sur une pièce de bois, le tracé d'une découpe à effectuer ; les ***raches*** désignent les traits de ce tracé.

RACHETER v.tr.
Corriger, dissimuler une différence d'épaisseur, de niveau ou de forme. Raccorder deux moulures distinctes de façon discrète.
Passer, par l'intermédiaire de trompes* ou pendentifs*, d'un plan carré à un plan octogonal ou circulaire (cas des coupoles).

RACHEUX adj.
Se dit d'un bois filandreux, noueux et difficile à travailler et à polir.

RACINAL n.m.
1/Corbeau* de bois ou console* soutenant le pied d'une ferme*.

2/ Empattement à la base d'une grue.

3/ Large pièce de bois fixée sur la tête d'un pieu* ou d'un pilot* pour recevoir une plate-forme ; ensemble formé par le pieu et par cette tête.

RACINE n.f.
Partie d'un contrefort* solidaire du mur qu'il contrebute*.

RACLÉ adj.
Se dit d'un enduit* taloché* sur lequel on passe légèrement, dès qu'il s'affermit, le tranchant de la truelle pour dégager le grain ; l'aspect s'apparente à celui des enduits grattés*, mais il est plus fin, et plus délicat à réaliser avec uniformité.

RACLER v.tr.
Lisser la surface du bois au racloir*. Décaper avec un outil en grattant.

RACLETTE n.f.
1/CARREL.: outil à rebord de caoutchouc avec lequel on fait pénétrer les coulis de mortier de jointoiement.

2/CHAUFF.: outil de décapage des tubulures d'une chaudière.

3/FUMIST.: petite pelle recourbée avec laquelle les ramoneurs grattent la suie dans les conduits larges.

RACLOIR n.m.
Plaquette rectangulaire de métal semi-rigide à laquelle on donne du morfil* (V.ill). On l'utilise, presque perpendiculaire à l'ouvrage, pour lisser la surface du bois et finir les affleurements des lames de parquets.
Cette lame peut être montée sur un fût*: c'est alors un rabot*-racloir.

racloir à bois

RADER v.tr.
Diviser un bloc de pierre ou de marbre en y pratiquant deux saignées au ciseau, l'une au-dessus, l'autre au-dessous, avant de fendre le bloc.

RADIAL adj.
Dirigé ou disposé dans le sens des rayons ; par ex., le débit* d'une bille* de bois sur quartier* implique de faire d'abord des coupes radiales.

RADIAN n.m. (symb. **rd**)
Unité de mesure des angles plans dans le système international (SI) ; un radian vaut 57°17' 44". Il correspond à l'angle qui, du centre d'un cercle, intercepte sur celui-ci un arc dont la longueur est égale au rayon du cercle : la circonférence d'un cercle de rayon 1 vaut 2π radians.

RADIANCE n.f.
Flux* de rayonnement* émis par unité de surface.

RADIANT adj.
Qualifie un appareil émetteur de rayonnements (lumineux, infrarouge...) : *panneau* radiant.*

RADIATEUR n.m.
Corps* de chauffe d'une installation de chauffage. Appareil qui communique par rayonnement à l'air ambiant un flux de chaleur, soit qu'il le reçoive d'un fluide chaud (fluide caloporteur d'un chauffage central), soit qu'il produise lui-même cette chaleur (radiateur autonome).
Un radiateur peut être soit *sur pieds*, soit *en applique*, c'est-à-dire soutenu par des consoles* scellées dans le mur, soit *mobile* (radiateurs sur roulettes).

On distingue plusieurs grandes familles de radiateurs, qui présentent des variantes :

1/ Radiateurs à fluide caloporteur :

-***Radiateur en fonte,*** fait d'*éléments* tubulaires assemblés en batteries, par des bagues ou nipples*. Pour un type d'élément donné, la puissance calorifique du radiateur dépendra du nombre d'éléments associés.

-***Radiateurs en tôle d'acier*** ou en ***alliage léger*** (à base d'aluminium) : à puissance égale, ils sont plus légers et de moindre encombrement ; mais leur inertie* thermique est inférieure .
Ces radiateurs peuvent être *à sections*, c'est-à-dire à coquilles multiples en tôle estampée, séparées dans leur épaisseur ; ou *à nervures*, en tôles plissées (V.ill).
Parmi les variantes, les radiateurs-panneaux, les convecteurs* à eau chaude, les plinthes* chauffantes, les radiateurs-tubes à ailettes, les radiateurs sèche-serviettes, etc.

2/ Radiateurs électriques :
Ils ont en commun la transformation de l'énergie électrique en énergie calorifique, par effet* Joule, dans une ou plusieurs résistances*.

On distingue les radiateurs électriques ***lumineux***, dont l'énergie est surtout diffusée par rayonnement, et les radiateurs électriques ***obscurs***, dont la résistance chauffante n'est pas visible, et dont la chaleur est surtout diffusée par convection. C'est le cas du ***convecteur*** (V. à ce mot, V. aussi Ventilo-convecteur).

-***Radiateur soufflant*** : petit radiateur lumineux composé d'une série de résistances réglables par rhéostat, que traverse un flux d'air propulsé par un ventilateur. Convient pour un chauffage d'appoint, en période de froid intense. Petit, léger et mobile, ce type de radiateur à usage domestique offre des puissances de 1 000 à 2 000 W.

-***Radiateur à accumulation*** : radiateur à résistances, à convection ou ventilo-convection, couplé à une

masse de matériaux à forte inertie thermique (briques réfractaires), qui emmagasine de l'énergie calorifique pendant les *heures creuses* des tarifs* électriques, pour la restituer ensuite dans la journée, aux heures de tarif électrique plus élevé, selon les besoins. La gestion est assurée par un organe de régulation jour-nuit, qui peut être déconnecté en cas de grand froid pour un chauffage diurne.
On distingue les radiateurs *à accumulation statique compensée*, sans ventilation, et les *radiateurs à accumulation dynamique*, à circulation d'air pulsée. La puissance va de 2 à 10 kW. Assez encombrant, ce type de radiateur a surtout un intérêt économique.

-***Radiateur à circulation d'huile***, radiateur à tubulures dans lesquelles circule par convection*, en circuit fermé, une huile chauffée par des résistances électriques réglées par thermostat ; beaucoup plus lourd que le radiateur soufflant (mais monté sur roulettes), ce radiateur de chauffage d'appoint a l'avantage d'une inertie thermique élevée, du silence de fonctionnement, et il ne dessèche pas l'air ambiant (V.ill).

3/ Radiateurs à gaz :
Appareils autonomes alimentés soit par un gaz stocké (butane* ou propane*), soit par le gaz distribué.

Les radiateurs à gaz sont soit à rayonnement, par chauffage d'un panneau *émetteur*, fait d'un matériau réfractaire porté à incandescence à l'aide d'une rampe à gaz (chauffage catalytique*) ; soit à convection, à une ou plusieurs rampes chauffant des panneaux entre

RADIATEURS

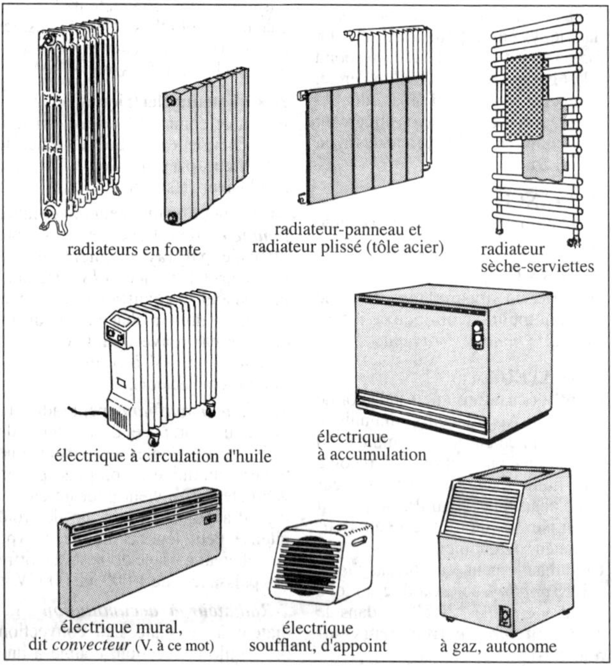

radiateurs en fonte

radiateur-panneau et radiateur plissé (tôle acier)

radiateur sèche-serviettes

électrique à circulation d'huile

électrique à accumulation

électrique mural, dit *convecteur* (V. à ce mot)

électrique soufflant, d'appoint

à gaz, autonome

lesquels circule l'air, par convection naturelle.
Les radiateurs à gaz à fonctionnement intermittent ont un allumage par veilleuse (la coupure doit être automatique en l'absence d'alimentation).
L'évacuation des gaz brûlés est soit celle d'un conduit de fumée adapté (appareils dits *raccordés*, conduit à tubage métallique), soit une ventouse* extérieure (système à circuit étanche, ou schnoerkel*).
Les radiateurs à gaz mobiles (non raccordés), fonctionnant au butane, sont soit à flammes, soit à combustion catalytique*. V. les normes.

Radiateurs désignés par leur forme particulière :

-***Radiateurs-panneaux*** ou ***radiateurs plats*** : radiateurs en tôle d'acier ou en alliages légers laqués, sous forme d'un ensemble de faible épaisseur à façade plane, facilitant une intégration dans les décors muraux, ou sur les allèges des fenêtres.

-***Radiateurs sèche-serviettes***, pour salles d'eau, séries de tubes horizontaux, cylindriques ou aplatis, à circulation d'eau chaude ou à résistances électriques (V.ill).

RADIATION n.f.
1/ Émission de rayons* qui se propagent de façon rectiligne.

2/ Perte du droit à l'exercice d'une profession libérale, sanctionnant une personne ***radiée*** de la liste officielle des membres de la profession.

RADIER n.m.
Plate-forme en béton, en pierre, en briques, en rondins..., sur laquelle on assoit un ouvrage quelconque (canalisations, réservoir, bâtiment).

Le ***radier général*** est une épaisse couche de béton armé, coulée sur le sol, pour constituer l'assise et le plancher bas d'une construction (V.ill).
Le radier général sert de fondations sur les terrains instables ou inondables, si le bon sol est trop profond pour établir des pieux. Ce radier est soit plan, soit, plus rarement, en forme de voûte renversée ; sur terrain en pente, on l'établit à redans*.

RADIOCONCENTRIQUE adj.
Qualifie un plan d'architecture ou d'urbanisme organisé autour d'un centre, de façon concentrique.

RADON n.m. (symbole **Rn**)
Gaz radioactif naturel, dû à la désagrégation des isotopes du radium, présent dans le sol à des degrés divers.
Ce gaz rare tend à se concentrer dans les locaux insuffisamment aérés.
Des mesures de contrôle existent déjà pour les ERP et les locaux scolaires.

RAFRAÎCHIR v.tr.
1/ Ajouter de l'eau dans un mortier qui commence à s'affermir, et le rebattre (ce qui est toujours à éviter).

2/ Retailler et refaire les joints d'une maçonnerie en pierre de taille, ou les éléments dégradés d'un assemblage* de menuiserie.

3/ Rénover ou refaire les revêtements intérieurs (peintures, papiers peints...).

RAGRÉAGE n.m.
Enduction partielle ou discontinue sur une maçonnerie (surtout sur béton) d'un mortier fin spécial, pour obturer les cavités (bullage*, nids* de gravillons, épaufrures*) et pour niveler les défauts de surface (flaches*, ressauts, désaffleurements de raccords de banches, balèvres...), afin d'obtenir une surface assez plane pour y appliquer une peinture ou un enduit plastique.

radier général et ses armatures sous poteaux

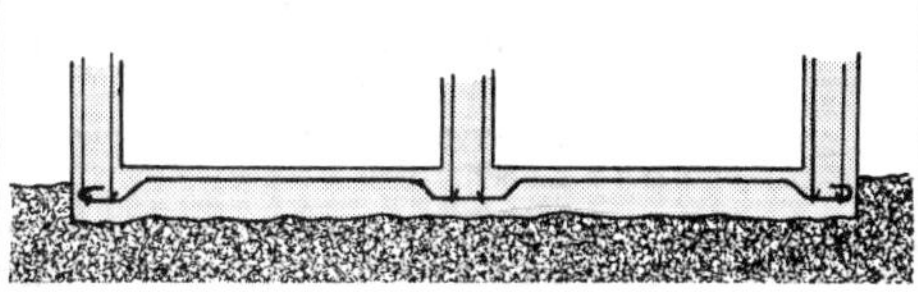

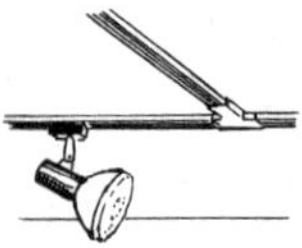

rail électrique sous plafond

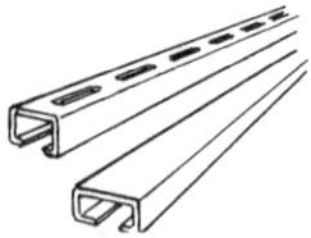

rails de fixation

Les enduits de ragréage, peu sensibles à la dessiccation*, supportent d'être appliqués en couches variant de 0 à 8 mm. V. Enduit* de ragréage.
Par déformation, ce mot désigne aussi les ouvrages de ***lissage*** des chapes et dalles de béton, qui font appel à d'autres mortiers spéciaux autonivelants : V. Enduit de lissage.

RAGRÉER v.tr.
Procéder soit à un ragréage, soit à un ragrément.

RAGRÉMENT n.m.
Dressement* et finition unie du parement d'une maçonnerie en pierre de taille, par élimination des ressauts et défauts saillants, à la boucharde, au ciseau, au rabotin...

Le ***ragrément à vif*** est le ravalement* de l'ensemble des surfaces.
Il est dit ***en tapisserie*** s'il concerne seulement des parements plans, sans moulures.

RAIDE adj.
Se dit d'un enduit riche* en ciment, à module* d'élasticité élevé, ce qui le rend plus sensible à la fissuration qu'un enduit à bas module d'élasticité, tel qu'un enduit de chaux grasse.

RAIDIR v.tr.
Chasser des coins sous une pièce d'étai* pour augmenter la force de soutien qu'elle exerce. Syn.: *roidir*.

RAIDISSEMENT n.m.
Action de raidir un étai ; son résultat.

RAIDISSEUR n.m.
1/ Pièce oblique d'un assemblage de charpente, composant une triangulation* indéformable.

2/ Montant latéral rigide fixé le long d'un coffrage, pour empêcher sa déformation sous la poussée du béton.

3/ Nervure* saillante sous un plancher de béton.

4/ Dispositif de mise en tension d'un câble ou d'un fil de fer, par enroulement antiretour sur l'axe d'un tendeur.

RAIL n.m.
1/ÉLECTR.: long profilé* renfermant deux conducteurs sous tension, pour l'alimentation de lampes ou spots* sur socles coulissants, quelle que soit leur position le long de ce profilé.
Le ***rail din*** désigne un bandeau métallique à rebords formant le support de fixation normalisé des équipements coupe-circuit* et accessoires de régulation, par simple encliquetage*.

2/MAÇONN.-PLÂTR.: profilé fixé horizontalement pour porter des éléments de bardage*, murs-rideaux, contre-parois de doublage, cloisons composites, plafonds suspendus, etc.

3/MENUIS. ET DIVERS : profilé en U ou en T renversé servant de chemin de roulement aux galets porteurs d'éléments coulissants, ou pour la fixation d'éléments divers.

RAINAGE ou **RAINURAGE** n.m.
Façon de rainure(s), et son résultat.

RAINÉ ou **RAINURÉ** adj.
Qui comporte une ou des rainures.

RAINEAU n.m.
Pièce horizontale fixée sur la tête des pilotis*, pour les solidariser.

RAINER v.tr.
Pousser une rainure* avec un bouvet* à rainer ou une toupie*.

RAINETTE ou **RÉNETTE** n.f.
Petit outil de charpentier, dont une extrémité a un tranchant replié en double griffe servant à tracer sur le bois les marques* d'établissement*; l'autre extrémité est un petit disque plat ajouré, ou *rosette**, qui sert à avoyer* les lames des scies.

RAINURE n.f.
Petit canal de section rectangulaire, pratiqué sur les rives des pièces de bois (planches, lambris, lames de parquets) pour les assemblages* par embrèvement* à rainure et languette, ou à fausse-languette.

RAINUREUSE n.f.
Machine électroportative servant à

creuser dans les cloisons les saignées d'encastrement des canalisations électriques.

RAIS-DE-COEUR n.m. invar.
Motif d'ornement fait de fleurons et de fers de lance, ou de feuillages aquatiques, souligné d'un chapelet* de perles et surmonté d'un listel*.

RAMAGES n.m. pl.
Motif d'ornement composé de feuillages et de rameaux, peints ou sculptés en bas-relief.

RAMBARDE n.f.
Syn. de *garde-corps**.

RAMÉE n.f.
Ensemble de branches entrelacées (désignait autrefois la charpente).

RAMENDAGE n.m.
En dorure, finition concernant les petites surfaces et recoins oubliés, ou les raccords de parties abîmées.

RAMÉNERÉ ou **RAMENERET**
n.m. En charpenterie, marques d'établissement* et tracés faits sur les bois au moment de leur contrôle sur l'ételon*. Marque de mesure au cordeau de la longueur d'un arêtier*.

RAMONAGE n.m.
Élimination par grattage de la suie déposée sur les parois intérieures des conduits de fumée, des cheminées et des appareils de chauffage.

Ces installations doivent normalement être ramonées tous les ans (le Règlement sanitaire départemental type préconise 1 fois par an pour le gaz, et 2 fois par an pour tout autre combustible). Par analogie, désigne le nettoyage à sec des conduits de vide-ordures*, pour lequel un dispositif permanent doit être prévu.

RAMPANT adj. et n.m.
Peut qualifier tout élément ou membre d'architecture dont l'axe principal est oblique, ou en pente : *linteau rampant, faîtage rampant...* (ne se dit pas des pentes très faibles comme celles des gouttières).
Les ***rampants*** sont les parties d'un ensemble qui sont disposées en pente : *les rampants d'un pignon.*

RAMPE n.f.
1/ Plan incliné permettant le passage sans degrés* d'un niveau à un autre : rampes pour handicapés, accès de garages...

2/ Balustrade rampante formant garde-corps* du côté du jour d'un escalier ; la lisse* couronnant de la rampe est la main* courante.
L'espacement des barreaux ou montants d'une rampe doit respecter la norme du gabarit des garde-corps* (V. ill. à ce mot).

La hauteur de la rampe à l'aplomb d'un nez* de marche doit être ≥ 0,90 m.

3/ La ***rampe d'éclairage*** est un alignement de lampes ou de spots, en général montés sur un rail* d'alimentation électrique.

RAMPISTE n.m.
Compagnon ou entrepreneur spécialiste de la fabrication des rampes et du façonnage de leurs mains courantes.

RANCETTE n.f. V. Rangette.

RANCHER ou **RANCHET** n.m.
Échelle aussi dite *échelier*, faite d'un seul montant central traversé par de fortes chevilles, les ***ranches*** (n.f.).

RANG n.m.
Alignement d'éléments de même nature (tuiles, colonnes, carreaux...).
Syn. d'*assise**, pour les briques, pierres ou moellons.

Un ***rang de doublage*** est un rang d'ardoises disposées en recouvrement d'un arêtier* ou d'un faîtage.

RANGE ou **RANGÉE** n.f.
Alignement de pavés identiques, dans un pavage de sol.

Travée d'une dalle ou d'une chape, délimitée par deux joints parallèles consécutifs.

RANGEMENT n.m.
Les rangements désignent l'ensemble des placards, penderies, débarras et volumes fermés par des portes. NB- Le *RCT-HLM* stipule que les rangements avec portes doivent représenter au moins 4% de la surface habitable, et que l'entrée d'un logement doit comporter un placard.

RANGETTE ou **RANCETTE** n.f.
Tôle zinguée dont on fait en particulier les tuyaux de poêle.

RÂPE n.f.
Outil manuel à surface garnie de dents taillées plus ou moins saillantes et espacées (piqûre *grosse*, *moyenne* ou *fine*, taille *bâtarde*, *mi-douce* ou *douce*). Les râpes servent à façonner les métaux tendres (étain, plomb), les ouvrages de bois (bois de bout, arrondis) et la pierre tendre.

RÂPER v.tr.
Façonner par usure à la râpe, par *râpage*.

RAPPARIER v.tr.
Adapter ou associer deux éléments complémentaires ou qui vont par paire : deux pièces d'une paumelle, deux vantaux d'une baie, etc.

RAPPEL n.m.
Désigne toute pièce qui a pour fonction de ramener un dispositif quelconque dans sa position initiale.

RAPPOINTIS n.m.
Tige pointue partiellement enfoncée dans le bois ou la maçonnerie avant de réaliser un ouvrage saillant de plâtre ou mortier en forte charge : corniche, bandeau..., afin d'améliorer sa cohésion avec le support.
Se dit aussi de pointes partiellement enfoncées dans un mur pour maintenir une ligne ou un cordeau.

RAPPORT n.m.
1/ Proportion relative d'un élément : par exemple, le rapport E/C (eau de gâchage/ciment) d'un mortier.
2/ Tout élément rapporté.

RAPPORTÉ adj.
Qualifie un élément appliqué ou collé après coup : moulure rapportée.
La *chape** *rapportée* est coulée sur une dalle de béton après son durcissement.

RAPPORTER v.tr.
Ajouter un élément *a posteriori*, sur une surface, un ornement, un équipement...

RAPPORTEUR n.m.
Plaquette graduée, en demi-cercle, utilisée pour relever, contrôler ou reporter des angles.

RAQUETTE n.f.
Scie spéciale qu'utilisaient les scieurs* de long pour évider les noyaux* d'escaliers.

RASANT adj.
Qualifie un éclairage qui atteint une surface avec un angle d'incidence très faible : ***lumière rasante***. Elle est utile pour dresser un enduit ou une chape, car elle fait ressortir tous les défauts de planéité. Le ***soleil rasant*** (ou *jour frisant*) met aussi en évidence, souvent, les défauts de planéité des parements des façades.

RASER v.tr.
Démolir jusqu'au ras du sol.

RÂTEAU n.m.
Garniture* des serrures anciennes, dont les dents passaient dans les encoches du museau* de la clef (partie élargie du panneton*, à l'opposé de la tige de la clef).

RATIO n.m.
Rapport, proportion entre plusieurs grandeurs définies.

RATISSAGE n.m.
Étalement, sur un fond de plâtre, d'une fine couche d'enduit, avec un large couteau souple de peintre.
Le ratissage sert de rebouchage et d'apprêt, avant la mise en peinture.

RATISSER v.tr. Procéder au ratissage d'un subjectile à peindre.

RAVALEMENT n.m.
1/ Ensemble des opérations de finition des maçonneries en pierre de taille : épannelage*, ragrément*, recoupements*, brettures*, ciselures, bossages*, refouillement de moulures, jointoiements et faux-joints, etc.

2/ Remise à neuf d'une façade de pierre par décapage, sablage, nettoyage à l'eau ou à la vapeur sous pression, ou ragrément* à vif.

3/ Application sur une maçonnerie d'un enduit, d'un crépi* ou d'une peinture. Qualifie le produit appliqué : *peinture de ravalement*.
Pour les enduits, on dit *enduit de parement* plutôt que *de ravalement*.

4/ Le ravalement désigne aussi un renfoncement ou un champ étroit en retrait, bordé ou non de baguettes, sur un pilastre* dit ravalé.

RAVALÉ adj.
Qui a subi un ravalement ; la ***taille ravalée*** est la finition de la pierre de taille présentant un parement plan finement strié.
La taille de la pierre dite *ravalée* correspond à une "*surface unie, couverte de petits creux et rayures de direction quelconque et d'une profondeur de 1 à 2 mm*" (déf. AFNOR). Elle est exécutée au chemin* de fer, ou au rabotin*.

RAVALER v.tr.
Procéder à un ravalement, dans les différents sens ci-dessus.

RAVALEUR n.m.
Entrepreneur ou compagnon spécialiste des ravalements ; le terme est imprécis, puisqu'il recouvre, selon le cas, les spécialités de nettoyage, de finition de la pierre de taille, de peinture ou d'application d'enduits (dans ce dernier sens, on dit aussi *façadier**).

RAVIVER v.tr.
Rendre une arête plus nette et plus tranchante. Rendre son éclat d'origine à une couleur, à une peinture ternie. En dorure, le ***ravivage*** est un décapage à l'acide concentré.

RAVOIRAGE n.m. (rég.)
Forme* en matériaux granulaires ou en béton maigre, rapportée sur le sol pour y noyer des canalisations.

RAYABILITÉ n.f.
Aptitude d'un corps à être griffé par des objets pointus, avec formation de rayures visibles.

RAYÈRE n.f.
Étroite ouverture verticale dans un mur, une tourelle, etc. pour constituer un jour* d'éclairement.

RAYON n.m.
1/ Demi-diamètre d'un cercle, joignant le centre à la circonférence.

2/BOIS : les ***rayons ligneux***, dans une bille* de bois, sont les fines fentes de retrait par séchage qui *rayonnent* à partir du coeur.

3/CHAUFF.-ÉCLAIR.: trajet rectiligne suivi par une radiation*, à partir de sa source d'émission : rayon solaire, rayon lumineux, rayon infrarouge...

Le ***rayon incident*** est celui qui vient frapper une surface, suivant un certain angle d'incidence*; le ***rayon réfléchi*** est celui qui, par réflexion, part du point d'incidence, du même côté de la paroi, suivant un angle de réflexion symétrique de l'angle d'incidence.
Le ***rayon réfracté*** est celui qui, ayant traversé la surface, la quitte suivant une direction différente de celle du rayon incident.

RAYONNANT adj.
Qui se disperse en rayons* divergents.
Qui a la propriété d'émettre des rayonnements.
En acoustique*, se dit d'un mur, d'une cloison ou d'un élément émettant, pour une excitation donnée, une forte puissance acoustique.

-Le ***gothique* rayonnant*** est le style ogival* qui, au 13e siècle, précède le style flamboyant*; il est sobre, léger et élancé ; les ouvertures à remplage* en sont une caractéristique.

-Les ***nervures rayonnantes*** d'une voûte* sont celles qui convergent vers la clef*; sous un plancher*-champignon, ce sont les nervures convergeant vers le poteau.

RAYONNEMENT n.m.
Émission de rayons* par une source de chaleur ou de lumière, et leur propagation rectiligne.
Le transfert de chaleur par rayonnement est l'échange de chaleur entre deux corps qui ont des températures différentes, par l'intermédiaire d'un milieu gazeux.

RAYURE n.f.
Fine strie visible laissée sur une surface par le passage d'un outil ou d'une pièce dure et pointue.

RÉA n.m.
Roue à gorge, organe rotatif d'une poulie de levage.

RÉACTANCE n.f.
Valeur qui, ajoutée à la résistance* d'un circuit parcouru par un courant alternatif de période* donnée, permet d'en calculer l'impédance*.

RÉACTION n.f.
Force qu'oppose un élément à la contrainte de pression, de choc de flexion ou de torsion qu'il subit.

La **réaction au feu** (ou au *brûleur électrique*), mesurant l'aptitude d'un matériau à s'enflammer et à contribuer au développement d'incendies, concerne surtout les revêtements. L'essai normalisé consiste à placer une certaine surface du matériau face à un rayonnement intense de chaleur (radiateur à résistances électriques et à réflecteur parabolique*) et à poursuivre l'essai jusqu'à inflammation spontanée du matériau ; le classement* est fonction de la durée écoulée avant inflammation :

- **M0** (ex-*incombustible*) correspond au classement M1 associé à un *pouvoir* calorifique supérieur* (PCS) < 2,5 MJ/kg : c'est le cas, par ex., des matériaux métalliques, minéraux et céramiques, de la laine* de roche, de la fibre de verre...

• **M1** (ex-*non inflammable*), par ex. pour les matériaux tels que stratifiés, enduits de sols* coulés, revêtements plastiques épais (RPE), laques et peintures sur un support incombustible, panneaux de particules ignifugés, etc.

• **M2** (ex-*difficilement inflammable*),

• **M3** (ex-*moyennement inflamm.*),

• **M4** (ex-*facilement inflammable*).

Les classements sont validés par *procès-verbal d'essai de réaction au feu*, par les laboratoires agréés.
V. aussi Coupe-feu, Feu.

RÉARMEMENT n.m.
Se dit d'un dispositif qui permet de rétablir un appareil, un coupe-circuit ou un interrupteur dans sa position initiale : *réarmer* un appareil.

REBATTAGE n.m.
1/ Repressage* et lissage du parement des briques avant cuisson ; la machine utilisée est une *rebatteuse*.

2/ Gâchage prolongé ou remalaxage d'un plâtre ou d'un mortier qui ont commencé leur prise. A proscrire !

3/ Remise en forme par un forgeron d'un outil aigu ou pointu.

REBATTRE v.tr.
Remalaxer un plâtre ou un mortier alors que leur prise a déjà débuté (ce qui est à proscrire) : *plâtre rebattu*.

REBORD n.m.
Face du coffre (palastre) d'une serrure*, qui est traversée par les pênes*; elle est en général encastrée dans le chant du montant de la porte.
Syn.: *têtière*.

REBOUCHAGE n.m.
Obturation des pores*, gerces*, fentes et petites cavités d'une surface, par application d'un mastic* ou d'un enduit *garnissant**, pour obtenir une surface lisse, unie et peu absorbante.

REBOURS adj.
Qualifie un bois tourmenté dont les fibres tordues s'entrecroisent ; le bois rebours est difficile à travailler.

RECALER v.tr.
Tailler l'about d'un tenon ou le joint d'une coupe d'onglet, au ciseau ou au rabot. V. Boîte.

RECÉPER v.tr.
Couper les têtes des pieux ou des palplanches* pour les aligner au niveau voulu. Réparer un mur en éliminant ses anciennes fondations.

RÉCEPTEUR n.m. ou adj.
Qualifie un appareil qui reçoit un rayonnement lumineux, une énergie calorifique ou électrique, etc., par opp. à l'*émetteur* ou *générateur*.

RÉCEPTION n.f.
Procédure de validation de travaux terminés ; selon la loi, c'est "*l'acte par lequel le maître* de l'ouvrage déclare accepter l'ouvrage, avec ou sans réserves*". La réception est unique, unilatérale (prononcée par le maître d'ouvrage et lui seul), et contradictoire (effectuée en présence du ou des entrepreneurs).

• Formalités : la procédure est matérialisée par un ***procès verbal de réception*** signé par les parties prenantes (et visé par le maître d'oeuvre), dans lequel sont constatés la bonne exécution des ouvrages et le bon fonctionnement des équipements.

• Effets de la réception : c'est le point de départ des garanties* et responsabilités prévues par la loi (garantie de bon fonctionnement de deux années et garantie décennale).

• Réserves* : les défauts de finitions et malfaçons sont mentionnés dans le procès verbal. Ces désordres, ainsi que ceux signalés par écrit dans l'année qui suit la réception (*année* dite *de parfait achèvement*), doivent faire l'objet de travaux de réfection par les entrepreneurs concernés pour que soient débloquées les éventuelles retenues de garanties ou cautions.

RECEVEUR n.m.
Sol de douche composé d'un bac* à fond plat et à rebords latéraux, comportant un orifice d'écoulement à bonde* large. Syn.: *bac à douche*.
Carré, ou parfois en quart de cercle, le receveur peut être en grès émaillé, en tôle emboutie laquée au four, en fonte émaillée ou en matière plastique moulée ; il est scellé sur un socle de maçonnerie.
Le receveur est parfois aussi composé *in situ*, en maçonnerie carrelée.
Les dimensions courantes des receveurs sont de 0,70 x 0,70 m, et de 0,80 x 0,80 m.
Du fait de l'impossibilité d'accès, sous un receveur, à un siphon* coudé classique, on l'équipe d'une bonde* siphoïde amovible, sur le principe du siphon*-panier.

RÉCHAMPIR
(ou ***Rechampir***, sans accent) v.tr.
1/ Réaliser la jonction nette, sans bavures, entre deux ouvrages de peinture contigus de coloris ou de tonalités distincts.

2/ Rehausser* les contours d'un champ* de peinture, ou ses baguettes d'encadrement, par un ***réchampis***, filet plus ou moins large peint dans une tonalité différente.

RÉCHAMPISSAGE n.m.
Action de réchampir.

RECHAPER v.tr.
Appliquer une nouvelle couche d'enduit étanche.

RECHARGER v.tr.
Parlant d'un enduit ou d'une chape, c'est ajouter une nouvelle couche pour parvenir au nu* ou au niveau que l'on doit atteindre.
V. aussi Renformis.

RÉCHAUFFEUR n.m.
Partie supérieure de certaines chaudières, traversée par des tubulures formant échangeur, pour la production de l'eau chaude sanitaire.

RECHAUSSER v.tr.
Consolider le pied d'un mur dégradé, en remplaçant les pierres abîmées par des pierres saines.

recouvrement

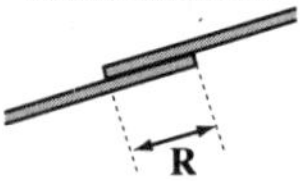

RECHERCHE n.f.
Le travail ***en recherche*** désigne un travail de réparation ou de réfection limité au seul remplacement des éléments défectueux ou manquants d'un ouvrage : tuiles ou ardoises, carreaux d'un carrelage, moellons d'un mur...

RÉCOLEMENT n.m.
Contrôle des alignements*, saillies de balcons, hauteurs, etc. des ouvrages. Ces contrôles sont effectués par un ingénieur délégué par la DDE (autrefois appelé *agent-voyer*).
Le contrôle donne lieu à un ***procès-verbal de récolement***.

-***Plan de récolement*** : V. Plan.

RÉCOLER v.tr. Procéder aux vérifications dites de *récolement*.

RECONNAISSANCE n.f.
Investigation préalable à des travaux : reconnaissance des sols, des conditions d'accès au chantier, de la conformité de supports à revêtir...

-La ***reconnaissance des sols*** est le préalable à toute construction.
Elle peut se faire par *carottage** et analyse physico-chimique de prélèvements, par essai de *pénétration dynamique* (battage de pieu avec mesure de la résistance à l'enfoncement), ou par une méthode d'*étude géophysique* du sol (analyse des échos au *sismographe*, ou mesure de la résistivité* du sol).

-Une ***reconnaissance des supports*** devrait toujours avoir lieu conjointement entre deux entrepreneurs dont les ouvrages sont complémentaires (par ex. plâtrier et peintre...) pour constater les défauts des supports fournis à celui qui y applique un revêtement, afin d'éviter tout désordre et toute contestation ultérieure.

RECONSTITUÉ adj.
Se dit de matériaux manufacturés qui imitent l'aspect d'un matériau naturel : en particulier la pierre reconstituée, à base de ciment blanc et de granulats calcaires, et les marbres reconstitués.

RECONSTITUTION n.f.
Reconstruction dite *à l'identique* d'un ouvrage ou d'une partie d'ouvrage (sculpture, corps de bâtiment à caractère architectural particulier...) en utilisant tout ou partie des éléments d'origine qui se sont écroulés, ou ont été brisés, disséminés, etc.

RECONSTRUCTION n.f.
Construction d'un édifice, analogue et de même usage, après que le bâtiment d'origine ait été détruit.

RECOUPE n.f.
Éclat, fragment provenant de l'équarrissage* d'une pierre de taille.

RECOUPEMENT n.m.
1/ Retraite* qui est ménagée d'un rang d'assise* à l'autre, surtout au pied d'un mur afin de lui donner de l'empattement*.

2/ Suppression par piochage de parties saillantes, ou balèvres*, à la surface d'un ouvrage en pierre.

RECOUVREMENT n.m.
1/CHARP.-MENUIS.: saillie d'une joue* ou d'un épaulement* de tenon* ou de languette*, venant couvrir et masquer le joint de l'assemblage*.

Un ***panneau à recouvrement*** est celui qui, embrevé* dans un bâti, en recouvre les joints.

2/COUVERT.: partie d'une ardoise ou d'une tuile qui, recouverte par les éléments des deux rangs supérieurs, n'est en aucun point exposée à la pluie : le recouvrement doit être tel que l'eau de pluie, sous la poussée du vent ou par capillarité*, ne puisse atteindre le haut de l'élément. Sa hauteur dépend donc de la pente du toit, de l'exposition aux vents dominants, et de la capillarité* propre au matériau.
De façon plus générale, tout élément tels que bavette*, couvre-joint*, etc. qui en protège d'autres par chevauchement*, est dit ***en recouvrement***.
V. aussi au mot Pureau.

3/MAÇONN.: longueur de chevauchement d'armatures consécutives (fers,

nappes de treillis soudé) dans un ouvrage en béton armé.
Enduit qui recouvre le remplissage* et les ossatures d'un pan* de bois.

RECOUVRIR v.tr.
Masquer une surface avec un revêtement, un enduit, une peinture, etc. Disposer un élément en chevauchement au-dessus d'un autre. Un ***joint recouvert*** est un joint dissimulé derrière une saillie quelconque, ou sous un couvre-joint* rapporté.

RECRÉPIR v.tr.
Refaire l'enduit de parement d'un mur, ou appliquer seulement une nouvelle couche de finition : ***recrépissage*** d'un mur.

RECTIFIER v.tr.
Ajuster, surfacer une pièce métallique par meulage.

RECTIFIEUSE n.f.
Machine d'atelier utilisée pour les travaux de *rectification*.

RECTILIGNE adj.
En ligne droite, aligné. Une figure géométrique ou un dessin sont dits rectilignes s'ils ne comportent que des lignes droites, et aucune courbe.

RECUEILLIR v.tr.
Raccorder de façon non choquante pour l'oeil un ouvrage de réfection avec une partie contiguë qui n'est pas refaite.

RECUIT n.m. et adj.
1/ Cuisson de fixation des couleurs d'un émail* (syn.: *recuisson*).

2/ Traitement thermique que l'on fait subir aux métaux durcis par écrouissage* ou trempage*; le recuit a pour effet de leur rendre leur malléabilité* et leur ductilité*, et permet de les cintrer et de les forger.

RECULEMENT n.m.
Retrait donné à un mur ou à un ouvrage par rapport à un autre ou par rapport à un axe de référence (opp.: *avancement**).
Le ***reculement d'une volée*** de marches d'escalier est longueur de sa projection horizontale.

La ***servitude de reculement*** est celle qui frappe une construction en saillie sur les alignements* de la voie publique : aucun permis de construire ne peut être accordé si les travaux envisagés ne comportent pas la mise à l'alignement.

RÉCUPÉRATEUR n.m.
Professionnel spécialisé dans le négoce de matériaux dits de réemploi, provenant de démolitions : tuiles, carreaux, poutres, cheminées, etc.

-***Récupérateur de chaleur*** : échangeur* chargé de récupérer une grande partie de la chaleur des gaz de combustion, fumées, air vicié, eaux chaudes domestiques ou industrielles... avant que ces fluides ne soient rejetés à l'extérieur. Dans le récupérateur, ces fluides chauds circulent entre les chicanes* de tubulures alimentées soit en air frais qui, chauffé, est introduit dans les locaux, soit en eau ainsi chauffée pour divers usages.

Les récupérateurs sont aujourd'hui fréquents à la sortie des gaz de combustion des chaudières, et dans les cheminées à foyer ouvert ou fermé (V.ill) ; ils peuvent dans ce cas alimenter directement plusieurs radiateurs, ou être jumelés avec le chauffage central à chaudière.

RECYCLAGE n.m.
Réinjection dans un circuit d'un fluide extrait de ce circuit, après traitement, filtrage, chauffage, ou épuration.
On recycle l'air, au moins partiellement, dans les rideaux d'air chaud, dans le conditionnement d'air des salles* blanches, et dans certains systèmes de climatisation.

REDAN ou **REDENT** n.m.
1/ Avancée d'un ouvrage de fortifications formant un angle saillant.

2/ Découpe d'un ouvrage ajouré telle que la rencontre entre ses différents compartiments arrondis compose

récupérateur de chaleur

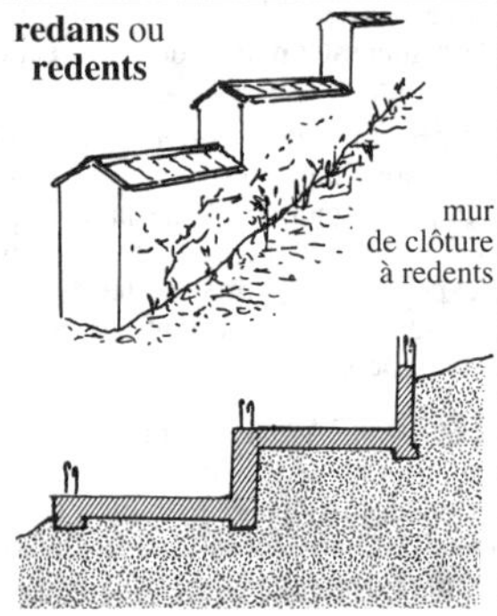

fondations superficielles à redans

des dents. Les festons*, les jours et motifs polylobés*, sont souvent des ouvrages à redans. Les redents sont soit *simples* (rencontre d'arcs de cercle juxtaposés, soit *redentés** (formés d'arcs multiples).

3/ Peut désigner une retraite*, partie d'élévation en retrait sur le nu*.

4/CHARP.: chacune des entailles en biseau à butée mutuelle faites dans deux poutres que l'on solidarise.

5/MAÇONN.: décrochement dans l'arase* ou la ligne de faîte d'un mur : *clôture à redents, pignon à redents* (V.ill). Désigne aussi toute disposition d'éléments de maçonnerie formant des dents saillantes, souvent dans un but d'ornement : *briques assisées à redents.*

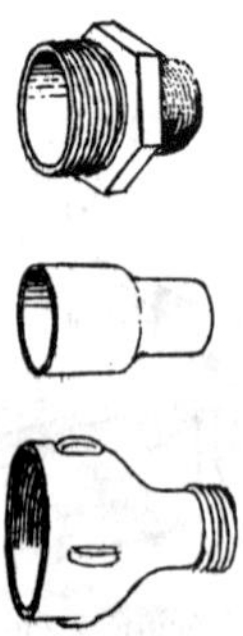
réductions

REDENTÉ adj.
Découpé en forme de dents.
Disposé avec des ressauts de niveau à angle vif.

REDOS n.m.
Synonyme de *chon**, *contredosse**.

REDRESSEMENT n.m.
Transformation d'un courant alternatif* en courant continu.

REDRESSEUR n.m.
Semi-conducteur qui effectue cette transformation, en ne laissant circuler le courant que dans un sens.

REDRESSER v.tr.
Parlant d'un mur ou d'une dalle de béton, c'est corriger les défauts importants de verticalité ou de planéité, par application de renformis*.

RÉDUCTEUR adj. et n.m.
1/CHIM.: qualifie un élément chimique, tel que le carbone, qui a pour effet de réduire l'oxydation de certains corps.
Opp.: *oxydant.*

2/MÉCAN.: organe de ralentissement par démultiplication de la vitesse de rotation d'une pièce ou d'un arbre-moteur, par un jeu d'engrenages, ou par une vis sans fin.

3/PLOMB.-CHAUFF.: un ***réducteur de pression*** est un dispositif placé sur l'alimentation en eau d'un équipement, pour limiter la pression de l'eau admise dans l'appareil.
Syn.: *limiteur de pression.*

RÉDUCTION n.f.
1/ARCHIT.: reproduction à échelle* réduite, en plan ou sous forme de maquette*.

2/PLOMB.: manchon ou raccord entre deux tuyaux dont les diamètres sont différents (V.ill).

REEF
Abréviation de *Recueil des éléments utiles à l'Établissement et à l'Exécution des projets et marchés de bâtiment en France.*
Important recueil de documents géré et diffusé par le CSTB* (proposé sous forme papier ou CD-ROM)
Il regroupe en particulier, par sujets, les listes d'Avis* Techniques, les DTU* et CPT*, les Règles de calcul, les Exemples de solutions, les certifications, les Cahiers de clauses techniques, les règlementations, ainsi que des notes et commentaires pratiques.

RÉEMPLOI ou **REMPLOI** n.m.
1/ Utilisation dans une construction de matériaux de récupération*, dits *matériaux de remploi.*

2/ Utilisation répétitive d'éléments : *réemploi des coffrages.*

RÉFACTION n.f.
Quand une prestation ou une fourniture de matériaux est de qualité inférieure à celle prévue, la réfaction est la réduction proportionnelle de prix accordée au client.

REFAIT adj.
En charpenterie, un ***bois refait*** est un bois équarri à arêtes vives, dont toutes les faces sont bien dressées*.

RÉFECTION n.f.
Travail de remise en état et de réparations d'un ouvrage qui ne remplit plus ses fonctions. Le résultat d'une réfection est en principe analogue à ce qui existait ou aurait dû exister.

REFEND n.m.
1/ARCHIT.: mur porteur* intérieur à un bâtiment, en général perpendiculaire à ses façades *(refend transversal)*, ou parfois parallèle à celles-ci *(refend longitudinal)*. Il porte* de fond* (s'appuie sur des fondations) comme les façades et pignons, et peut servir d'adossement aux cheminées et conduits de fumée.

2/MAÇONN.: petit canal recreusé dans la pierre ou dans un enduit, pour simuler un joint d'appareil*. Listel soulignant un joint existant entre deux bossages*.

Le ***bois de refend*** est le bois débité par sciage ou *refente*, dans le sens de sa longueur . Syn.:*bois refendu.*

REFENDRE v.tr.
1/ Pratiquer les entailles du panneton d'une clef, en contre-profil* de la garniture* de la serrure*.

2/ Séparer un matériau en feuillets (ardoise*) ou en morceaux longitudinaux (moellons, briques, bois...).

3/ Diminuer la largeur d'une planche, d'une latte, d'une frise, etc.

REFENTE n.f.
1/ Sciage* ou débit* des bois dans le sens du fil*.
2/ Division des blocs de pierre d'une démolition en morceaux réutilisables sous forme de moellons.

RÉFÉRENCE n.f.
1/ Construction ou chantier considérés comme des exemples représentatifs de la mise en oeuvre d'une technique ou d'un matériau.

2/ Code de chiffres ou de lettres attribué à un équipement ou à un composant du bâtiment, pour identifier le modèle, le type, le coloris, etc.

Les ***références de fabrication*** désignent la codification de la date et du lot de fabrication, et parfois de l'usine, de l'atelier, de la machine, etc.

RÉFÉRENCER v.tr.
1/ Attribuer une référence d'identification à un produit.

2/ Dans le négoce, *référencer* signifie accepter de distribuer couramment telle marque ou tel modèle de composant du bâtiment. Chaque fabricant s'efforce d'obtenir le ***référencement*** de ses produits chez les revendeurs.

REFEUILLÉ n.m.
Joint en creux entre deux pièces de bois accolées sans embrèvement*.

REFEUILLEMENT n.m.
Feuillure* pratiquée sur une pièce de charpente, un poteau, une solive, pendant ou après leur mise en oeuvre.

REFICHER v.tr.
Refaire les joints d'un mur de pierre de taille, le rejointoyer (à la fiche*).

RÉFLECTANCE n.f.
Facteur de réflexion* d'une surface ; pour une radiation de longueur d'onde donnée, elle est complémentaire du pouvoir* absorbant : c'est le rapport du flux de rayonnement réfléchi au flux incident.

RÉFLECTEUR n.m.
Miroir ou dispositif conçu pour réfléchir les rayonnements lumineux ou calorifiques qu'il reçoit. Sa réflexion peut produire un faisceau de rayons parallèles (*réflecteur parabolique**), de rayons concentrés vers un point (*réflecteur concentrant*) ou de rayons en faisceau ouvert (*réflecteur extensif*).

RÉFLEXION n.f.
Changement de direction d'un rayon lumineux qui frappe une surface, sans modification de la fréquence* des radiations qui le composent.
En éclairagisme, on distingue la ***réflexion spéculaire*** (réflexion intégrale d'un miroir parfait, suivant un angle égal à l'angle d'incidence), la ***réflexion diffuse***, en tous sens (sur papier, plâtre, peintures blanc-mat...) et la ***réflexion mixte*** (diffusion avec concentration autour de l'axe de réflexion spéculaire).

REFLUER v.i.
S'écouler à l'opposé du sens normal. Un mortier de pose de carrelages ou de montage de maçonnerie *reflue* s'il ressort par les joints.

REFOUILLEMENT n.m.
Évidement*, approfondissement des parties creuses d'une moulure* ou d'une sculpture.

REFOUILLER v.tr.
Approfondir une cavité, une gorge*, une rainure...

REFOULEMENT n.m.
Action de refouler, dans les sens ci-dessous.

REFOULER
1/v.tr. **a-**Augmenter par forgeage l'épaisseur ou la section d'une pièce de métal portée au rouge, en repoussant la matière latéralement.
b-Faire entrer en force une pièce.
Syn.: *chasser* (une broche, un coin...).
c-En maçonnerie, refouler un joint, c'est forcer le mortier et le compacter dans le joint.

2/v.i. Parlant d'un clou, d'un pieu, etc., c'est refuser de s'enfoncer malgré les percussions. Syn.:*refuser*.
Parlant d'un fluide dans un tuyau, c'est refluer, revenir en arrière.

REFOULOIR n.m.
Ressort de rappel* pour la fermeture automatique d'une porte.

RÉFRACTAIRE adj.
Se dit d'un matériau qui, par sa résistance aux températures élevées, peut être utilisé pour la construction et le revêtement des parois des fours, foyers de cheminées, poêles, etc.: *argile réfractaire, brique réfractaire, ciment réfractaire*.

RÉFRACTEUR n.m.
Panneau translucide de diffusion de la lumière par réfraction ; sa surface est couverte de reliefs en pointes de diamant* ou de stries parallèles de section triangulaire.

RÉFRACTION n.f.
Déviation que subit un rayon lumineux quand il quitte un milieu et pénètre dans un autre, d'*indice de réfraction* différent. Se dit aussi, en acoustique*, du changement de direction des ondes sonores quand elles rencontrent des parois dans lesquelles leur propagation se fait à une vitesse différente.

RÉFRIGÉRATION n.f.
Abaissement de la température d'un fluide ou d'un corps solide, autrement que par un simple *refroidissement* par échange thermique avec l'air libre.
La réfrigération peut être faite :
- par absorption (absorption par l'eau de volumes importants de gaz ammoniac à basse température, et restitution de ce gaz sous l'action de la chaleur) ;
- par compression d'un fluide frigorigène* en phase gazeuse, pour le liquéfier, de sorte que son évaporation absorbe ensuite de la chaleur, avant qu'il soit à nouveau liquéfié, en circuit clos (principe de fonctionnement du réfrigérateur).

REFUITE n.f.
Surcroît de profondeur donné à l'un des deux trous de scellement d'une poutre rapportée entre deux murs se faisant face, et destiné à pouvoir la mettre en place.
Syn.: *dévêtissement* (V.ill. à ce mot).
Excès de profondeur donné à une mortaise, ou élargissement donné aux

enlaçures* des chevilles pour faciliter le jeu des assemblages.

REFUS n.m.
1/ Ensemble des granulats et matières qui ne peuvent passer entre les mailles d'un crible* ou d'un tamis*, par opposition aux *passants*.

2/ Arrêt de l'enfoncement d'un pieu, d'une palplanche, etc. qui butent ou *refoulent** contre un obstacle dur.

-***A refus*** : jusqu'à ce que l'élément refuse de pénétrer : *battre* un pieu à refus*. Arroser une maçonnerie *à refus* (avant d'appliquer un enduit), c'est l'arroser au jet jusqu'à ce que l'eau ruisselle, faute de pouvoir y pénétrer.

REFUSER v.i.
Buter sur un obstacle et cesser de s'enfoncer, malgré la percussion.

REGAIN n.m.
On dit d'une pièce de bois qu'elle a ***du regain*** quand elle est plus longue que la place qu'elle doit occuper.

RÉGALAGE ou **RÉGALEMENT** n.m. Action d'étaler, de répartir et d'égaliser une couche de matériau granuleux pour obtenir une surface uniforme : on peut ***régaler*** le gravillon de protection* d'une étanchéité, le béton d'un radier, le sable d'une forme*, la terre d'un remblai ou d'un talus, etc.

REGARD n.m.
Caisson cubique ou cylindrique préfabriqué (béton, parfois fibres-ciment ou plastique) ou maçonné dans le sol, fermé par un tampon* amovible, par lequel on accède aux canalisations enterrées pour les curer. On établit un ***regard de visite*** à chaque intersection de canalisations, à chaque changement de pente ou de direction, et sous chaque pied de chute.
Les ***regards décanteurs*** servent à retenir les matières solides.
Les ***regards siphoïdes*** (V.ill) placés avant le branchement aux égouts évitent la remontée des odeurs.

Certains regards donnent accès à un panier de prélèvements d'effluents (pour contrôle), à un compteur, à un robinet d'arrêt ou de vidange, etc.

REGARNIR v.tr.
Remettre du mortier, de l'enduit ou de la peinture là où c'est nécessaire ; rejointoyer* un mur de pierre dont les joints ont été *dégarnis*.

REGARNISSAGE n.m.
Action de remettre en place des éléments de décoration après travaux, ou une garniture (de chasse d'eau, de vidage d'appareil sanitaire, etc.).
Rejointoiement* d'un mur.

RÉGIE n.f.
Le ***travail en régie*** est facturé au temps passé, sur la base d'un prix horaire ou journalier convenu (auquel on ajoute celui des fournitures éventuelles augmenté d'un coefficient de marge).
On dit aussi de travaux qu'ils sont ***mis en régie*** lorsqu'ils sont exécutés directement par des agents des services publics ou des collectivités locales.

RÉGIME n.m.
1/ Ensemble de grandeurs qui caractérisent le fonctionnement normal d'un organe ou d'une machine (***régime nominal***) ou son fonctionnement limite (***régime de pointe***).

2/ Débit* d'un liquide (quantité écoulée par unité de temps).

3/ Dans une installation électrique, le ***régime du neutre*** désigne l'état du neutre* et des masses par rapport à la terre.
La définition de cet état est normalisée, par l'utilisation de lettres : pour le neutre, **I** (isolé) ou **T** (relié à la terre) ; pour les masses métalliques, **T** (masses reliées à la terre) ou **N** (reliées au neutre) ; pour les prises de terre, **R** (reliées, la prise de terre étant commune au neutre et aux masses), **S** (prises de terre séparées), **N** (prise de terre du neutre ou des conducteurs de protection distincte de celle des masses).

REGINGOT n.m. V. Rejingot.

regards

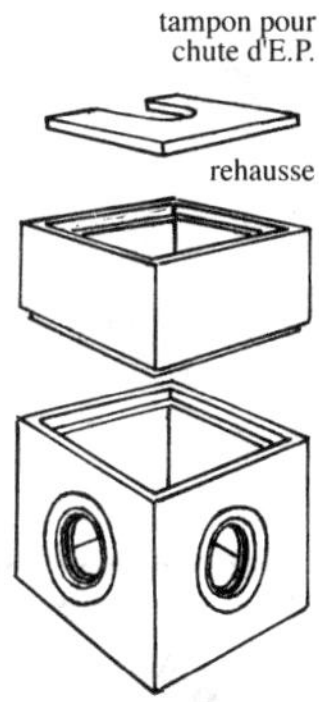

regard simple

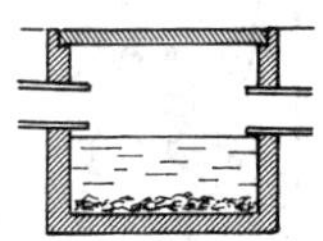
regard décanteur

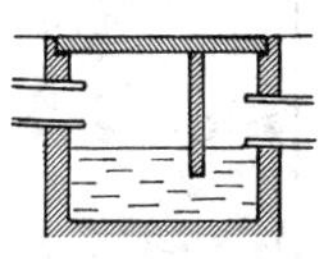
regard siphoïde

REGISTRE n.m.
1/ Ensemble de motifs peints ou sculptés composant un bandeau dans un ouvrage qui en comporte plusieurs (par ex. sur un tympan*).

2/ Dispositif à volets, à trappes, ou clapets mobiles, servant au réglage soit du flux d'air dans une gaine de ventilation, soit du tirage* et du débit d'évacuation des gaz de combustion et fumées dans un conduit, par variation de la section des ouvertures ; les registres sont à commande manuelle (*registre à clé*), ou animés par servomoteur* asservi à un dispositif de régulation.

RÈGLE n.f.
1/ Toute baguette ou latte parfaitement rectiligne, graduée ou non, utilisée pour le tracé de traits droits.

2/ MAÇONN.-PLÂTR.: longue latte de bois bien rectiligne, ou profilé d'aluminium de section rectangulaire, de 2 ou 4 m de long, utilisés par les maçons, chapistes*, façadiers*, plâtriers, carreleurs, etc., pour tirer* et dresser* les enduits, formes* et chapes*, c'est-à-dire les répartir et les égaliser avant talochage.
-***Règle vibrante*** : lourde règle de répartition et de surfaçage des chapes et dalles* de béton, animée de vibrations par un moteur thermique.

règle vibrante

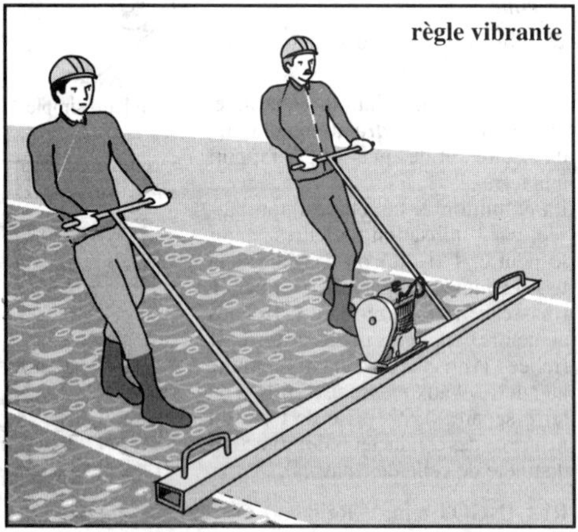

Ses vibrations fluidifient le matériau, qui se met plus facilement en place, et facilitent le déplacement de l'appareil sur les guides latéraux (V.ill).

3/ Les ***Règles de l'art*** désignent l'ensemble des techniques et procédés traditionnels de construction dont le bien-fondé, justifié par l'expérience, est admis par l'ensemble d'une profession. Autrefois transmises surtout par la tradition orale, les règles de l'art sont aujourd'hui matérialisées par les Documents Techniques Unifiés (DTU).

4/ Les ***Règles de calcul*** sont des DTU* spéciaux, dans lesquels sont proposés des ensembles cohérents de modes de calcul.
Ainsi par exemple :
- *Règles* ***AL*** *(charpente aluminium) ;*
- *Règles* ***BAEL 91*** *(béton armé aux états limites) ;*
- *Règles* ***CB.71*** *(charpentes bois) ;*
- *Règles* ***CM.66*** *(construction métallique) ;*
- *Règles* ***FA*** *(comportement au feu des aciers) ;*
- *Règles* ***FB*** *(comportement au feu des bétons) ;* etc.

Pour la **Réglementation Thermique 2000**, voir au mot Thermique.

RÉGLÉ adj.
Se dit d'un appareil* de pierres dont les lits sont horizontaux et réguliers, mais pas nécessairement de même hauteur.
Syn.:*pseudo-isodomon.*

RÈGLEMENT n.m.
Ensemble de dispositions législatives ou administratives dont l'application a un caractère obligatoire.
Un règlement peut être édicté :
- par une Administration, telle qu'une instance municipale (arrêtés, POS), ou départementale, une DDE, la DASS, la Préfecture, les Services d'Architecture des Bâtiments de France, un service public...
- par un contrat d'ordre privé (cahier des charges de lotissement, règlement de copropriété...).

Un ***règlement technique*** est celui qui se réfère à une spécification technique ou à une norme en vigueur, ou qui inclut ce document.

Pour la **Réglementation Thermique 2000**, voir au mot Thermique.

RÉGLET n.m.
1/ Moulure plate, rectiligne et horizontale, de section carrée plus large que le filet*, et généralement associée à une moulure arrondie.

2/ Règle de 1,50 m utilisée en charpenterie pour les tracés d'établissement*.

3/ Petite règle de contrôle de planéité des bois dégauchis*.

RÉGLETTE n.f.
Socle support d'un tube fluorescent, comportant son starter* et son ballast*. Par déformation, désigne une lampe* qui se présente sous forme d'une ampoule tubulaire allongée, à fluorescence ou à incandescence*.

RÉGNER v.i.
Parlant d'un membre* d'architecture horizontal (corniche, bandeau, plinthe, frise, moulure, etc.), c'est s'étendre de façon continue sur une certaine portion de façade, ou sur toute sa largeur : par exemple, *bandeau régnant à hauteur de plancher sur la façade et les pignons.*

REGONDER v.tr.
Remettre en place une porte, un volet, sur leurs gonds*. Opp.: *dégonder.*

REGRATTAGE n.m.
Ravalement* des parements de pierres encrassés et leurs moulures ou sculptures, par grattage à la ripe*.

RÉGULATEUR adj. et n.m.
1/MAÇONN.-REVÊT.: couche liquide de résine appliquée en "primaire*" sur un subjectile*, avant de mettre en oeuvre un revêtement plastique, afin d'uniformiser l'absorption et la couleur du fond.

2/ Dispositif de correction automatique d'un niveau d'eau, d'un débit, d'une pression, d'une température, d'une vitesse de rotation, d'une tension électrique, etc.: V. Régulation.

Régulateur de débit-volume (d'air) Dispositif de régulation par clapet* motorisé (animé par un servomoteur* très basse tension ou tension secteur) ; ce dispositif est monté sur les gaines de distribution des installations de conditionnement* d'air, et diverses installations aérauliques à volume d'air variable (VAV).

RÉGULATION n.f.
Ajustement, correction automatique d'un phénomène physique (pression, débit, température, taux d'humidité, vitesse de rotation, tension électrique...) dès qu'il tend à s'écarter de la valeur fixée (*valeur de consigne*).
De façon générale, une régulation fait intervenir un *capteur* (thermostat, manomètre, sonde) et son comparateur de consigne, qui commande si besoin l'action d'un dispositif (vanne*, clapet, ventilateur, circulateur*, disjoncteur, frein...).

On distingue 2 types de régulations :

1/ les régulations à fonctionnement ***discontinu***, c'est-à-dire à commande *tout-ou-rien*, à ordre de position ouverte ou fermée suivant la comparaison faite avec la valeur de consigne : marche-arrêt de brûleur de chaudière, de compresseur, d'électrovanne, etc.
Une variante est la *régulation **flottante***, qui comporte des positions intermédiaires selon des écarts constatés avec la valeur de consigne.

2/ les régulations à fonctionnement ***continu***, où le réglage est permanent et proportionnel aux écarts enregistrés par rapport aux valeurs de consigne. L'électronique permet une sophistication de plus en plus poussée de la précision des ordres (consignes) et de leurs corrections.

RÉGULIER adj.
Se dit d'un appareil* de pierres réglé* dont tous les lits* sont de même épaisseur. Syn.: *isodomon.*

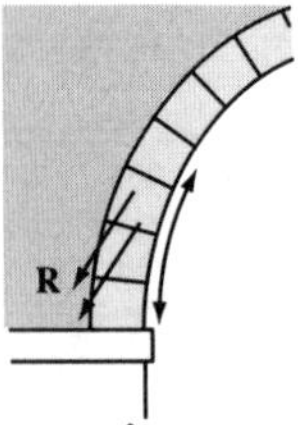

rein (R)

RÉHABILITATION n.f.
Travaux d'amélioration générale, ou de mise en conformité avec les normes en vigueur : normes de confort électrique et sanitaire, chauffage, isolation, etc. La réhabilitation peut comporter un changement de destination de l'ouvrage.

REHAUSSE n.f.
Élément ajouté à un ensemble quelconque, pour le surélever, ou augmenter sa hauteur totale : rehausse d'un regard*, d'un conduit de fumée, d'un châssis* de fenêtre de toiture, d'un entrevous...

REHAUSSER v.tr.
1/ Surélever, placer plus haut : ***rehaussement*** d'un mur, d'un plancher, d'un seuil, etc.

2/ Mettre en valeur, donner plus de relief visuel, etc. par divers artifices : hachures, rehauts, jeux d'ombres, réchampis*, refouillements*...

REHAUT n.m.
En décoration, touche de peinture de couleur destinée à donner à certains détails une impression de relief.

REIN n.m.
1/ Partie latérale de l'extrados* d'un arc* ou d'une voûte qui subit la poussée vers l'extérieur communiquée par sa partie médiane.

2/ Remplissage qui appuie sur le rein d'un arc, délimité par l'aplomb du piédroit et le niveau du faîte de cet arc (V.ill ; V. aussi Écoinçon).

REJETEAU n.m.
Désigne parfois le jet* d'eau de la traverse basse d'une croisée*.

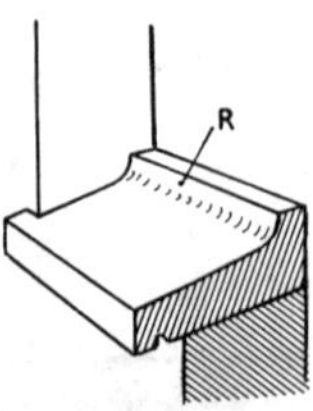

rejingot (R)
d'appui de baie

REJINGOT ou **REGINGOT** n.m.
Bord relevé à l'arrière d'un appui* de baie, sur lequel repose la pièce d'appui*, traverse basse du dormant* d'une croisée (V.ill).

REJOINTOIEMENT
ou **REJOINTOYAGE** n.m.
Regarnissage au mortier des joints d'une maçonnerie de pierre ou de moellon, ou d'un carrelage, après les avoir approfondis et nettoyés.

REJOINTOYER v.tr.
Procéder à la réfection des joints.

RELAIS n.m.
1/ÉLECTR.: contacteur auxiliaire commandé par un autre contacteur, ou asservi à un dispositif de régulation* ou de temporisation*, ou réagissant à une modification dans un circuit (surtension*, surintensité).

Selon leur principe de fonctionnement, il y a de nombreux types de relais, parmi lesquels :

- le ***relais auxiliaire***, relais intermédiaire qui accroît le pouvoir de coupure ou de fermeture d'un circuit.

- le ***relais chronométrique*** : relais asservi à une horloge.

- le ***relais différentiel***, à double bobinage tel que la différence de leurs champs magnétiques agisse sur l'armature.

- le ***relais électromagnétique*** : relais à électroaimant qui actionne un contacteur d'ouverture ou de fermeture d'un circuit électrique.

- le ***relais électronique***, ou *relais statique* : relais sans organe mobile.
Se généralise sur la plupart des dispositifs de régulation et contacteurs domestiques et domotiques.

- le ***relais d'intensité***, ou *ampèremétrique*, réagit à une différence d'intensité du courant.

- le ***relais primaire***, ou *direct*, dont les enroulements sont alimentés par le courant d'un circuit principal.

- le ***relais secondaire***, ou *indirect* : dont les enroulements sont alimentés par un courant dérivé (shunt), ou par un transformateur.

- le ***relais de temporisation***, ou *temporisateur*, avec dispositif d'introduction de délai entre l'impulsion reçue et l'exécution de la commande.

- le ***relais thermique***, qui comporte une partie sensible aux variations de température (bilame ou autre) qui commande son fonctionnement.

Les relais sont dits ***à minimum*** ou ***à maximum*** *de tension* ou *d'intensité*, s'ils sont conçus pour ne réagir qu'en-dessous ou au-dessus des valeurs de tension ou d'intensité programmées. Les organes mobiles de certains relais peuvent être immobilisés en position de coupure ou de fermeture : *relais à verrouillage*.

2/TERRASS.: dépôt provisoire de terres de remblai (autrefois, désignait une unité de distance de manutention des matériaux et déblais).

RELANCER v.tr.
Procéder à la réfection en recherche* d'une maçonnerie, en lançant* (= en encastrant) des éléments isolés (briques, moellons), en remplacement de ceux qui sont défectueux.

RELANCIS n.m.
Action de relancer une maçonnerie, et son résultat.

RELATTER v.tr.
Remplacer les anciennes lattes* d'un support de couverture par des lattes neuves : on dit parfois *faire un* ***relattage***.

RELAXATION n.f.
Détente, relâchement des tensions internes de matériaux ayant subi une contrainte ; la relaxation se traduit en général par une déformation permanente : *relaxation de l'asphalte*.

RELEVÉ n.m.
1/ARCHIT.: lever* d'un plan. Plan détaillé levé* sur un ouvrage existant.

2/ÉTANCH.: hauteur sur laquelle on fait remonter un revêtement d'étanchéité le long des reliefs et émergences* d'une toiture-terrasse (souches de cheminée, murs d'acrotère, etc.).
Les relevés sont en général limités, au sommet, par une engravure* (V.ill).

RELEVAGE n.m.
Le ***relevage des eaux*** consiste à porter des eaux à un niveau supérieur, par ex. pour franchir un obstacle, ou accéder à un branchement du réseau d'évacuation situé plus haut que les eaux à évacuer.
Pour *relever* les eaux, on utilise des pompes* de relevage, des aéro-éjecteurs*, des hydroéjecteurs*, des vis* d'Archimède, etc.
Pour des quantités d'eau importantes, on construit une *station de relevage*.

RELEVER v.tr.
-***Relever un carrelage ou un parquet***, c'est en déposer une partie pour remettre de niveau leur support affaissé, recharger l'aire*, ou changer quelques lambourdes.

-***Relever des ciselures***, c'est faire une plumée*, tailler un listel au pourtour de la face de parement d'une pierre, au niveau exact de son nu*.

-***Relever le marbre***, c'est lui donner un polissage final.

-***Relever des moulures***, c'est approfondir leurs parties creuses, par refouillement* à la gouge*, à la ripe*, au tarabiscot*, etc.

-***Relever un ouvrage***, c'est constater son exécution et en faire le relevé* pour établir un mémoire* ou un attachement*.

RELIEF n.m.
Toute partie saillante par rapport au nu* d'un pan de toiture ou d'une toiture-terrasse, d'une chape, etc.
Syn.:*émergence, saillie*.

En couverture, le relief désigne aussi le bord d'une feuille de métal, replié pour remonter le long d'un tasseau, sous un couvre-joint*, ou pour être encastré dans une engravure*.

RÉLUCTANCE n.f.
Quotient d'une force électromagnétique appliquée à un circuit électrique par le flux d'induction qui le traverse ; l'inverse est la *perméance**.

REMAILLER
ou **REMMAILLER** v.tr.
Boucher au mortier les trous et cavités d'un mur avant de le crépir.

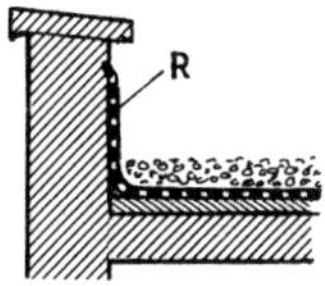

relevé (R)
d'étanchéité

RÉMANENCE n.f.
Maintien d'un état acquis ou d'un phénomène, après que la cause qui l'a produit ait cessé d'agir.

RÉMANENT adj.
Qualifie un état qui est conservé après cessation de la contrainte qui a engendré cet état.

REMANIAGE
ou **REMANIEMENT** n.m.
Réfection consistant à reconstituer ou refaire le support de matériaux par éléments (tuiles, ardoises, carrelages, pavés, parquets), après les avoir déposés : mise en place de lattes ou de liteaux neufs, remplacement de lambourdes* d'un parquet, réfection d'une aire* de carrelage.

REMANIER v.tr.
Refaire le support d'un ouvrage de couverture ou de revêtement, puis replacer les matériaux déposés.

REMBARRER v.tr.
Faire faire à un trait le tour d'une pièce équarrie de charpente ou de menuiserie, par rabattements* successifs à l'équerre. Syn.: *rabattre*.

REMBARRURE n.f.
Syn. d'*embarrure**.

REMBLAI n.m.
Masse de terre rapportée* et compactée pour surélever une partie de terrain, combler une déclivité, épauler le pied d'un mur, ou constituer une terrasse derrière un mur de soutènement*. Mise en place de ce volume de terres, et son résultat (on dit aussi ***remblayage*** dans ce sens).

Le ***remblaiement*** désigne plutôt une accumulation de terre et de matériaux apportés par l'eau.

REMBLAYER v.tr.
Amasser des terres en remblai.

REMEMBREMENT n.m.
Regroupement, en général par voie d'échanges amiables, de petites parcelles et enclaves de terrains appartenant à des propriétaires différents, pour constituer des fonds dont la dimension facilite une exploitation agricole ou un aménagement urbain.

REMENÉE n.f.
Petite voûte* formant une arrière-voussure*. Plafond des embrasures* intérieures des baies.

REMISE n.f.
Désignait autrefois le bâtiment couvert où l'on abritait les véhicules, aujourd'hui dénommé garage.

REMONTÉE (d'eau) n.f.
1/ Désigne parfois le ressuage*, ou exsudation*, à la surface du béton.

2/ La ***remontée capillaire*** est l'infiltration ascendante, par capillarité*, à la base des murs dont le pied est au contact d'un terrain humide ; on y fait obstacle par une coupure* de capillarité, barrière* étanche disposée dans l'épaisseur du mur, au-dessous du niveau du plancher bas.

REMONTER v.tr.
1/MAÇONN.: remonter un mur, c'est le reconstruire après écroulement, en utilisant les mêmes matériaux.

2/PEINT.: aviver la tonalité* d'une peinture, en ajoutant du pigment colorant.

REMPIÈTEMENT n.m.
Reprise* de consolidation en sous-oeuvre* de la base d'un mur ou de ses fondations.

REMPLAGE n.m.
1/ Ensemble de montants et armatures de pierre qui découpe une baie à claire-voie ou une rosace* en compartiments (V.ill. page suivante). Syn.: *réseau**.

2/ Parfois syn. de *remplissage**: *poteau de remplage* d'un pan* de bois.

REMPLIER v.tr.
Plier une tenture pour réduire ses dimensions sans la couper.

REMPLISSAGE n.m.
1/ Désigne tout ouvrage qui garnit les espaces vides d'une ossature* en

béton ou en métal, ou d'un pan* de bois, quel que soit le matériau utilisé (briques, parpaings, plâtras, torchis, blocage*...). De façon générale, paroi non porteuse construite entre les éléments porteurs.

2/ Poteau intermédiaire non porteur, assemblé entre les traverses horizontales d'un pan* de bois (on dit aussi *remplage* dans ce sens).

3/ Le ***remplissage granulométrique**** désigne la recherche de la meilleure distribution granulométrique d'un béton ou d'un mortier, telle que les petits éléments remplissent les interstices entre les gros granulats, dans un but de compacité, de résistance accrue, et d'économie de liant.

REMPLOI n.m. V. Réemploi.

RÉMUR n.m.
Profondeur de la portée d'un élément (solive, poutre) dans un mur.
V. ill. à Marques d'établissement.

RENARD n.m.
1/ Fissure dans laquelle s'infiltre l'eau d'une cuve ou d'un réservoir, et qui tend à s'approfondir sous l'action de la pression de l'eau : c'est l'***effet de renard***, qui aboutit à la perforation de la paroi.

2/ Pierre que le maçon attache à l'extrémité des lignes qu'il tend, d'une chaise* à l'autre, pour marquer l'épaisseur du mur à construire.

remplage de baie
(gothique flamboyant)

RENCONTRE n.f.
Opération de l'établissement* des bois dans laquelle on bat* les lignes* de contre-jauge*, on trace les tenons et les mortaises au moyen des indications des piqûres*, on rabat les lignes de repère ou on les plombe, ainsi que les traits raménerés* et toutes les autres lignes d'établissement, pour les rembarrer* sur la face de dessous si nécessaire.

RENDEMENT n.m.
Rapport, exprimé en pourcentage, entre la quantité d'énergie produite par un équipement et la quantité d'énergie, d'une autre nature, qu'il consomme : rendement d'une chaudière*, d'une pompe* à chaleur, d'un moteur électrique...
En peinture, le rendement est parfois synonyme de *couverture** (surface couverte par une unité de poids ou de conditionnement* du produit).

RENDEZ-VOUS ou
RÉUNION (de chantier)
n.m. invar. Réunion, en général hebdomadaire, présidée par l'architecte ou son représentant, et destinée à faire le point, après visite du chantier, sur l'état d'avancement des travaux, les difficultés, les problèmes de coordination...; des décisions y sont prises sur les modifications à apporter, le choix de matériaux ou de coloris, etc.
La présence des entreprises concernées au rendez-vous de chantier est une obligation (l'absence est en général sanctionnée par des pénalités).
Les observations et décisions sont consignées dans un compte rendu.

RENDU n.m.
1/ARCHIT.: représentation détaillée d'un projet ; souvent rehaussé d'ombres* et de couleurs, le rendu permet de se faire une idée précise de l'aspect à attendre d'un bâtiment.

2/ÉCLAIR.: le ***rendu des couleurs*** est leur tonalité sous un éclairage artificiel, par référence à un éclairage naturel en lumière blanche.

RÉNETTE n.f. V. Rainette.

RENFAÎTAGE n.m.
(CHARP.-COUVERT.) Remplacement du faîtage* d'un comble*.

RENFLÉ adj.
La ***colonne renflée*** a son fût qui s'épaissit jusqu'au tiers de sa hauteur, pour s'affiner à nouveau jusqu'au chapiteau.

RENFLEMENT n.m.
Épaississement du fût d'une colonne ; le profil vertical est un galbe.
Syn.: *entasis*.

RENFONCÉ adj.
(ou ***en renfoncement***) Qualifie un mur ou un corps de bâtiment en retrait sur l'alignement de la façade.

RENFONCEMENT n.m.
Partie de maçonnerie en retrait par rapport au nu d'une paroi : table rentrante, niche, fond d'arcature* aveugle... sont des renfoncements.

RENFORCER v.tr.
Consolider, conforter la résistance d'une structure, d'une poutre, etc.

RENFORMER ou **RENFORMIR**
v.tr. Reboucher les trous d'un mur avec des moellons ou un mortier ; recharger* une partie de mur avec un enduit appliqué en renformis*.

RENFORMIS n.m.
Mortier appliqué en forte épaisseur sur tout ou partie d'une maçonnerie pour la dresser* et corriger d'importants défauts de planéité, avant l'application d'un enduit sur l'ensemble de la surface. V. aussi *ragréage**, qui ne concerne que de faibles défauts de planéité (moins de 1 cm d'épaisseur).
Un renformis d'enduit qui dépasse 3 cm d'épaisseur doit être armé, et exécuté en plusieurs passes* successives d'environ 15 mm chacune.

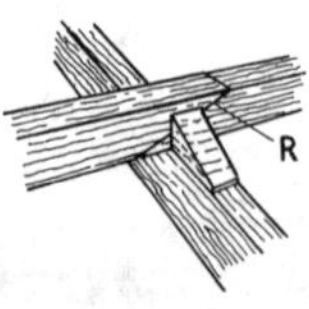

renton (**R**)

RENFORT n.m.
1/ Épaulement* pratiqué sur le collet* du tenon* d'un assemblage* pour consolider ce dernier ; le renfort peut être carré, à arasement biais ou en mordâne* triangulaire.
2/ En charpente, en serrurerie, désigne toute pièce accolée contre une autre pour la consolider.

RENIFLARD n.m.
Prise d'air à valve* ou à clapet* antiretour, disposée sur les ventilations* primaires ou secondaires des évacuations d'eaux usées et eaux-vannes, pour éviter le désamorçage des siphons* par la dépression due au déplacement rapide des effluents dans les chutes*. Syn.: *antivide**.

RENOUVELLEMENT (**d'air**)
n.m. Rapport entre le volume d'air admis dans un local en une heure (air remplaçant celui qui s'échappe ou qui est extrait) et le volume de ce local.
Il se traduit, en période de chauffage, par une déperdition calorifique ; il doit donc être réduit, dans un souci d'économies d'énergie, mais ne doit pas être inférieur à un certain seuil (V. Ventilation), afin que l'atmosphère reste saine.

RÉNOVATION n.f.
Remise à neuf, restitution d'un aspect neuf. Travail consistant à remettre dans un état analogue à l'état d'origine un bâtiment ou un ouvrage dégradés par le temps, les intempéries, l'usure, etc.
La rénovation ne doit pas être confondue avec la *réhabilitation** ; par ailleurs, la rénovation sous-entend le maintien de la fonction antérieure de l'ouvrage. En urbanisme, une ***opération de rénovation*** est un ensemble de travaux de démolitions, de constructions et d'aménagements concernant une rue ou un quartier.

RENTON n.m.
Joint biais de deux pièces établies dans le prolongement l'une de l'autre, par ex. un cours* de pannes* (V.ill).

RENTRANT adj.
Qualifie un angle supérieur à 180°, par opp. à un angle *aigu*, ou *saillant*.

RENVERS n.m.
En couverture d'ardoises*, noue* arrondie sur fourrure*, raccordant

un pan de comble incliné et un pan vertical. Le renvers est dit ***rond*** ou ***à un tranchis*** selon que les pureaux* des deux versants sont alignés, ou que le versant vertical vient en recouvrement de l'arrondi.
Le ***renvers fermé*** est une noue* simple sur noquets*, sans arrondi ni fourrure.

RENVERSÉ adj.
Tourné à l'envers. Une ***voûte renversée*** est un ouvrage de fondations ou de radier* en berceau* dont l'intrados* est tourné vers le haut.

RENVOI n.m.
Élément de couverture dont la fonction est de dévier l'écoulement des eaux, ou de les rejeter en contrebas.

REPARAGE n.m.
Finition d'un ouvrage moulé, en plâtre ou en stuc*, consistant à faire disparaître les raccords de joints de moules, barbes et balèvres.

RÉPARATION n.f.
Réfection d'une partie dégradée ou détruite d'un ouvrage quelconque ; travail consistant à rendre à un équipement son aptitude à remplir sa fonction (étanchéité, chauffage...).

RÉPARTITEUR n.m.
Appareil qui pilote les diverses lignes téléphoniques d'un central d'immeuble de bureaux, tant pour leurs interconnexions que pour leur raccordement avec l'extérieur.

REPARTON n.m.
Petit bloc de schiste ardoisier dont la section est à peu près celle des ardoises, et l'épaisseur d'environ 8 cm.
Le reparton est refendu ensuite au ciseau, en *quartelles* de 10 à 15 mm d'épaisseur, elles-mêmes refendues, en quatre ardoises. Le ***repartonnage*** est la taille des blocs en repartons.

REPARURE n.f.
En dorure, refouillement*, avec de fines gouges ou crochets, des détails de moulures et de sculptures empâtés par le blanc d'apprêt.

REPASSAGE n.m.
Retaille d'équarrissage* à arêtes vives faite sur d'anciens pavés.

REPASSÉ adj.
Qualifie un enduit garnissant* intérieur appliqué en deux couches.

REPENTIR n.m.
Modification visible apportée à un ouvrage en cours de travaux.

REPÈRE n.m.
1/ Tout trait ou marque servant de référence d'aplomb, de niveau, etc.

2/ Cale, baguette, plot* ou bande de plâtre ou de mortier servant de guide d'épaisseur ou de nu* pour l'application d'un enduit ou d'une chape.

3/ Jalon, piquet ou borne fichés en terre, et portant une marque d'alignement ou de niveau.

REPIQUAGE n.m.
1/MAÇONN.: léger piochage ou hachement* superficiel d'une maçonnerie, avant application d'un enduit, pour constituer des cavités disséminées assurant l'accrochage.

2/PEINT.: filet* de tonalité intermédiaire ajouté entre deux plages de tons distincts, pour atténuer la transition visuelle de l'une à l'autre.

3/TERRASS.: excavation ou fouille qui concerne une faible épaisseur de terrain, par ex. pour un radier*.

REPLANIR v.tr.
Finir avec un rabot* ou un racloir* le parement déjà plan d'une pièce de bois corroyée, pour obtenir une surface lisse et sans défauts. Araser les abouts des tenons ou des chevilles pour qu'ils affleurent le parement.

REPLANISSAGE n.m.
Parachèvement au racloir* d'un ouvrage de bois, après sa pose (parquet, marches d'escalier...).

REPLÂTRAGE n.m.
Réparation faite avec du plâtre.
Application d'un nouvel enduit de plâtre sur un mur après hachement* ou dégradation de l'ancien.

REPOS n.m.
1/ Plate-forme intermédiaire d'un escalier, entre deux volées* de marches (V.ill. au mot Palier).

2/ Zone lisse et unie dans un ensemble mouluré ou richement décoré.

3/ Surface d'appui* d'une poutre sur un poteau ou sur un corbeau*.

4/ Le ***repos d'une gâchée**** désigne, pour certains mortiers* industriels (ragréages et mortiers-colles pour carrelages), un délai d'une dizaine de minutes d'attente entre le malaxage et l'utilisation du mortier, pour laisser aux adjuvants plastifiants et rétenteurs d'eau le temps de s'imprégner d'eau suffisamment pour pouvoir ainsi remplir leur rôle.

5/ État d'un appareil électrique ou électromécanique en l'absence d'alimentation électrique.

REPOUS n.m.
Mélange pilé de plâtras* de démolition utilisé pour composer un mortier placé autrefois dans les aires* des planchers de bois, ou régalé* sur les sols humides.

REPOUSSOIR n.m.
1/ Tige de métal avec laquelle on noie une cheville à l'intérieur du bois, ou avec laquelle on l'extrait en la chassant vers l'orifice opposé.

2/ Long ciseau étroit de tailleur de pierre, utilisé pour pousser des moulures et ciseler des détails d'ornement. Syn.: *fer carré*.

REPRENDRE v.tr.
Refaire, consolider ou parachever tout ou partie d'un ouvrage fini.

REPRESSAGE n.m.
Mise en forme définitive des pièces de céramique, après leur ébauche et avant leur cuisson, par pressage dans des moules : *briques repressées*.

REPRISE n.f.
Travail effectué après coup.
Travaux de réfection* d'une partie dégradée ou non conforme.
Consolidation de l'assise d'un ouvrage : *reprise en sous-oeuvre**.

-***Reprise de bétonnage****: liaison entre un béton frais que l'on coule et un béton déjà durci, ou en cours de durcissement. Elle nécessite des précautions : humidification, ou mieux, application d'une barbotine* de ciment adjuvantée avec un adhésif (acétate de polyvinyle liquide).

-***Reprise d'eau***, ou d'humidité : absorption d'eau ou d'humidité de l'air par un matériau, après une dessiccation* (bois, céramiques...).

-***Reprise de travail*** : raccord plus ou moins visible dû à une interruption dans l'application d'un enduit ou d'une peinture.

REQUÊTE n.f.
Ardoise longue et étroite qui borde les fendis* d'une noue* arrondie, et assure l'étanchéité latérale sous le tranchis*; on lui donne un épaulement biais en tête, du côté externe.
Sa longueur est toujours égale à trois pureaux* et demi. On alterne les ***petites requêtes***, dont la largeur est une fois et demi celle d'un fendis*, et les ***grandes requêtes***, dont la largeur est double de celle d'un fendis.

RÉSEAU n.m.
1/ARCHIT.: ensemble d'armatures ou de montants qui divisent une baie en compartiments. Syn.: *remplage** (pour un réseau en pierre).

2/ÉLECTR.: ensemble des conducteurs alimentant en courant les usagers et les équipements d'un bâtiment.

Le réseau est ***bouclé*** si chaque point peut être alimenté par deux circuits distincts, ***maillé*** si chaque point peut être alimenté par plus de deux sources distinctes, et ***radial*** ou ***ramifié*** dans le cas usuel où chaque point n'est alimenté que par une voie.
Un réseau est soit ***monophasé**** à deux fils (ou à trois fils dont un conducteur de terre*), soit ***diphasé**** (rare), soit ***triphasé**** à 3 fils (ou 4 fils dont une terre*).

3/MATÉRIAUX : quadrillage alvéolaire en bandes de carton, constituant par ex. l'âme de certaines cloisons* légères en panneaux composites*.

4/URBAN.: ***les réseaux*** (pl.) désignent l'ensemble des installations aériennes ou souterraines de distribution aux usagers de l'eau, du gaz, de l'électricité, du téléphone (jusqu'au branchement* des usagers), et de collecte et d'évacuation* des eaux.
Les réseaux sont ***ramifiés*** (en pattes d'oie), ou ***maillés*** (en boucles permettant, en cas de travaux sur un tronçon, de n'interrompre que localement la fourniture du fluide : V.ill).

RÉSEAUX URBAINS de distribution de fluides (gaz, eau)

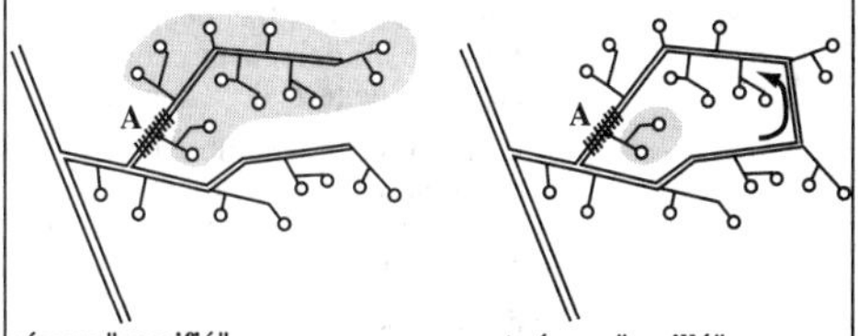

réseau "ramifié"
si des travaux nécessitent de couper le tronçon A, tous les abonnés du secteur en grisé sont privés de fluide.

et réseau "maillé"
avantage : la même coupure de tronçon privera de fluide seulement deux abonnés.

RÉSERVATION n.f.

Cavité ou orifice ménagé dans la construction en prévision du passage de gaines, conduites, tuyaux, chutes*, câbles, etc. évitant de procéder ensuite à des percements.

Réservation d'épaisseur : qualifie l'exécution d'une dalle ou d'une chape à une cote finie inférieure à celle des locaux adjacents, en prévision de l'épaisseur nécessitée par un carrelage ou un dallage.

RÉSERVE n.f.

1/ Mention qui, dans un procès-verbal de réception* de travaux, signalant une anomalie de fonctionnement, un désordre ou un défaut d'exécution qui doit être réparé par l'entrepreneur concerné : *prendre des réserves.*

2/ *En réserve* qualifie une partie laissée en retrait (par ex. dans un enduit, une cavité destinée à placer un équipement), ou une partie masquée provisoirement pour qu'elle ne soit pas peinte ou enduite.

RÉSERVER v.tr.

Faire une réservation* dans une paroi. Masquer une surface qui doit être laissée non revêtue, *en réserve.*

RÉSERVOIR n.m.

Récipient clos de grand volume destiné au stockage d'un fluide (eau, fioul domestique, propane*...) ; s'ils sont enterrés, les réservoirs sont souvent nommés *cuves**.

1/ Les réservoirs de ***stockage des combustibles***.

Pour le ***fioul****, les réservoirs sont *de petit stockage* (< 1 500 litres), ou *de grand stockage* (2000 à 5 000 litres). Ils peuvent être *ordinaires*, ou *à sécurité renforcée* (double enveloppe, détecteur de fuites).
Ils peuvent être soit enterrés à l'extérieur, par enfouissage, soit installés à l'intérieur des constructions, à leur niveau le plus bas ; s'il s'agit de *grand stockage*, le local est spécialement aménagé et sans autre usage (mesures de sécurité obligatoires : cuvelage* de retenue, accès, ventilation, etc.).

Pour le ***propane****, un réservoir *non enterré* ne doit pas être installé dans un local clos, ni sur une toiture.
Il doit reposer sur des supports ancrés en profondeur si le sol est inondable, et ne pas être au contact direct du sol (espace minimal 0,10 m).
L'orifice de remplissage et la soupape de sûreté doivent être à 3 mètres au moins de toute baie, d'une ouverture de local en contrebas, ou pouvant comporter un foyer à feu ouvert, de la limite de propriété ou de la voie publique, de toute bouche d'égout sans siphon, et de tout autre stockage de combustible. Un réservoir à propane enterré doit l'être à l'extérieur des surfaces construites, enfoui ou disposé dans une fosse en maçonnerie. Ses pieds sont ancrés dans un massif en béton.

La mise à la terre* des réservoirs est obligatoire. Les réservoirs pour combustibles font l'objet de normes.
En outre, ils doivent être fournis avec certificat de tests de résistance.

2/ Il existe de nombreux types de ***réservoirs à eau***, de toutes formes et dimensions (un réservoir à eau ouvert à l'air libre est une bâche*).

3/ Les réservoirs de chasse d'eau sont ceux qui, associés aux WC, contiennent la douzaine de litres utilisée pour chaque évacuation d'eaux-vannes par *effet de chasse**.
Le réservoir est équipé d'un robinet de remplissage à clapet commandé par flotteur, et d'une *garniture* de chasse, mécanisme d'évacuation soudaine de l'eau vers la cuvette.
Un robinet d'arrêt manuel doit toujours être installé sur l'arrivée d'eau, à l'extérieur du réservoir.

RÉSIDUEL adj.
Ce qui reste : par ex. *déformation résiduelle* d'une poutre après qu'ait cessé une contrainte importante ; souvent syn. de *rémanent**.

RÉSILIENCE n.f.
1/ Résistance d'un métal aux chocs répétitifs : plus le nombre qui exprime la résilience est élevé, moins le métal est fragile ; le trempage des métaux réduit leur résilience.

2/ Aptitude d'un matériau à reprendre sa forme initiale lorsqu'il a été soumis à une compression.

RÉSILIENT adj.
Qui tend à reprendre sa forme primitive après une contrainte de compression ou de poinçonnement : le liège, certains agglomérés de fibres, sont des matériaux résilients, utilisés en isolation acoustique pour constituer des ***sous-couches résilientes*** (en particulier sous les carrelages).
On dispose aussi des ***semelles*** et ***bandes résilientes*** sous les cloisons et à leurs abouts de jonction avec la maçonnerie, pour constituer des zones de compression.

RÉSILLE n.f.
Ensemble d'éléments longilignes qui s'entrecroisent. Réseau* de baguettes de plomb rainurées dans lesquelles on enchâsse des morceaux de verre d'un vitrail*.
V. aussi Plafond-résille et Plancher-résille.

RÉSINE n.f.
Matière organique, naturelle ou synthétique, fusible ou liquéfiable, utilisée pour son aptitude à durcir et à "souder" des particules de diverses matières. Certaines résines naturelles, surtout végétales, restent utilisées pour la fabrication de vernis.
La chimie moderne a développé de très nombreux types de résines, transformant les techniques de collage, d'adjuvantation, d'étanchéité, de peinture et de revêtements* de toute nature, et permis l'essor des matières plastiques. Les deux grandes familles de résines artificielles sont :

- les résines ***thermoplastiques****, qui tendent à être ramollies par la chaleur : résines vinyliques*, acétates*, acryliques*, polyéthylènes*, polystyrènes*, résines élastomères* de coumarone*, caoutchouc synthétique, néoprènes*, etc.
- les résines ***thermodurcissables****, pour lesquelles la chaleur favorise le durcissement : résines époxydiques*, polyester*, urée-formol*...

RÉSINEUX adj.
Qualifie les essences* de bois à longues fibres, à tissu cellulaire sans vaisseaux, dont les feuilles sont des aiguilles : les pins et sapins et leurs variétés, le cèdre, l'épicéa, le mélèze, l'if, le cyprès...

RÉSINOÏDE n.m.
Substance naturelle qui a les caractéristiques d'une résine.

RÉSISTANCE n.f.
1/ÉLECTR.: la résistance électrique d'un conducteur est le quotient U/I de la différence de potentiel constante appliquée aux extrémités de ce

conducteur par l'intensité du courant qu'elle y produit.
C'est le quotient de la puissance électrique transformée en chaleur dans un conducteur par le carré de l'intensité* du courant ; elle est exprimée en ohms* (Ω) : $R = W/I^2$.
Pour un conducteur de section homogène, la résistance est égale à sa résistivité* ρ (propre au matériau) multipliée par le rapport de la longueur (mm) à la section (mm²) du conducteur : $R = \rho \cdot l/s$.
En termes simplifiés, la résistance est la "force de freinage" qu'oppose un conducteur électrique au passage normal du courant ; cette contrainte de "freinage" donne lieu à un échauffement, dit effet* Joule.
La résistance d'un ensemble composé de plusieurs résistances r_1, r_2, r_3... montées ***en série*** est la somme de ces résistances : $R = r_1+r_2+r_3$...
Un ensemble de résistances r_1, r_2, r_3 ... de même nature montées ***en parallèle***, ou ***en dérivation*** équivaut à une résistance unique dont la valeur est donnée par la formule :

$$1/R = 1/r_1 + 1/r_2 + 1/r_3 ...$$

• ***Résistance apparente*** : syn. de l'*impédance* (V. ce mot).

• ***Résistance pure***, ou *résistance morte* : filament conducteur qui, placé sur un circuit, transforme l'énergie électrique qui le traverse en énergie calorifique, et éventuellement lumineuse.

• ***Résistance spécifique*** : syn. de *résistivité* (V. ce mot).
De façon générale, **une résistance** est un fil ou un filament conducteur dont les caractéristiques de résistance électrique sont utilisées soit pour abaisser l'intensité d'un courant, soit pour produire de la chaleur (*résistance chauffante* pour chauffage et chauffe-eau électriques), soit pour son incandescence* (filaments des lampes).

2/MATÉRIAUX : la ***résistance*** est l'aptitude d'un corps ou d'un matériau à s'opposer à une contrainte ou à un phénomène physico-chimique sans en être affecté ni modifié.
La connaissance des limites de résistance des matériaux est fondamentale pour toute conception de structures ou d'ossatures du bâtiment, et pour la détermination de leur section adéquate.
Les ingénieurs disposent de nombreuses formules, tables de calcul, abaques et équations d'*équarrissage* et de *déformations* qui tiennent compte de la *fatigue* des matériaux.

Les principales **résistances mécaniques** des matériaux sont :

-les ***résistances à la rupture*** par allongement (élongation), arrachement, cisaillement, compression, flexion, torsion, traction.

-la ***résistance à la déformation*** par élongation (ou étirement), flexion, fluage, torsion, poinçonnement.

-la ***résistance à diverses contraintes physiques*** : aux chocs, à l'usure par abrasion*, etc.
On demande aussi aux matériaux et composants du bâtiment diverses caractéristiques de **résistance** : à la *corrosion** par les agents chimiques, à la destruction par l'*eau*, aux *températures* élevées, au *gel* (gélivité*), au *vent* (parois vitrées).

•**Résistance thermique** d'une paroi : c'est son aptitude à ralentir la progression de l'énergie calorifique qui la traverse. Cette résistance (R), est exprimée en m².K/W
V. valeurs à Isolation thermique.

•**Résistance au feu** ou à l'incendie : V. Feu, Coupe-feu, Pare-flamme.

RÉSISTANT adj.
Qui s'oppose à une contrainte, à un phénomène physico-chimique, ou au passage du courant.

RÉSISTIVITÉ n.f.
(symb. ρ = prononcer *ro*)
Caractéristique de résistance* électrique d'un matériau donné par unité de section et de longueur (cm²/cm).
Elle est exprimée en Ω.m (ohm-mètre), ou en μΩ.cm (microhm.cm).

Un isolant électrique a pour résistivité 10^6 à 10^{13} Ω.m.
L'étude de la résistivité des sols permet de déterminer assez bien leur composition géologique.

RÉSISTOR n.m. (de l'anglais)
Désigne parfois la résistance chauffante.

RÉSONANCE n.f.
Amplification d'un phénomène vibratoire soumis à des impulsions en phase avec sa fréquence.

Mode de propagation d'une émission acoustique* dans un corps (résonance du bois), ou amplification du phénomène, par réverbération.

RÉSORCINE n.f.
Dérivé du benzène, utilisé d'une part comme colorant (fluorescéine), d'autre part comme composant de base de la colle* dite *résorcine-formol*, qui sert dans la fabrication des pièces de bois en lamellé-collé*.

RESPIRANT adj.
Qualifie une paroi ou un revêtement qui ne font pas obstacle à la migration de la vapeur d'eau, et donc aux échanges hygroscopiques entre deux milieux différents (échanges indispensables entre l'intérieur et l'extérieur d'un bâtiment).

RESSAUT n.m.
Décrochement, redan*, partie nettement en saillie sur une surface verticale (ressaut de façade), horizontale (ligne de faîte d'un pignon, arase* d'un mur...), ou en pente (dans un pan de couverture, un chéneau*).

RESSAUTER v.i.
Former une saillie, un redan*, un gradin*...

RESSERRER v.tr.
Parlant d'un enduit, c'est reprendre sa finition et le compacter à la taloche*, par mouvements circulaires, lorsqu'il commence à s'affermir (à *tirer*).

RESSORTIR v.i.
Pour un ornement peint ou sculpté, c'est paraître en relief, ou se détacher du fond avoisinant.

RESSUAGE n.m.
1/ Remontée de l'eau de gâchage excédentaire à la surface d'un béton, d'un mortier taloché, ou d'un plâtre, sous forme d'un léger suintement superficiel (pour les matériaux à base de résines et les produits bitumineux, on appelle *exsudation** le suintement superficiel de solvant ou de durcisseur en excès).

2/ En peinture, le *ressuage* désigne aussi l'altération de couleur donnée à une peinture par son support de couleur différente (par transparence ou par migration de pigments).

RESSUER v.i.
Restituer une partie de l'eau de gâchage ou d'un solvant en excès par un suintement.

RESSUYER v.i.
Parlant d'une surface de maçonnerie arrosée abondamment (à refus*), c'est cesser de présenter un aspect mouillé : le ***ressuyage*** des supports est nécessaire avant l'application d'un enduit ou d'une chape.

RESTAURATION n.f.
Réfection, rénovation* ou reconstitution*, *à l'identique**, d'un ouvrage ancien présentant un intérêt artistique ou historique.
Rétablissement d'un bâtiment ancien dans son état primitif (ce qui peut impliquer la démolition de parties rapportées).

RESTAURER v.tr.
Réaliser un travail de restauration.

RESTITUTION n.f.
Dessin ou maquette de représentation ou de reconstitution, dans leur état primitif présumé, d'édifices ou d'ouvrages disparus ou mutilés.
Parfois, reconstruction en grandeur de l'ouvrage, en s'appuyant sur les hypothèses du parti architectural d'origine.

RÉSULTANTE n.f.
Moment* de forces, ou force unique qui correspond à la conjugaison de plusieurs forces appliquées en un même point, tel que le centre de gravité (barycentre*) d'un volume.
Résultat de la combinaison de plusieurs facteurs agissant ensemble.

RETAILLER v.tr.
1/MENUIS.: décheviller et démonter un ouvrage pour modifier ses dimensions, remplacer ou ajouter certains éléments, puis réassembler l'ouvrage transformé.

2/OUTILL.: refaire à la meule le tranchant endommagé d'un outil.

RETARD n.m.
Angle séparant deux grandeurs sinusoïdales de même fréquence, dont l'une précède l'autre dans le temps. V. aussi Pénalités.

RETARDATEUR de prise (**RP**) n.m. Adjuvant* incorporé dans un liant (ciment, plâtre), ou étalé sur un coffrage, pour retarder le début de la prise en ralentissant l'hydratation* des particules ; opp.: *accélérateur**.
Les retardateurs sont des gluconates ou le gypse, pour les ciments ; le sucre ou des composés basiques, pour le plâtre.

RETASSURE n.f.
Légère concavité de la surface d'un métal coulé ou moulé, due à sa contraction lors du refroidissement.

RÉTENTEUR (**d'eau**) n.m.
Adjuvant* incorporé aux ciments et aux mortiers, surtout pour les rendre aptes à des applications en fine épaisseur (ragréages*) sans risque de dessiccation prématurée.

Les substances utilisées, hydrophiles*, se gorgent d'eau de gâchage qu'elles restituent lentement au fur et à mesure des besoins d'hydratation du ciment ; ce sont le kieselguhr*, la bentonite*, l'acétate de polyvinyle, les cendres* volantes.
Les rétenteurs d'eau ont en général un effet plastifiant* ou fluidifiant* sur les mortiers ou les bétons.

RÉTENTION (**d'eau**) n.f.
Le fait, pour un mortier, de retenir l'eau introduite pour son gâchage. Opposition à l'évaporation trop rapide de cette eau par l'action du vent, du soleil, ou d'un support absorbant.

RETENUE (**de garantie**) n.f.
La retenue de garantie est une somme déduite par un maître d'ouvrage du règlement d'un mémoire*, lorsque des réserves* ont été faites sur les travaux concernés. Limitée à 5% des montants, et pour une durée d'un an à compter de la réception*, cette somme sert à couvrir si besoin les frais de remplacement ou de réparation d'équipements ou d'ouvrages défectueux.

RÉTICULATION n.f.
Mode de durcissement irréversible des résines thermodurcissables*, ou ***réticulables***, par ex. les époxydes*, par polymérisation en un maillage moléculaire continu dans les trois dimensions ; déclenchée par un durcisseur* ou un catalyseur*, la réaction nécessite un certain apport de chaleur initiale, puis, étant exothermique*, s'accélère jusqu'au durcissement complet.
L'échauffement du mélange résine/durcisseur peut être important, et son durcissement sera rapide s'il est laissé en masse dans un récipient.

RÉTICULE n.m.
Paire de fils très fins qui se croisent dans l'oculaire d'un instrument optique, pour indiquer l'axe de visée.

RÉTICULÉ adj.
1/ De façon générale, se dit de ce qui forme un réseau* ou un maillage régulier : quadrillage de poutres de béton d'un plancher-résille, structure ou ossature métallique à mailles triangulaires, etc.

2/ARCHIT.: qualifie un appareil* dont le parement forme des damiers en diagonale, ou des losanges répétitifs.

retombées (R)

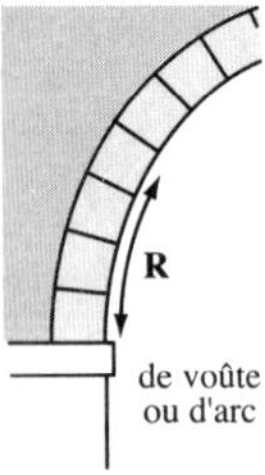

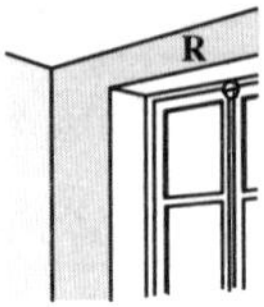

de baie

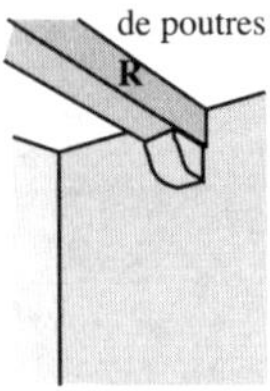

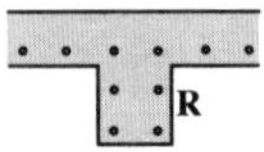

RÉTIFICATION du bois n.f.
Traitement thermique par pyrolyse en atmosphère inerte. Ce procédé donne un bois stable et imputrescible, mais sec et assez cassant.

RETOMBE n.f.
Feuillet relevable rapporté sur un plan d'architecte, pour présenter une solution en variante.

RETOMBÉE n.f.
1/Ensemble des voussoirs* qui composent la partie inférieure d'un arc* ou d'une voûte*, au-dessus des piédroits*, des coussinets* ou de la naissance* (V.ill) ; ces voussoirs, aux lits peu inclinés, sont autoporteurs.
La partie verticale d'un arc* surélevé qui prolonge l'arc sous sa naissance fait partie de la retombée.

2/ La ***retombée d'une baie*** est la paroi verticale située, côté intérieur des constructions, entre le haut de l'embrasure* et le plafond.

3/ La ***retombée de poutre*** est sa face verticale qui fait saillie en sous-face d'un plancher. V. aussi Soffite.

4/ Une ***retombée d'étanchéité*** est une partie d'ouvrage d'étanchéité qui descend en contrebas, par ex. dans un chéneau* ou un caniveau (ouvrage inverse du *relevé**).

RETONDRE v.tr.
1/ Abattre des ornements sculptés ou rapportés sur le nu* d'une paroi.

2/ Abattre le faîte d'un mur ou d'un conduit de cheminée, pour le refaire.

3/ Dans un ragrément* de pierre, c'est aviver les arêtes, avec des *fers à retondre*.

RETOUCHER v.tr.
1/ Apporter des modifications à un ouvrage.
2/ Refaire des finitions ou ***retouches*** de détail.

RETOUR n.m.
1/ARCHIT.: profil formé par un membre* d'architecture en ressaut* ou en avant-corps*, tel qu'un entablement*.
Le ***retour d'angle*** correspond à la partie adjacente à une arête de deux murs, d'un tableau* de baie avec la façade, etc.; il est dit ***retour d'équerre*** lorsqu'il est à angle droit. Le ***retour d'escalier*** désigne chacun de ses changements de direction, d'une volée* à l'autre, marqué par un repos* ou un palier*.

2/CHAUFF.: le ***retour*** désigne parfois la colonne* descendante d'une installation de chauffage central, qui ramène vers la chaudière le fluide refroidi dans les corps de chauffe.

RETOURNEMENT n.m.
En maçonnerie, ***retourner un enduit***, c'est exécuter l'arête verticale qui marque le retour* d'un mur ou d'un tableau*; le retournement se fait en trois phases, à l'aide de règles fixées avec des chevillettes (V.ill).

Le ***retournement d'un motif*** est sa réalisation à l'identique, mais inversée, au-delà d'une ligne de symétrie : parquets, boiseries, dallages, etc., peuvent ainsi être *retournés*.

les 3 phases du **retournement** d'un enduit sur une arête (en plan)

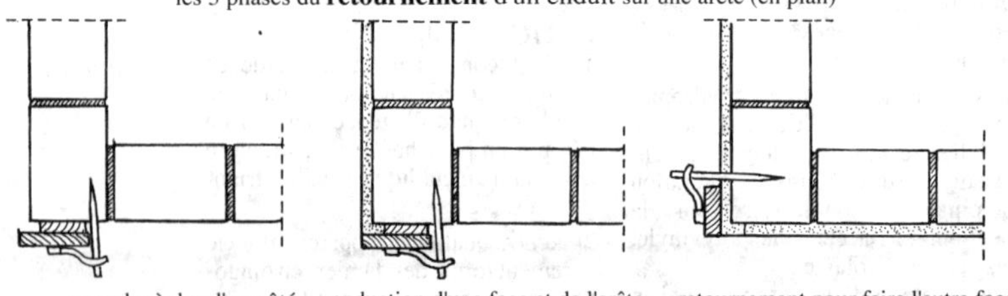

RÉTRACTIBILITÉ n.f.
Caractéristique de variation dimensionnelle des bois* en fonction des variations de leur taux d'humidité.

RETRAIT n.m.
Contraction d'un matériau provoquée soit par son refroidissement (métal), soit par un abaissement de taux d'humidité (bois), soit par l'élimination de l'eau de gâchage excédentaire (bétons, enduits), soit par l'évaporation d'un solvant (colles, peintures), soit encore par la cuisson (poteries, briques...). Les tensions internes provoquées par les retraits ont pour effet soit de réduire les dimensions extérieures des matériaux, soit de les déformer (gauchissement* du bois), soit de provoquer leur rupture : faïençage* des enduits, microfissuration du béton.

Certains matériaux n'ont qu'un faible retrait (cas du plâtre et des ciments *à retrait compensé*), ou pas de retrait du tout (anhydrite* synthétique, époxydes sans solvant).
Le ***retrait des bétons et mortiers*** de ciment commence par un ***retrait plastique*** (légère contraction par évaporation, dès la mise en place) ; puis intervient le ***retrait hydraulique***, élimination d'eau de gâchage excédentaire, qui se poursuit de façon décroissante pendant longtemps.
De façon générale, un béton ou un mortier a d'autant plus de retrait qu'il est gâché clair*, qu'il est riche* en ciment, que ce ciment* a une classe de résistance élevée.
La mesure du retrait s'effectue sur des éprouvettes (4 x 4 x 16 cm), d'une part sur la pâte* pure, d'autre part sur le mélange constitué.

Le ***coefficient de retrait*** d'un matériau est son taux de raccourcissement linéaire (rapporté au mètre), selon les variations des phénomènes externes : par degré de température, pour les métaux, par degré d'hygrométrie, pour le bois, ou en fonction d'une durée de durcissement, pour divers liants.
Dans le cas du béton, ce coefficient va de 0,12 à 0,30 mm/m, après 28 jours, selon le taux d'humidité.

En RETRAIT loc. adv.
Qualifie tout élément d'une élévation situé en arrière d'un alignement, ou du plan du nu* d'une façade ou d'une paroi quelconque : un attique* est un étage en retrait. Opp.: *en saillie*.
V. aussi Joint de retrait.

RETRAITE n.f.
1/ Distance entre le nu* d'une façade et l'alignement* de la voie publique (V. aussi *reculement*).
2/ Partie en retrait* d'une élévation ; décrochement formant en partie haute d'une élévation un nu* dont le plan est en retrait sur celui des parties inférieures.

RETRANCHE n.f.
Réduction d'épaisseur : par exemple celle d'un mur au-dessus du niveau formant l'appui de poutres.

RETRANCHEMENT n.m.
Suppression d'éléments en saillie sur un alignement*.

RÉTRÉCISSEMENT n.m.
Dans une cheminée*, ensemble des parois biaises, entre le chambranle* et le foyer*.

RÉTREINDRE v.tr.
Réduire le diamètre d'un objet cylindrique, tube, tuyau, etc., par martelage de sa périphérie.

RÉTREINT n.m.
En plomberie, le rétreint est le rétrécissement d'un tube de cuivre constituant un manchon mâle (à l'inverse de l'*emboîture**, qui constitue un manchon femelle par élargissement du tube)... En fumisterie, les emboîtures de tuyaux de conduits en tôle sont souvent des rétreints (V.ill).

RÉTROCAVEUSE n.f.
Engin de chantier dont le godet se charge en reculant vers l'engin.
Syn.: *pelle-rétro*, *backhoe*.

rétreint

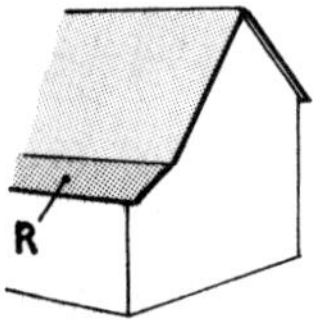

retroussis
de toiture (R)

RÉTROCHARGEUSE n.f.
Engin de chantier dont le godet sur bras articulé peut être chargé à l'avant de l'engin et déversé à l'arrière, en passant par-dessus.

RETROUSSÉ adj.
Un ***égout retroussé*** est la partie inférieure d'un pan de toiture, lorsque sa pente est moins forte que celle du reste du pan. V. aussi Entrait.

RETROUSSER v.tr.
Tourner, diriger vers le haut.
En terrassement, c'est remonter et mettre en tas le long de la berge les terres que l'on extrait d'une tranchée en contrebas. C'est aussi remanier* et surélever la forme* des pavés avant de les remettre en place.

RETROUSSIS n.m.
Surélévation de terrain en talus.
Partie inférieure d'un pan de toiture dont la pente est moins forte que celle du reste du pan (V.ill).

RETUBAGE n.m.
Remplacement des tubulures du corps de chauffe d'une chaudière.

REVANCHE n.f.
Différence de hauteur entre le niveau supérieur maximum d'une nappe* et le haut d'un cuvelage*.

REVÊCHE adj.
Qui prend mal le poli* (marbres).

REVENU n.m.
Traitement de l'acier trempé destiné à diminuer sa dureté et à le rendre moins cassant.
Il consiste à réchauffer puis refroidir l'acier après trempage, à des températures et des durées variables selon le type d'acier.

RÉVERBÉRATION n.f.
1/ACOUST.: persistance d'un phénomène sonore après qu'ait cessé l'émission des sons.

Durée de réverbération : temps que met un son à décroître de 60 dB*.

2/ Réflexion diffuse de la lumière.

REVERS n.m.
Chacun des deux côtés inclinés d'une voie à caniveau central.
Bande de pavés établie en légère pente, au pied d'un mur, pour éloigner de la façade les eaux pluviales qui tombent de l'égout* d'un toit.
Le ***revers d'eau***, ou ***reverseau***, désigne parfois le jet* d'eau d'une menuiserie, ou la bavette* d'étanchéité qui protège un bandeau*.

RÉVERSIBILITÉ n.f.
Caractéristique d'un matériau qui peut passer d'un état à un autre, puis revenir à l'état initial.

REVÊTEMENT n.m.
De façon générale toute couche superficielle de matériau homogène ou d'éléments préformés, rapportée sur un support quelconque, pour le protéger et/ou le décorer, ou pour diverses fonctions spécifiques (absorption phonique, ignifugation*, réflexion de la lumière...). Les types de revêtements sont innombrables, et les citer tous serait impossible ; on peut les regrouper en grandes familles :

• les ***revêtements fluides ou pâteux***, plus ou moins prêts à l'emploi, qu'il faut étaler, épandre, badigeonner, enduire, talocher, projeter, après avoir éventuellement gâché, dilué, dosé, mélangé, teinté, adjuvanté*:

-les **enduits*** au sens le plus large :

a/ -les *enduits hydrauliques* extérieurs : enduits d'imperméabilisation des façades (V. Sous-enduit, Monocouche, Bicouche) ; enduits de parement (enduits rustiques de chaux, couches de finition, ciments-pierres* et mouchetis* tyroliens) ;

b/ -les *enduits intérieurs* : enduits de plâtre et enduits garnissants de peintres, chapes* de ciment ;

c/ -les *revêtements plastiques épais*, ou ***RPE***, dits *enduits de parement plastiques*. Ces enduits à liant synthétique sont fournis prêts à l'emploi, pour être étalés sur des fonds plans, sur 1,5 à 6 mm selon le cas : enduits granités*, ribbés*, tramés*.

Ils constituent, à l'extérieur, un *complément d'imperméabilisation.*

d/ -les *revêtements semi-épais*, ou ***RSE***, enduits de parement pelliculaires dits crépis fins décoratifs, ou *épidermes* : apparentés à des peintures chargées de minéraux fins, ils permettent d'obtenir un relief (le "décor"), sur une épaisseur de 0,5 à 1,5 mm, au rouleau, avec une spatule, ou par projection.

-les **peintures***, **laques***, **vernis*** et **lasures***, revêtements composant un film ou feuil* pelliculaire, à fonction protectrice et décorative, en une ou plusieurs couches. En font partie les peintures pour sols.

• les ***revêtements manufacturés***, préfabriqués en lés, en dalles, carreaux, lattes ou plaques pour être collés, scellés, agrafés, etc.

Ils se divisent en :

- **revêtements de sols intérieurs**, qui sont :

a/- les revêtements dits ***sols durs***, en minéraux taillés en dalles (pierres calcaires ou marbrières, marbre, granit, ardoise), ou en matériaux céramiques* (terres cuites dures, demi-grès et grès vitrifiés ou non, grès-cérames).

b/-les ***parquets**** et revêtements à base de bois (V. au mot Parquet) ;

c/- les ***revêtements textiles*** : d'une part les ***moquettes****, tissées ou touffetées (*tuftées*), en lés ou en dalles, et les ***aiguilletés****.

d/- les revêt. ***plastiques minces***, semi-flexibles, en dalles ou en rouleaux : dalles thermoplastiques, polyester, dalles de liège*.

Unis, marbrés, ou à décor, ces revêtements ont des épaisseurs de 1 à 4 mm.

e/- les revêtements de ***sols souples*** et *cushion-floors* : plus épais que les précédents, présentés sur une sous-couche compressible (latex, mousses SBR), ils offrent des caractéristiques de confort. Aux traditionnels linoléum et bulgomme succèdent des revêtements gaufrés ou calandrés à décors (imitations de bois, de carrelages rustiques, etc.), sur sous-couche de caoutchouc ou de mousse plastique compressible.

f/- les revêtements en ***caoutchouc***, en dalles ou en lés, en général à surface pastillée*, adaptés aux locaux à trafic intense, couloirs de métro, halls de gares, cabines d'ascenseurs, etc. Leur collage est fait surtout aux résines époxydes.

- **revêtements muraux intérieurs**, qui sont :

a/- les ***papiers* peints*** à décors imprimés standards, ou plastifiés.

b/- les ***tentures et revêtements*** pour murs et plafonds ; en dalles ou en lés, ils sont d'une grande diversité : moquettes et aiguilletés muraux, textiles tissés et non-tissés, revêtements plastiques à décor, lièges...

c/ - les ***revêtements durs*** ou semi-rigides rapportés : carreaux* ou mosaïques en céramique (faïences, émaux, grès, pâte de verre) ; d'autre part panneaux* décoratifs, lambris* et liège* en lés ou en dalles.

- **revêtements de sols industriels**. Ce sont, de façon générique, tous ceux qui sont conçus pour résister à une ou plusieurs contraintes particulières, qu'il convient de bien analyser avant d'arrêter un choix :

- contraintes *physiques* : roulement de véhicules, poinçonnements, abrasion, antiglissance sur sols de locaux mouillés ou gras ;

- contraintes *chimiques* : résistance aux acides (laiteries, industries chimiques, salles d'accumulateurs...) ; aux bases et alcalis (sucreries, tanneries) ; aux solvants et aux hydrocarbures (pétrochimie, garages...) ;

- contraintes diverses : de *planéité* (stockage automatisé à grande hauteur) ; *antiétincelles* (poudreries, salles de munitions), *résistance à la chaleur* (abords de fours, fonderies...), aptitude à la *décontamination* (laboratoires, centrales nucléaires, salles* blanches, etc.).

Ces revêtements industriels sont :

a/- soit en ***éléments manufacturés*** (dalles ou carreaux* de grès vitrifiés, de bétons spéciaux, d'asphalte, dalles ou lés plastiques spéciaux, caillebotis*, pavés* de bois, etc.) ; leurs caractéristiques en oeuvre sont souvent fonction de la qualité de leur pose et de leur jointoiement (par exemple joints antiacides).

b/- soit des ***revêtements de sols coulés***, dits revêtements *sans joints*, ou *sols continus* ; ces revêtements à base de résines (polyesters*, époxydes*, polyuréthannes*), chargés de minéraux inertes, sont étalés en couches sur 1 à 6 mm selon le cas.
Ils sont aussi utilisés pour leurs qualités décoratives et leur facilité de nettoyage, dans les locaux publics, aérogares, galeries marchandes, locaux scolaires, hôpitaux..., sous forme de terrazzo* époxy, ou de revêtements à paillettes de couleur (*chips*), ou à granulats colorés.

- **revêtements de sols sportifs**.
Catégorie à part, du fait des exigences particulières auxquelles ils doivent satisfaire : souplesse, résistance à l'usure, qualités de rebond de balles... V. les normes.

Les **revêtements d'étanchéité***.
Ce sont d'une part les systèmes d'étanchéité rapportés sur les toitures*-terrasses et terrasses-jardins ; d'autre part les systèmes d'étanchéité à armature pour façades ; enfin les revêtements de cuvelage* pour les cuves, bassins, piscines et locaux enterrés.

Les **revêtements des métaux**.
Destinés à la protection des métaux contre la corrosion, ou à donner à leur surface des caractéristiques particulières d'aspect de surface, de dureté, de conductivité, etc.
Ils sont réalisés soit par procédés électrolytiques (étamage, cuivrage, plombage, galvanoplastie...), soit par immersion dans des métaux en fusion (galvanisation*, zingage*) ou dans une solution métallique (argentage du cuivre, cuivrage de l'acier).
Citons aussi le plastage* et les procédés de *métallisation* par projection au pistolet d'un métal fondu, par application sous vide de vapeurs de métal, ou par pulvérisation et attraction électrostatique.

REVÊTIR v.tr.
Recouvrir une surface quelconque avec un revêtement.

RÉVISION (de prix) n.f.
Application de coefficients prenant en compte les hausses de prix de matériaux et/ou de main-d'oeuvre intervenues entre la date de validité d'un devis (fin du délai d'offre à prix ferme et non révisable) et la période d'exécution des travaux.
Les coefficients officiels applicables aux ***formules de révision*** sont publiés périodiquement dans la presse professionnelle.

RÉVOLUTION n.f.
Portion d'un escalier qui correspond à un tour complet.

REYNOLDS (nombre de —)
Rapport entre le produit de la vitesse V d'écoulement d'un liquide dans une canalisation (en m/s) par le diamètre d de cette canalisation (en m), et la viscosité* cinématique du liquide (en m^2/s) :

$\mathcal{R}$(nombre de Reynolds) = V.d/ν.

Si ce rapport R est voisin de 2 300 (ce qui est très rare), l'écoulement* est laminaire ; au-dessus de 2 500, il devient turbulent.

REZ - (ou à rez de —) prép.
Au niveau de, au ras de.
- ***Rez-terre*** : au ras du sol.

REZ-DE-CHAUSSÉE n.m. inv.
Étage d'un bâtiment dont le plancher est le plus proche du niveau du sol extérieur.

REZ-DE-COUR, REZ-DE-JARDIN n.m. Étage de plain-pied* avec une cour ou un jardin.

REZ-MUR n.m.
Nu* dans oeuvre* d'un mur extérieur de bâtiment (face du côté intérieur).

RHABILLER v.tr.
Refaire l'extérieur d'un bâtiment pour en transformer l'aspect, sans toucher à ses structures : faire un ***rhabillage***.

RHÉOLOGIE n.f.
Étude des caractéristiques de viscosité*, de plasticité et d'écoulement des matières fluides ou pâteuses.

RHÉOLOGIQUE adj.
Qui concerne la viscosité*.

RHÉOMÈTRE n.m.
Appareil de laboratoire pour la mesure des viscosités* et des caractères rhéologiques* des matériaux.

RHÉOSTAT n.m.
Dispositif de réglage progressif, par curseur linéaire ou pivotant, de l'intensité* d'un courant à l'aide d'une résistance variable ; les potentiomètres sont des rhéostats.

RHOMBE n.m.
Ancien nom du losange*.

RHOMBIQUE ou **RHOMBOÏDAL** adj. En forme de losange.

RIBBE n.f.
Strie formée à la surface d'un enduit* par un granulat qui roule sous la taloche.

RIBBÉ adj.
Qualifie un enduit* de parement plastique épais (RPE) ou semi-épais (RSE), ou un enduit de parement hydraulique mince (se pratiquait surtout dans l'Est de la France), qui a reçu une ***finition ribbée.*** Celle-ci consiste, après étalement en épaisseur uniforme, à passer légèrement une taloche plastique tenue à plat pour faire rouler les grains de gros diamètre contenus dans l'enduit (V.ill. à ce mot).

RIBBER v.tr.
Former des stries à la surface d'un enduit de parement mince en le frottant, soit par mouvements parallèles, soit en rond, selon l'aspect recherché ; on dit parfois le ***ribbage*** d'un enduit.

RIBLON n.m.
Petit déchet métallique, parfois utilisé comme granulat pour la préparation de bétons lourds.

RICHE adj.
Qualifie un béton, un mortier ou un enduit à taux de liant* élevé.
Syn.: *gras*. Opp.: *maigre*, *pauvre*.

RIDAGE ou **RIDEMENT** n.m.
Défaut d'une peinture en couches trop épaisses, qui présente des stries de retrait en forme de rides.

RIDEAU n.m.
1/FUMIST.: ensemble de plaques de tôles qui coulissent dans des guides latéraux d'un cadre pour fermer l'entrée du foyer d'une cheminée* d'appartement (V.ill. à ce mot).

2/MENUIS.-SERRUR.: paroi mince de grandes dimensions, opaque ou ajourée, enroulable autour d'un axe horizontal, et servant à la fermeture et à la défense d'une devanture de magasin, d'une entrée de lieu public, ou d'un garage : assemblages de lames parallèles, grille articulée, tôle ondulée...
-***Rideau d'air chaud*** : paroi d'air chaud produite par un aérotherme*, et soufflée avec force de haut en bas, dans une entrée de local public ou commercial ; l'air, repris en partie basse à travers une grille de seuil, est recyclé dans l'aérotherme situé sur le côté de l'ouverture.
On estime à environ 1 000 m^3/h le flux d'air chaud nécessaire par m^2 d'ouverture ; sa température ne doit pas dépasser 50°C là où il atteint le niveau de la tête des passants.

-***Rideau coupe-feu*** : paroi coupe-feu escamotable qui se met en place automatiquement, en cas d'incendie, pour isoler deux parties d'un même bâtiment.

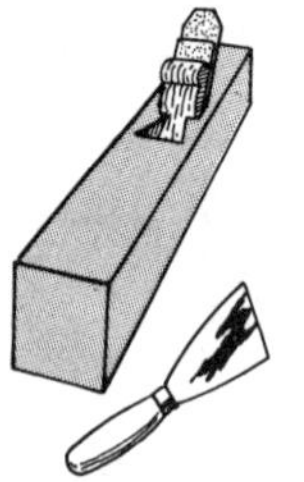

riflards

rifles

-*Rideau* **"*non-feu*"** : rideau d'aménagement en textile souple, bénéficiant du label "non-feu" (attribué à des matériaux ignifugés, non propagateurs de la flamme).
V. aussi Mur-rideau.

RIDOIR n.m.
Dispositif de mise en tension de câbles de haubans par vissage.

RIFLARD n.m.
1/MAÇONN.-PLÂTR.: outil en forme de couteau de peintre à lame biaise semi-rigide (V.ill). Utilisé comme grattoir pour nettoyer et décaper, et comme outil polyvalent pour dresser, creuser, couper, etc.

2/MENUIS.: outil de corroyage* d'env. 50 cm de long (V.ill).
Syn.: *demi-varlope*.

3/SERRUR.: grosse lime* à métaux.

RIFLE ou **RIFLOIR** n.m.
Désigne diverses limes de menuiserie ou de serrurerie dont les formes courbes ou coudées permettent de dresser et de travailler des pièces de métal (cuivre, bronze), et d'ouvrager leurs ornements (V.ill).

RIFLER v.tr.
Éliminer par grattage les aspérités d'une surface, les taches de peinture, les coulures de plâtre ou de ciment, etc. Dégrossir et corroyer le bois au riflard.

RIGAUD n.m.
Noyau dur dans une pierre à chaux.

RIGIDE adj.
Qui ne se prête pas à des déformations ou à des flexions sans rupture ; qui n'a aucune souplesse.

RIGOLE n.f.
1/ Petit canal d'écoulement des eaux à l'air libre.

2/MENUIS.: rainure pratiquée le long du rebord supérieur d'une pièce d'appui de croisée*, du côté intérieur ; elle recueille l'eau infiltrée sous l'ouvrant,

rinceaux

et la guide vers un conduit d'écoulement vers l'extérieur, percé en pente dans l'épaisseur de la pièce d'appui.

3/TERRASS.: tranchée étroite et peu profonde dans laquelle on établit les fondations d'un mur de construction légère en terre-plein ou d'un mur de clôture : *fouille en rigole*.

RIGOTEAU n.m.
Tuile plate recoupée pour être noyée dans une dévirure*.

RILSAN n.m. (marque comm.)
Fibre synthétique de polyamide utilisée sous forme de poudre dans le revêtement plastique protecteur des ***tôles* rilsanisées***.
La ***rilsanisation*** des métaux leur donne une bonne résistance aux agressions chimiques.

RINCEAU ou **RAINCEAU** n.m.
Ornement peint ou sculpté en forme de rameaux feuillus enroulés en volutes (V.ill).

RINGARD n.m.
1/CHAUFF. : tige métallique terminée par une plaquette à angle droit, utilisée dans un foyer à grille pour remuer les combustibles solides et faire tomber les cendres.

2/PLOMB.: longue tige de jonc ou de métal flexible, à extrémité coudée, utilisée pour déboucher et dégorger les canalisations obstruées.

3/SERRUR.: tige de métal soudée provisoirement sur une pièce à forger, pour la tenir et la manipuler plus facilement au feu et sur l'enclume.

RIPAGE n.m.
1/ Grattage et polissage de la pierre avec la ripe (on dit aussi ***ripement***).

2/ Léger déplacement latéral d'un étai, d'un bloc de pierre, d'un mur, d'une pièce de charpente, etc.

RIPATER v.tr. (rég.)
Former des reliefs rustiques à la surface d'un enduit de parement en le travaillant en tous sens avec un tampon de chiffons ou divers outils.

RIPE n.f.
Outil métallique de tailleur de pierre et de ravaleur, formé d'une tige terminée par deux parties coudées, l'une finement dentée, l'autre dentée ou tranchante ; elle sert à ragréer, gratter, creuser, etc. la pierre et ses moulures (V.ill). Syn.: *gratte-fond.*

RIPER
1/v.tr. Râcler la pierre avec la ripe.
2/v.i. Déraper de côté.

RISBERME n.f.
Ouvrage de consolidation ou de défense à la base d'un mur, surtout pour le protéger des affouillements* par l'eau : les risbermes sont soit des fascines* grillagées, soit des blocs de pierre ou de béton.

RISSOLÉ adj.
Se dit d'une surface brunie ou cloquée par le feu ou la chaleur.

RIVE n.f.
1/ Bord latéral d'une planche, d'une latte*, d'une lame de parquet, d'une tôle, d'une vitre, etc.

2/COUVERT.: extrémité latérale d'un pan de toiture. Une rive est dite *droite* si elle est parallèle à la ligne de plus grande pente, *biaise* en cas contraire.

La ***rive de tête*** d'un pan de toiture est son bord supérieur, si celui-ci n'est pas un faîtage.

3/TRAV.PUBL.: la rive d'un pavé désigne chacune de ses faces verticales.

RIVELON n.m.
Rivet* à froid constitué de deux éléments complémentaires, pour les assemblages rapides et résistants de constructions métalliques (V.ill).
La pose du rivelon, ou ***rivelonnage***, fait appel à un outil pneumatique spécial qui saisit la queue, la tire fortement, puis refoule et sertit la bague en l'écrasant autour de la tige rainurée ; la queue, détachée par rupture de l'étranglement, est éjectée.

RIVELONNER v.tr.
Assembler avec des rivelons.

RIVER v.tr.
1/ Aplatir la tête d'un clou pour qu'elle ne fasse pas saillie sur le bois ; écraser la tête d'un rivet, ou l'extrémité

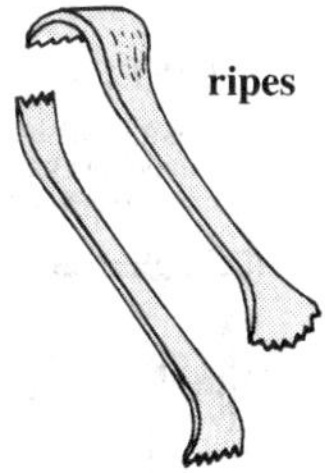

ripes

rivelon
(et sa mise en oeuvre)

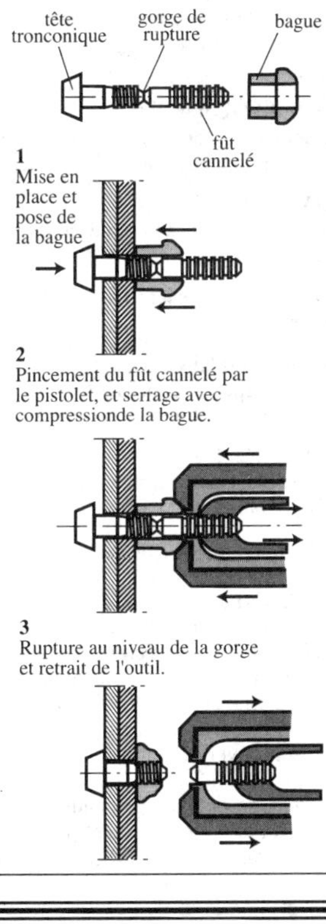

d'une tige métallique en la refoulant pour qu'elle soit ancrée dans son logement.

River en goutte de suif, c'est donner une forme bombée aux têtes de clous ou de rivets, avec un rivoir*.

2/ Assembler avec des rivets*.
Syn.: *riveter**.

RIVET n.m.
Élément d'assemblage de tôles ou de métaux méplats, composé d'une tige à tête préformée (tête de pose) ; à l'autre extrémité, on forme une tête (***rivure****) en rivant* la tige, c'est-à-dire en la refoulant et en l'écrasant, à froid ou à chaud (V.ill).

Les rivets sont en acier doux, ou en alliages de cuivre ou d'aluminium ; l'illustration présente quelques-unes de ses nombreuses variantes.
V. aussi Rivelon.

RIVETAGE n.m.
Assemblage non démontable de pièces métalliques, à l'aide de rivets.

RIVETER v.tr.
Poser des rivets, assembler avec des rivets : *charpente rivetée*.

RIVETEUSE ou **RIVEUSE** n.f. Machine à riveter.

RIVOIR ou **RIVOIS** n.m.
Marteau spécial dont la tête plate ou concave sert à former les rivures.

RIVURE n.f.
Assemblage avec des rivets.
Tête *fermante* du rivet*.

ROANNE n.f. V. Rouanne.

ROBINET n.m.
Dispositif de commande du passage ou de l'arrêt de l'écoulement d'un fluide (eau, gaz, air, vapeur, hydrocarbure, etc.) dans une canalisation.
Le robinet se distingue de la *vanne** par son ouverture progressive, à pas de vis, et par le fait que son obturateur, ou *tête*, se déplace perpendiculairement à l'axe d'écoulement du fluide dans la canalisation (V.ill).
Les robinets sont en fonte, en acier, en inox, en bronze, dans divers alliages, ou encore en résine de synthèse.
Les modèles de robinets sont innombrables, et nous ne citons ici que les principaux (V. Pl. ci-après).
Selon leur conception, on distingue les robinets à boisseau, à by-pass*, à clapet*, à papillon, à pointeau, à piston, à soupape, à tournant, à vanne (robinet-vanne), etc.
Selon leur fonction, les robinets du bâtiment se subdivisent en :

1/-Robinets d'arrêt, sur le cours d'une canalisation pour interrompre le passage du fluide dans toute la partie située en aval du robinet.
Ils comportent deux raccordements, un *d'entrée* et un *de sortie*.

On distingue :

- pour l'eau, le robinet d'***arrêt général***, disposé entre le branchement du réseau public et les canalisations de distribution d'un bâtiment ;

- pour le gaz, les robinets d'arrêt sont dits ***coupures***, ou *robinets de barrage* (robinets à boisseau à rotation d'un quart de tour) ;

- le ***robinet-chef***, entre le branchement du réseau public et le réseau des canalisations de distribution de gaz d'un même bâtiment ;

- le ***robinet de compteur***, robinet de barrage à proximité du compteur, sur sa canalisation d'alimentation ;

- le ***robinet d'ordonnance***, ou *organe de coupure de branchement particulier*, qui, au départ d'un branchement d'abonné, commande l'alimentation de cet abonné.
NB- Les termes de *barrage*, *robinet-chef* et *robinet d'ordonnance* ont été abandonnés dans le DTU.

2/-Robinets de puisage, qui commandent l'écoulement des fluides hors des canalisations, en général à l'air libre, par un bec*.
Les ***robinets sanitaires*** désignent l'ensemble des robinets de puisage destinés au remplissage des appareils sanitaires (lavabos, baignoires,

ROBINETS

(d'après documents COMAP, DELABIE, FRIEDRICH GROHE)

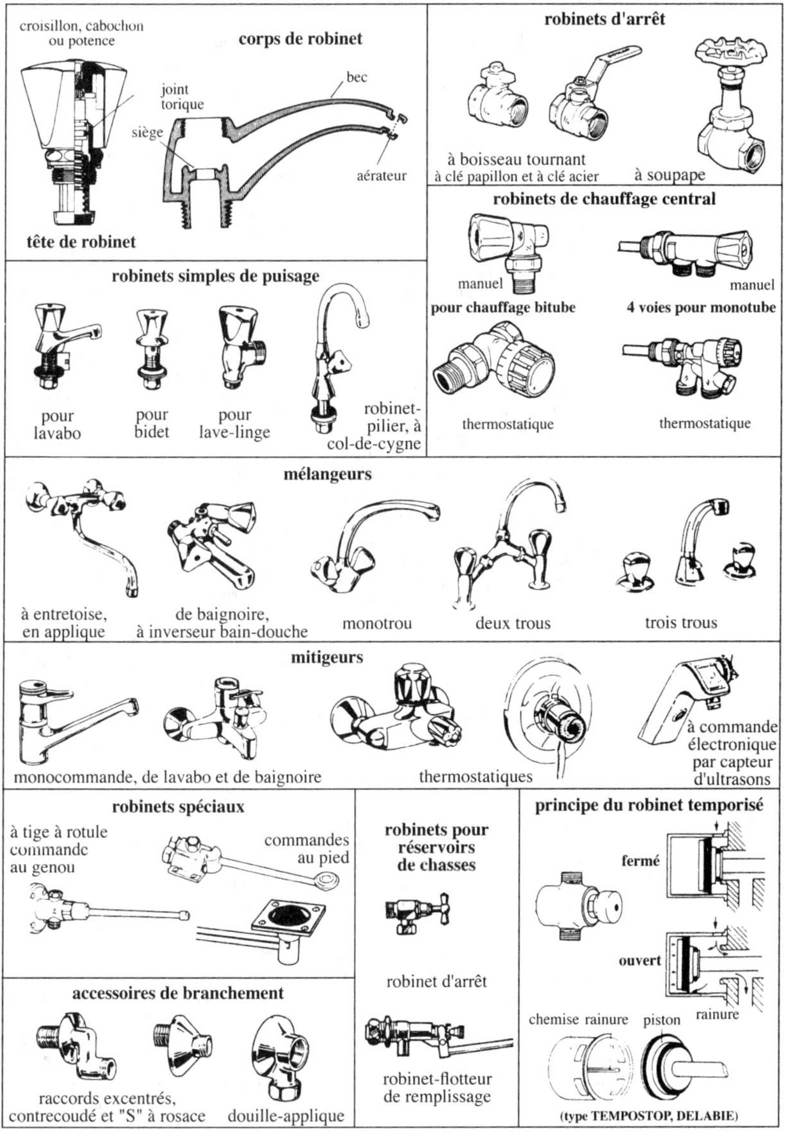

douches, bidets, lave-mains, éviers, urinoirs...). Ces robinets sont soumis par les fabricants à une *pression* d'épreuve* de 2,5 MPa (soit env. 20 atm.) pour résister sans risque à des *pressions de service* atteignant 0,3 à 0,6 MPa (3 à 6 bars).
Ils font l'objet du classement qualitatif *Classement EAU,* comportant trois critères, chacun avec un indice croissant de performance :
- E = Écoulement, mesuré sous 0,3 MPa de pression : E_1 à E_4 ;
- A = Acoustique, noté A_1 à A_3 ;
- U = Usure (endurance aux cycles de fonctionnement) : U_1 à U_3.
On distingue :
- le *robinet de* ***puisage simple***, ou *à clapet,* à bec coudé, parfois fileté (branchement de tuyaux amovibles d'alimentation, d'arrosage, etc.),
- le *robinet* ***mélangeur****, installé sur les éviers, lavabos, baignoires et douches ; il comporte deux robinets débouchant sur un même bec, l'un pour l'eau froide et l'autre pour l'eau chaude. Il doit permettre un mélange satisfaisant d'eau chaude et froide pour des différences de pression atteignant 2 kg/cm².

- le *robinet* ***mitigeur****, dit *mitigeur monocommande* : il a les mêmes fonctions que le mélangeur, mais n'a qu'une commande de débit et de réglage du mélange d'eaux chaude et froide. Son principe repose sur la circulation de l'eau dans les orifices excentrés de deux disques mobiles superposés, parfaitement lisses, pouvant jouer l'un contre l'autre avec une totale étanchéité (disques céramiques en oxyde d'aluminium à graissage permanent dont l'assemblage constitue une *cartouche céramique*).

Sa variante dite ***mitigeur thermostatique*** a en outre un dispositif de réglage automatique et permanent du mélange à la température souhaitée, affichée sur une commande.
Le mitigeur thermostatique comporte un blocage de sécurité à 40°C pour éviter les risques de brûlures accidentelles ; l'interruption d'eau chaude doit être automatique en cas de coupure d'alimentation froide.

- le *robinet* ***intermittent*** (arrosage intermittent d'urinoirs en batteries ou stalles) ; ce type de robinet, peu économe en eau, est aujourd'hui abandonné et remplacé par des robinets à fermeture temporisée.

- le *robinet* ***temporisé***, qui interrompt de lui-même le débit après un laps de temps, ou *séquence*, de durée prédéterminée (en général de l'ordre de 6 à 8 s). Dans la plupart des cas, son ouverture se fait soit par bouton-poussoir, soit par levier à rotule.
La pression sur le poussoir fait coulisser un piston dans une chemise cylindrique et libère le passage de l'eau ; une rainure calibrée autorise alors le remplissage du cylindre vidé, provoquant le retour du poussoir vers sa position initiale (V.ill). Ce type de robinet, destiné à éviter le gaspillage d'eau, concerne surtout les équipements collectifs.

- le *robinet* ***à commande électronique*** : robinet à vanne magnétique dont l'ouverture est déclenchée par un émetteur-récepteur à ultrasons, petit bloc électronique basse tension qui réagit aux mouvements.

- les *robinets* ***à volume d'eau programmable*** coupent l'alimentation en eau lorsque la quantité programmée est atteinte ; ils permettent par exemple le remplissage de baignoires sans risque de débordement.

- les *robinets* ***de vidange*** sont les petits robinets de puisage à double raccordement qui doivent être montés aux points les plus bas des canalisations, pour permettre de vider celles-ci de leur contenu.

3/-Robinets à fonction spéciale :
-***robinets de radiateurs***, qui sont des robinets d'arrêt entre l'entrée d'un corps de chauffe (radiateur) et son alimentation en fluide caloporteur. Ils sont soit à commande manuelle, soit *thermostatiques**, donc à fonctionne-

ment automatique asservi à une *température de consigne* que l'on affiche par rotation de la *tête*, qui contient l'organe détecteur.
Le *corps* du robinet contient l'élément régulateur et son *clapet*.

-***robinets-flotteurs*** pour réservoirs de chasses* d'eau, actionnés en général par un bras articulé à flotteur ; après chaque évacuation, ils commandent le remplissage du réservoir et interrompt l'arrivée d'eau lorsque celui-ci est rempli (V.ill).

-***robinets de purge***, ou *purgeurs* (V. description à ce mot),
-***robinets d'incendie*** : ces *robinets armés* d'un tuyau souple sont spécialement conçus pour une ouverture rapide (robinets quart de tour) et un débit important sous forte pression. Les tuyaux de lances d'incendie comportant un *robinet diffuseur* doivent résister aux fortes surpressions provoquées par la fermeture brusque du robinet de lance.

ROBINETIER n.m.
Fabricant de robinets.

ROBINETTERIE n.f.
Ensemble des robinets d'une installation. Industrie de fabrication des robinets.

ROCAILLAGE n.m.
Garnissage des joints larges d'une maçonnerie en meulière ou moellons, avec des fragments de pierre.

ROCAILLE n.f.
Maçonnerie rustique à base de meulière, imitant les reliefs tourmentés des rochers naturels. Ces ouvrages à caractère plus ou moins artistique, étaient l'oeuvre des ***rocailleurs***.

ROCHAGE n.m.
Porosité provoquée dans les soudures par le monoxyde de carbone. Action de rocher* des pièces à souder.

ROCHE n.f.
Ensemble de minéraux de composition et de structure homogènes, qui se présente en masses compactes.
Plus généralement, toute matière extraite du sol pour être utilisée comme matériau de construction.
En géologie, on classe les roches en fonction de leur origine, ou de leur formation, en roches *endogènes**, *volcaniques, sédimentaires**, *métamorphiques**.

Voir le **tableau de la page ci-après** qui regroupe les principales roches suivant cette classification.

ROCHER v.tr.
Épandre du borax* sur les pièces à souder ou à braser.

ROCHET n.m.
La ***roue à rochet*** est une roue garnie de dents en sifflet* dans lesquelles s'engage un cliquet* antiretour.

ROCHOIR n.m.
Petit récipient percé de trous avec lequel on saupoudre la poix-résine en poudre ou le borax* sur les soudures* encore chaudes.

ROCK-BIT n.m.
Trépan* à molettes dentées.

ROCOCO n.m.
Se dit du style baroque* germanique du 18e siècle, caractérisé par son ornementation dense et exubérante.

RODAGE n.m.
Rectification ou réfection, par abrasion, de l'ajustage étanche des pièces mobiles de robinetterie dans leurs berceaux, avec un ***rodoir***, ou un ***rodor***. La fraise de cet outil (V.ill) permet un centrage précis dans l'axe de la tête du robinet.

rodoir ou **rodor** porte-fraise pour rodage de têtes de robinets

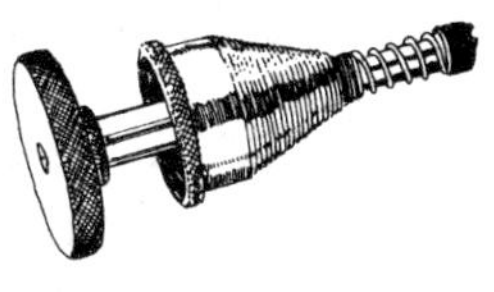

(d'après doc. VIRAX)

ROCHES

I • Roches endogènes ou ignées		
roches **granitoïdes**	**granit** (ou **granite**)	feldspath (40%), quartz (35%) et mica (env. 25%) ; pierre de taille dure pour soubassements, encadrements, harpages, dalles polies.
roches **porphyriques**	**porphyre** *quartzifère*	quartz et orthose dans une pâte de feldspath. Variété : l'andésite. Utilisé autrefois pour vasques, colonnes, etc.
	porphyre *feldspathique*	idem, sans quartz, mais à cristaux de feldspath ; très dur, prenant bien le poli ; aussi utilisé autrefois pour les vasques, colonnes, etc.
II • Roches éruptives ou volcaniques		
roches et tufs **volcaniques**	**trachytes**	grains de feldspath enchevêtrés ; sert de pierre à bâtir appareillée en Auvergne. Variété : la ponce, utilisée comme granulat léger.
	basaltes	feldspath, pyroxène et fer oxydé ; taille très difficile ; sert pour les murs en pierre sèche et empierrements (Auvergne, Ardèche).
	laves	analogue aux trachytes, mais aspect de mousse, gris-noir ; sert de pierre à bâtir (Alsace, Volvic).
III • Roches sédimentaires et/ou **métamorphiques** (transformées, après sédimentation, par des actions d'origine interne)		
roches **siliceuses**	**sables, gravillons, graviers, galets**	désagrégation de roches quartzeuses ou siliceuses, parfois avec argile ou fer oxydé (nuances selon impuretés) ; constituants des mortiers et bétons ; emplois en sous-couches et lits incompressibles.
	gneiss (*granit schisteux*)	quartz, feldspath lamellaire, mica, et graphite ou talc ; parfois endogène ; qualités analogues au granit : sert de pierre à bâtir.
	brèches et **poudingues**	roches détritiques : conglomérats de débris de roches, soudés par un ciment naturel calcaire ou siliceux, plus ou moins terreux ; les brèches sont anguleuses, et les poudingues sont à base de cailloux ronds ; taille difficile ; emplois en empierrements, fondations.
	grès	roches détritiques : agglomérats de sables, liés par un ciment siliceux, calcaire argileux ou ferrugineux ; les grès homogènes servent de pierre à bâtir (moellons), pavés, bordures de trottoirs ; variétés : grès graveleux (grains > 2mm), meulière compacte (chaille) ou caillasse ; meulière caverneuse (molaire).
	silex	silice (90%) et calcédoine ou opale ; convient bien pour les empierrements ; parfois utilisé en maçonnerie mixte (Normandie).
roches **argileuses**	**argiles**	résultent en général de décompositions minérales : silice (50 à 70%), silicates d'alumine (15 à 40%), eau, oxydes et plus ou moins d'impuretés ; plastique si imbibée ; matière première des industries céramiques ; **kaolin** = argile blanche ; **marnes** = argile + calcaire.
	schistes	anciennes argiles agglomérées et feuilletées par compression ; plus ou moins délitable en feuillets (**ardoise**) ou en plaques (**lauze**).
roches **calcaires**	**gypse** (*pierre à plâtre*)	sulfate de calcium hydraté, cristallisé à l'état naturel ; n'est utilisable que pour la fabrication du plâtre.
	calcaires *compacts courants*	carbonate de calcium avec plus ou moins de magnésie, silice, argile, oxydes métalliques (d'où nombreuses nuances) ; effervescents en présence d'acides ; variétés à concrétions : oolithiques, travertins, tuffeau ; pierre à bâtir idéale : extraction, taille, mouluration aisées.
	pierres marbrières	variétés de calcaires durs prenant le poli comme les marbres.
IV • Marbres		calcite et/ou dolomie finement cristallisées, colorées par des oxydes métalliques ; emplois en dallages, placages, sculpture...
V • Roches carbonées		bitume naturel (bitume natif) et asphalte naturel (roche imprégnée de 8 à 10% de bitume pur) ; utilisés en voirie et étanchéité.

Un rodage peut faire suite à une détérioration, ou à une usure inégale.

ROGNE n.f.
Mousse végétale parasite des bois.

ROGNER v.tr.
Découper, éliminer, réduire la bordure d'une pièce quelconque.

ROGNON n.m.
Inclusion minérale dure et arrondie dans une roche. Syn.: *lentille*.

ROGNURE n.f.
Chute provenant d'une recoupe du bord d'une pièce, d'un revêtement, d'un lé de papier peint, etc.

ROIDIR v.tr.
Syn. de *raidir**: roidir un étai.

RÔLE n.m.
Registre des ouvriers et manoeuvres, autrefois tenu par le piqueur*.

ROMAIN adj.
V. Ciment romain, Tuile romaine.

ROMAN adj.
L'architecture romane, du 10e au 12e siècle, est caractérisée par le développement d'une part de longues voûtes en berceau (sans charpente), portées par des piliers carrés ou cruciformes, d'autre part de coupoles rondes sur trompes*, d'absides* et d'absidioles*, empruntées à l'art byzantin.
A l'extérieur, des contreforts* massifs contrebutent* les voûtes ou leurs arcs. Les baies restent de dimension modeste ; les arcatures* et baies simulées sont fréquentes. Les clochers s'élèvent en tours carrées ou octogonales en façade des églises, ou au-dessus du carré* du transept*.
Son ornement est sobre : frettes*, billettes*, câbles*, chevrons*, damiers*, méandres*, pointes de diamant* ; les chapiteaux* sont souvent le support de scènes.
Le 12e siècle réalise la transition du *roman* avec l'art *ogival** (V. Gothique*) : apparition des ogives*, remplages* et motifs polylobés*.

ROMPU adj.
Se dit d'une couleur dont on a atténué la vivacité par mélange.

RONCE n.f.
1/ Bois madré* dont les fibres et les noeuds sont tortueux ; la ronce, mise en évidence par tranchage, est recherchée en ébénisterie pour ses effets décoratifs.

2/ La ***ronce artificielle*** est un double fil métallique torsadé et garni de courtes pointes acérées. Syn.: *fil barbelé*.

RONCEUX adj.
Se dit d'un bois madré* et noueux.

ROND n.m.
1/ Le ***rond à béton***, ou ***rond lisse***, est la barre* d'acier d'armature de section circulaire et sans crénelages.

2/ Disque de paille ou de jonc tressé, que les tailleurs de pierre disposent sous les blocs qu'ils façonnent pour ne pas les endommager.

ROND adj. Syn. de *circulaire*.
Un ***escalier rond*** est un escalier en colimaçon*, à vis. Une ***croupe* ronde*** a un plan semi-circulaire.

RONDE-BOSSE n.f.
Ouvrage ou partie d'ouvrage de sculpture en haut-relief, totalement détaché d'un fond, contrairement à la demi-bosse* ou au bas-relief*.
Sculpture ***en ronde bosse*** (loc. adv.) s'écrit sans trait d'union.

RONDELLE n.f.
1/ Petit disque de métal percé pour être placé entre un écrou* et la pièce à serrer, afin de répartir la pression (***rondelle plate***) et d'empêcher le desserrage de l'écrou (V.ill) :

-la ***rondelle Belleville***, en tôle emboutie, fait ressort.

-la ***rondelle dentée***, à denture intérieure ou extérieure (*rondelle éventail*) ; ses dents s'opposent au desserrage de l'écrou.

-la ***rondelle Grower***, petite tige d'acier de section carrée et en hélice,

rondelles

plate

Grower

éventail,
à denture extérieure

éventail,
à denture intérieure

Belleville

de charpentier,
à double denture

rosace

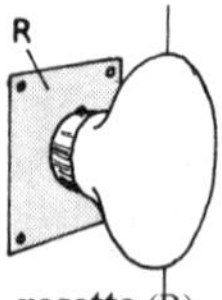

rosette (R)
de bouton ou
de béquille

fait ressort et bloque l'écrou.

2/ Crochet qui sert aux tailleurs de pierre à finir le creusement concave et le refouillement* des moulures.

RONDIN n.m.
Pièce de bois cylindrique utilisée en blindage* de fouilles* ou pour l'étaiement* d'ouvrages.

RONDIR v.tr.
Tailler une ardoise au format souhaité. Les ***rondisseurs*** sont ceux qui, dans les ardoisières, effectuent le ***rondissage***, recoupe des ardoises aux dimensions, avec une ***rondisseuse***, sorte de massicot.
L'ardoise rondie (adj.) est celle qui a les dimensions voulues (*rondir* ne signifie pas *arrondir*, par ex. en écaille*).

RONFLEUR n.m.
Relais* électromagnétique à lame vibrante, qui émet un son sourd. Avertisseur sonore sans timbre, constitué avec ce type de relais.

ROSACE n.f.
1/ Ornement circulaire composé de feuilles disposées en rayons autour d'un centre en forme de fleur ou de bouton de fleur (V.ill).

valeur des points de **rosée**

masse d'eau en grammes par m³	température du point de rosée (°C)
0,90	- 20
2,17	-10
4,85	0
9,40	10
17,20	20
30,40	30

courbe de rosée (C),
et teneurs correspondantes en humidité relative (HR) à d'autres températures, sous la pression atmosphérique normale

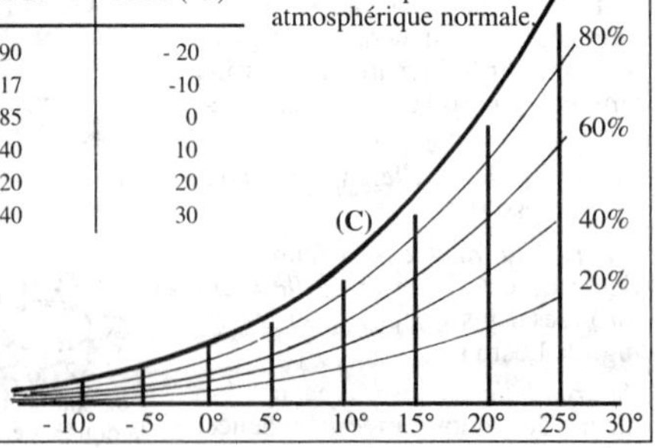

On le trouve sur les plafonds et corniches*, sur les chapiteaux*(syn.: *fleur de chapiteau*), et sur divers membres* d'architecture.

2/ Rondelle décorative découpée en forme de rose, et traversée par un piton ou un clou dont elle orne la tête.

ROSE n.f.
1/ Large baie* circulaire à remplages* surmontant un portail d'église, ou à l'extrémité des transepts.

2/ Rosace* d'ornement.

ROSEAU n.m.
Syn. de *rudenture* (V.ill. à ce mot).

ROSÉE (**point de –**)
Température à laquelle l'humidité (vapeur d'eau) d'une masse d'air devient saturante*, et commence à se condenser en gouttelettes, sous pression constante.
La ***courbe de rosée*** est la courbe de saturation* d'une humidité relative de 100% selon les variations de température, de volume et de pression. Ses valeurs sont données par le *diagramme de Mollier*, dit *de l'air humide*.

ROSETIER, ou **ROSETTIER** n.m.
Poinçon servant à former, par estampage, des rosettes d'ornement.

ROSETTE n.f.
1/ Petit ornement en forme de rose épanouie.

2/ Plaquette percée, fixée en applique sur un montant de porte ou au dos d'une serrure ; son orifice sert de guide à la tige d'une béquille* ou d'un bouton de poignée.

3/ Cuivre rouge très pur.

4/ Petit disque de métal à encoches radiales, au bout d'un manche, et servant à donner de la voie* aux dents des scies*: V. Rainette.

5/ Petit disque circulaire ajouré servant de tampon* de siphons de sol.

ROSSIGNOL n.m.
1/CHARP.-MENUIS.: petite cale de bois taillée en sifflet*, insérée dans une

mortaise* trop longue pour bloquer le tenon et l'empêcher de jouer*.

2/SERRUR.: crochet de métal qui sert à crocheter une serrure.

ROTATION n.f.
Mouvement circulaire autour d'un axe. Léger mouvement de bascule d'une poutre sur ses appuis, par suite d'une flexion ou d'une charge excessive. Souvent la cause de fissures horizontales sur les murs extérieurs.

ROTIE n.f.
Exhaussement* d'un mur mitoyen sur la moitié de son épaisseur, avec des petits contreforts portant sur la partie non rehaussée.

ROTONDE n.f.
Édifice de plan circulaire ou ovale, souvent ceinturé de colonnes, et surmonté d'un dôme* ou d'une coupole*: bâtiment *en rotonde*.

ROTONDITÉ n.f.
État de ce qui est arrondi.

ROTOR n.m.
Partie mobile d'un équipement, qui tourne sur son axe central, par opp. au *stator**, pièce immobile qui l'encadre : rotor de ventilateur, de moteur électrique, d'alternateur, etc.
Partie mobile du bloc de sûreté d'une serrure*.

ROTULE n.f.
Articulation permettant d'orienter une pièce dans diverses directions.

ROUANNE ou **ROANNE** n.f.
1/ Grand compas qu'utilisent les charpentiers pour marquer leurs pièces, tracer des cercles et reporter des mesures sur le bois.

2/ Grande tarière* de charpentier.

ROUANNER v.tr.
Marquer les bois avec la rouanne.

ROUANNETTE n.f.
Petite rouanne.

ROUET n.m.
1/CHARP.: enrayure* d'un comble de plan circulaire ou polygonal à pans.

2/SERRUR.: pièce circulaire rapportée sur le palâtre* d'une serrure*.
Elle s'oppose à l'introduction d'une clef dont le panneton* n'aurait pas les fentes correspondantes.

ROUILLE n.f.
Oxyde rougeâtre (*hydroxyde ferrique*) qui couvre les métaux ferreux exposés à l'humidité, puis les pénètre en profondeur, avec accroissement de volume, jusqu'à leur destruction totale par délaminage*.

ROUILLER
1/v.tr. Provoquer la formation de rouille en oxydant un métal ferreux.

2/v.i. Etre attaqué par la rouille.

ROUILLURE n.f.
Attaque d'un métal ferreux par la rouille, et son résultat.

ROULAGE n.m.
Formation de profils cintrés, par passage entre des rouleaux.

ROULE n.m.
Cylindre de bois dur que l'on dispose sous les blocs de pierre ou sous des pièces lourdes pour les déplacer.

ROULÉ adj.
Peut qualifier : un bois atteint de roulure*, un gros granulat sous forme de fragments arrondis par abrasion ou érosion naturelle (galets roulés), un enduit de parement plastique *structuré* au rouleau (enduit *tramé**).

ROULEAU n.m.
1/ARCHIT.: voussure* d'un arc, composée d'un rang de claveaux* ou voussoirs*. Un arc est dit *à double, triple... rouleau* s'il est constitué de rangs de claveaux superposés.

Un ***rouleau d'archivolte**** est une saillie arrondie qui règne* sur la face de parement d'un arc.

Une ***voûte appareillée en rouleaux*** est composée de rangs de voussoirs accolés, les joints montants* entre deux rouleaux étant dans un même

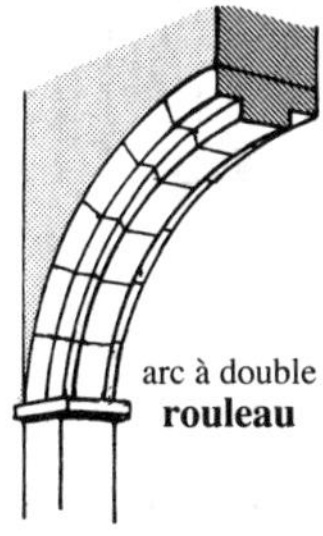

arc à double **rouleau**

ROULEAUX
à peinture

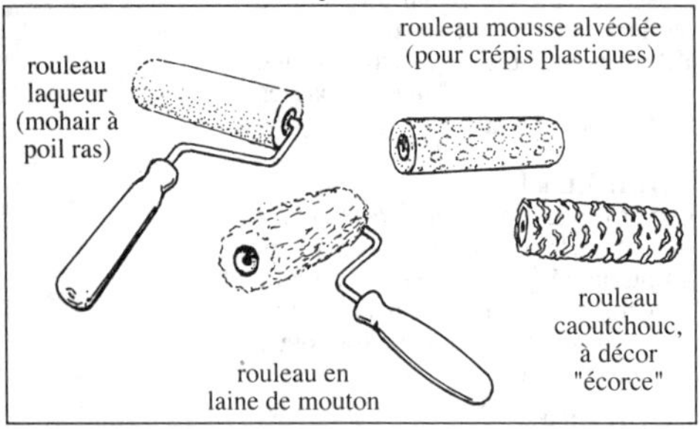

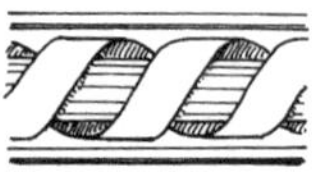

ruban
(motif d'ornement)

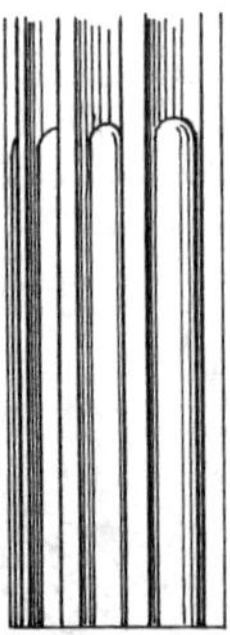

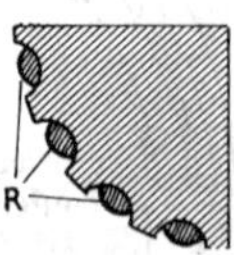

rudenture (R)

plan vertical. Un *rouleau* désigne aussi l'enroulement en volute d'une console* ou d'un modillon*.

2/COUVERT.: coussin de paille tressée disposé sous les échelles de toit pour éviter d'endommager la couverture.

3/MANUT.: syn. de *roule**.

4/PEINT.-REVÊT.: manchon servant à étaler et à uniformiser les produits fluides ou peu visqueux, pivotant librement sur l'axe d'un étrier muni d'un manche (V.ill). Pour les peintures et tous produits fluides, les manchons courants sont en mousse, en laine à poils longs, ou en mohair ras (*rouleau laqueur*).
Des rouleaux spéciaux permettent de *tramer** les enduits de parement (rouleaux de mousse alvéolée) ou de former un décor particulier : rouleaux *à stries*, *à picots*, *à feuilles de chêne*, *écorce*, etc. (V.ill).

Les ***rouleaux alimentés*** sont reliés, par tuyau souple, à un équipement de mise sous pression de la peinture, permettant un travail en continu, sans trempage du rouleau, avec une alimentation régulière.

ROULETTE n.f.
1/ Ruban de mesure d'arpentage* (décamètre ou double-décamètre), enroulable dans un étui à manivelle.

2/PEINT.-REVÊT.: petite roue dure montée sur manche, utilisée pour le pressage des joints des papiers peints.

3/ Boucharde* de cimentier.

ROULON n.m.
Barreau rond de rambarde*, petit balustre* de rampe.

ROULURE n.f.
Délaminage* interne des bois*, en fissures concentriques, entre leurs cernes* annuels, provoqué par les gelées. Ce défaut des bois, dits ***bois roulés***, les rend impropres à des emplois en charpenterie.

ROUVERAIN ou **ROUVERIN** adj.
Qualifie un métal ferreux que sa teneur en soufre rend cassant, tant à chaud qu'à froid, et qui est difficile à souder.

RUBAN n.m.
1/ Ornement architectural peint ou sculpté, imitant un ruban enroulé en spirale sur une baguette (V.ill).

2/ Feuillard* étroit de fer laminé.

RUBANAGE n.m.
Mise en place d'isolants en papier imprégné de résine ou de goudron autour de câbles électriques à enterrer.

RUBANÉ adj.
Qualifie certains bois et marbres qui présentent des moirures* en bandes qui rappellent plus ou moins l'aspect de rubans.

RUBIGINEUX adj.
Qui a l'aspect, la couleur ou les caractéristiques de la rouille*.

RUDENTÉ adj.
Se dit d'une colonne* dont le fût* est orné de cannelures* garnies de baguettes ou de roseaux* jusqu'au tiers de leur hauteur.

RUDENTER v.tr.
Garnir de rudentures.

RUDENTURE n.f.
Ornement en forme de baguette lisse, torsadée ou tressée, qui garnit une cannelure* de colonne* ou de pilastre* rudenté (V.ill). Syn.: *roseau*.

RUDÉRATION n.f.
Pavage* composé de fragments de pierres ou de cailloux juxtaposés.

RUELLÉE n.f.
Solin* de mortier de ciment, qui termine la rive d'un pan de toiture ; les tuiles ou ardoises de rive sont insérées dans la ruellée, et éventuellement relevées en dévirure*.

RUILER ou **RUELLER** v.tr.
Garnir de plâtre un joint ou un vide, en particulier entre un mur et les matériaux d'une toiture.

RUINE n.f.
Bâtiment délabré, ou reste d'édifice dont l'essentiel est écroulé.

Les ***bâtiments menaçant ruine***, s'ils présentent un danger pour le voisinage ou pour les usagers de la voie publique, peuvent être démolis à l'initiative du maire de la commune, en cas de danger imminent, par une procédure d'urgence
V. le *Code de la Constr., art. L. 511.1 et suivants*, et *le Code Urb., L. 430-3, R. 430-26.*

RUINER v.tr.
Pratiquer des entailles dites *ruinures*, dans les faces latérales d'une pièce de bois.

RUINURE n.f.
Entaille dans le côté d'une solive pour porter des entrevous*, ou dans une pièce d'ossature de pan* de bois pour donner prise à la maçonnerie.

RUPTEUR n.m.
Contacteur électrique commandé à distance ou asservi à un programmateur.

RUPTION n.f.
En peinture, éclaircissement d'une teinte par un ajout de blanc.

RUPTURE n.f.
Séparation en plusieurs parties d'un corps ou d'un matériau soumis à une force supérieure à la résistance de cohésion* interne qu'il peut opposer à une traction*, une compression*, une flexion*, une torsion*...

La ***résistance à la rupture*** est la valeur de l'effort, ou *charge de rupture*, exercé sur le matériau au moment précis où il se rompt.

Dans le cas des bétons, la rupture est précédée d'un phénomène de *prérupture**.
Dans l'observation d'une décohésion de matériaux (par exemple décollement d'un enduit ou d'un carrelage), on distingue la ***rupture adhésive***, qui a lieu dans le plan de collage, ou interface, entre les éléments ou couches distinctes, et la ***rupture cohésive***, qui se produit dans l'épaisseur des matériaux.

-***Rupture de charge*** : dans le transport des matériaux entre leur lieu de fabrication et leur site d'utilisation, désigne un déchargement puis un rechargement sur un autre véhicule.

-***Rupture de joints*** : le montage de murs *à rupture de joints* consiste à étaler un double lit longitudinal de mortier de pose, en bandes parallèles séparées, ménageant ainsi un vide de mortier qui contribue à l'isolation thermique.

Les briques* et les blocs *à rupture de joints* sont des éléments dont la section à évidements longitudinaux est spécialement adaptée à ce type de pose.
V. aussi Extracourant de rupture.

RUSTICAGE
(parfois ***rustiquage***) n.m.
1/ Finition grossière (*rustiquée*) du parement d'une pierre de taille ; on dit aussi, dans ce sens, ***rustiqûre*** de la pierre.

2/ Action de rendre rugueux un support (en particulier par un gobetis* d'accrochage), avant l'application d'un enduit.

RUSTIQUE
1/n.m. Marteau de tailleur de pierre à deux pannes aplaties et dentées ; ses dents, contrairement à celles de

rustique

la laye*, ne sont pas pointues mais larges et tranchantes (V.ill).

2/adj. Se dit d'un ouvrage exécuté en matériaux naturels bruts, ou à peine dégrossis ; qualifie l'aspect volontairement grossier donné au parement des maçonneries en pierre, à certains enduits*, ou à des ouvrages en bois (poutraisons, mobilier urbain).

RUSTIQUER v.tr.
Dresser, hachurer le parement de la pierre de taille avec le rustique : *pierre rustiquée*.

RYTHME n.m.
Alternance ou ordonnance* architecturale harmonieuse entre des modules* ou un ensemble d'éléments répétitifs.

S

SABINE (formule de —)
Mode de calcul dæe la durée de réverbération* acoustique d'un local ; elle est à peu près égale, en secondes, à 0,16 fois le rapport du volume V du local (m^3) par la surface équivalente d'absorption A (en m^2) de l'ensemble de ses parois, à chaque surface étant affecté un coefficient* d'absorption, propre au matériau.

SABLAGE n.m.
1/Décapage ou abrasion de surface par projection pneumatique d'un jet de sable sec (silice, corindon).
Les règlements sanitaires imposent des normes de sécurité pour le sablage à sec, autorisé seulement en cabine avec dépoussiérage intensif de l'air. Le ravalement par sablage à sec des façades est proscrit. Seul le sablage humide, mélange de sable dans l'eau, est autorisé sur chantier.

2/ Par extension, désigne toute sorte de ponçage avec des abrasifs*.

3/ En étanchéité et voirie, le *sablage* est la projection de sable ou de granulats fins sur un lit d'asphalte.

SABLE n.m.
Granulat fin, résultant de la désagrégation d'une roche minérale, ou de son broyage mécanique. Une caractéristique du sable est sa relative cohésion lorsqu'il est humide.

Le ***sable de construction***, utilisé pour la confection des bétons, mortiers et enduits, doit correspondre à la norme, et répondre à ces critères :

a/ -une **granulométrie*** homogène et régulière, obtenue par tamisage.
La norme distingue les ***sables fins*** (de 0,08 mm à 0,3 mm), les ***sables moyens*** (de 0,3 à 1,25 mm) et les ***sables gros*** (1,25 à 5 mm). Ces dimensions sont celles des mailles carrées des tamis*; pour des trous de *passoires**, les dimensions sont un peu plus importantes (facteur 1,26).
Au-dessus de 5 mm, on trouve les gravillons*, et les cailloux (plus de 20 mm). Au-dessous de 0,08 mm, on trouve les farines*, ou fines*.

b/ -il doit être **non lamellaire*** et **non friable** ; un sable de qualité "crisse" quand on le frotte dans la main, et ne laisse pas de poussière sur la peau. Les schistes*, mica*, feldspath* sont à écarter. Les sables de concassage ou de broyage ont en général des formes trop anguleuses.

c/ -il doit être **propre**, sans impuretés (terre, argile, charbon, gypse, mica...) : plongé dans l'eau claire, il ne doit pas la troubler.

d/ -il doit être **chimiquement neutre***: le sable de mer (sable de grève) doit être débarrassé de son sel.

e/ -son **absorption** doit être limitée à 10% de son volume en eau, ce qui exclut les calcaires tendres.

La *densité** d'un sable va de 1,4 (sable fin sec) à 1,9 (sable fin humide). Les sables, enfin, sont sujets au *foisonnement* (V. ce mot).

Selon la provenance des sables ou leur composition, on distingue :

-le ***sable calcaire****: seuls les calcaires durs conviennent, à condition qu'ils ne soient pas exposés ensuite à des agressions acides.

-le ***sable de carrière***, ou ***sable de ballastière****: sable de silice vierge, provenant de la désagrégation de roches cristallines (grès, granit).

-le ***sable de concassage***, ou ***sable de broyage*** : sable artificiel résultant d'un broyage, après élimination par tamisage des poussières et fillers.

-le ***sable coquillier***, ou ***sable fossile*** : sable comportant des coquilles broyées et/ou des diatomées*; pour être utilisable, il doit être non terreux et crisser dans la main.

-le ***sable éolien***, et le ***sable de dune***, sables de granulométrie moyenne provenant de la désagrégation des roches par le vent ; ce sont, souvent, des sables d'excellente qualité.

-le ***sable de laitier****, obtenu au sortir des hauts fourneaux par l'arrosage des matières en fusion, est en général un bon sable de construction.

-le ***sable à lapins*** : désignation familière de sables friables, ou contenant des impuretés terreuses ou ferrugineuses qui le rendent inapte à l'emploi dans les bétons et mortiers.

-le ***sable de mer***, ou ***sable de grève*** : sa teneur en sels marins le rend impropre aux emplois dans les bétons armés (corrosion des armatures) et dans les enduits d'imperméabilisation*: le sable de mer fin, absorbant par capillarité, nécessite un dosage élevé en eau et en ciment ; le sel ralentit la prise* des ciments.

-le ***sable de plaine*** regroupe les sables de mines et d'alluvions, sables fins plus ou moins purs.

-le ***sable de rivière***, sable d'alluvions extrait du lit des cours d'eau ; s'il est non terreux, c'est un bon sable de construction.

-le ***sable de tuileau****, fait de briques broyées, est apprécié pour ses qualités pouzzolaniques*.

Catégories	module des tamis	mailles des tamis (mm)	Ø des trous de passoires (mm)
sables fins	20 à 26	0,08 à 0,315	0,1 à 0,4
sables moyens	26 à 32	0,315 à 1,25	0,4 à 1,6
sables gros	32 à 38	1,25 à 5mm	1,6 à 6,3

SABLER v.tr.
1/ Décaper ou dépolir par sablage*.

2/ Épandre du sable à la surface d'une étanchéité ou d'une chape d'asphalte.

SABLEUSE n.f.
Machine de sablage pneumatique à pistolet de projection spécial.

SABLIÈRE n.f.
1/CHARP.: longue pièce porteuse, en partie basse d'un ouvrage.

-Dans une charpente, la ***panne sablière*** est une traverse basse, en appui sur l'arase* d'un mur gouttereau*; assemblée aux arbalétriers*, elle porte les pieds des chevrons* du toit (V. ill. à Charpente).

-Dans un pan* de bois, la ***sablière basse***, ou ***sablière de chambrée***, est la traverse basse de chaque étage, dans laquelle sont assemblés les pieds des poteaux, tournisses*, écharpes* et décharges*.

La ***sablière haute***, ou ***sablière d'étage***, porte les solives* du plancher de l'étage supérieur (V. Pan).

-Dans un plancher, la ***sablière*** désigne parfois une lambourde* de plancher, accolée contre une poutre pour servir de repos aux solives.

-Dans la charpente d'une lucarne*, une ***sablière de jouée**** est la pièce qui porte la jouée de la lucarne*.

2/MATÉRIAUX : syn. de *carrière** de sable ; on dit aussi *ballastière**.

SABLON n.m.
Sable trop fin pour être utilisé comme sable de construction.

SABOT n.m.
1/ Partie saillante d'une marche* palière* d'escalier, qui suit la courbure de l'échiffre*, et dans laquelle sont assemblés le ou les limons*.

2/ Garniture métallique qui, à l'extrémité d'une pièce (poutre, pointe de pieu*...), maintient sa cohésion, et évite l'écrasement (V.ill. à Pieu).

3/ Étrier* servant de repos*, surtout en rénovation de charpentes (V.ill).

4/ Monture de bois dans laquelle les plâtriers pincent le calibre* avec lequel ils traînent* une moulure.

5/ Rabot* à bois à semelle convexe.

SABOTER v.tr.
(TRAV.PUBL.) Garnir d'un sabot la pointe d'un pieu* pour éviter son écrasement.

SABRE n.m.
Couteau à longue lame à bords parallèles, qu'utilisent les tapissiers pour couper leurs lés de papier.

Le ***coup de sabre*** est une fissure longue et très fine dans un mur ou dans un bloc de pierre. Inesthétique mais sans gravité, le *coup de sabre* observé à proximité des abouts de cloisons, ou sous les plafonds neufs, traduit les légers tassements de mise en compression des maçonneries.

SAC n.m.
1/ Sacoche semi-rigide adaptée au transport des outils sur chantier.

2/ Désigne parfois un regard*.
Le ***sac à l'anglaise*** est un regard de jonction de plusieurs canalisations, dont le fond comporte des rigoles de guidage des eaux.

SACCHAROÏDE adj.
Qui présente l'aspect cristallin, granuleux et blanc-vitreux du sucre : le gypse* est saccharoïde.

SACHERIE n.f.
Sacs de conditionnement* d'un matériau par ensachage*; désigne aussi le type de sacs : *sacherie de 25 kg, sacherie plastique...*

SACOME n.m.
Moulure* quelconque en saillie ; calibre* qui sert à la pousser*.

SAIGNÉE n.f.
1/ Rigole* étroite de drainage*.

2/ Chaque fente parallèle pratiquée dans une pièce pour la cintrer.

3/ Petite tranchée rectiligne pratiquée dans une paroi murale avec un outil coupant, ou par piochage, en général pour y encastrer un conducteur

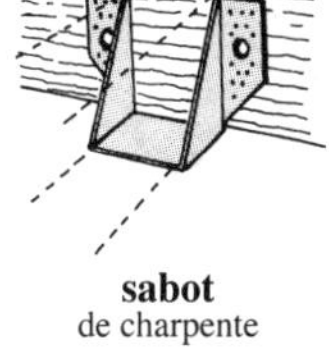

sabot
de charpente

SAIGNÉES

Règles d'exécution des saignées d'encastrement dans des cloisons existantes de moins de 10 cm d'épaisseur. NB - Aucune saignée oblique n'est admise.

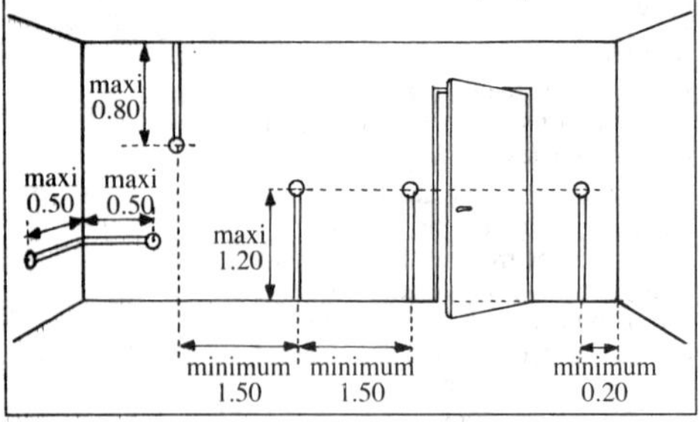

électrique sous tube. Ces saignées d'encastrement doivent obéir à des règles de disposition générale et de choix des conduits*.

Sans entrer dans le détail, l'encastrement par saignées est possible :

- dans les *murs porteurs* de pierre, moellons, béton banché plein, brique pleine, brique creuse, et béton cellulaire de plus de 15 cm d'épaisseur. Interdit dans les bétons caverneux et les panneaux de béton préfabriqués.
- dans les *cloisons existantes non porteuses* de brique creuse (> 5 cm), de béton cellulaire (> 10 cm), de carreaux de plâtre et de blocs de béton creux ou pleins. Interdit dans les cloisons en briques pleines.

SAILLANT

1/adj. En relief, en saillie, en avant par rapport à un nu* de référence.

2/n.m. Avancée en saillie d'un ouvrage de fortifications.

SAILLIE n.f.

Élément, corps d'ouvrage, membre d'architecture qui est en avant de l'alignement ou du nu* d'une façade : les balcons, corbeaux, corniches, contreforts... sont des saillies.

Les *saillies autorisées sur la voie publique* (auvents, balcons, pas* de portes, bannes*...) font l'objet de règlements locaux.

Une ***saillie-masse*** est l'ébauche (ou noyau) d'un membre* d'architecture saillant, réalisé avec le matériau du gros oeuvre, sur laquelle on rapporte ensuite l'épaisseur d'enduit des moulurations et finitions.

Une ***saillie de rive*** est le débord latéral d'un pan de toit, par rapport au nu du pignon qu'il surplombe.

Une ***saillie de toiture*** est le débord de l'égout* d'un toit par rapport au nu* de la façade (syn.: *avancée*).

SAIN adj.

Peut qualifier un matériau sans défaut (*bois sain*), un sol* sur lequel on peut appuyer une construction, une maçonnerie non humide, ou un subjectile* qui réunit les qualités de dureté et de cohésion suffisantes pour y appliquer un revêtement.

SALAGE n.m.

Procédé de vitrification des carreaux de grès, aussi appelé *flammage*, par projection de sel en fin de cuisson : les vapeurs du sel volatilisé se condensent sur la surface des éléments de grès, où elles se combinent avec les silicates de la pâte pour former un silicate de soude vitrifié.

SALERNES

Famille de carreaux et tomettes* fabriqués dans cette localité du Var, à partir d'argiles peu calcaires.

SALIN adj.

Se dit d'un marbre à texture grenue.

SALIR v.tr.

Salir un support de maçonnerie signifie, dans plusieurs régions, y appliquer un gobetis*.

SALITE n.f.

Allée ou rampe* en pente douce, entrecoupée de marches espacées.
Syn.: *pas-d'âne* (V.ce mot).

SALLE n.f.
Local auquel on attribue une fonction particulière : *salle de spectacles, salle des fêtes, salle des ventes, salle à manger, salle de gymnastique*, etc.

-Les ***salles d'eau*** sont les locaux dont la fonction est liée à l'utilisation d'eau courante : salles de bains, salles de douche, laveries, buanderies.
Elles sont soumises à des règles strictes d'installation électrique (enveloppes* et volumes de protection, liaison* équipotentielle).

-Une ***salle blanche*** est un local de laboratoire ou de soins aménagé pour rester en permanence quasiment exempt de poussières.

SALPÊTRAGE n.m.
Formation de salpêtre sur les parois humides.

SALPÊTRE n.m.
Cristaux blancs anhydres et laineux de nitrate de potassium, qui se développent sous forme d'efflorescences* au bas des vieux murs humides et mal ventilés. Soluble dans l'eau (surtout dans l'eau chaude), le salpêtre oxyde* les métaux, mais il ne dégrade pas les maçonneries.

SANDARAQUE n.f.
Résine végétale utilisée dans la fabrication de vernis à l'alcool.

SANDWICH n.m.
Se dit de panneaux composés de deux parements ou *peaux* séparés par une couche d'isolant ou de matériau alvéolaire.

SANITAIRE n.m. et adj.
Les ***sanitaires*** (pl.) sont l'ensemble des locaux destinés à l'hygiène corporelle ; les *appareils sanitaires* qui équipent ces locaux sont ceux qui comportent une alimentation en eau et une évacuation : lavabos, lave-mains, bidets, baignoires, receveurs de douches, urinoirs*, cuvettes de WC... L'***eau chaude sanitaire*** (ecs) et l'***eau froide sanitaire*** (efs) alimentent ces appareils.

La ***plomberie sanitaire*** est celle qui concerne l'alimentation en eau de ces appareils, et leurs évacuations : elle fait l'objet de *DTU*.

SAPE n.f.
Attaque d'un ouvrage par sa base ; tranchée faite au pied d'un mur pour le renverser.

SAPEMENT ou **SAPAGE** n.m.
Action de saper.

SAPER v.tr. Détruire, dégrader peu à peu en attaquant par la base.

SAPIN n.m.
Essence résineuse, de la famille des conifères, abondante en Europe du Nord. Il fournit un bon bois de charpente et de menuiserie ; il est souvent confondu avec le pin*, qui est de qualité en général inférieure.

Par convention, le ***sapin du Nord*** désigne les bois de pin d'importation ; à savoir le *sapin rouge* (pin sylvestre), de bonne conservation à l'air et à l'humidité, et le *sapin blanc* (épicéa), moins résistant à l'eau, mais apprécié en charpente.
Les débits* courants du sapin du Nord, à l'origine en mesures anglaises, diffèrent de ceux du pin de pays.

SAPINE adj. ou n.f.
1/ Grue* fixe composée d'éléments d'échafaudage assemblés suivant un plan carré, et généralement accolée au bâtiment en construction ; les monte-charges extérieurs, monte-matériaux et ascenseurs de chantier ont remplacé les sapines.

2/ Planche en sapin.

SAPITEUR n.m.
Homme de l'art (métreur, technicien spécialiste) assistant un expert dans le diagnostic d'un litige technique.

SAPONIFICATION n.f.
Transformation d'un corps gras en savon, par réaction d'hydrolyse.
La saponification des huiles de décoffrage, ou des corps gras imprégnant un support, est indispensable

avant d'y appliquer un revêtement ou une peinture ; si besoin, elle est faite par traitement avec un alcali* (soude, potasse), suivi d'un rinçage abondant. Les agents décoffrants ou démoulants dits ***saponifiables*** se saponifient d'eux-mêmes, lentement, la chaux du ciment servant de catalyseur dans cette réaction.

SARDINE n.f.
En langage de chantier, trace arrondie en léger relief, laissée dans un enduit par le passage du bord d'un outil de lissage ou de talochage.

SARRASIN, SARRASINE
adj. et n.f.
1/ARCHIT.: l'*art sarrasin* a parfois désigné l'art gothique*.
Une *sarrasine* est une herse de porte fortifiée. V. aussi Voûte sarrasine.

2/COUVERT.: la *sarrasine* désignait une large tuile*provençale.

SAS n.m.
1/ Tamis à cadre cylindrique dont la toile est un tissu de crin ; il servait à préparer sur chantier le plâtre* fin, dit ***plâtre au sas***.

2/ Petit volume ou espace intermédiaire entre deux locaux ou entre deux milieux que l'on veut éviter de mettre en communication directe. Éventuellement, ses portes sont étanches (à l'air, au bruit, aux microbes, etc.).

SASSEUR n.m.
Machine de criblage* des granulats de carrières, ou de séparation des matériaux par classes granulométriques*.

SATINÉ adj.
Se dit d'une peinture qui donne l'aspect soyeux et légèrement luisant du satin (par opp. à l'aspect glacé et réfléchissant des laques).

SATURATION n.f.
Quantité maximale de fluide* que peut contenir un volume donné d'un corps ; la saturation de l'air en vapeur d'eau, liée à la température et à la pression, est la quantité maximale de vapeur contenue dans l'unité de volume d'air sans qu'il y ait changement d'état par condensation.
La pression -ou *tension*- de vapeur ***saturante*** est la pression maximale de vapeur correspondant à un équilibre stable à une température donnée. Un matériau est ***saturé*** d'eau si, tous ses interstices étant remplis d'eau, il ne peut plus en absorber.

SATURNISME n.m.
Maladie et intoxication provoquée par l'ingestion de sels de plomb*; les conduites d'alimentation en eau en plomb sont proscrites. Le saturnisme concerne tous ceux qui manipulent sans précaution du plomb ou ses dérivés (céruse, litharge, minium).
Il a aussi atteint des occupants (enfants surtout) d'habitations comportant des peintures au plomb.

SAUMON n.m.
Lingot de plomb d'environ 70 kg, destiné aux moulages et ouvrages coulés en plomb fondu.

SAUT-DE-LOUP n.m.
1/ Fossé qui barre un accès, en particulier dans une enceinte de clôture de propriété (V. Ahah).

2/ Petite *cour* anglaise*.

SAUTE (de courant) n.f.
Interruption brève de l'alimentation électrique ; pour parer à cet inconvénient, préjudiciable surtout aux matériels informatiques, on a recours à l'installation d'onduleurs*.

SAUTERELLE n.f.
1/ Fausse-équerre des charpentiers (V.ill. au mot Équerre).

2/ Crochet à ergot rabattable ou à anneau, permettant de dégager facilement le câble, la chaîne ou l'objet qui y est arrimé.

3/ En serrurerie, loqueteau à basculement et à ressort.

4/ Appareil de manutention, sur roues, à bande transporteuse sans fin motorisée (tapis roulant incliné), pour le chargement sur camions ou la mise en tas de matériaux en vrac.

SAUTON n.m.
Ardoise* recoupée dans sa largeur pour finir une rangée.

SAVONNAGE n.m.
(MIROIT.) Opération de polissage* artisanal qui consiste à frotter deux glaces l'une contre l'autre en interposant entre elles un peu de pâte d'émeri* fin délayé dans l'eau.

SCALÈNE adj.
Qualifie un triangle dont les trois côtés ont des longueurs différentes.

SCARFAGE n.m.
Mode d'assemblage à plat de panneaux, par la coupe et le collage des bords en sifflets* très allongés.
Il permet d'obtenir, dans les contreplaqués*, des feuilles de grandes dimensions sans réduire leurs caractéristiques mécaniques.

SCARIFICATEUR n.m.
Outil manuel ou engin de travaux publics avec lequel on fait des saignées, des stries parallèles, ou des incisions, dans un enduit, un sol, une chaussée, etc. On ***scarifie*** un sous-enduit pour améliorer l'accrochage de l'enduit de parement hydraulique que l'on veut appliquer.

SCARIFICATION n.f.
Action de scarifier un sous-enduit.

SCELLEMENT n.m.
1/ Fixation d'un élément à la place qu'il doit occuper : pièce de serrurerie, marche, about de poutre, ferrure de menuiserie (gond, patte d'ancrage), etc. sont fixés par scellement.
Le scellement comporte, en général, le creusement d'une cavité, puis, autour de la pièce tenue en place dans ce logement, le regarnissage avec un mortier à prise rapide, du plâtre, du plomb... Par extension, le scellement désigne des ancrages* ou fixations inamovibles obtenus par d'autres procédés : collage aux époxydes*, chevilles à expansion, pointes d'acier enfoncées au pistolet, etc.

2/ Partie d'une pièce ou d'un matériau qui se trouve engagée dans la cavité du scellement.

SCELLER v.tr.
1/ Fixer de façon définitive, par un scellement ou un collage résistant.

2/ Garnir, luter*, mastiquer*, obturer les porosités d'une surface.

3/ Pour les revêtements* en placage* et les carrelages, on distingue la ***pose scellée*** traditionnelle (pose dite *à bain* de mortier* ou à *bain soufflant*), et la ***pose collée*** (sur mortier-colle ou adhésif en pâte).

SCÉNOGRAPHIE n.f.
Art de peindre des fresques ou des scènes.
Autrefois, représentation en perspective* d'une élévation* de bâtiment, ou d'un décor intérieur.

SCHÉMA n.m.
Croquis en général non coté* qui présente de façon simplifiée, ou à l'aide de symboles*, la distribution* des locaux d'un bâtiment, ou divers types d'installations techniques (circuits de chauffage, ventilation, électricité, évacuations...).

SCHISTE n.m.
Roche* métamorphique* de silico-aluminates, à texture lamellaire, fissile* en feuillets suivant un plan de clivage*.
Les schistes ardoisiers en sont l'exemple le plus typique.

Le ***schiste bitumineux*** est une roche schisteuse riche en hydrocarbures ; on en extrait l'***huile de schiste***.

Le ***schiste expansé*** est un granulat alvéolaire artificiel.

SCHISTEUX adj.
Se dit d'un minéral fissile* comme le schiste.
Les roches schisteuses ne conviennent pas comme granulats pour la préparation des bétons et mortiers.

SCHLAMMEUX adj.
Chargé de particules minérales : *eau schlammeuse*.

SCHNOERKEL n.m.
Dispositif à double ventouse* pour l'admission d'air comburant* extérieur et l'évacuation simultanée des gaz brûlés d'appareils en circuit étanche, tels que chauffe-eau ou chauffe-bains. Le nom vient d'un dispositif de renouvellement d'air qui équipe les sous-marins (V.ill. à Ventouse).

SCIAGE n.m.
Coupe rectiligne d'un matériau quelconque avec une scie.
Élément de pierre ou de bois constituant un parallélépipède régulier.

Le ***bois de sciage***, ou bois de débit*, est le bois de construction en général, ou *bois d'oeuvre*.

Brut de sciage : qui n'a pas reçu, après sa coupe par sciage, de finition par corroyage* (bois) ou par ravalement* (pierre).

SCIE n.f.
Outil de coupe, de débit*, de délignage* et de tronçonnage* des matériaux, par le mouvement continu ou alternatif d'une lame d'acier ou d'un disque garni de dents.
Les principaux types de scies à bois et à métaux sont présentés dans le tableau ci-après. Les dents des scies ont diverses formes (V.ill).
Elles sont aciérées*, trempées*, ou faites d'éléments rapportés sur la lame par brasage* (dents au carbure).
Les dents d'une scie doivent avoir une voie*, c'est-à-dire être décalées en alternance de part et d'autre du plan de la lame, pour éviter l'échauffement et le blocage de la lame dans le trait de scie. Les dents des ***scies à métaux*** sont toujours petites.
Les ***scies à pierre dure*** et à marbre sont sans dents, la coupe étant faite par des grains de silice (grès pilé et eau) que frotte une lame droite ; par contre les ***scies à pierre tendre*** sont dentées.

On peut classer les scies en quatre grandes catégories :

-les **scies manuelles sans cadre** : scie ***égoïne***, scie ***à guichet*** (à lames très étroites, parfois interchangeables), ***à araser***, ***à chevilles***, ***à placage*** ; scie ***passe-partout***, pour l'abattage des troncs et le tronçonnage en billes par deux hommes se faisant face ; la scie ***crocodile*** est une scie passe-partout de carrière pour le débit de la pierre tendre ; scie ***à recéper***, utilisée pour l'arasement manuel des têtes de pieux.

-les **scies manuelles à cadre** : scie ***de long***, outil de débit* longitudinal des bois, autrefois, par les scieurs* de long ; les scies *de ville*, ***à bûches***, ***à refendre*** ou ***de travers***, scies ***à chantourner*** (à lame étroite), scies ***à découper*** (à lame filiforme tendue sur un étrier long).

-les **scies mécanisées portatives** : scie ***sauteuse***, scie ***égoïne*** ou scie-***sabre*** électrique, scie ***circulaire*** pour panneaux, ***scie-cloche*** (accessoire à lame cylindrique adaptable sur perceuses* pour le percement de trous larges), scies ***à disque*** ou à chaîne (dites *tronçonneuse* (V. ce mot).

-les **scies mécaniques fixes** : scies ***circulaires*** sur table (dites scies ***à format***), ***murales*** (à panneaux), scies ***de maçon, à sols*** (joints des dalles), scies ***à ruban***.

SCIÉ adj.
Se dit du parement plan mais non fini d'un matériau brut de sciage.

SCIER v.tr.
Couper, débiter à la scie.
Scier à contrepasse : scier la pierre parallèlement à son lit*.

SCIERIE n.f.
Établissement de débit des grumes*.

SCIEUR n.m.
Ouvrier qui est affecté aux travaux de sciage*.
Le ***scieur de long*** refendait dans le sens du fil les longues pièces de bois, montées sur tréteaux ou chevalets.

SCIES

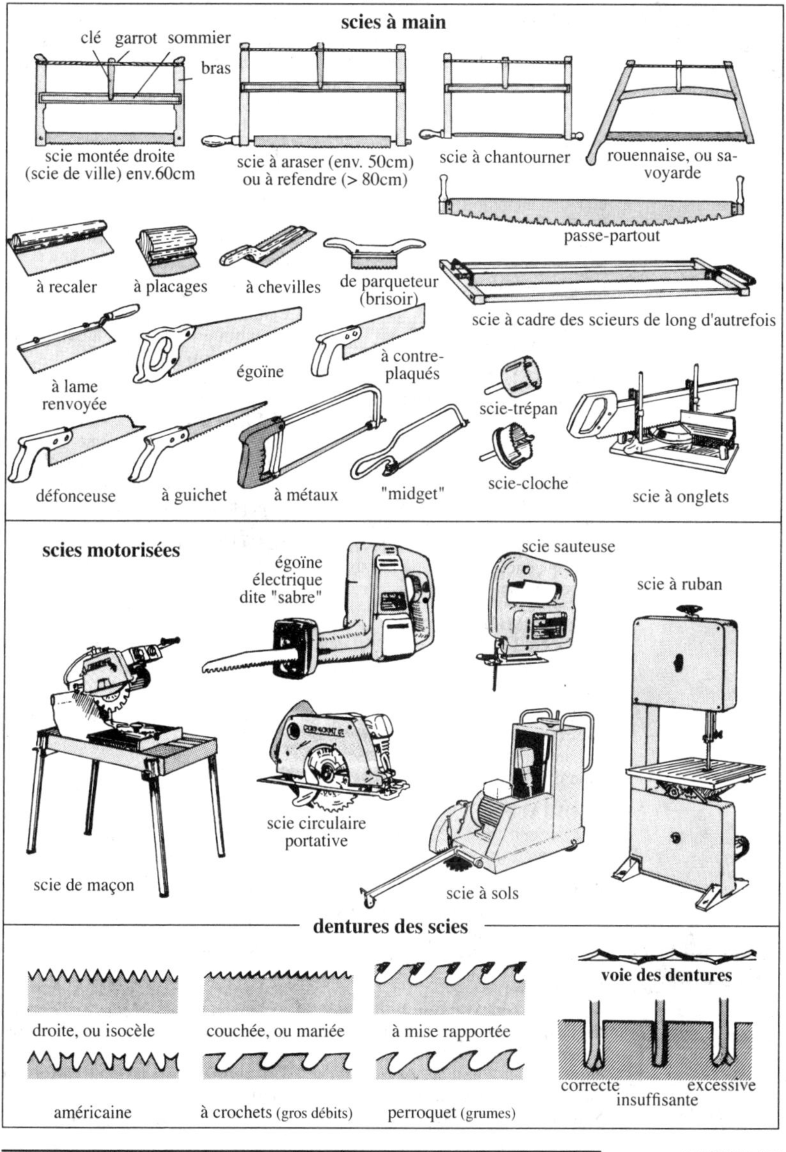
scies à main
clé
garrot
sommier
bras
scie montée droite
(scie de ville) env.60cm
scie à araser (env. 50cm)
ou à refendre (> 80cm)
scie à chantourner
rouennaise, ou savoyarde
passe-partout
à recaler
à placages
à chevilles
de parqueteur
(brisoir)
scie à cadre des scieurs de long d'autrefois
à lame
renvoyée
égoïne
à contre-
plaqués
scie-trépan
défonceuse
à guichet
à métaux
"midget"
scie-cloche
scie à onglets
scies motorisées
égoïne
électrique
dite "sabre"
scie sauteuse
scie à ruban
scie de maçon
scie circulaire
portative
scie à sols
dentures des scies
droite, ou isocèle
couchée, ou mariée
à mise rapportée
américaine
à crochets (gros débits)
perroquet (grumes)
voie des dentures
correcte
insuffisante
excessive

sciotte

SCIOGRAPHIE
ou **SCIAGRAPHIE** n.f.
Dessin d'architecture représentant l'intérieur d'un bâtiment, ses vues en coupes verticales et élévations intérieures : *vue sciographique*.

SCIOTTE n.f.
Outil étroit à lames montées sur un socle de bois, utilisé en maçonnerie et en ravalement pour creuser les joints, les moulures, les rainures étroites, etc. dans la pierre ou le plâtre (V.ill) ; pour la pierre dure, on utilise des sciottes à lames non dentées.

SCIOTTER v.tr. Couper, entailler, rainurer à la sciotte.

SCIOTTEUSE n.f.
Scie à disque à dents diamantées utilisée en carrière pour débiter la pierre ou le marbre.

SCIURE n.f.
Débris fins et poudres provenant d'un sciage. Utilisée comme combustible, charges* absorbantes dans des matériaux plastiques, ou dans la fabrication d'agglomérés* de bois.

SCLÉROMÈTRE n.m.
1/ Appareil de mesure de la dureté superficielle des matériaux ou revêtements.

2/ Le scléromètre à béton sert à contrôler sa dureté par mesure de la hauteur de rebondissement d'une bille d'acier.

SCORIACÉ adj.
Qui est constitué de scories, ou qui en contient.

SCORIE n.f.
Résidu métallurgique à base de silicates, sous forme de granulats durs, grenus, poreux. Syn.: *mâchefer**.

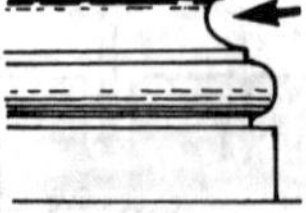
scotie

SCOTIE n.f.
Moulure* concave à profil dissymétrique qui associe plusieurs rayons de courbure ; on la trouve en particulier entre les filets* bordant les tores* à la base des colonnes (V.ill).
Syn.: *nacelle*, *trochyle, rond creux*.

SCRIBER n.m.
Appareil informatisé de traçage automatique des textes et symboles graphiques sur les plans d'architecture.

SCULPTAGE n.m.
Action de sculpter, de ciseler.

SCULPTER v.tr.
Tailler un matériau au ciseau ou à la gouge* pour réaliser des ornements ou des figures en *bas-relief*, en *haut-relief* ou en *ronde-bosse* (Voir ces mots) : *chapiteau sculpté*.

SCULPTEUR n.m.
Celui à qui est confiée l'exécution des ouvrages de ciselure et de sculpture.

SCULPTURAL adj.
Qui concerne la sculpture.

SCULPTURE n.f.
Peut désigner toute forme en relief réalisée par taille au ciseau dans la masse d'un matériau ou, par extension, par modelage ou moulage.

SCUTIFORME adj.
En forme d'écu, ou de bouclier.

SÉBILE n.f.
Petit vase rond, à poignée, dans lequel les marbriers gâchent par petites quantités leur plâtre de scellement*.

SEC, SÈCHE adj.
1/ARCHIT.: se dit d'un ouvrage d'allure raide, sans harmonie, sans nuances, sans ornements.

2/MATÉRIAUX : sans eau, peu ou pas humide, déshydraté. Se dit d'un matériau dont le solvant, le diluant ou le milieu de suspension colloïdale (eau de gâchage) est évaporé.
Un ***bois sec*** est celui dont le taux d'humidité est inférieur à 15%.

3/MAÇONN.: une ***maçonnerie à sec*** est un ouvrage de pierres, de moellons, de briques, etc. monté sans mortier ; un mur en ***pierres sèches*** est construit par empilage de pierres non liées par un mortier.
Un ***mortier sec*** désigne parfois un mortier *pauvre** en liant.
V. *Pourriture sèche*, *Vapeur sèche*.

SEC n.m.
Dans un bloc de pierre ou de marbre, courte microfissure affectant en général une arête.

SÉCABLE adj.
Qui peut être coupé, divisé en plusieurs parties.

SÉCANT adj.
Qui se coupe : lignes sécantes, plans sécants.

SÉCANTE n.f.
Droite ou ligne qui en coupe une autre, ou qui coupe un plan.

SÉCHAGE n.m.
Élimination de l'eau contenue dans un sol, dans une maçonnerie, dans un matériau, dans l'air, etc.
Par extension, se dit aussi de l'évaporation de tout solvant.

1/ *Séchage du bois* : V. à Bois.

2/ *Séchage des peintures* :
V. au mot Peinture. V. aussi Assèchement, Dessiccation, Siccité.

SÉCHER
1/v.tr. Rendre sec, éliminer l'eau contenue dans un corps, le déshydrater.

2/v.i. Perdre son eau, son solvant, son agent de dilution...

SÉCHOIR n.m.
Caisson de grand volume dans lequel on réalise le séchage* artificiel des bois débités en plots* ou avivés*; on y reproduit, de façon accélérée, le processus d'un séchage naturel, par chauffage, ventilation forcée et humidification de l'air (pour éviter une dessiccation inégale entre l'intérieur du bois et les bords ventilés).

SECONDAIRE n.m.
Voir au mot Transformateur.

SECOND OEUVRE n.m.
Ensemble des travaux et ouvrages de bâtiment qui ne font pas partie du gros oeuvre*, et ne participent pas à la stabilité et à la cohésion des constructions : les revêtements, la plomberie, l'électricité, etc., sont des ouvrages du second oeuvre.

SECTEUR n.m.
1/ Portion de cercle délimitée par deux rayons et par l'arc du cercle qui joint leurs extrémités.

2/ÉLECTR.: subdivision d'un réseau d'alimentation ou de distribution du courant ; par extension, l'alimentation elle-même : prise secteur, branchement sur le secteur, etc.

3/URBAN.: type d'occupation foncière des sols d'une zone : secteur résidentiel, secteur rural...

SECTION n.f.
1/ Représentation en coupe*, profil* d'une moulure, d'un bâtiment...

2/ Surface de la coupe* d'un élément, ou de sa face perpendiculaire au plus grand axe : section d'un conducteur, d'une moulure...

3/ Surface délimitée par la rencontre d'un plan avec un volume géométrique quelconque.

SECTIONNEUR n.m.
1/ Disjoncteur spécial de sécurité qui, à la différence du disjoncteur* usuel, fonctionne "à vide", en l'absence de passage de courant.

2/ Cisaille pneumatique utilisée pour la coupe de divers équipements métalliques, treillis...

SÉCURIT (marque comm.)
Désignation des glaces de sécurité en verre* trempé qui se brisent, sous un choc, en une multitude de petits éclats sans pointes vives.

SÉCURITÉ n.f.
Désigne toute mesure ou tout équipement visant à éviter ou à limiter les risques d'accident. Sans entrer dans les détails, on peut regrouper comme suit ces mesures :

• ***la protection des travailleurs*** sur chantier. Ce sont les sécurités :
-*antichute* (harnais, filets*, équipement et stabilité des échafaudages, plate-formes, passerelles, échelles,

zones de circulation sur toitures...),
-contre la *chute d'objets* (arrimage des charges, contrôle des engins et organes de levage et de manutention, port du casque),
-contre les *éboulements*,
-*électrique* (qualité des branchements, prises de terre),
-contre les *blessures par les outils* (protecteurs de scies), etc.

• ***la protection des biens et des personnes*** occupantes des locaux :
1/ Sécurité **électrique**, contre les effets mortels de l'électrocution : circuits de mise à la terre* des équipements métalliques ; dans les salles d'eau, enveloppe* et volume* de protection autour des appareils sanitaires, choix des luminaires (indice* de protection), etc.

2/ Sécurité contre les effets de la **foudre** : V. Paratonnerre.

3/ Sécurité contre les **effondrements** : résistance à la surcharge des planchers, balcons* et escaliers, mesures constructives parasismiques* dans les zones à risque.

4/ Sécurité contre les **chutes** : hauteur des allèges*, appuis*, balcons et garde-corps*, largeur des jours entre barreaux et lisses de ces éléments. Revêtements antidérapants.

5/ Sécurité contre l'**incendie** :
choix des matériaux de revêtement (V. Réaction* au feu), installation de détecteurs d'incendie et des alarmes associées, division des bâtiments en zones isolées par des portes coupe-feu*, obligation de ramonage des conduits* de fumées, dispositifs de désenfumage*, escaliers de secours, accessibilité des bâtiments aux véhicules de lutte contre l'incendie, équipements de lutte contre l'incendie (colonnes sèches, lances, extincteurs, sprinklers...)

6/ Contre les **déflagrations** :
choix des réservoirs* de combustibles, implantation, ventilation des chaufferies, détecteurs de fuites de gaz, révision périodique des appareils de production de chaleur, etc.

7/ Sécurité **antipanique** : concerne surtout les ERP et les IGH: blocs* autonomes d'éclairage et signalisation des sorties de secours, sens d'ouverture des portes, serrures* antipanique dans les ERP.

8/ Sécurité contre les **intrusions**, les **agressions** et le **vol**.
On distingue la *sécurité passive*, constituée par les serrures* de sécurité, barres* de persiennes, blindages de portes, barreaudages*, vitres antichocs ou antiprojectiles, etc.;
et la *sécurité active* : détecteurs d'intrusion ou de présence et alarmes associées (alarmes, surveillance télématique).

9/ Sécurité des **équipements** :
ascenseurs et monte-charges (surcharges, freinage-parachute, manoeuvre et fermeture des portes...).

La sécurité fait l'objet de très nombreux ***règlements et normes***.

- Pour la sécurité électrique, consulter les documents de l'UTE et de PROMOTELEC. Pour les installations de gaz, consulter l'ATG.

SÉDIMENTAIRE adj.
Qualifie une roche* composée par l'accumulation de couches de dépôts durcis, ou *sédiments*.

SÉDIMENTATION n.f.
Dans un mélange liquide (peinture, colle, etc.), la sédimentation est la descente progressive des particules les plus denses, par gravitation.

L'***essai de sédimentation*** consiste à déterminer la composition d'un échantillon de sol, selon les temps qu'il faut à ses différentes parties (sables, limons, argile...) pour décanter : on le mélange dans un liquide, dans un récipient transparent puis, une fois que l'eau est éclaircie, on mesure les hauteurs respectives des couches.

SEGMENT n.m.
1/ Portion d'une ligne, droite ou courbe, d'une surface ou d'un volume. Portion d'une coupole, d'une voûte.

Portion d'un cercle délimitée par un arc et par la corde qui sous-tend cet arc (V.ill).
Un segment de sphère est le volume délimité par un plan sécant, ou par deux plans sécants parallèles (V.ill).

2/ Forme de meule* spéciale pour les machines de ponçage des sols.

SEGMENTATION n.f.
Division en segments, en compartiments...

SÉGRÉGATION n.f.
Séparation par gravité des divers constituants d'un mélange fluide ou pâteux, les agrégats ou granulats les plus denses descendant vers le fond du récipient, tandis que les liants et les solvants moins denses remontent vers la surface.
Les vibrations accélèrent le phénomène de ségrégation : un béton prêt à l'emploi transporté sans entretenir un mouvement lent de malaxage subirait une forte ségrégation.

SEILLE n.f.
Seau en bois à anse en corde.

SÉISME n.m.
Secousse sismique, tremblement de terre : V. Parasismique.

SÉISMIQUE ou **SISMIQUE** adj.
Qui concerne les tremblements de terre et leurs conséquences.

SÉJOUR n.m.
Pièce d'un logement qui fait office de salon et de salle à manger.

SEL n.m.
Composé chimique cristallisable, résultant de l'oxydation* d'une base* ou d'un oxyde basique par un acide ou un oxyde acide.
Esprit de sel : V. Esprit.

SÉLÉNITE n.f.
Sulfate* de calcium ; désignait autrefois le gypse* cristallisé.

SÉLÉNITEUX adj.
Contenant du sulfate de calcium : *eau séléniteuse*.

SELF-INDUCTANCE n.f.
Coefficient d'auto-induction*.

SELF-INDUCTION (ou ***self***) n.f.
Syn. d'*auto-induction**.

SELLE n.f.
Tuile mécanique de recouvrement des faîtages de couverture ou de murs de clôture peu épais.

SELLETTE n.f.
1/ Siège suspendu composé d'une planche portée par des sangles assemblées à un crochet d'arrimage ; sert parfois comme échafaudage* volant léger pour des travaux ponctuels ou des raccords de ravalement, jointoiements, scellements, peinture, le long des façades ou des couvertures à forte pente (flèches de clochers). L'emploi d'une sellette doit être complété par le port d'un harnais de sécurité.

2/ Abattant* d'un siège de stalle* de choeur.

SEMELLE n.f.
Tout socle, fondation peu profonde ou élément d'assise* à la base d'un ouvrage.

1/CHARP.: forte pièce de bois qui porte le pied d'un arbalétrier* et répartit sa pression sur l'arase* du mur ; désigne parfois la sablière* de toit, qui porte les chevrons*.
En charpente métallique, la semelle est une embase* ou platine* scellée dans un socle en béton, et sur laquelle on fixe un poteau métallique.

2/ÉCHAFAUDAGE : socle, patin placé sous un chevalement*, une perche* ou une chandelle* d'étai, pour les surélever ou conforter leur stabilité.

3/ÉLECTR.: baguette à rainures profondes formant l'embase fixe d'une moulure* pour conducteurs électriques fermée par un *couvercle*.

4/MAÇONN.: socle de fondations peu profondes en béton armé.
Sous les poteaux*, on fait soit des ***semelles isolées*** pyramidales (V.ill), soit une ***semelle continue*** formant longrine* de répartition des charges,

segments

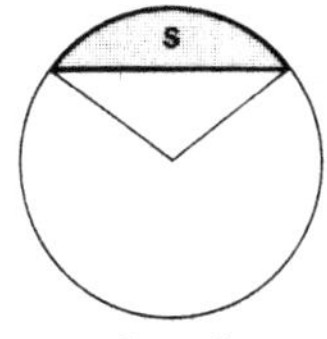

de cercle

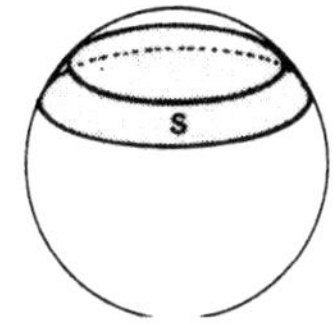

de sphère

quand l'espacement des poteaux est faible.
L'armature* d'une semelle doit toujours être liée à celle du poteau.

Une ***semelle filante*** est un socle continu de béton armé qui compose l'assise d'un mur. Sur terrain en pente, les semelles sont ***à redans****.
Une semelle est toujours en empattement* ; cet empattement peut n'être que d'un côté (***semelle excentrée***), si la construction est accolée à une autre préexistante.

Une ***semelle-bêche*** est une semelle à un ou plusieurs ressauts inférieurs armés, formant ancrage* dans le sol (pour terrains en pente et murs de soutènement*).

5/PLÂTR.: latte moulurée, bande en matériau résilient* ou profilé plastique ou métallique, servant de base à une cloison* sèche ou à une cloison pleine en carreaux de plâtre.

SEMENCE n.f.
Clou* d'acier court et à large tête, avec lequel on fixe, en couverture, les feuilles et éléments de tôle.

SEMELLES
(maçonnerie)

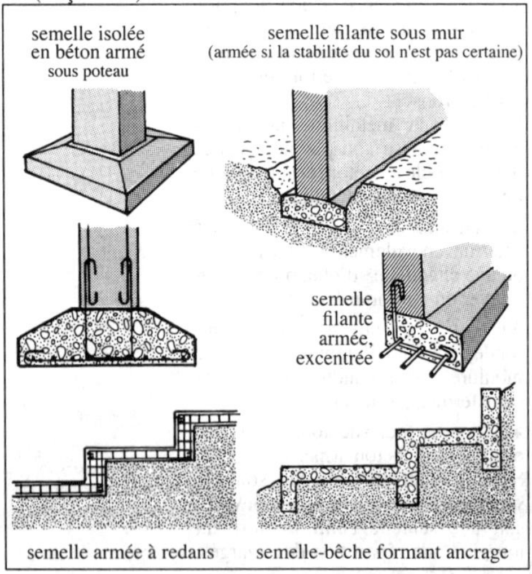

SEMI-DOUBLE adj.
Qualifie un bâtiment dont les pièces sont desservies par un couloir qui longe une des façades.

SEMI-INDÉPENDANCE n.f.
Se dit du mode de pose des revêtements d'étanchéité et revêtements de sol fixés sur leur support seulement par des points de collage.

SEMIS n.m.
Se dit de la dissémination régulière de petits ornements sur un parement ou une surface quelconque.

SEMOULE n.f.
Sable composé de petits granulats de marbre ou de calcaire.

SENSEUR n.m.
Désigne parfois un capteur*.

SÉPARATEUR n.m.
1/ Appareil enterré qui, dans un réseau d'évacuation, permet de retenir les corps gras par différence de densité (*séparateur de graisses*, sur le principe d'une volumineuse boîte* à graisses, ou *séparateur à hydrocarbures* (garages et stations-service). Ces équipements à *panier* amovible doivent être vidés régulièrement.

2/ Dispositif d'une installation de chauffage à vapeur servant à purger la vapeur des gouttelettes d'eau condensée en suspension, pour n'envoyer vers les corps de chauffe que de la vapeur* sèche.

SÉPARATIF adj.
Qui sépare, qui délimite : un mur séparatif est celui qui sépare deux logements voisins, ou le mur qui sépare deux propriétés contiguës.

SEPTAIN n.m.
Corde faite de sept brins torsadés, utilisée en particulier pour les commandes de stores, jalousies...

SEPTIQUE adj.
Qui concerne les souillures et les bactéries. V. Fosse septique.

SÉQUENCE n.f.
Enchaînement d'une suite d'opérations dans un ordre déterminé.

SÉQUENTIEL adj.
Qui comporte un enchaînement déterminé.

SERGENT n.m.
Déformation familière du terme *serre-joint* (V.ill. à ce mot).

SÉRIE n.f.
1/ Une ***série de prix*** est un barème indicatif, par types d'ouvrages et de prestations, établi par une administration ou une organisation professionnelle pour servir de référence.

2/ÉLECTR.: un ***montage en série*** est la disposition d'équipements (résistances, lampes...) en ligne sur un même circuit, sans dérivation*.

SERLIENNE n.f.
Baie à imposte cintrée, flanquée de deux baies à linteau droit, en plate-bande. Syn. : *palladienne**.

SERPENTIN n.m.
Tube métallique en spirale, en hélice ou en zigzag, parcouru par un fluide gazeux ou liquide, chaud ou froid, à chauffer ou à refroidir.
Le serpentin, sous diverses formes, sert d'échangeur* dans de nombreux systèmes thermiques de réfrigération ou de chauffage (chauffe-eau*, chaudières, préparateur d'eau chaude, condenseur, etc.).

SERPENTINE n.f.
(ou ***marbre serpentin***)
Roche verdâtre tachetée de blanc, dont les caractéristiques sont voisines de celles d'un marbre tendre, mais dont la composition diffère.

SERPENTINEUX adj.
Composé de serpentine.
Syn.: *ophitique*.

SERPETTE n.f.
Couteau à lame recourbée, utilisé par les plombiers et les poseurs de revêtements de papier peint.

SERRAGE n.m.
En maçonnerie, opération essentielle de la mise en place des bétons dans leur coffrage, et des mortiers sur les parois, consistant à améliorer leur compacité. Pour les bétons, le serrage se fait par vibration*; pour les mortiers et les enduits, par talochage.
Un bon serrage doit supprimer les interstices, évacuer au maximum les inclusions d'air du matériau, et améliorer l'enrobage des granulats en fluidifiant le liant.
Syn.: *resserrage** (enduits).

SERRE n.f.
Bâtiment clos et vitré, destiné aux cultures horticoles ou potagères.

L'***effet de serre*** est le phénomène de "piégeage" de l'énergie calorifique des rayonnements solaires : une grande partie des rayonnements atteignant une paroi vitrée est réfléchie, ou peut retraverser le vitrage en sens inverse, et être réémise vers l'atmosphère ; mais ce n'est pas le cas des rayons infrarouges (rayons porteurs de l'énergie calorifique).

SERRÉ adj.
Compact, sans interstices. Un mortier ou un plâtre est ***gâché serré*** s'il est préparé avec un minimum d'eau, en une pâte consistante et ferme.

serre-joints

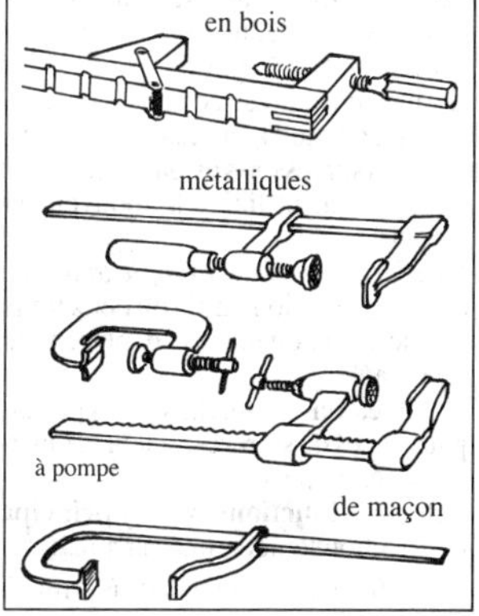

SERRE-FILS n.m. invar.
(ÉLECTR.) Petit socle de maintien, autrefois, des conducteurs électriques le long des parois.

SERRE-JOINT
ou **SERRE-JOINTS** n.m.
Outil de serrage provisoire de deux pièces l'une contre l'autre ; en bois ou en métal, le serre-joint est utilisé en menuiserie (syn.: *presse**), et en maçonnerie pour le maintien des banches et éléments de coffrage* (V.ill. page précédente).
Aussi appelé *sergent**, sur chantier.

SERRE-TUBES n.m. invar.
Outil de saisie des tubes et tuyaux, pour leur vissage et leur dévissage, ou leur immobilisation ; son mors est constitué d'une chaîne qui évite leur écrasement (V. Étau, Pince).

SERRURE n.f.
Dispositif de fermeture d'une porte, par déplacement d'un ou plusieurs pênes* qui s'engagent dans une ou plusieurs gâches* solidaires du bâti dormant* ou de l'huisserie*.
De façon générale, la serrure est composée d'un *coffre* ou *palâtre* qui abrite les mécanismes ; le coffre est fermé par une plaque dite *couverture*, ou *foncet*, dont l'orifice d'entrée de la clé peut être complété par une *bouterolle* ou par un *canon* de guidage.
Le ou les pênes traversent une plaque forée, la *têtière*, qui vient en applique sur le chant de la porte.
Le mécanisme est constitué de *gorges*, plaquettes ajourées à encoches, mobiles sur ressorts ou paillettes, dont le déplacement libère le mouvement du pêne.
Une serrure est dite *à simple tour* ou *à double tour* selon qu'un ou deux tours de clé provoquent son déplacement complet.
Le tableau ci-contre illustre les principaux types de serrures, et leurs constituants essentiels.
Selon ses **fonctions** ou son **principe** de fonctionnement, une serrure est :
- ***bec-de-cane***, ou ***camarde*** (serrure à pêne biseauté) : serrure sans clé des portes de communication intérieure, manoeuvrée par une *béquille** qui agit sur un pêne* demi-tour par l'intermédiaire d'un *fouillot**.
- ***bec-de-cane à condamnation*** : pour portes de locaux à fermer de l'intérieur (salles d'eau, w.c.), la serrure est complétée par un mécanisme à pêne dormant actionné par un bouton, comme un verrou.
- ***à pêne dormant*** : sans poignée ni pêne demi-tour, elle est actionnée de l'intérieur ou de l'extérieur par une clef ; ce type de serrure convient surtout pour les locaux à ouverture peu fréquente : rangements, caves...
- ***à pêne dormant et demi-tour*** : pour l'accès plus fréquent à des locaux tels que chambres ou bureaux, justifiant le bec-de-cane à poignée (demi-tour), et nécessitant une condamnation à pêne dormant.
Type de serrure courant dans les habitations du 18e siècle au milieu du 20e.
- "***de sûreté***" : pour fermetures extérieures et portes palières ; les plus traditionnelles sont ***à gorges***, c'est-à-dire à ouverture par une clé *bénarde** (clé à tige pleine) ou par une clé à tige forée dont le panneton* agit sur une série de gorges, plaquettes mobiles qui doivent se trouver alignées pour permettre le déplacement du pêne.
Plus récentes, les serrures ***à cylindre***, ou ***à barillet***, ou ***à pistons***, sont manoeuvrées par des clés *plates* ou à *branches actives* multiples ; elles sont composées d'un *rotor*, dans lequel entre la clé ; le rotor devient mobile dans son *stator* si les ergots de la clé repoussent dans la position voulue plusieurs éléments mobiles qui sont des *goupilles* (petits pistons), des *paillettes* (petites tiges), ou un système à *cames*.
Les serrures dites ***à pompe*** ont, en plus, un mécanisme de déplacement longitudinal (dans l'axe de la clé) qui participe au déverrouillage du rotor.
Des serrures perfectionnées sont les

SERRURES

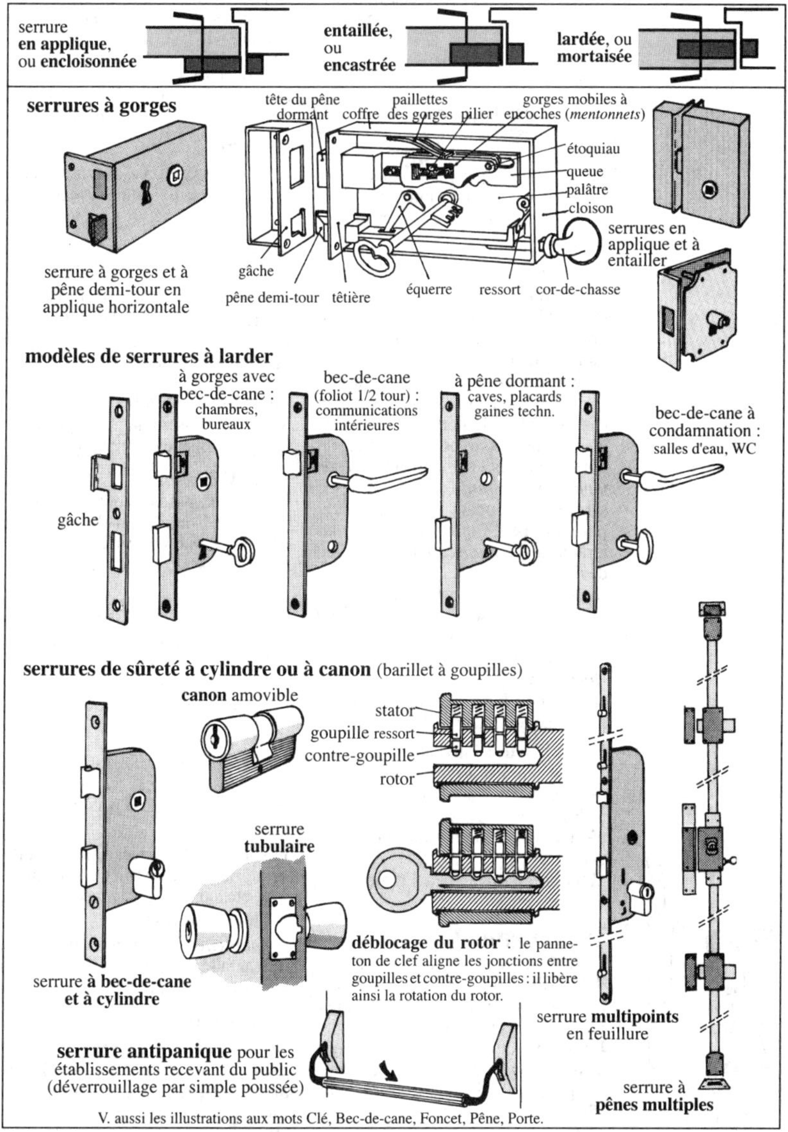

V. aussi les illustrations aux mots Clé, Bec-de-cane, Foncet, Pêne, Porte.

serrures à clés dites *incopiables*, à plusieurs rangs de goupilles multidirectionnelles.
Le nombre de combinaisons possibles est alors quasiment illimité.

Enfin, citons les ***serrures électroniques*** à clés magnétiques qui, sur le principe des codes mémorisés des cartes magnétiques, sont appelées à se développer, mais imposent l'alimentation électrique de la serrure.

Selon sa **disposition sur le vantail**, une serrure est :

-***encastrée***, ***lardée***, ou ***mortaisée***, lorsqu'elle est insérée dans une cavité pratiquée dans l'épaisseur du chant du montant de la porte.
-***encloisonnée***, ou ***en applique***, si elle est rapportée en saillie sur le parement d'un montant de porte. Les serrures en applique pour portes d'entrée et portes palières sont souvent *à pênes multiples*, ou ***multipoints***, la même serrure actionnant simultanément plusieurs pênes qui peuvent être latéraux, mais aussi en tête et en pied des portes.
-***entaillée***, si elle est fixée dans un évidement creusé dans le parement du montant, de sorte que son foncet* se trouve au nu de ce parement.
-***horizontale*** (ou *en long*), ou ***verticale*** (ou *en large*), selon l'axe de sa plus grande dimension.

Selon le **sens d'ouverture**.
Une serrure est à ***main**** ***droite*** ou à ***main gauche***, selon qu'elle doit être à droite, ou à gauche, dans le sens d'ouverture d'une porte ***en tirant*** *vers soi*.
V. aussi Antipanique, Ferme-porte, Portier, Verrou.

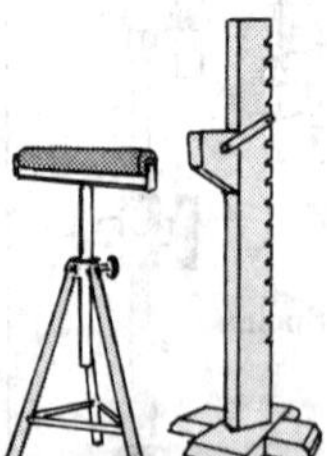
servantes

SERRURERIE n.f.
Art et techniques de la conception et de la fabrication des serrures et des accessoires de fermeture (ferrures, paumelles, gonds, pentures, ...).
Le terme de serrurerie s'applique aussi aujourd'hui aux ouvrages métalliques en général : ferronnerie (ferrures, balcons, rampes, grilles...), charpente métallique légère (vérandas, serres, verrières) ou même lourde (ossatures).

SERRURIER n.m.
Artisan qui conçoit, fabrique, pose ou répare les ouvrages de serrurerie.

SERTIR v.tr.
1/ Engager en force une pièce dans une autre, et la fixer dans le logement* qui lui est destiné.

2/ Assembler deux tôles par pliage de leurs bords : faire un ***sertissage***.

3/ Dans la fabrication d'un vitrail*, c'est refouler* sur les éléments de verre les lèvres des baguettes de plomb du réseau* d'assemblage.

SERTISSEUSE n.f.
Machine d'assemblage des pièces de tôle par repliage de leurs bords.

SERVANT adj.
Qualifie un fonds* dont la propriété comporte l'obligation d'accorder le bénéfice d'une servitude* à un fonds voisin, dit *fonds dominant**.

SERVANTE n.f.
Support fixe ou à rouleaux, qui sert à soutenir de longues pièces de menuiserie ou de serrurerie, pendant l'ouvrage, au niveau d'un établi, d'une scie à ruban, etc. (V.ill).

SERVICE n.m.
Un ***chemin de service*** est un passage permanent aménagé sur un comble pour la circulation du personnel d'entretien.

Les ***locaux de service*** sont les cuisines, offices, celliers, caves, chaufferies, etc. auxquels on accédait par un ***escalier de service***.

Un ***plancher de service*** est un plateau d'échafaudage servant à entreposer les matériaux à pied d'oeuvre.

SERVITUDE n.f.
"*Charge imposée sur une propriété pour l'usage et l'utilité d'un immeuble appartenant à un autre propriétaire*" (Code civil).

Le *fonds dominant* bénéficie de la servitude, laquelle est due par le *fonds servant*.
Une servitude reste attachée au fonds servant*, quel qu'en soit le propriétaire. On distingue :

• les **servitudes conventionnelles**, résultant d'un accord entre les propriétaires de fonds voisins :
- d'une part celles qui ne peuvent être refusées si le fonds dominant est une enclave sans aucun accès sur la voie publique, ou s'il n'y a pas d'autre possibilité (pente d'égouts), mais qui supposent un accord sur les modalités : *servitudes discontinues* de *passage*, et *servitudes continues d'alimentation* en eau, gaz... et *d'évacuation* des eaux usées.
- d'autre part les servitudes négociées : autorisation de percement de vues dérogeant aux dispositions légales (V. plus loin), engagement de ne jamais bâtir sur tout ou partie d'un fonds (servitude *non aedificandi*), ou à ne pas bâtir au-dessus d'une certaine hauteur (servitude *non altius tollendi*) ; autorisation d'appui d'un bâtiment sur le fonds voisin ou contre une construction voisine (servitude *oneris ferendi*).

• les **servitudes légales**, et ***servitudes de voisinage***, composées d'un ensemble de règles qui s'imposent à tout propriétaire ; ce sont :

- les ***servitudes d'implantation*** des bâtiments : distances à respecter par rapport aux routes (hors agglomérations), autoroutes, cimetières, aérodromes, littoral maritime, etc.

- les ***servitudes de clôture*** ; chacun a le droit de clore son fonds.
Sauf règlement local plus restrictif, la hauteur d'un mur de clôture, mesurée du côté du terrain le plus élevé, ne peut dépasser 2,60 m de façon générale ou, dans les villes de plus de 50 000 habitants, 3,20 m.

- les ***servitudes de creusement*** : nul ne peut forer un puits ou une grande excavation (citerne, piscine) sans autorisation municipale écrite à moins de 5 m de la voie publique, dans les agglomérations, et à moins de 10 m hors agglomérations.

- les ***servitudes de mitoyenneté****, qui régissent les constructions et clôtures édifiées de part et d'autre de l'aplomb d'une ligne séparative, ou accolées l'une à l'autre au-dessus de cette ligne.

NB- L'encastrement de poutres dans un mur séparatif mitoyen est possible sur l'épaisseur du mur, moins 54 mm,

SERVITUDES

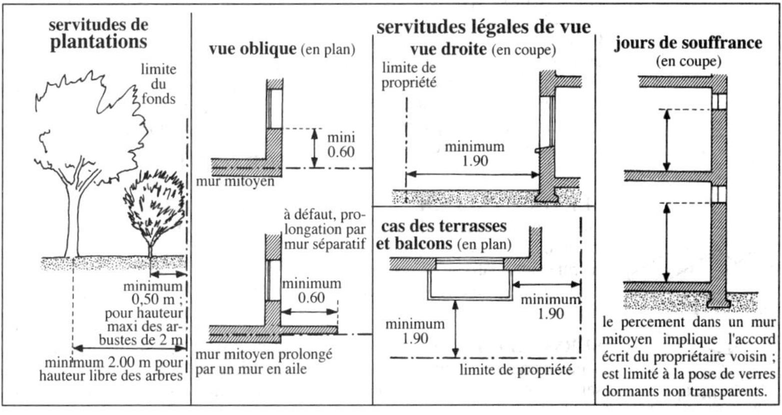

avec l'accord du propriétaire voisin.

-les ***servitudes de plantations et d'élagage*** des arbres (V.ill).
NB- La règle de hauteur ne s'applique pas lorsque les arbres, âgés d'au moins trente ans, existent lors du morcellement d'un fonds établissant la séparation à moins de 2 mètres des troncs.

-les ***servitudes de vue***, illustrées dans le tableau ci-avant, concernent le percement d'ouvertures de *vue oblique* (permettant de voir vers le fonds situé à côté, de *vue droite* (face à un autre fonds), et de *jours de souffrance* (dans le mur mitoyen ou le mur séparatif non mitoyen).
NB - Prescription trentenaire : des vues non conformes mais qui existent depuis plus de 30 ans peuvent être maintenues.

• les **servitudes naturelles**, qui proviennent de la disposition relative des terrains et de l'écoulement des eaux d'un fonds vers un autre.
• les **servitudes d'urbanisme**, qui ont valeur locale, constituées par des règlements municipaux, par le plan* d'occupation des sols (POS ou PLU), parfois par un plan d'exposition aux risques naturels prévisibles (PER) ou un plan d'exposition aux bruits (PEB), ou par décisions des Services des Monuments historiques (sites classés ou protégés).
Ce sont aussi les règles d'alignement* et de reculement*, et les coefficients d'occupation des sols (COS) ; le PLU (ex-POS) définit les hauteurs maximales autorisées, le gabarit*, le style architectural, les matériaux ou coloris imposés, etc.

SERVOCOMMANDE n.f.
Dispositif qui assure le fonctionnement d'un dispositif (électrovanne, serrure automatique...), asservi à un dispositif de déclenchement automatique ou manuel.

SERVOMÉCANISME n.m.
Mécanisme programmé pour réaliser une ou plusieurs opérations en fonction des variations de données qu'il contrôle (température, niveau d'eau, etc.).

SERVOMOTEUR n.m.
Moteur électrique ou système à mouvement pneumatique ou hydraulique dont le fonctionnement est asservi à un dispositif de commande à distance, ou associé à un capteur d'informations tel que détecteur de fumées, manomètre, etc. Des servomoteurs assurent le fonctionnement intermittent d'organes tels que vannes, clapets de ventilation, ouverture d'exutoires ou trappes de désenfumage, fermeture de rideaux coupe-feu, etc.

SEUIL n.m.
1/ARCHIT.: sol sous-jacent d'une porte. Le ***seuil surélevé*** est celui qui se compose d'une marche entièrement prise dans l'embrasure*; si la marche fait saillie à l'extérieur, ce n'est pas un seuil, mais un *pas-de-porte**. V. ***Barre*** ou ***bande de seuil***.

2/ACOUST.: niveau de fréquence ou d'intensité à partir duquel un phénomène sonore produit un effet : seuil d'audibilité, seuil de douleur...

3/MENUIS.: moulure de rejet des eaux rapportée sur la traverse basse d'une porte extérieure.

SEWAGE n.m.
Désigne parfois l'effluent urbain collecté par les égouts.

SEXPARTITE adj.
Qualifie une voûte* d'ogives de plan rectangulaire, divisée en six parties et portant sur six appuis.

SGRAFFITE n.m.
Motifs dessinés au burin* sur un enduit mural. Désigne aussi une décoration murale en camaïeu.

SHED n.m.
Comble* à redents* successifs, parallèles, à pente forte d'un côté et moyenne ou faible de l'autre, en usage surtout pour les toitures de locaux industriels (ateliers, entrepôts) ou agricoles ; en général, les faces à pente

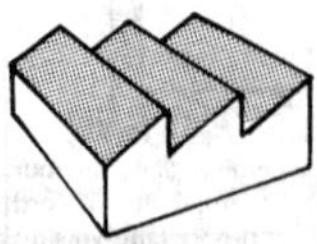
toiture en
sheds

raide sont vitrées et exposées au Nord pour éviter l'effet de serre (V.ill. page ci-contre). Le nom français approprié est *toiture à redents*.

SHELF-LIFE n.f.
(de l'anglais *vie sur rayonnage*). Durée de conservation en stock d'un produit ou d'un matériau.

SHINGLE n.m.
Nom anglais du bardeau* bitumé, ou bardeau d'asphalte.

SHUNT n.m.
1/ÉLECTR.: résistance établie en dérivation sur un circuit électrique pour ne laisser passer, dans la partie *shuntée,* qu'une partie du courant ; le shunt sert pour les mesures d'intensité avec un galvanomètre*.

2/FUMIST.-VENTIL.: conduit* de fumée ou de ventilation d'un bâtiment collectif où débouchent, après une chicane, les conduits individuels de chaque étage.

SHUNTAGE n.m.
Dérivation par un shunt.

SCHUNTER v.tr.
Établir une jonction en dérivation.

SICCATIF n.m. et adj.
Se dit d'un corps qui durcit ou polymérise* par oxydation à l'air : *huile siccative*. Corps gras utilisé comme catalyseur de durcissement, ajouté en faible proportion dans une peinture, un vernis gras, un mastic.
Les siccatifs courants sont les linoléates (huile de lin), les oléates, les stéarates de métaux lourds.

SICCATIVANT adj.
Se dit d'un corps ajouté en faible dose dans un autre, pour lui apporter ses propriétés durcissantes.

SICCITÉ n.f.
Caractère de ce qui est sec.
Résultat d'une dessiccation*.

SIDÉRIQUE adj.
Qui a rapport avec le fer.

SIDÉRURGIQUE adj.
Relatif à l'acier et aux industries de transformation des métaux ferreux.

SIÈGE n.m.
1/PLOMB.: partie d'un robinet* que vient presser le clapet ou tout organe mobile de fermeture, pour interrompre le passage du fluide.

2/ Le ***siège à l'anglaise*** est un appareil sanitaire de WC à lunette* et abattant*, sur lequel on peut s'asseoir. Le ***siège à la turque*** est un appareil céramique scellé, ou un ouvrage en mortier autour d'une évacuation de WC, au niveau du sol, comportant deux emplacements pour les pieds (Voir ill. à WC).

SIEMENS n.m. (symbole **S**)
Unité de la conductance, inverse de l'ohm*; le siemens est aussi dit *mho* (inversion des lettres du mot *ohm*).

SIFFLET n.m.
Coupe biaise, en biseau (V.ill).
1/MAÇONN.: le joint en sifflet est un joint montant biais, dans un appareil* de joints de maçonnerie en pierre (V.ill).

2/MENUIS.: joint biais d'une enture* d'assemblage*.

SIGILLÉ adj.
Qui porte un sceau, ou un motif analogue en creux ou en relief, par moulage : *clef de voûte sigillée*.

Les produits en ***terre cuite sigillée*** sont constitués avec une pâte argileuse rouge, pressée et recouverte d'argile colloïdale fine.

SIGNAL n.m.
1/ Impulsion électrique, variation d'intensité ou de tension qui correspond à une information électrique ou électronique.

2/ Tout élément visuel ou sonore de signalisation.

SIGNALISATION n.f.
Ensemble de dispositifs sonores ou visuels (panonceaux, clignotants, rubans de couleur, etc.) pour informer

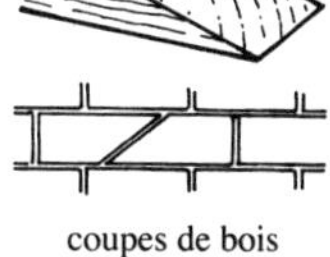

coupes de bois
et de pierre
en sifflet

d'une anomalie de fonctionnement, d'un itinéraire d'évacuation des locaux, ou d'un danger : par ex., *signalisation d'un chantier* débordant sur la voie publique.

SIGNE n.m.
Chiffre, lettre ou symbole conventionnels sur les bois en charpente et en menuiserie (V. Établissement des bois) ; sur les pierres, on trouve des ***signes d'appareil****, indiquant leur disposition relative ou leurs lits, ainsi que des ***signes** ou **marques*** ***lapidaires*** propres à chaque compagnon, destinés à identifier l'auteur d'un ouvrage.

SILENDUM n.m.
Synonyme de *carborundum**.

SILENTBLOC n.m.
(marque comm.) Bloc antivibratile en caoutchouc comprimé, placé entre un appareil vibrant et le support, pour absorber vibrations et bruit.

SILEX n.m. invar.
Agglomérat compact de quartz* amorphe* mêlé d'impuretés, dont il existe de nombreuses variétés ; les silex sont de bons agrégats pour les bétons. La pierre dite *meulière** est un silex caverneux en éléments atteignant de grandes dimensions.

SILHOUETTE n.f.
Profil de la section du panneton* d'une clef*.

SILICATAGE n.m.
Traitement des pierres tendres et imperméables, qui forme un silicate -ou calcin*- superficiel.

SILICATE n.m.
Résultat de la réaction de ***silicatation***, combinaison de la silice avec un oxyde basique.

Peinture aux silicates : peinture pour ciment, à base de silicate de potasse, vitrifiée par réaction avec la chaux, et constituant une bonne protection hydrofuge*; ces excellentes peintures de ravalement ont l'inconvénient de devoir être décapées par ponçage avant l'application d'autres types de peintures.

SILICATER v.tr.
Mélanger à un silicate.

SILICATISATION n.f.
Traitement d'imperméabilisation et de résistance à la corrosion des bétons et mortiers exempts de corps gras, par application d'une solution chaude de silicate de potasse. V. Fluatation.

SILICE n.f.
Dioxyde de silicium (SiO_2), en général cristallisé, et présent dans de nombreux minéraux. Parmi ses variétés naturelles, le quartz*, l'agate, la calcédoine*, l'onyx, le silex*.
Le sable de silice, plus ou moins fondu et aggloméré, donne les grès et quartzites. C'est aussi le constituant principal du verre*.

SILICEUX adj.
Qui contient de la silice.

SILICIFÈRE adj.
Se dit d'un sol riche en silice.

SILICIUM n.m.(Si)
Métalloïde amorphe*, dont les caractéristiques présentent des analogies avec le carbone (le silicium est l'élément chimique le plus répandu sur terre, après l'oxygène).

SILICO- ou **SILICICO-**
Radicaux qui indiquent la présence de silicium ou de silice.

SILICO-CALCAIRE adj.
Qualifie un matériau composé d'un carbonate et d'un ou plusieurs silicates : *brique silico-calcaire*.

SILICONE n.m.
Famille de composés de synthèse à chaînes moléculaires liées par des atomes de silicium ; ce dernier joue un rôle analogue à celui du carbone dans les composés organiques.
Les silicones ont des propriétés lubrifiantes, et hydrophobes*.
On les utilise comme hydrofuges* de surface et comme mastics* élastomères*, dont la réticulation s'effectue

au contact de l'humidité de l'air. Fournis en cartouches extrudables*, ces mastics gardent une élasticité permanente, sont perméables à la vapeur d'eau, résistent bien aux agents corrosifs, et présentent une excellente tenue au vieillissement.

SILICOSE n.f.
Affection pulmonaire chronique provoquée par l'inhalation fréquente de poussières de silice.

SILICOSÉ ou **SILICOTIQUE** adj. Atteint de silicose.

SILO n.m.
Réservoir ou récipient de grande capacité, d'allure verticale, cylindrique ou prismatique, en général destiné à des matériaux secs (sables, ciments...) : on le charge par le haut, et on extrait les matériaux par le bas.

SILOTAGE n.m.
Action de stocker en silo, c'est-à-dire d'***ensiler***.

SILT n.m.
Sable très fin, de granulométrie étalée entre 5 μm et 0,05 mm.

SILTEUX adj. Se dit d'un matériau ou d'un minéral riche en silt.

SIMBLEAU n.m. (aussi ***Cimblot***)
Cordeau ou tringlette de traçage de cercles ou d'arcs de grand rayon : charpente ou murs arrondis, lignage* d'ardoises sur toit arrondi...

SIMILI (préfixe)
Imitation de —: *similibois*.

SIMULÉ adj.
Imité, feint : *baie simulée*.

SINGE n.m.
Treuil* à double manivelle ; désigne surtout celui d'une chèvre*.

SINISTRE n.m.
Désordre pathologique* affectant tout ou partie d'une construction ; le terme s'applique surtout à un désordre dès lors qu'il fait l'objet d'une déclaration et d'un dossier de règlement auprès des assureurs.

SINUS n.m. V. Trigonométrie.

SINUSOÏDAL adj.
Qualifie une fonction périodique de fréquence et d'amplitude constantes, ainsi que sa représentation, la courbe sinusoïdale, ou ***sinusoïde*** (V. Phase).

SIPHOÏDE adj.
En forme de siphon ; qui compose un siphon : *bonde* siphoïde*.

SIPHON n.m.
Dispositif qui équipe les évacuations d'eau, pour :
- éviter la communication directe de l'air ambiant avec l'air des égouts, et empêcher ainsi la remontée des odeurs et de l'air vicié ;
- retenir les matières solides et objets entraînés par l'eau : sable, feuilles,

SIPHONS

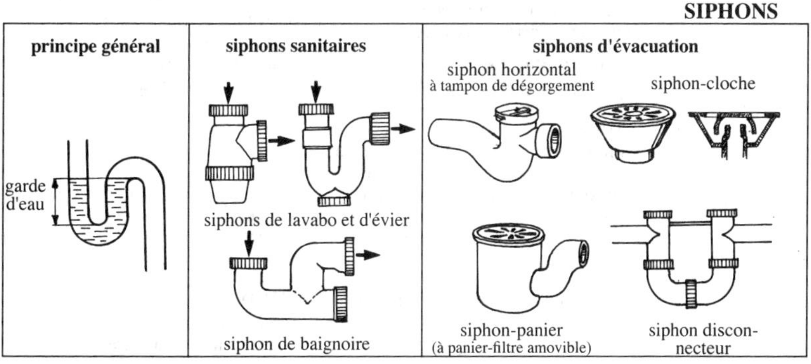

cheveux, etc. dont l'accumulation obstrue les évacuations.
Le principe repose sur un coude formant chicane. Une hauteur d'eau permanente (*garde d'eau*) constitue le "bouchon" étanche à l'air (V.ill).
On distingue les ***siphons sanitaires***, disposés au départ des canalisations d'évacuation des appareils sanitaires et ménagers, et les ***siphons de sol*** (*ou siphons de cour)*, qui équipent les évacuations d'eaux pluviales, et les toitures-terrasses ; la plupart des siphons de sol sont des *siphons-paniers* (V.ill) : leur récipient amovible permet l'élimination facile des matières retenues. Certains siphons sont à clapet* antiretour.

SIPHONNAGE n.m.
(ou ***désiphonnage***)
Désamorçage d'un siphon par évacuation de sa garde d'eau. Elle se fait soit par *évaporation* (cas d'utilisation peu fréquente d'un appareil sanitaire en période sèche), soit par aspiration (dépression due aux chutes) : la garde d'eau doit avoir une hauteur suffisante pour que la dépression soudaine des chutes d'eau n'aspire pas l'eau du siphon. Pour y parer, on installe des ventilations* secondaires, prises d'air extérieures branchées sur la sortie des siphons, ou des reniflards*.

SIPHONNER v.tr.
Transvaser un liquide d'un milieu à un autre par différence de niveaux, à l'aide d'un conduit qui passe par un niveau supérieur à ces niveaux.

SIPOREX (marque comm.)
Voir Béton cellulaire.

SISAL n.m.
Fibre végétale tirée de l'*agave*, ou *tampico* d'Amérique ; on en fait surtout des cordages et des trames* résistantes pour revêtements de sols textiles, ou des tapis rustiques.

SISMIQUE adj.
Qui concerne les tremblements de terre. V. au mot Parasismique.
Syn.: *séismal* ou *séismique*.

SITE n.m.
1/ Emplacement, terrain, ou chantier considérés. Ouvrage réalisé ***sur site*** (ou ***in situ***) : réalisé sur le chantier, sur place, et non en usine.
2/ Région climatique définie par son exposition aux intempéries : *site exposé* (littoral maritime, montagnes, vallées encaissées), *normal* (plaine, plateaux, vallonnements faibles), ou *protégé* (entouré de collines).
3/ Ensemble urbain ou zone à caractère particulier d'ordre architectural, naturel ou pittoresque.
La ***protection des sites*** désigne l'ensemble des règles établies par une commission départementale pour la sauvegarde de certains sites classés ou protégés.
Elle en dresse l'inventaire et effectue les classements*.
V. Monuments.

SITUATION n.f.
État chiffré des travaux exécutés, que dresse un entrepreneur pour obtenir un acompte de règlement sans attendre la fin de ses interventions ; la situation porte la déduction des acomptes reçus antérieurement.

SIX-POUCES n.f. invar.
Brique raccourcie d'un quart de sa longueur, ou *brique trois-quarts*.

SKIMMER n.m.
Dispositif d'élimination des particules qui flottent à la surface d'un bassin ou d'une piscine : orifice affleurant la surface, il fait office de trop-plein. Son ouverture est équipée d'un volet mobile formant clapet antiretour.

SKIP n.m.
Godet ou benne mobile circulant sur des rails inclinés ou verticaux, pour le chargement de matériaux dans des trémies ; son déversement par basculement se fait automatiquement en fin de course.

SKYDOME n.m.
Marque de lanterneaux* à ouvrant bombé, en plastique transparent.

SLUMP-TEST n.m.
Voir Cône* d'Abrams (essai du —).

SLURRY n.m.
Mot anglais désignant un mortier fluide et autoplaçant.

SMALT n.m.
1/ Verre teinté d'aspect émaillé, utilisé surtout en mosaïque sous forme de petits cubes (*abacules**).

2/ Ensemble des nuances de bleu données par l'oxyde de cobalt.

SMECTIQUE adj.
Qualifie une matière minérale à molécules allongées et parallèles, qui a pour propriété d'absorber les corps gras ; la ***smectite***, ou *terre à foulon*, est une variété d'argile*.

SMILLAGE ou ***Esmillage*** n.m.
Action de dresser le parement des pierres avec la smille ; son résultat.

SMILLE n.f.
Marteau à deux pointes du tailleur de pierres (V.ill).

SMILLER ou ***Esmiller*** v.tr.
Dresser* à la smille les faces d'une pierre ou d'un moellon*; syn.: *écheniller*. Un ***moellon smillé*** (adj.) désigne, de façon générale, un moellon équarri. Un ***parement smillé*** se reconnaît à ses nombreuses stries courtes et parallèles.

SMOKE-TEST n.m.
(de l'anglais *essai de fumées**).

SOCLE n.m.
1/ARCHIT.: support* apparent, base* sur laquelle prennent appui une colonne*, un pilier, une statue, etc.; partie inférieure d'un membre* d'architecture, d'un pilastre*.
NB- Sous un poteau, V. aussi dé*.

Un ***socle continu*** désigne un soubassement* ou un stylobate*.

2/ÉLECTR.: pièce de bois ou de plastique encastrée dans un mur, comme support d'un organe électrique, interrupteur, coupe-circuit, etc.

3/MENUIS.: pièce de bois saillante rapportée à la base d'un chambranle* pour former le départ d'une plinthe. Ensemble des planchettes rapportées sur le mur d'appui d'un escalier pour composer sa plinthe*, soit à crémaillère*, soit rampante*.

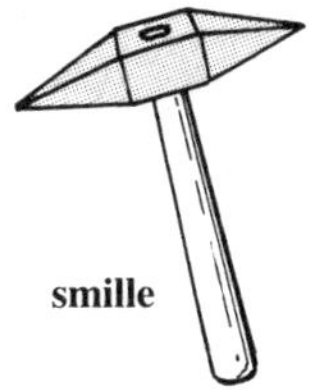

smille

SOFFITE n.m.
Élément ou surface visible d'en bas, en regardant vers le haut. Peut désigner aussi des ornements d'architecture saillants rapportés en sous-face d'un plafond et/ou sur la retombée* des poutres et solives : lambris de plafond, décor de plafond* à caissons, moulures d'une retombée de poutre, sous-face d'un larmier*, d'une corniche*, d'un linteau*...

SOIE n.f.
Tige tronconique effilée du fer d'un outil manuel (ciseau, gouge...), qui pénètre dans le manche de l'outil.

SOL n.m.
1/ Ensemble des matières minérales composant les couches sous-jacentes d'un terrain, et dont la connaissance est indispensable avant d'y asseoir une construction.

2/ Niveau du terrain pris comme référence pour les différentes cotes de niveau d'une construction.

3/ Partie inférieure d'une carrière.

4/ Couche superficielle et finition d'une surface d'allure plane sur laquelle on peut circuler : sol dur, sol plastique... V. Revêtements de sol.

Un ***sol-ciment*** est un terrain stabilisé par incorporation de ciment en faible proportion. Désigne souvent aussi un plancher, dalle ou chape, en mortier de ciment.
Un ***sol coulé*** est un revêtement* appliqué par enduction *in situ** (mortier de ciment ou de résines, granito, etc.) ; un ***sol continu***, ou *sol coulé sans joints*, est celui qui présente peu ou pas de joints.

SOLAIRE adj.
V. Capteur, Chauffe-eau, Apports, Héliotechnique.

SOLDAT n.m.
Cale de bois scellée dans une maçonnerie ou une cloison pour faciliter le clouage ultérieur d'éléments tels que plinthes, corniches, etc.

SOLE n.f.
1/CHARP.: sablière* basse de forte section à la base d'un pan* de bois ; forte pièce de bois disposée comme appui sous un échafaudage, une machine, une grue, etc.

2/FUMIST.: face inférieure du carneau* d'évacuation des gaz brûlés vers le conduit de fumée.

3/PLÂTR.: épaisse couche de plâtre jetée à la truelle.

SOLIDAIRE adj.
1/ Lié fortement, assemblé, rivé, soudé, accolé de façon définitive.

2/ Sur le plan des garanties*, on dit d'un fournisseur qu'il est *conjoint et solidaire* d'une entreprise applicatrice de ses productions, agréée par lui ; de même, deux entreprises dont l'une est sous-traitante* de l'autre peuvent être liées par une *solidarité* de coresponsabilité.

SOLIDARISER v.tr. Assembler de façon intime et définitive.

SOLIDE n.m. et adj.
1/ Se dit d'un corps dur, résistant, ni friable, ni déformable.

2/ En architecture, souvent syn. de *massif, compact, homogène.*

SOLIDITÉ n.f.
1/ Résistance à la déformation ou à la rupture.

2/ La solidité à la lumière d'une peinture ou d'un pigment* désigne son aptitude à ne pas changer de couleur sous l'action des rayonnements lumineux et ultraviolets.

SOLIER n.m.
1/ Autrefois, synonyme de *plancher.*
2/ Professionnel des chapes*, revêtements de sols et carrelages.
La spécialité de ***solier-moquettiste*** fait l'objet d'un diplôme d'État.

SOLIN n.m.
De façon générale, ouvrage longiforme de garnissage ou de calfeutrement*, en mortier ou en plâtre.

1/COUVERT.: façon de garnissage des rives* ou des pénétrations* d'une toiture. Désigne la *ruellée** de pignon, ouvrage formant le rampant* et dans lequel sont engagés les matériaux de couverture (V.ill).

2/ÉTANCH.: une ***bande de solin*** est une façon de bavette* en zinc engravée dans un mur pour protéger un relevé* d'étanchéité le long d'une pénétration*.

3/MAÇONN.: un solin de mur est un soubassement bas, en particulier sous les sablières* basses d'une construction en pans* de bois.
Dans la jonction au mortier de canalisations de grès, le solin est une façon de chanfrein réalisée à l'extrémité externe de l'emboîtement.

4/MENUIS.-CHARP.: bande de plâtre ou de mortier avec laquelle on scelle, sur une surface en ciment, les cadres, huisseries, sablières, lambourdes, etc. Désigne parfois aussi un chevron* scellé contre un mur pour porter un lattis*, un voligeage* ou des panneaux* de doublage*.
Enfin, le solin est le remplissage en plâtre entre les extrémités des solives*, sur l'arase* d'un mur ou sur une sablière* qui porte les solives.

solin (E)
en mortier de ciment

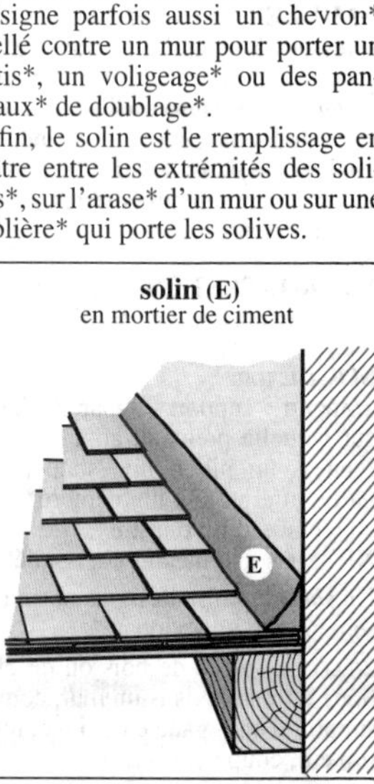

5/VITR.: dans la pose d'un vitrage, cordon de mastic de calfeutrage lissé en biseau autour des vitres.

SOLINETTE n.f.
Bande de solin profilée, préfabriquée.

SOLIVAGE n.m. ou **SOLIVURE** n.f. Ensemble des solives d'un plancher, ou d'un bâtiment ; disposition des solives dans les locaux.

SOLIVE n.f.
Longue pièce de bois ou profilé* métallique dont les extrémités prennent appui sur les murs porteurs ou sur une poutre pour composer l'ossature rigide d'un plancher*; les solives portent les entrevous*, l'aire* de pose des carrelages ou des revêtements, ou les lambourdes* des parquets*.

La ***solive bâtarde***, ou ***boiteuse***, est celle dont une extrémité porte sur un mur, et dont l'autre est assemblée à un chevêtre*.
La ***solive d'enchevêtrure****, ou ***solive porteuse***, est celle qui soutient un chevêtre*.
La ***solive de remplissage***, dite ***soliveau***, ou ***solivette***, est une solive complémentaire assemblée dans un chevêtre*.
La ***solive de rive*** est celle qui est scellée le long d'un mur.

NB- La profondeur de portée des solives sur leur appui ne doit pas être inférieure à 0,05 m ; à l'extrémité des solives en bois, un vide d'au moins 0,03 m doit être ménagé entre l'about encastré et la maçonnerie.

SOLIVEAU n.m.
Petite solive* de remplissage d'espaces vides d'un plancher*.

SOLLICITATION n.f.
Effort permanent ou intermittent subi par une structure ou un matériau quelconque.

SOLUBILITÉ n.f.
Aptitude à être dissous par combinaison avec un solvant, ou avec l'eau.

SOLUBLE adj.
Qui peut être dissous.

SOLUTION n.f.
Combinaison homogène formée par un corps et le liquide (solvant) dans lequel on le dissout ; résultat de l'action de dissoudre un corps *soluble* dans un solvant. Par ex., un sel *dissous* dans l'eau donne une *solution saline*. Une solution peut aussi être solide : le verre est une solution.

-***Solution de continuité*** : interruption dans le cours d'une paroi, d'un parement, d'une moulure, d'une surface. Une fissure, un joint de dilatation, sont des *solutions de continuité* (NB- Expression souvent comprise, à l'inverse de son sens réel, comme signifiant l'établissement d'une continuité, ou la suppression d'un joint).

SOLVANT n.m.
Tout fluide volatil* dans lequel on peut dissoudre une matière, et en particulier une résine, pour la rendre apte à l'emploi ; on appellera plutôt *diluant** un solvant complémentaire ajouté à un mélange, avant sa mise en oeuvre, pour le fluidifier.
L'évaporation du solvant est le facteur de durcissement des colles, peintures et vernis *en solution*.
Un solvant est caractérisé par son point d'ébullition (et/ou son point de fin de distillation), son point éclair*, qui détermine ses conditions de stockage, et son indice de solubilité (ou indice Kauri).

Parmi les principaux solvants :

• les **alcools** :
-l'*alcool butylique*, diluant des aminoplastes*, solvant des résines de vitrification et de certaines colles ;
-l'*alcool éthylique*, solvant des vernis à l'alcool ou gommes-laques ;
-l'*alcool isopropylique*, qui, mélangé à un hydrocarbure et à une cétone, peut remplacer les hydrocarbures aromatiques toxiques ;
-l'*alcool méthylique*, solvant de la nitro-cellulose, associé à des aromatiques, des cétones, des esters.

sommiers

de plate-bande

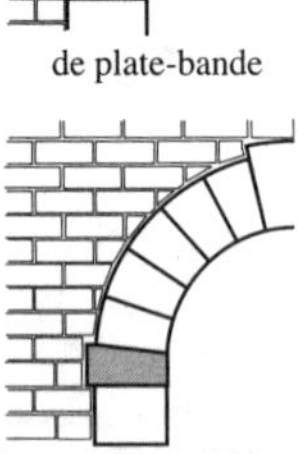

d'arc ou de voûte

• les **cétones**, diluants des résines thermodurcissables : cétones légers ou lourds (MEK, MIBK).

• les **esters** : *acétates* légers, *d'éthyle* et *de méthyle* ; et *acétates* moyens, *de butyle* et *d'éthylglycol*.

• les **esters-oxydes** : *butylglycol* et *éthylglycol*, solvants de certaines peintures du bâtiment.

• les **hydrocarbures** : les *solvants aliphatiques*, distillats légers du pétrole, dits essences A, B, C... ; les *solvants aromatiques* obtenus par distillation de la houille (naphta, benzène*, toluène*, xylène*) ; les *solvants chlorés*, comme le trichloréthylène, utilisés surtout comme dégraissants ; l'*essence de térébenthine*, hydrocarbure terpénique de distillation de la *gemme* du pin.
Le *white-spirit**, combinaison d'essences et d'hydrocarbures aromatiques, en diverses proportions, est un des solvants courant des peintures.

• d'autres solvants tels que le *styrène* (solvant des polyesters), ou le *cyclohexane* (solvant de matières plastiques telles que le nylon).
NB- La manipulation, le transport et l'emploi des solvants, dont certains sont très toxiques (benzéniques) ou inflammables (cétones) font l'objet d'une réglementation stricte.
Elle porte sur l'étiquetage, la signalisation des véhicules, la déclaration d'emploi (Inspection du travail et Sécurité Sociale), la surveillance médicale des intéressés et la captation des vapeurs aux postes de travail, ou même l'interdiction d'emploi hors de certains taux de dilution. De nombreux solvants verront peu à peu leur emploi limité, voire interdit sur les chantiers.

SOLVANTER v.tr.
Dissoudre dans un solvant, ou ajouter un solvant dans un mélange : *résine solvantée*.

SOLVATATION ou
SOLVATISATION (on dit aussi, par déformation, ***solvantation***) n.f.
Action de dissoudre une matière dans un solvant.

SOMMIER n.m.
Pièce d'appui d'allure horizontale.

1/ARCHIT.-MAÇONN.: première pierre ou première assise* composant la base de la retombée* d'un arc* ou d'une voûte*; son lit inférieur est horizontal, mais son lit supérieur peut être légèrement incliné pour recevoir la retombée (V.ill). Syn.: *coussinet*.
Pierre placée au sommet d'un mur ou d'un jambage* pour servir d'appui à un poitrail* ou à un linteau*.
Pierre formant le claveau* ou le voussoir* de butée à l'extrémité d'une plate-bande* (V.ill).

2/CHARP.: ensemble des pièces de charpente d'un clocher qui portent les cloches. Pièce horizontale qui, le long d'un mur, supporte l'extrémité de solives*.

3/SERRUR.: barre transversale d'une grille, percée de trous dans lesquels sont engagés les barreaux.

SON n.m.
Vibration qui peut être perçue par l'ouïe. L'étude des sons (émission, propagation, perception et atténuation est la science de l'*acoustique*. V. ce mot. V. aussi Bruit.

SONDAGE n.m.
Analyse de la composition ou de la cohésion, en profondeur, d'un sol ou d'une maçonnerie. Recherche d'une anomalie par divers moyens, et en divers points d'un ensemble.
Le ***sondage d'un enduit***, d'une chape ou d'un carrelage consiste seulement, en général, à contrôler leur adhérence par percussion légère en divers endroits : les zones qui *sonnent creux* traduisent un manque d'adhérence au support.
Le ***sondage de charpente*** consiste à enfoncer un outil tranchant en divers points des pièces de bois, pour vérifier qu'elles sont saines et exemptes de galeries creusées par les insectes xylophages*.
Le ***sondage des sols*** est la principale opération de reconnaissance* des sols : il consiste à déterminer la nature du

sous-sol et toutes ses caractéristiques (compressibilité, cohésion, perméabilité...), soit par l'analyse de prélèvements (carottage*), soit par la mesure *in situ* de la résistance à l'enfoncement, à l'aide de pénétromètres*.

SONDE n.f.
1/ Appareil de prélèvement d'échantillons d'un sol ou d'un matériau par forage* mécanique.

2/ Appareil de détection des variations d'un phénomène ou d'un état physique. La sonde de température, ou ***sonde extérieure***, est un capteur* placé à l'extérieur des locaux pour adresser des informations à un système de régulation de chauffage, de ventilation ou de réfrigération.

La ***sonde de niveau*** est un dispositif de mesure à distance du niveau du liquide dans un réservoir.

SONDER v.tr.
Analyser, détecter, prélever un échantillon par sondage.

SONIE n.f.
Intensité subjective de perception d'un son* ou d'un bruit*, en fonction de sa pression ; la sonie, qui n'est pas une unité, sert de base de comparaison des perceptions sonores avec des sons de référence, dits sons *d'égale sonie*.

SONNER v.tr.
Outre les sens usuels, c'est sonder par percussion : *sonner un enduit*, *un carrelage*, etc.

SONNERIE n.f.
Avertisseur sonore dans lequel un petit marteau actionné par un électroaimant frappe un timbre*.

SONNETTE n.f.
Engin utilisé comme outil à percussion pour battre* les pieux de fondations et enfoncer les palplanches*.
La sonnette a un bâti pyramidal et un guide dans lequel coulisse verticalement une masse dite *mouton** dont la chute frappe le *casque** de protection placé sur les éléments à enfoncer.
Voir détails dans le Dico-TP.

SONOGRAMME n.m.
Représentation graphique, par un appareil enregistreur, des réceptions sonores en fonction de leur intensité, de leur fréquence et de leur durée.

SONOMÈTRE n.m.
Appareil normalisé d'enregistrement et d'analyse comparative des sons pour les contrôles d'acoustique*.

SONORE adj.
Qui émet des sons* ou des bruits*. Qui concerne les sons ; par déformation, se dit d'un local dont la réverbération* est importante.

SONORISATION n.f.
Ensemble des équipements de production de sons, et leur installation : lecteurs de musique d'ambiance, microphones d'annonces, avertisseurs sonores, amplificateurs, etc.

SORBONNE n.f.
Auvent d'aération d'un atelier ou d'un laboratoire.

SORTANT adj.
1/ Pour un angle*, synonyme d'*aigu*, *saillant*.

2/ Une ***volute sortante*** est celle dont l'enroulement se fait en s'écartant de son support, comme un copeau (V.ill. au mot Volute).

SOUBASSEMENT n.m.
1/ Partie inférieure d'un mur, souvent en empattement* de quelques cm sur le nu* de la façade, parfois aussi en retrait, par arrêt d'un enduit suivant une ligne à env. 15 cm au-dessus du sol, ou au niveau du plancher du rez-de-chaussée. V. aussi *Stylobate*.

2/ Partie inférieure d'un lambris*, d'un élément de décor.

3/ Le soubassement d'une baie désigne parfois son allège*, considérée du côté intérieur du local.

4/ Dans l'avaloir d'une cheminée* d'appartement, le soubassement est la traverse haute du rétrécissement servant au renvoi des fumées.
Le ***niveau de soubassement*** désigne

souche
de cheminée

souvent le sous-sol semi-enterré, ou l'étage de soubassement.
L'***étage de soubassement*** est un premier niveau de plain-pied d'un côté du bâtiment, et enterré ou semi-enterré sur les autres côtés, du fait de la pente du terrain.

SOUCHE n.f.
1/ARCHIT.: la souche d'un clocher est le massif de maçonnerie composant sa base ; la souche d'une tourelle est le cul-de-lampe* en encorbellement* qui lui sert d'appui.

2/FUMIST.: la ***souche de cheminée*** est l'ouvrage de maçonnerie en émergence au-dessus des combles ou toitures-terrasses, pour contenir le ou les conduits de fumée. A sa base, un ouvrage d'étanchéité périphérique avec solin* forme le raccordement avec la couverture ; le raccordement supérieur comporte une besace*.
Au sommet, un couronnement à rebords saillants d'où émergent les mitrons*. Le corps de la souche est généralement composé, de nos jours, de boisseaux*.
NB- Hauteur réglementaire des souches : V. au mot Conduit.

SOUDABILITÉ n.f.
Aptitude d'un métal à être soudé.

SOUDAGE n.m.
Action de souder : V. Soudure.

SOUDE n.f.
Hydroxyde de sodium (NaOH) ; fortement basique, la ***soude caustique*** se présente sous forme d'écailles ou de pastilles solubles dans l'eau.

On l'utilise pour saponifier* les corps gras qui imprègnent des sols que l'on veut revêtir ou peindre ; souvent remplacée par les ***cristaux de soude*** du commerce, qui sont en réalité du carbonate de sodium (Na_2CO_3).

SOUDER v.tr.
Assembler deux pièces métalliques par fusion localisée du métal, ou par interposition d'un métal d'apport (on dit dans ce cas *braser**).
Treillis soudé: V. Treillis.

SOUDEUSE n.f.
Machine portative pour le soudage bord à bord des lés de revêtements plastiques.

SOUDO-BRASAGE n.m.
Jonction, au chalumeau* oxyacétylénique*, de deux pièces de métal par une brasure*, c'est-à-dire par interposition d'un métal d'apport dont la température de fusion est supérieure à 400°C (elle est inférieure dans le cas du brasage ordinaire).

On utilise le soudo-brasage pour l'acier, la fonte et l'aluminium, ainsi que le cuivre et ses alliages.

SOUDURES

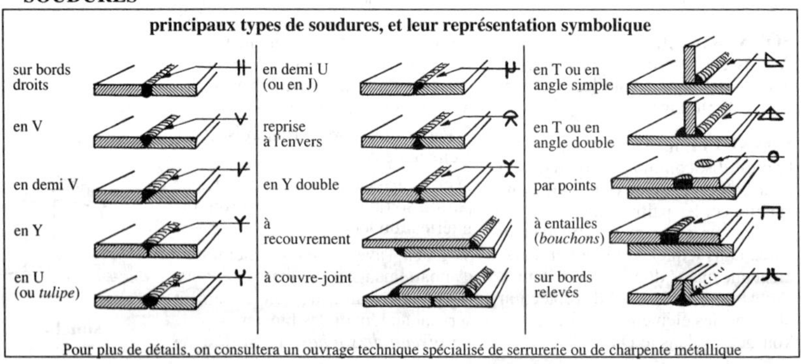

SOUDURE n.f.

1/ Assemblage, par fusion de métal, d'éléments métalliques, et son résultat. Par extension, assemblage par fusion d'autres éléments, tels que les thermoplastiques.
L'action de souder et son résultat, sont aussi dits *soudage*.
La soudure est aussi le métal fusible apporté pour réaliser l'assemblage, et le joint plus ou moins visible constitué entre deux pièces soudées.
Selon le procédé de soudure et le matériel utilisé, on distingue :
• la **soudure autogène**, qui est :
- soit *sans métal d'apport*. C'est le cas de la soudure *de forge*, utilisée en ferronnerie pour les aciers extra-doux, et de la soudure *électrique par résistance*, pour les pièces minces en serrurerie et en tôlerie : elle consiste à juxtaposer les pièces à souder et à établir entre elles un courant à forte intensité qui provoque une fusion au point de jonction.
- soit *avec un métal d'apport* de même nature que celui des pièces à souder. C'est le cas de la soudure *à l'arc électrique* et de la soudure *oxyacétylénique**, utilisées en charpente métallique, serrurerie, tôlerie, chauffage, aboutage de canalisations.

• la **soudure hétérogène**, avec métal d'apport de nature différente :

- *soudure* ***tendre*** si elle est faite au fer ou à la lampe*, ou au chalumeau à gaz, avec un métal d'apport tel que l'étain et le plomb, ou un alliage à point de fusion bas.
On l'utilise en couverture, et en plomberie.

- *soudure* ***forte***, ou brasage*, au chalumeau oxyacétylénique ou à gaz, avec apport de laiton ou d'alliages métalliques de zinc ou de cuivre à point de fusion moyen.
Elle est dite *soudo-brasage** si la température de fusion excède 400°C.

Selon le type de soudure, on distingue la soudure ***ponctuelle***, soit *par points*, soit *en entailles* (ou "*en bouchons*"), et la soudure ***linéaire*** ou ***continue***, qui peut être par aboutage sur bords droits, sur bords relevés, en V, en demi-V, en Y, en demi-Y, en U (soudure dite *en tulipe*) ou en demi-U (soudure dite *en J*), avec ou sans *reprise à l'envers,* en angle simple ou double, à recouvrements, etc. (V.ill). Selon sa surface finie, la ligne de soudure est convexe, plate, concave.

2/ En **étanchéité**, la soudure est l'ouvrage de solidarisation des lés de matériaux monocouches* d'étanchéité, posés à recouvrement.

Ces soudures peuvent être faites :
• soit par légère *fusion*, au fer ou à l'air chaud, en comprimant le joint ;
• soit par *dissolution* locale du matériau à l'aide d'un solvant adapté ;
• soit par *vulcanisation*, en apportant entre les bords des lés une bande du même matériau non vulcanisé ; sa vulcanisation va créer une soudure chimique étanche avec les lés.
3/ En plâtrerie, une *soudure* désigne un plâtre gâché serré, avec lequel on exécute des raccords d'enduits.

SOUFFLAGE n.m.

1/ÉLECTR.: détournement ou extinction rapide de l'arc formé entre les contacts d'un interrupteur par l'ouverture du circuit, par un jet de gaz ou un dispositif magnétique.

2/MAÇONN.: fissuration, éclatement et destruction progressive du béton armé, due à l'oxydation des armatures, entraînant leur dilatation.
Désigne parfois le décollement d'un enduit en cloques : ***enduit soufflé***.

3/TRAV.PUBL.: reprise localisée d'un pavage, destinée à surélever les pavés affaissés ou enfoncés.

4/VERR.: formage d'objets creux (ampoules de lampes, globes) par injection d'air dans le verre en fusion.

SOUFFLET n.m.

1/ARCHIT.: un tore* en soufflet est un tore à listel médian (V. Moulures).

2/MENUIS.: fenêtre* à abattant, par rotation sur un axe horizontal en partie basse.

SOUFFLEUR n.m.
Contremaître ou chef d'équipe, dans une carrière de pierres. Dans certaines régions, assistant du chef de chantier, ou maître*-compagnon.

SOUFFLURE n.f.
1/ Cloque ou phénomène d'expansion d'un enduit ou d'un béton.

2/ Petite cavité qui se forme dans un métal pendant son refroidissement.

SOUFRE n.m. (symb. **S**)
Métalloïde* utilisé autrefois à chaud comme mastic de scellement par les ferronniers, pour sceller les ouvrages (rambardes, balcons).

SOUILLARD n.m.
Trou dans l'épaisseur d'un mur ou d'un entablement*, pour le passage d'un tuyau de descente* ou l'écoulement direct d'eaux pluviales.

SOULAGER v.tr.
Réduire les efforts qui sont exercés par un élément pesant sur son appui, en répartissant sa charge sur plusieurs supports, ou en rapportant d'autres supports (poteaux, étais, contreforts, poutres intermédiaires, etc.).
Syn.:*décharger*.

SOULÈVEMENT n.m.
Décollement en cloque large d'un ouvrage horizontal, par suite d'une poussée verticale (sous-pression hydrostatique soulevant un revêtement étanche), soit par un allongement du revêtement bloqué à ses extrémités contre des parois : chape, parquet collé, carrelage...

SOUMISSION n.f.
Offre de prix de prestations en fournitures ou travaux, suivant le cahier des charges d'un appel d'offres.

SOUMISSIONNAIRE n.m. ou adj.
Celui qui répond à un appel d'offres en soumettant son prix.

SOUMISSIONNER v.tr.
Remettre son offre de prix pour un marché* mis en adjudication*.

SOUPAPE n.f.
1/CHAUFF.-PLOMB.: organe monté sur une canalisation ou un appareil, pour parer aux risques d'une pression excessive ; son clapet* mobile laisse passer le fluide si sa pression dépasse un seuil.

2/FUMIST.: large clef de réglage du tirage d'un poêle.

SOUPE n.f. (familier)
Béton gâché trop liquide.

SOUPENTE n.f.
1/ Petit local sous le rampant d'un comble, ou dans la hauteur d'une pièce divisée par un plancher intermédiaire.

2/ Bande ou cornière métallique qui enserre et maintient une hotte de cheminée ou de cuisine.

SOUPIER n.m.
Désigne parfois un gros moellon*.

SOUPIRAIL n.m.
Baie* en abat-jour* percée dans le soubassement* d'une construction pour éclairer et aérer des locaux en sous-sol. L'encadrement se compose de deux *glacis** (haut et bas) et de deux *joues**(retours latéraux).

SOUPLE adj.
Syn. de *flexible* ; qui se laisse courber. Attention : souple, en parlant d'un matériau, n'implique pas qu'il soit élastique (une feuille de papier est souple, mais pas élastique !).

SOUPLESSE n.f. Aptitude à la déformation par cintrage*.

SOURCE n.f.
Lieu où prend naissance un phénomène : source de chaleur, source lumineuse, source sonore, etc.

SOURCIL n.m.
Bandeau* cintré de briques posées sur chant, au-dessus d'un linteau ; il constitue un *arc* de décharge*.

SOURDIÈRE ou **SOURDINE**
n.f. Volet, côté intérieur d'une baie.

SOUS-ARBALÉTRIER n.m.
Pièce de charpente*, parfois courbe, qui double un arbalétrier*, sous celui-ci, pour le soulager.

SOUS-ÂTRE n.m.
Maçonnerie située sous le foyer d'une cheminée.

SOUS-CHEVRON n.m.
Pièce horizontale qui porte les chevrons* courbes d'un comble bombé, d'un dôme ; comporte en général des entailles dans lesquelles sont encastrés et maintenus les chevrons.

SOUS-COUCHE n.f.
Matériau appliqué sur un support, pour remplir une fonction : adhérence, étanchéité, désolidarisation de surfaces horizontales, etc., avant la pose d'un revêtement. La sous-couche peut être liquide (primaire*, régulateur*, fixateur*...), pâteuse (apprêt, gobetis...) ou préfabriquée (panneaux, papier, matériau isolant phonique et/ou thermique...).

SOUS-DÉTAIL n.m.
Ensemble d'éléments et de calculs permettant d'établir un prix unitaire.

SOUS-DOSÉ adj.
Se dit d'un béton ou d'un mortier dont le taux de liant est trop faible.

SOUS-DOUBLIS n.m.
Rang inférieur de tuiles ou d'ardoises recoupées et posées à plat pour composer un battellement*.

SOUS-ENDUIT n.m.
Enduit* de ciment traditionnel en deux couches (gobetis* et corps* d'enduit), destiné à recevoir en finition un enduit de parement mince, hydraulique ou plastique, ou une peinture.
Sa surface est dressée (mais non talochée) s'il doit être revêtu d'un enduit* de parement hydraulique ; pour un mouchetis* tyrolien, un enduit de parement plastique, ou une peinture, le sous-enduit est finement taloché* (taloche feutrée*).
Les fabricants de mortiers* industriels proposent des monocouches* pour sous-enduits, pour projection en deux passes* successives.

SOUS-ENTREPRENEUR n.m.
Entrepreneur sous-traitant* qui exécute un ouvrage pour le compte d'un autre à qui il a été commandé.

SOUS-FACE n.f.
Face inférieure de tout élément ou paroi, balcon, linteau, etc.: le plafond* est la *sous-face* d'un plancher.

SOUS-FAÎTAGE n.m.
Dans certaines charpentes, pièce horizontale assemblée aux poinçons* de fermes* consécutives, à environ un mètre sous la panne* faîtière ; entre celle-ci et le sous-faîtage, des liernes* contreventent* l'assemblage.

SOUS-JACENT adj.
Qui est situé sous, ou, par extension, derrière un élément.
Une ***pression sous-jacente***, ou *sous-pression*, désigne une pression hydrostatique qui s'exerce sous un revêtement et tend à le décoller.

SOUS-OEUVRE n.m.
Parties d'une construction qui composent les fondations et la base des murs porteurs.
Une ***reprise en sous-oeuvre*** est un ensemble de travaux visant à remanier ou transformer des parties porteuses d'un bâtiment.

SOUS-POUTRE n.f.
Poutre rapportée sous une autre pour la consolider ou la soulager.

SOUS-PRESSION n.f.
Pression hydraulique sous-jacente*, dont la poussée tend à soulever la paroi ou le revêtement étanche qui bloque le passage soit de l'eau accumulée dans le support, soit de la vapeur d'eau ; les cuvelages* sont destinés à résister aux sous-pressions dans les locaux enterrés.

SOUS-PRODUIT n.m.
Résidu de fabrication d'un produit principal : le mâchefer* est un sous-produit de la métallurgie.

exemples de panneaux de **sous-toiture** avec isolant intégré

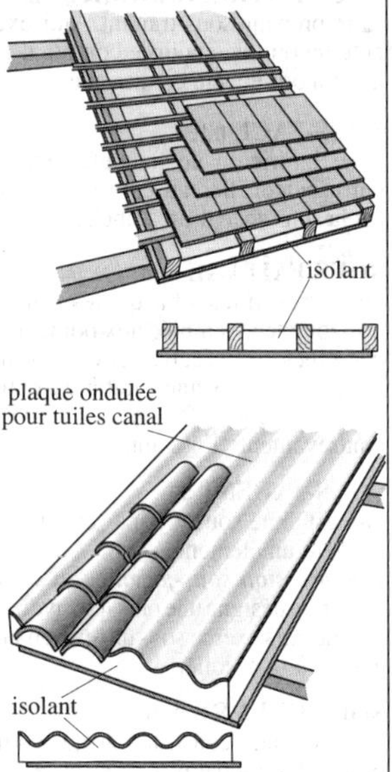

SOUS-SOL n.m.
Étage de locaux souterrains, ou *enterrés*, sous un rez-de-chaussée.

Il est *semi-enterré*, ou *demi sous-sol*, si le sol extérieur est à peu près à mi-hauteur du local (il diffère donc de l'étage de soubassement*).

Les étages de sous-sol se comptent à partir du rez-de-chaussée, qui est le niveau* 0 : niveaux R-1 (premier sous-sol), R-2 (second sous-sol), etc.

SOUS-TENSION n.f.
1/ Tension* électrique inférieure à sa valeur normale ; on y remédie par des survolteurs*. Syn.:*sous-voltage* ; opp.: *surtension.*

2/ Tension insuffisante d'un câble, d'un hauban*.

SOUS-TOITURE n.f.
Ensemble des matériaux composant le support de la couverture d'un toit.

Les ***panneaux de sous-toiture*** sont des panneaux composites préfabriqués, autoporteurs, se substituant au chevronnage traditionnel et comportant une isolation thermique intégrée. Ils offrent une mise en oeuvre rapide par fixation directe sur les pannes.

Ils ont plusieurs variantes :
- selon le matériau formant l'ossature : bois, fibres-ciment, tôle nervurée, béton cellulaire armé ;
- selon le type de paroi qui compose leur sous-face : aggloméré*de bois (CTB-H) ou contre-plaqué* (CTB-X), plaque de plâtre cartonnée, de fibres-ciment, de fibragglo, etc. ;
- selon le type de matériau de couverture à poser : panneaux à latter (pour tuiles ou ardoises), ou pour tuiles-canal (de courant et couvert, ou de couvert seul) ;
- selon la nature de l'isolant.

SOUS-TRAITANCE n.f.
Fait, pour un entrepreneur, de faire exécuter par une autre entreprise les travaux qui lui sont commandés ; inversement, travailler en sous-traitance, c'est travailler pour le compte d'une entreprise.

SOUTÈNEMENTS
murs-poids en béton banché ou en maçonnerie de blocs pleins

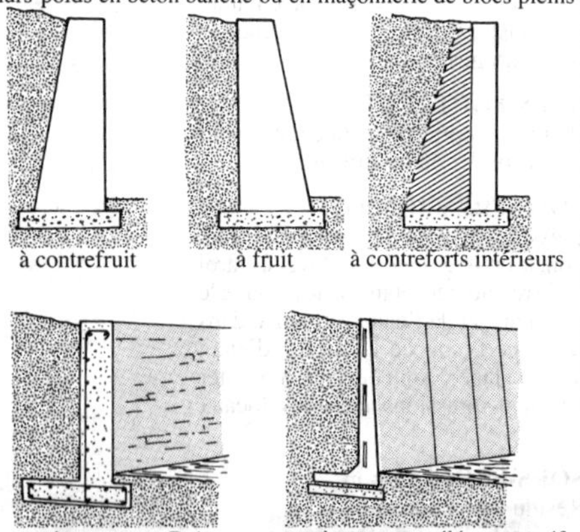

SOUS-TRAITANT n.m.
Entrepreneur, artisan, ou tâcheron* indépendant qui effectue un travail pour une autre entreprise. Dans les marchés publics, le sous-traitant choisi par l'entreprise adjudicataire doit être désigné, et, parfois, agréé.

SOUS-TRAITER v.tr.
Confier à d'autres, sous sa responsabilité, l'exécution d'un travail dont on a reçu la commande.

SOUS-VAU n.m.
Pièce sur laquelle repose le vau* de la construction d'une voûte.

SOUTE n.f.
Local dans lequel on entrepose un combustible solide.

SOUTÈNEMENT n.m.
Ouvrage de maçonnerie destiné à soutenir, à contenir, à contrebuter*, à s'opposer à des poussées.

Le ***mur de soutènement*** est celui qui s'oppose à la poussée latérale des masses de terre d'un remblai, d'une terrasse. On considérait que l'épaisseur d'un mur de soutènement (principe du ***mur-poids***) devait être égale au tiers de la hauteur des terres à contenir. Le béton armé a permis d'alléger les ouvrages et de réduire les épaisseurs (principe des ***murs légers à profil***).

SOUTIRAGE n.m.
En plomberie, désigne le *puisage**.

SOYAGE n.m.
Dévoiement, par emboutissage, du profil de l'extrémité des ondes d'une tôle, correspondant à l'épaisseur de la tôle (V.ill).
Le soyage permet le recouvrement sans ressaut par les ondes d'une autre tôle. Ce procédé sert, par ex., pour les bardages* métalliques.

SPALTE n.m.
Désignait le *mastic* gras* des fontainiers* (brique pilée, litharge* et huile de lin), utilisé pour le scellement des robinets et l'étanchéité.

SPALTER n.m.
Large brosse* en queue-de-morue*, à poils de soie, pour étaler le vernis et imiter les cernes du faux bois.

Le ***spalter à cran***, ou ***à dents***, est une raclette souple de même usage.

SPATULE n.f.
Outil apparenté à une petite truelle à bords arrondis, ou à un couteau* souple de peintre (V.ill).

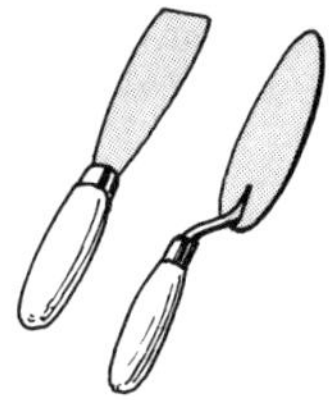

spatules

SPÉCIFICATION n.f.
Document qui définit les exigences de caractéristiques d'un matériau ou d'un ouvrage, telles que cotes, niveaux de performance, sécurité...

SPÉCIFIQUE adj.
Qualifie l'expression d'une grandeur rapportée à l'unité de volume, de masse ou de poids.

SPECTRE n.m.
1/ÉCLAIR.: résultat de la décomposition de la lumière à travers un prisme, en faisceau de rayons de longueurs d'onde et de couleurs différentes.

2/MAÇONN.: dessin visible, à la surface d'un enduit, des joints de la maçonnerie sous-jacente en blocs* de béton ou en briques. Syn.:*fantôme*.

SPECTROGRAPHIE n.f.
Représentation photographique dans laquelle les couleurs sont étalonnées en fonction du phénomène à analyser ou à localiser : une de ses applications est l'étude des déperditions thermiques. V. Thermographie.

SPHÈRE n.f.
Lieu géométrique des points de l'espace à égale distance d'un point, dit centre (V. à Surface et à Volume).

SPHÉRIQUE adj.
En forme de sphère ou de portion de sphère.

SPIRALE n.f.
Ligne qui, partant d'un point, s'éloigne régulièrement de ce point tout en tournant autour ; le dessin approximatif d'une spirale peut se faire en traçant

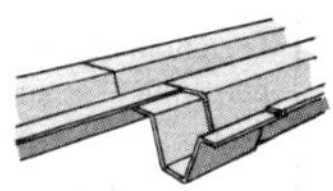

soyage

des arcs de cercles centrés successivement sur deux, trois ou mieux quatre points.

SPIRE n.f.
1/ Chacun des tours complets d'une spirale, d'un ressort à boudin, etc.

2/ Chacun des tours de fil conducteur qui composent un enroulement ou bobinage d'appareil électrique.

SPITER ou **SPITTER** v.tr.
(de la marque comm. SPIT) Enfoncer dans le béton une pointe d'acier à l'aide d'un pistolet* spécial de scellement, la propulsion étant faite par une petite charge explosive.
L'emploi des techniques de ***spitage*** sur chantier est réglementé.

SPLIT-SYSTEM n.m.
Se dit d' un équipement tel que pompe à chaleur dont les éléments ne sont pas réunis sous un même volume.

SPOT n.m.
Lampe* à faisceau concentré.

SPRAY n.m.
(de l'anglais *projection en brouillard*). Projection pneumatique au pistolet, sous forme de très fines gouttelettes, d'une peinture, d'un vernis, d'un produit de traitement des bois... Désigne aussi l'appareil de pulvérisation.

SPRINKLER ou **SPRINKLEUR** n.m. (de l'anglais *aspergeur*)
1/ Petit robinet à jet dispersé et à ouverture automatique sous certaines conditions de température, pour l'arrosage anti-incendie des locaux ; les sprinklers, disposés sous les plafonds, font partie du dispositif dit Grinnel*.

2/ Système d'arrosage rotatif dans les systèmes d'épuration.

SQUAMEUX adj.
Dont la surface tend à s'écailler.

SQUAT n.m.
(de l'anglais). Local ou immeuble plus ou moins à l'abandon, et habité (*squatté*) par des occupants sans droit ni titre, dits *squatteurs*.

STABILISANT adj. et n.m.
Se dit d'un agent empêchant la ségrégation* ou la sédimentation d'une dispersion ou d'une suspension.

STABILISATEUR adj. ou n.m.
1/adj. syn. de *stabilisant*.

2/ÉLECTR.: un ***stabilisateur de tension*** est un dispositif qui corrige les fluctuations d'une tension d'alimentation.

3/ FUMIST.: un ***stabilisateur de tirage*** est un volet oscillant sur un axe, équilibré par contrepoids, placé dans le carneau* d'évacuation des gaz brûlés d'une

STADIMÉTRIE
(principe des **mesures stadimétriques** de distances)

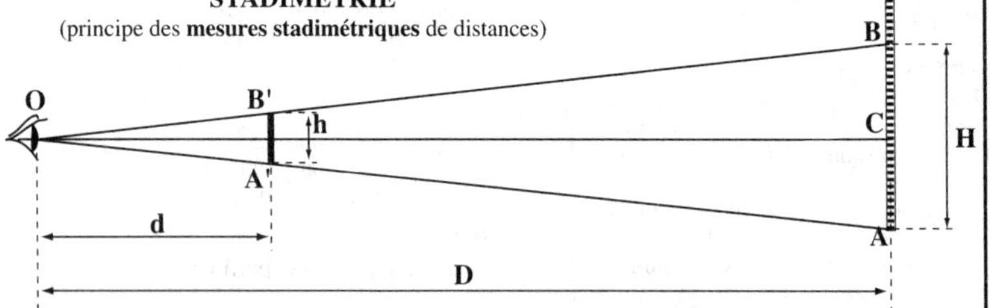

D étant la distance à mesurer, on dispose une mire AB de hauteur H connue, perpendiculairement à la ligne de visée OC.
La lunette en donne une image A'B', à une distance d connue.
La distance D sera donnée par la formule simple : $D = \frac{d.H}{h}$

chaudière pour corriger les variations du tirage naturel.

STABILISATION n.f.
1/ÉLECTR.: uniformisation, par un ballast*, de la production des décharges dans un tube* fluorescent*.
2/TERRASS.: transformation d'un sol meuble* en sol stable apte à servir d'appui à une construction ou à une chaussée ; on stabilise la terre soit par compactage ou pilonnage, soit par incorporation ou injection d'un liant (par ex. *sol-ciment**).

STABILITÉ n.f.
1/ Aptitude d'un mélange colloïdal à rester en suspension.
2/ La ***stabilité dimensionnelle*** est l'aptitude d'un matériau ou d'un ouvrage à conserver sa forme et ses dimensions, sous des contraintes normales.

STABLE adj.
Qui conserve ses propriétés, sa composition ou ses dimensions de façon durable.

STADIA n.f.
Mire* parlante, graduée en cm, plantée au point dont on veut mesurer la distance à partir d'un stadimètre.

STADIMÈTRE n.m.
Instrument optique de mesure topographique des distances pour les levés* de plans : il est fait d'une lunette sur pied au travers de laquelle on vise une mire* parlante (*stadia*) ; le réticule de la lunette comporte deux fils parallèles que l'on fait coïncider avec deux graduations de la mire (V.ill).

STADIMÉTRIQUE adj.
Qui concerne les mesures de distance faites avec le stadimètre*.

STAFF n.m.
Ouvrage moulé en plâtre fin additionné de glycérine et armé de filasse, d'étoupe* ou de fibre de verre.
On en fait des plaques pour faux-plafonds et divers éléments d'ornement, corniches, rosaces..., rapportés sur les parois avec des polochons* de plâtre armé de filasse, ou des suspentes* métalliques. V. le *DTU*.

STAFFEUR n.m.
Spécialiste des moulages en staff en atelier, et de leur mise en oeuvre sur chantier.

STALACTITE n.f.
Motif sculpté qui pend sous une coupole ou sous un plafond ouvragé.

STALLE n.f.
1/ Chacun des sièges à dossier élevé, alignés sur les côtés d'un choeur* d'église. Les stalles sont séparées par des cloisonnettes, ou *parcloses**.
2/ Chacun des urinoirs* ou appareils sanitaires alignés en série ou *en batterie* le long d'une paroi, et séparés ou non par des cloisonnettes.

STANDARD adj. et n.m.
Conforme à une norme ou à un usage de fabrication, de dimensions, de composition, etc.; le ***standard de fabrication*** peut être une formule, un processus, ou des tolérances de fabrication propres à un fabricant. Des éléments sont ***standardisés*** s'ils répondent à des critères collectifs de forme ou de dimensions (par ex. les filetages*), résultant de conventions professionnelles ou de normes.

STANNIQUE adj.
Qui contient de l'étain.

STARTER n.m.
Dispositif d'allumage d'un tube* fluorescent ; il provoque le préchauffage des électrodes par passage d'un courant dans une résistance (***starter thermique***), ou dans une petite ampoule chauffante montée en parallèle (***starter à lueur***) ; dès que les électrodes sont chaudes, la coupure est faite par un interrupteur bilame*, et l'extra-courant* de coupure provoque l'allumage de l'arc lumineux.

STATIQUE adj.
Stable et sans mouvement ; dont les forces appliquées sont équilibrées ou s'annulent. Le *poinçonnement statique* est celui qu'exerce sur le sol le pied

STORES

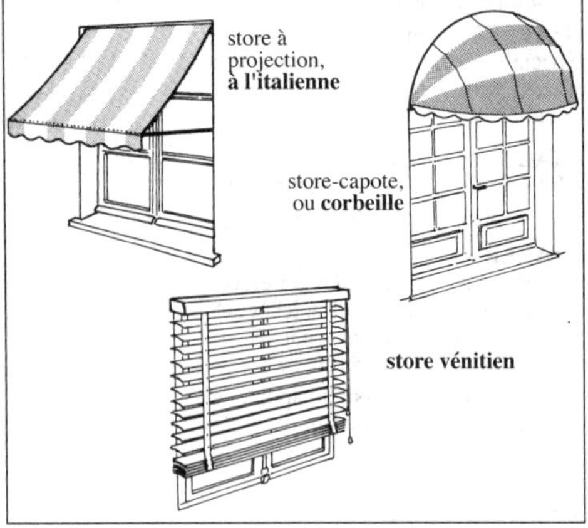

d'un meuble immobile, par opp. au *poinçonnement dynamique*, exercé par un talon aiguille ou par la roulette d'un siège mobile.
-***Électricité*** : V. Antistatique.

STATOR n.m.
Partie fixe encadrant le *rotor** d'un équipement électrique rotatif, ou d'une serrure* de sûreté.

STATUAIRE n.f. ou adj.
Qui concerne les statues et leur sculpture. Se dit d'un marbre à grain fin et homogène, convenant bien pour la sculpture.

STÈLE n.f.
Dalle ou plaque funéraire gravée en pierre ou en marbre ; petit monument commémoratif ; syn.: *cippe**.

STÉRADIAN n.m.
Unité d'angle solide (V. Angle).

STÉRÉOBATE n.m.
Soubassement* simple, continu et sans moulures, à la base d'un édifice ou d'un pilastre*.

STÉRÉOGRAPHIE n.f.
Art de la représentation en plan des volumes.

STÉRÉOTOMIE n.f.
Art de la taille des pierres ou des pièces de charpente, par utilisation de la géométrie descriptive (projections*, rabattements*, épures*, etc.).

STILB n.m.
Unité de luminance*: un stilb correspond à la luminance d'une source d'intensité lumineuse égale à une candela* par cm^2, ou 10 000 cd/m^2.

STOCKAGE (des combustibles) n.m.
Le stockage des *combustibles gazeux* (butane* et propane*) et du fioul* domestique est soumis à des règles de sécurité précises :
V. ces mots et Réservoir.

STORE n.m.
1/ Rideau de toile destiné à abriter une baie du soleil. On distingue :

-le ***store-capote***, ou ***store-corbeille***, en toile plastifiée montée sur des arceaux rigides articulés sur les jambages de la baie (V.ill).

-le ***store à l'italienne***, toile repliable par enroulement sur un tambour horizontal, sous le linteau, et muni d'un système de bras à projection*.
2/ Le ***store vénitien*** est un dispositif mobile composé de lames en bois, en métal léger ou en plastique, montées parallèlement sur des cordons de relevage et d'orientation.
Il est disposé du côté intérieur des baies. V. aussi Banne, Jalousie.

STORISTE n.m.
Fabricant et/ou installateur de stores.

STRAIN-GAUGE n.f.
Nom anglais de l'extensomètre*.

STRATE n.f.
Chacune des couches superposées d'un terrain sédimentaire.

STRATIFIÉ
1/adj. Composé de couches superposées, accumulées par *stratification* : les roches sédimentaires* sont souvent stratifiées.

2/n.m. Nom générique des panneaux de particules revêtus en usine de

lamifié* mince sur leurs deux faces (parfois une seule face).
Ces panneaux, peu déformables et faciles à nettoyer, sont surtout utilisés en ameublement et en agencement (cloisons légères, comptoirs, etc.).

STRIAGE n.m. ou **STRIATION** n.f.
Réalisation de stries parallèles à la surface d'un béton ou d'un revêtement de chaussée, et son résultat.

STRICTION n.f.
Rétrécissement local de la section d'un matériau ductile* soumis à un allongement. Si l'étirement se poursuit jusqu'à la rupture, elle se produit au milieu de la zone de striction.

STRIE n.f.
1/ARCHIT.: filet séparant deux cannelures* d'une colonne ou d'un pilastre ; syn.:*listel**.
2/ Fine rainure.

STRIÉ adj. Se dit d'un parement fait de fines stries en creux, ou d'un élément d'architecture dont les cannelures sont séparées par des listels*.

STRIURE n.f. Ensemble de stries.

STRIGILE n.m.
Cannelure* d'ornement sinueuse, plus ou moins en forme de S répétitifs ; on rencontre surtout ce motif dans l'architecture antique.

STRIPPABLE adj.
(de l'anglais *to strip*). Qualifie parfois un revêtement *pelable**, qui peut être décollé facilement, et réutilisé.

STRUCTURE n.f.
Ossature d'une charpente ou d'une construction ; disposition relative des éléments qui assurent la stabilité d'un ensemble, ou la cohésion d'un matériau : structure alvéolaire, réticulée*... Agencement des molécules d'une matière : structure cristalline*, fibreuse, lamellaire...
La ***structure d'un sol*** est l'ensemble des éléments qui le composent, et leurs proportions respectives.
-***Joint de structure*** : joint* de dilatation qui désolidarise deux parties homogènes d'un bâtiment et les isole l'une de l'autre pour permettre des mouvements *structurels*.
-***Structure tendue*** : couverture de grande surface, dont l'armature est composée de câbles porteurs tendus, ou *poutres-câbles**, et dont le revêtement est fait d'un platelage de matériaux légers ou de toile armée.

STUC n.m.
Mélange de plâtre très fin, d'alun* (*plâtre* aluné*), de gélatine, de poudre calcaire (craie, marbre), de chaux éteinte et de pigments colorants, avec lequel on réalise des enduits intérieurs imitant le marbre ou la pierre polie. Ouvrage exécuté avec ce mélange. Autrefois, les stucs étaient composés à base de chaux, sans plâtre.

STUCAGE n.m.
Application de stuc, et son résultat.

STUCATEUR n.m.
Compagnon spécialiste des revêtements et faux marbres en stuc.

STYLE n.m.
1/ Colonne ; le mot entre dans la composition de termes se rapportant aux colonnes et à leur disposition : *distyle*, *décastyle*, *hexastyle*...
2/ Aiguille d'un cadran* solaire, dont l'ombre portée marque les heures.
3/ Ensemble des caractères et des modes d'exécution propres à un artiste, à une région ou à une époque.

STYLISÉ adj.
Se dit d'une représentation ou d'un motif simplifiés, débarrassés des détails superflus.

STYLOBATE n.m.
1/ARCHIT.: soubassement portant un rang de colonnes ou un ensemble de pilastres*; il est couronné par une corniche* en général moulurée.
2/MENUIS.: haute plinthe* de bois, (env. 25 cm), au pied d'un mur, dont le sommet est mouluré (V.ill).

stylobate

STYRÈNE, STYROL ou STYROLÈNE n.m.
Hydrocarbure benzénique, matière première des polystyrènes*; sa copolymérisation avec le butadiène donne un caoutchouc de synthèse, le *styrène-butadiène,* ou *SBR*, utilisé sous forme de mousse comme dossier* de revêtements de sols.

STYROLÈNE n.m.
Autre nom du polystyrène*.

SUAGE n.m.
Petite enclume dont le dessus arrondi et cannelé sert au forgeage des pièces de serrurerie en demi-rond.

SUAGER v.tr. Courber une pièce de métal en demi-rond ou en ourlet ; on utilise, avec le suage, un marteau spécial dit *marteau à suager*.

SUBER n.m.
Autre nom du chêne-liège.
Cellules mortes composant l'écorce externe du bois*.

SUBÉREUX adj.
Qui présente les caractères ou l'aspect du liège.

SUBJECTILE n.m.
Syn. de *support** ou de *fond**, en particulier lorsqu'il est destiné à recevoir une peinture, un vernis, ou un revêtement mince.

SUBLIMATION n.f.
Passage direct de l'état solide à l'état gazeux : cas, par ex., de l'iode.

SUBSTRAT n.m.
Matériau qui compose un support, considéré dans son épaisseur (tandis que le *subjectile** désigne surtout la surface d'un support).

SUBSTRUCTION n.f.
Désigne parfois l'ensemble des fondations d'une construction.

SUBSTRUCTURE n.f.
Maçonnerie ou construction située sous une autre, et lui servant d'appui.

SUBURBAIN adj.
Qui concerne la périphérie externe des villes, et leurs banlieues.

SUIE n.f.
Dépôt noirâtre formé par les particules non entièrement carbonisées en suspension dans les fumées, et déposées par celles-ci sur les parois des conduits. L'élimination périodique, par ramonage*, est indispensable pour éviter son inflammation.

SUJÉTION n.f.
Difficulté, contrainte particulière qui complique la mise en oeuvre ou l'exécution d'un ouvrage (à ne pas confondre avec...*suggestion* !).

SULFATE n.m.
Sel ou ester de l'acide sulfurique.
Le *plâtre** est un sulfate de calcium.

SULFATATION n.f.
Formation de sulfate de chaux, sous forme d'efflorescences, sur les briques.

SULFIN n.m.
Dépôt pelliculaire sulfureux à la surface de la pierre calcaire exposée aux fumées industrielles. Aussi appellé *sulfatation* de la pierre.

SULFURE n.m.
Corps chimique résultant de la combinaison du soufre avec un autre corps : sulfures métalloïdiques, sulfures métalliques.

Le ***sulfure de cadmium*** a une résistance électrique variable selon son éclairement : on l'utilise dans les capteurs photoélectriques.

Le ***sulfure de carbone*** est utilisé dans la vulcanisation des caoutchoucs. V. aussi Polysulfure.

SUPERFICIE n.f.
Expression de la mesure de la surface* d'un terrain.
Syn.: *aire*, *contenance*.
La superficie d'un terrain aux formes non géométriques se calcule en le décomposant en autant de formes géométriques simples qu'il est nécessaire,

et en faisant la somme des superficies de chacune.

SUPERFICIEL adj.
Qui se trouve à la surface ; qui ne concerne que la surface : *poudrage superficiel* d'un enduit.

SUPERSTRUCTURE n.f.
Ensemble des parties supérieures d'une construction, ou des parties situées au-dessus du niveau du sol, par opp. aux *infrastructures**, fondations et locaux enterrés. Construction rapportée en surélévation d'un bâtiment.

SUPPORT n.m.
1/ARCHIT.: tout élément qui sert de base, d'appui, de socle, de soutien à d'autres éléments : une console*, un corbeau*, une colonne*... sont des supports. Syn. de *subjectile** ou *fond** (pour peintures, enduits, carrelages...).

2/SERRUR.: crochet dans lequel on enclenche la poignée d'une espagnolette* en position fermée.

SUPPORTAGE n.m.
Ensemble des accessoires qui soutiennent, en particulier, des canalisations, des conduits électriques : chemins* de câbles, goulottes, étriers, suspentes, colliers...

SURBAISSÉ adj.
Qualifie un arc*ou une voûte* dont la hauteur, de la naissance* au faîte, est inférieure à la moitié de la largeur d'ouverture, ou portée.

SURBAISSEMENT n.m.
Différence de hauteur entre le faîte d'un arc* surbaissé et le faîte de l'arc de même naissance, en plein cintre*.

SURBILLE n.f.
Bille* de bois provenant d'une partie d'un tronc d'arbre située au-dessus des premières branches, par opp. à la *bille de pied.*

SURCHARGE n.f.
1/ARCHIT.: abondance excessive d'ornementation.

2/ Charge d'utilisation exceptionnelle que subissent les structures ou composants d'une construction (planchers, dalles, couvertures...), autre que les charges* permanentes et d'exploitation courante : le public dans une salle, la neige sur un toit, etc. sont des *surcharges.*
La surcharge est une contrainte normale, prise en compte dans les Règles* de calcul. V. les normes.

3/MAÇONN.-PLÂTR.: surépaisseur* d'enduit nécessitée par une correction de niveau (chape, forme de pente) ou de nu* ; syn.: *renformis**.

SURCHAUFFE n.f.
État d'un liquide porté à une température supérieure à celle de son ébullition sous une pression donnée.

SURCROÎT n.m.
Étage de comble dont le plancher est situé sous le niveau d'arase d'un mur gouttereau*; hauteur de ce mur au-dessus du plancher (V.ill).

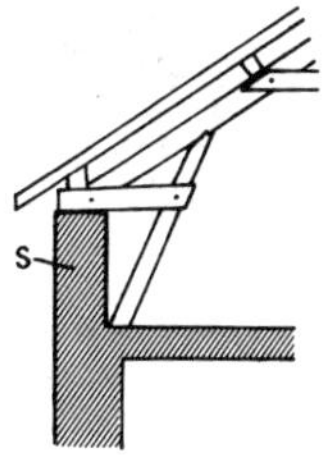

surcroît

SURCUIT n.m. ou adj.
Plâtre*, chaux* ou clinker* de ciment dont les propriétés ont été altérées par un excès de cuisson.

SURDOSÉ adj.
Se dit d'un mortier ou d'un béton trop riches* en liant. Opp.: *sous-dosé.*

SURÉLÉVATION n.f.
Construction rapportée après coup, en superstructure, au-dessus d'une autre ; syn.: *exhaussement*, *surhaussement.*

SURÉLEVÉ adj.
Qui porte une construction ajoutée après coup.

SURÉPAISSEUR n.f.
Excès d'épaisseur dans l'application d'un revêtement qui, souvent, nuit à son durcissement normal (surtout matériaux filmogènes* et enduits de parement plastiques).

SÛRETÉ n.f.
Se dit d'éléments qui assurent ou renforcent la sécurité : *goupille de sûreté, soupape de sûreté*, etc.

SURFAÇAGE n.m.
1/MAÇONN.: action de rendre plane, par talochage manuel ou mécanique, la surface d'un enduit, d'une dalle de béton ou d'une chape, avant leur durcissement (le surfaçage est différent du ragréage*, qui implique un apport de matériau sur une surface durcie).

2/MÉTAUX: finition de surface donnée à un métal par polissage.

SURFACE n.f.
1/ Face externe et apparente d'un corps ou d'un matériau quelconque (synonymes : *parement*, *peau*).

État de surface : ensemble des caractéristiques physiques d'une surface (dureté, siccité*, texture...) : surface lisse, rugueuse, granuleuse, feutrée, ondulée, striée, etc.

2/ Aire*, superficie* d'une étendue ou d'une figure géométrique, exprimée en *unités carrées* de longueur : cm^2, m^2... Le tableau ci-dessous rappelle les principales formules.

3/URBAN.: la ***surface habitable*** d'un logement ou d'une pièce est la surface de plancher construit, après déduction de la surface occupée par les murs,

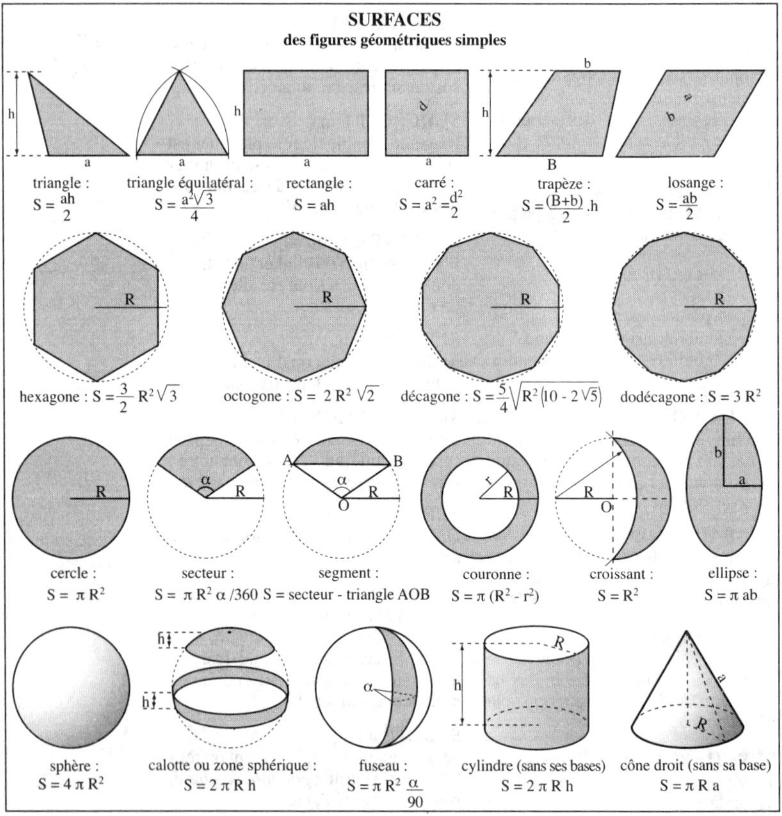

cloisons, marches et cages d'escaliers, gaines, et ébrasements des portes et fenêtres.
Les normes d'habitabilité sont exprimées en surfaces minimales habitables ; ainsi, la surface habitable minimale d'un logement est de 16 m², celle d'une pièce isolée de 9 m².
De façon plus générale, la moyenne des surfaces habitables des pièces principales d'un logement est de 9 m² au moins, aucune de ces pièces n'ayant moins de 7 m².
Le CCH (art.R.111-2) préconise comme minimum, pour chacun des 4 premiers habitants d'un logement, une surface de 14 m² et un volume de 33 m³ ; et pour chacun des suivants, une surface de 10 m² et un volume de 23 m³.

La ***surface de plancher développée***, ou ***surface hors oeuvre brute***, **SHO**, ou **SHOB**, est la somme des surfaces de plancher de chaque niveau d'un bâtiment, calculées à partir du nu extérieur des murs au niveau des sols finis ; elle comprend les combles et sous-sols, aménageables* ou non, ainsi que les balcons, les loggias et les toitures-terrasses accessibles (sauf les terrasses extérieures de plain-pied).

La ***surface hors oeuvre nette***, ou **SHON**, retenue pour les calculs au regard du COS et du PLD, est la SHO brute définie ci-dessus après déduction :
- des surfaces de plancher hors oeuvre des combles et sous-sols non aménageables pour l'habitation ou pour des activités professionnelles (NB- Sont considérées comme combles, et donc déductibles, les surfaces dont la hauteur sous plafond est inférieure à 1,80 m) ;
- des surfaces de plancher hors oeuvre des toitures-terrasses, balcons, loggias, et surfaces non closes situées au rez-de-chaussée ;
- des surfaces de plancher hors oeuvre des bâtiments ou parties de bâtiments aménagés pour le stationnement de véhicules ;
- des surfaces de plancher hors oeuvre des bâtiments affectés aux récoltes, au logement des animaux ou du matériel agricole, ainsi que des serres de production.
Pour tous détails, consulter le Code de l'Urbanisme (Art.R.112-2).

La ***surface privative habitable*** dite "***loi Carrez***" retient uniquement les surfaces de planchers des locaux clos et couverts, après déduction des surfaces occupées par les murs, cloisons, marches et cages d'escaliers, gaines, ébrasements* ou embrasures* de portes et de fenêtres, et de toute surface de plancher de parties de locaux dont la hauteur est inférieure à 1,80m.

SURHAUSSÉ adj.
Se dit d'un arc*, d'une voûte, d'un fronton*, dont la hauteur, de la naissance au faîte, ou montée*, est supérieure à la moitié de la largeur d'ouverture, ou portée (V.ill. sur la *PL.* Arcs).

SURHAUSSEMENT n.m.
Synonyme de *surélévation**, ou de *exhaussement*. ***Surhausser*** un mur, c'est le surélever après coup.

SURINTENSITÉ n.f.
Intensité* de courant électrique supérieure à la normale.

SURISOLATION n.f.
Ce terme apparu en 1980 désigne une isolation thermique dont les performances sont portées au-delà des exigences de la réglementation en vigueur.

SURMONTÉ adj.
1/ Surélevé, surhaussé.

2/ Situé sous un élément rapporté.

SURPLOMB n.m.
Est *en surplomb* tout élément qui se trouve au-dessus du vide et en avancée par rapport au nu* d'une paroi : console*, encorbellement*, auvent, balcon, etc. Un ***mur en surplomb*** est celui qui n'est pas d'aplomb* et tend à se déverser.

SURPLOMBER v.i.
Ne pas être à l'aplomb*, déborder de la ligne d'aplomb, se trouver au-dessus du vide, être en dévers.
Sans référence à l'aplomb, ce verbe signifie aussi être au-dessus, surmonter, être plus haut que...

SURPRESSEUR n.m.
1/ Pompe installée sur un circuit de fluide pour augmenter sa pression.

2/ Ensemble constitué d'un ou plusieurs groupes motopompes et d'un réservoir d'eau fermé dans lequel on injecte de l'air comprimé à la partie supérieure. L'air comprimé refoule l'eau dans les circuits de distribution des étages élevés de l'immeuble.
Les commandes des vannes du dispositif et la mise en route des moteurs sont automatiques (V.ill).

surpresseur
(principe)

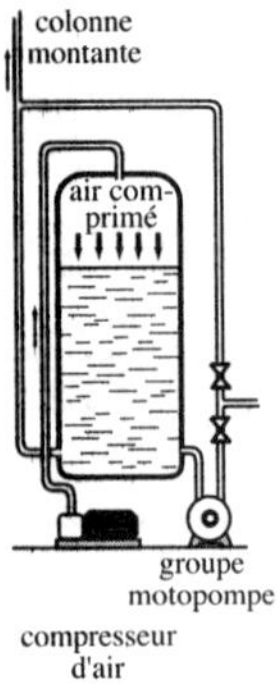

SURTENSION n.f.
Tension* électrique supérieure à la tension maximale de service ; synonyme : *survoltage*. Si une installation comporte des appareils sensibles aux surtensions, on y remédie par l'installation de régulateurs* de tension.

La ***surtension de coupure*** est la surtension générée lors de la coupure d'un circuit électrique (V. aussi extra-courant* de rupture).

De même, la ***surtension de fermeture*** est celle que génère l'établissement du passage du courant dans un circuit électrique.

SURTOITURE n.f.
Couverture en panneaux préfabriqués, conçue pour être rapportée sur d'anciennes couvertures dégradées, sans leur élimination préalable.

SURTUFTAGE n.m.
Technique de réalisation de motifs, décors, logotypes, etc. sur les moquettes et revêtements textiles.

SURVERSE n.f.
Déversement du liquide d'un réservoir, cuve, baignoire, etc., par le rebord supérieur, donc au-dessus du niveau de son trop-plein.

SURVITRAGE n.m.
Vitrage soit fixé par des parcloses* en doublage d'un vitrage existant, soit pris dans un cadre léger, mobile ou amovible, rapporté sur l'ouvrant d'une croisée.
Le survitrage est une forme simplifiée du double vitrage*, à lame d'air immobile mais non déshydratée, dans un but d'isolation thermique et/ou de correction acoustique.

L'efficacité thermique suppose que la lame d'air ait au moins 15 mm d'épaisseur. Plus efficaces, les *survitrages en embrasure**, en glace trempée, s'apparentent plutôt à des doubles fenêtres.

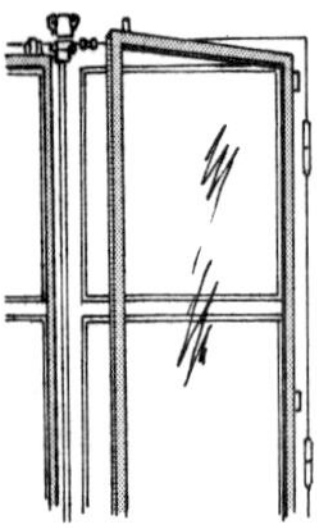

survitrage

SURVOLTAGE n.m. V. Surtension.

SURVOLTER v.tr.
Établir une tension électrique supérieure à celle de la valeur nominale ou normale.

SURVOLTEUR n.m.
Transformateur* qui élève la tension* d'un courant.

SUSPENDU adj.
Se dit d'ouvrages ou d'éléments (plafonds, passerelles, couvertures...) soutenus par le haut, par des câbles ou des suspentes*, au lieu de reposer sur des appuis : *plafond suspendu*.

Un ***escalier suspendu*** désigne en architecture celui dont les volées ont un seul côté en appui, contre un mur.

SUSPENSION n.f.
1/ÉLECTR.: tout luminaire ou lustre suspendu au plafond. La suspension à contrepoids est aussi dite *ouistiti*.

2/MATÉRIAUX: mélange stable d'une matière non soluble, en poudre, dans un liquide, dit *milieu de suspension*.

SUSPENTE n.f.
1/ Accessoire métallique d'accrochage des rails et éléments de soutien des plafonds* suspendus (V.ill).

2/ Ensemble des dispositifs et câbles de soutien d'une cabine d'ascenseur* ou de monte-charge.

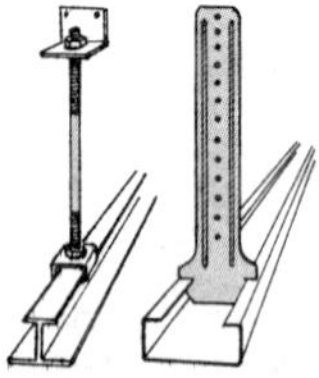

suspentes
(exemples, pour plafonds suspendus)

SYCOMORE n.m.
Variété d'érable, ou *faux platane*, qui donne un bois de menuiserie.

SYÉNITE n.f.
Roche endogène riche en feldspath, à gros grain, qui se différencie du granit par l'absence de quartz.

SYMBOLE n.m.
Représentation simplifiée, normalisée ou admise par l'usage :
- soit sous forme de caractères, par ex. pour le nom d'une substance (symboles chimiques), ou pour une unité* de mesure (kg, mm, W, etc.) ;
- soit sous forme d'un motif graphique simple :

Voir les **planches pages suivantes**.

SYMÉTRIE n.f.
Reproduction d'une forme, d'un dessin, d'un volume ou d'un profil* telle que chaque point reproduit corresponde de façon équidistante* à un point de l'original par rapport à un point, à un axe ou à un plan de symétrie ; opp.: *dissymétrie*.

SYMÉTRIQUE adj.
Qui présente une symétrie.

SYMÉTRISER v.tr.
Disposer des éléments de façon symétrique.

SYMPTÔME n.m.
Phénomène révélant une anomalie : une fissure est le symptôme d'un mouvement de maçonnerie.

SYNAGOGUE n.f.
Édifice consacré au culte israélite, en principe orienté vers Jérusalem.
Il comporte, au fond, un tabernacle où sont gardés les rouleaux de la Tora (Tables de la Loi) ; par devant, une lampe allumée en permanence, un chandelier à sept branches (*memora*), et une estrade à pupitre (*bima*), où le ministre du culte fait les lectures et commentaires.

SYNCHRONE adj.
Qualifie une machine dont la vitesse de rotation est proportionnelle à la fréquence des courants alternatifs.

SYNTHÈSE n.f.
Élaboration d'une matière par combinaison de substances chimiques : on oppose généralement les *matériaux de synthèse* (plastiques, élastomères, résines) aux matériaux naturels (pierre, ardoise, bois, etc.) et aux matériaux de cuisson (céramiques, plâtre, etc.).

SYNTHÉTIQUE adj.
Qualifie tout matériau dont la fabrication fait appel à une ou plusieurs opérations de synthèse chimique.

SYSTÈME n.m.
Ensemble cohérent de représentations, de mesures, ou de procédés techniques : la maison à ossature bois (MOB), par exemple, est un ***système constructif***.

SYSTYLE n.m.
Ordonnance* architecturale classique dans laquelle l'entrecolonnement* est égal à deux diamètres de colonnes, soit quatre modules*.

principaux SYMBOLES conventionnels

niveaux, nus	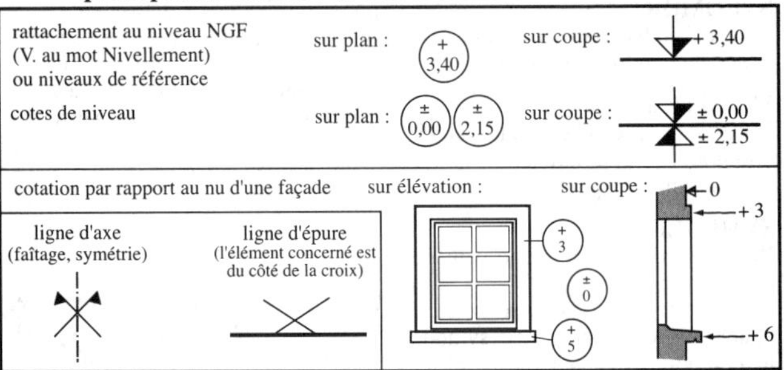
matières et matériaux (lorsque la différenciation facilite la compréhension, et quand l'échelle des plans le permet)	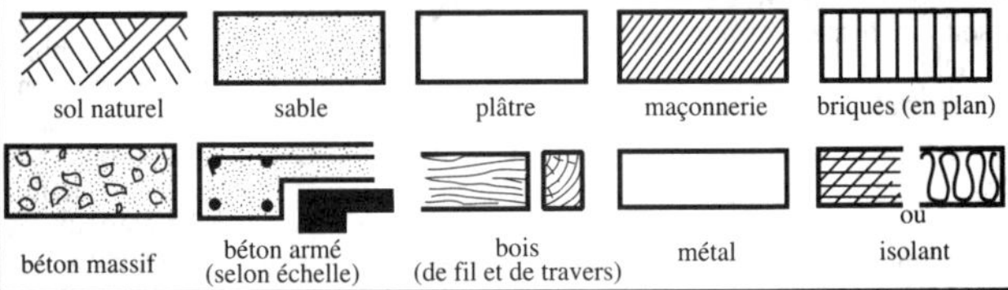
aménagements et transformations	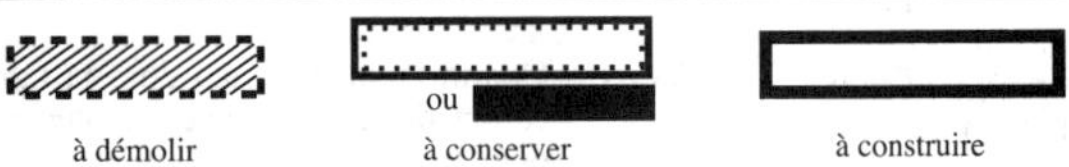
armatures du béton	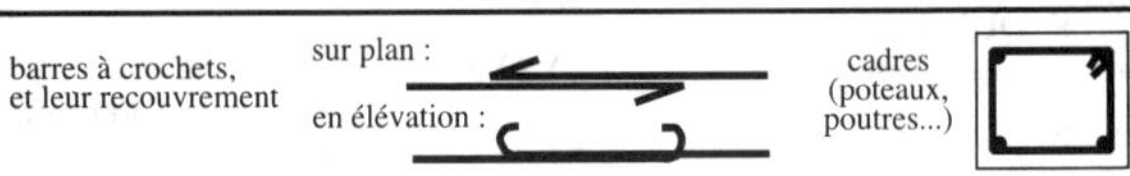 sur un plan d'exécution, à chaque armature est associée sa cotation : type d'armature ou nuance d'acier, diamètre et longueur : par exemple, 22E Ø8 x 2.65 (le treillis soudé est noté TS). Si l'élément est répétitif, on précise, par ex. : 12 cadres Ø8 x 1.20, t = 22 (t étant l'espacement entre cadres)
couverture **évacuation des EP** **étanchéité** (on ajoute les cotes de niveau, le 0,00 étant affecté au point le plus bas)	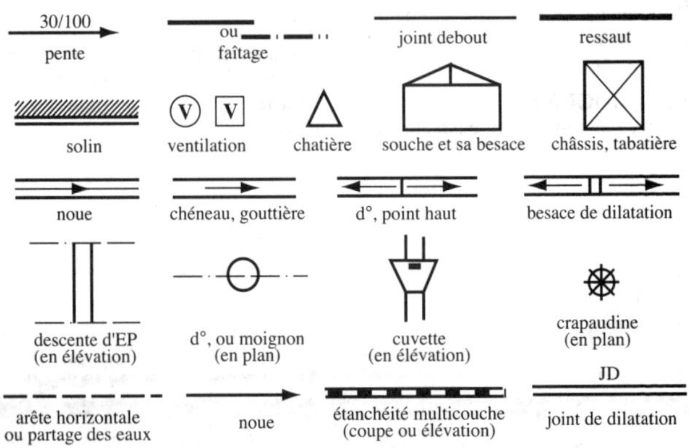

principaux SYMBOLES conventionnels

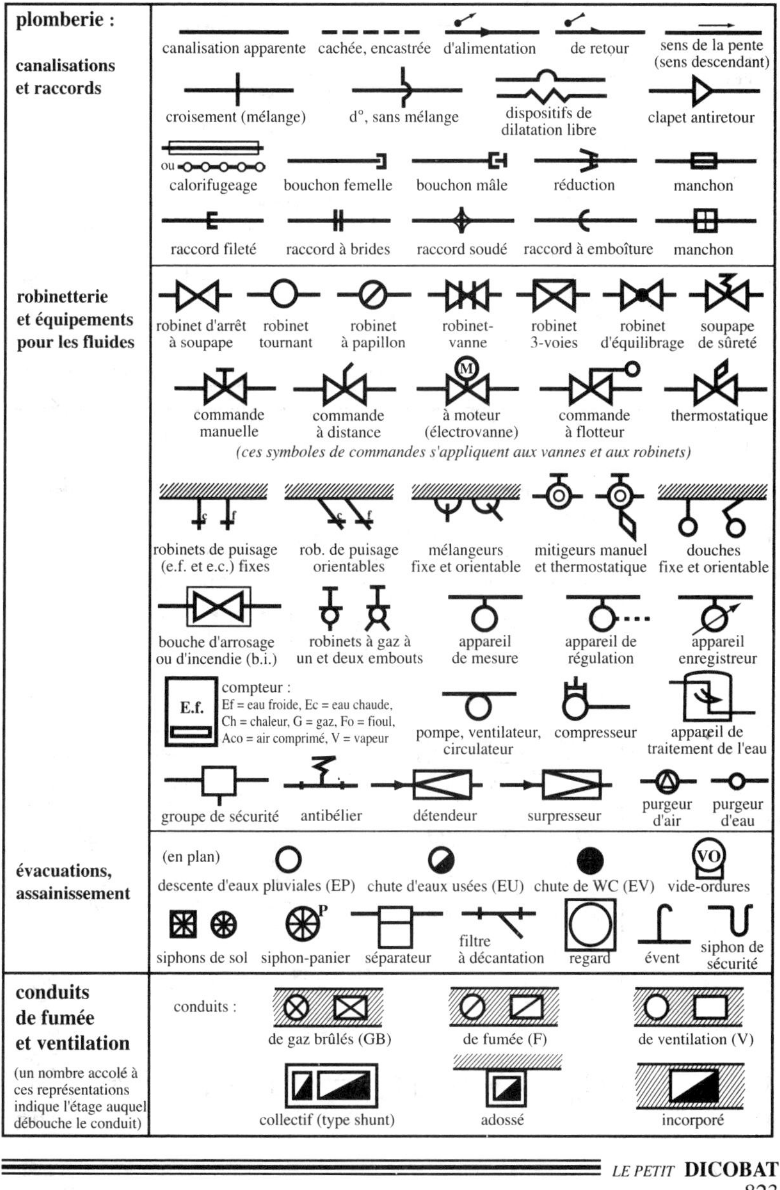

principaux SYMBOLES conventionnels

chauffage, production d'eau chaude

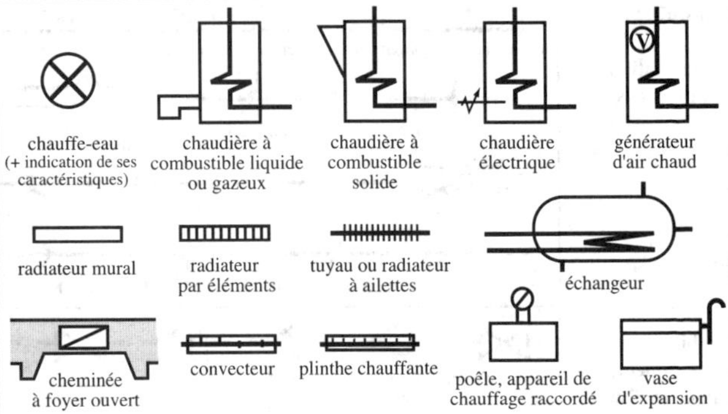

NB- Les chauffages intégrés ou incorporés aux parois doivent être représentés à l'échelle.

électricité, équipements électriques

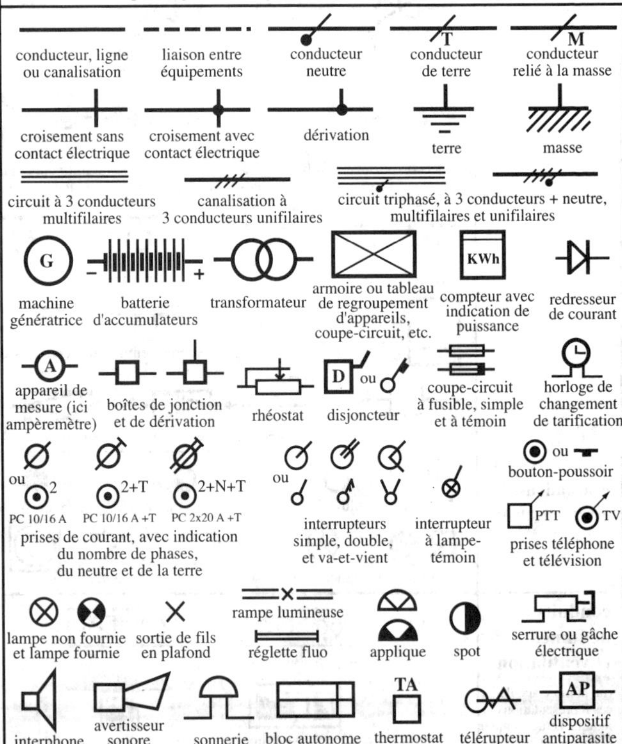

T

T n.m. ou ***en T*** loc. adv.
Dont la forme ou le profil* sont ceux de cette lettre. V. aussi Té.

TABATIÈRE n.f.
1/ Rosace* de métal orné à la jonction d'un croisillon de balcon ou d'une croix* de St-André.

2/ Le ***châssis à tabatière*** (dit *tabatière*, ou *vasistas*), est une fenêtre pour toits en pente, à projection* (V.ill). Les rives et la bavette de son cadre en tôle sont préformées et adaptées au matériau de couverture.

TABERNACLE n.m.
Petit coffret ou petit puits de maçonnerie permettant d'accéder à un robinet* d'arrêt ou de prise d'eau.

TABLE n.f.
1/MAÇONN.-MENUIS.: surface verticale dont le parement est plan, et délimité par un encadrement de moulures (panneau de lambris*) ou de listels* (pierre de taille).

La ***table d'attente*** est une table laissée en bossage* saillant en vue d'y réaliser une sculpture.

La ***table défoncée***, ou ***table fouillée***, est en renfoncement, en retrait du nu d'un parement, par ex. sur les faces d'un dé* de piédestal.

La ***table saillante*** est celle qui fait saillie sur le nu d'une paroi.

Table coffrante ou ***table de coffrage***: grand plateau* métallique horizontal

tabatière
(ici à rives profilées pour des tuiles à emboîtement)

qui sert au coffrage des planchers, associé à un système d'étaiement ; sa mise en place, son réglage et son effacement lors du décintrement (décoffrage) sont facilités par des jeux de vérins hydrauliques. Les pieds, escamotables et réglables en hauteur, sont équipés de roulettes.

2/SERRUR.: partie supérieure d'une enclume, entre ses bigornes*.

3/VERR.: table de métal lisse sur laquelle est coulé le verre des glaces.

4/DIVERS :

-***Table de conversion*** :
liste de facteurs permettant de passer d'une unité d'un système de mesure à une autre unité*.

-***Table de DARCY***: tableau qui donne en lecture directe les valeurs de débit de l'eau, en litres par seconde, ou sa vitesse, en m/s, dans une conduite d'alimentation, en fonction du diamètre intérieur (depuis 0,4 cm) ou de la section correspondante, et de la charge* par mètre de canalisation ; et vice-versa.

-***Table à secousses*** (secousses verticales) : appareil d'évaluation, en laboratoire, de la plasticité des bétons (*flow-test*), par leur vitesse d'étalement.
L'appareil est constitué d'un plateau auquel on fait subir une succession d'élévations et de chutes brusques de 12 mm de hauteur, à l'aide d'une manivelle à came.
On démoule sur la table un tronc de cône de béton frais de 12,5 cm de haut, dont les bases supérieure et inférieure ont 17 et 25 cm de diamètre. Après 15 secousses, on mesure le taux d'accroissement du diamètre inférieur de la "galette" de béton affaissé ; c'est un béton *très ferme* si le taux est inférieur à 30%, *ferme* de 30 à 50%, *plastique* de 50 à 70% et *très plastique* si le taux excède 70%.

-***Table vibrante***, équipement à plateau vibrant sur lequel on place les moules des pièces de béton préfabriqué vibré*.

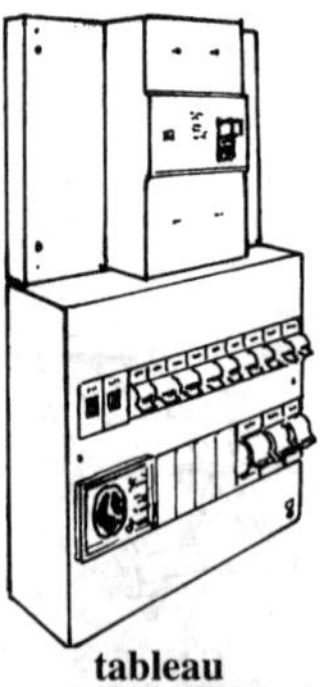

tableau
d'abonné, sous un disjoncteur général différentiel

TABLEAU n.m.
1/ARCHIT.-MAÇONN.: retour des jambages* latéraux d'une ouverture, d'une baie : surface verticale de maçonnerie comprise entre le bâti* dormant* de la menuiserie et le nu* du parement de la façade ; le tableau est en général perpendiculaire à la façade ; sinon, il est *en ébrasement*.

2/ÉLECTR.: châssis carrossé ou petite armoire qui contient et protège un ensemble de connexions et dispositifs de commande des circuits électriques d'une installation.

Dans toute installation en basse tension, il y a un ***tableau d'abonné***, ou *tableau électrique*, ou *tableau de répartition,* ou *tableau de distribution*, au départ de l'installation, en aval du disjoncteur* général ; il regroupe les borniers* de répartition et de subdivision des différents circuits d'alimentation, et les coupe-circuit* correspondants, ainsi que les borniers de prise de terre.
Il peut aussi porter des appareils tels que télérupteurs, disjoncteurs divisionnaires, délesteur, horloges de programmation, petits transformateurs (alimentation TBT d'appareils électroniques), etc.

TABLEAUTIN n.m.
Petit coffret ou plaquette masquant un branchement électrique.

TABLETTE n.f.
De façon générale, petit panneau horizontal.

La ***tablette d'appui*** est le panneau qui couronne une allège* ou une balustrade*.

La ***tablette de cheminée*** est la pièce horizontale en bois, en pierre ou en marbre qui couronne le chambranle* d'une cheminée*.

La ***tablette de radiateur*** sert non seulement à poser des objets, mais aussi à favoriser la diffusion vers le centre du local du flux d'air chaud ascendant, évitant ainsi le dépôt sur le mur des poussières entraînées par l'air chaud.

TABLIER n.m.
1/ Face principale d'un piédestal* ou d'un socle*.

2/ Rideau* métallique qui obture l'ouverture d'une cheminée*.

3/ Le tablier d'un volet roulant désigne l'ensemble de ses lames.

4/ Panneau d'habillage qui masque les pieds et la cuve d'une baignoire.

5/ Ensemble de caillebotis ou de pièces côte à côte, composant le sol d'un passage, d'une plateforme, etc.

6/ Le tablier d'une porte cochère peut désigner son panneau de soubassement saillant.

7/ Le tablier du couvreur est la large ceinture de cuir à poches, à laquelle il accroche ses outils.

8/ Le tablier d'une forge est la zone où est entretenu le feu.

TABOURET n.m.
Regard* préfabriqué, en général de section cylindrique.

TABOURIN n.m.
Mitre* pivotante à ailettes, placée sur l'orifice d'un conduit de fumée.

TAC (**degré —**) V. Alcalimétrie.

TACHE n.f. (sans ^ sur a)
Marque visible qui, sur une surface, correspond soit à une salissure par un corps étranger, soit à une différence de couleur localisée qui produit un effet visuel indésirable (bois, marbre, revêtement).

TACHAGE n.m.
Apparition, sur un revêtement filmogène*, de taches dues à des réactions chimiques du revêtement avec son subjectile.

TÂCHE n.f. (avec ^ sur a)
Exécution d'un ouvrage.

Travailler ***à la tâche***, c'est louer ses services et être rémunéré selon la quantité d'unités d'ouvrage réalisées (nombre de m^2 de plâtre, d'enduit, de peinture, de revêtement de sol, etc.).

TACHÉOMÈTRE n.m.
Instrument de topographie et de lever* de plans, muni d'un *stadimètre** de mesure des distances par les angles horizontaux, et d'un *déclinatoire* de mesure des déclivités par les angles verticaux.
L'opérateur, à partir d'un point donné, effectue ses relevés par rayonnement, sur une mire parlante qu'un assistant déplace à sa demande.

TÂCHERON n.m.
Artisan ou travailleur indépendant qui loue ses services et est rémunéré sur la base d'un prix forfaitaire par unité d'ouvrage exécutée.

TACHETURE n.f.
Ensemble de petites taches disséminées sur un parement.

TACK n.m.
Force adhésive initiale d'une colle : son aptitude à *piéger** et à retenir le matériau que l'on applique ou le revêtement que l'on *affiche**.

TACON n.m.
Bouchement d'un trou dans un mur, ou bouchement d'un trou de serrage de banche de coulage du béton.

TACOT n.m.
Indemnité horaire, ou journalière, attribuée aux ouvriers en plus du salaire, pour des travaux pénibles, salissants, insalubres ou dangereux.

TAILLAGE n.m.
1/ Préparation et découpage en tranches de la terre à briques.

2/ Enlèvement de matière avec le fer d'un outil coupant.

3/ Ensemble des opérations de dégrossissage de blocs bruts de pierre, avant la taille* proprement dite.

TAILLANDERIE n.f.
Ensemble des outils servant à tailler, couper...

TAILLANDIER n.m.
Forgeron spécialiste de l'affûtage et de la trempe des outils tranchants.

talochage

TAILLANT n.m.
Syn. de *tranchant**, partie affûtée d'un outil coupant (ciseau, gouge), ou perforant (foret, mèche, trépan...).

TAILLE n.f.
Coupe d'un matériau suivant les formes et les dimensions adéquates pour sa mise en oeuvre.

1/COUVERT.: la taille est la coupe des ardoises* au massicot.

2/ÉLECTR.: dans un disjoncteur* différentiel divisionnaire, valeur en ampères de la surintensité* qui peut traverser ce disjoncteur pendant une heure sans provoquer la coupure du circuit (la *taille* est en général supérieure de 15 à 20% à l'intensité normale).

3/MAÇONN.: la taille est "*le résultat d'un façonnage donnant à une face (ou à plusieurs) un aspect convenu, au moyen d'outils ou d'abrasifs*" (déf. AFNOR).
Plus généralement, la taille désigne :
- d'une part la mise en oeuvre de l'art de la stéréotomie* et l'action de couper ou de recouper les pierres pour les mettre au format adéquat,
- d'autre part l'aspect et l'état de surface du parement selon les outils utilisés : *taille bouchardée* (à la boucharde*), *brochée* (à la broche), *égrisée*, *layée* (à la laye*), etc.

TAILLER v.tr.
Couper, équarrir un matériau aux mesures convenues.

TAILLERIE n.f.
Atelier de taille de la pierre.

TAILLEUR (de pierres) n.m.
Compagnon spécialiste de la taille des pierres*; syn.: *pierreux*.

TAILLOIR n.m.
1/ARCHIT.: tablette de pierre moulurée et refouillée qui couronne les chapiteaux* corinthien* et composite*; syn.: *abaque**.

2/VITR.: couteau avec lequel on taille les baguettes de plomb des vitraux.

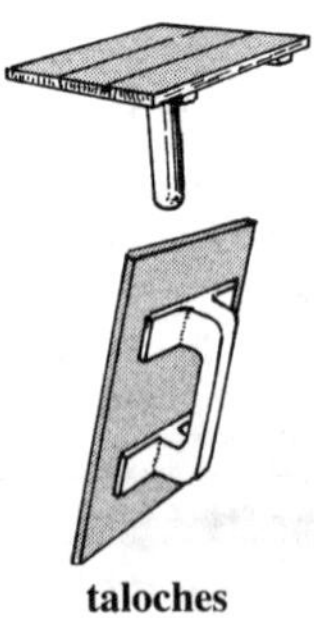

taloches

TAIN n.m. (du mot *étain*)
Amalgame* d'étain utilisé pour l'étamage* des glaces et miroirs.

TALC n.m.
Roche tendre de silicate, utilisée comme charge* épaississante dans certains mortiers de résines, mastics, enduits, colles et peintures.

TALOCHAGE n.m.
Répartition, dressage* ou surfaçage d'un enduit ou d'une chape, à l'aide d'une taloche.
Le ***talochage mécanique*** fait appel à un appareil à plateau vibrant ou à pales, tel qu'un *hélicoptère** (pour les chapes* incorporées).

TALOCHE n.f.
Planchette de bois munie d'un manche, utilisée pour porter et appliquer les enduits et le plâtre sur les plafonds et sur les murs. Aujourd'hui, le mot désigne aussi les lisseuses* et les platoirs*, et, plus largement, les outils d'application et de finition des enduits ayant une surface plane rectangulaire et une poignée (V.ill).

La ***taloche feutrée***, à plateau garni d'une surface de feutre, sert au surfaçage final des enduits hydrauliques : elle évite de faire remonter en surface la laitance* de ciment.

TALOCHER v.tr.
Faire avec une taloche l'étalement, la répartition ou le surfaçage d'un enduit, dit *enduit taloché*. Un enduit est dit *finement taloché* si son surfaçage, à la taloche feutrée, est assez soigné et assez plan pour recevoir une peinture ou un revêtement plastique.

TALOCHEUSE n.f.
Taloche mécanique à plateau vibrant ; désigne souvent aussi l'*hélicoptère**.

TALON n.m.
1/ARCHIT.: moulure* en deux parties, courbe et contre-courbe, la concave en bas, la convexe en haut (V.ill. à Moulure) : ses courbes sont inverses de celles de la *doucine**.

2/COUVERT.: petite pièce de métal soudée à l'extrémité d'un couvre-joint*, au niveau d'un ressaut de couverture métallique. Plaquette verticale en demi-cercle qui ferme l'extrémité d'une gouttière.

3/MAÇONN.: partie basse, en empattement*, d'une poutrelle* de béton.

4/TECHNOL.: extrémité épaisse d'un coin, d'un piton ; partie saillante d'une clavette.

5/SERRUR.: décrochement ou coude peu saillant formant butée sur une pièce quelconque.

TALONNETTE n.f.
Espaceur*, ou petite cale d'épaisseur disposée au pied d'une banche, sous un panneau de doublage* pendant sa mise en place, etc.

TALOT n.m.
Marteau de tailleur de pierres dont la panne* tranchante a huit dents alignées sur un axe parallèle à celui du manche. Boucharde* pour pierre dure, à 4, 9 ou 16 dents.

TALOTÉ adj.
Se dit du parement rustique d'une pierre dont la surface est éclatée au talot : *taille talotée*.

TALUS n.m.
Inclinaison, pente d'un terrain, d'un remblai, d'une paroi de fouilles. Par extension, partie de terrain en pente. Un ***mur en talus***, ou ***taluté***, est un mur dont le soubassement ou dont toute la hauteur est en pente.

TALUTER v.tr.
Donner de la pente, du fruit*, à la face d'un mur ; disposer la terre en talus.

TALUTEUR n.m.
Celui qui répartit les terres de remblai en talus.

TAMBOUR n.m.
1/ Chacune des pierres cylindriques qui composent le fût* d'une colonne, le noyau* d'un escalier à vis.

2/ Maçonnerie qui peut être de plan carré, polygonal ou circulaire, sur laquelle repose une voûte hémisphérique ou coupole.

3/ Espace limité par deux portes, formant un sas* à l'entrée d'un édifice, d'un bureau, pour les isoler du froid, du vent ou du bruit. V. aussi Porte à tambour.

TAMIS n.m.
Cadre au fond duquel une grille ou une toile maillée, métallique ou textile, retient tous les éléments dont la granulométrie excède la dimension des orifices ; syn: *crible**. Les tamis sont à mailles carrées, tandis que les *passoires** ont des trous circulaires. Les dimensions des mailles des tamis sont normalisées.
V. aussi Granulométrie, Sable.

Un ***tamis vibrant*** est un tamis associé à un vibrateur ou à un dispositif motorisé de production de secousses.
V. aussi Crible, Passoire, Sas.

Le ***tamis moléculaire*** est un mélange hygroscopique* de microbilles d'alumino-silicates, utilisé comme variante du gel* de silice, entre les doubles vitrages.

tamis

TAMISAGE n.m.
Tri et classement par dimensions des éléments d'un minéral, avec un tamis.

TAMISER v.tr.
Trier, selon leurs dimensions, les éléments d'un mélange disparate, ou en extraire les plus fins, par tamisage.

TAMPICO n.m.
Fibre végétale utilisée dans certaines trames de revêtements textiles.

TAMPON n.m.
1/ Plaque amovible, circulaire ou carrée, avec laquelle on obture l'orifice d'un regard*, d'une bouche*, d'un puisard, d'une fosse septique, d'un trou* d'homme, etc.

Le ***tampon hermétique*** a une feuillure d'emboîtement garnie d'un joint compressible, pour obturer l'orifice de façon étanche.

2/ Bouchon amovible vissé sur l'orifice de dégorgement* d'un tuyau, d'un siphon*, d'une chute*, etc.

3/ Cheville* de bois insérée ou scellée dans une maçonnerie pour y enfoncer un clou, une vis, un piton, etc.

TAMPONNER v.tr.
1/ Fermer un orifice par un tampon.

2/ Faire un ***tamponnage***, ou un ***tamponnement***, c'est-à-dire enfoncer une cheville dans la maçonnerie.

TAMPONNOIR n.m.
Outil à tige de section triangulaire tronquée ; il sert à forer dans les maçonneries les avant-trous des chevilles, ou tampons, par percussion à l'aide d'un marteau, en faisant pivoter le tamponnoir au fur et à mesure du creusement.

TANCHIS n.m.
Partie biaise d'une toiture qui recouvre une noue*.

TANEVOT n.m.
Moulure* dont le profil est un quart d'ovale*, accompagné d'un filet et d'un dégagement.

TANGENT adj.
Qualifie toute ligne qui a un point en commun avec une courbe, mais qui ne coupe pas cette courbe.

TANGENTE n.f.
1/ V. Trigonométrie.

2/ Ligne qui a un point commun avec une courbe qu'elle ne coupe pas.

TANGENTIEL adj.
Qui est tangent, ou qui en a les caractéristiques : *frottement tangentiel* des granulats les uns contre les autres.

TANIN ou **TANNIN** n.m.
Substance végétale extraite des écorces de bois ; le tanin, imputrescible, est utilisé comme agent de conservation des bois.

TAPÉE n.f.
1/ Pièce de bois ou de métal rapportée sur un tableau* de baie, contre le bâti dormant de l'ouverture, pour y fixer les charnières des persiennes brisées.

2/ Assemblage de pièces de bois qui sont contrecollées en saillie sur un ouvrage pour être ensuite sculptées ou moulurées dans la masse.

TAPER v.tr.
En peinture, donner des petits coups avec une brosse pour faire pénétrer la peinture dans les creux et petites cavités d'un subjectile.

TAPETTE n.f.
1/MAÇONN.: petite taloche métallique striée, servant à former des stries parallèles sur un soubassement.

2/PEINT.: brosse plate à extrémité irrégulière, avec laquelle on imite le grain et les mouchetures du faux bois.

TAPIS n.m.
V. Revêtement, Moquette.

-***Tapis-brosse*** : tapis végétal à poils durs et serrés, retenant la poussière laissée par les pieds.

-***Tapis transporteur*** : bande de caoutchouc sans fin, sur le principe du tapis roulant, utilisée pour le transport du béton à pied d'oeuvre depuis les toupies*; on lui préfère aujourd'hui la pompe* à béton.

TAPISSAGE n.m.
Action de revêtir une paroi avec une tapisserie ou un papier* peint.

TAPISSER v.tr.
Décorer, parer, revêtir par tapissage.

TAPISSERIE n.f.
1/ARCHIT.: panneau d'une façade dont le parement est plan, sans moulures ni membres* d'architecture : un ravalement de la pierre *en tapisserie* est son ragrément* plan.

2/ De façon générale, désigne l'ensemble des techniques et des ouvrages de revêtement des murs intérieurs avec des matériaux en lés*, papiers peints ou textiles collés, tendus ou agrafés.

TAPISSIER n.m.
Professionnel de la décoration intérieure avec des matériaux textiles ou des papiers en lés. Autrefois, compagnon chargé des ravalements*.

TAPURE n.f.
Fissure interne d'un métal.

TAQUE n.f.
Paroi au fond d'une cheminée* à feu ouvert, formant le contre-coeur*.

TAQUET n.m.
1/ Petit piquet de repère marquant un alignement.

2/ Pièce de bois scellée dans une maçonnerie pour servir de socle.

3/ Petit coin de calage.

4/ En maçonnerie, plot de mortier utilisé comme repère d'épaisseur pour régler l'application d'un enduit ou d'une chape.

-***Taquet d'échelle*** : petit plateau amovible que l'on accroche sur les marches d'une échelle.

TARABISCOT n.m.
1/ Fine rainure creuse de section carrée ou à lèvre arrondie qui sépare deux moulures, ou qui, derrière le saillant d'une moulure, la détache de son champ. En maçonnerie, cette rainure s'appelle aussi un "noir".

2/ Outil à fût utilisé pour pousser* ces rainures.

TARABISCOTAGE n.m.
Action de séparer deux corps de moulures par une rainure en tarabiscot.

TARABISCOTER v.tr.
Séparer deux moulures avec le tarabiscot.

TARAUD n.m.
Outil avec lequel on forme le filetage femelle d'un tube, d'un manchon, d'un écrou... La dentelure du taraud est alternée avec des gorges qui recueillent les copeaux (V.ill).

TARAUDAGE n.m.
Exécution d'un filetage femelle dans un corps creux cylindrique.

TARGETTAGE n.m.
Opération qui consiste, en marbrerie, à creuser des rainures dans la face de pose d'une dalle de marbre pour y sceller des pattes ou des fils de consolidation, ou *targettes*.

TARGETTE n.f.
1/ Fil métallique d'armature noyé dans des rainures au verso de dalles de pierres ou de marbre, pour les consolider.

2/ Petit verrou* à pêne plat ou rond, déplacé par translation entre deux picolets* de maintien, par la poussée manuelle d'un bouton (V.ill).

3/ Petit lingot de soudure pour zinc (composée de 2/3 de plomb et 1/3 de zinc), pesant environ 600 grammes.

TARGETTER v.tr.
Procéder au targettage des dalles de marbre.

TARIÈRE n.f.
1/ Mèche de fort diamètre utilisée en charpenterie et en menuiserie pour percer les trous et enlaçures*; selon leurs formes, les tarières ont des qualificatifs différents : *américaine, cuiller, de Givors, styrie* (V.ill).

2/ Désigne certains trépans* de forage à cuiller, utilisés pour le prélèvement d'échantillons des sols.

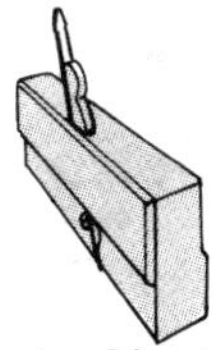
tarabiscot

tarauds

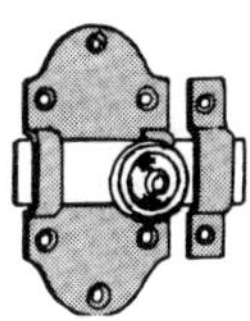
targette

TARIÈRES

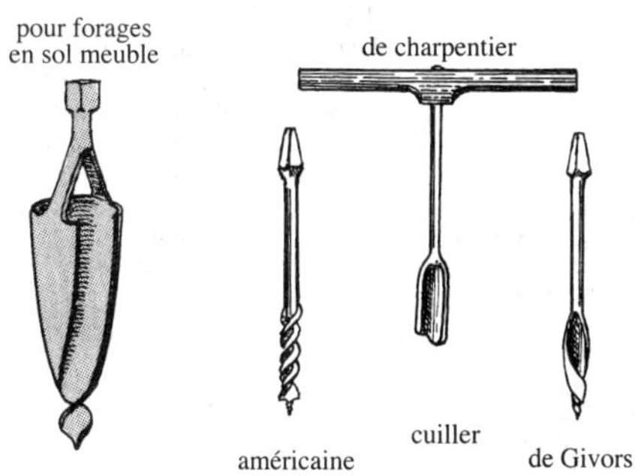

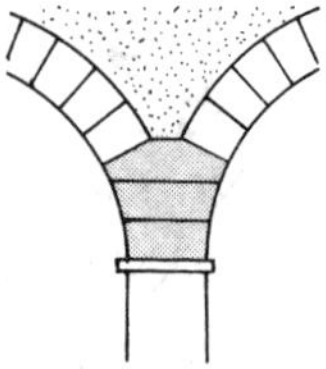

tas de charge
à sommiers
horizontaux

TARIF n.m.
1/ Désigne chaque type de contrat de fourniture de courant, selon la puissance et la tension souscrite et les durées ou les tranches horaires de consommation :
- en ***basse tension***, pour 3 à 36 kVA, pour usages domestiques, agricoles et professionnels : **le tarif bleu** pour les puissances souscrites de 3, 6, 9, 12, 15, 18, 24, 30 et 36 kVA, avec variant "***option heures creuses***" de 8 heures par jour à tarif réduit ;
le tarif ***bleu option tempo***, qui se généralise, pour les abonnements de 9, 12-18, 24-30 ou 36 kVA ; il différencie heures creuses et heures pleines, ainsi que jours bleus (300 j.), blancs (43 j.) et rouges (22 j.) ;
le **tarif EJP** (effacement jours de pointe), dissuasif pendant 22 jours annuels) n'est maintenu que pour les installations en triphasé.
- en ***moyenne tension***, **tarif vert** jusqu'à 10 000 kW.
- au-delà, **tarif jaune** (36 à 250 kV).

2/ Mode de classification et de désignation conventionnelle des divers tubes métalliques : V. au mot Tube.

TARMACADAM n.m.
Revêtement des chaussées en granulats de minéraux concassés enrobés dans un liant hydrocarboné (émulsion de goudrons).

TARMACADAMISER v.tr.
Revêtir avec du tarmacadam.

TARRÈDE n.f.
Dans le pisé*, désigne chacune des couches successives disposées et compactées dans les banches ; sept ou huit tarrèdes d'une dizaine de cm composent une *banchée.*

tasseau
trapézoïdal de
couverture en feuilles

tasseau
évidé pour faîtages
ou arêtiers

TARTRE n.m.
Dépôt de calcaire adhérent qui se forme surtout dans les canalisations d'eau chaude et appareils de chauffage parcourus par une eau dure*, ou *incrustante*, c'est-à-dire dont les charges minérales favorisent la formation de carbonate de calcium ; V. Hydrotimétrie.
La formation de tartre, qui peut s'accumuler jusqu'à obstruer les canalisations, est d'autant plus sensible que la température de l'eau est élevée (surtout > 60°C) ; mais les eaux peuvent aussi être incrustantes à froid. V. Antitartre.

TAS n.m.
1/ARCHIT.: masse d'une maçonnerie en cours de montage.

2/COUVERT.: enclume* légère utilisée pour la taille des ardoises.

3/MAÇONN.: désigne parfois l'horizontalité des assises* d'un mur.

4/SERRUR.: petite enclume* portative de chantier.

5/TRAV.PUBL.: rang de pavés alignés à partir duquel sont constituées des pentes d'écoulement des eaux.

-***Sur le tas*** : sur place, en oeuvre ; ciseler une pierre sur le tas, c'est la ciseler à sa place définitive.

-***Tas de charge*** : assise*, ou groupe d'assises de pierres formant une retombée* d'arc ou de voûte ; leurs lits* sont horizontaux, mais comportent des sommiers* dont une partie au moins des lits est inclinée (V.ill).

TASSEAU n.m.
1/CHARP.: tringle de bois de section carrée clouée sur les retombées* des solives d'un plancher de bois, pour porter les bardeaux*.

2/COUVERT.: tringle de bois de section trapézoïdale qui délimite les travées d'une couverture en feuilles métalliques et porte les couvre-joints*.
Le ***tasseau de faîtage*** et le ***tasseau d'arêtier*** sont à base évidée, pour être fixées sur les lignes de faîte et les arêtiers (V.ill).

3/MAÇONN.: petit massif de calage du pied des perches d'échafaudage, en fragments de moellons et plâtre.

4/MENUIS.: tringle de bois de section carrée qui forme cale ou support de tablettes, d'étagères, etc.

5/SERRUR.: très petite enclume fixée sur un établi ou dans un étau.

6/ V. aussi Fouille* en tasseau.

TASSEMENT n.m.
1/ Mouvement d'enfoncement du sol dû, par ex., à l'assèchement d'un sol argileux (drainage excessif, assèchement par les racines d'arbres), ou à des affouillements* en profondeur ; si il n'est pas uniforme (*tassement différentiel*), il provoque la dislocation des maçonneries, manifestée par des lézardes. Le tassement des sols est un facteur grave de désordres du bâtiment, en général irrémédiables.

2/ Des tassements de la maçonnerie proprement dite sont parfois observés ; ils peuvent avoir pour cause soit des joints de lit* trop épais, qui se désagrègent, soit des charges trop importantes pour les matériaux porteurs (écrasement de briques creuses de qualité insuffisante).

3/ Un léger tassement peut être normal pour une construction neuve : le décintrement* d'une voûte de pierre, par exemple, s'accompagne d'un léger tassement.

TASSER v.tr. Compacter, damer*.

Se TASSER v.pr.
S'affaisser, s'enfoncer suite à une contraction du sol, ou se comprimer sous l'effet d'une charge excessive.

TAUPE n.f.
Engin de forage de tunnels d'égouts ou de passages de canalisations enterrées. On l'utilise en particulier pour passer sous des obstacles.

TAUX n.m.
Proportion, rapport exprimé en "pour cent", dit *pourcentage* : taux d'humidité*, taux de gâchage*, etc.

TAVAILLON ou **TAVILLON**
n.m. Bardeau* de bois résineux refendu en écailles, pour servir de matériau de couverture ou de bardage*, en particulier dans les régions montagneuses. Syn.: *ancelle*.

TÉ n.m.
Raccord, dérivation, profilé ou pièce quelconque en forme de T.

1/ARCHIT.: règle plate à dessin, dont la branche transversale, à l'équerre ou pivotante, est en saillie sur un côté, pour buter le long des planches à dessin, et faciliter le traçage de parallèles ou perpendiculaires.

2/CHARP.: profilé* métallique dont la section forme un T ; on distingue les tés (ou fers en T) simples, et les tés doubles, dits poutrelles.

3/CHAUFF.: le ***té de réglage*** est un dispositif d'équilibrage par limitation du débit de l'eau qui parcourt un radiateur ; placé à son point de sortie, le té est en général réglé une fois pour toutes lors de l'installation.

4/FUMIST.: le ***té de débouchure*** est un élément coudé de tube d'évacuation des fumées comportant une branche fermée par un tampon*, pour les ramonages. Le ***té à abat-vent**** est une mitre* en forme de té.

5/MENUIS.: ferrure plate de consolidation des assemblages des portes et croisées, et de divers bâtis.

6/PLOMB.: le ***té de dégorgement*** est une pièce d'angle de tuyau qui comporte, dans le prolongement d'une des deux branches, un embout muni d'un tampon* par lequel on fait pénétrer les joncs de dégorgement.

TÉS

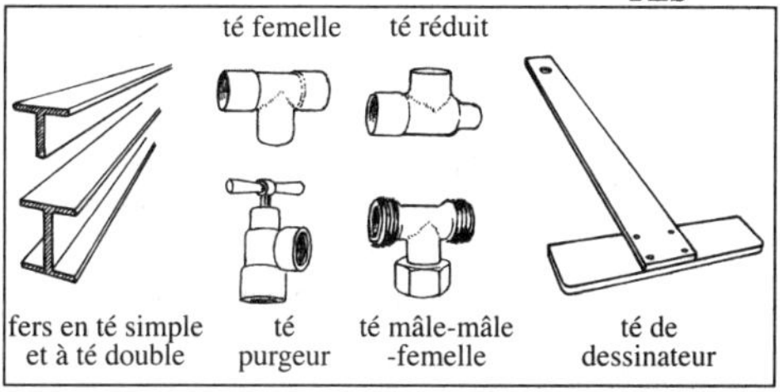

TECHNICIEN de l'ÉCONOMIE de la CONSTRUCTION (TEC)
Profession qui recouvre l'ensemble des activités de métreur, vérificateur et coordonnateur.
Ce professionnel a un triple rôle :
- déterminer le coût global d'une opération de construction,
- rédiger les pièces écrites (devis descriptif, cahiers des charges...),
- établir et/ou contrôler les devis quantitatifs, situations de travaux, mémoires et attachements.
Pour une même opération, un TEC ne peut agir que pour le compte d'un seul des intervenants, maître d'ouvrage, maître d'oeuvre ou entrepreneur.

TECHNIQUE n.f. ou adj.
1/ n.f. Tout procédé ou moyen permettant d'atteindre un objectif : technique de collage ; une technique sera dite innovante, traditionnelle, éprouvée, etc.

2/ adj. Les ***lots techniques*** sont ceux des équipements de confort : plomberie, chauffage, électricité, etc.

TECK n.m.
Essence d'arbres tropicaux dont le bois est réputé pour son caractère imputrescible (il ne fait pas rouiller les clous). On l'utilise tant à l'extérieur qu'à l'intérieur, en charpente de luxe, menuiserie et parqueterie.

TÉFLON n.m. (marque comm.)
Polymère fluoré de l'éthylène (polytétrafluoroéthylène), antiadhérent et insensible à la corrosion et à la chaleur. On l'utilise en plomberie sous forme de ***rubans de téflon***, très minces, remplaçant la filasse* : on obtient des jonctions étanches avec ces rubans dont on enrobe les filetages de canalisations métalliques avant leur assemblage.

TÉGULE ou **TEGULA** n.f.
Tuile plate trapézoïdale romaine.

TEINTAGE n.m.
Coloration des bois, des enduits ou des peintures (la *teinture* concerne la coloration des textiles).

TEINTE n.f.
Couleur. Mélange de plusieurs couleurs.
Des teintes conventionnelles sont fixées par une norme *(NF X 08-100)* pour différencier les tuyauteries des installations hospitalières et industrielles.

La ***teinte dure*** est une coloration jaune à base de blanc* de céruse* calciné.

Une ***teinte vierge*** est le mélange d'une seule couleur avec du blanc.

TÉLÉCOMMANDE n.f.
Dispositif de déclenchement à distance du fonctionnement d'un organe quelconque ; on distingue les télécommandes électriques (liaison par un conducteur ou câble), les télécommandes-radio - ou *radiocommandes* (par émission et réception d'ondes hertziennes*) -, et les télécommandes par infrarouge.

TÉLÉDISTRIBUTION n.f.
Réseau de distribution des signaux hertziens captés par une *antenne* collective*, au profit des usagers d'un même quartier, d'un lotissement, ou d'un immeuble.

TÉLÉGESTION n.f.
Système centralisé de contrôle et de gestion à distance d'un ensemble de fonctions de commande et de régulation d'équipements tels que le chauffage ou la climatisation.

TÉLÉGRAPHE n.m.
Outre son sens classique, désigne une règle articulée, sur le principe de la fausse équerre*: les menuisiers l'utilisent pour relever et reporter leurs tracés biais.

TÉLÉMÈTRE n.m.
Appareil électronique de mesure des cotes et des distances, en particulier à l'intérieur des locaux, par écho sur la paroi visée.
Certains n'ont qu'une faible marge d'erreur, de l'ordre du millimètre par mètre.

TÉLÉRUPTEUR n.m.
Commutateur à électroaimant de commande à distance de l'ouverture ou de la fermeture d'un circuit électrique, par une impulsion.
Les minuteries sont en général commandées par un télérupteur.

TÉLÉSURVEILLANCE n.f.
Surveillance ou contrôle à distance d'un ensemble de données concernant le bon fonctionnement d'équipements, la sécurité, etc.

TELLURIEN ou **TELLURIQUE**
adj. Qui concerne la terre, et les caractéristiques du sol : composition, résistivité*, mouvements.

L'***humidité tellurique*** désigne parfois celle qui remonte du sol dans les murs, par capillarité.
V. aussi Plateau tellurien.

TELLUROHMMÈTRE n.m.
Appareil de mesure de la résistance électrique du sol ou des prises de terre* (à ne pas confondre avec le *telluromètre*, qui est l'appareil de mesure des distances, basé sur le temps que met une onde électrique pour parcourir l'espace séparant 2 points éloignés).

TÉMOIN n.m.
1/ Petit plot de plâtre ou de mortier appliqué à cheval sur une fissure ou une lézarde, puis daté pour surveiller l'évolution d'un mouvement de maçonnerie, ou vérifier sa stabilisation.

2/ Échantillon ou pièce quelconque servant de référence de fabrication, de coloris, de texture...

3/ Petit tronc de pyramide* de terre, disposé de place en place sur un terrain, ou dans une fouille*, pour servir de repère de niveau.

4/ Petite lampe ou voyant électrique servant d'avertisseur optique.

TEMPÉRATURE n.f.
Expression de l'état calorifique d'un corps quelconque, suivant une échelle conventionnelle.

-température d'ambiance *:*
moyenne entre la température de l'air d'un local et la température radiante moyenne de ses parois, mesurée au centre, à 1,25 m de hauteur.
Sa valeur en période de chauffage, pour les locaux d'habitation, locaux scolaires, etc. est fixée à un maximum de 19°C, dit *température réglementaire*.

-température de calcul *:* dans le calcul d'une installation de chauffage, température de référence extérieure retenue comme extrême ; sa valeur est supérieure à la température dite d'*exigence* (température extrême mesurée), considérant que cette dernière ne peut être que brève, et que ses effets sont atténués par l'isolation.

-température de confort *:* température correspondant à l'absence de sensation de froid ou de chaleur.
Elle dépend du type d'activité physique : 12°C suffisent dans un atelier à activité physique intense, alors que 19°C peuvent sembler insuffisants pour une personne assise inactive.

-température de couleur *:* en colorimétrie, expression de la quantité d'énergie (en °Kelvin) du rayonnement d'une source lumineuse, qui dépend de sa longueur d'onde.

-température d'exigence, ou de base *:* moyenne des températures extérieures annuelles les plus basses enregistrées en un lieu donné ; elle est évaluée localement à partir des observations météorologiques.

-température d'inflammabilité *:*
V. Point éclair*.

-température radiante *:* température mesurée près d'un corps situé dans une enceinte, tenant compte du rayonnement émissif de ce corps.

-température résultante *:* température indicatrice du confort* thermique, prenant en compte les échanges d'énergie radiatifs et convectifs.

TEMPLE n.m.
1/ Dans le sens archéologique, édifice érigé en l'honneur d'une divinité.

2/ Lieu de culte des religions chrétiennes protestantes.

TEMPORISATEUR n.m.
Dispositif électrique qui établit un délai entre la réception d'une impulsion de commande et l'exécution de cette commande ou d'une action complémentaire (par ex. fermeture d'une porte automatique après quelques secondes, lorsque cessent les signaux indiquant une présence).

TEMPORISATION n.f.
Délai de réaction entre une commande et son exécution. Elle est obtenue par des procédés :
- électriques (circuit à condensateur à charge ou décharge d'inductance),
- électroniques (tubes à décharge associés à un circuit de charge ou de décharge d'un condensateur),
- hydrauliques ou pneumatiques (à l'aide d'un dashpot* à piston, à eau, à air ou à huile),
- mécanique (volant d'inertie, jeu d'engrenages à échappement),
- thermique (par ex. à bilame*).

TEMPORISÉ adj.
Se dit d'un appareil qui laisse s'écouler un certain temps entre la commande qu'il reçoit et l'exécution d'une opération : voir par exemple robinet* temporisé.

TEMPS n.m.
•***Temps de gommage*** des colles : V. au mot Gommage.

•***Temps ouvert*** *des colles** ou des mortiers-colles* : V. au mot Ouvert. Par déformation, désigne parfois le ***temps d'utilisation*** de la gâchée, délai pendant lequel le matériau conserve une bonne maniabilité et une bonne aptitude à la mise en oeuvre.

•***Temps de repos***, ou ***temps de reprise*** des mortiers : V. à Repos.

TÉNACITÉ n.f.
Expression de la résistance à la traction d'un métal, rapportée à l'unité de section. Inverse de la *ductilité**.

TENAILLE n.f. ou **TENAILLES** n.f.pl. Outil de saisie composé de deux mors mobiles, au bout de deux bras articulés. On distingue, outre les tenailles de menuisier, ou de mécanicien (à mors plus petit), la ***tenaille à chanfrein***, sorte de mordache* double à serrer dans un étau, la ***tenaille à mors coupants***, et la ***tenaille de forge***, à mors* tubulaires longitudinaux. Les *badours* sont des grandes tenailles.

TENDEUR n.m. (on dit aussi ***Tenseur***). Dispositif à lanterne* utilisé pour la mise en tension de câbles, de haubans*, de tirants* d'ancrage. Pièce de serrage et de blocage des banches* de coffrage.

TENDRE adj.
Qualifie une pierre calcaire de faible masse volumique (< 1 850 kg par m^3), facile à tailler ou à broyer ; les pierres *très tendres* et *tendres* correspondent aux n° 1 à 4 du classement* normalisé des pierres* par difficulté de taille. Les ***bois tendres*** sont les bois résineux*, tandis que les bois feuillus* sont dits *bois durs*.

TENDRE v.tr.
Mettre en tension* un élément, une structure, un tirant*, etc.; on dit aussi ***tensionner***, par ex. pour une lame de scie à ruban.

(**Se**) **TENDRE** v.pr.
Parlant d'une peinture ou d'un revêtement filmogène*, c'est acquérir en séchant une surface lisse.

TENDU adj.
1/ Qualifie un vernis ou une peinture dont la surface est très lisse.

2/ La ***pose tendue*** des revêtements de sols textiles et des plafonds en feuilles plastiques consiste à les ancrer en force sur des bandes à griffes préalablement collées sur le sol à la périphérie des locaux.

TENEUR n.f.
"*Quantité de matière solide, liquide ou gazeuse, rapportée à une masse ou à un volume d'autres matières*

dans lesquelles elle est en mélange, en suspension ou en dissolution" (déf. AFNOR). Préférable à *taux*, *titre**, *pourcentage* ou *proportion*, chaque fois que la valeur n'est pas exprimée en *pour cent,* mais en rapports d'unités distinctes : *teneur en particules* d'une masse d'air.

TENON n.m.
Partie saillante d'une pièce de bois, taillée pour entrer exactement dans la mortaise* d'une autre pièce, et former avec elle un assemblage* *à tenon et mortaise*, bloqué par chevillage*.
L'épaisseur courante d'un tenon est le tiers de l'épaisseur de la pièce de bois. Selon sa forme, ses épaulements ou sa position par rapport à l'axe de la pièce de bois, le tenon est dit *couvert*, *bâtard*, *épaulé*, *à queue-d'hironde*, etc. V. Assemblages.

TENONNAGE n.m.
Taille des tenons, manuellement avec la scie* à tenonner, ou mécaniquement à la tenonneuse.

TENONNER v.tr. Tailler un tenon.

TENONNEUSE n.f.
Machine-outil d'atelier, pour l'exécution en série des tenons.

TENSIOACTIF adj.
Se dit d'un agent* qui modifie la tension superficielle d'un produit par rapport à l'eau, et qui facilite son mouillage par l'eau.

TENSIOACTIVITÉ n.f.
Aptitude d'un corps en solution à modifier la tension superficielle du solvant de cette solution.

TENSION n.f.
1/ État physique de ce qui est tendu, de ce qui subit une force de traction, d'étirement, ou une contrainte interne de rétraction : le retrait* d'un béton ou d'un mortier est une ***tension interne***, dont la manifestation visible est soit une réduction des dimensions, soit une fissuration aux points les plus faibles, soit, pour les enduits, la formation d'un faïençage* superficiel. Le refroidissement d'un métal entraîne des tensions internes qui peuvent se traduire par des criques* ou tapures*, jusqu'à ce que l'équilibre soit trouvé entre tensions et force de cohésion.

La ***tension de vapeur***, ou la ***tension d'un gaz***, est syn. de *pression**.

La ***tension superficielle*** exprime la force qui, par unité de longueur, modifie un équilibre capillaire*: c'est cette tension superficielle qui arrondit la surface des liquides, par ex. sous forme de gouttes.

2/ La **tension électrique**, ou *différence de potentiel* (dite *voltage**), mesure l'aptitude énergétique (force électromotrice) d'un champ électrique entre deux points, ou entre deux bornes d'un circuit.

La tension est exprimée en volts*. Elle peut être ***composée*** (différence de potentiel entre les conducteurs de phases différentes d'un circuit polyphasé), ***diamétrale*** ou ***polygonale*** (respectivement la plus grande et la plus petite tension composée d'un système ayant plus de trois phases), ***étoilée*** (tension entre un conducteur de phase et un neutre).

Une ***tension d'amorçage*** est la tension minimale qui est nécessaire à l'établissement d'un arc ou d'une étincelle entre deux conducteurs.

Une ***tension de décharge*** est la tension de régime nécessaire à la production d'un arc continu. (V.Tube).

Une ***tension de défaut*** résulte d'un défaut d'isolement entre une masse sous tension et la terre.

Une ***tension d'effluves*** est celle qui correspond à l'apparition d'effluves* électriques entre deux conducteurs isolés l'un de l'autre par l'air.

La ***tension nominale*** est la tension d'alimentation qui correspond au fonctionnement normal d'un appareil ou d'une machine électrique.

La ***tension de service*** est la tension

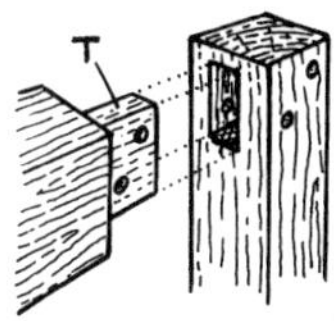

tenon (T)

nominale d'un courant fourni par le réseau E.D.F. ou par une installation génératrice de courant.

En France, l'usage distingue cinq groupes de tensions (en alternatif) :
- la *très haute tension* (THT), de 225 à 400 kV et plus, utilisée surtout pour le transport du courant ;
- la *haute tension* (HT), de 63 000 ou 90 000 volts ;
- la *moyenne tension* (MT), de 10 000 à 30 000 volts ;
- la *basse tension* (BT), de 230 ou 380 V, tension de distribution aux usagers (surtout 220/380 V) ;
- la *très basse tension* (TBT), inférieure à 50 volts.

TENSIONNAGE n.m.
Mise en tension : par exemple, tensionnage de la lame d'une scie à ruban.

TENUE n.f.
Syn. de *comportement* d'un matériau : tenue au feu*, à l'humidité*, à la chaleur, au vieillissement, etc.

TÉRÉBENTHINE n.f.
Oléorésine extraite de conifères (les *térébinthacées*). La térébenthine du commerce est en réalité une *essence de térébenthine*. Soluble dans l'alcool, et insoluble dans l'eau, elle sert de solvant* et diluant* des résines et des vernis.

TERMITE n.m.
Petit insecte xylophage* (V. ce mot). Depuis juillet 2000, il est **obligatoire**, sous peine d'amende, de déclarer en mairie toute présence de termites, et un traitement des bâtiments infestés est obligatoire dans un délai de six mois.

TERNAIRE adj.
1/ Qualifie un rythme d'ordonnance* architecturale à trois temps, basé sur une alternance du type 1-2-2-1-2-2-1..., par opp. au rythme *binaire* (1-2-1-2...).
2/ Se dit d'un mélange qui comporte trois composants : *ciment ternaire*.

TERNE n.m.
(ÉLECTR.) Ensemble formé par les trois conducteurs d'un câble de transport du courant triphasé.

TERNÉ adj.
Qui va par trois : *arcade* ternée*.

TERRAIN n.m.
1/ Fonds*, surface de sol définie et délimitée : *terrain constructible*.

2/ Partie apparente ou superficielle du sol : terrain argileux*, en pente...

TERRASSE n.f.
1/ Plate-forme obtenue par surélévation du terrain (levée* de terres ou remblai*), et construction d'un ouvrage de maçonnerie, ou soutènement*, sur un ou plusieurs côtés.

2/ Espace cimenté, dallé ou pavé, de plain-pied* entre une maison et son jardin.

3/ Plate-forme découverte reposant sur un corps de bâtiment ou sur un sous-sol (à la différence du balcon* qui est en surplomb).

4/ Toiture d'allure presque horizontale : V. Toiture-terrasse. Désigne aussi toute partie horizontale comprise dans une toiture, ou au droit d'une lucarne* rentrante.

5/ Défaut d'un bloc de pierre ou de marbre : veine* glaiseuse ou friable qui constitue un point faible et ne prend pas le poli*.

-***Terrasse faîtière*** : étroite plate-forme de service au faîte d'un toit.

-***Terrasse-jardin*** : toiture-terrasse qui est aménagée en jardin, par la mise en place de zones de terre végétale et de jardinières*.

TERRASSEMENT n.m.
Tout ouvrage destiné à modifier, provisoirement ou définitivement, les formes d'un terrain, pour y réaliser des travaux (construction, pose de canalisations, établissement de chaussée, etc.). Les fouilles*, déblais*, remblais*, tranchées, talutages*, nivellements*, décapages*,

excavations, sont des ouvrages de terrassement.

Un *terrassement en découverte* est un terrassement de faible profondeur, par simple décapage.
Pour tous détails, on consultera les DTU *de Terrassement et de Fondations (Règles de calcul).*

TERRASSIER n.m.
Entrepreneur ou ouvrier qui exécute les ouvrages de terrassement.

TERRASSON n.m.
1/ Partie peu inclinée d'un comble*. Dans un comble à la Mansart*, c'est le pan supérieur, entre ligne de bris* et faîtage*.

2/ Petite surface de sol en maçonnerie autour d'un point d'eau, d'un WC, d'une fontaine...

TERRAZZO n.m.
Nom italien du granito*, lorsqu'il est coulé* sur 1,5 à 2 cm en larges dalles délimitées par des joints, puis poncé sur le site ; le terrazzo est un mortier épais de ciment et de granulats de marbre concassé, qui sont recoupés par le ponçage.
Sur le même principe, le terrazzo existe sous forme de mortier de résine sans solvant, chargé de poudre et de granulats de marbre, moins épais (ép. finie env. 6 mm) ; sans retrait, résistant à l'usure et décoratif, ce revêtement de sol continu, dit *coulé sans joints,* est bien adapté aux collectivités, halls publics...

TERRAZZOLITH n.m.
Ancienne marque d'un dallage coulé* *in situ*, en larges surfaces sans joints, avec un mortier de ciment* magnésien (oxychlorure) et de poudre de marbre ou de pierre ; on en faisait des dallages résistants (sauf à l'eau), d'env. 25 mm d'épaisseur.

TERRE n.f.
1/ÉLECTR.: masse du sol considérée comme conducteur électrique (par convention, la terre a un potentiel électrique nul).
Conducteur électrique relié à la terre, et constituant avec elle un circuit d'impédance* négligeable.

La ***mise à la terre*** consiste à utiliser ce retour* naturel pour se protéger des risques d'électrocution, en reliant à la masse terrestre les pièces et équipements en métal (carrosseries d'appareils électroménagers, canalisations d'eau et de chauffage, huisseries métalliques, etc.).

La ***prise de terre*** est une pièce métallique conductrice (piquet en acier galvanisé, câble nu, feuillard épais), enterrée profondément dans le sol.
Elle assure un contact électrique permanent entre la masse du sol naturel et les circuits de conducteurs de protection, dits *de terre*. Elle est reliée aux circuits de terre (et aux borniers de terre de chaque tableau d'abonné) par une barrette amovible qui permet de contrôler la valeur de résistance (maximum 50 ohms, avec un disjoncteur différentiel de sensibilité 500 mA ; et 38 ohms, pour un disjoncteur de 650 mA).

Si l'installation d'un conducteur principal de terre est impossible dans un immeuble, on peut utiliser, sous certaines conditions, la colonne montante de distribution d'eau.

NB - La couleur normalisée des gaines des ***conducteurs de terre*** est le *jaune et vert*, à l'exclusion de toute autre ; la section de ces conducteurs doit être au moins égale à celle des circuits d'alimentation associés.

2/ Matière de la couche superficielle de la croûte terrestre ; en langage courant, la terre désigne plutôt ce qui n'est ni de la roche* ni du sable.

-***Terre battue*** : terre compactée par pilonnage, constituant l'aire* d'un sol en terre-plein*, sans revêtement.

-***Terre crue*** : qualifie la terre utilisée comme matériau de construction, soit sous forme de blocs de *terre comprimée*, non stabilisée ou stabilisée avec du ciment, de la chaux, ou du bitume, soit sous forme de briquettes moulées,

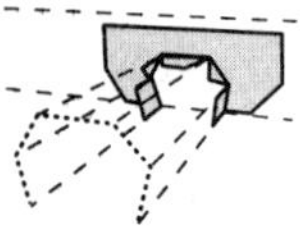

tête
de couvre-joint
(couverture)

séchées au soleil (*adobe**).

-Terre cuite : argile chargée de sable, malaxée puis moulée, façonnée et séchée avant d'être cuite au four pour obtenir des poteries* (briques, carreaux, tuiles, mitres...).

-Terres d'infusoires : *terres à diatomées** (kieselguhr*, tripoli*).

-Terre jectisse: désigne, en terrassement, la terre déplacée à la pelle.

-Terre d'ombre (ou *d'Ombrie*) : variété d'oxyde ferrique brun, utilisée comme pigment de coloration.

-Terre à pisé : terre limoneuse, qui contient de l'argile, utilisée pour les constructions en pisé (V. ce mot).

-Terre sauvage, ou ***terre folle*** : terre rougeâtre présente sous la couche de terre végétale, et convenant bien pour les constructions en pisé*.

-Terre de Sienne : terre argileuse chargée d'oxydes de fer et de manganèse (jaune), utilisée comme pigment* colorant ocré ; sa variété dite *terre de Sienne brûlée,* obtenue par calcination, est rouge-brun chaud.

-Terre végétale : terre contenant une part importante d'éléments de décomposition de matières organiques ; syn.: *humus.*

-Terres vertes : mélange de silicates de magnésie contenant de l'hydroxyde de fer, utilisé comme colorant vert dans les ciments et, en peinture, pour fixer des colorants basiques.

-Jour de terre : baie d'éclairement percée dans le sol, pour éclairer un sous-sol, et fermée par une grille ou un panneau de béton* translucide.

-Ligne de terre : en géométrie, intersection d'un plan vertical avec le plan horizontal de projection.

-En pleine terre : se dit de fouilles* et ouvrages de terrassement effectués dans un sol compact, en général sans nécessiter un blindage*.

tête de mur

TERRE-PLEIN n.m.
Large plate-forme de terre nivelée, en général retenue par un ouvrage de maçonnerie, constituant une terrasse* ou l'assise d'une construction. Une construction est dite "***en terre-plein***" lorsque son plancher inférieur repose à-même le sol, sans vide* sanitaire.

TERTIAIRE adj.
1/ Qualifie tout bâtiment qui n'est destiné ni à l'habitation, ni à la production ou au stockage des biens.

2/ Sur un réseau électrique, un tableau* de distribution *tertiaire* est en aval d'un tableau* secondaire.

TESLA n.m. (symb.**T**)
Unité du Système International de mesure de l'induction magnétique ; un tesla équivaut à 10^4 gauss*.

TESSELLE n.f.
"Morceau de marbre carré qui entre dans la composition d'un pavage mosaïque" (LAROUSSE ENCYCL.).

TESSON n.m.
Paroi longitudinale d'un corps creux (brique creuse, parpaing*).

TEST n.m.
Épreuve de contrôle ou d'évaluation d'une caractéristique d'un matériau. Un test peut être très simple, et ne demander aucun matériel de laboratoire : par ex., on *teste* la porosité d'un enduit ou d'une chape en y jetant quelques gouttes d'eau.

TESTEUR n.m.
Petit appareil portatif utilisé pour contrôler la présence de tensions électriques.

TÊTE n.f.
1/ARCHIT.: ornement en sculpture (haut ou bas-relief*) représentant une tête d'homme ou d'animal
(V. *Bucrâne*, *Mascaron*, *Masque*).

La ***tête de mur*** est la face verticale de l'extrémité d'un mur, correspondant à son épaisseur (V.ill).

2/CHARP.: la ***ferme**** ***de tête*** est celle qui est établie contre un pignon.

3/COUVERT.: la ***tête de couvre-joint**** est une petite feuille de tôle découpée, rapportée contre un ressaut, à l'extrémité amont (V.ill).

4/MAÇONN.: la ***tête de chevalement**** est la forte pièce de bois horizontale placée sur deux étais disposés de part et d'autre de l'ouvrage à soutenir.
La tête d'un élément de maçonnerie (brique, moellon, voussoir...) est sa face verticale qui reste visible après la pose, à l'opp. de sa *queue**.
La ***tête de pignon**** désigne souvent la *pointe* du pignon.

5/MINÉR.: Une ***tête dure*** désigne "*une couche de quelques cm d'épaisseur pouvant exister à la partie supérieure d'un banc (de pierre), et plus dure que le reste du banc*" (déf. AFNOR).

6/MIROIT.: la ***tête d'une glace*** désigne chacune de ses extrémités.

7/OUTILL.: la ***tête de marteau**** est l'extrémité la plus forte de son fer*, à l'opposé de la *panne**.

8/PLOMB.: ensemble de la partie mobile d'un robinet*.

9/QUINCAILL.: extrémité évasée ou aplatie d'un clou, d'une vis, d'un boulon : ***tête plate***, ***tête fraisée****, etc.; une ***tête perdue*** de clou est celle qui affleure la surface du matériau dans lequel on l'a enfoncée.

La ***tête romaine*** (V.ill) est une tête de vis ou de boulon, sphérique, cylindrique ou cubique percée d'un trou dans lequel on passe une tige pour sa rotation.

10/SERRUR.: la ***tête de serrure*** est synonyme de *têtière* (V. ce mot).

11/TRAV.PUBL.-FONDATIONS : la ***tête de pieu**** est le sommet d'un pieu, sur lequel reposera l'ouvrage porté.

TÊTE-BÊCHE loc. adv.
Position relative de deux éléments voisins identiques, dont l'un est renversé par rapport à l'autre.

TÊTE-DE-CHAT n.f.
Petit moellon dur de forme arrondie.

TÊTE-DE-CLOU n.f.
Petit ornement saillant de forme pyramidale, en pointe de diamant.

TÊTE-PLATE n.f.
Motif en bas-relief, peu saillant, qui figure une tête d'homme ou d'animal. Fréquent dans l'art roman.

TÊTIÈRE n.f.
Face de la cloison* d'une serrure* située du côté du chant* de la porte, et traversée par le ou les pênes.

TÊTON n.m.
Petite saillie arrondie sur un outil, ou petit plot* d'emboîtement mâle.

TÉTRAÈDRE n.m.
Polyèdre* dont les quatre faces sont des triangles ; il est dit régulier si chacune de ses faces est un triangle équilatéral.

TÉTRAPOLAIRE adj.
Qualifie une prise* ou un appareil électrique ayant quatre fiches ou quatre bornes, correspondant à quatre conducteurs (en général, trois phases et un neutre).

TÉTRASTYLE adj.
Qualifie une façade ou un portique* qui présentent 4 colonnes de front.

TÊTU n.m.
Marteau lourd dont la tête carrée à angles vifs sert à dégrossir et ébaucher la pierre (V.ill) ; il peut présenter diverses formes.
Il sert aussi à frapper les pierres en cours de montage, et à les positionner sur leur lit de mortier.

TÊTUER v.tr.
Dresser grossièrement, tailler la pierre au têtu : *moellon têtué*.

TEXTURE n.f.
1/ Caractéristique de constitution interne d'un matériau : texture alvéolaire, texture fibreuse du bois, texture granulaire d'un minéral, etc.

2/ État de surface : texture fine, texture rugueuse.

THÉODOLITE n.m.
Instrument optique de mesure topographique* des angles horizontaux et des angles de dénivelée (V.ill).

boulon à **tête** romaine

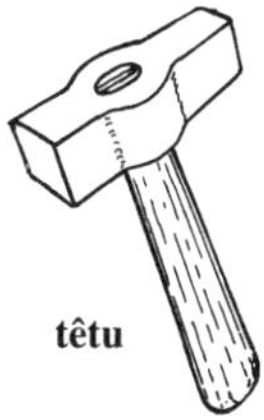
têtu

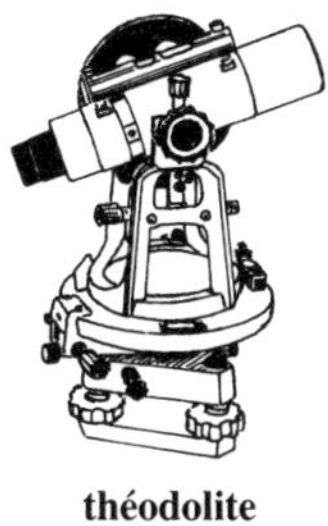
théodolite de chantier
(d'après doc.SLOM)

THERMICIEL n.m.
Néologisme désignant un logiciel de calcul des données thermiques pour l'aide à la conception des bâtiments.

THERMICIEN n.m.
Ingénieur ou technicien spécialiste du génie* thermique, en particulier des études et de la conception des installations de chauffage, et des diagnostics thermiques préalables à des travaux d'isolation thermique.

THERMIE n.f. (**th**)
Ancienne unité* d'énergie calorifique ; on exprime désormais les quantités de chaleur en watt-heure (Wh) et en kilowatt-heure (kWh).

THERMIQUE n.f. et adj.
Science de la chaleur, de sa production, de sa diffusion, de ses déperditions. L'adjectif qualifie tout ce qui s'y rapporte : pont* thermique, isolation* thermique, inertie (ou volant) thermique...

RÉGLEMENTATION THERMIQUE (RT 2000, puis RT 2005)

Principes généraux
Suite au protocole de Kyoto, et à la Directive Européenne sur l'efficacité énergétique des bâtiments, la France a pour objectif de diviser au moins par 4 ses émissions de gaz à effet de serre à l'horizon 2050, et de réduire, à confort égal, les consommations d'énergie des bâtiments (chauffage, eau chaude sanitaire, éclairage).
Instituée par un décret du 29 novembre 2000, la Réglementation Thermique 2000 a remplacé ou modifie les décrets et arrêtés de 1988.

Elle concerne l'ensemble des bâtiments neufs du secteur résidentiel et (ce qui est nouveau) du secteur tertiaire. Dans les logements collectifs, l'unité de référence des calculs est désormais le bâtiment, et non plus chaque logement.
Tous les 5 ans, un renforcement de la réglementation est programmé.
Dans son principe, la RT repose sur l'atteinte d'objectifs de ***consommation conventionnelle*** et de ***température conventionnelle*** à l'intérieur des locaux par comparaison avec des valeurs de référence ($C_{réf}$ ou $C_{epréf}$).
La base de référence est désormais un **coefficient C** de consommation conventionnelle d'énergie par m^2 de SHON (surface hors oeuvre nette) et par an, exprimée en énergie* primaire (avec un coefficient correcteur selon le type d'énergie utilisée).

L'**exigence de confort thermique** est exprimée ainsi :
"*Les équipements de chauffage du logement permettent de maintenir à 18°C la température au centre des pièces du logement*".

Trois possibilités sont offertes aux concepteurs (art.8 de l'arrêté) pour satisfaire aux exigences de performance :

1/ Soit satisfaire à ces 3 exigences :

• la consommation d'énergie annuelle doit être inférieure à une consommation de référence,

• la température intérieure d'été doit être inférieure à une température de référence,

• des caractéristiques thermiques minimales doivent être obtenues.

2/ Soit atteindre l'ensemble des caractéristiques thermiques de référence (titres II et III de l'arrêté).

3/ Soit n'utiliser que des solutions techniques approuvées.

Éléments de calcul
La RT 2000 introduit des nouveaux outils de calcul :

• **Méthode de calcul Th-C** pour la consommation thermique conventionnelle : calcul des coefficients C et $C_{réf}$ (nécessite un logiciel spécial).

• **Méthode de calcul Th-E** pour le confort d'été : calcul des températures T_{ic} et $T_{icréf}$ (nécessite un logiciel spécial) ;

• **Règles Th-Bât** (publication par le CSTB), se divisant en :

Unités de la Réglementation Thermique 2005

Les unités **modifiées** :

- **K** (W/m^2.°C), le coefficient de transmission surfacique des parois (de 1974). est devenu **U** (avec quelques différences dans son mode de calcul).
- **k** (W/m.°C), le coefficient de transmission linéique des jonctions de parois (de 1974). Il devient Ψ et est exprimé en W/m.K (avec de nettes différences dans le mode de calcul).
- **1/hi** et **1/he** (m^2.°C/W), les résistances superficielles (ou résistances thermiques des échanges superficiels, de 1974). Elles deviennent $\mathbf{R_{si}}$ et $\mathbf{R_{se}}$ avec des valeurs modifiées.

Les **unités conservées** :

λ (W/m.°C), le coefficient de conductivité* thermique (voir les principales valeurs de λ données au mot Isolation).

Les **unités nouvelles** :

C (en kWh-ep/an), coefficient de consommation conventionnelle d'énergie du bâtiment pour le chauffage (ch), la production d'eau chuade sanitaire (ecs), l'éclairage (ecl), la ventilation et (prochaînement) la climatisation (aux). C'est la somme des consommations annuelles calculée par la méthode de calcul Th-C :

$$C = C_{ch}.C_{ep.ch} + C_{ecs}.C_{ep.ecs} + C_{ecl}.C_{ep.ecl} + C_{aux}.C_{ep.aux}$$

$\mathbf{C_{ep}}$ le coefficient de transformation en énergie primaire, selon la source d'énergie. Ce coefficient est de 2,58 pour l'énergie électrique, et de 1 pour les autres énergies

$\mathbf{C_{réf}}$ le coefficient de **consommation de référence** d'énergie du bâtiment.

$\mathbf{T_{ic}}$ (°C) la température conventionnelle d'été pour un bâtiment non climatisé, suivant la méthode de calcul Th-E.

$\mathbf{T_{icréf}}$ (°C) Température conventionnelle d'été de référence.

$\mathbf{U_{bât}}$ (en W/m^2.K) Coefficient moyen de déperditions thermiques réelles par les parois et les baies du bâtiment.

$\mathbf{U_{bât\text{-}réf}}$ (W/m^2.K) Coefficient moyen de référence des déperditions par les parois et par les baies du bâtiment.

χ (W/K) Coefficient de transmission ponctuelle (pont thermique par plot de collage d'isolant, par suspente métallique, etc.)

RT 2005 - Exigences minimales pour les parois (exigences dites "garde-fous") :

	U maximum (coeff. de transmission thermique, en W/m^2.K)	**R minimale** (résistance thermique de la paroi, en m^2.K/W)
murs au contact de l'extérieur ou du sol	0,45	2,05
murs au contact d'un volume non chauffé	0,45/b*	
*b : coeff. de réduction suivant méthode de calcul de $U_{bât}$		
planchers hauts (béton ou maçonnerie)	0,34	2,80
planchers hauts (sous combles ou rampants)	0,28	3,45
planchers bas sur terre-plein	0,45	2,05
planchers bas sur vide sanitaire ou local non chauffé	0,40	2,15
planchers bas au contact de l'extérieur	0,36	2,60
planchers bas sur parking collectif	0,36	2,50
Fenêtres et portes-fenêtres donnant sur l'extérieur	2,60	

- Règles **Th-U** de détermination des caractéristiques thermiques utiles des parois (calculs de $U_{bât}$ et $U_{bât\text{-}réf}$),

- Règles **Th-S**, déterminant le facteur solaire des parois,

- Règles **Th-I**, déterminant la classe d'inertie thermique d'un bâtiment ou d'une partie de bâtiment.

• **Les solutions techniques ST 2001**, détaillant les solutions-types satisfaisant aux exigences de la RT.

La RT 2005 a introduit :
• un renforcement de 10% de la performance des parois ;
• une réduction d'environ 20 % des pertes par les ponts* thermiques ;
• la prise en compte de l'éclairage (dans le secteur résidentiel) ;
• la création de 8 nouvelles zones climatiques en Métropole.

Principales nouveautés RT 2005 pour les **calculs** :
• le coefficient $\mathbf{C_{ep}}$ (consommation conventionnelle d'**é**nergie **p**rimaire totale d'un bâtiment pour le chauffage, la production d'e.c.s., la ventilation, la climatisation et l'éclairage, exprimée en kWh par m^2 et par an), à comparer avec la consommation de référence ($\mathbf{C_{ep} \leq C_{epref}}$) ;
• une consommation maximale (notée $\mathbf{C_{epmax}}$) pour la production d'e.c.s.;
• la prise en compte des énergies renouvelables (e.c.s. solaire) ;
• une valorisation des conceptions bioclimatiques ;

En secteur résidentiel, la RT 2005 fixe la compensation entre enveloppe et systèmes à :
• 25% en collectif :
$\mathbf{U_{bât\text{-}max} = U_{bât\text{-}base}} \times 1{,}25$
• 20% en habitat individuel :
$\mathbf{U_{bât\text{-}max} = U_{bât\text{-}base}} \times 1{,}20$
Dans les autres bâtiments est fixée une limite de 50% à la compensation entre enveloppe et équipements :
$\mathbf{U_{bât\text{-}max} = U_{bât\text{-}base}} \times 1{,}50$

Un ***Label Haute Performance Énergétique*** à deux niveaux doit compléter le dispositif légal (art. 131-3 du décret) :
HPE si on atteint $C_{réf}$ -8%,
THPE si on atteint $C_{réf}$ -15%

NB - Une **Réglementation Thermique 2010** est en préparation à la date de parution de cet ouvrage.

THERMISTANCE n.f.
Organe de détection des variations de température, dont l'élément sensible est un semiconducteur.
Les thermistances ne sont précises qu'à l'intérieur de plages de température restreintes, car la variation de leur résistance n'est pas linéaire.

THERMOCÂBLE n.m.
Câble conçu spécialement pour résister à des températures élevées.

THERMOCOLLAGE n.m.
Collage réalisé à chaud, avec une colle thermofusible*.

THERMOCOUPLE n.m.
Association, en un même circuit, de deux fils de métaux de nature différente, par soudure de leurs extrémités : une différence de potentiel entre leurs soudures peut être observée lorsque ces soudures ont une température différente ; on utilise ce phénomène dans des dispositifs de régulation.

THERMODURCISSABLE adj.
Qualifie une résine* ou une matière qui a besoin d'un minimum de température pour effectuer sa réaction de durcissement irréversible, c'est-à-dire former des chaînes moléculaires nouvelles, en général par réticulation*; par ex., la bakélite*, la mélamine, les résines époxydes*.

THERMODYNAMIQUE n.f.
Étude et science physique des rapports entre les phénomènes calorifiques et mécaniques ; le principe de base de la thermodynamique est celui de la *conservation de l'énergie* interne propre à tout système.

THERMOFORMAGE n.m.
Cintrage ou déformation à chaud de panneaux plastiques, type ABS ou PVC (matériaux ***thermoformables***)

THERMOFUSIBLE adj.
Qualifie une colle* solide, en général en bâtonnets, utilisée par ramollissement à la chaleur, à l'aide d'un pistolet* spécial.

THERMOGRAPHE n.m.
Thermomètre enregistreur, c'est-à-dire équipé d'un dispositif d'enregistrement graphique, en continu, de l'évolution des températures.

THERMOGRAPHIE n.f.
Présentation sous forme graphique de données thermiques : par ex., visualisation des sources de déperdition thermique d'un bâtiment, par photographie infrarouge, dite *spectrographie* thermique*.

THERMOMÈTRE n.m.
Tout appareil de mesure des températures ou d'enregistrement de leurs variations (*thermomètre enregistreur*, ou thermographe*).

THERMOPLASTIQUE adj.
Qualifie une résine* ou une matière plastique qui tend à se ramollir à la chaleur, et à durcir en refroidissant : les résines acryliques*, glycérophtaliques*, polyamides, vinyliques*.... sont thermoplastiques.

THERMOPLONGEUR n.m.
Élément chauffant à résistance électrique, conçu pour fonctionner en immersion, dans un chauffe-eau ou une chaudière électrique.

THERMOPOMPE n.f.
Syn. de *pompe* à chaleur*.

THERMORÉGULATION n.f.
Syn. de *régulation* thermique* ; se dit de la régulation naturelle de la température du corps humain.

THERMOSIPHON n.m.
Circuit vertical formant une boucle fermée dans laquelle un liquide circule de lui-même, par suite des légères variations de masse volumique dues à son chauffage (ascendance par convection*) et de son refroidissement (descente en retour).
Le thermosiphon est le principe de base de la circulation de l'eau dans une installation de chauffage central, bien qu'en pratique on active cette circulation avec un *circulateur**.

THERMOSOUDAGE n.m.
Soudage à chaud des matières plastiques.

THERMOSTAT n.m.
Organe de détection des variations de température. Il sert de régulateur ou de commande de fonctionnement ou d'arrêt automatique dans le chauffage, le conditionnement d'air ou la réfrigération, et dans les robinets* thermostatiques.
Un thermostat comporte :
- un ***capteur sensible***, qui traduit les variations de température par un effet mécanique ou électronique ; ce peut être un bilame*, un thermocouple*, un bulbe à tube capillaire prolongé par un soufflet extensible (thermostats *à dilatation de fluide* expansible, ou thermostats à changement de phase, dits *à tension de vapeur*), ou un dispositif à semiconducteurs (thermistance) ;
- un ***élément de comparaison*** de la température enregistrée avec la température programmée ou préré glée, dite *température de consigne* ;
- un ***organe d'exécution***, tel qu'un contacteur ou un rhéostat, qui commande le fonctionnement d'un appareil tel qu'électrovanne, ventilateur, brûleur de chaudière, etc.

Selon sa disposition, un thermostat est dit ***d'ambiance*** (dans l'espace dont il surveille la température), ***d'applique*** (par ex. contre une canalisation), ***d'immersion*** (dans un liquide) ou ***d'insertion*** (par ex. dans un conduit de ventilation).

THERMOSTATIQUE adj.
Qui est commandé ou réglé par les variations de température, selon une température de consigne préréglée.
Qualifie en particulier les robinets* dans lesquels un thermostat commande l'ouverture et la fermeture du passage de l'eau dans un radiateur en

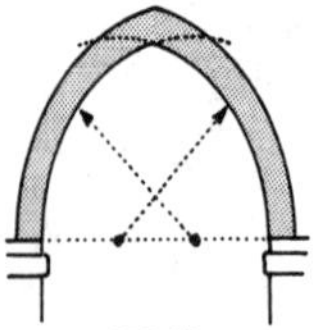

fonction de la température ambiante, ou le réglage à la température souhaitée d'un mélange d'eau chaude et d'eau froide.

THIBAUDE n.f.
Sous-couche* textile isolante, disposée sous certains revêtements de sols ; la thibaude est composée de fibres de chanvre, de jute ou de poils d'animaux, grossièrement tissés ou aiguilletés*. On distingue :
- les thibaudes *aiguilletées* (V. ce mot), pour les usages courants ;
- les thibaudes *expansées*, recommandées sous les moquettes à dossier* plutôt rigide pour répartir les contraintes de poinçonnement ;
- les thibaudes dites *maliwatt*, en nappes de fibres stabilisées par des points de chaînette, pour sols à trafic important, et pour les escaliers ;
- les thibaudes à *nappes enduites* ou thibaudes *guttées*, pour des usages courants à confort amélioré ; leur enduction étanche empêche les remontées d'humidité et de poussière dans le revêtement ;
- les thibaudes en *caoutchouc*, améliorant les caractéristiques acoustiques (surtout aux bruit d'impact).

THIOKOL n.m. (marque comm.)
Caoutchouc synthétique à haute résistance, utilisé en particulier sous forme de mastic pour calfeutrements, et pour les jointoiements étanches.

THIXOTROPE adj.
Qualifie un gel* colloïdal* liquéfiable par simple agitation mécanique ou par vibration. La ***thixotropie*** est réversible : le repos du matériau ainsi liquéfié suffit à lui rendre sa fermeté et sa consistance de gel.
Les argiles colloïdales (bentonite*), de nombreuses colles et peintures ont cette propriété ***thixotropique***.

THYRISTOR n.m.
Organe électronique redresseur de courant, le thyristor propose plusieurs zones de conductivité ; on l'utilise comme variateur de puissance et comme commutateur en régulation électronique, où il remplace souvent les relais électriques pour la transmission des signaux de commande.

TIERCÉE n.f.
Mode de pose des couvertures en ardoise* tel que le pureau* et le faux-pureau soient égaux au recouvrement*.

TIERCER v.tr.
Poser les ardoises en tiercée.

TIERCERON ou **TIERCERET**
n.m. Nervure secondaire d'une voûte*; partant d'un appui, le tierceret ne monte pas jusqu'à la clef* de voûte, et rencontre en général un tierceron en un point dit *clef* de tierceron*, lui-même relié à la clef* de voûte par une lierne*.

TIERCET n.m. V. Tiers-point.

TIERCINE n.f.
Tuile plate refendue dans le sens de sa longueur pour compléter un rang de tuiles, ou être placée dans une ruellée* ou dans un solin*.

TIERS-CENTRAL
ou **TIERS-MÉDIAN** n.m.
Partie centrale d'un mur, considéré dans son épaisseur ; la résultante des forces qui lui sont appliquées doit passer dans cette zone pour que sa stabilité ne présente pas de risque.

TIERS-POINT n.m.
1/ARCHIT.: point d'intersection de deux arcs, constituant ensemble une ogive*. L'***arc en tiers-point***, ou ***tiercet***, est un arc* brisé, composé de deux moitiés d'arcs dont les centres sont situés au tiers de la ligne qui joint ses naissances (V.ill).

2/OUTILL.: lime* de section triangulaire, à arêtes vives ou arrondies, utilisée surtout pour l'affûtage* des dents des scies.

TIERS-POTEAU n.m.
Dans un pan de bois, poteau refendu, de faible section (env. 8 à 10 cm de côté), servant de décharge*.

TIGE n.f.
Parfois, fût* d'une colonne*.
La ***tige-de-botte*** désigne la tuile* canal longue, en forme de gouttière légèrement tronconique*.

TILL n.m.
Sorte d'argile* *à blocaux.*

TIMBRE n.m.
1/ARCHIT.: dans un métré ou un devis quantitatif, c'est le nombre d'unités d'un ouvrage (ml, m^2, m^3...) ou d'une fourniture (U), à multiplier par le prix unitaire pour obtenir le montant du devis du poste concerné.

2/CHAUFF.: plaquette qui, apposée sur les appareils de production de vapeur, porte les indications de limite de pression autorisée. Valeur de cette pression maximale.

3/HÉRALD.: ornements qui encadrent ou surmontent un blason*.

4/PLOMB.-SANIT.: un ***timbre d'office*** est un évier profond, à simple ou double bac, que l'on installe dans des arrière-cuisines, des plonges, des laveries ou des buanderies.

TIN n.m.
Billot de bois servant de support à un ouvrage en cours.
Syn.: *chantier*.*

TINNE n.f.
Machine de broyage et de trituration de l'argile pour briques*.

TIOLITHE n.f.
Marque commerciale d'anhydrite* synthétique, pour la confection de vastes chapes lisses et sans joints.

TIRAGE n.m.
1/CARR.: extraction d'un bloc ou d'une pierre de carrière.

2/FUMIST.: dépression qui, à partir du sommet d'un conduit de fumée, a pour effet d'une part de créer un appel d'air frais (comburant*) qui alimente le foyer, d'autre part de favoriser l'ascension des fumées et gaz brûlés dans le conduit*. L'expérience a permis d'établir les rapports adéquats, pour un bon tirage, entre l'ouverture du foyer, la section du conduit, et sa hauteur.

3/SERRUR.: tige de commande directe d'un pêne*, souvent terminée par un évasement dit *cor-de-chasse.*

TIRANT n.m.
De façon générale, pièce qui travaille en traction, et retient des éléments solidaires de ses extrémités.

1/CHARP.: forte tige de métal qui tient lieu d' entrait*, pour retenir les pieds des arbalétriers* d'une ferme*.

2/MAÇONN.: pièce horizontale d'un ancrage*; le tirant est une forte tige ou un long fer méplat placé entre deux murs, ou entre un mur et une pièce de charpente.

3/TERRASS.: un ***tirant d'ancrage*** est un câble noyé dans le sol, ou à la surface du sol, dont une extrémité retient un ouvrage tel qu'un mur de soutènement ou, de façon provisoire, un blindage*.

TIRE-CALE n.m.
Outil en forme de flèche avec lequel les pierreux* retirent les fiches de calage sous les pierres de taille.

TIRE-CHAPE n.m.
Outil en forme de tige recourbée, utilisé pour dérouler les chapes* d'étanchéité en rouleaux à souder ou à coller sur les toitures-terrasses.

TIRE-CLOU n.m.
Lame garnie d'encoches et munie d'un manche, avec laquelle le couvreur arrache les clous lorsqu'il remanie* une couverture.

TIREFOND n.m.
(parfois écrit **TIRE-FOND**)
Longue tige filetée à son extrémité, ou longue vis, dont la tête est celle d'un boulon, ou parfois un anneau (V.ill).
On utilise des tirefonds pour suspendre les luminaires sous les plafonds, et pour fixer sur leur support les plaques ondulées de couverture.

TIREFONNER v.tr.
Fixer par un tirefond.

tire-cale

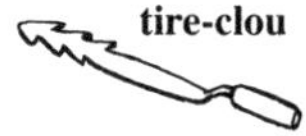
tire-clou

tire-joint

tirefonds

TIRE-JOINT n.m.
Outil de maçon en forme de tige coudée avec lequel on trace, à la surface d'une chape ou d'un enduit, les faux joints qui simulent un dallage, ou un appareil* de pierres ou de briques.

TIRER
1/v.i. Parlant d'un plâtre, d'un mortier ou d'un béton, c'est commencer à s'affermir, être en début de prise*.

2/v.tr. Extraire (un clou d'une poutre, un matériau d'une carrière, etc.). Exercer une traction.

-***Tirer d'épaisseur*** un bois, un enduit, c'est réduire leur épaisseur.

-***Tirer de long***, c'est blanchir* une pièce de bois (sens de sa longueur).

-***Tirer à la règle***, c'est étendre une chape ou appliquer un enduit avec une longue règle* métallique rigide, avec un mouvement de va-et-vient en zigzag.

- ***Tirer à zéro*** un ragréage, c'est l'étaler en épaisseur quasi nulle.

TIRFOR n.m. (marque comm.)
Petit treuil* léger de traction à démultiplication, par l'enroulement d'un câble sur un manchon solidaire d'une roue à rochet* antiretour.

TISSU (**de verre**) n.m.
Toile de fibre de verre tressée à mailles carrées, utilisée comme armature d'enduits et d'ouvrages d'étanchéité.
Syn.: *mat* de verre.

TITRE n.m.
Rapport entre la masse d'un corps dissous dans un liquide et la masse de la solution* liquide le contenant.
Titre alcalimétrique* (TAC) et ***titre hydrotimétrique**** (TH) :

TOBERMORITE n.f.
Désigne parfois le silicate de calcium hydraté, principal constituant des ciments Portland et de laitier, après leur hydratation.

TOBOGGAN n.m.
Gouttière d'écoulement et de distribution du béton frais sur chantier, ou de descente par gravité des gravois, des étages vers les bennes.
Syn.: *glissière*, *goulotte*.
Une couverture ***en toboggan*** est celle d'un pan incurvé et retroussé*.

TOC n.m.
Ergot* de maintien des pièces à façonner sur un tour*.

TOISÉ n.m.
1/ Ensemble de matériaux de carrière équarris, empilés en tas aux formes géométriques pour faciliter la mesure de leur cubage.

2/ Ancien nom du métré* (l'usage du mot est devenu rare).

TOISER v.tr.
Mesurer, faire un métré.

TOISEUR n.m.
Ancien nom du métreur*.

TOIT n.m. ou **TOITURE** n.f.
Ensemble des éléments qui composent le couvrement et la couverture* d'un bâtiment, comprenant à la fois les matériaux de couverture proprement dits (ardoises, tuiles, zinc...) et leurs supports (chevrons*, liteaux*, panneaux de sous-toiture).

-***Toiture à redents*** : nom français correct pour désigner les sheds*.

TOITURE-TERRASSE n.f.
Toiture et/ou terrasse dont la pente est inférieure à 15% (au-dessus, c'est une *toiture inclinée*).

On classe les toitures-terrasses en fonction de quatre critères :

a/ -leur **accessibilité** *et leur fonction*.
Les toitures-terrasses sont :
• soit ***inaccessibles*** (sauf pour entretien et réparations exceptionnelles),
• soit ***à zones techniques***, à circulation piétonnière pour l'entretien des équipements (par exemple les machineries d'ascenseur) ; leur pente doit être inférieure à 7%, et leur étanchéité ne doit pas être autoprotégée par une feuille métallique.
• soit ***accessibles*** (aux piétons), sans limitation particulière,

• soit ***circulables*** (circulation et stationnement de véhicules) ; on différencie ces toitures-terrasses selon qu'elles sont accessibles aux véhicules *légers* (< 2 tonnes à l'essieu) ou véhicules *lourds* (> 2 tonnes).
• soit *toitures-jardins*, recouvertes de terre végétale et de plantations.

b/ -leur **élément porteur** : les éléments porteurs courants sont :
• soit en béton : béton armé en dalles ou coulé en place en voiles ou dalles sur ossature armée ou sur bacs d'acier, béton précontraint, planchers à poutrelles, panneaux de béton cellulaire armé, etc.,
• soit en acier (bacs nervurés).

c/ -leur **pente** : on considère la pente du support d'étanchéité (qui peut ne pas être celle de l'élément porteur). On distingue les toitures-terrasses :
- ***à pente nulle*** : pente du support d'étanchéité inférieure à 1%,
- ***plates*** : pente de 1 à 5% dans le cas général, ou 1 à 3% si le support est la tôle d'acier nervurée,
- ***rampantes*** : pente de 5 à 15% dans le cas général, ou 3 à 7% sur acier nervuré ; au-dessus de ces valeurs, la toiture est dite *inclinée*.

d/ -leur **région climatique** :
les toitures soumises aux climats de montagne, à une altitude supérieure à 900 m, font l'objet de mesures spéciales pour tenir compte des surcharges dues à la forte épaisseur de neige qu'elles doivent supporter sur de longues périodes (V. Cahier du CSTB n°2267).

Étanchéité des toitures-terrasses.
Une toiture-terrasse et son étanchéité se composent de :

1/- un ***élément porteur*** (V. plus haut), rigide, résistant et stable.

2/- une ***forme de pente***, qui guide l'écoulement des eaux pluviales vers les orifices d'évacuation ; ce peut être une forme adhérente en béton de gravillons dont la surface est dressée et talochée en une chape régulière à faible retrait ; ou encore, de façon plus aléatoire et parfois source de désordres, une forme isolante en mortier de granulats légers.

3/- un ***support d'étanchéité*** : de plus en plus, l'étanchéité est réalisée sur des panneaux isolants rigides et peu compressibles qui assurent l'isolation thermique de la paroi : mousse de verre, mousse plastique alvéolaire, laine minérale imprégnée de résines, matières végétales (fibragglos, aggloméré de fibres de bois, liège aggloméré).

4/- l'***étanchéité proprement dite***.
On peut distinguer cinq techniques principales (V. aussi à Étanchéité), dont le choix dépend surtout de la pente et des contraintes mécaniques prévisibles ; pour tous détails, on se reportera au DTU :

- *étanchéité en asphalte* coulé*, en deux couches successives (l'une de 2 à 5 mm, puis une seconde sablée de 3 à 15 mm), par épandage à chaud ; ce procédé est bien adapté aux pentes de 0 à 3% ; des formules spéciales (3 couches avec incorporation de voile de verre et gravillonnage sont destinées aux terrasses circulables et rampes de parkings).

- *multicouche* bitume*, en lés superposés de chapes manufacturées de bitume armé et/ou de feutre* bitumé. Ces matériaux sont contrecollés en place avec un *enduit d'application à chaud* (EAC, dit *bitume de collage*), ou avec un ciment volcanique (feutres-toiture imprégnés).
Les lés peuvent être disposés à lits croisés, à lits décalés, ou à lits successifs. Selon la pente, la pose des complexes d'étanchéité peut être *en indépendance* (sur papier kraft ou voile de verre, pour des pentes ≤ 3%), *en semi-indépendance* (collage par bandes ou par points), ou *en adhérence* (avec EAC sur le support imprégné d'un *enduit d'imprégnation à froid*, ou EIF).
- *multicouche* en bitume élastomère armé*, variante du précédent constituée de matériaux manufacturés en lés de bitume chargé d'élastomères*,

et armés de toile ou voile de verre ou de polyester ; ce complexe, léger, est bien adapté aux pentes de 5 à 15% sur toitures non accessibles. On peut l'associer à une isolation thermique collée sur écran pare-vapeur.
- *monocouche sans bitume*, en matériaux minces manufacturés en lés, à base d'élastomères (feuilles de caoutchouc de synthèse) ou de plastomères (feuilles thermoplastiques du type polyéthylène ou PVC) ; la mise en oeuvre fait appel à diverses techniques de soudure des recouvrements et bordures des nappes, par dissolution, vulcanisation, fusion par chauffage, etc.
- *systèmes d'étanchéité* liquide* (SEL), en matériaux à base de résines polymères (polyester, polyéthylène chlorosulfoné, polyuréthane, bitumes au néoprène) mis en oeuvre en couches successives, par projection ou par application au rouleau ou à la raclette.
NB- Ces 3 dernières familles de revêtements d'étanchéité, et les isolants thermiques associés, relèvent des procédures d'Avis Technique.

5/- une ***protection***, qui réduit les effets du soleil, de la pluie battante, de la grêle et du passage piétonnier.
On distingue :
• l'*autoprotection**, intégrée à un matériau d'étanchéité manufacturé, soit sous forme de granulats sertis à refus* sur la couche de surface (*autoprotection minérale*), soit sous forme d'une feuille métallique solidarisée par collage sur les bitumes armés (*autoprotection métallique* en aluminium ou en cuivre recuit, épaisseur 1/10 mm) ;
• les *protections rapportées*, dites protections lourdes :
- *protection meuble*, pour terrasses non accessibles, sous forme d'un lit de granulats (gravillons roulés, mignonnette*) épandu sur l'étanchéité (4 cm ou plus de gravillons, ou 2 cm de sable + 4 cm de gravillons) ;
- *protections dures*, pour terrasses accessibles, sous forme soit d'une dalle mince de béton armé, éventuellement sur isolant thermique, soit de carreaux en ciment ou céramique posés à bain de mortier, ou d'un dallage amovible sur plots.

Les ***ouvrages particuliers***.
Les émergences, pénétrations et reliefs (acrotères, costières), souches de conduits (de ventilation, de fumées), seuils, joints de gros oeuvre, entrées d'eau d'évacuation (moignons, crapaudines, trop-pleins) font l'objet de travaux particuliers de jonction avec la surface courante d'étanchéité : relevés, habillages en plomb, pontages, etc.

Pour tous détails sur l'***étanchéité des toitures-terrasses,*** consulter les DTU correspondants (selon la pente et la technique à mettre en oeuvre).

TÔLAGE n.m.
Garnissage d'un élément avec de la tôle.

TÔLE n.f.
Métal réduit en feuilles par laminage*. Selon leur épaisseur, on distingue les *tôles minces* (< 2 mm), les *tôles moyennes* (2 à 5 mm) et les *tôles fortes* (>5 mm) ; les tolérances* d'épaisseur sont normalisées.
L'assemblage des tôles se fait, selon le cas, par agrafage, soudage, rivetage*, plus rarement par collage.
La tôle peut être plane, gaufrée, nervurée, perforée, etc.
Dans le bâtiment, la tôle est surtout utilisée comme matériau de couverture ou support de couverture (bacs* acier), comme revêtement des façades par bardage*, en chaudronnerie (cuves, réservoirs, habillages de chaudières), en fumisterie (chemisages*) et génie climatique (gaines), et en décoration.

Les principaux types de tôles sont :

-la ***tôle d'acier inoxydable*** ; pour l'emploi en couverture.

-la ***tôle d'aluminium*** anodisé, éventuellement prélaquée ; pour l'emploi en couverture.

-la ***tôle électrozinguée***, tôle d'acier revêtue d'un dépôt de zinc par un traitement électrolytique* (immersion dans un bain dans lequel les électrodes sont en zinc).

-la ***tôle émaillée***, tôle d'acier revêtue d'une ou plusieurs couches d'émail cuites au four.

-la ***tôle galvanisée***, obtenue par immersion de la tôle d'acier dans un bain de zinc en fusion. Pour l'utilisation en couverture et bardage de la tôle galvanisée prélaquée.

-la ***tôle laquée***, ou ***prélaquée*** est une tôle plane ou profilée revêtue non seulement des couches de protection préalable contre la corrosion, mais d'une laque* cuite au four, qui en fait un produit fini, disponible dans de nombreux coloris.

-la ***tôle ondulée***, déformée à froid au laminoir, pour présenter des ondes* régulières qui lui assurent une bonne rigidité (dans le sens des ondes) ; elle sert, dans le monde entier, de matériau de couverture peu esthétique, mais léger et économique.

-la ***tôle perforée***, plane, nervurée ou déployée*, sert d'habillage de panneaux de correction acoustique, et pour masquer des orifices d'aération, faire les cache-radiateurs, etc.

-la ***tôle profilée*** est utilisée en éléments de grande longueur, juxtaposables, pour la couverture et le bardage des bâtiments industriels.

-la ***tôle rilsanisée***, protégée par une plastification superficielle, dite rilsanisation*.

Pour la *décoration*, on utilise diverses ***tôles ouvragées*** : bouchonnées, gaufrées, granitées, gravées, martelées, en pointe de diamant, striées...

Pour le revêtement des sols de locaux techniques, enfin, on utilise souvent des dalles de ***tôle antidérapante*** dont les aspérités de surface sont obtenues par gaufrage ou estampage.

TOLÉRANCE n.f.
Limite admissible d'écarts de dimension d'un matériau ou d'un ouvrage, par rapport à leur cote* nominale théorique ou normalisée ; la tolérance peut être exprimée soit en pourcentage de la cote prévue, soit en écarts réels (par ex., 3 m ± 0,04% équivaut à 3 m ± 1,2 mm).
Se dit aussi des écarts admissibles de caractéristiques effectives d'un produit quelconque par rapport à ses caractéristiques nominales annoncées (autres que les dimensions).

TOLUÈNE n.m.
Hydrocarbure* benzénique* utilisé comme solvant de peintures ; incolore, il est insoluble dans l'eau.

TOLUOL n.m.
Nom du toluène commercial, moins pur que ce dernier.

TOMBEREAU n.m.
Véhicule de terrassement dont la large benne à fond incliné est déversée par basculement vers l'arrière.

TOMETTE ou **TOMMETTE** n.f.
Carreau dur de terre cuite, carré ou hexagonal, utilisé comme matériau de carrelage des sols.

TON n.m., **TONALITÉ** n.f. Valeur dominante, ou intensité d'une teinte.

TONDEUSE (**à béton**) n.f.
Nom donné aux appareils de décapage thermique superficiel des bétons, munis de rampes à gaz.

TONDIN n.m.
1/ARCHIT.: syn. de *tore*, *baguette*, ou parfois *astragale*.

2/PLOMB.: cylindre utilisé autrefois par les plombiers pour former les tuyaux de plomb à partir de tables* planes.

TONDRE v.tr.
Tondre une pierre, c'est éliminer une faible épaisseur de parement.

TONNE n.f.
Unité* de masse, valant 1 000 kg.
En thermique, la ***tonne-équivalent-charbon*** (**TEC**) vaut, par convention, 3 000 kWh électriques ; et la ***tonne-équivalent-pétrole*** (ou **TEP**) vaut 4 500 kWh, soit 1,5 TEC.

TONNEAU n.m.
Le *tonneau à mortier* est l'ancêtre de la bétonnière*; c'était une cuve fixe avec un axe vertical garni de pales, et mû à la manivelle.

TOPOGRAPHIE n.f.
Art des levés* (ou levers) de terrains, c'est-à-dire de leur représentation graphique sous forme de plans cotés, avec leurs reliefs et leurs détails caractéristiques.
La topographie comporte des opérations préalables de topométrie, subdivisées en *planimétrie* (mesures prises dans un plan horizontal par quadrillage ou triangulation du terrain), et en *nivellement** (variations d'altitude).
Outre les instruments de mesure de distances (décamètres, chevillières...), les instruments traditionnels sont l'alidade*, l'équerre d'arpenteur ou l'équerre à prisme, le tachéomètre*, avec lesquels les repères sont pris sur des mires, jalons, fiches, lattes à niveler...; aujourd'hui, on utilise des théodolites* et niveaux optiques électroniques, à lecture directe et à mémoire. V. aussi Arpentage.

TOPOMÉTRIE n.f.
Ensemble des mesures effectuées sur un terrain, avant la topographie.

TORCHER v.tr.
Maçonner en torchis*, revêtir un mur de torchis.

TORCHIS n.m.
Mortier de terre grasse mélangée avec de la paille ou du foin hachés, et parfois avec de la chaux*. Il fut longtemps le principal matériau de hourdage* et de remplissage des constructions rurales, dans les régions dépourvues de terre à pisé*.
Les bâtiments concernés sont à pans* de bois sur soubassement de pierre (calcaire, silex) et/ou de brique.
Les surfaces de remplissage entre les ossatures de pan* de bois sont garnies d'un lattage de tringles de bois horizontales, soit entre les poteaux (cas des pans de bois restant apparents), soit sur leurs faces intérieure et extérieure (pans de bois cachés) ; ce lattage, souvent complété par un clayonnage tressé verticalement, constitue un réseau d'armature que l'on enrobe de torchis épais et grossier armé de paille, additionné de gravillon et de bouse de vache.
Une couche de torchis fin d'environ 2 cm est ensuite appliquée en parement extérieur et intérieur (en variante, l'intérieur était revêtu d'un enduit de plâtre).
Les avancées de toits doivent être suffisantes pour bien protéger le torchis contre tout ruissellement d'eau.
Le pisé était parfois badigeonné au lait de chaux.
En rénovation, on ne doit jamais le peindre.

TORCHON n.m. ou **TORCHE** n.f.
Paille tressée en nattes épaisses, pour protéger les arêtes des pierres de taille pendant leur transport.

TORDON n.m.
(ÉLECTR.) Ensemble des brins, torsadés en hélice, d'un conducteur.

TORE n.m.
Forte moulure* saillante dont la section est circulaire. Syn.: *bâton, boudin, bosel, spire, tondin.*
Le ***tore à bec***, ou ***tore à soufflet***, est un tore à listel médian. Le ***tore corrompu*** est celui dont la section a la forme d'un demi-coeur.

TORON n.m.
1/ Gros tore*.
2/ Assemblage de plusieurs gros fils ou brins métalliques torsadés en hélice ; une corde ou un câble sont composés d'un assemblage de plusieurs torons torsadés.

TORONNER v.tr.
Assembler des brins en torons.

TORQUE n.m.
Enroulement circulaire, en forme de couronne, d'un fil métallique ou d'un conducteur électrique.

TORS adj.
Qui présente l'aspect d'un toron : *colonne torse* (V.ill). Par extension, tout élément torsadé, vrillé, hélicoïdal : *flèche torse* (de clocher).

Un bois est ***à fil tors*** s'il est *vrillé** suivant son axe longitudinal.

TORSADE n.f.
Élément architectural ou motif d'ornement en forme de spirale (V.ill).

TORSADER v.tr.
Enrouler en hélice : *fils torsadés*.

TORSION n.f.
Contrainte correspondant à l'action de deux couples* parallèles de sens opposé, orthogonaux à l'axe général de l'élément considéré.

TORTILLER v.tr.
Creuser une mortaise* avec le laceret* ou la tarière*.

TORTILLIS n.m.
Fine cannelure ondulée.

TOSCAN adj.
Qualifie un des cinq ordres* architecturaux, altération de l'ordre dorique* (V.ill. au mot Ordre).

TOUILLER v.tr.
En langage courant de chantier, c'est mélanger manuellement, à la truelle ou à la pelle, pour rendre homogène.

TOUPIE n.f.
1/MAÇONN.: malaxeur lent à béton qui, monté sur un véhicule de transport du béton prêt à l'emploi, évite sa

bétonnière portée dite "**toupie**"

ségrégation* pendant les trajets (V.ill). Syn.: *camion-malaxeur*.

2/OUTILL.: petite masse pointue suspendue à un fil, avec laquelle on *descend des aplombs*, c'est-à-dire avec laquelle on repère, sur une surface horizontale telle qu'un plancher, le point situé exactement à la verticale du point de référence.

3/PLOMB.: outil conique utilisé par les plombiers pour évaser l'orifice des tuyaux avant de réaliser un noeud* de jonction soudé (V.ill).

4/MENUIS.: machine d'atelier avec laquelle on exécute toutes sortes de

toupie (principe, en coupe)

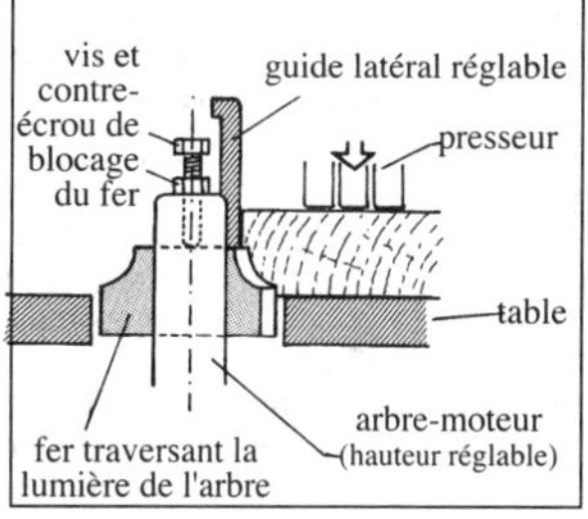

torsade
(colonne torse)

TOUR À BOIS

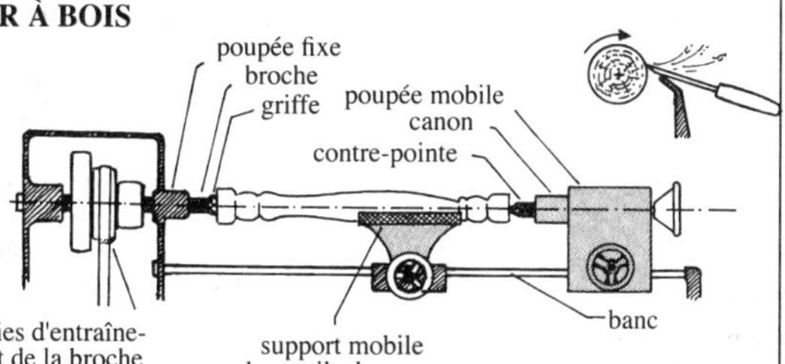

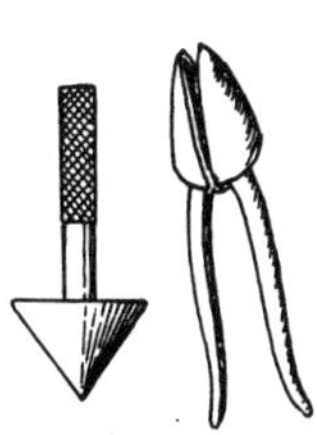

toupies de plombier

moulures, feuillures, chanfreins, rainures, languettes, etc., ainsi que les tenons, par translation tangentielle* des pièces de bois devant un outil rotatif tranchant (V.ill).
La toupie remplace aujourd'hui presque tous les outils à fût, bouvets* et rabots à moulurer.
Elle est composée d'un arbre vertical tournant à grande vitesse (3 à 6 000 tr/mn), réglable en hauteur dans la lumière* d'une table équipée de guides ; on fixe sur la tête de l'arbre soit des porte-outils*, soit des fers* ou couteaux profilés traversant sa lumière. Syn.: ***toupilleuse***.

TOUPILLAGE n.m. Travail du bois à la toupie ; action de ***toupiller***.

TOUPILLEUR n.m.
Celui qui travaille à la toupie.

TOUR
1/ n.f. Bâtiment ou corps de bâtiment dont la hauteur est beaucoup plus importante que la base : clocher-tour, immeuble-tour, etc.

2/ n.m. Machine-outil permettant de façonner un objet cylindrique qui tourne sur un axe horizontal.

Le ***tour à bois*** (V.ill. page précédente) permet de façonner balustres* et barreaux. La pièce de bois y est fixée, à une extrémité, par une griffe, par un plateau à pointes, ou par les mors d'un mandrin*; à l'autre extrémité sur la *contre-pointe* libre d'une *poupée* mobile. Les outils de coupe prennent appui sur un *traînard*, support mobile latéralement sur des glissières solidaires du banc.

Le ***tour à copier*** est équipé d'un dispositif qui suit les contours d'une pièce à reproduire. Le ***tour à pompe*** comporte un équipement de filetage* des vis en bois.

Les ***tours à métaux*** comprennent de nombreuses variantes dont la description sort du cadre de cet ouvrage.

-***Tour d'échelle*** : syn. d'*échelage**.

-***Tour du chat*** : espace libre qu'on devait laisser entre une forge et le mur mitoyen.

-***Tour de la souris*** : espace libre d'env. 10 cm qu'il était d'usage de laisser entre une chute de cabinet d'aisances et le mur mitoyen.

3/ ***Tour de refroidissement*** : échangeur thermique utilisé pour refroidir l'eau, surtout dans les installations industrielles et dans les pompes à chaleur eau-air ; le principe consiste en un double échange : on utilise d'une part la différence directe de température entre l'eau à refroidir et l'air, d'autre part l'absorption par vaporisation de la chaleur latente de l'eau à refroidir. Les deux procédés, dits *fermé* ou *ouvert*, consistent :
- soit à faire circuler le fluide à refroidir dans un réseau de tuyaux arrosé en continu par des rampes d'eau, et ventilé par un groupe de ventilation à mouvement ascendant ;
- soit à asperger directement l'eau à refroidir sur un ensemble de surfaces d'échanges ventilées (*packing*), l'eau refroidie étant recueillie dans un bassin à la base du dispositif.

TOURBILLON n.m.
Nom d'écrous et tiges filetées à pas rapide, utilisés pour l'assemblage d'éléments de coffrage.

TOURBILLONNEUR n.m.
Synonyme d'*accroche-flamme**.

TOURELLE ou **TOURNELLE**
n.f. **1/**ARCHIT.: petite tour en encorbellement sur la façade ou à l'angle d'un bâtiment ; syn.:*échauguette**. Sa couverture est le plus souvent conique, en *poivrière**.
Par extension, le terme s'applique à des tours de faible diamètre qui ne sont pas en encorbellement.

2/VENTIL.: une ***tourelle de toiture*** ou ***tourelle de ventilation***, ou ***tourelle de désenfumage*** est un ensemble carrossé d'évacuation d'air vicié, comportant un ventilateur d'extraction d'air* ou de fumées ; il est installé sur le faîte d'un conduit de fumées ou de ventilation, ou en émergence sur une toiture-terrasse.

TOURET n.m.
1/ Machine fixe d'affûtage et/ou de décapage par brossage, composée d'un moteur électrique dont l'arbre porte, à ses extrémités, deux meules ou une meule et une brosse métallique de décapage des métaux (V.ill).

2/ Dévidoir cylindrique de câbles et de fils conducteurs.

TOURILLON n.m.
Petite pièce cylindrique constituant un axe de rotation. Gros goujon* formant pivot*, sous une porte cochère. Cheville de bois cylindrique.

TOURILLONNEUSE n.f.
Sorte de tour* sur lequel la pièce à ouvrager est fixe, les outils se déplaçant autour.

TOURMENTÉ adj.
Se dit d'un bois tordu ou gauchi.
Se dit aussi des marbres et des bois aux veinages sinueux.

TOURNAGE n.m.
Exécution d'un ouvrage au tour*.

TOURNÉ adj.
Qualifie une pièce exécutée au tour*: *balustre* tourné.*

TOURNE-À-GAUCHE n.m.invar.
1/ Outil à manche dont l'oeil saisit la queue carrée des tarauds*, tarières, etc., pour les manoeuvrer par rotation ; sert aussi à chantourner* des tiges carrées (V.ill).

2/ Petit outil à encoches latérales utilisé pour donner de la voie* aux lames de scie ; syn. (pour le charpentier) : *rainette**.

TOURNÉE n.f.
Pioche* de terrassier, à panne* plate d'un côté et pointue de l'autre.

TOURNELLE n.f. V. Tourelle.

TOURNE-VENT n.m. invar.
Mitre* pivotante.

TOURNEVIS n.m.
Outil manuel de vissage dont l'extrémité a trois formes principales : *plate*, *cruciforme** ou *torx* (pour vis mécaniques à empreinte hexagonale).

TOURNIQUET n.m.
1/ Pièce d'arrêt* de volets*, composée d'une pièce montée sur pivot.

2/ Équipement qui canalise la circulation des personnes, une par une.

TOURNISSE n.f.
Dans un pan* de bois, poteau vertical de remplissage*, entre une écharpe* ou une décharge* et une sablière* horizontale (V.ill).
L'assemblage avec la sablière est à tenon et mortaise, tandis que l'assemblage avec l'écharpe est soit en about* biais, soit simplement cloué avec de longues pointes dites *dents-de-loup*. Syn.: *guetton*.

TOUT-À-L'ÉGOUT n.m. invar.
Réseau public de collecte et d'évacuation souterraine des eaux usées.

TOUT-ÉLECTRIQUE loc. adv.
Qualifie un bâtiment dont la seule source d'énergie est l'électricité, tant pour le chauffage que pour la production d'eau chaude et les appareils de cuisson.
Dans les années 70, ce mode de fourniture énergétique exclusive a fait l'objet d'un fort développement en France, sous la pression de campagnes d'incitation d'EDF et des pouvoirs publics.

TOUT-OU-RIEN loc. adv.
Qualifie un organe de coupure de flux (vanne) ou de circuit électrique (interrupteur), sans autre alternative que l'ouverture ou la coupure totale.

TOUT-VENANT n.m. invar.
Mélange brut de sable et de granulats, tel qu'il est extrait d'une carrière, avant calibrage ou criblage.

TOYÈRE n.f.
Oeil* tubulaire de certains outils, dans lequel on enfonce le manche.

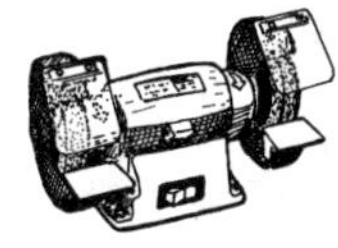
touret

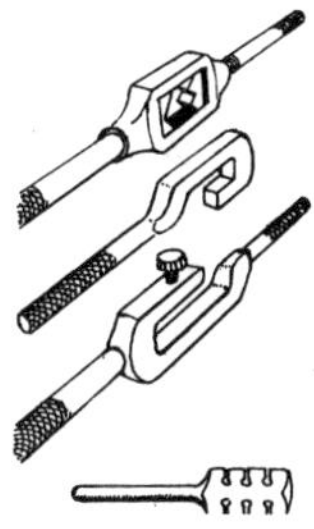
tourne-à-gauche
(trois modèles et l'outil d'avoyage)

tournisses (T)
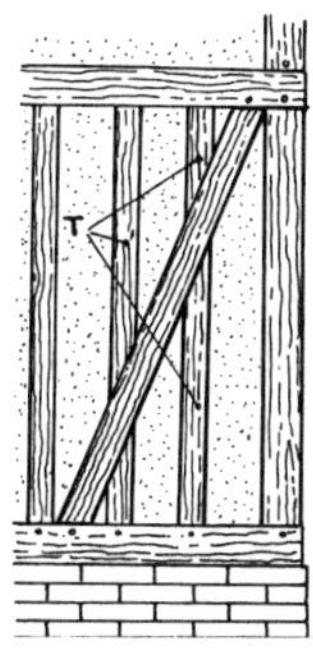

TRAÇAGE n.m.
Réalisation de tracés* et marquage de repères d'implantation, de découpe, etc.

TRACÉ n.m.
1/ Exécution des lignes d'un dessin, d'un plan, d'une épure.

2/ Report et matérialisation, sur un terrain, du plan ou des fondations d'un bâtiment.

3/ Motif, disposition, forme longitudinale d'une moulure* (le *profil** étant le contour de sa coupe*) : par ex., *tracé en accolade**.

4/ Profil de l'intrados* d'un arc*, d'une voûte*.

TRACER v.tr.
Dessiner un contour. ***Tracer en grand***, c'est reproduire un dessin sous la forme d'une épure*, en grandeur réelle. ***Tracer sur le terrain***, c'est marquer les contours des tranchées de fondations.

TRACERET ou **TRAÇOIR** n.m.
Pointe d'acier effilée utilisée par les charpentiers et les menuisiers pour marquer* et piquer* les pièces de bois, et faire leurs tracés de coupe.

TRACHYTE n.f. (prononcer *trakit*)
Roche éruptive dure, de composition analogue à la syénite*, utilisée en Auvergne comme pierre de taille.

TRACTION n.f.
Action de tirer ; application d'un effort externe qui s'exerce dans le sens d'un allongement : les tirants*, les haubans* travaillent en traction.

TRACTOPELLE n.f.
Pelle mécanique comportant un godet chargeur à l'avant, et une pelle-rétro à l'arrière.

TRADITIONNEL adj.
Qualifie un art ou une technique hérités du passé, et validés par une longue expérience. Se dit parfois abusivement de matériaux qui imitent l'aspect des matériaux d'autrefois.

TRADITIONALITÉ n.f.
Le ***constat de traditionalité*** est la reconnaissance, par un organisme certificateur tel que le CSTB*, du fait qu'un procédé ou une famille de matériaux ont assez fait leurs preuves pour ne plus relever d'une procédure d'*Avis* Technique*, et pour être éventuellement intégrés dans les normes AFNOR et dans un DTU*.

TRADUCTEUR n.m.
Appareil qui produit une tension électrique proportionnelle au phénomène physique qu'il enregistre (température, pression...). Se dit d'appareils qui, recevant un signal sous la forme d'une grandeur physique, le retransmettent sous forme d'une autre grandeur physique.

TRAÎNARD n.m.
1/MENUIS.: sur un tour*, pièce mobile le long de l'axe et en avant de celui-ci, par translation, sur des rails ou glissières ; elle sert d'appui aux outils de coupe, gouges, bédanes...

2/PEINT.: long pinceau fin avec lequel on trace les filets*.

TRAÎNASSE n.f.
En conditionnement d'air, gaine d'allure horizontale qui conduit l'air vicié vers un extracteur.

TRAÎNEAU n.m.
Machine de confection *in situ*, et en continu, des joints* debout d'assemblage des feuilles de couverture.

TRAÎNÉE n.f.
Bande de plâtre verticale servant de guide d'épaisseur sur un mur à enduire à la règle*: on la dresse au nu* exact prévu pour l'enduit fini.

TRAÎNER v.tr.
Exécuter une moulure*, une corniche* en plâtre, à l'aide d'un calibre* ou d'un outil à moulurer.

TRAIT n.m.
Ligne tracée pour servir de repère de coupe, d'aplomb, de niveau, etc.

-L'***art du trait*** désigne à la fois l'art des

tracés* de charpenterie, et l'ensemble des techniques de conception des charpentes*.
Désigne aussi l'art de la coupe des pierres, ou *stéréotomie**.

-Un ***trait carré*** est une ligne perpendiculaire à une autre. En couverture, ligne perpendiculaire à l'égout*.

-Un ***trait corrompu*** est un tracé plus ou moins précis, à main levée.

-Un ***trait de Jupiter***, en menuiserie et en charpenterie, est un assemblage* par enture* de deux pièces aboutées, bloqué par des coins de serrage (V.ill. au mot Assemblage).

-Un ***trait de niveau*** est la ligne de craie horizontale tracée sur un mur pour servir de référence aux mesures de hauteur, à env. un mètre des planchers, ou au niveau d'un ouvrage (plancher, carrelage mural...).

-Un ***trait de scie*** est à la fois le tracé fait sur une pièce pour guider le sciage, et la fente faite par la scie.

TRAITEMENT n.m.
Mise en oeuvre d'un produit ou d'une technique d'amélioration (traitement acoustique d'un local, traitement antipoussière...), de protection (bois*, hydrofugation d'une façade, métaux...), de modification de la composition (traitement des eaux), de réparation (traitement d'une fissure), de finition (traitement des joints)...

Traitement de l'eau : ensemble des techniques destinées à modifier la composition et les caractéristiques physico-chimiques de l'eau, pour la rendre propre à un usage particulier, ou pour éviter ses effets secondaires (corrosion, entartrage, incrustation, etc.). V. Eau, Adoucissement, Alcalimétrie, Dureté, Hydrotimétrie, Javellisation.

Traitement des bois, ou *préservation des bois* : ensemble des techniques de protection préventive ou curative des bois, par aspersion ou pulvérisation superficielle, ou par imprégnation en profondeur.
Selon le cas, le traitement des bois vise à les protéger contre le pourrissement par l'humidité (hydrofuges et fongicides), contre les attaques des insectes xylophages* (produits insecticides), ou encore contre des modifications secondaires inesthétiques (antibleu* pour résineux).

Les produits solvantés sont préférés, pour leur caractère pénétrant et leur rapidité de séchage, à la traditionnelle créosote*; par contre, on doit se protéger contre leur toxicité.
Le traitement préventif des bois de charpente neufs est obligatoire.
Voir les normes *(séries X 40 et 41)*.

TRAME n.f.
1/ARCHIT.: quadrillage correspondant, sur un plan, au réseau des points d'appui d'une construction (poteaux, pieux...). Ensemble formé par des modules de construction répétitifs.

2/CHAUFF.: une ***trame chauffante*** (ou *nappe chauffante*) est un réseau préfabriqué de résistances électriques pour le chauffage* par le sol, constituant une unité homogène, prête à placer sur le ferraillage d'une dalle ; une trame chauffante est caractérisée par sa longueur et par son *pas*, espacement entre deux éléments chauffants consécutifs.

3/REVÊT.: armature en fibres textiles ou synthétiques croisées à 90°, pour servir d'ancrage aux touffes ou aux boucles d'une moquette tuftée* ou d'un revêtement tissé. Finition au rouleau d'un enduit de parement.

TRAMÉ adj.
Qualifie un enduit* de parement plastique épais (RPE) ou semi-épais (RSE), dont la finition de surface consiste, après étalement uniforme, à passer régulièrement un rouleau (V.ill. au mot Enduit).
Ceci a pour effet de créer, par succion, une *trame* d'aspérités de surface plus ou moins marquées selon la granularité et selon le rouleau utilisé : mousse alvéolée (pour tramé moyen), laine de mouton (pour tramé fin), caoutchouc à reliefs (*écorce*, *feuille de chêne*).

TRAMER v.tr.
Structurer un enduit plastique avec un rouleau.

TRANCHAGE n.m.
Débit* du bois en feuilles minces pour placage*, avec une machine dite *trancheuse**.
Contrairement au procédé de déroulage* des bois, le tranchage est rectiligne, par feuilles successives et parallèles, mettant bien en évidence les cernes* du bois (V.ill. au mot Bois).

TRANCHANT n.m. et adj.
Biseau affûté du fer* d'un outil coupant ; le bord tranchant est son fil*.

TRANCHE n.f.
1/ Outil manuel à panne tranchante, que l'on utilise comme un coin, en le frappant pour tailler ou trancher* des blocs de pierre ou des métaux.

2/ Grande plaque de marbre provenant d'un bloc débité par sciage.

3/ Chacune des opérations groupées dans le temps d'un même ensemble de construction immobilière.

TRANCHÉ adj.
Se dit du parement d'une pierre laissé brut, tel qu'il a été éclaté en carrière.

TRANCHÉE n.f.
1/ Excavation longue pratiquée dans le sol, à ciel ouvert, pour y établir les fondations d'un mur, des canalisations, ou un drainage*.
Si besoin, on retient les parois par un blindage* en couchis* étrésillonnés*.

2/ Forte saignée* verticale, de section rectangulaire, pratiquée dans l'épaisseur d'un mur pour y insérer ou y couler un poteau.

TRANCHET n.m.
1/TAPISS.: long couteau utilisé pour couper les lés* de papier peint ; syn.: *sabre*.

2/SERRUR.: coin d'acier à tête tranchante placé sur l'orifice d'une table d'enclume pour couper les pièces de métal à chaud.

TRANCHEUSE n.f.
1/ Machine pour le tranchage* des bois.

2/ Engin de terrassement avec lequel on creuse les tranchées.

TRANCHIS n.m.
Coupe droite ou biaise d'une ardoise ou d'une tuile d'approche*.

TRANSENNE n.f.
Dalle (marbre, pierre, terre cuite, etc.) percée de jours* réguliers et décoratifs, composant la fermeture fixe d'une baie.

TRANSEPT n.m.
Nef transversale d'une église, qui coupe la nef principale, et qui compose les *bras* de la croix correspondant au plan de l'église ; chaque côté du transept est un *bras*, ou un *croisillon**.

TRANSFERT n.m.
Déplacement, translation, changement de place ou de milieu : *transfert de chaleur*.

TRANSFORMATEUR n.m.
Appareil statique à induction électromagnétique qui transforme la tension* et l'intensité* d'un courant électrique alternatif sans modifier sa fréquence*.
Le *courant primaire*, qui entre dans un transformateur, circule dans un ***enroulement primaire***, qui agit par induction électromagnétique sur un ***enroulement secondaire*** indépendant dont le nombre de spires et le diamètre des conducteurs, par rapport à ceux de l'enroulement primaire, déterminent la tension du *courant secondaire* disponible sur ses bornes.
Un transformateur peut être ***abaisseur*** ou ***élévateur*** de tension.
Il est ***dévolteur*** si sa tension secondaire se retranche d'une tension de même fréquence fournie par une autre source ; ***survolteur*** si la tension secondaire s'ajoute à celle d'une autre source.
Un transformateur est dit ***sec*** si ses enroulements ne sont pas plongés dans un isolant liquide ; il est dit ***à huile***, ou

dans l'huile, s'il est immergé dans un liquide de refroidissement et d'isolement tel que le pyralène*.
Un transformateur ***de puissance*** est celui qui sert, dans le domaine industriel, à transformer l'énergie électrique triphasée sur les réseaux à tension et à fréquence constantes.

TRANSFORMATION n.f.
1/ARCHIT.: ensemble de travaux qui concernent la distribution* des locaux d'un bâtiment, sans incidence sur ses volumes extérieurs, mais éventuellement avec percement ou remaniement de baies, lucarnes, etc.

2/ Changement d'état physique ou chimique d'une matière, ou d'une énergie. En ***thermodynamique****, une transformation est dite *adiabatique* si elle s'opère dans un système isolé (sans échange thermique) ; *isobare* si elle s'opère à pression constante ; *isochore* si elle a lieu sans changement de volume ; *isotherme* si elle s'opère sans changement de température ; *ditherme* s'il y a échange de chaleur avec deux sources externes de température constante, l'une chaude, l'autre froide (pompe* à chaleur).

En ***chimie***, une transformation est *réversible* (solution, suspension*, etc.) ou *irréversible* (réticulation, cristallisation du gypse) ; *endothermique* si elle nécessite un apport de chaleur ; *exothermique* si elle donne lieu à un dégagement de chaleur ; *athermique* si elle a lieu sans échange thermique.

TRANSITION n.f.
Désigne certains styles intermédiaires entre deux époques ; en particulier, l'architecture des 12e et 13e siècles, où la croisée d'ogive* est associée à des ornements romans*.

TRANSLATEUR n.m.
Plate-forme ou siège mobile automoteur de montée et de descente des escaliers, destiné aux personnes à mobilité réduite.

TRANSLATION n.f.
Déplacement rectiligne, en général horizontal, d'un ensemble homogène : une porte coulissante se déplace par translation horizontale.

TRANSLUCIDE adj.
Se dit d'un matériau qui laisse passer les rayons lumineux en les diffusant, mais sans que l'on puisse voir au travers.

TRANSLUCIDITÉ n.f.
Caractère d'un vitrage, d'un film de peinture, d'un vernis.., intermédiaire entre la transparence et l'opacité.

TRANSMISSION n.f.
Déplacement dans l'espace, sans modification, d'un phénomène physique, d'une force, d'une énergie.
Une poulie transmet une force en ne modifiant que sa direction.

V. au mot Verre : facteur de transmission lumineuse (FTL), coefficient de transmission surfacique.

TRANSPALETTE n.f.
Engin roulant de manutention des palettes de matériaux sur de courtes distances (sur sol plan) ou sur le plateau d'un camion.

TRANSPARENT adj.
Qui se laisse traverser par les rayons lumineux sans les diffuser*, mais éventuellement en modifiant leur axe de propagation, par réfraction*.

TRANSPORTEUR n.m.
Engin de manutention et d'approche à pied d'oeuvre des bétons et des mortiers, depuis leur point de malaxage ou de livraison.
Un transporteur peut être *mécanique* (bande* transporteuse), ou *pneumatique*, par tuyaux flexibles.

TRANSVERSAL adj.
Ce qui est en travers, ou perpendiculaire à un axe principal.

TRAPAN n.m.
Haut d'un escalier, où finit la rampe*.

TRAPÈZE n.m.
Quadrilatère* dont deux côtés (les *bases*) sont parallèles et de longueur

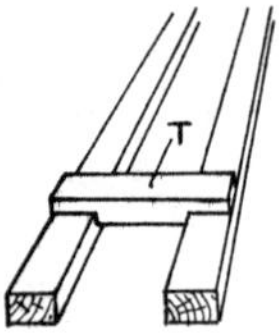

trave carrée (**T**) de charpente

inégale. Il est *isocèle* si ses deux autres côtés sont égaux ; *rectangle* si un des côtés est perpendiculaire aux bases.

TRAPÉZOÏDAL adj.
En trapèze (on dit aussi ***trapéziforme***).

TRAPON ou **TRAPPON** n.m.
Pièce qui ferme l'extrémité d'un coffrage de voile, entre deux banches.

TRAPP n.m.
Roche volcanique dure à grain fin, noire ou vert foncé, de composition voisine de celle du basalte*.

TRAPPE n.f.
1/ Petite porte ouvrant dans un plancher, un plafond ou une paroi quelconque, pour accéder à une cave, un comble*, une toiture. Une ***trappe de visite*** est un petit panneau amovible permettant d'accéder à un équipement dissimulé : siphon* de vidage, intérieur de gaine de ventilation...

2/ Syn. de *doublette**.

3/ Plaque de tôle mobile sur un axe horizontal, dans le coffre d'une cheminée*; elle obture le conduit de fumée quand on n'y fait pas de feu. Plaque d'accès aux conduits de fumée, pour le ramonage.

Une ***trappe de désenfumage*** est un large exutoire* d'évacuation rapide des fumées en cas d'incendie ; ouvrant sur l'extérieur, en partie haute d'une cage d'escalier, elle est fermée par un volet ou par une coupole (type "skydome") à ouverture facile et rapide. Les trappes de désenfumage modernes sont généralement à ouverture automatique, par un opérateur* asservi à un détecteur de fumées.

TRAPPILLON n.m.
Selon le cas, désigne une petite trappe, son dispositif de fermeture, ou un élément amovible d'un carrelage ou d'un parquet (servant par ex. à masquer l'accès d'une cachette).

TRASS n.m.
Sorte de tuf* poreux ; on l'utilise, en poudre, pour ses propriétés pouzzolaniques*, dans la préparation de mortiers de chaux* hydraulique.

TRAVAILLER
1/v.i. Pour un bâtiment, une maçonnerie, un plancher..., c'est subir des contraintes et tassements* qui, s'ils se poursuivent, peuvent compromettre la stabilité de l'ouvrage.
Parlant d'un bois, d'une poutre..., c'est se rétracter, se gauchir* sous l'action des variations d'hygrométrie.

2/v.tr. Outre ses sens usuels, ce verbe signifie pétrir, malaxer* (un mastic, un mortier), talocher* en passant et repassant l'outil sur un enduit, etc.

TRAVAISON n.f.
Ensemble des travées* d'un plancher, d'une couverture. Désigne parfois aussi la largeur d'une travée.

TRAVAUX DE VILLE n.m.pl.
Menus ouvrages, petites réparations et travaux d'entretien impliquant de fréquents déplacements urbains.

TRAVE n.f.
La ***trave carrée*** est une entretoise* qui unit, sans les affleurer, deux pièces de charpente (V.ill).
Elle est dite *à queue* si son assemblage est fait à queue-d'aronde*.

TRAVÉE n.f.
Espace qui sépare deux points d'appui ou deux éléments porteurs d'un ouvrage. Ensemble composé par deux colonnes et par l'entablement* ou l'architrave* qui les surmonte.

Une ***travée de balustres****, une ***travée de grille**** désignent un rang de balustres ou de barreaux compris entre deux montants consécutifs.

La ***travée de comble*** est la distance ou le volume compris entre deux fermes* ou deux fermettes* consécutives d'une charpente.

La ***travée de couverture*** est l'espace entre deux chevrons consécutifs, ou entre deux tasseaux de joints d'une couverture métallique.

Une ***travée de parquet**** est la distance entre deux joints longitudinaux de changement de direction des lames (cas du point de Hongrie).

Une ***travée de plancher*** est la distance entre deux poutres maîtresses consécutives ; c'est aussi l'ensemble des solives franchissant cet espace.

Une ***travée de voûte**** est la portion de voûte comprise entre deux arcs doubleaux*, ou entre deux rangs transversaux de piliers.

TRAVELLING n.m. (de l'anglais)
Se dit de banches de coffrage glissant à translation* horizontale, utilisés pour la construction de murs et voiles de béton de grande longueur.

TRAVERS n.m.
1/COUVERT.: direction perpendiculaire aux diagonales de l'ardoise.

2/MARBR.: longue pièce de marbre portée par les montants du chambranle* d'une cheminée*, et sur laquelle repose la tablette*.

3/MENUIS.: le ***bois de travers*** est considéré dans le sens perpendiculaire à ses fibres. Syn.: *contre-fil**.

TRAVERSE n.f.
1/MENUIS.: pièce d'entretoise* horizontale d'un châssis de charpente ou d'un bâti* de menuiserie, assemblée entre des montants*: traverse dormante*, traverse d'ouvrant, etc.
La traverse basse d'une croisée* est aussi dite *pièce d'appui.*

2/SERRUR.: pièce horizontale d'une grille, dans laquelle sont assemblés les barreaux ; syn.: *sommier**.

TRAVERSÉ adj.
Se dit d'un parement de pierre de taille dont les traits de brettelure* sont croisés, formant un quadrillage : *taille traversée*, *pierre traversée*.

TRAVERSÉE n.f.
1/ Tout orifice ménagé dans une paroi : trémie*, passage de tuyaux...
2/ Tube isolant conçu pour le passage d'un conducteur électrique à travers un mur.

TRAVERSER v.tr.
1/ Passer au travers d'une paroi.

2/ En menuiserie, c'est raboter une pièce perpendiculairement à sa largeur et au sens de ses fibres.

TRAVERSIN n.m.
Ardoise dont le longrain* est dans le sens transversal. On dit parfois aussi ***traversine*** (n.f.) dans ce sens.

TRAVERSINE n.f.
Pièce de bois qui relie horizontalement les têtes de pieux ou de pilotis, pour les solidariser.

TRAVERTIN n.m.
Pierre calcaire *marbrière**, qui présente des cavités vermiculaires naturelles, diversement réparties.

TRAVON n.m.
Pièce qui relie horizontalement deux rangs de pieux, pour porter les poutrelles d'une travée (se dit surtout pour les ponts) ; syn.: *sommier*.

TRAVURE n.f.
Ensemble des solives* qui composent une même travée* de plancher*.

TRÉFILAGE n.m.
Fabrication des fils métalliques et de profilés, dits ***tréfilés***, par étirage à travers la filière* d'une ***tréfileuse***.

TRÉFLÉ adj.
En forme de trèfle. Orné de trèfles.

TREILLAGE n.m.
Ensemble de fines lattes de bois (ou *échalas*), ou de plastique assemblées en quadrillage, pour constituer des panneaux à claire-voie*, des clôtures, des palissades de jardins, etc.

TREILLIS n.m.
Matériau constitué d'un quadrillage de fils assemblés en réseau maillé, pour servir de grillage de clôture, ou d'armature des bétons et enduits.
-Le ***treillis céramique*** est un grillage d'armature dans lequel les éléments de fil métallique ou leurs jonctions sont sertis dans des plots ou des bagues de céramique.

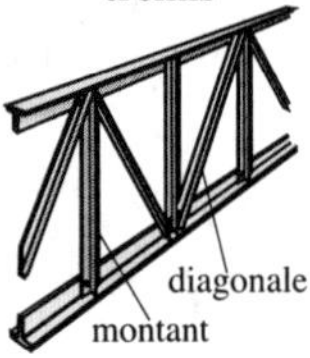

-Le ***treillis soudé*** est un fort grillage préfabriqué soit en panneaux (*nappes*), soit en *rouleaux*, pour l'armature des dalles pleines et dalles de compression des planchers en béton. Il est formé de fils métalliques longitudinaux, dits *fils porteurs*, sur lesquels sont soudés des fils transversaux, dits *de répartition* (V.ill).
Un treillis soudé est défini par :
- les **diamètres** de ses fils les plus longs (D) et les plus courts (d) : de 3,5 à 9 mm pour treillis en nappes ; 3,5 mm pour treillis en rouleaux,
- son **maillage** (espacements E et e respectivement entre les fils D et d : 100, 150, 200 ou 300 mm) ;
- ses **dimensions** : largeur standard 2,4 m, longueurs des nappes de 3 à 4,5 m (de 25 en 25 cm), ainsi que 4,8 et 5 m ; la surface minimale des rouleaux est de 100 m².

V. aussi Poutre en treillis.

TREILLISSER v.tr.
Garnir ou armer avec un treillis.

TREMBLEUR n.m.
Petit appareil électromécanique qui produit des vibrations sous l'action d'un courant électrique ; les marteaux des sonnettes sont animés par un trembleur. Syn.: *vibreur*.

TRÉMIE n.f.
1/ Vide réservé dans un plancher, pour le passage d'un escalier, d'un ascenseur, ou pour établir une trappe d'accès, l'âtre* d'une cheminée, un conduit de fumée, une gaine, etc.
2/ Volume de stockage en hauteur des matériaux en vrac (sables, granulats, ciment...). Sa partie inférieure, tronconique ou biseautée, se termine par un dispositif de soutirage des matériaux par gravité.
-***Bande de trémie*** : barre de métal qui porte l'âtre* d'une cheminée, ou les languettes* cloisonnant les conduits de fumée ; coudée à ses extrémités, elle prend appui dans le mur du fond et sur le chevêtre*, ou entre les solives d'enchevêtrure*.

TRÉMION n.m.
Barre ou cornière métallique qui porte la hotte d'une cheminée.

TREMPE n.f.
1/MÉTALL.: traitement de durcissement de l'acier fortement chauffé, consistant à lui faire subir un brusque refroidissement par immersion dans un bain froid d'eau, de saumure, d'huile ou de pétrole ; la dureté Brinell* des aciers trempés est couramment triple de celle des mêmes aciers recuits*. Pour le rendre moins fragile, on fait ensuite subir à l'acier un revenu*.
2/MIROIT.: traitement d'amélioration de la résistance mécanique des glaces*; il consiste à les chauffer jusqu'au point de ramollissement, puis à les refroidir brusquement, en soufflant de l'air froid simultanément sur chaque face. C'est le traitement appliqué, par ex., aux verres *Sécurit*.

TRÉPAN n.m.
Outil de forage* des sols durs par rotation ; il a en général la forme d'une cloche ajourée, dont la couronne est garnie de dents diamantées, de pales en acier au carbure, ou de molettes dentées.
Le carottier*, trépan cylindrique, sert pour le prélèvement d' échantillons.

TRÉPIDATION n.f.
Tremblement d'une installation de plomberie provoqué par l'usure des disques des têtes de robinets, dont l'oscillation entraîne un phénomène

TREILLIS SOUDÉ

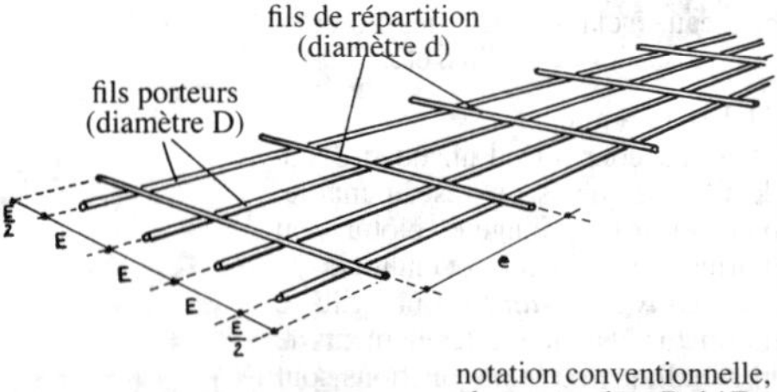

notation conventionnelle, dans cet ordre : D.d / E.e
exemple : TS ou PS (panneau standard) 5.4 / 100.250

analogue à une succession de petits coups de bélier*.

TRÉSILLON n.m.
Chacun des tasseaux disposés entre les plateaux* d'un plot* ou entre les couches d'un empilage de bois équarri, pour faciliter la circulation de l'air et le séchage. Syn.: *épingle**.

TRESSAILLAGE n.m.
ou **TRESSAILLURE** n.f.
Ensemble de fines fissures franches et quasi rectilignes dans la couche de glaçure de l'émail d'un carrelage ou appareil sanitaire.

TRESSE n.f.
1/ Ornement de peinture ou de sculpture fait d'ondulations régulières entrelacées.
Syn.: *natte* (V.ill.à ce mot).

2/ÉLECTR.: conducteur constitué d'un ensemble de brins métalliques entrelacés à la manière d'une natte plate. Ce type de conducteur sert surtout pour des liaisons de mise à la masse* ou à la terre*.

TRÉTEAU n.m.
Chevalet à pieds inclinés et entretoisés, formant support de table de travail, d'établi léger ou d'échafaudage de faible hauteur ; des tréteaux sont aussi utilisés comme supports des étaiements* dits *chevalements**.

TREUIL n.m.
1/ Désigne divers appareils de traction ou de levage par enroulement d'un câble, d'un cordage, d'une chaîne, etc., autour d'un tambour.

Le treuil peut être soit électrique, soit manuel : treuil à bras (du type *tirfor**), ou à manivelle simple ou double (*singe**) ; il comporte toujours un dispositif antiretour (vis sans fin, roue à rochet*).
Les treuils font l'objet de normes.

2/ Dispositif d'enroulement sur tambour d'un panneau de fermeture articulé ou souple : volet roulant, grille articulée, rideau métallique, store...

TRIAC n.m.
Commutateur électronique de commande électrique ; associé par ex. à un thermostat* ou à une sonde de détection de température, le triac permet la commande à distance avec une précision de 0,1°C, éventuellement pour des durées courtes, du fonctionnement de convecteurs* ou de vannes de corps de chauffe.

TRIANGLE n.m.
Figure formée par la jonction de trois points non alignés. Le triangle est parfois dit ***rectiligne***, pour préciser que les côtés sont des droites, ***curviligne*** si ce sont des courbes, ***sphérique*** si les côtés sont des arcs d'une surface sphérique. Un triangle est ***équilatéral*** si ses trois côtés sont égaux, ***isocèle*** si deux de ses côtés sont égaux, ***scalène*** si ses trois côtés sont différents.
Il est ***rectangle*** si un de ses angles est droit*.

TRIANGULAIRE adj.
Qui a la forme d'un triangle.

TRIANGULATION n.f.
1/CHARP.: utilisation du caractère indéformable du triangle : principe de base de la conception des éléments et structures des charpentes, ossatures, poutrelles, fermes, fermettes, goussets* d'assemblage...

2/TOPOGR.: établissement du levé* d'un terrain après l'avoir divisé en triangles dont la position des sommets est déterminée avec précision.

TRIANGULÉ adj.
Se dit d'un assemblage rigidifié par triangulation.

TRIBOÉLECTRICITÉ n.f.
Électricité statique produite par des frottements.

TRIBOLOGIE n.f.
Étude des frottements et de l'usure des matériaux par frottement.

TRIBUNE n.f.
Plate-forme surélevée ; galerie en mezzanine* d'un édifice.

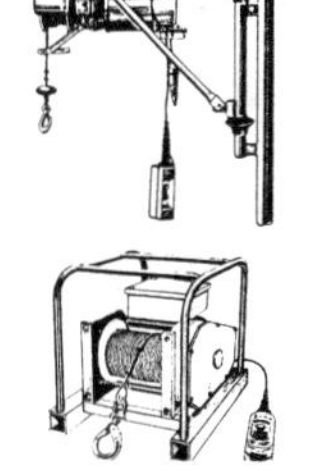

treuils
(doc.FIXATOR, Angers)

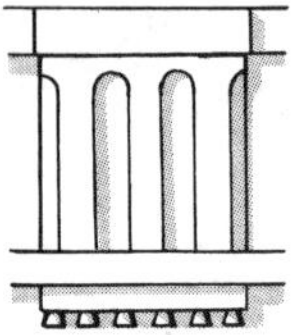

triglyphe

TRICHLORÉTHYLÈNE n.m.
(souvent dit ***trichlore*** ou ***trichlo***) Solvant éthylénique puissant, son caractère ininflammable est appréciable, mais l'inhalation fréquente de ses vapeurs peut provoquer des troubles hépatiques graves.

TRICOISE n.f.
1/ Clé de serrage des raccords* symétriques de tuyaux (raccords pompiers).

2/ Les ***tricoises*** (au pl.) sont de fortes tenailles* dont une branche est fendue en pied*-de-biche pour extraire du bois les clous et chevilles métalliques.

TRICÔNE n.m.
Trépan* de forage portant trois molettes dentées de forme conique.

TRICOSINE n.f.
Tuile fendue dans sa longueur.

TRIDIMENSIONNEL adj.
Développé dans les trois dimensions : peut qualifier un assemblage, un système constructif, une chaîne moléculaire, etc.

Principales relations fondamentales entre sin a, cos a, tg a et cotg a.

$$\sin^2 a + \cos^2 a = 1$$

$$\text{tg } a = \frac{\sin a}{\cos a} = \frac{1}{\text{cotg } a}$$

$$1 + \text{tg}^2 a = \frac{1}{\cos^2 a}$$

$$1 + \text{cotg}^2 a = \frac{1}{\sin^2 a}$$

$$\sin^2 a = \frac{\text{tg}^2 a}{1 + \text{tg}^2 a}$$

$$\cos^2 a = \frac{1}{1 + \text{tg}^2 a}$$

Pour les autres relations (arcs associés) et formules de transformation, consulter un ouvrage mathématique ou une table trigonométrique.

TRIÈDRE n.m.
Ensemble de trois plans se coupant en un même point, et deux à deux suivant trois droites passant par ce point.
L'angle formé dans l'espace par ces trois plans au point de rencontre est dit *angle trièdre*, ou *angle solide*.

TRIFORIUM n.m.
Étroite galerie qui longe une nef* d'église, au-dessus des bas-côtés*; cette galerie s'ouvre sur la nef par une série de baies ou par une arcature* à claire-voie*.

TRIGÉMINÉ adj.
Divisé en trois groupes de deux éléments analogues.

TRIGLYPHE n.m.
Ornement caractéristique de la frise* dorique*, composé de trois cannelures, ou *glyphes** (deux entières et deux demies). Sur la frise, le triglyphe est disposé en alternance avec des *métopes**, et souligné par une moulure plate, *tringle** ou *réglet**, d'où pendent des *gouttes**(Vill).

TRIGONOMÉTRIE n.f.
Ensemble des relations mathématiques qui existent entre la valeur des angles et la longueur des côtés des triangles rectangles.

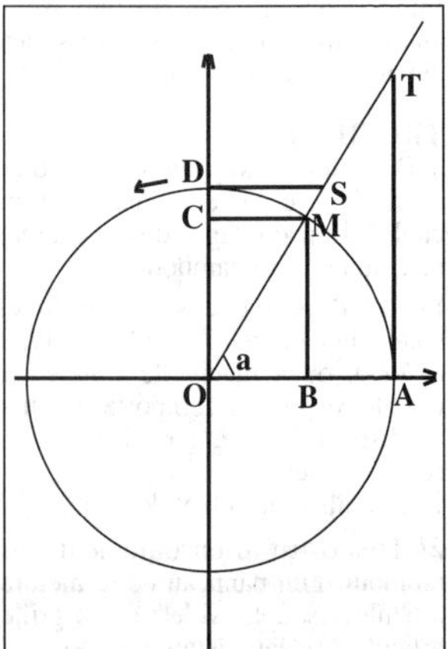

Le ***cercle trigonométrique*** est un cercle de centre O dont le rayon OM est égal à l'unité, et sur lequel on fixe une origine A ; OA et OM forment un angle variable ***a***, mesuré en radians*; le cercle a un sens de parcours, dit *sens trigonométrique* direct, ou *positif* (sens inverse des aiguilles d'une montre) ; le sens opposé est dit *rétrograde*. B est la projection orthogonale de M sur le rayon-origine OA, et C sa projection sur l'axe perpendiculaire en O.
Par convention, on a :

BM = OC = sin a (*sinus* a)
OB = CM = cos a (*cosinus* a)
AT = tg a (*tangente* a)
DS = cotg a (*cotangente* a)

TRILOBE n.m.
Contour ou ornement composé de trois lobes*, ou trois arcs tangents* deux à deux : le trèfle à trois feuilles est un trilobe.

TRILOBÉ adj.
Qui se compose de trois lobes : *arc* trilobé* (V.ill).

TRINGLE v.tr.
1/ De façon générale, toute longue pièce de bois ou de métal de faible section, sans précision de profil.

2/ARCHIT.: moulure plate horizontale; syn.: *réglet**.

3/SERRUR.: longue tige méplate ou semi-cylindrique d'une crémone* ou d'une serrure multipoints, qui s'engage dans les gâches* du bâti dormant pour condamner une porte ou un vantail.

TRINGLER v.tr.
Syn. de *cingler**, *battre** la ligne.

TRINGLETTE n.f.
Pièce de verre étroite d'un vitrail*. Couteau épais avec lequel les vitriers ouvrent les rainures des baguettes de plomb dans lesquelles ils engagent les pièces de verre.

TRIPARTI ou **TRIPARTITE** adj.
Divisé en trois parties.

TRIPHASÉ adj.
Qualifie la distribution du courant* alternatif* qui a trois phases*, soit trois alimentations monophasées* de même amplitude, décalées les unes par rapport aux autres d'un tiers de période*. (V. Courant).

TRIPLET n.m.
Ensemble de trois baies groupées sous un même arc ou linteau.

TRIPLEX n.m. (marque comm.)
Panneau de verre de sécurité, composé d'une feuille d'acétate transparente prise entre deux lames de verre.
En Suisse, c'est le contre-plaqué.

TRIPODE adj.
Qui prend appui sur trois pieds.

TRIPOLAIRE adj.
Qualifie un appareil d'ouverture ou de fermeture de circuit électrique agissant simultanément sur trois conducteurs. Se dit aussi d'une fiche, d'une prise* ou d'un équipement électrique dont l'alimentation se fait par trois conducteurs distincts.

TRIPOLI n.m.
Roche tendre composée de débris coquillers* fossiles (*diatomées*) et de silice ; on l'utilise, réduit en poudre, comme abrasif de polissage du verre, du marbre et des métaux.

TRIPTYQUE n.m.
Panneau d'ornement en trois parties juxtaposées ; souvent, les deux panneaux latéraux se replient sur le panneau central, deux fois plus large.

TRIPYLE adj. Qui a trois portes.

TRIQUET n.m.
Échafaudage de profil triangulaire des couvreurs.

TRITURATION n.f.
Réduction d'une matière en petits éléments ou en pâte, par écrasement ou broyage ; les ***bois de trituration*** réduits en particules*, sont agglomérés en panneaux* de particules.

arc trilobé

TROCHYLE n.m. Syn. de *scotie**.

TROIS-MÈCHES n.m. invar.
Pinceau à trois pointes distinctes, utilisé pour chiqueter*.

TROMBE n.f.
1/(marque comm.) Marque de chasse* d'eau à réservoir mural sous pression.
2/ V. aussi Mur-Trombe.

TROMMEL n.m.
Gros crible* cylindrique rotatif sur un axe horizontal ou légèrement incliné, avec lequel on trie les granulats concassés et le tout-venant*.

TROMPE n.f.
Petite voûte* formant le support d'un ouvrage en surplomb* (tourelle, échauguette*), ou servant à racheter* le plan carré porteur d'une coupole* *sur trompes*.
En général dans l'angle rentrant de deux murs, la trompe peut aussi être sur un pan droit (***trompe sur le pan***), ou dans un angle saillant (***trompe sous le coin***).
Selon la forme de son intrados*, on distingue les trompes *conique*, *en cul-de-four* (hémisphérique), *en éventail* (intrados concave), *plate* (intrados en pan incliné).
La ***trompe rampante***, dissymétrique, désigne celle qui porte un escalier.

TROMPES (T)

TROMPE-L'OEIL n.m. invar.
Fresque ou grande photo murale dont les perspectives donnent une impression d'extension du local vers un jardin, un paysage, etc.
Peinture ***en trompe l'oeil*** (sans -).

TROMPILLON n.m.
1/ Petite trompe*.
2/ Voussoir* d'angle d'une trompe ou d'une voûte, vers lequel convergent les joints des claveaux ; cette pierre a en général une forme arrondie en éventail.
3/ Pièce d'assemblage vers laquelle convergent les petits-bois* d'une imposte* de baie arrondie.

TRONC n.m.
1/ Par analogie avec le tronc d'arbre, désigne parfois le fût d'une colonne*, ou le dé* d'un piédestal.
2/ Le ***tronc de cône***, le ***tronc de pyramide*** sont des portions de ces volumes, limitées par deux plans sécants.

TRONCHE n.f.
Pièce de bois épaisse dans laquelle on taille un limon* tournant.

TRONÇON n.m.
Portion ou tambour* d'une colonne.

TRONCONIQUE adj.
En forme de tronc de cône.

TRONÇONNAGE
ou **TRONÇONNEMENT** n.m.
Débit* des bois, métaux, roches, etc. en morceaux, par des coupes transversales à leur axe.

TRONÇONNEUSE n.f.
Nom générique d'outils de coupe et de sciage portables ou fixes, utilisés pour le tronçonnage.
Des tronçonneuses sont conçues pour débiter les matériaux sur chantier (briques, carreaux, tuiles...), les blocs de pierre, les profilés, les canalisations, etc.

TRONQUÉ adj.
Dont on a ôté la partie supérieure : *clocher tronqué*, *colonne tronquée*.

TROP-PLEIN n.m.
Dispositif d'évacuation des liquides s'ils dépassent un certain niveau (cuve, piscine, appareil sanitaire...).

TROTTOIR n.m.
Allée pour la circulation des piétons, plus élevée que la chaussée qu'elle longe ; le trottoir est limité, côté chaussée, par ses *bordures*.
Des bateaux* donnent accès aux propriétés et entrées d'immeubles.
Les constituants font l'objet de normes. Le ***trottoir roulant***, ou ***trottoir mécanique***, est un dispositif de transport horizontal des piétons, sur le principe du tapis roulant.

TROU n.m.
1/ Toute cavité forée ou ménagée dans le sol, dans une paroi, dans une pièce quelconque ; trous de boulin*, de buée*, de clef*, de scellement*...

2/ Le ***trou d'homme*** est un orifice circulaire, fermé par un tampon*, permettant d'accéder dans un volume clos, cuve, citerne, réservoir... pour l'entretien ou les réparations.

TROUSSE n.f.
1/ Cordage de levage*, de section moyenne.

2/ La ***trousse coupante*** est la pièce tubulaire à bord crénelé ou tranchant, à l'extrémité d'un trépan*.

TRUC ou **TRUCK** n.m. (anglais)
Petit chariot de manutention circulant sur rails.

TRUELLE n.f.
Outil utilisé surtout par les maçons, plâtriers, staffeurs* et carreleurs, mais aussi par tous les corps d'état pour maçonner les scellements, plots, solins*...
Les noms des truelles diffèrent selon leur forme (V.ill).
Les truelles brettée, brettelée* ou berthelée* servent à gratter et à recouper les plâtres.

TRUELLÉE n.f.
Quantité de mortier ou de plâtre que l'on prend avec la truelle.

TRUELLETTE n.f.
Petite truelle avec laquelle le plafonneur travaille les moulures des corniches et ornements en plâtre.

TRUMEAU n.m.
Pan de mur situé entre deux baies de même niveau. Lorsque la séparation des baies est étroite, c'est une *pile*, un *pilier central*, ou un *meneau**.

TRUSQUIN (ou ***Troussequin***) n.m.
Outil de menuisier servant au traçage

TRUELLES

de maçon, à bout rond, dite **lisseuse italienne** (lame flexible, env. 240 mm)

de maçon, dite **façon Lille**, ou **briqueteuse** (lame rigide, 180 mm)

de maçon, dite **façon Lyon**, ou **truelle à bâtir** (lame rigide, env. 200 mm)

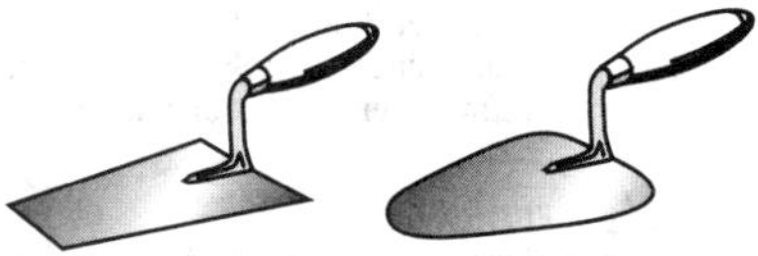

de maçon, **carrée**, ou **truelle à enduire** (lame flexible, env. 200 mm)

de maçon, dite **langue-de-boeuf**, ou **briqueteuse de Paris** (lame rigide)

de plâtrier, triangulaire (lame rigide, env. 140 mm)

de plâtrier, à bout carré (lame rigide, env. 220 mm)

truelle d'angle de plâtrier (lames diverses, flexibles)

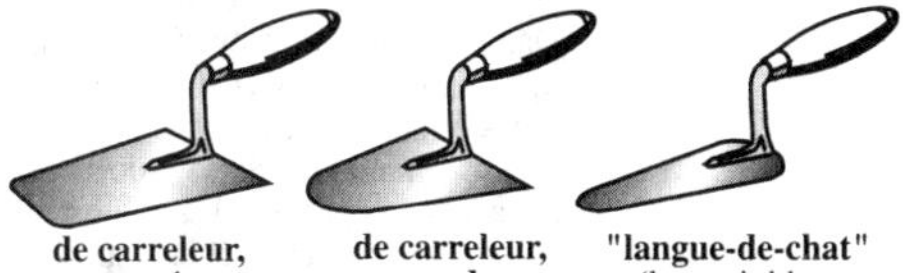

de carreleur, carrée (lame rigide, env. 160 mm)

de carreleur, ronde (lame rigide, env. 150 mm)

"langue-de-chat" (lame rigide, env. 160 mm)

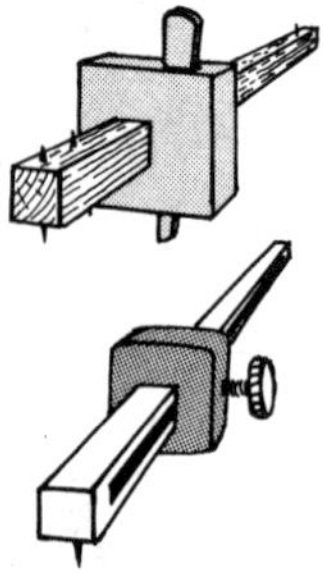

trusquins

de traits rectilignes, parallèles au bord dressé d'une pièce de bois (V.ill).
Une tige carrée (*verge*) munie d'une pointe traçante (*traceret*) traverse l'oeil d'une platine carrée dans lequel on la bloque par un coin ou une vis.
La tige du ***trusquin d'assemblage*** porte quatre paires de tracerets d'espacements différents, permettant de tracer en une fois les bords des tenons, mortaises, cannelures à tailler ou à évider. Le ***trusquin à tige ronde*** sert aux traçages sur le chant* des pièces chantournées*.

TUBAGE n.m.
1/ Introduction dans le sol de tubes constituant les parois d'un forage, ou le coffrage d'un pieu* moulé.

2/ Mise en place de tubes dans les conduits de fumée. Ces tubes peuvent être souples ou rigides. Le tubage évite le bistrage* et/ou l'humidification par condensation des parois de maçonnerie des conduits de fumée.
Il permet d'adapter un conduit existant à une nouvelle installation, et d'améliorer l'étanchéité des conduits aux gaz.

TUBE n.m.
Tout corps creux cylindrique en métal, en matière plastique, en verre :

1/ÉCLAIR.: organe d'éclairage de forme allongée ; on distingue :

- le ***tube à filament*** (type LINOLITE), tube à incandescence qui ne diffère des lampes* classiques que par sa forme cylindrique allongée.

- le ***tube fluorescent***, dit *tube fluo*.
Le principe de cette lampe consiste à rendre visibles, par fluorescence*, les rayonnements ultraviolets émis par une décharge électrique.
Dans son ampoule en verre remplie de gaz inerte (argon, néon) sous faible pression, on établit un arc permanent (*avalanche électronique*), entre deux électrodes espacées. L'action de cet arc sur le gaz rare génère un rayonnement ultraviolet qui, frappant la couche fluorescente qui revêt la paroi intérieure du tube, est transformé en lumière visible. Dès qu'elle est créée, l'*avalanche électronique* peut alors être entretenue avec une faible tension et une intensité élevée ; l'émission d'électrons par la cathode l'enveloppe d'une lueur qui croît et s'étend dans l'ampoule avec l'élévation d'intensité, jusqu'à constituer un arc entre les deux électrodes.

NB- En courant alternatif, les deux électrodes jouent alternativement le rôle d'anode et de cathode, à chaque inversion de sens du courant.
Les électrodes sont alimentées par des broches de contact externes.
Le tube est monté sur un socle dit ***bloc de montage*** qui renferme :

- un ***starter***, qui assure l'*amorçage*, c'est-à-dire le préchauffage et l'établissement de l'arc initial entre électrodes ; c'est un interrupteur à bilame et à condensateur dont la coupure provoque la surtension nécessaire à l'allumage de l'arc.
NB- Une variante sans starter, dite *rapid start*, est un dispositif à bande d'amorçage, languette métallique semiconductrice courant sur la face interne du tube, d'une électrode jusqu'à proximité de l'autre.

- un ***ballast***, chargé de stabiliser le régime de l'arc après l'amorçage, en limitant la tension d'alimentation tout en maintenant un facteur de puissance élevé.

Un tube fluorescent est dit ***tube lumière du jour*** si son spectre lumineux, riche en rayonnements bleus, est analogue à celui de la lumière naturelle sous un ciel couvert.
Les tubes *confort* ou *luxe* offrent un bon IRC (indice de rendu des couleurs), par opp. aux tubes dits *blanc industrie*, choisis surtout pour leur rendement lumineux.

Un montage ***en duo*** associe deux tubes sur un même bloc de montage dans lequel un dispositif d'alimentation, complémentaire crée un léger décalage dans l'alimentations des deux tubes, réduisant ainsi le scintillement lié à la fréquence du courant alternatif.

2/ÉLECTR.: le tube désigne souvent le conduit* souple ou rigide utilisé comme canalisation pour conducteurs : V. détails au mot Conduit.

Le ***tube redresseur**** est un tube à vide utilisé pour le redressement* du courant alternatif.

3/MATÉRIAUX :
Des **tubes métalliques** composent presque toutes les canalisations d'eau, de gaz et de chauffage.
Ils servent aussi pour la construction de structures et charpentes métalliques et pour les échafaudages.

Les ***tubes d'acier*** existent sous de nombreuses formes et variétés, selon leur alliage, leur mode de fabrication (soudés ou non soudés), leur caractère filetable ou soudable, leur utilisation, le fait qu'ils seront ou non enterrés, noyés dans le béton, soumis à des températures élevées, destinés aux structures métalliques ou aux échafaudages, etc. Ils font l'objet des normes de la série *NF A 49*.
Les *tubes d'acier* normalisés sont différenciés par leur tarif* (sans rapport avec le prix, le "tarif" est une combinaison de diamètres extérieurs et d'épaisseurs par type de tubes) :
- *Tarifs 1 et 2* pour les tubes *soudés filetables* au pas de gaz conique, séries *légère*, *moyenne* et *forte*.
- *Tarif 3* pour les tubes d'acier *sans soudure filetables* au pas de gaz conique. Pas en série légère.
- *Tarif 10* pour tubes d'acier *sans soudure* laminés à chaud, à extrémités lisses *non filetables*. Utilisations en construction métallique.

Les ***tubes de cuivre*** sont les plus utilisés en plomberie, surtout pour l'alimentation en eau chaude et froide sanitaire ; ils se présentent soit sous forme écrouie* (cuivre clair), en éléments rectilignes rigides qu'il faut chauffer (recuire) pour pouvoir les cintrer, soit sous forme de cuivre recuit* (cuivre rouge), fournis en couronnes* malléables, faciles à cintrer et à façonner. Les diamètres extérieurs courants vont de 8 à 22 mm (de 2 en 2mm), 25, 28, 30 , 32, 35, 38, 40 et jusqu'à 133 mm, pour des épaisseurs de 0,8 à 2,5 mm, et jusqu'à 4 mm pour les diamètres de 20 mm et plus. Les assemblages sont faits par brasage* capillaire, ou par différents types de raccords*.

Les **tubes plastiques.**
Les ***tubes plastiques souples*** (polyéthylène) concernent les canalisations enterrées ou extérieures d'alimentation en eau, la distribution d'eau sanitaire froide, et les réseaux hydrocâblés* de chauffage* par le sol par eau chaude basse température. Les jonctions se font par colliers à serrage.

Des ***tubes plastiques rigides*** (PVC, Avalène) sont de plus en plus utilisés dans le bâtiment, pour les descentes d'eaux pluviales, pour les chutes et évacuations d'eaux usées, les réseaux d'assainissement, le drainage, les gaines et conduits de ventilation, etc.
Les raccordements sont faits avec des éléments moulés à épaulement intérieur, douilles, manchons, réductions, tulipes d'emboîture, culottes, coudes, etc. L'assemblage est fait soit par collage direct, soit par des joints élastomères spéciaux permettant de constituer des jonctions coulissantes pour tenir compte des jeux de dilatation.

TUBULAIRE adj.
Qui concerne les tubes, qui en a le profil creux, ou qui est composé de tubes : *structure* tubulaire*, *échafaudage* tubulaire*.

Le ***faisceau tubulaire*** d'une chaudière est l'ensemble des tubes composant son échangeur* de chaleur.

TUBULÉ adj.
Se dit, en sculpture et en décoration, d'une draperie qui tombe en formant des plis tubulaires.

TUBULURE n.f.
Élément de tuyau terminé par un manchon ou une bride* de raccordement.

TUF n.m.
Roche calcaire légère, grisâtre, tendre et poreuse, formée par évaporation

d'eaux calcaires. Le tuf durcit au contact de l'air, par carbonatation*; on l'utilise comme pierre à bâtir.
Le ***tuf volcanique*** est un basalte* léger de cendres éruptives, de lave et de ponce agglomérées, plus ou moins stratifiées ; on l'utilise aussi comme pierre à bâtir.

TUFEAU ou **TUFFEAU** n.m.
Variété crayeuse d'un tuf calcaire, grossier et plus ou moins gréseux*; il rend sous les outils un son étouffé. Utilisé en Touraine comme pierre à bâtir, il est facile à extraire et à tailler, puis, comme le tuf, il durcit au contact du gaz carbonique de l'air.

TUFTÉ ou **TEUFTÉ** ou **TOUFFETÉ** adj.
Se dit d'un revêtement textile non tissé dont les fibres, en touffes ancrées dans les mailles d'une trame de toile, sont tenues par une enduction plastique qui forme dossier*.

TUILAGE n.m.
Soulèvement des angles d'un revêtement de sol en dalles thermoplastiques, suite à un collage déficient, ou sous la poussée de l'humidité enfermée dans le support.

TUILE n.f.
Plaquette de petite ou moyenne dimension, constituée d'une matière manufacturée par moulage ou pressage, et généralement cuite.
Elle peut être plane, cintrée, nervurée ou ondulée.

Mise en oeuvre et choix. Le détail de la mise en oeuvre des tuiles sort du cadre de cet ouvrage ; les tuiles sont pour la plupart simplement posées à recouvrement sur un lattis de liteaux* parallèles ou sur un voligeage*.
Elles peuvent être fixées par clouage. Un espace de ventilation doit être ménagé en sous-face des tuiles. De plus en plus, les supports sont constitués de panneaux* de sous-toiture* autoporteurs.

Le choix des tuiles est fonction d'une part de la pente* des toits, d'autre part du style régional.
La tuile canal est la seule utilisable sur faible pente de 0,25 m par m, soit 14°, à 0,40 m par m soit 22°.
Les autres tuiles nécessitent une pente minimale de : 0,50 m par m (tuiles à emboîtement grand moule) ;
0,60 (pannes et emboîtement petit moule), soit 31° ; 0,85 (flamandes et plates grand moule), soit env. 40° ; 1,00 (tuiles plates petit moule), soit 45°. NB- Toutes ces pentes sont modulées selon les régions et les expositions : se reporter aux DTU.

1- Tuiles en terre cuite.
On peut les regrouper en quatre grandes familles (V.ill) :

a/ -les ***tuiles plates***, simples rectangles plans munis à une extrémité de *talons* ou *nez* d'accrochage, et de trous pour fixation par clouage.
Selon les dimensions, elles sont dites *petit moule* (de 16 x 24 à 17 x 27 cm) ou *grand moule* (de 15 x 30 à 20 x 38 cm).
La tuile plate est posée à joints croisés sur un litonnage*, par recouvrement d'environ 2/3 (le pureau* est d'autant plus court que la pente est faible).
Le clouage en tête d'environ 15% des tuiles est nécessaire sur les pans de toiture exposés à des vents violents, ou à forte pente. Au-dessus de 3 m par m, chaque tuile doit être clouée.

Les variantes sont les *écailles*, à bord arrondi, et les tuiles plates *gironnées*, de forme trapézoïdale ; d'autre part les tuiles cintrées, dites *gambardière**, *coffine**, *pendante*, ou *gauche* (relevée à droite ou à gauche).

b/ -les ***tuiles canal***, ou ***tuiles creuses***, aussi dites ***tuiles rondes***, ***romaines***, ***tiges de botte***, en forme de gouttière légèrement tronconique*. Adaptées aux faibles pentes, elles concernent, sous diverses formes et dimensions, la moitié sud de la France. Leurs longueurs vont de 30 à 50 cm, pour des largeurs, à l'extrémité évasée, de 16 à 22 cm. La pose traditionnelle est faite sur platelage* continu et jointif, avec ou sans tasseaux triangulaires ou trapézoïdaux, par alternance de tuiles formant gouttière (*tuiles de courant*) et de tuiles de recouvrement (*tuiles de couvert*), retournées (V.ill). Certaines tuiles-canal sont à crochet, pour être posées sur liteaux. Pour des pentes jusqu'à 30%, et des longueurs de rampant limitées, on utilise aussi la pose sur sous-toiture ondulée en fibres-ciment étanche : on ne pose alors que des *tuiles de couvert*.

c/ -les ***tuiles à emboîtement*** dites ***tuiles mécaniques***. Inventées vers 1850, leur emboîtement se fait par des nervures et cannelures simples ou doubles, qui permettent de réduire les recouvrements à une faible portion de la surface des tuiles.
Comme pour la tuile plate, on distingue les tuiles *grand moule* (24 x 42 cm et plus), et les tuiles *petit moule* (moins de 23 x 33 cm).
Une variété ancienne de tuiles à emboîtement est la ***tuile losange***, de forme carrée, dont tous les joints, en diagonale, forment un angle de 45° avec l'horizontale et avec la ligne de pente. Ne pas la confondre avec la ***tuile losangée***, qui a un motif en relief en forme de losange (V.ill).

d/ -les ***tuiles à glissement***, tuiles à recouvrement latéral, avec ou sans cannelures d'emboîtement (sans emboîtement transversal, contrairement aux précédentes).
Ce sont les tuiles ***romanes simples***, et les ***tuiles flamandes***, ou ***tuiles-pannes***, ou ***tuiles à côte***. Fréquentes surtout dans le Nord, leur pose est faite à joints alignés, en disposant l'ondulation sous les vents dominants.

NB- Les fabricants proposent, en plus des éléments de surface courante, une gamme de pièces et accessoires nécessaires pour les ouvrages complémentaires : tuiles faîtières*, arêtiers*, raccords de faîtages et d'arêtiers doubles (ou *rencontres*), abouts ou frontons de faîtages d'arêtiers, tuiles de rive droite et gauche, chatières*, tuiles à douille (passage de conduits de ventilation), noquets*.

TUILES

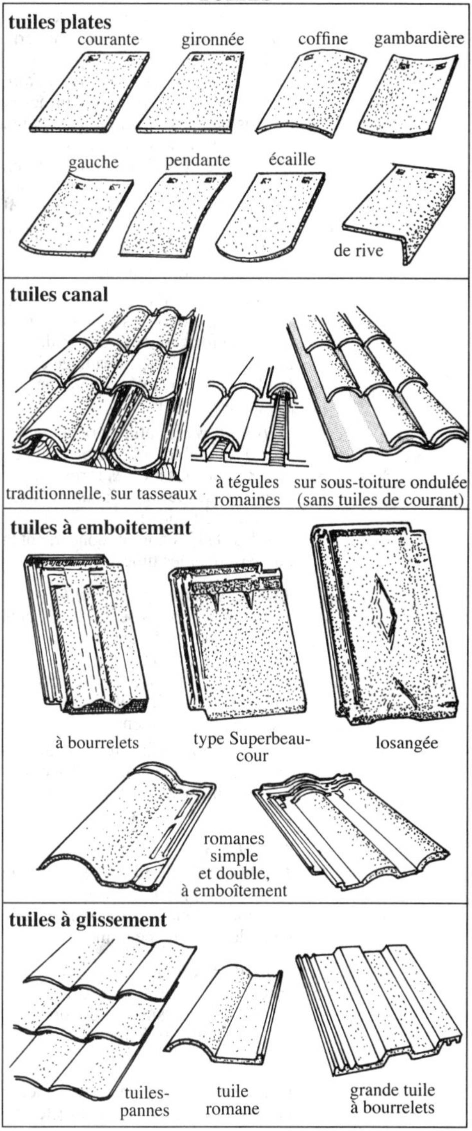

2- Autres types de tuiles.
On nomme aussi tuiles des éléments analogues qui ne sont pas en terre cuite :
-la ***tuile en béton***, ou *tuile-béton*, fabriquée sous les diverses formes et dimensions des tuiles en terre cuite. Cette tuile est normalisée.
Un modèle spécifique de la tuile en béton est un élément de grand format à ondes multiples, à emboîtement latéral au niveau du faîte d'une onde ; sa pose est faite par accrochage des talons sur lattis, et à recouvrement.

-la ***tuile métallique*** (acier, cuivre ou zinc), aussi proposée sous les diverses formes et formats de la tuile traditionnelle ; elle présente l'avantage d'une faible épaisseur, intéressante dans le cas de faibles pentes.

-la ***tuile de verre*** : utilisée pour l'éclairage des combles, elle se présente en général sous les mêmes formes et dimensions que les principaux modèles de tuiles céramiques.
Voir les DTU et normes concernant la couverture et les tuiles.

TUILEAU n.m. (parfois ***tuilot***)
1/ Granulat composé de fragments de tuiles ou de briques concassées, incorporé dans un mortier de scellement, renformis*, etc.; ou encore, sous forme broyée, pour la coloration d'enduits de parement.

2/ Brique réfractaire très plate, d'environ 1,5 cm d'épaisseur, utilisée pour le revêtement des âtres et foyers de cheminées.

TULIPE n.f.
1/ Manchon d'emboîture* femelle d'un tube en matière plastique.
2/ Lampe* dont la forme évoque celle de la fleur du même nom.

TUMBLER n.m.
Interrupteur bipolaire*, agissant simultanément sur les conducteurs d'alimentation et de retour.

TUNE n.f.
Couchis* de fascines* entrelacées entre des piquets et recouvertes de gravier ou de caillasse, pour retenir des remblais.

TUNGSTÈNE n.m. (symb.**W**)
Métal blanc, très dense, qui a un point de fusion élevé (env. 3 600°C) ; d'où son utilisation sous forme de filaments* dans les ampoules électriques à incandescence*. Syn.: *wolfram*.

TURBIDITÉ n.f.
Proportion de matières insolubles en suspension* dans un liquide ; on mesure cette teneur* avec un *turbidimètre*.

TURBULENCE n.f.
Parlant de l'écoulement* laminaire d'un liquide dans une canalisation, c'est la perturbation provoquée par les coudes et, surtout, par le rétrécissement du passage dans une tête de robinet. Les dépressions localisées dues aux turbulences provoquent la cavitation* du liquide (libération gazeuse, ou dégazage), et les zones de compression provoquent l'effet inverse. Ces changements instantanés et répétitifs d'état et de volume entraînent des vibrations, et l'usure des pièces qui subissent ces turbulences.

TURC adj. Voir WC *à la turque*.

TURLUPET n.m.
Petit amortissement* tourné sous forme de boules et d'anneaux, en particulier à l'extrémité des fiches de charnières* et de paumelles*, dites *à turlupet*. Syn.: *vase*.

TURQUIN adj. et n.m.
Désigne un marbre italien à fond bleu-gris, veiné de blanc.

TUYAU n.m.
Chacun des éléments tubulaires assemblés en général par emboîtement, pour composer une conduite*, une canalisation*.
Le mot est surtout utilisé pour les canalisations de diamètre moyen qui ont une fonction particulière : tuyaux de descentes d'eaux pluviales, chutes* d'eaux usées, évacuations enterrées, etc.

tuyaux et canalisations : abaque de Dariès (simplifié)

Connaissant deux des 4 paramètres (débit, diamètre, perte de charge, vitesse de l'eau), on joint leurs valeurs par un trait qui donne les deux autres valeurs sur les échelles correspondantes.
NB- Les pertes de charge établies pour l'eau froide sont à réduire, pour l'eau chaude, de 25 à 30% avec tuyaux en fonte ou en fer noir, et de 10 à 40% avec des tuyaux en cuivre ou en plastique.

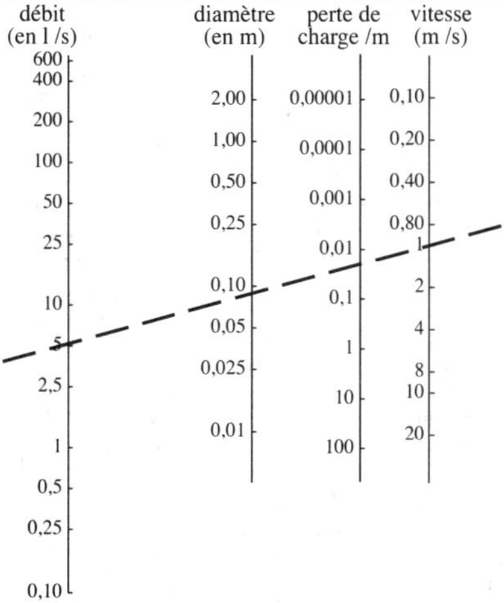

Les principaux sont :

-les ***tuyaux en fibres-ciment****: ils sont utilisés d'une part sous forme non enterrée (diamètres intérieurs de 4 à 80 cm), pour les descentes d'eaux pluviales, pour les conduits de ventilation et d'évacuation de gaz brûlés, d'autre part comme canalisations enterrées (diamètres de 12,5 à 80 cm), pour les réseaux d'assainissement et drains enterrés, et pour les chutes et canalisations d'évacuation des eaux usées. Leur emboîtement doit être fait en laissant un jeu de dilatation d'environ 5 mm. Les joints d'assemblage sont cordés (corde goudronnée matée dans le joint) et cimentés au mortier. Dans les conduits de gaz brûlés, on interpose une matière plastique entre le cordage et le joint de ciment.

-les tuyaux de ***grès* vitrifié*** ou ***vernissé***, utilisés surtout pour réaliser les canalisations d'évacuation des eaux usées, enterrées ou non ; ils présentent une parfaite résistance aux agents chimiques, même acides (mais dans ce cas, les joints d'assemblage doivent être réalisés au bitume, et non au mortier). Comme pour les tuyaux en fibres-ciment, on doit ménager un jeu de dilatation au fond des emboîtures. Les tuyaux en grès sont fournis en éléments normalisés de 100 cm, pour des diamètres intérieurs de 10 à 60 cm.

-les ***tuyaux en béton armé*** ou ***non armé*** : tuyaux de diamètre important (de 25 à 200 cm de diamètre intérieur pour les tuyaux armés, 15 à 80 pour les tuyaux non armés), utilisés pour les réseaux d'évacuation et d'assainissement ; dans le cas des gros diamètres, ces tuyaux sont souvent précontraints*, et étanchéifiés par une feuille métallique.
Ces tuyaux, normalisés, font l'objet d'un classement en *séries*, selon leur résistance à l'écrasement.

-les ***tuyaux en acier*** ; on distingue les *tuyaux soudés*, réalisés par enroulement et soudure d'une tôle, et les *tuyaux sans soudure*, fabriqués soit par étirage, pour les petits diamètres, soit par perçage et laminage à chaud de demi-produits cylindriques.
Les tuyaux d'acier doivent être protégés contre la corrosion. V. Tube.

-les ***tuyaux de cuivre*** : V. à Tube.

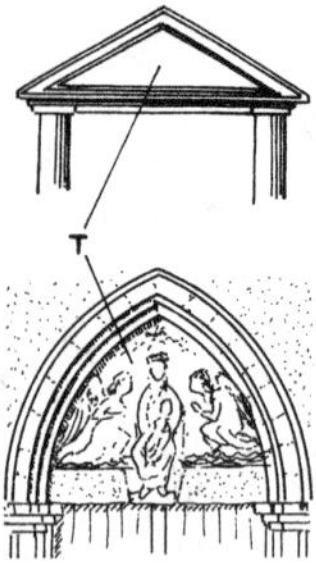

tympans
de fronton et de porte d'église

-les ***tuyaux de fonte***, en général fabriqués par centrifugation, servent en particulier pour les adductions d'eau ; ils supportent des pressions élevées. Leurs diamètres intérieurs courants sont de 6, 8, 10, 12,5, 15, 17,5, 20, 25, 30... à 60 cm. Ils sont soit à bout lisse, soit à emboîture. Ces derniers sont assemblés soit par des joints coulés dans l'emboîtement, soit avec des joints comprimés en caoutchouc, soit à brides*. Certains sont revêtus intérieurement d'une couche protectrice de résines ou de brai*-époxy.
-les ***tuyaux en plomb*** sont fournis en couronnes de 10 mètres, dans les diamètres intérieurs de 10, 12, 15, 16, 20, 25, 27, 30, 33, 35, 40 et 50 mm, pour 2,5 à 5mm d'épaisseur.
-les ***tuyaux en zinc***, tuyaux légers à éléments emboîtables, utilisés surtout sous forme de descentes* d'eaux pluviales.

Les ***tuyaux à ailettes*** sont ceux qui, garnis de plaquettes transversales, circulaires ou rectangulaires favorisent les échanges par conduction.
Ils sont utilisés dans les échangeurs* thermiques en chauffage et en réfrigération.

TUYAUTERIE n.f.
Assemblage homogène de tubes ou tuyaux composant une installation d'alimentation ou d'évacuation de fluides.

TYMPAN n.m.
1/ Surface verticale triangulaire délimitée par les corniches* rampantes* et la corniche* horizontale d'un fronton*.

2/ Surface verticale comprise entre le linteau* d'un portail* et son archivolte*, ou l'intrados* de l'arc qui surmonte ce portail.
Le tympan porte souvent des ornements ou des sculptures, étagés sur plusieurs niveaux, ou *registres*.

3/ Maçonnerie comprise entre les extrados* des arches d'une arcature*, et le bandeau qui surmonte cette arcature.

4/ Le ***châssis de tympan*** désigne parfois l'imposte* cintrée d'une baie.

TYROLIEN adj.
Qualifie un enduit de parement projeté en gouttelettes, ou *mouchetis*.
V. à ce mot.
Sa mise en oeuvre est faite en trois couches successives, autrefois avec un court balai que l'on frappait sur une tige de bois pour en détacher les gouttelettes, aujourd'hui avec une tyrolienne*, ou avec une machine à projeter pneumatique du type pot* de projection.

TYROLIENNE n.f.
Machine portative de projection des mouchetis* tyroliens.
Elle se compose d'une cuve galvanisée dans laquelle un hérisson* à lamelles métalliques, mû par une manivelle extérieure, projette des gouttelettes du mortier gâché clair à travers un large orifice tenu face au mur (V.ill. au mot Mouchetis).

U

U
Nouveau coefficient de transmission surfacique d'une paroi (V. Réglementation Thermique*).
Symbole de la différence de potentiel (V. Électricité).

U (en -, ou **à -)** n.m. et loc.adv.
Se dit d'ouvrages et éléments dont la forme ou la section rappellent le U : *profilé en U, fer coudé en U*, etc.

ULMEAU n.m.
Syn. d'*orme*. (V. à ce mot).

ULTRAVIOLET (UV)
adj. et n.m.
Les rayons ultraviolets sont les radiations non visibles du spectre* lumineux. Leurs longueurs d'ondes sont inférieures à celles du violet visible (< 4 000 Å). Les rayons UV sont rendus visibles par la fluorescence*.
Les radiations ultraviolettes ont une forte action oxydante :
-action bactéricide, indispensable aux équilibres naturels ; elle est utilisée dans la stérilisation des eaux ;
-action décolorante sur de nombreux pigments* (surtout les pigments organiques), mais aussi brunissement des bois, peintures, vernis, etc.

UNI adj.
Plan, sans aspérités ni reliefs, sans motifs saillants ni creux.
D'une seule couleur (syn.: *monochrome*).

UNIDIRECTIONNEL adj.
Qui n'a d'effet ou qui n'agit que dans une seule direction.

UNIFILAIRE adj.
Se dit d'un circuit ne comportant qu'un conducteur, le retour étant assuré par une masse ou la terre*.

UNIFORME adj.
Qui présente partout les mêmes caractères : par ex., *porosité uniforme* d'un support. Se dit aussi d'un ensemble architectural qui présente une unité globale, mais dans la monotonie et l'absence d'originalité.

UNIFORMISER v.tr.
Rendre uni, plan, de même aspect ou de même teinte (un enduit, une peinture, etc.).

UNIFORMITÉ n.f.
Caractère de ce qui est uniforme. Absence de diversité, de nuances, etc.

UNIPOLAIRE adj.
Se dit d'un appareil électrique qui ne comporte qu'un pôle d'alimentation ou de phase, ou d'un câble électrique qui n'a qu'un conducteur.

Qualifie aussi un appareil de commande de fermeture ou de coupure de circuit électrique n'agissant que sur un conducteur.

UNIR v.tr.
1/ Assembler, joindre, solidariser deux éléments.

2/ En menuiserie, éliminer toute aspérité à la surface d'une planche ou d'une pièce de bois.

UNITAIRE adj.
Qui concerne une unité de mesure, de surface, d'ouvrage, etc.: *prix unitaire*. V. aussi Conduit de fumée, Égout, Évacuation.

UNITÉ n.f.
Grandeur utilisée comme base de calcul ou de comparaison avec des grandeurs comparables d'un ensemble homogène : unité d'oeuvre, unité d'habitation.

Unités de mesure et correspondance entre les principales unités : *voir page suivante*.

Pour tous détails, on peut utilement consulter les normes.

UPEC
Ce sigle, qui signifie **Usure** - **Poinçonnement** - tenue à l'action de l'**Eau** - tenue aux agents **Chimiques**, sert à codifier d'une part les performances minimales exigibles des sols des différents locaux, d'autre part les caractéristiques offertes par tout revêtement de sols.
Chacune est évaluée par un indice de performance croissante :

<u>U (résistance à l'usure)</u>, **U1 à U4** :
•U1 = locaux privés à trafic faible ;
•U2 = locaux privés à trafic normal ;
•U2s = indice intermédiaire pour locaux privés à trafic important, ou locaux collectifs à trafic faible ;
•U3 = collectifs à trafic normal ;
•U4 = locaux collectifs à fort trafic.

<u>P (poinçonnements par le mobilier statique ou mobile)</u>, **P1 à P3** :
•P1 = trafic pédestre, mobilier fixe ;
•P2 = locaux à mobilier mobile en usage normal ;
•P3 = pour locaux sans restriction de trafic et de mobilier.
La résistance au poinçonnement des supports des revêtements (enduits de lissage, panneaux porteurs, etc.) doit évidemment être en rapport avec celle du revêtement.

<u>E (tenue à l'eau)</u>, **E0 à E3** :
•E0 = pour locaux secs, à entretien par voie sèche ;
•E1 = pour locaux secs, à entretien humide occasionnel ;
•E2 = pour locaux humides, ou entretien usuel par voie humide ;
•E3 = pour locaux humide en permanence et entretien à grande eau.

<u>C (tenue chimique)</u>, **C0 à C3** :
•C0 = utilisation exceptionnelle de produits ménagers ;
•C1 = utilisation occasionnelle de produits ménagers ;
•C2 = utilisation fréquente de produits ménagers ;
•C3 = utilisation normale de produits particuliers.

UNITÉS

Unités du SYSTÈME INTERNATIONAL (S.I.) GRANDEUR	Notation	Unité	Symbole	Autres unités, équivalences
MASSES				
Masse	M	Kilogramme	kg	
Masse volumique	ρ	Kilogr. par mètre cube	kg/m	
MÉCANIQUE				
Force	F	Newton	N	Sthène (Sn) = 10^3N Dyne = 10^{-5}N Kilogramme-force (kgf) = 9,8 N
Pression, contrainte	p	Pascal (= Newton par m²)	Pa, N/m²	bar = 10^5 Pa = 0,1 MPa = 10 N/cm² = 1,02 kgf/cm² = 0,987 atmosphère (atm)
Énergie, travail	W	Joule	J	KWh = 3 600 000 Joules Kilocalorie (kcal) = 4 186 Joules
Puissance	P	Watt	W	kgm/s = 9,81 W Kilowatt (kW) = 1 000 W Cheval-vapeur (ch) = 0,736 kW kcal/s = 4,186 kW
Moment de forces	M	Newton-mètre	N.m	
Couple de forces	c	Newton-mètre	N.m	
THERMIQUE				l'unité Kelvin vaut 1°C ; sur
Température	θ	Kelvin	K	l'échelle Celsius, le 0 = 273,16 °K
		degré Celsius	°C	Fahrenheit (°F) = 5/9 de (θ °C -32)
Quantité de chaleur	Q	Joule	J	Kilocalorie (kcal) = 4 186 Joules
Pouvoir calorifique		Joule par mètre cube	J/m³	
Chaleur spécifique		Joule par kilogramme	J/kg	
Chaleur massique	C	Joule par kg et par degré	J/kg/°C	(voir aussi au mot Thermique les
Coeff. de conductivité	λ	Watt par mètre par degré	W/m°C	unités de la Réglementation th.)
Flux calorifique	F	Watt par mètre carré W/m²		
Coeff. d'échange	K	Watt par m² par degré	W/m²°C	
ÉLECTRICITÉ				
Intensité	I	Ampère	A	
Différence de potentiel, tension, f.e.m.	U	Volt	V	
Résistance électrique	R	Ohm	Ω	
Résistivité	ρ	Ohm par mètre	Ωm	
Puissance apparente	Pa	Volt-ampère	V.A.	
Capacité électrique	C	Farad	F	
Flux magnétique	Φ	Weber	Wb	Maxwell (M)
Induction magnétique		Tesla	T	Weber par m² (Wb/m²)
OPTIQUE				
Intensité lumineuse	I	Candéla	cd	
Flux lumineux	Φ	Lumen	lm	
Éclairement	E	Lux	lx	
Luminance	L	Candéla par mètre carré	cd/m²	stilb = 1 cd/cm² = 10 000 cd/m²

Pour tous détails, on consultera *les cahiers 2183 et 2379 du CSTB*.
NB- L'actualisation des Directives de l'UEAt.c., dans le cadre européen, conduit à considérer le nouveau classement harmonisé (Gws) : G recouvre les paramètres français U et P (G1 = U2P2 ; G2 = U2sP2 ; G3 = U3P2 ; G4 = U3P3 ; G5 = U4P3) ; l'indice w équivaut à E2, et ws à E3.

URBAIN adj.
Qui concerne les agglomérations et les villes.

urinoirs

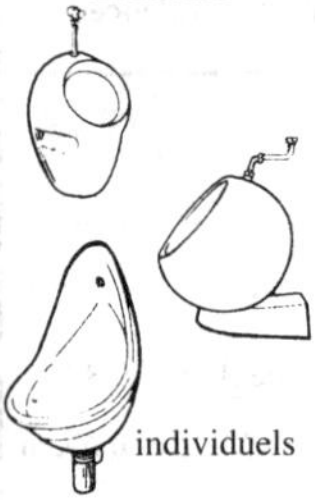

individuels

en stalles

(doc. JACOB DELAFON)

URBANIFICATION n.f.
Aménagement d'un territoire selon les principes de l'urbanisme*; par différence avec l'*urbanisation*, c'est l'organisation urbaine voulue, et non le simple constat du développement urbain.

URBANIFIER v.tr.
Mettre en application les principes de l'urbanisme.

URBANISATION n.f.
Regroupement spontané de populations et concentration en agglomérations de plus en plus denses.

URBANISER v.tr.
Aménager et donner un caractère urbain à une zone rurale.

URBANISME n.m.
Art et science de l'aménagement et de l'organisation rationnelle et harmonieuse des agglomérations et du tissu urbain.
Les missions de l'urbanisme, définies et structurées par la Charte* d'Athènes, consistent à analyser les fonctions urbaines (habitat, travail, circulation et culture (loisirs et sports), et à rechercher les structures les mieux adaptées à leur développement futur. L'urbanisme doit concilier l'intérêt général et les intérêts individuels liés au droit foncier. L'ensemble des textes législatifs et règlements est réuni dans le *Code de l'Urbanisme*.

URBANISTE adj. et n.m.
Qui concerne l'urbanisme.
Spécialiste des questions d'urbanisme, de l'ordonnancement et de l'aménagement des sites urbains.
Les urbanistes ont leur groupement professionnel indépendant, la *Société Française des Urbanistes*.

URBANISTIQUE adj. et n.f.
Qui se rapporte à l'urbanisme.

URCÉOLÉ adj.
Se dit d'une forme rappelant celle des urnes et cruches antiques, renflée ou galbée* en son milieu, et allongée et rétrécie à sa base

URÉE-FORMOL n.m.
Résine* sirupeuse, thermodurcissable* par adjonction d'un durcisseur plus ou moins acide.
On l'utilise surtout à chaud (vers 100°C) dans l'industrie des bois : fabrication des contre-plaqués*, panneaux de particules, lattés, charpentes en lamellé-collé.
C'est une colle puissante et économique, qui résiste bien aux huiles et solvants, mais sa sensibilité à l'humidité la destine aux usages intérieurs.
En isolation thermique, l'urée-formol est utilisé par injection et expansion sous forme de mousse isolante.

URINOIR n.m.
Appareil sanitaire de collectivités, à effet d'eau, fixé en applique murale, ou sous forme de *stalles,* urinoirs au sol, compartimentés avec des cloisonnettes peu saillantes (V.ill).
Syn.: *pissoir* (Nord), *vespasienne.*

USAGE n.m.
1/COUVERT.: ***les usages*** désignent, de façon générique, l'ensemble des ouvrages accessoires et finitions : faîtages, arêtiers, ruellées, solins...

2/JURID.: en l'absence de règles juridiques, ***l'usage*** est la règle traditionnelle locale, non écrite, à laquelle on se réfère pour régler un différend (voisinage, servitude...).

USURE n.f.
Perte de matière ou d'épaisseur sous l'action répétitive de l'abrasion*.

UTILANCE n.f.
Rapport du flux utile au flux lumineux total émis par les luminaires. Des tables donnent leur valeur en fonction de la classe du luminaire, d'un coefficient Q de réflexion des parois et du plan utile, d'un coefficient K (rapport de dimensions du local), d'un indice de maille (répartition des luminaires), et d'un indice de proximité.

V

V Symbole du potentiel électrique, et du volt*.

VA Symbole du volt-ampère*, unité de puissance apparente d'un courant alternatif.

VACATION n.f.
Rémunération tarifée du temps passé par un membre d'une profession libérale à une étude ou à une recherche : *la vacation d'un expert.*

VACHE n.f.
V. Corne de vache,Queue-de-vache.
Côte-de-vache : V. Fanton.

VACUITÉ n.f.
Caractère de ce qui est vide ; absence d'éléments obstruants, par exemple dans une canalisation.

VACUOMÈTRE n.m.
Appareil construit sur le même principe que le manomètre*, mais spécialement conçu et gradué pour la mesure des dépressions ou du vide. Syn.: *manomètre de vide, manovacuomètre.*

VACUOSTAT n.m.
Appareil de mesure et de régulation des pressions inférieures à la pression atmosphérique.

VACUUM CONCRETE n.m.
Procédé utilisé pour certains bétonnages qui nécessitent un décoffrage rapide.
Son principe consiste à aspirer l'eau excédentaire du béton, avec des pompes à vide, par des orifices percés dans les banches ; syn.: *béton au vide*, ou *béton essoré.*

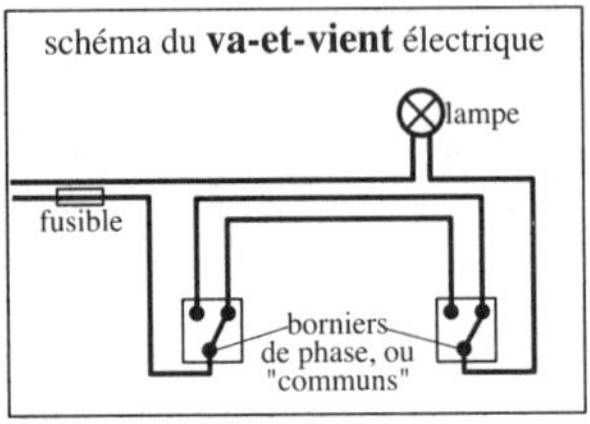

VA-ET-VIENT n.m. invar.
1/ Association de commutateurs électriques suivant un montage simple (V.ill), permettant l'ouverture et la fermeture d'un même circuit depuis deux endroits différents.

2/ Charnière* à double effet, permettant l'ouverture dans les deux sens d'une *porte* va-et-vient*, avec un ressort assurant le retour.

VAGUES n.f.pl.
1/ Ornement architectural analogue aux flots grecs ou aux postes (V. à ce mot), mais en général plus petit.

2/ Défaut de planéité d'un enduit ou d'un revêtement de sol, en ondulations plus ou moins parallèles.

VAISSEAU n.m.
Volume intérieur d'un vaste local couvert, en général de forme allongée : nef de galerie, nef d'église.

VALET n.m.
1/ Dispositif de maintien du battant d'une porte, d'une fenêtre, d'un volet, constitué d'une tige sur pivot, terminée par un crochet à placer dans la cornière perforée fixée sur le vantail.

2/ Tige coudée en potence ; coincé dans la lumière* d'un établi, le valet maintient les ouvrages de bois sur l'établi. Des modèles modernes sont à serrage automatique.

VALETTE (composition de —)
Formule de dosage granulométrique du béton* suivant la méthode dite *à minimum de mortier*.

VALEUR n.f.
En peinture, intensité relative d'une couleur par rapport à un fond, ou à une même couleur de moindre intensité. La ***valeur efficace*** d'un courant alternatif est la racine carrée de la moyenne des carrés des valeurs instantanées prises sur l'ensemble du cycle périodique.

VALVE n.f.
Membrane ou clapet souple formant un arrêt antirefoulement, et ne laissant circuler les fluides que dans un sens : on établit des valves dans certaines canalisations, pompes, prises d'air, reniflards*, etc.
En conditionnement d'air, la valve peut désigner une vanne de réglage de débit par réduction de la pression d'air. Le plus souvent, la valve est une simple boîte* à détente.
En électricité et en électronique, la valve désigne tout dispositif redresseur* (diode ou semiconducteur).

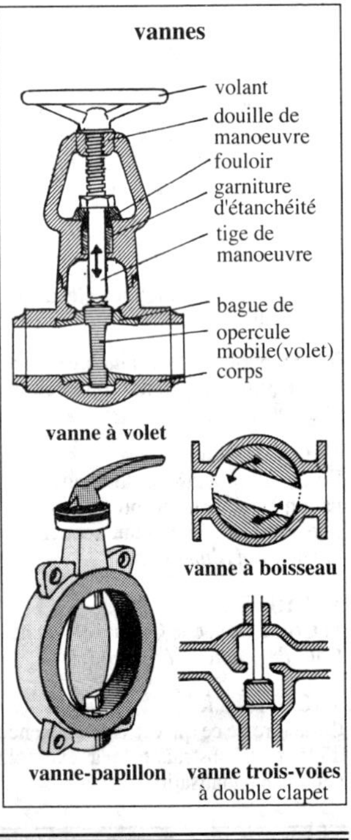

VANNAGE n.m.
Ensemble formé par une combinaison de plusieurs vannes disposées sur un même circuit de fluide.

VANNE n.f.
1/ Tout panneau mobile ou amovible faisant obstacle au passage de l'eau (cours d'eau, égouts).

2/ Organe d'obturation du passage d'un fluide dans un conduit.
On différencie la vanne du robinet* par le fait que l'opercule obturateur de la vanne se déplace perpendiculairement à l'axe du flux d'écoulement. Une vanne est en général à ouverture "tout ou rien".

Une vanne se compose d'un *opercule* mobile (boisseau*, clapet*, papillon, membrane, volet...) qui pivote sur un axe ou coulisse dans le *siège* du *corps* de vanne (V.ill. page ci-contre).
Les ***vannes à passage direct***, ou ***vannes papillon***, sont celles dont l'obturation est faite par pivotement d'un disque vertical.

Une ***vanne motorisée***, ou ***électrovanne***, fonctionne à l'aide d'un moteur électrique ou d'un servomoteur*, en général asservi à un organe de commande.

Une vanne est dite *à* ***deux voies***, *à* ***trois voies*** ou *à* ***quatre voies*** selon le nombre d'entrées et de sorties de fluides qu'elle commande, pour mélanger ou dévier les fluides.

Les ***vannes mélangeuses*** sont des vannes *trois voies* souvent utilisées dans les installations de chauffage central pour la régulation des températures par mélange d'eau chaude et froide. V. aussi Eaux-vannes.

VANNERIE n.f.
Ornement ou parquet* dont le motif rappelle celui d'un cannage tressé en lamelles de rotin ou d'osier.

VANTAIL n.m.
Panneau, en général mobile, de volet, de croisée, de porte, de grille...
Syn.: *battant*, *ouvrant*.

VAPEUR n.f.
État gazeux d'un liquide, dispersé dans l'air, dans un autre gaz, ou dans le vide. Dans le langage courant, désigne les brouillards visibles d'eau condensée en fines gouttelettes en suspension dans l'air.

-***Vapeur saturante*** : pour une température donnée, pression d'équilibre entre les phases gazeuze et liquide.
Syn.: *tension de vapeur saturante*.

-***Vapeur humide*** : mélange de liquide saturé sous forme de fines gouttelettes et de gaz du même élément sous forme de vapeur sèche.

-***Vapeur sèche*** : pression qui correspond à l'état gazeux d'un corps, sans aucune condensation ; à la limite de pression et de température correspondant à un début de liquéfaction, la vapeur est dite *saturée sèche*.

-***Vapeur surchauffée*** : vapeur dont la température, pour une pression donnée, est supérieure à la température d'ébullition ou de saturation.

VAPORISATION n.f.
Passage de l'état liquide à l'état gazeux ; ce changement de phase s'accompagne d'absorption de chaleur (inversement, la condensation restitue de la chaleur). La vaporisation est une *évaporation* si ce passage se fait à la surface d'un liquide. La température de vaporisation d'un liquide est une de ses caractéristiques.

VAPORISER v.tr. Faire passer un liquide à l'état de vapeur. Par déformation, projeter un liquide sous forme de fines gouttelettes, dans le sens de pulvériser : peintures, vernis, produits de traitement du bois...

VAPOSTAT n.m.
Dispositif régulateur associé à une chaudière de production de vapeur, pour empêcher la pression de la vapeur de dépasser une limite fixée.
La pression agit sur une membrane souple associée à un levier qui commande le réglage d'ouverture d'arrivée d'air dans la chaudière.

VARE-CRUE n.f.
Brique insuffisamment cuite.

VARIABLE n.f.
Facteur* dont les changements de valeur ont des effets sur un équilibre physico-chimique : la pression, la température, sont des *variables* de l'équilibre entre liquide et vapeur.

VARIANTE n.f.
Solution ou prestation différente de celle qui a été prévue, mais apte à donner un résultat équivalent.

VARIATEUR n.m.
Commutateur à rhéostat*, permettant le réglage progressif d'une alimentation électrique.

VARIURE n.f.
Forme et contour du panneton* de clef*, qui la différencie d'une autre.

VARLOPE n.f.
1/ Le plus long des rabots (environ 70 cm), utilisé par les menuisiers pour corroyer* et aplanir les bois.

Le ***varlopage*** consiste à dresser* le bois (on dit aussi ***varloper***).

La ***demi-varlope*** a les dimensions du riflard*, mais le tranchant de son fer est droit, et non cintré.

2/ Sorte de guillaume* à semelle plate pour le ravalement de la pierre.

VASARD adj.
Qualifie un sable mêlé de vase, inutilisable en construction.

VASE n.m.
1/ARCHIT.: amortissement* en forme d'urne, pour les pilastres* de rampes, les dés* de balustrades...
2/CHAUFF.: le ***vase d'expansion*** est un récipient établi sur les circuits de chauffage central, pour permettre au fluide caloporteur d'effectuer ses dilatations sans créer de surpression dans l'installation. Il contient à peu près 1/20e du volume d'eau de l'installation. On distingue les *vases* ***ouverts***, établis en partie haute des circuits, dont la partie supérieure est à l'air libre, et les *vases* ***fermés***, ballons clos dans lesquels les différences de pression s'exercent sur un volume d'azote, par l'intermédiaire d'une membrane souple.

3/SERRUR.: petit ornement en bulbe, aux extrémités d'une paumelle* ou d'une fiche* de gond.

varlope

VASISTAS n.m.
Petit châssis à vantail* vitré, dans l'ouvrant d'une porte ou d'une fenêtre, pour l'aération ou l'éclairage. L'ouverture peut être à gonds, à charnière, à abattant* ou à soufflet*.

Par déformation du langage, désigne souvent la fenêtre pour toit en pente dite tabatière*.

VASON n.m.
Motte d'argile malaxée, à partir de laquelle on façonne un élément de terre cuite, tel qu'une tuile.

VASQUE n.f.
Bassin ou bac à plantes peu profond, en général circulaire, en pierre, en béton, en marbre, en bronze, etc.

Cuvette de lavabo présentant cette forme arrondie et peu profonde.

VAU (ou **veau**) n.m.
Partie courbe d'un cintre*, formant le support d'une voûte ou d'un arc en construction. Souvent écrit *veau.*

VEAU n.m.
Chute* résiduelle arrondie d'une pièce de bois, provenant de sa découpe courbe. V. aussi Vau.

VECTEUR n.m.
1/ Représentation, sous forme de flèche, d'une grandeur orientée (force, traction...) ; si plusieurs vecteurs sont figurés, leurs longueurs respectives sont proportionnelles à la valeur des grandeurs qu'ils représentent.

2/ Fluide ou matériau quelconque qui propage un phénomène, une énergie... L'air est un vecteur de transmission des sons.

VÉHICULE n.m.
Outre les sens usuels, désigne le solvant* d'un liant, ou l'eau d'une émulsion ou d'une suspension*.

VEILLE n.f.
État d'un équipement d'alimentation électrique (groupe électrogène, onduleur*...) qui n'est pas en situation de fonctionnement actif, mais qui se tient prêt à intervenir pour prendre le relais en cas de coupure de courant.

VEILLEUSE n.f.
Petite flamme entretenue en permanence sur un appareil de chauffage à gaz ou à fioul (chauffe-eau, chaudière, radiateur), à proximité du brûleur ou des rampes de brûleurs ; son fonctionnement permanent permet l'allumage automatique du combustible dès qu'il est injecté dans les brûleurs.

VEINAGE n.m.ou **VEINURE** n.f.
Ensemble des veines et marbrures d'un matériau. Effet visuel produit par les veines du marbre, du bois... ou de leur imitation en peinture.

VEINE n.f.
1/ Dans le bois, ensemble de vaisseaux apparents entre deux cernes*, dans le sens des fibres ; les veines sont mises en évidence par le tranchage. En menuiserie, zone longitudinale faible constituant un défaut dans une pièce de bois.

2/ Dans le marbre, traînée de couleur ou de tonalité différente de celle du fond. Syn.: *marbrure*.

3/ Dans la pierre, défaut consistant en une zone tendre dans laquelle la rupture d'un bloc se fait facilement.

VEINÉ adj.
Se dit d'un bois dont la couleur des veines est contrastée.

VEINER v.tr.
Imiter, en peinture, les veines du bois ou du marbre.

VEINETTE n.f.
Brosse large à poils regroupés en touffes, utilisée par les peintres pour reproduire les veines des faux bois.

VELOURS n.m.
Partie supérieure et apparente d'un revêtement textile tel qu'une moquette, par opp. à son *dossier**.

VELOUTÉ adj.
Se dit d'une peinture ou d'un revêtement d'aspect mat, dont l'état de surface ou la texture rappellent, au toucher, ceux du velours.

VELUM n.m.
Toile tendue à une certaine distance d'un plafond, pour en diminuer la hauteur.

VELUX n.m.
Marque commerciale de fenêtres* pour toits en pente.

VENT n.m.
La force exercée par les vents sur les baies, les toitures et leurs charpentes, est une contrainte importante dans certains sites, à prendre en compte dans les calculs de résistance. L'exposition aux ***vents dominants*** désigne la situation des façades, vitrages et toitures *au vent*, c'est-à-dire face aux vents les plus fréquents dans le site concerné.
Les parties opposées sont *sous le vent*.
Se reporter aux *Règles de Calcul Neige et Vent*.

VENTELLE n.f.
Ailette ou lamelle mobile et orientable d'un aérateur, d'un exutoire*, d'un régulateur de tirage, d'une bouche d'air, d'une grille de ventilation...

VENTILATEUR n.m.
Dispositif mécanique à ailettes, qui imprime à l'air ou à tout autre fluide gazeux une dépression permanente provoquant leur mouvement.
On l'utilise en conditionnement d'air (aérothermes, séchoirs, climatiseurs, etc.) et en ventilation des locaux, pour évacuer l'air vicié ou insuffler l'air frais, ou encore pour le brassage de l'air à l'intérieur d'un local.
On distingue les ***ventilateurs hélicoïdes***, à pales en hélice, à gros débit mais à faible pression, et les ***ventilateurs***

ventilateurs

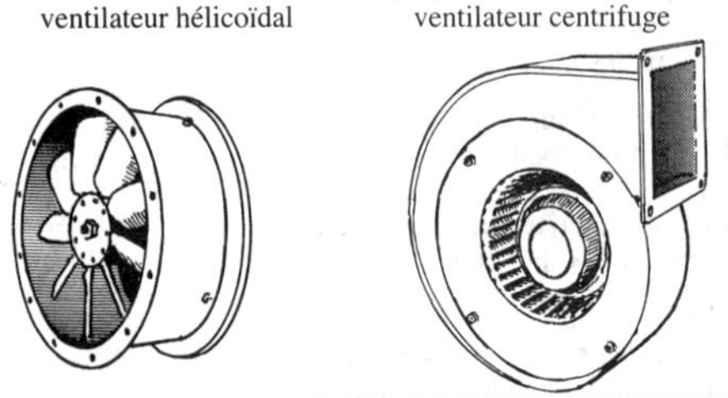

centrifuges, dont la turbine (*rotor**) enfermée dans un *stator** en coquille donne une forte accélération à l'air et permet à la fois un gros débit et une forte pression (V.ill).
Ces deux systèmes sont parfois associés, dans le ***ventilateur hélico-centrifuge***, dit ***axial***.
Les ventilateurs de tirage ou de désenfumage sont placés en tête des conduits de fumée ; la rotation des plus simples est assurée par l'action du vent sur des pales externes qui entraînent un ventilateur hélicoïdal à l'orifice du conduit.
Les ***ventilateurs-aérateurs*** servent, en ventilation mécanique contrôlée, à extraire et à rejeter vers l'extérieur l'air vicié, créant ainsi un appel d'air qui, par dépression, provoque l'introduction d'air frais par des entrées d'air* en façade.

VENTILATION n.f.
1/CLIM.: ensemble des dispositions et équipements qui facilitent l'aération des locaux, c'est-à-dire l'évacuation de l'air vicié et son renouvellement par de l'air frais.
Le principe consiste à faire entrer l'air frais par les pièces principales en façade et à l'évacuer par les pièces de service (salles d'eau, cuisine), par des gaines de ventilation verticales débouchant en toiture. Voir les DTU 68.
Un arrêté donne les valeurs de débit-type suivantes (applicables en cas de VMC-gaz) : un débit pour les entrées d'air de 30 m^3/h par pièce principale, jusqu'à 18m^2 de surface, et double pour les pièces de plus de 18 m^2.

Débit pour les sorties d'air :

- pour les cuisines, de 45 à 90 m^3/h pour un logement jusqu'à 3 pièces principales, et 60 à 120 m^3/h pour plus de 3 pièces.
- pour salles d'eau et WC, de 15 à 30 m^3/h selon la taille du logement.
- pour les locaux avec appareil à gaz non raccordé, minimum 60 m^3/h.

On distingue, de façon générale :
-la ***ventilation naturelle***, ou *aération* naturelle,* assurée par des équipements statiques : d'une part des *amenées* d'air (aérateurs, prises d'air), d'autre part des évacuations (conduits verticaux à tirage naturel) qui utilisent l'effet de convection* (prises d'air en partie basse, évacuation de l'air vicié en partie haute), d'autre part les appels d'air des conduits de cheminées ou des hottes.
Ce tirage thermique naturel a l'inconvénient d'être perturbé en cas de vents violents (refoulements, bruit et débit excessif des entrées d'air extérieur froid). Les exigences d'isolation thermique, et les risques de condensation qui en découlent, rendent souvent insuffisante cette ventilation naturelle, et ont conduit au développement de l'extraction mécanique.

-la ***ventilation mécanique*** désigne tout dispositif comportant au moins un équipement motorisé d'évacuation (aspirateur, extracteur, ventilo-aspirateur...), ou d'insufflation forcée d'air frais.

Ventilation mécanique contrôlée, ou **VMC**. Développée surtout à la suite de l'arrêté du 24 mars 1982, visant à réduire la consommation d'énergie des logements tout en préservant le confort, par une ventilation minimum et permanente.

Dans la VMC ***à simple flux***, l'air frais est introduit dans les pièces principales (séjour, chambres) par des bouches d'entrée d'air à débit réglable, en principe au-dessus des baies

(menuiseries extérieures à étanchéité améliorée). Le flux d'air introduit circule vers les pièces de service - des orifices dans les cloisons permettant la circulation même si les portes intérieures sont fermées.
Peu à peu chargé d'humidité, fumées, poussières, l'air est extrait en plafond des locaux de service par l'aspiration d'un ventilateur dont le fonctionnement est asservi à une régulation de débit ; celle-ci corrige les variations aléatoires de la ventilation naturelle.
Un échangeur peut permettre de récupérer la chaleur acquise par l'air extrait, afin de réchauffer l'air frais extérieur avant de l'insuffler dans les locaux par un autre ventilateur : c'est le système de VMC dit ***double flux***.

On peut aussi rentabiliser la différence de température entre l'air frais extérieur et l'air extrait par l'installation d'une pompe* à chaleur air-air.

La ventilation mécanique contrôlée est dite ***VMC -Gaz*** si un appareil de combustion à gaz (chauffe-eau, chaudière...) est raccordé à la VMC pour l'évacuation de ses gaz brûlés.
Les débits de la VMC-gaz doivent être calculés selon la puissance de l'appareil ; des dispositifs de sécurité doivent lui être associés, tels que des bouches d'extraction à clapet pare-flammes, et coupure automatique d'arrivée du gaz en cas d'arrêt du ventilateur-extracteur. Voir le DTU.

2/COUVERT.: pour un couvreur, la ventilation est le mouvement d'air permanent à la sous-face des matériaux de couverture, indispensable pour la conservation des supports en bois, et l'évacuation de la condensation.
Cette ventilation est assurée par des éléments de couverture à orifices, tels que les closoirs* spéciaux, ou les chatières*. Un espace de 3 cm au moins doit être ménagé entre la sous-face des tuiles et les isolants - ou les panneaux de sous-toiture.

3/PLOMB.-SANIT.: la ventilation est l'évacuation vers l'extérieur, au-dessus des toitures, des effluves* des

Procédés de VENTILATION MÉCANIQUE

Important : l'air doit pouvoir circuler facilement au bas des portes de communication ; si possible, encastrer des petites grilles d'aération.

VMC à simple flux

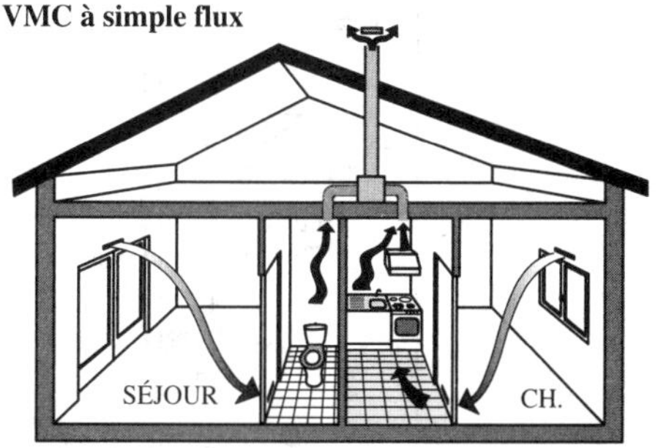

VMC à double flux

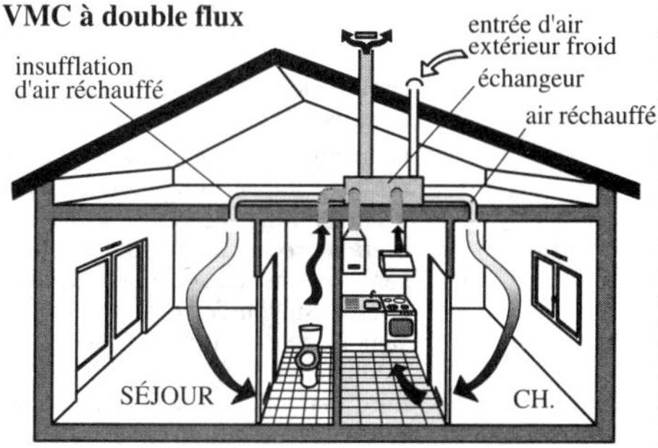

VMI
(à insufflation d'air non réchauffé)

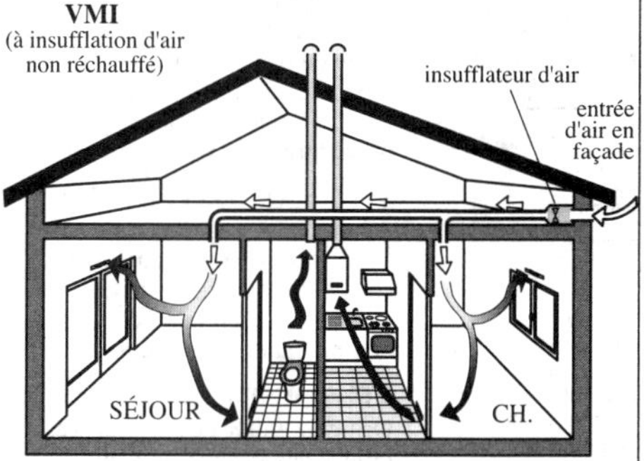

VENTILATION sanitaire

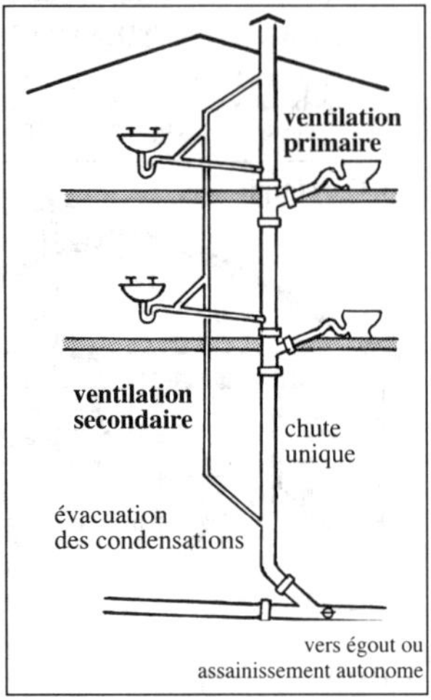

égouts, des chutes et descentes des eaux usées et eaux-vannes.

On distingue les ***ventilations primaires***, qui équipent obligatoirement toutes les chutes et descentes, et les ***ventilations secondaires*** qui, raccordées sur les premières, sont des prises d'air pour les siphons, évitant ainsi leur désamorçage par l'aspiration créée dans la chute (V.ill). Ce dispositif, obligatoire pour tous les appareils autres que les WC raccordés sur chute unique, et si plusieurs appareils sont branchés sur une même dérivation d'évacuation, a été remis en question dans le cadre du récent DTU.

NB- Les chutes uniques sans ventilation secondaire sont soumises à la procédure de l'Avis* Technique.

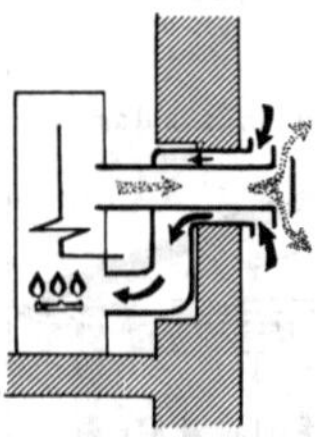

ventouse
dite à double effet, ou schnoerkel : elle alimente en air comburant un appareil à gaz, et évacue les gaz brûlés.

VENTILO-CONVECTEUR n.m.
Appareil de chauffage par convection*, ou de conditionnement d'air, équipé d'un ventilateur électrique accélérant la circulation et la diffusion de l'air chauffé dans le local.

VENTOUSE n.f.
Orifice d'entrée de l'air frais vers l'intérieur des locaux, ou d'alimentation directe en air d'un appareil de chauffage *raccordé*.
La ventouse ***à double effet***, ou *schnoerkel**, comporte une évacuation simultanée des gaz brûlés (V.ill).
Élément de tuyau qui traverse les maçonneries pour alimenter en air un foyer de cheminée*, une chaudière*, un chauffe-eau à gaz.

VENTRE n.m.
1/MAÇONN.: partie d'un mur qui s'avance en saillie anormale, hors de son aplomb ; le mur *fait ventre*.

2/PHYS.: point d'amplitude maximale d'un phénomène ondulatoire.

VENTRIÈRE n.f.
Poutre utilisée pour consolider une paroi de palplanches*.

VENTURI n.m.
Le *tube* de Venturi, dit *Venturi*, est un appareil à membrane souple pour la mesure du débit des fluides gazeux ou liquides, par la dépression que leur flux provoque sur la membrane.
On utilise ce dispositif, par exemple, dans le chauffe-eau instantané, pour déclencher et régler le débit de gaz par l'action du débit d'eau de puisage.

VÉRANDA n.f.
Galerie couverte en construction légère, rapportée en saillie le long d'une façade, et pouvant être fermée pour servir de serre, jardin d'hiver..

VÉRANDALISTE n.m.
Néologisme désignant parfois le fabricant ou l'installateur de vérandas.

VERBOQUET n.m.
Cordage utilisé pour guider un fardeau pendant son levage, de façon à éviter qu'il tournoie sur lui-même, ou qu'il heurte les façades ou les échafaudages.

VERDUNISATION n.f.
Stérilisation de l'eau par adjonction de faibles quantités de chlore (1/10e de mg par litre, soit 20 fois moins que pour la *javellisation*).

VERGE n.f.
1/ Tringle ou barre métallique de faible section (env. 1 à 3 cm^2).

2/ Baguette de plomb rainurée dans laquelle on sertit les morceaux de verre d'un vitrail*.

3/ Tige-pivot d'une girouette*.

4/ Partie principale, striée ou piquée, d'une lime* ou d'une râpe*, par opp. à la *soie**.

VERGELÉ ou **VERGELET** n.m.
Pierre calcaire à gros grain, utilisée dans la région parisienne.

VERGETTE n.f.
Petite baguette de métal qui arme ou soutient un panneau de vitrail*.

VERGURE n.f.
Petites ondulations affectant le plan de fissilité* d'un bloc ardoisier.

VÉRIFICATEUR n.m.
1/ Professionnel du contrôle des mémoires, et de leur conformité avec les travaux exécutés, pour le compte des architectes ou des maîtres d'ouvrage. V. aussi Métreur.

2/ Le ***vérificateur de tension*** est un petit appareil portatif d'électricien, souvent en forme de tournevis, avec lequel on vérifie que les circuits ou les appareils sont sous tension.

VÉRIN n.m.
1/ Petit dispositif de réglage de hauteur des cloisons légères ou dalles amovibles de sol sur plots, composé d'un socle et d'un système à vis.

2/ Appareil puissant de levage ou de poussée directionnelle.
On distingue les ***vérins hydrauliques*** (piston mû dans un cylindre par pression d'huile), les ***vérins pneumatiques*** (à pression d'air comprimé) et les ***vérins à vis***, électriques ou manuels, sur le principe du *cric* des voitures.

En précontrainte*, on utilise aussi des ***vérins plats***, pour la mise en tension des câbles.

VERMICULAIRE adj.
Qualifie une galerie de vers xylophage*, ou un ornement sinueux, tortillé comme un vers.

VERMICULAGE n.m.
Façon de vermiculures sur un parement de pierre ou un bossage*.

VERMICULE n.m.
ou **VERMICULURE** n.f.
Motif d'ornement et de parement des pierres, rappelant l'aspect sinueux des galeries de vers dans le bois (V.ill. à Bossage).

VERMICULITE n.f.
Variété de mica feuilleté qui s'expanse, par déshydratation à chaud, en paillettes épaisses et légères, aux formes sinueuses.
Ininflammable et imputrescible, la vermiculite ainsi expansée est utilisée d'une part en vrac, comme isolant thermique, d'autre part comme charge* minérale inerte dans des bétons et mortiers allégés.

VERMOREL n.m.
Appareil portatif à cuve dorsale et pompe à bras, pour la pulvérisation en brouillard des liquides.

VERMOULU adj.
Se dit d'un bois dégradé ou détruit par les insectes xylophages*.

VERMOULURE n.f.
Fine sciure de bois que les larves d'insectes xylophages* laissent derrière elles et qui garnissent leurs galeries.

VERNIER n.m.
Règle de calcul droite, à élément coulissant, ou circulaire, à plaquette pivotante, utilisée pour déterminer avec précision les décimales des mesures et fractions.

VERNIR v.tr.
Revêtir d'un vernis.

VERNIS n.m.
Solution d'huile siccative* ou de résine* dans un solvant, avec adjonction éventuelle de diluants, plastifiants...

Le vernis, qui se distingue des peintures par sa transparence, permet de réaliser des revêtements filmogènes* durs, lisses, et en général brillants.

Un ***vernis à l'huile***, ou ***vernis gras***, est composé d'huiles siccatives*, sans résines.
Un ***vernis à l'alcool*** est la dissolution d'une résine végétale (copal, gomme laque) dans l'alcool.

Un ***vernis cellulosique***, composé d'acétate ou de nitrate de cellulose et d'un solvant volatil*, présente une certaine souplesse.

Un ***vernis glycérophtalique***, ou ***alkyde****, est composé d'une résine de synthèse (du type *glyptal*) et d'huiles siccatives.
De nombreux vernis sont fabriqués à partir des résines de synthèse.
Ils peuvent avoir diverses fonctions spécifiques : anticryptogamiques*, antigraffiti*, antisolaire (vitrages), ignifuge, hydrofuge, vitrificateur...

VERNISSAGE n.m.
Application d'un vernis.

VERNISSÉ adj.
Se dit de briques et de tuiles dont la surface, émaillée avec un émail plombifère, a un aspect verni.

VERNISSEUR n.m.
Spécialiste des vernissages.

VERRANNE n.f.
Fibre de verre filée, très fine.

VERRE n.m.
Matière dure, transparente et amorphe* obtenue par fusion puis refroidissement d'un mélange :

- de sable de ***silice***, dit *corps vitrifiant*, pour 68 à 72%,

- de ***soude*** (carbonate et sulfate de sodium), pour son rôle de *fondant*, pour env. 14%,

- de ***chaux***, sous forme de calcaire, comme *stabilisant*, pour env. 10%,

- d'***oxydes*** tels que l'alumine ou la magnésie, qui améliorent les caractéristiques mécaniques du verre,

- éventuellement, d'oxydes métalliques de coloration dans la masse.

Caractéristiques mécaniques :
- ***Densité*** : voisine de 2,5, soit, pour un vitrage plan, une masse de 2,5 kg par m^2 et par mm d'épaisseur.

- ***Dureté*** : sa dureté superficielle est de 6,5 dans l'échelle* de Mohs.

- ***Résistance à la flexion*** : la résistance à la rupture en flexion est de l'ordre de 400 daN/cm^2 pour les vitrages polis recuits, et de 1 200 à 2 000 daN/cm^2 pour la glace trempée (selon façonnage des bords).

Caractéristiques photométriques :
- ***Indice de réfraction****: l'indice n, par comparaison avec l'air (indice 1), est égal à 1,52.

- ***Facteur* de transmission lumineuse*** (FTL) : pour une vitre plane de 6 mm d'épaisseur, ce facteur est d'env. 0,9 ; pour les vitrages isolants (bronze ou gris), il peut être < 0,5.

- ***Facteur de réflexion lumineuse*** (FRL) : proportion de lumière incidente réfléchie par un vitrage ; de 0,08 à 0,1 pour les vitrages courants, à 0,40 pour certains vitrages très réfléchissants (type *Antelio*).

- ***Facteur de lumière du jour*** ou *facteur de jour* (FJ) : rapport entre l'éclairement disponible en un point donné à l'intérieur d'un local et l'éclairement extérieur. Il est directement lié au facteur de transmission lumineuse du verre.

- ***Facteur solaire*** (FS) d'un vitrage : rapport entre l'énergie totale entrant dans le local à travers ce vitrage et l'énergie solaire incidente. Le facteur solaire est de 0,2 à 0,5 pour un vitrage réfléchissant, 0,75 pour un vitrage isolant, 0,9 pour une vitre.

Caractéristiques thermiques :
- ***Chaleur massique*** :
C = 795 J/kg.°C = 0,22 Wh/kg.°C.

- ***Coefficient de conductivité thermique***: 1,10W/m^2.°C , soit environ 1 kcal/h.m^2.°C.

- ***Coefficient de transmission thermique utile***, pour un vitrage dont une face donne sur l'extérieur :
$K = 5{,}7 W/m^2.°C = 4{,}9\ kcal/h.m^2.°C$.

- ***Dilatation linéaire*** : aux températures usuelles, le coefficient est égal à 9×10^{-6} : une élévation de température de 100°C a pour effet une dilatation approximative de 1 mm par mètre (soit environ 2/3 du coefficient de dilatation de l'acier et des bétons, 2/5e de l'aluminium, et 1/8e du PVC).

- ***Comportement à la chaleur et au feu*** : le verre a une parfaite inertie au feu (il est classé M.0). Par contre, il casse sous l'effet de chocs thermiques soudains (*casse thermique*) ; ce phénomène est atténué par le *trempage* du verre.

Principaux produits verriers.
Les produits verriers utilisés dans le bâtiment peuvent être classés en :

1/ Verre plat, verre à vitres* et à glaces*. Il est soit ***étiré,*** par étirage mécanique vertical, surtout sous forme de verres à vitres, soit ***coulé*** en glaces* sur tables horizontales, ou par la technique du *float-glass**.
Épaisseurs : V. au mot *Vitrage*.
NB- La différence entre *verre plat* et *glace* tient au fait que cette dernière subit, après la coulée, un aplanissage de ses faces destiné à les rendre rigoureusement planes et parallèles.

Parmi les **variantes** du verre plat :
• le ***verre armé*** (translucide, à faces non polies) et la ***glace armée*** (à faces planes polies), qui comportent une armature en grillage ou treillis métallique prise dans l'épaisseur du verre ; ses principales applications sont les verrières et marquises, les portes, et des parois verticales vitrées "pare-flamme" dans les circulations de bâtiments recevant du public.

• le ***verre feuilleté***, verre antichocs constitué de deux ou trois feuilles de verre recuit ou trempé entre lesquelles sont prises en sandwich une ou plusieurs feuilles plastiques (butyral de polyvinyle PVB, ou résines métacrylates). Pour les locaux scolaires et locaux recevant du public, la protection contre le vandalisme, les effractions et, en feuilletage multiple, contre les armes à feu.

• le ***verre trempé*** (durci par refroidissement rapide, qui fige les faces externes puis l'intérieur) ; le trempage améliore la résistance mécanique et la tenue aux chocs thermiques, et donne un verre qui se brise en petits fragments peu coupants (Verres de type *Emalit* ou *Sécurit*).

• les ***verres translucides***, verres coulés à légers reliefs, et verres coulés traités dans la masse ou en surface pour ne pas être transparents (verres dits cathédrale*, dépoli*, opale, strié*, mousseline*, etc.).

• les ***verres de protection solaire*** (glaces teintées dans la masse) et verres à couches semi-réfléchissantes, destinés à l'amélioration du confort visuel, et à l'abaissement des coûts de conditionnement d'air.

• les ***verres réfléchissants*** (glaces à *effet miroir*), obtenus par dépôt sur une glace claire ou teintée d'une couche d'argent (argenture*), de cuivre, d'or ou d'acier, et d'une ou plusieurs couches de protection.

• les ***verres soufflés***, verres décoratifs teintés dans la masse et formés par soufflage, caractérisés par des inclusions gazeuses (*verre soufflé bulbeux*), par leurs irrégularités (*verres cordelés, verres à vitraux*).

2/ Verres moulés, sous forme d'éléments translucides, briques* ou pavés*, avec lesquels on compose des parois maçonnées, sous forme de dalles et tuiles* de verre, ou de petits éléments colorés de mosaïque*.

3/ Verre expansé sous forme de granulats et de mousses de verre cellulaire ; inerte et léger, il constitue un bon isolant thermique.

4/ Verre filé, ou ***fibre de verre*** ; verre étiré en fils de 20 à 25 μm de diamètre, enchevêtré sous forme de laine de verre, ou de roving*, ou tissé en mat* de verre, calicots* de pontage, tissu de verre, etc. Citons enfin le ***verre catathermique***, qui arrête le rayonnement infrarouge, et le ***verre organique***, qui désigne parfois un matériau transparent comme le verre, mais constitué de matières plastiques.

Les **défauts du verre** :
- le manque de dureté (*casilleux**),
- le manque de planéité de surface (*ondes, bassins, fils, filets, griffes, stries, martelage, peaux d'orange*),
- les amorces de rupture et éclats (*épaufrures, écailles, araignées*),
- la présence d'inclusions gazeuses (*bulles, bouillons, points, puces...*),
- la présence de taches ou zones localisées plus ou moins opaques, en général liés à des défauts de cuisson (*irisations, grains, larmes*).

Voir aussi à Glace, Brique, Pavé, Vitre, Vitrage.

VERRIER n.m. et adj.
Fabricant de composants et matériaux en verre. Qui concerne le verre, qui est en verre : *produit verrier*.

VERRIÈRE n.f. (autref. ***Verrine***)
Châssis vitré ; toiture vitrée d'un vaste local. Peut désigner aussi une grande paroi verticale vitrée, ou un grand vitrail.

VERROU n.m.
Dispositif de condamnation d'une porte ou d'une fermeture.

Le verrou ordinaire est une serrure sans clef, à déplacement manuel d'un pène* vers une gâche* ou un mentonnet*; si le pène est une simple tige, ce verrou est dit *targette**.

-Le ***verrou à boîte*** ou ***à baïonnette*** (V.ill), à tige méplate ou demi-ronde, est placé verticalement en haut et en bas du vantail d'une porte à plusieurs battants qui ne porte pas de serrure ou de bec*-de-cane.

-Le ***verrou à coquille***, ou *à bascule** (V.ill), est lardé dans l'épaisseur du chant d'un vantail.

-Le ***verrou de sûreté*** est en fait une serrure actionnée par un bouton du côté intérieur, et par un canon à clef du côté extérieur. Il est dit *à double entrée* s'il peut être manoeuvré par la clef des deux côtés.

VERROUILLAGE n.m.
1/ Condamnation d'une fermeture par un verrou ou une serrure à clef.

2/ Dispositif de sécurité empêchant le fonctionnement accidentel ou intempestif d'un appareil.

3/ Blocage de deux pièces par une troisième qui les solidarise.

VERSANT n.m.
Pan* de toiture ou ensemble de pans de toiture présentant une même orientation*: dans un toit à la Mansart, chaque versant est composé de deux pans.

VERROUS

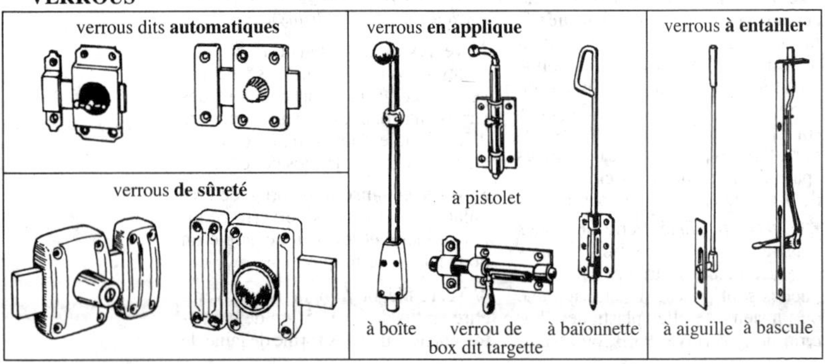

VERSEAU n.m.
Pente donnée à la partie supérieure d'un bandeau* ou d'un entablement*, lorsqu'ils ne sont pas couverts ou protégés par une bavette*.

VERT n.m. et adj.
Mélange de jaune et de bleu ; selon les proportions d'oxydes métalliques, on obtient les verts *anglais*, *cinabre*, *olive* ou *de chrome*.

Une ***pierre verte*** est une pierre extraite de sa carrière depuis peu.

VERT-DE-GRIS n.m. invar.
Oxyde vert qui se forme sur le cuivre, à l'humidité, sous l'action du gaz carbonique de l'air.

VERT-DE-GRISER (Se —) v.pr.
Parlant du cuivre ou de ses alliages, c'est se couvrir de vert-de-gris.

VERTENELLE, VERTERELLE ou **VERTEVELLE** n.f.
Collier ou piton à deux pattes latérales formant la gâche* ou le picolet* d'un verrou ou d'une targette*.

VERTICAL adj.
Qualifie tout ce qui est parallèle à la direction du fil à plomb, et donc perpendiculaire au plan horizontal.

VERTICALITÉ n.f. État de ce qui est vertical, d'aplomb*.

VÉSICULE n.f.
Cloque de peinture ou d'enduit fin, formant une poche de solvant.

VESPASIENNE n.f.
Édicule construit sur la voie publique pour abriter des urinoirs*.

VÊTAGE n.m.
Procédé ancien de revêtement mural extérieur constitué d'éléments manufacturés en plaques ou panneaux, fixés sur le support par des moyens mécaniques, mais sans ossature intermédiaire (contrairement au bardage*); on obtient un ***vêtage isolant*** en interposant, entre le mur et les éléments du vêtage, un isolant thermique préalablement fixé ou collé sur le support, ou maintenu en compression par le vêtage.

VÊTURE n.f.
Revêtement* des murs extérieurs des bâtiments, sous forme de panneaux ou plaques manufacturés solidaires d'un isolant thermique (en général du polystyrène expansé).
La *peau* formant parement peut être en matériaux divers : métal laqué, aluminium, céramique, ardoise, fibres-ciment, polyester, pierre naturelle ou reconstituée, au dos desquels est contrecollé un matériau isolant.
Les éléments, dont les chants sont souvent à emboîtement, sont posés par fixation mécanique (vis traversantes chevillées, pattes d'ancrage ou profilés-supports), ou, plus rarement, par collage avec un mortier adhésif.
Les vêtures relèvent de la procédure d'Avis* Technique.

VIABILISATION n.f.
Ensemble des travaux de préparation d'un terrain à bâtir, concernant la voirie* et les accès, ainsi que les raccordements aux réseaux publics

exemple de vêture parmi les nombreux systèmes possibles de fixation, d'emboîtement et de parement intégré en métal, céramique, pierre reconstituée, ardoise, etc.

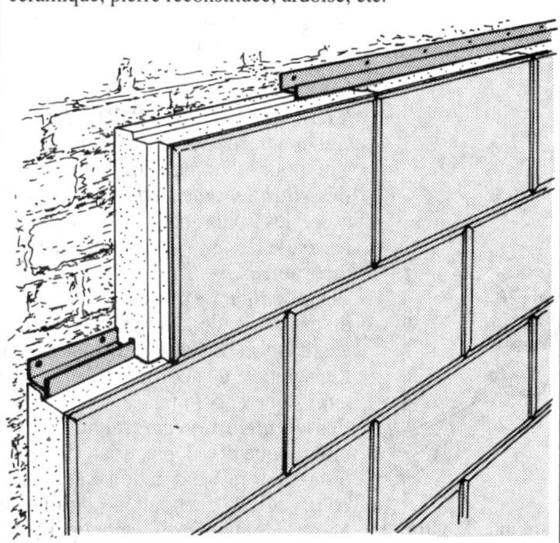

de distribution souterraine (eau, éventuellement gaz et électricité), et d'assainissement (égouts).
Après ces travaux de ***viabilité***, le terrain est dit ***viabilisé***.

VIBRAGE n.m.
Petites secousses alternatives répétées, de faible amplitude* et de plus ou moins grande fréquence*, affectant un milieu quelconque. Transmission de vibrations à la masse d'un matériau ; le ***vibrage du béton****, ou ***vibration du béton***, consiste à le fluidifier pour le compacter dans ses coffrages ou ses moules en le soumettant, avant sa prise, aux vibrations communiquées par des appareils appropriés (V. *vibrateur**).
Le vibrage fluidifie le liant, par thixotropie*, facilitant le garnissage contre les parois, dans les angles et dans les cavités ; surtout, il facilite l'enrobage complet des granulats et la remontée en surface des bulles et inclusions d'air, améliorant ainsi la compacité des *bétons vibrés*.
Il permet de préparer les bétons avec un moindre dosage en eau de gâchage, ce qui améliore leur résistance et diminue le retrait.

VIBRATION n.f.
Désigne aussi le vibrage, c'est-à-dire la création de micro-secousses et leur propagation.

VIBRATEUR ou **VIBREUR** n.m.
Générateur de vibrations ; on distingue, pour le vibrage des bétons :
-les ***vibrateurs de surface***, taloches* et règles* vibrantes, utilisées pour les dalles*, les radiers* et chapes* incorporées.
-les ***vibrateurs externes*** qui, fixés en divers points de la surface extérieure des banches métalliques, font vibrer l'ensemble du coffrage en même temps que le béton.
-les ***vibrateurs internes***, aiguilles* vibrantes que l'on déplace dans le béton frais ; leur rayon d'action étant assez court (env. 25 cm pour une aiguille de 55 mm de diamètre), cette opération doit être faite avec soin, sans négliger aucune zone, mais sans insister outre mesure.
-les ***supports vibrants***, ou *tables* vibrantes*, utilisés pour la préfabrication de pièces en béton moulé.

garniture de **vidage**

VIBREUR n.m.
Pièce d'un vibrateur qui provoque le mouvement de vibration, en général par rotation rapide d'une petite masse excentrée sur un axe.

VIBROFLOTTATION n.f.
Tassement artificiel des sols par damage vibrant, pour améliorer leur compacité et leur portance.

VIBROFONÇAGE n.m.
Procédé d'enfoncement des pieux et palplanches dans les terrains meubles, par vibration.

VIBROMOULEUSE n.f.
Machine de fabrication répétitive de pièces de béton, assurant à la fois le moulage, la vibration, et les opérations de démoulage.

VICE n.m.
Défaut grave de conception ou de mise en oeuvre, affectant un ouvrage ou un bâtiment.
Le ***vice caché*** est celui qui ne peut être détecté par une inspection externe des ouvrages terminés.
Le ***vice de construction*** est celui qui, par suite de l'inobservation des règles* de l'art, DTU*, ou cahier* des charges, compromet la stabilité ou la durabilité d'un bâtiment.
Même en l'absence de défauts de conception de la part du maître d'oeuvre, sa responsabilité est souvent retenue par la jurisprudence, solidairement avec celle de l'entreprise, les tribunaux considérant le devoir de surveillance permanente des travaux qui lui incombe.

VICIÉ (air —) adj.
Air impropre à une respiration saine et confortable, du fait de sa teneur en gaz carbonique ou en fumées.

VIDAGE n.m.
Dispositif d'évacuation des eaux d'un appareil sanitaire, et commande de son mécanisme à bonde* mobile (V.ill).

VIDANGE n.f.
1/PLOMB.-SANIT.: action d'évacuer les liquides contenus dans un réservoir, une fosse* septique, un appareil sanitaire, etc. Ensemble des chutes* et canalisations d'évacuation des eaux usées et des eaux-vannes* jusqu'aux égouts collecteurs.

2/TERRASS.: évacuation des matériaux de déblai* des fouilles ; par extension, désigne aussi les matériaux excavés.

3/ Désigne aussi les déchets inutilisables d'une carrière d'ardoises.

VIDANGES n.f.pl. Matières extraites d'une fosse septique.

VIDE n.m.
Tout espace qui, dans un ensemble architectural, n'est pas occupé par les matériaux de construction ; en particulier, désigne une ouverture ou une baie ménagée dans une façade : la répartition harmonieuse des *vides* et des *pleins* est une composante du style architectural.

-***Vide d'air*** : désigne parfois un volume d'air encloisonné, une lame* d'air immobile entre deux parois.

-***Vide d'escalier*** : jour* central, ou lumière*, ou lunette* d'un escalier.

-***Vide sanitaire*** : dans les constructions qui ne comportent pas de sous-sol, le vide sanitaire est un volume d'au moins 20 cm de hauteur, ménagé entre les planchers bas du rez*-de-chaussée et le sol naturel, pour isoler ces planchers du sol et éviter les remontées d'humidité ; tout vide sanitaire doit comporter, à sa périphérie, quelques orifices grillagés assurant une ventilation modérée.
Malgré leur surcoût par rapport aux constructions en terre-plein*, les vides sanitaires sont indispensables sur les sols humides ou perméables, qui tendent à se gorger d'eau.
Pour être dit ***vide accessible***, le vide sanitaire doit d'une part comporter un accès d'au moins 0,6 m^2, dont la plus petite dimension a au moins 0,60 m., d'autre part présenter une hauteur libre partout d'au moins 0,60 m.

Dans l'habitat collectif et le tertiaire, la hauteur libre doit être portée, par des tranchées techniques, à 1,30 m au droit des canalisations, et à 1 m au moins sous les saillies linéaires de gros oeuvre non porteuses de canalisations.

-***Vide technique*** : vide sanitaire renfermant des équipements techniques, et dont l'accès fréquent est facile pour les services de maintenance ou de réparation.

-***Pousser au vide*** : c'est, pour une maçonnerie, prendre une inclinaison ou une courbure (*ventre*) qui compromet sa stabilité.

-***Vide pour plein*** : dans le calcul d'un métré d'enduit ou de peinture, évaluation simplifiée des surfaces des façades sans déduire les surfaces des ouvertures, considérant que les retours* en tableau* de ces dernières compensent les surfaces des baies elles-mêmes.

-***Tant plein que vide*** : se dit de la disposition d'éléments pleins, tels que des solives* ou des trumeaux*, telle que leur espacement soit égal à leur largeur.

VIDE-ORDURES n.m. invar.
Conduit vertical lisse, de section circulaire, établi dans une *gaine* (ou *colonne de v.o.*), et ouvrant à chaque étage sur un *vidoir** dans lequel on déverse les ordures ménagères, qui sont recueillies dans les poubelles ou récipients de collecte disposés, à la base du conduit, dans un local dit *logette*. Le faîte du conduit doit comporter une ventilation (aspirateur statique) ; le conduit doit être muni d'un dispositif de ramonage d'accès facile, permettant le dégagement d'éléments coincés.
On distigue le vide-ordures individuel

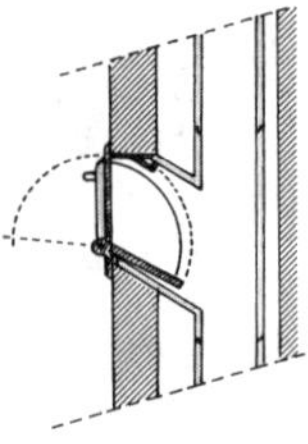

vidoir
de vide-ordures

vidoirs sanitaires
(doc. JACOB DELAFON)

vilebrequin
à cliquet

(un vidoir par logement) et le vide-ordures collectif (un vidoir par palier). Syn.: *dévaloir* (Suisse).
Conception installation : V. le DTU.

VIDOIR n.m.
1/ Trappe basculante fermant l'accès à un conduit de vide-ordures*, et formant réceptacle de façon à limiter le volume des ordures qui y sont déversées. Syn.: *trappe de déversement.*

2/ Bac mural d'évacuation de liquides divers, installé en particulier dans les hôpitaux (vidage des bassins) et les laboratoires (V.ill).

VIE n.f.
La ***vie en pot*** d'un mélange à deux composants est la durée pendant laquelle ce mélange est utilisable, à partir du moment où les deux composants sont mélangés. Syn.: *pot-life.*

VIEILLI adj.
Se dit d'un matériau auquel on a donné, artificiellement, une patine* ou une apparence ancienne.

VIEILLISSAGE n.m.
Action de donner un aspect ancien.

VIEILLISSEMENT n.m.
Altération ou dégradation des propriétés d'un matériau ou d'un ouvrage sous l'action des contraintes physiques, des agressions chimiques ou des intempéries : *résistance au vieillissement.*

VIF, VIVE adj.
1/ Les bois avivés* et pierres équarries* sont dits ***à vives arêtes*** lorsque leurs arêtes sont bien nettes, rectilignes et sans épaufrures*.

2/ La ***chaux vive*** est l'oxyde de calcium anhydre (CaO) : V. Chaux.

3/ Les pierres de taille sont dites ***à joints vifs*** si elles sont montées sans mortier de liaison. La pose *à joints vifs* d'un carrelage est la pose des éléments bord à bord, sans jointoiement* (mode de pose déconseillé).

VILEBREQUIN n.m.
Outil manuel de perçage des bois, de la pierre ou des métaux, composé d'une manivelle munie d'un porte-mèche à clé de serrage ou à cône* Morse, ou d'un mandrin* (V.ill).

VINGTAINE n.f.
Corde de moyenne grosseur, utilisée surtout comme verboquet*.

VINYL-AMIANTE n.m.
Mélange semi-rigide de résine vinylique et de fibres d'amiante, longtemps utilisé sous forme de dalles plastiques minces de 30 x 30 cm, pour le revêtement des sols, jusqu'à l'interdiction d'emploi de l'amiante*.

VINYL-EXPANSÉ-RELIEF
(**VER**) Tapis vinylique expansé, aussi nommé *cushion-floor**.

VINYLE n.m.
Radical éthylénique que l'on trouve dans tous les composés vinyliques.

VINYLIQUE adj.
Qualifie une famille de résines* thermoplastiques*, dont les principales sont l'*éthyl-vinyl-acétate* (**EVA**) et l'*acétate de polyvinyle* (**PVA**).

Économiques mais peu résistantes à l'humidité, on les utilise sous forme d'adhésifs et colles à bois, à froid, en émulsion aqueuse ou en dissolution. On en fait aussi des verres organiques, des gaines et isolants électriques, des peintures pour l'intérieur, apprêts, enduits garnissants, etc.

VIOLE n.f.
Sorte de cric léger à crémaillère utilisé par les charpentiers pour la mise en place des pièces lourdes.

VIRANT adj.
Syn. de *tors**, *vrillé* : bois virant.

VIRBOUQUET n.m.
Nom que donnent les couvreurs à une cheville avec laquelle ils arrêtent une corde nouée au sommet d'une flèche de clocher.

VIRER v.i.
Parlant d'une teinte*, c'est changer de couleur.

VIROLE n.f.
1/ Anneau métallique plat encerclant le manche d'un outil pour l'empêcher de se fendre.

2/ Bague plate ou manchon de métal, à l'extrémité d'un tube*.

3/ Cadre métallique circulaire scellé sur la maçonnerie d'un conduit de fumée, pour recevoir le tuyau d'un poêle, ou un tampon* de visite.

VIS n.f.
1/ARCHIT.: élément en hélice ; désigne en particulier ***l'escalier* à vis***, qui peut être *en vis à jour** (jour central), ou *en vis à noyau* plein*.
La ***vis de Saint-Gilles*** est un escalier dont le dessous des marches compose une voûte* rampante hélicoïdale.

2/QUINCAILL.: accessoire de fixation et d'assemblage composé d'une tige filetée légèrement tronconique (vis à bois) ou cylindrique (vis à métaux ou boulon*), et d'une tête rainurée qui reçoit l'outil permettant d'effectuer le vissage.
La vis est caractérisée ou définie par sa *destination* (vis à bois, à métaux) ; son *métal constitutif* (acier, fer électrozingué, laiton...) ; son *diamètre* et sa *longueur*, exprimés en mm ; la *forme de sa tête* (bombée, fraisée*, plate, en goutte de suif, carrée ou hexagonale (*tirefond**), en trompette, creuse à 4 ou 6 pans...; le type de fente de sa tête, simple ou cruciforme*; son *filetage**, triangulaire ou carré, et le pas* de ce filetage.
Une ***vis noyée*** est celle dont la tête, après vissage, ne fait pas saillie sur la surface concernée. Une ***vis pointeau*** est une petite vis cylindrique sans tête, utilisée pour le réglage précis de divers dispositifs.

Une ***vis sans fin*** est une tige cylindrique filetée, sans tête.

VISCOSITÉ n.f.
Aptitude d'une matière homogène, pâteuse ou fluide, à s'opposer à l'écoulement par gravité. En langage courant, on parle plus souvent d'*épaisseur*, de *consistance*.
Plus un matériau est visqueux (*épais*), plus la valeur de sa viscosité est élevée. De façon générale, les matières ont une viscosité d'autant plus faible que leur température est élevée (huiles, colles, produits bitumineux) ; les mesures de viscosité doivent donc mentionner à quelle température elles sont effectuées.
On distingue, en rhéologie* la ***viscosité dynamique*** (en poises*), pour le mouvement rectiligne d'un fluide, et la ***viscosité cinématique***, dont l'unité est le *stoke* (**St**) : viscosité d'un fluide en fonction de sa masse volumique.
Viscosité Brookfield : mode de mesure normalisé de la viscosité.

VIS

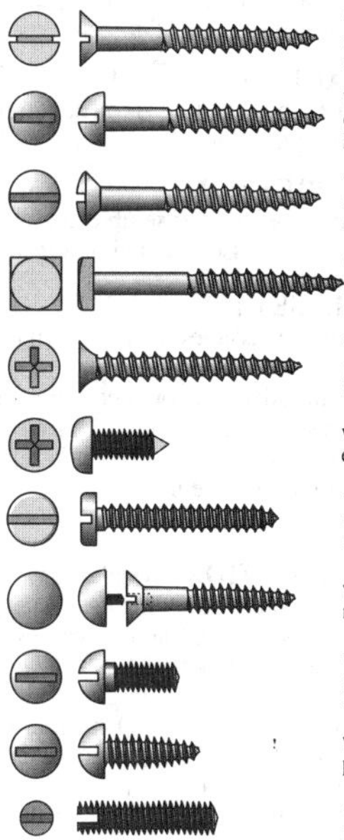

vis à tête fraisée : menuiserie, ferrages et pose de tous les articles de quincaillerie à trous fraisés ; longueur 6 à 160 mm.

vis à tête ronde : pose d'articles de quincaillerie à trous non fraisés ; longueurs 6 à 100 mm.

vis à tête fraisée bombée (dite ***goutte de suif***) : pose de plaques et quincaillerie décorative ; longueurs 8 à 60 mm.

vis à tête carrée, ou ***tirefond*** : fixations en charpente et couvertures (plaques ondulées) ; longueurs 20 à 200 mm.

vis autoperceuse à tête "*trompette*" : pour bois agglomérés et plaques de plâtre ; longueurs 25 à 140 mm.

vis à tête fraisée ou non, à tête bombée et à empreinte **cruciforme**, dite ***Philips***.

vis autoperceuse, dite ***Parker*** (têtes diverses, ici à tête plate) ; pour tôles métalliques et panneaux plastiques.

vis à tête à calotte : pour la fixation de miroirs et d'éléments décoratifs divers.

vis à métaux : nécessite un taraudage précis, comme pour les boulons*. Diverses formes de têtes.

vis à tôle : montage de capotages et de pièces de ferronnerie ou de quincaillerie.

vis pointeau, sans tête : mécanique, blocage de pièces pivotantes, bagues.

les empreintes des têtes de vis

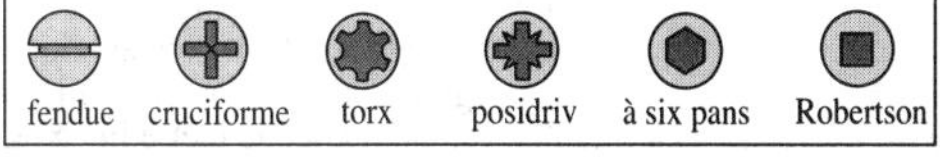

La référence est la viscosité de l'eau, qui vaut une *poise** (**P**) ; par exemple, la viscosité des colles courantes va de 80 à 300 poises.
-***Viscosité Engler*** : concerne les huiles, fiouls et produits pétroliers ; elle est exprimée en degrés Engler (**°E**), par rapport à l'écoulement de l'eau.

VISCOSIMÈTRE n.m.
Appareil de mesure des viscosités par la vitesse d'écoulement des fluides.

VISÉE n.f.
En topographie, action qui consiste à prendre un alignement optique, à travers une lunette à niveau, sur une mire. Sauf exception, les visées sont horizontales ; elles sont dites *visée avant* et *visée arrière* lorsqu'elles sont prises, par pivotement, suivant deux directions opposées.

VISSAGE n.m.
Action d'enfoncer une vis ou de serrer un écrou par rotation.

VISSERIE n.f.
Fabrique de vis ; ensemble des vis d'un ouvrage assemblé par *vissage*.

VISSEUSE n.f.
Appareil de vissage électroportatif ou à entraînement pneumatique.
Dispositif adaptable ou incorporé sur certaines perceuses, pour l'enfoncement des vis et, par inversion du sens de rotation, pour leur dévissage (*visseuses-dévisseuses*).

VISUALISATION (des glaces)
n.f. Apposition d'éléments visuels évitant de se heurter par inadvertance contre les grands vitrages.
Les vitrages et portes en glaces descendant à moins de 0,60 m du sol, et/ou montant au-dessus de 1,50 m, doivent porter un élément visuel :
-pour les ***portes***, motif opaque d'au moins 100 cm^2, à env. 1,50 m du sol, ou poignée sur platine couvrant au moins 400 cm^2 à un mètre du sol.
-pour les ***glaces fixes***, on applique cette règle des 400 cm^2 opaques à 1,00 m du sol, pour chaque mètre linéaire, ou la règle des 100 cm^2 à 1,50 m du sol par 1,5 ml de glaces.

VITRAGE n.m.
Ensemble des parois vitrées d'un bâtiment, d'un local, ou d'une baie.
Action de mettre en place les vitres.
Le choix d'un vitrage, ou d'un double vitrage, est fonction des caractéristiques attendues, concernant non seulement sa transparence à la lumière, mais aussi :
- son pouvoir d'*isolation thermique* (coefficient K du vitrage nu, pondéré en Kn pour tenir compte du matériau de la menuiserie d'encadrement : bois, PVC ou métal, avec ou sans rupture thermique) ;
- son aptitude à l'*atténuation phonique* des bruits aériens extérieurs (indice d'affaiblissement acoustique R, en dB(A) ;
- éventuellement, ses caractéristiques de *sécurité* (vitrages feuilletés, armés, antieffraction, antiprojectiles...) et de *protection solaire* (vitrages teintés dans la masse, avec une couche réfléchissante). V. le mot Verre.

Un vitrage est surtout caractérisé par son ***épaisseur*** :
les épaisseurs nominales des vitres en verre étiré pour pose encadrée sont de 2, 3, 4, 5 et 6 mm ; les épaisseurs des glaces* sont de 3, 4, 5, 6, 8, 10, 12, 15 et 19 mm.
Le vitrage isolant courant a de 14 à 20 mm d'épaisseur totale, comprenant une lame d'air intermédiaire de 6 mm (pouvant atteindre 12 mm).

Le **choix de l'épaisseur** dépend :
- de la surface du vitrage : des tables donnent les épaisseurs pour le cas général (longueur/largeur ≤ 3),
- de sa localisation (cas des vitrages fixes verticaux situés à moins de 5 m du sol, cas des vitrages descendant à moins de 0,9 m du sol, vitrines, etc.),
- de son exposition aux vents,
- de son inclinaison (cas des fenêtres pour toits en pente, verrières).
En l'absence d'encadrement (portes en glace à bord libre), l'épaisseur des

glaces de plus de 1 m² ne peut être inférieure à 8 mm, et à 10 mm si le bord libre a plus de 2 m.

Vitrage extérieur collé, ou **VEC**
Technique consistant à rapporter des panneaux de glaces en parement extérieur d'ossatures, par collage de leur périphérie à l'aide de mastics adhésifs et élastomères favorisant le libre jeu des dilatations.

Vitrages isolants, dits ***doubles vitrages*** (à ne pas confondre avec les *survitrages**): ils désignent tout vitrage fixe préfabriqué aux mesures, à double paroi, ayant une fonction d'isolation renforcée thermique et/ou acoustique. Si la fonction acoustique est prédominante, on précise "*vitrage isolant acoustique*".
Les deux parois d'un vitrage isolant sont séparées par une lame d'air inerte, et par une *garniture* d'étanchéité périphérique collée qui solidarise les deux vitres : cordon élastomère collé, ou profilé métallique intercalaire collé avec un matériau élastomère.

Un déshydratant est inclus dans le joint, évitant le dépôt de buées sur les faces intérieures : *gel* de silice* et/ou un *tamis* moléculaire*.

Les profondeurs de feuillures et hauteurs de parcloses doivent être prévues en fonction de la valeur du demi-périmètre du vitrage et de son épaisseur. Par convention, les faces d'un double vitrage sont désignées par une numérotation de 1 à 4 à partir de l'extérieur. Ceci est important pour désigner ou positionner la ou les faces réfléchissantes ou filtrantes d'un vitrage isolant.

NB - Chaque fois que le vitrage joue un rôle de protection antichute, il est soumis à des règles particulières d'épaisseur, de formats, de fixation, de résistance et de visualisation*.
V. aussi Glace, Survitrage, Verre, Visualisation des vitrages.

VITRAIL n.m.
Baie à croisillons de métal, ou à remplages* de pierre ou de béton, garnie de panneaux de pièces de verre teinté, serties dans une résille* de baguettes de plomb (*verges* et *vergettes*).
L'armature fixe est maintenue par des *tigettes** scellées dans la maçonnerie ; de loin en loin, des tringles (*barlotières**) maintiennent les panneaux par l'intermédiaire de petites clavettes cintrées (*nilles**).

VITRAGES

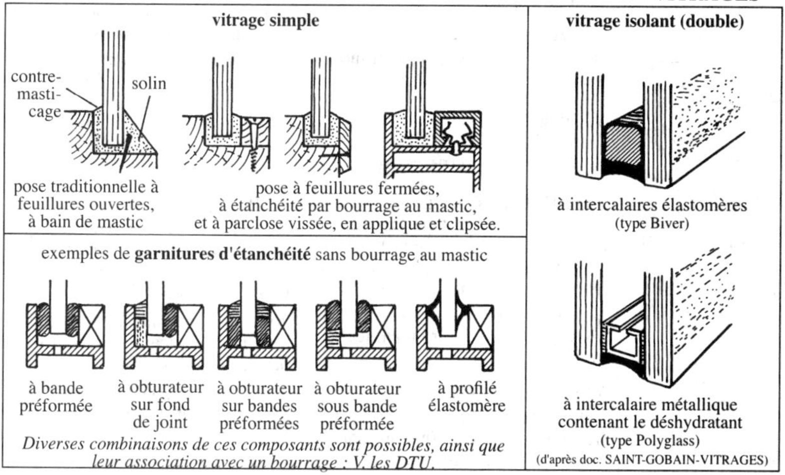

Certains vitraux modernes sont composés de pièces de verre épaisses, directement enchâssées dans une résille en ciment armé.

VITRAILLISTE n.m.
Artisan spécialiste de la fabrication et des réparations de vitraux.

VITRE n.f.
Chacun des panneaux de verre étiré composant un vitrage. Voir au mot Vitrage les données d'épaisseur usuelle, ainsi que les variantes. L'emploi du verre à vitres ne remonte qu'au 16e siècle (sous forme de petits losanges assemblés en quadrillage), et il n'est plus un luxe que depuis le 19e siècle, où son emploi s'est généralisé ; auparavant, on disposait dans les ouvertures des toiles cirées ou des papiers plus ou moins translucides.

VITRER v.tr.
Garnir de vitres une porte, une croisée, un châssis de verrière, etc.

VITRERIE n.f.
Spécialité professionnelle du poseur de vitrages, ou ***vitrier*** ; cette activité est en général associée à celle des travaux de peinturage*: entreprise de peinture-vitrerie.

voilements

d'une âme de profilé

d'une poutre en bois

VITREUX adj.
Qui présente l'aspect plus ou moins translucide du verre.

VITRIÈRE n.f.
Tringle de fer carrée, utilisée dans la construction des verrières.

VITRIFICATION n.f.
1/ Fusion d'une matière cristalline* donnant, après refroidissement, un solide amorphe* et isotrope*, substance dure, et transparente ou vitreuse.

2/ Application d'un vernis protecteur résistant à l'usure, sur un parquet ou un carrelage.

VITRIFICATEUR n.m.
Entrepreneur spécialiste de la vitrification des sols. Vernis spécial de vitrification des parquets.

VITRIFIER v.tr.
1/ Transformer une matière cristalline en une matière isotrope*, par fusion et refroidissement.

2/ Appliquer un produit vitrificateur.

VIVE-ARÊTE n.f.
V. plus haut, au mot Vif.

VOIE n.f.
1/CHAUFF.-PLOMB.: V. Vanne (à trois, quatre voies).

2/MATÉRIAUX : V. Ciment, Plâtre (fabrication *voie sèche*, *voie humide*).

3/OUTILL.: la voie d'une lame de scie est la largeur de son trait de coupe, et le déversement alterné de ses dents par rapport à son axe (V.ill. au mot Scie) : la voie donnée aux dents évite l'échauffement et le blocage de la lame, et facilite l'évacuation des sciures. *Avoyer*, ou *donner* ***de la voie*** à une lame, c'est rétablir l'inclinaison alternée de ses dents : on utilise une *pince* à avoyer**, une *rainette**, ou un *tourne-à-gauche**.

4/TERRASS.: ancienne unité de transport des terres de déblais ou de gravois, valant environ 1,3 m^3.

5/URBAN.: par opp. aux ***voies publiques***, les ***voies privées*** sont celles qui sont établies sur un fonds privé.

Voie d'accès : V. *Code de l'Urbanisme, Règles R-111.4* (desserte des constructions, relative aux facilités d'accès aux engins de lutte contre l'incendie, possibilités de stationnement). Voir aussi Accès, Bateau.

VOILE n.f.
1/CHARP.: se dit d'un ouvrage autoporteur mince composé de pièces assemblées en réseau (structure réticulée*), plus ou moins cintré en voûte.

2/MAÇONN.: un ***voile de béton*** désigne toute paroi verticale et pleine en béton banché, coulée *in situ*.

3/MATÉRIAUX : le ***voile de verre*** (**VV**) désigne, en étanchéité, une toile de fibre de verre qui sert d'armature dans les revêtements multicouches*.

4/PEINT.: manque de transparence affectant un vernis, dû généralement à une application dans des conditions d'humidité excessive.

VOILEMENT n.m.
Déformation permanente d'une paroi ou d'une charpente, provoquée par l'action de charges ou d'efforts anormalement élevés (V.ill. p. ci-contre).

VOILER
1/v.tr. Voiler une paroi de maçonnerie, c'est la recouvrir d'une couche d'enduit ou de gobetis* qui la masque entièrement.

2/v.i. *Se voiler*, parlant d'une paroi ou d'un ouvrage, c'est se déformer, se gauchir*.

3/ Une porcelaine* sanitaire blanche est dite voilée lorsqu'elle est ternie par un défaut de cuisson.

VOIRIE n.f.
Ensemble des voies de circulation du domaine public. Ensemble des règlements d'urbanisme et des règlements locaux qui concernent les voies du domaine public.

VOLANT n.m.
1/ARCHIT.: désigne parfois l'espacement ou la portée* entre deux points d'appui consécutifs.
2/PLOMB.: tête circulaire de manoeuvre d'un robinet*, d'une vanne*.

VOLATIL adj.
Qualifie un liquide qui se vaporise* facilement (par évaporation, ou *volatilisation*) : *solvant volatil*, *essence volatile*. La ***volatilité*** caractérise un liquide volatil.

VOLCANIQUE adj.
Se dit d'une roche éruptive, c'est-à-dire venue des profondeurs du sol et rejetée, plus ou moins en fusion, par l'éruption d'un volcan.

VOLÉE n.f.
Portion d'escalier comprise entre deux paliers consécutifs ; une volée est constituée d'un ensemble de marches de même hauteur.

VOLET n.m.
1/ Petite trappe mobile à commande manuelle ou automatique, pour l'obturation d'un conduit (*volet obturateur* de cheminée) ou le réglage de débit d'une prise d'air ou d'une ventouse*.
Dans la distribution de l'air conditionné, des *volets motorisés* (par servomoteurs*) équipent les gaines pour le réglage des débits et volumes d'air.

2/ Panneau mobile d'une fermeture extérieure de baie* (autrefois, les *contrevents**).

VOLETS

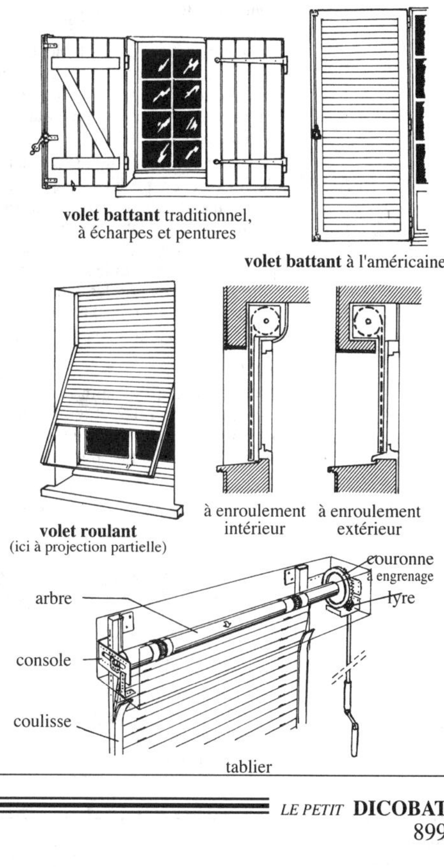

On distingue :

-les ***volets battants***, ou *volets de parement*, panneaux pleins composés de lattes verticales assemblées par des *barres* horizontales et rigidifiées par une ou plusieurs *écharpes*. Montés sur des gonds* scellés dans la maçonnerie, ils ferment les baies au nu des façades, parfois dans une feuillure ménagée dans les tableaux*.

NB- Le ***volet à jours***, à la française ou à l'américaine, à lames* horizontales inclinées, assemblées dans un cadre rigidifié par des équerres, est plus souvent dit ***persienne****.

-les ***volets brisés***, ou *volets de brisure*, sont les volets composés de deux ou plusieurs battants verticaux articulés ; ils se replient contre les tableaux des baies soit par enroulement (persiennes* courantes), soit plus rarement, en accordéon (volets de boutiques anciennes).

-le ***volet roulant***, tablier* en lattes de bois ou en profilés de plastique ou de métal articulés, qui s'enroule sur un tambour* ou arbre horizontal, derrière ou sous le linteau ; il se déplace entre deux guides latéraux (les *coulisses*) fixés sur les tableaux ou sur des tapées*, ou faisant partie d'un cadre à projection*.

VOLIGE n.f.
Planche légère de sapin ou de peuplier, d'environ 1,2, 1,8 ou 2,6 cm d'épaisseur et de 10,5 cm de largeur, utilisée en couverture pour composer des platelages jointifs : les voliges, clouées horizontalement sur les chevrons, servent à fixer les couvertures en ardoise, bardeau, feuilles métalliques, etc.
La ***volige chanlattée*** a une section biseautée*: le côté le plus épais, placé vers le haut, joue le rôle des liteaux* pour accrocher des tuiles ou des crochets d'ardoises (V.ill).

VOLIGEAGE n.m.
Ensemble des voliges qui composent un platelage destiné à recevoir un matériau de couverture.

VOLIGER v.tr.
Garnir de voliges une toiture.

VOLT n.m. (symbole **V**)
Unité* de tension*; le volt équivaut à la différence de potentiel effective entre deux points d'un même conducteur parcouru par un courant de 1 ampère*, quand la puissance dissipée entre ces deux points est de 1 watt*.

VOLTAGE n.m.
Terme impropre du langage courant, désignant la valeur de la différence de potentiel* entre les conducteurs d'un circuit ; le terme correct est *tension**.

VOLTMÈTRE n.m.
Appareil de mesure des tensions* électriques.

VOLUME n.m.
1/ Espace qui est occupé par un corps de bâtiment.

voliges et **voligeages**

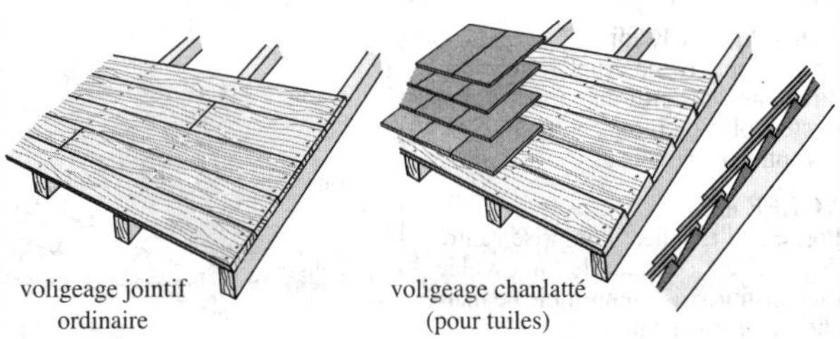

voligeage jointif ordinaire — voligeage chanlatté (pour tuiles)

VOLUMES

Symboles : V = volume
h = hauteur
a ou c = arête ou côté

B, b = surfaces de la grande et de la petite base
R, r = rayons (grand et petit s'il y en a deux)
D = diamètre

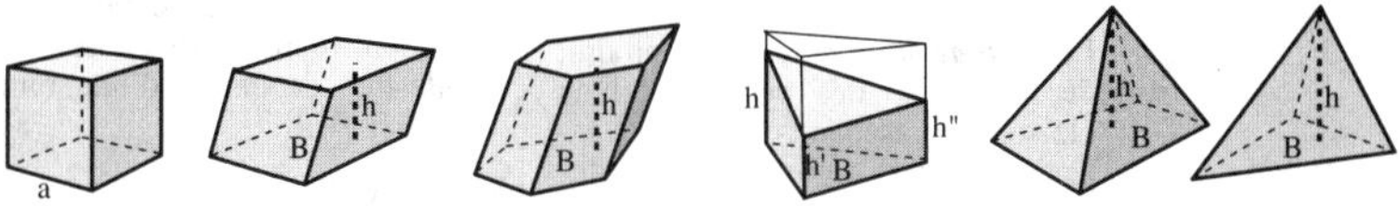

cube $V = a^3$ — parallélépipède $V = B.h$ — prisme droit ou oblique $V = B.h$ — prisme tronqué $V = B\left(\frac{h + h' + h''}{3}\right)$ — pyramide ou tétraèdre $V = \frac{1}{3}\,B.h$

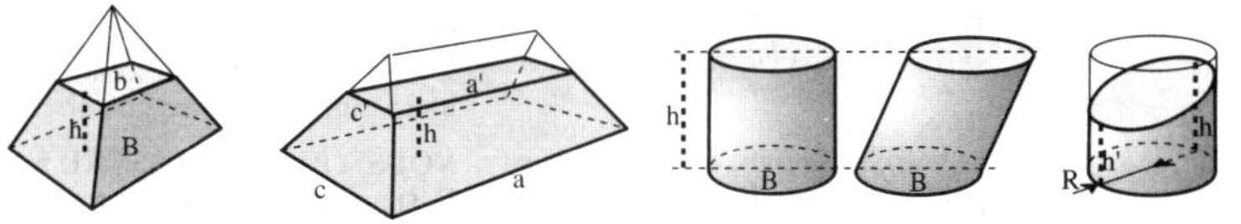

tronc de pyramide $V = \frac{h}{3}\,(B + b + \sqrt{Bb})$ — "tas de sable" $V = \frac{h}{6}\,\left(c\,(2a + a') + c'\,(2a' + a)\right)$ — cylindre droit ou oblique $V = B.h$ — cylindre tronqué $V = \pi\,R^2\left(\frac{h + h'}{2}\right)$

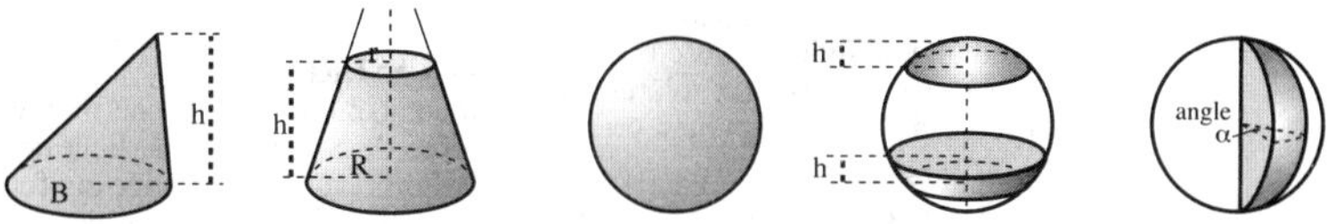

cône droit ou oblique $V = \frac{1}{3}\,B.h$ — tronc de cône $V = \pi\frac{h}{3}(R^2 + r^2 + Rr)$ — sphère $V = \frac{4}{3}\pi\,R^3$, ou $\frac{1}{6}\pi\,D^3$ — segment ou calotte sphérique $V = \frac{1}{6}\pi\,h^3 + h\left(\frac{B + b}{2}\right)$ — coin $V = \frac{4}{3}\pi\,R^3 . \frac{\alpha}{360}$

VOLUMES-ENVELOPPE de protection électrique dans les salles d'eau

(locaux comportant une baignoire ou une douche)
selon la norme NF C 15-100 ; cotes en mètres

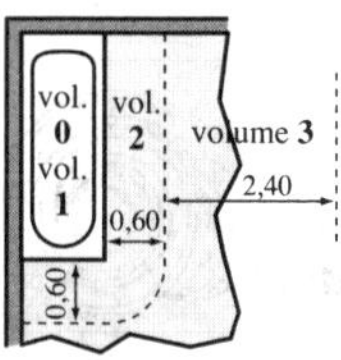

baignoire

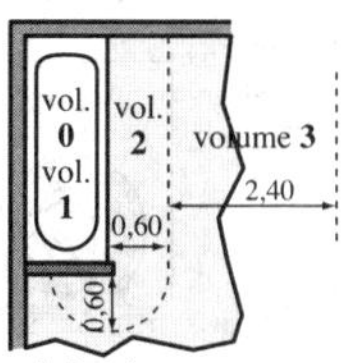

baignoire avec paroi fixe

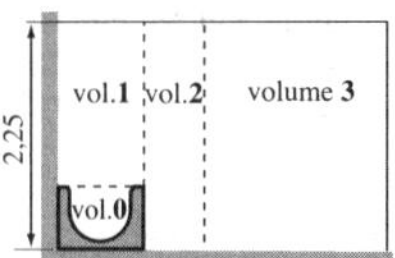

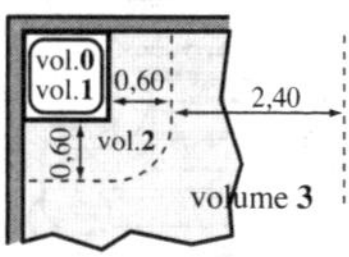

douche avec receveur

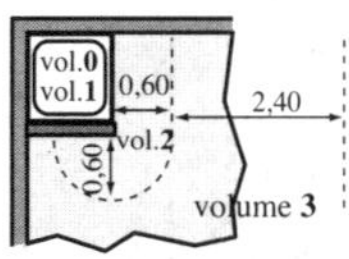

idem, avec paroi fixe

pomme de douche

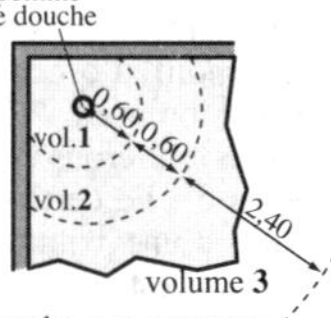

douche sans receveur

Volume 0
Seule la TBT ≤ 12 V est admise. Aucune canalisation ni appareil autre que conçu spécialement pour utilisation dans les baignoires.

Volume 1
Sont seuls admis les interrupteurs TBTS ≤ 12 V, les chauffe-eau électriques et leur alimentation.

Volume 2
Sont admis : une prise de courant alimentée par transformateur de séparation de faible puissance, et les luminaires et appareils de chauffage de classe II, ≥ IP x 3, protégés par dispositif différentiel à haute sensibilité.

Volume 3
Sont admis les appareils et prises de courant alimentés par un transformateur de séparation ou en TBTS, ou bien protégés par un dispositif différentiel à haute sensibilité.

Mesure de l'espace intérieur des locaux, considéré dans les trois dimensions ; l'*organisation des volumes* est la base du travail de la conception architecturale.

Le ***volume habitable*** est le produit de la surface des planchers (hors cloisons, ébrasements*, gaines et cages d'escalier) correspondant à des hauteurs sous plafond de 1,80 m au moins, par la hauteur sous plafond.

L'article R-111.2 du CCH stipule, pour les logements neufs, que *la surface et le volume habitables d'un logement doivent être de 14 m² et 33 m³ au moins (...) pour les quatre premiers habitants, et 10 m² et 23 m³ par habitant au-delà du quatrième.*

2/ En électricité, les ***volumes-enveloppe*** correspondent, pour la sécurité* électrique des salles d'eau, à des volumes définis à partir du point d'eau où les équipements électriques sont soit proscrits, soit tolérés sous réserve de caractéristiques précises (**Voir page précédente**).

3/ Mesure de l'espace occupé par un corps quelconque dans les trois dimensions : les formules les plus courantes sont rappelées **p. précédente**.

VOLUMÉTRIQUE adj.
Qualifie un appareil qui mesure le volume du fluide qui le traverse : compteur volumétrique.
Qualifie le calcul en volumes des constituants d'un mélange (il est *pondéral* si le calcul est effectué en poids).

VOLUMIQUE adj.
Qui concerne le volume : *masse* volumique*.

VOLUTE n.f.
1/ Enroulement en spirale*, utilisé comme motif d'ornement des chapiteaux* ioniques, des consoles*, modillons*, ailerons* et ouvrages de ferronnerie*. Le cercle qui constitue le centre d'une volute est son ***oeil***. Une volute est ***sortante*** si son enroulement est tel qu'elle semble se détacher comme un copeau, ***rentrante*** dans le cas inverse (V.ill).

2/ Désigne aussi le départ du limon* d'escalier ou de perron, qui forme un enroulement en spirale et porte éventuellement, dans l'axe de son *oeil*, le pilastre* de départ d'une rampe d'escalier (V.ill).

VOMITOIRE
ou **VOMITORIUM** n.m.
1/ Accès aux gradins d'un amphithéâtre ou d'un stade, débouchant sous ces gradins.

2/ Petit escalier étroit descendant dans un bassin, le long d'une paroi.

VOUSSOIR ou **VOUSSEAU** n.m.
Désigne chacune des pierres appareillées qui composent un arc* ou une voûte. Le voussoir d'un arc est dit *à crossettes** s'il se retourne par le haut, en liaison avec une assise.

VOUSSURE n.f.
1/ARCHIT.: intrados* d'une moitié de voûte, de sa naissance à sa ligne de faîte. Portion de voûte cintrée qui forme amortissement* entre une corniche* et un plafond horizontal. Portion de voûte formant le raccordement entre deux arcs de courbures distinctes.

2/MAÇONN.: intrados* cintré de l'arc* surmontant une baie, et, par déformation récente, sous-face* d'un linteau* ou d'une plate-bande* de baie.

VOLUTES

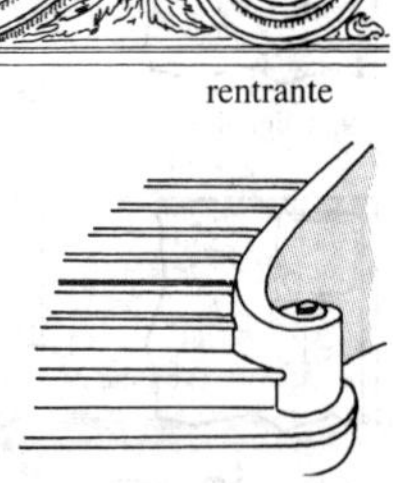

VOÛTAIN n.m.
1/ARCHIT.: portion ou compartiment d'une voûte. Syn.: *canton*, *quartier*.

2/MAÇONN.: hourdage* de briques sur chant, qui compose une portion de voûte cylindrique entre les poutrelles métalliques d'un plancher (V.ill). Cette technique était très fréquente au 19e siècle et au début du 20e siècle, surtout pour les planchers sur cave.

voûtains

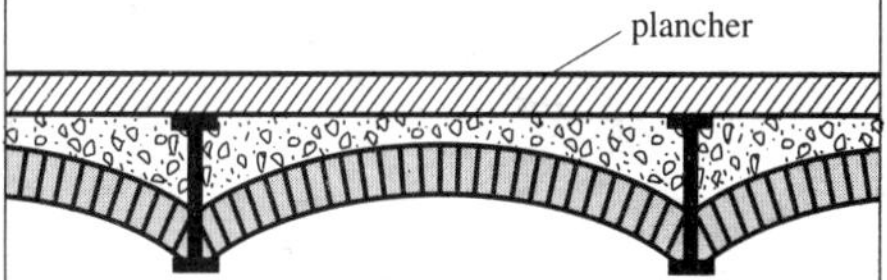

voûtains en briques
s'appuyant sur des poutrelles

VOÛTE n.f.
Couvrement* d'un espace par un ouvrage de maçonnerie, qui transmet sa charge de façon oblique vers ses appuis. Selon sa forme (**V.ill. page suivante**), une voûte est dite :

-***voûte en berceau***, si son intrados correspond à la translation rectiligne d'un arc* de courbure constante (*directrice*). Elle est ***en plein-cintre*** si son intrados* compose un demi-cylindre régulier. Sinon, la voûte a le même qualificatif que l'arc formé par sa directrice (V. au mot Arc).
Si son axe n'est pas rectiligne, ce peut être une voûte *annulaire*, *à berceau tournant,* ou *hélicoïdale* (escaliers à vis).
-***voûte en arc-de-cloître*** : c'est une voûte à quatre pans, qui a en général un plan carré ; elle est *barlongue** ou *oblongue* si son plan est rectangulaire ; en *arc-de-cloître à calotte* si ses arêtes, marquées à la naissance, s'estompent et disparaissent en montant vers le faîte.

-***voûte d'arêtes*** : elle est composée par la rencontre de berceaux de voûtes qui s'interpénètrent, sans interruption mutuelle, en formant à leur jonction des arêtes plus ou moins vives.
La voûte d'arêtes est dite *bombée* si les lignes de faîte de ses voûtains* montent vers la clef*, et *plate* si elles sont horizontales.

-***voûte d'ogives*** : déterminante pour le développement de l'architecture gothique*, c'est une voûte à plusieurs quartiers* dont les rencontres se font sur une ossature de branches d'ogives*; celles-ci, reportant les charges de la voûte vers les piliers d'angle des travées, ont enlevé aux murs leur rôle porteur, permettant ainsi leur amincissement, et l'élargissement des baies.
La voûte d'ogives a de nombreuses variantes : voûtes sexpartite, octopartite, voûtes à nervures multiples (liernes* et tiercerons*), voûtes à clef pendante ou à retombée centrale, etc.
Voûtes de formes particulières :

-***voûte en coquille*** : elle s'évase à partir d'un pôle situé à sa naissance, et non à son faîte (c'est le cas des trompes*).
-***voûte en cul-de-four****: voûte de plan semi-circulaire : les voûtes des absides* d'églises sont souvent terminées en cul-de-four.
- ***voûte sphérique*** : coupole* ou calotte* de sphère prenant appui sur un tambour* de plan circulaire, ou sur une base polygonale ; dans ce cas, le plan polygonal est racheté* par des trompes ou des pendentifs* .
- ***voûte sarrasine*** : technique utilisée en particulier pour des volées d'escaliers tournants, en briques creuses hourdies au plâtre à l'avancement*, à partir du bas. Cette technique spectaculaire est devenue très rare.

VOÛTÉ adj.
En forme de voûte, ou couvert par une voûte : *cave voûtée*.

VOÛTEMENT n.m.
Ensemble des voûtes composant le couvrement d'un édifice.

VOÛTER v.tr.
Couvrir d'une voûte ; cintrer, courber un élément de couvrement.

VOÛTES

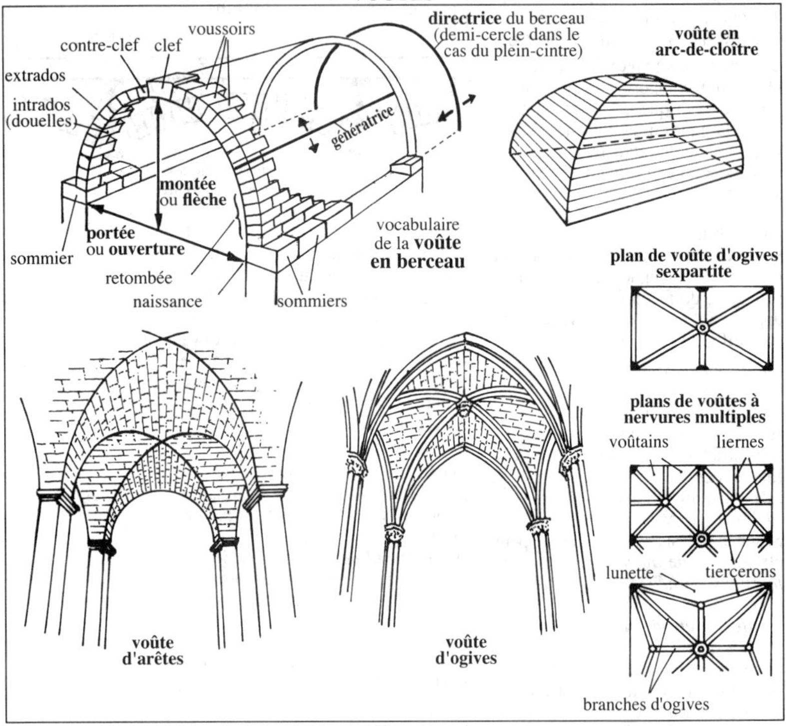

VOYER adj.
Qui concerne la voirie d'une commune ; l'architecte voyer, les ingénieurs voyers sont chargés des problèmes fonciers des voies des cités, et de leur aménagement. V. aussi Agent voyer.

VRILLE n.f.
Outil léger de percement d'avant-trous* dans le bois ; son extrémité, pointue, porte un filet* hélicoïdal.

VRILLÉ adj.
Se dit d'un élément tordu, gauchi (bois), ou en hélice (câble, conducteur électrique).

VRILLER v.tr.
Percer avec une vrille, ou tordre en hélice.

VRILLETTE n.f.
Insecte xylophage*. V. à ce mot.

VUE n.f. V. Servitudes, Perspective.

VULCANISER v.tr.
Transformer un caoutchouc par vulcanisation (addition de soufre à chaud), pour lui donner des propriétés de résistance aux agents chimiques, aux variations de température, et à l'action des rayonnements.

W

W Symb. du watt*, du tungstène*.

WABSTRINGUE
ou **WASTRINGUE** n.m.
Petit rabot à lame réglable inclinée, muni de poignées latérales, utilisé en menuiserie pour démaigrir les arrondis et chanfreins inaccessibles pour les rabots usuels (V.ill).

WAGON n.m.
1/ Élément de conduit de fumée destiné à être incorporé dans la maçonnerie : ses angles comportent des oreilles de liaisonnement* qui le différencient du boisseau* classique (V.ill).

2/ Autrefois, caisson sur roues servant sur les chantiers au transport des terres, gravats, pierres, etc.

WASH-PRIMER n.m.
Couche d'impression phosphatante*, appliquée sur les surfaces métalliques pour réaliser à la fois leur passivation*, leur protection contre l'oxydation*, et la couche d'accrochage d'une peinture.

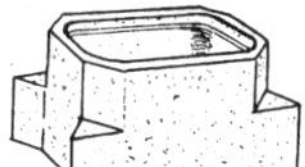

wagon

WATERPROOFER n.m.
Anglicisme, qui désigne parfois un *produit qui rend étanche.*

wabstringues

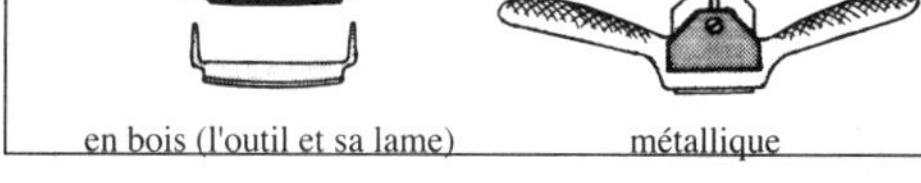

WATT n.m. (**W**)
Unité de mesure de la puissance, et des flux énergétique et thermique ; un watt représente la puissance nécessaire au transfert d'une énergie de un joule pendant une seconde.

Le ***watt par mètre-kelvin*** (**W/m.K**), unité de mesure de la conductivité thermique, est celle d'un corps homogène dans lequel un écart de température de un degré Kelvin, entre deux faces parallèles de $1 m^2$ distantes de un mètre, produit un flux thermique de un watt.

WATTMÈTRE n.m.
Appareil de mesure de la puissance disponible d'un circuit électrique.

WC

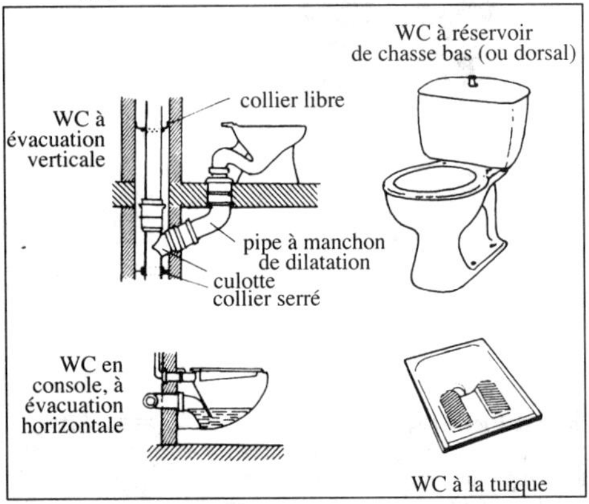

WC n.m.
(de l'anglais *water-closet*, *armoire à eau*). Appareil sanitaire de réception, puis d'évacuation des déjections naturelles. Il est associé à un dispositif à effet d'eau (V. Chasse).
Un WC doit obligatoirement comporter un siphon interdisant les remontées d'odeurs des canalisations d'évacuation et des égouts.
On distingue le ***WC à siège*** et le ***WC à la turque*** ; ce dernier, d'allure générale plane, est établi au niveau du sol ou sur un terrasson*; il comporte deux emplacements en saillie pour les pieds (V.ill). V. Abattant, Broyeur, Chasse d'eau, Lunette.
Des WC spéciaux, réglables en hauteur, sont également disponibles pour les handicapés et pour les personnes à mobilité réduite.

WHITE-SPIRIT n.m.
Produit pétrolier incolore et léger (d = 0,79), utilisé surtout comme diluant des peintures et comme solvant de dégraissage. Souvent appelé simplement ***white*** (et prononcé *witt*).

WIMBERGE n.f. (du flamand)
Dans le Nord de la France, désigne un ouvrage de couverture d'une tête de mur (en tuiles ou en zinc), ou un muret de couronnement au-dessus d'un pignon.

WORKABILITÉ n.f.
Anglicisme, syn. de *ouvrabilité**.

XY

XÉNON n.m.
Gaz* rare présent dans l'air en quantité infime, et utilisé dans certaines lampes* d'éclairage.

XYLÈNE ou **XYLOL** n.m.
Hydrocarbure benzénique utilisé comme solvant et comme diluant de certaines résines. Produits à vapeurs nocives, soumis aux règles d'étiquetage et d'information des produits benzéniques.

XYLOLITHE n.f.
Ancien nom d'un béton teinté à base de ciment magnésien (*oxychlorure*) et de sciure de bois, utilisé autrefois pour faire des dallages de sols sans joints, de 15 à 30 mm d'épaisseur, sur des ossatures métalliques, anciens carrelages, planchers de bois ; il était en général teinté dans la masse.

XYLOPHAGE n.m. et adj.
Tout insecte parasite qui se nourrit du bois, sous sa forme larvaire (capricorne, lyctus*, vrillette*) ou sous sa forme adulte (termite).
V. tableau page suivante.

XYLOPHÈNE (marque comm.)
Nom générique d'une gamme de produits de traitement et de protection des bois de la Société XYLOCHIMIE.

insectes XYLOPHAGES

famille : coléoptères	**capricorne** des maisons	**lyctus**, ou lycte	**vrillette**
larve	 gros ver blanc, aplati à l'avant, 10/15 mm de long ; mandibules apparentes.	 petit ver à corps mou, en forme de virgule, non velu, à tête dure.	 petit ver blanc et mou, un peu velu ; le dernier élément est proéminent.
insecte adulte	 longueur 10 à 20 mm ; insecte brun-noir, long, plat ; le dos du thorax porte des protubérances.	 longueur 3 à 6 mm ; insecte brun-roux, dur, corps long ; petites boules au bout des antennes.	 2 à 4 mm (petite vrillette), 6 à 9 mm (grosse vrillette) insecte brun, trapu, tête cachée sous un pronotum.
cycle larvaire	3 à 10 ans	6 à 12 mois	1 à 3 ans
vie adulte	1 à 2 semaines	env. 10 jours	2 à 3 semaines
bois attaqués	surtout charpentes en bois résineux.	feuillus et certains bois tropicaux de mise en oeuvre récente.	vieux bois feuillus ou résineux : charpentes, parquets, mobilier...
aspect des galeries et trous de sortie	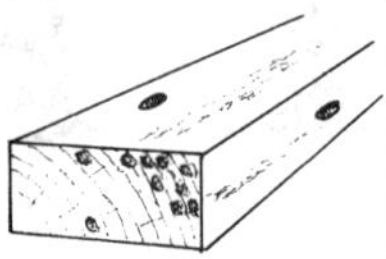 galeries longitudinales, à parois sculptées ; la surface du bois est légèrement soufflée, mais intacte ; sciure fine et compacte ; trous ovales (env.6x3 mm).	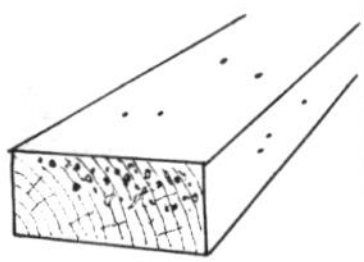 galeries entrecroisées, obstruées de sciure fine, sous une pellicule externe du bois qui reste intacte ; petits trous de sortie plutôt ovales, de 1 à 1,5 mm.	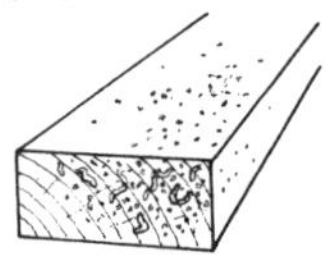 galeries en réseau serré ; sciure grossière et non tassée, s'écoulant par les trous ronds de sortie d'env. 2 mm (petite vrill.) ou de 3 à 4 mm (grosse vrill.).
bruit caractéristique	grignotement intermittent, souvent audible.	néant	appels en période d'accouplement par des coups réguliers, d'où le nom d'***horloge de la mort***.

termite "ouvrier"

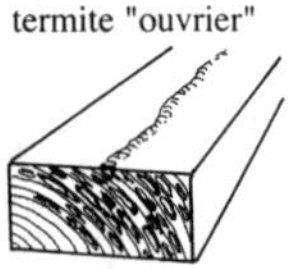

les termites

Seul insecte qui se nourrisse de bois sous sa forme adulte, et non larvaire.
Les moeurs et l'organisation sociale des termites s'apparentent à celles des fourmis.
L'insecte actif ressemble à une fourmi translucide et blanchâtre, ou de la teinte du bois consommé. Ne se montre pas à la lumière, mais chemine depuis sa termitière jusqu'aux bois qu'il attaque, soit par des interstices et fissures, soit par des galeries tubulaires cimentées de terre, à la surface des matériaux.
L'activité est constante, et toutes les essences peuvent être attaquées, jusqu'à leur destruction totale, de l'intérieur, en ne laissant qu'une pellicule externe intacte.
C'est le plus redoutable des xylophages, par la rapidité de ses ravages.
Toute présence de termites doit désormais être déclarée en mairie.

Peut qualifier divers éléments ou matériaux du bâtiment dont la forme ou le profil rappelle cette lettre : *poutrelle en Y*.

YOUNG (module de —)
Mesure du rapport entre la force de traction à laquelle on soumet un corps solide et son allongement, dans la limite de sa déformation élastique (V. Élasticité).

YPRÉAU n.m.
Nom donné, dans certaines régions, au peuplier* blanc commun.

Z

Z
Symbole de l'impédance* électrique.

ZAMAK n.m.
Alliage léger de zinc (env. 90%), d'aluminium, de cuivre et de magnésium, utilisé par moulage dans la fabrication de diverses pièces de serrurerie et de robinetterie, béquilles* de portes, etc.

ZAOUIA ou **ZÂWIYA** n.f.
Établissement religieux musulman, consacré surtout à l'enseignement.

ZELLIGE n.m.
Élément décoratif en brique émaillée, typique de l'art marocain.

ZÉNITHAL adj.
Qui se trouve à la verticale d'un point. En architecture, un ***éclairage zénithal*** désigne un éclairage, naturel ou artificiel, qui vient du haut.

ZÉOLITE n.f.
Nom générique d'une famille d'aluminosilicates naturels présents dans certaines roches volcaniques.

ZÉOLITIQUE adj.
Qui présente les caractères de la zéolite, en particulier l'aptitude à servir d'échangeur de bases* chimiques.

ZÉVAES (fer –)
Désigne un profilé métallique dont la section forme un W.

ZIGZAG n.m.
Ligne brisée, alternativement en angle rentrant et en angle sortant.
Les ***zigzags*** (au pl.) désignent un motif d'ornement de l'architecture romane normande.
Syn.: *bâtons brisés*.

ZINC n.m. (symb. **Zn**)
Métal gris-bleu pâle, de densité proche de 7. Il est plutôt cassant à froid, mais malléable et ductile à chaud (vers 100 à 150°C). Il fond à 420°C. Exposé à l'humidité, il se revêt d'une fine pellicule d'hydrocarbonate, qui lui donne son aspect terne, mais le protège contre une oxydation en profondeur.
On doit éviter son contact direct avec le plâtre, la chaux, le ciment, les acides et bases, le bois de chêne et de châtaignier, l'acier et le cuivre.

Principaux emplois du zinc :

1/ Couverture en zinc.
-le ***zinc en feuilles*** est un matériau de couverture apprécié pour sa durabilité et sa faible sensibilité à la corrosion, sauf par les fumées sulfureuses dégagées par la combustion du fioul domestique. Il constitue la solution la plus fréquente pour la couverture des toitures à faible pente, tels que les terrassons* de combles mansardés.

Mise en oeuvre.
La malléabilité du zinc permet sa mise en oeuvre par pliage des feuilles sur chantier, avec des *plieuses à galets* ou *traîneaux à joints*.
Par convention, on appelle ***feuilles*** les éléments de tôle de zinc dont la longueur est inférieure ou égale à 2 mètres, et ***longues feuilles***, ou *bandes*, les éléments de plus de 2 mètres. Les largeurs des feuilles sont de 50, 65, 80 ou 100 cm.
Nous ne saurions détailler ici les nombreux types d'ouvrages, assemblages et façonnages qu'implique l'art de la couverture en zinc : pour tous détails, on consultera le *DTU (Couverture par éléments métalliques en feuilles et longues feuilles en zinc -édition de juin 1987)* ou un traité de couverture.
Le choix des techniques dépend de la pente des couvertures, de la longueur des versants, et de la zone* climatique concernée.

La **couverture en feuilles** utilise 3 types d'assemblage transversal (perpendiculaire à la ligne de pente) :

- l'***agrafure* simple*** de 4 ou 5 cm, avec des *pattes à feuilles* de maintien clouées sur le voligeage ; cette technique convient pour toute pente de 0,19 m par m jusqu'à la verticale.
- la ***double agrafure***, comportant un recouvrement et des pattes d'agrafure soudées ; technique adaptée aux pentes de 0,08 à 0,19 m par m.
- la ***couverture à ressauts*** de 8 ou 10 cm, utilisable pour des pentes d'au moins 0,06 m par m (ressauts de 8 cm) ou 0,07 m/m (ressauts de 10 cm) ; cette technique est peu utilisée pour des pentes supérieures à 0,10 m par m (18°). Elle implique la constitution d'un platelage en gradins porté par des coyaux* qui forment les ressauts du support.

La **couverture en longues feuilles**, composée de travées continues, est réalisable sur les pentes d'au moins 0,07 m par mètre ; on distingue deux types d'assemblages :

- la couverture ***à tasseaux et couvre-joints***, dont le principe consiste à établir des travées délimitées latéralement par des tasseaux trapézoïdaux sur lesquels les bords des longues feuilles sont relevés et maintenus par des pattes à tasseaux, ces derniers étant recouverts par des couvre-joints.
- la couverture ***à joints debout***, qui consiste à réunir directement les longues feuilles, par relevé vertical et double pliage des bords des feuilles.

Les illustrations des principaux ouvrages se trouvent aux mots correspondants : voir les mots Agrafure, Bande d'agrafe, Bavette, Besace, Closoir, Couvre-joint, Joint, Mouchoir, Noquet, Noue, Patte.

2/ Ouvrages de protection contre les ruissellements, et ouvrages de **collecte et** d'**évacuation** ***des eaux pluviales*** : il concerne tous types de couverture, pour la confection des noues* et noquets*, arêtiers*et faîtages, gouttières* et habillages de chéneaux*, et descentes* d'évacuation des eaux* pluviales.

3/ Zinc d'ornement : art du façonnage de pièces de couronnement, de lucarnes en zinc, etc.

4/ Autres utilisations du zinc :
-sous forme d'***alliages****, le zinc est présent dans des alliages cuivreux (bronze, maillechort*) et dans le zamak*.
-sous forme d'***oxyde de zinc***, obtenu par chauffage au rouge et combustion des vapeurs du zinc : c'est une poudre blanche utilisée comme pigment* métallique colorant dans les peintures et certains enduits.
(V. *blanc* de zinc*, ou *de neige*).

ZINCAGE ou **ZINGAGE** n.m.
Opération qui consiste à recouvrir une tôle ou une pièce de métal d'une pellicule de zinc, déposée soit par un procédé électrolytique (qui donne les meilleurs résultats mais suppose une mise en peinture sous bref délai) :
- soit par immersion soudaine de la pièce dégraissée dans un bain de zinc fondu à 450°C (*galvanisation**),
- soit par pulvérisation de zinc fondu, au pistolet (*métallisation**, ou *schoopage*), soit par épandage puis chauffage de poudre de zinc (*shérardisation*).

ZINCIQUE ou **ZINCIFÈRE** adj.
Qui contient du zinc.

ZINGUER v.tr.
Action de revêtir un métal d'une couche protectrice en zinc.

ZINGUERIE n.f.
Art et technique des revêtements, évacuations, protections, couvertures et ornements en zinc.

ZINGUEUR n.m.
Spécialiste des couvertures en feuilles de zinc : *plombier-zingueur*.

ZONAGE ou **ZONING** n.m.
En urbanisme, action de diviser des espaces urbains en zones aux fonctions distinctes, bien délimitées.

ZONE n.f.
1/ Partie d'un ensemble qui se distingue de son environnement : *zone d'échanges thermiques*, *zone d'ombre*, etc.

2/URBAN.: secteur urbain ou foncier qui, dans un plan d'urbanisme, correspond à une affectation ou à une fonction particulière :
zones d'aménagement concerté (**ZAC**), d'aménagement différé (**ZAD**), d'activités légères (**ZAL**), d'environnement protégé, ou d'éducation prioritaire (**ZEP**), d'habitation (**ZH**), zone industrielle (**ZI**), zone d'intervention foncière (**ZIF**), zone de protection du patrimoine architectural et urbain (**ZPPAU**), zone de revitalisation rurale (**ZRR**), zone de rénovation urbaine (**ZRU**), zone à urbaniser en priorité (**ZUP**).

3/ La France est divisée en plusieurs *zones climatiques* qui déterminent les valeurs à prendre en compte dans les calculs de besoins de chauffage, d'isolation thermique, de résistance des vitrages au vent, et de surcharge des toitures par la neige.
Ces découpages en zones figurent dans les Règles* et DTU correspondants. Une carte des *zones sismiques* est aussi à prendre en compte pour la conception parasismique des bâtiments dans les zones concernées.

Vos notes personnelles

ANNEXES

DICTIONNAIRE des SIGLES

1 - SIGLES GÉNÉRAUX

(voir aussi page 927 les sigles d'organismes)

Un astérisque* indique que le mot concerné
est défini dans le corps de l'ouvrage.

vos notes personnelles

AAPC	• Avis d'Appel Public à la Concurrence.
ABF	• Architecte des Bâtiments de France.
ABS	• Acrylonitrile-Butadiène-Styrène (plastique).
ACERMI*	• Certification* des Matériaux Isolants*.
ACOTHERM	• label* Acoustique et Thermique des fenêtres.
ACS	• Attestation de Conformité Sanitaire.
AE	• Acte d'Engagement (marchés publics).
AEC	• Alimentation en Eau Chaude.
AEP	• Alimentation en Eau Potable.
AES	• Alimentation Électrique de Sécurité.
AEV	• Air-Eau-Vent = Classification des performances de résistance des menuiseries extérieures.
AFU	• Association Foncière Urbaine.
AGIR	• Action Globale d'Intérêt Général.
AMO	• Assistance à la Maîtrise d'Oeuvre.
AMT	• Assistance-Marché de Travaux.
AOO	• Appel d'Offres Ouvert.
AOR	• Appel d'Offres Restreint.
APA	• Avant-Projet Architectural.
APD	• Avant-Projet* Détaillé (de maître d'oeuvre).
APL	• Aide Personnalisée au Logement.
APS	• Avant-Projet* Sommaire.
ARIM	• Association de Restauration Immobilière.
ASTM	• American Society for Testing and Materials.
AT	• Avis* Technique.

ATE	• Agrément Technique Européen (délivré par l'EOTA).
ATEx*	• Appréciation Technique d'Expérimentation.
ATS	• Avis Technique Système.
AVIQ	• label de l'Association Vitrage* Qualité.
BA	• Béton* Armé.
BAAS	• Bloc Autonome d'Alarme Sonore.
BA.68	• règles de calcul des ouvrages en Béton Armé.
BAEH	• Bloc* Autonome d'Éclairage pr bâtiment d'Habitation.
BAEL	• document technique unifié des méthodes de calcul du Béton Armé aux États-Limites.
BAEH	• Bloc* Autonome d'Éclairage pour parc de Stationnement couvert.
BAN	• Béton* Autonivelant.
BAP	• Béton* Autoplaçant.
BAT	• Béton* Armé Translucide (pavés* de verre).
BCN	• Béton* à Caractéristiques Normalisées.
BCP	• Béton à Composition Prescrite (= BCS).
BCS	• Béton* à Caractéristiques Spécifiées (granulats légers, coloration, prise-mer, etc.).
BEP	• Brevet d'Enseignement Professionnel.
BET	• Bureau* d'Études Techniques.
BF	• Basse Fréquence.
BFUP	• Béton Fibré Ultra Performant.
BI	• Bouche d'Incendie.
BLC	• Bois Lamellé-Collé.
BOAD	• Bulletin Officiel d'Annonces des Domaines.
BOAMP	• Bulletin Officiel d'Annonces de Marchés Publics
BPE	• Béton* Prêt à l'Emploi. • Bon Pour Exécution.
BPEL	• règles de calcul des ouvrages en Béton Précontraint* suivant la méthode des États Limites.
BPS	• Béton à Propriétés Spécifiées (= BCN).
BQE	• Bordereau Quantitatif-Estimatif.
BQP	• Brevet de Qualification Professionnelle.
BRF	• Béton* Renforcé de Fibres.
BSI	• British Standard Institute.
BT	• Basse Tension. Brevet de Tehnicien.
BTP	• Bâtiment et Travaux Publics.
BTS	• Brevet de Technicien Supérieur.
CAEB	• Chaux* Aérienne Éteinte pour le Bâtiment.
CAO	• Conception Assistée par Ordinateur.
CAP	• Certificat d'Aptitude Professionnelle.
CBR	• indice de poinçonnement des sols.
CC	• Circulations Communes. Courant Continu.
CCAG	• Cahier* des Clauses Administratives Générales, applicables aux marchés publics de travaux.

CCAGMI	• Cahier* des Clauses Administratives Générales du contrat d'architecte pour la réalisation d'une Maison Individuelle.
CCAP	• Cahier des Clauses Administratives Particulières.
CCBA	• règles de Conception et de Calcul des ouvrages et constructions en Béton Armé.
CCG	• Cahier des Clauses Générales.
CCGCA	• Cahier des Clauses Générales du Contrat d'Architecte (modèle établi par l'UNSFA).
CCH	• Code de la Construction et de l'Habitation.
CCM	• Commission Centrale des Marchés.
CCS-DTU	• Cahier des Clauses Spéciales des DTU.
CCT-DTU	• Cahier des Clauses Techniques des DTU.
CCTG	• Cahier* des Clauses Techniques Générales.
CCTP	• Cahier* des Clauses Techniques Particulières.
CCV	• Composite Ciment-Verre.
CD	• Colonne* Descendante.
CDHR	• Comité Départemental de l'Habitat et de l'aménagement Rural.
CEAA	• Certificat d'Études Approfondies en Architecture.
CE	• Colonne d'Eau. • marque de Conformité Européenne, apposée sur les matériaux satisfaisant à la directive 89/106/CEE.
C/E	• rapport Ciment/Eau d'un béton ou d'un mortier.
CEI	• Chauffage Électrique Intégré.
CEM	• Ciment Portland normalisé (Voir à Ciment).
CEN	• (norme du) Comité Européen de Normalisation.
CF	• Coupe-feu. Conduit de Fumée. • Feutre* bitumé à armature en Carton-Feutre*.
CFA	• Centre de Formation d'Apprentis.
CFAO	• Conception et Fabrication Assistées par Ordinateur.
CHE	• Cloison de Hauteur d'Étage.
CHF	• Ciment* de Haut Fourneau (devenu CEM III).
CIAT	• Comité Interministériel de l'Aménagement du Territoire.
CL	• Chaux* aérienne naturelle (calcique).
CLAU	• Commission Locale d'Aménagement et d'Urbanisme.
CLC	• Ciment* au Laitier et aux Cendres (devenu CEM V).
CLX	• Ciment* de Laitier* à la chaux*.
CM	• Ciment* à Maçonner.
CMM	• Ciment* Métallurgique Mixte.
CMP	• Code des Marchés* Publics.
CN	• Ciment* Naturel.
CND	• Contrôle Non Destructif.

COB	• Construction à Ossature-Bois.
COS	• Coefficient d'Occupation des Sols.
CPA	• Ciment* Portland Artificiel (devenu CEM I).
CPAR	• Ciment* Portland Artificiel Rapide.
CPF	• Ciment* Portland de Fer.
CPJ	• Ciment* Portland composé (devenu CEM II).
CPMF	• Ciment* Portland au laitier* et à la pouzzolane*.
CPT	• Cahier* des Prescriptions Techniques.
CPTFMU	• Cahier des Prescriptions Techniques et Fonctionnelles Minimales Unifiées.
CPZ	• Ciment* Pouzzolanique (devenu CEM IV).
CRAC	• Convention de Règlt de l'Assurance-Construction.
CSS	• Ciment* Sursulfaté.
CSTbat	• mention de conformité à un Avis* technique (CSTB).
CTBF	• label du CTBA pour les bois* et contreplaqués traités aux fongicides*.
CTBH	• label d'aptitude à l'emploi à l'extérieur des panneaux de particules* de bois.
CTBO ou **CTBY**	• labels d'aptitude à l'emploi des contreplaqués pour coffrages, avec réutilisation multiple.
CTBP	• label des panneaux de particules de bois agglomérées, de composition garantie.
CTBX	• label d'aptitude à l'emploi à l'extérieur des contreplaqués* (dits "marine").
CTG-HLM	• cahier des Clauses Techniques Générales applicables aux immeubles réalisés pour le compte des organismes HLM.
CU	• Code* de l'Urbanisme.
CUS	• Coefficient d'Utilisation du Sol.
DAN	• Directive d'Aménagement National.
DAO	• Dessin Assisté par Ordinateur.
DCC	• Dossier de Consultation des Concepteurs.
DCE	• Dossier de Consultation des Entreprises.
DDA	• Direction Départementale de l'Architecture.
DDE	• Direction Départementale de l'Équipement.
DDP	• Différence de Potentiel* (électricité).
DEA	• Diplôme d'Études Approfondies.
DEFA	• Diplôme d'Études Fondamentales en Architecture.
DEP	• Descente d'Eaux Pluviales.
DESA	• Diplôme (ou diplômé) de l'École Spéciale d'Architecture.
DESS	• Diplôme d'Études Supérieures Spécialisées.
DEUG	• Diplôme d'Études Universitaires Générales.
DH	• Degré-Heure.
DHO	• Demi Hors Oeuvre*.
DICT	• Décl. d'Intention de Commencement de Travaux.

DIN	• Deutsches Institut für Normung (bureau allemand de normalisation et qualificatif des normes délivrées).
DIS	• Déchets Industriels Spéciaux.
DO	• Dans Oeuvre* (par opposition à hors oeuvre).
DOE	• Dossier des Ouvrages Exécutés.
DOS	• Densité d'Occupation des Sols.
DPE	• Diagnostic de Performance Energétique.
DPLG	• Diplômé Par Le Gouvernement.
DPM	• Document Particulier de Marché.
DRE	• Direction Régionale de l'Équipement.
DTU	• Document* Technique Unifié.
DUP	• Déclaration (ou déclaré) d'Utilité Publique.
DUT	• Diplôme Universitaire de Technologie.
EAC	• Enduit* Applicable à Chaud.
EAU	• Écoulement-Acoustique-Usure : classement qualitatif des robinets* sanitaires, en fonction de ces trois critères.
EBA	• Éthylène-Butyl-Acrylate.
E/C	• dosage Eau/Ciment des mortiers ou bétons.
ECFS	• Eau Chaude et Froide Sanitaire.
ECS	• Eau* Chaude Sanitaire.
EEA	• Éthylène-Éthyl-Acrylate (résine).
EFS	• Eau* Froide Sanitaire.
EIF	• Enduit d'Imprégnation à Froid.
EJP	• Effacement Jours de Pointe (tarif EDF destiné au mode de chauffage dit "bi-énergie").
ELU	• États-Limites Ultimes (du béton, dans le cadre des calculs du BAEL*) ; on distingue les ELUF, états-limites ultimes de tenue au flambage*, les ELUR, états-limites ultimes de résistance, les ELUS, états-limites ultimes d'équilibre statique, et les ELS, états-limites de service.
EM	• Eaux ménagères.
EMU	• Ensemble Monté en Usine.
EN	• Norme Européenne.
ENPC	• École Nationale des Ponts et Chaussées.
ENR	• Enregistrée (s'agissant d'une norme*).
ENSAD	• École Nationale Supérieure des Arts Décoratifs.
ENSBA	• École Nationale Supérieure des Beaux-Arts.
EP	• Eaux* Pluviales.
EPA	• Établissement Public d'Aménagement.
EPCI	• Établissement Public de Coopér. Intercommunale.
EPDM	• Éthylène-Propylène-Diène-Monoprène.
EPERS	• Élément Pouvant Entraîner la Responsabilité Solidaire (garanties de l'assurance-construction).
EPI	• Équipement de Protection Individuelle.

EPR	• Établissement Public Régional. • Éthylène-Propylène-Rubber.
ERP	• Établissement Recevant du Public.
ESE	• École Supérieure d'Électricité (dite *Supélec*).
EU	• Eaux* Usées.
EUD	• Eaux* Usées Domestiques.
EV	• Eaux*-Vannes.
EVA	• Éthylène-Vinyl-Acétate.
EXP	• Expérimentale (s'agissant d'une norme*).
FA	• Règles— de prévision par le calcul du comportement au Feu des structures en Acier.
FAE	• Facteur d'Absorption Énergétique (vitrages).
FAO	• Formation (ou Fabrication) Assistée par Ordinateur.
FAU	• Fonds d'Aménagement Urbain.
FB	• Règles FB de prévision par le calcul du comportement au Feu des structures en Béton.
FEM	• Force Électromotrice.
FLJ	• Facteur de Lumière du Jour des vitrages*.
FOD	• Fioul*-Oil Domestique.
FRE	• Facteur de Réflexion Énergétique.
FRL	• Facteur de Réflexion Lumineuse.
FS	• Facteur Solaire d'un vitrage*.
FTE	• Facteur de Transmission Énergétique du verre.
FTL	• Facteur de Transmission Lumineuse (tous matériaux transparents ou translucides).
GF	• Gaz* manufacturé (Voir aussi GM).
GHA, GHO...	• (immeuble de) Grande Hauteur : Voir à IGH.
GIE	• Groupement d'Intérêt Économique.
GM	• Gaz* Manufacturé (dit "gaz de ville").
GMAO	• Gestion de Maintenance Assistée par Ordinateur.
GPAO	• Gestion de Production Assistée par Ordinateur.
GN	• Gaz* Naturel.
GPL	• Gaz* de Pétrole Liquéfié.
GS	• Groupe Spécialisé (du CSTB).
G/S	• rapport de dosage Granulats/Sables d'un béton.
GSB	• Grande Surface de Bricolage (distributeur).
GTB	• Gestion Technique du Bâtiment.
GTC	• Gestion Technique Centralisée.
HA	• Haute Adhérence (barres d'armature en acier).
HE	• profilé en H de type Économique.
HEA, HEB, HEC, HEM	• poutrelles* en H à ailes larges.
HF	• Haute Fréquence.
HL	• Hauteur Libre (sous poutre, sous plafond, etc.).
HLE	• nuance* d'acier à Haute Limite Élastique.
HLM	• Habitation à Loyer Modéré.

HM	• Hauteur manométrique.
HN	• profilé en H de type Normal.
HO	• Hors Oeuvre*.
HP	• Hauteur sous Plafond.
	• Hautes Performances (ciments).
HPE	• Haute Performance Énergétique (label).
HQE	• Haute Qualité Environnementale (label).
HR	• Haute Résistance (sigle associé à des matériaux, les différenciant des qualités courantes).
HRI	• Haute Résistance Initiale (ciments*).
HT	• Haute Tension.
HTS	• ciment* à Haute Teneur en Silice.
IAO	• Ingénierie Assistée par Ordinateur.
	• type de profilé* à section en I (à ailes étroites).
IAP	• profilé* en forme de I à ailes parallèles.
ICD	• conduit* électr. Isolant, Cintrable, Déformable.
ICO	• conduit* électr. Isolant, Cintrable, Ordinaire.
IGH	• Immeuble* de Grande Hauteur. Classification, suivant leur affectation : ***GHA*** (habitation), ***GHO*** (hôtel), ***GHR*** (enseignement), ***GHS*** (archives), ***GHU*** (sanitaire), ***GHW*** (bureaux), ***GHZ*** (multiusage).
ILM	• Immeuble à Loyer Modéré.
ILN	• Immeuble à.Loyer Normal.
IP	• Indice de Protection (électrique).
IPE, IPER	• profilés* en I à ailes parallèles.
IPN	• profilé métal en forme de I à Profil Normal ; remplacé par les IAO, IAP, IPE et IPER.
IR	• InfraRouge (rayonnement).
IRB	• conduit* électrique Isolant, Rigide, Blindé.
IRC	• Indice de Rendu des Couleurs.
IRO	• conduit électrique Isolant, Rigide, Ordinaire.
ISMH	• Inventaire Supplémentaire des Monuments* Historiques.
ISO	• Organisation Internationale de Standardisation (International Standardization Organization).
ITE	• Isolation Thermique par l'Extérieur.
JDC	• Joint De Construction.
JDD	• Joint De Dilatation.
JOCE	• Journal Officiel des Communautés Européennes.
JONC	• Journal Officiel, Numéro Complémentaire.
JOUE	• Journal Officiel de l'Union Européenne.
LHPE	• Label Haute Performance Énergétique.
LM	• Liant* à Maçonner.
LS	• Label Solaire (souvent associé au LHPE).
MAO	• Maintenance Assistée par Ordinateur.

MARNU	• Modalités d'Application des RNU.
MBA	• Maçonnerie-Béton Armé.
MERUC	• Classement qualitatif des enduits* monocouches.
METP	• Marché d'Entreprise de Travaux Publics.
MF	• Module de Finesse (granulats).
MOB	• Maison* à Ossature Bois.
MOP	• Maîtrise d'Ouvrage Publique.
MRB	• conduit* électrique Métallique, Rigide, Blindé.
MSB	• conduit* électrique Métallique, Souple, Blindé.
MVA	• Masse* Volumique Apparente.
NF	• Norme* Française.
NGF	• Nivellement* Général de la France.
NHL	• Chaux* Hydraulique Naturelle.
NMH	• Norme Minimale d'Habitabilité.
NR	• Noise Rating number (indice de bruit émis).
NRA	• Nouvelle Réglementation Acoustique.
NTU	• Norme Technique Unifiée.
NV 65	• règles de prévention contre les effets de la Neige et du Vent sur les constructions (complétées par les règles N 84).
OC	• qualifie un antigel* sans chlore (*ohne chlor*).
OPAC	• Office Public d'Aménagement et de Construction.
OPAH	• Opération Programmée d'Amélioration de l'Habitat.
OPHLM	• Office Public d'Habitations à Loyer Modéré.
OP	• Ouvrier Professionnel (qualifications OP1, OP2...).
OPQ	• Organisme Professionnel de Qualification.
OQ	• Ouvrier* Qualifié.
OS	• Ouvrier* Spécialisé.
OSB	• (panneau aggloméré) Voir à OSB*.
PA	• Polyamide.
PAC	• Pompe à Chaleur.
PADD	• Plan d'Aménagement et de Développement Durable.
PAE	• Programme d'Aménagement d'Ensemble.
PAF	• Programme d'Action Foncière.
PAH	• Prime pour l'Amélioration de l'Habitat.
PAJ	• Prêt à taux Ajustable (aide de l'État aux ménages pour l'accession à la propriété).
PALULOS	• Programme d'Aménagement de Logements à Usage Locatif et à Occupation Sociale.
PAO	• Publication Assistée par Ordinateur.
PAP	• Prêts pour l'Accession à la Propriété.
PAR	• Plan d'Aménagement Rural.
PAZ	• Plan d'Aménagement de Zone, qui correspond au plan d'urbanisme des ZAC.
PC	• Prêt Conventionné.
PCBT	• Plancher* Chauffant Basse Température.

PCI	• Pouvoir* Calorifique Inférieur (combustibles). • marque commerciale de résine utilisée en adjuvantation des mortiers et en reprise de bétonnage.
PCPC	• Programme de Calcul des Prix et des Coûts.
PCS	• Polyéthylène chloro-sulfoné (additif du bitume). • Pouvoir Calorifique Supérieur (combustibles).
PDUI	• Plan D'Urbanisme Intercommunal.
PE	• Polyéthylène.
PEB	• Plan d'Exposition aux Bruits.
PEC	• Pierre Extérieure Collée.
PEL	• Plan d'Épargne-Logement.
PEO	• Plan d'Exécution des Ouvrages.
PER	• Polyéthylène Réticulé. • Plan d'Exposition aux Risques naturels.
PERCHE	• Pompe à chaleur En Relève de Chaudière Existante.
PERT*	• Program Evaluation and Review Technic : procédé d'élaboration des plannings.
PF	• Pare*-Flamme. • Plastique Français (label et monogramme apposé sur les tubes et canalisations plastiques).
PFC	• Plâtre* Fin de Construction.
PGC	• Plâtre* Gros de Construction.
pH*	• Potentiel en ions Hydrogène : échelle d'évaluation de l'acidité ou de la basicité des solutions.
PIB	• Police Individuelle de Base.
PIC	• Prêt Immobilier Conventionné.
PIG	• Projet d'Intérêt Général.
PLA	• Prêt Locatif Aidé.
PLD	• Plafond Légal de Densité.
PLH	• Programme Local d'Habitat.
PLI	• Prêt Locatif Intermédiaire.
PLR	• Programme à Loyer Réduit (ex-HLM).
PLU	• Plan* Local d'Urbanisme (remplace le POS).
PM	• Prise-Mer (ciments* spéciaux).
PMM	• Méthacrylate de Méthyle.
PMS	• Pression Maximale de Service (canalisations).
PN	• Projet de Norme (AFNOR).
PN	• Pression Nominale admise dans les tubes et canalisations ; exprimée en MPa : par ex. PN.1,6.
POS	• Plan* d'Occupation des Sols (voir aussi PLU).
PP	• Polypropylène. • Porte Pleine.
PPI	• Plaque de Plâtre cartonnée comportant, sur une face, une feuille d'aluminium pare-vapeur.
PPR	• Plan de Prévention des Risques naturels prévisibles.
PPRi	• Plan de Prévention des Risques d'inondation.

PRM	• Personne Responsable d'un Marché (public).
PRV	• Polyester Renforcé fibre de Verre.
PS	• règles de construction ParaSismique.
PSE	• Polystyrène Expansé.
PSMV	• Plan de Sauvegarde et de Mise en Valeur.
PSR	• Programme Social de Relogement.
PUC	• Police (d'assurances) Unique par Chantier, couvrant les responsabilités civiles et les garanties* de dommage-ouvrage.
PUD	• Plan d'Urbanisme Directeur.
PV	• Procès Verbal (d'essais).
PVA	• Acétate* de Polyvinyle.
PVC	• Chlorure de Polyvinyle.
PVE	• Perméabilité à la Vapeur d'Eau.
PVF	• Fluorure de polyvinylidène, du type *Téflon*.
PVT	• Pression-Volume-Température.
PY	• Polyester*.
RAG	• Réseau d'Alimentation Générale (électrique).
RC	• Règlement de Construction.
RCT-HLM	• Recommandations pour la Conception Technique des logements réalisés par ou pour les organismes HLM.
RDF	• Réception et Décompte des Études.
RDT	• Réception et Décompte des Travaux.
REEF	• Recueil des éléments utiles à l'Établissement et à l'Exécution des projets et marchés de bâtiment en France (Édition CSTB).
ReVETIR	• Classement qualitatif des bardages*.
RGU	• Règle Générale d'Urbanisme.
RIA	• Robinet d'Incendie Armé.
RNU	• Règlement National d'Urbanisme.
RPAO	• Règlement Particulier d'Appel d'Offres.
RPE	• Revêtement* Plastique Épais.
RSD	• Règlement Sanitaire Départemental.
RSE	• Revêtement* plastique Semi-Épais.
RT 2000	• Réglementation Thermique* 2000.
SAFER	• Société d'Aménagement Foncier Et Rural.
SAGE	• Schéma d'Aménagement et de Gestion des Eaux.
SB	• Polystyrène-choc.
SBR	• Styrène-Butadiène-Rubber (caoutchouc).
SBS	• Styrène-Butadiène Séquencé, aussi appelé *Buna*.
SCF	• Société Civile Foncière.
SCIC	• Société Civile Immobilière de Construction.
SCOT	• Schéma de COhérence Territorial.
SDAP	• Service Départemental de l'Architecture et du Patrimoine.

SDAU	• Schéma Directeur d'Aménagement et d'Urbanisme.
SDO	• Surface Dans Oeuvre.
SDPHO	• Surface De Plancher Hors Oeuvre.
SDR	• Société de Développement Régional.
SEL	• Système d'Étanchéité Liquide.
SEM	• Société d'Économie Mixte.
SF	• Stable au Feu.
SH	• Surface Habitable.
SHO	• Surface Hors Oeuvre.
SHOB	• Surface Hors Oeuvre Brute.
SHON	• Surface Hors Oeuvre Nette.
SHOP	• Surface Hors Oeuvre Pondérée.
SI	• Système International des unités de poids et mesures. • Silicone*.
SO	• Sous-Oeuvre.
SPT	• Standard Penetration Test, appareil de sondage à pénétration dynamique et mesure de pénétration.
SSI	• Système de Sécurité Incendie.
STD	• Spécifications Techniques Détaillées.
SU	• Surface Utile.
TA	• Titre Alcalimétrique simple.
TAC	• Titre Alcalimétrique Complet.
TBA	• Température-Bille-Anneau : mesure de la température de ramollissement et de poinçonnement d'un bitume.
TBT	• Très Basse Tension (moins de 50V).
TBTS	• Très Basse Tension de Sécurité.
TCE	• Tous Corps d'État.
TEC	• Technicien de l'Économie de la Construction. • Tonne*-Équivalent-Charbon.
TED	• Tout-Électrique Direct.
TEP	• Tonne*-Équivalent-Pétrole.
TH	• Titre Hydrotimétrique* (de l'eau).
ThB.82	• Règles de calcul du Besoin* énergétique des bâtiments, en vigueur de 1982 à 2001.
Th.BV	• Règles de calcul du coefficient des Besoins* de chauffage des logements (périmé par la RT 2000).
Th G.77	• Règles de calcul du coefficient G de déperditions thermiques (périmé par la RT 2000).
ThK.77	• Règles Thermiques et valeurs K des composants des parois (périmé par la RT 2000).
THD	• Très Haute Dureté (qualité de plâtre*).
THR	• Très Haute Résistance.
TIC	• Température Intérieure Conventionnelle.
TJ	• chape de bitume armé à armature Toile de Jute.
TLE	• Taxe Locale d'Équipement.

TNT	• TriNitroToluène (explosif).
TP	• Travaux Publics.
TRC	• Tous Risques Chantier (police d'assurance).
TV	• chape souple bitume armé par Tissu de Verre.
UAP	• profilé* en U à Ailes Parallèles.
UP	• d'Utilité Publique.
UPA	• Unité Pédagogique d'Architecture. • Union Professionnelle Artisanale.
UPEC	• Usure-Poinçonnement-Eau-produits Chimiques : voir dans le corps de l'ouvrage à UPEC*.
UPN	• profilé* en U à Profil de type Normal.
UT	• Unité Technique (des chemins de fer) : ensemble de normes techniques et règlements adoptés par diverses Administrations.
UTS	• Treillis* Soudé.
UV	• Ultra-Violet (rayonnement).
VA	• Volt-Ampère.
VE	• Vase* d'Expansion (chauffage central).
VEC	• Vitrage Extérieur Collé.
VEFA	• Vente en l'État Futur d'Achèvement.
VER	• Vinyl-Expansé à Reliefs (cushion-floor*).
VMC	• Ventilation* Mécanique Contrôlée.
VMI	• Ventilation Mécanique Insufflée.
VMR	• Ventilation Mécanique Répartie.
VO	• Vide*-Ordures.
VRD	• Voirie, Réseaux et Divers ; toujours au pluriel.
VV	• Voile de Verre.
XEH	• Chaux* Éminemment Hydraulique.
XHA	• Chaux* Hydraulique Artificielle.
XHN	• (anc.) Chaux* Hydraulique Naturelle (voir NHL).
ZA	• Zone d'Activités.
ZAC	• Zone d'Aménagement Concerté.
ZAD	• Zone d'Aménagement Différé.
ZAL	• Zone d'Activités Légères.
ZEP	• Zone d'Environnement Protégé. • Zone d'Éducation Prioritaire.
ZH	• Zone d'Habitation.
ZI	• Zone Industrielle.
ZIF	• Zone d'Intervention Foncière.
ZPIU	• Zone de Peuplement Industriel et Urbain.
ZPPAU	• Zone de Protection du Patrimoine Architectural et Urbain.
ZRR	• Zone de Revitalisation Rurale.
ZRU	• Zone de Rénovation Urbaine.
ZUP	• Zone à Urbaniser en Priorité.
ZUS	• Zone Urbaine Sensible.

2 - SIGLES D'ORGANISMES

Pour une grande partie d'entre eux, nous avons ajouté dans cette édition les références de leur site Internet.

Un astérisque* indique que le mot concerné est défini dans le corps de l'ouvrage.

vos notes personnelles

AA • Académie d'Architecture (Paris) www.archi.fr/AA

AAP • Association des Architectes du Patrimoine (Paris)

AB • Association des Architectes-Bâtisseurs (Paris)

ACERMI* • Association de Certification* des Matériaux Isolants, au CSTB (Paris), www.cstb.fr

ADAL • Association pour le Développement de l'Anodisation* de l'Aluminium et ses alliages.

ADEME • Agence De l'Environnement et de la Maîtrise de l'Énergie (Paris) www.ademe.fr

ADETS • Association technique pour le Développement de l'Emploi du Treillis Soudé (Gargenville) www.adets.org

AEPB • Association pour l'Emploi des Plastiques dans le Bâtiment, adresse du CSTB (Paris), www.cstb.fr

AFAB • Association pour la Formation de l'Artisanat du Bâtiment (sous l'égide de la CAPEB)

AFAC • Association Française des Assureurs de la Construction (Paris)

AFCAB • Association Française de Certification des Armatures du Béton (Paris) www.afcab.com

AFAQ • Association Française pour l'Assurance de la Qualité (délivre la certification ISO) www.afaq.fr

AFDRU • Association Française du Droit de l'Urbanisme.

AFE • Association Française pour l'Éclairage (Paris)

AFG • Association Française du Gaz (Paris) www.afgaz.fr

AFGC • Association Française de Génie Civil (Bagneux)

AFICS • Association Française des Industries de la Céramique Sanitaire (Paris)

AFIR	• Association Française des Industries de la Robinetterie (Paris)
AFITE	• Association Française des Ingénieurs et Techniciens de l'Environnement (Paris) www.afite.org
AFME	• Agence Française pour la Maîtrise de l'Énergie Voir ADEME
AFNOR	• Association Française de Normalisation (Saint-Denis La Plaine) www.afnor.fr
AFOR	• Association de Formation (peinture, vitrerie et revêtements) (Pantin)
AFORCLIM	• Association de Formation à la Climatisation (Paris)
AFPA	• Association nationale pour la Formation Professionnelle des Adultes (Montreuil) www.afpa.fr
AFPS	• Association Française du Génie ParaSismique (Paris) www.afps-seisme.org
AFT	• Association Française de Topographie (Paris) www.aftopo.org
AFTPVA	• Association Française des Techniciens des Peintures, Vernis, Encres, Adhésifs (Paris) www.aftpva.org
AIA	• Architectes Ingénieurs Associés www.a-i-a.fr
AICVF	• Association des Ingénieurs en Climatique, Ventilation et Froid (Paris) www.aicvf.com
AINF	• Association Interprofessionnelle de France pour la prévention contre les accidents et l'incendie (Créteil)
AIVF	• Association des Ingénieurs des Villes de France (Paris) www.aivf.asso.fr
ANACT	• Agence Nationale pour l'Amélioration des Conditions de Travail (Lyon) www.anact.fr
ANAH	• Agence Nationale pour l'Amélioration de l'Habitat (Paris) www.anah.fr
ANIL	• Association Nationale pour l'Information sur le Logement (Paris) www.anil.org
ANSCC	• Association Nationale des Syndicats Coopératifs de Copropriété (Paris)
ANSI	• American National Standards Institute
AP	• Architectes du Patrimoine www.archi.fr/AP/
APAVE	• Association de Propriétaires d'Appareils à Vapeur et Électriques (Paris) www.apave.com
APEB	• Association pour l'Enseignement Professionnel du Bâtiment (Paris)
APEMMAS	• Association pour la Promotion et l'Étude des Menuiseries en Matériaux de Synthèse
APMF	• Association Pour les Maisons du Futur (Puteaux)
APSAIRD	• ex-Assemblée Plénière des Sociétés d'Assurances contre l'Incendie et les Risques Divers
APUR	• Atelier Parisien d'Urbanisme (Paris) www.apur.com

AQC	• Agence Qualité Construction (Paris) www.qualiteconstruction.com
ARCIF	• Association Régionale des Castors de l'Ile-de-France (Versailles) www.membres.lycos.fr/arcif
ARDUAL	• Association Recherche et Développement Urbanisme, Architecture et Logement (Paris)
AREF-BTP	• Association Régionale pour l'Emploi et la Formation continue dans le Bâtiment et les Travaux Publics www.gfcbtp.fr
ARIM	• Association de Restauration Immobilière
ASCOMET	• Association des procédés d'assemblage des bois de charpente par Connecteurs Métalliques (Évreux)
ASE BTP	• Animateurs de Sécurité des Entreprises du Bâtiment et des Tvx Publics (Maurepas) www.asebtp.free.fr
ASFO	• Association de Formation (technique des maisons à ossature bois) (Plérin)
ASP	• Association Scientifique de la Précontrainte (Lille)
ATCG	• Association Technique de Certification des Granulats (Paris) www.unicem.fr
ATILH	• Association Technique de l'Industrie des Liants Hydrauliques (La-Défense) www.infociments.fr
ATITA	• Association Technique des Industries Thermiques et Aérauliques (Courbevoie) www.atita.com
ATPP	• Association Technique pour le Polyuréthane Projeté (Paris)
AVIQ	• Association Vitrage Qualité (Paris)
BATP	• Bâtiment et Travaux Publics (Institut de formation du Groupe Eyrolles) (Paris)
BIPE	• Bureau d'Informations et de Prévisions Économiques (Issy-les-Moulineaux) www.bipe.fr
BNA	• Bureau de Normalisation de l'Acier (ex-BNS+BNTA) (Paris-La Défense) www.bnacier.org
BNG	• Bureau de Normalisation des appareils à combustibles Gazeux (Paris)
BNPV	• Bureau de Normalisation des Peintures et Vernis FIPEC (Paris) www.fipec.org
BRGM	• Bureau de Recherches Géologiques et Minières (Paris et Orléans) www.brgm.fr
CAECL	• Caisse d'Aide pour l'Équipement des Collectivités Locales
CAMBTP	• Caisse d'Assurance Mutuelle du Bâtiment et des Travaux Publics (Strasbourg - groupe CAMACTE) www.camacte.com
CAPEB	• Confédération de l'Artisanat et des Petites Entreprises du Bâtiment (Paris) www.capeb.fr
CAPIMMO	• Collège des Architectes Professionnels en Immobilier
CAS	• Comité d'Action pour le Solaire (Paris)

CATED	• Centre d'Assistance Technique et de Documentation (Saint-Rémy-lès-Chevreuse) www.cated.fr
CAUE	• Conseil d'Architecture, d'Urbanisme et de l'Environnement (dans chaque département)
CCCA-BTP	• Comité Central de Coordination de l'Apprentissage du BTP (Paris) www.ccca-btp.fr
CCM	• Commission Centrale des Marchés : voir DAJ
CDIA	• Centre de Documentation et d'Information de l'Assurance (Paris) www.ffsa.fr
CDTF	• Compagnons du Devoir du Tour de France (Paris)
CDU	• Centre de Documentation sur l'Urbanisme (Paris)
CEA	• Cercle d'Études Architecturales (Paris) • Centre d'Études d'Assurances (Paris)
CEBTP	• Centre Expérimental de recherches et d'Études du Bâtiment et des Travaux Publics (St-Rémy-lès-Chevreuse) www.cebtp-solen.fr
CECMI	• Comité d'Étude et de Classification des Matériaux et éléments de construction par rapport au danger d'Incendie (Levallois-Perret)
CEDAU	• Centre d'Études et de Développement de l'Architecture Urbaine
CEETB	• Comité Européen des Équipements Techniques du Bâtiment (Paris)
CEFLU	• Centre d'Études et de Formation pour le Logement et l'Urbanisme (Paris) www.ceflu.com
CEFRACOR	• Centre Français de l'Anticorrosion (Paris) www.cefracor.org
CEGIBAT	• Centre EdF-GdF d'Information (Paris) www.cegibat.com
CEIFICI	• Centre d'Études, d'Information et de Formation pour les Ingénieurs de la Construction (Paris)
CEMP	• Centre d'Études des Matières Plastiques (Paris)
CEN	• Comité Européen de Normalisation (Bruxelles) www.sckcen.be/sckcen.fr
CEP	• Centre d'Étude et de Prévention (Paris)
CEREQ	• Centre d'Études et de Recherche sur les Qualifications (Paris)
CERFA	• Centre d'Enregistrement et de Révision des Formulaires Administratifs (Paris)
CERFF	• Centre d'Essais et de Recherches pour les Fenêtres, Façades et Cloisons (Saint-Rémy-lès-Chevreuse)
CERIB	• Centre d'Études et de Recherches de l'Industrie du Béton (Épernon) www.cerib.com
CERTIMELEC	• Association pour la Certification des systèmes qualité des entreprises de Matériel Électrique et Électronique (Fontenay-aux-Roses)
CETE	• Centre d'Études Techniques de l'Équipement www.esuipement.gouv.fr

CETEN-APAVE	• Centre Technique National des APAVE (Paris) www.apave.com
CETIAT	• Centre Technique des Industries Aérauliques et Thermiques (Villeurbanne) www.cetiat.fr
CETICA	• Centre des Travaux Immobiliers de Conservation et d'Aménagement (Paris)
CETIM	• Centre Technique des Industries Mécaniques (Senlis) www.cetim.fr
CFAI	• Conseil Français des Architectes d'Intérieur (ex-OPQAI) (Paris)
CFE	• Comité Français de l'Électricité (Paris-La Défense)
CFF	• Crédit Foncier de France (Paris). En Province, s'adresser à l'agence locale ou à la DDE
CFI	• Comité Français de l'Isolation (Paris) www.unicem.fr
CGPC	• Conseil Général des Ponts et Chaussées (Paris)
CHEC	• Centre des Hautes Études de la Construction (Paris) www.chec.fr
CHSCT	• Comité d'Hygiène, de Sécurité et de Conditions de Travail (entreprises de 50 salariés et plus)
CIADT	• Comité Interministériel de l'Aménagement et du Développement du Territoire www.datar.gouv.fr
CICF	• Chambre de l'Ingénierie et du Conseil (Paris) www.cicf.fr
CICLA	• Centre d'Information du Cuivre, Laiton et Alliages (Paris)
CIDB.	• Centre d'Information et de Documentation sur le Bruit (Paris) www.cidb.org
CIE	• Centre d'Information de l'Éclairage (Paris) • Centre d'Information de l'Émail (Paris)
CIFAB	• Collège Ile-de-France des Architectes-Bâtisseurs (Clamart)
CIFP	• Centre Interrégional de Formation Professionnelle (Aix, Arras, Clermont-Ferrand, Mâcon, Nancy, Nantes, Rouen, Toulouse, Tours)
CIL	• Comité Interprofessionnel du Logement (Paris)
CIMBÉTON	• Centre d'Information sur le Ciment et ses applications (Paris-La Défense) www.infociments.fr
CIP	• Centre d'Information du Plâtre (Paris) • Centre d'Information du Plomb (Fontenay-sous-Bois) • Commission Interministérielle de la Précontrainte (Paris), adresse du LCPC
CIRA	• Centre Interministériel de Renseignements Administratifs (Paris) www.service-public.fr
CIRS	• Centre d'Information des Revêtements de Sols (Le Vésinet)

CITAG	• Centre d'Information de la Tôle d'Acier Galvanisée (Paris)
CITAIR	• Centre d'Information du Traitement de l'Air (Paris)
CIVF	• Centre d'Information du Verre Feuilleté (Neuilly-sur-Seine)
CMC	• Syndicat national des Constructeurs de Matériel de Chauffage (Paris)
CNAB	• Confédération Nationale des Administrateurs de Biens (Paris) www.immocnab.com
CNAP	• Confédération Nationale d'Autoconstruction Castor (Trignac) www.castors.asso.fr
CNAM	• Conservatoire National des Arts et Métiers (Paris) www.cnam.fr
CNAMOME	• Chambre Syndicale Nationale des Agréés en Architecture, Maîtres d'Oeuvre et Métreurs-Experts.
CNAP	• Centre National des Arts Plastiques (Paris)
CNB	• Centre National du Bruit (Paris)
CNDB	• Comité National pour le Développement du Bois (Paris)
CNEAF	• Collège National des Experts Architectes Français (Paris) www.cneaf.fr
CNEIL	• Centre National d'Études et d'Initiatives en faveur du Logement (Paris)
CNET	• Centre National d'Études Techniques des HLM, (Paris)
CNFAH	• Centre National de Formation pour l'Amélioration de l'Habitat (Paris)
CNFE	• Comité National Français de l'Éclairage (Paris)
CNIB	• Confédération Nationale des Industries du Bois (Paris)
CNIF	• Conseil National des Ingénieurs Français (Paris)
CNIP	• Centre National d'Information pour la Protection des candidats à la construction
CNIPCI	• Centre National d'Instruction de la Protection contre l'Incendie (Paris)
CNL	• Confédération Nationale du Logement (Montreuil) www.lacnl.com
CNMIS	• Comité National des Matériels d'Incendie et de Sécurité (Paris)
CNOA	• Conseil National de l'Ordre des Architectes (Paris) www.architectes.org
CNPP	• Centre National de Prévention et de Protection (27- Saint-Marcel) www.cnpp.com
COCHEBAT	• Syndicat national des fabricants de Composants et de systèmes intégrés de Chauffage par Eau à Basse Température

COFHUAT • Confédération Française pour l'Habitat, l'Urbanisme et l'Aménagement du Territoire (Paris) www.cofhuat.org

CONSUEL • Comité National pour la Sécurité des Usagers de l'Électricité (Puteaux) www.consuel.com

COPREC • Comité professionnel de la Prévention et du Contrôle technique dans la construction (Saint-Quentin-en-Yvelines)

COSTIC • Comité Scientifique et Technique des Industries Climatiques (Saint-Rémy-lès-Chevreuse)

CREAU • Centre de Recherche et d'Études d'Anthropologie et d'Urbanisme (Paris)

CRU • Centre de Recherche et d'Urbanisme (centre de documentation) (Paris)

CSAMC • Chambre Syndicale des Ascenseurs et Monte-Charge (Paris)

CSCCF • Chambre Syndicale du Carreau Céramique de France (Paris)

CSE • Chambre Syndicale de l'Échafaudage (Paris)

CSEC • Chambre Syndicale des Entrepreneurs de Carrelage de la Région Parisienne (Paris)

CSECP • Chambre Syndicale des Entrepreneurs de Couverture Plomberie de Paris et sa région (Paris)

CSESSI • Chambre Syndicale des Entreprises Spécialistes du Sol Industriel (Eaubonne)

CSFPF • Chambre Syndicale des Fabricants de Papiers peints de France (Paris)

CSMAP • Chambre Syndicale des entrepreneurs de Menuiserie (Paris)

CSMVT • Chambre Syndicale des Miroitiers, Vitriers et Techniverriers (Paris)

CSNA • Chambre Syndicale Nationale de l'Agencement, (Paris)

CSNE • Chambre Syndicale Nationale de l'Étanchéité, (Paris)

CSNESSAA • Chambre Syndicale Nationale des Entrepreneurs de Staff, Stuc et Activités Annexes (Paris)

CSNFF • Chambre Syndicale Nationale des Fabricants de Fermetures (Paris)

CSNFIS • Chambre Syndicale Nationale des Fabricants et Installateurs de Stores (V. CSNFF)

CSPVR • Chambre Syndicale des Entrepreneurs de Peinture, Vitrerie, Revêtements de la Région Parisienne (Paris)

CSREP • Chambre Syndicale des entrepreneurs spécialistes de Ravalement en Enduit-Pierre (Paris)

CSRLE • Chambre Syndicale des entrepreneurs de Ravalements et Loueurs d'Échafaudages (Paris)

CSS	• Chambre Syndicale de la Sidérurgie (Paris-La Défense)
CSTB_	• Centre Scientifique et Technique du Bâtiment (Paris). www.cstb.fr Stations de recherche à Marne-La-Vallée, St-Martin d'Hères, Sophia-Antipolis, Nantes.
CSTC	• Centre Scientifique et Technique (belge) de la Construction (Bruxelles) www.cstc.be
CTBA	• Centre Technique du Bois et de l'Ameublement (Paris) www.ctba.fr
CTICM_	• Centre Technique Industriel de la Construction Métallique (St-Rémy-lès-Chevreuse) www.cticm.fr
CTTB_	• Centre Technique des Tuiles et Briques (Clamart) www.cttb.fr
CTZA	• Centre Technique du Zinc et Alliages (Levallois-Perret)
DA	• Direction de l'Architecture (Ministère des Affaires Culturelles) (Paris) • Direction de l'Architecture de la Ville de Paris
DAEI	• Direction des Affaires Économiques Internationales (Ministère de l'Équipement, Paris) www.equipement.gouv.fr
DAJ	• Direction des Affaires Juridiques (Paris) www.minefi.gouv.fr
DASS	• Direction des Affaires Sanitaires et Sociales (Paris)
DATAR	• Délégation à l'Aménagement du Territoire et à l'Action Régionale (Paris) www.datar.gouv.fr
DAU	• Direction de l'Architecture et de l'Urbanisme (Paris-La Défense)
DDASS	• Direction Départementale de l'Action Sanitaire et Sociale.
DDF	• Direction de la Documentation Française (Paris)
DTSB	• Diffusion des Techniques et Spécialités du Bâtiment (Paris)
DUP	• Direction de l'Urbanisme et des Paysages
EA	• École d'Architecture de... : EA Bordeaux (Talence) www.bordeaux.archi.fr EA Bretagne (Rennes) www.rennes.archi.fr EA Clermont-Ferrand www.clermont-fd.archi.fr EA Grenoble www.grenoble.archi.fr EA Lille (Villeneuve d'Asq) www.lille.archi.fr EA Lyon (Vaulx-en-Velin) www.lyon.archi.fr EA Montpellier www.montpellier.archi.fr EA Marseille Luminy www.marseille.archi.fr EA Marne-la-Vallée www.marnelavallee.archi.fr EA Nancy www.nancy.archi.fr EA Nantes www.nantes.archi.fr EA Rouen (Darnétal) www.rouen.archi.fr

(EA suite)
EA Paris-Belleville
www.paris-belleville.archi.fr
EA Paris-quai Malaquais
www.paris-malaquais.archi.fr
EA Paris Val de Seine (en 2005)
EA Paris-Tolbiac
EA Paris-La Villette www.paris-lavillettte.archi.fr
EA Strasbourg www.strasbourg.archi.fr
EA Saint-Etienne www.st-etienne.archi.fr
EA Toulouse www.toulouse.archi.fr
EA Versailles www.versailles.archi.fr

EATP • École d'Application aux métiers des Travaux Publics (Égletons) www.eatp19.com

EBTP • École du Bâtiment et des Travaux Publics (Vincennes) www.ebtp.info

ECO • Association pour l'Étude et le développement des Composants d'équipements coordonnés pour la construction (Paris)

EDF • Électricité de France (Paris-La Défense)

ENAB • École Nationale des Architectes-Bâtisseurs (Paris) www.architecteurs.fr/enab

ENBRI • European Network of Building Research Institutes (Réseau européen des instituts de recherche sur le bâtiment)

ENPC • École Nationale des Ponts et Chaussées (Marne-La-Vallée) www.enpc.fr

ENSAD • École Nationale Supérieure des Arts Décoratifs (Paris)

ENSAM • École Nationale Supérieure d'Arts et Métiers (Paris) www.ensam.fr

ENSBA • École Nationale Supérieure des Beaux-Arts (Paris)

EOTA • European Organization for Technical Approval (regroupe les organismes habilités à délivrer les Agréments techniques européens) (Bruxelles)

EPAD • Établissement Public d'Aménagement de la Défense (Paris-La Défense)

EPEBAT • Association pour l'Étude de la Pathologie et de l'Entretien du Bâtiment, adresse du CSTB

ESA • École Spéciale d'Architecture (Paris)

ESB • École Supérieure du Bois (Paris)

ESTP • École Spéciale des Travaux Publics, du Bâtiment et de l'Industrie (Paris) www.estp.fr

FACIBA • Façades et Composants Intérieurs pour le Bâtiment (Paris)

FAF • Fédération des Ardoisiers de France (Paris)

FDES • Fonds de Développement Économique et Social

FEDELEC • Fédération nationale des professionnels de l'Électricité et de l'Électronique (Joinville-le-Pont) www.fedelec.fr

FFACB • Fédération Française des Artisans Coopérateurs du Bâtiment (Issy-les-Moulineaux) www.ffacb.com

FFB • Fédération Française du Bâtiment (Paris), ex-FNB www.ffbatiment.fr

FFMI • Fédération Française du Matériel d'Incendie

FFTB • Fédération Française des Tuiles et Briques (Paris) www.fftb.org

FIAT • Fonds d'Intervention pour l'Aménagement du Territoire

FIB • Fédération Internationale du Béton (Lausanne) www.fib.epfl.ch

FIB • Fédération de l'Industrie du Béton (Montrouge) www.fib.org

FIBC (ex-FNIBB) • Fédération des Industries du Bois pour la Construction (Paris)

FIEC • Fédération de l'Industrie Européenne de la Construction (Paris)

FIEE • Fédération des Industries Électriques et Électroniques (Paris)

FILMM • Syndicat National des Fabricants d'Isolants en Laines Minérales Manufacturées (Paris) www.filmm.fr

FIPEC • Fédération des Industries des Peintures, Encres, Couleurs, colles et adhésifs (Paris) www.fipec.org

FISB • Fédération Française des Industries de la Salle de Bains (Paris) www.salledebains.fr

FNAIM • Fédération Nationale de l'Immobilier (Paris) www.fnaim.fr

FNAS • Fédération Nationale des négociants en appareils sanitaires, chauffage-climatisation et canalisations (Paris)

FNB_ • Fédération Nationale du Bois (Paris) www.fnbois.fr

FNCAUE • Fédération Nationale des Conseils d'Architecture, d'Urbanisme et de l'Environnement (Paris) www.fncaue.asso.fr

FFNCMB • Fédération Nationale Compagnonnique des Métiers du Bâtiment (Paris) www.compagnons.org

FNEE • Fédération Nationale de l'Équipement Électrique, (Paris)

FNEMV • Fédération Nationale des Entreprises de Miroiterie Vitrerie (Paris)

FNGEF • Fédération Nationale des Géomètres-Experts Fonciers (Paris)

FNHR • Fédération Nationale de l'Habitat Rural (Paris)

FNIPVICF • Fédération Nationale des Industries des Peintures, Vernis, encres d'Imprimerie et Couleurs Fines (Paris)

FNMC • Fédération Nationale des Négociants en Matériaux de Construction (Paris)

FNPC • Fédération Nationale des Promoteurs Constructeurs (Paris) www.fnpc.fr

FNSCOP • Fédération Nationale des Sociétés Coopératives de Production du Bâtiment et des Travaux Publics (Paris) www.scopbtp.org

FNTP • Fédération Nationale des Travaux Publics (Paris) www.fntp.fr

FORCEMAT • Organisme paritaire collecteur agréé des Matériaux pour la construction et l'industrie www.forcemat.fr

GADOBAT • Groupement d'Assurances Dommages-Ouvrages pour le Bâtiment (Nanterre)

GAFNIC • Groupement d'Assurances des Fabricants, Négociants, Importateurs de matériaux de Construction

GARCO • Groupement d'Assurances et Réassurances Construction (Nanterre)

GDF • Gaz de France.

GECO • Groupement (des Assureurs) pour la Gestion des risques de la Construction. Adresse du GADOBAT

GENERCLIM • Chambre Syndicale des entreprises en Génie Énergétique et Climatique de la Région Parisienne (Paris)

GEPI • Groupement national technique des Entrepreneurs de Peinture Industrielle (Paris)

GFC-BTP • Groupement professionnel paritaire pour la Formation Continue dans les industries du BTP (Paris) www.gfcbtp.fr

GIC • Groupement Interprofessionnel pour la Construction (Paris)

GIF • Groupement des Fabricants et Installateurs de matériels coupe-feu et d'évacuation des fumées (Courbevoie)

GIFAM • Groupement des Industries Françaises des Appareils d'équipement électrique (Paris)

GIPEC • Groupement Interprofessionnel de Participation à l'Effort de Construction (Paris)

GNECI • Groupement National des Entrepreneurs-Constructeurs Immobiliers (Paris)

GNERMH • Groupement National des Entreprises de Restauration des Monuments Historiques (Paris)

GSCIC • Groupement des Sociétés Civiles et Immobilières de Construction (Paris)

GTFI • Groupement Technique Français d'Ignifugation (Paris) www.gtfi.org

ICH • Institut d'études économiques et juridiques appliquées à la Construction et à l'Habitat (Paris)

IFA • Institut Français d'Architecture (Paris) www.archi.fr/ifa.chaillot/index.php

IFB	• Institut Français du Bâtiment (Saint-Rémy-lès-Chevreuse)
IFCE	• Institut Français des Combustibles et de l'Énergie (Paris)
IFE	• Institut Français de l'Énergie (Paris)
INRAP	• Institut National de Recherches Archéologiques Préventives (Paris) www.inrap.fr
INSA	• Institut National des Sciences Appliquées www.insa-france.fr
IRABOIS	• Institut de Recherche Appliquée du Bois (Paris)
ISO	• International Organization for Standardization, organisme international de normalisation (Genève)
ITBTP	• Institut Technique du Bâtiment et des Travaux Publics (service de renseignements de la FFB)
ITR	• Institut Technique des Revêtements de sols et murs (Paris)
LCIE	• Laboratoire Central des Industries Électriques (Fontenay-aux-Roses)
LCPC	• Laboratoire Central des Ponts et Chaussées (Paris) www.lcpc.fr
LEMVP	• Laboratoire d'Essais des Matériaux de la Ville de Paris (Paris)
LERM	• Laboratoire d'Études et de Recherches sur les Matériaux (Arles) www.lerm.fr
LMA	• Laboratoire de Mécanique et d'Acoustique (Marseille)
LNE_	• Laboratoire National d'Essais (Paris) www.lne.fr
MAF	• Mutuelle des Architectes Français (assurances) (Paris) www.maf.fr
MARC	• Moyens Administratifs de Réassurance-Construction (Nanterre)
OA	• Ordre des Architectes (Paris)
	• Syndicat professionnel des entrepreneurs d'asphalte et d'étanchéité (Paris) www.asphaltes.org
OCIL	• Office Central Interprofessionnel du Logement (Paris)
ODAC	• Office de Diffusion des Applications du Contreplaqué* (Paris)
OFAS	• Office Français des Asphaltes* (Paris)
OGE	• Ordre des Géomètres*-Experts (Paris) www.geometre-expert.fr
ONERA	• Office National d'Étude et de Recherche Acoustique (Toulouse)
OPPBTP	• Organisme Professionnel de Prévention du Bâtiment et des Travaux Publics (Boulogne-Billancourt) www.oppbtp.fr
OPQCB_	• Voir QUALIBAT

OPQIBI	• Organisme Professionnel de Qualification* de l'Ingénierie (Boulogne-Billancourt) www.opqibi.com
OPQMV	• Organisme Professionnel de Qualification des Métreurs-Vérificateurs
OPQTECC	• Organisme Professionnel de Qualification Technique des Économistes et Coordonnateurs de la Construction (Paris)
OSI	• Office des Spécialistes en Isolation (Paris)
OSIB	• Organisation Scientifique des Industries du Bâtiment (Paris)
OTUA	• Office Technique pour l'Utilisation de l'Acier (La Défense) www.otua.org
PACT	• Protection, Amélioration, Conservation, Transformation - Fédération nationale des centres PACT-ARIM (Paris) www.pact-arim.org
PROMOTELEC	• Association pour la PROMOTion et la garantie de la sécurité et du confort ÉLECtriques dans le Bâtiment (Puteaux) www.promotelec.com
QUALIBAT	• Organisme de QUALIFication et de certification des entreprises du BÂTiment (Paris) www.qualibat.com
QUALIFELEC	• Association technique et professionnelle de QUALIFication des entreprises de l'équipement ÉLECtrique (Paris) www.qualifelec.fr
QUALITEL*	• Organisme certificateur de la QUALITÉ du Logement neuf (Paris) www.qualitel.org
QUALITEST	• Bureau de contrôle (Orsay)
RILEM	• Réunion Internationale des Laboratoires d'Essais et de Recherches sur les Matériaux et les constructions (Bagneux) www.rilem.org
SCIC	• Société Centrale Immobilière de la Caisse des dépôts et consignations (Paris)
SCMF	• Syndicat de la Construction Métallique de France (Puteaux) www.scmf.com.fr
SDAP	• Service Départemental de l'Architecture et du Patrimoine (Paris) www.culture.gouv.fr/culture/regions/sdap/sdap.htm
SDR	• Société de Développement Régional
SETRA	• Service d'Études Techniques des Routes et Autoroutes (Bagneux) www.setra.fr
SFC	• Société Française de Céramique (Paris)
SFCA	• Syndicat Français des Colles et Adhésifs (Paris)
SFIC	• Syndicat Français de l'Industrie Cimentière (Paris La Défense) www.infociments.fr
SFJF	• Syndicat Français des Joints et Façades (Paris) www.joints-et-facades.asso.fr
SFMI	• Syndicat des Fabricants de Matériel de lutte contre l'Incendie (Paris)

SFPC	• Syndicat des Fabricants de Panneaux Contre-plaqués* (Paris)
SFPD	• Syndicat des Fabricants de Panneaux Décoratifs, (Paris)
SFPP	• Syndicat des Fabricants de Panneaux de Particules* (Paris)
SFU	• Société Française des Urbanistes (Paris) www.urbanistes.com
SICAHR	• Société d'Intérêt Collectif Agricole d'Habitat Rural (18 sociétés régionales)
SIVOM	• Syndicat Intercommunal à Vocation Multiple
SMABTP	• Société Mutuelle d'Assurance du Bâtiment et des Travaux Publics (Paris) www.smabtp.fr
SNABM	• Syndicat National des Adjuvants pour Bétons et Mortiers (Paris)
SNAI	• Syndicat National des Architectes d'Intérieur (Paris)
SNBATI	• Syndicat National du Béton Armé et des Techniques Industrialisées (Paris)
SNED	• Syndicat National des Entreprises de Démolition (Paris) www.syndicatdemolition.fr
SNER	• Syndicat National de fabricants d'Éléments de Remplissage pour panneaux et murs-rideaux (Paris)
SNFA	• Syndicat National de la construction des Fenêtres façades et Activités associées (Paris)
SNFCD	• Syndicat National des Fabricants de Cheminées Décoratives (Paris)
SNFCI	• Syndicat National des Fabricants de Charpentes Industrialisées (Paris)
SNFFIM	• Syndicat National des Fabricants de Fibres Isolantes Minérales (Paris)
SNFMB	• Syndicat National des Fabricants de Menuiseries de Bâtiment (Paris)
SNFMI	• Syndicat National des Fabricants de Menuiseries Industrielles (Paris)
SNFORES	• Syndicat National des Formulateurs de Résines Synthétiques (Paris) www.unicem.fr
SNFPSA	• Syndicat National de la Fermeture, de la Protection Solaire et des professions Associées (Paris)
SNFQ	• Syndicat National des Fabricants de Quincaillerie (Paris)
SNFTB	• Syndicat National des Fabricants de Tuiles en Béton (Paris)
SNI	• Syndicat National de l'Isolation (Paris) www.snisolation.fr
SNIEPOB	• Syndicat National de l'Industrie des Éléments de Planchers et Ossatures en Béton (Paris)

SNIP • Syndicat National des Industries du Plâtre (Paris)

SNIR • Syndicat National des Industries de la Robinetterie (Paris)

SNITA • Syndicat National des Industries du Tuyau d'Assainissement (Paris)

SNMI • Syndicat National des Mortiers Industriels (Paris) www.snmi.org

SNMM • Syndicat National des constructeurs de Menuiseries, Murs-Rideaux et cloisons Métalliques (Paris)

SNMVS • Syndicat National des Métreurs-Vérificateurs Spécialistes (Paris)

SNPPA • Syndicat National du Profilage des Produits plats en Acier (Paris) www.snppa.fr

SNSO • Syndicat National des Entreprises de Second Oeuvre du bâtiment (Paris) www.second-oeuvre.com

SOCOTEC • Société de Contrôle Technique et d'Expertise de la Construction (Saint-Quentin-en-Yvelines) www.socotec.fr

STAC • Service Technique de l'Assurance de la Construction, Parc de La Défense (Nanterre)

SYMOB • Syndicat National des Fabricants et Constructeurs de Maisons à Ossature Bois (Paris)

SYNAAMOB • Syndicat National des Architectes, des Agréés et des Maîtres d'Oeuvre en Bâtiment (Paris) www.synaamob.fr

SYNAD • Syndicat National des Adjuvants (Paris) www.synad.fr

SYNTEC-Ingénierie • Chambre Syndicale des Sociétés d'Études Techniques et d'Ingénierie (Paris) www.syntec-ingenierie.fr

TECMAVER • Office Technique des Matériaux Verriers (Paris)

UCF • Union Climatique de France (Paris) www.ucf.fr

UCH • Union Nationale du Génie Énergétique et Climatique

UEAtc • Union Européenne pour l'Agrément technique dans la construction, adresse du CSTB www.cstb.fr

UFFEP • Union Française des Fabricants et Entrepreneurs de Parquets (Paris) www.uffep.org

UF-PVC • Union de la Fenêtre-PVC (Paris)

UIA • Union Internationale des Architectes (Paris) www.uia-architectes.fr

UICP • Union Internationale de la Couverture-Plomberie (Paris)

UMGO-FFB • Union de la Maçonnerie et du Gros Oeuvre (Paris) www.umgo.ffbatiment.fr

UNACMA • Union Nationale des Artisans Charpente, Menuiserie, Agencement (Paris) www.capeb.fr

UNCMI	• Union Nationale des Constructeurs de Maisons Individuelles (Paris) www.uncmi.org
UNCP	• Union Nationale des chambres syndicales de Couverture et de Plomberie de France (Paris)
UNECB	• Union Nationale des Entrepreneurs Céramistes du Bâtiment (Paris)
UNEPSS	• Union Nationale des Entrepreneurs Plâtriers, Staffeurs* et Stucateurs* (Paris)
UNFCSCMP	• Union Nationale Française des Chambres Syndicales de Charpente, Menuiserie et Parquets (Paris)
UNFOHLM	• Union Nationale des Fédérations d'Organismes HLM (Paris)
UNICEM	• Union Nationale des Industries de Carrières Et Matériaux de construction (Paris) www.unicem.fr
UNICLIMA	• Union Nationale des constructeurs de matériel aéraulique*, thermique, thermodynamique et frigorifique (Courbevoie)
UNM	• Union Nationale des Miroitiers (Paris)
UNPVF	• Union Nationale des entrepreneurs de Peinture, Vitrerie et Finitions (Paris)
UNRST	• Union Nationale des Revêtements de Sols et du Tapis (Paris)
UNSFA	• Union Nationale des Syndicats Français d'Architectes (Paris) www.unsfa.com
UNSMF	• Union Nationale des Syndicats des Métalliers Français (Paris)
UNTEC	• Union Nationale des Économistes de la Construction et des Coordonnateurs (Paris) www.untec.com
USH	• Union Sociale pour l'Habitat (Paris) www.union-hlm.org
UTE	• Union Technique de l'Électricité et de la Communication (Fontenay-aux-Roses) www.ute-fr.com
UTI ou **UTIBTP**	• Union Technique Interprofessionnelle des Fédérations Nationales du Bâtiment et des Travaux Publics (Paris)
VERITAS	• Bureau de contrôle (Courbevoie-La Défense) www.bureauveritas.com

BIBLIOGRAPHIE

principaux ouvrages utilisés pour l'élaboration,
de la première édition du Dicobat (1991)

Titres	*Auteurs*	*Éditeurs*
Ouvrages généraux, architecture.		
• Dictionnaire d'Architecture	Charles-Augustin d'Aviler	Jombert, 1755
• Dictionnaire des termes d'Architecture	Pierre Chabat	A. Morel, 2 vol+1,1875
• Dictionnaire raisonné de l'Architecture	Eugène Viollet-le-Duc	Bance-Morel, 10 v, 1868
• Glossaire Archéologique	Victor Gay	Société Bibliogr., 1887
• Manuel d'Archéologie Française	Camille Enlart	Picard et Fils, 2 v., 1902
• Pratique des Travaux	Léon Eyrolles	École Sp. des T.P, 1921
• L'Architecture Rurale et Bourgeoise	G. Doyon et R. Hubrecht	Vincent, Fréal, 1942
• Vocabulaire de l'Architecture	Ministère des Aff. Culturelles	Impr. Nationale, 1972
• Lexique des termes d'architecture	Académie d'Architecture	Massin, 1963
• Encyclopédie pratique de la Construction et du Bâtiment	collectif	Quillet, 2 tomes
• Le livre de l'Architecture	Richard Reid	Hachette, 1981
• Dictionnaire technique du BTP	MM.Barbier, Cadiergues...	Eyrolles, 1982
• Glossaire (architecture religieuse)	M. de Vogüe, J. Neufville	Zodiaque, 1983
• L'Architecture	M. Salvadori	Pygmalion, 1983
• Notions sur la Construction des Bâtiments	G. Espitalier, G. Lefol	Eyrolles, 1983
• Sciences et techniques du Bâtiment	RAUC/ H. Duthu	Moniteur, 1983
• Guide du Constructeur en Bâtiment	R. Adrait et D. Sommier	Hachette Techn., 1984
• Aide-mémoire TECHNOR 1-Dessin	R. Delebecque	Delagrave, 1984
• d° 2- Éléments de construction	d°	d°
• L'Encyclopédie du Bâtiment (10 volumes)		Éditions Techniques
• Techniques de l'Ingénieur (série C)		Éditions Techniques
• Guide Veritas du Bâtiment 1- Construction	Bureau Veritas	Moniteur, 1985
Réglementation, urbanisme.		
• Dictionnaire Permanent de la Construction	Éditions Législatives et Administratives, Paris.	
• Réglementation Technique de la Maison indiv.	H. Laedlein	Eyrolles / Cated, 1981
• Guide pour l'Établissement de Projets de bâtiments	André Bonhomme	Moniteur
Construction générale, maçonnerie.		
• Au pied du Mur	Robert l'Hermite	Eyrolles, 1966
• Traité de Maçonnerie-Plâtrerie (2 vol.)	Jean le Covec	J.B. Baillière, 1978
• Technologie des Méthodes de Construction	Emile Olivier	Entr. Moderne d'Édition, (4 vol.), 1977
• Aide-Mémoire 1-Gros oeuvre,	Benjamin Boulet	Dunod, 1977
2-Second oeuvre,	d°	
3-Équipement du Bâtiment	d°	
• La Construction du Bâtiment	Gérard Baud	Dunod, 1988

Titres	*Auteurs*	*Éditeurs*
Rénovation, réhabilitation.		
• Techniques de Réhabilitation des HLM	Ministère du Logement	Moniteur
• Rénover les murs et ouvertures	J. Louvet et R. Longechal	Eyrolles, 1983
• Guide Veritas du Bâtiment		
2- Réhabilitation et Maintenance	Bureau Veritas	Moniteur, 1985
• Savoir tout restaurer	Coll. Connaissance et pratique	Denoël, 1985
• Construire ou rénover sa maison	Coll. Connaissance et pratique	Denoël, 1988
Matériaux, béton, ciments, liants.		
• Nouveau traité de Matériaux de Constr.	M. Duriez et J. Arrambide	Dunod, 1962
• L'industrie de la pierre et du marbre	R.-M. Lambertie	coll. Que sais-je? PUF
• Les Roches	André Cailleux	coll. Que sais-je? PUF
• La pratique des Ciments et des Bétons	Michel Venuat	Moniteur, 1976
• Ciments et bétons	Michel Venuat	coll. Que sais-je? PUF
• Le Plâtre Traditionnel et Moderne	J. Costes	Eyrolles, 1981
• Le Plâtre. Fabrication et emplois	S.N.I.P.	Eyrolles, 1982
• Nouveau Guide du Béton	Georges Dreux	Eyrolles, 1986
Charpente, bois, menuiserie.		
• Le Menuisier	A. Gaillard et J. Muron	Eyrolles, 1975
• Comment construire en bois	Pierre Ricaud	Technique-Vulgarisation
• Constr. de Maison à Ossature de bois	S.C.H.L.	Ed. Métrique, Montréal
• Guide Pratique du Bois	Y. Touchard et A. Meyer	Ed. Kity, Bischwiller
• La Charpente et la Toiture	Thierry Margueritat	Eyrolles, 1986
• Guide Pratique de Charpente Métallique	R. Daussy	Eyrolles, 1982
Carrelages, revêtements, décor.		
• Peintures et Vernis	Georges Nedey	Coll. Que sais-je? PUF
• Les revêtements de façade	Doc. Française du Bâtiment	Moniteur, 1981
• Sols et carrelages rustiques	Madeleine Fuchs	Charles Massin, 1969
Couverture, étanchéité.		
• Traité de couverture	Henri Charlent	Garnier Technique
• L'étanchéité	Soprema	Nathan, 1985
• L'étanchéité des toitures	C. Joseph	Eyrolles, 1985
• Étanchéité des toitures-terrasses	A. Mouchel et J. Balayer	Eyrolles, 1985
Génie climatique et thermique.		
• Le Génie Climatique de A à Z	A. Libert	CFP, Ed. Parisiennes
• Monteur et Technicien en Chauffage	R. Mouly et R. Gavelle	Eyrolles, 1982
• Chauffage et Production d'e.c.s. au fioul	M. Rizzo	CFP, Ed. Parisiennes
• Cours de Climatisation	G. Porcher	CFP, Ed. Parisiennes
• Le chauffage des habitations	André Missenard	PUF, Coll. Que sais-je?
• Énergie et Urbanisme	C. Chaline, J. Dubois-Maury	PUF, Coll.Que sais-je?

Titres	*Auteurs*	*Éditeurs*
Plomberie, sanitaire.		
• Traité pratique de Plomberie	Henri Charlent	Garnier, 1984
• L'eau, corrosion, entartrage, traitements	R. Kahn	C.F.P., Ed. Parisiennes
• Pratique du Calcul de Plomberie	Michel Garcia	ITBTP - CATED
Génie électrique.		
• Dictionnaire Technique	P. Sizaire	Eyrolles, 1968
• Les Installations Électriques	R. Fraysse et A.M. Deprez	André Casteilla, 1985
Sécurité, environnement et divers.		
• Sécurité contre l'Incendie dans les E.R.P.(recueil des textes réglem.)		Journal Officiel, 1985
• Sécurité Électrique	C. Remond	C.S.T.B, 1981
• Handicap physique et Construction	L.-P. Grosbois	Moniteur
• Le Collage Industriel	Ph. Cognard et F. Pardos	Usine Nouvelle
• Memento technique du vitrage	Saint-Gobain Vitrage, 1990	
• Manuel d'Éclairagisme	Philips	
• Notions de base d'Acoustique	J.-J. Mulard	ITBTP-CATED

Ont également été utiles pour l'élaboration de ce dictionnaire :

• Les nombreuses documentations techniques des fabricants de composants du bâtiment ;

• D'innombrables articles spécialisés (Moniteur du BTP, Revue Technique du Bâtiment, L'Entrepreneur, les Annales de l'ITBTP, Revue Chaud-Froid-Plomberie,...) ;

• Les publications du CTBA, du Ministère de l'Équipement, de Promotelec et d'EDF, de Gaz de France, les Cahiers Techniques du CSTB, du CATED ;

• Le catalogue des normes AFNOR, les codes DALLOZ ;

• Le Grand LAROUSSE Encyclopédique, le dictionnaire ROBERT, le QUID, etc.

Vos notes personnelles complémentaires, observations, adresses de fournisseurs, etc.

Vos notes personnelles complémentaires, observations, adresses de fournisseurs, etc.

Vos notes personnelles complémentaires, observations, adresses de fournisseurs, etc.

Vos notes personnelles complémentaires, observations, adresses de fournisseurs, etc.

Vos notes personnelles complémentaires, observations, adresses de fournisseurs, etc.

QUI PEUT SE PASSER, AUJOURD'HUI, D'UN BON DICTIONNAIRE PROFESSIONNEL ?

Vos collaborateurs, votre assistante, vos clients, les organismes et sociétés avec qui vous travaillez ont aussi besoin d'un PETIT DICOBAT.

Montrez-le, prêtez-le et, pourquoi pas...OFFREZ-LE !

C'est un cadeau à la fois utile et durable. Et un outil de référence et de formation permanente.

En utilisant les bons à découper des pages suivantes, ou en vous adressant à votre libraire, vous pourrez acquérir rapidement nos ouvrages aux meilleures conditions.

Des conditions avantageuses sont prévues pour les envois groupés d'exemplaires destinés aux Etablissements d'Enseignement : CONSULTEZ-NOUS !

notre site : www.arcature.fr tél. 01 45 50 42 30 fax 01 45 50 44 14

Important

Notre adresse, nos n° de tél. et de fax indiqués dans cet ouvrage sont ceux valables à la date d'édition.

Il peut arriver qu'un jour ils deviennent caducs, pour cause de déménagement...

Vous nous retrouverez facilement sur :

- notre site web :
  www.arcature.fr

- notre courriel (e-mail) :
  contact@arcature.fr

DEMANDE DE PRIX
à découper et à adresser à :

Éditions ARCATURE
40, rue Vaneau
75007 PARIS

Pour gagner du temps, vous pouvez aussi :

- nous adresser cette demande par **fax** au **01.45.50.44.14**
- nous demander un bon de commande par **téléphone** au **01.45.50.42.30**
- par e-mail : **contact@arcature.fr**

Je souhaite recevoir sans engagement :

par courrier à l'adresse ci-dessous,

par fax au n° : ....

par e-mail : ....

votre catalogue de dictionnaires spécialisés avec les prix (frais d'envoi compris).

NOM, prénom : ______________________________

Profession :______________________________

Raison sociale : ______________________________

Adresse complète : ______________________________

____

Code postal : __________

Ville : ______________________________

Vous êtes **étudiant** ou **enseignant ?**
Pour bénéficier des remises autorisées par la loi, veuillez préciser ci-dessous votre Établissement d'Enseignement.

2008

Pensez aussi à nos remises spéciales pour achats groupés !

DEMANDE DE PRIX
à découper et à adresser à :

Éditions ARCATURE
40, rue Vaneau
75007 PARIS

Pour gagner du temps, vous pouvez aussi :

- nous adresser cette demande par **fax** au **01.45.50.44.14**
- nous demander un bon de commande par **téléphone** au **01.45.50.42.30**
- par e-mail : **contact@arcature.fr**

Je souhaite recevoir sans engagement :

par courrier à l'adresse ci-dessous,

par fax au n° : ....

par e-mail : ....

votre catalogue de dictionnaires spécialisés avec les prix (frais d'envoi compris).

NOM, prénom : ________________________________

Profession : ________________________________

Raison sociale : ________________________________

Adresse complète : ________________________________

____

Code postal : __________

Ville : ________________________________

Vous êtes **étudiant** ou **enseignant ?**
Pour bénéficier des remises autorisées par la loi, veuillez préciser ci-dessous votre Établissement d'Enseignement.

2008

Pensez aussi à nos remises spéciales pour achats groupés !

DEMANDE DE PRIX
à découper et à adresser à :

Éditions ARCATURE
40, rue Vaneau
75007 PARIS

Pour gagner du temps, vous pouvez aussi :

- nous adresser cette demande par **fax** au **01.45.50.44.14**
- nous demander un bon de commande par **téléphone** au **01.45.50.42.30**
- par e-mail : **contact@arcature.fr**

Je souhaite recevoir sans engagement :

par courrier à l'adresse ci-dessous,

par fax au n° : ....

par e-mail : ....

votre catalogue de dictionnaires spécialisés avec les prix (frais d'envoi compris).

NOM, prénom : ____________________

*Profession :*____________________

Raison sociale : ____________________

Adresse complète : ____________________

____

Code postal : __________

Ville : ____________________

Vous êtes **étudiant** ou **enseignant ?**
Pour bénéficier des remises autorisées par la loi, veuillez préciser ci-dessous votre Établissement d'Enseignement.

2008

Pensez aussi à nos remises spéciales pour achats groupés !

Achevé d'imprimer en février 2008
sur les presses de MAURY-IMPRIMEUR
45300 Malesherbes
N° d'imprimeur : 134605